油田用聚合物

王中华　编著

中国石化出版社

内容提要

本书共分十八章，对油田用聚合物的制备、性能及应用进行了系统总结。重点结合有关研究及文献，介绍了聚合物的制备方法和影响合成反应及产物性能的因素。内容主要包括：丙烯酸聚合物、丙烯酰胺聚合物、2－丙烯酰胺基－2－甲基丙磺酸聚合物、马来酸酐聚合物、酚醛树脂及改性产物、氨基树脂及改性产物、酮醛缩聚物、聚醚与聚醚胺、聚胺和聚季铵盐、淀粉及改性产物、纤维素及改性产物、木质素及改性产物、植物胶及改性产物、生物聚合物、聚乙烯醇、季铵盐类阳离子单体聚合物及其他类型的有机聚合物等。

本书适合从事精细化工、油田化学等专业的研究、生产和工程技术人员阅读，也可以作为高等院校相关专业的本科生和研究生的教学参考书。

图书在版编目（CIP）数据

油田用聚合物/王中华编著. —北京：中国石化出版社，2018.7
ISBN 978－7－5114－4943－6

Ⅰ.①油… Ⅱ.①王… Ⅲ.①高聚物－应用－油田开发②高聚物－应用－油田开发 Ⅳ.①TE34②TE37

中国版本图书馆 CIP 数据核字（2018）第 154702 号

中国石化出版社出版发行
地址:北京市朝阳区吉市口路 9 号
邮编:100020 电话:(010)59964500
发行部电话:(010)59964526
http://www.sinopec-press.com
E-mail:press@sinopec.com
北京富泰印刷有限责任公司印刷
全国各地新华书店经销

*

787×1092 毫米 16 开本 56.75 印张 1223 千字
2018 年 8 月第 1 版 2018 年 8 月第 1 次印刷
定价:228.00 元

前　　言

经过近50年的发展，我国油田化学品的研究与应用有了长足的进步，已经形成了能够满足油气勘探开发各环节作业需要的、门类齐全的油田化学作业流体和油田化学品。尤其是为了满足东部老油田稳产、深井超深井钻探、深水钻探、深层页岩气开采以及地热钻探的需要，在深井超深井钻井、固井、酸化压裂、调剖堵水、提高采收率、原油集输、油田水处理等方面，开展了一系列新技术研究与应用，使我国油田化学技术日臻完善，并逐步达到了国际先进或领先水平，有力地推动了油田化学及油气勘探开发的发展。在油田化学品中近90%是聚合物材料，可见，聚合物在油田化学中占首要地位，并有着广阔的发展空间和市场潜力。

近年来，在一些有关油田化学品的书籍中也有关于聚合物的介绍，但关于聚合物制备及影响合成反应和产物性能的因素很少涉及，到目前为止，国内外还没有专门讲述油田用聚合物制备、性能和应用方面的书籍。于是，针对国内外油田化学品的发展现状，特别是国内油田化学的形成与发展实际，立足国内功能性聚合物方面的研究成果，我们编写了《油田用聚合物》。

编写本书的目的是提供一本全面的、系统的、而又可操作的油田用聚合物的制备和开发方法，以及聚合物的性能和应用方面的书籍。同时，尽可能做到理论与实践紧密结合，既有产品制备、影响因素、性能介绍，也有应用（包括一些配方）介绍，既有成熟技术，也有最新成果；突出影响合成反应及产物性能因素的介绍，书中大量反映研究或实验结果的图、表，更有利于在实验、设计和应用时参考；取材广泛，力求全面，既立足于油田化学专业，也吸收了大量其他专业研究成果。

本书共分十八章，不求在研究理论和技术方法等方面做到面面俱到，但力求内容前瞻、创新、全面和实用，内容以聚合物的制备为主，兼顾聚合物性能与应用。本书主要取材于国内外发表的有关聚合物制备、性能和应用的文献，以及作者所在研究团队取得的油田化学方面的成果与经验。书中所涉及的基础理论、制备实例以及必要的讨论都是从公开发表的文献、专利，以及作者在油田化学实践中所积累的经验中获取的。因此，本书凝聚了集体的劳动成果和经验，是广大学者们的研究成果构筑了本书的基本框架，在此向所有为本书积累原始素材的文献作者、学者们表示崇高的敬意和衷心的感谢，同时也对曾经参加有关项目研究的同志表示衷心的感谢。

书中选自文献的实例一般截止到2017年6月。由于涉及的制备过程及产品应用目的不同，为便于阅读理解，有些相近叙述在不同章节中都有出现。根据叙述的目的，对于不同的实例介绍的详细程度不同，有兴趣的读者可以根据文末提供的文献进一步阅读。

由于作者学识所限，恐难避免差错，恳请广大读者批评指正，并提出宝贵意见，以便有机会再版时改正。

目　　录

第一章 绪 论

结合油田用聚合物的特点，为更好地理解油田化学品，本章对涉及油田用聚合物相关领域的一些基础知识，如油田用聚合物的概念及分类、油田用聚合物的作用、油田用聚合物的发展现状和趋势、油田用聚合物的设计与制备等进行简要介绍[1,2]。

第一节 油田用聚合物的概念及分类

一、油田用聚合物的概念

油田用聚合物是指油田化学品中的聚合物类产品，它是构成油田化学品的重要部分，也是在油田化学中应用最普遍和用量最大的专用化学品。

油田化学品是20世纪70年代以来，随着石油工业的发展而逐步形成和完善的一类新领域精细化工产品。广义上讲，油田化学品是精细化工产品中的一类，由于其使用的环境不同于其他类型的精细化工产品，又有其自身的特点。它和石油天然气勘探开发及油气田生产技术的发展密切相关，因此，在油田化学品的研究开发和应用中，要求研究和工程技术人员不仅要具备较强的精细化工基础，还应对油田地质条件、油气藏构造的特性、油气层的物性等有比较深入的了解，同时还要把握油田生产技术和油田化学品的发展方向，以使油田化学品的研究开发和生产能够满足油田开发的需要。与其他精细化学品相比油田化学品特点是：①产品种类多，且多数产品用量大，针对性强；②品种更新快，产品和油田开发情况密切相关，需满足不同地质条件、不同阶段和不同时期开发的需要，同时还要满足不同作业流体的需要；③在生产工艺、产品性能控制和应用方面会因产品所应用的作业流体不同而有所区别，但一般情况下，对其纯度要求方面不如其他精细化工产品严格，为了尽量降低生产成本，提高生产效率，常常希望使用简单的生产工艺。

油田化学品在石油勘探开发中占重要地位，其应用遍及石油勘探、钻采、集输和注水等所有工艺过程中，主要包括矿物产品、无机化工产品、有机化工产品、天然材料和合成高分子材料等。近年来，随着人们对石油勘探、钻采、集输和注水等工艺过程的认识不断提高，化学或化学品在石油勘探开发中的应用倍受重视，特别是随着油气勘探开发地域的扩大，所开采油气层位越来越深，地质条件日趋复杂，开采难度越来越大，尤其是页岩气、页岩油等非常规油气资源的开发，为了保证尽可能高效地进行石油钻探和提高油气采收率，从钻井、固井、压裂酸化，直到最后采出油气的各个环节，都必须采取有效措施以保证施工的顺利进行。在这些过程中，对油田化学品的要求更高，油田化学品的用量也就越来越大，可以说没有油田化学品，石油勘探开发就不能顺利进行。显然，油田化学品在石油勘探开发中起着至关重要的作用，是保证石油勘探开发顺利进行的关键。

二、油田用聚合物的分类

按照来源可以将油田用聚合物分为天然聚合物、天然改性聚合物、合成聚合物和生物聚合物。

天然聚合物包括淀粉、纤维素、木质素、植物胶，以及一些无机天然矿物材料等；合成聚合物包括聚丙烯酸（盐）、聚丙烯酰胺、含磺酸聚合物、丙烯酸与丙烯酰胺等单体的多元共聚物、聚乙烯醇、酚醛树脂及磺酸盐、氨基树脂及磺酸盐、酮醛缩聚物及磺酸盐、聚醚、聚醚胺、聚胺、聚季铵、聚乙烯吡咯烷酮等。

按照溶解性可以将油田用聚合物分为可溶性聚合物和非可溶性聚合物，可溶性聚合物又分为水溶性聚合物和油溶性聚合物。

根据用途可将油田用聚合物分为通用聚合物、钻井用聚合物、油气开采用聚合物、提高采收率用聚合物、油气集输用聚合物和油田水处理用聚合物等。

第二节　油田用聚合物的作用

在油田用聚合物中，通用聚合物一般是指同一种产品可适用于石油钻井、采油、集输和水处理等各个环节施工过程中的聚合物，可以保证或改善油田作业流体的性能。不同类型和功能的油田用聚合物在油气田作业中起着不同的作用，但其目的都是为了有效地保证钻完井作业安全顺利、发现和保护油气层、提高油气产量、确保油气集输、水处理等各项作业的顺利实施。本节就用于不同目的的聚合物的作用进行简要介绍。

一、钻井用聚合物

钻井用聚合物包括用于钻井液处理剂和油井水泥外加剂的聚合物产品。它在油田用聚合物中占据首要位置，是用量最大的油田化学品。

（一）钻井液处理剂

钻井液是钻井中使用的作业流体，在钻井过程中，钻井液起着重要的作用，人们常常把钻井液比作“钻井的血液”，其功能是：悬浮和携带岩屑，清洗井底；润滑冷却钻头，提高钻头进尺，通过钻头水眼冲击地层，有利于破碎岩石；形成泥饼，增加井壁稳定性；建立能平衡地层压力的液柱压力，以防止发生卡、塌、漏、喷等复杂事故；使用涡轮钻具时，可作传递动力的液体。

钻井液处理剂的作用是用于配制钻井液，并在钻井过程中维护和改善钻井液性能。良好的钻井液性能是钻井作业顺利进行的可靠保证，而钻井液处理剂则是保证钻井液性能稳定的基础，没有优质的钻井液处理剂就不可能得到性能良好的钻井液体系。在钻井液处理剂中不同类型和不同相对分子质量的聚合物可分别起到降滤失、增黏、絮凝、降黏、页岩抑制、高温稳定、消泡、防塌、堵漏、润滑和乳化等作用。

（二）油井水泥外加剂

固井的目的是加固井壁，固定套管，保证继续安全钻井、封隔油气和水层，保证勘探期间分层试油及整个开采过程中合理的油气生产。固井质量的高低是保证钻井、采油等井下作业顺利进行的前提，固井工艺使用单一的或纯水泥已不能满足近代固井工艺技术发展的需要，因此，必须通过添加油井水泥外加剂，以达到优质固井的目标。油井水泥外加剂是通过对水泥浆性能的控制、调整，提高水泥石的综合性能，以满足各种类型井和复杂条件下的固井需要的化学品。在油井水泥外加剂中不同类型和不同相对分子质量的聚合物可分别起到降失水、分散减阻、缓凝、防气窜、防漏、增强等作用。

二、油气开采用聚合物

按用途可将油气开采用聚合物分为酸化压裂用聚合物和采油用其他聚合物。

（一）酸化压裂用聚合物

油气井的酸化及压裂作业是重要的增产措施，酸化就是靠酸液的化学溶蚀作用以及向地层挤酸时的水力作用来提高地层的渗透性能的施工措施。压裂就是用压力将地层压开，形成裂缝，并用支撑剂将它支撑起来，以减少流体流动阻力的增产、增注措施。酸化过程中用的液体叫酸化液，压裂过程中用的液体叫压裂液，一种好的压裂液应满足：黏度高、便于携带支撑剂；摩阻小，能有效的传递压力；滤失量低，使地层压力升高快；不伤害地层，即不乳化、不沉淀，不堵塞地层等。而这些作业是否有效则依赖于所使用的各种添加剂。

酸化用聚合物就是在酸化过程中，用于提高酸液黏度、降低酸液滤失量、抑制酸化液对施工设备和管线的腐蚀，减轻酸化过程中对地层产生的伤害提高酸化效率的聚合物材料。聚合物在酸化用化学品中主要作用是稠化、降滤失、缓速、缓蚀、乳化和暂堵等。

压裂用聚合物的作用是在压裂过程中提高压裂液的综合性能，以满足压裂工艺对压裂液的要求，提高压裂效果。聚合物在压裂用化学品中的主要作用是增黏或稠化、减阻、降滤失、黏土稳定、暂堵等。

（二）采油用其他化学剂

采油用其他化学剂是指除酸化和压裂作业之外的用于油、气、水井增产、增注等采油作业中所用的化学品，主要是用于油气层及油、水井的改造等其他技术措施的聚合物。石油生产过程中除了主动采取的提高油气采收率措施外，为维持正常生产常常采用一些技术措施，这些措施相对提高油气采收率措施而言是属于局部性的，不明显改变采收率，但可以有效地提高油气产量。聚合物在采油用其他化学品中的主要作用是堵水、调剖、封窜、防砂、黏土稳定、防蜡、降黏和降凝等。

三、提高采收率用聚合物

通过人工注水可以提高原油采收率，但注水后几乎还有一半或更多的油仍然留在油层中，如何采出这些二次残余油（也称水驱残余油）是油藏工程师面临的问题，提高采收率技术（三次采油）就是解决这一问题的有效措施。而提高采收率的化学品正是用于提高原油采收率这一目的的。在提高原油采收率技术中化学品的中心作用是改变油层中油、水、气、岩石、蜡晶、沥青等相形态及它们之间界面性质的问题，因此提高采收率用化学品不仅用量大，且起关键作用。聚合物驱油是以聚合物水溶液作为驱替液的采油技术，因此聚合物的性能关系到驱油效果。聚合物是用量最大的提高采收率用化学品，在提高采收率化学品中主要用作稠化剂、流度控制剂、牺牲剂、表面活性剂等。

四、油气集输用聚合物

油气集输用化学品的使用目的是，在油气集输过程中用于保证油气质量，保证生产过程安全可靠和降低能耗等。油气集输是指从井口开始，将原油、天然气通过输送、集中、初步加工，一直到矿场油库的全部过程，对从矿场外输、外运的原油要求其含水小于0.5%，含盐小于50mg/L；外输的天然气含硫化氢小于20mg/m^3，同时还不能含轻质油，因此在油气集输过程中，石油要求脱水、除盐，天然气要求脱水、脱油和除硫，从油气中脱出的水还应达到回注水和排放要求。在集输过程中，为了保证油气质量，保证生产过程安全可靠和降低能耗就少不了油田化学品的应用。聚合物在油气集输化学品中占主导地位，其主要作用是破乳、脱水、减阻、流动改进、降凝、降黏和防蜡等。

五、油田水处理用聚合物

通过注水井向油层注水以补充能量，是多数油田目前用来保持油层压力，延长自喷采油期，提高油田的开发速度和提高采收率的一项措施。油田水处理用化学品的作用就是在实施这一措施的过程中，用于保证注水质量，提高注水开发效果，减少设备腐蚀等。聚合物在油田水处理化学品中主要作用是絮凝、防垢阻垢、黏土稳定和除油等。

除油田注采水处理外，在其他作业过程中，如钻井、压裂、酸化等也会产生作业废水、废弃作业流体，在这些废水和废作业流体处理过程中也用到大量的聚合物，油田水处理用聚合物主要以絮凝、脱水、脱色等作用为主。

第三节　油田用聚合物的发展现状和趋势

一、研发与应用现状

进入20世纪90年代以来，由于油田化学技术和油田施工工艺技术不断成熟，油田用聚合物的发展逐渐趋缓，但总体发展目标和技术路线都更明确，并集中在发展新型、高效和降低污染的绿色产品上来，如各类合成聚合物、天然材料改性聚合物和生物聚合物的利用。我国自20世纪70年代以来，在油田用聚合物的研制、开发和应用方面取得了很大的进展，经历了70年代的起步阶段，80年代的发展阶段和90年代的完善阶段，使油田用聚合物从少到多，从粗到细，从外专业引进到专门的油田用聚合物的开发，已经逐步形成了规模化的油田用聚合物生产线，并具有 10×10^4t/a 以上的驱油用聚丙烯酰胺类聚合物生产能力。油田用聚合物已形成涵盖油田化学各领域的专用聚合物产品，年销售量超过 90×10^4t，总价值近25亿元，占全部油田用化学品的80%以上。油田用聚合物的研制、开发和应用，不仅在石油天然气工业中发挥了重要的作用，而且在一定程度上促进了精细化工的发展。

就生产规模来讲，尽管已经形成了一定规模化的生产装置，但小规模厂点仍然较多，目前以各大油田为中心的各类油田用聚合物的生产厂有200多家，而规模比较大的生产厂却很少，大部分工厂技术力量薄弱，生产设备简单，而且产品技术含量低，执行的企业标准低，尽管产品的代号有区别，但重复生产的产品多，目前除了原油破乳剂、驱油用聚合物有大的生产装置外，大多数聚合物产品都是小规模生产，在不同程度上影响了油田用化学品的发展和技术水平的提高。从开发能力方面讲，目前专门从事油田用聚合物及原料研究开发的单位还比较少，多数产品仍然是从相关专业引进，特别是专用的表面活性剂及原料方面，更是薄弱。

目前，除有少量产品尚需进口外，我国油田用聚合物已经基本上能够满足国内石油勘探开发和生产的需要。随着我国石油工业向深部、复杂地层、深海和页岩气等油气资源开发方向的转移，今后油田用聚合物的研制、开发和应用，需紧紧围绕满足高温高密度、超高温超高密度、深水及页岩气钻井的需要，并把绿色环保作为努力方向。同时我国一些老油田已进入高含水期，综合含水在80%，有的含水高达90%以上，油田储量采出程度不足地质储量的60%，如何采用有效的储层改造技术、稳油控水技术，以及提高采收率（EOR）新技术和新方法使东部老油田继续稳产，是当前的迫切任务，我国在EOR方面的主攻方向是化学驱油，这便为油田用聚合物（驱油剂）提供了更大的市场。为了确保石油工业的稳定发展，油田用聚合物将需要根据我国油气田开发的实际情况不断更新和发展。

二、发展趋势

归纳起来讲，今后一段时期，钻井工程面临的形势是西部深井、超深井的钻探问题；东部老油田打加密井、多分支井提高采收率、低渗透油气藏的开发及滩海地区钻大位移井，实现海油陆采问题，同时深水钻探、页岩开发日益规模化，可燃冰、干热岩开发利用已开始起步。为适应上述钻井的需要，在钻井液用聚合物方面，从提高钻井液抑制性出发，强化钻井液抑制性的化合物将越来越受到重视，传统地依靠提高相对分子质量来达到增黏切、包被、絮凝及降滤失等作用的处理剂，将会逐步发展为以基团热稳定性和水解稳定性强且吸附和水化能力强的低分子聚合物为主。未来的增黏剂、提切剂等，将通过处理剂与黏土或固相颗粒及处理剂分子间的有效吸附而形成空间网架结构，而使钻井液具有良好的剪切稀释性，以赋予钻井液良好的触变性，低的极限（水眼）黏度，以有效发挥钻头水功率。包被絮凝剂将更强调通过多点强吸附、形成疏水膜和强抑制作用来达到控制黏土、钻屑水化分散的目的，以保证钻井液清洁。降滤失剂则要求黏度效应低，对钻井液流变性不产生不利影响，并有利于提高钻井液的抑制性和润滑性、改善滤饼质量。在强化钻井液降滤失剂等抑制性的同时，具有良好配伍的抑制剂也会成为未来用量最大的处理剂之一。

就天然材料改性而言，通过改变吸附基和水化基团性质和数量，提高其在钻井液中的应用效果，并通过结构重排、分子修饰等途径提高处理剂的热稳定性，延长使用周期，扩大应用范围。通过天然材料的水解、降解等反应制备用于生产处理剂的原料，研发低成本绿色环保的处理剂。工业废料和农林加工副产品的利用，应着眼于环境保护和资源化方向，以发展绿色环保产品为目标，研制开发新型低成本的处理剂，在完善已有处理剂性能的前提下，重点通过不同的分离、纯化工艺及化学反应制备用于页岩抑制、防漏堵漏、降滤失、降黏、润滑、防卡、乳化和封堵等作用的产品。

结合钻井液及处理剂的发展趋势及国内实际情况，将今后不同类型处理剂的研究重点或方向归纳如下。

（1）合成材料方面。研制含膦酸基的阴离子单体及高温稳定的支化阴离子或非离子单体，以及星形结构的聚醚、聚醚胺等有机化合物；围绕绿色环保及抗温抗盐目标，突破传统处理剂的分子结构，制备剪切稳定性和高温稳定性好、抑制性强、黏度效应低、基团稳定性好的新型聚合物，探索树枝状或树形结构的低分子聚合物处理剂的合成；研究处理剂加入钻井液后的变化及处理剂间的相互作用，重视处理剂的配伍性和协同增效能力，探索降解后仍然具有抑制和降黏作用的大分子处理剂的合成；开展用于封堵、堵漏和井壁稳定的吸水性互穿网络聚合物颗粒或凝胶材料、树状聚合物交联体、可反应聚合物凝胶，两亲聚合物凝胶，吸油互穿网络聚合物等；加强反相乳液聚合物处理剂的研究，加快乳液产品工业化，扩大应用范围；研制油基钻井液高效乳化剂、增黏提切剂、降滤失剂和封堵剂，特别是减少钻井液在钻屑上吸附量的表面活性剂，研制油基钻井液防漏、堵漏材料，探索合成生物质合成基和绿色油基钻井液处理剂。

（2）天然聚合物材料改性方面。淀粉和纤维素方面，突出淀粉的主体作用，通过烷基化、交联、接枝共聚等提高淀粉改性产物的抗温和抗钙能力，制备降滤失剂、增黏剂、防塌剂、包被剂和絮凝剂等；开展纤维素的直接改性研究，探索两性离子或阳离子纤维素醚和混合醚的合成，制备具有暂堵和降滤失作用的超细纤维素，实现低成本的非棉纤维为原料的 CMC 工业化生产。木质素方面，一是围绕提高抗盐、抗温目标进行分子修饰，二是将木质素分解（水解）成不同结构的单元，再进一步反应制备高温高压降滤失剂、絮凝剂、表面活性剂、抑制剂、分散剂和油基钻井液乳化剂等。植物胶方面，重点通过化学改性开发钻井液增黏剂、降滤失剂、防塌剂和堵漏剂等。

（3）工业废料及农林加工副产物利用方面。利用废聚苯乙烯制备具有润滑和封堵作用的低磺化度的聚苯乙烯乳液，具有降滤失和降黏作用的磺化聚苯乙烯，以及具有絮凝、抑制等作用的阳离子改性产物；利用聚乙（丙）烯蜡或废塑料等，通过引入极性吸附基和水化基团，制备井壁稳定剂、封堵剂、油溶性暂堵剂和润滑、防卡剂。以油脂加工下脚料及工业釜残等为原料制备钻井液润滑剂、乳化剂、防卡剂、防塌剂和封堵剂等。

在油井水泥外加剂方面，将来的方向是开发耐高温的缓凝剂和降失水剂，以聚合物材料为基础，研究与其他外加剂配伍性好、不发生过度缓凝和起泡的抗高温分散剂，成本低廉的木质素改性产品，水泥浆游离水控制剂，以及固体悬浮剂、降失水剂和防气窜剂等。

今后在油井水泥外加剂方面应该围绕下面的内容开展工作：①进一步完善脂肪族磺酸盐缩聚物分散剂和降滤失剂（重点是磺化丙酮甲醛缩聚物、磺化三聚氰胺甲醛树脂）制备工艺，提高抗温能力；开发低分子梳型聚羧酸型油井水泥分散剂；②以木质素磺酸盐为基础进行分子修饰制备分散剂和缓凝剂；③合成聚合物高温缓凝剂的开发（AMPS 聚合物）；④有利于减少水泥浆析水的合成聚合物降滤失剂（重点是 AMPS、NVP 聚合物）；⑤改善二界面胶结强度的材料；⑥耐温胶乳等；⑦封堵封固材料；⑧高效的消泡剂。

在压裂用聚合物方面，胶凝剂研究以改性天然植物胶和纤维素为主，各种合成聚合物如改性聚丙烯酰胺、AM 与 AMPS、NVP 等单体的共聚物也是前景较好的一类胶凝剂。此外还有一些如降滤失剂、乳化剂和防垢剂，但研究较少，研究较多的交联剂和破胶剂不属于聚合物。在这方面 20 世纪 90 年代以来虽然取得了一定的进展，但目前仍然存在一些没有解决的问题。尤其是高温下稳定的聚合物稠化剂、抗高温抗盐减阻剂等国内仍然没有形成成熟稳定的产品，需要继续深化研究，以满足不同压裂工艺的需要。

近年来，国外在酸化用化学品方面发展相对缓慢，研究开发的重点集中在开发酸化用缓蚀剂，高温稠化剂等。我国近年来压裂酸化液用化学品研究深度不够，在压裂酸化液稠化剂方面虽然开展了一些研究探索，但现场应用的还较少，针对压裂酸化技术的发展，今后需要从以下方面攻关：①合成聚合物压裂液高温稠化剂；②新的植物胶及改性产品；③耐温酸液稠化剂、缓速剂；④高性能减阻剂；⑤长效防膨剂。

油气开采用聚合物方面的研究比较薄弱，存在的问题较多，今后应进一步加强这方面的研究和开发，发展可用于低渗透油层改造和为了“稳油控水”的目的而实施堵水 - 调剖作业所需的无残渣的稠化剂，高强度耐温耐冲刷的防砂和堵水化学剂，选择性堵水 - 调剖以及耐温抗盐的堵水 - 调剖剂和稠化剂。结合实际情况，围绕现场和提高作业质量的需要这方面需开展的课题是：①耐温抗盐的堵水 - 调剖剂和选择性堵水 - 调剖剂；②开发原料易得、价格低廉、使用方便，且与破胶剂作用后破胶彻底、不产生沉淀性残渣的天然植物胶或改性天然植物胶（田菁胶、香豆胶）、纤维素类和淀粉类压裂、酸化用的稠化剂；③以AMPS、NVP 和 AM 聚合物为重点开发抗温抗盐的合成聚合物胶凝剂或稠化剂；④黏土稳定剂方面进一步开发阳离子聚合物（如甲基丙烯酰二甲胺基乙酯和烯丙基二甲基氯化铵聚合物、聚胺等）；⑤适用于泡沫压裂液的表面活性剂和聚合物稠化剂，适用于油乳酸体系的抗温高分子乳化剂。

提高采收率用聚合物（又称三次采油用聚合物）方面，国外生产水平和产品质量稳定，生产规模大，但在三次采油研究和实施方面对国际油价的依赖性很强，专利多、实施少。我国在三次采油方面比较重视，特别是东部油田为了稳产的需要围绕三次采油开展了卓有成效的研究，目前已经形成了一些用于驱油的表面活性剂和聚合物品种，但还不能满足三次采油的需要。三次采油包括表面活性剂驱、聚合物驱、碱驱、复合驱等。在聚合物驱油方面我国大庆、胜利、辽河、大港等油田已经实施了聚合物驱油，并建成了配套的聚丙烯酰胺生产装置，目前驱油用聚合物的年需求量在数万吨，从规模上已基本能满足需要，但产品质量（如相对分子质量和溶解性、耐温抗盐能力）和国外还存在差距。据有关资料介绍，我国可大规模工业化的聚合物驱提高采收率方法，适宜的地质储量有 43.6×10^8t，按平均提高采收率8.6%计，能增加可采储量达 3.8×10^8t，约是我国目前年产油量的2.7倍，需要聚合物 224×10^4t。在油田用聚合物中，三次采油用聚合物最具有发展潜力。

围绕耐温抗盐、抗高价金属离子、高效优质和环境友好这一目标，今后在驱油用聚合物方面需要围绕以下方面开展研究：①适用于聚合物驱油、碱/表面活性剂/聚合物驱油所需要的价廉的高分子聚合物，耐温（120℃）、抗盐（大于 20×10^4mg/L）的高分子聚合物及新型生物聚合物；②适用于耐温抗盐聚合物制备的有机单体，包括表面活性剂单体和两亲单体，如2－丙烯酰胺基十二烷基磺酸（$AMC_{12}S$）、2－丙烯酰胺基十四烷基磺酸（$AMC_{14}S$）、2－丙烯酰胺基十二烷基磺酸（$AMC_{16}S$）；③改性木质素磺酸盐表面活性剂，包括与烷基酚缩合改性、通过酚羟基与烷基化试剂（如卤代烷烃）缩合改性和用脂肪胺反应改性，改性木质素磺酸盐表面活性剂是最有潜力的驱油用化学品。

我国油气集输方面的化学品的研究、开发和利用开始于20世纪60年代，目前已有14类，数百个产品。其中，原油破乳剂用量最大，在破乳剂方面近期国外开展较多的是烷基酚醛树脂为起始剂的聚醚型破乳剂，以及相对分子质量为（50～300）$\times10^4$的超高相对分子质量的聚醚型破乳剂，目前我国在这方面也开展了卓有成效的工作，针对不同油田的原油特性研制了适用的破乳剂产品，目前破乳剂产品年需 2×10^4t以上，不少品种已达到国际水平，与国外差距较小。其他剂种无论是水平，还是数量上均存在一定的差距。如降凝剂、流动改进剂、降黏剂等品种较少，且大多数为复配型产品，这方面由于不同性质的原油对用作降凝、流动改进、降黏和清防蜡目的的聚合物的要求不同，也为新产品的开发提出了更高的要求。但在油气集输用化学品方面研究不够深入，特别是降凝剂方面仍然具有开发潜力。

用于稠油开采的化学品具有开发潜力，这方面需要解决的是一般稠油－蒸汽驱提高效率、超稠油开采、管线常温输送、高碳（大于 C_{40}）原油采输问题，解决这些问题所需要的聚合物是高温高分子发泡剂、高温堵漏剂（防窜）（300℃）、高效破乳剂、降凝剂、降黏剂和降阻剂等化学剂。

在油气集输化学品方面今后可重点围绕以下方面开展工作：①通过扩链剂提高传统破乳剂的相对分子质量，并在新型破乳剂分子中引入硅、氟、磷和硼等元素，使破乳剂达到高效、低耗和一剂多功能；②开发适用于高含水期原油的反向破乳剂（水包油型原油乳状液破乳剂，如阳离子聚醚）；③超高相对分子质量的聚醚型破乳剂及聚氨酯改性聚醚破乳剂；④改性烷基酚醛树脂聚醚类破乳剂；⑤适用于不同类型原油的高效降凝、减阻和降黏剂，适用于稠油乳化降黏的高分子表面活性剂。

由于油田水处理与循环冷却水有某些共同之处，例如都是近中性的水质，又都存在腐蚀、结垢、细菌繁殖、污垢沉积等问题，这些问题的产生机理和防止方法也基本相似，因此多数可以通用。但是，油田污水与循环冷却水也有很多不同之处，因此某些在循环冷却水系统中使用效果很好的水处理剂在油田水处理中就不一定适用，这就对油田水处理剂提出了新要求。在水处理剂方面，由于我国每年处理回注水达 $10\times10^{8}m^{3}$ 以上，因此，油田水处理剂是油田开发中很重要的一类油田化学品，各种水处理剂的年用量在 $6\times10^{4}t$ 以上，其中属于聚合物的占50%以上，尽管在油田水处理方面聚合物的需求量很大，但我国在油田水处理用聚合物方面的研究却较少。油田水处理用聚合物的品种还不齐全，且多数产品都是从工业水处理行业引进，由于油田水的复杂性，直接从工业水处理方面引进的产品适用性差，有时不能发挥功效，还缺少有针对性的油田水处理用聚合物产品。国外对水处理用聚合物方面的研究以絮凝剂开发最为活跃，开发的产品也很多，但用于油气田污水处理的并不多。

针对需要主要开发可以有效降低水中机械杂质、油含量和缓蚀、杀菌、阻垢的聚合物，如高效絮凝剂、反相破乳剂、高效缓蚀剂、杀菌剂、防垢、阻垢剂，两性离子或阳离子聚合物也是油田水处理剂的发展方向。目前该类产品品种少、新型高效的产品更少，发展潜力较大。这方面应深入开展研究，尽快形成系列化配套产品。

在油田水处理用聚合物方面今后需要围绕以下方面开展工作：①絮凝剂方面重点开展阳离子聚合物、两性离子聚合物、两亲离子聚合物、AMPS聚合物研究，关键是提高产品的相对分子质量、合理设计基团比例；②阻垢剂方面，完善烷基次磷酸盐化合物、丙烯酸、AMPS等共聚物，研究开发聚环氧琥珀酸等产品；③缓蚀剂方面以低毒聚天冬酸类缓蚀剂，乙烯单体与硫醇反应制缓蚀剂；④研制适用于水处理的超高相对分子质量的合成和天然改性的聚合物，尤其是两性离子和阳离子聚合物。同时要结合钻井完井作业废水、废液处理，在油田水处理用聚合物的基础上，完善发展废弃作业流体及废水脱色剂、絮凝剂和金属离子去除用聚合物材料。

总之，油田用聚合物在油田化学中占有重要的地位，其应用关系到石油勘探开发、油气集输能否顺利进行，我国油田用聚合物经过近50年来的发展，已经取得了长足的进步，但与发达国家相比，无论是品种数量，还是产品质量方面还存在一定的差距，特别是压裂酸化用聚合物，驱油用耐温抗盐聚合物，高效水处理絮凝剂等，这就要求化学和油田化学工作者，针对油田地质特点及不同作业环节，不断地研制、开发和应用新产品，解决油田生产中存在的技术难题，提高油田用聚合物的整体水平，以满足我国石油工业不断发展的需要。

第四节　油田用聚合物的设计与制备

在油田化学品中，绝大多数产品都属于聚合物类。油田用聚合物属于功能高分子，且以水溶性高分子材料为主，油溶性为辅。对于功能高分子材料而言，其特殊的“性能”和“功能”是其重要的标志，因此在制备油田用聚合物时，分子设计是十分关键的研究内容。设计一种能满足一定需要的油田用聚合物是油田作业流体研究的一项主要目标。能够成功制备一种具有良好性质与特殊功能的油田用聚合物，在很大程度上取决于对适用环境的准确把握、分子设计、合成设计和制备路线的制定。

一、制备途径

油田用聚合物的制备是通过化学或物理的方法，按照油田不同的作业环节及作业流体的性能对材料的要求，将功能基与高分子骨架结构相结合，从而实现预定或所希望的功能。尤其是随着活性聚合等一大批高分子合成新方法的出现并不断完善，为新型聚合物的设计和实施提供了有效的合成手段，可以很容易地设计和制备不同要求和满足油田不同需求的聚合物。目前油田用聚合物的制备可以通过以下四种主要途径实现。

（1）由单体（原料）直接合成聚合物——单体（原料）到聚合物（自由基聚合物反应和缩合聚合反应）；

（2）功能性小分子材料的高分子化——由小到大（大分子活性自由基反应、偶联、交联、接枝共聚反应）；

（3）已有合成及天然高分子材料的功能化——赋予新的功能（高分子化学反应）；

（4）功能材料的复配以及已有功能高分子材料的功能扩展（物理混合、分子修饰）。

二、基本要求

由于油田作业流体所适用环境的复杂性，加之不同作业环节的特殊要求，使油田用聚合物的设计复杂化，因此在设计中为了保证聚合物设计的针对性、实用性和有效性，设计必须要满足一些基本要求，否则将失去设计和制备的价值和意义。

（一）开发目标

（1）明确所设计的产品拟用于石油勘探开发中的哪一个环节，以及产品的主要功能和用途；

（2）明确不同作业环节施工和作业流体性能调节对聚合物性能提出的特殊要求；

（3）促进油田化学技术的发展；

（4）解决石油勘探开发中出现的新问题和复杂情况；

（5）质优价廉和绿色生产工艺，容易实施。

（二）开发依据

（1）老油田提高采收率，常规油气开发向深部、复杂地层和海洋深水钻探的发展，非常规油气资源的开发，对石油勘探开发技术的新要求，迫切需要配套的高效作业流体或解决关键问题的油田化学技术作支撑，而保证流体性能和解决关键问题的油田化学技术的核心是化学剂，因此对聚合物的开发有了新需求；

（2）石油勘探开发实践中发现的问题、积累的经验和形成的新技术、新产品等，奠定了油田用聚合物开发的基础；

（3）石油勘探开发中钻井、采油、集输等作业过程中对材料、作业流体等性能的新要求；

（4）环境敏感地区对作业流体和油田化学品的环保性能要求。

（三）原料选择

根据产品的开发目的选择合适的原料。用于水基作业流体时，以水溶性高分子材料为主，因此，在原料选择时首先考虑选用水溶性单体或聚合物经特殊处理能得到水溶性产物的单体。

而适用于油基作业流体或要求产物油溶时，则以油溶性聚合物为主，在原料选择时首先考虑选用油溶性单体或聚合物经特殊处理能达到油溶或油中分散的单体。围绕绿色化学品发展目标，选择绿色原料或天然材料。

（四）抗温抗盐和耐酸的要求

对于聚合物类（包括天然和合成产物）产品，为保证产物的高温稳定性，应选用热稳定性好的高分子材料，如主链含—C—C—、—C—S—、—C—N—键，以及含有刚性链或含有芳环结构的高分子材料，一般情况下避免选用主链含—O—键等不稳定键的高分子材料。

用于水基作业流体的高分子材料，对其主要水化基团也有一定的要求，尤其是用在高含盐，特别是高价金属盐的体系中的处理剂，一般要求水化基团应对 Na^+，尤其是 Ca^{2+}、Mg^{2+} 等离子的污染不敏感，在不存在 Ca^{2+}、Mg^{2+} 等离子时，采用—COO^- 即可以满足需要，但当存在高价离子时，则需要采用如—SO_3^-、—CH_2—SO_3^-、—PO_3^-、—OH 等对高价离子稳定的基团。

对于需要通过吸附发挥作用的材料，还需要考虑其吸附基团或极性，为了满足抗温，吸附基团应在高温下稳定，或者不易发生化学反应。胺基、季铵基等吸附基团可以使处理剂在黏土表面吸附更牢固，因此选用适当的胺基和阳离子季铵基团可以改善聚合物的吸附稳定性，特别是在合成用于钻井液防塌剂、黏土稳定剂，采油用黏土防膨剂等时效果会更明显。

用于酸性作业流体中的聚合物，必须采用酸环境下仍然具有水化作用的水化基团（阴离子或阴离子）或非离子基团，保证在酸性溶液中聚合物不收缩、不沉淀、不降解，以保证足够的黏度。

（五）工艺条件

自由基聚合、逐步缩合聚合及高分子化学反应等是油田用聚合物制备的基本反应。在油田用聚合物的设计中，根据产品的性质及应用的环境或目的，以及采用的化学反应，可以从简化生产工艺条件方面来降低产品的生产成本，减少产品的生产投资。如钻井液用聚合物降滤失剂，由于对其相对分子质量方面没有严格要求，该类聚合物产品采用“爆聚”的方法生产既可以减少生产费用，又可以提高生产效率，特别是在低相对分子质量的聚合物生产中，通过采用瞬间共聚脱溶剂一次干燥工艺，使产品成本明显降低。

对于高相对分子质量的聚合物产品也可以采用反相乳液聚合工艺，采用反相乳液聚合生产油田用聚合物既可以减少生产中对产品相对分子质量的影响，又可以使产品快速分散、溶解到作业流体中，有利于使用。

（六）环境要求

尽量减少产品在生产和使用中的环境污染。由于引起污染的因素很多，要完全消除聚合物对环境的影响是很困难的，但在设计时使污染控制在尽可能小的程度还是可以做到的。同时考虑聚合物材料在后期的可降解性能。采用工业废料或副产品为原料合成油田用聚合物，既有利于降低成本，也有利于环境保护。

通过采用绿色合成工艺，选择生物质原料尽可能减少聚合物在生产和应用中对环境的不利影响。

（七）注重实效

油田用聚合物研制开发要注重实际效果，不能追求概念，聚合物研究中的创新必须立足解决现场问题。对于聚合物合成，创新的前提是对分子设计的准确理解。在聚合物设计上不能追求概念，要上升到真正的分子设计的层次，就分子设计而言，用已知的原料放在一起反应，由于其结构是已知的，故不能说是分子设计，分子设计要依据需要，即不同用途对分子结构的要求，其核心是依需要为出发点，不是建立在已知原料的简单反应。创新不是标新立异，而是要从理论上和聚合物合成上下大功夫，用创新的思路和方法开展油田用聚合物研究，保证产品的适用性。同时重视从其他相关专业引进，并结合应用情况通过性能调整而达到所期望的目标。

对所设计产品既希望其性能优良，又希望其价格低廉，以便于产品的推广。可见，在合成设计中应选用来源丰富、价格低廉的原料，不然就失去了优化合成设计的意义。天然材料来源丰富价格低廉，天然材料改性是聚合物制备的较佳途径。当然，并不是说价格高就一定不经济，即使是成本较高的聚合物，如果性能优、效果好、应用中性价比合适，仍然可以采用。

（八）市场前景

看所设计的产品有否市场前景，产品用于解决什么问题，是否具有广阔市场。应该说市场需求和解决现场问题是油田用聚合物设计中必须考虑的因素，如果不考虑市场因素，聚合物设计的意义就会降低。尤其对于一些特殊情况下应用的聚合物，应用的面通常很窄，因此在设计时不仅针对特殊需求，还要考虑在通常情况下的应用，以扩大应用面。

三、聚合物分子与合成设计

油田用聚合物分子设计是指根据需要合成具有指定性能或功能的油田用聚合物产品的过程。一般包括如下内容。

(1)研究聚合物结构特征、基团性质及比例、相对分子质量及分布等与产物性能(或功能)之间的关系。首先找出定性关系,使聚合物设计有据可寻,在条件允许的情况下,尽可能找到定量关系,更有利于达到分子设计的最佳效果,以充分发挥聚合物的作用。

(2)分析油田作业流体、油田化学作业对聚合物的要求,按需要合成具有指定链结构的聚合物。这里所说的链结构包括链节单元、聚合度、枝化度和基团(类型与性质)、交联点等。

(3)研究在聚合物应用时,聚合物分子在溶液中的结构形态,吸附特征,分子链上基团类型和性质以及基团数量与油田用聚合物应用性能间的内在联系和相互关系。

(4)油田用聚合物设计要将高分子化学、油田化学和信息处理技术相互结合,开发聚合物分子设计软件、计算机辅助合成路线选择软件,以及建设油田用聚合物产品性能数据库等。这不仅是未来聚合物设计的重要方向,也是提高设计效率和成功率的重要途径。

(5)基于分子设计,确定最终用于合成的原料,根据所用原料的性质及目标产物的结构选择合成反应,拟定原料配比、合成反应工艺等。

参考文献

[1] 王中华,何焕杰,杨小华. 油田化学品实用手册 [M]. 北京:中国石化出版社,2004.
[2] 王中华. 钻井液及处理剂新论 [M]. 北京:中国石化出版社,2016.

第二章 丙烯酸聚合物

本章所述的丙烯酸类聚合物，包括丙烯酸均聚物和丙烯酸与丙烯酰胺等单体的共聚物，以及丙烯酸酯与其他单体的共聚物。由聚丙烯酰胺、聚丙烯腈等水解也可以得到具有含丙烯酸结构单元的聚合物，从结构上看类似于丙烯酸－丙烯酰胺共聚物或丙烯酸－丙烯酰胺－丙烯腈共聚物。

丙烯酸类聚合物中含有羧酸基团，它具有良好的水溶性，其水溶液中聚合物含量低时可形成氢键、分子缠结和网状结构，含量高时分子缠结严重，将形成凝胶状产物，相对分子质量越高，溶液黏度越大，在油田作业流体中具有减阻作用；羧酸基团的水化特性，使其在水溶液中具有很强的增黏性和假塑性，对于假塑性而言，相对分子质量越高，假塑性越强，浓度越高，假塑性越强；对于丙烯酸与丙烯酰胺的共聚物来说，分子中的非离子基团的吸附特性使其具有较强的吸附能力，可以在黏土和固相颗粒上产生吸附，以发挥其絮凝、护胶、分散等作用；分子中的羧基的存在，使其在水溶液中表现为电解质行为，并与高价金属离子产生交联、络合等作用；由于分子主链为碳链结构，具有良好的高温稳定性。此外，分子中的羧基和酰胺基还具有可反应性能，利用其反应性可以进一步通过化学反应制备改性产物，提高和改善产物的综合性能，以扩大其应用范围。

丙烯酸类聚合物还会因聚合物相对分子质量和基团比例的不同，而在油田化学作业流体中起到不同的主导作用，如增黏、降黏、阻垢分散、絮凝、包被、抑制防塌、减阻、调剖、堵水、防砂等。

丙烯酸类聚合物一般以羧酸盐的形式存在，主要是钠盐，也可以是钾盐、铵盐。在油田化学品中丙烯酸类聚合物，以丙烯酸（AA）均聚物和AA与丙烯酰胺（AM）的共聚物为主。甲基丙烯酸成本高，只是在一些特殊要求的聚合物产品制备中使用。

由于丙烯酸聚合活性高，可以通过控制聚合条件、引发剂用量、相对分子质量调节剂用量等制备出一系列不同组成和相对分子质量的产物，因此，AA与AM的共聚物是一类用途广泛的多功能高分子化合物，是水溶性高分子聚电解质中最重要的品种之一，广泛用于油田开发、矿业、印染、水处理和土壤改良，以及医药、卫生食品、水凝胶等。

丙烯酸酯的共聚物一般为油溶性，其会因为丙烯酸酯类型、共聚单体的类型，以及丙烯酸酯结构单元量和相对分子质量不同而起到不同的作用，作为油田用聚合物，主要用作防蜡剂、降凝剂、降黏剂和减阻剂等。

丙烯酸聚合物作为一种重要的油田用聚合物，适用于油田钻井、采油、提高采收率、酸化压裂、油气集输和水处理等各个作业环节，是构成油田化学品的重要材料。本章重点介绍聚丙烯酸钠、丙烯酸、丙烯酰胺共聚物和丙烯酸酯聚合物。

第一节 聚丙烯酸钠

聚丙烯酸钠，代号 PAAS 或 PAANa，是一种水溶性聚合物。商品形态的聚丙烯酸钠，其相对分子质量从几百到数千万，外观为无色或淡黄色液体、黏稠液体、凝胶、树脂或固体粉末，易溶于水；因中和程度不同，水溶液的 pH 值一般在 6～9 之间；能电离，有或无腐蚀性；易溶于氢氧化钠水溶液，但在氢氧化钙、氢氧化镁等水溶液中随碱土金属离子数量增加，先溶解后沉淀；无毒；吸湿性极强，聚丙烯酸钠的分子链中含有大量的强亲水基团（—COONa），因此其吸湿性极强，干燥产品在空气中可以吸湿自身质量的 10%，而经过交联制备的高吸水树脂则可以吸收自身质量 1000 倍以上的蒸馏水，但在无机盐等电解质溶液存在时，吸水性能将明显下降。

高相对分子质量的聚丙烯酸钠缓慢溶于水形成极黏稠的透明液体，黏性并非吸水膨润产生，而是由于分子内许多阴离子基团的离解作用使分子链增长，表观黏度增大而形成高黏性溶液，其黏度约为 CMC、海藻酸钠的 15～20 倍；加热处理、中性盐类、有机酸类对其黏性影响很小，碱性时则黏性增大；不溶于乙醇、丙酮等有机溶剂；加热至 300℃ 不分解；久存黏度变化极小，不易腐败；因系电解质，易受酸及金属离子的影响，黏度降低；遇足量二价以上金属离子（如铝、铅、铁、钙、镁、锌）形成不溶性盐，并最终引起分子交联而凝胶化沉淀；pH≤4 时可能产生沉淀。

随着相对分子质量增大，聚丙烯酸钠自无色稀溶液变为透明弹性胶体乃至固体，性质、用途也随相对分子质量不同而有明显区别（表 2-1）。相对分子质量在 1000～10000 的，可用作钻井液降黏剂、稀释剂或分散剂，同时用于水处理（分散剂或阻垢剂）、造纸、纺织印染、陶瓷等工业领域。相对分子质量在 10×10^4 以上的产品，可用作涂料增稠剂和保水剂，可使羧基化丁苯胶乳、丙烯酸酯乳液等合成胶乳黏度增长，避免水分析出，保持涂料体系稳定。相对分子质量在 100×10^4 以上的产品，可用作钻井液絮凝剂、增黏剂、降滤失剂，水处理絮凝剂以及在食品工业中作增黏剂、乳化分散剂等。交联高相对分子质量的聚丙烯酸钠用作高吸水性树脂。聚丙烯酸钠类吸水性树脂是近年来国内外广泛开发研究的一种新型功能高分子材料，它是一种具有松散网络结构的低交联度的强亲水性高分子化合物，具有超高的吸水和保水性能，无毒无臭，在医疗卫生、石油化工、土壤保水等方面得到广泛应用；在油田可用于堵漏剂、堵水调剖剂和驱油剂等。

聚丙烯酸钠 $LD_{50}>10g/kg$（小鼠，经口）。亚急性实验：大鼠 0.5g/kg/d 以下，6 个月无异常。

表 2-1 不同聚合度聚丙烯酸钠的功能及应用

聚合度	功能	用途
1～50	离子封闭	防水垢剂、洗涤作用增效剂
60～500	分散、水还原作用	分散剂、石油钻井添加剂、水还原剂
500～10000	防沉淀、分散作用	分散剂、柑橘保鲜剂、增稠剂、保护胶、铸造黏合剂、医药糖衣黏合剂
10000～100000	沉积、絮凝、沉淀作用	加快墙体材料黏性剂、农药防漂散剂、电解盐水精制、絮凝剂
100000～500000	水膨胀性	水凝胶

由于聚丙烯酸分子中的羧酸基具有可反应性，通过羧酸基可以发生如下反应。

（1）中和反应。聚丙烯酸可以与各种碱发生中和反应，多价金属的碱和丙烯酸生成不溶性盐。

（2）酯化和酰胺化反应。在较高温度下，聚丙烯酸可以与乙二醇、甘油、环氧烷烃等发生酯键结合并形成交联型水不溶性聚合物。聚丙烯酸与高级脂肪醇发生酯反应可以得到带有支链的聚丙烯酸酯；聚丙烯酸可以与多元胺发生酰胺化反应并形成交联型水不溶性聚合物。聚丙烯酸与高级脂肪胺发生酰胺化反应可以得到带有支链的聚丙烯酰胺。

（3）络合反应。聚丙烯酸和聚醚（如聚氧乙烯）可常温下生成具有较强氢键、不溶于水的络合物。聚丙烯酸能与水中的金属离子如钙、镁等形成稳定的络合物。

（4）脱水和降解反应。在150℃以上，聚丙烯酸可发生分子内脱水，形成含六元环结构的聚丙烯酸酐，同时在分子间作用缩合形成网状异丁酐类聚合物。

一、制备工艺

聚丙烯酸钠通常采用以下不同的工艺制备。

（1）聚合法。先用丙烯酸和烧碱反应生成丙烯酸钠单体，再将单体在过硫酸盐或过硫酸盐－亚硫酸盐氧化还原引发剂的引发下聚合成聚丙烯酸钠。

（2）中和法。首先将丙烯酸在过硫酸盐或过硫酸盐－亚硫酸盐氧化还原引发剂作用下聚合成聚丙烯酸，然后将聚丙烯酸与烧碱中和生成聚丙烯酸钠。

（3）皂化法。先由丙烯酸与甲醇反应生成丙烯酸甲酯，将丙烯酸甲酯聚合后的悬浮液或乳胶在氢氧化钠水溶液中加热，制得聚丙烯酸钠。

（4）水解法。先由丙烯酰胺（或丙烯腈）聚合生成聚丙烯酰胺（或聚丙烯腈），然后在碱性条件下将聚丙烯酰胺（聚丙烯腈）水解生成聚丙烯酸钠。

目前一般使用聚合法，中和后的丙烯酸钠聚合速率平稳，工业反应容易控制。聚合法生产可以采用以下不同的聚合工艺。

1）水溶液聚合

水溶液聚合反应是把单体及引发剂溶解在水中进行的聚合反应。该法操作简单、环境污染小，且聚合物产率高，易获得高相对分子质量聚合物，不仅是聚丙烯酸工业生产最早采用的方法，而且一直是聚丙烯酰胺工业生产的主要方法。目前，对水溶液聚合的研究已经比较深入，既有二元共聚物，也有多元共聚物等，从离子性质讲，有阴离子共聚物、阳离子共聚物和两性离子共聚物等。

在水溶液聚合中，单体浓度、引发剂类型和用量、体系的 pH 值和聚合反应温度等是影响聚合反应和产物相对分子质量的关键。

2）反相乳液聚合

反相乳液聚合法是将反应物分散在油性介质中，通过乳化剂的作用，在搅拌或剧烈震荡下分散成乳液状进行聚合的方法。一般反相乳液聚合使用油溶性的引发剂，多为阴离子型自由基引发剂和非离子型自由基引发剂，而反相悬浮聚合多使用水溶性引发剂，如过硫酸盐等。该方法与一般的乳液聚合的不同之处在于：单体是亲水性或水溶性的，水相中的单体分散在油性介质中，为“油包水”型聚合系统。所采用乳化剂的亲水亲油平衡值（HLB）为 3 ~ 8。反相乳液聚合法具有广阔的发展前景。

3）反相悬浮聚合

反相悬浮聚合法是将反应物分散在油溶性介质中，单体水溶液作为水相液滴或粒子，水溶性引发剂溶解于水相中引发聚合的方法。从 20 世纪 90 年代开始，研究者将反相悬浮聚合工艺应用于丙烯酸钠聚合，不仅解决了黏度高及搅拌传热困难等难题，并兼有聚合速度快和产物相对分子质量高等优点，且反应条件温和，可直接制成粉状或粒状产物。经过近 30 年的发展，逐步受到重视，已经成为实现水溶性聚合物工业化生产的理想方法。

研究表明，乳化剂类型影响产物结构，采用水溶性乳化剂和链烷烃油相时，乳化剂的 HLB 值一般大于 8，聚合机理及动力学与溶液或悬浮聚合相同，每一个液滴相当于一个单独的水溶液聚合单位，链引发、链增长、链转移和链终止具有游离基聚合的特征，在动力学上对引发剂浓度为 0.5 次方关系，符合双分子终止机理。反相悬浮聚合分为三个阶段，第一个阶段形成 W/O 或双连续相，体系的电导接近油相电导；第二个阶段发生相反转，体系电导突增，接近水的电导，水相成为连续相，且黏度明显增加；第三个阶段为反相悬浮聚合。也有研究认为反应体系聚合到一定程度，逐渐形成聚合物颗粒，而且一旦出现，则迅速增加。

反相悬浮聚合法还存在受搅拌速率影响大、易聚结、共沸时体系不稳定、易产生凝胶、出水时间长等问题。

4）辐射聚合

辐射聚合可归结为本体聚合，该方法在生产过程中不添加任何助剂，产品纯度高。近年来虽然有对高吸水性树脂的辐射聚合研究，但工业化尚有困难。

二、低相对分子质量聚丙烯酸（钠）

如前所述，聚丙烯酸钠可用水溶液法、反相乳液法、反相悬浮法等引发聚合制得。其聚合过程是自由基聚合反应，遵循典型的连锁反应机理。溶液聚合法适宜制备几千至几十万之间的聚合物，更大相对分子质量的制备需用乳液法及沉淀法等。影响聚合反应的因素很多，如溶液的 pH 值、引发剂用量、聚合反应温度、链转移剂、单体浓度等，都会影响聚合物的相对分子质量。

低相对分子质量聚丙烯酸钠的合成通常采用水溶液法，对丙烯酸单体没有严格的要求，但特殊用途需经纯化处理。合成时引发剂用量较大，具体用量因合成工艺和对产物相对分子质量的要求而异，一般用量为相对单体质量的 0.5% ~3%；反应温度较高，一般在 40 ~100℃之间，特殊合成工艺的聚合反应温度高达 135℃，可直接合成出固态产品。

具体操作过程：在装有搅拌器、温度计和滴液漏斗的反应瓶内，加入一定量的蒸馏水和链转移剂，在水浴锅上加热至一定温度，滴加单体丙烯酸，同时滴加引发剂的水溶液，并在 2 ~3h 内将丙烯酸和引发剂的水溶液滴加完毕，再保温反应，冷却至 40℃左右后，加入一定量 30% NaOH 水溶液，中和至 pH 值为 7 ~8，加热蒸馏出链转移剂和水的混合物，回收循环使用，得到淡黄色黏稠的聚丙烯酸钠溶液。

（一）制备实例

1. 水溶液聚合法

在装有搅拌器、回流冷凝器、滴液漏斗和温度计的反应瓶中，加入一定量的去离子水和链转移剂 $NaHSO_3$，搅拌溶解，然后在不断搅拌下加热升温至要求温度时，开始分别滴加单体丙烯酸和引发剂过硫酸铵水溶液，并在 40min 内滴加完毕。之后保温反应一定的时间。反应完毕，将反应物冷却至 40 ~50℃时，缓慢加入质量分数 20% 的 NaOH 水溶液中和至 pH =7 ~8，得浅黄色透明聚丙烯酸钠（PAANa）溶液。经烘干研磨可得到白色或微黄色聚丙烯酸钠固体粉末[1]。

在水溶液聚合过程中引发剂用量、AA 质量分数、链转移剂用量、反应时间和反应温度等对聚合反应的影响情况如下。

为合成低相对分子质量 PAANa，在聚合过程中一般要加入异丙醇、巯基乙醇等链转移剂，并随着链转移剂用量的增大，生成的聚合物相对分子质量降低，但添加这些链转移剂，在聚合反应结束时要采用蒸馏回收链转移剂，故耗能费时。$NaHSO_3$ 在反应体系中，既是还原剂又是链转移剂，且价廉易得、不用回收、操作简单。如图 2-1 所示，以 $NaHSO_3$ 作为链转移剂时，当亚硫酸氢钠为 4.5%（占丙烯酸的质量百分数），单体浓度为 25%，温度为 70℃，反应时间为 2h 时，引发剂量小时，聚合物相对分子质量大，随着引发剂量的升高，相对分子质量降低。这是由于引发剂用量小，分解出的自由基数目少，有利于多个单体聚合在同一条分子链上，所以聚合物相对分子质量大；增加引发剂用量，分解出更多的自由基，出现更多的聚合活性点，有利于单体分别聚合在不同的分子链上，所以聚合物相对分子质量降低。

当过硫酸铵用量为 5.5%，亚硫酸氢钠为 4.5%，反应温度 70℃，反应时间 2h 时，随着单体浓度的增加，相对分子质量不断增加。这是因为单体浓度越高，单体之间相互聚合的机会就越多，容易形成长的分子链，所以相对分子质量升高，但浓度过高时反应不容易控制；浓度低时，单体间相互聚合的机会就变小，不容易形成长分子链（图2-2）。

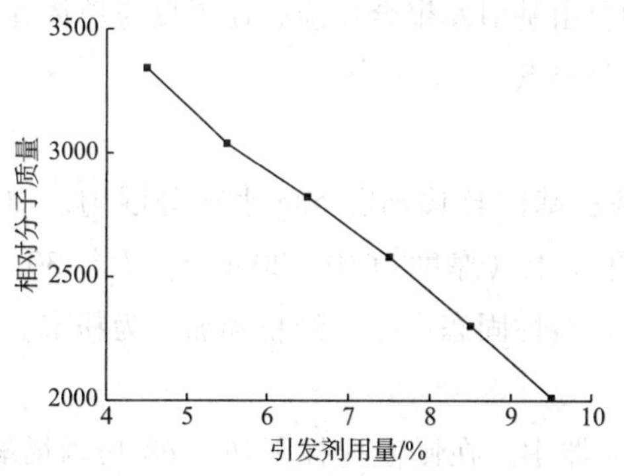

图2-1 引发剂用量对产物相对分子质量的影响

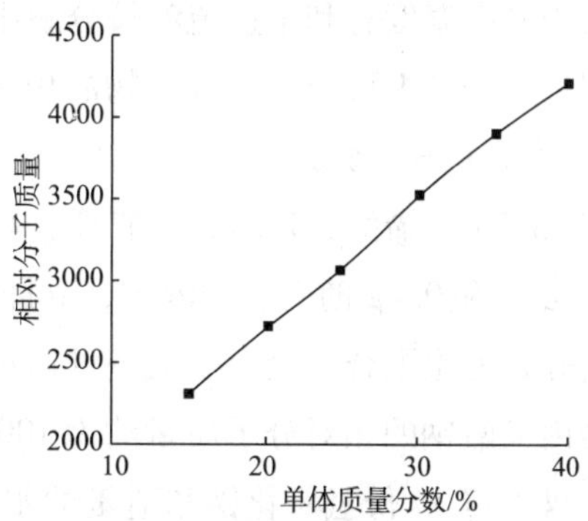

图2-2 单体质量分数对产物相对分子质量的影响

图2-3结果显示，当引发剂用量5.5%，单体浓度25%，反应温度70℃，反应时间2h时，随着亚硫酸氢钠用量的增加，相对分子质量呈现降低的趋势。如图2-4[2]所示，在以$K_2S_2O_8$为引发剂，丙烯酸质量分数25%，70℃下反应5h时，随着m（$NaHSO_3$）：m（$K_2S_2O_8$）的增大，PAANa相对分子质量明显减小。这是因为$NaHSO_3$加入量少时，开始它只起到还原剂的作用，可以与$K_2S_2O_8$反应产生少量的自由基并引发聚合反应，但随着$NaHSO_3$加入量的增大，产生自由基数目增多，反应活性中心增多，聚合反应速度加快，PAANa相对分子质量下降。当$NaHSO_3$加入量继续增大时，$NaHSO_3$不仅起还原剂作用，还起链转移剂作用，所以PAANa相对分子质量急剧下降。要获得相对分子质量为2000～4000的PAANa，m（$NaHSO_3$）：m（$K_2S_2O_8$）控制在（10∶1）～（14∶1）之间较合适。

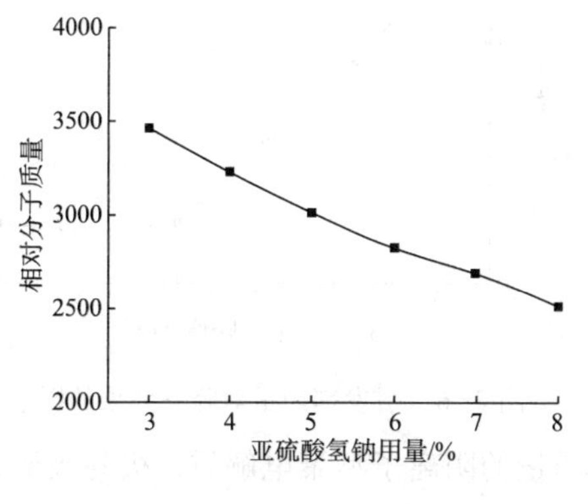

图2-3 亚硫酸氢钠用量对产物相对分子质量的影响

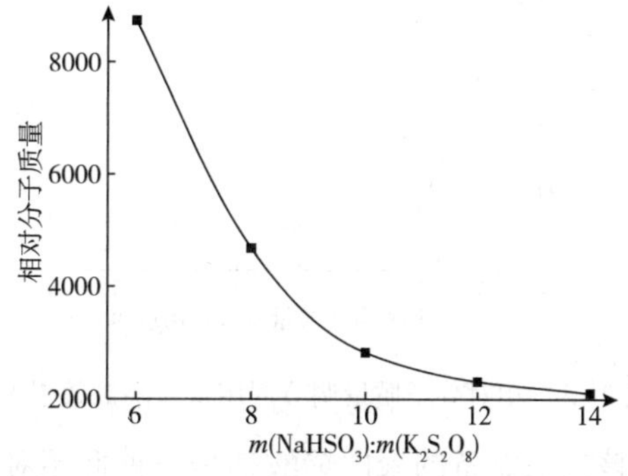

图2-4 m（$NaHSO_3$）：m（$K_2S_2O_8$）对产物相对分子质量的影响

实验表明，当过硫酸铵为5.5%，亚硫酸氢钠为5%，单体浓度25%，反应温度70℃时，随着反应时间的延长，相对分子质量增大，但增加缓慢；虽然延长反应时间有利于单体聚合成更长的分子链、提高聚合物的相对分子质量，但从实验的结果来看，这种作用是比较缓和的。因为随着反应时间的延长，在反应体系中的单体越来越少，所以延长反应时间相对分子质量增加的幅度不明显，呈现平缓的趋势；当过硫酸铵为5.5%，亚硫酸氢钠为5%，单体浓度25%，反应时间1.5h时，随着温度的升高，产物的相对分子质量降低。这是由于升高温度有利于过硫酸铵分解出更多的自由基引发聚合反应，使得反应单体在更多不同的分子链上聚合，导致产物的相对分子质量降低。

2. 聚合干燥一步法

将73.7g丙烯酸、16.9g调节剂、7.5g巯基乙基链转移剂和50g水充分混匀，加入0.3g引发剂和0.4g助引发剂混匀，立即倾倒在平板上（厚度为10～20mm），大约30s后混合物开始发生聚合。最后生成一种白色树脂状水溶性固态产品，经粉碎加工为粉末。获得的聚丙烯酸钠的相对分子质量约为1000[3]。

也可以将34份氢氧化钠和适量的水加入反应器中，在慢慢搅拌下加入68份丙烯酸，等丙烯酸加完后，加入3.5份相对分子质量调节剂和8份纯碱，搅拌使其分散，控制体系的温度为80℃（丙烯酸和氢氧化钠中和热即可达到此温度），加入2.2份过硫酸钾，搅拌均匀，约10min后，发生快速聚合反应，最后得到白色泡沫状产物。将所得产物冷却、粉碎，即得到产品，可用于钻井液降黏剂。

实践表明，在聚丙烯酸钠钻井液降黏剂合成中，相对分子质量调节剂用量和引发剂用量是决定产品降黏能力的关键，图2-5和图2-6分别是相对分子质量调节剂和引发剂用量对产物在10%膨润土基浆中（样品加量0.6%）降黏能力的影响结果。从图中可以看出，只有相对分子质量调节剂和引发剂用量适当时，才能得到降黏能力最佳的产品。

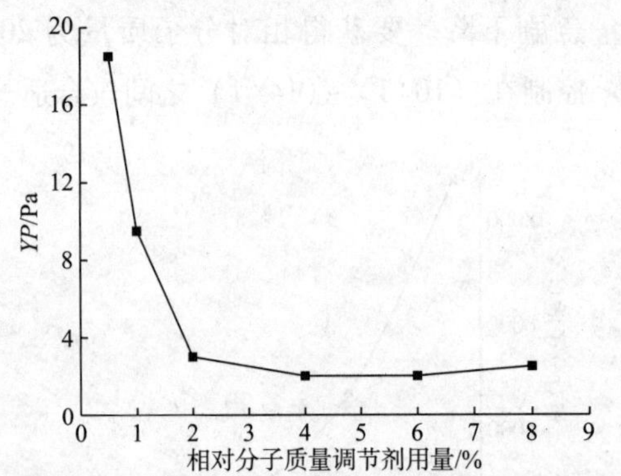

图2-5　相对分子质量调节剂用量对降黏效果的影响

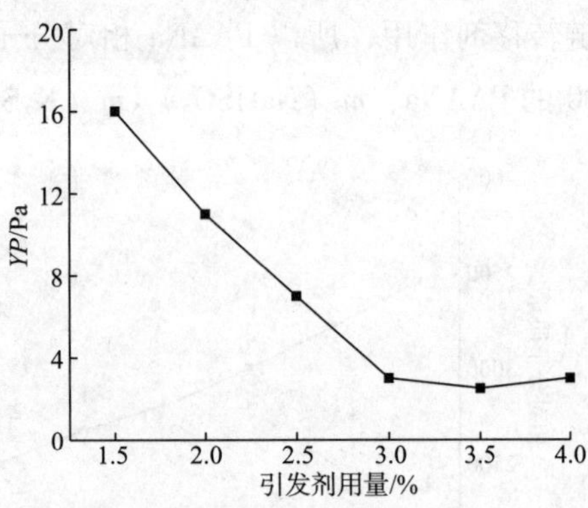

图2-6　引发剂用量对降黏效果的影响

该方法制备的聚丙烯酸钠是一种低相对分子质量的阴离子型聚电解质，极易吸潮，可溶于水。典型的商品代表是X－A40，早期应用的XW－74也属于该剂，是最早应用的聚合物降黏剂之一。其平均相对分子质量为5000左右。在钻井液中加量为0.3%时，可抗0.2% $CaSO_4$和1% NaCl，并可抗150℃的高温。

其较强的稀释作用，主要是由其线型结构、低相对分子质量及强阴离子基团所决定的。一方面，由于其相对分子质量低，可通过氢键优先吸附在黏土颗粒上，从而顶替掉原已吸附在黏土颗粒上的高分子聚合物，拆散由高聚物与黏土颗粒之间形成的“桥接网架结构”；另一方面，低相对分子质量的降黏剂可与高分子主体聚合物发生分子间的交联或络合作用，阻碍了聚合物与黏土之间网架结构的形成，从而达到降低黏度和切力的目的。但若其聚合度过大，相对分子质量过高，反而会使黏度、切力增加，这可以从图2-7所示的聚合度与产品所处理钻井液黏度和动切力的关系中看出[4]。

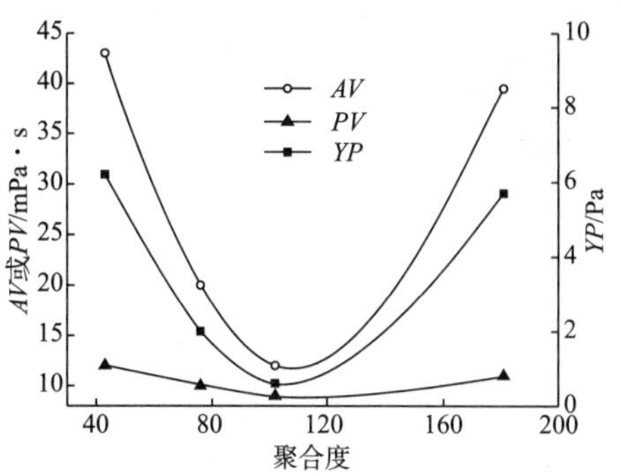

图2-7 聚合度与产品所处理钻井液黏度和切力的关系

基浆为安丘膨润土浆+0.08%的80A-51，样品加量0.3%

3. 超声波辅助合成低相对分子质量聚丙烯酸钠

在带有回流冷凝管、温度计、滴液漏斗的四口烧瓶中加入一定量的去离子水、亚硫酸氢钠，其用量（质量分数）占体系的5%，置于超声波清洗器（25kHz，50W）中并开启超声波，滴加单体丙烯酸及引发剂水溶液，滴加时间控制在60～90min。用30%的NaOH溶液中和至pH值为7～8，得无色黏稠低相对分子质量聚丙烯酸钠溶液。实验基本条件为：引发剂1%、单体30%、反应温度60℃、超声波作用180min[4]。

研究表明，超声波辅助合成低相对分子质量聚丙烯酸钠的过程中，超声波作用时间、引发剂用量、单体浓度和反应温度等是影响聚合反应的关键因素，实验结果见图2-8～图2-12。

如图2-8所示，在合成条件一定，有超声波作用下的转化率明显高于无超声波作用的转化率。由于引发剂的存在，自由基的产生由引发剂的分解而来，在超声波聚合体系中，超声波的作用加快了引发剂的分解，提高聚合反应速率和转化率，使体系在120min时，转化率由80%提高到95%。而无超声波作用下的最终转化率为90%，反应时间在180min以上。

在合成条件一定时，使用超声波得到聚合物相对分子质量为2655，不使用时为2604，两种差别不大，这是因为在超声波的作用下，加快了引发剂的分解，提高聚合体系中的自由基密度，加速聚合反应的进行。但是，随着聚合体系中的自由基密度的增加，链终止与链转移的几率也增大。所以，超声波的使用对聚合物相对分子质量的影响不大。

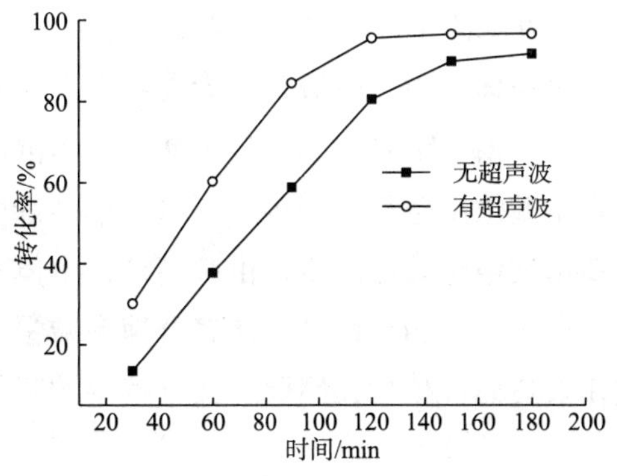

图2-8 超声波对单体转化率的影响

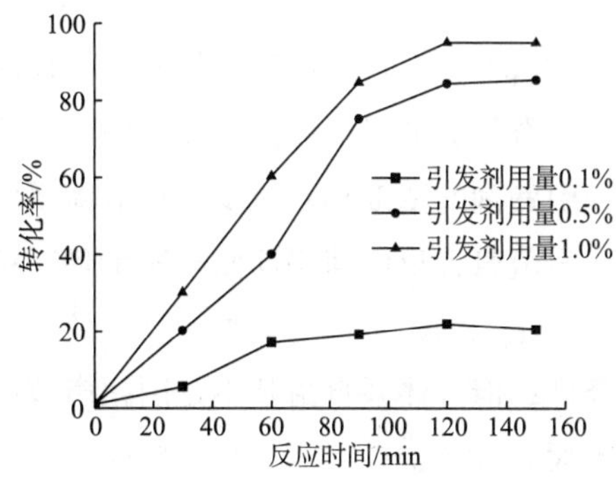

图2-9 引发剂用量对转化率的影响

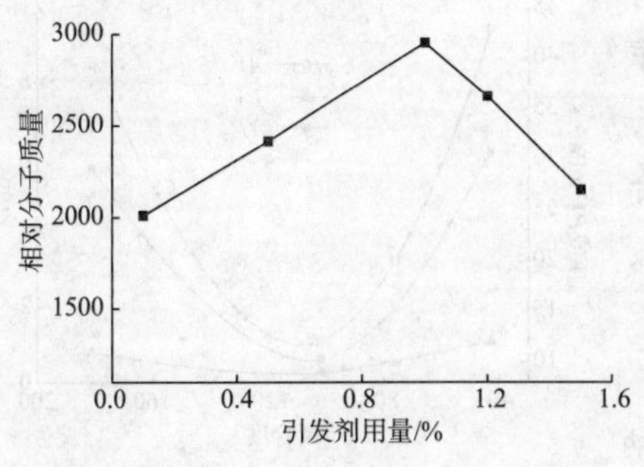

图 2-10 引发剂用量对聚合物相对分子质量的影响

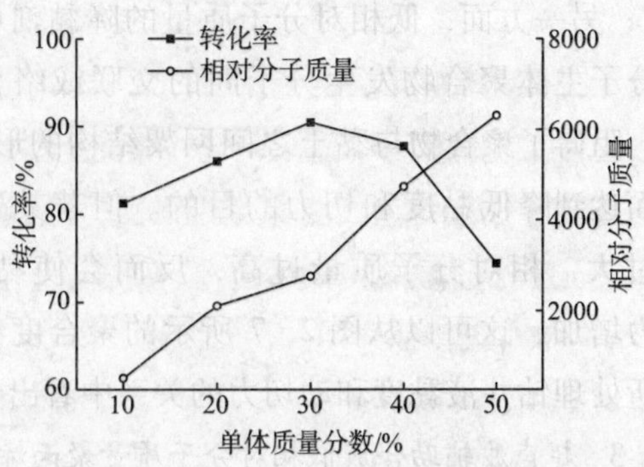

图 2-11 单体质量分数对单体转化率及聚合物相对分子质量的影响

在无外加引发剂条件下采用超声波对 AA 水溶液反应体系催化聚合，超声波作用 120min 时，AA 转化率均不到 10%。说明对于水溶液反应体系，超声波的空化作用虽能产生自由基，但是数量相对很少。因此，AA 水溶液反应体系不适合单独使用超声波引发聚合。这是由于超声波的机械振动能较低，能够促进引发剂过硫酸铵的尽快分解，提高了过硫酸铵的效率，缩短反应时间，提高单体的聚合转化率，但难以使 AA 单体水溶液反应体系自身产生足够的自由基。这也是超声波对相对分子质量影响不大的原因。

图 2-9 表明，在外加超声波时，增加引发剂用量，AA 转化率迅速提高，当引发剂用量为单体质量的 1%，反应时间 120min 时，单体转化率可达到 95%，而传统的聚合时间一般为 4 ~5h，可见，超声波的使用，大大缩短了聚合反应时间。引发剂用量对聚合反应的影响也很明显，当引发剂用量为单体的 1% 和 0.5% 时，单体的转化率相对较高，而当引发剂用量降到 0.1% 时，转化率就大大降低。这也间接地说明了超声波的作用并不直接引发 AA 聚合，只是起到辅助聚合的作用，聚合反应仍然是靠引发剂的分解产生的自由基引发来完成的。

如图 2-10 所示，在超声波作用下，引发剂的用量过低时，聚合速度慢，转化率低，聚合物相对分子质量也低，引发剂用量过高时，相对分子质量下降。在保证较高的转化率的情况下，要得到相对分子质量为 2000 ~3000 的聚丙烯酸钠，引发剂的质量分数以 1% 为宜。

从图 2-11 可以看出，在合成条件一定时，随着单体浓度的增大，单体的转化率先增加，后有所下降。这是由于单体质量分数增加，单位体积内单体数目增大，聚合反应平衡向生成聚合物大分子的方向移动，因而转化率增加；由于引发剂的用量不变，单体浓度增加时，引发剂的浓度相对减少，反应体系中的自由基浓度也相对减少，所以，单体浓度增加到一定值时，反应速率反而有所下降。按照超声波空化效应产生自由基理论，单体浓度升高，空化泡内的蒸汽压提高，空化效应减弱，产生更少的自由基，使聚合速率减慢，转化率降低；但该体系自由基不是因超声波的空化效应而产生的，因此，聚合速率的降低幅度并不大。

图 2-11 的实验结果还表明，随着丙烯酸质量分数的增加，聚合物相对分子质量明显

增加，当单体质量分数为50%时，相对分子质量超过6000。如果单体质量分数过低，则相对分子质量太小，无分散作用，且聚合速度慢，反应不完全。所以，要控制相对相对分子质量在2000～3000之间，单体质量分数以30%为宜。而控制相对分子质量在4000～5000之间时，单体质量分数选40%为宜。

如图2-12所示，合成条件一定时，随着反应温度的升高，聚合速率增加，转化率提高，50℃以上转化率达95%左右；低于40℃时转化率大大降低，这主要是因为温度低于40℃时，引发剂的分解速率大大降低，产生的自由基大大减少。这也进一步说明超声波主要是辅助催化作用，而非产生自由基。在实验条件下，适宜的反应温度为50～60℃。

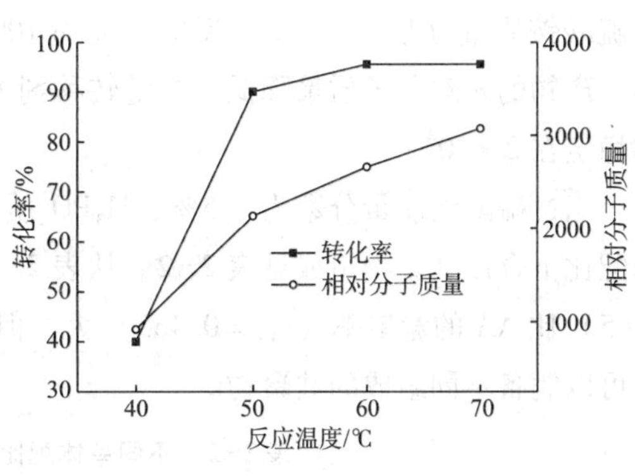

图2-12 反应温度对单体转化率和聚合物相对分子质量的影响

从图2-12还可以看出，在温度低于40℃时，聚合物相对分子质量很低，高于50℃时，相对分子质量高于2000，在50～70℃之间，随反应温度的升高，相对分子质量逐渐增大，但增加幅度不大，易于生产控制。反应温度升高，单体活性增加，聚合速度增加，链增长速率也增大，但链终止速率也增大，聚合度增加幅度不大。

（二）改性低相对分子质量的聚丙烯酸钠

1. 聚（丙烯酸钠-4-乙烯基吡啶）

低相对分子质量的聚丙烯酸盐产品作为分散剂被广泛使用，由于其不能迅速地生物分解，会导致在自然环境中的积累。为了改善水溶性丙烯酸聚合物的生物分解性能，将少量的4-乙烯基吡啶（4-VP）引入聚丙烯酸钠主链得到的聚（丙烯酸钠-4-乙烯基吡啶），不仅可以保持聚丙烯酸钠原有的螯合分散性能，还可以赋予其优异的可生物降解特性，符合绿色化学品的发展方向[5]。

1）共聚物的合成

取10mL丙烯酸和一定量的4-VP配成30mL溶液，再准确称取一定量的引发剂过硫酸铵配成30mL溶液。在带有搅拌器、恒压漏斗、温度计的250mL四口烧瓶中，加入少量的蒸馏水，加热至100℃并恒温10min后，分别用恒压漏斗滴加上述两种溶液，3h滴完，继续反应一定时间后，迅速降低温度终止反应。冷却至40℃以下后用质量分数25%的氢氧化钠溶液中和90%的羧基。产物经乙醇洗涤后干燥，即得产品。

2）影响反应的因素

实验表明，影响反应的因素主要是反应温度、引发剂用量和链转移剂用量，以产物的相对分子质量为考察依据时：①当总单体质量分数为25%，m（4-VP）：m（AA）=1∶20，过硫酸铵质量分数为1.5%，反应条件一定时，随着反应温度的升高，产物的相对

分子质量在 $7\times10^5\sim2\times10^5$ 范围内开始快速降低，当温度超过70℃后，降低趋缓；②当总单体质量分数为25%，m（4-VP）∶m（AA）=1∶20，反应温度为100℃时，随着引发剂用量的增加产物的相对分子质量逐步降低，当引发剂用量超过2%时，产物的相对分子质量基本稳定在接近 7×10^4；③当总单体质量分数为25%，m（4-VP）∶m（AA）=1∶20，过硫酸铵质量分数为1.5%，反应温度为100℃时，随着链转移α-巯基乙醇剂用量的增加，产物的相对分子质量降低，当链转移剂加量超过1.5%以后，产物的相对分子质量基本稳定在 2×10^4。

当过硫酸铵质量分数为1.5%，H_3PO_2 质量分数为2%，反应温度为100℃时，不同单体配比下合成共聚物组成见表2-2。从表2-2可以看出，尽管4-VP的竞聚率（r_{4-VP}=1.65）比AA的竞聚率（r_{AA}=0.435）大，但采用连续滴加的加料方式，通过改变原料配比可以制备不同组成的共聚物。

表2-2 不同单体配比下所合成共聚物的组成

总单体中4-VP的摩尔分数/%	聚合物中4-VP单元摩尔分数①/%	[η]/（mL/g）	黏均相对分子质量/10^4
0.00	0.0	84	1.40
1.36	1.6	77	1.28
2.04	2.5	74	1.23
3.41	3.4	90	1.52
6.81	5.6	104	1.79
13.62	8.7	85	1.43

注：①基于元素分析计算。

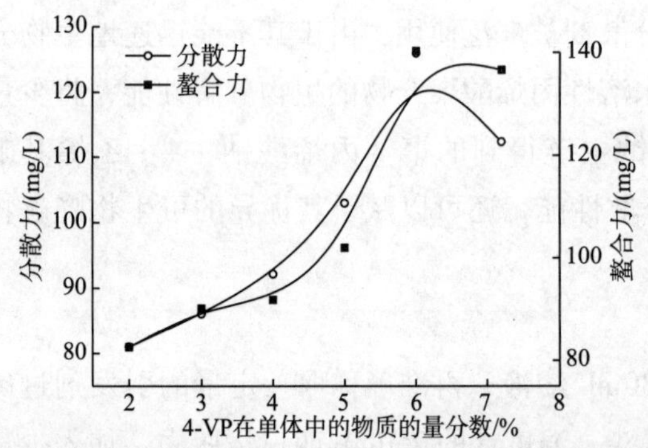

图2-13 单体中4-VP物质的量分散对分散和螯合能力的影响

3）单体配比对钙螯合力、分散力的影响

从图2-13可以看出[6]，在引发剂用量、反应时间、反应温度等条件保持不变的情况下，随着单体中4-VP量的增加，共聚物的钙螯合力和分散力都增加，当4-VP的物质的量分数大于6%时，聚合物的螯合力几乎不变，而分散力开始下降。

4）共聚物组成和相对分子质量对P（AA-4-VP）生物降解性的影响

常用聚合物培养液在生物培养过程中的5d生化需氧量与理论需氧量的比来表示聚合物的生物降解率。以其表示的P（AA-4-VP）的生物降解率（BOD_5/TOD×100%）与聚合物中4-VP含量和黏均相对分子质量间的关系见图2-14和图2-15[7]。从图2-14可见，随着P（AA-4-VP）中4-VP含量的增大，聚合物的生物降解率先快速增加而后缓慢增大。当共聚物中4-VP质量分数为0.6%

时，所得产物具有较强的生物降解能力。由于吡啶的质子化所形成的吡啶鎓基增强了共聚物与微生物细胞的亲和性，并进而促进了聚合物的生物降解，故聚合物中4－VP的含量越大，羧基与吡啶基相互作用所形成的吡啶鎓基的量也越大，对应聚合物的生物降解率就越高，这说明聚合物中4－VP含量的大小决定了其可生物降解性的强弱。从图2－15可见，聚合物的相对分子质量，对其生物降解率的影响较大，相对分子质量越高，聚合物的生物降解率就越小，相应聚合物的生物降解性也就越差。

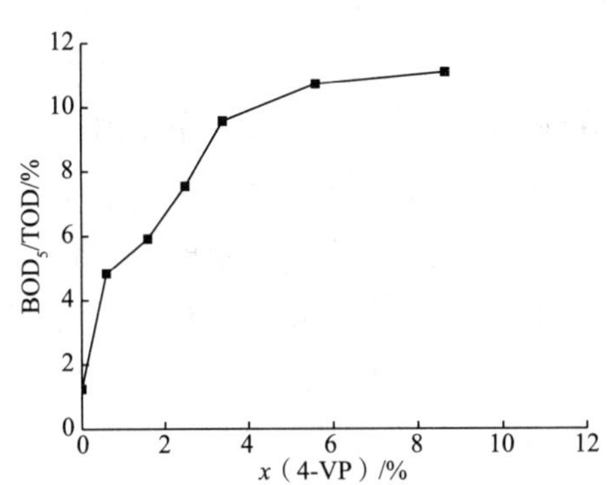

图2－14　分子4－VP含量对生物降解性的影响

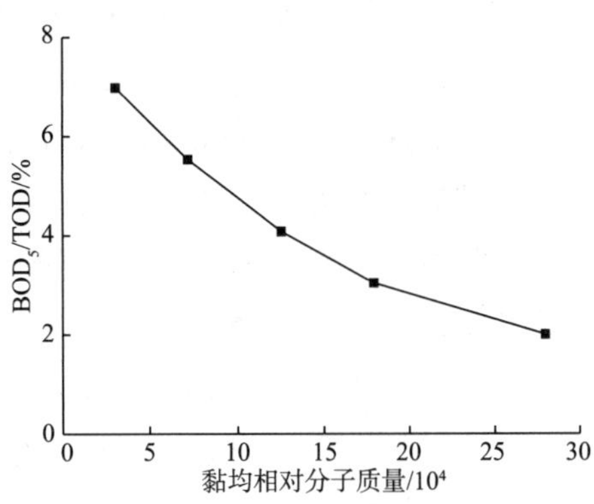

图2－15　相对分子质量对生物降解性的影响

2. 其他类型的低分子共聚物

为了提高聚丙烯酸钠的性能，在实际应用中通过引入部分不同性质的单体与丙烯酸共聚，可以制备一系列改性的聚丙烯酸钠，包括丙烯酸的二元和多元共聚物。

1）丙烯酸和2－丙烯酰胺基－2－甲基丙磺酸的共聚物

丙烯酸与2－丙烯酰胺基－2－甲基丙磺酸的共聚物P（AMPS－AA），作为一种低相对分子质量的阴离子型聚合物，易吸潮，可溶于水，水溶液呈弱碱性。其相对分子质量为1500～5000，用于钻井液降黏剂，抗温大于260℃，抗钙能力强，钙离子高达1800×10^{-6}时，它所处理的钻井液仍然保持良好的流变性，对不同NaCl含量的褐煤－FCLS钻井液具有较好的稀释效果，无分散作用，能很好地稳定井壁，控制高温下静止老化后增稠效果好[8]。由于分子中引入了AMPS结构单元，使产物具有较好的钙镁容忍度，与XB－40相比，提高了抑制性和抗温、抗盐、抗钙能力。用作水处理剂时，由于分子中不仅含有阻垢分散性能的羧酸基，而且还含有强极性的磺酸基，能提高钙容忍度，当与有机膦酸盐复配使用时，能保证水系统中有足够的有机膦酸，从而提高系统的整体缓蚀性能和阻垢性能，另外对磷酸钙沉积和锌盐沉积有卓越的阻垢能力，对三氧化二铁颗粒有良好的分散性能，特别适用于高pH值、高硬度、高碱度的恶劣水质。

方法1：在室温下，将35份2－丙烯酰胺基－2－甲基丙磺酸和适量的水加入反应釜中，开动搅拌，待原料溶解均匀后加入47份丙烯酸，然后升温至30～35℃；加入4份相对分子质量调节剂，5min后依次加入6.5份的过硫酸铵和3.5份亚硫酸氢钠，在不断搅拌下反应1.5h，即得黏稠的共聚物溶液。将所得产物用质量分数为30%的氢氧化钠溶液中和至 pH 值 6.5~7.5，进行烘干，粉碎得共聚物钠盐。该方法制备的低相对分子质量 P（AMPS-AA）是一种抗高温抗盐的钻井液降黏剂。

方法 2：将 600 份水加入到反应釜中，将 184 份丙烯酸和 91 份 2-丙烯酰胺-2-甲基丙磺酸混合溶解后泵入高位槽或计量桶中，将过硫酸盐引发剂配制成质量分数为 20%~30% 的水溶液，泵入另一高位罐或计量桶中，开动搅拌并加热使釜内温度升至 90℃，然后缓慢加入上述单体混合溶液和引发剂水溶液，根据釜内反应温度适当控制加料速度。上述物料投加完毕后，保温 95℃ 反应 2h，最后冷却至 40℃ 左右，即得成品。该方法制备的产物适用于油田污水回注系统作阻垢分散剂。

在制备中通过引入部分阳离子单体得到的丙烯酸、2-丙烯酰胺-2-甲基丙磺酸、二甲基二烯丙基氯化胺共聚物[9]，表现出良好的阻垢分散性能，它可以在高温高碱环境下使用，并可与其他油田助剂复配使用。制备过程是：按所需配比称取一定量的丙烯酸、二甲基二烯丙基氯化胺、2-丙烯酰胺基-2-甲基丙磺酸分别溶于蒸馏水中，在装有电动搅拌器、回流冷凝器、滴液漏斗和温度计的四口烧瓶中，依次加入各溶解后的单体，补加适量蒸馏水使溶液中单体质量分数为 30%，用氨水调节 pH 值 8~9，开动搅拌，在反应温度下通氮气 30min，滴加引发剂（用量为占单体质量的 8%，提前溶于水），于 90℃ 下恒温反应 5h，停止搅拌，冷却后出料，即可得到浅黄色透明黏稠液体。

2）膦基羧酸共聚物

膦基（丙烯酸/马来酸酐）共聚物或含磷（丙烯酸/马来酸酐）共聚物是新一代含磷羧酸聚合物水质稳定剂，其分子结构特点是分子中同时含有膦酸基团和羧酸基团，因而兼具有机膦酸的强螯合功能和羧酸共聚物的高分散功能，其在钙容忍度、抑制碳酸钙、硫酸钙、硫酸钡沉积、稳定锌离子和分散氧化铁颗粒沉积等综合性能方面均优于有机膦酸、羧酸聚合物。本品自身磷含量低、用量少，使水处理中“低磷或无磷”污水排放成为可能。主要用于工业循环冷却水系统和油田污水回注系统作阻垢分散剂。它既可作单剂使用，又可与有机膦酸盐、无机缓蚀剂锌盐等复配使用。复合使用时可作缓蚀阻垢剂。作为单剂使用时，用量根据水质和工况条件而定，一般投加量为 5~20mg/L，适用 pH 值为 7~9。

制备过程：分别将 270 份丙烯酸、100 份质量分数为 30% 的过硫酸盐引发剂水溶液泵入到各自的高位槽或计量桶中，依次向反应釜中投加 86 份马来酸酐、100 份次亚磷酸盐、30 份链转移剂和 420 份水，在搅拌下加热使反应釜内温度达到 70℃，在此温度下保温反应 1h；继续升温，使釜内温度为 80℃，然后缓慢加入丙烯酸和引发剂水溶液，控制加料速度，使反应釜内温度维持在 90~95℃，待物料投加完毕后，在 95~100℃ 下保温反应 4~6h；降温出料即得成品。

产品为黄色或棕黄色透明黏稠液体，固体含量≥40%，溴值≤100mg/g，总磷含量（以 PO_4^{3-} 计）≤8%，特性黏数（30℃）0.065~0.095dL/g。

此外，还有一些诸如 2-丙烯酰胺基-2-甲基丙磺酸共聚物/丙烯酸/衣康酸共聚物、（甲基）丙烯磺酸钠/丙烯酸/衣康酸共聚物、丙烯酸/衣康酸/烯丙基三甲基氯化铵共聚物、丙烯酸/烯丙基羟乙基醚共聚物、丙烯酸/异丙基膦酸共聚物、丙烯酸/2－丙烯酰氧基－2－甲基丙膦酸共聚物、丙烯酸/2－丙烯酰胺基－2－甲基丙膦酸共聚物、丙烯酸/N－（1，1－二膦酸基－1－羟基丁基）丙烯酰胺、马来酸/异丙基膦酸共聚物和丙烯酸/2－丙烯酰氧基－2－甲基丙膦酸共聚物等，也可以用于阻垢分散剂和钻井液降黏剂。

（三）应用

低相对分子质量的聚丙烯酸钠及其改性产物（共聚物）具有广泛的用途，特别是相对分子质量小于 2×10^4 的聚丙烯酸钠应用更为广泛，在日用化工领域主要用作水溶性表面活性剂、洗涤助剂等。因为聚丙烯酸钠具有整合多价离子、分散污垢团粒和钙皂的作用，在污垢颗粒上有很强的吸附力，能提高阴离子表面活性剂的去污力。而且它具有良好的热稳定性和较强的抗冷水、硬水的能力，生物降解度高；在特种洗涤剂、清洗粉中可部分替代三聚磷酸钠以减少对环境的污染。在涂料、造纸、陶瓷及纺织工业用作颜料分散剂；此外在金属材料中用作新型的淬火剂；在橡胶工业用作增稠剂；在氯化铵等无机盐中作防结块剂；在采矿中作矿物浮选剂。在食品工业、皮革工业、印刷业、塑料工业、医学、药学及金属离子废液的金属回收等方面也有一定的应用。在油田化学领域的主要用途如下。

1）水处理阻垢分散剂

水处理阻垢分散剂是其主要用途，因低相对分子质量的聚丙烯酸钠具有良好的水溶性和较大的极性，能够结合水中的钙、镁等多价离子形成可溶的链状阴离子，用于油田水系统作阻垢分散剂，可与有机膦酸盐、无机缓蚀剂锌盐等复配使用时，其所占比例为20%～40%，单独使用时，根据水质差异一般用量为5～20mg/L。

2）钻井液降黏剂

低相对分子质量的聚丙烯酸钠或共聚物是最早应用的钻井液降黏剂之一。用作不分散聚合物钻井液的降黏剂，兼具降低滤失量、改善泥饼质量的作用，具有一定的抗温抗盐能力，适用于水基钻井液体系，其加量一般为0.2%～0.5%。使用时可直接加入钻井液中，也可以配成10%的水溶液，然后再加入钻井液中。在合成中通过引入一些含磺酸和膦酸基团的单体，则可以使其降黏能力和抗污染能力进一步增强，扩大适用范围。

3）三次采油

相对分子质量为1500～4500的聚丙烯酸钠可以用作三次采油中的聚丙烯酰胺分散剂，有利于HPAM增黏和减少吸附[10]。

三、高（中）相对分子质量聚丙烯酸钠

高（中）相对分子质量聚丙烯酸钠是近年来国内外广泛开发的丙烯酸钠系列产品之一，是一种线状、可溶性的高分子化合物，相对分子质量的范围在 $10^6 \sim 10^7$ 之间，为聚阴离子型电解质，在油田水处理剂、钻井液处理剂、食品添加剂、铝红泥的絮凝、动植物蛋白废水、生活用水、氯碱工业、盐水精制等方面都有广泛的应用。

由于其分子链上的羧基静电相斥作用，使得曲绕的聚合物链伸展，促成具有吸附性的功

能基团外露到表面上来，由于这些活性点吸附在溶液中的悬浮粒子上，形成粒子间的架桥，从而加速了悬浮粒子的沉降。聚丙烯酸钠是20世纪70年代末作为絮凝剂开始应用于赤泥沉降分离，其对赤泥的沉降速度通常比淀粉高十倍，在钻井液中用作增黏剂和降滤失剂。

高相对分子质量的聚丙烯酸钠可以采用水溶液聚合、反相乳液聚合和反相悬浮聚合等不同方法制备，下面结合具体实例进行介绍。

（一）水溶液聚合

目前中、高相对分子质量聚丙烯酸钠的合成多采用水溶液聚合法。该方法对丙烯酸单体的质量要求较高，所需引发剂用量少，一般为单体质量的0.01%～1%；反应温度一般在20～60℃，而且要选定适宜的pH值和单体浓度。

对于超高相对分子质量的产物，首先要对丙稀酸进行纯化，由于丙烯酸含有较多杂质，影响后续的聚合反应，采用减压蒸馏的方法重新提纯丙烯酸，收集新蒸馏的丙烯酸单体，用于聚合物的制备。

方法1：将丙烯酸用氢氧化钠溶液中和，经阳离子交换树脂精制后配成一定浓度的溶液，调pH值至10；通氮条件下，加入占单体质量0.1%的过硫酸铵和0.05%亚硫酸氢钠，搅拌均匀后倒入不锈钢槽内。在30℃条件下静置引发聚合，下部用20℃冷却钢槽去除聚合热，使体系温度不越过60℃，保温反应2h，可以得到相对分子质量1000×10^4以上的丙烯酸钠胶液。

以脂肪酸盐为防交联剂，苯胺类化合物为缓聚剂，可以制备速溶高相对分子质量的聚丙烯酸钠。丙烯酸经蒸馏脱除阻聚剂后用NaOH溶液中和至pH=0.5～11，加引发剂、防交联剂脂肪酸盐及缓聚剂苯酚类化合物；抽真空后通氮，于一定温度下进行聚合，所得胶体经真空干燥、粉碎得产品[11]。

在聚合过程中，影响产物性能的因素包括聚合温度，以及引发剂、防交联剂和缓聚剂用量等。实验表明，速溶高相对分子质量聚丙烯酸钠的最佳合成条件为：聚合温度45～50℃、引发剂浓度0.04%、防交联剂浓度0.5%、缓聚剂浓度0.05%，在此条件下合成的速溶高相对分子质量聚丙烯酸钠相对分子质量$\geqslant3000\times10^4$，溶解时间$\leqslant$0.5h。

方法2：在反应瓶中加入新蒸馏的丙烯酸单体，加入氢氧化钠水溶液中和至中性，反复抽真空三次，充高纯氮气，然后加入过硫酸铵引发剂引发聚合。聚合反应完全后，干燥、粉碎，得到白色粉末状高相对分子质量产品。用0.2mol/L的NaOH溶液配制浓度分别为0.05g/mL、0.037g/mL、0.025g/mL、0.018g/mL的聚丙烯酸钠溶液，于30℃恒温水溶中测定其黏度，并计算相对分子质量。

研究表明，反应温度、反应时间、引发剂用量和单体浓度是影响高相对分子质量聚丙烯酸钠合成的关键因素[12]。图2-16是当过硫酸铵用量为0.02%（占丙烯酸钠单体的质量百分含量），单体质量分数为45%，反应时间为3.5h时，反应温度对聚丙烯酸钠相对分子质量的影响。从图2-16可以看出，反应温度越低，相对分子质量越大，35～40℃时，相对分子质量最大。实验发现，如果温度过低，引发剂需要2h才开始引发反应，且反应完成需大约 9h，因此，反应温度控制在 40 ~ 45℃较为理想。

如图 2-17 所示，当过硫酸铵用量为 0.02%，单体质量分数为 45%，反应温度为 40 ~ 45℃时，适当延长反应时间，有利于单体聚合成更长的分子链，相对分子质量增大，但当反应时间大于 4h 以后，相对分子质量随反应时间的延长而趋稳。这是由于随着反应时间的延长，反应体系中单体的浓度越来越低，聚合速率越来越低，相对分子质量增加幅度逐渐减小。综合考虑，反应时间为 4h 较为理想。

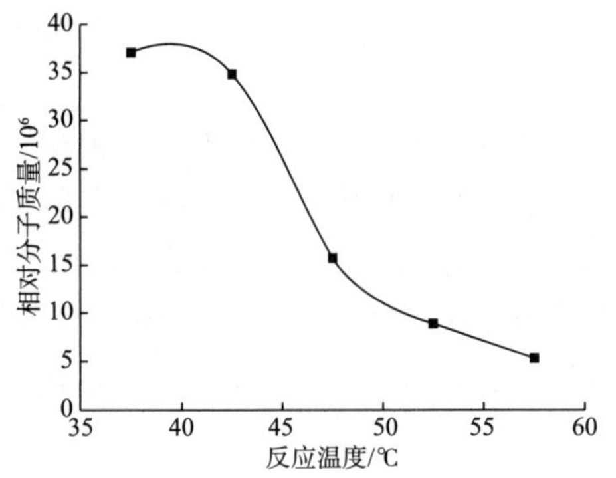

图 2-16 反应温度对产物相对分子质量的影响

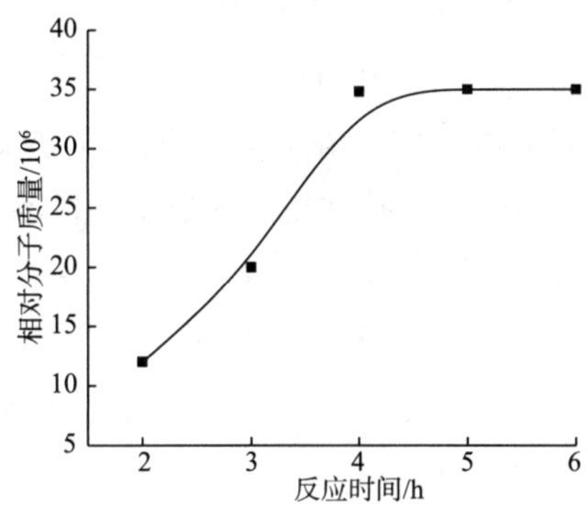

图 2-17 反应时间对产物相对分子质量的影响

当单体质量分数为 45%，反应温度为 40 ~ 45℃，反应时间为 4h 时，引发剂过硫酸铵用量对产物相对分子质量的影响见图 2-18。从图 2-18 可以看出，聚丙烯酸钠相对分子质量随着过硫酸铵用量的增大而减小，但用量太少时，由于引发不完全，也会使相对分子质量降低，因此，在实验条件下过硫酸铵最佳使用量为 0.02%。

如图 2-19 所示，当过硫酸铵用量为 0.02%，反应温度为 40 ~ 45℃，反应时间为 4h 时，随着单体质量分数的增加，产物相对分子质量不断增加。这是由于单体浓度越高，单体之间相互聚合的机会就越多，容易形成长的分子链，但单体浓度过高时，易产生爆聚现象；浓度低时，单体间相互聚合的机会就变小，不容易形成长的分子链。在实验条件下单体浓度以 45% 为最佳。

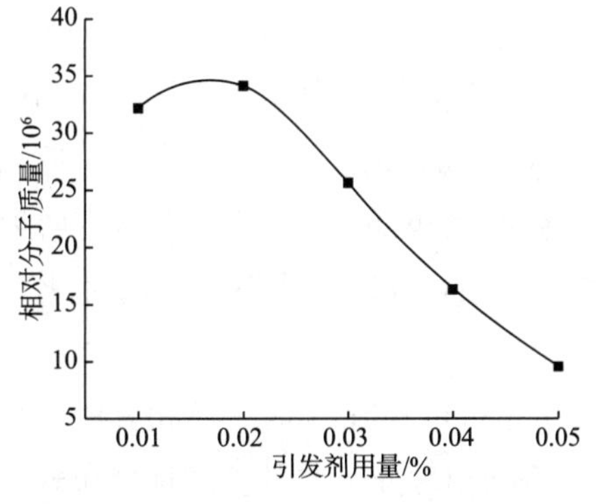

图 2-18 引发剂用量对产物相对分子质量的影响

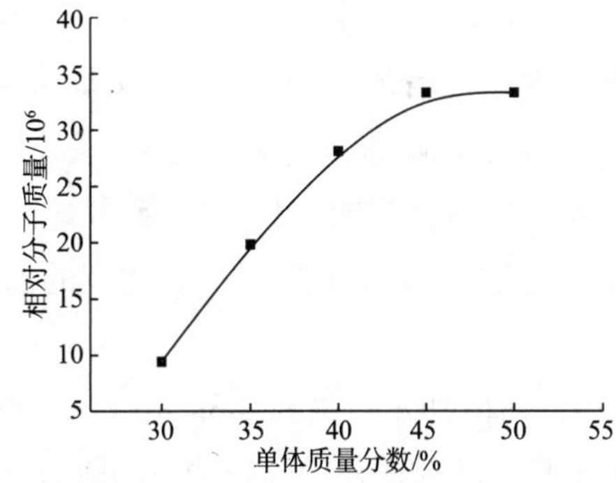

图 2-19 单体质量分数对产物相对分子质量的影响

（二）反相乳液聚合方法

目前国内高相对分子质量的 PAAS 工业生产广泛采用水溶液聚合法，但水溶液聚合法存在产品溶解性差，传热困难，生成过程中易发生交联，有爆聚现象等缺点，也有人采用反相微乳液法合成高分子聚丙烯酸钠，但由于需要大量的表面活性剂和助剂，使生产成本太高，不利于实现工业化生产，故采用反相乳液聚合制备水溶性高分子聚丙烯酸钠逐步受到重视。

1. 以 Isopar M 为油相的反相乳液聚合

以 Isopar M 为油相时，其合成过程如下[13]。

取 100g 的丙烯酸加入到 350mL 的 2.82mol/L 碳酸钠溶液中，待反应完全后用适量活性炭进行精制，抽滤得丙烯酸钠单体溶液。在 25g 丙烯酸钠单体溶液中加入 0.24mol/L 的亚硫酸钠溶液 1mL，密封 20min 后用 6.25mol/L 的氢氧化钠溶液将丙烯酸钠单体溶液调至 pH≥10，再加入 0.1mol/L 的 $K_2S_2O_8$ 溶液 0.2mL 和 0.1mol/L 的乙二胺 0.1mL，得到反应液 A；在 45℃下，将 2.6g 的复合乳化剂（Span－60 和 Tween－80）溶解于 43.5g 的 Isopar M 中，得到分散液 B。

将反应液 A 缓慢滴加到高速搅拌的分散液 B 中，待混合均匀后加入 0.5mol/L 的尿素溶液 0.1mL 和正丙醇 1mL，匀速搅拌下得到稳定的丙烯酸钠混合液，在 45℃下反应 6h，得到稳定的聚丙烯酸钠反相乳液。

研究表明，在丙烯酸钠反相乳液聚合中，丙烯酸的中和度、反应温度、复合乳化剂 HLB 值、复合引发剂配比、助剂用量等均会影响反应。通过正交试验得到丙烯酸钠聚合条件：丙烯酸和碳酸钠的质量比为 15∶16（水溶液聚合时丙烯酸和碳酸钠的质量比为 100∶87.5），丙烯酸钠溶液 25g，氧化还原引发剂 3×10^{-5}mol（氧化剂和还原剂的质量比为 2），亚硫酸钠 2.4×10^{-4}mol，pH＝10，温度为 45℃，反应时间为 6h。反相乳液稳定时的油水质量比为 1.74∶1，与液体石蜡等油品的分散剂得到的反相乳液相比，由 Isopar M 制得的反相乳液黏度小，可在磁力搅拌下混合均匀，有利于聚合热的扩散和聚丙烯酸钠的合成。

复合乳化剂配比对反相乳液和聚丙烯酸钠反相乳液稳定性的影响见表 2-3 和图 2-20。

合成中通过增加 Span－60 的含量来降低复合乳化剂的亲水亲油平衡（HLB）值，如表 2-3 所示，随着 m（Span－60）∶m（Tween－80）的增大，HLB 值降低，反相乳液趋于稳定，聚合反应时黏壁现象逐渐减少，乳胶粒的大小随 HLB 值的减小而增大。这是由于乳化剂的 HLB 值越大，乳化剂的亲水性越强，而 HLB 值越小则说明乳化剂的亲油性越好。

如图 2-20 所示，当 m（Span－60）∶m（Tween－80）＝15∶1 时，反相乳液电导率变化最为平稳，即形成稳定乳液的时间较长，有利于得到相对分子质量较高且分布较窄的聚合产物。这是因为丙烯酸钠聚合时产生的热量很大，对聚合物的相对分子质量影响较大，而乳胶粒的形成使得油水两相的比表面积较大，稳定的反相乳液有利于及时将热量散发，从而有利于丙烯酸钠的聚合。

表 2-3 复合乳化剂配比对聚丙烯酸钠反相乳液的影响

m（Span－60）：m（Tween－80）	HLB 值	外　观
4∶1	7.28	相对稳定的乳胶体系和小乳胶颗粒，黏壁
6∶1	6.17	相对稳定的乳胶体系和小乳胶颗粒，稍有黏壁
9∶1	5.73	相对稳定的乳胶体系和大的乳胶颗粒
15∶1	5.34	稳定的乳胶体系和大的乳胶颗粒
1∶0	4.70	不稳定的乳胶体系和小的乳胶颗粒

注：复合乳化剂总含量为油相的质量的 6%。

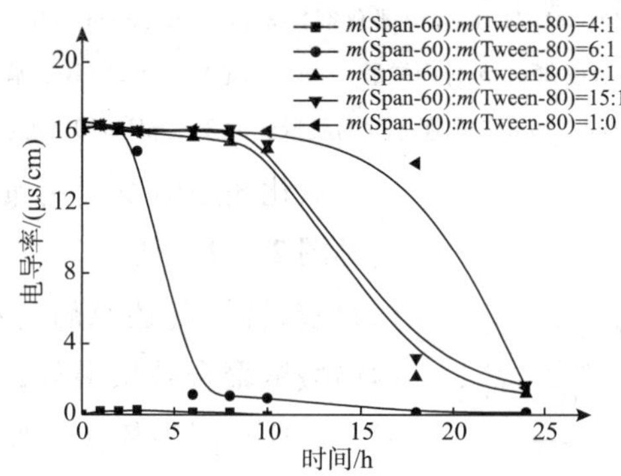

图 2-20　复合乳化剂配比对聚丙烯酸钠反相乳液稳定性的影响

条件：m（油）：m（水）＝1.74∶1，w（乳化剂）＝6%，pH≥10，温度 45℃

通过对乳液进行 pH 值调节发现，当 pH≥10 时，丙烯酸钠开始聚合，且聚合速率较快。这是由于随着乳液碱性的增大，丙烯酸钠中的钠离子电离程度减小，使得丙烯酸钠分子间的空间位阻减小，单体和聚合物的空间电荷排斥减小，有利于聚合反应的进行与乳液的稳定。

当采用正丙醇为乳化助剂，尿素为抗交联剂时，有助于提高乳液的稳定性和聚丙烯酸钠的水溶性。因为正丙醇与复合乳化剂在油水界面产生缔合，出现了顺势的负界面张力，使被包裹的单体珠滴产生一种不断增大的趋势，直至达到平衡，有利于合成大分子的聚合产物。根据速溶理论，若高分子聚合物中含有结构与其相似的小分子，则该小分子能加快高分子聚合物在其溶剂中的溶解速率。添加尿素有利于聚合产物溶解性的改善，增大聚丙烯酸钠分子间直接氢键缔合离散度，改良紧密构象而使溶液增黏。

除氧剂亚硫酸钠用量对丙烯酸钠聚合的影响见图 2-21。由图 2-21 可见，添加亚硫酸钠后，丙烯酸钠的转化率明显提高；当亚硫酸钠的添加量为丙烯酸钠单体溶液质量的 0.30% 时，丙烯酸钠的转化率最高。这是由于亚硫酸钠减少了反相乳液中的溶解氧对聚合反应的阻聚影响。另外，亚硫酸钠还有一定的还原作用，它会影响氧化还原引发剂的引发效果，所以亚硫酸钠含量过高时丙烯酸钠的转化率会出现下降的现象。

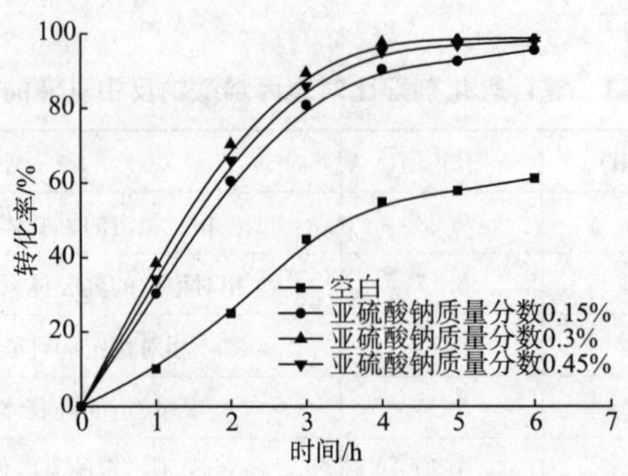

图 2-21　亚硫酸钠用量对丙烯酸钠转化率的影响

条件：m（油）∶m（水）=1.74∶1，w（乳化剂）=6%，m（Span-80）∶m（Tween-80）=15∶1，丙烯酸钠溶液 25g，m（丙烯酸）∶m（碳酸钠）=15∶16，氧化还原引发剂 3×10^{-5}mol（氧化剂和还原剂的质量比为 2），pH≥10，温度 45℃

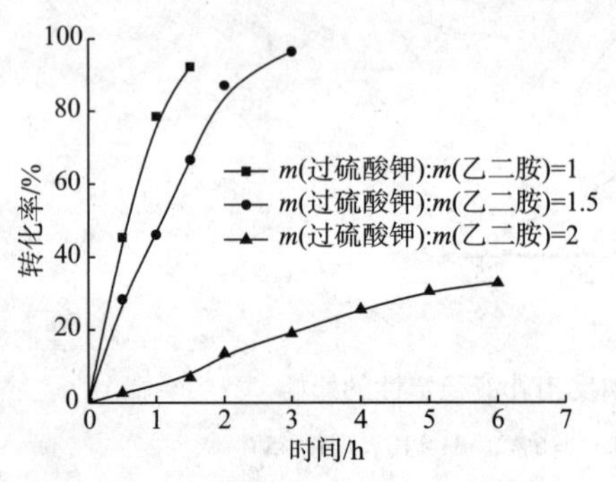

图 2-22　氧化还原引发剂用量对丙烯酸钠转化率的影响

氧化还原引发剂用量对丙烯酸钠转化率的影响见图 2-22。从图 2-22 可知，引发剂中氧化剂（过硫酸钾）与还原剂（乙二胺）质量比为 2 时，丙烯酸钠聚合效果最佳，丙烯酸钠的转化率达到 97%。这是因为氧化还原引发剂可有效降低引发剂初期自由基获取的活化能，在 45℃下即可生成自由基，使得在较低的温度下即可引发聚合。与传统的热分解引发剂相比，氧化还原引发剂更适用于反相乳液聚合，并且在较低的温度下聚合有利于提高聚合物的相对分子质量和乳液的稳定性。

2. *以环己烷为油相的反相乳液聚合*

将已中和好的丙烯酸钠溶液加到含有 Span-85 和 Span-60 的环己烷中，在高剪切均质乳化机下乳化 10~15min，得到乳液。在装有搅拌器、温度计、滴液漏斗、通气管的反应瓶中加入乳液，搅拌下通氮驱氧 20min 后，滴加由过硫酸钾-亚硫酸氢钠组成的氧化还原引发剂，控制反应温度为 40℃，恒温 4h 后停止反应。加入甲醇沉淀，减压抽滤，丙酮洗涤 2 次，抽滤得粉末状或颗粒状产品，在 50℃下真空干燥 12h[14]。

在反相乳液聚合过程中，由于乳化剂的 HLB 值是保证体系稳定的关键，而复合乳化剂组成直接决定 HLB 值，故复合乳化剂中 Span-60 与 Span-85 的配比是影响聚丙烯酸钠稳定性的关键。当单体中和度为 80%，聚合温度为 40℃，乳化剂用量为 10%，油水体积比为 1.1∶1，醋酸钠用量占单体的 1.52%，丙烯酰胺用量占单体的 14%，引发剂用量为 0.08%时，改变复合乳化剂配比，油相体系 HLB 值对聚合反应的影响见表 2-4。表 2-4 表明，在 HLB 值 4.5 时反应体系最稳定，反应产物的相对分子质量最大。HLB 值为 4.7 时乳化剂仅使用 Span-60，出现黏壁现象，复合乳化剂的使用使体系更稳定。随着 Span-60

用量的减少，复合乳化剂的亲油性增加，稳定性增强，但是环己烷适宜的 HLB 值为 4 ~6，所以 HLB 值为 1.8 的 Span -85 的用量不能太多。

表 2-4 HLB 值对聚合物相对分子质量的影响

HLB 值	反应现象	相对分子质量/10^4	HLB 值	反应现象	相对分子质量/10^4
3	聚合反应成溶液状，体系不稳定	250	4.5	反应平稳	715
4.41	聚合反应成溶液状，体系不稳定	430	4.7	黏壁，体系不稳定	600

丙烯酸聚合反应速率较快，反应剧烈，通常不直接用来聚合，而是用氢氧化钠溶液中和为丙烯酸钠后聚合。实验发现，单体中和度对聚丙烯酸钠相对分子质量有较大影响。当聚合温度为 40℃，乳化剂用量为 10%，油水体积比为 1.1:1，醋酸钠用量占单体的 1.52%，丙烯酰胺用量占单体的 14%，引发剂用量为 0.08%，HLB 值为 4.5 时，单体的中和度对产物相对分子质量的影响见图 2-23。如图 2-23 所示，当中和度为 95% 时，相对分子质量最高；当中和度小于 95% 时，聚丙烯酸钠的相对分子质量随中和度上升而增大；当中和度高于 95% 时，聚丙烯酸钠的相对分子质量随中和度的上升显著下降。这是因为丙烯酸钠容易电离，使单体和聚合物均带负电荷，相互排斥，影响了聚合反应的进行，因此，随着单体中和度进一步提高，产物相对分子质量下降。实验表明，当丙烯酸中和度为 70% 时，聚合反应没有发生。

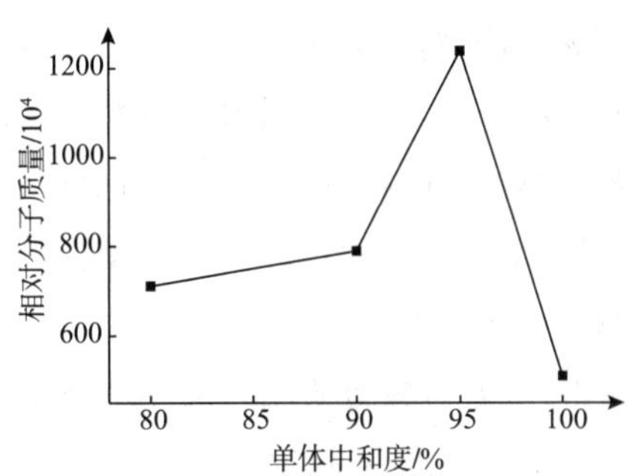

图 2-23 单体中和度对聚合物相对分子质量的影响

实践表明，溶剂也是影响聚丙烯酸钠相对分子质量的关键。除环己烷外，分别以煤油、异辛烷、正己烷作为溶剂进行了聚合，并且以相对分子质量的大小为依据进行比较。当中和度为95%，聚合温度为40℃，引发剂用量为0.08%，乳化剂用量为10%，HLB 值为4.5，油水体积比为 1.1:1，醋酸钠用量占单体的 1.52%，丙烯酰胺用量占单体的 14% 时，分别采用环己烷、煤油、异辛烷、正己烷为溶剂进行反相乳液聚合，实验结果见表2-5。

表 2-5 不同有机溶剂对产物相对分子质量的影响

溶剂	相对分子质量/10^4	溶剂	相对分子质量/10^4
环己烷	1240	异辛烷	470
煤油	650	正己烷	350

从表 2-5 可以看出，在所实验的几种溶剂中，以环己烷作为有机溶剂最理想，产物的相对分子质量最高。实验发现，环己烷、异辛烷和正己烷作溶剂乳化得到的乳液较稀，煤油作溶剂乳化效果较好，但是在聚合反应时，体系不稳定，容易形成溶液状，反应 1h 后

又再次成为乳液状，所以选择环己烷作为有机溶剂。

过硫酸钾是一种水溶性的引发剂，单独使用时，引发温度较高，通常在70~80℃，在如此高的温度下很难获得高相对分子质量的聚丙烯酸钠。以亚硫酸氢钠作为还原剂，采用氧化还原引发体系，可以大大降低引发温度，使聚合反应在较低的温度下进行，一般在30~40℃下即可，这样才有可能获得较高相对分子质量的聚合物。引发剂的用量对产品相对分子质量的大小影响很大，浓度太低，引发剂分解的活性中心少，不足以引发聚合反应；浓度太高，产生的自由基多，相对分子质量也偏低。当丙烯酸中和度为95%，聚合温度为40℃，乳化剂用量10%，HLB为4.5，油水体积比为1.1∶1，醋酸钠用量占单体的1.52%，丙烯酰胺用量占单体的14%时，引发剂用量（硫酸氢钠与过硫酸钾质量比3∶1）在0.04%~0.14%范围内，随着引发剂用量的增加产物的相对分子质量增加，即由引发剂用量0.04%时的326×10^4，增加到引发剂用量为0.08%时的1243×10^4，当引发剂用量超过0.08%以后，相对分子质量反而降低，当引发剂用量增加到0.14%时，相对分子质量降低至394×10^4。

3. *以石油醚为油相的反相乳液聚合*

将丙烯酸经氢氧化钠溶液中和，再加入少量丙烯酰胺得到单体水溶液。在250mL反应瓶中，加入单体溶液、十二烷基磺酸钠，搅拌使其混合均匀，同时通氮除氧20min，加入还原剂、乳化剂Span-60、溶剂（石油醚）和氧化剂。将体系升温至反应温度，4h后结束聚合。升温达到一定的出水量后，停止反应。最后将反应液过滤烘干，得到粉末状产物(PAANa)[15]。

在聚合反应中，反应温度、引发剂用量、乳化剂用量及配比和单体中和度是影响产物相对分子质量及聚合反应的重要因素。

对自由基聚合而言，聚合温度低有利于提高聚合物的相对分子质量。为制得高相对分子质量的PAANa，采用氧化还原引发体系。从图2-24可见，随着聚合温度上升，PAANa的相对分子质量先升高，在45℃出现最大值，而后随着聚合温度的进一步升高，相对分子质量下降。同时所得PAANa中残留单体含量最低（质量分数为1.07%左右）。这显然是由于在较低温度下，自由基形成速度慢，因而聚合较慢；在较高温度下，链终止速率常数同时增大，相对分子质量反而下降。可见，聚合反应温度应控制在40~50℃较为合适。

如图2-25所示，在聚合温度为45℃，引发剂浓度为4mmol/L时，PAANa的相对分子质量最高；引发剂浓度小于4mmol/L时，PAANa的相对分子质量随着氧化剂浓度的增大而增加；引发剂浓度大于4mmol/L时，PAANa的相对分子质量随着氧化剂浓度的增大而降低。

如表2-6所示，在聚合反应温度为45℃，还原剂用量大于氧化剂用量时，氧化剂与还原剂配比的变化对相对分子质量影响不大，但当氧化剂用量大于还原剂用量时，配比的变化对相对分子质量有较大的影响。研究发现，当氧化剂与还原剂物质的量比为2∶1时，所得产物的相对分子质量最高，可达到2.005×10^7。这可能是由于丙烯酸中的阻聚剂对羟基苯甲醚会与自由基活性种发生副反应，反应式如下：

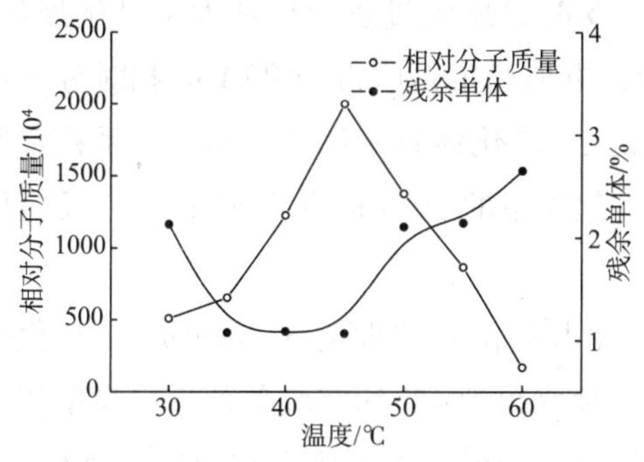

图 2-24 聚合温度对 PAANa 相对分子质量的影响

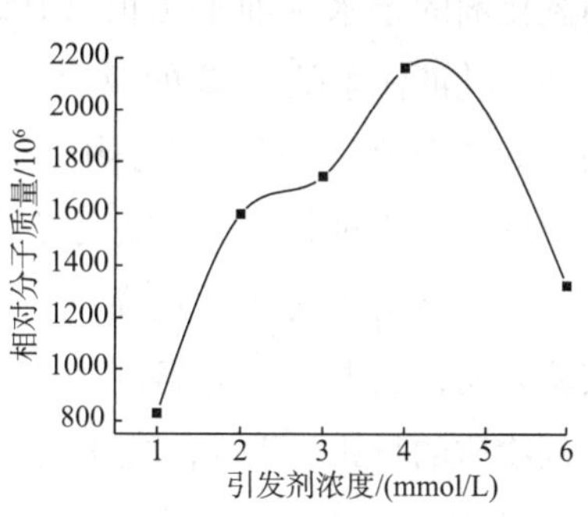

图 2-25 引发剂浓度对 PAANa 相对分子质量的影响

$$Mx\cdot + HO-C_6H_4-OCH_3 \longrightarrow MxH\cdot O-C_6H_4-OCH_3 \quad (2-1)$$

生成新的自由基又与其他自由基偶合终止，使得氧化剂与还原剂物质的量比在 2∶1 时 PAANa 的相对分子质量达到最高。另外还原剂过量，会消耗聚合过程中的自由基活性种，使得相对分子质量较低。

表 2-6 氧化剂与还原剂比例对 PAANa 相对分子质量的影响

引发剂浓度/（mmol/L）	3				6	
n（氧化剂）∶*n*（还原剂）	1∶1	2∶1	3∶1	4∶1	2∶3	3∶3
相对分子质量/10^4	1753	2005	1828	1208	1300	1318

如图 2-26 所示，当聚合反应温度为 45℃，氧化剂（占水相）浓度为 3.7mmol/L，氧化剂与还原剂物质的量比为 1∶1，单体中和度为 80% 时，在乳化剂质量分数为 5% 时所得 PAANa 相对分子质量最高，可达 2.651×10^7；当乳化剂质量分数小于 5% 时，随着乳化剂在油中含量的增加，所得 PAANa 相对分子质量增加；但当乳化剂质量分数大于 5% 时，随着乳化剂在油中含量的增加，PAANa 相对分子质量下降。

通过光学显微镜观测表明，聚合物乳胶粒子直径为 1～3μm，体系存在着一定的凝胶效应。对于乳液聚合，乳化剂用量越大，乳胶粒数越多，自由基在乳胶粒中的平均寿命就越长，产物相对分子质量越高。但当乳化剂用量过大时，形成的胶束平均粒径减小，凝胶效应降低，这可能是导致产物相对分子质量下降的原因。

同时发现乳化剂质量分数在 2% 时，体系不稳定，产物严重黏釜，这是由于反相乳液的乳化剂用量过低，不足以使水相粒子稳定在油相中，为了保证乳化体系的稳定性，乳化剂用量不能过低。

在聚合反应温度为 45℃，氧化剂（占水相）浓度为 3.7mmol/L，氧化剂与还原剂物质的量比为 1∶1，单体中和度为 80% 时，乳化剂占油相的质量分数为 4% 时，*m*（Span-60）∶*m*（十二烷基磺酸钠 SLS）对聚合过程及 PAANa 相对分子质量的影响见图 2-27。实验表明，当乳化剂的亲水亲油平衡值（HLB）大于5.65时，反应过程中出现大量黏釜现象，难以清理；乳液体系随HLB的减少，亲油性增加，更加稳定，所得的PAANa相对分子质量更高。如图2-27所示，随着阴离子乳化剂的加入，乳化体系亲油性减弱，体系稳定性也变差，聚合物相对分子质量随之降低。可见，乳化体系的HLB值在5.65以下，反应体系稳定，PAANa相对分子质量高。

实验表明，在聚合反应温度为45℃、氧化剂（占水相）浓度为3.7mmol/L、氧化剂与还原剂物质的量比为1∶1，乳化剂（占油相）质量分数为4%的实验条件下，当单体中和度为70%时，PAANa相对分子质量最高，达到3.07×10^7；当单体中和度高于80%时，聚合物相对分子质量较低，再进一步提高丙烯酸中和度相对分子质量变化不大。研究还发现，当单体中和度高于50%时，体系稳定，而低于50%时，体系不稳定，容易发生黏釜现象，影响出料；单体中和度为50%和100%时，反应体系澄清透明，乳化效果差，得到的PAANa相对分子质量不高。在实验条件下，单体中和度70%左右较好。

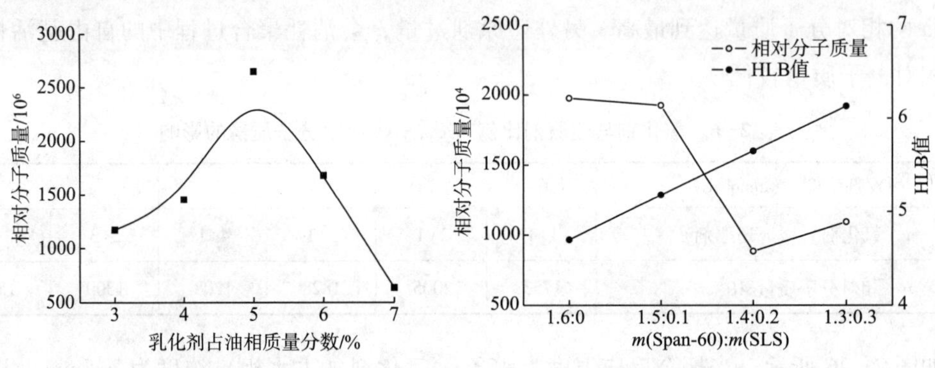

图2-26 乳化剂用量对产物相对分子质量的影响

图2-27 m（Span-60）∶m（SLS）对产物相对分子质量的影响

4. 采用可反应乳化剂的反相乳液聚合

以丙烯酰氧基Span-80为乳化剂，以$(NH_4)_2S_2O_8$-甲基丙烯酸-N，N-二甲氨基乙酯（DMAEMA）-$NaHSO_3$为引发剂，按照中和度为90%，乳化剂用量为3%（油相），引发剂占单体的质量分数分别为$(NH_4)_2S_2O_8$ 0.06%、DMAEMA 0.04%、$NaHSO_3$ 0.02%，单体在水相中的质量分数为40%（水相）投料。在装有搅拌器、温度计、滴液漏斗、通气管的四颈瓶中加入一定量的溶剂油，丙烯酰氧基Span-80，搅拌溶解均匀，并通氮驱氧；在另一烧杯中加入丙烯酸，用氢氧化钠溶液进行中和后，加入丙烯酰胺，乙酸钠为水相；在高速搅拌下，滴加水相，进行乳化，通N_2驱氧后加入氧化还原引发剂，在45℃下恒温4h，用甲醇沉淀、抽滤、真空干燥得产品。可以得到相对分子质量超过2.6×10^7的产物，且溶解性能优于溶液聚合所得产品。

在反应中，乳化体系、中和度对聚合过程稳定性的影响及引发体系、单体的浓度对聚合物相对分子质量的影响都比较大。各因素对聚合反应的影响情况如下[16]。

当单体总质量为40g（含丙烯酰胺5g），CH_2COONa 为1.52%（占单体的质量分数，以下同），DMAEMA为0.04%，$NaHSO_3$ 为0.02%，中和度为40%，油相/水相=1.25（质量比），45℃下，聚合反应时间4h时，随着乳化剂用量的增加，体系的稳定性提高，当乳化剂占油相质量的2%以下时，浓度太低，形不成稳定的乳液；而浓度太高，将对聚合物的性能产生一定的影响，在实验条件下，乳化剂的用量为3%时，可形成较为稳定的聚合体系（表2-7）。

表2-7 丙烯酰氧基Span-80用量对体系稳定性的影响

用量（占油相质量分数）/%	实验现象	用量（占油相质量分数）/%	实验现象
1	团聚	2	有一定的黏壁
1.5	团聚	3	体系均匀稳定

反应条件同上，如果中和度小于70%反应中易产生爆聚结块，中和度达到90%时，已接近等当点，仅有少量的游离的丙烯酸，因而反应可以平稳进行。如果中和度超过90%时，单体的离子化程度高，分子间的排斥力大，将导致聚合物相对分子质量下降，故在实验条件下，中和度90%时为最佳（表2-8）。

表2-8 中和度对聚合稳定性的影响

中和度/%	实验现象	中和度/%	实验现象
50	爆聚、结块	90	反应平稳
60	爆聚、结块	100	反应平稳
70	少量结块		

以三级脂肪胺或亚硫酸氢钠作还原剂，采用氧化还原引发体系，可以大大降低引发温度，使聚合反应在较低的温度下进行，一般在30～40℃温度下即可。实验表明，单独以过硫酸铵-亚硫酸氢钠作引发体系，诱导期短，分解速度快，开始时自由基就多，聚合反应速度过快，不利于高聚物的生成；单独以 $(NH_4)_2S_2O_8$-DMAEMA（甲基丙烯酸-N，N-二甲氨基乙酯）作引发体系，诱导期长，有少量的交联反应发生，产物中有极少量不溶凝胶。若把二者结合起来，前期 $NaHSO_3$ 起作用较大，后期DMAEMA起作用较大，通过两者的协同作用克服各自的缺点，使聚合过程能平稳进行，得到高相对分子质量的聚合物。故在实验条件下选用 $(NH_4)_2S_2O_8$-DMAEMA-$NaHSO_3$ 三元引发体系。如图2-28所示，当 $(NH_4)_2S_2O_8$ 小于0.05%时，随着其用量的增加，聚合物的相对分子质量增大。当超过0.07%时，再继续增加引发剂用量，产物相对分子质量反而降低，在实验条件下引发剂加量在0.06%左右较为理想。

从图2-29可见，随着单体浓度的增加，不仅聚合反应速度加快，且产物的相对分子质量亦升高，在实验条件下，单体浓度小于15%，一般聚合反应进行不完全，若单体浓度大于40%，由于聚合反应速度太快，易产生爆聚。故单体浓度为40%较为理想。

(三）反相悬浮聚合

从20世纪90年代开始，将反相悬浮聚合工艺应用于丙烯酸钠聚合，不仅解决了黏度高及搅拌传热困难等难题，并兼有聚合速率大和产物相对分子质量高等优点，且反应条件温和，可直接制成粉状或粒状产物，但目前丙烯酸钠反相悬浮聚合工艺多应用于高吸水树脂的生产，用于制备线型PAA的较少。下面结合有关实例介绍水溶性高相对分子质量的聚丙烯酸钠的反相悬浮聚合。

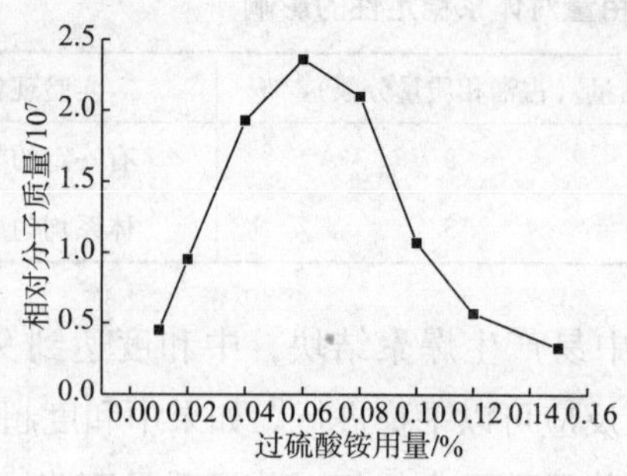

图2-28 过硫酸铵用量对产物相对分子质量的影响

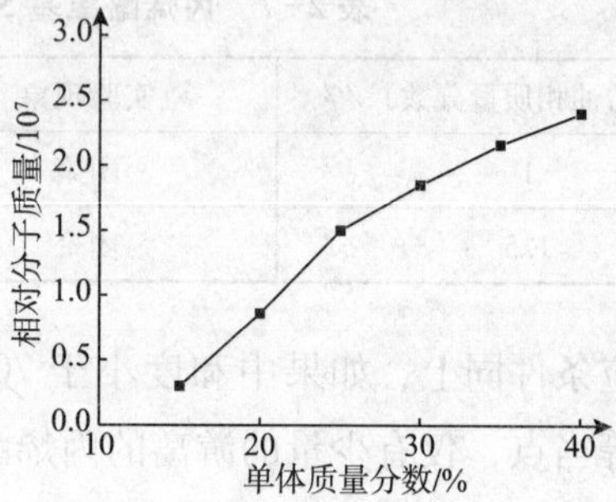

图2-29 单体质量分数对产物相对分子质量的影响

1. 二元氧化还原引发体系引发聚合

反相悬浮聚合过程：在反应釜中加入烷烃分散剂、丙烯酸及相应助剂，滴加氢氧化钠溶液中和，搅拌稳定后升温聚合，反应完全后共沸脱水，得粒状或粉状产品。

在制备水溶性聚合物的反相悬浮体系中，在高转化率时水溶性粒子易聚并，造成黏桨或黏釜甚至爆聚，因此要制备颗粒均匀的粉状或粒状粒子，必须保证体系的稳定性，并了解影响体系稳定性的因素[17]。

对于油包水（W/O）型聚合体系，要使体系稳定，一般采用亲油型的低HLB值（3~8）的乳化剂。选用Span-60、Tween-80进行聚合时，体系稳定性比较见表2-9。如表2-9所示，选用HLB值为4.7的Span-60时，体系稳定性较好，颗粒均匀。当选用HLB值较大的Tween-80时，聚合中出现大量黏壁现象，且易爆聚。除了HLB值的影响外，乳化剂的添加量也将对体系的稳定性产生较大的影响，若添加量过少，不足以使单体液滴分散，同样易使体系失稳。实验表明，当体系中添加Tween-80后，产物粒径变小，颗粒间黏连较多。粒径变小是因为亲水性分散剂在水相中使粒子进一步分散，而粒子间的黏连主要来自于高HLB值的分散剂破坏了W/O界面，导致水滴间粒子的聚并。

丙烯酸聚合属强放热反应，尽管分散介质能带走大部分热量，但还会引起局部过热而发生自交联反应，产生凝胶，出现液滴间的黏连、缠桨现象。因此常用强碱中和部分丙烯酸，表2-10为中和度对聚合稳定性的影响。从表2-10可看出，中和度低于75%时聚合体系易于爆聚、结块；中和度为93%时，体系有较好的稳定性。这一方面是由于在酸性条件下引发分解速度加快，从而使聚合反应速率过高，导致体系难于控制；另一方面是聚合反应后期体系黏度增大，链段重排受阻，出现自动加速现象，发生爆聚，导致体系失稳。

表 2-9 乳化剂对体系稳定性的影响

乳化剂	加量/(g/200g)	HLB 值	实验现象
Tween-80	1.5	15	黏壁
Span-60	0.5	4.7	团聚
Span-60	1.5	4.7	体系稳定，产品均匀颗粒
Span-60/Tween-80	1/0.5	8.2	有一定黏壁，颗粒团聚

表 2-10 中和度对聚合稳定性的影响

中和度/%	体系稳定性	中和度/%	体系稳定性
48.0	爆聚，结块	75.4	爆聚，结块
61.7	爆聚，结块	93.0	反应平稳

反相悬浮法丙烯酸钠聚合反应体系一般包括引发剂、链转移剂、扩链剂和盐类等。

过硫酸盐/亚硫酸盐氧化还原体系常作为丙烯酸类单体聚合的引发剂，应用于反相悬浮聚合时还必须考虑引发活性，以保证聚合体系的稳定。研究发现，使用过硫酸盐/亚硫酸盐作为引发剂时，引发温度过低，反应时间则长，易造成粒子团聚，形成自由基包埋，使最终转化率不高，相对分子质量偏低等。因此，选用过硫酸铵/DMAEMA 氧化还原体系为引发剂（其中过硫酸铵为氧化剂，DMAEMA 为还原剂）。如图 2-30 所示，当以过硫酸铵/DMAEMA 为引发剂时，随着过硫酸铵浓度的增加，相对分子质量出现一峰值。这是由于当过硫酸铵量较少时，不足以完全引发单体反应，即在自由基周围单体浓度较高，大分子自由基向丙烯酸钠单体链转移或者链终止，使相对分子质量偏低。但当过硫酸铵量超过一定值后，相对分子质量降低，这符合自由基聚合的一般规律。实验中还发现，当进一步增加引发剂用量时，得到的并非是低相对分子质量的产物，而是交联型的聚合物。这是因为水溶液中引发剂的量过大时，尽管分散相可以带走大量的热，但液滴内局部过热而形成交联，产物可溶胀但不溶解，即形成了通常所谓的高吸水树脂。得到交联型聚合物的另一个原因可能是由于过硫酸盐在引发聚合反应时支化度较高。

在丙烯酸钠的聚合中常加入一定量的链转移剂以调节相对分子质量。图 2-31 是异丙醇和次亚磷酸钠作链转移剂的效果对比。从图中可见，两种链转移剂的加入都可以使聚丙烯酸钠相对分子质量明显降低，次亚磷酸的链转移效果尤为明显。另外，链转移剂的加入也使产品溶解时间缩短，凝胶量减少。凝胶含量减少的原因是链转移剂降低了活性链向大分子链的转移而减少了大分子之间的交联反应。

在合成丙烯酸类聚合物中，常加入一定量的扩链剂以提高相对分子质量和聚合物水溶液的触变性等。采用 N，N′-亚甲基双丙烯酰胺（MBA）为扩链剂时，MBA 的用量对聚合物相对分子质量的影响见图 2-32。由图 2-32 可见，添加少量的 MBA 可使聚合物大分子发生扩链，从而提高相对分子质量。但若过量添加扩链剂会使相对分子质量降低。聚合物水溶液触变性和黏弹性增大，直至形成凝胶状高吸水树脂。

如图2-33所示，在丙烯酸钠反相悬浮聚合体系中加入NaCl，随着盐浓度的增加，产物相对分子质量迅速增大并出现峰值；但当盐浓度继续增大时，相对分子质量反而降低，且体系中凝胶含量增加。这是由于当加入少量盐类时，由于活性自由基所吸附的反离子量的增加，使双基终止困难，活性链寿命提高，相对分子质量增加；而当盐类加入量进一步增加时，反离子的空间位阻不仅影响双基终止，同时也使活性自由基与单体之间的碰撞频率减小，影响了活性链的增长，相对分子质量反而下降。

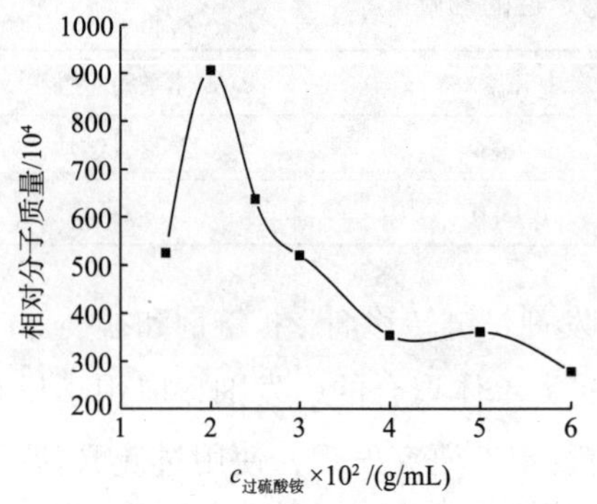

图2-30　过硫酸铵浓度对产物相对分子质量的影响

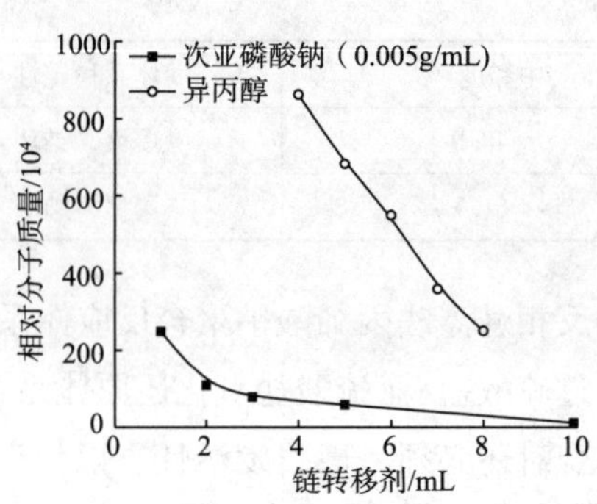

图2-31　链转移剂加量对产物相对分子质量的影响

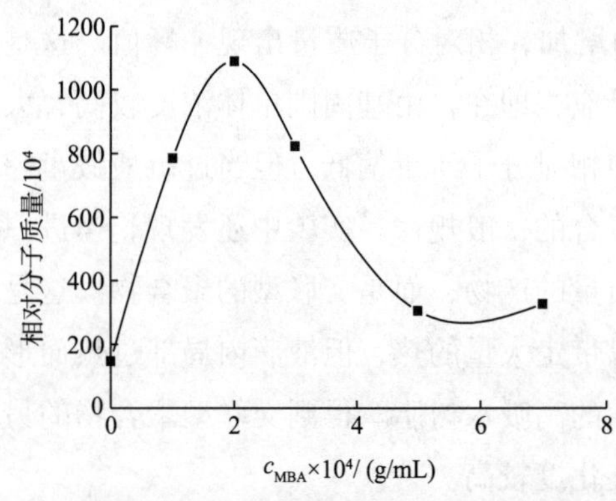

图2-32　交联剂浓度对产物相对分子质量的影响

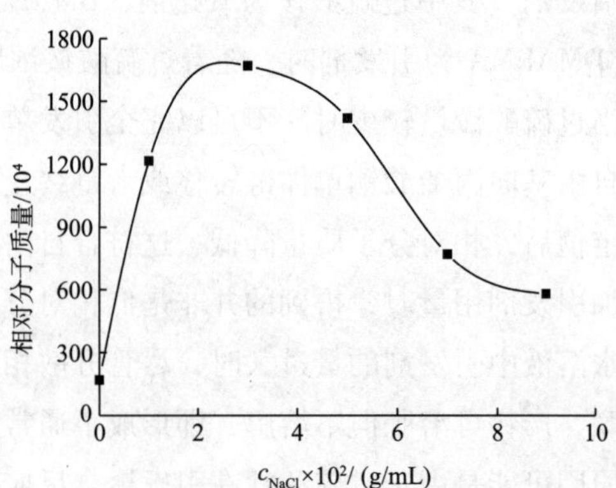

图2-33　NaCl浓度对产物相对分子质量的影响

2. 三元氧化还原引发体系引发聚合

以丙烯酸钠和丙烯酰胺为原料，采用三元氧化还原引发体系，通过反相悬浮聚合法可以制备超高相对分子质量的聚丙烯酸钠（NaPA），其制备过程如下[18]。

在250mL三口瓶中加入溶剂油和分散剂SP-60搅拌并升温至35℃使其溶解，然后降温至25℃左右待用；在100mL的烧杯中依次加入丙烯酸、丙烯酰胺（少量）、抗交联剂、相对分子质量调节剂、三元引发剂水溶液，使其混合均匀；把混合液慢慢倒入三口烧瓶中，在连续搅拌的情况下使其与溶剂油混合成为稳定的反相悬浮液。用滴液漏斗向聚合体系中滴入预先配制好的 NaOH 溶液，并将体系的温度升至 40℃，恒温 1h，再升温至 50℃，恒温 1h；升温至共沸出水，出水量达加入水量的 75% 左右即可停止加热，降温，分离产品和溶剂油。产品为均匀粉末状或颗粒状。

实验结果表明，在 $(NH_4)_2S_2O_8$ 的用量为 0.15%（质量分数）时，随着 $CO(NH_2)_2$ 用量的增加产物的相对分子质量提高明显；在聚合体系中加入甲基丙烯酸 N，N－二甲氨基乙酯（DMAEMA）可提高相对分子质量，但用量应控制在 $9.4\times10^{-6}\sim15.6\times10^{-6}$ 之间，同时用抗交联剂防止交联反应，结合使用醋酸钠和异丙醇这两种相对分子质量调节剂不仅能提高相对分子质量，而且溶解性也得到改善，最终得到了相对分子质量高达 3×10^{7} 的产物，影响聚合反应的因素如下。

1）$(NH_4)_2S_2O_8$－DMAEMA－$CO(NH_2)_2$ 三元氧化还原引发剂

当以 $(NH_4)_2S_2O_8$－DMAEMA－$CO(NH_2)_2$ 为引发体系时，可在较低的温度下引发聚合。其中 DMAEMA 既作为还原剂参与引发，同时它的双键又可以参与聚合起到扩大分子链的作用，可以使产品相对分子质量得到进一步提高。

在聚合反应中氧化剂的浓度很关键，当浓度过低时，不足以引发聚合反应，浓度过高时则产生的自由基活性中心多，相对分子质量偏低。当单体总质量为 18.4g（NaAc：0.75g；AA：17.65g），异丙醇（POH）用量（相对单体的质量）为 6.3%，抗交联剂（KL）用量为 0.46%，DMAEMA 用量为 3.1×10^{-6}，脲用量为 0.22% 时，$(NH_4)_2S_2O_8$ 用量对产物相对分子质量的影响见图 2－34。从图 2－34 中可以看出，随着氧化剂的用量的增加，产物的相对分子质量先增加后又降低，即 $(NH_4)_2S_2O_8$ 质量分数为 0.15% 时达到最高，之后当再增加氧化剂的用量时，相对分子质量大幅度下降。故 $(NH_4)_2S_2O_8$ 的最佳用量在 0.15% 左右。

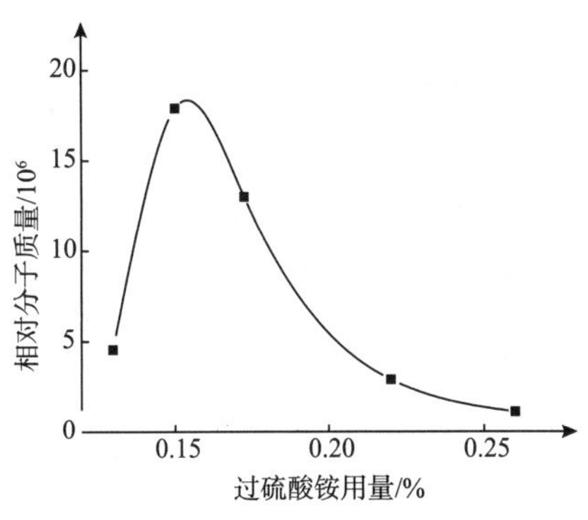

图 2－34 过硫酸铵用量对产物相对分子质量的影响

过氧化物和 DMAEMA 可发生单电子转移氧化还原反应，生成两类自由基，即碳自由基和氧自由基，反应式如下：

$$H_2C{=}C(CH_3){-}C({=}O){-}O{-}CH_2{-}CH_2{-}N(CH_3){-}CH_3 \;\cdots\; {}^-O_3S{-}O{-}O{-}SO_3^- \longrightarrow \tag{2-2}$$

$$H_2C{=}C(CH_3){-}C({=}O){-}O{-}CH_2{-}\dot{C}H{-}N(CH_3){-}CH_3 + SO_4^{\cdot -} + HSO_4^-$$

据报道这两类自由基都可引发丙烯酸和 DMAEMA 的双键聚合。在反相悬浮聚合体系丙烯酸钠聚合中 DMAEMA 用量对产品性能的影响见表 2-11。从表 2-11 可看出，随着 DMAEMA 用量的增加，NaPA 的相对分子质量明显增加，溶解性能也较好，当 DMAEMA 的用量为 12.5×10^{-6}时，相对分子质量不但达到最高而且溶解性能也好，但用量再增加则有不溶凝胶出现。这是由于 DMAEMA 是含叔胺基单体的一种化合物，它含有聚合活性的双键，可在引发剂作用下发生自由基聚合反应，也可和其他烯类单体共聚而被引入聚合物链中。同时 DMAEMA 链节侧基上的叔胺又可作为还原剂和 $(NH_4)_2S_2O_8$ 反应生成新的链自由基引发单体生成长支链自由基，最终通过终止反应生成长支链 NaPA，也可形成大分子间交联而导致不易溶解，因此在实验条件下 DMAEMA 的用量在 $9.4\times10^{-6}\sim15.6\times10^{-6}$ 之间时，可保证相对分子质量较高且溶解性好。

表 2-11　DMAEMA 用量对产品性能的影响

w (DMAEMA) $/10^{-6}$	溶解时间/h	相对分子质量$/10^7$	w (DMAEMA) $/10^{-6}$	溶解时间/h	相对分子质量$/10^7$
2.48	9	0.215	12.48	10	1.820
6.24	11	0.746	15.60	7	1.076
9.36	15	0.860	18.72	少量凝胶	—

注：聚合配方：单体总质量 18.4g，油/水 = 3:1（体积比）；POH 用量 6.3%，KL 用量 0.46%，脲用量 0.22%，$(NH_4)_2S_2O_8$用量 0.15%，反应温度 40～75℃。

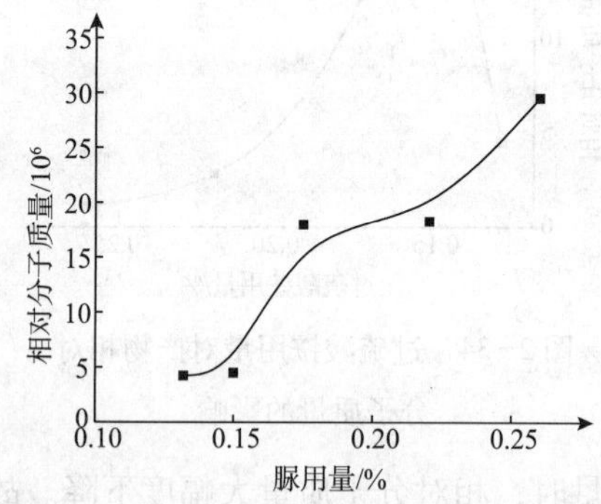

图 2-35　脲用量对产物相对分子质量的影响

当单体总质量为 18.4g，油:水 = 3:1（体积比）；POH 用量为 6.3%，KL 用量为 0.46%，DMAEMA 用量为 3.1×10^{-6}，$(NH_4)_2S_2O_8$用量为 0.15%，反应温度为 40～75℃时，$CO(NH_2)_2$的用量对产物相对分子质量的影响见图 2-35。由图 2-35 可看出，在实验范围内随着脲用量的增加，产品的相对分子质量逐渐增加，这是因为引发反应也同样存在反应平衡，当保持氧化剂的浓度不变时，增加还原剂的用量，反应向引发的方向进行的趋势大，因此生成更多的自由基。但体系中脲的用量远远大于过硫酸铵，还原剂又有可能与生成的自由基反应使活性消失，自由基的浓度下降，相对分子质量有增加的趋势。同时发现，随着还原剂用量的增加，产品的溶解性能并不因相对分子质量的增加而变差，相反溶解性能更好一些，只是效果并不明显（表 2-12）。

表 2-12　脲用量对产物溶解性能的影响

脲用量/%	溶解时间/min	脲用量/%	溶解时间/min
0.13	13	0.22	12
0.15	13	0.26	7

2）抗交联剂 KL 对聚丙烯酸钠相对分子质量和溶解性能的影响

根据大分子间叔碳自由基偶合机理，在聚合反应后期剩余单体很少，引发剂产生的自由基除了继续引发单体聚合外，有一些自由基攻击聚合物大分子叔碳上的活泼氢产生叔碳自由基的可能性增大，大分子间叔碳自由基偶合发生聚合物的碳 - 碳交联。因此，可以在大分子叔碳自由基相互偶合之前先被某种小分子链转移剂进行自由基终止，就能有效地防止碳 - 碳交联。当 POH 用量为 6.3%，DMAEMA 用量为 3.1×10^{-6}，脲用量为 0.21%，反应条件一定时，抗交联剂的加入量对产品溶解性能及相对分子质量的影响见表 2-13。

表 2-13　抗交联剂用量对产物溶解性能的影响

抗交联剂用量/%	溶解时间/min	相对分子质量/10^6	抗交联剂用量/%	溶解时间/min	相对分子质量/10^6
0	有少量凝胶	—	0.465	14	10.89
0.093	21	7.66	1.394	14	9.18
0.186	18.5	7.69	1.859	13	6.98
0.279	15	8.95	2.323	8	3.69

由表 2-13 可以看出，在不加抗交联剂时产品有凝胶出现。而加入了抗交联剂能使产品由不易溶解变得易于溶解。并且在 0.09% ~0.47% 的范围内抗交联剂的增加有利于提高溶解性，同时相对分子质量也随之提高但并不明显，当抗交联剂加量大于 0.5% 时，溶解性的提高是以相对分子质量的下降作为代价的。因此选择不同的剂量，可以获得不同相对分子质量的目标产物以作不同的用途。

3）相对分子质量调节剂对聚丙烯酸钠相对分子质量的影响

分别使用了两种相对分子质量调节剂异丙醇（POH）和醋酸钠（NaAc）进行实验，实验中发现使用 NaAc 能有效地提高产物相对分子质量，但产品交联不溶的可能性也变大，用 POH 时产品不易交联，溶解性好，但相对分子质量相对较低（图 2-36）。图 2-36 反映了 NaAc 和 POH 两者对 NaPA 相对分子质量的影响规律，即 NaAc 影响较复杂，随着用量的增加有一个最佳值，大约为 1.9%，相对分子质量可达 33×10^7，这是由于在反相悬浮体系中，有机酸的钠盐能有效地阻止大分子自由基向分散剂的链转移反应，因而相对分子质量会增加。但再增加醋酸钠的用量会降低单体与活性链之间的有效碰撞几率，因此相对分子质量又下降。POH 是小分子链转移剂，在反应后期体系黏度剧增的时候，大分子运动受阻，POH 则能自由运动，可终止大分子自由基，同时随着 POH 用量的增加，由于单体与活性链之间的有效碰撞几率降低使活性链增长减慢，因此相对分子质量会降低。

考虑这两种相对分子质量调节剂的各自优势，可以将其结合起来使用，这样既可以使聚丙烯酸钠的相对分子质量提高，又能保证溶解性好。如表 2-14 所示，醋酸钠和异丙醇的适当结合不仅能有效地控制相对分子质量，而且也能改善聚丙烯酸钠的溶解性。

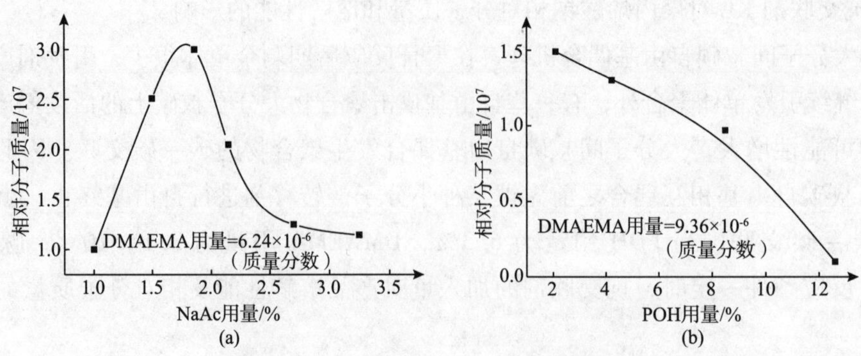

图2-36　链转移剂对产物相对分子质量的影响

过硫酸铵0.22%，KL0.46%，脲0.15%

表2-14　链转移剂NaAc和POH的效果对比

NaAc用量/%	POH用量/%	相对分子质量/10^7	溶解时间/min
0	3.15	1.01	8
1.44	0	3.15	40
0.72	3.15	3	20

注：DMAEMA为6×10^{-6}，KL为0.46%，过硫酸铵为0.21%，脲为0.2%。

（四）应用

在油田化学领域，可用作钻井液的增黏剂、降滤失剂及絮凝剂等；也可用于酸化液及压裂液增稠剂，以及水处理絮凝剂等。

第二节　丙烯酸、丙烯酰胺多元共聚物

丙烯酰胺（AM）与丙烯酸（AA）的共聚物（包括后面介绍的水解聚丙烯酰胺）作为用途广泛的多功能高分子化合物，是水溶性高分子聚电解质中最重要的品种之一，广泛用于油田开发、矿业、印染、水处理和土壤改良等工农业领域以及医药、卫生食品等领域，也可用作智能水凝胶。与PAANa相比，P（AA-AM）聚合物分子中既含阴离子基团，又含酰胺基团，由于酰胺基的吸附作用，使其在油田化学中的应用更广泛，是重要的油田化学品之一。它可以通过共聚法得到，也可以经过PAM水解制备。

在丙烯酸-丙烯酰胺二元共聚的基础上，通过引入阳离子单体共聚制备的两性离子型共聚物，由于阳离子基团的引入，可以使其应用性能进一步提高，尤其是用于钻井液处理剂，可以使处理剂的防塌、抑制和絮凝包被能力明显提高，两性离子型聚合物处理剂为国内独有的产品，它促进我国两性离子聚合物钻井液体系的发展。在调剖堵水、酸化压裂、驱油和油田水处理中也有广泛应用。

一、丙烯酸与丙烯酰胺的聚合反应

在丙烯酸与丙烯酰胺水溶液共聚时，由于聚合反应体系的 pH 值变化会对其聚合活性及竞聚率产生影响，因此，了解合成条件及单体比例对聚合反应及产物性能的影响，有利于控制丙烯酸与丙烯酰胺水溶液共聚反应。

（一）丙烯酸与丙烯酰胺聚合反应特征

在丙烯酸、丙烯酰胺单体混合物中，pH 值的不同不仅会影响丙烯酸、丙烯酸钠的比例，也会影响丙烯酸、丙烯酸钠、丙烯酰胺单体的聚合反应活性。

1. pH 值对丙烯酸、丙烯酰胺单体竞聚率的影响

丙烯酸与丙烯酰胺单体共聚时，因丙烯酸是酸性单体，其用量和中和度的不同，即丙烯酸由酸到盐的转变，都会影响反应混合液体系的 pH 值，pH 值的不同不仅使丙烯酸、丙烯酸钠与丙烯酰胺之间的比例不同，也将使丙烯酸、丙烯酸钠与丙烯酰胺等单体间竞聚率不同（表 2-15）。

表 2-15 AM-AA 聚合竞聚率[19]

pH 值	2.17	3.77	4.25	4.73	6.25
AM 竞聚率	0.48 ±0.06	0.56 ±0.09	0.67 ±0.04	0.95 ±0.03	1.32 ±0.12
AA 竞聚率	1.73 ±0.21	0.56 ±0.09	0.45 ±0.02	0.42 ±0.02	0.35 ±0.03

从表 2-15 可以看出，pH 值的改变会使 AA、AM 的竞聚率产生很大的差异。丙烯酸和丙烯酸钠的反应活性会由于 pH 值的不同而不同，同时反应体系 pH 值也会影响到丙烯酰胺的反应活性[20]。表 2-16 是反应条件一定时，pH 值对丙烯酸均聚反应及产物性能的影响。

从表 2-16 可以看出，在丙烯酸均聚反应中，pH 值上升反应速度下降，相对分子质量降低，但当 pH 值达到 10 以上时，反应活性又有所提高。这是因为当 pH = 2.4 ~ 2.8 时，AA 的 Q 与 E 分别为 0.40 和 0.25，当 pH = 6.8 ~ 7.4 时，则分别为 0.11 和 0.15（Q 与 E 是反映单体共轭效应和取代基极性的两个参数），这说明当 pH 值从 2.4 增加到 7.4 时，AA 分子中的共轭程度下降，取代基的电性能改变（由吸电子变成斥电子基），其结果是不利于 AA 的自由基聚合，只是当 pH 值极高时，AA 单体电离成—COO^- 基团被溶液中大量存在的反离子包围，一定程度地消弱了羧酸根负离子的斥电性，因此 AA 中的双键活性又复提高。AM 的情况则相反，在低 pH 值下，单体以质子化的形式出现，反应活性大大降低。

表 2-16 pH 值对丙烯酸聚合的影响

pH 值	引发剂/%	转化率/%	[η] / (dL/g)	pH 值	引发剂/%	转化率/%	[η] / (dL/g)
2	0.08	100	0.87	7	0.08	微	—
3	0.08	57	7.88	8	0.12	微	—
4	0.08	49	7.06	9	0.12	微	7.76

续表

pH值	引发剂/%	转化率/%	[η] / (dL/g)	pH值	引发剂/%	转化率/%	[η] / (dL/g)
5	0.08	37	6.26	10	0.12	微	2.84
6	0.08	22	4.29	10~11	0.12	90	4.97

注：反应条件：温度35℃，反应时间2h，单体浓度200g/L。

2. pH值对AM-AA共聚反应的影响

表2-17是pH值对丙烯酸-丙烯酰胺共聚反应的影响。从表2-17可以看出，当AM和AA进行共聚时，pH值对共聚反应也有明显的影响，所有情况下（即不论AA用量多少），体系的pH值从2上升到7，反应活性均下降，引发剂用量提高2倍，但在AA用量较大时（0.4以上），酸性体系对共聚反应有利，在AA用量较小时（0.3以下）中性条件比较有利。

表2-17 pH值对共聚反应的影响

AA摩尔分数	[η] / (dL/g)		AA摩尔分数	[η] / (dL/g)	
	pH=2	pH=7		pH=2	pH=7
0.9	11	3.2	0.4	18	7.6
0.8	11	3.9	0.3	7.8	8.5
0.7	11	4.7	0.2	5.6	9.6
0.6	—	5.2	0.1	4.1	10.3
0.5	—	6.6			

注：反应条件：单体浓度150g/L，氧化还原引发剂，用量0.06%（pH=2），0.24%（pH=7），引发温度35℃。

在上述不同AA用量的共聚反应中，pH值对反应活性的影响正是这两种单体对pH值不同反映的综合体现。从制备适用的钻井液处理剂的角度讲，对于不同AA用量的聚合物样品进行钻井液性能评价表明，AA的摩尔分数小，产品的絮凝能力太强，AA的摩尔分数大，产品的相对分子质量低。为了获得比常规HPAM（相对分子质量300×10^4，水解度30%）更适于作钻井液处理剂的产品，AA摩尔分数为0.4时，可以制备出相对分子质量为（400~700）$\times10^4$的样品，可以作为钻井液絮凝剂和流型调节剂。因此可以通过改变单体配比制备不同用途的产物。

从前面的分析可以看出，pH值的变化，不仅会影响到丙烯酰胺的反应活性，由于丙烯酸钠和丙烯酸的活性不同，还会使丙烯酸与丙烯酰胺等单体间竞聚率不同。为了进一步了解反应条件对丙烯酸-丙烯酰胺共聚反应的影响，奠定丙烯酸类聚合物的合成基础，针对AA、AM共聚物应用的目的不同，对其相对分子质量和单体配比要求也会不同，制备低聚物通常在酸性条件下，如水处理分散剂、钻井液降黏剂等，制备高聚物通常在碱性条件下，如絮凝剂、增黏剂、包被剂、降滤失剂、稠化剂、减阻剂、堵水剂和驱油剂等。

（二）酸性条件下影响共聚反应的因素

由于酸碱性会造成离子性单体的聚合活性及单体竞聚率的变化，反应体系的酸碱性的差异将影响共聚反应和共聚物的组成和性能。因此，研究 pH 值及不同条件下影响共聚反应的因素，对开展丙烯酸类聚合物的研究具有重要意义。

将定量的丙烯酰胺、丙烯酸及去离子水加入三口烧瓶中，同时用氢氧化钠调整体系 pH 值，在一定的反应温度下加入引发剂，在连续通氮的条件下进行聚合反应，反应一定时间结束反应。以有机溶剂为沉淀剂，将产品沉淀、洗涤、干燥，测定聚合反应的聚合率、共聚物的特性黏数和共聚物组成。将干燥至恒质的产品称量，按照下式计算聚合率：

$$\text{聚合率} = \frac{\text{产品质量}}{\text{单体质量}} \times 100\% \tag{2-3}$$

共聚物中丙烯酸结构单元或羧基的含量（C/mol%）采用中和法测定。采用乌氏黏度计，用 1mol/L NaCl 水溶液为溶剂在（30±0.1）℃测定特性黏数［η］。

在上述反应中引发剂用量、温度、反应时间、体系 pH 值和单体配比等对聚合反应具有明显的影响[21]。

1. 单体配比对聚合反应的影响

图 2-37 是单体质量分数为 10%，引发剂用量为单体质量的 0.1%，聚合温度为 60℃，反应时间为 4h 时，单体中丙烯酸用量对聚合率、共聚物特性黏数［η］和共聚物中 AA 含量的影响。由图 2-37 可见，当单体中丙烯酸摩尔分数小于 40% 时，聚合率随丙烯酸含量的增大而降低，当单体中丙烯酸摩尔分数大于 40% 时，聚合率则随丙烯酸量的增加而提高。当单体中 AA 含量小于 30% 时，［η］随单体中 AA 含量的增加而增大，当单体中 AA 含量大于 30% 时，［η］则随单体中 AA 含量的增加而降低，而共聚物中丙烯酸结构单元摩尔分数随单体中 AA 用量的增加而增加，当单体中 AA 含量大于 40% 以后，增加趋缓。

2. 引发剂用量对聚合反应的影响

当 n（AM）：n（AA）为 7：3，其他条件不变时，引发剂用量对聚合率、［η］和 C 的影响见图 2-38。从图中可见，聚合率随引发剂用量的增加而增加，共聚物的［η］随引发剂用量的增加而降低，而共聚物中丙烯酸的摩尔分数则略有增加，但幅度较小。

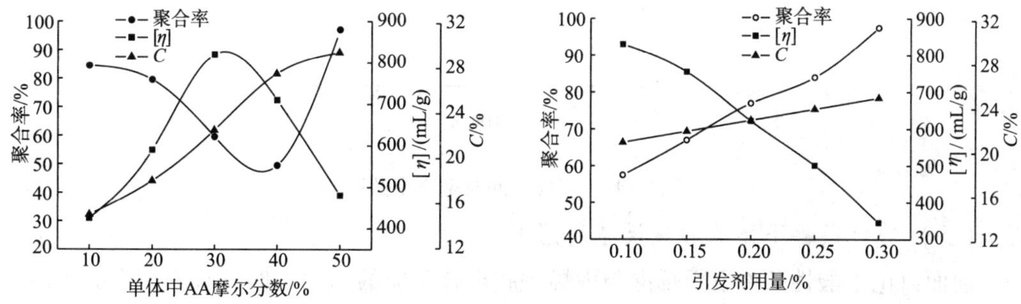

图 2-37 单体中 AA 用量对聚合率、［η］和 C 的影响　图 2-38 引发剂用量对聚合率、［η］和 C 的关系

3. 反应温度对聚合反应的影响

图 2-39 是反应条件一定时，反应温度对聚合率、共聚物的［η］和 C 的影响。从图 2-49 中可以看出聚合率随反应温度的升高而增加，而共聚物的特性黏数却随反应温度的

升高而降低，共聚物中 AA 含量随反应温度的升高略有增加，但当温度达到 70℃以后，变化变缓。

4. pH 值对聚合反应的影响

由于 AA 在水中可以电离，因而体系的 pH 值会影响 AA 的电离程度，也必然会影响共聚反应的行为。如图2-40 所示，反应条件一定时，聚合率随体系的 pH 值的增加而降低，当体系的 pH 值大于5 时，聚合率则随 pH 值的增加而升高。而共聚物的［η］随 pH 值的增加而增加，在体系的 pH 值大于 5 时，共聚物的［η］反而随 pH 值的增加而下降，而共聚物中 AA 的摩尔分数却随体系 pH 值的增加而降低，这与 pH 值对单体活性和竞聚率的影响有关。

5. 反应时间对共聚合反应的影响

如图 2-41 所示，反应条件一定时，反应初期聚合率随反应时间的延长迅速增加，当反应时间达到 1h 以后，聚合率随反应时间的延长而缓慢增加。

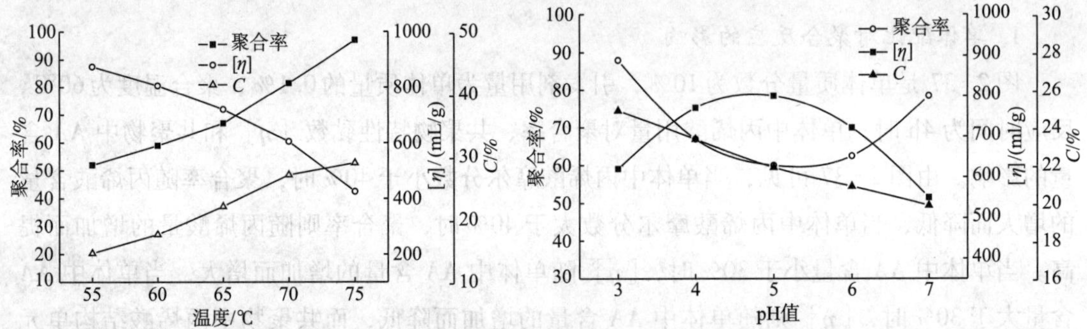

图 2-39　应温度对聚合率、［η］和 C 的影响　　图 2-40　pH 值对聚合率、［η］和 C 的影响

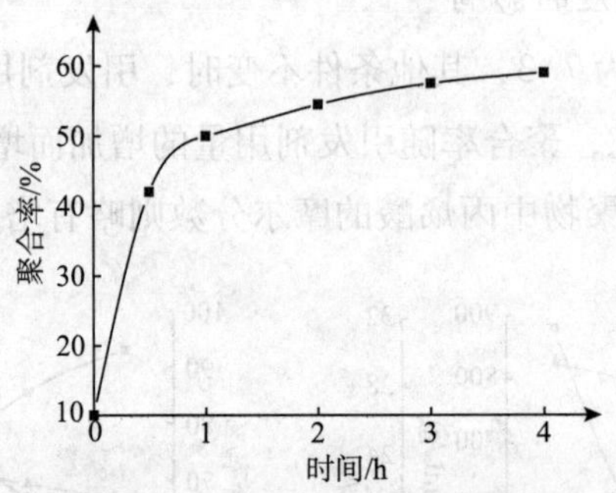

图 2-41　反应时间对聚合率的影响

（三）碱性条件下影响共聚反应的因素

前面讨论了酸性条件下丙烯酸与丙烯酰胺聚合反应的影响，但没有考虑产品水溶液直接烘干后对产物性能的影响，结合高相对分子质量聚合物制备，对丙烯酸与丙烯酰胺在碱性条件下的聚合反应进行了研究[22]。

1. 化学驱氧与聚合反应速率的控制

高相对分子质量的聚丙烯酰胺或丙烯酸－丙烯酰胺共聚物生产中常采用高纯氮气驱除

溶液中的氧气，也可以采用化学驱氧的方法，即向反应混合液中加入适量亚硫酸钠、亚硫酸氢钠除氧剂，使其与反应混合液中的微量溶解氧发生反应以消除氧气。实验发现，加入适量除氧剂后，溶液温度升高了0.6℃，这可能是由于除氧剂与氧气发生氧化还原反应产生了一定量的自由基，从而引发少量聚合反应的结果。随后加入引发剂，反应温度呈持续上升趋势，直至聚合完毕。在聚合物反应中采用化学驱氧可同时缩短聚合反应的诱导期，其缩短程度与除氧剂的种类及活性有关。

通过控制引发体系中的氧化还原反应的速率来控制产生自由基的速率，从而实现对聚合反应的控制。在引发体系中加入不同多价金属离子，如 Fe^{2+}、Cu^{2+} 和络合剂（EDTA 二钠盐），多价金属离子对氧化还原反应具有催化作用，同时络合剂对金属离子具有络合作用，并建立一种动态平衡关系，通过控制溶液中金属离子的含量，来加速或减缓自由基的生成速率，从而控制聚合反应速率。实验发现，改变多价金属离子的加入顺序能导致不同的引发速率，在加入引发剂后面加入多价金属离子时，聚合反应速率明显加快，这是因为络合剂不能完全络合金属离子，溶液中的自由离子浓度较高。表2-18为金属离子浓度与反应时间的关系（实验条件：引发温度12℃，AANa与AM物质的量比1∶3，单体质量分数23%，引发剂浓度 3×10^{-4}mol/L，pH=11）。

表2-18 金属离子浓度与反应时间的关系

$[Cu^{2+}]$ / (10^{-4}mol/L)	0.1	0.2	0.3
聚合时间/h	6	4	2.5

此外，选用不同类型的还原剂也可控制聚合反应速率，采用胺类有机还原剂已二胺与过硫酸铵组成过硫酸铵-己二胺引发体系，与通常所用的过硫酸铵-亚硫酸氢钠引发剂相比，可以明显延缓反应速率，从而得到较高相对分子质量的聚合物。图2-42是在引发温度16℃、n（AANa）∶n（AM）=1∶3、单体总质量分数23%、引发剂浓度为 3×10^{-4}mol/L时，两种引发体系的反应温度曲线。

图2-42表明，与体系2（过硫酸铵-己二胺引发体系）相比，采用体系1（过硫酸铵-亚硫酸氢钠引发体系）反应达到最高温度的时间快了近1h。反应初期的温度上升速率也较快，这不利于聚合物的相对分子质量的提高。通常在相同引发剂浓度下，反应初期引发慢有利于生成高相对分子质量的聚合物，产物中的残留单体也相对较低。采用过硫酸铵-己二胺引发体系对聚合反应有一定的控制，其原因是引发体系中的氧化还原反应较慢，温度敏感性相对降低，从而使产生自由基的速率变的较慢且平稳。

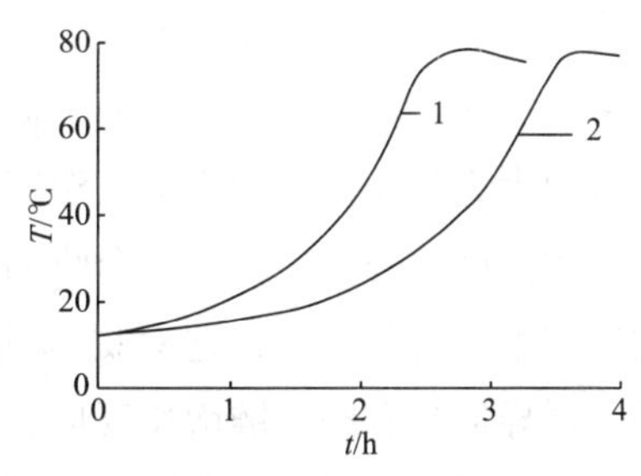

图2-42 两种引发体系时间与温度的关系

2. 反应条件对聚合反应的影响

1）pH 值对聚合物交联及相对分子质量的影响

实践证明，在聚丙烯酰胺或丙烯酸－丙烯酰胺共聚物生产过程中，pH 值越低产品越容易发生交联，当 pH 值达到 10 时，得到的胶体和干粉产品都能完全溶解。在较低 pH 值（<2）下，聚合易伴生分子内和分子间的亚酰胺化反应，形成支链或交联型产物；在较高 pH 值下，单体或聚合物分子中的酰胺基会发生水解反应，使均聚物变成含丙烯酸链节的共聚物。

丙烯酸－丙烯酰胺共聚物生产一般是将聚合得到的胶体造粒干燥后粉碎得到干粉。胶粒干燥时，由于受失水和高温的影响，即使反应在较高 pH 值下进行时干燥过程中也易发生交联。在反应条件一定时，改变反应混合溶液的 pH 值，发现 pH 值越低越容易交联。在较低 pH 值（=5）下生成的聚合物胶体经造粒后能溶解，但是加热干燥后得到的干粉却出现不溶现象，即使在常温干燥时，也有不溶物，这表明大量的水分子可以防止聚合物发生交联。当 pH 值达到 10 左右，生成的干粉能完全溶解，但聚合物相对分子质量有所下降。AANa 比例越高，生成的聚合物越易溶解。用 AANa 均聚时，在 pH 值为 7 时生成的聚合物干粉能够完全溶解，这是由于 AANa 中不含酰胺基团，反应及干燥时因不产生亚酰胺化反应而无交联反应发生的缘故。

如图 2－43 所示，在引发温度 12℃，n（AANa）：n（AM）＝1∶3，单体总质量分数 23%，引发剂浓度 3×10^{-4}mol/L 时，pH 值在 10 左右，相对分子质量有最高值。随着 pH 值升高，相对分子质量下降，当 pH 值小于 10 时，所得干粉产品出现交联不溶现象。因此在生产中选择 pH 值在 10～11 之间，既可以保证产物相对分子质量较高，又可以保证不出现产物交联。

2）引发温度对反应速率及相对分子质量的影响

在单体总质量分数为 23%，n（AANa）：n（AM）＝1∶3，引发剂浓度为 3×10^{-4}mol/L，pH＝11 时，引发温度与反应时间和聚合物相对分子质量的关系见图 2－44。由图 2－44 可以看出，引发温度越高，聚合反应的速率就越快。这是由于高温有利于提高自由基生成的速率，从而加快反应速率。而且低温时，由于诱导期长，使反应时间比高引发温度下的反应时间大为延长。在较高引发温度时，反应时间相差不多。在其他条件不变的情况下，随着引发温度的升高，得到聚合物的相对分子质量逐渐下降。这是因为引发温度越高，反应初期产生自由基越快，这对提高相对分子质量不利。而在低温条件下，自由基的产生较慢，诱导期长有利于链增长反应，从而得到较高相对分子质量的聚合物。但是过低的温度容易造成反应太慢，甚至不发生聚合。在实验条件下引发温度为 12℃时较好。

3）单体含量对反应速率及产物相对分子质量的影响

在引发温度为 12℃，n（AANa）：n（AM）＝1∶3，引发剂浓度为 3×10^{-4}mol/L，pH＝11 时，单体含量与反应时间和聚合物相对分子质量的关系见图 2－45。由图 2－45 可以看出，随着单体含量的增加，聚合时间缩短，这是由于随着单体含量的增加，反应速率加快。从图中还可以看出，随着单体含量的增加，聚合物相对分子质量逐渐增大，当单体质量分数大于 25% 以后，相对分子质量反而降低，这是因为当单体质量分数过高（ >25% ）时会导致大量放热，若反应热不能及时散发时，会产生爆聚现象，且高温也不利于提高聚合物相对分子质量。在实验条件下单体的质量分数为 25% 时较好。

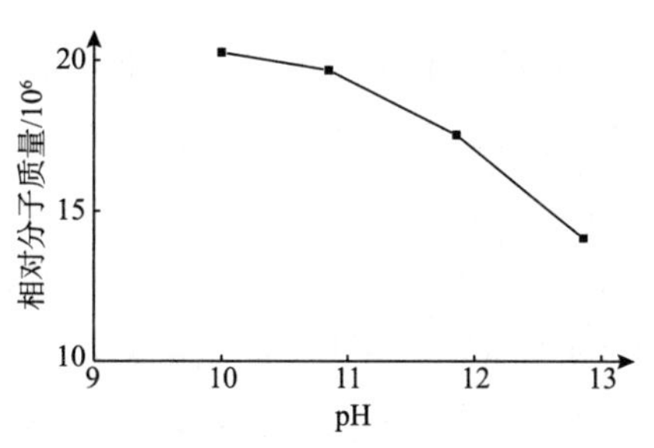

图2-43　pH 值对聚合物相对分子质量的影响

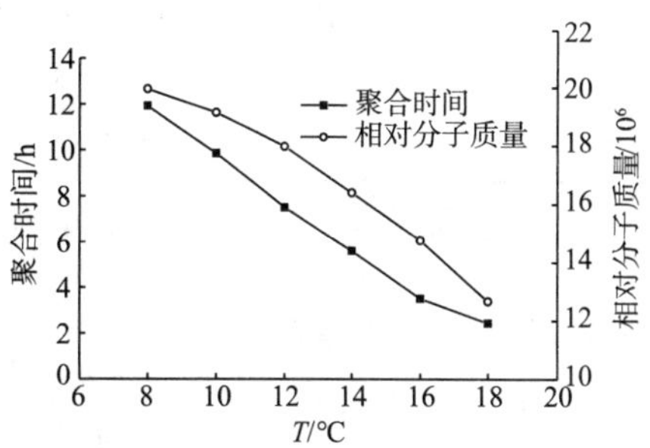

图 2-44　引发温度对聚合物相对分子质量的影响

4）AA 与 AM 配比对反应的影响

在引发温度为 16℃，引发剂浓度为 3×10^{-4} mol/L，pH = 11，原料单体质量分数为 23% 时，不同 AANa 与 AM 配比下反应时间与温度的关系见图 2-46。由图 2-46 可以看出，随着 AANa 比例的提高，反应初期，相同温度处的斜率逐渐变小。在低温诱导期时，温度影响较小，这时 AANa 比例高的体系反应慢，说明 AANa 的聚合活性较 AM 的低。随着反应的进行，含 AM 多的体系不但因自身活性高加快反应，同时 AM 的聚合热较高，放热多也相应的加快了反应速率。从图中还可以看出，随着 AANa 比例的增加，反应达到的最高温度呈下降趋势，这表明 AANa 的聚合热比 AM 的小。

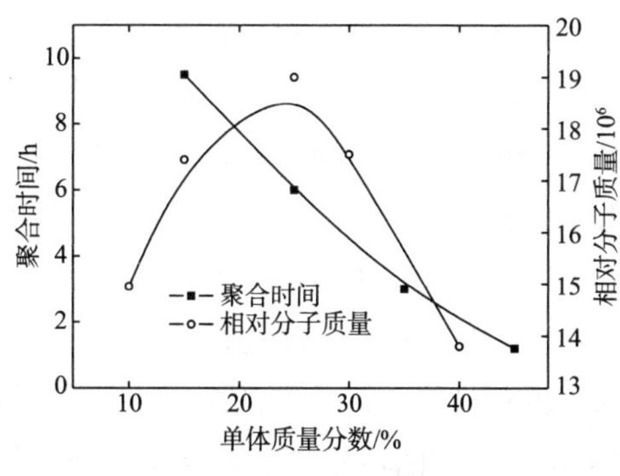

图 2-45　单体含量与反应时间和聚合物相对分子质量的关系

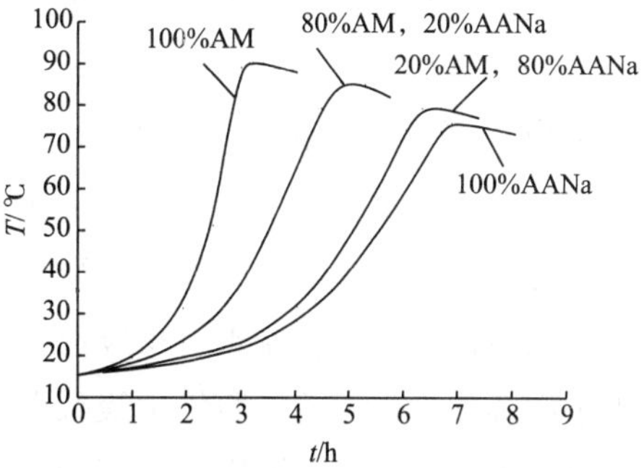

图 2-46　不同 AANa 与 AM 配比下反应时间 - 温度的关系

如图 2-47 所示，在引发温度为 12℃，单体质量分数为 23%，引发剂浓度为 3×10^{-4} mol/L，pH = 10 的条件下，随着 AANa 比例降低，聚合物相对分子质量逐渐升高，在 n（AANa）：n（AM）= 0.33 时，相对分子质量已超过 2.1×10^7，虽然当 n（AANa）：n（AM）= 0.25 时，聚合物相对分子质量较高，但相差不大。从生产实际和生产成本考虑，

以 n（AANa）∶n（AM）=0.33 较为理想。

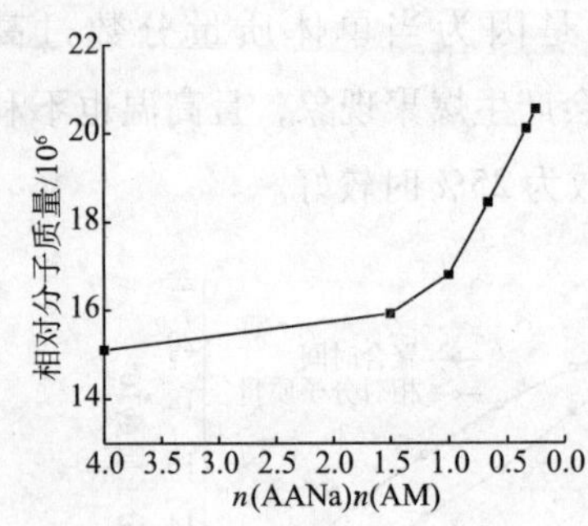

图 2-47　单体配比与聚合物相对分子质量的关系

在丙烯酸、丙烯酰胺共聚合研究中，研究者还测定了采用不同方法时丙烯酸、丙烯酰胺聚合反应的竞聚率，如蒋家巧等[23]以丙烯酰胺和丙烯酸为原料，采用水溶液自由基共聚法制备超高相对分子质量丙烯酰胺-丙烯酸共聚物。由正交实验研究了单体浓度、引发剂用量、助剂尿素用量、单体配比、反应温度对聚合物相对分子质量的影响。结果表明，最佳条件为：m（AM）∶m（H_2O）=30%，m（AM）∶m（AA）=3，m（I）∶m（AM）=0.3%，m（尿素）∶m（AM）=0.3%，温度 20℃，在此条件下，产物相对分子质量高达 5120×10^4，AM 和 AA 的竞聚率为 rAM=0.684、rAA=0.278。因 $r_1r_2<1$，且 $r_1<r_2<1$，故得到无规共聚物，与 AA 相比，AM 的反应活性更大一些。

（四）丙烯酸-丙烯酰胺控制聚合反应

尚宏鑫等[24]研究了在均相水介质中，采用铜（Ⅱ）催化体系，水溶性引发剂引发丙烯酰胺-丙烯酸的可控聚合。以过硫酸钾（KPS）为引发剂，以氯化铜与乙二胺（en）形成的络合物为催化剂，在水相中进行丙烯酰胺、丙烯酸反向原子转移自由基聚合反应。控制原料配比、聚合温度、单体浓度、反应时间、催化剂与配体配比等条件，可使反应呈现一定的可控性。其合成过程如下。

在反应瓶中加入部分水和铜/乙二胺络合体系，通入氮气，开搅拌 30min 后，加入引发剂以及溶解好的丙烯酰胺和用过量氢氧化钠中和过的丙烯酸，每隔 1h 取 1 次样，测定双键残余量，至残余量不变为止，停止反应。通过条件实验得到了较佳合成条件：原料配比为 n（AM+AA）∶n（$CuCl_2$）∶n（en）∶n（KPS）=400∶1∶2∶0.27，温度为 45℃，反应时间为 8h。单体总转化率达到 81.61%，黏均相对分子质量达到 1.73×10^6。

选用铜离子在水相中进行 ATRP 反应，是由于铜离子在反应中具有一定的阻聚作用。当铜离子与乙二胺络合时，其既具有结合自由基又具有释放自由基的可逆能力，这样便可以通过控制自由基量来控制聚合反应速度，使反应以一个平稳的速度进行。

由于丙烯酸可以与乙二胺发生酸碱中和反应，还有可能与高价态的金属离子发生络合反应，使得络合物的形态和组成发生变化，所以确定丙烯酸的用量是实现反应的先决条件。实验发现，n（丙烯酸）∶n（丙烯酰胺）≤1∶4 时，在铜催化体系下反应可以进行。选择 n（丙烯酸）∶n（丙烯酰胺）=1∶10 为基础条件来考察铜/乙二胺络合体系对共聚反应的影响。

1）络合体系对丙烯酰胺-丙烯酸共聚反应的影响

首先是 $[Cu(en)_2]^{2+}$ 浓度对共聚反应的影响。$[Cu(en)_2]^{2+}$ 是反应中的关键，它可以在自由基量较多时与自由基结合，形成休眠物种，休眠物种在自由基浓度较低时释放自由基，使反应过程中的自由基浓度维持在一定范围内，从而起到控制反应速率的作用。如图

2-48所示，当 n（$[Cu(en)_2]^{2+}$）：n（单体）在（0.2～1）:400 改变时，不同 n（$[Cu(en)_2]^{2+}$）：n（单体），随着络合物浓度的上升，反应转化率降低，反应速率逐渐变小，说明 $[Cu(en)_2]^{2+}$ 络合体系对聚合具有一定的阻聚作用，但同时对聚合速率也具有控制作用。

其次是 $CuCl_2$ 与 en 的配比对共聚反应的影响。保持 Cu^{2+} 不变，调整乙二胺与 Cu^{2+} 的比例，$CuCl_2$ 与 en 的比例对聚合反应影响见图 2-49。从图 2-49 及络合平衡反应 $2en + Cu^{2+} \rightleftharpoons [Cu(en)_2]^{2+}$ 可知，随着 en 的增加，游离的 Cu^{2+} 逐渐减少又逐渐增多，因为 Cu^{2+} 对反应具有阻聚作用，所以单体的残余量也由逐渐降低变为逐渐升高。当 $CuCl_2$ 与乙二胺物质的量比为 1:2 时反应较好。

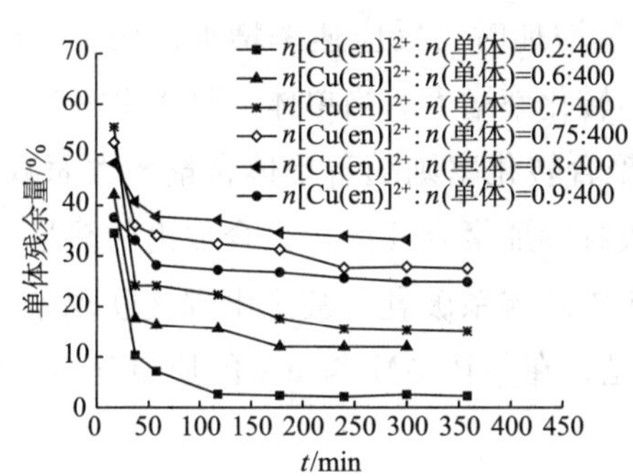

图 2-48　不同 $[Cu(en)_2]^{2+}$ 浓度下单体转化率与反应时间关系曲线

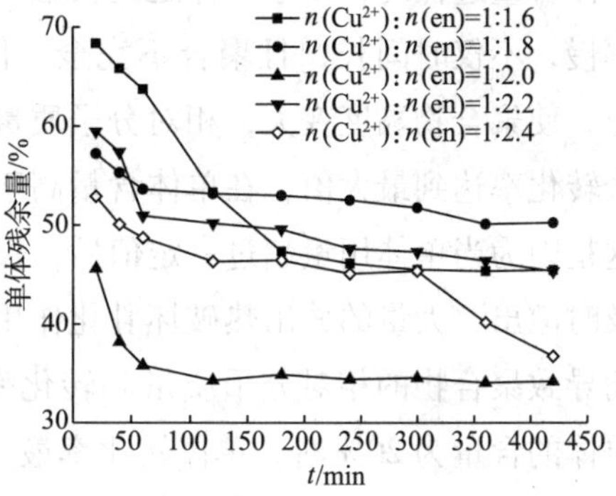

图 2-49　不同 $CuCl_2$ 与 en 的配比下单体转化率与反应时间关系曲线

2）引发剂浓度对共聚反应的影响

如图 2-50 所示，当引发剂浓度较高时，由于体系中自由基浓度较高，即使有铜/乙二胺络合体系，也不足以将体系中的自由基数目维持在一个较低的水平，反应速率较快，同时增加了自由基互相碰撞的几率，使自由基消耗加快，单体转化率降低。当引发剂浓度较低时，如 n（KPS）：n（单体）=0.2:400，体系中自由基浓度较低，单体的转化速率较慢，转化率较低。当引发剂浓度适中时，络合体系可使自由基浓度维持在一个较低水平，此时单体转化速率较低，单体转化率较高。因此，体系中引发剂 n（KPS）：n（单体）=0.27:400 时较好。

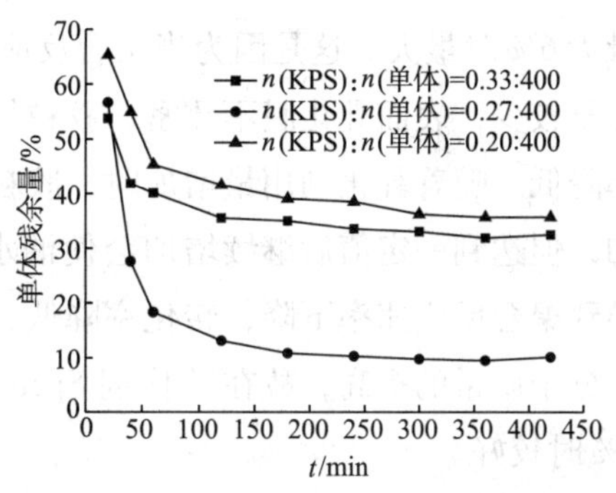

图 2-50　不同 KPS 浓度下单体转化率随时间变化曲线

（五）丙烯酸－丙烯酰胺反相乳液聚合

研究表明，在丙烯酸－丙烯酰胺共聚物反相乳液聚合中，油相类型、复合乳化剂类型等对共聚反应都会产生一定的影响，从应用的角度考虑，油田用反相乳液聚合物制备中常采用白油和液体石蜡等作为油相，并以白油最佳。

1. 白油为油相的反相乳液聚合

王锟等[25]以白油为连续相，以 Span－80/OP－10 为复合乳化剂，过硫酸铵－亚硫酸氢钠（APS－$NaHSO_3$）为氧化还原引发剂，制备了 AA－AM 共聚物反相乳液，研究了不同因素对单体转化率的影响。研究中基本合成条件是：AM∶AA 为4∶1（质量比），单体质量分数为20%，引发剂用量为0.25%（占乳液的质量分数），乳化剂（Span－80∶OP－10＝7∶3）质量分数为6%，反应温度40℃，反应时间3h，在讨论某一因素时，将该因素作为变量，其他条件不变。

研究表明，在单体含量低于20%时，聚合转化率随着单体含量的增加而增大，因为当单体含量过低时，由于单体之间接触和碰撞的几率较小，不利于分子链的增长，且反应速率慢，不仅时间长，且聚合不完全。但当单体用量增加时，反应速率增加，聚合时间变短，使聚合物黏度变大，相对分子质量增大，单体转化率增大。当单体含量为20%时，聚合转化率达到最大值，在单体含量高于20%后，聚合转化率则随着单体含量增大而减小。这是因为当单体用量超过一定值后，过量的单体较难参加聚合反应，聚合放出的热量不能及时散出，大量的放出热破坏乳化作用，造成反应中的体系破乳，甚至出现交联现象，从而导致聚合物的相对分子质量和转化率降低。可见，在单体 AM 与 AA 的质量比为4∶1，单体的含量为20%时，单体转化率最高。

单体浓度一定时，乳化剂、引发剂用量和反应温度对单体转化率的影响见图2－51。从图2－51（a）可以看出，在 AM 与 AA 的质量比为4∶1，引发剂的质量分数为0.25%，反应温度为40℃时，即使乳化剂用量不同，当复合乳化剂中的 Span－80 的含量达到70%左右时，都出现最大转化率，且在 Span－80∶OP－10 为7∶3 时，单体转化率以乳化剂含量为6%时最大。这是因为当聚合反应中乳化剂用量较低时，乳胶粒子表面吸附的乳化剂分子较少，表面乳化膜不致密，胶粒易聚结，所以使得聚合反应速率下降，聚合反应转化率降低。随着乳化剂用量增加时，胶粒数目增多，聚合反应速率加快，聚合反应转化率增加，但达到一定值后继续增加会使油水之间的界面膜增厚，反而阻碍引发自由基的扩散，导致聚合反应速率下降，转化率降低，另一方面乳化剂量过大时，其链转移作用不利于相对分子质量的提高，故在乳化剂 Span－80 与 OP－10 质量比为7∶3，复合乳化剂用量为6%时较好。

如图2－51（b）所示，当反应体系中 AM 与 AA 的质量比为4∶1，质量分数为20%，乳化剂（Span－80∶OP－10＝7∶3）的质量分数为6%，反应温度为40℃时，引发剂APS－$NaHSO_3$用量在0.20%时，单体转化率达到一个最佳值，并可看出在较低引发剂用量时，由于引发剂用量不足时聚合应速率慢，单体转化率较低。随着引发剂用量增加，体系中自由基浓度增加，引发速率加快，聚合物的相对分子质量增加，同时更多的单体参与聚合反应，单体转化率提高。但当引发剂浓度过高时，转化率反而降低，同时由于反应过程中产生的热不易散开，导致分子链断裂，严重时使体系破乳。可见，引发剂用量为0.20%较好。

从图2-51（c）中可看出，在较低温度下，引发剂分解及自由基活化也都受到影响，活性基与单体作用较弱，阻碍聚合链增长，因此单体转化率不高。随着温度的升高，链引发速率常数增加，聚合物相对分子质量增加，同时，乳胶粒布朗运动加剧，使乳胶粒之间进行撞合而发生聚结的速率增大，所以单体转化率增大。但在较高温度下（>50℃），链引发速率常数和链终止速率常数同时增大，反应速度过快，使得产生大量的热，易产生爆聚现象，并使单体转化率降低，一般控制温度在40℃左右，既可以保证反应顺利，又可以使单体转化率最高。

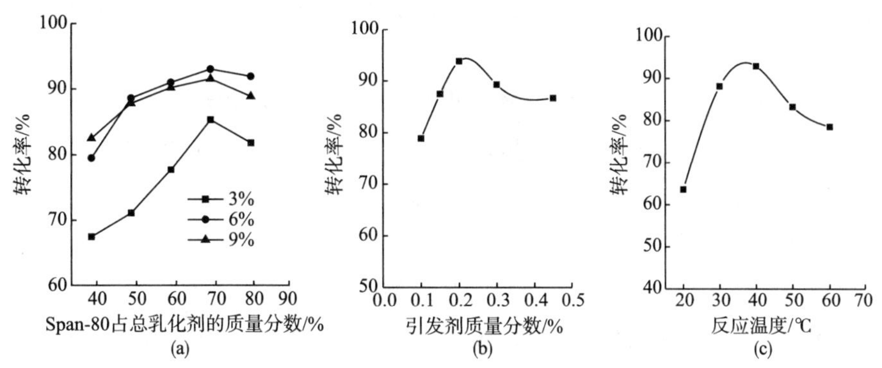

图2-51 乳化剂用量（a）、引发剂用量（b）和反应温度（c）对转化率的影响

通过前面分析，得到白油为油相的 AA-AM 的反相乳液聚合较佳的工艺条件：AM 与 AA 质量比为 4∶1，质量分数为 20%，Span-80 与 OP-10 质量比为 7∶3，质量分数为 6%，引发体系 APS-$NaHSO_3$的质量分数为 0.25%，连续相为白油，温度为40℃，反应时间为 3.5h，在此条件下，单体的转化率可达 92.7%。

2. *石蜡为油相的反相乳液聚合*

也可以采用液体石蜡为油相制备 AA-AM 共聚物反相乳液。其制备过程如下[26]。

将丙烯酰胺、丙烯酸、N，N′-亚甲基双丙烯酰胺溶解于适量水中得到一定浓度的水溶液，即为水相；在装有温度计、搅拌器、冷凝装置、滴液漏斗的反应瓶中加入液体石蜡和乳化剂，搅拌均匀后得到油相。在一定的搅拌速率下，通氮除氧 30min 后，分别滴加引发剂和单体水溶液，在一定温度下反应 3~4h。出料前用氨水调节聚合体系的 pH 值约为 9，冷却放置，观察 AM-AA 共聚物的稳定性。取样用 NDJ-1 型旋转黏度计在转速 60r/min 下测定试样的黏度，用 pHS-3C 型酸度计测定聚合体系的 pH 值。

在合成中，重点研究了复合乳化剂 Span-80 与 Tween-80 的配比、单体 AM 含量、引发剂含量、聚合体系 pH 值、油水质量比、反应温度等对 AM-AA 共聚反应的影响，结果表明：

（1）当采用 Span-80 和 Tween-80 作为乳化剂，w（AM）为 40%（AM 占 AA 的质量分数），引发剂占单体质量分数为 0.7%，聚合体系的 pH=9，温度为 70℃，油水质量比=1.1 时，AM-AA 共聚物的黏度随着 m（Span-80）∶m（Tween-80）的增加先增加后降低，当 m（Span－80）∶m（Tween－80）＝92∶8 时，P（AA－AM）共聚物的黏度达到最大值，此时复合乳化剂的 HLB 值约为 5.2。当 m（Span－80）∶m（Tween－80）＜80∶20 时，乳化剂的分散效果不好，P（AA－AM）共聚物易凝聚；当 m（Span－80）∶m（Tween－80）＞92∶8 时，P（AA－AM）共聚物的黏度降低。可见，m（Span－80）∶m（Tween－80）＝92∶8，即 HLB 值约 5.2 时较好。

（2）其他条件同上，当 m（Span－80）∶m（Tween－80）＝92∶8 时，P（AA－AM）共聚物的黏度随 AM 含量的增加而增大，当 w（AM）＜10% 时，AM 含量对共聚物黏度的影响不大，当 w（AM）＞50% 时，易发生爆聚或凝胶，在实验条件下 w（AM）为 40%～45% 较好。

（3）反应条件一定时，P（AA－AM）共聚物的黏度随过硫酸铵含量的增加先增大后降低。当 w（$NH_4S_2O_8$）＜0.3% 时，共聚物的黏度很小；当 w（$NH_4S_2O_8$）＝0.7% 时，共聚物的黏度达到最大值。当 w（$NH_4S_2O_8$）＞0.7% 时，共聚物的黏度反而降低。故 w（$NH_4S_2O_8$）为 0.7% 较适宜。

（4）反应条件一定时，P（AA－AM）共聚物的黏度随聚合体系 pH 值的增大先增加后略有降低。这是由于当聚合体系 pH 值较小时，溶液呈酸性，聚合体系中存在大量的羧基负离子，且聚合物分子链上也存在部分羧基负离子。羧基负离子阻碍单体与链自由基之间的接近，使聚合反应难以进行，导致产物的相对分子质量和黏度均较低。随聚合体系 pH 值的增大，溶液逐渐呈碱性，有一部分单体变成羧酸盐。聚合体系中电离的正离子在羧基负离子周围聚集，形成正离子屏蔽，导致产物的相对分子质量和黏度增大。故在实验条件下聚合体系 pH 值为 9 较适宜。

（5）当其他条件一定时，P（AA－AM）共聚物的黏度随着油水比的增大先增大后降低，当油水比为 1.1 时，AM－AA 共聚物的黏度达到最大值。这是因为当油水比太小时，由于连续相油相的用量少，不能很好地分散聚合热而易产生爆聚或凝胶，由于油相不能很好地分散单体液滴导致聚合时胶乳粒子发生黏结而出现凝胶；当油水比太大时，聚合效率和固含量降低。故较适宜的油水比为 1.1。

（6）当其他条件一定时，P（AA－AM）共聚物的黏度随聚合温度的升高先增大后降低，当聚合温度为 60～70℃时，P（AA－AM）共聚物的黏度较大。聚合温度过高时，聚合体系的黏度降低，易发生爆聚，乳胶颗粒变大，严重时发生凝胶。故聚合温度以 60～70℃较适宜。

综上所述，采用石蜡为油相反相乳液聚合法制备 P（AA－AM）共聚物的较佳聚合条件为：w（$NH_4S_2O_8$）＝0.7%，w（AM）＝40%～45%，m（油）∶m（水）＝1.1，m（Span－80）∶m（Tween－80）＝92∶8，聚合温度 60～70℃，聚合体系 pH 值约为 9。在较佳聚合条件下制得的 P（AA－AM）共聚物的黏度较大，稳定性较好。

（六）反相微乳液聚合

彭双磊等[27]探索了采用反相微乳液聚合方法合成 P（AA－AM）共聚物。合成步骤是：先将一定量的 AA、AM 配成水溶液，并用 NaOH 将其中和至一定的 pH 值，再加入一定量的 EDTA，配得水相。然后将一定量的乳化剂 2810 以及煤油加入到三口烧瓶中，置于配有搅拌器的恒温水浴锅中，持续搅拌并充入 N_2，搅拌均匀后，把水浴温度恒定在 30℃，并滴入已经配制好的水相，水相控制在 30min 内滴加完成，之后加入 $NaHSO_3$，3～5min 之后再加入 $(NH_4)_2S_2O_8$，最后控制水浴温度在 40℃，在 40℃下反应 5h，即得 P（AA－AM）共聚物的反相微乳液溶液。

通过正交实验得到了 P（AA－AM）的反相微乳液聚合的最优实验条件，即乳化剂用量5%，引发剂用量0.15%，水相单体浓度40%。通过极差 R 分析，各因素对实验指标影响的主次顺序为乳化剂用量＞引发剂用量＞水相单体浓度。

按照该条件合成的 P（AA－AM）反相微乳液作为钻井液处理剂，在淡水、盐水、饱和盐水和复合盐水钻井液中均具有良好的增黏效果，而且在 120℃下热滚老化 16h 后仍保持较好的增黏性能，说明 P（AA－AM）反相微乳液具有良好的抗温性能。同时还具有良好的抑制性能和润滑性能，表现出较强的抑制页岩和黏土水化分散的能力。

王孟等[28]采用 K－T 法和 YBR 法测试了单体间的竞聚率，对比丙烯酰胺－丙烯酸钠微乳液聚合和溶液聚合竞聚率的变化，认为微乳液聚合使得单体间的反应更趋于理想共聚，聚合链结构更趋于无规，而溶液聚合得到交替型的共聚物，这为今后钻井液用聚合物聚合方法的选择提供了参考。

崔林艳等[29]采用煤油作连续相，以 MOA－3 和 OP－10 为复合乳化剂，过硫酸钾（$K_2S_2O_8$）－亚硫酸氢钠（$NaHSO_3$）为氧化还原引发体系，进行了丙烯酰胺和丙烯酸钠的反相微乳液共聚合反应，在单体浓度为 50%～65%，引发剂浓度为 0.1%～0.4%，乳化剂浓度为 20%～35%，聚合温度为 25～40℃的条件下，得到了共聚物相对分子质量与单体浓度（[M]）、引发剂浓度（[I]）、乳化剂浓度（[E]）的近似关系：$M \propto [M]^{0.587}[I]^{-0.361}[E]^{-0.882}$。其合成过程如下。

将 AA 用氢氧化钠中和后，按 AA 和 AM 的物质的量的比 1∶3 配制所需浓度的单体水溶液。先在单体水溶液中加入过硫酸钾，然后在搅拌下，按水油比为 1∶3（体积比）将其慢慢加入溶有一定量 MOA－3 和 OP－10 乳化剂的煤油中。将乳化好的单体反相微乳液倒入温度恒定在 0.1℃的反应瓶中，通 N_2 驱氧恒温 20min 后，加入亚硫酸氢钠引发聚合。产物微乳液放入丙酮中破乳沉淀，并用丙酮多次洗涤得到聚合产物，在 80℃下烘干至衡重，用于相对分子质量的测定。

研究表明，反应温度、体系 pH 值、单体浓度、引发剂浓度和乳化剂浓度等是影响反相微乳液聚合的主要因素。从产物相对分子质量方面讲，在原料配比和反应条件一定时，不同因素对产物相对分子质量的影响情况见图 2－52 和图 2－53。

如图 2－52 所示，随着反应温度的升高，聚合物的相对分子质量呈下降趋势。pH 值在 6～10 的范围内，随着单体水溶液的 pH 值的增大，相对分子质量有下降趋势。因此，若希望得到相对分子质量大的聚合产物，可以适当降低中和度，使体系在偏酸性环境下进行

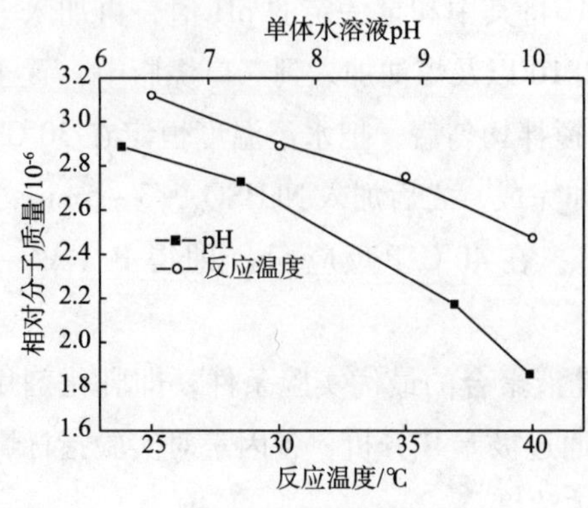

图 2-52　反应温度和 pH 值对相对分子质量的影响

聚合反应，以有利于得到高的相对分子质量的共聚物。

如图 2-53（a）所示，随单体浓度的增大，产物的相对分子质量增加，即提高聚合乳液中单体浓度有利于聚合物相对分子质量的提高；如图 2-53（b）所示，随着共聚合反应体系中引发剂浓度的增加，共聚物相对分子质量降低。这是由于引发剂浓度增大时，引发剂分解速率增大，反相微乳液胶束内的引发活性中心增多，使单体自由基增多，自由基之间的终止机会也增多，从而造成相对分子质量下降。可见，为提高产物的相对分子质量，在保证能够顺利聚合的情况下，应尽量降低引发剂的用量，但当引发剂用量太少，又常常导致不聚或低聚；如图 2-53（c）所示，随着乳化剂用量增加，聚合物相对分子质量下降。这可能是由于反相微乳液聚合体系中乳化剂的用量远远高于普通的乳液聚合中的乳化剂的用量。乳化剂用量越大，体系形成的胶束多，在单体量一定的情况下，则每个胶束中的单体量就会相对减少，因此，会导致反应过程中单体耗尽而终止反应。另外，乳化剂在反相微乳液聚合中所起的作用较普通乳液聚合复杂，除形成稳定的反相微乳液聚合体系外，可能使反应发生向乳化剂的链转移反应，增加乳化剂浓度，会使得胶束表面的乳化剂层加厚，使聚合增长链有更多机会发生向乳化剂的链转移，由于乳化剂的高浓度，使得链转移反应在链增长及链转移这一对竞争反应中较占优势；同时，由于乳化剂分子较大，受其空间位阻的影响，使链转移反应形成的自由基活性减小，进一步引发较为困难，从而导致聚合物的相对分子质量降低。

二、阳离子单体与丙烯酸、丙烯酰胺共聚反应

采用阳离子单体与丙烯酸、丙烯酰胺等共聚，可以得到分子链上同时含有阴离子基团和阳离子基团的两性离子聚合物。当大分子链上同时含有正负电荷基团，且其数目相等的电中性两性聚电解质，其溶液黏度在一定条件下随外加盐浓度的增加而提高，呈现出十分明显的反聚电解质溶液行为。在 AA、AM 与阳离子单体共聚时，由于阳离子单体会与阴离子单体形成离子对，将会影响聚合反应，因此，在 AA、AM 共聚反应的基础上，研究 AM、AA 与阳离子单体的共聚，对制备油田用两性离子聚合物非常重要。下面以 AA、AM 和丙烯酰氧乙基三甲基氯化铵（DAC）或甲基丙烯酰氧乙基三甲基氯化铵（DMC）聚合物的合成为例，从水溶液聚合和反相乳液聚合两方面介绍。

（一）水溶液聚合

水溶液聚合制备 AA、AM 与 DAC 或 DMC 聚合物时，可以采用过硫酸盐为引发剂，也可以采用过硫酸盐 - 亚硫酸盐氧化还原引发体系为引发剂。

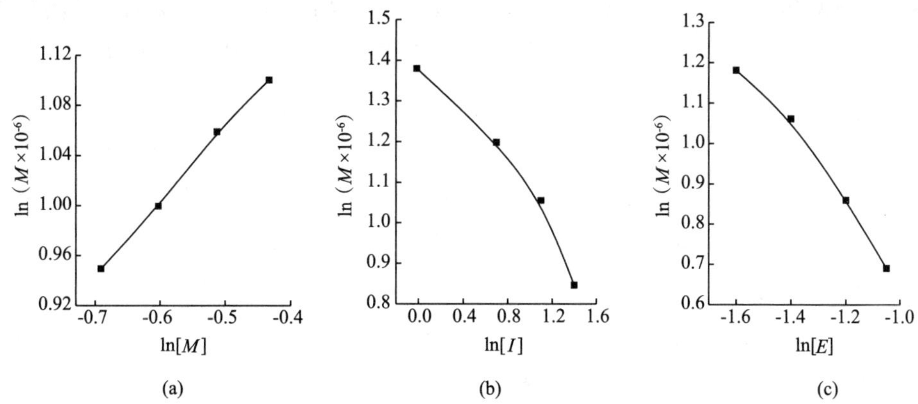

图 2-53 单体浓度（a）、引发剂浓度（b）和乳化剂浓度（c）对产物相对分子质量的影响

1. 过硫酸盐为引发剂引发聚合

当采用过硫酸盐为引发剂时，引发剂、反应温度和阳离子单体用量对丙烯酰胺－丙烯酸－丙烯酸氧乙基三甲基氯化铵聚合物特性黏数的影响见图 2-54[30]。图 2-54 结果表明：

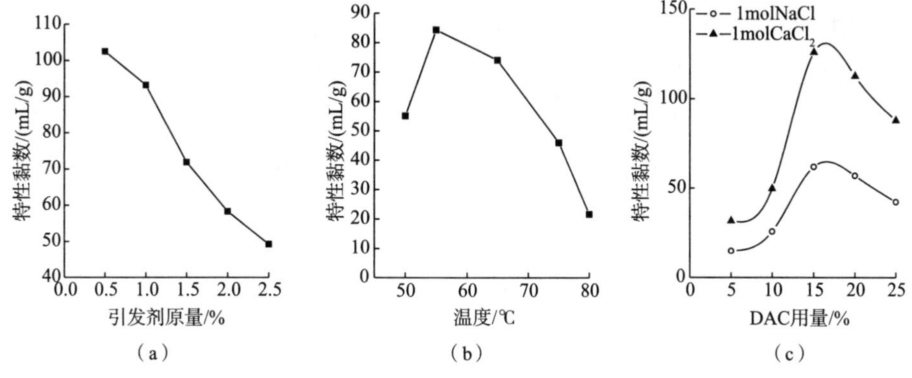

图 2-54 引发剂用量（a）、聚合反应温度（b）和 DAC 用量（c）对聚合物特性黏数的影响

（1）当单体配比和反应条件一定时，即 AA∶AM＝4∶6，DAC（以丙烯酸和丙烯酰胺单体计）为 15%，引发剂为 1%，反应温度为 55～65℃，反应时间 3h 时，随着引发剂过硫酸铵（以单体计）用量的增加，产物的特性黏数逐渐降低。可见，降低引发剂用量有利于提高产物的相对分子质量，但是当引发剂用量太少时，分解产生的自由基数量就会减少，自由基过少会导致反应低聚甚至不聚。如图 2-54（a）所示，在实验条件下，引发剂用量在 1% 时，既可以得到相对分子质量较高的共聚物，又能保证单体具有较高的转化率。

（2）原料配比和反应条件一定时，随着反应温度的升高，聚合产物的特性黏数先增加后降低。可见，低温反应易得到相对分子质量较高的产物，但反应温度如果过低，O_2 在反应体系中的溶解度增大，其阻聚作用增大，导致反应的诱导期较长，同时引发剂的分解速率降低，单位时间产生的自由基数量较少，过少的自由基会导致反应低聚甚至不聚。为得到尽可能高相对分子质量的产物，又能保证产物的转化率。如图 2-54（b）所示，在实验条件下，反应温度控制在 55～65℃较为合适。

(3) 当AA和AM单体总量不变时，随着DAC用量的增加，共聚物的特性黏数先升高后又降低。这是由于在AA和AM单体用量不变的情况下，单独增加DAC用量可有效增大单体总量。因此随着DAC用量的增大，聚合物特性黏数［η］也相应增大，但当DAC用量过大时，由于DAC的侧基位阻效应使其反应活性低于AA和AM，同时离子性单体与羧基的作用还会影响单体的竞聚率，因此DAC的用量过高时会降低共聚物的相对分子质量。如图2-54（c）所示，在实验条件下，DAC最佳用量为15%~20%。

2. 采用氧化还原引发体系引发聚合

采用氧化还原引发体系可以在低温下引发反应，有利于得到高相对分子质量的产物。用氧化还原体系引发甲基丙烯酰氧基乙基三甲基氯化铵（DMC）、AM和AA三元水溶液共聚合时，反应温度和引发剂用量对单体转化率及产物特性黏数的影响情况如下[31]。

按照n（DMC）:n（AM）:n（AA）=50:40:10，将单体配制成质量分数为25%的混合物水溶液加入到反应瓶中，通氮搅拌10min，升至预定的反应温度，然后加入氧化还原引发剂，继续通氮搅拌反应数小时。在聚合过程中，间隔取样分析及测定特性黏数。

在过硫酸铵与亚硫酸氢钠物质的量比为1:2、引发剂质量分数为0.01%的条件下，聚合过程中反应温度对单体转化率和产物特性黏数的影响结果见图2-55。如图2-55所示，随着聚合温度的提高，反应前期同一时间时，单体转化率增大，聚合反应速率加快。但反应温度为45℃时，其反应中、后期的单体转化率（<70%）远低于40℃时的转化率（>90%）；在35~45℃的反应温度内，产物特性黏数随温度的升高变化不大。显然，选择40℃左右的反应温度，不仅可在较短的反应时间内获得高的转化率，而且产物的相对分子质量受温度变化的影响不大。

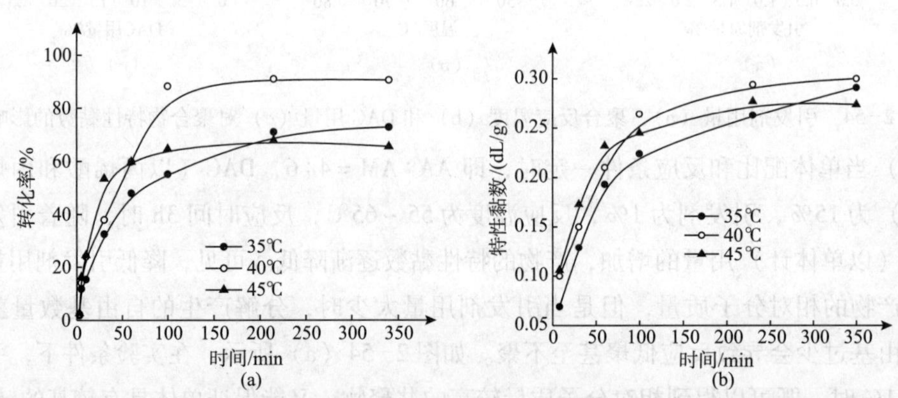

图2-55 反应温度对转化率（a）和产物特性黏数（b）的影响

在过硫酸铵与亚硫酸氢钠物质的量比为1:2，反应温度为40℃的条件下，引发剂用量对单体转化率和产物特性黏数的影响见图2-56。从图2-56可见，除了聚合初期引发剂用量较大者单体转化率较高之外，在同一反应时间内，反应中后期单体转化率相差不大。但随着引发剂用量的减小，反应后期产物的特性黏数增大。

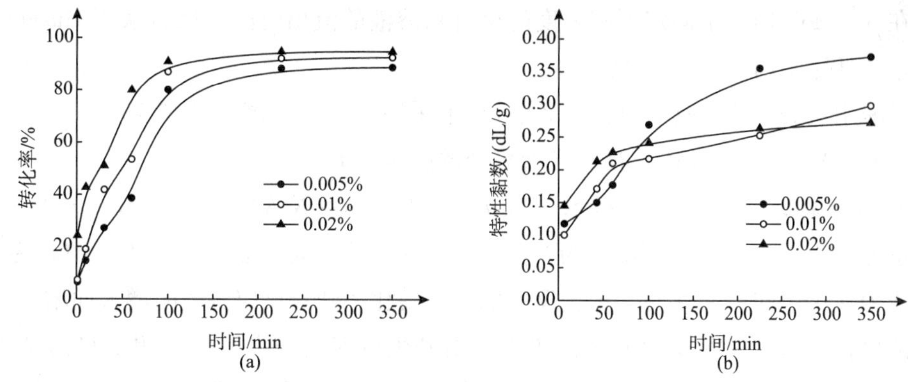

图2-56 引发剂用量对转化率（a）和产物特性黏数（b）的影响

（二）反相乳液聚合

除水溶液聚合外，也可以采用反相乳液聚合法制备两性离子聚合物。当采用不同的阳离子单体时，由于单体的活性及单体间竞聚率的不同，对反相乳液聚合的条件会有不同的要求，特别是由于离子性质的不同，为保持体系乳液稳定对乳化剂 HLB 值的要求会产生较大偏离。何普武等[32]以 Span－80、OP－7、OS－15 为乳化剂，APS－$NaHSO_3$为引发剂，采用反相乳液聚合的方法合成两性聚（丙烯酰胺－丙烯酸－二烯丙基二甲基氯化铵）乳液时，以 Span－80、OP－7 和 OS－15 复合乳化剂 HLB 值为7.13，油水比为1∶1.5 时，所得 APAM 反相乳液最为稳定。彭晓宏等[33]以 AA、AM、丙烯酰氧基乙基三甲基氯化铵（DAC）为单体，采用 Span－80 和 Tween－80 复合乳化剂、0 号柴油为连续相，偶氮二异丁基脒盐酸盐（AIBA）为引发剂，制备两性丙烯酰胺共聚物乳液时，以复合乳化剂的 HLB 值在5.5～6 之间时效果最好。下面以 AA、AM 与 DAC 的反相乳液聚合为例介绍阳离子单体与丙烯酸、丙烯酰胺的反相乳液聚合。其合成过程如下[33]。

将 AA 经氢氧化钠溶液中和得丙烯酸钠（NaAA），再加入 AM、DAC 和 AIBA 制得水相溶液，在 1L 的聚合釜中，加入 0 号柴油、Span－80、Tween－80，搅拌使其混合均匀，加入水相溶液，高速搅拌乳化 20min 后通氮除氧 15min。将体系升温至反应温度，慢速搅拌保温聚合 8h 后，停止加热，冷却，过滤便可得两性 P（AA－AM－DAC）共聚物乳液。

在反应开始前和结束反应时取乳液样，用溴化法[34]测定反应前后残余双键含量，计算单体摩尔转化率，计算式如下：

$$\text{残余单体含量}\,\% = \frac{(V_0 - V_s) \times W_c}{(V_0 - V_c) \times W_s} \times 100\% \tag{2-4}$$

$$\text{转化率} = 1 - \text{残余单体含量}\,\% \tag{2-5}$$

式中，V_0为空白样所需 $Na_2S_2O_3$溶液的体积，mL；V_c、V_s分别为反应前后的取样样品所需 $Na_2S_2O_3$溶液的体积，mL；W_c、W_s分别为反应前后取样样品质量，g。

聚合后的乳液在搅拌下倒入过量的丙酮中沉淀，样品在真空烘箱中于45℃下干燥至恒重，使用1mol/L 的标准氯化钠溶液将聚合物样品配成0.02% 的母液，用乌氏黏度计采用稀释法在（30±0.1）℃下测定不同浓度的聚合物溶液的流出时间，然后联用 Huggins 方程和 Kramer 方程作图求出其特性黏数。

丙烯酸用氢氧化钠溶液中和后的水相 pH 值采用 PHS22 型酸度计测定。

影响 P（AA－AM－DAC）反相乳液聚合的因素如下。

（1）聚合温度。如图 2-57 所示，当 n（DAC）∶n（NaAA）∶n（AM）＝8∶70∶22，单体质量分数为 40%，引发剂浓度为 0.364mmol/L，乳化剂用量为 3.74%，HLB 为 6，油水体积比为 0.45，pH＝7.5 时，聚合反应的单体转化率随着反应温度的增大而增大，这类似于溶液聚合，随反应温度的上升，初级自由基生成速度增大，使水相中自由基浓度增大，结果导致聚合反应速度加快，单体的转化率提高。随着聚合温度上升，聚合物特性黏数先升高，在 40℃附近出现最大值，然后随着聚合温度的进一步升高，特性黏数下降，这是因为采用链转移常数近似为零的偶氮二异腈类引发剂进行反相乳液聚合时，在较低温度下，自由基生成速度慢，因而聚合较慢；在较高温度下，链终止速率常数比链增长速率常数增大更快，聚合物特性黏数反而下降。综上所述，在实验条件下聚合反应温度在 37～42℃较为合适。

（2）引发剂用量。当 n（DAC）∶n（NaAA）∶n（AM）＝8∶70∶22，单体质量分数为 40%，乳化剂用量为 3.74%，HLB 为 6，油水体积比为 0.45，pH＝7.5，温度为 40℃时，引发剂用量对聚合反应单体转化率和聚合物特性黏数的影响见图 2-58。从图中可见，随着引发剂用量的增加单体转化率呈 S 型递增。曲线的直线部分延伸到较高的单体转化率水平（大约在 50%～60%），这是由于凝胶效应的影响，在通常情况下大约在 10%～40% 单体转化率下，随单体浓度的降低，聚合反应速率随转化率的升高而下降，然而，在本体系中这种聚合速率的降低因凝胶效应的增速所补偿直到很高的转化率水平才出现。而产物的特性黏数随着引发剂用量的增加，先增加后降低。显然，聚合体系水相引发剂浓度在 0.35～0.45mmol/L 之间时，单体转化率和聚合物特性黏数均较高。

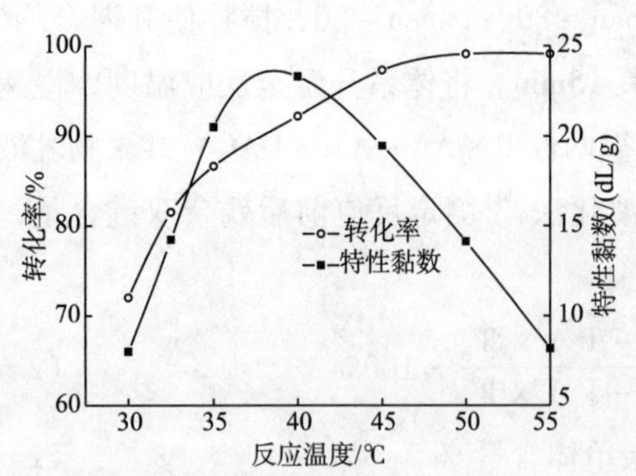

图 2-57 反应温度对聚合反应的影响

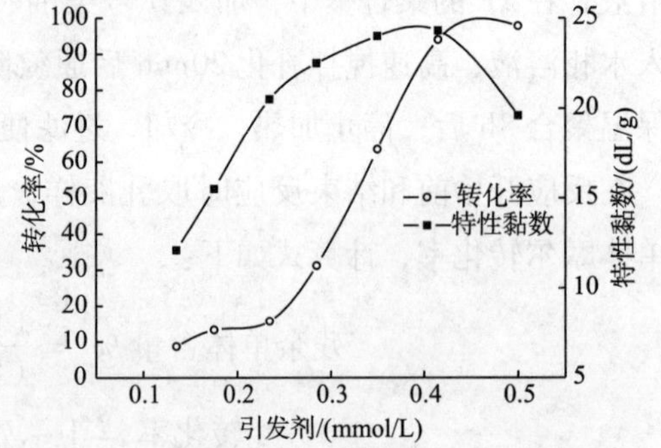

图 2-58 引发剂用量对聚合反应的影响

（3）单体质量分数及单体比例。当 n（DAC）∶n（NaAA）∶n（AM）＝8∶70∶22，引发剂浓度为 0.364m mol/L，乳化剂为 3.74%，HLB 为 6，油水体积比为 0.45，pH＝7.5，温度为 40℃时，水相单体浓度对聚合反应单体转化率和特性黏数的影响见图 2-59。从图中可见，单体转化率随单体浓度的增大而增大。图 2-64 还反映了共聚物特性黏数与单体浓度的关系，即随单体浓度的增大聚合物特性黏数逐渐增大。

当 NaAA 为 70% mol，单体质量分数为 40%，引发剂用量为 0.364mmol/L，乳化剂质量分数为 3.74%，HLB 为 6，油水体积比为 0.45，pH = 7.5，温度 40℃时，共聚单体中阳离子单体 DAC 含量对单体转化率和共聚物特性黏数的影响见图 2-60。从图中可以看出，随 DAC 含量的增大和 AM 含量的减少单体转化率略有降低，但共聚物特性黏数则呈明显下降趋势。这是由于 DAC 的空间位阻效应所导致的单体活性降低，以及 AM 助乳化作用减弱、反相乳液聚合的稳定性降低、乳胶粒数减少、自由基在乳胶粒中寿命缩短所致。

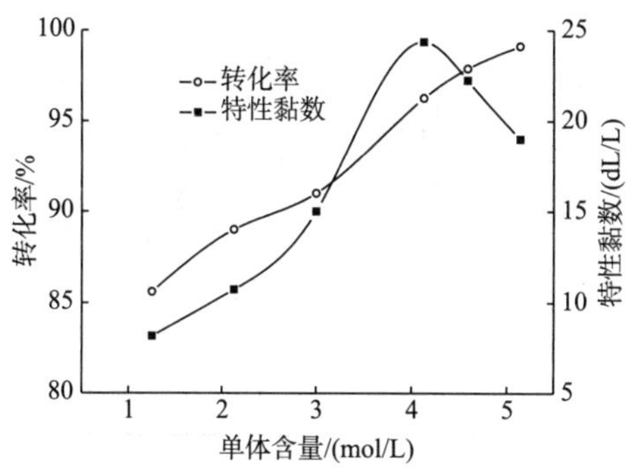

图 2-59 单体含量对聚合反应的影响

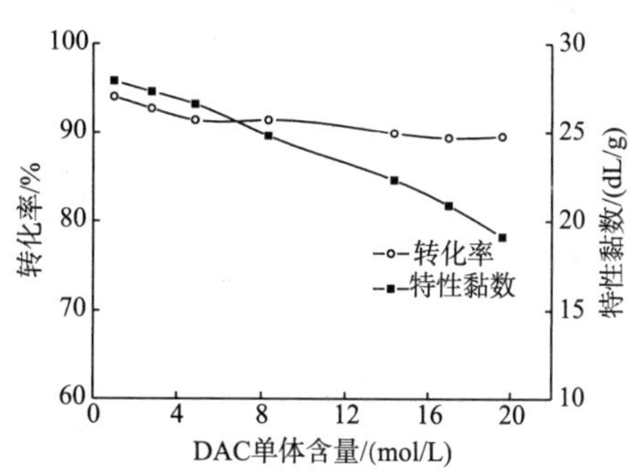

图 2-60 单体中 DMC 用量对聚合反应的影响

（4）复合乳化剂用量及 HLB 值。如图 2-61 所示，当 n（DAC）∶n（NaAA）∶n（AM）= 8∶70∶22，单体质量分数为 40%，引发剂浓度为 0.364mmol/L，HLB 为 6，油水体积比为 0.45，pH = 7.5，温度为 43℃时，随着乳化剂用量越大，乳胶粒表面张力的降低有利于形成更小的胶粒和更快的聚合速率，从而导致转化率的增大。与此同时，胶粒粒数越多，自由基在乳胶粒中的平均寿命就越长，聚合物的特性黏数也越高，但当乳化剂用量过大时，自由基向乳化剂的链转移反应增强，从而导致聚合物的特性黏数降低，在实验条件下，适宜的乳化剂用量为 3% ~4%。

当 n（DAC）∶n（NaAA）∶n（AM）= 8∶70∶22，单体质量分数为 40%，引发剂浓度为 0.364mmol/L，乳化剂为 3.74%，油水体积比为 0.45，pH = 7.5，温度为 40℃时，Span-80 与 Tween-80 复合乳化剂的 HLB 值对聚合反应的影响见图 2-62。从图中可见，当 HLB 值 <5.5 时，随 HLB 值的增大单体转化率提高、聚合物特性黏数略有增大，这是由乳液的稳定性增大所致；当 HLB 值 >6 时，随 HLB 值的增大，单体转化率和聚合物特性黏数均急剧降低。当乳化体系的 HLB 值在 5.5 ~6 之间时，反应体系稳定，单体转化率和聚合物特性黏数相对较高。

（5）水相质量分数的影响。如图 2-63 所示，当 n（DAC）∶n（NaAA）∶n（AM）= 8∶70∶22，单体质量分数为 40%，引发剂用量为 0.364mmol/L，乳化剂为 3.74%，HLB 值为 6，pH = 7.5，温度为 44℃时，单体转化率和聚合物特性黏数均随水相质量分数增大而增加，这是因为水相质量分数的增大相应也增大了体系的单体浓度，而单体浓度的增大则有利于聚合反应速度和聚合物特性黏数的提高。

（6）水相 pH 值。当 n（DAC）：n（NaAA）：n（AM）=8：70：22，单体质量分数为 40%，引发剂浓度为 0.364mmol/L，乳化剂为 3.74%，HLB 值为 6，油水体积比为 0.45，pH=7.5，温度为 37℃时，单体 AA 在聚合前，加入氢氧化钠溶液中和，通过氢氧化钠的加入量，可控制聚合反应液的 pH 值。如图 2-64 所示，随着水相 pH 值的增大，单体转化率和聚合物特性黏数均急剧增大，这是因为乳液的稳定性随 pH 值增大明显增加；当 pH>8 时，随 pH 值增大，体系稳定性变化不明显，单体转化率变化不大，而聚合物特性黏数降低较大，原因是聚合产物中含有溶解性较差的难溶凝胶，因此，在反相乳液聚合中水相 pH 值应控制在 7~8 为宜。

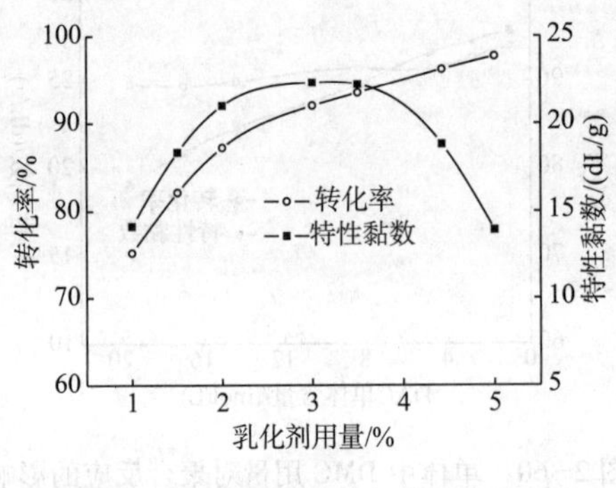

图 2-61　乳化剂用量对聚合反应的影响

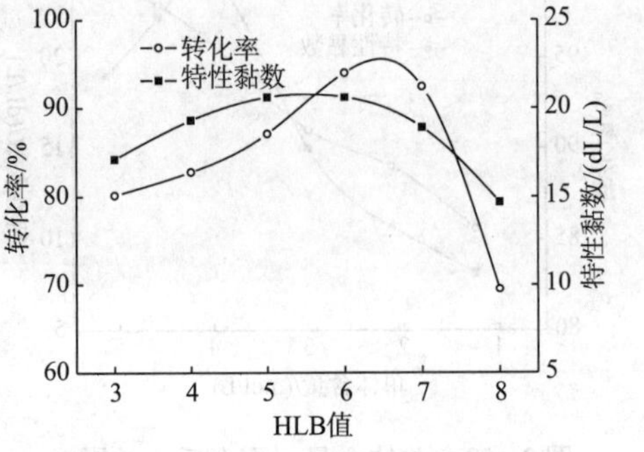

图 2-62　HLB 值对聚合反应的影响

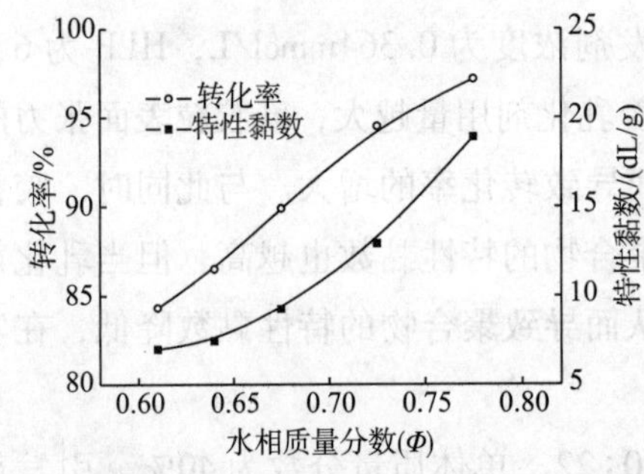

图 2-63　水相质量分数对聚合反应的影响

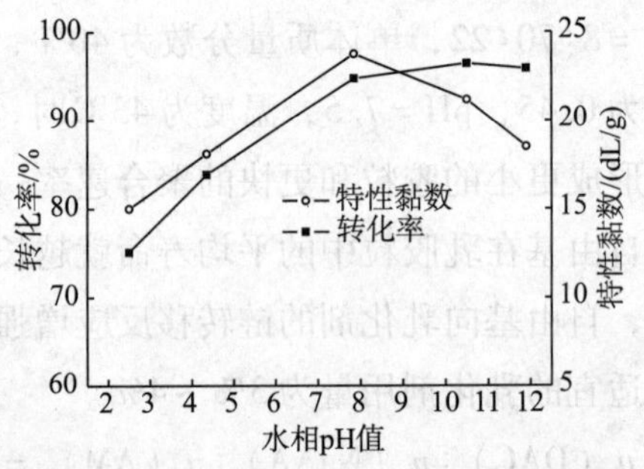

图 2-64　水相 pH 值对聚合反应的影响

三、丙烯酸、丙烯酰胺等与无机材料复合交联聚合物

在交联剂存在下，用丙烯酸和丙烯酰胺共聚制备的吸水树脂已在工业、农林和卫生等领域广泛应用，这里仅介绍针对油田作业需要的交联聚合物吸水材料。在堵漏、堵水和调驱用凝胶聚合物方面，以丙烯酸、丙烯酰胺等单体为原料制备的交联聚合物凝胶的研究居多，该类材料主要有以丙烯酸、丙烯酰胺、膨润土或碳酸钙、N，N′-亚甲基双丙烯酰胺通过溶液自由基聚合法合成的吸水膨胀聚合物[35,36]，还有在丙烯酸、丙烯酰胺吸水树脂的基础上，通过引入疏水单体制备的缓吸水的耐盐耐压吸水性堵漏材料等。

（一）丙烯酸、丙烯酰胺和长碳链疏水单体-钠基蒙脱土吸水树脂

以丙烯酸、丙烯酰胺和长碳链疏水单体与复合钠基蒙脱土（MMT）为原料，可以制备

一种用于油气井钻探的耐盐耐压吸水膨胀堵漏材料[37]，树脂溶胀后最高承压可达 798g/cm^2，单独采用该树脂与钻井液的混合液堵漏，承压能够达到 1MPa。吸水树脂的合成方法如下。

（1）长碳链疏水单体的制备。将马来酸酐和十六醇按物质的量比为 1.1 加入三口烧瓶，加入溶剂甲苯和 0.8% 的对甲基苯磺酸，油浴升温至 120℃，冷凝回流反应 5h，单酯化反应完成。减压蒸馏除去甲苯，再用甲醇洗去未反应完的单体，干燥至恒重，得淡黄色粉末状马来酸单酯。

（2）聚合反应。准确称取一定量的单体 AM、AA、马来酸单酯和钠基蒙脱土 MMT，置于盛有去离子水的反应瓶中，在磁力搅拌器上充分搅匀，用一定量的 NaOH 溶液调至所需 pH 值，然后在 N_2 保护下加入 N，N′－亚甲基双丙稀酰胺（MBA）。充氮排氧 10min 后，加入引发剂，在 50℃下反应 4h。将胶体状反应物用甲醇洗涤若干次，干燥，粉碎，过筛，即得棕黄色吸水树脂。

研究表明，疏水单体用量、交联剂用量、引发剂用量、单体含量和蒙脱土用量等是影响产物性能的关键。当在 n（AA）∶n（AM）＝4∶1，n（马来酸酯）为 0.6%，w（交联剂）为 0.25%，w（引发剂）为 0.6%，体系中反应物料质量分数为 40%，w（MMT）为 5%，反应温度为 50℃时，疏水单体用量、交联剂用量、引发剂用量、单体含量等对产品吸水性能和抗压强度的影响情况如下。

（1）疏水单体马来酸单酯摩尔分数在 0.2%～1.5% 范围内，其加量对吸液量的影响较大，而对吸水后的凝胶抗压强度几乎没有影响。实验表明，疏水单体用量 1% 左右较为适宜。

（2）交联剂用量在 0.05%～0.5% 的范围内，随着交联剂用量的增加，吸水树脂的吸水能力降低，而抗压强度增加。综合考虑，交联剂用量 0.25%～0.5% 较好。

（3）引发剂用量在 0.2%～1.2% 范围内，随着引发剂用量的增加，产物吸水能力和抗压强度都是在经历了一个峰值（但不是同时达到）后呈下降趋势，但抗压强度在高引发剂量时有一个再次上升的趋势，这是因为自由基数量增多，反应热加剧，为体系中 MMT 片的剥离创造了有利条件，使 MMT 在聚合物基体中分散更为均匀，从而有利于提高复合吸水树脂的吸水能力。从应用的角度讲，引发剂用量为 0.2% 较好。

（4）单体质量分数在 25%～45% 范围内，随着单体含量的增加，吸水能力和抗压强度均呈现先增加后降低的现象。这是由于水溶液聚合反应中，单体质量分数太低不利于活性自由基引发链增长，同时使高分子交联不充分；过高则使体系黏度过大，局部反应热过高，反应不均匀，相对分子质量低，凝胶易于发脆。综合考虑，单体质量分数以 30% 为宜。

（5）MMT 用量对产物的抗压强度影响较大，MMT 用量在 2%～15% 范围内，随着 MMT 用量的增加，产物抗压强度明显提高，但当 MMT 含量上升到一定程度，即达到 10% 后，继续增加其用量抗压强度反而下降。可见，MMT 用量 10% 较好，此时所得产物的抗压强度在 788g/cm^3 左右。

（二）预交联聚合物/黏土复合物吸水材料

采用AM、AA、MMA单体，在有机铝盐交联剂、黏土等存在下，通过过硫酸钾引发单体聚合，可以制备一种预交联聚合物/黏土复合物吸水材料，其制备过程如下[38]。

将AM、AA、MMA单体以及交联剂L－2（按照文献[39]有机铝盐）、黏土、水、稳定剂、增韧剂S按一定的比例混合加入烧杯中，在45℃恒温水浴中加热，边搅拌边加入引发剂过硫酸钾，待均匀后停止搅拌，几小时后将生成的聚合物取出切成碎片，在110℃烘箱中干燥4h，用造粒机粉碎成具有一定粒径分布的颗粒状物，即为产品，可用于流向改变剂。

研究表明，影响产物性能的主要因素是单体配比和黏土用量。实验表明，在反应温度为50℃，单体在水中的总浓度为30%，交联剂L－2用量为1.5%，引发剂用量为2%，m（AA）:m（MMA）＝1:0.1的条件下，随着丙烯酸单体用量的增加，产物的吸水倍数先增加后降低，而当m（AM）:m（AA）＝1或7时，聚合产物吸水膨胀倍数均为零。在实验条件下，m（AM）:m（AA）＝4:1时，产物的吸水膨胀倍数最大。

引入疏水性单体MMA，可使共聚产物在较高温度下仍不溶于水，提高产物的抗温抗盐性能力和化学稳定性，并增加吸水后颗粒的弹性。在反应温度为50℃，单体质量分数为30%，交联剂L－2用量为1.5%，引发剂用量为2%，m（AM）:m（AA）＝4:1的条件下，随着MMA用量的增加，由于产物的疏水性增加，产物的吸水膨胀倍数逐渐降低，质量比在0.004～0.03之间时下降缓慢，超过0.03后直线下降。MMA用量的增加不仅降低产物的吸水膨胀倍数，也会影响颗粒吸水膨胀后形成的凝胶强度，实验发现，当m（MMA）:m（AA）在0.02～0.03时颗粒吸水膨胀倍数较大，弹性最好，综合颗粒的膨胀倍数和凝胶强度，选择m（MMA）:m（AA）为0.03。

在反应温度为50℃，单体质量分数为30%，引发剂用量为2%，交联剂L－2用量为1.5%，m（AA）:m（AM）:m（MMA）＝4:1:0.03时，在0～35%范围内，随着黏土用量的增加，产物的吸水能力逐渐提高，这是由于黏土加入后形成无机－有机复合材料，具有稳定的网状结构，颗粒的吸水膨胀倍数随着黏土含量的增加而增大。同时颗粒吸水膨胀后形成的凝胶强度也会受黏土用量的影响。实验发现，当黏土加量过大时，产物的弹性降低，脆性增加，这是由于黏土中含有大量的杂质，会影响聚合反应的链增长和链转移，降低大分子的相对分子质量，使聚合物变脆。合适的黏土用量可以大幅度降低生产成本，综合考虑成本和效果黏土用量以13%为宜。

除如上所述的AA与AM，以及AA、AM与DMC单体共聚物外，还可以采用烷基取代丙烯酰胺、N－乙烯基己内酰胺、N－丙烯酰吗啉、烯丙基吗啉、N－（2，2－二羟甲基）羟乙基丙烯酰胺、烯丙基羟乙基醚等单体，与丙烯酸、丙烯酰胺采用常规的水溶液、反相乳液等方法通过自由基聚合反应制备不同组成和不同相对分子质量的高分子共聚物，以提高聚合物的水解稳定性和抗盐污染能力。典型产物如：丙烯酸/丙烯酰胺/N，N－二甲基丙烯酰胺共聚物、丙烯酸/丙烯酰胺/异丁基丙烯酰胺共聚物、丙烯酸/丙烯酰胺/N，N－

二乙基丙烯酰胺共聚物、丙烯酸/丙烯酰胺/乙烯基甲基乙酰胺共聚物、丙烯酸/丙烯酰胺/乙烯基己内酰胺共聚物、丙烯酸/丙烯酰胺/乙烯基吡咯烷酮共聚物、丙烯酸/丙烯酰胺/丙烯酰吗啉共聚物、丙烯酸/丙烯酰胺/烯丙基吗啉共聚物、丙烯酸/丙烯酰胺/N－（2，2－二羟甲基）羟乙基丙烯酰胺共聚物、丙烯酸/丙烯酰胺/烯丙基羟乙基醚共聚物、丙烯酸/丙烯酰胺/烯丙基聚氧乙烯醚共聚物、丙烯酸/丙烯酰胺/乙烯基吡啶共聚物等。

在上述共聚物制备中，引入适量的交联剂可以制备满足不同需要的交联聚合物吸水或凝胶材料。

四、不同用途的丙烯酸类共聚物

下面结合现场实际，就一些油田在用或新开发的丙烯酸聚合物合成、性能和应用进行分类介绍。

（一）钻井液处理剂

根据相对分子质量和基团类型与比例的差异，丙烯酸类共聚在钻井液中可以起到不同的作用，下面是一些不同用途的钻井液处理剂[40,41]。

1. 丙烯酰胺与丙烯酸钠二元或多元共聚物

丙烯酸、丙烯酰胺等单体的二元或多元共聚物是在钻井液中应用最多的阴离子共聚物，其中丙烯酸与丙烯酰胺共聚物是最基本的聚合物处理剂，包括PAC－141、80A－51、SK－1等，都属于丙烯酸与丙烯酰胺共聚物，不同的是聚合物的相对分子质量和丙烯酸、丙烯酰胺链节比例（基团比例）。该类聚合物由于相对分子质量及分布、基团比例的差异，可以用于不同目的，如絮凝剂、增黏剂、包被剂、防塌剂、降滤失剂和降黏剂等。

1）合成方法

以降滤失剂为例，其合成过程是，将配方量的氢氧化钠与水加入混合釜中，配成氢氧化钠溶液，同时加入氧化钙，然后在搅拌下慢慢加入丙烯酸，搅拌3～5min，加入丙烯酰胺，搅拌使单体全部溶解，得到单体的反应混合液；将单体的反应混合液转移至敞口反应器中，并用质量分数20%的氢氧化钠水溶液调pH值至要求，在不断搅拌下加入引发剂（最好事先用适量的水溶解后），然后快速搅拌1～5min静置反应，由于反应热在聚合过程中使部分水分蒸发，最后生成多孔弹性体。将所得产物经切割后，烘干、粉碎，即得成品。将样品恒质后配成0.5%的水溶液（胶液），并测定其表观黏度。

2）影响聚合物钻井液性能的因素

以聚合物在复合盐水基浆（取350mL蒸馏水置于杯中，加入15.75g氯化钠，2.625g无水氯化钙，6.9g氯化镁，待其溶解后加入52.5g钠膨润土和3.15g无水碳酸钠。高速搅拌20min，在密闭容器中养护24h得到基浆，样品加量1%）中的性能作为考察依据，考察氧化钙用量一定时丙烯酰胺、丙烯酸单体物质的量比、引发剂用量、单体质量分数以及反应起始温度等对产物钻井液性能的影响，具体情况如下。

如表2－19所示，当引发剂用量为0.3%，单体质量分数为42.5%，起始温度为40℃

时，随着单体中AM比例的增加，产物0.5%水溶液表观黏度逐渐降低，而所处理钻井液的室温下*AV*、*PV*和*YP*先增加后用降低，在*n*（AM）∶*n*（AA）=7∶3时黏切最高，而钻井液的滤失量则随着单体中AM比例的增加，先降低后又增加，在*n*（AM）∶*n*（AA）=6∶4时滤失量最低。结合实验结果，当希望以增黏为主时，选择*n*（AM）∶*n*（AA）=7∶3，当希望以降滤失为主时，选择*n*（AM）∶*n*（AA）=6∶4。从表中120℃、16h老化后的结果看，单体*n*（AM）∶*n*（AA）的比例对钻井液的黏切影响较小，而对钻井液的滤失量影响较大，随着AM所占比例的增加，钻井液滤失量明显降低，当*n*（AM）∶*n*（AA）在7∶3时，滤失量最低，当超过7∶3时，滤失量大幅度增加，这是由于AM用量过大时，聚合物中吸附基的量过多，絮凝能力增强，护胶能力下降的结果，从老化后的实验结果看，*n*（AM）∶*n*（AA）为（6∶4）~（7∶3）可以保证产物具有良好的降滤失能力。

表2-19　AA与AM比例对产物水溶液黏度和所处理钻井液性能的影响

AM∶AA（物质的量比）	0.5%胶液黏度/mPa·s	室温				120℃/16h			
		FL/mL	*AV*/mPa·s	*PV*/mPa·s	*YP*/Pa	*FL*/mL	*AV*/mPa·s	*PV*/mPa·s	*YP*/Pa
5∶5	53.0	2.0	19.5	16.0	3.5	16.0	7.0	5.0	2.0
6∶4	47.0	1.6	30.0	26.0	4.0	9.2	6.0	5.0	1.0
7∶3	46.0	2.0	36.0	29.0	7.0	8.4	6.0	5.0	1.0
8∶2	42.0	3.2	24.5	19.0	5.5	25.5	6.5	5.0	1.5

如表2-20所示，当*n*（AM）∶*n*（AA）=6∶4，单体质量分数为42.5%，起始温度为40℃时，随着引发剂用量的增加，产物0.5%水溶液表观黏度先大幅度增加，到引发剂用量为0.35%以后又出现降低，而所处理剂钻井液的室温下*AV*和*PV*先增加后降低，*YP*呈降低趋势，在引发剂用量为0.30%时黏度最高，而钻井液的滤失量则随着引发剂用量的增加，先降低后又增加，但幅度不大，也是在引发剂用量为0.30%时最低，可见引发剂用量为0.30%较好。从表中120℃、16h老化后的结果看，引发剂用量对钻井液的黏切影响较小，而对钻井液的滤失量的影响相对较大，随着引发剂用量的增加，呈现降低趋势，当引发剂用量达到0.35%时，滤失量最低，当超过0.40%后，滤失量稍有增加，结合老化后的实验结果，选择引发剂用量为0.35%~0.40%。

表2-20　引发剂用量对产物水溶液黏度和所处理钻井液性能的影响

引发剂用量/%	0.5%胶液黏度/mPa·s	室温				120℃/16h			
		FL/mL	*AV*/mPa·s	*PV*/mPa·s	*YP*/Pa	*FL*/mL	*AV*/mPa·s	*PV*/mPa·s	*YP*/Pa
0.20	29.5	2.8	27.5	22.0	11.0	11.6	5.5	5.0	0.5
0.30	47.0	1.6	30.0	26.0	4.0	12.2	6.0	5.0	1.0

续表

引发剂用量/%	0.5%胶液黏度/mPa·s	室温				120℃/16h			
		FL/mL	*AV*/mPa·s	*PV*/mPa·s	*YP*/Pa	*FL*/mL	*AV*/mPa·s	*PV*/mPa·s	*YP*/Pa
0.35	47.0	2.8	27.5	23.0	4.5	8.0	5.5	5.0	0.5
0.40	46.5	3.2	27.0	23.0	4.0	8.0	6.0	5.0	1.0
0.45	43.0	3.5	25.0	21.0	4.0	9.3	6.0	5.0	1.0

如表2-21所示，当n（AM）：n（AA）=6：4，起始温度为40℃，引发剂用量为0.35%时，随着单体质量分数的降低，产物0.5%水溶液黏度逐渐增加，而所处理钻井液的室温下*AV*、*PV*和*YP*稍有增加，钻井液的滤失量则随着单体质量分数的降低，先降低后又增加，在42.5%时最低，显然，单体质量分数为42.5%较好。从表中120℃、16h老化后的结果看，钻井液的黏切随着单体质量分数的降低而略有增加，而对钻井液的滤失量影响相对大些，随着单体质量分数的降低，先降低后又增加，当单体质量分数为42.5%时，滤失量最低，当超过42.5%后，滤失量稍有增加，从老化后的实验结果看，单体质量分数为37.5%～42.5%较好。

表2-21　单体质量分数对产物水溶液黏度和所处理钻井液性能的影响

单体质量分数/%	0.5%胶液黏度/mPa·s	室温				120℃/16h			
		FL/mL	*AV*/mPa·s	*PV*/mPa·s	*YP*/Pa	*FL*/mL	*AV*/mPa·s	*PV*/mPa·s	*YP*/Pa
50	42.0	2.8	28.0	24.0	4.0	8.8	6.0	5.0	1.0
42.5	46.0	2.3	29.0	25.0	4.0	8.1	6.0	5.0	1.0
37.5	47.5	2.4	29.5	25.0	4.5	8.3	6.5	5.0	1.5
32.5	49.0	2.5	31.5	25.0	6.5	10.0	6.5	5.0	1.5

如表2-22所示，当n（AM）：n（AA）=6：4，单体质量分数为42.5%，引发剂用量为0.35%时，随着起始温度的增加，产物0.5%水溶液黏度逐渐降低，而所处理钻井液的室温下*AV*、*PV*和*YP*也随着温度的增加而降低，钻井液的滤失量受起始温度影响较小。从表中120℃、16h老化后结果看，起始温度对钻井液的黏切影响较小，而对钻井液的滤失量来说，随着起始温度的增加，呈现增加趋势，尽管降低起始温度有利于提高产物的降滤失能力，但在起始温度较低时，聚合反应较慢，凝胶状产物孔隙少，不仅不利于产品干燥，而且产物容易交联，溶解性变差，结合实验结果及反应现象，起始温度为35～45℃较好。

实践表明，干燥温度对产物的性能也有很大的影响，按n（AM）：n（AA）=6：4，起始温度为40℃，单体质量分数为42.5%，引发剂用量为0.35%时合成样品，然后于不同温度下烘干，烘干温度对产物0.5%水溶液表观黏度及所处理钻井液120℃、16h老化后滤失量的影响见图2-65。从图中可以看出，随着烘干温度的增加，产物的水溶液表观黏度逐渐降低，当烘干温度在140℃时，产物出现轻微交联，而160℃下烘干后产物出现严重交联。尽管低温下有利于控制产物黏度降低或交联，但温度低于100℃时烘干时间过长，生产效率低，综合考虑烘干温度在120℃左右较好。

表2-22　起始温度对产物水溶液黏度和所处理钻井液性能的影响

起始温度/℃	0.5%胶液黏度/mPa·s	室温				120℃/16h			
		FL/mL	*AV*/mPa·s	*PV*/mPa·s	*YP*/Pa	*FL*/mL	*AV*/mPa·s	*PV*/mPa·s	*YP*/Pa
30	56.0	2.7	32.0	27.0	5.0	7.9	6.0	5.0	1.0
35	47.0	2.8	27.5	23.0	4.5	8.1	6.0	5.0	1.0
40	46.0	2.3	29.0	25.0	4.0	8.1	6.0	5.0	1.0
45	42.0	2.9	24.0	22.0	2.0	8.3	5.5	5.0	0.5
50	38.0	3.4	21.0	19.0	2.0	9.8	5.0	4.5	0.5

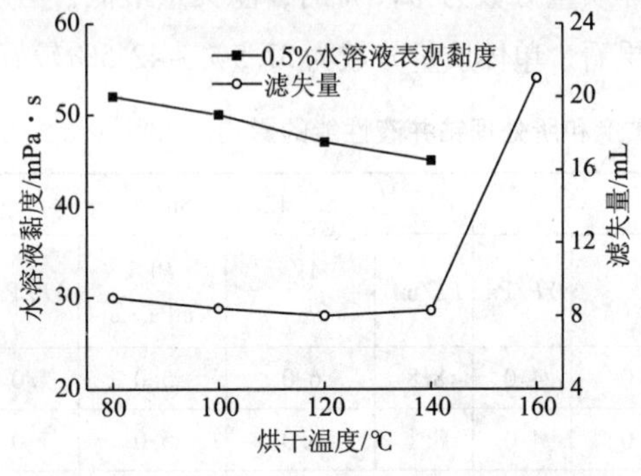

图2-65　烘干温度对产物性能的影响

在现场常用的丙烯酸类聚合物处理剂产品中，复合离子型聚丙烯酸盐PAC系列和80A-51是典型的代表。

1）PAC系列产品

PAC系列产品是指各种复合离子型的聚丙烯酸盐多元共聚物，实际上是具有不同取代基的乙烯基单体及其盐类的共聚物，通过在高分子链节上引入不同含量的羧基、羧钠基、羧铵基、酰胺基、腈基、磺酸基和羟基等基团而得到。该系列产品主要用于聚合物钻井液体系。由于各种官能团的协同作用，在各种复杂地层和不同的矿化度、温度条件下均能发挥其作用。只要调整好聚合物分子链节中各官能团的种类、数量、比例、聚合度及分子构型，就可设计和制备出一系列的处理剂，可以满足增黏、降黏或降滤失要求，目前应用较多的是PAC-141、PAC-142和PAC-143等三种产品。是低固相聚合物钻井液和聚磺钻井液等钻井液体系的最基本的处理剂。

其中，PAC-141系丙烯酸钠、丙烯酸钙和丙烯酰胺等多元共聚物，可溶于水，水溶液呈弱碱性。抗温180℃，抗盐至饱和。PAC-141以增黏包被为主，兼具降滤失作用。它在钻井液中可以提高黏度和切力，改善钻井液的剪切稀释能力，随着其加量的增加黏度、切力升高，流型指数降低，稠度系数增加。PAC-141具有较强的抗盐、膏污染的能力。PAC-141钻井液具有较强的抑制泥页岩水化膨胀的能力。处理剂加量不同，钻井液的抑制能力不同，处理剂的种类不同，钻井液的抑制能力也不同。随着处理剂的加量的增加，抑制能力增强。PAC-141抑制能力优于PAC-143。

PAC－142 是一种相对分子质量相对较低的水溶性阴离子型丙烯酸多元共聚物，作为钻井液降滤失剂，它在降滤失的同时，其增黏幅度比 PAC－141 小，是聚合物钻井液体系的传统处理剂之一。主要用于低固相不分散水基钻井液的降滤失剂，兼有降黏作用，同时具有抗温抗盐和高价金属离子的能力，可适用于淡水、海水、饱和盐水钻井液体系。与 PAC－141、PAC－143 配合使用效果更好。

PAC－143 是一种水溶性阴离子型丙烯酸多元共聚物，相对分子质量为 150×10^4～200×10^4。该产品可以用作各种矿化度的水基钻井液的降滤失剂，并能抑制泥页岩水化分散，同时还具有增黏作用，是 PAC 系列处理剂之一。此外，与该产品性能相近的产品还有 A－903[42]、CPA901、CPAN[43]、SL－2、MAN－104 和 SD－17w 等。主要用于低固相不分散水基钻井液的降滤失剂，兼有增黏作用，还有较好的包被、抑制和剪切稀释特性。且具有抗温抗盐和高价金属离子的能力，可适用于淡水、海水、饱和盐水钻井液体系。与 PAC－141 等配伍可以形成低固相不分散聚合物钻井液，是聚合物钻井液的关键处理剂之一。

2）丙烯酰胺与丙烯酸钠共聚物 80A51

丙烯酰胺与丙烯酸钠共聚物 80A51，为阴离子型聚合物，易溶于水，水溶液呈弱碱性，在空气中易吸水结块。作为一种选择性絮凝剂，同时具有增黏和包被作用，具有抗温抗盐，改善钻井液流变性和防塌等特点，其相对分子质量为 400×10^4～700×10^4，分子中丙烯酸链节约 40%，它比常规的水解聚丙烯酰胺（相对分子质量为 300×10^4，水解度 30%）更适用于钻井液絮凝和增黏剂。

当将其加入到钻井液后，钻井液能保持较小的 n 值，可以有效地调节流型，具有良好的抗温、抗盐、抗钙镁能力；作为钻井增黏剂，兼有良好的降失水作用，能有效改善钻井液的流变性能；同时可以抑制页岩水化分散、抗无机离子污染、降低钻井液滤失量；能达到提高钻速、减少井下复杂及降低钻井成本的目的。它对页岩水化分散的稳定作用低于 KPAM，而优于 PHP 和 PAM。

制备过程：按配方要求将 40 份丙烯酸和适量的水加入反应釜，搅拌使其溶解，然后加入适当浓度的氢氧化钠溶液将体系的 pH 值调至 7～9 的范围内；在不断搅拌下加入 60 份丙烯酰胺，搅拌使丙烯酰胺全部溶解；不断搅拌，使反应混合物体系的温度升至 35℃，通氮驱氧 5～10min，然后加入 0.25 份引发剂；在 35℃下反应 5～10h；反应完成后，将所得产物取出剪切造粒，于 80～100℃下真空干燥、烘干、粉碎得无色或微黄色自由流动固体粉末状 80A51 产品。

80A51 用作钻井液处理剂，具有絮凝钻屑、抗温、抗污染、剪切稀释性能好等特点，可有效地调节淡水、海水钻井液流型，亦可用作钻井液防塌剂和增稠剂，不但可适用于低固相不分散聚合物钻井液体系，也可用于分散型钻井液体系，是聚合物钻井液体系中用量最大的处理剂之一。

2. 两性离子多元共聚物

两性离子聚合物与阴离子聚合物相比，由于引入了阳离子基团，使其抑制和抗温抗盐能力进一步提高，在现场常用两性离子聚合物合成中，常用的阳离子单体为二甲基二烯丙基氯化铵（DMDAAC），其他单体由于成本较高，一般很少采用，以 DMDAAC 为阳离子单体，制备 P（DMDAAC－AM－AA）三元共聚物时，由于 DMDAAC 聚合活性低，需要控制合成方法和合成条件而得到满足钻井液处理剂需要的产品。为了优化聚合物性能，考察了反应起始温度、引发剂用量、AA 用量、DMDAAC 用量等对共聚物钻井液性能的影响[44]。在考察合成条件对共聚物钻井液性能的影响时，通用合成条件为：n（AM）：n（AA）：n（DMDAAC）＝60∶30∶10，单体含量 50%（质量分数），反应起始温度 20℃、引发剂用量（以过硫酸铵计、占单体质量百分数，过硫酸铵∶亚硫酸氢钠＝1∶1、质量比）0.06%（质量分数）。在讨论某一项的影响时，该项为变量，其他条件不变。钻井液性能实验所用基浆为复合盐水基浆（在 10% 的安丘产膨润土基浆中加入 5g/L 的 $CaCl_2$、13g/L 的 $MgCl_2 \cdot 6H_2O$ 和 45g/L 的 NaCl，高速搅拌 20min，于室温下放置养护 24h，即得复合盐水基浆），样品加量 0.5%。

1）合成方法

将氢氧化钾溶于适量的水中，并加入适量的氧化钙，搅拌均匀后，慢慢加入丙烯酸，待丙烯酸加完后再依次加入 AM 和 DMDAAC 单体，待溶解后补充水，使单体含量控制在 50%（质量分数），于 15℃ 下加入引发剂，搅拌均匀后将单体的反应混合物转移至反应器中，封口，在不断搅拌下聚合反应逐渐开始，大约 5～10min 即发生剧烈的聚合反应，此时反应温度急剧升高，溶剂水大量蒸发，大约 2～3min 反应结束，得到水分含量在 20%～30% 的产物。将所得产物剪切造颗粒，于 60～80℃ 下烘干、粉碎得粉末状 P（AM－AA－DMDAAC）共聚物。

将所得产物用水溶解成稀溶液，然后再用含量 75%～80%（质量分数）的乙醇溶液沉淀，洗涤，并于 80℃ 下真空烘干，用于测定产品的特性黏数［η］。

用乌氏黏度计在 30℃ 下测定共聚物的特性黏数［η］，所用溶剂为质量分数 2.925% 的氯化钠溶液。

2）影响产品性能的因素

图 2－66 是反应起始温度对共聚物的特性黏数［η］和用所得产物处理钻井液性能（表观黏度和滤失量）的影响。从图 2－66 可看出，随着反应起始温度的升高，所得产物的降滤失和提黏能力均略有降低，当反应起始温度超过 45℃ 以后产物的降滤失和提黏能力明显降低，而产物的相对分子质量（相对分子质量与［η］值成正比）则随着起始反应温度的增加逐渐降低，说明起始反应温度低有利于得到性能好的产品，故在实验条件下，反应起始温度选择在 15～30℃。

如图 2－67 所示，引发剂用量对共聚物的特性黏数［η］和用所得产物处理钻井液的黏度影响较大，对钻井液的滤失量影响较小，随着引发剂用量的增加，产物的提黏能力明显降低，而产物的降滤失能力则随着引发剂用量的增加，开始略有改善，当继续增加引发剂用量时，降滤失能力反而略有降低。显然，引发剂用量在0.04%～0.06%时较好。

图2-68是单体总量不变，DMDAAC用量7%（摩尔分数）时，AA用量（质量分数）对共聚物的特性黏数［:］和用所得产物处理钻井液性能的影响。从图2-73可看出，随着AA用量增加产物的相对分子质量逐渐降低，而产物的降滤失能力则随着AA用量增加而明显提高，但当AA用量超过30%（摩尔分数，下同）后，产品的降滤失能力反而降低，在实验条件下选择AA用量选用30%。

表2-23是DMDAAC单体用量（摩尔分数）对产物的降滤失能力和防塌效果的影响（AA用量25%）。从表2-23可以看出，增加DMDAAC单体用量有利于改善产物的降滤失能力，但当DMDAAC单体用量过大时，由于产物的絮凝作用，降滤失能力反而下降，而对于产物的防塌能力而言，随着DMDAAC单体用量的增加，所得产物的防塌能力增加，为了得到既具有良好的降滤失能力又有较好的防塌效果的产品，在实验条件下，DMDAAC单体用量为7%～10%（摩尔分数）较好。

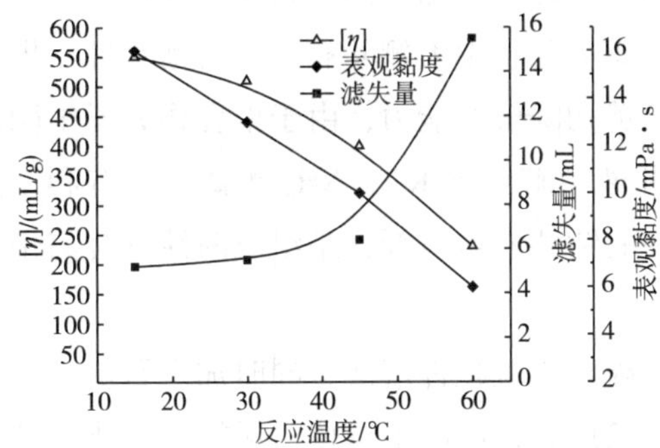

图2-66 反应温度对产品钻井液性能的影响

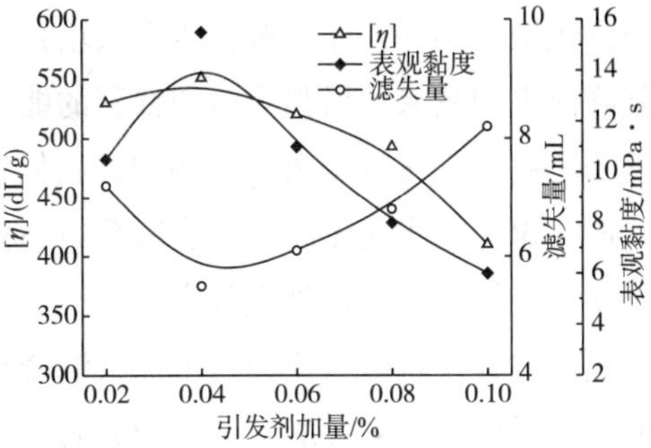

图2-67 引发剂对产品钻井液性能的影响

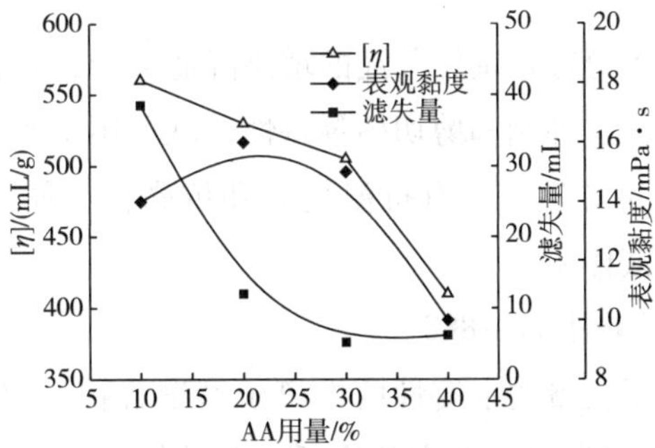

图2-68 合成条件对产品钻井液性能的影响

表2-23 DMDAAC 单体用量对产物特性黏数［η］和钻井液性能的影响

DMDAAC用量/%	［η］/（mL/g）	AV/mPa·s	滤失量/mL	回收率*/%
3.0	580	14.0	5.6	61.0
5.0	550	14.5	5.2	72.1

续表

DMDAAC 用量/%	[η] /（mL/g）	AV/mPa·s	滤失量/mL	回收率*/%
7.0	520	16.0	5.8	83.0
10.0	465	13.0	8.4	88.0
15.0	381	8.0	13.6	89.2

注：*试验条件：回收率（在0.1%的聚合物溶液中的回收率）120℃/16h，岩屑为明9－5井2695m岩屑（2.0～3.8mm），用0.59mm筛回收。

在两性离子聚合物中，两性复合离子型聚合物包被剂FA－367和JT－888是一种典型的代表。

1）两性复合离子型聚合物包被剂FA－367

FA－367系丙烯酸钾、丙烯酸钙、丙烯酰胺和阳离子单体等的多元共聚物，为白色或微黄色粉末，是分子中含有阳离子、阴离子、非离子等多种官能团的水溶性聚合物，属于PAC－141的改进产品。由于FA－367高分子的链节中引入了阳离子基团，使其与黏土的吸附由单一的氢键吸附变为氢键吸附和静电吸附，增加了对黏土的吸附强度和吸附量，对钻屑的包被作用和抑制分散作用大大增强；FA－367分子中大侧基有一定的憎水性，提高了其降滤失的效果，增强了剪切稀释的能力和抗剪切降解的能力；由于聚合物分子中阴离子基团是用钾、铵等阳离子中和的，它们在钻井液中解离出K^+、NH_4^+等离子，有利于防塌。FA－367是建立无钠钻井液体系的一种良好的钻井液包被剂，是组成两性复合离子聚合物钻井液体系的关键处理剂之一。

制备过程：将氢氧化钾与水加入混合釜中，配成氢氧化钾溶液，同时加入石灰，然后在搅拌下慢慢加入丙烯酸，待其加完后，加入丙烯酰胺，阳离子单体，搅拌使单体全部溶解。然后加入引发剂引发聚合反应，生成弹性多孔凝胶体。将所得产物经切割后，烘干、粉碎，即得成品。

本品主要用于低固相不分散水基钻井液的增黏降滤失剂，有较好的胶体稳定性和耐温抗盐能力，还有较好的包被、抑制和剪切稀释特性，既可用于阴离子钻井液、两性离子钻井液，也可以用于阳离子钻井液。具有抗温抗盐和抗高价金属离子的能力，可适用于淡水、海水、饱和盐水钻井液体系。

2）复合离子型聚丙烯酸盐JT－888

本品是一种低相对分子质量的水溶性两性离子型聚合物，相对分子质量为10×10^4～30×10^4。其特点是：降低滤失量、黏度效应低；对钻屑有较强的抑制作用；抗钙、镁至1500×10^{-6}，抗盐到饱和，抗温大于150℃；改善钻井液的稳定性，改善泥饼质量，使泥饼滑、薄而致密；加量小、配伍性好，使用方便；对环境无污染。由其组成的钻井液体系抑制泥页岩水化分散的能力强、膨润土容量限高，应用于钻井施工时井壁稳定、井径扩大率低、钻井液排放量少、处理工艺简单，具有明显的技术经济效益。本品主要用于低固相不分散水基钻井液的不增黏降滤失剂，有一定的剪切稀释作用。用于控制地层造浆、絮凝、包被钻屑，改善钻井液的流型。可适用于淡水、海水、饱和盐水钻井液体系。

制备过程：将氢氧化钠与水加入混合釜中，配成氢氧化钠溶液，然后搅拌下慢慢加入丙烯酸，丙烯酰胺，丙烯磺酸钠和阳离子单体，搅拌使单体全部溶解。然后加入引发剂引发聚合反应，生成弹性多孔凝胶体。将所得产物经切割后，烘干、粉碎，即得成品。

除 FA－367 和 JT－888 之外，还有一些两性离子多元共聚物，如丙烯酸钾、丙烯酰胺和3－丙烯酰胺基丙基二甲基氯化铵共聚物[45]，丙烯酸、丙烯酰胺与2－羟基－3－甲基丙烯酰氧丙基三甲基氯化铵共聚物[46]，丙烯酰胺、环氧氯丙烷和三甲胺反应产物和丙烯酸钾、丙烯酰胺多元共聚物[47]，丙烯酰胺、丙烯酸与甲基丙烯酰胺基丙基三甲基氯化铵共聚物[48]，丙烯酰胺、丙烯酸和甲基丙烯酸二甲胺基乙酯共聚物[49]，丙烯酸、丙烯酰胺和2－丙烯酰胺基乙基－二甲基氯化铵共聚物[50]，丙烯酸钾、丙烯酰胺和甲基丙烯酰氧乙基三甲基氯化铵共聚物[51]，丙烯酰胺、甲基丙烯酸和二甲基二烯丙基氯化铵共聚物[52]。这些共聚物除具有较好的增黏、降滤失、抗温、抗盐和一定的抗钙、镁污染的能力外，还具有较好的防塌效果，能有效的控制地层造浆、抑制黏土和钻屑分散，同时还具有絮凝和包被作用。

3. P（AM－AA）反相乳液聚合物

P（AM－AA）聚合物反相乳液为乳白色黏稠液体，可以迅速分散于水或钻井液中，与相同组成的粉状产品性能相同，可以直接加入钻井液，同时乳液中的油相及表面活性剂对钻井液具有润滑作用。因此，聚合物反相乳液用作水基钻井液处理剂，根据其相对分子质量和基团组成不同，可以分别用作包被抑制剂、增黏剂、絮凝剂和降滤失剂等。能够有效地絮凝包被钻屑、抑制黏土水化分散，控制钻井液滤失量，改善钻井液流变性和润滑性。P（AM－AA）反相乳液聚合物包括低黏和高黏两种规格，低黏的主要用作降滤失剂，高黏产品不仅具有降滤失作用，还具有较强的提黏、包被和絮凝作用。用作包被抑制剂、增黏剂、絮凝剂和降滤失剂等，能够有效地絮凝包被钻屑、抑制黏土水化分散，控制钻井液滤失量，改善钻井液流变性和润滑性。现场应用表明，产品溶解速度快，可直接加入钻井液循环池中，使用时无粉尘污染。一般加量为0.3%～2%。

1）制备方法

将 Span－60、Span－80 加入白油中，升温 60℃，搅拌至溶解，得油相。将 NaOH 溶于水，配成氢氧化钠溶液，冷却至室温，搅拌下慢慢加入丙烯酸，将温度降至 40℃以下，加入配方量的丙烯酰胺，搅拌使其完全溶解。加入 Tween－80，搅拌至溶解均匀得水相。将水相加入油相，用均质机搅拌 10～15min，得到乳化反应混合液，并用质量分数 20% 的氢氧化钠溶液调 pH 值至 8～9。向乳化反应混合液中通氮 10～15min，加入引发剂过硫酸铵和亚硫酸氢钠（提前溶于适量的水），搅拌 5min，继续通氮 10min，在 45～50℃下保温聚合 5～8h，降至室温加入适量的 OP－15，即得 P（AA－AM）反相乳液聚合物样品。

2）影响聚合反应和产物性能的因素

为了保证反相乳液聚合顺利进行及产物的性能，考察了原料配比和反应条件对聚合反应和产物性能的影响。

表2-24是*m*（AM）∶*m*（AA）及单体质量分数对聚合反应及产物钻井液性能的影响。从表2-24可见，当固定油水体积比为1，单体质量分数为30%，复合乳化剂HLB值为6.8，引发剂占单体质量的0.20%时，体系pH值为9，反应温度为40℃，反应时间为6h，复合乳化剂用量（质量分数）为7%时，随着单体中AA用量的增加，胶液表观黏度开始逐渐增加，后又略有降低，用产物所处理钻井液的滤失量先降低后又增加，而单体转化率则随着AA用量的增加而逐渐降低，但降低幅度不大。从实验现象来看，当AM用量较大时，聚合过程中会产生部分凝胶颗粒，控制不当时会产生爆聚现象，从应用的角度讲，在*m*（AM）∶*m*（AA）=6∶4时产物降滤失能力最优，综合考虑，*m*（AM）∶*m*（AA）=6∶4较好。

表2-24　*m*（AM）∶*m*（AA）对聚合反应和产物性能的影响

m（AM）∶*m*（AA）	水溶液表观黏度/mPa·s	转化率/%	滤失量/mL	*m*（AM）∶*m*（AA）	水溶液表观黏度/mPa·s	转化率/%	滤失量/mL
8∶2	12.0	97.1	23.2	1∶1	14.5	96.4	9.2
7∶3	17.0	97.0	9.5	4∶6	11	95.1	17.0
6∶4	18.5	96.5	6.7				

注：复合盐水钻井液（在1000mL蒸馏水中加入45g的NaCl，5g无水$CaCl_2$，13g$MgCl_2\cdot6H_2O$，150g钙膨润土和9g无水Na_2CO_3，高速搅拌20min，于室温下养护24h，即得复合盐水基浆），乳液样品加量2%，经120℃、16h老化后钻井液的滤失量。

如图2-69所示，当其他条件如前所述，*m*（AM）∶*m*（AA）=6∶4时，随着单体质量分数的增加，聚合物产物的水溶液黏度先增加后又降低，而单体转化率也是先增加，后又降低。当单体含量为30%时，聚合转化率达到最大值，在单含量高于30%后，聚合转化率反而随着单体含量增大而降低。在实验条件下单体质量分数30%~32.5%较好。

实验表明，乳化剂HLB也会影响单体转化率。HLB值在6.5~7.2范围内，随着HLB值的增加，单体转化率先小幅增加，当HLB值达到7.1后转化率快速降低，这是由于当乳化剂亲水性强时，乳化体系的稳定性降低，反应过程中容易发生破乳，影响聚合反应顺利进行，并最终导致聚合反应失败。可见HLB值在6.8~6.9较好。当其他条件一定，复合乳化剂HLB值为6.9时，复合乳化剂用量（质量分数）对聚合反应及产物性能也有一定的影响。实验表明，随着复合乳化剂用量的增加，单体转化率逐渐增加，当乳化剂用量超过7%以后，增加乳化剂用量单体转化率反而降低。实验条件下，复合乳化剂用量为6%~7%较好。

当其他条件一定，复合乳化剂用量（质量分数）为6.5%时，油水体积比对聚合反应及产物性能的影响见图2-70。从图中可见，随着油水体积比的增加，单体转化率逐渐增加，当达到一定值时，转化率反而降低。而产物的相对分子质量则随着油水体积比的降低而增加，可见降低油水比有利于提高产物的相对分子质量。从生产的角度降低油水质量比可以提高产物的固含量，从而提高生产效率，但当油相过少时聚合过程中易出现凝胶化，甚至出现爆聚，故在实验条件下，油水体积比为0.9较好。

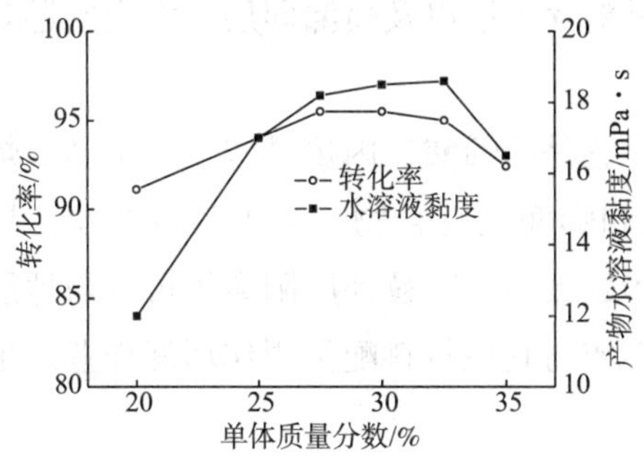

图2-69 单体质量分数对聚合反应的影响

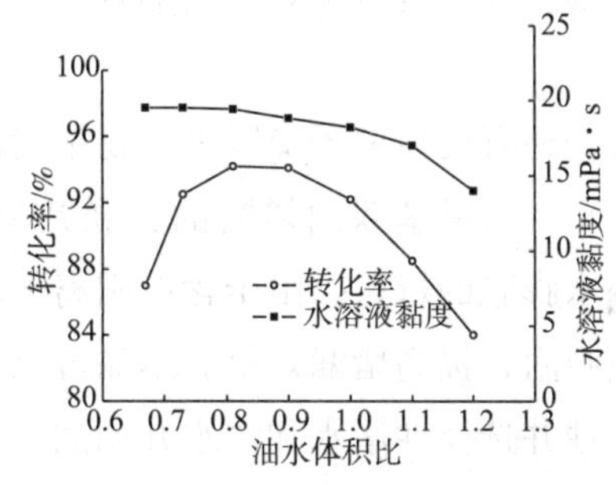

图2-70 乳化剂用量对聚合反应的影响

对于引发剂用量来讲，当其他条件一定，油水体积比为0.9时，引发剂用量（以APS计）在0.15%～0.40%范围内，随着引发剂用量的增加，转化率先增加后降低，当引发剂用量在0.25%时，单体转化率达到最高（94.5%左右）。故在实验条件下，引发剂用量以0.25%较好。

实验发现，当其他条件一定，引发剂占单体质量的0.25%时，随着反应温度的升高，单体转化率和产物水溶液表观黏度均呈现先增加后降低的趋势。在实验条件下，当反应温度控制在40～45℃时，既可以保证反应顺利，又可以使单体转化率和相对分子质量最高。对反应时间而言，反应温度45℃时，随着反应时间的增加，单体的转化率逐渐增大，当反应时间达到4h时，再增加反应时间单体转化率趋于平稳，因此反应时间为4h即可。

如图2-71所示，当反应温度为45℃，反应时间为5h时，随着体系pH值的增大，单体转化率和聚合物水溶液表观黏度均大幅度增加，这是因为乳液的稳定性随pH值增大明显增加，当pH>10时，随着pH值增大，体系稳定性变化不明显，单体转化率变化不大，而聚合物溶液黏度降低较大，原因是聚合产物中含有溶解性较差的难溶凝胶，因此，在反相乳液聚合中水相pH值应控制在8.5～9.5之间为宜。

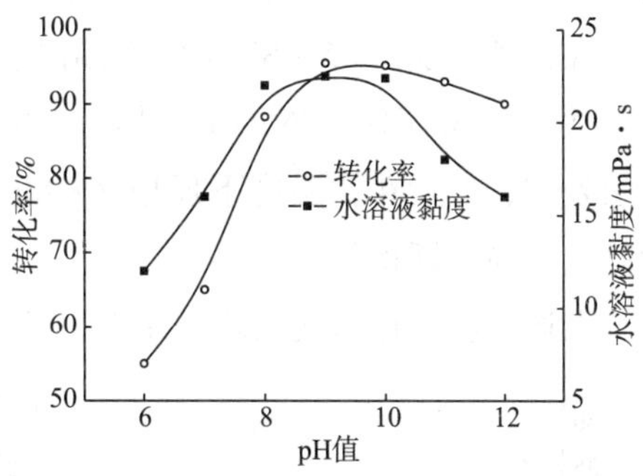

图2-71 水相pH值对聚合反应的影响

4. *凝胶堵漏剂*

针对现场需要，研究者围绕吸水树脂堵漏材料制备开展了一系列研究[53,54]，自2000年以来，在交联聚合物驱的基础上[55]，发展了堵漏用聚合物凝胶，在现场应用中见到了良好的效果[56]，并针对现场实际，研制了适用于不同漏失情况下的凝胶堵漏材料[57]。同时还有学者针对钻井中出现的恶性漏失情况，研制开发出了新型堵漏剂——特种凝胶

ZND[58]。它是在大分子链上引入特种功能单体的水溶性高分子材料，在水溶液中，大分子链通过分子间相互作用自发地聚集，形成可逆的超分子结构——动态物理交联网络。特种凝胶对大漏、失返等裂缝性、孔洞性、破碎性地层，以及用桥塞堵漏、随钻堵漏等方法无法解决的漏失问题具有很好的堵漏效果，尤其对含水层以及喷漏同层的漏失问题具有独到之处。

此外，还有两性离子交联聚合物堵漏剂。它是丙烯酸、丙烯酰胺、二甲基二烯基氯化铵和 N，N′-亚甲基双丙烯酰的交联共聚物和膨润土复合物。为土灰色颗粒，具有水不溶，但遇水膨胀的特点。由于含有阳离子基团，吸附后颗粒外层阳离子可以与地层或其他材料表面吸附，提高堵漏效果。本品可以直接或与其他材料配伍用作堵漏作业。也可以用于调驱、油井选择性堵水和注水井调剖。

制备过程：将适量的水、15 份丙烯酸、8 份氢氧化钠按配方量投入聚合釜，搅拌反应生成丙烯酸钠；按配方比例，向聚合釜投入 75 份丙烯酰胺、10 份二甲基二烯基氯化铵、0.01～0.1 份 N，N-亚甲基双丙烯酰，搅拌使之全部溶解，最后加入预水化膨润土悬浮液，升温至 40～45℃；通氮气 15～30min 驱除溶解氧；在 N_2 保护下，加入 0.05 份过硫酸铵和 0.05 份亚硫酸氢钠（事先溶于水），反应 10～30min 后停止通氮气和搅拌。于 50℃下熟化 8～10h 后得弹性的凝胶体；剪切、造粒、干燥得到颗粒堵漏剂。也可以将凝胶产物造粒后直接使用。

（二）油井水泥外加剂

在水泥外加剂中应用的丙烯酸聚合物主要是降滤失剂、分散剂和缓凝剂等。目前成熟的是用于油井水泥降失水剂的低相对分子质量的 AA-AM 聚合物，其相对分子质量一般在 10×10^4～25×10^4，可以采用水溶液聚合方法合成，即：按配方要求首先将水加入反应釜，然后在搅拌下加入 75～80 份的丙烯酰胺和 20～25 份丙烯酸，搅拌至丙烯酰胺全部溶解，加入适量的 Na_2CO_3 或 NaOH，使反应体系的 pH 值达到 6.5～7.5；将体系升温至 60℃，加入引发剂，然后在此温度下反应 2～8h，即可得到黏稠的聚合产物；将所得产物经干燥、粉碎、过筛，即得粉状产品。

上述产物用作水泥浆降失水剂，还具有缓凝分散作用，以及抗盐水和二价金属离子的能力，若与适量 Na-CMC 配合使用，可以获得更好的效果。可以与水泥干混使用，也可加入配浆水中，其加量范围为 0.3%～2%。

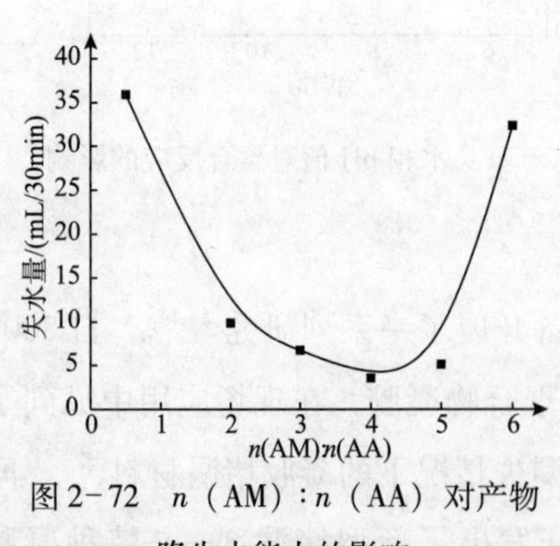

图 2-72 n（AM）：n（AA）对产物降失水能力的影响

实践表明，单体配比和相对分子质量对产物的降失水能力有明显的影响，结果见图 2-72 和表 2-25[59]。

由单体比例可以直观反映共聚物组成，如图 2-72所示，共聚物分子链中吸附基和水化基的比例对水泥浆失水量有明显的影响。当聚合物分子链中所含吸附基量太少时，水泥浆失水量很大，随着聚合物分子链中吸附基含量的增加，水泥浆的失水量降低，当吸附基与水化基含量适中时，失水量可达最低值。但随着吸附基含量的继续增加，水化基含量减少，水泥浆失水量反而上升，在实验条件下 n（AM）：n（AA）为 4 时降失水效果最佳。

通过改变引发剂加量可以控制共聚物相对分子质量，如表 2-25 所示，只有相对分子质量在一定范围内的聚合物，才能将水泥浆的失水量控制在较低值。这是因为用于油井水泥降失水剂的丙烯酸和丙烯酰胺共聚物相对分子质量一般在$7\times10^4\sim15\times10^4$之间，相对分子质量小对水泥浆有沉降作用，相对分子质量大则有絮凝作用，只有相对分子质量和基团比适宜时才具有良好的降失水作用。

表 2-25 引发剂用量对产物降失水能力的影响

引发剂用量/%	共聚物加量①/%	失水量/(mL/30min)	引发剂用量/%	共聚物加量/%	失水量/(mL/30min)
0.05	1.0	35.4	0.3	4.0	5.3
0.1	2.1	9.5	1.0	2.0	416

注：①按照质量分数计算，以水泥质量为基准。

应用表明，该共聚物用作油井水泥降失水剂，不仅具有良好的降失水作用，且与 CMC 等具有良好的配伍性，若加少量 Na-CMC 配伍使用，则效果更好；抗温抗盐能力强，在 90～170℃的高温下仍能保持良好的降失水作用，抗盐水和二价金属离子，适用于盐水水泥浆；同时还具有缓凝和分散作用。在 100℃以下对 G 级水泥有很好的缓凝作用，在 100℃以上对 95℃和 120℃油井水泥有缓凝作用，但对某些批号的钟山 75℃油井水泥有时有闪凝现象或胶凝作用，在这种情况下必须添加缓凝剂、悬浮剂或分散剂，以控制出现闪凝现象。特别是低相对分子质量的产品，分散效果更好[60]。

实践表明，用于水泥浆分散剂的通常是相对分子质量在 8000～12000 的丙烯酸聚合物，与马来酸酐类聚合物一并称为聚羧酸系分散剂，即以丙烯酸或甲基丙烯酸或马来酸酐为主链，接枝不同侧链长度的聚醚。目前该类分散剂主要用于混凝土工业，由于耐温以及偶有异常的凝胶状物质产生等方面的问题，在油井水泥中还很少应用，多处于开发阶段[61]。

关于其制备，可以采用丙烯酸或甲基丙烯酸聚合物与不同链长度的聚醚反应得到，也可以采用甲基丙烯酸聚氧乙烯酯、异戊烯醇聚氧乙烯醚、烯丙基聚氧乙烯醚、甲基烯丙醇聚氧乙烯醚、甲基丙烯酸辛基酚聚氧乙烯醚酯、聚氧乙烯甲基烯丙基二醚等聚醚大单体共聚得到，引入磺酸基可以提高产物的综合性能[62]。

（三）调剖堵水剂

丙烯酸共聚物也可以用于调剖堵水剂，但多数情况下均是与其它材料配伍组成堵水剂或调剖剂配方使用。

1. 典型堵水调剖剂配方

1）水解聚丙烯腈/苯酚－甲醛高温堵水剂

由水解聚丙烯腈、苯酚和甲醛等组成，用作堵水调剖剂，具有高温成胶可调、耐高温性好，有效期长，增油降水效果显著等特点，其中以六次甲基四胺为交联剂，草酸为pH值调节剂的堵剂配方，更具有使用安全、无毒、成胶时间控制准确，使用温度范围宽等优点。可广泛用于90～150℃砂岩油藏的注水井调剖剂和油井堵水。

按照水解聚丙烯腈钠5%、苯酚0.5%、甲醛0.6%、氯化铵0.5%的比例，将水解聚丙烯腈钠配制成水溶液，加入苯酚、甲醛、氯化铵混合均匀。施工前用盐酸（草酸）调节pH值至规定值。该堵剂凝胶黏度≥8×10^4mPa·s，100℃下成胶时间为8h，150℃破胶时间>90d，堵水率≥92%。

2）聚合物改性栲胶铬冻胶堵水剂

本品由丙烯酸钾－丙烯酰胺聚合物，改性栲胶、苯酚、铝硅酸钠、重铬酸钾等组成。系有机、无机交联剂与阴离子型聚合物反应形成的具有体型结构的聚合物复合凝胶。用作热采高温堵水剂，具有极高的耐温性能（≥230℃）和封堵强度，适用于稠油油田蒸汽吞吐和蒸汽驱的调剖封堵。

按照丙烯酰胺－丙烯酸钾共聚物0.25%，改性栲胶3%，铝硅酸钠1.5%，甲醛0.25%，苯酚0.5%，重铬酸钾0.7%的比例，将阴离子聚合物配制成质量分数为2%的水溶液，将重铬酸钾用淡水配制成一定浓度的水溶液，再将改性栲胶、苯酚、甲醛配制成要求含量的水溶液。最后在施工前将三种水溶液混合均匀。该堵剂150℃下成胶时间为7～8h，300℃破胶时间≥30d，凝胶黏度为5×10^4mPa·s，堵水率为97.5%。

3）两性离子聚合物凝胶调剖剂

由丙烯酰胺－二甲基二烯丙基氯化铵－丙烯酸聚合物、脂肪多胺与醛、苯酚等组成。用作注水井调剖剂，具有地面黏度小，凝胶时间可调、耐盐性好、凝胶强度大，堵水调剖有效期长，现场施工简便、封堵效率高等特点，适用于井温45～125℃的注水井调剖。

按照水溶性两性离子聚合物0.8%，脂肪多胺－有机酸0.4%，苯酚（稳定剂）0.25%，多元酚（促进剂）0.05%的比例，施工前先将聚合物配制成质量分数为1%～2%的水溶液，再将交联剂水溶液加入并搅拌均匀。最后将稳定剂、促进剂加入并补充所需量水搅拌均匀。所配制堵剂最终pH值可在5～9之间。堵剂初始黏度≤60mPa·s，成胶黏度4×10^4mPa·s，70℃成胶时间≥48h，破胶时间≥30d，堵水率≥95%。

P（AM－AA－DMDAAC）两性离子聚合物也可以用作吸附型选择性堵水剂，研究表明，温度从30℃升至90℃，P（AM－AA－DMDAAC）聚合物的黏度保留率（42.5%）高于部分水解聚丙烯酰胺（HPAM）的黏度保留率（39.3%）；在NaCl质量浓度大于8000mg/L时，P（AM－AA－DMDAAC）聚合物溶液的表观黏度大于HPAM溶液的表观黏度；在超声波冲刷120min后，P（AM－AA－DMDAAC）聚合物在载玻片上仍有较多残留量；具有较好的油水选择性，在水环境中具有更强的封堵能力[63]。

2. 交联聚合物吸水或凝胶材料

近年来的实践表明，一系列不同性能的预交联颗粒堵水调剖剂倍受重视，典型的实例如下。

1）丙烯酸与丙烯酰胺颗粒堵漏剂

系丙烯酰胺、丙烯酸交联聚合物和膨润土复合物，为土黄色或浅红色固体颗粒，不溶于水，遇水膨胀。可直接或与其他材料配伍用作调剖堵水、调驱等。适用地层温度不超过120℃。细颗粒粉状产品也可用于钻井液随钻封堵剂和降滤失剂，有利于改善滤饼质量，提高井壁稳定性。也可以制成封装的吸水树脂。其制备过程如下。

将膨润土预水化，然后加入丙烯酰胺、丙烯酸钠和N，N′－亚甲基双丙烯酰胺，待溶解后加入引发剂在一定温度下引发聚合，产物经过造粒、烘干，粉碎过筛得到产品。也可以将含水的凝胶加工成不同颗粒，不经烘干直接使用。

实验表明，在产品制备中当单体配比和反应条件一定时，产品性能对交联剂加量、引发剂用量和膨润土用量有强烈的依赖性：①当在 n（AA）∶n（AM）＝1∶3，引发剂用量为0.4%，反应混合物质量分数为40%，其中膨润土质量分数为7.5%，反应温度为50℃时，随着交联剂用量的增加，吸水倍数快速降低，当交联剂用量达到0.5%以后，降低趋势变缓，而抗压强度则随着交联剂用量的增加而提高。结合实验效果，交联剂用量0.5%较好；②其他条件一定，交联剂用量为0.5%，引发剂用量为0.3%时，在保证反应可以顺利进行的情况下，可以兼顾吸水倍数和抗压强度；③反应条件一定时，随着膨润土含量的增加，产物吸水倍数降低，抗压强度增加，在膨润土含量超过10%以后，抗压强度不再增加，而吸水能力继续降低，兼顾产品抗压强度和吸水能力，膨润土用量10%左右较为理想。

2）两性离子多元共聚物凝胶颗粒选择性堵水剂

系丙烯酸、丙烯酰胺、二甲基二烯基氯化铵和N，N′－亚甲基双丙烯酰的交联共聚物。具有水不溶，但遇水膨胀、遇油收缩的特点。用作油水井调堵剂，具有良好的抗温、抗盐性，油水选择性，耐冲刷性及成胶后凝胶强度高等特点，可广泛用于不同温度（≤130℃），不同矿化度地层的油井选择性堵水和注水井调剖。

制备方法：将水、15份丙烯酸、8份氢氧化钠按配方量投入聚合釜，搅拌反应生成丙烯酸钠；按配方比例，向聚合釜投入75份丙烯酰胺、10份二甲基二烯基氯化铵、0.01～0.1份N，N′－亚甲基双丙烯酰搅拌，使之全部溶解，升温至40～45℃；通氮气15～30min驱除溶解氧；在 N_2 保护下，加入0.05份过硫酸铵和0.05份亚硫酸氢钠溶液，反应10～30min后停止通氮气和搅拌。于50℃下熟化8～10h，得一无色透明有弹性的凝胶体；向聚合釜内压入0.3MPa压缩空气，将聚合物胶体压入造粒机进行造粒，得3～6mm的聚合物胶粒。该颗粒堵剂固含25%～30%，堵水率≥92%，堵油率≤8%，使用温度≤130℃，适用矿化度≤100000mg/L。

(四) 破乳剂

1. P (AA - MAA - BuAc - MMA) 共聚物

实践表明，适当组成和相对分子质量的 P (AA - MAA - BuAc - MMA) 共聚物用于原油破乳剂时，在原油中的破乳脱水效果明显，当聚合物加量为 300mg/L 时，原油脱水率可达 97.01%[64]。其制备过程如下。

在装有温度计、搅拌器、回流冷凝管的 250mL 四口烧瓶中，加入 1.6g 乳化剂十二烷基硫酸钠 (SDS) 与 60g 水，通入氮气，开动搅拌，加热升温至 80 ~ 85℃。待乳化剂完全溶解，产生一定泡沫时加入 10mL 质量分数 2.5% 的引发剂 KPS 水溶液，保温 3min，之后开始用恒压滴液漏斗滴加 20g 单体混合物 [m (AA) : m (MAA) : m (BuAc) : m (MMA) = 0.75 : 0.25 : 12 : 2]，滴加时间为 130min，滴加完毕保温 0.5h，然后降温至 60℃，加入 0.1g 链转移剂三乙醇胺与 0.15g 终止剂无水亚硫酸钠的混合水溶液 10mL，保温 1h，结束反应，得到乳白色乳液，即为破乳剂产物。

实验表明，在破乳剂合成中，水、乳化剂、引发剂用量、加料速度、聚合物温度和添加剂等均会影响产物的破乳效果，影响情况如下。

(1) 水用量。水用量较小时，水相不能将油相包覆，油相彼此连接在一起，聚合时会发生凝聚，产生交联；水用量较大时，导致乳液的平均粒径和粒径分布较小，对产物的破乳性能产生不利影响。当单体用量恒定，即 1g AA，1g MAA，10gBuAc，6g MMA，1.3g 乳化剂，0.2g 引发剂，反应温度 80℃，单体滴加 120min，链转移剂与终止剂各 0.1g 时，水用量在 30 ~ 70g 之间，随着水用量的增加脱水率大幅度提高，当水用量达到 50g 以后再增加水用量，脱水率反而降低。在水用量 50g 时所得产物破乳效果最佳 (脱水率 86% 左右)，再加上链转移剂与终止剂溶液耗用水 10g，总共最佳用水量为 60g。

(2) 乳化剂用量。当原料配比和反应条件一定，水用量为 60g 时，乳化剂 SDS 用量为 1.6g 时所得产物的破乳效果最佳，脱水率达到 88% 以上。

(3) 引发剂用量。原料配比和反应条件一定时，引发剂用量在 0.10 ~ 0.35g 之间，随着引发剂用量的增加，所得产物的脱水率大幅度增加，当引发剂用量达到 0.25g 时，再增加引发剂用量，产物的脱水率反而略有降低。在实验条件下，引发剂用量为 0.25g 时所得产物的破乳效果最佳。

(4) 加料速率。原料配比和反应条件一定时，加料速率 (以单体滴加时间代表加料速率) 对产物破乳性能有较大影响，加料时间在 90 ~ 140min 之间，随着加料时间的延长，所得产物的脱水率明显提高，当加料时间达到 120min 以后，再延长加料时间，脱水效果反而降低。在实验条件下，加料时间控制在 120 ~ 130min 较好。

(5) 聚合温度。原料配比和反应条件一定时，随着聚合温度的增加产物破乳效果先提高后降低，聚合温度 80 ~ 85℃下所得产物的脱水效果最好，脱水率达到 93% 以上。

(6) 添加剂。链转移剂与终止剂对产物性能有较大影响。链转移剂与终止剂都有调节产物相对分子质量的功能，降温后加入适量链转移剂与终止剂，能够有效地稳定乳液。实验表明，链转移剂与终止剂用量分别为 0.15g 和 0.1g 时，产物稳定性较好，破乳效果较佳。

通过正交实验得到破乳剂合成的最条件为：单体总量为 20g，水用量 60g，乳化剂用量 1.6g，引发剂用量 0.25g，滴加时间 130min，聚合温度 80℃，链转移剂与终止剂各 0.1g，AA∶MAA∶BuAc∶MMA = 0.75∶0.25∶12∶2（质量比）。

2. 丙烯酸壬基聚醚酯－丙烯酸共聚物

由既含有芳香结构又具有二嵌段聚醚的不饱和大单体与丙烯酸共聚合成的丙烯酸壬基聚醚酯－丙烯酸共聚物，用于稠油破乳剂，能够快速、高效破乳脱水，在破乳温度 75℃，聚合物加量 200mg/L 的条件下，该破乳剂对陈庄稠油的脱水率为 90%[65]。其合成包括两步，具体方法如下。

（1）壬基酚聚醚酯的合成。在装有机械搅拌器、分水器、球形冷凝管、温度计的 500mL 三口烧瓶中，依次加入 100g 壬基酚聚醚、28.13g 丙烯酸、5.13g 催化剂对甲苯磺酸，0.77g 阻聚剂对苯二酚，搅拌下加热到 130℃，回流反应 6h，即得壬基酚聚醚酯，酯化率为 95.31%。

将聚醚酯粗产物倒入 500mL 烧杯中，加入 200mL 二氯甲烷使其完全溶解，然后用 0.05mol/L 的 NaOH 溶液调节 pH 值至中性，用 250mL 梨形分液漏斗分出下层液。再用饱和 NaCl 溶液（100mL × 3）洗涤、分液，重复 3 次。最后用旋转蒸发仪蒸出二氯甲烷，得到较为纯净的聚醚酯。

（2）二元共聚物稠油破乳剂的合成。在装有机械搅拌器、球形冷凝管、恒压滴液漏斗的 100mL 三口烧瓶中，依次加入定量的甲苯和丙烯酸壬基酚聚醚酯，开动搅拌器并开始升温，当温度升至规定温度时，开始滴加定量的用甲苯溶解的丙烯酸（丙烯酸与丙烯酸壬基酚聚醚酯质量比为 1∶7）和 1.6%（基于单体总质量）引发剂过氧化苯甲酰，30min 内滴完，然后于 130℃下聚合 5h，减压蒸馏溶剂，即得二元共聚物稠油破乳剂。

研究表明，引发剂用量、聚合温度、聚合时间和丙烯酸与壬基酚聚醚酯质量比是影响产物破乳性能的关键因素。当聚合温度为 120℃，聚合时间为 6h，引发剂用量为 1.6%，丙烯酸与壬基酚聚醚酯质量比为 1∶6，溶剂甲苯用量为 70%（基于反应物总质量），在破乳温度为 75℃，破乳剂加量 150mg/L 时，各因素对破乳效果的影响情况如下。

（1）引发剂用量。引发剂用量在 1.2% ~ 2.2% 之间变化，聚合物的脱水率随着引发剂用量的增加，呈先上升后下降的趋势。这是由于引发剂的用量较低时，反应不完全，单体残留量大，聚合物相对分子质量小，脱水率低。随着引发剂用量的增加，聚合物相对分子质量增大，脱水率增高，但是引发剂用量过高时，反应体系活性中心增多，造成聚合物的相对分子质量减小，脱水率降低。实验表明，引发剂用量为 1.6% 时所得产物的脱水效果最佳。

（2）聚合温度。在反应条件一定时，聚合温度在 90 ~ 140℃范围内，聚合物的脱水率随着聚合温度的升高呈先上升后趋于平缓的趋势，温度较低时聚合反应不完全，聚合物相对分子质量低，导致脱水率下降，当温度达到130℃后，继续增加温度脱水率已不再上升。实验条件下，最佳聚合温度为130℃。

（3）反应时间。在反应条件一定时，聚合时间在2~7h之间，随着反应时间的延长，聚合物的脱水率逐渐上升，当反应时间达到5h以后再继续延长反应时间，脱水率已不再上升，说明聚合反应5h已经基本完毕，可见，聚合时间为5h即可。

（4）单体配比。在反应条件一定时，*m*（丙烯酸）:*m*（壬基酚聚醚酯）在1:9~1:4范围内，聚合物的脱水率随着丙烯酸与丙烯酸壬基酚聚醚酯质量比的增大，先上升后下降。这是由于随着丙烯酸用量的增加，聚合物的相对分子质量增大，脱水率上升。但是，丙烯酸用量过大时，会导致聚合物中丙烯酸密度过大，聚醚酯中的苯环和聚醚链段过小，使脱水率下降。在实验条件下，最佳的丙烯酸与壬基酚聚醚酯质量比为1:7。

3. 丙烯酸-丙烯酸丁酯聚合物与聚醚的酯化产物

以丙烯酸和丙烯酸丁酯为原料，合成了P（AA-BMA）共聚物破乳剂，通过P（AA-BMA）共聚物破乳剂与聚醚破乳剂LE28酯化反应，制备了一种两亲性的P（AA-BMA）共聚物聚醚酯破乳剂。实验表明，该破乳剂对于埕岛平台稠油具有良好的破乳性能，其效果明显优于非聚醚破乳剂或聚醚破乳剂单独使用时的结果[66]。其合成过程如下。

（1）丙烯酸-丙烯酸丁酯聚合物的合成。将一定量的丙烯酸丁酯、溶剂DMF和引发剂偶氮二异丁腈加入到玻璃反应釜中，控制溶液中单体体积分数为20%，反应在N_2保护下进行。在60℃下分三次加入丙烯酸，保持恒定反应温度反应16~20h。反应结束后，加入中止剂。搅拌0.5h后停止反应，降温、出料。根据丙烯酸加入量的不同，分别合成了丙烯酸-丙烯酸丁酯聚合物，即非聚醚破乳剂FJM-1和FJM-2，后者丙烯酸的含量比前者多一倍。

（2）非聚醚破乳剂FJM与聚醚破乳剂LE28接枝共聚物的合成。称取一定量的聚醚破乳剂LE28放入烧杯中，加入溶剂DMF和甲苯，搅拌至破乳剂完全溶解。再根据比例称取一定量的非聚醚破乳剂FJM-1（或FJM-2），将二者放入三口烧瓶中，再加入一定量的催化剂对甲苯磺酸和阻聚剂对苯二酚，充分搅拌至完全溶解，通氮气，升温至155℃蒸出一定量的甲苯除水，然后降温至120℃继续反应2h。降温，出料。

通过改变非聚醚破乳剂中丙烯酸链段上的羧基与聚醚破乳剂中羟基的物质的量比，分别合成了破乳剂XP-92、XP-95。

第三节　丙烯酸酯聚合物

聚丙烯酸酯是一种有效且广泛使用的原油降凝剂。它是一种梳状结构的聚合物。研究表明[67]，随着聚丙烯酸酯的侧链上的碳原子数和相对分子质量的增加，聚丙烯酸酯的结晶度及参与结晶的碳原子数增加。聚丙烯酸酯的侧链上参与结晶的碳原子数约等于原油中的蜡的平均碳原子数的3/4时，降凝剂的降凝效果最好。降凝剂的相对分子质量分布的宽窄对降凝效果的影响不明显。平均相对分子质量在$1.5\times10^4\sim2.2\times10^4$范围内时，聚丙烯酸酯的降凝效果较好。在分子中引入极性基团时，可以改善降凝剂的降凝性能，但极性基团的含量过高时，会降低甚至丧失降凝作用。本节介绍几种典型的丙烯酸酯均聚物或共聚物。

一、聚丙烯酸二十二酯

应用表明，聚丙烯酸二十二酯（PBA）能有效地改善新疆克－乌线混合原油及大庆原油的低温流动性能。在适当的聚合条件下得到的PBA，可使新疆克－乌线混合原油（稠油与稀油体积比为70∶30）15℃时的黏度降低74.1%，使大庆原油的凝点降低21℃，20℃时的黏度降低79.8%[68]。

（一）合成过程

将70mL丙烯酸、140g二十二醇、8g对甲苯磺酸催化剂、4g对苯二酚阻聚剂及120mL甲苯加入500mL三颈瓶中，加热至回流温度，用分水器收集反应过程中产生的水，6h后实际出水量与理论出水量相同，停止反应并冷却，即得到丙烯酸二十二醇酯（BA）。将BA单体纯化后，通过溶液自由基聚合，制备PBA。

（二）合成条件对产品性能的影响

1. 溶剂和引发剂的选择

当BA质量分数为50%，引发剂用量为0.9%，反应温度为80℃，反应时间为4h，在N_2保护下聚合时，BA在不同溶剂中聚合所得聚合物的特性黏数、相对分子质量分布及BA的转化率如表2-26所示。从表中可见，BA在苯中聚合所得聚合物的相对分子质量最高，在乙酸乙酯中次之，在甲苯、二甲苯中聚合所得聚合物的相对分子质量较低。这是由于甲苯、二甲苯具有较高的链转移常数，而苯的链转移常数较低，又由于单体在苯中聚合时，凝胶效应更显著，故所得聚合物的相对分子质量分布也较宽。

表2-26 不同溶剂对PBA相对分子质量及相对分子质量分布的影响

溶剂	[η]/(mL/g)	M_w/M_n	转化率/%	溶剂	[η]/(mL/g)	M_w/M_n	转化率/%
苯	37.03	3.72	100.0	甲苯	25.16	2.91	89.1
乙酸乙酯	34.21	3.04	95.0	二甲苯	21.97	2.87	93.0

如表2-27所示，当BA质量分数为50%，引发剂用量为3.7×10^{-4}mol/g单体，溶剂为苯，反应温度为80℃，反应时间为4h，在N_2保护下聚合时，以过氧化苯甲酰（BPO）为引发剂所得聚合物的相对分子质量比以偶氮二异丁腈（AIBN）为引发剂所得聚合物的相对分子质量要高得多，且相对分子质量分布也更宽。这是由于BPO比AIBN具有更高的引发效率，聚合体系初始黏度上升更快，凝胶效应更显著，因而所得聚合物的相对分子质量更高，相对分子质量分布也宽。

表 2-27 引发剂对 PBA 相对分子质量及相对分子质量分布的影响

引发剂	[η] / (mL/g)	M_w/M_n	转化率/%
BPO	37.03	3.72	100.0
AIBN	16.74	2.43	90.0

2. 影响聚合反应的因素

当 BA 质量分数 50%，引发剂用量为 0.3%，溶剂为苯，反应温度 80℃，反应时间 4h，在 N_2保护下聚合时，聚合体系的 BA 质量分数对所得聚合物的相对分子质量分布、特性黏数及单体转化率的影响见图 2-73。从图 2-73 可看出，BA 质量分数为 30% ~80% 时，对聚合物相对分子质量分布无明显的影响，凝胶效应变化也不显著。聚合物相对分子质量首先随单体质量分数的升高而增大，当 BA 质量分数 50% 时达到最大值，随着单体质量分数的继续升高，聚合物的相对分子质量降低。这是由于单体中叔碳的氢原子存在，向单体链转移比较容易，由于凝胶效应不显著，因而在高单体质量分数时，向单体的链转移成为更重要的影响因素，使聚合物相对分子质量下降。从图 2-73 还可看出，单体转化率随单体质量分数的增加而提高。

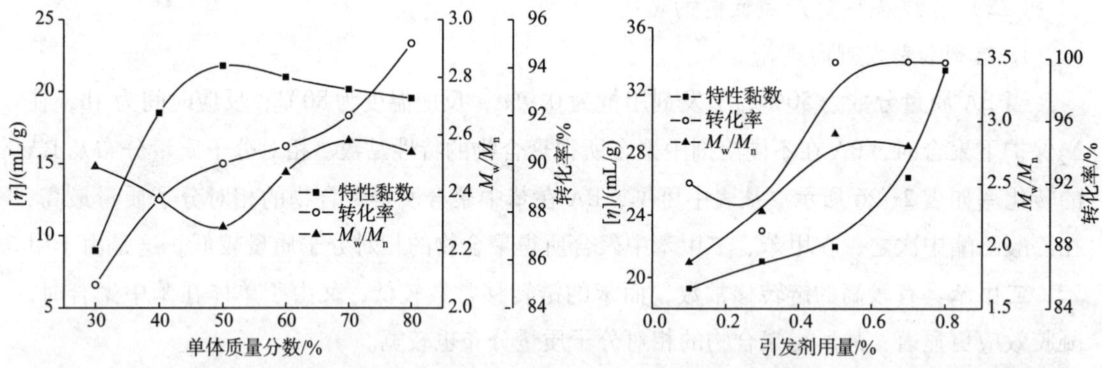

图 2-73 单体质量分数对 PBA 特性黏数、单体转化率和相对分子质量分布的影响

图 2-74 引发剂质量分数对 PBA 特性黏数、单体转化率和相对分子质量分布的影响

当 BA 质量分数为 50%，溶剂为苯，反应温度为 80℃，反应时间为 4h，在 N_2保护下聚合时，引发剂的质量分数对聚合物相对分子质量分布、BA 转化率及聚合物特性黏数的影响见图 2-74。从图 2-74 可见，聚合物特性黏数随引发剂用量的增加而增大，显示明显的凝胶效应。当引发剂用量大于 0.8% 时，自由基数目多，聚合速率快，使聚合反应体系初始黏度上升很快，凝胶效应导致聚合体系很快出现爬杆效应，且有不溶物产生。这是由于初始引发剂质量分数高，链自由基寿命延长，聚合速率急剧增大而引起聚合物链的支化与交联。聚合物特性黏数在引发剂用量 0.5% ~0.8% 时，有非常显著的变化，而当引发剂用量为 0.1% ~0.5% 时，变化却不太明显，这是由于聚合反应体系初始黏度增大的程度不同所致，引发剂质量分数高，初始聚合反应速率快，聚合体系初始黏度升高显著，因而对由扩散控制的自由基终止产生的影响也大。相对分子质量分布

随着引发剂用量的增加而明显增加，凝胶效应变得非常显著。当引发剂用量0.5%时BA的转化率接近100%。

从以上对BA的聚合研究可看出，在BA质量分数及引发剂用量都比较高的条件下，BA的聚合过程中出现显著的凝胶效应。选择合适的聚合条件可以控制所得聚合物的相对分子质量及相对分子质量分布，提高聚合物对原油降凝降黏作用效果。

二、聚丙烯酸高碳醇酯及改性产物

研究表明，聚丙烯酸十六醇酯作为防蜡剂，其防蜡率可达到79.3%。通过添加交联剂合成的网状聚丙烯酸高碳醇酯，尤其是交联的聚丙烯酸十六醇酯作为防蜡剂，在交联剂用量为2%时，防蜡效果最好，防蜡率可达88.4%[69]。

（一）合成方法

1. 丙烯酸高碳醇酯的合成

在三口烧瓶中分别加入高碳醇（十二醇或十四醇、十六醇、十八醇），加热使之完全融化，再加入1.2倍量的丙烯酸和质量分数为0.6%的阻聚剂和1%的催化剂，加热至110℃，反应6h。反应结束之后，冷却，加入乙酸乙酯，用饱和碳酸钠溶液洗涤至弱碱性，再用饱和氯化钠溶液洗至中性，分出有机层，加入无水氯化钙干燥，过滤，蒸去溶剂，得到丙烯酸高碳醇酯。

2. 聚丙烯酸高碳醇酯的合成

将丙烯酸高碳醇酯加入到三口烧瓶中（另加或者不加一定量的交联剂N，N′-亚甲基双丙烯酰胺），加甲苯溶解，再加入0.1%引发剂，搅拌下于60℃下回流反应4h，冷却至室温，蒸去溶剂，得到聚丙烯酸高碳醇酯。

（二）影响聚丙烯酸高碳醇酯防蜡性能的因素

单体中高碳醇的碳链长度是影响防蜡效果的基本因素。选择不同单体聚合得到的防蜡剂，固定加量为150mg/L时，评价其防蜡效果，结果见图2-75。由图2-75可看出，在聚丙烯酸十二醇酯（PAD），聚丙烯酸十四醇（PAT），聚丙烯酸十六醇酯（PAH），聚丙烯酸十八醇酯（PAO）四种聚丙烯酸酯中，以聚丙烯酸十六醇酯（PAH）的防蜡效果最好，为74.5%。因此，重点围绕聚丙烯酸十六醇酯的合成进行讨论。

在烯类单体的自由基聚合反应中，反应温度主要影响引发剂的分解速率。反应温度越低，引发剂分解速率越慢，生成的聚合物相对分子质量越大。而聚合物的相对分子质量与其防蜡效果存在一定的关系。反应温度从50~90℃变化时，随着温度的增加，产物的防蜡效果先略有增加，后呈现降低趋势，实验表明，当反应时间为6h时，反应温度60℃下所合成的聚丙烯酸十六醇酯作为防蜡剂防蜡率最高。当聚合反应温度为60℃时，随着反应时间的延长，所得聚丙烯酸十六醇酯的防蜡率逐步提高，当反应时间达到4h后，聚合物的防蜡率变化不大（在76%左右），因此，反应时间4h即可。

就聚丙烯酸十六醇酯的防蜡效果而言，随着防蜡剂用量增大，防蜡率明显增大，当防蜡剂用量为150mg/L时，防蜡率达到79.3%。继续增加防蜡剂用量，防蜡率基本不变化，防蜡剂最佳的用量为150mg/L。低用量下防蜡率低的原因是防蜡剂量少时，不足以有效分散蜡晶，在发挥共晶作用以前，已有大量的蜡晶析出，只能采用吸附来分散蜡晶，所起的作用必然很有限，所以影响了防蜡效果。

用N，N′-二亚甲基丙烯酰胺作为交联剂，可以合成网状结构的聚合物，网状结构有利于阻止石蜡分子间连接成凝胶或聚结成块，从而阻止蜡的沉积。采用1%的交联剂合成的交联聚丙烯酸高碳醇酯的防蜡效果见图2-76。从图2-76可见，与未添加交联剂的聚丙烯酸高碳醇酯相比，其防蜡率有不同程度的增加，在交联聚丙烯酸十二醇酯（CPAD）、交联的聚丙烯酸十四醇脂（CPAT）、交联的聚丙烯酸十六醇酯（CPAH）、交联的聚丙烯酸十八醇酯（CPAO）中，以交联的聚丙烯酸十六醇酯防蜡效果最好，达到82.4%。

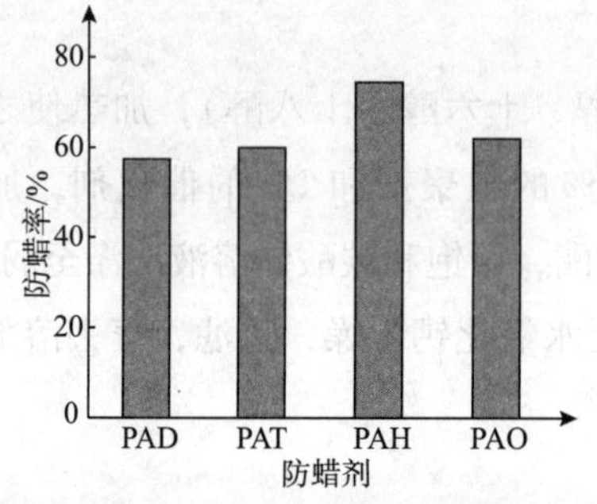

图2-75 不同防蜡剂的防蜡效果

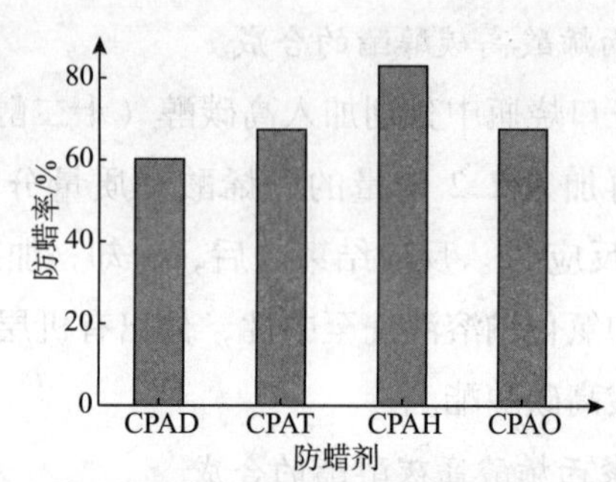

图2-76 不同交联聚丙烯酸高碳酯的防蜡效果

由于交联剂的用量决定了网状结构的网孔大小，显然也会影响蜡的沉积效果，如图2-77所示，当加入的交联剂用量（交联剂的加量占总物质量的百分数）为2%时，防蜡效果最好，达到88.4%；用量过大或者偏小都会导致防蜡效果减弱，这可能是由于当交联剂用量为2%时，所形成的网状结构适于石蜡在网上析出，其长链导致了疏松、呈树枝状的结晶堆砌体，阻止了蜡的沉积。用量过大时，可能会导致结晶堆砌密集，难以阻止蜡的沉积。

还有研究认为[70]，当侧链碳原子数等于26时PA防蜡剂效果较好，引入含氮的极性基团会改善防蜡剂的防蜡效果，而且当极性基团的摩尔分数为25%时防蜡剂的防蜡效果最好。平均相对分子质量相近的聚丙烯酸高碳醇酯（PA）防蜡剂的侧链碳原子数对原油防蜡性能的影响见图2-78，其中PA的质量分数为0.2%。从图2-78看出，在一系列PA防蜡剂中以PA-26的防蜡效果最好，PA-28稍差。通过气相色谱分析，原油中蜡的平均碳原子数为22。PA防蜡剂之所以具有防蜡的作用是由于烷基链的碳原子与原油中蜡分子发生共晶作用，改变蜡的结晶过程，防蜡剂在蜡晶表面形成极性点，使原油中的蜡晶体不能长大，形成大的晶体而沉淀析出。由于极性基团的影响，PA防蜡剂上烷基链的碳原子靠近极性基团的2~4个碳原子也具有极性，这部分碳原子不能参与结晶。对于烷基链的长度太短（碳原子数小于18）的PA防蜡剂，由于极性基团的影响，能够参与共晶作用的碳链太短，对蜡晶生长发育过程的干扰作用较小，因此其防蜡效果较差。

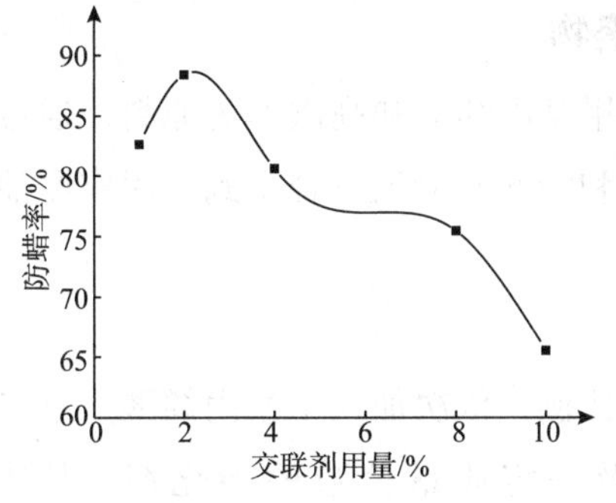

图 2-77 交联剂加量对防蜡效果的影响

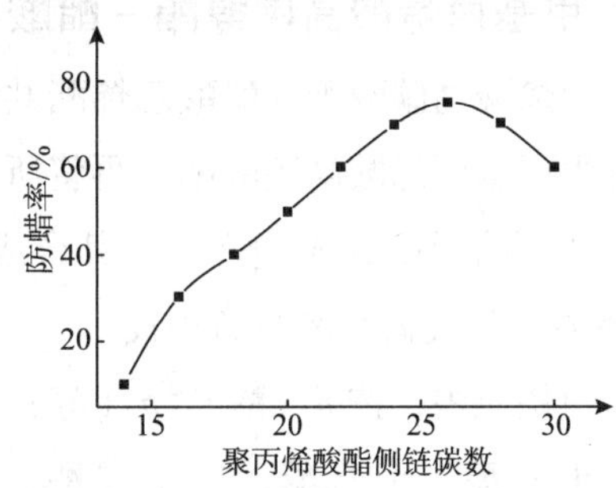

图 2-78 聚丙烯酸酯侧链长度对防蜡效果的影响

而烷基链过长时，在同样剂量下 PA 侧链上的碳原子数过多，防蜡剂的浓度相对小，导致防蜡效果下降；另一方面，侧链太长，大大减弱了防蜡剂的极性基团的作用，这与低密度聚乙烯的防蜡机制相似。因此，PA－28 的防蜡效果不如 PA－26 防蜡剂的防蜡效果好。

由于极性基团的影响，只有聚丙烯酸酯防蜡剂的侧链上碳原子数大于原油中蜡的平均碳原子数 2～4 时，聚丙烯酸酯的防蜡效果最好。当给定某种原油时，根据这个规律可以寻找出防蜡效果最好的防蜡剂，这对于指导现场应用具有重要意义。

以 PA－26 为例，平均相对分子质量对 PA 防蜡剂的防蜡效率的影响见图 2-79。从图 2-79 看出，当平均相对分子质量在 1×10^4～4×10^4范围内时，PA－26 对原油具有明显的防蜡效果；平均相对分子质量为 1.5×10^4时，防蜡效率最高，可以达到 80%。

防蜡剂的平均相对相对分子质量过低，聚丙烯酸酯分子在原油体系中溶解性能较好，与蜡发生共晶作用能力较差；平均相对相对分子质量太高，超过 4×10^4时，聚丙烯酸酯在原油体系中的溶解能力变差，使得 PA 防蜡剂与蜡共晶作用能力较差，蜡晶表面电位变小，防蜡剂的防蜡效果变差。因此，PA 平均相对分子质量的最佳区间为（1～4）$\times10^4$。

研究表明，在聚丙烯酸酯分子中引入适量的的极性基团可以提高防蜡效果。以含氮极性聚合物 PA－N 防蜡剂为例，极性基团摩尔分数对原油防蜡性能的影响见图 2-80（其中 PA－N 防蜡剂的质量分数为 0.2%）。从图 2-80 可以看出，随着极性基团含量的增加，防蜡效率增加。在极性基团摩尔分数为 25% 时，防蜡剂的防蜡效率最高。极性基团含量继续增加，防蜡效果降低，甚至比没有改性的 PA 防蜡剂效果还差。

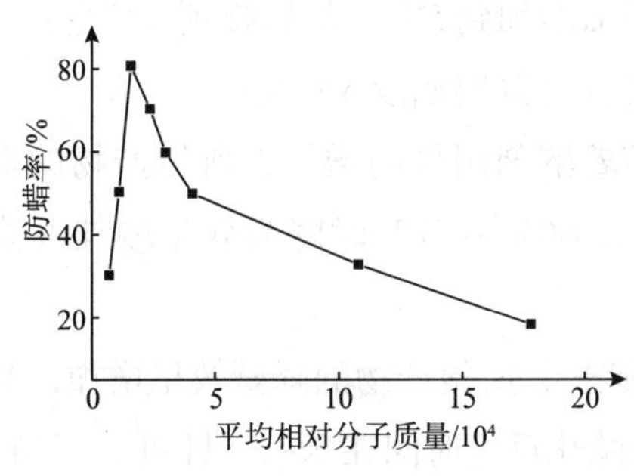

图 2-79 相对分子质量对防蜡效果的影响

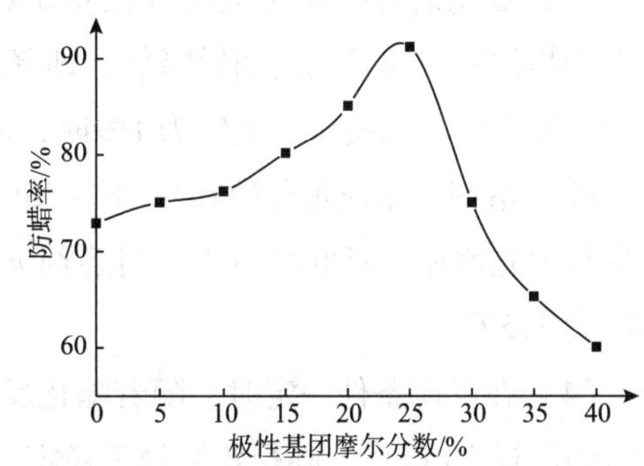

图 2-80 极性基团摩尔分数对防蜡效果的影响

三、甲基丙烯酸高碳醇酯－醋酸乙烯酯共聚物

甲基丙烯酸高碳醇酯－醋酸乙烯酯共聚物，是以甲基丙烯酸和高碳醇为原料，通过酯化反应制得甲基丙烯酸高碳醇酯，再将所得高碳醇酯和醋酸乙烯酯聚合得到，用作原油降凝剂，可使原油凝点明显下降[71]。其合成过程如下。

1. 甲基丙烯酸高碳醇酯的合成

在三口烧瓶中，按 n（酸）∶n（醇）＝1.2∶1 的比例，依次加入甲基丙烯酸、十二至十四醇、十六醇、十八醇、二十二醇、二十四醇及一定质量分数的催化剂，其中 n（$C_{12\sim14}$）∶n（C_{16}）∶n（C_{18}）∶n（C_{22}）∶n（C_{24}）＝9∶7.9∶7.7∶5∶4.1，以 w（甲苯）＝50% 为溶剂兼携水剂。在反应开始时，先进行预热，使反应物充分的混合及溶解，待溶液澄清时，继续升高温度，直至溶液沸腾，待出水量接近理论值时结束反应，得到甲基丙烯酸高碳醇酯。

2. 甲基丙烯酸高碳醇酯－醋酸乙烯酯共聚物的合成

将醋酸乙烯酯和甲基丙烯酸高碳醇酯按照物质的量比为 3∶7 的比例，加入到反应瓶中，加热到反应温度，分两次加入 0.75% 的引发剂 BPO，在 70℃ 下聚合反应 4h，聚合反应结束后，减压抽滤除去溶剂，所得产物经洗涤、抽滤、干燥，得甲基丙烯酸混合酯－醋酸乙烯酯聚合物产品。

在酯化和聚合反应中，反应物料比、催化剂量、溶剂量及反应时间是影响反应的关键因素，从而影响共聚物对原油的降凝效果。研究表明，在甲基丙烯酸高碳醇的合成中，酯化条件会影响聚合物降凝效果。以辽河原油为测试对象，当降凝剂加量 0.65%，酯化反应中催化剂用量 1%、溶剂用量 50%（以反应物总质量计），n（酸）∶n（醇）＝1∶1、反应时间为 2h 时，酸醇物质的量比、催化剂用量、溶剂用量及酯化时间对共聚物降凝效果的影响情况如下。

（1）在 n（酸）∶n（醇）处于 1～2 之间时，随着 n（酸）∶n（醇）的增加所得产物的降凝效果先增加后降低，即凝点降幅从 5℃ 增加到 7℃，又降至 4℃ 左右，在实验条件下，n（酸）∶n（醇）＝1.2 时降凝效果最佳（降凝幅度 7℃ 左右）。

（2）催化剂对甲苯磺酸用量在 0.5%～2.5% 范围变化时，随着催化剂用量的增加，所得产物的降凝效果先增加后降低，即降凝幅度由 3℃ 增加到 5℃，最后降到 2℃ 左右，在实验条件下催化剂质量分数约为 1% 时，降凝效果最佳（降凝幅度 5℃ 左右）。

（3）溶剂甲苯质量分数在 42%～58% 之间，随着溶剂用量的增加，所得产物的降凝效果呈现先增加后降低的趋势，当溶剂 w（甲苯）在 46%～51% 时降凝效果较佳（降凝幅度大于 5℃）。

（4）在反应条件一定时，随着酯化反应时间的延长，所得产物的降凝效果增加，当酯化时间超过 2h 以后，降凝效果趋于稳定，一般控制酯化反应时间在 2～3h 即可。

在聚合反应中，聚合反应条件也对聚合物降凝效果有很大的影响。原料配比和反应条

件一定时，以辽河原油为测试对象，当引发剂 BPO 用量为1%，聚合温度为75℃，聚合时间为3h，醋酸乙烯酯质量分数为30%时，引发剂用量、聚合温度、聚合时间、醋酸乙烯酯用量对共聚物降凝效果的影响情况如下。

（1）醋酸乙烯酯质量分数在20%～50%范围内，随着醋酸乙烯酯用量的增加产物的降凝效果大幅度提高，当醋酸乙烯酯质量分数达到30%时，再增加其用量降凝效果反而降低，实验表明，醋酸乙烯酯质量分数达到30%时所得产物降凝效果最佳。

（2）引发剂用量在0.5%～2%之间变化，所得产物的降凝效果呈现先增加后降低的趋势，当 BPO 用量为0.75%时凝点降幅达到最大值，即最佳的引发剂用量为0.75%。

（3）随着聚合时间的增加，所得产物的降凝效果先增加，当达到4h后降凝效果趋于平稳，最后出现降低。考虑到能耗原因，最佳聚合时间以4h最佳；聚合温度在60～70℃内，降凝效果随聚合温度的升高而增大，当聚合温度高于70℃后反而逐渐减小，这说明聚合温度过低或过高都会对共聚物的降凝效果起负影响，聚合温度在70℃时最佳。

四、EVA－丙烯酸酯接枝共聚物

以聚乙烯－醋酸乙烯酯与丙烯酸酯接枝共聚合成的聚丙烯酸酯 SDG－6 双功能处理剂，用于原油降凝剂，对凝点40℃左右、黏度10000mPa·s以下的原油降凝率达70%，降黏率达95%以上，表现出良好的降黏降凝效果。其制备方法如下[72]。

（1）丙烯酸脂肪醇酯的制备。将十六醇、十八醇、二十二醇按一定的质量比混合，加到三口烧瓶中，再加入溶剂甲苯，加热到70℃溶解完全，再依次加入阻聚剂、丙烯酸、催化剂开始加热回流反应2.5左右，加上分水器继续缓慢升温反应约3～5h，温度不超过160℃，制得丙烯酸酯的甲苯溶液，降温至70℃。将所制备的丙烯酸酯水洗中和后，加入甲苯进行萃取，将上层棕黄色溶液倒入盛有无水块状 $CaCl_2$ 的烧杯中静置过夜。将丙烯酸酯甲苯溶液蒸馏回收甲苯，同时得丙烯酸酯，产率85.8%以上。

（2）接枝共聚丙烯酸酯。在 N_2 保护下，将 EVA（熔融指数2.8）用甲苯加热溶解完全，加入丙烯酸酯（简称酯）和带有极性基团的物质，升温至80℃，混合10min，逐渐滴加引发剂，90℃恒温约12h。降温至50℃，经甲醇沉降后，抽滤、干燥得浅棕黄色固体处理剂，产率为98%。

通过正交实验，得到最佳配方和合成条件，即 m（十六醇酯）∶m（十八醇酯）∶m（二十二醇酯）＝1∶2.1∶1、m（EVA）∶m（酯）＝1∶4.8，反应温度85℃，反应时间10h。

需要强调的是丙烯酸脂肪醇酯制备过程，要密封性好，防止甲苯、水、酸从搅拌套中漏出。反应初期，甲苯、水、丙烯酸易形成共沸物，将酸带出，故先回流反应2～3.5h，再加上分水器，促进酯的进一步生成。加入的酸不可过多，由于原料比较纯，计算加量关系时较准确，酸不易过多，否则反应有其他聚合物生成，这从萃取过程中可以看出。萃取过程中 NaCl 溶液的加入可提高酯的收率，但要注意以下两点：NaCl 溶液温度不要超过

70℃；只有在水洗分层困难时才加入，分层明显后用水洗即可，否则酯层易浑浊，分层较慢。

EVA 接枝共聚丙烯酸酯，由于极性基团的引入使产品对原油的感受性强，降凝降黏效果明显。合成的关键在于酯与 EVA 的比例要适中、要有一定量的极性基团物质，使所合成的双功能处理剂与原油相匹配，以达到较好的预期效果。

参考文献

[1] 张会宜，孙晓然. 合成条件对聚丙烯酸钠相对分子质量的影响 [J]. 河北化工，2007，30 (6)：13 – 15.

[2] 黄良仙，安秋凤，丁红梅，等. 亚硫酸氢钠作链转移剂合成低分子量聚丙烯酸钠 [J]. 化学研究，2005，16 (2)：35 – 37.

[3] 韩慧芳，崔英德，蔡立彬. 聚丙烯酸钠的合成及应用 [J]. 日用化学工业，2003，33 (1)：36 – 39.

[4] 李先红，李国栋，赵燕萍. 超声波辅助合成低分子量聚丙烯酸钠 [J]. 化学研究与应用，2007，19 (4)：450 – 453.

[5] 彭晓宏，沈家瑞. 丙烯酸钠 – 4 – 乙烯基吡啶共聚物的制备及结构表征 [J]. 高分子材料科学与工程，2000，16 (4)：43 – 43.

[6] 金玉顺，牛艳丰，李荣. 聚（丙烯酸钠 – 4 – 乙烯基吡啶）的表征 [J]. 河南化工，2003 (9)：12 – 14.

[7] 彭晓宏，沈家瑞. 聚（丙烯酸钠 – 4 – 乙烯基吡啶）的生物降解性和功能性研究 [J]. 高等学校化学学报，1999，20 (9)：1466 – 1469.

[8] 王中华. AMPS/AA 共聚物泥浆降粘剂的合成 [J]. 精细石油化工，1994 (3)：25 – 27.

[9] 庄玉伟，郭辉，张国宝，等. AA/AMPS/DMDAAC 三元共聚物阻垢分散剂的合成与性能研究 [J]. 河南科学，2013，31 (12)：2140 – 2142.

[10] 秦晓辉，张子强. 低相对分子质量聚丙烯酸钠的制备和应用 [J]. 沈阳理工大学学报，2002，21 (4)：88 – 92.

[11] 余学军，徐丹，刘明，等. 速溶高分子量聚丙烯酸钠的合成研究 [J]. 化学世界，1999，40 (6)：310 – 312.

[12] 刘艳丽，王少鹏，赵国欣，等. 高分子量聚丙烯酸钠的合成工艺研究 [J]. 中州大学学报，2011，28 (2)：124 – 125.

[13] 曹文仲，王磊，段勇华. IsoparM 丙烯酸钠反相乳液聚合及其稳定性 [J]. 石油化工，2013，42 (4)：388 – 392.

[14] 张跃华，顾学芳，王南平. 反相乳液法合成高分子量聚丙烯酸钠 [J]. 精细石油化工进展，2008，9 (1)：45 – 48.

[15] 陈双玲，赵京波，刘涛，等. 反相乳液聚合制备聚丙烯酸钠 [J]. 石油化工，2002，31 (5)：361 – 364.

[16] 杨玉峰. 反相乳液聚合法合成高分子量聚丙烯酸钠 [J]. 化学研究，2005，16 (2)：63 – 65.

[17] 邹胜林，陈雪萍，黄志明，等. 反相悬浮法合成高分子量聚丙烯酸钠［J］. 化学反应工程与工艺，2002，18（4）：294－298.

[18] 赵春风，刘昆元，韩淑珍. 反相悬浮聚合法合成超高分子量聚丙烯酸钠［J］. 北京化工大学学报：自然科学版，2002，29（1）：51－55.

[19] 任绍梅. 合成条件对 AMPS 共聚物耐温抗盐性能的影响［J］. 辽宁石油化工大学学报，2007，27（4）：1－4.

[20] 方松春. 丙烯酰胺与丙烯酸共聚物泥浆处理剂 80A51 的合成与性能［J］. 钻井液与完井液，1986，3（1）：60－67.

[21] 赵彦生，沈敬之，李万捷. 丙烯酞胺－丙烯酸共聚合反应的研究［J］. 太原工业大学学报，1994，25（2）：81－84.

[22] 慕朝，赵如松. 丙烯酸钠与丙烯酰胺共聚反应研究［J］. 石油化工，2003，32（9）：767－770.

[23] 蒋家巧，赵殊. 水溶性超高分子量聚丙烯酰胺/丙烯酸的研制及竞聚［J］. 应用化工，2013，42（12）：2151－2154.

[24] 尚宏鑫，曹亚峰，张春芳，等. 铜络合物催化体系下丙烯酰胺－丙烯酸控制聚合反应研究［J］. 大连工业大学学报，2010，29（3）：190－193

[25] 王锟，周诗彪. 丙烯酸－丙烯酰胺氧化还原体系的反相乳液聚合［J］. 化工中间体，2009，（12）：49－53.

[26] 赵明，李鸿洲，张鹏云，等. 反相乳液聚合制备丙烯酰胺－丙烯酸铵共聚物［J］. 石油化工，2008，37（2）：153－156.

[27] 彭双磊，刘卫红，冯雪，等. AA/AM 反相微乳液的合成及性能研究［J］. 广州化工，2013，41（4）：57－59.

[28] 王孟，刘芝芳. 丙烯酰胺－丙烯酸钠共聚合竞聚率的测定［J］. 南华大学学报（自然科学版），2006，20（1）：93－95.

[29] 崔林艳，刘春秀，章悦庭. 丙烯酰胺反相微乳液共聚物相对分子质量的研究［J］. 金山油化纤，2004，23（4）：7－10.

[30] 孙先长. 丙烯酸－丙烯酰胺－丙烯酰氧乙基三甲基氯化铵钻井液降滤失剂合成及其性能的研究［D］. 成都理工大学硕士学位论文，2011.

[31] 彭晓宏，盘思伟，沈家瑞. 氧化还原引发体系对 DMC/AM/AA 三元水溶液共聚合的影响［J］. 石油化工. 1999，28（8）：543－546.

[32] 何普武，朱丽丽，高庆，等. 两性反相乳液的合成与表征［J］. 胶体与聚合物，2009，27（2）：5－7.

[33] 彭晓宏，彭晓春，蒋永华. 反相乳液共聚合制备两性丙烯酰胺共聚物的研究［J］. 高分子学报，2007，（1）：26－30.

[34] 刘伯林，刘明华，黄荣华. 驱油用 AM－VP－AMPS 共聚物的合成及性能研究［J］. 精细石油化工，1999，（4）：1－5.

[35] 彭芸欣，罗跃，陈利平. 吸水膨胀型聚合物堵漏剂的合成与评价［J］. 当代化工，2009，38（6）：563－565，569.

[36] 严君凤. 新型堵漏材料的合成［J］. 钻井液与完井液，1998，15（1）：42－44.

[37] 鲜明，贾朝霞，康力. 一种吸水树脂堵漏剂的制备与性能研究［J］. 广东化工，2007，34（12）：11－13，17.

[38] 景艳，张士诚，吕鑫. 预交联聚合物/黏土复合物吸水膨胀颗粒流向改变剂 LJ－1 的研制［J］. 油田化学，2005，22（4），354－357.

[39] 景艳，吕鑫，蒲万芬. 新型延缓交联剂 L－2 的研制 J］. 断块油气田，2004，(3)：82－84.

[40] 王中华. 钻井液及处理剂新论［M］. 北京：中国石化出版社，2016.

[41] 王中华. 钻井液处理剂实用手册［M］. 北京：中国石化出版社，2016.

[42] 王中华. 钻井液降滤失剂 A－903 的合成及应用［J］. 钻井液与完井液，1993，10（3）：43－46.

[43] 王中华. 聚丙烯酸钙生产新工艺［J］. 河南化工，1990（9）：21－24.

[44] 杨小华，王中华. AM/AA/DMDAAC 三元共聚物的合成及性能［J］. 精细石油化工进展，2002，3（3）：32－34.

[45] 王中华. APDAC/AM/AA 三元共聚物的合成与性能［J］. 油田化学，1993，10（4）：291－295.

[46] 王中华. HMOPTA/AM/AA 具阳离子型共聚物泥浆降滤失剂的合成［J］. 石油与天然气化工，1995，24（1）：23－25，27.

[47] 王中华. 钻井液降失水剂 A95—1 的研制［J］. 石油与天然气化工，1996，25（4）：229－230.

[48] 王中华. MPTMA/AA/AM 共聚物防塌降滤失剂的合成［J］. 精细石油化工，1995（5）：19－22.

[49] 王中华. AM/AA/DMA 共聚物泥浆降滤失剂的合成［J］. 精细石油化工，1996（4）：1－2.

[50] 孙举，魏军，王中华. AEDMAC/AM/AA 三元共聚物抑制性钻井液降滤失剂的合成［J］. 石油与天然气化工，1999，28（1）：47－48.

[51] 王中华. MOTAC/AA/AM 共聚物泥浆降滤失剂［J］. 油田化学，1996，13（4）：369－370.

[52] 王中华. AM－MAA－DMDAAC 共聚物的合成与性能［J］. 化工科技，2001，9（1）：15－18.

[53] 王中华. 聚合物凝胶堵漏剂的研究与应用进展［J］. 精细与专用化学品，2011，19（6）：33－38.

[54] 赖小林，王中华，郭建华，等. 吸水材料在石油钻井堵漏中的应用［J］. 精细石油化工进展，2010，11（2）：17－21.

[55] 周亚贤，郭建华，王同军，等. 一种耐温抗盐预交联凝胶颗粒及其应用［J］. 油田化学，2007，24（1）：75－78.

[56] 李旭东，郭建华，王依建，等. 凝胶承压堵漏技术在普光地区的应用［J］. 钻井液与完井液，2008，25（1）：53－56.

[57] 赖小林，王中华，邓华江，等. 双网络吸水树脂堵漏剂的研制［J］. 石油钻探技术，2011，39（4）：29－33.

[58] 张新民，聂勋勇，王平全，等. 特种凝胶在钻井堵漏中的应用［J］. 钻井液与完井液，2007，24（5）：83－84.

[59] 姚晓，马喜平，王益锋，等. XS－Ⅰ型油井水泥降失水剂的研制及其机理分析［J］. 油田化学，1986，3（2）：92－97.

[60] 张德润，刘群英. LW－1 型油井水泥降失水剂［J］. 油田化学，1986，3（1）：1－7.

[61] 温虹，王伟山，郑柏存. AMPS/NNDMA 共聚物和聚羧酸系分散剂在油井水泥中的性能研究［J］. 混凝土与水泥制品，2016（4）：17－20.

[62] 张光华，屈倩倩，朱军峰，等. SAS/MAA/MPEGMAA 聚羧酸盐分散剂的制备与性能［J］. 化工学

报，2014，65（8）：3290－3297.

[63] 彭通，覃孝平，路海伟，等. 吸附型选择性堵水剂的合成及性能 [J]. 石油化工，2016，45（6）：735－739.

[64] 蒋明康，郭丽梅，刘宏魏. 丙烯酸类共聚原油破乳剂的制备 [J]. 精细石油化工，2007，24（6）：58－62.

[65] 郭睿，张菲，王二蒙，等. 二元共聚物稠油破乳剂的合成 [J]. 精细石油化工，2015，32（1）：26－29.

[66] 侯丹丹，徐伟，梁泽生. 一种新型破乳剂的合成及其破乳性能的评价 [J]. 化工新型材料，2010，38（8）：125－127.

[67] 宋昭峥，葛际江，赵密福，等. 聚丙烯酸酯结构与降凝的关系 [J]. 石油学报：石油加工，2004，20（1）：29－34.

[68] 杨云松，戚国荣，彭红云，等. 聚丙烯酸二十二酯的合成及其降凝降粘作用 [J]. 石油学报（石油加工），2001，17（5）：60－65.

[69] 陈刚，汤颖，邓强，等. 聚丙烯酸酯类防蜡剂的合成与性能研究 [J]. 石油与天然气化工，2010，39（2）：140－143.

[70] 张玉祥，宋昭峥. 油田井筒防蜡剂的合成与性能表征 [J]. 中国石油大学学报自然科学版，2011，35（3）：168－172.

[71] 尤明明，龙小柱，李妍，等. 甲基丙烯酸高碳醇酯－醋酸乙烯酯共聚物的合成及降凝作用的研究 [J]. 化工科技，2011，19（5）：16－19.

[72] 刘少杰，孙明宇，丁瑞财，等. 改性聚丙烯酸酯原油降凝降黏双功能处理剂的研究 [J]. 精细化工，2002，19（7）：378－380.

第三章 丙烯酰胺聚合物

聚丙烯酰胺（PAM）是丙烯酰胺（acrylamide，AM）及其衍生的均聚物和共聚物的统称，工业上将分子中含有50%以上AM结构单元的聚合物都看作聚丙烯酰胺。由于结构单元中含有酰胺基，易形成氢键，具有良好的水溶性和很高的化学活性，可发生酰胺的各种典型反应，通过这些反应可以获得多种功能性的衍生物，其相对分子质量有很宽的调节范围，随着相对分子质量的变化，主要作用有所不同。

PAM有胶体、分散液、乳液和干粉4种物理形态。胶体产品的有效含量非常低，产品的运输半径和使用范围受到很大限制，难以被大规模销售。分散液和乳液的有效含量为30%～50%。干粉的固含量可达90%以上，是有效成分最高的一种物理形态，也是油田及其他工业使用最多的一类PAM产品。

对于高相对分子质量的PAM，无论使用哪种形态的产品，都需要先将产品与水混合，制成低浓度的溶液或胶液后再添加到所用的体系中。产品形态并不直接影响产品的使用效果，但它决定产品的制备及使用方法。一般而言，干粉产品需要的设备最为复杂，涉及的设备投资也较大，但干粉产品易于运输和储存。

每种剂型中都有不同离子型产品，根据PAM大分子链上官能团在水溶液中的离解性质，可将其分为阴离子型、阳离子型、非离子型及两性离子型等。不同离子类型、不同基团组成和不同相对分子质量的产品在油田应用中有不同的侧重点。

本章结合油田用聚丙烯酰胺的特点，重点介绍聚丙烯酰胺、改性聚丙烯酰胺、水解聚丙烯酰胺和阳离子聚丙烯酰胺[1,2]。

第一节 聚丙烯酰胺

本节所述聚丙烯酰胺是指AM单体的均聚物，是最基本的油田用聚合物之一，在钻井、调剖堵水、压裂酸化、提高采收率、水处理等方面均有广泛的用途。

一、性质

（一）固体性质

由于PAM的应用主要基于其水溶液性质，因此一般对固体聚合物物性研究较少。固体PAM的物理性质见表3-1。

表3-1 固体聚丙烯酰胺的物理性质

项目	指标	项目	指标
密度（23℃）/（g/cm^3）	1.302	热分解气体	小于300℃，NH_3；大于300℃，H_2、CO、NH_3
表面张力/（mN/m）	35~40	溶剂	水、丙烯酸、醋酸、二甲基甲酰胺、吗啉
玻璃化温度/℃	188	θ溶剂	水:甲醇=59:41（体积比）
软化温度/℃	210	非溶剂	烃类、醇类、酯类、四氢呋喃
热失重/℃	初失重，290；失重70%，430；失重98%，550		

PAM固体在室温下是一坚硬的玻璃状聚合物，其固体的外观因制造方法而异。冷冻干燥分离的均聚物为白色松散的非晶固体，由溶液沉淀得到的是玻璃状的半透明固体，浇铸在玻璃板上可得到透明、坚硬、易碎的的薄片。完全干燥的PAM是脆性的白色固体，由于PAM分子链上含有酰胺基，有些还有离子基团，显著特点是亲水性强，使其干燥时具有强烈的水分保留性，干燥的PAM又具有强烈的吸水性，且吸水率随衍生物的离子性增加而增强，PAM可以通过用甲醇、乙醇或丙酮从水溶液沉析出来的方法而纯化。商品PAM干粉通常是在适度的条件下干燥的，一般含水5%~15%。PAM最普通的是粉粒产品，在制造时适量添加一些无机盐、尿素和表面活性剂等，能减弱PAM分子间的缔合，防止结团。PAM不溶于大多数有机溶剂，只溶于一般有机酸、多元醇和含氮化合物，但这些有机溶剂的溶解性有限，往往需要加热，无多大应用价值。水是其最好的溶剂，PAM能溶于水，配成各种质量分数的溶液或胶体。提高溶解温度可促进溶解，但为防止降解或发生其他反应，一般不宜超过50℃。

（二）水溶液的性质

PAM能以任意比例溶于水，溶解不受温度影响，其水溶液为均一清澈的高黏度液体。在适宜的低浓度下，聚合物溶液可视为网状结构，链间机械的缠结和氢键共同形成网状节点；浓度较高时，由于溶液含有许多链-链接触点，使得PAM溶液呈凝胶状。PAM水溶液与许多能和水互溶的有机物有很好的相容性，对电解质也有很好的相容性，对氯化铵、硫酸钙、硫酸铜、氢氧化钾、碳酸钠、硼酸钠、硝酸钠、磷酸钠、硫酸钠、氯化锌、硼酸及磷酸等物质不敏感[3]。

PAM水溶液的黏度不仅与相对分子质量、浓度、温度有关，而且还受pH值、水解度及含盐量等因素影响。在一定温度下，黏度随PAM相对分子质量和浓度的增加而增加，近似可成对数关系，对高相对分子质量的PAM而言，即使百分之几的质量分数，其溶液已相当黏稠。相对分子质量一定时，溶液黏度随着浓度的增加而快速升高，且高相对分子质量的溶液黏度的升高幅度大于低相对分子质量者，该现象可以从图3-1看出。升高温度能降低黏度但不显著，通常PAM水溶液黏度随着温度的升高而降低，在高浓度下溶液黏度随温度的升高而降低的幅度比低浓度时小，见图 3-2（RVT 布氏黏度计，1 号转子，20r/min）。这与高浓度下相互靠近、缠绕的大分子无规线团不易疏离，且流动阻力大密切相关[4]。

水解度增加，黏度增大，无机盐的存在会使溶液黏度下降。pH 值的大小直接影响水解 PAM 分子中羧基的解离程度，进而影响分子在水中的伸展程度，使黏度发生变化。PAM 水溶液为假塑性流体，浓度稍高时机械缠绕足以影响黏度，其黏度随剪切速率增加而下降，这是由于在剪切作用下大分子链伸展，堆积密度降低的结果。

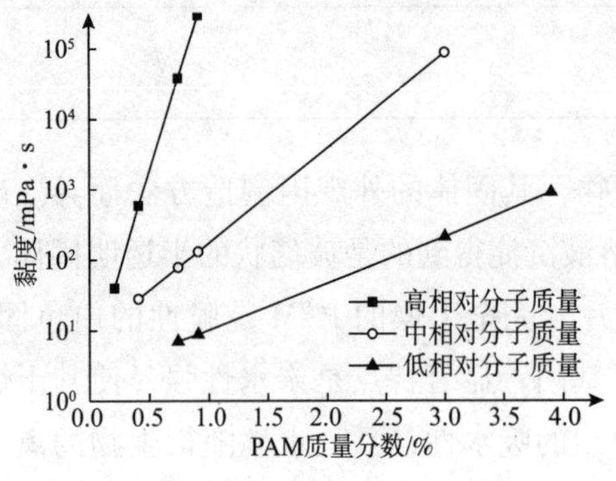

图 3-1　PAM 溶液黏度与浓度的关系

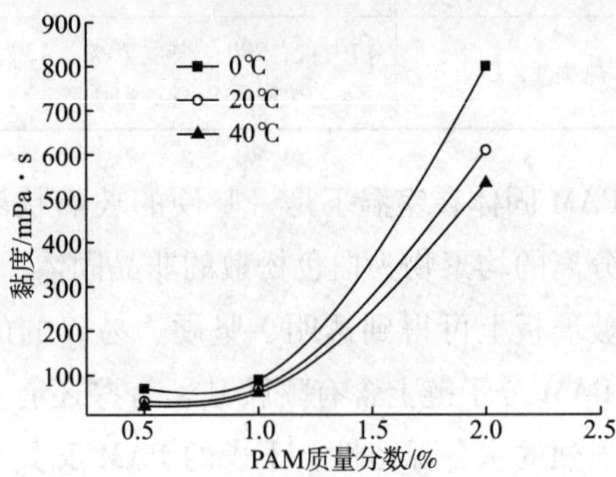

图 3-2　温度对 PAM 溶液黏度的影响

PAM 水溶液的稳定性能满足许多应用方面的要求，但会受物理应力和化学反应的影响，或因细微的链构象重排而使溶液在陈放数日或数周内，黏度越来越小，这一现象将会降低它的使用效能。所以在制造和贮运时，要细心控制条件，一般贮存温度不宜超过 50℃ 或更低的温度。其他因素包括剪切、光、超声波和加热都可使聚合物降解。

（三）化学性质

1. 水解反应

PAM 在 80～100℃碱性条件下，可以通过酰胺基的水解而转化为含有羧基的聚合物，这种聚合物和丙烯酰胺-丙烯酸钠共聚物的结构相似。

由于水解产物中还含有酰胺基团，这表示酰胺基并未完全水解，因此这种水解产物称为部分水解 PAM。工业生产中，常采用在 AM 聚合前的溶液中加进碱，或者在聚合后的 PAM 胶体中拌进碱制造部分水解的 PAM。用这种方法很容易得到水解度为 30%（物质的量分数）的阴离子 PAM 产品。但要制备高水解度（特别是 70% 以上）的阴离子 PAM 产品时，要用 AM 和丙烯酸钠共聚的方法。

需要强调的是聚丙烯酰胺的水解反应速率随反应的进行而增大，其原因是水解生成的羧基与邻近的未水解的酰胺基反应生成酸酐环状过渡态，从而促进了酰胺基中—NH_2的离去加速水解（活性提高）。

而聚丙烯酰胺在强碱条件下水解，当其中某个酰胺基邻近的基团都已转化为羧酸根后，由于进攻的—OH^-与高分子链上生成的—COO^-带相同电荷，相互排斥，因而难以与被进攻的酰胺基接触，不能再进一步水解，因而聚丙烯酰胺的水解程度一般在 70% 以下。

2. 交联反应

PAM与甲醛水溶液在酸性条件下共热可发生交联反应，分子间的酰胺基通过亚甲基而交联成不溶性凝胶。凝胶生成速率随PAM和甲醛的浓度及温度增加而增加，乙二醛、脲醛树脂、密胺树脂、酚醛树脂等均可与PAM发生交联反应。利用这一反应可以制备复合堵水剂、调剖剂，以及钻井堵漏等。

3. 羟甲基化反应

在碱性条件下，PAM水溶液与甲醛在40～60℃可发生羟甲基化反应。PAM和甲醛的羟甲基化反应在酸性和碱性条件下均可进行，在碱性条件（pH值8～10）时反应速率很快；而在酸性条件下反应进行得较慢。因为这时大多数甲醛都以链状形式存在，降低了其有效浓度。在高pH值下，上述反应在室温下也能进行，若加热到100℃以上则发生交联反应，生成不溶性凝胶。

4. 磺甲基化反应

PAM与亚硫酸氢钠和甲醛在碱性条件下反应，可在酰胺基上引入磺甲基生成阴离子衍生物——磺甲基化PAM。磺酸基的引入可以使产物应用于含高价金属离子的作业流体中。

5. 霍夫曼降解反应

PAM可与次卤酸盐（如次氯酸钠或次溴酸钠）在碱性条件下发生霍夫曼降解反应得到聚乙烯胺。利用该反应可以制备聚乙烯胺。关于聚乙烯胺在后面有关章节将详细介绍。

6. 胺甲基化反应

PAM与甲醛和胺在碱性条件下作用，通过曼尼奇反应可生成N－胺甲基化丙烯酰胺聚合物。所得产物分子链上具有阳离子基团，利用该反应，通过控制聚丙烯酰胺的相对分子质量及阳离子度，可以制备黏土防膨剂、絮凝剂等。

二、PAM制备方法

PAM是1893年由Moureu等人用丙烯酰氯与氨在低温下首次制得的，1954年美国率先实现工业化生产，我国则从20世纪60年代初开始PAM的工业生产，1962年上海天原化工厂建成我国第一套PAM生产装置，生产水溶胶产品。PAM及其衍生物都是通过AM的自由基聚合制成的均聚物或共聚物。主要方法如下[5]。

（一）水溶液聚合

水溶液聚合是PAM生产历史最久的方法，该方法在生产中既安全又经济，至今仍是PAM的主要生产技术。AM水溶液在适当的温度下，几乎可以使用所有的自由基引发方式进行聚合，聚合过程遵循一般自由基聚合反应的规律。工业上最常用的是引发剂的热分解引发和氧化还原引发，因引发剂种类的不同，聚合产物结构和相对分子质量有明显差异。

AM聚合反应放热量大，约82.8kJ/mol（1170kJ/kg），而PAM水溶液的黏度又很大，所以散热较困难。工业生产中根据产品性能和剂型要求，可采用低浓度（8%～12%），中浓度（20%～30%）或高浓度（>40%）聚合。一般PAM胶体采用低浓度AM水溶液在引发剂作用下直接聚合而得，PAM干粉则多用中浓度或高浓度AM溶液进行聚合。水溶液聚合法操作简单、环境污染少、聚合物产量高且易获得高相对分子质量的聚合产物。目前，水溶液聚合的研究已经比较深入，与本体聚合相比，溶液聚合的优点是：①有溶剂为传热介质，聚合温度容易控制；②体系中的聚合物浓度较低，容易消除自动加速现象；③聚合物相对分子质量较均一；④不易进行链自由基大分子转移而生成支化或交联的产物；⑤反应后物料也可以直接使用。但该法也存在一些缺点，如聚合溶液质量分数低；在制成干粉过程中，高温烘干和剪切作用又容易使高分子链降解和交联，使粉剂产品的溶解性、絮凝性等性能变差等。

（二）反相乳液聚合

反相乳液聚合是将单体的水溶液按一定比例加入到油相中，借助于油包水型乳化剂分散在油介质中，在引发剂作用下进行乳液聚合，所得产物是稳定的被水溶胀的聚合物微粒在油中的胶体分散体，W/O型胶乳，经共沸蒸馏脱水后可得到粉状PAM。反相乳液聚合体系包括水溶性AM单体、水溶性阳离子或阴离子功能单体、引发剂、W/O型乳化剂、水相、连续相和助剂等。

AM反相乳液聚合的动力学和所得聚合物的性质，取决于乳化剂及引发剂的种类及浓度、用作分散剂的溶剂的性质、温度以及搅拌速度。反相乳液聚合生产的PAM胶乳与水溶液聚合法生产的水溶胶产品和干粉产品相比较，胶乳的溶解速度快，相对分子质量高且分布窄，残余单体少，聚合反应过程中黏度小，聚合速率大，易散热也易控制，适宜大规模生产。但该法需大量有机溶剂，生产成本稍高，技术较复杂。

反相乳液聚合法制备的PAM反相乳液特别受到海上采油的重视，这是AM共聚物合成的一个方向。因为聚合时所需表面活性剂与单体之比高，以致于成本太高，使其工业化生产受到一定限制。若作业流体对乳化剂敏感时，则不能采用该方法。

（三）悬浮聚合法

悬浮聚合通常是采用强烈的搅拌将单体或单体混合物分散在介质中，成为细小的微粒再进行聚合。工艺关键在于分散相粒子尺寸的控制，决定粒子尺寸的因素主要是搅拌和分散稳定剂等。如在聚合过程中添加无机盐（如NaCl、Na_2CO_3）可调节体系的表面张力增加悬浮稳定性而对聚合过程影响不大，但加入少量一元、二元或多元羧酸盐，则通常可使产物相对分子质量增加，聚合速率下降，工业上可用悬浮聚合法生产粉状产品。

在悬浮聚合中，聚合反应在悬浮于水中的单体液滴内进行，所以本质上每颗液滴可认为是一个小的本体聚合反应器，所不同的是单体液滴很小，在水中分散得很好，比本体聚合易于排除聚合热。悬浮聚合工艺简单，聚合热易于排除，操作控制方便，聚合物易于分离、洗涤、干燥，产品也较纯净、均匀、稳定，且可直接用于加工成型。但是由于悬浮聚合中，要使用大量的有机溶剂，生产操作存在安全风险，有机溶剂的回收作业是悬浮聚合中的一个难题，而且聚合成本相对较高，所以悬浮聚合在国内还没有广泛采用。

（四）反相微乳液聚合

反相乳液聚合虽然有其优点，但仍存在产物的平均相对分子质量较低，乳胶的粒径分布宽且容易凝聚等不足，基于此人们从常规反相乳液聚合转向了反相微乳液聚合。微乳液是由油、水、乳化剂和助乳化剂组成的各相同性、热力学上稳定、透明或半透明胶体分散体系，其分散相尺寸为纳米级。与反相乳液聚合相比，反相微乳液聚合制备的乳液更稳定，胶乳粒径分布更均匀，产物相对分子质量高，透明性好，乳胶束粒径小，径分布窄，反应速率快等优点。反相微乳液聚合体系主要由单体水溶液、油相、乳化剂、引发剂四种基本组分组成，通过聚合得到油包水的聚物微粒。

（五）沉淀聚合法

在 AM 水溶液中加入有机溶剂，甚至完全是有机溶剂时，AM 可进行沉淀聚合。在该聚合反应过程中，PAM 一旦生成就沉淀析出，使反应体系出现两相，故叫沉淀聚合。沉淀聚合得到的聚合物相对分子质量较低，因为在聚合过程中所使用的有机溶剂，往往对 AM 的聚合有较强的的链转移作用，此外，当聚合物的分子链增长到一定长度后便沉淀出来，因而限制了分子链的进一步增长，但沉淀聚合生产的 PAM 相对分子质量分布窄，残余单体少，沉淀聚合体系黏度小，聚合热易散发，聚合物分离和干燥都比较容易。

分散聚合是一种特殊类型的沉淀聚合。它是由英国 ICI 公司于上世纪 70 年代初最先提出。其单体、稳定剂和引发剂都溶解在介质中，反应开始前为均相体系，但生成的聚合物不溶在介质中，聚合物链到达临界链长后，便从介质中沉淀出来。与沉淀聚合不同的是沉淀出来的聚合物链不是形成粉末状或块状的聚合物，而是聚集成小颗粒，它们借助于分散剂稳定地悬浮在介质中，形成类似于聚合物乳液的稳定分散体系。

（六）辐射聚合法

辐射聚合法属于本体聚合的一种，是指聚合体系只有单体和引发剂，而不加其他溶剂或稀释剂的聚合反应方法。AM 水溶液在辐射作用下进行聚合，在 30% 丙烯酰胺的水溶液中，加入乙二胺四乙酸二钠等添加剂，脱除氧气后用 Co60 源的 γ 射线辐射进行引发聚合，再经造粒、干燥、粉碎即得 PAM。辐射聚合的优点是消耗能量低，反应易控制，生产工艺简单，产品纯度高，缺点是难以获得高线型分子和高聚合率的产品，设备投资大，产品相对分子质量分布很宽，以 Co60 源的 γ 射线引发的 AM 水溶液辐射聚合已实现工业化，但规模很小，此法所得产品适用于沙漠改造。

（七）泡沫聚合法

泡沫聚合法是利用气体将聚合体系分隔成无数细小的泡沫，使聚合体系组分转化为泡沫液膜和连接多个液膜的“多面边界液胞”，反应单体在形成的特殊分散相中进行聚合的方法。

三、制备实例

下面结合具体实例介绍几种典型的聚丙烯酰胺的制备方法。

（一）水溶液聚合制备超高相对分子质量聚丙烯酰胺

水溶液聚合法是最常用的高相对分子质量的聚丙烯酰胺的制备方法，以超高相对分子质量聚丙烯酰胺为例，其制备过程为：先将计量的 AM，$NaCO_3$按一定配比加入聚合釜中，然后加入适量的水，搅拌溶解后加入 EDTA、异丙醇，并加入 NaOH，将溶液 pH 值整到一定值，通氮 60min，加氧化还原剂引发剂，继续通氮 15min 后静止聚合，6h 得凝胶状聚合产物，经造粒、干燥、粉碎得样品[6]。

在产品制备中，产品的性能对聚合反应条件具有强烈的依赖性，体系的 pH 值、单体浓度、链转移剂和引发剂用量等不同因素对聚合反应的影响情况见表 3-2～表 3-5。

在不同的 pH 值条件下反应，最终产品的相对分子质量有很大区别。如表 3-2 所示，随着体系 pH 值增大反应速度加快，产物的相对分子质量下降，溶解性好，这是因为在高 pH 值下，AM 生成氮氚三丙烯酰胺，这种物质在 AM 聚合反应中为潜在的还原剂，pH 值越高，氮氚三丙烯酰胺反应生成的量越多，反应速度加快，同时，其又是链转移剂，因此，反应体系中 pH 值越高，反应速度加快，同时相对分子质量下降，但溶解性有明显改善。

表 3-2　pH 值对反应的影响

pH 值	相对分子质量/10^4	聚合时间/h	水溶性
11.0	1683	9.0	差
12.0	2456	6.0	好
12.5	2016	5.2	好
13.0	1723	4.3	好

注：单体质量分数为 25%，引发温度为 15℃，链转移剂为 0.01%，引发剂为 0.03%。

如表 3-3 所示，在单体浓度低时，反应速度慢，相对分子质量低，但溶解性好，当单体浓度达到 30% 时，反应速度快，相对分子质量下降，溶解性变差。这是由于相对分子质量随单体浓度升高而增大，并随着引发速度的加快而减少，但浓度过高，聚合产生的热量不易散发，反应速度过快，使温度很快达到最高值而导致相对分子质量下降，同时浓度过高也容易造成分子间以碳自由基偶合交联，使产物中不溶物增多。为兼顾相对分子质量和溶解性，一般控制单体质量分数在 25% 左右。

表 3-3　单体质量分数对反应的影响

单体质量分数/%	相对分子质量/10^4	聚合时间/h	水溶性
20	1245	11	好
23	1637	8.3	好
25	2250	6	好
30	1615	4.5	差

注：引发温度为 15℃，pH 值 =12，链转移剂为 0.01%，引发剂为 0.03%。

聚丙烯酰胺相对分子质量与溶解性是一对矛盾体，要保证高相对分子质量和良好的溶解性，表面上看来很难做到，为防止聚合物分子间交联，加入链转移剂来改善产品溶解性，其结果是相对分子质量下降。但矛盾双方在一定的条件下可以互相转化，只要控制好链转移剂的加入的量，就可以得到高相对分子质量、溶解性好的产品。如表3-4所示，当链转移剂加量合适时，就可以得到相对分子质量高，且溶解性能好的产品。这可能是由于链转移剂改善了聚合物的水溶性，使一些微凝胶充分溶解，故增加有效量，相对分子质量加大；增强高分子PAM内的排斥力，使每个分子体积扩张，黏度增大，相对分子质量提高；增加高分子PAM之间的键力，使表观黏度增加而提高相对分子质量。

表3-4 链转移剂对反应的影响

链转移剂用量/%	相对分子质量/10^4	聚合时间/h	水溶性
0	1386	6	差
0.005	2250	6	较差
0.01	1834	6	好
0.02	1640	6	好

注：单体质量分数为25%，引发温度为15℃，pH值=12，引发剂为0.03%。

从表3-5可见，当引发剂用量达到0.04%时，反应速度快，所得产物的相对分子质量低；当引发剂用量为0.01%时，反应速度很慢，此时产物的相对分子质量较低，这是由于反应速度太慢，有一部分丙烯酰胺未反应，因而造成了相对分子质量低。显然，引发剂用量0.02%~0.03%时可以得到相对分子质量高且溶解性好的产物。

表3-5 引发剂用量对反应的影响

引发剂用量/%	相对分子质量/10^4	聚合时间/h	水溶性
0.01	1413	16	好
0.02	1837	6	好
0.03	2250	5	好
0.04	900	3	差

注：引发温度为15℃，pH值=12，单体质量分数为25%，链转移剂为0.01%。

有研究认为[7]，采用$K_2S_2O_8/NaHSO_3$引发体系，通过加入抗交联剂甲酸钠，也可以得到高相对分子质量的聚丙烯酰胺，其制备过程为：在烧杯中加入一定量的丙烯酰胺和蒸馏水，于20℃恒温下边搅拌边溶解，当丙烯酰胺全部溶解时，通入氮气以除去反应体系中的溶解氧，15min后，停止通氮气。加入引发剂$K_2S_2O_8/NaHSO_3$和抗交联剂甲酸钠，继续搅拌至黏度迅速增大时，停止搅拌，在室温下静置48h后得到胶状聚丙烯酰胺。

研究表明，单体浓度、引发剂用量、聚合物温度和甲酸钠用量对产物的相对分子质量和性能具有较强的影响，影响情况如下。

当单体质量分数为30%时，PAM的相对分子质量最大可以达到5.57×10^6，当单体浓度为40%时，PAM的相对分子质量最大可以达到1.492×10^7，当单体浓度为50%时，PAM相对分子质量最大可以达到9.38×10^6。显然，单体浓度对PAM相对分子质量的影响很大。且当单体质量分数为40%，引发剂用量为0.05%时，合成的PAM相对分子质量最高。可见，在合成条件下，单体质量分数40%，引发剂用量0.05%较为理想（图3－3）。

对丙烯酰胺的水溶液聚合反应而言，温度是影响聚合反应发生剧烈程度的重要因素。温度过低，聚合反应不发生，无法聚合形成PAM产品，而温度过高，聚合反应发生过于剧烈，不易形成长而伸展的分子链，导致PAM的相对分子质量过低。实验表明，当单体浓度为40%，引发剂用量为0.05%，抗交联剂用量为5×10^{-6}，温度为20℃时得到的PAM相对分子质量最高，可以达到1.91×10^{7}。随着温度的增加，相对分子质量呈现下降的趋势。而当引发温度为15℃时，聚合反应没有发生，没有得到需要的胶冻状PAM产品。实验条件下，引发温度以20℃最佳。

在丙烯酰胺聚合过程中加入抗交联剂可以减少反应过程中交联现象的发生，得到长而伸展的分子链，提高PAM的相对分子质量。如图3－4所示，加入甲酸钠可以提高产物的相对分子质量，当甲酸钠加入量为5×10^{-6}时，所得到产物的相对分子质量最高，之后有所降低，并趋于稳定。

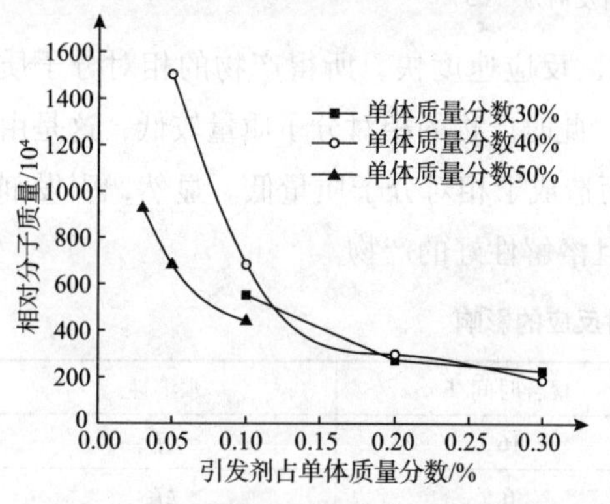

图3－3　单体质量分数、引发剂用量与相对分子质量的关系

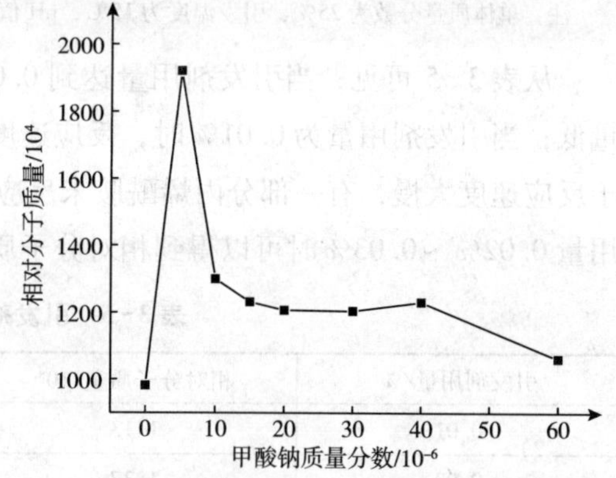

图3－4　抗交联剂甲酸钠用量对产物相对分子质量的影响

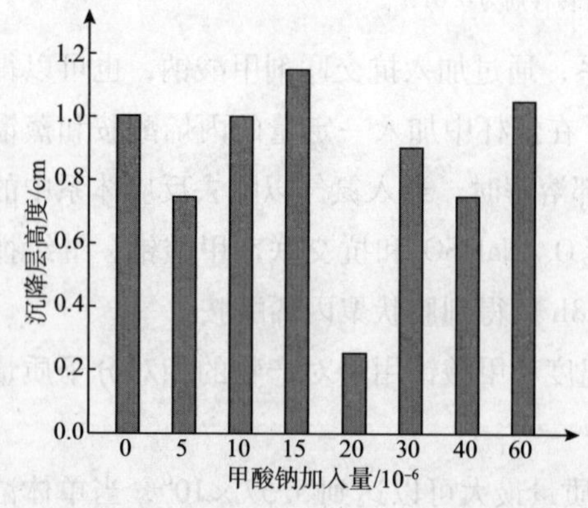

图3－5　甲酸钠加入量对产物絮凝能力的影响

当PAM用作絮凝剂时，抗交联剂不仅影响产物的相对分子质量，对产物絮凝效果也有一定影响，如图3－5所示（絮凝剂加量为35mg/100高岭土溶液），当甲酸钠用量为15×10^{-6}时的样品投加到高岭土溶液体系2h后得到的沉降层高度最高。其次为甲酸钠用量为60×10^{-6}和10×10^{-6}的样品。综合两个指标来看，最适用于高岭土溶液体系沉降的样品为甲酸钠加入量为15×10^{-6}时所制备的聚丙烯酰胺。

（二）丙烯酰胺反相乳液聚合

在反相乳液聚合物中研究最多的单体是丙

烯酰胺，丙烯酰胺聚合物也是应用最早的反相乳液聚合物，关于其研究尽管很多，但多数研究的主要区别在于油相、复合乳化剂及引发剂的选择上。

1. 环己烷为连续相的反相乳液聚合

以过硫酸铵和四甲基乙二胺为引发剂，环己烷为油相，通过反相乳液聚合制备了PAM，并考察了反应条件对产物絮凝性能的影响[8]。其制备过程如下。

取一定量的环己烷作为油相，将乳化剂 Span-80 与环己烷加入到装有搅拌器、冷凝管的四口瓶中，将丙烯酰胺、Tween-80 与去离子水配置成一定浓度加入其中，通入氮气一段时间以除去体系中的氧。调节搅拌器的转速，使水相与油相充分乳化，加入氧化还原引发剂（过硫酸铵和四甲基乙二胺）和添加剂（尿素），并保持搅拌器一定转速，转入设定好温度的水浴锅中。充分反应后，产物用无水乙醇反复洗涤，并将产物在干燥箱中烘干，粉碎，即得到 PAM 粉末产品。

称量粉末 PAM 并配成质量分数为 0.1% 的水溶液，用 1000mL 量筒量取一定浓度的煤泥水，用注射器取 5mL 絮凝剂溶液加入到煤泥水中，搅拌 60s 后，静置 30min，检测上层清液透光率，透光率越高絮凝效果越好。

研究表明，反应条件对聚合反应和产品性能有着不同程度的影响。当采用过硫酸铵-四甲基乙二胺的氧化还原引发体系时，通常使其组成中过硫酸铵量略多于四甲基乙二胺。当 AM 单体的质量分数为 25%，聚合温度为 45℃，V（油）:V（水）为 1.3，反应时间一定时，引发剂的用量（占单体质量分数，下同）对聚合物性能的影响见图 3-6。从图 3-6 中可以看出，产物特性黏数和絮凝能力均随着引发剂浓度的变化出现一个最优值，引发剂浓度较低时，体系产生的活性中心较少，引发速率较低，链增长反应较慢，所得到的聚合物聚合度较低，从而相对分子质量较小；引发剂过多，活性中心引发得到的链自由基数量激增，导致聚合反应过快，偶合终止的几率增大，反应聚合物的相对分子质量也不高，可见，引发剂用量为单体质量的 0.1% 较适宜。

单体浓度是影响聚合反应的另一重要影响因素，合适的单体浓度有利于乳液的稳定以及聚合反应的平稳性。如图 3-7 所示，当引发剂用量为 0.1%，聚合温度为 45℃，V（油）:V（水）为 1.3 以及反应时间一定时，随着单体 AM 浓度的增加，PAM 的特性黏数和絮凝能力大幅度增加，但单体浓度超过 30% 后，聚合物特性黏数和絮凝能力反而下降。这是由于体系单体浓度增大，反应热聚集较快得不到及时移出，造成体系温度上升，自动加速现象明显，反应可能出现产品凝胶化，得到的部分交联产品不溶解于水导致特性黏数降低。在实验条件下单体质量分数在 25%～30% 较好。

氧化还原引发体系往往在温度不高的情况下就能获得较快的引发速率，反应低温有利于乳液的稳定性。如图 3-8 所示，当引发剂用量为 0.1%，单体浓度为 25%，V（油）:V（水）为 1.3，反应时间一定时，随着反应温度的升高，PAM 特性黏数和絮凝能力逐渐增加，当温度超过 35℃后反而降低。这是由于温度过低反应速率相对较低，聚合物的特性黏数偏低；温度过高有可能导致乳液的稳定性，部分乳状液破乳使反应液滴聚结，聚合反应加速，容易爆聚，不溶交联产物变多导致相对分子质量降低，可见温度为35℃较好。

V（油）∶*V*（水）是影响反相乳液聚合的重要影响因素，油相的比例往往涉及生产的成本。反相乳液聚合过程中油相作为连续相，分散丙烯酰胺溶液，同时又起到移走反应热量的作用。油相太少，很难充分形成乳液，聚合过程中容易破乳而聚集在一起，反应中出现块状黏结物；油相过多，虽然有利于分散反应物和热量传递，但乳化剂用量的限制不利于生成乳液，同时生产的成本加大，因此只有在合适的油水比的情况下才能形成比较稳定的W/O型乳液。如图3-9所示，当引发剂用量为0.1%，单体浓度为25%，反应温度为40℃以及相同的反应时间下，最适宜的*V*（油）∶*V*（水）为1.5。

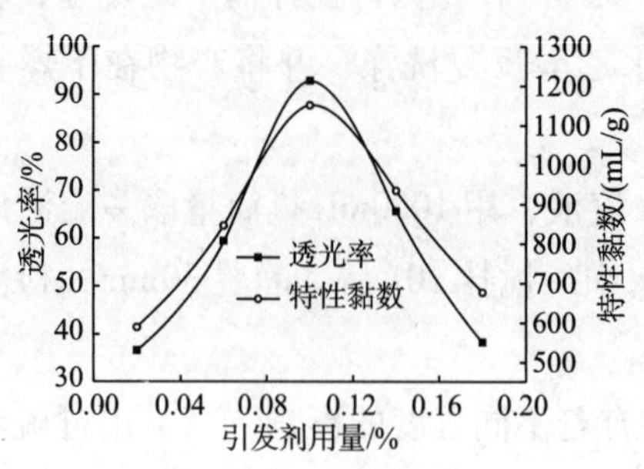

图3-6　引发剂用量对PAM性能的影响

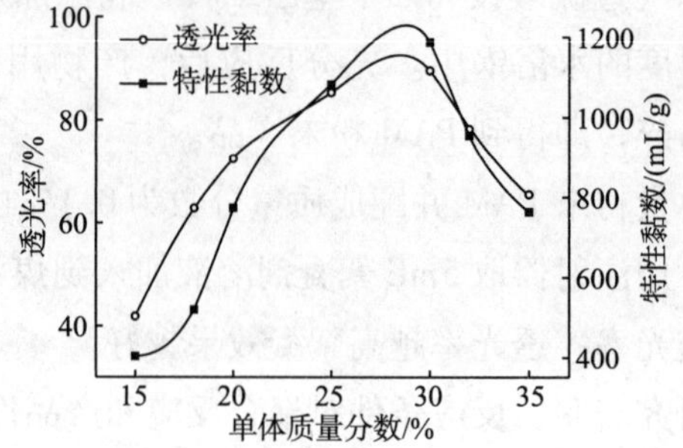

图3-7　单体浓度对PAM溶解时间的影响

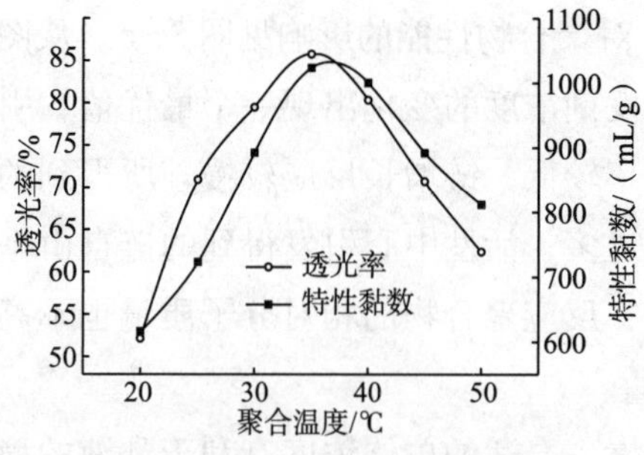

图3-8　聚合温度对PAM性能的影响

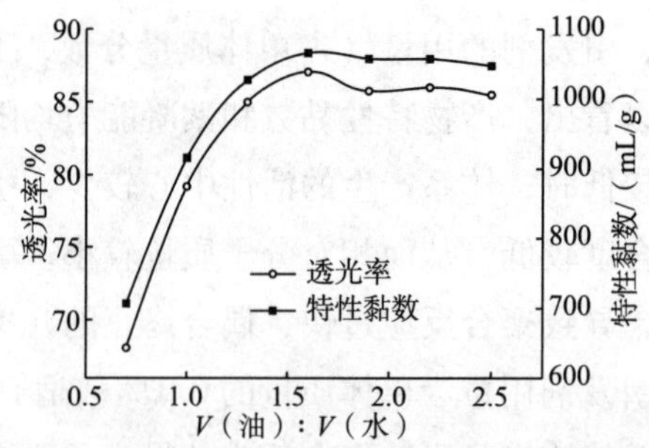

图3-9　油相与水相体积比对聚合物性能的影响

实验发现，在聚合过程中若单体的浓度过高或者反应速率过快容易导致酰胺基相互缔合，从而生成交联的产物，会严重影响聚合物的使用性能。为了防止不溶交联物的生成和提高PAM的速溶性，往往需要在聚合的单体中加入一定量的助剂。

脲的结构类似于丙烯酰胺的酰胺基，聚合过程中，可以分散于分子链之间，防止长链分子之间的交联反应，避免不溶交联聚合物的生成，同时添加脲有助于提高聚合物的溶解速率。如图3-10所示，当引发剂用量为0.1%、单体浓度为27%、*V*（油）∶*V*（水）为1.5、反应温度为35℃以及反应时间一定时，添加脲有利于提高产物的絮凝能力和相对分子质量，同时脲的加入明显提高了PAM的溶解速率，当脲的含量低于5%时，聚合物PAM的特性黏数随着脲浓度的增大而加大；当脲的用量高于5%时，聚合物PAM的特性黏数反而下降，这同时也会给体系带来杂质；当随着脲添加量逐渐递增时，得到的聚合物的水溶解能力明显提高，综合考虑脲的加入与 PAM 的溶解性，以及其对 PAM 的使用性能的影响，反应体系中脲的最适宜加入量为 5%。

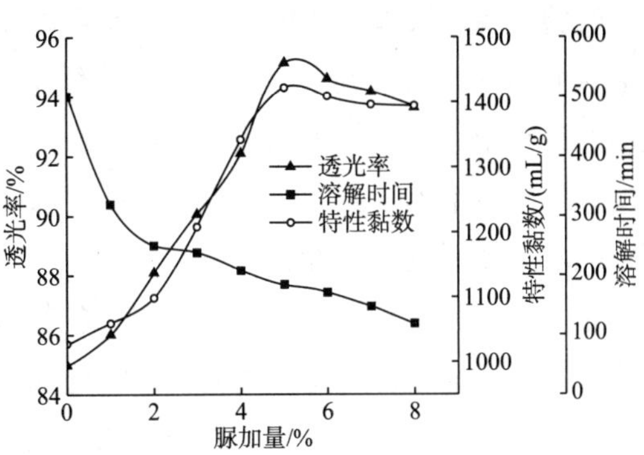

图 3-10 脲加量对 PAM 的特性黏数、絮凝性能和溶解性的影响

刘雪琴等[9]以环己烷为油相，采用反相乳液聚合制备 PAM。研究表明，乳化剂的种类直接影响到 PAM 乳液的性能，采用不同的乳化剂时所得实验结果见表 3-6。由表 3-6 可看出，用 Span-60 作乳化剂制得的乳液稳定性和溶解性都比用 Span-40、Span-80、Tween-80 或 OP-10 的好。当 Span-60 和 Tween-80 复合使用时，转化率比使用单一乳化剂的要高，而且乳液稳定性和溶解性也更好。实验表明，采用 Span-60 和 Tween-80（8∶1）混合物作为乳化剂，其浓度为 6.94%，转化率最高，所制备的 PAM 乳液性能最佳。

表 3-6 乳化剂种类的影响

乳化剂	稳定性	溶解时间	转化率/%	乳化剂	稳定性	溶解时间	转化率/%
Span-40	较好	2min	93.7	Span-60∶Tween-80=30∶1	好	36s	96.8
Span-60	好	8s	97.3	Span-60∶OP-10=4∶1	一般	10min	90.0
Span-80	较好	5min	95.1	Span-60∶OP-10=6∶1	一般	8min	93.8
Tween-80	差	34min	91.2	Span-60∶OP-10=7∶1	较好	11min	92.5
OP-10	差	20min	94.9	Span-60∶OP-10=8∶1	较好	10.5min	90.8
Span-60∶Tween-80=18∶1	较好	12min	95.2	Span-60∶Tween-80=8∶1	好	5s	97.5
Span-60∶Tween-80=25∶1	好	12s	97.0	Span-60∶Tween-80=9∶1	好	23s	95.6

在乳液聚合中，聚合的起始温度、粒子的形成、相对分子质量的大小和分布、聚合速率、乳胶粒子的大小、分布和形态及最终乳胶的性质与引发剂的种类和用量有极大的关系。引发剂种类对 PAM 乳液聚合的影响见表 3-7。结果说明，过硫酸钾-脲是 PAM 乳液聚合中最理想的引发剂。提高引发剂用量有利于提高聚合物的黏度，即提高聚合物的相对分子质量，但是引发剂用量增加到一定程度时，再继续增加引发剂用量对聚合物的黏度提高并不明显。可见，引发剂用量为 0.30% 较好。

表 3-7 引发剂种类的影响

引发剂	稳定性	溶解时间	转化率/%	引发剂	稳定性	溶解时间	转化率/%
过硫酸钾	好	20s	96.2	偶氮二异丁腈	一般	30min	91.8
过硫酸钾-脲	好	5s	97.5	过硫酸钾-硫代硫酸钠	好	7min	96.7
过硫酸钾-亚硫酸钠	好	30min	95.3	Fe^{2+}/H_2O_2	一般	11min	90.9

实验表明，增加水相体积分数，既可以使溶解在油相中的乳化剂量减少，这样分布在水油界面的乳化剂量就增加；又可以使体系中 PAM 的量也随之增加，提高乳化效率。乳化剂的最小用量并不随水相体积分数成比例增加。随着油水体积比的增加，共聚物的特性黏度先是不断增加，到一定程度后开始下降。这是因为油相作为连续相起着分散液滴的作用，同时对体系的散热情况、聚合过程、乳液粒子大小、形态和稳定性也有影响。如表3-8所示，油水体积比为2∶1 时共聚物特性黏度最大，但其溶解时间较长，从PAM 乳液的综合指标以及经济效益的角度讲，宜选择的油水体积比为2∶1。

表 3-8　油水体积比的影响

油水体积比	黏度/Pa · s	溶解时间/s	转化率/%	油水体积比	黏度/Pa · s	溶解时间/s	转化率/%
1.1∶1.0	2.160	7	97.1	2.0∶1.0	12.000	210	96.7
1.2∶1.0	2.160	5	97.5	2.8∶1.0	3.200	57	95.3
1.3∶1.0	4.300	16	95.9				

单体浓度对聚合有至关重要的影响。共聚物的特性黏度随单体黏度的增加而增加，然而单体浓度增加到一定程度时（即 4.92mol/L），继续增大单体浓度会引起聚合热增加，使聚合热不易分散和消失，进而引起聚合物胶化。如表 3-9 所示，PAM 的黏度随着单体浓度的增大而增大，说明单体浓度的增大有利于促进聚合，但是浓度的增大在一定程度上也增加了聚合热的产生，促进聚合物的胶凝，因此 PAM 的溶解时间延长了很多（达3210s）。综合考虑，单体的适宜浓度为4.92mol/L。

表 3-9　单体浓度的影响

单体浓度/(mol/L)	黏度/Pa · s	溶解时间/s	转化率/%	单体浓度/(mol/L)	黏度/Pa · s	溶解时间/s	转化率/%
4.02	0.775	31	93.3	5.16	2.30	210	96.0
4.69	1.80	47	95.8	5.63	3.20	769	95.3
4.92	2.16	5	97.5	6.25	4.30	3210	95.9

通常，温度变化通过下列物理量影响乳化体系的稳定性：界面张力、界面膜的弹性与黏性、乳化剂在油相和水相中的分配系数、液相间的相互溶解度和分散颗粒的热搅动等。实验表明，聚合反应温度为45℃较为合适。

在乳液聚合过程中，搅拌起到把单体分散成单体珠滴，并有利于传质和传热的作用，所以选择适宜的搅拌速率有利于形成和维持稳定的胶乳。通常转速为 250r/min 时流体处在转换区，流体的分散大多靠扩散进行，由于分子扩散的速率较慢，混合效果不好；在转速为 300r/min 时，流体已接近于湍流区，湍流对混合过程起很大的作用，可以向所有方向进行质量传递完成混合过程；在转速为 350～400r/min 时，流体已达到湍流状态，釜内流体已趋于平衡。实验表明，搅拌速率控制在 300r/min 较好。

2. 煤油为连续相的反相乳液聚合

周诗彪等[10]以过硫酸钾和亚硫酸钠氧化还原体系为引发剂，Span－80 和 OP－10 为复合乳化剂，煤油为连续相合成了聚丙烯酰胺反相乳液。其制备过程如下。

取一定量的煤油于三口烧瓶中，加入适量的 Span－80 和 OP－10 复合乳化剂，在恒温反应器中搅拌乳化 0.5h，使乳化剂和有机溶剂充分混溶得到油相；将丙烯酰胺、乙酸钠、乙二胺四乙酸二钠、亚硫酸钠溶解于适量水中得到一定浓度的水溶液，即为水相；将水相快速加入油相中，继续搅拌乳化 0.5h，待得到稳定的乳液后，加入一定量的引发剂过硫酸钾（提前用适量水溶解），恒温反应 4h，即得到均匀稳定的聚合乳液产品。

向聚合后的乳液中加入大量乙醇，使聚丙烯酰胺沉淀絮凝，抽滤后固体物用丙酮洗涤多次，产物置于恒温干燥箱中恒质，并用于计算转化率。

研究表明，在合成反应中，反应温度、反应时间、引发剂用量、乳化剂用量以及油相与水相体积比对转化率有不同程度的影响。

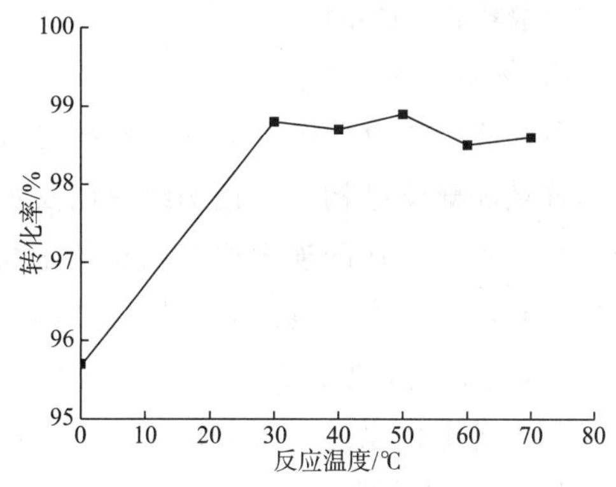

图 3－11　反应温度对单体转化率的影响

如图 3－11 所示，在油水体积比为 4∶1，乳化剂［m（OP－10）∶m（Span－80）＝1∶1，下同］用量为单体质量的 8%，引发剂［n（过硫酸钾）∶n（亚硫酸钠）＝1∶1，下同］用量为单体质量的 0.5%，反应时间为 4h 时，反应温度较低时（0℃）的转化率相对于较高温度（30℃以上）时低。但温度升高到 30℃再继续升高温度对转化率影响很小，且在温度上升到 60℃后产物中会出现部分黄色胶状物，严重时会影响反应体系的稳定性，甚至破乳。综合考虑各个因素，既能够保证单体较高的转化率，又能够保证反应平稳进行，反应温度为 30℃较佳。

实验表明，当反应条件一定时：①反应温度为 30℃时，单体的转化率随反应时间的延长而增加，即由反应时间 2h 时的 80%，增加到 4h 时的 98.5%，当反应时间达到 4h 后，单体转化率随反应延长而增加的趋势变缓，故反应时间为 4h 即可；②当油水比为 5∶1 和 4∶1时单体转化率较高，分别为 98.8% 和 99.3%，综合考虑有利于溶解反应原料及提高聚合物质量分数等因素，煤油水的比例以 4∶1 较好；③随着乳化剂用量从 2.7% 增加到 8%，单体转化率从 92% 增加到 99% 左右，之后再增加乳化剂用量，转化率略有降低，在实验条件下乳化剂用量为 8% 时，转化率最高，故在反相乳液聚合中选择乳化剂用量为 8%；④随着引发剂用量的增加，转化率逐渐增高。当引发剂的用量为单体质量的 0.5% 时，再增加引发剂的量，转化率增加较小。从引发剂用量尽可能少的角度考虑，引发剂较佳的用量为单体质量的 0.5%。

综上所述，煤油为连续相的聚丙烯酰胺反相乳液聚合的最佳原料配方和条件为：反应温度30℃，反应时间4h，油水体积比4∶1，引发剂用量为单体质量的0.5%（质量分数），乳化剂用量为单体质量的8% 质量分数），所合成乳胶的体积平均粒径为112μm。

（三）反相微乳液聚合

1. 影响反相微乳液稳定性的因素

与其他聚合方法相比，反相微乳液聚合得到的产品具有速溶、高固含、高相对分子质量、长期放置稳定等优势，使其成为现代聚合方法的研究热点。丙烯酰胺微乳液体系的制备对后续的聚合反应影响巨大，所以研究丙烯酰胺微乳液稳定性的影响因素对丙烯酰胺微乳液聚合具有重要的意义。

将一定质量的乳化剂与连续相混合，置于带有磁力搅拌的30℃恒温水浴锅中强力搅拌使分散均匀，然后逐滴滴加丙烯酰胺水溶液并随时记录水相添加量，搅拌一定时间后测定体系的电导率并观察体系的外观透明性、丁达尔现象，以确定油相对AM水溶液的最大增溶度及微乳液的稳定性[11]。

1）体系连续相的选择

微乳液是热力学稳定体系，外观均匀透明，长时间放置不会分层。微乳液的稳定性由连续相化学结构、乳化剂组成以及水相所决定。连续相要满足一定的黏数、密度及结构要求，合适的连续相可以和乳化剂很好地配合，增加微乳液的稳定性从而提高单体溶液的增溶度。选用四种烷烃类油相：液体石蜡、煤油、白油以及异构烷烃 Isopar M 作为研究对象，以 Span－80/OP－10 作为复合乳化剂，分别对以上四种烷烃所构成的微乳液体系进行研究，探讨不同连续相所形成的丙烯酰胺微乳液的电导率及稳定性的差异。所配微乳液体系中连续相为10g，乳化剂均为 Span－80 和 OP－10 复配，总质量为3g，HLB 值为8。质量分数为50%的丙烯酰胺水溶液添加量为8mL，经磁力搅拌均匀后静置24h后观察体系的状态变化，如表3-10所示。

表3-10　连续相对微乳液稳定性的影响

序号	连续相	体系状态	初态电导率/（μs/cm）	静置后状态	静置后电导率/（μs/cm）
1	煤油	透明果冻状	78.34	透明果冻状	84.31
2	液体石蜡	乳白	0.074	未分层	0.073
3	白油	乳白	0.216	分层	—
4	Isopar M	黄色半透明	0.068	未分层	0.070

由表3-10可看出，其他条件相同的情况下，不同连续相形成的微乳液（或乳液）体系的状态和稳定性有很大差别。煤油为连续相时，体系为透明的果冻胶状，电导率极高，达到了78.34μs/cm，这可能是由于形成了层状液晶结构的结果。液体石蜡和白油作为连续相时，体系形成了白色不透明的乳液状，静置后白油体系出现分层，说明体系状态不稳定。液体石蜡体系稳定，电导率也比较低且变化不大，但观察发现其黏度很大，这对后期聚合反应的传质和传热都会有不利影响。以异构烷烃 Isopar M 作为连续相时，体系呈黄色

半透明状，电导率为0.068μs/cm，可以观察到丁达尔现象，且静置后体系电导率变化不大，未出现分层现象，可以判定该体系为稳定的反相微乳液体系。

实验可知，不同连续相与Span－80/OP－10乳化剂之间的匹配能力差别较大，形成的体系的稳定性也不相同。综合考虑体系的稳定性、状态、黏度等，当以Span－80/OP－10作为复配乳化剂时，Isopar M作为连续相最为合适。

2）体系乳化剂种类的选择

乳化剂复配使用不仅可以大大提高乳化效率，有助于降低乳化剂用量，而且复配乳化剂之间可以通过相互渗透作用消弱空间位阻效应，增加界面层柔性，从而提高微乳液的稳定性。但由于乳化剂的分子结构及相对分子质量的不同，其亲水、亲油的能力不同，导致其配伍性有很大差别，形成的乳液或微乳液体系的稳定性也会有差异。选择亲油性乳化剂Span－80、Span－60和亲水性乳化剂Tween－60、Tween－80、OP－10来进行实验，通过不同的配比来选择合适的乳化剂。当异构烷烃Isopar M为10g，乳化剂的总质量为3g，HLB值为8，质量分数50%的丙烯酰胺水溶液添加量为8mL，磁力搅拌均匀后静置一定时间后观察体系的状态变化及稳定性，结果见表3-11。

表3-11 不同乳化剂配比对微乳液稳定性的影响

序号	乳化剂	体系状态	初态电导率/（μs/cm）	静置后状态	静置后电导率/（μs/cm）
1	Span－60/Tween－60	乳白	0.232	分层	—
2	Span－60/Tween－80	乳白	0.184	分层	—
3	Span－60/OP－10	透明果冻状	85.53	透明果冻状	88.47
4	Span－80/Tween－60	黄色半透明	1.408	黄色浑浊状	11.573
5	Span－80/Tween－80	乳白	0.097	分层	—
6	Span－80/OP－10	黄色半透明	0.068	未分层	0.07

从表3-11可以看出，连续相相同，不同的乳化剂配伍性差异很明显。1号、2号、5号得到的体系为白色乳状液，静置后分层，体系不稳定。3号形成的体系为透明的果冻状态，电导率极高，为层状液晶结构。4号、5号体系的初态均为黄色半透明，但4号的电导率偏高，且静置后变成黄色浑浊态电导率升高到11.573μs/cm，体系不稳定。而5号形成的体系比较稳定，静置后电导率为0.07μs/cm，丁达尔现象明显，形成的是油包水型微乳液。以上结果表明，以Isopar M为连续相时，几种复配乳化剂中由Span－80和OP－10组成的反相微乳液体系最稳定，因此，下面的实验均采用Span－80和OP－10来配制AM反相微乳液。

3）乳化剂比例对体系增溶度的影响

亲油性的Span－80（HLB值＝4.3）和亲水性的OP－10（HLB值＝14.5）比例不同会影响混合乳化剂的HLB值和体系形成微乳液的类型，也影响体系的增溶能力。在30℃条件下，复配乳化剂和异构烷烃Isopar M的质量不变，仅改变复配乳化剂中Span－80和

OP－10 的比例时，油相 Isopar M 复配乳化剂混合体系对丙烯酰胺水溶液（AM 浓度 50%）的增溶能力的影响见图 3－12。从图中可见，随着乳化剂中 Span－80 比例的增加，体系对水相的增溶量逐渐增加，当 m（Span－80）：m（Span－80＋OP－10）＝0.8 时，体系对水相的增溶量达到最大值，随后又逐渐减小。因此，可以确定复合乳化剂的最佳质量比 m（Span－80）：m（OP－10）＝4∶1，该条件下最佳的 HLB 值为 6.34。

4）AM 浓度对体系增溶度的影响

将 10g 油相 Isopar M 与以最佳质量配比的复合乳化剂混合均匀，逐滴加入不同浓度的 AM 溶液［w（AM/H_2O）＝0、30%、50%］，在 30℃条件下测得体系的最大增溶度，结果见图 3－13。图 3－13 表明，AM 浓度一定时，随乳化剂质量的增加，体系对 AM 溶液的增溶度逐渐增加，这是因为乳化剂分布在油水界面，增强界面膜的柔韧性，维持微乳液体系的稳定性，但乳化剂的增多会增大体系的黏度，不利于后期聚合过程的传热，也会增加成本，因此以 3g 乳化剂为上限进行实验。同样由图中可以得到，其他条件不变，随着 AM 浓度的增大，体系对 AM 溶液的增溶度增大，这是由于 AM 在乳化过程中起到了助乳化剂的作用。由于 AM 的分子结构是由亲油基团 CH_2═CH—CO—、亲水基团—NH_2组成，与乳化剂的结构相似，有一部分 AM 就分散在油水界面上，插在乳化剂分子之间，使液滴表面的有序化程度下降，提高了乳液的稳定性。

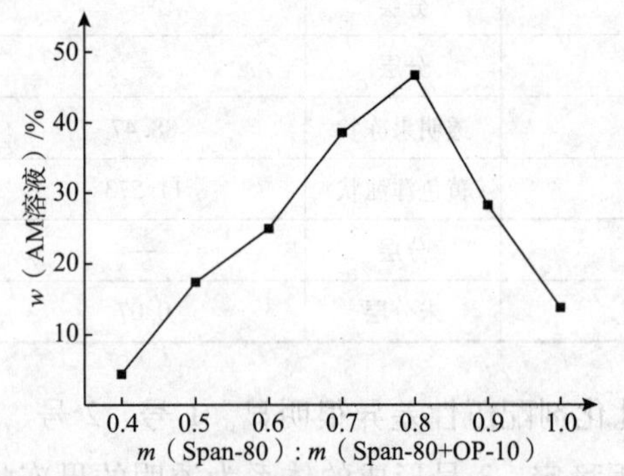

图 3－12　体系对水相增容量与乳化剂配比的关系

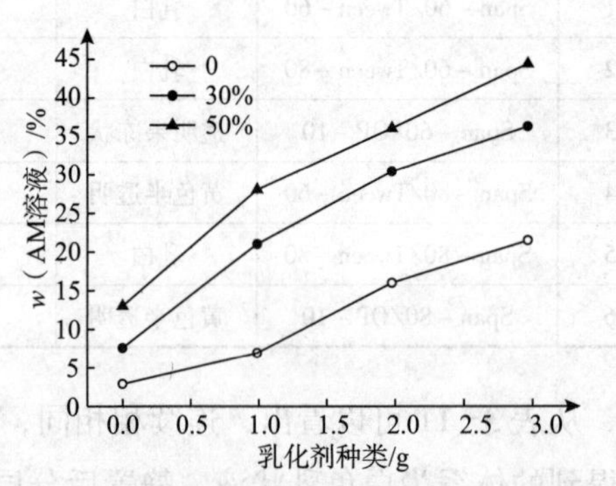

图 3－13　体系增容量与破乳剂用量及单体浓度的关系

5）电解质对体系稳定性的影响

研究表明，具有盐析效应的电解质可以降低乳化剂的临界胶束浓度，促使体系液滴进一步细化，有助于微乳液的形成和稳定。向质量分数为 50% 的丙烯酰胺溶液中加入电解质 NaAc，配成电解质浓度（占单体质量）分别为 0、1%、2%、3%、4% 的溶液，然后往由 10g 油相和 3g 乳化剂组成的均匀混合体系缓慢滴加，磁力搅拌混合均匀后测量体系的电导率的变化与加入的 AM 溶液量的关系见图 3－14。当体系电导率产生突变时，说明微乳液产生渗滤现象，稳定性被破坏，体系增溶量达到最大值。从图 3－13 可以看出，在其他条件相同情况下，当 NaAc 含量不大于 3% 时，随着电解质 NaAc 含量的增大，电导率突变点对应的水相质量变大，即油相对 AM 溶液的增溶量变大，说明电解质 NaAc 可以提高微乳液的稳定性。但是当 NaAc 含量达到 4% 时，增溶量剧减，说明过量的电解质不利于微乳液的稳定性。因此，该条件下电解质 NaAc 的浓度的最佳值为 3%。

6）电解质对体系最佳 HLB 值的影响

固定异构烷烃 Isopar M 和水相的质量不变，仅改变 AM 溶液中电解质 NaAc 的浓度，缓慢滴加不同配比的复配乳化剂开磁力搅拌，直到变成透明状态，测电导率并观察稳定性，记录乳化剂滴加量，得到不同 NaAc 浓度下最少乳化剂用量及配比。根据复合乳化剂 HLB 值计算方法得到复配乳化剂的 HLB 值。最少乳化剂用量对应的 HLB 值即为该实验条件下的最佳 HLB 值（图 3-15）。由图 3-15 可以看出，随着电解质 NaAc 含量的增大，体系的最佳 HLB 值由 6.34 逐渐升高到 6.95，当 NaAc 含量太大时会影响微乳液的稳定性，所以实验以 3% 为上限。水相与乳化剂的亲水端的匹配状态可以通过加入电解质加以调节，电解质的加入可以减弱水分子和氧乙烯基的缔合，有利于水分子的脱离而导致胶束的增加和乳化剂浊点的降低。实际上加入电解质会使乳化剂亲油性增大，所以必须提高亲水性乳化剂的比例，即所需的最佳的 HLB 值必须增大以抵消乳化剂在水中的溶解度的下降。

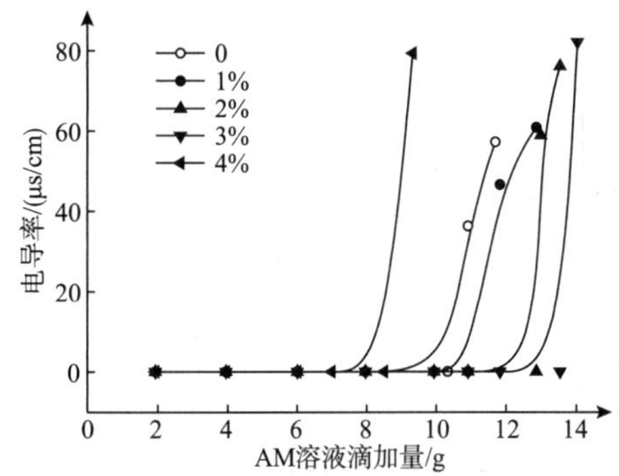

图 3-14 体系对水相增容量与破乳剂配比的关系

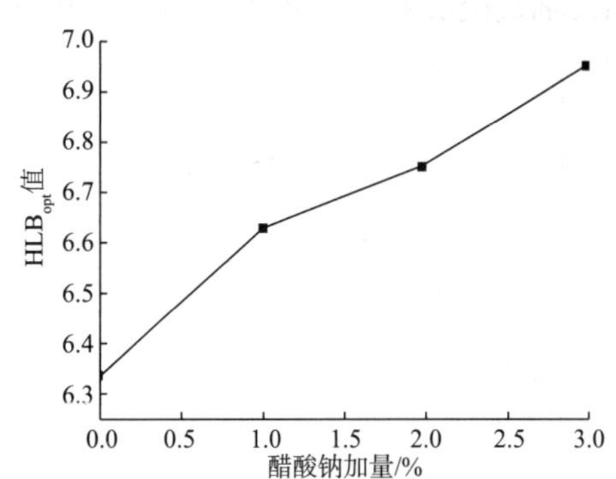

图 3-15 体系最佳 HLB 值与电解质 NaAc 加量的关系

2. 煤油为连续相的反相微乳液聚合

首先按照配方要求配制由 Span-80/Tween-80、煤油和丙烯酰胺水溶液、引发剂组成的反相微乳液。将上述制备的反相微乳液 5g 加入到反应瓶中，并将其置于事先升温至反应温度的水浴中恒温，充氮除氧 10min 后，在搅拌下滴加反相微乳液 45g，约 30min 加完，再反应 2h，即得到稳定、透明的聚丙烯酰胺反相微乳胶。该微乳胶室温放置 90d 未出现分层和凝胶，且保持均一、透明[12]。

研究表明，在反相微乳液聚合中反应时间、单体质量分数、乳化剂用量、反应温度、引发剂用量和种类等是影响聚丙烯酰胺（PAM）相对分子质量的关键。

如图 3-16 所示，当 w（AM）=31.5% [w（AM/H_2O）=45%、w（Span-80/Tween-80）=18%、w（柴油）=37%]，反应温度为 40℃，引发剂用量为单体质量的 0.2% 时，随着反应时间的增加，PAM 相对分子质量先增加后降低，在实验条件下反应时间 2h 较为合适。

实验表明，当采用过硫酸铵为引发剂，原料配比和反应条件一定时，PAM 的相对分子质量随 AM 质量分数的增加而增大，即由 AM 质量分数为 20% 时的 1.6×10^6 增加到质量分数为 36% 时的 6.3×10^6 左右，虽然增加单体质量分数有利于提高产物的相对分子质量，当单体质量分数过大时聚合过程中容易产生凝胶，甚至出现爆聚。原料配比和反应条件一定，当乳化剂用量从 14% 增加到 18% 时，PAM 相对分子质量从 2.8×10^6 到 5.2×10^6 左右。这可能是由于随着乳化剂的增加水相被分成更多更小的微珠滴，使体系捕获自由基进行聚合反应的能力增大，链增长速率常数增大，水相黏度随反应进行迅速增大，链增长自由基彼此碰撞湮灭的机会减少，有利于分子链增长得到相对分子质量较高的 PAM 反相乳胶；同时，乳化剂量过高时，又会使链增长自由基向乳化剂分子发生链转移的几率增大，不利于 PAM 相对分子质量提高。

如图 3-17 所示，当以过硫酸铵为引发剂，原料配比和反应条件一定时，PAM 相对分子质量随引发剂质量分数的增加先增大后减小。如图 3-18 所示，反应条件一定时，随着反应温度的升高，PAM 相对分子质量明显下降；用油溶性引发剂偶氮二异丁腈比用水溶性引发剂过硫酸铵所得 PAM 相对分子质量要高。

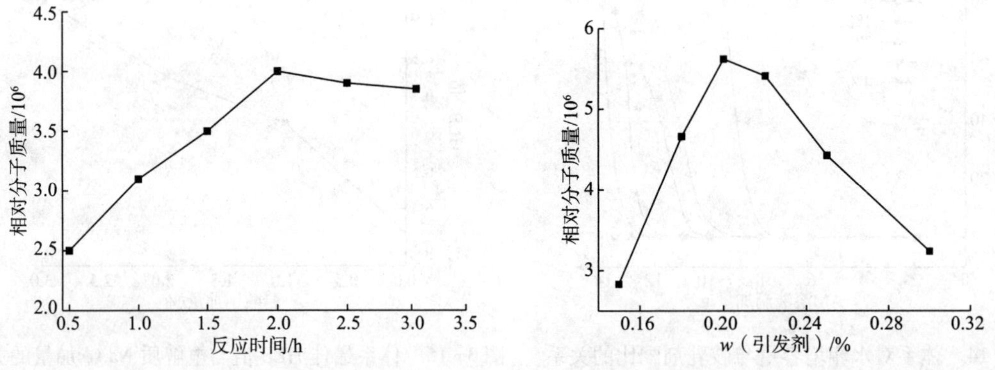

图 3-16 反应时间对 PAM 相对分子质量的影响 图 3-17 引发剂用量对 PAM 相对分子质量的影响

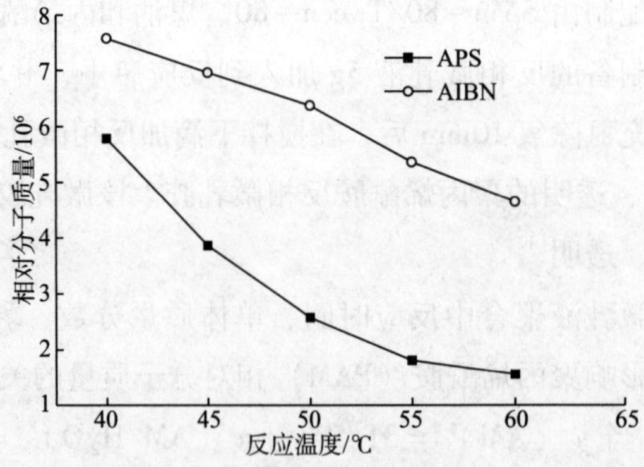

图 3-18 反应温度、引发剂种类对 PAM 相对分子质量的影响

3. 白油为连续相的反相微乳液聚合

还可以采用光引发聚合技术，以白油为连续相进行丙烯酰胺（AM）反相微乳液聚合。采用 UV 光引发丙烯酰胺反相微乳液聚合的制备方法如下[13]。

按照配方将 Span-80 和 OP-10、白油等配制含一定量乳化剂胶束的白油溶液，向其中缓慢滴加一定浓度的 AM 单体，制备稳定透明的微乳液。向微乳液中通氮气 20min 后加入已计量的光敏剂二苯甲酮和引发剂，在石英试管中摇匀，置于光化学反应仪中，反应 1h 生成无色透明的微乳液。将得到的聚合物微乳液用甲醇破乳，并用蒸馏水反复洗涤，除去乳化剂和残余引发剂，抽滤得到白色聚合物粉末。在真空干燥箱中，常温真空干燥 20h，再于 60℃真空干燥 30min，称其质量。

研究发现，在 UV 光引发丙烯酰胺反相微乳液聚合中，引发剂类型、单体质量分数、乳化剂用量等是影响聚合反应的关键。

1）引发剂类型对 AM 反相微乳液聚合的影响

图 3-19 ~ 图 3-21 是在实验条件一定时，分别以二苯甲酮、二苯甲酮/AIBN、二苯甲酮/BPO 作为光引发剂引发 AM 微乳液聚合时，引发剂用量对 AM 转化率和黏均相对分子质量的影响。

如图 3-19 所示，转化率随 w（二苯甲酮）的增加而增大，聚合物黏均相对分子质量随 w（二苯甲酮）的增加而先增大后减小。w（二苯甲酮）在 0.2% ~0.4% 时黏均相对分子质量有最大值。这是由于在光引发聚合时，引发速率和光引发剂的质量分数成正比，光引发剂的质量分数增加，聚合速率增大，一定时间内转化率也增大。而动力学链长和光引发剂的质量分数成反比，光引发剂的质量分数增加，动力学链长减小；同时由于光引发剂的存在，就会出现向光引发剂的链转移反应，光引发剂的质量分数增加，链转移反应增大，所以 w（二苯甲酮）在 0.2% ~0.4% 时黏均相对分子质量出现最大值。

如图 3-20 和图 3-21 所示，AM 转化率随复合光引发剂质量分数的增加而增大，而黏均相对分子质量随复合光引发剂质量分数的增大而先增大后减小。这和单独用二苯甲酮作光引发剂时的影响相同。一般 AIBN 和 BPO 的质量分数分别在 0.2% 和 0.1% 左右时效果较好。

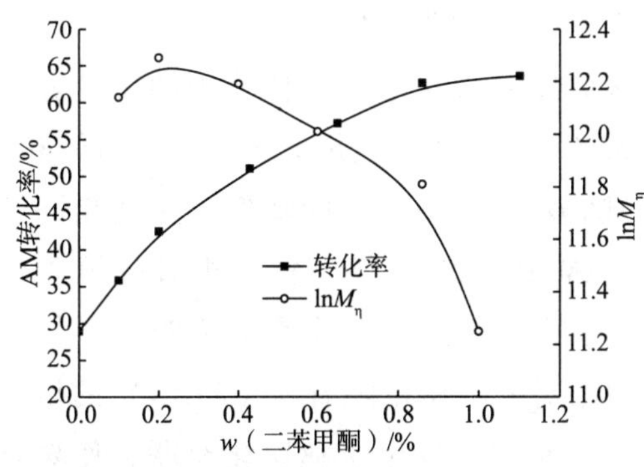

图 3-19　二苯甲酮用量与 AM 转化率、产物相对分子质量的关系

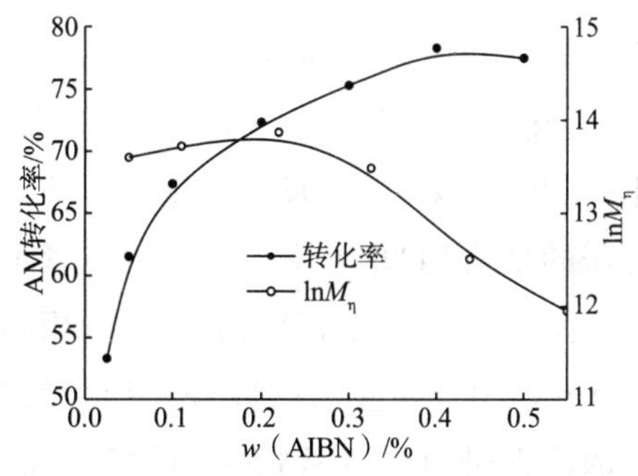

图 3-20　AIBN 用量与 AM 转化率、产物相对分子质量的关系

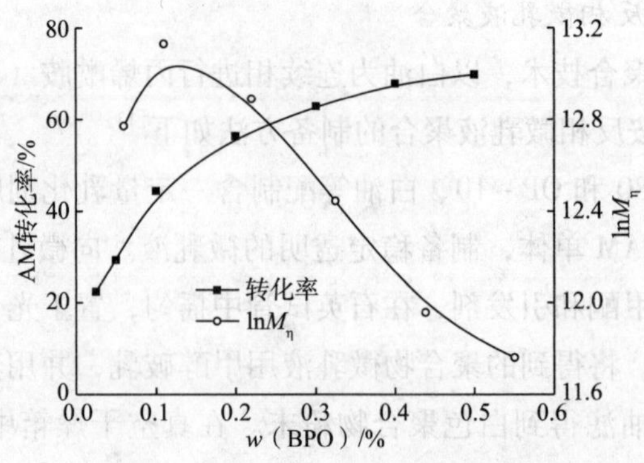

图 3-21 BPO 用量与 AM 转化率、产物相对分子质量的关系

3 种引发体系引发的 AM 反相微乳液聚合所得聚合物的最大黏均相对分子质量和相对应的转化率见表 3-12。从表 3-12 可看出，复合光引发体系的引发效果比单一引发剂效果好，其中以二苯甲酮/AIBN 引发体系的效果最好。这是因为，二苯甲酮是间接光引发剂，它自身并不能直接分解形成自由基，而是将吸收的光能传递给单体或光引发剂引发聚合。在只有二苯甲酮存在时，它只能将吸收的光能传递给单体引发聚合，所以聚合速率慢，相同时间内转化率低；在有光引发剂 AIBN 或 BPO 存在时，它将吸收的光能传递给光引发剂 AIBN 或 BPO 引发聚合，引发剂比单体更容易分解，所以相同时间内转化率提高。而 AIBN 和 BPO 相比，AIBN 分解更容易，反应速率更快，当然转化率也最高。

表 3-12 光引发剂与聚合物最大黏均相对分子质量和相应转化率的关系

引发剂种类	AM 转化率/%	$\ln M_\eta$
二苯甲酮	41.96	12.29
二苯甲酮/AIBN	72.14	13.84
二苯甲酮/BPO	56.67	13.14

在紫外光照射下，选择二苯甲酮/AIBN 引发体系引发 AM 微乳液聚合。当二苯甲酮相对微乳液体系的质量分数为 0.2%，30% 单体溶液在微乳液体系中的质量分数为 8%，乳化剂质量分数为 10%，反应温度为 25℃时，AIBN 质量分数对聚合时间和 AM 转化率的影响见表 3-13。从表 3-13 可见，随着 w（AIBN）的降低，达到相同转化率所需的聚合时间延长，即聚合速率降低，AM 转化率下降，黏均相对分子质量增大。但用量少到一定程度时，黏均相对分子质量降低，而且聚合时间过长。一般 w（AIBN）为 0.2% 左右时较好。聚合物的黏均相对分子质量随着 w（AIBN）的增加而下降的原因是由于 AIBN 用量的增大加快了聚合速率，发生了亚胺化交联，使聚合物中线型分子链减少，从而降低了水溶性，使得黏均相对分子质量降低。

表 3-13 AIBN 质量分数对聚合时间和相应转化率的影响

w（AIBN）/%	聚合时间/min	AM 转化率/%	w（AIBN）/%	聚合时间/min	AM 转化率/%
0.5	20	64.56	0.1	40	53.15
0.4	20	59.67	0.05	50	54.20
0.3	30	56.15	0.025	60	53.59
0.2	40	54.65			

2）单体质量分数对 AM 反相微乳液聚合的影响

如图 3-22 所示，在紫外光照射下，以复合光引发剂（二苯甲酮/AIBN）引发 AM 微乳液聚合，随着微乳液体系中单体质量分数的增加，AM 转化率升高，黏均相对分子质量增加。但当单体质量分数过高时（超过 8%），黏均相对分子质量反而降低。显然，当微乳液体系中单体质量分数为 8% 时，进行光引发聚合效果较好。

如表 3-14 所示，在其他反应条件不变的情况下，随着微乳液体系中单体质量分数的增加，达到相同转化率所需的聚合时间减少，说明聚合速率升高。

表 3-14 单体质量分数与聚合时间和相应转化率的关系

w（单体）/%	聚合时间/min	AM 转化率/%	w（单体）/%	聚合时间/min	AM 转化率/%
2	60	58.56	7	30	60.44
4	50	59.44	8	20	60.80
5	40	59.42	9	20	61.38
6	40	60.07			

3）乳化剂用量对 AM 反相微乳液聚合的影响

如图 3-23 所示，在紫外光照射下，随着乳化剂用量的增加，AM 转化率先增加后降低，w（乳化剂）为 9% ~10% 时转化率有最大值。而黏均相对分子质量则随着乳化剂用量的增加而减小。这是因为乳化剂较少时，乳胶粒数目相对也少，提高乳化剂用量可以使乳胶粒数量明显增多，从而使 AM 转化率提高。而在光引发条件下，由于是自由基聚合，因此即使转化率很低，黏均相对分子质量依然较高。乳化剂用量较大时，乳化剂用量的提高对胶束数目的影响不大，却显著降低了 n（单体）∶n（乳化剂），导致单体量相对降低，从而使 AM 转化率和所生成的聚合物的黏均相对分子质量均减小。另外，在微乳液聚合过程中，随着乳化剂用量的增加，增长链向乳化剂分子发生链转移的可能性增加，同样会使 AM 的转化率和聚合物的黏均相对分子质量降低。

如表 3-15 所示，在其他反应条件不变的情况下，微乳液体系中 w（乳化剂）在 10% 以下时，随着乳化剂用量的增加，达到相同转化率所需的聚合时间减少，说明聚合速率提高；当 w（乳化剂）超过 10% 以后，聚合速率则逐渐降低。这可能是由于单体增溶量过大，降低了微乳液体系的热力学稳定性。另外，大量的乳化剂分子增加了增长链向乳化剂分子发生链转移的几率，且增大了胶束界面层，使引发剂的引发效率下降，这些都导致聚合速率降低。

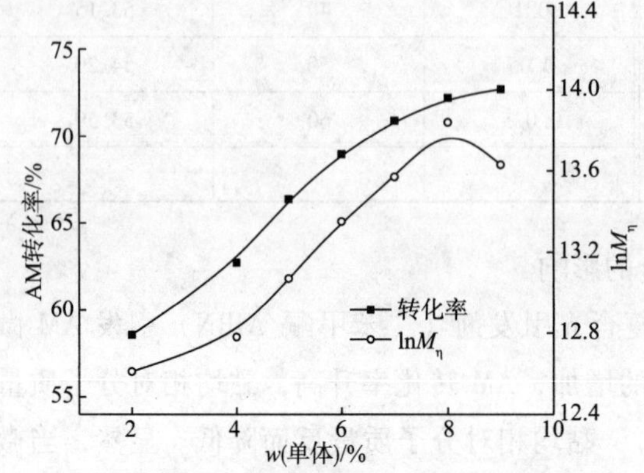

图 3-22　单体质量分数与 AM 转化率和产物相对分子质量的关系

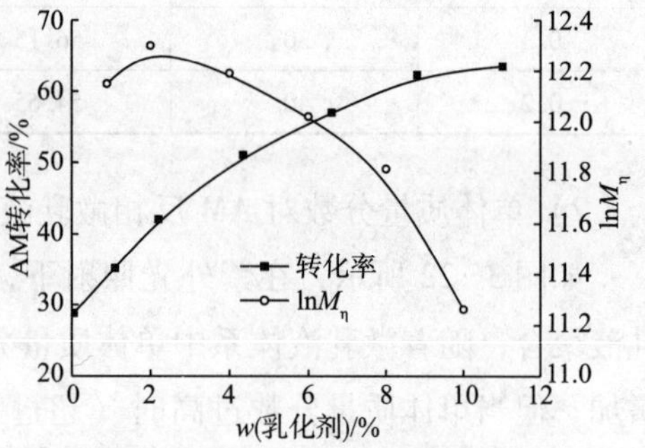

图 3-23　乳化剂质量分数与 AM 转化率和产物相对分子质量的关系

表 3-15　乳化剂质量分数与聚合时间和相应转化率的关系

w（乳化剂）/%	聚合时间/min	AM 转化率/%	w（乳化剂）/%	聚合时间/min	AM 转化率/%
5	50	53.87	10	30	58.56
7	50	56.67	11	50	57.73
8	40	57.62	12	60	57.34
9	30	58.17			

（四）反相悬浮聚合

典型的制备过程为[14]：将 130kg 环己烷通过高位罐送至反应釜，加入 1.7kg 乳化剂 Span-60 后搅拌，将釜温升至 40℃，乳化剂溶解后将釜温降至 30℃；称 3.8kgNaOH 置于化碱槽，用 6kg 水溶解并冷却至室温；称 20kg 丙烯酰胺、1.2kg 醋酸钠置于配料罐，加入 10kg 水搅拌使其溶解，再加入 10kg 丙烯酸和定量的脲、$K_2S_2O_8$、甲基丙烯酸-N，N-二甲胺基乙酯（DM）等溶液搅拌均匀，送至高位罐。在搅拌的情况下将配制好的单体溶液加入反应釜，搅拌 10min 使体系成为均匀稳定的悬浮液，然后依次滴入 $NaHSO_3$、NaOH 溶液，滴碱时速度要缓慢并保持釜温不超过 30℃。碱溶液滴完后，将釜温升至 40℃并维持 1h，再在 1h 内将釜温升至 50℃，然后在 2h 内将釜温升至 71℃使体系共沸脱水，当出水量达加入水量的 75%时即可停止加热。停止加热后继续搅拌，夹套通冷却水，当釜温降至 40℃后将物料放到一容器中，待聚合物颗粒完全沉降后，将上层溶剂转移到回收罐，产品风干即可。

在产品制备中，原料纯度对产物相对分子质量的影响很大。原料中的微量杂质，尤其是 Cu^{2+}、Cu^{+}、Fe^{2+}、Fe^{3+} 等杂质对产物的相对分子质量有严重影响，AM 中这些离子仅有 1μg/g 时，就会使聚合物的相对分子质量明显降低。

研究表明，可以采用离子交换法精制 AM，也可以通过在 AM 溶液中加入有机络合剂 EDTA，使铜、铁离子生成稳定的络合物，不再影响聚合反应。当单体总质量为 30kg（AM20kg，AA10kg），水相中单体质量分数为 60%，醋酸钠占单体质量的 2.4%，NaOH 占单体质量的 12.7%，$K_2S_2O_8$ 占单体质量的 0.063%，脲占单体质量的 0.15%，$NaHSO_3$ 占单体质量的 0.063%，DM 占单体质量的 0.006%，环已烷为 130kg，Span－60 占环已烷质量的 1.3%，反应温度为 40～71℃时。EDTA 用量对产物相对分子质量的影响见图 3－24。从图 3－24 可以看出，随着 EDTA 用量的增加，聚合物相对分子质量逐渐增加，当 EDTA 用量为 5g 时，即占单体质量的 0.0167% 时，聚合物的相对分子质量可以达到 1.3×10^7 以上，这表明 EDTA 的加入的确有助于消除杂质金属离子的不利影响，提高聚合物的相对分子质量。

如表 3－16 所示，当 $K_2S_2O_8$ 与 $NaHSO_3$ 的质量比为 1∶1，EDTA 占单体质量的 0.0167%，随着 $K_2S_2O_8$ 用量的降低，产物的相对分子质量呈上升趋势，但当 $K_2S_2O_8$ 用量降低到占单体质量的 0.049% 以后，相对分子质量又呈降低趋势，产品的溶解性能迅速变差，直至完全不溶。

表 3－16　引发剂用量对产物相对分子质量和溶解性的影响

引发剂用量/%	相对分子质量/10^4	产物溶解性	引发剂用量/%	相对分子质量/10^4	产物溶解性
0.079	1000	完全溶解	0.042	880	有少量不溶物
0.063	1360	完全溶解	0.036	690	有少量不溶物
0.049	1450	完全溶解	0.027	—	完全不溶解

如图 3－25 所示，当引发剂用量为 0.049% 时，聚合反应在 0～2h 内转化率基本上随反应时间的增加而均匀增加，表明聚合反应均匀，只要控温得当，反应热容易散出，反应平稳，不会出现局部过热现象，而且聚合反应主要集中在 0～2h 内进行，反应温度低（40～50℃），产物相对分子质量高。在引发剂用量为 0.027% 时，聚合反应在 0～3h 内反应缓慢，转化率低，3h 以后，聚合反应开始加速，此时聚合温度在 65～70℃，由于加速期短时间内热量不能及时散发，导致聚合物粒子内部发生爆聚产生交联，使产物溶解性变差，甚至不溶。因此，在减少引发剂用量提高产物相对分子质量的同时，还应考虑聚合反应的转化率，使聚合反应控制在 40～50℃ 内进行，否则不但不能提高产物的相对分子质量，而且会降低产物的溶解性。在实验条件下，引发剂 $K_2S_2O_8$ 和还原剂 $NaHSO_3$ 各占单体质量的 0.049% 较好。

表 3－17 结果表明，随着脱水时间的延长，产物的相对分子质量逐渐降低，产物的溶解性逐渐变差，直至完全不溶解，这可能是由于在脱水以前，聚合物分子链上的—$CONH_2$ 基团被水分子高度溶剂化，强制脱水导致—$CONH_2$ 基团活化，相互之间易于缔合并发生交联，随着脱水时间延长、交联的程度会逐渐增加，从而导致产物溶解性变差。另外，搅拌时间长，搅拌桨长时间的剪切作用可能是造成聚合物相对分子质量降低的原因。可见，尽

可能地缩短脱水时间是避免聚合物大分子交联和相对分子质量降低的方法之一。

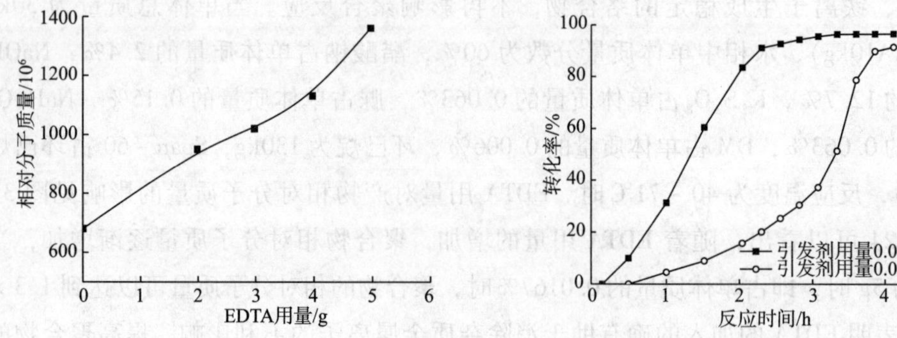

图3-24 EDTA 用量对产物相对分子质量的影响 图 3-25 不同引发剂用量时转化率与反应时间的关系

表 3-17 脱水时间对产物相对分子质量和溶解性的影响

脱水时间/h	相对分子质量/10^4	产物溶解性	脱水时间/h	相对分子质量/10^4	产物溶解性
4	1360	完全溶解	12	600	有少量不溶物
7	1020	完全溶解	20	—	完全不溶解
9	7200	有少量不溶物			

（五）沉淀聚合

用沉淀聚合法合成聚丙烯酰胺（PAM）时，可以用丙酮为溶剂，以过氧化二苯甲酰-N，N 二甲基苯胺为氧化还原引发剂，采用分批加入引发剂和静态聚合法合成 PAM[15]。其合成过程如下。

将体系加热至反应温度并恒温；将溶有定量单体的定量溶剂加入到反应瓶中，回流冷凝；开动搅拌，并通入氮气，排除反应体系中的氧气；10min 后加入第一批引发剂（约占总量的 1/3），加大搅拌速度；反应约 30min，再加入第二批引发剂，此时减小搅拌速度，再搅拌约 1min 使体系物料混合均匀，停止搅拌；封闭反应体系，维持常压氮气气氛，至反应完毕。

对一般的自由基聚合反应来说，聚合物的相对分子质量是随着单体浓度的增加而增大，在丙烯酰胺的沉淀聚合反应体系中，当其他条件不变而单体浓度在一定范围内变化时，单体浓度对聚合物相对分子质量的影响符合自由基聚合反应规律（两者大体呈线性关系），但当单体浓度过大时，发生链转移反应的几率增加，链自由基向单体转移使 PAM 的相对分子质量降低。实验表明，随着单体浓度的增加，产物的相对分子质量逐渐增大，当达到最大值后又有下降的趋势，但下降一段后又趋于平缓，当单体浓度为 27% ~32% 时，所得产物的相对分子质量为最大。

当原料配比和反应条件一定时，随着引发剂浓度的逐渐增大，会使体系中的自由基浓度增大，聚合速率大大提高，聚合物的相对分子质量会大大降低，但当引发剂浓度增大到一定程度时，自由基间的终止几率也大大增加，也会使这一效应得到缓解，如图 3-26 所示，在一定的反应时间内，引发剂的浓度越小，聚合物的相对分子质量越大。

如图 3-27 所示，在实验条件下，聚合温度越低，PAM 的相对分子质量越高。在第二批引发剂加入后，采用停止搅拌，静置反应的方法，由于溶剂是 PAM 的不良溶剂，聚合反应开始不久，长链自由基或聚合物就以固态沉淀下来，自由基链处于卷曲状态，端基被包裹，大分子链扩散能力受到影响，所以反应只能单基终止，但这却对单体分子的运动能力影响不大，单体仍可扩散到聚合反应中心，使大分子链得以增长，结果是终止速率降低，如果此时大力搅拌，大分子链的卷曲状态不好，自由基链的端基在搅拌下易被打开，同其他自由基发生终止反应。综合以上结果，静置反应会使聚合物相对分子质量提高，结果见图 3-28。

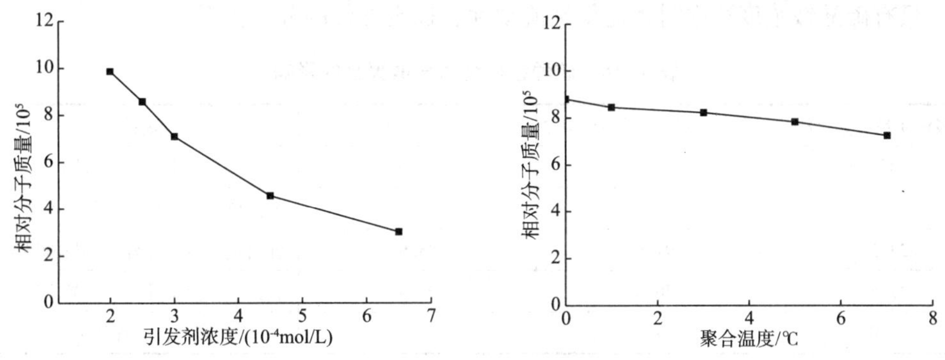

图 3-26 引发剂浓度对 PAM 相对分子质量的影响 图 3-27 聚合温度对 PAM 相对分子质量的影响

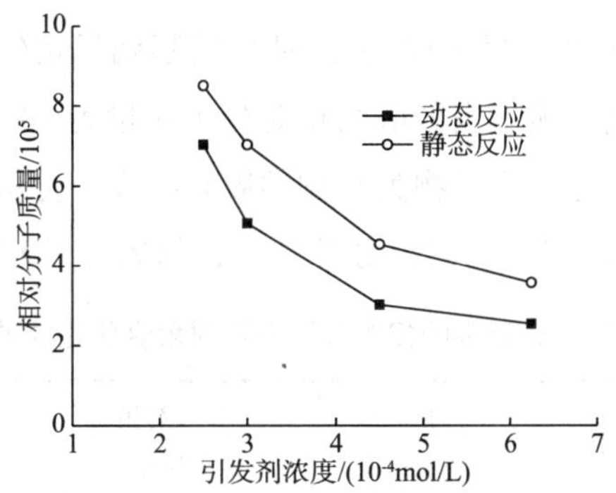

图 3-28 搅拌方式对 PAM 相对分子质量的影响

（六）分散聚合

利用丙烯酰胺在硫酸铵水溶液分散介质中的分散聚合，可以制备聚丙烯酰胺水溶性聚合物分散体，该方法是近年来发展的一种新型合成方法[16]。其制备过程如下。

在装有冷凝管、温度计、氮气导入管和搅拌装置的四口烧瓶中加入一定量的单体、分散剂、无机盐和去离子水，在室温下搅拌，使物料溶解并混合均匀；通氮气 30min，然后升温至反应温度，加入引发剂，恒温反应 7h，制得聚丙烯酰胺的分散乳液。

研究发现，在分散聚合反应中，分散介质的选择很重要，一般要求分散介质能够溶解单体、引发剂和分散剂，但不能溶解生成的聚合物。在引发聚合反应前体系为均相，而随着反应的进行，生成的聚合物在达到临界链长后，将从分散介质中沉淀出来。聚丙烯酰胺很容易溶解在水中，故纯水不适合作丙烯酰胺分散聚合的介质，醇类、无机盐和一些聚合物可以诱导聚合物水溶液发生相分离，使水溶性聚合物从水中沉淀出来。

如表3-18所示，以高浓度的硫酸铵水溶液作为分散介质，PDMC作为分散剂进行丙烯酰胺的分散聚合反应时，硫酸铵的用量对水分散体系的稳定性和聚合反应影响显著。当硫酸铵浓度较低时，由于盐析效应较差，不能得到稳定的分散体系；而硫酸铵浓度较高时，分散剂的稳定性显著降低，聚合物粒子间的黏结极为严重，产物为膏状，其表观黏度极大，静置一两天后就出现宏观相分离，上层为白色胶冻状的聚合物块，下层为澄清的盐溶液。只有硫酸铵浓度适中时才能得到流动性、稳定性好的分散体系。

表3-18　硫酸铵用量对分散聚合的影响

硫酸铵质量分数/%	产物相对分子质量/10^4	转化率/%	体系稳定性
18.3	—	93.0	半透明，凝固
20.9	112.0	98.7	乳白色，流动性好，静置60d未分层
23.5	97.6	98.9	乳白色，流动性好，静置60d未分层
27.5	76.0	97.4	乳白色，流动性好，静置30d未分层
30.0	—	—	膏状，静置数天分层

注：反应条件：w（AM）=10%，PDMC的相对分子质量为80.2×10^4，w（PDMC）=2.6%，w（AIBN/AM）=0.04%，w（HCOONa）=0，聚合温度为60℃。

当分散剂的相对分子质量在45×10^4左右时难以起到稳定作用，聚合反应类似于水溶液聚合，制备的产物为白色固体。当分散剂相对分子质量为100×10^4左右时，则会使连续相黏度较大，影响体系的相分离，产物为黏稠的胶状物质。分散剂的相对分子质量在$80\times10^4\sim90\times10^4$时，均能得到较稳定的白色分散乳液，如表3-19所示。

表3-19　分散剂的相对分子质量对聚合物性能的影响

分散剂相对分子质量/10^4	产物外观	产物相对分子质量/10^4	分散剂相对分子质量/10^4	产物外观	产物相对分子质量/10^4
30	白色固体	—	80	白色乳液	101.3
45	白色固体	—	91	白色乳液	112.0
60	白色膏状	—	101	无色凝胶	62.1
67	白色乳液	—			

注：反应条件：w（AM）=10%，w（硫酸铵）=20.9%，w（PDMC）=2.6%，w（AIBN/AM）=0.04%，聚合温度为60℃。

表3-20表明，链转移剂甲酸钠用量对最终产物的转化率影响不大，但由于链转移剂在链增长阶段与单体竞争形成新的自由基，继而引发单体链增长，因此甲酸钠用量的增加会造成聚合产物相对分子质量的迅速降低。

表 3-20 甲酸钠对聚合物性能的影响

w（HCOONa）/%	产物相对分子质量/10^4	转化率/%
0	112.0	98.7
0.026	88.0	96.7
0.059	63.8	99.3

注：反应条件：w（AM）=10%，w（硫酸铵）=20.9%，PDMC 相对分子质量为 80.2×10^4，w（AIBN/AM）=0.04%，w（HCOONa）=0，聚合温度为60℃。

四、应用

目前 PAM 在我国用量最大的领域是油田的三次采油，其次是水处理和造纸。其消费结构为油田开采占81%，水处理占9%，造纸占5%，矿山占2%，其他占3%。世界上应用最广的是水处理和造纸，还用于选矿、洗煤、冶金、纺织、制糖和土壤改良等领域。

（一）钻井液

相对分子质量为 $250\times10^4\sim500\times10^4$的 PAM 用作钻井液处理剂，具有絮凝、抗污染、抗剪切、剪切稀释性能好等特点，可有效地调节钻井液流型，亦可用作钻井液增稠剂，适用于各种类型的水基钻井液体系。可以与其他材料配合生产交联聚合物，用作堵漏材料，也可以用作钻井作业废水絮凝剂。作为废水絮凝剂时，其相对分子质量越高越好。

（二）堵水调剖

利用吸附在地层表面的聚丙烯酰胺向水中伸展但不向油中伸展的特性，而用于选择性堵水。PAM 作为堵水剂，选择性堵水这一特点是其他堵水剂所没有的，采用 PAM 堵水，可以减少油田产水，保持地层能量，提高最终采收率。下面是一些基于聚丙烯酰胺的典型的调剖堵水剂配方。

1. 地下交联聚丙烯酰胺调剖剂

该剂由丙烯酰胺，N，N′-亚甲基双丙烯酰胺，过硫酸铵、铁氰化钾等组成，系丙烯酰胺单体以 N，N′-亚甲基双丙烯酰胺为交联剂在地下进行聚合生成的体型网状结构凝胶产物。用作注水井调剖堵水剂，具有基液黏度低（与水相似），凝胶强度高，且溶胀性好，可泵时间及凝胶强度可控等优点。适用于砂岩高渗透层或碳酸岩裂缝发育的油层堵水。适用温度 30～90℃，适用地层水矿化度≤50000mg/L。

配制方法：按照丙烯酰胺5%～8%，N，N′-亚甲基双丙烯酰胺0.01%～0.03%，过硫酸铵0.1%～0.15%，铁氰化钾0.001%～0.05%的比例，将丙烯酰胺与N，N′-亚甲基双丙酰胺分别按要求用量配制成水溶液，并充分搅拌，然后将过硫酸铵、铁氰化钾按用量加入配制好的单体水溶液中，使水溶液 pH 值保持在7。该堵剂初始黏度≤3mPa·s，最终黏度≥8×10^5mPa·s，凝胶时间为 1～3h，堵水率≥95%。

2. 聚丙烯酰胺-木质素磺酸盐堵水剂

该堵剂属于聚丙烯酰胺-木质素磺酸盐铬交联体。适用于封堵单一出水层或固套管破损的出水层位清楚且出水层干扰生产层明显，平时多次封卡不住，且有潜在生产能力的出水井。适用温度 90～120℃。

配制方法：按照木质素磺酸钠4%～6%，聚丙烯酰胺0.8%～1%，重铬酸钠0.9%～1.1%，氯化钙0.4%～0.6%的比例，将部分水解聚丙烯酰胺配制成2%的水溶液，再将重铬酸钠、氯化钙、木质素磺酸盐配成水溶液，施工时将其混合，并补充所需量水混合均匀。该堵剂地面黏度＜100mPa·s，70℃凝胶时间为2～3h，凝胶黏度为（3～5）×10^5mPa·s，70℃下热稳定性为100d，堵水效率≥97%。

3. 聚丙烯酰胺/柠檬酸铝调剖剂

系聚丙烯酰胺铝交联凝胶。用作聚合物驱前的调剖处理剂，具有初始黏度低，易于泵送，有利于注入油层深部，成胶强度大，且成胶稳定不易脱水收缩，可堵塞高吸水层，调整吸水剖面效果好等特点。使用温度≥70℃，适用于地层水矿化度1000～5000mg/L。

配制方法：按照水解聚丙烯酰胺0.12%，柠檬酸铝0.08%的比例，在配液站将聚丙烯酰胺配制成质量分数为2%的水溶液，柠檬酸铝也配制成一定浓度水溶液，然后将这两种水溶液送到井场贮槽中，按配方混合均匀即可。该堵剂初始黏度＜10mPa·s，最终黏度≥1500mPa·s，45℃下成胶时间≥20d。

4. 锆冻胶调剖剂

系聚丙烯酰胺－锆交联的高分子凝胶。用作注水井调剖剂，耐冲刷，堵水调剖有效期长，封堵效率高等特点，适用于封堵近井地带。

配制方法：按照聚丙烯酰胺0.3%～0.75%，氧氯化锆0.04%～0.06%和适量的络合剂，施工前分别将聚合物配制成质量分数为1%～2%的水溶液，交联剂配成1%水溶液。施工分段塞注入。该剂70℃成胶时间≥48h，破胶时间≥30d，堵水率≥95%。

（三）压裂酸化液添加剂

PAM交联而成的压裂液，由于具有高黏度、低摩阻、良好的悬砂能力、滤失性小、黏度稳定性好、残渣少、货源广、配制方便及成本低的优势而广泛应用。适当相对分子质量的聚丙烯酰胺可以用于压裂液减阻剂和酸化液稠化剂，在页岩气压裂中可以配制减阻水。

（四）提高采收率

在提高石油采收率的三次采油的各种方法中，用PAM作驱油剂占有重要地位。加入PAM的作用是调节注入水的流变性（稠度），增加驱动液的黏度，改善水驱波及效率，降低地层中水相渗透率，使水与油能匀速地向前流动，以有效地提高原油采收率。由于PAM在高矿化度及高温油藏的稳定性差。一般适用地层温度小于75℃和淡水情况下使用。

（五）水处理

PAM及其衍生物的分子链上含有大量的酰胺基，具有良好的水溶性、优良的絮凝性能和吸附性能，可与许多物质亲和、吸附形成氢键。在水处理中，作为絮凝剂，可用于城市污水、生活污水、工业废水等的处理以及各种地下水和工业悬浮液固液分离工程中。PAM是目前世界上应用最广、效能最高的高分子有机合成絮凝剂、沉降剂及助滤剂，它的絮凝效果远远优于无机絮凝剂。PAM在水处理中用作絮凝剂，主要有以下特点：①减少絮凝剂用量，在达到同等水质的前提下，PAM作为助凝剂与其他絮凝剂配合使用，可大大降低絮凝剂的使用量；②改善水质，在原水处理中与活性炭等配合使用，用于生活水中悬浮颗粒的凝聚、澄清，在污水处理中用作污泥脱水，在工业水处理中用作一种重要的配方药剂；③提高絮体强度与沉降速率，减少无机絮凝剂的使用量，避免循环冷却系统的腐蚀与结垢。

第二节 改性聚丙烯酰胺

本节所述的改性聚丙烯酰胺主要是以聚丙烯酰胺为基础，通过高分子化学反应得到的除水解聚丙烯酰胺外的高分子化学反应产物，以及少量单体与丙烯酰胺共聚得到的交联聚丙烯酰胺和疏水缔合型聚丙烯酰胺。

一、磺甲基聚丙烯酰胺

磺甲基聚丙烯酰胺（SPAM）由聚丙烯酰胺（PAM）经过磺甲基化反应得到。将PAM（相对分子质量为500×10^4）溶于水配成质量分数为1%的溶液，用氢氧化钠调pH值，然后加入一定量的甲醛和亚硫酸氢钠，在60℃下反应5h，制得磺甲基化聚丙烯酰胺（SPAM）产品，同时制备水解聚丙烯酰胺（HPAM）和羟甲基化聚丙烯酰胺（DPAM）。在适当的原料配比下，合成的SPAM作为水泥浆降失水剂，加入水泥浆中可大大降低水泥浆失水量，在加量为0.30%时，可使水泥浆在0.7MPa/30min（25℃）下的失水量由598.2mL降低到43.3mL以下，尽管流动度有所降低，但仍能满足施工要求[17]。

为了得到良好的降失水性能的产品，基于水泥浆的失水量和流动度，考察了合成条件对产物水泥浆性能的影响。

在聚丙烯酰胺与甲醛、亚硫酸氢钠反应制备SPAM时，体系的pH值是影响反应的关键因素，pH值不同所得产品的性能不同。从表3-21中所列的其他合成条件相同，3种原料的物质的量比均为1∶1∶1，pH值不同时所合成的1～4号产品的水泥浆性能评价数据可以看出，随着合成体系的pH值从9增加到12，所得产物对水泥浆的降失水能力提高，失水量由43.3mL降到33.0mL，并且流动度增大。

表3-21 不同配比下合成系列产品加入水泥浆中对失水及流动度的影响

产品编号	n（PAM）∶n（HCHO）∶n（$NaHSO_3$）	pH值	失水量/mL	流动度/cm
1	1∶1∶1	9	43.3	18.0
2	1∶1∶1	10	38.8	18.0
3	1∶1∶1	11	35.9	19.0
4	1∶1∶1	12	33.0	19.5
5	2∶2∶3	12	33.9	19.0

续表

产品编号	n（PAM）:n（HCHO）:n（$NaHSO_3$）	pH 值	失水量/mL	流动度/cm
6	1:1:2	12	31.3	17.0
7	2:3:3	12	28.2	19.5
8	1:2:2	12	21.6	19.0
9	1:2:1	12	29.1	22.0
10	1:2:0	12	68.9	15.0
11	1:0:0	12	105.1	16.0
PAM			160.7	14.5
空白浆			598.2	25.1

注：降失水性能评价方法如下：将合成的产品按一定的浓度加入 G 级油井水泥浆中，使加量按固体量计算占水泥重量的0.30%，水灰比为0.5，用ZNS 型钻井液失水仪室温（25℃）0.7MPa 下测定30min 的失水量，按 GB 206—1978 测定水泥浆的流动度；聚丙烯酰胺、甲醛和亚硫酸氢钠在不同配比下合成的一系列 SPAM（1～9 号产品）、HPAM（11 号产品）、DPAM（10 号产品）和 PAM。

从表 3-21 所列示 4～11 号的产品水泥浆性能评价数据可看出，聚丙烯酰胺、甲醛和亚硫酸氢钠的物质的量比对水泥浆的降失水能力、流动度影响很大。随着 3 种原料中甲醛和亚硫酸氢钠的用量的增加，所得 SPAM 产品的降失水能力提高、失水量降低，物质的量比为 1:2:2 条件下合成的 8 号 SPAM 降失水能力最好，失水量仅为 21.6mL。随着甲醛的用量增加，产品的降失水能力也提高。由聚丙烯酰胺和甲醛反应得到的编号为 10 的 DPAM 和仅由聚丙烯酰胺在 pH 值为 12 的碱性条件下水解制得的编号为 11 的 HPAM 产品对水泥浆的降失水能力不好。可见，聚丙烯酰胺中的酰胺基与甲醛反应的越多，磺甲基化进行的越好，对水泥浆的降失水能力就越好，若仅将聚丙烯酰胺中的酰胺基与甲醛反应进行经甲基化或酰胺基水解，则不能有效提高聚丙烯酰胺的降失水能力。SPAM 产品虽然会降低水泥浆的流动度，但比 PAM、HPAM 以及 DPAM 流动度要大。

综合评价表明，聚丙烯酰胺、甲醛和亚硫酸氢钠的物质的量比为 1:2:2，pH 值为 12，反应温度 60℃时，所合成的 SPAM 产品对水泥浆的降失水能力最好，用作水泥浆降失水剂，在加量为 0.50% 时可使水泥浆的失水量降到 18.4mL（25℃、0.7MPa 下 30min 滤失量），在 52℃、3.5MPa 条件下可使水泥浆的失水由原浆的 1133.6mL 降到 63.8mL。

也有人[18]将 PAM 溶解后，加入一定量的甲醛和 $NaHSO_3$，在碱性条件下恒温 75℃反应数小时，得到磺甲基化聚丙烯酰胺水溶液。用乙醇将产物沉淀分离，再用乙二醇将其溶解，烘干。得到用于油井水泥降失水剂的 SPAM。研究表明，合成条件对产品性能具有明显的影响。

反应投料比对产物磺化度的影响，直接反映在产物的性能上。如表 3-22 所示，在其他条件不变时，随甲醛用量增加，水泥浆失水量降低，流动度增加；随着 $NaHSO_3$用量的增大，失水量增大，流动度降低。因此，当 PAM、HCHO 和 $NaHSO_3$物质的量比为 1:2:1 时，控制失水效果最好，且流动度也满足要求。磺甲基化反应中，反应时间对磺化反应的转化率有直接影响，从而影响反应产物的性能。如表3-23所示，随反应时间的延长，失水量降低，流动度增大。说明随着磺化率的提高，产物的抗钙及亲水性得以改善。在实验条件下，反应时间为5h较佳。磺化反应中的pH值（以加入的碱量控制）实际上决定了PAM的水解度，而水解度对分子的水溶性和分子链中各官能团的比例有着极其重要的作用。如表3-24所示，随着pH值的升高，失水量增大，流动性能变差，说明随着水解度的增大，大分子链上的吸附基（—$CONH_2$）和水化基团（—COONa，—CH_2SO_3Na）的比例发生了变化，其比例不在最佳范围，不利于控制失水量。可见，作为水泥浆降失水剂，只有当大分子链上的水化基和吸附基比例适当时，才能有效地控制失水量。

表3-22 不同配比对产物水泥浆性能的影响（室温）

n（PAM）∶n（HCHO）∶n（$NaHSO_3$）	流动度/cm	失水量/mL	n（PAM）∶n（HCHO）∶n（$NaHSO_3$）	流动度/cm	失水量/mL
1∶1∶1	17	69	1∶1∶2	17	72
1∶1∶1.5	剪切稀释	91	1∶2∶1	22	29
1∶1.5∶1.5	16	83	1∶2∶2	剪切稀释	57

注：①反应时间为5h，pH值为12.5；②搅拌后很稀，静止片刻即变稠；③将0.3%（以干水泥计）的反应产物加入G级油井水泥中，按0.5的水灰比配浆。用ZNS-1型泥浆失水仪测定在0.7MPa，室温（25℃）下30min的失水量，按GB206—1978测定水泥浆流动度。在常压稠化仪中（75℃）搅拌20min后，用42型泥浆中压失水仪测定75℃、3.5MPa下的失水量。并在75℃下养护，测定凝结时间和抗压强度（下同）。

表3-23 反应时间对产物水泥浆性能的影响（室温）

反应时间/h	流动度/cm	失水量/mL	反应时间/h	流动度/cm	失水量/mL
2	17	103	5	22	29
3	19	96	6	22	30
4	20	45			

注：n（PAM）∶n（HCHO）∶n（$NaHSO_3$）=1∶2∶1，pH值为12.5。

表3-24 pH值对产物水泥浆性能的影响（室温）

pH值	流动度/cm	失水量/mL	pH值	流动度/cm	失水量/mL
12.4	22.5	30	12.8	剪切稀释	43
12.6	22.0	41	13.2	剪切稀释	57

注：n（PAM）∶n（HCHO）∶n（$NaHSO_3$）=1∶2∶1，反应时间为5h。

二、胺甲基化聚丙烯酰胺

由聚丙烯酰胺、甲醛和二甲胺的反应得到。产品为无色或淡黄色透明黏稠状胶体，略带氨味。属于有机阳离子型絮凝剂，由于对黏土颗粒吸附能力强，因此絮凝效果优于阴离子絮凝剂。由于分子中含有季铵基团，对细菌有一定的抑制作用。它是最早应用的絮凝剂，由于固含量低，用量大，生产和运输麻烦，目前很少应用。

以胺甲基聚丙烯酰胺作为絮凝剂，对姬塬采油区采出污水进行絮凝处理表明，随着胺甲基聚丙烯酰胺投加量和胺甲基含量的增加，水中铁含量、油含量明显降低，透光率明显增加。当胺甲基聚丙烯酰胺的加量为2mg/L、胺化率为78.8%时，絮体形成快、沉降快，且处理后水透光率可达98%、残留铁量为0.30mg/L、悬浮物及油含量分别为0.2mg/L、0.308mg/L[19]。

（一）反应原理

PAM的Mannich反应的加料方式有一步法和二步法两种。一步法加料方式为甲醛和二甲胺预反应后再加入，其反应过程如下：

$$HCHO + CH_3-NH-CH_3 \longrightarrow HO-CH_2-N(CH_3)_2 \tag{3-1}$$

$$-[CH_2-CH(CONH_2)]_p- + HO-CH_2-N(CH_3)_2 \longrightarrow -[CH_2-CH(CONH_2)]_m-[CH_2-CH(CONH-CH_2-N(CH_3)_2)]_n- \tag{3-2}$$

二步法加料，即先加甲醛进行羟甲基化反应生成羟甲基聚丙烯酰胺，然后加二甲胺进行胺化反应得胺甲基化聚丙烯酸胺，其反应如式（3-3）、式（3-4）所示。在制备中一般都是采用二步法加料方式，其中羟甲基化反应的反应温度为45～60℃，反应时间为1～2h，pH＝10～11；胺化反应温度在70～75℃左右，反应时间为0.5h左右，pH＝10～12。

$$-[CH_2-CH(CONH_2)]_p- \xrightarrow{HCHO} -[CH_2-CH(CONH_2)]_m-[CH_2-CH(CONH-CH_2OH)]_n- \tag{3-3}$$

$$-[CH_2-CH(CONH_2)]_m-[CH_2-CH(CONH-CH_2OH)]_n- \xrightarrow{CH_3-NH-CH_3} -[CH_2-CH(CONH_2)]_m-[CH_2-CH(CONH-CH_2-N(CH_3)-CH_3)]_x-[CH_2-CH(CONH-CH_2OH)]_y- \tag{3-4}$$

（二）PAM的羟甲基化及胺基化

羟甲基化及胺基化是胺甲基聚丙烯酰胺制备的基础。将PAM配成3%的水溶液，加入带搅拌和回流冷凝器的反应器中，再加入一定量的甲醛，用二乙醇胺或盐酸调节pH值，在40～70℃反应一定时间，得MPAM，取样测定羟甲基化率（R_M）。然后再加入一定量的二甲胺，在一定温度下进行氨基化反应。反应结束后，将反应产物用甲醇沉淀分离，干燥，得APAM，取样测定氨基化率（R_A），即阳离子度[20]。研究了原料配比、反应时间对羟甲基化和胺甲基化反应的影响。

PAM的酰胺基上的氢原子具有与单体一样的活性，可与甲醛进行羟甲基化反应。如图3-29所示，在羟甲基化反应中，随着甲醛用量的增加，羟甲基化率增大。甲醛与PAM结构单元物质的量比为1∶1时，羟甲基化率R_M接近60%；继续加大甲醛的用量，PAM的R_M不仅不再明显增加，反而会使体系中甲醛的残余量增大。在实验条件下，甲醛和PAM物质的量比为（1∶1）～（1∶1.1）较适宜。在不同pH值下，测定PAM在60℃下进行羟甲基化反应时，反应时间对R_M的影响（图3-30）。由图3-30可以看出，在碱性条件下进行PAM的羟甲基化反应时，反应速率快，R_M高。pH值为9和11时，反应90min，R_M已趋于恒定，再延长反应时间，羟甲基化率变化不大。实验还发现在碱性条件下反应，产物不易产生凝胶；在酸性条件下反应时，不仅反应速率慢，羟甲基化率低，而且易发生式（3-5）所示的交联反应而产生凝胶。因此，聚丙烯酰胺的羟甲基化反应宜在碱性条件下进行。

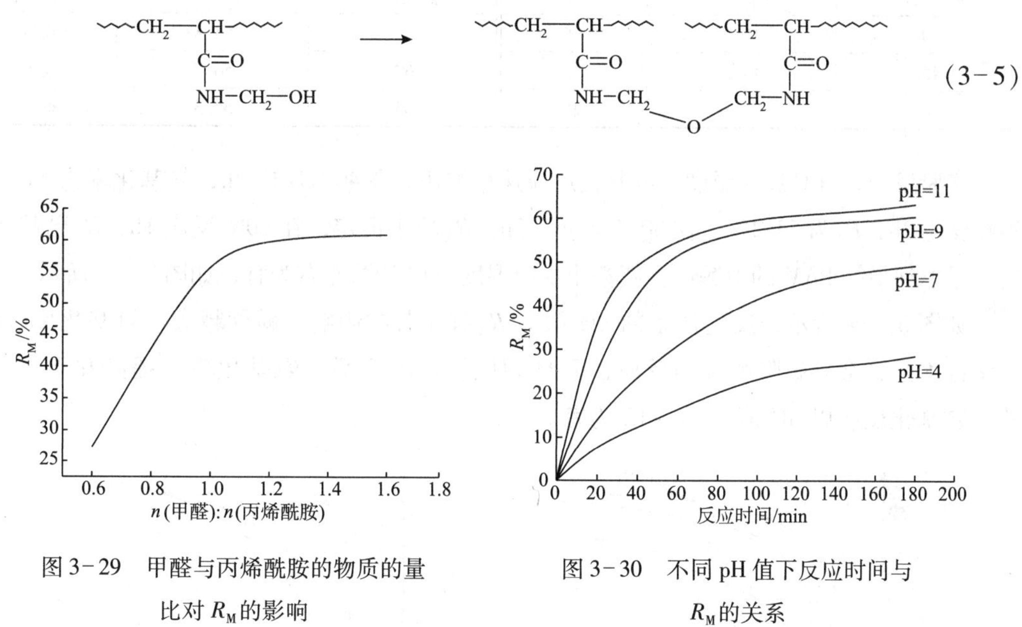

图3-29 甲醛与丙烯酰胺的物质的量比对R_M的影响

图3-30 不同pH值下反应时间与R_M的关系

图3-31反映了pH值为9时，羟甲基化反应温度对R_M的影响。由图3-31可见，羟甲基化3h后，羟甲基化率为47.8%；70℃反应40min后，羟甲基化率已达46.4%。因此，提高温度，可以缩短反应时间，但温度过高，会同时加速交联、水解等副反应，故羟甲基化反应温度也不宜太高。

如图3-32所示，将R_M为60.5%的PAM在50℃与二甲胺进行反应时，随着二甲胺用量的增大，氨基化率R_A增加；但进一步增加二甲胺用量，R_A提高并不明显。二甲胺与PAM物质的量比以1.2为宜。

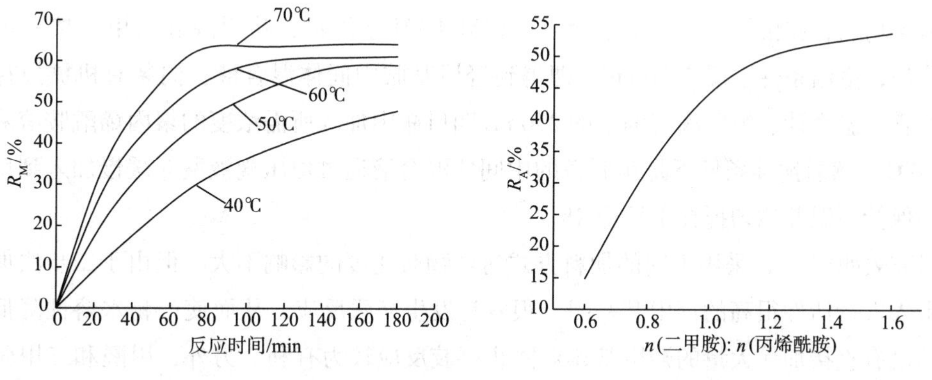

图3-31 不同温度下反应时间与R_M的关系

图3-32 二甲胺用量与R_A的关系

氨基化反应温度对R_A及溶解性的影响见表3-25。由表3-25可见，温度越高，氨基化率越高，但温度的升高同时也加速了交联反应，使最终产品的溶解性下降；氨基化反应温度高于55℃时，最终产物的溶解性明显下降。因此，氨基化反应在60℃以下进行为宜。

表3-25 胺基化反应温度对胺基化率及溶解性的影响

温度/℃	R_A/%	溶解性	温度/℃	R_A/%	溶解性
40	41.2	好	55	54.8	较好
45	46.9	好	60	56.7	较差
50	51.3	好	65	58.3	难溶

实验发现，升高反应温度，氨基化反应速率加快。在40℃反应2h，氨基化率为44.3%，50℃反应2h，R_A为53.2%。在50℃反应1.5h，R_A趋于恒定；在60℃反应1h，R_A已趋于恒定。考虑到最终PAM的溶解性，氨基化反应温度应在50℃左右为宜，如图3-33所示。

如图3-34所示，反应体系的pH值对R_A有显著的影响，碱性越大，氨基化率越高，但碱性太强，会导致降解等副反应，而且pH值大于12后，氨基化率的提高并不大；显然，氨基化反应以pH值为11~12为宜。

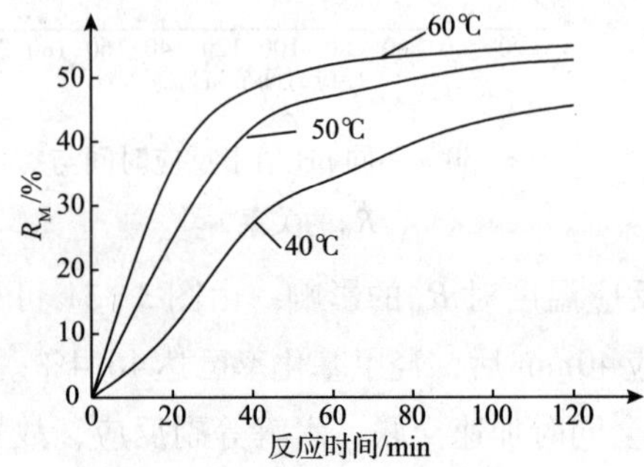

图3-33 反应时间与胺基化率的关系

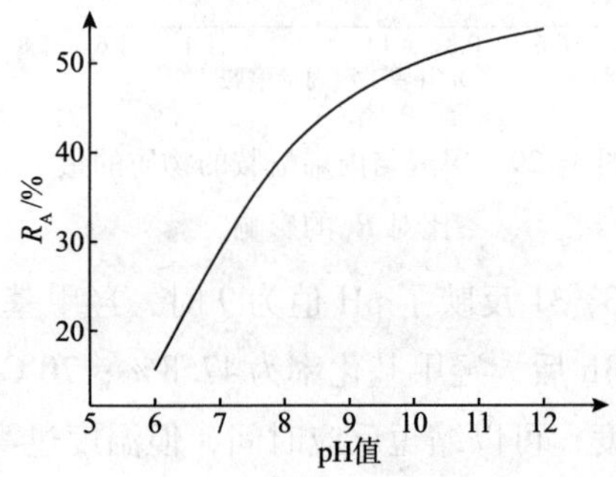

图3-34 pH值与R_A的关系

（三）制备实例

1. 二甲胺与PAM的胺甲基化反应产物

用惰性气体驱除单体丙烯酚胺水溶液中的溶解氧，升温至60℃，加入引发剂过硫酸钾，搅拌均匀，在惰性气体保护下聚合，得到PAM水溶液；将甲醛和二甲胺按一定比例混合均匀，室温条件下反应20min，即得到羟甲基胺中间体混合液；向装有机械搅拌、回流冷凝管、温度计、恒压滴液漏斗的250mL四口瓶中加入所需浓度的聚丙烯酰胺溶液，升温至40℃，然后搅拌条件下将预制备的中间体混合液通过恒压滴液漏斗缓慢加入到反应体系内，保持恒温并均匀搅拌下反应4h。

研究表明[21,22]，采用不同的加料方式对产物胺化度的影响不大。但由于二步法加料方式中带入大量活性很高的羟甲基基团，很容易发生交联反应，从而使产物水溶性降低；一步法因没有直接加入大量的羟甲基，对防止凝胶反应较为有利。另外，甲醛和二甲胺预反应后加入，反应温度容易控制，但甲醛和二甲胺生成羟甲基二甲胺的反应非常迅速，放热激烈，要注意反应过程的冷却。

聚丙烯酰胺相对分子质量为8×10^4，PAM的质量分数为5%，n（PAM）∶n（HCHO）∶n［NH（CH_3）$_2$］=1∶1∶1.2，反应温度为40℃时，反应前期1h内，反应进行较快；1h至1.5h之间，反应进行缓慢；2.5h产品离子度达到最大值，之后再进一步延长反应时间，产品离子度反而有所下降，这可能是由于较高的反应温度加快了产品的水解速度。综合考虑反应时间对胺甲基化聚丙烯酰胺离子度和水解速度的双重影响，反应时间为2.5h较为合适。当聚丙烯酰胺相对分子质量为8×10^4，PAM质量分数为5%，n（PAM）∶n（HCHO）∶n［NH（CH_3）$_2$］=1∶1∶1.2，反应时间为30min，温度为30～50℃时，随着反应温度的升高，胺甲基化聚丙烯酰胺离子度由38%提高至64%。温度为45℃时，胺甲基化聚丙烯酰胺离子度达到62%，此时温度适中，水解、交联等副反应速率较低，故选择反应温度为45℃。

如表3-26所示，当聚丙烯酰胺相对分子质量为8×10^4，PAM质量分数5%，反应时间为2.5h，反应温度为45℃，甲醛与二甲胺物质的量比为1∶1.2时，产品离子度随甲醛与二甲胺用量的增加而提高，此条件下所得产品室温放置三个月无交联发生。保持甲醛用量不变，产品离子度随二甲胺用量的减少而降低。甲醛过量时，所得产品室温放置一周后发生交联，这说明二甲胺过量时，甲醛残余量降低，产品稳定，不易发生交联。在实验条件下，n（PAM）∶n（HCHO）∶n［NH（CH_3）$_2$］为1∶1∶1.2较好。

表3-26 原料配比对胺甲基化聚丙烯酰胺离子度的影响

n（PAM）∶n（HCHO）∶n［NH（CH_3）$_2$］	离子度/%	n（PAM）∶n（HCHO）∶n［NH（CH_3）$_2$］	离子度/%
1∶0.4∶0.48	39	1∶1∶1.2	76
1∶0.6∶0.72	56	1∶1.5∶1.8	82
1∶0.8∶0.96	65	1∶1∶0.8	71

当聚丙烯酰胺相对分子质量为8×10^4，n（PAM）∶n（HCHO）∶n［NH（CH_3）$_2$］=1∶1∶1.2，反应时间为2.5h，反应温度为45℃时，随着聚丙烯酰胺质量分数的增加，胺甲基化聚丙烯酰胺离子度逐渐降低。实验表明，当PAM质量分数为5%时，产品离子度可以达到78%。虽然随着聚丙烯酰胺浓度的增加，反应体系黏度逐渐增大，产品离子度会随之下降，但质量分数为20%时，产品离子度仍然可以达到60%以上。

当反应时间为2.5h，反应温度为45℃，n（PAM）∶n（HCHO）∶n［NH（CH_3）$_2$］=1∶1∶1.2，PAM质量分数在8%～8.7%时，可以有效地对不同相对分子质量的聚丙烯酰胺进行胺甲基化反应，所得胺甲基化聚丙烯酰胺离子度均在70%及以上（表3-27）。

表3-27 不同相对分子质量的PAM制备胺甲基化聚丙烯酰胺离子度

PAM相对分子质量/10^4	PAM质量分数/%	离子度/%	PAM相对分子质量/10^4	PAM质量分数/%	离子度/%
3.0	8.0	79	40.8	8.3	76
20.2	8.7	75	81.1	8.2	70
30.9	8.2	78			

2. 其他二烷基胺与 PAM 的胺甲基化反应产物

以 N－甲基乙胺或二乙胺等代替常用的二甲胺，通过 Mannich 反应可以将聚丙烯酰胺（PAM）改性为阳离子聚丙烯酰胺（CPAM）[23]。其制备过程为：将 100g 质量分数为3%～5%的 PAM（相对分子质量 $>1\times10^7$）溶液加入到 250mL 三口烧瓶中，升温，均匀搅拌，加入适量甲醛和胺（两步法为先加甲醛，约 1h 反应完全后，再加入胺；一步法为甲醛与胺相继加入），反应一定时间后，冷却出料。用胶体滴定法测其胺化度。

将各种产物配成质量分数为 1% 的溶液，加入装有含油污水的比色管中，盖上塞子，上下摇动使其混合均匀，放入 70℃ 恒温水浴锅中静置，观察并记录絮体出现时间、絮体状态，用油分仪测含油量，用分光光度计测透光率。

研究表明，影响合成反应及产物性能的因素主要有加料方式、原料配比和反应温度等。

由于在酸性条件下易发生交联反应，而在碱性条件下能抑制交联，所以用惰性物乙二醇调节体系 pH 值为 11～12。比较了用于改性 PAM 的胺，如二甲胺（DMA）、二乙胺（DEA）、N－甲基乙胺（MEA）、乙二胺（EDA）、N，N－二甲基丙二胺（DMADA）和 N－甲基二叠氮基己烷（MDAH）等，结果见表 3－28。其中 DMA 为常用胺，价格便宜且易得，但考虑到胺上的烷基链长可能会增加 PAM 链的疏水性，从而提高产物在絮凝过程中的絮凝速度，故对不同反应产物进行了对比实验，结果见表 3－29。

由于将仲胺接到 PAM 上后 PAM 溶液的黏度会增加，故可从外观黏度的变化来判断反应的发生。从表 3－28 可看出，DEA、MEA、DMADA 反应较快，DMA、EDA 反应较慢，MDAH 在该条件下不发生反应。从表 3－29 可见，DEA、MEA、DMADA、DMA 都有较好的除油效果，而 EDA 除油效果较差，可能是胺化率太低的缘故。

表 3－28　不同胺的 Mannich 反应快慢比较

胺的类型	DMA	DEA	MEA	EDA	DMADA	MDAH
外观黏度变化所需时间/min	90	20	35	120	75	—

注：w（PAM）＝3%，n（PAM）：n（HCHO）：n（胺）＝1：0.8：1.2，反应温度为 80℃。

表 3－29　絮凝效果比较

胺的类型	DMA	DEA	MEA	EDA	DMADA	原水
出现絮状快慢	快	快	快	慢	快	
含油量/（mg/L）	15.2	6.5	4.1	60.8	23.6	109.5
色度	35	20	10	80	50	

注：产物添加量为 30mg/L。

甲醛与胺的加入可以采用两次加料，也可以采用一次加料，不同的加料方式对胺化度的影响见表 3－30。由表 3－30 可以看出，两次加料的胺化度高于一次加料，这是由于通常在反应初期反应物浓度较高，反应速率快，随着反应的进行，反应物浓度降低，反应速率下降；若分批加入，原料中的反应物波动较小，其胺化反应程度也有所提高。同时分开加也避免甲醛与胺先发生反应，从而保证甲醛能较彻底地与 PAM 反应。加料顺序对不同的胺影响程度不同，DMA 两种加料方式的胺化度区别相对较小，这既与胺的结构不同有关，又与它们在水中的溶解热不同有关。市售 DEA、MEA 的含量都在 95% 以上，加入反应体系后产生的热量大，这些热量促使反应很快发生，易导致交联反应。所以两次加料方式优于一次加料。

表 3-30　加料方式对胺化度的影响

胺	胺化度/%		胺	胺化度/%	
	一次性加料	两次加料		一次性加料	两次加料
DMA	32.2	38.6	MEA	30.2	45.2
DEA	26.6	36.1	DMADA	41.6	50.8

注：w（PAM）=3%，n（PAM）∶n（HCHO）∶n（胺）=1∶0.8∶1.2，反应温度 80℃。

对于 Mannich 反应，胺与甲醛量的配比尤其重要。固定反应温度与反应时间，PAM、甲醛与胺的物质的量比对所得产物胺化度的影响见表 3-31。由表 3-31 可知，甲醛与 PAM 的比例为 1∶1 或 0.8∶1 时对胺化度影响不大，选用后者可以减少最终的残余量，对反应的顺利进行和产物的储存有利。DMA、DEA 或 MEA 与甲醛的物质的量比必须大于 1.2∶1，产物才不发生交联，而 DMADA 与甲醛的比例须在（1.2∶1）~（3∶1）之间时才不会交联。甲醛过量出现交联是由醛与 PAM 链节生成的甲基醇胺发生脱水反应而产生，反应见式（3-5）。使胺稍过量，减少醇胺与醇胺之间的接触时间与空间即可抑制这种交联。而 DMADA 过量产生的交联是因为 DMADA 有两个活性胺基，阳离子度太高时易产生如式(3-6）所示的交联反应。

表 3-31　原料配比对胺化度的影响

n（PAM）∶n（HCHO）∶n（胺）	胺化度/%			
	DMA	DEA	MEA	DMADA
1∶1∶0.5	交联	交联	交联	交联
1∶1∶1.2	32.2	20.1	36.0	43.0
1∶0.8∶1.2	30.2	21.5	38.6	40.5
1∶1∶1.6	42.1	35.1	46.0	53.0
1∶0.8∶1.6	38.6	36.1	45.2	50.1
1∶1∶2.9	48.4	45.6	55.1	54.3
1∶0.8∶2.9	43.1	42.1	53.2	52.1
1∶1∶4.0	52.2	40.1	56.0	交联

$$\sim CH_2-CH(-C(=O)-NH-CH_2-OH)\sim \xrightarrow{CH_3NHC_3H_6NHCH_3} \sim CH_2-CH(-C(=O)-NH-CH_2-N(CH_3)-CH_2-CH_2-CH_2-N(CH_3)-CH_2-NH-C(=O)-)CH\sim \quad (3-6)$$

当 n（PAM）∶n（HCHO）∶n（胺）=1∶0.8∶1.6，反应时间为2h时，反应温度对产物胺化度的影响见图3-35。反应温度为50℃时，反应时间对产物胺化度的影响见图3-36。如图3-35所示，随着温度的升高，反应速率加快，胺化度增加。DMA、DMADA在低温时转化率不高，而DEA、MEA在较低温度下就有较高的胺化度，MEA在50℃时反应的胺化度达到54%，说明DEA、MEA比DMA、DMADA易于反应。由图3-36可看出，随着反应时间的延长胺化度增加，且增加均在一短时间内进行，超过一定时间后变化不明显；不同胺的产物黏度增加时间不一样，MEA最快，DMA较慢，这进一步说明DEA、MEA不仅反应起始温度低而且反应速率快。

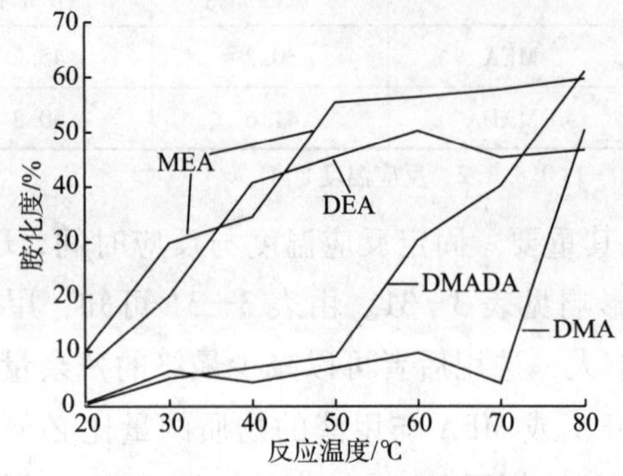

图3-35　反应温度对胺化度的影响

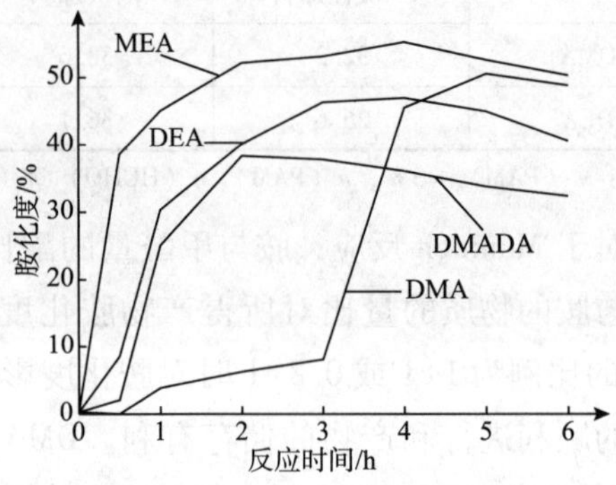

图3-36　反应时间对胺化度的影响

在同样反应条件下不同相对分子质量PAM的胺化度有差别，PAM的相对分子质量越大，改性得到的胺化度越低。这是由于同一个分子链上的酰胺基在反应中存在空间位阻效应，而且相对分子质量高的PAM分子链伸展性不好，所以反应效率不高（表3-32）。

表3-32　PAM的相对分子质量与胺化度的关系

相对分子质量/10^4	340	754	957	1230	1325	1700
胺化度/%	50.3	48.2	40.0	35.1	32.0	30.1

注：w（PAM）=3%，n（PAM）∶n（HCHO）∶n（胺）=1∶0.8∶1.2，反应温度为80℃。两次加料方式。

实验主要研究的是相对分子质量高于1×10^7的PAM在水溶液中进行Mannich反应，其溶液黏度较大，给操作及产物的应用带来不便，故在不降低产物相对分子质量的前提下适当降低溶液的黏度成为优化产物性能的重要一步。在水溶液中高分子的链越长，链越伸展，则溶液的黏度越大，因此试图加入添加剂使高分子链卷曲，以降低溶液的黏度。

表3-33为PAM质量分数为3%的溶液胺化前后的黏度对比，可以看出胺化后黏度增加较大。表3-28～表3-30为加入不同添加剂对聚合物黏度的影响。

由表3-34～表3-36可知，以表面活性剂的效果最佳，当质量浓度为0.5g/L时即可将溶液黏度由6Pa·s降至4.6Pa·s，因为它不仅能遮蔽高分子内的有效电荷，而且在一定程度上降低了高分子的表面亲水能力，使高分子链有效卷曲，从而降低溶液黏度。继续增加表面活性剂的用量对黏度的影响不大，且超过一定量时，表面活性剂的存在会影响其使用时的反相破乳效果。所以用量以0.55g/L为宜。

表3-33 PAM溶液胺化前后的黏度对比

相对分子质量/10^4	340	754	957	1230	1325	1700
胺化前黏度（30℃）/Pa·s	0.7	1.2	2.3	3.5	5.1	6.1
胺化后黏度（30℃）/Pa·s	1.3	2.9	3.5	4.5	6.0	7.5

注：n（PAM）：n（HCHO）：n（胺）=1:0.8:1.2。

表3-34 氯化钠对黏度的影响

氯化钠浓度/（g/L）	0	0.1	0.5	1	2
黏度（30℃）/Pa·s	6.0	5.8	5.4	5.2	5.3

注：PAM的相对分子质量为1.076×10^7，w（PAM）=3%，胺化度约为50%，NaCl以质量分数为10%的水溶液加入。

表3-35 磷酸钠对黏度的影响

磷酸钠浓度/（g/L）	0	0.05	0.1	0.5	1
黏度（30℃）/Pa·s	6.0	5.0	4.8	析出固体	析出固体

注：PAM的相对分子质量为1.076×10^7，w（PAM）=3%，胺化度约为50%，Na_3PO_4以质量分数为10%的水溶液加入。

表3-36 表面活性剂对黏度的影响

表面活性剂浓度/（g/L）	0	0.05	0.1	0.5	1	2
黏度（30℃）/Pa·s	6.0	5.8	5.4	4.6	4.5	4.5

注：PAM的相对分子质量为1.076×10^7，w（PAM）=3%，胺化度约为50%，表面活性剂为非离子型，以质量分数为10%的水溶液加入。

3. 两性离子型高相对分子质量聚丙烯酰胺

通过胺甲基化反应和水解反应可以得到两性离子型的聚丙烯酰胺[24]，其制备过程如下。

将100g质量分数为3%～5%的PAM溶液加入到250mL三口烧瓶中，升温到50℃，搅拌均匀，以有机胺调节pH值呈偏碱性，加入适量甲醛（HCHO）和二乙胺（DEA），使n（PAM）：n（HCHO）：n（DEA）=1:0.8:1.6，采取两次加料方式反应2h，冷却出料。在上述装有CPAM溶液的烧瓶里加入按比例配制的水解剂溶液，在45℃搅拌反应2h，即得到目标产物。

研究表明，影响水解反应的因素主要有水解剂、水解时间和胺化度。常用的水解剂有NaOH、Na_2CO_3，水解剂对PAM和阳离子度为42%的CPAM的影响见表3-37。由表3-37可见，CPAM的水解与PAM相似，用Na_2CO_3比用NaOH时的水解度高。由于CPAM分子链中的部分酰胺基被胺甲基化，加上空间位阻效应，其水解度低于PAM；同样条件下，CPAM最高水解度为15.7%，PAM的最高水解度大于30%。

表 3-37　水解剂对 PAM 及 CPAM 水解度的影响

n（水解剂）：n（PAM）	水解度/%		n（水解剂）：n（CPAM）	水解度/%	
	NaOH	Na_2CO_3		NaOH	Na_2CO_3
0.06	4.2	5.2	0.06	2.0	2.5
0.1	8.3	10.2	0.1	7.2	8.2
0.2	15.2	21.6	0.2	8.3	10.9
0.3	23.6	28.1	0.25	9.1	14.2
0.35	25.5	30.1	0.3	11.8	15.7
0.4	26.5	30.8	0.35	12.2	15.2

注：45℃水解 2h，PAM 及 CPAM 的质量分数为 3%。

表 3-38 是在不同温度下，用相对分子质量为 1×10^7 的 PAM 合成的胺化度为 42% 的 CPAM，在 CPAM 质量分数为 3%，用 Na_2CO_3 为水解剂，当 n（Na_2CO_3）：n（CPAM）= 0.3∶1，反应 2h 时，反应温度对水解度的影响。由表 3-38 可看出，水解温度在 35～45℃较好。

表 3-38　水解温度对 CPAM 水解度的影响

反应温度/℃	水解度/%	反应温度/℃	水解度/%
20	—	45	15.7
30	11.5	60	降解
35	12.3		

注：水解 2h，n（Na_2CO_3）：n（CPAM）=0.3∶1。

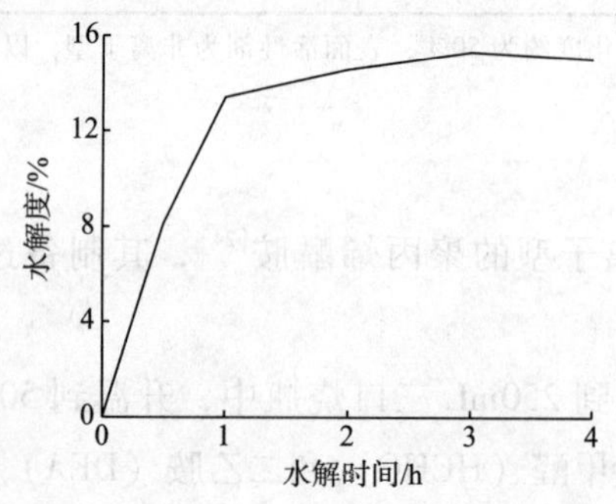

图 3-37　水解时间对 CPAM 水解度的影响

如图 3-37 所示，水解温度为 45℃，n（Na_2CO_3）∶n（CPAM）为 0.2～0.25，反应条件一定时，反应时间控制在 2h 即可。

由于起始物为 Mannich 碱，所以 Mannich 反应的胺化度对水解度有一定的影响。胺化度越高可供水解反应的官能团越少，并存在胺化基团的物化作用和空间排斥效应，所以胺化度越高水解度越小。表 3-39 为 CPAM 胺化度与水解度的关系。由表 3-33 可见，胺化度越高，水解度越低，因此可以根据需要选择不同反应条件而得到的不同胺化度与水解度的产物。

表 3-39　CPAM 胺化度对水解度的影响

胺化度/%	水解度/%	胺化度/%	水解度/%
0	30.5	41.3	15.5
30.1	21.3	50.2	10.7
39.8	18.2		

注：45℃水解 2h，n（Na_2CO_3）：n（CPAM）=0.3∶1。

此外，在碱性条件下，以聚丙烯酰胺为主链，用甲醛和二乙烯三胺与支链上的酰胺基发生胺化接枝反应，可制得一种多胺型阳离子有机高分子絮凝剂（XPAM），用 XPAM 处理对含铅废水，当絮凝剂用量为 2mL、沉降时间为 20min、溶液 pH 值为 3 ~ 6 时，对含铅废水中铅离子的去除率可达到 90%[25]。其合成过程为：按照 PAM∶甲醛∶二乙烯三胺物质的量比为 1∶0.7∶0.84，取 1% 的聚丙烯酰胺溶液 100mL，用氢氧化钠溶液调其 pH 值在 9 左右，将其置于三口瓶中，向三口瓶中加入一定量的甲醛溶液，在 45 ~ 50℃ 温度下反应 1h 后，再向三口瓶中缓慢滴加一定量的二乙烯三胺，继续反应 3h，得到多胺型阳离子聚合物絮凝剂（XPAM）。

三、交联聚丙烯酰胺

（一）亚甲基交联聚丙烯酰胺（MPAM）

亚甲基交联聚丙烯酰胺（MPAM），也叫甲叉基聚丙烯酰胺，是丙烯酰胺与少量的 N，N′ - 亚甲基双丙烯酰胺共聚得到的交联聚合物。水溶液是无臭、无味、无毒、无色的透明状凝胶体，遇强氧化剂可发生断链降解，对光、热稳定性较好，一年内不发生质量变化。不溶于乙醚、丙酮等有机溶剂，在醇水比例较低时，有利于提高压裂液的稳定性，乙醇浓度过高，会使水溶液中氢键遭到破坏发生脱水反应而失去增稠能力。在一定温度下可与 NaOH 反应生成部分水解甲叉基聚丙烯酰胺（PHMP），使部分酰胺基转化成羧酸钠盐，呈现出阴离子性能。由于分子内电荷排布状态的改变，聚合物分子变成伸展状态，黏度明显增加。并且羧酸盐比酰胺基具有更强的水合能力，因而可进一步提高产品的水溶性。K^+、Na^+ 等一价金属离子对产品增稠能力影响较小，而对 Ca^{2+}、Mg^{2+}、Fe^{3+} 等离子比较敏感。在酸性条件下可与铬矾、铝矾等化合物发生交联作用形成网状结构凝胶体。

亚甲基交联聚丙烯酰胺的制备过程如下。

将 995 份质量分数为 8.16% 的丙烯酰胺水溶液和 4.2 份质量分数为 0.118% 的亚甲基双丙烯酰胺水溶液加入反应釜中并混匀。在常温下通氮 60min，然后加入 0.8 份质量分数为 5.9% 的过硫酸铵水溶液，并在氮气保护和不断搅拌下缓慢升温；待开始聚合后（有拉丝现象），于 60℃ 下恒温反应 2h，降温出料得到透明黏稠状的亚甲基交联聚丙烯酰胺凝胶体。亚甲基交联聚丙烯酰胺（MPAM），经水解、羟甲基化、氨甲基化反应，可以得到N -（二甲氨基甲基）甲叉聚丙烯酰胺（MAMPAM）。

粉状甲叉基聚丙烯酰胺制备方法[26]：将质量分数为 10% 左右的丙烯酰胺水溶液，经浓缩塔将质量分数提高至 30%，经阳离子交换树脂柱和阴离子交换树脂净化后泵入反应釜，开始搅拌，将占丙烯酰胺质量的 0.005% 的 N，N′ - 亚甲基双丙烯酰胺、0.05% 的氮氚三乙酸钠，4% 的硼酸，0.6% 的乙二胺，依次加入反应釜，开始搅拌，通入氮气 15min，再加入 5% 的氨水和 1.5% 的冰乙酸，搅拌均匀后，加入 0.1% 的亚硫酸氢钠和 0.2% 的过硫酸铵，继续通氮气保护，2min 后关闭氮气，开始引发聚合，浆液体积膨胀为原来的 3 ~ 4 倍，经 35min 将反应完成后的浆液送入捏合机内通入蒸汽、开始搅拌，蒸汽压控制在

0.9MPa，6h 完全烘干，再将烘干的物料冷却后送粉碎机粉磨至 60～80 目（0.25～0.177mm），即得粉状产品。

（二）聚丙烯酰胺交联微球

交联型聚丙烯酰胺由于具有吸水、保水和溶胀等性能，可用作土壤保水剂、油田堵水剂和尿不湿材料。目前国内外广泛采用部分水解聚丙烯酰胺类凝胶型堵水剂调剖堵水的工艺，但该工艺存在部分水解聚丙烯酰胺类凝胶型调剖堵水剂耐温和耐盐性差等缺点。实践表明各种交联度的聚丙烯酰胺微球（PAMCMS）用于调剖堵水具有更好的效果[27]。

聚丙烯酰胺交联微球制备方法如下。

室温下，在装有温度计、搅拌器和冷凝回流装置的四口瓶中加入 0.428g 的分散剂 Span－80 和 40mL 的环己烷，控制一定的搅拌转速 300r/min，搅拌混合均匀。将 7.1g 的单体 AM 和 0.154g 交联剂 Bis－A 溶解在 15mL 的去离子水中，溶解完全后加入 0.135g 的引发剂 KPS，搅拌至 KPS 完全溶解，将混合液加入四口瓶中。将四口瓶置于 50℃ 的恒温水浴中，在 N_2 保护下，缓慢升温至 65℃，继续反应 4h，撤去加热装置，冷水冷却至室温，即得产物 PAMCMS。

研究发现，在产品合成中影响 PAMCMS 粒径的因素包括搅拌速度、引发剂用量、分散剂用量和油水比等。

如图 3－38 所示，当原料配比和反应条件一定时，随着搅拌转速的提高，PAMCMS 的粒径在一定范围内（150～300r/min）呈现明显减小的趋势，这是因为随着搅拌转速的提高，剪切作用增强，单体液滴进一步分散成更小的液滴，根据悬浮聚合机理，单体液滴的大小决定聚合物最终的粒径，因此 PAMCMS 的平均粒径减小；当搅拌转速超过 300r/min 时，提高搅拌转速难以使单体液滴的粒径进一步明显减小，因此 PAMCMS 粒径减小的程度变慢。此外，当搅拌转速较低时，单体小液滴之间相互聚集的几率增加，使 PAMCMS 粒径分布不均匀。为获得粒径分布相对较窄的 PAMCMS，应控制搅拌转速不低于 300r/min。

图 3－39 表明，原料配比和反应条件一定时，随引发剂用量的增加，PAMCMS 的平均粒径明显增大。这可能是由于增加引发剂用量，单位时间内引发剂分解形成自由基的数目增多，假定单个聚合物链的增长速率相同，故生成的聚合物相对分子质量减小，聚合物在水相中的溶解度增大，但由于交联剂的作用，初始颗粒间的聚结几率增加，导致生成的 PAMCMS 平均粒径增大。为了得到粒径较小的 PAMCMS，应控制引发剂用量在 0.09～0.135g 之间。

实验发现，当原料配比和反应条件一定时，Span－80 用量低于 0.214g 时，反应体系稳定性差，易出现结块和爆聚等现象；当 Span－80 用量大于 0.428g 时，体系稳定性好，未发现结块和爆聚等现象，得到的 PAMCMS 粒径分布较均匀，这是由于分散剂用量较少时，体系稳定性随分散剂加入量的变化较为明显，分散剂浓度越低，体系的稳定性越差。随着分散剂用量的增加，PAMCMS 的平均粒径减小。这是因为在相同的搅拌转速下，增加分散剂的用量使稳定单体液滴的比表面积增大，含有单体 AM 的水相能分散成更多更小的液滴，由于分散剂的稳定作用阻碍了单体小液滴间的黏结，体系趋于稳定，最终得到平均粒径更小的 PAMCMS。为得到粒径较为均一的 PAMCMS，分散剂用量为 0.428 ~ 0.535g 较好，所得微球平均粒径大约在 13 ~ 15μm。随着体系中环己烷含量的增加，PAMCMS 的平均粒径逐渐减小。这是因为体系中环己烷的含量越高，水的相对含量越低，而体系中分散剂的用量保持不变，使含有 AM 的水相单体小液滴在环己烷连续相中更加分散，减少了单体小液滴间相互聚集的几率，最终得到平均粒径更小的 PAMCMS。为得到较小粒径的 PAMCMS，油水比为 3.3 ~4 较好，所得微球平均粒径大约在 8 ~ 12μm。

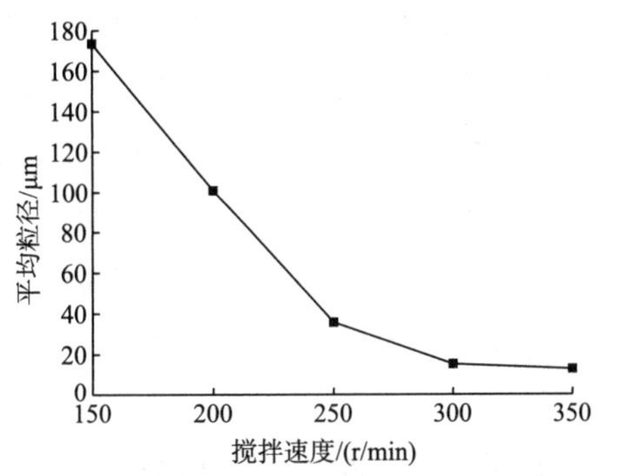

图3-38 搅拌速度对 PAMCMS 平均粒径的影响

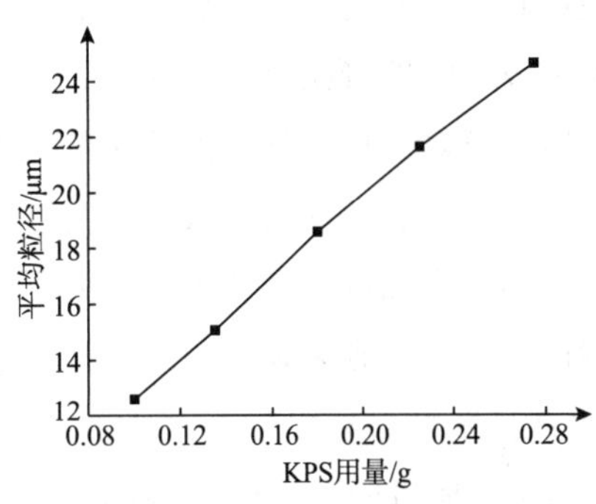

图 3-39 引发剂用量对 PAMCMS 平均粒径的影响

还可以通过改变交联剂用量及聚合方法制备球形的亚甲基交联聚丙烯酰胺。如，以丙烯酰胺（AM）为单体，N，N′-亚甲基双丙烯酰胺为交联剂，过硫酸钾（$K_2S_2O_8$）/亚硫酸氢钠（$NaHSO_3$）为引发剂，Span-80/Tween-80/TX-10 为乳化体系，在白油中进行反相乳液聚合，制备改性聚丙烯酰胺微球（PAM）。评价表明，所得聚丙烯酰胺微球，在水中溶胀 5d 后，粒径增大至 1μm，乳液能迅速分散在水中，且黏度低、耐剪切，可以被顺利注入到地层深部。在长庆油田进行现场应用表明，试验井均出现不同程度的增油，说明此微球在调剖堵水方面具有良好的效果[28]。

四、疏水缔合聚丙烯酰胺

由于普通的聚丙烯酰胺（PAM）在抗盐、抗温和抗剪切性能等方面存在一定的局限性，应用受到了很大的限制，为此提出了制备疏水缔合聚丙烯酰胺（HAPAM）的研制思路。HAPAM 是指在聚丙烯酰胺主链上带有少量疏水基团的一类新型水溶性聚合物，该类聚合物由于分子中的疏水基团相互作用，使大分子链发生分子间或分子内的缔合，而形成可逆的物理网状结构，与传统的 PAM 水溶液相比，这种结构使 HAPAM 的水溶液具有独特的流体力学性质，表现出良好的增黏、耐盐和耐温性能以及抗剪切力，这些独特的性能使其在油田化学，特别是聚合物驱方面具有良好的的应用前景[29]。

（一）溶液性质

研究表明，疏水缔合聚丙烯酰胺表现出不同于 PAM 的溶液性质，这可从下面的讨论中看出。

1. 聚合物溶液浓度与水溶液表观黏度的关系

如图3-40所示，PAM溶液的表观黏度随浓度的增加而平缓上升，而疏水缔合聚合物水溶液的表观黏度随聚合物浓度的增加而持续增加，当其浓度达到一定值以上时（临界浓度），其表观黏度急剧上升。这是由于疏水基团聚集导致的分子间缔合形成物理交链网络。同时，疏水基团含量越大，共聚物溶液表观黏度增幅越大，其临界缔合浓度越小。

2. 盐对表观黏度的影响

图3-41是质量分数0.3%的聚合物溶液在不同NaCl含量条件下的表观黏度。在实验含盐量范围内，相同浓度的疏水缔合系列聚合物的表观黏度均大于PAM的表观黏度。PAM溶液的表观黏度随盐的加入急剧下降，最后趋于一条直线。疏水缔合聚合物的黏度则表现出随盐含量的增加先上升后下降的特点。疏水单体含量提高，不仅表观黏度增加，且其抗盐性相应提高。盐的加入具有两方面的作用，一方面使溶剂极性增加，从而使疏水效应增强；另一方面屏蔽了分子内的离子基的相互作用，离子间的静电排斥作用减弱，聚合物链卷曲，宏观上则表现为黏度降低。这两种作用相互竞争，从而导致黏度的变化。

3. 温度对表观黏度的影响

图3-42是质量分数为0.3%的聚合物溶液表观黏度与温度的关系，从图中可见，当温度升高时，分子的热运动加快，疏水基团周围的水合层发生变化，分子之间的作用力即疏水缔合作用相对减弱，因此，有降低黏度的趋势，如聚丙烯酰胺溶液的黏度呈直线下降，另一方面，升高温度导致分子间的热运动加快，也促使了聚合物分子链间的接触几率增加，因而，由于缔合和解缔合的动态平衡，溶液的黏度-温度曲线便有可能出现极值。疏水单体的含量越大，耐温性越好，即若升高温度有利于平衡趋向于缔合，则溶液的黏度随温度升高而升高，反之亦然。

$n(C_{16}DMAAC)=0$
$n(C_{16}DMAAC)=1\%$
$n(C_{16}DMAAC)=2\%$
$n(C_{16}DMAAC)=3\%$
$n(C_{16}DMAAC)=4\%$
表观黏度/Pa·s
质量分数/%
0
4
8
12
16
0.0
0.1
0.2
0.3
0.4
0.5
0.6
0.7
0.8

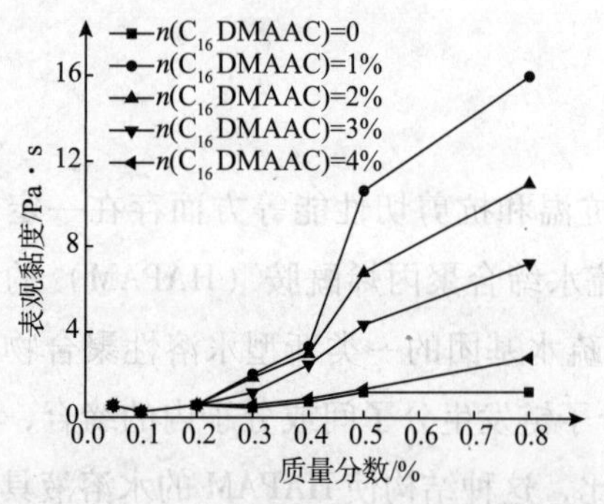

图3-40 不同疏水单体含量共聚物的黏度关系

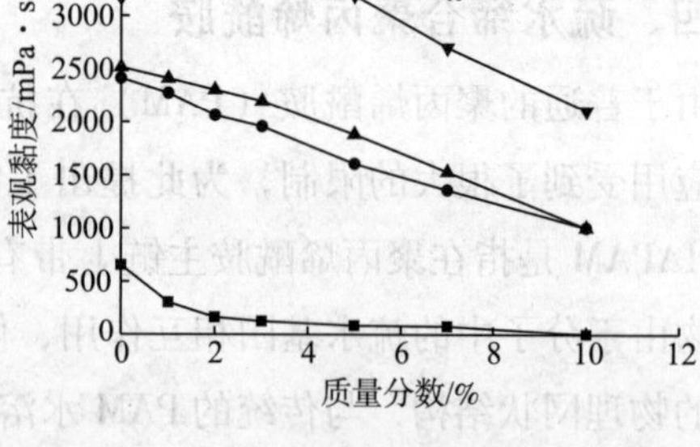

PAM
$n(C_{16}DMAAC)=0.5\%$
$n(C_{16}DMAAC)=0.8\%$
$n(C_{16}DMAAC)=1.0\%$
表观黏度/mPa·s
质量分数/%
0
500
1000
1500
2000
2500
3000
3500
4000
0
2
4
6
8
10
12

图3-41 盐对聚合物表观黏度的影响

4. 剪切速率对聚合物表观黏度的影响

从图3-43中可以看出，所有的质量分数为0.3%聚合物溶液的表观黏度均随剪切速率的增加而下降，表现出良好的剪切稀释性。疏水缔合聚合物的这种良好的剪切稀释性，有利于改善聚合物溶液的注入性和在溶液的流动过程的不同环节按照需要改善流变性。

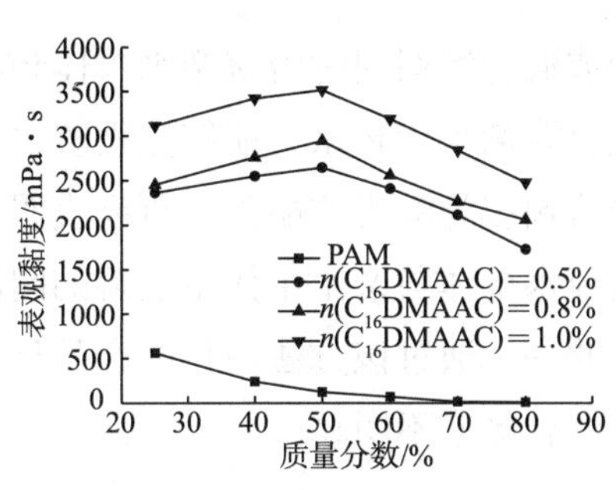

图 3-42 温度对表观黏度的影响

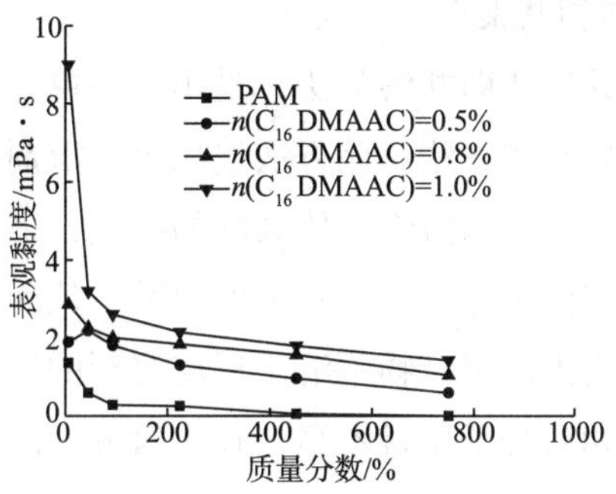

图 3-43 剪切速率对表观黏度的影响

图 3-44 是质量分数为 0.3% 的聚合物溶液经过剪切速率为 $750s^{-1}$ 剪切后表观黏度的恢复变化趋势。可以看出，随着时间的增加，疏水缔合聚合物的表观黏度逐渐上升，甚至接近未剪切时的黏度，表现出良好的可恢复性，而聚丙烯酰胺（PAM）却未能恢复。这说明，在高剪切速率条件下，分子缔合作用遭到破坏，黏度下降，但在停止剪切或低剪切条件下，分子间重新缔合，形成网状结构，体系黏度上升。这种剪切恢复性，在油田实际应用中有着非常重要的意义。

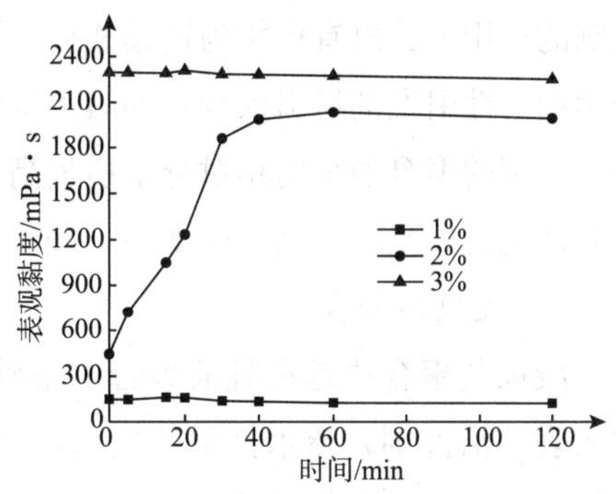

图 3-44 聚合物表观黏度与时间的关系

尽管疏水缔合聚丙烯酰胺表现出了良好的应用前景，但由于其主体仍然为聚丙烯酰胺，PAM 分子链上的酰胺基的水解是否会影响产物的性能，或者使疏水缔合作用消失，还需要在未来的研究和实践中证实。可以肯定在保证大分子在使用环境下稳定的前提下，疏水缔合聚合物的优势会逐步展现。

（二）HAPAM 的合成方法

由于疏水单体与水溶性单体 AM 的不相容性，致使 HAPAM 的聚合工艺非常复杂，其合成方法可以分为两大类，一类是使疏水单体与 AM 发生共聚反应的共聚合法，另一类则是以 PAM 或疏水聚合物为母体的化学改性法。

1. 共聚合法

共聚合法是在一定的条件下，水溶性单体 AM 和某种疏水单体通过共聚合反应，生成分子链上同时含有疏水基团和亲水基团共聚物的一种聚合方法。由于混合方法的不同，共聚合法又分为以下几种。

1）非均相共聚

非均相共聚法是利用机械搅拌使疏水单体以微细颗粒状态直接分散于水中与 AM 发生共聚的方法，也是最早提出的制备 HAPAM 的方法。由于该方法难以控制聚合物的组成和共聚效果，且重复性较差，因此现在基本上已经不再使用。

2）均相共聚

均相共聚法即共溶剂法，是用某一单一溶剂或混合溶剂同时溶解亲水单体和疏水单体而实现共聚合的方法。该方法选用单一溶剂或混合溶剂来代替水，能够克服疏水单体不溶于水从而无法与水溶性单体共溶的缺点，采用的溶剂多为醇类或醚类。研究表明，均相共聚能使反应体系达到分子水平的分散，从而解决疏水单体与亲水单体不混溶的问题，但是反应中却会出现聚合物不溶于反应溶剂的现象，此外，通过该方法制得的产品是无规聚合物，且其相对分子质量不高，在水溶液中的疏水缔合效应不明显。

3）反相（微）乳液聚合

在反相乳液聚合和反相微乳液聚合中，使水溶性单体和油溶性单体在油包水（W/O）乳化剂的作用下，以有机物为连续相形成 W/O 微乳液，再以水溶性或油溶性引发剂引发聚合。采用油溶性引发剂易引入较多的疏水基团，并形成较长的疏水微嵌段。该方法聚合反应速度快，得到的聚合物平均相对分子质量高，少量的油溶性单体合成的聚合物就可表现出明显的增黏性能，但是乳化剂的成本高，残留在聚合物中的乳化剂对其性能会带来不利影响。

4）胶束共聚合

胶束共聚合法是在乳液聚合的基础上发展起来的一种新方法。在亲水性单体水溶液中加入表面活性剂，疏水性单体则以混合胶束或增溶胶束的形式分散在连续相中，与亲水性单体发生水溶液共聚反应。在胶束共聚合体系中，水溶性的引发剂引发 AM 生成大分子链增长自由基，而生成的自由基则在胶束界面引发胶束内的疏水单体进行聚合，小段的疏水区段便引入到了亲水聚合物链上，此后，大分子自由基离开胶束与 AM 继续反应，当碰到另一个增溶胶束后便再次发生反应形成另一个疏水嵌段，以上步骤重复进行直至大分子自由基终止，反应得到的聚合物中疏水体在聚合物大分子链上呈微嵌段的方式分布。

胶束共聚合法的优点是可供选择的单体种类多，合成步骤简单，疏水单体共聚合效率高，缺点是后处理过程复杂，工业化成本较高。

5）模板共聚合

该方法是在聚合反应体系中加入一种大分子（即模板），单体在模板的相互作用下发生共聚合反应，在聚合物链上疏水体以大嵌段的形式引入，所生成的共聚物具有很好的疏水缔合效果。合成的聚合物因疏水缔合的影响表现出优越的增稠性能，其结构和由胶束共聚合合成得到的多嵌段结构类似。实验结果表明，模板共聚合为疏水缔合共聚物的制备提供了一个简单和可行的途径。

6）无皂乳液聚合

无皂乳液聚合法也称表面活性单体法，是针对胶束共聚合中添加的表面活性剂对聚合物溶液性质的影响以及后处理复杂等问题提出来的一种聚合方法。无皂乳液聚合是直接采用具有双亲性的大分子单体，进行传统的自由基水溶液聚合的过程，反应无需加入乳化剂。该方法简化了反应条件，制得的 HAPAM 性能良好，后处理过程相对简单，但是目前研究中可供选择的表面活性单体较少。

7）超临界 CO_2 介质法

超临界 CO_2 介质法即以超临界 CO_2 作为分散介质，利用超临界 CO_2 介质的油溶性特征将疏水单体溶解在其中，进一步利用共溶剂使得亲水单体 AM 在反应体系中均匀分散实现两种单体的共聚合，合成的聚合物因不溶于分散介质而逐渐从中沉淀析出。超临界 CO_2 介质法对单体的溶解度高，聚合反应易控制，聚合效率高，产物疏水性好。但该方法的反应设备较其他方法略为复杂，由于共聚物一般不溶于超临界 CO_2，可能会导致聚合物相对分子质量较低。

2. 高分子化学反应法

高分子化学反应法是通过高分子的化学反应，在亲水聚合物的链上引入疏水基团，或者是在疏水聚合物的链上引入大量的亲水基团来制备 HAPAM 的一种方法。该方法可以直接以市售的聚合物产品作为原料制备高相对分子质量的产物，但由于反应是在高黏度的聚合物溶液中进行，容易引起反应物混合不均匀，进而影响产品转化率和产品性能。

（三）制备实例

以水溶液聚合制备疏水缔合聚丙烯酰胺为例[30]，其合成过程如下。

称取一定量的 AM、AMPS 和 C_{16}DMAAC 单体，蒸馏水溶解后，用 NaOH 调节 AMPS 水溶液的 pH 值至 6 ~ 7。将其转入置于恒温水浴中的三颈瓶中，通氮气搅拌约 30min，加入引发剂在氮气保护下反应一定时间，得到粗产物。将粗产物溶于水。用乙醇沉淀并反复洗涤，真空干燥备用。为进行对比，在同样条件下合成 PAM。

参照 GB 12005. 1—1989 测定温度为（30. 0 ± 0. 1）℃下共聚物的特性黏数［η］。用溴化法测定聚合物转化率。用 Brookfield 黏度计在 $45s^{-1}$、25℃下测定聚合物表观黏度。

固定反应物中单体浓度为 10%（其中 AMPS 摩尔分数为 10%，C_{16}DMAAC 摩尔分数为 0. 8%，其余为 AM），引发剂质量分数为 0. 3%（亚硫酸氢钠: 过硫酸钾 = 1 : 2，质量比），pH 值为 7 ~ 8，反应温度为 60℃，反应时间为 6h，考察了影响聚合反应的因素，结果见表 3-40 ~ 表 3-43 和图 3-47、图 3-48。

如表 3-40 所示，当反应条件一定时，随着反应体系中单体质量分数的增加，产物的相对分子质量增大，单体的转化率上升。但当单体质量分数超过 20% 后相对分子质量反而降低，这可能是由于单体浓度过高时，聚合反应容易出现爆聚或链转移现象。致使相对分子质量急剧降低。如表 3-41 所示，随着引发剂用量的增加，单体转化率逐渐增加，共聚物的特性黏数则先快速增加，后逐渐降低。如表 3-42 所示，当反应条件一定时，随着反应温度的增加，单体转化率和产物特性黏数均呈现先增加后降低的趋势。同时，在实验条件下，温度低于 30℃时，不能发生聚合反应，所以聚合反应温度应选在足以使引发剂分解的温度以上。如表 3-43 所示，随着反应时间的延长，单体转化率和聚合物特性黏数逐渐增加，在反应后期延长聚合反应时间的主要目的是提高聚合反应转化率，对产品相对分子质量影响较小。综上所述，为兼顾单体转化率和产物的相对分子质量，显然总单体质量分数在 10% ~20%、引发剂的用量在 0. 2% ~0. 3%、反应温度控制在 50 ~60℃、反应时间控制在 6 ~8h 较好。

表 3-40　单体质量分数与转化率及特性黏数的关系

单体质量分数/%	转化率/%	[η] /（dL/g）	单体质量分数/%	转化率/%	[η] /（dL/g）
5.0	71.45	4.97	20.0	92.45	9.05
10.0	85.81	7.82	30.0	91.22	8.36
18.0	88.67	10.2			

表 3-41　引发剂用量与转化率及特性黏数的关系

引发剂用量/%	转化率/%	[η] /（dL/g）	引发剂用量/%	转化率/%	[η] /（dL/g）
0.10	56.47	10.03	0.50	86.43	4.33
0.20	70.48	8.45	1.00	89.59	2.56
0.30	85.81	7.82			

表 3-42　反应温度与转化率及特性黏数的关系

反应温度/℃	转化率/%	[η] /（dL/g）	反应温度/℃	转化率/%	[η] /（dL/g）
40	75.40	5.13	60	76.33	6.59
45	80.62	6.65	80	70.98	4.97
50	85.81	7.82			

表 3-43　反应时间与转化率及特性黏数的关系

反应时间/h	转化率/%	[η] /（dL/g）	反应时间/h	转化率/%	[η] /（dL/g）
1	35.51	3.81	6	85.81	7.82
2	58.33	5.04	8	87.63	7.88
4	86.40	6.65	10	88.72	7.90

图 3-45 表明，当反应条件一定时，随着 AMPS 用量的增加，特性黏数迅速增加，在 n（AMPS）为 20%时达到最大，然后降低。这可能是由于 AMPS 带有庞大的侧基，其含量过大时，位阻效应会阻碍其与其他自由基相互接触的机会，同时 AMPS 过多时，也会减小聚合物的疏水缔合性能，影响其流变性。考虑到以上两点，再结合到 AMPS 的成本，将 n（AMPS）控制在 10%~15%。

从图 3-46 可见，随着疏水单体（C_{16}DMAC）引入量的增加，产物的特性黏数明显降低，这可能是由于疏水单体庞大侧基所带来的位阻效应减少了自由基相互接触的机会。实验发现，当 n（C_{16}DMAC）超过 2%后，不仅聚合反应较慢，且共聚物不溶于水。显然，疏水单体 n（C_{16}DMAC）以 0.5%~1.0%较好。

此外，还可以合成疏水缔合三元共聚物破乳剂[31]。采用非均相共溶剂水溶液聚合法，将单体丙烯酰胺、甲基丙烯酰氧乙基三甲基氯化铵和甲基丙烯酸丁酯按单体质量配比 1∶0.04∶1（单体总质量浓度为 35%）加入到装有搅拌器、滴液漏斗和温度计的三口反应瓶中，用恒压滴液漏斗逐渐加入氧化还原引发剂体系，加量为单体总质量的 1%，室温（25℃）下搅拌反应 4h 即可。

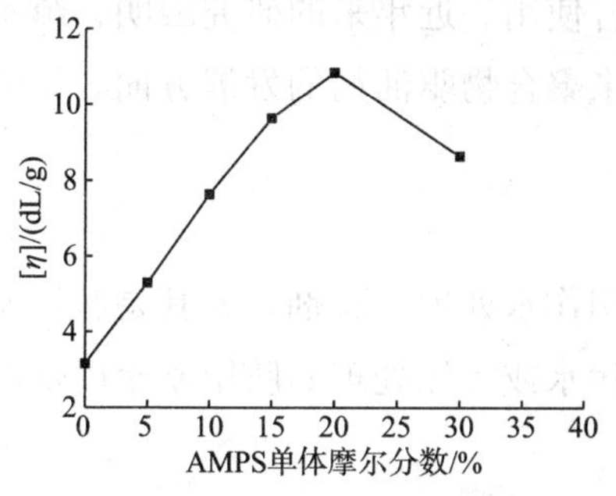

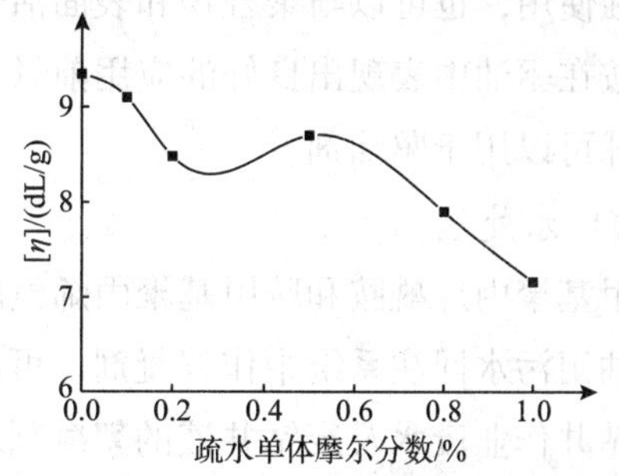

图3-45 AMPS含量对产物特性黏数的影响 图3-46 疏水单体含量对产物特性黏数的影响

疏水缔合三元共聚物破乳剂，在25℃下，对O/W型乳状液具有较好的破乳能力，脱出水色清，脱水速度快，脱水率高，可达90.8%。其破乳的温度范围为20～40℃，无需加热设备，有利于现场应用，是一种具有潜力的破乳剂品种。

五、应用

（一）钻井液

适当阳离子度的高相对分子质量的胺甲基聚丙烯酰胺可用作钻井液增黏剂、包被絮凝剂，强化钻井液的清洁和抑制性。高相对分子质量的磺甲基聚丙烯酰胺可用作钻井液增黏剂、降滤失剂和絮凝剂。亚甲基交联聚丙烯酰胺可以作为钻井液增黏剂及堵漏剂。聚丙烯酰胺交联微球可用于钻井液封堵剂、暂堵剂。

（二）油井水泥外加剂

适当相对分子质量的SPAM是良好的油井水泥降失水剂，能够有效地降低水泥浆的失水量，适用于淡水和盐水水泥浆。

（三）压裂酸化稠化剂

亚甲基交联聚丙烯酰胺是应用最早的压裂酸化稠化剂，具有稳定性能良好，可以预先批量配制等特点。共聚物水冻胶可用于低、中、高温度，中、低渗透率砂岩、灰岩油气层的中型规模的压裂酸化作业。水溶液浓度以0.4%～0.6%为宜。胺甲基聚丙烯酰胺可以用作黏土防膨剂。

（四）调剖堵水剂

改性聚丙烯酰胺可以用于调剖堵水剂。如亚甲基交联聚丙烯酰胺作为堵水剂，可用于砂岩油层堵水，油层空气渗透率 $<0.5\mu m^2$；适用温度30～90℃，堵水效率60%～70%。

按照亚甲基交联聚丙烯酰胺0.5%～0.7%，硫代硫酸钠0.03%～0.05%的比例，将亚甲基交联聚丙烯酰胺配制成2%的水溶液，将硫代硫酸钠配成5%～10%的水溶液，并补充所需量水混合均匀即可以用于堵水施工。在氯化钙含量为 100×10^{-6} 的水溶液地面黏度≥50mPa·s。

聚丙烯酰胺交联微球既可以用于堵水、调剖，也可以用于调驱。

（五）驱油剂

高相对分子质量的磺甲基聚丙烯酰胺、甲叉基聚丙烯酰胺等可以用作聚合物驱油剂，可以单独使用，也可以与聚合物和表面活性剂复合使用。近年来的研究表明，疏水缔合聚丙烯酰胺在驱油中表现出良好的应用前景，是未来聚合物驱油剂的发展方向。聚丙烯酰胺交联微球可以用于驱油剂。

（六）水处理剂

磺甲基聚丙烯酰胺和胺甲基聚丙烯酰胺可以用作水处理絮凝剂。尤其是胺甲基聚丙烯酰胺在油田污水回注系统中作絮凝剂，可以用于污水或污泥处理。胺甲基聚丙烯酰胺也可以用于钻井作业废水及废钻井液的絮凝剂。

第三节　水解聚丙烯酰胺

水解聚丙烯酰胺（PHP 或 HPAM）从结构上可以看作丙烯酰胺与丙烯酸的共聚物，产品为白色粉状固体，溶于水，几乎不溶于有机溶剂。在中性和碱性介质中呈聚电解质的特征，对盐类电解质敏感，与高价金属离子能交联成不溶性的凝胶体，絮凝效果好，在钻井液中具有絮凝、增黏和抑制作用。在采油中用于堵水调剖和驱油剂，也常用于水处理絮凝剂。

一、性质

水解聚丙烯酰胺的溶液性质受 pH 值、金属离子等的影响较明显[32]。

（一）pH 值对 HPAM 水溶液初始黏度的影响

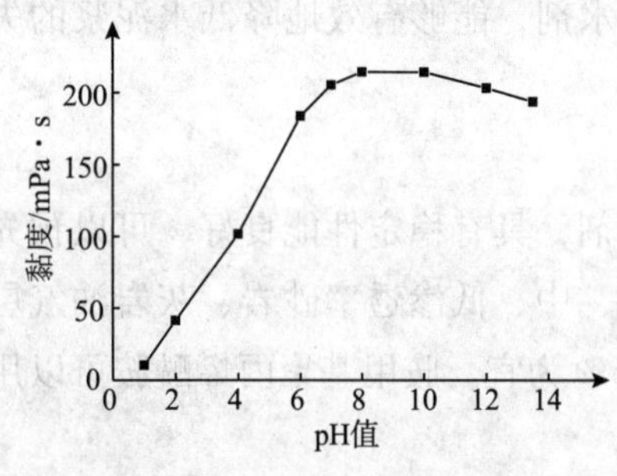

图 3-47　pH 值对 HPAM 水溶液初始黏度的影响

酸碱度能影响聚合物分子在水中的分散形态，进而影响其黏度。用 10% HCl 与 10% NaOH 调节 1500mg/L 的 HPAM 水溶液（去离子水配制）的 pH 值，然后在 60℃下测量其黏度，实验结果见图 3-47。由图 3-47 可知，HPAM 水溶液 pH 值小于 6 时，随 pH 值的增加黏度迅速升高，pH 值在 7 ~ 10 时溶液黏度较高，pH 值大于 10 后，黏度又逐渐降低。可见 HPAM 水溶液在弱碱性环境中具有较高的黏度值。

溶液黏度随 pH 值变化的原因是酸性条件下 H^+ 浓度较大，COO^- 与 H^+ 结合，HPAM 分子中的羧酸基以分子形式（—COOH）存在，由于静电排斥力的降低，聚合物分子链段紧密卷曲，溶液黏度降低；随着 pH 值的升高，—COOH 电离成离子（$—COO^-$），分子间及分子内部斥力增加，分子形态由卷曲逐渐变为舒展，流体力学半径增大，因此溶液黏度增加；当溶液为中性或弱碱性时，羧酸基已经基本离解成离子，溶液黏度变化趋于缓慢，另外因为引入了少量的 Na^+，导致溶液黏度反而有所降低，但降低幅度较小。

（二）盐对 HPAM 水溶液初始黏度的影响

水质是影响聚合物初始黏度的重要因素之一。在聚合物驱中，聚合物所接触的水质主要包括配制聚合物时所用水与聚合物进入地层驱油时遇到的地层水。配制聚合物所用的水主要是清水（主要是指江河湖泊中的水与地下水）和油田采出污水。在地层水、清水与油田污水这三种水质中所溶解的无机盐离子主要有 Na^+、K^+、Ca^{2+}、Mg^{2+}、Fe^{2+}、Fe^{3+} 以及 Cl^-、NO_3^-、CO_3^{2-}、SO_4^{2-}、NO_2^-、HCO_3^-、SO_3^{2-} 等。因此，了解如上所列离子对 HPAM 水溶液初始黏度的影响对于 HPAM 的使用具有重要的意义。

1. 阴离子对 HPAM 水溶液初始黏度的影响

分别固定 Na^+ 浓度为 500mg/L、1000mg/L、3000mg/L，用不同类型的钠盐配成的模拟水来配制 1500mg/L 的部分水解聚丙烯酰胺水溶液，然后在 60℃ 下测量其黏度。通过实验结果可以看出，在 Na^+ 浓度为 500mg/L、1000mg/L、3000mg/L 时，阴离子对 HPAM 水溶液初始黏度影响趋势基本一致。图 3－48 是 Na^+ 浓度为 1000mg/L 时，阴离子对溶液黏度的影响。由图 3－48 中可见，阴离子对 HPAM 水溶液初始黏度的影响程度由大到小为 Cl^{-1}（NO_3^-）$>SO_4^{2-}>NO_2^->HCO_3^-$（$SO_4^{2-}$）$>CO_3^{2-}$。

2. 阳离子对 HPAM 水溶液初始黏度的影响

由以上实验可知，阴离子对 HPAM 水溶液初始黏度有一定影响，为避免不同阴离子测定结果造成的影响，采用盐酸盐配制模拟水来配制聚合物溶液，以考察阳离子对聚合物溶液黏度影响。

Na^+、K^+ 对 HPAM 水溶液初始黏度的影响结果见图 3－49。由图 3－49 可见，Na^+ 对 HPAM 水溶液黏度的影响大于 K^+，且 HPAM 水溶液黏度随 Na^+、K^+ 含量的增加而大幅降低，当 Na^+、K^+ 浓度超过 3000mg/L 后，溶液黏度下降趋势逐渐趋于平缓。随着 Na^+、K^+ 含量的增加，聚合物中羧酸基离子的电斥力受到屏蔽，分子线团卷曲，表观尺寸减小，从而导致黏度降低。

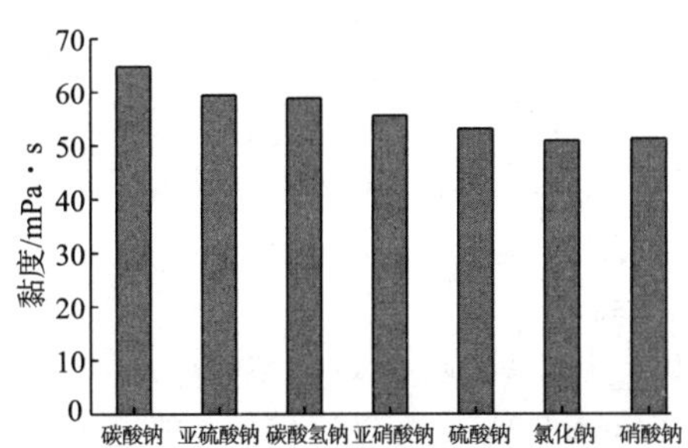

图 3－48 Na^+ 浓度为 1000mg/L 时阴离子对溶液初始黏度的影响

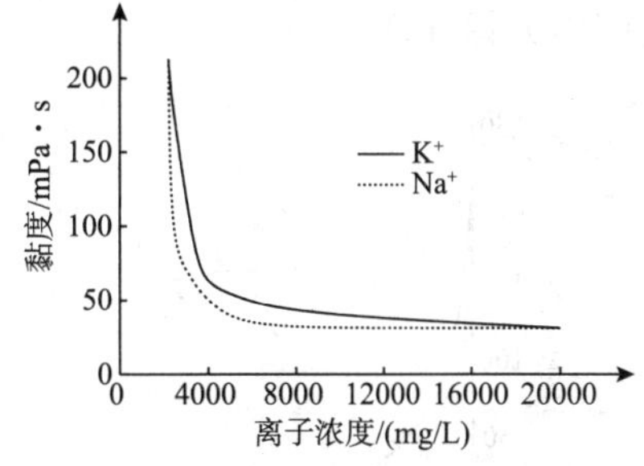

图 3－49 Na^+、K^+ 浓度对 HPAM 水溶液初始黏度的影响

图 3－50 反映了 Mg^{2+}、Ca^{2+} 对 HPAM 水溶液初始黏度的影响。由图 3－52 可知，Mg^{2+}、Ca^{2+} 对 HPAM 水溶液黏度影响趋势与 Na^+、K^+ 对 HPAM 水溶液初始黏度的影响相似，只是 Mg^{2+}、Ca^{2+} 含量分别在 0～100mg/L、0～200mg/L 时，HPAM 水溶液黏度下降幅度较大。

虽然 Ca^{2+} 半径小于 Mg^{2+} 半径，但是由图 3－50 可以看出，Ca^{2+} 对 HPAM 水溶液黏度

的影响却小于 Mg^{2+}，这说明 Mg^{2+}、Ca^{2+} 对 HPAM 水溶液黏度的影响机理与 Na^{+}、K^{+} 不同。

Ca^{2+}、Mg^{2+} 引起 HPAM 溶液黏度下降的原因是 Ca^{2+}、Mg^{2+} 所带的电荷数较大，与一价离子相比，其屏蔽 HPAM 分子羧酸基上负电荷的能力更强，从而使 HPAM 分子发生更强的去水化作用，分子链收缩，导致 HPAM 溶液黏度降低程度更大，而且 Mg^{2+}、Ca^{2+} 易与羧酸基相结合且不易电离，所以，当 Ca^{2+}、Mg^{2+} 浓度过高时会导致聚合物分子发生严重卷曲，甚至从溶液中沉淀出来，而这种沉淀反应还和温度有关。国外学者研究认为，不同温度对应不同的安全水硬度：75℃所对应的安全水硬度为2000mg/L，80℃下为500mg/L，96℃下为270mg/L，所指的安全水硬度即为当地层水的硬度高于此值时，随着 HPAM 在地下停留时间的延长，将会出现絮凝，而这段时间一般不会超过 100d，这 100d 相对聚合物驱过程来讲比较短。国内学者研究认为，对大多数未经软化处理的注入水，可使用聚合物驱的安全温度为93℃，这一指标已用于许多公司 HPAM 筛选原则中。

所以 Mg^{2+}、Ca^{2+} 对 HPAM 水溶液黏度的影响是压缩扩散双电层以及与羧酸基结合、电离共同作用的结果。

Fe^{2+} 与 Mg^{2+}、Ca^{2+} 所带电荷相同，不同之处为 Fe^{2+} 具有还原性。实验研究了 Fe^{2+} 对 HPAM 水溶液初始黏度的影响，为防止 Fe^{2+} 提前氧化成 Fe^{3+}，先用去离子水配制浓度为 1500mg/L 的 HPAM 水溶液，充分熟化后再加入 Fe^{2+}，测定 60℃条件下的黏度，结果见图 3-51。从图 3-51 可看出，微量的 Fe^{2+} 便能造成 HPAM 水溶液黏度短时间内大幅度降低，浓度为 2mg/L 的 Fe^{2+} 将造成聚合物溶液黏度损失超过 50%，而 Fe^{2+} 浓度增加到 5mg/L 时，溶液黏度损失已超过 80%。由此可知，Fe^{2+} 对聚合物初始溶液黏度的影响程度远大于 Mg^{2+}、Ca^{2+}，影响机理也不同，Fe^{2+} 的存在致使聚合物分子发生了严重降解，导致溶液黏度短时间内大幅降低。

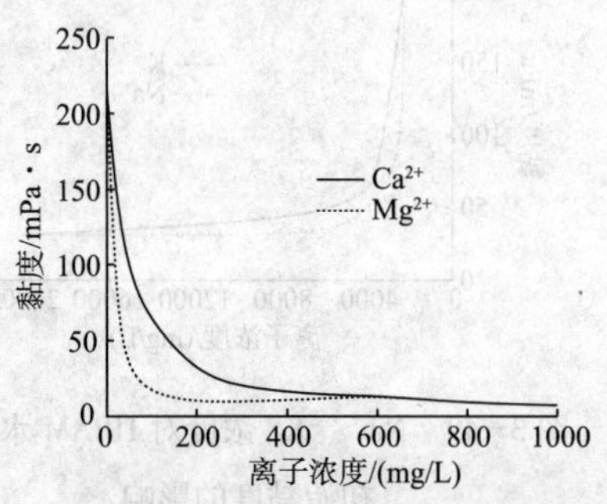

图 3-50　Mg^{2+}、Ca^{2+} 浓度对 HPAM 水溶液初始黏度的影响

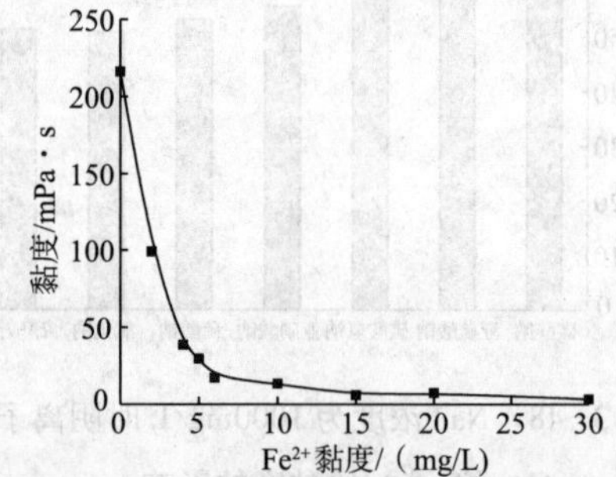

图 3-51　Fe^{2+} 浓度对 HPAM 水溶液初始黏度的影响

图 3-52 是 Fe^{3+} 对 HPAM 水溶液初始黏度的影响。由图 3-52 可看出，HPAM 水溶液黏度随 Fe^{3+} 含量增加而逐渐下降，Fe^{3+} 浓度达到 10mg/L 时，HPAM 水溶液底部出现少量橙色絮状物；随着 Fe^{3+} 含量的继续增加，絮状物逐渐增多，絮凝速度也加快，HPAM 水溶

液黏度变得很小。这说明 Fe^{3+} 存在时，HPAM 水溶液中产生了凝胶使聚丙烯酰胺絮凝并沉淀。因此，应严格控制 Fe^{3+} 的含量。HPAM 水溶液中加入 Fe^{3+} 后，Fe^{3+} 与 HPAM 分子链上的羧酸基团结合，形成稳定的—（COO）$_3$Fe 基团，每个 Fe^{3+} 能够将 3 个羧酸基“拽”到自身附近，该基团较为稳定，难以再次电离，从而导致分子带电性降低，分子内及分子间斥力降低，分子变得非常卷曲，聚合物分子流体力学体积大大减小，因此溶液黏度降低。当聚合物溶液中的 Fe^{3+} 浓度达到一定界限（10mg/L）时，将会生成更多的—（COO）$_3$Fe，通过 Fe^{3+} 与羧酸基的这种结合作用将足够多的大分子链段“拽”到自身附近，把它们“紧紧”聚成一团，将原本位于分子内部空间的溶剂化水分子排挤出来，即絮凝沉淀。由以上实验可知，阳离子对 HPAM 水溶液初始黏度影响较大，同质量浓度下，影响程度顺序由大到小为 $Fe^{2+} > Fe^{3+} > Mg^{2+} > Ca^{2+} > Na^{+} > K^{+}$。

（三）温度对 HPAM 水溶液初始黏度的影响

用去离子水配制 500mg/L HPAM 水溶液，测不同温度时的黏度，结果见图 3-53。由图 3-53 可看出，随着温度的升高，HPAM 水溶液黏度逐渐降低。这是因为随温度的升高，聚合物分子运动加剧，大分子的缠结点松开，导致互相靠近的大分子无规则线团容易疏离，流动阻力降低，同时溶剂的扩散能力增强，分子内旋转的能量加强，使大分子线团更加卷曲，黏度降低。每种聚丙烯酰胺都有自己的适应温度，过高的温度会导致聚合物分子发生降解，使得 HPAM 水溶液黏度下降更快。在配制时应尽量选择较低的温度，提高 HPAM 水溶液的黏度。但温度太低时，HPAM 水化和溶解较慢，因此，配制温度最好是常温，以 15～30℃为宜。

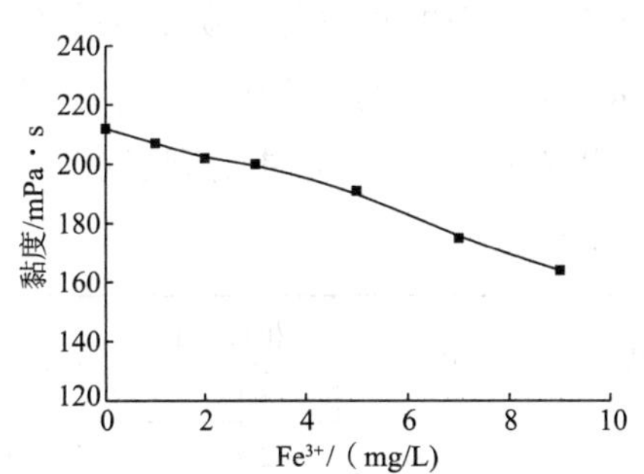

图 3-52　Fe^{3+} 对 HPAM 水溶液黏度的影响

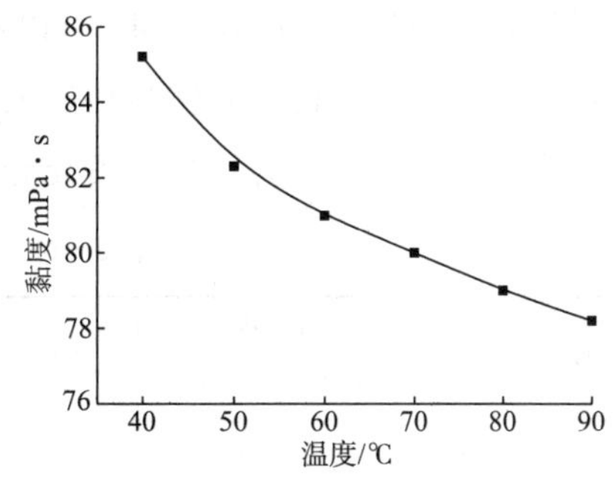

图 3-53　温度对 HPAM 水溶液黏度的影响

二、制备工艺

（一）水溶液聚合

1. 先聚合后加减水解工艺

按配方要求将丙烯酰胺和水加入聚合釜中，搅拌使其溶解配成质量分数 20%～30% 的溶液；在不断搅拌下，使单体水溶液体系的温度升至 20～30℃，加入引发剂，反应温度达到要求后连续反应 8～10h，得到凝胶状产物，然后转入捏合机；向捏合机中加入适当浓度氢氧化钠或氢氧化钾溶液（加氢氧化钠得水解聚丙烯酰胺钠盐，加氢氧化钾得水解聚丙烯酰胺钾盐)，在捏合机夹层通入蒸汽，使反应混合物体系温度升至90~100℃，捏合反应5~6h，在捏合过程中，由于水分蒸发，得到基本干燥的大颗粒产物；将大颗粒产物送入烘干房，在90~100℃温度下烘干至水分含量小于5%，然后粉碎即得白色固体粉末水解聚丙烯酰胺产品。

一般水解剂有碳酸钠、碳酸氢钠和氢氧化钠，3种水解剂的碱性强度为氢氧化钠>碳酸钠>碳酸氢钠。水解产物的水解度随水解剂碱性强度的增加而增加，相对分子质量随水解剂碱性的增加而增加。以氢氧化钠作为水解剂，研究了水解工艺对产物性能的影响[33]。

1）水解条件

研究表明，PAM的水解反应在常温下进行得很慢。为加快反应，需要对反应体系进行加热，当PAM的质量分数为8%，水解时间为2.5h，其他条件一定的情况下，产物相对分子质量随着水解温度的升高先增加后降低，这是因为在较低温度时，PAM水解速度较慢，反应不完全，生成的—COO^-基团数目较少，静电斥力较小，线团伸展程度不够好，因而产物的黏度低，相对分子质量低。当温度太高时，PAM的降解成为影响相对分子质量的主要因素，因此，水解温度不要超过100℃。

水解温度为90℃，PAM浓度为0.08kg/L时，随水解反应的进行，大分子链上—COO^-基团数目增加，因此产物的相对分子质量随水解时间的延长有增加的趋势，然而当水解时间超过3h后，产物的相对分子质量则有所降低，这是因为在相同水解温度下水解时间过长，大分子链也同样发生降解，使相对分子质量降低。

实验中将PAM胶体切成小同粒径的颗粒，在相同条件下进行水解时，粒度对水解的影响情况见表3-44[34]。从表3-44可以看出，胶体及干粉的相对分子质量变化不大，而溶解性均较好。也就是说，胶体粒径的大小对于水解效果的影响并不大。但考虑到工业生产中一次水解产品量大，为了使水解充分、均匀，颗粒粒径<10mm更有利于水解。

表3-44　粒径对水解的影响

样品类型	粒径/mm	相对分子质量/10^4	溶解性	样品类型	粒径/mm	相对分子质量/10^4	溶解性
胶体	10.0	2798.3	较好	干粉	10.0	2500.2	较好
	5.0	2704.3	较好		5.0	2442.6	较好
	3.0	2797.5	较好		3.0	2535.8	较好
	1.5	2767.2	较好		1.5	2433.5	较好

扩散时间是指胶体加入水解剂后，为使水解剂在胶体颗粒内部扩散达到平衡，于室温条件下放置的时间。取粒径为3mm左右的胶粒，按30%水解度加入碱液，经过不同的扩散时间，再于90℃下水解2h，分别测定胶体及干粉样品的相对分子质量，如表3-45所示，扩散时间对相对分子质量及溶解性的影响不大，但扩散时间在1~2h之间测得样品的相对分子质量比较稳定。参照表3-44颗粒大小对相对分子质量影响的结果，在工业生产

中，为了使产品水解度分布均匀，最好在加入水解剂后放置1～2h。但如果对水解度的分布要求不高，为了提高生产效率，可以直接进行升温水解。

表3-45 扩散时间对水解的影响

样品类型	扩散时间/min	相对分子质量/10^4	溶解性	样品类型	扩散时间/min	相对分子质量/10^4	溶解性
胶体	10	2934.9	很好	干粉	10	3243.9	很好
	30	2962.0	很好		30	3226.5	很好
	60	3128.2	很好		60	3149.1	很好
	120	3128.6	很好		120	3110.5	很好

在水解前将PAM胶体置于空气中，让水分自然挥发，根据剩余胶体的量计算胶体PAM浓度，然后进行水解实验，如表3-46所示，当胶体中PAM浓度大于33.3%时，水解后制得的样品的溶解性差，相对分子质量较低。所以水解时胶体中PAM的浓度应以小于33%为宜。

表3-46 胶体中PAM含量对水解的影响

质量分数/%	相对分子质量/10^4	胶体溶解性	干粉溶解性	质量分数/%	相对分子质量/10^4	胶体溶解性	干粉溶解性
25.0	2606.0	较好	较好	40.0	2404.7	一般	差
28.6	2556.7	较好	较好	50.0	2244.0	一般	差
33.3	2612.3	较好	一般				

2）干燥温度及时间的影响

水解后的样品，需经过进一步脱水干燥，再经过粉碎制成粉末状，经筛分制成产品。而在此过程中，干燥温度及干燥时间对产品的各项技术指标都有很大的影响，且采用不同的干燥方式时影响不同。用湿含量大约为75%，粒径约3～5mm的同一样品在不同温度及时间条件下进行烘箱干燥实验，如表3-47所示，加热时间为2h，测得的样品相对分子质量较稳定。而干燥时间在1h、3h时，虽然可制得较高相对分子质量的样品，但相对分子质量波动较大，不稳定，不适合工业化生产。加热时间过短，固含量较低，达不到产品要求的技术指标；加热时间过长，随着水分的不断挥发，聚合物浓度不断提高，酰胺基不断接近，特别是在高温条件下易于发生亚胺化反应。因此，采用烘箱干燥制取超高相对分子质量聚丙烯酰胺时，干燥温度在90℃，干燥时间在2h较为合适。

表3-47 干燥温度及时间对水解产物性能的影响

温度/℃	时间/h	固含/%	相对分子质量/10^4	溶解性	温度/℃	时间/h	固含/%	相对分子质量/10^4	溶解性
70	1	78.2	2794	好	90	1	90.6	3011	好
	2	90.6	3053	好		2	94.5	3072	好
	3	92.8	3011	好		3	96.2	3369	一般

续表

温度/℃	时间/h	固含/%	相对分子质量/10^4	溶解性	温度/℃	时间/h	固含/%	相对分子质量/10^4	溶解性
80	1	68.5	3072	好	100	1	88.8	3107	一般
	2	91.3	3369	一般		2	94.0	2761	一般
	3	93.5	2913	好		3	96.2	2918	一般

采用直径140mm、长度200mm、体积3.2L的转筒干燥器进行干燥实验。每次装入800g、粒径3~5mm、含水量约75%的聚丙烯酰胺胶粒，吹入热空气进行干燥。先用90~95℃热风干燥约30min。再降低至75~80℃干燥约90min，如表3-48所示，从样品的各项性能检测结果看，转筒干燥器的干燥效果较好，固含量比较稳定，溶解性较好，干燥效率较高，适合工业化生产。

表3-48　转筒干燥实验结果

相对分子质量/10^4	固含量/%	溶解性	相对分子质量/10^4	固含量/%	溶解性
2907	93.33	好	2739	93.57	好
3033	94.17	好	2530	91.91	好
2875	92.05	好			

2. 先加减聚合后水解工艺

1）过硫酸钾-尿素-偶氮二（2-脒基丙烷）盐酸盐-功能性单体引发体系

在5~10℃条件下，采用过硫酸钾、氨水、尿素、偶氮二（2-脒基丙烷）盐酸盐及功能性单体MP所构成的低温复合引发体系，可制备超高相对分子质量的PAM[35]。应用该引发体系并添加甲酸钠和聚氧乙烯失水山梨醇单月桂酸酯改善聚丙烯酰胺的水溶性，可得到相对分子质量达到3300×10^4以上的聚丙烯酰胺，其过滤因子小于1.3，适用于驱油剂。其制备过程如下。

在一定浓度的AM水溶液中，添加定量的Na_2CO_3及各种助剂后置入反应器中，充氮除氧20min封口。反应4h后，将反应胶块在80℃条件下水解4h后造粒、干燥、粉碎得最终样品。

低温含功能性单体的复合引发体系引发丙烯酰胺聚合是一典型的自由基反应，其聚合速率随温度的升高而明显加快，而聚合度随温度的升高而下降。这主要是由于链引发反应的活化能较高，温度升高使链引发反应速度增加比链增长反应速度快得多，使体系中自由基浓度升高，表现为聚合度下降。因而，要获得高相对分子质量的聚丙烯酰胺产品需控制体系的温度。

反应体系的温度取决于反应体系与外界的热量交换，体系内的反应热及体系的起始反应温度。对于规模化工业生产，体系与外界的热量交换传热可以忽略不计，类似于绝热反应。

体系内的反应热取决于单位体积内的丙烯酰胺的物质的量，即体系的反应物料浓度。虽然降低体系的反应浓度可以降低体系内的聚合放热量（丙烯酰胺的聚合热为82kJ/mol），这有利于提高聚合物的相对分子质量，但另一方面因浓度的降低，相应减少了单体与活性链的碰撞次数，又不利于相对分子质量的提高。因而随着浓度的增加，聚合物相对分子质量由起始增加变为随后降低，即通过降低反应物浓度实现降低体系的反应热从而提高聚合物相对分子质量的作用是十分有限的。

控制反应体系温度的最有效的途径是设法降低体系的起始温度，即引发温度。这需要建立一套低温引发体系。氧化还原引发体系因其活化能较低，可在较低温度（0～50℃）下引发聚合。氧化剂、还原剂和辅助还原剂的选择和配合是该引发体系的关键所在。

近年来，国内对 $K_2S_2S_8$ 与 NH_3 构成的潜在引发体系报道较多。水溶液中含有 AM 和 $NH_3 \cdot H_2O$ 时，即会生成氮三丙酰胺。氮三丙酰胺作为还原剂在低温条件下与 $K_2S_2S_8$ 构成氧化还原体系引发 AM 聚合。在此基础上引入尿素作为辅助还原剂参加引发过程。当引发温度为8℃，c（AM）$=2.1$mol/L，c（NH_3）$=29.4\times10^{-3}$mol/L，c（$K_2S_2S_8$）$=1.8\times10^{-5}$mol/L 时，尿素对聚丙烯酰胺的相对分子质量的影响见图 3－54。从图中可见，随着尿素加量的增加，聚合物的相对分子质量先大幅度增加，但当尿素用量超过一定值后反而降低。这是由于一方面尿素作为辅助还原剂与 $K_2S_2S_8$ 构成氧化还原引发体系，其活化能低，有利于动力学链增长；另一方面，尿素对聚丙烯酰胺等水溶性聚合物有离散分子间的直接氢键、改变紧密构像、增进水化而使溶液增黏的作用，表现为相对分子质量的增加。但尿素用量过大，即还原剂过量，可能导致还原剂与自由基反应而使自由基活性消失，相对分子质量降低。

上述讨论是基于通过控制引发温度来获取高相对分子质量产品的，然而引发温度降低后，采用氧化还原引发体系则通常需要提高引发剂的浓度，即增加自由基浓度来加速引发速率，这同样又不利于聚合度的提高。解决该矛盾的途径之一是引入偶氮类引发剂。偶氮类引发剂一般需在大于40℃的条件下才可以分解。其分解特点是几乎全部为一级反应，只形成一种自由基，对产物不发生链转移。利用偶氮类引发剂在较高温度条件下分解形成自由基，后期加速引发速率来保证相对分子质量的提高。即在低温条件下，前期低浓度的氧化还原引发体系引发丙烯酰胺的聚合，后期依靠聚合热实现偶氮类引发剂的分解，来保证反应平稳进行。图 3－55 表明，引发温度为 8℃，c（AM）$=2.1$mol/L，c（NH_3）$=29.4\times10^{-3}$mol/L，c（尿素）$=4.8\times10^{-3}$mol/L，c（$K_2S_2S_8$）$=1.8\times10^{-5}$mol/L 时，添加适量的偶氮二（2－脒基丙烷）盐酸盐有利于相对分子质量的进一步提高。

据文献介绍，丙烯酰胺聚合引发体系中还有一类由功能性单体与过氧化物组成的引发体系。聚合过程中，脂肪族叔胺类功能性单体 MP 既可以参与氧化还原引发聚合，其自身又可以参与聚合，以进一步提高聚丙烯酰胺的相对分子质量。在引发温度为 8℃，c（AM）$=2.1$mol/L，c（NH_3）$=29.4\times10^{-3}$mol/L，c（$K_2S_2S_8$）$=1.8\times10^{-5}$mol/L，c（偶氮引发剂）$=2.4\times10^{-3}$mol/L 时，MP 用量对产品相对分子质量的影响见图 3－56。从图中可见，在低浓度条件下，MP 的加入可使相对分子质量进一步提高至 3100×10^4 以上；过量则可能由于 MP 的作用形成轻度交联导致不溶物出现，这从另一个角度显示功能性单体 MP 参与了聚合过程。

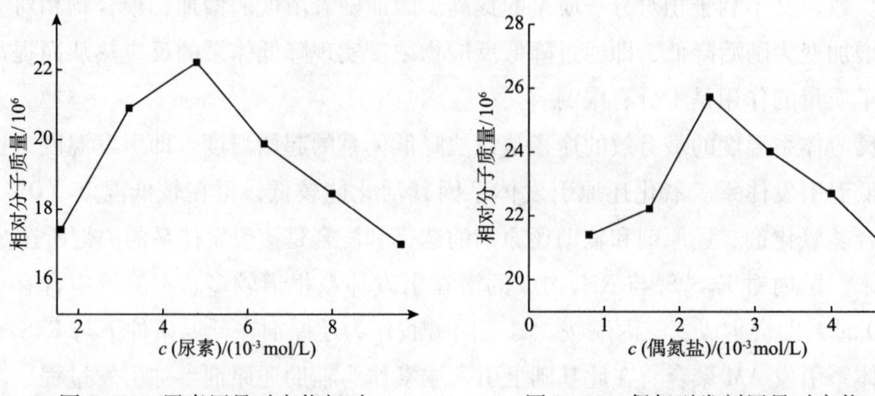

图 3-54　尿素用量对产物相对分子质量的影响

图 3-55　偶氮引发剂用量对产物相对分子质量的影响

聚丙烯酰胺产品的另一重要特性是要求速溶。这涉及到不溶物的含量和溶解速度。丙烯酰胺在碱性介质中聚合形成不溶物的主要原因可能是反应后期剩余单体较少时，引发剂产生的自由基同时攻击聚合物叔碳上的碳－氢键产生叔碳自由基，叔碳自由基的偶合便形成聚合物间的碳－碳交联。此外，也可能同时存在少量的叔碳自由基引发个别单体产生支链自由基，再与其他主链或支链自由基产生碳－碳交联。避免碳－碳交联的有效途径是添加小分子的链转移剂。聚合反应后期，聚合体系变黏稠，大分子链运动受阻，加有链转移剂小分子时，因其相对大分子运动灵活，在产生大分子叔碳自由基相互偶合之前，先被小分子进行自由基转移，或被小分子自由基偶合而终止，从而避免碳－碳交联。图 3-57 给出了当引发温度为 8℃，c（AM）=2.1mol/L，c（NH_3）=29.4×10^{-3} mol/L，c（$K_2S_2S_8$）=1.8×10^{-5} mol/L，c（偶氮引发剂）=2.4×10^{-3} mol/L，c（MP）=9×10^{-2} mol/L 时，甲酸钠浓度对不溶物及相对分子质量的影响。从图中可见，正是由于链转移剂的作用使不溶物含量降低。当然，链转移剂的存在也会使相对分子质量有不同程度的降低。

一般而言，添加表面活性剂不利于相对分子质量的提高，但由于增强了产品的亲水性而有利于改善聚合物的溶解性。图 3-58 给出了当引发温度为 8℃，c（AM）=2.1mol/L，c（NH_3）=29.4×10^{-3} mol/L，c（$K_2S_2S_8$）=1.8×10^{-5} mol/L，c（偶氮引发剂）=2.4×10^{-3} mol/L，c（MP）=9.0×10^{-2} mol/L，c（甲酸钠）=1.5×10^{-4} mol/L 时，聚氧乙烯失水山梨醇单月桂酸酯（Tween-20）的浓度对溶解速度的影响。从图中可以看出，随着表面活性剂含量的增加，产品的相对分子质量有所降低，但产品溶解速度明显加快。

2）过硫酸铵－丙烯酸二乙胺基乙酯－甲醛合次亚硫酸钠－偶氮（2－咪基丙烷）盐酸盐引发体系

采用复合引发剂引发聚合，即以过硫酸铵、丙烯酸二乙胺基乙酯、甲醛合次亚硫酸钠组成的氧化还原引发剂与偶氮（2－咪基丙烷）盐酸盐为复合引发体系，对丙烯酰胺采用先加碱聚合后水解的工艺制备了高相对分子质量的部分水解聚丙烯酰胺[36]。其制备过程如下。

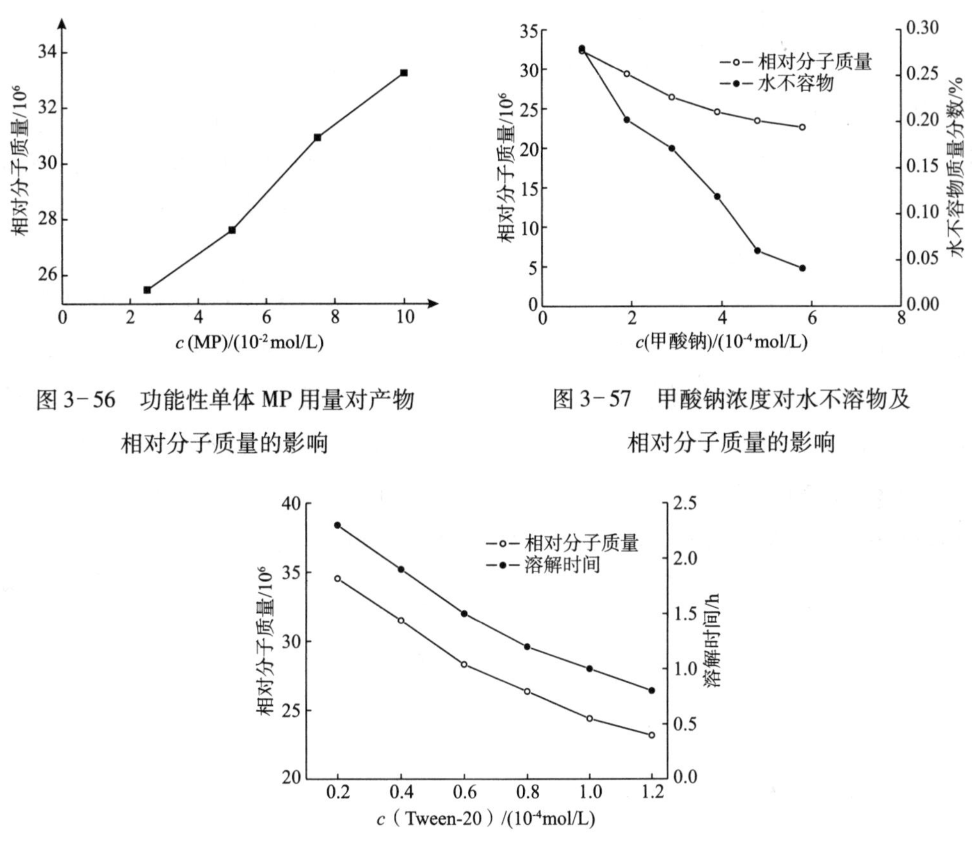

图 3－56 功能性单体 MP 用量对产物相对分子质量的影响

图 3－57 甲酸钠浓度对水不溶物及相对分子质量的影响

图 3－58 Tween 浓度对水不溶物及相对分子质量的影响

称取定量的丙烯酰胺单体、无水碳酸钠，加适量去离子水配制成所需单体浓度的溶液，加入磨口瓶中，30℃下恒温 2h；将一定浓度的氨水、尿素、乙二胺四乙酸二钠溶液加入磨口瓶中；把磨口瓶放到恒温水浴中，在 25℃下通氮除氧 25min 后，加入一定量的氧化还原和偶氮引发剂，继续通氮 5min 后，加入异抗坏血酸钠盐，通氮 5min 后停止，密封磨口瓶；反应 5h 后，将水浴升温到 50℃；再过 3h 后升温到 80℃，继续反应 3h 后停止；取出胶块，造粒，60℃下烘干 12h，粉碎、过筛，即得到白色粒状 HPAM 样品。其中，引发剂、助剂的用量均为与单体的质量比。

研究证明，在丙烯酰胺的聚合反应中过硫酸盐作为氧化剂，可与多种具有还原性的物质构成氧化还原引发体系，实验选用丙烯酸二乙胺基乙酯和甲醛合次亚硫酸钠为还原剂。实验发现，在聚合中随着丙烯酰胺聚合反应的进行，反应体系的温度不断升高，氧化还原引发体系将难以继续引发残余丙烯酰胺的聚合，造成产品中残余单体量过高，而偶氮类引发剂却可以在高温下继续引发丙烯酰胺的聚合。为了获得良好的聚合效果，实验中采用氧化还原引发体系与偶氮（2－咪基丙烷）盐酸盐结合作为复合引发体系使用。

图3－59反映了过硫酸铵浓度对HPAM特性黏数的影响。其中，温度30℃，c（丙烯酰胺）为2.5mol/L，c（尿素）为3×10^{-4}mol/L，c（丙烯酸二乙胺基乙酯）为10×10^{-4}mol/L，c（氨水）为10×10^{-4}mol/L，c（乙二胺四乙酸二钠）为20mg/L。由图3－59可看出，随着过硫酸铵用量的增加，HPAM的特性黏数呈现先增大后减小的趋势，当过硫酸铵浓度为4.5×10^{-5}mol/L时，［η］存在一个最佳值18.1mL/g。这是由于当引发剂浓度过低时，聚合反应速率较小，链增长反应不能顺利进行，从而导致HPAM的［η］值降低；当引发剂浓度过高时，体系中自由基浓度逐渐提高，引发效率提高，生成的聚合物分子数目增加，链长变短，致使HPAM的［η］值降低。

丙烯酸二乙胺基乙酯用量与HPAM特性黏数的关系见图3－60。其中，温度30℃，c（丙烯酰胺）为3mol/L，c（尿素）为3×10^{-4}mol/L，c（氨水）为10×10^{-4}mol/L，c［偶氮（2－咪基丙烷）盐酸盐］为3×10^{-4}mol/L，c（乙二胺四乙酸二钠）为50mg/L，c（异抗坏血酸钠盐）为2mg/L，c（过硫酸铵）为3×10^{-5}mol/L。由图3－60可见，添加丙烯酸二乙胺基乙酯能够显著提高HPAM的［η］值，当丙烯酸二乙胺基乙酯浓度在24.65mg/L时，HPAM的［η］值达到最大值24.65mL/g。

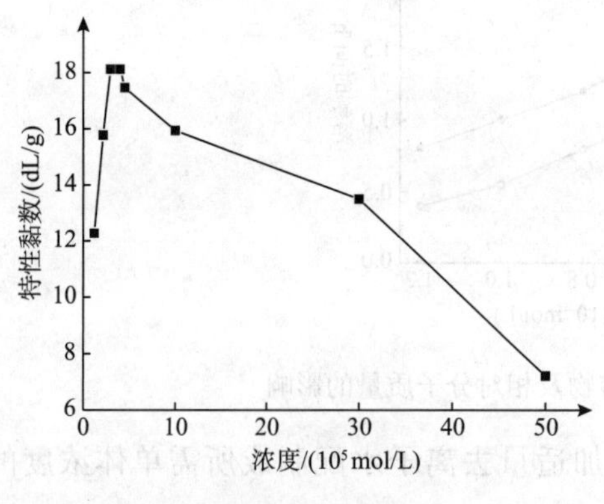

图3－59　过硫酸铵用量对HPAM特性黏数的影响

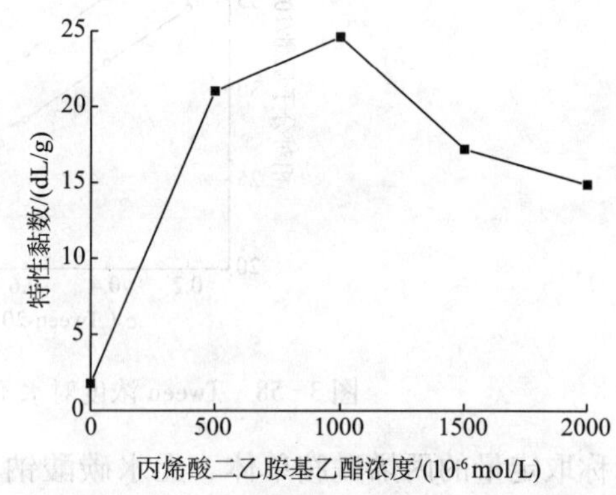

图3－60　丙烯酸二乙胺基乙酯用量对HPAM特性黏数的影响

如图3－61所示，加入适量的甲醛合次亚硫酸钠有利于提高HPAM的［η］值，当c（丙烯酸二乙胺基乙酯）为10×10^{-4}mol/L，c（过硫酸铵）为4×10^{-5}mol/L，c［偶氮（2－咪基丙烷）盐酸盐］为2×10^{-3}mol/L时，HPAM的［η］随甲醛合次亚硫酸钠浓度的增加而减小。空白实验表明，它的添加确实可以大大提高HPAM的［η］值。

当c（甲醛合次亚硫酸钠）为5×10^{-6}mol/L时，随着偶氮（2－咪基丙烷）盐酸盐浓度的增加，产品的相对分子质量先增加后降低，当偶氮（2－咪基丙烷）盐酸盐的浓度为2×10^{-3}mol/L时，HPAM的［η］值最大（图3－62）。

如图3－63所示，当c（甲醛合次亚硫酸钠）为2.5×10^{-5}mol/L，其他条件一定时（但无加入异抗坏血酸钠盐），随着乙二胺四乙酸二钠浓度的增加HPAM的［η］先增加后降低，当 c（EDTA）为 50mg/L 时，HPAM 的［η］值最高达到 24.6mL/g。

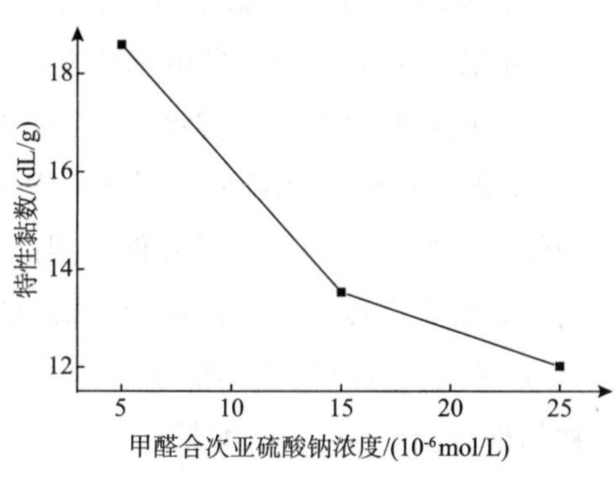

图 3-61　甲醛合次亚硫酸钠用量对产物特性黏数的影响

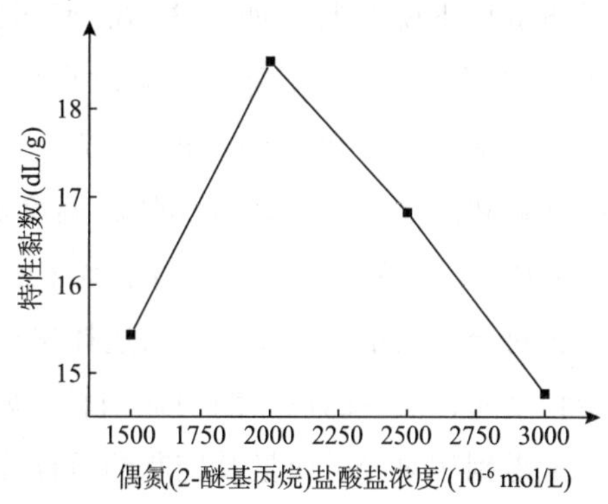

图 3-62　偶氮（2-醚基丙烷）盐酸盐用量对产物特性黏数的影响

图 3-64 反映了异抗坏血酸钠盐对 HPAM 的［η］值的影响（实验条件同上）。从图中可以看出，HPAM 的［η］值随着异抗坏血酸钠盐浓度的增加先增加，而后降低，当异抗坏血酸钠盐的浓度为 2mg/L 时，HPAM 的［η］值存在一个最大值 21.37mL/g。这主要是由于在丙烯酰胺聚合过程中氧气的存在会妨碍聚合反应的进行，加入的有机除氧剂可以部分除去溶解在丙烯酰胺水溶液中的氧气。但是，随着异抗坏血酸钠盐浓度的增加，它还有可能消耗部分的引发剂，从而又导致了 HPAM 的［η］值降低。

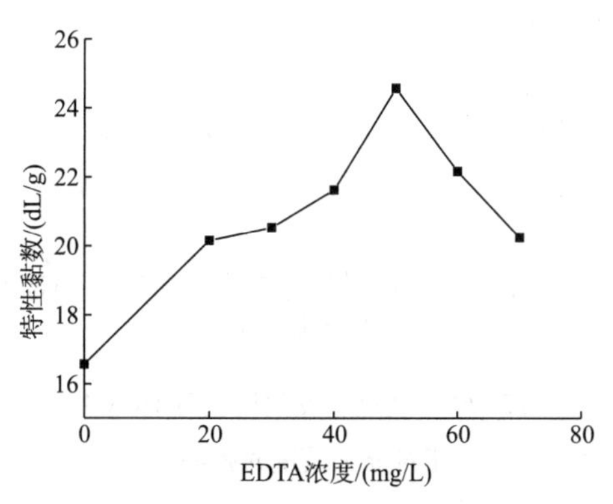

图 3-63　乙二胺四乙酸二钠用量对产物特性黏数的影响

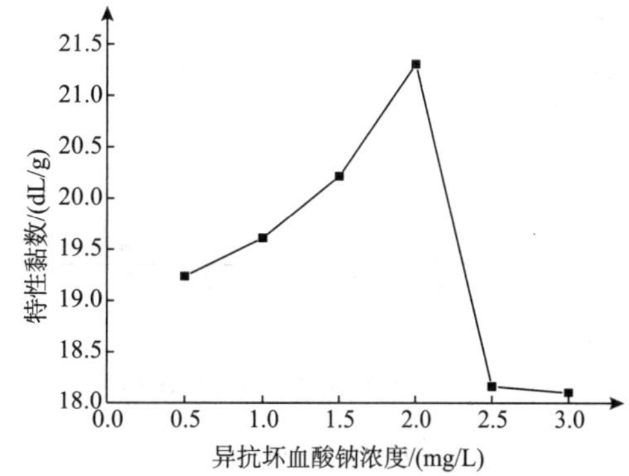

图 3-64　异抗坏血酸钠用量对产物特性黏数的影响

3）偶氮引发剂引发聚合制备水解聚丙烯酰胺

将定量的 AM 单体、碳酸钠、甲酸钠、助溶剂加入聚合反应器，加水调节单体的浓度，将聚合器放入恒温水浴中加热到指定温度，通氮气 15min 后，加入偶氮引发剂引发聚合。反应结束后，将所得胶体造粒、烘干、粉碎、筛分，得到聚合物干粉产品[37]。

研究表明，影响产物相对分子质量的因素主要有聚合起始温度、引发剂用量、链转移剂和助溶剂用量等。

AM 水溶液聚合符合自由基聚合的一般规律，随着起始聚合温度的升高，聚合物的相对分子质量呈下降趋势。如图 3-65 所示，在考察范围内，随着起始聚合温度的升高，PAM 相对分子质量逐渐下降。低温时自由基的产生和增长都很缓慢，自由基相互间碰撞终止反应概率较小，有利于链增长反应，产物相对分子质量较高；而当温度升高时，链转移速率常数和链增长速率常数都随着温度的升高而增加，链转移速率常数受温度影响较大，导致体系的链转移速率远大于链增长的速率而使产品的相对分子质量降低。因此，要得到高相对分子质量的产品，必须选择尽可能低的起始聚合温度，但当起始聚合温度降低到一定程度时，反应的诱导期明显增长，转化率大大降低，有时甚至不能引发聚合反应。显然，考虑到相对分子质量及控制的可操作性，初始聚合温度为 5～25℃较好。

相对于氧化还原引发体系，偶氮引发剂分解后只形成一种以碳为中心的自由基，夺氢能力弱，基本不发生链转移，从而使聚合更加完全，相对分子质量也大幅度上升。采用偶氮引发剂引发 AM 的聚合，可使聚丙烯酰胺的相对分子质量达到 35×10^6以上。如图 3-66 所示，随着偶氮引发剂用量的增加，PAM 的相对分子质量先增加后减小，在引发剂加量 200mg/L 时达到最高。这是因为引发剂加量过少，会导致引发缓慢，聚合不完全，甚至不引发；而当用量过多时聚合过快，易发生交联，溶解性变差，使相对分子质量下降。显然，引发剂用量在 100～300mg/L 较为合适。

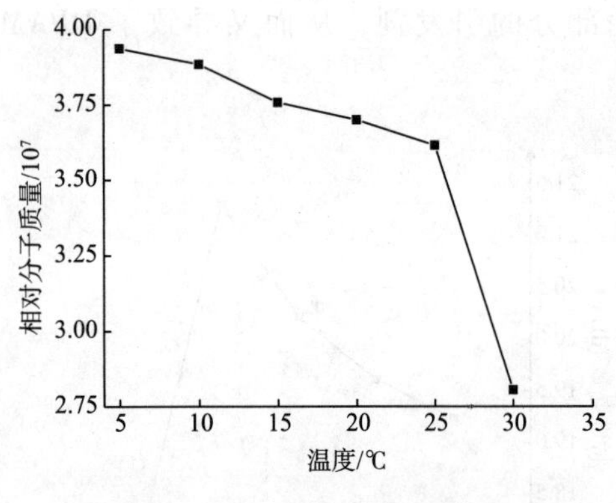

图 3-65　起始聚合温度对 HPAM 特性黏数的影响

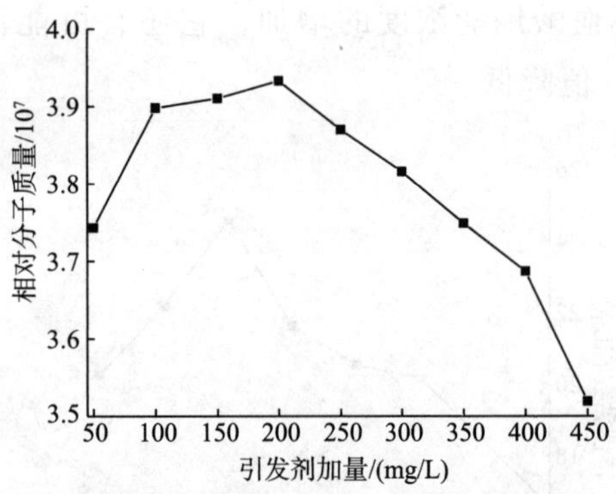

图 3-66　偶氮引发剂用量对 HPAM 相对分子质量的影响

如前所述，溶解性的好坏也是影响聚合物主要性能的技术指标之一，为了提高聚合物的溶解性，一般在聚合物中添加适量的助剂，如硫脲、尿素、乙二醇、葡萄糖酸盐、渗透剂等表面活性剂。它们的作用或是减弱 PAM 分子链上侧基间的氢键，或是湿润 PAM 颗粒表面和孔洞，或是致孔。这些作用有利于水的渗入和在 PAM 颗粒内的扩散，加速聚合物的溶解。如表 3-49 所示，助溶剂加量在 2%～5% 时，相对分子质量可达到 35×10^6以上，而聚合物的溶解时间则基本没有太大的变化，这主要是因为助溶剂既是助溶剂也是一种链转移剂，加量太少，影响聚合物的溶解性；加量太多，相当于多加了链转移剂而降低了聚合物的相对分子质量。

表 3-49 助溶剂加量对 PAM 相对分子质量和溶解性的影响

助溶剂加量/%	相对分子质量/10^6	溶解时间/min	助溶剂加量/%	相对分子质量/10^6	溶解时间/min
0	有不溶物	—	4	39	40
1	33	42	5	35	39
2	36	40	6	34	39
3	38	40			

聚合后期，聚合体系已变得黏稠或成为胶块，聚丙烯酰胺大分子链段运动受阻，易发生分子间的亚酰化反应从而使聚合物交联，分子内的交联不仅降低聚合物的增黏性还会降低聚合物的溶解性，如果在体系中加入适量的小分子链转移剂甲酸钠，则可有效降低大分子自由基相互偶合的机会，从而控制聚合物的支化、交联，使得聚合物易于溶解。但过量的链转移剂虽然增加了聚合物的溶解性，却会因抑制了自由基的链增长而造成聚合物相对分子质量下降。

实验表明，随着链转移剂甲酸钠加量的增加，PAM 的相对分子质量呈现出先升高后下降的趋势，在 380 ~ 550mg/L 范围内聚合物的相对分子质量较高，在 450mg/L 时达到最大值（约 3.9×10^7）。

工业上，HPAM 也可以采用共聚法生产，将 16kg 氢氧化钠、380 ~ 400kg 水加入反应釜，搅拌至全部溶解，然后慢慢加入 30kg 丙烯酸，待其溶解后，加入 70kg 丙烯酰胺，搅拌至全部溶解，用质量分数为 20% 的氢氧化钠水溶液将体系的 pH 值调到 8 ~ 10，将反应混合液转至聚合釜，加入适量的 EDTA、尿素、过硫酸铵和亚硫酸氢钠，通氮 5 ~ 10min，然后于 35 ~ 45℃ 下反应 6 ~ 10h，反应时间达到后，产物经切割、造粒、干燥、粉碎得产品。

（二）反相乳液聚合

1. 水解法反相乳液聚合制备水解聚丙烯酰胺

采用反相乳液聚合可以制备粉状产品，也可以将得到的乳液产品直接应用。当采用反相乳液聚合制备粉状产品时，其制备过程如下。

在装有搅拌器、温度计、导气管和取样器的反应瓶，置于超级恒温水槽中，将乳化剂和油依次加入反应瓶，用氮气置换 20min 在水浴上加热，经搅拌使之全溶。另将除氧的单体溶液中加入引发剂、氨水和一部分水解剂后，逐渐滴加到油相中，搅拌下令其乳化、聚合。待反应出现温峰后，于 55℃ 下保温 1h，再补加剩余部分水解剂，继续反应 0.5h，补加氨水，升温进行共沸脱水，经冷却，趁热过滤、洗涤，干燥后得颗粒状产物[38]。

研究表明，AM 单体的纯度是影响产品相对分子质量的关键因素，同时还直接影响到反相乳液聚合能否顺利进行。AM 单体纯度对产物性能的影响见表 3-50。由表 3-50 可见，AM 单体水溶液的电导值偏高和存放时间过长（有发黏现象）时，聚合产物的相对分子质量较低。当 AM 单体水溶液电导值 ≤5μs/cm 时，如果存放时间不超过一周（冬季可在三周内），则产物相对分子质量均较高，且极易水溶。

表 3-50 AM 单体质量对产物性能的影响

AM 单体水溶液			HPAM 产品			
外观	存放时间	电导/（μs/cm）	相对分子质量/10^4	水解度/%	外观	溶解性
浅黄色	30d	127	149	25	细粉	较好
浅黄色	19d	85	251	26.1	细粉	良好
无色透明	7d	30	332	27	白细粉	3h 全溶
浅黄色	新鲜液	16	570	25.5	白细砂	2h 全溶
浅黄色	新鲜液	11	658	28	白细砂	2h 全溶
浅黄色	新鲜液	3	760	27.5	白细砂	2h 全溶
无色透明	新鲜液	1.8	1040	29	白细砂	2h 全溶

注：基本配方为质量分数 30% ~45% 的 AM 溶液 100 ~150mL，油 100 ~200mL，乳化剂 4 ~8g，过硫酸钾 0.02% ~0.1%（占 AM 质量），脲 0.1% ~0.4%，碱 30%（占 AM 质量），氨水 1 ~2mL，温度 40 ±0.1℃。

此外，单体浓度、水解剂、补氨情况、引发剂用量、油水比和驱氧等也会影响反相乳液聚合及产物的相对分子质量。单体浓度的影响与一般自由基聚合规律相同，即浓度越高，聚合反应速率越快，产物相对分子质量越高，而且设备利用率较高，脱水负担小，操作周期短。但是，AM 单体浓度过高，聚合时放热量大，放热高峰期不易控制，给操作带来困难且往往带来聚合失败，因此，从产品质量和生产费用方面考虑，AM 单体的质量分数以 3O% ~35% 为宜。

水解剂的种类和加料方式对产物的相对分子质量和溶解性有重要的影响。实验发现，水解剂一次加入，产品的水解度较低且易导致聚合失败。采用分段加水解剂后，聚合度反应均能顺利进行，如表 3-51 所示，采用分段加水解剂，水解度基本上可以达到理论量，且可以获得性能良好的产物。

研究表明，反应后期补氨有利于提高产物性能，如表 3-52 所示，引发体系中增加氨组分和在共沸脱水前补加适量氨水后，可以明显提高产品质量。

表 3-53 显示，引发剂用量大，产物相对分子质量较低，为提高产物相对分子质量，必须尽量降低引发剂用量。但是用量太少，又常导致不聚或低聚，结果表明引发剂用量在 0.02% ~0.04%（质量比）能得到满意的结果。

如表 3-54 和表 3-55 所示，当采用 Span-60 作为乳化剂，乳化剂用量一般控制在 4% ~8% 为宜；当采用 120 号汽油作为分散介质时，油用量越多，产物的相对分子质量越低，因此希望尽量降低油用量，但如果油用量太少时，体系太稠，不利于散热，高峰期不易控制，而且会延长脱水期，造成黏釜和产生不溶物。实验表明，适宜的油水比为：第一次加入量为 AM 液: 油 =1∶1.2（体积比）；共沸脱水期补加量为 AM 液: 油 =1∶0.2（体积比）。

由于氧很容易与引发剂分解的自由基相互结合而导致阻聚，所以在制备中除氧非常重要。通常 AM 溶液中含有氧大于 10×10^{-6}即会出现阻聚（有明显的诱导期），因此反应前如果不充分排氧，往往出现高峰期晚出或温度偏高，导致产物相对分子质量下降，甚至造成不聚或低聚。充氮除氧可以消除氧的不利影响，一般通 N_2时间在 20～30min 即可使体系的含氧 $< 10 \times 10^{-6}$。实验表明，在制备中通氮 >25min 即可满足要求。

表 3-51 水解剂种类和加料方式对产物性能的影响

加料方式		相对分子质量/10^4	水解度/%	外观	溶解性
聚合前期加 1/3 碱	聚合后期加 2/3 碱				
$NaHCO_3$	$NaHCO_3$	837.0	21	白细砂	良好
$NaHCO_3$	$NaHCO_3$	946.4	28.5	白细砂	良好
$NaHCO_3$	Na_2CO_3	967.0	29.0	白细砂	好
$NaHCO_3$	NaOH	1085.6	29.4	白细砂	良好
$NaHCO_3$	NaOH	1158.5	29.3	白细砂	良好

注：水解剂加量为 AM 量的 30%（物质的量比），配方同表 3-50。

表 3-52 共沸脱水补氨对聚合产物性能的影响

补氨情况	相对分子质量/10^4	水解度	溶解性
未补加	840.0	22.8	2h 后有不溶物
补加	946.4	28.5	2h 全溶
	1042.0	26.0	2h 全溶
	1025.0	27.0	2h 全溶

注：配方同表 3-50。

表 3-53 引发剂用量对聚合产物性能的影响

过硫酸钾用量/%	相对分子质量/10^4	溶解性	过硫酸钾用量/%	相对分子质量/10^4	溶解性
0.05	414	易溶	0.03	879	易溶
0.04	685	易溶	0.02	1042	易溶

注：脲用量为 AM 单体质量的 0.3%。

表 3-54 乳化剂用量对 AM 聚合产物粒度和相对分子质量的影响

乳化剂用量/%	产品外观	相对分子质量/10^4	乳化剂用量/%	产品外观	相对分子质量/10^4
10	白细砂	414	5	白细砂	998
8	白细砂	1040	4.8	白细砂	1005
6	白细砂	1001			

注：配方同表 3-50。

表 3-55 油量对 AM 聚合产物相对分子质量的影响

油量（×丙烯酰胺溶液的体积）		相对分子质量/10^4	油量（×丙烯酰胺溶液的体积）		相对分子质量/10^4
第一次加入	共沸脱水期补加		第一次加入	共沸脱水期补加	
1.5	0.5	646	1.2	0.3	879
1.3	0.3	789	1.2	0.2	973

注：引发剂用量为 AM 质量的 0.03%～0.04%，其他同表 3-50。

当制备乳液形式的产品时，其制备过程如下。

将 Span－60、Span－80 加入白油中，升温 60℃，搅拌至溶解，得油相；将水加入反应釜，搅拌下加入 Tween－80、然后加入丙烯酰胺，搅拌使其完全溶解，得水相；将水相加入油相，用均质机搅拌 10～15min，得到乳化反应混合液，并用质量分数为 40% 的氢氧化钠溶液调 pH 值至 8～9。向乳化反应混合液中通氮 10～15min，加入引发剂过硫酸铵和亚硫酸氢钠（提前溶于适量的水），搅拌 5min，继续通氮 10min，在 45～50℃下保温聚合 5～8h；反应时间达到后向体系中加入一定量的氢氧化钠和碳酸钠，搅拌下升温至 80～95℃，保温反应 4～6h，降至室温，过滤，即得水解聚丙烯酰胺反相乳液聚合物产品。

2. 共聚法反相乳液聚合制备水解聚丙烯酰胺

在水解聚丙烯酰胺反相乳液聚合物产品制备中，以共聚法最多，关于共聚法制备水解聚丙烯酰胺的过程可以参考本书第二章中关于丙烯酸－丙烯酰胺反相乳液聚合的有关介绍。

三、应用

（一）钻井液处理剂

HPAM 主要用作低固相不分散聚合物钻井液的絮凝剂，絮凝速度快，絮凝效果好，可以改善钻井液的剪切稀释能力，有利于降低钻井液水眼黏度。同时还具有一定的增黏和润滑作用。水解聚丙烯酰胺钻井液以独特的抑制性，被广泛应用于易造浆的泥岩、水敏性页岩、石灰岩地层。HPAM 钻井液能保持良好的井眼轨迹，避免发生井下复杂情况，节约钻井成本。HPAM 使用时可以直接加入钻井液，但最好配成 0.5%～1% 的水溶液使用。一般情况下水解聚丙烯酰胺的加量为 0.1%～0.3%。

实践表明，其性能与相对分子质量、水解度等密切相关。作为钻井液处理剂，以页岩滚动回收率为考察依据，水解产物羧基结合金属离子类型、产物相对分子质量以及水解度等都会影响其效果。水解聚丙烯酰胺羧基结合金属离子类型对产物抑制性能的影响见图3-67，从图中可以看出，钾盐效果最好，钙盐效果最差。水解度为 30%，加量 0.05% 时，Na－HPAM 相对分子质量对页岩抑制性性的影响见图 3-68，从图中可以看出，随着相对分子质量的增加，回收率提高，相对分子质量 300×10^4 左右回收率达到最大值，以后变化不大。图 3-69 是相对分子质量为 320×10^4，加量 0.7% 时，水解度对回收率的影响，可以看出，水解度为 10%～30% 时，回收率最高，超过 30% 时反而降低。从上述结果可以看出，钻井液用水解聚丙烯酰胺以水解度30%、相对分子质量大于300×10^4较好[39]。

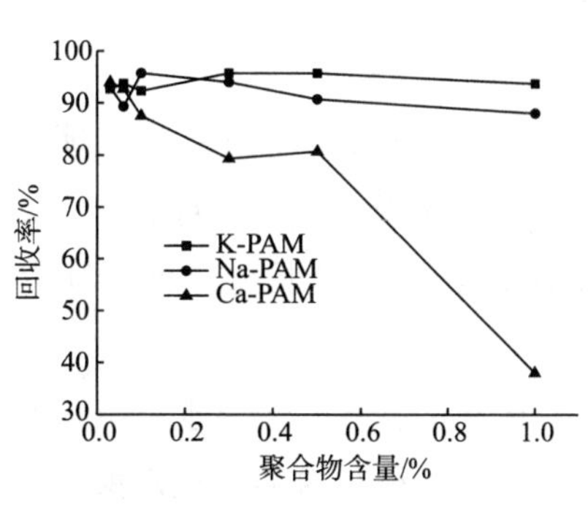

图3-67 金属离子类型对产物分散性能的影响

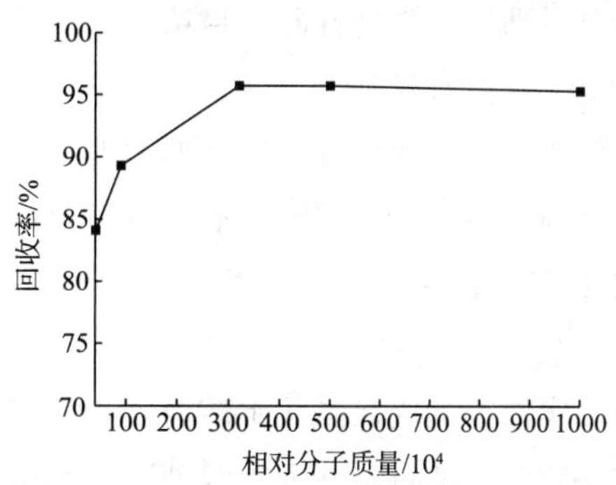

图3-68 Na-HPAM相对分子质量对页岩分散性的影响

聚丙烯酰胺相对分子质量和水解度对絮凝效果的影响见表3-56。从表3-56可以看出，非水解聚丙烯酰胺是全絮凝，既絮凝钻屑也絮凝黏土。相对分子质量越大，絮凝效果越好，絮凝速度也越快。如相对分子质量为700×10^4的PHP选择性絮凝能力强，不仅表现在絮凝钻屑的速度，而且它还能选择性地将钻井液中的劣质土絮凝。而PHP-3由于相对分子质量小，水解度偏低，故絮凝效果欠佳。水解度（29%）和相对分子质量一定时，在给定的条件下（密度$1.10g/cm^3$的钻井液），PHP有一个最佳加量（图3-70）[40]。

表3-56 PAM相对分子质量和水解度对絮凝效果的影响

代号	相对分子质量/10^4	水解度/%	黏土粉液①	土粉液②
PHP-1	700	28.3	15s全絮凝	有效部分絮凝
PHP-2	300	30.0	3min全絮凝	不絮凝
PHP-3	196	20.0	24min全絮凝	不絮凝
PAM	300	非水解	90s全絮凝	全絮凝

注：①100mL水中加入4g黏土粉（大庆油田岩屑，主要成分是蒙脱石和坡缕石，用来模拟钻屑和劣质土，粉碎后过100目筛），摇荡并静置24h后备用；②在100mL水中加入10mL钻井液，主要是水化好的土和一定数量不造浆的劣质土。分别向每种混合液中加入5mL质量分数为1%的各处理剂。

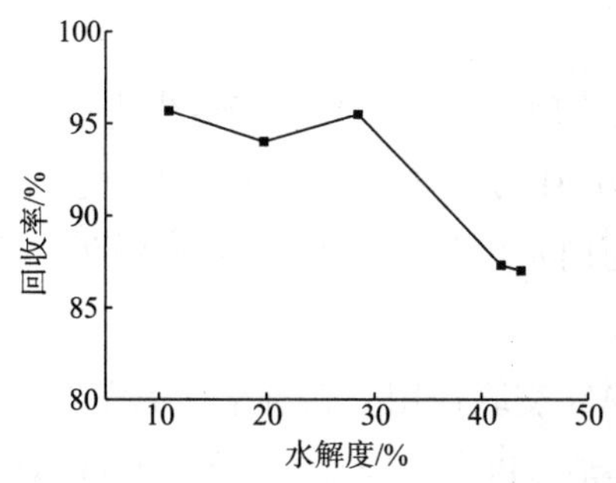

图3-69 Na-PAM水解度对回收率的影响

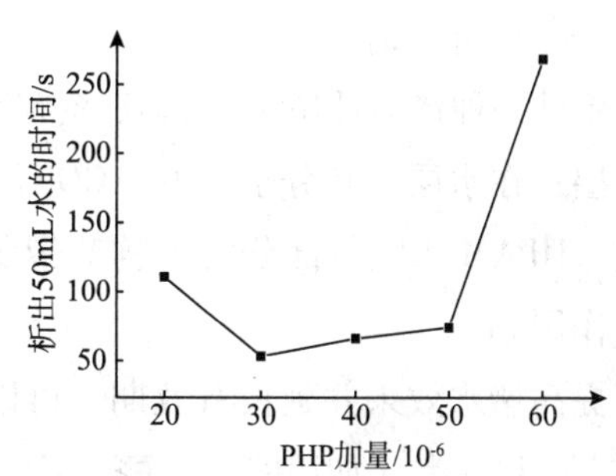

图3-70 PHP加量对絮凝物沉降速度的影响

水解聚丙烯酰胺和交联水解聚丙烯酰胺凝胶可用于钻井过程中的漏失封堵或作为堵漏浆的组分，适用于裂缝性漏失封堵。

（二）油井水泥外加剂

一定水解度和相对分子质量的HPAM可以用作油井水泥降失水剂。研究表明，相对分子质量为$60\times10^4\sim65\times10^4$、水解度为6%～7.5%的水解聚丙烯酰胺，对水泥浆具有良好的降失水作用，在加量为0.5%～0.7%时可使水泥浆的失水量明显降低。其合成过程如下[41]。

将一定浓度的丙烯酰胺水溶液置于三口烧瓶中，在一定温度的恒温水浴里从滴液漏斗中滴加一定浓度的过硫酸钾水溶液，使其进行聚合反应，半小时内加完过硫酸钾溶液，然后继续反应一定时间，即可获得一定相对分子质量的PAM胶体；称取一定质量一定浓度的PAM置于反应瓶中，然后加入一定浓度的氢氧化钠溶液，在一定温度下反应一定时间后即可获得一定水解度的HPAM。

在用于油井水泥降失水剂的HPAM产品制备中，影响产品性能的主要因素是水解度和相对分子质。作为水泥浆降失水剂，要求其分子中适当数量的吸附基和水化基团，而HPAM水解度大小，决定了其分子结构中吸附基团与水化基团的比例，从而影响到它的降失水性能。图3－71是不同水解度的HPAM对水泥浆API失水量的影响。从图3－71可以看出，当HPAM的水解度在6%～7.5%时，加入该剂的水泥浆失水下降至最低值，随后又开始增加。显然，只有当HPAM分子中的吸附基团与水化基团处于最佳比例时，才有较好的降失水作用，所以作为水泥浆降失水剂时，HPAM水解度在6%～7.5%最好。

HPAM是通过提高水相黏度和降低滤饼渗透率等作用而达到降低失水量的目的。若相对分子质量太低，则吸附桥联不够，而相对分子质量太高，会使水泥浆的流动性变差，泵送困难。可见，适当的相对分子质量同样是决定产品良好降失水能力的关键。图3－72是加有不同相对分子质量HPAM的水泥浆的失水量及流动度。由图3－72可以看出，随着HPAM相对分子质量的增加，水泥浆失水量降低，当相对分子质量为$60\times10^4\sim65\times10^4$时，水泥浆的失水最低，之后随着相对分子质量继续增加，降失水能力不再提高，而水泥浆的流动度下降，影响水泥浆的泵送。显然，作为水泥浆降失水剂时，HPAM相对分子质量应控制在$60\times10^4\sim65\times10^4$。

（三）堵水调剖剂

HPAM是一种选择性堵水剂，其选择性堵水的原理是它的水溶液能优先进入含水饱和度高的地层；在水层，其分子中的—$CONH_2$和—COOH可以通过氢键吸附在地层表面而保留在水层；HPAM未吸收部分由于链节带负电荷而向水中伸展，对水有较大的流动阻力，起到堵水作用。

为了提高堵水效果并延长有效期，可以将HPAM交联使用。高价金属离子（如Al^{3+}、Cr^{3+}、Zr^{4+}）和醛类（如甲醛、乙醛、乙二醛）等都可以在一定条件下使HPAM交联。随着交联程度的增加，可使吸附在地层表面的HPAM更向外伸展，封堵更大的孔道，还可以使吸附在地层表面的 HPAM 产生横向结合，形成体型结构，提高吸附层的强度，因而有更好的堵水效果，并延长堵水的有效期。

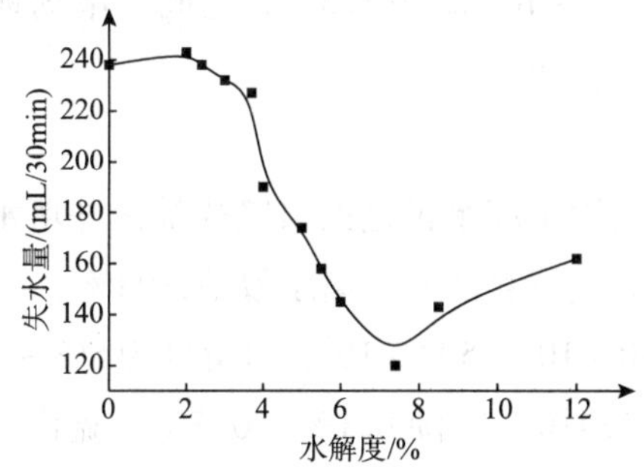

图 3-71 水解度对 HPAM 降失水能力的影响
相对分子质量 43×10^4，加量 0.5%，温度 90℃，水灰比 0.5

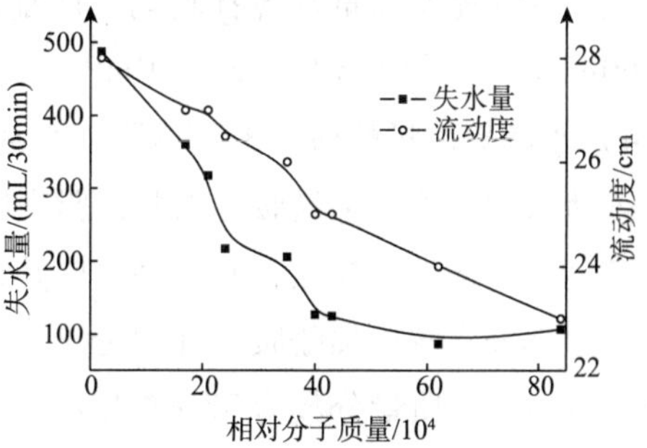

图 3-72 水解度对 HPAM 降失水能力的影响
水解度 6%，加量 0.5%，温度 90℃，水灰比 0.5

HPAM 可作为堵水剂或堵水剂的主要成分，它可以单独作为选择性堵水剂，也可以和膨润土和或其他成分组成堵水剂。下面介绍一些典型的堵水剂和调剖剂配方。

1. 堵水剂

1）水解聚丙烯酰胺堵水剂

水解聚丙烯酰胺用于选择性堵水剂时，按照部分水解聚丙烯酰胺 0.5% ~1%，硫代硫酸钠 0.03% ~0.05% 的比例，施工前，将部分水解聚丙烯酰胺配制成 2% 的水溶液，再将硫代硫酸钠水溶液（10%）加入并补充所需余量水搅拌均匀。所配制堵剂最终 pH 值在 7 ~9 之间。地面黏度 30 ~50mPa · s，堵水效率 70% ~80%。可用于砂岩或碳酸岩油井堵水，适用于井温 40 ~80℃。

2）铬交联部分水解丙烯酰胺堵水剂

系水解聚丙烯酰胺铬交联凝胶，用于碳酸或砂岩油层堵水，处理层地层渗透率 > $0.5\mu m^2$，油层厚度 3m 以上，生产能力大，出水层位清楚，见水特征为底水或同层水油井。

按照部分水解丙烯酰胺（相对分子质量为 300×10^4 ~ 500×10^4，水解度为 5% ~20%）0.4% ~0.8%，重铬酸钾 0.05% ~0.1%，硫代硫酸钠 0.05% ~0.15% 的比例，施工前将部分水解聚丙烯酰胺配制成 2% 的水溶液，再将重铬酸钠和硫代硫酸钠分别配成 5% ~10% 的水溶液，施工时加入配制罐中并补充所需量水搅拌均匀，即可用于堵水作业。所配制堵剂用盐酸调 pH 值在 4 ~6 之间。堵剂地面黏度 <50mPa · s，常温下交联时间为 24h，70℃凝胶时间为 3.5h，胶凝黏度为（2 ~3） $\times10^4$mPa · s，堵水效率 >95%。

3）甲醛 - 部分水解丙烯酰胺堵剂

该堵水剂系水解聚丙烯酰胺与甲醛交联凝胶，用于堵封砂岩油藏同层水和注水井连通的高渗透率带，堵水效率≥90%。

按照水解丙烯酰胺（相对分子质量为 $300\times10^4\sim500\times10^4$，水解度为10%）0.8%～1%，甲醛0.55%～1.1%的比例，将部分水解聚丙烯酰胺配制成1.5%水溶液，施工前加入甲醛，并补充所需量水搅拌均匀。所配制堵剂最终pH值在1.5～3之间。堵剂地面黏度≤60mPa·s，凝胶黏度≥2×10^4mPa·s，热稳定性30d。

4）水解聚丙烯酰胺－酚醛树脂堵水剂

该堵水剂系聚丙烯酰胺－酚醛树脂交联体，适用于底水锥进的自喷式抽油井堵水，用于生产剖面渗透性差异大，有接替产层并且水平裂缝发育的井，堵水效率≥98%。

按照部分水解丙烯酰胺（相对分子质量为 $250\times10^4\sim500\times10^4$，水解度为5%～20%）0.8%～1.5%，质量分数为37%的甲醛0.18%～1.1%，苯酚0.1%～0.5%，硫代硫酸钠0.05%的比例，将部分水解聚丙烯酰胺配制成2%的水溶液，再将苯酚配成5%的水溶液。施工时再将原料混合均匀，并补充所需量水即可。该堵剂的地面黏度≤50mPa·s，延缓交联时间3～10h，成胶黏度（5～20）$\times10^4$ mPa·s，热稳定性≥30d，使用温度120～150℃。

5）聚丙烯酰胺高温堵水剂

该堵水剂系部分水解聚丙烯酰胺的铬、邻苯二胺交联高分子凝胶体，用于油层为碳酸盐岩或砂岩的油井堵水，抗盐性能好，适用地层水矿化度 10000×10^{-6}，适用温度100～130℃，堵水效率≥95%。

按照部分水解丙烯酰胺（相对分子质量为 $300\times10^4\sim400\times10^4$，水解度为5%～20%）0.4%～0.8%，重铬酸钠0.06%～0.4%，硫代硫酸钠0.05%～0.135%，邻苯二胺0.02%～0.04%的比例，将部分水解聚丙烯酰胺配制成2%的水溶液，再将5%～10%的重铬酸钠水溶液加入并搅拌均匀，施工时再将硫代硫酸钠和邻苯二胺水溶液（10%）加入并补充所需量水混合均匀。所配制堵剂最终pH值在7～9之间。该堵剂地面黏度<40mPa·s，120℃下凝胶时间45～150min，凝胶黏度 30×10^4mPa·s，热稳定性30d。

6）部分水解聚丙烯酰胺/Cr^{3+}（有机铬）调剖堵水剂

该堵水剂系部分水解聚丙烯酰胺与铬、甲醛等交联体，适用于聚合物驱前注水井的深部调剖或堵水。具有适当的延缓成胶性及可控的成胶时间，形成的凝胶强度大，残余阻力系数高。

按照部分水解聚丙烯酰胺0.5%，醋酸铬（以 Cr^{3+} 计）0.06%，草酸0.08%，质量分数36%的甲醛0.85%的比例，将部分水解聚丙烯酰胺配制成质量分数为1.5%的水溶液。施工前，将一定浓度的醋酸铬、草酸按需要量加到水解聚丙烯酰胺溶液中混合均匀，再将配方量甲醛加入并补加所需量水搅拌均匀，即可用于施工。

堵水剂初始黏度为100～1000mPa·s，70℃下成胶时间10～60h，破胶时间≥30d，堵水率为94%。适用地层温度30～80℃，地层水矿化度≤2×10^4mg/L。

7）部分水解聚丙烯酰胺－脲醛树脂堵水剂

该堵水剂系部分水解聚丙烯酰胺与尿素、甲醛聚合物树脂复合凝胶，用作堵水剂，具有地面黏度小，可泵性好，使用温度为100～150℃，耐矿化度能力强，延缓交联时间可控，堵水效率高的特点。

在配制罐中按照部分水解聚丙烯酰胺0.1%，质量分数36%的甲醛1%，尿素0.5%，硫代硫酸钠0.08%的比例，将部分水解聚丙烯酰胺配制成2%浓度的水溶液。施工时，先将质量分数为10%尿素按需要量加到水解聚丙烯酰胺溶液中搅拌均匀，再将配方量甲醛加入并补加所需量的水搅拌均匀。堵剂地面初始黏度≤100mPa·s，最终黏度（15～20）×10^4mPa·s，120℃下成胶时间3～10h，破胶时间≥30d，堵水率≥95%。

2. 调剖剂

1）聚丙烯酰胺－乌洛托品－间苯二酚调剖剂

该剂系聚丙烯酰胺、间苯二酚和乌洛托品反应的交联体，用作注水井调剖剂，具有地面黏度小，凝胶时间可调、耐盐性好、凝胶强度大，堵水调剖有效期长，现场施工简便、封堵效率高等特点，适用于井温45～90℃的注水井调剖。

按照聚丙烯酰胺（水解度为5%～15%，相对分子质量为400×10^4～600×10^4）0.6%～1%，乌洛托品0.12%～0.16%，间苯二酚0.03%～0.05%的比例，先将聚丙烯酰胺配制成水溶液，然后按配方量将各原料混合，并补充所需量水混合均匀，调pH值至2～5。其地面黏度≤50mPa·s，70℃成胶时间≥4h，70℃稳定性≥90d，封堵率≥98%。

2）聚丙烯酰胺－铬冻胶乳化调剖剂

该剂系聚丙烯酰胺、铬交联的高分子凝胶，用作注水井调剖剂，适用于高渗透层和裂缝层，适用地层70～110℃。

按照聚丙烯酰胺（相对分子质量大于1000×10^4，水解度为27%）0.35%，铬酸钠0.012%～0.07%，亚硫酸氢钠0.036%～0.21%，煤油0.51%～3%，油溶性表面活性剂0.0015%～0.021%，水溶性表面活性剂0.02%～0.026%的比例，施工前将各组分与适量的水经混合乳化而得。其初始黏度≤20mPa·s，凝胶强度1000mPa·s。

3）一种可流动深度调剖剂

该剂系部分水解聚丙烯酰胺、柠檬酸铝、硫脲等交联体，用作注水井调剖剂，适用于低渗透层。该剂是一种可流动深度调剖剂，成本较低，由低浓度聚合物、交联剂和稳定剂组成，聚合物浓度不超过1000mg/L，成胶后黏度适中，当注入压力提高时，能够继续向前流动，起到驱油效果，施工工艺简单，动用设备较少。

按照水解聚丙烯酰胺（相对分子质量为1000×10^4，水解度为25%～30%）0.03%～0.1%，柠檬酸铝0.0015%～0.005%，硫脲0.01%～0.02%的比例，将水解聚丙烯酰胺配制成质量分数为0.3%～0.5%的水溶液，将柠檬酸铝和硫脲配成水溶液。施工前先将各组分加入配制罐并补充所需量水充分混合均匀后即可用于施工作业。

4）注水井粉状调剖剂

该剂系水解聚丙烯酰胺、间苯二酚、对苯二酚和六次甲基四胺的混合物，适用于中、深等各类注水井调剖作业。适用井温 25～90℃，堵水率≥94%。

按照水解聚丙烯酰胺 59.26%，六次甲基四胺 22.2%，间苯二酚 3.7%，对苯二酚 3.7%，氨基化合物 11.1% 的比例，将各组分在 0～40℃下混合均匀即可。

5）部分水解聚丙烯酰胺－柠檬酸钛缓交联调剖剂

该剂系聚丙烯酰胺钛交联高分子凝胶，用作注水井调剖剂。适用井温 35～100℃，堵水率大于 95%。

按照水解聚丙烯酰胺（相对分子质量 200×10^4，水解度 20%）1%，柠檬酸钛（以 Ti^{4+} 计）0.6% 的比例，将聚合物配制成质量分数为 1%～2% 的水溶液，将柠檬酸钛配成水溶液。施工前先将各组分加入配制罐并补充所需量水搅拌均匀，调 pH 值至 3～4。该堵剂初始黏度为 20～25mPa·s，2h 凝胶黏度≥1800mPa·s。

（四）压裂液

高相对分子质量的部分水解聚丙烯酰胺是水性良好的压裂液减阻剂和稠化剂。用作水基压裂液的稠化剂，兼有减少摩阻的功能。

（五）驱油剂

水解聚丙烯酰胺作为驱油剂适用于稠化驱（聚合物驱）、混相驱油，使用温度不超过 75℃，盐含量高时，黏度会大量损失，特别是遇钙镁离子容易交联沉淀，失去作用。一般适用于淡水体系。

超高相对分子质量水解聚丙烯酰胺（相对分子质量≥1700×10^4）的水溶液可以直接用于驱油，或通过添加交联剂形成胶态分散凝胶或交联聚合物进行驱油，也可以与表面活性剂等一起用于复合驱，适用于低温和低高矿化度地层。

（六）水处理

水解聚丙烯酰胺是良好的水处理絮凝剂，将本品与铝盐配合使用，效果更好，可作为含油污水处理的絮凝剂。也可以用于废弃钻井液和钻井作业废水的絮凝剂。

第四节 阳离子聚丙烯酰胺

阳离子聚丙烯酰胺是在石油开采、造纸工业、纺织印染以及污水处理等领域都有广泛应用的水溶性高分子聚合物。作为一种重要的油田化学品，在钻井液、调剖堵水、酸化压裂、油田水处理等方面都具有较大的应用面。

一、溶液性质

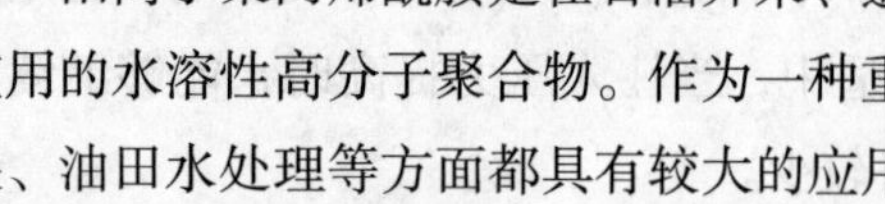

$$-\!\!\left[CH_2-\underset{\displaystyle CONH_2}{\underset{|}{CH}}\right]_m\!\!\left[CH_2-\underset{\displaystyle O=C-NH-CH_2-\overset{\displaystyle CH_3}{\overset{|}{\underset{\displaystyle CH_3}{\underset{|}{N^+}}}}-CH_3\ I^-}{\underset{|}{CH}}\right]_n$$

图 3-73 CPAM 的结构

阳离子聚丙烯酰胺水溶液的性质与聚合物的类型、相对分子质量和阳离子化度相关[42]。以 CPAM（结构见图 3-73）为例，图 3-74 是 CPAM 的质量浓度（c）与比浓黏度（η_{red}）之间的关系。从图 3-74（a）中可以看出，CPAM 溶液的浓度 c 与溶液的比浓黏度 η_{red} 不呈线性关系，呈现典型的聚电解质黏度行为。这是因为当 CPAM 溶液浓度较稀时（$c<0.05g/L$），离子化产生的迁移性阴离子远离高分子链区，致使高分子链上的阳离子电场没有了与之平衡的作用力而带有净正电荷，静电斥力使高分子链扩张，分子链舒展，所以其比浓黏度值较大，随着质量浓度的进一步增加（$c>0.05g/L$），高分子离子链相互靠近，构象不太舒展，而且，阴离子的浓度增加，在高分子链的外部和内部进行扩散，使部分阳离子静电场得到平衡，以致其静电排斥作用减弱，高分子链开始发生蜷曲，并且相互缠绕，所以其比浓黏度值开始逐渐下降，当小分子阴离子足够量时（$c>5g/L$），阳离子聚丙烯酰胺在水溶液中的状态几乎与中性高分子相同，比浓黏度值保持稳定。比较同一浓度下不同相对分子质量聚合物的比浓黏度值发现，相对分子质量高的阳离子聚丙烯酰胺其比浓黏度值较大，即相对分子质量高的聚丙烯酰胺分子在溶液中其高分子链之间相互作用增强，表现为比浓黏度增大。

从图 3-74（b）可以看出，在相对分子质量相同的情况下，CPAM 的阳离子化度对其黏度略有影响。随着阳离子化度从 15.5% 增加到 46.8%，比浓黏度随着浓度的增大，降低的幅度也加大。这是因为阳离子度增大，每个高分子链节上所带正电荷数量增加，在溶液浓度较低时（$c<2.5g/L$），高分子链本身处于舒展状态，虽然单位链节上正电荷密度增加，但是这种同种电荷之间产生的静电作用力在稀溶液中作用不显著，导致不同阳离子化度的 CPAM 样品之间溶液的黏度相差不大。在浓溶液中（$c>2.5g/L$），阳离子化度高的 CPAM 溶液中高分子链节上正电荷之间的静电斥力作用明显，与低阳离子化度的聚合物分子相比，其高分子链较易舒展，且其高分子链之间、高分子链与溶剂之间接触面积增大，内摩擦增大，溶液黏度增大，比浓黏度也随之增大，从而造成不同阳离子化度的 CPAM 产品之间在浓度较高的情况下比浓黏度值之间略有差别。

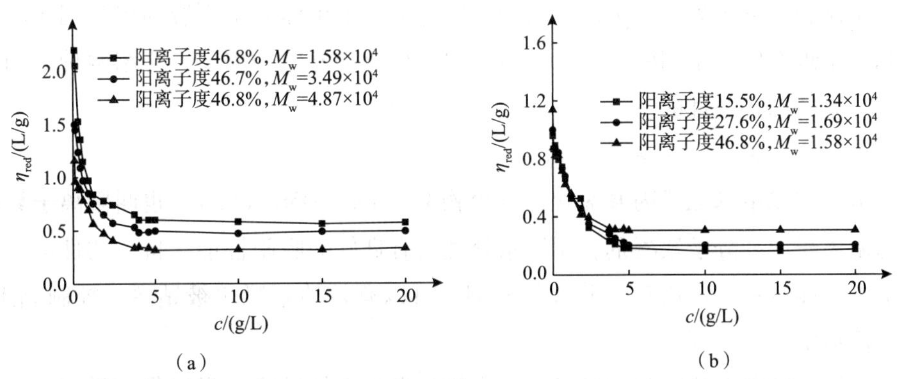

图 3-74 CPAM 溶液的比浓黏度（η_{red}）与浓度（c）的关系（$T=25℃\pm0.05℃$）

图 3-75 是 CPAM 水溶液的摩尔电导率（Λ）与浓度（c）的关系。从图 3-75（a）中可以看出，随着阳离子聚合物 CPAM 溶液浓度的提高，溶液的摩尔电导率逐步降低，符合聚电解质电离的基本规律。溶液浓度增大，电导率增加，根据摩尔电导率的定义，摩尔电

导率与浓度的变化关系取决于电导率和浓度增大的速度，一般来说，当浓度增大的速率大于电导率增大的速率时，摩尔电导率随着浓度的增大而减小。这是因为随着 CPAM 浓度的增加，聚合物的高分子链由舒展变为卷曲缠绕，电离能力减弱，表现为电导增加速率低于浓度增大的速率。比较同一浓度下不同相对分子质量聚合物溶液的摩尔电导率发现，随着聚合物相对分子质量的提高，溶液的摩尔电导率变化不大。这是由于所选择的阳离子聚合物相对分子质量为（1～5）$\times 10^4$，属于低聚物，在水溶液中电离能力相差不大，所以，相对分子质量对电导率影响较小。

从图 3-75（b）中可以看出，随着聚合物 CPAM 阳离子化度从 15.5% 增加到 46.8%，电解质溶液的电导率增大。这是因为随着 CPAM 阳离子化度增大，高分子链上阳离子基团数量增多，水溶性更好，更容易电离，电导率增大。

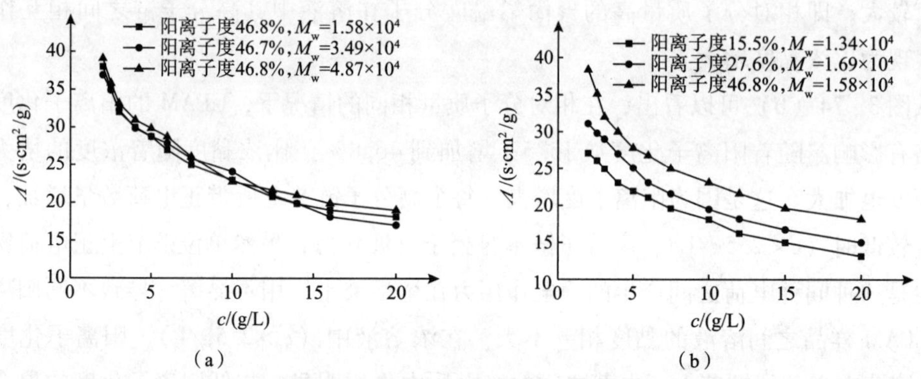

图 3-75　CPAM 水溶液的摩尔电导率（Λ）与浓度（c）的关系

二、制备方法

除采用如前所述的聚丙烯酰胺改性制备阳离子聚丙烯酰胺外，还可以采用 AM 与阳离子单体共聚制备阳离子聚丙烯酰胺。采用 AM 与阳离子单体共聚更容易得到用于不同目的的聚合物，是近期广泛采用的方法。针对油田用聚合物开发的需要，介绍两种不同类型的阳离子聚合物的制备及性能。

（一）丙烯酰胺－二甲基二烯丙基氯化铵二元共聚物

丙烯酰胺与二甲基二烯丙基氯化铵共聚物 P（AM－DMDAAC），也叫阳离子聚丙烯酰胺，作为阳离子型高分子絮凝剂，用于水处理具有良好的吸附性能、抗剪切性能、耐温性能和耐酸碱性能等特点。用于钻井液絮凝剂，可以有效地絮凝包被钻屑，控制黏土分散，保持钻井液清洁。

在钻井液中随着循环时间的延长，聚合物会发生水解反应，最终得到类似于 AA、AM 与 DMDAAC 的三元共聚物，随着时间延长水解程度增加，絮凝效果逐步降低，降滤失和护胶能力逐步增强，当达到一定水解度后，将失去絮凝作用，而起降滤失作用。

P（AM－DMDAAC）可以采用水溶液聚合，也可以采用反相乳液聚合方法制备。

1. 水溶液聚合

以水为溶剂，以过硫酸盐为引发剂水溶液聚合制备时，其制备过程如下。

分别将45份二甲基二烯丙基氯化铵、105份丙烯酰胺、0.05份乙二胺四乙酸钠盐、0.025～0.125份非离子表面活性剂和350份去离子水投加到聚合反应釜中，搅拌混合均匀。在连续搅拌下以500L/h的流速向聚合反应釜中通入氮气，吹扫0.5h，同时加热升温至30～40℃，加速搅拌，同时分别缓慢加入0.075～0.375份过硫酸盐（质量分数为30%的水溶液）和0.025～0.125份脂肪胺水溶液，然后保温反应4h，即得无色透明共聚物胶体，经造粒、烘干、粉碎、过筛，即得粉末状共聚物产品。

赵松梅等[43]以氧化还原剂－偶氮盐为引发体系，采用水溶液法合成了高相对分子质量的P（AM－DMDAAC）共聚物。研究表明，低温和高温引发反应适宜温度分别为15℃和50℃，氧化剂与还原剂最佳质量比为7.5∶1，产品相对分子质量随阳离子单体与丙烯酰胺质量比增加而减小，氧化还原剂、偶氮盐与两种单体质量和的质量比分别为0.155%～0.187%和0.0275%～0.0415%时，分别合成了阳离子单体占单体总质量26%、30%、35%的P（AM－DMDAAC）聚合物，其相对分子质量分别可达1445×10^4、1000×10^4和910×10^4。其制备过程如下。

将AM、去离子水、DMDAAC、EDTA加入聚合瓶中，搅拌使样品充分溶解，冰水浴中降温（20℃以下）后加入氧化还原引发剂［由过硫酸铵（PSA）、雕白粉（$NaHSO_2 \cdot CH_2O \cdot 2H_2O$）和偶氮盐（AZO）组成］，通氮气除氧，密封聚合瓶，在低于20℃下恒温反应3h，升温至45～55℃再反应2h，得到具有弹性的透明胶状体，然后造粒、干燥粉碎即为产品。

采用氧化还原引发体系进行DMDAAC与AM的水溶液共聚合时，由于反应溶液中含有Cl^-，氧化剂能使Cl^-氧化成Cl_2，氯原子能充当链终止剂，致使共聚物的相对分子质量不高；而使用不能氧化Cl^-的水溶性偶氮盐引发剂，能得到高相对分子质量聚合物。研究表明，采用氧化还原引发剂和偶氮引发剂引发DMDAAC、AM水溶液聚合时，影响反应的主要因素有反应温度、引发剂比例、DMDAAC单体用量和引发剂用量等。

采用氧化还原引发剂和偶氮盐引发剂进行引发反应时，温度对产品相对分子质量的影响结果见表3－57和表3－58。如表3－57所示，氧化还原引发的反应温度应选择在12～17℃较好，以下实验选择在15℃。如表3－58所示，偶氮盐引发反应温度选择在50℃为宜。

表3－57 氧化还原引发剂反应温度对产品相对分子质量的影响

低温恒温温度/℃	高温恒温温度/℃	相对分子质量/10^4	低温恒温温度/℃	高温恒温温度/℃	相对分子质量/10^4
12	50	833.00	20	50	781.84
17	50	877.67	25	50	649.64

注：聚合配方：反应体系单体质量分数为35%；DMDAAC与两种单体总质量的质量比*m*（DMDAAC）为26%；PSA、$NaHSO_2 \cdot CH_2O \cdot 2H_2O$、AZO、EDTA与两种单体总质量的质量比*m*（PSA）、*m*（$NaHSO_2 \cdot CH_2O \cdot 2H_2O$）、*m*（AZO）和*m*（EDTA）分别为0.206%、0.0138%、0.0275%、0.06%。

表 3-58　偶氮引发剂反应温度对产品相对分子质量的影响

低温恒温温度/℃	高温恒温温度/℃	相对分子质量/10^4	低温恒温温度/℃	高温恒温温度/℃	相对分子质量/10^4
15	40	369.28	15	50	960.39
15	45	691.59	15	55	543.79

注：聚合配方：反应体系单体质量分数为 35%；DMDAAC 与两种单体总质量的质量比 *m*（DMDAAC）为 26%；PSA、$NaHSO_2 \cdot CH_2O \cdot 2H_2O$、AZO、EDTA 与两种单体总质量的质量比 *m*（PSA）、*m*（$NaHSO_2 \cdot CH_2O \cdot 2H_2O$）、*m*（AZO）和 *m*（EDTA）分别为 0.206%、0.0275%、0.0275%、0.06%。

氧化剂与还原剂质量比也会影响产物相对分子质量。实验表明，当反应体系单体质量分数为 35%，*m*（DMDAAC）为 26%，*m*（$NaHSO_2 \cdot CH_2O \cdot 2H_2O$）为 0.0275%，*m*（AZO）为 0.0275%，*m*（EDTA）为 0.06% 时，*m*（PSA）在 0.135%~0.275% 之间，随着 *m*（PSA）的增加，聚合产物相对分子质量逐渐增大，出现一个峰值后相对分子质量开始降低。出现相对分子质量峰值时的 *m*（PSA）为 0.206%，此时，PSA 与 $NaHSO_2 \cdot CH_2O \cdot 2H_2O$ 的质量比为 7.5∶1。在实验条件下 PSAM 与 $NaHSO_2 \cdot CH_2O \cdot 2H_2O$ 的质量比为 7.5∶1 时较为理想。

DMDAAC 单体用量不仅决定产物的阳离子度，也会影响产物的相对分子质量。当反应体系总单体质量分数为 35%，*m*（PSA）为 0.138%、*m*（$NaHSO_2 \cdot CH_2O \cdot 2H_2O$）为 0.0184%、*m*（AZO）为 0.0275%、*m*（EDTA）为 0.06% 时，*m*（DMDAAC）的变化对产品相对分子质量影响非常大，随着 DMDAAC 用量逐步升高，产品相对分子质量从 *m*（DMDAAC）为 15% 时的 2380×10^4 降至 *m*（DMDAAC）为 40% 时的 390×10^4。这是由于 DMDAAC 带有较长的支链，聚合时由于单体本身空间位阻作用和具有一定的自阻聚作用，随着其用量的增加，使产品相对分子质量显著下降。但当 *m*（DMDAAC）少时，则产品的阳离子度低，不能满足应用需求。

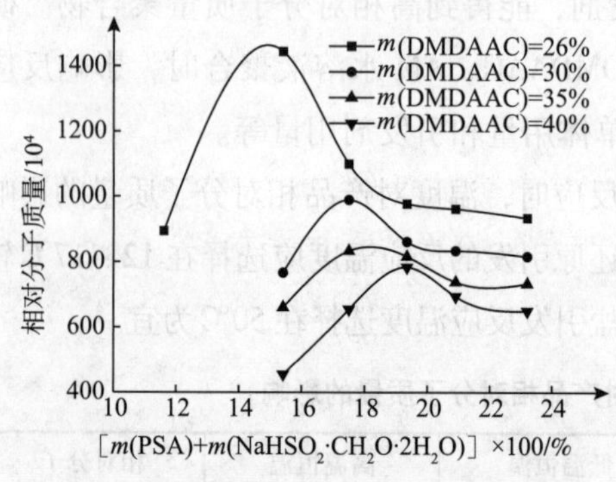

图 3-76　*m*（PSA）+*m*（$NaHSO_2 \cdot CH_2O \cdot 2H_2O$）对产物相对分子质量的影响

引发剂用量的影响包括氧化还原引发剂用量和偶氮引发剂用量。如图 3-76 所示，当 PSA 与 $NaHSO_2 \cdot CH_2O \cdot 2H_2O$ 的质量比为 7.5∶1，反应体系单体质量分数为 35%，*m*（AZO）为 0.0275%，*m*（EDTA）为 0.06% 时，在 *m*（DMDAAC）增加的同时，适当增加氧化还原引发剂的用量，可以提高产品相对分子质量，从而达到产品具有高阳离子度和较高相对分子质量的双重目的。从图 3-76 还可看出，按前面确定的最佳 *m*（PSA）∶*m*（$NaHSO_2 \cdot CH_2O \cdot 2H_2O$），即 7.5∶1，在 *m*（DMDAAC）为 26%、30%、35% 和 40% 的情况下，*m*（PSA）+*m*（$NaHSO_2 \cdot CH_2O \cdot 2H_2O$）分别为 0.156%、0.175%、0.187% 和 0.195% 时获得的产品相对分子质量较高。

如表3-59所示，在 m（PSA）+m（$NaHSO_2 \cdot CH_2O \cdot 2H_2O$）不变的情况下，为提高产品相对分子质量，在不同的阳离子单体比例时，偶氮盐引发剂最佳加量范围不同。当 m（DMDAAC）为26%、30%、35%和40%时，m（AZO）分别为0.0275%、0.0344%、0.0413%和0.0344%时所得产品的相对分子质量较高。从表中还可以看出，m（DMDAAC）为26%和30%时，偶氮盐引发剂对产品相对分子质量的影响较明显；而 m（DMDAAC）为35%时，m（AZO）在0.0275%~0.0413%范围内对产品相对分子质量的影响较小；m（DMDAAC）为40%时，m（AZO）在0.0275%~0.0481%范围内对产品相对分子质量的影响均不太明显。

表3-59 偶氮引发剂用量对产品相对分子质量的影响

m（DMDAAC）/%	m（AZO）/%	相对分子质量/10^4	m（DMDAAC）/%	m（AZO）/%	相对分子质量/10^4
26.0	0.0172	746.1	35.0	0.0275	814.2
	0.0275	960.4		0.0344	825.6
	0.0378	828.6		0.0413	835.7
	0.0481	640.4		0.0481	677.0
30.0	0.0275	825.2	40.0	0.0275	616.7
	0.0344	843.3		0.0344	656.4
	0.0413	745.4		0.0413	621.5
	0.0481	706.2		0.0481	634.3

注：聚合配方：反应体系单体质量分数为35%；m（PSA）为0.206%，m（$NaHSO_2 \cdot CH_2O \cdot 2H_2O$）为0.0275%，$m$（EDTA）为0.06%。

2. 反相乳液聚合

针对P（AM-DMDAAC）共聚物反相乳液聚合，国内学者开展了大量的研究探索，如顾学芳等[44]以OP-10/Span-80作复合乳化剂、煤油为连续相，采用复合水溶性偶氮引发剂V50/$NaHSO_3$为引发剂，制备了粉状的二甲基二烯丙基氯化铵-丙烯酰胺共聚物，其最佳合成条件：复合引发剂V50/$NaHSO_3$用量为0.6%，复合乳化剂HLB值为5.7、用量为8%，EDTA用量为0.8×10^{-4}；赵明等[45]以液体石蜡作为连续相，AM和DMDAAC水溶液为分散相，N，N′-亚甲基双丙烯酰胺为交联剂，过硫酸铵为引发剂，Span-80/OP-10为复合乳化剂制备P（AM-DMDAAC）阳离子共聚物时，其较佳的聚合条件为：过硫酸铵占单体总质量的1%，nR（AM）∶nR（DMDAAC）=1.6，m（Span-80）∶m（OP-10）=96∶4，Span-80和OP-10复合乳化剂的HLB值约为4.7，Span-80和OP-10占油相质量的6%，聚合温度为40℃，聚合体系pH值约为5，在此聚合条件下，制得的P（AM-DMDAAC）阳离子共聚物的黏度较大，稳定性较好。

为了得到性能稳定的产物，下面结合尚洪周等人的研究，介绍影响P（AM-DMDAAC）反相乳液聚合的因素[46]。P（AM-DMDAAC）反相乳液聚合过程如下。

在装有机械搅拌器、冷凝管和氮气导管的三口烧瓶中，加入一定量的丙烯酰胺、二烯丙基二甲基氯化铵溶液（6-5%的水溶液）和去离子水，配成45%的水相溶液，待单体溶解后，在高速搅拌下加入煤油和复合乳化剂，通氮气除氧30min，然后加入引发剂，再通氮气10min后，将装置移入预热的油浴中反应4h，反应后的乳液倒入乙醇和丙酮的混合溶液中，并用匀浆机快速搅拌，得到白色粉末状产物，过滤并用丙酮多次洗涤以除去乳化剂和未反应的单体，产物在75℃的真空烘箱中干燥至恒重。

研究表明，乳化剂和分散介质是获得稳定的体系和顺利实施反相乳液聚合的关键。在反相乳液聚合体系中，乳化剂的作用是将水溶性单体溶液分散成小的单体液滴稳定地分散于油相介质中，以达到油包水的乳化效果。若将两种或多种乳化剂混合使用，构成复合型乳化剂，使性质不同的乳化剂由亲油到亲水之间逐渐过渡，就会大大增进乳化效果，Span系列乳化剂有较好的亲油性，而Tween系列乳化剂具有较好的亲水性，两者的复合使用达到了由亲油向亲水之间的逐渐过渡，能够提高乳化效果，使体系更稳定。研究表明，Span-80和Tween-80有较好的复配效果，乳液稳定时间最长，因此在反相乳液聚合中选用Span-80和Tween-80为复合乳化剂。

分散介质会影响溶液稳定性。在 n（AM）：n（DMDAAC）为4∶1，单体质量分数（两种单体总质量）为25%，油水体积比为3∶5，乳化剂为6%，2，2-偶氮二［2-（2-咪唑啉-2-代）丙烷］二氢氯化物（Va-044）用量为0.1%的条件下，分别以煤油、环己烷、石油醚、液体石蜡和正辛烷为分散介质进行反相乳液聚合，聚合结束后室温下冷却，然后将乳液倒入试管中，观察乳液的稳定性，结果表明，24h后各体系稳定性顺序为：煤油（24h不分层）>石油醚>环己烷>液体石蜡>正辛烷，可见，选用煤油为分散介质比较理想。

除乳化剂和分散介质外，引发剂、乳化剂、油水比、引发剂用量、单体浓度等也会影响反相乳液聚合及产物的性能。

实践表明，在反相乳液聚合中，可以用水溶性引发剂，也可以用油溶性引发剂，在反应时间为4h，煤油为连续相，其他条件一定时，引发剂种类对聚合反应的影响情况见表3-60。从表中可以看出，采用Va-044作为引发剂效果最好，这是由于Va-044是一种水溶性偶氮类引发剂，能均裂分解出两个阳离子自由基，该分解产生近似一级速率的反应，在水溶液中能够稳定地进行分解，而且在水溶液中没有副反应。

表3-60　引发剂对聚合反应的影响

引发剂	BPO	$(NH_4)_2S_2O_8/NaHSO_3$	Va-044
反应温度/℃	60	40	50
特性黏数/（dL/g）	5.80	6.72	8.42

图3-77是反应条件一定时，乳化剂用量、油水比和引发剂用量对聚合物特性黏数的影响。如图3-77（a）所示，在反应温度为50℃、Va-044用量为0.1%，随着乳化剂含量的增加，特性黏数先增加后降低。在乳化剂含量为4%时，不仅体系稳定，而且产物的

相对分子质量也比较大，显然，乳化剂用量为4%时比较合适。反相乳液聚合中油水体积比对聚合体系的稳定性和聚合物的特性黏数有较大的影响，如图3-77（b）所示，在反应温度50℃、引发剂用量0.1%、单体 n（AM）：n（DMDAAC）=4：1、乳化剂质量分数4%、单体浓度25%的条件下，随着油相比例的增大，特性黏数先增加后降低，油水体积比为0.5~0.6时，聚合体系稳定且聚合物的特性黏数较高。显然，油水体积比为0.5~0.6较合适。如图3-77（c）所示，当油水体积比为0.5时，随着引发剂用量的增加，特性黏数先增大后减小。在实验条件下，为保证聚合物具有较高的相对分子质量，引发剂的质量分数在0.08%~0.1%时较好。

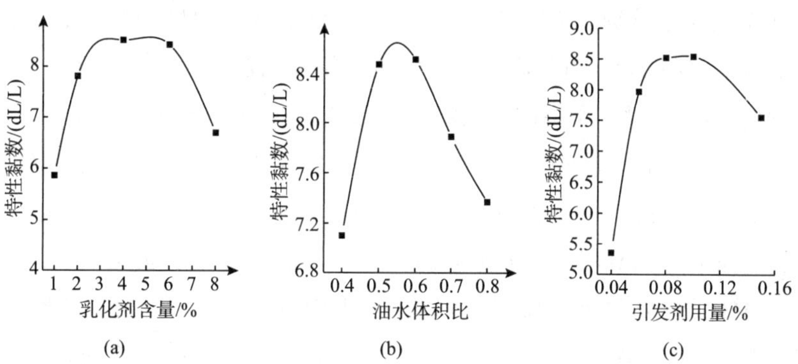

图3-77 乳化剂质量分数（a）、油水体积比（b）和引发剂用量（c）对聚合物特性黏数的影响

在引发剂质量分数为0.08%，其他条件不变时，随着水相单体质量分数的增大，所得产物特性黏数先增加后降低。可见增加水相单体质量分数有利于提高产物的相对分子质量，但当反应单体浓度太大时，即使在较低转化率的情况下，体系黏度也增至很大，出现凝胶效应，同时反应产生的热量较高，来不及散热，导致链转移和自由基相互碰撞速率增加，相对分子质量降低。在实验条件下单体水相质量分数为45%较好。

屈撑囤等[47]以汽油为油相制备了P（AM-DMDAAC）聚合物反相乳液。在250mL的三口烧瓶中，加入定量的汽油、乳化剂Tween-80、Na_4EDTA、异丙醇及引发剂，调节水浴温度至所需温度并通 $N_2$30min后，快速搅拌并滴加定量的AM和DMDAAC水溶液，维持水浴温度并反应一定时间后，冷却至室温，得乳白色反应产物。将聚合反应产物加入蒸馏水中并加热溶解后，加入一定量的乙醇、丙酮混合，使聚合物沉淀，取上层清液分析单体残留率，下层聚合物沉淀分离干燥后测定其特性黏数。

在以汽油为油相制备P（AM-DMDAAC）聚合物反相乳液的过程中，引发剂类型及用量、单体浓度及配比、体系pH值、反应温度、反应时间和油水比等对聚合反应均有较大的影响。

当 n（AM）：n（DMDAAC）为1，聚合时间为6h，聚合温度为45℃时，分别以过硫酸铵、过硫酸铵-亚硫酸钠、Va-044、过氧化苯甲酰胺等为引发剂，引发剂用量占单体质量的0.5%，不同引发剂对产物P（AM-DMDAAC）特性黏数的影响结果见表3-61。

从表3-61可以看出，当Va-044为引发剂时，所得产物的特性黏数最高达6.8 dL/g，单体残留率也最低（总残留质量分数为0.25%），显然用Va-044为引发剂较理想。

表3-61 引发剂对聚合产物特性黏数及单体残留率的影响

引发剂	$(NH_4)_2S_2O_8$	$(NH_4)_2S_2O_8/NaHSO_3$	Va-044	BPO
特性黏数/（dL/g）	3.20	4.60	6.80	4.00
单体残留质量分数/%	0.35	0.31	0.21	0.34

实验表明，当n（AM）：n（DMDAAC）为3∶1，聚合温度为45℃，聚合时间为6h，引发剂Va-044的质量分数为0.05%～0.3%时，随着Va-044量增加，特性黏数增加，当质量分数高于0.3%以后，再提高引发剂加量，特性黏数反而降低。在实验条件下Va-044的质量分数为0.3%时，所得产物的特性黏数最高（16.2dL/g）。当n（AM）：n（DMDAAC）为3∶1，引发剂质量分数为0.3%、反应温度为45℃，反应时间为6h时，随着单体质量分数的增加，所得产物特性黏数增大，当质量分数高于20%时，由于聚合速度加快，特性黏数反而下降，AM质量分数为20%时产物的特性黏数最大（16.5dL/g）。当其他条件一定，单体质量分数为20%时，随着n（DMDAAC）：n（AM）的增大，产物的特性黏数逐渐降低，由n（DMDAAC）：n（AM）为0.4时的12.6dL/g降低到n（DMDAAC）：n（AM）=4时的5.2dL/g。当n（DMDAAC）：n（AM）为1∶1，引发剂加量0.3%，反应温度为45℃，反应时间为6h时，随着体系pH值的升高，所得产物的特性黏数降低，并由pH=5时的12.5dL/g降低到pH=9时的5.9dL/g，这是因为Va-044是偶氮类化合物的盐酸盐，其分解速率与pH值密切相关，pH值高分解速率低，且其分解速率最高时的pH值为5。可见，在pH=5时较好。

当n（DMDAAC）：n（AM）=1∶1，引发剂质量分数0.3%，反应时间6h时，反应温度在55℃附近所得产物的特性黏数高（17.7dL/g），而高于或低于55℃时特性黏数都降低，对于Va-044，50～60℃间分解效率高，而高于或低于该温度时，分解效率都低。当其他条件一定时，随着反应时间的增加，产物特性黏数增大，而当时间超过5h后，特性黏数变化趋于平缓，故反应时间5h即可满足聚合反应的需要。随着油水体积比的增加，反应体系的特性黏数逐渐下降。而实验发现，当油水体积比低于0.3时，不能形成稳定的乳状液。

综上所述，当Va-044引发剂质量分数为0.3%，单体总质量分数为20%，n（DMDAAC）：n（AM）为0.4，体系pH值为5，在55℃反应5h，油/水体积分数为0.3时，将反相乳液聚合产品与溶液聚合产品进行对比，反相乳液聚合平行三次反应产物的特性黏数分别为13.6dL/g、12.8dL/g、13.2dL/g，而水溶液聚合平行三次得到产物的特性黏数分别为6.4dL/g、6.8dL/g、7.1dL/g，可以看出，反相乳液聚合所得产品的特性黏数明显高于水溶液聚合。

（二）丙烯酰胺、甲基丙烯酰氧乙基三甲基氯化铵共聚物

由于甲基丙烯酰氧乙基三甲基氯化铵的聚合活性远高于DMDAAC，近年来，以AM与DMC或DAC等聚合得到的水溶性的阳离子聚合物在多种领域中得到快速发展。如在造纸的水处理工艺中作絮凝剂和杀菌剂，在化妆品的乳液聚合工艺中作稳定剂，在石油开采中作絮凝剂等，并且在胶黏剂、涂料、纺织、药品等领域起着重要的作用。

丙烯酰胺与甲基丙烯酰氧乙基三甲基氯化铵共聚可采用水溶液聚合方法，也可采用反相乳液聚合方法。

1. 水溶液聚合

在水溶液聚合中，通常采用过硫酸盐或过硫酸盐－亚硫酸盐氧化还原引发剂，前者与后者相比，反应温度要高，产物的相对分子质量一般较低，为了得到高相对分子质量的产物，通常采用氧化还原引发剂低温聚合。

1）过硫酸盐引发的DMC与AM的水溶液聚合

采用过硫酸铵为引发剂，水溶液聚合制得DMC和AM的聚合物的过程如下。

按照m（AM）∶m（DMC）＝3∶1，将蒸馏水、单体加入反应瓶中，用氢氧化钠调节pH值，后补加蒸馏水，摇动反应瓶使物料混合均匀，封口，放入65℃恒温水浴锅中，滴加引发剂，65℃静止反应1h，得到黏稠透明胶状聚合物，取出，用无水乙醇洗涤，经烘干，粉碎，造粒，得到阳离子型共聚物AM－DMC。

研究表明，总单体质量分数、单体配比、pH值、引发剂用量和反应时间等条件是影响产物相对分子质量的重要因素[48]。图3－78反映了单体浓度和单体配比对产物相对分子质量的影响。如图3－78（a）所示，当反应时间为60min，反应体系的pH值为8，引发剂用量为1mL，反应温度为65℃，单体m（AM）∶m（DMC）＝3∶1时，随着单体质量分数的增加，产物相对分子质量呈先增加后减小的趋势，单体质量分数为12%时，产物相对分子质量最大。如图3－78（b）所示，当总单体质量分数为10%，反应时间为60min，引发剂用量为1mL时，随着DMC的用量不断降低，聚合产物的相对分子质量不断增加，但是阳离子度却因DMC的减少而降低，降低了其在应用时对废水的电中和作用。在实验条件下，m（AM）∶m（DMC）为3∶1时所得产物的效果较好。

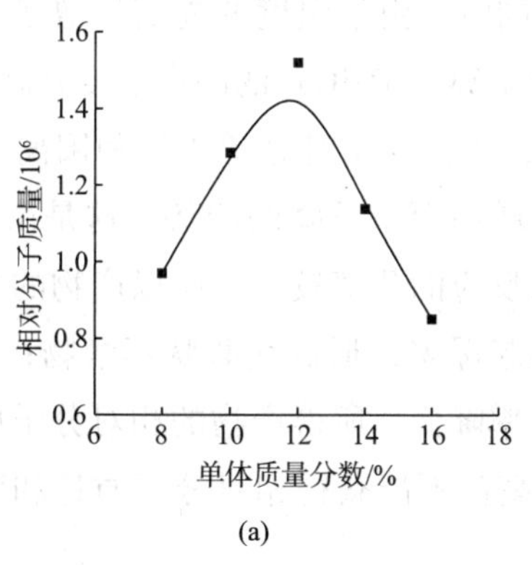

(a)

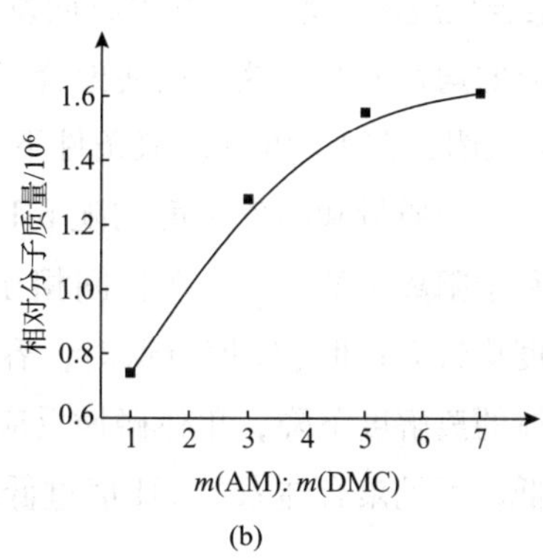

(b)

图3－78　单体质量分数（a）和单体配比（b）对产物相对分子质量的影响

图3-79是体系pH值、引发剂用量和反应时间对产物相对分子质量的影响。如图3-79（a）所示，当单体总质量分数为10%，反应时间为60min，引发剂用量为1mL，反应温度为65℃，单体m（AM）∶m（DMC）=3∶1时，随着体系pH值的增大，产物的相对分子质量是先略有增加后大幅度降低。如图3-79（b）所示，当单体总量为10%，pH值为8，反应时间为60min，反应温度为65℃时，随引发剂量的增加，产物的相对分子质量逐渐降低。实验表明，反应条件一定时，随着反应时间的增长，聚合产物相对分子质量先增加至最大值后再降低。在实验条件下，反应时间在60min时较好。

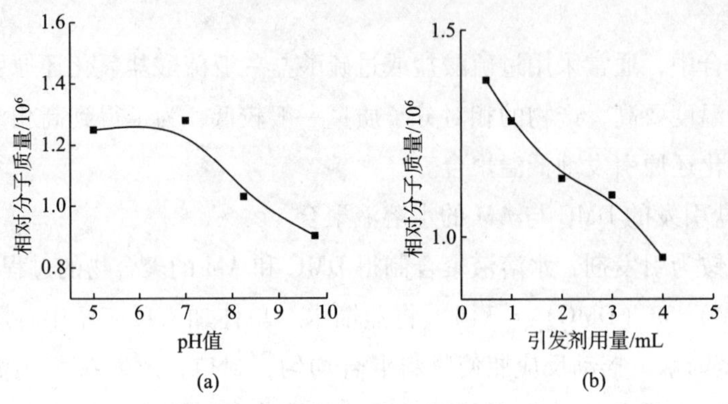

图3-79　反应体系pH值（a）和引发剂用量（b）对产物相对分子质量的影响

2）氧化还原引发体系引发的水溶液聚合

将一定量的单体AM、DMC和去离子水加入到带有温度计的反应瓶中，搅拌，使各单体充分溶解，通入氮气15min，然后每隔一定时间加入一定量的引发剂水溶液并升温至35±0.5℃保温（尽量不要搅起气泡），维持正常反应4h，降温，烘干，粉碎即得产品。

值得强调的是，在产品的合成中，合成条件对共聚反应及产物性能具有显著影响，不同因素的结果分别见图3-80～图3-84[49]。

如图3-80所示，原料配比和反应条件一定时，随着反应温度的升高，产物P（AM-DMC）的相对分子质量先升高而后逐渐下降。随着温度的升高，产物的阳离子度呈上升的趋势，这是由于丙烯酰胺单体和阳离子单体的竞聚率不同，随着温度的升高，二者均趋向于1，使得聚合反应向着理想的共聚方向发展。同时，由于温度的提高，增强了单体混合液中各种组分的均匀分布，这也促使聚合产物P（AM-DMC）的阳离子度升高。

图3-81表明，在不同的pH值条件下反应，产物的相对分子质量和阳离子度有明显的差异，相对分子质量和阳离子度均随pH值的增加而呈下降的趋势。这是由于当pH值较低时，有利于阳离子的离解，单体间相互碰撞反应的几率较大，所以产物的相对分子质量和阳离子度均较大；但pH值过低时，容易引起爆聚，形成交联状不溶物；随着pH值的升高，单体的离解度下降，单体碰撞反应的几率降低，所得产物的相对分子质量和阳离子度逐渐降低。可见聚合体系的pH值过低和过高都不能获得相对分子质量和阳离子度较高的理想产物。

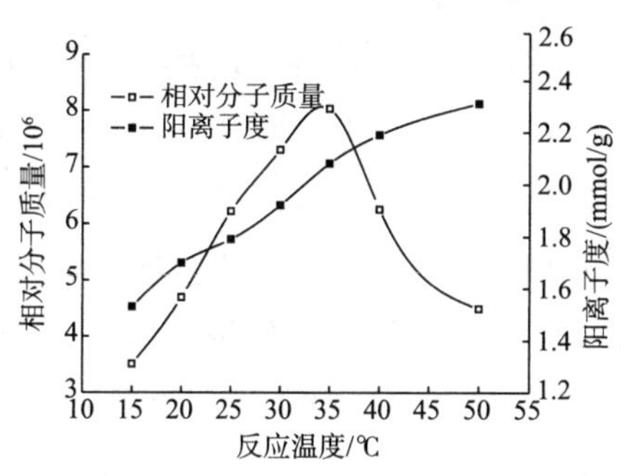

图 3-80 反应温度对共聚反应的影响

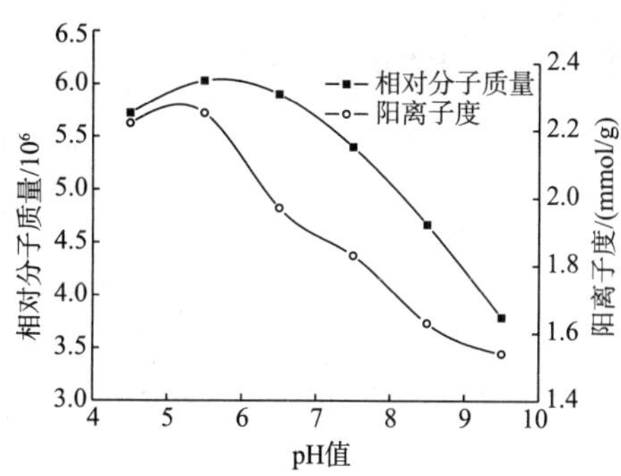

图 3-81 体系的 pH 值对共聚反应的影响

图 3-82 表明，当过硫酸钾与亚硫酸氢钠的质量比为 1∶2 时，随着引发剂用量的增大，合成产物的相对分子质量先略有增加，然后逐渐降低。在实验条件下引发剂用量为 0.4% 最佳。

如图 3-83 所示，当反应温度为 35℃，pH 值为 6，引发剂为 0.4%，阳离子单体含量为 15% 时，聚合产物的相对分子质量随单体浓度的增加先升高而后减小。由于温度的上升，使单体的竞聚率趋近，且活性单体的浓度增加，相互碰撞的几率增大，导致阳离子度增高，所以阳离子度随单体浓度的增加略有提高。实验中发现，当单体浓度超过 45% 时，容易产生爆聚且聚合产物的溶解性明显变差。在实验条件下单体浓度为 35% 左右时较为适宜。

从图 3-84 可见，随着阳离子单体用量的增加，产物的相对分子质量逐渐降低，电荷密度逐渐增大。这是因为阳离子单体的活性比丙烯酰胺单体低，随着聚合液中阳离子单体含量的增加，阳离子单体和丙烯酰胺单体的接触碰撞机会增大，相应地就减少了丙烯酰胺单体的接触机会，影响体系的聚合活性，使产物的相对分子质量逐渐降低。同时也在一定程度上缩小了两种单体聚合的活性差异，使得分子链中嵌有更多的阳离子单体成分，从而使聚合物的阳离子度增加。

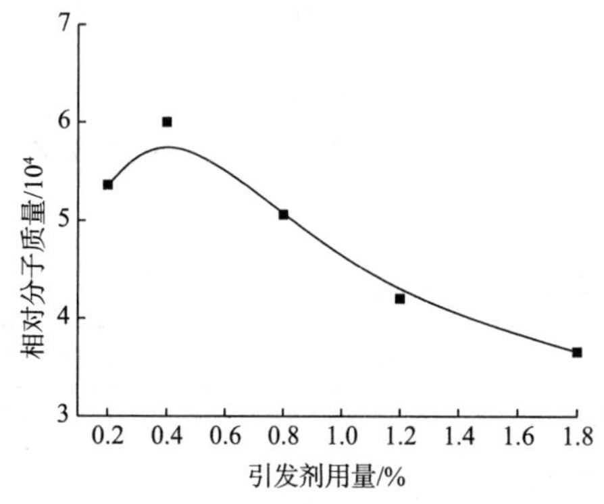

图 3-82 引发剂用量对产物相对分子质量的影响

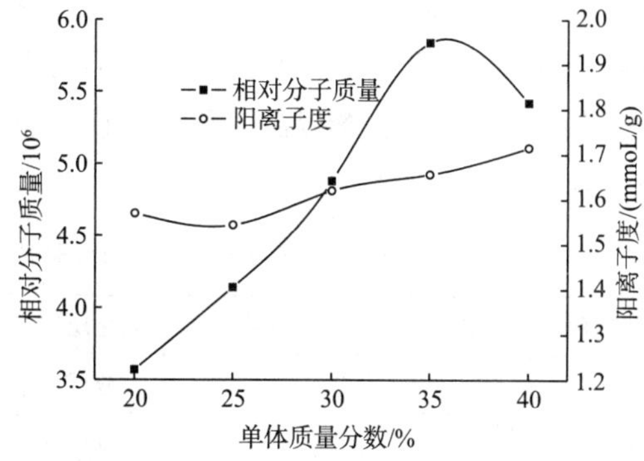

图 3-83 单体质量分数对产物相对分子质量和阳离子度的影响

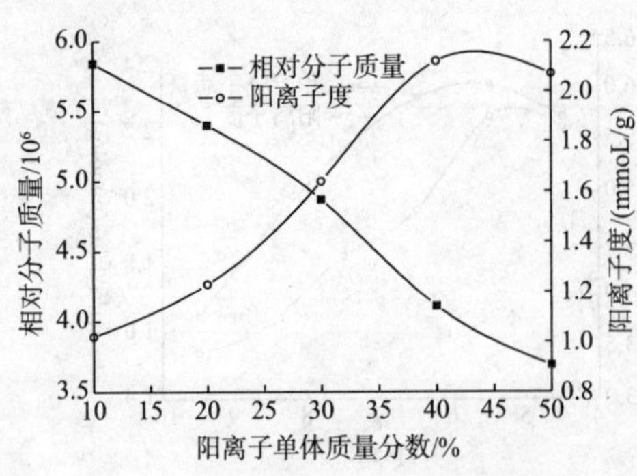

图 3-84　阳离子单体质量分数对产物相对分子质量和阳离子度的影响

2. 反相乳液聚合

除水溶液聚合外，围绕丙烯酰氧乙基三甲基氯化铵（DAC）和丙烯酰胺（AM）反相乳液聚合也开展了大量研究[50]。如保海防等[51]以液体石蜡为油相，Span－80/Tween－80 为复合乳化剂，过硫酸钾－亚硫酸氢钠－EDTA 氧化还原引发体系，制备了丙烯酰胺－甲基丙烯酰氧乙基三甲基氯化铵共聚物阳离子反相乳液。郑怀礼等[52]以 Span－80/Tween－80 为复合乳化剂，液体石蜡为连续相，有机引发剂存在下，制备了丙烯酰胺－甲基丙烯酰氧乙基三甲基氯化铵共聚物阳离子反相乳液。高伟[53]以 50% 阳离子度的 AM－DMC 体系为考察对象，采用复合乳化剂体系、白油为分散相，在水溶性氧化还原引发体系的引发下，成功得到稳定性好、相对分子质量为 $640\times10^4\sim1000\times10^4$ 的阳离子聚丙烯酰胺反相乳液。下面结合有关实例介绍影响反相乳液聚合的因素。

1）石蜡为连续相的反相乳液聚合

以 V－50（2，2′－偶氮二异丁基脒二盐酸盐）为引发剂，石蜡为油相，采用 Span－80 和 OP－10 为乳化剂，可以制备稳定的阳离子共聚物 P（AM－DMC）反相乳液[54]，制备过程如下。

将一定量的乳化剂和石蜡置于装有搅拌和通氮装置的三口烧瓶中，置于恒温水浴中加热搅拌，并通 N_2 保护。30min 后将配制好的单体溶液加入三口瓶中，再于 30min 后加入引发剂，在氮气保护下开始反应。反应完毕后，取适量乳液用无水乙醇和丙酮反复洗涤聚合物，抽虑，干燥即得产品。

为了提高反应效率，制备中对单体进行了纯化处理，并在研究中重点考察了影响乳液稳定性、聚合反应及产物相对分子质量的因素。

研究表明，乳化剂是决定乳液稳定性的关键。首先考察了单组分乳化剂对乳液稳定性的影响。如表 3-62 所示，在乳化剂的不同用量下，单组分的乳化剂所制取的乳液在静置 48h 后普遍明显分层，难以制备稳定性较好的反相乳液，因此不适于用作反相乳液聚合的乳化剂。

表 3-62　单组分乳化剂对乳化性能的影响

乳化剂种类	乳化剂用量（质量分数）/%	乳化现象	乳化剂种类	乳化剂用量（质量分数）/%	乳化现象
Span－80	7	分层	OP－10	7	分层
Span－80	8	分层	OP－10	8	分层
Span－80	9	分层	OP－10	9	分层

注：乳化实验基本条件为：油水比 1.2∶1，搅拌强度 300r/min，搅拌时间 30min。Span－80 的 HLB 值为 4.3，OP－10 的 HLB 值为 13.9。

其次，还考察了复合型乳化剂对乳液稳定性的影响。根据乳液聚合理论，亲水性表面活性剂与亲油性表面活性剂的合理匹配，可以形成紧密的复合表面层，提高乳液稳定性。故将 OP－10 与 Span－80 复合使用，在乳化条件相同的情况下，复合型乳化剂对乳液稳定性的影响见表 3-63。从表中可以看出，采用 Span－80 和 OP－10 复合乳化剂所制备的反相乳液性质普遍比较稳定，且不易分层。

当 Span－80 和 OP－10 占有机相质量的 8%，且 HLB 值为 6 时，所制备的反相乳液乳化率最高，因此选择在此条件下进行聚合反应。

表 3-63　单组分乳化剂对乳化性能的影响

乳化剂种类	乳化剂用量（质量分数）/%	HLB 值	乳液类型	乳化率/%
Span－80/OP－10	7	5	油包水	84
Span－80/OP－10	8	5	油包水	89
Span－80/OP－10	9	5	油包水	91
Span－80/OP－10	7	6	油包水	88
Span－80/OP－10	8	6	油包水	95
Span－80/OP－10	9	6	油包水	96
Span－80/OP－10	7	7	油包水	83
Span－80/OP－10	8	7	油包水	85
Span－80/OP－10	9	7	油包水	85

研究发现，影响产物相对分子质量的因素主要包括引发剂用量、反应时间、反应温度、乳化剂用量及 HLB 值、单体质量分数、油水比、体系 pH 值和单体配比等。

控制反应温度为 50℃，乳化剂用量为 8%，HLB＝6，油水质量比为 1∶1，单体质量分数为 40%，单体配比为 n（AM）∶n（DMC）＝95∶5，EDTA－2Na 用量为 0.05%，反应时间为 4h 时，聚合物相对分子质量（采用 1mol/L 的硝酸钠溶液为溶剂）随引发剂 V－50 用量的增加而先增加后降低。且在 V－50 用量为 0.14% 时，相对分子质量最大，达到 481×10^4。

如图 3-85 所示，随着反应时间的增加，单体的转化率和产物的相对分子质量逐渐增大，在 4h 后无较大的变化，相对分子质量达到 481×10^4，转化率达到 97.5%。显然，反应时间为 4h 即可。

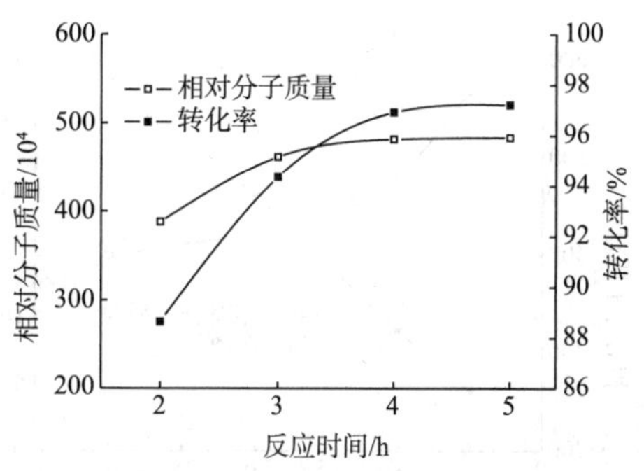

图 3-85　反应时间对聚合物相对分子质量和单体转化率的影响

在实验中发现，产物相对分子质量随温度升高先增加后降低。在 50℃时，相对分子质量达到最大值为 507×10^4。之后随着反应温度的升高，引发剂分解速率加快，反应体系中产生的自由基数目增多，聚合反应速率过快，聚合物相对分子质量降低，特别是到55℃时，产生爆聚。因此，反应温度以50℃较好。

实践表明，在单体组成和浓度一定，连续相介质种类及油水比相同的条件下，乳化剂的性质、复合乳化剂 HLB 值和用量对最终产品的性质、稳定性及相对分子质量有很大的影响。当乳化剂用量逐步加大时，聚合物的相对分子质量呈现先增加后降低的趋势。当乳化剂用量为6%时，聚合物相对分子质量达到最大值 522×10^4。乳化剂的 HLB 值对聚合产物的相对分子质量影响很大，在 HLB 值 5～8 的范围内，随着 HLB 值的增大，聚合物相对分子质量先增加后降低，当 HLB＝6 时，相对分子质量达到最大（约 520×10^4），说明 HLB 值为6时较合适。

水相中单体的质量分数不仅对产物相对分子质量有影响，而且决定了胶乳的固含量和成本。实验表明，当反应条件一定时，随着单体质量分数的增加，聚合物的相对分子质量逐渐增大。当单体质量分数达到40%时，相对分子质量达到了最大值 526×10^4，再进一步增加单体质量分数，相对分子质量反而下降。显然，单体质量分数达到40%较为理想。

油水质量比是影响聚合体系的稳定性及工业化生产成本的关键因素，降低油水质量比可以降低生产成本，但对提高聚合及胶乳的稳定性不利，同时油水质量比也对产物的相对分子质量有一定影响。在所实验的范围内不同油水质量比对产物相对分子质量的影响不十分显著，油水质量比从（0.9∶1）～（1.2∶1）范围内，随着油水比的增加产物的相对分子质量先增加后降低，当油水质量比为1.1∶1时，聚合物相对分子质量最大（568×10^4）。

共聚体系的酸碱度对自由基共聚合反应有较大影响。因为溶液的酸碱度直接影响聚合体系中单体的存在形式及自由基的电荷分布，进而影响反应速率，影响共聚物的相对分子质量。pH 值在3～9范围内，产物的相对分子质量随着体系 pH 值的增大呈现先增大后降低的趋势，在 pH＝5 时聚合物的相对分子质量达到最大值 581×10^4。这是由于在较低 pH 值时，聚合易伴生分子内和分子间的酰亚胺化反应，形成支链或交联型产物，产物溶解性较差；pH 值较高时，溶液中聚丙烯酰胺可生成次氮基丙酰胺（NTP），NTP 的生成速率随着碱性增强而加快，NTP 是链转移剂，因此 pH 值增加会使聚丙烯酰胺相对分子质量降低。说明该引发体系对溶液的 pH 值变化敏感，适用于弱酸性环境。

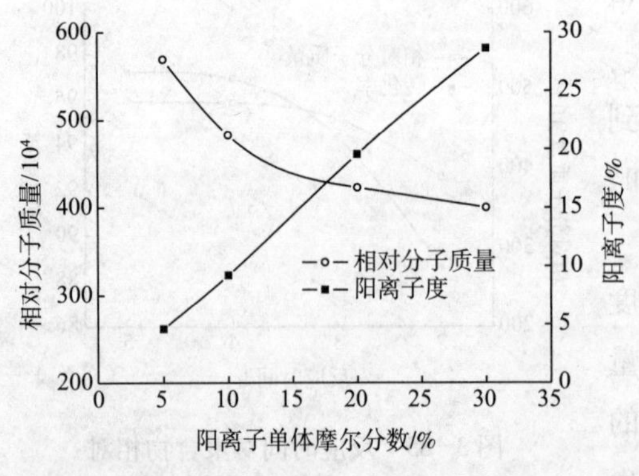

图3-86　单体配比对聚合物相对分子质量的影响

由于 AM 和 DMC 两种单体的竞聚率相差很大，因此要获得相对分子质量较高的共聚物，控制两者的比例是关键。如图3-86所示，随着 DMC 用量的增加，共聚物特性黏数降低，阳离子度增大。这是因为反相乳液聚合的引发及粒子成核都在单体的液滴内进行，未成核的单体液滴将自身的单体不断扩散补充到成核的液滴中成长为乳胶粒，而 DMC 单体具有电荷排斥作用。随着 DMC 用量的增加，单体的扩散速率和反应活性下降，导致共聚物相对分子质量下降。

2）白油为连续相的反相乳液聚合

以过硫酸钾－联二硫酸钠为引发剂，白油为油相，Span－80/Tween－80为乳化剂，制备P（AM－DMC）反相乳液聚合物时，其制备过程如下[55]。

在装有搅拌器、温度计、回流冷凝管和通氮管的四口烧瓶中，按比例加入一定量的白油、乳化剂，以500r/min搅拌5min，然后滴加AM与DMC的混合溶液，通入N_2，乳化30min，缓慢升温到一定温度加入引发剂开始反应，保温反应一定时间即得白色乳状产物。将胶乳倒入大量丙酮与乙醇的混合溶剂中沉淀，并用乙醇洗涤数次，真空干燥，得到白色粉末，即为P（AM－DMC）共聚物。

研究表明，在反相乳液聚合物合成中不同因素对合成反应的影响情况不同。

图3-87反映了当引发剂为$K_2S_2O_8/CH_3NaO_3S\cdot2H_2O$、用量为0.02%，单体质量分数为45%，$n$（AM）∶$n$（DMC）＝9∶1，油水质量比为1∶2，反应时间为4h时，乳化剂种类及用量对产物相对分子质量的影响。由图3-87可见，不同乳化剂体系对产物相对分子质量有较大的影响，以Span－80/Tween－80复合使用为最佳，得到产物的相对分子质量为3.4×10^6。图3-87还表明产物的相对分子质量随乳化剂用量增加先增加后降低，这是由于乳化剂用量较小时，胶乳液滴体积较大，单体含量多，聚合反应较剧烈，聚合热不易散失，链终止和链转移速率大，因此相对分子质量低；实验中还发现，当乳化剂用量小于3.3%时，反应过程中乳液产生凝聚物，反应后乳液体系不稳定，放置一段时间乳液油水相分离。乳化剂用量过大时，一方面，胶乳液滴变小，乳化剂分子会更严密地包裹微液滴，使油水膜加厚，形成的胶束量增加，不利于链增长的继续；另一方面，Span－80含有的叔醇基团是自由基的捕捉剂，起链转移作用，不利于引发聚合，从而导致产物相对分子质量下降。

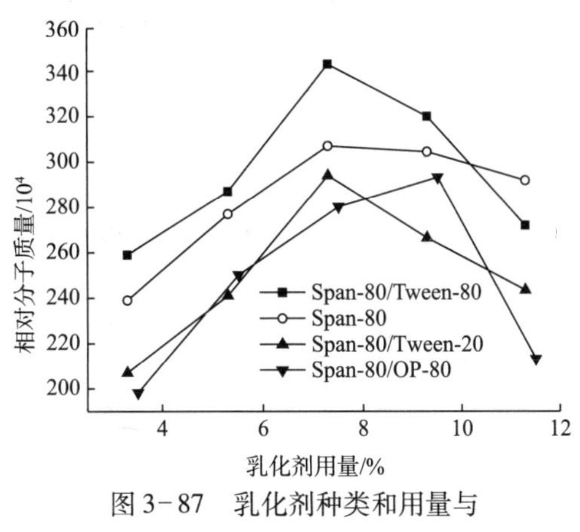

图3-87 乳化剂种类和用量与产物相对分子质量的关系

采用水溶性较好的氧化剂、还原剂和偶氮化合物（V－50）组成的混合体系作为引发剂，引发剂种类对聚合反应的影响结果见表3-64。从表3-64可看出，氧化还原类引发剂活化能较低，在低温下可进行氧化还原反应产生活性自由基，引发单体聚合。过硫酸铵（过硫酸钾）和亚硫酸氢钠的分解速率较快，能够快速引发聚合反应，聚合热不能及时散失，导致聚合反应过程的自由基终止速率加快，链增长时间短，相对分子质量低。$K_2S_2O_8/CH_3NaO_3S\cdot2H_2O$引发时，反应较缓和，温度易控制，反应热能够及时散失，链终止缓慢，易得到相对分子质量较高的聚合物。然而复合V－50引发反应时，诱导加速，温升时间减少，链增长时间缩短，相对分子质量不但没有提高反而有所下降。故以$K_2S_2O_8$－

CH_3NaO_3S 为引发剂效果最好。

表 3-64　引发剂种类对聚合反应结果的影响

引发剂类型	诱导时间/min	升温时间/min	相对分子质量/10^4	单体转化率/%
$K_2S_2O_8/CH_3NaO_3S \cdot 2H_2O$	17	30	339.2	97.2
$V-50/K_2S_2O_8/CH_3NaO_3S \cdot 2H_2O$	15	22	309.2	97.2
$(NH_4)_2S_2O_8/CH_3NaO_3S \cdot 2H_2O$	12	23	303.4	90.4
$V-50/(NH_4)_2S_2O_8/CH_3NaO_3S \cdot 2H_2O$	15	15	290.3	96.7
$(NH_4)_2S_2O_8/NaHSO_3$	7	10	150.2	85.8
$K_2S_2O_8/NaHSO_3$	10	10	120.5	84.2

注：乳化剂为 Span-80/Tween-80，用量为 7.3%，引发剂用量为 0.02%，单体质量分数为 45%，n（AM）∶n（DMC）=9∶1，油水质量比为 1∶2，反应时间为 4h。

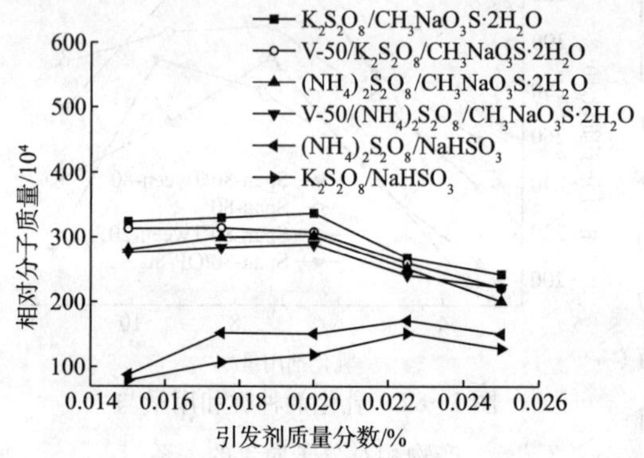

图 3-88　引发剂用量与产物相对分子质量的关系

当单体质量分数为 45%，n（AM）∶n（DMC）=9∶1，油水质量比为 1∶2，反应时间为 4h 时，引发剂用量对产物相对分子质量的影响见图 3-88。从图 3-88 中可以看出，在所考察的条件范围内，引发剂的用量具有较佳值；引发剂用量过低时，不足以完全引发聚合反应，从而导致相对分子质量低。引发剂用量过大，一方面会产生大量的活性自由基，导致双基终止机会增加，链增长时间缩短，导致产物的相对分子质量降低；另一方面自由浓度大时，会使聚合速率过快，使局部过热，也会导致相对分子质量降低。比较各种引发剂，显然以 $K_2S_2O_8/CH_3NaO_3S \cdot 2H_2O$ 为引发剂，且用量为 0.02% 时效果最佳。

如表 3-65 所示，在 n（AM）∶n（DMC）=9∶1 的条件下，随着总单体质量分数的增加，产物的相对分子质量先增加后降低。当 m（总单体）<45% 时，相对分子质量随单体质量分数的增加而加大，m（总单体）=45% 时相对分子质量具有较佳值；单体质量分数达到 60% 时，胶乳不稳定，且反应过程中出现凝胶。

表 3-65　单体质量分数对聚合反应的影响

单体质量分数/%	诱导时间/min	升温时间/min	相对分子质量/10^4	单体转化率/%
35	20	10	130.2	97.0
40	16	21	250.4	95.4
45	17	30	339.2	97.2

续表

单体质量分数/%	诱导时间/min	升温时间/min	相对分子质量/10^4	单体转化率/%
50	14	18	270.5	97.5
55	10	16	240.6	96.3
60	10			

注：乳化剂为 Span－80/Tween－80，用量为7.3%，引发剂为 $K_2S_2O_8/CH_3NaO_3S \cdot 2H_2O$，用量为0.02%，n（AM）∶n（DMC）＝9∶1，油水质量比为1∶2，反应时间为4h。

当乳化剂为 Span－80/Tween－80，用量为7.3%，引发剂为 $K_2S_2O_8/CH_3NaO_3S \cdot 2H_2O$，用量为0.02%，油水质量比为1∶2，反应时间为4h时，在单体质量分数为40%、45%、50%的条件下，n（AM）∶n（DMC）对产物相对分子质量的影响情况见图3－89。从图3－89可以看出，产物相对分子质量都随单体配比的增加先增大后平稳，在n（AM）∶n（DMC）＝9∶1时，产物相对分子质量达到稳定。这是由于DMC的聚合活性远小于AM，当DMC含量过高时，聚合需要突破的能垒高；随着DMC含量的降低，链增长较易，链增长时间增大，相对分子质量逐渐增大。

固定其他因素，在m（总单体）为40%、45%、50%的条件下，油水比对聚合反应结果的影响情况见图3－90和表3－66。从图3－90可知，不同油水比对产物相对分子质量的影响不显著。当m（总单体）＝45%、油水质量比为1∶2时，相对分子质量具有较佳值。由表3－66可看出，油水比对反应转化率和乳液稳定性的影响较大。当油水比过小时，体系散热不良，易出现凝胶化现象，导致体系不稳定，链终止速率也较快，引发不完全，转化率不高；随油水比的增大，相对分子质量和转化率增大，出现较佳值，当油水比过大时，体系不稳定，聚合过程中反应体系容易破乳。

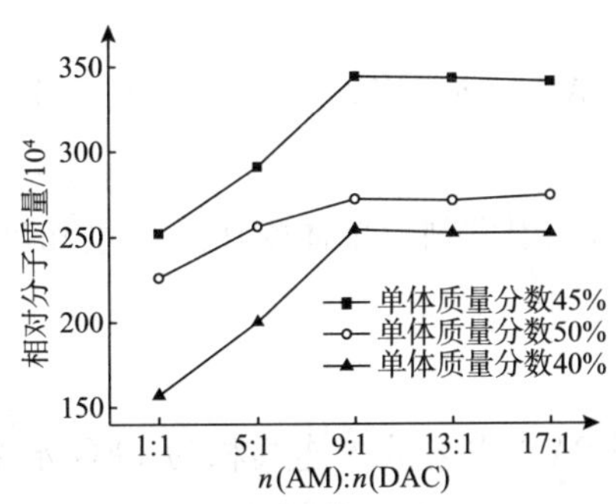

图3－89 单体配比与产物相对分子质量的关系

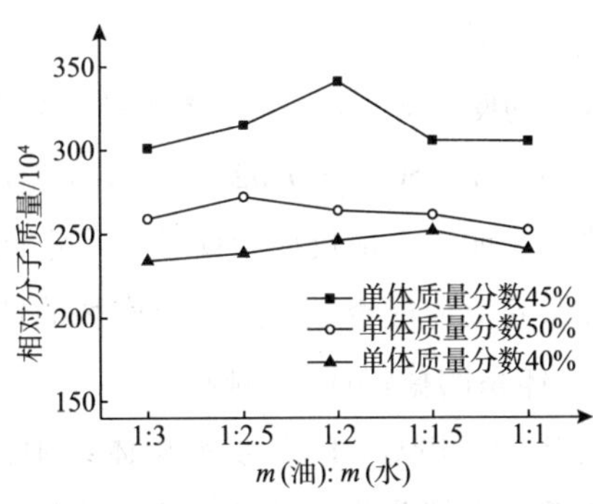

图3－90 油水质量比对产物相对分子质量的影响

表3－66 油水质量比对聚合反应的影响

m（油）∶m（水）	相对分子质量/10^4	单体转化率/%	乳液稳定性
1∶3.5			分层
1∶3.0	301.9	82.9	稳定
1∶2.5	313.5	86.8	稳定

续表

m（油）：m（水）	相对分子质量/10^4	单体转化率/%	乳液稳定性
1∶2.0	339.2	97.2	稳定
1∶1.5	303.8	96.8	稳定
1∶1.0	302.1	63.2	稳定
1∶0.5			分层

注：乳化剂为 Span－80/Tween－80，用量为7.3%，引发剂为 $K_2S_2O_8/CH_3NaO_3S \cdot 2H_2O$，用量为0.02%，单体质量分数为45%，n（AM）∶n（DMC）＝9∶1，反应时间为4h。

实验表明，随着反应时间的增加，单体转化率明显增加，而相对分子质量增长缓慢，反应4h后，产物的相对分子质量和单体转化率都趋于稳定。

综上所述，聚合物合成的较佳工艺条件为：采用 Span－80/Tween－80 复合乳化剂，用量为7.3%，引发剂为 $K_2S_2O_8/CH_3NaO_3S \cdot 2H_2O$，用量为0.02%，m（总单体）＝45%，n（AM）∶n（DMC）＝9∶1，油水质量比为1∶2，反应时间为4h。在上述条件下，所得产物的相对分子质量可达 3.392×10^6，单体转化率达97.2%。

3. 分散聚合

分散聚合，也称双水相聚合，是近年来发展起来的一种聚合方法[56]。以PEG为分散介质，通过AM与DMC双水相共聚，制备了阳离子聚丙烯酰胺，其合成过程如下[57]。

将装有温度计、搅拌器、冷凝装置和氮气导管的四颈烧瓶置于恒温水浴中。按一定比例加入单体AM和DMC、分散介质PEG以及去离子水，搅拌溶解（300r/min），通入 N_2 除氧20min，缓慢升温至反应温度，0.5h后再加入引发剂V－50开始反应。恒温反应一定时间后体系出现浑浊、分相，表明体系内有共聚物生成。恒温反应4～5h，冷却至室温即可得到聚合物乳液。

典型的反应条件为：总单体质量分数为18%，n（AM）∶n（DMC）＝9∶1，w（PEG）＝7.5%，w（V－50）＝0.029%，反应温度为65℃。

研究表明，合成反应中体系的稳定性、分散介质、引发剂、单体配比及含量和反应温度等关系着反应能否顺利进行及产物的性能。

1）体系的稳定性的影响

在 PAM－PEG－H_2O 双水相体系中，分散相为PAM水溶液，连续相为PEG水溶液。共聚体系中大部分分散相以球形液滴均匀分布在连续相中。改变体系中AM和DMC的单体总含量（AM和DMC的物质的量比固定不变）和PEG含量，聚合体系均未发生相转变，并且始终保持分散相为聚合物水溶液相，连续相为PEG水溶液相。这是因为球状液滴的表面能最低，同时，聚合体系中的阳离子单体甲基丙烯酰氧乙基三甲基氯化铵（DMC）分布在液滴的外表面使颗粒带上正电荷，受到电荷排斥作用，液滴间不易发生聚集，能够稳定地分散在连续相中。

实验表明，反应中生成的聚合物以水溶液状态分散在连续相中，当分散相液滴分散均匀且所占比例不大时，体系的黏度由连续相黏度所决定，由于选用的连续相是黏度较小的PEG 水溶液，因此在聚合过程中体系均保持较低黏度。

2）分散介质的选择及其含量的影响

聚合反应初期，由于单体溶解在连续相溶液中体系呈均相，反应生成的聚合物水溶液以液滴分散在连续相溶液中，随着反应的进行逐渐呈现非均相。只有当连续相溶液能够溶解反应单体、引发剂，而不能溶解生成的聚合物时才能实施双水相聚合。

由于丙烯酰胺类聚合物很容易溶解在水中，故纯水不适合作为分散介质，常用的分散介质有聚乙烯吡咯烷酮、聚丙烯酸、聚乙二醇、环糊精等，它们都可以使聚合物水溶液发生相分离。实验表明，在聚乙烯醇（PVA）、羧甲基纤维素（CMC）、PEG、聚丙烯酸等分散介质中，PEG 具有最佳稳定的效果。

分散介质的加入不仅能使体系保持较好的稳定性，且其含量对聚合速率也有较大的影响。如图3-91所示，随着分散介质含量的增加，单体在PEG 水溶液聚合体系中的聚合速率下降，反应体系的最终转化率也下降。这是由于聚合体系中的水溶性引发剂，在反应初期形成的自由基分散在连续相中，在引发剂含量不变的条件下，分散介质含量增加，自由基受到 PEG 水溶液连续相的屏蔽作用增强，从而使聚合速率下降，最终转化率也下降。实验还发现，当 PEG 质量分数小于 6%时，聚合体系不稳定，这是由于分散介质含量太少时，聚合物分子间易发生聚结，较小的分散相颗粒相互聚结变大，形成凝胶。

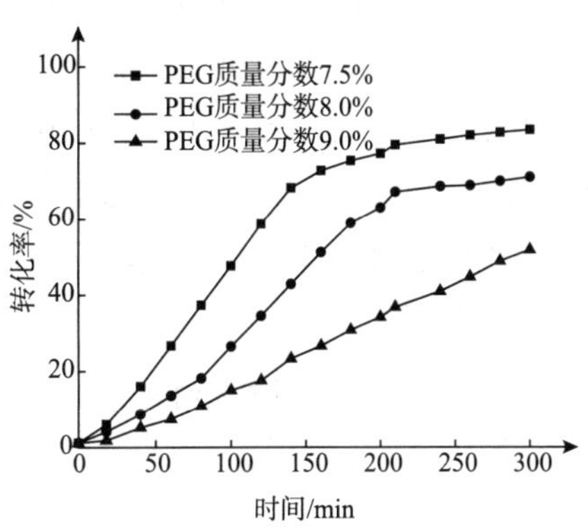

图 3-91 双水相聚合体系中分散介质含量对转化率的影响

单体质量分数为 18%，n（AM）：n（DMC）=9∶1，w（PEG）=7.5%，反应温度为 65℃

3）引发剂的选择及其用量的影响

实验表明，当采用氧化还原引发剂时，都出现了不同程度的凝胶或聚合不完全的现象，而采用偶氮二异丙基脒盐（V-50）时，可以获得理想的效果。这是由于 V-50 分解速率均匀，只形成一种自由基，无诱导分解，无其他副反应，聚合体系具有较好的流动性和稳定性。

当采用 V-50 作引发剂时，引发剂含量直接影响产物的相对分子质量和聚合体系的表观黏度。如表 3-67 所示，随着 w（V-50）从 0.015% 增加到 0.041%，聚合产物的特性黏数不断降低；当 w（V-50）超过 0.029% 以后，由于体系中自由基浓度过高，增大了聚合反应双基终止的几率，从而导致特性黏数明显下降。同时还发现，聚合体系的表观黏度随着引发剂含量的增加而升高，单体的转化率也随着引发剂含量的增加而升高，但当 w（V-50）超过 0.029% 时，转化率开始降低。

表 3-67　双水相聚合体系中 V-50 含量对反应转化率和聚合体系黏度的影响

w（V-50）/%	特性黏数/（mL/g）	表观黏度/mPa·s	转化率/%
0.015	615	745	69.4
0.022	551	1350	81.6
0.029	527	1625	92.5
0.041	393	3450	87.1

注：单体质量分数为 18%，n（AM）：n（DMC）=9∶1，w（PEG）=7.5%，反应温度为 65℃。

4）单体配比和单体含量的影响

在均相水溶液共聚合体系中 AM 和 DMC 的共聚竞聚率分别为 $r_{AM}=0.32$、$r_{DMC}=1.77$。竞聚率的倒数可用来表示单体的相对活性，阳离子单体的反应活性低于丙烯酰胺。如表 3-68所示，随着单体中 DMC 比例的增加，聚合物的相对分子质量明显下降，聚合体系的表观黏度也有较大的降低。当 n（AM）：n（DMC）<9∶1 时，体系表观黏度大幅度降低。这是由于随着阳离子单体 DMC 比例的增加，使聚合物相对分子质量降低，聚合物水溶液的表观黏度降低，使聚合体系的表观黏度相应降低；同时，DMC 比例增加，体系中正电荷密度增加，体系中分散相液滴之间电荷排斥力增大，更难以聚并成大液滴，使得体系表观黏度降低。

表 3-68　双水相聚合体系中单体配比对反应转化率和聚合产物黏度的影响

n（AM）：n（DMC）	相对分子质量/10^6	表观黏度/mPa·s	n（AM）：n（DMC）	相对分子质量/10^6	表观黏度/mPa·s
10∶1	2.23	1860	8∶1	1.92	670
9∶1	2.19	1650	4∶1	1.57	330

注：单体质量分数为 18%，w（V-50）=0.029%，w（PEG）=7.5%，反应温度为 65℃。

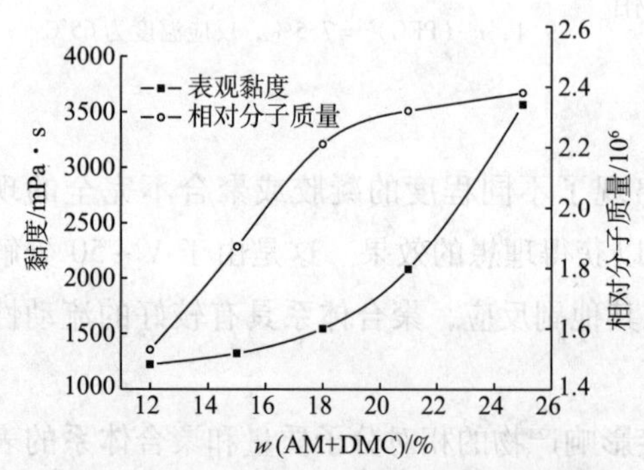

图 3-92　分散聚合体系中单体质量分数对体系黏度聚合相对分子质量的影响

n（AM）：n（DMC）=9∶1，w（V-50）=0.029%，w（PEG）=7.5%，反应温度为 65℃

如图 3-92 所示，当 n（AM）：n（DMC）=9∶1 时，聚合体系的表观黏度及产物的相对分子质量均随单体含量的增加而增加，当单体质量分数大于 20% 时，体系表观黏度急剧上升，而产物的相对分子质量趋于稳定。这是由于随着单体含量的增加，聚合反应速率和转化率都有很大提高，当单体超过一定浓度后，聚合物的生成速率大于其在连续相中分散成滴的速率，生成的聚合物不能及时分散而聚结变大，造成体系表观黏度增加；另外，连续相 PEG 溶液中的部分水与生成的聚合物形成小液滴，使得 PEG 的含量增加，在聚合物生成速率与其分散速率保持平衡时，聚合体系表观黏度变化较小；但当生成速率远大于分散速率时，体系表观黏度将会急剧增加。

5）聚合反应温度的影响

实验表明，在单体质量分数为18%，n（AM）：n（DMC）为9∶1，w（V－50）为0.029%，w（PEG）为7.5%时，随着聚合反应温度的升高，聚合物的相对分子质量逐渐降低。而聚合体系表观黏度先随着聚合反应温度的升高而降低，在65℃时达到最低；然后随着聚合反应温度的升高，体系表观黏度急剧增加。这是因为在分散聚合体系中有一个分相临界浓度，随着聚合反应温度的升高，分相临界浓度先下降后升高。在合成中，65℃时体系分相临界浓度最低，此时连续相中聚合物浓度达到最低，所以体系表观黏度也最小；随着聚合反应温度的继续升高，反应速率不断加快，超过体系中分散相的分散速率，聚合物的小液滴聚结变大并形成凝胶，导致体系表观黏度急剧增加。综合考虑，实验条件下反应温度以65℃较为理想。

此外，还有一些不同结构的阳离子聚丙烯酰胺，如丙烯酰胺与3－丙烯酰胺基－2－羟基丙基三甲基氯化铵共聚物、丙烯酰胺与3－甲基丙烯酰胺基－2－羟基丙基三甲基氯化铵共聚物、丙烯酰胺与3－丙烯酰氧基－2－羟基丙基三甲基氯化铵共聚物、丙烯酰胺与3－甲基丙烯酰氧基－2－羟基丙基三甲基氯化铵共聚物、丙烯酰胺与3－丙烯酰胺基－2－羟基丙基三乙基氯化铵共聚物、丙烯酰胺与3－甲基丙烯酰胺基－2－羟基丙基三乙基氯化铵共聚物，以及丙烯酰胺与丙烯酰胺基乙基三乙基氯化铵共聚物等。

三、应用

（一）钻井液

丙烯酰胺与二甲基二烯丙基氯化铵、甲基丙烯酰氧乙基三甲基氯化铵等单体的阳离子共聚物，用于钻井液絮凝剂和防塌，有很强的吸附性及很强的絮凝沉降作用。相对而言P（AM－DMC）的相对分子质量比P（AM－DMDAAC）大，且均聚物少，絮凝、防塌效果会更明显。它们在钻井液循环过程中会发生水解反应，生成最终会起到防塌滤失作用的含羧酸基的两性离子共聚物。可以用于阳离子钻井液、无土相钻井液体系的增黏剂、絮凝剂等。

利用其对黏土的吸附和絮凝作用，也可以与膨润土浆、石灰等配合用于堵漏。

（二）采油

高阳离子度的产品可用于石油开采中的黏土稳定剂，主要用于疏松砂岩地层，它在抑制黏土矿物水化膨胀和抑制地层黏土分散运移方面，均有良好的效果。高相对分子质量的阳离子聚丙烯酰胺可以用作压裂酸化用稠化剂和堵水调剖剂。由于其具有较强的破除水包油乳化液的能力，也可用作反相破乳剂或浮选剂。

（三）水处理

阳离子聚丙烯酰胺用于石油开采中含油污水处理絮凝剂和污泥脱水剂。与阴离子型聚合物相比，其对污泥脱水的性能更加明显，更加有效，投药量少，一般用量为5～20mg/L。

与铝盐配合使用，可作为含油污水处理的絮凝剂。投药量为：铝盐 20 ~ 100mg/L，阳离子聚丙烯酰胺产品 2 ~ 10mg/L；一般投加量为 5 ~ 10mg/L。由于其具有很强的絮凝、沉降作用，可强化固液分离。对稠油热采污水处理也有较好的效果，通常投药量为 10 ~ 100mg/L。也可以用于废钻井液和钻井作业废水的絮凝剂。

参考文献

[1] 王中华，油田化学品 [M]. 北京：中国石化出版社，2001.

[2] 王中华，何焕杰，杨小华. 油田化学品实用手册 [M]. 北京：中国石化出版社，2004.

[3] 张学佳，纪巍，康志军. 聚丙烯酰胺的特性及应用 [J]. 化学工业与工程技术，2008，29 (5)：45 - 49.

[4] 何勤功，古大治. 油田开发用高分子材料 [M]. 北京：石油工业出版社，1990.

[5] 孙宏磊，张学佳，王建，等. 聚丙烯酰胺特性及生产技术探 [J]. 化工中间体，2011 (2)：23 - 27.

[6] 薛胜伟. 超高分子量聚丙烯酰胺的合成研究 [J]. 江西化工，2003 (2)：67 - 70.

[7] 丁怡然. 抗交联剂对聚丙烯酰胺分子量和絮凝性能的影响 [J]. 环境科学导刊，2012，31 (5)：1 - 4.

[8] 李大刚，李云龙，张青海. 聚丙烯酰胺的反相乳液聚合及其絮凝效果研究 [J]. 化学工业与工程，2012，29 (3)：26 - 30.

[9] 郑雪琴，刘明华. 聚丙烯酰胺反相乳液聚合工艺的探讨 [J]. 莆田学院学报，2014 (5)：68 - 71.

[10] 周诗彪，罗鸿，张维庆，等. 丙烯酰胺氧化 - 还原引发体系反相乳液聚合 [J]. 涂料工业，2010，40 (5)：20 - 22.

[11] 王建明，陈文汨. 丙烯酰胺反相微乳液稳定性影响因素的研究 [J]. 当代化工，2016，45 (10)：2288 - 2291.

[12] 刘祥，晁芬，范晓东. 高固含量聚丙烯酰胺反相微乳胶的制备 [J]. 精细化工，2005，22 (8)：631 - 633.

[13] 安静，王德松，李雪艳，等. UV 光引发丙烯酰胺反相微乳液聚合研究 [J]. 河北科技大学学报，2007，28 (4)：292 - 297.

[14] 张忠兴，韩淑珍，刘昆元. 反相悬浮共聚合成聚丙烯酰胺的中试研究 [J]. 北京化工大学学报自然科学版，2001，28 (1)：52 - 55.

[15] 王久芬，蔡开勇，李德水. 沉淀聚合法合成聚丙烯酰胺 [J]. 中北大学学报自然科学版，2000，21 (4)：312 - 315.

[16] 刘小培，王俊伟，李中贤，等. 分散聚合法制备非离子型聚丙烯酰胺"水包水"乳液 [J]. 化学研究，2013 (6)：619 - 621.

[17] 马喜平，王家宇. SPAM 水泥降失水剂的室内研究 [J]. 钻采工艺，1999，22 (3)：78 - 80.

[18] 姚晓，卢科. 磺甲基化聚丙烯酞胺降失水性能的研究 [J]. 精细石油化工，1993，(6)：8 - 11.

[19] 李彦，屈撑囤，赵月，等. 胺甲基聚丙烯酰胺在含油污水处理中的应用 [J]. 石油与天然气化工，

2009，38（5）：459－462.

［20］王雅琼，许文林．聚丙烯酰胺的N－羟甲基化及氨基化［J］．精细石油化工，2002（5）：17－19.

［21］徐克强，胡金生．胺甲基化聚丙烯酰胺的合成［J］．北京化纤工学院学报，1986（1）：72－78.

［22］曹金丽，张彦昌，殷园园，等．胺甲基化聚丙烯酰胺的合成和表征［J］．河南科学，2013（11）：1870－1874.

［23］夏峥嵘，李友清，李绵贵．阳离子聚丙烯酰胺的合成与应用［J］．精细石油化工，2004（6）：54－57.

［24］夏峥嵘，李绵贵．两性高相对分子质量聚丙烯酰胺的合成［J］．精细石油化工，2005（1）：47－49.

［25］侯兴汉，刘雅莉．胺化接枝聚丙烯酰胺阳离子絮凝剂的合成与应用［J］．中国给水排水，2012，28（15）：68－70.

［26］山东省淄博市淄川区淄城泉龙化工厂．粉剂甲叉基聚丙烯酰胺生产工艺：中国专利，CN，1067660［P］．1993－01－06.

［27］刘机关，倪忠斌，熊万斌，等．聚丙烯酰胺交联微球的制备及其粒径影响因素［J］．石油化工，2008，37（10）：1059－1063.

［28］武哲，李小瑞，王磊，等．改性聚丙烯酰胺纳米微球的合成及其在调剖堵水上的应用［J］．科学技术与工程，2016，16（19）：208－211.

［29］戴力，郑怀礼，廖熠，等．疏水缔合聚丙烯酰胺的合成和表征的研究进展［J］．化学研究与应用，2014（5）：608－614.

［30］谭芳，赵光勇，贾朝霞，等．一种疏水缔合水溶性聚合物的合成及性能评价［J］．西南石油学院学报，2004，26（2）：60－63.

［31］李燕，刘平礼，赵众从．疏水缔合三元共聚物破乳剂的合成及破乳性能评价［J］．应用化工，2012，41（11）：2034－2036.

［32］赵修太，王增宝，邱广敏，等．部分水解聚丙烯酰胺水溶液初始黏度的影响因素［J］．石油与天然气化工，2009，38（3）：231－234.

［33］申迎华．水解制备超高相对分子质量阴离子聚丙烯酰胺［J］．太原理工大学学报，2002，33（2）：160－162.

［34］吴充实，王越，丘国强．超高分子量聚丙烯酰胺水解干燥条件的研究［J］．精细与专用化学品，2002，10（21）：39－42.

［35］王贵江，欧阳坚，朱卓岩，等．超高相对分子质量聚丙烯酰胺的研究［J］．精细化工，2003，20（5）：303－306.

［36］周倩，郑晓宇．高特性黏数部分水解聚丙烯酰胺聚合工艺研究［J］．中国石油大学学报自然科学版，2003，27（6）：83－86.

［37］郭卫东，张勇，梁斌，等．超高分子量阴离子聚丙烯酰胺的合成［J］．齐鲁石油化工，2015（2）：87－89.

［38］刘庆普，哈润华，刘宏荣，等．反相乳液聚合法合成高分子量聚丙烯酰胺的研究［J］．塑料工业，1989（3）：36－38.

［39］陈俊发．聚合物防塌泥浆的探讨［J］．钻井液与完井液，1985，3（2）：43－55，59.

[40] 夏剑英. 钻井液有机处理剂 [M]. 山东东营：石油大学出版社，1991.
[41] 廖久明，郭丽萍. 部分水解聚丙烯酰胺水泥浆降失水剂的室内研究 [J]. 石油与天然气化工，1999，28（4）：297－300.
[42] 腾晓旭，时建伟，张淑芬. 季铵型阳离子聚丙烯酰胺水溶液的性质 [J]. 化工进展，2012，31（9）：2064－2069.
[43] 赵松梅，刘昆元. 二甲基二烯丙基氯化铵/丙烯酰胺共聚物的合成 [J]. 北京化工大学学报，2005，32（4）：29－32.
[44] 顾学芳，田澍，王南平，等. 丙烯酰胺和阳离子型单体反相乳液共聚合及其絮凝性能 [J]. 材料科学与工程学报，2008，26（6）：887－890.
[45] 赵明，王荣民，张慧芳，等. 反相乳液聚合制备丙烯酰胺－二甲基二烯丙基氯化铵阳离子共聚物 [J]. 甘肃高师学报，2010，15（2）：20－23.
[46] 尚宏周，胡金山，杨立霞. P（AM－DADMAC）的反相乳液聚合及其表征 [J]. 上海化工，2010，35（3）：11－14.
[47] 屈撑囤，王新强，陈杰瑢，等. P（AM－DM）的反相乳液聚合研究 [J]. 西安石油大学学报：自然科学版，2005，20（6）：41－44.
[48] 钱涛，李梦耀，马岚，等. 丙烯酰胺－甲基丙烯酰氧乙基三甲基氯化铵共聚物的制备研究 [J]. 应用化工，2014，43（8）：1442－1445.
[49] 李兰廷，赵谌琛，段明华，等. 阳离子聚丙烯酰胺的研制 [J]. 精细与专用化学品，2007，15（24）：19－22.
[50] 李琪，蒋平平，卢云，等. 反相乳液聚合法制备阳离子型高分子絮凝剂 Poly（DAC－AM） [J]. 江南大学学报（自然科学版），2006，5（5）：581－584.
[51] 保海防，王宏力. AM－DMC 反相乳液的合成 [J]. 河南化工，2009，26（3）：28－30.
[52] 郑怀礼，王薇，蒋绍阶，等. 阳离子聚丙烯酰胺的反相乳液聚合 [J]. 重庆大学学报（自然科学版），2011，34（7）：96－101.
[53] 高伟. 丙烯酰胺反相乳液合成条件的优化考察 [J]. 甘肃科技，2011，27（8）：43－46.
[54] 钟宏，常庆伟，李华明，等. 反相乳液聚合制备阳离子型高分子絮凝剂 P（DMC－AM） [J]. 化工进展，2009，28（增刊）：241－246.
[55] 惠泉，刘福胜，于世涛，等. 丙烯酰胺－甲基丙烯酰氧乙基三甲基氯化铵反相乳液聚合的工艺条件 [J]. 精细石油化工，2008，25（2）：58－62.
[56] 刘再满，魏亚玲. 双水相聚合法合成阳离子聚丙烯酰胺及其絮凝性能 [J]. 应用化学，2011，28（8）：874－878.
[57] 潘敏，陈大钧. 双水相共聚法合成阳离子聚丙烯酰胺 [J]. 石油学报（石油加工），2007，23（6）：51－55.

第四章 2－丙烯酰胺基－2－甲基丙磺酸聚合物

2－丙烯酰胺基－2－甲基丙磺酸（2-acrylamide-2-methyl propyl sulfonic acid，AMPS）是一种多功能的水溶性阴离子单体，极易自聚或与其他烯类单体共聚。含有 AMPS 单体的水溶性高分子材料，由于分子中含有对盐不敏感的—SO_3^-基团，赋予了共聚物许多特殊性能。2－丙烯酰胺基－2－甲基丙磺酸的特殊结构也可用于改善非水溶性高分子材料的综合性能。可广泛用于化纤、塑料、印染、涂料、表面活性剂、抗静电剂、水处理剂、陶瓷、照相、洗涤助剂、离子交换树脂、气体分离膜、电子工业和油田化学等领域。

国外早在 1961 年就申请了丙烯酰胺型磺酸单体合成方法的专利，但直到 1975 年以后才开始引起人们的重视，每年都有多篇文献发表，到 20 世纪 80 年代末有关 AMPS 单体及聚合物的文献已达 300 多篇。并在研究的基础上，逐步形成了一定的生产规模。我国在 AMPS 单体的研究方面发展比较快，针对油田用聚合物发展的需要，从 20 世纪 80 年代末开始单体的研究工作[1]，到 20 世纪 90 年代初就形成工业规模，产品质量达到了国外同等水平[2,3]。我国目前已经具有 20000t/a 的生产能力。近年来，随着 AMPS 的良好性能逐步为人们所知，激发了相关行业研究人员的兴趣，在 AMPS 共聚物的研究与应用方面开展了大量的工作。

2－丙烯酰胺基－2－甲基丙磺酸聚合物是指 AMPS 的均聚物及其与其他单体的共聚物，油田用 AMPS 聚合物通常为共聚物。近年来，随着 AMPS 的优越性能为人们所知，对 AMPS 及其共聚物的研究越来越多，使其成为水溶性聚合物领域比较活跃的研究课题。AMPS 聚合物在水处理方面，可作为废水处理用的絮凝剂、水环境下金属表面处理剂、水系统阻垢剂等；在油田化学方面，可用作性能优良的钻井液处理剂、油井水泥外加剂、酸化压裂液添加剂、完井液、修井液添加剂，三次采油驱油剂等；在涂料工业上可以用于水分散涂料、电绝缘涂料、防污涂料、抗静电涂料等；生物医学方面，可用于血液透析、固定酶、药物控制释放，也可用作牙用抗水解剂、伤口修饰剂、抗过敏剂、抗凝血材料、医用电极黏附液、接触眼镜等；也可以用作磁性记录材料等。我国在钻井液、油井水泥、酸化压裂、调剖堵水、聚合物驱和油田水处理等产品方面已经实施工业化，并见到了初步的应用效果，油田用 AMPS 共聚物的推广应用，特别是在抗温抗盐方面体现出了独特的优势，成为抗温抗盐聚合物处理剂的发展方向。

结合 AMPS 聚合物的开发和应用情况，本章从 AMPS 聚合物的性能及设计、AMPS 聚合反应基础和不同用途的 AMPS 共聚物的制备等方面进行介绍，同时把其他含磺酸基单体聚合物也放于该章一并介绍[4]。

第一节　AMPS 聚合物的性能及设计思路

一、性能

AMPS 聚合物与聚丙烯酰胺、丙烯酰胺－丙烯酸共聚物在基本性能上具有相似性。但其耐温抗盐能力优于聚丙烯酰胺、丙烯酰胺－丙烯酸共聚物。与丙烯酸聚合物一样，其相对分子质量和基团比例不同时，在油田作业流体中的主要作用也会不同。

聚合物水溶液的流变性参数是聚合物作为驱油应用的最重要的参数之一，直接影响着聚合物驱的波及系数和采收率。图 4－1 是质量分数为 0.2% 的 P（AM－AMPS）共聚物溶液黏度与剪切速率关系，从图中可见，聚合物溶液表观黏度随剪切速率的增加而下降，最后随剪切速率达到平衡。聚合物表观黏度随剪切速率平衡时的黏度保留率为 33.5%。不同矿化度下 AMPS 聚合物浓度与在油砂上静吸附量的关系见图 4－2[5]。从图中可见，随着矿化度的增加，吸附量逐渐增大；随着聚合物浓度升高，吸附量增大，最后逐渐达到饱和吸附，吸附特征符合 Langmuir 等温吸附特征。

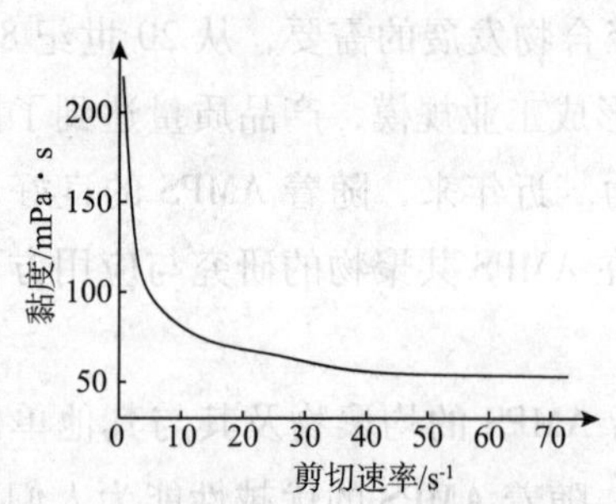

图 4－1　共聚物溶液黏度－剪切速率关系

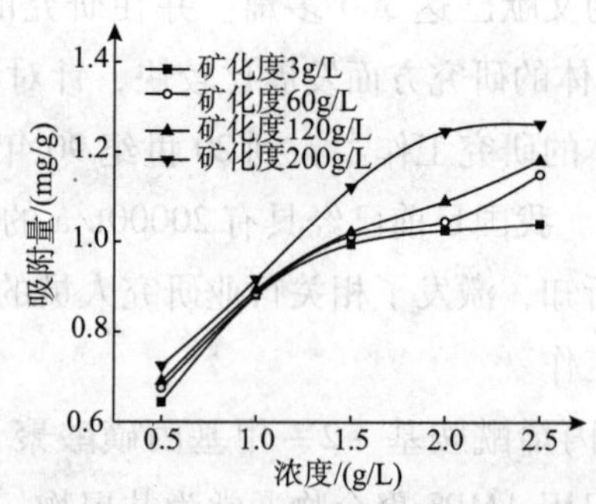

图 4－2　聚合物浓度与吸附量的关系

以 AMPS 摩尔分数为 20% 的 P（AM－AMPS）共聚物为例，图 4－3 是聚合物浓度与黏度的关系，从图中可以看出，聚合物在高矿化度、高钙镁盐水（盐水矿化度为 1.6×10^5 mg/L，其中 Ca^{2+}、Mg^{2+} 总量为 3000mg/L）中具有较强的增黏能力。

图 4－4 反映了浓度为 3000mg/L 的聚合物盐水溶液黏度与温度的关系。从图 4－4 可以看出，聚合物盐水溶液的黏度随温度的升高而下降，90℃下的黏度与 30℃相比，P（AM-AMPS）聚合物的黏度保持率为 45.9%，而在相同条件下 HPAM 水溶液的黏度保持率为 18.8%，说明 P（AM-AMPS）聚合物具有更强的抗温能力。

图 4－5 是 NaCl 含量为 16% 时，Ca^{2+} 含量对浓度为 3000mg/L 的 P（AM－AMPS）聚合物溶液黏度的影响；图 4－6 是 $CaCl_2$ 含量为 4000mg/L 时，NaCl 含量对浓度为 3000mg/L 的 P（AM－AMPS）聚合物溶液黏度的影响（90℃下测定）。从图 4－5 和图 4－6 可见，P

（AM－AMPS）聚合物具有较强的抗盐能力和抗高价金属离子的能力，远远优于水解聚丙烯酰胺。正是由于上述特点，当用于聚合物驱油剂时，可以适用于高温和高矿化度油藏。

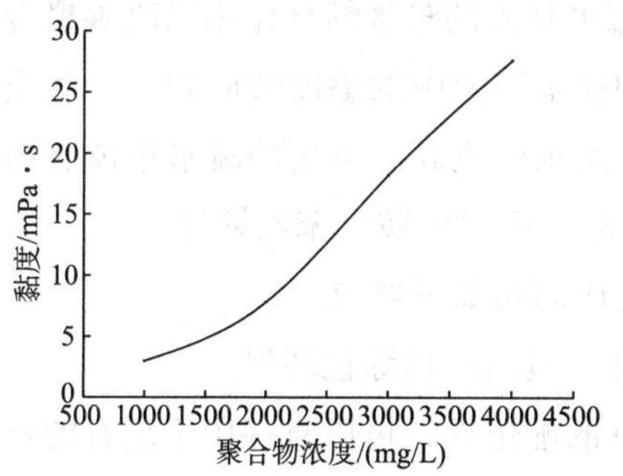

图4－3 聚合物浓度与黏度的关系

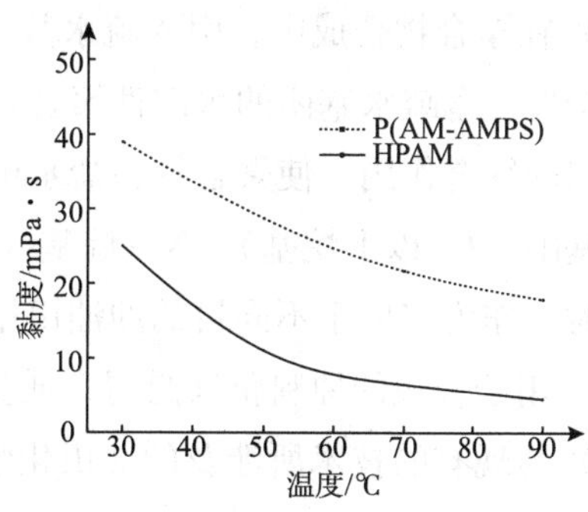

图4－4 聚合物盐水溶液黏度与温度的关系

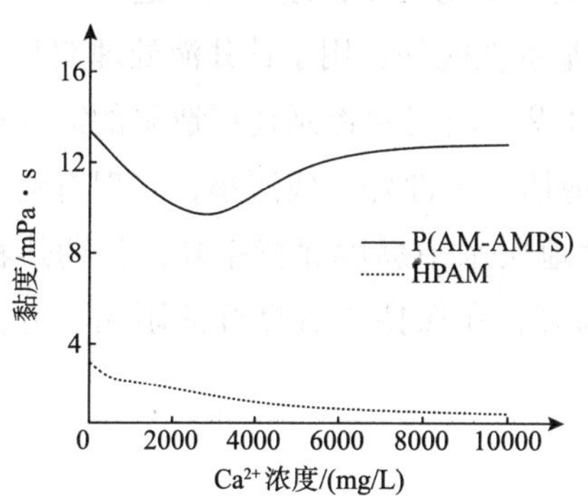

图4－5 Ca^{2+}浓度对聚合物溶液黏度的影响

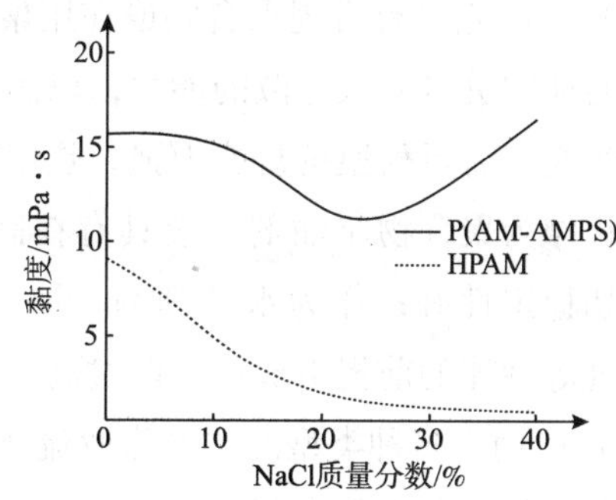

图4－6 NaCl加量对聚合物溶液黏度的影响

二、油田用AMPS聚合物设计思路

（一）基本思路

含羧酸基的聚合物研究与应用为AMPS聚合物设计奠定了基础，根据油田用聚合物所使用的环境及所希望的抗温抗盐的目标，AMPS聚合物的设计思路如下。

（1）以AMPS作为提供水化基团的主要单体，选用与AMPS容易共聚的相对价廉的丙烯酰胺、丙烯酸作为主要的共聚单体，同时可以采用少量的丙烯腈、醋酸乙烯酯等疏水单体，既保证分子中基团的合适比例，又保证基团的稳定性，尤其是采用适量的丙烯酸既可以保证水化基团的数量，又有利于降低成本。

（2）引入乙烯基吡咯烷酮、烷基丙烯酰胺、乙烯基乙酰胺等可抑制共聚物中酰胺基水解的单体或耐水解的单体代替部分丙烯酰胺单体，在保证不至于大幅度增加产品成本的情况下，以提高聚合物的水解稳定性，保证聚合物的耐温能力。

（3）引入部分热稳定性更强的含磺酸单体，如苯乙烯磺酸、乙烯基磺酸钠、丙烯酰胺基长链烷基磺酸等，以提高聚合物的热稳定性和抗盐性，以及疏水性。

（4）控制聚合物具有适当的相对分子质量，减少由于分子链高温或剪切降解对其溶液性能和在作业流体中的增黏性能、护胶性能的影响。

（5）引入适量的含2个双键的单体，使产品有一定的支化度，进一步提高其热稳定性和剪切稳定性。

（6）在聚合物合成中，引入疏水基团，通过疏水基团的疏水缔合作用以改善聚合物的耐温抗盐性。含疏水基团的水溶性聚合物在淡水和盐水溶液中的黏度效应相近，甚至由于疏水基团的缔合作用，使聚合物在盐水中的黏度比淡水中更高。可用的疏水单体有丙烯酸高碳烷基酯（C_{12}以上烷基）、N－烷基（C_6以上烷基）丙烯酰胺、苯乙烯等。

同时，作为应用于不同目的的油田用聚合物还应满足如下要求。

（1）用于合成的原料价廉易得，质量稳定性好，最终产物绿色环保。

（2）与现有的技术所涉及的油田化学品有良好的配伍性，可以直接用于现有的作业流体或满足传统的施工条件。

（3）生产工艺简单，生产成本低，产品价格能为市场接受，性价比合适。

（4）产品除具有常规聚合物或在用聚合物的基本性能外，用于钻井液处理剂时还应具有更强的抑制页岩膨胀分散的能力，以满足稳定井壁、防塌和控制地层造浆的需要；用于采油化学剂，需要耐温抗盐能力强，热稳定性和剪切稳定性好，残渣小，与现有化学剂配伍性好；作为聚合物驱油剂，应具有在高矿化度地层水中黏度保持率高，长期热稳定性好，剪切稳定性好；作为水处理剂、钻井降黏剂等，在保持具有良好的阻垢、分散、絮凝、破乳等性能的前提下成本不能过高。

（5）适用于多种类型的水基作业流体。

（二）聚合方式的选择

与含羧酸基聚合物一样，含磺酸基的水溶性AMPS共聚物合成可以采用水溶液聚合、反相乳液聚合和悬浮聚合，根据产品在不同作业流体中的应用特点及对聚合物相对分子质量、组成和纯度等要求，可以选择不同的合成方法，考虑到生产、环境保护及生产成本等因素，通常采用水溶液聚合方式合成AMPS共聚物。

在实际合成中可根据对产物相对分子质量的要求，采用低单体含量、低温（15～35℃）聚合（高相对分子质量产品）或高单体含量、中温（60℃）聚合（较高相对分子质量产品），也可以采用爆聚方式，即当单体含量较高时，聚合可以在1～2min内完成（体系温度可以达到100℃以上），有时可以得到基本干的产物，以节约生产成本。

以水溶液聚合时，典型的AMPS和AM共聚物制备方法（$1m^3$规模）[6]：将一定量单体量和去离子水量加入到$1m^3$的原料配制釜内，搅拌使之溶解后，用质量分数为20%的氢氧化钠溶液调整pH值至设计值，再加入计量的EDTA－2Na和尿素助剂，打开冷循环使溶液降温2℃，然后转移到$1m^3$的聚合釜内，鼓氮气30min，加入计量的引发剂开始引发聚合，维持反应10h，最后打开釜底球阀取出胶块，造粒，45℃干燥，粉碎，筛分得到P（AM－AMPS）共聚物。

（三）引发剂

采用水溶液聚合时，通常选用水溶性引发剂，可用的水溶性引发剂有水溶性偶氮类、过氧化物、过硫酸盐等，也可以采用过硫酸盐－亚硫酸盐、过氧化氢－亚铁盐等氧化还原引发体系。当需要合成超高相对分子质量的产品时，常采用水溶性偶氮类和过硫酸盐－亚硫酸盐氧化还原体系联合使用。在合成中等相对分子质量的产品时，可以采用过硫酸盐或过硫酸盐－亚硫酸盐氧化还原体系。

结合实际情况，在油田用水溶性 AMPS 共聚物合成中选择过硫酸盐－亚硫酸盐氧化还原体系。通常工业品引发剂可以直接使用，当有特殊要求时需要将引发剂进行纯化，以达到聚合反应的要求。

引发剂用量决定产物的相对分子质量，一般要结合聚合反应和产物的应用性能通过实验来确定。

第二节 AMPS 聚合反应基础

AMPS 单体是强酸，其水溶液的 pH 值与其含量有关，钠盐水溶液为中性，0.1% 的水溶液的 pH 值为 2.6。干燥的 AMPS 单体在室温下稳定，但 AMPS 单体的水溶液极易聚合，而 AMPS 单体的钠盐水溶液比较稳定，在室温下放置 15d 也不会发生聚合。

AMPS 单体既可进行均聚，也可进行共聚。AMPS 单体在水中的聚合热为 22kcal/mol。水和二甲基甲酰胺都可作为聚合的介质，一般采用水溶性的过硫酸铵、过硫酸钾、过氧化氢和溶于有机溶剂的偶氮二异丁腈作为引发剂。水溶性偶氮类也可以作为 AMPS 与其他单体共聚的引发剂。常用的与 AMPS 单体或其钠盐共聚的单体有丙烯酰胺、丙烯腈、丙烯酸、甲基丙烯酰氧乙基三甲基氯化铵、二甲基二烯丙基氯化铵、苯乙烯、醋酸乙烯酯、丙烯酸羟乙基酯和 2－羟基甲基丙烯酸丙酯等。

AMPS 单体或其钠盐及部分常用共聚单体的竞聚率见表 4-1。

表 4-1 常用共聚单体的竞聚率

单体 M_1	单体 M_2	竞聚率 r_1	竞聚率 r_2
丙烯腈	AMPS 钠盐	0.98	0.11
苯乙烯	AMPS	1.13	0.31
醋酸乙烯酯	AMPS 钠盐	0.05	11.60
丙烯酰胺	AMPS 钠盐	1.02	0.5
丙烯酸羟乙基酯	AMPS	0.86	0.90
2－羟基甲基丙烯酸丙酯	AMPS	0.80	1.03
丙烯酸（pH＝4）	AMPS	0.74	0.19

2－丙烯酰胺基－2－甲基丙磺酸以过硫酸钾为引发剂，在水溶液中进行聚合的动力学方程为[7]：

$$R_p = k\ [\mathrm{AMPS}]^{1.8}\ [K_2S_2O_8]^{0.8} \tag{4-1}$$

其表观活化能数值 $E_a = 71.1\text{kJ/mol}$。

本节结合 AM－AMPS 水溶液聚合和反相乳液聚合介绍 AMPS 的聚合反应，为该类聚合物合成提供基础。

一、AM－AMPS 水溶液聚合

AMPS 与 AM 的共聚物（实质上是 Na－AMPS 与 AM 的共聚物）是最基本的 AMPS 聚合物，如已经形成商品的 PAMS601 即为 AM－AMPS 二元共聚物，因此，研究其共聚反应及影响产物性能的因素对 AMPS 聚合物的合成非常重要，它将为二元、三元或多元聚合物处理剂的制备提供依据。实践表明，由于 AMPS 在水溶液中极易聚合，采用 AM 与 AMPS 直接进行水溶液聚合时，配制好的单体水溶液往往在加入引发剂前就会发生聚合，如果控制不当，在配制过程中即发生聚合。即使在保证加入引发剂前不发生聚合，也很难得到高相对分子质量的产物，因此在 AMPS 共聚物制备中通常采用 AMPS 的钠盐，故除特别说明外，本章所述的 AMPS 共聚物均为 AMPS 钠盐的共聚物。

研究中聚合物的合成方法为：将 AMPS 溶于适量的水中，在冷却条件下用等物质的量的氢氧化钠或氢氧化钾（溶于适量的水中）中和，然后加入 AM 单体，待溶解后用氢氧化钠溶液将反应混合物的 pH 值调至要求，在不断搅拌和通氮的情况下升温至 40～50℃；加入占单体质量 0.05%～0.10% 的引发剂，搅拌均匀后于 40～50℃下反应 8～10h，得凝胶状产物；取出剪切造粒，于 80℃下烘干、粉碎得粉末状共聚物，即为 P（AM－AMPS）共聚物。

如果要合成低相对分子质量的聚合物降黏剂，则合成中不需要通氮，且反应完成后再中和，得到的是黏稠的液体，合成中引发剂用量为 1%～1.5%，同时加入适量的异丙醇作为相对分子质量调节剂。

研究表明，影响共聚反应和产物［η］的因素包括引发剂用量、AMPS 用量、反应时间、单体质量分数和通氮时间等。

如图 4-7 所示，当 n（AM）：n（AMPS）＝8：2，单体质量分数为 20%，通氮时间为 65min，反应时间为 10h 时，引发剂用量（以过硫酸铵计、占单体质量百分数，过硫酸铵：亚硫酸氢钠＝1：1、质量比）对单体转化率和特性黏度影响较大，即引发剂用量大时产物相对分子质量低，为提高产物的相对分子质量，应尽可能降低引发剂用量。但引发剂用量太少时，又常导致不聚或低聚。在实验条件下，引发剂用量在 0.05%～0.075% 时，既可得到较高相对分子质量的产物，又可保证单体转化率较高。

当通氮 65min，反应时间为 10h，单体浓度为 20%，引发剂用量为 0.05%，AMPS、AM 单体总量不变时，随着 AMPS 用量（占单体的摩尔百分数）的增加，共聚物的特性黏数开始增加后又降低。在实验条件下 AMPS 在 20%～30% 时所得产物的相对分子质量较高，见图 4-8。

从图 4-9 可以看出，当 n（AM）：n（AMPS）＝8：2，引发剂用量为 0.05%，单体浓度为 20%，通氮时间为 65min 时，随着反应时间的延长，转化率逐渐增加，当反应时间达

8h时转化率趋于恒定，故在实验条件下，反应时间选择在8~10h。如图4-10所示，原料配比和反应条件一定，即n（AM）:n（AMPS）=8:2，引发剂用量为0.05%，通氮时间为65min，反应时间为10h时，随着单体含量的增加，所得产物的相对分子质量先略有增加、后又降低。可见，欲得到高相对分子质量的产物，必须控制单体的含量不能过高，这是因为反应混合液中单体含量过高时，随着反应的进行体系的黏度快速增加，反应热不能及时散发，使体系温度升高，聚合物的相对分子质量降低，甚至产生爆聚现象，在实验条件下单体含量控制在15%较好。

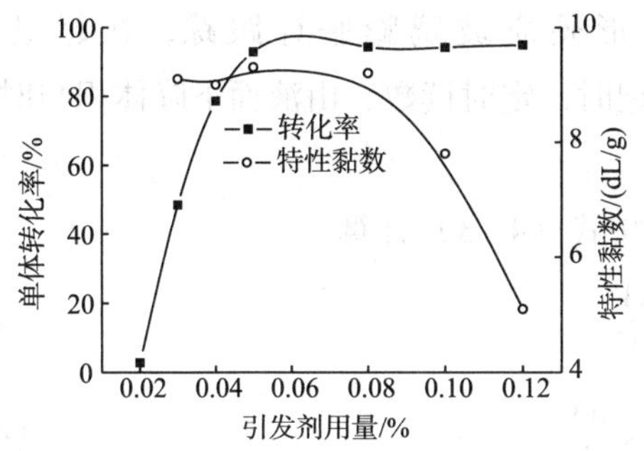

图4-7　引发剂用量对单体转化率和特性黏数的影响

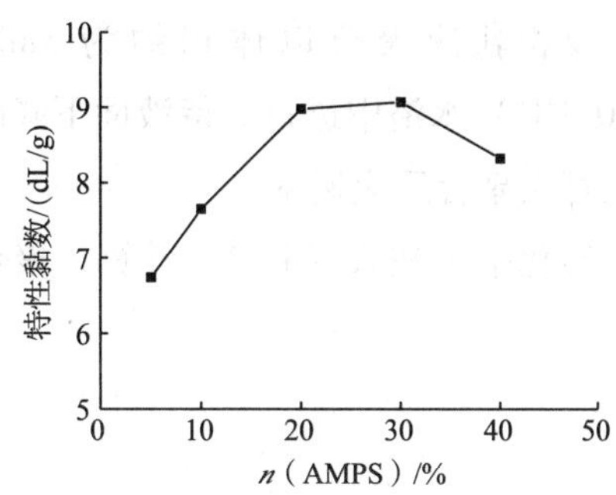

图4-8　AMPS用量对产物特性黏数的影响

实践证明，在单体的反应混合液中通入氮气排除反应体系中的氧气有利于提高产物的相对分子质量。当n（AM）:n（AMPS）=8:2，引发剂为0.05%，反应时间为10h，单体浓度为15%时，随着通氮时间的延长，产物的相对分子质量大幅度增加。这是因为在反应中氧对自由基共聚有阻聚作用，氧很容易与引发剂分解的自由基相互结合而导致阻聚，反应前如不充分排除氧气，往往出现诱导期过长或温度偏高，导致产物的相对分子质量下降，严重时造成不聚或低聚。在实验条件下，通氮时间一般大于60min即可，此时所得产物的特性黏数为9.9dL/g，远大于不通氮时的3.65dL/g。

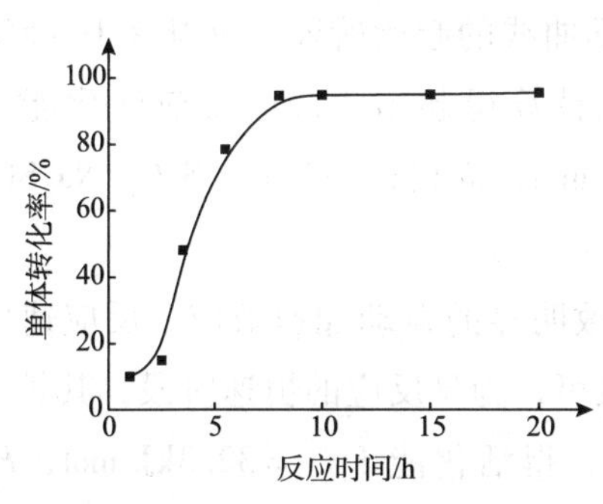

图4-9　反应时间对单体转化率的影响

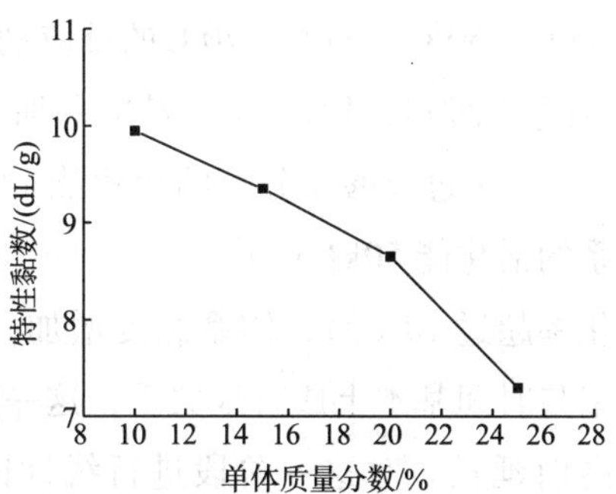

图4-10　单体含量对共聚物特性黏数的影响

二、AM－SAMPS反相乳液聚合

随着人们对AMPS聚合物优越性的认识，AMPS聚合物研究与应用越来越受到重视[8]。为了揭示AMPS、AM聚合反应动力学，采用Span－80为乳化剂，$(NH_4)_2S_2O_8$为引发剂，对AM

-SAMPS反相乳液聚合进行了系统研究，考察了反应温度、乳化剂浓度、功能性单体浓度、引发剂浓度、单体浓度等因素对聚合反应的影响，并对成核机理和引发机理进行了探讨[9]。

（一）反相乳液聚合

按配方要求将AM、SAMPS、$(NH_4)_2S_2O_8$、乳化剂、煤油、水等加入三口瓶中，室温下强烈搅拌，乳化30min，即得稳定的反相乳液。反相乳液聚合的基本配方与条件：水相［AM］=5mol/L、［SAMPS］=0.200mol/L、［$(NH_4)_2S_2O_8$］=0.02mol/L、pH=7、油相［Span-80］=2.49×10^{-2}mol/L、油水体积比为2/3、诱导期5~30min。

反相乳液聚合以体积约为5mL的直筒形硬质玻璃膨胀计跟踪，在超级恒温（±0.1℃）水浴中进行。待液面下降时，开始记时，定时读数，由液面下降体积与时间的值换算出聚合反应速率。

转化率X按式（4-2）计算，聚合速率R_p按式（4-3）计算：

$$X=\frac{\Delta V}{\Delta V_0} \tag{4-2}$$

$$R_p=C_0\times\frac{dX}{dt} \tag{4-3}$$

（二）影响反应的因素

1. 反应温度

固定单体浓度［AM］、引发剂浓度［$(NH_4)_2S_2O_8$］、乳化剂浓度［Span-80］及共聚单体浓度［SAMPS］，改变反应温度，进行反相乳液聚合，得到的转化率与时间的关系曲线如图4-11所示，可以看出，在低转化率时（5%），转化率与反应时间成直线关系，其斜率即为相应聚合反应速率。随着反应温度的升高，反应速率明显增大，这显然是由于引发剂热分解受温度影响的结果。温度越高，引发剂分解的速率越快，产生自由基的速率加快，从而使反应速率大大加快。当温度为50℃时，反应速率十分缓慢，难以得到高转化率产品。对55℃、60℃、65℃、70℃的反应动力学曲线的起始阶段（转化率0~5%）的反应速率进行线性回归，然后由阿累尼乌斯公式计算得起始阶段的反应活化能为$E_{a,I}$=55kJ/mol，远低于过硫酸盐分解的活化能140kJ/mol，而接近$(NH_4)_2S_2O_8/Na_2SO_3$氧化还原引发体系的活化能50kJ/mol。

当转化率超过10%时，体系黏度增加，导致明显的自动加速效应，反应速率明显加快，转化率与时间基本上成直线关系，这一阶段可认为是反应的恒速阶段，其长度随反应温度的升高而延长。对这一阶段进行线性回归，得活化能$E_{a,p}$=32.3kJ/mol，E_a按照式（4-4）计算：

$$E_a=\left(E_p-\frac{E_t}{2}\right)+\frac{E_d}{2} \tag{4-4}$$

式中，E_p为链增长活化能；E_t为转移活化能；E_d为引发剂分解活化能。

对于本引发体系，$E_d=E_{a,I}$=55kJ/mol，E_t=17kJ/mol，E_p=29kJ/mol。恒速阶段

32.3kJ/mol 的活化能主要反映的是链增长步骤的活化能（29kJ/mol），也就是说，在恒速阶段，链增长步骤占主导地位，这与一般自由基聚合的理论相符合。

2. 共聚单体浓度

反应条件一定时，SAMPS 用量对聚合反应动力学的影响结果见图 4-12。从图 4-12 可以看出，聚合反应可在较短时间内（约 15min）达到较高的转化率，反应速率增加很快，且随着 SAMPS 用量的增加而增大，在低转化率（<10%）下，SAMPS 为 AM 用量的 10% 时的反应速率约是 SAMPS 为 AM 用量的 2% 时反应速率的 2 倍。假若 SAMPS 仅起到共聚单体的作用，其用量的增加仅增加了聚合单体的总浓度，如果其聚合活性与 AM 相同，根据自由基聚合反应方程式推测，SAMPS 为 AM 用量的 10% 时的反应速率应比 SAMPS 为 AM 用量的 2% 时的反应速率约增加 10%，这与前面得到的 2 倍的实验事实相差很大。假定 SAMPS 的用量不影响总的单体浓度，对恒速阶段进行线性回归，得到的聚合速率与 SAMPS 浓度的关系为 R_p = [SAMPS]$^{0.62}$，排除单体浓度增加的因素，聚合速率 R_p 与 SAMPS 浓度的关系大致为 0.5～0.6 次方，这基本符合自由基聚合过程中聚合速率 R_p 与引发剂浓度 [I] 成 0.5 次方关系。结合前面所得的活化能数据，认为 SAMPS 参与了引发过程，与 $(NH_4)_2S_2O_8$ 组成氧化还原引发体系，使反应活化能大为降低。指数稍大于 0.5 是由于 SAMPS 还起到了共聚单体的作用。

3. 乳化剂浓度

固定单体浓度 [AM]、引发剂浓度 [$(NH_4)_2S_2O_8$]、反应温度 t 和共聚单体浓度 [SAMPS]，改变乳化剂 Span-80 的用量，所得结果见图 4-13，并对所得转化率与时间数据的恒速阶段进行线性回归。在 [Span-80] 低于 1.87×10^{-2}mol/L 时所得乳液不稳定，聚合过程中易分层，而 [Span-80] 在 $(1.87\sim2.49)\times10^{-2}$mol/L 变化时，乳液稳定，且动力学数据显示，$R_p \propto$ [Span-80]$^{-0.70}$，即 Span-80 浓度的增加导致聚合速率下降。有学者认为 Span-80 分子中含有的叔醇基团，是自由基的捕捉剂，所以聚合速率与 Span-80浓度成负指数关系。继续增加乳化剂 [Span-80] 的浓度，发现聚合速率呈上升趋势，表明乳化剂 Span-80 在反相乳液聚合体系中的双重作用，即乳化作用和链转移作用。这两种作用的相对强弱对聚合速率 R_p 与乳化剂浓度的关系具有重要的影响。

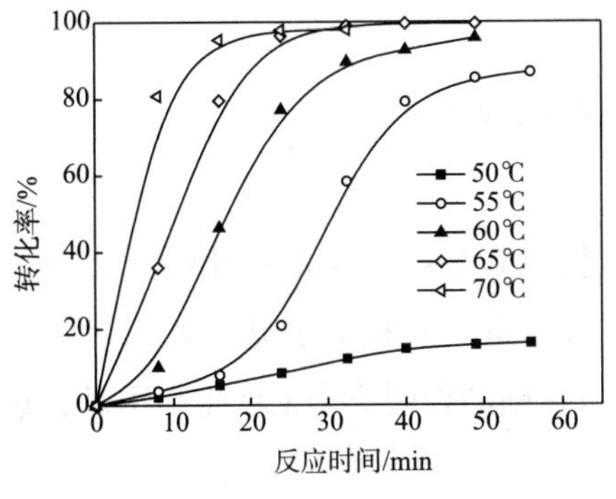

图 4-11 温度对反应速率的影响

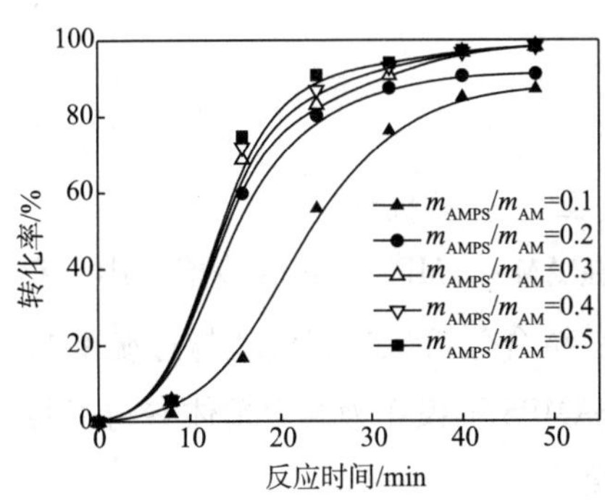

图 4-12 SAMPS 原料对反应速率的影响

4. 引发剂浓度

反应条件一定时，AM 反相乳液聚合单体的转化率与引发剂 $(NH_4)_2S_2O_8$ 浓度的关系见图 4-14，由此算出低转化率下 AM 聚合反应速率对 $(NH_4)_2S_2O_8$ 浓度成 0.48 次方关系。

5. AM 浓度对聚合速率的影响

固定 SAMPS 浓度、乳化剂浓度和反应温度，在 3～7mol/L 范围内改变 AM 浓度，进行 AM 反相乳液聚合，由转化率对时间的直线关系求得聚合反应速率。再由聚合反应速率对数对［AM］对数作图，如图 4-15 所示，其直线斜率为 1.18，$R_p \propto [AM]^{1.18}$，指数略大于一般自由基溶液聚合单体浓度指数 1，说明该聚合体系对单体浓度的依赖性较大。

由此求得 AM-SAMPS 反相乳液聚合动力学关系式［式（4-5）］，它符合一般反相乳液聚合关系。

$$R_p \propto [(NH_4)_2S_2O_8]^{0.48}[SAMPS]^{0.62}[AM]^{1.18}[Span-80]^{-0.70} \qquad (4-5)$$

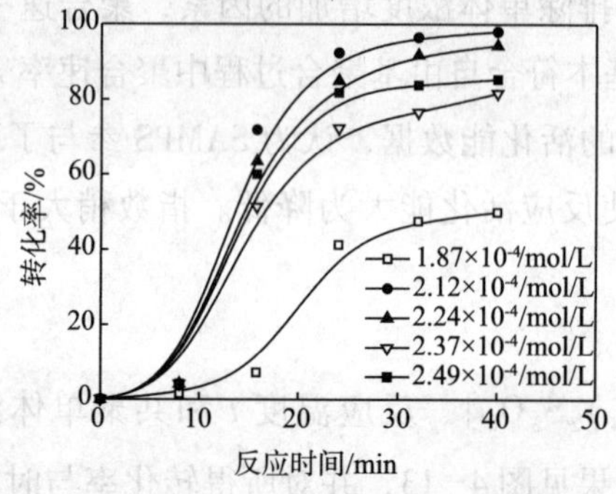

图 4-13　乳化剂含量对反应转化率的影响

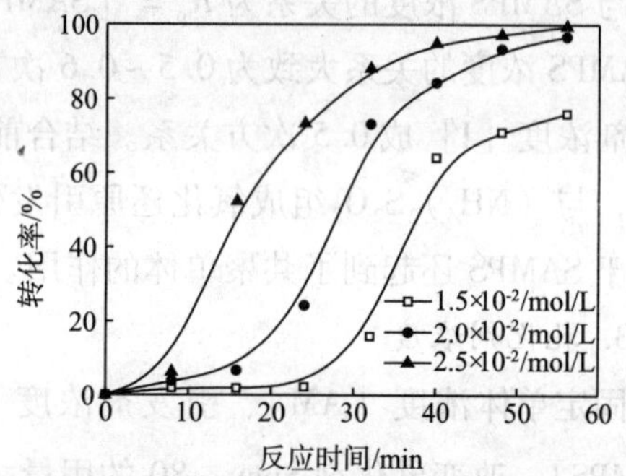

图 4-14　引发剂用量对反应转化率的影响

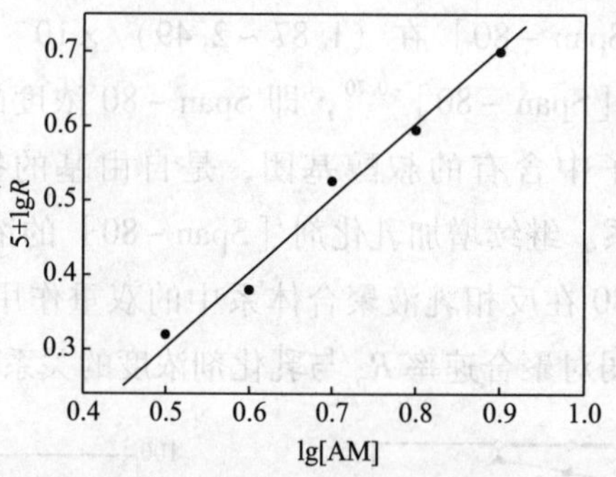

图 4-15　聚合速率与 AM 浓度的关系

（三）引发机理

在 AM-AMPS 反相乳液聚合中，存在过硫酸盐-磺酸盐参与的氧化还原体系的引发过程。结合分析认为其机理与过硫酸盐-亚硫酸盐体系具有相似之处，如式（4-6）所示。SAMPS 不仅作为共聚单体参与了共聚，而且也在磺酸根阴离子上产生自由基，进一步引发聚合。

$$\sim CH_2-CH(-C(=O)-NH-C(CH_3)_2-CH_2-SO_3^-)\sim + S_2O_8^- \longrightarrow \sim CH_2-CH(-C(=O)-NH-C(CH_3)_2-CH_2-SO_3\cdot)\sim + SO_4^-\cdot + SO_4^- \tag{4-6}$$

$$\sim CH_2-CH(-C(=O)-NH-C(CH_3)_2-CH_2-SO_3\cdot)\sim \xrightarrow{AM} 聚合物 \qquad SO_4^-\cdot \xrightarrow{AM} 聚合物$$

（四）成核机理

由于 $(NH_4)_2S_2O_8$ 不溶在油相中，因此可以认为引发剂的分解发生在单体液滴中，而后由负离子自由基 SO_4^- ·和－SO_3·在单体增溶的胶束内引发 AM、SAMPS 共聚，转化率与时间的曲线成 S 形，也支持增溶胶束均相成核机理。

尽管可以认为水溶性引发剂 $(NH_4)_2S_2O_8$ 引发水溶性单体的反相乳液聚合是一种乳液滴中的溶液聚合，其机理与反相悬浮聚合有相似之处，但高聚合速率的结果却与溶液聚合和悬浮聚合不同。在溶液聚合中，链终止反应为双基终止，由于反应容器较大，在体系黏度高时，虽然长链自由基的运动受到限制，但初始自由基和短链自由基的运动受到的阻碍却很少。悬浮聚合的机理与此基本相同。而在乳液聚合反应中，由于乳胶粒体积较小，引发剂浓度低，一个乳胶粒中含有的引发剂分子数量极为有限，一个引发剂分子分解成两个自由基后分别进行链增长，在乳液滴中引发聚合，形成两个长链自由基，其运动受到体系黏度和乳液滴体积的限制，链终止的机会少。同时乳化剂 Span－80 分子结构中含有的叔醇结构，起到链转移的作用，也使乳液滴中具有足够引发活性的自由基数目下降。只有当另一引发剂分子受热分解产生新的初始自由基时，才会发生长链自由基与初始自由基或其他短链自由基的终止反应，因而自动加速阶段的聚合速率比溶液聚合和悬浮聚合快得多。

三、AMPS 与 AM、AA 反相乳液聚合

在 AM、AMPS 反相乳液聚合的基础上，研究了 AMPS、AM、AA 三元共聚物反相乳液的制备，并重点考察了影响单体转化率和产物相对分子质量的因素。

（一）反相乳液聚合方法

将 Span－60、Span－80 加入白油中，升温 60℃，搅拌至溶解，得油相；将 NaOH 溶于水，配成氢氧化钠溶液，冷却至室温，搅拌下慢慢加入 2－丙烯酰胺－2－甲基丙磺酸，然后加入丙烯酸，将温度降至 30℃以下，加入配方量的丙烯酰胺，搅拌使其完全溶解。加入 Tween－80，EDTA 搅拌至溶解均匀得水相；将水相加入油相，用均质机搅拌 15～25min，得到乳化反应混合液，并用质量分数为 20% 的氢氧化钠溶液调 pH 值至 8～9。向乳化反应混合液中通氮 20～30min，加入引发剂过硫酸铵和亚硫酸氢钠（提前溶于适量的水），搅拌 5min，继续通氮 20min，在 45℃下保温聚合 6～10h，降至室温，出料、过滤，得到 P（AM－AA－AMPS）反相乳液聚合物样品。

取7g P（AM－AA－AMPS）反相乳液样品，加入393mL水中，配制聚合物胶液（聚合物质量分数约0.5%），用六速旋转黏度计测定表观黏度η_a。

将反相乳液聚合物产品用一定量的乙醇溶液沉淀，然后用丙酮洗涤2次以上，烘干、称量，计算单体转化率及产物固含量。

（二）影响反相乳液聚合的因素

1. 单体配比及单体质量分数

单体配比包括n（AM）∶n（AM＋AA＋AMPS）和n（AA）∶n（AA＋AMPS）。固定油水体积比为0.9，单体质量分数为30%，复合乳化剂HLB值为6.8，复合乳化剂用量（质量分数）为6%，引发剂占单体质量的0.25%，体系pH值为9，反应温度为45℃，反应时间为6h，n（AA）∶n（AMPS）＝4∶6时，n（AM）∶n（AM＋AA＋AMPS）对聚合反应及产物性能的影响见图4－16。从图4－16可以看出，随着单体中AM用量的增加，聚合物水溶液表观黏度逐渐降低，而单体转化率则随着AM用量的增加而先逐渐增加后又稍有降低，但影响幅度不大。从实验现象来看，随着AM用量的增加，聚合过程中反应剧烈程度增加，并逐渐出现凝胶颗粒，控制不当时会产生爆聚现象，综合考虑，在实验条件下n（AM）∶n（AM＋AA＋AMPS）为55%～60%较好。如图4－17所示，当n（AM）∶n（AM＋AA＋AMPS）＝55%，改变n（AA）∶n（AMPS），随着单体中AA用量的增加，AMPS用量降低，聚合物水溶液表观黏度逐渐增加，而单体转化率稍有降低，显然，n（AA）∶n（AA＋AMPS）为42%较好。

如图4－18所示，当油水体积比为0.9，复合乳化剂HLB值为6.8，引发剂占单体质量的0.25%，体系pH值为9，反应温度为45℃，反应时间为5h，复合乳化剂用量（质量分数）为6%，n（AM）∶n（AM＋AA＋AMPS）＝55%，n（AA）∶n（AA＋AMPS）＝42%时，随着单体质量分数的增加，聚合物产物的水溶液黏度开始逐渐增加，当单体质量分数为30%以后，趋于稳定。而单体转化率随着单体质量分数的增加而增加，当单体质量分数为25%以后趋于稳定。尽管提高单体质量分数有利于提高生产效率，实验中发现，当单体质量分数达到35%在产品中会产生部分凝胶颗粒，由于聚合过快，大量放热，易冲釜现象，甚至破坏乳化作用，造成反应中的体系破乳。在实验条件下单体质量分数为30%较好。

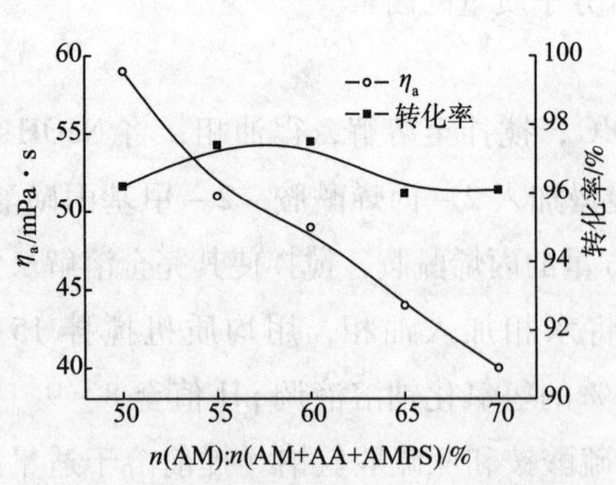

图4－16　n（AM）∶n（AM＋AA＋AMPS）对聚合反应和产物性能的影响

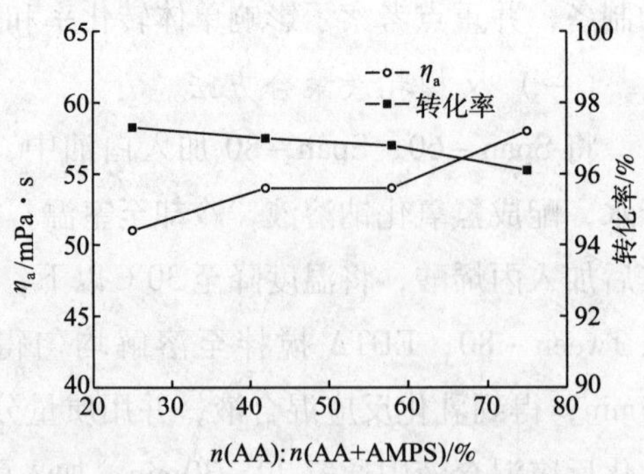

图4－17　n（AA）∶n（AA＋AMPS）对聚合反应和产物性能的影响

2. 反应温度和反应时间

如图4－19所示，当单体质量分数为30%，反应条件一定时，聚合反应中单体转化率随反应温度的增大而增加，这类似于溶液聚合，随反应温度的上升，初级自由基生成速度增大，使水相中自由基浓度增大，结果导致聚合反应速度加快，单体的转化率提高。而聚合物水溶液表观黏度则随着聚合温度上升，先升高，在40℃出现最大值，然后随着聚合温度的进一步升高，水溶液表观黏度呈下降趋势，在实验条件下聚合反应温度控制在40～45℃较为合适。

反应温度45℃，其他条件一定时，反应时间对聚合反应及产物性能的影响见图4－20。由图4－20可知，随着反应时间的增加，单体的转化率逐渐增大，在4h后趋于稳定，因为在自由基聚合反应中，对单个聚合物分子而言，聚合物的分子形成速度很快，在很短时间内即能完成链的增长，但对整个体系而言，在较短的时间内则不能使所有的单体均转化为高聚物，单体的转化率随时间的延长而增加，当反应时间达到4h，再增加时间只能降低生产效率，因此反应时间为4h即可。

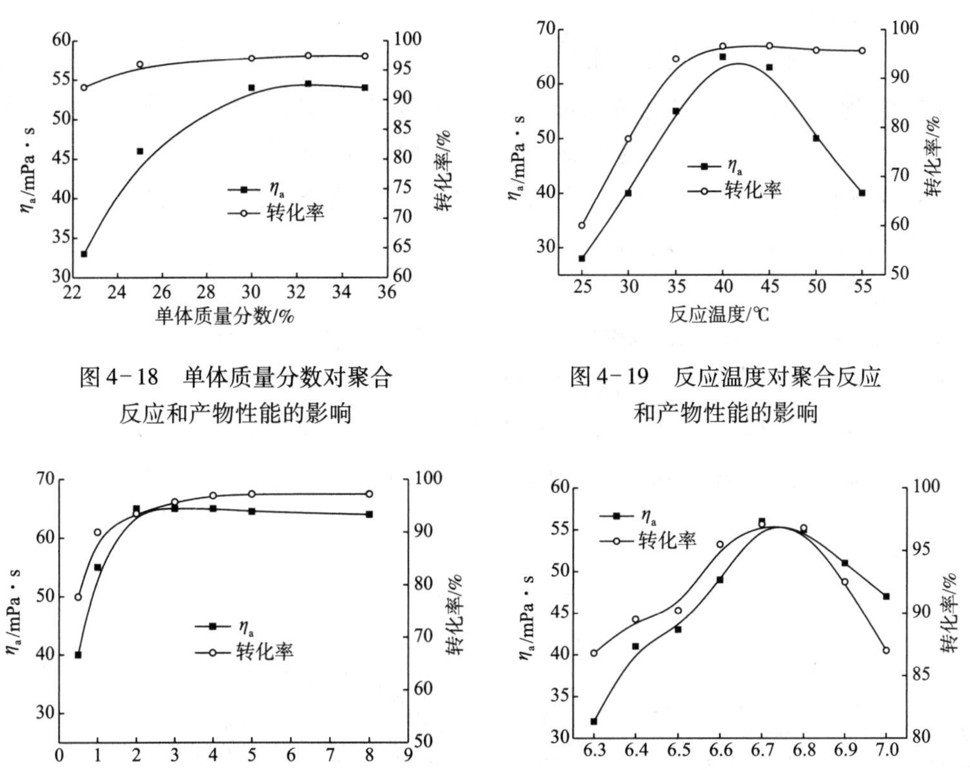

图4－18 单体质量分数对聚合反应和产物性能的影响

图4－19 反应温度对聚合反应和产物性能的影响

图4－20 反应时间对聚合反应及产物性能的影响

图4－21 HLB值对聚合反应及产物性能的影响

3. 乳化剂HLB值及乳化剂用量

如图4－21所示，反应时间为5h，其他条件一定时，随着复合乳化剂HLB值的增加产物水溶液表观黏度和单体转化率均随着HLB值的增加先增加后降低。这是由于随着复合乳化剂HLB值的增加，反应及乳液稳定性增加，乳液的稳定性增大所致；当HLB值达到

6.7 时，效果最好，当 HLB 值超过 6.8 以后，乳液稳定性变差，HLB 值过低和过高时，反应过程中均容易产生凝胶，甚至出现破乳现象，在实验条件下，选择复合乳化剂 HLB 值在 6.8，既可保证产品具有较好的降滤失能力，又确保反应顺利进行及乳液稳定。

如图 4-22 所示，复合乳化剂 HLB 值为 6.7，反应条件一定时，随着乳化剂用量的增加，水溶液表观黏度逐渐增加，当用量超过 5% 以后，又略降低。转化率随着乳化剂用量的增加，先增加后趋于稳定，这是因为乳化剂用量越大，乳胶粒表面张力的降低有利于形成更小的胶粒和更快的聚合速率，从而导致转化率的增大。与此同时，胶粒粒数越多，自由基在乳胶粒中的平均寿命就越长，聚合物的水溶液表观黏度（相对分子质量）也越高。但当乳化剂用量过大时，自由基向乳化剂的链转移反应增强，从而导致聚合物的水溶液表观黏度降低，可见，适当减少乳化剂用量有利于提高产物的相对分子质量，但当乳化剂用量过低时，所得乳液稳定性差，且聚合过程中易产生大量的凝胶，兼顾产物的应用效果及乳液稳定性，在实验条件下乳化剂用量在 5% 较好。

4. 油水体积比

如图 4-23 所示，复合乳化剂用量为 5%，反应条件一定时，随着油水比的增加，单体转化率和产物水溶液表观黏度先增加，当油水比超过 1 以后，呈降低趋势。从反应现象看，油水比过低时（油相少），易出现凝胶现象，增加油水体积比可以保证聚合过程中不产生凝胶或爆聚，且乳液稳定性好，但油水比过大时，聚合物含量降低，在实验条件下，从稳定性考虑，选择油水体积比为 0.9 ~ 1。

5. 引发剂用量

如图 4-24 所示，当油水体积比为 1，其他条件一定时，单体转化率随着引发剂用量的增加逐渐增加，而产物水溶液表观黏度则随着引发剂用量的增加先增加，当引发剂用量达到 0.20% 后又出现降低趋势。实验发现，当引发剂用量过大时，易出现凝胶和爆聚现象，从有利于反应顺利进行的角度来考虑，在实验条件下，引发剂用量为 0.2% 较好。

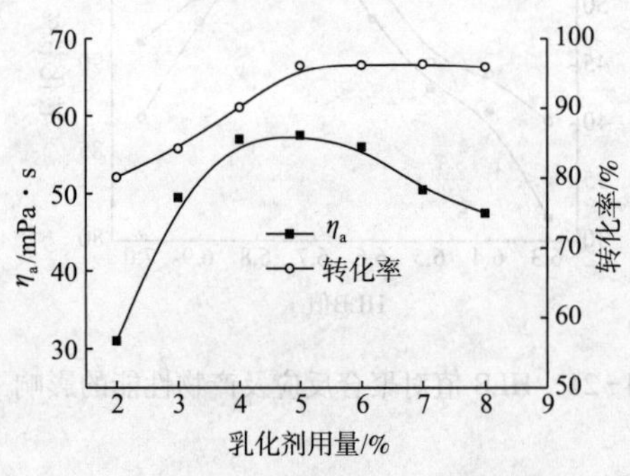

图 4-22　乳化剂用量对聚合反应及产物性能的影响

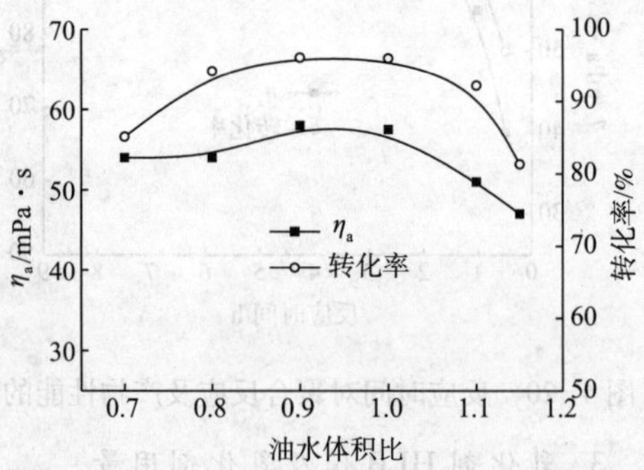

图 4-23　油水体积比对聚合反应和产物性能的影响

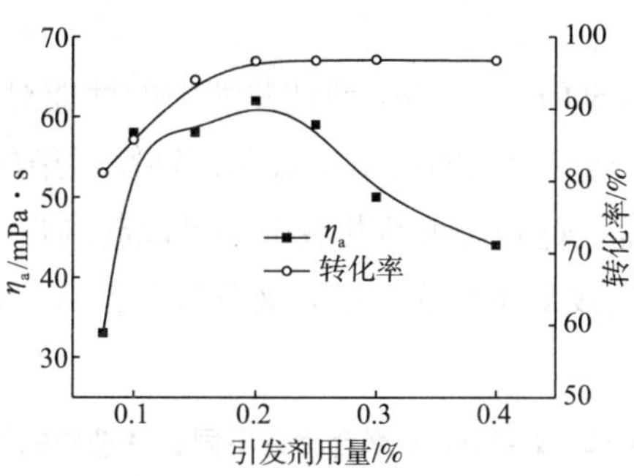

图 4－24　引发剂用量对产物性能的影响

第三节　不同用途的 AMPS 聚合物

由于油田化学作业流体和适用环境对聚合物的要求不同，对于相同单体的聚合物而言，其组成和相对分子质量等会因为应用目的的不同而有很大的差异，为能够更好地认识油田用 AMPS 聚合物，强化研究的针对性和实用性，本节从应用的角度对适用于不同作业流体的 AMPS 聚合物进行分类介绍。介绍中尽管一些相同单体聚合物的合成中有许多相同的地方，但为了更加突出合成产物针对性，均结合应用进行了详细描述。

一、钻井液用 AMPS 聚合物

20 世纪 90 年代以来，AMPS 聚合物钻井液处理剂因其良好的抗温抗盐能力，尤其是抗高价金属离子污染的能力，而逐步得到了发展，并在现场应用中见到了明显的效果，促进了抗温抗盐钻井液处理剂及钻井液体系的发展。下面介绍几种典型的钻井液用 AMPS 聚合物的制备和性能。

（一）丙烯酰胺和 2－丙烯酰胺基－2－甲基丙磺酸的共聚物

本品是一种含磺酸基团的阴离子型聚合物，常用代号 PAMS601，相对分子质量在 $200\times10^4\sim300\times10^4$，易溶于水，水溶液呈黏稠透明体，在含钙的钻井液中不产生沉淀。是 20 世纪 90 年代末投入现场应用的乙烯基磺酸聚合物处理剂，由于分子中引入了磺酸基团，使其具有较强的抗温抗盐能力，特别是抗钙镁污染的能力，与丙烯酰胺、丙烯酸共聚物相比，表现出了明显的优势。PAMS601 降滤失剂在淡水钻井液、饱和盐水钻井液和海水钻井液中不仅具有较强的降滤失能力和提黏切能力，且抗温抗盐和抗钙镁污染的能力强，同时具有较好的抑制、絮凝和包被作用，可有效地控制地层造浆、抑制黏土和钻屑分散，有利于固相控制。现场试验表明，AMPS 聚合物钻井液的应用可使钻进中起下钻畅通，膨润土含量上升缓慢。黏切容易控制，维护简单，大大减少了处理剂的种类和用量。钻井液费用低，社会、经济效益显著。

1. 钻井液性能

表4-2~表4-4是PAMS601在不同类型钻井液中的性能对比实验结果[10-12]。从表4-2可看出，PAMS601聚合物具有较强的抗温抗盐和抗钙镁污染的能力。从表4-3可以看出PAMS601在钠膨润土和抗盐土饱和盐水钻井液中均可以起到良好的降滤失作用。从表4-4可以看出PAMS601的降滤失效果明显优于钻井液降滤失剂A-903（A-903为丙烯酸、丙烯酰胺多元共聚物）。

表4-2　PAMS601聚合物在不同钻井液中的效果

钻井液组成	常温性能				180℃/16h老化后性能			
	AV/mPa·s	*PV*/mPa·s	*YP*/Pa	*FL*/mL	*AV*/mPa·s	*PV*/mPa·s	*YP*/Pa	*FL*/mL
淡水基浆（1）	7.5	3.0	4.5	30	13.0	3.0	10.0	60.0
（1）+0.57% PAMS601	37.5	15.0	22.5	13.0	10.0	9.0	1.0	16.0
海水基浆（2）	5.25	3.5	1.75	65.0	4.25	2.0	2.25	110.0
（2）+1.0% PAMS601	35.25	14.5	20.75	10.0	6.5	2.0	4.5	16.0
饱和盐水基浆（3）	13.5	4.0	9.5	160.0	12.0	5.0	7.0	222.0
（3）+1.71% PAMS601	38.5	32.0	6.5	8.0	13.5	9.0	4.5	10.0

注：淡水基浆：在1000mL水中加入60g钙膨润土和5g碳酸钠，高速搅拌20min，于室温下放置养护24h；饱和盐水基浆：在1000mL 4%的钠膨润土基浆中加NaCl至饱和，高速搅拌20min，于室温下放置养护24h；海水基浆：在6%的钙膨润土基浆中加入1.14g/L $CaCl_2$、10.73g/L $MgCl_2 \cdot 6H_2O$ 和26.55g/L NaCl高速搅拌20min，于室温下放置养护24h。

表4-3　采用不同配浆土180℃/16h老化后PAMS601聚合物所处理饱和盐水钻井液性能

配浆土	样品加量/%	*AV*/mPa·s	*PV*/mPa·s	*YP*/Pa	*FL*/mL
4%钠膨润土	0	5.0	4.0	1.0	228
	1.7	12.5	8.5	4.0	9.8
4%抗盐土	0	1.5	2.0	-0.5	全失
	1.7	10	10.0	0	8.0

表4-4　180℃/16h老化后不同聚合物在饱和盐水钻井液中的对比实验结果

配浆土类型	样品加量/%	*AV*/mPa·s	*PV*/mPa·s	*YP*/Pa	*FL*/mL
4%钠膨润土	基浆	5.0	4.0	1.0	228.0
	基浆+1.71%的PAMS601	12.5	8.5	4.0	9.8
	基浆+1.71%的A903	13.0	9.0	4.0	36.0
4%抗盐土	基浆	1.5	2.0	-0.5	全失
	基浆+1.71%的PAMS601	10.0	10.0	0.0	8.0
	基浆+1.71%的A903	15.0	12.0	3.0	48.0

此外，它还具有较好的综合效果和协同增效作用，在钻井液中加入少量的PAMS601，就能使钻井液体系中其他处理剂的作用效果明显提高，使体系的整体性能得到改善。在高温下PAMS601与SMP、SMC等具有明显的高温增效作用，有利于提高钻井液的抑制和防塌能力，控制高温高压滤失量，且钻井液性能稳定。采用PAMS601与SMC两者配合使用，可以使所处理钻井液经220℃、16h老化后保持较低的高温高压滤失量。

PAMS601可用于各种类型的水基钻井液体系。也适用于海洋和高温深井钻井作业。以其为主剂（絮凝、抑制、包被）形成的磺酸盐聚合物钻井液可用于盐膏层井段和深井、超深井钻井，以及地热井钻井。

2. 制备过程

将103.5份2－丙烯酰胺基－2－甲基丙磺酸和适量的水加入反应器中，在冷却条件下用氢氧化钠溶液中和至pH值为6～8，在搅拌下加入105份丙烯酰胺单体，使其溶解；将反应混合物升温至35℃后，通氮驱氧5～10min后，向反应体系中加入适量的过硫酸铵和无水亚硫酸氢钠（均溶于适量水中），于35℃±5℃下反应0.5h，得到凝胶状的产物；所得凝胶状产物，剪切后烘干、粉碎即为共聚物降滤失剂PAMS601。在合成中用DMAM代替AM，可以得到P（DMAM－AMPS）共聚物，即国外COP－2同类产品。

3. 影响产物钻井液性能的因素

对于钻井液用共聚物，用其所处理钻井液性能的好坏关系到研究的成败，而磺酸单体用量、烷基取代丙烯酰胺和聚合物相对分子质量等是影响聚合物钻井液性能的关键。

实验表明，在产品合成中随着AMPS用量的增加，所得聚合物的降滤失能力提高，这是因为AMPS是含磺酸基的单体，增加其用量有利于提高产物的耐温抗盐能力，但当AMPS用量过大时，降滤失能力反而降低。这是由于聚合物用作降滤失剂时，只有当分子中吸附基团和水化基团的比例适当时才能起到较好的降滤失作用，当AMPS的量过大时，吸附基团的量减少，吸附基团和水化基团的比例不在适当的范围，致使共聚物的降滤失能力降低，另一方面，在合成条件一定时，随着AMPS单体用量的增加，产物的相对分子质量降低，也会影响聚合物的降滤失效果。在实验条件下AMPS用量为20%（占总单体摩尔百分数）较好。

如表4－5所示，作为钻井液处理剂，共聚物必须具有适宜的相对分子质量才能起到较好的降滤失作用，当相对分子质量达到一定值时，再增加相对分子质量对聚合物的降滤失能力影响较小，而产物的增黏能力则随着产物的相对分子质量的增加而提高，根据这一规律可以通过改变合成条件而制得一系列不同相对分子质量和不同作用的产品。

表4－5 共聚物［η］对钻井液性能的影响（饱和盐水基浆＋0.5%的共聚物）

［η］/（dL/g）	AV/mPa·s	PV/mPa·s	YP/Pa	FL/mL
0.89	4.0	4.0	0	138.0
3.22	10.5	10.0	0.5	62.5

续表

[η] / (dL/g)	AV/mPa·s	PV/mPa·s	YP/Pa	FL/mL
6.91	16.0	14.0	2.0	26.0
8.08	31.5	29.5	2.0	10.5
10.10	41.5	18.2	3.0	10.0
12.27	57.5	48.0	9.5	10.5

实验表明，尽管 AMPS 与 AM 的二元共聚物抗温抗盐及抗钙镁离子的能力优于丙烯酸多元共聚物，但在温度超过 150℃以后，其抗钙镁等高价金属离子的能力仍然不足，在二元共聚物合成的基础上，引入水解稳定性好的烷基取代的丙烯酰胺（N，N－二甲基丙烯酰胺，DMAM）可以提高聚合物处理剂的抗钙能力。固定 AMPS 用量为20%（摩尔分数）、改变 AM 和 DMAM 单体的用量，用所得产物处理含钙盐水钻井液（基浆＋2%的共聚物，含钙盐水基浆：在 1000mL 水中加入 100g $CaCl_2$、100g NaCl 和 40g 符合 SY/T 5603—1993 标准抗盐土，高速搅拌 20min，于室温下放置养护 24h，即得含钙盐水基浆），并分别在150℃和180℃下滚动老化16h 后测定滤失量，耐水解单体 DMAM 的用量对共聚物降滤失能力的影响结果见图 4－25。

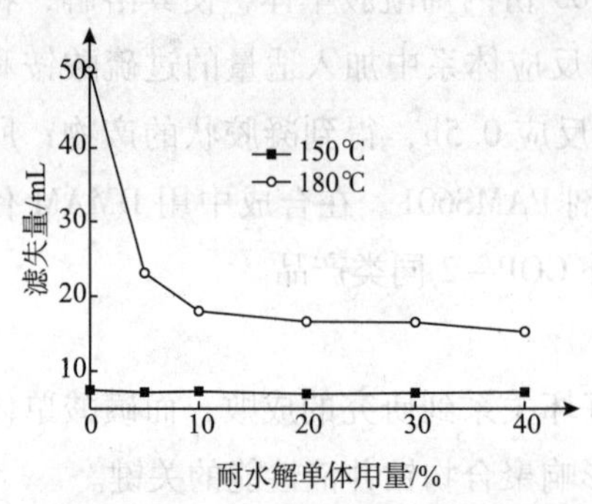

图 4－25　耐水解单体用量为对共聚物降滤失能力的影响

从图 4－25 可以看出，在 150℃下老化时，二元共聚物（DMAM 单体用量为 0）即可较好地控制钻井液的滤失量，而当在 180℃下老化时，随着 DMAM 单体用量的增加所得共聚物的降滤失能力明显提高，这是因为温度过高时—$CONH_2$水解为—COO^-的速度加快，在大量的钙离子存在下，共聚物中的—COO^-将与钙离子结合产生沉淀而失效。当用 DMAM 单体来代替部分 AM 后，且耐水解单体的用量适宜时，就不会出现上述现象，这是由于分子链上烷基取代酰胺基的水解稳定性高于酰胺基，故产物在高温下的降滤失能力明显提高。

（二）P（AM－AMPS－DMDAAC）两性离子共聚物

由二甲基二烯丙基氯化铵（DEDAAC）与丙烯酰胺（AM）、2－丙烯酰胺基－2－甲基丙磺酸（AMPS）共聚得到的含磺酸基的 P（AM－AMPS－DMDAAC）两性离子型聚合物，属于 PAMS 系列处理剂之一，可溶于水，水溶液呈黏稠透明液体。用作钻井液处理剂，具有较好的降滤失、抗温抗盐和抗钙镁污染的能力和较好的防塌效果，能有效地控制地层造浆、抑制黏土和钻屑分散，同时还具有絮凝和包被作用。与阴离子型处理剂和阳离子型处理剂均有良好的配伍性，可用于各种类型的水基钻井液体系[13]。其制备过程如下。

将 102 份 2－丙烯酰胺基－2－甲基丙磺酸和适量的水加入反应釜中，在冷却条件下用 32 份的氢氧化钾（溶于适量的水中）中和，然后加入 91 份丙烯酰胺待其溶解后加入 32.4

份质量分数60%的二甲基二烯丙基氯化铵；待搅拌均匀后，向反应混合物中通氮10min，加入0.2份引发剂，搅拌均匀后，继续通氮5min，然后将反应混合液转移至反应器中，密封后将反应器置于45℃的水浴中，在45℃反应10h，得凝胶状产物。将得凝胶状产物取出剪切造粒或在捏合机捏合造粒，于80~100℃下烘干、粉碎即为P（AM-AMPS-DMDAAC）共聚物处理剂。

作为钻井液处理剂，产品性能对合成条件具有强烈的依赖性，以产物在复合盐水基浆中的降滤失能力作为考察依据［在10%的安丘产膨润土（符合SY/T 5060—1993标准）基浆中加入5g/L $CaCl_2$、13g/L $MgCl_2 \cdot 6H_2O$和45g/L NaCl高速搅拌20min，于室温下放置养护24h，即得复合盐水基浆，样品加量0.5%（室温）和1%（180℃下滚动16h）］，合成条件对合成反应及共聚物钻井液性能的影响结果见表4-6~表4-10。

如表4-6所示，当m（AM）∶m（AMPS）∶m（DMDAAC）=70∶20∶10，单体质量分数为40%，反应时间为0.5~1h、引发剂用量（以过硫酸铵计、占单体质量百分数，过硫酸铵∶亚硫酸氢钠=1∶1、质量比为0.07%时，随着反应温度的升高，单体转化率以及所得产物的降滤失和提黏能力均提高，而当反应温度超过50℃以后，单体转化率稍有提高，但产物的相对分子质量（相对分子质量与［η］值成正比）、降滤失和提黏能力反而降低。在实验条件下，反应温度在45~50℃时较好。

表4-6 反应温度对单体转化率、［η］和用所得产物处理钻井液性能的影响

反应温度/℃	转化率/%	［η］/（mL/g）	表观黏度/mPa·s	滤失量/mL
35	77.5	690	6.0	16.0
40	86.0	710	8.0	11.0
45	92.2	740	8.5	7.5
50	93.5	790	10.0	6.2
55	94.1	697	7.0	10.0

表4-7表明，当原料配比和反应条件一定时，提高反应体系中单体含量有利于提高产物的相对分子质量，改善产物的降滤失和提黏能力，但当单体含量大于40%以后，产物的［η］、降滤失和提黏能力反而降低，且易出现爆聚现象。在实验条件下，单体含量选择在35%~40%。

表4-7 单体含量对产物［η］和用所得产物处理钻井液性能的影响

单体含量/%	［η］/（mL/g）	表观黏度/mPa·s	滤失量/mL	单体含量/%	［η］/（mL/g）	表观黏度/mPa·s	滤失量/mL
20	670	7.0	7.5	40	831	13.0	6.0
25	700	8.0	6.8	45	770	9.0	6.7
30	740	8.5	6.4	50	680	7.5	7.0
35	790	11.0	6.2				

如表4-8所示，引发剂用量对用所得产物处理钻井液的黏度影响较大，对钻井液的滤失量影响较小，随着引发剂用量的增加，产物的提黏能力明显降低，而产物的降滤失能力则随着引发剂用量的增加，开始略有改善，当继续增加引发剂用量时，降滤失能力反而略有降低。在实验条件下，引发剂用量在0.1%时较好。

表4-8　引发剂用量对用所得产物处理钻井液性能的影响（室温）

引发剂用量/%	表观黏度/mPa·s	滤失量/mL	引发剂用量/%	表观黏度/mPa·s	滤失量/mL
0.07	13.5	7.0	0.14	11.0	8.0
0.10	10.0	6.2	0.21	7.0	8.6

当反应条件一定，单体总量不变，DMDAAC用量为10%，AMPS用量（质量分数）改变时，所得产物在室温下的降滤失能力相差较小，而在180℃下滚动16h后，产物的降滤失能力则随着AMPS用量增加而明显提高，说明引入AMPS有利于提高产物的耐温抗盐能力，考虑到产品的成本，AMPS用量选用25%（表4-9）。

表4-9　AMPS用量对产物降滤失能力影响

AMPS用量/%	室温		180℃/16h	
	表观黏度/mPa·s	滤失量/mL	表观黏度/mPa·s	滤失量/mL
14	11.0	7.8	5.5	78
25	11.0	7.8	5.0	39
35	11.5	6.0	4.0	28

如表4-10所示，当反应条件一定，AMPS用量为25%时，适当引入DMDAAC单体有利于改善产物的降滤失能力，但当DMDAAC单体用量过大时，由于产物的絮凝作用，降滤失能力下降，而对于产物的防塌能力而言，随着DMDAAC单体用量的增加，所得产物的防塌能力提高，即引入DMDAAC后所得的三元共聚物，其岩心回收率明显大于二元共聚物（DMDAAC为0时），当引入7%的DMDAAC时，所得产物的岩心回收率比二元共聚物明显提高，为了兼顾产物的降滤失能力和防塌效果，在实验条件下，DMDAAC单体用量10%较好，即产物既具有较好的降滤失能力，又具有较好的防塌效果。

表4-10　DMDAAC单体用量对产物钻井液性能的影响（室温）

DMDAAC用量/%	表观黏度/mPa·s	滤失量/mL	回收率/%
0	12	7.4	35.7
7.0	12	7.0	77.6
10.0	14.5	6.0	83.6
18.0	9	14	87.7

注：实验条件：回收率（在0.3%的聚合物溶液中的回收率）120℃/16h，岩屑为明9-5井2695m岩屑（2~3.8mm），用0.59mm筛回收。

（三）P（AM－AMPS－DAC）两性离子反相乳液共聚物

以AM、AMPS和丙烯酰氧乙基三甲基氯化铵（DAC）为原料，用反相乳液聚合方法可以制备钻井液用两性离子P（AM－AMPS－DAC）共聚物反相乳液[14]。其合成方法如下。

将Span－60加入白油中，升温60℃，搅拌至溶解，得油相。将NaOH溶于水，配成氢氧化钠水溶液，冷却至室温，搅拌下慢慢加入2－丙烯酰胺－2－甲基丙磺酸，将温度降至40℃以下，加入配方量的丙烯酰胺和丙烯酰氧乙基三甲基氯化铵，搅拌使其完全溶解。加入Tween－80，搅拌至溶解均匀得水相。

将水相加入油相，用均质机搅拌10～15min，得到乳化反应混合液，并用质量分数为20%的氢氧化钠溶液调pH值至8～9。向乳化反应混合液中通氮10min，加入引发剂过硫酸铵和亚硫酸氢钠，搅拌5min，继续通氮5min，在45℃下保温聚合5～8h，然后升温至70℃，在70℃下保温0.5～1h，降至室温加入适量的OP－15，即得到两性离子P（AA－AMPS－DAC）反相乳液聚合物样品。

取4g两性离子P（AA－AMPS－DAC）反相乳液样品，加入396mL水中，配制聚合物胶液，用六速旋转黏度计测定表观黏度。将两性离子P（AA－AMPS－DAC）反相乳液聚合物产品用一定量的乙醇溶液沉淀，然后用丙酮洗涤2次以上，烘干、称量，计算反相乳液聚合物的固含量。

评价表明，两性离子P（AA－AMPS－DAC）反相乳液聚合物热稳定性好，在淡水、盐水、饱和盐水和复合盐水钻井液中均具有较强的降滤失作用，抗温抗盐及抗高价金属离子的能力强，在加量较低的情况下即可以有效地控制钻井液的滤失量，提高钻井液的黏度和切力。两性离子P（AA－AMPS－DAC）反相乳液聚合物具有较强的防塌能力、润滑能力，同时具有较好的冷冻稳定性，可以适用于寒冷地区。

为保证反相乳液聚合顺利进行，以及乳液的稳定性和乳液聚合物的性能，针对需要研究了合成条件对反相乳液聚合及产物性能的影响。通过聚合物水溶液（简称胶液）表观黏度反映聚合物的相对分子质量大小，通过反相乳液聚合物所处理复合盐水基浆（在350mL蒸馏水中加入15.75g氯化钠，1.75g无水氯化钙，4.6g氯化镁，52.5g钙膨润土和3.15g无水碳酸钠，高速搅拌20min，室温放置老化24h，得复合盐水基浆）的性能考察其增黏切和降滤失能力（反相乳液聚合物样品加量1.5%，120℃老化16h后测定）。不同因素对所得产物钻井液性能的影响情况见图4－26～图4－28。

采用Span－60和Tween－80复配作为反相乳液聚合的乳化剂，通过改变其质量比配制具有不同HLB值的复合乳化剂。如图4－26（a）所示，复合乳化剂的HLB值对产物胶液表观黏度及所处理钻井液的*YP*、滤失量影响较大，而对钻井液的*AV*、*PV*影响较小。随着HLB值的增加，胶液表观黏度先大幅度增加，再大幅度降低（表明产物相对分子质量增加后又降低），钻井液的滤失量随着HLB值的增加而大幅度降低，当HLB值达到6.9时，降低趋缓，实验发现当HLB值为6.7或7.3时，反应过程中容易产生凝胶，甚至出现破乳现象，HLB 值为 6.9 时所得产物的乳液储存稳定性差，实验表明，当复合乳化剂 HLB 值在 7.1 时，既可保证产品具有较好的降滤失能力，又能确保反应顺利进行及乳液稳定。

如图 4-26（b）所示，随着乳化剂用量的增加，胶液表观黏度、所处理钻井液的 *AV*、*YP* 逐渐降低，所处理钻井液的 *PV* 先增加，后又降低，但变化幅度不大，钻井液的滤失量则随着乳化剂用量的增加，先慢慢增加，当用量超过 7% 以后，则大幅度增加。可见适当减少乳化剂用量有利于提高产物的降滤失能力，但当乳化剂用量过低时，所得乳液稳定性差，且聚合过程中易产生大量的凝胶，兼顾产物的应用效果及乳液稳定性，在实验条件下选择乳化剂用量在 5% ~6% 之间。

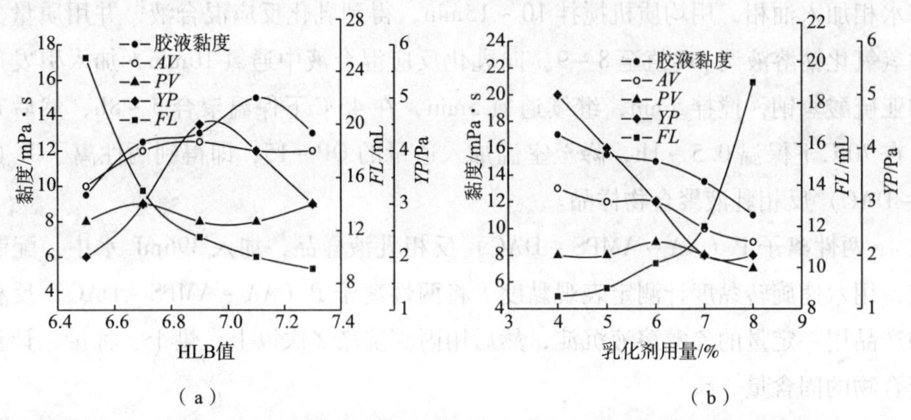

图 4-26　复合 HLB 值、乳化剂用量对产物性能的影响

（a）油水体积比为 1，单体 *n*（AM）∶*n*（AMPS）∶*n*（DAC）=0.55∶0.40∶0.05，单体质量分数为 30%，复合乳化剂质量分数为 6%，引发剂（以过硫酸铵计，过硫酸铵与亚硫酸氢钠质量比为 1∶1，下同）占单体质量的 0.25%；（b）油水体积比为 1，单体 *n*（AM）∶*n*（AMPS）∶*n*（DMC）=0.55∶0.40∶0.05，单体质量分数为 30%，复合乳化剂 HLB 值为 7.1，引发剂占单体质量的 0.25%

如图 4-27 所示，当 *n*（AM）∶*n*（AMPS）∶*n*（DMC）=0.55∶0.40∶0.05，单体质量分数为 30%，复合乳化剂质量分数为 5.5%，引发剂占单体质量的 0.25%，复合乳化剂 HLB 值为 7.1 时，随着油水比的增加，产物胶液表观黏度及所处理钻井液的 *AV*、*PV* 及 *YP* 先增加后降低，所处理钻井液的滤失量随着油水比的增加，先降低后增加，同时增加油水体积比可以保证聚合过程中不产生凝胶现象，且乳液稳定性好。在实验条件下，从产物的降滤失效果考虑，选择油水体积比为 1。

图 4-28 表明，当油水体积比为 1，*n*（AM）∶*n*（AMPS）∶*n*（DMC）=0.55∶0.40∶0.05，单体质量分数为 30%，复合乳化剂质量分数为 5.5%，复合乳化剂 HLB 值为 7.1 时，产物胶液表观黏度及所处理钻井液的 *AV*、*PV* 及 *YP* 均随着引发剂用量的增加先增加后降低，所处理钻井液的滤失量则随着引发剂用量的增加大幅度降低，当引发剂用量超过 0.2% 后又略有增加，实验发现，当引发剂用量过大时，易出现爆聚现象。从有利于反应顺利进行及降滤失能力的角度来考虑，选择引发剂用量为 0.2%。

合成两性离子反相乳液聚合物的目的是希望其在具有降滤失能力的同时，还要有一定的抑制能力，为此考察了原料配比对产物性能的影响，其中抑制能力用 1% 反相乳液聚合物配成胶液中的页岩滚动回收率为依据（所用岩屑为马12井井深2700m处的岩屑，岩屑粒径1.70~3.35mm，采用孔径0.38mm标准筛回收，滚动条件为120℃/16h，清水中回收率为19.1%）。

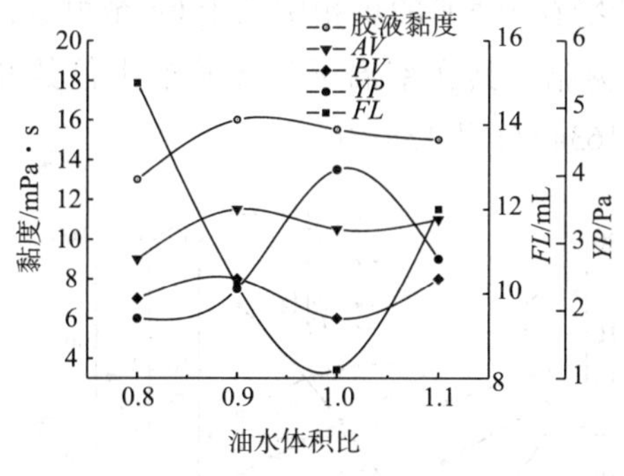

图4-27 油水体积比对产物性能的影响

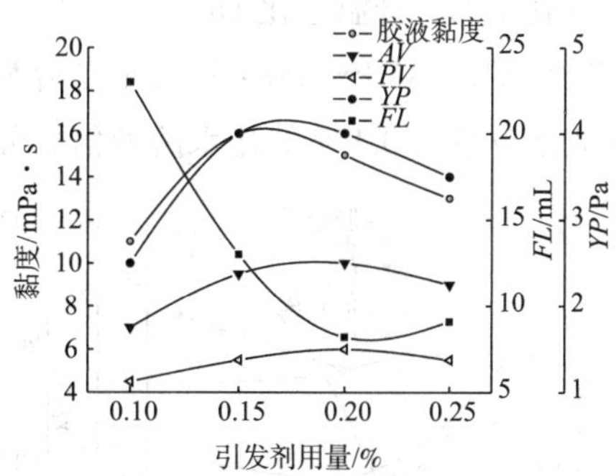

图4-28 引发剂用量对产物性能的影响

如图4-29所示，当固定油水体积比为1，单体质量分数为30%，复合乳化剂质量分数为5.5%，复合乳化剂HLB值为7.1，引发剂用量为0.2%，单体AMPS为0.4mol，AM+DAC为0.6mol，仅改变AM和DAC的比例时，随着阳离子单体DMC用量的增加，产物胶液黏度以及所处理钻井液的*AV*、*PV*、*YP*均略有降低（影响相对较小），滤失量则逐渐增加，当DAC用量超过0.075mol后，滤失量大幅度增加，这是由于DAC用量大时，聚合物分子中阳离子基团量过大，其强吸附作用使体系产生絮凝，聚合物护胶作用减弱，页岩滚动回收率则随着DAC用量的增加而逐渐升高，这是因为当聚合物分子中阳离子基团增加时，吸附能力提高，有利于提高产物的防塌能力，综合考虑降滤失和抑制性，选择DAC用量为0.06~0.075mol。

如图4-30所示，当油水体积比为1，单体质量分数为30%，复合乳化剂质量分数为5.5%，引发剂占单体质量的0.25%时，复合乳化剂HLB值为7.1，引发剂用量为0.2%，单体DAC为0.075，AM+AMPS为0.925mol，改变AM和AMPS的比例时，AMPS用量对所处理钻井液的*AV*、*PV*、*YP*的影响相对较小，对胶液黏度、滤失量和抑制性影响较大。随着AMPS用量的增加，聚合物胶液黏度、页岩滚动回收率逐渐降低，这是由于AMPS量多时，聚合物相对分子质量降低，同时分子中的吸附基减少，防塌能力降低，而滤失量降低后又增加，这是因为当AMPS量增加时，水化基团（磺酸基）增加，有利于提高产物在钙镁存在下的降滤失能力，但当其用量超过一定值后，由于吸附基团和水化基团的比例失调，降滤失能力反而降低。从降滤失能力和抑制性量方面考虑，AMPS用量为0.35mol较佳。

（四）AMPS聚合物吸水凝胶

以丙烯酸、丙烯酰胺和含磺酸单体与黏土为原料，通过水溶性聚合可以制备复合吸水材料，其制备过程如下[15]。

按照AM质量分数20%，N，N′-亚甲基双丙烯酰胺用量0.08%，过硫酸铵用量

0.6%，反应温度40℃，将7.10g AM和4g AMPS加入到装有电动搅拌器、冷凝管、温度计和氮气导管的四口瓶中，加水搅拌，待完全溶解后，加入高岭土和交联剂N，N′-亚甲基双丙烯酰胺。通氮驱氧后加入引发剂过硫酸铵，升至设定的温度，恒温反应3h，加入1.2g氢氧化钠，升温皂化1h，反应结束后，将产物在105℃的烘箱中烘干6h至恒重，粉碎，得到AM-AMPS/高岭土三元复合型高吸水树脂。其在室温下的吸蒸馏水倍数和吸NaCl质量分数为0.9%的盐水溶液倍数分别达到1634g/g及138g/g。

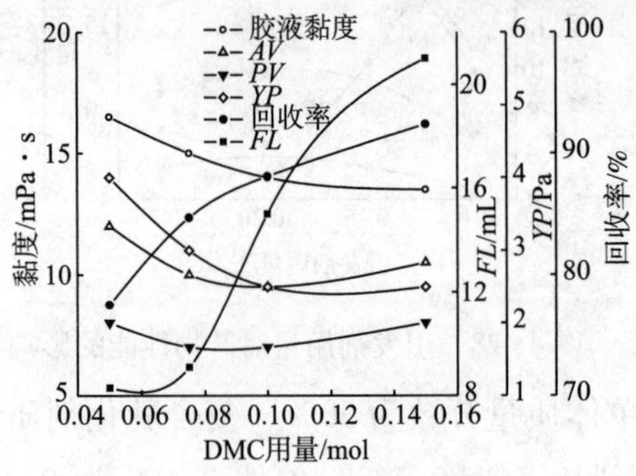

图4-29　DMC用量对性能的影响

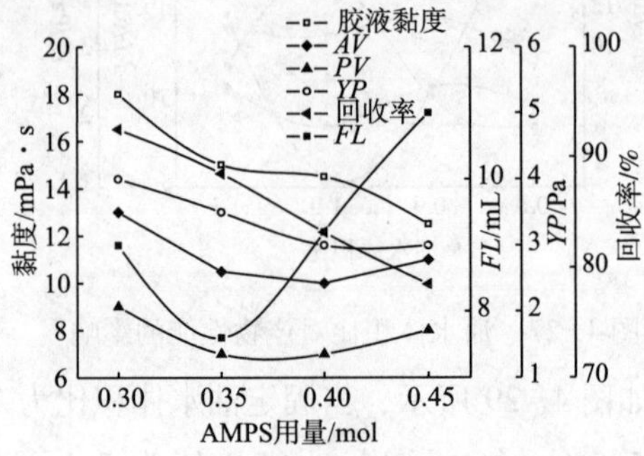

图4-30　AMPS用量对性能的影响

采用AMPS、AM单体与混合土为原料，也可以制备AM-AMPS聚合物/无机材料复合凝胶。在m（混合土）∶m（混合土+单体）=50%，引发剂占单体质量的0.35%，交联剂用量占单体质量的1.15%，反应混合物质量分数30%，反应温度为40℃，反应时间为6h时，首先考察了AMPS用量对产物性能的影响（图4-31）。从图中可以看出，随着AMPS用量的增加，产物吸水率增加，产物的稳定性提高。但当AMPS量过高时，由于吸水倍数过高，凝胶黏弹性低，综合考虑，m（AM）∶m（AMPS）=2~3较好。

按照m（AM）∶m（AMPS）=2∶1合成AM-AMPS聚合物/无机材料复合凝胶样品，将样品在140℃温度下老化不同时间，损失率与老化时间的关系见图4-32。从图4-32可以看出，在120℃老化120h，几乎没有损失，在140℃老化时，随着时间的延长，损失率增加，即使120h损失率仍然较低，而在160℃下老化时，随着时间的延长损失率迅速增加，当超过48h再继续老化时，产物完全溶解。说明AM-AMPS聚合物/无机材料复合凝胶在140℃以下具有较好的稳定性。

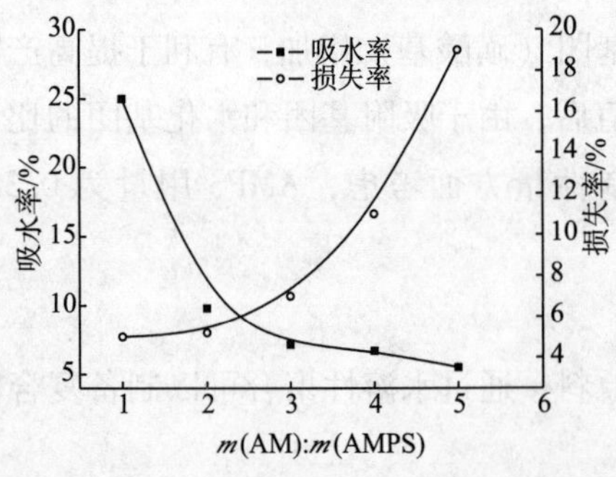

图4-31　m（AM）∶m（AMPS）对产物性能的影响

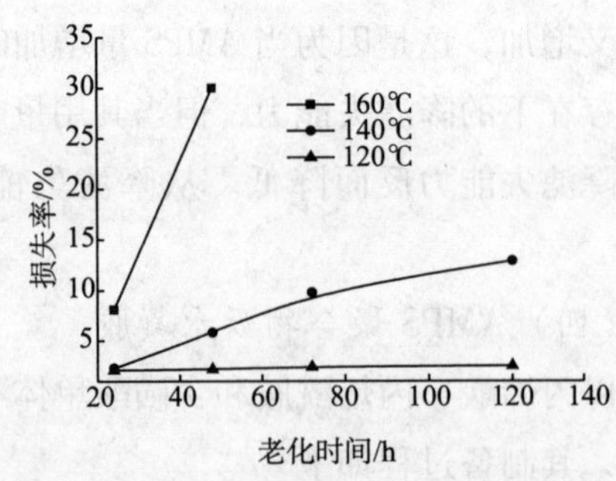

图4-32　老化时间对产物稳定性的影响

通过采用水解稳定性的单体代替部分 AM 制备交联聚合物-混合土吸水材料，可以有效地提高产物的热稳定性，图 4-33 是采用不同的单体所制备吸水材料的热稳定性情况（160℃下老化）。从图 4-34 可以看出，采用不同的水解稳定性单体代替部分 AM 后，材料的热稳定性明显提高，当全部代替 AM 后，效果更优。但由于所采用的这些单体的成本较高，寻找低成本水解稳定性单体对于制备抗高温交联聚合物凝胶堵漏材料很重要。

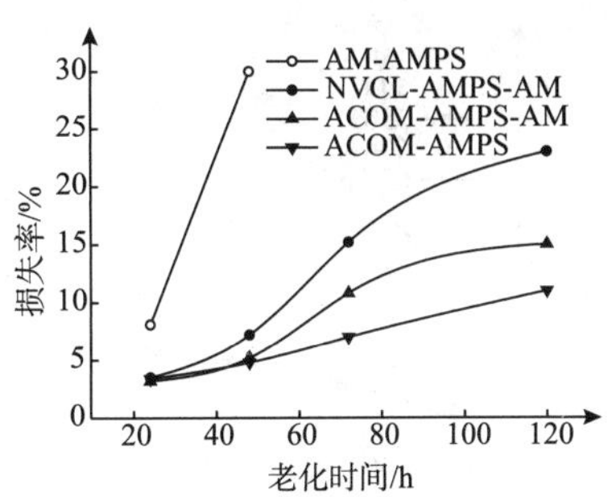

图 4-33 老化时间对不同组成产物稳定性的影响

采用 AM 与含磺酸基单体（SJ）、阳离子表面活性剂单体二甲基-丙烯酸乙酯-十六烷基溴化铵（DMl6）为原料，采用水溶性偶氮引发剂 V-50，制备了一种新型堵漏凝胶 DNG[16]。通过实验得到凝胶合成的最佳条件与配方，即反应温度为40℃，引发剂用量为0.10%，单体质量分数为25%，单体配比 DMl6∶SJ∶AM =5.29∶12.64∶82.07，反应时间为4h。在最佳实验条件下合成的 DNG 能够在 17.5% 的氯化钠和4%的氯化钙溶液中有很好的膨胀能力和韧性；在 140℃的钻井液中老化 8d 仍具有较高的吸水倍数和韧性；在不同砂床中都具有良好的堵漏能力，当加量大于10%时，砂粒大小对堵漏效果影响不大，表明 DNG 具有很强的现场适应性，能够满足对不同漏失孔道的封堵，DNG 在模拟裂缝漏层中仍具有良好的堵漏能力。

除采用水溶液聚合方法制备吸水材料外，还可以采用反相悬浮聚合的方法制备 AM-AMPS 聚合物/无机材料复合凝胶。参考前面的研究结果设计原料配方，采用反相悬浮聚合制备吸水材料时，合成方法如下。

（1）反应混合液配制：按照配方，m（混合土）∶m（混合土+单体）=50%，引发剂占单体质量的0.45%，交联剂用量占单体质量的1.25%，首先配制氢氧化钠溶液，然后搅拌下均匀加入膨润土，高速搅拌至浆状，然后在搅拌下慢慢加入 AMPS，加完后继续搅拌 5min，加入丙烯酰胺等单体，溶解后加入交联剂、引发剂，再用氢氧化钠水溶液调节 pH 值，并通过加入水调整反应混合液固含量，使原料质量分数为30%～35%；

（2）反相悬浮聚合：将溶剂（白油、煤油或环己烷等）加入表面活性剂（Span-80 或 HLB 值相近的其他乳化剂）后加入反应瓶，并通氮，加热至反应温度，在搅拌下滴入反应混合液，进行聚合反应，待滴加完后，继续保温反应0.5～1h，然后共沸或减压脱水，脱水后再反应1～2h，分离合成的产物，干燥即得到颗粒状交联聚合物吸水材料。也可以不脱水，待反应完成后分离出凝胶，以水凝胶的形式直接使用，特别适用于油基钻井液。

实验发现，在反应条件一定时，反应温度对产物高温稳定性的影响很大。图 4-34 是反应温度对产物高温稳定性的影响情况（140℃下老化），从图中可以看出，随着反应温度的提高，所得产物的热稳定性提高。因此，提高反应温度有利于保证产物的质量，但当反应温度过高时，容易发生爆聚，使产物颗粒不规则，且会发生黏连，使聚合反应失败。在

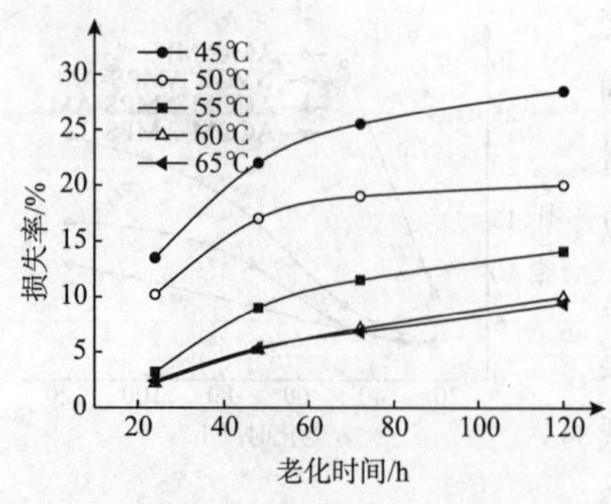

图4-34　老化时间对不同温度下合成产物稳定性的影响

低温下反应得到的产物，随着老化时间的增加，损失率快速增加，当达到一定时间后变化逐渐变小，这是因为在低温下反应不完全，且产物不能形成均匀的交联结构，没交联部分在高温下会逐渐溶于水中，使损失率增加，当交联部分溶解差不多时，交联聚合物的损失率与高温下反应产物趋于一致。从图中还看出，在60℃和65℃反应得到的产物热稳定性差别不大，故选择反应温度在60～65℃。

（五）其他共聚物

除如前所述的聚合物外，还有一些产品性能与P（AM－AMPS）聚合物（PAMS601）性能相近的，AMPS与不同单体的多元共聚物[17,18]。如P（AMPS－AM－AN）三元共聚物[19]、P（AA－AM－AMPS－DEDAAC）共聚物[20]、P（AMPS－IPAM－AM）共聚物[21]、P（AMPS－AM－DMAM）共聚物、P（AMPS－AM－DEAM）共聚物、P（AMPS－AM－NVP）共聚物、P（AMPS－AA－AN－NVP）共聚物、P（AMPS－AM－VMAA）共聚物、P（AMPS－VMAA）共聚物、P（AMPS－AA－NVAM共聚物、P（AM－AMPS－AA－HMOPTA）共聚物、P（AM－AMPS－MPTMA）共聚物、P（AA－AM－AMPS－APTMA）共聚物、P（AA－AM－AMPS－MPTMA）共聚物、P（AM－AMPS－DEDAAC）共聚物和P（AM－AMPS－MAA－DMDAAC）共聚物等。

对于上述这些共聚物，由于分子链中引入了丙烯腈、取代丙烯酰基、乙烯基吡咯烷酮、乙烯基乙酰胺等结构单元，提高了其高温稳定性，在含钙的钻井液中不产生沉淀，抗钙能力优于PAMS601。作为钻井液处理剂可以用于不同类型的钻井液。低相对分子质量的产品可以用于固井水泥浆降失水剂。

二、固井用AMPS聚合物

实践表明，传统的油井水泥外加剂实际应用时往往出现耐温、耐盐和抗剪切性能较差的状况，为改善其性能，近年来，人们用含—SO_3^-的AMPS代替含－COO^-的AA单体，制备分子中含有磺酸基的共聚物产品，以提高其应用性能。现场应用表明，AMPS聚合物作为油井水泥降失水剂等，具有一些传统的合成聚合物和天然材料无法比拟的特点，从而受到研究人员的重视。

（一）AMPS共聚物降失水剂

在AMPS共聚物降失水剂中，研究较多的是AMPS与AM的共聚物，相对分子质量在10×10^4～2×10^4的2－丙烯酰胺基－2－甲基丙磺酸和丙烯酰胺二元共聚物是一种阴离子型共聚物，易吸潮，可溶于水。作为油井水泥降失水剂，它不仅具有AM－AA共聚物的优点，由于引入了磺酸基团（—SO_3^-），使产品具有较强的耐盐性能，适用于各种型号的油井水泥，与常用的水泥外加剂配伍性好，是深井或超深井固井施工中的理想的油井水泥降失水剂，温度高时会产生缓凝作用。本品可以干粉形式与水泥预混，也可以加入配浆水中使用，其用量为0.5%～1%。

制备过程：将水和14.9份氢氧化钠加入反应釜中，然后慢慢加入77份AMPS，待AMPS加完后加入150份AM，搅拌使其溶解；待AM溶解后，将体系的温度升至40～50℃，然后加入4～5份引发剂，在此温度下反应2～5h；将所得产物经烘干、粉碎即得共聚物产品。产品为白色粉末，有效成分≥90%，2%水溶液表观黏度≤10mPa·s，水分≤7%，水不溶物≤2%。

在AMPS与AM共聚物油井水泥降失水剂合成中，引入少量的NVP可以使其降失水能力得到提高[22]：将AMPS与AM以1∶1（质量比）溶于蒸馏水，加入反应瓶中，用氢氧化钠溶液调至中性，加入NVP，并控制体系中单体质量分数为20%，其中NVP质量分数为3%，通氮除氧。分别加入0.08%的引发剂过硫酸铵及亚硫酸氢钠，搅拌下升温40℃，保温反应4～6h，得到凝胶状产物后剪切造粒，用丙酮反复洗涤。烘干、粉碎得到降失水剂样品。

按照优化条件合成降失水剂样品，当加入水泥浆中时，随着降失水剂用量的增加水泥浆的失水量迅速降低，当降失水剂质量分数达到1.8%时，可以将水泥浆的失水量控制在80mL以下。

还有人以2－丙烯酰胺基－2－甲基丙磺酸与丙烯酰胺共聚合成的油井水泥降滤失剂FF－1，在40～100℃范围内均能将水泥浆的失水量控制在30mL以下，且在饱和盐水水泥浆中同样具有良好的效果[23]。以AMPS、AA、AM共聚得到的三元共聚物降失水剂G310，适用温度范围宽，抗盐性能可达饱和盐水，降失水效果明显，稠化时间可调且性能稳定。加有G310的水泥浆其失水量随着温度的升高或盐水浓度的增大而有所增大，但在40～175℃的温度范围内，在盐水达饱和时，仍可将失水量控制在100mL以内，但在低温下该产品有较强的缓凝作用，为了保证施工安全，需加入促凝剂配伍使用[24]。

此外，还有如下一些聚合物水泥降失水剂。

1. P（AMPS－DMAM）共聚物降失水剂

P（AMPS－DMAM）共聚物是由2－丙烯酰胺基－2－甲基丙磺酸和N，N－二甲基丙烯酰胺共聚得到，是一种阴离子型共聚物，易吸潮，可溶于水，用作油井水泥降失水剂，它不仅适用于淡水水泥浆，而且适用于盐水水泥浆，与常用的水泥外加剂配伍性好，适用于较宽的温度范围（90～200℃），不影响水泥石的强度。本品可以干粉形式与水泥预混，也可以加入配浆水中使用，其用量为0.6%～1%。

制备过程：将水和氢氧化钠加入反应釜中，然后慢慢加入AMPS，待AMPS加完后加入DMAM，搅拌使其溶解；将体系的温度升至40～50℃，然后加入引发剂，在此温度下反应2～5h；将所得产物经烘干、粉碎即得共聚物产品。2%水溶液表观黏度≤10mPa·s。

2. P（AMPS－St）共聚物降失水剂

P（AMPS－St）共聚物是由2－丙烯酰胺基－2－甲基丙磺酸和苯乙烯共聚得到的阴离

子型共聚物，易吸潮，可溶于水，作为油井水泥降失水剂，适用于淡水、盐水水泥浆，与常用的水泥外加剂配伍性好，适用于较宽的温度范围，通常和其他外加剂配合使用。本品可以干粉形式与水泥预混，也可以加入配浆水中使用，其用量为0.2%～2%。

制备过程：将水和氢氧化钠加入反应釜中，然后慢慢加入AMPS，待AMPS加完后，按n（AMPS）：n（苯乙烯）＝（0.7～0.55）：（0.3～0.45）的比例加入苯乙烯和适量的表面活性剂，在搅拌下升温至65～70℃，然后加入引发剂，在此温度下反应5～7h；将所得产物经烘干、粉碎即得共聚物产品。相对分子质量为15×10^4～20×10^4。

（二）P（IA－AMPS）共聚物缓凝剂

为解决深井及超深井固井难题，克服一般油井水泥缓凝剂（如铁铬盐、酒石酸、CM-HEC、木质素磺酸盐等）存在的过缓凝或过敏感、不抗高温的缺陷，采用衣康酸和AMPS共聚，制备了P（IA－AMPS）共聚物油井水泥抗高温缓凝剂[25,26]。实验表明，该剂具有很好的高温缓凝作用，并对水泥浆具有良好的分散减阻作用，与大多数分散剂、降失水剂有良好的相容性，配制的水泥浆具有高温直角稠化的特点，且加量少，抗温能力强。现场应用证明，P（IA－AMPS）共聚物油井水泥抗高温缓凝剂能够满足高温固井的需要，并适合在严寒的条件下施工，具有一定的推广应用价值。

使用时可将本品加入配浆水中，也可与水泥干混后使用，用量为0.1%～0.6%，能显著延长水泥浆的稠化时间。P（IA－AMPS）共聚物缓凝剂的制备过程如下。

在装有搅拌器、冷凝器、恒压滴液漏斗和温度计的250mL四口烧瓶中加入适量的衣康酸和去离子水，滴加硫酸，调节pH值达到2左右。升温至60℃，搅拌溶解，并通氮气除氧。20min后，加入适量的AMPS单体，同时向反应混合液中滴加一定浓度的引发剂，在60℃下反应2h，自然冷却到室温，得到P（IA－AMPS）共聚物。

用自来水配浆，水灰比0.44，将合成的P（IA－AMPS）共聚物（以液体量计）加入配浆水中，所有配方中均加入少量的消泡剂BX－1，水泥浆性能测试按照API规范10A《油井水泥规范》进行，缓凝剂评价按照石油天然气行业标准SY/T 5504.1—2005进行。结合水泥浆性能测试，考察了影响P（IA－AMPS）产品性能的因素。

在共聚合反应中，采用不同单体的共聚，所得产物对油井水泥的缓凝效果不同。如AA、MAA、IA、MAH等由于羧基数量的差异或官能团的不同，合成出的产物性能也存在差异。如表4－11所示，IA、AMPS单体所合成的缓凝剂有较好的缓凝效果。通常，铝酸三钙（C_3A）是水化反应最快的组分，而硅酸三钙是水泥早期强度发育的提供者。P（IA－AMPS）共聚物优先吸附于铝酸三钙阻碍了水分子的攻击，减缓其水化速度，而对硅酸三钙（C_3S）则表现出较弱的吸附性能，从而保证了水泥发育强度。与P（AA－AMPS）相比，衣康酸分子有两个羧基且彼此相邻，而丙烯酸在大分子链上的羧基相距较远，所以衣康酸能更好地吸附在水泥粒子表面阻碍水泥水化，表现出更强的缓凝作用。同时，由于AMPS分子中磺酸盐基团的保护作用，使得P（IA－AMPS）共聚物在高温和盐碱环境更稳定。

如表4－12所示，当n（IA）：n（AMPS）为27∶73时，共聚物对水泥的缓凝效果最明显，稠化时间达到158min。n（IA）∶n（AMPS）比值高于或低于27∶73，产物的缓凝性能都降低，说明IA与AMPS之间存在最佳比例。这是因为当衣康酸比例过高时，共聚物热稳定性和抗盐碱性能变差，而AMPS比例过高时，共聚物中磺酸盐比例增大，起缓凝作用的羧酸基团在共聚物中的比例降低，同时由于C3A水化产物较之C3S水化产物有更强的吸附力，故使大量的磺酸根离子优先吸附于C3A水化表面上，进而阻碍了缓凝剂分子到达C3S水化产物表面，从而影响了产物缓凝性能。单体配比以n（IA）∶n（AMPS）＝27∶73稠化时间最长，显然以n（IA）∶n（AMPS）＝27∶73为最佳。

表4－11 不同单体对共聚物性能的影响

缓凝剂质量分数/%	稠化时间/min			
	AA/AMPS	MAA/AMPS	MAH/AMPS	IA/AMPS
0.5	125	96	82	168
1.0	190	172	138	335

注：评价条件：G级水泥，水灰比为0.44，温度为95℃。

表4－12 单体配比与稠化性能的关系

n（IA）∶n（AMPS）	稠化时间/min	流动度/cm	n（IA）∶n（AMPS）	稠化时间/min	流动度/cm
20∶80	127	25	40∶60	140	24
27∶73	158	25	55∶45	98	22

注：评价条件：G级水泥，水灰比为0.44，温度为95℃。

实验表明，当n（IA）∶n（AMPS）＝27∶73，温度为60℃，反应时间为4h，采用双氧水－硫酸亚铁铵氧化还原引发体系，在双氧水与硫酸亚铁铵物质的量比为3.43∶1时，随着引发剂用量的增加含所得产物水泥浆的稠化时间先延长后缩短，即当引发剂用量过少或过大时，其缓凝效果均降低。实验发现，当引发剂用量为单体质量的1.5%时所得产物缓凝效果最好。当n（IA）∶n（AMPS）＝27∶73，引发剂用量为1.5%，反应时间为4h时，随着反应温度的升高，所得产物的缓凝效果提高，当反应温度超过60℃后，缓凝效果反而降低。在实验条件下，反应温度以60℃为宜。

以n（IA）∶n（AMPS）＝27∶73、引发剂用量1.5%、反应温度60℃、反应4h得到的共聚物作为缓凝剂，在常压95℃下，缓凝剂用量与缓凝性能之间的关系见表4－13。从表4－13可以看出，P（IA－AMPS）缓凝剂在95℃下具有很好的缓凝效果，随着缓凝剂用量的增加稠化时间逐渐延长，其用量与稠化时间呈良好的线性关系，说明水泥浆的稠化时间随P（IA－AMPS）缓凝剂用量可调性强。由于聚合物在水泥颗粒表面吸附，形成扩散双电层，使水泥颗粒表面带电，阻止了水泥颗粒间的聚结，使水泥颗粒比较好地分散在水中，因此，P（IA－AMPS）缓凝剂使水泥浆有很好地流变性能和较低的初始稠度。实践表明，采用P（IA－AMPS）缓凝剂，在实际使用时可减少油井水泥减阻剂的用量，有利于降低成本。

表 4-13 缓凝剂用量对稠化时间的影响

缓凝剂用量/%	稠化时间/min	初始稠度/Bc	缓凝剂用量/%	稠化时间/min	初始稠度/Bc
0	79	7	0.8	250	3
0.2	98	4	1.0	335	2
0.5	158	3			

注：评价条件：G 级水泥，水灰比为 0.44，常压温度为 95℃。

此外，以 AMPS、AM、N，N－二甲基丙烯酰胺（DMAM）为共聚单体、N，N′－亚甲基双丙烯酰胺为交联剂，合成的具有微交联结构的 AMPS 多元共聚物，可以用于防气窜剂。评价表明，该共聚物具有良好的滤失控制性能，加量为 0.5% 时就可以把水泥浆的失水量控制在 50mL 左右；该共聚物有较明显的增黏和提切作用，配制的水泥浆具有一定的触变性能，稠化实验及静胶凝强度实验过渡时间短，可控制在 10～20min 之内，防气窜性能较好，在 2.1MPa 的验窜压差下不发生气窜[27]。

三、压裂、酸化液用 AMPS 聚合物

压裂是油气井增产、注水井增注的重要手段，能显著改善地层的渗透能力，提高油气田的导流能力，从而达到油气增产的目的。目前采用的稠化剂主要以天然植物胶及其衍生物为主，但存在压裂液破胶后残渣多，造成裂缝充填堵塞等二次伤害，使压裂效果受到影响。为了解决这些伤害问题，压裂液稠化剂的发展方向是合成聚合物，并要求压裂用聚合物具有更好的黏度特性和高温稳定性，且增稠能力强、对细菌不敏感、胶冻稳定性好、悬砂能力强、无残渣，对地层不造成伤害。实践表明，适当组成和相对分子质量的 AMPS 聚合物作为压裂酸化液稠化剂，可以满足耐高温、抗剪切、高黏度、无残渣、低地层伤害等要求。

（一）P（AM－AMPS）二元共聚物压裂液稠化剂

实验表明，水溶性 P（AM－AMPS）聚合物用于压裂液稠化剂，具有良好的耐温、耐盐、抗剪切性能[28]，其合成过程如下。

将 AM 和 AMPS 按照一定的配比加入到反应瓶中，搅拌下加入适量的水，并用 NaOH 调节 pH 值，加入引发剂，通氮驱氧氮封，在一定温度下反应，所得产物用无水乙醇洗涤，剪碎，烘干即得到样品[29]。其特性黏数为 0.25dL/g。

以其作为稠化剂，稠化剂浓度为 0.5%，用锆（氧化氯锆）作交联剂。以稠化剂交联压裂液性能为考察依据，单体配比和反应温度对产物交联性能的影响见表 4－14 和表 4－15。

如表 4－14 所示，原料配比和反应条件一定时，单体的比例对基液的黏度影响较小，而对冻胶影响很大，AMPS 在 15%～50% 范围内基液黏度是先增加后降低，交联体系的黏度先是大幅度增加，当 AMPS 超过 30% 后明显降低，从交联情况看 AMPS 用量 15% 和 50% 时均不与氧化氯锆发生交联，AMPS 为 20% 时成胶最好，故作为压裂液稠化剂时，

AMPS 用量为20%较好。这是由于单体 AM 中有酰胺基，其氮原子上有孤电子对可作交联点，进行络合反应。另一方面，单体 AMPS 上的叔丁基刚性基团，可以增大聚合物流变学体积，在一定的范围内可以提高黏度效果，当 AMPS 用量大时，大侧基的位阻效应使聚合效率降低，产物相对分子质量降低，同时，叔丁基的位阻效应，对主链有屏蔽作用，加之 AMPS 用量的增加，使交联点减少，所以 AMPS 用量为 50% 时的产物不与氧化氯锆发生交联。

表 4－14　单体配比对基液黏度和冻胶黏度的影响

AMPS 用量/%	基液黏度/mPa·s	冻胶黏度/mPa·s	AMPS 用量/%	基液黏度/mPa·s	冻胶黏度/mPa·s
15	90	100	40	108	384
20	96	502	50	85	76
30	100	460			

从表 4－15 可见，随着反应温度的升高，聚合物相对分子质量降低，说明低温有利于提高聚合物的相对分子质量，但是温度太低又会导致共聚困难，单体的转化率低。实验表明，聚合物的相对分子质量较大，聚合物溶液的黏度也较高，交联后的冻胶增黏效果明显。但产物相对分子质量大有时会造成交联失败，具体现象表现为聚合物失水凝聚为纤维状。为得到最适宜相对分子质量的产物，在实验条件下稠化剂合成的最佳反应温度为 45℃。

表 4－15　反应温度对特性黏数和交联情况的影响

反应温度/℃	特性黏数/（dL/g）	交联情况	反应温度/℃	特性黏数/（dL/g）	交联情况
30	3.5	不交联	45	2.5	交联
35	3.0	交联	50	2.3	不交联
40	2.7	交联			

（二）P（AM－AMPS－AA）共聚物稠化剂

当 P（AM－AMPS－AA）共聚物用于稠化剂时，其制备过程如下[30]。

按照比例称取 AA、AMPS，将其配制成一定浓度的水溶液，在一定搅拌速率下加入配制好的单体 AM 水溶液，通入氮气，20min 后加入一定量引发剂，在恒温水浴中搅拌反应 4～5h，得到凝胶状产物，将产物提纯、剪碎、烘干，即得所需产品。

研究发现，在稠化剂合成中产物的性能对合成条件具有强烈的依赖性。如图 4－35 所示，原料配比和反应条件一定时，随着反应温度的增加，产物的相对分子质量降低。通常，该体系在 25℃以上便可引发聚合反应，把温度适当升高可以提高聚合反应的活性，从而提高聚合度；但当体系温度较高时，短时间内就会产生大量自由基，使得终止速率大于增长速率，聚合度降低。在实验条件下反应温度为 30℃即可。

采用过硫酸铵－亚硫酸氢钠氧化还原体系作为引发剂时，随着引发剂用量的增加单体转化率先快速增加，后趋于平稳，而产物的水溶液表观黏度则随着引发剂用量的增加先增加后降低，综合考虑产品表观黏度和转化率，引发剂用量为0.20%～0.25%较为合适，见图4-36。

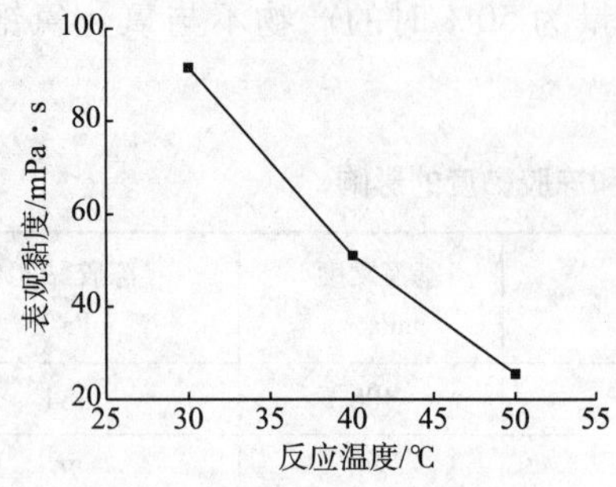

图4-35　反应温度对产物水溶液表观黏度的影响

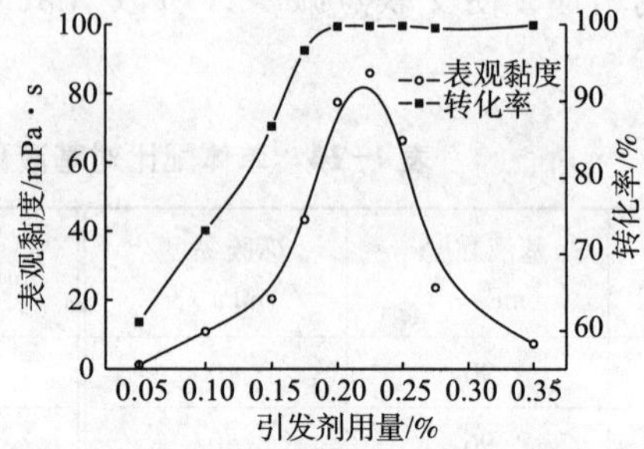

图4-36　引发剂用量对产品表观黏度和转化率的影响

实验表明，混合单体中AA和AMPS的用量对稠化剂的性能有着重要的影响。当反应条件一定，反应温度为30℃时，随着AA用量的增多，产品的表观黏度增大；AA用量继续增加到12%时，产品的表观黏度随AA加量的增加而降低。这是因为当AA的加量过少时，能引入聚合物分子链上的羧酸根阴离子的数量就较少，聚合物分子在水溶液中不易伸展，所以聚合物的黏度较低。增加AA的含量，可以提高聚合物中阴离子的含量，但是AA的聚合能力不及其他2种单体，加量过多会明显降低整个聚合体系的聚合能力，从而降低聚合物的相对分子质量。在实验条件下，AA的合适加量为AM加量的8%～12%。对同样带有阴离子基团的AMPS单体而言，反应条件一定时，所得产物水溶液表观黏度随着AMPS用量的增加而提高，达到最大值后又略有降低。这是因为在AMPS用量较小时，随着AMPS单体量的增加，引入分子中的电离结构单元增加，分子链会因电离结构单元静电斥力的作用而伸展，故产物水溶液黏度会逐渐增加。但当AMPS用量过大时，由于分子链上AMPS结构单元较大的侧基位阻，使未反应AMPS单体的聚合反应困难，使产物相对分子质量降低。在实验条件下，AMPS的加量为15%～20%较为合适。

如表4-16所示，随着反应时间的增加，单体转化率和反应体系黏度都在增加，当反应时间达到4h后，转化率已经达接近100%，故反应时间为4h即可。

表4-16　反应时间对产品表观黏度和转化率的影响

反应时间/h	*AV*/mPa·s	转化率/%	反应时间/h	*AV*/mPa·s	转化率/%
1	30.0	61.5	4	91.5	98.3
2	37.5	72.8	5	91.5	98.5
3	87.0	92.0			

将P（AM－AMPS－AA）聚合物配成0.5%的溶液，其表观黏度为40.5mPa·s，用

0.05%的硫酸铝进行交联，得冻胶黏度为240mPa·s；用0.1%过硫酸铵破胶，在50℃下恒温3h后，其表观黏度降为3mPa·s，破胶比较彻底，表现出良好的交联和破胶性能。

由该聚合物所组成的压裂液冻胶具有良好的的耐温能力和抗剪切性能。使用CVOR200－HPC流变仪，以3℃/min的速度从30℃开始升温，测量剪切速率为170s^{-1}时表观黏度随温度的变化情况。如图4－37所示，该压裂液冻胶抗温能力较好，在130℃左右时，表观黏度仍在50mPa·s以上。在剪切速率为170s^{-1}、温度为50℃时，压裂液冻胶黏度随剪切时间的变化见图4－38。图4－38表明，开始剪切时，黏度有所下降，30min后黏度回升，到45min后，黏度一直保持在较好的水平，剪切120min后，黏度保持率大于90%，说明冻胶有很好的抗剪切能力。

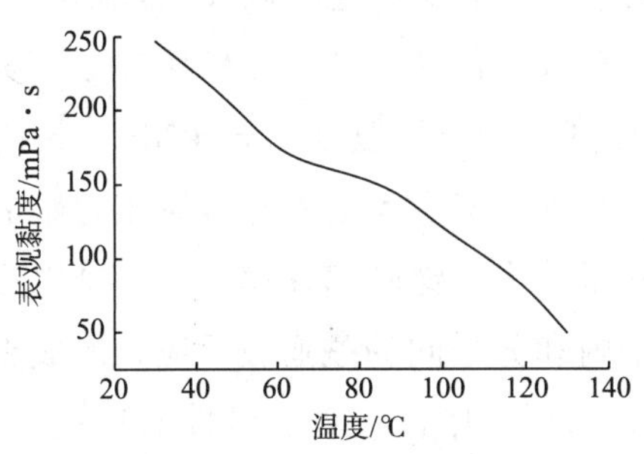

图4－37　压裂液冻胶的耐温能力

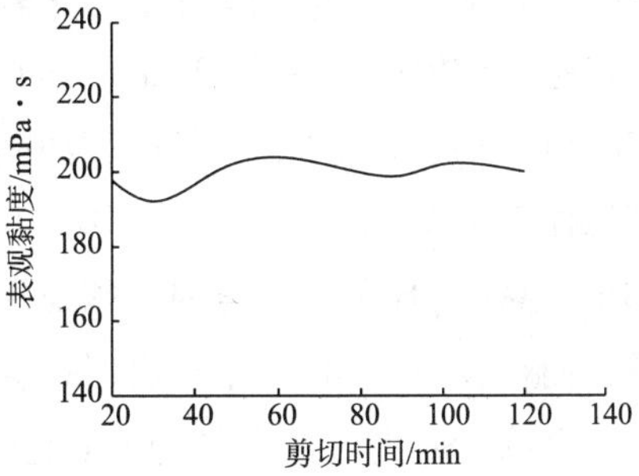

图4－38　不同剪切时间下的表观黏度

（三）丙烯酰胺/2－丙烯酰胺基－2－甲基丙磺酸共聚物酸液稠化剂

实践表明，开发新型酸液稠化剂的关键是新单体的选择。由于2－丙烯酰胺基－2－甲基丙磺酸（AMPS）单体的特殊结构，采用AMPS与其他单体共聚可以制备出性能良好并满足现场需要的稠化剂。如前所述，用水溶液聚合制备共聚物时，可以采用氧化还原引发剂，也可以采用偶氮引发剂引发聚合。但作为酸液稠化剂时，重点是如何保证产物在酸液中的溶解性。

1. 以过硫酸铵－甲醛合次硫酸氢钠引发聚合

以过硫酸铵－甲醛合次硫酸氢钠引发聚合制备丙烯酰胺/2－丙烯酰胺基－2－甲基丙磺酸共聚物酸液稠化剂时，其制备过程如下[31]。

将一定质量的AM和AMPS单体置于反应器中，按比例加入络合剂EDTA和甲醛合次硫酸氢钠溶液，用氨水将体系的pH值调到7～8，加水使单体的总质量分数为20%。通氮气30min后，加入氧化剂过硫酸铵溶液，在常温下反应4h（前期），然后再加热恒温反应2h（后期）。胶体状聚合物经剪切，在75℃真空烘干3～4h，粉碎，经孔径0.12mm筛选后，即得到共聚物稠化剂。

在搅拌下将共聚物溶解在20%的盐酸中，充分溶解后，加入2%的缓蚀剂，搅拌后配制成共聚物质量分数为1%的胶凝酸。按照石油天然气行业标准规定的主要指标和评价方法，根据深部酸化对酸液的要求，使用ZNN－D6型六速旋转黏度计在常温下测定并计算聚合物在酸中的剪切黏度。

选用AM作为主单体与AMPS进行共聚时，采用AM的主要目的是能够得到平均相对分子质量高的聚合物，使其具有良好的增黏性能；磺酸基团的引入使得聚合物具有抵抗外界阳离子进攻的能力，增强了聚合物的抗盐性及在酸液中的分散性。在共聚物合成过程中，为了避免聚合物交联、支化等副反应，尽可能提高聚合物的相对分子质量和溶解性，选用低温下的氧化还原体系——过硫酸铵－甲醛合次硫酸氢钠作为引发剂。

实验发现，在共聚物合成中随着单体总质量分数的增加，聚合物的平均相对分子质量呈现先增加后降低的趋势。基于AM、AMPS单体的特点及聚合反应活性，聚合中控制单体总质量分数为20%。

在共聚合反应中，pH值会影响各单体的竞聚率，影响反应速率以及聚合物的结构和性质。实验中使用氨水调节pH值。当水溶液中含有AM和NH_3时，会有氮三丙酰胺[$N-(CH_2CH_2CONH_2)_3$]生成，而氮三丙酰胺作为还原剂在较低的温度下与$(NH_4)_2S_2O_8$构成氧化还原体系引发AM聚合，而且氮三丙酰胺同时作为链转移剂有利于改善聚合物的溶解性。如果较高的pH值下聚合时，需要加入的氨水量较大，链转移速率太大，难以形成大的分子，而在较低的pH值下聚合时，会伴有分子内和分子间的酰亚胺反应，形成支链或交联型聚合物。故当以氨水作为pH值调节剂时，选择在中性或者弱碱性的环境中进行，能得到较好的高平均相对分子质量的产物。

当氧化还原体系中n（过硫酸铵）:n（甲醛合次硫酸氢钠）=1:1，引发剂用量为957.5mg/L时，单体比例对产物溶解性能的影响见表4-17。由表4-17可知，当n（AM）:n（AMPS）为7:3和8:2时聚合物不能完全溶解，可能是AM的比例增大使得聚合的平均相对分子质量变大，在高浓度的盐酸中卷曲，从而使聚合物的溶解性变差，当AMPS量较大时，AMPS含有磺酸基团，可在酸中更好地溶解，使得聚合物的溶解性得到加强。故当n（AM）:n（AMPS）为6:4时可以得到酸液中溶解性好的产物。

表4-17 单体比例对产物溶解性能的影响

n（AM）:n（AMPS）	引发剂用量/(mg/L)	EDTA用量/(mg/L)	溶解性	n（AM）:n（AMPS）	引发剂用量/(mg/L)	EDTA用量/(mg/L)	溶解性
6:4	957.5	100	溶解	8:2	957.5	100	不完全溶解
7:3	957.5	100	不完全溶解				

如表4-18所示，只有引发剂质量浓度为957.5mg/L时，所得聚合物能够在酸液中溶解。为进一步选择最佳的引发剂用量，基于前面的实验，适当降低引发剂用量，较低引发剂用量下引发剂用量对反应的影响见表4-19。从表4-19可以看出，引发剂用量为76.60mg/L时，聚合物在酸中的剪切黏度出现最大值，但聚合物在酸中的溶解性和剪切黏度的重现性不好，从重现性和聚合物在酸中的剪切黏度考虑，在实验条件下引发剂用量为153.2mg/L较好。

表 4-18 高引发剂用量对反应的影响

引发剂用量/(mg/L)	溶解性	剪切黏度/mPa·s	引发剂用量/(mg/L)	溶解性	剪切黏度/mPa·s
383.0	不完全溶解		957.5	完全溶解	63.642
574.5	不完全溶解		1149.0	不完全溶解	
766.0	不完全溶解				

注：*n*（AM）：*n*（AMPS）为6:4，EDTA 用量为100mg/L。

表 4-19 低引发剂用量对反应的影响

引发剂用量/(mg/L)	溶解性	剪切黏度/mPa·s	引发剂用量/(mg/L)	溶解性	剪切黏度/mPa·s
38.3	完全溶解	65.240	114.90	不完全溶解	60.136
38.3	完全溶解	62.783	114.90	完全溶解	66.792
76.6	完全溶解	71.063	153.20	完全溶解	67.460
76.6	不完全溶解	65.218	153.20	完全溶解	67.352
95.75	不完全溶解	59.366	191.50	完全溶解	68.865
95.75	完全溶解	60.593	191.50	完全溶解	64.407

实践表明，低温条件也有利于聚合物平均相对分子质量的提高，但过低的反应温度对反应动力学不利，因此合适的初始反应温度对聚合物的合成很关键。将聚合反应分为前期（室温）和后期（加热）2个阶段，前期反应温度对聚合反应的影响见表4-20。从表4-20可以看出，随着前期反应温度的升高，聚合物在酸中的剪切黏度呈现先增加后降低的趋势。实验发现，反应温度为10℃时，反应不完全，产物也不完全溶解。在实验条件下，前期反应温度以19℃较为适宜。

表 4-20 前期反应温度对聚合反应的影响

反应温度/℃	反应程度	溶解性	剪切黏度/mPa·s	反应温度/℃	反应程度	溶解性	剪切黏度/mPa·s
10	不完全	不完全溶解		19	完全	溶解	71.290
15	不完全	溶解	48.109	25	完全	溶解	67.066

注：引发剂用量为153.2mg/L，后期反应温度为40℃。

在引发剂用量为153.2mg/L，前期反应温度为19℃的条件下，后期反应温度对聚合反应的影响见图4-39。从图4-39可看出，随着后期反应温度的升高，聚合物在酸中的剪切黏度降低，考虑到聚合物溶解性能，当温度低于30℃时，聚合物在酸中已经不能完全溶解，所以聚合后期反应温度以40℃为宜。

除合成条件外，聚合物的烘干条件也会影响产物性能。由于在高温条件下，聚合物容易发生交联而使聚合物的溶解性能下降；但是烘干温度过低又延长了烘干的时间，影响聚

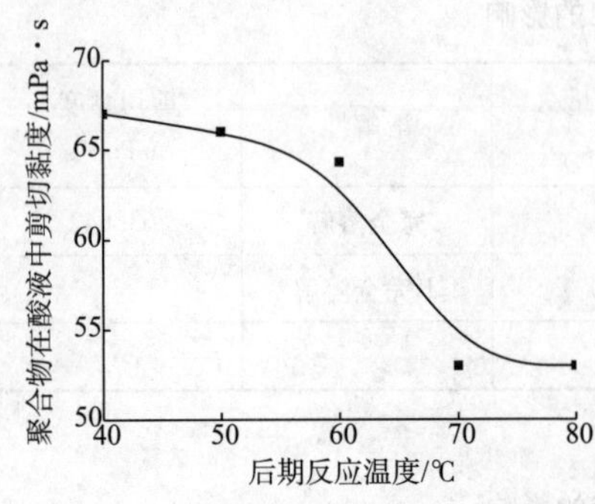

图 4-39　后期反应温度和聚合物在酸液中的剪切黏度关系

合物的评价周期。所以为了既能防止发生交联，又能缩短烘干时间，可以采用真空干燥，当采用真空烘干时，温度为75℃时比较合适。

结合前面实验确定合成的条件为：反应初始温度为19℃（4h），后期恒温反应温度为40℃（2h），引发剂用量为153.2mg/L，n（AM）：n（AMPS）＝6∶4，单体总质量分数为20%，pH值为7～8，75℃真空烘干3～4h。合成聚合物在20%的盐酸中，有很好的溶解分散性，与缓蚀剂的配伍性能好，增黏能力强。将质量分数为1%的聚合物和2%的缓蚀剂溶解在20%的盐酸中，所得稠化酸液的剪切黏度为71.290mPa·s，表现出良好的稠化能力。

2. 以偶氮引发剂引发聚合

以偶氮引发剂引发聚合制备丙烯酰胺/2-丙烯酰胺基-2-甲基丙磺酸共聚物酸液稠化剂时，其过程如下[32]。

将一定量的AMPS置于反应器中，加适量水使AMPS溶解，使得单体的总质量为20%～40%；用10%的氢氧化钠溶液将体系的pH值调到7～8之间，加入一定量的丙烯酰胺以及一定量已经配好的EDTA溶液，通氮气驱氧15min后，加入一定量的引发剂；继续通氮气，在氮气保护下，于一定温度下反应一定时间，得到凝胶状产物即为稠化剂产品。

以质量分数为20%的盐酸溶液为溶剂，添加质量分数为0.8%的聚合物样品，制得相应的稠化酸溶液。以稠化酸溶液黏度为依据，考察了以偶氮引发剂引发聚合时合成条件对聚合反应及产物性能的影响。

如图4-40所示，偶氮引发剂浓度为0.02%时，共聚物在酸液中的黏度最大，即对酸的稠化能力最强。表4-21表明，初期聚合在30℃条件下反应4h，反应后期升温至50℃保温1h的条件下，得到的稠化剂样品的性能最好。研究表明，采用偶氮引发剂引发AM-AMPS共聚反应，30℃时表观活化能较低，说明其能在低温下分解并引发单体共聚，即该反应链引发、链增长的活化能较低而链转移、链终止的活化能较高。因此，升高温度有利于副反应的发生，导致活性聚合链过早终止，聚合物特性黏数降低。所以适宜的聚合温度为30℃左右。反应后期提高体系温度，有助于降低聚合物中单体的残留率，减小产物毒性，但是温度不能过高。实验表明，后期升温为50℃时，稠化剂样品的稠化性能最好。

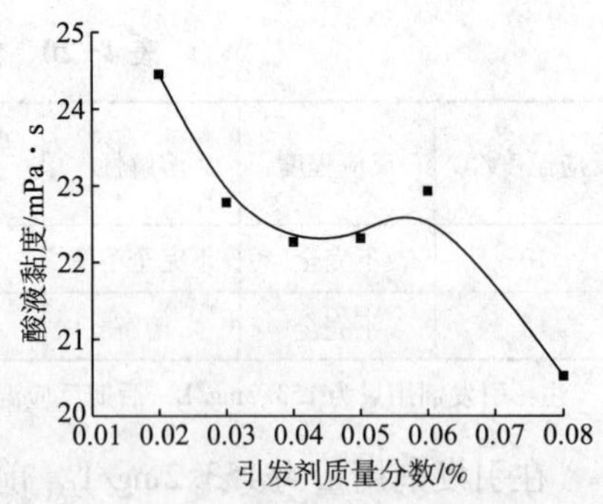

图 4-40　偶氮引发剂浓度对酸液黏度的影响

表 4-21 反应温度对偶氮引发剂引发共聚反应的影响

反应条件	稠化酸黏度/mPa·s	特性黏数/(dL/g)	反应条件	稠化酸黏度/mPa·s	特性黏数/(dL/g)
50℃、4h	24.39	98.97	30℃、4h，50℃1h	39.15	122.85
室温（30~33℃）	38.72	109.93	30℃、4h，60℃1h	32.20	102.06

如图 4-41 所示，在实验条件下，聚合的起始温度为 10~20℃较为理想。这是由于低温有利于得到增黏效果好的产物，而对于氧化还原引发剂体系，当聚合起始温度低至一定程度时，反应的诱导期增长，并且转化率大大降低，有时甚至不能引发聚合反应。

实验发现，pH 值明显影响单体的活性。在 AM 聚合中，介质的 pH 值可以影响反应动力学及聚合物的结构和性能。使用氧化还原引发剂体系时，pH 值在 1~13 范围内基本上不影响聚合总速率，但是 pH 值明显影响单体的活性。合成所用单体活性都很高，由于含磺酸基的 AMPS 的存在，在微碱性条件下转化率较高。如图 4-42 所示，在弱碱性的条件下，即 pH 值为 8 时，聚合物特性黏数和单体转化率较高。表明在有 AMPS 参加的聚合反应中，在弱碱性条件下可以得到高相对分子质量的产物。

如图 4-43 所示，在反应条件一定时，增加 AMPS 用量有利于提高产物在酸液中的增黏能力，当 m（AMPS）:m（AMPS+AM）为 30% 时，得到的聚合物黏度最高，AMPS 的用量太大时，聚合物稠化能力呈下降趋势。

单体浓度较低或较高时，均得不到相对分子质量较高的聚合物，因此单体浓度必须控制在适当范围。如图 4-44 所示，聚合物特性黏数随单体浓度的升高而增加，当单体质量分数超过 20% 以后，再增加单体浓度时产物特性黏数反而有所降低。综合考虑，单体浓度以 20% 较为合适。

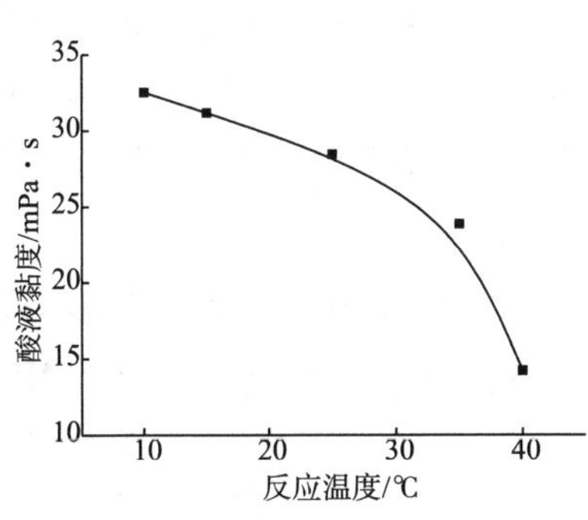

图 4-41 反应温度对酸液黏度的影响

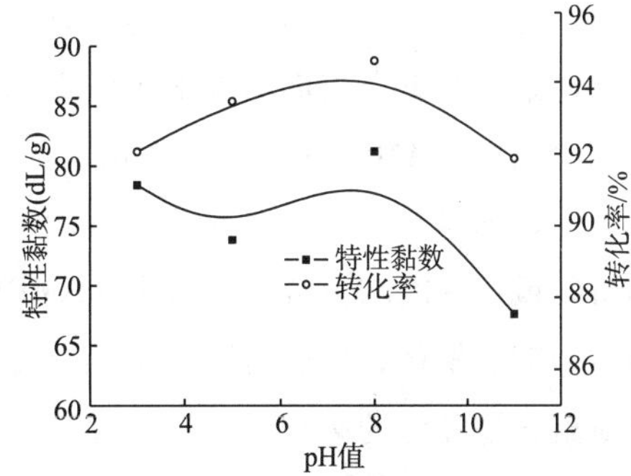

图 4-42 pH 值对转化率和特性黏数的影响

四、驱油用 AMPS 共聚物

用水溶性聚合物驱替油藏是一种较经济的三次采油方法，用于驱油的聚合物包括以丙烯酰胺（AM）类聚合物为主的合成聚合物和天然改性或生物聚合物。作为驱油用聚合物，聚丙烯酰胺（PAM）和水解聚丙烯酰胺（HPAM）已在国内外广泛应用。尽管 PAM 或

HPAM已成为普遍应用的驱油用聚合物，但该类聚合物在实际应用中存在以下问题：①对经济的高相对分子质量的产物来说，溶解慢，生产工艺复杂，且在剪切条件下易降解；②HPAM分子链上的羧基对盐极为敏感，尤其是存在高价金属离子时易发生沉淀，温度大于70℃时分子链上酰胺基易水解，在高矿化度地层常发生相分离，致使水溶液黏度大幅度降低，作为驱油剂不适用于高温高盐地层。为此油田化学研究人员在利用AMPS单体与其他单体共聚合成耐温抗盐聚合物驱油剂方面开展了大量的研究工作。并通过引入疏水基团进一步提高了聚合物的耐盐能力，从而获得了具有较好的热稳定性，且在高矿化度盐水中增黏能力强，耐温抗盐性好的聚合物驱油剂，为高温高盐地层实施聚合物驱奠定了基础[33]。

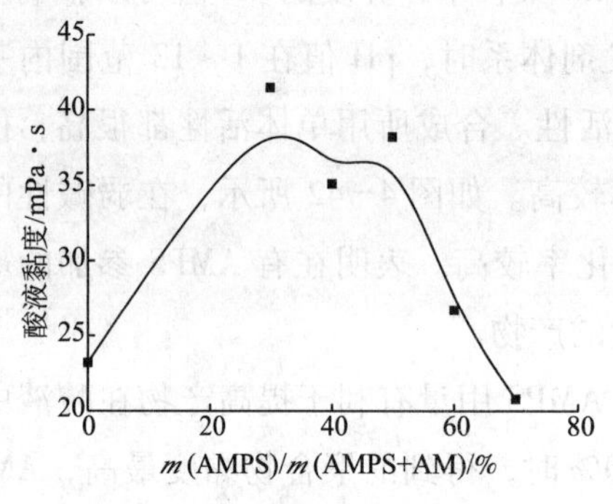

图4-43　AMPS质量分数对产物酸液黏度的影响

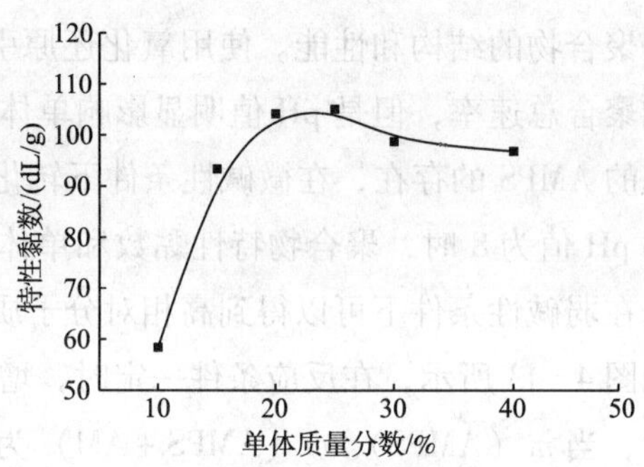

图4-44　单体质量分数对聚合物特性黏数的因素

（一）P（AM-AMPS-AMC$_n$S）共聚物

实践表明，采用可聚合的表面活性剂单体与丙烯酰胺等单体共聚，可得到具有离子型表面活性剂侧链的共聚物，该类共聚物通过盐诱发表面活性剂侧链的聚集作用而获得良好的抗盐性，可用于高温和高矿化度地层条件下的驱油剂。为满足耐温高盐条件下聚合物驱油的需要，采用可聚合表面活性剂单体2-丙烯酰胺基十二烷磺酸（AMC$_{12}$S）、2-丙烯酰胺基十四烷磺酸（AMC$_{14}$S）、2-丙烯酰胺基十六烷磺酸（AMC$_{16}$S）等与AM、AMPS共聚合成了一系列具有离子型表面活性剂侧链的共聚物（也称疏水缔合聚合物）。

为得到最佳性能的聚合物，以P（AMPS-AM-AMC$_{14}$S）共聚物为例，对影响聚合反应的因素，如引发剂、反应时间、单体质量分数反应温度和通氮情况等，以及AMC$_{14}$S单体用量对聚合物黏度的影响进行了研究[34]。

1. P（AMPS-AM-AMC$_{14}$S）聚合物的合成

按配方要求将氢氧化钠和水加入反应釜中，搅拌至氢氧化钠全部溶解，然后在冷却条件下慢慢加入2-丙烯酰胺基-2-甲基丙磺酸（AMPS）和2-丙烯酰胺基十四烷磺酸（AMC$_{14}$S），待两者溶解后加入AM，待AM溶解后，用氢氧化钠溶液调整体系的pH值至要求，并补充水使单体含量控制在15%~20%；将单体的混合液打入聚合釜，在氮气保护下升温到45℃，加入引发剂，恒温反应10h即得凝胶产物；所得凝胶产物经过造粒，烘干，粉碎得 P（AMPS－AM－$AMC_{14}S$）共聚物。

反应过程中定时取样，用水溶解成稀溶液，然后再用质量分数为75%～80%的乙醇溶液沉淀，洗涤，并于80℃下烘干，称量，根据单体（AMPS、$AMC_{14}S$ 和 AM）聚合反应生成聚合物的量，计算单体的转化率。

2. 影响聚合反应及聚合物性能的因素

在 P（AMPS－AM－$AMC_{14}S$）聚合物合成中，引发剂用量、反应时间、反应温度、单体含量、通氮时间和 $AMC_{14}S$ 用量对共聚反应和产物性能的影响情况如下。

如图4－45所示，当 AMPS 用量为20%（占总单体质量分数，下同），$AMC_{14}S$ 为0.15%，其余为 AM，反应混合液中单体质量分数为20%，反应时间为10h时，随着引发剂用量（以过硫酸铵计、用占单体质量分数表示，过硫酸铵∶亚硫酸氢钠＝1∶1、质量比）的增加，单体的转化率大幅度增加，而产物的特性黏数则降低，可见为了提高产物的相对分子质量（相对分子质量与［η］值成正比），应尽可能降低引发剂用量，但当引发剂用量太少时，又常导致不聚或低聚。在实验条件下，引发剂用量在0.05%～0.075%时，既可得到较高相对分子质量的产物，又可保证所用原料（单体 AMPS、$AMC_{14}S$ 和 AM）转化率较高。

对于自由基聚合反应，反应时间主要影响单体的转化率。当引发剂用量为0.075%（质量分数）、单体质量分数为20%时，随着反应时间的延长，转化率逐渐增加，当反应时间超过8h，转化率趋于恒定。在实验条件下，反应时间选择在8～10h即可保证单体转化率较高。

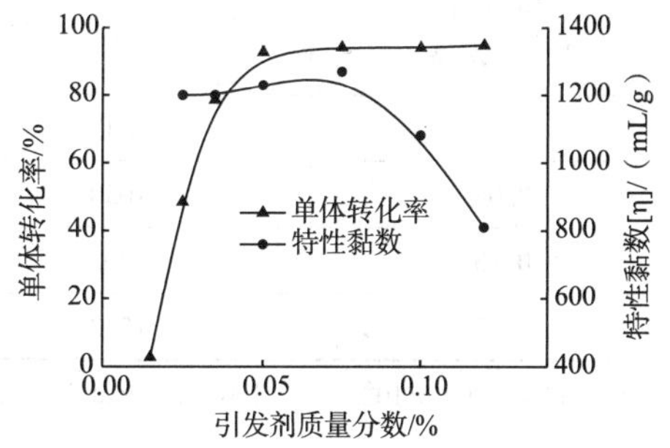

图4－45 引发剂用量对单体转化率和聚合物特性黏数的影响

实验表明，在原料配比和反应条件一定，引发剂用量为0.05%，反应时间为10h时，随着体系中单体含量的增加，所得产物的特性黏数先略有增加，后又降低。在实验条件下，单体质量分数在15%～20%较好。

根据自由基共聚合反应原理，反应温度低时有利于得到较高相对分子质量的产物。如表4－22所示，产物的相对分子质量随着反应温度的升高先增加后降低，在实验条件下反应温度在45℃较好。这是由于反应温度低时聚合反应的诱导期很长，而当反应温度过高时，不仅产物的相对分子质量大幅度降低，且易出现爆聚现象。

合成中通氮的目的是驱氧，故以通氮时间作为考察氧对共聚反应的影响。如表4－23所示，当原料配比和反应条件一定时，在不通氮时共聚反应的诱导期很长，随着通氮时间的增加诱导期逐渐缩短，产物的特性黏数［η］也随着通氮时间的增加而增加。这是因为氧对自由基聚合有强烈的阻聚作用，氧很容易与引发剂分解的自由基相互结合而导致阻聚，反应前如不充分驱氧，往往出现诱导期过长，导致产物的特性黏数［η］下降，甚至造成不聚或低聚。

如表4-24所示，原料配比及合成条件一定时，随着$AMC_{14}S$用量的增加产物在复合盐水中的增稠能力提高，耐盐性增强，但当$AMC_{14}S$用量超过0.5%时，产物在盐水中的溶解性降低，在实验条件下，$AMC_{14}S$用量为0.35%较合适。

表4-22　反应温度的影响

反应温度 T/℃	诱导期 t/min	[η]/(mL/g)	反应温度 T/℃	诱导期 t/min	[η]/(mL/g)
25	时间很长	—	45	85	1236
35	280	1112	55	35	969

表4-23　通氮时间的影响

通氮时间/min	诱导期/min	[η]/(mL/g)	通氮时间/min	诱导期/min	[η]/(mL/g)
没有通	350	582	60	75	912
30	90	764	90	50	1187

表4-24　$AMC_{14}S$用量对产物性能的影响

$AMC_{14}S$用量质量分数/%	特性黏数[η]/(dL/g)	η/mPa·s	
		25℃	90℃
0	920	19.4	6.5
0.05	1050	26.5	7.4
0.13	1200	35.5	14.3
0.35	1570	36.5	33.1

注：矿化度为9×10^4mg/L，其中钙镁含量为3000mg/L；聚合物加量为0.3%，布氏黏度计测定。

除P（AM－AMPS－$AMC_{14}S$）共聚物外，采用同样的方法还可以合成P（AM－AMPS－$AMC_{12}S$）共聚物、P（AM－AMPS－$AMC_{16}S$）共聚物和P（AM－AMPS－DMDAAC－$AMC_{16}S$）共聚物。这3种聚合物与P（AM－AMPS－$AMC_{14}S$）表现出相同的性能。

（1）P（AM－AMPS－$AMC_{12}S$）共聚物[35]：将氢氧化钠和水加入反应釜中，降温至20℃以下，在冷却条件下慢慢加入AMPS和$AMC_{12}S$，待两者溶解后加入AM，搅拌使其溶解，用氢氧化钠溶液调整体系的pH值至要求，并补充水使单体含量控制在20%～25%，将单体的混合液打入聚合釜，在N_2气保护下升温到40℃，加入引发剂，恒温反应10h即得凝胶产物；将凝胶产物剪切造粒，烘干粉碎得P（AM－AMPS－$AMC_{12}S$）共聚物。特性黏数[η]≥13dL/g，有效物≥90%，水不溶物≤2%。

在聚合物合成中$AMC_{12}S$用量对产物性能的影响见表4-25。从表4-25可以看出，随着$AMC_{12}S$用量的增加产物在复合盐水中的增稠能力提高，耐盐性增强，但当$AMC_{12}S$用量超过0.63%时，产物在盐水中的增稠能力降低，在实验条件下，$AMC_{12}S$用量为0.58%～0.63%较合适。

表 4-25 $AMC_{12}S$ 用量对产物性能的影响

$AMC_{12}S$ 质量分数/%	[η] / (dL/g)	η/ (mPa·s)	
		25℃	90℃
0	9.2	19.4	6.5
0.34	11.82	31.4	10.8
0.50	12.24	32.6	11.0
0.58	13.61	42.0	16.5
0.63	17.82	73.9	22.2
0.74	12.76	37.2	12.1

注：盐水总矿化度为 1.6×10^5mg/L，其中钙镁含量为 3000mg/L，η 在 25℃下测定。

（2）P（AM－AMPS－$AMC_{16}S$）共聚物[36]：将氢氧化钠和水加入反应釜中配成溶液，在冷却条件下慢慢加入 AMPS 和 $AMC_{16}S$，然后加入 AM，搅拌使其溶解，并用氢氧化钠溶液调整体系的 pH 值至要求，补充水使单体含量控制在 10%～15%；将单体的混合液打入聚合釜，在氮气保护下升温到 40℃，加入引发剂，恒温反应 10h 即得凝胶产物。将凝胶产物剪切造粒，烘干粉碎得 P（AM－AMPS－$AMC_{16}S$）共聚物。特性黏数［η］≥14dL/g，有效物≥90%，水不溶物≤2%。

（3）P（AM－AMPS－DMDAAC－$AMC_{16}S$）共聚物[37]：按比例（AMPS20%、DMDAAC10%～15%；$AMC_{16}S$ 0.15%、其余为 AM，摩尔分数）将 AMPS、$AMC_{16}S$ 溶于水，在冷却条件下用等摩尔的氢氧化钠（溶于适量的水中）中和，然后加入 AM、DMDAAC，搅拌使其溶解，并补充水使单体浓度控制在 20%。在氮气保护下升温到 40℃，加入引发剂（以过硫酸铵计、占单体质量百分数，过硫酸铵∶亚硫酸氢钠＝1∶1、质量比），恒温反应 10～15h 即得凝胶状产物。将凝胶产物剪切造粒，烘干粉碎得 P（AM－AMPS－DMDAAC－$AMC_{16}S$）共聚物。特性黏数［η］≥8dL/g。

3. 共聚物性能评价

分别配制 2000mg/L 的共聚物蒸馏水和盐水溶液，测定溶液的表观黏度，并计算聚合物在盐水中的黏度保留率，结果见表 4-26。从表 4-26 可以看出，P（AMPS－AM－$AMC_{12}S$）、P（AMPS－AM－$AMC_{14}S$）、P（AMPS－AM－$AMC_{16}S$）和 P（AM－AMPS－DMDAAC－$AMC_{16}S$）4 种共聚物在盐水中均具有较高的黏度保留率，远优于 HPAM，表现出了较好的抗盐性。

表 4-26 聚合物淡水和盐水溶液的黏度对比

共聚物	$\eta_{蒸馏水}$/mPa·s	$\eta_{盐水}$/mPa·s	盐水黏度保持率/%
P（AMPS－AM－$AMC_{12}S$）	57.0	31.8.0	55.3
P（AMPS－AM－$AMC_{14}S$）	78.0	44.0	56.4
P（AMPS－AM－$AMC_{16}S$）	128.8	53.0	41.8

续表

共聚物	$\eta_{蒸馏水}$/mPa·s	$\eta_{盐水}$/mPa·s	盐水黏度保持率/%
P（AMPS－AM－DMDAAC－$AMC_{16}S$）	106.1	55.4	52.2
HPAM	184.0	19.5	10.6

注：盐水总矿化度为1.6×10^5mg/L，其中钙镁含量为3000mg/L，η在25℃下测定。

表4-27是浓度3000mg/L的聚合物盐水溶液在25℃和90℃下的黏度对比，可以看出，P（AMPS－AM－$AMC_{12}S$）、P（AMPS－AM－$AMC_{14}S$）、P（AMPS－AM－$AMC_{16}S$）和P（AM－AMPS－DMDAAC－$AMC_{16}S$）4种共聚物的耐温性均优于PHP。

表4-27　共聚物在25℃、90℃下黏度对比

共聚物	$\eta_{25℃}$/mPa·s	$\eta_{90℃}$/mPa·s	90℃黏度保持率/%
P（AMPS－AM－$AMC_{12}S$）	73.5	22.2	30.0
P（AMPS－AM－$AMC_{14}S$）	62.0	21.3	34.4
P（AMPS－AM－$AMC_{16}S$）	53.0	24.7	46.7
P（AMPS－AM－DMDAAC－$AMC_{16}S$）	73.9	28.0	37.9
HPAM	31.8	7.1	22.3

注：盐水总矿化度为1.6×10^5mg/L，其中钙镁含量为3000mg/L。

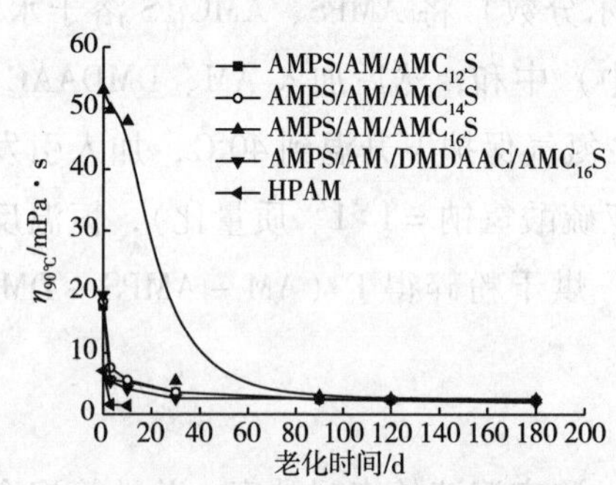

图4-46　聚合物盐水溶液（没经过除氧）在90℃下热稳定性实验结果
盐水组成同表4-27下注

图4-46是浓度为3000mg/L的聚合物盐水溶液（没经过除氧）在90℃下进行的热稳定性实验的结果。从图4-46可以看出，P（AMPS－AM－$AMC_{12}S$）、P（AMPS－AM－$AMC_{14}S$）、P（AMPS－AM－$AMC_{16}S$）和P（AM－AMPS－DMDAAC－$AMC_{16}S$）4种共聚物在盐水中具有较高的热稳定性，90℃下老化180d后，仍保持较高的溶液黏度，而相同条件下的PHP溶液仅经过10d其溶液黏度就降至1.4mPa·s，表现出良好的长期老化稳定性。

注入性是衡量聚合物驱油剂性能的重要指标，作为驱油剂有良好的注入性是聚合物驱成功的关键因素。用滤过性实验装置，通过滤过性实验来考察聚合物的注入性，即在相同的压差条件下，测量溶液累积滤过体积与累积滤过时间的关系。采用P（AM－AMPS－DMDAAC－$AMC_{16}S$）聚合物进行评价，溶液浓度分别为1000mg/L、2000mg/L、3000mg/L，采用2层3μm滤膜进行滤过实验，结果见表4-28。从表4-28可以看出，聚合物具有良好的注入性，滤后黏度保持率高。

表4-28　滤过前后聚合物黏度对比

聚合物浓度/（mg/L）	滤前黏度/mPa·s	滤后黏度/mPa·s	黏度保持率/%
1000	7.9	7.3	92.4
2000	22.2	20.8	93.7
3000	35.8	34.7	96.9

（二）P（AM-C_8AM-AMPS）共聚物

实验表明，用胶束聚合方法，将AM与疏水单体N-正辛基丙烯酰胺（C_8AM）、AMPS进行共聚合成的疏水性缔合P（AM-C_8AM-AMPS）三元共聚物，可用作聚合物驱油剂[38]。其制备过程如下。

向三颈瓶中加入200mL去离子水，随后加入AM、疏水单体C_8AM、AMPS，保持单体摩尔分数为21%，加入适量的表面活性剂SDS，通氮除氧30min，加入引发剂过硫酸钾（占单体质量的0.05%）、亚硫酸氢钠，在40℃恒温水浴中反应4h，冷却到室温，在300mL的丙酮中反复洗涤，将沉淀物在干燥箱中45℃下干燥8h，得最终产物。

研究表明，在共聚反应中加入SDS对聚合物驱油剂的性能有重要的影响。如表4-29所示，随着疏水单体含量增加，产物水溶液黏度增加，溶解时间也相应增加。为保证产物的性能，在疏水单体含量增加的同时，SDS的质量分数也需要相应的增加。如果SDS的质量分数过低，聚合物在盐水中溶解性变差，黏度降低。SDS质量分数增加，聚合物在盐水中的溶解性增加。

表4-29　SDS对共聚物性能的影响

n（C_8AM）:n（AM）	w（SDS）/%	表观黏度①/mPa·s	溶解时间②/h
0.1	3	29	0.3
0.3	6	35	0.6
0.5	9	39	0.9
0.7	12	51	1.5
0.9	15	48	2.5

注：①聚合物浓度为1000mg/L，模拟盐水的矿化度为6.5g/L；②用模拟盐水配制后，聚合物能够全部溶解的时间。

一般而言，聚合物的相对分子质量越高，聚合物溶液的黏度也越高，对提高驱油效果会更有利。实验表明，低温引发有利于提高聚合物的相对分子质量。反应温度在5~25℃内，引发温度太低或太高都使聚合物相对分子质量降低，引发温度在11℃时，可获得高相对分子质量的聚合物（约为12.45×10^4）。聚合温度由5℃升高到25℃时，共聚物的相对分子质量先升高而后又急剧下降。这是由于聚合过程中放出的热量来不及散出，导致体系的黏度增大，相对分子质量降低；所以要提高聚合物的相对分子质量，需要在低温下聚合，适当延长聚合时间，并控制适量的引发剂加量。

在以丙烯酰胺为主体单体的共聚合反应中加入尿素后，有利于改善聚合物的溶解性，离散聚合物分子间的氢键缔合，改善紧密构象，增进水化度，使溶液增黏。同时尿素可以作为辅助还原剂参与聚合反应，有利于链增长。在尿素用量0.1～0.4mmol/L的范围内，随着其用量的增加所得产物的相对分子质量先增加后降低，当尿素浓度为0.2mmol/L时，聚合物的相对分子质量出现最大值（约为11.5×10^4）。可见，在实验条件下尿素的浓度以0.2mmol/L为宜。

当总单体的摩尔分数为21%，x（C_8AM）为0.8%时，在盐水中聚合物溶液黏度随AMPS含量的增加而降低，黏度降低是由于疏水缔合作用减弱所引起，见图4-47。当单体中AMPS摩尔分数为20%和总单体摩尔分数为21%时，随着疏水单体C_8AM摩尔分数的增加，产物的溶液表观黏度先增加后降低，在疏水单体摩尔分数为0.7%时，耐温抗盐聚合物溶液的表观黏度最大，见图4-48。

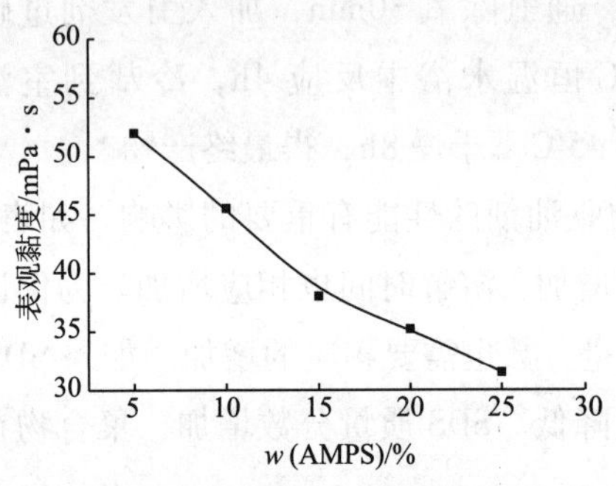

图4-47　AMPS含量对聚合物水溶液黏度的影响

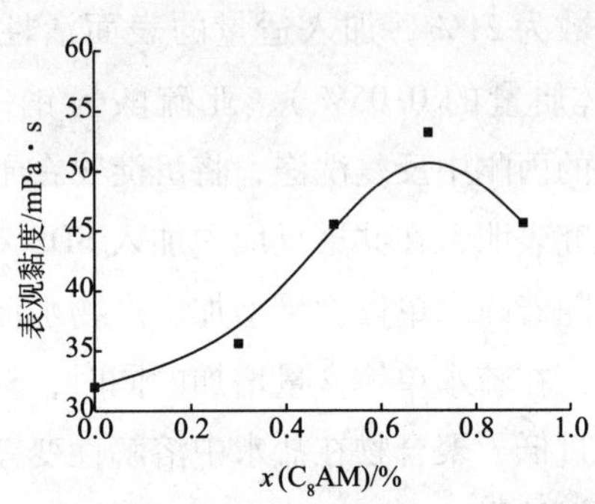

图4-48　C_8AM用量对聚合物水溶液黏度的影响

除前面所述的一些聚合物外，高相对分子质量的P（AM-AMPS）共聚物、P（AM-AMPS-DEAM）共聚物和P（AM-AMPS-VP）共聚物等[39]也是性能良好的耐温抗盐聚合物驱油剂之一。关于这些共聚物的合成可以参考前述方法，结合对驱油用聚合物的要求，适当调整单体配比和合成条件而制备，这里将不再赘述。

五、调剖堵水用AMPS聚合物

随着我国注水开发，油田综合含水不断升高，调剖堵水难度越来越大，对调剖堵水剂性能和效果要求更高。研究表明，用AMPS聚合物作为调剖堵水剂，可以提高调剖堵水效率，前面所述的驱油用AMPS聚合物或其交联物均可以用于调剖堵水，可以参考前述方法制备，这里将不再介绍。为满足老油田特高含水开发阶段的需要，除前面所述AMPS、AM共聚物外，近年来还针对性地研制开发了一系列AMPS聚合物类调剖堵水剂，并在现场应用中见到了较好的效果。

（一）淀粉接枝共聚AM/AMPS预交联凝胶调剖剂ROS

将淀粉在80℃下糊化后，加入一定比例的AM、AMPS、引发剂和交联剂等，在一定温度和氮气保护下聚合反应，产物经过干燥、粉碎即得到凝胶调剖剂。该调剖剂膨胀度在淡水中达250左右，在10×10^4mg/L盐水中达70左右，90℃环境中放置56d后性能良好，在原油中收缩性能佳，其柔顺性好，注入性强，调剖效果显著[40]。

（二）P（AA－AM－AMPS－DAC）聚合物凝胶调剖剂

以丙烯酸（AA）、丙烯酰胺（AM）、2－丙烯酰胺基－2－甲基丙磺酸（AMPS）、丙烯酰氧乙基三甲基氯化铵（DAC）等单体可制备地下交联聚合物调剖剂。当单体浓度为10%（以反应物总质量为基准），m（AA）∶m（AM）＝3∶7，交联剂加量为0.1%，引发剂加量为0.13%，功能单体AMPS加量为5%，DAC加量为5%（以上均以单体总质量为基准）时，所得聚合物凝胶60℃下老化35d，平均脱水率为7.8%，随配制水矿化度的增大（8000～30000mg/L）成胶时间由5h降低到3h，形成的凝胶强度变化不大；岩心流动实验表明，该调剖剂具有较好的封堵性与耐冲刷性能[41]。

（三）耐温抗盐水膨体调剖堵水剂

以丙烯酰胺和2－丙烯酰胺基－2－甲基丙磺酸为原料，N，N′－亚甲基双丙烯酰胺为交联剂，甲醛合次硫酸氢钠－过硫酸铵为引发剂，采用溶液聚合法合成了一种耐温抗盐水膨体调剖堵水剂。其合成过程如下[42]。

在室温下，将AM、AMPS置于广口瓶中，加入一定量的EDTA、$CH_2(OH)SO_2Na\cdot2H_2O$和MBA，再用NaOH溶液调节体系的pH值至中性，补充水至一定量后，将溶液搅拌均匀，向溶液中放入4段长为4cm、直径11mm的玻璃管，通氮气10～15min，加入$(NH_4)_2S_2O_8$反应，待反应液变稠至一定稠度后，将广口瓶密封6～10h，取出玻璃管，并将玻璃管中的柱状凝胶取出烘干至恒质。

实验表明，在水膨体调剖堵水剂合成中，AMPS单体用量、体系中单体质量分数、引发剂用量和交联剂用量是影响产物性能的关键，不同因素的影响情况如下。

（1）AMPS用量。随着AMPS的物质的量分数的增加，水膨体在不同介质中的膨胀倍数增加，但其强度降低。在油田堵水、调剖及调驱作业中要求水膨体具有一定的膨胀倍数和抗压强度，一般情况下要求水膨体的膨胀倍数为40～100，且须尽量选择抗压强度高的组分。当AMPS的物质的量分数为10%时，水膨体吸水后的膨胀倍数能够满足油田生产的要求，且具有较高的抗压强度。显然AMPS的物质的量分数为10%，即AM与AMPS的物质的量比为9∶1时较好。

（2）单体质量分数。当单体质量分数较低时，聚合反应速度缓慢，交联度低，产物易吸水且易溶解于水，其膨胀倍数高但抗压强度低；当单体质量分数较高时，反应速度快，链转移反应增加支化和自交联反应加剧，交联度增大，抗压强度增大；但单体质量分数过高时，支化和自交联程度过高，网络结构过于紧密，膨胀性差，水膨体弹性差。当单体质量分数为25%时，水膨体吸水后的膨胀倍数满足油田要求，且具有较高的抗压强度。

（3）引发剂用量。随着引发剂质量分数的增加，水膨体的膨胀倍数先增加后减小，而其吸水后的抗压强度随着引发剂质量分数的增加先减小后增大，当引发剂质量分数大于0.15%时，水膨体在不同介质中吸水后均变脆，易破。在满足油田调剖堵水剂要求的条件下，引发剂的质量分数为0.1%较好。

（4）交联剂用量。当交联剂质量分数较低时，水膨体膨胀倍数较大且变化小，但水膨体的抗压强度随着交联剂质量分数的增加而增加。当交联剂的质量分数超过0.03%后，水膨体膨胀倍数随交联剂质量分数的增加而降低，且弹性开始变差，硬且易破。

综上所述，确定水膨体调剖堵水剂的合成条件为：AM与AMPS的物质的量比为9∶1，单体质量分数为25%，交联剂质量分数为0.03%，引发剂质量分数为0.1%。按照该条件合成的水膨体调剖堵水剂具有较高的耐温抗盐性，且在90℃条件下，其岩心突破压力梯度大于0.31MPa/cm，放置7d后堵水率大于99.8%，经30倍孔隙体积水冲刷后，堵水率大于97%，表现出良好的调剖堵水性能。

（四）抗温吸水性树脂SAP

以丙烯酸、丙烯酰胺、2-丙烯酰胺基-2-甲基丙磺酸等为主要原料，合成了一种抗温吸水性树脂——SAP。SAP较优的反应配方及反应条件为：AA∶AMPS∶AM单体配比为2∶2∶6、交联剂用量为2.5%、引发剂用量为0.4%、pH值为4。评价表明，SAP在淡水和盐水中均具有较好的吸水膨胀性能，而在油相中基本上不膨胀，SAP抗NaCl可达15%，抗温可达130℃。在油田开发中，SAP可以作为堵水调剖剂或选择性堵水剂使用，具有较好的应用价值[43]。以N，N′-亚甲基双丙烯酰胺为交联剂合成的丙烯酰胺，2-丙烯酰胺基-2-甲基丙磺酸交联聚合物，可用于油井堵水。评价表明，交联聚合物耐温抗盐性良好，在矿化度5000mg/L模拟地层水中，吸水倍率为23倍左右，体积膨胀25倍左右，封堵率可以达到98%左右。在90℃和110℃的高温下滚动老化24h，交联聚合物仍保持良好的弹性和韧性，老化后吸水倍率分别为86.5和94.68，水化后其强度较好、富有弹性[44]。

此外，针对濮测2-403井组的开发现状及存在的主要问题，研究并实施了AMPS交联聚合物驱油体系，现场应用效果明显[45]。用耐温耐盐聚合物AMPS交联体系堵水，温度达到120℃，矿化度达到200g/L，与聚丙烯酰胺相比，AMPS交联体系具有更好的耐温耐盐性，其中AMPS酚醛树脂交联体系pH值适用范围广，封堵率大，稳定性好，90℃累积16d封堵率基本不受温度、矿化度影响，可应用于高温高盐条件下油井堵水[46]。P（AMPS-AM-AMC$_{14}$S）三元共聚物弱凝胶调驱体系耐温抗盐性较好，现场试验取得一定的增油降水效果[47]。

六、水处理用AMPS聚合物

水处理用AMPS聚合物包括低相对分子质量的阻垢分散剂和高相对分子质量的絮凝剂等。下面分别介绍。

（一）阻垢分散剂

低相对分子质量的AMPS共聚物用于阻垢剂，以其阻垢效果佳、热稳定性好等优点而成为水处理领域的研究热点。低相对分子质量P（AA-AMPS）二元共聚物阻垢剂性能优良，可有效抑制$Ca_3(PO_4)_2$垢、$Zn(OH)_2$垢，可用作工业循环冷却水阻垢剂，还可用作钻井液降黏剂[48]。

以苯乙烯磺酸钠（SSS），AMPS 和 AA 为单体，过硫酸铵为引发剂，次亚磷酸钠为链转移剂，在水相中合成的 P(SSS－AMPS－AA）共聚物具有优良的阻垢性能[49]。丙烯酸/2－丙烯酰胺－2－甲基丙磺酸/丙烯酸羟丙酯三元共聚物水质稳定剂具有优良的阻垢缓蚀性能[50]。马来酸酐/2－丙烯酰胺－2－甲基丙基磺酸/2－丙烯酰胺－2－甲基丙基膦酸三元共聚物具有很好的阻 $CaCO_3$ 垢和 $Ca_3(PO_4)_2$ 垢的能力[51]。丙烯酸/2－丙烯酰胺－2－甲基丙磺酸/马来酸酐三元共聚物，不仅具有优良的阻垢分散性能，而且对碳钢也有很好的缓蚀作用，是一种性能优异的水质稳定剂[52]。水溶性马来酸酐/2－丙烯酰胺－2－甲基丙基磺酸共聚物具有很好的阻 $CaCO_3$ 垢、阻 $Ca_3(PO_4)_2$ 垢和分散氧化铁的能力[53]。以丙烯酸、马来酸酐、2－丙烯酰胺基－2－甲基丙磺酸为单体合成的低磷含量的共聚物，当单体物质的量比 n（AMPS）∶n（AA）∶n（MAn）为 2∶10∶10，反应温度为 80℃，反应时间为 4h 时合成的共聚物对 $CaCO_3$ 垢、$Ca_3(PO_4)_2$ 垢和氧化铁垢有较好的阻垢分散性能[54]。以丙烯酸、2－丙烯酰胺基－2－甲基丙磺酸和次磷酸钠为原料，在 m（AA）∶m（AMPS）为 75∶25，引发剂与单体（AA 和 AMPS）的质量比为 10%，反应时间 4h，反应温度 90℃下合成的含磷 AA－AMPS 共聚物阻垢分散剂阻垢性能优良[55]。含膦磺酸基共聚物 PAMPS 用于阻垢分散剂，具有较好的抗温抗盐性能[56]，当用量为 10mg/L 时，阻止碳酸钙结垢率达到 83.73%，优于同等条件下 HEDP 与 PCA 阻止碳酸钙结垢率。当用量达到 3mg/L 时，阻垢率达到 98.32%，对硫酸钙的阻垢性能优于 HEDP 和 PCA。含膦磺酸基共聚物对阻止碳酸钙结垢具有低剂量效应，对阻止硫酸钙结垢具有低剂量效应和溶限效应。下面结合实例介绍 AMPS 聚合物阻垢分散剂的合成。

1. P（AA－AMPS）共聚物

P（AA－AMPS）共聚物是研究最多的高效阻垢剂之一，吴振德等[57]研究表明，P（AA－AMPS）共聚物在阻磷酸钙垢能力、钙容忍度、黏泥和氧化铁分散性能等方面均具有优越的性能，比国内已经工业化的共聚物阻垢剂有较大的提高。如在 Ca^{2+} 含量为 150mg/L、PO_4^{3-} 含量为 6mg/L 的水中，加入 6mg/L 或 7mg/L 的 P（AA－AMPS）共聚物，调整 pH 值至 9±0.5，在 50℃恒温水浴中静置 10h，磷酸钙阻垢率分别达到 98.6% 和 100%。其合成过程如下[58]。

在反应瓶加入适量的相对分子质量调节剂水溶液，升温至 70℃，然后分别滴加混合单体和引发剂水溶液，滴加完毕后在 70℃下反应 0.5～1h，然后升温至 80～90℃，于此温度下恒温 0.5h，得到淡黄色共聚物水溶液。

以阻 $Ca_3(PO_4)_2$ 垢能力为依据，当样品加量为 10×10^{-6} 时，研究了合成条件对共聚物阻垢能力的影响。

AMPS 的用量决定了产物中磺酸基含量，研究表明，反应条件一定时，AMPS 用量对阻垢能力的影响较大，AMPS 用量越大阻垢效果越好。但由于 AMPS 的价格高于 AA，考虑到共聚物的成本，通常选择 n（AMPS）∶n（AA）＝0.15∶1，此时产物的阻垢率达到 98% 以上。

引发剂和相对分子质量调节剂是影响产物的相对分子质量的关键，也就决定着产物的阻垢性能。单体配比和反应条件一定时，引发剂用量在2%～10%范围内，随着引发剂用量的增加，所得产物的阻垢率增加，当引发剂用量超过6%以后，再增加引发剂用量，阻垢率反而降低，可见引发剂用量为6%时，合成产物阻垢能力最强，阻垢率接近100%。单体配比和反应条件一定时，随着相对分子质量调节剂用量的增加，所得共聚物对 $Ca_3(PO_4)_2$ 垢的阻垢能力大幅度提高，但当相对分子质量调节剂用量超过10%时，共聚物的阻垢效果不再提高。故相对分子质量调节剂用量为10%时较好，此时所得产物的阻垢率达到99%以上。

当单体配比和反应条件一定时，适当增加反应温度有利于提高共聚物的阻垢能力，但反应温度也不易过高。综合考虑，反应温度为75～80℃较好，所得产物的阻垢率在99.5%左右。

表4-30和表4-31是按优化条件合成的P（AA-AMPS）聚合物用量对阻垢效果的影响和聚合物对不同垢的阻垢效果。如表4-30所示，共聚物用量要达到一定量时，才显示出明显的阻垢效果。如表4-31所示，共聚物对 $Ca_3(PO_4)_2$ 垢、$CaSO_4$ 垢具有较强的抑制能力，并可以有效的抑制 $Zn(OH)_2$ 垢和 $BaSO_4$ 垢生成，但对 $CaCO_3$ 垢阻垢效果不好。

表4-30 共聚物加量对阻垢效果的影响

共聚物加量/10^{-6}	阻垢率/%		共聚物加量/10^{-6}	阻垢率/%	
	$Ca_3(PO_4)_2$	$Zn(OH)_2$		$Ca_3(PO_4)_2$	$Zn(OH)_2$
0	0	0	8	77.2	85.3
2	8.7	12.5	9	90.6	90.7
4	10.0	26.4	10	98.5	92.1
6	12.5	70.0	15	99.6	90.8
7	65.0	80.5			

表4-31 综合阻垢效果

垢型	$BaSO_4$	$CaSO_4$	$CaCO_3$	$Zn(OH)_2$	$Ca_3(PO_4)_2$
阻垢率/%	90	98.5	43.6	92	100
样品加量/10^{-6}	20	5	6	10	10

2. P（AA-MAA-AMPS）共聚物

以丙烯酸、甲基丙烯酸和2-丙烯酰胺基-2-甲基丙基磺酸为原料合成的低相对分子质量的P（AA-MAA-AMPS）三元共聚物也是性能优良的阻垢分散剂之一，其合成过程如下[59]。

在装有搅拌器、回流冷凝管、温度计和恒压滴液漏斗的四颈瓶中，加入一定量AA和MAA的水溶液，搅拌均匀，再分别滴加一定浓度的AMPS的水溶液及适量的过硫酸钾水溶液。加热，控制反应温度并在1h内滴加完毕，然后恒温反应一定时间，冷却至室温，得到透明黏稠状液体（质量分数30%左右）。

以对$CaCO_3$垢、$Ca_3(PO_4)_2$垢的阻垢分散性能作为依据，不同因素对产物阻垢能力的影响情况如下。

（1）单体配比。当引发剂用量为1%，n（AA）∶n（MAA）＝1∶1，反应温度为75℃，反应时间为4h时，随着AMPS用量的提高，所得产物对磷酸钙的阻垢率升高，考虑到成本因素，三种单体比例以n（AMPS）∶n（AA）∶n（MAA）＝2∶10∶10为宜；当n（AMPS）∶n（AA）＝2∶10，反应条件一定时，随着MAA比例的增加，所得产物对碳酸钙和磷酸钙的阻垢率均增大，综合考虑，在实验条件下，单体配比以n（AMPS）∶n（AA）∶n（MAA）＝2∶10∶7为宜。

（2）反应时间。当原料配比和反应条件一定时，随着反应时间的增加，聚合物的阻垢率增加，但当反应时间超过4h后，变化不大，可见反应时间为4h即可。

（3）反应温度。原料配比和反应条件一定时，随着温度的提高，所得聚合物的阻垢性能逐渐增强，当温度超过75℃时，阻垢率变化不大，在实验条件下反应温度以75℃为宜。

（4）引发剂用量。当其他条件一定，反应温度为75℃时，随着引发剂用量的增加，所得聚合物的阻垢率增大，但当引发剂用量超过1%时阻垢率有所下降，因此，引发剂用量为1%较好。

综上所述，以AA、MAA、AMPS为单体合成含磺酸聚合物阻垢剂时的最佳原料配比和反应条件为：n（AMPS）∶n（AA）∶n（MAA）＝2∶10∶7，反应温度为75℃，反应时间为4h，引发剂用量为1%。在此实验条件下所得磺酸共聚物对碳酸钙的阻垢率可达88.88%，对磷酸钙的阻垢率可达93.06%。

（二）絮凝剂

除前面所述的用于阻垢剂的低相对分子质量的AMPS共聚物之外，高相对分子质量的聚合物用于水处理剂也深受重视，高相对分子质量的聚合物主要用作水处理絮凝剂等。

1. P（AM－AMPS）聚合物

制备高相对分子质量的P（AM－AMPS）聚合物，主要有在中性水溶液介质中，在氧化还原引发体系与偶氮类引发剂共同作用下，引发剂用量为单体质量的0.03%，在5℃低温下引发聚合反应，反应后期温度为40℃时，得到共聚物的相对分子质量为1810×10^4。AM和AMPS共聚物用量为0.75mg/L，与之复配的聚合氯化铝（PAC）最佳用量为100mg/L时，CODc去除率达70%以上。其合成过程如下[60]。

用去离子水配制AMPS的水溶液，用NaOH调节pH值到6～7，加入一定量的尿素EDTA；再加入定量的AM，加去离子水将反应体系稀释到设定的浓度。将上述反应物置于冰水浴中，通氮气15min；排氧并搅拌；加入引发剂，在冰水浴中反应1h，然后置于一定温度下反应4h即可。

研究表明，在AM、AMPS共聚物絮凝剂合成过程中，影响产物相对分子质量的因素主要为引发剂、单体配比、EDTA用量和反应后期温度等。

根据自由基聚合反应的原理，要想得到超高相对分子质量的聚合物，必须降低反应温度，减少引发剂用量。在合成中，选用了低温分解的氧化还原引发剂与偶氮类引发剂的复合体系。结果表明，加入偶氮引发剂所得聚合产物的相对分子质量为1810×10^4；而未加入偶氮引发剂的反应产物相对分子质量约为500×10^4。由此可以看出热分解引发剂与氧化还原引发体系协同作用可以获得更好的效果，这是由于丙烯酰胺的聚合是放热反应，随着反应温度的升高，偶氮类引发剂可以引发聚合反应，提高单体的转化率。

如图4-49（a）所示，随着引发剂用量的增加，所得产物的相对分子质量先增加后降低。在实验条件下，引发剂用量为单体质量的0.03%时共聚物相对分子质量最高；如图4-49（b）所示，反应条件一定时，单体中AMPS质量分数为10%时，所得产物的相对分子质量最大，AMPS质量分数在15%~30%之间产物的相对分子质量变化较小；由于AMPS价格较高，可以在满足产品耐热性能、耐盐性能、抗剪切性能以及溶解性等使用性能的前提下，尽量减少AMPS的用量；如图4-49（c）所示，在反应体系中加入EDTA时，有利于提高产物的相对分子质量，但当EDTA用量过多时，可能会影响到氧化还原体系中金属铁离子的引发作用，反而造成共聚物相对分子质量下降。

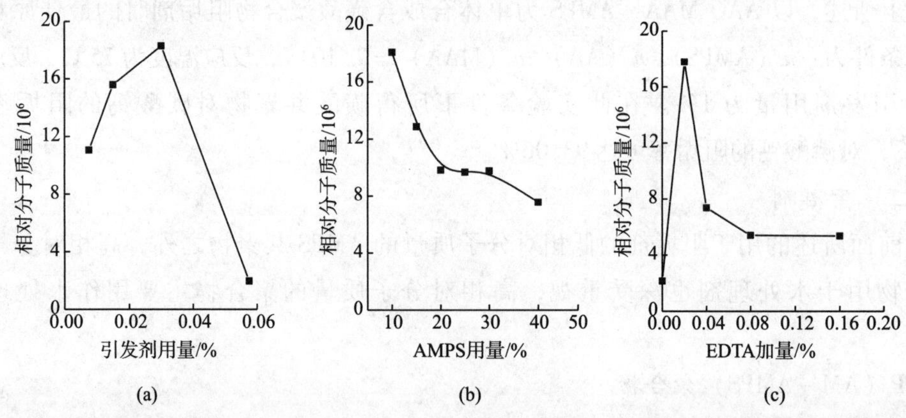

图4-49　引发剂用量（a）、AMPS用量（b）和EDTA用量（c）对共聚物相对分子质量的影响

由于偶氮化合物引发反应温度较高，因此研究了反应后期温度对共聚物相对分子质量的影响，即在冰浴中反应1h后，将反应体系分别置于温度为20℃、30℃、35℃、40℃、45℃的水浴中再反应4h，结果如表4-32所示。从表4-32中可以看出，适当提高反应后期温度有利于提高产物的相对分子质量，但当温度过高时，共聚物容易发生交联，影响共聚物的溶解性，因此反应后期温度选择在35~40℃为宜。

表4-32 温度对共聚物相对分子质量的影响

温度/℃	相对分子质量/10^6	温度/℃	相对分子质量/10^6
20	7.43	40	11.91
30	9.79	45	交联
35	10.25		

2. P（AM－AMPS－DMDAAC）聚合物

以丙烯酰胺、2－丙烯酰胺基－2－甲基丙磺酸与二甲基二烯丙基氯化铵为原料，通过水溶液聚合制备的P（AM－AMPS－DMDAAC）两性离子共聚物，用于水处理絮凝剂，热稳定性好，用于净化洗煤水、污泥脱水等都有良好的效果，与无机絮凝剂复配效果更好[61]。其合成过程如下。

将一定量的AM、AMPS和DMDAAC单体溶于水，加入至有通氮导管和搅拌装置的反应瓶中，通氮气15min，把反应瓶放入预定温度的水浴中，搅拌并加入引发剂，反应若干小时后得到无色或淡黄色黏稠液，将所得产物倒入乙醇（质量分数为95%），沉淀，洗涤，烘干，粉碎即得到产品。

合成中不同因素对聚合物特性黏数的影响情况见表4-36、表4-37。

如表4-33所示，当反应条件一定，n（AM）：n（AMPS）：n（DMDAAC）＝8：1：1时，所得产物的特性黏度较大，即相对分子质量较大，絮凝能力也较强。固定AMPS的量，增大DMDAAC的量，减少AM的量，则黏度降低。这由于DMDAAC为烯丙基类单体，活性中心易发生链转移，产生的烯丙基自由基有较强的自阻聚作用，而且DMDAAC单体位阻较大，不易聚合，使产品相对分子质量降低。若增加AM的量，减少DMDAAC的量，由于AM反应活性高，聚合时易发生交联，产品水溶性降低。当（AM）：n（AMPS）：n（DMDAAC）＝6：1：3时，聚合物溶于水，呈乳浊状，但无沉淀，加盐后立即变为澄清，显示出两性离子聚合物特征，由于分子链上的净电荷较少，在水溶液中的电性斥力相对较小，正负离子基团缔合形成分子内或分子间盐键的机会相应增大，分子链卷曲，导致其黏度出现最低值。

表4-33 单体配比对共聚物特性黏数的影响

n（AM）：n（AMPS）：n（DMDAAC）	特性黏数/（mL/g）	n（AM）：n（AMPS）：n（DMDAAC）	特性黏数/（mL/g）
8：1：1	755	5：1：4	190
7：1：2	485	4：1：5	89
6：1：3	40		

如表4-34所示，当n（AM）：n（AMPS）：n（DMDAAC）＝8：1：1，反应条件一定，单体质量分数低于30%时，反应热可及时散发，链转移及终止慢，聚合物相对分子质量太大，水溶性差。单体质量分数高于30%，黏度逐渐降低。这是由于随着单体质量分数的增

加，热量不易散发，链转移增加，歧化终止增多，相对分子质量下降，同时共聚物具有强亲水性，单体质量分数的增加，使生成的大分子活性链缔合水的程度相对降低，自由基裸露程度增加，链终止机率增大，导致黏度下降。故单体质量分数以30%为宜。

表4-34　单体质量分数对共聚物特性黏数的影响

单体质量分数/%	特性黏数/（mL/g）	单体质量分数/%	特性黏数/（mL/g）
20	溶解性差	40	1010
30	1440	50	938

实验表明，当 n（AM）∶n（AMPS）∶n（DMDAAC）＝8∶1∶1，单体质量分数为30%，反应条件一定时，如果反应温度低于50℃，聚合物特性黏数随温度升高而增加，如果温度高于50℃，聚合物的特性黏数随着温度的升高呈下降趋势，温度为50℃时所得产物的特性黏数最高（约为1450mL/g）。这是由于在50℃以下，温度升高有利于单体向活性链扩散和提高聚合链引发与增长速率，有利于聚合；高于50℃不利于活性中心的稳定，引发剂分解速率加快，短时间内体系中生成的自由基数目多，分子链多引起聚合物相对分子质量下降，导致絮凝能力降低。

此外，高相对分子质量的P（AM－AMPS－DAC）聚合物等也是性能良好的水处理絮凝剂，关于其合成可以结合用于水处理剂对产物的性能要求，参照前述有关章节的方法制备。除上述纯粹的合成聚合物两性离子絮凝剂外，也可以采用淀粉与AM、丙烯酰氧乙基三甲基氯化铵（DAC）、AMPS等单体接枝共聚制备两性离子型接枝共聚物。当引发剂质量分数为0.1%，m（单体）∶m（淀粉）＝7∶3，反应温度为50℃，反应时间为4h时，接枝率达217.92%、转化率达93.74%、特性黏数达543.31mL/g，该聚合物用于处理油田污水效果优于聚丙烯酰胺类絮凝剂[62]。采用淀粉与AM、DAC、AMPS等单体接枝共聚可以在保证产品良好性能的前提下降低成本。

第四节　其他类型磺酸基单体聚合物

除前面所介绍的AMPS聚合物外，还有一些诸如丙烯磺酸钠、甲基烯丙基磺酸钠、2－丙烯酰氧基－2－甲基丙磺酸、乙烯基磺酸钠、2－丙烯酰胺基苯基乙基磺酸、苯乙烯基磺酸钠、单马来酰胺基乙磺酸、单马来酰氧基乙磺酸等不同类型的含磺酸单体的聚合物。这些单体的聚合物根据其磺酸单体的聚合性质，可以得到不同相对分子质量和组成的聚合物，可用于油气田各领域，由于其在基团性能上与AMPS聚合物相近，故将其与AMPS共聚物放在本章一并介绍。

一、丙烯磺酸钠或甲基烯丙基磺酸钠共聚物

丙烯磺酸钠或甲基丙烯磺酸钠是工业上常用的含磺酸基单体，但由于其聚合活性低，链转移作用强，当其用量较大时，很难得到高相对分子质量的共聚物，因此，在油田用聚

合物中一般作为辅助单体或用于制备低分子聚合物的原料。

（一）低相对分子质量的丙烯磺酸钠或甲基丙烯磺酸钠聚合物

低分子丙烯磺酸钠或甲基丙烯磺酸钠共聚物主要用于水处理阻垢分散剂和钻井液降黏剂，如以马来酸（MA）、丙烯酸（AA）、丙烯酰胺（AM）、甲代烯丙基磺酸钠（SMAS）等为原料，以过氧化氢为引发剂，通过水溶液聚合反应和膦酰化反应得到的含膦酰基、羧基和磺酸基的四元共聚物阻垢剂，当 pH＝7，共聚物用量为 7mg/L 时，其对 $CaCO_3$阻垢率可达 99%，对 $CaSO_4$阻垢率达 88.5%，与同类的产品相比，在碳酸钙垢和硫酸钙垢的阻垢性能上表现出一定的优势[63]。以衣康酸（IA）、马来酸（MA）和烯丙基磺酸钠（SAS）为原料，$K_2S_2O_8$－$(NH_4)_2Fe(SO_4)_2$为氧化还原引发剂，合成的 P（IA－MA－SAS）共聚物阻垢剂，静态法评价表明，在加剂量为 10mg/L 时阻碳酸钙率最高可达 96.6%，优于常用的聚羧酸类和聚膦酸类商品阻垢剂，是一种性能优异的循环冷却水阻垢剂[64]。以水为溶剂，过硫酸钾为引发剂，马来酸酐、丙烯酸和甲代烯丙基磺酸钠共聚得到的共聚物，作为阻垢剂，在较宽的介质温度范围内对碳酸钙和磷酸钙都有良好的阻垢效果，对 $CaCO_3$垢和 $Ca_3(PO_4)_2$垢阻垢率可分别达到 98.2% 和 92.1%。而且也适用于硬度不超过 250mg/L 的水处理系统中[65]。按照 n（MA）：n（SAS）＝1∶1，聚合得到阻垢剂，阻垢性能优于现在常用的 HEDP，并与其他常用药剂具有良好的配伍性。适用于油田水处理[66]。

以丙烯酸、丙烯酸甲酯、甲基丙烯酸、顺丁烯二酸酐、烯丙基磺酸钠等单体为原料，合成的丙烯酸类系列减水剂，具有一定的表面活性，能使水泥浆体 ζ 电位的绝对值增大，减水剂的链结构、相对分子质量、羧酸根负离子的数量及其分布和基团的空间位阻大小等都对减水性能产生影响[67]。

采用 AODAC、AA 和 AS 为原料，以水为溶剂，用氧化还原体系引发合成的两性离子型共聚物，作为钻井液降黏剂，抗温、抗盐钙污染能力强，且具有一定的抑制页岩水化分散能力[68]。采用二烯丙基二甲基氯化铵、丙烯酸、烯丙基磺酸钠为原料，以水为溶剂，用氧化还原体系引发合成的两性离子型共聚物钻井液降黏剂，热稳定好，抑制性、降黏和抗温抗盐能力强[69]。下面介绍几种典型的低相对分子质量的聚合物。

1. 丙烯酸和丙烯磺酸钠的二元共聚物

丙烯酸和丙烯磺酸钠的二元共聚物 P（AA－AS），是一种含部分磺酸基的共聚物，无毒、无污染，易吸潮、极易溶于水。其平均相对分子质量为 2000～7000。由于分子中引含磺酸基团，用作钻井液降黏剂，其抗温抗盐能力比 XA－40（聚丙烯酸钠）有了明显提高，可抗 180℃高温，但在盐水钻井液中的降黏效果仍然较低。作为水基钻井液的降黏剂，特别适用于不分散聚合物钻井液，兼具降滤失、改善泥饼质量的作用。

制备过程：将 80 份丙烯酸和 120 份水加入反应釜中，然后在搅拌下慢慢加入 60 份纯碱，待纯碱加完后，加入 20 份丙烯磺酸钠，搅拌使其溶解，得单体的反应混合液。将反应混合液升温至 60～70℃，待温度达到后将反应混合液转移至聚合反应器中，在搅拌下加入 10 份链转移剂，搅拌均匀后加入引发剂过硫酸铵和亚硫酸氢钠，并搅拌 5～10min 即发生聚合反应，最后得到基本干燥的多孔泡沫状产物。将产物在100℃下烘至水分含量小于5%，然后经粉碎、包装即得成品。

2. 丙烯酸/马来酸酐/烯丙基磺酸钠三元共聚物

丙烯酸/马来酸酐/烯丙基磺酸钠三元共聚物是磺酸（盐）类阻垢分散剂，呈酸性、毒性小，可与水以任意比例混溶。对碳酸钙、磷酸钙和锌垢沉积有卓越的阻垢和分散性能，对锌盐有良好的稳定性能。由于产品分子中含有多种官能团，可防止聚合物与水中Ca^{2+}离子缔合产生钙凝胶，并有很强的螯合能力。本品属低毒品，无致癌、无致畸及无突变作用，耐高温，不易水解。主要用于工业循环冷却水系统和油田污水回注系统作阻垢分散剂。

制备过程：将525份水投加到反应釜中，开动搅拌，在搅拌下投加129份马来酸酐，加热使釜内温度达到70℃，溶解后加入50份质量分数为50%的NaOH溶液调节pHw值为4~5，保温反应1h。继续升温至80℃，将44份烯丙基磺酸钠和适量催化剂投加到反应釜中，升温至釜内温度为85℃，在此温度下分别投加148份丙烯酸和第四单体的混合溶液及72份质量分数为30%的引发剂水溶液，加料速度应视釜内反应温度和放热大小而适当加以控制，保证反应体系的温度不超过100℃。所有物料投加完毕后，在90℃下保温反应2~3h，冷却至室温，即得成品。

产品为浅黄色透明黏稠液体，固体含量≥30%，溴值≤100mg/g，pH值（1%水溶液）为2~3，密度（20℃）为1.1~1.2g/cm^3，特性黏数（30℃）为0.065~0.095dL/g。

3. 膦基磺酸共聚物

膦基（丙烯酸/烯丙基磺酸钠）三元共聚物或含磷（丙烯酸/烯丙基磺酸钠）三元共聚物是含磷磺酸聚合物类水质稳定剂，其分子结构特点是分子中同时含有多种阻垢性能的膦酸基团、羧酸基团和磺酸基团，因而具多种羧酸共聚物的特点。能更好地满足高温、高硬度和高pH值的水质对药剂的特殊要求，对碳酸钙、硫酸钙，氢氧化锌和氧化铁颗粒等沉积均具有很强的分散能力，是一种高效多功能阻垢分散剂。本品具有优异的复配性能，与有机膦酸、羧酸聚合物和锌盐等混溶性极好，优于其他类型水处理用的共聚物。主要用于工业循环冷却水系统和油田污水回注系统作阻垢分散剂，特别适用于高硬度和高碱度的恶劣水质。本品既可作单剂使用，又可与有机膦酸盐、无机缓蚀剂锌盐等复配使用。复合使用时可作缓蚀阻垢剂。作为单剂使用时，用量根据水质和工况条件而定，一般投加量为5~20mg/L，适用pH值为7~9.5。

制备过程：将550份水加入反应釜中，开动搅拌，在搅拌下加入45份第三单体，加热使釜内温度达到70℃，保温反应1h。将62份烯丙基磺酸钠、30份次亚磷酸钠和适量链转移剂投加到反应釜中，继续升温至釜内温度为80~85℃，在此温度下分别缓慢加入185份丙烯酸和132份质量分数为30%的引发剂水溶液，加料速度应视釜内温度和放热大小而适当加以控制，保证反应体系的温度不超过90℃。所有物料投加完毕后，在90℃下保温反应2~3h，冷却至室温，即得成品。

产品为淡黄色透明液体，固体含量≥32%，游离单体含量（以聚丙烯酸计）≤1%，总磷含量（以 PO_4^{3-} 计）≤8%。

（二）高相对分子质量的丙烯磺酸钠或甲基丙烯磺酸钠聚合物

高相对分子质量的聚合物可以用于油井水泥降失水剂、钻井液降滤失剂，以及调剖堵水和驱油剂。以 AM、AA、AS 为原料，微波辐射制备的聚合物用于水泥浆降失水剂，综合性能优良，能够满足固井要求[70]。

1. P（AM－SAS）共聚物

高相对分子质量的 P（AM－SAS）共聚物可以用于钻井液处理剂，经链节单元组成 AM 为 0.82，SAS 为 0.18 摩尔分数的共聚物所处理的钻井液，分别于 150℃、180℃、200℃静态下老化 16h，冷至室温测定性能，结果表明，在加量为 2% 时，即能控制淡钻井液浆滤失量在 13mL（150～180℃）、16.4mL（200℃）[71]。其合成过程如下。

将一定量的单体 AM、SAS 溶于定量的水中，在搅拌和 60℃ ±1℃温度条件下，添加过硫酸钾（KPS），反应 2h 后，冷却、沉析分离，洗涤，减压干燥至恒重，粉碎后得白色粉末状的 AM－SAS 共聚物。

研究表明，在聚合过程中，单体配比、单体浓度、引发剂用量和反应温度等对共聚反应及产物性能有着明显的影响。实验表明，KPS 浓度以 3.7×10^{-3}～6×10^{-3}mol/L 为宜，反应温度以 60℃为宜。如图 4－50 所示，当［SAS］＝0.02mol/L，［KPS］＝3.7×10^{-3}mol/L，反应温度为 60℃时，反应速率随 AM 浓度的提高而增大，且初始反应速率较大，在实验条件下，转化率达 99% 以上。但 SAS 浓度的提高不利于转化率的提高，如图 4－51 所示，当［AM］＝0.98mol/L，［KPS］＝3.7×10^{-3}mol/L，反应温度为 60℃时，随着 SAS 用量的增加，反应速率降低。

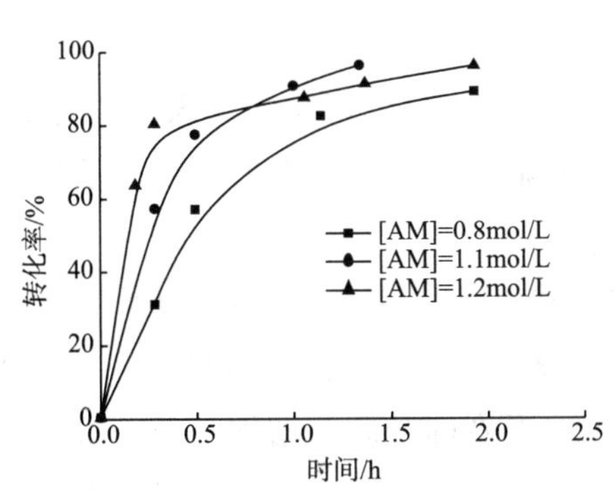

图 4－50　AM 浓度对转化率的影响

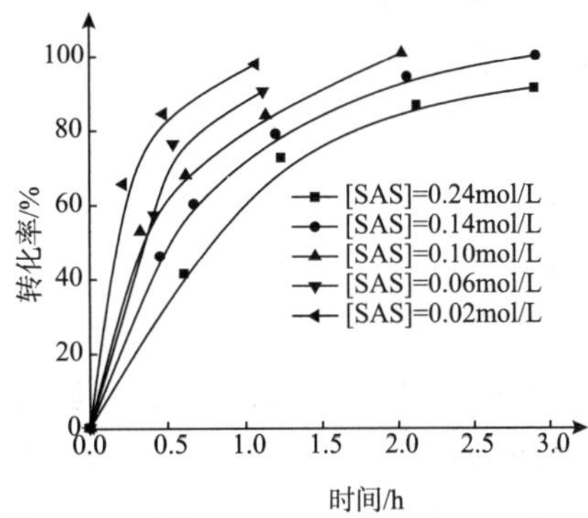

图 4－51　SAS 浓度对转化率的影响

2. P（SMAS－DMAM－AM）共聚物

采用甲基丙烯磺酸钠（SMAS）、N，N－二甲基丙烯酰胺（DMAM）、丙烯酰胺（AM）为原料合成的 P（SMAS－DMAM－AM）共聚物，可用于耐温抗盐的驱油剂[72]。其合成过程如下。

在聚合釜中加入AM、DMAM、SMAS，用去离子水调节到适宜浓度。将共聚溶液调至所需pH值，在一定温度下通入氮气，加入预先配制的引发剂水溶液，调节温度控制适宜的诱导期，聚合一定时间后，降温、出料、切割、干燥、粉碎得到共聚物产品。

研究表明，在共聚物合成中反应时间、引发剂用量对共聚反应中单体转化率和产物表观黏度［用总矿化度为2×10^4mg/L（其中Ca^{2+}的质量浓度为500mg/L，Mg^{2+}的质量浓度为200mg/L）的模拟矿化水配制出共聚物溶液，采用Model DV－Ⅱ型Brookfild旋转黏度计测定］的影响见图4－52～图4－54。

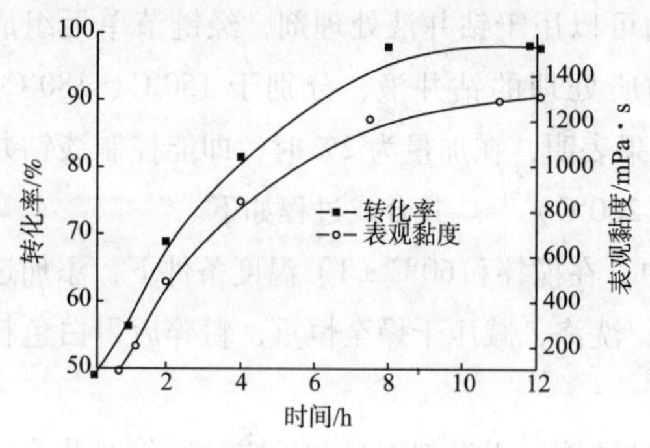

图4－52　共聚反应时间对单体转化率和产物表观黏度的影响

如图4－52所示，当m（AM）：m（SMAS）：m（DMAM）＝82：12：6，引发剂质量分数（占单体质量）为0.07%，共聚反应温度为50℃，pH值为7的条件下，共聚反应初期，随共聚反应时间的延长，单体转化率和产物水溶液黏度均逐渐增加，继续延长共聚反应时间，单体转化率趋向平稳。当共聚反应时间为8h时，单体转化率达97%以上，产物水溶液表观黏度也达到最大。

从图4－53可以看出，在m（AM）：m（SMAS）：m（DMAM）＝82：12：6，共聚反应温度为50℃，共聚反应时间为8h，pH值为7的条件下，单体转化率首先随引发剂用量的增加而增加，然后趋于平缓并略有降低。引发剂含量较低时，单体转化率随共聚反应温度的变化较大，出现高单体转化率的温度范围较窄；引发剂含量越高，单体转化率随共聚反应温度的变化越平缓，出现高单体转化率的温度范围越宽；这是由于当引发剂含量低时，共聚反应温度对共聚反应速率影响比较大；引发剂含量高时，共聚反应温度对共聚反应速率影响比较小。由图4－54还可看出，共聚反应温度过高时，单体转化率降低，这是由于共聚反应温度过高时，体系的黏度增大，影响共聚单体的扩散所致。

如图4－54所示，在较低共聚反应温度（30℃和40℃）时，共聚物的表观黏度随引发剂用量的增加和共聚反应温度的升高而降低；在较高共聚反应温度（50℃和60℃）时，表观黏度随引发剂含量的增加而降低，随共聚反应温度的升高而增加；同一引发剂用量下，40℃时表观黏度最小。由此可见，共聚物的表观黏度不仅与大分子链长有关，还与大分子链的组成、结构有关。在较低的共聚反应温度范围内，共聚反应温度升高时，引发剂的分解速率加快、引发效率提高，导致生成的共聚物分子链长减小；而在较高的共聚反应温度范围内，升高共聚反应温度主要提高单体的聚合活性，尤其是提高具有庞大侧基的DMAM的聚合活性，共聚物的表观黏度增加。因此较佳的引发剂质量分数为0.07%（占单体质量），较佳的共聚反应温度为50℃。

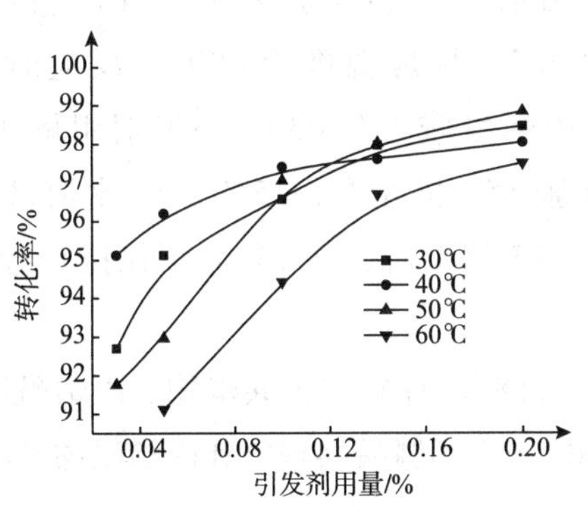

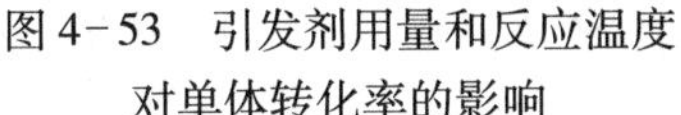
图4－53　引发剂用量和反应温度对单体转化率的影响

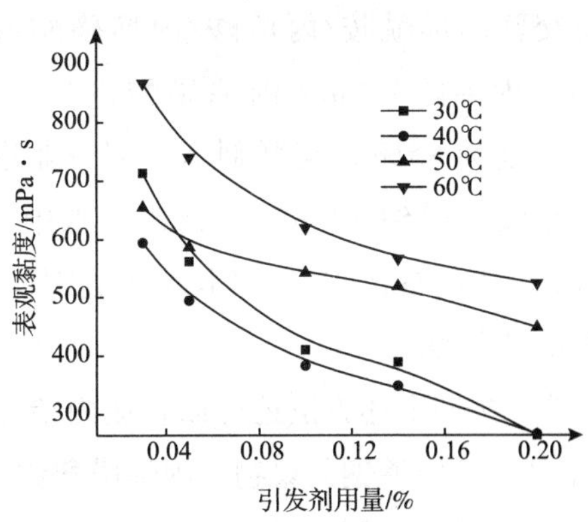

图4－54　引发剂用量和反应温度对产物表观黏度的影响

如表4－35所示，反应条件一定时，随DMAM含量的增加和SMAS的含量减少，共聚物的特性黏数增加。这是由于线性高分子链上所含的侧基的比例增加，导致链－链间距离增大，大分子链得到充分伸展。当DMAM含量过高时，共聚物的溶解速率减慢；随SMAS含量的增加，共聚物的溶解速率加快，这说明，在聚丙烯酰胺高分子链中，引入SMAS和DMAM功能性基团时，高分子链受高分子链段间的静电斥力、氢键作用和空间位阻等因素的影响，其在水溶液中的构象发生显著的变化。

表4－35　单体含量对共聚物性能的影响

m（AM）：m（SMAS）：m（DMAM）＝82：12：6	［η］/（dL/g）	t/min	R_s/%	R_h/%
82：18：0	12.8	30	4.38	78
82：15：3	13.4	78	5.02	75
82：12：6	13.8	120	7.60	70
82：9：9	14.5	156	7.66	54
82：6：12	14.7	312	7.78	40
82：3：15	15.0	900	7.94	34
82：0：18	15.2	1320	8.03	20

注：t—溶解时间，min；R_s—盐水溶液黏度保持率，%；R_h—温度黏度保持率，%。

表4－35还表明，随SMAS含量的增加，共聚物的R_h增加；随DMAM含量的增加，共聚物的R_s增加，抗盐性能增强。实验表明，SMAS具有反应活性强、分散性好的特点，而DMAM的加入有利于提高溶液的抗盐性能、稳定黏度及协同作用。这说明共聚物中的磺酸基团和DMAM侧基产生良好的水化作用、空间位阻效应和适宜的疏水作用、静电排斥作用，保持原有的长分子主链的伸展程度，最终增强了溶液黏度在高温、高盐溶液中的保持程度。综合考虑共聚物的各种性能，适宜的单体质量分数分别为AM82%、SMAS12%、DMAM6%。

据介绍，以丙烯酰胺、丙烯酸和丙烯磺酸为原料，共聚中引入适量的交联剂，可以制得交联丙烯酰胺/丙烯酸/丙烯磺酸共聚物堵水剂[73]。实验表明，当 n（丙烯酰胺）：n（丙烯酸）：n（丙烯磺酸钠）=9：3：0.5，反应温度为60℃，反应时间为4h，中和度为85%，交联剂N，N′-亚甲基双丙烯酰胺为0.03g，引发剂用量0.06g时，产品收率得到99.8%，其在纯水中体积膨胀157倍左右，15% NaCl水溶液中体积膨胀33倍左右，10% $CaCl_2$水溶液中体积膨胀17倍左右，在130℃下保持具有弹性和韧性的片粒状。

此外，按照上述方法还可以合成丙烯酰胺/丙烯酸/丙烯磺酸钠共聚物、丙烯酰胺/丙烯酸/甲基丙烯磺酸钠共聚物、丙烯磺酸钠/丙烯酸/异丙烯膦酸共聚物和丙烯磺酸钠/丙烯酰胺/衣康酸共聚物等。

二、苯乙烯基磺酸钠共聚物

对苯乙烯磺酸钠（SSS）可以与一些单体共聚，制备用于不同目的的低分子和高分子聚合物。以丙烯酸、对苯乙烯磺酸钠和一种含亲水性长链的烯类单体为原料，以过硫酸铵为引发剂，采用水溶液聚合法合成的共聚物，可以用于油井水泥缓凝剂。结果表明，该共聚物使用温度范围广（90~170℃），且对温度不敏感，在170℃加量为2.75%时稠化时间为356min；可以改善水泥浆的流变性，分散效果良好；对水泥石强度影响较小，有较好的抗盐性能[74]。

以N，N′-亚甲基双丙烯酰胺为交联剂，N-乙烯基己内酰胺与对苯乙烯磺酸钠采用自由基胶束乳液聚合法制备的共聚物，可以用作抗高温钻井液聚合物增黏剂。结果表明，该聚合物增黏剂具有优异的增黏性能、热稳定性及温敏特性，在淡水基浆和盐水基浆中经220℃、16h老化后的表观黏度保持率分别为90.81%和95.95%，EC50值为15.529×10^{-4} mg/L，满足可排放海水基钻井液技术要求；在环渤海湾地区冀东油田深部潜山储层现场的成功应用表明该处理剂能够在深部超高温地层、低膨润土含量及低密度钻井液体系中有效发挥增黏作用[75]。

以衣康酸（IA）、对苯乙烯磺酸钠为原料，采用水溶液聚合法合成的P（IA-SSS）共聚物，作为阻垢剂，对$CaSO_4$垢、$Ca_3(PO_4)_2$垢的阻垢性能优良，阻垢率可达94%以上；另外还具有较好的稳定锌性能和分散氧化铁性能[76,77]。下面介绍典型的聚合物合成方法。

（一）P（AM-SSS）共聚物的合成

以丙烯酰胺（AM）、对苯乙烯磺酸钠（SSS）为原料，采用分散聚合法合成的高相对分子质量的P（AM-SSS）聚合物，用于驱油剂具有较优异的抗盐耐温性能[78]。其合成过程如下。

在250mL反应中配制一定比例的叔丁醇（TBA）水溶液，加入定量的AM、SSS、分散剂PVP，搅拌使其全部溶解。通氮排氧1h，加入引发剂KPS，升温至70℃，恒温反应7~8h，得到分散均匀的乳白色分散液——P（AM-SSS）聚合物。

研究表明，醇水比直接影响P（AM-SSS）聚合物微球的粒径。实验表明，醇水比越大，所得P（AM－SSS）微球的粒径越大；醇水比越小，分散性越好。这可能是因为分散介质中的醇水比越大，分散介质的极性降低，聚合物分子链更倾向于团聚沉淀，故而微球粒径变大。同时，分散介质极性的降低导致PVP在介质中的溶解度下降，有效PVP的浓度降低，故而分散性变差，因此，从体系分散稳定性考虑，V（叔丁醇）:V（水）=1:1较合适。

当V（叔丁醇）:V（水）=1:1，w（AM＋SSS）=20%，w（PVP）=6%，w（KPS）=0.25%，w（SSS）=15%，反应温度为75℃时，反应时间对共聚反应的影响情况见图4－55。反应时间为6h时，反应温度对共聚反应的影响情况见表4－36。

图4－55表明，转化率和产物的相对分子质量均随着反应时间的延长逐渐增加，当反应时间达到6h时，转化率和相对分子质量基本恒定。显然，反应时间为6h即可。如表4－36所示，随反应温度升高，单体转化率增加，产物的相对分子质量下降。实验发现，当反应温度为55℃时，未达到引发剂分解所需的温度，共聚反应不能进行；当反应温度为65℃时，转化率较低，反应速率缓慢。在实验条件下，反应温度以75℃较适宜。

表4－36 反应温度对共聚反应的影响

温度/℃	转化率/%	相对分子质量/10^7	温度/℃	转化率/%	相对分子质量/10^7
55	—	—	75	97.8	3.40
65	83.3	4.08	85	98.5	2.56

当V（叔丁醇）:V（水）=1:1，w（AM＋SSS）=20%，w（PVP）=6%，w（SSS）=15%，反应温度为75℃，反应时间为6h时，引发剂用量、分散剂用量对聚合反应的影响见图4－56和表4－37。

如图4－56所示，随着KPS用量的增加，单体转化率增加，而P（AM－SSS）的相对分子质量则降低。从相对分子质量大小考虑，w（KPS）=0.25%较适宜。

如表4－37所示，如果PVP用量过低（<4%），分散体系得不到充分的保护，或不能形成分散液；如果PVP用量过高（>8%），体系形成核的数量增加，有效单体浓度降低，导致P（AM－SSS）的相对分子质量降低。可见，w（PVP）为6%较适宜。

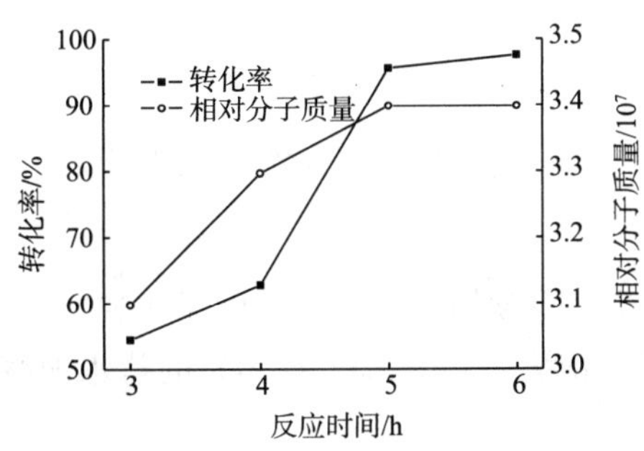

图4－55 反应时间对共聚反应的影响

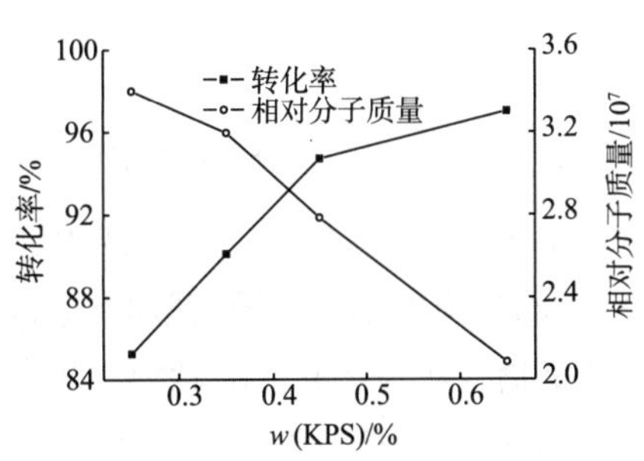

图4－56 KPS用量对共聚反应的影响

表 4-37 PVP 用量对共聚产物的影响

w（PVP）/%	体系状态	相对分子质量/10^7	w（PVP）/%	体系状态	相对分子质量/10^7
2	—	—	6	分数	3.4
4	分散	3.4	8	分散	3.0

注：合成条件：V（叔丁醇）:V（水）=1:1，w（AM+SSS）=20%，w（KPS）=0.25%，w（SSS）=15%，反应温度为75℃，时间为6h。

如图4-57所示，当V（叔丁醇）:V（水）=1:1，w（PVP）=6%，w（KPS）=0.25%，w（SSS）=15%，反应温度为75℃，反应时间为6h时，转化率随着初始单体含量的增加而增加，这是由于链增长速率与单体含量成正比；相对分子质量随初始单体含量的增加先增加后降低，这主要是由于聚丙烯酰胺（PAM）微球在醇水混合液中高度溶胀，单体很容易通过聚合物粒子表层的溶剂通道扩散到微球内部。初始单体含量越高，扩散进入微球内部的单体越多，越有利于链增长反应，相对分子质量也越大。但当AM含量超过一定量时，体系的黏度增大，反应热不易散出，加速了链终止反应，使相对分子质量降低。综合考虑相对分子质量与转化率，w（AM+SSS）为20%较适宜。

从图4-58可见，当V（叔丁醇）:V（水）=1:1，w（AM+SSS）=20%，w（PVP）=6%，w（KPS）=0.25%，反应温度为75℃，反应时间为6h时，随SSS含量的增加，单体转化率和聚合物相对分子质量均呈现先增加后降低的趋势，从总体上看，SSS用量对相对分子质量的影响大于对转化率的影响。这可能是因为SSS是离子型单体，反应初期随SSS用量的增加，P（AM-SSS）更易溶于分散介质，导致沉析临界聚合度增大，链增长时间更长，故相对分子质量大；当SSS用量达到一定程度以后，可能会由于SSS反应活性低于AM，导致相对分子质量和转化率均降低。在实验条件下，w（SSS）为15%较适宜。

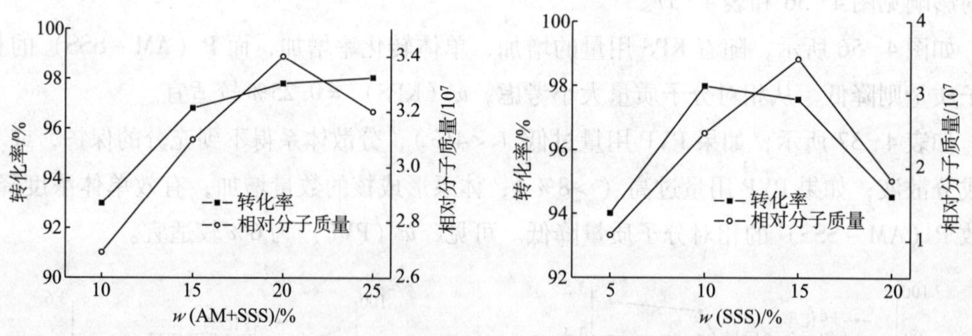

图4-57 初始单体质量分数对共聚反应的影响　图4-58 SSS单体质量分数对共聚反应的影响

（二）P（SSS-AM-AA）共聚物

以苯乙烯磺酸钠、丙烯酰胺和丙烯酸为原料合成的低相对分子质量的P（SSS-AM-AA）共聚物，作为钻井液降黏剂，具有较好的抗温能力，在盐浓度为30%的盐水泥浆中，降黏率为62.71%[79]。其合成过程如下。

按照n（SSS）:n（AM）:n（AA）=2:1:4，称取一定量的苯乙烯磺酸钠、丙烯酰胺和丙烯酸于反应瓶中，加入适量的水，放入水浴锅中加热使其溶解，控制单体质量分数为15%，加入占体系总质量2%的引发剂（过硫酸铵和亚硫酸钠），调节pH值至弱碱性，搅拌均匀，于80℃的水浴锅中反应3h，将所得产物用无水乙醇提纯萃取、剪切造粒、真空烘干和粉碎，即得白色粉末状共聚物。

研究表明，共聚物的降黏性能对合成条件具有强烈的依赖性，以共聚物在钻井液中的降黏率为考察依据，不同因素对产品降黏能力的影响情况如下。

（1）单体配比。如表4-38所示，当单体质量分数为15%，溶液pH值为7~8，反应温度为70℃，引发剂［过硫酸铵∶亚硫酸钠=1∶1（质量比）］用量为1%，反应时间为4h，n（SSS）∶n（AM）∶n（AA）=2∶1∶4时，所得产物的降黏效果最好；之后再继续增加苯乙烯磺酸钠的量，降黏能力反而略有降低。显然，n（SSS）∶n（AM）∶n（AA）=2∶1∶4较为合适。

（2）反应温度和反应时间。温度会影响反应速度和聚合物的相对分子质量，从而影响降黏剂的降黏效果，如表4-39所示，当反应条件一定，温度为40~50℃时，得到的聚合产物黏度高，相对分子质量也大，因此合成的聚合物不但不降黏，反而有增黏现象；反应温度为60~90℃时，特别是在80℃时，产物的降黏性能最优，相对分子质量也适中，显然，聚合反应温度以80℃最佳。

实验表明，当原料配比和反应条件一定，反应温度为80℃时，随着反应时间的增加，降黏率随之提高。反应时间为3h时，聚合产物降黏效果最好，继续增加时间，降黏率又逐渐降低。可见，反应时间为3h即可满足要求。

表4-38 单体配比对共聚物降黏能力的影响

n（sss）∶n（AM）∶n（AA）	降黏率/%	n（sss）∶n（AM）∶n（AA）	降黏率/%
1∶1∶2	62.93	2∶1∶4	90.75
1∶2∶1	46.30	3∶1∶4	88.44
2∶1∶2	62.96	5∶1∶4	87.86
2∶3∶1	77.78	2∶1∶5	87.28

表4-39 反应温度对共聚物降黏能力的影响

反应温度/℃	降黏率/%	反应温度/℃	降黏率/%
40	增黏	70	90.75
50	增黏	80	91.02
60	85.10	90	90.06

（3）引发剂用量。当反应温度为80℃，反应时间为3h时，随着引发剂加量的增加，产物的降黏效果增加。但是当引发剂加量超过一定量时，降黏效果趋于平缓，甚至有降低的趋势，这是由于引发剂加量过多时容易引起爆聚，使得反应前期速度过快，合成产品的

相对分子质量过低，导致产品性能下降。所以引发剂最佳加量为2.0%（占体系总质量）。

（4）单体质量分数。当原料配比和反应条件一定，引发剂加量为2%，反应温度为80℃，反应时间为3h时，随着单体质量分数的增加，产物的降黏能力有所提高，但到一定浓度后，降黏效果又逐渐降低。实验条件下，单体质量分数为15%时较好。

此外，也可以参考前述方法合成苯乙烯基磺酸钠/丙烯酰胺/丙烯酸共聚物、苯乙烯磺酸钠/丙烯酸共聚物、苯乙烯磺酸钠/丙烯酸/2-丙烯酰胺-2-甲基丙磺酸共聚物、苯乙烯基磺酸钠/丙烯酸/马来酸共聚物和苯乙烯基磺酸钠/丙烯酸/马来酸/2-丙烯酰胺-2-甲基丙磺酸共聚物等。通过控制原料配比和产物相对分子质量，可以用于不同目的。

三、乙烯基磺酸钠共聚物

丙烯酰胺与乙烯基磺酸钠单体的共聚物既可以用于钻井液处理剂和油井水泥外加剂，也可用于提高石油采收率。以丙烯酰胺（AM）和乙烯基磺酸钠（SVS）为单体，采用反相乳液聚合法合成了一种二元共聚物P（AM-SVS）。其合成过程如下[80]。

在反应瓶上安装搅拌器、回流冷凝器、温度计、氮气导气管，置于恒温水浴中，将一定量的复合乳化剂加入四口瓶中，通氮气搅拌，使乳化剂完全溶解在油相（环已烷）中；在一烧杯中加一定量的单体、EDTA、尿素、再加入一定量的去离子水搅拌，将烧杯中配好的单体溶液逐渐滴加到反应瓶中，高速搅拌使其充分乳化后加入引发剂，升至反应温度，反应一定水解后得到聚合物胶乳。

研究表明，引发剂种类、引发剂用量、单体浓度、引发温度和油水比是影响反相乳液聚合反应的关键。如表4-40所示，在采用过硫酸铵、过硫酸钠和AIBN等不同引发体系引发聚合时，以氧化还原引发体系（过硫酸铵/亚硫酸钠）引发聚合时，聚合物黏度最大，因为AIBN为油溶性引发剂，在油相中分解形成的活性自由基，经过扩散、穿过表面活性剂形成的膜才可以进入反相乳液的水相中，从而引发聚合反应，因而相对分子质量较低，而水溶性引发剂分解形成的活性自由基则直接在水相中引发单体聚合。可见，采用过硫酸铵/亚硫酸钠引发体系聚合效果较好。

表4-40 不同引发剂对聚合物相对分子质量的影响

引发剂种类	过硫酸铵	过硫酸铵/亚硫酸钠	AIBN
特性黏数/（dL/g）	8.92	10.95	7.36
相对分子质量/10^6	3.9	5.1	3.1

采用过硫酸铵/亚硫酸钠引发体系引发聚合时，引发剂用量、单体浓度和单体配比对产物相对分子质量的影响见图4-59。如图4-59（a）所示，引发剂用量为0.3%时，聚合物的相对分子质量达到最大。实验发现，当引发剂用量为0.08%时，聚合物基本不反应，超过1%时，出现爆聚，反应无法正常进行。可见，引发剂以0.3%较为理想。

如图4-59（b）所示，反应条件一定时，随着单体浓度的增加，聚合物的相对分子质量逐渐增加。单体浓度为25%时，反应平稳，产物相对分子质量较高；单体浓度为30%

时，聚合物相对分子质量达到940×10^4，但是胶乳中有部分凝胶颗粒；浓度达到35%时，聚合反应发生爆聚现象，温度升高过快，所得聚合物难溶于水。这是由于单体浓度过大时，会引起聚合热的迅速增加，温度骤升，使聚合热不易分散和消失，引起聚合物的胶化，同时加速了链终止和链转移的速率，大量的热又破坏了乳化作用，使乳液破乳，反应不能正常进行。在实验条件下，单体的浓度以25%较好。

如图4－59（c）所示，反应条件一定时，随着乙烯基磺酸钠所占比例的增加，聚合物相对分子质量逐渐降低，这是由于乙烯基磺酸钠单体的聚合活性不如丙烯酰胺活泼，并且磺酸基团的体积较大，聚合时可能存在一定的空间位阻，所以出现随着乙烯基磺酸钠比例的增加，共聚物特性黏度降低的现象。但随着磺酸基团的增加，产品的溶解速度变快，磺酸基团是亲水性基团，易吸水，加快了聚合物的溶解。为了保证产物中含有一定量的磺酸基团，以保持聚合物强阴离子及磺酸基团对颗粒的吸附特性，同时兼顾产物的相对分子质量，在实验条件下乙烯基磺酸钠和丙烯酰胺的配比以1∶9较好。

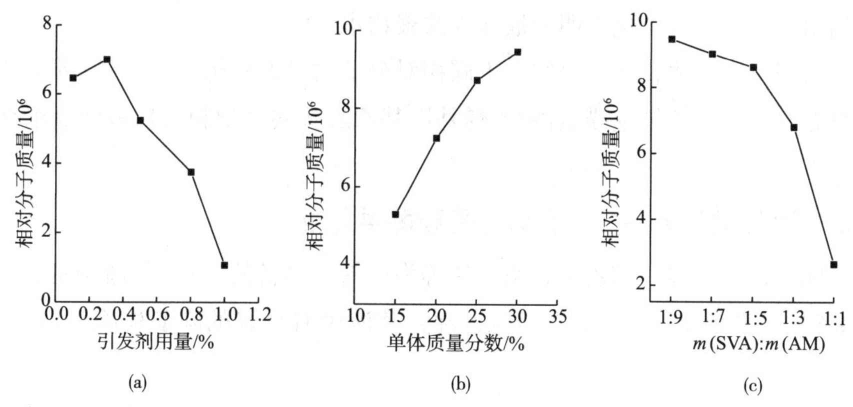

图4－59 引发剂用量（a）、单体浓度（b）和单体配比（c）对产物相对分子质量的影响

如图4－60所示，随着油水比的增加，聚合物的特性黏数逐渐增加，达到最大值后，又有下降的趋势。在实验条件下，油水比为1.5∶1较好。

实验表明，当反应条件一定时，随着引发温度的增加，聚合物的黏均相对分子质量升高，当反应温度超过40℃后，再升高温度时产物的相对分子质量反而大幅度降低。实验发现，反应温度超过50℃后，反应速率过快，温度难以控制，易于发生爆聚，使产物基本不溶解。在实验条件下，引发温度控制在40℃左右较好。

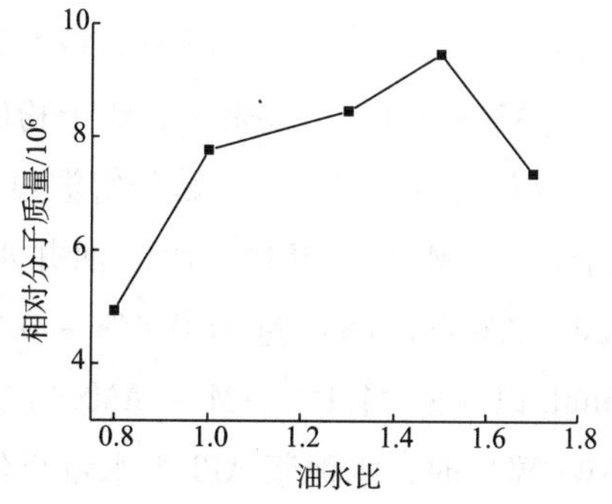

图4－60 油水比对产物相对分子质量的影响

综上所述，当单体浓度为25%（质量分数），单体丙烯酰胺和乙烯基磺酸钠两种单体的质量为9∶1，采用氧化还原体系（过硫酸铵/亚硫酸钠），

引发剂用量为单体总投料量的0.3%，反应温度为40℃，油水比为1.5∶1时，所得共聚物P（AM－SVS）相对分子质量可达到1020×10^{4}。

王展等[81]以水为溶剂，过硫酸盐为引发剂，用乙烯磺酸钠（SVS）、丙烯酸羟丙酯（HPA）和丙烯酸（AA）共聚合成了兼具阻垢分散特性和缓蚀性能的P（AA－HPA－SVS）共聚物。评价表明，P（AA－HPA－SVS）共聚物对中性介质中$CaCO_3$和$Ca_3(PO_4)_2$的阻垢效果良好，对Fe_2O_3的分散性能较好；共聚物对碳钢具有一定的缓蚀作用，与Na_2MoO_4复配后缓蚀性能显著提高，20mg/L的P（AA－HPA－SVS）三元共聚物和150mg/L的Na_2MoO_4组成的复配缓蚀剂对$CaCO_3$的阻垢率可达95%，对碳钢缓蚀率达85%，同时不影响原三元共聚物对Fe_2O_3的分散性能。其合成方法如下。

在装有搅拌器、回流冷凝管、温度计和滴液漏斗的250mL四口瓶中，加入100mL水和2.6gSVS，加热升温至80℃，同时滴加4.4gAA（混有占单体质量12.5%的异丙醇溶液）和2.6gHPA（混有占单体质量25%的过硫酸铵溶液），在0.5h内滴加完毕，保温反应2h，降温至室温出料，所得浅黄色透明溶液即为共聚物水溶液。

此外，采用不同方法，还可以制备不同相对分子质量的乙烯基磺酸钠/丙烯酰胺/乙烯基甲基乙酰胺共聚物、乙烯基磺酸钠/乙烯基甲基乙酰胺共聚物和乙烯基磺酸钠/丙烯酸共聚物等。

四、2－丙烯酰胺基－2－苯基乙基磺酸共聚物

实验表明，以丙烯腈、苯乙烯、浓硫酸等为原料，制备的2－丙烯酰胺基－2－苯基乙磺酸（AMSS）与其他单体的三元聚合物，在钻井液中有良好的降滤失能力以及耐温、耐盐性能[82]。

以丙烯酰胺（AM）与2－丙烯酰胺基－2－苯基乙磺酸（AMSS）为单体合成的P（AM－AMSS）共聚物，可以用于油井水泥降失水剂，其制备过程如下[83]。

按比例将AMSS溶于水，再加入AM，在冷却条件下用等物质的量的Na_2CO_3（溶于适量水中）中和，搅拌，并补充水使单体质量分数为15%～25%。在氮气保护下升到一定温度后，加入引发剂［$K_2S_2O_8/NaHSO_3$ 1∶1＝（物质的量比）］，恒温反应5～8h，得凝胶状P（AM－AMSS）共聚物，烘干粉碎得到粉状产品。

研究表明，共聚物初始分解温度为253℃，峰顶温度为293℃；耐温和抗盐性能明显优于其他AM类共聚物，用于油井水泥降失水剂，在95℃、6.9MPa压差条件下，当P（AM－AMSS）添加量为0.4%～0.9%（BWOC）时，水泥浆API失水量可以控制在100mL以下；当P（AM－AMSS）添加量为0.7%（BWOC）、NaCl含量达到12%（BWOW）时，水泥浆API失水量仍然低于100mL。外加P（AM－AMSS）共聚物的水泥浆的稠化时间可用$CaCl_2$调节。在水泥浆中添加P（AM－AMSS）和$CaCl_2$可调节水泥浆的流动度和析水率，改善水泥石的24h抗压强度。

进一步研究表明，P（AM－AMSS）共聚物具有良好的耐温抗盐能力。如图4－61所

示，质量分数为0.2%的聚合物水溶液黏度随着NaCl加量的增加略有增加，而P（AM - AMPS）共聚物和P（AM - AMPS - VP）共聚物水溶液的表观黏度则随着NaCl加量的增加而降低。这是由于含苯环结构的聚合物在水溶液中形成一种网状结构，当溶液含盐量增加时，聚合物溶液表现出黏度增加的“反聚电解质现象”。疏水基团种类相同的聚合物，随着疏水基团的增加，黏度随浓度变化越发显著，在临界聚合物浓度以上，这种趋势会更明显。

质量分数为0.2%的聚合物水溶液在75℃下老化，老化时间对聚合物水溶液黏度的影响见图4-62。从图中可见，与其他类型的聚合物相比P（AM - AMSS）聚合物水溶液在75℃下经过30d老化后，仍然保持较高的溶液黏度，表现出良好的热稳定性。

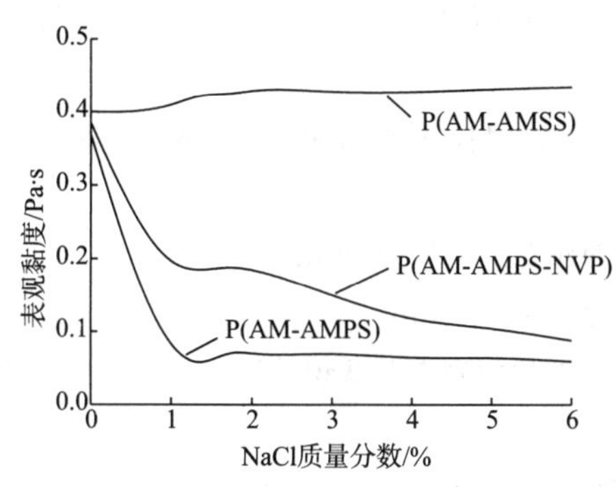

图4-61　NaCl含量对聚合物水溶液黏度的影响

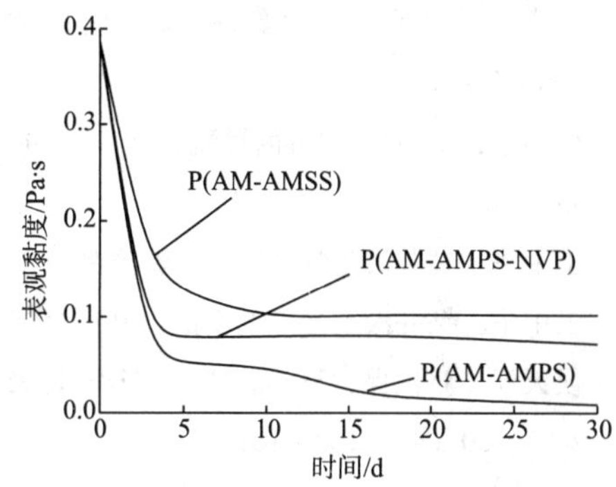

图4-62　老化时间对聚合物水溶液黏度的影响

此外，还可以按照上述方法合成2 - 丙烯酰胺基苯基乙基磺酸/丙烯酰胺/丙烯酸共聚物、2 - 丙烯酰胺基苯基乙基磺酸/丙烯酸共聚物等，通过控制单体配比和产物相对分子质量可以得到用于不同目的的聚合物。

除上述所述的几种含磺酸单体聚合物外，还有一种含磺酸单体——2 - 丙烯酰氧 - 2 - 甲基丙磺酸（HAOPS）的共聚物，由于HAOPS单体的结构和反应活性与AMPS相近，关于其共聚物可以参考AMPS共聚物的合成方法制备。该类磺酸单体的共聚物的典型代表是采用3 - 丙烯酰胺基 - 2 - 羟基丙基二甲基氯化铵（AHPDAC）与AM和2 - 丙烯酰氧 - 2 - 甲基丙磺酸（HAOPS）共聚合成的两性离子型共聚物，商品代号CPS - 2000[84]。

CPS - 2000作为含有磺酸基的两性离子共聚物钻井液处理剂，可溶于水，水溶液呈黏稠乳白色液体。由于分子中含有羧酸基、磺酸基、酰胺基和阳离子基团，且各基团比例已经优化，使其在淡水钻井液、盐水钻井液、饱和盐水钻井液和复合盐水钻井液中具有较强的降滤失作用和较强的提黏切能力，同时表现出较强的包被、抑制和防塌能力。其合成过程如下。

将KOH溶于适量水配成溶液，然后在搅拌下加入HAOPS，继续搅拌至混合液透明，加入AM，待AM溶解后加入阳离子单体AHPDAC，用20%的KOH溶液使体系的pH值调至要求值，升温至35℃，加入引发剂，在搅拌下反应5 ~ 15min，得凝胶状产物。产物经剪切造粒，于120℃下烘干粉碎，即得粉末状具阳离子磺酸盐共聚物产品。

还有一些不同类型的含磺酸单体聚合物，如2－丙烯酰胺基乙磺酸/丙烯酰胺/丙烯酸共聚物、2－丙烯酰胺基乙磺酸/丙烯酰胺共聚物、对丙烯酰胺基苯磺酸/丙烯酰胺/丙烯酸共聚物、对丙烯酰胺基苯磺酸/丙烯酰胺共聚物、单马来酰胺基乙磺酸/丙烯酰胺共聚物、单马来酰氧基乙磺酸/丙烯酰胺共聚物和单马来酰胺基乙磺酸/丙烯酰胺/丙烯酸共聚物等，但这些单体及聚合物鲜见报道，可以根据不同需要进一步开展单体及聚合物合成与应用研究。

参考文献

[1] 王中华，杜宾海，尹新珍. 2－丙烯酰胺基－2－甲基丙磺酸的合成［J］. 化工时刊，1995（8）：3－9.

[2] 杨小华，王中华. 2－丙烯酰胺基－2－甲基丙磺酸的合成［J］. 精细石油化工进展，2003，4（8）：33－35.

[3] 王中华. 钻井液化学品设计与新产品开发［M］. 陕西西安：西北大学出版社，2006.

[4] 王中华. 钻井液及处理剂新论［M］. 北京：中国石化出版社，2016.

[5] 侯天江，赵仁保，莫冰，等. AMPS共聚物数值模拟参数的测定及认识［J］. 石油勘探与开发，2003，30（4）：100－101.

[6] 赵方园，毛炳权，伊卓，等. 丙烯酰胺/2－丙烯酰胺基－2－甲基丙磺酸共聚物合成的逐级放大及其性能的研究［J］. 石油化工，2013，42（1）：34－38.

[7] 姚康德，沈中华，刘铸舫. 2－丙烯酰胺基－2－甲基－1－丙磺酸水溶液聚合动力学研究［J］. 合成树脂及塑料，1992，9（3）：44－46.

[8] 王中华. 近期国内AMPS聚合物研究进展［J］. 精细与专用化学品，2011，19（8）：42－47.

[9] 高青雨，王振卫，史先进，等. AM/SAMPS反相乳液聚合动力学［J］. 石油化工，2000，29（11）：841－844.

[10] 杨小华，王中华. AMPS聚合物及钻井液体系的研究与应用［J］. 石油与天然气化工，2001，30（3）：138－140.

[11] 王中华，张献丰，郭明贤. 钻井液用聚合物PAMS的评价与应用［J］. 油田化学，2000，17（1）：1－5.

[12] 王中华. 钻井液降滤失剂PAMS601的合成与性能［J］. 石油与天然气化工，1999，28（2）：126－127.

[13] 王中华. AM/AMPS/DMDAAC共聚物的合成［J］. 精细石油化工，2000（4）：5－8.

[14] 王中华. 钻井液用两性离子P（AM－AMPS－DAC）共聚物反相乳液的制备与性能评价［J］. 中外能源，2014，19（4）：28－34.

[15] 姚晓，朱华，汪晓静，等. 油田堵漏用高吸水树脂的合成与吸水性能［J］. 精细化工，2007，24（11）：1124－1127.

[16] 鲁红升，张太亮，黄志宇. 一种新型堵漏凝胶DNG的研究［J］. 钻井液与完井液，2010，27（3）：33－35.

[17] 王中华. 油田化学品［M］. 北京：中国石化出版社，2001.

[18] 王中华，何焕杰，杨小华. 油田化学品实用手册［M］. 北京：中国石化出版社，2004.

[19] 王中华. AMPS/AM/AN 三元共聚物降滤失剂的合成与性能［J］. 油田化学，1995，12（4）：367－369.

[20] 杨小华，王中华. AM/AMPS/AA/DEDAAC 两性离子共聚物的合成及性能［J］. 河南化工，2000（12）：9－11.

[21] 王中华. 钻井液降滤失剂 P（AMPS－IPAM－AM）的合成与评价［J］. 钻井液与完井液，2010，27（2）：10－13.

[22] 易明松，李焕明，侯铎. 耐高温油井水泥降失水剂的合成及性能［J］. 石化技术与应用，2009，27（3）：253－255.

[23] 张竞，姚晓. FF－1 型油井水泥降滤失剂的合成与性能评价［J］. 南京工业大学学报（自然科学版），2006，28（3）：24－27.

[24] 卢甲晗，袁永涛，李国旗，等. 油井水泥抗高温抗盐降失水剂的室内研究［J］. 钻井液与完井液，2005，22（5）：67 68，124.

[25] 苏如军，李清忠. 高温缓凝剂 GH－9 的研究与应用［J］. 钻井液与完井液，2005，22（5）：89－92，127.

[26] 齐志刚，王瑞和，徐依吉，等. 衣康酸/AMPS 共聚物作为油井水泥缓凝剂的研究［J］. 北京化工大学学报：自然科学版，2007，34（S2）：32－35.

[27] 邹建龙，徐鹏，赵宝辉，等. 微交联 AMPS 共聚物油井水泥防气窜剂的室内研究［J］. 钻井液与完井液，2014，31（3）：61－64.

[28] 蒋山泉，陈馥，张红静，等. 新型聚合物压裂液的研制及评价［J］. 西南石油学院学报，2004，26（4）：44－47.

[29] 赵建华，柯耀斌，游成凤，等. 压裂稠化剂的合成及性能评价［J］. 广州化工，2012，40（10）：83－85.

[30] 陈馥，杨晓春，刘福梅，等. AM/AMPS/AA 三元共聚物压裂液稠化剂的合成［J］. 钻井液与完井液，2010，27（4）：71－73.

[31] 李豪浩，张贵才，葛际江. 丙烯酰胺/2－丙烯酰胺基－2－甲基丙磺酸共聚物的合成与评价［J］. 精细石油化工，2007，24（3）：16－19.

[32] 赵晓珂，葛际江，张贵才，等. 用作酸液稠化剂的阴离子聚合物的合成［J］. 钻井液与完井液，2007，24（1）：51－54.

[33] 王中华，张辉，黄弘军. 耐温抗盐聚合物驱油剂的设计与合成［J］. 钻采工艺，1998，21（6－）：54－56.

[34] 王中华. AM/AMPS/$AMC_{14}S$ 共聚物的合成［J］. 化学工业与工程，2001，18（9）：137－140.

[35] 王中华. AM/AMPS/$AMC_{12}S$ 共聚物的合成与性能［J］. 化工时刊，1999（4）：27－30.

[36] 王中华. AM/AMPS/$AMC_{16}S$ 共聚物的合成与性能［J］. 化工时刊，1997（12）：20－22.

[37] 王中华. AM/AMPS/DMDAAC/$AMC_{16}S$ 共聚物的合成与性能［J］. 贵州化工，1998（2）：27－29.

[38] 雒贵明，林瑞森. 耐温抗盐驱油共聚物的合成［J］. 精细石油化工，2004（5）：6－8.

[39] 王中华. AM/AMPS/NVP 共聚物的合成［J］. 杭州化工，1998（2）：9－11.

[40] 荣元帅，蒲万芬．淀粉接枝共聚 AM/AMPS 预交联凝胶调剖剂 ROS 性能评价［J］．精细石油化工进展，2004，5（3）：5－7.

[41] 赖南君，刘凡．AA/AM/AMPS/DAC 聚合物凝胶调剖剂的制备及评价［J］．科学技术与工程，2015（24）：162－166.

[42] 董雯，张贵才，葛际江，等．耐温抗盐水膨体调剖堵水剂的合成及性能评［J］．油气地质与采收率，2007，14（6）：72－75.

[43] 王正良，王晓娟，丁涛．抗温吸水性树脂 SAP 的研制［J］．石油天然气学报，2011，33（3）：138－140.

[44] 李志臻，杨旭，王中泽，等．一种抗温抗盐交联聚合物堵水剂的合成及性能评价［J］．应用化工，2014（7）：1288－1293.

[45] 刘明峰，卢涛，刘岩等．濮侧 2－403 井组 AMPS 低度交联聚合物调驱技术的研究与应用．河南石油，2005，19（5）：44－46.

[46] 崔亚，王业飞，何龙等．AMPS 交联体系堵水剂研究［J］．断块油气田，2006，13（2）：71－73.

[47] 陈昊，吕茂森，高有瑞，等．AMPS/AM/$AMC_{14}S$ 三元共聚物的合成及应用［J］．石油与天然气化工，2004，33（5）：347－349，353.

[48] 孙举．低相对分子质量 AMPS/AA 二元共聚物的合成及性能研究［J］．江苏化工，1999，27（2）：17－20.

[49] 林宁宁．SSS－AMPS－AA 共聚物阻垢剂的合成．山东化工，2009（5）：10－12

[50] 崔小明，董丽艳．AA/AMPS/HPA 三元共聚物的合成及性能评定［J］．净水技术，1997，（4）：2－6.

[51] 荆国华，唐受印．MA－AMPS－AMPP 共聚物合成及其阻垢效果［J］．工业水处理，2000，20（7）：13－15.

[52] 崔小明，董丽艳．AA/AMPS/MAn 三元共聚物的合成及性能研究［J］．净水技术，2001，20（2）：24－26，6.

[53] 荆国华，周作明．MA－AMPS 共聚物的制备及其性能研究［J］．水处理技术，2002，28（2）：82－85.

[54] 郭振良，蒙延峰，王旭珍，等．AA－MAn－AMPS 低磷共聚物的合成及其阻垢分散性能［J］．烟台师范学院学报（自然科学版），2003，19（1）：25－28.

[55] 王恩良．含磷 AA/AMPS 共聚物的合成及阻垢性能研究［J］．工业水处理，2003，23（3）：52－53，64.

[56] 梅平，吴卫霞，李良红．含膦磺酸基共聚物 PAMPS 的合成及阻垢性能研究［J］．油气田环境保护，2005，15（3）：25－27.

[57] 吴振德，鲍其鼐，罗伟君．丙烯酸/2－甲基－2－丙烯酰胺基丙基磺酸共聚物的合成及性能的研究［J］．工业水处理，1996，16（2）：20－21，9.

[58] 孙举，王中华，李旭东，等．AMPS/AA 二元共聚物的合成及阻垢性能评价［J］．油田化学，1998，15（3）：275－277.

[59] 唐清华，郭振良，阮文举．AA－MAA－AMPS 三元共聚物的合成及其阻垢分散性能［J］．烟台师范学院学报（自然科学版），2004，20（3）：212－214.

[60] 陈夫山，张红杰，胡惠仁，等. AMPS共聚物的合成及用于造纸废水絮凝处理的研究 [J]. 中国造纸学报，2003，18（2）：114-117.

[61] 陈密峰，杨健茂，石启增，等. 两性絮凝剂P（AM/AMPS/DMDAAC）的合成及应用 [J]. 工业水处理，2005，25（7）：1-4.

[62] 宋辉，刘凯，雷鸣. 季铵—磺酸型淀粉基高分子聚合物的合成及应用 [J]. 皮革与化工，2009，26（4）：1-5

[63] 黄杰，刘明华，郑福尔. MA—AA—AM—SMAS四元共聚物的阻垢性能研究 [J]. 西南石油大学学报（自然科学版），2007，29（2）：117-121.

[64] 熊伟，吴得南，李国栋，等. 三元共聚物P（IA/MA/SAS）的合成及对$CaCO_3$阻垢性能评价 [J]. 华中师范大学学报（自科版），2015，49（3）：415-419.

[65] 余敏，刘明华，黄建辉. MA-AA-MAS共聚物的阻垢性能研究 [J]. 西南石油大学学报（自然科学版），2005，27（6）：65-67.

[66] 王忠辉. MA-SAS水溶性聚合物阻垢剂在现场应用的适用性分析 [J]. 大庆石油地质与开发，2006，25（s1）：87-89.

[67] 李真，刘瑾，周家勇，等. 水溶性聚丙烯酸类高效减水剂的合成及表征 [J]. 新型建筑材料，2007，34（2）：50-53.

[68] 王中华. AODAC/AA/AS两性离子型聚合物泥浆降粘剂的研制 [J]. 油田化学，1996（1）：28-32.

[69] 苌益华，杨小华. DMDAAC/AA/AS聚合物的合成及性能 [J]. 化工时刊，2003，17（4）：12-15.

[70] 严思明，杨光，廖丽，等. 微波法合成的AM/AA/AS共聚物降失水剂PSA [J]. 钻井液与完井液，2012，29（2）：55-58.

[71] 姚克俊，周国伟，王秀芬. 降滤失水剂——丙烯酰胺-烯丙基磺酸钠共聚物的性能研究 [J]. 精细石油化工，1993（6）：12-15.

[72] 顾民，吕静兰，李伟，等. 甲基丙烯磺酸钠-N，N-二甲基丙烯酰胺-丙烯酰胺耐温抗盐共聚物的合成 [J]. 石油化工，2005，34（5）：437-440.

[73] 尹忠，黄英，廖刚. 丙烯酰胺/丙烯酸/丙烯磺酸共聚物堵水剂的合成与性能评价 [J]. 精细石油化工进展，2005，6（12）：8-11.

[74] 严思明，李省吾，高金，等. AA/SSS/APO三元共聚物缓凝剂的合成及性能研究 [J]. 钻井液与完井液，2015，32（1）：81-83.

[75] 邱正松，毛惠，谢彬强，等. 抗高温钻井液增黏剂的研制及应用 [J]. 石油学报，2015，36（1）：106-113.

[76] 聂宗利，武玉民. 衣康酸-对苯乙烯磺酸钠共聚物的阻垢分散性能 [J]. 青岛科技大学学报（自然科学版），2011，32（2）：150-153.

[77] 李培春，武玉民. 衣康酸/苯乙烯磺酸钠共聚物合成及性能研究 [J]. 工业水处理，2003，23（7）：36-38.

[78] 陈林，史铁钧. 分散聚合法制备抗盐耐温性丙烯酰胺-对苯乙烯磺酸钠共聚物 [J]. 石油化工，2011，40（4）：419-424.

[79] 明显森，彭新侠，李强，等. 水基钻井液降粘剂JNG-1的合成与性能评价 [J]. 应用化工，2014，43（1）：124-127.

[80] 崔宝军，刘学勇. 丙烯酰胺/乙烯基磺酸钠共聚物合成的研究［J］. 辽宁化工，2013，42（5）：456－458.

[81] 王展，薛娟琴，于丽花，等. 丙烯酸－丙烯酸羟丙酯－乙烯磺酸钠共聚物及其复配物的阻垢、缓蚀性能［J］. 材料保护，2011，44（1）：22－25.

[82] 王晓婷，张喜文，陈楠，等. 耐温耐盐单体2－丙烯酰胺基－2－苯基乙磺酸的合成及其在钻井液中的应用［J］. 精细石油化工，2013，30（3）：59－63.

[83] 郑成胜，郭宏伟，孙在春. 油井水泥降失水剂丙烯酰胺/2－丙烯酰胺基－2－苯基乙磺酸共聚物的合成及性能评价［J］. 精细石油化工，2004（5）：1－5.

[84] 杨小华，王中华，刘明华，等. 耐温抗盐两性离子磺酸盐聚合物 CPS－2000 的合成［J］. 精细石油化工进展. 2004，4（5）：1－4.

第五章 马来酸（酐）聚合物

马来酸（酐）聚合物，包括均聚物及马来酸（酐）与其他单体的共聚物，其均聚物聚马来酸酐是由马来酸（酐）聚合而成。为乳白色至浅黄色，相对密度为1.19～1.20g/cm^3，pH值为1～2，易溶于水、稀碱、丙酮、乙腈、低级醇、酯和硝基烷。聚马来酸酐容易水解成为聚马来酸。均聚物在水中离解时，生成稳定的环状结构，它是分子内氢键作用的结果。无毒，LD_{50}＞3000mg/kg。其共聚物主要有马来酸酐与丙烯酸、苯乙烯、丙烯酸酯等共聚得到的二元和多元共聚物，因共聚物的组成和相对分子质量不同，可以分别用于水处理阻垢剂、钻井液降黏剂、降滤失剂和选择性絮凝剂，油井水泥降失水剂和缓凝剂，以及原油降凝、降黏剂等[1]。

由于聚马来酸（酐）分子中含有羧酸基，在一定条件下可以发生酯化和酰胺化反应，通过这些反应可以制备马来酸聚合物的衍生物，以改善其性能，扩大应用范围。

本章从聚马来酸（酐）、马来酸酐共聚物、羧酸酯马来酸共聚物等不同方面进行介绍。

第一节 聚马来酸

聚马来酸（HPMA）是一种低相对分子质量的聚电解质，相对分子质量一般为400～800，无毒，易溶于水，化学稳定性和热稳定性高，分解温度为300℃以上，在高温（＜350℃）和高pH值条件下也具有明显的溶限效应，对碳酸钙、磷酸钙有良好的阻垢效果，阻垢时间可达100h，可与原油脱水破乳剂混合使用。由于分子中具有较多的羧基官能团，所以对成垢物质能起干扰和破坏作用，使晶体发生畸变，并对沉积物具有较强的分散作用，从而使沉积物或污泥流态化，容易排除系统。由于HPMA阻垢性能和耐高温性能优异，因此在海水淡化的闪蒸装置中和低压锅炉、蒸汽机车、原油脱水、输水输油管线及工业循环冷却水中得到广泛使用。另外HPMA有一定的缓蚀作用，与锌盐复配效果更好。相对分子质量适当的HPMA在钻井液中可以作降黏剂，尤其适用于不分散聚合物钻井液。HPMA毒性小，能被微生物降解，且降解物对人畜和水生物无害。

一、制备方法

（一）方法1

将150份水加入反应釜中，同时开动搅拌，在搅拌下加入295份马来酸酐，加热使釜内温度升至110℃，然后在搅拌下缓慢加入质量分数为48%的NaOH水溶液，调节pH值（大约2h加完），加入过程中维持釜内温度不超过128℃，接着加入46份催化剂，约4h加完。在搅拌下分别加入71份质量分数为30%的过硫酸盐水溶液和188份质量分数为60%的双氧水，3h加完。在90～120℃下保温反应1～2h，然后通冷却水降温至40℃，即得成品。

（二）方法2

在装有恒温电动搅拌器、回流冷凝管、滴液漏斗的三颈烧瓶中，按照m（马来酸酐）：m（水）：m（过氧化氢）＝12：11：9的比例，加入一定量的马来酸酐、蒸馏水及催化剂（$NH_4Fe(SO_4)_2/V_2O_5/Cr_2O_3$的复配品），加热使底物全部溶解。继续加热至85℃，搅拌下缓慢滴加一定量的引发剂过氧化氢。滴完后，于85℃下搅拌反应约1.5h，停止加热搅拌。冷却后得48%～50%的澄清透明棕黄色的水解聚马来酸酐溶液[2]。

以产物阻垢效果为依据，水用量、引发剂用量、反应温度和反应时间等对产物阻垢性能的影响情况见图5-1和图5-2。

如图5-1（a）所示，当马来酸酐用量为12g，催化剂为0.003g，H_2O_2用量为9mL，测定阻垢率时聚合物加量为5mg/L时，随着水用量的增加，产物的阻垢能力先提高后又降低，当水用量<9.5mL时，反应不完全，产品阻垢率低，当用水量>11mL时，产品的阻垢率又逐渐下降。这主要是因为开始加水过多对聚合反应不利，原料聚合率低，而水量太大时，相应产品的固体含量较低。在实验条件下，水量控制在9.5～11mL较为理想。

如图5-1（b）所示，当其他条件一定，水用量为11mL，测定阻垢率时聚合物加量为5mg/L时，随着引发剂用量的增大，产物的阻垢率增加，但是当引发剂用量超过一定值时，阻垢率开始下降。这可能是由于当引发剂用量太小时，聚合不完全，残余单体多，当引发剂用量大时，合成产物的相对分子质量高，聚合完全，阻垢效果好。而当引发剂用量太大时，生成的自由基多，聚合速率快，链终止速率也随之加快，导致聚合物相对分子质量降低，阻垢率下降。在实验条件下最佳引发剂用量为9mL。

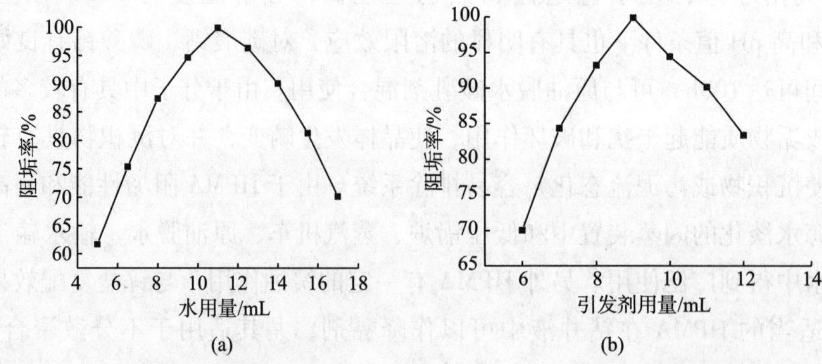

图5-1　水的用量（a）和引发剂用量（b）对产物阻垢率的影响

如图5-2所示，当马来酸酐用量为12g，催化剂用量为0.003g，水用量为11mL，H_2O_2用量为9mL，测定阻垢率时聚合物加量为5mg/L时，随着反应温度的升高，产物的阻垢率升高，当温度升高到85℃，再继续升高温度时，阻垢效果略有下降。显然，反应温度为85℃时比较合适。从图5-2还可以看出，反应时间对聚合物的阻垢性能影响很大。开始随着反应时间的增加，阻垢率提高，当反应时间为3h时，阻垢效果最好。随后继续延长反应时间，阻垢率变化不大或者略有下降。这是由于反应时间太短，聚合不完全，达不到理想的阻垢效果，反应时间太长会产生副反应，对聚合物的性能产生一定的不良影响。在实验条件下，聚合反应时间为3h即可。

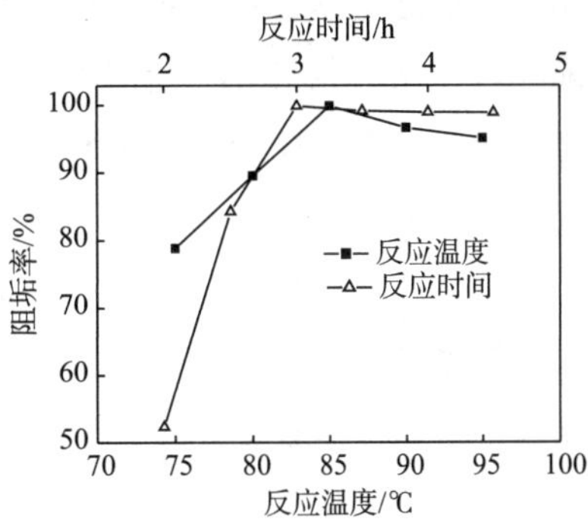

图5-2 反应温度和反应时间对产物阻垢率的影响

二、应用

（一）水处理阻垢剂

聚马来酸作为水处理阻垢剂，适用于油田注水系统、输油输水管线，可与有机膦酸盐、无机缓蚀剂锌盐等复配使用，也可单独投加到冷却水系统中，根据水质差异，一般用量为5～20mg/L。

（二）钻井液降黏剂

相对分子质量在800～5000的聚马来酸可以用作钻井液降黏剂，适用于各种类型的水基钻井液，其加量一般为0.15%～0.5%。为防止钻井液pH值降低，使用时配合使用稀碱液或纯碱。

第二节 马来酸（酐）共聚物

相对于均聚物，马来酸（酐）共聚物的研究更多，应用面也更广泛。本节重点介绍马来酸（酐）或马来酸酯与丙烯酸、丙烯酰胺等单体的共聚物的合成方法及应用情况。这些共聚物包括水溶性聚合物和油溶性聚合物产品。

一、马来酸－丙烯酸共聚物

马来酸－丙烯酸共聚物P（MA－AA）是一种低相对分子质量的聚电解质，由马来酸与丙烯酸按一定比例共聚制得。作为水处理剂，P（MA－AA）聚合物对碳酸盐等具有很强的分散作用，热稳定性高，可在300℃高温等恶劣条件下使用，与其他水处理药剂具有良好的相容性和协同增效作用。对包括磷酸盐在内的水垢的生成具有良好的抑制作用。由于P（MA－AA）聚合物阻垢性能和耐高温性能优异，可广泛用于低压锅炉、集中采暖、中央空调及各类循环冷却水系统中。P（MA－AA）聚合物也可用于纺织印染行业作螯合分散剂使用。用作钻井液降黏剂，P（MA－AA）聚合物在淡水钻井液中具有较好的降黏效果，抗温能力强，并具有一定的抗盐抗钙能力。

（一）制备方法

1. 过硫酸盐或过硫酸盐－亚硫酸盐引发的水溶液聚合

方法1：在反应瓶中加入25g马来酸酐、3g过硫酸钠、176.6g去离子水，加热至

90℃，使之溶解；将1.4g亚硫酸氢钠溶于20g去离子水中，与50g丙烯酸混匀后加入滴液漏斗内，聚合温度控制在90℃ ±2℃，在25min内将溶液滴完，保温反应lh，冷却至65℃，滴加NaOH溶液，中和至pH =6.5 ~7，中和反应温度为65 ~70℃，降温至30℃，出料，即得到产品[3]。

方法2：按照n（AA）∶n（MA） =1.5∶1，引发剂为单体质量的0.6%，在装有冷凝管、温度计、滴液漏斗、搅拌器的反应瓶中加入马来酸酐和引发剂过硫酸铵（占总引发剂质量的20%），缓缓升温，至回流温度时，缓慢滴加丙烯酸、引发剂和去离子水。控制在90min左右滴加完毕，再控制在80℃下反应2h，冷却出料测溴值。根据产物溴值计算MA的转化率。

所得产物用作钻井液降黏剂，可以显著降低钻井液的黏度和切力，加入0.6%降黏剂的淡水基浆，高温降黏率可以达到94.8%；具有很好的抗温、抗盐和抗钙性能，抗温达180℃，抗盐可达饱和，在2%的含钙钻井液中仍有较好的降黏效果[4]。

研究表明，在共聚物合成中，引发剂用量、单体配比、加料速度、聚合温度和时间等对聚合反应和产物相对分子质量等具有明显的影响，影响情况见图5-3 ~图5-7。

如图5-3所示，当原料配比和反应条件一定时，随着引发剂用量的增加，P（MA - AA）的产率增加。当引发剂的用量为0.8%时，共聚物产率达到最高，引发剂用量大于0.8%时，产率下降。而产物的特性黏数则随着引发剂用量的增加而降低。

从图5-4可以看出，当反应条件一定时，随着n（AA）∶n（MA）的增加，共聚反应的转化率增加，这是由于马来酸酐为不活泼单体，难于均聚，而较易与其他单体共聚，在引发剂作用下，丙烯酸产生的自由基对马来酸酐双键的断裂有一定的诱导作用，因此，丙烯酸单体量越多，自由基聚合越容易，故增加活泼单体的用量可以提高MA的转化率。当n（AA）∶n（MA）大于1.5后，再增加AA用量，共聚反应的转化率增加有限。图5-4还表明，随着n（AA）∶n（MA）的增加，共聚物特性黏数增加，但当丙烯酸单体相对含量较多时，由于丙烯酸产生的自由基增多，链增长速率会下降，因此n（AA）∶n（MA）大于2以后，共聚物的相对分子质量会稍微降低，即特性黏数下降。

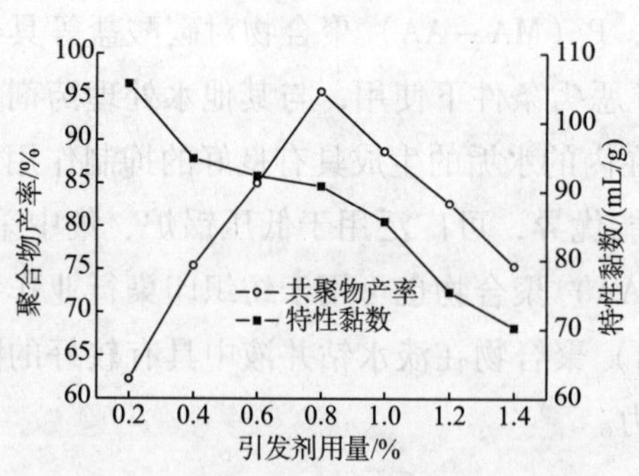

图5-3　引发剂用量对共聚反应的影响

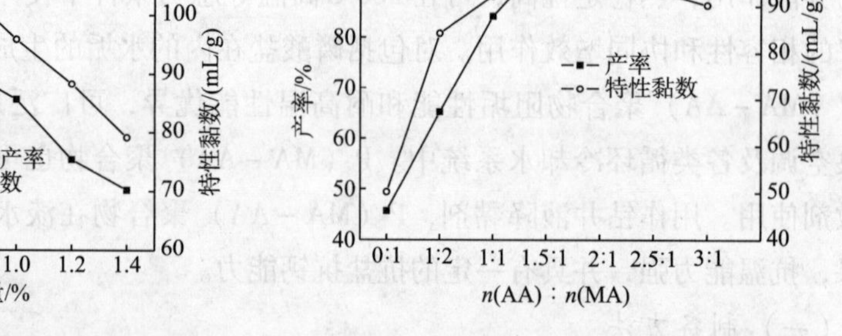

图5-4　单体摩尔比对MA转化率的影响

原料配比和反应条件一定时，丙烯酸、引发剂和去离子水混合液的滴加时间对共聚反应的影响很大。如图 5-5 所示，随着滴加时间的增加，聚合物产率增加。当滴加时间为 1.5h 时，产率最高，滴加时间进一步增加，产率开始下降。当滴加时间较短时，丙烯酸单体和引发剂浓度较高，丙烯酸均聚反应相对速率较快，导致 AA 和引发剂迅速消耗，从而导致 MA 转化率降低。当滴加时间大于 90min 以后，聚合体系丙烯酸单体和引发剂的量偏低，也不利于 MA 的聚合。图 5-5 还表明，随着滴加时间增加，共聚物的特性黏数增大。由于聚合反应为自由基反应，滴加时间越短，则单位时间内滴入溶液中的引发剂量越多。越易进行多头引发聚合，聚合速度加快，相同时间内聚合更趋于完全，而多头聚合导致聚合物相对分子质量下降，即聚合物的特性黏数降低。

如图 5-6 所示，原料配比和反应条件一定时，随着聚合反应体系温度的升高，共聚物产率增加，当温度达到 80℃时，产率变化不大。另外，随着聚合反应体系温度升高，共聚物的特性黏数降低。这是由于聚合温度升高，聚合反应速率增加，导致聚合反应转化率增加。温度增加，引发剂活性增加，产生的活性中心增多，链增长反应速率降低，形成的共聚物的相对分子质量降低，即特性黏数降低。

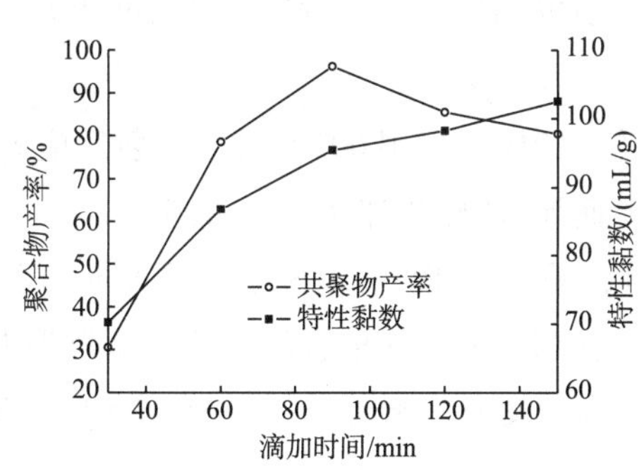

图 5-5 滴加时间对共聚反应的影响

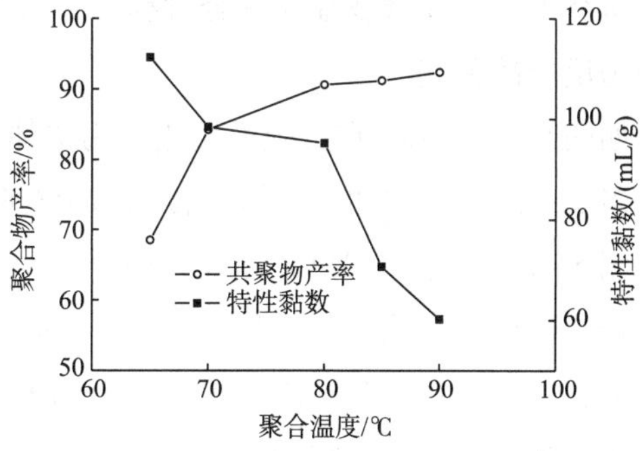

图 5-6 聚合温度对共聚物反应的影响

如图 5-7 所示，随着聚合时间的增加，聚合转化率逐渐增加。反应时间为 120min 时，聚合反应转化率达到 92.6%，聚合反应时间超过 120min 后，反应基本结束，产率不再增加。另外，聚合反应时间对聚合物特性黏数的影响也具有同样的规律。

用作钻井液降黏剂，只有聚合物的相对分子质量适当时，才能达到最佳效果。图 5-8 是 P（MA-AA）共聚物特性黏数对降黏效果的影响。从图 5-8 可以看出，随着 P（MA-AA）共聚物特性黏数的增加，降黏率先升高后下降。特性黏数在 85~95mL/g 时，P（MA-AA）对钻井液的降黏效果较好。这是由于降黏剂通过吸附在黏土颗粒表面，拆散和削弱黏土颗粒间形成的空间网架结构，使钻井液具有较好的流变性能。如果 P（MA-AA）特性黏数过高，即相对分子质量过大时，P（MA-AA）共聚物会自身成团，形成立体网格，束缚住钻井液中的自由水。P（MA-AA）共聚物特性黏数过小，则 P（MA-AA）不足以拆散黏土颗粒形成的网格结构释放出自由水，起不到降黏作用。

2. 微波辐射过硫酸盐引发聚合

按照 n（MA）：n（AA）=1：3.5，引发剂用量为单体总质量的 7%，微波功率为

600W，辐射时间为8min，将马来酸酐和适量的去离子水加入到带冷凝管的250mL反应瓶中，将其安放在微波合成/萃取仪的三角支架上，设定好仪器参数后开始搅拌，在充分搅拌下微波加热至85～90℃，然后同时滴加丙烯酸单体与过硫酸铵溶液，进行微波辐射聚合。反应结束后用氢氧化钠溶液中和至pH=6～7，即得P（MA-AA）钠盐溶液[5]。

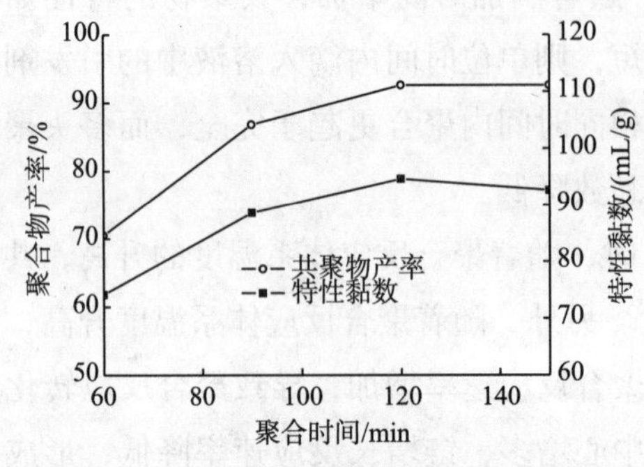

图5-7　聚合时间对共聚物反应的影响

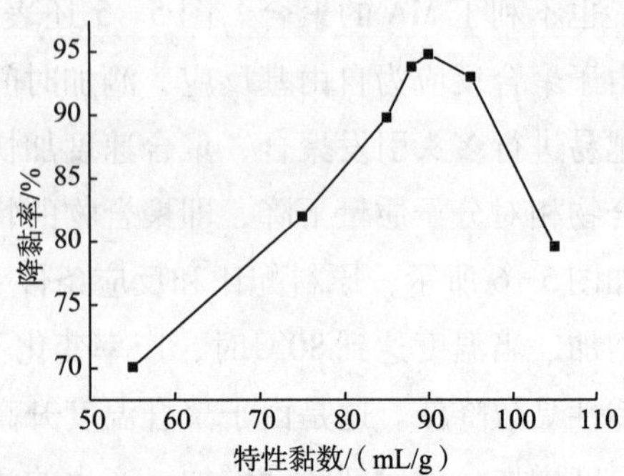

图5-8　共聚物特性黏数对降黏率的影响

研究表明，在微波辐射聚合过程中单体配比、引发剂用量、辐射功率与时间等是影响聚合物反应的关键。

如图5-9所示，在过硫酸铵用量为单体总质量的7%，采用600W微波辐射反应8min时，当MA的比例增加，单体的转化率稍有降低，而聚合物的特性黏数降低明显。

图5-10是当n（MA）∶n（AA）=1∶3.5时，采用600W微波辐射反应8min，引发剂用量对反应的影响规律。从图中可见，随过硫酸铵用量的增加聚合物的特性黏数先大幅度降低，但是当过硫酸铵用量达到8.5%时，特性黏数又有所增大。这是因为随着引发剂用量的增加，会产生较多的自由基，使反应速率加快，共聚物的相对分子质量降低，特性黏数下降。但当过硫酸铵用量达到8.5%时，反应速率过快，会出现凝胶现象，影响聚合反应。在实验条件下过硫酸铵用量为单体质量的7%较好。

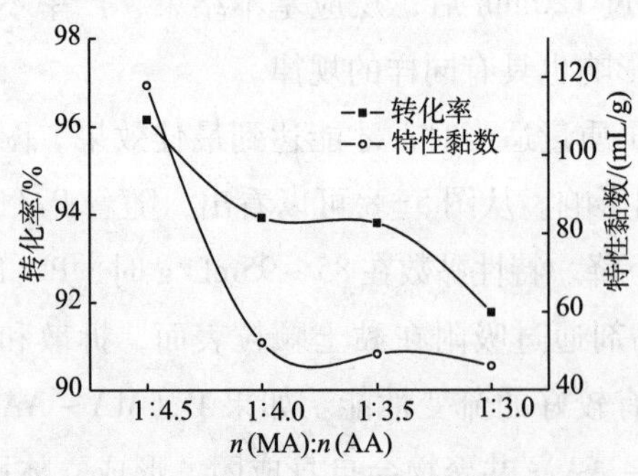

图5-9　单体配比对聚合反应的影响

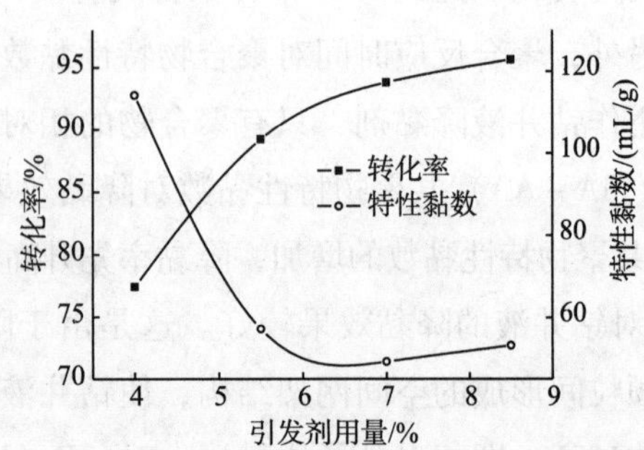

图5-10　引发剂用量对聚合反应的影响

如图5-11所示，当n（MA）∶n（AA）=1∶3.5，过硫酸铵用量为单体质量的7%，辐射8min时，随着微波辐射功率的增加，单体的转化率增加，而相对分子质量先大幅度降低，后又增加。这是由于当功率比较小时，单体的反应活性较低导致其转化率较低。此时活性较高的单体 AA 易于发生自聚，导致聚合物的特性黏数增大。当辐射功率增大时，MA 的反应活性增加，其转化率也逐渐增加，但此时单体的聚合度仍低于 400W 时 AA 自聚的聚合度，因此得到的聚合物的特性黏数逐渐降低。而继续增加辐射功率至 700W 时，单体容易发生爆聚，会导致聚合物的特性黏数增大。在实验条件下，较佳的功率应为 600W。

图 5－12 中结果表明，当 n（MA）：n（AA）＝1∶3.5，过硫酸铵用量为单体质量的 7%，微波辐射功率为 600W 时，随着辐射时间的增加单体转化率提高，产物相对分子质量降低，当超过 8min 后均趋于稳定。这是由于辐射时间较短时，活性较低的 MA 的聚合比例较低，而 AA 聚合比例较高，导致聚合物的黏度较高，延长辐射时间至 8min 时，MA 的反应活性增加，提高了其聚合比例，导致聚合物黏度降低。进一步延长辐射时间，不仅对单体转化率和聚合物的黏度影响不大，而且还会使聚合物颜色加深。显然，辐射时间 8min 即可。

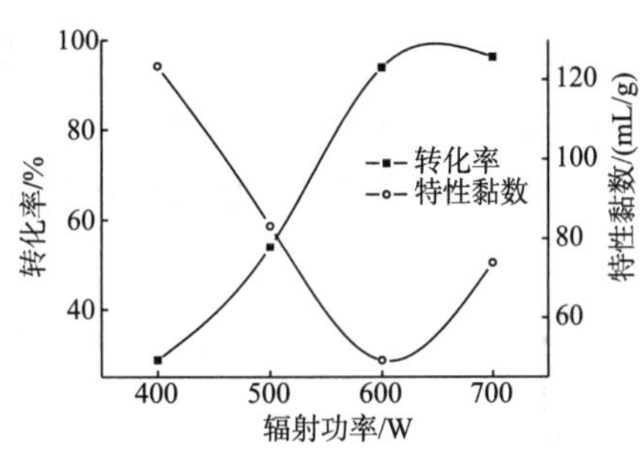

图 5－11 辐射功率对聚合反应的影响

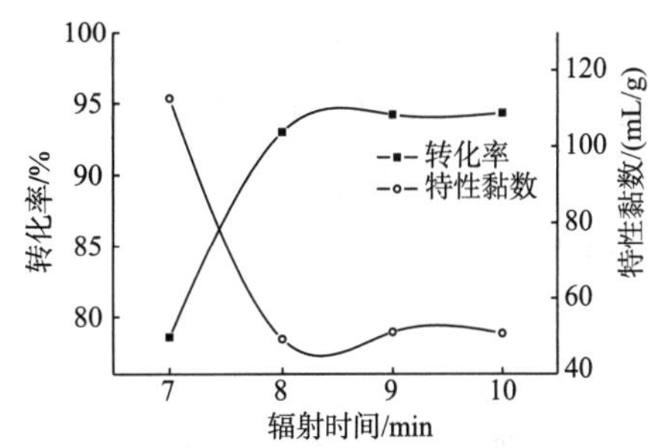

图 5－12 辐射时间对聚合反应的影响

3. 顺酐－苯酚电荷转移配合物与丙烯酸共聚方法

按物质的量比 1∶1 称取顺酐、苯酚适量，室温下，将两种固体混合并充分搅拌，至固体完全消失成为均一相，即得到顺酐－苯酚电荷转移配合物（CTC）。

在装有冷凝管、搅拌器的三口烧瓶中，按照 n（CTC）：n（AA）＝1∶2，加入适量的顺酐－苯酚电荷转移配合物、丙烯酸（AA）和占单体质量 0.3% 的引发剂偶氮二异丁腈（AIBN），置于油浴中，升温至 60℃，同时开动搅拌，在 60℃ 下反应 5h 后，停止反应，冷却至室温，即得 P（MA－AA）共聚物[6]。

研究表明，顺酐－苯酚电荷转移配合物与丙烯酸共聚方法制备的 P（MA－AA）聚合物，用作阻垢剂，对碳酸钙和磷酸钙均具有良好的阻垢性能，阻垢剂浓度为 50mg/L 时，对碳酸钙的阻垢率达到 100%，对磷酸钙的阻垢率达到 60% 以上。

（二）用途

1. 水处理阻垢剂

作为阻垢剂，本品既可用于油田注水系统、输油输水管线阻垢，可与有机膦酸盐、无机缓蚀剂锌盐等复配使用，也可单独投加到冷却水系统中，根据水质差异，一般用量为 2～10mg/L。

可在温度较高的循环水系统或低压锅炉、蒸馏系统中使用。与其他有机磷酸盐复配使用，用量一般在 2～10mg/L。

2. 钻井液降黏剂

马来酸酐-丙烯酸共聚物是一种高效的钻井液降黏剂，聚合物中的羧酸基团是一种水溶性良好的强水化基团，通过负电荷吸附黏土颗粒端面上的铝原子而起到降黏作用。用作钻井液降黏剂，具有很强的抗温能力和一定的抗盐能力，但抗钙污染能力弱，适用于淡水钻井液，其加量一般为0.1%~0.3%。

二、顺丁烯二酸-醋酸乙烯酯共聚物

水解乙酸乙烯酯-顺丁烯二酸酐共聚物（VAMA）是一种阴离子型的低相对分子质量的聚电解质，无毒、无污染，易溶于水，水溶液为中性。热稳定性好，200℃时仅出现微弱分解，250℃时热失重只有5.76%。具有多种用途，它可以用于处理地热水，改良土壤等。在钻井液方面，一般认为它可以做选择性絮凝剂、降黏剂，也可以用作解卡剂。低相对分子质量的VAMA对PAM钻井液具有良好的降黏作用[7]。图5-13是在同样的加量下，VAMA和FCLS对钻井液表现黏度和动切力的影响。图5-14是FCLS加量对降黏效果的影响。从图中可见，要使基浆的表观黏度降至12mPa·s，VAMA的加量仅为82×10^{-6}，而FCLS为1720×10^{-6}。

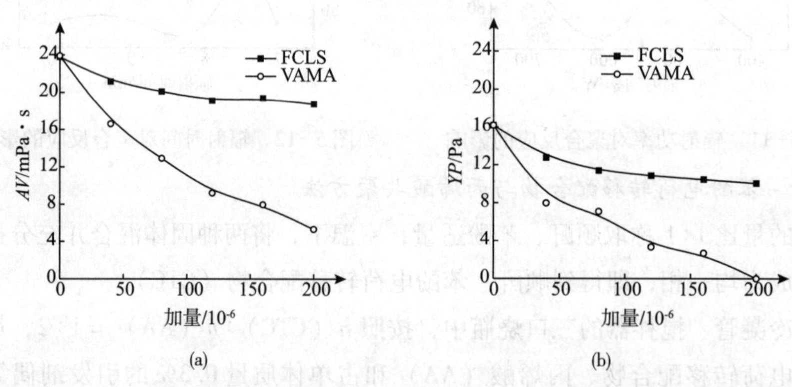

图5-13　钻井液性能与降黏剂含量的关系

实验所用基浆均为5%膨润土浆加0.025%的HPAM（$M_w=227\times10^4$，水解度=25%）

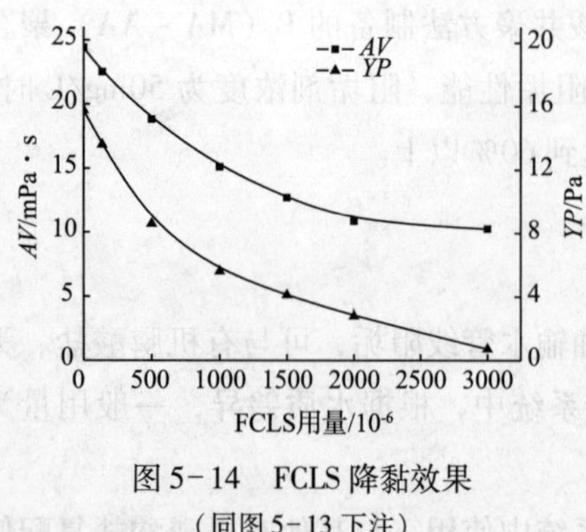

图5-14　FCLS降黏效果

（同图5-13下注）

尽管VAMA对HPAM钻井液的降黏能力比FCLS强得多，但对HPAM絮凝劣质土能力的影响，却远比后者小。高岭土悬浮液中只加入微量HPAM，就会使界面沉降一半的时间$t_{1/2}$缩短到原来的几十分之一。这时再加入VAMA，对$t_{1/2}$的影响不大，如改用FCLS，即使加量很小，也会使$t_{1/2}$明显增加，结果见表5-1。由此表明VAMA作为HPAM钻井液的降黏剂使用，不仅加量少，且对HPAM絮凝能力的影响小，有利于保持钻井液清洁。

表 5-1 降黏剂对 HPAM 絮凝能力的影响

序号	配方	$t_{1/2}$/s	序号	配方	$t_{1/2}$/s
1	12% 高岭土 - 水悬浮液	1185	3	2 加 40×10^{-6}VAMA	68
2	1 加 40×10^{-6}HPAM（$M=227\times10^4$，水解度 37.7%）	51	4	3 加 40×10^{-6}FCLS	457

（一）制备方法

1. 水溶液聚合法

将 67 份顺丁烯二酸酐和 500 份的水加入反应釜中，搅拌使其充分溶解，然后用 2.7 份氢氧化钠（配成溶液）将其中和至 pH 值为 4 ~5，中和过程中会有部分顺丁烯二酸单钠盐析出，然后加热，使析出的顺丁烯二酸单钠全部溶解后，加入 60 份醋酸乙烯酯，搅拌均匀后加入 2.7 份过硫酸钾和 2.7 份亚硫酸氢钠，在 70℃下反应 8h；待反应时间达到后向反应釜夹层中通冷却水，将体系的温度降至 0℃，将产物过滤，以除去未反应的顺丁烯二酸单钠盐。将所得滤液减压浓缩，然后再在 70℃下真空干燥、粉碎，得棕黄色粉状产品。作为钻井液降黏剂，其有效物≥90%，水分≤7%，水不溶物≤1%，降黏率≥70%。

以防垢率为指标，通过正交实验，确定的最佳合成条件为：反应温度为 65℃，反应时间为 3h，m（引发剂）∶m（单体）=16∶100，n（马来酸酐）∶n（醋酸乙烯酯）=5∶5。实验结果表明，当以 m（还原剂）∶m（过硫酸铵）=0.6∶1 的氧化还原体系作引发剂时所得产品的溴值小于 10g Br/100g；当防垢剂质量浓度为 5mg/L 时，防垢率达到 96%；产品热稳定性较好，在 150℃条件下处理 5h，与热处理前的防垢效果基本相当，表现出一定的耐温性[8]。

2. 有机溶剂法

有机溶剂法包括三步[9]。

（1）单体的提纯：将马来酸酐（MA）在三氯甲烷中重结晶 2 次，40℃真空干燥 48h，使用前储存于冰箱中。无色透明的醋酸乙烯酯（VAc）用饱和亚硫酸氢钠洗涤，再用饱和碳酸氢钠洗涤，然后用去离子水洗至中性，用无水硫酸钠干燥，静置过夜。减压蒸馏收集 71.8 ~72.5℃的馏分，使用前储存于冰箱中。

（2）PMV 的合成：室温下向装有温度计、搅拌器、冷凝装置的 250mL 四口烧瓶中加入一定比例的马来酸酐和醋酸乙烯酯，并加入溶剂，在机械搅拌下升温至 60 ~75℃，并滴加部分引发剂偶氮二异丁腈，保温 1h，然后滴加剩余引发剂，保温反应一段时间，待产物冷却后，将粗产物滴加到三氯甲烷中进行再沉淀，抽滤，并用三氯甲烷洗涤多次，然后在 40℃真空烘箱中烘 10h，得到共聚物 PMV。

（3）共聚物 PMV 的皂化：在 30 ~50℃皂化 1 ~4h，皂化反应结束，将产物冷却后滴加到丙酮中进行再沉淀，抽滤，并洗涤多次，在 40℃真空烘箱中烘 10h，得到最终分散剂产品。

在有机溶剂中进行聚合物合成时，合成条件对共聚反应和皂化过程均有很大的影响，在共聚反应中，溶剂类型、引发剂用量、原料配比和反应温度对共聚反应的影响结果见图5-15～图5-18。

如图5-15所示，当n（马来酸酐）∶n（醋酸乙烯酯）=2∶8，单体质量分数为15%，引发剂用量为1%，72℃下反应10h时，采用乙酸乙酯为溶剂，单体转化率最高，所以，在反应中采用乙酸乙酯作为溶剂。

如图5-16所示，当以乙酸乙酯为溶剂，n（马来酸酐）∶n（醋酸乙烯酯）=2∶8，单体质量分数为15%，72℃下反应10h时，随着引发剂用量的增加，单体转化率逐步提高，在引发剂用量为0.2%时，单体转化率不足10%，引发剂用量过少，不足以引发单体聚合，转化率过低；引发剂用量为2%时，转化率达到80%，因为引发剂用量增加，体系内活泼自由基增多，转化率增大。

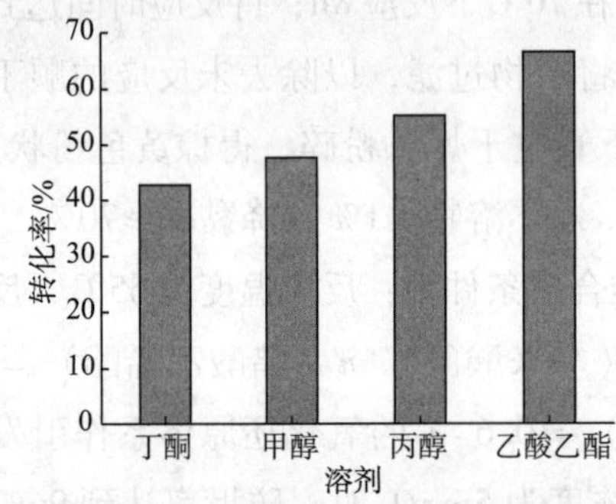

图5-15 不同溶剂对转化率的影响

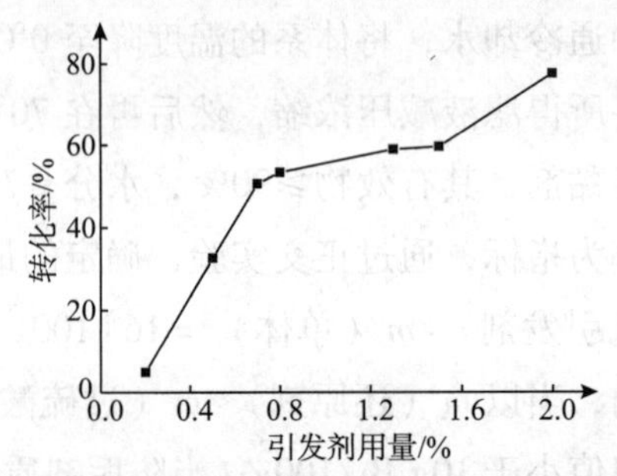

图5-16 引发剂用量对转化率的影响

图5-17表明，当以乙酸乙酯为溶剂，单体质量分数为15%，引发剂用量为1%，72℃下反应10h时，随着n（马来酸酐）∶n（醋酸乙烯酯）的增加，即马来酸酐用量的增加，单体转化率逐渐增大。这是由于马来酸酐的竞聚率（$r_1=0.055$）和醋酸乙烯酯的竞聚率（$r_2=0.003$）都小于1，而且r_1∶$r_2<1$，二者倾向于发生共聚；$r_1>r_2$，随着马来酸酐用量的增加，共聚更易发生，从而转化率得到提高。而共聚物的特性黏数随着马来酸酐用量的增加而降低，当n（马来酸酐）∶n（醋酸乙烯酯）=3∶7时单体转化率相对n（马来酸酐）∶n（醋酸乙烯酯）=2∶8时提高较多，但特性黏数降低不明显，故n（马来酸酐）∶n（醋酸乙烯酯）=3∶7较适宜，但在对产物进行分离提纯时，n（马来酸酐）∶n（醋酸乙烯酯）=3∶7的产物可能因为特性黏数降低，所以不容易提纯。故在探讨合成单因素影响实验时均选择n（马来酸酐）∶n（醋酸乙烯酯）=2∶8。

从图5-18中n（马来酸酐）∶n（醋酸乙烯酯）对共聚物组成的影响可看出，共聚物中马来酸酐的摩尔分数都不超过50%，说明所得的共聚物不是简单的交替共聚，随着投料中马来酸酐用量的增加，产品中马来酸酐的含量相应增加，但基本保持在30%～40%，这可能是由于马来酸酐和醋酸乙烯酯的竞聚率都小于1，且r_1∶$r_2<1$，倾向于形成具有恒比点的非理想共聚。

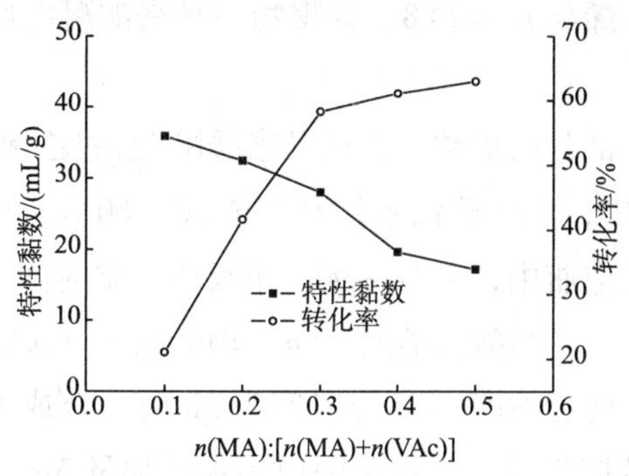

图 5-17 n（MA）：[n（MA）+n（VAc）]对转化率和产物特性黏数的影响

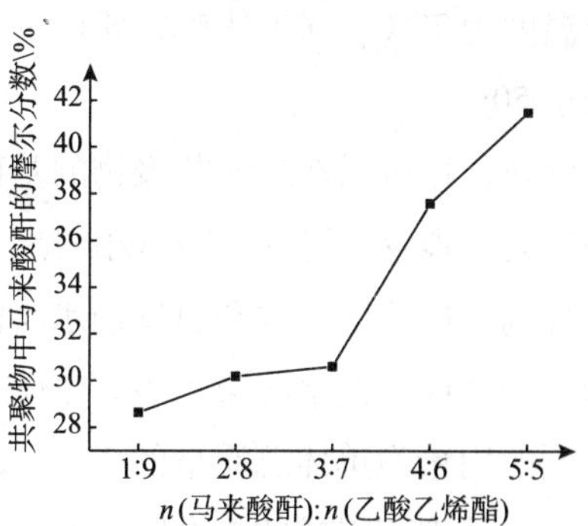

图 5-18 n（MA）：n（VAc）与共聚物组成的关系

如图 5-19 所示，当以乙酸乙酯为溶剂，n（马来酸酐）：n（醋酸乙烯酯）=2∶8，单体质量分数为 15%，引发剂用量为 1%，反应时间为 10h 时，随着反应温度的升高，分子间碰撞次数增多，反应速率增加，聚合反应更易进行，单体转化率提高，但是 77℃已经超过醋酸乙烯酯的沸点，可能导致反应中单体的减少，所以，反应温度以醋酸乙烯酯的沸点为 72℃较好。

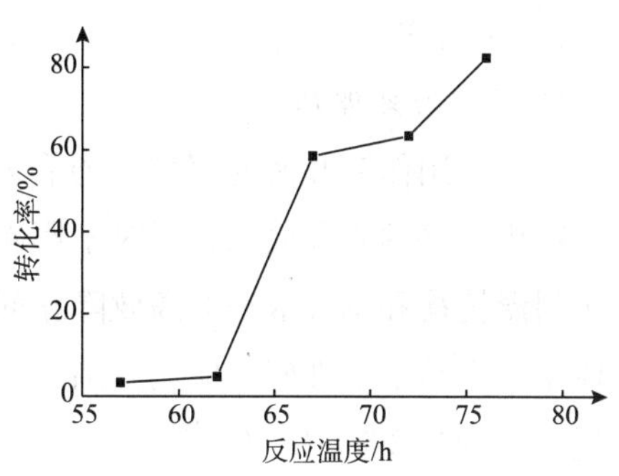

图 5-19 反应温度对转化率的影响

以乙酸乙酯为溶剂，当 n（马来酸酐）：n（醋酸乙烯酯）=2∶8，单体质量分数为 15%，引发剂用量为 1%，72℃下反应 10h 时合成共聚物样品，皂化温度为 40℃时，皂化时间和氢氧化钠用量对皂化反应的影响情况见图 5-20 和图 5-21。

如图 5-20 所示，当氢氧化钠用量为 0.0065mol 时，在 1～4h 内，产物的皂化度变化不明显，所以延长皂化时间对皂化度并没有多大贡献。如图 5-21 所示，当皂化温度为 40℃，皂化时间为 1h 时，随着 NaOH 用量的增加，产物的皂化度逐渐增加。

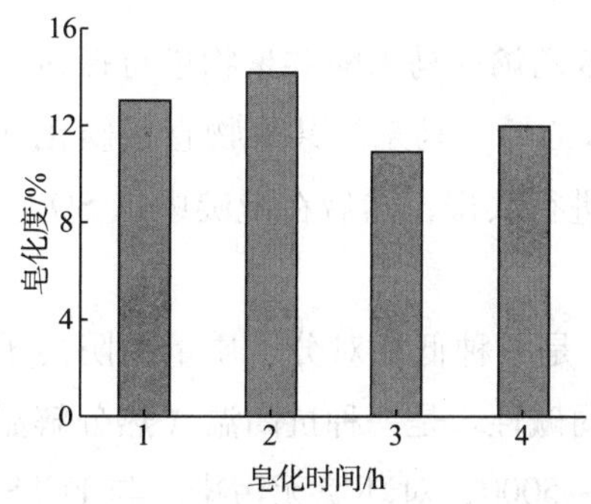

图 5-20 皂化时间对皂化度的影响

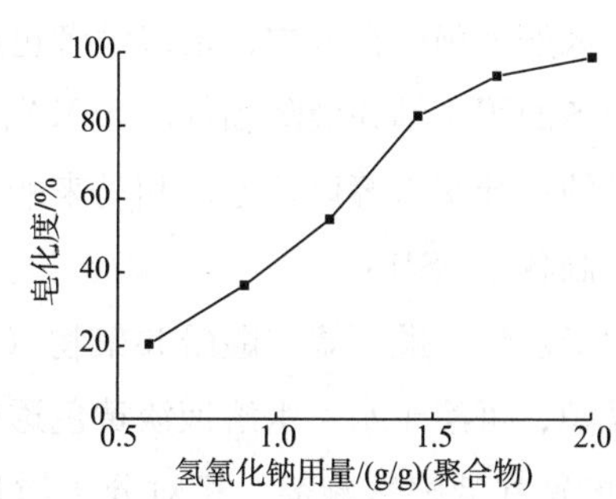

图 5-21 氢氧化钠用量对皂化度的影响

结合前面的讨论，确定共聚物的优化合成条件为乙酸乙酯作溶剂，引发剂用量为 1%，反应温度为72℃，n（马来酸酐）∶n（醋酸乙烯酯）=2∶8，共聚物中马来酸酐的摩尔分数低于50%。

此外，也可以在二元共聚物的基础上引入部分丙烯酸，合成马来酸酐/乙酸乙烯酯/丙烯酸三元共聚物[10]：将马来酸酐置于反应瓶中，加入蒸馏水，升温至50～60℃，从滴液漏斗分别将单体混合物和引发剂水溶液加入反应瓶中，于60～90℃下反应一定时间。所得产物为橙黄或棕色水溶液。当n（马来酸酐）∶n（醋酸乙烯酯）∶n（丙烯酸）=0.8∶1∶1，引发剂的用量为单体总质量的1.2%，反应温度为60℃，反应时间为3h时，合成的共聚物与其他处理剂组成的复合防垢剂具有优异的防垢性能，在某油田污水中加量3mg/L时，防垢率可达100%，同时该防垢剂与缓蚀剂、杀菌剂、除氧剂和黏土稳定剂等具有良好的配伍性，是一种高效防垢剂。

（二）用途

1. 钻井液处理剂

VAMA用作钻井液处理剂，能有效地削弱和拆散钻井液体系的高聚物－黏土网架结构，产生良好的降黏效果，同时不影响聚合物钻井液的不分散性。适用于聚合物钻井液，属于耐温抗盐和不分散型的高效降黏剂，适用于淡水钻井液、盐水钻井液和饱和盐水钻井液体系。产品配伍性好，应用范围广，使用方便，可直接加入或稀释成不同浓度使用，其加量一般为0.2%～0.5%[11]。

2. 水处理剂

用于油田注水系统、输油输水管线阻垢，可与有机膦酸盐、无机缓蚀剂锌盐等复配使用，也可单独投加到冷却水系统中，根据水质差异，一般用量为2～10mg/L。

三、磺化苯乙烯－马来酸共聚物

磺化苯乙烯－马来酸共聚物，简称SSMA。20世纪80年代初，美国开发了磺化苯乙烯－马来酸共聚物的钠盐，主要用作高温钻井液稀释剂，另有文献报道了美国Chemed公司提出以马来酸或马来酸与苯乙烯磺酸合成共聚物作锅炉水阻垢剂。随后美国Monsanto公司、DowChemical公司和英国、联邦德国的一些公司对SSMA相继进行改进，作为水质稳定剂和污水处理剂。在国内，很多学者也对磺化苯乙烯－马来酸共聚物进行探讨。张举贤等最早制备的用于钻井液降黏剂的SSMA，是由苯乙烯－马来酸共聚物直接磺化并中和成钠盐制备的；叶文玉等以苯乙烯和马来酸为原料进行共聚，然后在吡啶中以SO_3为磺化剂进行磺化制备了SSMA。

磺化苯乙烯－顺丁烯二酸酐共聚物（SSMA）是一种低相对分子质量的阴离子型聚电解，易吸潮，可溶于水。水溶液淡黄色透明，呈弱碱性。是一种抗高温（热分解温度大于400℃）的钻井液解絮凝剂，相对分子质量1000～5000，对环境无污染。与FCLS配合使用效果更佳。室温下钻井液表观黏度随SSMA加量增加而明显降低，且加量0.2%～0.5%时降黏效果较好[12]。

淡水钻井液中加入0.3%的SSMA并在230℃高温下老化后，钻井液表观黏度由基浆的64mPa·s降至28mPa·s以下，降黏率大于56%。在15%盐水钻井液中加入0.4%的SSMA并在230℃高温老化后，钻井液表观黏度由基浆的35mPa·s降至18mPa·s以下，降黏率大于48%。说明SSMA在苛刻条件下对钻井液仍具有较好的降黏作用，能够满足高温深井及复杂井对钻井液降黏的要求。其降黏效果明显优于FCL。国外将SSMA在许多深井或地热井使用，如某井钻至井深5486m，井温176.7℃，钻井液稠化，流变性难以控制，用木质素磺酸盐处理和强化固控，仅能暂时改变流变性。在井深5547m，加入2.85kg/cm^{3}的SSMA，流变性得到控制。采用SSMA和FCL复合处理密度为2.24～2.27g/cm^{3}的井浆，钻井液性能良好，克服了经常发生气侵和CO_2侵的现象，用此体系钻至井深6981m，井温229.4℃[13]。

磺化苯乙烯－马来酸共聚物可以采用苯乙烯－马来酸共聚物磺化得到，也可以采用苯乙烯磺酸与马来酸共聚得到。下面主要介绍苯乙烯与马来酸共聚物磺化制备磺化苯乙烯－马来酸共聚物的方法。

（一）方法1

在反应釜中加入300份甲苯、10.4份苯乙烯、9.8份顺酐和适量的过氧化苯甲酰，在室温下搅拌至混合物呈透明状，然后将反应混合物升温至回流，在回流状态下反应1h，将反应物冷却至室温，过滤分离出溶剂（循环使用）。将上述所得的Ma－St共聚物分散在300份二氯乙烷中，然后在30～35℃下慢慢滴加9份50%的发烟硫酸，待反应时间达到后用氢氧化钠溶液将反应混合物中和至pH值等于7，分出有机相用于回收溶剂，所得水相经真空干燥即得SSMA降黏剂产品。总固含量≥80%，硫酸钠含量≤4%，黏度（30%水溶液，25℃）≤30mPa·s，水不溶物≤2%，pH值（30%水溶液）为6.5～7.5。也可以采用苯乙烯磺酸钠与马来酸共聚合成，但由于非交替聚合，其降黏效果不如苯乙烯－马来酸交替聚合物的磺化产物。

（二）方法2

首先在反应釜中加入一定比例的甲苯、二甲苯、苯乙烯、马来酸酐和过氧化苯甲酰，在室温下搅拌至混合物呈透明状。在氮保护下将反应混合物升温至95℃，反应3～4h后将反应物冷却至室温，过滤分离出溶剂，得到苯乙烯－马来酸酐共聚物。然后将上述共聚物分散在二氯乙烷中，升温至50℃，在N_2保护下慢慢滴加三氧化硫，反应1～2h后用氢氧化钠溶液将反应混合物中和至pH值为7，分离出有机相，将水相放入80℃的真空干燥箱中干燥6h，降温后粉碎过孔径0.83mm筛，得黄褐色粉末状磺化苯乙烯－马来酸共聚物，即SSMA降黏剂。

最佳合成条件为苯乙烯与马来酸酐物质的量比为（1～1.2）∶1，引发剂BPO用量为0.7%～1.2%，溶液共聚温度为95℃，时间为3h，最佳条件下合成的苯乙烯－马来酸酐共聚物，重均相对分子质量在3000～5500范围，在NaOH存在下，该共聚物与三氧化硫按物质的量比为1∶(1～1.2）在50℃进行磺化、水解反应1h，生成降黏剂SSMA，该剂具有良好的耐温抗盐性，当加入 0.2% SSMA 使淡水钻井液的表观黏度由 75mPa·s 降至 30mPa·s 以下，加入 0.3% SSMA 使淡水钻井液在 230℃ 老化 16h 后的表观黏度由 64mPa·s 降至 28mPa·s 以下，加入 0.4% SSMA 使 15% 盐水钻井液 230℃ 老化 16h 后的表观黏度由 35mPa·s 降至 18mPa·s 以下。

研究表明[12]，在 SSMA 制备中，引发剂用量、单体配比、反应温度和反应时间等对苯乙烯和马来酸酐交替共聚产品收率和相对分子质量有重要的影响。如图 5-22 所示，当苯乙烯与马来酸酐物质的量比为 1.1∶1，反应时间为 3h 时，当引发剂用量较小时，随着引发剂加量的增加，共聚物产率显著增加，相对分子质量也迅速降低。当引发剂用量小于单体总质量的 0.3% 时，产率太低而无生产价值；用量大于 1.2% 时，产率增加缓慢且相对分子质量小于 3000；引发剂用量超过 0.7% 而小于 1.2% 时，产率大于 85%，相对分子质量小于 5500。实验表明，苯乙烯－马来酸酐共聚物相对分子质量在 3000～5500 范围时，磺化、水解生成的磺化苯乙烯－马来酸共聚物在钻井液中具有良好的降黏性能。在制备钻井液降黏剂 SSMA 时，苯乙烯－马来酸酐共聚反应中引发剂的用量为 0.7%～1.2% 时可以得到性能较好的产品。

如图 5-23 所示，当引发剂用量为 1%、反应时间为 3h 时，随着苯乙烯、马来酸酐物质的量比的增加，共聚物产率先增加，后又降低，共聚物相对分子质量则变化不大。当 n（苯乙烯）∶n（马来酸酐）为（1～1.2）∶1 时，共聚反应产率大于 85%，且产物作为钻井液降黏剂的相对分子质量大小比较适中，所以选用苯乙烯与马来酸酐物质的量比为(1～1.2)∶1。

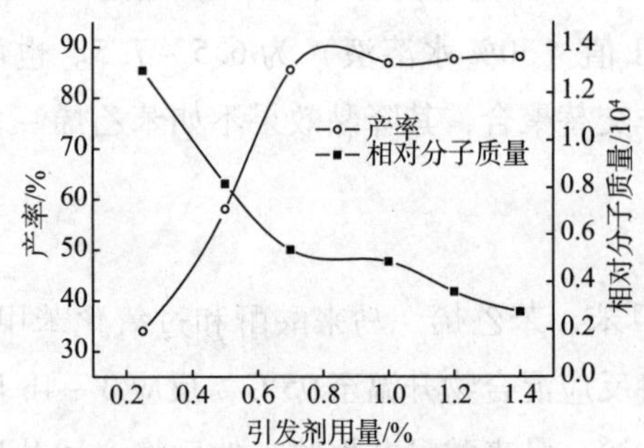

图 5-22　引发剂对共聚物产率和相对分子质量的影响

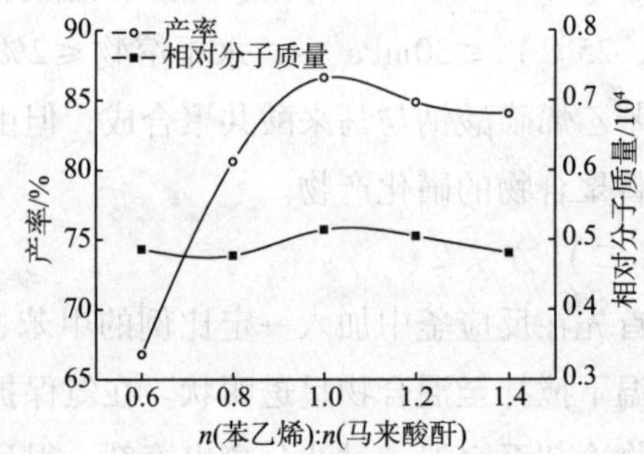

图 5-23　单体配比对共聚物产率和相对分子质量的影响

实验表明，当 n（苯乙烯）∶n（马来酸酐）≤1.1∶1，引发剂用量为 1% 时，在 3h 内共聚物产率随着反应时间的增加逐渐提高，反应 3h 产率达到 85%，3h 后产率基本不变，可见共聚反应时间为 3h 即可满足反应要求。

对于反应温度而言，随着反应温度的升高，自由基聚合反应速率增加，生成的聚合物相对分子质量降低，产率增加。在溶液中的苯乙烯与马来酸酐交替共聚反应，使用不同的溶剂所要求的反应温度不同。当用甲苯作溶剂时，反应在 85℃ 下就能很快进行，当用挥发性和毒性较甲苯小的二甲苯作溶剂时，反应在110℃以上才能进行。

（三）用途

1. 钻井液降黏剂

本品作为钻井液降黏剂具有很高的抗高温、抗盐、抗钙能力，是降黏剂中最有效的高温降黏剂，抗温可达260℃。适用于各种水基钻井液体系，用于深井、超深井和地热钻探。本品可以直接加入钻井液中，也可以配成水溶液使用，加量0.1%～0.5%，适宜的pH值为8左右。

2. 油井水泥减阻剂

可以用作抗温抗盐的油井水泥减阻剂。

3. 水处理阻垢分散剂

在水处理中，可以用于高效阻垢分散剂，由于磺酸基团的引入，使共聚物具有优异的缓蚀与阻垢性能。适当的磺酸基团与羧酸基团搭配组合，可以有效地防止钙凝胶的生成。

四、马来酸酐－丙烯酰胺共聚物

在马来酸酐－丙烯酰胺共聚物中，典型的代表是用于油井水泥降失水剂的P（MA－AM）聚合物[14]。P（MA－AM）共聚物油井水泥降失水剂一般是通过顺丁烯二酸酐与丙烯酰胺在水溶液中，采用氧化－还原引发剂引发聚合得到。

（一）制备过程

将两单体在一定比例下溶于水加入反应瓶中，在氮气保护及搅拌下加热升温，当温度达到35℃时，加入引发剂亚硫酸钠与过硫酸钠，开始记录反应时间，并保持体系在40℃，反应一定时间即得到共聚物。

合成中为了保证所得产物具有良好的性能，以产物的水泥浆性能为依据，研究了影响产物性能的因素，结果见表5-2、图5-24和图5-25。

如表5-2所示，在氧化剂过硫酸钠与还原剂亚硫酸钠各占单体总质量的1%，反应时间为8h时，不同投料比下所合成的产物的降失水性能不同。在单体中增加顺丁烯二酸酐的含量产物降失水性能变差。增加丙烯酰胺则失水性能变好，但流动度降低。然而丙烯酰胺的均聚物降失水能力很差，显然，只有两单体比例适当时，所合成的产物才能达到良好的降失水效果。

表5-2 原料配比对产物性能的影响

n（AM）：n（MA）	流动度/cm	失水量①/mL	n（AM）：n（MA）	流动度/cm	失水量/mL
1:4	24	12.7	2:1	19	8.2
1:3	24	47.0	2.5:1	20	10.2
1:2	25	74.3	3:1	20	18.0
1:1	17	164.0	4:1	20	74.9
3:2	20	19.0	AM均聚物②	25	328.0

注：①失水量为0.7MPa、30min；②相同条件下合成，将不同条件下合成的聚合物按一定加量加入G级油井水泥中，按0.5的水灰比配浆，用ZNS型钻井液失水仪测定在0.7MPa、室温（25℃）下30min的失水量；按GB 206—1978测定水泥浆流动度，并用ZNN－D_6型旋转黏度计测定流变参数n、k。

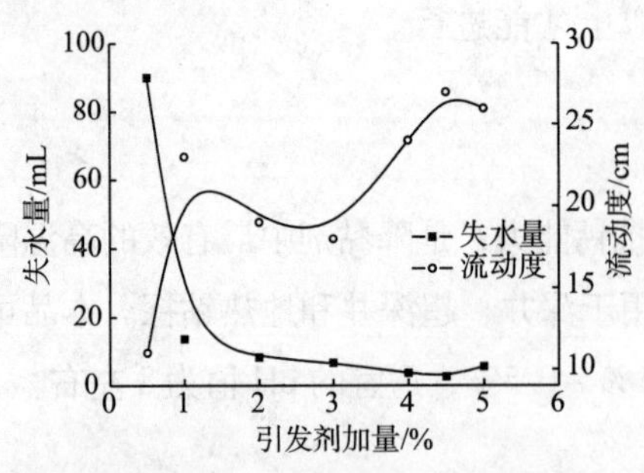

图 5-24　引发剂加量对失水量和流动度的影响

失水量测定条件同表 5-2 下注

引发剂用量对产物的相对分子质量、分布及组成有直接影响，从而影响产物的降失水性能。如图 5-24 所示，在 n（AM）∶n（MA）=2∶1，共聚物加量占干水泥的 1.5%，$Na_2S_2O_8$ 与 Na_2SO_3 物质的量比为 1∶1，反应时间为 8h 时，随着引发剂用量增加，产物的降失水能力提高，失水量减少，流动度增大。在实验条件下，引发剂用量为 4.5% 较好。在引发剂用量为 4.5%、n（AM）∶n（MA）=3∶2 时，用合成产物所处理水泥浆的失水量为 3mL，流动度为 28cm。

在共聚反应中，反应时间直接影响产物的转化率和组成，因此影响产物的降失水性能。如图 5-25 所示，在 n（AM）∶n（MA）=2∶1，引发剂用量 4.5%，聚合物加量 1.5% 时（占干水泥量），在不同反应时间下所得产物的降失水性能和水泥浆流动度不同，在实验条件下，反应时间为 6～8h 时，失水量低，流动度大。

综上所述，P（MA－AM）降失水剂的最佳配方及条件为：n（AM）∶n（MA）=2∶1，引发剂用量为 4.5%，温度为 40℃，反应时间为 6h。在此条件下所合成的产品加量对水泥浆失水量及流动度的影响明显。如图 5-26 所示，随 P（MA－AM）聚合物在水泥中的加量增大，失水量降低，流动度变小，在加量为 0.9% 就可使失水降到 4.5mL，流动性也较好。

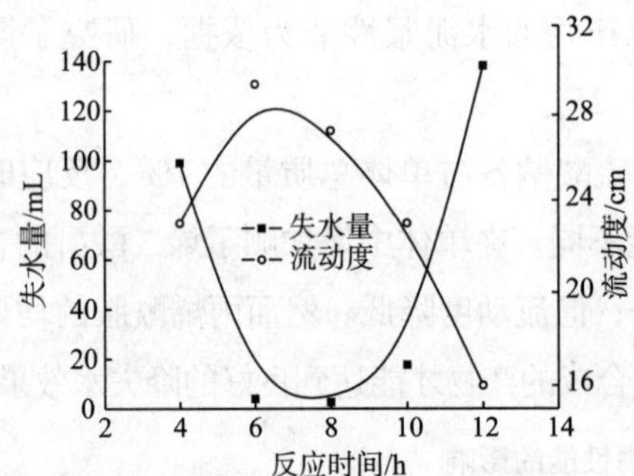

图 5-25　反应时间对失水量的影响

（失水量测定条件同表 5-2 下注）

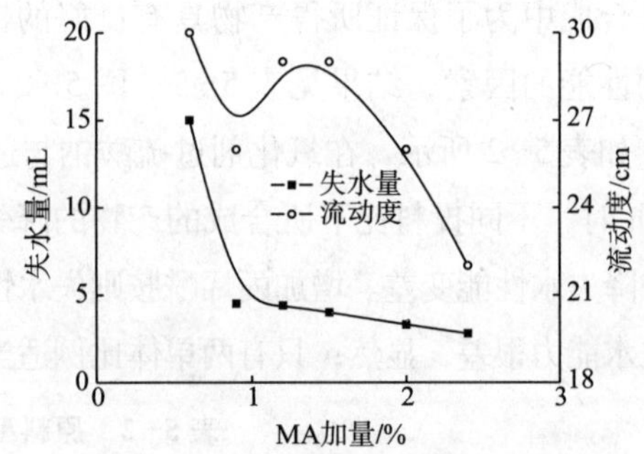

图 5-26　MA 加量对失水量的影响

（失水量测定条件同表 5-2 下注）

（二）应用

用于钻井液降黏剂和选择性絮凝剂。

用于油井水泥降失水剂，其加量为 1.5%～2%，由于本品与分散剂的配伍性较好，所以可同时加入分散剂 SAF、DCLS、单宁等以增加水泥浆的流动性。如果水泥浆体系的稠化（凝结）时间过长，可加入适量的 $CaCl_2$、NaCl 来催凝，以缩短水泥浆稠化时间，具体的加量应通过实验来决定。本品可适用于不同类型的油井水泥。

此外，还有一些马来酸酐衍生物与丙烯酸、丙烯酰胺等单体的共聚物，通过控制合成条件可以得到不同组成和不同相对分子质量的产物，能够满足不同需要，如：单马来酰胺基丁羧酸/丙烯酰胺共聚物、单马来酰胺基丁羧酸/丙烯酸共聚物、4－马来酰亚胺丁酸/丙烯酰胺共聚物、N－十六烷基取代单马来酰胺/丙烯酸/丙烯酸酯共聚物、单马来酰胺基丁羧酸/丙烯酰胺/2－丙烯酰胺基－2－甲基丙磺酸共聚物和马来酸/富马酰胺共聚物等。

第三节 羧酸酯－马来酸酐类聚合物

马来酸酐与丙烯酸酯类共聚物，包括马来酸酐与丙烯酸酯的二元共聚物，以及马来酸酐与丙烯酸酯、苯乙烯、乙酸乙烯酯等单体的多元共聚物。该类共聚物主要用于原油降凝剂。原油降凝剂是指能够降低原油凝固点的化学剂。

原油是一种含有石蜡、胶质和沥青质等多种组分的复杂烃类混合物，在温度降低时蜡晶会析出，随着温度不断下降，蜡晶逐渐增多，最终形成三维网状结晶而失去流动性。我国所产原油多为高蜡原油，其特点是凝点高，低温流动性差，如果不加以处理，在低温环境下基本无法使用和输送。为了降低含蜡油料的凝点，改善其低温流动性，可采用热处理、添加减阻剂、稀释、水悬浮等多种输送方法。但这些方法普遍存在能耗大、设备投资和管理费用高，且停输后再启动困难等问题。目前倍受关注的方法是采用化学添加剂来降低原油的凝点，以改变原油的流动性，其特点是节能高效和降低成本，以丙烯酸酯自聚或共聚为主的化学降凝剂是当今国内外研究的重点。国内外常用的降凝剂主要有3大类：即烷基萘类、聚酯类及聚烯烃类。

本节所述羧酸酯－马来酸酐共聚物将因相对分子质量和基团组成不同，而适用于不同类型或不同组成的原油降黏、降凝。

一、丙烯酸酯－马来酸酐共聚物

丙烯酸酯－马来酸酐二元共聚物为奶油色固体，可溶于苯、甲苯、二甲苯和柴油等有机溶剂。用作含蜡原油集输储运中的降凝剂，对高含蜡原油感受性好，可以显著地改变原油中蜡的结晶形态和结构，从而降低原油的凝点、表观黏度和屈服值，在环境温度下能有效地输送高含蜡原油，适应范围广。使用时，应先将其配成一定含量的溶液，然后按计算量加入原油中，建议加量为500mg/L，原油凝点高时，可适当增加降凝剂加量。原油预热处理温度建议在60℃左右。其凝点下降值≥20℃。

（一）丙烯酸（C_{18}～C_{20}）酯－马来酸酐共聚物

将1336～1436份丙烯酸（C_{18}～C_{20}）酯、98份马来酸酐（MA）加入反应釜中，通氮气置换出聚合反应釜中的氧，然后加热升温至90℃。在搅拌下，加入适量的甲苯溶液和11～12份偶氮二异丁腈（AIBN），在氮气保护下反应8～12h。反应至一定时间后，将反应混合物趁热出料，冷却后即得奶油色固体，即为丙烯酸（C_{18}～C_{20}）酯－马来酸酐共聚物。

（二）丙烯酸十八碳醇酯、马来酸酐共聚物与多元醇反应物

在装有电动搅拌器、温度计、冷凝管的反应瓶中，按照 n（丙烯酸十八碳醇酯）：n（马来酸酐）=2∶1 的比例，加入一定量的丙烯酸十八碳醇酯、马来酸酐和甲苯，通入氮气 5～10min，加入过氧化苯甲酰，并加热搅拌，在 90℃下反应约 4h，即得丙烯酸十八碳醇酯－马来酸酐的共聚物。再在上述反应物中加入与马来酸酐等物质的量的混合高级脂肪多元醇，升温至回流温度，反应约 4h，减压蒸馏出溶剂，冷却后得到淡黄色固体，即为 PMAE 系列降凝剂[15]。

在聚合物降凝剂合成中，采用不同的原料配比所得产物的降凝效果不同。当 n（马来酸酐）：n（混合高级脂肪多元醇）=1∶1 时，改变丙烯酸十八碳醇酯与马来酸酐的物质的量配比，合成不同组成的原油降凝剂，并评价降凝剂在南阳原油（凝点为 24℃）中的降凝效果（降凝剂加量 0.1%），结果见表 5-3。

表 5-3　单体配比对产物降凝效果的影响

n（丙烯酸十八碳醇酯）：n（马来酸酐）：n（混合高级脂肪多元醇）	凝点/℃	降凝幅度/℃	降黏剂代号
3∶1∶1	11～13	12	PMAE－1
2∶1∶1	4～6	19	PMAE－2
1∶1∶1	6～8	17	PMAE－3
1∶2∶2	7～9	16	PMAE－4
1∶3∶3	8～10	15	PMAE－5

从表 5-3 可以看出，按 n（丙烯酸十八碳醇酯）：n（马来酸酐）=2∶1 所合成的降凝剂，降凝效果最好，降凝幅度为 19℃，低于或高于此配比，其降凝效果均会降低。这是由于随着聚合物中马来酸酐所占比例的增加，聚合物极性会不断增大，其抑制蜡晶的作用及降凝效果会提高，但随着聚合物中马来酸酐所占比例的逐步增加，聚合物的油溶性及其在原油中的伸展性会随之变差，其抑制蜡晶的作用与降凝效果会逐渐下降。因此，在降凝剂中丙烯酸十八碳醇酯、马来酸酐及混合高级脂肪多元醇的物质的量配比为 2∶1∶1 时的降凝效果最好。

聚合物的相对分子质量是影响降凝剂降凝效果的重要因素之一。只有当降凝剂的相对分子质量大小合适，才显现出良好的降凝效果。对于不饱和单体进行的自由基聚合反应，影响其反应速率及相对分子质量的因素有很多，其中聚合反应的温度是影响相对分子质量的关键因素。在固定原料加量和引发剂加量一定时，可通过控制反应温度来控制聚合物的相对分子质量。实验表明，当 n（丙烯酸十八碳醇酯）：n（马来酸酐）：n（混合高级脂肪多元醇）=2∶1∶1 时，随着聚合反应温度的升高，所得产物对南阳原油的降凝效果呈现出先增加后下降的趋势，当聚合温度为 90℃时，降凝效果最好。这是由于当聚合反应的温度较低时，链增长自由基浓度相对较低，自由基终止速率也相对较低，有利于聚合物相对分子质量的提高，因此，聚合物的相对分子质量随着温度的升高而增加，当达到一定温度后

再进一步升高反应温度，链增长自由基浓度相对较高，聚合速率增大，链增长自由基终止速率也加快，此时不利于聚合物相对分子质量的提高，得到的聚合物的相对分子质量相对较小，降凝效果变差。可见，在实验条件下，聚合反应温度控制在90℃较为适宜。

当聚合温度为90℃时，合成的降凝剂 PMAE－2 降凝效果最好，在南阳原油中添加 0.05% 的 PMAE－2 降凝剂后凝点下降了 22℃，对胜利原油和延安原油也有良好的降凝效果。

（三）丙烯酸十八酯－顺丁烯二酸酐共聚物

丙烯酸十八酯－顺丁烯二酸酐共聚物对中原油田产的高含蜡原油具有较好的降凝作用，当丙烯酸十八酯与顺丁烯二酸酐的物质的量比为4∶1，BPO 的用量为 0.9%，反应温度为85℃，反应时间为10h时，合成的二元共聚物可使中原油田生产的高含蜡原油的凝点由31℃降至18℃。其合成包括丙烯酸十八酯的制备和聚合反应两步[16]。

（1）丙烯酸十八酯的制备。在装有温度计、搅拌器、分水器和回流冷凝管的反应瓶中，按 n（丙烯酸）∶n（十八醇）＝1.2∶1，分别加入计算量的十八醇、甲苯及1%的阻聚剂对苯二酚。油浴加热至60℃，全部溶解后，按反应量加入丙烯酸和催化剂对甲苯磺酸。继续升温到130℃，于130℃下反应6h后停止搅拌。将混合液倒入分液漏斗中，先用5%的 Na_2CO_3 溶液洗涤2～3次，用质量分数5%的 NaOH 溶液洗至碱性，再用去离子水洗至中性，将酯用无水氯化钙干燥过液。抽滤，减压蒸发溶剂，得白色蜡状固体即丙烯酸十八酯。酯的产率可达95%。

（2）聚合反应。在装有冷凝器、温度计及搅拌器的反应瓶中，加入计算量的丙烯酸十八酯，顺丁烯二酸酐及甲苯；在 N_2 保护下升温至85℃，均匀搅拌；称取占单体质量0.9%的过氧化苯甲酰，分3次（0、1h、2h）加入，在85℃下反应10h，得黄色黏稠液体。将产物倾入甲醇中析出沉淀，抽滤，置于50℃的真空干燥箱中干燥8h，得淡黄色的丙烯酸十八酯－顺丁烯二酸酐共聚物。

值得强调的是，在聚合反应中单体配比、引发剂用量和反应时间对产物的降凝效果有着明显的影响。如表5－4所示，在引发剂用量为0.9%，反应温度为85℃，反应时间为10h时，随着单体中丙烯酸十八酯用量的增加，降凝效果提高，当 n（丙烯酸十八酯）∶n（马来酸酐）达到4∶1时，再提高丙烯酸十八酯用量，降凝效果反而下降。这说明随着共聚物中极性基团含量降低，当共聚物与蜡共结晶时，不能有效地阻碍蜡晶的聚集，从而不能更好地延缓蜡晶网状结构的形成，使降凝效果降低。

表5－4　原料配比对产物降凝效果的影响

n（丙烯酸十八酯）∶n（马来酸酐）	降凝幅度/℃	n（丙烯酸十八酯）∶n（马来酸酐）	降凝幅度/℃
1∶1	7	4∶1	13
2∶1	9	5∶1	10
3∶2	11		

降凝剂相对分子质量与原油中的结晶存在配伍规律，降凝剂相对分子质量过高或过低其降凝效果均较差。如图5-27（a）所示，在 n（丙烯酸十八酯）∶n（马来酸酐）为4∶1，反应温度为，85℃，反应时间为10h时，引发剂的用量为0.9%时所得降凝剂的降凝效果最好。如图5-27（b）所示，在 n（丙烯酸十八酯）∶n（马来酸酐）为4∶1，BPO用量为0.9%，反应温度为85℃时，随聚合时间增加，降凝效果明显提高，10h后，再增加聚合时间，降凝幅度变化不大，可见，聚合时间为10h即可。

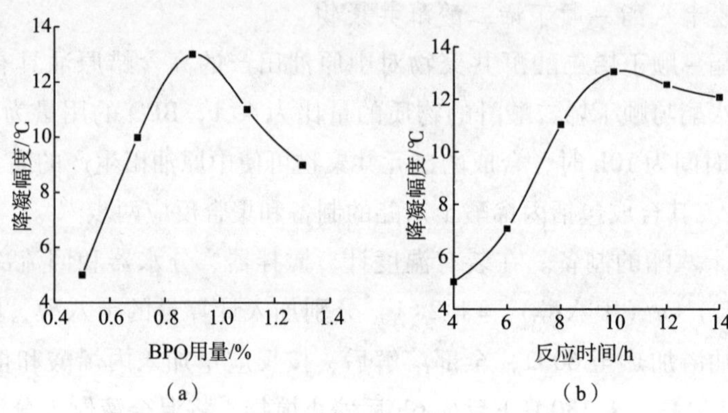

图5-27　BPO用量（a）和反应时间（b）对产物降凝效果的影响

（四）甲基丙烯酸混合酯-马来酸酐共聚物

以甲基丙烯酸、混合醇（C_{12}∶C_{14}∶C_{16} =3∶6∶1）、马来酸酐为原料，采用先酯化、后聚合的方法，合成甲基丙烯酸混合醇酯-马来酸酐共聚物（AE-MA）。用作原油降凝剂，将其按1.59%（质量分数）的剂量加入到盘锦原油中，原油凝点可降低11℃[17]。其制备过程如下。

（1）按 n（甲基丙烯酸）∶n（混合醇）=1∶1.25的比例，将原料加入到装有电动搅拌、冷凝管和分水器、温度计的三口瓶中，加入反应物总质量100%的甲苯，电热套加热，并搅拌至混合醇完全溶解，在温度升高到80℃时加入1.5%的对甲苯磺酸，继续加热到出水量稳定，酯化反应结束，得到粗甲基丙烯酸混合醇酯。

（2）按 n（马来酸酐）∶n（粗甲基丙烯酸混合醇酯）=1∶1加入MA，连接冷凝管、温度计、电动搅拌，水浴控温75℃，搅拌使反应物充分混合，待溶液澄清后，加入0.75%过氧化苯甲酰（BPO），聚合反应3.5h，得到粗降凝剂产物，经减压蒸馏除去甲苯，碱洗、水洗至中性，冷却抽滤后，干燥至恒重，得到纯化的甲基丙烯酸混合醇酯-马来酸酐共聚物降凝剂AE-MA。

研究表明，在降凝剂合成中酯化和聚合反应对聚合物性能有不同的影响。在酯化反应中，原料配比、催化剂用量和溶剂用量均会影响最终产物的降凝效果。

（1）当原料配比和反应条件一定时，n（甲基丙烯酸）∶n（混合醇）=1∶1.25时，降凝幅度达到最大。因为当醇过量时，在聚合反应发生时与部分马来酸酐发生醇解反应，影响降凝效果；当甲基丙烯酸过量时，会发生均聚或与酯化产物共聚；当 n（十二醇）∶n

（十四醇）∶n（十六醇）=3∶6∶1时，产物碳链结构与原油最匹配，降凝效果最好，而以十二醇与十四醇为反应物时，降凝效果最差。

（2）原料配比和反应条件一定时，在催化剂用量为反应物总质量的1.5%时，降凝效果最佳。这是由于催化剂用量过少，反应进程慢，催化剂过多，可能引发一些副反应，反而影响酯化反应；

（3）当原料配比和反应条件一定，溶剂用量为反应物总质量的100%时，降凝效果最好。这是由于溶剂量主要影响反应温度和反应物浓度，当溶剂量较少时，反应温度过高，导致副反应增多。当溶剂量过多时，反应物浓度过小，反应不完全，影响降凝效果。

在聚合反应中，引发剂用量、马来酸酐用量、反应温度和反应时间对产物的降凝效果的影响情况如下。

（1）当原料配比和反应条件一定，BPO用量为0.75%（以甲基丙烯酸、混合醇、马来酸酐总质量计）时，降凝效果最显著。这是由于引发剂用量与单体转化率密切相关，用量过低，产物聚合度较低；用量过多，会导致聚合度过高，影响降凝剂与蜡晶结构匹配性，只有BPO用量适中，聚合物的相对分子质量与蜡晶的相对分子质量接近，才能易于与蜡晶吸附共晶，达到理想的降凝效果。

（2）当n（马来酸酐）∶n（甲基丙烯酸混合醇酯）=1∶1时，降凝效果最好，此时共聚物分子结构不对称程度较高，分子中极性基团的极性不能互相抵消，降凝剂分子具有较强的极性，降凝效果较好。

（3）聚合温度从70～90℃范围，随着温度的升高产物的降凝效果先增加后降低，聚合温度在80℃时，降凝效果最好。这是由于聚合温度过低或过高，聚合物的相对分子质量与蜡晶的相对分子质量均相差较大，不易吸附共晶，降凝效果不理想。

（4）反应时间在2.5～4.5h范围，随着时间的延长产物的降凝效果先升高后降低，聚合时间为3.5h时，降凝效果最好。此时，所得聚合物的相对分子质量与蜡晶的相对分子质量接近，容易吸附共晶，降凝效果理想。

二、苯乙烯－马来酸酐共聚物高级混合醇酯化产物

苯乙烯－马来酸酐共聚物与高级混合醇酯化产物，从组成上可以看作苯乙烯－马来酸酐－马来酸高碳酯共聚物。共聚物溶于苯、甲苯、二甲苯和柴油等有机溶剂。对原油适应性好，降凝降黏效果显著，适应范围广。使用时应将其配制成一定浓度的溶液，然后按建议加量投加到原油中，加药量一般为25mg/L，原油凝点高时，可适当增加投药量。原油预热处理温度建议在60℃左右。

（一）制备过程

（1）将104g马来酸酐、400g甲苯投入反应釜中，然后加入98g苯乙烯、2g引发剂（过氧化二苯甲酰），在不断搅拌下升温，温度升至60℃左右时，开始引发聚合，在聚合过程中不断有白色细小沉淀物析出，反应2h，升温至80℃，继续反应1h左右，结束反

应，得到苯乙烯-马来酸酐共聚物（SMA）。

（2）将 10.2gSMA、26g 高级混合醇、2g 催化剂（对甲苯磺酸）和 100mL 甲苯（或二甲苯）加入反应瓶，混合均匀后，在不断搅拌下升温至 120℃，维持温度在 120℃左右反应 8～10h，反应生成的水与甲苯共沸蒸出，待反应系统脱出的水量与理论量相等时酯化反应结束，蒸馏除去溶剂，即得成品。为棕色黏稠液体，凝点下降值≥10℃，防蜡率≥20%。

（二）影响共聚物降凝性能的因素

采用混合醇进行酯化时，混合醇的配比对酯化率的影响见图 5-28 和图 5-29[18]。如图 5-28 所示，当采用不同溶剂，用两种醇混合酯化，反应时间为 9h，m（十八醇）：m（十六醇）=1∶1 时，混合醇酯反应较好，酯化率较高，降凝效果也较好。如图 5-29 所示，当采用三种醇混合酯化，二甲苯作溶剂，反应时间为 9h，二十醇用量较多时，混合醇酯反应较好，酯化率也较高，且降凝效果也最好。

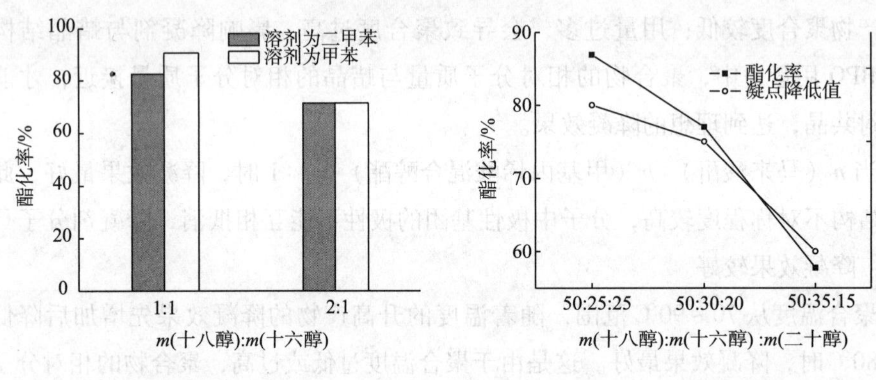

图 5-28 m（十八醇）：m（十六醇）对酯化率的影响

图 5-29 m（十八醇）：m（十六醇）：m（二十醇）对酯化率的影响

在苯乙烯与马来酸酐的聚合及与混合高碳醇酯化制备 SMAA 的过程中，聚合条件和酯化反应条件都会影响产物的性能[19]。

1. 聚合条件对 SMAA 降凝效果的影响

降凝剂的链段分布（即降凝剂的基本骨架结构）直接影响到其降凝效果，而单体配比又是影响链段分布的主要因素，因此选择适宜的单体配比是合成理想降凝剂的关键。如图 5-30 所示，当 n（马来酸酐）：n（苯乙烯）=1∶2 时，所得产物的降凝效果最好。当苯乙烯单体过量时，使产物分子与蜡分子的碳链不相近，影响了降凝剂与原油中蜡晶的吸附-共晶作用；另一方面使降凝剂的相对分子质量过大，黏度过高，降凝剂的油溶性降低，从而降凝效果下降。可见，在实验条件下单体配比为 1∶2 较好。

引发剂用量对目标产物的降凝效果的影响如图 5-31 所示。图 5-31 表明，随着 BPO 用量的增加，降黏效果先增加后减小，当 BPO 用量达到 0.65% 时降凝效果最佳。这是由于当 BPO 用量过少时，单体的转化率很低；当过量时，容易造成反应体系中蜡晶颗粒瞬间集中，从而引起集聚，稳定性变差，同时加快了终止速率。选择 BPO 用量为 0.65%

较好。

实验表明，在聚合反应3～5h之间，随着反应时间的增加，产物的降凝效果先大幅度增加后出现降低，这是由于聚合时间过短时，聚合程度不高，因而降凝效果差，而当聚合时间超过4h，由于聚合反应仍在进行，聚合物的相对分子质量仍在增加，所生成的聚合物相对分子质量与蜡晶的相对分子质量相差太大，不易吸附共晶，降凝效果较差，因此，聚合时间4h较适宜。随着聚合温度的升高，降凝效果也同样是先上升后下降，这是由于反应初温度过低，聚合不完全，相对分子质量较低，使降凝剂与蜡不能良好的共晶或吸附，影响降凝效果；而温度过高时，相对分子质量过大，降凝剂黏度过大，油溶性较差，因而影响降凝效果，在实验条件下，聚合温度70℃较适宜。

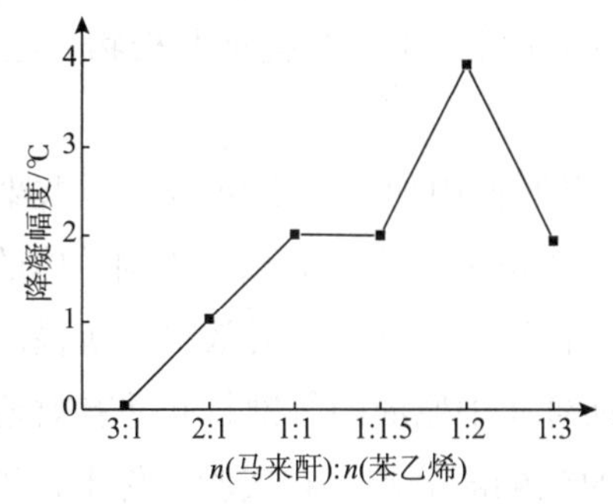

图5-30 n（马来酸酐）∶n（苯乙烯）对降凝效果的影响

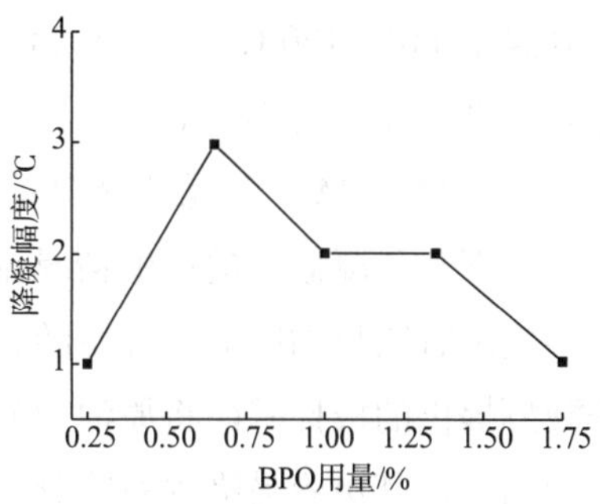

图5-31 引发剂用量对降凝效果的影响

如图5-32所示，随着溶剂量的增加，降凝效果先增大后降低，当溶剂量为70%或80%时，降凝效果最好。这是由于溶剂量的变化直接影响聚合单体的浓度，从而使聚合物和蜡分子的相对分子质量产生差异，在溶剂量为70%、80%时，所得共聚物的相对分子质量及其分布与蜡晶相似，降凝效果最佳。因此，溶剂用量为70%～80%较适宜。

2. 酯化反应对降凝效果的影响

研究表明，n（SMA）∶n（混合醇）在（2∶1）～（1∶2.5）范围内，随着混合醇用量的增加降凝效果先增加后降低，当n（SMA）∶n（混合醇）=1∶1时，降凝效果最佳。这是由于当SMA与混合醇物质的量比过量时，一方面可能使SMA在酯化过程中发生均聚或与SMAA共聚，另一方面使反应物的羟基数减少，降低其极性，从而使降凝效果变差；催化剂用量在0.5%～2%范围内，随着催化剂对甲苯磺酸用量的增加，降凝幅度开始大幅度增加，当催化剂用量为1%时，降凝效果最好，之后再增加催化剂用量，降凝幅度变化不大，因此催化剂用量为1%时较适宜；反应初期，降凝幅度随反应时间的增加逐渐增大，当反应时间达到3h时，产物降凝效果最佳，之后再继续延长反

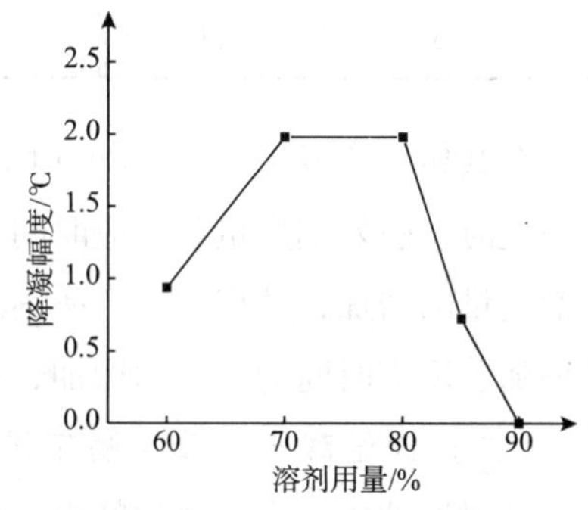

图5-32 溶剂用量对降凝效果的影响

应时间，反而使降凝效果变差。故，酯化时间为3h即可。

三、苯乙烯－马来酸酐－丙烯酸十八烷基酯共聚物

（一）苯乙烯－马来酸酐－丙烯酸十八烷基酯三元共聚物

苯乙烯－马来酸酐－丙烯酸十八烷基酯三元共聚物用于降凝剂，当原油预热温度为60℃，共聚物在江汉原油中加量为300mg/L时，可使江汉原油的凝固点从28℃降到13℃[20]。其制备过程如下。

在装有温度计、搅拌器及回流冷凝器的三口烧瓶中，按照 n（苯乙烯）∶n（马来酸酐）∶n（丙烯酸十八烷基酯）＝1∶3∶3的比例，加入一定量的苯乙烯（St）、马来酸酐（MA）、丙烯酸十八烷基酯（OA）、引发剂BPO以及适量的溶剂甲苯，通氮置换出反应瓶中的氧，升温至110～120℃，在此温度下反应4～8h后，用乙醇提纯共聚物，在70℃下真空干燥8h，即得到共聚物产品。

当P（St－MA－OA）三元共聚物降黏剂在江汉原油中加量为300mg/时，共聚单体物质的量比对共聚物降凝效果的影响情况见表5-5。从表5-5可以看出，不同单体的物质的量比对降凝效果有明显的影响。开始随着马来酸酐含量的增加，降凝效果有所提高，这是由于马来酸酐提供的极性基团将原油中的胶质、沥青质中原油的氢键打开并有效地改善了共聚物的结构，使其更容易吸附石蜡分子，降低原油的凝固点。在实验条件下，以 n（苯乙烯）∶n（马来酸酐）∶n（丙烯酸十八烷基酯）＝1∶3∶3为宜。

表5-5　单体的物质的量比对产物降凝效果的影响

n（St）∶n（MA）∶n（OA）	降凝幅度/℃	n（St）∶n（MA）∶n（OA）	降凝幅度/℃	n（St）∶n（MA）∶n（OA）	降凝幅度/℃
0∶1∶3	8	1∶3∶3	15	3∶1∶3	9
1∶1∶3	10	1∶0∶3	8	2∶2∶3	12
1∶2∶3	13	2∶1∶3	9	1∶1∶1	11

在共聚物合成中[21]，当 n（丙烯酸酯）∶n（苯乙烯）∶n（马来酐）＝6∶1∶2，反应温度一定时，引发剂用量和反应时间对产物的收率有较大的影响。如图5-33所示，随着引发剂用量的增加，共聚反应产率逐渐增加，但当引发剂用量达到一定量后趋于稳定；反应产率随着反应时间的延长而增加，但当反应时间达到4h以后趋于稳定。

（二）丙烯酸十八酯－顺丁烯二酸酐－苯乙烯－丙烯腈共聚物

针对原油中高含蜡量的特点，以丙烯酸十八酯（ODA）、顺丁烯二酸酐（MA）、苯乙烯（St）和丙烯腈（AN）等单体为原料，采用自由基溶液聚合合成了原油流动改进剂AMSA。其制备过程如下[22]。

在装有冷凝器、温度计及搅拌器的四口烧瓶中，按 n（ODA）∶n（MA）∶n（St）∶n（AN）＝16∶1∶1∶3加入4种单体，再加入适量的甲苯/乙酸乙酯混合溶剂，在 N_2 气氛中

升温至85℃，搅拌均匀。称取占单体总质量分数为1.2%的AIBN，配成一定浓度的甲苯溶液，分别于反应0、2h和4h时加入。反应7h后得到淡黄色黏稠液体，将其倾出，用甲醇洗涤得到米黄色细粉状沉淀，减压抽滤，再用丙酮回流浸泡，然后再减压抽滤，真空干燥，得到米黄色固体产物，即为丙烯酸十八酯－顺丁烯二酸酐－苯乙烯－丙烯腈四元共聚物AMSA降凝剂。

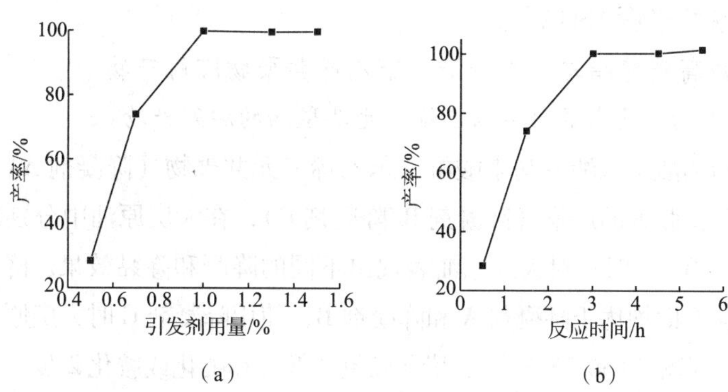

图5－33　引发剂用量（a）和反应时间（b）对产率的影响

AMSA用作高含蜡原油集输储运防蜡降凝剂，对原油感受性好，降凝降黏效果显著，适应范围广。在中原原油中加入质量分数为0.1%的AMSA时，可以使原油的凝固点降低14℃，25℃时黏度下降92.9%，屈服值下降96.4%，表现出良好的降凝效果。

四、马来酸酐、丙烯酸酯与苯乙烯等共聚物的胺解产物

作为典型原油降凝剂，马来酸酐、丙烯酸酯与苯乙烯等共聚物的胺解产物，对高含蜡原油具有良好的降凝作用，在原油集输中具有广泛的应用。

（一）丙烯酸高碳酯－马来酸酐－醋酸乙烯酯－苯乙烯共聚物的胺解产物

通过丙烯酸高碳酯与马来酸酐、醋酸乙烯酯、苯乙烯共聚后进行胺解，可以得到一系列不同组成和适用性的高蜡原油降凝剂。降凝效果评价表明，胺解聚合物型原油降凝剂对大庆高蜡原油和尼尔阿曼混合原油具有较好的降凝性能，降凝幅度最高达到27℃，同时，当加剂温度高于原油析蜡温度时，降凝剂的降凝效果才能充分显现出来[23]。其合成过程如下。

（1）在带有磁力搅拌控温的反应瓶中加入一定量的高碳醇、阻聚剂对苯二酚（占酸醇总量的0.15%）和甲苯溶剂（为酸醇总量的1.5倍），边搅拌边加热至50～60℃，使固体物全部溶解，加入一定量丙烯酸和催化剂对甲苯磺酸，继续加热至回流温度下反应一定时间，当出水量与理论值接近时，酯化反应基本结束，停止加热。用5%的NaOH溶液中和洗涤粗产品，以除去反应液中过剩的丙烯酸、对甲苯磺酸等，然后水洗3次以上，洗出过剩的碱。加入$CaCl_2$干燥，改变不同的高碳醇得到一系列丙烯酸高碳醇酯。

（2）将丙烯酸高碳醇酯、马来酸酐、醋酸乙烯酯或丙烯酸高碳醇酯、马来酸酐、醋酸乙烯酯、苯乙烯按一定的配比加入反应瓶中，再加入一定量的引发剂过氧化苯甲酰及1.5

倍单体总量的甲苯溶剂。在氮气保护下不断搅拌升温至90~100℃，反应4h后，停止加热，结束聚合反应，分别制备三元共聚物和四元共聚物。

(3) 将三元共聚物和甲苯溶剂加入反应瓶中，在搅拌下升温到完全溶解，控制温度低于80℃，依次加入胺和催化剂，升温至回流温度，加入适量调聚剂控制聚合度，反应6h结束，用长链胺进行胺解得到三元胺解共聚物型化合物PMB；将四元共聚物用长链胺胺解可以得到四元胺解共聚物ASMA-2。

（二）丙烯酸高碳醇酯与马来酸酐、苯乙烯共聚物胺解产物

1. 丙烯酸十八酯-马来酸酐-苯乙烯三元共聚物的胺解产物

研究表明，丙烯酸十八酯-马来酸酐-苯乙烯三元共聚物（降凝剂A），以及其用脂肪醇/脂肪胺进行醇解/胺解的产物（降凝剂B/降凝剂C），在大庆原油中分别加入质量分数为0.5%的降凝剂A、B、C时，对大庆原油表现出不同的降凝和降黏效果。降凝剂C，即胺解产物在降凝和降黏方面均优于降凝剂A和降凝剂B，使用降凝剂C时大庆原油倾点降幅最高达14℃、黏度最大降幅为56.78%[24]。其合成包括聚合和酯化或胺化2步，具体过程如下。

(1) 丙烯酸十八酯-马来酸酐-苯乙烯三元共聚物的制备。将丙烯酸十八酯、马来酸酐和苯乙烯按物质的量比为9:5:1的比例放入反应瓶中，以甲苯为溶剂，抽真空，通入氮气，置换出空气，升温至80℃进行反应，在反应时间为0、2h、4h时分3次加入引发剂过氧化二苯甲酰（用量为单体质量的1%），反应7h后，在甲醇中沉淀产物，抽滤，同时用热甲醇洗涤，最后在真空干燥箱内于70℃下干燥12h，得到丙烯酸十八酯-马来酸酐-苯乙烯三元共聚物，即降凝剂A。

(2) 降凝剂A的醇解/胺解。按照降凝剂A的酸酐部分与脂肪醇或脂肪胺的物质的量比为1:1.8的比例，将降凝剂A与脂肪醇或脂肪胺加入三口瓶中，以甲苯为溶剂和携水剂、对甲基苯磺酸为催化剂，在120℃下反应6~8h，至分水器内不再增加水。反应结束后，在甲醇中沉淀产物，抽滤，同时用热甲醇洗涤，在真空干燥箱内于70℃下干燥12h，分别得到降凝剂A的醇解、胺解产物，即降凝剂B、降凝剂C。

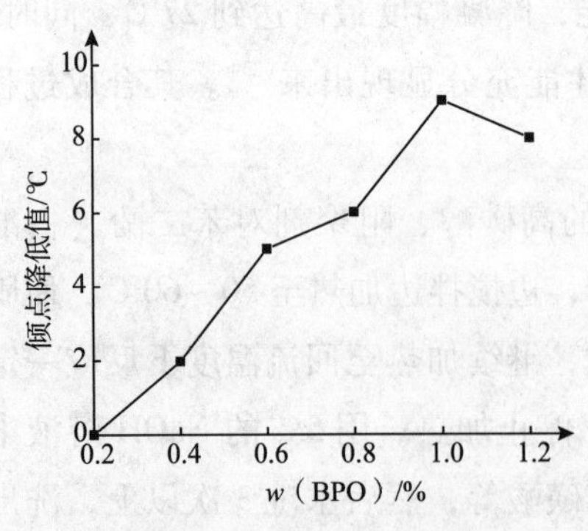

图5-34 引发剂用量对降凝剂A降凝效果的影响

研究表明，当n（丙烯酸十八酯）:n（马来酸酐）:n（苯乙烯）=9:5:1，反应温度为80℃，以甲苯为溶剂，BPO为引发剂，在大庆原油中加量为0.5%（质量分数）时，引发剂用量直接影响所合成的降凝剂的相对分子质量的大小，从而导致降凝剂的结晶温度不同，只有当降凝剂的结晶温度与石蜡的结晶温度接近时，才能达到最佳的降凝效果。引发剂用量对降凝剂A降凝效果的影响见图5-34［n（丙烯酸十八酯）:n（马来酸酐）:n（苯乙烯）=9:5:1，反应温度为80℃，以甲苯为溶剂，BPO为引发剂，

在大庆原油中加量为0.5%（质量分数）]。由图5-34可看出，引发剂用量（占总单体质量分数）为1%时，降凝效果最好。说明此时降凝剂A与原油中石蜡的匹配达到最佳。

分别用十八醇和十八胺对采用引发剂用量为1.0%时合成的降凝剂A进行醇解和胺解，得到与降凝剂A碳数相同的降凝剂B和降凝剂C。虽然它们的侧链碳数相同，但所含极性基团不同，因此降凝和降黏的效果也有差异，侧链碳数相同的不同降凝剂的降凝和降黏效果见表5-6（样品加量0.5%）。从表5-6可看出，无论在倾点还是在黏度的降幅上，降凝剂B和降凝剂C都优于降凝剂A，且降凝剂C优于降凝剂B。这是因为降凝剂C含有极性更强的酰胺键，在石蜡结晶时可更加有效地改变石蜡的结晶方向，阻止石蜡形成网状结构，因此，倾点和黏度的降幅最大。

表5-6 侧链碳数相同的不同降凝剂降凝和降黏效果

项目	原油	降凝剂		
		A	B	C
倾点/℃	37	29	28	25
黏度/Pa·s	1603	959	790	736

降凝剂的降凝机理有成核作用、共晶作用和吸附作用3个，目前普遍认为是共晶作用。原油中石蜡的碳数为20~35，降凝剂侧链的碳数与原油中含量最多的石蜡组分的碳数相匹配时，降凝效果较好，同时降凝剂的降凝效果还与其本身所含的极性基团有关。用碳数为16~24的脂肪醇、脂肪胺对降凝剂A进行醇解、胺解时，脂肪醇、脂肪胺的碳数对降凝效果的影响见图5-35（原油中降凝剂加量0.5%）。由图5-35可知，随着脂肪醇、脂肪胺碳数的增加，倾点下降幅度先增大后减小；降凝剂C的降凝效果优于降凝剂B；当脂肪醇的碳数为22、脂肪胺的碳数为20时，降凝剂B和降凝剂C的降凝效果最好，降凝剂C可使原油倾点最高降低14℃。

降凝剂不但能降低原油的倾点，还能降低原油的黏度，这是由于降凝剂在石蜡结晶的过程中，使原本结晶成大块的石蜡分散成小块，宏观表现之一就是黏度下降。用碳数为16~24的脂肪醇、脂肪胺对降凝剂A进行醇解、胺解时，脂肪醇、脂肪胺的碳数对降黏效果的影响见图5-36。由图5-36可看出，随着脂肪醇、脂肪胺碳数的增加，原油黏度下降幅度先增大后减小，降凝剂C的降黏效果优于降凝剂B，降凝剂B在脂肪醇的碳数为22时，降黏效果最好。降凝剂C在脂肪胺的碳数为20时，降黏效果最好，此时黏度降幅达56.78%。

2. 丙烯酸高碳醇-马来酸酐-苯乙烯共聚物的胺解产物

丙烯酸高碳醇-马来酸酐-苯乙烯共聚物的胺解产物的制备包括三步[25]。

（1）丙烯酸高碳醇酯的制备。将0.1mol丙烯酸甲酯、0.12mol高碳醇（C_{18}以上）、100mL甲苯、0.01mL对苯二酚放入500mL三颈瓶中搅拌加热到60℃，使固体全部溶解后，加入0.1mol对甲苯磺酸及50mL甲苯溶剂进行酯交换反应，继续搅拌升温至80℃，在80～100℃进行保温反应并蒸出甲醇，以促进酯交换反应的进行。6h左右观察蒸出甲醇的情况，甲醇量接近理论量时反应视为结束。减压蒸馏除去丙烯酸高碳醇酯中阻聚剂。

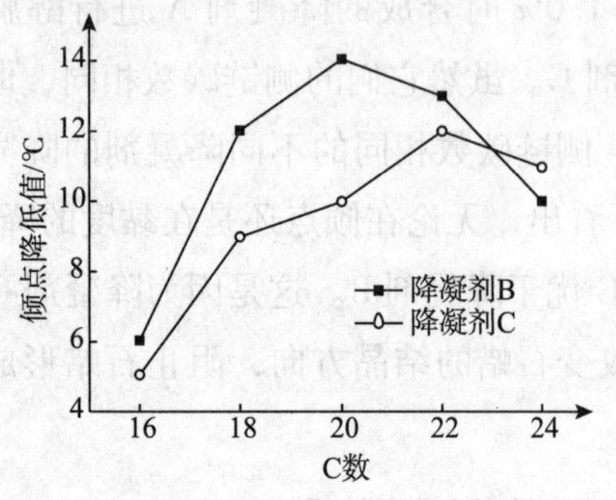

图5-35　脂肪醇、脂肪胺的碳数对降凝效果的影响

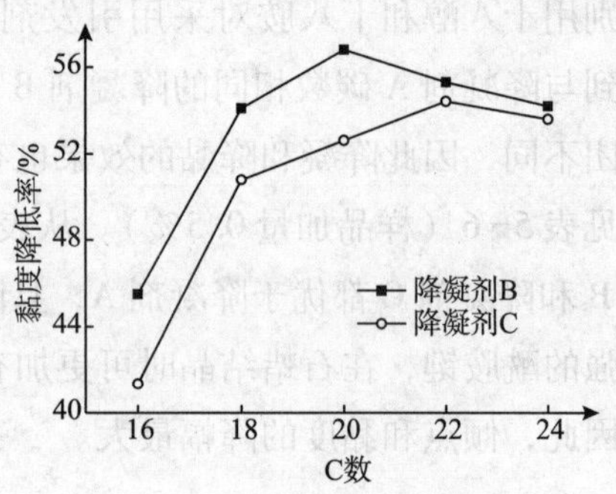

图5-36　脂肪醇、脂肪胺的碳数对降黏效果的影响

（2）聚合反应。将丙烯酸高碳醇酯、顺丁烯二酸酐、苯乙烯及甲苯按所配方量加入反应瓶中，同时抽真空，通入氮气置换出反应瓶中的氧气，加入0.7%（质量分数）的引发剂偶氮异丁腈，分4次（0、1h、2h、4h）加入，保持温度在80℃回流7h，得淡黄色黏稠液体，即为丙烯酸高碳醇酯－顺丁烯二酸酐－苯乙烯三元共聚物A（以下简称降凝剂A）。

（3）聚合物的胺解。将上述所得三元共聚物A及100mL甲苯装入500mL反应瓶中，加入0.6%（质量分数）的Al_2O_3作为催化剂，抽真空，通入氮气置换出反应瓶中的氧气，在100℃下，滴加含0.1mol高级脂肪胺（C_{16}以上）的甲苯溶液100mL（3h滴完）进行胺解反应，保持温度在100℃回流4h。获得高效原油降凝剂B（以下简称降凝剂B）。

在聚合反应中，原料比例、反应条件对反应及产物性能均会产生不同程度的影响。以对大港油田原油降凝效果作为考察依据，在原油预热温度为60℃，合成中引发剂用量为1%，顺丁烯二酸酐与苯乙烯物质的量比为1∶1时，丙烯酸高碳醇酯用量对倾点降低值的影响见图5-37。从图5-37可以看出，随着丙烯酸高碳醇酯用量的增加，原油倾点的降低值增加，当n（丙烯酸高碳醇酯）∶n（顺丁烯二酸酐）∶n（苯乙烯）＝9∶1∶1时，倾点降低最大。可见，n（丙烯酸高碳醇酯）∶n（顺丁烯二酸酐）∶n（苯乙烯）＝9∶1∶1时所得产物的降凝效果最佳。

如图5-38所示，在原油预热温度为60℃，合成中引发剂用量为1%，n（丙烯酸高碳醇酯）∶n（顺丁烯二酸酐）∶n（苯乙烯）＝9∶1∶1时，随着丙烯酸高碳醇酯中脂肪醇碳数的增加，原油倾点的降低值呈现先增大后降低的趋势，当丙烯酸高碳醇酯中脂肪醇的碳数为十八时，降凝效果最好。

实验发现，在原油预热温度为60℃，合成中引发剂为1%，n（丙烯酸高碳醇酯）∶n（顺丁烯二酸酐）∶n（苯乙烯）＝9∶1∶1时，随着聚合时间的增加降凝效果明显提高，但反应7h后，再增加反应时间，降凝效果趋于趋缓，可见反应时间为7h即可。

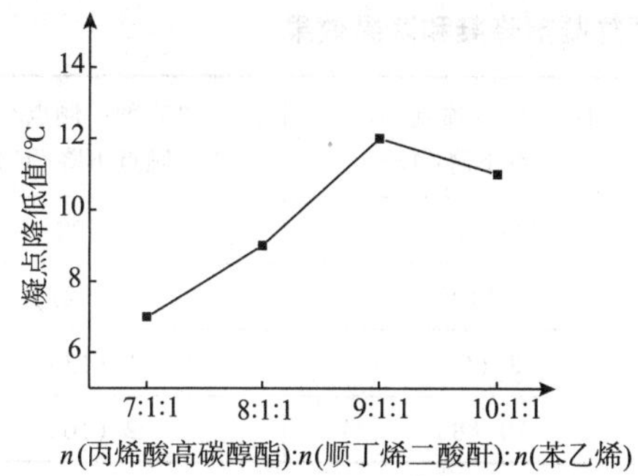

图 5-37 丙烯酸高碳醇酯用量对降黏效果的影响

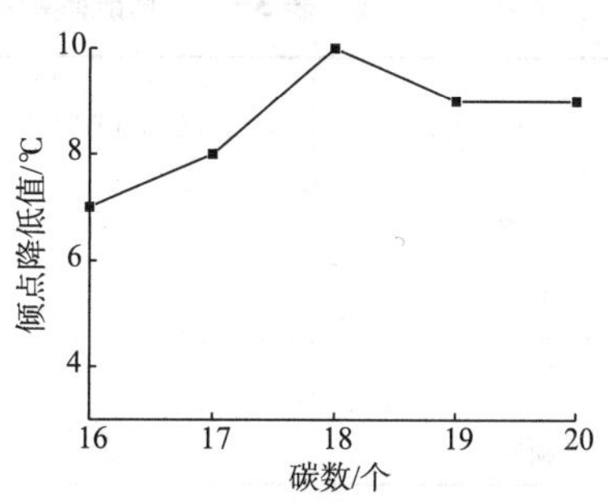

图 5-38 丙烯酸高碳醇酯在脂肪醇的碳数对降凝效果的影响

除上述合成中影响产物性能的因素外，胺解条件对产物的性能也有较大的影响，是保证产品性能的关键。在原油预热温度为 60℃，将上述最佳条件获得的三元共聚物 A 与高级脂肪胺、甲苯在适宜的催化剂和温度下进行胺解反应时，所用脂肪胺的碳数、反应温度和反应时间对倾点降低值的影响见图 5-39。

如图 5-39 所示，随着脂肪胺碳数的增加，原油倾点降低值先增加后降低，当脂肪胺的碳数为 20 时，降凝效果最好；随着反应温度的升高，降凝效果明显提高，但反应温度达到 100℃时，即使再升高温度，降凝效果也是趋于平缓，故反应温度 100℃较好；随着反应时间的增加，降凝效果明显提高，但反应时间达到 4h，即使再增加时间，降凝效果也是趋于平缓，可见反应时间 4h 即可。

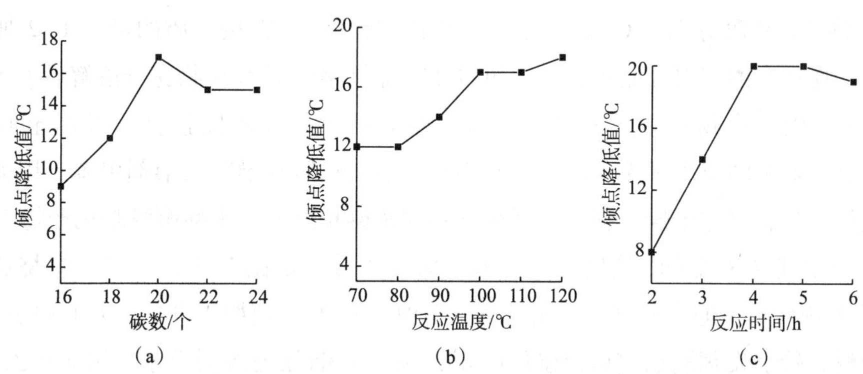

图 5-39 脂肪酸碳数（a）、反应温度（b）和反应时间（c）对降凝效果的影响

为了验证上述结果的可靠性，将 n（丙烯酸十八醇酯）∶n（顺丁烯二酸酐）∶n（苯乙烯）=9∶1∶1 及一定量的甲苯装入四口瓶中，同时抽真空通入氮气置换出反应器中的氧气，加入 1% 的引发剂偶氮异丁腈，分 4 次（0、1h、2h、4h）加入，保持温度在 80℃回流 7h，得淡黄色黏稠液体即为丙烯酸高碳醇酯 - 顺丁烯二酸酐 - 苯乙烯三元共聚物 A。再将一定量的三元共聚物 A、二十胺、甲苯、催化剂装入四口瓶中通氮气置换出反应器中的氧气，升温到 100℃，反应 4h 即得到样品（降凝剂 B），用该样品进行性能评价，如表 5-7 所示，合成样品在不同来源的原油中均具有良好的降黏、降凝效果。

表 5-7　侧链碳数相同的不同降凝剂降凝和降黏效果

试样	加剂前倾点/℃	加 A 剂后倾点/℃（倾点下降/℃）	加 B 剂后倾点/℃（倾点下降/℃）
大港	31	24（7）	11（20）
大庆	17	7（10）	-4（21）
任丘	14	8（6）	1（13）
新疆	18	10（8）	2（16）

（三）苯乙烯-马来酸酐-马来酰胺三元共聚物

苯乙烯-马来酸酐-马来酰胺三元共聚物为白色粉末，可溶于苯、甲苯、二甲苯和柴油等有机溶剂。用作原油集输储运中的降凝剂，对含蜡原油感受性好，可以显著地改变原油中蜡的结晶形态和结构，从而降低原油的凝点、表观黏度和屈服值，对某些含蜡原油有很好的降凝降黏作用，在环境温度下能有效地输送高含蜡原油，适应范围广，是一种高效的原油降凝剂。本品使用时应先溶于有机溶剂中，配制成一定浓度的溶液，一般按照300mg/L投加到原油中，其凝点下降值≥10℃，防蜡率≥10%。

其制备包括马来酸酐、马来酸酰胺与苯乙烯共聚反应和聚苯乙烯-马来酸酐共聚物酰胺化反应两种途径。

1. 马来酸酐、马来酸酰胺与苯乙烯共聚法

制备过程包括马来酸酐的酰胺化和马来酰胺与苯乙烯的共聚两步[26]。

（1）将马来酸酐分别与 C_{12}、C_{16}、C_{18} 脂肪胺及其混合胺按物质的量比 1∶2 加入到装有冷凝管、搅拌器的三口烧瓶中，加入 70% 的溶剂甲苯，待反应物完全溶解后加入质量分数为 1.5%（以反应物总量计）的催化剂对甲苯磺酸，在不断搅拌下升温至回流温度80℃，待分水器中的集水量接近理论值时终止反应。减压蒸馏除去溶剂甲苯，用无水乙醇洗涤、提纯产物，真空干燥，得到一系列含不同碳链长度的马来酸酐酰胺化产物。

（2）将上述马来酸酐酰胺化产物与苯乙烯按物质的量比 1∶3 加入到三口烧瓶中，加入 85% 的溶剂甲苯，通入氮气置换出空气，升温至 85℃，滴加质量分数为 1% 的引发剂过氧化苯甲酰，待引发剂滴加完后恒温反应 6h。减压蒸馏除去溶剂甲苯，用无水乙醇洗涤、抽滤，干燥后得到不同碳数脂肪胺酰胺化的马来酸酐类共聚物降凝剂。

马来酸酐分别与 C_{12} ~ C_{18} 脂肪胺及其混合胺按物质的量比 1∶2 进行酰胺化反应，再与苯乙烯按物质的量比 1∶3 共聚，得到不同碳链长度的脂肪胺改性的降凝剂，评价其对延长原油的降凝效果。结果表明，混合胺要比单一的胺改性的降凝剂降凝效果好，混合胺改性的降凝剂当加量为 0.3%，温度为 60℃时，原油的凝点降低了 9℃，其在低温的黏度和晶体形态也有很大的改善。

在合成中脂肪胺碳链长度对降凝效果具有明显影响。将含 N 的强极性基团引入到降凝剂分子中，因 N 原子呈立锥结构，并含有一对孤对电子，可使蜡晶表面带电而相互排斥，

进一步阻碍蜡晶表面的聚集。以在延长原油中添加质量分数为0.3%的降凝剂时的降凝效果为依据，不同碳链长度的脂肪胺改性的降凝剂的降凝效果见表5-8。从表5-8可以看出，采用C_{12}～C_{18}混合胺改性的降凝剂的降凝效果最好。这是由于混合胺中含C_{12}～C_{18}组分，与原油的正构烷烃碳数能更好地匹配，与蜡晶共晶吸附作用更好，使蜡晶不易聚集成三维网状结构，分散在原油中起到降凝作用。

表5-8 不同碳链脂肪胺改性产物对降凝效果的影响

胺	降凝幅度/℃	胺	降凝幅度/℃
C_{12}-胺	4	C_{18}-胺	6
C_{16}-胺	6	C_{12}～C_{18}混合胺①	7

注：①C_{12}～C_{18}混合胺是由十二胺、十六胺和十八胺按物质的量比1:1:2混合而成。

2. 聚苯乙烯-马来酸酐共聚物酰胺化法

其合成包括聚苯乙烯-马来酸酐共聚物的合成及酰胺化两步，具体过程如下[27]。

（1）聚苯乙烯-马来酸酐共聚物。在装有冷凝管、搅拌器的三口烧瓶中加入0.1mol马来酸酐和0.1mol苯乙烯，并加入质量分数为80%的溶剂丙酮，通入氮气作保护气，搅拌升温至反应温度，加入质量分数为1%（以原料总质量计）的引发剂BPO，反应3h后用无水乙醇洗涤，得到苯乙烯-马来酸酐共聚产物（SMA）。

（2）聚苯乙烯-马来酸酐共聚物酰胺化。取0.05mol上述产物（SMA）、0.1mol混合高碳胺（C_{12}、C_{16}、C_{18}）及85%（质量分数）的甲苯加入到装有搅拌器和冷凝管的三口烧瓶中，加热搅拌至反应物完全溶解后，加入1.5%的催化剂对甲苯磺酸，升温至85℃，恒温反应3h。产物经减压蒸馏除去溶剂后冷却至室温，用无水乙醇沉淀提纯产物，用0.01mol/L NaOH溶液中和产物中的酸，水洗至中性，真空干燥即得到产品。

选择n（马来酸酐）:n（苯乙烯）、聚合反应温度、溶剂用量和引发剂用量4个因素进行正交实验表明，各因素对反应的影响大小是n（马来酸酐）:n（苯乙烯）>聚合反应温度>BPO用量>溶剂用量，所得的较优工艺条件为n（马来酸酐）:n（苯乙烯）=1:1，聚合反应温度为80℃，溶剂用量为90%（质量分数），引发剂用量（以原料总量计）为1%，其产率可达到88.64%。在聚合反应中，当苯乙烯过量时，苯乙烯容易发生自聚而使反应产率降低；温度和引发剂的用量都不宜过高，否则容易使反应过程中发生爆聚。

研究表明，在酰胺化反应中n（SMA）:n（混合高碳胺）在（1.5:1）～（1:2.5）的范围内，随着混合胺量的增加所得产物的降凝幅度逐渐增加，当n（SMA）:n（混合高碳胺）=1:2时，降凝效果较优。这是由于当SMA过量时，合成的降凝剂中含氮的极性基团减少，降凝效果变差；催化剂用量为0.5%～3%，随着催化剂对甲苯磺酸量的增加，降凝幅度逐渐增加，当催化剂用量为1.5%时，实验原油的凝点降低了4℃，而继续增加催化剂用量时，降凝效果变化不大，可见，催化剂用量选择1.5%时较合适；反应条件一定时，

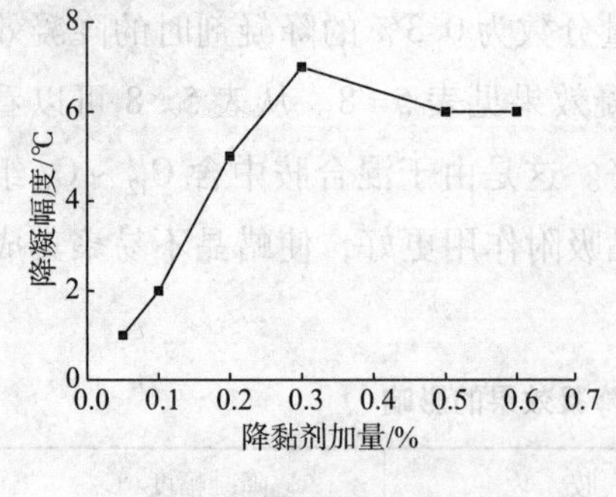

图 5-40　降凝剂加量对降凝效果的影响

随着酰胺化反应时间的增加所得产物的降凝幅度逐渐增加。当酰胺化时间为 5h 时，降凝效果较好，其凝点降低了 5℃。若继续增加反应时间，降凝效果变化不大，可见酰胺化时间为 5h 较适宜。

图 5-40 反映了降凝剂加剂量对原油降凝效果的影响（所用原油样品为延长石油原油，其凝点为 13℃）。从图 5-40 可以看出，降凝效果随降凝剂加入量的增加而提高，当降凝剂加量为 0.3% 时，降凝效果较优，而当降凝剂过量时，降凝效果略有下降。在实际应用时需要根据具体情况确定合适降凝剂加量。

五、丙烯酸高碳醇酯 - 马来酸酐 - 乙酸乙烯酯共聚物

丙烯酸高碳醇酯 - 马来酸酐 - 乙酸乙烯酯共聚物可溶于苯、甲苯、二甲苯和柴油等有机溶剂。主要用于含蜡原油集输中的降凝、降黏，有较好的降凝效果，且可使原油的低温流动性和流变形得到明显改善。本品具有选择性，在处理不同产地原油时，要优选适当的加量才能可达到明显效果。使用本品降凝时原油预热温度为 60 ~ 70℃效果最佳。其外观为乳黄色固体，凝点下降值≥10℃，表观黏度下降值≥60%，屈服值下降值≥70%。其制备过程如下。

将 247.2 份丙烯酸混合酯（C_{16} ~ C_{18}）、9.8 份马来酸酐（MA）、8.6 份乙酸乙烯酯（VA）和适量的溶剂甲苯投入到反应釜中，通氮气置换出聚合釜中的氧，开动搅拌并加热升温至 70℃，待马来酸酐完全溶解后，继续升温至 90℃，加入 0.32 份引发剂偶氮二异丁腈（AIBN），在 90℃下搅拌反应 8h。待反应完成后，进行固液分离、真空干燥，得乳黄色固体，即丙烯酸高碳醇酯 - 马来酸酐 - 乙酸乙烯酯三元共聚物。

以丙烯酸十八酯 - 马来酸酐 - 醋酸乙烯酯三元共聚物为例，合成方法如下：在装有温度计、搅拌器、回流冷凝器的 3 口瓶中通入氮气 15min，置换出反应器中的空气；然后加入一定量的丙烯酸十八酯、马来酸酐、醋酸乙烯酯和适量的甲苯，不断搅拌下加热至 60℃使其溶解；再将一定量的引发剂过氧化苯甲酰（约 1.2%）加入反应器，继续加热至 84 ~ 86℃，恒温反应 3h，得到黄色黏稠液体。对反应液进行减压蒸馏处理，除去甲苯和引发剂，然后用甲醇沉淀出共聚物，40℃下真空干燥，即得蜡状丙烯酸十八酯 - 马来酸酐 - 醋酸乙烯酯三元共聚物。

研究表明，当亲油基团（丙烯酸十八酯）与极性基团（马来酸酐 - 醋酸乙烯酯，MA - VA）物质的量比为 8∶2 时，二者混合能最低，原油对聚合物降凝剂感受性最佳，凝点降低值达 8℃，是理想的原油降凝剂结构[28]。另有研究表明[29]，采用物质的量比为 6∶3∶1 的丙烯酸十八酯，马来酸酐和醋酸乙烯酯组成的混合单体制备的三元聚合物高蜡原油降凝剂 MVA - 3 对江汉原油具有明显的降凝效果，在降黏剂加量为 1000mg/kg 时，可以使

江汉原油的凝点降低12℃。高蜡原油降凝剂MVA-3能够同原油中的胶质和沥青质有效结合。可以降低原油中固有的胶质-沥青质聚集体在原油中的析出温度，改变原油中蜡的结晶方式，降低蜡结晶析出温度和蜡结晶析出速度，并能减少原油中蜡的析出总量。

六、丙烯酸高碳醇酯-马来酸酐-苯乙烯-乙酸乙烯酯共聚物

以丙烯酸十八酯、马来酸酐、苯乙烯和醋酸乙烯酯为原料，采用溶液聚合法合成的四元共聚物（OMSV），作为含蜡原油降凝剂，当加量为0.6%，热处理温度为70℃，热处理时间为2h，冷却速度为0.5℃/min时，原油样品凝点最高可降低10℃[30]。其合成过程如下。

将所需量甲基丙烯酸十八酯、马来酸酐、苯乙烯、醋酸乙烯酯及甲苯加入到装有搅拌器和冷凝管的三口烧瓶中，在60℃水浴中加热，通入氮气30min后，加入一定量的偶氮二异丁腈引发反应，分3次（0、2h、4h）加入，开始计时，搅拌、升温，保持一定温度回流一段时间后聚合反应结束，逐渐降温，用甲醇沉淀出共聚物，分离，真空干燥24h，得淡黄色固态蜡状固体。

研究表明，单体配比、引发剂用量、反应时间、反应温度和单体浓度对共聚反应和产物降凝效果均有较大的影响，具体影响情况如下。

如图5-41所示，反应条件一定，*n*（甲基丙烯酸十八酯）∶*n*（马来酸酐）∶*n*（苯乙烯）∶*n*（醋酸乙烯酯）=9∶1∶1∶1时，其降凝幅度最高，这可能是因为随着甲基丙烯酸十八酯用量的增加，长碳链在降凝剂中相对含量增加，原油蜡晶更易吸附在长碳链上，使蜡晶不易形成网状结构而起到降凝作用。但如果长碳链含量过多，降凝剂在原油中的分散性就会变差，降凝效果也随之变差。因此甲基丙烯酸十八酯、马来酸酐、苯乙烯、醋酸乙烯酯的最佳物质的量比为9∶1∶1∶1。

如图5-42所示，当*n*（甲基丙烯酸十八酯）∶*n*（马来酸酐）∶*n*（苯乙烯）∶*n*（醋酸乙烯酯）=9∶1∶1∶1，反应温度为80℃，反应时间为8h，单体浓度为30%，引发剂加量为1%时，聚合物的产率最高且对原油降凝效果最好。这是由于引发剂加量的变化会引起聚合物相对分子质量的变化，而降凝剂的降凝效果又与其相对分子质量有关。随着引发剂用量增加，自由基浓度增大，反应速度加快，链终止的几率也增大，聚合物的相对分子质量发生变化，从而影响其降凝效果。

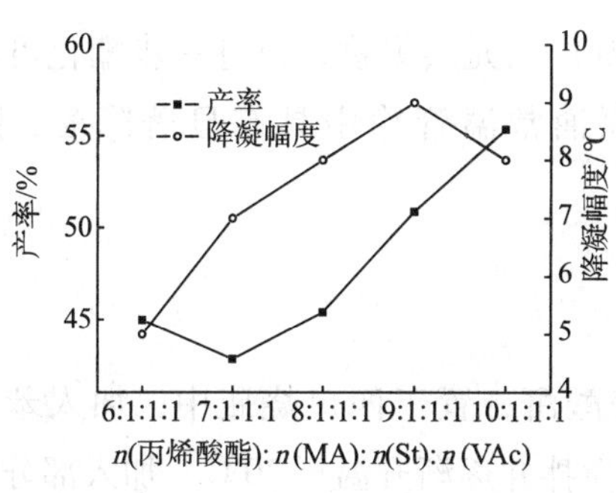

图5-41 单体配比对降凝效果的影响

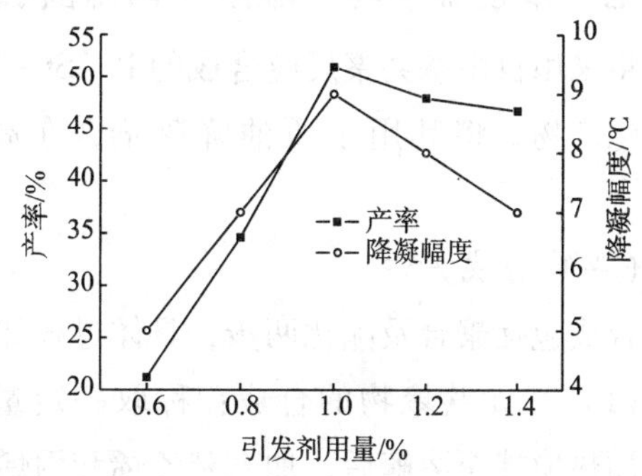

图5-42 引发剂用量对降凝效果的影响

如图5-43~图5-45所示，当单体配比一定，引发剂加量为1%，反应温度为80℃，单体浓度为30%时，反应时间达到8h时，聚合物的降凝幅度达到最大值，继续延长聚合时间，产率不再变化，降凝效果也几乎不变，考虑到能耗的原因，反应时间为8h较好；当单体配比一定，引发剂加量为1%，反应时间为8h，单体浓度为30%时，增加反应温度有利于提高产率及降凝效果；当反应条件一定时，随着单体浓度的增加，产率增加，当单体质量分数达到30%后，产率趋于平稳。降凝效果则随着单体浓度的增加而提高，当单体浓度超过35%以后，反而出现降低。

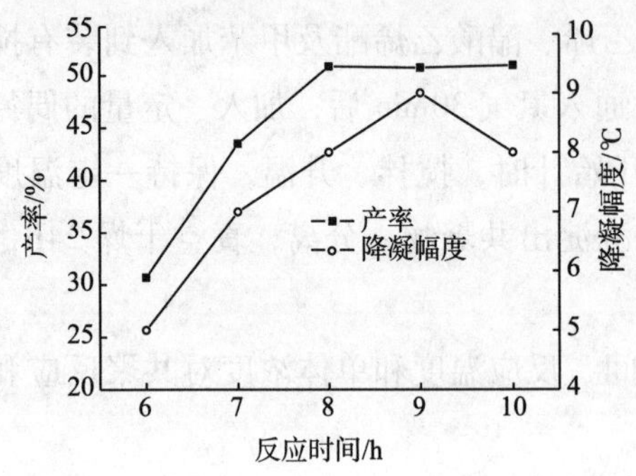

图5-43　反应时间对降凝效果的影响

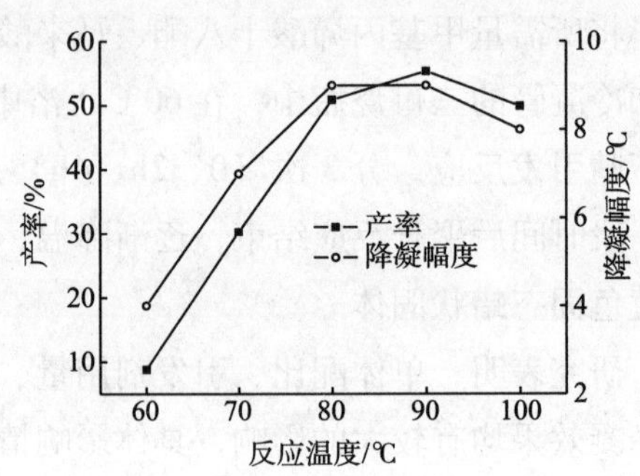

图5-44　反应温度对降凝效果的影响

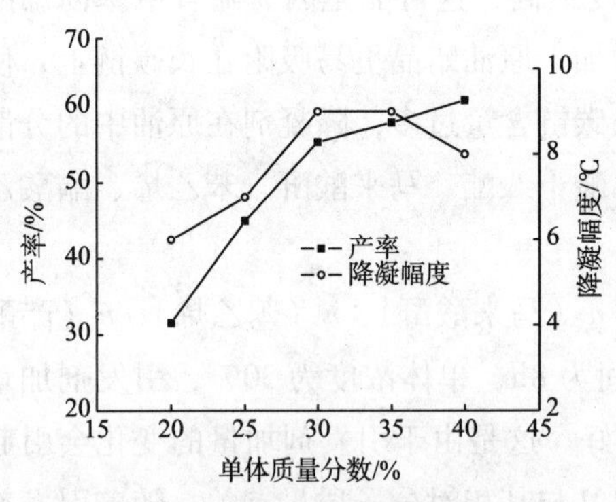

图5-45　单体浓度对降凝效果的影响

此外，按 n（丙烯酸高碳醇酯）：n（顺丁烯二酸酐）：n（苯乙烯）：n（醋酸乙烯酯）=9：1：1：1，将丙烯酸高碳醇酯、顺丁烯二酸酐、苯乙烯、醋酸乙烯酯及适量的甲苯加入三颈瓶中，同时通入氮气抽真空，加入一定量的引发剂过氧化苯甲酰或偶氮异丁晴，分3次（0、2h、4h）加入，保持温度在60℃回流7h，得淡黄色黏稠液体产物[31]。产物作为降凝剂，应用在大港油田的原油中，当降黏剂添加质量分数为0.2%时，可使原油的凝固点下降17℃，表现出良好的降凝效果。

七、苯乙烯-马来酸酐-丙烯酰胺三元共聚物及酯化产物

将采用自由基共聚反应合成的P（St-MA-AM）三元共聚物，再进一步酯化可以制备酯化产物，将其用于原油降凝剂，在高含蜡原油常温管输中具有显著降凝、降黏效果[32]。

（一）合成方法

合成包括聚合及酯化两步，具体过程如下。

（1）三元共聚物的合成：称取一定量的马来酸酐，置于四口烧瓶中，加入苯，在50℃加热搅拌至溶解后，加入苯乙烯和丙烯酰胺，搅拌并逐渐升温至70℃，加入部分过氧化苯甲酰（BPO），缓慢升温至反应温度，将剩余BPO全部加入，开始计时，于70~80℃

恒温反应一定时间后，逐渐降温，用乙醇洗涤沉淀，干燥得淡黄色粉末状苯乙烯－马来酸酐－丙烯酰胺三元共聚物。

（2）苯乙烯－马来酸酐－丙烯酰胺三元共聚物的酯化：用直接酯化法，将苯乙烯－马来酸酐－丙烯酰胺三元共聚物与十八醇加入三口瓶，以甲苯为溶剂和携水剂，对甲苯磺酸作催化剂，在105℃下反应6～8h，将产物加入热乙醇，搅拌一段时间，趁热过滤，将滤出的产物重复用热乙醇洗涤2～3次后用低浓度的碱液洗涤，然后用乙醇和水清洗，即得三元共聚物的酯化物。

（二）合成条件对产品性能的影响

通过自由基共聚反应合成的P（St－MA－AM）三元共聚物降凝剂，正交实验得到主要反应条件的最佳组合，即 n（St）∶n（MA）∶n（AM）＝1∶6∶3，引发剂质量分数为0.5%，溶剂质量分数为50%。优化条件下合成的产物在适当的加量下可以使辽河某井稠油的凝点下降12℃，表现出显著的降凝降黏效果。

以凝固点降低幅度为考察指标时，原料配比对产物的降凝效果的影响见图5－46。如图5－46（a）所示，当引发剂BPO用量为0.4%，反应时间为8h时，随着马来酸酐含量的增加，降凝效果逐渐增加。这是由于马来酸酐中极性基团可打开稠油中胶质和沥青质间的氢键，使共聚物分子有效地吸附石蜡分子。如图5－46（b）所示，当引发剂BPO用量为0.4%，反应时间为8h时，随着丙烯酰胺含量增加，降黏率呈现先升后降的趋势，当 n（St）∶n（MA）∶n（AM）＝1∶6∶3时，产品性能最好。这是因为AM中的酰胺基可有效地和胶质、沥青质分子或其他极性基团形成氢键，使有序性减小，达到降凝目的。

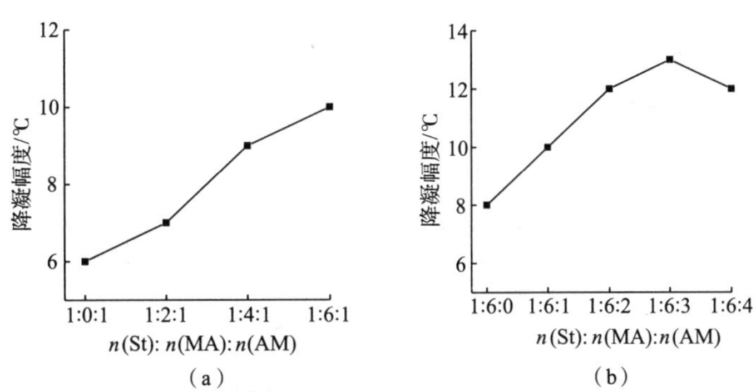

图5－46　马来酸酐用量（a）和丙烯酰胺用量（b）对降凝效果的影响

以黏度作为考察指标时，采用复合引发剂反相乳液聚合合成P（St－MA－AM）三元共聚物降黏剂，不同因素对降黏性能的影响情况有所不同。

如表5－9所示，当反应时间为6h，反应温度为70℃，复合引发剂加量（质量分数）为0.8%，随着马来酸酐含量降低，降黏率下降，这是因为马来酸酐中极性基团可打开稠油中胶质和沥青质间的氢键，使共聚物分子有效地吸附石蜡分子；而随着丙烯酰胺含量增加，降黏率先升后降，这是因为AM中的酰胺基可有效地和胶质、沥青质分子或其他极性基团形成氢键，使有序性减小，达到降黏目的；苯乙烯的引入，抑制原油中蜡晶形成，但苯乙烯加量过大，导致体系中马来酸酐和丙烯酰胺加量减小。因此，综合考虑，单体最佳物质的量比为 n（MA）：n（St）：n（AM）=6∶3∶1。

表 5-9 单体物质的量比对降黏效果的影响

n（MA）：n（St）：n（AM）	降黏后原油黏度/mPa·s	降黏率/%	n（MA）：n（St）：n（AM）	降黏后原油黏度/mPa·s	降黏率/%
6∶3∶0	5495	52.3	6∶1∶1	4659	59.6
6∶3∶1	3436	70.2	5∶3∶1	4440	61.2
6∶3∶2	3997	63.7	4∶3∶1	4584	60.2

注：空白原油黏度 11525mPa·s。

如图 5-47（a）所示，采用 BPO/APS 复合引发剂体系，当原料配比和反应条件一定，反应时间为 6h 时，随着复合引发剂用量的增加，降黏率增大。当加量为 0.8% 时，降黏率达最大值。因此，复合引发剂加量以 0.8% 为宜。如图 5-47（b）所示，当复合引发剂加量为 0.8%，随着 APS 加量（以复合引发剂质量计）增加，降黏率先增加后下降。说明加入一定量的水溶性引发剂引发效率增加，但水溶性引发剂过量，易引起丙烯酰胺自聚，使聚合物丧失降黏性能。因此，APS 加量以占复合引发剂量的 20% 为宜。如图 5-47（c）所示，当酯化反应时间为 6h，酯化温度为 105℃ 时，随着马来酸酐加量增加，降黏率增加。对聚合物的酯化改性是将马来酸酐的环打开，其与高碳醇反应生成两个长链酯基，从而使其成为梳状结构，改变蜡晶的状态，使其难以形成空间三维网状结构。但十八醇加量过大，晶状结构逐渐变为树状结构，降黏率下降。显然，n（马来酸酐）：n（十八醇）=2.2∶1 较好。

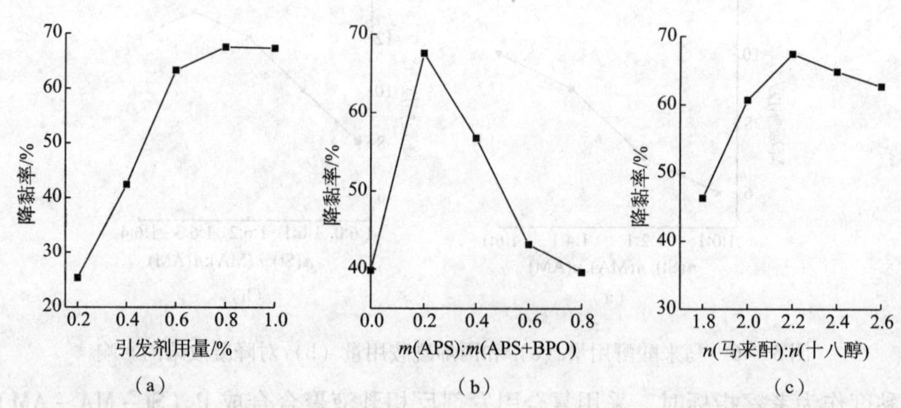

图 5-47 复合引发剂加量（a）、APS 加量（b）和 n（马来酸酐）：n（十八醇）（c）对降黏率的影响

在实验中还发现，当其他条件一定，n（MA）：n（St）：n（AM）=6∶3∶1，反应时间 6h 时，随着反应温度的增加，降黏率先增加后下降，反应温度 80℃ 时降黏效果最好。这是因为反应温度低时，引发剂的引发效率低，生成的有效产物少；反应温度过高时，导致合成的聚合物发生降解或副产物增加，影响降黏效果。可见，反应温度以 80℃ 为宜。当

反应条件一定，反应温度80℃时，随着反应时间增加，降黏率先增加后下降，反应时间为6h时，降黏率达最高（67.2%），说明反应时间以6h为宜。

实验表明，当降黏剂SMA浓度为200mg/L时，对原油的降黏率达67%，使用温度范围为50~60℃。用作含蜡原油集输储运中的降凝剂，具有加量少、效果好的特点，本品也用作稠油降黏剂。

八、苯乙烯-马来酸酯-丙烯腈三元共聚物及酯化产物

为解决原油析蜡的问题，通过自由基共聚合反应合成了苯乙烯-马来酸酯-丙烯腈三元共聚物防蜡剂SMANE。实验结果表明，以十六醇或十八醇的单一酯化物和复配酯化物对模拟油具有较好的防蜡效果，且分子内复配比分子间复配效果更好[33]。

（一）合成过程

（1）称取一定量用丙酮提纯的马来酸酐，置于反应瓶中，加入甲苯，升温溶解后加入苯乙烯与丙烯腈，搅拌并逐渐升温至80℃，加入部分过氧化苯甲酰（BPO），缓慢升温至反应温度，将剩余BPO全部加入，开始计时，恒温反应，观察黏度变化的情况。反应结束后用乙醇沉淀洗涤，即得苯乙烯-马来酸酐-丙烯腈（SMAN）共聚物白色粉末。

（2）采用直接酯化法，将SMAN共聚物与十六醇或十八醇或其混合物按比例加入反应瓶中，以甲苯为溶剂和携水剂，浓硫酸作催化剂，在一定温度下进行酯化反应。反应结束后，加入热乙醇（50℃），搅拌5~10min，趁热过滤，并重复用热乙醇洗涤2~3次后用低浓度的碱液洗涤，然后用乙醇或水清洗，真空干燥即得淡黄色SMANE酯化物。

（二）聚合物参数对防蜡效果的影响

图5-48是相对分子质量对产物防蜡率及降凝率的影响。从图5-48可以看出，随相对分子质量的增加，防蜡率先升后降，最佳相对分子质量在10000到20000。相对分子质量低时，聚合物在体系中不足以生成足够的网络，因此防止蜡晶聚集的能力较差；而相对分子质量过高，伸展的分子易于相互缠绕，从而使网络的有效率下降。实验发现，含有高相对分子质量防蜡剂的体系中，结蜡管上有成片状的凹陷，并且片状中有弯曲凸起，可能是共晶使分子链加重，在管壁处附着，从而溶液相中的分子减少，使防蜡率下降。因此，有效的相对分子质量应当使蜡晶能够分散，并且仍然具有较大活动性。

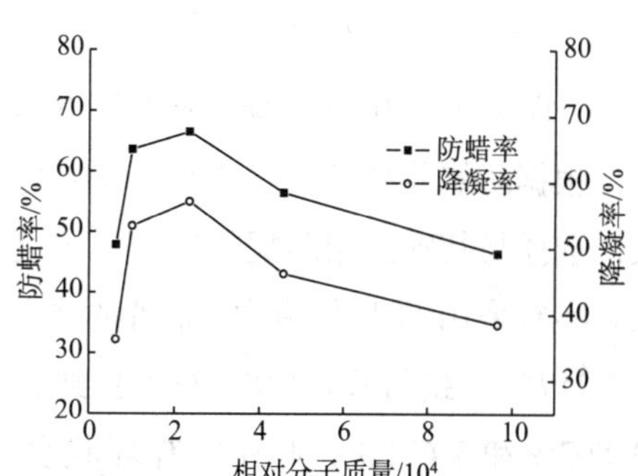

图5-48 产品相对分子质量对防蜡率及降凝率的影响

ν（SMAN）：ν（18OH）=1:2，SMANE加量为3000mg/L，蜡质量分数20%

苯乙烯与马来酸酐是典型的交替共聚单体对，因此在聚合过程中苯乙烯与马来酸酐的物质的量比始终固定为1:1，以提供防蜡剂主体分子的骨架。

腈基是极性很强的基团，其极化率为3.1，共聚后进入分子链中不仅可以促进防蜡剂

分子中梳形酯链与蜡产生作用，而且其强极性使防蜡剂分子物性参数有很大改变，在分子链中引入极性排斥力，从而很好地分散蜡晶，同时使吸附作用明显提高，有效地改进了防蜡效果。如果使用过程中由于酸或碱的作用使其发生了变化，产生的酰胺基（—$CONH_2$）和羧基（—COO^-）依然具有较强的极性，不会过多影响防蜡效果。然而，正是由于其极性强，所以在分子中引入过多会影响防蜡剂与油品的相溶性，从而减弱防蜡剂的防蜡效果。如图 5-49 所示，AN 基与主链酸酐基团的化学计量数之比 ν（AN）:ν（酸酐）= 0.2~4时效果最好。

酯化程度将直接影响到分子链中酯基的含量，亦即与蜡共晶的成分的多少，直观上是共晶组分多会有利于共晶，从而有效地分散蜡晶，使其不易聚集长大。酯化程度对防蜡率与降凝率的影响见图 5-50（SMANE 加量为 3000mg/L，蜡质量分数为 20%）。从图 5-50 可见，随着酯化程度的增加，防蜡率上升，当酯化程度为（1:2）~（1:1.5）时产品的防蜡效果均较好，而降凝效果以 1:1.5 为最好。所以针对不同体系，酯化程度也会有所不同，需要特别注意。

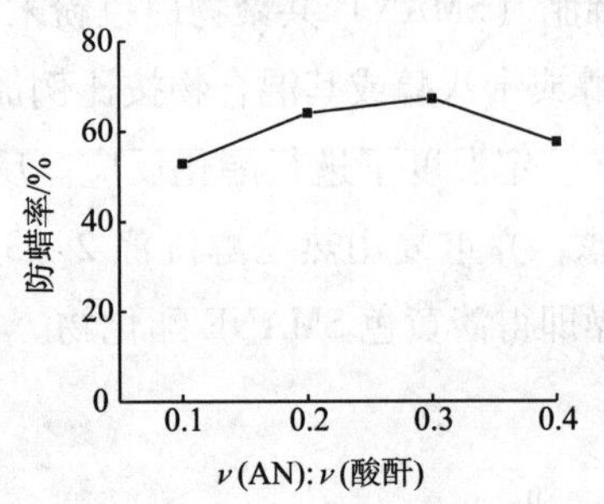

图 5-49　丙烯腈用量对防蜡率的影响

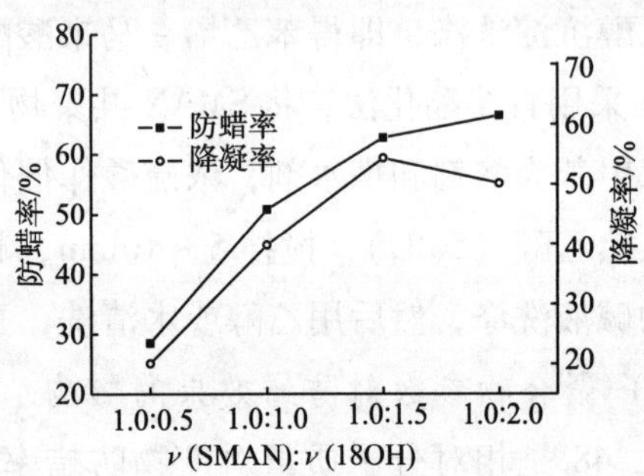

图 5-50　酯化程度对防蜡率及降凝率的影响

根据防蜡共晶机理，要想使防蜡剂与蜡共晶，则必须根据石蜡碳数分布的高峰区间碳数，选择与其碳数相匹配的碳链，才能使其在蜡晶析出时共晶或吸附，以干扰蜡晶正常生长。实验采用的 1 号蜡中 C_{16} 蜡的含量最高（质量分数为 35.832%，下同），其次是 C_{17}（20.157%）蜡与 C_{15}（18.277%）蜡，有许多 C_{16} 和 C_{15} 异构体同时存在，C_{18} 和 C_{19} 各为 13.862% 和 5.671%，此外还有环状分子（C_{12}）。2 号标准石蜡比 1 号蜡样纯净，以 C_{16}（32.926%）蜡和 C_{17}（35.408%）蜡的含量最多，有一定 C_{15}（13.832%）和少量 C_{18}（8.107%），也存在少量的环状分子。根据以上结果分别合成十六醇与十八醇的酯化物，在不同的加量下，分别对由 1 号和 2 号蜡样配制的含蜡模拟油测试防蜡率，结果如表 5-10。

表 5-10　十六、十八醇酯对两种含蜡油的防蜡率

酯化物	含蜡油	防蜡剂加量/（mg/L）				
		500	1000	2000	3000	4000
十六醇	1 号	15.47	29.15	49.48	58.17	62.56
十八醇	1 号	16.25	35.82	50.34	63.21	68.44

续表

酯化物	含蜡油	防蜡剂加量/（mg/L）				
		500	1000	2000	3000	4000
十六醇	2号	13.26	32.96	45.92	56.30	61.26
十八醇	2号	17.31	39.55	52.72	67.06	70.39

注：ν（SMAN）∶ν（OH）=1∶2，蜡质量分数为20%

从表5-10可以看出，在低加量时，产品的防蜡率都很低，十六醇酯化物的防蜡率均低于十八醇酯化物。当加量在3000mg/L以上时，防蜡率的增加减缓，对1号蜡的防蜡率均低于对2号蜡的防蜡率。低加量的防蜡率低，一方面是作用剂数量少，不足以有效分散蜡晶，另一方面是由于不同含蜡油中蜡的组分不同所引起。对于1号含蜡油，w（C_{17}～C_{19}）达到39.69%，2号含蜡油中w（C_{17}和C_{18}）为43.515%，因此用十六醇的酯化物（$SMANE_{16}$）作用时，在发挥共晶作用以前，已有大量的蜡晶析出，只能采用吸附来分散蜡晶，所起的作用必然很有限，等到十六烷析出时，$SMANE_{16}$即便能够共晶，也是在已有的晶体上结合，此集合体不具备足够活动性，所以效果差。对于十八醇酯化物$SMANE_{18}$，1号油中有少量十九烷，$SMANE_{18}$可以以吸附方式对其进行分散，防止聚集，等十八烷析出时，还可以与其共晶，继续起作用，形成大量分散悬浮的蜡晶或树枝状晶聚体。对于后面析出的十七烷，由于体系中已有大量的蜡晶，因此也不利于形成较大的蜡团，因为蜡晶的增多在某种程度上减小了蜡晶聚集生长成大晶的可能性。但是，当十六烷析出时，$SMANE_{18}$的作用就不明显了，所以在低加量时其防蜡率也不高。由于起作用的方式与$SMANE_{16}$不同，所以防蜡率高于$SMANE_{16}$，对2号蜡的情况也相同。

增加防蜡剂加量可以增加体系内作用于蜡晶的分子数目，所以防蜡效果随着加量的增加有明显的上升，但由于$SMANE_{16}$对C_{17}～C_{19}作用有限，而$SMANE_{18}$对C_{16}作用很小，因此尽管加量的增加部分弥补了这种不足，但均不是从根本上解决问题，所以防蜡率上升减缓，而且一味增加防蜡剂的用量也不利于经济效益的提高。

如前所述，由1号和2号蜡样配成的含蜡油，由于C_{16}到C_{19}烷烃的含量呈现两个峰值，所以单酯的防蜡效果在大加量的情况下仍然只能达到有限值。针对这种情况，利用不同酯的复配（分子内与分子间），来分别针对不同碳数的正构烷烃发挥作用，以期取得较好的效果。采用特性黏数为12.627mL/g的SMAN，用混合醇进行酯化，考察不同加量情况下的防蜡效果，并把结果与按相同的醇比例将$SMANE_{16}$与$SMANE_{18}$混合的混合防蜡剂的防蜡效果进行对比，结果见表5-11。

对比表5-10与表5-11可以看到，混合的酯链或酯混合物的防蜡效果明显，这是由于混合醇酯化产物可以针对不同碳数区间的蜡起作用，改善了低温时的处理效果。从表5-11还可以发现，混合酯链的防蜡效果几乎都优于酯化物的混合物，其原因可能是混合酯链位于同一分子之上，发挥协同作用要优于单独酯链的作用，同时发现随加量的增加（大于3000mg/L），产品的防蜡率上升趋势仍然减慢，这可能是由于产品的性能所引起，因为靠单一化学剂不可能使防蜡效果达到更好，在实际应用中应结合具体情况，制得合适的防蜡剂使用方案。

表5-11　混合酯链与混合酯对防蜡率的影响

产品	化学计量数之比	防蜡剂加量/（mg/L）			
		防蜡率/%			
		1000	2000	3000	4000
十六醇 十八醇	1∶1	53.21	63.74	69.83	72.37
	1∶2	58.45	66.51	70.52	75.94
SMANE16∶SMANE18	1∶1	50.97	64.02	67.70	71.16
	1∶2	54.73	64.82	69.38	72.32

注：ν（SMAN）∶ν（OH）=1∶2，蜡质量分数为20%

参考文献

[1] 王中华．油田化学品实用手册［M］．北京：中国石化出版社，2004．

[2] 张洪利，梅超群，刘志强，等．水解聚马来酸酐的绿色合成研究［J］．工业水处理，2008，28（5）：63－65．

[3] 王莉明．马来酸酐－丙烯酸共聚物的合成［J］．吉林大学学报：理学版，2002，18（4）：414－416．

[4] 高峰．钻井液降黏剂MAA的合成与性能评价［J］．中国石油大学学报：自然科学版，2011，35（6）：169－173．

[5] 鲁莉华．微波辐射马来酸酐－丙烯酸共聚物的合成及其助洗性能［J］．化学研究与应用，2011，23（12）：1711－1714．

[6] 叶天旭，刘延卫，李鸿，等．新型聚马来酸酐－丙烯酸类阻垢剂的研究［J］．应用化工，2011，40（11）：1889－1891．

[7] 杜德林，王果庭．聚丙烯酰胺钻井液的一种理想降黏剂——VAMA［J］．钻井液与完井液，1987，4（1）：30－38．

[8] 马涛，樊艳芳，何振富，等．马来酸酐－醋酸乙烯酯共聚物的合成及评价［J］．石油炼制与化工，2004，35（9）：58－60．

[9] 陈薇，杨群，陆大年，等．颜料分散剂马来酸酐－醋酸乙烯酯共聚物的合成及分散效果［J］．印染助剂》，2013（10）：20－23．

[10] 王任芳，李克华，高丽荣，等．马来酸酐/乙酸乙烯酯/丙烯酸三元共聚物的合成及性能［J］．精细石油化工，2006，23（6）：30－32．

[11] 李向碧．聚合物降黏剂PT－1的应用［J］．钻采工艺，1994，17（3）：90－93．

[12] 樊泽霞，王杰祥，孙明波，等．磺化苯乙烯－水解马来酸酐共聚物降黏剂SSHMA的研制［J］．油田化学，2005，22（3）：195－198．

[13] 徐同台．八十年代国外深井泥浆的发展状况［J］．钻井液与完井液，1991，8（增刊）：29－45．

[14] 马喜平. MA 油井水泥降失水剂的合成研究 [J]. 钻采工艺, 1996, 19 (2): 76 - 80.

[15] 于洪江, 刘祥. PMAE 系列原油降凝剂的合成及性能评价 [J]. 油气储运, 2005, 24 (10): 36 - 38.

[16] 李聚源, 戚朝荣, 张耀君, 等. 丙烯酸十八酯 - 顺丁烯二酸酐共聚物的合成及其降凝性能的研究 [J]. 西安石油大学学报: 自然科学版, 2003, 18 (5): 65 - 67.

[17] 龙小柱, 张广明, 孙威, 等. AE - MA 型原油降凝剂的制备及效果评价 [J]. 应用化工, 2013, 42 (12): 2167 - 2170.

[18] 牛丕俊, 蒋晓强. 对苯乙烯 - 马来酸酐共聚物和混合醇对原油的降凝作用 [J]. 河南化工, 1989 (1): 53 - 55.

[19] 李亮, 龙小柱, 李研, 等. 苯 - 马共聚物高碳醇酯 (SMAA) 降凝剂的制备及其性能研究 [J]. 当代化工, 2011, 40 (1): 25 - 29.

[20] 李克华, 伍家忠, 郑延成, 等. 苯乙烯 - 马来酸酐 - 丙烯酸十八烷基酯三元共聚物的合成及其降凝性能 [J]. 精细石油化工进展, 2001, 2 (4): 16 - 17.

[21] 张毅, 赵明方, 周风山, 等. 马来酸酐 - 苯乙烯 - 丙烯酸高级酯稠油降粘剂 MSA 的研制 [J]. 油田化学, 2000, 17 (4): 295 - 298.

[22] 张耀君, 戚朝荣, 高光中, 等. 共聚型原油流动改进剂 AMSA 的合成与评价 [J]. 石油学报: 石油加工, 2005, 21 (2): 35 - 39.

[23] 张红, 肖稳发. 胺解聚合物型原油降凝剂的合成及应用 [J]. 石油炼制与化工, 2008, 39 (11): 30 - 34.

[24] 王景昌, 赵建涛, 杜中华, 等. 高效降凝剂的合成与改性 [J]. 石油化工, 2012, 41 (2): 181 - 184.

[25] 霍建中. 原油降凝剂的合成研究及初步实验 [J]. 化学试剂, 2004, 26 (1): 52 - 54.

[26] 王博涛, 郭睿, 赵新法, 等. 原油降凝剂的合成及其性能测定 [J]. 应用化工, 2013, 42 (3): 507 - 509.

[27] 徐瑛, 郭睿, 宋军旺, 等. 酰胺化改性苯乙烯 - 马来酸酐共聚物降凝剂的制备与性能 [J]. 精细石油化工, 2012, 29 (4): 35 - 38.

[28] 陈照军, 刘章勇, 张宏玉, 等. AMV 降凝剂分子结构的 Monte Carlo 模拟优化研究 [J]. 青岛大学学报 (工程技术版), 2013, 28 (3): 79 - 83.

[29] 刘涛, 方龙, 刘馨, 等. 江汉原油降凝剂的制备及其性能研究 [J]. 石油化工应用, 2014, 33 (2): 117 - 121.

[30] 韩佳卿, 周瀚, 林晶晶, 等. 聚合物型降凝剂 OMSV 的合成及性能研究 [J]. 广州化工, 2013, 41 (11): 108 - 110, 180.

[31] 霍建中. 原油降凝剂的合成及性能研究 [J]. 天津师范大学学报: 自然科学版, 2002, 22 (2): 9 - 11.

[32] 马晨阳, 赵秉臣, 桑俊利, 等. 苯乙烯 - 马来酸酐 - 丙烯酰胺三元共聚物降凝剂的研制 [J]. 沈阳化工大学学报, 2003, 17 (3): 201 - 203.

[33] 马俊涛, 黄志宇. 聚合物防蜡剂的研制及其结构对性能的影响 [J]. 西安石油大学学报 (自然科学版), 2001, 16 (4): 55 - 58, 62.

第六章 酚醛树脂及其改性产物

酚醛树脂及改性产物是一种以酚类化合物与醛类化合物经缩聚反应而制得的一大类合成树脂，以及在合成树脂的基础上经过功能化反应得到的产物。所用酚类化合物主要是苯酚，其他可用的酚还有甲酚、混合酚、壬基酚、辛基酚、二甲酚、腰果酚、芳烷基酚、双酚 A 或几种酚的混合物等。所用醛类化合物主要是甲醛，其他还常用多聚甲醛、糠醛、乙醛或几种醛的混合物等。所用功能化改性原料包括亚硫酸盐、对胺基苯磺酸、对羟基苯磺酸、氯乙酸、环氧丙基三甲基氯化铵，以及木质素磺酸盐、栲胶和腐殖酸等。

就纯粹的酚醛树脂而言，根据所用原料反应官能度、酚与醛的物质的量比及合成反应催化剂（反应物系 pH 值）的不同又分为热塑性酚醛树脂和热固性酚醛树脂两大类产品。前者在无固化剂下具有热可塑性，后者则不需固化剂也具有自固化特性。从溶解性讲，酚醛树脂可分为醇溶性和水溶性树脂，目前常用的主要是醇溶性酚醛树脂，虽然其生产工艺技术比较成熟，但是由于其使用有机溶剂，故生产成本较高，对环境和人体健康带来严重危害，而且还存在着易燃易爆等危险性。水溶性酚醛树脂是以水为酚醛树脂的溶剂，与有机溶剂型酚醛树脂相比具有成本低、不污染环境、无毒无害、不易燃易爆和安全性高等优点。因此，水溶性酚醛树脂的理论研究和推广应用，符合当今经济、环保的发展要求，具有广阔的应用前景。通过引入水化基团而得到的水溶性功能性树脂，可以用于油田作业流体，如在酚醛树脂分子中通过磺甲基化反应引入水化基团而得到的水溶性磺化酚醛树脂，即酚醛树脂磺酸盐，因其水化基团比例及相对分子质量不同，可以用于钻井、采油、提高采收率和水处理等方面，在油田化学品中占据重要位置。

本章重点介绍酚醛树脂和酚醛树脂磺酸盐。

第一节 酚醛树脂

酚醛树脂（PF）是世界上最早实现工业化生产的合成树脂，迄今已有上百年的历史。由于酚醛树脂不仅具有原料易得、价格低廉、生产工艺和设备简单等特点，而且其产品还具有优良的力学性能、耐热性、耐寒性、电绝缘性、尺寸稳定性、成型加工性、阻燃性和低烟雾性等诸多优点，因而酚醛树脂已成为各领域中不可缺少的材料之一。广泛用于制备模压料、层压板、摩擦材料、隔热和电绝缘材料、砂轮、耐候性好的纤维板、金属制造时的壳体模具、玻璃钢模压料黏合剂、涂料，以及油田堵水、防砂固砂等。

一、苯酚－甲醛树脂

苯酚－甲醛树脂是最基本的酚醛树脂，有固体和液体两种类型。固体酚醛树脂为黄色、透明、无定形块状物质，因含有游离酚而呈微红色，易溶于醇，不溶于水，对水、弱酸、弱碱溶液稳定。液体酚醛树脂为黄色、深棕色液体，由苯酚和甲醛在催化剂存在下缩聚，经中和、水洗而制成。

酚醛树脂是人类最早合成的一种树脂，作为一种高分子化合物，具有高分子化合物的基本特点，即：①相对分子质量大，且呈现多分散性；②分子结构有多样性，在不同条件下可分别制成线型、支链型、网状结构；③酚醛树脂处于线型、支链型结构状态，具有可溶、可熔、可流动等可加工性，当转变为体型（三维网状）结构状态时，就固化定型且失去可溶、可熔的可加工性；④酚醛树脂如同所有高分子化合物一样不能被加热蒸发，过高温度只能使其裂解，甚至炭化。可见，即使同一类型酚醛树脂产品，其性能也往往存在差异。

没有固化形成网状结构之前的酚醛树脂，其性能不稳定，不能作为制品来使用，它对于酚醛树脂生产企业虽然是产品，但实际却是用于制造各种不同用途的材料或制品的中间品。因而酚醛树脂产品的性能，必然要与其下游材料或制品的生产及应用目的相适应。酚醛树脂最重要的特征就是耐高温性，即使在非常高的温度下，也能保持其结构的整体性和尺寸的稳定性。在石油开采中用于堵水、调剖和堵漏剂等，具有热稳定性好，堵漏强度高、有效期长等优点，适用于高温地层或深部地层。

（一）制备原理

$$C_6H_5OH + HCHO \longrightarrow o\text{-}HOC_6H_4CH_2OH + p\text{-}HOC_6H_4CH_2OH + 2,4\text{-}HOC_6H_3(CH_2OH)_2 \longrightarrow HOC_6H_4\text{-}CH_2\text{-}[C_6H_2(OH)(CH_2OH)\text{-}CH_2]_n\text{-}C_6H_4OH \qquad (6-1)$$

（二）制备过程

由苯酚、甲醛在酸性或碱性催化剂存在下缩聚得到。包括缩聚和脱水两步。一般是按配方将原料投入反应器并混合均匀，加入催化剂，搅拌，加热至55～65℃，反应放热使物料自动升温至沸腾。此后，继续加热保持微沸腾（96～98℃）至终点，经减压脱水后即可出料。

生产热固性酚醛树脂可用氢氧化钠、氢氧化钡、氨水和氧化锌作催化剂，沸腾反应时间1～3h，脱水温度一般不超过90℃，树脂相对分子质量为500～1000。强碱催化剂有利于增加树脂的羟甲基含量和与水的相溶性。氨催化剂能直接参加树脂化反应，相同配方时制得的树脂相对分子质量较高，但水溶性差。用氧化锌作催化剂能制得贮存稳定性好的高邻位结构酚醛树脂。

在水溶性酚醛树脂的制备过程中，很多因素会影响其反应和制品的性质。直接表现在固含量、黏度、水溶性和游离酚含量等方面。间接表现在所得树脂的力学性能、电气性能及其他工艺性能等方面。这些影响因素彼此既较为独立，又相互影响，从而在很大程度上决定了整个体系的质量和性能[1]。

1. 催化剂类型和用量

水溶性酚醛树脂常用的碱性催化剂有氨水、六次甲基四胺、碳酸钠、碱金属和碱土金属氢氧化物等。通常，在无机碱催化剂作用下，苯酚与甲醛的羟甲基化加成反应的速率快于缩合反应速率，生成物主要是富含羟甲基的羟甲基酚。羟甲基是极性较强的活性基团，其含量越多，树脂的极性越强，水溶性也就越好。因此，若希望获得水溶性较好的酚醛树脂，可以选用无机碱化合物作为催化剂。

氨水是最常用的一种较弱的无机碱性催化剂，用其作为催化剂的反应通常反应温度较高，因此，树脂的反应不均匀、缩合程度较大、相对分子质量较高且容易出现乳化分层等现象。此外，在苯酚和甲醛的反应中，氨水除了具有催化作用外，本身还参与树脂的合成反应，形成的含氮化合物（如二、三羟甲基胺等）极性较弱、难溶于水，更容易造成树脂的乳化分层，致使树脂的水溶性变差。

碱金属或碱土金属氢氧化物等催化剂，虽然对苯酚的羟甲基化反应有很强的催化效果，可以得到羟甲基含量高、水溶性较好的酚醛树脂，但金属离子残留在树脂产物中不易除去，从而对树脂的介电性能影响较大。使用氢氧化钡作催化剂时，二价钡离子可采用沉淀法分离出去，即使钡离子残留在树脂体系中，它在酚醛树脂中可以形成某种形式的配位体，不会影响酚醛树脂的介电性能和化学稳定性，故通常采用氢氧化钡作为水溶性酚醛树脂的催化剂。

在苯酚和甲醛的物质的量比为1∶1.5，反应温度保持在80℃ ±2℃的条件下，分别采用氢氧化钡和某种叔胺类化合物作催化剂，合成了两种甲阶酚醛树脂，反应的终点用胶化时间（100s 左右）来控制[2]。合成的两种甲阶酚醛树脂的工艺性质见表6-1。与叔胺类化合物催化剂相比，用氢氧化钡催化的酚醛树脂达到规定的胶化时间时，反应时间较短，游离酚含量较大，树脂的水溶性较好。与氢氧化钡催化的酚醛树脂体系相比较，用叔胺类化合物催化的酚醛树脂反应时间长，游离酚含量较小，树脂冷却后乳化，水溶性稍差。

表6-1　用氢氧化钡或叔胺催化的酚醛树脂工艺性质的比较

催化剂	反应时间/min	胶化时间/s	游离酚/%	固含量/%	水混合性树脂/（mL 水/g）
氢氧化钡	60	96	17	69	2.8
叔胺	270	108	8	73.5	1

在制备水溶性酚醛树脂时，将氢氧化钡和叔胺类化合物共同使用作为合成水溶性酚醛树脂的催化剂，可以互补不足。用氢氧化钡保证酚醛树脂水溶性，用叔胺类催化剂保证酚醛树脂尽可能反应完全，减少游离酚含量。以甲醛和苯酚的物质的量比为1.2～(1.5∶1)，反应温度为80～85℃时进行酚醛树脂合成实验，如表6-2所示，在适宜的反应条件下，选用氢氧化钡和某种叔胺类催化剂共同使用时，可制备出游离酚含量较少、水溶性较好的

酚醛树脂。

表6-2 水溶性酚醛树脂的工艺性质

叔胺用量/g	氢氧化钡用量/g	胶化时间/s	游离酚/%	游离甲醛/%	水混合性树脂/（mL 水/g）
1.5	0.25	89	9.9	1.40	1.8
1.5	0.20	87	9.1	1.35	1.5

总之，水溶性酚醛树脂的缩聚程度不高，若催化剂碱性越强，生成的树脂分子上的羟甲基含量越高，则越有利于提高酚醛树脂的水溶性；但是，可能会出现反应时间过短、反应速率难以控制以及游离酚含量过高等诸多问题。如前所述，同时使用叔胺类化合物和少量氢氧化钡作为合成水溶性酚醛树脂的催化剂，在适宜的反应条件下，可制得游离酚含量和游离醛含量均较低的水溶性酚醛树脂，这种水溶性酚醛树脂可用于电气绝缘等领域。

2. 投料比对酚醛树脂水溶性的影响

水溶性酚醛树脂是热固性甲阶酚醛树脂，即酚与醛在碱性催化剂作用下进行缩合反应，通过适当控制反应终点制得树脂产品。由于其分子中含有羟甲基官能团或二亚甲基醚键结构，并具有自固化性能，故也是热固性酚醛树脂的活性中间体。由于苯环上的羟甲基官能团具有很强的反应活性，故在一定温度和弱碱性或中性条件下，彼此间会发生脱水缩合反应。

通常，酚醛树脂的水溶性取决于生成物（由苯酚与甲醛反应而得）在水溶液中的溶解性。若生成物的分子极性较高，则其在水中的溶解性较大，树脂不易出现乳化现象，水溶性酚醛树脂的缩聚程度不高。适当增加甲醛的用量，酚的多元羟甲基化程度增大，反应生成的多羟基酚增多，酚醛树脂的水溶性明显提高。但是，甲醛用量过多时，会导致产物中的游离甲醛含量增加。

3. 反应温度和反应时间的控制

虽然甲醛与苯酚的加成反应速率远大于多元羟甲基苯酚的缩聚反应速率，但是为了获得水溶性的甲阶酚醛树脂，反应温度和时间必须严格控制。反应温度越低，自缩聚反应速率越缓慢。当温度超过90℃时，多元羟甲基苯酚很快缩聚并形成体型结构，胶液黏度急剧上升，同时转变为不溶于水的乙、丙阶酚醛树脂。

此外，反应时间不能太短，否则产品主要是一羟甲基、二羟甲基和三羟甲基苯酚的混合物，其特点是黏度低。因此，通过合理控制反应程度，可以制备出平均相对分子质量较低的多元羟甲基苯酚低聚物，即水溶性酚醛树脂。

（三）调剖堵水用酚醛树脂的制备

作为聚丙烯酰胺等的交联剂和自固性酚醛树脂的中间体，水溶性酚醛树脂分子上带有的羟甲基官能团越多，越有利于脱水缩合反应。为了使苯酚苯环上的邻、对位都能进行羟甲基化反应，除官能团多，酚与醛物质的量比应达到1∶3的比例外，还需要采用两步碱催化法，才能较好地实现苯酚的多元羟甲基化反应。两步碱催化法有利于甲醛参加苯酚的羟甲基化反应，残留甲醛质量分数为 1.2%，而一步碱催化法产品残留甲醛量高达 16.5%（质量分数）。下面是一种适用于油田堵水调剖作业的水溶性酚醛树脂的制备方法[3,4]。

按 n（苯酚）:n（甲醛）=1:3 的比例，称取适量的苯酚，加入反应釜，加热至 50℃，使其熔融成液体；按苯酚和甲醛纯物质总量 5% 的比例称取催化剂，并将其分为 3.5% 和 1.5% 两份，先将 3.5% 的催化剂加入已熔融好苯酚的反应釜，剩余 1.5% 的催化剂备用；将反应釜恒温 50℃，搅拌反应 20min 后，把已称好的 80% 的甲醛加入反应釜，升温至 60℃，继续搅拌反应 50min；将剩余 1.5% 的催化剂加入反应釜，升温至 70℃，恒温继续搅拌反应 20min；最后加入剩余 20% 的甲醛，升高反应温度至 90℃，并恒温继续搅拌反应 30min，最终得到的产品为透亮棕红色、质量分数为 45% 的酚醛树脂，并完全溶于水。水溶性酚醛树脂的黏度用 RV－Ⅱ旋转黏度计在 $243s^{-1}$ 下测定。

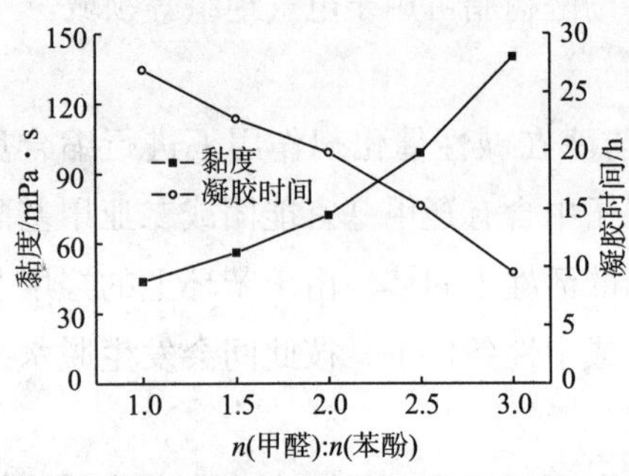

图 6-1　n（甲醛）:n（苯酚）对产物黏度和 100℃下凝胶时间的影响

酚与甲醛的物质的量比直接影响着甲阶酚醛树脂所带羟甲基官能团的数量。如图 6-1 所示，在两步碱催化法合成工艺中，随着 n（甲醛）:n（苯酚）的提高，苯酚的多元羟甲基化程度增加，水溶性酚醛树脂胶液的黏度增加。在 100℃下，水溶性酚醛树脂胶液的自脱水缩合反应的胶凝时间随着 n（甲醛）:n（苯酚）的增加而缩短，说明苯酚苯环上的多元羟甲基化反应的增加，使产品的脱水缩合反应能力增强。

虽然甲醛对苯酚加成反应的速度比多元羟甲基苯酚缩聚反应的速度大得多，但为了获得水溶性的甲阶酚醛树脂，反应最后阶段的温度和时间应严格控制。反应温度低，自缩聚反应缓慢。当温度超过 90℃，多元羟甲基苯酚很快缩聚并形成体型结构，胶液黏度急剧上升，同时转变为水不溶的乙阶酚醛树脂。反应时间短，产品主要是一羟甲基、二羟甲基和三羟甲基苯酚的混合物，其特征是黏度低，对聚丙烯酰胺的交联强度也较弱，自脱水缩合反应速度慢。反应时间过长，树脂自身交联过多，溶液的黏度急剧增大，内部形成的体型结构使胶液失去水溶性，同时失去了作为聚合物交联剂的作用。因此，合理控制反应程度，可以制备出平均相对分子质量较低的多元羟甲基苯酚低聚物，即水溶性酚醛树脂。

实验表明，当自缩聚反应最高温度为 90℃，最终自缩聚反应时间为 30min 时，所合成的水溶性酚醛树脂与聚丙烯酰胺具有良好的交联性能。用水溶性酚醛树脂作交联剂与两性离子聚丙烯酰胺配制聚合物凝胶的条件为：聚合物溶液质量分数为 0.3%～1%，水溶性酚醛树脂加量为 0.3%～1.1%，混合溶液体系的 pH 值为 7.2～7.8，交联反应温度 45～70℃。对于油田 50～55℃的地层温度，通过改变聚合物溶液浓度和交联剂加量，可形成高弹性聚合物凝胶，成胶时间可控制在 3～16d，25℃下凝胶机械强度为 1.6×10^4～2.9×10^4 mPa·s。

二、烷基酚－甲醛树脂

除苯酚－甲醛树脂外，还有一些不同类型的烷基酚醛树脂可用于油田化学品，这些树脂主要是油溶性酚醛树脂。油溶性酚醛树脂是用各种取代酚和甲醛缩聚制成的酚醛树脂。由于这种树脂不需改性就能室温或加热溶于油中，所以叫油溶性酚醛树脂，也叫做100%油溶性酚醛树脂。

松香改性酚醛树脂、对叔丁基苯酚、对苯基苯酚等酚类代替苯酚为原料而制得的树脂称作纯油溶性酚醛树脂。相溶性好，可以与各种溶剂混溶，如苯类溶液、酮类溶剂、醋酸乙酯、120号溶剂油等。混溶能力好，在普通车间操作情况下，同基体树脂材料，如EVA、丙烯酸、SBS等体系反应程度非常高。

（一）对叔丁基苯酚－甲醛树脂

对叔丁基苯酚－甲醛树脂，即2402树脂（101树脂）是由对叔丁基苯酚与甲醛在碱性催化剂存在下缩聚而制得的。淡黄色至棕色不规则透明块状固体，在出料前加入草酸还原，可制得浅色的树脂。相对分子质量为500～1000。2402树脂油溶性好，耐热、耐老化。可溶于苯、甲苯、二甲苯、环已烷、醋酸乙酯、溶剂汽油等有机溶剂和植物油，不溶于乙醇和水。

由对叔丁基苯酚与甲醛在碱性介质下，经高温、缩聚、化学反应得到。

1. 反应原理

$$\text{HO-}C_6H_4\text{-C}(CH_3)_3 + HCHO \longrightarrow HO-CH_2-[C_6H_2(OH)(C(CH_3)_3)]-CH_2-[C_6H_2(OH)(C(CH_3)_3)-CH_2]_n-C_6H_2(OH)(C(CH_3)_3)-CH_2-OH \qquad (6-2)$$

2. 合成方法

合成可以采用氢氧化钙或氢氧化钠为催化剂。

当以氢氧化钙为催化剂时，合成过程为[5]：将对叔丁基苯酚加入熔解槽，向其夹套内通入蒸气使其在搅拌状况下缓慢熔化，温度不超过80℃，熔化时间不低于5h，待其完全熔化后，将料用真空吸入反应罐，并保持温度在50～60℃，加入甲醛、氢氧化钙，搅拌，在20～25min内升温到90℃，停止搅拌，物料靠反应热自然升温到沸腾，回流反应6～8h，取100mL溶液加入20mL 30%的硫酸，混合均匀，应析出2.6～2.8mL树脂为反应终点。降温到80℃，加入10%的乙酸溶液调节pH值为6.5～7后，加入1.1倍叔丁酚重量的甲苯，搅拌使树脂全部萃取成为甲苯溶液，然后静止30min，体系为两层，上层为含酚废水，下层为甲苯－树脂溶液。将上层废水抽走后，开动搅拌，加入70～80℃热水洗涤一次低分子物，静止45min后，将下层甲苯树脂溶液过滤后进入真空干燥罐，开启真空，在0.07～0.08MPa下脱甲苯，甲苯全部脱出后，常压浓缩到滴点85℃，加入草酸还原脱色，搅拌10min后放料。蒸出的甲苯可循环使用。

当以氢氧化钠为催化剂时，合成过程为[6]：按物质的量比称取对叔丁基苯酚、甲醛及氢氧化钠，一起投入到高压反应釜中，开始加热及搅拌。当温度达到90～100℃时，对叔丁基苯酚和甲醛在催化剂的作用下开始反应，持续约1.5h，反应结束。之后开始升高釜内温度到150℃，再进行抽真空约10min（若真空度达到0.1MPa可以适当减小抽真空的时间），抽真空结束后调节釜内的温度到90～100℃即可出料，得到黏度比较大的黏稠液体，冷却后变成脆性固体。

研究表明，酚醛比是决定产物软化点的关键。如表6-3所示，当酚与醛物质的量比为8∶7时产品的软化点最高，酚醛物质的量比为2∶1时产品的软化点最低。而且不同单体的配比还对产品的物理性状有一定的影响，随着对叔丁基苯酚和甲醛的物质的量比的减小，酚醛树脂的颜色依次逐渐变浅，但都是脆性固体。从表6-3还可以看出，酚醛的物质的量比也会影响产物的相对分子质量及分布。

表6-3　酚醛的物质的量比对合成树脂软化点、相对分子质量及分布的影响

酚醛物质的量比	软化点/℃	M_n	M_w/M_n
2∶1	72	706	1.34
3∶2	81	1203	1.15
8∶7	96	1373	1.17

（二）对特辛基苯酚－甲醛树脂

对特辛基苯酚－甲醛树脂是一种油溶性酚醛树脂，外观为黄棕色至褐色透明松香状固体，相对分子质量为900～1200。可溶于苯、甲苯、二甲苯、乙醇、乙醚溶剂及汽油、煤油、松节油等有机溶剂，不溶于水。不同型号树脂的性能有所差异，202树脂软化点为65～85℃，羟甲基含量大于6%，密度为1.06g/cm^3，为丁基橡胶硫化剂。201树脂软化点为50℃左右，溴含量为4%～5%，稍有卤素气味，亦为丁基橡胶硫化剂，无需与任何促进剂配合即可迅速硫化，且硫化胶的性能良好，优于202树脂，另201树脂还具有优良的胶黏性，可用于压敏性黏合剂。203树脂，也称TXN－203树脂、203增黏树脂、特辛基苯酚－甲醛树脂，黄色至浅褐色颗粒，软化点为70～105℃，密度为1.01～1.07g/cm^3，溶于油以及各种有机溶剂，且可与各种合成橡胶共混，是乙丙橡胶及丁苯橡胶、丁基橡胶的增黏剂。用该树脂可降低胶料的门尼黏度，改善胶料的自黏性，提高胶料的物理机械性能及热老化性能，且对硫化胶物无不良影响[7]。

由对特辛基苯酚与甲醛在碱性介质下，经高温、缩聚、化学反应得到。

1. 反应过程

$$HO\text{-}C_6H_4\text{-}C(CH_3)_2CH_2C(CH_3)_3 + HCHO \longrightarrow HO\text{-}CH_2\text{-}[C_6H_2(OH)(C_8H_{17})]\text{-}CH_2\text{-}[C_6H_2(OH)(C_8H_{17})\text{-}CH_2]_n\text{-}C_6H_2(OH)(C_8H_{17})\text{-}CH_2\text{-}OH \quad (6\text{-}3)$$

2. 生产工艺

生产用主要原料为95%以上的对特辛基苯酚和37%的工业甲醛，配比为1∶0.8（质量比），在釜式反应器中缩合，用强酸性阳离子交换树脂作催化剂，用量为对叔辛基苯酚的10%。在常压、100℃下反应2～3h（控制产品聚合度），反应终了降温至60℃，用甲苯萃取，分去少量水后抽滤。得到的甲苯－树脂混合液在蒸馏釜中负压蒸馏分离，温度低于200℃，开始常压脱去甲苯，后期负压操作，真空度控制在0.07～0.08MPa。进行搅拌，用草酸脱色，控制软化点为70～105℃，接料、冷却，粉碎、包装，得到各种软化点范围的产品。对特辛基苯酚转化率为90%，树脂收率为90%～95%。

在产品制备中，酚醛比是影响产物软化点的关键。如表6－4所示[8]，随着甲醛用量的增加，酚醛树脂软化点相应增加。理论上，对特辛基苯酚的官能度为双官能度，与甲醛的官能度相同，当醛的物质的量低于酚的物质的量时，因羟甲基的产生数量有限，使得缩聚反应到达一定阶段而停止，生成相对分子质量较低的线型结构的酚醛树脂。随着甲醛物质的量的增加，反应体系生成的羟甲基数量增加，线型树脂链的长度相应增加，使得相对分子质量增加，即聚合程度增加。聚合度的增加，使得产物的软化点有所增加。在酚醛物质的量比为1∶0.8时，酚醛树脂的软化点为76℃，当增加醛的用量，使得醛与酚的物质量比相同时，酚醛树脂的软化点为93℃，重均相对分子质量为1050、分布指数为1.38。如果继续增加甲醛的用量，合成反应初期的加成反应，更易于产生更多的二元及多元羟甲基酚，非对位苯酚可产生较多的三羟甲基苯酚，甲醛的物质的量到达一定水平时，使得合成反应产生较多的支链大分子，进而形成较大的网状结构。同时，应注意甲醛的用量，当甲醛用量达到一定程度时，合成反应易发生交联。

表6－4　酚/醛的物质的量比对合成树脂软化点的影响

酚醛物质的量比	软化点/℃	酚醛物质的量比	软化点/℃
1∶0.8	76.2	1∶1	93.1
1∶0.9	85.7		

（三）松香改性酚醛树脂

松香改性酚醛树脂是以烷基酚、甲醛、多元醇及松香进行化学反应生成的高分子产物，其中DC2108叔丁酚树脂，软化点为168～175℃，具有较高的相对分子质量，很好的矿物油溶解性，适用于储层保护暂堵剂。

由烷基酚、甲醛、多元醇及松香进行化学反应得到。

1. 反应原理

$$\text{(松香酸, COOH)} + \text{HO-C}_6\text{H}_4\text{-R} + \text{HO}\!\left(\text{CH(OH)}\right)_x\!\text{OH} + \text{HCHO}$$

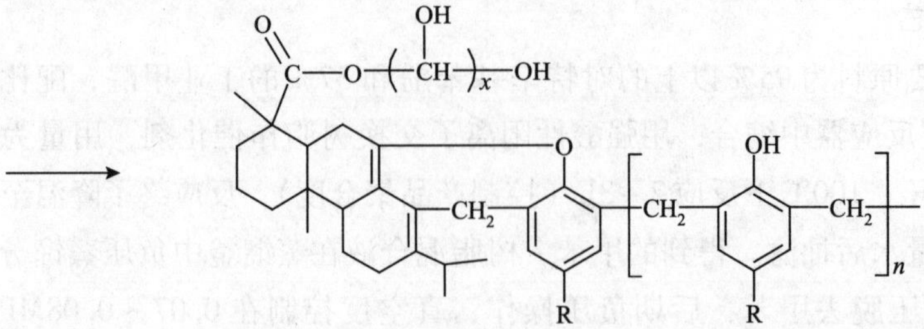

$$\longrightarrow \quad (6-4)$$

2. 合成方法

方法1：在装有搅拌器、温度计、冷凝器及真空装置的四口瓶中进行合成反应。首先，按照酚醛物质的量比1∶2.4，将壬基酚和甲醛在碱催化下，在65℃温度下反应6h，用HCl调整反应物的pH =6，水洗至中性得甲阶酚醛树脂初期缩合物（简称酚醛浆）；将酚醛浆（加入量35%）与松香在180 ~200℃下反应2h，再升温到250℃加入多元醇和复合催化剂进行酯化反应，在270℃下至反应结束，得到浅黄色透明固体松香改性酚醛树脂[9]。

方法2：称取1000g松香，加入2000mL四口不锈钢反应釜，加热至熔融，开动搅拌，降温至120℃时，向反应釜中加入88g甘油，68g双酚A，60g多聚甲醛和0.2g催化剂，密闭反应釜，加热至130℃，釜内压升力上升为0.196 ~0.27MPa，在此温度下反应2h，降温泄压脱水，4h升温至265℃，在265℃反应4h，取样化验，调整黏度，指标合格后，抽真空10min，出料，即得到聚合松香[10]。

方法3：在装有搅拌机、回流冷凝器、温度计的2000mL三口瓶中，分别投入对特辛基酚790g、壬基酚210g，催化剂少量，水130g，边搅拌边升温，使反应物在升温过程中保持均匀混合；升温到物料溶解后降温至75℃，在此温度下，于1h内分批加入85%的多聚甲醛370g，继续保温4 ~5h，使酚和醛在催化剂的作用下进行酚醛缩合反应完成后，即得到甲阶酚醛树脂。在装有搅拌机、回流冷凝器、温度计的2000mL四口烧瓶中投入特级松香850g，在氮气保护下，升温，松香熔融后，加入酯化催化剂氧化锌0.45g、甘油87g或季戊四醇92g，保温0.5h，升温到255℃或270℃保温酯化至23mg KOH/g以下，降温到200℃左右开始滴加甲阶酚醛树脂650g（滴加前搅拌均匀），约1h加毕，滴加期间让温度渐渐升到220℃，滴加完毕，保温反应0.5h[11]。

（四）烷基苯酚 - 丙酮 - 甲醛树脂

分别利用对叔丁基苯酚、对特辛基苯酚和对壬基苯酚与甲醛、丙酮反应，通过改变原料配比可合成不同软化点、不同溶剂溶解性能的产品，可用于胶黏剂、涂料、油墨制造中。软化点为90 ~100℃，在钻井液中用于油溶性暂堵剂[12]。

1. 反应原理

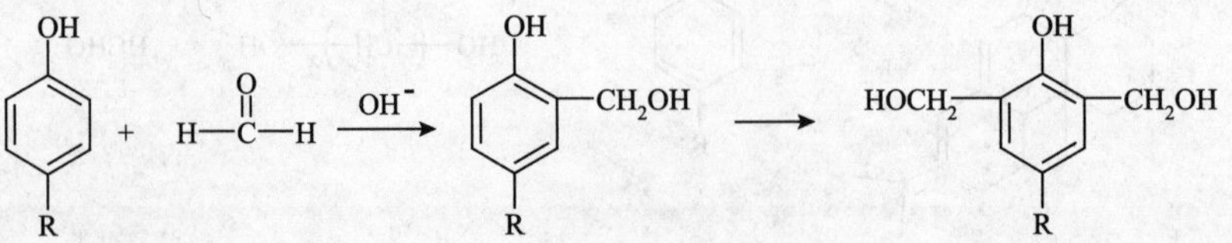

$$\text{R-C}_6\text{H}_4\text{-OH} + \text{H-CHO} \xrightarrow{OH^-} \text{R-C}_6\text{H}_3(\text{OH})\text{-CH}_2\text{OH} \longrightarrow \text{HOCH}_2\text{-C}_6\text{H}_2(\text{OH})(\text{R})\text{-CH}_2\text{OH} \quad (6-5)$$

$$H_3C-\overset{O}{\overset{\|}{C}}-CH_3 + H-\overset{O}{\overset{\|}{C}}-H \xrightarrow{OH^-} H_3C-\overset{O}{\overset{\|}{C}}-CHCH_2OH \longrightarrow HOCH_2CH_2-\overset{O}{\overset{\|}{C}}-CHCH_2OH \qquad (6-6)$$

$$HOCH_2-C_6H_2(OH)(R)-CH_2OH \xrightarrow{\triangle} HOCH_2-\left[C_6H_2(OH)(R)-CH_2OCH_2-C_6H_2(OH)(R)\right]_m-CH_2OH \xrightarrow{\triangle} HOCH_2-\left[C_6H_2(OH)(R)-CH_2\right]_m-OH \qquad (6-7)$$

$$HOCH_2CH_2-\overset{O}{\overset{\|}{C}}-CHCH_2OH \xrightarrow{\triangle} HO-\left[CH_2CH_2-\overset{O}{\overset{\|}{C}}-CH_2-CH_2-O-CH_2-\overset{O}{\overset{\|}{C}}-CH_2\right]_n-CH_2OH$$
$$\xrightarrow{\triangle} HO-\left[CH_2CH_2-\overset{O}{\overset{\|}{C}}-CH_2-CH_2-\overset{O}{\overset{\|}{C}}-CH_2\right]_n-CH_2OH \qquad (6-8)$$

$$HO-\left[CH_2CH_2-\overset{O}{\overset{\|}{C}}-CH_2-CH_2-\overset{O}{\overset{\|}{C}}-CH_2\right]_n-CH_2OH + HOCH_2-\left[C_6H_2(OH)(R)-CH_2\right]_m-OH$$
$$\longrightarrow HO-\left[CH_2CH_2-\overset{O}{\overset{\|}{C}}-CH_2-CH_2\right]_n-\left[C_6H_2(OH)(R)-CH_2\right]_m-OH \qquad (6-9)$$

2. 合成过程

按照烷基苯酚、丙酮、甲醛物质的量比例为 1∶1∶1.8，在 1000mL 三口烧瓶中加入烷基苯酚及 10% NaOH 溶液 200g，加热熔融，待物料全部溶解至透明状时降温至 50℃，缓缓加入 37% 甲醛溶液，控制温度不超过 75℃，加完后，维持反应 1.5h，降温至 40℃，加入丙酮，然后滴加甲醛，维持反应温度 50℃，加完后保温 3h，升温至 75℃，继续反应 3h。反应结束后，加入 100mL 甲苯，用 20% 盐酸中和至 pH 值为 5～6，静置分层，除去水层，有机层水洗 2 次后，减压蒸馏，除去溶剂及低聚物，即得产品。

研究表明，烷基酚类型、酚醛比、加料方式和反应温度是影响产品软化点的关键，也是影响产物用途的主要因素。

如图 6-2 所示，分别采用对甲基苯酚、对叔丁基苯酚、对特辛基苯酚、对壬基苯酚等与丙酮、甲醛按照物质的量比 1∶1∶1.8 合成烷基苯酚－丙酮－甲醛树脂时，产品软化点不同。实际制备中可以根据应用目的选择烷基酚。

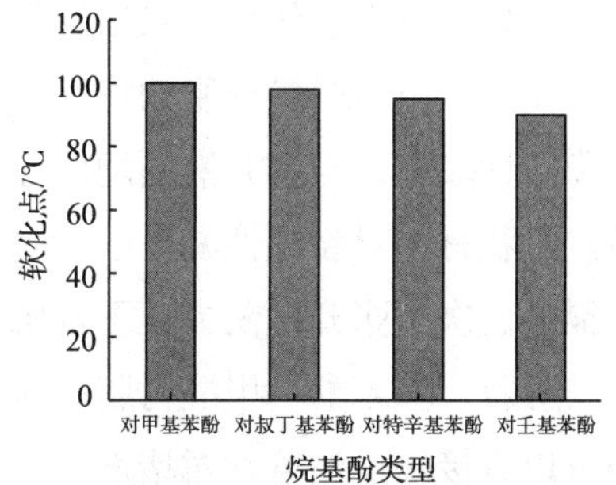

图 6-2 不同烷基酚合成产品的软化点

如表 6-5 所示，以叔丁基苯酚与丙酮不同比例合成树脂时，丙酮所占比例大时合成产品色浅，能溶于多种有机溶剂，软化点降低，应用范围增大。主要是因为丙酮所占比例大则产品分子结构中所含羰基官能团以及脂肪链等基团增多，软化点降低，溶剂溶解性增大，应用范围拓宽。

表 6-5　对叔丁基苯酚与丙酮不同比例合成树脂性能

叔丁基苯酚与丙酮物质的量比	软化点/℃	色泽	溶解性
2:8	80.5	9	溶于甲苯、丙酮、汽油，部分溶于乙醇
4:6	82.2	9	溶于甲苯、丙酮、汽油，部分溶于乙醇
5:5	85.0	10	溶于甲苯、丙酮、汽油，部分溶于乙醇
6:4	88.0	10	溶于甲苯、丙酮、大部分溶于汽油，微溶于乙醇
8:2	94.5	11	溶于甲苯、丙酮、部分溶于汽油，微溶于乙醇

在烷基苯酚－丙酮－甲醛树脂的合成中，加料次序直接影响着产品的收率。在碱性条件下，烷基苯酚和甲醛反应相对缓和，而丙酮和甲醛在室温下反应也相当剧烈，形成的加成产物很多。因此，先将烷基苯酚与甲醛在一定温度下进行反应，再加入丙酮与甲醛反应有利于反应平稳进行，避免生成多羟甲基丙酮而使副反应增多，收率降低。

反应温度对产品收率及产品性能有影响，确定加料次序后，不同的加成及缩合反应需要不同的温度来实现。不同烷基苯酚与甲醛缩合反应所需温度条件不同，一般在 55～75℃。加入丙酮后，必须在较低温度下反应。反应温度低于 40℃，物料黏度大，不利于分散，温度高于 65℃，体系有不溶物生成，主要是过多羟甲基丙酮的生成而导致产品形成网状结构。实验表明，加入丙酮后最佳反应温度为 50～55℃。缩聚温度决定最终产品的相对分子质量及软化点，缩聚温度高于 200℃，产品相对分子质量太大，软化点高于 120℃，油溶性变差，因此，缩聚温度以产品用途来确定。

三、应用

（一）钻井

酚醛树脂在钻井中，可以与其他材料配伍用于严重或复杂漏失地层堵漏。也可以利用一定结构和聚合度的酚醛树脂制备层片状堵漏剂，如采用热固性酚醛树脂或热固性酚醛树脂与增强材料等经过高压层压制成不同粒径（层片平均 1～10mm）的不规则热固性片状物，不溶于水，不溶于油，耐酸碱，抗温 250℃以上。与矿物片状材料相比，具有强度高、柔韧性好的特点。作为片状堵漏材料，可以直接使用，也可以与纤维状、颗粒状堵漏材料共同使用。由于酚醛树脂的特性，使产品在高温高压下不仅具有良好的封堵强度，而且化学稳定性较好，与钻井液的配伍性好，适用于各种类型的水基钻井液，也适用于油基钻井液。片状材料对裂缝性漏失层易契入，且契入地层后不易返吐，可以有效地封堵裂缝性地层漏失、次生张开性漏失及不规则小溶洞性漏失等。

对叔丁基苯酚－甲醛树脂、对特辛基苯酚－甲醛树脂和松香改性酚醛树脂等在钻井液中可以直接用作油溶性暂堵剂，也可以与其他油溶性树脂和酸溶性材料复配制备储层保护暂堵剂。也可以用作堵漏剂的成分。

酚醛树脂可以用作树脂水泥浆或低密度水泥浆的固化成分，油溶性酚醛树脂可以用于油井水泥堵漏剂和减轻剂。

（二）压裂

用甲阶酚醛树脂涂覆的颗粒材料适用于作油层的支撑剂（例如深井）以支撑压裂液在压力下打开裂缝从而提高收率。其配制方法是在甲阶酚醛树脂中加入固化剂，如六次甲基四胺，涂覆在颗粒如砂子上，再复配加入 0.03% ~0.5% 的润滑剂如矿物油等。将该混合物在约 148.9℃下放置足够的时间使其固化。该方法可使每个涂覆的颗粒具有高耐磨能力从而改善自身的抗腐蚀性。

（三）堵水调剖

酚醛树脂可用于采油调剖、堵水、油水井封窜等。水溶性酚醛树脂与分子链中含有—NH_2、—$CONH_2$、—SH、—OH 等基团的聚合物交联，在一定条件下可以形成黏弹性凝胶、弱凝胶类调剖堵水剂，能提高这类聚合物的黏度和耐温、耐盐性能。这些堵剂已经应用于油田的堵水调剖作业，可以有效地封堵大孔道，降低驱替相渗透率。

由 100g 环氧树脂和酚醛树脂混合物（环氧树脂与酚醛树脂质量比为 6∶4），稀释剂 40mL，固化剂六次甲基四胺 0.1%、纤维 2% 组成的堵水调剖体系，在 145℃下养护 30d，抗压强度仍达 7.76MPa；在矿化度 160g/L 的水中养护 24h，7d 后封堵率在 96% 以上；在 145℃下养护时间在 2.5h 内，黏度均在 1000mPa · s 内；4000r/min 搅拌 30min 后，黏度下降 8.33%，24h 后抗压强度为 2.36MPa；后续水驱中注水量达 30PV 时，堵水率基本不变，能满足高温高盐油藏堵水调剖的要求[13]。

在辽河欢喜岭油田欢 616 块的应用表明，由酚醛树脂凝胶（酚醛树脂、水解聚丙烯酰胺、稳定剂和增强剂等）+超细水泥组成的堵水剂，有效控制了欢 616 块底水上升速度，实现了区块产量整体上升，措施效果明显，有效期长[14]。

由 3000mg/L HPAM +4.5% 改性酚醛树脂 +0.08% 膨润土组成的耐高温改性酚醛树脂复合堵剂体系，耐温抗盐性能良好，可用于 200℃的稠油热采井的调剖堵水作业；封堵性能良好，封堵率高达 98.6%，80℃放置 20d 进行后续水驱，封堵率变化不大，稳定性好[15]。

由 HPAM 和酚醛树脂交联形成的酚醛树脂冻胶调剖剂，稳定性较好，强度保留率均大于 90%，并且剪切对稳定性影响不大，注入性能较好，能实现在线注入；且该冻胶有很好的耐冲刷性能，成冻后水驱为 10 倍孔隙体积时，封堵率仍保持在 94% 以上，适用于海上油田[16]。

以改性酚醛树脂为交联剂的中温聚合物凝胶调剖剂，可适用于 70℃地层温度的凝胶调剖体系，该体系具有成胶黏度可控、热稳定性好等特点，可有效封堵地层中的高渗透水流通道，提高水驱波及体积，改善油田开发效果。

用由 60% ~80% 改性酚醛树脂 +5% ~25% 不饱和聚酯树脂 +1% ~3% 固化剂 +1% ~5% 促进剂 +5% 增塑剂 +5% 增强剂 + 其他添加剂组成的改性酚醛树脂封窜堵漏剂实施封堵作业，深井注入压力涨幅不大，且较易进行挤注施工。

（四）防砂

在采油修井作业中，油层表层疏松段常出现掉块坍塌情况，影响井下正常作业。用酚醛树脂、尿醛树脂、盐酸和水组成的混合物能很好地加固表层疏松段，如在砂层中使用组成为24%～35%的酚醛树脂、25%～28%的盐酸和5%～24%的水的混合物时，该混合物固化后抗压强度为7.7MPa。若油层中砂层疏松，可用树脂胶结控制疏松砂层油井产砂，还可增大产油层的孔隙度，提高采收率。常用的黏接剂是热塑性酚醛树脂和环氧树脂。其方法是先注入黏接剂，再将一种粒状物质挤入产层，然后通过胶结砂和粒状物质进行生产。

酚醛树脂普遍用于防砂胶结剂，下面是一些满足不同需要的典型的防砂剂配方[17]。

1. 酚醛树脂防砂剂

配方1：将61.5份甲醛（36%含量）倒入混合池中，再将30份苯酚加入其中混合均匀，施工前再将8.5份氢氧化钡（含8个结晶水）均匀分散于池中，并充分搅拌至均匀即得酚醛树脂防砂剂。

配方2：将62.5份甲醛（36%含量）倒入混合池中，再将30.5份苯酚加入其中混合均匀，施工前再将7份氯化亚锡均匀分散于池中，并充分搅拌至均匀即得酚醛树脂防砂剂。

配方3：将58.8份甲醛（36%含量）倒入混合池中，再将39.2份苯酚加入其中混合均匀，施工前再将2份氨水（27%）均匀分散于池中，并充分搅拌至均匀即得酚醛树脂防砂剂。

上述各配方用作砂岩防砂剂，胶结强度≥2MPa，地层渗透率≥80%，基液黏度低、易泵送、施工简便、防砂有效期长、成功率高。配方1和配方2适用于井温在60℃以上，且出砂量少，黏土含量低的油层砂岩防砂。配方3适用于油水井早期防砂、短井段油层防砂、中粗砂岩油层防砂。

2. 树脂砂浆防砂剂

该剂由石英砂、树脂组成。系在石英砂外表面通过物理化学方法均匀涂敷一层树脂，该树脂在地层温度和压力下软化黏连并固化，形成具有一定强度和渗透性的防砂屏障，以防止油层出砂。

配制方法：将20份酚醛树脂（黏度为1000～2000mPa·s）和80份石英砂一起搅拌，使石英砂表面均匀涂有一层树脂，然后加入少量柴油浸润即可。施工时用盐酸作固化剂。

本防砂剂具有较好的抗压强度，良好的渗透率保持值（≥80%），且施工成功率高。适用于油水井后期防砂、油层井段在20m以内的油水井防砂、吸收能力高的油水井防砂。

3. 树脂核桃壳防砂剂

该剂系在核桃壳外表面通过物理化学方法均匀涂敷一层树脂，该树脂在地层温度和压力下软化黏连并固化，形成具有一定强度和渗透性的防砂屏障，以防止油层出砂。

配制方法：将40份酚醛树脂（黏度为1000～2000mPa·s）和60份核桃壳一起搅拌，

使核桃壳表面均匀涂有一层树脂，然后加入少量柴油浸润即可。施工时用盐酸作固化剂。

本防砂剂具有较好的抗压强度和良好的渗透率保持值，且施工成功率高。适用于油水井早期防砂、射孔井段在20m以下的全井防砂、出砂量较少的油水井防砂。

4. 高温泡沫树脂防砂固砂剂

该剂由61份改性酚醛树脂、30.5份煤焦油、6.1份互溶稀释剂乙醇、0.61份KH550有机硅偶联剂、1.83份铝粉发泡剂和适量的固化剂混合、搅拌、制备而成。为黑色胶体黏液，既能在常温下固化，又能承受高温，此种固、防砂剂对油层渗透率影响小，用于蒸汽吞吐开采的稠油中。

5. 地下交联防砂剂

地下交联酚醛防砂剂的配方为：苯酚: 甲醛为1∶2（质量比），以氢氧化钠作固化剂，加量为苯酚质量的3.5%，增孔剂为活性柴油，加量为酚醛溶液体积的100%。现场施工采用400型水泥车，将加入固化剂的酚醛溶液与活性柴油混合均匀，迅速泵入地层，关闭井口候凝3d，等树脂完全固化后开井生产。通过现场近1000口油井上的应用表明，平均防砂有效期达603d，采油强度平均4.9t/（m·d），综合防砂成功率为78.4%，取得了巨大的经济效益和社会效益[18]。

此外，酚醛树脂还可以制成塑料涂层应用于钻井采油作业中，通过保护金属材料，以避免腐蚀气体的侵害。同时通过环氧改性的酚醛塑料涂覆的薄膜有着较好的耐磨性与抗氧渗透性，可最大限度地减少涂层中的针孔和裂缝。由苯酚、甲醛的物质的量比为1.8∶1或2.2∶1，在50～80℃下，经催化而生成聚合物，再用相对分子质量为1500～2500的聚丙二醇与30%～80%的环氧乙烷经碱催化反应而缩聚制得产物，当苯酚、甲醛与聚丙二醇的物质的量比为1∶1或3∶1，在惰性溶液中中和后于80～150℃进行醚化，同时排除缩聚水，再经特殊的处理得到的产物，可作为油包水型乳化液的破乳剂。

第二节　酚醛树脂磺酸盐

酚醛树脂磺酸盐属于阴离子型聚电解质，具有一定表面活性。以酚醛树脂为主体，经磺化或引入其他官能团而制得的磺甲基酚醛树脂，是水溶性合成树脂类处理剂的典型代表。自20世纪70年代投入应用以来，一直是重要的钻井液高温高压降滤失剂。近年来，在磺甲基酚醛树脂的基础上，还开发了一些羧甲基化和阳离子化改性的磺甲基酚醛树脂，使其抗盐和抑制能力进一步提高[19,20]。

一、磺化酚醛树脂的合成方法

磺化酚醛树脂的合成方法有三种，即酚醛树脂直接磺化法、酚磺酸与甲醛缩聚法和边缩聚、边磺甲基化法。

（一）直接磺化法

将酚醛树脂在有机溶剂中用三氧化硫磺化：

$$\text{苯酚-甲醛树脂}\ [\ \text{—C}_6\text{H}_3(\text{OH})\text{—CH}_2\text{—}\ ]_{m+n} \xrightarrow[\text{溶剂}]{SO_3} [\ \text{—C}_6\text{H}_2(\text{OH})(SO_3H)\text{—CH}_2\text{—}\ ]_m[\ \text{—C}_6\text{H}_3(\text{OH})\text{—CH}_2\text{—}\ ]_n \tag{6-10}$$

$$\xrightarrow{NaOH} [\ \text{—C}_6\text{H}_2(\text{OH})(SO_3Na)\text{—CH}_2\text{—}\ ]_m[\ \text{—C}_6\text{H}_3(\text{OH})\text{—CH}_2\text{—}\ ]_n$$

（二）酚磺酸与甲醛缩聚法

采用苯酚先制备酚磺酸，然后再与甲醛缩聚：

$$C_6H_5OH \xrightarrow[\text{或 } ClSO_3H]{SO_3} p\text{-}HOC_6H_4SO_3H + o\text{-}HOC_6H_4SO_3H \tag{6-11}$$

$$C_6H_5OH + p\text{-}HOC_6H_4SO_3H + HCHO \longrightarrow [\ \text{—C}_6\text{H}_2(\text{OH})(SO_3H)\text{—CH}_2\text{—}\ ]_m[\ \text{—C}_6\text{H}_3(\text{OH})\text{—CH}_2\text{—}\ ]_n \tag{6-12}$$

$$\xrightarrow{NaOH} [\ \text{—C}_6\text{H}_2(\text{OH})(SO_3Na)\text{—CH}_2\text{—}\ ]_m[\ \text{—C}_6\text{H}_3(\text{OH})\text{—CH}_2\text{—}\ ]_n$$

（三）边缩聚、边磺甲基化法

将苯酚、甲醛、亚硫酸盐等一次投料，通过控制反应温度和反应程度得到产物：

$$Na_2SO_3 + H_2O \longrightarrow NaHSO_3 + NaOH \tag{6-13}$$

$$NaHSO_3 + HCHO \longrightarrow HO\text{—}CH_2\text{—}SO_3Na \tag{6-14}$$

$$C_6H_5OH + HCHO \xrightarrow{OH^-} p\text{-}HOC_6H_4CH_2OH + 2,4\text{-}HOC_6H_3(CH_2OH)_2 + o\text{-}HOC_6H_4CH_2OH \tag{6-15}$$

$$p\text{-}HOC_6H_4CH_2OH + 2,4\text{-}HOC_6H_3(CH_2OH)_2 + o\text{-}HOC_6H_4CH_2OH + HO\text{—}CH_2\text{—}SO_3Na$$

$$\xrightarrow{HCHO} -\!\!\left[\!\begin{array}{c}\text{OH}\\ \text{C}_6\text{H}_2\text{-CH}_2\\ |\\ \text{CH}_2\text{SO}_3\text{Na}\end{array}\!\right]_m\!\!\left[\!\begin{array}{c}\text{OH}\\ \text{C}_6\text{H}_2\text{-CH}_2\\ |\\ \text{CH}_2\text{OH}\end{array}\!\right]_n\!\!\left[\!\begin{array}{c}\text{OH}\\ \text{C}_6\text{H}_3\text{-CH}_2\end{array}\!\right]_x\!\!- \qquad (6-16)$$

在上述方法中，直接磺化法对设备要求高，工艺复杂；酚磺酸与甲醛缩聚法需要经过两步进行，且副反应多；边缩聚、边磺甲基化法，可在反应釜中一次投料，且无“三废”排放。在三种方法中，边缩聚、边磺甲基化法最方便，故工业上常用该法生产磺化酚醛树脂。

二、磺化酚醛树脂

磺化酚醛树脂包括磺甲基酚醛树脂和磺化酚醛树脂，目前应用的主要为磺甲基酚醛树脂。

（一）磺甲基酚醛树脂

1. 性能

磺甲基化酚醛树脂（SMP），常称为磺化酚醛树脂，是一种阴离子水溶性聚电解质，具有很强耐温抗盐能力，产品为棕红色粉末，易溶于水，水溶液呈弱碱性。磺甲基酚醛树脂分子的主链由亚甲基桥和苯环组成，由于引入了大量磺酸基，故热稳定性强，可抗180～200℃的高温。因引入磺酸基的数量不同，抗无机电解质的能力会有所差别。目前使用量很大的SMP－Ⅰ型产品可用于矿化度小于1×10^5mg/L的钻井液，按氯化钠计算15%，而SMP－Ⅱ型产品可抗盐至饱和，同时具有一定的抗钙能力，是主要用于饱和盐水钻井液的降滤失剂。此外，磺甲基酚醛树脂还能改善滤饼的润滑性，对井壁也有一定的稳定作用。

SMP的抗盐性能可以通过浊点盐度或聚沉值来衡量。SMP水溶液中加入盐达到一定值时会产生浊点效应，可见通过浊点可以反映其抗盐能力，采用10g/L的SMP溶液进行浊点盐度实验，如图6－3所示，SMP－Ⅱ在Cl^-浓度约为177.7g/L时，消光值E从1.065突增到1.652，ΔE大于0.02，由此判断，SMP－Ⅱ的浊点盐度在166.6～177.7g/L之间；SMP－Ⅲ在Cl^-浓度从88.8g/L变至177.7g/L时，E值均未发生明显变化，由此判断SMP－Ⅲ的浊点盐度大于177.7g/L。说明磺甲基酚醛树脂SMP－Ⅱ、SMP－Ⅲ抗盐性接近，前者稍弱，但均可抗盐至饱和，反映出SMP－Ⅲ在合成时所引入的亲水基团磺酸基数量要稍多[21]。

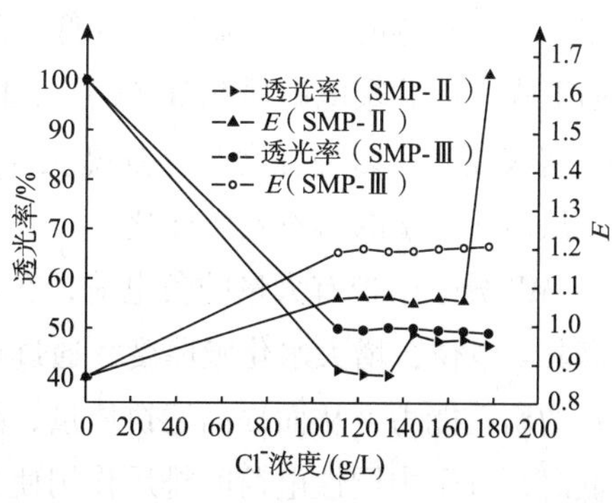

图6-3 磺甲基酚醛树脂的浊点盐度测试结果

磺甲基酚醛树脂溶解在去离子水中，形成高分子溶液。该溶液分散相－磺甲基酚醛树脂分子聚集体的粒径约为100nm，且表面带负电，具有胶体的特性，属于亲液胶体。加入电解质后，磺甲基酚醛树脂分子聚集体ζ电势绝对值降低，双电层的排斥作用减弱，导致分子聚集体进一步聚集、沉淀，其分散稳定性下降。因此，可通过聚沉值的测定考察电解质对磺甲基酚醛树脂水溶液稳定性的影响。

对磺甲基酚醛树脂水溶液在不同电解质中聚沉值的测定结果如表6-6所示[22]。对同一体系，NaCl与$CaCl_2$、$MgCl_2$、$A1Cl_3$、Na_2SO_4的聚沉值比例是1∶0.032∶0.66∶0.00058∶0.79。聚沉值的测定结果进一步证明溶液中磺甲基酚醛树脂分子聚集体表面带负电，对阳离子敏感，且阳离子价态越高，影响越显著。这主要是由于电解质对磺甲基酚醛树脂聚集体的双电层压缩，导致磺甲基酚醛树脂分子聚集、絮凝，引起聚集体的聚沉。

表6-6　不同电解质对对磺甲基酚醛树脂聚沉值的影响

电解质	电解质浓度/（mol/L）	电解质体积/mL	聚沉值/（mol/L）	聚沉值比例
NaCl	4.28	54.20	2.226	1
$CaCl_2$	1.35	57.14	0.720	0.032
$MgCl_2$	1.968	150	1.476	0.66
$AlCl_3$	0.129	0.500	0.00130	0.00058
Na_2SO_4	2.82	85.0	1.781	0.79

注：Na_2SO_4溶液在35℃条件下溶解。

研究表明[23]，SMP溶液黏度与SMP分子在溶液中的形态有密切关系。当SMP溶于水时，离解成聚阴离子和小反离子。水溶液中SMP离子与中性高分子一样，呈无规线团状；而大部分平衡离子集中在分子链的周围。由于聚阴离子中许多阴离子之间相互排斥，使聚阴离子的形态比中性高分子更为舒展。并且浓度越低，离解程度越高，排斥力越大，溶液黏度也越大。而当溶液浓度增加时，由于聚离子的分子链相互靠近，聚离子能键合的反离子较多，分子链的有效电荷密度降低，静电斥力相对减弱，分子链较为卷曲，溶液的黏度反而下降。因此聚电解质SMP分子尺寸和形态依赖于分子链上的净电荷。外加盐会影响SMP溶液黏度，影响程度与外加盐类型和数量有关。例如，Ca^{2+}可以与聚阴离子发生络合，从而使分子的形态发生变化。

SMP分子中带有大量的负电荷，在水基钻井液中，它能够很好地吸附于黏土粒子表面提高其ζ电位，增大水化膜厚度，通过护胶作用保证或提高钻井液中胶体粒子比率，提高微粒的堵孔能力，从而提高滤饼质量，降低滤饼渗透率，达到降低滤失量的目的。SMP浓度低时，分子内同性电荷的排斥作用使分子链较伸展。但黏土表面吸附的SMP不多，ζ电位不高，水化膜薄。仅当SMP加量大于2%时，SMP才能充分发挥降滤失作用。外加盐后，分子链上的负电荷密度降低，分子链卷曲，黏土表面的ζ电位下降，钻井液滤失量液下降，这一点也是SMP抗盐的原因所在。

2. 制备方法

首先将苯酚在60℃下融化，备用。将325～350份的甲醛、适量的水加入带有回流装置的反应釜中，然后加入200份苯酚并混合均匀，在搅拌下慢慢加入60～70份焦亚硫酸钠，待焦亚硫酸钠溶解完后，过15min再慢慢加入80～100份无水亚硫酸钠，待亚硫酸钠加完后，搅拌反应30min（反应温度控制在60℃左右）。待反应时间达到后，慢慢升温至97℃，在97～107℃温度下反应一定时间（一般为2～4h，生产中以实际情况而定），反应过程中时刻注意体系的黏度变化。当反应产物黏度增加至一定程度时（搅拌情况下液面旋涡变小，趋于平面时），开始将水分6～8批分别加入反应釜中（即反应过程中补加水），每次加入水后（每次所加水量均为反应过程中所需补加水量的1/8即600÷8=75），需等到反应混合液的黏度再明显增加时，再补加下一次水，如此操作，直至反应过程中所需补加水加完为止，再反应0.5～1h，降温出料，即得到浓度为35%左右的液体产品（在补加水的过程中，要一直观察反应现象，加入水要及时，否则易出现凝胶现象）。液体产品经喷雾干燥即得到粉状产品。

需要强调的是，为了保证生产顺利进行和最终产品的质量，在SMP生产中对如下一些事项必须高度重视。

（1）产品生产的关键是判断黏稠程度，并通过补加水来调节反应程度，因此加水是生产的关键。若加水过早则反应产物的黏度低（相对分子质量小），若加水过晚则会出现凝胶现象，尤其是第一次加水更重要。

（2）反应程度是通过反应过程中操作人员的观察来确定的，所以生产过程中要细心观察，时刻注意反应现象。

（3）对于甲醛、无水亚硫酸钠等，采用不同产地或存放不同时间的原料时，原料含量会有波动，应适当调整原料配比（要根据试验来定）。

（4）加料顺序不能改变，且在加入焦亚硫酸钠和无水亚硫酸钠时，应慢慢加入，以免未溶解的原料沉入釜底，苯酚在室温下为固体，在加料前应在50℃以上的热水中使其融化。

（5）补加水的量可以根据所希望最终产品的浓度（或固体含量）来适当增减，通常产品浓度控制在30%～35%时，生产和使用方便，浓度再高时产品流动性差。

（6）反应过程中若遇到停电，则应注意快速降温，可向釜中加入适量的冷水，并尽可能设法搅拌（在这一操作过程中应断掉电源，以防突然来电）。

3. 影响磺化反应及产物性能的因素

在SMP合成中，合成条件对产物性能具有明显的影响，故必须严格控制，以保证生产的顺利进行和产品质量的有效控制。

1）亚硫酸盐用量

亚硫酸盐（即亚硫酸钠与焦亚硫酸钠）是磺化酚醛树脂制备的关键原料，用以提供产物的水化基团，在边缩聚、边磺化的反应中既是磺化剂，同时其中的亚硫酸钠水解产生的氢氧化钠也是反应的催化剂（影响体系的pH值），因此其用量对反应至关重要。

按照 n（苯酚）：n（甲醛）=1：1.9投料，先在70℃以下反应一定时间，然后升温至

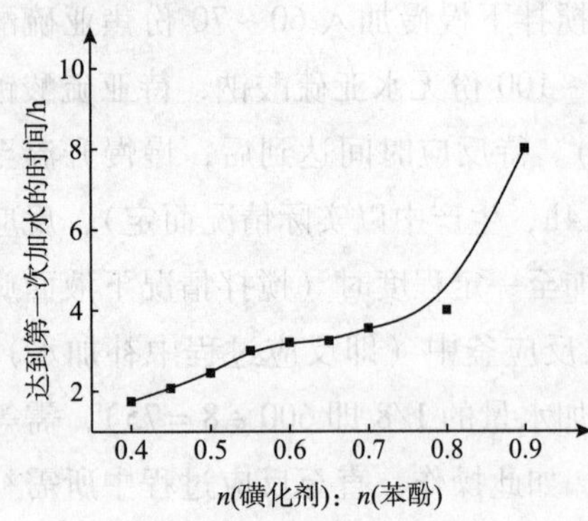

图6-4 *n*（磺化剂）∶*n*（苯酚）对达到第一次加水时间的影响

回流温度，开始记时，磺化剂（亚硫酸钠和亚硫酸氢钠）与苯酚的物质的量比对达到第一次加水时所需反应时间的影响见图6-4。

从图6-4可以看出，随着磺化剂用量的增加，达到第一次加水时的反应时间延长，减少磺化剂用量可以缩短反应时间，但当苯酚与甲醛的比例相同时，随着亚硫酸盐的用量减少，易引起爆聚，形成不溶于水的体型结构。这是因为亚硫酸盐减少，致使羟甲基磺酸钠量过少，苯酚上可缩聚的活性点增多，缩聚反应速率增大，使得反应不易控制，并产生交联。在苯酚与甲醛比例相同时，随着亚硫酸盐用量的增加，反应时间延长，反应液黏度下降，这是因为亚硫酸盐增加，使羟甲基磺酸钠量过多，活性点减少，易造成缩聚反应速率减慢，同时苯环上引入的—CH_2SO_3Na阻碍了苯酚间通过—CH_2—连接，相对分子质量不易增加，使磺甲基酚醛树脂的黏度不易提高。在其他条件不变时，亚硫酸盐用量越多，越不易聚合，生成物的相对分子质量降低，降滤失能力降低，但抗盐性能却有所提高。同时，磺化剂用量增大（即磺化度提高），使磺化酚醛树脂经高温作用后不发生易分子间交联或与其它处理剂分子间产生交联作用，从而造成降滤失能力下降，磺化剂与苯酚的物质的量比对降滤失效果的影响见图6-5[24]。

由图6-5可知，磺化剂（亚硫酸盐）与苯酚的物质的量比在0.57~0.70之间时，得到的磺化酚醛树脂都有较好的降滤失效果，其中磺化剂与苯酚的物质的量之比为0.66时降滤失效果最好。可见，为了得到降滤失效果较好的产物，必须保证SMP的最佳磺化度。表6-7是亚硫酸氢钠用量对SMP抗盐性的影响实验结果。从表6-7中可看出，随着亚硫酸氢钠比例的增加，使缩合反应缓和，反应时间延长，相对分子质量不易长大，但在饱和盐水钻井液中降滤失效果增加，说明其抗盐能力随之增加。

表6-7 亚硫酸氢钠对树脂抗盐性的影响

试验号	苯酚∶甲醛∶Na_2SO_3∶$NaHSO_3$（物质的量比）	反应时间/min	水溶液黏度/mPa·s	在饱和盐水浆中的滤失量/mL
1	1∶2∶0.286∶0.286	90~100	65	22
2	1∶2∶0.286∶0.429	220~240	50	12
3	1∶2∶0.286∶0.500	260~300	22	4.8

注：①甲醛为质量分数为38%的水溶液；②测定水溶液黏度时，质量分数均为27%，温度为室温；③测定滤失量的条件为130/12h；④SMP加量均为5%；⑤基浆为6011井饱和盐水井浆。

另一方面，当磺化剂用量过大时，副产物硫酸钠的量提高，不同程度地影响产品质量，这是因为磺化度并不是与磺化剂用量成正比，从图6-6磺化剂用量与磺化酚醛树脂磺化度之间的关系可以看出。

在边缩聚、边磺化反应中 Na_2SO_3 逐步水解，生成羟甲基磺酸钠和 NaOH，通过控制 Na_2SO_3 的用量，使生成的 NaOH 将反应混合液的 pH 值维持在 8.5 ~ 10，以保证反应的顺利进行。若 pH 值高了，高温下甲醛会被氧化成甲酸，导致产物性能变差，若 pH 值过小，不仅需要延长反应时间，也会降低聚合物的相对分子质量，同时副反应也会增加，使产品在钻井液中效果降低。图 6-7 是磺化剂中亚硫酸盐总量一定时，亚硫酸钠用量（占亚硫酸盐摩尔分数）对达到第一次加水时所需反应时间的影响。从图中可以看出，当亚硫酸钠摩尔分数小于 0.3 时，反应时间会延长，大于 0.3 以后，对聚合反应时间影响不大，但呈降低趋势。为了保证反应的顺利进行及产物的钻井液性能，在亚硫酸盐中亚硫酸钠摩尔分数为 0.325 ~0.38 较好。

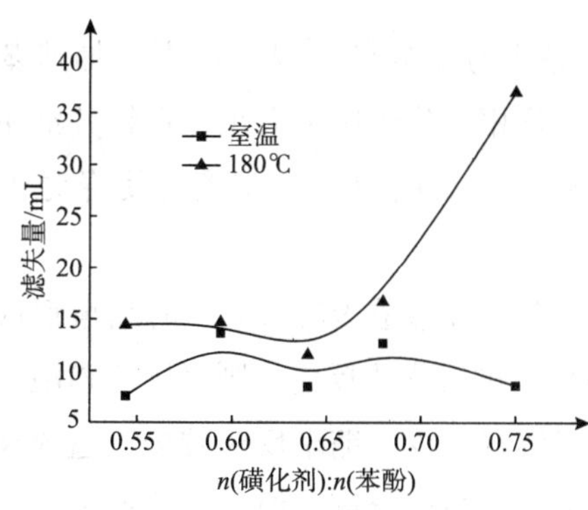

图 6-5 n（磺化剂）:n（苯酚）对降滤失效果的影响

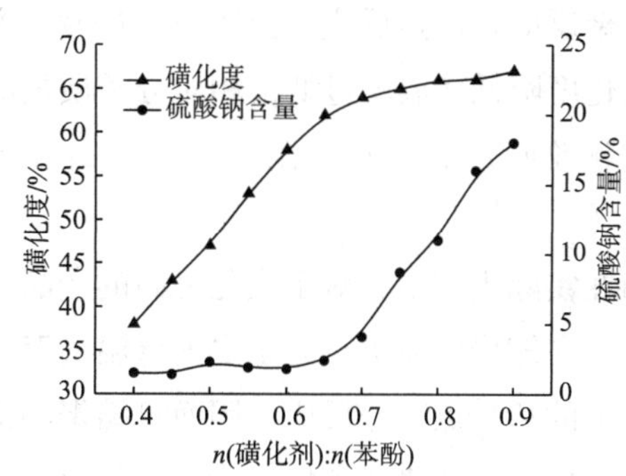

图 6-6 n（磺化剂）:n（苯酚）与磺化酚醛树脂磺化度之间的关系

2）甲醛用量

甲醛用量对反应时间和产物的黏度都会产生很大的影响，甲醛用量越多，缩聚反应程度越大，所需时间越短，反应产物的黏度越大，越有利于相对分子质量提高，但在相对分子质量过大时，由于交联程度增加，溶解性降低，产物的降滤失效果、抗盐性能反而降低。甲醛在整个反应过程中起到提供亚甲基及产生羟甲基磺酸钠的作用，因此它与苯酚的最大物质的量比为 2∶1，若甲醛的加量超过这个比例，则在整个反应过程中残醛量增大并易造成凝胶化现象。在液体产品存放中，磺化酚醛树脂中的残醛易使产品产生交联，使用时容易造成钻井液黏度增大。图 6-8 是当 n（苯酚）∶n（亚硫酸盐）=1∶0.65，先在 70℃以下反应一定时间，然后升温至回流温度，酚醛比对达到第一次加水时所需时间的影响。从图中可以看出，n（甲醛）∶n（苯酚）在 1.95 ~2.05 范围较好。

亚硫酸盐和甲醛都直接关系到磺化酚醛树脂的聚合度和交联度，磺化酚醛树脂聚合度太大，在低温下对钻井液有较好的降滤失作用，而在高温下则效果变差。这是因为高温对磺化酚醛树脂存在着降解作用和交联作用，聚合度太大的磺化酚醛树脂高温降解作用要大于高温交联作用，而聚合度较小的磺化酚醛树脂高温交联作用反而大于高温降解作用（由于产物并非线性结构，交联也表现为聚合度增加）。

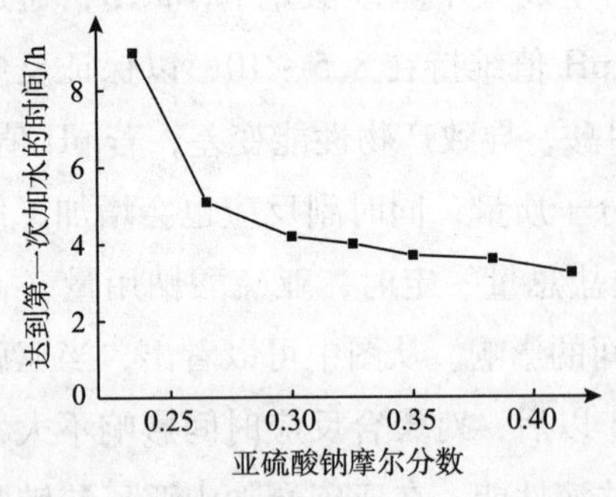

图6-7　亚硫酸钠用量对反应时间的影响

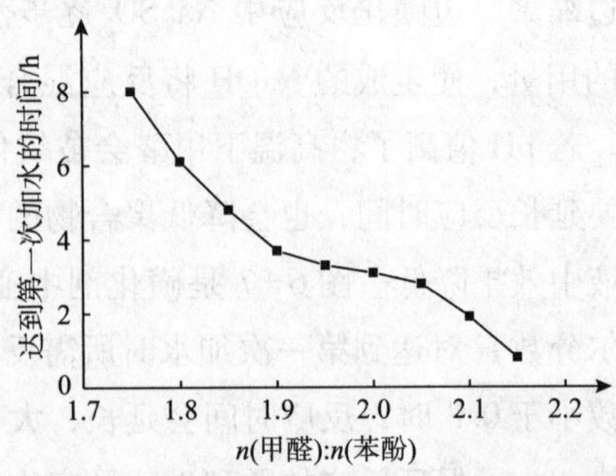

图6-8　酚醛比对第一次加水时间的关系

3）反应温度

缩聚反应是放热反应，控制适宜的反应温度是十分重要的。温度过高会加速苯酚氧化，磺化度降低。温度过低，相对分子质量减小，若相对分子质量太小，在钻井液中不能与固相颗粒间形成多点吸附，不利于给黏土颗粒提供高的负电荷密度，使降滤失性能下降。

而在实际生产中，对于磺化度高的产品来说，只有温度在97~107℃时缩聚反应才容易进行，在缩聚反应进行完全之前低温（75~90℃）进行磺化反应，则羟甲基磺酸钠首先与苯酚上的活性点充分反应，因而可缩聚的活性点位置减少，缩聚反应减慢，造成反应时间延长。生产液体磺化酚醛树脂时延长反应时间可以提高聚合度，但生产粉剂磺化酚醛树脂时应考虑喷雾干燥过程中对聚合度的影响。

在采用通过加水控制聚合程度的工艺过程中，了解反应温度与达到第一次加水时间的关系对整个反应很重要，当 n（苯酚）∶n（甲醛）∶n（亚硫酸盐）=1∶1.9∶0.65时，先在70℃以下反应一定时间，然后升温至指定的温度，图6-9是反应温度与达到第一次加水所需时间的关系。从图中可以看出，升高温度有利于提高反应速度，在实际生产中反应温度在105~110℃较好。

4）反应时间

在缩聚过程中，线型缩聚物的聚合度随反应程度增加而增加，控制聚合时间的主要目的在于得到能够满足现场需要的产品。聚合时间长，相对分子质量过太，并会发生过度交联，形成不溶性体型树脂，若相对分子质量太大，在应用中会引起钻井液稠化。聚合时间短，相对分子质量小，不能有效地控制钻井液的滤失量。当 n（苯酚）∶n（甲醛）∶n（亚硫酸盐）=1∶1.9∶0.65时，先在70℃以下反应一定时间，然后升温至回流温度，不同物料质量分数情况下反应产物黏度（质量分数15%）与反应时间的关系见图6-10。从图中可以看出，反应混合物质量分数对反应时间影响较大，提高反应混合物中反应物料质量分数，有利于缩短反应时间，但当物料质量分数过高时，产物中会出现部分凝胶产物，因此在生产中，既要考虑反应时间，还要保证反应中不产生凝胶，结合实际，反应混合物物料质量分数为45%~50%较好。

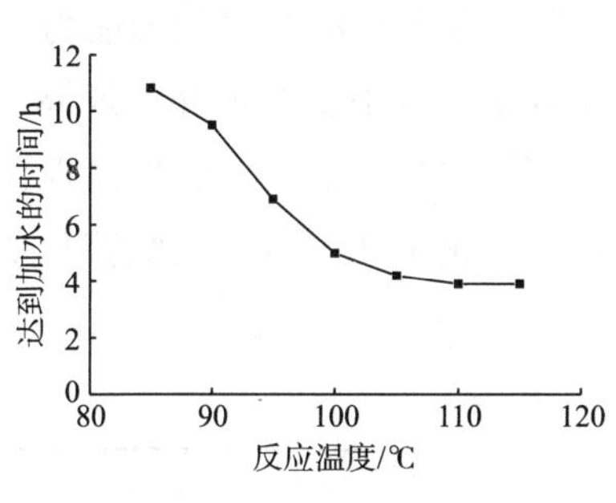

图6-9 反应温度与达到第一次加水时间的关系

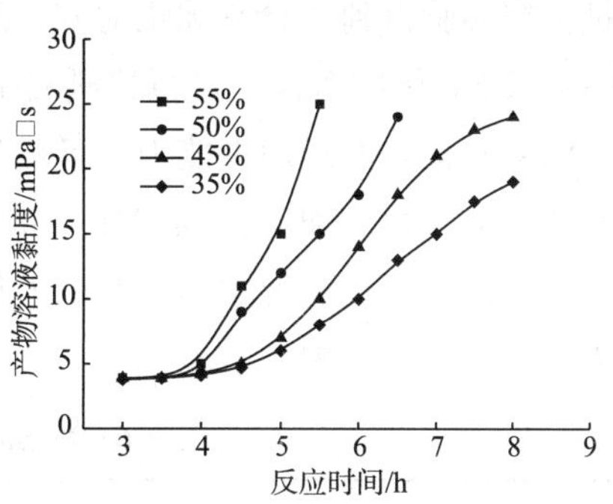

图6-10 反应产物黏度（质量分数15%）与反应时间的关系

5）多次磺化

从前面的分析可以看出，提高产物的磺化度与提高产物的相对分子质量是一对矛盾体，从反应的角度讲，提高磺化度，势必降低产物的相对分子质量，而相对分子质量低又不利于产物在钻井液中有效地的发挥作用，在相对分子质量低的情况下，即使在钻井液中发生分子内和分子间交联，也不能达到预期的目标。就其在钻井液中的应用来说，磺化度高有利于提高产物的抗盐能力，相对分子质量高有利于降滤失。为了解决磺化度和相对分子质量间的矛盾，可以采用分步反应的方法，即先制备低磺化度的产物，等相对分子质量达到预期后，再补充适量的磺化剂进一步磺化，即二次或多次磺化。也可以采用补充酚磺酸或胺基苯磺酸进一步缩聚达到提高磺化度的目标。

詹平等[25]介绍了一种多次磺化制备磺化酚醛树脂的方法，既具有良好的降滤失效果，又有良好的抗盐效果，特别适合高矿化度钻井的需要，且具有价格低廉、操作简单、生产稳定等优点。其制备过程包括磺化剂的配制、线性树脂的合成、磺化、T型树脂聚合和再磺化不同阶段。

（1）磺化剂的配制。将焦亚硫酸钠和水按比例加入三口烧瓶中，搅拌均匀，边搅拌边缓慢加入甲醛，控制反应温度不超过90℃。

（2）线性树脂的合成。将一定量的苯酚、甲醛、催化剂等按比例加入另一反应容器，加热至回流，当出现白色浑浊时表示开始合成酚醛树脂，继续反应20min即可。

（3）第1~3次磺化。分别将配制好的磺化剂按总质量的1/4加入合成好的酚醛树脂中进行3次磺化反应，反应时间均控制在1h。

（4）T型树脂聚合。按比例向样品中加入定量的甲醛进一步进行树脂聚合。反应时间视样品的黏度而定。

（5）水样调节。为控制反应速度，同时调节产品的干基含量，按比例加入新鲜水，反应时间以样品的黏度决定。

（6）第4次磺化。向样品中加入剩余的1/4磺化剂，进一步进行磺化反应，45min后反应结束，即可得所需产品。

通过正交实验得到实验室优化配方，按照实验室配方，经过多次实验，将所得样品按SY/T 5094—2008标准对样品进行检测表明，所得产品具有良好的抗温抗盐能力，在高温条件下，仍具有良好的降滤失能力，且样品在高矿化度钻井液中仍有很好的效果，盐溶性达到了预期目的，按此配方合成SMP－Ⅱ的重复性较好，操作平稳，实验样品理化指标合格。结合室内研究，在放大实验的基础上得到了最优工业化生产配方，实验室和工业优化配方见表6-8。

表6-8　SMP－Ⅱ的优化配方

原料名称	实验室配方		工业生产配方	
	质量/g	物质的量	质量/kg	物质的量
苯酚	100.0	1.06	100.0	1.06
线性甲醛	27.5	0.92	30.0	1.00
焦亚硫酸钠	101.0	1.06	101.0	1.06
磺化甲醛	34.0	1.17	36.0	1.20
水	46.0	2.56	46.0	2.56
烧碱	12.0	0.30	13.0	0.33
树脂甲醛	27.0	0.90	30.0	1.00

为了进一步提高SMP的相对分子质量，也可以向已反应好的SMP产品中加入事先制备的热塑性（线性）酚醛树脂，在90～100℃反应一定时间后，再加入磺化剂进行磺甲基化反应。

6）烘干方式及温度

在n（羟甲基磺酸钠）∶n（苯酚）∶n（甲醛）＝0.7∶1∶1.2，pH＝9，磺甲基化反应温度为90℃、反应时间为1h，缩聚反应温度为100℃、反应时间为3h的条件下制得磺甲基酚醛树脂时，烘干温度对产物性能的影响情况见表6-9。由表6-9可以看出，产物在小于90℃时烘干时间较长，在高于120℃时产物的水不溶物增加，在90～100℃烘干时间短，而且产物性能较佳[26]。

表6-9　烘干温度对产物的影响

烘干温度/℃	烘干时间/h	烘干后产物性状	树脂收率/%	1%水溶液黏度/mPa·s	水不溶物/%
60	111.0	棕黄色	100.5	5.69	0
90	47.5	棕红色	102.2	5.46	0.4
100	25.5	棕红色	105	5.80	0
120	9.0	棕红褐色	101.0	3.58	43.0
150	2.0	棕褐色	96.1	3.65	45.0

（二）磺化酚醛树脂

磺化酚醛树脂可以先合成酚醛树脂，进一步磺化得到，也可以先将苯酚用硫酸磺化得到酚磺酸，再与甲醛反应合成磺化酚醛树脂（SP）：

$$C_6H_5OH + H_2SO_4 \longrightarrow HO\text{-}C_6H_4\text{-}SO_3H \qquad (6-17)$$

$$HO\text{-}C_6H_4\text{-}SO_3H + HCHO \longrightarrow \left[C_6H_2(OH)(SO_3H)\text{-}CH_2 \right]_n \xrightarrow{NaOH} \left[C_6H_2(OH)(SO_3Na)\text{-}CH_2 \right]_n \qquad (6-18)$$

制备方法：将 47g 苯酚加入三口烧瓶，在 65℃下待苯酚完全熔化后，缓慢滴加 98%的浓硫酸 53. 9g，升温至 100℃，继续反应 2. 5h，降温至 60℃，滴加 10. 5g 甲醛，1h 内滴完后升温 95℃，保温反应 2h，反应结束即得到磺化酚醛树脂，用冰水浴冷却溶液至室温，并用氢氧化钠水溶液中和至中性，得到磺化酚醛树脂钠盐[27]。

如果所制备的磺化酚醛树脂不能满足钻井液高温高压滤失量控制的需要时，则可以通过下列反应提高其降滤失能力：

$$C_6H_5OH + HCHO + \left[C_6H_2(OH)(SO_3Na)\text{-}CH_2 \right]_n \xrightarrow{NaOH} \left[C_6H_3(OH)\text{-}CH_2 \right]_m \left[C_6H_2(OH)(SO_3Na)\text{-}CH_2 \right]_n C_6H_4OH \qquad (6-19)$$

$$\left[C_6H_3(OH)\text{-}CH_2 \right]_m \left[C_6H_2(OH)(SO_3Na)\text{-}CH_2 \right]_n C_6H_4OH + \underset{\backslash O /}{CH_2\text{—}CH}\text{—}CH_2\text{—}Cl \xrightarrow{NaOH}$$

$$\left[C_6H_3(OH)\text{-}CH_2 \right]_m \left[C_6H_2(OH)(SO_3Na)\text{-}CH_2 \right]_n C_6H_4\text{-}O\text{-}CH_2\text{-}CH(OH)\text{-}CH_2\text{-}O\text{-}C_6H_4 \left[CH_2\text{-}C_6H_2(OH)(SO_3Na) \right]_n \left[CH_2\text{-}C_6H_3(OH) \right]_m \qquad (6-20)$$

磺化酚醛树脂表现出一定的表面张力，如图 6-11 所示，随着浓度的增加，溶液的表面张力降低，浓度小于 10g/mL 时，溶液的表面张力下降较慢，且磺化度越低时表面活性越强[28]。该产品可以用于油井水泥分散剂。

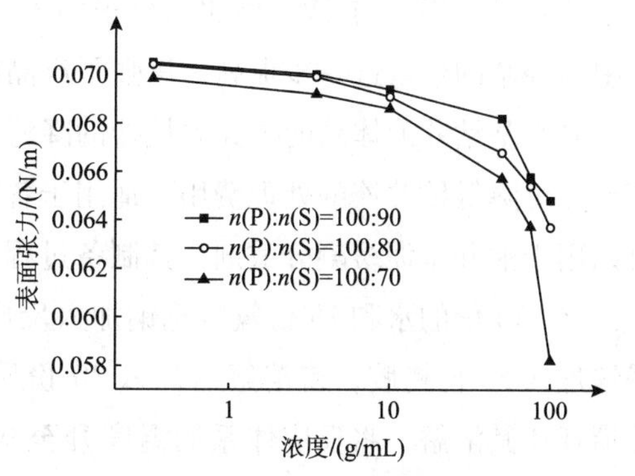

图 6-11　磺化酚醛树脂表面张力与浓度的关系

（三）用途

1. 钻井液处理剂

磺化酚醛树脂用作耐温抗盐的钻井液降滤失剂，可以有效地降低钻井液的高温高压滤失量，与 SMC、SMT（SMK）、SAS 等共同使用可以配制“三磺钻井液”体系，是理想的高温深井钻井液体系之一。粉状产品可以直接通过混合漏斗加入钻井液中，但加入速度不能太快，以防止形成胶团，最好先配成 5% ~10% 的胶液，然后再慢慢加入钻井液中。同时可以作为高温稳定剂使用。

SMP 单独作为降滤失剂的加量是 3% ~5%，其中 SMP－Ⅱ用于盐水钻井液时其加量是5% ~8%，SMP－Ⅰ有增黏作用，SMP－Ⅱ略微降黏，SMP 与褐煤类降失水剂如 SMC 或褐煤碱液共同使用可大大增强其降失水效果。这一方面是由于复配后 SMP 在黏土表面的吸附量可增加 5 ~6 倍，另一方面是褐煤类处理剂与 SMP 发生交联，增强了降失水效果。因此，建议在井底温度超过 130℃以后，才开始使用 SMP，并配合褐煤类降失水剂以免造成浪费。

2. 油井水泥外加剂

根据产物相对分子质量不同，可以用于油井水泥降失水剂和分散剂。在固井水泥浆中添加糠醛改性的磺化酚醛树脂（线型）后，能改善水泥硬化过程中的流变性质、强度和黏结力以及阻蚀作用，从而提高固井液在酸性和含侵蚀性的 H_2S 介质中的耐酸性。上述固井水泥浆含 71. 19% ~73% 硅酸盐水泥、0. 007% ~0. 008% 胺基三甲基磷酸（分散作用）和 0. 35% ~2. 17% 改性树脂（增塑剂），它可使平均腐蚀率降至 0. 0002 ~0. 0001mm，而且其对岩石的黏结力比通用的封堵液增高 4. 4 倍，对金属的黏附力提高 4. 6 倍。

3. 驱油剂

适当相对分子质量和磺化度的磺化酚醛树脂可以作为表面活性剂驱或混相驱的表面活性剂。用于驱油剂时，其表面活性是关键。

三、其他类型的改性产物

（一）磺化栲胶磺化酚醛树脂

磺化栲胶磺化酚醛树脂（SKSP）是一种阴离子水溶性聚电解质，为黑褐色粉末，易溶于水，水溶液呈弱碱性。用于钻井液降滤失剂，产物分子中的单宁结构单元，赋予产品一定的降黏作用，与 SMP 相比，分子中不仅有羟基、磺酸基，还增加了羧酸基，同时分子中的羟基的数量进一步提高，增强了产品的吸附能力，更有利于维护钻井液的胶体稳定性。是水基钻井液体系的抗高温抗盐的降滤失剂，兼具一定的降黏作用，与磺化酚醛树脂相比，可降低钻井液的处理费用，适用于各种水基钻井液体系，一般加量为1% ~5% 。也可以用于油井水泥缓凝分散剂。其制备过程如下。

将 150 份的水和 15 份氢氧化钠加入反应釜中，配制成氢氧化钠溶液，然后在搅拌下慢慢加入 50 份栲胶，待溶解后加入 30 份质量分数为 36% 的甲醛、20 份焦亚硫酸钠等，并搅拌使其溶解。将反应体系的温度升至 90℃，在 90 ~100℃下反应 2h。反应时间达到后，向上述产物中加入 200 份质量分数为 40% 的磺化酚醛树脂，搅拌均匀，在 90 ~100℃下反应 2h。将所得液体产物经喷雾干燥即得到粉状产品。

也可以按照 SMP 的制备工艺，采用苯酚、甲醛、栲胶、亚硫酸盐等一次投料制备。

（二）磺化褐煤磺化酚醛树脂

本品是一种耐温抗盐的钻井液处理剂，常用代号 SCSP 或 SPC，为黑褐色粉末，易溶于水，水溶液呈弱碱性，兼具 SMP 和 SMC 双重作用。具有降滤失、降黏作用，抗温能力强（大于 180℃）、抗盐性强（8% 的 NaCl），热稳定性好，成本低，其效果明显优于 SMP 及 SMP 与 SMC 的复配物。20 世纪 70 年代中期，由麦克巴公司推出的 Resinex 特种树脂，也是以腐殖酸为主的改性磺化酚醛树脂产品，它是由 50% 磺化褐煤和 50% 酚醛树脂组成，为黑色粉末，溶于水，在 pH 值为 7 ~ 14 的各种水基钻井液中均可使用，抗温达 230℃，抗 Cl^- 达 110g/L，抗 Ca^{2+} 达 2000mg/L。20 世纪 80 年代中期麦克巴公司又推出 Resinex 的第二代产品 S－75。其降滤失效果比 Resinex 好，成本下降 60%；在相同基浆中，Cl^- 含量为 100g/L 时，于 176.7℃下养护，S－75 可将滤失量降到 21mL，而使用 Resinex 滤失量仅能降到 24mL。其制备过程如下。

将质量分数为 40% 的磺化酚醛树脂和质量分数为 40% 的磺化褐煤和质量分数为 36% 的甲醛按适当的比例加入混合釜中，充分混合 30min，然后将混合均匀的产物在 90 ~ 110℃下干燥、粉碎即得到粉状磺化褐煤磺化酚醛树脂产品。也可以将腐殖酸、苯酚、甲醛和亚硫酸盐等直接投料反应制备。

原料配比和反应条件一定时，磺化酚醛树脂和磺化褐煤的质量比直接影响产物的降滤失能力（高温高压滤失量按照 SY/T 5094—2008 钻井液用磺甲基酚醛树脂标准进行，样品加量为 10%），如图 6－12 所示，随着磺化褐煤质量分数的增加，产物的降滤失能力逐渐提高，但当磺化褐煤质量分数超过 60% 以后，降滤失效果降低，可见在 SCSP 制备中，m（SMC）∶m（SMP）为 5∶5 ~（5.5∶4.5）时较好。

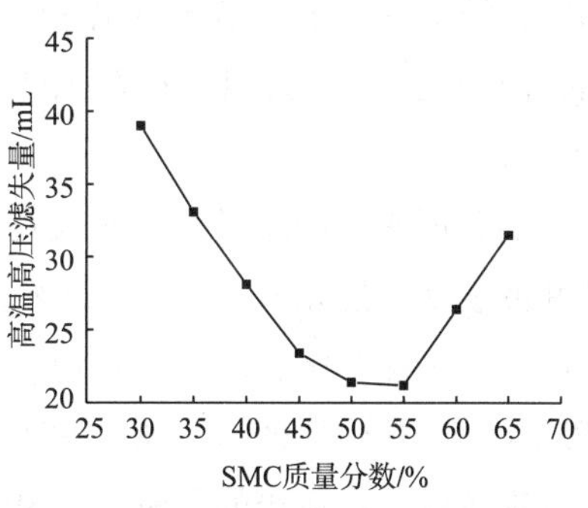

图 6－12 磺化褐煤用量对产物降滤失能力的影响

基于磺化褐煤磺化酚醛树脂，通过引入水解聚丙烯腈钠盐制备了一种复合型产品，常用商品代号为 SPNH 或 SDX 等，为黑褐色粉末，易溶于水，水溶液呈弱碱性。习惯称抗温抗盐降滤失剂和高温稳定剂。分子中含有羟基、亚甲基、羰基、酰胺基、磺酸基、羧基和腈基等多种官能团，在降滤失的同时，还具有一定的降黏作用，具有较强的抗温和抗盐能力，用于控制水基钻井液的滤失量，有广泛的 pH 值使用范围，可抗温 200℃ 以上，抗盐达到 1.1×10^5mg/L，在含钙 3000mg/L 的情况下仍能够保持钻井液的稳定性，高温下不会发生胶凝，适用于深井高温钻井液中使用。其制备过程如下。

将 100 份的褐煤，加入至 1000 份 3% 的氢氧化钠溶液中，搅拌 1h，然后除去不溶的残渣，所得溶液用盐酸中和至 pH＝5，使腐殖酸沉淀，然后经分离，水洗烘干得到腐殖酸。然后按腐殖酸 100 份、氢氧化钠 25 份、焦亚硫酸钠 20 份、甲醛（36%）20 份和 200 份的水的比例，首先将氢氧化钠溶于水，加入反应釜，再慢慢加入腐殖酸，10min 后依次加入焦亚硫酸钠和甲醛，然后升温至95℃，在此温度下反应 3～4h，即得到磺化褐煤，然后再加入 10 份的重铬酸钾（先溶于水），搅拌反应 0.5h，出料得到质量分数为 30% 的磺化褐煤。将 100 份质量分数为 35% 的磺化酚醛树脂、200 份质量分数为 30% 的磺化褐煤和 100 份质量分数为 20% 水解聚丙烯腈按配方要求加入混合釜，混合均匀后将所得产物在 100～120℃下干燥、粉碎即得到粉状产品。

本品用于水基钻井液体系的抗高温抗盐的高温高压降滤失剂，兼具一定的降黏和防塌作用，适用于高温深井钻井液体系。也是重要的高温稳定剂之一。既具有酚醛树脂的抗盐抗高温（220℃）效果，又具有磺化褐煤的降黏作用，并且加量较 SMP 略有降低，是低矿化度（<10%）钻井液较理想的降滤失剂。与乙烯基磺酸聚合物配合使用，可以配制适用于 200℃高温的钻井液体系。用量一般为 1%～5%。使用时可以直接加入钻井液，也可以配成复合胶液。

（三）磺化苯氧乙酸－苯酚－甲醛树脂

磺化苯氧乙酸－苯酚－甲醛树脂（SPX）为阴离子水溶性聚电解质，工业品为黑褐色粉末，易溶于水，水溶液呈弱碱性，与磺化酚醛树脂相比，分子中增加了羧甲基，从而使水化基团数量进一步增加，因此具有更强的抗盐能力，可抗盐至饱和。作为一种耐温抗盐的钻井液降滤失剂，属于磺化酚醛树脂的改性产品，综合效果比磺化酚醛树脂好，可降低钻井液的处理费用，具有很强的抗盐能力，适用于各种水基钻井液体系，一般加量为 1%～5%。

实验证明，产品对钻井液表观黏度的影响较小，在 30% 盐水钻井液中加入样品以后，钻井液表观黏度增加率小于 10%。综合评价表明，其降滤失能力优于 SPNH、SMP－1、SPC 等，而且老化后钻井液表观黏度变化不大。在 30% 盐水钻井液和 15% 盐水钻井液中 SPX 与现场常用处理剂 SMK、SMC 等有较好的配伍性，配伍使用所处理的钻井液黏度和滤失量都较低。在适当的加量时，SPX 所处理钻井液老化后表观黏度的提高率小于 10%，有时表现出降黏作用。参照 SY/T 5094—1995 标准中测定磺甲基酚醛树脂高温高压滤失量的方法，在不用 SMC 的情况下，在盐水钻井液中单独加入 6% 的 SPX，在 180℃下老化 16h 后，钻井液高温高压滤失量为 24mL，降滤失能力明显优于 SMP。

1. 反应原理

$$\text{C}_6\text{H}_5\text{OH} + \text{ClCH}_2\text{COONa} \longrightarrow \text{C}_6\text{H}_5\text{OCH}_2\text{COONa} \tag{6-21}$$

$$\text{C}_6\text{H}_5\text{OH} + \text{C}_6\text{H}_5\text{OCH}_2\text{COONa} + \text{HCHO} + \text{Na}_2\text{SO}_3 + \text{NaHSO}_3 \longrightarrow \left[\text{C}_6\text{H}_2(\text{OH})(\text{CH}_2\text{SO}_3\text{Na})\text{—CH}_2\right]_m\left[\text{C}_6\text{H}_2(\text{OH})(\text{CH}_2\text{OH})\text{—CH}_2\right]_n\left[\text{C}_6\text{H}_3(\text{OCH}_2\text{COONa})\text{—CH}_2\right]_x \tag{6-22}$$

2. 制备过程

将 80 份氯乙酸和 43 份碳酸钠加入捏合机中，捏合反应 1 ~ 2h，得到氯乙酸钠。将 33 份氢氧化钠和适量的水加入反应釜中，配成氢氧化钠溶液，然后向反应釜中慢慢加入 78 份已经融化的苯酚，反应 0.5h。然后加入氯乙酸钠，在 60 ~ 80℃下反应 1 ~ 1.5h，降温至 40℃。向上述反应产物中加入 770 份质量分数为 36% 的甲醛和 322 份苯酚，待搅拌均匀后，慢慢加入 180 份焦亚硫酸钠，待焦亚硫酸钠溶解完后，过 15min 再慢慢加入 150 份无水亚硫酸钠，待其溶解后，搅拌反应 30min（反应温度控制在 60℃左右）。然后慢慢升温至 97℃，在 97 ~ 107℃温度下反应 4 ~ 6h。在反应过程中观察体系的黏度变化，并通过补加水来控制反应，反应时间达到后，降温出料，即得到固含量 35% 左右的液体产品，产品经喷雾干燥即得到棕红色或灰色自由流动的粉末状产品，干基含量≥90%，水分≤7%，水不溶物≤10%。

在产品制备中苯氧乙酸钠（苯酚与氯乙酸钠反应产物）用量（占苯氧乙酸钠和苯酚总的摩尔分数）会影响产品中的吸附基团和水化基团的比例，因此将会影响产品的降滤失能力，如图 6-13 所示（基浆配方为 4% 的钠膨润土 + 4% 的评价土 + 占膨润土量质量 6% 的 Na_2CO_3；评价时基浆 + 5% 的样品 + 30% 的 NaCl），随着苯氧乙酸钠用量的增加降滤失能力明显提高，但当其用量超过 20% 以后，降滤失能力反而降低，这是由于随着苯氧乙酸钠用量增加，产品中水化基团数量增加，吸附基团（即羟基）减少，当两者比例失调时，控制滤失量的能力会降低。

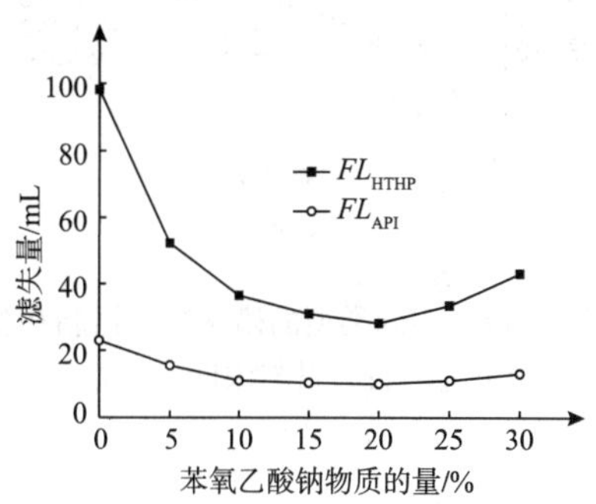

图 6-13 苯氧乙酸钠用量对产品降滤失能力的影响

在磺化苯氧乙酸 - 苯酚 - 甲醛树脂合成树脂反应过程中，由于—OH、—COONa 的空间位阻效应及诱导效应，将对缩聚反应产生一定影响，当 2 - 苯氧基乙酸钠比例过大时，将使反应速度下降，相对分子质量不易提高。比例过小又造成产物中羧基含量减少，故必须严格控制二者的比例。在缩聚反应中，随 OH^- 浓度增大反应速度提高，但 OH^- 浓度过大缩聚物平均相对分子质量降低，且当 pH 值高至一定程度时甲醛易氧化成甲酸。因此，采用亚硫酸钠水解产生的 OH^- 使反应体系 pH 值维持在 8 ~ 9 可达到较好效果。

（四）两性离子磺化酚醛树脂

两性离子磺化酚醛树脂是在磺甲基酚醛树脂的基础上，通过引入阳离子基团而制得，其典型的结构如下：

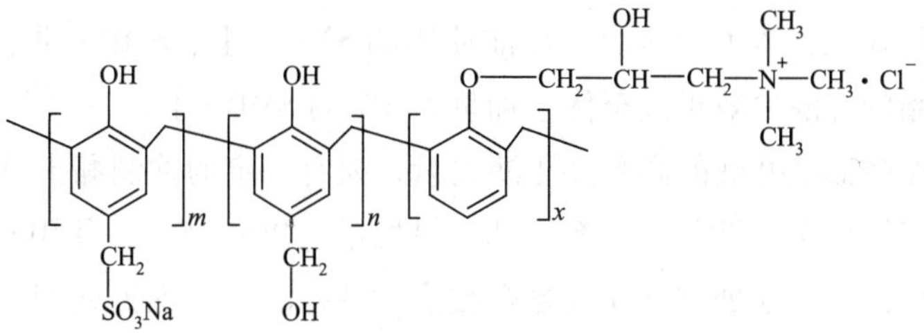

两性离子磺化酚醛树脂（CSMP），由国内学者于1996年首次报道[29]，它是在磺化酚醛树脂的基础上，通过引入阳离子基团而制得的两性离子型磺化酚醛树脂。由于分子中引入了阳离子基团，增加了产品的防塌作用，而且改善了产品的降滤失能力，是适用于高温深井的改性磺化酚醛树脂钻井液处理剂。产品为棕红色至黑褐色粉末，易溶于水，水溶液呈弱碱性。其降滤失性能优于磺化酚醛树脂，并具有较强的抗盐、抗温及抑制页岩水化分散的能力。

1. 性能

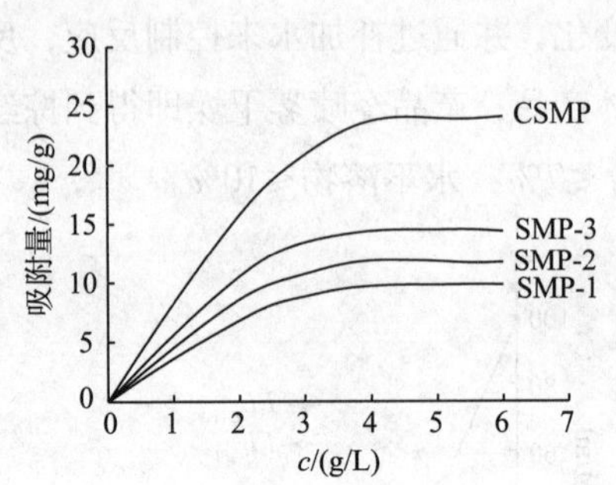

图6-14　不同类型的磺化酚醛树脂在黏土上的吸附量与浓度的关系

相对于磺甲基酚醛树脂，由于两性离子型磺甲基酚醛树脂分子中含有阳离子基团，使其在黏土颗粒表面的吸附能力有明显改善，提高了产物的抑制性。两性离子型磺化酚醛树脂在黏土颗粒表面的饱和吸附量为30.51mg/g，饱和吸附稳定时间为30min左右，其在黏土的吸附量远大于SMP[30]。图6-16是CSMP与磺化酚醛树脂在黏土颗粒上的吸附情况对比[31]。图6-14表明，CSMP在黏土上的吸附量要比阴离子型的SMP高一倍，证明其分子链上的阳离子在钻井液中靠静电作用比较牢固地吸附在黏土表面，把处理剂单一的氢键吸附转变为了氢键和静电的双重吸附，增加了处理剂吸附量，使树脂在钻井液中利用率增加，从而有利于降低钻井液的滤失量。

两性离子型磺化酚醛树脂分子键构象受无机盐影响较SMP小，对于两性离子型磺化酚醛树脂，相对分子质量越大，链净电荷数越多，则在良溶剂（蒸馏水）中特性黏数越大，链越抻展，但分子链对外加无机盐的敏感性同时也增大。

两性离子型磺化酚醛树脂的浊点反映其抗盐能力，按照石油与然气行业标准SY/T 5094—2008《钻井液用磺甲基酚醛树脂》对两性离子型磺化酚醛树脂和现用SMP-Ⅰ，SMP-Ⅱ进行浊点盐度测试，浊点盐度与SMP相当。

参考石油天然气行业标准SY/T 5094—2008《钻井液用磺甲基酚醛树脂》，将两性离子型磺化酚醛树脂与目前国内常用的SMP-Ⅰ、SMP-Ⅱ进行高温抗盐性能对比实验。在钻井液中分别加入3%、5%的降滤失剂样品，钻井液于200℃老化16h后，测定25℃下的表观黏度和3.5MPa、180℃的高温高压滤失量，结果见表6-10。从表6-10可看出，两性离子型磺化酚醛树脂在盐水钻井液体系中有很好的降滤失效果。在同样的加量下两性离子型磺化酚醛树脂的降滤失能力明显优于目前使用的SMP-Ⅰ、SMP-Ⅱ，加量为3%的两性离子型酚醛树脂的降滤失效果甚至优于加量为5%的SMP-Ⅱ。

本品主要用作降低钻井液的高温高压滤失量，兼有一定的抑制黏土分散和控制地层造浆等作用，适用于各种水基钻井液体系，其一般加量为2%~5%。使用时可以直接以干粉加入钻井液，也可以与其他处理剂配成复合胶液对钻井液进行维护处理。高阳离子度的磺化酚醛树脂可以用作水处理絮凝剂。

表 6-10 不同产品性能对比

降滤失剂	加量 5%		加量 3%	
	AV/mPa·s	FL_{HTHP}/mL	AV/mPa·s	FL_{HTHP}/mL
SMP-Ⅰ	8.5	62	8.5	86
SMP-Ⅱ	8.7	36	8.7	52
两性离子树脂	8.5	22	8.5	28

注：实验配方：4% 钠膨润土 +4% 评价土 +5% SMC +5% SMK + 待测样品 +30% NaCl +7.5% Na_2CO_3。

2. 制备方法

方法 1：将 350 份甲醛、45 份水加入反应釜中，然后加入融化的 200 份苯酚，搅拌均匀后，慢慢加入 60 份焦亚硫酸钠，待焦亚硫酸钠溶解完后，过 15min 再慢慢加入 100 份无水亚硫酸钠，待亚硫酸钠加完后，搅拌反应 30min（反应温度控制在 60℃左右）。然后慢慢升温至 97℃，在 97～107℃温度下反应 4～6h。在反应过程中观察体系的黏度变化，并通过补加水来控制反应，反应时间达到后，加入 120 份质量分数为 40% 的阳离子中间体（环氧丙基三甲基氯化铵），反应 0.5～4h 后，降温出料，即得到固含量为 35% 左右的液体产品，产品经喷雾干燥即得到粉状产品。

在边缩聚、边磺化合成过程中可以按照 SMP 生成工艺控制，对产品性能影响的关键是阳离子中间体加入量，图 6-15 是阳离子中间体用量（占苯酚的摩尔分数）对产品降滤失能力的影响。从图中可以看出，随着阳离子中间体用量的增加（即阳离子度的提高），产品的降滤失能力开始稍有改善，当用量超过 15% 以后，降滤失能力反而降低，尤其是超过 20% 以后，降滤失能力大幅度降低，这是由于随着阳离子基团量的增加，对黏土的吸附量增加，当吸附过度时钻井液胶体稳定性会降低，甚至出现絮凝，导致滤失量增加。而随着阳离子中间体用量的增加产品的防塌能力逐步提高，即增加阳离子中间体用量有利于提高产品的防塌能力，兼顾降滤失和防塌考虑，阳离子中间体用量 15%～20% 较为理想。

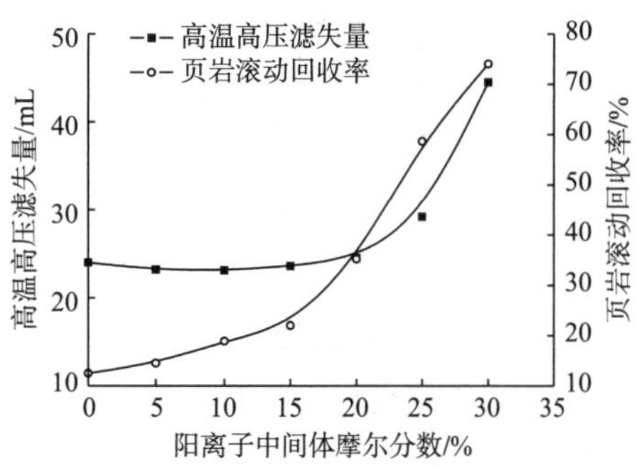

图 6-15 阳离子中间体摩尔分数对产品性能的影响

方法 2：该方法分 2 步，即先进行苯酚的季铵化反应，然后在进一步缩聚得到产物，具体过程如下。

（1）将 90 份质量分数为 30% 的氢氧化钠溶液加入反应釜中，然后向反应釜中慢慢加入已经融化的苯酚 63kg，反应 0.5h。然后慢慢加入 62 份环氧氯丙烷（加入过程中保持温度不超过 40℃），待环氧氯丙烷加完后，升温至 60℃，在该温度下反应 1h；待反应时间达到后，降温至 45℃，并慢慢加入 120 份质量分数为 33% 的三甲胺，待三甲胺加完后，升温至60℃，在60℃下反应30min。

（2）将上述所得产物转移至聚合釜中，加入337份苯酚，搅拌均匀后再依次加入700份质量分数为36%的甲醛、180份焦亚硫酸钠和150份无水亚硫酸钠，待其溶解后，搅拌反应30min。然后将体系的温度慢慢升温至97℃，在97～107℃温度下反应2～4h，反应过程中时刻注意体系的黏度变化。当反应产物的黏度明显增加时（搅拌情况下液面旋涡变小，趋于平面时），开始将1000～1200份的水（6－0～70℃）分6～8批加入反应釜中（即反应过程中补加水），每次加入水后，需等到反应混合液的黏度再明显增加时，再补加下一次水，否则会影响缩聚程度，如此操作，直至反应过程中所需补加水加完为止，再反应0.5～1h，降温出料，即得到液体产品。液体产品经喷雾干燥即得到粉状产品。

此外，也可以采用如下反应制备两性离子磺化酚醛树脂：

（6－23）

（6－24）

（6－25）

上述产物用于钻井液降滤失剂，具有一定的防塌作用。阳离子度高的产品可以用作水处理絮凝剂。

（五）对氨基苯磺酸－苯酚－甲醛树脂

以苯酚、对氨基苯磺酸、甲醛为原料，可以得到与磺甲基酚醛树脂（SMP）具有相似分子结构的对氨基苯磺酸盐－苯酚－甲醛树脂降滤失剂，该剂在淡水钻井液中的适宜加量为5%，用该降滤失剂配制的钻井液具有良好的降滤失效果，耐温能力可达180℃[32]。

1. 反应原理

苯酚、对氨基苯磺酸、甲醛在不同酸、碱条件下反应机理不同，在碱性或中性条件下按照式（6-26）和式（6-27）进行反应。在酸性条件下将发生式（6-28）所示的反应。

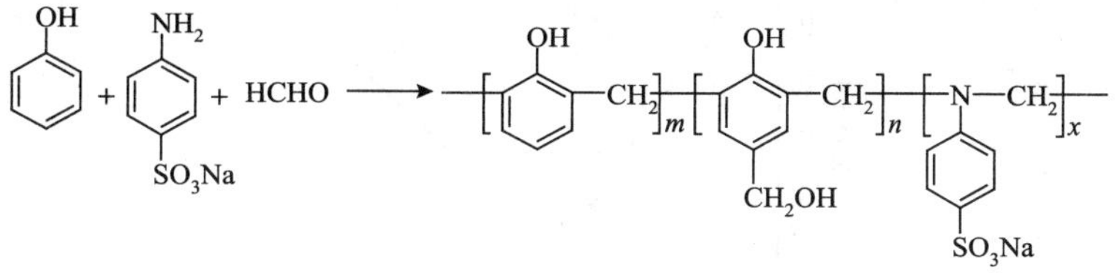

（6-26）

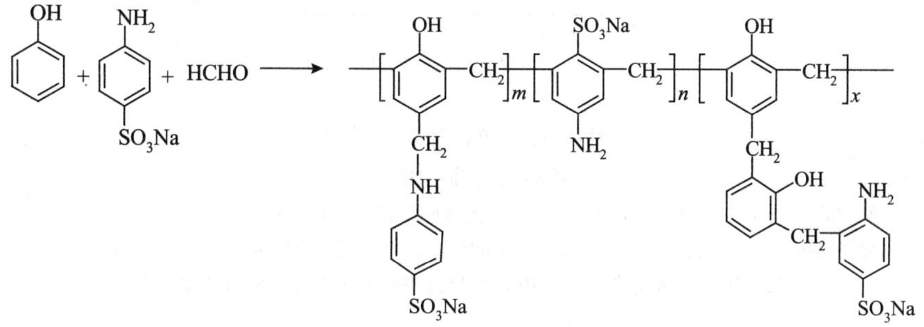

（6-27）

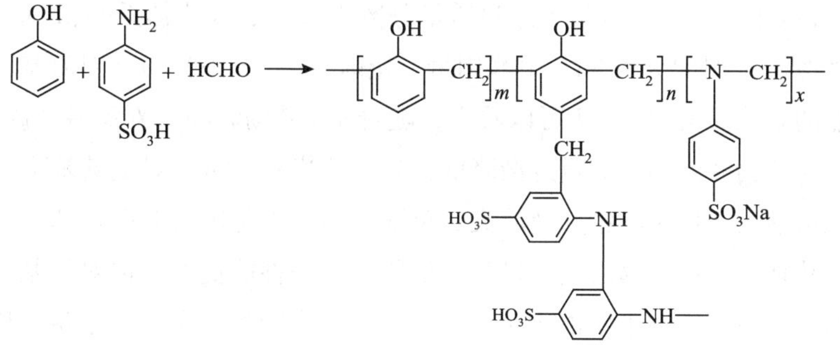

（6-28）

2. 制备方法

称取一定量的对氨基苯磺酸，置于装有温度计、搅拌器、回流冷凝管的三口烧瓶中，加入氢氧化钠溶液、苯酚和蒸馏水，升温使其全部溶解，边搅拌边加入氢氧化钠溶液调节pH值。待反应溶液达到反应所需温度后，缓慢滴加甲醛，加入氢氧化钠溶液调节溶液pH值为9～10，在加热回流条件下恒温反应一段时间后冷却，得到的液体即为对氨基苯磺酸盐酚醛树脂，经喷雾干燥即得到粉状产品。

3. 影响产物降滤失能力的因素

研究表明，反应混合液中反应物料的质量分数、苯酚与对甲苯磺酸钠的物质的量比、甲醛用量、反应温度和反应时间等是影响产物降滤失能力的关键因素。

在n（对氨基苯磺酸）∶n（苯酚）∶n（甲醛）=1∶1.5∶3，反应体系的pH值为9，反应温度为90℃，缩聚反应时间为4.5h时，反应混合物中原料质量分数对产物降滤失性能的影响见图6-16。由图6-16可看出，随着反应体系中原料总含量的增加，用所得产物处理钻井液的滤失量呈现出先降低后增加的趋势。这可能是由于单体含量的变化影响了缩聚反应程度，最终体现在对共聚产物的相对分子质量的影响，相对分子质量过低或过高都会对产物的降失水性能产生不利影响。当反应体系中原料总含量为35%时所得产物的降滤失效果最好。

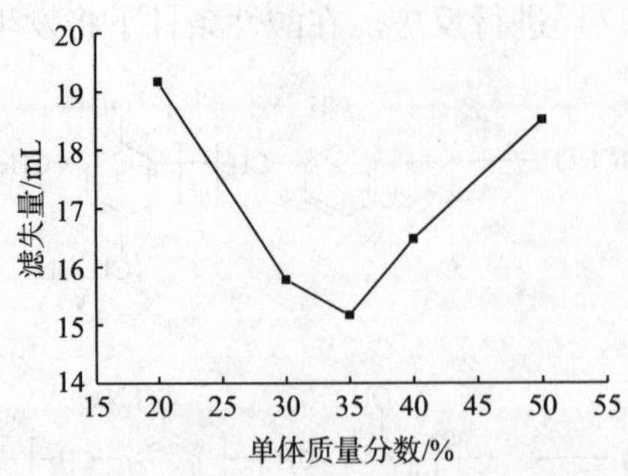

图6-16 单体质量分数对
产物降滤失能力的影响

在1000mL水中加入40g钙膨润土和3.2g无水碳酸钠，高速搅拌20min，于室温下密闭养护24h，即得基浆。在基浆中加入5%的样品，高速搅拌20min，于室温下密闭养护24h，然后高速搅拌5min，用ZNS型滤失仪测定钻井液的API滤失量

图6-17反映了在反应混合液中原料质量分数为35%，反应体系的pH值为9，反应温度为90℃，缩聚反应时间为4.5h，甲醛用量一定时，n（苯酚）∶n（对氨基苯磺酸）对产物降滤失性能的影响。由图6-17可以看出，随着n（苯酚）∶n（对氨基苯磺酸）的增加，用所得产物所处理钻井液的滤失量逐渐降低，当n（苯酚）∶n（对氨基苯磺酸）为1.5时达到最低值，再继续增加时，钻井液滤失量反而升高，这是因为对氨基苯磺酸同时含有磺酸基和氨基，从理论上说，磺酸基含量高，产物降滤失性能更好；但对氨基苯磺酸的反应活性不及苯酚，若在反应物中所占比例过大，会造成产物的分子链长不足。增加苯酚的用量，对增加链长有利，但苯酚用量过大容易发生聚合过度，产物黏度变大乃至发生凝胶，影响钻井液的流变性能，也会增加钻井液的滤失量。显然，n（苯酚）∶n（对氨基苯磺酸）以1.5∶1为宜。

在反应混合液中原料质量分数为35%，n（苯酚）∶n（对氨基苯磺酸）为1.5∶1，反应体系的pH值为9，反应温度为90℃，缩聚反应时间为4.5h时，甲醛用量对产物降滤失性能的影响见图6-18。从图6-18可以看出，当n（甲醛）∶n（对氨基苯磺酸+苯酚）=（1.2∶1）~（1.5∶1）时，产物的降滤失性能较好，甲醛用量太少或太多，钻井液的滤失量都增加。甲醛用量过多会导致缩聚反应过度，黏度增加太快，使聚合物相对分子质量过大，同时容易生成凝胶，达不到降滤失的作用。当n（甲醛）∶n（对氨基苯磺酸+苯酚）为（1.2~1.5）∶1时，合成的聚合物具有适度的相对分子质量和较优的分子结构，因而可以达到较佳的降滤失效果。

如图6-19所示，当反应混合液中原料质量分数为35%，n（对氨基苯磺酸）∶n（苯酚）∶n（甲醛）=1∶1.5∶3，反应体系的pH值为9，反应时间为4.5h时，随着反应温度的升高，产物降滤失能力提高，但当反应温度超过90℃以后，降滤失能力反而降低，这是因为随着反应温度的升高，反应体系中活化分子数目增多，反应速度加快，在一定时间内缩聚反应合成产物的相对分子质量增大，但反应温度过高，缩合反应急剧进行，产物相对分子质量过大，产生凝胶，且副反应增多。当反应温度为90℃时，随着反应时间的延长，用产物所处理钻井液的滤失量逐渐减小，降滤失效果增强，但当反应时间超过4.5h后，降滤失效果反而有所降低，这说明缩合物必须具有一定的相对分子质量才具有良好的降滤失性能。继续延长反应时间，缩聚反应不断进行，产物的相对分子质量进一步增大，并伴随交联结构的产生，溶解性降低，导致产物的黏度变大，降滤失性能下降。

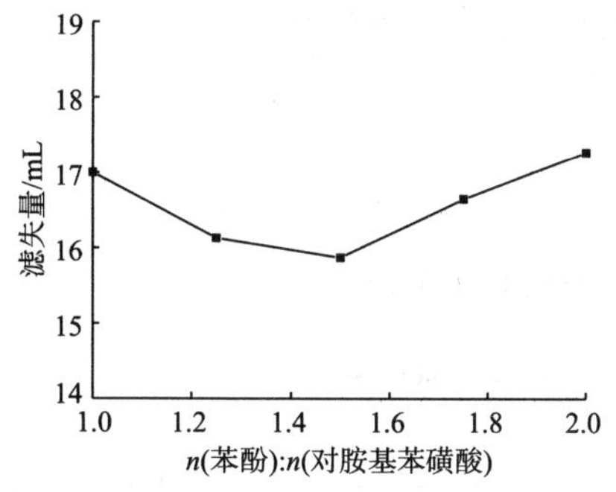

图6-17 n（苯酚）∶n（对氨基苯磺酸）对产物降滤失能力的影响

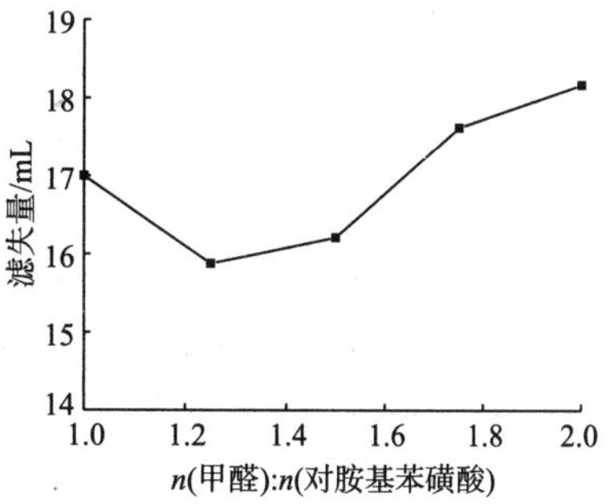

图6-18 甲醛用量对产物降滤失能力的影响

综上所述，对氨基苯磺酸盐酚醛树脂最佳工艺条件为：反应体系中原料质量分数为35%，n（对氨基苯磺酸）∶n（苯酚）=1∶1.5，n（对氨基苯磺酸+苯酚）∶n（甲醛）=1∶1.25，反应体系的pH值为9，反应温度为90℃，反应时间为4.5h。

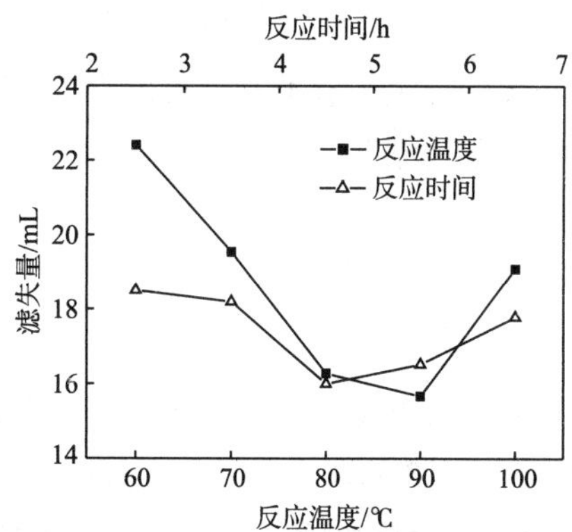

图6-19 反应温度和反应时间对产物降滤失能力的影响

尚婷等[33]以苯酚为原料，通过硫酸磺化与甲醛聚合，再经环氧氯丙烷接枝等反应合成出一种环氧氯丙烷改性磺化酚醛树脂，其合成方法为：将47g苯酚加入反应瓶，在65℃下待苯酚完全熔化后，缓慢滴加98%的浓硫酸53.9g，升温至100℃，继续反应2.5h，降温至60℃，滴加10.5g甲醛，1h内滴完，然后升温至95℃，在95℃下反应2h，反应结束即得到磺化酚醛树脂。用冰水浴冷却溶液至室温，并用氢氧化钠水溶液中和至中性，升温至70℃，加入0.25g四甲基氯化铵作为催化剂，并缓慢滴加69g环氧氯丙烷和20g氢氧化钠溶液，升温至110℃继续反应3h，反应结束后降至室温，静置，除去有机层，将水层减压蒸馏得到黏稠的黄棕色产物即为环氧磺化酚醛树脂。

此外，还可以利用磺化酚醛树脂分子中的酚羟基或羟甲基的反应活性，将其与3-氯-2-羟基丙基磺酸钠、溴代乙磺酸钠和胺基乙磺酸钠等反应，以提高产品的磺酸基含量，将磺化酚醛树脂与氯乙醇反应可以制备含羟乙基的磺化酚醛树脂，将磺化酚醛树脂与3-氯-2-羟基丙基磷酸酯钠盐反应可以制备含磷酸基团的改性磺化酚醛树脂。

也可以通过如下反应合成不同结构的磺化酚醛树脂：

$$\text{C}_6\text{H}_5\text{OH} + \text{C}_6\text{H}_5\text{O}\!-\!(\text{CH}_2\!-\!\text{CH}_2\!-\!\text{O})_n\!-\!\text{H} + \text{HCHO} + \text{NaHSO}_3 \longrightarrow \tag{6-29}$$

$$-[\text{C}_6\text{H}_2(\text{OH})(\text{CH}_2\text{SO}_3\text{Na})\!-\!\text{CH}_2]_x\!-\![\text{C}_6\text{H}_2(\text{OH})(\text{CH}_2\text{OH})\!-\!\text{CH}_2]_y\!-\![\text{C}_6\text{H}_3(\text{O}\!-\!(\text{CH}_2\!-\!\text{CH}_2\!-\!\text{O})_n\!-\!\text{H})\!-\!\text{CH}_2]_z-$$

$$\text{C}_6\text{H}_5\text{OH} + \text{C}_6\text{H}_5\text{O}\!-\!(\text{CH}_2\!-\!\text{CH}_2\!-\!\text{O})_n\!-\!\text{CH}_2\text{CH}_2\text{NH}_2 + \text{HCHO} + \text{NaHSO}_3 \longrightarrow \tag{6-30}$$

$$-[\text{C}_6\text{H}_2(\text{OH})(\text{CH}_2\text{SO}_3\text{Na})\!-\!\text{CH}_2]_x\!-\![\text{C}_6\text{H}_2(\text{OH})(\text{CH}_2\text{OH})\!-\!\text{CH}_2]_y\!-\![\text{C}_6\text{H}_3(\text{O}\!-\!(\text{CH}_2\!-\!\text{CH}_2\!-\!\text{O})_n\!-\!\text{CH}_2\text{CH}_2\text{NH}_2)\!-\!\text{CH}_2]_z-$$

为降低生产成本，还可以在 SMP 合成的基础上，采用部分粗酚、杂多酚等部分或全部替代苯酚制备和酚醛树脂。

参考文献

[1] 董建娜，陈立新，梁滨，等. 水溶性酚醛树脂的研究及其应用进展［J］. 中国胶粘剂，2009，18（10）：37－41.

[2] 杨光. 合成水溶性酚醛树脂用催化剂的选择研究［J］. 北京航空航天大学学报，2003，29（5）：459－462.

[3] 孙立梅，李明远，彭勃，等. 水溶性酚醛树脂的合成与结构表征［J］. 石油学报（石油加工），2008，24（1）：63－68.

[4] 黎钢，王立军，代本亮，等. 水溶性酚醛树脂的合成及其性能研究［J］. 河北工业大学学报，2002，31（4）：37－41.

[5] 李新山. 对叔丁基酚醛树脂新工艺的研究［J］. 中国胶粘剂，2001，10（2）：30－33.

[6] 李静，李瑞海. 对叔丁基酚醛树脂的合成与表征［J］. 塑料工业，2010，38（7）：10－13.

[7] 王德堂，苏似寅，张鸣九. 对叔辛基苯酚－甲醛树脂的生产及应用［J］. 精细与专用化学品，1996，4（8）：3－7.

[8] 刘雪梅，檀俊利，林明涛，等. 酚醛比对特辛基苯酚－甲醛树脂结构的影响［J］. 化学工程与技术，2017，7（4）：147－153. https：//doi. org/10. 12677/HJCET. 2017. 74022.

[9] 韩利，马海燕. 高级油墨用松香改性壬基酚醛树脂的合成［J］. 热固性树脂，2006，21（5）：

15 - 16.

[10] 程珍发，解洪柱，卢渊，等. 2116#松香改性酚醛树脂生产新工艺 [J]. 生物质化学工程，2002，36 (1)：16 - 18.

[11] 姜筱梅，王伟民. 催化剂用量和多元醇对松香改性酚醛树脂性能的影响 [J]. 杭州化工，2001，31 (2)：22 - 25.

[12] 侯彩英，马国章，原丽平. 烷基苯酚 - 丙酮 - 甲醛树脂的合成及应用 [J]. 应用化工，2010，39 (1)：11 - 13，21.

[13] 邓英江，陈大钧，李文涛，等. 高温高盐油藏环氧树脂/酚醛树脂复合堵水调剖剂的性能研究 [J]. 精细石油化工进展，2010，11 (10)：19 - 22.

[14] 黄兆海，王淑媛，石要松. 欢 616 块高含水期堵水技术研究 [J]. 特种油气藏，2009，16 (z1) 140 - 142.

[15] 付敏杰，赵修太，王增宝，等. 耐高温改性酚醛树脂复合堵剂体系的研制及性能评价 [J]. 精细石油化工进展，2013，14 (3)：8 - 10.

[16] 张波，戴彩丽，赵娟，等. 海上油田酚醛树脂冻胶调剖性能评价 [J]. 油气地质与采收率，2010，17 (5)：42 - 45.

[17] 王中华. 油田化学品实用手册 [M]. 中国石化出版社，2004.

[18] 张国荣，严锦根，陈应淋，等. FSJ - Ⅲ酚醛树脂胶粘剂的地下合成 [J]. 中国胶粘剂，2001，10 (3)：24 - 26.

[19] 王中华. 油田化学品 [M]. 中国石化出版社，2001.

[20] 王中华. 钻井液及处理剂新论 [M]. 中国石化出版社，2016.

[21] 王平全，余冰洋，王波，等. 常用磺化酚醛树脂性能评价及分析 [J]. 钻井液与完井液，2015，32 (2)：29 - 33.

[22] 李明远，郭亚梅，贺辉宗，等. 磺甲基酚醛树脂在水中的分散特性 [J]. 中国石油大学学报：自然科学版，2010，34 (2)：145 - 149.

[23] 庄银凤，朱仲祺. 磺甲基酚醛树脂水溶液的粘度行为 [J]. 郑州大学学报（理学版），1991 (1)：109 - 111.

[24] 张高波，王善举，郭民乐. 对磺化酚醛树脂生产应用的认识 [J]. 钻井液与完井液，2000，17 (3)：21 - 24.

[25] 詹平，龚浩. 磺甲基酚醛树脂Ⅱ型的合成及性能测试 [J]. 化工生产与技术，2009，16 (4)：28 - 30.

[26] 王庆，刘福胜，于世涛. 磺甲基酚醛树脂的制备 [J]. 精细石油化工，2008，25 (2)：21 - 24.

[27] 尚婷，张光华，强铁，等. 环氧磺化酚醛树脂水煤浆分散剂的合成及应用 [J]. 煤炭转化，2013，36 (1)：51 - 54.

[28] 晏欣，饶秋华，文庆珍，等. 磺化酚醛树脂的研究：合成及性能 [J]. 海军工程大学学报，2002，14 (6)：19 - 22.

[29] 杨小华. 胺改性磺化酚醛树脂降滤失剂 SCP [J]. 油田化学，1996，13 (3)：259 - 260.

[30] 王平全，谢青清，黄芸，等. 钻井液用阳离子型磺化酚醛树脂降滤失剂的研制 [J]. 广东化工，2014，41 (8)：21 - 22.

[31] 李尧，黄进军，李春霞，等. 高效磺化酚醛树脂的研制及性能评价 [J]. 西部探矿工程，2010，22 (1)：43 -44，46.

[32] 陈晓飞，鲁红升，郭斐，等. 耐高温钻井液降滤失剂的研究 [J]. 精细石油化工进展，2012，13 (1)：23 -26.

[33] 尚婷，张光华，强轶，等. 环氧磺化酚醛树脂水煤浆分散剂的合成及应用 [J]. 煤炭转化，2013，36 (1)：51 -54.

第七章 氨基树脂及其改性产物

胺基树脂是指含有氨基的化合物与醛类（主要是甲醛）经缩聚反应制得的热固性树脂。本章所述的氨基树脂及改性产物是指尿素、三聚氰胺或苯代三聚氰胺等与甲醛等经缩聚而成的树脂及磺化改性树脂等，重要的氨基树脂及改性产物有脲醛树脂、三聚氰胺甲醛树脂和磺化脲醛树脂、磺化三聚氰胺甲醛树脂等。考虑到结构和应用的相似性，将双氰胺-甲醛缩聚物也放该章介绍。不同类型的产品在油田作业中具有不同的用途。

第一节 脲醛树脂及其改性产物

一、脲醛树脂

脲醛树脂又称尿素甲醛树脂，是一种无色、无臭、无毒、透明的热固性树脂，固化前能溶于水，易固化，固化时放出低分子物、耐光性优良，长时间使用后不变色，成型时受热固化亦不变色，能耐矿物油。由尿素和甲醛按一定配比再加少量的正离子改性剂（四乙撑五胺）、甘油和固化剂（六甲撑四胺）在弱酸的条件下进行反应而成，低相对分子质量的产物为能溶于水的无色透明至浅白色液体；高相对分子质量的产物为白色固体。密度为 1.48～1.52g/cm^3，热变形温度在 128～138℃，176℃开始热解，并释放出甲醛。当加热到 200℃以上时，则逸出 CO、CO_2、NH_3及氰化物等热解产物。用适当的催化剂可以固化。耐水性、耐老化性及机械强度略次于酚醛树脂。在未固化的浆料中加入填料等可制得压塑粉，因着色性好，可制造色彩鲜艳的日用品。主要用作塑料、涂料、胶黏剂、日用品、织物和纸张处理剂。

脲醛树脂因其用途的不同而采用不同方法生产。脲和甲醛以物质的量比 1∶(1.5～1.6) 配料，在草酸催化下，在弱酸性水溶液中生成模塑粉用树脂，在与填料、颜料及其他添加剂混合后烘干、粉碎、研磨并造粒，即得脲醛模塑粉（或称压塑粉）。价廉而色彩鲜艳，耐油，不受弱碱和有机溶剂影响。主要用来制造日用品及对耐水性和电气性能要求不高的工业品。脲和甲醛在物质的量比为 1∶(1.8～2.5) 时，在弱酸性水溶液中可制造低分子脲醛树脂溶液。可用于制造黏合剂，是黏合剂中用量最大的品种，广泛用于木材加工行业，也可用于浸渍纸张，经改性后还可浸渍织物。用丁醇改性的脲醛树脂可以用来改进醇酸树脂涂料涂层的硬度和耐水性。另外，用空气作泡沫的高度交联脲醛塑料，可隔音、隔热且非常耐燃，常用作隔热板等建筑材料。为提高脲醛树脂的耐水性，常用三聚氰胺共缩聚进行改性。水溶性或水分散脲醛树脂在油田开发中可以用于钻井液堵漏剂，油水井堵水、封窜、防砂剂等。

（一）制备过程

1. 合成原理

尿素与甲醛都是易于反应的活性物质，尿素和甲醛之间的反应分为两个阶段：第一阶段是在中性或弱碱性介质中，首先进行加成（羟甲基化）反应，生成一羟、二羟和三羟甲基产物。第二阶段是在酸性介质中，羟甲基化合物之间脱水缩合，生成水溶性树脂，此树脂状产物在加热或酸性固化剂存在下即转变成体型树脂。

1）加成反应

在中性或弱碱性介质中，尿素和甲醛首先进行加成（羟甲基化）反应，生成初期中间体羟甲基脲：

$$H_2N-\overset{O}{\overset{\|}{C}}-NH_2 + HCHO \longrightarrow H_2N-\overset{O}{\overset{\|}{C}}-NHCH_2OH \tag{7-1}$$

然后再与甲醛反应生成二羟甲基脲：

$$H_2N-\overset{O}{\overset{\|}{C}}-NHCH_2OH + HCHO \longrightarrow HOCH_2HN-\overset{O}{\overset{\|}{C}}-NHCH_2OH \tag{7-2}$$

1mol 的尿素与不足 1mol 的甲醛进行反应，生成一羟甲基脲；1mol 的尿素与大于 1mol 的甲醛进行反应生成二羟甲基脲；当甲醛过量时还可以进一步生成三羟甲基脲、四羟甲基脲。二羟甲基脲、三羟甲基脲和四羟甲基脲的反应速度比为 9∶3∶1。这些羟甲基衍生物是构成未来缩聚产物的单体。

2）缩聚反应

合成脲醛树脂时的缩聚反应（或树脂化反应）是羟甲基化合物形成大分子的反应。羟甲基脲中含有活泼的羟甲基（$—CH_2OH$），可以进一步缩合生成聚合物。在酸性或碱性条件下都可以进行，由于在碱性条件下缩聚反应速度非常慢，只有在弱酸性条件下（pH = 4 ~ 6），生成的一羟甲基脲、二羟甲基脲在高温下与未反应的尿素、羟甲基与羟甲基之间进行亚甲基化反应，形成各种缩聚物中间体。

一羟甲基脲与相邻分子胺基上的氢缩合脱水形成亚甲基键：

$$H_2N-\overset{O}{\overset{\|}{C}}-NHCH_2OH + H_2N-\overset{O}{\overset{\|}{C}}-NHCH_2OH \longrightarrow H_2N-\overset{O}{\overset{\|}{C}}-NHCH_2-NH-\overset{O}{\overset{\|}{C}}-NHCH_2OH + H_2O \tag{7-3}$$

相邻两分子的羟甲基发生缩合形成二亚甲基醚键并释放水：

$$\begin{aligned}&HOCH_2HN-\overset{O}{\overset{\|}{C}}-NHCH_2OH + HOCH_2HN-\overset{O}{\overset{\|}{C}}-NHCH_2OH \longrightarrow \\ &HOCH_2HN-\overset{O}{\overset{\|}{C}}-NH-CH_2-O-CH_2-NH-\overset{O}{\overset{\|}{C}}-NHCH_2OH + H_2O\end{aligned} \tag{7-4}$$

相邻两分子的羟甲基发生脱水和脱甲醛反应形成亚甲基键：

$$\mathrm{HOCH_2HN{-}\overset{\overset{\displaystyle O}{\|}}{C}{-}NHCH_2OH + HOCH_2HN{-}\overset{\overset{\displaystyle O}{\|}}{C}{-}NHCH_2OH \longrightarrow HOCH_2HN{-}\overset{\overset{\displaystyle O}{\|}}{C}{-}NH{-}CH_2{-}NH{-}\overset{\overset{\displaystyle O}{\|}}{C}{-}NHCH_2OH + H_2O + HCHO} \tag{7-5}$$

上述中间体形成后，进一步缩聚，随着树脂化反应的继续进行，分子逐渐增大，黏度也随缩聚程度的增大而增加。相对分子质量一般在700左右，可溶于水。由于分子中含有活性的羟甲基、胺基和亚胺基，随着时间的延长还会继续反应形成更大的分子。加热或加入固化剂能加速反应的进行，最后形成体型网状结构。

此外，脲醛树脂在适当的pH值和温度下，固化的产物也还存在亲水性的游离羟甲基，这是脲醛树脂耐水性差的原因。

2. 合成方法

一般是将甲醛加入反应釜内，开动搅拌器，搅拌下加入尿素等，用氢氧化钠溶液调pH值至8，升温至90℃，在90℃下反应1.5～2.5h。反应时间达到后，过滤，喷雾干燥得到成品。

普通商品脲醛树脂直接用于油田油井堵水，则会出现黏度高、泵注困难，耐老化耐水性差，游离醛含量低、地层固结强度低，贮存期短、稳定性差，难以满足油田油井高强度堵水的要求。基于此提出了一种适合油井堵水用改性脲醛树脂的制备方法。首先分别制备脲醛树脂，然后按照一定比例混合后得到目标产物，具体制备过程如下[1]。

（1）按脲与醛物质的量比为1∶（1.4～1.6），尿素分2批投料，反应温度为60～90℃。在反应釜中加入全部量的甲醛溶液，同时加入碱性催化剂和第一批尿素，使pH值在7～8.5范围内进行加成反应。1h后加入碱性改性剂，调节pH值，加入第二批尿素反应至终点，加碱中和，降温出料。

（2）按脲与醛物质的量比为1∶（1.6～2.5），尿素分3批投料，反应温度为60～96℃。在反应釜中加入全部量的甲醛溶液，同时加入碱性催化剂和第一批尿素，使pH值在7～8.5范围内进行加成反应。0.5h后加入第二批尿素，1h后加入碱性改性剂，反应至终点，再加碱中和后加入第三批尿素，保温搅拌0.5h后降温出料。

（3）在贮罐中将（1）、（2）制备的改性脲醛树脂按一定比例混合，即得到符合油井堵水用的改性脲醛树脂。

一种含游离甲醛低，初黏小，耐水性好，酸溶性较小，贮存性能好的脲醛树脂，其固化后有一定塑性，适合油水井堵水、堵漏等作业，其制备方法如下[2]。

取一定量的甲醛置于三颈烧瓶中，同时添加占原料质量0.5%～1%的聚乙烯醇。在搅拌下，用NaOH调节pH值到8左右，升温至45℃加入第一批尿素（占尿素总量的70%），继续升温到60～70℃后保温30min，调节pH值到4～5，再保温20min。调节pH值到5.5左右，加入第二批尿素（占尿素总量的25%）后保温10～15min。调节pH值稍大于6时加入剩余尿素，保温15min后调节pH值到8～8.5，降温至45℃出料。

一种用于固结油田地层砂的脲醛树脂胶黏剂，其合成方法如下[3]。

在1.5m^3的反应釜中加入600kg质量分数为37%的甲醛溶液，加入适量的六次甲基四胺，搅拌至全部溶解，然后将607kg的尿素分三批加入反应釜，第一次加入尿素总量的65%，第二次加入30%，第三次加入5%，保持温度在90~91℃，在反应过程中视温度的变化加入质量分数为40%的烧碱溶液调节反应速度，反应1.5h后冷却出料，即得到固砂用脲醛树脂。

一种防砂用脲醛树脂的制备方法[4]，其制备过程如下。

按照尿素与甲醛物质的量比1∶1.6，取150mL甲醛加入反应瓶，用搅拌机进行搅拌。用NaOH调节pH值成碱性，升温至40℃，加入第一批尿素（占尿素总量的70%），升温至60~70℃后，保持温度12~30min；调节pH值为4~4.5，升温至90℃，调整pH值为6，加入第二批尿素，保温15min；当调节pH值为7.5~8.5时，加入第三批尿素，保持温度10min后，降温至40℃出料。

（二）应用

1. 钻井

脲醛树脂可以用于钻井堵漏剂，可以单独使用，也可以与无机胶凝材料、桥堵材料复合使用。可以根据漏失情况，采用脲醛树脂、桥堵材料等配伍配制堵漏浆，将堵漏浆泵入漏层进行堵漏，也可以直接加入钻井液中实施循环堵漏。

采用脲醛树脂与其他材料可以形成复合堵漏剂配方：如由44.6%~66.8%脲醛树脂，22%~39.2%酚醛树脂，10%~11.2%膦酸，0.15%~3.9%表面活性剂，0.05%~1.3%铝粉组成的堵漏剂，以及由脲醛树脂45份、固化剂11份、核桃壳粉54份等组成的堵漏剂配方可以用于封堵裂缝性和缝洞性地层堵漏。

脲醛树脂可以用于制备树脂水泥。具有一定强度的脲醛树脂微珠，用于超低密度高强度水泥体系，可以解决易漏地层和地热井、热采井固井施工问题。

2. 采油

在采油作业中可以用于堵水剂。如按照1份尿素、0.5份甲醛（质量分数36%）、0.7~1.5份水和0.01~0.05份质量分数为15%的氯化铵水溶液，施工前将甲醛用水稀释，然后加入尿素、氯化铵混合均匀，即可用于砂岩或碳酸盐岩堵水，用于封堵裂缝发育的高渗透出水孔道，也可用于封堵底水、窜槽水和出砂严重的油井。其地面黏度$<10mPa \cdot s$，凝胶时间为0.5~3h，堵水效率>98%。

由脲醛树脂中间体+0.10%~0.35%固化剂GH-1+0.1%~1%增稠剂KYPQ+10%~20%充填材料CT-1等组成的堵水剂，固化时间可控性强（12~1200min），黏度可调（30~10000mPa·s），封堵强度高（大于20MPa）。在渗透率为$7\mu m^2$的特高渗填砂管挤注堵剂驱替压力可达7MPa以上，70℃养护6~8h固结后突破压力达20MPa以上，封堵率大于99%[5]。

以聚丙烯酰胺为改性剂加入尿素、甲醛的反应体系中，在25~80℃的条件下，反应时间为1.5~13h，可生成不溶于水的改性脲醛树脂，在盐水溶液中具有良好的稳定性，在碱性水溶液中易于溶解。该体系配制液黏度低，可注入油水井不均质储层的大孔道及高渗透带，在储层温度下生成树脂而起到调剖或封堵作用[6]。

一种地下缩聚、固化的脲醛树脂堵水堵漏剂，含30%工业尿素，40%工业甲醛液，0.5%固化调节剂（工业氯化铵或硝酸铵），0.5%～0.7%硅烷类偶联剂，3%～5%体膨剂，用清水配液，加入体膨剂的脲与甲醛溶液90℃时固化后，体积膨胀5%～7.5%，抗压强度为16.4MPa。采用上述配方配制的堵剂在55～95℃下，在矿化度高达330g/L的地层水中浸泡30d后，体积膨胀3%～15.5%。用该剂封堵渗透率为2.1～3μm^2的填砂管或含有直径为0.5mm缝隙的填砂管，在90℃候凝24h后渗透率降至$1\times10^{-3}\mu m^2$，该堵剂适用井温为60～120℃，适用矿化度<300g/L，固化时间5～24h可调，固化物抗压强度10～25MPa，现场应用表明，堵水堵漏成功率为100%，有效率为87%[7]。

脲醛树脂也可以用于防砂、固砂剂。由于脲醛树脂在地层中受温度和压力的作用，可发生缩聚反应、交联反应，黏度逐渐增加，在砂粒表面沉积，将砂粒胶结在一起，起到固砂和防砂效果。树脂与油脂类不相溶，在加入酸前，先加入油作增孔剂，固砂施工后，在井筒近井地带形成强度高、韧性大、渗透率较高的挡砂井壁，起到固砂和防砂作用。脲醛树脂已广泛用于油井防砂，其配方包括改性脲醛树脂、交联剂、增孔剂、固化剂。适用于高含水阶段地层温度较低（40～70℃）的油水井防砂。实践表明改性脲醛树脂性能稳定，固砂效果好，施工简便，能有效减缓地层出砂速度。

现场应用表明[8]，由乳化脲醛树脂15%～20%，固化剂1%～2%，偶联剂1%～1.5%，固化速度调节剂0.5%～1%，活性剂2%～3%等组成的固砂剂，与其他树脂固砂剂相比，具有用量低、固化时间可控、固结体抗压强度高等特点，其固结体抗压强度可达3MPa以上，渗透率保留率大于75%，可以满足油田油井防砂的需要。适应的固化温度为60℃左右，固化时间为24～48h，耐地层流体浸泡。固化速度在较大范围内可调，在现场既可用于单层井的固砂，也可用于分层化学防砂，可以解决部分长井段、多层井的防砂问题。

二、改性脲醛树脂

（一）阳离子型改性脲醛树脂

实践表明，阳离子型改性脲醛树脂用作高分子絮凝剂，具有水溶性较好，生产成本低，对阴离子性胶体的絮凝效果好的特点。如以尿素、甲醛、环氧氯丙烷、三甲胺为原料，合成的水溶性阳离子脲醛树脂季铵盐（MUFRQA），表现出良好的絮凝性能[9]。

1. 性能

图7-1是阳离子脲醛树脂水溶液表面张力随浓度的变化关系。由图7-1可知，表面张力随质量浓度增大而逐渐减小，表明阳离子脲醛树脂是一种表面活性物质，但其降低水溶液表面张力的能力不大。

黏土颗粒的Zeta电位与黏土悬浊液pH值的关系如图7-2所示。由图7-2可知，黏土等电点pH值为1.8，当pH>1.8后黏土颗粒表面带负电。在黏土悬浊液中加入100mg/L阳离子脲醛树脂后，黏土等电点由原来的pH=1.8右移至了pH=5.2，这说明阳离子脲醛树脂被吸附到了黏土表面后改变了黏土颗粒的表面荷电状态，当pH<5.2时黏土颗粒带正

电，pH >5.2 后黏土颗粒则带负电。另外，由于带正电的阳离子脲醛树脂的吸附，黏土颗粒 Zeta 电位绝对值减小。从 Zeta 电位与粗分散体系稳定性的关系来看，Zeta 电位（绝对值）越小，颗粒之间排斥力越小，颗粒相互间越容易发生聚集或絮凝而沉降，因此黏土悬浊液 Zeta 电位（绝对值）越小，体系越不稳定。等电点时 Zeta 电位等于零，悬浊液分散体系最不稳定，絮凝效果最好。

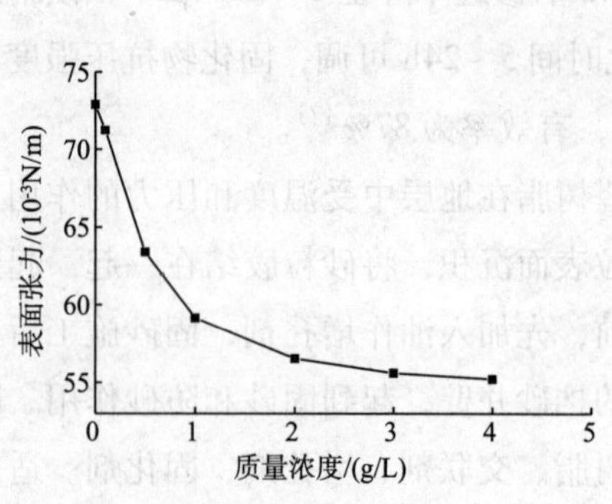

图 7-1　阳离子脲醛树脂的表面张力与浓度的关系

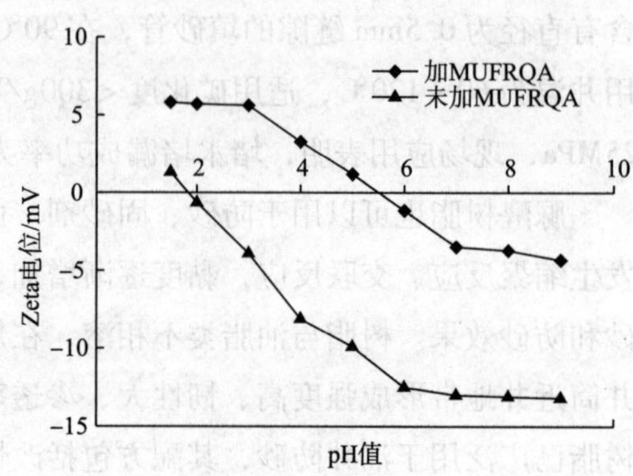

图 7-2　黏土颗粒的 Zeta 电位与 pH 值的关系

2. 制备方法

（1）在反应瓶中加入 75g 尿素和 182mL 甲醛，用氢氧化钠调节 pH 值至 7.5 ~8，于 90 ~95℃下搅拌反应 45min，得脲醛树脂。

（2）然后用分液漏斗往其中滴加 48.5mL 环氧氯丙烷，滴加完后，在 90 ~95℃下继续搅拌反应 1h，得改性脲醛树脂。

（3）在冷却后的改性脲醛树脂中再加入 100mL 三甲胺，然后升温至 86 ~88℃，反应 5h，即可得到阳离子脲醛树脂。

阳离子脲醛树脂产品为半透明、黏稠状，水溶性好。实验表明，阳离子脲醛树脂投药量为 10mg/L 时，出水中油浓度达到国家排放标准，表现出良好的除油效果。

根据改性脲醛树脂季铵盐的合成路线，各反应步骤的反应式如下：

$$H_2N-\overset{O}{\overset{\|}{C}}-NH_2 + H-\overset{O}{\overset{\|}{C}}-H \longrightarrow HOCH_2-NH-\overset{O}{\overset{\|}{C}}-NH-CH_2OH$$

$$\xrightarrow{\text{缩合}} \left[NH-\overset{O}{\overset{\|}{C}}-\underset{\underset{CH_2OH}{|}}{N}-CH_2-NH-\overset{O}{\overset{\|}{C}}-NH\right]_n OH \tag{7-6}$$

$$\left[NH-\overset{O}{\overset{\|}{C}}-\underset{\underset{CH_2OH}{|}}{N}-CH_2-NH-\overset{O}{\overset{\|}{C}}-NH\right]_n OH \xrightarrow{H_2C\overset{O}{—}C—CH_2Cl}$$

$$\left[NH-\overset{O}{\overset{\|}{C}}-\underset{\underset{CH_2OH}{|}}{N}-CH_2-\underset{\underset{CH_2-\underset{\underset{OH}{|}}{C}-CH_2Cl}{|}}{N}-\overset{O}{\overset{\|}{C}}-NH\right]_n OH \tag{7-7}$$

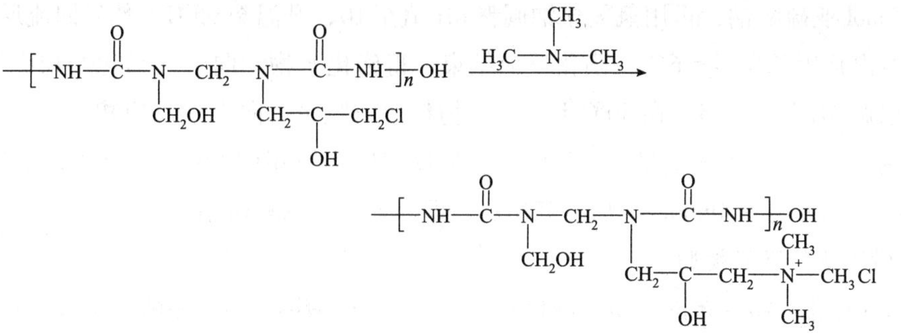

$$-\!\!\left[\!\!-NH-\overset{O}{\overset{\|}{C}}-\underset{CH_2OH}{\underset{|}{N}}-CH_2-\underset{CH_2-\underset{OH}{\underset{|}{C}}-CH_2Cl}{\underset{|}{N}}-\overset{O}{\overset{\|}{C}}-NH\!\!-\right]_n\!OH \xrightarrow{H_3C-\overset{CH_3}{\overset{|}{N}}-CH_3} -\!\!\left[\!\!-NH-\overset{O}{\overset{\|}{C}}-\underset{CH_2OH}{\underset{|}{N}}-CH_2-\underset{CH_2-\underset{OH}{\underset{|}{C}}-CH_2-\overset{CH_3}{\overset{|}{\underset{CH_3}{\underset{|}{N^+}}}}-CH_3\,Cl}{\underset{|}{N}}-\overset{O}{\overset{\|}{C}}-NH\!\!-\right]_n\!OH \quad (7-8)$$

3. 应用

阳离子脲醛树脂在钻井液中可用作黏土稳定剂、絮凝剂，抑制钻井液中的黏土和钻屑分散，控制钻井液中低密度固相含量，保持钻井液清洁；用于钻井废水和废钻井液的脱水剂、脱色剂；在油田水处理中用作絮凝剂等。

（二）磺化脲醛树脂

包括磺甲基脲醛树脂和磺甲基酚脲醛树脂，系阴离子水溶性聚电解质，具有很强的耐温抗盐能力，产品为棕黄色粉末，易溶于水，水溶液呈弱碱性。分子中的 $-NH_2$ 基团还具有较高的抗氧化能力，这也有助于提高产品的热稳定性。本品可用于抗温抗盐的钻井液降滤失剂，也可以用于油井水泥降失水剂和分散剂[10]。

1. 磺甲基脲醛树脂

磺甲基脲醛树脂由尿素、甲醛和亚硫酸盐等反应得到[11]。

1）反应过程

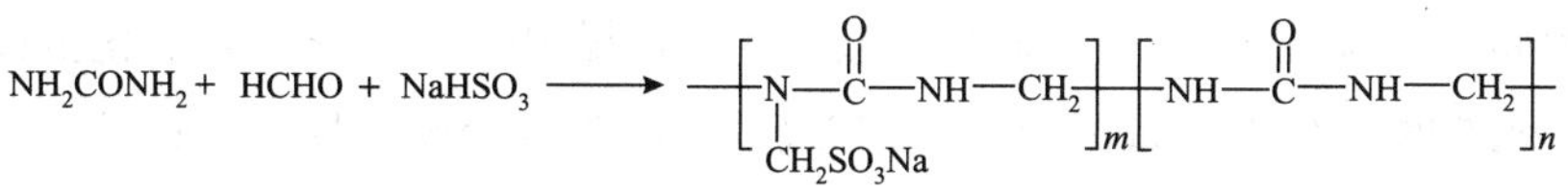

$$NH_2CONH_2 + HCHO + NaHSO_3 \longrightarrow -\!\!\left[\!\!-\underset{CH_2SO_3Na}{\underset{|}{N}}-\overset{O}{\overset{\|}{C}}-NH-CH_2\!\!-\right]_m\!\!\left[\!\!-NH-\overset{O}{\overset{\|}{C}}-NH-CH_2\!\!-\right]_n \quad (7-9)$$

2）制备方法

（1）羟甲基化：甲醛与尿素物质的量比为2∶1，反应体系 pH =9.0，温度80℃，时间15 ~20min。

（2）磺化：磺化剂为偏重亚硫酸钠，与尿素的物质的量比，即 n（S）∶n（U）分别等于 0.3（低磺化度）和 0.6（中磺化度），反应体系 pH = 1，温度 80℃，时间45 ~50min。

（3）缩聚：反应体系 pH =4，温度 80 ~90℃，时间 40min。

中国发明专利公开了一种磺甲基脲醛树脂的制备方法[12]，包括羟甲基化、磺化、缩合等步骤，下面是一种制备实例。

将5mol 的 37% 的工业甲醛放入装有列管冷凝器、搅拌器、温度计、热交换夹套的反应器中。加入氢氧化钠，使反应体系 pH 值保持在 10。在碱性环境中，边搅拌边加入 2mol 的尿素，水浴加热至60℃，然后在回流状态下反应约 1h，得反应产物羟甲基脲。

在羟甲基化反应产物羟甲基脲中，加入 1.5mol 的焦亚硫酸钠、0.075mol 的氨基磺酸和0.075mol亚硫酸钠，再用氢氧化钠调整pH值至10，升温至95℃，然后回流反应1.5h，检验得游离羟甲基含量≤6%，磺化反应结束，得磺化产物。向上述磺化产物中加入适量的硫酸以调pH值至3.5，在60℃下缩合，物料适当脱水。向上述反应物中加入适量的氢氧化钠调pH值，再加入适量的三乙醇胺，使反应体系的pH值在7.5~8.0，于70℃下反应0.5h，至黏度达900mPa·s后冷却出料，即为磺甲基脲醛树脂。

2. 磺甲基酚脲醛树脂

按n（尿素）:n（苯酚）:n（磺化苯酚）:n（亚硫酸钠）:n（甲醛）=（0.3~0.4）:（0.45~0.60）:（1.45~0.65）:（0.4~0.5）:（1.6~1.9）的比例将各种原料和水加入反应釜，在110~140℃反应2~3h，产品经喷雾干燥即得到粉状产品SPU[13]。其结构如下：

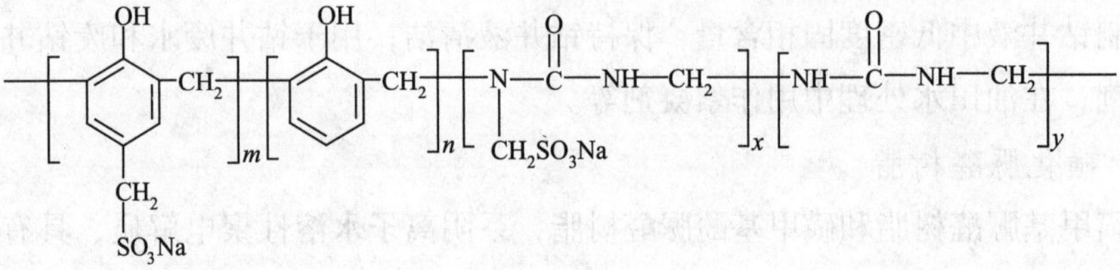

$$-\left[C_6H_2(OH)(CH_2SO_3Na)-CH_2\right]_m-\left[C_6H_3(OH)-CH_2\right]_n-\left[N(CH_2SO_3Na)-\overset{O}{\overset{\|}{C}}-NH-CH_2\right]_x-\left[NH-\overset{O}{\overset{\|}{C}}-NH-CH_2\right]_y-$$

也可以先制备磺甲基酚醛树脂和磺甲基脲醛树脂或羟甲基脲醛树脂，然后再进一步缩聚得到SPU。

还可以本品为基础制备改性产品。如将褐煤与尿素、甲醛和苯酚反应制得褐煤－酚脲醛树脂，经磺化可以制得一种抗温、抗盐性能较好的钻井液降滤失剂。评价表明，该降滤失剂的室温降黏率>70%，室温中压滤失量<10mL，老化后高温高压滤失量<15mL，在质量分数4%的盐水浆中，180℃老化后，4%盐水基浆中压降滤失量<10mL，高温高压降滤失量<20mL[14]。该产品配方（质量分数）为：褐煤10%~20%、氢氧化钠或氢氧化钾2%~4%、水50%~60%、苯酚2%~5.5%、甲醛8%~15%、尿素3%~7%、水解丙烯腈钠盐0.15%~2%、聚丙烯酰胺0.125%~0.5%、磺化剂（亚硫酸钠、亚硫酸氢钠、偏重亚硫酸钠中的一种或几种混合物）2%~7%。合成步骤如下[15]：

按照配方要求，在反应釜中加入苯酚、甲醛（总用量的20%~40%）及磺化剂（总量的20%~35%），在55~70℃反应15~30min。向上述产物中加入尿素和甲醛（甲醛总用量的60%~80%）及磺化剂（总用量的25%~40%），在85~97℃下反应10min。加入水解聚丙烯腈钠盐，随后加入水、氢氧化钠和褐煤，在97℃下反应30min。加入聚丙烯酰胺及磺化剂（磺化剂总用量的25%~55%），然后97℃下反应4h。所得产物经干燥粉碎即得磺甲基脲醛树脂改性褐煤。

3. 两性离子磺甲基酚脲醛树脂

先制备磺甲基酚脲醛树脂，然后在加入阳离子中间体，于70~90℃反应2~4h，经过喷雾干燥得到两性离子磺甲基酚脲醛树脂，反应如下：

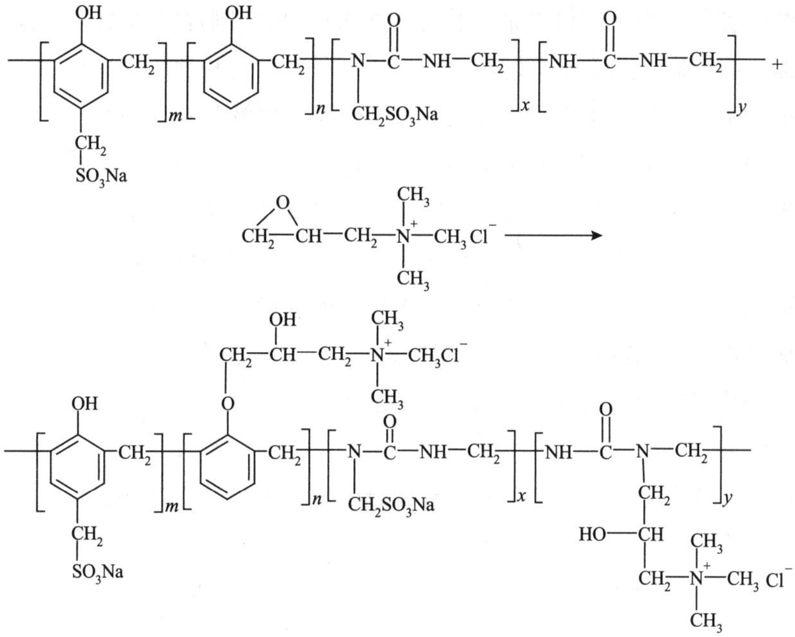

$$\text{(7-10)}$$

4. 应用

磺甲基脲醛树脂和磺甲基酚脲醛树脂及改性产物，是一种抗温抗盐的钻井液降滤失剂，其抗温能力可以达到200℃，在钻井液中加入4%的样品，经过200℃、12h老化后滤失量均在10mL以内。抗盐可以达到25%。经3%石膏污染的钻井液，加入5%的SPU后，钻井液经200℃、12h老化后滤失量为7.5mL。缺点是加入钻井液中容易起泡[16]。同时还可以用于油井水泥降失水剂和分散剂，适当相对分子质量和磺化度的产物也可以用于三次采油用表面活性剂。

第二节　三聚氰胺甲醛树脂及其改性产物

一、三聚氰胺甲醛树脂

三聚氰胺（melamine），化学式 $C_3N_3(NH_2)_3$，俗称密胺，也称1，3，5－三嗪－2，4，6－三胺，是一种三嗪类含氮杂环有机化合物，白色单斜晶体，几乎无味，微溶于水（3.1g/L常温），可溶于甲醇、甲醛、乙酸、热乙二醇、甘油、吡啶等，不溶于丙酮、醚类、对身体有害，不可用于食品加工或食品添加物。不可燃，在常温下性质稳定。水溶液呈弱碱性（pH＝8），与盐酸、硫酸、硝酸、乙酸、草酸等都能形成三聚氰胺盐。在中性或微碱性情况下，与甲醛缩合而成各种羟甲基三聚氰胺，但在微酸性中（pH＝5.5～6.5）与羟甲基的衍生物进行缩聚反应而生成树脂产物。遇强酸或强碱水溶液水解，胺基逐步被羟基取代，先生成三聚氰酸二酰胺，进一步水解生成三聚氰酸一酰胺，最后生成三聚氰酸。

三聚氰胺甲醛树脂（melamine formaldehyde resin），是三聚氰胺与甲醛反应所得到的缩聚物。又称蜜胺甲醛树脂、蜜胺树脂。加工成型时发生交联反应，制品为不熔的热固性树脂。习惯上常把它与脲醛树脂统称为氨基树脂。

三聚氰胺树脂是一种热固性树脂，由于独特的三嗪环刚性结构使得树脂固化后硬度大，不易弯曲；脆性高，几乎没有韧性，从而限制了其在一些领域的应用。三聚氰胺树脂本身无毒，但是由于三聚氰胺树脂合成是以三聚氰胺和甲醛为主要原料，在树脂中会残留部分的游离甲醛，而甲醛的刺激性和毒性已经被世界卫生组织确定为可疑致癌或致畸形物。由于三聚氰胺树脂中还含具有较强反应活性的羟基（—OH）、亚氨基（—NH—），储存过程中这些活性基团会相互发生交联反应，逐渐生成一种黏度大、不溶于水的絮凝物或凝胶状物，而变得十分不稳定，导致三聚氰胺树脂贮存稳定性降低。

三聚氰胺－甲醛树脂吸水性较低，耐热性高，在潮湿情况下，仍有良好的电气性能，常用于制造一些质量要求较高的日用品和电气绝缘元件。

（一）合成原理

三聚氰胺甲醛树脂是由三聚氰胺和甲醛缩合而成。缩合反应是在碱性介质中进行，先生成可溶性预缩合物：

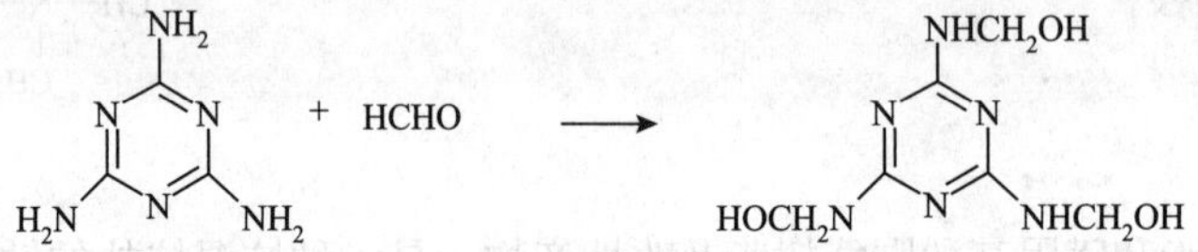

$$\text{三聚氰胺}(C_3N_3(NH_2)_3) + HCHO \longrightarrow C_3N_3(NHCH_2OH)_3 \quad (7-11)$$

这些缩合物是以三聚氰胺的三羟甲基化合物为主，在 pH 值为 8 ~9 时，特别稳定。进一步缩合（如 N－羟甲基和 NH－基团的失水）成为微溶并最后变成不溶的交联产物：

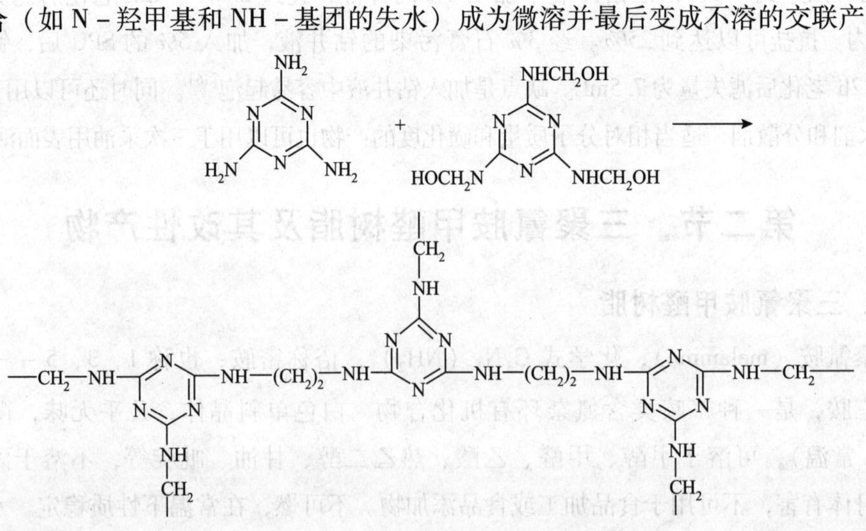

$$C_3N_3(NH_2)_3 + C_3N_3(NHCH_2OH)_3 \longrightarrow \quad (7-12)$$

$$—CH_2—NH—C_3N_3(NH—CH_2—)—NH—(CH_2)_2—NH—C_3N_3(NH—CH_2—)—NH—(CH_2)_2—NH—C_3N_3(NH—CH_2—)—NH—CH_2—$$

（二）制备方法

将三聚氰胺和37%的甲醛水溶液，按甲醛与三聚氰胺的物质的量比为 2 ~3 投料反应，第一步生成不同数目的 N－羟甲基取代物，然后进一步缩合成线性树脂。反应条件不同，产物相对分子质量不同，可从水溶性到难溶于水，甚至不溶不熔的固体，pH 值对反应速率影响极大。具体合成过程如下。

在装有搅拌器，温度计和冷凝管的 500mL 三颈瓶中，加入物质的量比为（8∶1）~（12∶1）的甲醛与三聚氰胺的混合物 350g，并开始升温，当升温至 65℃且三聚氰胺溶解时，加入催化剂调节 pH 值为 7 ~ 8，然后升温至 90 ~ 95℃，在恒温下连续反应 1 ~ 2h。最后加入少量调节剂，脱除过量的甲醛和水，控制产品的质量分数为 50% ~70% 。用喷雾干燥法可以得到粉状固体。

在三聚氰胺 – 甲醛树脂形成过程中，原料比例、反应介质的 pH 值、原材料质量以及反应终点控制等，都是影响树脂质量的重要因素[17]。

实验表明，n（三聚氰胺）∶n（甲醛）直接影响反应速度和树脂性能。当 n（三聚氰胺）∶n（甲醛）大时，即甲醛量少，生成的羟甲基少，未反应的活泼氢原子就多，羟甲基和未反应的活泼氢原子之间，缩合失去一分子水，生成亚甲基键（一步反应）。当 n（三聚氰胺）∶n（甲醛）小时，即甲醛量大，生成的羟甲基多，羟甲基与羟甲基之间的反应是先缩合失去 1 分子水生成醚键，再进一步脱去 1 分子甲醛生成亚甲基键（两步反应）。所以 n（三聚氰胺）∶n（甲醛）愈低，树脂稳定性愈好，但游离醛含量也随之增加。

三聚氰胺与甲醛反应时，介质 pH 值对树脂性能有很大影响，如反应开始就在酸性条件下反应，将会立即生成不溶性的亚甲基三聚氰胺沉淀。由于生成的亚甲基三聚氰胺已失去反应能力，因此，不能用它继续下步反应。所以，开始反应时要将甲醛的 pH 值调至 8.5 ~9，以保证反应过程中的 pH 值在 7 ~7.5 之间，即在微碱性条件下生成稳定的羟甲基三聚氰胺，进一步缩聚成初期树脂。

在树脂制备中原材料的质量也会影响产品性能，主要是甲醛中铁含量不能超过标准，在树脂合成中，铁含量高时会影响 pH 值的准确测定，同时在反应过程中用氢氧化钠调节甲醛的 pH 值时，Fe^{3+} 和 OH^- 结合生成 $Fe(OH)_3$ 沉淀，影响产品应用时制品的质量。

反应终点控制的是保证树脂质量的关键。由于三聚氰胺树脂化学活性较大，所以终点控制对树脂质量和稳定性有很大影响，终点控制过度时，树脂黏度大，稳定性差，终点不到则影响胶接质量。所以要严格控制反应终点。

在三聚氰胺甲醛树脂的使用中，控制游离甲醛含量是保证产品性能和减少污染的关键，为了减少产品中游离甲醛含量，研究了低游离甲醛三聚氰胺甲醛树脂的合成方法及影响反应的因素[18]。合成方法如下。

向装有搅拌器、温度计、冷凝器和滴液漏斗的四口烧瓶中加入 37% 的甲醛水溶液，用 10% 氢氧化钠水溶液调 pH = 8 ~ 9。加入三聚氰胺，搅拌下升温至 60℃，控温至 60 ~ 65℃，待三聚氰胺全部溶解后，保温反应至有沉淀产生，继续反应 60min。抽滤，使物料含水率低于 20% 。加入甲醇和 H_2O_2，反应 60min 后降温至 40 ~ 45℃，用硫酸调 pH = 2 ~ 3，反应至物料全部溶解后再保温 30min。用 10% 氢氧化钠调 pH = 8 ~ 9，升温至 60℃，减压蒸馏出过量甲醇，加入去离子水稀释产物至 60% ，过滤得产品。

研究表明，甲醛用量、工艺方法、反应温度、反应时间和氧化处理均会影响产品中游离甲醛含量。

甲醛和三聚氰胺反应生成羟甲基三聚氰胺，羟甲基数目随着甲醛用量的增加而增加。理论上，1mol 三聚氰胺和 6mol 甲醛反应生成 6mol 羟甲基。而实际上要生成 6mol 羟甲基需要甲醛过量很多，其中未反应的甲醛就成为最终产品中游离甲醛的主要来源。在pH值、反应温度、反应时间等一定时，甲醛用量对体系游离甲醛含量的影响见表7-1。从表7-1可看出，体系游离甲醛的含量随甲醛用量的增加而增加。为减轻后续工序清除游离甲醛的压力，在满足树脂使用要求的前提下，甲醛用量应尽量少，在实验条件下 *n*（三聚氰胺）:*n*（甲醛）为1:6较好。

表7-1 甲醛用量对游离甲醛的影响

n（三聚氰胺）:*n*（甲醛）	甲醛转化率/%	游离甲醛/%
1:6	68.6	18.4
1:8	66.0	22.3
1:12	44.5	41.1

根据羟甲基化反应后的操作工艺，通常可将三聚氰胺甲醛树脂的合成方法分为脱水法和连续法。表7-2是 *n*（三聚氰胺）:*n*（甲醛）为1:6，甲醛转化率为80%，其他反应条件一定时，两种合成方法得到羟甲基化反应后体系中游离甲醛含量的测定结果。结果表明，采用脱水法游离甲醛含量更低。这是因为，脱水法是在羟甲基化反应结束后，将体系中的水分通过抽滤或压滤脱除后再进行下一步工序。连续法则不脱除体系中的水分就进入下一步工序。由于合成三聚氰胺甲醛树脂时甲醛经常是过量的，所以羟甲基化反应结束后反应体系中还有未反应的甲醛溶解在水中，成为最终树脂中游离甲醛的主要来源。采用脱水法，在脱除体系水分的同时将溶解在其中的甲醛回收除去，有效降低体系中的甲醛含量，有利于提高最终产品的质量。此外，体系中存在大量水分也不利于后续的甲醚化反应的顺利进行。所以，采用脱水法更为合适。

表7-2 不同工艺方法对游离甲醛的影响

工艺方法	三聚氰胺用量/g	37%甲醛用量/g	体系含水率/%	游离甲醛/%
脱水法	12.6	48.6	20	0.72
连续法	12.6	48.6	100	3.6

甲醛和三聚氰胺发生羟甲基化反应是一个放热的亲核加成反应，反应易于进行。在羟甲基化反应中，反应温度对体系的反应进程有影响，而对游离甲醛的影响不大。一般将反应温度控制在60~65℃。如表7-3所示，在原料配比和反应条件一定时，延长反应时间可以提高甲醛的转化率，降低游离甲醛量，但延长反应时间带来的变化并不显著。从降低能耗考虑，反应时间以60min为宜。

表7-3 羟甲基化反应时间对游离甲醛的影响

n（甲醛）:*n*（三聚氰胺）	反应时间/min	甲醛转化率/%	游离甲醛/%
6:1	50	68.6	18.4

续表

n（甲醛）∶n（三聚氰胺）	反应时间/min	甲醛转化率/%	游离甲醛/%
6∶1	90	69.1	17.9
8∶1	50	66.0	22.3
8∶1	90	67.4	21.4
12∶1	50	44.5	41.1
12∶1	100	48.4	38.1

除优化反应条件外，在反应产物中加入过氧化氢，通过氧化处理，是降低游离甲醛含量的有效途径。甲醛的还原性较强，易被氧化生成甲酸，也可能被进一步氧化生成二氧化碳和水。利用这一性质，可以在羟甲基化反应完成后在体系中加入适量的氧化剂将过量而游离于体系中的甲醛氧化除去。由于过氧化氢和甲醛反应后被还原成水，不会向体系中引入其他物质。

过氧化氢和甲醛的反应是定量进行的，根据残余甲醛的量计算出过氧化氢的用量并适当过量，可以有效地去除甲醛，降低树脂中游离甲醛的含量。采用脱水工艺，当 n（甲醛）∶n（三聚氰胺）=6∶1，甲醛转化率为80%，羟甲基化在60～65℃进行60min，过氧化氢用量对游离甲醛的影响见表7-4。由表7-4可见，游离甲醛含量随过氧化氢用量的增加而降低，而且甲醛与过氧化氢物质的量比≤1∶1时，游离甲醛的量显著降低，之后降低缓慢。

表7-4　过氧化氢用量对游离甲醛的影响

未反应甲醛/mol	过氧化氢/mol	游离甲醛/mol	树脂含游离甲醛/%
0.1	0.00	0.1	8.0
0.1	0.10	0.005	0.4
0.1	0.11	0.0005	0.04

也可以对三聚氰胺甲醛树脂进行阳离子化改性制备阳离子三聚氰胺甲醛树脂：

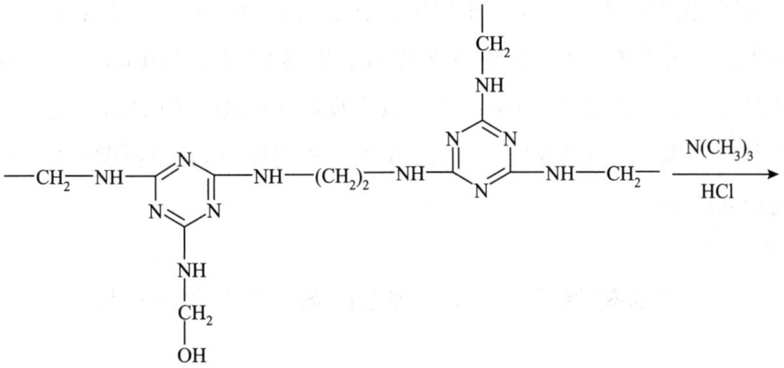

—CH$_2$—NH—(三嗪环, 带 NH—CH$_2$—OH)—NH—(CH$_2$)$_2$—NH—(三嗪环, 带 NH—CH$_2$—)—NH—CH$_2$— $\xrightarrow[HCl]{N(CH_3)_3}$

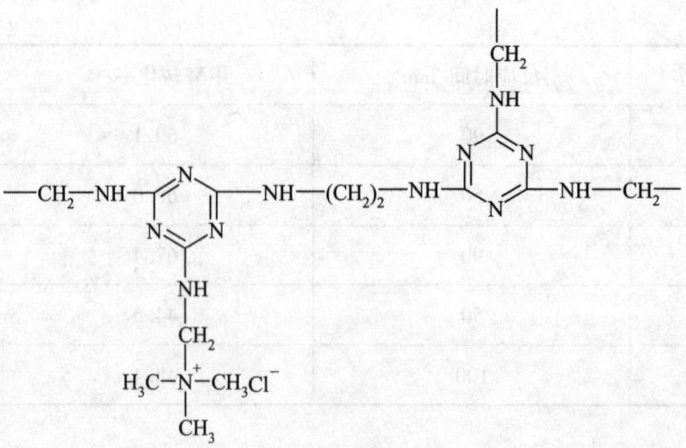

$$-CH_2-NH-\underset{\substack{|\\NH\\|\\CH_2\\|\\H_3C-\overset{+}{N}-CH_3Cl^-\\|\\CH_3}}{C_3N_3}-NH-(CH_2)_2-NH-\overset{\substack{|\\CH_2\\|\\NH\\|}}{C_3N_3}-NH-CH_2- \tag{7-13}$$

另外，三聚氰胺和乙二醛也可以发生缩聚反应。如以三聚氰胺和乙二醛等为原料，以氯化铵为催化剂可以制备三聚氰胺－乙二醛缩聚物脱色絮凝剂[19]，其合成过程如下。

在装有搅拌器、冷凝管、温度计的250mL四口瓶中依次加入10g三聚氰胺、10g氯化铵，然后将水浴温度升至35℃时，开始用滴液漏斗分批加入58g乙二醛溶液，待物料温度升至45～50℃时出现放热现象，待放热高峰过后再加入余下的乙二醛溶液，逐步升温至60℃，在60℃下搅拌反应4h，冷却到室温即得到浅黄色黏稠状的三聚氰胺－乙二醛缩聚物脱色絮凝剂产品。所合成的产品具有良好的絮凝脱色性能，废水脱色率为94%～96%，COD去除率为49%～57%。

（三）应用

1. 钻井

用于钻井液堵漏剂。可以单独使用，也可以与脲醛树脂及无机胶凝材料、桥堵材料复合使用。可以根据漏失情况，采用三聚氰胺甲醛树脂、桥堵材料等配伍配制堵漏浆，将堵漏浆泵入漏层进行堵漏，也可以直接加入钻井液中实施循环堵漏。

用于制备树脂水泥浆，其作用与脲醛树脂基本相同。

2. 采油

可以直接用于非选择性堵水剂，也可以通过三聚氰胺甲醛树脂（MF）与水解聚丙烯酰胺（HPAM）交联反应，制备调剖堵水剂。如采用多羟甲基三聚氰胺和部分水解甲叉基聚丙烯酰胺为堵剂，选择性堵水实验表明，工艺成功率达到100%，增油减水效果良好[20]。采用质量分数为0.3%的HPAM与质量分数为0.96%的MF在pH＝8～9、于75℃进行交联反应得到的冻胶在130℃高温下老化5d，黏度仍高达7710mPa·s，且在模拟剪切条件下，冻胶黏度保留率保持在75%以上，具有良好的耐温、耐剪切性能[21]。

用于防砂剂。三聚氰胺甲醛树脂和双酚A型环氧树脂进行反应得到的产物可以用于蒸汽吞吐油井高温防砂剂。

3. 水处理

阳离子改性三聚氰胺树脂可用于水处理絮凝剂，对工业废水具有良好的絮凝脱色能力。

二、磺化三聚氰胺甲醛树脂

磺化三聚氰胺甲醛树脂（磺化蜜胺树脂）是水溶性的阴离子树脂型表面活性剂，图7-3是不同浓度磺化三聚氰胺树脂水溶液的表面张力，从图中可见，树脂能使水的表面张力稍有降低，有一定的表面活性[22]。本品主要用作水泥减水剂和油井水泥减阻剂，对水泥有高度分散作用，同时还具有一定的早强效果。适当相对分子质量和磺化度的产品也可以用于钻井液降滤失剂[23]。

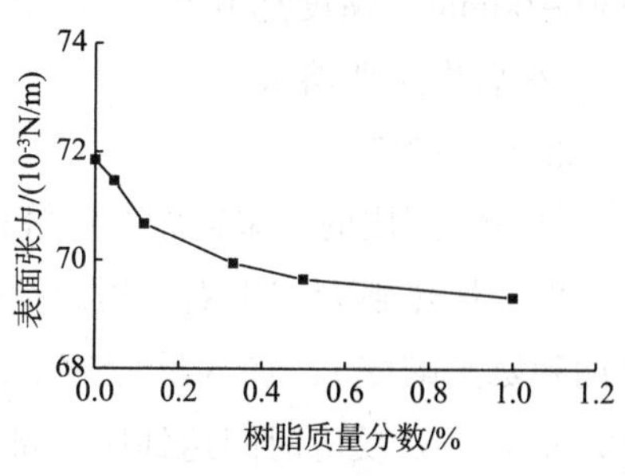

图7-3　磺化三聚氰胺树脂溶液表面张力

（一）反应过程

$$\text{三聚氰胺}(NH_2)_3C_3N_3 + HCHO \xrightarrow[\Delta]{OH^-} (HOH_2CNH)_3C_3N_3 \quad (7-14)$$

$$(HOH_2CNH)_3C_3N_3 + NaHSO_3 \xrightarrow{\Delta} (HOH_2CNH)_2C_3N_3(NHCH_2SO_3Na) + NaOH \quad (7-15)$$

$$(HOH_2CNH)_2C_3N_3(NHCH_2SO_3Na) \xrightarrow[\Delta]{H^+} HOH_2CN\text{-}C_3N_3(NHCH_2SO_3Na)\text{-}NH\text{—}CH_2\text{—}[O\text{—}CH_2\text{—}NH\text{-}C_3N_3(NHCH_2SO_3Na)\text{-}NH\text{—}CH_2\text{—}O]_n\text{—}H \quad (7-16)$$

（二）制备方法

1. 方法1[22]

（1）在装有搅拌器，温度计及回流装置的三颈烧瓶中，加入80mL质量分数为35.5%的甲醛溶液，用3mol/L氢氧化钠溶液调pH值至8～8.5，加入40g三聚氰胺，在搅拌下加热，20min内升温至60℃，当温度超过60℃时，三聚氰胺溶解，反应液开始透明，在65～80℃下，再反应20～30min，反应过程中，pH值稍有下降后达到稳定，即可进行磺化。

（2）在上述反应瓶中，加入40g亚硫酸钠，搅拌溶解，此时pH值大于14，温度稍有下降，在70℃时，缓慢滴加3mol/L的HCl溶液调pH值至8～13，温度在80～90℃，反应40～60min。当pH值稳定，无明显上升，即停止加热。

（3）当温度降至70℃，再加3mol/L HCl溶液调pH值至4～6，10min后pH值稍升高些，溶液黏度增加，可用70～75℃的水适当稀释，使固溶物含量在20%左右，缩聚时间为40～60min，黏度达0.01～0.1Pa·s，反应结束，用3mol/L氢氧化钠溶液调pH值至8.5，得乳白透明溶液。

2. 方法2[24]

将一定配比的三聚氰胺、甲醛投入500mL反应瓶中，开动搅拌，用NaOH溶液调节至微碱性，加热到75℃左右，恒温搅拌60min左右。停止搅拌，将一定量的磺化剂（亚硫酸氢钠和氨基磺酸），加入反应瓶，以碱液调节体系pH值为11～12，升温至85℃，反应120min左右。反应时间达到后，将反应体系温度降至50～60℃，用稀酸调pH值为4～6，搅拌下反应100～120min。待反应时间达到后，向上述产物中加入适量碱液中和反应体系，同时升温至80～90℃，继续反应60～120min，再以碱液调节体系pH值为7～9，即得无色或淡黄色高效减水剂溶液产品。该方法通过改变磺化剂（传统为亚硫酸氢钠或焦亚硫酸钠，本方法中采用氨基磺酸）得到的高效减水剂，其含固量提高，稳定周期延长，其对水泥净浆流动度提高，并且可明显提高混凝土减水率及混凝土抗压强度。

此外，段宝荣等[25]介绍了一种合成方法，其过程是，按照三聚氰胺: 甲醛: 亚硫酸氢钠（物质的量比）=1∶(4～5)∶2，将定量的三聚氰胺与水加入三口烧瓶中，然后调节pH值至8.5～9之间，并将三口烧瓶放入油浴锅升温至70～85℃。当温度达到后，滴加甲醛，并不断搅拌至三聚氰胺完全溶解，后继续反应40～60min，然后加入定量的亚硫酸氢钠（按物质的量比）于体系中，并用质量分数为10%的NaOH溶液调节体系pH值至8.5～10，进行磺甲基化反应，约60min后，即得到水溶性好、长期储存较稳定的磺甲基化三聚氰胺甲醛树脂。

李海涛[26]以三聚氰胺、甲醛和磺化剂为原料，通过缩合反应合成了磺化蜜胺树脂（SMF），实验结果表明，用于钻井液处理剂，当n（甲醛）∶n（三聚氰胺）∶n（亚硫酸氢钠）=4.5∶1∶1.2时，合成的SMF在各类钻井液中的降滤失性能最好。无论在淡水钻井液，还是在盐水或复合盐水钻井液中，它都能够有效地控制钻井液的滤失量，即使在高温高压的条件下，依然能够保持良好的降滤失能力。

（三）应用

本品用作耐温抗盐的钻井液降滤失剂，可以有效地降低钻井液的高温高压滤失量。粉状产品可以直接通过混合漏斗加入钻井液中，但加入速度不能太快，以防止形成胶团，最好先配成5%～10%的胶液，然后再慢慢加入钻井液中。若遇严重起泡，可以配合消泡剂使用。也可以用作油井水泥分散剂和降失水剂。

三、磺化三聚氰胺－尿素－甲醛树脂

由于三聚氰胺价格较高，可采用价格便宜的尿素部分代替价格昂贵的三聚氰胺制备磺化三聚氰胺－尿素－甲醛树脂（SMUF）可以降低生成本，下面介绍两种不同的合成方法。

（一）方法一

分别制备磺化羟甲基三聚氰胺和羟甲基脲，然后再进一步反应得到磺甲基三聚氰胺－

尿素 - 甲醛树脂。合成步骤如下[27]。

（1）磺化羟甲基三聚氰胺的合成。按 n（三聚氰胺）∶n（甲醛）=1∶4，在反应器中加入甲醛，用碱液调节 pH 值为 8 ~ 9，加入三聚氰胺，水浴加热至 75 ~ 85℃，待三聚氰胺完全溶解后，反应 45 ~ 50min；按 n（三聚氰胺）∶n（亚硫酸钠）=1∶1.6，向溶液中滴加亚硫酸氢钠饱和溶液，加完后调节 pH 值为 10 ~ 12，在 70 ~ 80℃ 温度下反应 120 ~ 150min。

（2）羟甲基脲的合成。按 n（甲醛）∶n（尿素）=2∶1 的比例，将甲醛和尿素加入到反应器中，调节溶液的 pH 值为 8 ~ 9，升温至 80℃，反应 50 ~ 60min。

（3）磺化三聚氰胺 - 尿素甲醛树脂的合成。将上述步骤制备的磺化羟甲基三聚氰胺和羟甲基脲加入到反应器中，用酸液调节 pH 值为 4 ~ 6，在 45 ~ 55℃ 温度下反应 150 ~ 180min。在酸催化作用下，磺化羟甲基三聚氰胺、羟甲基脲通过分子间脱水进行缩合反应。当溶液充分缩合后，用碱液调节 pH 值为 10 ~ 11，温度控制在 80 ~ 100℃，反应 60 ~ 70min。在此过程中，高分子骨架的弱键发生断裂，分子链物理缠绕减少，分子链趋于稳定。最后，调节溶液的 pH 值为 7 ~ 9，即得无色磺化三聚氰胺 - 尿素 - 甲醛树脂溶液。

研究表明，合成中最为关键的步骤是羟基化时间和缩合时 pH 值的控制，羟基化时间控制在 60min 内效果较好，超过 60min，扩散度就明显下降，其原因可能是羟基化反应时间过长，羟甲基三聚氰胺分子之间发生缩合反应，形成长链分子，这些长链分子在后面的缩合反应中易形成体型结构，致使扩散度降低。在缩合阶段，pH 值控制在 5 左右最好，pH 值大于 6，则反应缓慢，难以得到合适的长链分子，影响分散效果，pH 值小于 4，则缩合反应非常迅速，难以控制，最后形成体型分子而失去减水作用。

羟基化反应是不可逆放热反应，影响该反应的因素主要有反应介质的 pH 值、反应时间和投料比。反应中，当 pH 值过低时，易产生凝胶；pH 值过高时，则发生歧化反应，歧化反应使甲醛转化为甲酸，引起 pH 值波动，从而影响羟基化数量，不利于后面的缩合反应。实验表明，合适的 pH 值为 8 ~ 9。

如图 7-4 所示，如果反应时间短时，羟甲基化不完全，甲醛残余量大，影响缩合和贮存稳定性；因为羟基化反应非常迅速，20min 左右就接近平衡，之后再继续延长反应时间，甲醛的浓度变化非常缓慢。在实验条件下，合适的反应时间为 45 ~ 50min。

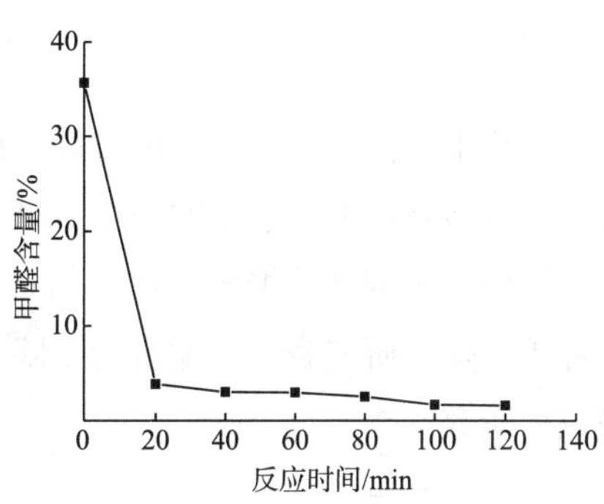

图 7-4 甲醛含量随反应时间的变化

投料比影响三聚氰胺分子上羟甲基的数量，最终影响产物的结构、聚合度和水溶性，同时也影响产物的分散能力和贮存稳定性。如表 7-5 所示，若 n（甲醛）∶n（三聚氰胺）小于 3∶1，则引入三聚氰胺的羟甲基数量少，造成后面的磺化反应中磺化率低，而且有可能因缺少多余的活性基团而不能发生缩合反应；若 n（甲醛）∶n

（三聚氰胺）大于5∶1，则多余的羟甲基在后面进行缩聚反应的同时，也可能发生交联反应，影响树脂的水溶性和稳定性。若用适量的甲醛进行羟基化反应，则得到的羟甲基三聚氰胺就有足够的羟甲基与磺化剂反应，保证每个链节都有一个磺化基团，并且在缩聚以后分子链上带有能与水分子形成氢键的醚键和羟基，这种结构的树脂水溶性良好。在实验条件下，n（甲醛）∶n（三聚氰胺）为4∶1时较为合适。

表7-5　甲醛和三聚氰胺的配比对羟甲基化的影响

n（甲醛）∶n（三聚氰胺）	反应时间/min	pH值	游离甲醛/%	羟甲基化/%
2∶1	50	9.0	5.0	1.9
3∶1	50	9.0	9.7	2.73
4∶1	50	9.0	22.6	3.10
5∶1	50	9.0	30.1	3.52

缩合反应是在酸催化下，磺化三聚氰胺、羟基化脲分子间脱水而生成线型高分子的过程，是整个反应最关键的一步，这一步的主要影响因素有反应介质的pH值、反应时间和反应温度。

表7-6是反应条件一定时，反应介质的pH值和反应时间对产物性能的影响。从表中可以看出，反应介质pH值的大小，直接影响缩合反应的速度，pH值小，反应快，反应不易控制；pH值大，反应慢，时间长。合适的pH值为4～6。实验表明，相对分子质量随着反应时间的增加而增大，达到一定时间，将产生凝胶，影响产物的减水率，在实验条件下，合适的反应时间为150～180min。

表7-6　缩合pH值、缩合时间和流动度的关系

pH值	缩合时间/min	流动度/mm	pH值	缩合时间/min	流动度/mm
3.5	25	204	5.5	150	251
4.5	50	242	6.0	245	246

实验中还发现，如果温度过高，则反应速度加快，甚至形成凝胶；温度过低，反应时间长。实验条件下，合适的反应温度为45～55℃。

最后一步的碱性聚合，其目的是为了提高SMUF的贮存稳定性，反应后，SMUF的黏度有所下降，研究表明，黏度的下降并不是化学反应的结果，可能是介质使分子链物理缠绕减少所致。

（二）方法二

该方法是在碱性条件下先磺甲基化，然后于酸性条件下缩聚，最后再经过碱性重整得到产物[28]。反应过程如下。

按照n（F）∶n（M）∶n（U）∶n（S）＝6∶1∶1∶2，在恒温反应器中加入甲醛（F）

溶液，调节体系的pH值，加热至80℃，然后依次投入三聚氰胺（M）、尿素（U）和磺化剂（S），在80℃下反应60min；待反应时间达到后，降温至60℃，调节体系pH值为4～5，于60℃下反应75min；待反应时间达到后，调节体系pH值为8～9，在80℃下反应60min。最后调节体系pH值，出料，即得产物。

在碱性条件下先磺甲基化，然后于酸性条件下缩聚，最后再经过碱性重整制备产物的过程中，缩聚反应阶段和重整反应阶段是决定产物性能的关键。缩聚反应阶段，影响产物性能的因素主要有pH值、反应温度和反应时间。

当n（F）：n（M）：n（U）=6:1:1，磺甲基化段pH=11.5，80℃下反应60min；酸性缩聚阶段60℃反应75min；碱性重整阶段pH=8，80℃反应60min，缩聚反应阶段pH值对产物性能的影响见图7-5。从图中可以看出，当n（S）：n（M）：n（U）=2:1:1时，在pH值为4.5左右进行缩聚得到的产物的性能最好，而当n（S）：n（M）：n（U）=1.6:1:1时，适宜的pH值为5.5。

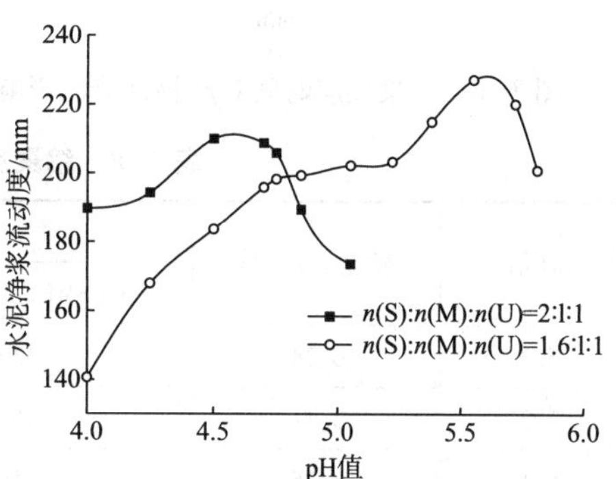

图7-5 pH值对产物分散性能的影响

当n（F）：n（M）：n（U）：n（S）=6:1:1:2，磺甲基化段pH=11.5，80℃下反应60min；酸性缩聚阶段pH=4.5，反应90min；碱性重整阶段pH=8，反应60min时，缩聚反应温度对产物性能的影响见表7-7。从表中可见，当温度从60℃增加到80℃时，产物的黏度和净浆流动度变化均不大，为了使反应容易控制，选择缩聚反应温度为80℃。

表7-7 缩聚反应温度对SMUF性能的影响

温度/℃	黏度/mPa·s	水泥净浆流动度/mm	
		w（SMUF）=0.4%	w（SMUF）=0.6%
50	1.80	146	188
60	1.93	183	216
70	1.96	181	213
80	1.95	185	215

当n（F）：n（M）：n（U）：n（S）=6:1:1:2，磺甲基化阶段pH=11.5，80℃下反应60min；酸性缩聚阶段pH=4.5，反应温度60℃时，缩聚反应时间对产物性能的影响见图7-6。从图中可见，在缩聚反应初期，随着反应的进行产物的黏度增大较为平缓，当反应时间达到60min后，树脂黏度明显增加。当缩聚时间少于90min时，随着反应时间的延长SMUF的分散性能增强；但当反应时间超过90min后，再继续延长反应时间，产物的分散性能反而下降，显然，酸缩聚反应时间以60～75min为宜。

此外，重整反应工艺参数也会影响产物的性能。缩聚反应结束后，有一些H^+离子被

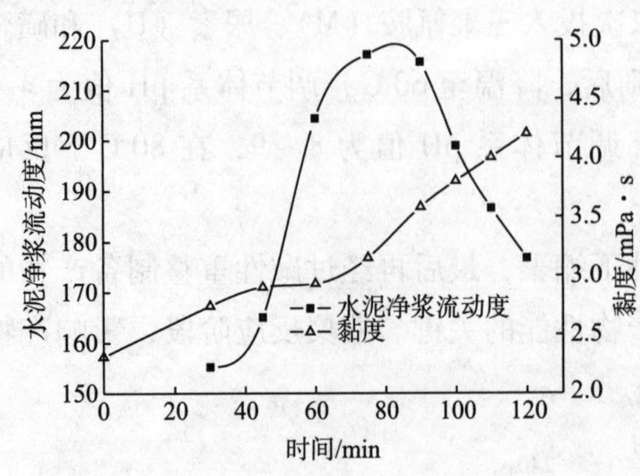

图7-6 缩聚反应时间对产物性能的影响

所得树脂产物分子包裹缠绕起来，放置一段时间后，这些 H^+ 会被慢慢释放，继续催化分子进行缩聚，使树脂黏度增大，产生凝胶，所以通常加入碱性物质，并升高温度、不停搅拌溶液，使被包埋的 H^+ 释放出来，这一步称为重整反应或碱缩反应。如表7-8所示，重整反应的pH值过低或过高，都导致树脂黏度增大、分散性能降低。将pH值调节到弱碱性7~8时，产物的分散性能较好。

表7-8 缩聚反应温度对产物性能的影响

pH值	黏度/mPa·s	水泥净浆流动度/mm		
		w（SMUF）=0.4%	w（SMUF）=0.5%	w（SMUF）=0.6%
5.3	6.28	133	138	158
7.2	3.41	151	180	208
8.1	3.26	150	183	210
8.5	5.17	136	175	189
12.1	4.10	133	157	191

注：用量配比 n（F）：n（M）：n（U）：n（S）=6:1:1:2，磺甲基化阶段pH=11.5，80℃，60min；酸性缩聚阶段pH=4.5，60℃，75min；碱性重整阶段80℃，60min。

（三）应用

本品可以用于混凝土减水剂。在钻完井作业中可用于油井水泥分散剂，也可以用于钻井液降滤失剂。

四、磺化三聚氰胺-对氨基苯磺酸-甲醛树脂

在磺化三聚氰胺甲醛树脂分散剂的制备中，由于反应条件限制磺化三聚氰胺甲醛树脂分子上的—SO_3Na 的数量很难达到很高，一定程度上限制了磺化树脂性能的进一步提高。对氨基苯磺酸钠含有—SO_3Na，可以很容易地通过反应引入到磺化三聚氰胺甲醛树脂分子中，以提高分子中的亲水基团的数量[29]。

磺化三聚氰胺-对氨基苯磺酸-甲醛树脂的合成包括4步。

（1）羟甲基化反应：在四口烧瓶中投入一定比例的三聚氰胺（M）和对氨基苯磺酸钠（A）、甲醛（F）溶液、适量的去离子水，搅拌均匀，加入一定的碱液，控制pH=9~11。碱液的量不能过少，否则容易爆聚。升至一定温度，当反应溶液由红白浑浊液变为玫瑰红澄清液后，保温温度30min。

（2）磺化反应：在上述反应液中加入一定量的焦亚硫酸钠（S），温度升至85~90℃，待焦亚硫酸钠溶解后，用碱液调节pH=10~11，在85~90℃下保温反应90min。

（3）缩合反应：磺化反应时间达到后，迅速降温，并用30%硫酸调节pH值至酸性，

在 80℃下反应 60min。

（4）碱性重整：在上述缩聚反应产物中加入适量的碱液，调节 pH = 8 ~ 9，稳定 60min，自然冷却出料，最后得质量分数为 40% 的磺化三聚氰胺 - 对氨基苯磺酸 - 甲醛树脂水溶液产品。

研究表明，当反应条件一定时，原料配比是影响产物性能的关键。以产物对水泥浆流动度的影响作为考察依据，*n*（F）∶*n*（M）、*n*（A）∶*n*（M）和 *n*（M）∶*n*（S）对产物分散性能的影响见图 7-7。

如图 7-7（a）所示，水泥净浆流动度随着 *n*（F）∶*n*（M）的增加先提高后又降低，这是由于当 *n*（F）∶*n*（M）<3，甲醛的量不足三聚氰胺的三倍，三聚氰胺的羟基化反应不完全，三聚氰胺羟甲基物磺化后，活性基团不足影响缩合反应，从而影响分散性能；当 *n*（F）∶*n*（M）过大时，三聚氰胺羟甲基物磺化后还有多余的活性基团会使缩合产物交联，分散能力降低。如图 7-7（b）所示，随着 *n*（A）∶*n*（M）的增加，净浆流动度先增加后降低，当 *n*（A）∶*n*（M）为 0.5 时，流动度最大。如图 7-7（c）所示，随着 *n*（S）∶*n*（M）的增加水泥净浆流动度先增加，后又降低。这是由于一分子焦亚硫酸钠溶于水后生成两分子亚硫酸氢钠，理论上一分子三羟甲基三聚氰胺与一分子亚硫酸氢钠反应，生成一分子磺甲基三聚氰胺，磺化反应是羟甲基三聚氰胺与磺化剂反应生成羟甲基三聚氰胺磺酸钠，引入亲水基团—SO_3Na 的过程，同时封闭部分活性基团，避免形成非线性的体形分子。当磺化剂（焦亚硫酸钠）的用量不足三聚氰胺的 1/2 时，存在未被磺化的三聚氰胺，在后来的缩合阶段可能导致非线性的树脂生成，甚至交联，从而影响三聚氰胺树脂的分散性能；当磺化剂的量过大时，三聚氰胺分子上的羟甲基数量减少，不利于缩聚反应的发生，产物相对分子质量低，影响分散性能。

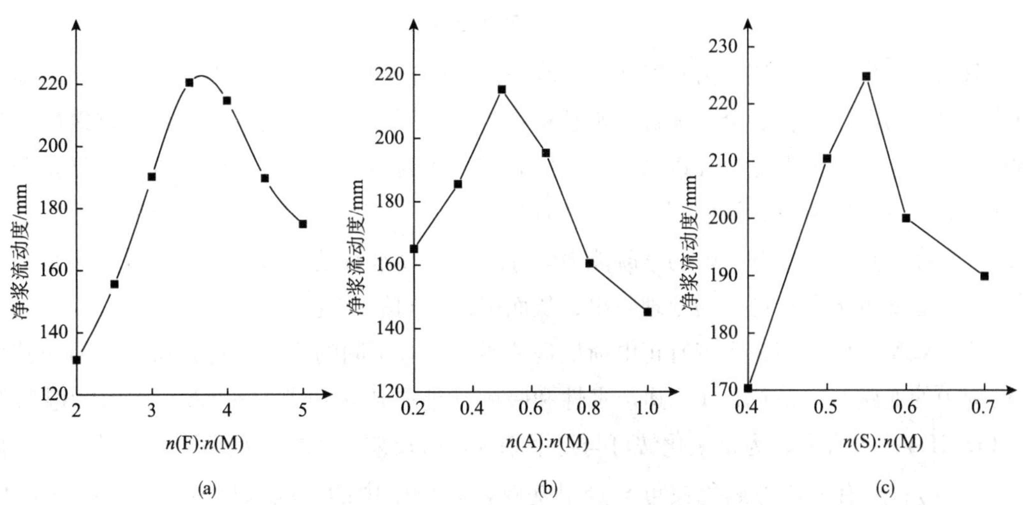

图 7-7　*n*（F）∶*n*（M）、*n*（A）∶*n*（M）和 *n*（S）∶*n*（M）对产物分散性能的影响

沈晓雷等[30]以用对氨基苯磺酸、三聚氰胺和甲醛为原料，合成了对氨基苯磺酸 - 三聚氰胺 - 甲醛树脂。研究表明，当 *n*（M）∶*n*（A）∶*n*（F）=1∶1.4∶5，羟甲基化阶段的

反应温度为70℃、反应时间为1.5h、pH值为8.5，酸性缩聚阶段的反应温度为80℃、反应时间为1h、pH值为6，碱性重整阶段的反应温度为75℃、反应时间为1h、pH值为8.5时，合成的产物综合性能良好；当加量1%（相对于水泥质量而言）时，对水泥具有较好的分散性，水泥净浆初始流动度达240mm。

本品可以用于油井水泥分散剂，也可以用于钻井液降滤失剂。还可以用于混凝土减水剂。

第三节　双氰胺－甲醛缩聚物

双氰胺（二氰二胺），缩写为DICY或DCD，是氰胺的二聚体，也是胍的氰基衍生物，化学式$C_2H_4N_4$。其结构见图7-8，白色结晶粉末，可溶于水、醇、乙二醇和二甲基甲酰胺，几乎不溶于醚和苯。水中溶解度在13℃时为2.26%，在热水中溶解度较大。当水溶液在80℃时逐渐分解产生氨气。13℃时在无水乙醇（C_2H_5OH）、乙醚中溶解度分别为1.26%和0.01%。相对密度1.40，熔点209.5℃，干燥时性质稳定，不燃烧。低毒，半数致死量（小鼠，经口）>4000mg/kg。空气中最高容许浓度为5mg/m³。

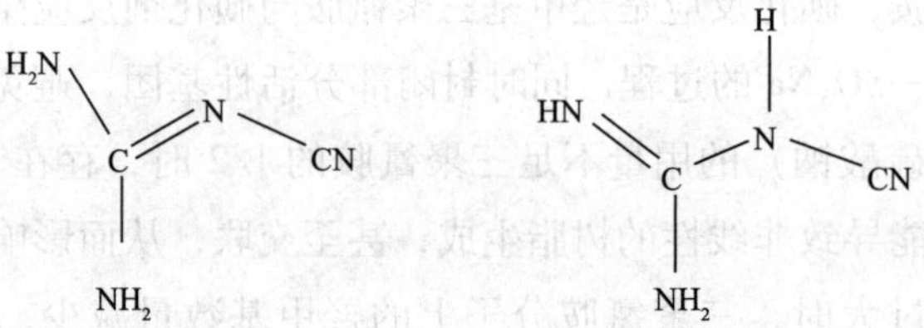

(a)二酰胺结构　　(b)氰基胍结构

图7-8　双氰胺结构

双氰胺－甲醛缩聚物是由双氰胺与甲醛在强酸或盐的存在下缩聚而成的。属于阳离子型缩聚物，易溶于水，安全、无毒、水解稳定性好，对pH值变化不敏感，有抗氯性。自1891年E. Benberge首先报导以来，至今已有126年的历史。它可用作黏合剂、纸张和玻璃纤维润滑剂、鞣革剂、固色剂、电镀添加剂等。近50年来，在开发絮凝剂应用过程中发现，它在一定条件下有良好的絮凝能力。除对染色废水有处理效果外，对含油污水、造纸废水、屠宰废水也有良好的处理效果，从而引起人们的重视[31]。

关于双氰胺甲醛缩聚物带有正电荷机理的原因，有不同的观点：有人认为是因为其分子结构中的亚胺基（$—NH_2^+$），其亲水性和吸附功能是因为氰基（—CN）水解为酰胺基（$—CONH_2$）；也有人认为是氯化铵可与羟甲基双氰胺反应，生成线型缩聚物并带有正电荷（$=N^+=$）；还有人认为氯化铵可与羟甲基双氰胺分子中的亚胺基反应（$C=NH+NH_4^+ \longrightarrow H_2N=C=NH_3^+$），从而使缩聚物带有正电荷。

有研究认为多个双氰胺分子可以通过氰基与胺基反应生成的亚胺基键而生成高分子聚合物[32]，双氰胺甲醛缩聚物的制备过程中，在H^+的存在下，双氰胺分子吸收氢离子在加热条件下发生异构化反应，由二酰胺结构转变为氰基胍结构并带有正电荷［式（7-17）～式（7-19）］。多个双氰胺分子可以通过氰基与胺基反应生成的亚胺基键而连接成为一个分子（图7-9），这样的分子又可以通过与甲醛反应生成的羟甲基进行脱水缩聚反应生成更大的链状或网状的大分子，即双氰胺甲醛缩聚物分子。

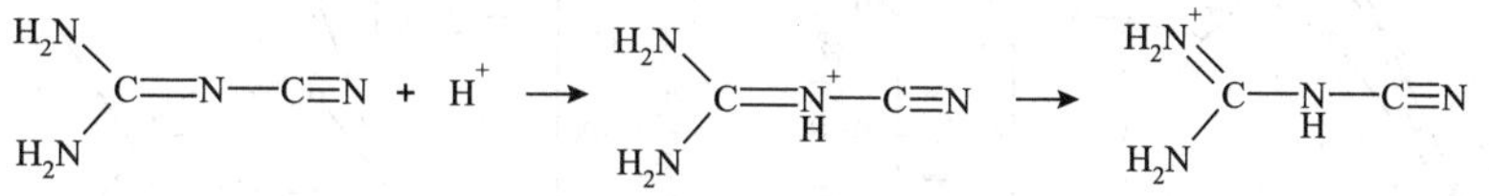

$$(H_2N)_2C{=}N{-}C{\equiv}N + H^+ \longrightarrow (H_2N)_2C{=}\overset{+}{N}H{-}C{\equiv}N \longrightarrow H_2\overset{+}{N}{=}C(NH_2){-}NH{-}C{\equiv}N \quad (7-17)$$

$$H_2\overset{+}{N}{=}C(NH_2){-}N{-}C{\equiv}N + H^+ \longrightarrow H_2N{-}C(={}\overset{+}{N}H_2){-}NH{-}C{\equiv}\overset{+}{N}{-}H \longrightarrow H_2N{-}C(={}\overset{+}{N}H_2){-}NH{-}\overset{+}{C}{=}NH \quad (7-18)$$

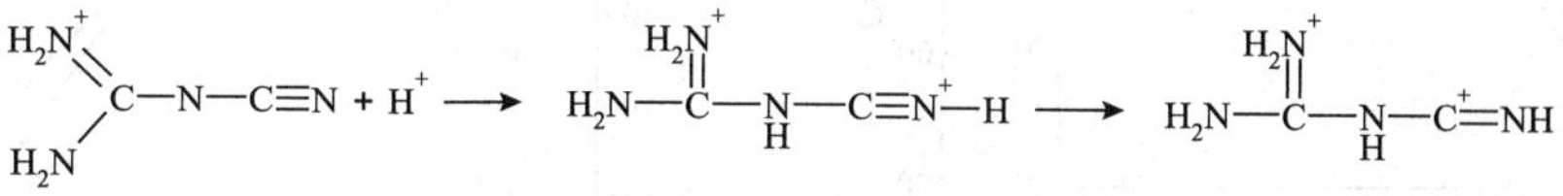

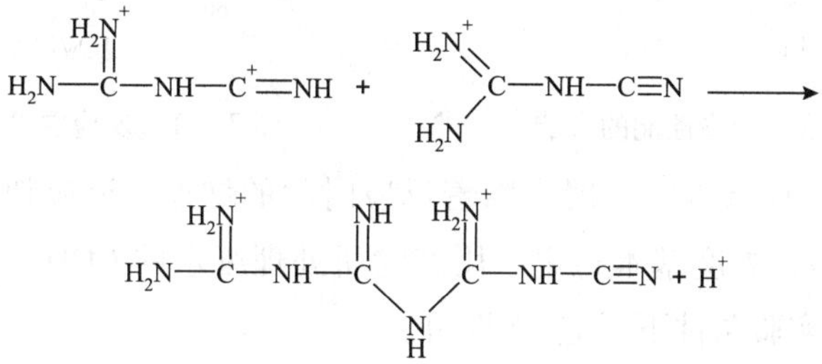

$$H_2N{-}C(={}\overset{+}{N}H_2){-}NH{-}\overset{+}{C}{=}NH + H_2\overset{+}{N}{=}C(NH_2){-}NH{-}C{\equiv}N \longrightarrow H_2N{-}C(={}\overset{+}{N}H_2){-}NH{-}C(=NH){-}NH{-}C(={}\overset{+}{N}H_2){-}NH{-}C{\equiv}N + H^+ \quad (7-19)$$

$$H_2N{-}C(={}\overset{+}{N}H_2){-}NH{-}C(=NH){-}[NH{-}C(={}\overset{+}{N}H_2){-}NH{-}C(=NH){-}NH]_n{-}C(={}\overset{+}{N}H_2){-}NH{-}CN$$

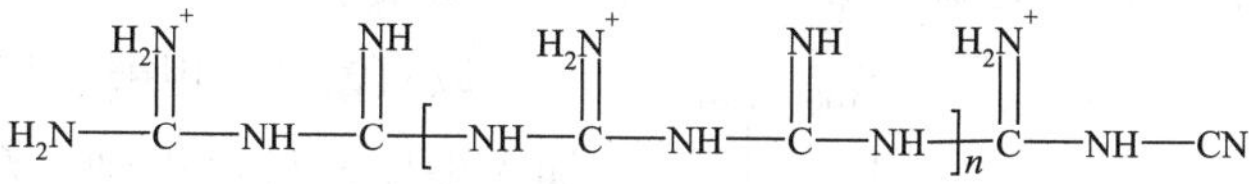

图7-9 亚胺基键连接成大分子结构

n≥0，为正整数

一、双氰胺-甲醛树脂

（一）双氰胺-甲醛树脂絮凝剂

以双氰胺、甲醛为主要原料，以硫酸铝为催化剂，并引入添加剂制备的阳离子双氰胺-甲醛树脂，可用作絮凝剂。实验表明，用其处理以活性染料为主要成分的印染废水时，具有显著的效果，其COD_{Cr}去除率≥80%，脱色率≥98%，其合成方法如下[33]。

在装有电动搅拌器、温度计和回流冷凝管的反应瓶中，依次加入双氰胺、硫酸铝、添加剂和甲醛，搅拌溶解后，控制反应温度为70℃±1℃，保温反应2～3h后，降温至55～60℃，加入适量的HP-复合稳定剂，然后在真空下控制温度在55℃左右，浓缩脱醛30min，再冷却到室温后加入甲醛捕捉剂，搅拌均匀即制得新型阳离子絮凝剂——双氰胺-甲醛树脂产品。

研究表明，影响产物性能的因素主要有硫酸铝用量、反应温度和反应时间[34]。如图7-10所示，当甲醛用量为59.8g，双氰胺用量为29.5g，硫酸铝用量为6g，添加剂用量为18.6g，温度为70℃，反应时间为3h时，随着硫酸铝用量的增加，所得树脂的黏度逐渐提高，用其所处理废水的COD_{Cr}去除率和脱色率先增加后降低，在实验条件下硫酸铝用量6g较好。

如图7-11所示，反应条件一定时，随着反应温度的升高，所得树脂的黏度增大，最终成为凝胶。用产物所处理废水的 COD_{Cr} 去除率和脱色率先增加后降低，在实验条件下反应温度 70℃ 较好。

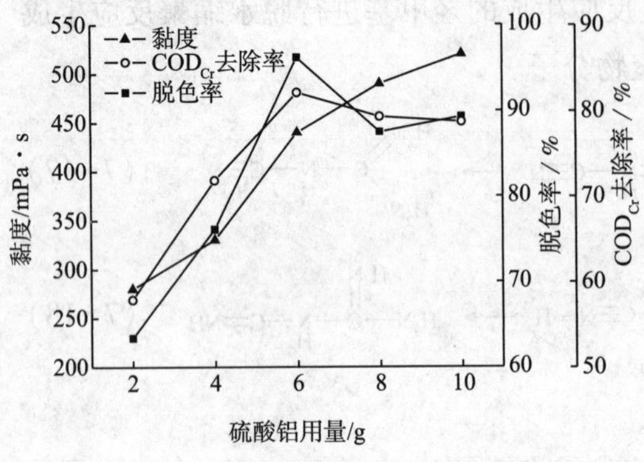

图 7-10　硫酸铝用量对产物性能的影响

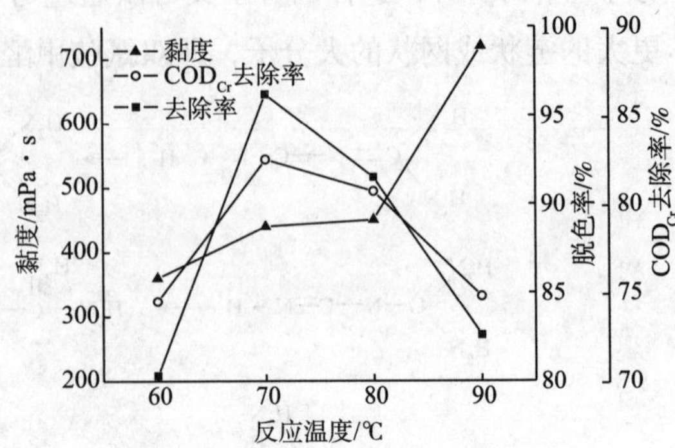

图 7-11　反应温度对产物性能的影响

图 7-12 表明，反应条件一定时，随着反应时间的增加，反应初期树脂的黏度增大，当反应时间超过 3h 后，黏度基本稳定。用产物所处理废水的 COD_{Cr} 去除率和脱色率先增加，后趋于平稳，在实验条件下反应 3h 即可。

（二）双氰胺－甲醛缩聚物－聚合氯化铝复合絮凝剂

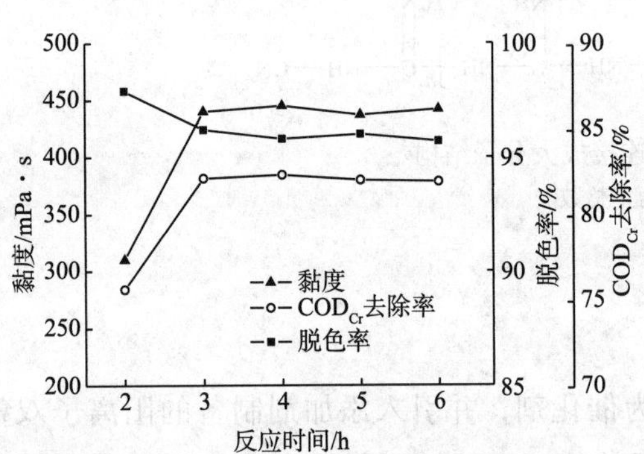

图 7-12　反应时间对产物性能的影响

以双氰胺、甲醛、氯化铝为主要原料，加入添加剂可以得到一种复合絮凝剂，其合成过程如下[35]。

在装有电动搅拌器、温度计、回流冷凝管的四口烧瓶中，依次加入双氰胺、氯化铝、添加剂和一定量的甲醛，搅拌溶解并待放热平稳后，加入剩余的甲醛（严格控制甲醛的滴加速率），搅拌溶解后，控制反应温度为 70℃，保温反应 2.5h 后，将温度降至 55～60℃，加入适量的 HP－复合稳定剂，然后在真空条件下控制温度约为 55℃，浓缩脱醛 30min，再冷却至室温后加入甲醛捕捉剂，搅拌均匀后即制得复合絮凝剂（DF－PAC）。

研究表明，影响产品性能的因素主要包括甲醛用量、氯化铝用量、反应温度和反应时间。如图 7-13 所示，当双氰胺用量为 29.1g，氯化铝用量为 4.8g，添加剂用量为 12.5g，反应温度为 70℃，反应时间为 2.5h 时，随甲醛加入量的增加，DF－PAC 复合絮凝剂产品的黏度增大；当甲醛加入量为 57.8g 时，模拟废水的 COD 去除率大于 90%，色度去除率大于 99%；但当甲醛加入量超过 57.8g 时，DF－PAC 复合絮凝剂因相对分子质量过大而出现凝胶，导致模拟废水的 COD 去除率和色度去除率下降。显然，甲醛加入量以 57.8g 为宜。

如图7－14所示，当甲醛为57.8g，其他条件一定时，随氯化铝加入量的增加，DF－PAC复合絮凝剂的黏度、模拟废水的COD去除率和色度去除率均增大；当氯化铝加入量超过4.8g后，DF－PAC复合絮凝剂易出现分层现象而失稳，导致模拟废水的COD去除率和色度去除率下降。可见，氯化铝加入量为4.8g较好。

实验表明，当反应条件一定时，随反应温度的升高，DF－PAC复合絮凝剂的黏度、模拟废水的COD去除率和色度去除率均增大；当反应温度为70℃时，模拟废水的COD去除率大于90%，色度去除率大于99%；当反应温度高于70℃时，随反应温度的升高，DF－PAC复合絮凝剂的黏度迅速增大，实验中甚至出现凝胶，且模拟废水的COD去除率和色度去除率下降。可见，反应温度在70℃较好。当反应条件一定时，反应时间为2.5h时，模拟废水的COD去除率大于91%，色度去除率大于99%；反应时间超过2.5h时，模拟废水的COD去除率和色度去除率的提高已不明显，若继续延长反应时间只能增加能耗，降低生产效率。因此，反应时间为2.5h即可。

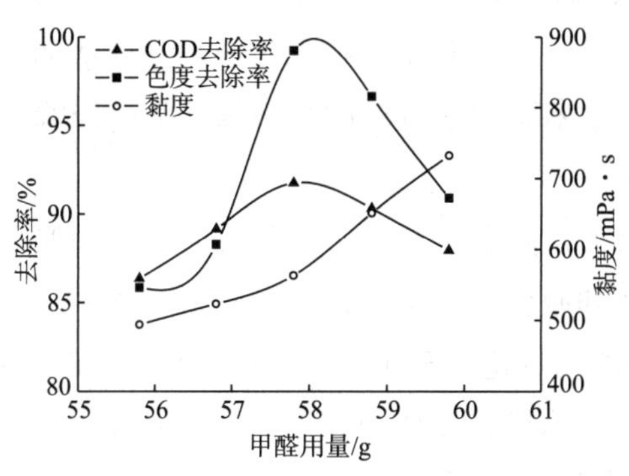

图7－13　甲醛用量对DF－PAC复合絮凝剂性能的影响

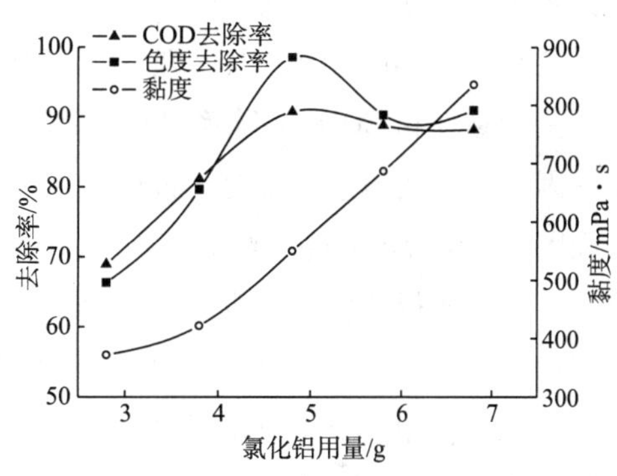

图7－14　氯化铝用量对DF－PAC复合絮凝剂性能的影响

（三）双氰胺甲醛改性脱色絮凝剂

为提高双氰胺甲醛型脱色絮凝剂的脱色性能，以尿素、三聚氰胺为交联剂，用双氰胺、甲醛为原料制备了一种改性脱色絮凝剂。实验表明，用其处理模拟染料废水，在相同投加量条件下，未改性脱色剂的最大脱色率为89.7%，而改性脱色剂的脱色率能达到94.6%。其合成方法如下[36]。

在装有温度计、冷凝管的三口烧瓶中，加入2.1g双氰胺、7mL甲醛、0.5g氯化铵、0.2g尿素、0.1g三聚氰胺，边搅拌边逐步升温到50℃后，停止加热，反应10min，然后再加入氯化铵0.5g，再升温到80℃，反应3h，得到无色透明带有黏性的液体，即得到产物。

通过在双氰胺、甲醛缩聚反应中加入二元胺或多胺类化合物进行交联缩合，可以使产物的相对分子质量进一步提高，所得脱色絮凝剂用于含水溶性染料的废水处理具有较好的效果。其合成过程为：在反应瓶中加入双氰胺、脲、甲醛及氯化铵用量的1/2～2/3，加热升温至30～50℃进行反应，待放热高峰过后，加入改性剂二元胺或多胺类化合物和剩余量的氯化铵进一步进行交联缩合，控制温度在90℃左右，保温2～4h即得脱色絮凝剂[37]。

（四）阳离子淀粉－双氰胺－甲醛缩聚物

以阳离子淀粉、双氰胺、甲醛为主要原料，以硫酸铝为催化剂，并引入添加剂制备的阳离子淀粉－双氰胺－甲醛缩聚物，用于印染废水混凝脱色剂，具有良好的混凝脱色效果，COD_{Cr}去除率≥91%，脱色率≥99%，同时还具有良好的絮凝性能[38]。其合成过程如下。

在装有电动搅拌器、温度计、回流冷凝管的四口烧瓶中，依次加入5.6g阳离子淀粉、23.5g双氰胺、4.8g硫酸铝、12.5g添加剂和一定量的甲醛，搅拌溶解并待放热平稳后，加入剩余的甲醛（总计57.8g），控制反应温度为70℃，保温反应1.5h，冷却到室温即制得阳离子淀粉－双氰胺－甲醛树脂产品。

研究表明，影响缩聚反应及产物性能的因素包括阳离子淀粉、甲醛和硫酸铝用量，以及反应温度和反应时间。按照基本条件，即双氰胺23.5g、阳离子淀粉5.6g、甲醛57.8g、硫酸铝4.8g、添加剂12.5g、反应温度70℃、反应时间为1.5h合成产品，并用所得产品处理活性红K－2BP溶液，以处理后水溶液的COD_{Cr}去除率和脱色率作为产品性能的评价依据。基于黏度和COD_{Cr}去除率和脱色率，考察了不同因素对反应和产物性能的影响（考察某一因素时，其他条件不变，该因素为变量）。

如图7－15所示，随着阳离子淀粉用量的增加，阳离子淀粉－双氰胺－甲醛树脂的黏度增加。而用所得产物处理废水的COD_{Cr}去除率和脱色率先增加，后又降低，当阳离子淀粉的用量为5.6g时，效果最佳。当阳离子淀粉的用量超过5.6g后，由于阳离子淀粉－双氰胺－甲醛树脂相对分子质量过高，树脂在水中的水解速度变慢，导致效果降低。

如图7－16和图7－17所示，随着甲醛、硫酸铝用量的增加，阳离子淀粉－双氰胺－甲醛树脂产品的黏度增加。而用所得产物处理废水的COD_{Cr}去除率和脱色率先增加后又降低，当甲醛的用量为57.8g、硫酸铝用量为4.8g时，均达到最佳效果。这是由于甲醛的用量过大，阳离子淀粉－双氰胺－甲醛树脂因相对分子质量过高而出现凝胶，而当硫酸铝用量过大时，阳离子淀粉－双氰胺－甲醛树脂易出现分层现象而失稳，从而导致产品效果降低。

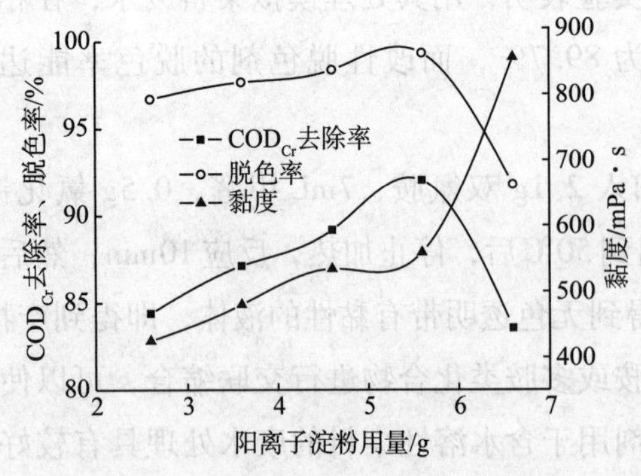

图7－15　阳离子淀粉用量对反应的影响

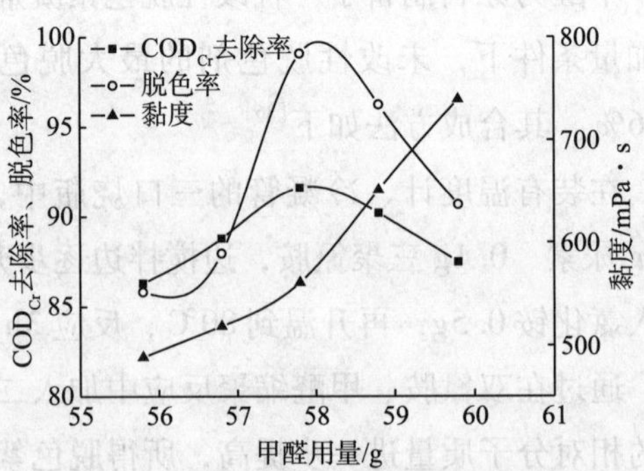

图7－16　甲醛用量对反应的影响

在实验中发现，随着反应温度的升高，阳离子淀粉－双氰胺－甲醛树脂的黏度增大，用其所处理废水的 COD_{Cr} 去除率和脱色率开始逐渐升高，后又呈现降低，这是由于随着反应温度的升高，树脂的黏度迅速增大，甚至出现凝胶，导致效果降低。实验条件下反应温度应控制在 70℃左右较好。当反应温度为 70℃，随着反应时间的增加阳离子淀粉－双氰胺－甲醛树脂的黏度逐渐增大，当反应时间达到 1.5h 后，黏度基本不再变化，用其所处理废水的 COD_{Cr} 去除率和脱色率开始逐渐升高，后趋于不变，反应时间为 1.5h 时，用产物所处理废水的 COD_{Cr} 去除率和脱色率达到最高，处理染料废水时絮体颗粒大，沉降速度很快。当反应时间超过 1.5h 时，效果的提高已不明显，可见反应时间 1.5h 即可满足要求。

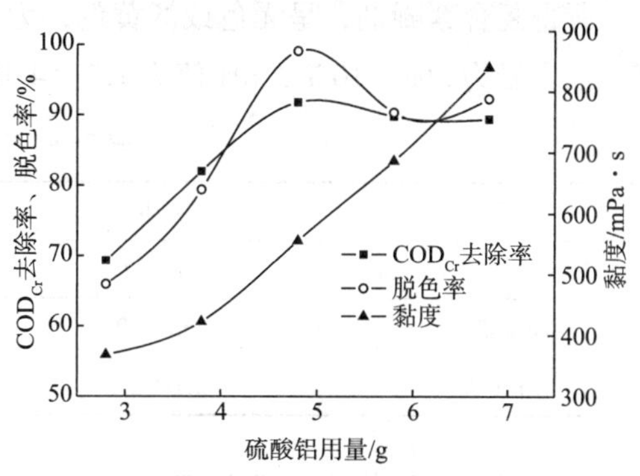

图 7－17 硫酸铝用量对反应的影响

（五）改性双氰胺－甲醛/聚胺复合絮凝剂

研究表明，改性双氰胺－甲醛/聚胺复合絮凝剂用于印染废水处理，色度、悬浮物、COD_{Cr} 去除率分别达到 99.5%、99.6%、86.7%，表现出良好的絮凝脱色效果。其制备分两步进行，方法如下[39]。

1. 高相对分子质量聚环氧氯丙烷胺（PEDA）的制备

在装有电动搅拌器、温度计、回流冷凝管及恒压滴液漏斗的反应瓶中，先加入 101.6g 环氧氯丙烷，水浴冷却并搅拌下，保温 25～40℃，用 2.5h，分批加入 100g 质量分数为 33% 的二甲胺溶液。撤去水浴，反应溶液自动升温至约 50℃，保温反应 30min。加入 3.3g 无水乙二胺溶液，反应溶液自动升温至约 60℃，保温反应 1h，再升温至 70℃，保温反应 4h，冷却至室温。

所得环氧氯丙烷－二甲胺－乙二胺聚合物，呈淡黄色极黏稠液体，极易溶于水，与聚氯化铝等无机混凝剂相溶性很好，产物 pH = 7～8，固含量为 66.5%。

2. 高相对分子质量改性双氰胺－甲醛/聚胺复合脱色絮凝剂 P（DCD－EDA）的合成

在装有电动搅拌器、温度计、球形冷凝管的 250mL 三口烧瓶中，加入 56g 质量分数为 37.5% 的甲醛溶液，室温搅拌下，加入 30g 双氰胺和 24g 氯化铵，溶液温度开始降低约 10℃，随后在约 0.5h，自动升温至 65～70℃。物料溶解，溶液逐渐变得透明，保温反应 1.5h。溶液呈淡黄色黏稠状。加入 5g 无水乙二胺，保温反应 20min，溶液变得更加黏稠；加入适量的上述制备的聚环氧氯丙烷胺聚合物（先用适量的水溶解），保温反应 20min，溶液呈微浑浊，同时黏稠状明显增加。加入 5g 脲，微混消失，保温反应 1h，溶液变透明，pH = 6～7。加入适量的结晶氯化铝，保温反应 1h。加水调整溶液的固含量。冷却至室温即得到复合絮凝剂。

所得复合絮凝剂，呈无色或淡黄色，为可流动的极黏稠液体。固含量为40%～70%，氧化铝含量为5%～10%，pH值为1.0～4.0。产品性能指标见表7-9。

表7-9 产品性能指标

项目	指标	项目	指标
密度（20℃）/（g/cm^3）	1.252	黏度/mPa·s	438
固含量/%	55～60	外观	无色或浅色透明黏稠液体
pH值	5.0～5.5	游离甲醛含量/%	≤0.058

二、双氰胺-乙二醛缩聚物

以双氰胺和乙二醛为原料，以氯化铵为催化剂制得的双氰胺-乙二醛缩聚物，用于水处理脱色絮凝剂具有良好的絮凝脱色效果，其合成过程如下[40]。

在装有搅拌器、冷凝管、温度计的250mL四口瓶中依次加入33.6g双氰胺、21.6g氯化铵，然后升高水浴温度至25℃，用滴液漏斗分批加入62g乙二醛溶液，当物料温度升至45～50℃时出现放热现象，待放热高峰过后再加入余下的乙二醛溶液，逐步升温至65℃，在65℃下搅拌反应3h。冷却到室温即得到浅褐色黏稠的双氰胺-乙二醛缩聚物脱色絮凝剂产品。固含量为60%～65%，密度（20℃）为1.421g/cm^3，黏度为1100mPa·s，pH=5.5～6。

制得的双氰胺-乙二醛缩聚物脱色絮凝剂的絮凝脱色性能良好，脱色率≥93%，COD_{Cr}去除率≥66%，评价表明，以PAC+DG组成的絮凝剂处理印染废水时，产生的絮体大而密实，沉降速度快、产生污泥量少，药剂用量少，最佳出水水质为：COD_{Cr}<60mg/L，色度<30倍。

三、应用

双氰胺-甲醛缩聚物作为脱色剂，是20世纪90年代问世的一种新型高效脱色絮凝剂品种，稳定性好，它具有高效的去除染料废水颜色，通过提供大量的阳离子，使染料分子上所带的负电荷被中和而失稳，与此同时加入的双氰胺甲醛-缩聚物因水解生成大量的絮状物，可吸附、聚沉脱稳后的染料分子，从水体分离，因此达到脱色的目的。基于其分子结构特征和油田作业废水的特点，双氰胺甲醛缩聚物和其改性产物，也可以用于废钻井液脱色剂、絮凝剂，油田水处理脱色、絮凝剂等，同时还可以用于黏土防膨剂，以及采油用堵水、调剖剂的主要成分。

参考文献

[1] 孙迎胜，侯玉梅，张文玉. 油井堵水用改性脲醛树脂生产工艺研究［J］. 化工生产与技术，2003，10（5）：10-11.

[2] 李坤，廖易刚，陈大钧. 低毒改性脲醛树脂堵剂的合成及应用［J］. 精细石油化工进展，2007，8

(5)：1－4.

[3] 张国荣，严锦根，陈应淋，等. 应用于固结地层砂的 FSJ－Ⅱ脲醛树脂胶粘剂［J］. 中国胶粘剂，2001，10（1）：41－43.

[4] 严焱诚，陈大钧，王成文，等. 改性脲醛树脂防砂研究与现场应用［J］. 特种油气藏，2005，12（4）：85－86，93.

[5] 吴均，李良川，路海伟，等. 脲醛树脂改性堵水剂的研制［J］. 油田化学，2012，29（3）：299－301.

[6] 王小泉，季伟. 改性脲醛树脂堵剂的制备研究［J］. 西安石油学院学报（自然科学版），2003，18（5）61－64.

[7] 刘晓平，程百利，张寿根，等. 一种地下缩聚固化的脲醛树脂堵水堵漏剂［J］. 油田化学，2004，21（1）：36－38.

[8] 李乐梅，吕建海，徐忠，等. 乳化脲醛树脂固砂剂的研究及应用［J］. 精细石油化工进展，2004，5（8）：19－22，25.

[9] 龚福忠，张国利，柴月娥. 改性脲醛树脂季铵盐的合成及其絮凝化学性质研究［J］. 工业水处理，2006，26（9）：62－64.

[10] 王中华. 钻井液处理剂实用手册［M］. 北京：中国石化出版社，2016.

[11] 李建法，宋湛谦，李芳. ^{13}C 核磁共振研究磺化脲醛树脂的反应机理［J］. 分析测试学报，2005，24（6）：37－41.

[12] 华南理工大学. 复合磺化脲醛树脂及其制备方法和用途：中国专利 CN，1088592［P］. 1994－06－29.

[13] 中山大学. 抗高温耐高盐石油钻井泥浆降失水树脂：中国专利 CN，1003598［P］. 1989－12－06.

[14] 鲍允纪，何跃超，孙立芹，等. 酚脲醛树脂改性褐煤降滤失剂的合成与评价［J］. 机械石油化工，2011，28（5）：5－9.

[15] 山东轻工业学院. 酚脲醛树脂改性褐煤类抗高温抗盐降滤失剂及其制备方法：CN，102408882A［P］. 2012－04－11.

[16] 王永，刘凡，牛中念，等. 新型高温滤失剂 SMPU 的合成及其使用性能［J］. 河南科学，1996，14（2）：160－164.

[17] 王毓秀、邓介凡编. 胶黏剂生产工艺［M］. 中国林业出版社，1989.

[18] 李陶琦，刘建利，姚逸伦，等. 低游离甲醛三聚氰胺甲醛树脂的合成［J］. 应用化工，2009，38（10）：1537－1539.

[19] 曾小君，陈义东，苏志宪，等. 三聚氰胺－乙二醛缩聚物脱色絮凝剂的合成及其应用［J］. 工业用水与废水，2009，30（4）：67－69.

[20] 马广彦，杨生柱. 多羟甲基三聚氰胺的简易制备方法及其在油井堵水中的应用［J］. 油田化学，1990，7（2）：179－181.

[21] 李蒙，李海英，陈磊燕，等. 三聚氰胺甲醛树脂/聚丙烯酰胺调剖堵水剂研究［J］. 应用化工，2012，41（2）：307－310.

[22] 李成海，陀深宗，徐丽丽. 磺化三聚氰胺甲醛树脂的合成［J］. 广西大学学报（自然科学版），1991，16（2）：83－86.

[23] 王中华. 钻井液及处理剂新论 [M]. 北京：中国石化出版社，2016.

[24] 吕金环，鲁统卫，周泳，等. 用氨基磺酸改性三聚氰胺系高效减水剂 [J]. 混凝土，2005 (4)：47 - 48，63.

[25] 段宝荣，赵磊，王全杰，等. 磺甲基化三聚氰胺树脂的合成研究 [J]. 国际纺织导报，2007 (6)：70 - 72.

[26] 李海涛. 磺化蜜胺树脂的合成及其钻井液降滤失性能的研究 [D]. 济南大学硕士学位论文，2010.

[27] 刘兴重，王敏娟，熊凯，等. 磺化三聚氰胺 - 尿素甲醛树脂的合成 [J]. 武汉科技大学学报，2004，27 (3)：264 - 266.

[28] 杨东杰，邱学青. 磺化三聚氰胺脲醛树脂的三步法合成工艺研究 [J]. 现代化工，2004，24 (9)：40 - 43.

[29] 张圣麟，逄鲁峰，孙飞，等. 对氨基苯磺酸钠改性三聚氰胺减水剂合成工艺 [J]. 混凝土，2012 (6)：64 - 67.

[30] 沈晓雷，吴涛，朱彩霞，等. 高效减水剂用对氨基苯磺酸 - 三聚氰胺 - 甲醛树脂的合成 [J]. 中国胶粘剂，2014 (8)：35 - 38.

[31] 林丰. 双氰胺甲醛缩聚物类絮凝剂的发展与展望 [J]. 工业水处理，2004，24 (1)：1 - 4，11.

[32] 张恒，王晓平，胡振华. 双氰胺甲醛缩聚反应机理和强放热现象研究 [J]. 能源化工，2014，35 (6)：48 - 52.

[33] 曾小君. 新型阳离子絮凝剂 KD - 1 在活性印染废水处理中的应用研究 [J]. 环境污染治理技术与设备，2005，6 (3)：72 - 74，78.

[34] 曾小君，徐肖邢，陆雪良，等. 硫酸铝催化合成双氰胺 - 甲醛絮凝剂的研究 [J]. 水处理技术，2004，30 (4)：205 - 207.

[35] 陆雪良，曾小君，徐锐. 双氰胺 - 甲醛聚合物 - 聚合氯化铝复合絮凝剂的合成及应用 [J]. 化工环保，2008，28 (2)：169 - 173.

[36] 耿仁勇，吕雪川，李国轲，等. 双氰胺甲醛型改性脱色絮凝剂的合成、表征及脱色性能 [J]. 环境科学学报，2016，36 (10)：3752 - 3758.

[37] 董学亮，孙希孟，胡卫东，等. 高效反应性脱色絮凝剂的合成及应用 [J]. 河南科学，2014，32 (8)：1404 - 1406.

[38] 曾小君，汪学英，徐肖邢，等. 阳离子淀粉 - 双氰胺 - 甲醛絮凝剂的合成及其絮凝性能 [J]. 四川环境，2004，23 (4)：12 - 14.

[39] 陈晓燕，黄西艳，黄祥虎. 改性双氰胺 - 甲醛/聚胺复合絮凝剂用于印染污水处理 [J]. 科技风，2012 (10)：54 - 55.

[40] 曾小君 路中培 吴瑞祥，等. 双氰胺 - 乙二醛缩聚物脱色絮凝剂的合成及其应用 [J]. 工业水处理，2010，30 (9)：53 - 56.

第八章 酮醛缩聚物

本章所述的酮醛缩聚物是指由酮类和醛类经缩聚反应或在缩合反应中同时发生磺化反应而成的热固性或水溶性聚合物，通常包括酮醛树脂和酮醛树脂磺酸盐。

第一节 酮醛树脂

酮醛树脂是指由酮类和醛类经缩聚反应而成的聚合物，也称为醛酮树脂或者聚酮树脂。一般来说，未经改性的酮醛树脂分子结构中含有羰基，端基为羟基，与涂料用的树脂与溶剂具有良好的相容性，对颜料有良好的润湿、分散作用，能够有效提高涂料的附着力、光泽及硬度等性能，是一种性能优良的涂料用多功能助剂，广泛用作制备涂料、油墨通用色浆的研磨树脂以及提高涂料性能的助剂。由丙酮甲醛树脂和脲醛树脂组成的堵水剂，可用于油井堵水，矿场试验表明，其堵水成功率高达85%。该种堵水组分可广泛用于消除油井生产套管损坏、层间窜流和堵炮眼。

最早关于酮醛树脂合成的报道是1936年美国杜邦公司的George等申请的专利，他们用石脑酮与甲醛在氢氧化钾的催化下合成出了琥珀色的酮醛树脂，该树脂与桐油、乙基纤维素、硝基纤维素及溶剂混合可以制得性能良好的涂料。由于当时合成出的酮醛树脂性能不稳定，颜色较深，使酮醛树脂的生产与应用受到限制[1]。

1951年国外学者开发出环己酮－甲醛和3－甲基环己酮或4－甲基环己酮－甲醛树脂的制备方法，得到的树脂为无色、透明的固体，环己酮－甲醛树脂的产率可达126%（相对于环己酮质量），熔点为112℃，其主要的品种是环己酮－甲醛树脂。后来，人们尝试用不同的酮与醛进行缩聚反应，在酮醛树脂结构中引入不同的基团，使酮醛树脂具有特殊的性能。以氢氧化钠水溶液为催化剂，将1，3－二（邻氧基苯甲醛）丙烷与丙酮或者环己酮进行反应得到酮醛树脂，并用三甲苯氢氧化铵为催化剂，将1，3－二（邻氧基苯甲醛）丙烷与对二乙酰基苯反应得到酮醛树脂。以此合成的酮醛树脂中含有双键结构，使酮醛树脂具有光敏性，能够在光引发剂引发下进行交联固化。用全氟丙酮与气态甲醛制备酮醛树脂，其熔点为170～180℃，该树脂可用作模塑料、金属或者其他材料的保护涂层，使用时可与各种材料混合，如颜料、染料、填料、抗氧剂及紫外线吸收剂等。由于其中含有氟原子，在涂料中使用时可以增加涂料的耐候性与耐老化性能，提高涂料的耐水性与抗污性能等，有望成为提高涂料性能的高性能添加剂。

研究发现用含有2个醛基的化合物与特殊结构的酮在碱的催化作用下进行缩聚反应，

可得到电导率较高的酮醛树脂，醛的结构为 OHC—R—CHO，如对苯二醛、2，5－二氯对苯二甲醛、间苯二甲醛等；酮的结构为 $R—CH_2—CO(R_2)_n—CH_2R_3$，其中，R_1 和 R_3 为1～4个碳原子的饱和烷基或者5～12个碳原子的环烷基，R_2 为具有二茂铁结构的基团。该树脂能够溶于有机溶剂，并且具有良好的光稳定性，当加热至100℃以上时，转换成不溶、不熔且具有半导体性质的物质，因此其在电子工业中具有广泛的应用前景。

在树脂结构中引入无机酸基团，可以获得水溶性酮醛树脂，将酮（如丙酮、双丙酮醇）和醛及含酸基团的化合物（亚硫酸钠、焦硫酸钠等）按一定比例在一定的温度下反应得到水溶性树脂，还可以在合成过程中根据不同的用途加入不同的改性剂（如三聚氰胺、尿素、苯酚、氨基醋酸、羟烷基纤维素等）进行改性。由此制备的树脂具有良好的水溶性，可用作水泥浆分散剂或减阻剂。

环己酮－甲醛树脂能够溶于绝大多数溶剂，但不能溶于完全非极性的溶剂，如正己烷、矿物油和石油溶剂等。如果将带有烷基取代基的酮类引至树脂结构中，所得的酮醛树脂将具有更好的溶剂相溶性，如用对叔丁基环己酮、甲基乙基酮、3，3，5－三甲基环己酮或者它们的混合物与甲醛制备出溶剂相溶性范围宽的酮醛树脂，这些树脂能够溶于正己烷、矿物油和石油溶剂，因此，可以用作油溶性暂堵剂。

在酮醛树脂的合成过程中加入低沸点的醇类溶剂如甲醇、乙醇等，可以制备出低含水率的酮醛树脂。用环己酮与甲醛、甲醇合成出低含水量、高热稳定性和抗黄变性的酮醛树脂，该树脂可以应用到对水分含量要求严格的聚氨酯涂料体系中。在某种条件下，过量的甲醛与酮的缩聚产物可以作为溶剂使用。如用环己酮、环戊酮、甲基乙基酮、苯酰基丙酮、乙酰基丙酮、苯乙酮、2，3－丁二酮与过量的甲醛在三乙胺的作用下制备出能够溶解三聚氰胺的反应型溶剂。研究发现，在该反应型溶剂中，甲醛的摩尔浓度越高，其对三聚氰胺的溶解性能越好。

一、环己酮－甲醛缩合物

环己酮－甲醛缩聚物，即环己酮－甲醛树脂是酮醛树脂中的一种，它是在以碱金属氢氧化物为催化剂条件下由环己酮与甲醛水溶液缩聚而成[1]。

不同条件下制备的酮醛树脂，其性能和用途有所不同。根据用途的需要，环己酮－甲醛树脂的存在形式也有所不同，主要有软树脂、透明树脂和固体粉末树脂，其软化点为75～120℃。它主要用于印刷油墨中改善油墨的流动性及快干性，还用于涂料中，以提高涂料的干性、硬度、光泽、附着力以及固体份含量。环己酮－甲醛树脂的突出优点是它具有广泛的相容性和良好的溶解性，从而适用于绝大多数涂料体系。环己酮－甲醛树脂的合成技术，20世纪50年代由德国巴斯夫公司首先开发成功。由于它与醇酸树脂、马来树脂、聚酰胺树脂、环氧树脂等能很好地混溶，且与许多有机溶剂的相溶性优良，从而使它的应用很快得到了推广，应用范围也越来越广。

我国对环己酮－甲醛树脂的研究始于20世纪80年代。1985年，上海新华树脂厂开始研制环己酮－甲醛树脂，1991 年该厂研究人员报道了氢氧化钠催化合成环己酮－甲醛的方法，得到的树脂与溶剂的相溶性能好，主要用于塑料彩印油墨、电化烫印箔和圆珠笔芯油墨，可以替代进口产品。还有研究人员研制出涂料助剂用的环己酮－甲醛树脂，醛树脂的收率可达 92%，环己酮转化率达 94%。

目前我国酮醛树脂的合成方法主要是采用氢氧化钠作为催化剂，树脂生成后用酸进行中和，往往会发生中和过度或者中和不足的现象，产生的盐及残余的酸或碱要通过多次水洗除去，会产生大量的工业废水，造成不同程度的环境污染，且生产周期长，造成部分树脂随水洗流失，影响树脂的收率。为了解决中和终点的问题，在环己酮与甲醛缩聚反应结束后，在体系中加入能够在碱性条件下水解的物质（如卤代烷、乙酸乙酯等）对反应后的物料进行中和，由此制备的树脂加德纳色度在 1～3 号范围内，软化点在 70～95℃，但该方法只是保证了中和终点，仍然不能够省去水洗过程。

（一）环己酮－甲醛缩聚物

环己酮－甲醛缩聚物通常是由环己酮在碱性条件下与甲醛缩合聚合得到的低相对分子质量的缩聚物[2]。

1. 反应原理

环己酮与甲醛的缩合反应分两步进行，在碱性条件下首先发生典型的羟醛缩合反应，见式（8－1），然后羟甲基环己酮进行脱水缩合成树脂的反应，见式（8－2）。

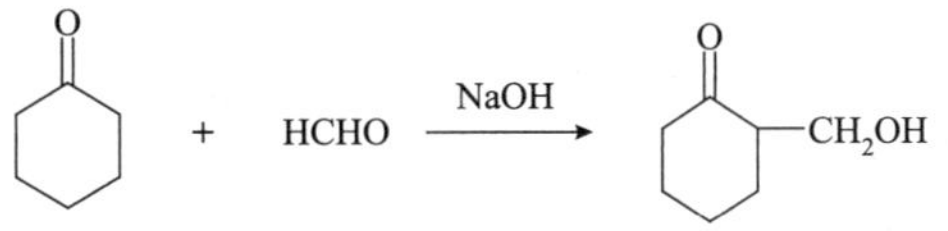

$$\text{(cyclohexanone)} + HCHO \xrightarrow{NaOH} \text{(2-oxocyclohexyl)}-CH_2OH \qquad (8-1)$$

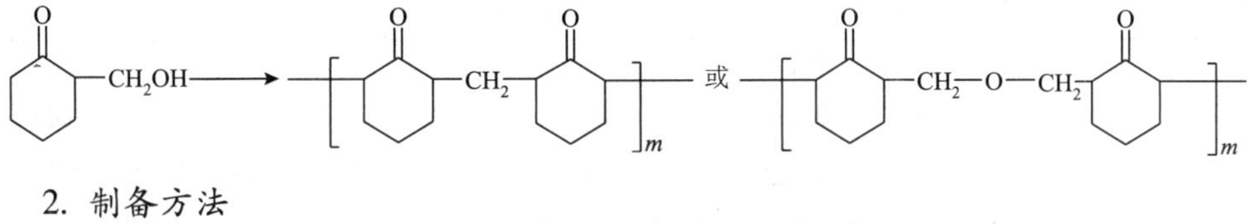

$$\text{(2-oxocyclohexyl)}-CH_2OH \longrightarrow \left[\text{(C}_6\text{ ring, C=O)}-CH_2-\text{(C}_6\text{ ring, C=O)} \right]_m \text{ 或 } \left[\text{(C}_6\text{ ring, C=O)}-CH_2-O-CH_2-\text{(C}_6\text{ ring, C=O)} \right]_m \qquad (8-2)$$

2. 制备方法

环己酮与甲醛水溶液，在碱金属氢氧化物作催化剂的条件下进行缩聚反应，它的生产工艺有间歇式及连续式两种。

连续式操作是在垂直的管式反应器中进行的。将环己酮、甲醛和氢氧化钠水溶液从反应器上部加入，反应区位于反应器的下半部，反应器中部的温度为 90℃左右，出口处温度控制为 25℃。

间歇式操作是将环己酮、甲醛水溶液及少量溶剂加入反应器中，加热至 65℃，再加入氢氧化钠溶液，pH 值调至 10.8，温度在 2min 内升至 75～80℃，在此温度下回流 20min，反应结束时 pH 值为 11.6。用乙酸水溶液将其中和至 pH＝7，冷却后，分出树脂层，再用 70～75℃的热水洗涤 3 次，真空下蒸出未反应物，或真空干燥，即得产品。

以间歇式操作合成为例，其合成过程如下。

首先，在装有回流冷凝器、搅拌器及分液漏斗的三口反应烧瓶中，加入适量环己酮和甲醛，搅拌并加热到一定温度，保温条件下逐滴加入适量的碱液。加入甲苯，稀释并静置后除去水相，然后用草酸水溶液调节上述树脂液 pH 值为 6，脱出溶剂。反应完毕趁热出料，即得淡黄色至浅红棕色酮醛树脂。

研究表明，在酮醛树脂合成中，温度、原料配比、碱用量和溶剂用量等均对反应及产品性能有不同程度的影响。

温度是影响酮醛缩合反应的主要因素之一，起始滴碱温度及缩合反应温度对产品性能有较大影响。滴加碱液时若反应体系温度过高，则滴加碱液反应激烈，易造成冲釜现象；温度太低则不能进行反应，树脂的软化点和收率都降低。实验表明，起始滴碱时反应体系最佳温度为 60～100℃，在此温度下所得产物的软化点在 103～105℃。脱水减压蒸馏温度选甲苯作回流溶剂时的温度。选用苯的回流温度太低，脱水反应不彻底，树脂软化点低，选用二甲苯的回流温度偏高，树脂色深，溶剂回流的难度加大。

原料配比也是影响产物性能的主要因素。环己酮与甲醛的物质的量比决定树脂的软化点高低和在有机溶剂中的溶解性，间接影响漆膜的硬度和光泽。如表 8-1 所示，反应条件一定时，n（环己酮）∶n（甲醛）=1∶(1.12～1.2) 时，所得树脂具有较好的性能。当环己酮为 1mol，甲醛的量 <1.08mol 时，得到软性树脂；甲醛的量 >1.2mol 时，所得树脂颜色较深。

表 8-1　原料配比对产品质量的影响

n（环己酮）∶n（甲醛）	软化点/℃	颜色（Pt－Co 比色）/号	n（环己酮）∶n（甲醛）	软化点/℃	颜色（Pt－Co 比色）/号
1∶0.95	85	2	1∶1.16	104	4
1∶1.08	99	3	1∶1.20	110	4～5
1∶1.12	102	3	1∶1.24	116	5

由于环己酮与甲醛的缩合反应是在碱性条件下进行的，故碱液用量对反应及产物性能至关重要，如表 8-2 所示，当 n（环己酮）∶n（甲醛）=1∶1.16，碱液用量太少时，则树脂软化点低，而碱液用量太多时，则树脂色深。可见，碱液的最佳用量为 n（环己酮）∶n（碱液）=1∶(0.05～0.06)。

表 8-2　碱液用量对产品质量的影响

n（环己酮）∶n（碱）	软化点/℃	颜色（Pt－Co 比色）/号	n（环己酮）∶n（碱）	软化点/℃	颜色（Pt－Co 比色）/号
1∶0.040	90	2	1∶0.060	104	4
1∶0.045	95	2	1∶0.065	100	5
1∶0.050	102	3	1∶0.070	93	6
1∶0.055	104	4			

在反应中，生成物中除了目标产物外，还伴有水的生成。为了使反应进行完全，必须将水移出。向反应体系中加入甲苯的目的是使之与反应中的水形成共沸物，而将水移走，

同时也将未反应的单体溶解移出。当 n（环己酮）∶n（甲醛）为1∶1.16时，随着甲苯用量的增加，所得产物的软化点先增加后降低，当甲苯用量为0.94mol（以1mol环己酮为基准）时，所得树脂性能良好，其软化点在102℃左右。这是由于甲苯用量少时，不能完全把水移出反应体系，所得树脂软化点低，而当甲苯用量过多时，则会延长蒸馏时间，造成浪费，所得溶剂中有未反应的单体等杂质，且所得树脂的颜色较深。所以，甲苯的用量以 n（甲苯）∶n（环己酮）=0.94∶1较适宜。

（二）甲基环己酮－甲醛缩聚物

甲基环己酮－甲醛缩聚物，是由甲基环己酮和甲醛在NaOH催化下，通过缩聚反应得到，其合成过程如下[3]。

将甲基环己酮和甲醛溶液按 n（甲基环己酮）∶n（甲醛）=1∶1.4的配比加入到装有搅拌器、回流冷凝器和温度计的四口烧瓶中，油浴加热至50～60℃，逐渐滴加占甲基环己酮的质量0.4%的NaOH溶液。在130℃下反应6h后，加入二甲苯，搅拌10min，静置20min，用80～90℃的蒸馏水洗涤至中性，去除下层水相，将油相转入单口烧瓶，真空蒸馏至140℃，得浅黄色脆性的甲基环己酮－甲醛树脂。

所得树脂软化点为110.2℃，羟值32.8mg KOH/g，该树脂在涂料常用溶剂中具有良好的溶解性。

二、苯乙酮－甲醛树脂

苯乙酮－甲醛树脂是由苯乙酮与甲醛在碱性条件下缩合聚合得到的低聚物，其在油田中的用途与环己酮－甲醛树脂相同[4]。

（一）反应原理

$$C_6H_5COCH_3 + HCHO \xrightarrow{NaOH} C_6H_5CO\text{—}CH_2\text{—}CH_2OH \xrightarrow{-H_2O}$$

$$H\text{—}\left[CH(COC_6H_5)\text{—}CH_2\right]_n\text{—}OH + HCHO \longrightarrow HOCH_2\text{—}\left[CH(COC_6H_5)\text{—}CH_2\right]_n\text{—}OH \qquad (8-3)$$

（二）合成方法

在装有冷凝管、搅拌器和温度计的四口烧瓶中，按照醛酮物质的量比为1，加入一定量的苯乙酮、甲醛和3%质量分数为50%的氢氧化钠溶液，油浴加热，升温至150℃，在此温度下反应7h后，用蒸馏水洗涤至pH值为7，电导率≤50μs/cm，抽真空蒸馏至无馏出物为止，然后趁热出料即可得到苯乙酮－甲醛树脂。其软化点为80℃，羟值为23.3mg KOH/g。

在苯乙酮－甲醛树脂的合成中，催化剂用量、酮醛比、反应时间等均会对反应产生影

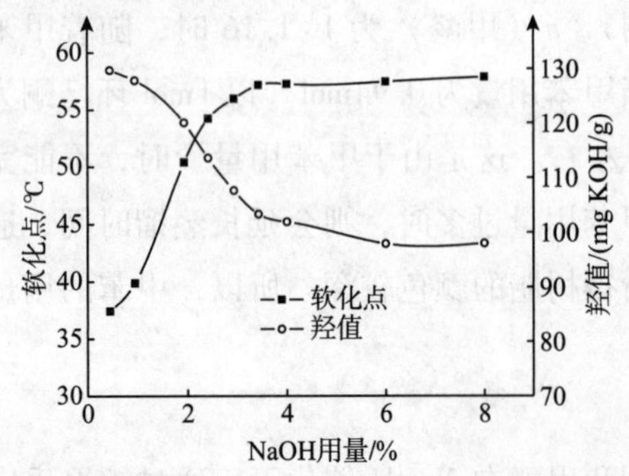

图 8-1　氢氧化钠用量对树脂软化点和羟值的影响

响。催化剂氢氧化钠是保证反应进行的关键，故其用量将关系着产物的性能。在醛酮物质的量比为 2，反应温度为 150℃，反应时间为 9h 时，氢氧化钠用量对树脂软化点和羟值的影响见图 8-1。从图 8-1 可以看出，随着氢氧化钠用量的增加，树脂的软化点呈增加趋势，树脂的羟值则呈降低趋势。在氢氧化钠用量超过 3% 后，树脂的软化点和羟值几乎无变化。苯乙酮－甲醛树脂分子链的端基是羟基，随着相对分子质量的增加，树脂软化点提高，羟值则会下降。催化剂用量的增加，使反应速度加快，反应程度提高，导致相对分子质量增加，因此软化点提高，羟值下降；当催化剂用量增加到一定量时，反应达到平衡，单体转化率和相对分子质量已不再提高。实验还发现，碱用量不足会使软化点下降，而碱用量过多会使树脂的颜色加深。为获得颜色浅、软化点又较高的树脂，氢氧化钠用量以 3% 较为合适。

如图 8-2 所示，当氢氧化钠用量为 3%，反应温度为 150℃，反应时间为 9h 时，随着醛酮物质的量比的增加，树脂的软化点先增加而后下降，羟值则先降低后又增加，然后两者均趋于稳定。这是因为当醛酮物质的量比小于 1 时，苯乙酮不能完全转化为一羟甲基苯乙酮，这样就阻碍相对分子质量的增加；当醛酮物质的量比大于 1 时，甲醛过量稀释了一羟甲基苯乙酮的浓度，同时体系水含量增加，这样也会影响相对分子质量的增加。在醛酮物质的量比为 1 时软化点达到最大（72.8℃），羟值达到最低（38.8mg KOH/g），增大或减小醛酮物质的量比都使树脂的软化点降低、羟值增大，但当醛酮物质的量比增加到 2 之后，树脂的软化点和羟值波动不大。因此，要获得高软化点的树脂，醛酮物质的量比为 1 较为理想。

如图 8-3 所示，在醛酮物质的量比为 1，氢氧化钠用量为 3%，反应温度为 150℃时，反应时间过短，反应程度低，相对分子质量低，因此树脂的软化点低，羟值高；随着反应时间的延长，反应程度提高，相对分子质量提高，故树脂软化点提高，羟值降低；但当反应时间达到 7h 后，反应达到平衡，此时再延长反应时间，树脂的软化点和羟值变化不大。因此，为得到高软化点的树脂，又缩短合成周期，反应时间以 7h 为宜。

三、苯乙酮－环己酮－甲醛树脂

在环己酮－甲醛树脂中引入苯乙酮结构单元，可以进一步改善环己酮－甲醛树脂的性能，使其应用更加广泛[5]。其合成过程如下。

在装有冷凝器、搅拌器和温度计的四口烧瓶中，加入一定量的苯乙酮、甲醛（全部或部分）和质量分数为 50% 的氢氧化钠溶液，油浴加热，在 150℃下预反应一定时间，再加入环己酮和其余甲醛继续反应 4h 后，用蒸馏水洗涤至 pH 值为 7，电导率≤50μs/cm，然后抽真空蒸馏（真空度为－0.09MPa）至无馏出物为止，趁热出料即可得到苯乙酮－环己酮-甲醛树脂。

研究表明，在合成中预反应时间、甲醛加料方式及环己酮、苯乙酮物质的量比等是影响树脂性能的关键因素。

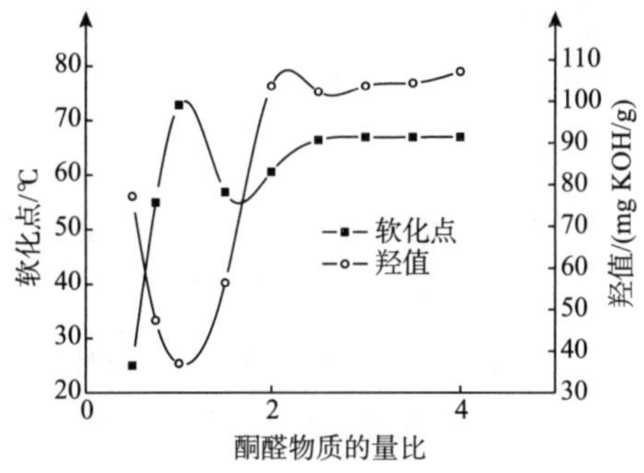

图8-2 酮醛物质的量比对树脂软化点和羟值的影响

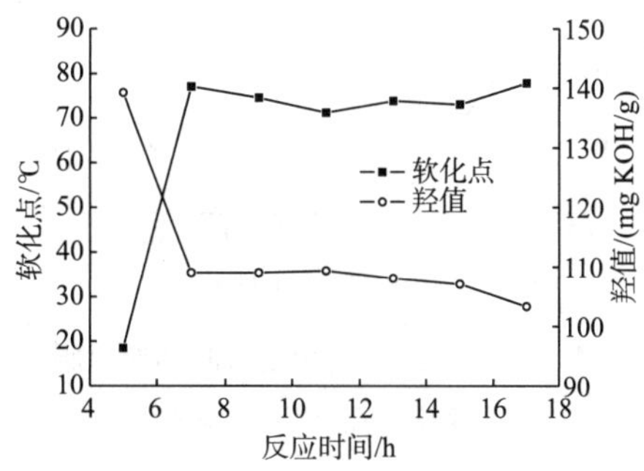

图8-3 反应时间对树脂软化点和羟值的影响

在预反应阶段，甲醛与苯乙酮反应生成一羟甲基苯乙酮、二羟甲基苯乙酮及苯乙酮与羟甲基苯乙酮缩聚物等中间产物。加入环己酮时，一部分环己酮与甲醛反应，另一部分环己酮会与苯乙酮和甲醛缩聚的中间产物缩合。预反应时间长时，苯乙酮-甲醛缩聚物的相对分子质量及含量较高，预反应时间短时，由于体系甲醛较多，形成的环己酮-甲醛缩聚物的相对分子质量及含量较高，因此预反应时间对体系的平均相对分子质量影响不大。在 n（甲醛）∶n（环己酮+苯乙酮）为1.3，n（环己酮）∶n（苯乙酮）为1，氢氧化钠用量为3%，温度为150℃，甲醛一次性加入和两次等量加入的情况下，预反应时间对树脂软化点和羟值的影响见图8-4和图8-5。

由图8-4可见，树脂的软化点随预反应时间变化不大。但由于苯乙酮-甲醛树脂羟值较环己酮-甲醛树脂低，随着预反应时间的增加，树脂中苯乙酮结构单元含量增加，导致羟基值下降，而到一定时间后，由于苯乙酮中α-H消耗完后，其在树脂中的比例不再增加，羟值不再有太大变化。在预反应时间小于1h时，其羟基值下降较快，1h后基本趋于稳定。

由图8-5可见，树脂的软化点随预反应时间的增加变化不大，其趋势与图8-4相似。树脂的羟值随预反应时间的增加也同图8-4相似呈下降趋势，但羟值在预反应时间为2h时才趋于稳定，且绝对值比图8-4低很多。在实验中，甲醛分两次等量加入，因此在预反应阶段甲醛与苯乙酮的物质的量比为1.3，以前的研究表明，该比例是合成苯乙酮-甲醛树脂较好的醛酮比，这样在预反应阶段更有利于生成较高相对分子质量的苯乙酮-甲醛树脂，使最终树脂的羟值绝对值较低。在图8-4的实验中，在预反应阶段甲醛的含量相对较大，同苯乙酮反应较快，消耗完苯乙酮中α-H的时间较短，因此图8-5的反应相对图8-4则需要更长的预反应时间才能使羟值达到稳定。

比较图8-4和图8-5的结果可以发现，为了得到高软化点、合适羟值的酮醛树脂，并且方便实际工艺操作，甲醛一次性加入、预反应时间取1.5h较为合适。

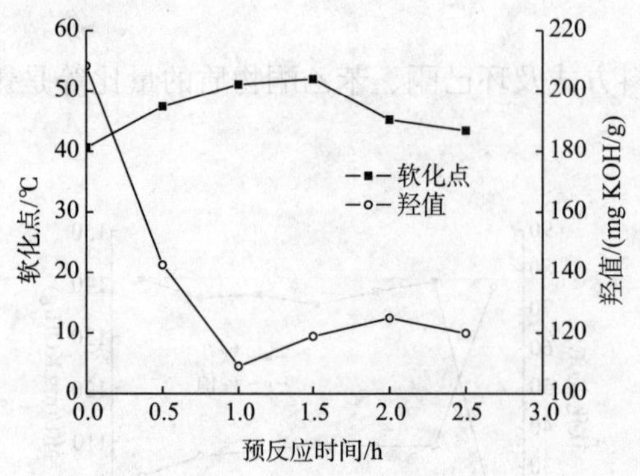

图 8-4　一次加料预反应时间对树脂软化点和羟值的影响

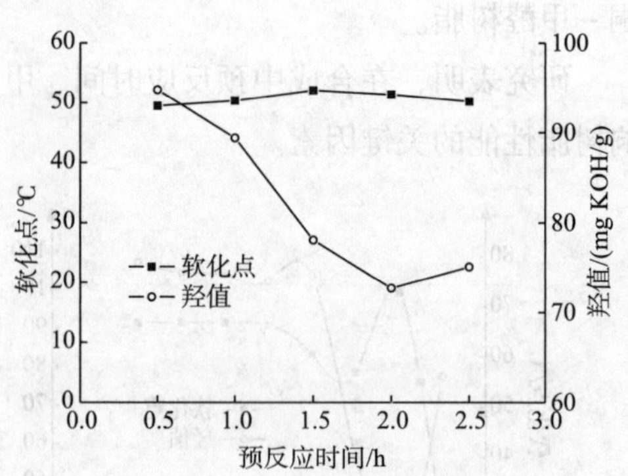

图 8-5　二次加料预反应时间对树脂软化点和羟值的影响

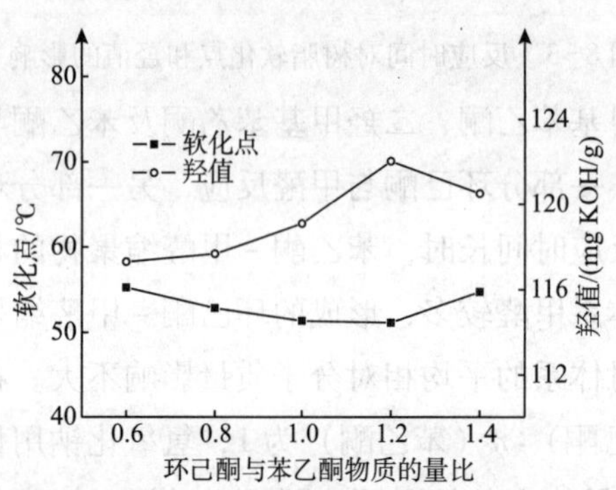

图 8-6　环己酮与苯乙酮物质的量比对树脂软化点和羟值的影响

如图 8-6 所示，在 n（甲醛）：n（环己酮+苯乙酮）为 1.3，氢氧化钠用量为 3%，温度为 150℃，预反应时间为 1.5h，甲醛一次性加入的条件下，随着 n（环己酮）：n（苯乙酮）的增加，苯乙酮的量逐渐减少，虽然分子结构中环己酮单元增加，会使软化点有所提高，但苯乙酮用量较少，苯乙酮和甲醛生成的中间产物浓度降低，使环己酮与中间产物缩聚几率减小，又会使软化点下降，其软化点随 n（环己酮）：n（苯乙酮）的变化不明显。在合成过程中，环己酮的用量逐渐增加，使树脂中环己酮与甲醛缩聚的结构单元含量增加，从而使树脂的羟值呈上升趋势，图 8-6 还表明，树脂的羟值随环己酮、苯乙酮物质的量比的增加总体呈增加趋势。为了得到较高软化点、合适羟值的酮醛树脂，n（环己酮）：n（苯乙酮）为 1 较好，此时树脂的软化点为 51.3℃、羟值为 119.0mg KOH/g。

综上所述，用氢氧化钠为催化剂引发苯乙酮、环己酮和甲醛发生共缩聚反应合成苯乙酮-环己酮-甲醛树脂时，在 n（甲醛）：n（环己酮+苯乙酮）为 1.3、n（环己酮）：n（苯乙酮）为 1、预反应时间为 1.5h、反应时间为 4.0h、NaOH 用量为 3%、温度为 150℃、甲醛一次性加入的条件下可得到软化点为 51.3℃、羟值为 119.0mg KOH/g 的苯乙酮-环己酮-甲醛树脂。

四、应用

环己酮-甲醛树脂、苯乙酮-甲醛树脂和苯乙酮-环己酮-甲醛树脂等综合性能良好，是一种新型涂料添加剂。在油田可以用于钻井堵漏剂、油基钻井液增黏剂、油溶性暂堵剂，以及采油堵水、防砂等。

第二节 磺化酮醛缩聚物

本节所述的磺化酮醛缩聚物包括磺化丙酮－甲醛缩聚物、磺化环己酮－甲醛缩聚物和磺化苯乙酮－甲醛缩聚物。与磺化丙酮甲醛缩聚物相比，磺化环己酮－甲醛缩聚物和磺化苯乙酮－甲醛缩聚物研究较少。

一、磺化丙酮－甲醛缩聚物

磺化丙酮－甲醛缩聚物（SAF）是一种阴离子型聚电解质，产品为桔黄色粉末，易溶于水，水溶液呈现弱碱性。分子中含有羟基、羰基和磺酸基等亲水基团，以及有共轭羰基基团，具有耐温、抗盐和分散能力强等特点，适用于多种类型的油井水泥，与其他外加剂相容性好，是一种新型的非引气型分散减阻剂，

（一）性能

SAF是一种专为高温固井开发的水泥高温分散减阻剂，后来逐渐用于混凝土减水剂，并广泛推广，就其结构看，如果进一步提高其相对分子质量，则可以用作抗高温、抗盐的钻井液处理剂。SAF为桔黄色自由流动粉末；40%溶液黏度为20～30mPa·s，有效物≥85%，水分≤10%，水不溶物≤2%，孔径0.38mm筛余物≤5%，2%溶液pH值为8～9。差热分析表明，SAF具有较高的热稳定性，在温度高达325℃时才开始分解[6-8]。

1. 表面张力

用美国Texas－500型界面张力仪测定20℃下SAF溶液的表面张力，如图8-7所示，SAF加入水中后，溶液的表面张力下降幅度不大，基本接近水的表面张力。显然SAF是一种非引气型分散剂，不会因其加入而大幅度降低表面张力，使用性能稳定。

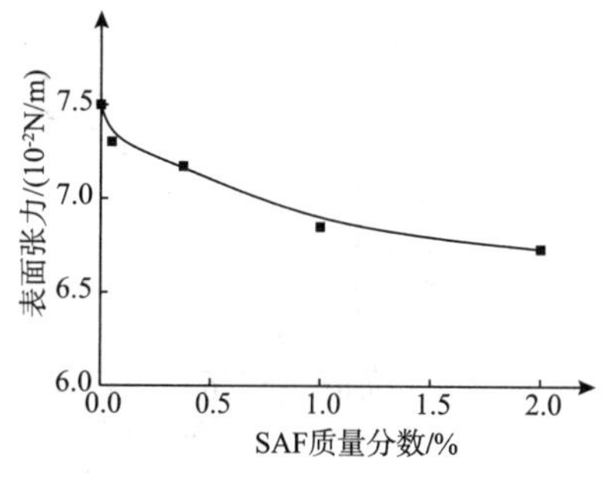

图8-7 SAF的含量与表面张力的关系

2. SAF的分散机理

SAF是含有磺酸基团的阴离子型聚合物表面活性剂，它对油井水泥浆的减阻作用与其在水泥颗粒上的吸附性有关。一方面，加入水泥浆中的减阻剂分子的定向吸附，水泥颗粒表面带有相同的电荷，在斥力的作用下，水泥－水体系处于相对稳定的悬浮状态，拆散水泥在水化初期形成的絮凝状结构，使絮凝体内的游离水释放出来，从而提高水泥浆的流动性；另一方面，吸附在水泥颗粒表面上的SAF，其分子链上的—SO_3^-是强水化基团，—SO_3^-很易与极性水分子缔合，在水泥颗粒表面形成一层稳定的水化膜，阻止了水泥颗粒间的相互聚结，达到分散减阻的目的。

SAF在水泥颗粒上的吸附量随着SAF用量的增加，开始逐渐增加，然后趋于稳定，说明SAF在水泥颗粒上的吸附不是无限的。表8-3是SAF加量对水泥浆流变参数的影响情况，从中可以看出，随着SAF用量的增加，水泥浆的表观黏度降低，塑性黏度开始降低后

又增加，流型指数 n 值增大，稠度系数 k 值降低，分散减阻作用相对增强，即随 SAF 在水泥颗粒上吸附量的增加，减阻作用增强，可见影响 SAF 在水泥颗粒上吸附的因素，均影响其减阻分散能力。

表 8-3　SAF 加量对水泥浆流变参数的影响

SAF 加量/%	AV/mPa·s		PV/mPa·s		n		k/（10^{-1}Pa·s^n）	
	20℃	80℃	20℃	80℃	20℃	80℃	20℃	80℃
0	52	105	40	48	0.70	0.374	4.15	80.05
0.2	57	40	43	21	0.683	0.44	5.1	19.37
0.3	31	28	32	29	1.047	1.053	0.223	0.195
0.4	35.5	23.5	38	28	1.105	1.307	0.171	0.028

注：嘉华 G 级水泥，水灰比 0.44。

3. 影响 SAF 在水泥颗粒上吸附量的因素

研究表明，配浆方式和水灰比会影响 SAF 在水泥颗粒上吸附量。如图 8-8 所示，采用人工搅拌配浆的吸附量，低于按 API 标准配浆时的吸附量，但两者的变化趋势相同，即随着 SAF 量的增加，吸附量也增加，当加量超过 0.6% 以后，吸附量趋于稳定。

如图 8-9 所示，增加水灰比，SAF 在水泥颗粒上的吸附量降低。如图 8-10 所示，SAF 在 G 级水泥上的吸附量，基本不受温度的影响，说明 SAF 具有良好的抗温能力。

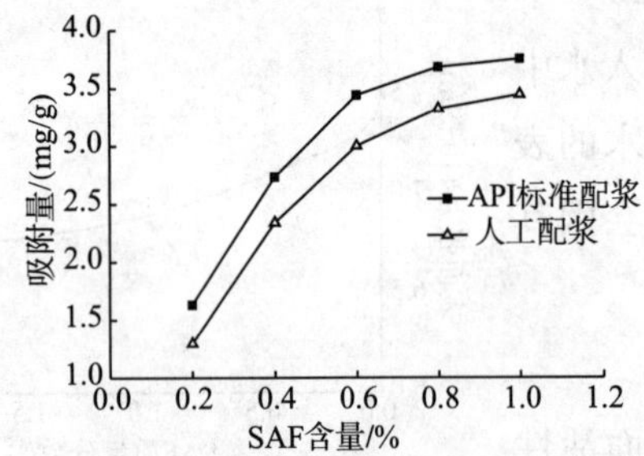

图 8-8　SAF 在 G 级水泥上的吸附等温线
（水灰比 0.44，在 20℃下吸附 20min）

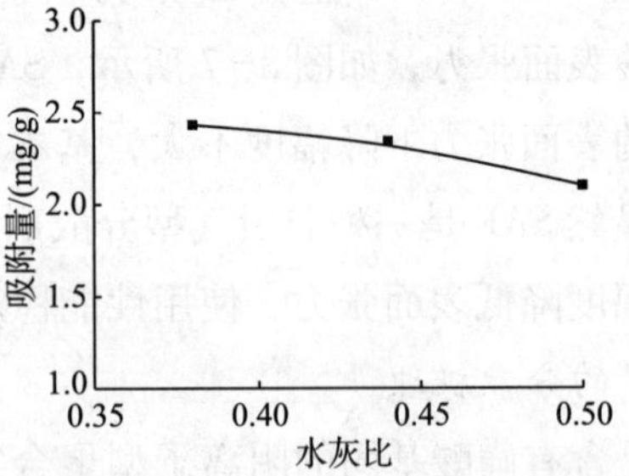

图 8-9　水灰比对吸附量的影响
（吸附时间 20min，吸附温度 15℃）

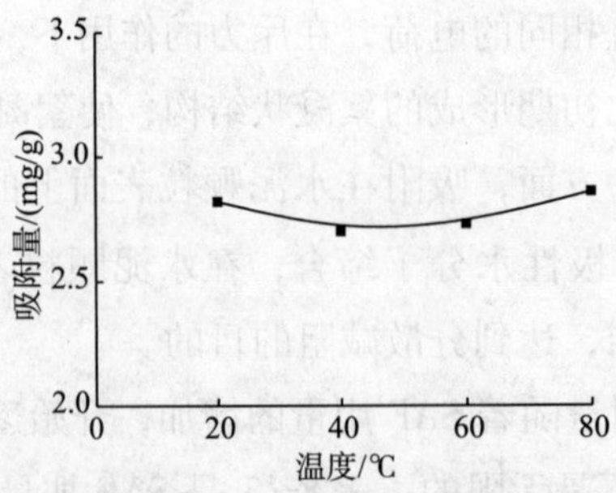

图 8-10　温度对吸附量的影响
（水灰比 0.44，吸附时间 20min，SAF 加量 0.5%）

（二）制备方法

1. 反应原理

$$Na_2SO_3 + H_2O \longrightarrow NaHSO_3 + NaOH \tag{8-4}$$

$$H_3C-\overset{O}{\overset{\|}{C}}-CH_3 + NaHSO_3 \longrightarrow H_3C-\underset{CH_3}{\overset{OH}{C}}-SO_3Na \tag{8-5}$$

$$H_3C-\overset{O}{\overset{\|}{C}}-CH_3 + HCHO \longrightarrow HO-CH_2-CH_2-\overset{O}{\overset{\|}{C}}-CH_2-CH_2-OH \tag{8-6}$$

$$HO-CH_2-CH_2-\overset{O}{\overset{\|}{C}}-CH_2-CH_2-OH + NaHSO_3 \longrightarrow HO-CH_2-CH_2-\underset{SO_3Na}{\overset{OH}{C}}-CH_2-CH_2-OH \tag{8-7}$$

$$HO-CH_2-CH_2-\overset{O}{\overset{\|}{C}}-CH_2-CH_2-OH \xrightarrow{\triangle} HO{+}CH_2-CH_2-\overset{O}{\overset{\|}{C}}-CH_2-CH_2-O{+}_mH \tag{8-8}$$

$$HO-CH_2-CH_2-\underset{SO_3Na}{\overset{OH}{C}}-CH_2-CH_2-OH \xrightarrow{\triangle} HO{+}CH_2-CH_2-\underset{SO_3Na}{\overset{OH}{C}}-CH_2-CH_2-O{+}_nH \tag{8-9}$$

$$\begin{aligned} &HO{+}CH_2-CH_2-\overset{O}{\overset{\|}{C}}-CH_2-CH_2-O{+}_mH + HO{+}CH_2-CH_2-\underset{SO_3Na}{\overset{OH}{C}}-CH_2-CH_2-O{+}_nH \\ &\longrightarrow HO{+}CH_2-CH_2-\overset{O}{\overset{\|}{C}}-CH_2-CH_2-O{+}_m{+}CH_2-CH_2-\underset{SO_3Na}{\overset{OH}{C}}-CH_2-CH_2-O{+}_nH \end{aligned} \tag{8-10}$$

$$\begin{aligned} &HO{+}CH_2-CH_2-\overset{O}{\overset{\|}{C}}-CH_2-CH_2-O{+}_m{+}CH_2-CH_2-\underset{SO_3Na}{\overset{OH}{C}}-CH_2-CH_2-O{+}_nH + H_3C-\underset{CH_3}{\overset{OH}{C}}-SO_3Na \\ &\longrightarrow H_3C-\underset{CH_3}{\overset{SO_3Na}{C}}-O{+}CH_2-CH_2-\overset{O}{\overset{\|}{C}}-CH_2-CH_2-O{+}_m{+}CH_2-CH_2-\underset{SO_3Na}{\overset{OH}{C}}-CH_2-CH_2-O{+}_n\underset{CH_3}{\overset{SO_3Na}{C}}-CH_3 \end{aligned} \tag{8-11}$$

2. 制备实例

方法1：按配方要求，将300份丙酮、800份甲醛、250份亚硫酸氢钠加入反应釜中，搅拌至亚硫酸氢钠全部溶解；将体系的温度升至50～60℃，在此温度下，慢慢加入50份催化剂，待催化剂加完后将体系的温度升至80～90℃，在此温度下反应2～6h；所得反应产物经烘干、粉碎，即得微黄色的自由流动粉状产品。

将液体反应产物经乙醇沉洗，分离，真空烘干，粉碎得微黄色自由流动粉状产品，收率在85%以上。用乌氏黏度计在25℃下测磺化缩聚产物在0.5mol/L的NaCl水溶液中的增比黏度η_{sp}，测定时使用浓度为0.15g/mL的溶液。

在合成中，原料配比和合成条件对产物的性能具有较大的影响，不同因素对反应的影响程度不同[9]。

如图8-11所示，当甲醛80g，丙酮30g，亚硫酸盐30g，在80℃±5℃下反应3.5h时，产物的黏度随着催化剂用量的增加而提高，当催化剂用量达到一定值时，变化趋于平稳。

如表 8-4 所示，当甲醛 100g，丙酮 30g，催化剂 3.5g，在 80℃ ±5℃下反应 3.5h 时，亚硫酸盐的用量决定磺化缩聚产物的水溶性，随着亚硫酸盐用量的增加，反应产物从不溶、微溶变为水中可溶解，同时磺酸基团的数量也直接关系着产物的应用性能。

表 8-4　亚硫酸盐用量对磺化缩聚产物性能的影响

亚硫酸盐用量/g	产物水溶性	η_{sp}	亚硫酸盐用量/g	产物水溶性	η_{sp}
15	不溶	—	25	溶解	2.4
20	微溶	—	30	溶解	2.7

如图 8-12 所示，当 n（酮 + 醛）: n（亚硫酸盐）: n（催化剂） = 1:0.181:0.0798，反应温度为 80℃ ±5℃、反应 3.5h 时，随着酮醛比的增加，反应产物的黏度起初迅速增加，然后增加的趋势减缓并达到最高值，此后则趋于降低。也就是说，磺化缩聚产物的相对分子质量随着酮醛比的增加逐渐升高并达到最大值，以后又降低。

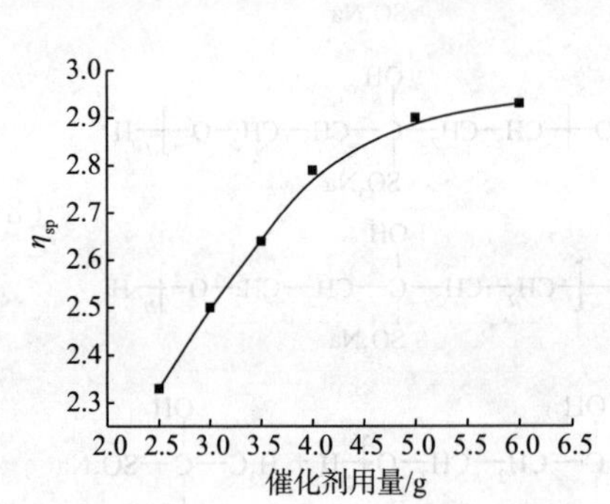

图 8-11　催化剂用量对反应的影响

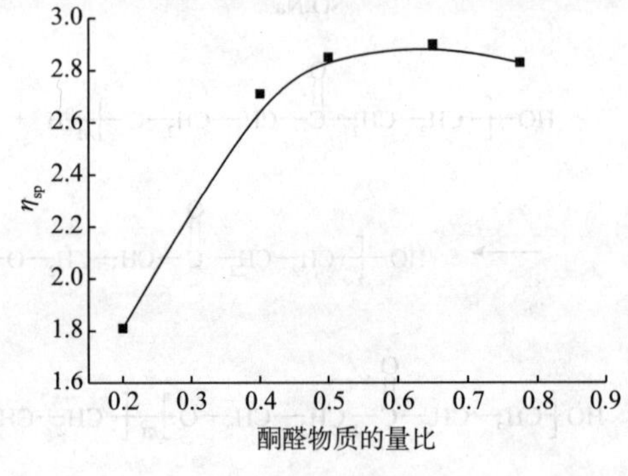

图 8-12　酮醛物质的量比对反应的影响

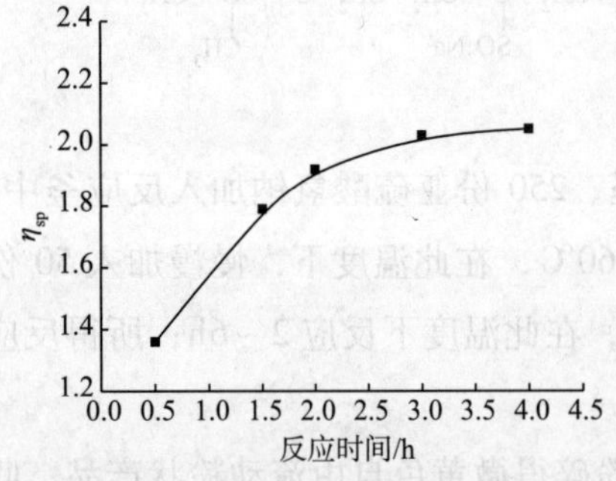

图 8-13　反应时间对反应的影响

如图 8-13 所示，当原料配比和反应条件一定时，产物的黏度随着反应时间的增加逐渐升高，反应超过一定时间后，黏度变化趋于平稳。

温度是反应的关键条件，提高反应温度可大大缩短反应时间。但对于本反应，如果初期反应温度过高，缩聚反应速率较快，反应热难以及时散发，易出现冲釜现象；另一方面，反应初期温度过高，原料易挥发，造成原料浪费且污染环境。因此，初期反应温度应控制在低温范围内。在反应后期，为了使反应充分进行，需将体系的温度升高至 80 ~ 120℃，并保持一定时间。

研究表明，产物的性能对合成条件具有强烈的依赖性，在制备油井水泥减阻用 SAF 时，以产物水泥浆性能为依据，不同因素的影响情况如下[10]。

亚硫酸氢钠用量是影响产物性能的关键因素。如表 8-5 所示，在原料配比一定，n

（丙酮）：n（甲醛）=0.482∶1.056，丙酮和甲醛总摩尔数为1.538时，随着亚硫酸氢钠用量的增加，产物对水泥浆的分散能力降低。可见，适当减少亚硫酸氢钠的用量有利于提高产物的分散效果，但亚硫酸氢钠用量太少时容易产生交联结构，产物的溶解性变差。

表8-5　亚硫酸氢钠用量对产物性能的影响

亚硫酸钠用量/mol	产物水溶液黏度/mPa·s	水泥浆性能			
		AV/mPa·s	PV/mPa·s	n	k/Pa·s^n
0.1462	—	—	—	—	—
0.2028	34.5	38	31	0.756	0.206
0.2500	19.8	47	35	0.722	0.323
0.3500	9.8	59	59	0.579	0.441

注：黏度为质量分数55%的溶液，在25℃、2028s^{-1}下测定；水泥浆为W/C=0.44的嘉华G级水泥浆，在75℃下测定。

如表8-6所示，在丙酮0.483mol，甲醛1.056mol，亚硫酸氢钠0.33mol、反应条件一定时，随着催化剂用量的增加，产物水溶液的黏度提高，产物对水泥浆的分散能力增加。

表8-6　催化剂用量对产物性能的影响

催化剂用量/mol	产物水溶液黏度/mPa·s	水泥浆性能			
		AV/mPa·s	PV/mPa·s	n	k/Pa·s^n
0.05	10.8	47.5	32	0.593	0.7967
0.075	20	52.5	37	0.627	0.6957
0.10	23	47.5	40	0.789	0.205
0.125	29	48	44	0.885	0.106

注：黏度为质量分数54%的溶液，在25℃、2028s^{-1}下测定；水泥浆为W/C=0.44的嘉华G级水泥浆，在75℃下测定。

如表8-7所示，当酮醛总摩尔数为1.443，亚硫酸氢钠为0.33mol，反应条件一定时，随着酮醛物质的量比的增加，反应产物水溶液的黏度先升高后降低，产物的分散能力也是先增大后出现降低趋势。为了得到较理想的产物，应选择适当的酮醛物质的量比。

表8-7　酮醛物质的量比对产物性能的影响

酮醛物质的量比	产物水溶液黏度/mPa·s	水泥浆性能			
		AV/mPa·s	PV/mPa·s	n	k/Pa·s^n
0.25	11	59.5	36	0.52	1.655
0.40	15	55.5	44	0.728	0.3652
0.55	15.5	41	35	0.691	0.3913
0.70	12.5	52	24	0.379	3.841

注：黏度为质量分数35%的溶液，在25℃、2028s^{-1}下测定；水泥浆为W/C=0.44的嘉华G级水泥浆，在75℃下测定。

如表8-8所示，在丙酮0.483mol，甲醛1.056mol，亚硫酸氢钠0.33mol和反应条件一定时，随着反应物料总浓度的增加，反应产物水溶液的黏度升高，分散能力增强。当物料浓度过高时，易出现交联现象，使产物水溶性降低。

表8-8 反应物料质量分数对产物性能的影响

反应物料总含量/%	产物水溶液黏度/mPa·s	水泥浆性能			
		AV/mPa·s	PV/mPa·s	n	k/Pa·s^n
35	4.7	50	26	0.575	1.522
45	5.0	47.5	38	0.737	0.294
55	5.4	47.5	40	0.789	0.205

注：黏度为质量分数35%的溶液，在25℃、2028s^{-1}下测定；水泥浆为W/C=0.44的嘉华G级水泥浆，在75℃下测定。

方法2：将102份焦亚硫酸钠加入885份甲醛溶液（含量不小于36%）中，待其反应完毕，降至室温，加入280份丙酮，混合均匀，即得丙酮、甲醛和羟甲基磺酸钠的混合溶液；将189份无水亚硫酸钠和适量的水加入反应釜中，并升温至60℃；待反应温度升至60℃后，慢慢加入丙酮、甲醛和羟甲基磺酸钠的混合溶液。加入速度控制在体系温度不超过65℃，待混合溶液加完后，升温至70℃，在此温度下恒温反应30min；将体系升温至95℃，于95℃±5℃下继续反应1~5h；待反应完毕，将反应体系降温至室外温度，用适当的甲酸将其中和到pH值为7~8，经干燥、粉碎即得产品[11]。

前面所述的2种方法是针对用于油井水泥减阻剂的缩聚物合成，下面结合用于混凝土减水剂用缩聚物的合成，再介绍两种不同的制备方法。

方法3：在装有搅拌器、温度计、滴液漏斗和回流冷凝管的反应瓶中加入一定量的磺化剂与水和催化剂混合；开动搅拌器，直到磺化剂完全溶解为止；缓慢滴入丙酮溶液，保持温度在50~60℃，反应1h；再缓慢滴入经计量的甲醛，滴完甲醛以后升温至70~80℃，反应1h；再升温到90~95℃，反应4h；然后降温至室温，得一定固含量的深红色SAF溶液[12]。

研究表明，原料配比和合成条件是保证产物性能的关键。以水泥净浆流动度为考察依据，在磺化剂用量、反应温度和催化剂用量一定时，随着醛酮比的增大，合成的SAF对水泥的分散性为先增大后降低，醛酮比约为2∶1时水泥净浆的流动度达到最大值。这主要是由于醛酮比对SAF的相对分子质量与分布有直接的关系，同时对SAF分子链上羟基和羰基等官能团的数量、比例和排列次序也有一定的影。

磺化剂是决定产物水溶性和分散性的关键因素。一方面磺化剂为SAF提供对水泥净浆进行分散的磺酸基团，其含量对分散性能有很大的影响；另一方面磺酸基是亲水性基团，SAF水溶性的好坏由磺酸基的数量决定。在醛酮比为2∶1，反应温度和催化剂用量一定的情况下，随着磺化剂用量的增加，SAF的分散性能先增加后降低。当磺化剂与丙酮的比例为0.3时的分散性最好；磺化剂用量进一步增大，分散性反而下降。这是由于，一方面，随着磺化剂用量的增加，所合成的SAF磺化度增大，磺化度高的产物减水性好。另一方面，随着磺化剂用量的增加，SAF的黏度逐步减小，说明产物的相对分子质量降低，这是磺化剂的用量增加到一定值后，SAF的分散性能又逐步降低的原因。同时，随着磺化剂用量的增加，SAF的亲水性增加。综合考虑，磺化剂与丙酮的比例以0.3∶1较好。

如前所述，SAF的合成反应是在碱性条件下进行的，反应体系的催化剂用量对SAF性能有一定影响，当甲醛、丙酮和磺化剂的比例固定（2∶1∶0.3），反应条件一定时，随着催化剂用量增大，SAF对水泥净浆的分散能力逐步提高。这是由于随着催化剂用量的增加，所合成的SAF的相对分子质量增大，其分散性增高。但催化剂用量过多，SAF的相对分子质量过大，会使SAF对水泥净浆的分散能力降低或完全失去分散性。在实验条件下反应体系催化剂的用量为反应物总量的1.74%较好。

当甲醛∶丙酮∶磺化剂＝2∶1∶0.3（物质的量比），催化剂用量为1.74%，反应的初期温度为70～80℃，反应时间为1h时，缩合后期温度在75～90℃，随温度的升高，水泥净浆流动度不断增大；而当反应温度大于95℃，水泥净浆流动度变化不大，所以缩合后期温度控制在90～100℃为最好。在原料配比和反应条件一定时，缩合反应时间在1～2h时水泥净浆流动度已经达到最大值，考虑到为减少产物中的游离甲醛含量，缩合反应时间为3～4h较好。

与此方法类似，还有采用在最后一步逐步加入甲醛的方法，按照n（丙酮）∶n（甲醛）∶n（焦亚硫酸钠）∶n（氢氧化钠）＝1∶2.2∶0.28∶0.46，准确称取一定量的水、焦亚硫酸钠、氢氧化钠、丙酮加入反应器中，控制温度为60℃±5℃，在冷凝回流状态下，滴加甲醛溶液，在2～5h内滴完并保温。升温至90℃，控制温度为90～95℃下反应2h，得到褐色黏稠状液体[13]。

方法4[14]：微波法。按照n（甲醛）∶n（丙酮）＝2、n（亚硫酸钠）∶n（丙酮）＝0.35、反应混合物浓度0.43g/mL，称取一定量的无水亚硫酸钠，在四口烧瓶中配制成不同浓度的无水亚硫酸钠溶液，在带有搅拌器、温度计、加料管和冷凝管的微波炉中，于60℃下进行无水亚硫酸钠的水解反应，待水解反应后，在该温度下加入所需的丙酮溶液，磺化40min左右。随后在50～65℃缓慢加入一定量的甲醛溶液，并待反应缓和时加快甲醛滴加速度。滴加完毕后，升温到85℃，在85℃下反应25min，最后降温到50～60℃出料。

在微波法合成中，磺化剂用量、微波功率、反应温度、反应时间和反应物浓度都关系到产品的性能。实验表明，原料配比和反应条件一定时，当n（甲醛）∶n（丙酮）在1.8～2.5范围内，随着n（甲醛）∶n（丙酮）的增加，水泥净浆流动度明显下降，n（甲醛）∶n（丙酮）为1.8～2时，水泥净浆流动度最大。而减水率则随n（甲醛）∶n（丙酮）的增大而先增加后降低，当n（甲醛）∶n（丙酮）＝2时，减水率达20.2%。而产物的黏度则随着n（甲醛）∶n（丙酮）的增大先降低后趋于稳定。实验条件下，以n（甲醛）∶n（丙酮）＝2时所得产物的分散效果最好。

当n（亚硫酸钠）∶n（丙酮）在0.33～0.40范围内时，若n（亚硫酸钠）∶n（丙酮）<

0.38，随着 n（亚硫酸钠）∶n（丙酮）的增加对水泥净浆流动度影响不大，而减水率先升高后略有降低；若 n（亚硫酸钠）∶n（丙酮）>0.38，净浆流动度和减水率同时大幅降低，这可能是因为当亚硫酸钠用量过多，磺酸根的位阻效应和增加官能团的影响并存，导致净浆流动度和减水率降低。亚硫酸钠用量对黏度的影响较大，当 n（亚硫酸钠）∶n（丙酮）=0.40 时，减水剂产品的相对分子质量和磺化度降低，溶液黏度仅为 14mPa·s。综合考虑，n（亚硫酸钠）∶n（丙酮）=0.35 较好。

实验表明，在反应物料的浓度为 0.38g/mL 时，水泥净浆流动度为 235mm，对应减水率为 17%；当浓度增加到 0.4g/mL 时，流动度和减水率分别为 219mm 和 17.7%；当浓度增加到 0.43g/mL 时，流动度和减水率分别为 229mm 和 20.2%。对比发现，净浆流动度与减水率不成对应关系。这可能与微波作用方式有关，使减水剂的水溶性和分散性与净浆流动度和减水率的变化不一致。综合考虑，反应物浓度为 0.43g/mL 较为适宜。

当反应条件一定，反应温度在 90℃时，出现净浆流动度变化拐点；当温度小于 90℃时净浆流动度随温度升高而增加，即分散能力提高；当温度大于 90℃时则迅速下降。这可能是由于温度过低达不到反应的活化能，而温度过高，产品相对分子质量下降，且存在副反应，使减水剂分散性能变差。在实验条件下，反应温度为 85℃时较好。

在微波作用下反应时间对净浆流动度和减水率有显著影响。随着反应时间的延长，减水效果提高，反应时间为 25min 时，减水剂的性能较好；之后随着反应时间延长，因减水剂相对分子质量和磺化度增加，减水剂的分散性下降。所以微波加热不同于一般加热方式，因其热效应和非热效应并存，使减水剂性能由提高到下降，而水浴加热法合成的传统 SAF 的分散性则随缩合时间先增加后趋向平稳。综合考虑，最佳反应时间为 25min。而产物的黏度则随着反应时间的增加先略有降低后明显增加。

需要强调的是，由于微波独特的加热方式和作用机理，如表 8-9 所示，减水剂性能随微波功率变化不呈对应关系，而是出现了间断式变化。这说明减水剂性能不仅与功率有关，还与每次作用的时间间隔有关。从减水剂性能和节能两方面优化，选择微波功率为 200W。

表 8-9　微波功率对产物性能的影响

微波功率/W	水泥浆净浆流动度/mm	砂浆减水率/%	黏度/mPa·s	固含量/%
200	229	20.2	11	33.2
300	126	15.5	9	34.6
400	220	19.9	17	34.8
500	166	16.7	9	33.5

评价表明，与传统水浴加热合成相比，在微波作用下合成的 SAF 具有较好的分散性和分散保持效果。其掺量为 0.5% 时，无泌水现象，砂浆减水率达 20.2%；当掺量为 0.75% 时，砂浆减水率为 26.5%。微波作用下聚合时间仅为 25min，而传统水浴加热方式下的聚

合反应时间一般为3h左右，表明微波作用可以大大缩短聚合时间。与此同时，减水剂的合成周期由传统的4h以上减少到不足2.5h，生产效率显著提高，能耗明显降低，并且改善了减水剂性能。

二、磺化环己酮、苯乙酮与甲醛缩聚物

（一）磺化环己酮－甲醛缩聚物

以环己酮、甲醛、亚硫酸盐为原料，在一定反应条件下，可以制备具有一定相对分子质量的磺化环己酮－甲醛缩聚物，它可以用作混凝土减水剂和油井水泥分散剂。

1. 反应原理

$$\text{环己酮} + HCHO + Na_2SO_3 \longrightarrow \left[CH_2-\text{(2-氧代环己基，1位带 }CH_2OH\text{)}-CH_2-O-CH_2-\text{(2-氧代环己基，1位带 }CH_2SO_3Na\text{)}-CH_2-O \right]_n \tag{8-12}$$

2. 制备方法

方法1[15]：在室温下，向反应瓶中加入150mL质量分数为30%的甲醛溶液，在搅拌下，加入32g亚硫酸钠，然后用13.3mL质量分数为30%的氢氧化钠溶液调节混合液pH值约为13.5。此时混合液放热升温至35℃，待溶液冷却至室温且亚硫酸钠完全溶解时，迅速将50g环己酮加入反应瓶。大约1min后，乳液变清澈，变黄，再浑浊，激烈沸腾，沸腾过后，溶液再次变清，同时溶液颜色由黄色变为棕红色，黏度也随之增加。然后升温至120℃，搅拌回流反应3h。回流反应时间达到后，冷却至室温，用甲酸溶液中和至pH值为10.3，得到质量分数为50%左右的产物。

方法2：将500份环己酮、800份甲醛、250份亚硫酸氢钠加入反应釜中，搅拌至亚硫酸氢钠全部溶解；将体系的温度升至50～60℃，在此温度下，慢慢加入120份质量分数为40%的氢氧化钠溶液，待其加完后将体系的温度升至95～120℃，在此温度下反应2～6h；所得反应产物经烘干、粉碎，即得微黄色的自由流动粉状产品。

磺化环己酮－甲醛缩聚物可用于油井水泥减阻剂，相对分子质量适当的产物也可以用于钻井液降滤失剂和驱油用表面活性剂。

（二）磺化苯乙酮－甲醛缩合物

以苯乙酮和甲醛为原材料、亚硫酸氢钠为磺化剂所合成磺化苯乙酮－甲醛缩合物，可以用于油井水泥分散剂和混凝土减水剂。其合成过程如下。

在反应容器中加入亚硫酸氢钠和水，控制反应温度为50℃。搅拌溶解后，降温至40℃，加入苯乙酮。反应一段时间后加入甲醛，控制反应温度为80℃，反应4h。得到的产物经石油醚处理，除去未反应的原材料，即可得到pH值为10左右的淡黄色磺化苯乙酮－甲醛缩合物。

实验表明，磺化苯乙酮－甲醛缩合物是一种有缓凝作用的高效减水剂，可提高混凝土的抗压强度和耐久性。与丙酮相比，苯乙酮具有沸点高、不易挥发的优点。除热蒸气外，在实验和工业操作过程中发生一般性吸入不会引起中毒，并且不存在慢性中毒的危险。目前苯乙

酮作为原料生产油井水泥或混凝土分散剂的研究还很少，今后可在这方面开展研究[16]。

三、应用

磺化丙酮－甲醛缩聚物（SAF）为代表的磺化酮醛缩聚物，是20世纪90年代由作者所在研究团队针对油井水泥需要研制并发展起来的新型水溶性高分子材料，因其在水泥颗粒上的吸附量受温度的影响小，用作油井水泥分散剂能有效地改善水泥浆高温下的流动性。与FDN等相比抗温抗盐能力明显提高，且无毒无污染。本品也可用作混凝土减阻剂，并已经普遍推广。

本品用作水泥浆分散剂时，既可加入配浆水中，也可直接干混在油井水泥中使用，应注意的是，在加入配浆水中时，首先应计算好加入比例和实际加量，并充分搅拌以保证混合均匀，同样，在将分散剂加入干水泥中，也必须保证其混合均匀。

适当相对分子质量的SAF在钻井液中具有一定的降滤失和分散作用，但还没有在钻井液中得到应用，需要进一步开展探索性研究。适当相对分子质量和磺化度的缩聚物可以用于驱油用表面活性剂。

第三节　改性酮醛缩聚物

在SAF的基础上，为了满足不同需要还进行了一些改性产物的研究，下面是一些典型的研究与应用实例。

一、对氨基苯磺酸钠－磺化丙酮－甲醛缩聚物

在SAF的基础上，可以用对氨基苯磺酸钠取代部分亚硫酸钠，通过不同的方法对其进行改性。

方法1[17]：按照配方要求，把无水亚硫酸钠、对氨基苯磺酸加入到水中，充分搅拌，加入无水碳酸钠调整pH值，使溶液显强碱性。一边搅拌一边加入丙酮，加完后升温至55℃左右，保温磺化1h。缓慢加入甲醛。甲醛加完后，升温至96～98℃，保温缩合5h，冷却，得成品。

采用n（亚硫酸钠）∶n（对氨基苯磺酸钠）、n（丙酮）∶n（甲醛）、缩合时间3个因素进行正交实验表明，当n（亚硫酸钠）∶n（对氨基苯磺酸钠）＝0.24∶0.12，n（丙酮）∶n（甲醛）＝1∶2，缩合时间为5h时，所得产物的分散性能最佳。

方法2[18]：将300g水、46g对氨基苯磺酸钠和38g亚硫酸钠投入带有冷凝器、温度计和搅拌器的三口烧瓶中，启动搅拌，使固体溶解。加入58g丙酮，升温到56℃进行磺化。磺化1h后，开始滴加37%的甲醛160g，控制温度，加完甲醛后将体系的温度缓慢上升到94℃，保温反应6h，得到的液体产品GSA，固含量为26%。

方法3[19]：先控制反应浓度为40%，用氧化剂和亚硫酸氢钠将木质素磺酸钠进行二次磺化，获得磺化木质素磺酸钠溶液。再控制反应浓度为30%，将一定量的磺化木质素磺酸

钠溶液以及对氨基苯磺酸和亚硫酸氢钠投入带有冷凝的三口烧瓶中，加水溶解后，控制油浴温度在40℃左右，用质量分数为20%的氢氧化钠溶液调节反应体系pH值至12左右，然后加入一定量丙酮，升温至50~54℃，保温磺化1h，磺化结束后缓慢滴加甲醛，使得甲醛滴加结束时反应体系温度缓慢升至93℃，保温3h，即得改性脂肪族减水剂MSAF。

二、木质素－磺化丙酮－甲醛缩聚物

（一）酶解木质素－磺化丙酮－甲醛缩聚物

将定量的亚硫酸氢钠、偏重亚硫酸氢钠和适量的去离子水加入装有电动搅拌器、温度计、滴液漏斗和回流冷凝管的四口烧瓶中，在45℃恒温水浴加热，搅拌，使其溶解；然后滴加丙酮，在45℃反应0.5h后，加入定量的酶解木质素/碱木质素，磺化过程有明显的放热；反应1h后，用40%的氢氧化钠溶液调至一定的pH值，滴加一定量的甲醛，滴加过程反应温度不超过80℃。滴加甲醛结束后，在90℃左右继续反应3h，最终获得固含量（质量分数）约为30%的深红色溶液[20]。

（二）木质素磺酸盐改性磺化丙酮－甲醛缩聚物

方法1：按照n（醛）∶n（酮）＝2，n（磺化剂）∶n（酮）＝0.35，称取一定量的无水亚硫酸钠，控制不同的亚硫酸钠浓度，在55℃下进行水解反应0.5h后，再加入所需的丙酮溶液，磺化30~60min；在40~60℃缓慢加入60%总量的甲醛溶液，依据反应剧烈程度调节甲醛的滴加速度，进行缩合反应；加入定量的木质素磺酸钙，加完后加快滴加剩余40%的甲醛溶液；滴加完毕后，升温到70~110℃，继续聚合反应0.5~5h，反应结束后降温到50℃以下出料[21]。

研究表明，木质素磺酸钙（LS）用量（占总物料质量分数）是影响产物分散能力的关键。合成中随着木质素磺酸钙（LS）添加量的增加，水泥净浆流动度呈现先增加后减小的趋势，所得溶液的黏度先降低后略有增加，在木质素磺酸钙用量为20%时的性能最好。

实验表明，甲醛、丙酮和亚硫酸盐配比及物料浓度也是影响产物性能的关键。当LS用量为20%，反应条件一定时，随着n（甲醛）∶n（丙酮）的增加，水泥净浆流动度先提高后又降低，产物的黏度开始降低后增又加，当n（甲醛）∶n（丙酮）为2时，水泥净浆流动度最大（230mm）；随着n（亚硫酸盐）∶n（丙酮）的增加，产物的黏度大幅降低，而净浆流动度稍有增加，当超过0.35后开始降低，可见n（亚硫酸盐）∶n（丙酮）为0.35较好；就反应物料浓度而言，当浓度在0.36~0.48g/mL变化时，水泥净浆流动度呈现先降低后升高再降低的趋势，而产物的黏度先稍有降低后明显增加，在实验条件下，反应物质量浓度为0.44g/mL较适宜。

反应温度和反应时间也会影响产物的性能，在原料配比和反应条件一定时，随着缩合反应温度的升高，水泥净浆流动度呈现先增加后降低的趋势，所得溶液的黏度则先略有降低后略有增加，变化幅度不大，当缩合反应温度为55℃时改性SAF的性能最好；随着聚合反应温度的提高，水泥净浆流动度呈现先增加后减小的趋势，而所得产物的溶液黏度略有降低，但影响不大，当聚合反应温度为95℃时产物的分散性能最好。随着缩合反应时间的增加，产物的分散能力呈现先增加后降低的趋势，当反应时间为30min时，分散性能最好。而产物的黏度随着缩合反应时间延长，先少有降低，后大幅度增加；随着聚合反应时间的增加产物分散能力呈现先增加后降低的趋势，而所得产物的溶液黏度先降低后增加，聚合反应时间为120min时所得产物的分散效果最佳。

方法2：采用无热源法及分步加水工艺，在反应釜中加一部分水并溶解磺化剂后，加入丙酮搅匀，再向体系中滴加一部分甲醛溶液，反应放出热量使体系温度升至50～55℃，控制滴加混合液速度以控制体系合适的回流比。滴加完毕后，加入一部分水并向体系中继续快速滴加剩余甲醛，同时滴加木钠溶液，升温至一定温度，保温2～6h，加入剩余的水，降温至50℃以下出料，得到红褐色液体状的高效减水剂[22]。

研究表明，采用无热源法制备木质素磺酸盐改性磺化丙酮－甲醛缩聚物时，改性木质素磺酸钠加入量及加入木质素磺酸钠后的反应时间是影响产物分散性能的关键。实验发现，当原料配比和反应条件一定，反应混合液质量分数为30%和pH值为11时，木质素磺酸钠掺量为15%时，减水剂的分散性最佳，而聚合反应温度以85℃较佳。

方法3：将自来水、亚硫酸钠投入装有冷凝管、温度计的四口烧瓶中搅拌溶解。溶解完全后，用分液漏斗滴加丙酮，控制流速，5～10min滴完，然后将温度升至30～40℃。继续搅拌反应5～10min，温度稳定后，开始用滴液漏斗滴加甲醛，适时加入木质素磺酸钠，控制滴加速度，2～3h滴完，滴毕甲醛温度在65℃左右，加热升温到90～100℃，保温3～4h，即得木质素磺酸钠接枝脂肪族减水剂[23]。

实验得到最佳合成工艺为：n（甲醛）：n（丙酮）＝2.25，n（磺化剂）：n（丙酮）＝0.5，木质素磺酸钠用量为总体质量的6%，保温温度90～100℃，木质素磺酸钠在甲醛滴加60min后投加，并将此共聚减水剂与单纯的脂肪族减水剂、脂肪族与木质素磺酸钠复配减水剂的性能进行对比，结果表明，无论是成本还是性能，木质素磺酸钠接枝脂肪族高效减水剂均具有明显的优势。

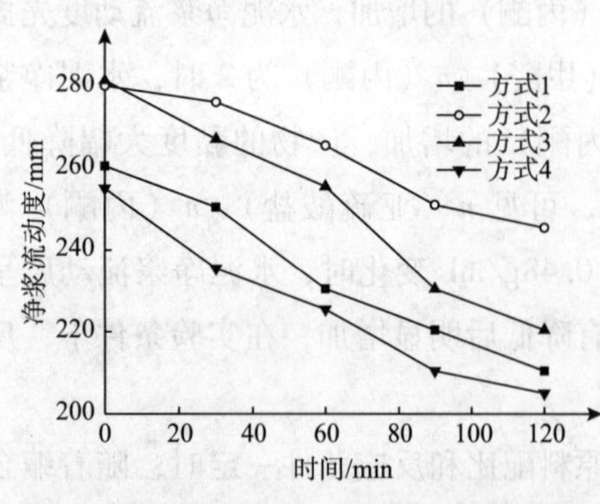

图8-14　投料方式对产物分散性能的影响

该法在合成中，木质素磺酸钠投加方式会影响减水剂的性能。采用4种木质素磺酸钠投加方式进行对比实验：方式1为木质素磺酸钠与甲醛同时滴加；方式2为甲醛滴加60min后投加木质素磺酸钠；方式3为甲醛滴加120min后投加木质素磺酸钠；方式4为甲醛滴毕后投加木质素磺酸钠。如图8-14所示，在相同合成条件、水灰比和掺量下，木质素磺酸钠不同的投加方式合成的减水剂对水泥的分散性表现出一定的差异性。投料方式4合成的减水剂的水泥净浆流动度经时损失最大；投料方式2合成的减水剂的净浆流动度较大，分散保持性好，流动度经时损失小。

三、磺化腐殖酸－磺化丙酮－甲醛聚合物

称取一定量的腐殖酸放入装有搅拌器、分压滴液漏斗和冷凝回流装置的三口烧瓶中，然后加入适量氢氧化钠溶液，使腐殖酸完全溶解，水浴加热并搅拌，缓慢滴加一定量的磺化剂，腐殖酸与磺化剂的质量比约为3∶1，调节水浴温度，持续搅拌，反应3h后冷却，用0.1mol/L的稀盐酸调节溶液pH≈4，使磺化腐殖酸析出，一定温度下干燥，得到磺化腐殖酸[24]。

配制一定浓度的亚硫酸盐溶液加入反应瓶中，滴加丙酮，控制水浴温度在40℃左右，反应时间为1h，反应完毕后，水浴升温至80℃，加入磺化腐殖酸，并从滴液漏斗加入适量的甲醛溶液，加完甲醛后在80～85℃继续反应3h。反应完毕后，将反应物冷却至室温，得黑色溶液，即为磺化腐殖酸－磺化丙酮－甲醛聚合物（简称SHA），进一步干燥可以得到粉状产品。

四、明胶接枝磺化丙酮－甲醛缩聚物

在装有回流冷却装置、搅拌器、温度计、滴液漏斗的四口反应瓶中加入一定量的蒸馏水、甲醛、焦亚硫酸钠和动物明胶，搅拌下加热至30℃，用质量分数为20% NaOH溶液调pH＝14，滴加一定量的丙酮并控制滴加速度使反应液温度≤40℃，加完后升至60℃恒温回流1.5h。用体积分数为10%的HCl调pH＝6.5，继续滴加一定量甲醛，加毕，将反应液升温至85℃回流3h，得褐红色的黏稠液体。减压蒸馏除去甲醛。用质量分数为20%的NaOH溶液调pH＝7，得明胶接枝磺化缩聚物分散剂溶液，表观黏度（20℃）为52mPa·s，溶液固相含量为42%[25]。

当明胶接枝磺化缩聚物油井水泥分散剂加入量为1%时，水泥浆的流性指数、稠度系数和稠化时间比值（与未加水泥浆）分别为1.124、0.014和1.02，抗压强度比值均大于1，18% NaCl、37% NaCl和2% $CaCl_2$盐水水泥浆的流性指数分别为1.021、1.087和0.914、稠度系数分别为0.035、0.025和0.063。实验表明，明胶接枝磺化缩聚物的分散性能优异、耐盐性强并且无缓凝副作用，性能与常用的磺化醛酮缩聚物分散剂接近。

参考文献

[1] 张一甫，曾幸荣，李鹏，等．酮醛树脂的合成与改性研究进展［J］．现代化工，2006，26（10）：35－39.

[2] 陈淑英，江丽群．新型涂料添加剂：酮醛树脂的研制［J］．2000，25（4）：40－42.

[3] 周爱华，张一甫，曾幸荣，等．甲基环己酮－甲醛树脂的合成及性能［J］．精细石油化工，2007，24（2）：39－42.

[4] 李鹏，林晓丹，张一甫，等．苯乙酮－甲醛树脂的合成研究［J］．化学与粘合，2006，28（3）：146－148.

[5] 李鹏，张一甫，林晓丹，等．苯乙酮－环己酮－甲醛共缩聚树脂的合成研究［J］．化学与粘合，

2006，28（5）：295－298.

[6] 王中华. 磺化丙酮－甲醛缩聚物油井水泥分散剂的合成［J］. 精细石油化工，1991（6）：17－19.

[7] 王中华，易明新，代春停. SAF对油井水泥的减阻作用［J］. 钻井液与完井液，1991，8（1）：62－65.

[8] 王中华，范青玉，杨全盛，等. SAF油井水泥减阻剂的研制［J］. 石油钻探技术，1992，20（2）：12－15.

[9] 王中华，范青玉，陈良德. 磺化丙酮－甲醛缩聚物的合成及用于固井水泥浆分散剂的研究［J］. 油田化学，1990，7（2）：129－133.

[10] 王中华. 合成条件对磺化丙酮－甲醛缩聚物性能的影响［J］. 油田化学，1992，9（1）：59－61.

[11] 王中华. 油田化学品［M］. 北京：中国石化出版社，2001.

[12] 赵晖，傅文彦，王毅，等. 脂肪族高效减水剂的合成及其分散性能研究［J］. 新型建筑材料，2005（9）：4－7.

[13] 徐光红，杨春贵，龙宝良. 磺化丙酮甲醛缩聚物的合成原理及最优工艺探讨［J］. 西南科技大学学报，2007，22（2）：9－12.

[14] 李彦青，李利军，蔡卓，等. 微波作用下脂肪族高效减水剂的合成及其性能研究［J］. 新型建筑材料，2008，35（9）：35－38.

[15] 雷蕾. 环己酮－甲醛－亚硫酸盐缩聚物型高效减水剂合成、性能及机理研究［D］. 郑州大学学位论文，2012.

[16] 王宇飞，严捍东，全志龙. 脂肪族磺酸盐减水剂合成方法综述和分析［J］. 材料导报，2012，26（19）：81－85.

[17] 赵亚丽. 脂肪族高效减水剂的合成改性研究［J］. 应用化工，2013，42（9）：1740－1741.

[18] 班俊生，任俊涛，秦明. 对氨基苯磺酸钠改性脂肪族类高效减水剂的应用［J］. 混凝土，2006（1）：63－64.

[19] 尤迁，周文，蒋亚清，等. 改性脂肪族减水剂对混凝土抗裂性能的影响［J］. 新型建筑材料，2015，42（5）：37－39.

[20] 邱芳梅，方润，程贤甦. 酶解木质素－磺化丙酮－甲醛缩聚物的合成与应用［J］. 纤维素科学与技术，2011，19（2）：24－29.

[21] 杨炳勇，吴永忠，张路. 引气型脂肪族高效减水剂合成研究［J］. 山东化工，2011，40（11）：27－30.

[22] 陈国新，杜志芹，沈燕平，等. 木质素磺酸钠接枝改性脂肪族高减水剂的研究［J］. 新型建筑材料，2011（8）：44－46，53.

[23] 马丽涛，付新建，刘醒，等. 木钠接枝脂肪族高效减水剂的合成及性能研究［J］. 新型建筑材料，2014，41（11）：46－49.

[24] 张光华，贾宇荣，李俊国，等. 磺化腐殖酸－甲醛－磺化丙酮聚合物合成及性能研究［J］. 陕西科技大学学报：自然科学版，2014（5）：63－67.

[25] 王成文，王瑞和，步玉环，等. 明胶接枝磺化缩聚物油井水泥分散剂的合成与性能［J］. 应用化学，2009，26（4）：373－377.

第九章 聚醚和聚醚胺

本章重点介绍可以用于油田作业流体的以聚乙二醇（聚丙烯乙二醇）、聚丙二醇、聚氧乙烯聚氧丙烯醚及改性产物为代表的聚醚和改性聚醚，以及以聚乙二醇、聚丙二醇等聚醚为原料通过加氢胺化得到的端胺基聚醚。

第一节 聚醚

聚醚又称聚乙二醇醚，它是以环氧乙烷、环氧丙烷、环氧丁烷和四氢呋喃等为原料，在催化剂作用下开环均聚或共聚制得的线型聚合物。本节所述聚醚包括三类，一是指环氧乙烷、环氧丙烷的线型聚合物和低碳醇与环氧乙烷、环氧丙烷的低聚物，可以是含双羟基的醇到任意共聚物，包括聚乙烯氧化物或聚丙烯氧化物，聚乙二醇（聚丙烯乙二醇）、聚丙二醇、乙二醇/丙二醇共聚物聚丙三醇或聚乙烯乙二醇等。钻井液行业习惯称为聚合醇，是一种非离子表面活性剂，常温下为黏稠状淡黄色液体，溶于水，其水溶性受温度的影响很大，当温度升到聚醚的浊点温度时，聚醚从水中析出，当温度低于聚醚的浊点温度时，聚醚又能溶于水。用作钻井液处理剂能有效抑制页岩水化分散，封堵岩石孔隙，防止水分渗入地层，从而稳定井壁，同时还具有良好的润滑、乳化、降滤失和高温稳定等作用，用于水基钻井液可以降低钻具扭矩和摩阻，防止钻头泥包，可有效地保护油气层[1]。作为破乳剂，适用于原油破乳脱水、具有脱水速度快、脱水质量好、油水界面清晰和脱水效果好等特点[2]。二是以烷基酚醛树脂、酚胺醛树脂等为起始剂与环氧乙烷、环氧丙烷等反应得到的用于原油破乳剂的烷基酚醛树脂聚氧乙烯聚氧丙烯醚和酚胺醛树脂聚氧乙烯聚氧丙烯醚，以及甲苯二异氰酸酯与聚氧乙烯聚氧丙烯醚反应得到的聚氨酯型破乳剂、马来酸改性聚醚和聚氧乙烯烷基酚硫酸盐破乳剂。三是用于消泡及原油破乳脱水剂的不同组成的含硅聚醚。

一、聚乙二醇

（一）性质

聚乙二醇（PEO），别名乙二醇聚氧乙烯醚、聚氧化乙烯等，结构式为 $H(OCH_2CH_2)_nOH$，为环氧乙烷水解产物的聚合物，平均相对分子质量大约在 200 ~ 20000 之间。依相对分子质量不同而性质不同，从无色无臭黏稠液体至蜡状固体。相对分子质量为 200 ~ 600 的产物常温下是液体，相对分子质量在 600 以上的产物逐渐变为半固体状，由于平均相对分子质量的不同，在钻井液等作业流体中的主导作用不同。随着相对分子质量的增大，其水溶性、蒸汽压、吸湿能力和有机溶剂的溶解度等相应降低。而凝固点、相对密度、闪点和黏度则相应提高。溶于水、乙醇和许多其他有机溶剂，如醇、酮、氯仿、甘油酯和芳香烃等，不溶于大多数脂肪烃类和乙醚。蒸气压低，对热、酸、碱稳定。有良好的吸湿性、润滑性、黏结性和分散性。无毒，无刺激。平均相对分子质量为300，$n=5\sim6$的产物，熔点 $-15\sim8$℃，相对密度1.124～1.13；平均相对分子质量为600，$n=12\sim13$的产物，熔点20～25℃，闪点246℃，相对密度1.13（20℃）；平均相对分子质量为4000，$n=70\sim85$的产物，熔点53～56℃。

聚乙二醇既可以看作是多醚，也可以看作是一种二元伯醇，因此具有醚和醇类似的性质。低相对分子质量的聚乙二醇两个末端基的醇羟基，在一定条件下可以与羧酸作用生成酯。与脂肪酸生成的单酯和二酯是优良的乳化剂和润滑剂。聚乙二醇与烯丙基氯反应可以得到二烯丙基聚乙二醇。聚乙二醇在伽马辐照或过氧化物引发下与乙烯基单体反应，生成体型结构水凝胶。

在一般条件下，聚乙二醇很稳定，与许多化学品不起作用，不水解。但在120℃或更高的温度下它能与空气中的氧发生作用。在惰性气氛中（如氮和二氧化碳），即使被加热至200～240℃也不会发生变化，当温度升至300℃会发生热裂解。

聚乙二醇在水中具有浊点和逆溶解性。当温度高于聚乙二醇的浊点温度时，吸附增加起主导作用，将会有更多的聚乙二醇吸附在黏土表面上，温度越高析出的聚乙二醇越多，通过封堵黏土颗粒表面的裂缝产生的抑制作用越强烈。随温度的升高，聚乙二醇的吸附量增大，导致了聚乙二醇的溶解度减小而析出，吸附在黏土表面上相当于吸附着一层憎水膜，起到防塌作用。不同组分不同相对分子质量的产品，浊点温度不同，浊点是其在钻井液中发挥抑制和封堵作用的关键，而降滤失作用是聚乙二醇通过分子中的醚氧基与黏土颗粒表面羟基间的氢键吸附，以及吸附于黏土颗粒上的高价离子（如 Ca^{2+}）的桥接作用实现的，故聚乙二醇所处理的钻井液具有较强的抗盐和抗钙能力。聚乙二醇的浊点受溶液的矿化度、聚乙二醇的相对分子质量与含量的影响，上述任何一种因素的增加，都将会导致聚乙二醇浊点的降低。无机盐对聚乙二醇的浊点有很大的影响。室内研究发现，随着无机盐加量的增加，由于无机盐促使聚乙二醇发生相分离，及在黏土表面上吸附量增加而引起聚乙二醇的浊点降低。无机盐对聚乙二醇的浊点影响见表9-1。有机处理剂也会影响聚乙二醇的浊点。随着有机处理剂加量增加，其浊点表现为先增加后减小。加量很低时，其浊点基本趋于聚乙二醇的浊点。

表9-1　无机盐对聚乙二醇浊点的影响

无机盐		浊点/℃	无机盐		浊点/℃
种类	加量/%		种类	加量/%	
NaCl	2	97	KCl	3	96
	3	94.5		5	93
	5	91		7	89.5

无机盐与聚乙二醇具有协同作用。如吸附在黏土表面的钾离子压缩黏土表面的双电层，使黏土表面的水化膜变薄，有利于聚乙二醇的吸附包被作用，可阻止黏土与水直接接触，以抑制页岩的水化分散。

聚乙二醇能够提高钻井液滤液的黏度，并通过降低钻井液中水的活度来减小压力渗透，起到稳定页岩，防止井壁失稳的作用。聚乙二醇抑制机理为可以归纳为：通过浊点行为，当温度高于聚乙二醇的浊点温度时，聚乙二醇会形成颗粒，封堵页岩裂缝；与无机盐的协同作用，在页岩表面强烈吸附，进一步阻止页岩水化、分散；渗透作用，提高钻井液滤液黏度，降低钻井液中水的活度来减小压力渗透，起到稳定页岩，防止井壁失稳的作用。

相对分子质量会影响聚乙二醇的作用。当在基浆（2% 膨润土 + 1% KPAM + 0.5% OS－2）中加入相对分子质量分别为 400、1000 的聚乙二醇做抑制性实验，测得其黏切、失水分别为 5mPa·s、3Pa、8.2mL，12mPa·s、6.5Pa、5.1mL。可见，相对分子质量增大，聚乙二醇的抑制性增强，同时高相对分子质量的聚乙二醇还可作降滤失剂，使滤失量降低，黏切增加。小相对分子质量的聚乙二醇在室温下可溶于水，而当温度升高时，会发生相分离，形成乳状液，可堵塞页岩孔隙，起到封堵作用。

聚合物对聚乙二醇抑制作用有一定的影响，当加入一定量的聚合物时，聚乙二醇的抑制性能有所提高。为满足现场施工要求，应选择合适的有机处理剂，以使聚乙二醇的抑制性能得到最大程度的发挥。此外，温度对聚乙二醇的页岩抑制性能也有重要的影响。当温度高于聚乙二醇的浊点温度时，析出的聚乙二醇封堵页岩裂缝，温度越高，析出的聚乙二醇越多，抑制作用会越强。

（二）制备过程

由环氧乙烷与水或乙二醇逐步加成聚合而成。目前国内生产聚乙二醇装置主要有：①釜式反应器。早先反应器内置蛇管换热，后采用外冷却釜式反应器，目前还有外循环冷却釜式反应器。该反应器由于设有搅拌装置，在加环氧乙烷的过程中易发生泄露、产生火花等，带来爆炸风险，其安全性较差，但该装置适合制备相对分子质量大、黏度高的聚乙二醇；②瑞士 Buss 公司生产的回路循环反应器，在反应器的顶部有一个特殊的文丘里喷嘴。当环氧乙烷进入装置时，由于喷嘴高速喷射而形成的负压将环氧乙烷吸入喷嘴，与液体物料充分混合，喷向反应器底部。整个反应是在气相与液相两个回路不断循环状态下进行，这样环氧乙烷和起始剂充分接触，反应速度极快；③意大利 Press 公司生产的外循环喷雾反应器，采用了外循环喷雾解决了聚合物强化反应问题，且该装置的第 3 代反应器分反应器和反应收集槽两部分，循环回路分大循环和小循环，适合高反应体积增长比的生产[3]。

一种典型的生成方法如下。

将乙二醇、质量分数为 0.2% 氢氧化钠或氢氧化钾加入高压釜，用氮气置换 3 次。抽真空，然后吸入 510kg 环氧乙烷，在 110～115℃反应，而后加热到 130～140℃，控制反应压力0.4～0.5MPa，再升温到150℃，连续加入预稀释的环氧乙烷反应完成后降温至100℃，即得粗制品。用柠檬酸中和得白色蜡状固体，密度为1.0857g/cm^3，质量分数为5%的水溶液黏度为32.27mPa·s，相对分子质量为1560，焙烧残渣质量分数为0.04%，含水质量分数为0.68%，闪点为46℃。粗品经过吸附、脱水、过滤、精馏等得到精品[4]。

研究表明，起始剂中水分含量、反应温度、催化剂等是影响反应的关键[3,5]。

起始剂中水的存在对于相对分子质量小的聚乙二醇产品影响较小；对于高分子聚乙二醇产品，由于其起始剂一般为低聚聚乙二醇，相对分子质量远大于水的相对分子质量，即使是少量水分也会对最终产品的相对分子质量造成很大影响。所以在生产小分子聚乙二醇时，一般不需要脱水，而生产高分子聚乙二醇时，必须将起始剂的含水率降至最低标准。

低温下进行反应有利于提高产品质量，但温度过低，反应速度太慢，生产周期延长，从而限制了生产规模。升高温度反应速度增加，但副反应速度也随之增大，产品质量变差。一般在反应初期，活性中心的数量较多，温度适当低些，以免温度上升过快而发生爆聚；反应后期，体系的黏度迅速增大，活性基的浓度大大减小，甚至被分子链包埋，此时适当升高温度有利于反应进行。一般选择145～170℃进行反应。升高压力有利于反应快速进行，但会使产品质量变差，压力过低又不利于工业化生产，一般选择比较适中的压力（200～350kPa）进行反应。由PEG400作起始剂合成PEG2000，催化剂∶EO＝0.05∶100，PEG400∶EO＝1∶4时，反应温度对反应的影响见表9－2。从表9－2可见，随着温度升高，反应速度越来越快，但当温度超过一定值时，影响产品的颜色，开始发黄，甚至更深。故反应温度以120℃左右为宜。

表9－2　反应温度对反应的影响

温度/℃	产品色泽	相对分子质量	备注
80	洁白	615	反应不完全
100	洁白	1800	反应不完全
120	洁白	2010	反应正常
145	淡黄	2000	反应速度较快
175	褐黄	2000	反应迅速

反应过程中催化剂的用量对反应的完全性以及产品的相对分子质量有较大的影响。通常采用NaOH或KOH为催化剂，所得产物相对分子质量分布较宽，而采用碱土金属等新型催化剂合成聚乙二醇，所得产物相对分子质量分布窄，低聚合物及过高相对分子质量聚合物含量较少，后续加工产品性能优异。由于新型催化剂价格昂贵，生产成本高，所以绝大多数厂家仍选用NaOH或KOH作催化剂。对于同一种催化剂，催化剂用量增加，反应速度加快，但催化剂含量过高时，会由于反应速度太快，温度急剧上升而使反应难以控制，所以工业生产中催化剂用量一般控制在0.1%～0.3%。如表9－3所示，当催化剂用量过低时，尽管反应时间很长，反应仍不完全，相对分子质量只有1750。当催化剂用量过

大时，反应时间很短，但灰分含量上升，且反应过程中温度控制难度增加。可见，催化剂用量以催化剂: EO = 0.05∶100 为宜。

表 9-3 催化剂对反应的影响

催化剂: EO	反应终点时间/min	灰分/%	相对分子质量
0.01∶100	300	0.017	1750
0.03∶100	180	0.023	1880
0.05∶100	180	0.029	2010
0.1∶100	170	0.032	1920
0.2∶100	130	0.045	2080

不同型号的聚乙二醇主要指标见表 9-4。

表 9-4 不同型号聚乙二醇质量指标

型号	外观	熔点/℃	pH 值	平均相对分子质量	黏度/mPa · s	羟值/（mg KOH/g）
PEG - 200	无色透明	-50 ± 2	6.0 ~ 8.0	190 ~ 210	22 ~ 23	534 ~ 590
PEG - 400	无色透明	5 ± 2	6.0 ~ 8.0	380 ~ 420	37 ~ 45	268 ~ 294
PEG - 600	无色透明	20 ± 2	6.0 ~ 8.0	570 ~ 630	1.9 ~ 2.1	178 ~ 196
PEG - 800	白色膏体	28 ± 2	6.0 ~ 8.0	760 ~ 840	2.2 ~ 2.4	133 ~ 147
PEG - 1000	白色蜡状	37 ± 2	6.0 ~ 8.0	950 ~ 1050	2.4 ~ 3.0	107 ~ 118
PEG - 1500	白色蜡状	46 ± 2	6.0 ~ 8.0	1425 ~ 1575	3.2 ~ 4.5	71 ~ 79
PEG - 2000	白色固体	51 ± 2	6.0 ~ 8.0	1800 ~ 2200	5.0 ~ 6.7	51 ~ 62
PEG - 4000	白色固体	55 ± 2	6.0 ~ 8.0	3600 ~ 4400	8.0 ~ 11	25 ~ 32
PEG - 6000	白色固体	57 ± 2	6.0 ~ 8.0	5500 ~ 7500	12 ~ 16	15 ~ 20
PEG - 8000	白色固体	60 ± 2	6.0 ~ 8.0	7500 ~ 8500	16 ~ 18	12 ~ 25
PEG - 10000	白色固体	61 ± 2	6.0 ~ 8.0	8600 ~ 10500	19 ~ 21	8 ~ 11
PEG - 20000	白色固体	62 ± 2	6.0 ~ 8.0	18500 ~ 22000	30 ~ 35	

（三）用途

聚乙二醇广泛用于多种药物制剂。固体级别的聚乙二醇可以加入液体聚乙二醇调整黏度，用于局部用软膏；聚乙二醇混合物可用作栓剂基质；聚乙二醇的水溶液可作为助悬剂或用于调整其他混悬介质的黏稠度；聚乙二醇和其他乳化剂合用，增加乳剂稳定性。此外，聚乙二醇还用作薄膜包衣剂、片剂润滑剂、控释材料等。

在钻井液中聚乙二醇具有很强的抑制、封堵和润滑作用，是聚合醇钻井液体系的主要成分，也可以单独用作抑制剂和封堵剂。为了达到良好的综合效果，可将不同型号的产品复配使用。高相对分子质量的聚乙二醇可用于钻井液降滤失剂。聚乙二醇用作破乳剂对某些原油具有较好的破乳效果。

二、聚丙二醇

（一）性质

聚丙二醇，别名丙二醇聚氧乙烯醚、聚氧化丙烯、丙二醇聚醚等，代号 PPG，结构式 H［OCH（CH_3）CH_2］$_n$OH，为无色到淡黄色的黏性液体，不挥发，无腐蚀性。一般商品的相对分子质量在 400～2050。较低相对分子质量聚合物能溶于水，较高相对分子质量聚合物仅微溶于水，溶于油类、许多烃以及脂肪族醇、酮、酯等。闪点为 230℃。具有润滑、增溶、消泡、抗静电性能，分子两端的羟基能酯化生成单酯或双酯，其单酯是非离子型的表面活性剂，也可与醇作用生成醚。是植物油、树脂和石蜡的溶剂，也用于制备醇酸树脂、乳化剂、反乳化剂、润滑油和增塑剂等。用作酯化、醚化和缩聚反应的中间体。其在钻井液中的作用与聚乙二醇相同。

（二）制备方法

由甘油与精制环氧丙烷在氢氧化钾催化下，在温度 90～95℃、压力 0.4～0.5MPa 下进行聚合。然后降温至 60～70℃，将物料压入中和釜，在搅拌下加水使过剩的氢氧化钾中和后在 60～70℃下加磷酸中和至 pH 值为 6～7，然后缓慢升温至 110～120℃，真空脱水并过滤而成。

也可以由丙二醇为起始剂与环氧丙烷进行加成反应而成。将起始剂（1，2－丙二醇或一缩二丙二醇）和催化剂（氢氧化钾）的混合物加入制备催化剂的釜内，加热升温至 80～100℃，在真空下除去催化剂中的溶剂，以便促使醇化物的生成。然后将催化剂转入反应釜中，加热升温至 90～120℃，在此温度下将环氧丙烷加入釜中，使釜内压力保持 0.07～0.35MPa。在此温度和压力下，环氧丙烷进行连续聚合，直至达到一定的相对分子质量。负压下状态下，蒸出残存的环氧丙烷单体后，将聚醚混合物转入中和釜，用酸性物质进行中和，然后经过滤、精制、加入稳定剂得到产品。

不同规格产品的技术指标见表 9－5。

表 9－5　不同规格聚丙二醇的技术指标

项目	指标				
	400	1000	2000	3000	4000
外观	无色液体	无色黏稠液体	无色黏稠液体	无色黏稠液体	无色黏稠液体
水分/%　≤	0.5	0.5	0.5	0.5	0.5
酸值/（mg KOH/g）≤	1.0	0.8	0.8	0.8	0.8
羟值/（mg KOH/g）	250～276	106～118	54～58	35～40	24～28
pH 值	5.0～7.0①	5.0～7.0②			

注：①5% 甲醇水溶液（甲醇∶水＝1∶1）；②5% 甲醇水溶液（异丙醇∶水＝10∶6）。

（三）用途

本品在钻井液中用作抑制剂、封堵剂和润滑剂，是聚合醇钻井液的重要组分之一。同时在日化、食品、医药、机械加工、塑料、橡胶、染料等方面也具有广泛用途。

三、聚氧乙烯聚氧丙烯醚及改性产物

聚氧乙烯聚氧丙烯醚（简称聚醚多元醇）是由起始剂（低碳醇与环氧乙烷、环氧丙烷的低聚物等含活泼氢的化合物）与环氧乙烷（EO）、环氧丙烷（PO）等在催化剂存在下，经加聚反应制得。通过改变 PO 和 EO 的加料方式（混加或分段加）、起始剂比例和种类的调整、加料次序等条件，生产出各种不同类型的聚氧乙烯聚氧丙烯醚。

聚氧乙烯聚氧丙烯醚是油田常用的一种非离子表面活性剂。低相对分子质量的产品常温下为黏稠状淡黄色液体，溶于水，其水溶性受温度的影响很大，当温度升到聚醚的浊点温度时，聚醚从水中析出，当温度低于聚醚的浊点温度时，聚醚又能溶于水。正是利用这一特点，用于封堵地层微裂缝，改善泥饼润滑性。随着相对分子质量的提高水溶性逐渐降低。

聚氧乙烯聚氧丙烯醚也是应用最广泛的原油破乳剂，为了提高其对原油的针对性和适应性，通过改性制备的改性聚醚可以达到更加理想的破乳效果，从而深受研究者重视。

（一）制备工艺

主要原料包括起始剂、催化剂和加成单体。

起始剂主要有甘油、丙二醇、乙二醇、二甘醇、蔗糖、山梨醇、乙二胺、甲苯二胺等含有活泼氢的物质。

催化剂主要有：碱类催化剂，如氢氧化钾、氢氧化钠；胺类催化剂，如二甲胺、三甲胺等；路易斯酸类催化剂，如氯化铁、氯化铝等；金属络合物等。工业化生产中主要选用碱类、胺类催化剂。

加成单体主要是环氧乙烷、环氧丙烷、四氢呋喃等。

制备工艺过程包括初始投料和聚合反应两步：首先将催化剂和起始剂投入反应釜，并抽空。当催化剂或起始剂不易挥发时，可将起始剂、催化剂一起投入反应釜中，再进行抽真空和氮气置换步骤；当催化剂或起始剂有易挥发成分时，先将不易挥发的起始剂或催化剂投入反应釜内，进行抽真空和氮气置换步骤；然后利用真空将易挥发的组分抽入釜中，这时要注意不能将空气抽入釜内。然后加入环氧乙烷或（和）环氧丙烷等单体进行聚合反应，最后经过精制得到产品。

聚合反应原理如下：

$$\mathrm{R{-}OH + KOH \longrightarrow R{-}O^- + H_2O + K^+} \tag{9-1}$$

$$\mathrm{R{-}O^- + H_3C{-}\underset{\diagdown O \diagup}{CH{-}CH_2} \longrightarrow R{-}O{-}CH_2{-}\underset{CH_3}{\underset{|}{CH}}{-}O^-} \tag{9-2}$$

$$\mathrm{R{-}O{-}CH_2{-}\underset{CH_3}{\underset{|}{CH}}{-}O^- + H_3C{-}\underset{\diagdown O \diagup}{CH{-}CH_2} \longrightarrow R{-}O{+}CH_2{-}\underset{CH_3}{\underset{|}{CH}}{-}O{+}_n} \tag{9-3}$$

通过改变起始剂或者对聚氧乙烯聚氧丙烯醚进一步化学反应改性可以制备不同用途的聚醚或改性聚醚。

（二）聚氧乙烯聚氧丙烯醚

聚氧乙烯聚氧丙烯醚的制备通常是在不锈钢高压釜中进行，将准确称量的氢氧化钾和起始剂（低碳多元醇）加入反应釜中，抽真空充氮（高纯氮气）4 次，真空下脱水至釜内含水量小于 0.5%，升温至 100 ~ 120℃，通入预先混匀的环氧乙烷和环氧丙烷混合物，控制反应压力小于 0.4MPa，通料完毕，降压 3h，过滤出料，即可得到产物。

下面介绍几种不同用途的聚氧乙烯聚氧丙烯醚[2]。

1. 甘油聚醚

常用的消泡剂。甘油聚醚也即甘油聚氧乙烯醚，由甘油起始剂在高压下加入环氧丙烷经缩聚而成，也可由甘油起始剂在高压下加入环氧丙烷、环氧乙烷经缩聚而成。为无色黏稠状透明液体，微有特殊气味，难溶于水，能溶于苯、乙醇等有机溶剂。具有优良的稳泡、润湿、渗透、润滑、增溶和保湿能力。可以用作溶剂。

甘油和环氧乙烷、环氧丙烷缩聚物，俗称泡敌，为无色或微黄色透明黏稠液体，难溶于水，能溶于苯、乙醇等有机溶剂。具有良好的消泡、稳泡能力，主要用作各类水基钻井液的消泡剂。用于原油破乳剂，具有脱水温度低、脱水速度快、残水低、便于使用和节省能源等特点，适用于原油脱水，还有改善原油运输的作用。使用时，先将本品用清水稀释至一定含量，然后用柱塞泵注入输油干线端点或注入联合站脱水罐进口管线中。

2. 丙二醇聚氧乙烯聚氧丙烯醚

丙二醇聚氧乙烯聚氧丙烯醚是最早应用的原油破乳剂，也可以用于水基钻井液和油井水泥浆消泡剂。以丙二醇（或乙二醇）等为起始剂的聚氧乙烯聚氧丙烯丙二醇醚破乳剂，如 BP - 2040 破乳剂、BZW - 11 破乳剂、AC420 - 1 破乳剂等，广泛用于油田原油破乳及炼油厂原油的脱水脱盐，是常用的破乳剂品种之一。下面是几个典型的破乳剂制备实例。

1）丙二醇聚氧乙烯聚氧丙烯醚——ZP - 8801 破乳剂

将 1 份丙二醇和 0.4 ~ 0.6 份催化剂氢氧化钾投入高压反应釜中，封釜。用氮气置换后抽真空 5 ~ 10min（真空度为 80 ~ 83kPa）后，然后升温至 135℃ ±5℃，在 135℃ ±5℃、0.3MPa 和搅拌下，按配方比例连续投加 70 ~ 76 份环氧丙烷，待投加完毕后，关闭进料阀，保温反应至负压。然后控制温度在 115℃ ±5℃，压力在 0.3MPa 以下，按配方连续投加 22 ~ 27 份环氧乙烷，待环氧乙烷投加完毕后，连续反应 30min，待釜压下降为零后，再控制釜温在 135℃ ±5℃，压力在 0.3MPa 以下，按比例连续投加环氧丙烷，待投加完毕后，关闭进料阀，保温反应至负压。再降温至 100℃以下抽真空 15min，降温冷却，出釜。再加入 35% 的有机溶剂，即得 ZP - 8801 破乳剂产品。

2）聚氧乙烯聚氧丙烯丙二醇醚——PR - 23 稠油破乳剂

将 1 份起始剂丙二醇和 0.5 ~ 1 份催化剂氢氧化钾按配方要求投入高压反应釜中，封釜，用氮气置换釜中的空气 2 ~ 3 次，搅拌升温至 115℃ ±5℃，抽真空处理，停止抽真空后，在 135℃ ±5℃下连续投加 80 ~ 200 份环氧丙烷，即得中间产物 Q。将合成的中间产物 Q 和 0.5 ~ 1 份催化剂氢氧化钾投入到高压反应釜中，用氮气置换釜中空气 2 ~ 3 次，搅拌升温至

115℃ ±5℃，抽真空处理，停止抽真空后，在 125℃ ±5℃下连续投加 20 ~60 份环氧乙烷进行反应，控制温度在 125℃ ±5℃下连续反应 30min，降温冷却，出釜得二嵌段式聚醚。在所得产物中加入适量的甲醇水溶液（一般为 3∶7 至 9∶11）即得 PR –33 破乳剂产品。

3）丙二醇聚氧乙烯聚氧丙烯醚——BP –169 破乳剂

将 1 份丙二醇和 0. 4 份氢氧化钾投入高压反应釜中，封釜。用氮气吹扫以排除釜内空气，抽真空后，将釜温升至 130℃，再抽真空，控制温度在 135℃ ±5℃，压力在 0. 3MPa 以下，按配方比例连续投加 79 份环氧丙烷，待环氧丙烷投加完毕后，继续反应 30min，待釜压下降为零，降温冷却，出釜即得中间产物。将 10 份中间产物和 1 份氢氧化钾按配方要求加入到高压反应釜中，封釜，用氮气吹扫以排除釜内空气，抽真空后，将釜温升至 120℃，再抽真空，控制温度在 120℃ ±5℃，压力在 0. 3MPa 以下，按配方连续投加 60 份环氧乙烷，待环氧乙烷投加完毕后，连续反应 30min，待釜压下降为零后，再控制釜温在 135℃ ±5℃，压力在 0. 3MPa 以下，按比例连续投加 90 份环氧丙烷，待投加完毕后，继续反应 30min，待釜压降制为零后，降温冷却，出釜。再加入 35% 的甲醇和乙醇等有机溶剂，即得 BP –169 破乳剂产品。

（三）聚氧乙烯聚氧丙烯十八醇醚

聚氧乙烯聚氧丙烯烷醇醚，为黄色至棕红色黏稠液体。适用于高含水稠油的破乳脱水，对稠油具有脱水速度快和脱水效率高等特点。还可以用于炼油厂水洗、脱盐。

聚氧乙烯聚氧丙烯十八醇醚是 SP 型破乳剂的主要组分，理论结构式为 R（PO）$_x$（EO）$_y$（PO）$_z$H，式中，EO—聚氧乙烯；PO—聚氧丙烯；R—脂肪醇；x、y、z—聚合度。SP 型破乳剂外观呈淡黄色膏状物质，HLB 值为 10 ~12，溶于水。SP 型非离子型破乳剂对石蜡基原油具有较好的破乳效果。其疏水部分由碳 12 ~18 烃链组成，其亲水基是通过分子中的羟基（—OH）、醚基（—O—）与水作用形成氢键而达到亲水的目的。由于羟基、醚基亲水性较弱，所以只靠一两个羟基或醚基不能把碳 12 ~18 烃链疏水基拉入水中，必须有多个这样的亲水基，才能达到水溶的目的。非离子型破乳剂的相对分子质量越大，分子链越长，所含的羟基和醚基越多，它的拉力越大，对原油乳状液的破乳能力越强。SP 型破乳剂适用于石蜡基原油的另一个原因是石蜡基原油不含或极少含胶质和沥青质，亲油性表面活性剂物质较少，相对密度较小。对含胶质和沥青质较高（或含水大于 20%）的原油，SP 型破乳剂的破乳能力较弱，原因是分子结构单一，无支链结构和芳香结构[6]。

SP 型破乳剂由十八碳醇与环氧乙烷、环氧丙烷等在一定条件下反应而得到。其制备方法如下。

（1）中间体合成。将 1 份十八烷基醇和 0. 4 份氢氧化钾投入高压反应釜中，封釜。用氮气吹扫以排除釜内空气，抽真空，加热将釜温升至 130℃，再抽真空，控制温度在 135℃ ±5℃，压力在 0. 3MPa 以下，按配方比例连续投加 79 份环氧丙烷，待环氧丙烷投加完毕后，继续反应 30min，待釜压下降为零，降温冷却，出釜即得中间产物。

（2）SP –169 破乳剂的合成。将 10 份中间产物和氢氧化钾（占总量的 0. 5%）加入到高压反应釜中，封釜，用氮气吹扫以排除釜内空气，抽真空后，将釜温升至120℃再抽真空，控制温度在120℃ ±5℃、压力在0.3MPa以下，按配方连续投加60份环氧乙烷，待环氧乙烷投加完毕后，连续反应30min，待釜压下降为零后，再控制釜温在135℃ ±5℃，压力在0.3MPa以下，按比例连续投加90份环氧丙烷，待投加完毕后，继续反应30min，待釜压降至零后，降温冷却，出釜。再加入35%的甲醇和乙醇等有机溶剂，即得SP－169破乳剂产品。

除SP－169之外，还有一系列以脂肪醇为起始剂的脂肪醇聚氧乙烯聚氧丙烯醚破乳剂，如BCL－405破乳剂、BH－311破乳剂、BH－202破乳剂、BH－2026破乳剂、BZC－101破乳剂、BZG破乳剂、BZP－4A破乳剂、DL－1破乳剂、GPM－6破乳剂、HA－42破乳剂和DE－1破乳剂等。

（四）多乙烯多胺聚氧乙烯聚氧丙烯聚醚——AP和AE系列破乳剂

以多乙烯多胺为起始剂的聚氧乙烯聚氧丙烯聚醚是AP和AE系列破乳剂的主要成分，是一种多枝型的非离子型表面活性剂。其中AP型破乳剂分子结构式为：$D(PO)_x(EO)_y(PO)_zH$，式中，EO为聚氧乙烯；PO为聚氧丙烯；D为多乙烯多胺；x、y、z为聚合度。AE型破乳剂，与AP型破乳剂相比，所不同的是AE型破乳剂是一种二段型的聚合物，其分子小，支链短。分子结构式为：$D(PO)_x(EO)_yH$，式中，EO为聚氧乙烯；PO为聚氧丙烯；D为多乙烯多胺；x、y为聚合度。虽然AE型破乳剂和AP型破乳剂的分子结构存在很大的差异，但分子成分相同，只是在单体用量和聚合顺序上有所差别，即两种非离子型破乳剂在设计合成时，其头、尾的用料量不同，产生聚合分子的长短也不同；AP型破乳剂的分子为三段式，以多乙烯多胺为引发剂，与聚氧乙烯、聚氧丙烯聚合形成嵌段共聚物。AE型破乳剂的分子为二段式，以多乙烯多胺为引发剂，与聚氧乙烯、聚氧丙烯聚合形成两段共聚物，因此，设计出的AP型破乳剂的分子应比AE型破乳剂的分子长。

以多亚乙基多胺为起始剂的水溶性破乳剂，常温下为淡黄色软膏，适用于原油破乳脱水、脱盐。

以多乙烯多胺为起始剂与环氧乙烷、环氧丙烷等在一定条件下反应制备AP型破乳剂为例，其合成方法如下。

（1）中间产物AP－23的合成。将1份多亚乙基多胺和1.15份催化剂氢氧化钾投入高压反应釜中，封釜。用氮气吹扫以排除釜内空气，搅拌升温至115℃ ±5℃，在压力0.3MPa以下，按配方比例连续投加229份环氧丙烷，待环氧丙烷投加完毕后，继续反应，待釜压下降为零，降温冷却，出釜即得中间产物AP－23。

（2）AP－221破乳剂的合成。将200份中间产物AP－23和2.51份氢氧化钾按配方要求加入到高压反应釜中，封釜，用氮气吹扫以排除釜内空气，搅拌升温至115℃ ±5℃，抽真空处理，在125℃ ±5℃、0.3MPa以下，按配方连续投加200份环氧乙烷，待环氧乙烷投加完毕后，连续反应30min，待釜压下降为零后，再控制釜温在135℃ ±5℃，压力在0.3MPa以下，按比例连续投加100份环氧丙烷，待投加完毕后，继续反应30min，待釜压降为零后，降温冷却，出釜。再投加适量的有机溶剂，即得 AP－221 破乳剂产品。

(3) AP－134 破乳剂的合成。将 100 份 AP－23 和 4.02 份氢氧化钾按配方要求加入到高压反应釜中，封釜，用氮气吹扫以排除釜内空气，搅拌升温至 115℃ ±5℃，抽真空处理，在 125℃ ±5℃、0.3MPa 以下，按配方连续投加 300 份环氧乙烷，待环氧乙烷投加完毕后，连续反应 30min，待釜压下降为零后，再控制釜温在 135℃ ±5℃，压力在 0.3MPa 以下，按比例连续投加 400 份环氧丙烷，待投加完毕后，继续反应 30min，待釜压降为零后，降温冷却，出釜。再投加适量的有机溶剂，即得 AP－134 破乳剂产品。

(五) 烷基酚醛树脂聚氧乙烯、聚氧丙烯醚

由烷基酚醛树脂与环氧乙烷和环氧丙烷反应得到的烷基酚醛树脂聚氧乙烯、聚氧丙烯醚，是一种油溶性的非离子型破乳剂，通常表示为 AR 型破乳剂，分子结构式为：AR $(PO)_x$ $(EO)_y$ H，式中，EO 为聚氧乙烯；PO 为聚氧丙烯；AR 为树脂；x、y、z 为聚合度。HLB 值在 4～8 左右，破乳温度低达 35～45℃。在破乳剂的合成过程中，AR 树脂既起引发剂的作用，又进入破乳剂的分子中成为亲油基。AR 型破乳剂的特点是分子较小，在原油凝固点高于 5℃的情况下有较好的溶解、扩散、渗透效应，促使乳化水滴絮凝、聚结，能在 45℃以下，45min 内把含水率在 50%～70%的原油中的水脱出 80%以上，性能远优于 SP 型、AP 型破乳剂。常见产品有：AR－16、AR－26、AR－36、AR－46 和 AR－48 系列破乳剂、AF－8422 破乳剂、AR－36 破乳剂、DAP－2031 破乳剂和酚醛 3111 破乳剂等。适用于油田和炼油厂原油破乳脱水，尤其适合地温高的油田的原油脱水。

由烷基酚醛树脂与环氧乙烷、环氧丙烷等在一定条件下反应而得到。典型的合成过程如下。

(1) 将 1 份合成树脂和 14.06 份氢氧化钾按配方要求投入高压反应釜中，封釜。用氮气吹扫以排除釜内空气，搅拌升温至 130℃ ±5℃，抽真空处理后，在 0.3MPa 压力下，控制温度在 130℃ ±5℃，连续投加 200 份环氧丙烷，待环氧丙烷投加完毕后，继续反应 30min，待釜压下降为零后，控制温度在 110℃ ±5℃、压力在 0.3MPa，降温冷却，即得中间产物。

(2) 向中间产物中连续投加 67 份环氧乙烷，待环氧乙烷投加完毕后，连续反应 30min，待釜压下降为零后，再控制釜温在 135℃ ±5℃，压力在 0.3MPa 以下，按比例连续投加环氧丙烷，待投加完毕后，继续反应 30min，待釜压降为零后，降温冷却，出釜。再加入 35%的甲醇和乙醇等有机溶剂，即得破乳剂产品。

(六) 酚胺醛树脂聚氧乙烯聚氧丙烯醚

酚胺醛树脂聚氧乙烯聚氧丙烯醚，主要用于原油破乳剂。

1. 酚胺醛树脂破乳剂

酚胺醛树脂破乳剂由以双酚 A 与甲醛和二乙烯三胺缩合反应得到[7,8]。

1）反应原理

$$HO-C_6H_4-C(CH_3)_2-C_6H_4-OH + HCHO + NH_2(CH_2CH_2NH)_n\,CH_2CH_2NH_2 \longrightarrow \tag{9-4}$$

$$[NH_2CH_2CH_2(NHCH_2CH_2)_n\,NHCH_2]_2(HO)C_6H_2-C(CH_3)_2-C_6H_2(OH)[CH_2NH(CH_2CH_2NH)_n\,CH_2CH_2NH_2]_2$$

式中，n=0，1，2。

2）合成方法

按照 n（双酚 A）：n（甲醛）：n（多胺） =1∶4∶6，将一定量的双酚 A 和多胺类化合物加入到 250mL 反应瓶中，室温和 N_2 环境下搅拌 10min，使双酚 A 在多胺液体中完全溶解；通过滴液漏斗缓慢滴加一定量的甲醛，滴加速度为 1 滴/s。然后将温度升高至 70℃，N_2 环境下恒温反应 4h。将反应混合物在 120℃、1.33kPa 真空度条件下减压蒸馏 3～5h，除去过量的甲醛、多胺以及反应副产物水，得到红棕色黏稠状液体即为酚胺醛树脂破乳剂。

研究表明，在破乳剂合成中原料配比、反应温度和反应时间是影响产物收率和纯度的关键。图 9-1～图 9-3 是原料配比、反应温度和反应时间对产物的收率和纯度的影响。

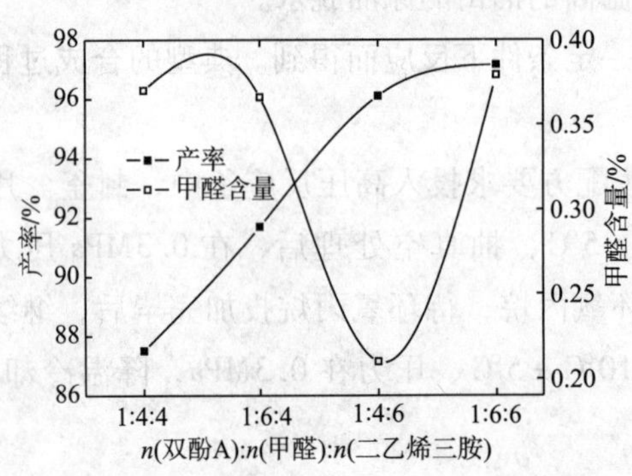

图 9-1　反应原料配比对产率和纯度的影响

如图 9-1 所示，在反应温度为 70℃，反应时间为 2h 时，随着双酚 A 与甲醛和二乙烯三胺物质的量比的增大，酚胺醛树脂的产率先增大后趋于稳定，而甲醛含量先呈现减小后反而增加的趋势，当物质的量比为 1∶4∶6 时，甲醛含量最小，此时，酚胺醛树脂的产率为 96.1%。当反应原料的物质的量比较小时，体系中二乙烯三胺的量较少，反应不够充分，随着二乙烯三胺的量的增加，产物增多；当体系中甲醛含量增大时，虽能使酚胺醛树脂的产率增加，但会给后处理带来困难，使产物中甲醛含量增加。

如图 9-2 所示，在双酚 A 与甲醛和二乙烯三胺的物质的量比为 1∶4∶6，反应时间为 2h 时，随着反应温度的升高，酚胺醛树脂的产率先增加后趋于平稳，而产物中的甲醛含量降低；如果反应温度过高，在反应过程中，体系中甲醛易挥发，导致反应不完全，酚胺醛树脂的产率下降。因此，综合酚胺醛树脂的产率及纯度，反应温度以 70℃ 较好。

如图 9-3 所示，当双酚 A 与甲醛和二乙烯三胺的物质的量比为 1∶4∶6，反应温度为

70℃，反应时间小于2h时，随着反应时间的延长，产物的收率增加，到2h后，原料大部分已经转化完全，当反应时间超过2h时，随反应时间的延长，酚胺醛树脂的产率和纯度基本上不再发生变化。

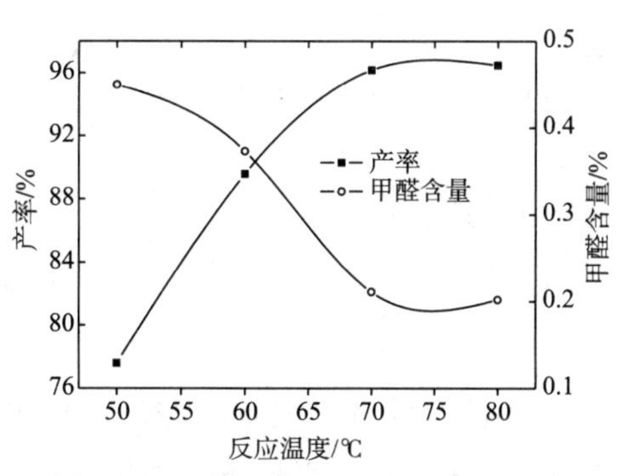

图9-2 反应温度对产率和纯度的影响

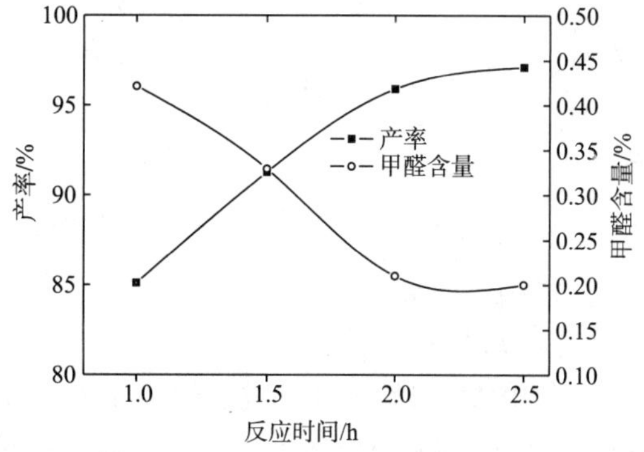

图9-3 反应时间对产率和纯度的影响

综合上述实验结果，确定最佳合成条件为：反应原料双酚A、甲醛和二乙烯三胺的物质的量比为1∶4∶6，反应温度为70℃，反应时间为2h。此条件下，产物的产率为96.1%，甲醛含量低于0.2%。评价表明，酚胺醛树脂在破乳温度45℃、破乳时间为120min、破乳剂浓度为100×10^{-6}的条件下，对W/O型模拟乳状液的破乳率可达90%以上，破乳后水中含油降低至300×10^{-6}以下，油中含水可降低至30%以下，且破乳性能随酚胺醛树脂端基氨基个数的增加而增加。

2. 双酚A酚胺醛树脂嵌段聚醚

双酚A酚胺醛树脂嵌段聚醚（BPAE）用于原油破乳剂，具有良好的破乳效果，在破乳剂加量为25mg/L、破乳温度为40℃、破乳时间为120min的条件下，原油脱水率可达85.4%[9]。

1）反应原理

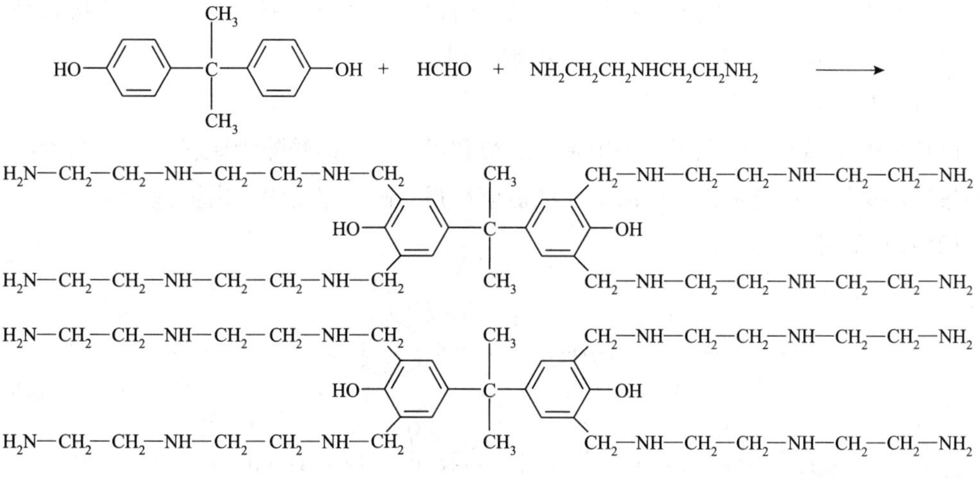

$$HO-C_6H_4-C(CH_3)_2-C_6H_4-OH + HCHO + NH_2CH_2CH_2NHCH_2CH_2NH_2 \longrightarrow$$

$$[H_2N-CH_2-CH_2-NH-CH_2-CH_2-NH-CH_2]_2(HO)C_6H_2-C(CH_3)_2-C_6H_2(OH)[CH_2-NH-CH_2-CH_2-NH-CH_2-CH_2-NH_2]_2$$

$$[H_2N-CH_2-CH_2-NH-CH_2-CH_2-NH-CH_2]_2(HO)C_6H_2-C(CH_3)_2-C_6H_2(OH)[CH_2-NH-CH_2-CH_2-NH-CH_2-CH_2-NH_2]_2$$

（9-5）

$$+\ CH_3-\overset{O}{CH-CH_2}+\overset{O}{CH_2-CH_2}\longrightarrow$$

$$\text{BPAE 起始剂（双酚 A 两侧苯环上各两个 }-CH_2-N(M)-CH_2-CH_2-N(M)-CH_2-CH_2-NM_2\text{ 取代基）}$$

$$M=-\!\!\left(CH(CH_3)-CH_2-O\right)_x\!\!\left(CH_2-CH_2-O\right)_y H \tag{9-6}$$

2）合成方法

（1）BPAE 起始剂的合成。按照 n（双酚 A）∶n（甲醛）∶n（二乙烯三胺）=1∶4∶6 比例，称取定量的双酚 A 和二乙烯三胺加入四口瓶中，在通入 N_2 的条件下，加热到 45℃，搅拌至双酚 A 完全溶解时，将温度升到 70℃，通过滴液漏斗缓慢滴加甲醛溶液，速度为 1 滴/s，甲醛滴加完后，在 N_2 的环境下，恒温反应 1h。将反应产物在 120～220℃下减压蒸馏 5h，除去产物中多余的水分及未反应物质，即得到深红棕色黏稠状酚胺醛树脂。

（2）嵌段聚醚的合成。取定量酚胺醛树脂起始剂和催化剂 KOH 同时加入高压反应釜中，密封好反应釜体系，升温，在温度达到 100～110℃，真空泵抽至负压时，用干燥氮气置换进料釜、高压釜和进料管中的水分及空气，吹扫 3 次。搅拌并继续升温到 125～135℃时，缓慢加入环氧丙烷制备亲油头，加入环氧丙烷的速度以表压维持在 0.25MPa 为基准，控制反应温度在 130～140℃。二嵌段聚醚的制备操作过程同制备亲油头一样，将制备好的亲油头和催化剂 KOH 加入高压反应釜中，温度升到 115～125℃时，缓慢加入环氧乙烷，控制反应温度在 120～130℃。反应完成即得到酚胺醛树脂二嵌段聚醚破乳剂。再加入定量冰醋酸，中和 KOH 催化剂。反应完毕后，降至釜内压力为 0，出料，得到破乳剂产品。

（七）聚醚与甲苯二异氰酸酯缩聚物

聚醚与甲苯二异氰酸酯缩聚物是一种高效的聚氨酯型原油破乳剂，典型的代表是 PPG 型聚氨酯原油破乳剂和 SPX－8603 聚氨酯破乳剂。

1. PPG 型聚氨酯原油破乳剂

PPG 型聚氨酯原油破乳剂，是用聚丙二醇和甲苯二异氰酸酯为原料，二甲苯为溶剂合成的聚氨酯型原油破乳剂，该产品对原油适应性强，破乳速度快、用量少[10]。

1）反应原理

$$(x+1)\,HO\!\left(CH_2-CH(CH_3)-O\right)_n + x\,OCN-C_6H_3(CH_3)-NCO\longrightarrow$$

$$HO\left[\left(CH_2-CH(CH_3)-O\right)_n-\overset{O}{\overset{\|}{C}}-NH-C_6H_3(CH_3)-NH-\overset{O}{\overset{\|}{C}}-O\right]_x\left(CH_2-CH(CH_3)-O\right)_n H \tag{9-7}$$

2）合成方法

由聚丙二醇和甲苯二异氰酸酯在二甲苯中进行加聚反应制得。按配方要求将 30 份聚丙二醇和 30 份二甲苯投入到反应釜中，封釜，在 60℃ 温度下搅拌，然后缓慢加入 3 份甲苯二异氰酸酯，直到达到配方要求量为止，恒温反应 18h，然后用 30 份二甲苯稀释产物得乳白色 PPG 型聚氨酯原油破乳剂黏稠液体。

2. SPX－8603 聚氨酯破乳剂

SPX－8603 聚氨酯破乳剂是聚氧乙烯聚氧丙烯甲苯二异氰酸酯缩合物，其脱水效果较好，适用于原油破乳脱水[11]。

1）反应原理

$$HO\!\left(CH_2-\underset{CH_3}{CH}-O\right)_m H + HO\!\left(CH_2-CH_2-O\right)_n\!\left(CH_2-\underset{CH_3}{CH}-O\right)_m\!\left(CH_2-CH_2-O\right)_n H + OCN-C_6H_3(CH_3)-NCO$$

$$\longrightarrow HO\left[\left(CH_2-CH_2-O\right)_n\left(CH_2-\underset{CH_3}{CH}-O\right)_m\left(CH_2-CH_2-O\right)_n\overset{O}{\overset{\|}{C}}-N-C_6H_3(CH_3)-N-\overset{O}{\overset{\|}{C}}-O\right]_x\left(CH_2-\underset{CH_3}{CH}-O\right)_m H \quad (9-8)$$

2）合成方法

本品是由丙二醇引发所得聚醚，再与甲苯二异氰酸酯进行加聚所得，合成步骤如下。

（1）中间产物 BP－199 的合成。将 10 份丙二醇和 0.5 份催化剂氢氧化钾按配方量投入高压反应釜中，封釜。用氮气吹扫以排除釜内和管线并抽真空，启动搅拌并升温至 130℃，缓慢加入 90 份环氧丙烷，控制反应温度为 135℃ ±5℃，压力在 0.3MPa 以下，加完后继续反应 30min，待釜压下降为零，降温冷却，出釜即得中间产物 BP－09。称取 10 份 BP－09 和 0.45 份催化剂氢氧化钾投入高压反应釜中，封釜。用氮气吹扫以排除釜内和管线并抽真空，按照上述步骤缓慢加入 90 份环氧丙烷，加完反应 30min，得到 1∶99 的丙二醇聚醚，称作 BP－99。称取 10 份 BP－99 和 0.5 份催化剂氢氧化钾投入高压反应釜中，封釜。用氮气吹扫以排除釜内和管线并抽真空，启动搅拌并升温至 130℃，缓慢加入 100 份环氧丙烷，加完后继续反应 30min，待釜压下降为零，降温冷却，出釜即得中间产物BP－199，其相对分子质量约 2500。

（2）PO－EO 嵌段共聚物的合成。将 70～90 份中间产物 BP－199 和 0.4 份氢氧化钾按配方要求加入到高压反应釜中，封釜，用氮气吹扫以排除釜内空气并抽真空，启动搅拌并升温至 120℃，按配方缓慢连续投加 30 份环氧乙烷，控制釜温在 125℃ ±5℃，压力在 0.3MPa 以下，待投加完毕后，继续反应 30min，待釜压降至为零后，降温冷却，出釜。即得 PO－EO 嵌段共聚物，其相对分子质量约 2900。

（3）SPX－8603 聚氨酯破乳剂的制备。按配方要求将 20 份 BP－199、30 份 PO－EO 嵌段共聚物和 100 份甲苯（或二甲苯）有机溶剂加入高压反应釜中，升温并搅拌。当温度升至 60℃时按配方要求量缓慢加入 4～5 份甲苯二异氰酸酯，投加完毕后，在 60℃下继续反应0.5～1h，得到浓度为33%的黏稠液体即SPX－8603聚氨酯破乳剂。

3. 多乙烯多胺、环氧乙烷、环氧丙烷嵌段共聚物与多元酸、甲苯二异氰酸脂反应物

该剂相对分子质量较高，广谱性好，能够使原油迅速破乳脱水，脱出水质清，脱水效果好。其合成包括以下步骤[12]。

（1）将50g多乙烯多胺和35g氢氧化钾加入反应器中，加热升温，通入6750g环氧丙烷，控制温度在115～165℃，压力维持在0.6MPa以下，并使其进行充分反应，真空1h，再通入3200g环氧乙烷，控制温度在115～165℃，压力维持在0.3MPa以下，并使其进行充分反应，制得聚醚类破乳剂A。

（2）将990g聚醚类破乳剂A加入反应器中，加入10g丁二酸、1.2g对甲基苯磺酸，加热升温，控制温度在85～115℃，反应2h，真空1h，过程控制温度在85～115℃，经过滤后制得产物B。

（3）将300g聚醚类破乳剂A和700g产物B加入反应器中，加入1000g二甲苯，加热升温，控制温度在75～85℃，缓缓滴加20g甲苯二异氰酸酯，滴加结束维持75～85℃反应1h，经过滤后制得到破乳剂产品。

（八）马来酸酐改性聚醚

采用相对分子质量为2200的三乙烯四胺环氧丙烷聚醚为起始剂，在浓硫酸催化下与马来酸酐反应，所得产物再与甘油反应，可以制得一种马来酸酐改性聚醚，用作原油破乳剂，在胜利油田滨南采油厂等使用效果良好，脱水率为85%[13]。其合成方法如下。

在装有温度计、搅拌器的250mL三口烧瓶中，加入105g聚醚，28g马来酸酐，在搅拌下加热至60℃后滴加0.9g浓硫酸，升高温度控制在110℃反应30min，再加入17g甘油，温度控制145℃，真空为3325Pa，反应4h。反应结束，降温后得到破乳剂产品。

研究表明，在产品合成中反应时间、反应温度、催化剂用量和原料配比等对产品的破乳能力有着不同的影响。

实验表明，当原料配比和反应条件一定时，随着反应时间的延长所得产物对原油的脱水率提高，当反应时间达到4h时酯化基本完全，聚合物的水溶性接近最高点，脱水率最高，如果时间超过4h后，随着时间的延长会引起聚醚分子间的脱水而导致相对分子质量增大，水溶性降低，破乳效果也随之降低，因此反应时间以4h为宜。在原料配比和反应条件一定时，随着温度的升高，所得产品的脱水率提高，这是因为随着温度的提高反应速度加快，有利于酯化率提高，但是当温度超过145℃后，由于催化剂浓硫酸的存在，使得物料碳化加快、颜色变深、产物分解等副反应使得产物的水溶性变差，脱水率降低。可见，反应温度为145℃较适宜。

酯化反应是可逆的，为了加快反应速度，缩短反应时间，反应中加入催化剂非常必要，在反应中采用浓硫酸作催化剂时，一方面可以提供质子，另一方面它可以吸收反应中生成的水。在原料配比和反应条件一定时，随着催化剂用量的增加产物脱水率先升高后降低，这是因为随着的催化剂用量的增加反应速度加快，但是当催化剂过量后，浓硫酸的氧

化性变得突出，使得酯化物部分氧化或分解导致酯化产物总量减少，脱水率降低。在实验条件下，催化剂用量以0.8g为宜。

由于马来酸酐的活性比较高，与聚醚的第一步反应是开环反应，速度快，且几乎是定量的。因此，在合成中仅考察了马来酸酐和甘油的配比对反应的影响。如图9-4所示，当原料配比和反应条件一定，n（马来酸酐）：n（甘油）为1.5时，所得产物的破乳效果最好。显然，在实验条件下n（马来酸酐）：n（甘油）为1：1.5较为适宜。

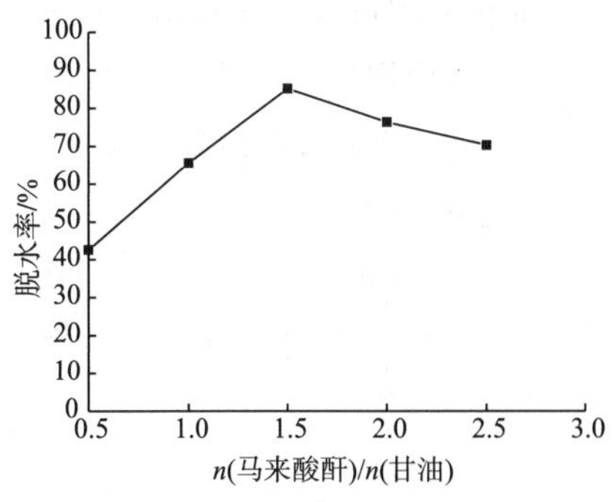

图9-4 马来酸酐与甘油物质的量比对产物脱水率的影响

此外，以聚醚L61（相对分子质量2100，HLB值3，羟值56）和顺丁烯二酸酐（MA）为原料，对甲苯磺酸为催化剂，首先合成顺丁烯二酸聚醚酯（Ester－L61），再与烯丙基聚乙二醇（XPEG－1000）反应，得到一种具有亲水侧链的梳状结构的改性聚醚共聚物破乳剂（DEMU－L61），其对延长油田东部区块的4种原油样有良好的破乳效果，破乳率均在99%左右，净化油的含水量均低于0.5%。其合成方法如下[14]。

在装有温度计、分水器和回流冷凝管的500mL的反应瓶中，按照m（L61）：m（顺丁烯二酸酐）=1.5：1、对甲苯磺酸（占总物料的1.8%）和一定量的携水剂甲苯，搅拌升温至150℃，待分水器中出水量接近理论值后，继续反应约8h，得到顺丁烯二酸聚醚酯（Ester－L61）；然后将XPEG－1000、BPO按1：0.9的比例用甲苯溶解后滴加至反应体系中，于120℃下反应5h，后减压蒸馏溶剂，搅拌保温1~2h，得到DEMU－L61破乳剂产品。

（九）聚氧乙烯烷基酚硫酸盐

本品是以烷基酚聚氧乙烯醚经氯磺酸酯化后用碱中和所得的一种阴离子破乳剂新品种，具有脱水速度快、脱水效果高和水质清晰等特点。适用于油田原油破乳脱水。聚氧乙烯烷基酚硫酸盐适用于油田原油破乳脱水。其制备方法如下。

（1）烷基酚聚氧乙烯醚的制备。按配方将44份壬基酚和0.72份氢氧化钾投入高压反应釜中，封釜，用氮气吹扫后抽真空。启动搅拌，加热升温，当温度升至120℃时控制温度在125℃±5℃、压力为0.3MPa，缓慢加入100份环氧乙烷，直到达到配方要求量为止，继续反应30min，待釜压下降为零，降温冷却，出釜即得浅黄色烷基酚聚氧乙烯醚黏稠液体。

（2）聚氧乙烯烷基酚硫酸盐的生产。将前面合成的70份烷基酚聚氧乙烯醚投入到高压反应釜中，在搅拌下，于20~30℃下缓慢加入11份氯磺酸，同时减压脱去生成的盐酸（用碱水或水吸收），待氯磺酸滴加完后，用30%的碱液在缓慢搅拌下中和至pH值为8，中和温度控制在不高于20℃，然后用过氧化氢漂白，除去水即得聚氧乙烯烷基酚硫酸盐。

四、含硅聚醚

（一）聚硅氧烷原油破乳剂

以异丙醇为溶剂、氯铂酸为催化剂，烯丙基聚氧乙烯聚氧丙烯甲基醚（HMS）、烯丙基聚氧乙烯聚氧丙烯醋酸酯（AEPC）与含氢硅油经硅氢化加成反应，合成了一种聚硅氧烷原油破乳剂。当硅氢键与碳碳双键的物质的量比为 1∶1.2，n（HMS）∶n（AEPC）= 1∶1，催化剂用量（基于反应物的总质量）为 30μg/g，溶剂用量（基于反应物的总质量）为 30%，反应温度为 90℃，反应时间为 5h 时，活性氢转化率达到 93.5%，所得聚硅氧烷原油破乳剂对原油具有较好的破乳效果[15]。

1. 反应原理

$$\mathrm{CH_3{-}\underset{CH_3}{\overset{CH_3}{Si}}{-}O{-}\!\left[\underset{H}{\overset{CH_3}{Si}}{-}O\right]_x\!\left[\underset{CH_3}{\overset{CH_3}{Si}}{-}O\right]_y\!\underset{CH_3}{\overset{CH_3}{Si}}{-}CH_3} +$$

$$\mathrm{CH_2{=}CH{-}CH_2{-}O{+}CH_2{-}CH_2{-}O{+}_m\!\left[\overset{CH_3}{CH}{-}CH_2{-}O\right]_n CH_2{-}CH_2{-}O{-}\overset{O}{\overset{\|}{C}}{-}CH_3} \xrightarrow{\text{Cat}}$$

$$\mathrm{CH_2{=}CH{-}CH_2{-}O{+}CH_2{-}CH_2{-}O{+}_a\!\left[\underset{CH_3}{CH}{-}CH_2{-}O\right]_b CH_3}$$

$$\mathrm{CH_3{-}\underset{CH_3}{\overset{CH_3}{Si}}{-}O{-}\!\left[\overset{CH_3}{Si}{-}O\right]_x\!\left[\overset{CH_3}{Si}{-}O\right]_y\!\underset{CH_3}{\overset{CH_3}{Si}}{-}CH_3}$$

$$\mathrm{CH_2{-}CH_2{-}CH_2{-}O{+}CH_2{-}CH_2{-}O{+}_m\!\left[\overset{CH_3}{CH}{-}CH_2{-}O\right]_n CH_2{-}CH_2{-}O{-}\overset{O}{\overset{\|}{C}}{-}CH_3}$$

$$\mathrm{CH_2{-}CH_2{-}CH_2{-}O{+}CH_2{-}CH_2{-}O{+}_a\!\left[\underset{CH_3}{CH}{-}CH_2{-}O\right]_b CH_3} \tag{9-9}$$

2. 合成方法

在装有回流冷凝管、搅拌器和温度计的三口烧瓶中依次加入一定量的含氢硅油、烯丙基聚氧乙烯聚氧丙烯醋酸酯（AEPC）和异丙醇，升温至 50℃时加入一定量的氯铂酸催化剂，在 90℃下反应至溶液变为透明时，加入一定量的烯丙基聚氧乙烯聚氧丙烯甲基醚（HMS），补加一定量的氯铂酸催化剂，继续反应 5h，然后减压蒸馏除去异丙醇溶剂，得到淡黄色透明黏稠的液体，即聚硅氧烷原油破乳剂。

3. 影响活性氢转化率的因素

影响活性氢转化率的因素主要有 n（Si－H）∶n（C＝C）、反应温度、催化剂用量和反应时间等。

（1）n（Si－H）∶n（C＝C）。当 n（HMS）∶n（AEPC）为 1∶1，催化剂用量为 30μg/g（占反应原料总质量），异丙醇为原料总质量的 30%，反应温度为 90℃，反应时间为 5h 时，n（Si－H）∶n（C＝C）在（1∶1）～（1∶1.3）的范围内，随着硅氢键与碳碳双键物质的量比的减小，转化率逐渐增加，当物质的量比达到 1∶1.2 时，转化率达到最高值（93.5%）；物质的量比继续减小时，转化率反而降低。这可能是由于随碳碳双键含量的增加，碳碳双键发生自聚副反应，导致转化率降低。因此，硅氢键与碳碳双键的最佳物质的量比为 1∶1.2。

（2）反应温度。当 n（Si－H）∶n（C＝C）为 1∶1.2，n（HMS）∶n（AEPC）为 1∶1，

催化剂用量为30μg/g，异丙醇为原料总质量的30%，反应时间为5h时，反应温度在70～100℃范围内，活性氢转化率随反应温度的升高先提高后降低；当反应温度为90℃时，转化率达到最高值（93.5%）。这是由于硅氢化加成反应是强放热反应，反应温度过高时，硅氢键自交联反应和双键自聚等副反应加剧，使转化率降低，产物更加复杂，黏度更大，影响产品质量。可见，最佳反应温度为90℃。

（3）催化剂用量。当 n（Si－H）∶n（C＝C）为1∶1.2，n（HMS）∶n（AEPC）为1∶1，异丙醇为原料总质量的30%，反应温度为90℃，时间为5h时，催化剂用量为10～50μg/g，活性氢转化率随催化剂用量的增加而提高，当催化剂用量为30μg/g时，活性氢的转化率达到93.5%；之后再继续增加催化剂用量，副反应增加，导致转化率降低，且在反应后期体系中会发生还原反应，产生大量的铂黑，影响产物的性能，给后处理带来难度。可见，最佳催化剂的用量为30μg/g。

（4）反应时间。当 n（Si－H）∶n（C＝C）为1∶1.2，n（HMS）∶n（AEPC）为1∶1，催化剂原料为30μg/g，异丙醇为原料总质量的30%，反应温度为90℃时，反应时间在5h以内，随反应时间的延长，活性氢转化率明显增加；当反应时间超过5h时，转化率的增幅不大，说明反应已基本进行完全，继续延长反应时间易使硅氢键自交联副反应加剧。可见，反应时间为5h即可。

（二）聚醚改性硅油消泡剂

采用如上所述的合成方法，通过改变原料及配比，可以制备聚醚改性硅油消泡剂[16]。

1. 反应原理

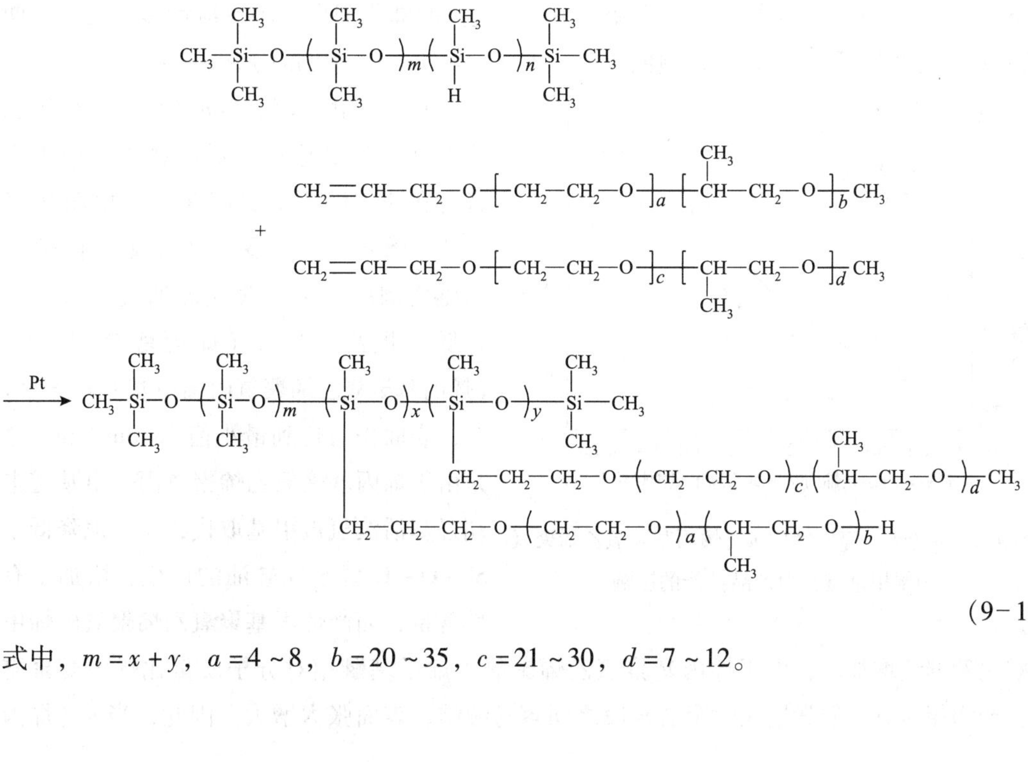

$$CH_3-\underset{CH_3}{\overset{CH_3}{Si}}-O-\!\!\left(\underset{CH_3}{\overset{CH_3}{Si}}-O\right)_m\!\!\left(\underset{H}{\overset{CH_3}{Si}}-O\right)_n\underset{CH_3}{\overset{CH_3}{Si}}-CH_3$$

$$+\begin{array}{l} CH_2=CH-CH_2-O-\!\left[CH_2-CH_2-O\right]_a\!\left[\overset{CH_3}{CH}-CH_2-O\right]_b CH_3 \\ CH_2=CH-CH_2-O-\!\left[CH_2-CH_2-O\right]_c\!\left[\underset{CH_3}{CH}-CH_2-O\right]_d CH_3 \end{array}$$

$$\xrightarrow{Pt} CH_3-\underset{CH_3}{\overset{CH_3}{Si}}-O-\!\left(\underset{CH_3}{\overset{CH_3}{Si}}-O\right)_m\!\left(\overset{CH_3}{Si}-O\right)_x\!\left(\overset{CH_3}{Si}-O\right)_y\underset{CH_3}{\overset{CH_3}{Si}}-CH_3$$

$$\text{（第二个Si上）}CH_2-CH_2-CH_2-O-\!\left(CH_2-CH_2-O\right)_c\!\left(\overset{CH_3}{CH}-CH_2-O\right)_d CH_3$$

$$\text{（第一个Si上）}CH_2-CH_2-CH_2-O-\!\left(CH_2-CH_2-O\right)_a\!\left(\underset{CH_3}{CH}-CH_2-O\right)_b H \qquad (9-10)$$

式中，$m=x+y$，$a=4\sim8$，$b=20\sim35$，$c=21\sim30$，$d=7\sim12$。

2. 合成方法

在装有搅拌器、回流冷凝管及温度计的三口烧瓶中，以异丙醇作溶剂，加入计量的含氢硅油、烯丙基聚氧乙烯聚氧丙烯甲基醚和烯丙醇聚醚，加热至95℃，恒温加入计量的氯铂酸催化剂，搅拌7h，体系经减压蒸馏除去异丙醇得到淡黄色透明液体，即得到不同结构聚醚改性硅油。

3. 工艺条件对Si－H转化率的影响

实验表明，反应时间、反应温度和催化剂用量等是影响Si－H转化率的关键因素。

就反应时间而言，在n（Si－H）：n（C＝C）为1∶1.2，n（烯丙醇聚醚）：n（烯丙基聚氧乙烯聚氧丙烯甲基醚）＝4∶1，催化剂用量为20μg/g，温度为95℃时，反应时间在2～8h之间，随着反应时间的延长，Si－H反应转化率逐渐增加。当反应7h时转化率达到93.28%，再延长反应时间转化率增加的幅度较小，说明反应进行完全，故适宜的反应时间为7h。

当反应时间为7h，催化剂用量为20μg/g，其他反应条件不变时，温度在70～100℃之间，随着反应温度的升高，转化率逐步升高，当温度达到95℃后，再继续升高温度，转化率下降。这是由于Si－H键能较高，高温有利于Si－H键的断裂，从而有利于接枝反应的进行；但温度升高后双键间发生了副反应，导致转化率下降，产物性能降低。故反应温度确定为95℃，在此温度下转化率达到93%以上。

当反应时间为7h，其他反应条件不变时，催化剂用量在10～40μg/g范围，随着催化剂用量的增加，Si－H键转化率增大，当催化剂用量为20μg/g时，Si－H转化率达到93.6%，再增加催化剂用量，转化率变化不大，过量的催化剂导致副反应增多，反应后期因还原产生大量铂黑会导致产物颜色加深。可见，最佳催化剂用量为20μg/g。

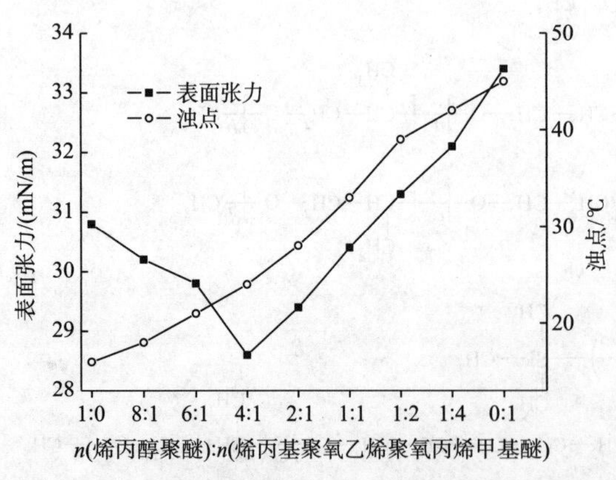

图9－5　n（烯丙醇聚醚）：n（烯丙基聚氧乙烯聚氧丙烯甲基醚）对产品性能的影响

n（烯丙醇聚醚）：n（烯丙基聚氧乙烯聚氧丙烯甲基醚）对产物水溶液表面张力和浊点的影响见图9－5。由图9－5可知，随着烯丙基聚氧乙烯聚氧丙烯甲基醚比例的增加，改性硅油表面张力先降低后提高，当n（烯丙醇聚醚）：n（烯丙基聚氧乙烯聚氧丙烯甲基醚）＝4∶1时，表面张力达到最小值28.6mN/m。这是由于烯丙基聚氧乙烯聚氧丙烯甲基醚末端羟基活泼氢被甲基取代，有效地降低了Si－O－C型改性硅油的产生，增加了有效含量，而当烯丙基聚氧乙烯聚氧丙烯甲基醚比例继续增加时，由于烯丙基聚氧乙烯聚氧丙烯甲基醚相对分子质量比烯丙醇聚醚大，产物相对分子质量增大，聚醚链段之间容易缠结，表面张力增大。因此，当n（烯丙醇聚醚）∶n（烯丙基聚氧乙烯聚氧丙烯甲基醚）=4∶1 时，得到的产物具有优异的表面活性。另外，随着烯丙基聚氧乙烯聚氧丙烯甲基醚比例的增加，浊点升高。这是由于烯丙基聚氧乙烯聚氧丙烯甲基醚中聚氧乙烯含量比烯丙醇聚醚大，产物聚氧乙烯含量增加。

工业上常用的消泡剂主要有聚醚型和有机硅型 2 类。将制得的聚醚改性硅油产品与市售消泡剂进行对比，如表 9-6 所示，聚醚改性硅油用于消泡剂在消抑泡性能方面均优于聚醚消泡剂 GPE 和有机硅消泡剂 X-100F，而略低于有机硅消泡剂 SAG。

表 9-6 不同消泡剂性能对比

消泡剂	消泡时间/s	抑泡时间/min	消泡剂	消泡时间/s	抑泡时间/min
聚醚消泡剂 GPE	22.7	8	有机硅消泡剂 SAG	9.4	18
有机硅消泡剂 X-100F	15.3	14	聚醚改性硅油消泡剂	14.5	16

（三）聚醚改性聚硅氧烷消泡剂

以高含氢硅油为原料，采用调聚法制备低含氢硅油；同时，以丙烯醇为起始剂、碱为催化剂，进行环氧乙烷、环氧丙烷的开环共聚，制成端烯丙基聚氧烯醚；再用端烯丙基聚氧烯醚对低含氢硅油进行接枝改性，得到聚醚改性聚硅氧烷。以改性后的聚醚聚硅氧烷为主要原料，选择合适的乳化剂、增稠剂等配伍，可以制备出高效的消泡剂[17]。

1. 反应原理

$$CH_3-\underset{CH_3}{\overset{CH_3}{Si}}-O\left(\underset{H}{\overset{CH_3}{Si}}-O\right)_x\left(\underset{CH_3}{\overset{CH_3}{Si}}-O\right)_y\underset{CH_3}{\overset{CH_3}{Si}}-CH_3$$

$$+\ CH_2{=}CH-CH_2\left(O-CH_2-CH_2\right)_n\left(O-CH_2-\overset{CH_3}{CH}\right)_m OH \tag{9-11}$$

$$\xrightarrow[\triangle]{Cat} CH_3-\underset{CH_3}{\overset{CH_3}{Si}}-O\left(\underset{CH_2-CH_2-CH_2\left(O-CH_2-CH_2\right)_n\left(O-CH_2-\overset{CH_3}{CH}\right)_m OH}{\overset{CH_3}{Si}}-O\right)_x\left(\underset{CH_3}{\overset{CH_3}{Si}}-O\right)_y\underset{CH_3}{\overset{CH_3}{Si}}-CH_3$$

2. 制备方法

（1）低含氢硅油的制备。将 111.5g 二甲基环硅氧烷混合物、6.5g 高含氢硅油和 2.2g 六甲基二硅氧烷加入反应釜中，以浓硫酸作催化剂，在 60～65℃下反应 3～5h；然后降至室温，用碳酸氢钠中和，抽滤，110℃下真空蒸馏脱去低沸物，得活性氢质量分数为 0.09%的低含氢硅油。

（2）端烯丙基聚氧烯醚的合成。在高压反应釜中，加入一定量的丙烯醇和碱催化剂，压紧釜盖，用 N_2 置换 3 次；抽空升温，在 90～110℃下边搅拌边加入环氧乙烷、环氧丙烷；加料完毕，熟化反应至釜内压力为负压；冷却出料；产物经中和、漂白、脱色后，过滤脱水，得端烯丙基聚氧烯醚。

（3）聚醚改性聚硅氧烷的合成。在四口烧瓶中，先将反应原料（低含氢硅油、端烯丙基聚氧烯醚）与质量分数为25%的甲苯共沸脱水，然后以铂质量分数为30×10^{-6}的氯铂酸异丙醇溶液作为催化剂，于氮气氛下加热至100℃，反应4~4.5h。蒸去溶剂后，得聚醚改性聚硅氧烷。

（4）聚醚改性聚硅氧烷消泡剂的配制。将一定比例的疏水性气相法白炭黑和聚醚改性聚硅氧烷在160~180℃下搅拌反应3h，然后降至室温，得硅膏；再加入一定量的乳化剂、增稠剂，搅拌、升温，使乳化剂完全溶解。继续搅拌约2h，得粗乳液；然后用高速匀浆器搅拌约10min，得稳定的乳液产品。

该消泡剂的乳化性能稳定，消泡、抑泡性能良好，能迅速溶于水，可单独使用，也可与其他处理剂配合使用，而且对非水体系也有效，是一种性能优良、应用前景广阔的消泡剂。

（四）有机硅聚氧乙烯醚琥珀酸单酯二钠盐

以有机硅聚氧乙烯醚、马来酸酐、亚硫酸氢钠为原料，合成的三硅氧烷聚氧乙烯醚琥珀酸单酯二钠盐，其最低表面张力为26.4mN/m，临界胶束浓度为5.92×10^{-3}mol/L，渗透时间为10s，具有表面张力低、润湿渗透性好、发泡能力强、泡沫稳定性好的特性[18]。

1. 反应原理

$$(CH_3)_3Si-O-Si(CH_3)[CH_2-CH_2-CH_2-O\text{+}CH_2-CH_2-O\text{+}_nH]-O-Si(CH_3)_3 + \text{马来酸酐}(CH=CH, C(=O)-O-C(=O)) \longrightarrow$$

$$(CH_3)_3Si-O-Si(CH_3)[CH_2-CH_2-CH_2-O\text{+}CH_2-CH_2-O\text{+}_n\overset{O}{\overset{\|}{C}}-CH=CH-COOH]-O-Si(CH_3)_3 \tag{9-12}$$

$$\xrightarrow{NaHSO_3} (CH_3)_3Si-O-Si(CH_3)[CH_2-CH_2-CH_2-O\text{+}CH_2-CH_2-O\text{+}_n\overset{O}{\overset{\|}{C}}-CH_2-\underset{SO_3Na}{\underset{|}{CH}}-COOH]-O-Si(CH_3)_3$$

式中，$n=7\sim8$。

2. 制备过程

将一定量三硅氧烷聚氧乙烯醚（平均相对分子质量为622，环氧乙烷加成数为7~8）和催化剂对甲苯磺酸加入四口烧瓶中，通入氮气，搅拌并加热到60℃，缓慢搅拌下加入计量的马来酸酐；加完后继续升温，在130℃下恒温搅拌反应6~7h，定时取样，用NaOH标准溶液测定体系酸值，当体系酸值不再变化时，停止反应。减压蒸出未反应的马来酸酐，用质量分数为30%的NaOH水溶液调节pH值至7，将与马来酸酐等量的$NaHSO_3$配成质量分数为30%的 $NaHSO_3$ 溶液，将水溶液滴加至反应瓶中，搅拌并加热至95℃，回流反应4h；降温，加入无水乙醇，过滤，滤液减压蒸馏去除乙醇，得到黄色透明黏稠产品。

3. 影响酯化和磺化反应的因素

在三硅氧烷聚氧乙烯醚和马来酸酐的物质的量比为1∶1.05，催化剂对甲苯磺酸用量为总加料量的0.5%的条件下，反应时间（以马来酸酐加入后开始计时）对酯化率的影响见图9-6。由图9-6可见，在一定时间内，酯化率随反应温度的升高而增加；在相同反应温度下随反应时间延长，酯化率提高。实验发现，马来酸酐加入后开始计时，此时酯化率已不为零，说明反应在升温过程中已经发生。实验还发现，温度太高会增加交联的可能性，并影响产物色泽。酯化时间超过6h后，继续加热反应，酯化率已无明显提高。这是由于酯化反应第一阶级是可逆的，反应物浓度大、生成物浓度小，平衡向正反应方向移动，因此酯化率增加较快；之后，由于反应物浓度降低、生成物浓度增加，使酯化率增加缓慢。温度较高会影响产物色泽。综合考虑，酯化反应温度为130℃、反应时间为6h较好。

如图9-7所示，在反应初期，随着反应温度提高，磺化率提高；在相同温度下，随着反应时间的延长，磺化率提高；磺化温度可变范围小。由于磺化产物是发泡性能很好的表面活性剂，所以在100℃以上反应时，体系会发泡冲料，反应无法正常进行。当磺化温度为85℃或更低时，在所考察的反应时间范围内性能达不到要求。综合考虑，磺化反应温度为95℃、反应时间为4h较好。

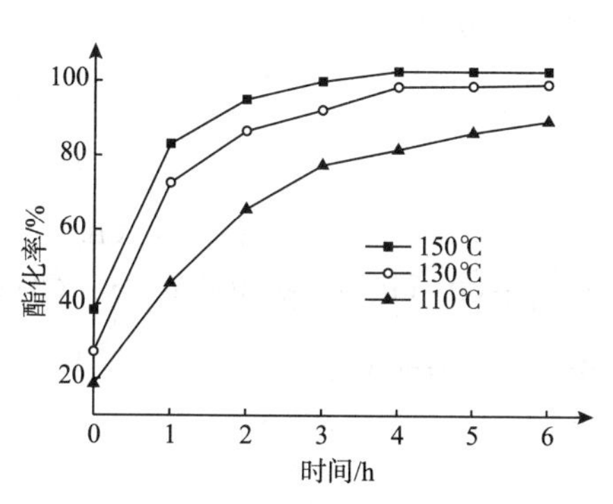

图9-6　不同温度下酯化反应时间对酯化反应的影响

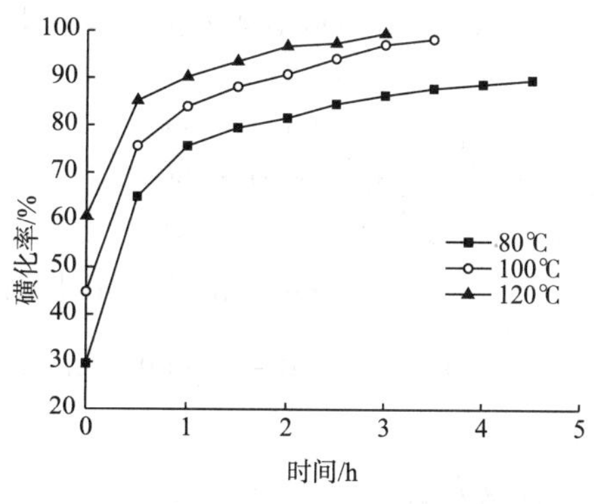

图9-7　不同温度下磺化反应时间对磺化反应的影响

（五）含硅聚醚季铵盐

1. 聚醚季铵盐聚硅氧烷水包油型破乳剂

采用硅氢加成反应、环氧开环季铵化反应两步法，即将烯丙基聚氧乙烯聚氧丙烯环氧基醚（简称环氧醚）与烯丙基聚氧乙烯聚氧丙烯甲基醚（简称甲基醚）接枝到含氢硅油上，得到环氧醚与甲基醚共改性硅油中间体，然后中间体经环氧开环季铵化反应，可以得到针对水包油型原油乳液的聚醚季铵盐聚硅氧烷原油破乳剂（简称O/W破乳剂）。实验表明，当 n（环氧醚）：n（甲基醚）=2∶1，合成的破乳剂用量为 110mg/L（基于原油乳液质量）、脱水温度为 65℃、脱水时间为 2h 时，原油乳液的脱水率为 93.51%，水相含油率为 47mg/L，破乳性能优于工业常用季铵盐阳离子型破乳剂[19]。

1）反应原理

$$CH_3-Si(CH_3)_2-O-[Si(CH_3)(H)-O]_x-[Si(CH_3)_2-O]_y-Si(CH_3)_2-CH_3$$
$$+\ CH_2{=}CH-CH_2-O-[CH_2-CH_2-O]_m-[CH(CH_3)-CH_2-O]_n-\overset{O}{CH-CH}$$
$$+\ CH_2{=}CH-CH_2-O-[CH_2-CH_2-O]_a-[CH(CH_3)-CH_2-O]_b-CH_3 \tag{9-13}$$
$$\xrightarrow{Cat} CH_3-Si(CH_3)_2-O-[Si(CH_3)(R^1)-O]_x-[Si(CH_3)(R^2)-O]_y-Si(CH_3)_2-CH_3$$
$$R^1 = CH_2-CH_2-CH_2-O-[CH_2-CH_2-O]_m-[CH(CH_3)-CH_2-O]_n-\overset{O}{CH-CH_2}$$
$$R^2 = CH_2-CH_2-CH_2-O-[CH_2-CH_2-O]_a-[CH(CH_3)-CH_2-O]_b-CH_3$$

$$CH_3-Si(CH_3)_2-O-[Si(CH_3)-O]_x-[Si(CH_3)-O]_y-Si(CH_3)_2-CH_3$$
$$CH_2-CH_2-CH_2-O-[CH_2-CH_2-O]_m-[CH(CH_3)-CH_2-O]_n-\overset{O}{CH-CH_2}\xrightarrow{CH_3-N^+(CH_3)_2-HCl^-}$$
$$CH_2{=}CH-CH_2-O-[CH_2-CH_2-O]_a-[CH(CH_3)-CH_2-O]_b-CH_3 \tag{9-14}$$
$$CH_3-Si(CH_3)_2-O-[Si(CH_3)-O]_x-[Si(CH_3)-O]_y-Si(CH_3)_2-CH_3$$
$$CH_2-CH_2-CH_2-O-[CH_2-CH_2-O]_m-[CH(CH_3)-CH_2-O]_n-CH(OH)-CH_2-N^+(CH_3)_2-CH_3Cl^-$$
$$CH_2{=}CH-CH_2-O-[CH_2-CH_2-O]_a-[CH(CH_3)-CH_2-O]_b-CH_3$$

2）合成方法

（1）共改性硅油的合成。在装有回流冷凝管、温度计和搅拌器的三口烧瓶中加入 10g 含氢硅油、13.33g 烯丙基聚氧乙烯聚氧丙烯环氧基醚、10g 烯丙基聚氧乙烯聚氧丙烯甲基醚和 13.33g 异丙醇，升温至 40℃，加入氯铂酸催化剂 0.2mL（铂含量 30μg/g），升温至 105℃，反应 5h，然后在 80℃下减压蒸馏除去异丙醇溶剂及小分子杂质，得到淡黄色黏稠的液体，即共改性硅油。

（2）环氧开环季铵化反应。称取 10g 共改性硅油加入装有搅拌器、温度计和冷凝器的三口烧瓶中，用 5.19g 异丙醇将 0.38g 三甲胺盐酸盐溶解，并加至三口烧瓶中，升温至 50℃，反应 5h，然后于 60℃下减压蒸馏除去溶剂，经无水乙醇－丙酮提纯并真空干燥，制得 O/W 破乳剂，用盐酸－丙酮法测得环氧开环率为 98.67%。

环氧醚与甲基醚的比例，基本反映了 O/W 破乳剂中季铵盐与甲基醚的比例。研究表明，通过调节环氧醚和甲基醚的比例可调节 O/W 破乳剂的亲水亲油性，使其更好地侵入到油水界面，以实现破乳，故环氧醚与甲基醚的比例是影响 O/W 破乳剂脱水率的重要因素。实验表明，随着环氧醚用量的增加脱水率先增大后降低，当 n（环氧醚）：n（甲基醚）=2∶1 时，脱水率达到最大值（88.67%）。可见，在实验条件下，n（环氧醚）：n（甲基醚）=2∶1 较适宜。

2. 聚醚聚季铵盐反相破乳剂

按照前述方法，还可以制备聚醚聚季铵盐，可用于水包油型反相破乳剂。在破乳剂用量 100mg/L、破乳时间 4h、破乳温度为 65℃条件下，除油率为 94.9%，破乳后污水含油量为 25.8mg/L，破乳性能优于聚醚季铵盐破乳剂。

聚醚聚季铵盐反相破乳剂的合成包括共改性硅油合成、聚季铵盐合成和聚醚聚季铵盐合成三步[20]。

（1）共改性硅油合成。分别称取 10g 低含氢硅油、13.3g 环氧醚、10g 甲基醚和溶剂 13.3g 异丙醇，混合均匀后加入到装有冷凝管、温度计、搅拌器的 250mL 三口烧瓶中。将三口烧瓶置于恒温水浴锅中，在搅拌下缓慢升温至 40℃。预先配好铂含量为 0.03mg/g 的氯铂酸溶液，用 1mL 移液管精确移取 0.2mL 的氯铂酸到三口烧瓶中，缓慢升温 1h 至 80℃，然后在 80℃下反应 5h。将反应产物倒入旋转蒸发仪中，在 80℃减压蒸馏除去溶剂异丙醇和相对分子质量较小的杂质，最后得到淡黄色黏稠状油状液体，即为共改性硅油。

（2）聚季铵盐合成。称取 16.8g 二丁胺、1g 多乙烯多胺混合均匀后加入到 250mL 三口烧瓶中，接好恒压滴液漏斗、回流冷凝管、搅拌器后置于 30℃的恒温水浴锅中 1h。然后通过恒压滴液漏斗将 9.6g 环氧氯丙烷缓慢滴加到反应瓶中，控制滴加速度约 10mL/min，缓慢升温至 70℃，滴完环氧氯丙烷后，恒温继续反应 4h。分别配制约 1∶1 的硫酸溶液和 1∶1 的无水乙醇－丙酮备用。反应结束后用 1∶1 硫酸调节 pH 值约为 5，加入 1∶1 的无水乙醇－丙酮 20mL，充分洗涤后在旋转蒸发仪中除去无水乙醇－丙酮后得到黄色黏稠状液体，即为聚季铵盐。

（3）聚醚聚季铵盐合成。称取 9.8g 聚季铵盐和 10g 溶剂异丙醇放入装有搅拌器、冷凝管和恒压滴液漏斗的三口烧瓶中，置于 30℃水浴锅中；将 12.4g 共改性硅油置于恒压滴液漏斗，以大约 20 滴/min 的速度将共改性硅油加入反应瓶，滴加的过程中不断搅拌，同时用 1h 升温至 60℃，保持温度反应 5h。反应物倒入旋转蒸发仪中，在 50℃下减压蒸除溶剂异丙醇，之后加入 20mL 1∶1 的无水乙醇－丙酮洗涤三次，再次真空干燥后得到呈半固态棕黄色产品，即得到聚醚聚季铵盐型破乳剂。

研究表明，烯丙基聚氧乙烯聚氧丙烯环氧基醚（环氧醚）与烯丙基聚氧乙烯聚氧丙烯甲基醚（甲基醚）的比例是影响产物性能的关键，如图 9－8 所示，当 n（环氧醚）：n

(甲基醚) =2∶1 时，破乳效果最好，除油率达到 91.2%。

将聚醚季铵盐型和聚醚聚季铵盐型两种破乳剂在相同实验条件（破乳剂用量为 100mg/L、破乳脱水时间 4h、破乳温度为 65℃）下进行对比实验，结果见图 9-9。图 9-9 表明，在破乳开始阶段聚醚季铵盐类破乳剂除油率高于聚醚聚季铵盐类破乳剂。这是由于聚醚季铵盐类破乳剂相对分子质量较小，在体系中扩散速度较聚醚聚季铵盐类破乳剂快。随着破乳作用时间延长至 1.5h 后，聚醚聚季铵盐型破乳剂除油率开始高于聚醚季铵盐类破乳剂，4h 后污水中含油量降到 25.8mg/L。

（六）高效稠油破乳剂

将由苯酚、多乙烯多胺、甲醛在二甲苯中制备的胺基化酚醛树脂作起始剂制备的 PO/EO/PO 三嵌段聚醚与聚甲基三乙氧基硅烷反应制备含硅聚醚，与 SP－169（脂肪醇 EO/PO 双嵌段聚醚）在乙醇中混配，可以得到一种水溶性复配破乳剂，即高效稠油破乳剂 LS938－2[21]。

破乳剂 LS938－2 经过四步反应、一次混配得到。具体步骤如下。

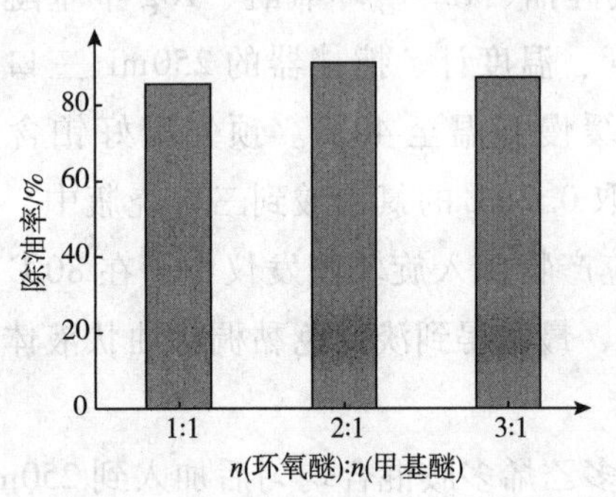

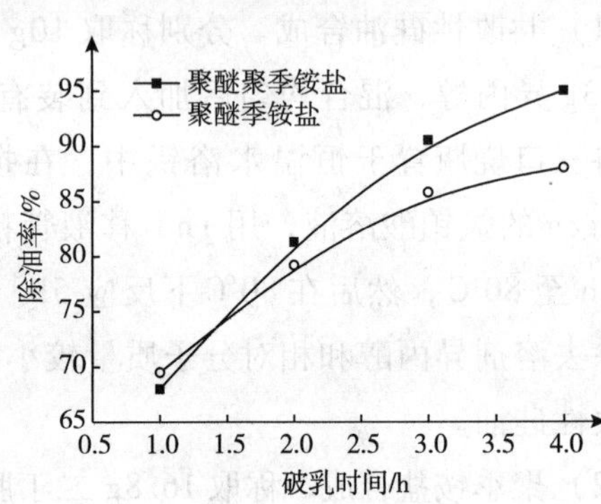

图 9-8 环氧醚与甲基醚的比例与除油率的关系　图 9-9 聚醚聚季铵盐和聚醚季铵盐破乳效果对比

（1）起始剂合成。在反应釜中加入 40g 熔化的苯酚，在搅拌下加入 290g 多乙烯多胺，控制液相温度为 35℃左右，滴加 120g 甲醛水溶液。加入溶剂二甲苯，升温到 140～160℃，在回流条件下充分脱水，然后抽真空除去溶剂直到温度达到 210℃为止。所得起始剂 30℃折光指数为 1.5489～1.5447，50℃黏度为 0.7156～0.7611mPa·s（按 SY 2409—1975 测定），含水量小于 0.1%（按 SY 2122—1977 测定）。

（2）亲油头合成。将起始剂与 PO 按质量比 1∶80 投料，在 130℃下缓慢加入 PO，反应 5h，老化 30min 即得亲油头。

（3）三嵌段聚醚合成。将亲油头、EO 和 PO 按质量比 3∶2∶1，依次投料，在 130℃下反应 6h，老化 30min 出料，即得到三嵌段聚醚。

（4）含硅破乳剂。于反应釜中加入 45g 三嵌段聚醚，用冰醋酸中和至 pH =7，加入 0.3g 冰醋酸作催化剂，在搅拌下升温至 120℃，加入 3g 聚甲基三乙氧基硅烷反应 1h，在负压下反应 2h，脱去生成的乙醇，降温至 60℃（用乙醇胺中和至 pH =7），即得到含硅聚醚破乳剂。

（5）破乳剂 LS938－2。在 60℃下将含硅聚醚破乳剂与 SP－169 原液（脂肪醇聚氧乙烯聚氧丙烯醚）、乙醇按 35∶30∶35（质量比）混合，搅拌均匀，得到水溶性破乳剂 LS938－2。

在 70℃和 80℃下，加药量为 60～120mg/L，用于含水 24% 和 32% 的辽河油田锦州采油厂老站新鲜稠油室内脱水时，LS938－2 的效果优于现场使用的 AF－8464，脱水率平均提高 26.9%，脱水速度较快，界面整齐，污水含油较少，色泽较浅，在锦采老站现场对比试验中，加药量为 90mg/L，脱水温度为 70℃，使用 LS938－2 和 AF－8464 时电脱水前原油含水分别为 4.5% 和 16.2%，电脱水后分别为 0.15% 和 0.41%，表明 LS938－2 是一种高效稠油破乳剂。

（七）磺酸基改性梳状有机硅聚醚破乳剂

由烯丙基聚醚、含氢聚硅氧烷与烯丙基磺酸盐反应得到的磺酸基改性梳状有机硅聚醚，由于分子中引入了磺酸基活性基，使得到的多支链高相对分子质量的改性聚醚用于破乳剂，具有表面活性高，出水快，水色透明且界面齐的特点，对乳液破乳效果高达 94.8%[22]。

1. 反应原理

$$CH_3-\underset{CH_3}{\overset{CH_3}{Si}}-O-\underset{H}{\overset{CH_3}{Si}}-O-\underset{CH_3}{\overset{CH_3}{Si}}-O-\underset{CH_3}{\overset{CH_3}{Si}}-O-\underset{H}{\overset{CH_3}{Si}}\sim\sim$$

$$+\begin{array}{l} CH_2{=}CH-CH_2-O{+}CH_2-CH_2-O{+}_m{+}\overset{CH_3}{CH}-CH_2-O{+}_n CH_2-CH_2-OH \\ CH_2{=}CH-CH_2-O-CH_2-CHOHSO_3Na \end{array} \qquad (9-15)$$

$$\xrightarrow[\triangle]{H_2PtCl_6} \begin{array}{l} CH_2-CH_2-O{+}CH_2-CH_2-O{+}_m{+}\overset{CH_3}{CH}-CH_2-O{+}_n CH_2-CH_2-OH \\ CH_2 \\ CH_3-\underset{CH_3}{\overset{CH_3}{Si}}-O-\underset{CH_3}{Si}-O-\underset{CH_3}{\overset{CH_3}{Si}}-O-\underset{CH_3}{\overset{CH_3}{Si}}-O-\overset{CH_3}{Si}\sim\sim \\ \qquad\qquad\qquad\qquad\qquad\quad CH_2-CH_2-CH_2-O-CH_2-CHOHSO_3Na \end{array}$$

2. 合成方法

将一定量烯丙基聚醚（Y－1）、含氢聚硅氧烷（PHMS）、烯丙基磺酸盐（COPS－1）、铂催化剂加入到干燥三口烧瓶中，避光、反应温度为 90～95℃下反应 5h。反应结束后，冷却至室温，快速搅拌加水稀释至质量分数为 1%、0.5h 后停止，即得到含磺酸盐有机硅聚醚破乳剂（COPESO）溶液。

研究表明，在产物合成中原料配比、反应温度等直接影响产物破乳性能。当 COPS－1 质量分数为 5%，反应温度为 90℃时，破乳剂的脱水率相对最好。固定 COPS－1 质量分数为 5%，聚醚（Y－1）与含氢聚硅氧烷（PHMS）的质量比对破乳效果的影响见图 9－10（用瓶试法进行评价，读出恒温 60℃、120min 时脱水量，计算脱水率，下同）。

由图 9－10 可知，随着 m（Y－1）∶m（PHMS）的增加，产物的脱水性能也随之增

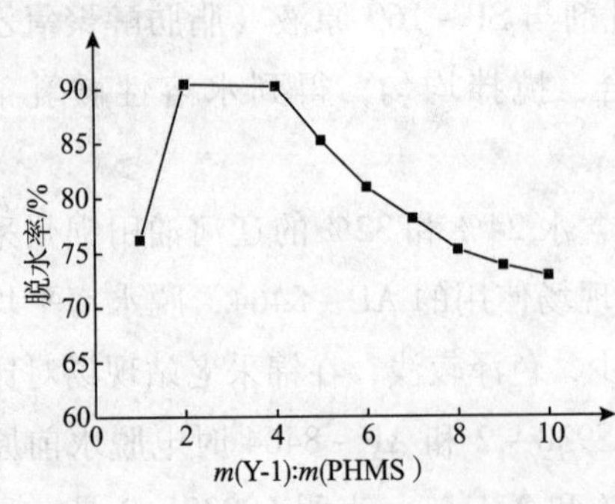

图 9-10　聚醚（Y-1）与 PHMS 质量比对破乳性能的影响

加，当 m（Y-1）∶m（PHMS）质量比为 3∶1 时，产物破乳效果最佳，随后变小。这是因为含有机硅破乳剂分子结构内疏水基团中带有硅氧烷烃或硅烷链的破乳效果要比烃链或醚键的好，随着质量比增大，烃链和醚键的含量相对增大，硅氧烷烃或硅烷链含量相对减少；同时产物分子是疏水链段接枝聚醚（Y-1）、COPS-1 亲水链段提高亲水性，不仅在水中均匀稳定分散，而且增大表面活性；当质量比减少时，产物在水中分散性、稳定性随之减小，脱水性能也随之减弱。可见，当 m（Y-1）∶m（PHMS）为 3∶1 时，可得到脱水效果最佳的产物。

表 9-7 是反应条件一定时，COPS-1 用量（质量分数）对产物破乳性能的影响（破乳剂加量 120mg/L）。由表 9-7 可知，在破乳剂合成时，当 COPS-1 质量分数为 5% 时，平均粒度相对较大，而且由于分子中磺酸基活性基的引入，其梳状结构增加破乳剂（COPESO）的表面积，表面活性增强，其在油水界面竞争吸附能力增强，能够较显著地改变油水界面膜的性质，较大程度地降低油水的界面张力，有利于 COPESO 分子更迅速地向油水界面扩散迁移，从而使油水的界面膜受到影响而不稳定，乳液破乳效果最佳。随着 COPS-1 质量分数降低，其与 PESO 两者协同破乳效果不明显，表面活性减弱，破乳效果降低；随着 COPS-1 质量分数增大，COPESO 的乳化能力增强，而破乳效果反而降低。

表 9-7　COPS-1 用量（质量分数）对产物破乳性能的影响

w（COPS-1）	平均粒径/nm	脱水率/%	水色	油水界面
0	18.69	75.3	清	较齐
1	13.37	87.7	较清	乳化层
5	42.93	94.8	清	齐
10	18.60	93.9	浑浊	乳化层
20	16.36	93.6	清	较齐

表 9-8 是当含氢聚硅氧烷 PHMS、聚醚（Y-1）和 COPS-1 质量配比为 5∶14∶1，反应 5h 时，反应温度对破乳剂脱水率的影响（破乳剂加量 120mg/L）。由表 9-8 可知，在其他实验条件一定，反应温度为 90℃时，所得破乳剂的脱水率最好，界面清晰且齐整，脱出水透明且含油量少，由于聚合温度较低时，反应速率慢，反应不充分，影响产物的破乳性能；随着温度增加时，反应速率加快，COPESO 分子很快自聚交联成共聚物而凝结在容器壁上，在水中溶解时往往有絮状物存在，破乳性能大大降低。可见，反应温度为 90℃时所得产物的破乳效果最佳。

表 9-8 反应温度对产物破乳性能的影响

反应温度/℃	脱水率/%	水色	油水界面	反应温度/℃	脱水率/%	水色	油水界面
60	61.3	透明	较齐	100	88.9	透明	齐
80	77.7	半透明	乳化层	120	79.6	半透明	乳化层
90	89.8	透明	齐				

（八）梳型聚醚型原油破乳剂

以环氧乙烷/环氧丙烷嵌段不饱和聚醚（OXAC－508）为原料，以二甲苯为溶剂，在过氧化苯甲酰（BPO）引发下，用丙烯酸扩链，然后以盐酸为催化剂，进一步酯化可以得到一种梳型聚醚型破乳剂（CPPG）。研究表明，当 n（聚醚）∶n（丙烯酸）＝1.9∶5，BPO 的添加量为 OXAC－508 质量的 2%，聚合温度为 80℃，聚合时间为 7h，酯化温度为 140℃时，脱水效果最佳。在破乳剂的添加量为 50mg/L 时，破乳剂（CPPG）对辽河油田曙四联原油具有较好的破乳效果[23]。其合成过程如下。

在装有分水器，搅拌器，温度计的三口烧瓶中加入一定量的聚醚、过氧化苯甲酰和定量的二甲苯溶剂，搅拌并油浴加热。当温度计达到温度 80℃时，用恒压漏斗滴加所需量的丙烯酸，约 6～8s/滴，在 80℃下恒温反应 7h，得到聚合产物。在所得聚合产物中，加入催化剂盐酸，将温度升至 140℃，恒温酯化反应 6h，减压蒸馏 40min，分出产物水及溶剂二甲苯，即得到 CPPG 破乳剂。

研究发现，在产物合成中，n（聚醚）∶n（丙烯酸）、聚合反应温度、时间、引发剂用量等是影响破乳效果的关键因素。

如图 9－11 所示，随着反应物中 OXAC－508 和丙烯酸的物质的量比的增大，所得产物对原油脱水率先大幅度增加然后趋于平稳。这是因为在酸性条件下，OXAC－508 与丙烯酸进行酯化反应，为了促进酯化反应的进行，酸应过量。改变酸的用量一方面可以改变最终产物的酸性，另一方面也可以提高水溶性。但是酸过量时，会使各支链相互团聚，结构混乱，达不到扩链的目的。当 OXAD－508 和丙烯酸的物质的量比为 1.9∶5 时，所得产物即可达到良好的的破乳效果。从图 9－12 可以看出，随着引发剂的用量的增加，所得产物在原油中的脱水率先增大后减小，当引发剂用量为 OXAC－508 质量的 2% 时，所得产物的破乳效果最佳，脱水率为 96.4%。这主要是因为引发剂用量不足会降低反应速率和产物的转化率，致使反应不完全，而过量的引发剂会造成相对分子质量降低，降低产物的脱水性能。

实验表明，原料配比和合成条件一定时，随着聚合反应的温度的升高，破乳剂的脱水率先增大后降低，即含水率先减小后增大，聚合温度为 80℃时破乳效果最好，脱水率可高达 96.35%；随着聚合反应时间的增加，脱后原油含水率先降低后增加，即破乳效果先提高后下降。这主要是由于随着反应时间的增加，产物转化率增加，相对分子质量增大，破乳效果加强。但当反应时间增加到一定程度，产物交联度增大，出现部分胶状物，生成物在溶剂二甲苯及乙二醇中难以溶解，不能有效地在原油中扩散到油水界面，产物的脱水效果反而下降。可见，最佳反应时间为7h，所得产物的脱水率可以达到95%以上。

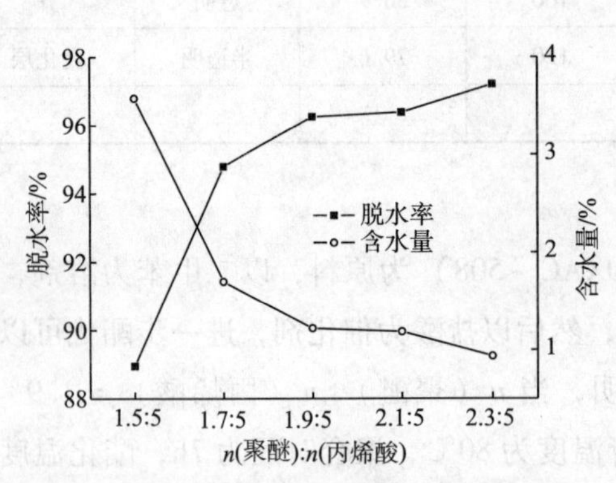

图9-11　n（聚醚）：n（丙烯酸）对破乳效果的影响

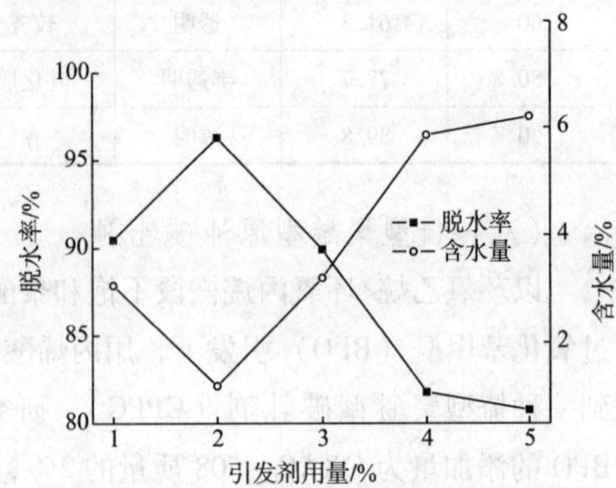

图9-12　引发剂用量对破乳效果的影响

对于酯化而言，随着酯化温度的升高，破乳性能也随之提高，当达到一定值后，破乳性能开始下降。这主要是由于升高温度有利于酯化反应，但当反应温度增加到酯化反应可以进行的程度后，再升高温度对产物的性能影响不大。当温度过高会产生更多的副反应，反而使产物的性能降低。在实验条件下，酯化温度为140℃时最佳。

五、聚醚的应用

（一）钻井

具有适当浊点的聚乙二醇、聚丙二醇和聚氧乙烯聚氧丙烯醚等可以用作钻井液处理剂，能有效抑制页岩水化，封堵岩石孔隙和微裂缝，防止水分渗入地层，从而稳定井壁，同时还具有良好的润滑、乳化、降低滤失量和高温稳定等作用。用于水基钻井液，可以降低钻具扭矩和摩阻，防止钻头泥包，可以有效地保护油气层。是组成聚合醇钻井液体系的主要成分，也可以与铝、硅酸盐等配伍配制聚合醇-硅铝防塌钻井液体系。

甘油聚醚主要作为消泡剂，适用于钻井液、油井水泥浆消泡，也可以作为其他油田作业流体的消泡剂，具有良好的消泡能力。

（二）采油及集输

破乳剂是一种非离子型表面活性剂，它能把原油及重油中的水分脱出来，使含水量达到要求；在破乳剂中聚醚型及改性聚醚破乳剂占据主导地位，且品种繁多。

相对分子质量为2000~4000的丙二醇聚氧乙烯聚氧丙烯醚破乳剂，具有脱水速度快、脱水效率高和水质清晰等特点。使用时，先将本品用清水稀释至一定含量，然后用柱塞泵注入输油干线端点或注入联合站脱水罐进口管线中。

SP型破乳剂主要用作水基压裂液的破乳、润湿，原油低温破乳脱水，炼油厂原油脱盐剂。作为水基压裂液破乳剂时，其投加量为0.1%~0.2%。典型代表是SP-169，广泛用于油田原油破乳及炼油厂原油脱水脱盐，是常用的非离子型表面活性剂类破乳剂品种之一，加入油井中可降低原油黏度，避免油井堵塞。

AP型破乳剂用于石蜡基原油乳状液的破乳，效果优于SP型破乳剂，它更适用于原油含水率高于20%的原油破乳，并能在低温条件下达到快速破乳的效果。如SP型破乳剂在55～60℃、2h内沉降破乳时，AP型破乳剂只需在45～50℃、1.5h内即可沉降破乳。这是由于AP型破乳剂分子的结构特点所致。引发剂多乙烯多胺决定了分子的结构形式：分子链长且支链多，亲水能力高于分子结构单一的SP型破乳剂。多支链的特点决定了AP型破乳剂具有较高的润湿性能和渗透性能，当原油乳状液破乳时，AP型破乳剂的分子能迅速地渗透到油水界面膜上，比SP型破乳剂分子的直立式单分子膜排列占有更多的表面积，因而用量少，破乳效果明显。

AE型是两段多支结构的原油破乳剂，同样适用于沥青质原油乳状液的破乳。沥青基原油中亲油的表面活性剂含量越多，黏滞力越强，油水密度差小，不易破乳。而采用AE型破乳剂破乳速度快，同时，AE型破乳剂又是较好的防蜡降黏剂。由于其分子的多支结构，极易形成微小的网络，使原油中已形成的石蜡单晶落入这些网络，阻碍石蜡单晶体自由运动，不能相互连接，形成石蜡的网状结构，降低原油的黏度和凝固点，防止蜡晶聚结，从而达到防蜡的目的。其特点是脱出污水油含量低、油水界面清晰和水色好等特点，但脱水速度较慢，通常与其他破乳剂复配使用。广泛用于采油及炼油厂原油的脱水脱盐。使用时，先将本品用清水稀释至一定含量，然后用柱塞泵注入输油干线端点或注入联合站脱水管线中。

AR型破乳剂，是以合成树脂为起始剂的树脂类水溶性破乳剂，具有脱水速度快、脱水脱盐效率高，低温性能好（即冬季流动性能好）等特点。适用于油田原油脱水及炼油厂原油脱盐。使用时，先将本品用清水稀释至一定含量，然后用柱塞泵注入输油干线端点或注入联合站脱水管线中。在炼油厂内，将本品用水稀释至一定浓度后，注入洗盐罐内，进行破乳脱盐。

甲苯二异氰酸脂改性破乳剂，如聚氧丙烯聚氧乙烯多乙烯多胺醚与甲苯二异氰酸脂加聚物，常温下为棕黄色透明液体。不溶于水，溶于乙醇、苯和甲苯等有机溶剂，成品以甲苯或二甲苯为溶剂，产品有毒并易燃易爆。主要适用于油田原油破乳脱水、炼油厂及其他油水乳液的脱水。对高黏度、高密度和高含水沥青基原油，具有破乳速度快、脱水效率高等特点。

酚胺型聚氧丙烯聚氧乙烯醚破乳剂，如酚胺型聚氧丙烯聚氧乙烯醚TA－1031破乳剂，产品在常温下是一种浅黄色透明液体。具有水溶性和油溶性两种，出厂产品加有35%的溶剂。破乳效果好、出水速度快、破乳温度低，冬季流动性好。主要用作破乳剂、脱盐剂。适用于油田原油破乳脱水，炼油厂原油脱水脱盐。PFA－8311破乳剂，以酚胺树脂为引发剂，在催化剂KOH存在下，与环氧乙烷、环氧丙烷进行嵌段共聚而得。出厂产品加有35%的溶剂。本品是一种浅黄色黏稠液体，属油溶性破乳剂，也可加工为水溶性破乳剂。本品破乳速度快，净化油含残水低，污水含油少。主要用作油田原油低温（50～60℃）破乳剂，兼有防蜡及降黏作用。使用本品破乳速度快，净化油含残水低，污水含油少。同其他型号破乳剂复合使用效果更好。

在催化剂存在时和加温加压条件下，由松香胺与环氧乙烷、环氧丙烷进行共聚反应而得的聚氧丙烯聚氧乙烯松香胺醚 RA－101 破乳剂，是一种棕色固体，密度（20℃）为 0.9g/cm^3，脱水率为95%，具有在低温下快速破乳能力。主要适用于油田石蜡基原油与中间原油的破乳脱水。

高相对分子质量的聚醚可以用作高效水包油型破乳剂。高相对分子质量的聚醚还具有很高的增稠能力，可以单独或与多糖、水溶性合成聚合物混合，作为采油注水增黏剂。

此外，含硅聚醚、马来酸酐改性聚醚和聚氧乙烯烷基酚磷酸盐等是在传统破乳剂基础上发展起来的适用于不同类型的原油的破乳剂，具有广泛的应用领域。

第二节　胺基聚醚

胺基聚醚，即端氨基聚醚（APE），别名多醚胺、聚醚胺、聚醚多胺，胺基聚醇，是一类主链为聚醚结构，末端活性官能团为胺基的聚合物。结构式如下：

$$H_2N-\!\!\left[\underset{\displaystyle R}{\underset{|}{CH}}-CH_2-O\right]_n\!\!-CH_2-\underset{\displaystyle R}{\underset{|}{CH}}-NH_2$$

式中，R＝H 或 CH_3，$n=2\sim10$。

溶于乙醇、乙二醇醚、酮类、脂肪烃类、芳香烃类等有机溶剂。结构和相对分子质量不同时，其性能略有差别。相对分子质量为230 的溶于水，相对分子质量为400 的部分溶于水，相对分子质量为2000 的不溶于水。聚醚胺是通过聚乙二醇、聚丙二醇或者乙二醇/丙二醇共聚物在高温高压下氨化得到。通过选择不同的聚氧化烷基结构，可调节聚醚胺的反应活性、韧性、黏度以及亲水性等一系列性能，而胺基提供给聚醚胺与多种化合物反应的可能性。其特殊的分子结构赋予了聚醚胺优异的综合性能，目前商业化的聚醚胺包括单官能、双官能、三官能，相对分子质量从230 到5000 的一系列产品。相对分子质量越高，胺基含量越低，相对分子质量400 以内的适用于钻井液处理剂[24]。几种不同相对分子质量的胺基聚醚的性能见表9-9[25]。

表9-9　几种胺基聚醚的理化性能

项目	性能		
	D－230	D－400	D－2000
密度25℃/（g/cm^3）（±0.01）	0.948	0.972	0.991
沸点/℃　＞	200	200	200
闪点/℃	121	163	185
颜色 Pt－Co/APHA　≤	25	50	25
黏度（25℃）/mPa·s	5～15	15～30	150～400

续表

项目	性能		
	D－230	D－400	D－2000
折射率	1.4466	1.4482	1.4514
伯胺值/% ≥	97	97	97
总胺/（meq/g）	8.1～8.7	4.1～4.7	0.98～1.05
胺值/（mgKOH/g）	440～500	220～273	52～59
环氧值/（g/eq）	60	115	514

胺基聚醚作为钻井液抑制剂，其独特的分子结构，能很好地镶嵌在黏土层间，并使黏土层紧密结合在一起，从而起到抑制黏土水化膨胀、防止井壁坍塌的作用。APE 具有一定的降低表面张力的作用，对黏土的 Zeta 电势影响小，能有效抑制黏土和岩屑的分散，且其抑制性持久性强，具有成膜作用，有利于井壁稳定和储层保护，能够较好地兼顾钻井液体系的分散造壁性与抑制性。APE 对钙膨润土分散体系的流变性无不良影响，可用于高温高固相钻井液体系中，改善体系的抑制性和流变性[25]。

端氨基聚醚沸点高、蒸气压低，毒性小，对皮肤有潜在刺激性。使用时避免皮肤和眼睛接触。生产所用原料有毒，生产车间应保证良好的通风状态，并注意防护。

一、合成方法

20 世纪 50 年代开始，杜邦公司就首次报道了聚醚胺的合成，从那时起，聚醚胺的各种合成方法不断推出。国内外关于 APE 的合成方法比较成熟，通常采用聚醚催化还原加氢胺化法、聚醚腈催化加氢胺化法和离去基团法。

（一）聚醚催化还原加氢胺化法

以聚醚多元醇为原料，在氢气、氨及催化剂存在下[26,27]，通过催化还原加氢胺化可制备 APE，其反应原理如下：

$$\mathrm{HO}\!\left[\begin{matrix}\mathrm{CH(R)CH_2O}\end{matrix}\right]_n\!\mathrm{CH_2CH(R)OH} \xrightarrow[\text{催化剂}]{NH_3\ +\ H_2} \mathrm{H_2N}\!\left[\begin{matrix}\mathrm{CH(R)CH_2O}\end{matrix}\right]_n\!\mathrm{CH_2CH(R)NH_2} \quad (9-16)$$

式中，R＝H 或 CH_3，$n=2\sim10$。

该工艺的优点是一步反应，转化率高，缺点是条件苛刻。但由于目标产品选择性强，收率高且经济，是目前工业生产的主要途径。

（二）聚醚腈催化加氢胺化法

采用聚醚腈催化加氢胺化，也可以制备 APE[28-30]。该方法分两步进行，首先是制备聚醚腈，然后将聚醚腈催化加氢胺化得到目标产物，其反应原理如下：

主反应：

$$\mathrm{HOCH_2CH_2OCH_2CH_2OH + CH_2CH_2CN \xrightarrow{KOH} CNCH_2CH_2OCH_2CH_2OCH_2CH_2OCH_2CH_2CN} \quad (9-17)$$

$$\mathrm{CNCH_2CH_2OCH_2CH_2OCH_2CH_2OCH_2CH_2CN \xrightarrow[\text{催化剂}]{H_2} NH_2CH_2CH_2CH_2OCH_2CH_2OCH_2CH_2OCH_2CH_2CH_2NH_2} \quad (9-18)$$

副反应：

$$CNCH_2CH_2OCH_2CH_2OCH_2CH_2OCH_2CH_2CN \longrightarrow NH_2CH_2CH_2CH_2OCH_2CH_2OCH_2CH_2OH + HOCH_2CH_2OCH_2CH_2OH \tag{9-19}$$

该工艺的优点是反应条件相对温和，成本相对较低。缺点是步骤多，后处理复杂。由于该方法制备成本低，可以作为 APE 经济有效的制备方法。但该法合成产品的结构与聚醚催化还原加氢胺化法制备的产品结构稍有不同，其效果与前者是否有所区别，能否满足钻井液性能维护的需要，还需要进一步实验验证。

（三）离去基团法

离去基团法制备 APE 分两步实施[31,32]，包括聚醚 - 对甲苯磺酸酯的制备和 APE 的制备，所得到产品结构与聚醚催化还原加氢胺化法制备的产品一致。其反应原理如下：

$$HO\text{-}CH(R)CH_2\text{-}[O\text{-}CH_2CH(R)]_n\text{-}OH + Cl\text{-}SO_2\text{-}C_6H_4\text{-}CH_3 \longrightarrow$$

$$CH_3\text{-}C_6H_4\text{-}SO_2\text{-}O\text{-}[CH(R)CH_2\text{-}O]_n\text{-}CH_2CH(R)\text{-}O\text{-}SO_2\text{-}C_6H_4\text{-}CH_3 \xrightarrow{NH_4OH} \tag{9-20}$$

$$H_3C\text{-}C_6H_4\text{-}SO_2\text{-}O^{-}\,NH_3^{+}\text{-}[CH(R)CH_2\text{-}O]_n\text{-}CH_2CH(R)\text{-}NH_3^{+}\,{}^{-}O\text{-}SO_2\text{-}C_6H_4\text{-}CH_3 \xrightarrow{NaOH + H_2O} H_2N\text{-}[CH(R)CH_2\text{-}O]_n\text{-}CH_2CH(R)\text{-}NH_2$$

式中，R = H 或 CH_3，$n = 2 \sim 10$。

该工艺的优点是反应条件比较温和，缺点是步骤多，后处理复杂，转化率低，成本高。在工业上很少采用。

除上述三种方法外，还可以采用如下方法制备 APE：首先将脂肪醇或多元醇与氢氧化钾反应生成醇钾，再与环氧乙烷或环氧丙烷在一定温度下引发反应一定时间后，得到聚醚醇，将聚醚醇与氯化亚砜按一定物质的量比混合后，反应一定时间，得聚醚氯化物。将聚醚氯化物与氨或各种胺在一定温度下反应一定时间，经过分离提纯即得 APE。该法工艺繁杂，污染严重，工业上很少采用。

本节重点介绍聚醚催化还原加氢胺化法和聚醚腈催化加氢胺化法制备聚醚胺的过程及影响因素。生产中涉及的主要原料有聚乙二醇、三甘醇、丙烯腈等。

二、制备实例

聚醚胺的合成工艺包括间歇法和连续法两种。采用连续的固定床工艺，利用负载在载体上的金属催化剂、生产设备和先进工艺，催化剂效率高，因此产品转化率高，副反应少，生产成本低而且性能稳定，但是设备投资巨大。

相比于连续式生产，间歇式工艺设备投资小，可以方便地切换不同产品种类，但是生产效率较低，成本较高，同时产品质量与连续法相比也存在一定差距。

（一）聚醚腈催化加氢胺化制取聚醚胺

以丙烯腈和二甘醇为原料合成聚醚腈，再经高压加氢制取聚醚胺[33]。制备包括如下步骤。

（1）催化剂活化。将镍铝合金粉（催化剂）和蒸馏水按 1∶3 的比例放入烧瓶中，按照 m（催化剂）∶m（氢氧化钠）=1∶1，在 50℃左右向体系中滴加质量分数为 40% 的 NaOH 溶液，与 50℃下活化反应约 4～4.5h，待静止后分出上层白絮状的反应产物，把沉淀的黑色雷尼镍催化剂用温水多次冲洗至中性，再用无水乙醇溶液洗 2～3 次，然后把催化剂保存在无水乙醇溶液中。

（2）聚醚腈的制备。将 130g 丙烯腈、156g 二甘醇和 4g 催化剂加入反应瓶，搅拌均匀后于 50℃下反应 9h，然后收集沸程 210～215℃（533～800Pa）馏分即为聚醚腈。

（3）加氢反应。按照 m（聚醚腈）∶m（乙醇）=1∶1，将一定量的聚醚腈和乙醇按比例加入高压反应釜内，再分别加入催化剂（1m^3 聚醚腈加 300kg 湿催化剂）和 0.2%～1% 的氢氧化钠，扫氮之后通入氢气，于 4.5～5.5MPa、110～120℃下反应 35～45min。

研究表明，在加氢反应中除催化剂活化外，氢压、反应温度、反应时间、催化剂用量和氢氧化钠用量等是影响反应的关键。

当反应温度为 110℃，反应时间为 35min，催化剂用量为 25g（湿）时，氢压对聚醚腈转化率和聚醚胺收率的影响见图 9-13。从图 9-13 可以看出，随着反应压力的逐渐增加，聚醚腈的转化率逐渐增大，但氢压达到 4MPa 后基本达到 100%。而聚醚胺的收率变化却很大，随着氢压的增大，收率逐步增加并逐渐趋于平稳，当超过 6.0MPa 后又开始下降。反应的氢压为 5.0MPa 时的收率最高（56%）。而氢压低于 4MPa，虽然转化率很高，但收率却很低。低压下只对分子中的两个—CN 加上了一部分氢，没有完全打开三键，而且还有分子断裂的副反应发生，导致聚醚胺收率降低。如果反应的氢压高，会有一部分反应的中间产物发生聚合反应，虽然转化率很高，但聚醚胺的收率却很低。所以只有在比较适宜的反应氢压范围（4.5～5.5MPa）进行加氢才会获得较高的聚醚胺收率。

如图 9-14 所示，当反应的压力为 5MPa，反应时间为 35min，催化剂用量为 30g（湿）时，聚醚腈的转化率随着反应温度的升高逐渐达到 100%（110℃）；而聚醚胺的收率也随着反应温度的升高逐渐增大，反应温度达到 110℃后，聚醚胺收率（56%）不再增大而趋于平稳，超过 130℃则聚醚胺收率有所下降。这是由于温度低时，聚醚腈转化不完全并伴随有其他副反应，故聚醚腈转化率、聚醚胺收率都不高。反应温度过高时会发生聚醚腈分子的断裂反应，而且还有少量的反应原料聚醚腈会炭化，同样会造成转化率、收率下降。可见，加氢反应温度 110～120℃较理想。

当加氢压力为 5MPa，温度为 110℃，催化剂用量为 30g（湿）时，反应时间对聚醚腈转化率和聚醚胺收率的影响见图 9-15。图 9-15 表明，随着反应时间的逐渐增加，聚醚腈转化率和聚醚胺收率有明显的提高趋势。但超过 45min 后聚醚腈转化率和聚醚胺收率则不再改变。从整个反应时间看，加氢反应在很短的时间内就可以完成。说明聚醚腈的加氢反应很容易进行，反应速度很快。一般来说，反应在35～40min就可以全部完成，聚醚腈转化率可以达到100%，同时聚醚胺收率也可以达到最高值（56%）。

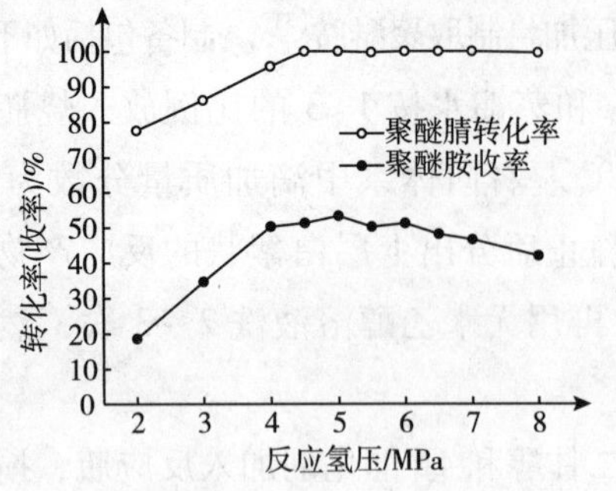

图9-13　反应氢压对转化率和收率的影响

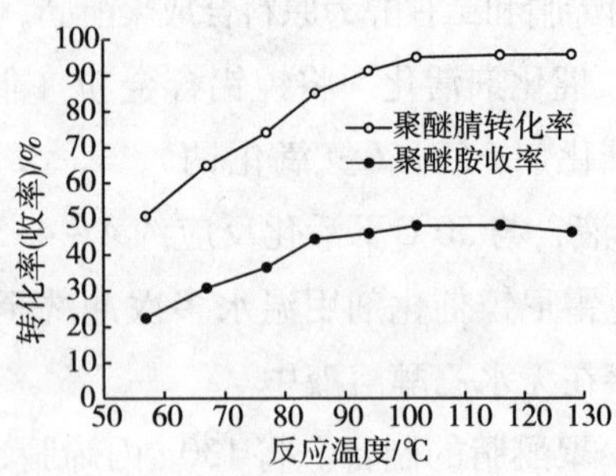

图9-14　不同反应温度对转化率和收率的影响

如图9-16所示，当反应温度为110℃，反应氢压为5MPa，反应时间为40min时，随着催化剂用量的逐渐增加，聚醚腈的转化率有着明显增大的趋势。催化剂用量达到一定用量（25g），转化率可以达到100%。而聚醚胺的收率也同样随着催化剂用量的增加而显著提高。但催化剂用量超过35g后，收率则稍有下降。在少量催化剂作用下，由于三键加氢较慢、且不彻底，所以，聚合副反应所占比例较大，分子断裂比较少；在大量催化剂作用下，—CN加氢反应进行得很迅速，短时间内很彻底，但会发生分子断裂反应。因此催化剂的用量控制在30g左右较好。

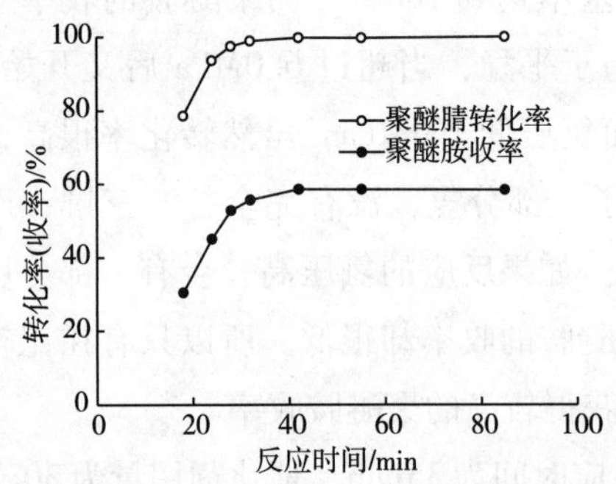

图9-15　转化率和收率与反应时间的关系

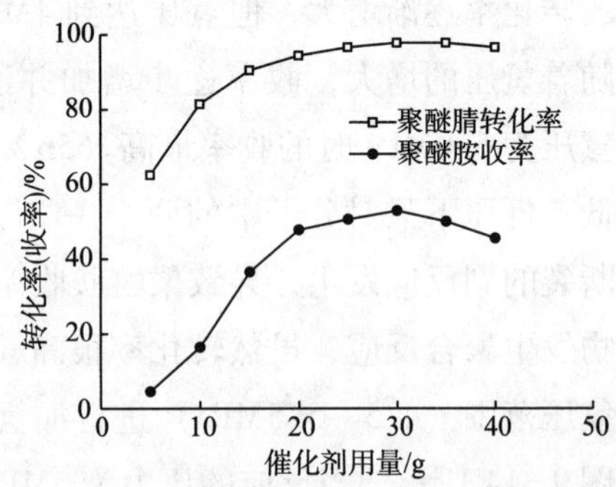

图9-16　催化剂用量对转化率和收率的影响

实验表明，氢氧化钠在聚醚腈加氢反应体系中作为助催化剂，反应时在雷尼镍能达到活化状态前，起到引发作用。若不加氢氧化钠，则反应几乎无法进行，即雷尼镍活性非常低，聚醚腈的转化率较低，而且反应速度非常慢，反应时间长。当按聚醚腈质量计加入氢氧化钠低于0.2%时，尽管加氢压力和温度都很高，但聚醚腈的转化率还是很低，副产物明显增加；当加入量大于1%时，生成物呈较强碱性，形成凝胶，难以与聚醚胺分离。

（二）临氢高压催化氨化制备端氨基聚醚

催化氨化法合成端氨基聚醚是目前世界上工艺较先进、生产产品质量稳定、更符合环保要求的方法，也是国外少数几家公司工业化生产端氨基聚醚的主要方法。国内仅少数单位进行这方面的研究。

1. *方法1*

一种典型的制备方法如下[34]。

在1L高压釜中，投入400～600g聚醚，4～66g改性雷尼镍催化剂，通入5MPa氮气试压，经检查没有漏气后，分别用0.5MPa氮气、氢气置换3次，然后一次性加入液氨，并将氢气充至一定的初压（0.3～3MPa），搅拌并加热，在反应温度190～240℃下保温数小时，反应完毕后降温至室温，排空釜内的气体，开釜，出料，用布氏漏斗过滤除去固体催化剂。然后，液体通过减压蒸馏，除去水及过量液氨，得到端氨基聚醚产物。

研究表明，在制备中反应温度、氨醇物质的量比、氢醇物质的量比、催化剂用量和反应时间是影响转化率的主要因素，必须严格控制。

实验表明，反应温度对反应有着重要的影响，在氨醇物质的量比为10、催化剂加入量（即催化剂质量与聚醚质量的比值，下同）8%、氢醇物质的量比为0.5、反应时间为5h时，当反应温度为190℃时，转化率仅有50%，随着温度提高，聚醚的转化率迅速提高。当温度达到220℃时，聚醚转化率达95%，温度过高时，由于催化剂晶粒长大，催化活性减弱，转化率有所下降。故氨化温度控制在约220℃较好。

氨醇物质的量比、氢醇物质的量比和催化剂用量是聚醚氨化合成端氨基聚醚工艺中的重要参数。如图9-17（a）所示，在温度为220℃、催化剂加入量为8%、反应时间为5h、氢醇物质的量比为0.8的情况下，在相同的反应条件下，随着进料氨醇物质的量比的提高，聚醚氨化的转化率逐步提高；当氨醇物质的量比超过10之后，对反应的影响趋于平缓。考虑工业装置上压力越大对设备要求越高，以及氨的回收能耗问题，氨醇物质的量比控制在10～12为宜。

聚醚氨化反应过程中氢气不参与反应，它在反应体系中主要起保持催化剂还原气氛、抑制副反应、维持催化剂活性等作用，因此需要有一定的氢分压作保证，如图9-17（b）所示，在温度为220℃、催化剂加入量为8%、反应时间为5h、氨醇物质的量比为10的情况下，随氢醇物质的量比的增加，聚醚氨化反应转化率上升，当氢醇物质的量比大于0.6时，反应转化率趋于稳定。因此，选择氢醇物质的量比为0.6～0.8。

如图9-17（c）所示，在温度为220℃、反应时间为5h、氢醇物质的量比为0.8、氨醇物质的量比为10的情况下，随着催化剂加入量的提高，聚醚氨化转化率也迅速提高，当加入到一定量时，对反应的影响逐渐变弱。故选择催化剂加入量为7%～11%。

实验表明，在温度为220℃、氨醇物质的量比为12、催化剂加入量为8%、氢醇物质的量比为0.8的条件下，随着反应时间的延长，反应转化率有所上升，4h达最大值（为97%），以后变化缓慢，当反应时间过长时，转化率反而下降。这是因为在高温情况下，时间过长，聚醚胺会断链，形成小分子化合物。显然，反应时间4～5h较好。

2. *方法2*

为了进一步优化聚醚胺合成工艺，在高压催化胺化法的基础上，采用高效负载型催化剂，超临界一步法制备聚醚胺，反应式如下[35]。

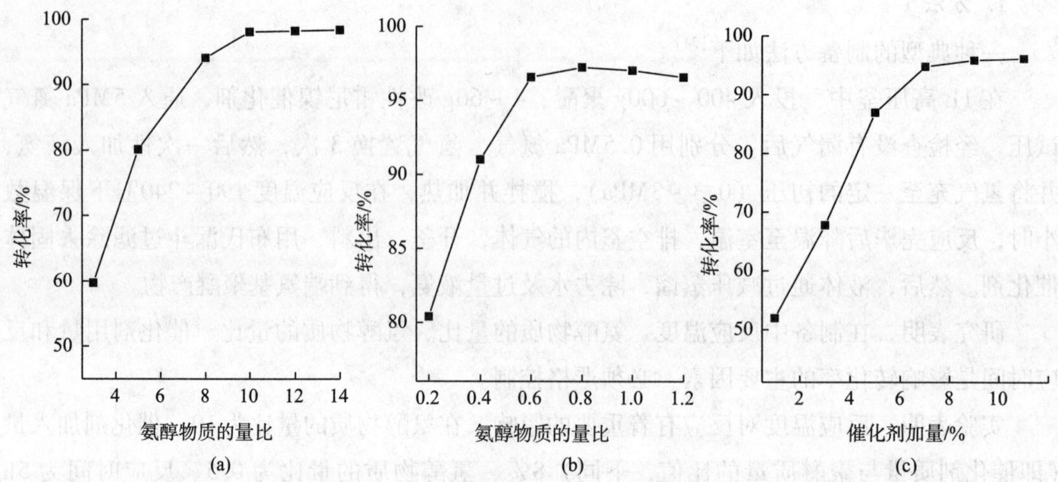

图 9-17　氨醇物质的量比（a）、氢醇物质的量比（b）和催化剂用量（c）对转化率的影响

$$HO\left[\underset{|}{\diagdown}\!\!\diagup O\right]_n\!\!\diagdown OH + NH_3 \xrightarrow[Cat]{[H]} H_2N\left[\diagdown\!\!\diagup O\right]_n\!\!\diagdown NH_2 + H_2O \tag{9-21}$$

制备方法：在高压反应釜内加入 40g 聚醚和 3g 催化剂，用氮置换 3 次后抽真空 15min，关闭阀门。将其与加料釜连接，开启冷却装置 5min 后，打开加料釜阀门，将 60g 液氨缓慢压入高压反应器后，关闭阀门。待高压反应器内温度在 20℃ ±1℃时，先开启氢气进料阀门后再打开加料釜阀门，使得反应器内压力维持在 1MPa 左右不变为止，升温至 160℃，在 160℃下保温反应 7.5h，降温，将未反应的气体吸收进入尾气回收系统，抽真空 10min 后，通入 0.2MPa 氮气，在 40 ~50℃将物料压出。

将上述步骤所得产物进行后处理，后处理过程为：加入 1%（质量比，按产物质量计，下同）的硅酸镁和 3%的蒸馏水，搅拌后放入离心机，离心分离 5min，取出上层清液，放入旋转蒸发仪。在真空度 0.096 ~0.098MPa，90 ~100℃下，干燥 1 ~1.5h 后即得到聚醚胺产品。

研究表明，在临氢胺化反应中，控制催化剂用量、反应物料配比、反应时间、反应温度和临氢压力是保证聚醚胺收率的关键。

当聚醚用量为 40g，液氨对聚醚质量比为 1.5 : 1，反应温度为 160℃，反应时间为 7.5h，临氢压力为 1MPa，催化剂（以聚醚质量为基准，下同）用量对聚醚转化率的影响见图 9-18。从图 9-18 可知，当催化剂用量不足 7.5%，反应速率较慢，反应转化率偏低。当催化剂用量大于 7.5%时，转化率的增加幅度有限，故催化剂用量为 7.5%即可满足需要。

当聚醚用量为 40g，催化剂用量为 7.5%，反应温度为 160℃，反应时间为 7.5h，临氢压力为 1MPa 时，液氨用量对聚醚转化率的影响见图 9-19。从图 9-19 可以看出，当 m（液氨）: m（聚醚）的比 <0.75 : 1 时，对反应转化率的影响非常大，对应的转化率也很

低。当 m（液氨）∶m（聚醚）≥0.75∶1 时对反应转化率的影响变小，转化率均在 90% 以上。一般来讲，氨醇比对反应的影响关键在于对产物选择性的影响，在低氨醇比下，容易生成仲胺和叔胺，降低产物的收率和反应选择性。由于液氨的物性特点，高的氨醇比，也将大大提高对反应设备的要求及增加回收氨的能耗。综合分析，考虑到氨的临界温度 132.3℃和临界压力 11.28MPa，选取 m（液氨）∶m（聚醚）为 1.5∶1。

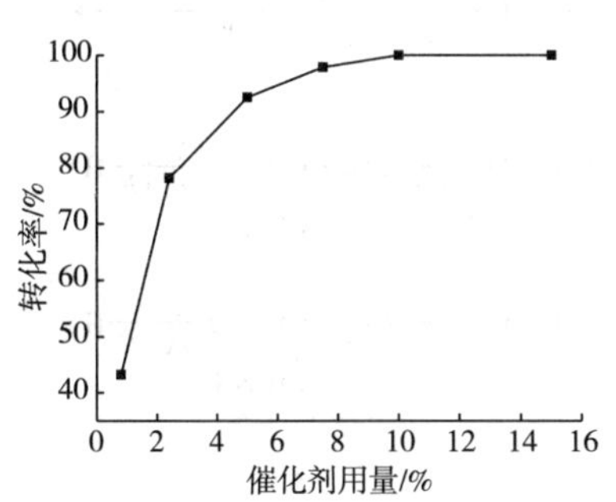

图 9－18　催化剂对转化率的影响

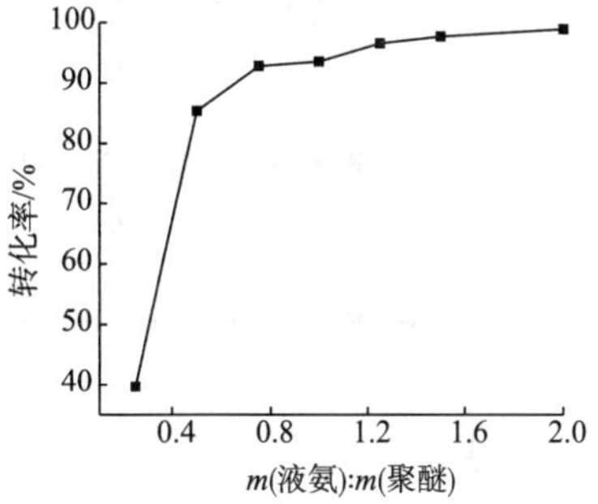

图 9－19　物料配比对转化率的影响

实验表明，当聚醚用量为 40g，m（液氨）∶m（聚醚）为 1.5∶1，催化剂用量为 7.5%，反应温度为 160℃，临氢压力为 1MPa 时，随着反应时间的增加，反应转化率不断上升，当反应时间达到 7.5h 后，再延长反应时间，收率变化不大。综合考虑，反应时间为 7.5h 较好。当聚醚用量为 40g，m（液氨）∶m（聚醚）为 1.5∶1，催化剂用量为 7.5%，反应时间为 7.5h，临氢为 1MPa 时，温度从 120～180℃升高，当反应温度低于 160℃，随着反应温度的上升，转化率显著增加；当温度高于 160℃时，温度的上升对转化率的增加效果不明显，甚至出现转化率略微下降的现象。这是由于反应温度升高，反应速率大大加快，在相同反应时间内，反应转化率增加，产物收率上升。但当温度过高时，发生副反应的机率增加，产物收率反而下降。综合考虑，适宜的反应温度为 160℃。

当聚醚用量为 40g，m（液氨）∶m（聚醚）为 1.5∶1，催化剂用量为 7.5%，反应温度为 160℃，反应时间为 7.5h 时，氢气压力对聚醚转化率的影响见图 9－20。从图 9－20 可看出，在氢气压力为 1.0MPa 时，反应转化率达到最大，此外氢气压力上升或下降都会使转化率降低。图中结果还表明，改变氢压对反应体系的影响十分显著。通常，如果在临氢胺化反应体系中氢气太多，会抑制醇的脱氢反应，使后续反应所需的醛减少，不利于最终产物的生成。而反应体系中氢气太少，中间产物烯亚胺则难以转化为最终产物。在实验条件下，氢气压力以 1MPa 较好。

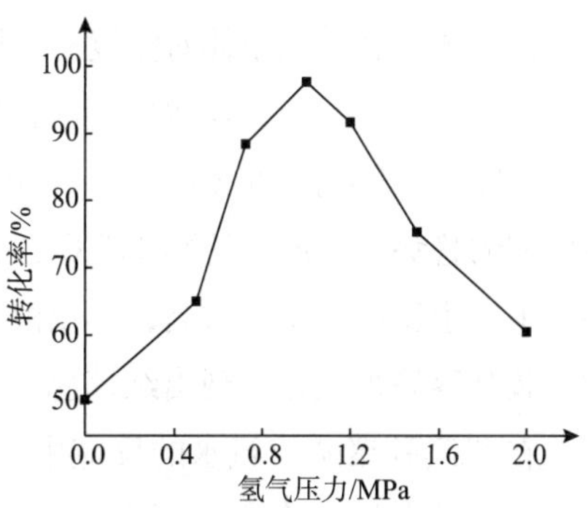

图 9－20　临氢压力对转化率的影响

（三）多氨基聚醚的制备

用双金属催化剂催化环氧氯丙烷对高活性聚醚进行封端反应，得到邻氯醇聚醚，然后将邻氯醇聚醚与氨水反应可以得到多氨基聚醚[36]。

1. 反应原理

$$\text{R}\!\left(\text{O}\!\left[\text{CH}_2\text{—}\underset{\text{CH}_3}{\text{CH}}\text{—O}\right]_m\!\left[\text{CH}_2\text{—CH}_2\text{—O}\right]_n\right)_x\text{H} \xrightarrow[\text{DMC}]{\text{CH}_2\text{—CH—CH}_2\text{Cl (环氧)}}$$

$$\text{R}\!\left(\text{O}\!\left[\text{CH}_2\text{—}\underset{\text{CH}_3}{\text{CH}}\text{—O}\right]_m\!\left[\text{CH}_2\text{—CH}_2\text{—O}\right]_n\!\left[\left(\text{CH}_2\text{—}\underset{\text{CH}_2\text{Cl}}{\text{CH}}\text{—O}\right)_x\right]_p\right.\text{H} \tag{9-22}$$

$$\xrightarrow{\text{NH}_3} \text{R}\!\left(\text{O}\!\left[\text{CH}_2\text{—}\underset{\text{CH}_3}{\text{CH}}\text{—O}\right]_m\!\left[\text{CH}_2\text{—CH}_2\text{—O}\right]_n\!\left[\left(\text{CH}_2\text{—}\underset{\text{CH}_2\text{NH}_2}{\text{CH}}\text{—O}\right)_x\right]_p\right.\text{H}$$

2. 合成方法

（1）将脱水后的高活性聚醚 DP-2000 或 GY-3000（DP-2000，$f=2$；GY-3000，$f=3$；羟值 54~58mg KOH/g）以及有效浓度为 600×10^{-6} 的 DMC 催化剂加入到 500mL 三口烧瓶中，搅拌，抽真空并用 N_2 置换 3 次。继续通入 N_2 保护，待烧瓶内的温度升高到 116℃后，通过滴液漏斗将环氧氯丙烷滴加到烧瓶中，调整滴加速度并在 1h 内滴加完毕。然后将温度升至 130℃，反应 5h，反应后进行减压蒸馏，除去剩余的环氧氯丙烷得到产物邻氯醇聚醚。

（2）将邻氯醇聚醚和氨水按一定比例加入到小钢瓶中，在一定的反应温度下反应一段时间，得到多氨基聚醚的粗产物。向其中加入一定量 1mol/L 的氢氧化钠溶液摇匀后进行反复抽滤并减压蒸馏，除去反应生成的盐以及未反应的氨水，得到多氨基聚醚。

研究表明，温度是决定反应速度及反应程度的一个重要因素。一般情况下，聚合反应的反应速率会随温度的升高而加快，较高的温度有利于加快反应，提高反应程度。反应的起始剂、催化体系和反应单体对温度有不同的敏感性，因此温度的变化对反应的影响由多个因素共同决定。在氨水与邻氯醇聚醚的物质的量比为 5∶1、反应时间为 6h 条件下，反应温度对胺化产物胺值的影响情况见图 9-21。由图 9-21 可以看出，随着温度的增加，胺化产物胺值呈现增加的趋势，当温度达到 110℃之后，胺值变化不明显。温度太低，胺化反应进行缓慢，甚至不发生反应。温度过高，不仅浪费能源，而且容易爆聚；且胺基是易氧化基团，温度高时，胺基容易被氧化呈现出红棕色，从而影响产品质量。因此反应温度为 110℃较理想。

在邻氯醇聚醚与氨水的反应中，原料配比直接关系到反应的进行。由于氯甲基是一种容易离去的基团，在它与氨水反应的同时，也很容易与生成的多胺基产物发生反应，产生偶联的副反应。当氨水与氯甲基的物质的量比小于 2 时，很容易发生偶联反应形成白色的胶乳。因此原料氨水应当大大过量，使得该反应体系在氨水的氛围中进行。但考虑到氨水过量太多会使得反应体系压力过大，容易发生安全事故，而且过多的氨水也会造成资源的浪费。图 9-22 中反映了 110℃下不同原料比时反应 6h 生成的产物情况。由图 9-22 可见，当氨水与氯甲基物质的量比为2.5∶1时，反应生成的目标产物量很少，副反应很严重；当氨水过量到5倍时，即氨水与氯甲基物质的量比为5∶1时，反应产物的胺值最高；继续增加氨水量，产物胺值基本不变。

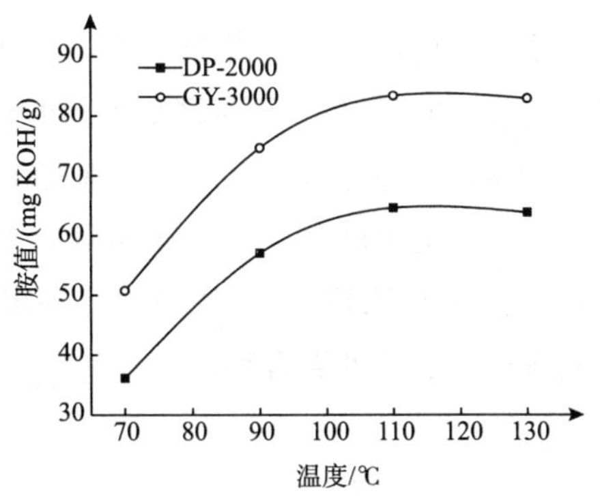

图9-21 反应温度对胺值的影响

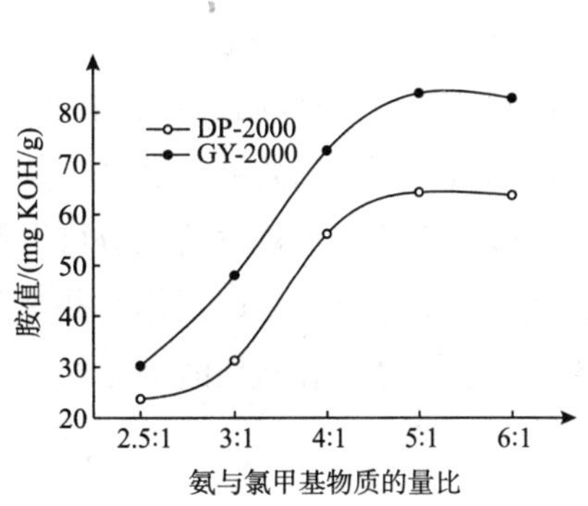

图9-22 原料配比对胺值的影响

在氨水与氯甲基物质的量比为5∶1、反应温度为110℃的条件下，反应时间对产物胺值的影响情况见图9-23。由图9-23可见，当反应时间低于6h时，胺值上升较快；当反应时间超过6h后，胺值变化不大，说明该反应6h即可完成。

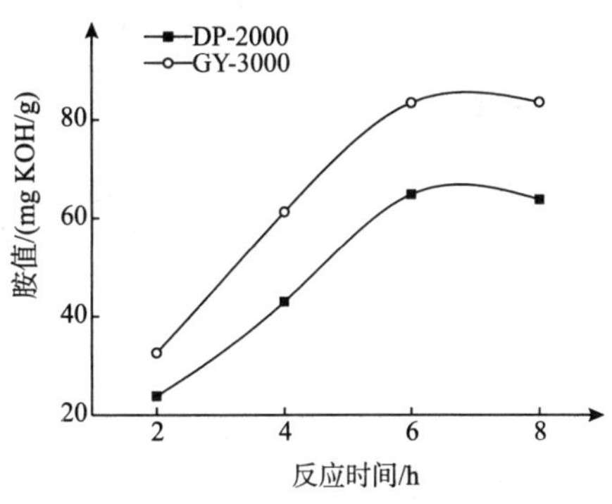

图9-23 反应时间对胺值的影响

三、胺基聚醚的应用

本品主要用作环氧树脂胶黏剂的韧性固化剂，可单独或与普通的聚醚胺混用，也可用作聚酯的活性扩链剂。还用作聚氨酯和聚脲固化剂。

在钻井液中用作抑制剂和井壁稳定剂，是高性能胺基抑制钻井液的主要处理剂。胺基抑制型钻井液具有抑制性强、提高钻速、高温稳定、保护储层和保护环境等特点。作为抑制剂使用时，其用量一般为0.15%～0.5%，用于配制胺基抑制钻井液时，用量一般在1.0%～2.5%，或视具体要求而定，使用时及时测定钻井液中胺基聚醚的含量，适时补充，以保证钻井液中胺基聚醚的有效含量。

采用聚醚胺为原料，可以制备一些具有不同作用的新型钻井液处理剂，如采用聚醚胺与长链脂肪酸反应，可以制备水基钻井液乳化剂、防塌润滑剂及油基钻井液乳化剂：

$$H_2N\!\left[\begin{matrix}R\\|\\CH\end{matrix}-\begin{matrix}\\CH_2\\|\\CH_3\end{matrix}-O\right]_n CH_2-\begin{matrix}R\\|\\CH\end{matrix}-NH_2+R'-\overset{O}{\overset{\|}{C}}-OH\longrightarrow$$

$$H_2N\!\left[\begin{matrix}R\\|\\CH\end{matrix}-CH_2-O\right]_n CH_2-\begin{matrix}R\\|\\CH\end{matrix}-NH-\overset{O}{\overset{\|}{C}}-R'+R'-\overset{O}{\overset{\|}{C}}-NH\!\left[\begin{matrix}R\\|\\CH\end{matrix}-CH_2-O\right]_n CH_2-\begin{matrix}R\\|\\CH\end{matrix}-NH-\overset{O}{\overset{\|}{C}}-R' \tag{9-23}$$

聚醚胺与丙烯酰氯反应，可以制得大分子单体，用于新的聚合物处理剂合成：

$$H_2N\!\left[\!CH(R)-CH_2-O\!\right]_n\!CH_2-CH(R)-NH_2+CH_2{=}CH-C(=O)-Cl \longrightarrow CH_2{=}CH-C(=O)-NH\!\left[\!CH(R)-CH_2-O\!\right]_n\!CH_2-CH(R)-NH_2 \tag{9-24}$$

采用聚醚胺与丙烯酸成盐反应后，再与丙烯酰胺共聚，将所得产物烘干后于 130 ~ 150℃下进一步反应，可以制备具有柔性聚醚胺基支链的丙烯酸、丙烯酰胺共聚物[37]。

上述产物可以用作钻井液包被剂、絮凝剂和抑制剂，也可以用于水处理絮凝剂。

将聚醚胺与甲醛、三氯化磷反应可以制备含膦酸基的聚醚胺，当产物相对分子质量适当时，含膦酸基的聚醚胺可以用作钻井液降黏剂和油井水泥缓凝剂，以及水处理阻垢剂。

以 3 或多官能基的胺基聚醚为原料，可以制备树形结构的聚合物：

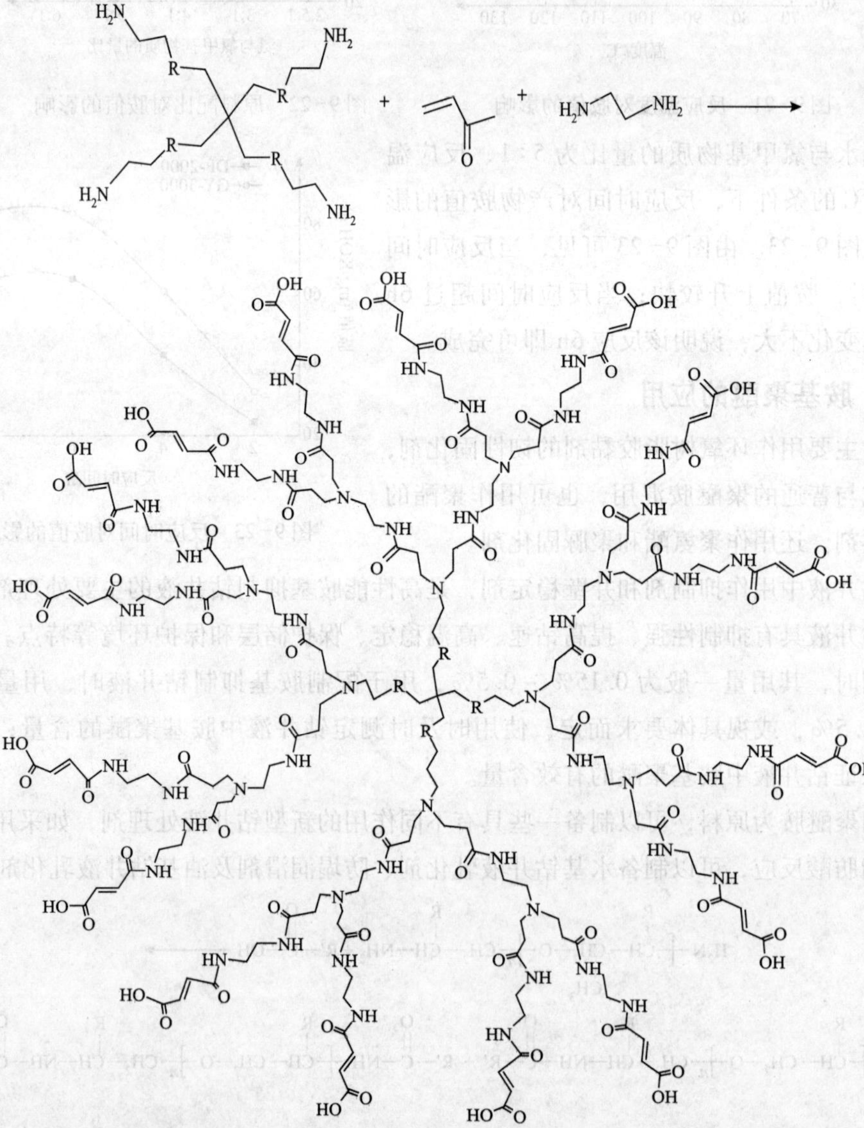

(9-25)

式中，$R = OCH_2CH_2OCH_2CH_2O$。

参考文献

［1］王中华．钻井液处理剂实用手册［M］．北京：中国石化出版社，2016.

［2］王中华，何焕杰，杨小华．油田化学品实用手册［M］．北京：中国石化出版社，2004.

［3］张春峰．乙氧基化装置生产聚乙二醇产品浅析［J］．日用化学品科学，2016，39（8）：49－52.

［4］谢富春，朱长春，张玉清．聚乙二醇合成工艺［J］．化学推进剂与高分子材料，2005，3（4）：6－9.

［5］范存良，杨忠保．聚乙二醇的合成［J］．合成纤维工业，2003，26（5）：60.

［6］陈亮．环保型原油破乳剂与清防蜡剂的研制、室内评价及应用［D］．西安理工大学，2008.

［7］程烨，隋尊岩，李翠勤．新型系列酚胺醛树脂破乳剂的破乳性能研究［J］．化学工程师，2013（5）：79－82.

［8］孟祥勇，胡刚，王卓．一种新型酚胺醛树脂起始剂的合成与性能［J］．应用化工，2013，42（1）：112－115.

［9］许维丽，姜虎生，王洪国，等．酚胺醛树脂破乳剂的合成与性能研究［J］．应用化工，2015，44（1）：72－75.

［10］马喜平，胡永碧，罗岚．PPG型聚氨酯原油破乳剂的合成［J］．精细石油化工，1995（5）：22－25.

［11］庞宝才，邢书荣．SPX－8603聚氨酯石油破乳剂的研究［J］．精细石油化工，1989（5）：40－42.

［12］句容宁武高新技术发展有限公司．一种油田破乳剂的制备方法：CN，102030878A［P］．2011－04－27.

［13］梁玲，毕玉遂，赵绪亮，等．马来酸酐改性聚醚破乳剂的合成［J］．化工进展，2009，28（增刊）：562－564.

［14］樊星，马政生，严军强，等．梳状改性聚醚的合成及对原油破乳性能的研究［J］．油田化学，2013，30（4）：581－585.

［15］郑淑华，郭睿，乔宇，等．新型聚硅氧烷原油破乳剂的合成与表征［J］．石油化工，2013，42（9）：1009－1013.

［16］窦尹辰，郭睿，王安琪，等．不同结构聚醚改性硅油消泡剂的制备［J］．印染助剂，2014（5）：24－27.

［17］蔡振云，银燕，王健．聚醚改性聚硅氧烷消泡剂的制备［J］．有机硅材料，2005，19（4）：20－22.

［18］许澎，刘姝，陈洪龄．有机硅聚氧乙烯醚琥珀酸单酯二钠盐的合成与性能［J］．有机硅材料，2010，24（4）：202－206.

［19］刘龙伟，郭睿，解传梅，等．水包油型原油乳状液破乳剂的合成与性能研究［J］．石油化工，2014，43（9）：1053－1057.

［20］王存英，方仁杰．聚醚聚季铵盐反相破乳剂的合成与破乳性能评价［J］．化学研究与应用，2015，27（12）：1879－1884.

［21］孙吉佑，李艳辉，曲富军．高效稠油破乳剂LS938－2的研制与应用［J］．油田化学，2004，21（4）：328－329，323.

[22] 冷翠婷，李小瑞，费贵强，等. 磺酸基改性梳状有机硅聚醚破乳剂的制备及性能分析［J］. 东北石油大学学报，2012，36（6）：88－92.

[23] 李三喜，申莹，张文政. 一种新型梳型聚醚型原油破乳剂的合成及应用［J］. 精细石油化工，2015，32（2）：25－28.

[24] 王中华. 关于聚胺和“聚胺”钻井液的几点认识［J］. 中外能源，2012，17（11）：36－42.

[25] 王中华. 钻井液及处理剂新论［M］. 北京：中国石化出版社，2016.

[26] John M. Larkin，Terry L. Renken. Process for the preparation of polyoxyalkylene polyamines：US，4766245［P］. 1988－08－23.

[27] 郁维铭，张金龙，杨艳，等. 脂肪族端氨基聚醚的生产方法及其专用催化剂的制备方法：中国专利，2003101126155. 5［P］. 2006－02－22

[28] Kluger Edward W.，Goineau Andre M. Process for the reduction of dicyanoglycoils：US，4313004［P］. 1982－01－26.

[29] 曹永利，乔迁，李东日. 聚醚腈合成的研究［J］. 吉林工学院学报，2001，22（3）：44－45.

[30] 王元瑞，梁克瑞，张文革. 在氨气环境下聚醚睛催化加氢制聚醚胺［J］. 工业催化，2007，15（增刊）：377－379.

[31] 王琴梅，潘仕荣，张静夏. 双端氨基聚乙二醇的制备及表征［J］. 中国医药工业杂志，2003，34（10）：490－492.

[32] 季宝. 离去基团法制备端氨基聚醚的研究进展［J］. 山西建筑，2009，35（12）：171－173.

[33] 乔迁. 聚醚胺的合成［J］. 长春工业大学学报，2002，23（s1）：80－82.

[34] 张金龙. 端氨基聚醚的合成［J］. 聚氨酯工业，2011，26（5）：40－43.

[35] 颜吉校，金一丰，贾埂美. 超临界一步法合成聚醚胺的工艺［J］. 化工进展，2013，（7）：1661－1665.

[36] 宋晓妮，汪猛，袁忠顺，等. 新型多氨基聚醚的合成研究［J］. 聚氨酯工业，2011，26（4）：25－28.

[37] 中国石油化工集团公司，中石化中原石油工程有限公司钻井工程技术研究院. 一种钻井液用支化聚合物处理剂及其制备方法：中国专利，CN104357030A［P］. 2015－02－18.

第十章 聚胺和聚季铵盐

本章所述的聚胺和聚季铵盐主要包括环氧氯丙烷或二卤代烷与有机胺的缩聚物，以及聚乙烯亚胺和聚乙烯胺及其改性产物。这些具有阳离子或隐性阳离子特征的聚合物，在采矿、石油、工业废水处理等方面具有较多的研究与应用，尤其是作为水处理絮凝剂、脱色剂、脱水剂等有较广泛的应用。

钻井过程中黏土的水化膨胀不仅不利于井壁稳定，且会给钻井液性能带来不利影响。在采油注水开发中，由于黏土矿物具有高度水敏性，在注水开发实施中，黏土矿物易遇水膨胀、分散运移，从而堵塞地层孔隙结构，降低地层渗透率，给油气储层造成极大的危害。为了抑制或降低黏土矿物对油气层造成的损害，以及黏土水化对作业流体性能的影响，黏土稳定剂的应用越来越广泛，种类越来越多，主要有无机盐类、无机多核聚合物、阳离子表面活性剂、有机阳离子聚合物等。其中有机阳离子聚合物，尤其是环氧氯丙烷－有机胺缩聚物可在水中溶解、解离，产生较高的正电价的阳离子，通过与多个黏土颗粒形成多点吸附，在黏土颗粒的表面形成一层吸附保护膜，可有效地防止黏土矿物的水化膨胀、分散运移。其特点是加量少、效率高、吸附能力强、耐温、耐盐、耐酸、见效快、有效期长、对地层适应力强，因此逐渐成为近年来最具发展潜力的黏土稳定剂或防膨剂。同时该类产品也是一种有效的水处理絮凝剂。

本章从环氧丙烷－胺缩聚物、环氧氯丙烷－多乙烯多胺缩合物、二卤代烷或醚与多胺缩聚物、聚乙烯亚胺和聚乙烯胺等方面介绍聚胺和聚季铵盐的合成、性能和应用[1]。

第一节　环氧氯丙烷－胺（氨）缩聚物

本节所述的环氧氯丙烷－胺（氨）缩聚物，主要包括环氧氯丙烷－甲胺缩聚物、环氧氯丙烷－二甲胺缩聚物、氨－环氧氯丙烷缩聚物、聚环氧氯丙烷三甲胺季铵化反应物，以及乙胺与甲醛、尿素等的反应物等。

一、环氧氯丙烷－甲胺缩聚物

环氧氯丙烷－甲胺缩聚物是一种含有隐性阳离子基团的有机聚胺，在一定条件下可以电离产生阳离子基团，能够与表面带负电性的物质发生作用，具有作用速度快、效率高、时效长等优点，可用于钻井和采油过程中作黏土稳定剂、防砂剂、絮凝剂、杀菌剂等，适用于黏土含量高、孔喉半径小、渗透率低的低渗透油层[2]。

（一）反应原理

$$\underset{\diagdown O \diagup}{H_2C{-}CH}{-}CH_2Cl + H_2NCH_3 \longrightarrow \left[\underset{CH_3}{\underset{|}{N}}{-}CH_2{-}\underset{OH}{\underset{|}{CH}}{-}CH_2 \right]_n + HCl \tag{10-1}$$

（二）合成过程

按一定比例向装有甲胺醇溶液的反应瓶中缓慢滴加环氧氯丙烷，滴加过程中控制一定温度。滴加完毕，升至60℃，于此温度下反应6h，得到黏稠的淡黄色液体，即环氧氯丙烷-甲胺缩聚物产品。用乙醚沉淀3次，于70℃下真空干燥24h，可以得到固体产物。

在环氧氯丙烷-甲胺缩聚物制备反应中，有一个环氧氯丙烷分子参加反应就会有一个氯原子从共价状态变成离子状态。故可通过 $AgNO_3$ 滴定法测定氯离子的浓度，计算出环氧氯丙烷的转化率。方法是：称取一定量的待测试样（精确到0.0001g），用蒸馏水配成一定浓度的水溶液，以0.5mL 5%铬酸钾为指示剂，用标准 $AgNO_3$ 溶液滴定，溶液颜色由柠檬黄转变成砖红色，即为终点。环氧氯丙烷转化率Y按下式计算：

$$Y = \frac{V \times M \times N/1000}{m_1 \times m_2/m_3} \times 100\% \tag{10-2}$$

式中，V 为消耗 $AgNO_3$ 标准溶液的体积，mL；M 为环氧氯丙烷的摩尔质量；N 为 $AgNO_3$ 标准溶液的摩尔浓度，mol/L；m_1 为所称取产物的质量，g；m_2 为加入反应烧瓶中环氧氯丙烷的质量，g；m_3 为加入烧瓶的反应物总质量，g。

按照石油天然气行业标准SY/T 5971—1994，采用离心法评价环氧氯丙烷-甲胺缩聚物的防膨性能，通过测定膨润土粉分别在水和环氧氯丙烷-甲胺缩聚物水溶液中的体积膨胀增量，计算防膨率 B_1：

$$B_1 = \frac{V_2 - V_1}{V_2 - V_0} \times 100\% \tag{10-3}$$

式中，V_0、V_1、V_2 分别为膨润土在煤油、黏土稳定剂溶液、水中的膨胀体积，mL。

研究表明，反应温度、反应时间、n（环氧氯丙烷）∶n（甲胺）对反应过程中环氧氯丙烷转化率有不同程度的影响。

目标产物的制备是通过将环氧氯丙烷滴加到甲胺醇溶液中来实现的。因甲胺极易挥发（其沸点为-6.3℃），滴加过程中温度应控制在10℃以下，并缓慢搅拌。滴加完毕，需静置一段时间再升温。当反应温度低于50℃时，要持续约12h后溶液的颜色才发生变化；若反应温度为60℃，5h后溶液颜色就发生变化；若反应温度更高（70℃以上），甲胺的挥发性增大，副反应速度也加快。综合考虑，反应温度以60℃较为合适。

实验表明，当 n（环氧氯丙烷）∶n（甲胺）为1∶1、反应温度为60℃时，随着反应时间的延长，转化率不断升高，当反应时间超过6h后，转化率略有下降。可见，反应时间为6h即可。在反应温度为60℃、反应时间为6h时，n（环氧氯丙烷）∶n（甲胺）在0.6~1.6范围内，随着 n（环氧氯丙烷）∶n（甲胺）的增大，转化率呈先升高后降低的趋势；当 n（环氧氯丙烷）：n（甲胺）接近 1∶1 时，环氧氯丙烷的转化率达到最大（90.5%）。

综上所述，在反应温度为60℃、反应时间为6h、n（环氧氯丙烷）：n（甲胺）为1∶1时，环氧氯丙烷的转化率可达 90%。

（三）防膨性能

依据黏土矿物组成的不同，多数阳离子黏土稳定剂的使用浓度范围一般在 0.5% ~ 2.0%之间。将干燥的环氧氯丙烷－甲胺缩聚物试样分别配成不同质量分数的溶液，进行防膨实验，样品质量分数对防膨率的影响见图 10－1（用离心法测定防膨率）。

从图 10－1 可以看出，随着环氧氯丙烷－甲胺缩聚物质量分数的增加，防膨率不断升高，当环氧氯丙烷－甲胺缩聚物质量分数超过 2%以后，再继续增大其质量分数，对防膨率影响不大。为了实现有效防膨，使用时一般选择环氧氯丙烷－甲胺缩聚物质量分数为1% ~2%。

将环氧氯丙烷－甲胺缩聚物（EM）与常用的三种无机盐黏土稳定剂（NH_4Cl、KCl 和 NaCl）按不同比例复配，测定不同复配比例情况下的防膨性能。如表 10－1 所示，在防膨剂总质量分数为1%时就可以达到很高的防膨率（88%）；无机盐黏土稳定剂质量分数一定时，EM 质量分数越高防膨效果越好；在防膨剂总质量分数一定的条件下，EM 与无机盐黏土稳定剂复配后防膨率由大到小的排序是：$NH_4Cl > KCl > NaCl$。

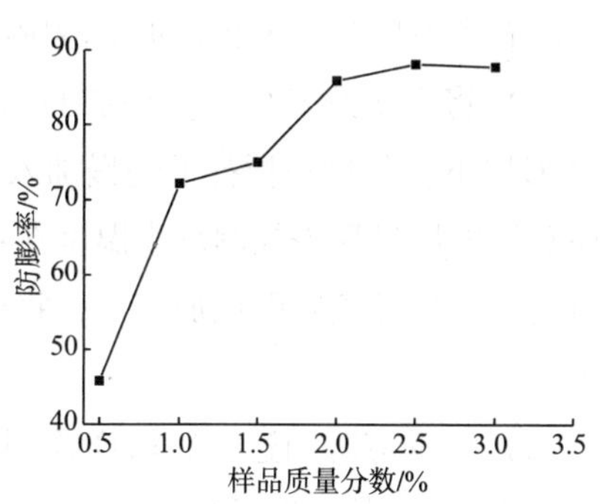

图 10－1 EM 质量分数度黏土防膨率的影响

防膨剂 NaCl 的防膨效果和持久防膨性能都要比 NH_4Cl 和 KCl 差。为降低成本、保持一定防膨效果，使用时可以选择复合黏土稳定剂为 0.5% NH_4Cl + 1.0% EM，其防膨率可达 91%。

表 10－1 EM 和不同无机盐配伍的防膨率

配方	防膨率/%	配方	防膨率/%	配方	防膨率/%
0.5% NaCl + 0.5% EM	88	0.5% NH_4Cl + 0.5% EM	88	0.5% KCl + 0.5% EM	88
0.5% NaCl + 1.0% EM	89	0.5% NH_4Cl + 1.0% EM	91	0.5% KCl + 1.0% EM	89
0.5% NaCl + 1.5% EM	91	0.5% NH_4Cl + 1.5% EM	93	0.5% KCl + 1.5% EM	93

甲胺与环氧氯丙烷反应产物再以溴代烷进行烷基化可以得到主链季铵化产物，进一步增强其絮凝能力：

$$\left[\underset{\substack{| \\ CH_3}}{N} - CH_2 - \underset{\substack{| \\ OH}}{CH} - CH_2 \right]_n + RBr \longrightarrow \left[\overset{\substack{R \quad Br^- \\ |}}{\underset{\substack{| \\ CH_3}}{N^+}} - CH_2 - \underset{\substack{| \\ OH}}{CH} - CH_2 \right]_x \left[\underset{\substack{| \\ CH_3}}{N} - CH_2 - \underset{\substack{| \\ OH}}{CH} - CH_2 \right]_y \quad (10-4)$$

二、环氧氯丙烷－二烷基胺缩聚物

（一）线型环氧丙烷－二甲胺缩聚物

线型环氧丙烷－二甲胺缩聚物是一种阳离子型聚电解质，产品主要以水溶液形式出售，外观为微黄色至桔红色黏稠液体，不分层，无凝聚物，密度 1.18～1.20g/cm^3。在油田化学中主要用作采油、注水中的黏土防膨剂，在酸、碱、高温条件下稳定，可适用于各种接触产层的油水井作业，也可用作阳离子型钻井液的页岩抑制剂，污水处理絮凝剂，稠油污水处理的反相破乳剂。在阴离子钻井液中可以作为抑制剂，但加量不能超过 0.2%。

1. 反应原理

$$\underset{\text{O}}{\text{H}_2\text{C}{-}\text{CH}}{-}\text{CH}_2\text{CH}_2\text{Cl} + \text{HN}{<}^{\text{CH}_3}_{\text{CH}_3} \longrightarrow \left[\overset{+}{\underset{\text{CH}_3}{\overset{\text{CH}_3}{\text{N}}}}{-}\text{CH}_2{-}\underset{\text{OH}}{\text{CH}}{-}\text{CH}_2 \right]_n \text{Cl}^- \qquad (10\text{-}5)$$

2. 制备方法

环氧氯丙烷与二甲胺在水溶液中经过缩聚得到，其合成过程如下[3]。

（1）将 596 份 33% 的二甲胺打入反应釜中，在反应釜夹套中通冷水，使釜内温度降至 25℃以下，然后在搅拌下慢慢加入 404 份环氧氯丙烷（加入管口要插入液面下），在加入环氧氯丙烷过程中控制反应温度在 40℃以下，当环氧氯丙烷加量达 1/3 时，可适当加快加料速度，待环氧氯丙烷加完后，将体系的温度逐渐升至 60℃，然后在 60～65℃下反应 2～6h。

（2）待反应时间达到后取样检测终点，若 10% 反应物的水溶液呈现透明状态，反应液 pH＝7～8，则认为反应达到终点，否则，再继续反应。当达到反应终点后，降温至 40～50℃，出料、包装即得成品。

生产所用原料有毒，生产车间必须保证良好的通风状态，车间工人应注意穿戴防护服装等。

在环氧氯丙烷－二胺缩聚物的合成过程中，水的用量必须限制，如果水太少会引起环化，水太多会引起水解，最终影响聚合程度，使所得产物的黏度不同。要想将黏度控制在 1200mPa · s（5℃）左右，水含量（占所有反应物与水的总量）为 35%～45%，反应可选用 33% 的二甲胺水溶液作为反应物[4]。

二甲胺和环氧氯丙烷的聚合反应为放热可逆反应，升高温度，一方面有利于加快反应速率，另一方面又会导致单体转化率降低；而在 50℃时，环氧化合物和仲胺的聚合反应已经非常迅速。实验表明，反应将温度控制在 40～70℃较为合适。

要形成线型聚合产物，理论上需保持二甲胺和环氧氯丙烷的物质的量相等。研究表明，以二甲胺、环氧氯丙烷为原料，合成阳离子有机聚合物黏土稳定剂时，最佳合成工艺条件为：环氧氯丙烷与二甲胺的物质的量比为 1∶1.2，反应时间为 5h，反应温度为 60℃。当黏土稳定剂用量为 2% 时，防膨率可达 87.5%；与 KCl 或 NH_4Cl 以 1∶1 复配，用量为 4% 时，防膨率分别为 94.9%、93.2%，黏土稳定剂用量为 2% 时，第 1 次和第 2 次岩屑回收率分别为 82.16%、79.49%；2%聚合物+1% KCl+1% NH_4Cl 三元复配，第 1 次和第 2 次回收率分别为 89.66%、86.41%[5]。

还可以用环氧氯丙烷、二甲胺为原料，在过硫酸钾、亚硫酸钠引发下合成[6]：在一定的温度下，向反应瓶加入二甲胺的水溶液和环氧氯丙烷，然后加入亚硫酸钠，数分钟后再加入等质量比的过硫酸钾，在搅拌条件下持续反应一定时间即得到黏稠的产品。研究表明，在空气气氛中，以 $K_2S_2O_8$、Na_2SO_3 作引发剂，反应体系在 2h 后黏度明显增高，而在 6h 后黏度变化甚微，这与自由基链式聚合的转化率随时间的延长而增高的特征一致。反应时间为 5h 可以满足需要。

温度是影响反应转化率与产物相对分子质量的重要因素。对自由基聚合，温度越高，相对分子质量越小。在环氧氯丙烷与二甲胺的物质的量比为 1.5∶1，单体浓度 50%，$K_2S_2O_8$、Na_2SO_3 各占单体总质量约 0.8%，在不同温度下进行反应，聚合物的特性黏数和阳离子含量（阳离子度）如图 10-2 所示。从图中可见，随着合成反应温度的升高，产品的特性黏数，也即相对分子质量降低，而产品的阳离子度只有在 65℃时最高，除此值外，阳离子度均减小。

对自由基聚合反应，引发剂的用量对产品的相对分子质量有很大影响。如图 10-3 所示，当环氧氯丙烷与二甲胺物质的量比为 1.5∶1，反应温度为 65℃，反应时间为 5h，单体浓度为 50%时，随引发剂用量增大，所得产物的特性黏数降低，而产物的阳离子度则随引发剂用量的增加而增大。

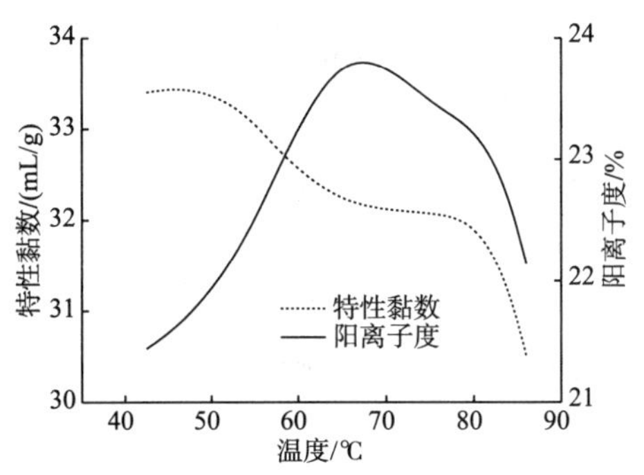

图 10-2 温度对聚合物特性黏数和阳离子度的影响

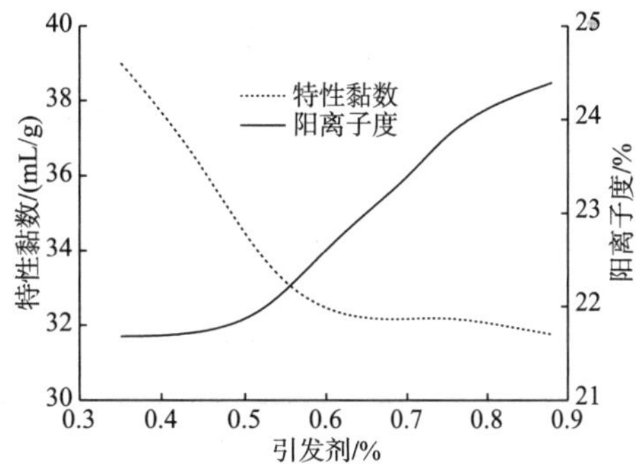

图 10-3 引发剂用量对聚合物特性黏数和阳离子度的影响

若环氧氯丙烷与二甲胺的聚合按自由基反应机理进行，则应将产物视为共聚物，因此单体的物质的量比例直接关系到共聚物的组成与相对分子质量。如表 10-2 所示，在合成温度为 65℃，引发剂 $K_2S_2O_8$、Na_2SO_3 均占单体总质量的 1%，单体质量分数为 50%，反应时间为 5h 时，环氧氯丙烷与二甲胺的物质的量比不同，所合成的产物其特性黏数和阳离子度（Dc）有很大的差别。环氧氯丙烷与二甲胺的物质的量比为 1∶1 时所得聚合物相对分子质量最大，而在物质的量比为 1.5∶1 时所得产物的阳离子度最高。

表 10-2 原料配比对产物性能的影响

n（环氧氯丙烷）:n（二甲胺）	[η] /（mL/g）	Dc/%	n（环氧氯丙烷）:n（二甲胺）	[η] /（mL/g）	Dc/%
2:1	29.2	17.01	1:1.5	40.6	13.13
1.5:1	31.2	24.24	1:2	31.2	11.98
1:1	45.6	17.31			

3. 抑制能力及抑制机理

以二胺、环氧氯丙烷等为原料，水为溶剂，采用开环聚合方法合成聚胺抑制剂。该抑制剂的典型分子结构如下：

$$Cl-\left[CH_2-\underset{OH}{CH}-CH_2-\overset{CH_3}{\underset{CH_3}{N^+}}\right]_n-CH_2-\underset{OH}{CH}-CH_2-\underset{CH_3}{N}-CH_3$$

从其结构可以看出，聚胺分子的主链上含季铵官能团和羟基，能与黏土表面的氧或羟基产生氢键，季铵盐的形成能够起到稳定黏土、抑制黏土水化膨胀的目的[7]。

通过控制聚合温度、二甲胺质量分数、胺与环氧氯丙烷的质量比等，得到了具有不同相对分子质量和不同阳离子度的聚胺抑制剂（以下简称聚胺）。反应结束后未经处理，直接测定其运动黏度、阳离子度，结果见表 10-3。

表 10-3 所制备的聚胺抑制剂样品的运动黏度和阳离子度

运动黏度/（mm^2/s）	阳离子度①/（mmoL/g）	阳离子度②/（mmoL/g）	运动黏度/（mm^2/s）	阳离子度①/（mmoL/g）	阳离子度②/（mmoL/g）
10130	4.874	4.882	1352	3.603	3.678
6384	4.679	4.682	783	2.320	2.359
5000	5.545	5.465	305	2.235	2.245
3800	4.944	4.845	170	0.747	0.748
1940	4.425	4.428	129	0.223	0.215

注：①胶体滴定法测定；②四苯硼钠法测定。

研究表明，上述产物用作钻井液抑制剂时，其用量、性质等会对抑制能力和黏土层间距产生一定影响。

1）聚胺抑制剂加量及黏度对其抑制泥页岩分散能力的影响

如图 10-4 所示，随着聚胺质量分数的增加，页岩相对抑制率不断增加。聚胺质量分数较低时，相对抑制率增加较快；聚胺质量分数较高时，相对抑制率增加较慢。当聚胺质量分数大于 0.4% 时，相对抑制率大于 95%；聚胺质量分数为 0.5% 时，相对抑制率达到 99%。因此，钻井液中聚胺质量分数在 0.4% ~0.5% 时对黏土水化膨胀的抑制效果良好，有助于控制地层中劣质土的造浆。

如图 10-5 所示，对于同一聚胺（即聚胺运动黏度一定），其在钻井液中的质量分数越大，相对抑制率越高。当聚胺质量分数较低时，随着聚胺运动黏度的增加，相对抑制率呈先快速增加后略有下降的趋势；当聚胺质量分数增加到 0.5% 时，不同运动黏度的聚胺相对抑制率变化不大。

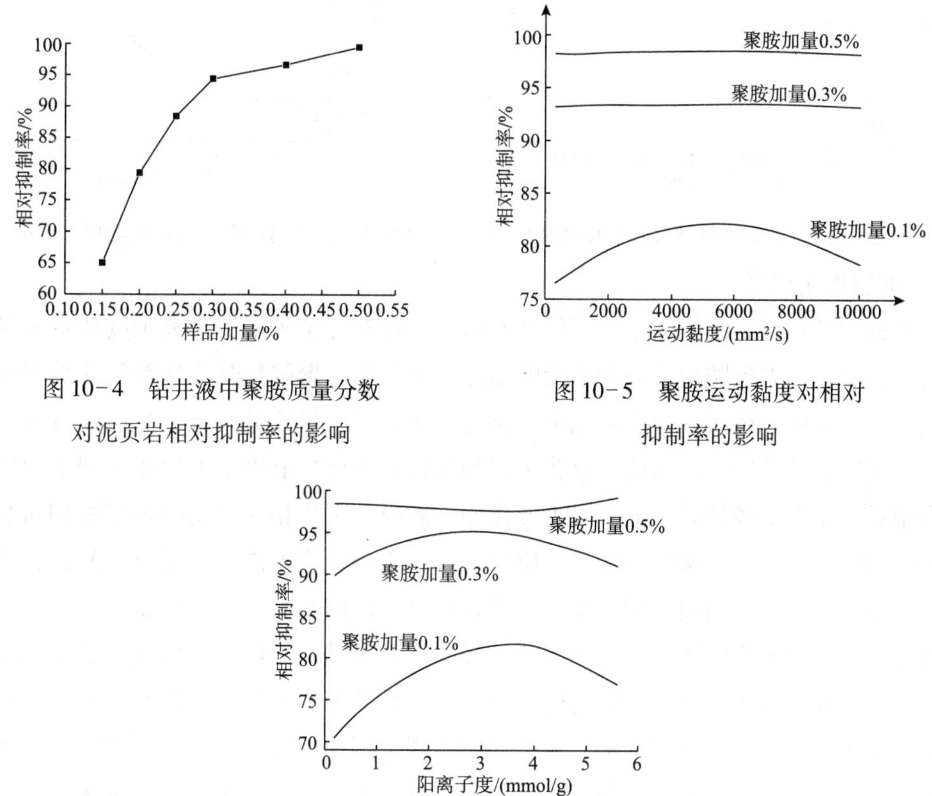

图 10-4　钻井液中聚胺质量分数对泥页岩相对抑制率的影响

图 10-5　聚胺运动黏度对相对抑制率的影响

图 10-6　聚胺阳离子度对相对抑制率的影响

如图 10-6 所示，同一阳离子度的聚胺，其在钻井液中的质量分数越大，相对抑制率越高。当聚胺质量分数较低时（0.1% 和 0.3%），随着聚胺阳离子度的增加，相对抑制率先迅速增加，后变化不大，而后略有下降；聚胺质量分数增加到 0.5% 时，不同阳离子度聚胺的相对抑制率几乎相同。

2）聚胺页岩抑制剂物性参数对黏土层间距的影响

用不同运动黏度（即相对分子质量不同）的聚胺溶液所处理后黏土层间距的变化情况见图 10-7。由图 10-7 可以看出，随着聚胺运动黏度的增加，经其处理后的黏土层间距不断增大，但均小于经 H_2O 处理的黏土的层间距（1.572nm）；聚胺运动黏度继续增加，黏土层间距趋于平稳，直至略有减小。

经不同阳离子度聚胺溶液处理后黏土层间距的变化情况见图 10-8。从图 10-8 可以看出，随着聚胺阳离子度的增加，经其处理后黏土的层间距缓慢增加；继续增加聚胺阳离子度，黏土层间距迅速增加，而后略有减小。

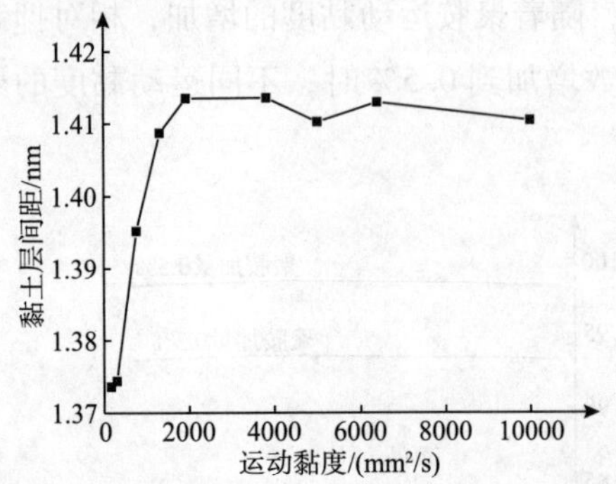

图 10-7　经不同运动黏度聚胺处理黏度的层间距

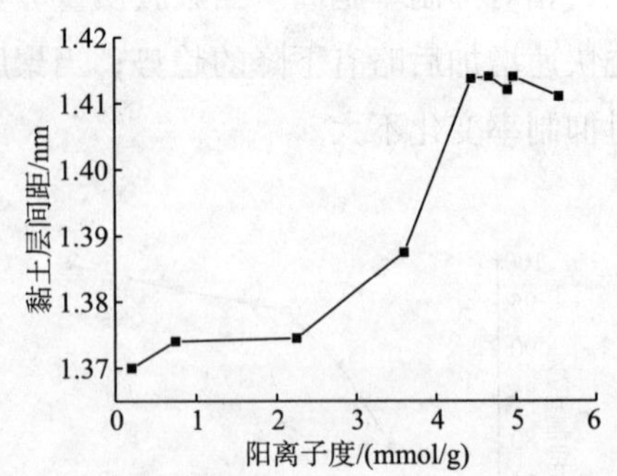

图 10-8　经不同阳离子度聚胺处理黏度的层间距

3）抑制作用机理

对于具有某一特定结构的阳离子聚胺而言，其相对分子质量和阳离子度对页岩抑制性能有明显影响。随着聚胺相对分子质量的增加，一方面，聚胺与黏土颗粒间的静电吸附作用增强；另一方面，聚胺大分子的包被、桥连作用加强，导致进入黏土晶层间替换可交换阳离子的聚胺分子数减少。因此，聚胺页岩抑制性能的优劣取决于上述哪个因素起主导作用。当相对分子质量较低时，前者起主导作用，此时，页岩相对抑制率随聚胺相对分子质量的增加而增强；但若聚胺的相对分子质量过大，其分子将不能进入黏土层间，相对抑制性能有所降低。上述作用同样使得经聚胺处理的黏土层间距先减小后增加。

随着聚胺阳离子度的增加，聚胺的静电吸附以及氢键作用增强，可进一步将黏土片层束缚在一起，缩小黏土层间距；但与此同时，由于钻井液体系的黏土颗粒带负电，增加聚胺阳离子度可使钻井液体系的聚集、絮凝作用增强。因此，阳离子度较低时，相对抑制率随阳离子度的增加而增大；但若阳离子度过高，进入黏土片层的聚胺分子及体系中游离的聚胺较少，更多的聚胺可引起钻井液体系絮凝，导致黏土颗粒间的作用力加强，因此相对抑制率有所降低。

综上所述，只有聚胺的相对分子质量即运动黏度和阳离子度处在合理的范围时，才能充分发挥其对泥页岩的抑制作用。聚胺的运动黏度范围为 304～1940mm^2/s、阳离子度范围为 0.75～3.603mmol/g 时，可以基本满足用于页岩抑制剂的要求。

（二）环氧氯丙烷－二甲胺微交联缩聚物

1. 微交联聚环氧氯丙烷－二甲胺黏土稳定剂

在反应瓶中加入一定量的二甲胺溶液，开动搅拌，用冰水浴冷却，使二甲胺降温到 10℃以下，打开回流冷凝器的冷却水，在搅拌的情况下，用滴液漏斗滴加环氧氯丙烷，控制滴加速度，同时冷却，使反应瓶内的温度控制在 10～20℃范围内，约 2h 滴加完毕，加入交联剂乙二胺，然后升温至一定温度，恒温反应一段时间，即得到产品，其固含量在 55%～70%之间。将合成的产物用无水乙醇提纯，沉淀物于 65℃下真空干燥 24h，得到具有较强的吸水性的固体产品。

在产品合成中，反应条件对反应及产物性能均会产生较大的影响[8]。研究表明，用乙二胺作为交联剂时，环氧氯丙烷和二甲胺的反应体系在反应3h后黏度明显增加，时间越长黏度越大，最后直至胶凝。实验表明，聚合反应时间为5～7h较好。在反应时间一定时，反应温度、物料配比及交联剂加量对产物性能的影响情况见图10-9～图10-11。

如图10-9所示，当乙二胺用量为3%、聚合反应时间为5h，在反应温度≤70℃时，聚合物的黏度和阳离子度均随温度的升高而增大，且在70℃时达到最大值；当反应温度≥70℃时，黏度和阳离子度随温度的升高呈下降趋势。显然，聚合温度在60～75℃较好。

如图10-10所示，当交联剂乙二胺用量占反应单体总量的3%，聚合反应温度为70℃，反应时间为5h时，在n（环氧氯丙烷）∶n（二甲胺）小于1.5∶1时，聚合物的黏度和阳离子度均随n（环氧氯丙烷）∶n（二甲胺）的增大而升高，且在n（环氧氯丙烷）∶n（二甲胺）为1.5∶1时均达到最高值；当n（环氧氯丙烷）∶n（二甲胺）大于1.5∶1之后，聚合物的黏度和阳离子度均随n（环氧氯丙烷）∶n（二甲胺）的增大而下降。可见，n（环氧氯丙烷）∶n（二甲胺）为1.5∶1较为理想。

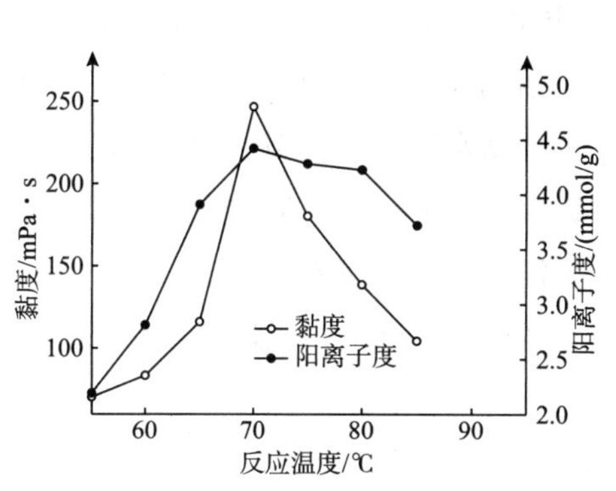

图10-9 反应温度对产物黏度和阳离子度的影响

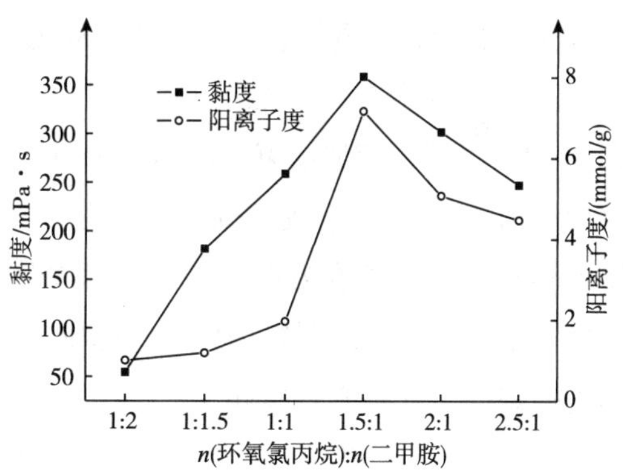

图10-10 n（环氧氯丙烷）∶n（二甲胺）对聚合物黏度和阳离子度的影响

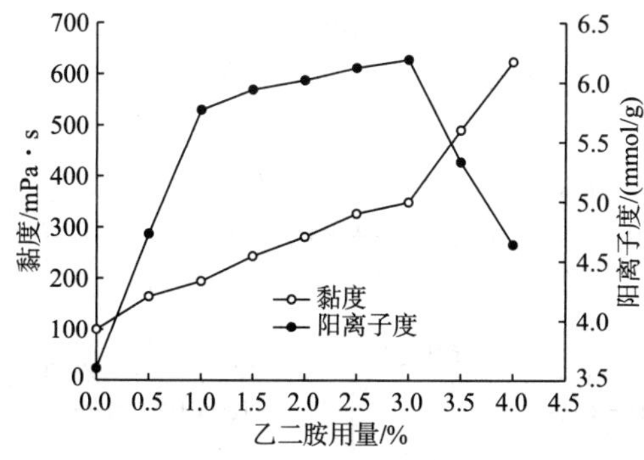

图10-11 乙二胺加量对产物黏度和阳离子度的影响

如图10-11所示，当n（环氧氯丙烷）∶n（二甲胺）为1.5∶1，反应温度为70℃，聚合时间为5h时，随着交联剂乙二胺用量的增加，产物的黏度逐渐增大，当乙二胺的量超过4%时，黏度升到700mPa·s以上，且产品水溶性变差。而对于阳离子度而言，在乙二胺用量小于3%时，随着乙二胺用量的增加，阳离子度呈上升趋势，在乙二胺为3%时最大，当乙二胺用量高于3%时，阳离子度随着乙二胺用量的增加呈下降趋势。在反应中，乙二胺作为环氧氯丙烷与二甲胺聚合的交联剂，可以提高聚合产物的相对分子质量。乙二胺用量增加，提高了聚合反应速率，聚合程度增强，但过多的乙二胺会加快聚合反应，导致聚合过程凝胶化，过早进入链终止阶段，故会出现黏度增加、阳离子度降低的情况。可见，乙二胺用量以3%最佳。

此外，也可以二乙烯三胺为交联剂合成阳离子黏土防膨剂。最佳合成条件即聚合反应温度为40℃，反应时间为6h，环氧氯丙烷和二甲胺物质的量比为1∶1，交联剂二乙烯三胺占单体总量的0.50%，合成的产物与氯化铵按质量比为1∶3复配时，防膨率可达95.83%，经过10次以上冲洗后膨胀率为13.2%[9]。

为提高环氧氯丙烷胺类絮凝剂的絮凝性能，以2－甲基咪唑为交联剂，以环氧氯丙烷、二甲胺为原料，可制备季铵盐阳离子絮凝剂——MZO。合成方法为[10]：室温条件下，向置于水浴中的带有冷凝管、温度计的三颈瓶中加入一定量的40%的二甲胺水溶液和交联剂2－甲基咪唑，搅拌均匀，然后缓慢滴加一定量的环氧氯丙烷，并用冰水浴控制三颈瓶内温度在20℃以下，滴加结束后在20℃以下反应5h，再升高水浴温度到70℃反应5h，反应结束后滴加1∶1的浓硫酸，调pH值为5，得到以2－甲基咪唑为交联剂的改性絮凝剂MZO。MZO的阳离子度为41.1%，对炼油废水的除浊率可达到98.8%。

以二甲胺、环氧氯丙烷为原料，哌嗪为交联剂可以合成网状聚季铵盐，可用于黏土水化膨胀抑制剂，其合成过程如下[11]。

按照二甲胺与环氧氯丙烷物质的量比为1∶1，交联剂哌嗪浓度为2%，在反应釜中将二甲胺、蒸馏水、环氧氯丙烷和交联剂依次投料，于120℃下反应4h，得到网状聚季铵盐。网状聚季铵盐反应原理见式（10-6）。

$$(CH_3)_2NH + \text{环氧氯丙烷} \xrightarrow{\text{哌嗪}} \left[CH_2-CH(OH)-CH_2-N^+(CH_3)_2 \right]_m \left[CH_2-CH(OH)-CH_2-N^+ \text{(哌嗪环)} \right]_n (m+n)Cl^- , \left[CH_2-CH(OH)-CH_2-N^+(CH_3)_2 \right]_x \left[CH_2-CH(OH)-CH_2-N^+ \right]_y (x+y)Cl^- \quad (10-6)$$

以膨润土线性膨胀率为评价指标，产物质量分数为0.5%时对黏土水化膨胀的抑制效果最佳，且防膨率随着网状聚季铵盐浓度的增大呈不同程度增大，其防膨效果优于线性聚季铵盐。粒度分析表明，水化前添加网状聚季铵盐可显著抑制黏土水化分散，而网状聚季铵盐对已经水化分散的黏土具有一定的絮凝作用。

2. 聚季铵盐反相破乳剂

分别采用乙二胺、正丁胺、多乙烯多胺3种有机胺作为交联剂。按照环氧氯丙烷、二甲胺和交联剂的物质的量比为1∶1.5∶0.1，将二甲胺和交联剂加入装有冷凝器、搅拌器和恒压漏斗的250mL三口烧瓶中，在30℃下通过恒压漏斗缓慢滴加环氧氯丙烷，在环氧氯丙烷全部滴加完毕后再继续反应30min，用1h升温至70℃，恒温反应5h。反应时间得到后加入1∶1的硫酸调节pH值约为5，并终止反应。产品经无水乙醇－丙酮提纯并真空干燥得到黏稠状的液体，即聚季铵盐反相破乳剂[12]。

根据聚季铵盐中正电荷与氯离子的数量相等，采用硝酸银沉淀滴定法测定产物的阳离子度，结果见表10－4。

表10－4 不同交联剂对聚合物阳离子度的影响

交联剂	阳离子度/（10^{-3}mol/g）	代号
乙二胺	0.1976	PRJ1
多乙烯多胺	0.2008	PRJ2
正丁胺	0.1880	PRJ3

从表10－4可以看出，合成的3种反相破乳剂中，使用活性高的多乙烯多胺为交联剂合成的PRJ2阳离子度最大，故其也具有更好的破乳效果。

采用模拟三元驱油田污水对其破乳性能评价表明，当PRJ2破乳剂投加量为80mg/L时，除油率为94.56%，污水透光率为11.7%；该破乳剂与无机絮凝剂的配伍性好，且在絮凝剂PAFS投加量为800mg/L时处理效果最佳，透光率最高为77.5%，除油率为97.32%，表现出了良好的破乳剂破乳效果。

（三）聚二甲胺环氧氯丙烷季鳞铵盐

以二甲胺和环氧氯丙烷所合成的聚季铵盐为基础，将聚季铵盐和四羟甲基硫酸磷（季鳞盐）混聚可得到一种阳离子表面活性剂——聚季鳞铵盐[13]。实验表明，所得聚季鳞铵盐作为杀菌剂，具有良好的杀菌能力。

1. 反应原理

$$\underset{\text{(环氧)}}{H_2C\!-\!CH\!-\!CH_2Cl}\ (\text{O桥接}) + HN(CH_3)_2 \longrightarrow (CH_3)_2N\!-\!CH_2\!-\!CH(OH)\!-\!CH_2\!-\!Cl \longrightarrow \left[\!-\!\overset{+}{N}(CH_3)_2\!-\!CH_2\!-\!CH(OH)\!-\!CH_2\!-\!\right]_n Cl^- \tag{10-7}$$

$$\left[\!-\!\overset{+}{N}(CH_3)_2\!-\!CH_2\!-\!CH(OH)\!-\!CH_2\!-\!\right]_n Cl^- + HOH_2C\!-\!\overset{+}{P}(CH_2OH)_2\!-\!CH_2OHHSO_4^- \longrightarrow \left[\!-\!\overset{+}{N}(CH_3)_2\!-\!CH_2\!-\!CH(O\!-\!CH_2\!-\!\overset{+}{P}(CH_2OH)_2\!-\!CH_2OHHSO_4^-)\!-\!CH_2\!-\!\right]_n Cl^- \tag{10-8}$$

2. 合成方法

合成分 2 步进行。

(1) 聚季铵盐的合成。在带有温度计、回流冷凝器、滴液漏斗和搅拌器的 500mL 四口烧瓶中加入 1mol 二甲胺水溶液（质量分数 33%），升高到一定温度，将 1.04mol 环氧氯丙烷通过滴液漏斗滴加到反应器中，滴加速度以保持温度基本不变为准，滴加完毕后，将温度升至 65℃，继续反应直至黏度保持不变，冷却得无色透明黏稠状聚合物，即聚季铵盐——聚氯化 -2-羟丙基 -1，1-N-二甲胺。

(2) 聚季鏻铵盐的合成。在带有温度计、回流冷凝器、滴液漏斗和搅拌器的 100mL 四口烧瓶中加入 20mL 聚氯化 -2-羟丙基 -1，1-N-二甲胺，升至一定温度，开始将计算量的四羟甲基硫酸磷通过滴液漏斗慢慢滴加到反应器中，滴加完毕后，继续反应一定时间，冷却得黏稠状聚合物聚季鏻铵盐，其黏度较聚季铵有所增加。将所得产物用无水乙醇提纯。沉淀物 65℃ 真空干燥 24h，得白色粉状固体，产品有较强的吸水性。

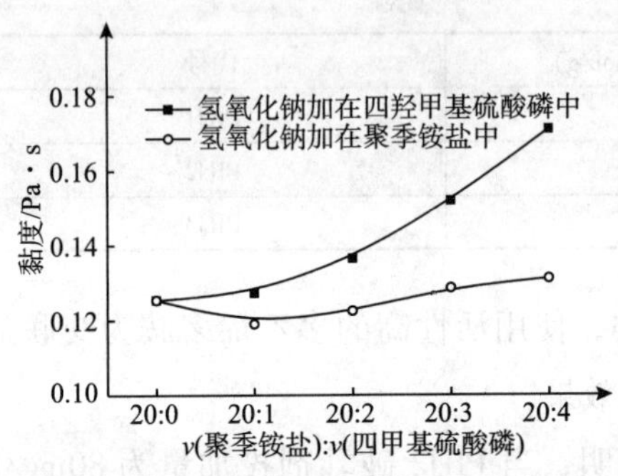

图 10-12　聚季铵盐与四羟甲基硫酸磷体积比对产物黏度的影响

需要强调的是，聚季铵盐与四羟甲基硫酸磷体积比对产物的黏度有明显的影响。如图 10-12 所示，当反应温度为 65℃，反应时间为 5h 时，随着四羟甲基硫酸磷量的增加，生成物的黏度增加。在聚季铵盐与四羟甲基硫酸磷反应中，使用氢氧化钠作催化剂，能够提高醚化反应的效率。结果表明，将氢氧化钠首先与四羟甲基硫酸磷反应生成醇钠，然后再与聚季铵盐进行醚化反应，所得产物的黏度与 NaOH 直接加入季铵盐中所得产物黏度相比明显增加。

(四) 环氧氯丙烷 -二乙胺缩聚物

环氧氯丙烷和二乙胺聚合物用于黏土稳定剂，当其水溶液质量分数为 1.2% 时，对膨润土的防膨率为 98%；添加环氧氯丙烷和二乙胺聚合物的页岩压片水化膨胀率低于 30.5%，说明环氧氯丙烷和二乙胺聚合物是性能优良的黏土稳定剂[14]。

环氧氯丙烷 -二乙胺缩聚合物可以参考环氧氯丙烷 -二甲胺缩聚物的方法制备，除可以采用逐步缩合聚合方法，也可以采用自由基引发聚合制备，以自由基引发聚合为例，其制备过程如下。

将环氧氯丙烷加入三口烧瓶中，再加入占环氧氯丙烷总体积 30% 的水，然后缓慢滴加二乙胺，搅拌溶解后加入引发剂亚硫酸氢钠和过硫酸铵。在一定温度下反应一定时间，得到黏稠的淡黄色聚合物，即为环氧氯丙烷和二乙胺聚合物。

研究表明，原料配比、引发剂用量、反应温度和反应时间是影响产物特性黏数的关键。当 n（环氧氯丙烷）：n（二乙胺）为 1.2，引发剂用量（占总单体质量分数）为 0.6%，反应时间为 6h 时，产物的特性黏数随反应温度的升高而增加，当反应温度为 60℃

时，特性黏数达到最大值（4.13mL/g），之后再升高温度特性黏数趋于稳定。在 *n*（环氧氯丙烷）∶*n*（二乙胺）为1.2，引发剂用量为0.6%，反应温度为60℃时，产物的特性黏数随反应时间的延长而增加，当时间为6h时，达到最大值（4.13mL/g）。可见，反应温度为60℃、反应时间为6h较好。

如图10－13所示，在反应温度为60℃，引发剂用量为0.6%，反应时间为6h，当 *n*（环氧氯丙烷）∶*n*（二乙胺）为1.2时，特性黏数达到最大值（4.13mL/g）。显然，*n*（环氧氯丙烷）∶*n*（二乙胺）为1.2较适宜。

如图10－14所示，在 *n*（环氧氯丙烷）∶*n*（二乙胺）为1.2，反应时间为6h，反应温度为60℃，当引发剂用量为0.6%时，特性黏数达到最大值（4.13mL/g）。说明引发剂用量为0.6%较好。

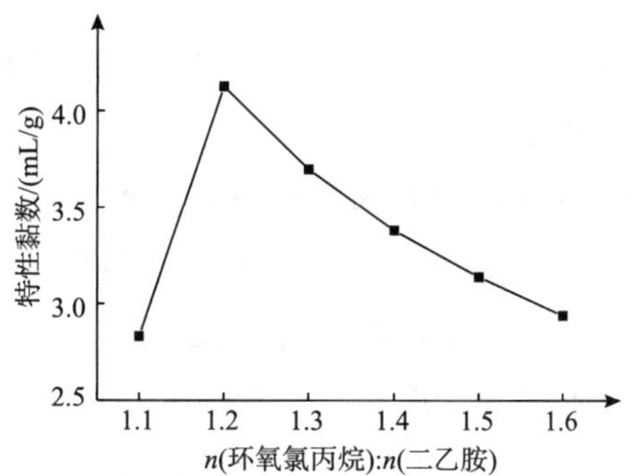

图10－13 *n*（环氧氯丙烷）∶*n*（二乙胺）对产物特性黏数的影响

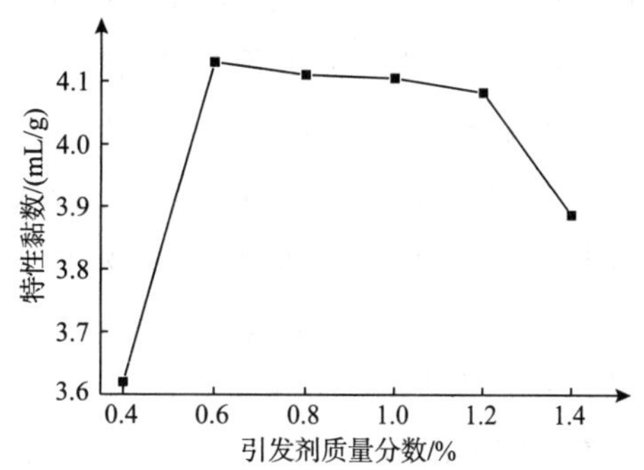

图10－14 引发剂用量对产物特性黏数的影响

三、氨－环氯丙烷缩聚物

采用氨与环氧氯丙烷缩合也可以制备聚胺，如在常温和搅拌下，将质量分数为28%的氨水于10min内加入环氧氯丙烷中，控制环氧氯丙烷与氨的物质的量比为1∶4，缩聚过程为放热反应，温度逐步升至98℃，当氨水全部加完后，常压回流3h，并控制温度不高于104℃，最终得到固含量48%的无色透明液体。产品可以作为钻井液废水脱色剂、水处理絮凝剂和钻井液黏土稳定剂[15]。

以尿素、二甲胺、氨水和环氧氯丙烷为原料，可制备一种季铵型有机高分子聚合物（PEDU）。当 *n*（尿素）∶*n*（二甲胺）∶*n*（氨水）∶*n*（环氧氯丙烷）=0.08∶1.28∶0.3∶1，反应温度为70℃，反应时间为5h时，所得产物的阳离子度为5.49mmol/g，作为造纸废水絮凝剂，在常温、pH=7、絮凝剂用量50mg/L的条件下，造纸废水的 COD_{Cr} 去除率为67.9%[16]。其制备方法如下。

在装有搅拌器、滴液漏斗和回流冷凝管的三口烧瓶中，按比例依次加入所需量的尿素、二甲胺，保持反应体系在55℃恒温下，常压慢速搅拌至尿素完全溶解并混合均匀后，用滴液漏斗滴加0.3mol的环氧氯丙烷。滴加完毕后，向反应体系中加入所需量的氨水，然后继续滴加0.3mol的环氧氯丙烷，滴完后将反应体系缓慢升温至75~95℃，反应4.5~6.5h后冷却至室温，即得季铵型有机高分子聚合物（PEDU），用无水乙醇－丙酮提纯，沉淀物于65℃下鼓风干燥24h，得到固体产物。

研究表明，在产物合成中反应时间、二甲胺用量、反应温度、尿素用量和氨水用量等是影响产物性能的关键因素。不同因素对反应及产物性能的影响情况如下。

（1）反应时间。在 n（尿素）:n（二甲胺）:n（氨水）:n（环氧氯丙烷）=0.08:1.28:0.36:1，反应温度为75℃的条件下，随着时间的延长，COD_{Cr}去除率和产物的阳离子度均呈现先快速增加，后缓慢下降的趋势。这是由于当反应时间较短时，随着反应时间的延长，聚合反应越来越充分，当反应时间超过5h后，阳离子度和COD_{Cr}去除率两项指标均有一定程度的下降，说明在反应5h时，聚合反应基本完成，此时，所得产物阳离子度为5.32mmol/g，COD_{Cr}的去除率为65.9%。

（2）n（二甲胺）:n（环氧氯丙烷）。n（尿素）:n（氨水）:n（环氧氯丙烷）=0.08:0.36:1，反应温度为75℃，反应时间为5h的条件下，随着 n（二甲胺）:n（环氧氯丙烷）的增加，产物的阳离子度和对造纸废水的COD_{Cr}去除率都有较大幅度的增长；当 n（二甲胺）:n（环氧氯丙烷）为1.28时，COD_{Cr}去除率和产物阳离子度都达到了峰值，分别为65.9%和5.32mmoL/g；随着 n（二甲胺）:n（环氧氯丙烷）比值的继续增加，COD_{Cr}去除率达到平衡，并保持在较高的水平上，而阳离子度则有较大幅度的下降。这是由于随着二甲胺用量的不断增大，反应得以更充分地进行，产品不断聚合，其絮凝性能得到改善，季铵基团数量不断增长；当 n（二甲胺）:n（环氧氯丙烷）超过1.28后，随着二甲胺的继续增加，反应趋于平衡，聚合物的聚合速度下降，其絮凝能力趋于稳定，不再有大幅度增长，而在聚合过程中不易进一步形成季铵盐，故产物阳离子度会越来越低。

（3）反应温度。n（尿素）:n（二甲胺）:n（氨水）:n（环氧氯丙烷）=0.08:1.28:0.36:1，反应时间为5h的条件下，COD_{Cr}去除率和产物的阳离子度随着反应温度的升高均呈现先增加后降低的趋势，在反应温度为70℃时达到最大值，可见，在70℃下制得的产品絮凝性能最佳，此时，其CODcr的去除率为67.4%，阳离子度为5.43mmol/g。

（4）n（尿素）:n（环氧氯丙烷）。在 n（二甲胺）:n（氨水）:n（环氧氯丙烷）=1.28:0.36:1，反应温度为70℃，反应时间为5h时，随着 n（尿素）:n（环氧氯丙烷）的增加，产物对造纸废水COD_{Cr}去除率和产物阳离子度都呈先增加后降低的趋势，并在 n（尿素）:n（环氧氯丙烷）为0.08时达到最大值，分别为67.4%和5.43mmol/g。当 n（尿素）:n（环氧氯丙烷）超过0.08后，季铵基团的比例呈显著下降趋势，表明尿素仍然无法完全取代二甲胺的作用。综合考虑，n（尿素）:n（环氧氯丙烷）以0.08:1比较合适。

（5）n（氨水）:n（环氧氯丙烷）。当 n（尿素）:n（二甲胺）:n（环氧氯丙烷）=0.08:1.28:1，反应温度为70℃，反应时间为5h时，氨水用量对产物的阳离子度和对造纸废水COD_{Cr}去除率的影响不大。在 n（氨水）:n（环氧氯丙烷）较小时，

COD_{Cr}去除率和产物阳离子度有较小程度的增大，当 n（氨水）∶n（环氧氯丙烷）超过 0.3 后，COD_{Cr}去除率和产物阳离子度基本不再增长。考虑到成本因素，n（氨水）∶n（环氧氯丙烷）为 0.3 较好，此时，COD_{Cr}的去除率为 67.9%，产物阳离子度为 5.49mmol/g。

实验表明，产物阳离子度与 COD_{Cr}去除率呈正相关。

四、环氧氯丙烷与乙二胺、烷基胺缩聚物

（一）环氧氯丙烷与四甲基乙二胺、烷基胺缩聚物

以环氧氯丙烷、N，N，N′，N′－四甲基乙二胺、甲胺、乙胺、十二胺为原料，通过共缩聚反应制备了三种低相对分子质量的水溶性聚季铵盐。通过正交实验得到三种聚季铵盐的最佳合成条件为：四甲基乙二胺和各中间体的物质的量比为 1.2∶1，反应温度为 70～75℃，反应时间为 10～12h，滴加速度为 20～25 滴/min；实验表明，当所合成产物浓度为 80mg/L 时，三种聚季铵盐对异养菌的 10h 杀菌率均可以达到 92% 以上；三种产物的最大特性黏数分别是 13.27mL/g、13.66mL/g、15.03mL/g[17]。

1. 反应原理

$$R-NH_2 + ClCH_2CH(O)CH_2 \longrightarrow ClCH_2CH(OH)CH_2N(R)CH_2CH(OH)CH_2Cl \tag{10-9}$$

$$(CH_3)_2NCH_2CH_2N(CH_3)_2 + ClCH_2CH(OH)CH_2N(R)CH_2CH(OH)CH_2Cl \longrightarrow \left[N^+(CH_3)_2CH_2CH_2N^+(CH_3)_2CH_2CH(OH)CH_2N(R)CH_2CH(OH)CH_2 \right]_n 2nCl^- \tag{10-10}$$

式中，$R = CH_3$、CH_2CH_3 或 $C_{12}H_{25}$。

2. 合成方法

合成分中间体合成和聚季铵盐合成两步。

（1）双氯中间体的合成。在装有电磁搅拌反应器、回流冷凝管、恒压滴液漏斗和温度计的反应瓶中，加入 0.05mol 甲胺和 50mL 无水乙醇溶剂，N_2保护，控制反应温度为 40℃，通过恒压滴液漏斗滴加 0.06mol 的环氧氯丙烷，滴加速度控制为 30 滴/min，滴加完毕后，继续回流反应 12h，反应时间达到后，减压蒸馏去除溶剂，得无色黏稠的二(3－氯－2－羟基丙基）－3，3′－甲基亚氨；分别使用乙胺和十二胺为原料与环氧氯丙烷反应合成二（3－氯－2－羟基丙基）－3，3′－乙基亚氨、二（3－氯－2－羟基丙基）－3，3′－十二烷基亚氨。

（2）聚季铵盐的合成。将 0.05mol 二（3－氯－2－羟基－丙基）－3，3′－甲基亚氨加入装有 50mL 无水乙醇溶剂的反应瓶中，加热升温至 40℃时开始滴加 0.06mol 四甲基乙二胺，滴加完毕，升温至 80℃，回流反应 8～10h 后冷却，减压蒸馏，即得到水溶性［1，2－二－（二甲氨基）－乙烷］－［甲基－二（3－氯－2－羟基丙基）胺］共缩聚物盐酸盐的淡黄色液体产品（a）。

按上述方法还分别合成了［1，2－二－（二甲氨基）－乙烷］－［乙基－二（3－氯－2－羟基丙基）胺］共缩聚物盐酸盐（b）和［1，2－二－（二甲氨基）－乙烷］－［十二烷基－二（3－氯－2－羟基丙基）胺］共缩聚物盐酸盐（c）。

其中，产物（a）的最佳合成条件是：四甲基乙二胺与二（3－氯－2－羟基丙基）－3，3′－甲基亚氨的物质的量比为1.2∶1，反应温度为75℃，反应时间为10h，滴加速度为2滴/min，所得产物最大特性黏数为13.27mL/g；产物（b）的最佳合成条件是：四甲基乙二胺与二（3－氯－2－羟基丙基）－3，3′－乙基亚氨的物质的量比为1.2∶1，反应温度为70℃，反应时间为8h，滴加速度为20滴/min，所得产物最大特性黏数为13.66mL/g；产物（c）的最佳合成条件是：四甲基乙二胺与二（3－氯－2－羟基丙基）－3，3′－十二烷基亚氨的物质的量比为1.2∶1，反应温度为75℃，反应时间为10h，滴加速度为25滴/min，所得产物最大特性黏数为15.03mL/g。

3. 杀菌效果

分别选取所合成的三种产物中特性黏数最大的样品，当投加浓度为80mg/L时，三种聚季铵盐的杀菌时间与杀菌率的关系见图10－15，当杀菌时间为8h时，投加量与杀菌率的关系见图10－16。

如图10－15所示，当投加浓度为80mg/L时，三种聚季铵盐的杀菌率均随着杀菌时间的增加呈先上升后下降的趋势，并在10h时杀菌率达到最高，杀菌率分别是98%、96%、97%；杀菌时间超过10h之后，则随着杀菌时间的增加，药效减弱，细菌开始繁殖，其杀菌率开始下降。如图10－16所示，当药剂投加量为80～100mg/L时，三种聚季铵盐都具有较好的杀菌效果，杀菌率均大于90%，其中产物（b）和产物（c）的杀菌率高达95%以上；产物（b）和产物（c）在投加浓度相同时，其杀菌率一般均比产物（a）高，符合季铵盐杀菌剂杀菌规律，即同类季铵盐杀菌剂含短烷基链的杀菌性能要比含长烷基链的小。

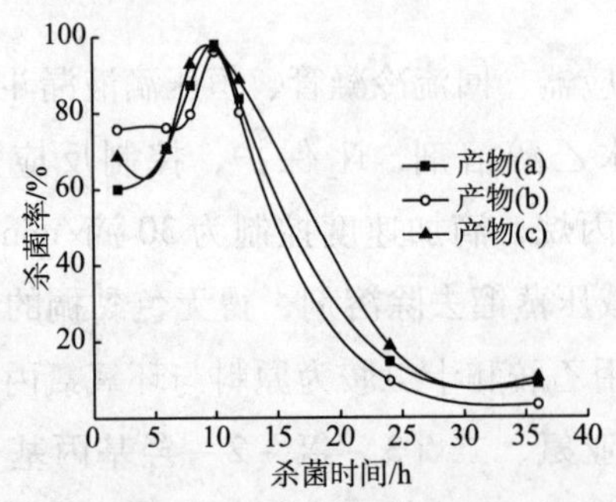

图10－15　杀菌时间与杀菌率的关系

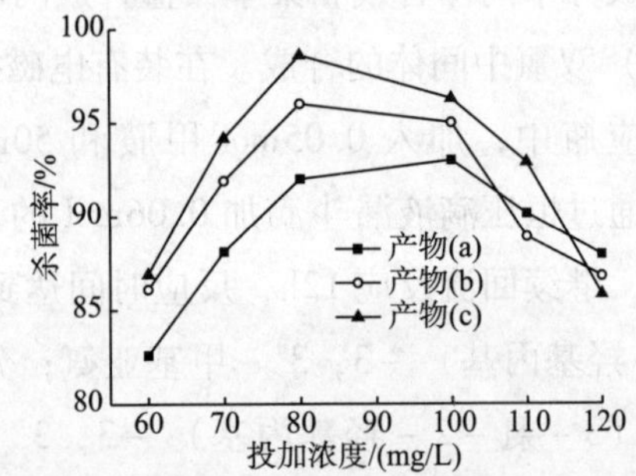

图10－16　杀菌剂投加量与杀菌率的关系

（二）乙二胺、环氧氯丙烷、十二叔胺反应产物

以乙二胺、环氧氯丙烷、十二叔胺为原料，无水乙醇为溶剂经开环和季铵化反应可以合成季铵盐型低聚表面活性剂，即十二烷基多季铵阳离子Gemini型表面活性剂[18,19]。研究表明，当反应温度为70℃、反应时间为4h、乙二胺和环氧氯丙烷物质的量比为1∶5时，中间体收率为98.8%；反应温度为80℃、反应时间为1h、中间体和十二叔胺物质的量比

为1∶5时，低聚表面活性剂收率为80.5%。低聚表面活性剂具有较好的表面活性，于25℃临界胶束浓度为0.38mmol/L、表面张力为21.6mN/m。

1. *反应原理*

$$NH_2CH_2CH_2NH_2 + \underset{\text{O}}{CH_2\text{—}CH}\text{—}CH_2\text{—}Cl \longrightarrow [Cl\text{—}CH_2\text{—}CH(OH)\text{—}CH_2]_2N\text{—}CH_2\text{—}CH_2\text{—}N[CH_2\text{—}CH(OH)\text{—}CH_2\text{—}Cl]_2 \tag{10-11}$$

$$[Cl\text{—}CH_2\text{—}CH(OH)\text{—}CH_2]_2N\text{—}CH_2\text{—}CH_2\text{—}N[CH_2\text{—}CH(OH)\text{—}CH_2\text{—}Cl]_2 + (CH_3)_2N\text{—}C_{12}H_{25} \longrightarrow$$
$$[C_{12}H_{25}\text{—}\overset{+}{N}(CH_3)_2\text{—}CH_2\text{—}CH(OH)\text{—}CH_2]_2N\text{—}CH_2\text{—}CH_2\text{—}N[CH_2\text{—}CH(OH)\text{—}CH_2\text{—}\overset{+}{N}(CH_3)_2\text{—}C_{12}H_{25}]_2 \cdot 4Cl^- \tag{10-12}$$

2. *合成方法*

合成包括2步，即中间体的合成和最终产物的合成。

（1）中间体的合成。将一定量的乙二胺和溶剂乙醇置于三口烧瓶中，在磁力搅拌、室温下，以10滴/min的速率滴加环氧氯丙烷，滴加完毕后升温至70℃反应一定时间。反应结束后减压蒸馏除去溶剂及过量的环氧氯丙烷，洗涤，真空干燥后得到半透明黏稠液体中间体。

（2）最终产物的合成。将一定量的中间体、溶剂乙醇和水置于三口烧瓶中，在磁力搅拌、室温下，滴加烷基叔胺，滴加完毕后升温至80℃反应一定时间。减压蒸馏除去溶剂。得到无色透明黏稠四聚表面活性剂粗品，经重结晶，25℃真空干燥，得白色粉末状固体产品。

研究表明，在中间体合成中溶剂、原料配比、加料速度、反应温度和反应时间均关系着反应能否顺利进行。

常温下，乙二胺与环氧氯丙烷均为液体。反应的初期，在不加入任何溶剂的条件下反应时，随着反应的进行，体系的黏度逐渐增大，当乙二胺与环氧氯丙烷的物质的量比为1∶1时，反应体系几乎不能搅拌；选择95%的乙醇作为反应溶剂，先与乙二胺混合，直至环氧氯丙烷滴加结束，即使乙二胺与环氧氯丙烷的物质的量比达到1∶5，反应体系黏度增大，但是搅拌仍可正常进行。

根据反应物的物质的量比，理论上乙二胺与环氧氯丙烷的物质的量比为1∶4；而实际上，乙二胺与环氧氯丙烷的反应很复杂，因为氨基上共有4个H，因此最多可以与4个环氧氯丙烷分子加成，总共有5种可能的加成反应方式，显然所得产物是一种混合物。实验中，选择乙二胺与环氧氯丙烷不同配比进行反应，以n（乙二胺）∶n（环氧氯丙烷）为1∶5、1∶4、1∶1的加成产物合成最终产物，从表面张力和在酸液中的缓蚀性能看，n（乙二胺）∶n（环氧氯丙烷）为1∶5时最优。

合成中如果将大量的乙二胺与环氧氯丙烷直接反应，会迅速产生氯化氢气体，并且生成树脂状物质，氯化氢的脱除对合成季铵盐不利。采用滴加环氧氯丙烷的方式与乙二胺进行反应，当其他条件不变，观察环氧氯丙烷的滴加速度分别为2s/滴、5s/滴、10s/滴时的反应现象，结果表明，当滴加速度为10s/滴时，无烟雾产生；否则，速度过快，会产生氯化氢气体，并发生分子间脱氯化氢的反应。因此需要控制环氧氯丙烷滴加速度，使反应以开环加成反应为主。在实验条件下，环氧氯丙烷滴加速度为10s/滴较好。

在反应的初期，溶剂与乙二胺混合时温度即有轻微程度的升高，随着环氧氯丙烷的滴加，体系温度逐渐升高，故此阶段无需外界加热；随着反应进行到一定程度，体系温度又开始下降，直至环氧氯丙烷的滴加结束。加热使反应继续，温度升至65℃左右时，反应体系由结块突变为乳白色黏稠状，68℃左右时，再突变为无色均匀体系。因此温度控制方法为第一阶段常温下反应，第二阶段在68℃左右反应。在反应末期，体系黏度增大且搅拌有一定的阻力时，判断为反应结束。开环加成在第二阶段温度为68℃左右时搅拌反应约4h即可完成。在反应时间4h，n（乙二胺）∶n（环氧氯丙烷）=1∶5时，不同反应温度的反应现象是：50℃澄清—浑浊、60℃澄清—浑浊—澄清、70℃澄清，就产物收率而言，50℃收率很低，60℃和70℃下的收率分别为92.7%、98.5%，可见反应温度对中间体的合成影响较大。另外，实验还发现反应时间延长，烷基伯胺的反应液在低温下也能由混浊变为澄清，但乙二胺存在空间位阻效应，需在较高温度下才能完全反应。

在反应温度为70℃，n（乙二胺）∶n（环氧氯丙烷）=1∶5时，随着反应时间的延长，中间体收率呈现先增加而后略有降低的趋势，在反应时间为4h时收率达到98.5%。这是由于反应时间过长，生成的中间体还能与体系中过量的环氧氯丙烷发生交换反应，导致中间体收率略有下降。

在最终产物，即季铵盐低聚表面活性剂的合成中，反应温度、反应时间和溶剂是影响产物性能的关键。如图10-26所示，在表面活性剂的合成中，当反应时间为1h，n（中间体）∶n（十二烷基叔胺）=1∶5时，随着反应温度的提高，表面活性剂收率增加，在80℃时收率为80.5%，之后继续提高温度，产物收率下降。实验发现，当反应温度低于40℃时，反应液分层，反应不完全；当温度超过80℃时，反应中有块状不溶物生成，产品收率又明显下降，所以反应温度以80℃为佳。在反应温度为80℃，n（中间体）∶n（十二烷基叔胺）=1∶5时，在季铵化反应开始的1h内，由于反应物浓度较大，反应速率较快，收率随时间的延长而急剧增加（达到80%以上），之后再继续延长反应时间产物收率无明显变化。反应时间超过 2h 时，体系中有少量沉淀生成；反应时间达到 6.5h 时，反应中有块状不溶物生成，反应产量明显下降。在实验条件下，最佳反应时间为 1h。

实验发现，在反应的初期，用95%的乙醇作为反应溶剂时，在反应过程中有少量沉淀生成，而且随着反应时间的延长，沉淀量增加，并有聚集的趋势。而采用95%的乙醇与水按体积比 1∶1 混合后作为反应介质时，反应过程中没有沉淀生成，且反应体系为均一相。可见，用95%的乙醇与水按体积比 1∶1 混合作为反应溶剂较好。

评价表明，所合成的十二烷基多季铵阳离子 Gemini 型表面活性剂，作为酸性溶液中金属腐蚀的抑制剂，可以抑制酸性溶液中金属的腐蚀，并具有优良的复配性，与阴离子表面活性剂复配后，发泡力与稳泡性明显增加；没有产生正负电荷之间明显的相互作用而导致的沉淀，表现出良好的应用前景。

五、环氧氯丙烷、二乙胺和乙二胺缩聚物

以环氧氯丙烷、二乙胺和乙二胺为原料合成的有机阳离子聚合物（PEFD），作为水处理絮凝剂，在加药量为 10mg/L 时，浊度去除率为 92.72%，其效果明显优于聚丙烯酰胺类絮凝剂[20]。

（一）合成方法

向三口烧瓶中加入一定量的环氧氯丙烷，水浴控温 25℃，用滴液漏斗向其中滴加按一定比例配制的二乙胺和乙二胺混合液，边滴边搅拌，30min 内滴完，随后升温至 50℃，恒温反应 6h，将得到的聚合物溶液用丙酮沉淀，然后放入真空干燥箱于 80℃ 下烘干，即得 PEFD 固体产品。

采用铬酸钾作为指示剂，用 $AgNO_3$ 溶液滴定产物中氯离子的含量来表征产物的电荷密度。

将合成的产品用丙酮沉淀法连续 3 次提纯，80℃ 烘干，用乌式黏度计通过一点法测定聚合物在水中 30℃ 的特性黏度。

按照 GB 13200—1991，采用分光光度法绘制浊度标准曲线和测试水样浊度。用 6 个 200mL 的烧杯分别取高岭土自配水样 100mL，加入 10mg/L 絮凝剂，采用六连搅拌器先快速（200r/min）搅拌 3min，再慢速（50r/min）搅拌 10min，沉降 30min，取水面下 1cm 处的水，在 680nm 处测定吸光度，从浊度标准曲线查得相应的浊度。

（二）合成条件对产物絮凝能力的影响

在环氧氯丙烷用量一定时，改变 n（二乙胺）∶n（乙二胺）可以得到一系列不同相对分子质量和电荷密度的产物。在反应温度为 50℃、聚合时间为 6h、采用（二乙胺 + 乙二胺）滴入环氧氯丙烷的加料方式时，n（二乙胺）∶n（乙二胺）对 PEFD 絮凝剂的特性黏度、电荷密度及絮凝性能的影响见表 10-5。由表 10-5 可以看出，当 n（二乙胺）∶n（乙二胺）为 8.82 时，产物浊度去除率最高；随着 n（二乙胺）∶n（乙二胺）的逐渐增大，PEFD 产率变化不大，特性黏度逐渐降低，电荷密度逐渐增大。在乙二胺用量增大时，聚

合反应的速率提高，聚合程度增强，同时由于其含有两个氨基易形成空间网状聚合物，故产物黏度增大；另一方面由于乙二胺是伯胺，在聚合过程中易停留在叔胺而不进一步形成季铵盐，因此电荷密度会越来越低。对于有机高分子絮凝剂而言，其絮凝性能往往由相对分子质量和电荷密度两方面共同决定，只有当两者大小合适时才能达到最佳的絮凝效果。

表 10-5　n（二乙胺）/n（乙二胺）对 PEFD 絮凝剂性能的影响

n（二乙胺）：n（乙二胺）	PEFD 产率/%	特性黏数/（mL/g）	电荷密度/（mmol/g）	浊度去除率/%
3.67	76.40	3.59	4.82	86.54
5.33	77.09	3.31	5.06	81.09
8.82	75.33	3.28	5.34	90.55
17.00	75.26	3.18	5.38	51.63
37.00	74.11	3.08	5.51	33.81

研究表明，合适的加料方式有利于反应的充分进行，同时可以控制产物的性能。在 n（二乙胺）：n（乙二胺）=8.82、反应温度为 50℃、聚合时间为 6h 时，（二乙胺 + 乙二胺）滴入环氧氯丙烷，环氧氯丙烷滴入（二乙胺 + 乙二胺）和环氧氯丙烷、乙二胺、二乙胺三者一次性同时加入三种不同加料方式对产物各项性能的影响情况见表 10-6。从表 10-6 可以看出，采用环氧氯丙烷缓慢滴入（二乙胺 + 乙二胺）中的方式得到的产物浊度去除率和电倚密度都高于其他两种加料方式所得产物；而合成产物的产率与（二乙胺 + 乙二胺）缓慢滴入环氧氯丙烷方式相差不大，且明显高于三者一次性加入方式，特性黏度与（二乙胺 + 乙二胺）缓慢滴入环氧氯丙烷方式接近，但明显低于三者一次性加入方式。该反应是一放热反应，采用三者一次性同时加入进行反应时，由于瞬间放出大量热量，一方面使得有机胺大量挥发，另一方面促进环氧氯丙烷自身聚合副反应的发生，环氧氯丙烷均聚物黏度很大但不带电荷，因此虽然产物黏度很大但产率、电荷密度和浊度去除率都很低。而采用环氧氯丙烷缓慢滴入（二乙胺 + 乙二胺）进行反应时，可以有效地防止环氧氯丙烷自身聚合副反应的发生，同时有利于环氧氯丙烷与有机胺之间充分反应生成季铵盐，减少叔胺类产物的生成，从而得到整体性能相对较好的产品。

表 10-6　加料方式对 PEFD 絮凝剂性能的影响

加料方式	PEFD 产率/%	特性黏数/（mL/g）	电荷密度/（mmol/g）	浊度去除率/%
（乙二胺 + 二乙胺）滴入环氧氯丙烷	75.33	3.28	5.34	90.54
环氧氯丙烷滴入（二乙胺 + 乙二胺）	74.50	3.36	5.44	92.40
环氧氯丙烷、乙二胺、二乙胺同时加入	63.90	3.79	5.34	68.20

如表 10-7 所示，在 n（二乙胺）：n（乙二胺）= 8.82、采用环氧氯丙烷缓慢滴入（乙二胺 + 二乙胺）加料方式、聚合时间为 6h 的条件下，随着温度的升高，合成产物的产

率变化不大，特性黏度、电荷密度及浊度去除率均先增加后降低，在50℃时达到最大值。显然，聚合温度以50℃为佳。

表10-7 反应温度对PEFD絮凝剂性能的影响

反应温度/℃	PEFD 产率/%	特性黏数/（mL/g）	电荷密度/（mmol/g）	浊度去除率/%
30	74.67	2.91	5.23	77.19
40	72.79	2.98	5.34	82.13
50	74.50	3.36	5.44	92.40
60	73.26	2.83	5.20	81.37
70	72.50	2.85	5.16	73.00

如表10-8所示，在 n（二乙胺）∶n（乙二胺）=8.82、采用环氧氯丙烷缓慢滴入（乙二胺+二乙胺）的加料方式、反应温度为50℃的条件下，反应时间对产物浊度去除率、特性黏度和电荷密度的影响均不大，但是随着反应时间的延长，产物的产率逐渐增加，当反应时间达到3h之后产率增加趋缓。这是由于随着时间的延长，聚合反应越来越充分，产率增大，但是反应一定时间后，反应逐渐达到平衡，产率趋于稳定。综合考虑各方面因素，反应时间以3h为宜。

表10-8 反应时间对PEFD絮凝剂性能的影响

反应温时间/h	PEFD 产率/%	特性黏数/（mL/g）	电荷密度/（mmol/g）	浊度去除率/%
0.5	43.37	3.30	5.40	91.12
1	52.50	3.31	5.43	92.05
2	66.62	3.35	5.41	91.89
3	73.09	3.34	5.43	92.02
4	73.33	3.34	5.43	91.98
5	73.95	3.35	5.43	92.21
6	74.50	3.36	5.44	92.40
7	75.02	3.37	5.44	92.78
8	77.33	3.36	5.44	93.16

六、二乙胺、甲醛、尿素、环氧氯丙烷反应产物

二乙胺、甲醛、尿素、环氧氯丙烷等的反应产物可以用于阳离子型浮选剂，其合成分两步进行，即先将二乙胺、甲醛和尿素通过Maninch反应制得中间体，再用环氧氯丙烷与中间体聚合和季铵化，以得到水溶性良好的阳离子型聚合物[21]。在油田作业中可用于絮凝剂和黏土稳定剂。

（一）反应原理

$$CH_3CH_2-\underset{\displaystyle |}{\overset{CH_2CH_3}{N}}-H + H-\overset{\displaystyle O}{\overset{\|}{C}}-H \longrightarrow CH_3CH_2-\overset{CH_2CH_3}{\underset{}{N}}-CH_2OH \quad (10-13)$$

$$CH_3CH_2-\underset{}{\overset{CH_2CH_3}{\overset{|}{N}}}-CH_2OH + H_2N-\overset{O}{\overset{\|}{C}}-NH_2 \xrightarrow{-H_2O} CH_3CH_2-\overset{CH_2CH_3}{\overset{|}{N}}-CH_2-NH-\overset{O}{\overset{\|}{C}}-NH-CH_2-\overset{CH_2CH_3}{\overset{|}{N}}-CH_2CH_3 \quad (10-14)$$

$$CH_3CH_2-\overset{CH_2CH_3}{\overset{|}{N}}-CH_2-NH-\overset{O}{\overset{\|}{C}}-NH-CH_2-\overset{CH_2CH_3}{\overset{|}{N}}-CH_2CH_3 + H_2\overset{O}{C-CH}-CH_2Cl$$

$$\xrightarrow{H_2O} \left[-CH_2-\overset{OH}{\overset{|}{CH}}-CH_2-\underset{CH_2CH_3}{\underset{|}{\overset{CH_2CH_3}{\overset{|}{N^+}}}}\overset{OH^-}{-CH_2}-NH-\overset{O}{\overset{\|}{C}}-NH-CH_2-\underset{CH_2CH_3}{\underset{|}{\overset{CH_2CH_3}{\overset{|}{N^+}}}}-\right]_n Cl^- \quad (10-15)$$

（二）合成过程

在三口反应瓶中加入一定量的甲醛溶液，在搅拌状态下滴加等物质的量的二乙胺，滴加完毕后继续搅拌 5～10min，然后加入所需量的尿素，在 50～80℃反应 6h，即可得到中间体；在上述反应产物中加入一定量的环氧氯丙烷，在 40～100℃下反应数小时，即可得所需的阳离子型聚胺化合物。该聚合物水溶性良好。

研究表明，在整个反应过程中，由二乙胺、甲醛和尿素通过 Maninch 反应合成中间体比较容易进行，反应较单一，影响最终产物性能的主要是聚合与季铵化反应。中间体与环氧氯丙烷的配比、反应温度及反应时间都会直接影响最终产物的相对分子质量大小、季铵化（即阳离子化）程度。

将在 50～80℃反应 6h 得到的中间体，与不同量的环氧氯丙烷在 60℃反应 6h，n（二乙胺）：n（环氧氯丙烷）对产物性能的影响见表 10-9。

表 10-9　不同比例环氧氯丙烷对产物性能的影响

n（二乙胺）：n（环氧氯丙烷）	外观	水溶性	起泡性	黏度/s
1:0	无色	良	好	19.1
1:0.4	无色	良	良	20.9
1:0.8	无色	良	良	23.3
1:1	无色	良	差	65
1:1.5	淡黄	良	差	88
1:2	淡黄	良	差	104

注：黏度测定方法：用 1mL 移液管吸取产物至满刻度，垂直放置，记录液体自由流出 0.9mL 所需要的时间（下同）。

从表 10-6 可以看出，随着环氧氯丙烷用量的增加产物的黏度显著增加，说明产物的聚合度增加，相对分子质量增大。同时，产物的颜色逐渐加深，起泡性变差。但实验中还发现，当 n（二乙胺）：n（环氧氯丙烷）超过 1:2 时，产物中会出现明显的白色不溶物。这种白色不溶物可能是聚合度很高或交联的产物，使其溶解性能变差。

由于聚合的同时，又产生季铵阳离子官能团，因此，相对分子质量增加的同时阳离子官能团数也会增加，这二者均有利于加强产物的电中和与桥连能力，提高作用效率。可以预计，在不产生白色不溶物的条件下，相对分子质量增加应有助于提高产物的应用性能。

将在50～80℃反应6h得到的中间体与环氧氯丙烷反应，当 n（二乙胺）：n（环氧氯丙烷）为1∶2时，反应时间、反应温度对产物黏度的影响见图10-17（黏度数据是将所得产物稀释50%后测定的）。

从图10-17可看出，当聚合反应的温度一定时，产物的黏度随反应时间的延长而增加；聚合反应时间一定时，产物的黏度也随反应温度的升高而增加，说明延长反应时间、升高反应温度都有利于增加产物的聚合度，提高相对分子质量。相应地，分子中阳离子官能团数目也会增加。

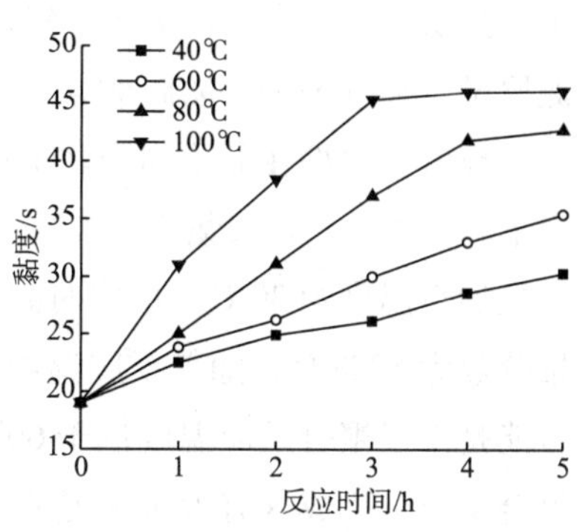

图10-17 不同聚合温度和时间对产物黏度的影响

实验发现，当产物作为浮选剂时，聚合与季铵化反应温度和时间对产物的浮选性能影响较大。虽然在40～100℃范围内，升高温度、延长反应时间都有利于产物相对分子质量的增加，但其浮选性能并不完全随相对分子质量的增加而提高，这与所形成的分子形态有关。在100℃反应得到的产物其相对分子质量较高，但其浮选效果反而下降，这很可能与产物分子间出现交联现象、分子链的有效长度变短、阳离子官能团周围的空间阻碍加大有关。当聚合与季铵化反应在60～80℃下反应3～6h时，制得产物用于浮选剂具有优良的浮选效果。

七、环氧氯丙烷-醇胺缩聚物

（一）环氧氯丙烷和二乙醇胺缩聚物

环氧氯丙烷和二乙醇胺在水溶液中经缩聚可以得到羟胺基聚醚胺（HAPEA），该产物可用于黏土防膨剂。实验表明，当环氧氯丙烷与二乙醇胺物质的量比为1∶1、反应温度为60℃、反应时间为7h时，合成的产物用于防膨剂具有较好的防膨效果，当羟胺基聚醚胺（HAPEA）的质量分数为2%时，防膨率可达87.5%，与KCl复配使用时防膨效果明显提高[22]。

1. 反应过程

$$\underset{\diagdown O \diagup}{H_2C-CH}CH_2Cl + HN\begin{matrix}CH_2CH_2OH\\CH_2CH_2OH\end{matrix} \longrightarrow \left[\overset{CH_2CH_2OH}{\underset{CH_2CH_2OH}{\overset{|}{\underset{|}{N^+}}}}-CH_2-\underset{OH}{\underset{|}{CH}}-CH_2\right]_n Cl^- \qquad (10-16)$$

2. 合成过程

将装有搅拌器、冷凝管、温度计和恒压滴液漏斗的250mL四口烧瓶置于水浴中，加入二乙醇胺与一定量的水，搅拌下缓慢滴加环氧氯丙烷，待环氧氯丙烷滴加完毕后，升高温度，回流反应一定时间，得淡黄色黏稠液体，即为HAPEA防膨剂。

3. 影响反应及产物性能的因素

1）反应条件对HAPEA防膨率的影响

实验表明，在加料温度为30℃、反应温度为60℃、反应时间为5h、单体质量分数为

60%时，HAPEA的防膨率随着环氧氯丙烷与二乙醇胺的物质的量比的增加呈现先增加后降低的趋势。当n（环氧氯丙烷）:n（二乙醇胺）=1:1时，HAPEA的防膨率达到最大值（84%），这可能是由于此时主要生成了含有大量季氮原子和侧基带有大量羟基的目标分子，故防膨率较高。当n（环氧氯丙烷）:n（二乙醇胺）<1:1时，生成的聚合产物中季氮原子及羟基偏少，防膨效果不理想；当n（环氧氯丙烷）:n（二乙醇胺）>1:1时，过量的环氧氯丙烷在分子间交联形成体型结构分子，使产物柔顺性及吸附性变差，导致防膨率下降。故n（环氧氯丙烷）:n（二乙醇胺）为1:1时较理想。

在加料温度为30℃、反应时间为5h、n（环氧氯丙烷）:n（二乙醇胺）为1:1、单体质量分数为60%时，随着反应温度的升高，HAPEA的防膨率呈现出先升高后降低的趋势。这可能是由于聚合反应温度低于60℃时，随着温度的升高，有利于环氧氯丙烷与二乙醇胺的聚合反应，生成含有大量季氮原子和羟基的聚合物。当反应温度较高时，聚合产物相对分子质量较大且反应生成的体型产物增多，不利于产物在黏土或岩心表面的吸附，导致防膨效果变差。故聚合反应温度在60℃时较为适宜，在此温度下所合成产物的防膨率在84%左右。

在单体质量分数为60%、加料温度为30℃、n（环氧氯丙烷）:n（二乙醇胺）为1:1、反应温度为60℃时，随着时间的延长，HAPEA的防膨率先增加后降低。当反应时间为7h时，HAPEA的防膨率达到最大（87.5%），这可能是由于反应时间小于7h时，随着反应时间的增加，HAPEA的相对分子质量增加，生成带有大量季氮原子和羟基的HAPEA分子，故防膨率随着反应时间的增加而提高；当反应时间超过7h时，在聚合物的相对分子质量进一步增大的同时，可能生成体型结构的HAPEA分子，使分子的柔顺性变差，在岩石或黏土表面的吸附性能变差，导致聚合产物的防膨率下降。可见，聚合反应时间为7h较为合适。

综上所述，羟胺基聚醚胺防膨剂较为理想的合成条件为：加料温度为30℃，n（环氧氯丙烷）:n（二乙醇胺）为1:1，反应温度为60℃，反应时间为7h。

2）合成条件对产物特性黏数和阳离子度的影响

前面结合产物的防膨率，讨论了影响防膨效果的因素，下面结合产物的合成，考察反应温度、反应时间、环氧氯丙烷与二乙醇胺的物质的量比、溶剂用量对产物特性黏数和阳离子度的影响[23]。

如图10-18所示，当n（环氧氯丙烷）:n（二乙醇胺）为1:1、溶剂用量为40%、反应时间为5h时，产物特性黏数随反应温度的升高而增大，而阳离子度随反应温度的升高而降低。这是由于较高的反应温度，更有利于环氧氯丙烷开环，进入聚合物分子链的环氧氯丙烷分子数增加，从而导致聚合物的特性黏数增大，而阳离子度反而降低。当反应温度为60℃时，聚合物的阳离子度最高。显然，反应温度为60℃较好。

如图10-19所示，在反应温度为60℃、反应时间为5h、n（环氧氯丙烷）:n（二乙醇胺）为1:1，溶剂水用量为30%时，产物阳离子度最高，且特性黏数相对较低。综合考虑，溶剂用量为30%较为合适。

如图10-20所示，当反应温度为60℃、反应时间为5h、溶剂用量为30%时，聚合物的特性黏数随n（环氧氯丙烷）∶n（二乙醇胺）的增大而降低；当n（环氧氯丙烷）∶n（二乙醇胺）为1∶1时阳离子度最高，继续增加环氧氯丙烷的量，阳离子度反而降低。可见，n（环氧氯丙烷）∶n（二乙醇胺）为1∶1较好。

如图10-21所示，在反应温度为60℃、n（环氧氯丙烷）∶n（二乙醇胺）为1∶1、溶剂用量为30%时，产物特性黏数与阳离子度均随反应时间的延长而增大，当反应时间为6h时阳离子度较高，此时产物的特性黏数较低，且阳离子度在反应进行6h后变化很小。可见，反应时间为6h即可。

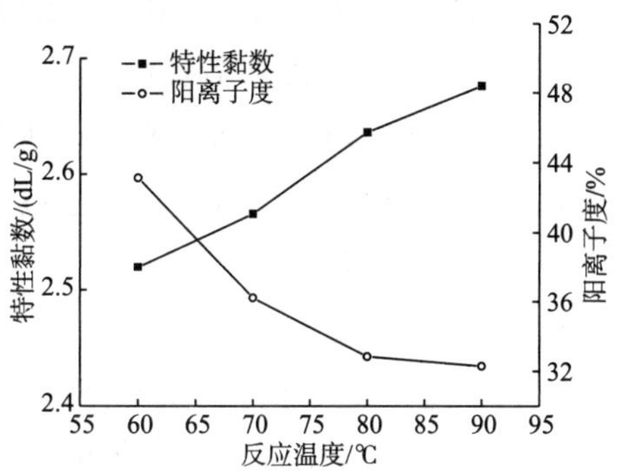

图10-18 反应温度对产物阳离子度及特性黏数的影响

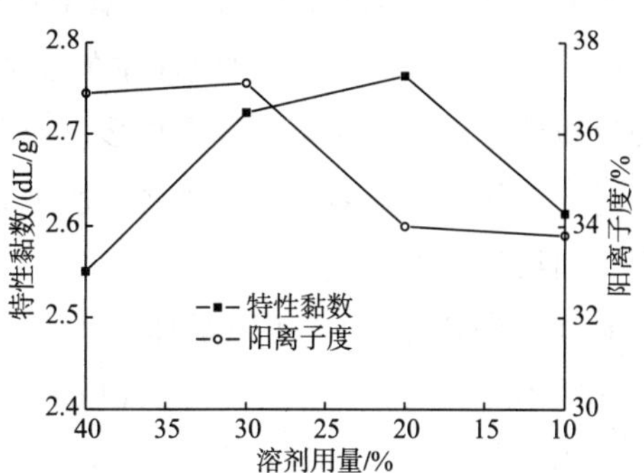

图10-19 溶剂用量对产物阳离子度及特性黏数的影响

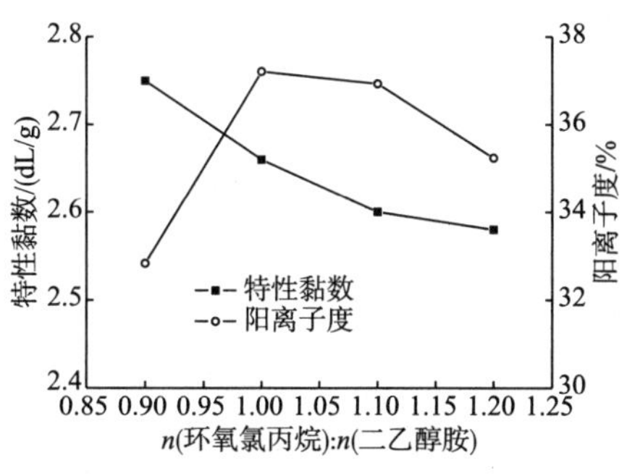

图10-20 原料配比对产物阳离子度及特性黏数的影响

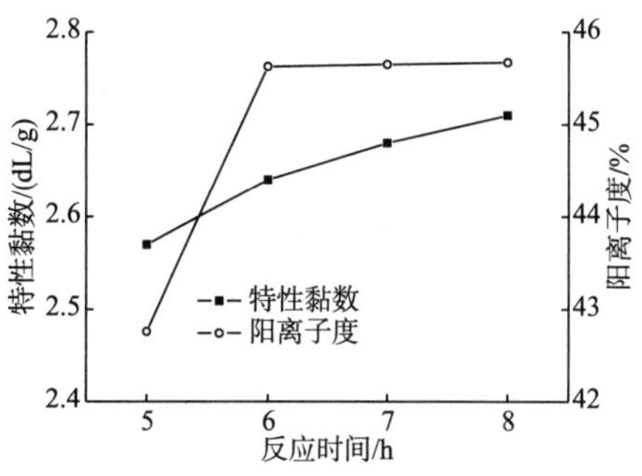

图10-21 反应时间对产物阳离子度及特性黏数的影响

4. 环氧氯丙烷-二乙醇胺共聚物作为黏土稳定剂的最佳用量

实验表明，随着共聚物质量分数的增大，防膨率不断提高；共聚物质量分数达到3%时，防膨率高达84.3%，继续增加共聚物用量，防膨率提高幅度很小。从成本和效果考虑，用量（质量分数）为3%较为合适。

（二）环氧氯丙烷和三乙醇胺缩聚物

以环氧氯丙烷（ECH）、三乙醇胺（TEA）、三乙烯四胺（TETA，作为交联剂）为原料，采用水溶液聚合法制备了一种有机阳离子聚合物。结果表明，有机阳离子聚合物用作絮凝剂，当加量为160mg/L、pH值为7时，与现场破乳剂同时加入，对含油污泥脱油率可达82.83%，高于其他现场絮凝剂与破乳剂的联合加入，是一种有效的絮凝剂。SEM电镜分析表明，加入絮凝剂后，污泥絮体排列紧密，有利于污泥絮凝脱油[24]。其制备方法如下。

向置于30℃恒温水浴中的500mL三口瓶中加入三乙醇胺和一定量的水，在搅拌下缓慢滴加定量的环氧氯丙烷，滴加完毕后，再加入一定量的三乙烯四胺，整个滴加过程约1.5h，继续搅拌并且缓慢升温至设定温度，恒温反应一定时间得到淡黄色黏稠状液体。

以共聚物对含油污泥的脱油率为依据，考察了影响产物脱油率的因素。如图10-22(a)所示，当三乙烯四胺用量占环氧氯丙烷与三乙醇胺总质量的3%，在60℃下反应6h时，n(ECH):n(TEA)对脱油率的影响较大。反应过程中，增加环氧氯丙烷的用量，可使反应产生的阳离子基团随之增多，有利于絮凝沉降。当n(ECH):n(TEA)在3:1以下时，产物的絮凝效果并不理想，脱油率在50%以下；n(ECH):n(TEA)超过3:1以后，曲线呈上升趋势，n(ECH):n(TEA)为4:1时，脱油率达到峰值。可见，n(ECH):n(TEA)为4:1时最佳。

如图10-22(b)所示，当n(ECH):n(TEA)为4:1，在60℃下反应6h时，三乙烯四胺用量对脱油率的影响较大。反应过程中，由于三乙烯四胺的加入，分子链发生交联，随着其用量增加，聚合程度逐渐增大，但用量过大时，会使聚合产物凝胶化，水溶性变差。三乙烯四胺用量在3%时，含油污泥的脱油率最大。

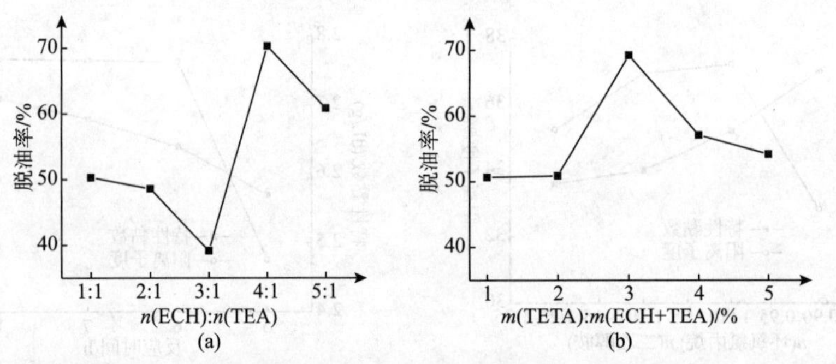

图10-22　环氧氯丙烷用量和三乙烯四胺用量对产物脱油率的影响

实验所用含油污泥，外观呈现黑色黏稠状，有较浓烈的挥发刺激性气味；

测得含油污泥的含水率为30.67%、含油率为13.98%、含泥率为54.09%

如图10-23所示，在n(ECH):n(TEA)为4:1，三乙烯四胺用量为3%，反应时间为6h时，随着反应温度的升高，所得产物对含油污泥脱油率先增加后又降低。在实验条件下，反应温度为60℃较好。在n(ECH):n(TEA)为4:1，三乙烯四胺用量为3%，反应温度为60℃时，随着反应时间的延长，所得产物对含油污泥脱油率增加，当反应时间为6h时达到最高值，之后再延长反应时间对脱油率的影响不大，说明已基本反应完全。

可见，反应时间为 6h 即可。

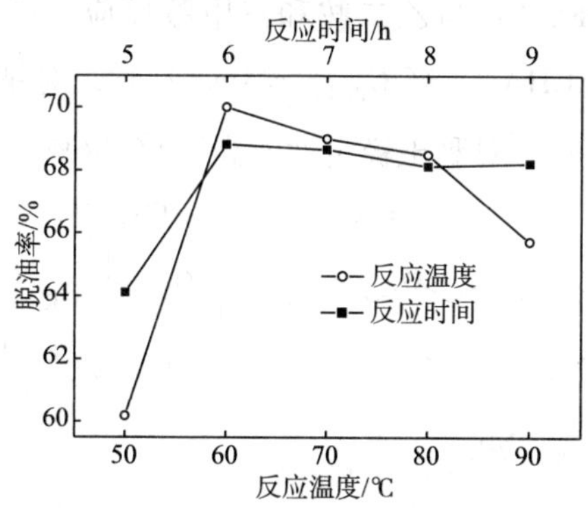

图 10-23 反应温度和反应时间对产物脱油率的影响

八、聚环氧氯丙烷季铵盐

聚环氧氯丙烷季铵盐是一种分子链上带有正电荷的阳离子表面活性剂。具有高效低毒，水溶性好，对人体器官、皮肤无腐蚀刺激，杀菌效果好等特点，是一种非氧化性杀菌剂。该类产品除具有杀菌作用外，还兼有浮选、缓蚀和破乳等功能，既可作为杀菌剂用于工业循环水中，也可作为多功能污水处理剂用于工业污水处理中，尤其是可用于油田采油过程中的回注水处理。

（一）聚环氧丙基三甲基氯化铵

聚环氧丙基三甲基氯化铵（PECHA），可以用于酸洗缓蚀剂[25]，其反应原理如下：

$$\underset{\text{(epoxide, O bridging)}}{CH_2-CH}-CH_2-Cl \xrightarrow[CCl_4]{BF_3O(C_2H_5)_2} \left[CH_2-\underset{\underset{CH_2-Cl}{|}}{CH}-O \right]_n \quad (10-17)$$

$$\left[CH_2-\underset{\underset{CH_2-Cl}{|}}{CH}-O \right]_n + \underset{\underset{CH_3}{|}}{\overset{\overset{CH_3}{|}}{N}}-CH_3 \longrightarrow \left[CH_2-\underset{\underset{CH_2-Cl}{|}}{CH}-O \right]_x \left[CH_2-\underset{\underset{CH_3-\overset{+}{N}(CH_3)_2\,Cl^-}{|}}{\underset{CH_2}{|}}{CH}-O \right]_y \quad (10-18)$$

制备过程如下。

（1）在装有搅拌器，温度计和恒压滴液漏斗的三口烧瓶中，加入 20mL CCl_4 作溶剂，2mL $BF_3O\ (C_2H_5)_2$ 和 lmL 三氟化硼-水为催化剂，用冰水浴控制温度在 10℃，在 6h 内缓慢滴加环氧氯丙烷 40mL，滴加完后继续搅拌反应 6h，反应结束用旋转蒸发仪 60℃ 真空干燥，得到浅黄色黏稠液体，即聚环氧氯丙烷（PECH）。

（2）将装有温度计，恒压滴液漏斗和冷凝回流管的三口烧瓶中，分别加入聚环氧氯丙烷（PECH）30mL，溶剂异丙醇 30mL，在 1h 内，于 82℃ 下滴加稍过量的三甲胺，并采用磁力搅拌。保持 82℃ 继续加热搅拌反应 8h。季铵化结束后，先用旋转蒸发仪 60℃ 蒸发溶剂，再用真空干燥箱分离少量未反应的三甲胺，即得到聚环氧丙基三甲基氯化铵产物。

采用聚环氧氯丙烷（PECH）与乙二胺和三甲胺反应，可以得到一种聚胺盐型高分子——聚环氧氯丙烷胺（PECHA），当 $C_{PECHA}=4mg/L$ 时，对钠蒙脱土污水浊度除去率高达98%，当 $C_{PECHA}=2mg/L$ 时，对黏土稳定性能高达86.96%[26]。其反应原理如下：

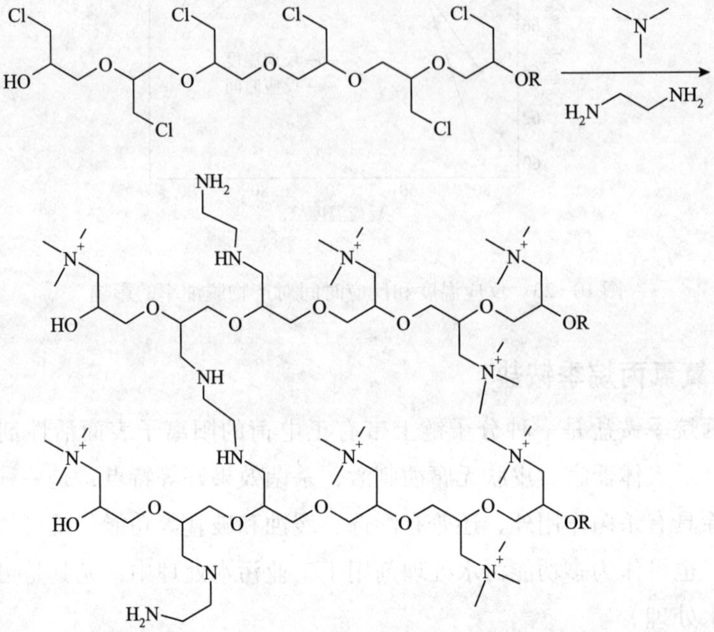

(10-19)

制备方法：按照乙二胺投料为氯甲基摩尔量的0.8倍，三甲胺投料为1.2倍，向带搅拌与加热装置的密闭体系中加入端羟基聚环氧氯丙烷（PECH，$M=2500$）、乙二胺与丙酮，待充分溶解后升温，在110℃下反应3h，再加入33%的三甲胺继续反应2h，得棕褐色粗产品。粗产品采用旋转蒸发仪除去较低沸点物质，再通过丙酮洗涤后，将产物在70℃下干燥5h即得精制的PECHA。

PECHA合成过程中采用乙二胺为交联剂，提高链的长度，使得分子间或分子内部的氯甲基结构相互连接形成交联结构，增加PECHA的主链长度，同时也提高了其阳离子度。

该聚合物具有良好的絮凝性能和黏土稳定作用。

（二）聚环氧氯丙烷-三乙胺季铵盐

以聚环氧氯丙烷（PECH）与三乙胺（TEA）发生季铵化反应，可制备聚环氧氯丙烷-三乙胺季铵盐（PECH-TEA）。实验表明，当 n（PECH）∶n（TEA）=1∶3，丙酮作为反应溶剂，80℃下反应10h时，所得到产物的季铵基摩尔分数可达26.4%[27]。

1. 反应原理

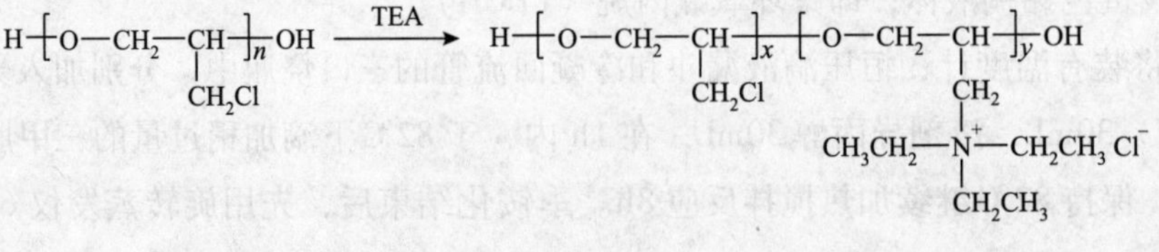

$$H\!\left[O-CH_2-\underset{\underset{CH_2Cl}{|}}{CH}\right]_n\!OH \xrightarrow{TEA} H\!\left[O-CH_2-\underset{\underset{CH_2Cl}{|}}{CH}\right]_x\!\left[O-CH_2-\underset{\underset{CH_3CH_2-\overset{+}{N}(CH_2CH_3)_2\ Cl^-}{|\ CH_2}}{CH}\right]_y\!OH \qquad (10\text{-}20)$$

2. 合成方法

合成包括两步。

（1）聚环氧氯丙烷的合成。预先在500mL的四口瓶中安装导气管和搅拌装置等，通氮气5min赶走装置中的空气，用注射器依次加入8mL干燥的环氧氯丙烷（ECH）和0.4mL 1，2－丙二醇，搅拌均匀后再加入0.8mL三氟化硼乙醚（BF_3Et_2O），拔去针头，密封好针眼。将装置置于冷水浴中，生成棕黑色的引发剂。2h内向盛有上述引发剂的装置中滴加130mL的ECH后，将装置置于50℃的热水浴中反应24h，溶液由棕黑色变成黄色黏稠液体时结束反应。将产物倒入烧杯，用70mL的二氯甲烷稀释，再用含有EDTA二钠盐的质量分数为10%的甲醇水溶液（300mL甲醇水溶液含EDTA二钠盐6g）洗涤，烧杯内将出现大量的白色泡沫，静置分层。上层为水相，中间层白色泡沫为催化剂，下层为有机相。将下层有机物转移出来，用质量分数为10%的甲醇水溶液洗涤3次。将洗涤后的有机相倒入圆底烧瓶中，减压蒸馏1h除去洗涤液，最后置于真空干燥箱干燥24h，得到154g黄色透明的PECH。平均聚合度DP为15（NMR法求得）。

（2）聚环氧氯丙烷的季铵化。在装有温度计、恒压滴液漏斗、搅拌装置和冷凝回流管的四口瓶中，分别加入34.433g PECH和150mL溶剂丙酮，1h内滴加145mL三乙胺（TEA），80℃下搅拌反应，待黄色黏稠液变为棕色时，结束季铵化反应。将产物减压蒸馏（80℃，8kPa），除去丙酮和剩余的TEA，然后置于真空干燥箱中干燥24h，即得到目标产品。

研究表明，在聚环氧氯丙烷的季铵化反应中，反应物料比、溶剂和反应温度等均会影响产物的季铵化程度。

如表10－10所示，在未加入溶剂时，当反应温度为80℃、反应时间为10h时，随着TEA用量的增加，产物中季铵基摩尔分数也随之增大，当n（PECH）∶n（TEA）超过1∶3后，季铵基摩尔分数减小。这是由于季铵化反应是亲核反应，PECH在反应体系中舒展有限，存在空间位阻效应，反应物料n（PECH）∶n（TEA）大于1∶3时，TEA阻碍了季铵化反应。因此当n（PECH）∶n（TEA）达到一定值后，产物中季铵基摩尔分数减小。实验条件下，n（PECH）∶n（TEA）＝1∶3较为理想。

表10－10 反应物物质的量比对接枝的季铵基摩尔分数的影响

n（PECH）∶n（TEA）	季铵基摩尔分数/%	n（PECH）∶n（TEA）	季铵基摩尔分数/%
1∶1	17.8	1∶3	24.7
1∶2	23.0	1∶4	22.4

从表10－11可见，当n（PECH）∶n（TEA）＝1∶3，80℃下反应10h时，溶剂种类对季铵化反应影响显著。随着溶剂极性的增加，季铵基摩尔分数也随之增加。这可能是由于PECH与TEA的反应属于亲核取代反应，极性溶剂可以极化PECH，使之更易接受TEA中N原子的攻击，同时强化TEA的亲核能力，有利于反应的进行，丙酮适合作为该反应的溶

剂。甲醇为溶剂时季铵基摩尔分数反而下降，可能是因为甲醇易与 PECH 发生缩聚反应所致。

表 10-11　溶剂对接枝的季铵基摩尔分数的影响

溶剂	极性	季铵基摩尔分数/%	溶剂	极性	季铵基摩尔分数/%
四氢呋喃	4.2	10.9	丙酮	5.4	26.4
氯仿	4.4	17.9	甲醇	26.4	17.5

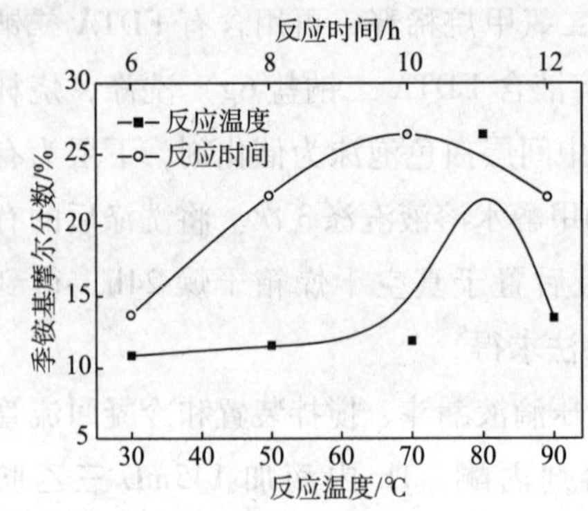

图 10-24　反应温度和反应时间对产物季铵基摩尔分数的影响

如图 10-24 所示，当 n（PECH）∶n（TEA）＝1∶3，丙酮为溶剂，反应 10h 时，产物的季铵基摩尔分数随反应温度的升高先增加后降低，80℃时，摩尔分数最高。这是由于温度升高虽有利于 PECH 的蜷缩结构得到充分的舒展，有利于季铵化的进行，但温度超过 80℃，产物高温会发生分解，从而导致季铵基摩尔分数降低。当 n（PECH）∶n（TEA）＝1∶3，丙酮为溶剂，温度为 80℃时，产物季铵基摩尔分数随着反应时间的延长先增加后降低，10h 时达到最大值。这是因为随着反应的不断进行，体系的黏度不断加大，阻碍了 TEA 和 PECH 侧链氯甲基的充分接触，局部过热使部分产物分解。

综合前面的讨论，聚环氧氯丙烷－三乙胺季铵盐合成的较佳条件为：n（PECH）∶n（TEA）＝1∶3，丙酮为反应溶剂，80℃反应 10h，此条件下季铵基摩尔分数可达 26.4%。可用于黏土稳定剂，也可以用于酸洗缓蚀剂。

（三）聚环氧氯丙烷与 N，N－二甲基苯胺季铵化产物

以聚环氧氯丙烷（PECH）为原料，用 N，N－二甲基苯胺（NNDMA）作季铵化试剂，可以制备聚醚季铵盐（PECH－NNDMA）。其较佳工艺条件为：反应时间 7h，反应温度 70℃，n（PECH）∶n（NNDMA）为 1∶5[28]。

1. 反应原理

$$-\!\!\left[O-CH_2-\underset{\displaystyle CH_2Cl}{\underset{|}{CH}}\right]_n\!\!- \;+\; \underset{\text{(苯环)}}{\overset{H_3C\quad CH_3}{N}} \longrightarrow -\!\!\left[O-CH_2-\underset{\displaystyle \underset{|}{CH_2}}{\underset{|}{CH}}\right]_n\!\!- \quad H_3C-\overset{+}{N}(C_6H_5)-CH_3Cl^- \tag{10-21}$$

2. 合成方法

把切成小颗粒的聚环氧氯丙烷（相对分子质量 2500）放入三口烧瓶中，加适量 N，

N－二甲基苯胺搅拌溶解，然后滴加1～2滴浓氨水，升温回流搅拌下反应4h，体系中出现黏稠物时加入30mL蒸馏水，控温搅拌6h，用NaOH溶液洗涤再加入蒸馏水分离出沉淀，干燥后用四氢呋喃溶解后用蒸馏水再次沉淀，并依次用丙酮、乙醚洗涤。真空干燥得硬质固体，称量计算产率和接枝率（接枝率＝产品质量/聚环氧氯丙烷质量）。

研究表明，反应时间、温度和原料配比对接枝率有不同程度的影响。如图10－25所示，随着反应时间的延长，接枝率呈先升后降的趋势。这主要是由于在弱碱性溶液中长时间搅拌，可能会使聚醚季铵盐少部分溶解，使其接枝率下降。因此宜选7h为较佳的反应时间；在60～90℃，随着温度升高，接枝率也呈先升后降的趋势。温度升高可使PECH的卷绕结构得到舒展疏松，有利于季铵化反应的进行。但温度超过80℃，NNDMA可能发生醌式副反应，体系颜色变深而接枝率下降。因此温度以70℃为好。

如图10－26所示，随着NNDMA量增加，接枝率先升高，最后趋于平稳，从时效性考虑投料物质的量比以1∶5较佳。由于PECH与NNDMA的季铵化是一种亲核取代反应，PECH分子链的舒展程度有限，氯原子被取代时会受到空间位阻的影响，链接上去的NNDMA分子数是一定的，当反应配比达到某一值后，接枝率维持一定数值，不再上升。

也可以用喹啉代替N，N－二甲基苯胺，制备侧链带有季铵基团的化合物[29]：

$$-\!\!\left[\mathrm{O-CH_2-\underset{\displaystyle CH_2Cl}{CH}}\right]\!\!_n- + \text{喹啉} \longrightarrow -\!\!\left[\mathrm{O-CH_2-\underset{\displaystyle CH_2-N^+(\text{喹啉})\,Cl^-}{CH}}\right]\!\!_n- \qquad (10-22)$$

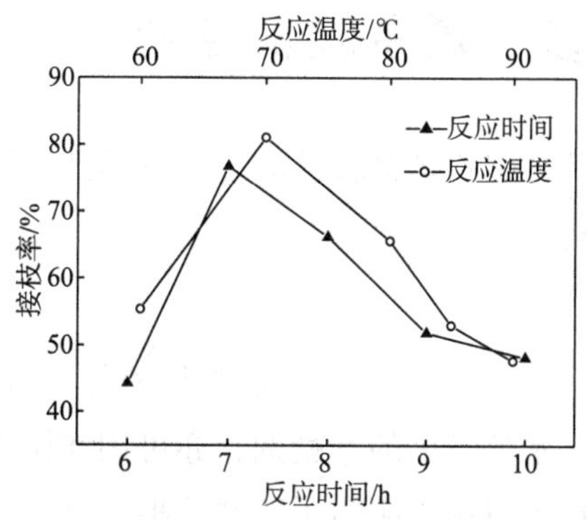

图10－25 反应时间、反应温度对产物接枝率的影响

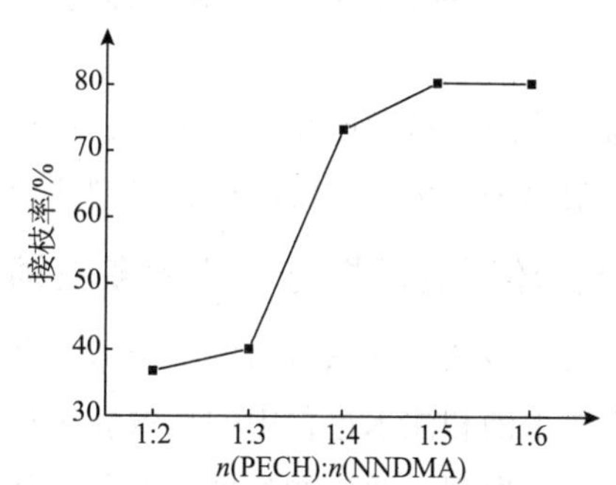

图10－26 n（PECH）∶n（NNDMA）对产物接枝率的影响

合成过程：把3g聚环氧氯丙烷切成小颗粒放入三口烧瓶中，加入15mL喹啉搅拌溶解，滴加1～2滴浓氨水，70℃下回流搅拌，出现暗红色黏稠物时加入30mL蒸馏水，再控温搅拌7h，加蒸馏水分离出沉淀，干燥后用四氢呋喃溶解、蒸馏水再次沉淀，后依次用丙酮、乙醚洗涤，真空干燥得硬质固体。

研究表明，反应时间、反应温度和原料配比对接枝率有不同程度的影响。当原料配比和反应条件一定时，随着反应时间的延长，PECH 与喹啉的季铵化的接枝率呈现先上升后下降的趋势。这主要是因为弱碱性溶液中长时间搅拌，可能会使聚醚季铵盐少部分溶解，使其接枝率下降；另外喹啉长时间接触空气氧化而影响接枝率，因此，反应时间不宜过长，实验条件下，较佳反应时间为 7h。当原料配比和反应条件一定时，在 60 ~ 90℃之间，随着温度的升高，PECH 与喹啉的接枝率呈现先升后降的趋势，温度升高可使 PECH 的卷绕结构得到舒展疏松，有利于季铵化反应的进行，但温度超过 80℃，喹啉易发生氧化反应，使接枝率下降；另外温度较高的条件下，生成的聚醚季铵盐不稳定会分解，也会使接枝率下降。因此温度 70 ~ 80℃为好。

如图 10-27 所示，当原料配比和反应条件一定时，随着喹啉量增加，产品的接枝率先增加后趋于平稳，从反应的时效性考虑投料比 1∶4 为好。

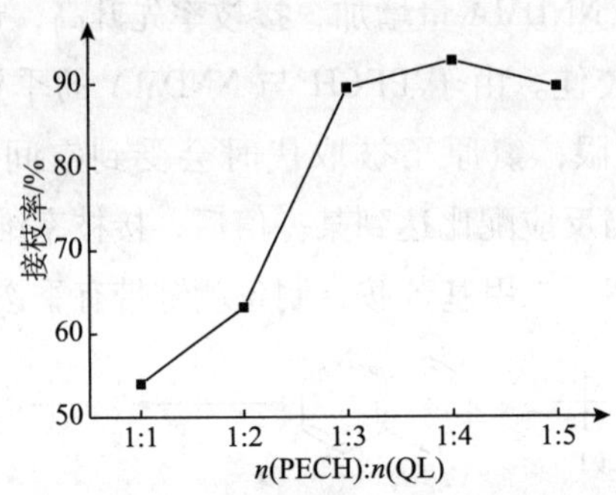

图 10-27　反应物料比对接枝率的影响

第二节　环氧氯丙烷 - 多乙烯多胺反应物

通过控制原料配比和合成条件，将环氧氯丙烷与多乙烯多胺反应，可以得到季铵化的支化型阳离子产物，也可以得到线型非离子型产物。

一、环氧氯丙烷与多乙烯多胺缩聚物

多乙烯多胺与环氧氯丙烷经缩聚而得的阳离子聚合物，为红棕色黏稠液体，溶于水，主要用作采油和注水过程中的长效黏土稳定剂和污水处理中的絮凝剂，亦可用作阳离子型钻井液的防塌剂，通过调整聚合度和阳离子度，也可以用作阴离子钻井液抑制剂。在钻井液中，加量不能过大。

（一）阳离子性缩聚物

1. 性能

多乙烯多胺与环氧氯丙烷经缩聚而得的阳离子聚合物具有较好的抑制性、絮凝性能和一定的缓蚀作用[30]。

如图 10-28 所示，阳离子聚合物在不同浓度下对黏土的防膨效果不同。在浓度为 100×10^{-6}、300×10^{-6}、400×10^{-6}和 500×10^{-6}时均有稳定黏土、抑制水化膨胀的能力。

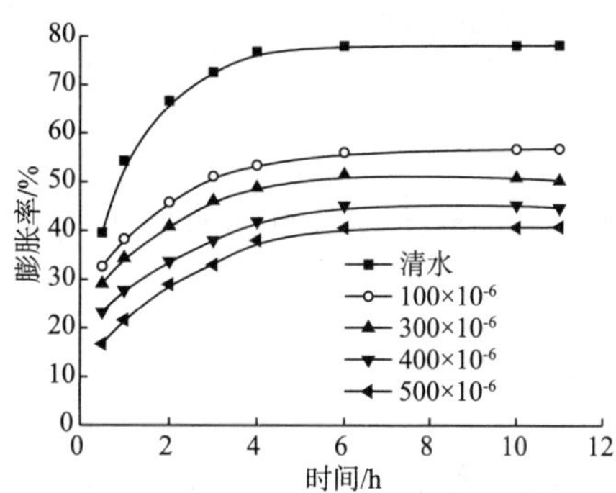

图 10-28 不同质量分数聚合物抑制性

黏土压片试样遇清水的膨胀率为 78%，而在阳离子聚合物浓度为500×10^{-6}时为 41%，说明阳离子聚合物对黏土水化膨胀有好的抑制性。

阳离子聚合物之所以有好的稳定黏土能力，是由于聚合物链上的正电离子第四氮与黏土（如蒙脱石）晶层间和表面上的无机阳离子（如 Na^+、NH_4^+等）发生阳离子交换，并“中和”了黏土晶层间和表面的负电荷，使晶层和颗粒间的静电斥力减少，晶层收缩而不易水化分散；同时聚合物长链可以同时吸附到多个晶层间和微粒上，从而抑制黏土的分散和微粒的运移，起到稳定黏土和微粒的作用。

如表 10-12 和图 10-29 所示，未加阳离子聚合物（即浓度为零），红层页岩土胶体不分层，处于悬浮稳定状态。加入阳离子聚合物就可使胶体产生絮状物沉淀，其中用量为100×10^{-6}时絮凝物沉降速度快，30min 絮凝物体积最小。阳离子聚合物的絮凝作用主要是由于压缩红层页岩土形成的胶体双电层，减少表面电荷；吸附而中和了颗粒表面的负电荷；阳离子聚合物的长链吸附架桥和通过絮凝作用捕集和清扫胶体颗粒。随着阳离子聚合物用量增加絮凝能力增加，但超过100×10^{-6}时，则絮凝能力反而下降。

表 10-12 环氧氯丙烷-多乙烯多胺聚合物加量对絮凝能力的影响

聚合物含量/10^{-6}	出现清晰界面的时间/s	30min 絮凝物体积/mL	聚合物含量/10^{-6}	出现清晰界面的时间/s	30min 絮凝物体积/mL
0	>3600	100	150	42	24
50	53	28	200	39	32
100	49	23			

将环氧氯丙烷-多乙烯多胺聚合物配成 4% 的水溶液，加盐酸和水稀释配得含不同质量分数的盐酸溶液。在温度为 30℃、50℃ 作缓蚀评价。如图 10-30 所示，环氧氯丙烷-多乙烯多胺聚合物具有一定的缓蚀能力。

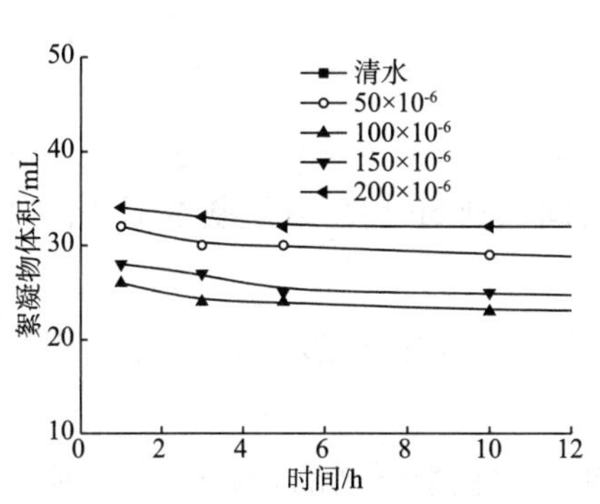

图 10-29 絮凝物体积随时间的变化

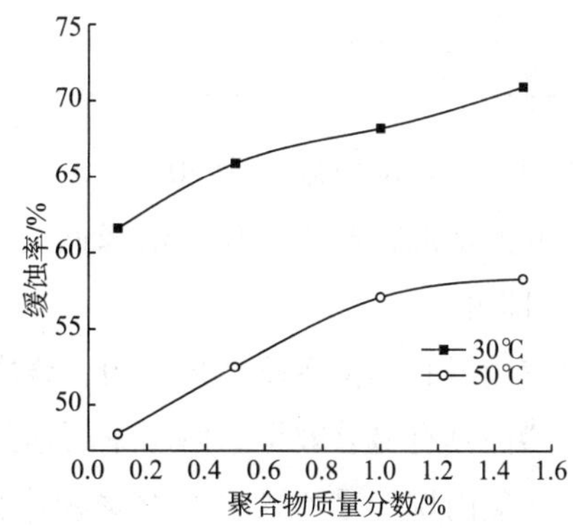

图 10-30 聚合物在不同浓度下 24h 的缓蚀性能

2. 反应原理

$$H_2C\underset{O}{\diagdown\!\!\diagup}CH{-}CH_2CH_2Cl + H_2N(CH_2CH_2NH)_nCH_2CH_2NH_2 \longrightarrow \left[\begin{array}{c} -N- \\ | \\ CH_2 \\ | \\ CH_2 \\ | \\ \overset{+}{N}-CH_2-\underset{}{\overset{OH}{\overset{|}{CH}}}-CH_2 \\ | \\ CH_2 \\ | \\ CH_2 \\ | \\ -N- \end{array}\right]_n Cl^- \quad (10-23)$$

3. 制备方法

方法1：将40份多乙烯多胺和120份水加入反应釜中，并搅拌均匀，然后在冷却条件下慢慢加入20份环氧氯丙烷（加入过程中控制温度在50℃下），加完后，将体系的温度升至70℃，在70℃下反应4h，待反应时间达到后，降温、出料即得成品。

方法2[31]：在装有温度计、回流冷凝管的250mL干燥的三口烧瓶中，以100g H_2O 作溶剂，加入0.25mol二乙烯三胺，然后慢慢加入0.1mol环氧氯丙烷，在60℃下进行磁力搅拌6h，以环氧值判断反应终点。反应结束后进行减压蒸馏，得到淡黄色黏稠液体，易溶于水。

研究表明，在合成反应中，物料比、反应温度和反应时间是影响反应的关键。在冷凝回流条件下，反应时间为6h，物料比和反应温度对产物性能的影响见表10-13。从表10-13可看出，随着反应温度的升高，环氧值下降，阳离子度升高。但温度在65℃时，反应相对剧烈，不易控制，容易爆聚。所以反应温度为60℃较好。随着 n（二乙烯三胺）:n（环氧氯丙烷）的增加，环氧值增加，阳离子度增加，当 n（二乙烯三胺）:n（环氧氯丙烷）大于2.5:1时，阳离子度反而下降，反应副产物增多。可见，反应中以 n（二乙烯三胺）:n（环氧氯丙烷）为2.5:1较为合适。

表10-13　反应物投料比与反应温度对产物的影响

n（二乙烯三胺）:n（环氧氯丙烷）	温度/℃	环氧值	阳离子度/（mmol/g）
2.0:1.0	60	0.17	2.152
2.5:1.0	60	0.13	3.082
3.0:1.0	60	0.21	2.489
2.5:1.0	50	0.19	2.274
2.5:1.0	55	0.14	3.323
2.5:1.0	65	0.11	3.913

实验表明，当反应温度为60℃，n（二乙烯三胺）:n（环氧氯丙烷）=2.5:1时，随着反应时间的增加，产物的环氧值降低，当反应时间达到6h后环氧值基本不变，说明反应时间6h即可。

通过室内岩心模拟实验结果表明，合成产物用于注聚井化学增注剂，对于大庆油田注聚井解堵增注具有显著效果，解堵率可达到94.2%。

在环氧氯丙烷-多乙烯多胺缩聚物作为印染废水脱色絮凝剂的合成中[32]，研究了合成条件对产物黏度和阳离子度的影响。

如图10-31所示，在反应温度为60℃，二乙烯三胺用量为1mol，聚合时间为3h时，环氧氯丙烷用量越大，缩聚产物浓度越高；产物中季铵盐的含量先随环氧氯丙烷用量增加而增加，当用量为1mol时达到最大值；用量继续增大，季铵盐含量呈下降趋势。如图10-32所示，在环氧氯丙烷用量为1.1mol，其他反应条件不变时，缩聚产物黏度随缩聚温度的升高而增加；季铵盐含量则呈现先上升后下降的趋势，在缩聚温度为40~60℃之间时最高，高于60℃时季铵盐含量随温度升高而降低。如图10-33所示，在反应条件一定，缩聚反应温度为40℃，缩聚产物黏度随反应时间延长而缓慢增大，超过3h后趋于稳定；季铵盐含量随反应时间延长稍有提高。

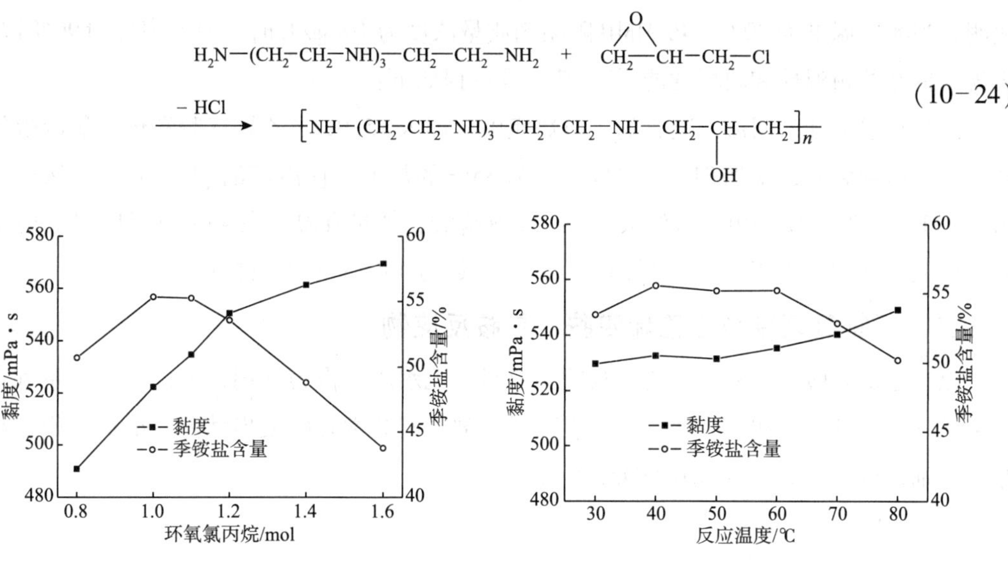

图10-31 环氧氯丙烷用量对产物黏度和季铵盐含量的影响

图10-32 缩聚反应温度对产物黏度和季铵盐含量的影响

（二）非离子缩聚物

采用环氧氯丙烷与四乙烯五胺以物质的量比1∶1投料，在水中于95~96℃下反应4h，可以得到线性聚胺。方法是：按环氧氯丙烷与四乙烯五胺以物质的量比1∶1，将适量的多乙烯多胺和水加入反应釜中，并搅拌均匀，然后在冷却条件下慢慢加入20份环氧氯丙烷（加入过程中控制温度在50℃下），加完后，将体系的温度升至95℃，在95~96℃下反应4h，降温、出料即得成品。反应原理如下。

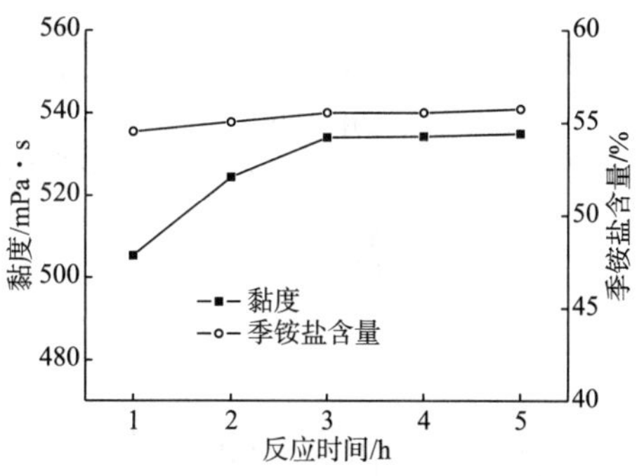

图10-33 缩聚反应时间对缩聚物黏度和季铵盐含量的影响

有人合成了一种改性的多乙烯多胺-环氧氯丙烷聚合物[33]：首先将反应温度设定为65℃，搅拌并将环氧乙烷通入二乙烯三胺中，二乙烯三胺与环氧乙烷的物质的量比为1∶2，控制反应温度不低于60℃，反应3h；然后将温度升至80℃，搅拌条件下滴加环氧氯丙烷，环氧氯丙烷与二乙烯三胺的物质的量比为0.6∶1，反应时间为2h，最后加入终止剂浓盐酸，浓盐酸与二乙烯三胺的物质的量比为1∶1，反应1h后即得到产物。可以用作聚胺类页岩抑制剂。

通过多乙烯多胺与环氧氯丙烷开环聚合形成的线型聚合物，再交联接枝合成的产物，用于反相破乳剂，能够高效处理水包油型乳化液，结合海上油田的水处理设备，加量为20mg/L时能将外排水含油降至11.5mg/L[34]。

此外，利用二乙烯三胺和环氧氯丙烷制备多胺缩聚物，然后进一步通过曼尼希反应可以合成含氮的有机膦酸化合物（PAMMP），对该产物与常用的氨基三甲叉膦酸（ATMP）、乙二胺四甲叉膦酸（EDTMP）、二乙烯三胺五甲叉膦酸（DTPMP）进行阻垢性能对比评价表明，当实验温度为80℃、PAMMP阻垢剂质量浓度为10mg/L时，阻垢率达到90%以上，表现出良好的耐温性和阻垢性能[35]。其合成过程如下：

在装有温度计、回流冷凝管的三口烧瓶中，加入15.9g二乙烯三胺和环氧氯丙烷缩聚物，开动搅拌装置，滴加31.3g质量分数为35%的盐酸，使溶液的pH=6~7，然后加入30g质量分数为36%的甲醛水溶液和24.6g亚磷酸，加热升温，在40℃下反应1h，然后升温至回流，继续反应3h，冷却后即得到质量分数为40%左右的目标产物。

二、环氧氯丙烷与三乙烯四胺、叔胺反应物

以三乙烯四胺、环氧氯丙烷、叔胺为原料，无水乙醇作为溶剂，可以合成一系列多聚阳离子表面活性剂。实验表明，此类表面活性剂具有非常好的表界性能，最低表面和界面张力分别达到27.6mN/m和0.0045mN/m[36]。

（一）反应过程

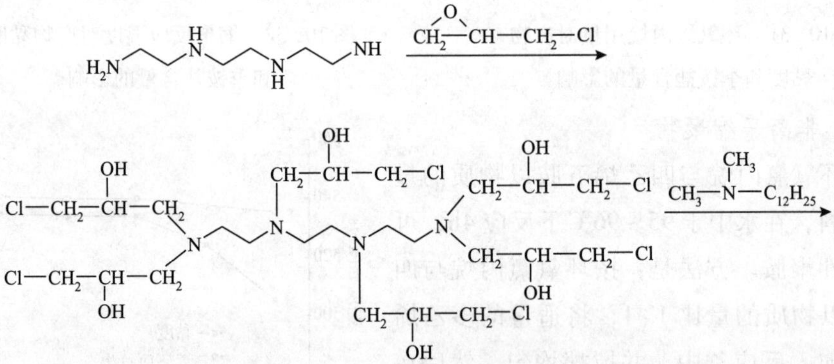

(10-25)

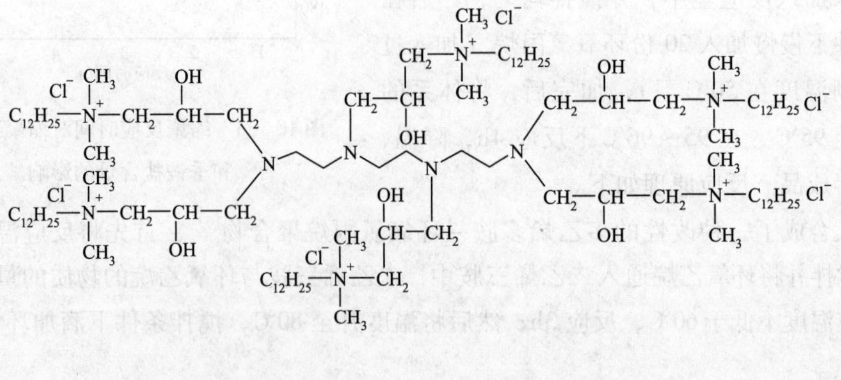

（二）合成方法

（1）多聚表面活性剂中间体的制备：将 1.46g 三乙烯四胺、35mL 无水乙醇置于 250mL 三口烧瓶中，控制温度为 25℃，在搅拌下通过恒压滴液漏斗慢慢滴加 6.66g 环氧氯丙烷，约 30min 滴加完毕。继续搅拌 30min，升温，在 60℃反应 4h。减压蒸馏除去溶剂及过量的环氧氯丙烷，得到淡黄色黏稠液状的中间体。

（2）多聚表面活性剂的制备：以十二叔胺为例，将上述表面活性剂中间体加入到 250mL 锥形烧瓶中，再加入 30mL 无水乙醇作为反应溶剂，用磁力搅拌器搅拌。取 15.4g N，N－二甲基十二烷基叔胺于恒压滴液漏斗中，约 30min 滴加完毕，升温至 80℃回流反应 10h。反应产物在 85℃、真空度为 0.07MPa 下旋蒸 2h，除掉溶剂无水乙醇，在丙酮中重结晶三次。将分离后的产物置于真空烘箱中，在 40℃、0.09MPa 的真空度下干燥 24h，得到浅黄色粉末固体，命名为 D－12。

参照上述方法分别采用十四叔胺和十六叔胺合成了 D－14 和 D－16 两种多聚表面活性剂，并按照同样的方法进行了分离纯化。图 10－34 是 3 种多聚阳离子表面活性剂在 25℃时的水溶液表面张力与溶液浓度的关系。系列多聚表面活性剂的表面活性参数 cmc 和平衡表面张力（γ_{cmc}）见表 10－14。

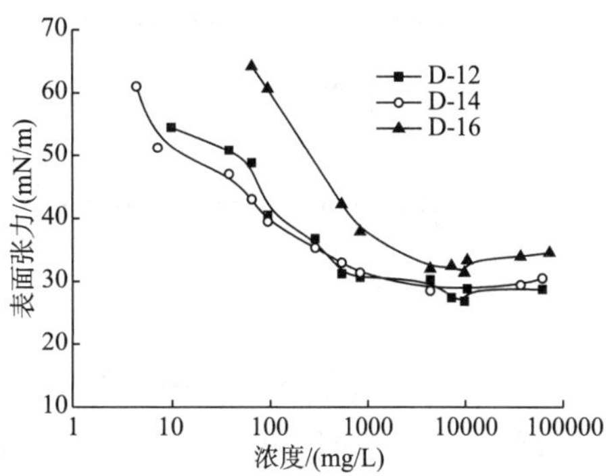

图 10－34 多聚表面活性剂的表面张力－质量浓度关系

从图 10－34 和表 10－14 中可以看出，多聚表面活性剂可以把水的表面张力降低到约 30mN/m，其中 D－12 的最低表面张力达到了 27.6mN/m，具有较高的表面活性。而且当连接基长度固定不变［$(CH_2)_2$］时，随着疏水碳链的长度由 12 增加到 16 时，对应的 cmc 逐渐降低，说明随着碳链长度的增加，表面活性剂分子的疏水作用增强，更容易在溶液中形成胶束，因而临界胶束浓度逐渐减少。

由表 10－14 还可看出，随着疏水碳链长度从 12 增加到 16，γ_{cmc}逐渐升高，说明当其他条件相同时，随着表面活性剂分子中的碳链长度的逐渐增大，其降低水的表面张力的效率也逐渐降低，这与表面活性剂疏水链长度的增加其表面活性增强的规律不同，其原因可能是疏水碳链长度大于 14 时在水溶液中具有过强的疏水作用，易形成预胶束聚集体导致表面活性降低。

表 10－14 多聚表面活性剂的表面活性参数

试样	D－12	D－14	D－16
cmc/（mg/L）	1120	1050	1020
γ_{cmc}/（mN/m）	27.6	28.8	32.8

第三节　二卤代烷或二卤代醚与多胺缩聚物

由二卤代烷或二卤代醚与多胺经缩聚反应，可以制备主链含阳离子的低分子缩聚物，由于具有强的阳离子性能，可以用作絮凝剂、黏土稳定剂和杀菌剂等。本节重点介绍二溴乙烷－四甲基乙二胺缩聚物、二甲基丙二胺、尿素及二氯丁烷缩聚物和二氯乙醚、四甲基乙二胺缩聚物等。

一、1，2－二溴乙烷和四甲基乙二胺缩聚物

以1，2－二溴乙烷（EDB）和N，N，N′，N′－四甲基乙二胺（TMEDA）为原料合成的水溶性低聚季铵盐，可以用作黏土稳定剂。研究表明，在黏土稳定剂质量分数为1%时，防膨率可达89.8%；在质量分数为1.5%时，缩膨率最高可达50.3%；而产物在持久防膨性能方面与无机黏土稳定剂相比，具有明显的优势[37]。

（一）反应原理

$$Br-CH_2-CH_2-Br + (CH_3)_2N-CH_2-CH_2-N(CH_3)_2 \longrightarrow \left[-N^+(CH_3)_2(Br^-)-CH_2-CH_2-N^+(CH_3)_2(Br^-)-CH_2-CH_2- \right]_n \quad (10-26)$$

（二）合成过程

在250mL三颈烧瓶中按物质的量比1∶1加入四甲基乙二胺和1，2－二溴乙烷，以乙醇、水作为混合溶剂，开启搅拌，置于恒温水浴锅中加热，调节溶液pH值，于70℃下反应8h，得到浅黄色油状物，旋蒸后得到淡黄色固体粉末，转移到烧杯中后用丙酮洗涤数次抽滤后得到纯白色固体产物。

将所得产物加入适量的水加热将其溶解，然后逐滴加入甲醇直至出现浑浊，且不再消失，再加少量水使其刚好澄清，冷却后析出晶体，在70℃真空干燥24h，得到纯化的产物。

研究表明，反应温度和反应时间是影响产品收率的关键因素。采用乙醇与水为混合溶剂，溶剂在反应体系中的质量分数为70%，n（EDB）∶n（TMEDA）为1∶1，反应时间为8h时，产物的收率随反应温度的升高而增加，反应温度为30℃时，收率仅为24%，当反应温度为70℃，收率达到77%。继续升高温度，反应收率趋于平稳。可见升高温度有利于反应的进行，合成产物的量相应增加。在实验条件下，适宜温度为70℃。当反应温度为70℃时，产物收率随反应时间的增加而增加，反应时间为4h时，收率仅为47%。随着反应时间增加到8h，收率达到最佳值77.1%，继续反应1h，收率几乎不变。可见，反应时间达到8h时反应已完成，故在实验条件下，反应时间为8h即可。

（三）防膨效果

如图10－35所示，二溴乙烷和四甲基乙二胺缩聚物，作为黏土稳定剂，其防膨率随着质量分数的增加呈递增趋势，且质量分数为0.2%～1.2%时防膨率显著升高，而质量分数

从1.4%开始防膨率增长缓慢。考虑成本与效果，黏土稳定剂溶液的质量分数为1.2%时，防膨效果最佳，可达92.2%。

如图10-36所示，室温下不同质量分数的黏土稳定剂表现出一定缩膨效果，黏土稳定剂在质量分数为0.5%～1.5%时缩膨率急增，而大于约1.6%时缩膨率反而呈下降趋势，在1.4%～1.6%效果最佳。此黏土稳定剂在1.5%时缩膨率能达到50.3%。可见合成产物在保持较高的防膨率的情况下还能有良好的缩膨效果，起到既能防膨又能缩膨的作用。

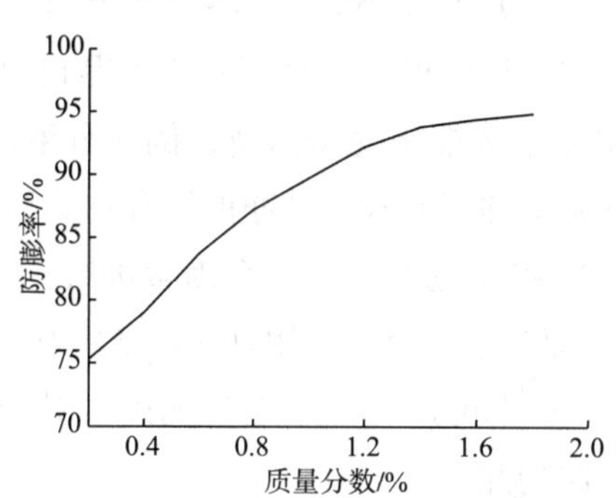

图10-35 质量分数对防膨率的影响

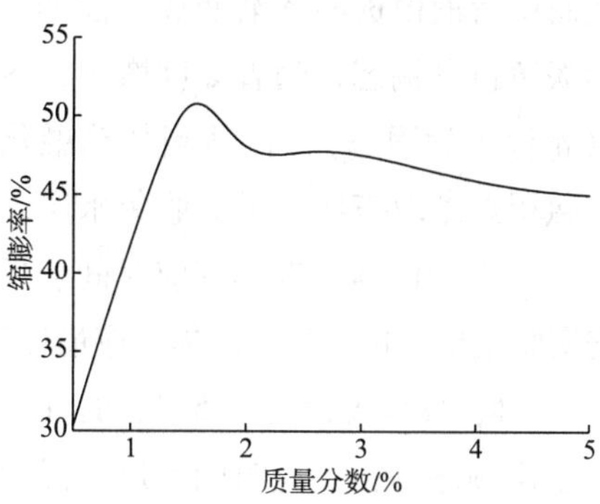

图10-36 质量分数对缩膨率的影响

二、二甲基丙二胺、尿素及二氯丁烷缩聚物

以N，N－二甲基－1，3－丙二胺、尿素及1，4－二氯丁烷为原料，通过共缩聚反应，制备了一种主链型聚季铵盐阳离子表面活性剂。实验表明，所合成的季铵盐具有较好的表面活性和杀菌灭藻的功能，在纺织、医药和水处理等领域得到广泛应用[38]。

（一）反应原理

$$(CH_3)_2N-CH_2-CH_2-CH_2-NH_2 + H_2N-\overset{\displaystyle O}{\overset{\|}{C}}-NH_2 \longrightarrow (CH_3)_2N-CH_2-CH_2-CH_2-NH-\overset{\displaystyle O}{\overset{\|}{C}}-NH-CH_2-CH_2-CH_2-N(CH_3)_2 \qquad (10-27)$$

$$(CH_3)_2N-CH_2-CH_2-CH_2-NH-\overset{\displaystyle O}{\overset{\|}{C}}-NH-CH_2-CH_2-CH_2-N(CH_3)_2 + Cl-CH_2-CH_2-CH_2-CH_2-Cl$$

$$\longrightarrow \left[\overset{+}{N}(CH_3)_2Cl^- -CH_2-CH_2-CH_2-NH-\overset{\displaystyle O}{\overset{\|}{C}}-NH-CH_2-CH_2-CH_2-\overset{+}{N}(CH_3)_2Cl^- -CH_2-CH_2-CH_2-CH_2 \right]_n \qquad (10-28)$$

（二）合成方法

合成分中间体和聚合物合成两步进行。

（1）中间体的合成：在装有回流冷凝管和温度计的100mL反应瓶中，先加入3g尿素，然后缓慢加入10.2gN，N－二甲基－1，3－丙二胺，磁力搅拌，加热至135℃，不断回流，用N_2吹扫反应体系，尾气用稀硫酸接收，反应11h后，得到淡黄色透明溶液，将其旋转蒸发并干燥，得到白色晶体。用极少量的无水乙醇将产物全部溶解，再加入大量的环己烷进行重结晶并真空干燥，得纯净双［3－（N，N－二甲基丙胺基）］丙脲产物，产率99%。

（2）聚合物的合成：在装有回流冷凝管和温度计的250mL反应瓶中，加入等物质的量的1，4－二氯丁烷和双［3－（N，N－二甲基丙胺基）］丙脲，磁力搅拌，加热至90℃。烧瓶中溶液由透明逐渐变成浑浊的乳白色，持续反应6h后，溶液逐渐由乳白色变成半透明淡黄色黏稠态，随着黏度增大，溶液的透明程度提高。将其旋蒸后得到的褐色黏稠液体（常温下为固态），再适当加热融化并用适量蒸馏水完全溶解，倒入分液漏斗中，用大量三氯甲烷萃取三次，最后收集水层，将其旋蒸即得到较为纯净的聚合物。

以产物收率为依据，选择反应时间、反应温度和反应物配比3个因素进行正交实验。通过正交实验结果分析得到中间体反应最佳条件，即n（N，N－二甲基－1，3－丙二胺）∶n（尿素）=2∶1，反应温度为135℃，时间为11h，产率可达99%。各影响因素对产物的产率的影响主次顺序是：反应时间＞反应温度＞反应物配比。

以产物特性黏数［η］为考察依据，选择反应时间、反应温度和反应物配比3个因素进行正交实验。通过正交试验分析得到聚合物反应的最条件，即n｛双［3－（N，N－二甲基丙胺基）］丙脲｝∶n（1，4－二氯丁烷）=1∶1，反应温度为90℃，时间为6h。各影响因素对产物的产率的影响主次顺序是：反应时间＞反应温度＞反应物配比。

三、二氯乙醚和四甲基乙二胺缩聚物

以二氯乙醚和N，N，N′，N′－四甲基乙二胺为原料，通过共聚合反应可以得到一种水溶性聚季铵盐——聚［（氧亚乙基－二甲基亚氨基－亚乙基－二甲基亚氨基－亚乙基）二氯化物］。研究表明，最佳合成工艺条件为：四甲基乙二胺和二氯乙醚的物质的量比为1.05∶1，反应温度为70℃，反应时间为6h，滴加速度为30滴/min。最佳条件下所得产物最大特性黏数为15.2313mL/g，杀菌性能测试表明，杀菌时间为9h，药剂投加量为80mg/L时杀菌效果最好，杀菌率达到98%[39]。

（一）反应原理

$$(CH_3)_2N\text{–}CH_2CH_2\text{–}N(CH_3)_2 + Cl\text{–}CH_2CH_2\text{–}O\text{–}CH_2CH_2\text{–}Cl \longrightarrow \left[\overset{+}{N}(CH_3)_2\text{–}CH_2CH_2\text{–}\overset{+}{N}(CH_3)_2\text{–}CH_2CH_2\text{–}O\text{–}CH_2CH_2\right]_n 2nCl^- \quad (10-29)$$

（二）合成过程

在装有电磁搅拌、回流冷凝管、恒压滴液漏斗和温度计的反应器中，加入0.07mol四甲基乙二胺和50mL水，氮气保护，升温至40℃，开始滴加0.065mol的二氯乙醚，控制滴加速度，滴加完毕后，控制温度70℃，回流反应6h后冷却，即制得水溶性聚［（氧亚乙基－二甲基亚氨基－亚乙基－二甲基亚氨基－亚乙基）氯化物］黄色液体产品。将粗品倒入旋蒸瓶中，压力升至1MPa时，水浴升温到55℃旋蒸，开回流冷凝，当液体逐渐变得黏稠，并观察到不再有液滴流出时，旋蒸完毕。取下旋蒸瓶，收集纯净的样品即为产物。

研究表明，原料配比、反应温度、反应时间和加料速度是影响产物黏度的关键。

如图 10-37 所示，当反应时间为 6h，反应温度为 70℃，二氯乙醚滴加速度为 30 滴/min，*n*（二氯乙醚）∶*n*（四甲基乙二胺）为 1∶1.05 时，特性黏数最大，之后随着 *n*（二氯乙醚）∶*n*（四甲基乙二胺）的升高，产物的转化率降低，特性黏数也降低。

如图 10-38 所示，当 *n*（二氯乙醚）∶*n*（四甲基乙二胺）为 1∶1.05，反应时间为 6h，二氯乙醚的滴加速度为 30 滴/min 时，随着温度的升高，反应产物的聚合度增加，特性黏数也上升，但高于 70℃时，四甲基乙二胺容易分解，导致转化率降低，故特性黏数也降低。当反应温度为 70℃，二氯乙醚的滴加速度为 30 滴/min，反应时间为 6h 时，所得聚季铵盐的特性黏数最大；如果少于 6h 时，反应不完全，故特性黏数低。

如图 10-39 所示，当 *n*（二氯乙醚）∶*n*（四甲基乙二胺）为 1∶1.05，反应温度为 70℃，反应时间为 6h 时，产物的特性黏数随二氯乙醚的滴加时间的增加呈下降的趋势，即在反应中二氯乙醚加入时间越短，特性黏数越高，这是因为四甲基乙二胺易分解，延长加料时间，会使产率降低。

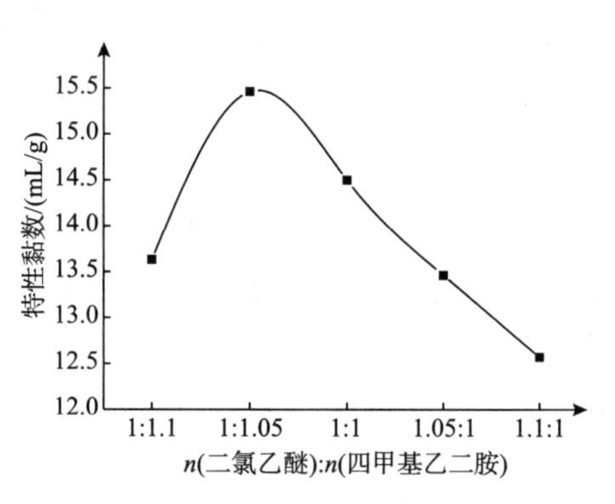

图 10-37 原料配比对产物特性黏数的影响

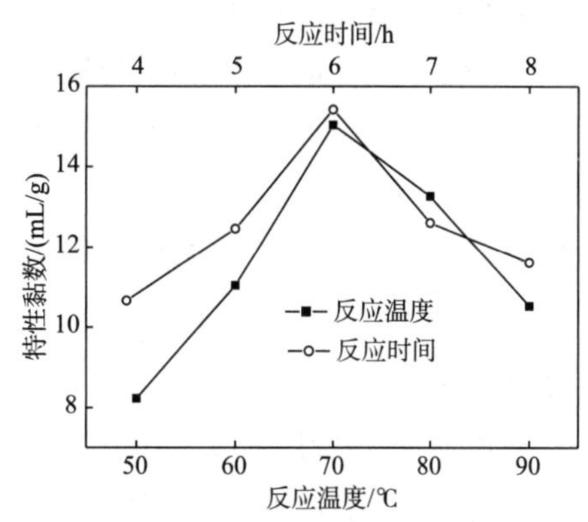

图 10-38 反应温度和反应时间对产物特性黏数的影响

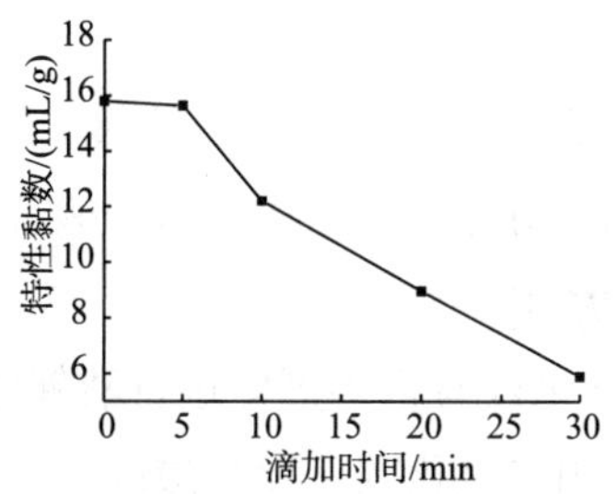

图 10-39 滴加速度对产物特性黏数的影响

第四节 聚乙烯亚胺

聚乙烯亚胺（polyethylenimine，PET）的结构式如下：

$$\left[\!-CH_2-CH_2-\underset{\underset{CH_2-CH_2-NH_2}{|}}{N}-CH_2-CH_2-NH-\right]_n$$

该产品于1933年由德国IG公司实现商品化，此后BASF、Dow Chem公司相继生产。PEI是由氮杂环丙烷聚合而得的水溶性聚合物，在无水状态下，具有高黏稠性、高吸湿性、有氨味，外观呈黄色或无色，溶于水和低级醇，如甲醇、乙醇等，不溶于苯、甲苯、四氢呋喃的特点。其水溶液为透明黏稠液体，稳定性好，酸性介质中可形成凝胶。可吸收二氧化碳，发生反应。一般制成20%～50%的水溶液。

PEI并非完全线型结构，而是含有伯胺、仲胺、叔胺分支结构的高分子，为弱碱性。因其带有活性阳离子，易与酸、酰氯、异氰酸、环氧化物和羰基化合物等反应，生成的衍生物一般溶于水。PEI热稳定性好，在空气或氮气环境下加热至500℃，失重很少。

聚乙烯亚胺功能特点如下。

（1）具有高附着性、高吸附性。胺基能与羟基反应生成氢键，胺基能与羧基反应生成离子键，胺基也能与碳酰基反应生成共价键。同时，由于具有极性基团（胺基）和疏水基（乙烯基）构造，能够与不同的物质相结合。利用这些综合结合力，可广泛应用于接着、油墨、涂料、黏结剂等领域。

（2）高阳离子性。聚乙烯亚胺在水中以聚阳离子的形态存在，能够中和和吸附所有阴离子物质，还能螯化重金属离子。利用其高度的阳离子性，可以应用于造纸、水处理、电镀液、分散剂等领域。

（3）高反应性。由于聚乙烯亚胺具有反应性很强的伯胺和仲胺，能够很容易地与环氧、醛、异氰酸酯化合物和酸性气体反应。利用它的这种反应特性可作为环氧树脂改性剂、醛吸附剂和染料固定剂使用。

PEI无毒，但对眼睛、皮肤有刺激性。经口LD_{50}为7500mg/kg，经皮$LD_{50}>3000$mg/L。长期吸入含PEI烟雾对人体有害。

本品主要用于造纸工业，以及胶黏剂、涂料、油墨、纤维等工业。油田中可以直接用作钻井液絮凝剂、抑制剂，采油注水、酸化压裂黏土防膨剂等。

一、聚乙烯亚胺的制备方法

以1，2-乙二胺为原料，在水或有机溶剂中进行酸催化聚合而成聚乙烯亚胺。聚合温度为90～110℃，引发剂可以选用二氧化碳、无机酸或二氯乙烷等。

方法1：将122kg水、12.2kg氯化钠和2000mL二氯乙烷加入反应釜中，升温至80℃，并在2h内将59kg乙二胺加入反应釜中，持续剧烈搅拌，于80℃下反应4h后，即可得到固含量为33%左右的产品。

方法2：将250mL氮丙啶（氮杂环丙烷，207g）加入反应瓶，加热到40℃，在搅拌条件下于30min内滴加2.5mL浓盐酸（相对密度1.19），并在40℃下保温反应4h。当氮丙啶转化率达到25%时，结束第一阶段的聚合反应。第二阶段是在冷却到20℃时，添加200mL水和13g氯化铵（每次加2～3g），温度保持在20℃并完成聚合反应，检测氮丙啶的含量低于0.01%。在非均相化合物中，线性LPEI和非线性BPEI加入水溶液中可用倾析法分开，LPEI以晶体状水合物形式沉淀出来。并用水洗，离心分离，60℃真空干燥20h，得到24gLPEI（理论得率的12%），相对分子质量4500。

二、季铵化聚乙烯亚胺

聚乙烯亚胺作为一种阳离子聚电解质，缺点是其阳离子性受pH值的影响很大。PEI在酸性溶液中，其N原子70%是质子化的，而在中性溶液中，质子化度约为60%，而在pH=9的碱性溶液中，质子化度为32%；当pH=10.5时，质子化度为零。为了改善PEI的阳离子性，使其阳离子性不受介质pH值的影响。以环氧丙烷为叔胺化试剂，氯化苄为季铵化试剂通过聚乙烯亚胺（PEI）的叔胺化与季铵化反应制备了季铵化的聚乙烯亚胺（QPEI）。研究表明，使用环氧丙烷，可绿色化地实现PEI链中的伯胺基和仲胺基的叔胺化得到叔胺化的聚乙烯亚胺（TPEI），以氯化苄为季铵化试剂，于50℃反应30h，可使TPEI链中90%以上的叔胺基实现季铵化，从而使PEI链中的总N原子数实现50%以上的季铵化，即得到季铵化聚乙烯亚胺[40]。

（一）反应原理

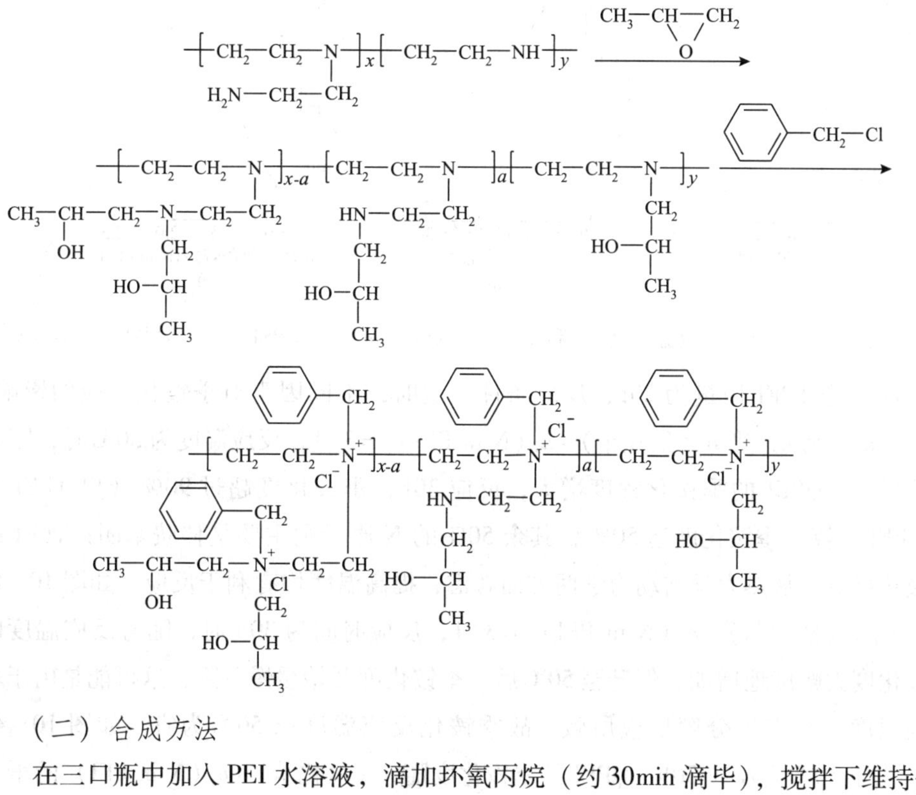

(10-30)

（二）合成方法

在三口瓶中加入PEI水溶液，滴加环氧丙烷（约30min滴毕），搅拌下维持低温反应。

反应结束后，升温至35℃，蒸出未反应的环氧丙烷，得叔胺化聚乙烯亚胺（TPEI）溶液；在三口瓶中加入TPEI溶液、氯化苄，搅拌下恒温反应。分层，上层（水）用乙醚（2×15mL）萃取得QPEI溶液。在真空烘箱中于50℃干燥得淡黄色晶体QPEI，用硝酸银滴定法测其季铵化度（TPEI链中叔胺基转变为季铵基的百分数）。

图10-40是当PEI用量为20g，反应条件一定时，不同因素对叔胺化的反应影响。如图10-40（a）所示，当n（环氧丙烷）∶n（N in PEI）=1∶1，于3℃反应时，随着反应时间的延长，TPEI的叔胺化度开始呈上升趋势，达7h后，叔胺化度的变化趋于平缓，故反应时间以7h为适宜。如图10-40（b）所示，当n（环氧丙烷）∶n（N in PEI）=1∶1，反应时间为7h时，TPEI的叔胺化度随反应温度的升高而大幅度下降，这是由于PEI与环氧丙烷的叔胺化是一较强烈的放热反应，提高反应温度不利于叔胺化的进行。因此，控制在较低温度（3℃）下反应比较有利。如图10-40（c）所示，当于3℃反应7h时，TPEI的叔胺化度随着n（环氧丙烷）∶n（N in PEI）的增大而提高，但考虑到环氧丙烷的充分利用及其残留物易于去除，确定n（环氧丙烷）∶n（N in PEI）=2.3∶1较为合适（TPEI的叔胺化度55%）。此时的IR分析显示，TPEI的伯胺基已全部转变为仲胺基或叔胺基，由此推算其余45%未叔胺化的胺基应该为仲胺基。这也说明由于空间位阻的作用，仲胺基的叔胺化较为困难。

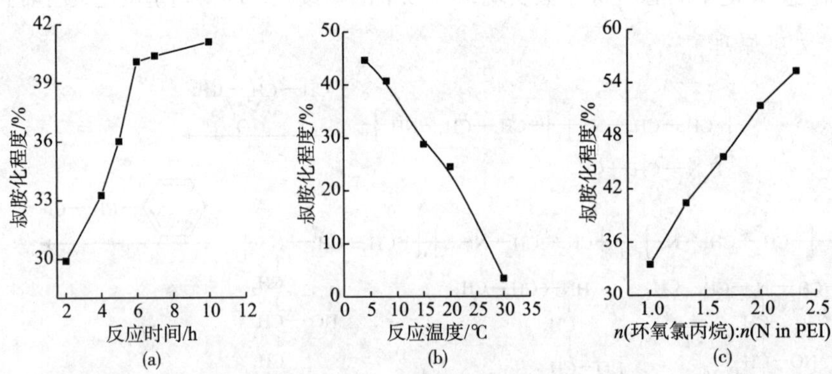

图10-40 反应时间（a）、反应温度（b）和n（环氧丙烷）∶n（N in PEI）（c）对叔胺化的影响

图10-41是当TPEI用量为20g，反应条件一定时，不同因素对季铵化反应的影响。如图10-41（a）所示，当n（氯化苄）∶n（N in PEI）=3∶1，反应温度为50℃时，随着反应时间的延长，QPEI的季铵化程度增大，反应30h，季铵化度超过90%（以TPEI计算）。若以PEI计算，季铵化度达50%，其余50%的N原子则主要是仲胺基团；TPEI的季铵化是吸热反应，从热力学与动力学两方面考虑，提高温度均有利于反应。如图10-41（b）所示，当n（氯化苄）∶n（N in PEI）=3∶1，反应时间为30h时，随着反应温度的升高，季铵化度大幅度地增加，但升至50℃后，季铵化度开始缓慢下降，这可能是由于季铵盐在较高温度下会发生分解反应所致，故季铵化反应温度以50℃为宜。如图10-41（c）所示，当于50℃下反应30h，QPEI的季铵化度随n（氯化苄）∶n（N in PEI）的增大

而上升，同时考虑季铵化反应的效率与氯化苄的充分利用，n（氯化苄）：n（N in PEI）= 3：1 时较为合适。

季铵化的聚乙烯亚胺（QPEI）对低碳钢具有良好的缓蚀作用，同时具有很强的抗菌性能，其缓蚀、抗菌作用基于杀菌过程，而不只是抑菌过程。研究表明[41]，季铵化度对 QPEI 缓蚀性能的影响很大。如图 10-42 所示，当腐蚀时间为 3d、H_2SO_4浓度为 0.5mol/L，QPEI 浓度为 5mg/L 时，随着 QPEI 季铵化度的增大，缓蚀性能增强，显然，QPEI 的缓蚀功能主要来自于季铵正离子，靠静电吸引，QPEI 被吸附于钢片表面，发挥缓蚀作用，因此，QPEI 的季铵化程度越高，其缓蚀作用也越强。QPEI 与钢片之间的化学与物理吸附，使 QPEI 在 A_3钢片表面形成牢固致密的吸附膜，QPEI 又具有高分子的易成膜性，两种成膜过程的协同作用，使强度高、致密性好的 QPEI 聚合物膜层牢固地覆盖在 A_3 钢片表面，对钢片显现了优良的缓蚀作用。

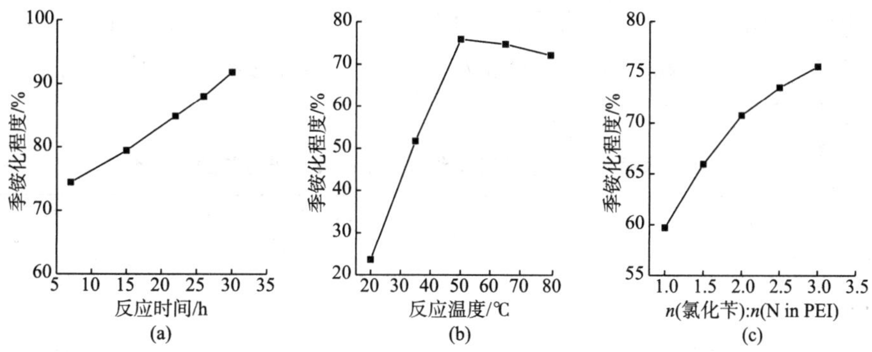

图 10-41 反应时间（a）、反应温度（b）和 n（氯化苄）：n（N in PEI）（c）对季铵化的影响

QPEI 季铵盐具有很强的抗菌能力，当 QPEI 浓度为 15mg/L 时，接触时间为 4min 的条件下，抗菌率可达到 100%。而季铵化度对 QPEI 的抗菌性能影响很大，如图 10-43 所示，当 QPEI 浓度为 10mg/L 时，接触时间为 4min 的条件下，随着季铵化度的增大 QPEI 的抗菌性能也随之增强，这是由于大分子 QPEI 对菌体会产生强烈的吸附作用，其分子链上的季铵化度越高，正电荷密度越大，对菌体的吸附能力就越强，抗菌能力就越强。

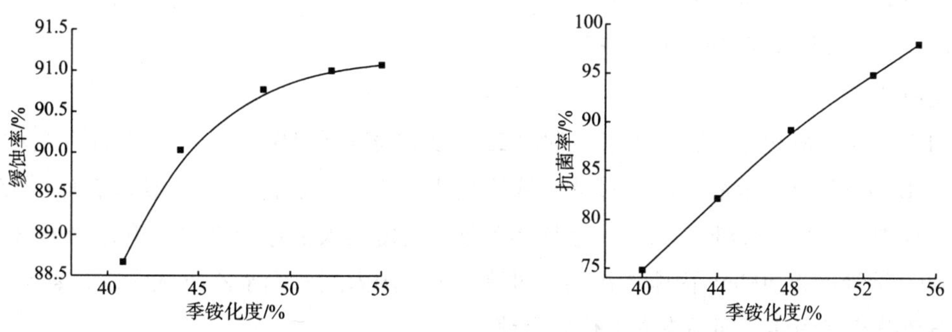

图 10-42 季铵化度（摩尔分数）对缓蚀率的影响　图 10-43 季铵化度（摩尔分数）对抗菌率的影响

三、聚乙烯亚胺改性材料

也可以将聚乙烯亚胺进行改性制备不同用途的功能型聚合物材料。

（一）木质素接枝聚乙烯亚胺

以木质素（Lignin）为基质，用戊二醛（GA）作交联剂，可将聚乙烯亚胺（PEI）交联到木质素分子上，制得木质素－聚乙烯亚胺（Lignin－PEI）接枝物，该接枝物可用于金属离子吸附剂。研究表明，当Lignin、PEI和GA的物料比 m（g）：V（mL）：V（mL）为2∶5∶20，在25℃下，反应2h所合成的Lignin－PEI的含氮量为10.61%。Lignin－PEI吸附剂对 Cu^{2+} 饱和吸附量为54.15mg/g[42]。木质素－聚乙烯亚胺（Lignin－PEI）吸附剂的制备反应只需要在常温下，通过木质素、聚乙烯亚胺和戊二醛的简单混合就能进行，所需要的试剂种类少，合成过程简便，对重金属离子 Cu^{2+} 具有较高的吸附容量，有望在重金属离子废水处理等方面得到一定应用。

如表10－15所示，戊二醛的交联提高了吸附剂在碱性、酸性和有机溶剂（乙醇、丙酮）中的稳定性。Lignin和Lignin－PEI都溶于8%的氢氧化钠溶液，可以利用8%氢氧化钠溶液洗涤产物除去没有反应的Lignin和PEI。

表10－15　木质素、聚乙烯亚胺和木质素－聚乙烯亚胺的溶解性能

样品	pH＝2～3	pH＝4～7	pH＝8～14	蒸馏水	乙醇	丙酮
Lignin	不溶	不溶	溶解	不溶	不溶	不溶
Lignin－PEI	不溶	不溶	不溶	不溶	不溶	不溶
PEI	生成凝胶	溶解	溶解	溶解	溶解	不溶

（二）交联聚乙烯亚胺

以聚乙烯亚胺（PEI）为原料，通过环氧氯丙烷（ECH）化学交联改性制备网络状交联聚乙烯亚胺（CPEI），然后在氮气氛围中，经一定条件炭化制得了含有丰富含氮功能基团的新型吸附材料（CCPEI）。研究表明，CCPEI保留了大量的胺基活性基团，并经过炭化形成一部分表面微孔结构。评价表明，CCPEI对 Cu^{2+}、Pd^{2+}、Al^{3+}、Ce^{3+}、La^{3+} 均具有较大的吸附容量，分别达到63.776mg/g、83.007mg/g、20.7113mg/g、37.506mg/g和14.148mg/g[43]。

（三）乳糖接枝聚乙烯亚胺壳聚糖

反应分三步进行[44]。

（1）马来酸酐化壳聚糖的制备。称取2g壳聚糖溶解在50mL 0.1mol/L冰醋酸中，用0.2mol/L的氢氧化钠溶液沉淀，过滤，滤饼用水洗至中性。得到的壳聚糖溶解在150mL的DMSO中，将马来酸酐（3.5g）的DMSO溶液缓慢滴入上述溶液中，升温至60℃搅拌反应8h，溶液倒入500mL丙酮中沉淀，过滤，分别用丙酮和无水乙醚洗三次，真空干燥，得淡黄色蓬松状固体，即马来酸酐化壳聚糖。

（2）聚乙烯亚胺化壳聚糖的制备。将0.08g马来酸酐化壳聚糖溶解在20mL质量分数0.25%的氢氧化钠溶液中，将40mL聚乙烯亚胺（2.24g）水溶液滴入上述溶液中，60℃

反应48h，反应完毕后，用稀盐酸中和，粗产物用透析袋（MWCO：8～14kDa）透析72h得淡黄色黏性固体，即聚乙烯亚胺化壳聚糖。

（3）乳糖接枝的聚乙烯亚胺化壳聚糖的制备。将制得的0.5g聚乙烯亚胺化的壳聚糖溶解在甲醇（30mL）和水（30mL）的混合溶剂中，搅拌至澄清，然后加入乳糖1.3g，室温搅拌24h，然后慢慢滴加10mL硼氢化钾（1.3g）的水溶液，用1mol/L的HCl调节溶液的pH值，维持在弱酸性（pH＝5～6），室温搅拌72h。过滤、浓缩、粗产物用透析袋（MWCO：8.14kDa）透析72h，浓缩真空干燥得浅色产物，即目标产物乳糖接枝的聚乙烯亚胺化壳聚糖。

（四）星形聚丙烯酰胺

以聚乙烯亚胺为核可以制备星形聚丙烯酰胺（PEI－PAM）。实验结果表明，当聚合体系中w（PDMC）＝2%～3.6%、w（AM）＝8%～12%、w（硫酸铵）＝26.5%～28%、c（硫杂蒽酮基团）＝0.038～0.05mmol/L时，在30℃下反应25～35min，聚合反应的转化率大于90%，聚合产物PEI－PAM盐水溶液的稳定性好，表观黏度为400～1650mPa·s，黏均相对分子质量为0.8×10^6～1.9×10^6，对油田污水的浮选效果优于聚铝[45]。

1. 制备方法

（1）分散剂的合成。将一定量的质量分数30%的DMC、0.15%甲酸钠的水溶液倒入广口瓶中，通氮气20min，加入相当于DMC质量0.5%的过硫酸钾后密封，在65℃下反应3h，制得分散剂PDMC。

（2）分散聚合制备PEI－PAM。将150mL含AM、硫酸铵、PDMC和硫杂蒽酮封端聚乙烯亚胺的反应液倒入石英玻璃反应槽中，通入氮气20min后密封，将反应槽置于高压汞灯上方15cm处，紫外线透过滤波片照射到反应液而引发AM聚合，得到PEI－PAM盐水溶液（乳白色溶液），用体积比为2∶1的乙醇和水的混合溶液洗涤产物2次，再用体积比为1∶1的乙醇和水的混合溶液洗涤2次，最后用乙醇洗涤2次，过滤、干燥，得到PEI－PAM干粉。

2. 影响PEI－PAM制备反应的因素

分散剂PDMC的含量会影响产物的稳定性，实验表明，当聚合体系中w（PDMC）在1.6%～3.6%时，聚合得到的PEI－PAM分散液稳定性均较好。图10－44是当w（AM）为8%，w（硫酸铵）为28%，c（硫杂蒽酮）为0.05mmol/L，反应时间为20min，温度为30℃时，PDMC含量对聚合反应的影响。从图10－44可知，随着PDMC含量的增加，单体转化率和PEI－PAM盐水溶液的表观黏度均增大，PEI－PAM的黏均相对分子质量先增大再降低。这是因为随聚合体系中分散剂含量的增加，低聚物自由基析出后由于成核几率的减小使核的比表面积增大，吸附到粒子内进行聚合的单体数量增加，使产物的相对分子质量和转化率增大，又由于分散剂本身具有一定的黏度，所以PEI－PAM盐水溶液的表观黏度增大；当w（PDMC）≥3%时，随分散剂含量的进一步增加，由于聚合体系的黏度过大而不利于单体扩散到聚合物粒子中，造成产物的相对分子质量下降。

如图10－45所示，当w（PDMC）为3%，w（硫酸铵）为28%，c（硫杂蒽酮）为

0.05mmol/L，反应时间为20min，温度为30℃时，单体转化率、PEI－PAM盐水溶液的表观黏度和相对分子质量均随着AM含量的增加而增大。这是因为AM含量的增加有利于链增长反应，所以产物PEI－PAM的相对分子质量增大，当体系中AM含量过高时，体系的黏度相应增大，低聚物自由基析出后难以在较短时间内均匀扩散到体系中，从而不能吸附足够的分散剂分子以形成稳定的聚合物粒子，造成PEI－PAM的分散不均匀和稳定性下降。稳定性评价结果表明，当w（AM）>14%时，PEI－PAM盐水溶液在放置3d后出现分层，即其稳定性较差；当w（AM）在6%~12%时，可得到稳定性好的PEI－PAM盐水溶液。

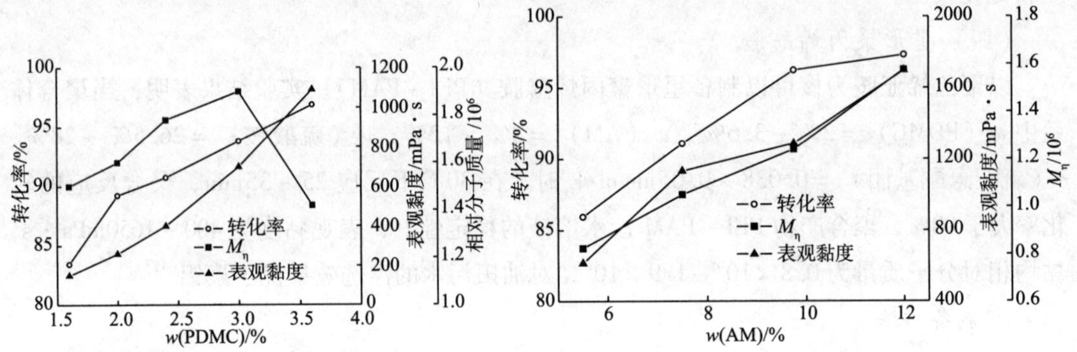

图10－44　PDMC含量对聚合反应的影响　　图10－45　AM含量对聚合反应的影响

分散介质含量对产物的稳定性的影响较大。当w（AM）为8%，w（PDMC）为3%，c（硫杂蒽酮）为0.05mmol/L，反应时间为20min，温度为30℃时，硫酸铵含量对聚合反应的影响见图10－46。从图10－46可知，随着硫酸铵含量的增加，单体转化率略有增大且大于90%，PEI－PAM盐水溶液的表观黏度略有增加，PEI－PAM的相对分子质量呈先增加再降低的趋势。这可能是由于随分散介质含量的增加，溶液中析出的低聚物的相对分子质量越小，所成核的体积小且比表面积大，吸附到粒子内进行聚合的单体数量增多，因而产物的相对分子质量增加；当w（硫酸铵）≥28%时，聚合物初级粒子的过度收缩导致单体很难扩散到粒制粒子内部，因此，产物的相对分子质量降低。实验发现，当聚合体系中w（硫酸铵）<26.5%时，PEI－PAM盐水溶液不稳定、易分层；当w（硫酸铵）≥31%时，硫酸铵不能完全溶于水。

图10－47是当w（AM）为8%，w（PDMC）为3%，w（硫酸铵）为28%，反应时间为20min，温度为30℃时，引发剂硫杂蒽酮封端聚乙烯亚胺中硫杂蒽酮基团的浓度对聚合反应的影响。从图10－47可知，随着硫杂蒽酮基团浓度的增加，产物的盐水溶液的表观黏度和转化率均有所增大，相对分子质量先增加再降低。实验发现，当0.038mmol/L≤c（硫杂蒽酮基团）≤0.05mmol/L时，产物的盐水溶液的稳定性好。

稳定性的评价结果表明，当反应时间小于15min时，由于分散剂在聚合物粒子上的吸附还未达到充分平衡，使聚合物粒子的表面粗糙、反应结束后粒子间易结块，造成PEI－PAM盐水溶液的稳定性差。当反应时间大于40min时，反应产物呈白色块状物，这是由于在反应过程中未被滤波片滤掉的紫外光使部分 PEI - PAM 和 PDMC 发生光降解，造成聚合物粒子间易聚集而结块。当反应时间在 15 ~ 35min 时，可得到稳定性好的 PEI - PAM 盐水溶液。

图 10-48 是当 w（AM）为 8%，w（PDMC）为 3%，w（硫酸铵）为 28%，c（硫杂蒽酮基团）为 0.05mmol/L，温度为 30℃时，反应时间对聚合反应的影响。从图 10-48 可知，随着反应时间的延长，PEI - PAM 盐水溶液的表观黏度呈先增大再降低的趋势，相对分子质量呈先增大再略减小的趋势，转化率略增大且大于 90%。当反应时间大于 25min 时，由于紫外光对聚合物的降解作用，产物的相对分子质量随着反应时间的增加略有降低，而其盐水溶液的表观黏度随反应时间的延长明显下降。

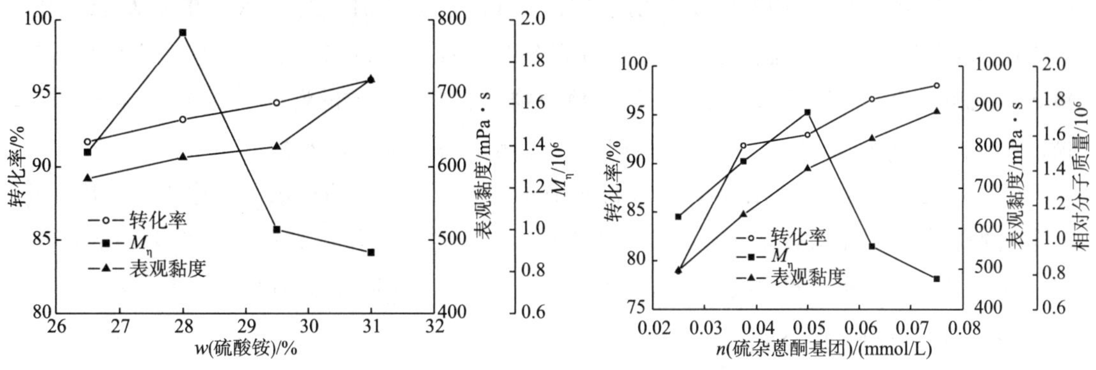

图 10-46 硫酸铵含量对聚合反应的影响

图 10-47 硫杂蒽酮基团的浓度对聚合反应的影响

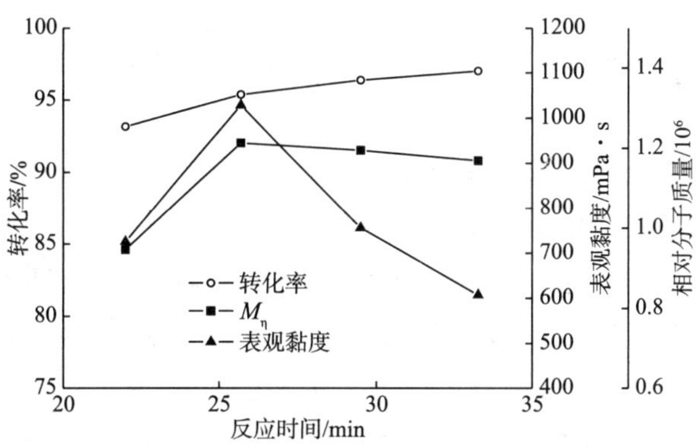

图 10-48 反应时间对聚合反应的影响

第五节 聚乙烯胺

聚乙烯胺（PVAm）是一种链状、多氨基的水溶性高分子材料，由于侧功能基氨基很活泼，因此，PVAm 可进行氨基的大多数特征反应，如可与醛类、酸酐类、羧酸类、卤代烃、酰卤、苯磺酰氯反应，还能与金属离子进行络合，从而获得许多特殊的新功能，制备功能型高分子材料。PVAm 及其衍生物在纺织、医药、石油和建筑等行业用作絮凝剂、保水剂、上胶剂和增强剂等，作为杀菌剂，可用它生产抗菌塑料及杀菌洗涤剂，也可作为衣物和头发柔软剂；在造纸行业中，可用它生产纸张增强剂。近年来，在高新技术领域，如基因治疗、膜分离、催化剂和生物医学领域、也得到了很好的应用。虽然聚乙烯胺结构简单，但合成难度较大，一直以来作为热门研究课题，研究者围绕聚乙烯胺及其衍生物的合成、应用研究已取得可喜的进展。2002 年德国 BASF 公司已将 PVAm 首次投入工业化生产。PVAm 衍生化的方法以接枝聚合为主，利用 PVAm 主链侧功能基 NH_2的特征反应，可以合成许多具有特定功能性用途的 PVAm 衍生物，为 PVAm 的合成与应用奠定了一定基础。近几年，该类化合物的应用在国外日益受到重视，而在国内才刚刚起步。

PVAm 是一个弱的多元碱，侧功能基 NH_2上的电荷密度随着溶液 pH 值的增加而减少，当 pH 值为 10 时，约有 10% 的氨基质子化，当 pH 值为 4 时，约有 90% 的氨基质子化。PVAm 不仅可以与硫酸、盐酸、硝酸等无机酸反应，而且可以与甲酸、乙酸、丁酸、柠檬酸等有机酸成盐。所生成的阳离子 PVAm 聚合物具有聚电解质的性能。PVAm 和酸性聚合物，如聚丙烯酸（PAA）反应可生成具有优良性能的聚电解质材料。

PVAm 在污水处理、造纸、印染等行业用作絮凝剂。在采油注水、酸化压裂中用黏土稳定剂或防膨剂。高相对分子质量（大于 10^6）的产物可用作提高石油采收率、钻井液、固井水泥浆、完井液、酸化液、压裂液等作业流体的添加剂，并具有很好的效果。

一、聚乙烯胺的合成

关于其合成包括直接合成和间接合成[46~48]。

（一）NVF 直接聚合

乙烯胺（N－vinylformamide，NVF）是一种重要的阳离子聚合单体。用该单体可制备阳离子均聚物和共聚物。

NVF 单体无论精制与否，都能够均聚或共聚。聚合反应是在液相中用自由基引发剂引发聚合。反应可在两类液体介质中进行：一类是水和低级醇等极性氢键溶剂，它们是单体和聚合物的溶剂；另一类是烷类、醚类、酮类等非极性溶剂，它们是单体的溶剂，但不是聚合物的溶剂。异丙醇是最合适的溶剂，单体质量分数一般控制在 10% ~50% 。

所用的自由基引发剂可以是常规引发剂，如 AIBN 和 AIBA。引发剂的加入量并不严格要求，一般为每 100g 乙烯基单体加 0. 1 ~20g 引发剂。聚合反应一般在 25 ~125℃之间进行，反应完成一般需要 1 ~8h，然后除去反应介质。聚合物用非极性溶剂沉淀出来，典型的非极性溶剂是酮类、醚类、烷类，如丙酮、丁酮、二乙醚、己烷、环己烷、庚烷和苯等。

（二）聚丙烯酰胺的 Hofmann 降级法合成聚乙烯胺

早在 20 世纪 50 年代，就有由聚丙烯酰胺经 Hofmann 降解重排反应进行部分胺化，制得具有不同胺化度的聚乙烯胺的报道，其化学反应方程式如下：

$$-\!\!\left[CH_2-\underset{\underset{\underset{NH_2}{|}}{\overset{|}{C}=O}}{CH}\right]\!\!_n- \xrightarrow[\text{低温}]{NaClO/NaOH} -\!\!\left[CH_2-\underset{\underset{NH_2}{|}}{CH}\right]\!\!_n- \tag{10-31}$$

用 Hofmann 降级法合成 PVAm 的方法首先是将丙烯酰胺在引发剂过硫酸铵与亚硫酸氢钠的存在下聚合成聚丙烯酰胺，然后在次氯酸钠和氢氧化钠水溶液中进行 Hofmann 降级重排反应，即可得到聚乙烯胺。目前，普遍认为此方法是一种较为经济的制备聚乙烯胺的方法，但产品的胺化度不高。研究表明，随着反应体系中聚丙烯酰胺质量分数由 2.8% 增加到 5.0%，产品的胺化度也由 58% 提高到 88%。如果继续提高聚丙烯酰胺的质量分数，其胺化度不但不增加，反而下降。当次氯酸钠与酰胺基的物质的量比达到 1 时，产品的胺化度基本达到最大值。氢氧化钠的存在有利于胺化度的提高，但用量过高时，产品的胺化度反而有所下降，如果对聚乙烯胺纯度要求不是很高，则可以用这种方法合成。对聚丙烯酰胺的 Hofmann 降级重排反应进行深入研究表明，在反应过程中虽然存在酰胺水解、成环、断链等副反应，但当聚合物的相对分子质量不太大、次氯酸钠与酰胺基团的物质的量比不大于 1 时，这些副反应大多可以得到有效控制。从反应条件与成本看，这一方法具有工业化的实际意义。

有人用自制的聚丙烯酰胺（氮含量 18.8%）在低温下经 Hofmann 降解重排反应制得聚乙烯胺，所得聚乙烯胺的胺化度可达到 95.6%。用相对分子质量为 107×10^4 和 204×10^4 的 10% 的聚丙烯酰胺水溶液进行低温降解反应，得到的聚乙烯胺产品的胺化度可达 85% 以上。该产品用于纸张处理可大幅度改善纸张的各项性能指标。还有人对凝胶型和大孔型聚丙烯酰胺树脂进行低温降解反应，得到球型完好的聚乙烯胺树脂。将制得的聚乙烯胺树脂用于氨基酸的分离提取，取得了令人满意的效果。

目前人们普遍认为聚丙烯酰胺的 Hofmann 降解反应的转化率在 60% 左右。造成转化率低的原因主要是酰胺基的水解反应。为了抑制水解副反应的发生，用乙二醇作溶剂，用乙二醇单钠盐作催化剂先合成聚（N－乙烯基－2－羟乙基）碳酸酯，而后水解得到聚乙烯胺，收率可达 92% 以上。但是，由于聚丙烯酰胺在乙二醇中的溶解度有限，因而在反应过程中需使用大量的乙二醇作溶剂，而且乙二醇的沸点较高，不利于溶剂的回收利用。同时聚（N－烯基－2－羟乙基）碳酸酯的水解十分困难，从而限制了该方法的使用。

（三）聚 N－乙烯基甲酰胺水解法

将 N－乙烯基甲酰胺（NEF）聚合生成聚 N－乙烯基甲酰胺，然后再使其在酸性或碱性条件下水解，便可得到 PVAm。水解 PNEF 分离 PNEF 与 PVAm 是制备较高纯度聚乙烯胺的关键所在。文献报道的合成路线有以下几种。

（1）乙醛与甲酰胺在酸的催化下进行缩合，生成乙叉基二甲酰胺（1，1－二甲酰胺基乙烷）再热裂解即得 NEF，NEF 经聚合后再水解，即可得 PVAm，反应式如下：

$$CH_3-\overset{O}{\overset{\|}{C}}-H + H_2N-\overset{O}{\overset{\|}{C}}-H \longrightarrow CH_3-CH(NHCHO)_2 \xrightarrow{\triangle} CH_2=CH-NHCHO$$

$$\xrightarrow{I} \left[CH_2-\underset{NHCHO}{\underset{|}{CH}}\right]_n \xrightarrow{H_2O} \left[CH_2-\underset{NH_2}{\underset{|}{CH}}\right]_n \tag{10-32}$$

用这种方法制备聚乙烯胺存在的问题是乙叉基二甲酰胺和裂解后所生成 NEF 的沸点和溶解性都很相近，因此很难将二者分离。

(2) 用乙酰胺、乙醛或甲醛及乙醇（或甲醇）为原料，一步法合成 N－(烷氧乙基）乙酰胺，然后热裂解得 N－乙烯基乙酰胺（或 NEF），再聚合后水解，得 PVAm。用此方法合成 NEF 虽然解决了中间体分离问题，但存在反应条件较为苛刻及收率较低等问题，仍然无法工业化。

(3) 乙醛先氰化，然后再与甲酰胺或液氨、甲酸反应，产物脱去 HCN，得到聚合单体 NEF。此种方法的主要缺点是有大量有毒气体放出。

(四) 聚 N－乙烯基氨基甲酸酯水解法

使乙醛与氨基甲酸酯在酸性催化剂作用下缩合，生成乙叉基二氨基甲酸酯，经高温裂解后生成 N－乙烯基氨基甲酸酯（NVC），再聚合得聚 N－乙烯基氨基甲酸酯（PNVC），最后在酸或碱的存在下水解，生成 PVAm。对于氨基甲酸酯和乙醛的缩合反应，酸和碱对反应均有催化作用，但如果用碱作催化剂，只能发生单分子缩合反应，生成羟烷基氨基甲酸酯。用酸作催化剂，才能得到乙叉基二氨基甲酸酯，如用盐酸作催化剂，乙醛与氨基甲酸乙酯的缩合反应的产率可达到 93.1%。其次，反应溶剂、温度和时间对缩合反应的产物种类和产率都有较大的影响。有人研究了乙叉基二氨基甲酸甲酯热解法合成 N－乙烯基氨基甲酸甲酯的反应，提出用碳作催化剂，碳的表面积为 $1500mm^2/g$，在 280℃ 进行热解反应，产率为 62.1%。在该法中正确地控制反应条件，抑制副产物乙烯基异氰酸酯的生成至关重要。

(五) PVC 硝化法

在 THF/DMSO（1∶1）或 DMF/DMSO（1∶1）的溶液中，用 $NaNO_2$ 与 PVC 反应，脱去氯化钠，得到硝化中间体，再用 Pd/C 作催化剂，水合肼还原中间体，便可得到聚乙烯胺的混合物。在室温下，转化率可达到 73%。

$$\left[CH_2-\underset{Cl}{\underset{|}{CH}}\right]_n \xrightarrow[THF/DMSO]{NaNO_2} \left[CH_2-\underset{Cl}{\underset{|}{CH}}\right]_a\left[CH=CH\right]_b\left[CH_2-\underset{NO_2}{\underset{|}{CH}}\right]_c\left[CH_2-\underset{ONO}{\underset{|}{CH}}\right]_d \tag{10-33}$$

$$\xrightarrow[Pd/C]{H_2NNH_2} \left[CH_2-\underset{Cl}{\underset{|}{CH}}\right]_a\left[CH=CH\right]_b\left[CH_2-\underset{NH_2}{\underset{|}{CH}}\right]_c\left[CH_2-\underset{OH}{\underset{|}{CH}}\right]_d$$

式中，$a=16.0\%$，$b=9.9\%$，$c=73.2\%$，$d=0.9\%$。

二、制备实例

（一）聚乙烯胺 Hofmann 降解法合成

1. 合成过程

聚乙烯胺 Hofmann 降解法合成包括两步[49]。

（1）丙烯酰胺的聚合。将丙烯酰胺水溶液置于烧杯中，搅拌下加入引发剂过硫酸铵与亚硫酸氢钠，聚合反应 5h；将反应液倾入 4 倍体积的无水乙醇中析出白色固体，过滤，再用无水乙醇洗涤滤饼 2 次，滤饼经干燥后粉碎得到聚丙烯酰胺。

（2）聚丙烯酰胺的 Hofmann 降级重排反应。将次氯酸钠和氢氧化钠水溶液置于 250mL 三口瓶中，用冰盐浴冷却至 -10 ~ -15℃；加入聚丙烯酰胺水溶液，反应 1h 后，加入第二批氢氧化钠水溶液，继续反应 1h，再换作冰浴反应。反应结束后，将反应液倾入 4 倍体积甲醇中，过滤，用甲醇洗涤滤饼至滤液 pH 值为 7 ~ 8。再将滤饼溶于少量水中，用 6mol/L 的盐酸进行中和，放出二氧化碳气体，中和完毕后保持溶液 pH 值为 2。最后将该溶液倾入 4 倍体积甲醇中析出固体，过滤、干燥得到聚乙烯胺盐酸盐固体。

2. 影响反应的因素

一般认为聚丙烯酰胺在次氯酸钠作用下生成聚乙烯胺的反应机理为：首先次氯酸钠中的活性氯离子取代酰胺中的一个氢原子生成酰胺的氯胺化产物；然后氯胺化产物在碱性条件下失去另外一个氢原子生成氯代酰胺基负离子，该负离子发生重排反应生成异氰酸酯；异氰酸酯再在盐酸作用下放出二氧化碳，生成聚乙烯胺盐酸盐。因此，反应条件对胺化度（α）的影响很大。合成条件主要包括聚丙烯酰胺相对分子质量、聚丙烯酰胺质量分数、次氯酸钠与聚丙烯酰胺物质的量比、反应前期氢氧化钠与聚丙烯酰胺物质的量比、反应后期氢氧化钠与聚丙烯酰胺物质的量比及反应时间等。

反应体系中聚丙烯酰胺质量分数对产品胺化度的影响见图 10-49，从图中可见，随着聚丙烯酰胺质量分数由 2.8% 增加到 5%，产品的胺化度也由 58% 提高到 88%，继续提高聚丙烯酰胺质量分数，产品胺化度不仅没有提高，反而略有降低。这可能是由于聚丙烯酰胺含量过高使得聚合物在反应体系中不能充分伸展所致。

如图 10-50 所示，随着 n（次氯酸钠）∶n（聚丙烯酰胺）的增加，胺化程度大幅度增加，当次氯酸钠与酰胺基的物质的量比达到 1 时，产品的胺化度基本达到最大值，再提高次氯酸钠的用量对胺化度基本没有影响。这说明在反应中，酰胺的氯胺化不是速度控制步骤，为了提高产品的胺化度应该设法提高氯代酰胺负离子的稳定性或加快它的重排反应。

如图 10-51 所示，反应前期氢氧化钠的存在有利于胺化度的提高，但是氢氧化钠用量过高，产品的胺化度反而有所降低。在反应初期的氯胺化反应过程中，氢氧化钠不仅起着稳定次氯酸钠的作用，而且可以加速氯胺化反应速度；但是如果氢氧化钠的含量过高，不仅会使酰胺的水解反应加重，而且可能使得氯代酰胺负离子的重排反应过早进行，此时生成的异氰酸酯极有可能与未反应的酰胺基或已经生成的胺基发生闭环反应，使得产品的胺化度有所降低。

在反应后期，即由酰胺的氯胺化产物重排生成异氰酸酯的反应中，过去普遍认为氢氧化钠的用量应为聚丙烯酰胺的40倍以上，但由图10-52可以看出，氢氧化钠与聚丙烯酰胺的物质的量比在30左右时产品的胺化度已经达到极值，过多的氢氧化钠不仅对胺化度的提高没有帮助，反而有不利影响，同时给后处理带来麻烦。

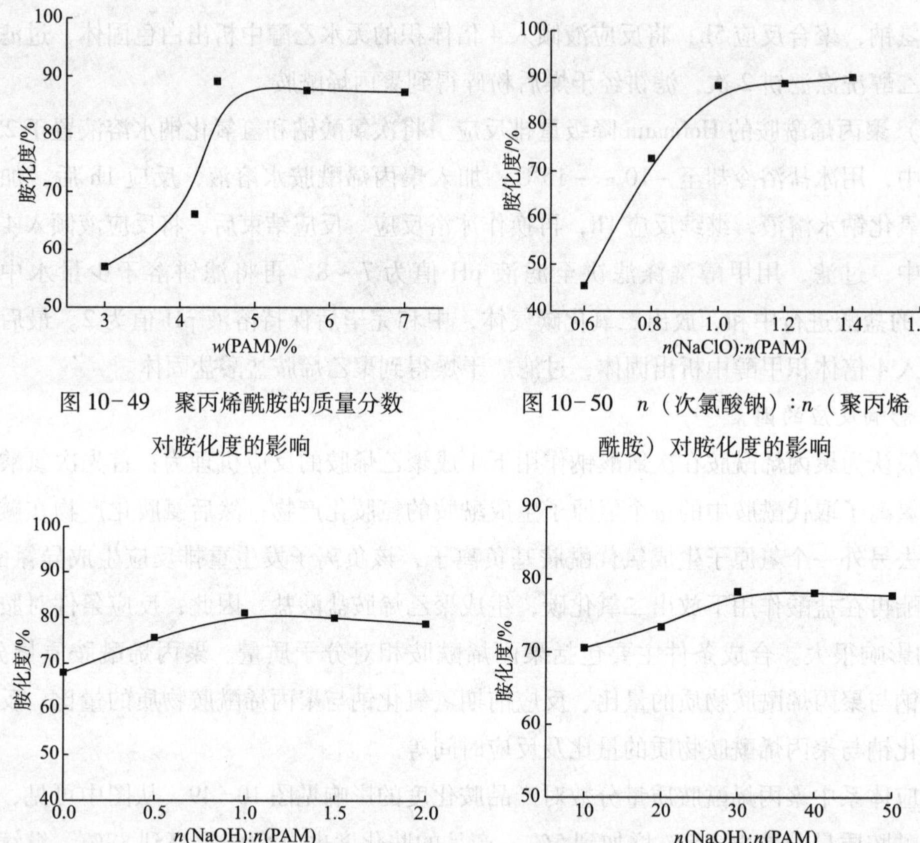

图10-49　聚丙烯酰胺的质量分数对胺化度的影响

图10-50　n（次氯酸钠）：n（聚丙烯酰胺）对胺化度的影响

图10-51　反应初期n（NaOH）：n（PAM）对胺化度的影响

图10-52　反应后期n（NaOH）：n（PAM）对胺化度的影响

实验表明，重排反应时间在11h左右，产品的胺化度已基本达到最大值，继续延长反应时间，胺化度基本不变。随着聚丙烯酰胺相对分子质量的增加，产品胺化度逐渐提高。酰胺的Hofmann降级重排反应是制备伯胺的一种典型反应，它的反应活化能大约为126kJ/mol，但是聚丙烯酰胺的Hofmann降级重排反应由于邻基参与效应，使得反应在低温下即可进行，一般是随着相对分子质量的增加，邻基参与效应的影响越来越大。

（二）聚N-乙烯基甲酰胺水解法——低相对分子质量聚乙烯胺的制备

制备包括两步[50]。

(1) 聚（N-乙烯甲酰胺）的制备。将7.1g N-乙烯甲酰胺（0.1mol）和40mL异丙醇加入100mL四口烧瓶中，搅拌下通$N_2$0.5h，加热至60℃。称取一定量的AIBN溶于

10mL 异丙醇和 3mLDMF 的混合溶剂中，滴加到上述溶液中，15min 内滴完。在 60℃，N_2 氛围下继续反应 4h。反应结束后减压蒸馏去除异丙醇，加入 20mL 水于四口烧瓶中，搅拌使聚（N－乙烯甲酰胺）溶解，并将溶液倒入 4 倍量的丙酮中析出聚（N－乙烯甲酰胺）固体。过滤，洗涤，30℃真空干燥 24h 得白色聚（N－乙烯甲酰胺）产物。

（2）聚乙烯胺的制备。将 5g 聚（N－乙烯甲酰胺）溶于 30mL 去离子水中，加入 5.63g NaOH，加热至 80℃，反应 6h。反应结束后冷却至室温，用浓盐酸调节体系的 pH 值至 2，倒入 4 倍量的甲醇中析出产物，过滤，洗涤，滤饼 30℃真空干燥 24h，得白色聚乙烯胺盐酸盐固体产物。

研究发现，引发剂用量是影响聚乙烯胺的数均相对分子质量的关键。除了利用异丙醇既为溶剂也为链转移剂来控制聚合产物的相对分子质量外，还可以通过控制引发剂用量来调控最终聚乙烯胺的相对分子质量，结果如表 10－16 所示。从表中可以看出，当单体与引发剂的物质的量比为 100∶1 时，最终聚乙烯胺的数均相对分子质量为 8028，PDI 为 2.77。随着引发剂用量的进一步增加，聚乙烯胺产物的相对分子质量不断降低，当单体与引发剂的物质的量比为 100∶10 时，最终聚乙烯胺的数均相对分子质量降低至 5355。因此，通过控制引发剂用量可调控最终聚乙烯胺的数均相对分子质量在 5000～10000 之间。

表 10－16 不同引发剂用量下聚乙烯胺的相对分子质量

n（单体）∶n（引发剂）	M_n	M_w	PDI	n（单体）∶n（引发剂）	M_n	M_w	PDI
100∶1	8028	22263	2.77	100∶5	6329	14979	2.37
100∶2	7433	22178	2.98	100∶10	5355	20206	3.77

三、聚乙烯胺改性产物

以高锰酸钾为引发剂，用反相乳液法制备的淀粉－丙烯酰胺接枝共聚物，经 Hofmann 降解可以得到淀粉接枝聚乙烯胺（St－PVAm）的共聚物。当淀粉接枝丙烯酰胺为 2g，NaOH 的浓度为 7.05mol/L，NaClO 的浓度为 0.146mol/L，降解时间为 3h，反应温度为－10℃时，合成的 St－PVAm 用于捕集重金属离子具有良好的效果[51]。其合成过程如下。

向带有搅拌器和通氮装置的 250mL 的三口烧瓶中加入一定量的液体石蜡、Span－80 和 OP－4，搅拌一段时间后加入已在水中打好浆的淀粉乳，继续搅拌 30min 后通入氮气，缓慢加入一定浓度的高锰酸钾溶液，水浴 45℃加热 15min 后缓慢加入丙烯酰胺溶液，3h 后反应结束，乙醇破乳，洗涤，60℃真空干燥得到 St－PAm 粗产物；把干燥后的粗产物 St－PAm 放入索式提取器中，加入体积比为 7∶3 的乙醇和水混合液，加热回流抽提 20h 除去均聚物和自聚物，60℃真空干燥后得到精制 St－PAm 产品；称取上述精制的 St－PAm 成品 2g，加一定量的去离子水溶胀，将一定量 1mol/L 的 NaClO 和 11mol/L 的 NaOH 的混合溶液冷却到－10～－15℃后加入溶胀后的 St－PAm 中，低温下 Hofmann 降解反应一段时间后移到水浴中 80℃加热 10min 重排。冷却后用乙醇沉淀，洗涤，丙酮脱水，60℃下真空干燥得到 St－PVAm。

用乙二醇二缩水甘油醚（EGDGE）和 PVAm 在水溶液中，60℃反应 1h，得到的胶状物，干燥后，冷冻粉碎，得到的接枝聚合物可用作超级吸水树脂（SAP）。由于 EGDGE 为双官能团环氧化物，接枝反应不但在单个 PVAm 主链上进行，而且也可能在分子之间，在同一 PVAm 主链上也可能同时存在分子内和分子间的接枝交联。

第六节 聚胺或聚季铵盐的应用

聚胺或聚季铵盐是一类重要阳的离子聚合物，由于其稳定性好、耐酸碱，且分子链中带有大量正电荷，在与表面带负电性的物质发生作用时，具有作用速度快、效率高、时效长等优点，广泛应用于钻井和采油过程中维护井眼稳定、保护油气层，可用作黏土稳定剂、防砂剂、防垢剂、原油破乳剂、絮凝剂、增注剂、杀菌剂、缓蚀剂等。

一、钻井

用作钻井液页岩抑制剂，适用于两性离子钻井液，也适用于阴离子钻井液，但在阴离子钻井液中，加量不能超过 0.15%。针对传统聚胺在钻井液应用中存在的不足，研究者通过调整阳离子度和聚合物合成了适用于钻井液抑制剂的新型聚胺[52]。

实验表明，将不同阳离子度的聚胺按一定比例混合可以得到协同增效作用，如将具有在低添加浓度下抑制作用良好和配伍性一般的聚胺 PAA－6 和具有低阳离子度和在低添加浓度下抑制作用一般的聚胺 PAB－8 混合后得到的聚胺 PAH，同时具有聚胺 PAA－6 和聚胺 PAB－8 的优点，抑制作用很好。进一步通过抑制膨润土造浆实验和黏土层间距 XRD 数据分析，表明聚胺 PAH 进入黏土层间后，结构中的铵基阳离子交换出层间水分子，通过静电作用中和黏土晶层表面的负电荷，降低黏土层间水化斥力，能抑制黏土水化膨胀[53]。并在现场应用中见到了良好的效果。低相对分子质量的聚乙烯胺在钻井液中用作页岩抑制剂、絮凝剂。

在 20 世纪 70 年代发展起来的阳离子型聚胺类油井水泥降失水剂就包含有 PVAm，虽然它本身控制失水的能力很差，但与聚奈磺酸盐等分散剂复配后就具有很好的降失水效果，且加量少，高温稳定性好，降失水能力随 PVAm 的相对分子量及水解度的增大而增加，可用于淡水、海水水泥浆中[54]。

二、采油

环氧丙烷－胺缩聚物在油田化学中主要用作采油、注水中的黏土防膨剂，在酸、碱、高温条件下稳定，可适用于各种接触产层的油水井作业，将其与 NH_4Cl、$CaCl_2$配合使用，对黏土矿物会获得更好的稳定效果。还可以用作高压增注剂。适当聚合度的环氧氯丙烷－二甲胺缩聚物还可以作为一种高效降黏防蜡剂，评价表明该降黏防蜡剂对原油防蜡率在 50% 以上，含油聚合物溶液降黏率可达 70% 以上，现场应用效果显著[55]。

聚乙烯亚胺与其他材料配合使用，可以作为堵水剂，如将聚乙烯亚胺用作交联剂，与梳型聚丙烯酰胺（KYPAM）的酰胺基团反应制备共价键交联的抗温抗盐堵剂，随着 KYPAM 相对分子质量、交联剂或 KYPAM 质量浓度的增加，成胶时间缩短，相应的表观黏度增大，相对分子质量太高或交联剂质量浓度过高时易脱水；成胶时间随着 pH 值的增加呈现缩短、增长又缩短的趋势；温度越高成胶时间越短，凝胶强度越大，温度过高会破坏聚合物凝胶的网络结构，高温下形成的凝胶弹性较差，发脆，容易被破坏；成胶时间随矿化度的增加而变长，成胶强度随矿化度的增加而变弱；KYPAM 相对分子质量为 800×10^4，聚合物质量浓度为 12g/L，交联剂质量浓度为 9g/L，pH = 5 ~ 7 为最优配方，其适用油藏温度为 80 ~ 110℃，矿化度为 80g/L NaCl + 1.2g/L $CaCl_2$；采用最优配方，聚乙烯亚胺 PEI – KYPAM 凝胶堵剂的突破压力和强度比酚醛树脂 – KYPAM 凝胶堵剂高，其耐冲刷性也优于酚醛树脂 – KYPAM 凝胶堵剂[56]。聚乙烯亚胺（PEI） – HPAM 交联的聚合物强冻胶（强凝胶），成冻规律与一般冻胶相同，即聚合物、交联剂用量增大，成冻温度升高，则成冻时间缩短，成冻强度增大，pH = 6 ~ 7 时成冻时间较短，配液盐水中 NaCl 浓度由 5g/L 增至 30g/L 时，1.2% 的聚合物与 0.6% 的交联剂组成的体系成冻时间延长，成冻强度下降，碳酸钙、石英砂对该体系的成冻性能无影响，由于 PEI 毒性小，该体系可用于海上油田堵水调剖[57]。由 0.6% ~0.8% 阴离子聚丙烯酰胺 +0.3% ~0.7% PEI +0.8% ~1% 高温保护剂组成的冻胶型堵剂，在 110℃条件下，对于 NaCl 含量为 50000mg/L 的地层水，该冻胶强度高，耐温性好，封堵效果好且至少 120d 不脱水[58]。以丙烯酰胺/2 – 丙烯酰胺基 –2 – 甲基丙磺酸/N – 十二烷基丙烯酰胺三元共聚物（NKP）为主剂，与改性的聚乙烯亚胺（PEI – GX）组成的耐温抗盐堵剂 NKP/PEI – GX，堵剂成胶时间随 PEI 改性率的增加而延长；剪切、地层岩性及 pH = 6 ~ 8 时对堵剂 NKP/PEI – GX 凝胶性能的影响不大，pH > 9 时堵剂发生沉淀；随着 NKP 相对分子质量的增大，堵剂 NKP/PEI – GX 的凝胶黏度呈增大趋势，但更易于脱水，当 NKP 相对分子质量为 1.6×10^7、PEI 改性率为 80%、pH = 6 ~ 8 时，堵剂 NKP/PEI – GX 在 100℃下的成胶时间（30h）是堵剂 NKP/PEI 的 7.5 倍，老化 30d 后其凝胶强度可达 H 级[59]。

三、水处理

环氧氯丙烷 – 二甲胺缩聚物可以用作污水处理絮凝剂。乙二胺、正丁胺、多乙烯多胺反应物对三元驱油田污水具有良好的絮凝破乳作用。氨 – 环氧氯丙烷缩聚物是良好的污水絮凝剂。

用四乙烯五胺与甲醛、尿素、环氧氯丙烷合成了一种高分子浮选剂，浮选剂的合成分两步，首先用四乙烯五胺、甲醛、尿素进行 Mannich 反应制得聚和单体，然后用聚合单体与一定比例的环氧氯丙烷聚合和季铵化。结果表明，四乙烯五胺与环氧氯丙烷的最佳物质的量比为 1∶1.5，用四乙烯五胺制得的浮选剂的浮选效果比用甲胺、二甲胺、二乙胺、二乙醇胺制得的要好[60]。用二乙胺、甲醛、尿素、环氧氯丙烷合成的聚季铵盐是性能优良的浮选剂。

以环氧氯丙烷和二甲胺、叔胺、多乙烯多胺等合成的聚季铵盐，并与聚铝复配，得到了适于采油污水处理的高效反相破乳剂 TS－761L；聚季铵盐与无机絮凝剂的最佳复配比例为 1∶1 时，TS－761L 投加质量浓度为 50mg/L 时，除油率达到 97%，悬浮物去除率达 94%，是一种高效反相破乳剂[61]。

由于 PVAm 的阳离子特性，它可作为污水处理絮凝剂。研究表明，PVAm 用作复合絮凝剂处理炼油污水时，当有机絮凝剂 PVAm 与复合絮凝剂 $Al_2(SO_4)_3$、$FeCl_3$ 相结合时，可使混凝效果达到最佳。当投加 45mg/L 的 $Al_2(SO_4)_3$、1.5mg/L 的 $FeCl_3$、0.5mg/L 的 PVAm，常温反应 2～3min 时，污水中的 COD_{Cr} 去除率达 60.3%，比现有的絮凝剂聚合氯化铝（PAC）提高了 10.1%；NH_3-N 去除率达 40.5%，比 PAC 提高了 16.5%。此外，污水中的挥发酚、石油类、污泥沉降比、沉降时间、污泥脱水率、干污泥重等主要指标均优于 PAC，且处理费用也低。复合絮凝剂的投加量由水质污染程度决定。

参考文献

[1] 王中华，何焕杰，杨小华．油田化学品实用手册［M］．北京：中国石化出版社，2004.

[2] 胡星琪，李晓敏，杨彦东，等．小分子聚胺粘土稳定剂 EM 的合成及评价［J］．化学与生物工程，2010，27（12）：25－27.

[3] 王中华．钻井液化学品设计与新产品开发［M］．陕西西安：西北大学出版社，2006.

[4] 顾从英，王锦堂．聚氯化－2－羟丙基－1，1－*N*－二甲胺的合成及杀菌效果［J］．化工时刊，2003，17（4）：23－25.

[5] 李丛妮，雷珂．阳离子聚合物粘土稳定剂的合成及性能研究［J］．应用化工，2013，42（6）：1058－1061.

[6] 马喜平，胡星琪，赵东滨，等．环氧氯丙烷－二甲胺阳离子聚合物的合成［J］．高分子材料科学与工程，1996，12（4）：50－54.

[7] 鲁娇，方向晨，王安杰，等．聚胺抑制剂黏度和阳离子度与页岩相对抑制率的关系［J］．石油学报：石油加工，2012，28（6）：1043－1047.

[8] 尚蕴果，蒋守礼，狄亮．聚环氧氯丙烷－二甲胺粘土稳定剂合成及其防膨性能评价［J］．广州化工，2010，，3（9）：60－62.

[9] 余丽雯，郑延成，潘登，等．交联型季铵盐粘土稳定剂的合成与复配性能研究［J］．山东化工，2014，43（1）：25－27.

[10] 耿仁勇，吕雪川，李国轲，等．咪唑类季铵盐阳离子絮凝剂的制备及其在炼油厂废水中的应用［J］．环境科学研究，2016，29（3）：427－433.

[11] 张洁，李丽丽，汤颖，等．网状聚季铵盐对黏土膨胀性和粒径的影响［J］．天然气与石油，2016，34（5）：93－98.

[12] 刘立新，郝松松，王学才，等．聚季铵盐反相破乳剂的合成及破乳性能研究［J］．工业用水与废水，2010，41（5）：70－73.

[13] 张荣，陈静，肖涛，等．新型聚季鏻铵盐杀菌剂的合成研究［J］．化工时刊，2006，20（10）：6－8.

[14] 殷留义，李建波，郑海洪，等. 季铵盐型正离子聚合物黏土稳定剂的合成及性能评价［J］. 石化技术与应用，2009，27（6）：515－517.

[15] 严莲荷. 水处理药剂及配方手册［M］. 北京：中国石化出版社，2003：41.

[16] 郑堰日，刘以凡，刘明华. 用于造纸废水处理的季铵型有机絮凝剂的制备［J］. 中国造纸，2011，30（8）：34－38.

[17] 王瑛，王萍，邵宏楠，等. 低相对分子质量水溶性聚季铵盐的合成及其性能研究［J］. 化学世界，2009，50（2）：90－93.

[18] 李杰，王晶，陈巧梅，等. 新型低聚表面活性剂的合成及表面活性［J］. 精细石油化工，2010，27（1）：60－64.

[19] 刘祥，徐静. 十二烷基多季铵盐 Gemini 型阳离子表面活性剂的合成［J］. 上海化工，2007，32（11）：18－21.

[20] 郭明红，叶天旭，李秀妹，等. 聚季铵盐絮凝剂 PEFD 的制备与性能研究［J］. 石油炼制与化工，2009，40（1）：61－64.

[21] 谢飞，张宏星，宋振华，等. 二乙胺制得的聚季铵型浮选剂及其性能［J］. 石油化工环境保护，1995（1）：12－15.

[22] 刘祥，宋杨柳，陈叮啉. 羟胺基聚醚胺防膨剂的研制［J］. 西安石油大学学报：自然科学版，2012，27（2）：73－75. 85.

[23] 李柏林，李雪，刘志娟. 环氧氯丙烷－二乙醇胺共聚物合成研究［J］. 化学与生物工程，2009，26（11）：30－32.

[24] 余兰兰，宋健，郑凯，等. 有机阳离子絮凝剂的制备及用于含油污泥脱油效果研究［J］. 化工进展，2014，33（5）：1285－1289，1305.

[25] 卢伯南，王寿武. 聚环氧氯丙烷季铵盐阳离子表面活性剂在酸洗液中对碳钢缓蚀作用的研究［J］. 浙江化工，2008，39（12）：16－18.

[26] 高和军，蒋晓敏，廖靖，等. 聚环氧氯丙烷阳离子改性与应用研究［J］. 西华师范大学学报：自然科学版，2010，31（1）：76－80.

[27] 李明勇，陈正国. 聚环氧氯丙烷－三乙胺季铵盐的合成与表征［J］. 日用化学工业，2011，41（4）：247－249.

[28] 卢敏，刘泽民，张家超，等. 聚醚季铵盐（PECH－NNDMA）的合成与表征［J］. 化学推进剂与高分子材料，2008，6（3）：47－49

[29] 卢敏，刘泽民，王会嫣，等. 新型聚醚季铵盐 PECH－QL 的合成与表征［J］. 河南科技大学学报自然科学版，2008，29（3）：102－104.

[30] 马喜平，胡星琪，杨斌. 有机阳离子聚合物 PQ 的合成及应用［J］. 精细石油化工，1996（4）：18－20.

[31] 张荣明，马冬晖，张振宇. 注聚井化学增注剂的合成与性能研究［J］. 石油化工高等学校学报，2011，24（5）：10－13.

[32] 徐灏龙，彭振华. 新型印染废水脱色絮凝剂的合成及应用研究［J］. 环境科学与技术，2010，33（12）：100－104.

[33] 中国石油化工股份有限公司，中国石油化工股份有限公司大连石油化工研究院. 一种聚胺页岩抑

制剂及其制备方法：CN，104592955A［P］. 2015－05－06.
［34］李家俊. 一种高效反相破乳剂在海上油田的应用［J］. 天津化工，2017，31（1）：26－28.
［35］邵建明，王江. 多胺缩聚物有机膦酸的制备与性能评价［J］. 承德石油高等专科学校学报，2015，17（3）：8－11.
［36］孙玉海，李希明，王娟，等. 多聚阳离子表面活性剂的制备及性能［J］. 精细石油化工，2014，31（5）：35－38.
［37］鲁红升，李雯，郭斐，等. 低聚季铵盐型黏土稳定剂的合成与性能评价量［J］. 精细石油化工，2012，29（5）：11－14.
［38］干建群，张敏，靳鹤，等. 主链型阳离子表面活性剂聚季铵盐的制备［J］. 广州化学，2013，38（4）：1－6.
［39］王瑛，孙立伟，王萍，等. 新型聚季铵盐的合成、表征及其性能测试［J］. 应用化工，2008，37（2）：149－152.
［40］张昕，高保娇，王蕊欣，等. 季铵化聚乙烯亚胺的制备［J］. 合成化学，2007，15（3）：275－279.
［41］张昕，高保娇，申艳玲. 季铵化聚乙烯亚胺的缓蚀与杀菌性能研究［J］. 胶体与聚合物，2007，25（2）：18－20，26.
［42］张继国，王艳，苏玲，等. 木质素－聚乙烯亚胺的合成及对 Cu^{2+} 离子的吸附性能［J］. 功能材料，2014，45（8）：8143－8147.
［43］陈曦，高建峰，胡拖平，等. 含氮功能炭材料 CCPEI 的合成及其对重金属离子吸附［J］. 功能材料，2014（16）：16079－16084.
［44］孟凯歌，李作佳，陶凤，等. 乳糖接枝聚乙烯亚胺壳聚糖的合成［J］. 化学研究与应用，2012，24（4）：607－609.
［45］方申文，段明，张烈辉，等. 光引发分散聚合制备聚乙烯亚胺为核的聚丙烯酰胺［J］. 石油化工，2012，41（1）：82－86.
［46］周伟平，张林. 聚乙烯胺的合成与应用［J］. 精细与专用化学品，2002，10（21）：52－53.
［47］张娟，范晓东，刘毅锋，等. 功能性聚乙烯胺及其衍生物合成的研究进展［J］. 高分子材料科学与工程，2006，22（1）：6－10.
［48］范晖，王锦堂. 聚乙烯胺的合成与应用［J］. 化工时刊，2005，19（10）：45－48.
［49］胡志勇，张淑芬，杨锦宗，等. 聚乙烯胺 Hofmann 降级法合成及其热稳定性研究［J］. 大连理工大学学报，2002，42（6）：659－662.
［50］杨晶晶，刘子慧，侯婷婷. 低分子量聚乙烯胺的合成及其分子量测定［J］. 合成材料老化与应用，2016，45（4）：11－15.
［51］胡晶，尚小琴，刘汝峰，等. 淀粉接枝聚乙烯胺捕集剂的合成与吸附性能［J］. 材料研究与应用，2010，4（4）：757－761.
［52］陈楠，张喜文，王中华，等. 新型聚胺抑制剂的实验室研究［J］. 当代化工，2012，41（2）：120－122，125.
［53］杨超，赵景霞，王中华，等. 复合阳离子型聚胺页岩抑制剂的应用研究［J］. 钻井液与完井液，2013，30（1）：13－16.

[54] 王焕梅，王萍萍，曹约良，等. 聚乙烯胺应用研究进展［J］. 兰州石化职业技术学院学报，2009，9（1）：7－10.

[55] 张荣明，高学良，任春燕，等. EPI－DMA 共聚物在聚驱采出工艺中降粘防蜡作用研究［J］. 化学工程师，2015，29（3）：34－35.

[56] 周明，赵金洲，蒲万芬，等. 一种新型抗温抗盐超强堵剂的研制［J］. 中国石油大学学报：自然科学版，2010，34（3）：61－66.

[57] 贾艳平，王业飞，何龙，等. 堵剂聚乙烯亚胺冻胶成冻影响因素研究［J］. 油田化学，2007，24（4）：316－319.

[58] 吴运强，毕岩滨，纪萍，等. 适用于高温高矿化度条件的聚乙烯亚胺冻胶堵水剂［J］. 石油钻采工艺，2015，37（4）：113－116.

[59] 王贵江，仪晓玲，武英英，等. 新型耐温抗盐堵剂的研究［J］. 石油化工，2012，41（2）：185－189.

[60] 谢飞，张红星. 用四乙烯五胺制得的高效除油乳选剂及性能［J］. 石油化工环境保护，1996（3）：23－27.

[61] 王素芳，林蓓，马英，等. 聚季铵盐反相破乳剂的合成及性能评价［J］. 工业水处理，2008，28（6）：56－58.

第十一章 淀粉及其改性产物

淀粉是绿色植物光合作用的产物，是植物体中贮存的养分，存在于种子和块茎中，淀粉含量随植物的种类而异，禾谷类籽粒中淀粉特别多，高达60%～70%，大约占碳水化合物的90%，其次是豆类，含淀粉约30%～50%，薯类含淀粉约10%～30%，而油料种子中淀粉含量较少。各种粮食籽粒或块茎中的淀粉含量见表11-1。同一种植物，淀粉含量随品种、土壤、气候、栽培条件及成熟条件不同而不同，即使在同一块地里生长的不同植株，其淀粉含量也不一定相同[1]。

表11-1 各种粮食籽粒中淀粉含量（干基）

品种	含量/%	品种	含量/%	品种	含量/%
糙米	75～80	燕麦（不带壳）	50～60	绿豆	50～55
玉米	64～78	燕麦（带壳）	30～40	赤豆	58
甜玉米	20～28	荞麦	35～48	大豆	2～9
高粱	69～70	黑麦	54～69	花生	5
小麦	58～76	甘薯①	15～29	豌豆	21～49
大麦（不带壳）	56～66	木薯①	10～32	皱皮豌豆	60～70
大麦（带壳）	38～42	马铃薯①	8～29	蚕豆	35

注：①湿基。

淀粉是葡萄糖的高聚体，由相当于化学式 $C_6H_{10}O_5$ 结构单元重复结构组成，简写成（$C_6H_{10}O_5$）n，式中 n 为聚合度。纯粹的淀粉是由葡萄糖结构单元缩聚而成的高分子化合物，由于葡萄糖结构单元在淀粉中的缩聚方式不同、成分不均一，形成两种不同的多糖体，即直链淀粉和支链淀粉。直链淀粉含几百个葡萄糖单元，支链淀粉含几千个葡萄糖单元。在天然淀粉中直链的约占22%～26%，它是可溶性的，其余的则为支链淀粉。如表11-2所示，不同来源的淀粉，直链淀粉含量不同，一般禾谷类淀粉中直链淀粉的含量约为25%，薯类约为30%～35%，糯性粮食淀粉中则几乎为0。在同一来源的淀粉中，直链淀粉的含量与类型和成熟度有关，如成熟的玉米一般为28%，而未成熟的玉米只有5%～7%。当用碘溶液进行检测时，直链淀粉液显蓝色，而支链淀粉与碘接触时则变为红棕色。图11-1和图11-2分别为直链淀粉和支链淀粉的结构式。支链淀粉显示多分子的特征。支链淀粉部分水解可产生称为糊精的混合物。糊精主要用作食品添加剂、胶水、浆糊，并用于纸张和纺织品制造（精整）等。

表 11-2 各种粮食淀粉中直链淀粉的量

淀粉种类	含量/%	淀粉种类	含量/%
大米	17	小麦	24
糯米	0	燕麦	24
玉米（普通种）	26	豌豆（光滑）	30
甜玉米	70	豌豆（皱皮）	75
糯玉米（蜡质种）	0	甘薯	20
高粱	27	马铃薯	22
糯高粱	0	木薯	17

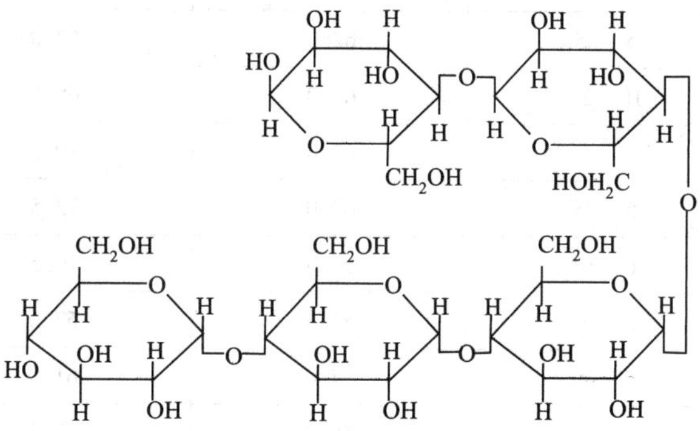

图 11-1 直链淀粉结构式

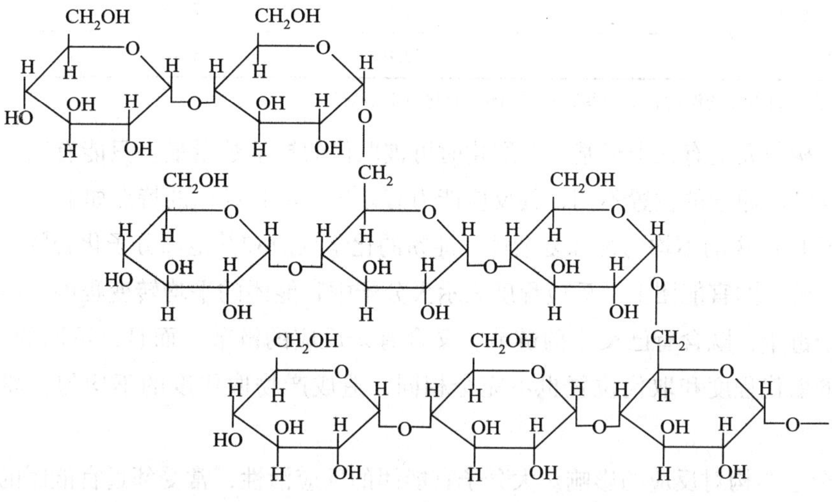

图 11-2 支链淀粉结构式

从微观上讲，淀粉分子由结构紧密的结晶区（晶相）和结构松散的无定形区（非晶相）所组成。这一点与纤维素相类似，但其最高结晶度只有 40%，远比纤维素的结晶度小。

直链淀粉的结晶度较大，呈螺旋体状，它容易形成微晶结构，在稀溶液中溶胀时，可以部分伸直，并能很快地凝集，若加入乙醇，则会因夺取其无定形区的抱合水而导致沉淀。支链淀粉形成结晶区的趋向较小，无定形区较大，呈球形结构，它能因水化作用而溶胀，支链的存在，会使溶解带来极大的机械障碍。也有一些研究者认为，淀粉颗粒的结晶部分并不是以直链淀粉为主，在支链淀粉分子中的非还原端链附近，也易形成结晶性。

如表 11-3 所示，淀粉乳加热至一定温度时，会发生糊化现象，表现出颗粒突然膨胀，晶体结构消失，不同来源的淀粉由于颗粒大小和直链淀粉含量的不同，其糊化温度亦不同。

表 11-3　各种淀粉的糊化温度范围

淀粉来源	淀粉颗粒大小/μm	糊化温度范围/℃①		
		开始	中点	完结
玉米	5~25	62.0	67.0	70.0
蜡质玉米	10~25	63.0	68.0	72.0
高直链玉米（55%）②		67.0	80.0	
高粱	5~25	68.0	73.5	78.0
蜡质高粱	6~30	67.5	70.5	74.0
大麦	5~40	51.5	57.0	59.5
黑麦	5~40	57.0	61.0	70.0
小麦	2~45	59.0	62.5	64.0
大米	3~8	68.0	74.5	78.0
马铃薯（热水处理过）		65.0	71.5	77.0
木薯	5~35	52.0	59.0	64.0

注：①失去双折射性的温度；②一些颗粒在 100℃时仍有双折射性。

淀粉结构单元上有三个羟基，在醚化时可被取代的羟基数量最多只能有三个。由于三个羟基所连结碳原子的位置不同，其反应能力有差异。淀粉反应的特点如下。

（1）反应产物的不均匀性和复杂性。淀粉的化学反应和其他高分子化合物一样，都发生在大分子链节的官能团上。反应程度表示大分子中官能团的平均转变程度。因此，在同一条大分子链中，既含有已反应的链节，又含有未反应的链节。而且，不同的大分子链，其官能团的取代程度和取代位置也不完全相同，造成产物取代度的不均匀，即基团分布不均。

（2）分子结构对反应的影响。大分子官能团的反应活性，常受邻近官能团的影响。淀粉单元结构中所含有的三个可反应的羟基，其反应能力并不相同，且还与反应类型和条件有关。淀粉在羧甲基化时，第一醇的反应活性大于两个第二醇。两个第二醇中，如果其中有一个已被取代后，另一个第二醇的反应活性即明显降低。

（3）高聚物与低分子化合物反应的差异。高聚物与低分子化合物反应时，具有长链结构的高聚物扩散速度很慢，反应速度主要决定于小分子在大分子中的扩散程度。因此，聚合物的聚集状态对反应过程的影响很大。对淀粉而言，一般认为，在结晶相中难以进行反应，反应仅发生在无定形相中。所以，要得到比较优质的淀粉衍生物，在反应时应设法使淀粉的结晶结构破坏。淀粉与纤维素相比较，其结晶结构的破坏较容易，但也应避免使淀粉形成凝胶。

由于淀粉分子中的羟基的可反应性，可以通过醚化反应和接枝共聚改性途径赋予其新的性能，淀粉改性产物因其价格低廉、来源丰富且绿色环保而成为重要的油田化学品之一，作为钻井液处理剂，因其具有强的抗盐性，可作为饱和盐水钻井液的降滤失剂，但该类处理剂抗温能力差，在井底温度高时容易发酵，一般仅能适用于130℃以下，这就限制了其进一步的推广。为了提高淀粉类处理剂的抗温性能，采用丙烯酰胺、丙烯酸等单体与淀粉进行接枝共聚，接枝共聚产物既保持了淀粉的抗盐性能又提高了其抗温能力，使其逐步得到油田化学工作者的重视[2,3]。

目前，在淀粉改性产物中，以用于钻井液处理剂的研究最多，现场应用的产品以淀粉醚化产物为主，接枝共聚物类产品多局限在室内研究[4]。

第一节　预胶化淀粉

预胶化淀粉，也称糊化淀粉、α－淀粉，通常是用化学法或机械法将淀粉颗粒部分或全部破裂，得到的具有水溶性的淀粉改性产物。系白色或类白色颗粒或粉末，无臭、微有特殊口感[5]。

一、性能

研究发现，预糊化淀粉存在大量亚微晶结构，这些亚微晶结构是在淀粉糊干燥过程中，随淀粉分子链间平均距离减小而逐渐形成。由于亚微晶形成，使预糊化淀粉X射线衍射曲线表现为由一个弥散结晶衍射峰和一个弥散非晶衍射峰组合而成。淀粉糊在干燥制备预糊化淀粉过程中的变化，表现在X射线衍射曲线上，则是双峰形成和分离过程。其中弥散结晶衍射峰从无到有、从小到大，且按晶体衍射规律峰位向衍射角减小方向移动；而弥散非晶衍射峰则从大到小，最后趋于稳定，且按非晶衍射规律峰位向衍射角增大方向移动。

由于预糊化淀粉具有多孔、氢键断裂结构，能在冷水中溶胀、溶解，形成一定黏度的胶液，与原淀粉相比，具有高分散性、高吸油性、高水合速度、高黏度和高膨胀性等特点，可应用于食品，在制药领域常用作口服片剂和胶囊剂的黏合剂、稀释剂和崩解剂。在油田化学中，是早期应用的钻井液降滤失剂之一。产品抗温能力较低，一般适用于100℃以内。优点的是抗盐能力强，成本低，来源广，可生物降解。在淡水钻井液中为防止其发酵，需使体系的pH值提高到12左右。多聚甲醛、异噻唑酮等是预胶化淀粉的有效防腐剂。预胶化淀粉还有轻微的乳化作用，可用作混油钻井液的乳化剂。预胶化淀粉与 Na－CMC 的性能比较见表 11－4[6]。从表中可以看出，预胶化淀粉在饱和盐水基浆中的降滤失能力与 CMC 基本相当，而对钻井液的增黏能力远低于 CMC，在不需要增黏的情况下，预胶化淀粉用于降滤失剂更有利，且成本远低于 CMC。

表 11－4　预胶化淀粉与 Na－CMC 性能对比

处理情况	*AV*/mPa·s	*PV*/mPa·s	*YP*/Pa	滤失量/mL
凹凸棒石饱和盐水基浆	12.5	3	9.12	178
基浆＋Na－CMC1.5%	33	24	8.6	11.8
基浆＋碱催化预胶化淀粉 1.5%	14.5	7	7.2	12

二、制备方法

预糊化淀粉是原淀粉在一定量水或亲水溶剂存在下加热，利用水或亲水溶剂使其分子间氢键断裂、破坏其规律排列胶束结构，完全糊化后，在高温下迅速干燥得到氢键断开、多孔状、无明显结晶的淀粉颗粒。糊化作用过程可分为三个阶段：①可逆吸水阶段。水分进入淀粉粒非晶质部分，体积略有膨胀，此时冷却干燥，颗粒可复原，双折射现象不变。②不可逆吸水阶段。随温度升高，水分进入淀粉微晶间隙，不可逆大量吸水，双折射现象逐渐模糊以至消失，亦称结晶“溶解”，淀粉粒胀至原始体积的 50～100 倍。③淀粉粒最后解体，淀粉分子全部进入溶液。

预胶化淀粉的生产工艺包括加热原淀粉乳使淀粉颗粒糊化、干燥、磨细、过筛、包装等工序。根据所用设备不同，预胶化淀粉可以采用不同方法制备，如喷雾法、挤压膨化法、微波法、脉冲喷气法和滚筒干燥法等。下面是一些代表性的方法[1]。

1. 喷雾干燥法

先将淀粉配浆，再将浆液加热糊化，将所得的糊用泵送至喷雾干燥塔进行干燥后得成品。淀粉浆液浓度应控制在 10% 以下，一般为 4%～5%，糊黏度在 0.2Pa·s 以下。浆液浓度过高，糊黏度太大会带来泵输送和喷雾操作困难。采用这种方法，由于淀粉浆液浓度低，水分蒸发量大，能耗随之增加，所以生产成本高。

2. 滚筒干燥法

滚筒干燥法又称热滚法。根据滚筒结构不同，又分为单滚和双滚两种。双滚式滚筒转向相反，将蒸汽通入鼓内加热，使滚筒表面温度高达 150～180℃，将浓度 40% 左右的淀粉乳分布于滚筒表面，在滚筒转动下形成均匀薄层。在加热下，淀粉开始糊化、干燥，待水分降至 5%，即可用刮刀将淀粉薄层剥下，经粉碎、过筛，即可得预糊化淀粉。操作过程是能否制备合格预糊化淀粉的关键，如淀粉涂层厚度、转鼓速度、鼓表面温度、产品最终水分等参数均会影响预糊化淀粉质量。为改善淀粉涂膜内外温差、加快热能传递，也可先将淀粉乳用喷射器或热交换器预热，再引入滚筒表面。

3. 挤压膨化法

也称螺杆挤压法，随着螺杆挤压技术在食品加工中推广、普及，也可采用挤压法生产预糊化淀粉。先将淀粉进行润湿处理，使其含水分20%左右，引入挤压机，挤压机加热部位温度高达120～200℃，压力可达3～10MPa。淀粉在挤压机中由螺杆推向前进，经挤压机几毫米模孔中放出，由于挤压机内部与外界大气之间高压差使淀粉被瞬时膨胀、干燥，达到预糊化效果。螺杆挤压法工艺特点是生产连续性、能耗低、投入低、设备较简单；但最终产品黏度较滚筒干燥法产品低，这是因在挤压过程中机械剪切力造成分子内部糖苷键及其他部分键型断裂所致。

研究表明，以水为溶剂，使淀粉糊化，结合无水乙醇脱水，然后低温干燥制得预糊化淀粉，可简化工艺、降低生产成本和设备投资。

上述三种方法中方法3成本低、效率高，可以满足作为钻井液降滤失剂的需要。

此外，还可以采用水解法制备预胶化淀粉。

（1）酸性水解法。将工业级玉米淀粉与0.5mol/L的H_2SO_4水溶液混合，在85℃下水解3～14h，然后用乙醇将淀粉沉淀出来，经抽滤和真空干燥得成品。

（2）碱性水解法。将玉米淀粉按一定比例用水调成悬浮液，加入占淀粉质量10%的NaOH搅拌均匀，在50～60℃下反应1h。用盐酸中和至pH=7～8以终止反应，加乙醇洗涤，真空干燥，然后粉碎，得白色或淡黄色粉状预胶化淀粉。

三、制备实例

（一）木薯淀粉次氯酸钠氧化法制备预糊化淀粉

针对钻井液的需要，采用木薯淀粉制备了预糊化淀粉降滤失水剂。制备过程如下[7]。

称取1000g绝干淀粉与1200mL水混合，搅拌均匀至浆状，再加入少量的水，使得淀粉质量分数达到40%；用3%～4%的氢氧化钠调节到反应所需的pH值；加入次氯酸钠，加入完毕后开始计时。在反应过程中，用3%～4%的氢氧化钠调节淀粉浆液的pH值在规定的范围内；反应结束后，加入1g亚硫酸氢钠，再用10%左右的盐酸中和到pH值为6.5，称量浆液的总重量，再计算加入水量，以调节淀粉的质量分数到35%～36%。调整辊筒干燥机的汽压，再把淀粉浆均匀分布到辊筒干燥机上进行糊化、干燥操作。收集样品，再粉碎、通过孔径0.25mm筛即得样品。

基于钻井液性能考察了影响产品性能的因素，钻井液配制方法为：量取400mL饱和盐水，添加1.14g $NaHCO_3$，搅拌1min，搅拌同时向容器中加入40g API评价基准黏土，然后在搅拌的同时在60s内添加4g样品。然后密封容器，常温放置24h，高速搅拌5min后测定钻井液性能，不同因素对产物性能的影响如下。

1. pH值

当反应时间为60min、温度为35℃、辊筒汽压为0.7MPa、次氯酸钠有效氯用量为0.2%时，随着反应体系pH值的提高，滤失量先降低后增加，但变化不大，钻井液表观黏度在 pH 值小于 8.5 时变化不大，但超过 8.5 以后讯速提高。这是因为在碱性条件下，形成带负电荷的淀粉盐离子的数量随 pH 值的升高而增加，同时带负电荷的次氯酸根离子也增多，导致这两种带负电荷的离子团因相互排斥而很难发生反应，限制了反应速度，在相同情况下，淀粉降解程度低，表现出黏度升高的趋势。综合考虑 pH 值对滤失量和黏度的影响，以 pH 值 8.5 为好。

2. 反应时间

当反应 pH 值为 8.5、温度为 35℃、辊筒汽压为 0.7MPa、次氯酸钠有效氯用量为 0.2% 时，随着反应时间的延长，钻井液表观黏度先增加后降低，再略有增加，而滤失量是先降低后增加，再略有降低。这是因为氧化速度取决于次氯酸钠浓度，并且开始很快，之后减慢。合成中次氯酸钠用量很少，是一般生产氧化淀粉时的 2% ~ 10%，次氯酸根离子在较短的时间可以与大量的淀粉分子结合完成反应。综合考虑反应时间对样品滤失量和黏度的影响，以及工业化生产时减少投资和快出产品，反应时间以 60min 较好。

3. 反应温度

当反应时间为 60min、pH 值为 8.5、辊筒汽压为 0.7MPa、次氯酸钠有效氯用量为 0.2% 时，随着反应温度的提高，用产物所处理钻井液的滤失量呈增加趋势，但增加比较缓慢，至反应温度达到 45℃时，滤失量快速增加，而样品的黏度则随着温度的升高而大幅度下降。这是因为，氧化反应本身即是放热反应，在反应过程中，局部淀粉粒温度升高引起淀粉粒膨胀，促进水溶性增加，从而导致黏度增加，同时在较高的温度下，反应比较剧烈，每升高 10℃反应速度增加 2 ~ 4 倍，淀粉粒被破坏的程度较大而降解成为小颗粒，在糊化过程中更容易糊化导致黏度升高，影响糊化效果。综合反应温度对滤失量和黏度的影响，反应温度控制在 30 ~ 35℃较好。

4. 辊筒蒸汽压

当反应时间为 60min、温度为 35℃、pH 值为 8.5、次氯酸钠有效氯用量为 0.2% 时，随着辊筒蒸汽压力的提高，用产物所处理钻井液的滤失量和黏度的变化比较稳定，这说明蒸汽压力对样品的影响不大。这是由于木薯淀粉本身糊化所需的最初温度为 52℃，到 64℃后即全部完成糊化，而辊筒蒸汽压力最低为 0.4MPa，其饱和蒸汽温度为 143.4℃，在这样的蒸汽压力条件下，辊筒表面的温度不低于 130℃，在这样高的温度下，淀粉糊化比较充分、一致，因此糊化温度或辊筒蒸汽压力对产物所处理钻井液的滤失量和黏度影响不大。综合考虑辊筒蒸汽压力对滤失量和黏度的影响及生产成本等，辊筒汽压控制在 0.7MPa 比较好。

5. 次氯酸钠用量

当反应时间为 60min、温度为 35℃、pH 值为 8.5、辊筒汽压为 0.7MPa 时，随着次氯酸钠用量的增加，用产物所处理钻井液的滤失量快速增加，而黏度则快速降低，这是因为随着次氯酸钠有效氯用量的增加，淀粉降解程度增加，数均相对分子质量下降很快，导致黏度下降。在黏度下降的同时，由于大分子被打断，其与水分子结合的能力减弱，导致淀粉颗粒对水分的保持能力下降，有更多的水分子可以脱离淀粉粒的束缚进入自由状态，降低了其控制滤失量的能力。当次氯酸钠有效氯用量达到0.3%以上后，钻井液滤失量明显增加（大于10mL），即产物降滤失能力下降。在实验条件下，次氯酸钠用量以0.2%较好。

（二）乙醇脱水糊化制备预胶化淀粉

乙醇脱水糊化制备预胶化淀粉的工艺流程见图11-3[8]。

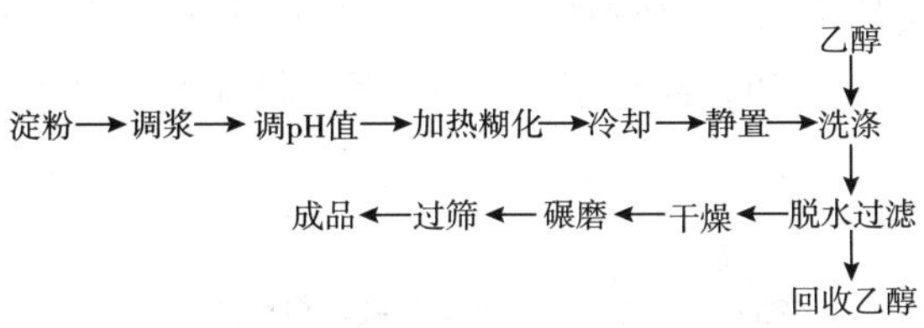

图11-3 预糊化淀粉工艺流程

研究表明，在预糊胶化淀粉制备中，工艺条件对产物性能具有较大的影响。

糊化时间、淀粉浆pH值和糊化温度是影响预糊化淀粉黏度的主要因素。在淀粉浆质量分数为5%、搅拌速度为200r/min、淀粉浆pH值为8、糊化温度为85℃的条件下，加入乙醇（与淀粉溶液的体积比为1∶1，下同）脱水糊化时，淀粉糊化时间越长，预糊化淀粉的黏度（质量分数5%，下同）越大。因为糊化时间长，淀粉颗粒膨胀充分，进入颗粒的溶剂多，分子间氢键断裂多，从而使淀粉颗粒的胶束结构破坏的程度大，当糊化时间超过2.5h，预糊化淀粉黏度变化不大。但时间过长，生产成本增加，因此反应时间以2.5h为宜。

在淀粉浆质量分数为5%、搅拌速度为200r/min、糊化时间为2.5h、糊化温度为85℃，加入乙醇脱水糊化时，在一定范围内，pH值上升可促进淀粉糊化。体系pH值为8时，淀粉的糊化效果最佳，其黏度最高。但pH值继续上升时，糊化效果反而下降，其原因可能是在高pH值时，易使淀粉颗粒表面迅速糊化并形成一层膜，而防碍淀粉颗粒内部的进一步糊化。可见pH值为8较好。

在淀粉浆pH值为8、搅拌速度为200r/min、糊化时间为2.5h、淀粉浆质量分数为5%，加入乙醇脱水糊化时，升高温度有利于预糊化淀粉黏度的增加。这是因为糊化温度越高淀粉颗粒膨胀越充分，分子间氢键断裂越多，从而使淀粉颗粒的胶束结构破坏程度越大，预糊化淀粉的黏度越大。当糊化温度超过90℃，预糊化淀粉黏度变化不大，故选择糊化温度为90℃。

淀粉浆质量分数和脱水过程中乙醇加量对预糊化淀粉黏度也有较大的影响。在淀粉浆pH值为8、搅拌速度为200r/min、糊化时间为2.5h、糊化温度为90℃、加入乙醇脱水糊化时，淀粉浆质量分数过大或过小都会影响预糊化淀粉的黏度。在淀粉浆质量分数小于5%时，随着淀粉浆质量分数的增大，预糊化淀粉的黏度增加。但是当淀粉浆质量分数过大时，淀粉颗粒吸水不充分，不能充分膨胀，不利于分子间氢键的断裂及胶束结构的破坏。故选择淀粉浆质量分数为5%较好。在淀粉浆质量分数为5%、淀粉浆pH值为8、搅拌速度为200r/min、糊化时间为2.5h、糊化温度为90℃条件下糊化时，随着无水乙醇与淀粉溶液体积比的增大预糊化淀粉的黏度逐渐增大，这是由于无水乙醇溶液加入越多，蒸发时带出的水分越多，干燥过程时间越短，淀粉的老化越少，已破坏的氢键很难再形成，因此预糊化淀粉黏度越大，当无水乙醇与淀粉溶液体积比大于3∶1时黏度变化不大，因此选择无水乙醇与淀粉溶液体积比为3∶1。

将脱水过程中加入无水乙醇与淀粉溶液的体积比固定为3∶1，通过正交实验确定了最佳工艺参数为：糊化时间为3h，淀粉浆pH值为8，糊化温度为95℃，淀粉浆质量分数为5%。

第二节　淀粉醚化产物

最初人们将淀粉糊化或膨化产物用于钻井液处理剂，但在使用温度超过70℃以后，容易发酵，并导致钻井液起泡，为提高淀粉改性产物的抗温能力，围绕淀粉的醚化改性开展了一系列的工作，醚化改性产物有以下几类。

(1) 以淀粉与氯乙酸钠在碱催化下醚化得到的羧甲基化产物。

(2) 淀粉与环氧乙烷、环氧丙烷，在烧碱存在下反应得到的羟乙（丙）基化产物。

(3) 在碱性条件下，淀粉与丙烯腈反应产物，经过进一步碱性水解得到的羧乙基化产物。

(4) 在碱性条件下，淀粉与2-卤代乙磺酸钠得到的磺乙基化产物。

(5) 淀粉与环氧氯丙烷、三甲胺等反应物反应得到的阳离子醚化产物等。

淀粉醚化产物主要用于钻井液处理剂，现场应用证明淀粉醚化产物作为钻井液降滤失剂，具有良好的控制滤失量的作用，且抗盐能力强，尤其适用于饱和盐水钻井液体系。

在醚化过程中产品质量控制主要包括两方面，一是碱化过程，二是醚化过程。碱化的关键是保证碱化均匀，尽可能使淀粉充分碱化，同时能避免淀粉在碱化过程中出现凝胶化，这一步直接关系到下步醚化反应。在醚化过程中，应尽可能保证搅拌均匀，以保证碱淀粉在非均相状态下反应更均匀完全，减少副反应，提高醚化反应效率，保证产品的取代度和取代度均匀分布，同时还要考虑减少醚化反应中可能出现的交联现象。

在采用半干法生产中，控制合适的醇水比，保证淀粉充分悬浮在乙醇-水体系中，在碱化过程中控制碱的加入速度及碱化温度，防止碱化淀粉聚集沉淀，在醚化剂加入后应充分搅拌，保证醚化剂与碱化淀粉充分接触，同时控制反应温度，减少醚化剂水解反应。

在干法生产中，碱化过程中氢氧化钠水溶液加入要均匀，以保证充分混合，最好以雾化方式加入，醚化剂加入同样要均匀，然后在低温下充分混合，待混合均匀后再在适当温度下醚化，同时保证醚化时间，产品干燥过程中开始温度不宜过高，一般控制在80℃以下，最好采用热风干燥。

基于淀粉的结构特点，醚化产物在抗温上虽然有明显改善，但其使用温度不能超过130℃，故在深井中不宜使用，但在饱和盐水钻井液中，使用温度可放宽至140℃，配合乙烯基磺酸盐共聚物或除氧剂，可将其使用温度提高至150℃。淀粉醚化产物有羧甲基淀粉、羧乙基淀粉、羟丙基淀粉、羟乙基淀粉、磺烷基淀粉和阳离子醚化淀粉等，其中羧甲基淀粉用量最大，羟丙基淀粉次之，而羧乙基淀粉醚和含磺酸基醚化淀粉仅局限在室内研究。与羧甲基淀粉相比含磺酸基醚化淀粉不仅抗盐能力强，同时具有抗钙镁污染的能力，具有良好的应用前景。

一、羧甲基淀粉

羧甲基淀粉（CMS）是一种阴离子型的淀粉醚。工业用羧甲基淀粉的取代度一般在0.9以下，取代度大于0.1的产品即可溶于冷水，得到透明的黏稠溶液。在水溶液中，盐含量的提高，可使CMS的黏度大大降低。

通常使用的是它的钠盐，又称Na－CMS，为白色或黄色粉末，无臭、无味、无毒，易吸潮，溶于水形成胶体状溶液，对光、热稳定。不溶于乙醇、乙醚、氯仿等有机溶剂。水溶液在碱中较稳定，在酸中较差，生成不溶于水的游离酸，黏度降低。水溶液在80℃以上长时间加热，则黏度降低。该品与羧甲基纤维素（CMC）有相似的性能，具有增稠、悬浮、分散、乳化、黏结、保水、保护胶体等多种性能。与CMC不同的是，该品水溶液会被空气中的细菌部分分解（产生α－淀粉酶），使黏度降低。因此，在淡水钻井液中使用时易发酵。

在制备CMS时用KOH代替NaOH，制得含钾盐的产品，除具有羧甲基淀粉钠盐性能外，还兼有良好的稳定页岩、控制井径扩大的作用，且抗膏污染能力更优，从而扩大了CMS的应用范围。K－CMS和Na－CMS的页岩滚动回收率对比实验结果见表11-5，K－CMS和Na－CMS所处理的钻井液抗膏污染对比实验结果见图11－4（饱和盐水钻井液，CMS加量1%）[9]。

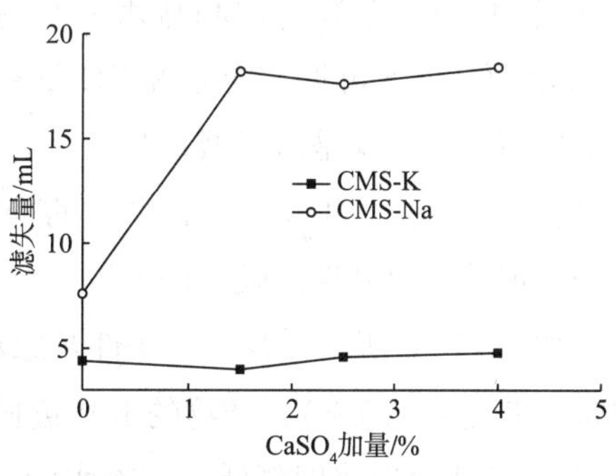

图11－4 石膏加量对CMS处理饱和盐水钻井液滤失量的影响

表11-5 页岩滚动回收率实验结果

组分	回收率/%	组分	回收率/%
清水	25.62	1%K－CMS＋4%NaCl	83.60
1%Na－CMS＋4%NaCl	36.22		

注：页岩为华北二连地区阿35井易塌段岩心，粒度6～10目（2～3.35mm）

（一）制备过程

合成CMS要经过淀粉碱化和醚化（羧甲基化）两步反应。

（1）淀粉碱化：淀粉颗粒中存在着结晶区和非结晶区，要使反应顺利进行，必须破坏结晶区。用氢氧化钠可破坏淀粉颗粒的结晶区，使其充分膨胀。同时，氢氧化钠与淀粉的羟基结合，形成活性中心。

（2）羧甲基化：淀粉钠和氯乙酸钠在碱性条件下进行反应生成羧甲基淀粉钠，同时氯乙酸钠在碱性条件下发生水解反应生成羟基乙酸钠。

（二）制备方法

CMS 可以采用淀粉与氯乙酸在碱性条件下醚化制得，其生产方法有干法、半干法和溶剂法。

1. 干法

按淀粉:氯乙酸:氢氧化钠（45%溶液）：Span－80（10%乙醇溶液）＝20：5：11：1 的比例（质量比），将淀粉加入捏合机中，然后依次向淀粉中喷入 Span－80 乙醇溶液和氢氧化钠溶液。加完后，捏合碱化 1h。碱化时间达到后，加入氯乙酸，在常温下捏合 2h，出料，将所得产物老化 12h 后，在 80℃烘干，粉碎即得成品[10]。

干法生产工艺简单、对设备要求低，生产成本低，是生产钻井液用 CMS 的常用方法。在干法生产中氢氧化钠用量、氯乙酸钠用量、水用量等因素会影响醚化反应及产品性能。

当反应条件一定时，即 n（淀粉）：n（氯乙酸钠）＝1：0.45，H_2O 用量为 30%（占干淀粉质量），催化剂用量为淀粉质量的 1.5%时，NaOH 用量对醚化反应和产物性能的影响见图 11－5（基浆为饱和盐水＋4%抗盐土，滤失量为 146mL，样品加量为 1.5%，下同）。由图 11－5 可见，增加 NaOH 量有利于提高产物的取代度，而当 NaOH 用量过大时取代度反而降低，这是由于碱量过大时，副反应产物羟基乙酸钠量增加降低了主反应程度。还可看出，增加 NaOH 用量，产物的降滤失能力增强，当 NaOH 用量过大时，滤失量反而上升，可见要得到性能较好的产物，必须控制 NaOH 用量适当。

如图 11－6 所示，在反应条件及原料配比一定时（淀粉 1mol，NaOH 1mol，H_2O 含量 30%，催化剂 1.5%），产物的取代度随着氯乙酸钠用量的增加而提高，当氯乙酸钠用量超过 0.5mol 时取代度降低，产物水溶性差，这是由于产物部分交联所至；滤失量随氯乙酸钠量增加大幅度下降，但氯乙酸钠量超过 0.5mol 后，滤失量反而升高，这是由于产物溶解性差，不能在钻井液中分散所至。

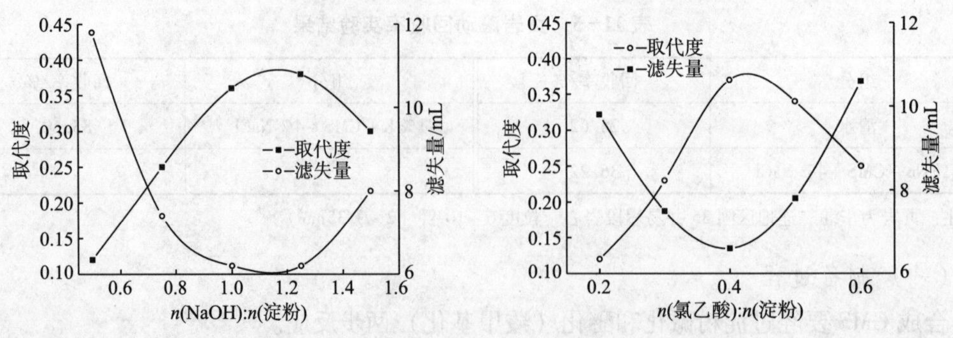

图 11－5 NaOH 用量对取代度和滤失量的影响　图 11－6 氯乙酸用量对取代度和滤失量的影响

如图 11-7 所示，在原料配比一定，即 n（淀粉）∶n（NaOH）∶n（氯乙酸钠）=1∶1∶0.5，催化剂用量占淀粉总质量的 2%，反应条件一定时，随着反应体系的含水量增加，产物的取代度先升高后又降低。这是因为开始增加 H_2O 量，反应较均匀，但当 H_2O 量大时，烘干时间延长，烘干过程中交联产物量增加，产物的水溶性较差，降滤失能力下降。

同时干法生产中为保证产品质量，还需要注意碱化时间和干燥温度对产品性能的影响。图 11-8 表明，反应条件一定时，n（淀粉）∶n（NaOH）∶n（氯乙酸钠）=1∶1∶0.5，H_2O 用量为 30%，催化剂为淀粉量的 2%，增加碱化时间有利于提高产物的降滤失效果，但在实际生产中也不能无限地延长碱化时间，以防止淀粉在碱性条件下降解。

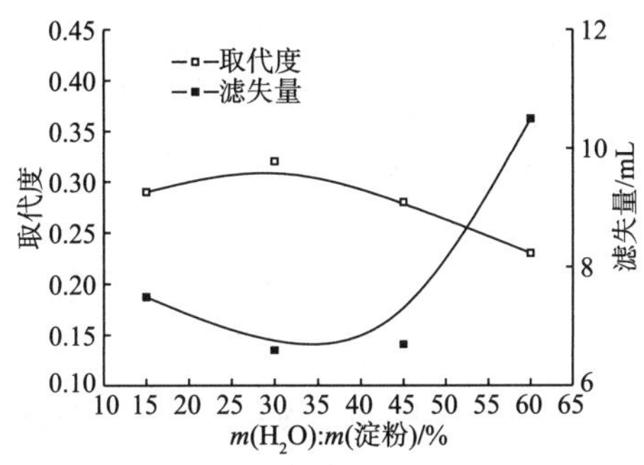

图 11-7 水用量对取代度和滤失量的影响

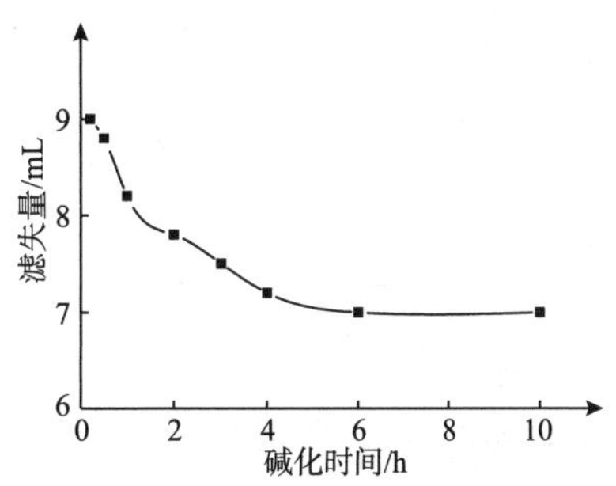

图 11-8 碱化时间对产品滤失量的影响

如图 11-9 所示，当反应条件一定时，n（淀粉）∶n（NaOH）∶n（氯乙酸钠）=1∶1∶0.5，H_2O 用量为 30%，催化剂为淀粉量的 2% 时，提高烘干温度可以缩短烘干时间，但当温度超过 100℃时，产物出现交联，溶解性和降滤失效果降低，为了保证产物的降滤失性能，烘干温度应控制在 100℃以下。

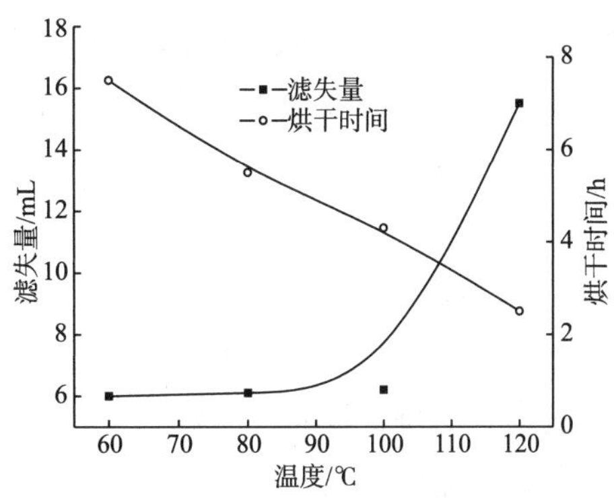

图 11-9 烘干温度对产品降滤失能力和烘干时间的影响

2. 半干法

按淀粉∶氢氧化钠（35%溶液）∶乙醇=20∶15∶70 的比例（质量比），将乙醇、淀粉加入反应釜，搅拌 30min，然后慢慢加入氢氧化钠溶液，继续搅拌 30～40min；升温至 45℃，在此温度下慢慢加入氯乙酸的乙醇溶液（用 20 份乙醇和 5.5 份氯乙酸配成），在45～50℃下反应 2～2.5h 后将反应混合液转移至中和洗涤釜中，首先用稀盐酸中和至pH=7～8，然后再加入适量的乙醇使产物沉淀，沉淀物经分离回收乙醇，所得沉淀物经干燥、粉碎即得产品[11]。

研究表明，采用半干法制备 CMS，无论从反应效率还是产物的降滤失能力方面，均优于干法生产。在半干法生产中当醇水比一定时，氯乙酸和碱用量是影响产物反应效率和降滤失能力的关键。如图 11-10 所示，当反应条件一定，n（氯乙酸）∶n（淀粉）=0.4∶1

时，随着氢氧化钠用量的增加，产物的取代度开始大幅度增加，当 n（氢氧化钠）∶n（淀粉）为 0.8 时，取代度达到最大，然后稍有降低，而产物的降滤失能力开始逐步提高，但当 n（氢氧化钠）∶n（淀粉）为 0.7 时，降滤失能力最佳，再继续增加氢氧化钠用量降滤失能力反而降低，这是因为当碱用量过大时，氯乙酸副反应增加，影响主反应效率。在实验条件下，n（氢氧化钠）∶n（淀粉）为 0.8～1 较为合适。

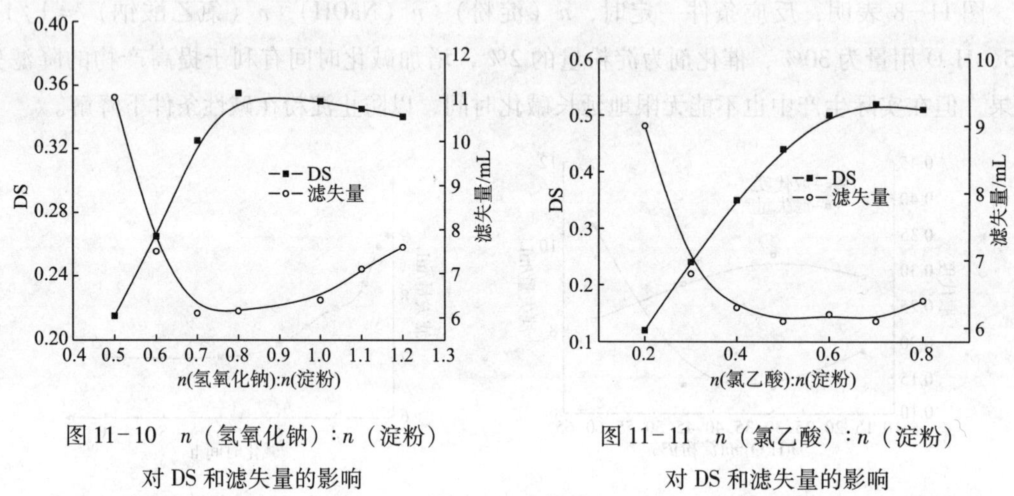

图 11-10　n（氢氧化钠）∶n（淀粉）对 DS 和滤失量的影响

图 11-11　n（氯乙酸）∶n（淀粉）对 DS 和滤失量的影响

如图 11-11 所示，当反应条件一定，n（氢氧化钠）∶n（淀粉）=1 时，随着氯乙酸用量的增加，产物的取代度开始大幅度增加，当 n（氯乙酸）∶n（淀粉）超过 0.6 以后，再增加氯乙酸用量取代度变化不大，而产物的降滤失能力开始逐步提高，当 n（氢氧化钠）∶n（淀粉）超过 0.5 以后达，再继续增加氯乙酸用量降滤失能力变化不大。在实验条件下，n（氯乙酸）∶n（淀粉）为 0.5～0.7 较为理想。

3. *溶剂法*

溶剂法生产 CMS 时，可以采用甲醇、乙醇、异丙醇等作为溶剂（或分散剂），以异丙醇作为溶剂为例，合成过程如下。

在反应瓶中加入 8.1g 玉米淀粉和适量异丙醇（约 150mL），搅拌使淀粉充分分散，加热至 40℃，加入 15g 质量分数为 40% 氢氧化钠水溶液，碱化反应 1.5h。加入 11.5g 氯乙酸和异丙醇（约 30mL），并在 1h 内滴加 15g 质量分数为 40% 的氢氧化钠溶液，于 50℃下进行醚化反应 3h。用冰醋酸调节 pH＝7～8，抽滤，用无水乙醇洗涤至滤液中无 Cl^-，烘干、粉碎即得 CMS[12]。

研究发现，在溶剂法生产中，溶剂中适当的水量、溶剂与淀粉的比例、碱用量、氯乙酸用量，以及碱化温度和醚化温度、后处理等对产物性能均具有不同程度的影响。

反应过程中水分子将反应小分子输送至淀粉颗粒内部，也促进副反应的发生。水用量过低会使氢氧化钠溶解困难，也使氢氧化钠和氯乙酸难以进入淀粉颗粒内部，从而使醚化反应困难；水用量过高，一方面水对碱的强烈溶剂化作用会削弱碱化阶段淀粉钠的生成，另一方面在醚化阶段亲水性的羧甲基不断引入，使淀粉更易溶胀吸水形成黏糊状物，将未反应的淀粉与氯乙酸包裹在里面，使之不能充分反应。因而为得到较高的降滤失能力的产物，水的用量必须控制。

如图11-12所示，反应条件一定时，异丙醇用量为160mL，碱化温度为40℃，醚化温度为50℃时，随着水的用量的增加，所合成的醚化淀粉降滤失能力提高。水用量为16mL左右时，所得产品的降滤失能力最佳。

在极性较小的溶剂中进行碱化反应，可以破坏淀粉的结晶结构，形成较多的醚化中心。选用极性较小的非溶胀性溶剂如低碳醇，可以起分散均化和保持体系呈淤浆状态的作用。实验发现异丙醇对淀粉的分散性较好，故选用异丙醇为分散介质。如图11-13所示，当水用量为16mL、碱化温度为40℃、醚化温度为50℃时，异丙醇用量在180mL左右时，醚化淀粉的降滤失能力最佳，以降滤失能力为依据时异丙醇的最佳用量为180mL。

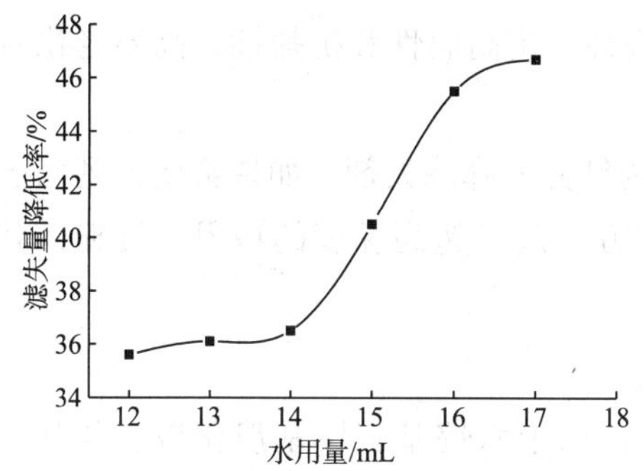

图11-12 水用量与50℃滤失量降低率的关系

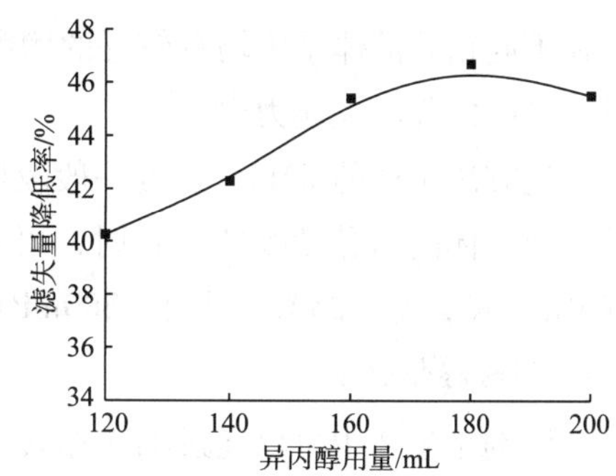

图11-13 异丙醇用量与50℃滤失量降低率的关系

醚化反应终止后，反应产物需经中和、洗涤、干燥处理。把产物中和至pH=7~8为宜，这时产物呈羧甲基淀粉醚的钠盐状态。另外，干燥时间和温度也要适宜，从干燥后醚化淀粉的外观判断，当振摇装有醚化淀粉的容器时，醚化淀粉能充分分散且不发黄变焦为宜。在110℃下烘烤3h效果较好。

通过优化得到最佳合成条件为：玉米淀粉8.1g，氢氧化钠12g，水16mL，碱化温度40℃，碱化时间1.5h，氯乙酸11.5g，异丙醇180mL，醚化温度50℃，醚化时间3h。在该合成条件下得到的醚化淀粉在淡水基浆中具有较强的降滤失能力，同时具有较好的抗盐、抗钙及抗温能力。

需要强调的是，在溶剂法（非水介质）生产中，甲醇、乙醇、丙酮和异丙醇等有机溶剂均可以作为介质，不同介质在反应条件相同时制备的CMS，其取代度有很大的差异（表11-6）[1]。如前所述，当以有机溶剂作为介质时，其中水的比例也直接影响醚化反应，以乙醇为例，当乙醇中含水13%~14%时，可以获得高取代度的产物，在含水小于5%（体积）的乙醇中，醚化难以进行。

围绕提高淀粉改性产物的抗温性，在合成羧甲基淀粉钠（SCMS）的过程中引入水溶性硅酸钠对其进行改性，合成硅改性的SCMS降滤失剂（Si-SCMS），用Si-SCMS处理钻井液，在150℃热滚后的失水量仅为15.2mL，与SCMS降滤失剂相比，抗温性能显著提高[13]，从而拓宽了淀粉改性处理剂的应用范围。

表 11-6　不同反应介质对取代度的影响

反应介质	取代度	反应介质	取代度
水	0.1755	乙醇	0.4756
甲醇	0.2294	异丙醇	0.5897
丙酮	0.3793		

通过适当的交联反应，可以提高羧甲基淀粉的应用性能，如以马铃薯淀粉为原料，以90%乙醇为溶剂，环氧氯丙烷为交联剂，氯乙酸为醚化剂，当淀粉、氯乙酸及氢氧化钠物质的量比为1∶0.57∶1.01，交联剂用量为干淀粉质量的0.67%，在65℃下反应70min时，合成的高黏度交联－羧甲基化复合变性淀粉（CCMS），具有较好的抗剪切性能和较高的黏度，在不同钻井液体系中均有较好的增黏性、降滤失性、抗高温性和抗盐性，高温老化后仍具有良好的降滤失能力[14]。

上述方法生产的CMS，黏度一般较低，主要作为钻井液降滤失剂，如果希望得到用于其他作业流体的高黏度改性产物时，可采用文献[15]方法制备超高黏度的羧甲基淀粉，其2%的水溶液黏度（25℃）大于1300mPa·s。

4. 相转移催化法

在溶剂法生产中可以通过加入相转移催化剂[16]，如十六烷基三甲基溴化铵、苄基三甲基溴化铵、四丁基碘化铵等以提高反应效率、提高产物的取代度和黏度。

研究表明，CMS的取代度与羧甲基化反应本身有直接关系，而羧甲基化反应的进行又与酸碱配比密切相关，因此，淀粉、氯乙酸、碱用量、催化剂和反应时间等是影响产品取代度的关键因素。产品黏度固然与取代度有关，但后处理也是影响产品黏度的重要因素。

原料配比和反应条件一定时，碱用量对反应的影响见图11-14。从图11-14可以看出，在氯乙酸钠用量不同时，当 n（氢氧化钠）∶n（氯乙酸）＝2.25时，DS均可达最高值，当 n（氢氧化钠）∶n（氯乙酸）大于2.25时，DS呈下降趋势。可见，在实验条件下，当 n（氢氧化钠）∶n（氯乙酸）＝2.25时DS值最高。如图11-15所示，原料配比和反应条件一定时，随着随氯乙酸量的增加，取代度也随之增大。

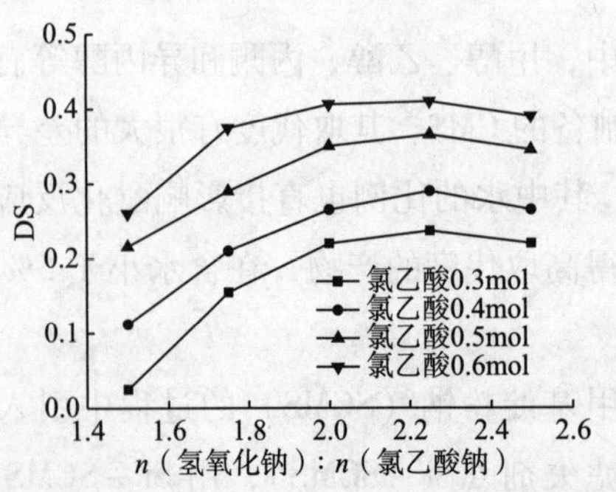

图 11-14　碱酸物质的量比与DS的关系

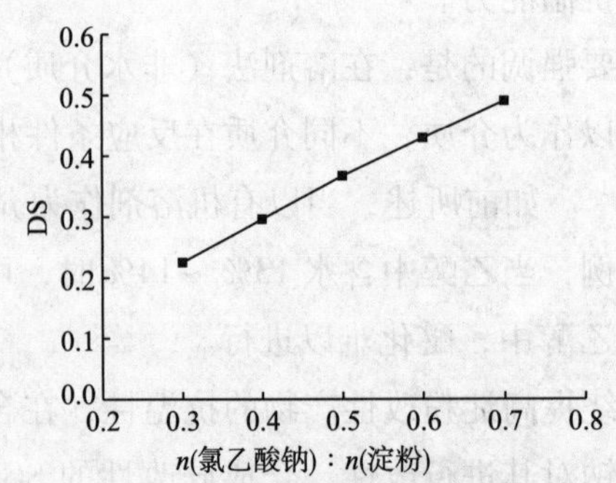

图 11-15　氯乙酸与淀粉物质的量比与DS的关系

以十六烷基三甲基溴化铵、苄基三甲基溴化铵、四丁基碘化铵为相转移催化剂（加入氯乙酸质量的0.26），分别在不同量的氯乙酸下进行对照实验，结果表明，DS均有不同程度的提高，说明以季铵盐为相转移催化剂具有一定的催化效果。比较3种催化剂，十六烷基三甲基溴化铵效果较好，其次为苄基三甲基溴化铵和四丁基碘化铵。同种催化剂在不同的氯乙酸加入量中，其效果亦不同。从图11-16可以看出，当氯乙酸加入量较低时，催化效果不十分明显，当氯乙酸量增加时，DS值迅速增加。可见，如欲制备高DS的产品时，加入适量相转移催化剂对提高DS十分有利。当催化剂用量增至2倍时，取代度仍可提高，但回收溶剂时出现泡沫，操作不便。由于季铵盐为表面活性剂，所以使得产品渗透性强，水溶性好。

如图11-17所示，在配料比和反应一定的条件下，当反应温度高时，所需时间短，反之则长。加入催化剂可相应降低反应温度和缩短反应时间。一般来讲，反应温度低时，虽然反应时间拉长，但氯乙酸水解速度减慢，有利于提高氯乙酸的利用率。

后处理时洗涤剂对产物的黏度（产品水溶液黏度采用NDJ-79型旋转黏度计测定）影响很大，表11-7是同一批产物选用不同浓度的甲醇、乙醇为洗涤剂时，溶剂体积和洗涤次数对产物黏度的影响，从表中可以看出，当洗涤剂种类、浓度及用量不同时，同一批产物所得黏度相差很大。这是由于产物中所含氯化钠、羟基乙酸钠、游离碱等可溶性杂质，通过洗涤净化后，黏度可迅速提高。净化效果越好，杂质含量越少，黏度就越高。因此，随着洗涤溶剂的极性增大，含水量增加以及用量及次数的提高，黏度显著增高，故实验条件下确定采用70%的甲醇洗涤。

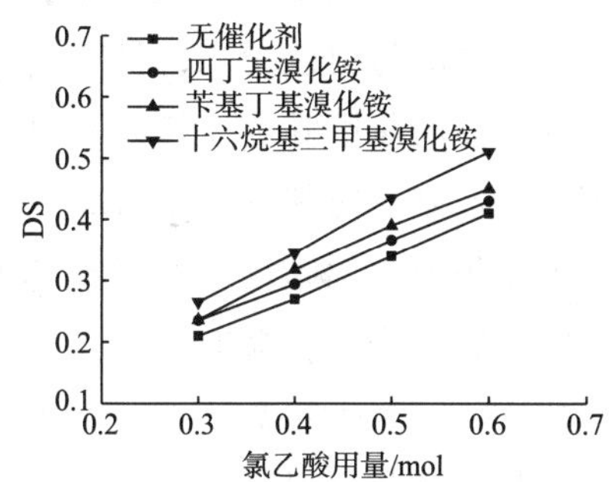

图11-16 催化剂种类对取代度DS的影响

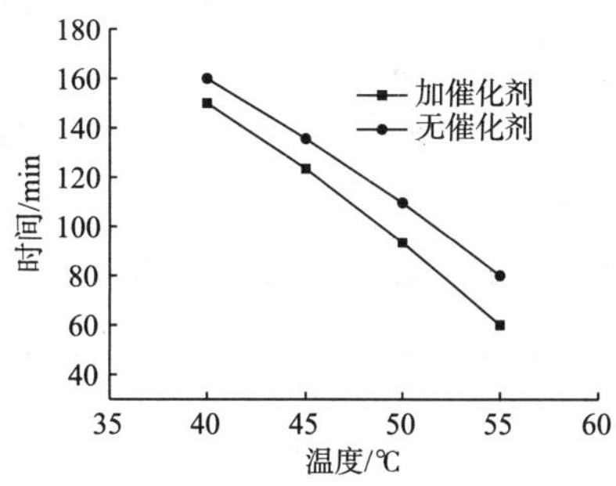

图11-17 醚化温度与反应时间的关系

表11-7 不同洗涤剂的浓度、体积、次数对黏度的影响（单位：Pa·s）

洗涤剂	浓度/%（每次用200mL）		体积/mL（70%）			洗涤次数（浓度70%，每次200mL）		
	70	95	100	200	300	0	1	2
甲醇	0.60	0.13	0.17	0.60	0.97	0.08	0.60	1.70
乙醇	0.40	0.115	0.13	0.40	0.50	0.095	0.40	0.80

（三）羧甲基淀粉的稳定性

羧甲基淀粉的分子中含有醚键，使其耐温性受到限制，一般在作业流体中只能适用于

130℃以下温度。它和淀粉一样，在一定条件下可发生酸性、碱性、热、生物及辐射降解反应，导致聚合度降低、基团被氧化、葡萄糖环破坏，甚至碳化[17]。

羧甲基淀粉降解包括的氧化裂解和碱性降解。羧甲基淀粉中葡萄糖环上的—OH在氧化剂（H_2O_2、次氯酸或其钠盐及碘酸盐等）的作用下，很容易被氧化成醛基，再进一步氧化成羧基，并在氧化过程中伴随着部分甙键因氧化而断裂，发生解聚作用，使其聚合度降低。碱对羧甲基淀粉的影响，随着温度的升高而很快降解，相对分子质量迅速下降。在隔绝空气的条件下，羧甲基淀粉在pH值为7～11的范围内和90℃下，加热24h，降解并不明显。但是，若有空气存在时，溶液pH值稍大于7，就会严重降解。碱性越强，降解越迅速，这是与葡萄糖环上的—OH被氧化成—CHO和—CO—有关，碱性降解将导致葡萄糖环的破坏。如在溶液中加入硫、苯酚、苯胺、乙醇胺、尿素或其他还原剂，由于它们可以与—CO—基结合，从而阻止了羧甲基淀粉的碱性降解。如果能在合成工艺过程中加入抗氧剂，将获得更好的效果，一些无机盐，如硫酸铝钾和硫酸铜等，也可以用作羧甲基淀粉的阻氧剂。

在含CMS的油田作业流体中加入适量的防腐剂或杀菌剂可以提高其稳定性，以钻井液中的稳定性为例，如图11-18所示，加入杀菌剂或除氧剂后，钻井液的抗温能力明显提高。

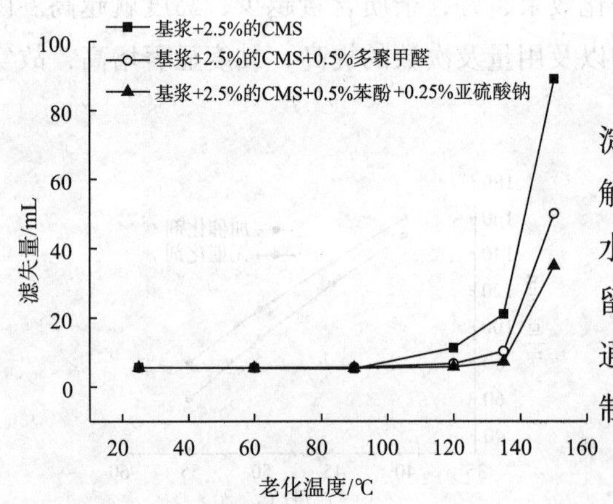

图11-18　杀菌剂或除氧剂对CMS钻井液性能的影响

基浆为4%抗盐土饱和盐水钻井液

二、羧乙基淀粉醚

羧乙基淀粉（CES）是一种羧乙基化的淀粉衍生物，由淀粉经氰乙基化后，再经水解而得，产品为白色粉末，易吸潮，可溶于水。其性能与羧甲基淀粉接近，由于分子残留部分氰乙基，使其抗温能力高于CMS。它通常由淀粉与丙烯腈反应物经水解得到。其制备方法有一步法和两步法。

（一）一步法制备

一步法制备过程如下。

将占反应原料质量2～3倍的介质（水、乙醇）加入反应釜中，然后将162份淀粉和170份氢氧化钠加入反应釜，并搅拌30min，然后慢慢加入140份丙烯腈，将体系的温度升至50℃，在密封状态下于50℃下反应3h；当反应时间达到后，用酸将反应产物中和至pH=7～8，再用乙醇洗涤、过滤、真空干燥，粉碎得白色粉状的羧乙基淀粉醚产品。

也可以采用微波辐射一步法制备。在Discover［微波精确有机合成系统（ChemDriver™美国）］的配套100mL圆底长颈瓶中先加入一定量的90%乙醇溶液，再加入一定量的玉米淀粉，搅匀，再缓慢地加入一定量的氢氧化钠和丙烯腈。然后把圆底长颈瓶放入Discover中，锁好，以防止微波泄露，并通过内置的系统软件控制系统选择时间功率反应模式，设定好辐射功率，最高温度，辐射时间以及搅拌和空压气体同步冷却，然后开始反应，并加热回流，系统会按设定的各项参数进行反应，自动控制，电脑微控系统将保存反应的全过程，包括各项参数随时间的变化关系。待反应结束后，将Discover关掉，开锁，取出反应瓶，稍微冷却后，加适量乙酸调节至中性，然后离心分离，再用90%乙醇溶液洗涤，抽滤，所得固体在70℃下烘干，即得羧乙基玉米淀粉（CES）产品，滤液和母液合并，经蒸馏回收乙醇[18]。

研究表明，在微波辐射合成中各反应条件对淀粉羧乙基化具有强烈的影响。氢氧化钠、丙烯腈和乙醇用量对玉米淀粉羧乙基化的影响情况见图11-19。如图11-19（a）所示，当玉米淀粉用量为4g，丙烯腈用量为2.7g，乙醇溶液30mL，辐射功率为95W，单模聚焦微波辐射时间为5min时，随着氢氧化钠量的增加，氢氧化钠分子渗透到淀粉分子的速率增加，破坏氢键的机会增加，生成的CES的取代度增大，但随着氢氧化钠用量的继续增加，将使副反应加快，导致取代度减小。如图11-19（b）所示，氢氧化钠用量为3g时，随着丙烯腈的用量的增加，羧乙基化程度增加，产品取代度升高，当丙烯腈为2.7g时取代度最大，之后再继续增大其用量时，羧乙基取代度反而下降。如图11-19（c）所示，当氢氧化钠和丙烯腈用量分别为3g和2.7g，乙醇溶液用量为35mL时，可以得到较高取代度的产品。这是因为当乙醇用量太少时，微波加热使乙醇迅速挥发，淀粉颗粒不能充分溶胀，氢氧化钠不易溶解，反应物不易渗透到淀粉颗粒的内部，所以取代度低，但当乙醇溶液体积太大时，尽管淀粉颗粒仍能充分溶胀，反应物易于渗透，然而乙醇溶液体积增大，导致了反应物浓度减小，相应碰撞次数也减少，不利于反应进行，使取代度降低。

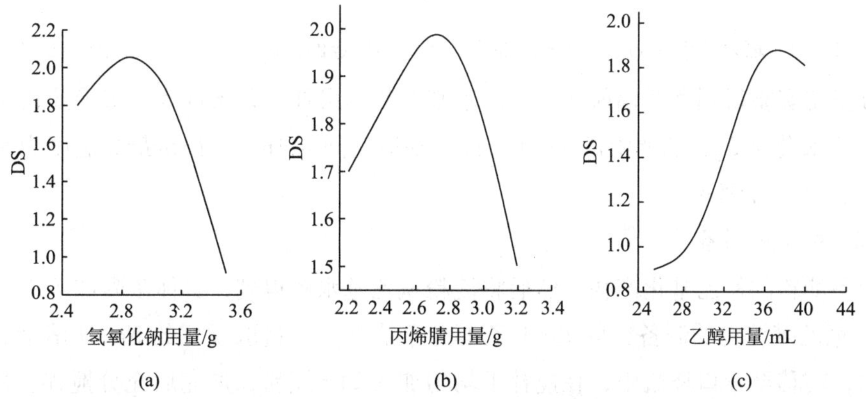

图11-19 氢氧化钠用量（a）、丙烯腈用量（b）和乙醇用量（c）对取代度的影响

单模聚焦微波辐射功率、辐射时间以及设定的最高温度对羧乙基化的影响见图11-20。如图11-20（a）所示，当反应条件一定，乙醇溶液体积为35mL，当单模聚焦微波辐射功率为95W时，可以得到较高取代度的产品，因为微波进入物体内部，分子在电磁场作用下极

化，并随电磁场的变化而变化，产生高频振荡，这样极化分子本身的热运动和分子之间的相对运动会产生类似摩擦、碰撞、振动、挤压的作用，特别是使用 Discover 单模聚焦微波合成系统，比常规微波炉使体系能量聚集的更快速，因此在反应最大温度固定时，随着辐射功率的增加，反应内部积聚的能量太大而导致淀粉凝聚，而不利于反应进行，使取代度降低。如图 11-20（b）所示，反应条件一定，固定微波辐射功率为 95W 时，随着微波辐射时间的增加，产品的取代度逐渐降低，在微波功率一定时，如果再增加微波辐射时间，会使体系温度剧增，导致反应物结块，从而不利于反应的进行，在实验条件下，最佳微波辐射时间为 4min。如图 11-20（c）所示，固定微波辐射时间为 4min，设定最高温度为 50℃时，可得到较高取代度的产品。由于 Discover 单模聚焦微波系统，如果设定的最大温度很低时，系统会在还没有达到设定的辐射时间时就能达到设定的最大温度，系统内部的安全自动程序就会停止释放微波，导致反应进行不彻底，使取代度降低，同样，如果设定的辐射温度过高时，会导致内部大量能量的积聚，使反应物结块，导致取代度下降。

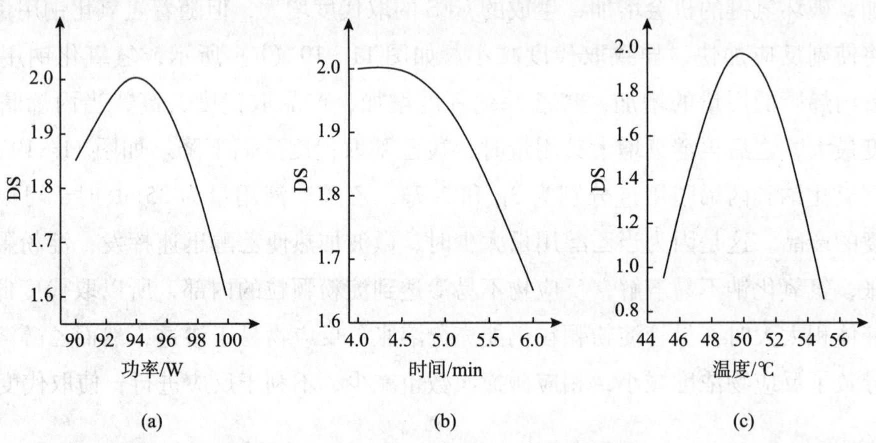

图 11-20　辐射功率（a）、微波辐射时间（b）和设定的最高温度（c）对取代度的影响

通过正交实验得到微波辐射法制备羧乙基淀粉的最佳工艺条件为：玉米淀粉 4g，丙烯腈 2.7g，氢氧化钠 3g，乙醇溶液 35mL，微波辐射时间为 4min，设定最高温度为 50℃，设定微波辐射功率为 95W。

（二）两步法制备

先制备淀粉的氰乙基化产物，然后将淀粉氰乙基水解得到，具体步骤如下[19]。

（1）氰乙基淀粉的制备：取 25mL 乙醇置于烧杯中，量取配好的 NaOH 溶液，与乙醇混合均匀，转移至三口烧瓶中，在搅拌下均匀加入 21g 淀粉，加完后充分搅拌，然后用滴液漏斗滴加丙烯腈，在水浴中升温，控制到所需温度下搅拌反应，丙烯腈约 0.5h 滴完。控温反应一定时间，即得到氰乙基淀粉。

用稀 H_2SO_4 将产物 pH 值调至中性，转移至烧杯中，用无水乙醇洗涤，抽滤，在 50℃下干燥，再在 105℃下恒重，然后用凯氏定氮法测其含氮量，计算产物氰乙基取代度。

（2）向所得的氰乙基淀粉产物中加入氢氧化钠溶液，在 50℃下反应 3h；当反应时间达到后，用酸将反应产物中和至 pH = 7 ~ 8，再用乙醇洗涤、过滤、真空干燥，粉碎得白色粉状的羧乙基淀粉醚产品。

研究表明，在羧乙基淀粉的制备中，淀粉的氰乙基化反应是关键，它决定产物取代度和羧乙基淀粉的性能。在氰乙基淀粉醚的制备过程中，氢氧化钠的用量、反应温度、反应时间和丙烯腈用量均会影响氰乙基淀粉取代度。

当反应温度为50℃，反应时间为4h，淀粉用量为21g，丙烯腈用量为21g时，氢氧化钠用量对氰乙基淀粉取代度（DS）的影响见表11-8。由表11-8可见，当 m（淀粉）∶m（氢氧化钠） =35∶1时，氰乙基淀粉取代度最高。如表11-9所示，当反应时间为4h，氢氧化钠为0.59g，淀粉用量为21g，丙烯腈为26g时，氰乙基淀粉的制备反应温度在60℃左右为宜。如表11-10所示，当反应温度为50℃，淀粉用量为21g，氢氧化钠用量为0.59g，丙烯腈用量为21g时，反应时间为1h时所得产物取代度最高。如表11-11所示，当反应时间为4h，反应温度为50℃，氢氧化钠用量为0.59g，淀粉用量为21g，m（淀粉）∶m（丙烯腈） =1∶1时，产物取代度最高。

表11-8　氢氧化钠用量对产物氰乙基取代度的影响

m（氢氧化钠）/g	m（淀粉）∶m（氢氧化钠）	含氮量/%	取代度（DS）	反应效率/%
0.28	75∶1	2.898	0.3773	12.59
0.6	35∶1	3.675	0.4952	16.53
1.3	16∶1	2.23	0.2821	9.4
3.1	7∶1	2.882	0.1053	3.52

表11-9　反应温度对产物氰乙基取代度的影响

温度/℃	含氮量/%	取代度（DS）	反应效率/%
30	1.302	0.1585	5.29
40	1.853	0.2308	7.7
50	3.675	0.4592	16.58
60	3.783	0.5122	17.1
70	3.118	0.4099	13.68

表11-10　反应时间对产物氰乙基取代度的影响

时间/h	含氮量/%	取代度（DS）	反应效率/%
2	2.152	0.2714	9.06
3	2.948	0.3846	12.84
4	3.675	0.4932	16.53
5	3.171	0.4639	15.18
6	3.125	0.4109	13.71

表 11-11 丙烯腈用量对产物氰乙基取代度的影响

m（丙烯腈）/g	m（淀粉）：m（丙烯腈）	含氮量/%	取代度（DS）	反应效率/%
16.8	5:4	2.59	0.3327	8.88
21	5:5	3.675	0.4592	16.53
25.2	5:6	3.012	0.3941	15.78
29.4	5:7	2.89	0.3761	17.57

三、羟乙基淀粉

羟乙基淀粉是在淀粉分子上引入亲水基团羟乙基而得到的改性淀粉，其突出优点是醚键的稳定性高。在水解、氧化、交联、羧甲基化等化学反应过程中，醚键不会断裂，而且受电解质和 pH 值的影响小，能在较宽的 pH 值条件下使用。

羟乙基淀粉的制备方法有3 种：水媒法、干法和溶媒法。3 种方法各有利弊，水媒法适于制备低取代度的产品；干法难于工业化；溶媒法适于制备高取代度的产品。

羟乙基淀粉作为工业助剂主要是利用其糊液的增稠性。羟乙基淀粉具有亲水性，随着取代度的增高，糊化温度下降，这是因为羟乙基的存在破坏了淀粉分子间的氢键，降低了淀粉溶解需要的能量。一旦淀粉溶解了，就制止了淀粉链的重新缔合，使羟乙基淀粉的黏度稳定性提高，醚键对酸碱都稳定，因此羟乙基淀粉能在较宽的 pH 值范围内使用却不会影响其性质。由于它所具有的这些特性使得其在许多领域中得到广泛的应用。

羟乙基淀粉目前主要用于造纸、纺织和医药工业，它是理想的表面施胶剂，能有效地改善纸张的物理性能；也可用于纤维的经纱上浆及织物的永久抗皱整理，用作纺织印花糊料，还可以用作医药上的血浆填充剂，用作高档的水性涂料用增稠剂。在石油工业中，羟乙基淀粉可以代替羟乙基纤维素，用于钻井液添加剂，在饱和盐水钻井液、淡水钻井液和人工海水钻井液中均具有优异的降滤失性能，并具有良好的抗钙、抗镁能力。将羟乙基淀粉阳离子化制得的复合变性淀粉在絮凝、破乳方面具有优异的性能，可以作为污水处理剂和原油破乳剂[20]。

（一）水媒法制备羟乙基淀粉

水媒法是最常见的方法。它以水为分散介质，适用于制备低取代度的产品（摩尔取代度 MS≤0.1）一般是将淀粉配成质量分数为5%～35%的淀粉乳，加入占干淀粉质量5%～10%的盐类抑制淀粉溶胀，加入干淀粉质量1%～2%的氢氧化钠作为催化剂，为避免局部碱液过浓导致淀粉糊化，将氢氧化钠配成为质量分数为5%的水溶液，缓慢滴加，在加入环氧乙烷前用氮气排空，反应常在35～50℃进行。较高的温度会使淀粉颗粒膨胀，造成过滤困难；较低的温度则反应时间太长。反应结束后用酸中和，过滤除去盐和可溶性的有机副产品，干燥得产品。

水媒法的优点是反应温和，安全性好，比较经济，淀粉能保持颗粒状态，产品易于过滤、水洗，可得纯度较高的产品；缺点是反应时间较长，因环氧乙烷在水介质中易水解成乙二醇使反应效率及取代度较低，而且易产生废水，副反应多。

（二）干法制备羟乙基淀粉

干法是指淀粉颗粒直接与环氧乙烷的气固相反应。常用的催化剂有碱、磷酸盐、硫酸盐、羧酸盐、叔胺等。如将催化剂（NaOH）磨成粉末，大小为0.02～0.04mm，再与淀粉均匀混合，淀粉含水量为7%～15%，水分过低，则反应缓慢。反应前用氮气净化反应釜，在85℃、0.3MPa的条件下反应，反应后再引入氮气，并用干柠檬酸中和。

也可以在搅拌振动流动床反应器中进行淀粉的羟乙基化反应，可以在高温、高碱下进行。

然而采用干法生产的产品往往存在大量的杂质，若在食品生产中应用，还需要用50%～90%的乙醇清洗，调pH值至5.5～6.5，再过滤、洗涤、干燥得无味、无嗅的产品。

干法的优点是可以得到洁白粉状、取代度高的羟乙基淀粉，缺点是环氧乙烷爆炸浓度极宽，而且在高温、高压和碱催化剂条件下容易发生聚合反应，所以目前很难工业化。

（三）溶媒法制备羟乙基淀粉

溶媒法是指淀粉的醚化反应在有机溶剂的介质中进行。常用的有机溶剂有质子型的甲醇、乙醇和异丙醇等，非质子型的苯、甲苯和丙酮等。溶媒法适于制备较高取代度的产品。

1. 环氧乙烷作醚化剂

淀粉与环氧乙烷的反应，首先是淀粉在碱的作用下生成淀粉负离子，再与环氧乙烷进行亲核取代反应。

（1）方法1：将淀粉分散在等量的含有占淀粉干基质量3%的氢氧化钠的异丙醇中，加入环氧乙烷并将此混合物放入密闭容器中，在40～50℃下反应16～24h。颗粒状产物用醋酸酸化，过滤，并用乙醇洗涤除去醋酸钠和低相对分子质量的有机副产物，干燥得最终产品。环氧乙烷与空气混合易爆炸，因此，通入环氧乙烷前必须先通入氮气以排净反应器中的空气。

（2）方法2[21]：将50g玉米淀粉、20g质量分数为40%的NaOH水溶液及150g异丙醇加入1000mL三口瓶中，混合搅拌10min，在9h内慢慢滴加600g质量分数为15%的环氧乙烷异丙醇溶液，每加入50g环氧乙烷异丙醇溶液，再补加10g质量分数为10%的NaOH水溶液。在整个加料过程中要注意保持反应体系的密封性。滴加完环氧乙烷异丙醇溶液，继续搅拌反应4.5h。反应物以盐酸中和，静置并分离出溶液后，固体部分用200mL异丙醇洗涤3～4次、80℃左右真空干燥6h，得到浅黄色产品约60g。

需要强调的是，在溶剂法合成中，适宜的溶剂配比对产物的相对分子质量和取代度有着重要的影响。如果只用异丙醇作溶剂，则淀粉难以溶胀，环氧乙烷无法扩散到淀粉晶体中，所得产物的取代度低、水溶性差。如果只用水作分散剂或水在混合分散剂中的比例过大，除了环氧乙烷在OH^-作用下易于水解而导致环氧乙烷利用率下降，以及反应物容易发黏、成团而使操作困难外，淀粉也很容易在 OH^- 作用下水解而导致相对分子质量快速下降，难以得到高黏度的产物。

反应温度和时间也是影响产物相对分子质量和取代度的重要因素。升高温度有利于反应的快速进行，但同时也会促进淀粉和环氧乙烷的水解反应。当反应温度超过60℃时，如果要得到取代度为0.5左右的产物，则其相对分子质量一般难以超过 30×10^4。另外，较高温度还会给环氧乙烷的操作带来困难。如果采用较低的反应温度，须同时采用延长反应时间的方法才能得到希望取代度的产物，而过长的反应时间也不利于获得高相对分子质量的产物。实验表明，在反应温度为0℃、反应时间为60h的条件下，所得取代度0.5的产物相对分子质量约为 25×10^4。考虑到实际生产时的方便性，通常选择常温条件下反应。

环氧乙烷和氢氧化钠的用量对产物的相对分子质量和取代度也有一定的影响。单位时间内环氧乙烷在反应体系中的含量越高，越有利于反应的快速进行，所得产物的相对分子质量也相应较大，但环氧乙烷的利用率则相应降低。氢氧化钠的用量较大时，也有利于反应的快速进行，但同时也会促进淀粉及环氧乙烷的水解，难以得到高相对分子质量的产物。如果环氧乙烷与氢氧化钠的用量较小，则不利于反应的进行，甚至得不到预期的产物。

2. 氯乙醇作醚化剂

醚化剂除了环氧乙烷外，也可用卤代醇代替环氧乙烷与淀粉进行羟乙基化反应，方法是将淀粉分散在含一定量水的有机溶剂中，加入定量的氢氧化钠进行碱化处理，再加入氯乙醇，温度低于50℃下反应16~24h后，中和、过滤、洗涤、干燥制得成品。

采用相转移催化剂可以加快反应速率，提高反应效率，典型的实例是：将25g淀粉均匀分散于甲醇-水溶液中，置于250mL三口烧瓶，在50℃恒温水浴中机械搅拌，加入适量的NaOH碱化30min后，加入适量的氯乙醇和催化剂，反应6~14h至反应结束，即制得羟乙基淀粉[22]。

在该反应中影响羟乙基取代度的因素包括相转移催化剂、溶剂用量、催化剂用量、反应时间和2-氯乙醇用量等。

相转移催化剂方面，以4种典型的季铵盐：四正丁基溴化铵（TBAB）、四乙基溴化铵（TEAB）、四丁基氯化铵（TBAC）及十六烷基三甲基溴化铵（CTAB）和相对分子质量分别为200、400、600、800和1000的PEG分别作为相转移催化剂合成羟乙基淀粉，不同催化剂对产物MS的影响见表11-12。

表11-12　季铵盐和聚乙二醇催化产物的MS

季铵盐	MS	聚乙二醇	MS
TBAB	0.339	PEG200	0.187
TEAB	0.311	PEG400	0.323
TBAC	0.312	PEG600	0.244
CTAB	0.241	PEG800	0.293
		PEG1000	0.265

从表 11-12 可以看出，4 种季铵盐催化剂的催化效果都比较理想。其中，TBAB 的催化活性最大，而 TEAB 和 TBAC 作催化剂合成的羟乙基淀粉 MS 也比较高，这是由于它们的阳离子有对称结构，正电荷被屏蔽得更严密，形成的离子对 Q^+Y^- 在有机相中的分配系数更大，催化效果比 CTAB 这种结构不对称的催化剂好得多；TBAB 的催化活性比 TBAC 好一些，这是由于含负离子 Br^- 的催化剂比含负离子 Cl^- 的催化剂更易于与亲和试剂结合。对于 PEG 催化剂，当相对分子质量为 400 时，催化剂活性达到最大，由 400 到 800 时催化剂活性降低，在相对分子质量为 1000 时催化活性再次升高。其中 PEG400 催化活性最高，这可能是由于 PEG400 形成更合适孔径的假环状结构与反应物阳离子结合，使亲核阴离子更“裸露”些，从而具有更高的反应活性。而当聚乙二醇相对分子质量达到 1000 时，可能是由于分子链更柔软，可以形成各种不同孔径的假环状结构，从而使催化活性变高。

综上所述，季铵盐类催化剂普遍比聚乙二醇类催化剂的催化活性高，季铵盐类又以 TBAB 的催化活性最高，因此选取 TBAB 作为相转移催化剂。

采用甲醇为溶剂，以 TBAB 作为催化剂，当淀粉用量为 25g 时，不同因素对产物羟乙基取代度 MS 的影响情况见图 11-21。

如图 11-21（a）所示，在催化剂用量为 0.75g，2-氯乙醇用量为 10g，羟乙基化反应时间为 6h 时，当溶剂含水量由 6mL 增加到 8mL 时，MS 下降，当含水量为 8mL 时 MS 最低，这是由于随着水量的增加，亲核体氯乙醇的水合程度加大，反应活性下降。当水量从 8mL 增加到 9mL 时 MS 达到最大，此后开始下降。这可能是由于增加水量使反应处于更稳定体系，故 MS 增大；水量超过 9mL 时，催化剂在水相中的分布增大，催化效果下降。

如图 11-21（b）所示，当淀粉用量为 25g，2－氯乙醇用量为 10g，溶剂含水量为 9mL，羟乙基化反应时间为 6h 时，随着催化剂用量的增加产物的 MS 升高，当催化剂用量为 0.75g 时达到最大，但随着催化剂继续增加，MS 开始下降，这可能是由于降解反应或其他副反应速率显著上升的结果。当催化剂用量大于 1g 时，MS 小幅上升，可能是由于此时副反应速率略有降低所致。

如图 11-21（c）所示，当催化剂用量为 0.75g，2－氯乙醇用量为 10g，溶剂含水量为 9mL 时，随着反应时间的延长，MS 没有明显变化。当反应时间为 10h 时，MS 略有下降，当反应时间达到 10h 之后又略有增加。因为反应时间对取代度影响不大，考虑生产效率，反应时间为 6h 较为合适。

如图 11-21（d）所示，当催化剂用量为 0.75g，溶剂含水量为 9mL，羟乙基化反应时间为 6h 时，随着 2－氯乙醇用量的增加，MS 不断增大，当用量超过 10g 后，再增加 2－氯乙醇用量，取代度几乎不变。可见，在实验条件下 2－氯乙醇用量 8g 较为合适。

四、羟丙基淀粉

羟丙基淀粉（HPS）是一种非离子型的淀粉醚，羟丙基取代度 0.1 以上可溶于冷水，水溶液为半透明黏稠状，广泛用于食品、纺织、造纸、日化和医药等工业方面。

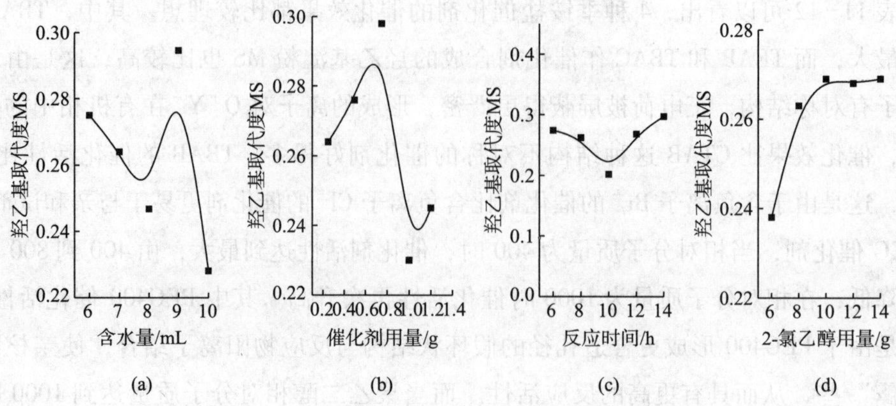

图 11-21　溶剂含水量（a）、催化剂用量（b）、
反应时间（c）和 2-氯乙醇用量（d）对产品羟乙基取代度的影响

羟丙基淀粉具有较好的热稳定性及抗剪切性稳定性。与低取代度的羟丙基淀粉相比，高取代度羟丙基淀粉具有更高的糊透明度、稳定性及更好的冻融稳定性、表面活性、保水性。高取代度羟丙基淀粉呈现假塑性流体特征，具有触变性和剪切稀化性质。当 MS <3.5 时，溶液的表观黏度和剪切稀化现象随着 MS 的增高而减小，当 MS >3.5 时，溶液的表观黏度和剪切稀化现象随着 MS 的增高而增大。pH 值对高取代度羟丙基淀粉的流变性没有明显影响，具有良好耐酸、碱稳定性。高取代度羟丙基淀粉还有一种特殊的性质，即絮凝性质。当取代度 MS >2.8 的羟丙基淀粉溶于冷水后，加热至一定温度变为白色乳状液体，进而发生絮凝，成为一种黏胶状物质，能与水分离。胶体含水 50% ~70%，能复溶于冷水中，在热水中再絮凝。取代度越高，起浊温度和絮凝温度越低[23]。

羟丙基淀粉可用于油田作业流体，由于其分子链节上引入了羟基，其水溶性、增黏能力和抗微生物作用的能力都得到了显著的改善。对酸、碱稳定，对高价阳离子不敏感，抗盐、抗钙污染能力很强。还用于钻井液处理剂，在处理 Ca^{2+} 污染的钻井液时，比 CMC 和 CMS 效果更好。HPS 可与酸溶性暂堵剂 QS-2 等配制成无黏土相暂堵型钻井液，有利于保护油气层。在阳离子型或两性离子型聚合物钻井液中，HPS 可有效地降低钻井液的滤失量。

羟丙基淀粉的制备工艺主要有水分散法、溶剂法、干法、微乳化法和微波法[24]。

（一）水分散法

水分散法，也称水媒法，是指羟丙基化反应在水介质中进行，是生产羟丙基淀粉最常用的方法。在水相中淀粉颗粒容易过度膨胀，因此需要加入淀粉膨胀抑制剂，常用的膨胀抑制剂有 Na_2SO_4 等。

羟丙基淀粉制备中以水媒法制备较多，其过程是：常温（20℃）下称取一定量的膨胀抑制剂置于三口瓶中，依次加适量的去离子水、马铃薯淀粉（25g）和催化剂，在氮气保护下搅拌均匀后迅速加入醚化剂环氧丙烷，搅拌均匀后升温至反应温度使其充分醚化，反应完毕后调节 pH 值至 7。静置，干燥至恒重，即得马铃薯羟丙基淀粉[25]。

研究表明，在水媒法制备中，反应温度、反应时间、催化剂用量、醚化剂和硫酸钠用量对反应效率和取代度有着很大的影响。

当升高温度时，羟丙基淀粉的取代度提高，因为提高反应温度，淀粉颗粒的水合程度增大，环氧丙烷分子在淀粉乳中的运动速度加快，增大了 Na^+ 向颗粒内部的扩散速率和 St-ONa 与环氧丙烷的有效碰撞几率，但反应温度过高易使淀粉糊化，不利于反应的均匀进行，而且会导致淀粉的降解，使产品相对分子质量降低，进而使产品的取代度降低，反应温度最好低于淀粉的溶胀温度，一般不超过 50℃。当温度为 50℃ 进行反应时，产品出现部分糊化现象。实验表明，反应温度在 40℃ 左右较合适。

在温度一定时，随着反应时间增加，产品的取代度先增加后减小。这是由于反应时间增加到一定程度后，体系的反应效率不再增加，宏观上使得羟丙基淀粉取代度下降。而且，随着反应时间的延长，产品的透明度降低。实验表明，反应时间为 12h 时比较合适。

原料配比和反应条件一定时，催化剂、醚化剂和硫酸钠用量对产物取代度的影响见图 11-22。氢氧化钠作为催化剂和颗粒润胀剂对反应有很大的影响。从实验现象和图中可以看出，当氢氧化钠用量为 0.1g 时，不足以润胀淀粉颗粒，淀粉与环氧丙烷接触面积较小，反应程度低，产品的透明度不好；氢氧化钠用量增至 0.3g 时，产品取代度有较大提高，作为催化剂的 OH^- 充当淀粉的自由羟基，并生成较多的具有反应活性的 St - ONa 的中间产物。该中间产物与环氧丙烷的反应速度很快，从而提高淀粉的醚化程度，同时，产品的透明度最高。当氢氧化钠用量增加到 0.4g 时，由于淀粉颗粒的过度膨胀，加之羟丙基化反应的进行，淀粉发生糊化，反应无法均匀进行，产品取代度反而有所降低，产品的透明度也降低。可见，氢氧化钠用量为 0.3g 较合适，见图 11-22（a）。如图 11-22（b）所示，在一定范围内增加醚化剂环氧丙烷的量，可以提高反应的醚化程度。因为随着环氧丙烷用量的增淀粉乳液中环氧基的浓度增大，与溶胀淀粉自由基发生反应的几率增加，提高了淀粉的醚化程度。环氧丙烷加入量为 4 ~ 6mL 时，产品取代度逐渐增大；环氧丙烷为 7mL 时，会出现部分糊化现象，导致搅拌困难，反应效率下降，取代度反而下降，因此，环氧丙烷的加入量也不宜过大。在实验条件下，环氧丙烷用量控制在 6mL 左右为宜。硫酸钠可以抑制淀粉的膨胀，从而影响淀粉的羟丙基化反应。如图 11-22（c）所示，当硫酸钠加入量较少时，淀粉颗粒在氢氧化钠的作用下会过度膨胀，反应体系黏度增大，取代度降低，随着硫酸钠用量的增加，羟丙基淀粉的取代度增加。当硫酸钠加入量过大时，淀粉颗粒不能充分溶胀，反应效率降低，致使取代度降低。可见，膨胀抑制剂硫酸钠的适宜用量为 6g。

除用硫酸钠作为抑制剂外，也可以采用环氧氯丙烷作为抑制剂，如将玉米淀粉用环氧氯丙烷进行抑制。将抑制过的干淀粉分别用 0.25%、1%、2.5% 的冰醋酸浸渍，用 30g/L NaOH 溶液中和至 pH 值为 8，过滤，干燥至含水 8%。取 50 份浸渍过的干淀粉，置于用氮气将空气完全置换过的压力容器中，加入 12.5 份环氧丙烷，90 ~ 95℃ 下反应 5h，冷却至

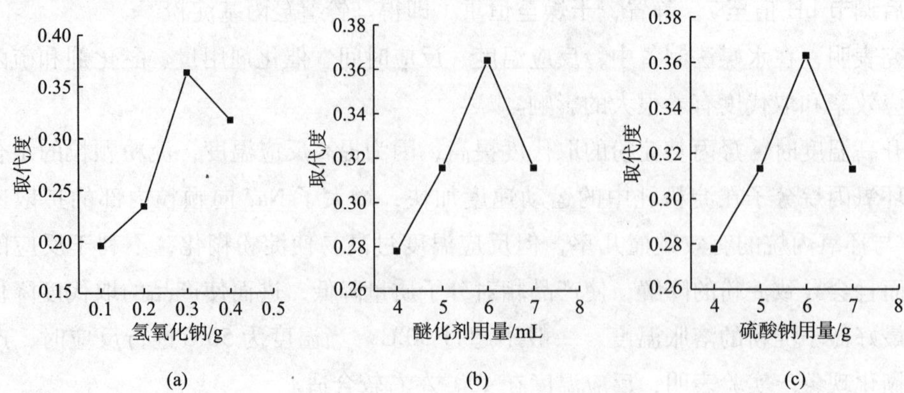

图 11-22　氢氧化钠用量（a）、醚化剂用量（b）和硫酸钠用量（c）对取代度的影响

室温后用水∶乙醇为 0.4∶1 的溶液分散，用醋酸调 pH 值至 5.5，过滤，洗涤，干燥，即得产品[1]。

目前，工业上应用最成熟的羟丙基淀粉的制备工艺是水分散法，该法可制得纯度较高的产品；但该法反应时间较长，且产品的 MS 一般较低（小于 0.3），使其应用范围受到很大限制，不适宜应用于油田作业流体中。近年来，随着水分散法制备工艺的改进和新型催化剂的应用，反应时间有所缩短，但因高 MS 的羟丙基淀粉在冷水中易溶胀，导致在水介质中始终不能制备出高 MS 的羟丙基淀粉，从而激发了人们寻找其他方法的兴趣。

（二）溶剂法

溶剂法是指羟丙基化反应在非水溶剂中进行的制备方法。常用的非水溶剂包括甲醇、乙醇和异丙醇等，一般淀粉乳质量分数为 40% 左右。在非水溶剂中可避免淀粉颗粒过度溶胀，所以不需要添加膨胀抑制剂。

（1）方法 1：将 80 份乙醇、35 份 H_2O 和 20 份淀粉依次加入反应釜中，充分搅拌 30min 后，慢慢加入 12.5 份质量分数为 40% 氢氧化钠水溶液，并搅拌 30～45min，以使淀粉充分碱化。待碱化时间达到后，向体系中加入 3.5～5 份环氧丙烷，搅拌均匀后升温至 40℃，在 40～45℃下反应 2～5h。反应时间达到后将反应产物转至中和釜中，用盐酸将体系的 pH 值调至 7～8，然后加入适量的乙醇，使产物沉淀，分离出乙醇回收使用，所得产物在 50～60℃下真空干燥，粉碎即得到产品。

（2）方法 2：按环氧丙烷与淀粉的物质的量比为（0.6～1）∶1，催化剂用量为淀粉质量的 0.05%～0.1%，溶剂与淀粉的质量比为（2～3）∶1 的比例，在高压釜中首先加入一定量的有机溶剂及淀粉，调至糊状。然后依次加入用作催化剂的碱液和醚化剂环氧丙烷，加盖后通氮除氧，密封，在不断搅拌下缓慢升温至 100℃，反应 5h。降温，用酸调节 pH 值至 7，分离回收溶剂，产物在 60～80℃下烘干，粉碎得 HPS[26]。

（3）方法 3：以玉米淀粉为原料，在非水体系中将羟丙基化反应分为两步进行，制备高 MS 的羟丙基淀粉，方法如下[27]。

①预溶胀（即碱化）过程：称取25g干燥淀粉于三口烧瓶中，然后加入分散剂、溶胀剂及其他助剂，90℃下搅拌反应130min后停止，经处理得到预溶胀淀粉。

②羟丙基化：将上步得到的预溶胀（碱化）淀粉加到160mL乙醇溶液中，加入计算量的氢氧化钠、环氧丙烷，加热反应一定时间后停止，调整体系酸碱度至确定的pH值，抽滤、干燥后测定其取代度。

研究表明，预溶胀两步法的经济性比有机溶剂一步法高，能显著提高环氧丙烷的利用率和产物的MS。同时还发现，在相同的醇水比条件下，与甲醇和异丙醇相比，乙醇－水体系中淀粉颗粒的分散效果最好。这可能是因为乙醇分子的体积与淀粉颗粒的空腔尺寸比较匹配，控制淀粉分子链过度游离的能力高于甲醇和异丙醇。

（三）干法

干法是指淀粉颗粒与环氧丙烷气体在密闭容器中直接反应，是一个气固相反应。该反应过程中，水含量对MS的影响很大，水含量过低，会影响催化剂和醚化剂扩散、渗透到淀粉颗粒的活性位；水含量过高，会造成体系黏度过高，进而导致MS降低。最佳水含量为13%（质量分数）左右。

（1）方法1：按淀粉∶环氧丙烷∶45%氢氧化钠溶液∶乙醇＝20∶5∶10∶5的比例（质量比），将淀粉加入捏合机中，然后在捏合搅拌下喷洒氢氧化钠溶液，待氢氧化钠溶液加完后继续捏合碱化1h，得到碱化淀粉，并将所得到的碱化淀粉粉碎成细粉加至密闭式捏合机中，在捏合、搅拌下将环氧丙烷的乙醇溶液喷洒至淀粉中，在40℃下捏合反应1.5～2h，静置8h后出料，经干燥、粉碎得HPS成品[28]。在干法生产中，首先要严格控制氢氧化钠溶液的加入速度，防止淀粉凝胶化而影响反应的均匀性，其次是干燥过程中防止产物交联，以免使降滤失效果降低。

（2）方法2[29]：称量16.2g玉米淀粉于密封反应器中，加入质量分数为20%的氢氧化钠水溶液2.5mL，室温搅拌反应10min，使淀粉充分碱化。然后加入FAPE（脂肪醇聚氧乙烯醚）催化剂1g，继续室温搅拌混合均匀后，再加入环氧丙烷6g，密封反应器，在水浴中加热，控制水浴温度70℃反应50min，反应结束、得基本干燥的白色固体粗产品。粗产品用体积分数75%的酒精水溶液浸泡、洗涤、过滤、干燥，得纯净白色粉末状羟丙基淀粉18.9g。

研究表明，催化剂FAPE用量、反应温度、反应时间和水用量是影响产品性能的关键。

如图11－23所示，当淀粉用量为16.2g，环氧丙烷用量为6g，质量分数为20%的氢氧化钠溶液2.5mL，反应温度为70℃时，FAPE用量为0.5～1.5g，反应时间为30～70min，随着FAPE用量的增加，反应产物取代度增加。当FAPE用量为1g和1.5g时，反应50min后取代度分别达到0.458和0.465。之后随着反应时间的增加，反应取代度增加缓慢。而FAPE用量为0.5g时，反应50min取代度只有0.354。这是由于在碱性条件下，当淀粉与环氧丙烷反应时，由于FAPE对淀粉分子的良好的表面润湿和渗透作用，促进了淀粉颗粒的膨化，增强了淀粉与环氧丙烷分子的扩散接触，从而提高了反应效率。因此，随着 FAPE 用量的增加，反应效率增加。在实验条件下，FAPE 用量和反应时间分别选择 1g 和 50min 较为合适。

如图 11-24 所示，反应温度为 50 ~ 90℃，反应时间为 30 ~ 70min 时，反应温度和反应时间对反应效率有很大的影响。70℃时，反应 50min 即可达到较高的取代度（0.458），之后反应时间再继续延长，反应产物的取代度增加缓慢。而 50℃时，反应 50min 取代度只有 0.395，之后随着反应时间的增加，反应取代度继续上升，但 50min 后取代度增加变慢。可见，提高反应温度可以使环氧丙烷和催化剂更容易渗透到膨胀的淀粉颗粒中，从而提高反应速率。但温度过高时，如 90℃反应 50min 取代度只有 0.382，取代度反而下降。这是由于温度过高引起环氧丙烷的水解加快所致。在实验条件下，反应温度和反应时间分别选择 70℃和 50min 为宜。

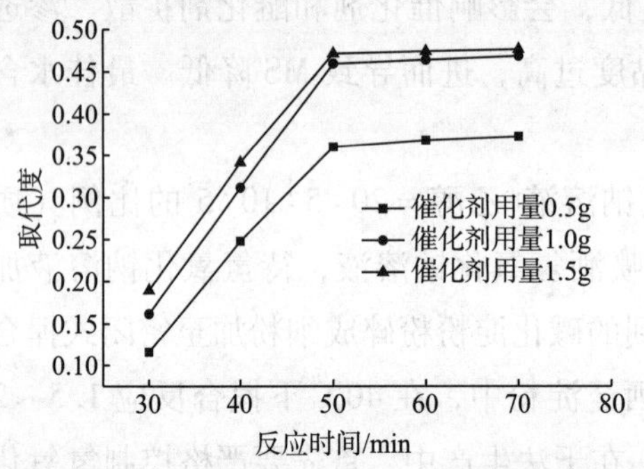

图 11-23 催化剂用量和反应时间对产物取代度的影响

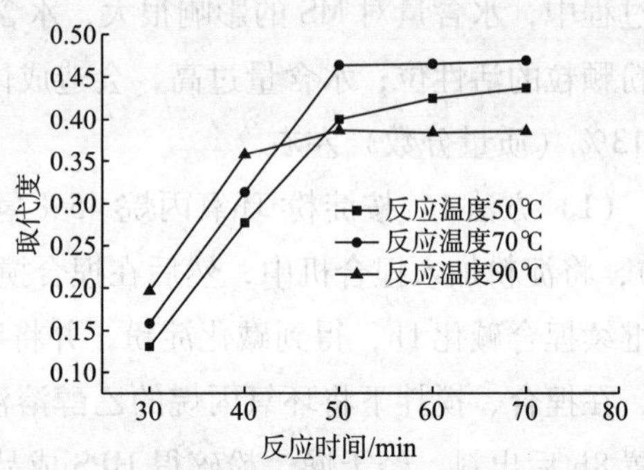

图 11-24 反应温度和反应时间对产物取代度的影响

如图 11-25 所示，在淀粉用量为 16.2g，环氧丙烷用量为 6g，FAPE 用量为 1g，反应温度为 70℃的条件下，在 NaOH 用量为 0.2 ~ 1.0g，反应时间为 30 ~ 70min 时，随着 NaOH 用量的增加，反应产物取代度增加。这是由于在淀粉与环氧丙烷的醚化反应中，反应体系中碱的存在使淀粉分子的羟基转变成负氧离子，从而增强了淀粉羟基的亲和能力，同时碱又能使淀粉颗粒膨胀，有利于环氧丙烷渗透到淀粉颗粒中，从而提高了反应效率。因此，随着碱用量的增加，反应取代度提高。但碱用量超过一定量时会引起环氧丙烷的水解反应，而且水解反应随着碱用量的增加而加快，从而导致环氧丙烷的利用率下降。同时，除在高 pH 值条件下反应物容易发黏、成团而使操作困难外，淀粉也很容易在 OH^- 作用下水解而导致相对分子质量快速下降，难以得到高相对分子质量的产物。另外，产品需用酸中和，使产品中的含盐量增加，给后处理带来困难。因此，在 FAPE 催化条件下，NaOH 用量以 0.5g（为淀粉质量分数的 3%）和反应时间 50min 为宜。

如图 11-26 所示，反应条件一定时，反应体系中的含水量对反应取代度影响很大。当反应体系中含水量太小时碱不能很好地溶解，影响碱在淀粉中的扩散渗透。同时，由于含水量太小，使 FAPE 在反应体系中的分散受到影响，降低了 FAPE 对淀粉的表面润湿能力和渗透能力，从而使反应效率降低。当反应体系中水含量太大时，水会引起环氧丙烷的水解反应，降低环氧丙烷的有效浓度。另外，随着反应的进行和温度的升高，过多的水使反应物黏性增大，反应物与水形成包裹的硬块，给制备反应和后处理带来困难。可见，在FAPE 催化条件下，反应体系中 H_2O 的含量为12%（质量分数）左右时较好。

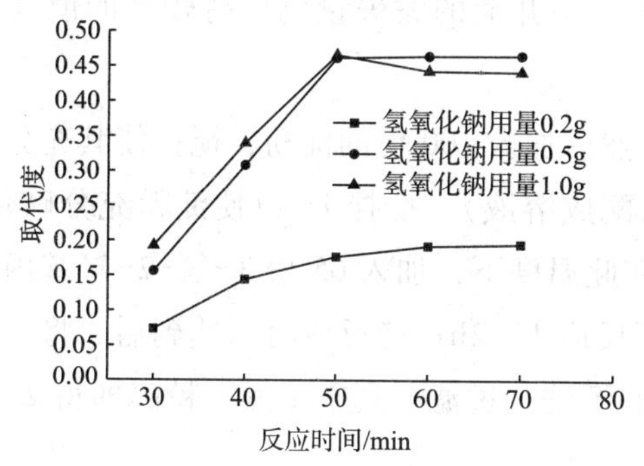

图 11-25 氢氧化钠用量和反应时间对产物取代度的影响

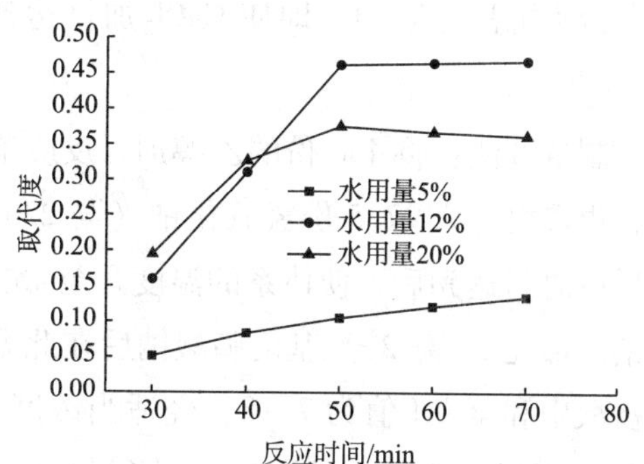

图 11-26 水加入量和反应时间对产物取代度的影响

（四）微乳化法

微乳化法是指通过表面活性剂的乳化作用，使淀粉颗粒、醚化剂、碱和水等组成的水溶液体系悬浮于有机溶剂中形成微乳化体系，在此体系中发生羟丙基化反应而制得羟丙基淀粉。

以玉米淀粉为原料，以聚乙烯醇（PVA）为分散剂，采用微乳化法制备了 MS 为0.385 的羟丙基淀粉。合成方法：按照 m（淀粉）∶m（表面活性剂）∶m（环氧丙烷）∶m（PVA）=1∶0.3∶0.6∶4 的比例，称取一定量的玉米淀粉，加入少量硫酸钠作为膨胀抑制剂，搅拌均匀，静止 0.5h；然后加入氢氧化钠（占淀粉质量的 1%）溶液活化一段时间；将 PVA（质量分数 45% ~60%）加热溶解后冷却，加入已溶解好的表面活性剂、已处理的淀粉与环氧丙烷，以氮气驱赶氧气，密封，置于（30℃）下反应 23h；将粗产品中和、洗涤、过滤，用真空烘干箱 65℃下烘干，即得洁白、粉末状的羟丙基淀粉[30]。

（五）微波法

将占淀粉质量 0.4% 的氢氧化钠和 0.4% 的硫酸钠先溶解于水中，转入圆底烧瓶中，然后边搅拌边加入玉米淀粉，调成质量分数为 40% 的淀粉乳，保持搅拌条件下慢慢加入占淀粉质量为 4.8% 环氧丙烷，待环氧丙烷与淀粉乳混合均匀后，放在微波反应器内，并连接冷凝装置，接通冷凝水。选择微波功率 600W，微波辐射醚化 90s。将产物用酸中和至 pH =5.5，再经离心分离、洗涤、干燥处理得到 HPS 产品[31]。

五、2-羟基-3-磺酸基丙基淀粉

2-羟基-3-磺酸基丙基淀粉醚是一种含磺酸基团的淀粉醚（HSPS）。HSPS 可溶于水，水溶液呈弱碱性。与羧甲基淀粉相比，由于产物中引入了磺酸基，所得产物作为钻井液降滤失剂，不仅具有较好的抗盐能力，而且还具有抗钙、镁污染的能力，能有效的降低淡水钻井液，盐水钻井液和饱和盐水钻井液的滤失量，当加量为0.7%时，可使淡水和盐水钻井液的滤失量分别由基浆的23.5和76mL降至6.5mL和7.3mL，加量为1.5%时可使饱和盐水钻井液的滤失量由基浆的146mL降至7mL以下，其降滤失能力受$CaCl_2$的影响小，在饱和盐水抗盐土浆中，即使$CaCl_2$加量达到10%，钻井液的滤失量仍保持较低的值（<7mL）[32]。

制备方法：将450份的乙醇加入反应釜中，然后加入100份的淀粉，搅拌使其充分分散，再慢慢加入27.5份氢氧化钠（与225份水配成溶液），搅拌1h以使淀粉充分碱化；等反应时间达到后，使体系的温度升至45℃，在此温度下，加入65份3-氯-2-羟基丙磺酸钠。加完3-氯-2-羟基丙磺酸钠后在此温度下反应1~2h；待反应时间达到后，将产物用盐酸中和至pH值为7~8，经适当浓度的乙醇沉洗，过滤、真空干燥、粉碎即得2-羟基-3-磺酸钠基丙基丙基淀粉醚，乙醇回收利用。

在醚化反应中，反应温度、反应时间、3-氯-2-羟基丙磺酸钠用量等是决定产品性能的关键。实验表明，当反应条件和原料配比一定，即n（淀粉）:n（氢氧化钠）:n（3-氯-2-羟基丙磺酸钠）=1:0.946:0.4121，反应时间为60min时，产物的黏度（质量分数为2%的水溶液，20℃下用NDJ－79黏度计测定）随着反应温度的升高而增加。反应温度为50℃时，产物的黏度随着反应时间的增加而升高。当n（淀粉）:n（氢氧化钠）=1:1.08，于55℃下反应60min，3－氯－2－羟基丙磺酸用量在0.1~0.6mol范围内时，产物的黏度和取代度随着3－氯－2－羟基丙磺酸用量的增加而提高，当3－氯－2－羟基丙磺酸的量超过0.6mol时产物的黏度和取代度反而降低。

除2-羟基-3-磺酸基丙基淀粉醚外，还可以采用溴代乙磺酸、丙磺酸内酯和丁磺酸内酯等与淀粉在碱性条件下反应制备含磺酸基的淀粉改性产物。

此外，以氯磺酸为磺化试剂可以制备用于油井水泥缓凝剂的磺化淀粉[33]。其合成方法如下。

按照氯磺酸体积（mL）与淀粉质量（g）的比为0.45，将可溶性淀粉加入到250mL的反应瓶中，加入一定量的二氯甲烷，在冰浴下搅拌分散。取一定量的氯磺酸和二氯甲烷等体积混合，在保持搅拌的情况下，用恒压滴液漏斗将其缓缓滴入反应瓶中，滴加完毕后，将反应瓶置于20℃的水浴中，恒温搅拌反应2h，减压过滤，回收溶剂，得到粗产品。粗产品加水溶解，用NaOH溶液调至中性，将产品配成一定浓度的溶液，取一定量的粗产品装入透析袋中透析24h，然后低温干燥即得精制产物。

六、阳离子型淀粉醚化产物

阳离子型淀粉醚化产物主要有以2，3-环氧丙基三甲基氯化铵为阳离子化试剂（EPTMAC），采用半干法合成的季铵型阳离子淀粉[34]，由淀粉（土豆淀粉、木薯淀粉、玉米淀粉混合）、催化剂、阳离子试剂和交联剂等合成的钻井液用抗温淀粉组合物[35]，用作钻井液处理剂，具有较好的降滤失能力，抗盐能力强，防塌效果好。由于阳离子性质，适当阳离子度的淀粉醚化产物可以用作水处理絮凝剂。

通过优化合成条件，采用干法工艺制得到高取代度阳离子淀粉，例如，将0.3g NaOH溶解在水中配制成质量分数为一定的溶液，加入25g淀粉，搅拌15～20min，然后加入13.1g醚化剂EPTMAC，在室温下充分混合1h后，在60℃下进行预干燥，使体系中的含水量降至14%～18%。粉碎，在80℃下反应3～8h得到产物。产物用含有少量乙酸的80%乙醇溶液反复洗涤，直至以硝酸银溶液不能检出氯离子为止，将洗涤后的产物干燥、粉碎。用凯氏定氮法测定阳离子淀粉中的氮含量，按照下式计算取代度（DS）及醚化剂反应效率（RE）[36]。

$$DS = \frac{162 \times \omega(N)}{1400 - 152.5 \times \omega(N)} \tag{11-1}$$

$$RE = DS \times \frac{151.5 \times m_{(starch)}}{162 \times m_{(EPTMAC)}} \tag{11-2}$$

式中，ω（N）为氮的质量分数,%；m为式样的质量，g。

研究表明，在干法制备阳离子淀粉醚化产物的过程中，产物取代度（DS）和醚化剂反应效率（RE）对合成条件具有强烈的依赖性，合成条件主要包括体系的含水量、碱用量、反应温度、反应时间等。

干法制备中，少量水的存在有助于催化剂和醚化剂很好地在淀粉中扩散、渗透，从而提高反应效率；但体系中水含量过高，一方面会加速副反应的发生，使反应体系中阳离子化试剂的有效浓度降低，反应效率下降；同时使生成的阳离子淀粉分解，导致反应效率下降；另一方面随着反应的进行和温度的升高，过多的水会使反应物黏性增大，反应物与水形成包裹的硬块，给制备反应和后处理带来困难。实验表明，当淀粉用量为25g，醚化剂为13.1g，体系中NaOH质量分数为1.2%，在80℃反应5h时，反应混合物初始含水量（原淀粉的含水量和碱溶液中含水量之和）为淀粉质量的25%时比较适宜，在此条件下产物的DS为0.45，RE为80.1%。

如图11-27所示，当淀粉为25g，醚化剂为13.1g，在80℃下反应3h时，随着催化剂用量的增大，取代度和反应效率都增大。因为NaOH能使Starch－OH转化为具有强碱性和强亲核性的Starch－ONa，有利于亲核取代反应的发生，从而提高了反应效率。如果NaOH过量反而使反应效率和产物取代度降低。这是由于过量的碱会加速醚化剂中的环氧基和季铵基的分解反应；同时也容易在与淀粉的混合过程中使淀粉部分胶化，使碱分散不均匀，醚化剂不易渗透到淀粉内部。可见，选择NaOH质量分数为1.2%最为适宜。

提高反应温度有利于淀粉颗粒的膨胀，增加反应物分子间的碰撞，从而提高反应速率和反应效率。如图11-28所示，当淀粉用量为25g，EPTMAC用量为13.1g，氢氧化钠质量分数为1.2%，反应时间为3h，反应温度为80℃时，制得的阳离子淀粉取代度和醚化剂反应效率均达到最高值。当温度高于80℃时，由于加速了副反应的进行，导致了反应效率和产物取代度稍有降低。

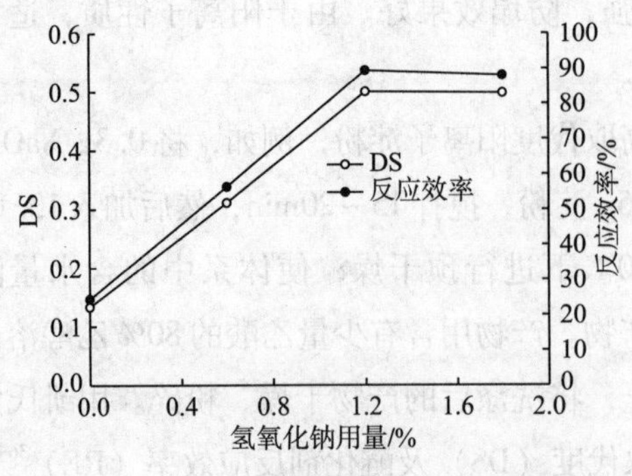

图 11-27 催化剂用量对反应的影响

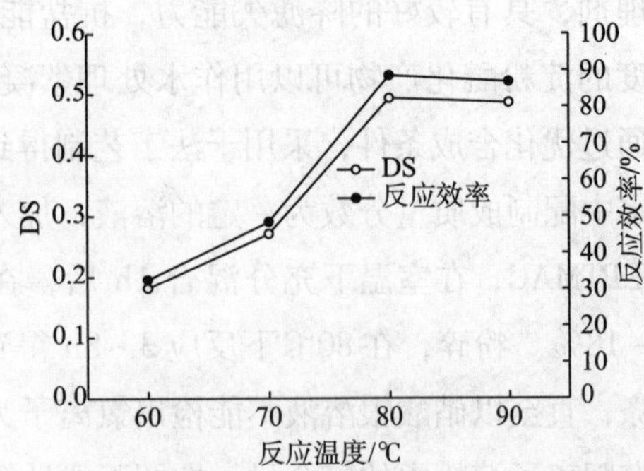

图 11-28 反应温度对反应的影响

图 11-29 表明，当淀粉用量为 25g，EPTMAC 用量为 13.1g，氢氧化钠质量分数为 1.2%，反应温度为 80℃时，开始随着反应时间的增加，取代度和反应效率大幅度增加，当反应时间超过 5h 后，再继续延长反应时间，取代度和反应效率基本趋于恒定，可见反应时间为 5h 即可满足要求。

如图 11-30 所示，当淀粉用量为 25g，EPTMAC 用量为 13.1g，氢氧化钠质量分数为 1.2%，反应温度为 80℃，反应时间为 5h 时，产物的取代度随醚化剂用量的增加而增大，但反应效率却逐渐减小。因此在实际生产中，可根据对阳离子淀粉取代度的要求，选择醚化剂的合适用量，以保证得到满足要求的产物。

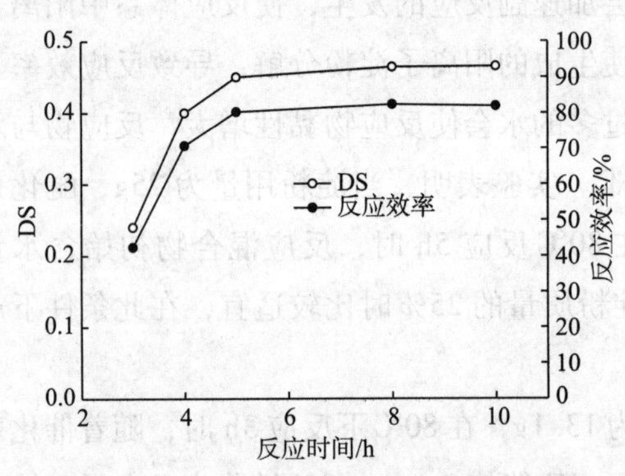

图 11-29 反应时间对反应的影响

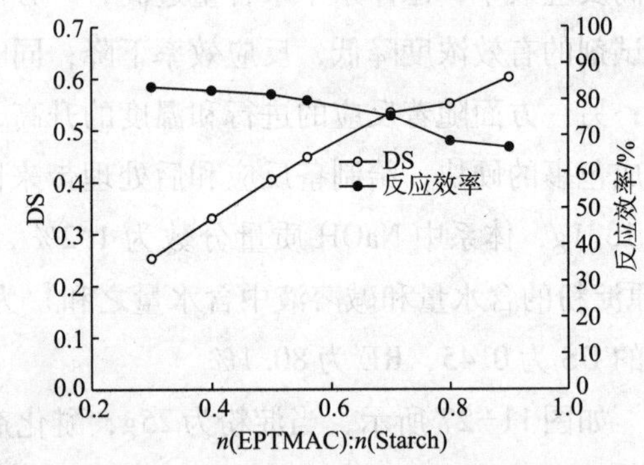

图 11-30 EPTMAC 对反应的影响

七、阳离子羟丙基淀粉醚

阳离子化羟丙基淀粉，是一种白色或淡黄色的颗粒，分子链节上同时含有阳离子基团和非离子基团。季铵基的存在一定程度上还提高了产品的抗菌能力。用作钻井液处理剂，抗温性能较好，在 4% 的盐水钻井液、饱和盐水钻井液中可以稳定到 140℃。并且可与几乎所有水基钻井液体系和处理剂相配伍。其制备方法如下。

将 80 份乙醇、35 份 H_2O 和 20 份淀粉依次加入反应釜中，充分搅拌 30min 后，慢慢加入 12.5 份质量分数为 40% 氢氧化钠水溶液，并搅拌 30～45min，以使淀粉充分碱化。待碱化时间达到后，向体系中加入 4.5～6.5 份环氧丙烷，0.05 份的环氧氯丙烷搅拌均匀后升温至40℃，在40～55℃下反应1.5～2h。反应时间达到后，再向反应混合物中加入10～15份质量分数为50%环氧丙基三甲基氯化铵溶液，待环氧丙基三甲基氯化铵加完后，在45～50℃下反应2～4h。反应时间达到后，将反应混合液转移至中和洗涤釜中，首先用稀盐酸中和至pH=7～8，然后再加入适量的乙醇使产物沉淀，沉淀物经分离回收乙醇，所得沉淀物在60℃下真空干燥、粉碎即得抗温淀粉产品。

在合成中可以参考羟丙基淀粉和阳离子淀粉来优化合成条件和原料配比。

八、两性离子型淀粉醚化产物

两性离子淀粉醚化产物，包括含羧酸基、季铵基两性离子醚化产物，以及磷酸基等与季铵基的两性离子聚合物，同时可以采用两性离子醚化剂直接醚化制备产物。研究和应用比较多的是含羧甲基和季铵基团的两性离子型淀粉衍生物，两性离子型淀粉醚水溶液为半透明黏稠状。对酸、碱稳定，在钻井液中具有良好的溶解性、抗盐和抗温能力。由于分子中引入了适量的阳离子基团，与CMS相比，阳离子度适当的两性离子淀粉醚具有更好的抑制、防塌和抗钙镁能力，同时也表现为一定的絮凝能力。但当阳离子度过高时，产物防塌能力提高，降滤失能力降低（图11－31），甚至由于过度絮凝而失去滤失量控制能力，因此可以根据需要制备用于不同目的、不同阳离子度的产品。

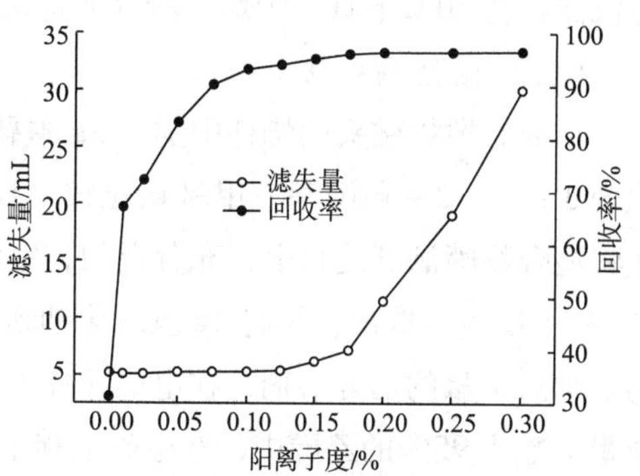

图11－31 阳离子度对产物降滤失和防塌能力影响

①饱和盐水基浆+1.5%样品；

②0.5%样品胶液90℃、16h回收率

两性离子淀粉醚化产物的制备可以通过两种途径，由CMS为原料与阳离子醚化剂反应得到，也可以采用淀粉经羧甲基化、季铵化得到。下面是几个典型的制备方法。

（一）CMS为原料制备

将70份的乙醇加入反应釜中，然后加入20份的CMS，搅拌20min以使CMS充分润湿、分散。然后慢慢加入由30份水和5份氢氧化钠配成的溶液，待氢氧化钠溶液加完后继续搅拌30～40min，使CMS充分碱化。待碱化时间达到后，将体系的温度升至45℃，在此温度下慢慢加入15份质量分数为50%的环氧丙基三甲基氯化铵溶液，待其加完后在45～50℃下反应2～2.5h。反应时间达到后，将反应混合液转移至中和洗涤釜中，首先用稀盐酸中和至pH=7～8，然后再加入适量的乙醇使产物沉淀，沉淀物经分离回收乙醇，所得沉淀物在60℃下真空干燥、粉碎即得两性离子淀粉产品。

（二）淀粉经羧甲基化、季铵化制备

将20份的水和70份的乙醇加入反应釜中，然后加入20份的淀粉，搅拌30min以使淀粉充分润湿、分散。然后慢慢加入由20份水和9份氢氧化钠配成的溶液，待氢氧化钠溶液加完后继续搅拌30～40min，使淀粉充分碱化。待碱化时间达到后，将体系的温度升至45℃，在此温度下慢慢加入氯乙酸乙醇溶液（用12.5份乙醇、7.5份水和5.5份氯乙酸配成），待氯乙酸加完后在45～50℃下反应1.5～2h。反应时间达到后，再向反应混合物中加入12份质量分数为50%的环氧丙基三甲基氯化铵溶液，待环氧丙基三甲基氯化铵加完后，在45～50℃下反应2～2.5h。反应时间达到后，将反应混合液转移至中和洗涤釜中，用稀盐酸中和至pH=7～8，再加入适量的乙醇使产物沉淀，沉淀物经分离回收乙醇，所得沉淀物在60℃下真空干燥、粉碎即得两性离子淀粉产品。

（三）微波辐射法

在放有搅拌磁头的烧杯中加入5g木薯淀粉（水质量分数为16.5%），将2g阳离子醚化剂3－氯－2－羟丙基三甲基氯化铵（CHPTMA）与NaOH（1.55g）乙醇溶液混合，迅速将混合物喷洒到淀粉上，充分混匀，室温下继续搅拌数分钟后，放入微波炉微波中功率160W下反应。取出，再将2g氢氧化钠粉末加入到木薯阳离子淀粉中，充分搅拌，混合均匀。加入定量的乙醇溶剂，在电磁搅拌下使淀粉充分碱化30min。称取3g氯乙酸，溶解于质量分数为95%的乙醇中，在电磁搅拌下逐滴加入到混合液中，常温下在微波炉中，于功率为160W下反应7min。反应结束后，加入冰醋酸调节pH值至中性。用95%的乙醇洗涤粗产品数次，搅拌，静置，抽滤，60℃下于恒温干燥箱烘干，得白色粉末状的产品[37]。

此外，还有一系列不同用途的两性离子淀粉的合成实例。如将玉米淀粉在碱性条件下糊化，加入定量的一氯醋酸或其钠盐（其量以使阴离子的取代度控制在0.5～0.8之间），在40～60℃醚化反应6～8h；然后加入一定量的阳离子化试剂环氧丙基三甲基氯化铵（以使阳离子取代度控制在0.2～0.4之间），在70～85℃下醚化反应4～6h；将所得产物经烘干、粉碎，即得复合离子型改性淀粉降滤失剂CSJ。CSJ在淡水钻井液、正电胶钻井液和盐水钻井液中均具有较好的流变性能和降滤失性能，与正电胶钻井液具有良好的配伍性，抗盐达饱和，抗温达140℃[38]。以环氧氯丙烷、苯基有机胺、羧甲基淀粉（CMS）钠盐等为原料，制备的苯基阳离子淀粉（PCS）降滤失剂，在160℃高温滚动16h后，常温中压滤失量仅为8.4mL，表现出良好的耐热稳定性[39]。以六甲基二硅氮烷、苯基有机胺、羧甲基淀粉（CMS）、3－氯－2－羟丙基磺酸钠等为原料，制备的抗160℃高温的钻井液用淀粉降滤失剂（HTS），具有良好的抗高温性能，含HTS的淡水钻井液在160℃滚动16h前后降滤失性能均优良，且钻井液的流变性能变化较小，与传统的改性淀粉降滤失剂相比，抗高温能力提高近40℃；无论在NaCl含量为4%还是8%的盐水钻井液中，HTS的降滤失性能都较好，说明磺酸基团的引入可提高降滤失剂的耐盐性能[40]。

以正磷酸盐为阴离子化剂，对高取代度的阳离子淀粉进行改性，可以制备一种阴阳离子比为0.5的两性离子淀粉，其最佳工艺为：磷酸盐与阳离子淀粉质量比为1.94～2.02，反应温度为145～155℃，反应时间为3～3.5h。结果表明，此种两性淀粉仅使淀粉结构中的非晶态区发生改变，并未改变整体结晶结构，因此其生物降解性同天然高分子淀粉一样，可完全降解且无二次污染，是环保型高分子絮凝剂。合成方法为[41]：在50% $NaH_2PO_4 \cdot 2H_2O/Na_2HPO_4 \cdot 12H_2O$（其中$NaH_2PO_4 \cdot 2H_2O$与$Na_2HPO_4 \cdot 12H_2O$质量比为0.87∶1）溶液中，加入阳离子淀粉，均匀搅拌成浆。将混合物过滤，在50℃干燥，使含水量小于15%，干饼在155℃反应3h，冷却，用水和无水乙醇洗涤，再在50℃干燥，所得产物即为两性离子淀粉。

采用中等取代度的黄原酸酯淀粉与阳离子醚化剂反应，可以得到一种含磺酸基的两性淀粉醚，阴离子取代度为0.235、阳离子取代度为0.0085的两性离子淀粉，作为絮凝剂具有良好的脱色效果。其合成方法为[42]：称取25g黄原酸酯淀粉，加水275g，以10%的NaOH溶液调节体系pH值为11，加热使反应体系升温至45℃，边搅拌边加入3-氯-2-羟丙基三甲基氯化铵醚化剂12.5g与质量分数为20%的NaOH按照体积比1∶1的混合液，反应6h，反应结束后用稀HCl调至pH值为中性，过滤，用乙醇/水混合液（50/50，体积比）反复洗涤、干燥、研碎，得到产品。

第三节 淀粉接枝共聚物

将淀粉与水溶性的乙烯基单体，如丙烯酸、丙烯酰胺、2-丙烯酰胺-2-甲基丙磺酸等通过接枝共聚可以制得水溶性的接枝共聚物，也可以用淀粉与丙烯腈、醋酸乙烯酯、甲基丙烯酸酯等制备接枝共聚物，再经水解而制得水溶性的淀粉改性产物。接枝可以采用高价金属盐与淀粉分子骨架反应生成大分子自由基引发单体聚合接枝，也可以采用链转移接枝共聚的方法（以过硫酸盐为引发剂）。

研究最早和最多的是淀粉-丙烯酰胺接枝共聚，淀粉接枝丙烯酰胺是以淀粉的刚性链为骨架，接枝上具有一定柔性的聚丙烯酰胺支链，形成具有刚柔结合的空间网状大分子结构。其制备与应用在淀粉接枝共聚体系中占有重要的地位，不仅可以提高淀粉的使用价值，扩大淀粉的应用范围，而且可以改善合成高分子的性能，并大大降低成本和节约石油资源[43]。

以不同结构的丙烯酰胺类单体与改性淀粉及不同电性的离子性单体共聚合可得到非离子、阳离子、阴离子和两性等不同离子类型的接枝共聚物。这类聚合物在工业生产中一般采用水溶液聚合法，由自由基引发，自由基进攻淀粉大分子，通过夺氢反应产生淀粉大分子自由基，然后引发接枝反应。还可通过辐射法引发聚合，将过氧化物或过氧化氢加入经γ射线照射过的淀粉中，然后再与丙烯酰胺接枝共聚。除水溶液聚合外，反相（微）乳液聚合及双水相聚合技术也日渐受到重视，目前，此类技术已经在实验室研究方面取得了较大的进展。接枝共聚物包括：①非离子型淀粉-丙烯酰胺类接枝共聚物；②阳离子型淀粉-丙烯酰胺类接枝共聚物；③阴离子型淀粉-丙烯酰胺类接枝共聚物；④两性离子淀粉-丙烯酰胺类接枝共聚物。

淀粉是一种天然多晶聚合物，直链淀粉和支链淀粉是淀粉颗粒的两种主要组分，淀粉的结构主要是由结晶区和非结晶区交替构成，此外还存在着介于结晶和非晶之间的亚微晶结构。非结晶区由直链淀粉构成，结晶区域多数是由支链淀粉形成。淀粉及淀粉衍生物结晶性质及结晶度大小直接影响着淀粉产品的应用性能，通过物理或化学方法改变它们的结晶度，可以改变淀粉产品的性质。例如淀粉经酸解微晶化以后，其酶降解性显著降低，接枝共聚淀粉的接枝效率明显增加。

不同的淀粉，其颗粒形状和大小也不相同，对接枝共聚反应的影响不同。淀粉颗粒越小反应速度越快，颗粒增大则变慢，这表明反应主要在淀粉表面进行，粒径小的淀粉表面积大，因而反应速度快。支链淀粉接枝共聚物由于分支多、相对分子质量高而具有较好的絮凝性能，而且在一定范围内淀粉接枝 PAM 相对分子质量越大，絮凝性能越好。通过对不同来源的淀粉与丙烯腈进行接枝共聚研究表明，接枝效果受到淀粉颗粒大小的影响，用糊化后的淀粉进行接枝共聚反应时，最终制得产物的吸水率较高，并部分依赖淀粉中直链和支链的含量。研究发现，淀粉中的支链淀粉所占比例越大，接枝率越高，吸水保水性越强。

一、淀粉与丙烯酰胺单体接枝共聚物

淀粉与丙烯酰胺的接枝共聚物是最基本的淀粉接枝共聚物，将淀粉丙烯酰胺接枝共聚物经过水解、磺化和胺甲基化反应，可以制备一系列不同性质的聚合物。下面介绍接枝共聚物的合成及影响合成反应是因素。

（一）接枝共聚的制备

将一定量淀粉和水混合打浆，加入反应瓶中，通 N_2 搅拌 30min，加热到所需反应温度。在烧杯中加入一定量的亚硫酸钠、过硫酸铵及尿素、去离子水，搅拌至溶解。将烧杯中配好的混合液在搅拌速度为 160r/min 下滴加到反应瓶中，引发 15min 后，向反应瓶中滴加单体，聚合一定时间后冷却，倾出液相，可得胶体状粗产物。

淀粉丙烯酰胺接枝共聚物中含有淀粉丙烯酰胺接枝共聚物、聚丙烯酰胺均聚物、未参加反应的淀粉和其他残留的小分子（如丙烯酰胺和引发剂等）等。因此，需要将接枝粗产品进行有效分离与提纯，以考察接枝共聚反应情况。

首先将粗产品用乙醇沉淀、丙酮洗涤数次，在60℃下真空干燥至恒重，这样得到的产物是接枝共聚物、均聚物和未接枝的淀粉混合物。除去均聚物：称取得到的产物于索氏抽提器中，用 60:40（体积比）乙二醇 - 冰醋酸混合溶液回流抽提至恒重，残留物用甲醇沉淀 3 次，在真空干燥箱内烘干。去除未接枝淀粉：向产物中加入一定量的 NaOH 溶液，在50℃下搅拌 30min，用布氏漏斗过滤、烘干，产物即为纯的接枝共聚物。

将纯的接枝聚合物用酸解法去除淀粉骨架，剩下的为接枝链上的聚丙烯酰胺。再用 1mol/L 的 $NaNO_3$ 溶液作溶剂，在（30 ± 0.1）℃下用奥氏黏度计测定特性黏度 [η]，并且用 Mark - Houwink 方程计算相对分子质量。

（二）影响接枝共聚反应的因素

淀粉与丙烯酰胺类单体接枝共聚的关键是接枝率和接枝效率。为此，以过硫酸铵为引发剂，淀粉与丙烯酰胺在水溶液中进行接枝共聚反应，研究表明，反应温度、淀粉种类、糊化、pH 值等对接枝反应的单体转化率、接枝率、接枝效率以及产品支链聚合物相对分子质量有不同的影响[44]。

1. 团粒淀粉的接枝共聚

自然界生长的淀粉是以团粒结构形式存在的，淀粉团粒是亲水的，但不溶于水，不同种类淀粉的团粒大小相差很大（表 11-13）。如表 11-13 所示，固定淀粉浓度［AGU］为 0.4mol/L（AGU（$C_6H_{10}O_5$为脱水葡萄糖单元），单体浓度为 2mol/L，引发剂浓度 C_{APS}为 2×10^{-3}mol/L，于 50℃下反应 180min。淀粉种类和淀粉团粒大小对反应的影响很大。粒径最小的稻米淀粉，促进丙烯酰胺聚合的能力最强，马铃薯淀粉和玉米淀粉粒径相近，促进丙烯酰胺聚合的能力也相近，均远优于粒径特别大的小麦淀粉。由此可见，淀粉和丙烯酰胺接枝共聚反应主要是在淀粉的表面进行，因此，团粒粒径小的淀粉，表面积就越大，促进丙烯胺酰聚合的效果就越明显。

表 11-13 淀粉团粒大小对反应的影响

淀粉种类	团粒直径/μm			转化率/%	接枝率/%	支链相对分子质量/10^6
	最大	最小	平均			
稻米淀粉	7.8	6.0	6.5	97.66	71.1	7.68
马铃薯淀粉	15.6	8.4	10.2	93.60	69.6	6.03
玉米淀粉	15.6	9.0	10.8	93.02	69.5	5.15
小麦淀粉	35.6	22.8	32.4	75.54	64.8	3.56

注：淀粉团粒直径系偏光显微镜测量值。

2. 糊化淀粉的接枝共聚

淀粉结构的显著特征是它的聚集态是以亲水但不溶于水的团粒结构存在。当把淀粉乳加热到 70℃时，淀粉的团粒结构解体，紧闭在团粒结构内部的淀粉大分子润胀和水合，分子链伸张，成为比较均匀的糊状胶体，称为淀粉的“糊化”。淀粉糊化产生的结构变化对其与烯类单体接枝共聚反应的影响非常明显。未糊化淀粉与丙烯酰胺的接枝共聚，反应初始阶段接枝聚合在淀粉团粒表面进行，随着反应温度升高，部分淀粉团粒开始解体，但仍不如糊化淀粉分子链伸展度大，接枝反应支链数少、相对分子质量大；而糊化淀粉的接枝聚合产物支链相对分子质量较小。

未糊化淀粉及在 70℃处理 30min 的糊化淀粉，在相同条件下与丙烯酰胺进行接枝聚合，所得到的产物用扫描电子显微镜进行观察发现，未糊化淀粉在接枝聚合后团粒结构依然未完全解体，松散状聚丙烯酰胺覆盖在淀粉团粒表面。淀粉经完全糊化后，丙烯酰胺接枝聚合的产物结构比较均匀，看不到明显的两相界面。

3. 反应温度对接枝共聚的影响

如图 11-32 所示，当淀粉浓度［AGU］为 0.4mol/L，单体浓度为 2mol/L，引发剂浓

度 C_{APS} 为 2×10^{-3}mol/L，70℃预糊化 30min，反应时间 180min，在温度小于 50℃时，随着温度升高，分子热运动加快，反应活性增加，引发剂与淀粉分子碰撞的机会就多，生成淀粉的自由基也就越多，接枝率呈上升趋势。而在温度大于 50℃时，接枝率呈下降趋势，这是因为温度太高，单体均聚和共聚反应速率加快，同时链终止反应速率增加，使部分活性中心来不及接枝便被歧化或偶合终止。

温度对接枝效率的影响趋势与对接枝率的影响相似，在 45～50℃区间内，随着温度升高接枝效率上升，在温度大于 50℃以后，接枝效率随着温度继续升高而呈下降趋势，这是由于在温度高于 50℃时，丙烯酰胺活性点数增加，均聚物形成速度加快，使接枝效率降低。

4. 介质 pH 值的影响

当淀粉浓度［AGU］为 0.4mol/L，单体浓度为 2mol/L，引发剂浓度 C_{APS} 为 2×10^{-3} mol/L 时，过硫酸盐能在酸性溶液中引发丙烯酰胺聚合，但在中性或碱性溶液中引发丙烯酰胺聚合速度缓慢。因此，过硫酸铵引发烯类单体聚合要在酸性催化下进行。实验表明，酸是接枝共聚反应很有效的催化剂，尽管如此其量也不宜太多，因为过量的酸会使产物的相对分子质量降低，甚至会引起下列能引起阻聚的副反应：

$$(NH_4)_2S_2O_8 + 2H^+ \longrightarrow NH_4SO_3^- + H_2O + [O] \quad (11-3)$$

酸的用量太多，在黏稠的产物中很难除尽，残留在产品中的酸在加热烘干过程中还会促进亚胺化交联而降低产物溶解性。实验表明，淀粉不存在的情况下，单独用过硫酸铵在 pH 值大于 5 的介质中很难引发丙烯酰胺聚合，但当有淀粉存在时，在中性（pH = 6.8）介质中甚至在碱性时也有较快的反应速度（图 11-33），说明淀粉对丙烯酰胺聚合有一定的促进作用，这一促进作用是通过淀粉和过硫酸铵形成复合物、再分解产生淀粉游离基，成为引发丙烯酰胺聚合的活性基团来实现的，反应式为：

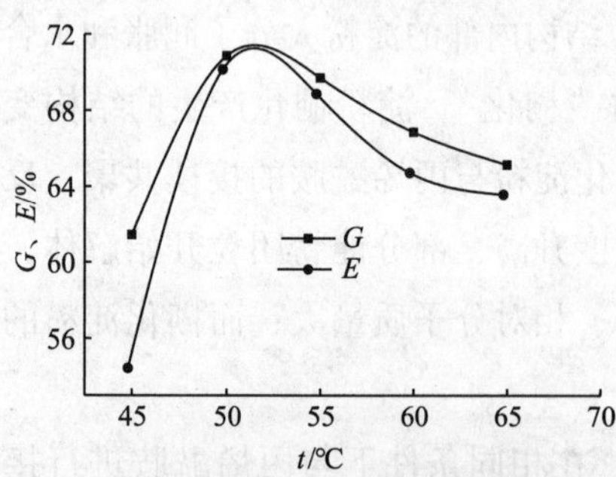

图 11-32　反应温度对接枝率（G）和接枝效率（E）的影响

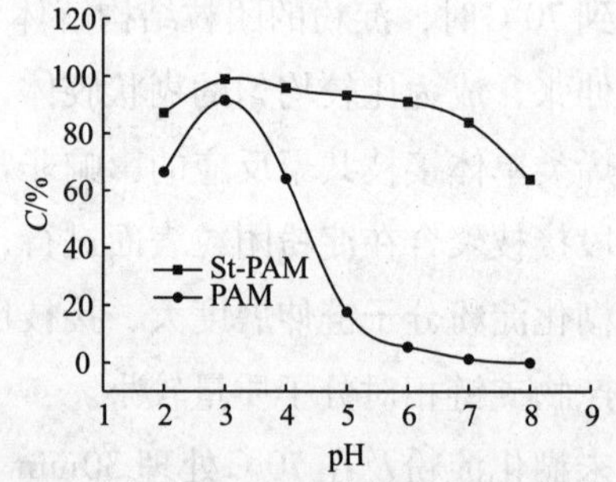

图 11-33　介质 pH 值对丙烯酰胺聚合的影响

$$S_2O_8^{2-} + StOH \longrightarrow 复合物 \longrightarrow 2NH_4SO_4^- + StO\cdot H^+ \quad (11-4)$$

式中，StOH 为淀粉分子；StO· 为淀粉大分子游离基。

正是由于这个反应的存在，当有淀粉存在时，过硫酸铵引发丙烯酰胺的聚合可以在中性条件下，甚至在碱性下进行，而且在比较宽的 pH 值介质中有很好的聚合率和较高的相对分子质量，从而避免了单用酸催化时要求酸浓度较高（大于 10^{-3}moL/L）时，才有较高的聚合率。当产物的相对分子质量较低，而且酸浓度稍为偏高（大于 10^{-2}mol/L）时，会产生阻聚现象，使相对分子质量下降，且残留的酸在干燥过程中促进聚丙烯酰胺亚胺化交联，使产物的溶解性降低。

5. 引发剂类型和淀粉预处理对接枝共聚反应的影响

在淀粉接枝共聚反应中，引发剂是影响接枝共聚反应的关键，采用不同的引发剂接枝率和接枝效率会有明显区别。通常在淀粉接枝共聚反应中，高价铈离子是一种高性能的引发剂，适应性广，单体转化率、接枝效率、接枝率均高，但反应工艺条件控制要求严，价格昂贵，产量有限，限制了其在工业上应用。过硫酸盐是一种很有潜力的引发剂，接枝反应中温度易于控制，价廉而无毒，但接枝效率低。过氧化氢体系引发剂与环境亲和性好，无污染，价格低廉，但接枝效率低，均聚物多，而且过氧化氢储藏太久易失效。锰离子体系引发淀粉接枝共聚反应中应严格控制酸的浓度，避免淀粉的酸水解，使用高锰酸钾时还应注意接枝淀粉的颜色变化。辐射引发是一种物理引发方法，接枝率高，形成的均聚物少，但辐射源对人体伤害大，设备的价格昂贵，限制了其使用。

由于高价铈离子的优良引发性能，在淀粉接枝共聚反应的研究中是一种较好的引发剂，因此研究接枝淀粉时常常采用高价铈离子引发，但高价铈离子的缺点限制了它在工业中的应用。辐射引发因其缺点也难以在工业应用，因此工业上生产接枝淀粉时应使用较多的是过硫酸盐、过氧化氢、锰离子等引发剂[45]。

此外，淀粉的预处理对淀粉与丙烯酸、丙烯酰胺等单体的接枝共聚反应也会产生较大的影响。淀粉的预处理方式主要有物理法、化学法、酶降解和复合预处理法等，不同的预处理方式对淀粉接枝共聚物的制备具有重要的影响，特别是在接枝率、接枝效率、单体转化率以及应用性能上。不同的预处理方式能够得到不同应用性能的改性淀粉。单一预处理淀粉只有一种变性的优点，在实际使用中可能难以满足某些应用要求。复合预处理淀粉具有不同改性的特点，更能满足不同应用的要求，复合预处理将会在改性淀粉接枝聚合中发挥越来越重要的作用[46]。

二、淀粉/DMDAAC－AM 接枝共聚物

在淀粉与丙烯酰胺接枝共聚反应的基础上，引入阳离子单体，即采用淀粉与 DMDAAC 和 AM 接枝共聚，可以得到阳离子型接枝共聚物[47]。

（一）接枝共聚物的制备

准确称取一定量的淀粉（St），放入反应瓶中，加入计量去离子水，通入 N_2，搅拌分散并加热到 90～95℃ 糊化 0.5h，糊化完毕后，将反应瓶置于恒温水浴中，装上搅拌器、冷凝管和氮气导气管，通 N_2，并将反应瓶中物料升温至预定温度，加入准确称量的 AM 与 DMDAAC 混合水溶液和引发剂，继续通氮搅拌反应 4h，反应完毕后，产物经沉淀、分离、

真空干燥得接枝共聚粗产物。粗产物用50∶50（体积比）的丙酮－冰乙酸混合溶剂进行抽提，除去均聚物，经过滤和真空干燥后得到纯接枝共聚物。

（二）影响接枝共聚反应的因素

研究表明，总单体与淀粉比例及单体配比对接枝共聚反应具有很大的影响。实验选用$Fe^{2+}-H_2O_2$－抗坏血酸作为氧化还原引发体系，恒定淀粉用量、引发剂浓度、反应时间及反应温度。在DMDAAC∶AM＝1∶1（质量比）和DMDAAC∶AM＝2∶8（质量比）两种单体比例下，改变总单体与淀粉的质量比，不同因素对接枝共聚反应的影响见图11－34～图11－36。

如图11－34所示，*m*（DMDAAC＋AM）∶*m*（St）对接枝率（*G*）和转化率（*C*）的影响较大，当混合单体总量增大时，接枝率*G*随之增大。这是由于随着单体浓度的增加，有利于单体与淀粉自由基形成接枝增长活性链，并使单体向淀粉上链增长活性点的扩散速率增加，促进单体参与接枝共聚链增长反应。从图中还可看出，*m*（DMDAAC）∶*m*（AM）＝2∶8时，*G*随*m*（总单体）∶*m*（淀粉）的增长速度要快得多。这主要是因为DMDAAC和AM的竞聚率数值相差很大（$\gamma_{DMDAAC}=0.22$，$\gamma_{AM}=7.14$），AM是比DMDAAC活泼得多的单体，DMDAAC的烯丙基较不活泼，且易发生链转移反应。故当单体总浓度增大时，对于AM含量较高的混合单体体系，其*G*也增长更多，并且有更高的最终转化率（*C*）。

如图11－35所示，*m*（DMDAAC＋AM）∶*m*（St）对接枝效率（*E*）和阳离子度（DC）均有明显的影响。单体比例不同时，增加混合单体与淀粉质量比，对接枝效率*E*的影响有所不同。当*m*（DMDAAC）∶*m*（AM）＝1∶1时，*E*随着混合单体的浓度增大而降低，而*m*（DMDAAC）∶*m*（AM）＝2∶8时，*E*开始随混合单体浓度的增加而增大，但当*m*（混合单体）∶*m*（淀粉）＞2∶1后，*E*则随之下降。某些关于淀粉接枝AM聚合的研究也曾发现，接枝效率*E*随*m*（AM）∶*m*（淀粉）比例增加是先提高后下降。由于DMDAAC单体较不活泼，尤其在低浓度水溶液中不易进行聚合反应。但是当单体浓度较高后，*E*都会下降，尤其混合单体中DMDAAC比例较高时更为严重。这是由于水溶液中单体总浓度的增加以及DMDAAC单体的链转移特性，使得水溶液中非接枝共聚反应趋势有了显著的增加。

从图11－35还可以看出，淀粉接枝DMDAAC－AM共聚物的阳离子度DC随合成时混合单体中DMDAAC浓度的增加而增加，即当*m*（DMDAAC）∶*m*（AM）＝1∶1时，其阳离子度相应比2∶8时更大。

如图11－36所示，当*m*（St）∶*m*（DMDAAC＋AM）＝1∶2及其他反应条件一定时，*G*和*E*随着混合单体中DMDAAC比例的增加而下降，这是由于DMDAAC相对于AM活性较低且易发生链转移反应，因此，随着单体中DMDAAC比例的增加，总体反应活性下降以及向单体发生链转移趋势增大。而DC则随单体中DMDAAC的增加而增加。因此，可以通过改变混合单体中DMDAAC的比例，调节淀粉接枝共聚物的阳离子度，而制备用于不同目的的接枝共聚物。

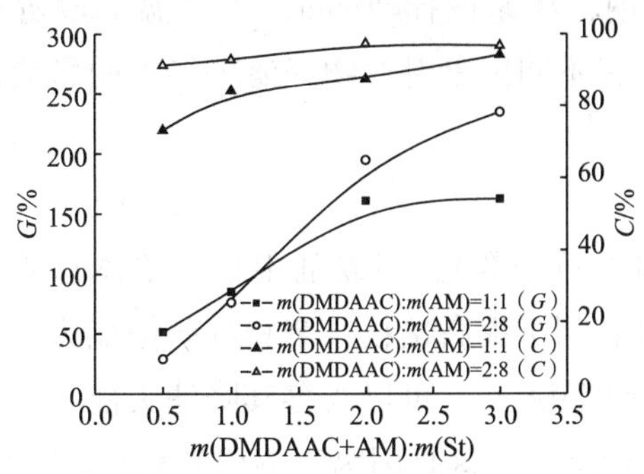

图 11－34　*m*（DMDAAC＋AM）：*m*（St）对接枝率和单体转化率的影响

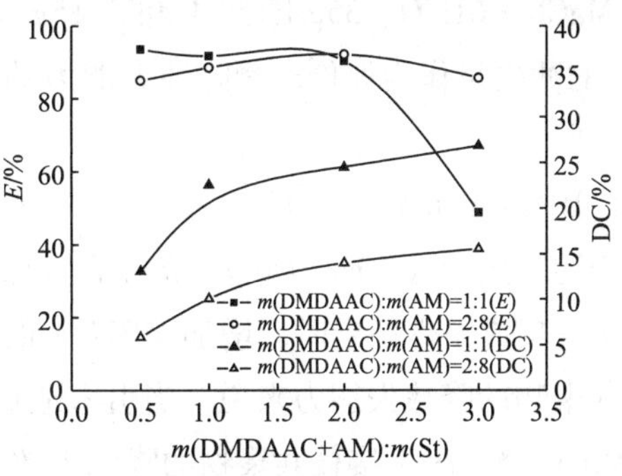

图 11－35　*m*（DMDAAC＋AM）：*m*（St）对接枝效率和阳离子度的影响

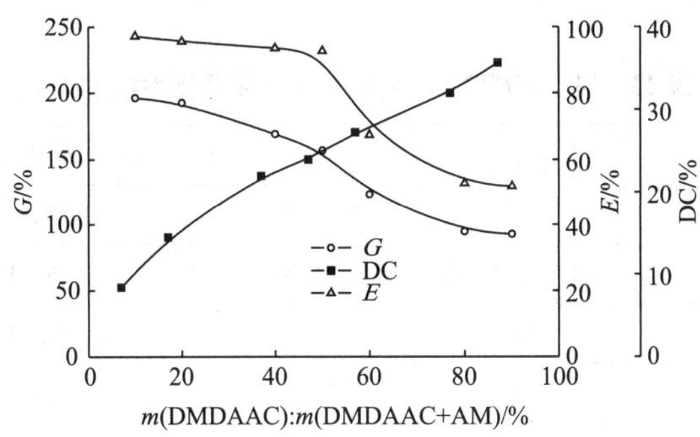

图 11－36　*m*（DMDAAC）：*m*（DMDAAC＋AM）对接枝率、接枝效率和阳离子度的影响

三、淀粉/AM－AA－MPTMA 接枝共聚物

采用 AM、AMPS、3－甲基丙烯酰胺基丙基三甲基氯化铵（MPTMA）与淀粉接枝共聚合成的淀粉接枝共聚物，由于产物中引入了磺酸基和阳离子基团，所得产物用作钻井液降滤失剂，不仅具有较好的降滤失作用，而且具有较好的耐温抗盐和防塌效果[48]。

（一）接枝共聚物的合成

将淀粉用适量的水调和均匀，于 60～80℃下糊化 1～1.5h，降温至室温，加入 AM、K－AMPS 和 MPTMA，搅拌均匀，并用氢氧化钾溶液使反应混合物体系的 pH 值调至 7～9。然后在不断搅拌下升温至 60℃，加入适量的除氧剂（亚硫酸盐），5min 后加入占单体质量 0.5%～1%的引发剂，搅拌均匀后于 60℃下反应 0.5～10h，得凝胶状产物。取出剪切造粒，于 100℃下烘干、粉碎得白色粉末状接枝共聚物降滤失剂。

（二）反应条件对接枝共聚物钻井液性能的影响

由于研究钻井液处理剂的最终目的是使它在钻井液中要能够很好的发挥作用，无论是接枝共聚物、还是均聚物、淀粉等，都可以作为钻井液的成分，故为了尽可能多地引入淀粉，以降低处理剂成本，在研究中并没有考虑接枝率和接枝效率，从应用的角度出发，以 0.7% 接枝共聚物所处理人工海水基浆（在 350mL 水中加入 15.75g NaCl、1.75g $CaCl_2$、

4.6g $MgCl_2 \cdot 6H_2O$、35g 膨润土和 3.15g 碳酸钠，高速搅拌 20min，于室温下放置养护 24h）的滤失量作为评价产物降滤失能力的依据，不同因素对产物降滤失能力的影响情况如下。

1. MPTMA 用量（表 11-14）

当淀粉用量为 40%（占淀粉和单体总质量的百分数），引发剂用量为单体总质量的 0.75%。反应条件一定时，增加 MPTMA 的用量有利于提高接枝共聚物的防塌能力，对于接枝共聚物的降滤失能力来说，当引入适量的 MPTMA 时，可以改善其降滤失能力，但当 MPTMA 用量大时，接枝共聚物的降滤失效果反而降低，这是因为当 MPTMA 用量过大时，所得产物将使钻井液絮凝，从而失去控制滤失量的能力。在给定的实验条件下，为兼顾接枝共聚物的降滤失能力和防塌效果，选择 MPTMA 的用量为 15%（占总单体的摩尔百分数）。

表 11-14　MPTMA 用量对接枝共聚物性能的影响

n（K-AA）:n（AM）:n（MPTMA）	滤失量/mL	页岩滚动回收率		
		一次回收率 R_1/%	二次回收率 R_2/%	R_2/R_1/%
40:60:0	12.0	84.0	63.1	75.1
40:55:5	11.0	86.5	80.3	92.8
35:55:10	10.0	89.2	86.0	96.4
30:55:15	9.5	93.1	90.0	96.6
30:50:20	13.0	94.0	93.0	98.9
25:50:25	24.0	95.2	95.0	99.8

注：实验条件：一次回收率（在 0.3% 的聚合物溶液中的回收率）120℃/16h，二次回收率（一次回收所得岩屑在清水中的回收率）120℃/2h。岩屑为明 9-5 井 2695m 岩屑（6~10 目），用 40 目筛回收。

2. 淀粉用量、引发剂用量和反应温度

实验表明，当原料配比和反应条件一定时，即 n（K-AA）:n（AM）:n（MPTMA）= 30:55:15，引发剂用量为单体总质量的 0.75%，淀粉糊化温度为 60~80℃，反应温度为 60℃，随着淀粉（占淀粉和单体总质量的百分数）用量的增加，接枝共聚物的降滤失能力开始略有增加，当淀粉用量超过 60% 以后，产物的降滤失能力迅速降低。为得到降滤失效果好且成本较低的接枝共聚物降滤失剂，在实验条件下选择淀粉用量为 40%~50%；当淀粉用量为 50% 时，引发剂用量为单体总质量的 0.8%~1% 时所得接枝共聚物的降滤失效果较好；当淀粉用量为 50%，引发剂用量为 0.8% 时，反应温度低于 60℃时，所得接枝共聚物的降滤失能力较差，80℃时产物的降滤失能力较好，但由于反应速度过快，易出现暴聚现象，使产品收率降低，在实验条件下反应温度为 60℃较好。

四、淀粉接枝/AM-DM 共聚物反相乳液

在反相乳液体系中进行淀粉与乙烯基单体的接枝共聚反应，所得产品具有很好的稳定性和高的聚合物浓度，并且在接枝共聚物含量很高时，也能保持低的黏度和较快的分散速

度。但反相乳液接枝聚合反应与在水溶液中进行的反应有明显不同。以淀粉为原料，通过与丙烯酰胺（AM）、甲基丙烯酸二甲胺基乙酯（DM）在反相乳液中进行接枝共聚反应，可制备阳离子型淀粉接枝共聚物[49]。

（一）合成过程

将淀粉在水中打浆后加入反应瓶，乳化剂溶解在油相中加入，通氮搅拌至所需温度，加引发剂，将单体配成一定浓度的溶液滴入，搅拌乳化，进行接枝聚合反应。产品用乙醇沉淀，丙酮洗涤，40～60℃真空干燥，得粗品。然后用 V（乙二醇）∶V（冰醋酸）=6∶4 的混合液抽提除去均聚物，干燥后用式（11－5）和式（11－6）计算单体转化率和接枝率：

$$C=\frac{m_1-m_0}{m_n}\times 100\% \tag{11-5}$$

$$G=\frac{m_2-m_0}{m_0}\times 100\% \tag{11-6}$$

式中，m_0为淀粉质量，g；m_n为单体质量 g；m_1为粗产品质量，g；m_2为抽提后产品质量，g。

共聚物特性黏数［η］采用乌式黏度计测定样品各稀释点的 η_{sp}，经回归计算后得到。阳离子化度（Dc）采用将抽提物用定量酸溶解后，再用盐酸标准溶液滴定的方法测定。

$$Dc=\frac{162\times c\times (V_0-V)}{1000\mathrm{m}}\times 100\% \tag{11-7}$$

式中，V 为样品消耗盐酸标准溶液体积，mL；V_0为空白实验消耗盐酸标准溶液体积，mL；m 为样品质量，g；162 为甲基丙烯酸二甲胺基乙酯的相对分子质量；c 为盐酸标准溶液浓度，mol/L。

（二）影响合成反应的因素

1. 引发剂

在 m（AM）∶m（DM）=4∶1、反应温度为45℃、反应时间为4h、乳化剂质量分数为6%、pH=7 时，分别以 n（过硫酸铵）∶n（尿素）=1∶1 复合物、过氧化苯甲酰为引发体系，考察不同引发剂浓度时的接枝参数，结果见图 11－37。从图 11－37 可以看出，采用 $(NH_4)_2S_2O_8$－$(NH_2)_2CO$ 复合体系为引发剂，其接枝率和特性黏数均优于过氧化苯甲酰（BPO）；而且两种引发体系引发的接枝聚合反应，接枝率和产物的特性黏数开始随引发剂用量增加而增加，达到 2.5×10^{-4}～3×10^{-4}mol/L 后，则随引发剂用量

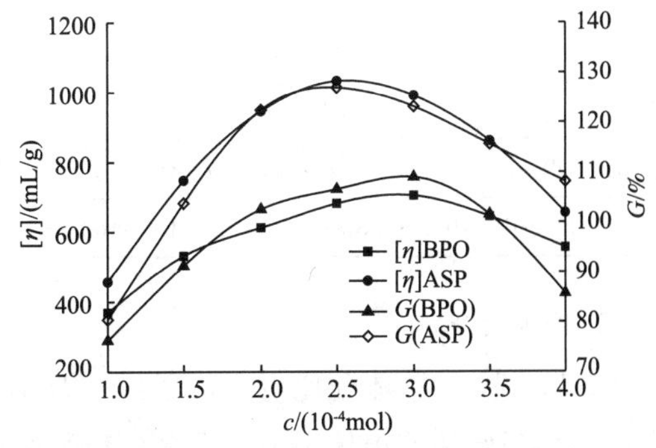

图 11－37 引发体系对接枝率和特性黏数的影响

的增加而减小，这与在水溶液中进行的接枝聚合反应规律是一致的。

以过硫酸铵和尿素作为引发剂，取过硫酸铵和尿素的质量分数分别为 2.5×10^{-4}、1.7×10^{-4}，反应温度为45℃，反应时间为4h，考察乳化剂用量、单体配比、介质pH值和盐对反应的影响。

2. 乳化剂

淀粉与AM、DM在反相乳液中进行接枝共聚反应时，反应物所在的水相构成内相（分散相），而油相构成外相（连续相），选用Span、Tween、OP等3个系列的非离子表面活性剂作为反相乳液聚合的乳化剂。如表11-15所示，在所选用的几个系列的非离子乳化剂中，以Span系列的效果最好，Tween和OP系列的效果较差，而将Span-20和OP-4进行复配后得到的混合物作为乳化剂，效果较好。当淀粉接枝/AM-DM共聚物作为污水处理用絮凝剂时，不仅希望具有高的接枝率，而且希望具有高的相对分子质量。以Span-20与OP-4质量比为40∶60的混合物为乳化剂，乳化剂质量分数对所得接枝聚合产物的接枝率、特性黏数的影响见图11-38。从图11-38可以看出，当乳化剂质量分数小于7%时，接枝聚合产物的特性黏数随乳化剂质量分数的增加而增加，因为在较低的质量分数范围内，乳化剂质量分数增大，乳胶粒子增多，粒子表面积增大，有益于传质的进行；而当乳化剂用量较大时，会使油水界面膜加厚，阻碍自由基扩散，导致产物特性黏数下降。另外，反相乳液聚合体系所用乳化剂为含有醚键的非离子表面活性剂，而醚键在反应中具有链转移作用，所以，乳化剂浓度增大，使得接枝率和特性黏数下降。

表11-15 乳化剂种类对单体转化率和接枝率的影响

乳化剂	C/%	G/%
Span-20	97.8	125.53
Span-60	96.8	122.4
Tween-20	93.7	97.8
Tween-60	97.1	99.6
OP-4	91.6	113.4
OP-10	84.5	94.1
Span-20-OP-4［m（Span-20）∶m（OP-4）=50∶50］	99.6	129.8
Span-20-OP-10［m（Span-20）∶m（OP-10）=50∶50］	99.1	128.9

3. 单体配比

图11-39是单体配比对阳离子度（Dc）和特性黏数［η］的影响。从图11-39可以看出，Dc开始随着单体中DM质量分数的增加而增加，但达到一定值后，变化较为缓慢；［η］在开始时，随着单体中DM质量分数的增加变化较小，当达到20%以后，再继续增大阳离子单体用量，产品的［η］反而出现下降趋势。

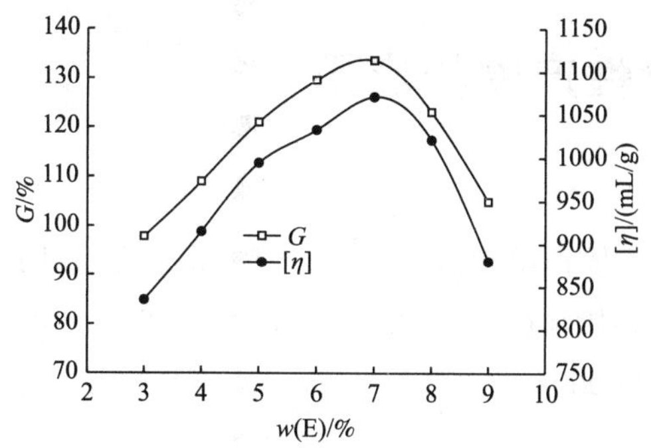

图 11-38 乳化剂质量分数对接枝率和特性黏数的影响

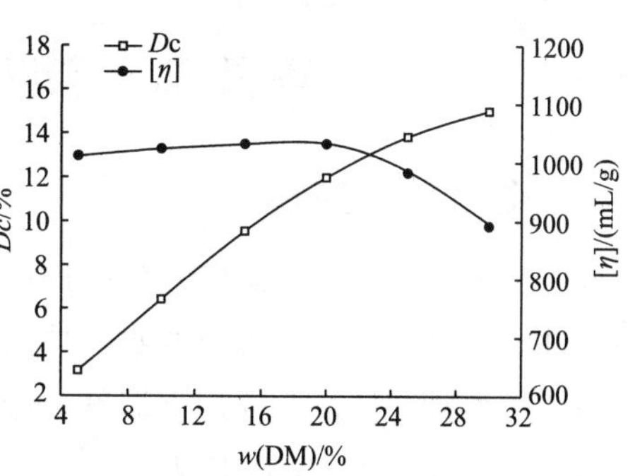

图 11-39 单体配比对阳离子度和特性黏数的影响

4. 体系 pH 值

如图 11-40 所示，当反应条件一定，乳化剂质量分数为 7% 时，随着体系的 pH 值增加，接枝率和特性黏数都呈增加的趋势，并在 pH 值为 8 时达到最大，因为在 pH 值较低时，甲基丙烯酸二甲胺基乙酯以铵盐的形态存在，使其分子中带有正电荷，不利于接枝聚合反应进行。

5. 盐类添加剂

分别选取 $NaNO_3$、NaCl、Na_2SO_4等无机盐和甲酸钠、乙酸钠、丙酸钠等有机盐为添加剂进行实验。结果表明，无机盐中只有加入 NaCl 时，[η] 有下降的趋势，而其他无机盐的影响不明显。有机盐的加入则对 [η] 影响很大，乙酸钠、丙酸钠的加入，使接枝共聚物的 [η] 在一定范围内增大，见图 11-41。乙酸钠对淀粉接枝共聚物相对分子质量的影响最大，且在 $m_s/(m_s+m_m)$ 为 0.03 时出现最大值；丙酸钠的影响较小；而甲酸钠的加入则使 [η] 下降。实验中发现，甲酸钠的加入使反应速率大大提高，原来 4h 完成的反应，在 1.5～2h 即可完成，这可能是由于甲酸钠在体系中具有链转移作用，这与丙烯酰胺与丙烯酸钠在水溶液中进行共聚反应中，甲酸钠具有链转移作用的研究结果一致[50]。

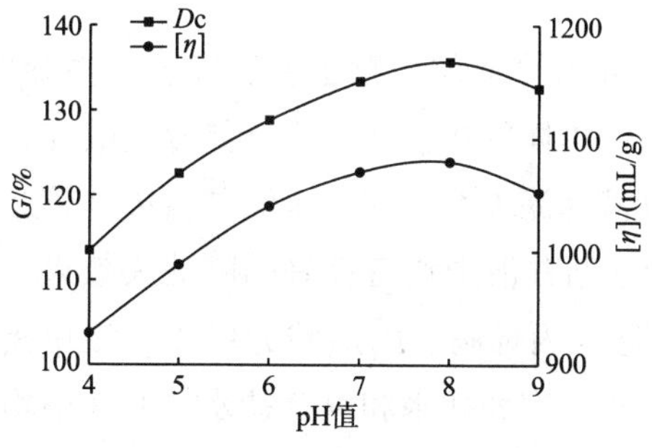

图 11-40 pH 值对接枝率和特性黏数的影响

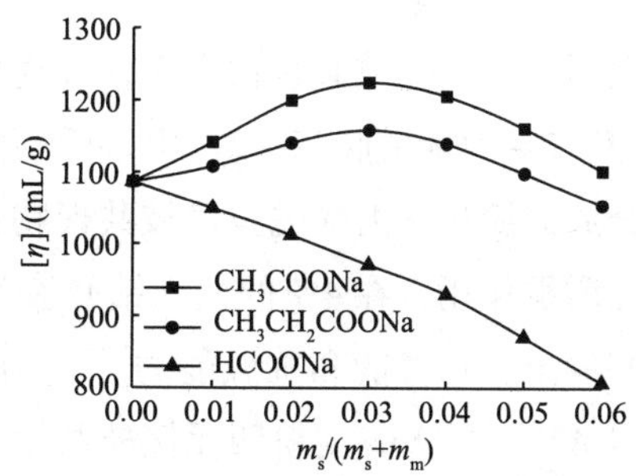

图 11-41 盐对特性黏数的影响

第四节 淀粉改性产物的应用

一、钻井液处理剂

在钻井液中，不同类型的淀粉改性产物，主要作用和适用范围略有差别。预胶化淀粉作为钻井液处理剂，可以用于淡水、盐水和饱和盐水钻井液的降滤失剂，但其在使用中容易发酵，需要配合杀菌剂使用，温度一般不超过90℃。以其为主剂，可以配制适用于温度低于100℃条件下的绿色环保钻井液。

醚化淀粉是研究应用最多的改性产物。CMS作为钻井液处理剂，具有降低滤失量、提高钻井液中黏土颗粒的聚结稳定性的作用。CMS对钻井液的塑性黏度影响小，对动切力、静切力影响大，有利于携带钻屑，尤其在钻盐膏层时，可使钻井液稳定，滤失量降低，防止井壁坍塌，特别适用于矿化度高的盐水或饱和盐水钻井液。

羟乙基淀粉和羟丙基淀粉分子中不含离子型基团，用作钻井液处理剂，其抗盐，尤其是抗高价金属离子污染的能力优于羧甲基淀粉，抗温能力亦稍优于羧甲基淀粉，是理想的饱和盐水钻井液降滤失剂。也可用于阳离子聚合物钻井液和正电胶钻井液的降滤失剂。

阳离子淀粉用作钻井液处理剂，在保持CMS抗盐，抗高价金属离子污染的能力的情况下，不仅增加了抑制防塌功能，且抗温能力进一步提高。可用于阴离子钻井液，也可用于阳离子聚合物钻井液和正电胶钻井液的降滤失剂。

两性离子淀粉在钻井液中可用于降低淡水、NaCl、KCl和饱和盐水钻井液的滤失量和改善泥饼质量，提高钻井液胶体稳定性。

由于淀粉醚化产物抗温能力差，为提高其抗温能力，扩大应用范围，围绕淀粉接枝共聚开展了一系列研究与应用探索。淀粉接枝共聚物兼具淀粉的抗盐性能和聚合物产品的抗温性，且成本低，符合钻井液处理剂发展的需要，使钻井液用淀粉接枝共聚物的研究逐渐增加，但目前这些研究实现工业化生产的很少。用于钻井液处理剂的接枝共聚物主要包括阴离子型和两性离子型共聚物。

1. 阴离子型接枝共聚物

在阴离子型接枝共聚物方面，针对钻井液的需要合成的产物主要有淀粉与丙烯酰胺、丙烯酸、2-丙烯酰胺基-2-甲基丙磺酸等阴离子单体的接枝共聚物。如以硝酸铈胺为引发剂合成的淀粉-丙烯酰胺接枝共聚物作为钻井液降滤失剂，在淡水钻井液中有较好的降滤失和增稠作用，在4%的盐水钻井液和饱和盐水钻井液中均有良好的降滤失效果，同时具良好的抗剪切性能和抗温能力[51]。用丙烯酰胺、丙烯腈、丙烯酸为单体与淀粉接枝共聚制得AM/AN/AM/淀粉四元接枝共聚物，在淡水、饱和盐水和复合盐水钻井液中均具有优良的降滤失作用和较好的耐温（抗温≤150℃）、抗盐（抗NaCl至饱和）和抗钙（≥20%）离子污染的能力，并对泥页岩具有较强的抑制包被性[52]。用淀粉与丙烯酰胺和2-丙烯酰胺基-2-甲基丙磺酸接枝共聚得到的AMPS/AM-淀粉接枝共聚物，由于产物中引入了磺酸基团，不仅具有良好的抗温抗盐能力，同时使其抗钙镁能力进一步提高[53]。按淀粉:（丙烯酸 + 丙烯酰胺） = 4 : 6，丙烯酸: 丙烯酰胺 = 5 : 5（质量比），引发剂用量为 0.35% 制备的丙烯酸 - 丙烯酰胺 - 淀粉接枝共聚物，作为钻井液降滤失剂，在淡水钻井液、盐水、饱和盐水钻井液和复合盐水钻井液中均具有较强的降滤失能力，以及较好的抗盐抗温能力[54]。以 N，N′ - 亚甲基双丙烯酰胺为交联剂，过硫酸铵为引发剂合成的高黏度抗剪切丙烯酸钠接枝淀粉，当 m（淀粉）: m（丙烯酸） = 1 : 1.5，乙醇质量分数为 80%，过硫酸铵的用量为单体总质量的 1%，交联剂为单体总质量的 0.6%，反应时间 2.5h，反应温度为 55℃，丙烯酸中和度为 70% 时，该交联接枝淀粉糊液具有良好的触变性，在盐水和饱和盐水钻井液中均具有较好的增黏和降滤失作用[55]。淀粉与丙烯酰胺在硫酸铈铵/过硫酸钾氧化还原引发剂作用下反应得到淀粉丙烯酰胺接枝共聚物，再添加一种抗氧剂复配制备的水基钻井液降滤失剂 HRS，在 150℃ 使用环境中抗盐至饱和，抗 Ca^{2+} 至 2300 mg/L，抗 Mg^{2+} 至 900mg/L，且低毒易降解[56]。以淀粉与丙烯酰胺、2 - 丙烯酰胺基 - 2 - 甲基丙磺酸、甲基丙烯酰氧乙基 - N，N - 二甲基丙磺酸、N - 乙烯基吡咯烷酮和丁基苯乙烯，经过自由基胶束聚合得到的增黏剂 ZNJ - 1，抗温抗盐能力突出，生物降解性能良好，分子间的疏水缔合效应能够提高钻井液的悬浮稳定性能[57]。

用土豆淀粉糊化后，以过硫酸铵为引发剂，与丙烯酰胺单体进行接枝聚所得产物，再在强碱性条件下与甲醛和亚硫酸氢钠进行磺甲基化反应得到淀粉接枝磺甲基化聚丙烯酰胺（S - g - SPAM），在淡水、盐水和饱和盐水钻井液中均具有较好的降滤失能力和良好的抗钙污染能力[58]。

淀粉和 PVA 混合物与丙烯酰胺，用硝酸铈铵和乙酰乙酸乙酯作为引发剂，经过接枝共聚制得的接枝共聚物高温降滤失剂 APS，在淡水、盐水和饱和盐水钻井液中均具有较好的降滤失能力[59]。

2. 两性离子型接枝共聚物

与阴离子淀粉接枝共聚物相比，淀粉与阳离子单体接枝共聚得到的两性离子或阳离子接枝共聚物，由于引入了阳离子基团，产物作为钻井液处理剂，不仅具有抗盐、抗高价离子污染能力和较强的抗温能力，同时具有较强的抑制页岩水化膨胀分散能力，在页岩表面有较强的吸附能力，可以达到长期稳定黏土水化膨胀的目的。

两性离子接枝共聚物主要有用 2 - 丙烯酰胺基 - 2 - 甲基丙磺酸、丙烯酰胺和二乙基二烯丙基氯化铵与淀粉的接枝共聚得到的 AM/AMPS/DEDAAC/淀粉接枝共聚物[60]，淀粉与丙烯酰胺、丙烯酸钾和 2 - 羟基 - 3 - 甲基丙烯酰氧丙基三甲基氯化铵接枝共聚得到的 CGS - 2 具阳离子型接枝改性淀粉[61]等，作为钻井液处理剂抗温抗盐能力强，抑制防塌能力强，适用于各种水基钻井液。以玉米淀粉与 AMPS、DMDAAC、AM 单体接枝共聚得到的两性离子改性淀粉钻井液降滤失剂，在淡水基浆、盐水基浆、人工海水基浆中均具有较好的降失水性能，加入 0.6% 产品的淡水钻井液在 180℃ 下热滚 16h 后性能无明显变化[62]。将淀粉与 AM、丙烯酰氧基三甲基溴化铵和苯乙烯磺酸钠接枝共聚制备的淀粉接枝聚合物降滤失剂，具有较好的降滤失性和抗温、抗盐能力，其水溶液表观黏度的温度敏感性较低，在高浓度盐水基浆（20% NaCl 和 10% $CaCl_2$）中均具有较好的降滤失能力[63]。以淀粉、AM、AMPS 和丙烯酰氧乙基三甲基氯化铵为原料，通过接枝共聚合成的一种环保性能好的抗高温抗盐两性离子改性淀粉降滤失剂，在淡水钻井液和盐水钻井液具有良好的降滤失效果，表现出较好的抗盐和高温稳定性[64]。采用水溶液聚合法，在一定量淀粉溶液中，引发剂质量分数为 0.6%，丙烯酰胺、苯乙烯磺酸钠以及甲基丙烯酰氧乙基三甲基氯化铵质量分数分别为 10.3%、10%、7.4%，聚合反应时间为 3h 时，合成的水溶性 AM－DMC－SSS－淀粉两性离子聚合物具有较好的降滤失和较强的提黏切能力，以及较好的防塌性[65]。

二、油井水泥外加剂

深度氧化淀粉作为油井水泥缓凝剂，可以有效控制水泥浆的凝固时间，能满足井温 80～180℃条件下固井作业安全的需要。水泥浆稠化实验结果表明，深度氧化淀粉稳定性好，无早凝、过度缓凝现象发生，加量与稠化时间呈线性关系[66]。羟乙基淀粉和羟丙基淀粉可用作油井水泥降失水剂，也可以用作油井水泥缓凝剂。适当的相对分子质量和基团比例的淀粉接枝共聚物也可以用作油井水泥降失水剂、缓凝剂等。

以氯磺酸为磺化试剂制备的磺化淀粉用作油井水泥缓凝，在 90～130℃的范围内具有良好的缓凝效果，缓凝时间可调，稠化曲线理想，与降失水剂、减阻剂具有很好的配伍性，水泥石抗压强度满足要求[33]。

以含磺酸根的卤代烃、玉米淀粉为原料，在碱性条件下，合成的高温缓凝剂（SHS），有良好的高温缓凝性能，150℃稠化时间可达 343min，温度敏感性和加量敏感性在行业标准规定的范围内，对水泥浆的流变性、游离液、水泥石强度影响较小[67]。

以硫酸铈为引发剂制备的淀粉、丙烯酰胺、磺酸基单体接枝共聚物，用作油井水泥降失水剂，当在水泥浆中加量为 0.4% 时，75℃下 API 失水量降至 10mL；加量为 0.44% 时，120℃、7.5MPa 滤失量为 32mL；水泥浆析水率降为 0，与油井水泥和常用外加剂具有良好的配伍性[68]。

三、调剖堵水剂

以部分水解聚丙烯酰胺（HPAM）为代表的调剖堵水体系，因其稳定性问题而限制了在高温高盐油藏的应用，而淀粉接枝共聚物是以亲水的半刚性链的聚合物大分子为骨架，具有环状分子结构，主、侧链上含有酰胺基、羟基等官能团，可以与许多交联剂交联形成高黏弹性凝胶体系，淀粉接枝共聚物结构上柔性侧链与刚性骨架相互渗透，形成可溶性强的星型或梳型聚合物，使聚合物的抗温、抗盐、抗剪切、长期稳定性以及黏弹性明显提高，同时淀粉接枝共聚物特殊的空间网络大分子结构，使其作为调剖主剂时只需加入少量交联剂就可以达到所需的凝胶强度，既减少了外加交联剂的交联点个数，又避免了 HPAM 聚合物凝胶为了提高强度引起的过度交联而使凝胶过早脱水收缩现象[69]。加之淀粉接枝共聚物调剖堵水剂原料来源充分，价格低廉，适应性强，而受到油田化学工作者的重视，并有望用于深部液流转向。

（一）预交联凝调剖胶堵水剂

近年来发展起来的，由不同水溶性单体、交联剂、支撑剂等，经引发聚合生成的具有空间网状结构的预交联颗粒调剖堵水剂，由于其既克服了无机调剖剂堵得死、堵得浅、不移动、不利于深部调剖和重复调剖的缺点，又避免了有机调剖剂强度低、堵不住高渗透带的弱点，可适用于不同储层条件下调剖、堵水、驱油等作业的需要，同时，吸取了有机、无机调剖剂的优点，既能有效封堵高渗透带，又可以保持可变形、可扩散的特征，在地层压力和流体驱动力的作用下向地层深部运移，因此得到了油田化学工作者的关注，为了进一步提高预交联颗粒调剖堵水剂的应用效果，在应用的基础上，针对目前调剖堵水剂存在的不足，研究者在淀粉接枝共聚物类预交联凝胶调剖剂方面开展了一系列工作，并得到了较好的效果。

由淀粉与 AM、AMPS 接枝共聚得到的预交联凝胶调剖剂 ROS，评价表明，该调剖剂膨胀度在淡水中达 250 左右，在 10×10^4mg/L 盐水中达 70 左右，90℃环境中放置 8 周后性能良好，在原油中具有收缩性能，柔顺性好，注入性强，调剖效果显著[70]。采用一次投料法合成的淀粉 - 丙烯酰胺接枝共聚物预交联凝胶调剖剂吸水膨胀倍数在 20 ~ 60 之间可调，吸水膨胀后强度大，黏弹性好，调剖驱油实验表明，该调剖剂效果良好[71]。由淀粉与丙烯腈接枝共聚物的碱性水解产物交联而成的颗粒状预交联体膨聚合物，其吸水倍率和溶胀倍率受粒径影响小而受介质影响大，在清水中最大，在 500 和 1000mg/L HPAM 溶液中次之，在污水中最小，2h 和 48h 值相差不很大，48h 值已接近平衡值，实验结果表明，污水中溶胀的聚合物比清水中溶胀的聚合物具有较强的抗剪切破碎能力，这一特点更有利于现场应用，该剂用于大庆长垣北部地区高含水（93.1%）油藏注水和深部调剖，见到了明显的效果[72]。以玉米淀粉和丙烯酸、丙烯酰胺及复合交联剂等为原料，合成的淀粉接枝吸水膨胀型堵水剂 SAP，具有较好的吸水膨胀性能和较快的吸水膨胀速度，而在油相介质中不发生膨胀，对高渗层大孔道地层具有很好的堵水性能和很高的封堵强度，当其浓度大于 0.5% 时，对渗透率大于 4.0μm^2 的填砂管岩心堵水率可达 99% 以上，突破压力梯度可达 10MPa/m 以上[73]。针对现场需要研制的用于中、低温油藏的改性淀粉强凝胶堵剂，采用羟丙基淀粉与丙烯酰胺接枝、交联得到的聚合物凝胶堵剂耐盐、耐冲刷，稳定性好，封堵能力强，由于其成胶时间可调，可用于深部调剖堵水，通过在大老爷府油田低渗透微裂缝发育的油藏深部调剖证明，达到了改善注水开发效果的目的[74]。研究表明，在淀粉、丙烯酰胺、二甲基二烯丙基氯化铵、丙烯酸十六酯的质量比为 4∶8.3∶1.5∶0.2，体系 pH 值为 6，引发剂浓度为 2.2mmol/L，表面活性剂含量（质量分数）为 3%，反应温度为 50℃，反应时间为 4h 时，所合成的共聚物具有良好的堵水效果[75]。

（二）地下交联调剖堵水剂

接枝淀粉聚合物调剖体系适应性好，通过考察接枝淀粉聚合物调剖体系在孔隙介质中的封堵性能表明，接枝淀粉聚合物调剖体系成胶前具有一定的流度控制能力，成胶后残余阻力系数较大，具有降低大孔道渗透率的能力。体系的残余阻力系数随注入速度的增加而减小，对岩心具有很高的封堵率，且堵塞强度较高。注入后的突破压力梯度随流速的增加而增大，耐冲刷性好，具有堵水不堵油的特性。正是由于淀粉接枝共聚物堵水剂的这些特点，使其逐步受到重视。

如由淀粉－丙烯酰胺接枝共聚物、间苯二酚和六次甲基四胺水溶液组成的中低温水基强凝胶堵剂 CSAM，在配制水矿化度≤250g/L 的情况下对凝胶的最终强度无影响，但影响处于可流动状态的凝胶黏度，强凝胶形成时间可根据地层温度通过组分配比调节，在 80℃下形成的凝胶，在 80℃下放置 3 个月不破胶，不开裂，实验表明，水测渗透率为 0.48μm^2 和 1.1μm^2 的填砂管，在注入 CSAM 并在 80℃形成强凝胶后，水的突破压力达 43.3MPa/m 和 35.4MPa/m，注水 50PV 后注入压差仍高达 41.6MPa/m 和 33.8MPa/m[76]。岩心模拟实验结果表明，以淀粉与丙烯酰胺接枝共聚的 SPA，有机复合交联剂 MC 和促凝剂 L 为主要成分的 SPA 淀粉接枝共聚物堵水调剖剂，堵水调剖剂强度高，耐冲刷，具有良好的选择性堵水作用，可满足中原油田堵水调剖作业的需要[77]。岩心流动实验表明，由淀粉丙烯酰胺的接枝产物与交联剂间苯二酚、六次甲基四胺等组成的抗盐型堵水剂 XD－1，形成冻胶的渗透率较低，在现场施工堵水效果较好[78]。由玉米淀粉与丙稀酰胺、丙稀酸接枝共聚，制得接枝共聚物，与酚醛树脂交联形成的改性淀粉聚合物凝胶类调剖剂是一种价廉、性能优越的调剖堵水剂。

由 4.1% 的淀粉、4.1% 的 AM、0.16% 的引发剂、0.04% 的交联剂组成的地下成胶的淀粉－聚丙烯酰胺水基凝胶调堵剂，用矿化度为 5.15g/L 的采出水配制，30℃时成胶时间为 17h，成胶强度（通过面积 28.3cm^2 的两层孔径 0.83mm 筛网所需驱动压力）为 0.85～0.95MPa，加入 0.02%～0.2% 缓聚剂可使成胶时间延至 25～90h，实验表明，该调堵剂运移性能良好，成胶后注水突破压力梯度、水驱至 9PV 时的残余阻力系数及封堵率均随原始渗透率增大而增大。可用不同油藏采出水（矿化度 4.47～263g/L）配制，在 40～120℃油藏温度下成胶[79]。由 6% 的淀粉、4.5%～5.5% 的丙烯酰胺、0.003%～0.006% 的交联剂组成淀粉丙烯酰胺接枝共聚物交联凝胶 SAMG－1 封堵剂，通过改变淀粉和交联剂用量，其 35℃成胶时间可以控制在 18～20h 以上，该堵剂具有长期稳定性，在吉林扶余油田西一区试验证明，注入水最快在 5d 内到达油井，6 口水井整体调剖后，油井产液量差别减小，产油量增加，含水平均下降 3.87%[80]。以淀粉、丙烯酰胺（AM）为原料，偶氮二异丁腈（AIBN）为引发剂，利用淀粉同烯类单体进行接枝共聚，通过交联剂来实现共价键交联，得到一种适用于中、高温油藏，成胶时间延时至 2h 内可控的高强度的改性淀粉凝胶。结果表明，在引发剂质量分数为 0.04%～0.06%，交联剂质量分数在 5.1% 左右，反应温度为 80℃，体系 pH 值为 10 时所制得的聚合物胶体性能最佳，体系黏度为 1950×10^3mPa·s[81]。

四、压裂液添加剂

对玉米淀粉经化学和物理变性制得变性淀粉，将该变性淀粉与少量植物胶 XDF 复配制成压裂液稠化剂，通过对该稠化剂的理化性能、用量、复配比例以及压裂液的配方、性能和影响凝胶的因素进行研究表明，用该稠化剂配成的压裂液黏度高、流变性好、摩擦阻力小、易破胶、低残渣、低伤害，是一种适用于80℃以下低温的优良压裂液[82]。

玉米变性淀粉压裂液的最佳配方为：稠化剂0.5%～0.7%，助排剂0.1%，黏土防膨剂0.1%，破乳剂0.1%，硼砂1.5%，纯碱0.6%，过硫酸铵0.06%。该压裂液的适用温度为30～80℃，pH值为8～10。

玉米变性淀粉压裂液稠化剂原料来源充足，淀粉变性工艺简单、生产周期短、成本低、无污染。性能测定结果表明，玉米变性淀粉压裂液的黏度、水不溶物、残渣、滤失性、流变性、抗剪切性、配伍性、悬砂性、破胶性等主要技术指标都符合SY/5107—1986、SY/5341—1988水基压裂液性能评价标准的要求。采用经乙酰化、磷酸酯化及预糊化处理的改性淀粉可用于低残渣淀粉基压裂液稠化剂。低残渣淀粉基压裂液稠化剂制备的改性淀粉基压裂液基液与交联液性能良好，残渣含量在40～70mg/L，表现出极低的残渣性，对储层伤害小[83]。

高相对分子质量的淀粉接枝共聚物不仅可用于低成本压裂液稠化剂，也可以用于减阻剂。由于其具有生物降解性，可以用于绿色压裂液稠化剂。以羧甲基淀粉（CMS）与丙烯酰胺（AM）为原料，在引发剂的作用下合成的CMS－AM接枝共聚物，在70℃下反应7h、CMS与AM质量比为1∶8、引发剂用量为0.9%时，CMS－AM接枝共聚物的接枝率可达68.9%，接枝效率可达94.7%，单体转化率达90.9%。实验表明，CMS－AM接枝共聚物的抗剪切、抗盐、耐温性良好，可以满足油田压裂液对增稠剂的需求[84]。

2－羟基－3－磺酸基丙基淀粉醚作为水基压裂液的降滤失剂。在降滤失剂质量分数为0.8%时，冻胶滤失量从32.5mL降至17.2mL，降低47.1%。冻胶中加入降滤失剂后，抗温和抗剪切性提高，并与压裂液添加剂的配伍性良好。降滤失剂降解性能较好，过硫酸铵加量分别为0.2%和0.1%时，降滤失剂分别在1h和1.5h左右几乎完全降解[85]。

以淀粉、丙烯酸和丙烯酰胺为原料，过硫酸铵与亚硫酸氢钠为引发剂，带不饱和双键的有机物DJ－1为交联剂，合成的水溶性压裂暂堵剂。岩心实验表明，暂堵剂的封堵强度随岩心渗透率的增大而减小，压力梯度最大值为47.1MPa/m，具有封堵原有裂缝，使新裂缝偏离最大主应力方向的能力。暂堵剂对岩心的封堵率大于90%，用地层水冲刷后岩心渗透率恢复率高达97.6%。对高渗透层的选择性封堵率大于83.2%，随岩心渗透率级差的增大，暂堵剂对高渗透层的封堵率增加[86]。

五、水处理絮凝剂

近年来，丙烯酰胺、丙烯酸系列合成有机高分子絮凝剂发展很快，新的品种不断问世，这种絮凝剂在水处理中发挥了巨大作用，但它存在难生物降解，残留的丙烯酰胺单体有剧毒等缺点，随着环境保护要求越来越高，其使用逐步受到限制。淀粉作为一种天然高分子物质，是比较理想的绿色原料，以其为原料合成的改性淀粉絮凝剂具有绿色、无毒、价廉、易于生物降解等优点，可以满足各种废水处理的需要。如采用 $H_2O_2 + Fe^{2+}$ 作催化剂，三甲胺－环氧氯丙烷共聚物阳离子单体对食用玉米淀粉进行改性接枝，制得一种絮凝剂 JHD，评价表明，所制备的改性絮凝剂 JHD 效果明显优于无机混凝剂 PAC，比阳离子聚丙烯酰胺的去浊率或除油率略高[87]。以硝酸铈铵为引发剂，引发淀粉与丙烯胺接枝共聚制得的淀粉－丙烯酰胺接枝物絮凝剂，对高矿化度油田废水中的浊度和 COD 的去除显示出了优良的性能[88]。由淀粉接枝聚丙烯酰胺与甲醛、二甲胺反应并季铵化制得的阳离子淀粉衍生物 HY－6 在孤岛油田孤五联回注污水处理应用中见到了明显的效果[89]。以淀粉、丙烯酰胺、环氧丙基三甲基氯化铵为原料，合成的高密度阳离子有机高分子絮凝剂 F2，对石油污水的澄清效果比常用的相对分子质量为 800×10^4 的聚丙烯酰胺絮凝剂效果好，投加量为 3.3mg/L 时，废水色度的去除率在 91% 以上[90]。以淀粉、双氰胺、甲醛为主要原料，以钢铁酸洗废液为催化剂，引入添加剂合成的淀粉－双氰胺－甲醛絮凝剂，其混凝脱色性能良好，COD_{Cr}去除率≥83%，脱色率≥99%[91]。以阳离子淀粉、双氰胺、甲醛为主要原料，以硫酸铝为催化剂，并引入添加剂合成的阳离子淀粉－双氰胺－甲醛脱色絮凝剂，其混凝脱色性能良好，絮凝性能良好，COD_{Cr}去除率≥91%，脱色率≥99%[92]。以淀粉、丙烯酰胺、丙烯酸十八酯为原料，采用 $K_2S_2O_8 - NaHSO_3$引发体系，通过反相悬浮聚合，制备的系列疏水缔合接枝共聚物 PSOAM 对高浓度含油污水的处理效率较高[93]。

此外，还有采用 CAN－KPS 复合引发体系引发丙烯腈与淀粉接枝共聚得到的淀粉－丙烯腈接枝共聚物絮凝剂，对较高浓度的有机废水有较好的浊度、COD 去除率及沉降速度[94]。具有多支链型结构的 3 种具有不同阳离子化度的阳离子型改性淀粉接枝共聚物絮凝剂 ZHYC－n（n=15，40，70），均具有优良的絮凝脱浊效果，随阳离子化度增加絮凝效果显著增加，絮凝剂 ZHYC－70 的絮凝效率比 CPAM 的高约 30 倍[95]。

采用硫酸高铈为引发剂合成的淀粉接枝 DMDAAC 共聚物，对黏土具有良好的防膨性[96]。

参考文献

[1] 张燕萍. 变性淀粉制造与应用［M］. 2 版. 北京：化学工业出版社，2007.

[2] 王中华. 钻井液用改性淀粉的制备与应用［J］. 精细石油化工进展，2009，10（9）：12－16.

[3] 王中华. 油田用淀粉接枝共聚物研究与应用进展［J］. 断块油气田，2010，17（2）：239－245.

[4] 王中华. 钻井液及处理剂新论［M］. 北京：中国石化出版社，2016.

[5] 吕莹果，郭玉，高学梅. 预糊化淀粉制备、性质及其在食品工业中应用［J］. 粮食与油脂，2012，25（7）：47－49.

[6] 王中华. 钻井液用改性淀粉研究概况［J］. 石油与天然气化工，1993，22（2）：108－110.

[7] 张殿义. 水基石油钻井液用预糊化淀粉工艺研究［J］. 山东化工，2015，44（17）：11－14.

[8] 董海洲，刘冠军，侯汉学，等. 预糊化淀粉制备新工艺的研究［J］. 粮食与饲料工业，2006（5）：

15－16.
［9］刘仕卿. 羧甲基淀粉钾盐及其应用［J］. 钻井液与完井液，1988，5（3）：27－28，69.
［10］王中华. 钻井液用CMS生产工艺的改进［J］. 石油钻探技术，1993，21（3）：28－30.
［11］王中华. 油田化学品［M］. 北京：中国石化出版社，2001.
［12］杨艳丽，李仲谨，王征帆等. 水基钻井液用改性玉米淀粉降滤失剂的合成［J］. 油田化学，2006，23（3）：198－200.
［13］王德龙，汪建明，宋自家，等. 无机硅改性羧甲基淀粉钠降滤失剂的研制及其性能［J］. 石油化工，2010，39（4）：440－443.
［14］田文欣. 复合变性淀粉合成与性能评价［J］. 化学工业与工程技术，2013，34（4）：45－48.
［15］四平市科学技术研究院. 超高黏度羧甲基淀粉钠及其制备方法：中国专利，02133226. 6［P］. 2006－06－14.
［16］孙晓云，房青岚，康树明. 用相转移催化法合成羧甲基淀粉的研究. 精细石油化工，1992（5）：6－9.
［17］王中华. 羧甲基淀粉的合成与稳定性［J］. 钻井液与完井液，1989，6（3）：27－32.
［18］张金生，王艳红，李丽华，等. 微波辐射对玉米淀粉羧乙基化的研究［J］. 粮油食品科技，2006，14（3）：34－36.
［19］杨建洲，李娟，高云鹤. 有机溶剂法制备氰乙基淀粉［J］. 陕西科技大学学报：自然科学版，2001，19（4）：11－13.
［20］徐立宏，张本山，高大维. 羟乙基淀粉的制备与应用［J］. 粮食与饲料工业，2001（11）：41－43.
［21］郝爱友，张海光. 高黏性羟乙基淀粉的制备及其性能［J］. 应用化学，2000，17（5）：553－554.
［22］张光旭，胡张雁，尤燕青，等. 相转移催化合成羧甲基－羟乙基淀粉及工艺优化［J］. 中国粮油学报，2011，26（12）：34－38.
［23］李光磊，惠明. 羟丙基淀粉的生产与应用［J］. 山西食品工业，2001（1）：40－42.
［24］姜翠玉，李亮. 羟丙基淀粉的合成及其在油田生产中应用的研究进展［J］. 石油化工，2013，42（11）：1293－1298.
［25］强涛，石玉，贺艳姿. 高取代度马铃薯羟丙基淀粉的制备［J］. 西安工业大学学报，2006，26（3）：264－267.
［26］刘祥，李谦定，于洪江. 羟丙基淀粉的合成及其在钻井液中的应用［J］. 钻井液与完井液，2000，17（6）：5－7.
［27］鲁郑全. 任志东，王金威，等. 预溶胀二步法合成羟丙基淀粉的研究［J］. 河南工业大学学报：自然科学版，2010，31（2）：32－35.
［28］王中华. 羟丙基淀粉的合成［J］. 河南化工，1990，（9）：21～22.
［29］陈广德，杨玉英. 脂肪醇聚氧乙烯醚催化干法制备羟丙基淀粉［J］. 造纸化学品，2003（3）：15－18.
［30］邹丽霞，徐琼. 羟丙基淀粉的合成［J］. 食品添加剂，2004（10）：120－139.
［31］胡爱军，秦志平. 微波法制备羟丙基玉米淀粉的研究［J］. 粮食与饲料工业，2008（7）：15－17.
［32］王中华，代春停，曲书堂. 2－羟基－3－磺酸基丙基淀粉醚的合成与性能［J］. 油田化学，1991，

8（1）：22－25.

[33] 严思明，裴贵彬，张晓雷，等．磺化淀粉的合成及其缓凝性能的研究［J］．钻井液与完井液，2011，28（5）：47－49.

[34] 姜翠玉，王维钊，张春晓．高取代度阳离子淀粉的合成及其降滤失性能［J］．应用化学，2006，23（4）：424－428.

[35] 北京中科日升科技有限公司．一种钻井液用抗温淀粉组合物及其制备方法：中国专利，200810104553.6［P］．2010－06－02.

[36] 姜翠玉，王维钊，张春晓．高取代度阳离子淀粉的合成及其降滤失性能［J］．应用化学，2006，23（4）：424－428.

[37] 李永锋，赵光龙，张志强，等．微波法合成羧甲基型木薯两性淀粉［J］．应用化工，2008，37（7）：773－776.

[38] 周玲革，赵红静．CSJ复合离子型改性淀粉降滤失剂的研制［J］．江汉石油学院学报，2004，26（3）：81－82.

[39] 赵鑫，解金库，张灵霞．抗高温苯基阳离子淀粉降滤失剂的合成及性能［J］．石油化工，2012，41（7）：801－805.

[40] 解金库，赵鑫，盛金春，等．抗高温淀粉降滤失剂的合成及其性能［J］．石油化工，2012，41（12）：1389－1393.

[41] 吕彤，戴晓红，韩薇，等．两性淀粉的制备及表征［J］．精细石油化工，2007，24（3）：20－23.

[42] 陈亚萍，闫国伦．黄原酸酯阳离子两性淀粉印染废水处理剂的合成及应用［J］．天津化工，2016，30（3）：47－50.

[43] 徐俊英，丁秋炜，滕大勇．淀粉－丙烯酰胺类接枝共聚物的制备及应用研究进展［J］．精细与专用化学品，2011，19（6）：39－42.

[44] 曹文仲，王磊，田伟威，等．淀粉接枝丙烯酰胺絮凝剂合成及机制［J］．南昌大学学报（工科版），2012，34（3）：216－219.

[45] 张斌，周永元．淀粉接枝共聚反应中引发剂的研究状况与进展［J］．高分子材料科学与工程，2007，23（2）：36－40.

[46] 陈夫山，赵华，吴海鹏，等．淀粉预处理方式对接枝共聚反应的影响［J］．造纸化学品，2010，22（6）：2－5.

[47] 范宏，陈卓．淀粉/DMDAAC－AM接枝共聚物的合成及表征［J］．高分子材料科学与工程，2002，18（5）：62－65.

[48] 王中华．AM/AA/MPTMA/淀粉接枝共聚物钻井液降滤失剂的合成［J］．精细石油化工，1998（6）：19－23.

[49] 曹亚峰，杨锦宗，刘兆丽，等．反相乳液法合成淀粉接枝AM、DM共聚物研究［J］．大连理工大学学报，2003，43（6）：743－746.

[50] 季鸿渐，刘杰民．丙烯酰胺与丙烯酸钠水溶液共聚合［J］．应用化学，1986，3（3）：45－48.

[51] 刘祥，李碌定，史俊．淀粉丙烯酰胺接枝共聚物降滤失剂的合成及性能［J］．西安石油学院学报（自然科学版），2000，15（1）：34－35，33

[52] 高素丽，郭保雨．AM/AN/AA/淀粉四元接枝共聚物的合成与钻井液性能［J］．山东科学，2008，

21 (3): 18 - 22

[53] 王中华. AMPS/AM - 淀粉接枝共聚物降滤失剂的合成与性能 [J]. 油田化学, 1997, 14 (1): 77 - 78, 96

[54] 王中华. AM/AA/淀粉接枝共聚物降滤失剂的合成及性能 [J]. 精细石油化工进展, 2003, 4 (2): 23 - 25.

[55] 薛丹, 刘祥, 吕伟. 钻井液用交联 - 接枝淀粉的制备及性能 [J]. 应用化学, 2011, 28 (5): 510 - 515.

[56] 张龙军, 彭波, 林珍, 等. 水基钻井液降滤失剂 HRS 的性能研究 [J]. 油田化学, 2013, 30 (2): 161 - 163.

[57] 薛文佳. 抗高温环保型增黏剂的合成与性能评价 [J]. 石油钻探技术, 2016, 44 (6): 67 - 73.

[58] 谭业邦, 叶传耀, 姚克俊. 淀粉 - 磺甲基化聚丙烯酰胺共聚物的合成及其在钻井泥浆中的应用 [J]. 油田化学, 1993, 10 (1): 10 - 13.

[59] 高锦屏, 郭东荣, 李健鹰, 等. 高温降滤失剂 APS 的合成及其使用性能 [J]. 钻井液与完井液, 1993, 10 (1): 21 - 23.

[60] 王中华. AM/AMPS/DEDAAC/淀粉接枝共聚物钻井液降滤失剂的合成 [J]. 化工时刊, 1998, 12 (6): 21 - 23.

[61] 王中华. CGS - 2 具阳离子型接枝性淀粉泥浆降滤失剂的合成 [J]. 石油与天然气化工, 1995, 24 (3): 193 - 196.

[62] 陈馥, 罗先波, 熊俊杰. 一种改性淀粉钻井液降滤失剂的合成与性能评价 [J]. 应用化工, 2011, 40 (5): 850 - 852.

[63] 王力, 万涛, 王娟, 等. 淀粉接枝 AM/SSS/DAC 降滤失剂的制备与性能 [J]. 广州化工, 2012, 40 (2): 59 - 62.

[64] 乔营, 李烁, 魏朋正, 等. 耐温耐盐淀粉类降滤失剂的改性研究与性能评价 [J]. 钻井液与完井液, 2014, 31 (4): 19 - 22.

[65] 贺蕾娟, 逯毅, 刘瑶, 等. AM - DMC - SSS - 淀粉的合成及性能评价 [J]. 应用化工, 2015, 44 (1): 53 - 56.

[66] 沈伟, 李邦和. 油井水泥高温缓凝剂 CH_2Ol 的实验研究 [J]. 石油钻探技术, 2000, 28 (1): 37 - 39.

[67] 严思明, 高金, 王柏云, 等. 接枝改性淀粉的合成及其缓凝性能研究 [J]. 精细石油化工, 2013, 30 (3): 55 - 58.

[68] 严思明, 廖丽, 龙学莉. 淀粉接枝共聚物抗温降滤失剂 SALS 室内研究 [J]. 油田化学, 2009 (2): 118 - 120.

[69] 吴天江, 李华斌, 伊向艺, 等. 接枝淀粉聚合物调剖体系的封堵性能评价 [J]. 钻采工艺, 2008, 31 (5): 121 - 124.

[70] 荣元帅, 蒲万芬. 淀粉接枝共聚 AM/AMPS 预交联凝胶调剖剂 ROS 性能评价 [J]. 试采技术, 2004, 25 (3): 25 - 27.

[71] 娄天军, 赵功玲, 谷永庆, 等. 预交联凝胶调剖剂的合成及评价 [J]. 精细石油化工进展, 2004, 5 (5): 9 - 11.

[72] 卢祥国，王伟，苏延昌，等. 预交联体膨聚合物性质特征研究［J］. 油田化学，2005，22（4）：324 - 327.

[73] 涂晓燕，王正良. 淀粉接枝吸水膨胀型堵水剂 SAP 的研究［J］. 长江大学学报：自然科学版，2005，2（10）：314 - 316.

[74] 李粉丽，侯吉瑞，刘应辉，等. 改性淀粉强凝胶堵剂的研制［J］. 大庆石油地质与开发，2007，26（2）：80 - 82.

[75] 刘煜. 疏水性淀粉基阳离子共聚物的合成及堵水性能［J］. 精细石油化工进展，2012，13（11）：8 - 11.

[76] 周明，魏举鹏. 中低温水基强凝胶堵剂 CSAM 的研制［J］. 油田化学，2004，21（2）：135 - 137，149.

[77] 李补鱼，郎学军，熊玉斌. SPA 淀粉接枝共聚物堵水调剖剂性能研究［J］. 油田化学，1998，15（3）：241 - 244.

[78] 严焱诚，陈大钧，郑锟. 抗盐型堵水剂 XD - 1 的研制与应用［J］. 石油与天然气化工，2003，32（6）：384 - 386.

[79] 李宏岭，侯吉瑞，岳湘安，等. 地下成胶的淀粉 - 聚丙烯酰胺水基凝胶调堵剂性能研究［J］. 油田化学，2005，22（4）：358 - 361，343.

[80] 杨立民，侯吉瑞，宋新民. 低温低渗透砂岩油藏窜流大孔道深部封堵技术研究［J］. 油田化学，2006，23（4）：337 - 341.

[81] 张易航，易诗芸，高龙，等. 油田用延时性高黏凝胶制备方法研究［J］. 当代化工，2016，45（5）：932 - 934.

[82] 周亚军，王淑杰，于庆宇，等. 玉米变性淀粉压裂液稠化剂的研制［J］. 吉林大学学报：工学版，2003，33（3）：64 - 67.

[83] 邹鹏，潘艳萍，王晓磊. 低残渣压裂液稠化剂的结构表征及性能研究［J］. 石油化工应用，2014，33（12）：42 - 46.

[84] 于卫昆，李丽华，张金生. CMS - AM 共聚物的制备及性能评价［J］. 油田化学，2012，29（4）：398 - 401.

[85] 段文猛，熊俊杰，陈馥，等. 压裂液降滤失剂 2 - 羟基 - 3 - 磺酸基丙基淀粉醚的合成及性能评价［J］. 油田化学，2011，28（1）：13 - 16.

[86] 赖南君，陈科，马宏伟，等. 水溶性压裂暂堵剂的性能评价［J］. 油田化学，2014，31（2）：215 - 218.

[87] 肖遥，邓皓. 天然高分子改性絮凝剂 JHD 的制备及其性能评价［J］. 江汉石油学院学报，1996，18（增刊）：101 - 105.

[88] 李淑红，俞敦义，罗逸. 淀粉改性絮凝剂的制备及其在高矿化度油田水处理中的应用［J］. 水处理技术，2002，28（4）：220 - 223.

[89] 宗彦邦，胡玉辉，屈人伟，等. 阳离子淀粉衍生物 HY - 6 的净水性能［J］. 油田化学，2003，20（4）：345 - 346，350.

[90] 裘兆蓉、裴峻峰、花震言，等. 阳离子高分子絮凝剂 F2 合成及表征［J］. 江苏工业学院学报，2003，15（1）：17 - 19.

［91］曾小君、徐肖邢、汪学英，等. 淀粉－双氰胺－甲醛絮凝剂的合成及其应用［J］. 工业用水与废水，2004，35（2）：75－78.

［92］曾小君、汪学英、徐肖邢，等. 阳离子淀粉－双氰胺－甲醛絮凝剂的合成及其絮凝性能［J］. 四川环境，2004，23（4）：12－14，23.

［93］刘祥义，徐晓军. 疏水缔合淀粉的制备及其对含油污水絮凝研究［J］. 石油炼制与化工，2006，37（1）：51－54.

［94］张延霖，张秋云，刘佩红. CAN－KPS 体系引发淀粉接枝共聚为絮凝剂的工艺研究［J］. 化学工程师，2007（1）：6－8.

［95］吕荣湖，张红岩，于建宁. 阳离子型改性淀粉絮凝剂的制备及絮凝性能研究［J］. 中国石油大学学报：自然科学版，2006，30（4）：118－122，131.

［96］马喜平，邵定波，王纾，等. 淀粉－DMDAAC 接枝共聚的研究［J］. 西南石油学院学报，1998，20（4）：75－77.

第十二章 纤维素改性产物

纤维素是构成植物细胞壁的基础物质，因此一切植物中均含有纤维素。各种植物含纤维素多少不一，棉花是含纤维素很丰富的植物，其质量分数可达92%～95%，亚麻中含纤维素达80%，木材中的纤维素约占木材质量的1/2。纤维素是白色、无气味、无味道、具有纤维状结构的物质，不溶于水，也不溶于一般有机溶剂。它是没有分支的链状分子，与直链淀粉一样，是由D－葡萄糖单位组成的。纤维素结构与直链淀粉结构间的差别在于D－葡萄糖单位之间的连接方式不同。由于分子间氢键的作用，使这些分子链平行排列、紧密结合，形成了纤维束，每一束有100～200条纤维系分子链。这些纤维束拧在一起形成绳状结构，绳状结构再排列起来就形成了纤维素[1]。

纤维素是地球上最为丰富的资源，是一种复杂的多糖，大约由几千个葡萄糖单元组成，每一个葡萄糖单元有三个醇羟基，其分子也可用 $[C_6H_7O_2(OH)_3]_n$ 表示，结构式如图12-1所示。由于醇羟基（一个伯羟基和两个仲羟基）的存在，所以纤维素能够表现出醇的一些性质，除发生水解反应外，还能发生酯化反应。经化学反应后主要形成纤维素酯和纤维素醚两大类纤维素衍生物。纤维素衍生物的取代度定义为平均每个葡萄糖残基上被取代的羟基数。纤维素衍生物的最大取代度为3，取代度可以不是整数。

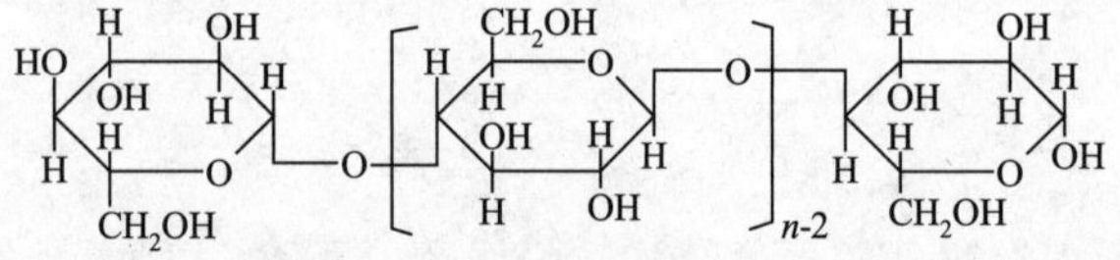

图12-1　纤维素的结构式

纤维素反应的特点与淀粉相近，但不同的是在纤维素的化学反应中，纤维素的可及度，即反应试剂抵达纤维素羟基的难易程度，是纤维素化学反应的一个重要因素。它表示纤维素中无定形区的全部和结晶区的表面部分占纤维素总体的质量分数。在多相反应中，纤维素的可及度主要受纤维素结晶区与无定形区的比率的影响。对于高结晶度纤维素的羟基，小分子试剂只能抵达其中的10%～15%。普遍认为，大多数反应试剂只能穿透到纤维素的无定形区与结晶区的表面部分，而不能进入紧密的结晶区。人们把纤维素的无定形区也称为可及区。

纤维素的可及度也取决于试剂分子的化学性质、大小和空间位阻作用。小的、简单的以及不含支链分子的试剂，具有穿透到纤维素链片间间隙的能力，并引起片间氢键的破裂。如二硫化碳、环氧乙烷、丙烯腈等，均可在多相介质中与羟基反应，生成高取代的纤维素衍生物；具有庞大分子但不属于平面非极性结构的试剂，如对硝基苄卤化物，即使与活化的纤维素反应，只能抵达其无定形区和结晶区表面，生成取代度较低的衍生物。

为了提高纤维素的可及度，可以通过研磨、切碎、高能电子辐射处理、微波和超声波处理、高温高压水蒸汽处理等物理方法，以及用氢氧化钠溶液、液氨预处理等化学法来达到，也可以用纤维素酶处理的方法。

在天然材料改性油田化学品中，水溶纤维素类产品是应用最早、应用面最广和用量最大的油田化学品之一。水溶性纤维素产品以羧甲基纤维素为主，它主要用于钻井液中，也可以用于油井水泥、压裂酸化和调剖堵水等方面。根据其聚合度和黏度的不同，在钻井液中分别起到增黏、提高钻井液的悬浮性，降低滤失量和改善泥饼质量等作用，可用于淡水、盐水、海水和无黏土相钻井液。此外，水溶性纤维素还有聚阴离子纤维素、羟乙（丙）基纤维素和接枝改性纤维素等，其中，聚阴离子纤维素是在羧甲基纤维素的基础上，通过优化工艺而制得的取代度均匀的水溶性纤维素产品，在油田作业流体中具有更好的增黏、减阻、降滤失和防塌抑制效果。由于纤维素类处理剂的研制开发难度大，近年来在纤维素利用方面开展的工作较少[2]。本章重点从醚化产物和接枝共聚物两方面进行介绍。

第一节　纤维素醚化产物

工业用纤维素醚化产物，尤其是羧甲基纤维素，作为一种传统的水溶性天然高分子材料，其生产工艺已经比较成熟[3]。纤维素大分子的基环里含有三个醇羟基（一个伯羟基和两个仲羟基），羟基的存在使其可以发生醚化反应以制备不同类型的纤维素醚，由于纤维素的结构特征，其醚化反应具有一定的特点：

（1）大分子或其基环在纤维素中不同的均整度决定了醚化剂向纤维素各部分扩散速度的不同。

（2）纤维素在大多数醚化剂中不溶解，因此醚化反应大多在多相介质中进行。

（3）由于纤维素存在特殊的形态结构，纤维素在醚化过程中会发生不同程度的溶胀，从而影响到醚化速度及所得纤维素醚的溶解性。

（4）纤维素大分子基环中伯羟基、仲羟基反应能力或活性的不同，也决定了其醚化速度的差异。在纤维素醚化反应中，纤维素的伯羟基具有较高的反应能力。

在纤维素醚化过程中，主要化学反应为：纤维素与碱水溶液反应生产碱纤维素，碱纤维素与醚化剂反应。

其中，碱纤维素的制备是关键，因为碱纤维素的组成和结构差异将影响到醚化反应。碱液浓度、碱化温度、时间、添加剂和纤维素来源等都会影响纤维素的碱化。纤维素对碱溶液的吸附量随着碱液浓度的增加而增加，对水的吸附量则随着碱液浓度的增加而增加到最大值后下降。纤维素在不同碱浓度和处理条件下形成不同的碱纤维结晶变体，故将影响醚化反应。在一定的碱（氢氧化钠）水溶液中，纤维素对碱的吸附量和膨润度，随处理温度的降低而增加，故降低处理温度，可以使生成碱纤维的碱浓度降低。

在纤维素—NaOH—水系统中，添加醇、盐、其他金属氢氧化物，对碱纤维素的形成也有很大的影响。纤维素在某一碱浓度下碱化，当添加醇时，可以提高形成碱纤维素的速度，增加纤维素的吸碱量。醇的存在还有利于碱水溶液的均匀分散，在制备纤维素醚的碱化阶段，尽管用较高浓度的碱液，在存在醇时也可以得到均匀吸附和反应性好的碱纤维素，同时醇的存在还可以增加纤维素的无序度，有利于碱化和随后的醚化反应。

盐（氯化钠）有抑制水解、调节系统游离水含量的作用，从而能够提高碱化和醚化效率。此外，在碱液中加入脲、硫脲、间苯二酚、乙酸钠、水杨酸钠和硫氰酸钠等，可以大大增加纤维素在碱液中的润胀，有利于碱纤维素的形成。纤维素与碱液的作用速度很快，它随着碱浓度和处理温度不同而异。不同碱化设备和工艺等，对碱浸渍时间的要求也不同。纤维素的来源不同、制备浆粕的工艺条件等也不同。

纤维素在氢氧化钠水溶液中，除发生化学变化生成碱纤维素外，还发生物理化学变化——润胀，使纤维素的形态结构和微细结构发生很大的变化，并溶解出半纤维素、杂质和低聚合度的纤维素，从而提高纤维素的纯度和反应性。

正是由于纤维素的上述特点，使醚化反应复杂化，通常纤维素的醚化反应分为两类，即在单相介质中的醚化反应和在多相介质中的醚化反应。

纤维素醚化产物主要包括：①以碱纤维素与氯乙酸（钠）醚化反应得到的羧甲基纤维素钠（包括聚阴离子纤维素）；②以碱纤维素与氯磺酸或 1，4 - 丁基磺酸内酯或卤代烷基磺酸等醚化反应得到的磺化或磺烷基化纤维素醚；③以碱纤维素与环氧乙烷或环氧丙烷或氯乙醇等醚化反应得到的羟烷基纤维素醚；④以碱纤维素与环氧乙烷或环氧丙烷、氯乙酸（钠）等醚化反应得到的羧甲基羟烷基纤维素醚；⑤以碱纤维素与丙烯腈醚化反应得到的氰乙基纤维素醚，进一步水解得到羧乙基纤维素醚。

这里结合油田用纤维素改性产物的制备与性能进行简要介绍。

一、羧甲基纤维素

羧甲基纤维素钠（Na - CMC 或 CMC）是由许多葡萄糖单元构成的长链状高分子化合物，属阴离子型纤维素醚类。产品外观为白色或微黄色絮状纤维粉末或白色粉末，无臭，无味，无毒；易溶于冷水或热水，形成具有一定黏度的透明溶液。溶液为中性或微碱性，不溶于乙醇、乙醚、异丙醇、丙酮等有机溶剂，可溶于含水 60% 的乙醇或丙酮溶液。固体 CMC 对光及室温均较稳定，在干燥的环境中，可以长期保存。CMC 具有吸湿特性，其吸湿程度与大气温度和相对湿度有关，当到达平衡后，就不再吸湿。

从纤维素结构式中可以看出，每个葡萄糖单元上共有 3 个羟基，即 C2、C3、C6 羟基，葡萄糖单元羟基上的氢被羧甲基取代的多少用取代度来表示，若每个单元上 3 个羟基上的氢均被羧甲基取代，则取代度为 3，CMC 取代度的大小直接影响到 CMC 的溶解性、乳化性、增稠性、稳定性、耐酸性和耐盐性等。一般认为取代度在 0.6 ~ 0.7 左右时乳化性能较好，而随着取代度的提高，其它性能相应得到改善，当取代度大于 0.8 时，其耐酸、耐盐性能明显增强。另外，上面也提到每个单元上共有 3 个羟基，即 C2、C3 上的仲羟基和 C6 上伯羟基，理论上伯羟基的活性大于仲羟基，但根据 C 的同位效应，C2 上的—OH 更显酸性，特别是在强碱的环境下其活性比 C3、C6 更强，所以更易发生取代反应，C6 次之，C3 最弱。CMC 的性能不仅与取代度的大小有关，也与羧甲基基团在整个纤维素分子中分布的均匀性和每个分子中羧甲基在每个单元中与 C2、C3、C6 取代的均匀性有关。由于 CMC 是线性高分子化合物，且其羧甲基在分子中存在取代的不均匀性，故当溶液静置时分子存在不同的取向，当溶液中有剪切力存在时，其线性分子的长轴有转向流动方向的趋势，且随着剪切速率的增大这种趋势增强，直到最终完全定向排列为止，CMC 的这种特性称为假塑性。CMC 羧甲基上的 Na^+ 在水溶液中极易离出，故 CMC 在水溶液中以阴离子的形式存在，即显负电荷，表现为聚电解质的特征。聚电解质水溶液的许多性质与其分子在溶液中的形态有关，容易受 pH 值、无机盐和温度的影响[4,5]。

（一）溶解性及溶液性质

CMC 用于油田水基作业流体，首先必须能溶于水，所以了解它在水中的溶解性和溶液性质十分重要。

纤维素的分子链上带有许多—OH，理应是水溶性的，但实际上并不溶于水，其原因主要是纤维素分子内和分子间形成强的氢键并发生了结晶，若引入取代基，撑开相邻的分子链，破坏它们之间的氢键或使形成氢健困难，即产生消晶作用，则有利于水分子扩散进去起水化作用而溶解。因此，纤维素衍生物的水溶性与取代基的大小和极性密切相关。由表 12-1 所列数据可以看到，由于$—OC_2H_5$的体积比$—OCH_3$大，有更强的破坏纤维素分子间氢键的能力，所以乙基纤维素在取代度远小于甲基纤维素时，就能溶于相应的溶剂中，$—OCH_2COONa$ 体积更大，极性更强，易于水化，所以 Na - CMC 在更低取代度时就能溶解于水中。但在有机溶剂中，$—OCH_2COONa$ 的溶剂化能力较差（不如$—OC_2H_5$），所以 Na - CMC 的取代度要大大提高才能溶解。羟乙基纤维素的水溶性受 DS 的影响也很大，DS < 0.66 的产品不能溶于水，但能溶于 7% 的 NaOH 水溶液中，DS > 0.9 的产品则具有较好的水溶性。

表 12-1 纤维素衍生物的溶解性特征

溶解情况	$—OCH_3$		$—OCH_2CH_3$		$—OCH_2COONa$		$—OCH_2CH_2OH$	
	DS	C/O	DS	C/O	DS	C/O	DS	C/O
不溶（除特殊溶剂外）	0 ~ 0.3	1.2 ~ 1.26	0 ~ 0.17	1.2 ~ 1.27	0 ~ 0.05	1.2 ~ 1.2		
溶于 4% ~ 8% NaOH	0.4 ~ 1.2	1.28 ~ 1.44	0.25 ~ 0.70	1.30 ~ 1.48	0.10 ~ 0.25	1.19 ~ 1.18	0.11 ~ 0.5	1.21 ~ 1.27
溶于冷水	1.3 ~ 2.2	1.46 ~ 1.64	0.8 ~ 1.30	1.52 ~ 1.72	0.30 ~ 1.40	1.18 ~ 1.13	0.66 ~ 1.2	1.29 ~ 1.35
溶于极性有机溶剂	2.1 ~ 2.6	1.62 ~ 1.72	1.40 ~ 1.80	1.76 ~ 1.92	2.2 ~ 2.8	1.11 ~ 1.09		

注：C/O 表示取代葡萄糖环上碳原子与氧原子的平均比值。

基于以上分析可以理解取代基分布的均匀性对 CMC 溶解性的影响。若沿分子链有较长的未取代链段，以致分子链间仍有足够大的相互作用保持晶区结构，就会出现溶解性差的情况。一般工业制备的 CMC 当 DS > 0.6 时才能具有较好的水溶性。采用特殊工艺制备的取代基分布均匀的产品，其 DS 达到 0.4 时已具有良好的水溶性

研究发现，不同取代度的 Na - CMC 在水和盐水溶液中的溶解情况不同。DS < 0.85 的试样在 0.1mol/L 的 NaCl 中溶解不好，有残留的凝胶状不溶物。但若把试样先溶在水中，再加入 NaCl 构成 0.1mol/L 甚至 0.75mol/L 的溶液，则不再有凝胶产生。高取代度的 CMC 全然不同，无论是先加盐或后加盐均能很好地溶解。这是由于 Na - CMC 在纯水中离解为聚阴离子，$—CH_2COO^-$互相排斥使聚离子呈伸展状态，有利于撑开分子链间的氢键、水化和晶区结构的破坏，所以能全部溶解；溶解后外加盐虽然可使聚离子卷曲，只要盐浓度不太高，就不会产生凝胶，但若水中已溶有 NaCl，情况就有所不同，$—CH_2COO^-$有充分机会与 Na^+ 相互作用，减弱了$—CH_2COO^-$的水化程度，同时电荷屏蔽作用使聚离子呈卷曲状态，不利于分子间氢键的破坏、水分子的渗入和水化作用，因而 Na - CMC 的溶解性降低。若 DS 足够大，上述的不利因素将会大大削弱，不再影响 Na - CMC 在 NaCl 水溶液中的溶解性。

CMC 与下列离子能形成相应的盐从水中沉淀析出：重金属离子如 Ag^+、Ba^{2+}、Pb^{2+} 和 Zr^{2+}，多价离子如 Al^{3+}，Fe^{3+}、Cr^{3+} 等。少量 Ca^{2+} 和 Mg^{2+} 对 CMC 的溶解性影响不大，但量大时仍会与 CMC 形成难溶的盐，这是油田使用 CMC 时需要注意的。

CMC 水溶液能耐一定量的水溶性有机溶剂。例如在 1% 高黏的 CMC 水溶液中加入 1.6 倍（体积）乙醇，在低黏的 CMC 水溶液中加入 3.5 倍乙醇，仍不会出现混浊或沉淀。当然更大量的乙醇或丙酮就会把 CMC 从溶液中沉淀析出。目前 CMC 的纯化或分级，常以乙醇或丙酮为沉淀剂。

在取代基分布基本相同的情况下，不同的取代度使 CMC 分子链带有不同的电荷密度，其对 CMC 溶液黏度的影响如图 12-2 所示。在纯水中，溶液黏度几乎不受 DS 的影响。但在 4% 的 NaCl 溶液中，溶液黏度随 DS 的增加而增大，在低取代度范围内增加尤为明显，这是由于 Na^+ 与$—CH_2COO^-$浓度比随 DS 减少而增大，反离子对聚阴离子的电荷中和效应增加，造成了分子线团的卷缩。所以为了获得能在盐溶液中保持黏度稳定的 CMC，需提高 CMC 的取代度而制备高取代度的产品。

如图 12-3 所示，在 CMC 的浓度较低时，其水溶液的黏度受 pH 值的影响较大。在等当点（pH = 8.25）附近，其水溶液黏度最大，因为此时羧钠基上的 Na^+ 大多处于离解状态，$—COO^-$之间的静电斥力使分子链易于伸展，所以表现为黏度较高。当溶液的 pH 值过低时，羧钠基（—COONa）将转化为难电离的羧基（—COOH），不利于链的伸展；当溶液的 pH 值过高时，$—COO^-$ 中的电荷受到溶液中大量 Na^+ 的屏蔽作用，使分子链的伸展也受到抑制。因此，pH 值过高和过低都会使 CMC 水溶液的黏度有所降低，在使用中应注意保持合适的 pH 值。

如图 12-4 所示，pH 值对浓 CMC 溶液的影响不那么明显。这可能是由于浓溶液的黏度比较大，Na^+ 不易扩散远离聚离子，聚离子的净电荷变化不是很大，因此，大分子在溶

液中的构象变化也就不大。

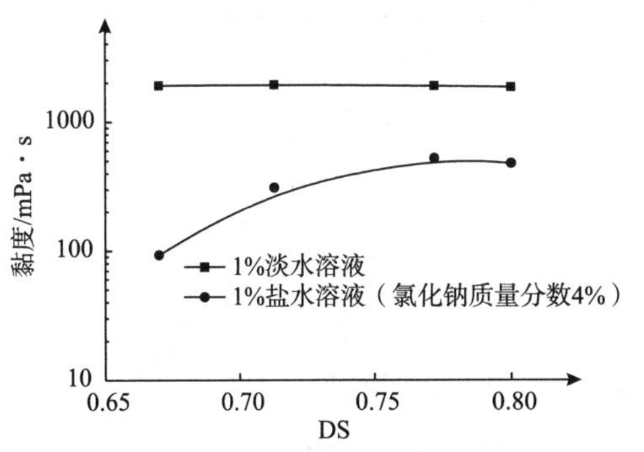

图 12-2　取代度对 1% 的 CMC 水溶液黏度的影响

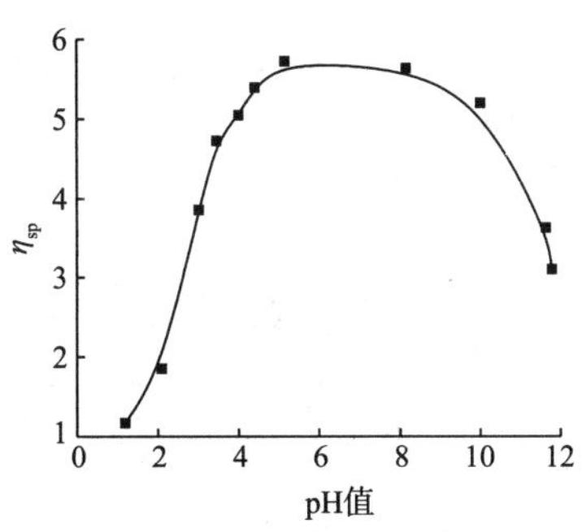

图12-3　pH 值对稀 CMC 溶液增比黏度 η_{sp} 的影响

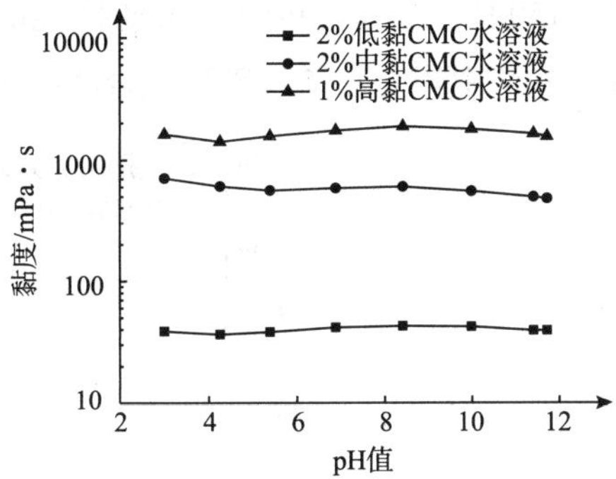

图 12-4　pH 值对浓 CMC 溶液黏度的影响

由于外加无机盐中的阳离子阻止—COONa 上的 Na^+ 解离，因此会降低其水溶液的黏度。而且，无机盐与 CMC 的加入顺序对黏度下降的幅度有很大影响。实验表明，若将 CMC 先溶于水，再加 NaCl，则黏度下降的幅度远远小于先加 NaCl、然后再加 CMC 时下降的幅度。其原因是 CMC 在纯水中离解为聚阴离子，—COO^- 互相排斥使分子链呈伸展状态，再者分子中的水化基团已经充分水化，此时即使加入无机盐，去水化的作用不会十分显著，所以引起黏度下降的幅度会小些；与此相反，将 CMC 溶于 NaCl 溶液时，不仅 Na^+ 会阻止—COONa 上的 Na^+ 解离，电荷屏蔽作用促使 CMC 分子链发生卷曲，而且在盐溶液中，水化基团的水化受到一定限制，分子链的水化膜斥力会有所削弱，所以随 NaCl 含量增加，溶液浓度迅速下降（图 12-5）。

如图 12-6 所示，随温度升高，CMC 水溶液的黏度逐渐降低。这是由于在高温下分子链的溶剂化作用会明显减弱，使分子链容易变得弯曲所致。

酶的影响如图 12-7 所示。由于酶的降解作用可引起黏度随时间而急剧下降，这在测定 CMC 溶液黏度时要予以注意，外加微生物抑制剂或杀菌剂可以有效地抑制这种影响，例如对羟基苯甲酸甲酯、对羟基苯甲酸丙酯、苯甲酸钠、山梨酸或其钙、钠、钾盐以及苯酚、苯醌、甲醛、碘、吗啉等。

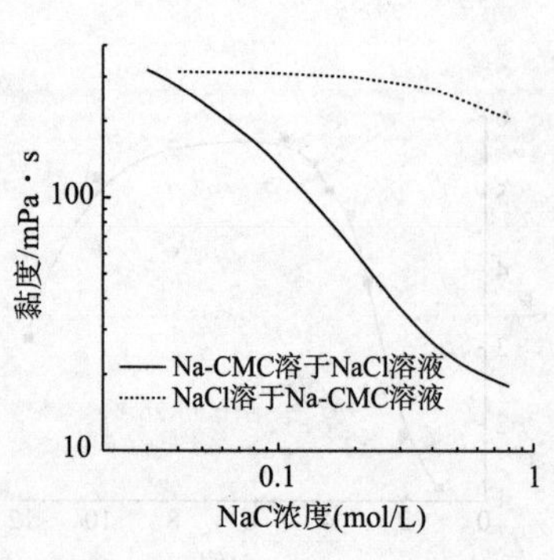

图12-5　氯化钠加入顺序对1%的Na-CMC溶液（DS=0.7）黏度的影响

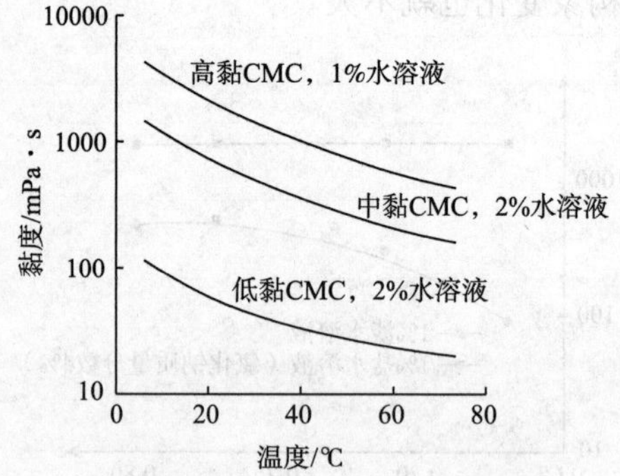

图12-6　温度对Na-CMC溶液（DS=0.7～0.8）黏度的影响

CMC一般可以抗温130～150℃，若加入抗氧剂可使抗温能力进一步提高，可以用于150℃以上，见图12-8。在钻井液中当与乙烯基磺酸聚合物配伍使用时，可以用到170℃。

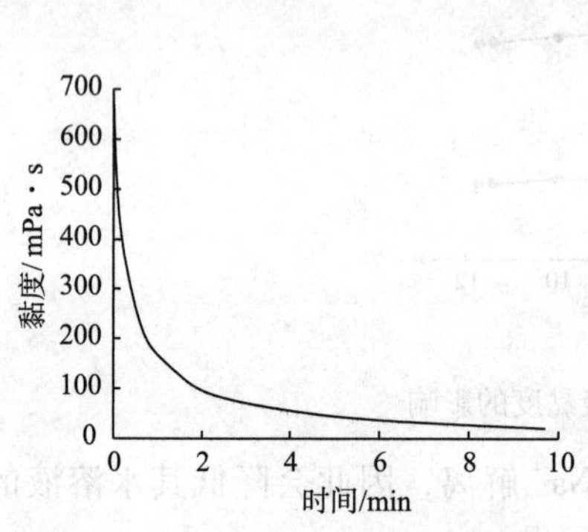

图12-7　Na-CMC在水溶液中的酶降解

CMC（DS=0.7）质量分数5%，酶（3000单位/mg）质量分数0.3%，溶液温度37℃

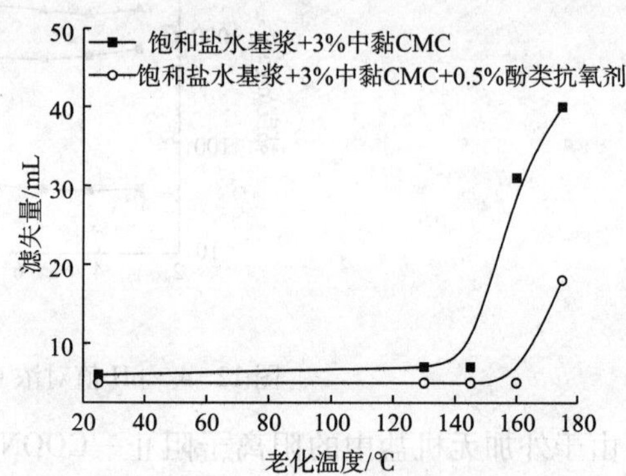

图12-8　CMC所处理钻井液老化温度与滤失量的关系

基浆为密度1.1g/cm³的膨润土浆

加氯化钠至饱和

（二）CMC相对分子质量的测定

通常采用黏度法测得特性黏度［η］，然后再通过Mark-Houwink公式［η］$=KM^{\alpha}$计算得到相对分子质量。表12-2列出不同条件下参数K和α数值。

［η］用稀释法或一点法测得。一点法是采用Martin方程：

$$\lg\left(\frac{\eta_{sp}}{C}\right)=\lg[\eta]+K[\eta]C \qquad (K=0.161) \tag{12-1}$$

在一个浓度C下测得η_{sp}，用拟合法得到［η］。或者把Maritn方程写成：

$$\lg(K\eta_{sp})=\lg(K[\eta]C)+K[\eta]C \tag{12-2}$$

此式具有$\lg A=\lg B+B$的形式，一定的$K[\eta]C$值对应一定的$K\eta_{sp}$值，由实验数据$K\eta_{sp}$可从有关文献或手册中查得相应的$K[\eta]C$，从而算得［η］。

表 12-2 CMC 的 Mark-Houwink 参数（[η] 单位：dL/g）

DS	溶解	T/℃	K	α
0.62～0.74	0.001mol/L NaCl	25	1.00×10^{-8}	1.40
	0.01mol/L NaCl	25	6.46×10^{-8}	1.20
	0.1mol/L NaCl	25	1.23×10^{-4}	0.91
1.06	0.005mol/L NaCl	25	7.2×10^{-5}	0.95
	0.01mol/L NaCl	25	8.1×10^{-5}	0.92
	0.05mol/L NaCl	25	1.9×10^{-5}	0.82
	0.2mol/L NaCl	25	4.3×10^{-5}	0.74

为简便起见，生产上往往用一定浓度的水溶液黏度来表征 CMC 产品的相对分子质量，按溶液黏度大小分为高、中、低三种规格。其中，高黏 CMC：1% 的水溶液 25℃时黏度为 400～4500mPa·s；中黏 CMC：2% 的水溶液 25℃时黏度为 50～2700mPa·s；低黏 CMC：2% 的水溶液 25℃时黏度 <50mPa·s。

由于聚电解质溶液的黏度受各种因素的影响，如聚合物浓度、外加盐浓度、pH 值和温度等，所以测定黏度时必须注意按规定条件进行。

（三）CMC 取代度的测定

CMC 的取代度（DS）定义为在 CMC 中平均一个葡糖环上羟基被取代的数目。理论上最大值等于 3，工业产品一般为 0.4～1.2。DS 测定方法主要有灰化法、多价离子沉淀法或铜离子沉淀法、酸碱滴定法、电导滴定法、电位滴定法和比色法等。一般采用灰化法、酸碱滴定法和电导滴定法。

1. 灰化法

该法的主要原理是在 700℃有氧气存在的条件下，把 CMC 钠盐（Na-CMC）灼烧，将其定量地转化为氧化钠，溶于水用过量酸中和，最后用氢氧化钠反滴定，按下式计算 DS：

$$DS=\frac{0.162B}{(1-0.08B)} \tag{12-3}$$

式中，B 为 1g 样品消耗盐酸的毫摩尔数（mmol/g），即等于 1gCMC 含羧甲基的毫摩尔数，由实验求得：

$$B=\frac{N_{HCl}\times\Delta V_{HCl}}{W_{CMC}} \tag{12-4}$$

式中，N_{HCl}和 ΔV_{HCl}分别是 HCl 的浓度和消耗体积。0.08 是 1mmol 无水葡糖环上平均取代 1mmol 的—OH（—OH→—OCH_2OONa）所净增的相对分子质量。

实验表明，该法在灼烧时必须有足够的氧气，并且温度不宜太高，否则很难灼烧完全。在加热的开始阶段，特别在 200～250℃附近，加热速度不要太快，否则 CMC 会发生分解，产生大量的气体，使试样黑色疏松，体积增大几倍，甚至会溅出容器外影响测定结果。若 CMC 中有一部分取代基为—OCH_2COOH 而非—OCH_2COONa，则结果将会偏低，这也是灰化法的不足之处。

2. 酸碱滴定法

将 CMC 用 HCl 处理转变为酸型（H－CMC），然后把过量 HCl 洗掉。H－CMC 在过量的标准 NaOH 中溶解，从标准酸反滴定的消耗量可计算试样中—OCH_2COOH 的毫摩尔数 B，按下式计算 DS：

$$DS=\frac{0.162B}{1-0.058B} \tag{12-5}$$

式中，0.058 是 1mmol—OH 转变为—OCH_2COOH 所净增的相对分子质量。

该法的关键是指示剂的选择。H－CMC 的取代度由 0.49 到 0.81，离解常数由 1×10^{-4} 变为 4×10^{-4}，稀水溶液在等当点时 pH≈8.25，酚酞的变色范围 pH＝8.2～10，能满足要求。

3. 电导滴定法

在 CMC 溶液中加入定量 NaOH，使之全部转变为钠型（CMC－Na），然后用标准酸滴定，从电导率变化求出滴定羧钠基所需酸量，按式（12－3）计算 DS。此法的优点是试样用量少，确定滴定终点时的人为误差小。

（四）CMC 中取代基分布的测定

取代基分布有三种：①在一个葡糖环上 C_2、C_3 和 C_6 三个不同位置的—OH 进行取代，这是一个葡糖环上的取代基分布；②在同一条分子链上只有某些葡糖环上的—OH 被取代，而其他葡糖环上则完全不发生取代，形成沿分子链的取代基分布；③不同分子链的取代程度不一样，形成分子链间的取代基分布。

国外 20 世纪 50 年代就开始进行 CMC 取代基分布的研究，但到目前为止测定方法还不够完善。在三种分布中研究得最多的是一个葡糖环上的取代基分布，测定方法有化学法和化学－物理法。化学法是利用 C_1、C_3 和 C_6 上三个—OH 对某些试剂反应性能的不同来测定；化学－物理法是把 CMC 完全酸解为取代葡萄糖和未取代葡萄糖，再用色谱分离或用核磁共振谱测定各组分含量。分子链间的取代基分布可用电泳法测定。沿分子链的取代基分布可利用纤维素被取代后具有抗酶解这一特点进行测定。由于这种分布对 CMC 作为钻井液处理剂性能的影响比较大，下面简要介绍。

纤维素链上引入取代基后具有一定的抗酶解性，酶降解仅在两个相邻的未取代的葡糖环之间发生，剩余的链段继续被酶水解到仅有一个未被取代的葡糖环与取代葡糖环相接为止，如图 12－9 所示。

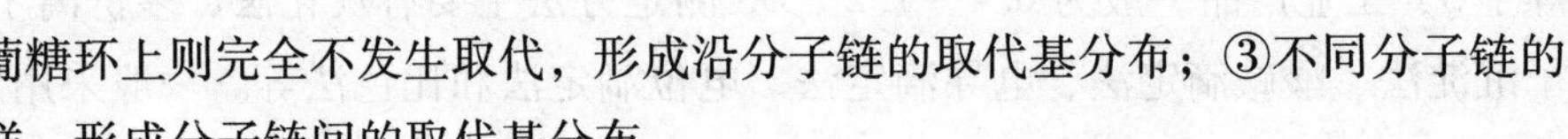

G—G—G—S—S—S—G—S—G—G—S—G ⟶ 2G＋G—G—G— S—S—S—G—S—G＋G—S—G

酶解断裂

图 12－9　CMC 酶降解示意图

G—未取代葡糖环，S—取代葡糖环

显然，酶降解后 CMC 溶液的［η］将会下降，通过酶解前后溶液黏度的变化，可算出 CMC 在酶解前后的数均聚合度$\overline{DP_n}$。1000/$\overline{DP_n}$则为每 1000 个葡糖环结构单元所构成的 CMC 分子链数。酶解后与酶解前 1000/$\overline{DP_n}$之差越大，表明断裂链的数目越多，反映原来的分子链上未取代的葡糖环越多，分布越不均匀。表 12-3 列出了一些具体数据，说明 A 和 B 两种样品虽然 DS 相近，但取代基沿分子链的分布却不同，B 比 A 要均匀。

表 12-3 CMC 酶解数据

试样	DS	［η］/（dL/g）	DP_n		$1000/DP_n$		A
			$t=0$	$t=8d$	$t=0$	$t=8d$	$t=8d$
A	0.78	2.8	205	53	4.9	19.0	14.1
B	0.81	3.3	248	77	4.0	13.0	9.0

（五）制备方法

CMC 通常是由天然纤维素与苛性碱及一氯乙酸反应后制得的一种阴离子型高分子化合物。主要副产物是氯化钠及乙醇酸钠。羧甲基纤维素的生产方法是将纤维素与氢氧化钠反应生成碱纤维素，然后用一氯乙酸进行羧甲基化而制得。制法可分为以水为介质进行反应的水媒法和在异丙醇、乙醇、丙酮等溶剂中进行反应的溶剂（溶媒）法。

1. 溶媒法

又称有机溶剂法，是在以有机溶剂作反应介质的条件下进行碱化、醚化反应的工艺方法。按反应稀释剂用量的多少又分为淤浆法和捏合法（溶剂法或悬浮法）。溶媒法的特点有：①反应过程传热、传质迅速、均匀；②主反应速度快，副反应减少，醚化剂利用率较水媒法高 10%～20%；③反应稳定性、均匀性提高，取代均匀性和使用性能大大提高；④使用大量有机溶剂，物耗提高，有机溶剂分离回收设备投资增大，生产成本高于水媒法生产工艺。其配方见表 12-4。生产工艺如下。

（1）将脱脂、漂白的棉短绒按配比浸于质量分数为 34% 的液碱中，浸泡 30min 左右，取出，液碱可循环使用，但要不断补充新的液碱，以保持浓度和数量，将浸泡后的棉短绒移至平板压榨机上，以 14MPa 的压力压榨出碱液，得碱化棉。

（2）将碱化棉加入至捏合机中，加酒精（质量分数为 90%）15 份，开动搅拌，缓慢滴加氯乙酸酒精溶液（质量分数为 90% 的酒精 8 份作溶剂），捏合机夹套中通冷却水，保持温度在 35℃，于 2h 左右加完。加完后控温 40℃，保持捏合搅拌，醚化反应 3h。取样检查终点（方法是取样放入试管，加水振荡，若全部溶解无杂质，则达到终点），得醚化棉。

（3）向醚化产物中加入 20 份质量分数为 70% 的酒精，搅拌 0.5h，加稀盐酸中和至 pH=7；离心脱去酒精，再用质量分数为 70% 的酒精 120 份洗涤两次，每次要搅拌 0.5h 以上，再离心脱去酒精。洗涤后的酒精合并回收利用。离心脱去酒精的产物进行粗粉，然后在通热风条件下，采用低于 80℃ 的温度干燥 6h，干燥的产物经粉碎、过筛、包装即得羧甲基纤维素成品。

表 12-4 羧甲基纤维素溶媒法生产配方

原料	用量/kg	原料	用量/kg
脱脂棉	10	氯乙酸	8
液碱（质量分数为34%）	50~100	酒精（质量分数为70%）	360
酒精（质量分数为90%）	23	稀盐酸	适量

2. 水媒法

是将碱纤维素与醚化剂存在游离碱和水的条件下进行的反应。其特点是设备简单、投资少、成本低、产品质量不均匀、醚化效率低，生产出的产品黏度低。配方见表 12-5，生产工艺如下。

（1）将纤维素投入捏合机中，在搅拌的条件下喷洒入氢氧化钠溶液，在 35℃下捏合 1h 后加入氯乙酸钠，在 35℃以下捏合反应 1~2h，然后在 45~55℃下捏合 1~1.5h。

（2）将上述产物移至熟化槽中，在 40~45℃下放置老化 12~24h。

（3）将熟化的产物粗粉后，送入带式干燥机中干燥，干燥后，粉碎、混并、包装即得羧甲基纤维素成品。也可以进一步用乙醇沉洗精制得到纯 CMC。

表 12-5 羧甲基纤维素水媒法生产配方

原料	用量/kg	原料	用量/kg
纤维素	80	氯乙酸钠	66
液碱（质量分数为20%）	180		

除采用棉纤维外，也可以采用其他含纤维素的物质合成羧甲基纤维素，此类产品在钻井液中可以作为不增黏降滤失剂，值得进一步研究推广。

（1）以针叶木浆为原料[6]生产羧甲基纤维素：按针叶木浆（DP300~500）800kg、一氯乙酸（含量95%）450kg、固体烧碱（含量95%）200kg、质量分数为45%的液体烧碱 600kg、酒精（含量95%）700kg，将针叶木浆切碎后置于捏和机中，滴加烧碱醇溶液进行碱化，其间不断搅拌，滴加时间控制在 0.5~1.5h，滴加完后搅拌 1~2h，反应制成碱纤维。然后加入一氯乙酸进行醚化，加入时间控制在 0.5~1h，加完后加热至 75~85℃，搅拌 1~2h。制得的物料放入中和罐内用稀酒精洗涤，用盐酸调 pH 值至 6.5~7.5。再经压滤机压滤，耙式蒸馏机蒸馏多余的乙醇，然后烘干、粉碎即得羧甲基纤维素。

（2）以竹浆为原料生产超低黏度羧甲基纤维素[7]：搅拌下，将 100g 经粉碎的竹浆用适量质量分数为 18% 的 NaOH 水溶液于 15℃浸渍碱化 60min，压滤，得碱纤维素。将上述碱纤维粉碎后转入带搅拌的 1500mL 三颈烧瓶中，加入 850mL 乙醇，充分搅拌均匀。室温下滴加质量分数为 35% 的氯乙酸的乙醇溶液 180g，于 45℃醚化反应 1h，然后升温至 70℃醚化反应 4h。醚化反应结束后冷却反应液，用 1∶2 的盐酸溶液（盐酸体积∶水体积）调节反应体系 pH 值到 9，分两次加入 50g 过氧化氢，于 50℃反应 3h。最后反应液经中和、还原、压滤、洗涤、干燥和粉碎，得到超低黏度羧甲基纤维素产品。羧甲基纤维素的醚化度为0.85，纯度为99.6%，黏度（2%水溶液，25℃）为6mPa·s。

（3）以稻草为原料生产羧甲基纤维素[8]：先将稻草用粉碎机粉碎成粒径为0.5～1.1mm的稻草粉备用，然后将30g的稻草粉放入捏合机中，在搅拌条件下将25g质量分数为30%的氢氧化钠溶液淋洒在稻草粉上；再加入35g的工业级乙醇，密封，在35～55℃温度范围内搅拌1.5～2.5h；降温并分批加入10g工业级一氯乙酸；升温至60～70℃反应1.5～2h；降至室温，分批送至离心机甩干；干燥、粉碎、过筛，得稻草羧甲基纤维素。稻草羧甲基纤维素的外观为土黄色颗料，不溶物含量不超过11%，代替度为1～1.5（酸碱滴定）。

此外，选用造纸木浆为原料，以水媒法制备的钻井液用低黏羧甲基纤维素钠盐[9]，以及用废纸浆为原料，采用干法工艺合成的钻井液用低黏羧甲基纤维素（LV－CMC），其性能符合钻井液对LV－CMC的要求，既能降低生产成本，又能使废纸得到充分利用[10]。

值得强调的是，在CMC制备中采用氢氧化钾替代氢氧化钠可以制得K－CMC。作为钻井液降滤失剂，不同点是K－CMC抑制岩土水化膨胀的效果明显优于Na－CMC。就制备而言，由于氢氧化钠和氢氧化钾活性的区别，碱用量对取代度的影响呈现不同现象。图12-10是CMC的取代度随NaOH、KOH量变化的关系。由图12-10可知，随着碱量的增加，产物的取代度逐渐增加，但两者增加幅度不同。在一定范围内，碱的用量越大，纤维素对碱的吸附量越大，纤维素润胀就越好，纤维素的结晶度下降，从而提高了单元环上羟基的反应活性，有利于醚化剂的扩散，醚化剂的利用率提高，取代度也越高。此外，由于Na^+比K^+的反应活性要高一些，前者对纤维素的润胀好一些，在醚化反应中，醚化剂的利用率相对要好很多，从而导致同一碱量的变化程度，前者取代度急剧增加，而后者增加的趋势较缓。可见，在制备中需要在Na－CMC的基础上优化氢氧化钾用量[11]。

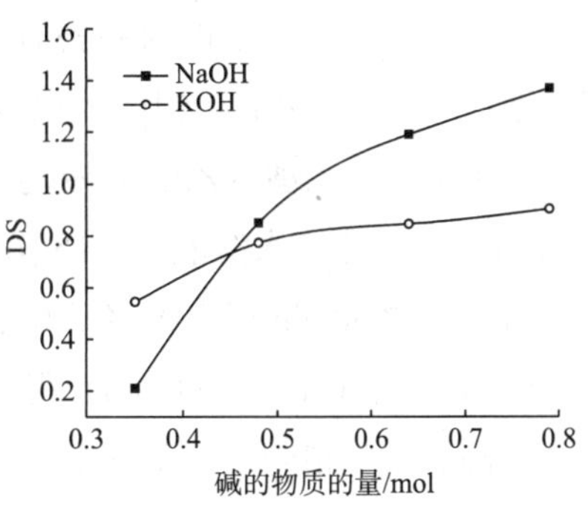

图12-10 取代度与不同碱金属氢氧化物的关系

文献就羧甲基纤维素钾盐和钠盐的抑制作用进行了比较[12]。将活性黏土——天然钙蒙脱石样用1%的改性纤维素水溶液处理，用X－射线衍射法测定其处理后的岩样晶面间距d（001）值，同时测定未经处理和经蒸馏水处理后的岩样d（001）值，结果见表12-6。从表12-6可看出，天然钙蒙脱石在水作用下发生显著膨胀，d（001）增大20.5%，达到1.896nm（岩样1），与之相比，经羧甲基纤维素试样水溶液处理后的晶面间距增大率则有不同程度的减小，其中用K－CMC处理后的d（001）增大率明显低于用Na－CMC处理后的d（001）增大率。d（001）增大率变小，说明上述纤维素醚均具有一定程度的抑制黏土水化膨胀能力，而且d（001）增大率越小，说明其抑制黏土水化膨胀的效果越好。

表 12-6 钙蒙脱石经不同处理后的晶面间距 d（001）值

岩样编号	岩样处理	d（001）/nm	d（001）增大率/%
1	未处理原蒙脱石样	1.537	0
2	蒸馏水浸泡 1h	1.896	20.5
3	1% Na-CMC 水溶液浸泡 1h	1.880	19.5
4	1% K-CMC 水溶液浸泡 1h	1.763	12.1

注：岩样 2~3 均为离心脱水的湿样。

研究发现钾离子对黏土因水化作用而发生膨胀的抑制作用，当以羧甲基纤维素醚的盐类的形式来提供钾离子时，比使用氯化钾或碳酸钾时有所提高。即在同样钻井液中，从羧甲基纤维素醚的钾盐中进入钻井液的钾离子与从氯化钾及羧甲基纤维素醚的钠盐的混合物中进入钻井液的钾离子相比，在其数量相同的情况下，对各种黏土来说抑制效果前者比后者明显提高。

一种羧甲基纤维素钾的制备方法[13]：将一定量撕碎的精制棉，1.4 倍 48% 的氢氧化钾水溶液、0.2 倍氢氧化钾固体以及 1.5 倍乙醇溶液同时投入捏合机内，搅拌碱化 60min 后，将 1.1 倍氯乙酸的乙醇溶液均匀地喷淋至捏合机内，搅拌反应 40min，然后再将 0.5 倍 48% 的氢氧化钾水溶液、0.15 倍的氢氧化钾固体以及 1.5 倍乙醇溶液同时投入捏合机内，再次碱化 30min 后，再将 0.6 倍氯乙酸的乙醇溶液均匀地喷淋至捏合机内，温度升高至 60~90℃，继续反应 40min，得到粗制的羧甲基纤维素钾，经过洗涤、中和、离心、干燥、粉碎后得到精制羧甲基纤维素钾成品。

二、聚阴离子纤维素

（一）性能

聚阴离子纤维素（PAC）是一种聚合度高、取代度高、取代基团分布均匀的阴离子型纤维素醚，白色至淡黄色粉末或颗粒，无味无毒，吸湿性强，易溶于冷水和热水中，具有与羧甲基纤维素（CMC）相同的分子结构[14]。

由于取代度均匀，聚阴离子纤维素比羧甲基纤维素钠具有更好的增稠、悬浮、分散、乳化、黏结、抗盐、保水及护胶的作用。其具有如下特点：①热稳定性好。水溶液在 80℃ 以下性能稳定，当温度高达接近 150℃ 仍可显示一定黏度并可维持约 48h。②耐酸碱抗盐。pH 值在 3~11 范围内性能稳定，可应用于各类极恶劣环境。③良好的相溶性。与其他纤维素醚类、水溶性胶、软化剂、树脂等均可相溶。④良好的溶解性。用简单的搅拌设备即可较快溶解于冷水和热水中，热水溶解速度更快，速溶型 PAC 在数分钟之内即可充分溶解，大大提高使用的方便性和生产效率。⑤良好的稳定性。PAC 水溶液具有光稳定性，保质期更长，抗细菌霉变性能强，不发酵。⑥极低的使用量。因 PAC 本身的高取代度和高稳定性，在相同使用环境下，其用量仅相当于羧甲基纤维素（CMC）的 30%~60%，在一定程度上降低了使用成本。具有较高的性价比优势，经济效益和社会效益显著。

如图 12-11 所示[15]，低黏度聚阴离子纤维素在低盐浓度范围，表现出一定的聚电解质的性质，随着一价金属盐浓度的升高，PAC 溶液黏度逐渐降低；随着盐浓度进一步增大，PAC 大分子在受到大量金属盐离子的屏蔽作用时，表现出一定的非聚电解质的性质，使得 PAC 黏度随着盐浓度的增大而迅速提高。

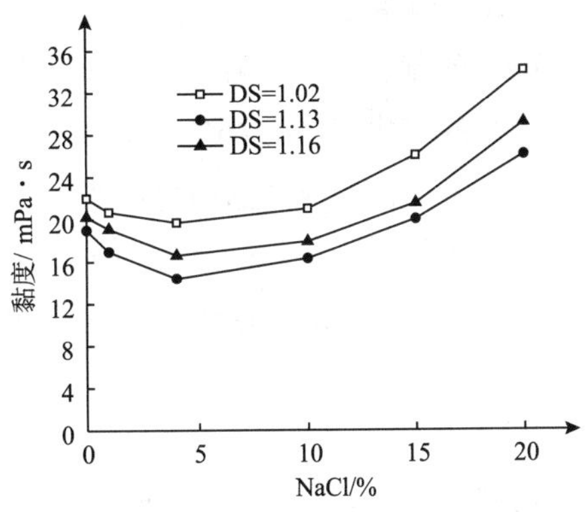

图 12-11 质量分数为 1% 的低黏 PAC 溶液黏度与 NaCl 加量的关系

在钻井液中具有比 CMC 更优良的提黏、降滤失能力，防塌和耐盐、耐温特性，适用于淡水、盐水、饱和盐水和海水钻井液体系。在含膨润土 6% 的淡水、4% 的盐水及饱和盐水基浆中加入不同量的 CMC 和 PAC，测得的钻井液性能见表 12-7。从表中可以看出，PAC 加量只有 CMC 加量的一半时，在淡水钻井液中即可产生相同的提黏、降滤失效果，在 4% 的盐水钻井液和饱和盐水钻井液中的提黏、降滤失效果更好，表明 PAC 比 CMC 具有较好的抗盐污染能力[16]。粒度分析表明，PAC 在抑制黏土水化分散、控制粒度变化上远优于 CMC（表 12-8）[17]。

表 12-7 HV-PAC 与 HV-CMC 性能对比

钻井液①	产品	加量/%	黏度/s	滤失量/mL	表观黏度/mPa・s	塑性黏度/mPa・s	动切力/Pa
淡水基浆	空白		16	44	4.0	4.0	0
	CMC	0.5	21	14	13.5	12.0	1.5
	PAC	0.25	22	14	14.0	13.0	1.0
	CMC	1.0	39	13	32.5	24.0	8.5
	PAC	0.5	37	17	35.3	27.0	8.5
4% 盐水基浆	空白		18	84	15	15.0	0
	CMC	1.0	19	11	10.0	10.0	0
	PAC	0.5	20	9	7.5	8.0	-0.5
饱和盐水基浆	空白		17	148	2.0	2.0	0
	CMC	1.0	18	11	5.5	6.0	-0.5
	PAC	0.5	22	8	8.0	8.0	0

注：①各种基浆中膨润土含量均为 6%。

表 12-8 钻井液中的颗粒粒度分布实验

钻井液配方	不同粒径（μm）颗粒的含量/%								
	≥74	64~74	54~64	44~54	34~44	24~34	14~24	4~14	0~4
原浆（ρ=1.02）	0	0	0	0	0	0	0	5	95
原浆+0.3% 的 CMC	0	0	0	0	0	0	1.2	10.4	88.5
原浆+0.3% 的 PAC	29.4	5.7	0	0	0	0	41	21.8	2.1

（二）制备过程

PAC 的制造方法一般分为水媒法和溶剂法。水媒法以水为介质。由于副反应激烈，导致反应总的醚化率仅为45%～55%，同时，产品中含有羟乙酸钠、乙醇酸和更多的盐类杂质，影响纯度，造成产品纯化困难。溶剂法采用乙醇、异丙醇、丁醇等作为反应的介质。反应过程中传热、传质迅速、均匀，主反应加快，醚化率可达60%～80%，反应稳定性和均匀性高，使产品的取代度、取代均匀性和使用性能大大提高。因此工业上主要采用溶剂法[18]。

1. 参考配方

精制棉（α－纤维素≥98%）81.5kg、氢氧化钠 60kg、氯乙酸 116.5kg、异丙醇 1190kg、水 132kg、乙醇适量、盐酸适量。

2. 生产工艺

按配方将精制棉和异丙醇加入反应釜，搅拌均匀后于30℃下滴加氢氧化钠水溶液，碱化反应60min；将配方量的氯乙酸配成适当浓度的水溶液，在碱化反应完成后分批加入反应釜，然后升温至70℃，反应90min；用盐酸将体系调节至中性，抽滤除去溶剂，然后用质量分数为80%的乙醇水溶液洗涤产物，除去氯离子；异丙醇和乙醇分别回收、蒸馏后循环使用；取出絮状产物，通入热风除去乙醇，将产物碾碎，于100℃下烘干得白色纤维状聚阴离子纤维素[19]。

生产中原料精制棉要采用剪切粉碎机粉碎至要求，并尽可能选择质量好的原料。反应中要保持充分的搅拌，保证反应均匀。

研究表明[14]，介质对聚阴离子纤维素合成过程中碱纤维素及其醚化物的结构与性能具有很大影响。

1）不同溶剂体系中碱纤维素的形态与结构不同

纤维素与碱金属氢氧化物溶液作用时，发生物理变化和化学变化。物理变化主要表现为纤维素的溶胀，化学变化是纤维素吸附碱形成碱纤维素。在氢氧化钠溶液中，棉纤维直径迅速变大，晶片中的链片距离增加，从而更易于反应试剂进入。研究表明，有机介质与纤维素质量比为23.7，NaOH 水溶液质量分数为45%，NaOH 与纤维素质量比为0.85时，纤维素的反应活性最高。上述条件下，20℃时不同介质中处理纤维素1h，纤维素在碱液中的溶胀程度受反应介质的影响很大。当氢氧化钠用量、浓度及有机介质的用量一定时，随着介质的不同，纤维直径增大程度不同，顺序如下：异丙醇 > 异丙醇/乙醇（70/30）> 异丙醇/乙醇（50/50）> 异丙醇/乙醇（30/70）> 乙醇。在实验条件下，采用乙醇作反应介质，纤维素纤维的结构参数几乎没有变化；而在异丙醇和异丙醇－乙醇混合物中，纤维素结构发生了变化，且当异丙醇的含量超过50%，可形成碱纤维素。通过计算得到，纯异丙醇中纤维素结晶度最小，乙醇中最大，异丙醇－乙醇混合物中介于二者之间。纤维素吸附碱量也是随着异丙醇浓度的增加而增加。

在乙醇介质中，由于乙醇极性大，NaOH 在乙醇中的溶解度高，NaOH、水和乙醇几乎属于均相共存，当碱用量一定时，乙醇的存在使体系中的 NaOH 浓度明显降低；另外，由于 Na^+ 外层同时吸附有乙醇和 H_2O 分子，水化离子半径较大，不利其向纤维原纤间渗透，过渡区氢键打开迟缓，更难进入结晶区，结晶度降低小，纤维润胀度最小，只有 17%。

当介质是异丙醇/乙醇混合体系时，NaOH 在异丙醇中溶解度低，减小了水合离子的尺寸，易于渗进原纤之间，拉大原纤间距离，过渡区大分子间、分子内氢键得到迅速破坏；随着异丙醇含量增加，变成富异丙醇混合体系，直至单一异丙醇时，反应在两相结构体系中进行，一相由 NaOH、乙醇、水和极少量的异丙醇组成；另一相则由异丙醇、水和极少量的 NaOH 组成；只有借助外界的搅拌作用，使两相进行物理相混。此时，由于乙醇的参与少，Na^+ 浓度高，且水合离子外层更多的是水，尺寸较小，易于渗透并被纤维素有效吸附，可有效拉大原纤间距离，加速过渡区乃至结晶区分子间、分子内氢键的破坏。

2）不同溶剂体系中碱纤维素的稳定性与羧甲基化程度不同

相同醚化剂用量，以乙醇为反应介质时，羧甲基化物的取代度极低（DS = 0.05），在水中不溶；以异丙醇 - 乙醇混合物为反应介质，在富乙醇溶剂体系（乙醇/异丙醇 > 50/50），得到的羧甲基化产物溶解性变差，而当乙醇/异丙醇（*w/w*）< 50/50，能够有效发生羧甲基化，尤其富异丙醇溶剂体系，产物水溶性好。其原因是乙醇的极性（3.9）大于异丙醇的极性（3.0），会使已形成的碱纤维素发生严重醇解，导致碱化效果差。在混合溶剂体系中，随着乙醇的减少，纤维润胀更好，碱纤维素醇解程度降低，纤维素碱化效果好。

纤维素的碱化效果对进一步的羧甲基化有直接影响，在单一或富乙醇溶剂体系中，由于纤维素的润胀程度和生成的碱纤维素量都最小，羧甲基化效率低；而单一或富异丙醇体系中，碱纤维素醇解程度低，水化离子尺寸适中，纤维润胀充分，碱纤维素形成容易且稳定，有利于醚化试剂氯乙酸的进入与反应，使 PAC 取代度提高，溶解性变好。受碱化效果的影响，产物的取代度和取代基分布均匀性也随着乙醇含量的增加而降低。

3）反应条件对 PAC 取代度及其溶液黏度的影响

不同反应条件对最终产品取代度及其溶液黏度的影响如表 12-9 所示[20]。结果表明，在同一介质中，取代度随碱酸棉物质的量比增加而增加；而在不同介质中，取代度随介质的极性增加而降低。氯乙酸的利用率以异丙醇/H_2O 介质中最高，采用适当的物料配比、反应温度和反应时间，取代度可达 1 左右。产品水溶液的黏度与取代度似乎无相关性，但在盐水中的黏度随取代度增加而增加。

值得注意的是合成过程中加入表面活性剂使最终产品的耐盐性提高，表现为盐水黏度与淡水黏度比显著升高。显然这是表面活性剂促进纤维素的润湿和反应物的渗透，从而提高反应均匀性和最终产品取代基分布均匀性的结果。此外，脱脂棉的预先浸泡有利于破坏纤维素的结晶结构，提高反应效率，在相同反应条件下使取代度有所提高。

表 12-9 合成工艺条件与 PAC 取代度（DS）及其溶液黏度的关系

棉∶酸∶碱（物质的量比）	DS	黏度①/mPa·s		碱化反应		醚化反应		介质		
		淡水	盐水	温度/℃	时间/min	温度/℃	时间/min	名称	体积比	数量/mL
1∶2∶1.5	0.42			35	60	73	120	异丙醇∶水	9∶1	125
1∶3∶1.1	0.57	469	35	30	40	70	90	异丙醇∶水	9∶1	125
1∶3∶1.3	0.71	869	367	30	40	75	60	异丙醇∶水	9∶1	125
1∶3∶1.3	0.71	538	395	30	40	75	60	异丙醇∶水②	9∶1	125
1∶3∶1.3	0.76	2346	189	30	40	70	60	异丙醇∶水	9∶1	125
1∶3∶1.3	0.88	870	460	30	40	70	90	异丙醇∶水	9∶1	125
1∶3∶1.3	0.89			35	60	73	120	异丙醇∶水	9∶1	125
1∶3.6∶1.3	1.06			35	60	73	120	异丙醇∶水	9∶1	125
1∶3∶1.3	0.51			30	40	70	90	乙醇∶水	9∶1	125
1∶4∶1.52	0.68			30	40	70	90	乙醇∶水	8.9∶1.1	115
1∶4∶1.52	0.30			30	40	70	90	乙醇∶水	8∶2	125
1∶4∶1.52	0.68			30	40	70	90	乙醇∶苯	7∶3	115
1∶4∶1.52	0.75	1294	917	30	40	70	90	乙醇∶苯③	7∶3	115
1∶4∶1.52	0.75			30	40	70	90	乙醇∶苯④	7∶3	115

注：①质量分数为 1% 的水（或 4% 的盐水）溶液黏度；②反应中加入 0.64% 的表面活性剂；③反应中加入 0.44% 的表面活性剂；④反应中加入 0.44% 的表面活性剂，预浸 12h。

在 PAC 制备过程中，采用氢氧化钾代替氢氧化钠可以制备 K－PAC[21]：将 10kg 的棉绒纤维细粉后置入反应器，加入 60L 异丙醇与水的恒沸点混合物与 11.5kg90% 的氢氧化钾。在 20℃的温度下搅拌 1.5h 后，再加入 4.9kg 一氯醋酸（事先溶解到 5L 恒沸点的异丙醇的溶液中）。添加时的温度控制在 40℃以下。然后升温至 50℃，并维持该温度 1h。使反应混合物冷却，并继续加入 4.8kg 一氯乙酸（事先溶解于 5L 恒沸点的异丙醇形成的溶液中），然后在 1h 内将温度升至 70～75℃，再维持该温度 1h 并不断地搅拌，将反应生成物冷却并经过滤回收得到固相产物，再经干燥后得到 23kg 羧甲基纤维素醚的钾盐，即聚阴离子纤维素钾（K－PAC）。

三、羟乙基纤维素

羟乙基纤维素（HEC）是纤维素分子中羟基上的氢被羟乙基取代的衍生物。外观为白色至淡黄色纤维状或粉末固体，无毒、无味。密度（25℃）0.75g/cm³，软化温度 135～140℃，表观密度 0.35～0.61g/cm³，分解温度 205～210℃，燃烧速度较慢。属于非离子型的纤维素醚类，易吸潮，易溶于水，不溶于醇，溶于甲酸、甲醛、二甲基亚砜、二甲基甲酰胺、二甲基乙酰胺等溶剂中。HEC 在水中不发生电离，耐酸、耐碱性好，不与重金属反应发生沉淀，在 pH＜3 时，会因酸解而使其水溶液的黏度下降。在强碱作用下，HEC 会发生氧化降解，并因热和光线的作用使其水溶液黏度下降，在 pH 值为 6.5～8.0 的范围内稳定。具有增稠、悬浮、黏合、乳化、分散、保持水分及保护胶体等性能。可制备不同黏度范围的水溶液。其水溶液中允许含有高浓度的盐类而稳定不变，即水溶液对盐不敏感[22-24]。

HEC 的水溶液能与大多数水溶性胶和水溶性树脂混溶，经次价键或化学键结合得到清晰、均匀的高黏度溶液。可与阿拉伯胶等水溶性树脂互溶，与明胶、淀粉、PVA 等部分混溶。

HEC 具有良好的成膜性，其膜清晰透明、耐光，具有极好的柔韧性和耐油脂性，再加入甘油、乙醇胺、甘露醇和磺化蓖麻油等，可使 HEC 膜更具有柔韧性及延伸性，并能改进对玻璃、金属、纤维及其他表面的附着力。

HEC 摩尔取代度 MS 为 0.05 ~ 0.5 时属于碱溶性产品，MS 为 1.3 以上的 HEC 可溶于水。目前市场上常见的工业化 HEC 产品的 MS 范围为 1.7 ~ 3，大多数水溶性 HEC 产品的 DS 范围在 0.8 ~ 1.2 之间。对经过深度羟乙基化的产品进行分析显示，虽然 MS 大于 3，但 DS 值并没有明显增大，说明新增加的醚基主要是接在羟乙基或低聚物醚的侧链上。如果把侧链低聚物醚的链长度定义为 MS/DS，则商品化的 HEC 侧链长度值在 1.5 ~ 2.5 范围。提高摩尔取代度可以增强产品的水溶性，但侧链增长又会增加应用难度。普通的低 MS 的 HEC 在丙酮、乙醇和低级醚等有机溶剂中得不到透明的溶液，而高 MS 的 HEC 在甲醇以及某些由水和水溶性有机溶剂所组成的混合溶剂中可部分溶解。

HEC 在冷水和热水中均可溶解，且无凝胶特性，不同取代度的溶液黏度范围很宽，140℃以下热稳定性好，在酸性条件下也不产生沉淀。HEC 水溶液是具有高度假塑性的流体，图 12-12 是 2% 高黏、中黏和低黏 HEC 水溶液的流变曲线[25]。从图中可以看出，其水溶液表观黏度随着剪切速率的增加而降低，低黏即低相对分子质量的 HEC 溶液，接近牛顿流体。其溶液黏度在 pH 值为 2 ~ 12 范围内变化较小，但超过此范围黏度降低。HEC 对电解质具有极好的容限性，不会因为体系出现高浓度的盐而沉析或沉淀而导致黏度的变化。HEC 保水能力比甲基纤维素（MC）高出一倍，具有较好的流动调节性，且溶液温度升高时，黏度会下降，温度降低时黏度又会增大。

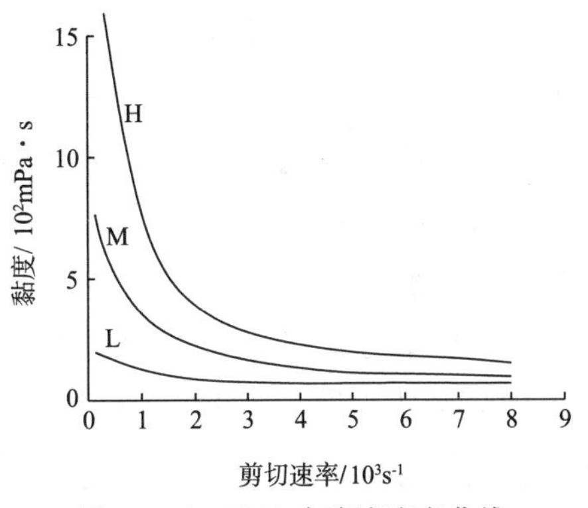

图 12-12 HEC 水溶液流变曲线

H—高黏度 HEC；M—中黏度 HEC；
L—低黏度 HEC

HEC 可使水的表面张力略微下降，但由于 HEC 的表面能小于 MC 的表面能，因此仅引起少量的泡沫出现，这些泡沫可以用普通的消泡剂很容易地抑制或消除。HEC 在酶作用下会发生降解，导致黏度降低。可用一定条件下酶进攻前后 HEC 溶液的黏度变化衡量抗生物降解性。通过改变 HEC 的分子结构可以提高其抗酶降解的能力。只有当 HEC 取代度非常高、取代基分布均匀时才能提高 HEC 抗酶降解能力。

羟乙基纤维素通常采用下述方法生产。

按配方棉短绒或纸浆柏7.3～7.8kg、质量分数为30%的液碱24kg、环氧乙烷9kg、质量分数为95%的酒精45kg、醋酸2.4kg、质量分数40%的乙二醛0.3～0.4kg，将原料棉短绒或精制柏浆浸泡于30%的液碱中，浸渍0.5h左右，待时间达到后取出，进行压榨，压榨到含碱水比例达1∶2.8的程度，移至粉碎装置中进行粉碎；将粉碎好的碱纤维素、酒精投入反应釜中，密封，抽真空、充氮，并重复数次充氮、抽空操作，以使釜内空气驱净，然后压入经过预冷的环氧乙烷液体，同时在反应釜夹套中通冷却水，控制温度为25℃左右，反应2h，得粗羟乙基纤维素；将所得粗产物用酒精洗涤（洗涤后的酒精经蒸馏回收），并用甲酸中和至pH＝4～6，加入乙二醛，经一段时间交联老化后，用水快速洗涤，然后离心脱水，烘干、粉碎，即得羟乙基纤维素。

羟乙基纤维素也可以采用气相法生产：在反应过程中添加添加剂或稀释剂，碱纤维和EO在气相中反应。将棉纤维在质量分数为18.5%的NaOH溶液中浸渍、活化，然后压榨、粉碎后置于反应器中。将反应器抽成真空，充氮2次，加入EO，在真空度为90.64kPa、27～32℃下反应3～3.5h即可。气相法虽然工艺过程简单，操作方便，但EO耗量大，醚化率仅40%左右，成本较高，且产品品质不均匀，应用不多。

文献还介绍了如下的制备羟乙基纤维素的方法。

（1）方法1[26]：将196g质量分数为7.5%的NaOH/12%的尿素水溶液预先冷却至－12℃，然后加入4g纤维素（棉短绒浆，相对分子质量为11.4×10^4）在室温下搅拌3～5min，即得到质量分数为2%的纤维素溶液。取上述纤维素溶液200g，加入氯乙醇12g，于室温下反应1h，然后升温至50℃反应4h，加入醋酸中和反应液至中性停止反应。通过离心的方法将水溶性和水不溶部分分离，并沉淀、真空干燥得到水溶性和水不溶性两个白色粉末状羟乙基纤维素产品。其中水溶性部分质量为1.7g，取代度（DS）为0.48；水不溶性部分质量为2.77g，取代度（DS）为0.45。

（2）方法2[27]：按照传统配方，精选聚合度为2400的精制棉为原料，用棉纤维粉碎机将精制棉粉碎成0.1～0.8mm的纤维粉末；将异丙醇溶液加入反应釜中并投入片碱，再将粉状纤维素加入反应釜中，在4～10℃的条件下碱化1.5h；投入环氧乙烷均匀升温（每min升1℃）至70℃，并恒温2.5h进行醚化反应，然后均匀降温（每min降1℃）至40℃；在醚化降温后的物料中加入酸类物质如盐酸、醋酸，中和0.5h，控制物料pH＝5～7；中和后的物料加入醛类物质如琥珀醛、乙二醛，控制温度在50～70℃，pH＝5～7，进行交联反应1～2h；然后离心后用72%的异丙醇水溶液洗涤。此离心洗涤过程只需循环2～3次；交联反应结束后，分离、干燥、粉碎得到超高黏度羟乙基纤维素，产品黏度（质量分数为2%、25℃）为80000～100000mPa·s。

四、羟丙基纤维素

羟丙基纤维素（HPC）是一种非离子型的纤维素醚类，为白色纤维状或粉末状固体，无毒、无味，易溶于水，水溶液对盐不敏感。碳化温度为280～300℃，视密度为0.25～0.7g/cm^3（通常在0.5g/cm^{3}左右），密度为1.26～1.31g/cm^3，变色温度为190～200℃，其化学性质与HEC相近。通常可以溶于40℃以下的水和大量极性溶剂中，而在较高温度（大于40℃）的水中，溶解情况与摩尔取代度（MS）有关，MS越高，可以溶解HPC的温度越低，具有较高的表面活性，具有黏合、增稠、悬浮、乳化、成膜等作用。利用这些特性可以用作成膜降滤失剂（即低温下溶解，高温下溶解性降低，会在井壁上形成一层膜）。低取代羟丙基纤维素不能与其他高浓度电解质配伍，否则引起“盐析”。

研究表明[28]，羟丙基纤维素溶液属于假塑性流体，随温度升高、浓度降低、醚化剂用量的增加，该溶液的表观黏度降低，非牛顿指数增大。

HPC可以采用均相法和非均相法制备，下面是一些制备实例[29]。

（一）非均相法

1. 液相法

液相法是在稀释剂的存在下进行的反应，常用的稀释剂有甲苯、丙酮、异丙醇、叔丁醇或其混合溶剂，产品在稀释剂中可以保持不溶解。采用液相法制备羟丙基纤维素时，惰性溶剂的存在大大减少了碱、水和醚化剂的消耗量，并且有利于传热和抑制碱纤维素的水解，从而使产品的均匀性得到改善；但该方法增加了溶剂回收工艺，工序较多。典型的生产工艺如下。

（1）方法1：将5份精制棉投入到盛有1.6份碱、1.4份水、56份甲苯的反应釜中，在30℃下碱化1h，抽真空后加入5份环氧丙烷，搅拌均匀，然后升温到60℃左右，反应3h后，降温到30℃以下，再加入2.5份的环氧丙烷，升温到85℃左右反应4h，冷却到60℃以下，用醋酸中和到pH值为7左右，然后升温，进行惰性溶剂的蒸馏回收，用70～90℃水进行洗涤，而后分离、干燥后即得产品。

（2）方法2[30]：将木浆粕浸泡在质量分数为49%的氢氧化钠水溶液中，然后压制得到碱性纤维素。将800g碱性纤维素装入反应器，用氮气替换空气。当加入85.6g的环氧丙烷之后，最终的混合物在40℃搅拌反应1h，再在70℃搅拌反应1h。将反应混合物注入到含有2L 65℃的热水的5L的双臂捏合机中，捏合约10min，随后用乙酸中和以使反应产物聚沉。将该反应产物用90℃的热水清洗，通过压榨使其脱水，烘干，随后用高速旋转冲击粉磨器粉化，以得到含有11%质量的羟丙氧基的低取代羟丙基纤维素，其表观平均聚合度为530。

（3）方法3[31]：称取700g精制棉，以1∶8浴比浸入质量分数为21%的NaOH溶液中，在20～25℃的条件下浸渍1h。将所得的碱纤维素用0.037mm孔径的滤布包上，并在自制的压榨机上进行压榨，压榨比控制在3左右，得到组成为NaOH质量分数为16%～17%、纤维素质量分数为32%～33%、水分质量分数为50%～52%的碱纤维素。将得到的碱纤维素在捏合机中粉碎30min。

称取500g粉碎后的碱纤维素于捏合机中抽真空5min，至体系真空度恒定，保持真空

度为 -0.095MPa，利用捏合机负压，一次性吸入液态的环氧丙烷 33.2g，此时体系内为正压，在 60℃下，搅拌 10min 后体系真空度开始回升，反应 150min 后，真空度回到 -0.08MPa 并保持不变，醚化反应结束。取一定量的反应产物置于乙醇/水的混合溶液中，用冰醋酸中和反应产物至中性，过滤，再用 80℃的蒸馏水洗涤过滤，重复洗涤 10 次，得到纯净的 HPC。将洗净的 HPC 于 50℃下真空干燥 24h，得到干燥的 HPC。

2. 气相法

气相法在反应过程中不添加稀释剂或添加剂，碱纤维素和醚化剂直接进行气 - 固反应。气相法的优点是工艺简单，操作方便；缺点是醚化剂的消耗量很大。

（二）均相法

均相法在非水溶剂中进行。近年来开发的纤维素非水溶剂体系很多，例如肼（单组分体系）、多聚甲醛 - 二甲基亚砜（双组分体系）和 SO_2 + NH_3 + 甲酰胺（三组分体系）等。研究者提出纤维素在非水溶剂体系里形成电子给体 - 电子受体络合物（EDA 络合物）的假设和 EDA 作用模型来解释纤维素在这些溶剂里的溶解。认为在适当的空间和一定的范围内，纤维素羟基和溶剂组分之间 EDA 作用强度大到足以克服联接羟基的氢键键合能力，氢键被打开，和 EDA 作用进一步加强，就可以形成足够稳定的加和物；该加和物在过量极性有机介质中发生溶剂化作用，导致纤维素溶解，然后在溶液中再与醚化剂反应。

均相法的优点是反应条件容易控制，反应取代较均匀。但是目前，纤维素的非水溶剂体系的均相反应由于溶剂回收和循环使用仍存在一定问题，因此还没有实现工业化。

五、羧甲基羟乙基纤维素

羧甲基羟乙基纤维素（CMHEC）是分子链上同时含有羧甲基和羟乙基的纤维素混合醚，它结合了 CMC 和 HEC 的优点，从而有广阔的应用前景。

与 HEC 相比，CMHEC 溶解性更好，这是由于当 HEC 分子链中的羟基被羧甲基取代后，分子间的氢键作用类型及强度变化不大，但在溶液中增加电离性质，取代度越大，带有负电荷的—COO^-基团也越多，水溶性也越好；而且带弱负电的羧甲基的相互排斥作用，使分子链在稀溶液中距离增大，其间的范德华力也减弱。由于羧甲基取代了 HEC 分子中的羟基，产物的黏度变化不大。另一方面，当取代度相差不大时，取代度较小的分子链更趋于卷曲，使分子链间的作用力变小，因此，其黏度也变化不大（表 12-10）[32]。

表 12-10　不同样品的黏度测定结果（质量分数为 0.8%，室温测定）

样品	羧甲基取代度	黏度/mPa·s
HEC		1600
CMHEC	1.2	1570
CMHEC	1.5	1658

通常情况下，产物黏度会随时间发生变化。如图 12-13 所示，当产物的取代度相同时，高浓度 CMHEC 黏度稳定性好；当产物的浓度相同时，高取代度的 CMHEC 黏度稳定

性好。当浓度增加后，溶液中产物分子链间的作用力的变化变得复杂，一方面，浓度高的CMHEC分子间的距离缩短，分子间的范德华力及氢键作用增加，使浓度在短时间范围内增加，另一方面，带有负电荷的羧基使CMHEC分子链间产生排斥作用，使分子链间的吸引力降低，因此，随着时间的增长其黏度稳定性好即黏度降低不多。当浓度相同时，取代度高的黏度也降低不多，带有的负电荷的羧基使CMHEC分子链间产生排斥作用，使分子链间的吸引力降低。

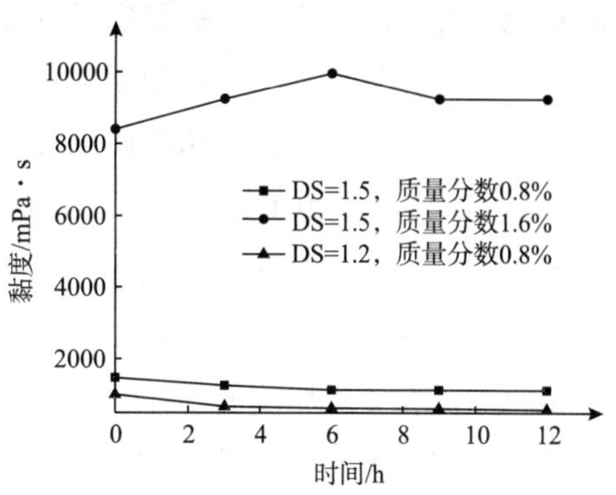

图12-13 CMHEC黏度随时间的变化

CMHEC可以用HEC羧甲基化得到，也可以一步合成。

1. 以HEC为原料制备

将一定量的羟乙基纤维素和一定量的$Na_2B_4O_7$混合后，浸泡于异丙醇溶液中。按HEC与$ClCH_2COOH$的物质的量比为1∶1，加入一氯乙酸和质量分数为40%的NaOH溶液（NaOH与$ClCH_2COOH$的物质的量比为1.7∶1），在50℃温度下反应1h，熟化1.5h，固体物用冰醋酸中和至pH=7时，用少量水将产物溶解，再用甲醇重结晶，并用甲醇洗涤三次，抽滤，放入真空箱中干燥制得羧甲基羟乙基纤维素。在反应物中加入少量的$Na_2B_4O_7$，可以提高产物的溶解速率，保证所制产品在水中速溶，且黏度稳定性好。

2. 由精制棉直接制备

将精制棉用粉碎机粉碎至细度为0.177～0.42mm的棉纤维粉；将100kg棉纤维粉和适量的溶剂放入反应釜中，加入100kg氢氧化钠搅拌0.5～2h进行碱化反应，制成碱纤维素；将100kg碱纤维素放入反应釜中加入80kg氯乙酸边搅拌边加温至60～80℃，反应时间为0.5～3h；将上述羧甲基化反应物通过离心机分离出含湿量为30%～70%的反应沉淀物。将上述分离后的反应沉淀物100kg放入反应釜中加入40kg氢氧化钠搅拌，然后再加入100kg环氧乙烷，边搅拌边升温至50～90℃，进行羟乙基化反应，反应时间为0.5～3h；将上述羟乙基化反应的反应产物在反应釜中冷却至常温，加入冰醋酸搅拌，调至pH值为6～7；将上述中和后的反应物通过离心机分离出含湿量为30%～70%的羧甲基羟乙基纤维素粗品。将上述100kg羧甲基羟乙基纤维素粗品放入洗涤槽内，用1000kg异丙醇洗涤3～4次，通过离心机分离出含湿量为20%～30%的羧甲基羟乙基纤维素湿品；将含湿量为20%～30%的羧甲基羟乙基纤维素湿品放入真空干燥器中，干燥至含湿量为3%～8%，粉碎即得到产品，可用作钻井液增黏剂和降滤失剂，适用于盐水和饱和盐水钻井液体系[33]。

六、羧甲基羟丙基纤维素

羧甲基羟丙基纤维素（CMHPC）是分子链上同时含有羧甲基和羟丙基的纤维素混合醚，它兼顾CMC和HPC的特点。羧甲基羟丙基纤维素最大的优点是溶液黏度稳定。由于它的热稳定性、酸稳定性、盐稳定性非常好，所以广泛用于食品增稠稳定剂。CMHPC 在高档乳胶漆、化妆品中作增稠剂使用，可代替羟乙基纤维素。在印染行业中作印染浆增稠剂，残渣小，给色率高，且印染质量大大超过其单一离子型和非离子型纤维素醚产品。用于压裂液稠化剂，CMHPC 与仅含一个取代基的单醚相比，它在与金属离子的交联反应及交联产物的性能上都有独特的优越性。CMHPC 水溶液适用的交联质量分数为 0.4%，所成凝胶在较高温度下能保持较高黏度。因此，金属离子 Cr^{3+} 交联的 CMHPC 水基冻胶作为油田水基压裂液有一定应用前景。

图 12-14 给出的是几种纤维素醚在不同的 pH 值下的黏度。从图中可见，无论 CMC、DRISPAC 或 CMHPC，在一定的 pH 值范围内，黏度较为平稳。当 pH 值增大至一定值，黏度急剧降低。这是由于未被取代的羟基或羟丙基上的羟基与碱性分子结合，减少了对水的氢键结合，这种水化能力的降低导致黏度的下降。另一方面，当 pH 值降低至 1~2 时，CMC 逐渐趋向于形成不溶性的 H-CMC 胶体而析出，在溶液中出现了相分离，从而使黏度骤然下降。对于 CMHPC 而言，即使降至 pH=1 仍保留有高的黏度值[34]。

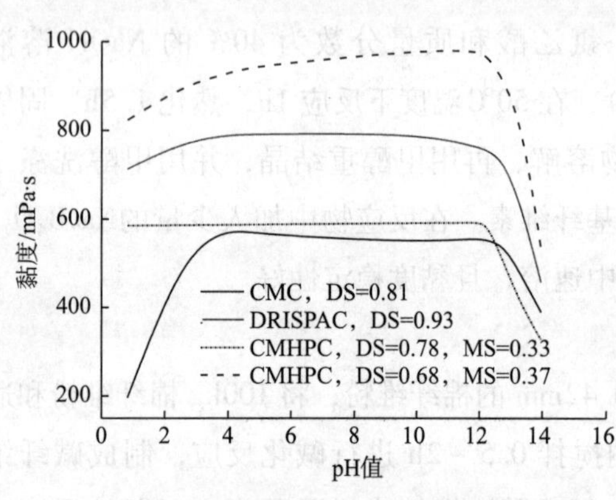

图 12-14　pH 值对 2% 的纤维素醚水溶液黏度的影响

盐会对高分子化合物水化产生影响。对于纤维素醚来说，阴离子型聚电解质 CMC 带电基团在溶液中对金属离子（反离子）的束缚，使水化层破坏，盐的去水化作用导致高分子物质析出，表现出阴离子型纤维素对金属离子的敏感性，抗盐性低。提高阴离子型纤维素链取代均匀性可以改善抗盐性，但引入非离子取代基往往是更有效的途径。由于非离子性基团在溶液中对金属离子束缚力弱，金属离子对水化层不致于造成大的破坏，加上大多数非离子取代基都是强的极性基团，水化性很强，所以在盐溶液中溶解性仍然很强，表现出对金属离子不敏感的抗盐性。

表 12-11 是几种纤维素醚在各种盐溶液中的溶解性和盐黏比。从表 12-10 可见，CMHPC 有较 CMC、HPC、HPMC、MC 等更佳的耐盐性。CMHPC 能溶解在一价盐（饱和 NaCl）、混合二价盐（2% $CaCl_2$ +2% $MgCl_2$ +2% $ZnCl_2$ +2% $BaCl_2$）以及一价和二价混合盐（2% $CaCl_2$ +2% $MgCl_2$ +2% $ZnCl_2$ +2% $BaCl_2$ + 饱和 NaCl）溶液中。但 CMC 只能溶于上述一价盐溶液中，而 HPC、HPMC 或 MC 只能溶于上述混合二价盐溶液中。一些研究工作也证实了上述的结果。通过研究 CMHPC 分别在一价和各种二价盐中的耐盐性，证实了耐二价盐的性质归因于引入非离子基羟丙基，随着 MS 的增加，提高了复合醚的非离子性质，耐二价盐性能提高。随着 DS 增加，离子性质更明显，耐二价盐性能降低，观察表中五个 CMHPC 样品的黏度和盐黏比值，也有类似的现象。表中 CMHPC-1 和 CMHPC-4 两种取

代度大致相同，但抗盐性有差异，这可能是取代均匀性差异所致。CMHPC－5 由于 DS 高，不溶于二价盐。

从表中还可见，CMHPC 对一价和二价盐的综合耐盐性可与抗盐优良的 HEC 相比。这种性能对于用作高矿化度地层的钻井液处理剂，以及电解质体系的增稠应用领域有重大的意义。

表 12－11　纤维素醚在一价、二价和一价、二价混合盐溶液中的溶解性

纤维素醚	2% 水溶液黏度/mPa·s	一价盐溶液①		二价盐溶液②		混合盐溶液③	
		黏度/mPa·s	*SVR*	黏度/mPa·s	*SVR*	黏度/mPa·s	*SVR*
HEC	1250	1500	1.2	1000	1.04	1600	1.28
DRISPAC	1400	1000	0.71	不溶		不溶	
MC	29	不溶		45	1.55	不溶	
HPMC	10	不溶		50	5.00	不溶	
HPC	5	不溶		5.5	1.10	不溶	
CMHPC－1（DS＝0.72，MS＝0.39）	1050	1500	1.43	900	0.86	1200	1.12
CMHPC－2（DS＝0.37，MS＝1.83）	415	790	1.90	660	1.59	760	1.83
CMHPC－3（DS＝0.16，MS＝2.07）	220	450	2.05	480	2.18	330	1.50
CMHPC－4（DS＝0.68，MS＝0.37）	1700	1350	0.79	600	0.35	700	0.41
CMHPC－5（DS＝0.94，MS＝0.21）	1050	1720	1.64	不溶		不溶	

注：①饱和氯化钠水；②2% $CaCl_2$ ＋2% $MgCl_2$ ＋2% $ZnCl_2$ ＋2% $BaCl_2$ 溶液；③2% $CaCl_2$ ＋2% $MgCl_2$ ＋2% $ZnCl_2$ ＋2% $BaCl_2$ ＋饱和 NaCl 溶液；*SVR* ＝在盐溶液中的 2% 的纤维素醚黏度/在水溶液中的 2% 的纤维素醚黏度。

CMHPC 可以采用不同的方法制备。

（1）方法 1：按照表 12－12 所示配方，将精制棉疏松后加入捏合机，同时加入氢氧化钠酒精溶液（25℃以下），以捏合机不吃力、氢氧化钠酒精混合液尽量少为原则。加完精制棉后，停加氢氧化钠酒精混合液，停机、加盖密封。打开真空阀门、抽真空至－0.075MPa 以下，关闭阀门；在打开氮气机阀门充氮气至 0.15MPa。再重复一次，最后抽真空至－0.8MPa 以下。加完剩余氢氧化钠酒精混合液；接着加入环氧丙烷，再搅拌 20min。用 20～40min 加入氯乙酸酒精溶液，搅拌 15min。再升温至 75～80℃，保持 90～120min 后，降温至 50℃以下出料。用 73% 左右的乙醇洗涤一次，必要时洗涤二次以达到要求的纯度[35]。

表 12－12　羧甲基羟丙基纤维素制备用原料配方

名称	含量	用量	名称	含量	用量
精制棉	95%	80kg	环氧丙烷		60L
氢氧化钠水溶液	质量分数 46%	80L	氯乙酸酒精溶液	58%（密度 1.085）	96L
酒精	95%	160L			

（2）方法 2：将 88 份氢氧化钠溶于 92 份水中，与 400 份 95% 的乙醇相混合配制成碱化液。碱化液与 200 份绝干棉绒浆相配合，分别喷入和投入捏和机中。排除空气至真空度为 -0.8MPa，充入氮气使真空度降为零。通过用夹套水维持碱化温度为 30～35℃，碱化 30min。排除气体至真空度为 -0.8MPa，加入 101 份环氧丙烷混合均匀后，再加入 0.6 份环氧氯丙烷和 84.2 份氯乙酸混溶于 67 份乙醇的混合液。充入氮气使真空度降为零。在 30min 内将温度升至 78℃，维持该温度 120min。反应终止，冷却至 50℃。开启通大气阀门，启盖，取出的粗产物用 36% 醋酸中和，用 70% 乙醇洗涤两次，每次用 1800 份离心的乙醇蒸馏回收，产物在 70℃ 干燥，即得到产品[36]。

七、磺化纤维素醚

磺化纤维素醚是指分子中引入磺酸基的纤维素醚，与 CMC 相比，由于磺酸基对高价金属离子敏感性低，且具有较强的抗高价离子的能力，适用于高钙镁环境。磺化纤维素的制备可以采用氯磺酸、1，4 - 丁基磺酸内酯等作为磺化剂。

（一）氯磺酸磺化法

氯磺酸磺化法制备过程：以棉浆粕为基本原料，经酸水解得到具有适当聚合度的微晶纤维素，将微晶纤维素分散于二氯甲烷中，与氯磺酸反应得到磺化纤维素。相对分子质量适当的磺化纤维素，可以用作水泥浆降失水剂、高效减阻剂或减水剂，同时对水泥还具有一定的缓凝作用。其合成过程如下[37]。

称取一定量棉浆粕，适当粉碎后置入三口瓶中，加入一定浓度的稀盐酸，搅拌下升温水解一定时间，冷却至室温，过滤、水洗至中性，在 50℃ 下真空干燥，得到具不同聚合度的微晶纤维素（MCC）。将 MCC 置入三口反应瓶中，加入 4 倍于微晶纤维素质量的二氯甲烷，用磁力搅拌器进行强烈搅拌 15min 后，在保持搅拌的情况下缓慢用恒压滴液漏斗滴加等体积的二氯甲烷/氯磺酸混合溶液（滴加速度约 10 滴/min）。滴加完毕后，继续搅拌反应 3h。反应结束，立即在烧瓶中滴加 5mol/L 的 NaOH 溶液中和至中性后，用无水乙醇分散，抽滤，低温烘干，即得到磺化纤维素产物，可用作水泥减水剂。

在合成反应中，*n*（$ClSO_3H$）：*n*（MCC）是影响取代度 DS 的关键，如表 12-13 所示，取代度随氯磺酸用量的增加而增加。

表 12-13　*n*（$ClSO_3H$）：*n*（MCC）对磺化纤维素取代度及硫含量的影响

n（$ClSO_3H$）：*n*（MCC）	硫质量分数/%	DS	*n*（$ClSO_3H$）：*n*（MCC）	硫质量分数/%	DS
0.6	11.08	0.872	1.0	11.33	0.976
0.8	11.21	0.924	1.2	11.52	1.031

评价表明，磺化纤维素用于水泥减水剂，其减水率随磺酸基取代度增加而增加，当取代度达到 0.872，质量分数为 1% 时所配制的水泥砂浆减水率、净浆标准凝结时间和 3d、7d、28d 砂浆强度等各项指标均达到高效减水剂的标准要求。通过 SEM，对掺加磺化纤维素的水泥材料进行了微观结构表征，结果表明，磺化纤维素掺入水泥浆后，由于缓凝作用

导致初期水化反应发展缓慢；而经较长时间（如28d）后硬化水泥结构比基准样密实、强度更高。

（二）1，4－丁基磺酸内酯磺化法

采用1，4－丁基磺酸内酯（BS）、NaOH与纤维素反应制备的丁基磺酸纤维素（SBC），也可以用作水泥减水剂，其合成过程如下[38]。

称取一定量的低聚合度纤维素，加入到三口烧瓶中，然后加入异丙醇（10mL/g纤维素）悬浮，滴加不同体积的30%的氢氧化钠水溶液，在室温下进行强烈搅拌，使纤维素碱化1h，碱化时间达到后，滴加一定量的1，4－丁基磺酸内酯，将三口烧瓶移入已恒温的水浴中，氮气保护下反应一定时间后，冷却到室温，先以80%的甲醇沉淀，抽滤得到产物，经过多次甲醇冲洗，最后在室温下真空干燥，即可得到白色或微黄色粉末状产品。

研究表明，反应温度、反应时间及物料比对SBC性能具有不同的影响，结果见表12－14。从表12－14可以看出，当n（NaOH）：n（AGU）：n（BS）＝2.5：1：1.7，反应时间为4.5h，反应温度为75℃时，所得产物水溶性良好，硫含量达5.3%，净浆流动度达15.6cm。由于该反应在N_2保护下进行，纤维素的降解可以忽略，随着反应时间的延长以及反应温度的提高，产物硫含量提高，即纤维素分子链上—$CH_2CH_2CH_2CH_2SO_3Na$基团数目增加，原来纤维素较规整的分子结构进一步被破坏，水溶性进一步增强，SBC分子链所带电荷数目增加，与水泥粒子表面作用加强，提高了其对水泥粒子的吸附分散作用。

在纤维素醚化反应中，为提高醚化程度以及产物质量，一般采用多次碱化醚化的方法。如重复碱化醚化反应得到的SBC7，其硫含量提高，最终水溶性良好，净浆流动度达到27.1cm。

表12－14 反应条件与SBC性能的关系

序号	n（NaOH）：n（AGU）：n（BS）	反应温度/℃	反应时间/h	硫含量/%	净浆流动度/cm
SBC1	0.5：1：1	60	3.0	1.0	8.0
SBC2	0.5：1：1	75	4.0	2.4	10.1
SBC3	1：1：1	60	3.0	1.1	7.3
SBC4	1：1：1	75	4.5	4.8	15.0
SBC5	2.5：1：1.7	60	4.0	4.6	15.2
SBC6	2.5：1：1.7	75	4.5	5.3	15.6
SBC7	2.5：1：1.7	75		7.8	27.1

注：AGU为脱水葡萄糖单元；测试净浆流动度时，固体粉末外加剂掺量为水泥质量的1%；SBC7为重复醚化产物，其他条件同SNC6。

以聚合度为45的微晶纤维素（MCC）为原料，异丙醇为分散剂，研究了合成中反应条件对取代度的影响[39]。

原料配比和反应条件一定时，即n（MCC）：n（NaOH）＝1：2.1，纤维素室温活化时间为2h，反应温度为80℃，反应时间为5h，醚化剂1，4－丁基磺酸内酯（BS）用量对产物丁磺酸基取代度的影响见图 12-15。从图 12-15 可以看出，随着 BS 用量的增加，丁磺酸基取代度 DS 明显增加，当 n（BS）∶n（MCC）=2.2∶1 时，DS 达最大值。然后随着 BS 的用量继续增加，取代度反而降低。这是因为 BS 过量时，BS 会与 NaOH 发生副反应生成 HO$(CH_2)_4SO_3Na$ 的缘故，因此，实验条件下 n（BS）∶n（MCC）=2.2∶1 较为理想。

当 n（BS）∶n（MCC）=2.2∶1，纤维素室温活化时间为 2h，反应温度为 80℃，反应时间为 5h 时，氢氧化钠用量对产物中丁磺酸基取代度的影响见图 12-16。由图 12-16 可知，随着碱用量的增加，产物的取代度迅速增加，到最高值后开始降低。这是因为 NaOH 含量较大时，体系中存在过多的游离碱，副反应发生的几率增加，导数较多的醚化剂（BS）参与副反应，从而使产物磺酸基取代度降低。在较高温度下，过多 NaOH 的存在，也会使纤维素降解，聚合度降低，影响产物减水性能。显然，在实验条件下，以 n（NaOH）∶n（MCC）为 2.1∶1 较好。

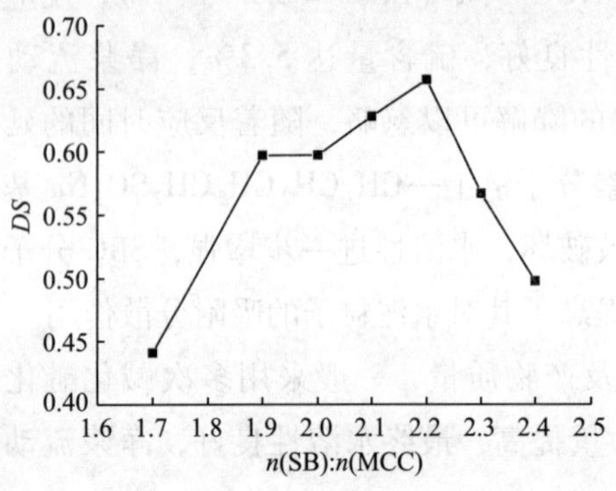

图 12-15 BS 用量对丁磺酸基取代度的影响

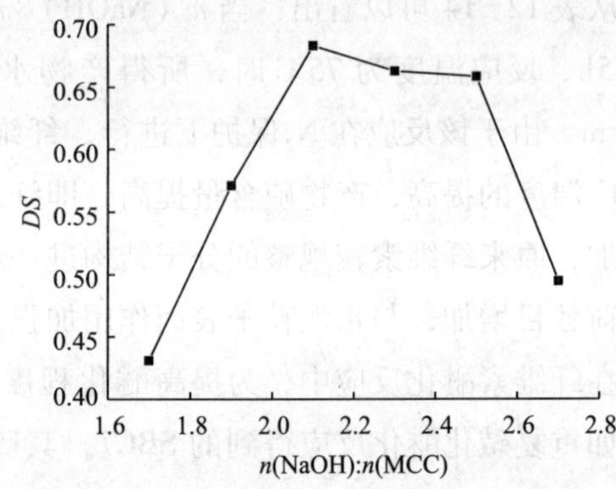

图 12-16 NaOH 用量对丁磺酸基取代度的影响

如图 12-17 所示，当 n（MCC）∶n（NaOH）∶n（BS）=1∶2.1∶2.2，纤维素室温活化时间为 2h，合成时间为 5h 时，随着反应温度的升高，产物的磺酸基取代度 DS 逐渐升高，但当反应温度超过 80℃后，出现下降趋势。这是由于 1，4-丁基磺酸内酯与纤维素的醚化反应属于吸热反应，提高反应温度有利于醚化剂与纤维素羟基的反应，但是随着温度的提高，NaOH 与纤维素的作用逐渐变得强烈，使纤维素降解脱落，导致纤维素相对分子质量下降，生成小分子糖类物质。此类小分子与醚化剂的反应相对容易，会消耗掉较多的醚化剂，影响产物取代度。在实验条件下，适宜的反应温度为 80℃。

反应时间分为原料的室温活化时间和产品的恒温合成时间。如图 12-18 所示，当 n（MCC）∶n（NaOH）∶n（BS）=1∶2.1∶2.2，合成反应温度为 80℃，产品恒温合成时间为 5h，产品 SBC 的丁磺酸基取代度随着活化时间的延长，出现先增后减的趋势。这可能是由于随着 NaOH 作用时间的增长，纤维素的降解严重，使纤维素相对分子质量下降，生成小分子糖类物质，此类小分子与醚化剂的反应相对容易，会消耗掉较多的醚化剂，影响产物取代度。在实验条件下，反应时间为 2h 较好。

从图 12-18 还可看出，在上述最佳工艺条件下，随反应时间的延长，取代度先增加，当反时间达到5h后，DS出现降低趋势。这与纤维素醚化反应中存在的游离碱有关，在较高温度下，反应时间的延长导致纤维素碱水解程度提高，纤维素分子链变短，产物的相对分子质量降低，副反应增多，导致取代度减小。在实验条件下，合成反应时间以5h最为理想。

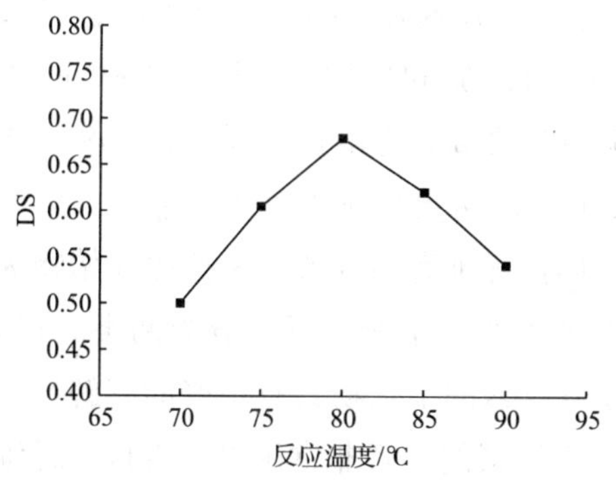

图12-17　反应温度对丁磺酸基取代度的影响

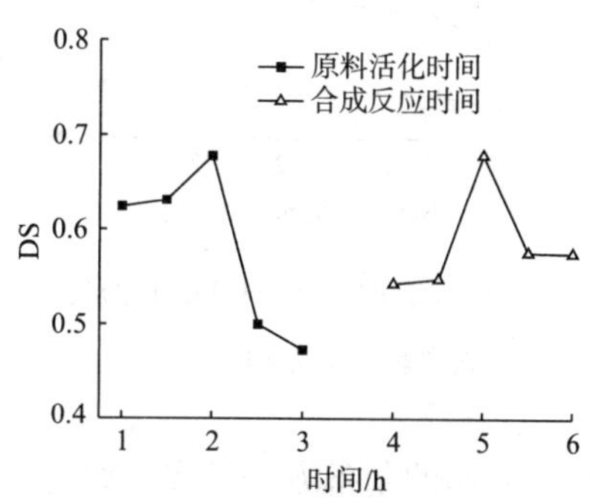

图12-18　原料活化和合成反应时间对丁磺酸基取代度的影响

除上述方法外，也可以采用卤代乙磺酸、3-氯-2-羟基丙磺酸钠与纤维素反应制备磺化纤维素。

八、两性离子纤维素醚

两性离子纤维素醚（AHEC）是在纤维素主链上同时带有阴、阳离子基团的一类水溶性的纤维素衍生物。除了具有与普通两性电解质一样的特殊的溶液性质和流变性能，如增稠、降阻、絮凝、悬浮等功能，还具有高分子多糖来源丰富、易生物降解等优点。与阴离子或阳离子纤维素相比，两性离子型纤维素具有特殊的溶液性质和流变行为，在石油开采、纺织、医药、日用化妆品等行业具有广阔的应用前景。

两性纤维素醚根据引入基团分类，其阳离子基团通常可以分为叔胺盐和季铵盐类，阴离子基团可分为磺酸型、羧酸型、硫酸型以及磷酸型等。根据阴阳离子分布，两性纤维素醚又可分为两类：一类是阴阳离子基团处于不同的链节上，目前大多数的两性纤维素醚都属于这种结构；另一类是阴、阳离子基团处于同一链节上，一般又称之为甜菜碱结构化合物，亦称为内盐化合物，目前仅有极少数两性纤维素醚是属于这种内盐化合物结构。

研究表明[40]，在水溶液中，高取代度的AHEC比低取代度的AHEC的比浓黏度小；随NaCl质量浓度的增大，AHEC的特性黏度先降低后增加。图12-19为3%的AHEC水溶液表观黏度随剪切速率变化的曲线。由图12-19可见，同一剪切速率下，AHEC的表观黏度随着外加盐的浓度（<3mol/L）增大，不但不降低反而增大，表现出明显的反聚电解质特性。这主要是由于外加盐破坏了AHEC分子链上因羧甲基阴离子基团和季铵阳离子基团相互作用形成的内盐键，增强了AHEC分子与溶剂之间的相互作用能力，而使其分子链较自由和舒展。这些规律不同于外加盐对普通多糖类聚电解质溶液性能的影响规律。在通常

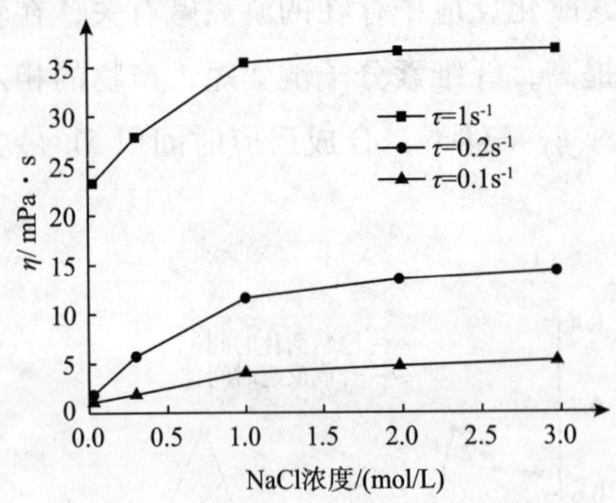

图 12-19 外加 NaCl 浓度对 AHEC 溶液表观黏度的影响

情况下，外加盐常使阴离子或者阳离子多糖类衍生物溶剂化作用变差。可见，两性纤维素醚在盐溶液中有较强耐盐能力这一特性，使其在聚合物驱油中具有明显的应用优势；AHEC 在 NaCl 溶液中比在 $CaCl_2$ 溶液中的比浓黏度大；当水溶液的 pH >7 时，随 pH 值的增大，AHEC 的特性黏度先降低后升高，等电点范围为 pH =9 ~10。

（一）两性纤维素醚的制备

两性纤维素的制备方法按照起始物为纤维素或纤维素的衍生物，可以分为两类。相对而言，由于纤维素的衍生物具有很好的溶解性，从纤维素的衍生物开始的制备方法较多。如前所述，纤维素的溶解非常困难，直接从纤维素开始的反应较少[41]。

以阴离子型纤维素与阳离子醚化剂在碱性条件下反应制备两性纤维素醚的研究已有很多。主要是以羧甲基纤维素（CMC）为原料与各种阳离子醚化剂反应，从而获得两性纤维素。如用水溶性的阴离子型的羧甲基纤维素（CMC）为原料，与 3 - 氯 -2 - 羟基 - 丙基三甲基氯化铵（CHPINC）在碱性条件下反应来引入阳离子基团。以 CMC 为原料在水介质中与 3 - 氯 -2 - 羟丙基三甲基氯化铵（CHPTAC）发生均相反应，最终得到水溶性两性离子纤维素醚衍生物，其反应如式（12-6）所示。

$$\text{ClCH}_2\text{CH(OH)CH}_2\overset{+}{\text{N}}(\text{CH}_3)_3\ \text{Cl}^- + \text{Cell—COOH} \longrightarrow (\text{Cell—COOH})\text{CH}_2\text{CH(OH)CH}_2\overset{+}{\text{N}}(\text{CH}_3)_3\ \text{Cl}^- \qquad (12-6)$$

在异丙醇和水的混合体系中通过 CMC（DS =0.44）与环氧丙基二甲基十四烷基氯化铵（MEQ）反应得到的两性纤维素醚，用于两性高分子表面活性剂使用安全，可生物降解及原料来源丰富，在日化、医药、环保、石油开采方面具有良好的应用前景。通过 CMC（DS =0.44）与环氧丙基三辛基氯化铵反应也可以得到具有很高表面活性的新型水溶性两性纤维素衍生物，其反应如式（12-7）所示。

$$\text{(环氧丙基)}\text{CH}_2\overset{+}{\text{N}}(\text{CH}_3)_2\text{—C}_{14}\text{H}_{29}\ \text{Cl}^- + \text{Cell—COOH} \xrightarrow{\text{碱催化剂}} (\text{Cell—COOH})\text{CH}_2\text{CH(OH)CH}_2\overset{+}{\text{N}}(\text{CH}_3)_2\text{—C}_{14}\text{H}_{29}\ \text{Cl}^- \qquad (12-7)$$

通过分步法制备两性纤维素。先制备 CMC 阳离子化衍生物，利用羧甲基纤维素中的羧酸根基团先与甲醇在酸催化作用下发生酯化反应，酯化产物再与 N - 羧甲基胺发生曼尼希反应，最后将反应得到的物质进行烷基化即可得到阳离子化的 CMC。采用此方法合成两性纤维素的步骤较多，较为复杂，并且在反应过程中合成了较多中间体，成本也较高，所以相关的研究报道较少。先以棉短绒和微晶纤维素为原料，采用 DMF - $ClSO_3H$ 磺化体系成功获得了水溶性很好的不同取代度的纤维素硫酸酯钠，然后以异丙醇/水作为反应体系、NaOH 作为反应的催化剂，将纤维素硫酸酯钠与不同阳离子醚化剂（N，N－二甲基环氧丙基辛基氯化铵、N，N－二甲基环氧丙基十二烷基氯化铵和 N，N－二甲基环氧丙基十四烷基氯化铵）反应最终得到了结构新颖且具有一定表面活性的两性纤维素。此方法的制备过程也较为复杂。

以上合成两性纤维素的主要途径是将阴离子纤维素分子链上的羟基与阳离子单体上的活性官能团发生大分子侧基反应，从而引入带有阳离子电荷的支链，最终得到两性纤维素醚。这种方法由于受空间位阻效应，其生成的侧链较短。

以非离子型纤维素与两性离子（甜菜碱结构）单体反应可以得到两性纤维素醚，这方面的研究主要有：用羟乙基纤维素与两性离子醚化剂 3－氯－2－羟丙基二甲铵基乙酸盐反应制得两性纤维素醚。纤维素醚化剂是通过环氧氯丙烷与 N，N－二甲基甘氨酸在一定条件下反应得到。但该方法中 N，N－二甲基甘氨酸价格昂贵，回收率较低。另外可能会有一些副产物，如 1，3－二氯－2－丙醇、双季铵盐等。未反应的环氧氯丙烷及 1，3－二氯－2－丙醇很难从反应体系中去除掉。这些物质在制备羟乙基纤维素的过程中很有可能会使羟乙基纤维素产生交联，影响最终产物的性能。

也可以用硝酸铈铵/乙二胺四乙酸为引发体系，引发羟乙基纤维素接枝甜菜碱单体N－甲基丙烯酰氧乙基－N，N－二甲胺基乙酸盐制得两性纤维素醚。以硝酸铈铵/乙二胺四乙酸二钠盐为引发体系，引发羟乙基纤维素接枝共聚磺酸甜菜碱单体得到两性纤维素；用 3－氯－2－羟丙基二甲铵基乙酸盐与工业羟乙基纤维素在碱催化作用下干法制备两性纤维素，以二甲基烯丙基胺，氯乙酸钠和次氯酸为原料合成两性醚化剂。

总之，如上所述的两性纤维素合成方法，大多数是从易溶的纤维素衍生物（如 CMC、HEC）为原料合成，少数在非均相体系中合成。在合成两性纤维素时虽然避开了纤维素很难溶解的问题，但是，在生产起始物（如 CMC、HEC）时，纤维素的溶解与反应问题依然存在。另外，由于从天然原料纤维素到产物经历了两步，制备过程比较复杂，中间必不可少的分离、纯化造成其成本太高。而在非均相体系中完成的反应其效率往往较低，产物质量的分布也不太稳定。

此外，还可以在 NaOH/尿素溶剂体系下一步法反应得到目标产物。NaOH/尿素溶剂体系的优点是，它能较容易且迅速地溶解纤维素，并且所制得的纤维素溶液较为稳定。这种溶剂体系较适合制备纤维素衍生物，这是因为纤维素的醚化反应一般都是在碱性条件下完成。与传统的黏胶法相比，NaOH/尿素溶剂体系更简单，成本更低，并且 NaOH/尿素溶剂体系是一种环境友好型的纤维素溶剂。NaOH/尿素可作为稳定的反应介质，具有不同性质的各种纤维素醚都能成功地在这种溶剂中制得。该溶剂体系本身含有强碱成分，NaOH 不仅具有溶剂功能，同时具有反应试剂和催化剂功能。利用 NaOH/尿素溶剂体系使纤维素在均相条件下与 3－氯－2－羟基丙基三甲基氯化铵反应，得到了另一种纤维素化产物——季铵化纤维素；利用微晶纤维素和棉短绒在 NaOH（Li）/尿素溶剂体系中，可制得 CMC 等简单的纤维素产物。利用该溶剂体系自身的强碱特性，使其比较适合纤维素的醚化反应的特点，在同一容器中先后或者同时加入阴、阳离子化试剂进行均相反应，从而一步从纤维素得到水溶性的两性纤维素醚。

（二）制备实例

1. 两性离子羟乙基纤维素

以二甲基烯丙基胺（DMAA）、氯乙酸钠和次氯酸钠等为原料合成两性醚化剂3-氯-2-羟丙基二甲胺基乙酸盐（CCAH）。后在碱催化剂存在下，与工业羟乙基纤维素（HEC，取代度DS为1.8~2）干法制备两性纤维素醚（AHEC），其制备过程如下[42]。

（1）烯丙基二甲铵基乙酸盐的制备：在装有温度计、磁力转子、冷凝管的四口烧瓶中加入一定量的二甲基烯丙基胺（DMAA），缓慢升温至50℃后，将定量氢氧化钠和氯乙酸的水溶液缓慢加入反应体系中，反应4h后得到浅黄色液体，减压蒸馏去水和未反应的DMAA，得到黄色黏液和白色晶体混合物。乙醇溶解后过滤，滤液减压蒸馏后，得到浅黄色黏液即为烯丙基二甲铵基乙酸盐（CDAH）。

（2）3-氯-2-羟丙基二甲铵基乙酸盐的制备：在装有温度计、磁力转子、冷凝装置的四口烧瓶中加入一定量的次氯酸，将一定量的CDAH水溶液缓慢加入四口烧瓶中，室温下反应3h后得到浅绿色液体，将其减压蒸馏除去水后得到黏液与白色晶体的混合物；在混合物中加入适量无水乙醇析盐，过滤，滤液经减压蒸馏得到黏液。采用薄层色谱分离，展开剂是体积比为4∶3∶1的甲醇-丙酮-浓氨水的混合液，得到3-氯-2-羟丙基二甲铵基乙酸盐（CCAH）。

（3）两性羟乙基纤维素的制备：在装有搅拌器的筒状钢瓶中加入定量的羟乙基纤维素（DS为1.8~2）和碱催化剂，室温下搅拌20min；再加入一定量的CCAH，室温下继续搅拌30min后，在一定的温度下反应一定时间，得到基本干的固体粗产品。粗产品用含有适量乙酸的甲醇溶液浸泡、过滤、洗涤、真空干燥，即得粉末状两性纤维素醚（AHEC）。

2. 两性离子纤维素醚

以甘蔗渣纤维素为原料，先进行醚化反应得到带有季铵阳离子基团的阳离子纤维素，然后在催化剂$Fe^{2+}-H_2O_2$的存在下与甲基丙烯酸反应，使纤维素的分子上引入了羧基官能团得到两性纤维素醚[43]。其制备方法如下。

（1）碱纤维素的制备：将甘蔗渣纤维素浸入质量分数为17.5%的NaOH水溶液中搅拌1h，静止浸泡24h，用水洗至中性，抽滤晾干，即得碱纤维素。

（2）阳离子纤维素醚的制备：称取碱纤维素1.6g，放入四口烧瓶中，加入60mL异丙醇，搅拌5min，使纤维素分散，均匀滴加质量分数为40%的NaOH水溶液1.2mL，加入3-氯-2-羟丙基三甲基氯化铵4.5mL，在45℃条件下反应4h，产物用水洗涤抽干得阳离子纤维素醚。

（3）两性离子纤维素醚的制备：称取3g阳离子纤维素醚于烧杯中，加入100mL蒸馏水，浸泡12h，将溶液调至pH值约等于4，抽滤，称取0.174g $FeSO_4 \cdot 7H_2O$溶于20mL的蒸馏水中，放入已膨润好的阳离子纤维素醚，静置25min。在四口烧瓶中加入50mL蒸馏水和17.2mL甲基丙烯酸，通入氮气搅拌加热升温至60℃，将吸有Fe^{2+}的阳离子纤维素醚放入烧瓶中，加入3.5mL30%的H_2O_2溶液，反应2h。用300mL95%的乙醇溶液浸洗搅拌30min，抽滤，洗涤，真空干燥，得两性纤维素醚产品。

通过正交实验确定了阳离子纤维素醚的最佳工艺条件为：干纤维素1.6g，V（异丙醇）:V（40% NaOH）:V（CHPTMA）=60:1.2:4.5，反应时间为3.5h，反应温度为45℃。两性离子纤维素醚的最佳工艺条件为：阳离子纤维素3g，催化剂n（Fe^{2+}）:n（H_2O_2）=1:50，反应温度为60℃，反应时间为2h，甲基丙烯酸用量为17.2mL，采用优化条件所合成的两性离子纤维素产品对酸性黄染料、阳离子翠兰染料交换吸附能力比活性炭提高了33.2%和19.7%，对Pb^{2+}、Zn^{2+}、Cu^{2+}、$Cr_2O_7^{2-}$的交换吸附能力比活性炭平均提高了7.4倍，对染料交换吸附速率比活性炭提高了约3.5倍，且产品再生容易，性能稳定。

第二节 纤维素接枝共聚物

为了充分开发利用纤维素的潜在功能，纤维素的改性成为纤维素功能化利用的重要研究方向，除前面介绍的醚化改性外，接枝共聚也是对纤维素进行改性的重要方法之一。它可以赋予纤维素某些新的性能，同时又不会完全破坏纤维素材料所固有的优点。其特征是单体发生聚合反应，生成高分子链，通过共价化学键接枝到纤维素大分子链上。通过纤维素与丙烯酸、丙烯腈、甲基丙烯酸甲酯、丙烯酰胺、AMPS、苯乙烯、醋酸乙烯、异戊二烯和其他多种人工合成高分子单体之间的接枝共聚反应，已制备出性能优良的高吸水性材料、离子交换纤维、油田化学品等化工产品。纤维素接枝共聚可以采用纤维素，也可以采用水溶性纤维素醚，其接枝共聚包括自由基引发接枝、离子引发接枝和原子转移自由基聚合引发接枝。

对于接枝共聚反应，关键是如何提高接枝率和接枝效率。近年来，有关纤维素接枝共聚的研究很多[44]，并进行了不同用途的纤维素接枝共聚物的制备，但围绕油田用接枝共聚物研究相对较少，尽管如此，由于反应和方法的通用性，这些研究仍然为油田用纤维素接枝共聚物的合成奠定了基础。

研究表明，采用CAN/EDTA复合体系作为引发剂，可使DMAC（由甲基丙烯酸二甲胺基乙酯与氯乙酸钠反应制得）与HEC发生接枝共聚，且优于单一CAN，当反应温度在30~40℃、时间为6h，CAN和EDTA浓度各为5×10^{-3}mol/L时，接枝反应较理想[45]。利用硝酸铈铵引发羟乙基纤维素与N－异丙基丙烯酰胺的接枝反应，当单体浓度为20g/L，引发剂浓度为40mmoL/L，反应温度为30℃，反应时间为4h时，合成的HEC－g－PNIPAAm的接枝率可达35%[46]。以硝酸铈铵（CAN）为引发剂，在N_2保护下，羧乙基纤维素与丙烯酰胺进行接枝共聚反应，当引发剂用量为单体质量的0.75%，反应温度为

40℃，m（AM）∶m（CEC）=1.5∶1，反应时间为3h时，接枝率和接枝效率最高[47]。以硝酸铈铵－乙二胺四乙酸为氧化还原引发剂，在N_2保护下，羧甲基纤维素钠与甲基丙烯酸进行接枝共聚反应，较佳条件为：单体［MAA］为0.7mol/L，反应温度为30～35℃，引发剂［CAN］为5mmol/L，［EDTA］为5mmol/L，反应时间为2h[48]。

用过硫酸盐氧化法使超细纤维素与丙烯酸接枝共聚，当反应温度为88℃，反应时间为5h，单体用量为3.75mol/L，引发剂浓度为3.5mmol/L时，接枝率可达70%以上[49]。以过硫酸铵－亚硫酸钠为引发剂，羧甲基纤维素－丙烯酰胺接枝共聚，当单体质量分数为20%，引发剂用量为300mg/L，初始温度为40℃，初始pH值为8时，得到的接枝共聚物在特性黏数、抗温及抗盐等方面均优于羧甲基纤维素和聚丙烯酰胺[50]。

用高锰酸钾/硫酸作引发体系，丙烯酸与纤维素的接枝聚合，高锰酸钾预处理温度为60℃、预处理时间为10min、浓度为0.003mol/L，硫酸浓度为0.2mol/L，丙烯酸浓度为2mol/L，反应温度为60℃，聚合时间为5h时，纤维素的接枝率可达到35%[51]。

一、纤维素与丙烯酰胺的接枝共聚物

尽管关于油田用纤维素与烯类单体的接枝共聚物的研究与应用较少，但研究其接枝共聚反应，对纤维素资源的利用及在油田的应用具有重大的意义。下面结合有关实例介绍影响纤维素与丙烯酰胺接枝共聚反应的因素及接枝共聚物的合成。

（一）纤维素－丙烯酰胺接枝共聚物

1. 接枝共聚物的合成

称取2.5g马尾松漂白硫酸盐浆纸浆纤维素于烧杯中，加入50mL质量分数为4%的NaOH溶液，常温下浸泡15～20min，搅拌至呈糊状，加酸中和后挤去多余水分，将纤维素倒入带有搅拌器的三口烧瓶中，然后按照一定顺序加入计算量的单体、引发剂和去离子水，置于45℃恒温水浴锅中，保持45℃搅拌反应一定时间，停止搅拌，静置一段时间后取出，过滤，水洗、丙酮洗、乙醚洗，干燥，得到纤维素－丙烯酰胺接技共聚物[52]。

接枝率G表示单位质量的基体上的单体的质量分数。接枝率按式（12-8）计算。

$$G=\frac{W_1-W_0}{W_0}\times 100\% \qquad (12-8)$$

式中，W_0为纤维素接枝前的干基质量，g；W_1为溶剂浸提后接枝产品的干基质量，g。

均聚物含量H表示单体在反应过程中自身反应所生成的聚合物质量占单体的质量分数，均聚物含量越大，接技率越低，反之则越大。均聚物含量按式（12-9）计算。

$$H=\frac{W_2-W_1}{m}\times 100\% \qquad (12-9)$$

式中，W_1为溶剂浸提后接枝产品的干基质量，g；W_2为未经溶剂浸提的接枝产品的干基质量，g，m为单体质量，g。

2. 影响纤维素接枝反应的因素

研究表明，影响纤维素与丙烯酰胺接枝反应的因素主要有引发剂种类、反应温度、单体浓度和反应时间等。

如图 12-20 所示，硝酸铈铵作为引发剂，在丙烯酰胺浓度为 0.75mol/L、反应温度为 45℃、反应时间为 3h 的条件下，引发剂浓度小于 3mmol/L 时，G 随着引发剂浓度的增加而增加，这是因为随着引发剂浓度的增加，体系中纤维素产生的 Cell－O·活性点和丙烯酰胺产生自由基的数量增多，加快了接技共聚反应，均聚物的生成量也随之增加。当引发剂浓度在 3mmol/L 时，G 达到最大值，之后随着引发剂浓度的进一步增加，G 反而下降，这是由于过量的引发剂与活性链发生链转移和链终止反应，单体均聚几率也增加，使得 G 下降，H 继续增大。可见，在实验条件下硝酸铈铵最佳浓度为 3mmol/L。

图 12-21 表明，以过硫酸钾作为引发剂，在丙烯酰胺浓度为 0.75mol/L、反应温度为 45℃、反应时间为 3h 时，G 和 H 随着引发剂浓度的增加而增加，当引发剂浓度在 5mmol/L 时，G 达到最大值。随着引发剂浓度的进一步增加，G 反而下降，而 H 仍继续增大。在实验条件下最佳的过硫酸钾浓度为 5mmol/L。

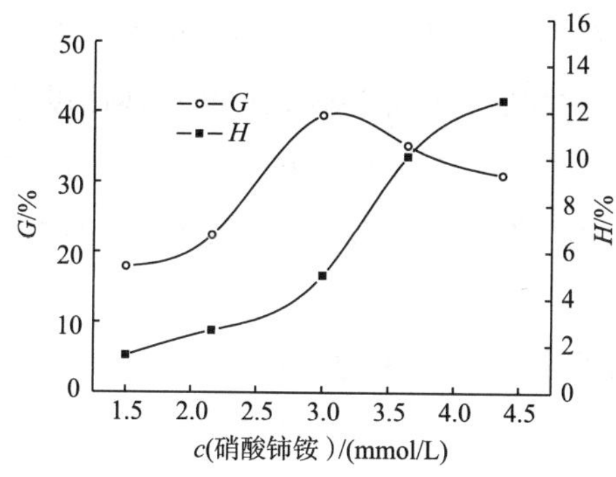

图 12-20 硝酸铈铵浓度对接枝反应的影响

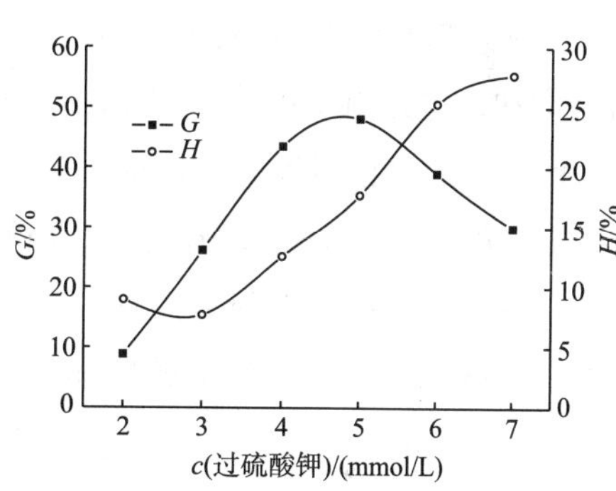

图 12-21 过硫酸钾浓度对接枝反应的影响

从图 12-22 可见，以过硫酸钾/亚硫酸钠作为引发剂，在丙烯酰胺浓度为 0.75mol/L、反应温度为 45℃、反应时间为 3h 的条件下，随着 m（过硫酸钾）∶m（亚硫酸钠）的增加，G 和 H 增加，当 m（过硫酸钾）∶m（亚硫酸钠）超过 1.5 后，G 随着 m（过硫酸钾）∶m（亚硫酸钠）的增加而趋于平稳直至略有降低，而均聚物的生成速度仍然较快。显然，m（过硫酸钾）∶m（亚硫酸钠）为 1.5 较理想。

如图 12-23 所示，在引发剂硝酸铈铵和过硫酸钾浓度分别为 3mmol/L 和 5mmol/L、过硫酸钾/亚硫酸钠质量比为 1.5、丙烯酰胺浓度为 0.75mol/L、反应时间为 3h 时，采用三种引发剂引发接枝共聚的 G 均随着反应温度升高而显著增大，这是由于随着温度的升高，引发剂的分解速率增大，自由基浓度上升，链引发和链增长反应加快，有利于接枝反应和单体的转化。但当温度超过 45℃时，G 开始下降。这是由于温度过高，虽然链增长反应较快，但链转移和链终止反应速率增加更快，丙烯酰胺的均聚几率也增加，导致 G 下降。当温度为 45℃时，硝酸铈铵、过硫酸钾和过硫酸钾/亚硫酸钠三种引发剂对丙烯酰胺在纤维素骨架上的接枝率分别达 40%、48% 和 60%。

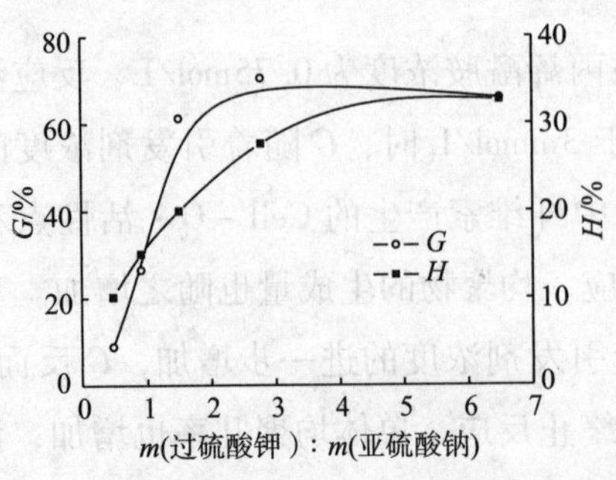

图 12-22　引发剂配比对接枝反应的影响（引发剂用量为6%）

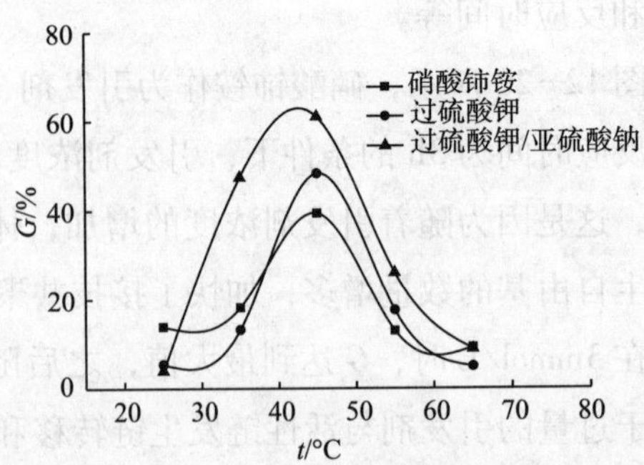

图 12-23　温度对接枝反应的影响

如图 12-24 所示，在引发剂硝酸铈铵和过硫酸钾浓度分别为 3mmol/L 和 5mmol/L、过硫酸钾/亚硫酸钠质量比为 1.5、温度为 45℃、反应时间为 3h 时，采用三种引发剂引发接枝共聚的 G 均随 AM 单体浓度的增加而显著提高，但是当单体浓度超过 1.1mol/L 时，使用过硫酸钾和过硫酸钾/亚硫酸钠为引发剂时的 G 开始下降，而使用硝酸铈铵为引发剂时的 G 略有增加。这是由于单体浓度小时，不能及时为反应补充单体，G 随单体浓度的增加而提高，使生成的接枝活性中心增加，致使接枝率提高。当单体浓度超过一定程度时，由于引发剂浓度的降低，G 接近极限值。在单体浓度为 0.75mol/L 时，三种引发剂对丙烯酰胺在纤维素骨架上的接枝率分别达 40%、48% 和 60%。

如图 12-25 所示，在引发剂硝酸铈铵和过硫酸钾浓度分别为 3mmol/L 和 5mmol/L、过硫酸钾/硫酸钠质量比为 1.5、丙烯酰胺浓度为 0.75mol/L、温度为 45℃时，随着反应时间的延长，采用三种引发剂引发接枝共聚的 G 均明显增加。当反应时间超过 3h 后，G 增加不明显。这是由于在反应初始阶段，活性自由基较多，自由基结合的速率较快，接枝反应的速率也较快。当达到一定时间后，随着反应时间的延长，引发剂浓度下降，活性自由基越来越少，自由基的结合速率变化不大，接枝反应速率趋于稳定，G 增加缓慢。在反应时间为 3h 时，三种引发剂对丙烯酰胺在纤维素骨架上的接枝率分别达 40%、48% 和 60%。

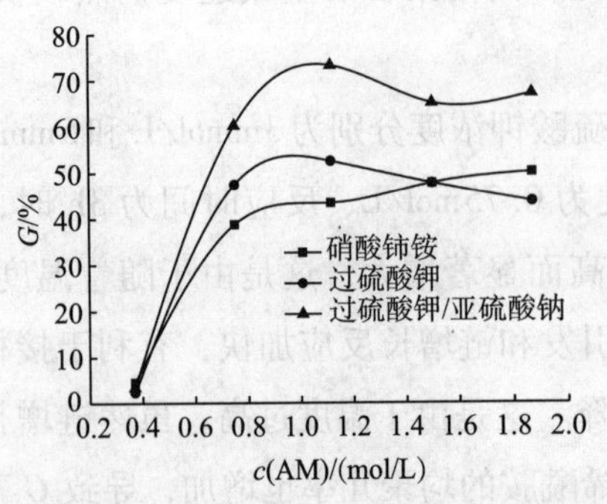

图 12-24　单体浓度对接枝反应的影响

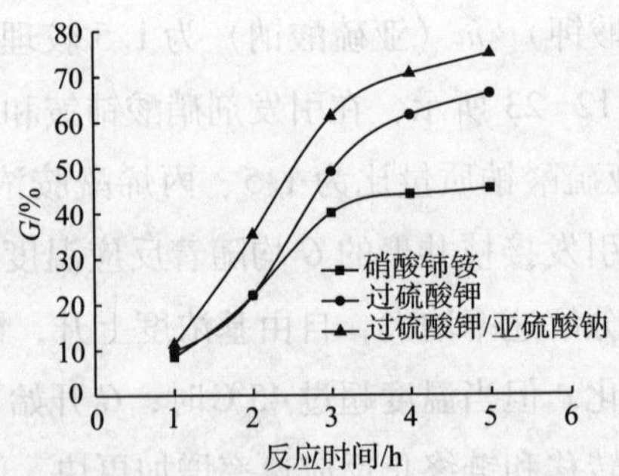

图 12-25　反应时间对接枝反应的影响

当采用不同的引发剂引发接枝共聚时，有不同的接枝效率。在丙烯酰胺浓度为

0.75mol/L、反应温度为45℃、反应时间为3h时，以硝酸铈铵作引发剂时，当硝酸铈铵浓度为3mmol/L，丙烯酰胺在纤维素骨架上的接枝率为40%；以过硫酸钾为引发剂，浓度为5mmol/L时，丙烯酰胺在纤维素骨架上的接枝率为48%；以过硫酸钾和亚硫酸钠为引发剂，当过硫酸钾，亚硫酸钠质量比为1.5时，丙烯酰胺在纤维素骨架上的接枝率为60%。显然，采用过硫酸钾/亚硫酸钠氧化还原引发体系引发纤维素与AM的接枝效率最高。

（二）羧甲基纤维素钠与丙烯酰胺接枝共聚物

由羧甲基纤维素钠与丙烯酰胺的接枝共聚得到的接枝共聚物，其水溶液可用不同的金属离子交联成冻胶，作为增稠剂用于聚合物驱，可提高原油采收率[53]。其制备过程如下。

在反应瓶中，将一定量的羧甲基纤维素钠于去离子水中溶解，然后加入与羧甲基纤维素钠不同质量比的丙烯酰胺［m（Na－CMC）∶m（AM）＝1∶(2～6)］，控制总单体质量分数为10%～30%。通入氮气，在60℃下搅拌溶解约30min，当温度恒定时，加入占单体总量质量的0.02%～0.15%的引发剂过硫酸铵，于60℃下保温反应3～11h后，冷却至室温。然后将合成的聚合物凝胶配制成质量分数约2%的水溶液，用丙酮对聚合物进行沉淀分离，真空干燥（50℃）即得粗接枝物。再用冰醋酸:乙二醇＝6∶4（体积比）混合溶剂反复洗涤，离心，去上清液，以除去丙烯酰胺均聚物，再经丙酮沉淀，真空干燥（50℃），即得纯接枝物。

接枝共聚物的特性黏数用乌氏黏度计采用一点法测定。测试采用1mol/L NaCl水溶液为溶剂，测试温度为30.0℃±0.1℃。

实验表明，在羧甲基纤维素钠和聚丙烯酰胺接枝共聚物合成中，引发剂用量、反应体系原料浓度、反应时间和单体配比对接枝共聚物的特性黏数有较大的影响，结果见图12-26和图12-27。

如图12-26（a）所示，当反应时间为8h，反应温度为60℃，m（Na－CMC）∶m（AM）＝1∶4时，随引发剂用量的增加，产物的特性黏数先增加后降低，当过硫酸铵加入量占单体含量的0.05%时，特性黏数达到最大值。这可能是由于引发剂用量过低时，不能充分引发羧甲基纤维素钠产生自由基，Na－CMC上产生的接枝点少，可接枝的单体相应较少，特性黏数较低。但当引发剂加入量达到一定限度后，再继续增加引发剂用量，由于自由基反应引起的链终止和单体自由基密度增大而引起的丙烯酰胺单体均聚反应的增加，不利于活性链的增长，从而导致特性黏数下降。

图12-26（b）反映了当引发剂用量占单体质量的0.05%，其他条件不变时，反应体系原料浓度对接枝共聚物特性黏数的影响。从图中可看出，随着反应体系单体浓度的增加，特性黏数先升高再降低，在单体质量分数为15%处达到最大值。

图12-27（a）表明，当其他条件不变，体系中单体质量分数为15%时，随着反应时间越长，产物的特性黏数逐渐增加，当反应时间达到8h左右，特性黏数趋于稳定，反应时间再延长，特性黏数基本保持不变。显然，反应时间控制在8h左右较好。

如图12-27（b）所示，当其他条件不变时，随着丙烯酰胺加入比例的增大，产物的

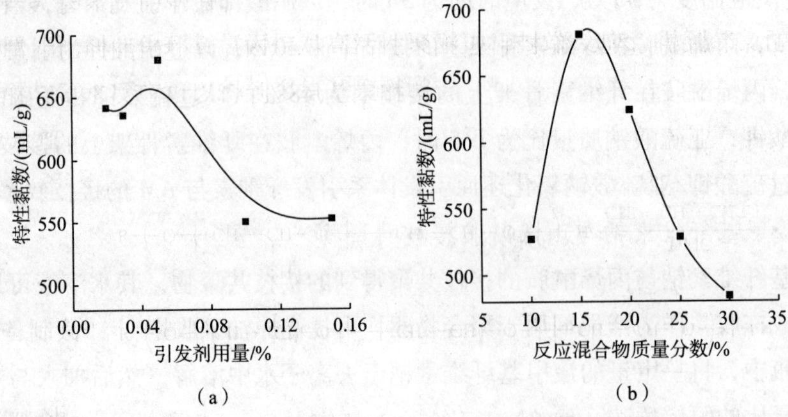

图 12-26　引发剂用量（a）、反应混合物质量分数（b）对接枝共聚物特性黏数的影响

特性黏数也增大。这是由于 AM 单体含量少时，其与 Na－CMC 分子活性中心接触不充分，接枝反应进行不充分，产物的特性黏数较低，增加 AM 单体的相对含量，使得 AM 与 Na－CMC 分子活性中心充分接触，接枝反应进行充分，特性黏数提高。另外，由 PAM 形成的侧链可能随单体加入量的增大而增长，使得接枝物的流体力学体积增大，因此特性黏数也增加。

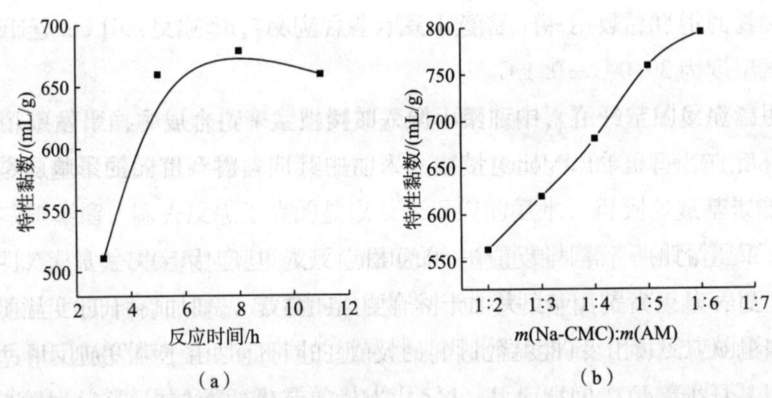

图 12-27　反应时间（a）和原料配比（b）对产物特性黏数的影响

采用 CMC 与异丙基丙烯酰胺进行接枝共聚，可制备用于絮凝剂的接枝共聚物[54]，其合成过程如下。

将一定量的 CMC 溶于去离子水中，在氮气保护下搅拌至完全溶解后，按照m（NIPAM）：m（CMC）＝5∶2，将单体 NIPAM 溶入反应瓶中，搅拌溶解约 30min 后，加入引发剂过硫酸铵和无水亚硫酸钠，在 75℃下恒温反应 3. 5h，然后冷却至室温，用乙醇对共聚物进行沉淀分离，并干燥得到粗接枝物。粗接枝物用丙酮在索氏抽提器中提取 10h 以除去均聚物，经过真空干燥即可得到纯接枝物。

研究表明，在合成中反应温度、反应时间、NIPAM 浓度和 NIPAM 与 CMC 的比是影响接枝率的主要因素。

实验表明，当原料配比和反应条件一定时，随着反应温度的升高，接枝率迅速升高，当温度上升到75℃后，接枝率又开始下降。这是由于随着温度升高，供给反应体系的能量增加，引发剂过硫酸铵的分解速度加快，产生自由基的速度加快，单体NIPAM同自由基碰撞的频率增大，从而使整个体系的反应速度加快，接枝率提高。但反应温度超过75℃后，随着反应温度的升高，链转移和链终止反应速率同时加快，导致纤维素接枝共聚反应的接枝率、转化率同时降低。可见，反应温度以75℃为宜；在原料配比和反应条件一定时，随着反应时间的增加，接枝率开始逐渐增加，当反应时间达到3.5h时接枝率达到59%，之后再延长反应时间接枝率基本不变，说明反应时间为3.5h即可。

如图12-28所示，原料配比和反应条件一定时，随着NIPAM浓度的增加，接枝率先提高后降低。实验条件下，NIPAM质量分数为20%时较好；随着 m（NIPAM）∶m（CMC）的增加，接枝率大幅度提高，当 m（NIPAM）∶m（CMC）为3时，接枝率最高，之后再增加 m（NIPAM）∶m（CMC）时，接枝率反而降低。

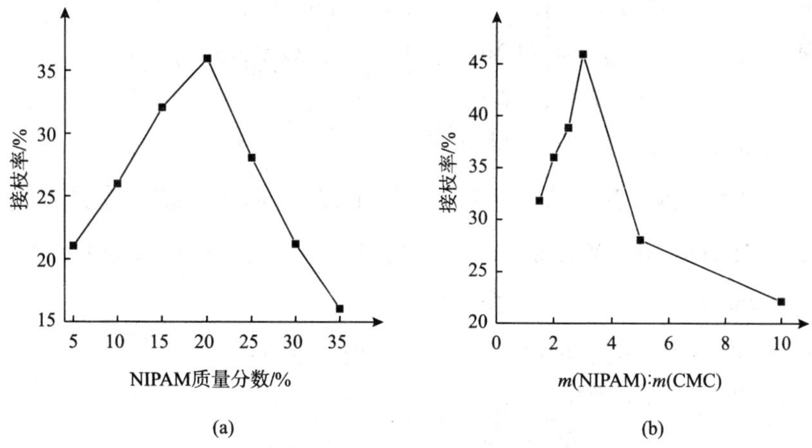

图12-28 NIPAM用量（a）和NIPAM与CMC质量比（b）对接枝率的影响

二、羧甲基纤维素与丙烯酸接枝共聚物

通过在羧甲基纤维素结构中引入含羧酸基团的柔性连段，不仅可以进一步提高产物的溶解性和对一些高价离子的吸附能力，而且能够提高产物的抗温能力，使其适用范围更广泛。可以引入羧酸基团的单体包括丙烯酸、甲基丙烯酸和马来酸等。

以过硫酸盐引发剂在N，N′-亚甲基双丙烯酰胺的存在下，将羧甲基纤维素与丙烯酸进行接枝共聚制备的接枝共聚物，作为水处理絮凝剂，用于造纸废水处理，浊度去除率达97.8%，COD去除率达80.9%。能较好地满足造纸废水处理的需要[55]。其合成过程如下。

将适量的水、羧甲基纤维素、N，N′-亚甲基双丙烯酰胺加入反应瓶，然后加入用氢氧化钠中和的丙烯酸、过硫酸铵，在氮气的保护下，进行接枝共聚反应。反应结束后，将产物在140℃下干燥，即得羧甲基纤维素-丙烯酸接枝共聚物。

研究表明，在接枝共聚物合成中影响接枝率的因素包括反应温度、反应时间、单体浓度、丙烯酸与羧甲基纤维素之比、丙烯酸中和度等。

实验表明，原料配比和反应条件一定时，随聚合反应温度的升高，接枝率迅速升高。当温度上升到80℃以后，接枝率又开始下降。这主要是由于随着聚合体系的温度升高，引发剂（$(NH_4)_2S_2O_8$的分解速度加快，产生自由基的速度也加快，活性增加，单体同自由基碰撞的频率增大，从而使整个体系的反应总速度加快，聚合转化率提高。但反应温度超过80℃以后，随着反应温度的升高，链转移反应速度、活性链终止速率都增大，从而导致纤维素接枝聚合反应的接枝率、转化率都降低。综合考虑，反应温度以80℃为宜；原料配比和反应条件一定时，接枝率随反应时间的增加而增加，当反应时间达到4h 时接枝率最高（59.2%），之后再延长反应时间接枝率反而下降。可见，反应时间以4h 较好。

图 12-29 反映了原料配比和反应条件一定时，单体浓度、*m*（AA）∶*m*（CMC）和丙烯酸中和度对合成反应中接枝率的影响。如图 12-29（a）所示，随着单体浓度的增加，接枝率提高，但是当单体浓度超过一定值时，由于聚合体系的活性太高，体系所产生的大量反应热不容易放出，容易发生副反应，或导致交联的发生，接枝率反而降低；如图 12-29（b）所示，随着 *m*（AA）∶*m*（CMC）的增加，接枝率先增加后降低，当 *m*（AA）∶*m*（CMC）为 10∶3 时，接枝率最高；如图 12-29（c）所示，随着丙烯酸中和度的增加，接枝率先快速增加后又降低，当丙烯酸中和度为 75%时，枝率最大。

三、羧甲基纤维素/二甲基二烯丙基氯化铵－丙烯酰胺接枝共聚物

以 CMC、DMDAAC 和 AM 接枝共聚，可以得到两性离子型的接枝共聚物。接枝共聚可以采用水溶液聚合，也可以采用反相乳液聚合。

以 CMC 为骨架，石蜡为油相，二甲基二烯丙基氯化铵（DMDAAC）、丙烯酰胺（AM）为共聚单体，反相乳液聚合制备羧甲基纤维素/二甲基二烯丙基氯化铵－丙烯酰胺接枝共聚物（CMC－g－DMDAAC－AM）的过程如下[56]：

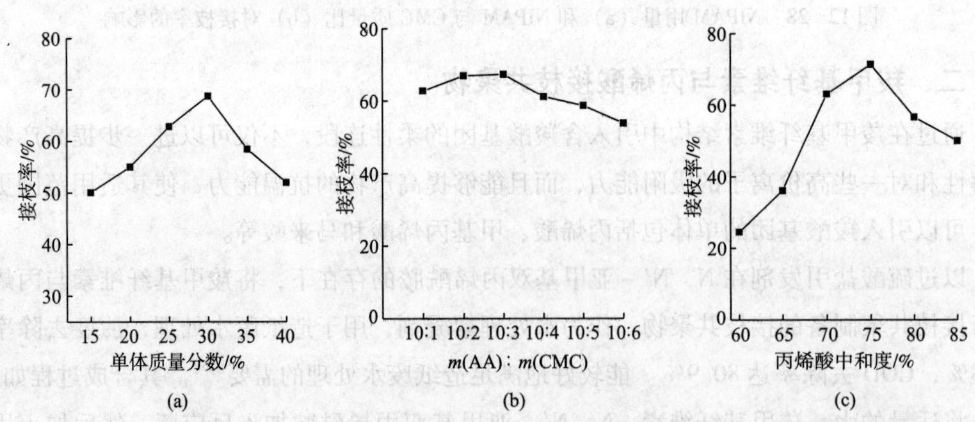

图 12-29　单体浓度（a）、*m*（AA）∶*m*（CMC）（b）和丙烯酸中和度（c）对接枝率的影响

将 Span－80 溶于定量的石蜡，置于 250mL 三口烧瓶中，加入 CMC 和适量的水，通氮

0.5h，调节 pH 值至弱碱性。然后按 m（DMDAAC）：m（AM）=1：1.75［其中 m（CMC）：m（DMDAAC+AM）=4：11］比例将两种共聚单体分别加入三口烧瓶中，搅拌均匀后加入引发剂，在48℃恒温水浴中，通氮气情况下搅拌反应4h，即得 CMC-g-DMDAAC-AM 反相乳液。

产品用乙醇沉淀、丙酮洗涤，40~60℃真空干燥，得粗产品。然后用 V（冰醋酸）：V（乙二酸）=4：6 的混合溶剂反复洗涤 3~5 次，除去均聚物，即得纯净的 CMC-g-DMDAAC-AM。

采用质量法测定单体转化率（C）和产品接枝率（G），计算公式如下：

$$C = \frac{m_1 - m_0}{m_n} \times 100\% \tag{12-10}$$

$$G = \frac{m_2 - m_0}{m_0} \times 100\% \tag{12-11}$$

式中，m_0为 CMC 的质量，g；m_1为粗产品的质量，g；m_2为精制产品的质量，g；m_n为单体的质量，g。

研究表明，在反相乳液接枝共聚反应中，乳化剂类型和用量、单体配比、油水比和引发剂用量是影响反应的主要因素。

表 12-15 反映了乳化剂的种类及用量对接枝共聚反应的影响。从表 12-15 可以看出，复配的乳化剂在此反应中效果并不理想，这主要是因为所加的阳离子单体 DMDAAC 亲水性强，其聚合物很容易与水相结合，产生很强的破乳能力。当乳化剂中水溶性成分含量大时，在反应初期能形成均匀的乳液体系，但随着反应的进行，聚合物与水相结合的能力增强，破乳能力提高，乳化剂中水溶性成分含量大对反应产生不利影响。而单独使用 Span-80 的效果比较好，这是因为 Span-80 的 HLB 值较小，能提供很好的乳液体系。当使用 Span-80 时，其用量为 6% 时效果最好。

表 12-15 乳化剂对接技共聚反应的影响

乳化剂质量分数/%			转化率/%	接枝率/%	阳离子化度/%
Span-80	OP-10	OP-20			
2	1	1	70.0	19.5	18.0
3	—	1	72.0	117.5	18.0
3	1	—	72.0	120.0	19.1
3	—	—	81.8	57.5	20.0
4	—	—	89.1	170.0	25.8
5	—	—	90.9	175.0	26.4
6	—	—	95.5	195.0	29.0

注：反应条件：m（CMC）=4g，m（DMDAAC）：m（AM）=1：1.75，c［$(NH_4)_2S_2O_8$］=0.055mol/L，油水体积比=1.2：1，温度48℃，反应时间4h。

如图 12-30 所示，原料配比和反应条件一定时，随着 DMDAAC 量的增加，阳离子度随之增加，但是达到一定值后，则开始下降，而且会影响接枝反应的进行。这是由于随着 DMDAAC 量的增加，CMC 活性链与 DMDAAC 的碰撞几率增加，故阳离子度增加。但是 DMDAAC 量过多时，又会引起阻聚作用，它能在链引发阶段产生 Cl 自由基，是接枝反应的抑制剂，使反应提前结束或终止。在实验条件下，m（DMDAAC）：m（AM）＝1∶1.75 较为适宜。

图 12-31 表明，当原料配比和反应条件一定，V（油）：V（水）<1.2∶1 时，随着 V（油）：V（水）的增大，转化率、接枝率、阳离子度均增加，而 V（油）：V（水）>1.2∶1 时，三者呈下降趋势。这是因为 V（油）：V（水）<1.2∶1 时，油相比例小，分散不好，容易结块；V（油）：V（水）>1.2∶1 时，油相比例增大，分散在其中的单体、引发剂相对较少，引发剂只能部分引发单体，甚至不能引发单体，对反应不利。在实验条件下，V（油）：V（水）为 1.2∶1 较好。

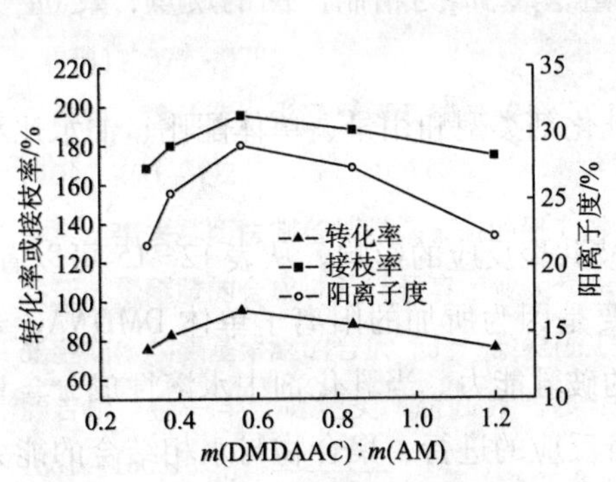

图 12-30 单体配比对接枝共聚反应的影响

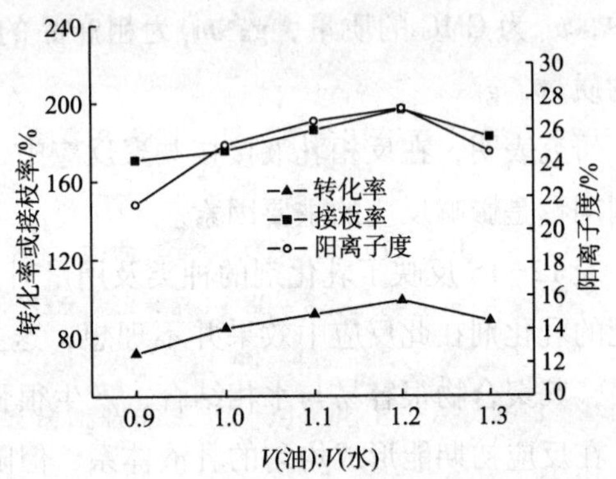

图 12-31 油水体积比对接枝共聚反应的影响

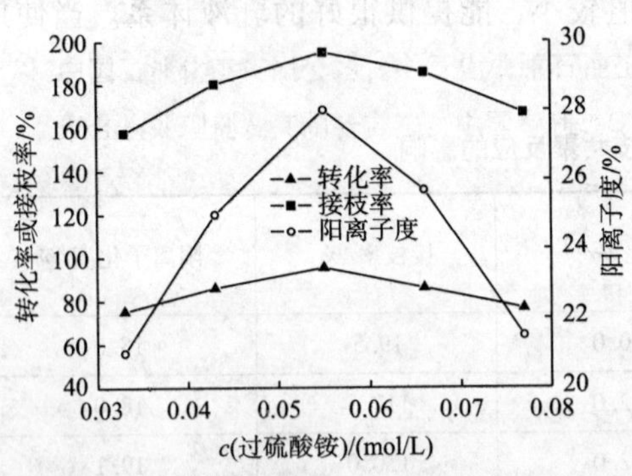

图 12-32 引发剂浓度对接枝共反应的影响

如图 12-32 所示，原料配比和反应条件一定时，当引发剂浓度较低时，转化率、接枝率和阳离子度均较低，这是因为体系中自由基的浓度较低。随着引发剂浓度的增加，CMC 自由基数目增加，消耗的单体增加，转化率、接枝率和阳离子度都达到最大值。再继续增大引发剂浓度时，过量的自由基与活性链引起终止反应，导致转化率、接枝率和阳离子度降低。在实验条件下，引发剂浓度 c［$(NH_4)_2S_2O_8$］为 0.055mol/L 时较为理想。

此外，还可以采用水溶液聚合制备羧甲基纤维素接枝 AM/DMDAAC 共聚物。方法是：称取一定量 CMC 加入装有搅拌、回流、通氮装置的四颈反应瓶中，加入一定量的蒸馏水和一定浓度的 $KMnO_4$ 溶液预氧化，通氮 20min 后升温至预定的反应温度，再加入定量的

H_2SO_4溶液和 AM，用蒸馏水定容；反应 60min 后，加入一定量的 60% 的 DMDAAC 溶液；在 N_2保护下，于 50℃下反应 6h。反应结束后将反应混合物倾入大量的异丙醇中，分离出沉淀物。以体积比为 60∶40 的乙酸－乙二醇混合溶剂抽提 12h 以除去反应副产物（均聚物和 AM 与 DMDAAC 共聚物）。在 40℃下真空干燥至质量恒定、粉碎即得产物。单体聚合转化率高达 90% 以上。产品极易被纤维素酶降解而成为低相对分子质量断片，具有适当分子结构的两性纤维素类聚合物，用于钻井液处理剂兼具优良的抑制、配浆和可生物降解性能[57,58]。

四、CMC/AM－AMPS 接枝共聚物

CMC/AM－AMPS 接枝共聚物为阴离子型聚电解质，产物可溶于水。它兼具纤维素类和聚合物产品的双重作用。由于分子中含有羟基、酰胺基、羧基、磺酸基等基团，既具有良好的水化能力，也具有较强的抗高价金属离子污染的能力，作为吸附基团的羟基热稳定性好，弥补了聚合物处理剂中酰胺基不稳定的缺陷，当酰胺基水解失去吸附作用后，羟基可以发挥吸附作用，从而使处理剂的抗温、抗盐污染能力提高。抗温可以达到 160℃以上，抗盐达到饱和。具有生物降解性。本品用作钻井液处理剂，具有良好的综合性能，增黏和降滤失能力明显优于 CMC，由于降解后的产物具有足够的相对分子质量，抗温能力优于 CMC，在淡水钻井液、盐水钻井液和饱和盐水钻井液中均可以应用，用量一般为0.5% ~1%。

CMC/AM－AMPS 接枝共聚物的制备过程如下。

（1）按配方要求将氢氧化钠、水等加入反应器中，在搅拌下慢慢加入 AMPS，待 AMPS 加完后，加入丙烯酰胺，搅拌至丙烯酰胺全部溶解，得到单体混合液。

（2）在一定质量分数的 NaCl 水溶液中加入低黏 CMC，搅拌至完全溶解后得到羧甲基纤维素的溶液。

（3）将单体混合液加入羧甲基纤维素溶液中，并将体系的 pH 值调至 9 左右，然后通氮 15 ~20min，在搅拌下加入占单体总质量 0.25% 的引发剂（用适量的水配制的水溶液），升高至 60℃，在 60℃下反应 4 ~5h，将所得产物用乙醇沉洗，于 80℃下真空烘干，粉碎即为接枝共聚物。

以饱和盐水基浆（组成：1000mL 5% 的膨润土基浆中加入 36% 的氯化钠，高速搅拌 5min，室温放置 24h）加入 2% 的接枝共聚物，经过一定温度老化 16h 后钻井液的滤失量作为考察依据，研究了合成条件对产物降滤失能力的影响。

图 12-33 是当 n（AMPS）∶n（AM + AMPS）为 15%，引发剂用量为 0.25%，反应条件一定时，m（CMC）∶m（CMC + AMPS + AM）对产物降滤失能力的影响。从图中可以看出，当羧甲基纤维素用量在 30% 以内时，可以得到具有较好的抗温能力的产品，即使在 180℃下老化 16h，滤失量仍然较低。结合实验选择 CMC 用量为 15% ~20%。

当 m（CMC）∶m（CMC + AMPS + AM）为 15%，引发剂用量为 0.25%，反应条件一定时，n（AMPS）∶n（AM + AMPS）对产物降滤失能力的影响见图 12-34（180℃老化

16h 后测定）。从图 12－34 可以看出，在所实验的范围内，增加 AMPS 用量有利于提高产物的降滤失能力，由于 AMPS 单体价格较高，兼顾成本和降滤失效果，选择 *n*（AMPS）：*n*（AM＋AMPS）为 20%～25%。

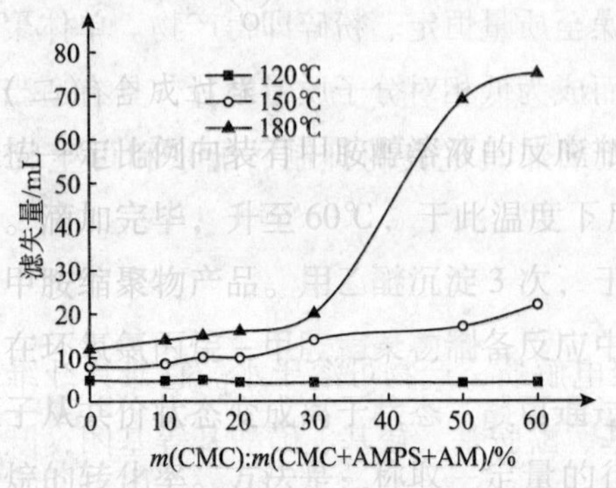

图 12－33　CMC 用量对产物降滤失能力的影响

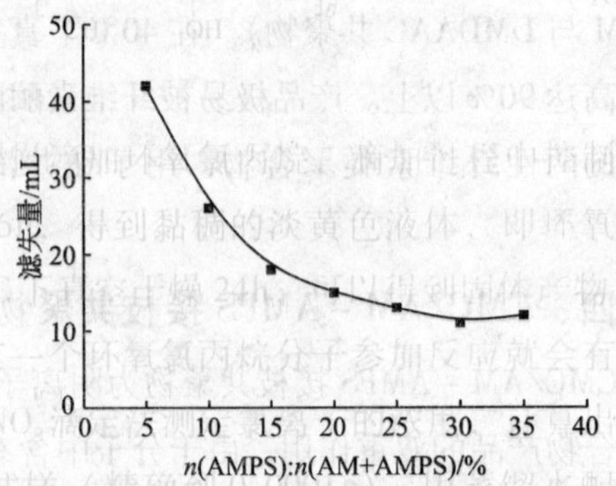

图 12－34　AMPS 用量对产物降滤失能力的影响

当 *m*（CMC）：*m*（CMC＋AMPS＋AM）为 15%，*n*（AMPS）：*n*（AM＋AMPS）为 20%，反应条件一定时，引发剂用量对产物降滤失能力的影响见图 12－35（180℃老化 16h 后测定）。从图 12－35 可以看出，随着引发剂用量的增加产物的降滤失能力逐渐提高，当引发剂用量超过 0.3% 以后，反应中易出现爆聚现象，反应不易控制，产物的降滤失效果反而略有降低。在实验条件下引发剂用量为 0.25%～0.3% 较好。

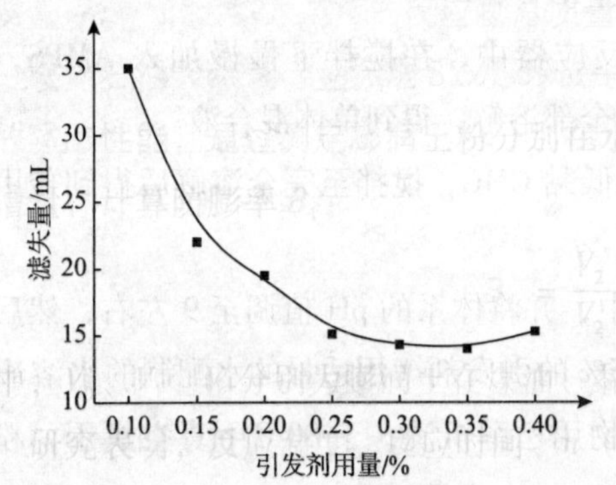

图 12－35　引发剂用量对产物降滤失能力的影响

实验表明，当 *m*（CMC）：*m*（CMC＋AMPS＋AM）为 15%，*n*（AMPS）：*n*（AM＋AMPS）为 20%，引发剂用量为 0.3%，反应条件一定时，随着反应时间的延长，开始用产物所处理钻井液的滤失量（180℃老化 16h 后测定）大幅度降低，当反应时间达到 4h 以后，再继续延长反应时间，产物的降滤失效果反而略有降低，这是由于随着时间延长，酰胺基部分水解，导致基团比例不在最佳范围。在实验条件下反应时间以 4h 为宜；当反应时间 4h 时，反应温度在 60℃较好，此时接枝共聚物所处理剂钻井液的滤失量最低（小于 15mL，180℃老化 16h 后测定）；当在 60℃下反应 4h 时，随着通氮时间的增加产物的降滤失能力逐渐提高，当通氮时间超过 20min 后，再延长通氮时间，降滤失能力基本不变。可见，通氮时间为 15～20min 即可，此时所得产物所处理钻井液的滤失量小于 15mL。

五、羟乙基纤维素与丙烯酰胺或 AMPS 接枝共聚物

羟乙基纤维素（HEC）具有优良的水溶性、无毒性、抗剪切增黏性能和一定的耐温能力，可作为油田作业流体的增黏剂。但单纯使用 HEC 作为增黏剂，高温条件下，在 KCl

和 NaCl 盐水中会析出，造成地层损害。通过羟乙基纤维素与丙烯酰胺等单体的接枝聚合改性，在不改变羟乙基纤维素原有优点的基础上，可得到相对分子质量较高的聚合产物，同时溶液的抗盐性、耐温性也得到进一步改善。

（一）羟乙基纤维素－丙烯酰胺接枝共聚物

羟乙基纤维素－丙烯酰胺接枝共聚物具有良好的抗盐能力。如图 12－36（a）所示，随着 NaCl 浓度的增加，同浓度的接枝聚合物溶液电导率均呈直线上升的趋势。但在 NaCl 浓度为 0.4～1.2g/L 时，含有低浓度 NaCl 的聚合物溶液电导率小于纯聚合物溶液的电导率数值，说明少量强电解质盐的加入影响原聚合物溶液的电离平衡，使聚合物电离平衡左移，于是体系中总电导率数值小于纯聚合物溶液的电导率数值；随着盐浓度的不断增加，由强电解质盐本身所带来的电导增加程度高于聚合物溶液电离平衡移动所引起的电导率减小程度，所以体系中总的电导率数值在不断增大；但在该范围内，体系总电导率数值均高于相同浓度 NaCl 溶液的电导率数值，说明聚合物溶液的电离平衡虽然受盐的影响发生了变化，但聚合物分子仍具有部分电离能力，聚合物大分子链并未完全收缩卷曲。图 12－36（b）是将 NaCl 更换为 $CaCl_2$后电导率变化曲线，趋势基本相同。证明羟乙基纤维素丙烯酰胺接枝聚合物在一定范围内具有良好的抗盐性能[59]，有利于用于油田作业流体。

实验表明，HEC－丙烯酰胺接枝共聚物溶液表观黏度随着剪切速率增大而减小，因为接枝物大分子是不对称的粒子，液体静止时可以有各种取向，体系混乱度比较大，当剪切速率开始从零增大时，粒子将其长轴转向流动方向，剪切速率越大，粒子的转向越彻底，流动阻力也随之下降，所以表观黏度逐渐变小。接枝聚合物溶液是属于非牛顿流体中的假塑性体，进一步说明接枝聚合物具有水溶性大分子特性。

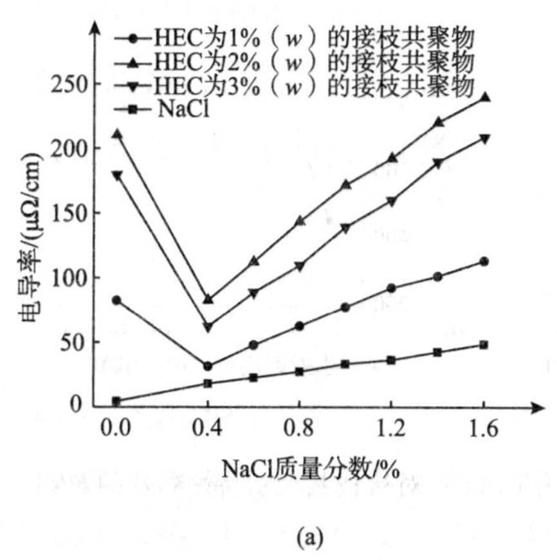

(a)

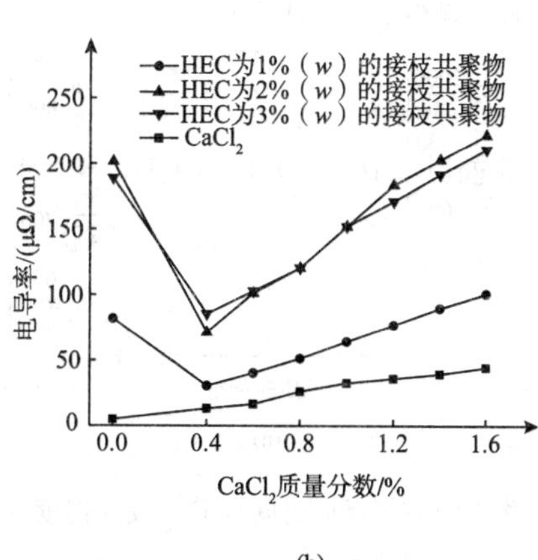

(b)

图 12－36 不同 HEC 含量的接枝物溶液电导率与 NaCl、$CaCl_2$含量的关系

在浓度均为 1g/L 时，接枝聚合物黏流活化能为 8.31kJ/mol，而羟乙基纤维素溶液黏流活化能是 7.48kJ/mol，同条件下聚丙烯酰胺的黏流活化能为 7.13kJ/mol，说明只有在较高温度时才能满足接枝聚合物溶液反应活化能要求，进一步证明羟乙基纤维素在接枝丙烯酰胺之后比单纯的纤维素稳定性增强，耐温能力有较大提高。热重分析表明，丙烯酰胺－

羟乙基纤维素接枝共聚物的热稳定性较羟乙基纤维素以及聚丙烯酰胺的有所提高，其最大的热失重温度为382℃。

丙烯酰胺－羟乙基纤维素接枝共聚物可以用 $K_2S_2O_8$ －$NaHSO_3$ 氧化还原体系为引发剂，在水溶液中进行接枝共聚反应得到，具体制备过程如下[60]。

将一定量的 HEC 溶于适量的去离子水中，在 N_2 的保护下搅拌溶解，体系加热至反应所需温度，调节 pH 值至要求。之后加入丙烯酰胺和引发剂，于50℃反应 8h。用丙酮沉淀反应产物，反复洗涤，60℃烘干至恒重，得到粗产品。将所得的粗产品用甲醇/水（体积比为6:4）的混合液在索氏提取器中进行抽提，除去丙烯酰胺均聚物，60℃干燥至恒重得到纯的接枝聚合物。

研究表明，反应时间、反应温度和引发剂用量是影响接枝共聚物性能的关键，当原料配比和反应条件一定时，反应时间、反应温度和引发剂用量对接枝共聚物特性黏数的影响见图 12-37。

如图 12-37（a）所示，随着反应时间的延长，产物特性黏数快速增加。当反应时间达到 8h 后，聚合物的特性黏数达到最大值，之后再延长反应时间，特性黏数不仅不再增加，反而略有降低。如图 12-37（b）所示，当温度低于 50℃时，聚合物特性黏数随温度的升高而增加，当温度为 50℃时，溶液特性黏数达到最大，之后随着温度的进一步升高，溶液黏度开始下降。可见，反应温度以 50℃为宜。如图 12-37（c）所示，随着引发剂用量的增加，聚合物的特性黏数不断增加，当引发剂用量达到 7×10^{-4}g/mL 时，特性黏度达到最大值。

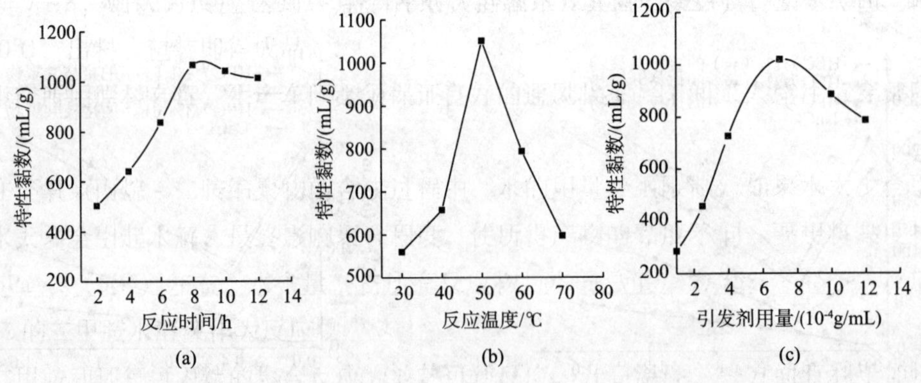

图 12-37　反应时间（a）、反应温度（b）和引发剂用量（c）对接枝共聚物特性黏数的影响

（二）HEC－g－PAMPS 共聚物

HEC－g－PAMPS 接枝共聚物可以采用硝酸铈铵/硝酸（CAN/HNO_3）为引发剂，引发羟乙基纤维素（HEC）与 2－丙烯酰胺基－2－甲基丙磺酸（AMPS）的接枝共聚得到。由于分子中引入了磺酸基，使接枝共聚物带有了阴离子电荷。由于分子中的磺酸基对盐不敏感，用于油田化学领域，具有良好的抗盐，特别是抗高价金属离子的能力[61]。接枝共聚物的合成过程如下。

（1）称取一定量的 CAN 粉末加入 10mL 容量瓶，用移液管移取一定量的浓 HNO_3 加入到容量瓶，然后将去离子水滴加至容量瓶刻度，配成 1. 25mol/L CAN/0. 15mol/L HNO_3 的引发剂溶液。

（2）将 0. 2gHEC 溶于去离子水中，加热至预定温度，充氮搅拌 30min 脱氧后，在氮气保护和均匀搅拌条件下，加入一定量引发剂溶液反应 3min，然后加入单体 AMPS 进行接枝聚合反应，反应至 4h 加入与 CAN 等物质的量的 NaOH 碱溶液终止反应。

（3）用丙酮沉淀出产物，将产物进行真空干燥，然后用乙醇在索氏抽提器中抽提 24h 以除去均聚物，再经真空干燥得纯接枝共聚物 HEC－g－PAMPS，用于计算接枝共聚物的接枝率。

研究表明，在接枝共聚物合成中单体浓度、引发剂用量和反应温度等是影响接枝率（G）的关键。如图 12－38 所示：接枝率随单体 AMPS 浓度的增加而升高，单体浓度为 25g/L 时达到最高值，而后随着浓度的增加逐渐下降，但下降幅度不大；接枝率随引发剂浓度的增加而升高，在引发剂浓度为 55mmol/L 时达到最高值，然后随引发剂浓度的继续增加逐渐下降，但下降幅度不大；接枝率随着温度的升高先增加后又降低。显然，在单体浓度为 25g/L，引发剂浓度为 55mmol/L，反应温度为 50℃时，接枝率可达 78%。

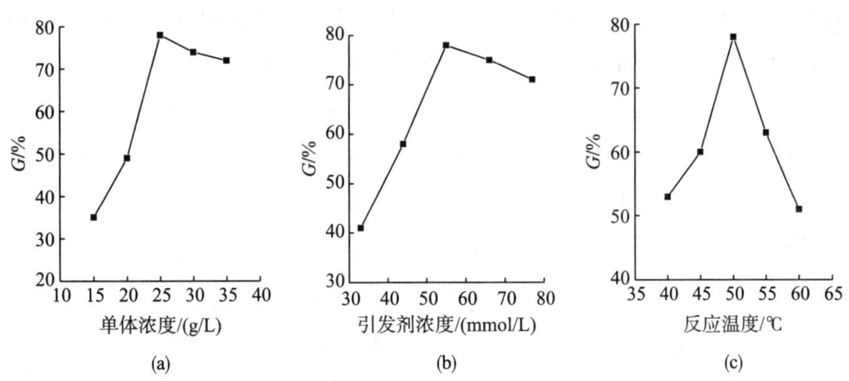

图 12－38 单体浓度（a）、引发剂用量（b）和反应温度（c）对接枝共聚物接枝率（G）的影响

第三节 纤维素改性产物的应用

纤维素作为自然界中最丰富的可再生资源，其水溶性改性产物在油气开采中已被广泛用作钻井液与完井液降滤失剂、增黏剂、固井水泥缓凝剂、降失水剂、压裂酸化胶凝剂、稠化剂、暂堵剂、强化采油流变控制剂、剖面调整剂等[62,63]。

一、钻井

在钻井完井中，羧甲基纤维素可用作钻井液增黏、稳定和降滤失剂，油井水泥降失水剂等。水溶纤维素类产品是应用最早、应用面最广和用量最大的钻井液处理剂之一。尤其是 CMC 作为钻井液处理剂，表现出良好的应用性能，如：①钻井液可以在井壁上形成薄而韧、渗透性低的滤饼，保持钻井液具有低的失水量；②钻井液流变性和悬浮稳定性好，抗各种可溶性盐类污染的能力强；③高黏度、高取代度的CMC适用于低密度钻井液，具有良好的增黏能力，而低黏度、高取代度的CMC适用于高密度钻井液，具有良好的降滤失作用。

20世纪60年代年我国开始从国外引进碱性或中性CMC作为降滤失剂，之后陆续研制成功技术级CMC和低黏PAC，并生产出高黏聚阴离子纤维素。从20世纪60年代到80年代初，聚合度为200~600、取代度为0.5~0.9的CMC与褐煤腐殖酸类、磺化酚醛树脂曾一度成为我国各大油田使用的主力处理剂品种。实践证明，只要选择合适的碱比及足够的加量，采用CMC可以配制成功滤失量符合实际使用要求的各种不同盐度、直至饱和的盐水钻井液。按最合适的碱比，即使在150℃温度下陈化72h，亦可以保持相对稳定的黏度和相对低的滤失量。如果在的生产或使用过程中掺入某些抗氧剂或者在CMC分子中引入某些基团，还可提高降滤失剂的抗温及抗盐能力。例如，一种在制备时掺入乙醇胺作为抗氧化剂的产品，可用于高矿化度钻井液在200℃下钻井。CMC与丙烯腈反应引入氰乙基后再加入$NaHSO_3$引入磺酸基，所得产品的抗温和抗盐能力有明显提高。

聚阴离子纤维素（PAC）用作陆地和海洋钻井液添加剂，与其他纤维素醚配合使用。在低固相聚合物钻井液中，PAC能够显著地降低滤失量并减薄泥饼厚度，提高泥饼质量，并对页岩水化分散具有较强的抑制作用。与传统的CMC相比，PAC的抗温性能和抗盐、钙性能都有明显的提高。据报导，国外PAC（代号Drispac）的使用温度已达到204℃。

非离子型的HEC和HPC，在钻井液中表现出更好的抗盐，尤其是抗高价金属离子污染的能力。用作钻井液降滤失剂，在淡水钻井液、盐水钻井液、饱和盐水钻井液和海水钻井液中具有较好的降滤失、增稠作用和一定的耐温能力，可用于各种类型的水基钻井液体系，特别适用于盐水钻井液、饱和盐水钻井液。尤其适用于$CaCl_2$钻井液体系的配制。由于盐敏感性弱，在盐水钻井液中增黏能力优于CMC等阴离子型纤维素醚。利用HPC的溶解特性，还可以起到改善泥饼质量和封堵地层微裂缝的作用。

CMHEC和CMHPC则兼顾了CMC和HEC、HPC的优点，在钻井液中可以获得更好的应用效果，因此，在油田应用中，CMC和HEC一般是复配后混合使用或者通过工艺配比优化直接生产复合醚CMHEC使用，然而目前混合醚的应用还较少。

两性离子纤维素醚的黏度较其他纤维素醚水溶液稳定得多。这类纤维素醚由于它的高黏度和优良的耐盐性，耐酸性和稳定性，在钻井中可用作高矿化度地层和深井钻井的优良钻井液处理剂和用于完井液和修井液。

除如上所述的醚化产物外，纤维素接枝共聚物也可以用于钻井液处理剂，但关于钻井液用纤维素接枝共聚物等方面的研究较少，且都是在CMC的基础上的改性，从原料和生产过程看无形中增加了产物成本，如何直接利用不同来源的纤维素原料进行改性，将是未来的研究方向。

作为一种特殊的高分子材料，两性纤维素适当控制两性聚合物的阴阳离子数量，使阳离子基团的数量等于阴离子基团的数量，这种两性聚合物可以用来作为一种新型钻井液增稠剂，适合在高矿化度、高温条件下使用。

CMC、HEC、HPC 以及 CMHEC、CMHPC 等可以单独或与其他材料配伍用作水泥浆降失水剂、缓凝剂等。但若纤维素醚的黏度过大时，其加入会使水泥浆的稠度过大，导致搅拌和泵送十分困难，此类材料还具有一定的超缓凝现象，水泥浆不能在井下及时凝固，会影响固井质量。此外，纤维素醚的分子单元是以醚键连接，使得此类材料的单独应用温度一般在 110℃以下。随着油田开采向海洋、深井和超深井发展，井下条件对材料要求更加苛刻，单纯的纤维素醚降失水材料的应用受到了限制。因此，在实际应用中，纤维素醚类一般与其他材料复合应用或进行改性应用。通过控制两性聚合物的阴阳离子数量，使阳离子基团的数量等于阴离子基团的数量，而制得的两性纤维素用于油井水泥降失水剂，其综合性能优于常用的纤维素衍生物、丙烯酰胺类共聚物以及聚胺类等水泥降失水剂。纤维素衍生物与某些乙烯类单体的接枝共聚产物，具有良好的降失水性和分散性，有一定的耐热和耐生物酶解性能。利用羧甲基纤维素与水玻璃、甲醛、氯仿合成的降失水剂，具有良好的高温降失水性能和水泥浆流变性能。采用相对分子质量降低后的乙氧基化羟乙基纤维素作为油井水泥降失水剂，加入氧化镁作为温度稳定剂，使用温度可以提高到 140℃以上，且对环境友好。

以氯磺酸为磺化剂，氯仿为分散剂，纤维素为原料，在 m（氯磺酸）∶m（氯仿）= 2.5∶1，40℃下反应 4h 制备的磺化纤维素，用作油井水泥降失水剂，在温度为 60℃，磺化纤维素加量为 1% 时，其 API 失水量可降至 401mL，显示出良好的降失水能力[64]。

相对于钻井液，纤维素衍生物在油井水泥中应用较少。

二、采油

羧甲基纤维素（CMC）价格低、来源广，分子主链的多环结构使其成胶后耐温性和抗剪切性提高，多羟基结构能改善胶体的油水选择性和反应活性，使成胶速率加快，故可以用于油井选择性堵水。尤其是羧甲基纤维素（CMC）的多环、多羟基结构有良好的油水选择性、耐温性和反应活性，适合与高价金属离子进行羟桥络合反应制备冻胶型堵水剂，研究表明，CMC 铬冻胶具有良好的耐温性、耐酸碱性、耐盐性及抗剪切性，用于堵水剂与聚丙烯酰胺（HPAM）铬冻胶相比，CMC 铬冻胶耐温性提高约 40℃，可承受 140℃高温；在 pH = 6 ~ 10、矿化度低于 9000mg/L 时，胶体强度较大，稳定性良好；胶体在剪切速率为 2 ~ 100s^{-1}时，冻胶黏度始终高于 1000mPa · s，明显优于 HPAM 铬冻胶，可用于双液法堵水[65]。

由 2000mg/L 超细纤维素 - 丙烯酰胺接枝共聚物 C - PAM + 1000mg/L 交联剂 PF + 20mg/L 氯化铵组成的调剖剂体系，具有较好的抗盐性，在自来水中的初始黏度为 30mPa · s，成胶后的凝胶强度为 3.5×10^4mPa · s，在矿化度为 100g/L 的模拟地层水中成胶后的凝胶强度为 3×10^4mPa · s。该调剖剂体系适用于 60 ~ 80℃的中性油藏，形成凝胶的稳定期超过 80d。调剖剂体系具有较强的抗剪切性，在经过高速剪切（剪切速率为 100s^{-1}）后，初始黏度保留率在60%以上，成胶后凝胶强度保留率在80%以上[66]。

羧甲基纤维素钠（Na－CMC）与丙烯酰胺（AM）的接枝共聚物与Fe^{3+}、Cr^{3+}、Zr^{4+}等金属离子交联，可形成性能优良的冻胶，该类冻胶可以用于堵水、压裂和调剖等作业。

纤维素醚热致可逆凝胶，其黏度随温度的升高而增加。该材料在稠油油藏蒸汽热采封堵汽窜中应用比较广泛。由质量分数为0.5%～5%的羟乙基甲基纤维素、羟丙基甲基纤维素＋质量分数为0.5%～10%的氯化铵、硫氢酸氨、硝酸铵＋碱金属等组成的热致可逆凝胶调剖封窜剂配方，可以通过改变无机铵盐的用量使纤维素醚水溶液转变为凝胶的温度在40～120℃变动[67]。基于纤维素醚水溶液，针对非均质性严重的油藏研制的智能柔性黏弹性调驱体系，具有良好的抗盐性、热稳定性以及凝胶强度大、凝胶化温度可调等特点，纤维素醚水溶液最优配方质量分数为0.05%～0.8%[68]。

根据克拉玛依油田稠油油藏注蒸汽开采过程中出现的汽窜问题，优选了纤维素醚－尿素－添加剂的封堵体系。利用纤维素醚高温成胶封闭汽窜通道，低温成液体打开出油缝隙的性质，并依靠尿素和调节剂的用量变化来改变凝胶的成胶温度范围，最终实现封窜作用，解决了井间严重的气窜[69]。为解决注气开采过程中油层纵向动用程度不均匀及气窜问题，优选HPMC作为热敏可逆凝胶调剖剂主剂，其适宜的质量分数为3%；通过向热敏可逆凝胶中添加有机物来提高凝胶的成胶温度，添加无机物来降低凝胶的成胶温度，加入添加剂改变凝胶耐盐性和凝胶强度。HPMC热敏可逆凝胶调剖剂在松散填充岩心中的封堵率达到91%，封堵强度达到10.3MPa/m，能够满足注气开采要求[70]。

三、压裂酸化

纤维素改性产物作为压裂液增稠剂，可用于稠化水压裂液和水基冻胶压裂液。CMC作增稠剂，具有较强的悬浮作用和稳定的乳化作用及良好的黏结性和抗盐能力，对油和有机溶剂稳定性好，但耐酸碱性较差。HEC在压裂液中作增稠剂时，可改造渗透率低的油层，解决各油层因渗透率差别所造成的层间矛盾，并可用于堵塞、封闭油井的压裂改造。与羧甲基纤维素钠、瓜尔胶等相比，HEC具有增稠效果较好、耐热性较好、低温易返排等特点。用于压裂液稠化剂，CMHPC与仅含一个取代基的单醚相比，它在与金属离子的交联反应及交联产物的性能上都有独特的优越性，适用于140℃下的井。两性离子纤维素醚也可作为压裂液组分的高效增稠剂。下面是一些典型的配方。

由羧甲基纤维素、二丁基纳磺酸盐、聚N－羟甲基丙烯酰胺等组成的羧甲基纤维素水基压裂液。使用时按照羧甲基纤维素0.4%～0.8%、二丁基纳磺酸盐0.09%～0.12%、聚N－羟甲基丙烯酰胺0.02%～0.08%、漂白粉0.05%与适量的水，将羧甲基纤维素和聚N－羟甲基丙烯酰胺分别配制成2%的水溶液，然后将两者混合均匀，再将二丁基纳磺酸盐加入其中，搅拌均匀后加入漂白粉使其溶解，并补充所需量的水混合均匀即可。其常温黏度40～80mPa·s，渗透率损害＜20%，适用于砂岩、页岩、黏土和灰岩、白云岩性油层小型压裂，也可用于前置液，适用于井温小于50℃、井深小于1000m的井。

由羧甲基纤维素、铬交联剂和表面活性剂等组成的羧甲基纤维素铬冻胶中低温压裂液。使用时按照羧甲基纤维素0.4%～0.6%、聚氧乙烯聚氧丙烯五乙烯六胺0.2%、氯氧化锆0.2%～0.5%、硫酸铬钾0.08%、碳酸钠0.1%～0.3%、漂白粉0.006%～0.01%、纤维素酶0.00005%～0.0001%的比例，将羧甲基纤维素配制成1%的水溶液，然后加入其他组分，搅拌均匀后，补充所需量水混合均匀即可。其残渣为2%～5%，渗透率损害<20%。适用于砂岩、灰岩和白云岩性油层中小型压裂。适用于井温50～70℃、井深1000～1500m的井。

一种速溶无残渣纤维素压裂液，基液由0.4%的羟乙基羧甲基纤维素FAG－500、0.2%的增黏剂FAZ－1、0.5%的调节剂FAJ－305组成。在中等矿化度（242～2444mg/L）条件下，基液黏度约为67.5mPa·s，在pH＝4.5～5下，在基液中加入交联剂FAC－201形成冻胶。在120℃、170s^{-1}条件下，压裂液冻胶剪切70min后的黏度约为150mPa·s，可满足低于130℃储层压裂需求。加入0.002%破胶剂过硫酸铵后，冻胶在100℃、170s^{-1}条件下剪切1.5h后的黏度约为200mPa·s，破胶剂不影响施工时体系的流变性能。破胶后无残渣，破胶液表面张力为24.44mN/m，界面张力为3.2mN/m。在90℃下，0.3%的FAG－500压裂液冻胶的储能模量G'和耗能模量G''分别为7.2Pa和1.6Pa。砂比为40%的交联冻胶携砂液在90℃水浴加热6h后，无沉砂现象，携砂性能良好。压裂液对岩心的渗透率损害率为24.75%。该纤维素压裂液具有速溶易配制、酸性交联、无需防膨剂等特点。在长庆油田两口致密油井和两口致密气井进行现场应用表明，施工有效率为100%[71]。

在稠化酸酸化压裂时，通过加入CMHEC、HEC等，可提高作流体黏度，降低酸岩反应速率，有利于增加活性酸有效作用距离和处理效果，其特点是增黏效果好，但使用温度低，一般在40℃以下。在泡沫酸酸化压裂时，加入水溶性的CMC等，可提高泡沫酸的黏度和其界面膜的强度，进而对气体分散在酸液中形成的分散体系起着良好的稳定作用，有利于增强体系的悬浮能力，减轻对地层的伤害，促进残酸和微粒的返排，在整个压裂酸化施工过程中，若用CMC和HEC等胶结固相颗粒，可填塞固相颗粒之间的孔隙，减小酸化压裂液漏入地层的速度，造成长而宽的裂缝。

四、提高采收率

在提高采收率方面，HEC可作为驱油剂，具有抗剪切能力强、原料丰富和对环境污染小等优点，但单独使用效果不理想，常与CMC共同使用。CMC虽有较好的增黏性，但易受油藏温度、盐度的影响；HEC虽有较好的耐温、耐盐性，但其增稠能力较差、用量较大。

具有“反聚电解质效应”的两性纤维素改性产物，由于其盐增稠作用，将会成为一种新型的较为理想的高温、高盐油藏聚合物驱油剂。它在高温、高盐环境中要比现今国内外常用的强化采油（EOR）驱油剂聚丙烯酰胺等更加具有优势。

疏水缔合改性羟乙基纤维素（BHEC）的临界缔合浓度4000mg/L左右，其增黏性能是HEC的近22倍；NaCl对BHEC水溶液有促进作用，当NaCl含量达到100000mg/L时，BHEC的表观黏度仍然稳定在699.9mPa·s，说明其具有良好的抗盐性。BHEC水溶液达到临界缔合浓度才具有黏弹性，并随着聚合物浓度的增加，聚合物溶液的黏弹性越显著，振荡频率越高，损耗因子越低。人造岩心驱替实验表明，浓度为6000mg/L的BHEC水溶液可在水驱基础上提高原油采收率25%~32%[72]。

由纤维素醚与AMPS、AM、DMC等单体接枝共聚制备的高相对分子质量的接枝共聚物，可以用作高温、高盐油藏的驱油剂。

五、油田水处理

通过对天然纤维素的羟基改性，在其分子中引入对阳离子具有吸附能力的羧基、磺酸基、磷酸基等可制备阳离子吸附剂；羟基通过交联或接枝化后，经胺化可制备阴离子型吸附剂；羟基经双功能基处理后，还可制成两性离子吸附剂；此类吸附剂均可用于废水的处理。

以棉杆为原料，通过氯乙酸和氢氧化钠的醚化反应制得羧甲基纤维素（CMC）。以CMC和聚合氯化铝（PAC）作为絮凝剂，当40mg/L PAC和40mg/L CMC相复配时，处理水透光度高达96%，悬浮物含量降低99.3%、含油量下降96.5%。处理后的水质稳定，与地表水、地层水形成的混合水质澄清，对岩心伤害低，能够达到碎屑岩油藏注水水质指标的要求[73]。

通过阳离子化羧甲基纤维素制得两性纤维素，与少量硫酸铝和聚丙烯酰胺复配使用，能有效地除去钻井废水中的COD_{Cr}色度及悬浮物。用间歇混凝装置对川中矿区钻井废水进行处理，发现两性纤维素的废水处理效果很明显，可降低污水处理成本50%~70%[74]。

以羧甲基纤维素为原料，与阳离子单体，如DMC、DMDAAC等接枝共聚得到的产物可以用于废钻井液、钻井废水以及其他作业废水的絮凝剂。由纤维素与丙烯酸、丙烯酰胺和AMPS等单体接枝共聚得到的产物也可以用于油田污水以及造纸污水的处理[75]。

参考文献

[1] 王中华．钻井液及处理剂新论［M］．北京：中国石化出版社，2016.

[2] 王中华，杨小华．水溶性纤维素类钻井液处理剂制备与应用进展［J］．精细与专用化学品，2009，17（9）：15-18.

[3] 许冬生．纤维素衍生物［M］．北京：化学工业出版社，2003.

[4] 李卓美，张维邦，卢沛理．羧甲基纤维素Ⅱ．表征及溶液性质［J］．油田化学，1988，5（1）：42-50.

[5] 王中华．钻井液处理剂实用手册［M］．北京：中国石化出版社，2016.

[6] 江阴市化工五厂．羧甲基纤维素的制备方法：CN，1136569［P］，1996-12-17.

[7] 中国科学院成都有机化学研究所．一种超低黏度羧甲基纤维素及其制备方法：CN，1490336［P］，2004-04-21.

[8] 北京有色金属研究总院．一种稻草羧甲基纤维素及其制备方法：中国专利，CN，1626555［P］，2005-06-15.

[9] 张艳，宿辉，易飞．木浆制备钻井液用低黏羧甲基纤维素钠盐［J］．精细与专用化学品，2011，19（4）：43-46.

[10] 马振锋，马炜，赵毅．干法合成钻井液用低黏羧甲基纤维素［J］．石油化工应用，2012，31（8）：103－105.
[11] 吕少一，邵自强，王飞俊，等．不同碱金属氢氧化物对纤维素羧甲基化的影响［J］．应用化工，2008，37（8）：921－923.
[12] 张黎明，李卓美．水溶性改性纤维素对黏土水化的抑制作用［J］．纤维素科学与技术，1995，3（4）：20－27.
[13] 重庆力宏精细化工有限公司，北京理工大学．一种羧甲基纤维素钾的制备方法：中国专利 CN，102286108A［P］．2011－12－21.
[14] 王飞俊，邵自强，王文俊，等．反应介质对聚阴离子纤维素结构与性能的影响［J］．材料工程，2010，41（1）：77－81.
[15] 邵自强，王霞，冯有愉，等．NaCl 浓度对聚阴离子纤维素黏度性能的影响［J］．应用化工，2006，35（10）：766－769.
[16] 李贵云．以异丙醇为溶剂合成的钻井液用高黏羧甲基纤维素的性能与应用［J］．油田化学，2005，22（2）：104－106.
[17] 施恩钢．一种新的聚合物钻井液及其应用［J］．油田化学，1989，6（4）：280－284.
[18] 朱刚卉．高性能聚阴离子纤维素处理剂的研制［J］．石油钻探技术，2005，33（3）：36－38.
[19] 王中华．油田化学品［M］．北京：中国石化出版社，2001.
[20] 崔正刚，郑向峰，吕道明．聚阴离子纤维素合成工艺［J］．无锡轻工业学院学报，1994，13（3）：226－232.
[21] 阿吉普联合股票公司．活性黏土层钻井方法：中国专利 CN，1069050［P］．1993－02－17.
[22] 孙华林．羟乙基纤维素的开发前景［J］．精细石油化工，2002（2）：61－62.
[23] 赵明，邵自强，敖玲玲．羟乙基纤维素的性能、应用与市场现状［J］．纤维素科学与技术，2013，21（2）：70－78.
[24] 崔小明．羟乙基纤维素开发利用前景［J］．四川化工与腐蚀控制，2001，4（5）：24－26.
[25] 何勤功，古大治．油田开发用高分子材料［M］．北京：石油工业出版社，1990.
[26] 武汉大学．一种制备羟乙基纤维素的方法：中国专利，200510019340. X［P］，2007－05－02.
[27] 时育武．超高黏度羟乙基纤维素生产工艺：中国专利，02154107. 8［P］，2004－12－15.
[28] 徐琴，李振国，李发学，等．羟丙基纤维素溶液的流变性能［J］．合成纤维，2011，40（9）：30－33，40.
[29] 闫东广，佘万能，彭长征．羟丙基纤维素的合成及应用［J］．河南化工，2005，22（1）：6－8.
[30] 信越化学工业株式会社．低取代羟丙基纤维素：CN，1275405［P］．2000－12－06.
[31] 徐琴，李振国，李发学，等．低取代度羟丙基纤维素的制备及影响因素分析［J］．东华大学学报自然科学版，2013，39（1）：26－30.
[32] 陈阳明，熊犍，叶君，等．羧甲基羟乙基纤维素的制备［J］．造纸科学与技术，2004，23（1）：40－42，56.
[33] 刘延金．一种羧甲基羟乙基纤维素生产工艺：CN，1673233［P］，2005－09－28.
[34] 王恩浦，刘跃平，黎秉环，等．水溶性羧甲基羟丙基纤维素的某些性质［J］．广州化学，1989（2）：32－44.

[35] 王鹏. 羧甲基羟丙基纤维素的制备方法 [D]. 江苏南京：南京理工大学，2007.
[36] 中国科学院广州化学研究所. 一步法合成交联羧烷基羟烷基纤维素复合醚工艺：CN，1058023 [P]. 1992-01-22.
[37] 库尔班江·肉孜，玛丽娅·马木提. 磺化纤维素减水剂的性能研究 [J]. 混凝土，2012（10）：74-76.
[38] 王立久，黄凤远，张鸿，等. 纤维素基混凝土高效减水剂制备与应用研究 [J]. 大连理工大学学报，2008，48（5）：679-684.
[39] 哈丽丹·买买提，库尔班江·肉孜，王昕，等. 丁基磺酸纤维素醚减水剂的合成及表征 [J]. 硅酸盐通报，2011，30（2）：462-468.
[40] 梁亚琴，胡志勇. 两性纤维素醚的合成及流变性能的研究 [J]. 应用化工，2009，38（3）：402-404.
[41] 何爱见，贾程瑛，金永灿，等. 两性纤维素合成与应用的研究进展 [J]. 纤维素科学与技术，2014，22（1）：70-78.
[42] 梁亚琴，胡志勇. 两性离子型纤维素的合成及黏度行为 [J]. 石油化工，2010，39（11）：1253-1257.
[43] 崔志敏，朱锦瞻，罗儒显. 两性甘蔗渣纤维素的合成及应用研究 [J]. 离子交换与吸附，2002，18（3）：232-240.
[44] 王彦斌，苏志锋，赵耀明. 纤维素及其主要衍生物接枝改性的研究进展 [J]. 合成材料老化与应用，2009，38（4）：35-39
[45] 张黎明，谭业邦，李卓美. 甜菜碱型烯类单体与羟乙基纤维素的接枝聚合 [J]. 高分子材料科学与工程，2000，16（6）：44-46.
[46] 解光明，宋晓青，马宗斌，等. 羟乙基纤维素接枝N-异丙基丙烯酰胺的研究 [J]. 化学研究与应用，2007，19（6）：629-632.
[47] 张彩华，周小进，刘晓亚，等. 羧乙基纤维素与丙烯酰胺接枝共聚物的制备与应用研究 [J]. 萍乡高等专科学校学报，2003（4）：51-55.
[48] 彭湘红，王敏娟，潘雪龙. 羧甲基纤维素与甲基丙烯酸接枝共聚的研究 [J]. 湖北化工，1999，16（6）：13-14.
[49] 宋荣钊，陈玉放，潘松汉，等. 超细纤维素与丙烯酸接枝共聚反应规律的研究 [J]. 纤维素科学与技术，2001，9（4）：11-15，20.
[50] 杨芳，黎钢，任凤霞，等. 羧甲基纤维素与丙烯酰胺接枝共聚及共聚物的性能 [J]. 高分子材料科学与工程，2007，23（4）：78-91.
[51] 刘晓洪，黄家宽. 纤维素接枝聚合反应的研究 [J]. 武汉科技学院学报，2002，15（5）：47-50.
[52] 黄金阳，刘明华，陈国奋. 引发剂对纤维素接枝丙烯酰胺反应的影响 [J]. 纤维素科学与技术，2008，16（1）：29-33.
[53] 刘畅，宁志刚，徐昆，等. 羧甲基纤维素钠及丙烯酰胺二元共聚物的制备及性能 [J]. 石油与天然气化工，2010，39（3）：230-233.
[54] 郭红玲，李新宝. 改性羧甲基纤维素絮凝剂的制备与应用 [J]. 人民黄河，2010，32（9）：46-47.

[55] 刘志宏，张洪林，李靖平，等. 改性羧甲基纤维素絮凝剂的制备与应用［J］. 化学与黏合，2009，31（2）：71－74.

[56] 曹亚峰，邱争艳，杨丹红，等. 羧甲基纤维素接枝二甲基二烯丙基氯化铵－丙烯酰胺共聚物的合成［J］. 大连轻工业学院学报，2003，22（4）：247－249.

[57] 张黎明，尹向春，李卓美. 羧甲基纤维素接枝 AM/DMDAAC 共聚物的合成［J］. 油田化学，1999，16（2）：106－108.

[58] 张黎明，尹向春，李卓美. 羧甲基纤维素接枝 AM/DMDAAO 共聚物作为泥浆处理剂的性能［J］. 油田化学，1999，16（2）：102－105.

[59] 禹雪晴，黎钢，杨芳，等. 羟乙基纤维素丙烯酰胺接枝聚合物的合成及性能研究［J］. 石油与天然气化工，2006，35（5）：392－394.

[60] 易俊霞，李瑞海. 羟乙基纤维素接枝丙烯酰胺共聚物的合成及表征［J］. 塑料，2010，39（2）：32－34.

[61] 宋晓青，杨成，刘晓亚，等. 羟乙基纤维素/AMPS 接枝共聚物与大豆分离蛋白形成聚离子复合物研究［J］. 化学研究与应用，2009，21（4）：486－490.

[62] 张黎明. 我国纤维素油田化学品的应用与发展前景［J］. 纤维素科学与技术，1996，4（2）：1－12.

[63] 王中华，何焕杰，杨小华. 油田化学品实用手册［M］. 北京：中国石化出版社，2004.

[64] 张翔宇，梁大川，严思明，等. 纤维素的磺化改性及其降失水性的研究［J］. 精细石油化工进展，2007，8（12）：35－36，39.

[65] 史春华，于庆龙，赵晓非. 耐温型 CMC 冻胶堵水剂的性能研究［J］. 化工科技，2013，21（2）：1－4.

[66] 张磊，蒲春生，杨靖，等. 超细纤维素与丙烯酰胺接枝共聚物在调剖堵水中的应用［J］. 油田化学，2015，32（4）：503－506.

[67] 赵贲. 热致可逆水基凝胶调剖封窜剂及其先导性现矿场试验［J］. 油田化学，2008，25（3）：214－217.

[68] 周隆超. 智能型黏弹性调驱体系提高采收率技术研究［D］. 陕西西安：西安石油大学，2014.

[69] 王卓飞，魏新春，江莉，等. 克拉玛依浅层稠油吞吐井化学调剖技术试验研究［J］. 石油钻采工艺，2007. 29（5）：69－74.

[70] 杨立军，喜恒坤. 热敏可逆凝胶调剖剂的研制和应用［J］. 大庆石油学院学报. 2011，35（3）：55－59.

[71] 明华，舒玉华，卢拥军，等. 一种速溶无残渣纤维素压裂液［J］. 油田化学，2014，31（4）：492－496.

[72] 王彦玲，仇东旭，刘承杰，等. 疏水缔合羟乙基纤维素水溶液的流变性及驱油性能［J］. 高分子材料科学与工程，2012（7）：47－50.

[73] 武志远. 高分子纤维素处理油田采出水［J］. 广东化工，2016，43（13）：80－81.

[74] 冯琳. 阳离子化羧甲基纤维素研制及评价［J］. 钻采工艺，1999（2）：57－59.

[75] 刘志宏，张洪林，李靖平，等. 改性羧甲基纤维素絮凝剂的制备与应用［J］. 化学与黏合，2009，31（2）：71－74.

第十三章 木质素改性产物

木质素是一种来源丰富、价格低廉的天然资源，属于再生有机聚合物，与纤维素一起存在于树木等植物中，天然状态下纤维素和木质素紧密结合在一起，决定着硬度和刚性等结构性能。木质素是植物中仅次于纤维素的有机天然高分子化合物，也是纤维素生成中的主要副产物。在稻壳、麦秸、甘蔗渣、造纸废液等中都有大量的木质素存在[1-3]。

木质素是不溶于水的惰性物质，但它能够溶于强碱和亚硫酸盐溶液中。造纸工业采用碱和亚硫酸盐酸法工艺，故在造纸过程中，木质素会发生一些化学变化（表 13-1）。

表 13-1 制浆过程中木质素的反应

硫酸盐浆法	酸性亚硫酸盐浆法
α-芳香性醚键离解	把磺酸基团引入到旁链的 α-位
酚型 β-芳香醚键离解	开放了松脂酚结构
有限的脱甲基使甲氧基基团形成邻苯二酚结构	有些芳基、酯基离解
旁链缩短	多形式的缩合反应，特别是在旁链的 α-位上
不明确的缩合作用	引入醌型结构
引入醌型结构	

研究发现，木质素属于无定形，其三维结构中含有氧代苯丙醇单元的芳香型高聚物。在植物的木质素点上由酶居间聚合成为肉桂醇、对香豆醇、松柏醇和介子醇等取代物（图 13-1）。这几种醇类都是组成木质素的单体前身。不同种类的植物，其中所含有的这些醇类的比例有所差异。

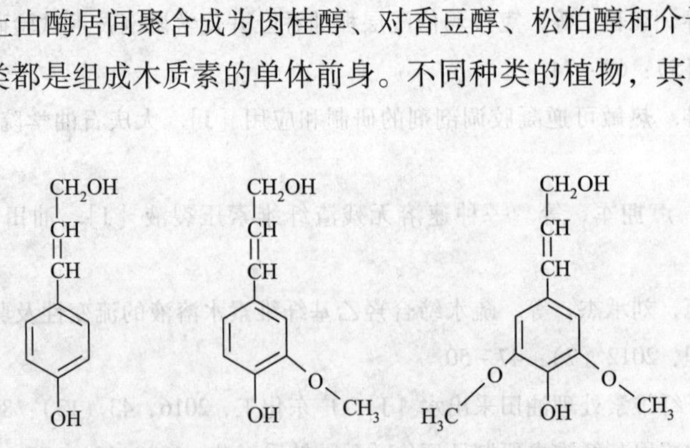

CH₂OH CH=CH … OH
(a)对香豆醇　(b)松柏醇　(c)介子醇

图 13-1 木质素的组成单元

木质素的结构十分复杂，至今尚未完全确定，通常认为木质素是由苯丙烷结构单元组成的具有复杂三维空间结构的非晶高分子。不同来源的木质素，其相对分子质量各不相同。木质素是具有苯环结构的化合物，在其分子中存在许多酚型与非酚型的结构单元。木质素在碱或酸处理过程中醚键会断裂，部分转变为酚型结构单元，见式（13-1）。

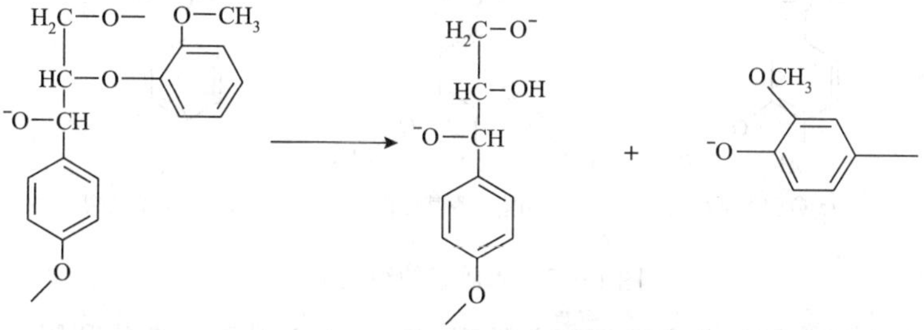

(13-1)

在合成中，这种结构可以利用，因为其结构中含有苯酚或苯基可以代替酚。作为原料，可以应用于酚醛反应中。在木质素结构中有醇的羟基基团，可以磺化或引入磺酸基；分子中较多的酚与醇羟基，它们苛化后还可以产生羧酸基或与重金属离子产生螯合作用；由于木质素结构中具有酚羟基、羰基等功能基，所以是很有用的高分子原料。

木质素无毒，性能优异，在工业上应用日益广泛。目前应用的木质素通常来源于造纸废液，根据制浆工艺不同，可得酸木质素（酸制浆法）和碱木质素（烧碱制浆）两大类，两类来源的木质素性质见表13-2。木质素磺酸盐具有磺酸基而易溶于水；碱木质素不含有磺酸基，在中性及酸性条件下不溶于水，只有在碱性条件下才溶于水，但它能容易地通过磺化或磺甲基化而引入磺酸基。木质素磺酸盐与磺化或磺甲基化的碱木质素一般统称为磺化木质素。碱木质素是碱法制浆黑液中的主要成分，由于其价廉、无毒、可再生，同时具有黏合、分散等表面活性而日益受到人们的重视。天然木质素除作为堵漏材料外，多数情况下不能直接在油田作业流体中应用，通常采用水溶性的木质素磺酸盐和碱木质素为原料，尤以木质素磺酸盐应用最多。木质素磺酸盐是一类高分子电解质，它是由含有天然木质素的造纸废液直接分离或经磺化、改性而得到。图13-2是木质素磺酸盐产物的主要结构。

表13-2　木质素磺酸盐与碱木质素性质比较

性质	木质素磺酸盐	碱木素
相对分子质量	20000~50000	2000~3000
多分散性（M_w/M_n）	6~8	2~3
颜色	棕色	深棕色
溶解性	可溶于各种pH值的水溶液，不溶于有机溶剂	不溶于水，可溶于碱性介质（pH值大于10）、丙酮、二甲基甲酰胺等
磺酸基质量分数	≥5%	不含磺酸基
有机硫的质量分数	≥3%	0.1%~1%
酚羟基 Ar—OH	1.9%	4%
脂肪羟基 R—OH	7.5%	9.5%
甲氧基—OCH_3	12.5%	14%

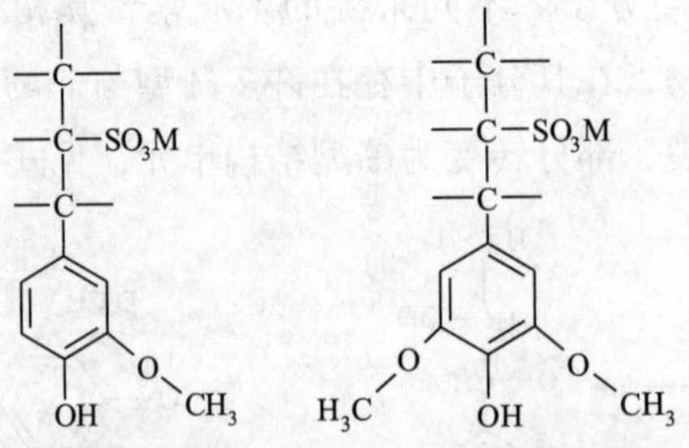

图 13-2 木质素的组成单元

木质素一般作为木材水解工业和造纸工业的副产物，由于得不到充分利用，成为污染环境的废弃物。由于我国木材来源的缺乏，非木材类植物的应用仍占重要地位，但因其制浆后的废液更难处理，不仅造成严重的环境问题，而且浪费资源。因此，利用木质素磺酸盐和碱木质素类原料开发无污染、价格低廉的油田化学品，对于降低油田作业成本、减少造纸工业对环境的污染，具有重要的现实意义。

第一节 木质素的改性途径

从木质素的结构可以看出，木质素结构单元上具有很多可反应基团，可以发生许多化学反应，并可以利用化学反应进行木质素改性，以提高其综合性能，结合文献将木质素改性途径概述如下[4-6]。

一、磺化改性

目前，在国内外所利用的木质素产物中，绝大多数为亚硫酸盐法造纸制浆废液回收的木质素磺酸盐。与碱法造纸制浆黑液回收的木质素相比，其水溶性、分散性、表面活性等较好。利用其基本性能可用于混凝土减水剂、油田化学剂、染料分散剂和木材黏结剂等。由于利用直接回收的磺化木质素存在某些难以克服的缺陷，使其性能不能满足高质量产品的应用要求。通过进一步改性提高其性能或制得其他类型产品是扩大其应用范围的有效途径。因此，对木质素的磺化改性是一种具有实用价值的改性途径。木质素的磺化改性主要包括木质素的磺化和磺甲基化反应。

（一）木质素磺化

一般采用的是高温磺化法，即将木质素与 Na_2SO_3 在 150～200℃条件下进行反应，使木质素侧链上引入磺酸基，得到水溶性好的产品。典型的碱木素磺化条件为[7]：Na_2SO_3 用量为 1～6mmol/g，NaOH 与 Na_2SO_3 质量比为 1∶9，液比为 1∶4，反应最高温度为 165℃，保温时间为 5h。对麦草碱木质素和松木硫酸盐木质素高温磺化反应进行了比较证明，两者的反应速度和磺化度的差异不大。研究得到蔗渣碱木素的磺化条件为：Na_2SO_3 用量为 5mmol/g，pH＝10.5，温度为 90℃，时间为 5h。在反应体系中加入适量 $FeCl_3$ 或者 $CuSO_4$

溶液作为接触催化剂，能提高木质素磺化反应的效果[8,9]。

（二）磺甲基化反应

木质素溶于碱性介质，其苯环上的游离酚羟基能与甲醛反应引入羟甲基，木质素经羟甲基化以后，在一定反应温度条件下与 Na_2SO_3、$NaHSO_3$或者 SO_2发生苯环的磺甲基化反应。此时，侧链的磺化反应则较少发生。木质素磺甲基化反应可分为 2 种方法：①一步法，即在一定反应条件下，与甲醛和 Na_2SO_3反应；②两步法，即先羟甲基化，然后再与 Na_2SO_3发生反应。

如在装有搅拌器、温度计和回流冷凝器的三颈瓶中，按原料配比加入黑液、甲醛、亚硫酸氢钠和水，在搅拌下升温至 110℃，开始回流，混合物在恒温下回流 2 ~ 3h 后，加入一定量的 Fe^{2+}盐，将液体产品在 40℃下风干即可使用。产品对环境无污染，是一种较好的钻井液降黏剂，同时具有一定的降滤失作用，适用的 pH 值范围宽（9 ~ 11.5），并具有较好的抗温、抗盐和抗钙能力[10]。

二、接枝共聚改性

木质素与乙烯基单体接枝共聚可采用化学引发或者辐射作用或者电化学接枝的方法。而应用较多的是在水溶性引发剂作用下的自由基接枝共聚反应。此类引发剂多采用铈盐、过硫酸盐、$H_2O_2-FeSO_4$和 $K_2S_2O_8-NaHSO_3$、$K_2S_2O_8-Na_2S_2O_3$复合型引发剂。常用的交联剂有 N，N′-亚甲基双丙烯酰胺，金属盐类等。可与木质素接枝共聚反应的常用单体包括丙烯酰胺、甲基丙烯酰胺、丙烯酸（AA）、2-丙烯酰胺基-2-甲基丙磺酸（AMPS）、丙烯腈、马来酸酐和苯乙烯等。

木质素接枝聚合物在钻井液、油井水泥、采油堵水、调驱、提高采收率、水处理等领域已得到应用。在含有 $CaCl_2$和微量铈盐的已光解二噁烷中实现了松木木质素与丙烯酰胺接枝共聚，其产物具有较好的吸附性，能用作钻井液添加剂。草碱木质素以硝酸铈盐为引发剂，在少量 $CaCl_2$的存在下与丙烯酰胺发生接枝共聚反应，用丙酮沉淀分离，烘干。接枝改性后木质素的吸附性能大大提高，可以用作水处理剂。采用 H_2O_2为引发剂，木质素磺酸盐与马来酸和丙烯酰胺进行三元共聚，所得产品具有良好的降黏性能和抗温性能，同时具有一定的抗盐、抗钙性能。

以碱法制浆废液、AMPS、AA、二甲基二烯丙基氯化铵（DADMAC）为原料合成的钻井液降黏剂具有良好的降黏、抗温、抗盐和抗钙能力，加量为 0.3% 时，降黏效果最佳，抗温达 150℃，抗 NaCl 达 30%，抗 $CaCl_2$达 1%[11]。实验表明，采用对苯乙烯磺酸钠、马来酸酐、木质素磺酸钙为原料，过硫酸铵为引发剂合成了接枝改性木质素磺酸钙降黏剂，通过拆散钻井液中的黏土网状结构降低钻井液的黏度和切力，降黏性能优异，在淡水钻井液、盐水钻井液和钙处理钻井液中的降黏率可分别达到 80.77%、75% 和 70%，具有良好的抗盐性能。在 150℃以下的降黏作用几乎不受老化温度的影响，在经 200℃老化 16h 后加量为 0.4% 的 SMLS 在淡水钻井液中的降黏率仍可达 70%[12]。

三、缩聚改性

木质素的缩聚改性依据反应机理可分为两类：一类为木质素游离酚羟基与多个官能团化合物的交联反应，交联剂为醛、卤化物、环氧化物等；另一类为木质素在非酚羟基位置的缩合反应，在适宜条件下，缩合反应后可以得到相对分子质量提高、水溶性进一步增强的改性木质素。

木质素磺酸盐与甲醛通过缩合聚合反应能有效地提高改性木质素产品的应用性能。在碱催化下，木质素与甲醛产生缩合反应，生成木质素酚醛树脂，在一定条件下，木质素还能与苯酚缩合，生成木质素－苯酚缩合物。将从制浆废液中分离得到的木质素磺酸盐，与相对分子质量为 120～1000 的聚乙二醇在碱性条件下加热回流进行交联反应得到的黏稠状交联反应产物，对水中悬浮的细粒固体有很好的絮凝效果，比未经交联反应的木质素磺酸盐的絮凝效果明显提高。将木质素磺酸盐与相对分子质量为 120～1800 的链末端为环氧的双环氧化合物在 pH＝8～13 的碱性条件下反应，得到酚羟基质量分数减少 40%～95% 的木质素磺酸盐双环氧化物，可作为絮凝剂处理稀的黏土悬浮水溶液。

将 15 份的亚硫酸钠用适量的水溶解后，加入质量分数为 36% 的甲醛 10 份和 200 份碱法造纸黑液，混合均匀后将该混合液加入高压釜中，升温至 130℃，在此温度下反应 6h。冷却、出料即得磺甲基化木质素溶液。将 10 份氢氧化钠和适量的水加入反应釜中配成溶液，然后在搅拌下慢慢加入 15 份栲胶和 25 份褐煤，待两者加完后再加入磺甲基化木质素溶液，搅拌均匀，加入 10 份焦亚硫酸钠和 8 份甲醛，升温至 90℃，在 90℃下反应 3～4h，待反应时间达到后加入 15 份 $FeSO_4$（事先用适量的水溶解），30min 后停止反应。将所得产物过滤除去不溶性杂质后进行喷雾干燥，即得钻井液降黏剂产品。该产品可溶于水，无毒、无污染，用作水基钻井液的降黏剂，具有耐温抗盐的特点。

四、木质素的氧化氨解改性

氧化氨解法改性木质素的突出特点是，将水不溶的碱木质素变成了水溶性的木质素。木材改性木质素全部可以溶于水，麦草的反应产物亦有 90% 以上可溶于水。但是单独氨解不能改变木质素的水溶性；单独氧化虽然 pH 值变化幅度最大，但只有 15% 的木质素呈水溶性，大部分不溶于水。只有氧化、氨解同时进行才能使木质素发生剧烈降解产生水溶性的改性木质素。

采用空气或者氧气为氧化剂时，一般在高温和加压下进行反应，如以过氧化氢为氧化剂，则可以在较低温度和常压条件下进行氧化氨解改性。

过氧化氢作为一种比较缓和的氧化剂，在碱性溶液中可产生 HO·和 O·自由基，同时攻击木质素，经过与这些游离基反应可生成氢化的过氧环已二烯结构，然后发生侧链与甲氧基脱除反应及芳香核开环反应，如式（13-2）所示[13]：

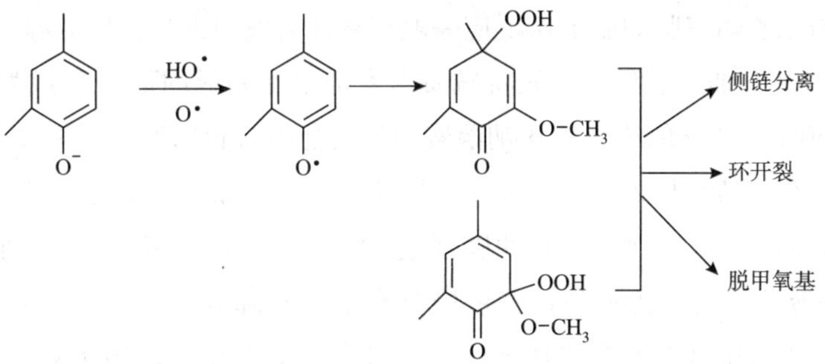

（13−2）

木质素芳香核第四碳和第五碳的阴离子受到氧的攻击而产生环己二烯酮过氧化物、二氧化酮及环氧化的氢化环己二烯酮或邻醌，经环开裂而分解为羧酸和内脂。芳香酚类、环氧化物以及醌类等均可与氨反应，如式（13－3）所示。

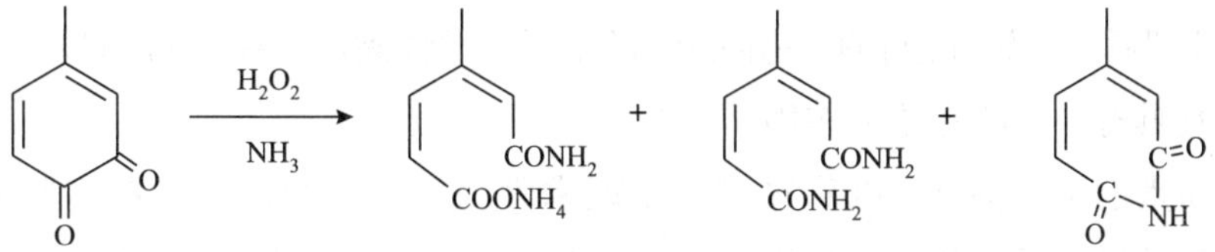

（13−3）

采用木质素磺酸盐为原料制备了氧化氨解木质素钻井液处理剂。实验表明，氧化氨解木质素室温下具有增大动切力和降低滤失量的作用，高温下具有降低动切力和滤失量作用，与工业木质素磺酸盐相比，其在钻井液中的降切作用减弱，抗温性增强[14]。

以木质素磺酸盐为原料，用硝酸处理制备的硝化－氧化木质素磺酸盐，与木质素磺酸盐相比其低温增黏作用、高温降黏作用、降滤失作用和对黏土膨胀的抑制作用均有所增强[15]。

将麦草碱木质素和木材硫酸盐木质素经过碱溶、酸沉淀、洗涤、干燥处理，然后将45g木质素加入500mL水和64mL25%的氨水溶解并置于反应釜中。通入氧气赶去残余的空气，加压至1MPa，升温至140℃。在升温过程中氧气压力会因反应的消耗而降低，此时应随时补充氧气以使压力保持在1MPa。反应30min（麦草）和40min（木材硫酸盐木质素），即可得到木质素氧化氨解产物，含氮量分别达到13.43%和10.7%[16]。

五、Mannich 反应改性

Mannich（曼尼希）反应，简称曼氏反应，也称胺甲基化反应，是含有活泼氢的化合物（通常为羰基化合物）与甲醛和二级胺或氨缩合，生成β－氨基（羰基）化合物的有机化学反应。因木质素磺酸盐中含有丰富的官能团，可以通过曼尼希反应引入非离子表面活性官能团胺基，见式（13−4），也可进一步进行磺化反应引入磺酸基，来提高木质素磺酸盐的表面活性[17]。

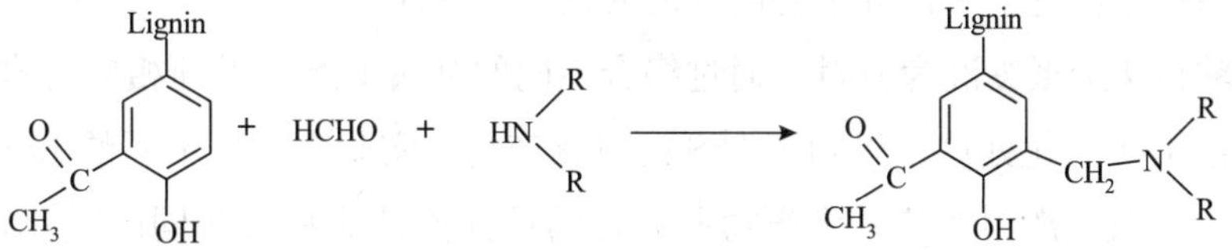

（13−4）

碱木质素与二乙烯三胺的曼尼希反应一般在碱性溶液中进行，反应温度为25～100℃，反应时间为2～20h。加料过程为：先将碱质木素加水配制成固体物含量为15%～30%的悬浊液，再用30%～50%的浓氢氧化钠溶液调节混合物的pH值到10～12，充分搅拌使碱木质素溶解较完全。然后加入一定量的胺，搅拌均匀后再加入适量的甲醛溶液。

采用木质素磺酸盐与甲醛、伯/仲胺通过 Mannich 反应制备的一系列木质素磺酸盐 Mannich 碱钻井液处理剂，在水基钻井液中具有增黏和降滤失作用，并且其性能与 Mannich 碱结构单元中胺甲基上的取代基链长密切相关，部分木质素磺酸盐 Mannich 碱具有一定的抗温性[18]。

通过木质素磺酸钙与甲醛、伯/仲胺的 Mannich 反应产物与杂聚糖反应制备出系列聚糖－木质素，作为水基钻井液处理剂，常温下具有增黏作用和弱的降滤失作用，180℃、24h 高温热处理后，对钻井液具有一定的稀释作用，塑性黏度适中，可明显改善塑性黏度和动塑比，且具有一定的降滤失作用[19]。

根据木质素的结构特点，以草浆或木浆碱木素为原料，经过与脂肪多胺的曼尼希反应、与油酰氯的酰化反应和磺甲基化反应，合成了一系列含有酰胺结构的改性木质素磺酸盐表面活性剂[20]。改性产物具有非常优良的界面活性，单独使用即可形成超低油－水界面张力，符合三次采油的基本要求。

木质素磺酸盐引入苯酚后通过曼尼希反应制备阴离子表面活性剂，实验发现引入苯酚后，苯酚的邻位反应点的反应活性要比木质素本身所具有的苯环结构的反应活性高很多；木质素磺酸盐直接进行曼尼希反应得到产品的表面活性没有明显提高，而经过酚化后再进行曼尼希反应可得到产率相对较高的阴离子表面活性剂，随着表面张力的降低，产品的分散作用增强，亲水性进一步提高，使得其吸附作用增强，表现出了很好的分散保持能力。

六、木质素氧化改性

木质素磺酸盐具有较强的还原性，可与多种氧化剂，如过氧化氢、重铬酸盐、过硫酸铵反应。木质素磺酸盐在几种氧化剂存在下的降解或聚合均导致酚羟基减少，且在其发生降解时伴随着羰基的增加。

基于木质素磺酸钙（简称木钙）的氧化改性工艺研究，比较了几种氧化剂与木钙反应后性能的差异。结果表明，过氧化氢对木钙的聚合或降解作用均较弱，过硫酸铵在适宜的条件下可使木钙发生聚合反应，并显著改善木钙的表面物化性能。过硫酸铵氧化木钙时，适宜的氧化条件是过硫酸铵的用量为4%～6%，反应温度为80～90℃，pH=8～10。研究表明，过硫酸铵在碱性条件下使木钙酚型物发生离子化脱氢，产生了游离基，从而提高了木钙的反应活性，促进了木钙分子游离基之间的聚合反应[21]。

用亚硫酸盐法造纸废液为原料，通过络合不同的金属阳离子得到相应的木质素磺酸盐（LSS）。采用 H_2O_2 氧化处理，得到了 LSS 的氧化产物。实验表明，不同的 LSS（金属阳离子种类不同）其氧化产物及其氧化产物所处理的钻井液性能具有相同的变化规律；同时，在氧化过程中，LSS 存在着聚合或降解两种趋势，其决定因素为 LSS 的浓度及 H_2O_2 的用量[22]。

同时，很多研究者利用电化学氧化木质素。研究发现，在碱性溶液中用 Pt 电极氧化木质素磺酸盐，可脱除芳环上的甲氧基形成酚羟基，并引入了—COOH，提高了酸度。用 PbO_2 为阳电极氧化木质素磺酸钠，—COOH 含量升高，—OCH_3 含量降低，苯环结构被破坏，氧化过程中有聚合和降解反应发生，相对分子质量随着电解电量增大而有一个从上升到降低的过程。在研究草类木质素在膜助电解时的电化学氧化作用中发现，膜助电解对黑液中的有机物具有一定的氧化作用，能使木质素中的芳环被氧化而打开，木质素的氧化作用还与施加的电压、阳极的电极材料等因素有关。

七、木质素的羟甲基化改性

在碱催化作用下，木质素能与甲醛进行加成反应，使木质素羟甲基化，形成羟甲基化木质素。以愈创木基结构单元与甲醛在碱性条件下反应为例，其反应式如式（13-5）。

Lignin　Lignin

CH_3—O—（苯环）—O^- + HCHO $\xrightarrow{OH^-}$ CH_3—O—（苯环，CH_2OH）—O^-　（13-5）

不同的木质素羟甲基化反应条件不同。研究表明，硫化木质素的羟甲基化反应的最佳 pH 值为 8，温度为 40℃。硫酸盐木质素的羟甲基化的最佳 pH 值为 12 ~ 12.5，室温下反应 3d，提高反应温度可缩短反应时间。通过对草本碱木质素、稀酸水解木质素羟甲基化反应条件研究表明，当反应温度为 95℃时，用碱量和反应时间对平均耗醛量的关系如图 13-3 和图 13-4 所示[5]。

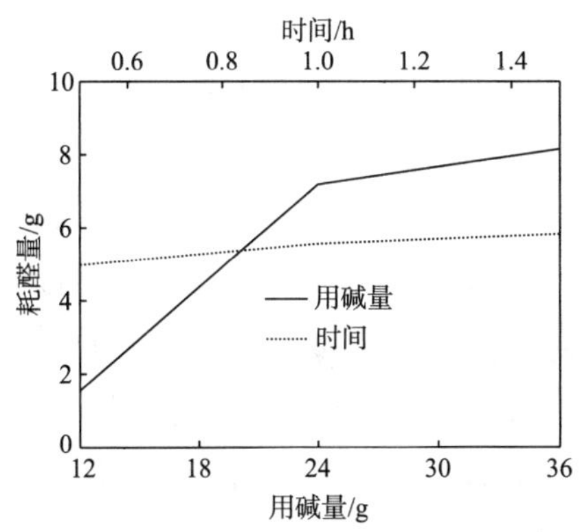

图 13-3　麦草碱木质素羟甲基化条件与耗醛的关系

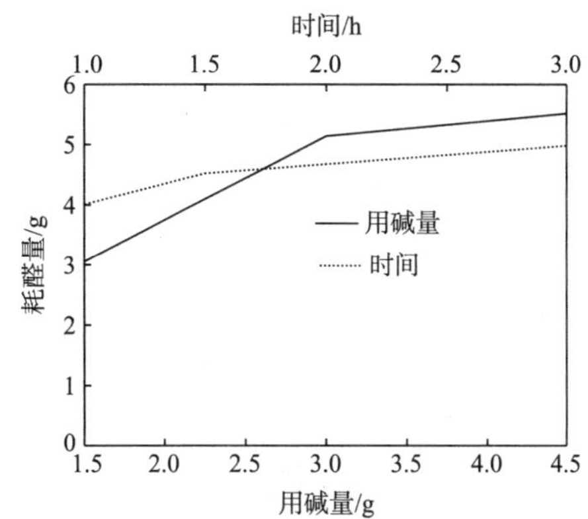

图 13-4　稀酸水解木质素羟甲基化条件与耗醛的关系

长期以来，碱木素的催化羟甲基化都是在均相催化体系中进行的。这种体系通过 OH^- 首先夺去酚羟基的氢，促使氧上的富电子离域到苯环上，形成共振系统，从而达到活化酚羟基邻、对位的目的。但此种体系不仅存在产物难以分离的缺陷，更是由于碱液的难以处理而存在二次污染问题。研究人员采用既能催化反应又能促使碱木素在特定位断键的复合型固相催化剂，并以四氢呋喃为溶剂溶解碱木素，随后加入羟甲基化试剂甲醛，建立起了多相催化反应体系。实验表明，多相催化反应体系不仅表现出有效性，更具有催化及诱导断键双重功能。

此外，碱木质素也可以与氯代烷烃、溴代烷烃等反应，引入烷基链，提高亲油性，以扩大其在油田中的应用范围。将木质素与卤代烷基季铵盐反应可得到阳离子或两性离子木质素改性产物。

第二节　木质素磺酸盐及络合物

木质素磺酸盐是木浆与二氧化硫水溶液和亚硫酸盐反应的产物，是生产纸浆的副产物，一般为4－羟基－3－甲氧基苯的多聚物。通常造纸厂供应的纸浆废液是一种已浓缩的黏稠的棕黑色液体，其中固体含量约为35%～50%，密度为1.26～1.3g/cm^3，其主要成分为木质素磺酸钙。由于木材种类不同，以及磺化反应的差异，木质素磺酸盐的相对分子质量由200到10000不等。一般而言低分子木质素磺酸盐多为直链，在溶液中缔合在一起；高分子木质素磺酸盐多为支链，在水介质中显示出聚电解质的行为。粗制的木质素磺酸盐大量用于动物饲料的粒化，精制木质素磺酸盐用于钻井液降黏剂，矿石浮选剂，矿泥、染料、农药的分散剂；对重金属，尤其是铁、铜、亚锡离子有较好的螯合能力，是有效的螯合剂。

一、木质素磺酸盐

木质素磺酸盐主要有木质素磺酸钙和木质素磺酸钠。

（一）木质素磺酸钙

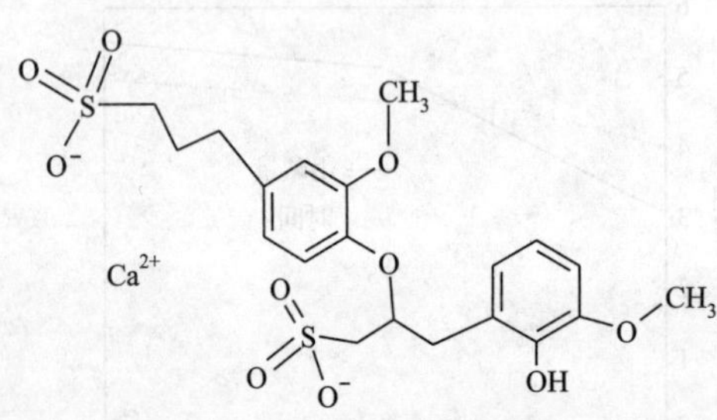

图13-5　木质素磺酸钙结构

木质素磺酸钙（简称木钙）是一种多组分高分子聚合物阴离子表面活性剂，结构见图13-5。外观为浅黄色至深棕色粉末，略有芳香气味，相对分子质量一般在800～10000之间，具有很强的分散性、黏结性、螯合性。通常来自酸法制浆（或称为亚硫酸盐法制浆）的蒸煮废液，经喷雾干燥而成。可含有高达30%的还原糖。溶于水，但不溶于任何普通的有机溶剂。其1%水溶液的pH值约3～11。

木质素磺酸钙是以亚硫酸钠纸浆废液为原料，经石灰水沉降，酸溶，过滤除杂，滤液浓缩而得。木质素质量分数≥50%，水不溶物质量分数≤2%，pH＝4.5～6.5，还原物质量分数为8%～13%。

木质素磺酸钙可用作混凝土减水剂，耐火材料，陶瓷，饲料黏合剂，还可用于精炼助剂、铸造、农药可湿性粉剂加工、型煤压制、采矿、选矿业的选矿剂，道路、土壤、粉尘的控制、制革鞣革、填料、炭黑造粒等方面。

在油田作业流体中，木质素磺酸钙可以直接用作表面活性剂、降黏剂、起泡剂、降滤失剂和调剖剂。也是制备 FCLS、SLSP 及改性木质素表面活性剂等产品的主要原料。

（二）木质素磺酸钠

木质素磺酸钠（简称木钠）是一种天然高分子聚合物，阴离子型表面活性剂。具有很强的分散能力，适于将固体分散在水介质中。由于相对分子质量和官能团的不同而具有不同程度的分散性，能吸附在各种固体质点的表面上，可进行金属离子交换作用，也因为其分子结构上存在各种活性基，所以能产生缩合作用或与其他化合物发生氢键作用。

木质素磺酸钠为棕色粉末，耐酸、碱、硬水、无机盐和耐热、冻、光，易溶于水。其制备一般有两种方法：①将木质素磺酸钙经过离子交换得到；②在制浆的过程中，用碳酸钠或氢氧化钠，取代氧化钙或氢氧化钙。这种方法比较少见，因为碳酸钠或氢氧化钠的价格通常高于氧化钙或氢氧化钙。

用造纸厂的纸浆废液为原料，一般有三种制备方法。

（1）亚硫酸氢钙制浆法的纸浆废液中所含有的亚硫酸盐或硫酸氢盐直接与木质素分子中的羟基结合生成木质素磺酸盐。往废液中加入 10% 的石灰乳，在（95 ± 2）℃下加热 30min。将钙化液静置沉降，沉淀物滤出，水洗后加硫酸。过滤，除去硫酸钙，然后往滤液中加入 Na_2CO_3，使木质素磺酸钙转成磺酸钠。反应温度以 90℃ 为宜，反应 2h 后，静置，过滤除去硫酸钙等杂质。滤液浓缩，冷却结晶得产品。

（2）以碱液制浆所得造纸废液为原料。首先往废液中加入浓硫酸 50% 左右，搅拌 4 ~ 6h。然后用石灰乳，经沉降，过滤，打浆，酸溶，加碳酸钠转化，浓缩，干燥得产品。

（3）用草类制浆法所得废液为原料。方法同（2）。

木质素磺酸钠可以直接用于油田作业流体中，也可以作为一些油田化学品制备的原料。

二、木质素磺酸盐络合改性产物

（一）铁铬木质素磺酸盐

铁铬木质素磺酸盐俗称铁铬盐，代号为 FCLS，是由含有大量木质素磺酸盐的纸浆废液制成，属于阴离子性，易吸潮，可溶于水，水溶液呈弱酸性。FCLS 的分子大小不一，但主要部分为高分子化合物，其相对分子质量在 20000 ~ 100000。因为分子中磺酸基的硫原子直接与碳原子相连，Fe^{2+} 和 Cr^{3+} 与木质素磺酸之间有螯合作用，铁和铬基本上不电离，所以铁铬盐的热稳定性很高，可以抗 170 ~ 180℃ 的高温，能用于淡水、海水和饱和盐水钻井液，并可用于各种钙处理钻井液。由于铁铬盐具有弱酸性，加入钻井液时会引起钻井液的 pH 值降低，因此需配合烧碱使用。一般情况下，应将铁铬盐钻井液体系的 pH 值控制在9～11的范围内。FCLS的降黏作用主要是其具有能优先吸附于黏土颗粒边缘的多官能团结构，当吸附于黏土断键边缘后能增大该处的水化，从而削弱或拆散钻井液中黏土颗粒间的网状结构，这样既放出了被网状结构所包住的自由水，又减弱了黏土颗粒间的流动摩擦阻力，从而降低钻井液的黏度和切力。

将亚硫酸纸浆废液用硫酸处理后滤除硫酸钙，然后在母液中加入事先配好的$FeSO_4$和重铬酸钾溶液，在85～90℃下反应2～3h，将所得产物喷雾干燥即得产品。

也可以在纸浆废液经过发酵提取酒精后，将其浓缩至1.25～1.27g/cm^3，在60～80℃温度下加入预先配制好的硫酸亚铁和重铬酸钠溶液，在充分搅拌下经氧化、络合反应约2h后，过滤除去$CaSO_4$，再经喷雾干燥而制得FCLS产品。

用作钻井处理剂，具有较好的降黏、抗盐和抗温能力，兼具一定的降滤失作用。可以直接加入钻井液中，但加入速度不能太快，也可以与烧碱一起配成5%的胶液，然后再加入钻井液中，推荐加量为0.3%～1.2%，加量较大时其降滤失的作用较显著。铁铬盐钻井液泥饼磨擦系数较高，在钙、镁含量较高时易产生泡沫，可用少量硬脂酸铝、甘油聚醚等消泡剂以消泡，也可用原油消泡。铁铬盐稀释效果好，抗盐、抗高温能力强。但使用时需要保持体系pH值大于10，故不利于井壁稳定，另外铁铬盐含重金属铬，在制造和使用过程中易污染环境，对人身体有害，因此其应用逐步受到限制。从减少铬的污染出发，曾开发了一系列无铬降黏剂，尽管室内评价性能均可以达到或超过FCLS，但在现场应用中效果很难赶上FCLS，可见在该方面仍然需要深入研究。

（二）木质素磺酸钛铁络合物

木质素磺酸钛铁络合物，代号TiFeLS，属于无铬的钻井液降黏剂，无毒、无污染，是铁铬木质素磺酸盐的替代品种之一。属于阴离子性，易吸潮，可溶于水，水溶液呈弱碱性。其作用机理与FCLS相同。

评价表明[23]，在10%的基浆中，其和FCLS的降黏效果相当，抗盐性比FCLS略好，抗温能力略优于FCLS，在井浆中其性能达到或优于FCLS。现场应用效果良好，穿盐层时钻井液流变性能稳定，固相含量稳定，携砂效果好，起下钻顺利，井下情况正常[24]。

制备过程：将钛铁矿粉与浓硫酸以1∶1.5（质量比）的比例投料，并在70～80℃，不断通空气的条件下反应1.5h，然后冷却至室温，并加入相当于钛铁矿粉3倍质量的水，浸取4h，最后静置8～10h，令其自然沉降分层，分出上层透明的墨绿色清液，即为钛铁浸出液。将配方量的水加入反应釜中，搅拌下加入100份木质素磺酸盐，待其充分溶解后加入100份钛铁浸出液，搅拌均匀后慢慢加入12.5份氧化剂，待氧化剂加完后升温至80℃，在80℃下氧化、络合反应3h。降温至室温，用适当浓度的氢氧化钠溶液中和至pH＝4～6，得固含量40%左右的反应产物。液体产物经干燥、粉碎即得粉状的无铬木质素降黏剂产品。产品为黑色粉末，水分≤10.0%，水不溶物≤2.0%，全钛为2.4%～3.6%，全铁为2.6%～4.0%。

TiFeLS用作钻井液降黏剂，具有良好的降黏效果，抗盐达饱和，抗温大于150℃，适用于多种水基钻井液体系。本品易溶于水，可直接加入钻井液中，为防止钻井液pH值降低，同时配合加入稀氢氧化钠溶液，本品适用于高 pH 值的钻井液体系中，不适用于不分散低固相抑制性钻井液体系。

（三）木质素磺酸、腐殖酸与铁的络合物

将 75 份木质素磺酸钙、35 份 $FeSO_4 \cdot 7H_2O$ 配成一定浓度的水溶液，加入 37 份有机络合剂，搅拌升温至 80～100℃，让木质素磺酸钙和 $FeSO_4$ 在酸性条件下发生络合反应，1～2h 后加入 21 份腐殖酸盐溶液，升温至 80～90℃，反应完毕用适量的氢氧化钠溶液将产物的 pH 值调至 7～8，分离除渣、烘干、粉碎得产品。

木质素磺酸、腐殖酸与铁的络合物兼具木质素磺酸盐及腐殖酸的双重特性，用于钻井液处理剂具有较好的抗温抗盐能力，在低 pH 值时的高温稀释效果优于铁铬木质素磺酸盐，抗温大于 180℃。适用于淡水、海水和盐水钻井液。

除上述络合物外，还可以采用锰、锌、锡和锆等与木质素磺酸盐经过络合反应，制备满足不同需要的钻井液降黏剂。

第三节 木质素接枝共聚物

木质素接枝共聚物包括木质素或木质素磺酸盐与烯类单体经过自由基聚合反应得到的含柔性链的接枝共聚物，以及与苯酚、甲醛等经过缩合聚合反应得到的缩聚物。不同方法制备的产物具有不同的用途。

一、磺化木质素磺化酚醛树脂

磺化木质素磺化酚醛树脂（SLSP）为水溶性阴离子聚电解质，是一种抗温、抗盐、抗钙的钻井液降滤失剂，为棕褐色粉末，易溶于水，水溶液呈弱碱性。SLSP 与磺甲基酚醛树脂有相似的性能，由于木质素磺酸盐的引入，使产品在降低钻井液滤失量的同时，还有优良的稀释特性。在加量为 3%～5% 的情况下，钻井液抗温达到 190℃，滤失量在 10mL 以内，而对钻井液的黏度影响较小。实验表明，在 185℃下抗氯化钙可达到 1%，抗盐达到 10%。如图 13-6 所示，随着 SLSP 浓度的增加，黏土颗粒经历一个分散—絮凝—分散的过程，当 SLSP 加量低时表现为絮凝作用，加量高时则表现为分散和保护作用。对于膨润土基浆中的黏土颗粒，当 SLSP 浓度不同时，其最可几半径均在 2.5μm 左右，但它所在的 $F(r)$ 值（黏土颗粒在一定半径范围内的质量分数）不同，即它在整个作用中的质量分数不同[25]。

SLSP 的絮凝作用是桥接机理。高相对分子质量的 SLSP 由于分子的电离、离子基团的排斥作用，呈伸展状态，有足够的长度吸附于相邻颗粒之间造成桥接。实验发现，在特定条件下，SLSP 浓度在 0.7g/L 左右达到絮凝极值。浓度再高时，由于颗粒吸附量增加引起了分散保护和稳定作用，使颗粒重新分散。同时浓度的升高使聚电解质电离受到抑制，这往往使分子呈线团状，因此不能形成有效的桥接。当 SLSP 的浓度在 2g/L 以上时，颗粒分别趋于稳定而无明显变化。

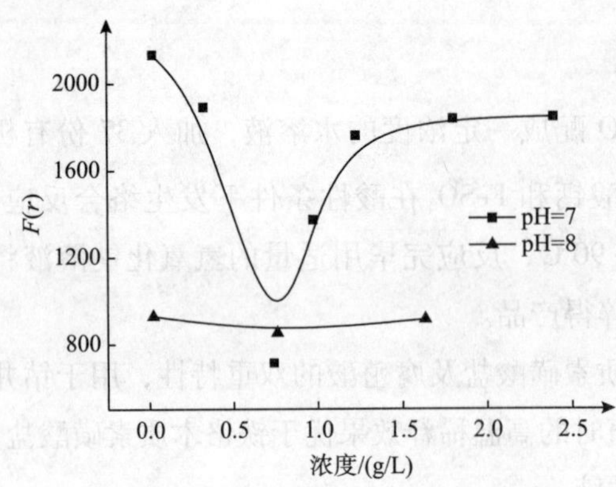

图 13-6　最可几半径处 $F(r)$ 值与 SLSP 浓度的关系

pH 值对絮凝特性影响很大。图 13-6 表明，pH＝8 时絮凝特性表现不明显，SLSP 的分子内有羧基、羰基、醇羟基、磺酸基等。它的吸附一般可由氢键机理说明。同时磺酸基的解离虽然提供了强的双电层效应，但它也能以配位键的形式和铝氧八面体上的铝结合。当 pH 值升高时，羟基是比 SLSP 更强的吸附基团，这会使黏土边面上的正电荷减少。同时 SLSP 分子链节由于解离的阴离子基团增加（主要是羧基的解离），相互的排斥力增加，使吸附减少。

作为钻井液处理剂，SLSP 的主要特点是：可以有效地降低钻井液的高温高压滤失量；具有较好的润滑性，一般可以使滤饼磨阻系数由 0.23 降至 0.15 以下，可以减少黏附卡钻；具有一定的防塌能力，明显改善井壁稳定性；具有一定的减稠作用，改善钻井液的流变性。在降低钻井液高温高压滤失量的同时，可以避免钻井液增稠。其缺点是在钻井液中比较容易起泡，必要时需配合加入消泡剂。

SLSP 的制备过程如下。

将 200 份的木质素磺酸盐和适量的水加入反应釜中，待其溶解后，加入 120 份质量分数为 40% 的氢氧化钠溶液，反应 30min。然后将 500 份质量分数为 40% 的磺化酚醛树脂和适量的甲醛加入反应釜中，慢慢升温至 97℃，在 97～107℃下反应 2～3h，将所得产物经喷雾干燥即得到粉状产品，也可以将木质素磺酸盐、苯酚、甲醛、亚硫酸盐等一次加料，然后按照 SMP 生产工艺控制反应程度。SLSP 干基含量≥90%，特性黏数（30℃）≥0.05dL/g，水不溶物≤5%，pH＝9～9.5。

在合成中，当原料配比和反应条件一定时，甲醛用量是控制产物性能的关键。适当提高甲醛用量，有利于提高产物的反应程度，支化度增强，使产物的相对分子质量提高，但当甲醛用量过大时，会使产物过度交联，而产生凝胶化。为了提高产物的磺化度，增强其抗盐能力，可以在反应后期加入适量的甲醛和亚硫酸盐，也可以引入部分对胺基苯磺酸进行改性。

本品用作水基钻井液体系的抗高温、抗盐的降滤失剂，兼具一定的降黏作用，是一种价廉的处理剂产品，适用于高温深井钻井液体系，一般加量为 1%～3%。也可以用于油井水泥降失水剂，具有一定的分散、缓凝作用，还可以用于驱油用表面活性剂。

二、木质素磺酸盐－丙烯酸接枝共聚物

采用木质素磺酸盐与丙烯酸接枝共聚制备的低相对分子质量的接枝共聚物，可以用于

钻井液降黏剂和水处理阻垢剂[26]。其合成过程如下。

在装有搅拌器、滴液漏斗的三口烧瓶中，将一定量木质素磺酸盐溶于酸性水溶液后，同时滴加丙烯酸溶液和引发剂（引发剂用量为木质素磺酸盐干质量的2%）。溶液滴加完毕，室温下持续反应30min，然后升温至60℃，在60℃下反应60min，得木质素磺酸盐-丙烯酸共聚物，为深棕色黏稠液体。

根据接枝单体、共聚产物、均聚产物在不同有机溶剂中溶解性不同的特点，将反应混合物依次用异丙醇、无水乙醇和甲醇处理，经浸取、沉淀、抽滤、洗涤、蒸馏、干燥等步骤，可得到木质素磺酸盐-丙烯酸共聚物纯化产品。

研究表明，在接枝共聚反应中引发剂类型、原料配比等均会影响接枝共聚反应和产物性能。在三种不同引发体系下合成的接枝产物接枝率及阻垢率见表13-3。从表中可见，三种引发体系虽均能引发木质素磺酸盐与丙烯酸接枝反应，且接枝产物的阻垢性能均比原料木质素磺酸盐有较大提高（木质素磺酸盐的阻垢率仅为26.2%），但不同引发剂对产物接枝率和阻垢性能的影响不同。3种引发剂中，以$Fe^{2+}-H_2O_2$为引发剂时，得到的产物接枝率最高，从而大大提高接枝产物作为水处理剂的阻垢性能。这是因为接枝率越高，接枝产物中羧基含量越高，其对金属离子的螯合性能越强，阻垢性能越好。

表13-3　三种引发体系下合成的木质素磺酸盐-丙烯酸接枝共聚物的接枝率及阻垢率

引发剂	$Fe^{2+}-H_2O_2$	$K_2S_2O_8$	$(NH_4)_2Ce(NO_3)_6$
接枝率/%	11.6	9.7	3.4
阻垢率/%	85.2	77.3	52.1

基于黏度和产率时，$Fe^{2+}-H_2O_2$、高价铈盐、过硫酸钾和过硫酸钾-亚硫酸钠等不同引发剂对木质素磺酸钠与丙烯酸接枝共聚反应的影响见表13-4[27]。从表13-4可见，$K_2S_2O_8$引发的接枝反应产物具有最大黏度和较大的反应产率，可达到较好的接枝效果；而$(NH_4)_2Ce(NO_3)_6$、$(NH_4)_2Fe(SO_4)_2\cdot 6H_2O/H_2O_2$和$K_2S_2O_8/Na_2SO_3$三种引发体系得到的共聚物黏度较小，即相对分子质量相对较小，产率较低。

表13-4　不同引发体系对木质素磺酸盐接枝反应的影响

引发剂	产率/%	黏度/[kg/(m·s)]	引发剂	产率/%	黏度/[kg/(m·s)]
$K_2S_2O_8$	30.91	1048.8	$(NH_4)_2Fe(SO_4)_2\cdot 6H_2O/H_2O_2$	91.1	3.56
$(NH_4)_2Ce(NO_3)_6$	22.00	912.7	$K_2S_2O_8/Na_2SO_3$	92.3	8.80

注：实验中各物质用量如下：木质素2g，m（木质素）：m（丙烯酸）=1:4，木质素与水的质量比为1:25，温度为75℃，反应时间为3h，引发剂浓度为1×10^{-2}mol/L。

以$K_2S_2O_8$为引发剂，在$K_2S_2O_8$质量分数为2%，反应温度为80℃，丙烯酸用量为8%的条件下合成接枝共聚物，表13-5是采用最大气泡法测定的产物水溶液在不同pH值下的表面张力。从表13-5中可以看出，改性后样品表面张力有所降低，表面活性增加，且pH值在2左右表面活性最好。接枝共聚物可以用作绿色环保的水处理阻垢剂。

表 13-5 原料及接枝共聚物样品不同 pH 值下的表面张力

pH 值	表面张力/(10^3N/m)		pH 值	表面张力/(10^3N/m)	
	接枝共聚物	木质素磺酸钠		接枝共聚物	木质素磺酸钠
2	72.36	78.93	7	78.14	81.85
4	82.63	91.14	8	79.26	82.81
6	76.68	82.63	10	86.78	87.12

注：表面张力测定时温度为25℃，溶液质量分数为0.2%。

用木质素磺酸盐与丙烯酸接枝共聚也可以制备水煤浆分散剂。如，以 $Fe^{2+}-H_2O_2$ 为引发剂，将一定量的木质素磺酸钠溶液加入装有搅拌器和氮气保护的500mL四口瓶中，加入一定量的 $FeSO_4 \cdot 7H_2O$，开动搅拌，升温并缓慢滴加 H_2O_2。待反应液温度上升到50℃时，开始滴加丙烯酸，滴完后控制反应温度在70～80℃反应2h，即得共聚物粗品。当 $m(FeSO_4):m(H_2O_2)$ 为4%，反应温度为70～80℃，丙烯酸用量为8%时，制备的接枝共聚物可使水煤浆的黏度明显降低，而且浆的稳定性也有明显改善[28]。

对微波辐射和常规加热接枝共聚反应的效果进行比较表明，通过微波辐射可以得到较高接枝率的木质素磺酸钠－丙烯酸接枝共聚物[29]。

此外，还可以采用木质素磺酸与马来酸接枝共聚制备含羧酸基的接枝共聚物[30]。如准确称取8g木质素磺酸钠，用50mL蒸馏水溶解并加入500mL三口烧瓶中，加入过硫酸铵和亚硫酸氢钠（亚硫酸氢钠用量为过硫酸铵的1/2），将上述混合液在室温下搅拌均匀，称取8g马来酸酐并用氨水氨化（氨化程度为50%，马来酸酐:氨水＝1:1），将氨化混合液转移至恒压滴液漏斗中，升温到45℃，调节恒压滴液漏斗滴加速率，反应2h。反应结束后，产物用盐酸沉淀、抽滤、洗涤并于45℃下干燥，即得到木质素－马来酸接枝共聚物。

三、木质素磺酸盐－丙烯酰胺接枝共聚物

对于木质素磺酸盐与丙烯酰胺接枝共聚物而言，由于酰胺基的引入，可以提高产物的吸附和絮凝能力。通过控制接枝链的长度可以得到絮凝、增黏、堵水、调剖、阻垢分散等不同用途的产物[31,32]。

（一）接枝共聚物的制备

在反应瓶中加入所需量的木质素磺酸钠和蒸馏水，搅拌至木质素磺酸充分溶解，然后升温至一定温度，分别加入引发剂和丙烯酰胺，在搅拌下于45～50℃反应3～5h，得到深棕色溶液，即接枝共聚物粗产品。在25℃条件下，用黏度计测量其黏度。

在共聚物粗产品中，加入适量异丙醇，静置，取其沉淀，在沉淀物种加入适量无水乙醇，静置，提取沉淀物，加入少许甲醇，放在电炉上蒸发，得沉淀物，将沉淀物放于烘箱中烘干，即得纯化的木质素磺酸盐－丙烯酰胺共聚物产品。

（二）影响接枝共聚反应的因素

研究表明，反应温度、AM用量、反应时间和引发剂类型等对产物的性能有着很大的影响。

如图 13-7 所示，当木质素磺酸钠用量为 2g，丙烯酰胺用量为 8g，蒸馏水为 100mL，引发剂用量为 6×10^{-3}mol/L，反应时间为 3h 时，在一定范围内随着温度的升高，产物的黏度随之增大。采用 $K_2S_2O_8$ 作引发剂其产率变化趋势较平稳，但黏度在三者之间最高，后两者变化趋势是先速增后缓增；同时还可看出，三种不同引发剂引发木质素磺酸盐与丙烯酰胺接枝共聚，接枝共聚物产率均随着温度的升高而缓慢下降。$K_2S_2O_8$ 作引发剂，其产率随温度上升而下降的幅度最大，但在三者之间仍然最高。$(NH_4)_2S_2O_8$、$Na_2S_2O_3\cdot5H_2O$ 作引发剂时其产率下降幅度较平缓。由此说明提高温度有利于自由基向单体转移、反应，但对木质素分子链的增长反应不利，所以一般接枝反应温度不宜过高。若采用 $(NH_4)_2S_2O_8$ 和 $Na_2S_2O_3\cdot5H_2O$ 作为引发剂，反应温度选取 70～80℃为宜；若使用 $K_2S_2O_8$ 作为引发剂，反应温度选取 40～50℃较好。综合考虑，在实验条件下，用 $K_2S_2O_8$ 作为引发剂时，聚合温度 45℃较理想。

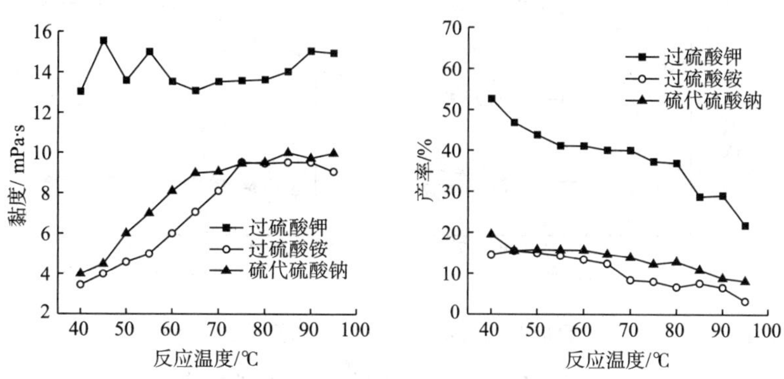

图 13-7 反应温度对接枝产物黏度和接枝物产率的影响

如图 13-8 所示，当木质素磺酸钠用量为 2g，蒸馏水为 100mL，引发剂用量为 6×10^{-3}mol/L，在 45℃下反应 4h 时，丙烯酰胺单体用量对产物的黏度影响较小，但对产率的影响较大。采用三种不同引发剂的产率在一定范围内均随着丙烯酰胺用量的增加而增大。在实验条件下，反应温度为 45℃时，以 $K_2S_2O_8$ 作为引发剂，丙烯酰胺用量为 7～9g 较为理想。

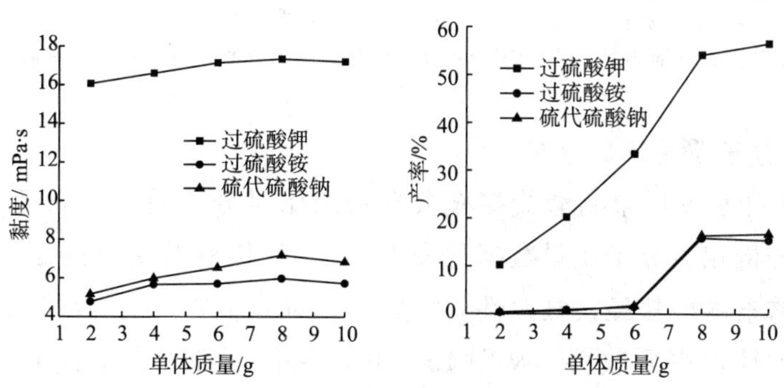

图 13-8 丙烯酰胺用量对接枝产物黏度和接枝物产率的影响

从图 13-9 可以看出，当木质素磺酸钠用量为 2g，丙烯酰胺用量为 8g，蒸馏水为 100mL，引发剂用量为 6×10^{-3}mol/L，反应温度为 45℃时，在一定范围内随着反应时间的增加，接枝共聚物的产率与黏度都随之增大，在 5h 左右接近最大值。显然，在反应温度为 45℃时，以 $K_2S_2O_8$作为引发剂，反应时间为 5h 较好。

此外，还就 $Fe^{2+}-H_2O_2$、高价铈盐、过硫酸钾、硫代硫酸铵等引发剂引发木质素接枝共聚进行了对比，如表 13-6 所示，在所示的引发剂中，以 $K_2S_2O_8/Na_2S_2O_3$引发的接枝反应产物具有最大黏度和较大的反应产率及较小的表面张力，可达到较好的接枝效果，而 $(NH_4)_2Ce(NO_3)_6$、$(NH_4)_2Fe(SO_4)_2\cdot6H_2O/H_2O_2$、$(NH_4)_2S_2O_8$3 种引发体系得到的共聚物黏度较小，即相对分子质量相对较小，产率较低。显然，采用 $K_2S_2O_8/Na_2S_2O_3$作为引发剂引发接枝共聚反应较为理想。

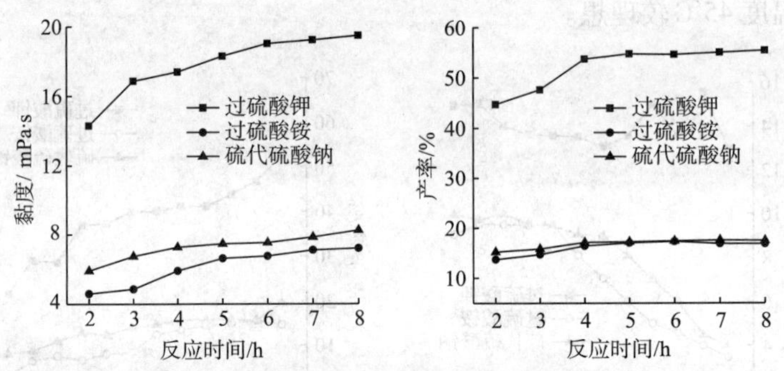

图 13-9　反应时间对接枝产物黏度和接枝物产率的影响

表 13-6　不同引发剂对接枝反应的影响

引发剂	产率/%	黏度/［10^{-3}kg/（m·s）］	表面张力/（10^{-3}N/m）
$K_2S_2O_8/Na_2S_2O_3$	50.13	1.386	58.14
$(NH_4)_2S_2O_8$	12.13	1.158	65.63
$(NH_4)_2Ce(NO_3)_6$	5.32	1.021	70.24
$(NH_4)_2Fe(SO_4)_2\cdot6H_2O/H_2O_2$	4.45	1.014	73.69

注：木质素磺酸钠为 2g，木质素: 丙烯酰胺 = 1∶4（质量比），木质素磺酸钠: 水 = 1∶50（质量比），接枝反应温度为 40℃，反应时间为 3h，引发剂用量为 4×10^{-3} mol/L。样品黏度、表面张力测定时设定温度为 25℃，溶液浓度为 0.2%。

（三）相对分子质量及其分布

木质素磺酸盐和木质素磺酸盐接枝共聚物的相对分子质量分布几率见图 13-10，凝胶渗透色谱分析相对分子质量数据见表 13-7。从接枝共聚物的凝胶渗透色谱分析数据看出，木质素磺酸盐经接枝改性反应后，相对分子质量大为增加，同时相对分子质量分布的均匀性也得到改善。从图 13-10 可见，尽管仍有小分子部分存在，但所占比例已大为减少[33]。

表 13-7 接枝共聚物与木质素相对分子质量

样品	数均相对分子质量 M_n	峰尖相对分子质量 M_p	重均相对分子质量 M_w	Z 均相对分子质量 M_z
木质素磺酸盐	1701	1198	2487	4123
接枝共聚物	229795	281327	250986	261183

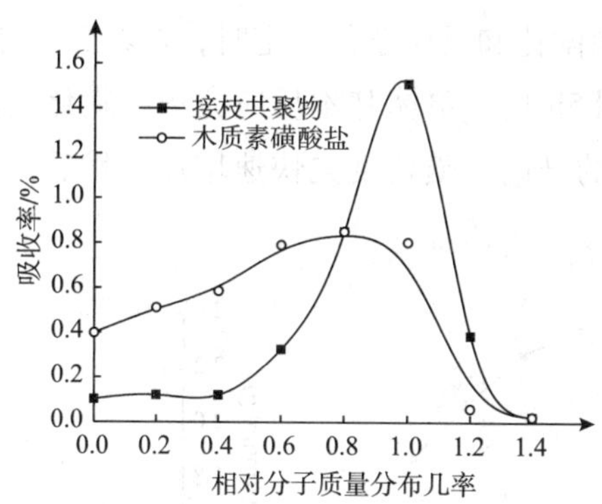

图 13-10 接枝共聚物与木质素磺酸盐的相对分子质量分布几率

木素磺酸钙与丙烯酰胺接枝共聚物进一步通过 Mannich 反应，可以得到两性木质素絮凝剂。如将接枝共聚物溶液用 10% 的氢氧化钠溶液调节至 pH = 10，按照醛胺比 1∶1 加入甲醛和二甲胺，在 50℃ 下反应 3h，可以得到阳离子度为 0.6675mmol/g、阴离子度为 0.4347mmol/g 的两性离子接枝共聚物[34]。

四、木质素磺酸钠 - 甲基丙烯磺酸钠接枝共聚物

采用甲基丙烯磺酸钠（SMAS）与木质素磺酸钠进行接枝共聚改性，与传统的磺化改性相比，不仅可以提高其磺化度，增加颗粒间的静电斥力，并且由于接枝聚合反应引入长的支链，还可以增加分子空间位阻，提高分子的热稳定性[35]。由于 SMAS 的聚合活性低，通常得到的是低相对分子质量的产物，在油田作业流体中可以作为分散剂、降黏剂、表面活性剂和阻垢剂等。其合成过程如下。

将一定量的木质素磺酸钠溶于水中，加入装有搅拌器的 250mL 三口瓶中，加入一定量的引发剂过硫酸钾，通入 N_2，开动搅拌。待反应液温度上升到 80℃ 时，开始滴加一定量的单体 SMAS，反应 5 ~ 6h，得共聚物粗品。加入异丙醇，分离出沉淀。粗产品用丙酮 - 醋酸在索氏萃取器中抽提 5 ~ 6h，除去均聚物后，干燥即得接枝共聚物。

在一定条件下，磺化度可以反映接枝反应程度，故基于磺化度考察了影响接枝共聚反应的因素，研究表明，SMAS 用量、引发剂用量、反应时间和反应温度是影响接枝共聚反应的关键。

当木质素磺酸钠与水的质量比为 1∶50，引发剂过硫酸钾用量为 3.5%（占木质素磺酸钠和 SMAS 的质量分数），反应温度为 80℃，反应时间为 5h 时，m（SMAS）∶m（木质素磺酸钠）对磺化度的影响见图 13-11。从图 13-11 看出，随着单体用量的增大，接枝共聚

物磺化度先增大后减小。在实验条件下，SMAS 单体用量为 20% 较佳。

如图 13-12 所示，原料配比和反应条件一定时，随着引发剂用量的增大，接枝共聚物磺化度先增大后降低，这是由于引发剂用量太小，不能产生足够的自由基，反应不充分，引发剂用量太大，容易引起 SMAS 的均聚，影响接枝聚合反应的进行。可见，引发剂用量为 3.5% 较适宜。

如图 13-13 所示，原料配比和反应条件一定时，随着反应时间的延长，产物的磺化度逐步增加，当反应时间达到 5h 后，单体基本反应完毕，磺化度趋于平缓。可见反应时间为 5h 即可，随着反应温度的升高，磺化度先快速增加，然后又大幅度降低。显然，反应温度为 80℃ 较好。

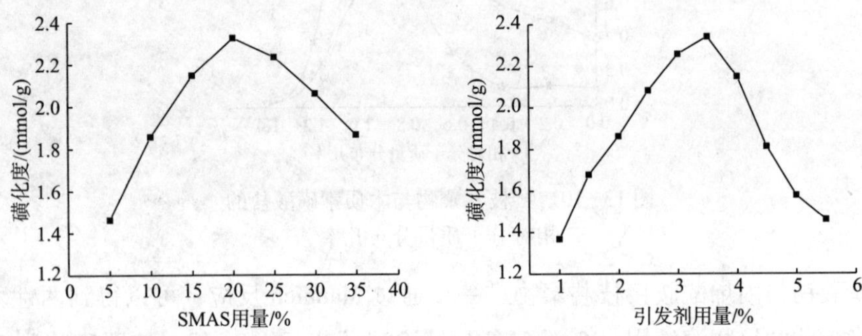

图 13-11　SMAS 用量对接枝反应的影响　图 13-12　引发剂用量对接枝反应的影响

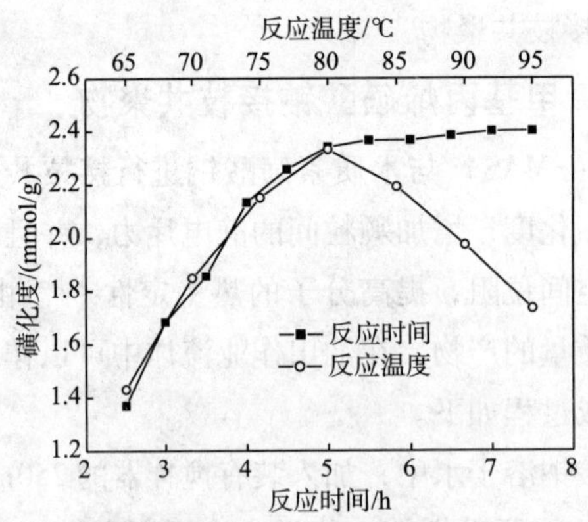

图 13-13　反应时间和反应温度对接枝反应的影响

五、木质素磺酸钠-AM/AMPS 接枝共聚物

以 AM、AMPS 与木质素磺酸钠（SL）接枝共聚得到的高相对分子质量的接枝共聚物可以用作钻井液降滤失剂，当 AMPS 用量为 15%（占 AM 和 AMPS 总量的摩尔百分数）、木质素用量（占 AM、AMPS 和木质素磺酸总量的质量百分数）30% ~40% 时可以得到成本较低、降滤失效果较好的接枝共聚物，接枝共聚物在淡水钻井液、饱和盐水钻井液及复合盐水钻井液中均具有较好的降滤失效果和较强的抗盐抗温和抗钙镁能力。其制备过程如下。

按比例将 AMPS 溶于适量的水中，在冷却条件下用等物质的量的氢氧化钠（溶于适量的水中）中和，然后依次加入 AM、木质素磺酸钠，待溶解后升温至 60℃，通氮 5～10min 后加入占单体质量 1% 的引发剂，搅拌均匀后于 60～70℃下反应 0.5～4h，得凝胶状产物。将产物于 120℃下烘干、粉碎得棕褐色粉末状丙烯酰胺和 2－丙烯酰胺基－2－甲基丙磺酸单体与木质素磺酸钙接枝共聚物降滤失剂。

研究表明，在作为钻井液降滤失剂的接枝共聚物合成中，引发剂、原料配比、反应温度和反应时间等均会影响接枝共聚反应及产物的降滤失能力。以接枝率、转化率和产物所处理钻井液（复合盐水钻井液）滤失量作为考察依据，考察了各因素的影响情况。

当 n（AMPS）∶n（AMPS＋AM）为 20%，m（SL）∶m（AMPS＋AM）＝3∶7，反应温度为 60℃，反应时间为 4h，以过硫酸钾和硫代硫酸钠为引发剂（过硫酸钾：硫代硫酸钠＝1∶1），引发剂用量对接枝共聚反应及产物性能的影响见图 13－14。从图 13－14 可以看出，随着引发剂用量的增加，单体转化率和接枝率逐渐增加，当引发剂用量超过 1.25% 后，趋于稳定。实验发现，当引发剂用量过大时，反应中容易发生爆聚。从产物降滤失能力看，随着引发剂用量的增加，降滤失能力增强，当引发剂用量超过 1.25% 后，降滤失能力反而降低，这是因为引发剂用量大时，活性中心增加，接枝物的相对分子质量降低所致，另一方面，反应中出现爆聚时，也会使产物性能降低。在实验条件下，引发剂用量为 1.0%～1.25% 较好。

当 n（AMPS）∶n（AMPS＋AM）为 20%，m（SL）∶m（AMPS＋AM）＝3∶7，反应温度为 60℃，反应时间为 4h，引发剂用量为 1.25%，m（SL）∶m（AMPS＋AM）对接枝共聚反应及产物性能的影响见图 13－15。从图 13－15 可以看出，随着 SL 用量的增加，开始对单体转化率和接枝率影响不大，当 SL 用量为超过 25% 时转化率和接枝率出现降低。从产物降滤失能力看，随着 SL 用量的增加，降滤失能力提高，当 SL 用量为 20% 时降滤失能力最好，随后再增加 SL 用量降滤失能力略有降低，综合成本和效果，在实验条件下，SL 用量为 20%～25% 较好。

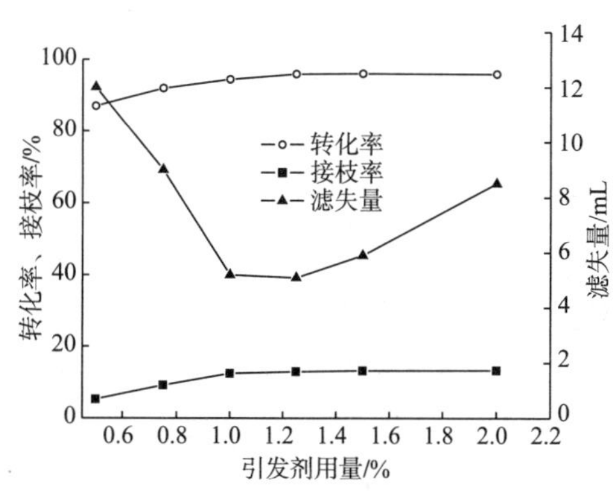

图 13－14 引发剂用量对接枝共聚反应及产物性能的影响

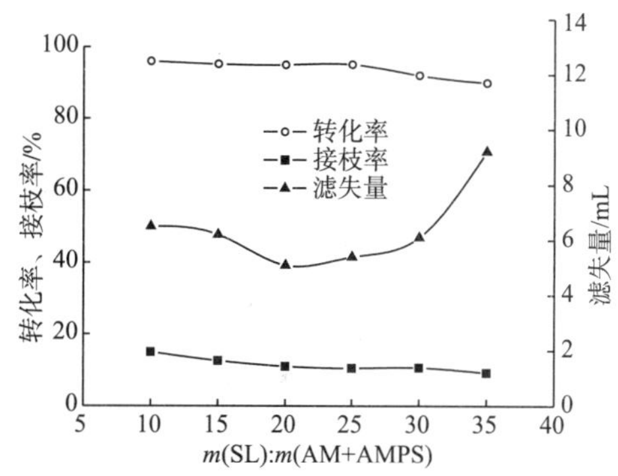

图 13－15 SL 用量对接枝共聚反应及产物性能的影响

当原料配比和反应条件一定时，n（AMPS）∶n（AMPS＋AM）为 20%，m（SL）∶m

(AMPS + AM) =2.5∶6.5，反应温度为 60℃，反应时间为 4h，引发剂用量为 1.25%，n (AMPS)∶n (AMPS + AM) 对接枝共聚反应及产物性能的影响见图 13-16。从图 13-16 可以看出，AMPS 用量对单体转化率和接枝率影响较小。而产物降滤失能力受 AMPS 用量的影响较大，随着 AMPS 用量的增加，降滤失能力大幅度提高，当 AMPS 用量达到 15% 以后降滤失能力略有降低，这是由于 AMPS 提供磺酸基，可以提高产物的抗高价离子污染的能力，但当用量过大时，AM 的量相对减少，吸附基和水化基比例失调，降滤失能力降低，综合成本和效果，在实验条件下，AMPS 用量为 15% 较好。

如图 13-17 所示，当 n (AMPS)∶n (AMPS + AM) 为 15%，m (SL)∶m (AMPS + AM) =2.5∶6.5，反应时间为 4h，引发剂用量为 1.25% 时，随着反应温度的增加，单体转化率和接枝率提高。而产物降滤失能力开始大幅度增加，到 60℃后趋于稳定，可见升高温度有利于提高反应效率和产物性能，但当温度过高时，反应易于出现爆聚，不仅反应失控，而且使产物的性能降低。在实验条件下，反应温度为 60~65℃较好。

如图 13-18 所示，当反应温度为 65℃时，随着反应时间的延长，单体转化率和接枝率提高，产物降滤失能力增加，当反应时间达到 4h 时，单体转化率和接枝率，以及产物降滤失能力基本趋于稳定。可见，反应时间为 4h 即可满足要求。

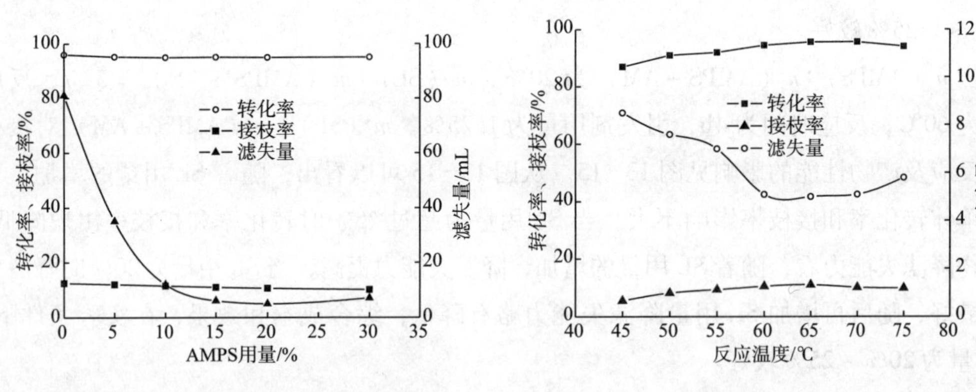

图 13-16 AMPS 用量对接枝共聚反应及产物性能的影响

图 13-17 反应温度对接枝共聚反应及产物性能的影响

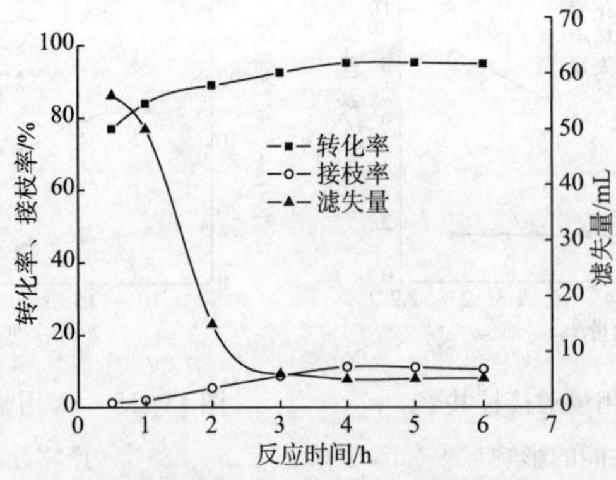

图 13-18 反应时间对接枝共聚反应及产物性能的影响

六、木质素－二甲基二烯丙基氯化铵接枝共聚物

木质素－二甲基二烯丙基氯化铵接枝共聚物为阳离子接枝共聚物。实验表明，用于水处理絮凝剂，对4种模拟染料废水的脱色率均达92%以上[36]。在油田水处理中可以用作絮凝剂和脱色剂。其制备过程如下。

在装有回流冷凝管和温度计的250mL三颈瓶中，加入所需量的木质素和DMDAAC水溶液，通入N_2保护，用质量分数为40%的NaOH溶液调pH值至10～11，搅拌均匀，于50℃下滴加引发剂溶液，短时间活化后，在70℃下继续反应7h，冷却至室温。用1∶3（体积比）的盐酸酸析反应液至pH值为2，离心收集生成的深褐色黏性沉淀物，干燥、粉碎即得到阳离子木质素－DMDAAC接枝共聚物产品。

由于季铵盐阳离子单体可以与四苯硼钠（$NaBPh_4$）发生沉淀反应，由此可定性定量鉴定阳离子单体。将反应液酸析后离心过滤，用移液管吸取一定体积的滤液，滴入$NaBPh_4$溶液中，形成白色沉淀，抽滤分离，用少量蒸馏水滴洗3次，除去NaCl杂质，抽干，然后干燥称量，由此计算出滤液中所含的未参加反应的单体的量，进而求出单体转化率。

在木质素－DMDAAC接枝共聚物制备中，接枝共聚反应的关键在于使骨架聚合物的大分子链上产生活性中心，木质素中醇羟基和酚羟基的羟基可用自由基引发剂活化，因此选择合适的引发剂非常重要。选取多种相同浓度的引发剂进行接枝共聚反应，并将阳离子木质素接枝共聚物对刚果红染料（0.1g/L）进行絮凝，在490nm处测定并计算脱色率，不同引发剂对接枝共聚反应及脱色率的影响结果见表13-8。从表13-8可看出，使用过硫酸钾（$K_2S_2O_8$）作引发剂时，脱色效果最佳，脱色率达98.87%，接枝效果亦良好，单体转化率为85.1%，且$K_2S_2O_8$成本较低，综合两项指标来看，以$K_2S_2O_8$作为引发剂较为理想。

表13-8 不同引发剂对接枝共聚反应和产物絮凝能力的影响

引发剂	Ce^{4+}	Fe^{2+}/H_2O_2	$K_2S_2O_8$	$K_2S_2O_8/NaHSO_3$	$K_2S_2O_8/Na_2S_2O_3\cdot5H_2O$
脱色率/%	79.02	95.46	98.87	89.41	91.87
单体转化率/%	87.7	55.9	85.1	87.9	96.9

注：木质素与DMDAAC质量比为1∶0.5，引发剂浓度为0.02mol/L，70℃下反应6h。

研究表明，在以$K_2S_2O_8$为引发剂进行接枝共聚时，引发剂浓度、反应温度、反应时间、反应原料质量比等是影响接枝共聚反应及产物性能的关键。不同因素的影响情况如下。

（1）反应时间。当木质素与DMDAAC的质量比为1∶1、反应温度为60℃、引发剂浓度为0.02mol/L时，单体转化率随着反应时间的增加而增加，当反应时间达到7h后，转化率增加有限。

（2）反应温度。当木质素与DMDAAC的质量比为1∶1、反应时间为7h、引发剂浓度为0.02mol/L时，随着反应温度的升高，单体转化率增加，当反应温度达到70℃后，再升

高温度转化率反而降低。

(3) 引发剂用量。当木质素与 DMDAAC 的质量比为 1∶1、反应温度为 60℃、反应时间为 7h 时，随着引发剂浓度的增加，单体转化率快速增加，当引发剂用量超过一定量后转化率反而降低，这是由于木质素的酚羟基生成自由基数量增多，即接枝活性中心增加，有利于接枝共聚；但在同一聚合反应体系中，链增长和终止反应相互竞争，当 $K_2S_2O_8$ 浓度较大时，与自由基反应引起的链终止反应几率增大，对接枝链的增长反而不利，且有进一步氧化自由基的可能。

(4) 原料配比。当引发剂浓度为 0.02mol/L、反应温度为 70℃、反应时间为 7h 时，随着 DMDAAC 用量的增加，单体转化率开始有所增加，当达到一定量后再增加 DMDAAC 用量，单体转化率大幅度降低。这是由于当木质素含量较大时，木质素自由基的数量多，1 个季铵盐分子被多个木质素自由基包围，则单体与自由基碰撞的机会增多，可发生充分的反应，而使单体转化率显著增大，当木质素含量低时，木质素自由基的数量相对较少，聚合反应的几率降低，导致单体转化率降低。在实验条件下，木质素与 DMDAAC 质量比为 1∶0.5 时，单体转化率最大。

综上所述，在木质素与 DMDAAC 接枝共聚物合成中，最佳合成工艺条件：引发剂 $K_2S_2O_8$ 浓度为 2.0×10^{-2}mol/L、木质素与 DMDAAC 的质量比为 1∶0.5、反应温度为 70℃、反应时间为 7h，此时单体转化率可达 95.7%。

此外，还可以采用木质素与 DMDAAC 和丙烯酰胺接枝共聚物制备阳离子或两性离子木质素絮凝剂。如以提取的乙二醇木质素为原料，以丙烯酰胺（AM）、DMDAAC 为接枝单体制备了接枝共聚阳离子木质素絮凝剂。当反应温度为 40℃，反应时间为 8h，引发剂用量为 10mL，m（木质素）∶m（AM）∶m（DMDAAC）=1∶2∶1 时，木质素的接枝率为 227.5%，接枝效率为 75.8%。将絮凝剂应用于高岭土模拟废水和柠檬黄、胭脂红及活性艳蓝 X-BR 模拟染料废水处理，在较佳的条件下，絮凝剂对高浊度的高岭土模拟废水的除浊率可达 87.3%；对柠檬黄、胭脂红及活性艳蓝 X-BR 染料的脱色率可达 96.7%、98.2%、96.4%[37]。以木质素磺酸盐、AM、DMDAAC 为原料，通过接枝共聚，制得木质素磺酸盐两性絮凝剂，当反应温度为 50℃，共聚时间为 6h，固含量为 20%，引发剂浓度为 0.1%，单体与木质素磺酸盐质量比为 4∶1，AM 与 DMDAAC 质量比是 2∶1 时，产品的特性黏数为 635.2mL/g，接枝效率为 99.2%，阳离子度为 26.8%。对四种污水进行絮凝处理，COD 去除率均达到 76% 以上，处理后污水达到相关排放标准，说明产品有较好的通用性，同时产品具有良好的耐温、耐盐、耐酸性[38]。

将占单体质量 0.2% 的相对分子质量调节剂和适量的水加入反应器中，加入 40g 木质素磺酸钙和 18g 氢氧化钾，搅拌均匀后加入 50g 的 2-丙烯酰胺基-2-甲基丙磺酸、15g 的丙烯酸、10g 的二甲基二烯丙基氯化铵，用质量分数为 40% 的氢氧化钾溶液调节体系的 pH=4~5，然后加水使反应混合物中的物料质量分数控制在 30%~40%，搅拌下升温至 50~70℃，然后慢慢加入引发剂过硫酸钾（事先配成溶液），加完后在此温度下反应 2~

5h，即得液体产品，液体产品经过干燥、粉碎得粉状成品。产品10%水溶液表观黏度≤25mPa·s，pH值（25℃，1%的水溶液）为7~9。用作钻井液降黏剂，兼具降滤失和防塌作用，适用于各种类型的水基钻井液。本品可以单独使用，也可以与其他处理剂一起使用，其用量一般为0.2%~0.5%，适用于各种水基钻井液体系[39]。

第四节 阳离子化木质改性产物

本节所涉及的阳离子木质素改性产物主要为木质素与卤代季铵盐或环氧烷基季铵盐的反应产物，以及一些木质素与醛、脲、双氰胺等的反应物。

一、3-氯-2-羟丙基三甲基氯化铵与木质素的醚化反应产物

（一）阳离子木质素絮凝剂

以木质素、环氧氯丙烷和三甲胺等为原料制备的木质素季铵盐，可用于水处理絮凝剂，该絮凝剂对高岭土分散体系、柠檬黄、胭脂红均有良好的絮凝性能[40]。其合成包括一步法和两步法。一步法是木质素与环氧氯丙烷反应后接着与三甲胺反应得到阳离子产物，其制备过程如下。

取5g处理过的木质素加入三口烧瓶中，加水浸湿，依次加入4mol/L的NaOH溶液，14mL环氧氯丙烷，30mL三甲胺溶液（体积百分比浓度33%），升温至60℃，于60℃下恒温搅拌反应3.5h，得到黏稠状絮凝剂。pH值为6~7，能完全溶于水，长时间放置没有沉降现象。

两步法是先合成阳离子中间体，然后在与木质素反应制备阳离子木质素[41]，制备过程如下。

（1）中间单体的制备：取一定量的三甲胺溶液置于三口烧瓶中，装上电磁搅拌器和回流冷凝管，烧瓶置于冰盐浴中，按n（三甲胺）:n（环氧氯丙烷）为1:0.7的比例加入环氧氯丙烷，搅拌反应1h，静置，取几滴上清液用Ag^+检验，得到白色沉淀即表明已生成所需中间体。

（2）接枝共聚：按照n（木质素）:n（中间体）为1:2.5，将精制木质素放入三口烧瓶中，置于70℃恒温水浴锅中，装好回流冷凝管，加入4mol/L的氢氧化钠溶液10mL作催化剂使木质素分子活化1min，然后加入中间体，继续搅拌反应几小时，得棕黑色黏稠液体，即为木质素季胺盐絮凝剂。

由于其分子中含有羟基、羰基等活性基团及季胺阳离子，增强了吸附性能，从而起到絮凝作用，用于处理污水时，具有沉降速度快、除浊效果好的特点。

（二）木质素阳离子表面活性剂

木质素阳离子表面活性剂系季铵化改性木质素，是由碱木质素与3-氯-2-羟基丙基三甲基氯化铵（CHPTMA）反应得到的阳离子聚电解质，作为阳离子表面活性剂，可以用

于三次采油和水处理等方面。其制备包括3步[42]。

（1）木质素的分离及纯化：将粗碱木质素配成10%的溶液，用10%的NaOH调节溶液pH＝12，至木质素全部溶解，离心去除不溶解杂质，清液加热至60℃，用20%的硫酸调节pH＝3，静置，去除上清液，沉淀水洗，经6000r/min离心分离10min，洗至中性，干燥后研磨成粉末。纯化木质素的化学组成为：木质素质量分数为94.77%，总糖质量分数为2.63%，灰分质量分数为1.84%，酚羟基质量摩尔浓度为2.53mol/kg。

（2）3－氯－2－羟丙基三甲基氯化铵的合成：在反应瓶中加入一定量的三甲胺水溶液，用冰水浴将溶液温度冷至0～15℃，在20min内将等量的盐酸滴加到三甲胺水溶液中，滴完后静置20min，调节pH值至9，然后按三甲胺物质的量为95%的量滴加环氧氯丙烷，在1h内滴完。在30℃条件下反应3h，减压蒸馏得白色结晶，加无水乙醇后加热溶解成透明溶液，先过滤出杂质，用抽滤瓶抽吸，得白色CHPTMA盐晶体，熔点为190～192℃。

（3）阳离子木质素表面活性剂的合成：在反应瓶中加入一定量的木质素水溶液，以及一定量的NaOH溶液，按不同比例滴加CHPTMA盐溶液，在40～70℃下反应2～6h即得到目标产物。

将所得样品配成1%的稀溶液，用JYW－200A自动界面张力仪上测定活性剂的表面张力。取1g样品，分别溶于pH值为2、7、11的水中配成1%的溶液，分别用G4的玻砂漏斗过滤后，烘干恒质，根据残渣量计算出溶解百分率。

研究表明，在阳离子木质素表面活性剂的合成中，季铵盐用量、氢氧化钠用量和反应时间、反应温度是保证产物性能的关键。

如图13-19所示，当NaOH与CHPTMA的物质的量比为1.3，反应温度为50℃，反应时间为6h时，随着CHPTMA用量的增加，产品的氮含量逐步提高，说明木质素的季铵化程度提高，当CHPTMA浓度超过4mol/kg时，氮含量趋于稳定。同样，溶液的表面张力也是随着CHPTMA用量的增加逐步下降，说明通过反应引入了阳离子基团后，木质素产品的表面活性得到了较大的改善。CHPTMA用量不同时，改性木质素产品在不同pH值时的溶解能力也不相同。硫酸盐木质素在酸性条件下水不溶，通过与CHPTMA反应后，引入阳离子季铵盐基，增加了木质素大分子的亲水性，使其在不同pH值的水中的溶解度均逐步得到改善，尤其是pH值为7左右时，其溶解性能与季铵盐用量有很大关系，这主要是因为季铵盐木质素产品的等电点在pH＝5～8。季铵盐浓度大于4mol/kg时，改性后的木质素产品在任何pH值下都具有较好的溶解性能。从产品的溶解性能和表面张力的分析可知，木质素季铵盐在改性反应时，CHPTMA的适宜浓度为4mol/kg，此时1%溶液的最大起泡体积为58mL，3min后剩余泡沫76.67%。

如图13-20所示，当CHPTMA浓度为4mol/kg，反应温度为50℃，反应时间为6h时，随着n（NaOH）：n（CHPTMA）的增加，产品的氮含量逐步提高，溶液的表面张力逐步下降，说明木质素的季铵化程度提高，当n（NaOH）：n（CHPTMA）为1.3时，氮含量最高，溶液的表面张力达到最低。但当碱与CHPTMA的物质的量比超过1.3时，产品的氮含

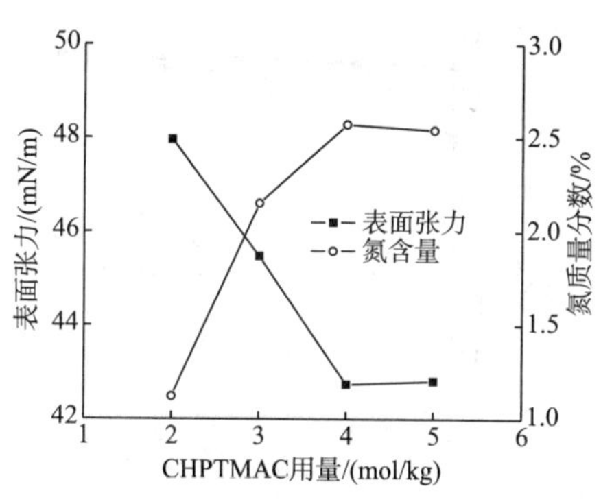

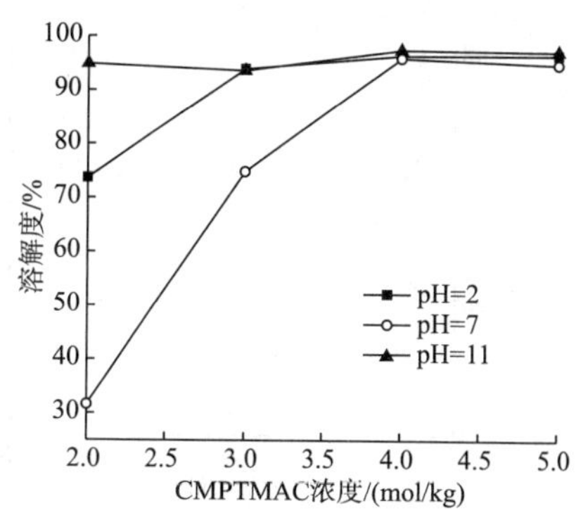

图 13-19 季铵盐用量对木质素表面活性剂的表面张力、氮含量及溶解性能的影响

量反而下降，表面张力有所回升，这可能是因为碱用量大时，反应液 pH 值很高，在木质素发生季铵化反应的同时，反应产物的水解速度也提高，最终导致产品的氮含量下降。当 *n*（NaOH）∶*n*（CHPTMA）不同时，季铵化改性木质素产品在不同 pH 值下的溶解能力不同。木质素与 CHPTMA 的反应是一个碱催化反应，在 CHPTMA 用量一定时，随着碱用量增加，引入的阳离子基团数量增加，提高了木质素大分子的亲水性，反应后产品在酸性和中性条件下的溶解度均得到改善。当 *n*（NaOH）∶*n*（CHPTMA）为 1.3 时，改性后的木质素产品在任何 pH 值下都具有较好的溶解性能。可见，*n*（NaOH）∶*n*（CHPTMA）为 1.3 较为合适。

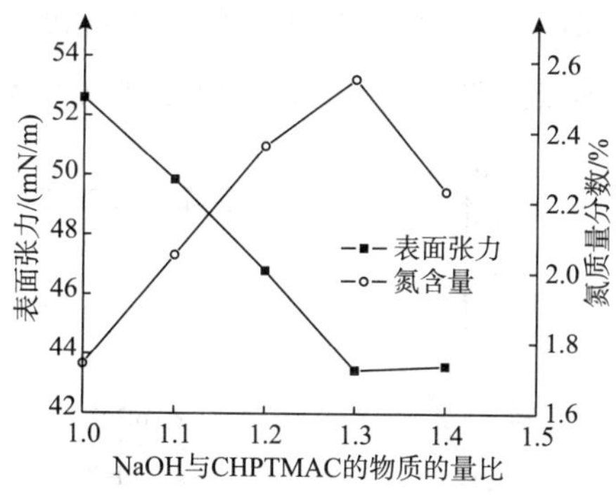

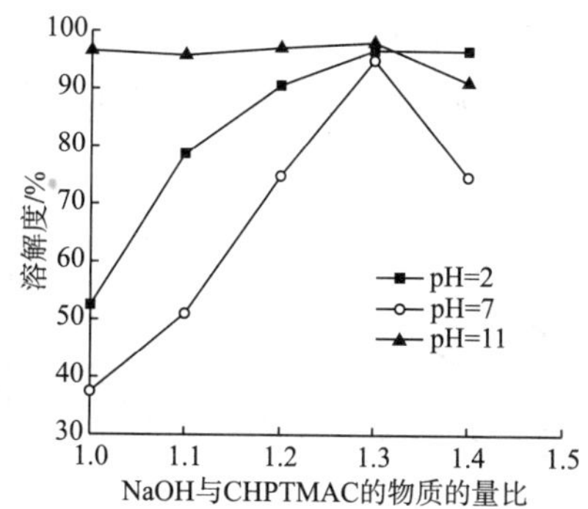

图 13-20 NaOH 用量对木质素表面活性剂的表面张力、氮含量及溶解性能的影响

如图 13-21 所示，当季铵盐浓度为 4mol/kg，*n*（NaOH）∶*n*（CHPTMA）为 1.3，反应温度为 50℃时，随着反应时间的延长，产品的氮含量增加，溶液的表面张力逐步下降，说明木质素的季铵化程度随着反应时间的延长而提高。当反应时间达到 4h 后，产品的氮含量和表面张力基本不变，说明木质素与季铵盐的反应在一定的碱和季铵盐用量的情况下，4h 后就达到了最高氮含量（最大的醚化程度）和相应的最低表面张力，此时反应基本完成。改性木质素产品在不同 pH 值下的溶解能力随着反应时间的延长而增加。随着反应时间的延长，木质素与季铵盐的反应量增加，引入的阳离子季铵盐基增加，增加了木质素大分子的亲水性，反应后产品在酸性和中性条件下的溶解度均有较大程度的改善。当反应时间达到 4h 后，改性后的木质素产品在任何 pH 值下都具有较好的溶解性能。可见，反应时间以 4h 为宜。

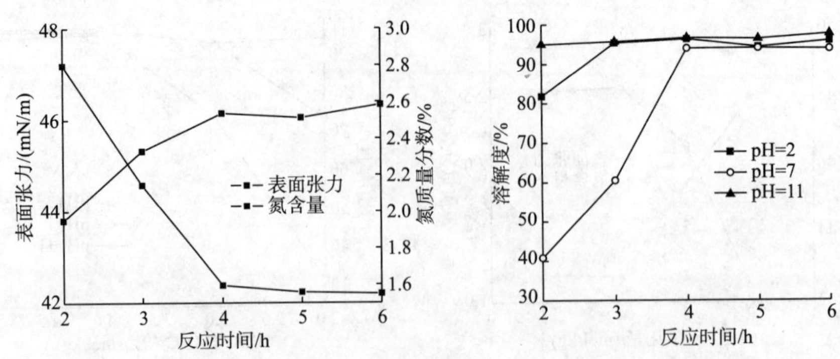

图 13-21 反应时间对木质素表面活性剂的表面张力、氮含量及溶解性能的影响

如图 13-22 所示，当季铵盐浓度为 4mol/kg，n（NaOH）：n（CHPTMA）为 1.3，反应时间为 4h 时，在 CHPTMA 用量和反应时间一定时，随着反应温度的升高，产品的氮含量先增加后下降，溶液的表面张力是先降低后有所回升，温度为 50℃时，氮含量最高，溶液的表面张力达到最低。说明随着反应温度的提高，木质素大分子中引入了阳离子季铵盐基，木质素产品的表面活性得到改善，但当反应温度进一步提高时，阳离子化的木质素产品和季铵盐的水解速度提高，产品的氮含量反而下降，表面张力有所回升。随着反应温度的升高，产品在中性和酸性条件下的溶解性能得到了一定程度的改善，当反应温度高于 50℃后，产品的氮含量开始下降，说明木质素大分子上引入的阳离子基团数量减少，所以产品在不同 pH 值下的溶解能力降低，尤其是 pH 值为 7 的情况下溶解性大幅度下降。从产品的溶解性能及表面张力分析可知，木质素季铵盐改性反应时，反应温度以 50℃为宜。

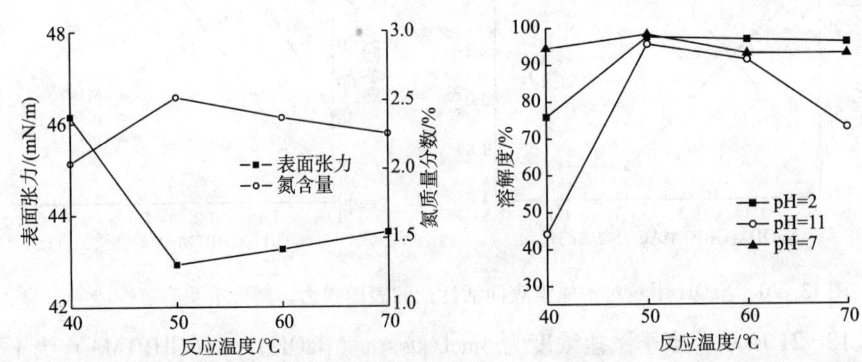

图 13-22 反应温度对木质素表面活性剂的表面张力、氮含量及溶解性能的影响

二、木质素二甲基烷基季铵盐改性产物

以酶解木质素、甲醛、二甲胺及阳离子化试剂为原料，制备的木质素二甲基烷基季铵盐（简称阳离子木质素），可用于水处理絮凝剂。评价表明，阳离子木质素絮凝剂，对酸性黑 10B、直接红 2B、活性红 X-3B 三种阴离子染料废水的絮凝脱色效果明显，当染料初始浓度为 100mg/L，初始 pH 值为 6.5～7 时，最佳的絮凝剂投加量分别为 35mg/L、35mg/L、50mg/L，脱色率均超过 95%[43]。

（一）反应原理

$$HCHO + HN(CH_3)_2 + RX \xrightarrow{NaOH} HO-CH_2-\overset{+}{N}(CH_3)_2-RX^- \quad (13-6)$$

$$\text{Lignin-}C_6H_3(OCH_3)OH + NaOH \longrightarrow \text{Lignin-}C_6H_3(OCH_3)ONa \quad (13-7)$$

$$\text{Lignin-}C_6H_3(OCH_3)ONa + HO-CH_2-\overset{+}{N}(CH_3)_2-RX^- \longrightarrow \text{Lignin-}C_6H_3(OCH_3)O-CH_2-\overset{+}{N}(CH_3)_2-RX^- \quad (13-8)$$

（二）合成过程

阳离子木质素絮凝剂的制备包括中间体制备和缩合反应 2 步。首先在三口瓶中加入 12mL 质量分数 37% 的甲醛水溶液，20mL 质量分数为 33% 的二甲胺水溶液（甲醛与二甲胺物质的量比为 1.2∶1），一定量的阳离子化试剂，3g 氢氧化钠，在 25℃搅拌反应 2h，得到的产物即为中间体。

将 5g 酶解木质素溶解于 50mL 质量分数为 1% 的氢氧化钠水溶液中，得到木质素碱溶液。在中间体中加入木质素碱溶液，加热至设定温度，反应一定时间，得到棕红色液体，在 60℃真空干燥箱中减压烘干至恒质，即得到水溶性的阳离子木质素粉末。

在产品合成中，影响合成反应及产物性能的因素主要有阳离子化试剂用量、反应温度和反应时间等。

在木质素阳离子化改性反应中，阳离子化试剂的用量对阳离子度（1g 木质素阳离子絮凝剂中阳离子的物质的量，mmol/g）的影响较大。当甲醛与二甲胺物质的量比为 1.2∶1，在室温下缩合反应 2h，阳离子化试剂用量对产物阳离子度的影响见图 13-23。从图13-23 可以看出，随着阳离子化试剂用量的增加，木质素阳离子絮凝剂上的阳离子度呈现先上升后下降的趋势，这可能是由于在反应初期，随着阳离子化试剂用量的增加，木质素上引入的阳离子数量也会随之增加；由于在反应中后期，当阳离子化试剂进一步增加时，形成的中间体的体积增大，使得中间体与木质素反应的位阻增大，中间体与木质素反应的机率减小，得到的阳离子木质素絮凝剂的阳离子度也随之减少。故 n（阳离子化试剂）∶n（甲醛）为 1∶1 时，得到的阳离子度较大。

缩合反应中包含了季铵盐化反应，该反应需要在适当的温度下才能进行，但是反应温度越高，生成的季铵碱受热分解的副反应越明显：

$$(CH_3)_4N + OH^- \xrightarrow{\triangle} (CH_3)_3N + CH_3OH \quad (13-9)$$

因此，缩合反应的温度和时间对阳离子木质素絮凝剂的阳离子度也有较大的影响。当 *n*（甲醛）∶*n*（二甲胺）∶*n*（阳离子化试剂）为1.2∶1∶1.2，在不同反应温度下，反应时间对阳离子木质素絮凝剂阳离子度的影响见图13-24。从图13-24可以看出，在较低的反应温度下（30℃和50℃），当延长中间体与木质素的反应时间时，得到的木质素阳离子絮凝剂的阳离子度呈现上升的趋势；当反应温度较高时（70℃和90℃），阳离子木质素絮凝剂的阳离子度随着反应时间的延长呈现先上升后下降的趋势。由此可见，升高缩合反应温度有利于木质素阳离子化改性的进行，但是随着反应温度的提高，季铵碱受热分解的副反应也越来越明显，并最终导致产物阳离子度的降低。可见，缩合反应的温度为70℃，反应时间为2h时，所得木质素改性物的阳离子度最高。

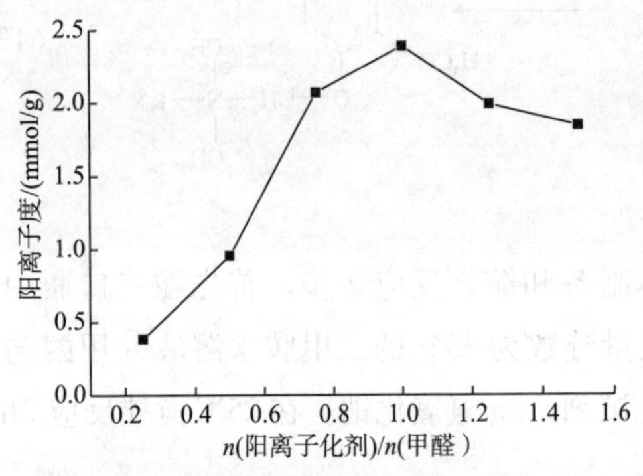

图13-23　阳离子化试剂的用量对产物阳离子度的影响

阳离子度/(mmol/g)

反应时间/h

30℃ 50℃ 70℃ 90℃

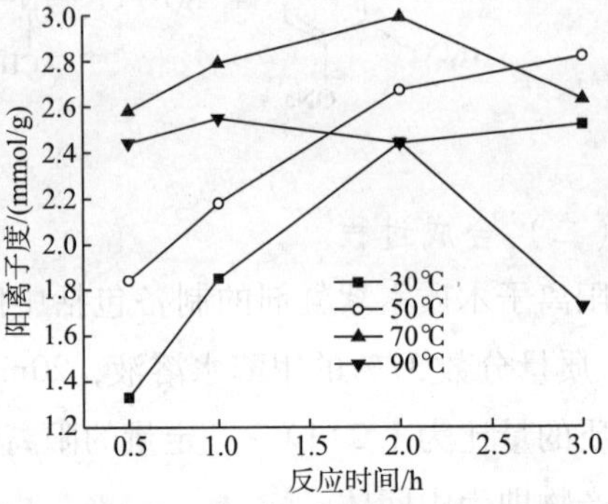

图13-24　中间体与木质素缩合反应时间对产物阳离子度的影响

三、二甲基-正丁基-磺化木质素基氯化铵

以麦草碱木质素为原料通过Mannich和磺化反应合成的二甲基-正丁基-磺化木质素基氯化铵（DBSLAC），作为一种两性表面活性剂，可用作重金属离子吸附剂和染料絮凝剂，也可以用于油田水处理絮凝剂[44]。

（一）反应原理

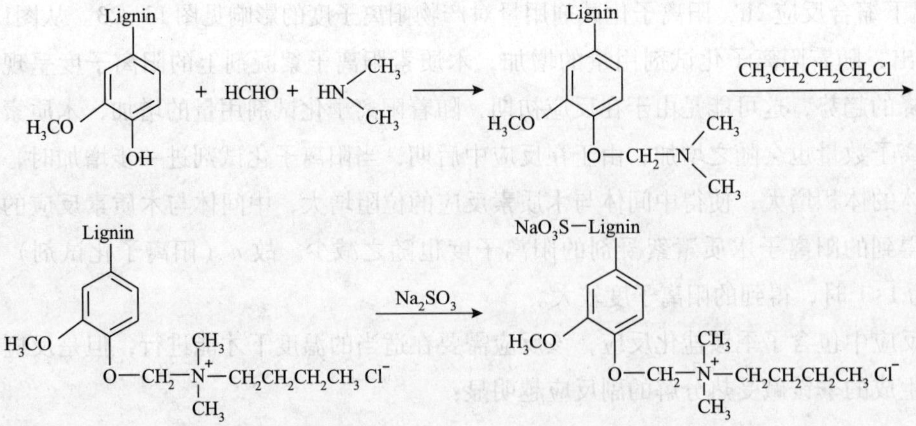

Lignin–(愈创木基, H_3CO, OH) + HCHO + $HN(CH_3)_2$ → Lignin–(愈创木基, H_3CO)–O–CH_2–$N(CH_3)_2$ $\xrightarrow{CH_3CH_2CH_2CH_2Cl}$

Lignin–(愈创木基, H_3CO)–O–CH_2–$N^+(CH_3)_2$–$CH_2CH_2CH_2CH_3$ Cl^- $\xrightarrow{Na_2SO_3}$ NaO_3S–Lignin–(愈创木基, H_3CO)–O–CH_2–$N^+(CH_3)_2$–$CH_2CH_2CH_2CH_3$ Cl^-　（13-10）

（二）制备过程

（1）碱木质素原料预处理：将工业麦草碱木质素溶于蒸馏水中，静置24h，过滤除去不溶物，得到纯化的碱木质素溶液。将纯化的碱木质素溶液用1mol/L的盐酸调节溶液pH值为2，离心分离pH值为2时的沉淀物，用大量蒸馏水洗沉淀物至中性，50℃干燥48h。

（2）二甲基－正丁基－磺化木质素基氯化铵（DBSLAC）的合成：取5g碱木质素加入质量分数10%的氢氧化钠溶液溶解，加入30mL质量分数为4%的H_2O_2溶液搅拌，加热至80℃反应2h。待冷却至室温，加入39mL的甲醛溶液和二甲胺溶液，继续在80℃水浴中反应3h，反应结束后冷却至室温，再加入15mL的一氯正丁烷，升温至90℃反应3h，结束反应，最后加入8g的无水Na_2SO_3，用盐酸调节pH值至9，在90℃水浴冷凝回流反应2h。取少量上述反应产物，倾入盐酸溶液（1mol/L）中，有沉淀析出，用真空过滤收集沉淀，滤液重复上述操作直到滤液中不再析出沉淀，沉淀物在50℃下进行真空干燥即得到产品DBSLAC。

研究表明，在氧化剂H_2O_2的作用下，木质素大分子主要发生碎片化反应，相对分子质量降低，如表13－9所示，碱木质素经H_2O_2氧化后重均相对分子质量（M_w）和数均相对分子质量（M_n）都有所下降，分散性均较好。H_2O_2作为一种比较缓和的氧化剂，对碱木质素的苯环有活化作用，在碱性溶液中可产生·OH和·O自由基，同时攻击木质素，然后发生侧链与甲氧基脱除反应及芳香核开环反应。·OH既可以作用于木质素的苯环结构，又可以作用于苯环侧链结构，H_2O_2浓度较低的条件下，·OH主要作用于苯丙烷侧链结构。在不同的氧化反应条件下可能将以某一反应结果为主，得到不同结构的木质素改性产物。从红外分析中可知，处理后的木质素苯环、醚键均未被破坏，实验所用的是低浓度的（1.18mol/L）H_2O_2，所以依据这些条件可以初步判定反应主要发生在苯环侧链。也正因为如此，经H_2O_2氧化后的碱木质素相对分子质量降低较少，降解产物主要为含有苯环的芳香类物质。苯环侧链结构的改变，可以进一步证明后续反应中磺酸根结构的存在。

表13－9　碱木质素及H_2O_2氧化后的碱木质素的GPC分析结果

样品	数均相对分子质量（M_n）	重均相对分子质量（M_w）	多分散系数
碱木质素	2337	9027	3.8630
H_2O_2氧化后的碱木质素	1991	8057	4.0464

实验得到，DBSLAC的实际含氮量是2.34%，理论含氮量是3.00%，含氮量较低，可以看出碱木质素中，紫丁香基丙烷结构的含量较大，酚羟基邻位被甲氧基占据，从而使Mannich反应的活性位置减少。而理论含氮量是以愈创木基丙烷结构为基本单元计算的，使得结果偏大。木质素是三维网状结构，其空间位阻较大，甲醛分子很难与苯环进行亲核反应，进而含氮量较理论值较低。

碱木质素及DBSLAC溶解性能分析情况见表13－10。从表中可见，DBSLAC在pH值为10.84时溶解，不溶于酸和水。因为木质素是三维网状的结构，所以在进行磺化反应或曼尼希反应时比较困难，合成的产物 DBSLAC 所接上的亲水性基团季铵基和磺酸基比较少，另一方面，木质素本身的相对分子质量又很大，碳链很长，疏水基较大，所以导致 DBSLAC 不溶于水，但是增加了亲水基，所以其可溶解的 pH 值要比木质素有所降低。

表 13-10　碱木质素及 DBSLAC 溶解性的测定

样品	0.01mol/L NaOH	0.01mol/L HCl	蒸馏水	可溶解的 pH 值
碱木质素	易溶	不溶	不溶	11.80
DBSLAC	易溶	不溶	不溶	10.84

四、木质素、甲醛和双氰胺缩聚物

以木质素、甲醛和双氰胺等为原料合成的木质素－环氧胺缩聚物（LDH），可以用于絮凝剂[45]。该剂单独使用时，在原水 pH＝5～8，投加量为 50～65mg/L 时处理效果较好；与 PAC 复配时，在 pH＝7.49，PAC 和 LDH 的投加量分别为 400mg/L 和 5mg/L 时，出水 COD_{Cr} 为 84.88mg/L（去除率 69.47%），色度为 33.3 倍（去除率为 88.48%），出水水质可达到 GB 3544—2001 规定的一级排放标准。其合成过程如下。

在装有回流冷凝管及搅拌器的三颈烧瓶中先加入双氰胺、氯化铵及水溶性木质素（水与木质素的质量比为 1∶1）、2/3 配方量甲醛水溶液，然后开始水浴升温，搅拌，开通冷凝水。当三颈烧瓶内温度为 35℃时，停止加热，反应开始进行并伴有放热现象。待反应热释放高峰过后再加入余下的 1/3 量的甲醛水溶液，逐步升温至 80℃，在 80℃下反应 2.5h，冷却即得木质素、甲醛和双氰胺缩聚物，即改性木质素絮凝剂，其可能的结构见图13-25。

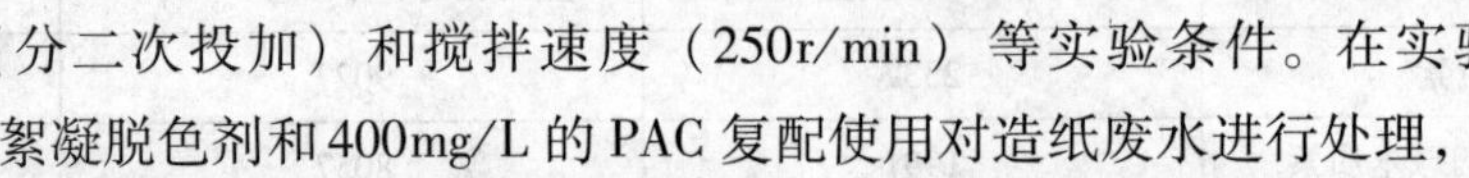

$$\text{Lignin}-CH_2-NH-\underset{}{\overset{\overset{+}{H_2N}\,\|}{C}}-NH-\overset{NH\,\|}{C}-\left[NH-\overset{\overset{+}{H_2N}\,\|}{C}-NH-\overset{NH\,\|}{C}-NH\right]_n\overset{\overset{+}{H_2N}\,\|}{C}-NH-CN$$

图 13-25　木质素、甲醛和双氰胺反应物絮凝剂

在合成过程中，影响产物絮凝脱色能力的因素主要有反应原料的配比、反应温度和反应时间等。选用 L_{16}（4^5）正交表进行正交实验。每次实验固定双氰胺用量（42.25g）、甲醛投加方式（分二次投加）和搅拌速度（250r/min）等实验条件。在实验过程中，用 5mg/L 的改性絮凝脱色剂和 400mg/L 的 PAC 复配使用对造纸废水进行处理，并考察 COD_{Cr} 去除率。正交实验结果的方差分析表明，反应温度和甲醛加量对产品的性能影响最大。正交实验优化的合成工艺条件为：反应时间为 2.5h，反应温度为 80℃，*m*（甲醛）∶*m*（木质素）∶*m*（双氰胺）∶*m*（氯化铵）＝2.01∶0.473∶1.00∶0.633。在此条件下制得的改性脱色絮凝剂为棕黑色、带有黏性且流动性良好的液体，固含量为 55%，易溶于水，25℃时的密度为 1.22g/mL，剪切黏度为 0.55Pa·s。

也可以用尿素代替部分双氰胺，对木质素进行改性制得高效、环保、价廉的木质素絮凝剂。其制备方法如下[46]。

在装有回流冷凝器及搅拌器的三颈烧瓶中，按照 *m*（甲醛）∶*m*（木质素）∶*m*（双氰胺）∶*m*（尿素）∶*m*（氯化铵）=4∶1.5∶1∶2∶4 的比例，先加入双氰胺、尿素、氯化铵及水溶性木质素（木质素为15g，水与木质素的质量比为1∶1）、2/3 配方量甲醛水溶液，然后开始水浴升温并搅拌，同时开通冷凝水。当三颈烧瓶内温度为35℃时，停止加热，这时反应开始进行，期间伴有放热现象，待反应热释放高峰过后再加入余下的1/3 甲醛溶液，逐步升温至70℃，反应2.5h。反应结束后冷却，得到棕褐色黏稠液体，即得产品。产品固含量为63.28%，25℃时剪切黏度为430mPa·s，其对胭脂红和柠檬黄模拟染料废水的脱色率分别达到92.16%和87.6%。

五、脲、醛与木质素缩聚物

在碱性条件下利用脲、醛对木质素进行共混改性，当脲醛的物质的量比为1∶1 时，所合成的尿醛改性木质素为阳离子型，用于絮凝剂对重革鞣制与漂洗废水直接进行絮凝，当脲醛木质素缩聚物用量为700mg/L 时，色度、COD 去除率分别可达到90%与80%以上[47]。其合成过程如下。

先将36.3g 木质素放入反应瓶中，在 pH =10 ~12 下搅拌溶解木质素；然后按照脲醛的物质的量比为1∶1 的比例，再加入35mL 质量分数为36%的 HCHO 溶液及12.3g 尿素，在90℃条件下反应150min。所制成的脲醛木质素絮凝剂为棕黑色黏稠液体，固体含量约为35%，密度约为1.2g/cm^3。

在合成过程中影响合成产物絮凝效果的因素很多，其中主要有酸碱度、温度、甲醛与尿素比、木质素加量等。研究表明，在碱性条件下，所有产物的絮凝效果都比酸性条件下的要好。因此，整个的合成过程需要在碱性环境中进行，pH 值控制在10 ~12 之间。

在脲醛树脂的合成过程中，控制理论反应的脲醛物质的量比为1∶2，以便得到具有良好黏接强度的产品。但为了在脲醛聚合物与木质素的共混结构中导入阳离子的基团，脲醛预聚体的结构不宜过大，要求控制反应的时间不宜过长。同时从絮凝机理上看，又要求产物中有相对较多的氨基存在，因此在共混反应过程中，较为理想的脲醛的物质的量比为1∶1，即一个醛基与尿素中的一个氨基反应，只有这样才有可能把另一个氨基均匀地保留在脲醛改性的木质素絮凝剂中。通过水解作用，使得改性后的木质素絮凝剂带有正电荷，从而使得它对废水中的植物鞣剂有较好的絮凝效果。

采用分批加入的方式可以控制系统反应的速率，从而能够获得一个剩余氨基分布均匀的反应产物，以达到良好的效果。

也可以采用尿素、甲醛和木质素等一步制备改性木质素，中国发明专利 ZL 101560002B 公开了用于污水处理的脲醛改性木质素絮凝剂的制备方法[48]：称取5g 竹片高沸醇木质素和75mL 的水一起加入到500mL 的三口烧瓶中，另外加入2mL30%的氢氧化钠溶液，调节溶液至 pH 值为10 ~12，再加入11mL 甲醛溶液（含量37%），加热升温至80℃，搅拌、反应35min，加入8g 尿素，继续反应90min。加10%的盐酸调节 pH 值至5 ~6，继续保持温度、进行缩聚50min，将反应物倒入500mL 的烧杯，加酸调 pH 值为2 ~3，使其沉降，抽滤，烘干，得到13.5g脲醛改性木质素絮凝剂产物。

此外，还利用制浆造纸工业中的副产物——碱木质素为原料，通过化学改性，制备出含二硫代氨基甲酸盐基团的改性木质素除油絮凝剂（MLOF）。用其处理含油废水，当含油废水的pH值为6.7，絮凝剂的用量为35mg/L时，废水中的油、COD_{Cr}、固体悬浮物（SS）和色度的去除率分别达到88.2%、71.5%、90.5%和93.7%。用其处理含油废水不仅用量少，且其絮凝性能明显优于聚丙烯酰胺（PAM）、聚合氯化铝（PAC）和聚合硫酸铁（PFS）等高分子絮凝剂[49]。其制备过程如下。

先将25g碱木质素和100g水加入反应器中，搅拌均匀后，将反应体系的pH值调至10.5，加热升温至85℃后加入50g甲醛，反应15min后加入80g脲，继续反应2.5h后降温至20℃，缓慢加入150g质量分数为50%的氢氧化钠溶液的同时滴加二硫化碳，反应3h后加入铝酸钠，升温至50℃，继续反应1.5h，降温出料，所制备的产品经过减压蒸馏浓缩，并用丙酮结晶得棕褐色粉末，即得含二硫代氨基甲酸盐基团的改性木质素除油絮凝剂产品。

六、木质素胺改性产物

以造纸污泥中提取的木质素与二乙基环氧丙基胺（简称环氧胺单体）反应制备的木质素胺改性产物，用于絮凝剂，对3种模拟染料废水的脱色率分别可达89.66%、74.10%和89.84%[50]。

（一）反应原理

$$(CH_3CH_2)_2NH + ClCH_2-\underset{\diagdown O \diagup}{CH-CH_2} \longrightarrow \underset{\diagdown O \diagup}{H_2C-CH}-CH_2-N(CH_2CH_3)_2 \tag{13-11}$$

$$\text{Lignin-C}_6\text{H}_3(\text{OCH}_3)\text{OH} + \underset{\diagdown O \diagup}{H_2C-CH}-CH_2-N(CH_2CH_3)_2 \longrightarrow \text{Lignin-C}_6\text{H}_3(\text{OCH}_3)-O-CH_2-\underset{OH}{CH}-CH_2-N(CH_2CH_3)_2 \tag{13-12}$$

（二）制备方法

以碱溶酸析法从造纸污泥中提取木质素，备用。将21.9g二乙胺加入反应瓶，置于水浴中，控制温度28~30℃，再加入27.7g环氧氯丙烷，搅拌反应2h，即得到环氧胺单体；将反应瓶置于70℃恒温水浴中，加入7g木质素、15mL蒸馏水和15mL的1.5mol/L NaOH溶液，搅拌活化1min后，加入7g环氧胺单体，继续反应2h，冷却，即得深褐色黏性液体产物，pH=11左右，密度约为1.03kg/L。

木质素中的酚羟基须用强碱性催化体系或自由基引发剂进行激发才可进行接枝反应。表13-11是采用几种不同的催化剂时，对所得产物脱色性能的影响。从表13-11可以看出，随NaOH浓度增大，产生的木质素酚氧负离子增多，接枝率高，脱色效果好；但当

NaOH 浓度过高时，则可能出现爆聚，发生副反应。当 NaOH 浓度为 4mol/L 时，所得产品颜色较黑且过于黏稠，放置后固化，在染料溶液中分散性差，脱色性能下降。实验发现，1.5mol/L NaOH 用量为木质素的 10% 左右，活化时间为 1min 时，所得产品的脱色效果较好。

表 13-11 催化剂种类对产品脱色效果的影响

催化剂	脱色率/%		
	Dye A	Dye B	Dye C
2% $(NH_4)_2S_2O_8$	76.08	58.83	45.79
2% $K_2S_2O_8$	36.39	60.94	43.29
2% $CaCl_2$	69.90	79.21	72.48
1mol/L NaOH	31.54	29.67	21.59
1.5mol/L NaOH	82.39	66.13	88.04
2mol/L NaOH	80.49	60.80	80.74

注：Dye A—染料活性红 B-2BF，Dye B—活性黄 B-4RF，Dye C—活性深蓝 B-2GLN。

如表 13-12 所示，当固定其他条件不变，随着环氧胺用量的增加，所得产物脱色效果提高，这是由于单体用量增大，增加了木质素酚氧负离子的碰撞机会，反应充分，接枝率高，产品脱色效果好；但单体用量过大时，将由于过剩而导致产品脱色性能下降和成本的升高。较合适的投料比为 *m*（木质素）:*m*（环氧胺单体）=1:1。

表 13-12 *m*（木质素）:*m*（环氧胺单体）对产品脱色效果的影响

m（木质素）:*m*（环氧胺单体）	脱色率/%		
	Dye A	Dye B	Dye C
1:0.5	82.9	74.51	78.32
1:1	83.60	72.60	84.57
1:1.5	83.06	72.87	71.84

注：Dye A—染料活性红 B-2BF，Dye B—活性黄 B-4RF，Dye C—活性深蓝 B-2GLN。

如图 13-26 所示，当 *m*（木质素）:*m*（环氧胺单体）为 1:1、反应时间为 2h 时，随着反应温度的升高，产品脱色性能增强，但 70℃以后则随温度升高而降低。这是由于较低的温度限制了催化剂的催化能力，提高反应温度有利于活化分子数增多，反应速率增加，产品性能提高；但温度过高，聚合度增大，所得产品过于黏稠，分散性较差，降低脱色效果。所以接枝反应温度不宜太高，以 70℃较佳。

反应时间是决定产物接枝程度的重要因素，如图 13-27 所示，当 *m*（木质素）:*m*（环氧胺单体）为 1:1、反应温度为 70℃时，反应开始时所得接枝产品脱色性能随着反应时间的延长而增加，当反应时间大于2h时反而有所降低。这是由于反应开始时单体浓度较大，反应速率较快，单体转化率随着反应时间的增加而增加，产品性能亦随之提高；而当时间过长时，产物可能会发生分解，使产品性能降低。显然，合适的反应时间为2h。

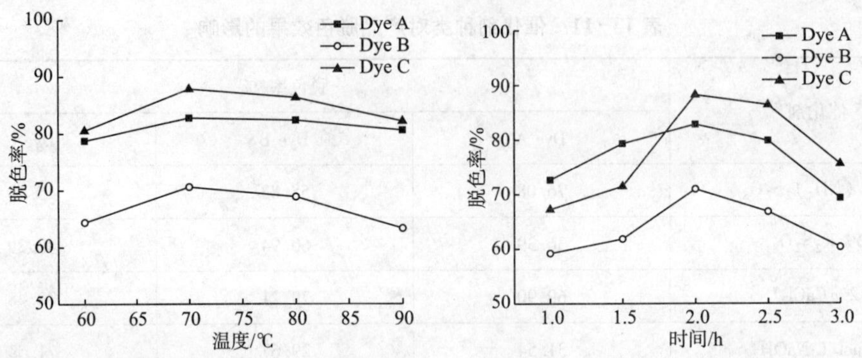

图13-26 反应温度对产物脱色率的影响　图13-27 反应时间对产物脱色率的影响

综上所述，用木质素接枝环氧胺单体合成絮凝脱色剂，较适宜的工艺条件为：以1.5mol/L NaOH为催化剂、用量为木质素的10%，m（木质素）：m（环氧胺单体）为1∶1，于70℃下接枝反应2h。

此外，还参考前面的方法，以造纸污泥中提取的木质素为原料，以二甲基环氧丙基胺（简称环氧胺单体）为单体，制备脱色絮凝剂氯化二甲基环氧丙基木质素胺。实验结果表明，当m（木质素磺酸钠质量）：m（单体质量）为1.5∶1，在60℃下反应2h时，所得产品对两种模拟染料废水的脱色率分别可达85.80%和92.11%[51]。

七、两性离子木质素絮凝剂

从造纸污泥中回收木质素，经磺化制得木质素磺酸盐，再与用三乙胺和环氧氯丙烷反应制得的季铵盐单体接共聚反应，可得到一种两性离子木质素。评价表明，两性木质素用于絮凝剂时，对多种染料具有良好的脱色效果，多种模拟染料溶液脱色率均达82%以上[52]。也可用于油田水处理絮凝剂。

（一）反应原理

$$CH_3CH_2-N(CH_2CH_3)_2 + ClCH_2-CH\underset{O}{-}CH_2 \longrightarrow H_2C\underset{O}{-}CH-CH_2-\overset{+}{N}(CH_2CH_3)_2-CH_2CH_3\,Cl^- \quad (13-13)$$

$$-CH_2-\underset{SO_3Na}{CH}-CH_2-C_6H_3(OCH_3)-OH + H_2C\underset{O}{-}CH-CH_2-\overset{+}{N}(CH_2CH_3)_2-CH_2CH_3\,Cl^-$$

$$\longrightarrow -CH_2-\underset{SO_3^-}{CH}-CH_2-C_6H_3(OCH_3)-O-CH_2-\underset{OH}{CH}-CH_2-\overset{+}{N}(CH_2CH_3)_2-CH_2CH_3 \quad (13-14)$$

（二）合成过程

（1）季铵盐中间体的合成：量取 93g（1mol）环氧氯丙烷放入 1000mL 三口烧瓶中，加入甲醇水溶液（甲醇与水体积比为 11∶200），搅拌升温至（45 ±1）℃后恒温，加入已预热到（45 ±1）℃的三乙胺 112g（1.1mol），搅拌反应 3h 即得季铵盐中间体。

（2）两性木质素絮凝剂的制备：将一定量木质素磺酸钠加入反应瓶中，水浴加热至 40℃后恒温，加入一定量 4mol/L 的 NaOH 溶液，活化 0.5min 后，加入一定量季铵盐中间体，继续反应 2h，即得具有磺酸基和季铵离子的两性木质素絮凝剂。为棕褐色黏稠液体，pH 值为 12 左右，固含量约为 30%，密度约为 1.1g/cm^3。

研究表明，原料配比、接枝温度和反应时间是影响絮凝剂合成的重要因素，按照 L_9（3^4）正交表进行实验，以对酸性黑 210 的脱色效果为评价依据。通过对正交实验数据进行方差分析表明，各因素对絮凝剂脱色性能影响的大小顺序为：m（木质素磺酸钠）∶m（季铵盐）>接枝时间>接枝温度，较佳的反应条件为：以 4mol/L NaOH 作催化剂，m（木质素磺酸钠）∶m（季铵盐）=1∶1，反应温度为 40℃，反应时间为 2h。

第五节　木质素改性产物的应用

木质素作为一种价廉易得的原料，在油田开发中具有广泛的应用，但由于研究的深度和针对性还不够，与其丰富的来源相比，应用还比较少，从绿色环保的角度讲，深化木质素改性及应用不仅有利于降低油田化学品的生产成本，而且有利于减少污染。本节结合木质素的深度改性，介绍木质素及改性产物在油田不同作业环节的应用[53]。

一、钻井液处理剂

在油田化学方面，从酸法造纸废液中分离出的木质素磺酸盐是最早用于制备钻井液降黏剂的原料之一，用这种原料制得的铁铬木质素磺酸盐（FCLS）是一种广泛应用的最有效的钻井液降黏剂，适用于各种类型的钻井液体系，数十年来其用量一直很大。近年来由于对环境保护的重视，FCLS 的应用受到了限制，已不能满足勘探开发的需要和环境保护的要求，为此研究人员在无污染降黏、降滤失剂方面开展了大量的工作[54]。

用于钻井液降黏剂是木质素类改性产物的主要应用目标，自 FCLS 作为钻井液降黏剂应用以来，围绕其替代品开展了许多研究探索，并企图通过采用其他金属代替铬制备性能相当的产物，但直到目前为止无铬改性产物在综合性能上始终没有突破性进展。

采用碱法造纸废液通过添加具有抗高温苯环结构且能与废液起协同效应的褐煤，并用无毒金属离子络合、改性而制得的钻井液降黏剂 CT3－7。其降黏效果优于 SMK，处理费用比 SMK 低，抗盐、抗石膏污染能力略优或相当于 SMK，抗温达 120～150℃，适用于多种钻井液体系[55]。

以木质素磺酸盐为主要原料，通过甲醛缩合反应、烯类单体接枝共聚合反应、金属离子络合反应及磺化剂磺化反应等一系列化学改性处理工艺，合成的兼具降黏、降滤失作用的新型系列钻井液处理剂 MGBM－1、MGAC－1[56,57]。用亚硫酸盐法以造纸废液为原料，通过络各不同的金属阳离子得到相应的木质素磺酸盐（LSS），采用 H_2O_2氧化处理，得到 LSS 的氧化产物，产物在钻井液中具有良好的降黏作用[58]。以马尾松硫酸盐制浆黑液为原料，经化学改性制备复合型改性木质素基钻井液用降黏剂，该降黏剂既能发挥无机降黏剂良好的降黏作用，又具有木质素系降黏剂良好的抗温、抗盐效果，具有较好的协同作用。加入0.5%降黏剂的淡水基浆，降黏率可达96.7%[59]。在已经离心提纯的木质素磺酸盐溶液中加入适量甲醛并缩合反应一定时间，再与 AM 和 MA 单体在 $(NH_4)_2Ce(NO_3)_6$引发剂引发下进行接枝共聚，然后在接枝共聚物中加入适量的硫酸铁络合反应一定时间后，加入已用甲醛溶解的亚硫酸钠，封闭反应一定时间得到的产物，用于钻井液降黏剂，具有较强的抗盐抗钙能力，可用于水基钻井液[60]。2－丙烯酰胺基－2－甲基丙磺酸、丙烯酸与木质素磺酸钙的接枝共聚物，用作钻井液降黏剂具有很强的耐温、抗盐和抗钙镁污染的能力，还具有一定的抑制作用，适用于各种水基钻井液体系，特别适用于高温深井，并兼具一定的降滤失作用。

将木质素类作为钻井液降滤失剂制备的原料日益受到重视，但由于研究的局限性，尽管开展了不少工作，但投入现场应用的却很少。在钻井液降滤失剂方面主要为接枝共聚物，除前面所述的 SLSP、AM/AMPS/木质素接枝共聚物外，还有高相对分子质量的木质素磺酸盐与丙烯酸单体的接枝共聚物。木质素磺酸钙与丙烯酸（AA）的接枝共聚及改性后，可以提高其作用效果，扩大其应用范围，为钻井液处理剂，有较好的降黏及降滤失作用，并具有较好的耐温抗钙污染能力[61]。

木质素磺酸盐与甲醛的羟甲基化反应制备的羟甲基化木质素磺酸盐，与木质素磺酸盐相比，羟甲基化木质素磺酸盐在室温下对基浆有较强的提黏作用，经 180℃ 高温老化后降黏、降滤失作用有所增强，形成的泥饼厚度降低，对黏土水化膨胀的抑制作用增强[62]。

二、油井水泥外加剂

木质素磺酸盐与烯类单体的接枝共聚物可以作为油井水泥降失水剂。木质素磺酸盐是常用的油井水泥分散剂（减阻剂）、缓凝剂，也具有一定的降失水能力。

木质素磺酸盐能够有效地改善水泥浆的流动性，是较好的油井水泥减阻剂或分散剂，并能够增强水泥石强度。缺点是自由水增加，易发泡。故使用时常与其他外加剂和消泡剂配伍使用。表 13－13 是几种木质素磺酸盐对水泥浆流性的影响实验结果。从表中可以看出，不同的木质素磺酸盐均可以改善水泥浆的流动性[2]。

木质素磺酸盐还可以显著延长水泥浆的稠化时间，掺量 0.1%～0.2% 就可以使 75℃ 油井水泥满足 95℃ 油井水泥的中深井固井。增加掺量时可以扩大使用的温度范围。表 13－14 是木质素磺酸盐对重庆 75℃ 油井水泥凝固时间的影响。从表中可以看出，木质素磺酸钙和木质素磺酸钠均可以延长水泥浆凝固时间，增加流动度，但也使水泥浆的析出水量增加。

表 13-13 不同的木质素磺酸盐对水泥浆流动性的影响

水泥类型	木质素磺酸盐	加量/%	水泥浆密度/（g/cm³）	水泥浆流动度/cm
重庆 95℃油井水泥		0	1.85	22.0
	木质素磺酸钙	0.7	1.84	25.0
	木质素磺酸钠	0.5	1.85	25.0
张店铝厂 75℃油井水泥		0	1.86	20.2
	FCLS	0.1	1.86	25.0

表 13-14 木质素磺酸盐对重庆 75℃油井水泥凝固时间的影响

木质素磺酸钠	木质素磺酸钙	水泥浆密度/（g/cm³）	水泥浆流动度/cm	析水量/%	初凝/min	终凝/min	抗压强度/MPa
0	0	1.85	21.0	0	60	101	14.6
0	0.5	1.85	25.0	1	180	260	19.2
0.7	0	1.85	25.0	3	210	360	18.3

注：养护温度为 95℃，养护压力为 60MPa。

铁铬木质素磺酸盐（FCLS）不仅可以有效地改善水泥浆流动性，也可以延长水泥浆凝固时间，是常用的缓凝剂，一般用于 3000～5000m 井，掺量 0.2%～1%。表 13-15 是 FCLS 对 75℃油井水泥凝固时间和流动性的影响。可以看出使用 FCLS 的水泥浆 n 值增加，k 值降低，有利于形成紊流顶替，同时使水泥浆的凝固时间延长。

表 13-15 FCLS 对重庆 75℃油井水泥凝固时间和流动性的影响

FCLS 加量/%	水灰比	密度/（g/cm³）	流动度/cm	n	k/Pa·s^n	初凝/min	终凝/min
0	0.5	1.86	20.2	0.83	0.445	170	204
0.1	0.5	1.87	26.0	0.87	0.293	290	333

注：养护温度为 75℃。

三、调剖堵水剂

化学调剖是通过在地层中注入调剖剂，调整非均质地层的吸水剖面，提高水驱波及系数，从而提高原油采收率的技术。目前国内使用的调剖剂很大一部分是利用聚丙烯酰胺类聚合物在地下交联生成的凝胶对高渗透层进行物理堵塞。这类调剖剂多使用无机铬交联剂，交联反应快、不易控制，且铬盐有毒，不利于环境保护，聚合物浓度较高，调剖剂材料费用高。为了克服聚合物类调剖剂的缺点，国内外开展了木质素磺酸盐类调剖剂的研究。1984 年，国外学者利用碱木质素在酸性条件下不溶于水的特性，最早制得碱木质素堵剂，但由于该堵剂并未生成交联的体型结构，故封堵强度较低。采用改性的木质素磺酸盐和蜜胺树脂混合，并用多价金属离子如镧系金属离子交联可制得新型高温调剖剂，对 pH 值无特殊要求。为提高凝胶黏弹性，也可加入质量分数为 0.5%～1%的聚丙烯酰胺，该体系耐温性好，适用于 100～210℃的地层。国内学者利用木质素磺酸盐－磺化栲胶混合物与尿素、甲醛、硼砂等复配，制成了高强度油井堵水剂。通过选择适当的配方，可使胶凝液在2~20h内成胶，具有较好的可注入性，胶凝液固化后的抗压强度达1.2MPa。将木质素磺酸钠用苯酚、甲醛改性制成中间产物木质素磺酸钠-酚醛树脂（MSL），再将MSL与聚丙烯酰胺、六次甲基四胺等复配成适用于60~90℃的MS-881油藏深部调剖剂。以聚丙烯酞胺（HPAM）和木质素磺酸盐（Ga-LS）为主要原料，以有机铬类为交联剂，弱碱性物质为pH值调节剂，制得选择性堵水剂，最佳配方为0.8% HPAM+2.0% Ca-LS+0.6%交联剂+0.3%pH值调节剂，按照此配方配制的选择性堵水剂，成胶时间为7.5h，成胶强度大于70Pa·s。对不同渗透率的岩心，堵水剂的堵水率大于85%，堵油率小于20%，具有良好的选择性，在大庆油田宋芳屯区块现场施工3口井表明，累计增油量为580t，累计降水量为1677t，投入产出比为1:3.56，取得了较好的经济效益[63]。用木质素磺酸钠丙烯酰胺接枝共聚物与苯酚/甲醛交联，组成的抗温、抗盐凝胶型堵水剂[64]，当聚合物浓度为10g/L，交联剂质量分数为0.8%，pH=7，聚合物接枝率为51.4%时，堵水剂能抗温160℃，抗盐达20%。适用于高温、高矿化度地层。

下面是一些典型的木质素调剖堵水剂配方。

1. 碱法造纸黑液凝胶高温调剖剂

系木质素、苯酚、甲醛及铬交联凝胶。按照5%的黑液碱木质素，1%的苯酚，5%的甲醛（质量分数为36%），2%的重铬酸钠的比例，在配制罐中加入3.5m^3清水，在搅拌下投入600kg膏状造纸黑液，80kg交联剂，待全部溶解后（约0.5h后）放入20m^3配液罐，再用齿轮泵加入200kg苯酚，1000kg甲醛，混合均匀后用钻井液泵打入50m^3储存罐内备用。其初始黏度≤30mPa·s，最终5×10^5mPa·s，200℃成胶时间为10~48h，200℃破胶时间≥180d，使用温度为200~250℃，堵水率≥94%。

用作热采高温调剖剂，具有基液黏度低，易泵送，成胶时间可控，凝胶堵塞强度高，有效期长，封堵成功率高等特点。是一种性能良好的适用于稠油层蒸汽驱油的耐高温调剖剂。

2. 木质素磺酸钙调剖剂

为木质素磺酸钙和聚丙烯酰胺铬交联高分子凝胶。施工前，按木质素磺酸钙3%~6%，聚丙烯酰胺0.7%~1.1%，氯化钙0.7%~1.1%，重铬酸钠1.0%~1.0%的比例，先将各组分配制成水溶液，然后按配方要求混合，并补充所需量水搅拌均匀。其初始黏度≤50mPa·s，70℃成胶时间为4~6h，破胶时间为≥30d，堵水率≥95%。

用作注水井调剖剂，具有地面黏度小，凝胶时间可调、耐盐性好、凝胶强度大，堵水调剖有效期长，现场施工简便、封堵效率高等特点，适用于井温45~90℃的注水井调剖。

3. 木质素磺酸钠调剖剂

系木质素磺酸钠和聚丙烯酰胺的铬交联高分子凝胶。施工前，按木质素磺酸钠4%~6%，聚丙烯酰胺0.8%~1%，氯化钙0.4%~0.6%，重铬酸钠0.9%~1.1%的比例，先将各组分配制成水溶液，然后按配方量混合，并补充所需量的水搅拌混合均匀。该堵剂具有地面黏度小，凝胶时间可调，凝胶强度大，堵水调剖有效期长，现场施工简便、封堵效率高等特点。其70℃成胶时间为4～48h，强度100～150Pa·s，堵水率≥90%。用作注水井调剖剂，适用于井温90～120℃。

4. 改性木质素磺酸盐/聚丙烯酰胺堵水剂

系木质素磺酸钠、聚丙烯酰胺、甲醛交联聚合物复合凝胶。施工前，按木质素磺酸钠改性产物16%～25%，聚丙烯酰胺0.3%～0.5%，六次甲基四胺0.1%～0.2%的比例，将木质素磺酸钠改性产物与聚丙烯酰胺、六次甲基四胺和水混合均匀，用HCl或NaOH调节pH值，即可获得不同改性木质素磺酸钠/PAM堵剂溶液。

该剂用作油井堵水剂，具有成胶时间可调，成胶强度高，热稳定性好，封堵效率高，易解堵等特点。尤其是该堵剂不含铬盐，对环境污染小，是一种性能良好的油井堵水剂。其120℃成胶时间为5～720h，破胶时间为100d，凝胶强度为2×10^4mPa·s，使用温度≤100℃，堵水率≥90%。

5. 纸浆废液凝胶调剖剂

系木质素－酚醛交联的高分子凝胶。施工前，按黑色碱木质素3.5%～5.5%，一元酚0.8%～1.2%，一元醛4.5%～5.5%，交联剂1.5%～2.5%的比例，分别将各材料和交联剂配成水溶液。然后将各组分加入配制罐并补充所需量水搅拌均匀。其室温黏度≤30mPa·s，300℃热稳定性≥72h，堵水率≥94%，适用井温150～300℃。

本品用作注水井调剖剂，适用于注蒸汽井调剖。

四、驱油剂

表面活性剂驱油是提高原油收率的重要方法之一，但是表面活性剂的价格通常很昂贵，且容易吸附在油藏岩石的表面而造成损失。在注入表面活性剂之前或在注入表面活性剂的同时注入牺牲剂，可减少表面活性剂的损失。目前认为最有潜力的有机类牺牲剂是木质素磺酸盐类及其改性产物，因为它们是造纸工业的副产品，来源广泛，价格远比石油磺酸盐等产品低，具有明显的经济优势。由于木质素磺酸盐表面活性差，常作为助表面活性剂螯合高价金属离子或通过竞争吸附减少主表面活性剂的损失。利用木质素所具有的结构单元，针对地层表面和地层流体的特点，通过烷基化反应或缩合反应引入烷基，再经磺化、后处理等工序得到的改性木质素磺酸盐产品，会使其性能有一定的提高。

在表面活性驱和混相驱中，木质素磺酸盐本身不能产生超低油水界面张力，因而不能单独用于驱油，目前木质素磺酸盐一般与石油磺酸盐复配使用。将木质素磺酸盐与石油磺酸盐在适当的比例配伍使用，具有协同增效作用，产生与原油之间特别低的界面张力，能够起到洗油作用，从而提高采收率。

烷基化木质素磺酸盐等一系列改性木质素磺酸盐可以在三采中作牺牲剂。吸附和采收率实验表明，未加入木质素磺酸盐的体系，每克$CaCO_3$吸附表面活性剂21.6mg，采收率为64.5%；加入改性木质素磺酸盐后，每克$CaCO_3$仅吸附表面活性剂1mg，采收率为

84.1%。木质素磺酸盐与石油磺酸盐组成的复配体系，可使油水界面张力降低90%，在木质素磺酸盐中加入非离子聚合物，可产生协同效应而提高分散作用。

亚硫酸盐法木浆废液经脱糖、转化、缩合、喷雾干燥制得的改性碱木质素磺酸钠，在水驱后期综合含水率很高时能显著降低含水率，可与碱、表面活性剂复配用作驱油剂，能显著降低油水界面张力。磺甲基化碱木质素，作为牺牲剂可以显著减少主表面活性剂石油磺酸钠的吸附损失，和石油磺酸钠、碱、聚合物复配可将油水界面张力降至超低范围。碱木质素与卤代烷烃反应引入烷基链后，改善了其油溶性，性能比碱木质素明显提高，能使石油磺酸盐的吸附损失减少60%以上[65]。改性碱木质素作为三次采油牺牲剂，能使石油磺酸钠的吸附损失量减少40%以上。用改性碱木质素代替部分石油磺酸钠表面活性剂，复合驱采收率可达到20%左右，略高于纯石油磺酸钠三元复合体系的复合驱采收率。改性木质素和石油磺酸盐、碱、聚合物溶液能使油水界面张力达到10^{-4}～10^{-3}mN/m，接近或优于纯石油磺酸盐体系[66,67]。将木质素胺与石油磺酸盐按质量比10∶6复配后，在石英砂胶人造岩心上进行驱油实验，其原油采收率远远高于水驱采收率，复合表面活性剂采收率也高于单一表面活性剂。木质素胺的制备方法是，将100g硫酸盐木质素、30g甲醛、9g二乙烯基三胺在pH＝10.5，温度70～90℃反应3h，冷却至50℃后得到木质素胺，可以直接使用，也可以将木质素胺再与甲醛、$NaHSO_3$等进一步反应，制得磺甲基化木质素胺表面活性剂[68]。

制浆废液经特殊工艺处理生成的新型表面活性剂木质素磺酸盐PS剂，物理化学性能稳定，能降低原油黏度和油水界面张力，用作驱油剂可提高采收率。国内有PS碱木素表面活性剂产品出售。该表面活性剂对稀油和特稠油降黏率可达97%～98%，室内驱油效率达80.77%。

综上所述，关于木质素及其改性产物在三次采油中的应用已有大量的文献和专利报道，但它只是作为牺牲剂和助表面活性剂应用，一般需和石油磺酸盐等主表面活性剂复配才能达到超低的油/水界面张力。廉价的木质素作为驱油剂配方成分，将有利于降低驱油的成本[69]。

五、稠油降黏剂

木质素改性产物可以用于稠油降黏剂。通常稠油的黏度高，流动阻力大，不易开采，添加稠油降黏剂是降低稠油黏度常用的办法。实验表明，单纯木质素磺酸盐不能与大庆原油形成超低界面张力，但添加碱为助剂配制的木质素盐三元复合体系与稠油间的界面张力为10^{-3}～10^{-4}mN/m，使原油的黏度大幅度降低。研究表明，碱法草浆黑液中的碱木质素及其降解产物为活性物质，可降低油水的界面张力，稠油与黑液形成乳状液，使稠油易于采出。岩心驱油模拟实验表明，草浆黑液在孔隙介质中流动有利于稠油乳化，50℃下，当黑液注入量为孔隙体积的7倍时，稠油采收率可达54%，比水驱采收率高25%，而采出的稠油乳状液可用常规方法破乳，油田现场试验经济效益显著[6,70]。

用磺化碱木质素与十二胺反应，制成的木质素胺与石油磺酸盐复配，用于原油的乳化降黏，可使黏度下降 90%，并形成稳定的乳液。

六、水处理剂

木质素作为天然高分子材料，原料丰富，价格低廉，选择性大，投药量小，安全无毒，可完全生物降解，不受 pH 值影响，在油田水处理剂中受到广泛重视。用于水处理剂，木质素改性高分子絮凝剂，具有以下优点：原材料为可再生资源，来源广阔，生产成本低，价格便宜；基本属于无毒絮凝剂，并且很容易生化降解，不会出现二次污染问题；可按照实际情况利用多种制备技术对其进行改性，具有良好的发展前景[6,71]。木质素同氰脲酰氯、2，4－二氯－6－甲基－三氮杂苯、四羟甲基氯化磷等反应，所制得的产物也是有效的油田污水处理絮凝剂。阳离子改性木质素絮凝剂和两性离子型木质素絮凝剂具有环境污染小，沉降、絮凝脱水作用好以及 pH 值适用范围广等优点，也成为油田污水处理的高分子絮凝剂的一些重要研究目标。

碱木质素与一氯代乙酸和丙烯腈等反应，再进一步皂化反应得到羧乙基木质素和氨丙基木质素，可用于处理含有高岭土的废水溶液。硫酸盐木质素按 Mannich 反应，与二甲胺和甲醛作用，进行胺甲基化反应后，可用作含油污水的絮凝剂，脱色效果显著，能漂白废水颜色 70%。利用木质素合成木质素季铵盐絮凝剂，以及木质素接枝共聚得到的阳离子和两性离子木质素絮凝剂等，在油田污水处理中的絮凝效果良好。

木质素磺酸基改性产物还可以用于缓蚀剂、阻垢剂。木质素磺酸盐分子上的磺酸基、酚羟基使其具有很好的表面活性，能吸附在金属表面保护金属。其次，分子上的酚羟基、醇羟基、羰基上的氧原子具有未共用电子对，容易与介质中的多价金属离子形成配位键，生成木质素的金属螯合物，因而具有阻垢的性能。通过化学改性可进一步提高阻垢性能，如经烷基化改性的木质素磺酸盐对 Ca^{2+} 的螯合能力从 40mg/g 增至 146mg/g 木质素，可用作循环冷却水系统中的阻垢剂。以木质素磺酸盐 LS 为原料，用自由基共聚反应在 LS 上引入羧基，得到的改性磺化木质素 SLA 是一种阻垢分散性能较为理想的绿色阻垢剂。另外，木质素磺酸盐分子上的酚醚结构具有稳定保护膜的作用。在高温、高压下反应得到的含氮质量分数 2% ~3% 的木质素胺，在工业上可用作金属表面的防锈剂。

参考文献

[1] 甘景镐，甘纯玑，胡炳环．天然高分子化学［M］．北京：高等教育出版社，1993.

[2] 马喜平，鲁红升，严思明．油田用聚电解质的合成与应用［M］．北京：化学工业出版社，2011.

[3] 王中华．钻井液及处理剂新论［M］．北京：中国石化出版社，2016.

[4] 穆环珍，刘晨，郑涛，等．木质素的化学改性方法及其应用［J］．农业环境科学学报，2006，25（1）：14－18.

[5] 周建，曾荣，罗学刚．木质素化学改性的研究现状［J］．纤维素科学与技术，2006，14（3）：

59－66.

[6] 龚蔚，蒲万芬，金发扬，等. 木质素的化学改性方法及其在油田中的运用［J］. 日用化学工业，2008，38（2）：117－120.

[7] 马涛，詹怀宇，王德汉，等. 木质素锌肥的研制及生物试验［J］. 广东造纸，1999（3）：9－13.

[8] 何伟，邰飚生，林耀瑞. 麦草碱木素和松木硫酸盐木素磺化反应的比较研究［J］. 中国造纸，1991（6）：10－15.

[9] 穆环珍，黄衍初，杨问波，等. 碱法蔗渣制浆黑液木质素磺化反应研究［J］. 环境化学，2003，22（4）：377－379.

[10] 尹忠，杨林. 碱木素的磺化及在泥浆中的应用［J］. 西南石油学院学报，1996，18（2）：111－116.

[11] 龙柱，陈蕴智，崔春仙，等. 改性碱法制浆废液共聚物降粘剂的研究［J］. 钻井液与完井液，2005，22（4）：24－26.

[12] 李骑伶，赵乾，代华，等. 对苯乙烯磺酸钠/马来酸酐/木质素磺酸钙接枝共聚物钻井液降黏剂的合成及性能评价［J］. 高分子材料科学与工程，2014，30（2）：72－76.

[13] 江启沛，张小勇，李佐虎. 草浆碱木素过氧化氢氧化氨解制备氨化木质素缓释肥料的研究［J］. 环境工程学报，2009，3（2）：279－284.

[14] 张洁，杨乃旺，陈刚，等. 钻井液处理剂氧化氨解木质素制备及性能评价［J］. 石油钻采工艺，2011，33（2）：46－50.

[15] 张洁，陈刚，杨乃旺，等. 硝化－氧化木质素磺酸盐的制备及其在钻井液中作用效能研究［J］. 钻采工艺，2012，35（2）：77－79.

[16] 薛菁雯，李忠正，邰瓞生. 工业木质素氧化氨解反应研究［J］. 纤维素科学与技术，2000，8（3）：22－27.

[17] 王万林，王海滨，霍冀川，等. 木质素磺酸盐减水剂改性研究进展［J］. 化工进展，2011，30（5）：1039－1044.

[18] 陈刚，杨乃旺，汤颖，等. 木质素磺酸盐 Mannich 碱钻井液处理剂的合成与性能研究［J］. 钻井液与完井液，2010，27（4）：13－15.

[19] 陈刚，张洁，张黎，等. 聚糖－木质素钻井液处理剂作用效能评价［J］. 油田化学，2011，28（1）：4－8.

[20] 焦艳华，徐志刚，乔卫红. 改性木质素磺酸盐表面活性剂合成及性能研究［J］. 大连理工大学学报，2004，44（1）：44－47.

[21] 杨东杰，邱学青，陈焕钦. 木素磺酸钙的氧化改性研究阴［J］. 精细化工，2001，18（3）：128－131.

[22] 尉小明，刘庆旺，殷国强. 木质素磺酸盐（LLS）氧化改性研究［J］. 钻采工艺，2000，23（6）：63－65.

[23] 钱殿存，李成维，杨增坤. 无铬钻井液降黏剂 XD9201 的研制［J］. 石油钻探技术，1993，21（2）：13－16.

[24] 钱殿存. XD9101 系列无铬降黏剂的研制与应用［J］. 钻井液与完井液，1992，9（6）：35－39.

[25] 王好平，李健鹰，朱墨. 磺化木质素磺甲基酚醛树脂的降失水和粘度控制作用［J］. 华东石油学

院学报，1982（3）：48－58.

［26］谢燕，曾祥钦．引发剂对木质素磺酸盐接枝丙烯酸的影响［J］．贵州工业大学学报：自然科学版，2005，34（6）：36－38.

［27］王晓红，郝臣．木质素磺酸盐与丙烯酸接枝改性［J］．江苏大学学报自然科学版，2007，28（6）：528－531.

［28］李风起，张琦，刘香兰．木质素磺酸钠与丙烯酸接枝共聚［J］．青岛科技大学学报（自然科学版），2003，24（1）：16－18.

［29］李风起．微波辐射木质素磺酸盐接枝改性［J］．化学工业与工程技术，2006，27（6）：4－5.

［30］邹阳雪，杨序平，王飞，等．木质素磺酸钠与马来酸酐接枝共聚物的制备及表征［J］．西南科技大学学报，2016，31（2）：15－18.

［31］肖瑞芬，田陈聃，林继辉，等．木质素磺酸盐接枝改性的条件优化［J］．能源环境保护，2014，28（3）：34－37.

［32］王晓红，刘静，李春，等．木质素磺酸盐与丙烯酰胺接枝改性研究［J］．安徽农业科学，2010，38（16）：8680－8682，8686.

［33］李爱阳，李大森，蔡玲，等．丙烯酰胺改性木质素磺酸盐处理含铜废水的研究［J］．黄金，2008，29（8）：51－54.

［34］刘千钧．木质素磺酸盐的接枝共聚反应及两性木质素基絮凝剂 LSDC 的制备与性能研究［D］．广东广州：华南理工大学，2004.

［35］王博涛，郭睿，宋军旺，等．SMAS/木质素磺酸钠接枝共聚物的制备及表征［J］．中华纸业，2012，33（18）：47－49.

［36］杨爱丽，高伟，魏文韫，等．新型木质素季铵盐絮凝剂的合成与絮凝性能［J］．中国造纸学报，2008，23（2）：60－63.

［37］罗渊．利用秸秆木质素制备阳离子絮凝剂的研究［D］．湖北武汉：武汉工业学，2009.

［38］石永安．木质素磺酸盐接枝共聚制絮凝剂的研究［D］．辽宁大连：大连工业大学，2011.

［39］王中华．AMPS/AA/DMDAAC－木质素磺酸盐接枝共聚物钻井液降粘剂的合成与性能［J］．精细石油化工进展，2001，2（9）：1－3.

［40］罗渊，李云雁，赵军涛，等．木质素基阳离子型絮凝剂的制备与性能研究［J］．武汉工业学院学报，2009，28（4）：55－59.

［41］代军，候曼玲，马莉莉．利用木质素制备木素季胺盐絮凝剂［J］．精细化工中间体，2002，32（6）：38－39.

［42］杨益琴，李忠正．木质素阳离子表面活性剂的合成及性能研究［J］．南京林业大学学报：自然科学版，2006，30（6）：47－50.

［43］许小蓉，程贤甦．木质素阳离子絮凝剂的合成及其絮凝性能研究［J］．广州化学，2011，36（1）：11－16.

［44］田金玲，任世学，方桂珍，等．二甲基－正丁基－磺化木质素基氯化铵的合成及性能研究［J］．林产化学与工业，2014，34（4）：42－50.

［45］彭福勇，乔瑞平，卢庆亮，等．木质素絮凝剂的制备及处理造纸废水的研究［J］．工业水处理，2008，28（5）：24－27.

[46] 郭建欣. 尿素复配双氰胺木质素脱色絮凝剂的合成工艺研究 [J]. 胶体与聚合物，2015 (1): 20 - 22.

[47] 刘德启. 尿醛预聚体改性木质素絮凝剂对重革废水的脱色效果 [J]. 中国皮革，2004，33 (5): 27 - 29.

[48] 福州大学. 一种污水处理剂及其制备方法：中国专利 CN，101560002 [P]. 2009 - 10 - 21.

[49] 杨林，刘明华. 改性木质素除油絮凝剂处理含油废水的研究 [J]. 石油化工高等学校学报，2007，20 (2): 9 - 11.

[50] 蒋玲，李淑勉，李占才，等. 木质素胺絮凝剂的制备及其脱色性能 [J]. 光谱实验室，2012，29 (4): 2032 - 2036.

[51] 蒋玲，高丽，赵继红，等. 改性木质素胺的制备及其脱色性能研究 [J]. 化学世界，2014，55 (10): 584 - 587.

[52] 蒋玲，李淑勉，李占才，等. 利用造纸污泥制备两性木质素絮凝剂的研究 [J]. 工业安全与环保，2011，37 (2): 47 - 49.

[53] 王中华，何焕杰，杨小华. 油田化学品实用手册 [M]. 北京：中国石化出版社，2004.

[54] 王中华，杨小华. 国内钻井液用改性木质素处理剂研究与应用 [J]. 精细石油化工进展，2009，10 (4): 19 - 22.

[55] 四川石油管理局天然气研究所. 新型钻井液处理剂 CT3 - 7 的研制 [J]. 石油与天煞气化工，1992，21 (3): 160 - 164，170.

[56] 尉小明，柴成秋. 造纸废液接枝改性处理及其应用 [J]. 精细石油化工进展，2001，2 (9): 7 - 11.

[57] 尉小明，刘喜林，夏炎，等. 钻井液用降粘降滤失剂 MGBM - 1 的研制 [J]. 钻井液与完井液，2002，19 (1): 7 - 9.

[58] 尉小明，刘庆旺，殷国强. 木质素磺酸盐 (LSS) 氧化改性研究 [J]. 钻采工艺，2000，23 (6): 63 - 65.

[59] 陈珍喜，刘明华. 复合型改性木质素基钻井液用降粘剂的性能研究 [J]. 广州化学，2012，37 (4): 7 - 11.

[60] 尉小明，刘喜林，俞庆森，等. 钻井液降粘降滤失剂 MGAC - 2 的研制 [J]. 油田化学，2002，19 (1): 14 - 18.

[61] 朱胜，何丹丹. 木质素磺酸盐的接枝改性及其应用研究 [J]. 长江大学学报自然科学版：理工卷，2012，9 (8): 16 - 18.

[62] 张黎，张洁，陈刚，等. 羟甲基化木质素磺酸盐添加剂对钻井液性能的影响 [J]. 化学研究，2014，25 (4): 423 - 427.

[63] 万家瑰，范振中，王丙奎，等. 油田用选择性堵水剂的研究及应用 [J]. 精细石油化工进展，2006，7 (2): 16 - 18，22.

[64] 全红平，莫林，张太亮. 一种抗温抗盐调剖堵水剂的研究 [J]. 应用化工，2013，42 (6): 1100 - 1104.

[65] 张敏，苏水杰，韦汉道. 碱木质素改性及其产物表面活性的研究 [J]. 纤维素科学与技术，1999，7 (4): 34 - 39.

[66] 伍伟青，徐广宇，周宇鹏. 改性碱木素产品作为牺牲剂在二次采油中的应用研究 [J]. 湖南大学学报（自然科学版），2001，28（2）：21－26.

[67] 张统明，徐广宇，伍伟青，等. 改性碱木素表面活性剂在三次采油中的应用研究 [J]. 油气井测试，2004，13（1）：12－14.

[68] Schilling，Peter. Su lfomethylatedlignina mines. US：4 786720，1988.

[69] 焦艳华. 改性木质素磺酸盐的合成及其在三次采油中的应用研究 [D]. 辽宁大连：大连理工大学，2005.

[70] 黎载波，刘宏文. 木质素类油田化学品的研究与应用 [J]. 精细石油化工进展，2004，5（7）：6－9.

[71] 李雪峰. 以木质素为原料合成油田化学品的研究进展 [J]. 油田化学，2006，23（2）：180－183.

第十四章 植物胶及其改性产物

植物胶是从植物豆或球茎中提取制得的，如魔芋胶、瓜尔胶、田菁胶、香豆胶和胡麻胶等，主要成分是半乳甘露聚糖。植物胶不溶解于乙醇、甘油、甲酰胺等有机溶剂，可溶于水。植物胶遇水能溶胀水合形成高黏度的溶胶液，其黏度随其浓度增加而显著增加，植物胶液属于非牛顿型流体，黏度随剪切速度增高而降低。由于它的非离子性，植物胶液一般不受阴、阳离子的影响，不产生盐析现象。水合后的植物胶可与硼砂，重铬酸盐等多种化学试剂发生交联作用，形成具有一定黏弹性的非牛顿型水基凝胶。这种凝胶的黏度要比胶液黏度高几十倍甚至几百倍。

国外关于植物胶的研究和利用已有 70 多年的历史，最早采用长角豆胶（Ceratonia siliqua）的种子，称为长角豆胶（Locust beangum），1942 年，美国生产出商品瓜尔胶（Guar gum），长角豆胶和瓜尔胶作为稳定剂和增稠剂广泛应用于食品、石油、纺织、造纸、炸药等领域。我国研究和利用植物胶较晚，目前仍主要依靠进口，因此，开发我国自己的植物胶资源已迫在眉睫。

植物胶可以用作石油钻井液增黏剂和压裂液的增稠剂、地质钻井冲洗液的絮凝剂、石油炼制的催化剂、选矿作业的絮凝剂和助滤剂、造纸工业的添加剂、纺织上浆印染糊料、陶瓷工业中的增强剂、电池制造业中的新型涂料，建筑材料和耐火材料中的黏结剂以及食品工业中的增稠剂或稳定剂。

由于植物胶抗温能力的限制，油田化学中除在压裂液中广泛应用外，在钻井液中应用的不多，研究表明[1]，在天然植物胶钻井液完井液体系中加入 SMP－I、SMC 后，体系的抗温能力有所提高，而加入聚合醇能够显著提高体系的抗温能力，同时钻井液性能又能满足现场钻进作业的要求，为扩大植物胶应用范围提供了参考。

本章就魔芋胶、瓜尔胶、田菁胶、香豆胶、亚麻胶、槐豆胶、刺云实胶、皂荚豆胶、车前子胶、罗望子胶和刨花楠植物胶等进行简要介绍[2,3]。

第一节 魔芋胶及其改性产物

魔芋又称蒟蒻，是天南星科魔芋属的多年生草本植物。全世界大约有 170 种，主要分布在亚洲和非洲。我国魔芋资源丰富，有 20 多种，其中至少 13 种为我国特有。我国魔芋主要分布在秦岭以南的山区或高原地区。其中以云南、贵州、四川盆地、陕西南部、鄂西及湖南山区等地为主产区。我国研究和利用魔芋最早，早在西汉时期的《神农本草经》就首次确认魔芋是治病的药物，后在元、明、清代均有魔芋入药及荒年充饥的记载。

魔芋的经济成分是球茎中所含的葡甘聚糖。从球茎的解剖结构中可以看出，球茎中含有大量的大型异细胞，异细胞中含葡甘露糖，通过去掉异细胞周围的淀粉和其他成分，即可获得魔芋葡甘露糖的粗制品，即魔芋精粉，将魔芋精粉进一步的提纯和细化，可加工成质量更高、使用更方便的魔芋微粉。

由于魔芋胶本身具有的特性，如溶解度低、溶胶稳定性差、流动性不好等。限制了魔芋胶的广泛应用，因此，要深度开发利用魔芋资源，改善其性能，扩大其应用范围，必须对其进行改性。目前，人们用物理、化学或生物的方法将魔芋粉改性后使其具有某些特殊性能，从而满足多方面的要求。其中魔芋粉与乙烯类单体接枝共聚反应是魔芋粉化学改性的重要途径，魔芋粉与丙烯腈、丙烯酰胺和丙烯酸等单体接枝共聚可得到亲水性的高分子化合物，在高吸水性材料、工业增稠剂、高分子絮凝剂、钻井液增黏剂、降滤失剂等领域有广泛的应用前景。魔芋类高吸水性树脂主要有魔芋粉接枝丙烯腈、丙烯酸、丙烯酰胺等树脂产品，其中魔芋粉与丙烯酸接枝共聚物具有反应过程简单、亲水性好、可生物降解等优点，深受研究者重视。

一、魔芋胶

魔芋胶又称魔芋葡甘聚糖，是一种高分子多糖，其结构见图 14-1。产物为淡黄至褐色粉末。基本无臭、无味。其水溶液有很强的拖尾现象，稠度很高。溶于水，不溶于乙醇和油脂。

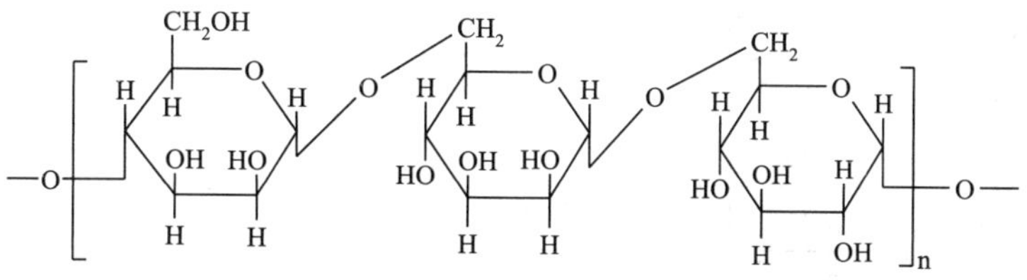

图 14-1　魔芋葡甘聚糖的结构

（一）魔芋胶的水溶液性质

如图 14-2 所示，魔芋胶的水溶液黏度随其质量分数的升高而增加，质量分数较低时（小于 0.4%），增加幅度较小，质量分数较高时（0.4% ~1%），黏度有较大幅度的增加，质量分数与黏度呈非线性关系。质量分数为 1% 的水溶液黏度随着温度的升高而逐渐降低，当温度高于 60℃时，黏度显著降低，当温度到达 100℃时，黏度值趋近于 0，见图 14-3。图 14-4 是 pH 值对魔芋胶水溶液黏度的影响。从图 14-4 中可以看出，在 $pH<7$ 时，随着 pH 值的增加其黏度下降幅度较小，当 $pH=7$ 时，黏度达到最大值，当 $pH>7$ 时，随着 pH 值的增加其黏度有较大幅度下降，pH 值高时，黏度下降很快[4]。

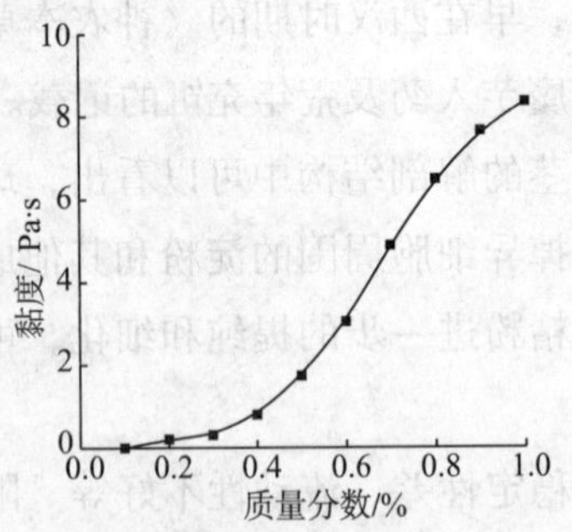

图 14-2　魔芋胶质量分数对水溶液黏度的影响

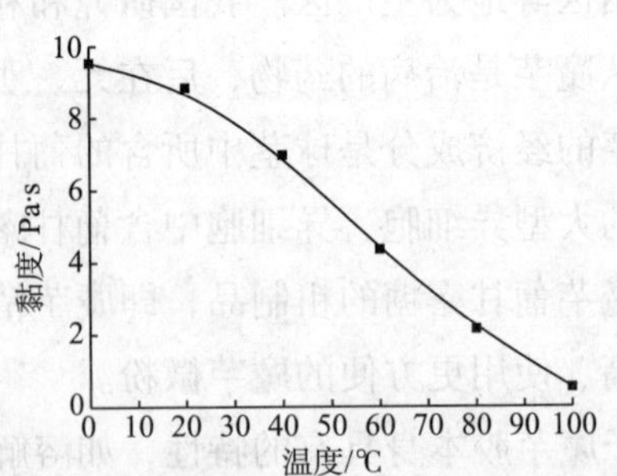

图 14-3　温度对魔芋胶水溶液黏度的影响

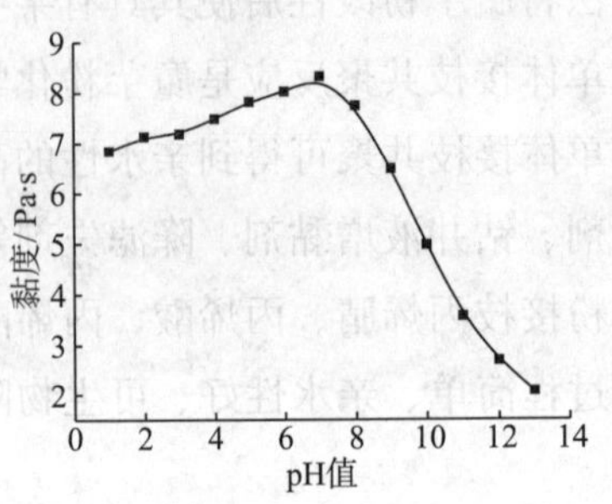

图 14-4　pH 值对魔芋胶水溶液黏度的影响

压裂液稠化剂的基本性能主要以其增黏能力、交联性能和水不溶物含量多少来表征。水不溶物引起的压裂液残渣在考察稠化剂性能时显得尤其重要，稠化剂高残渣将严重影响支撑裂缝导流能力，稠化剂残渣在裂缝壁上形成厚而致密的滤饼，阻碍储层流体的产出，导致储层损害，影响产能。表 14-1 是不同来源、不同品种的魔芋胶与香豆胶、瓜尔胶及其衍生物、田菁胶的基本性能对比结果，从表中可见，魔芋胶稠化剂的水不溶物较低，残渣也较低，对储层损害小，且魔芋胶水溶液黏度高，可大大减少稠化剂用量，降低成本[5]。

表 14-1　魔芋胶与其他植物胶稠化剂基本性能对比

稠化剂	水分/%	水不溶物/%	0.6%溶液黏度/mPa·s	pH 值	残渣/（mg/L）	样品来源
魔芋	7.80	8.03	285.0	7.0	251	梁河
魔芋	9.05	10.63	240.0	7.0	380	大庆
田菁胶	6.88	28.16	36.0	7.0	1810	大庆
瓜尔胶	12.05	25.10	90.0	7.0	355	大庆
改性瓜尔胶	8.34	10.82	105.0	7.0	224	东营
香豆胶		8.50	70.0	7.0	259	

魔芋胶压裂液具有溶液黏度高，携砂性能强，残渣低，对储层损害小等特点，魔芋胶作为压裂液稠化剂，比其他植物胶稠化剂在种植加工以及基本性能方面更具优势。主要表现在以下几个方面：种植容易，产量高且易加工，水溶液黏度高，水不溶物含量低，抗盐能力强，0.6%水溶液黏度高达 198～270mPa·s，适用于中低温（80℃以下）压裂改造储层。

（二）制备方法

魔芋胶可以采用下面几种方法制备。

方法 1：魔芋精粉（含葡萄甘露聚糖 60%以上）加水 8～10 倍，在搅拌机中混合成松散团状体，静置 3 ~ 5h，让精粉颗粒吸水膨润，即使精粉颗粒内外吸水均匀，将湿润团状体加入挤压机挤压成长条，条形物自然干燥或烘干至含水 15% 左右，再将条形物加入普通膨化机膨化处理，膨化颗粒用 0. 149mm 筛粉碎机粉碎后过 0. 149mm 筛，最后包装即为成品魔芋胶[6]。

方法 2：魔芋精粉（含葡萄甘露聚糖 60% 以上）润水至含水 15% 左右，混匀后静置 3 ~ 5h，让精粉颗粒吸水膨润，将松散的精粉颗粒加入粉体膨化机膨化处理，再将膨化颗粒用 0. 149mm 筛粉碎机粉碎后过 0. 149mm 筛，最后包装即为成品魔芋胶。

方法 3：取原料魔芋精粉 100kg，将其浸泡在浓度为 35% 的低浓度食用乙醇中（乙醇用量为 300kg），边浸泡边用胶体磨对魔芋精粉进行抛光、研磨，使魔芋精粉中的淀粉、单宁、灰分、色素、生物碱等从葡甘聚糖表面脱落，溶解或分散在低浓度乙醇中形成混合物料。此过程持续时间约为 1 ~ 2h 后，将混合物料送入装有 100kg 质量分数为 35% 的低浓度乙醇的浸泡罐中再次浸泡。然后，将浸泡罐中的混合物料的混合液送入由水力旋流器构成的逆流洗涤装置中，用 35% 的低浓度乙醇对混合物料的混合液进行洗涤和分离处理，排出淀粉、单宁、灰分、色素、生物碱等杂质，得到高纯度魔芋胶与乙醇的混合液。上述醇、胶混合液经胶体磨四级破碎、研磨，再经离心机甩干脱水后，再装入真空干燥机中，在 60℃ 左右干燥 2h，即可得到高纯度的葡甘聚糖即魔芋胶产品[7]。

二、羧甲基魔芋葡甘聚糖

魔芋葡甘聚糖的羧甲基化改性，可以参考淀粉、纤维素等羧甲基改性方法。结合魔芋葡甘聚糖的特点，魔芋葡甘聚糖羧甲基化可以采用微波法、溶媒法及挤压法等。下面重点介绍溶媒法和微波法制备羧甲基魔芋葡甘聚糖。

（一）溶媒法

针对魔芋葡甘聚糖（KGM）分子结构特性进行羧甲基化改性，在乙醇介质中先混合醚化试剂，再进行碱化催化反应制备羧甲基魔芋葡甘聚糖（CMK）。通过单因素和正交实验，以产物取代度（DS）和表观黏度（η）为评价指标，综合二者确定羧甲基化的最佳条件为：反应温度为 55℃、pH 值为 12、反应时间为 3h，产物 DS 可高达 0. 5278，最大黏度为 15. 57Pa · s[8]。制备过程如下。

于反应瓶中加入 8g KGM，室温下匀速搅拌中加入 25mL 80% 乙醇液（含一氯乙酸 4. 67g），持续混合 2h。随后加入 15mL 80% 的乙醇溶液（包括调节设定 pH 值所用的饱和 NaOH 80% 的乙醇溶液），在一定温度下反应至规定时间后取出，用 50% 的乙醇反复洗涤至滤液中无氯离子检出，随后再用 95% 的乙醇脱水，真空冷冻干燥，得羧甲基魔芋葡甘聚糖（CMK）产品。

研究表明，反应温度、体系的 pH 值和反应时间是影响产物取代度和表观黏度（η）的关键因素。

如图 14-5 所示，当反应时间为 2h，反应 pH = 9 时，随反应温度的升高，产物 DS 逐渐增大。当温度大于55℃后，DS增加变缓。而η则是先增大后减小，在55℃时η达极大值，随后随着温度升高而减小。

图14-6表明，当反应温度为55℃、反应时间为2h时，在pH=9~14范围内，随着反应体系pH值的增大，产物DS先增大后减小，当pH=12时DS达极大值，之后随着pH值增加而明显减小。而η却随反应体系的pH值的增大逐渐减小，并在高pH值时减小明显。这是由于较高的NaOH浓度加速了副反应产物羟乙酸的生成。

当反应温度为55℃、反应体系的pH=9时，随反应时间的延长，产物DS逐渐增大。当反应时间大于2h后，DS增加变缓。然而η则是先增大后减小，在2h时η达极大值，随后再增加反应时间时，η略有下降（见图14-7）。

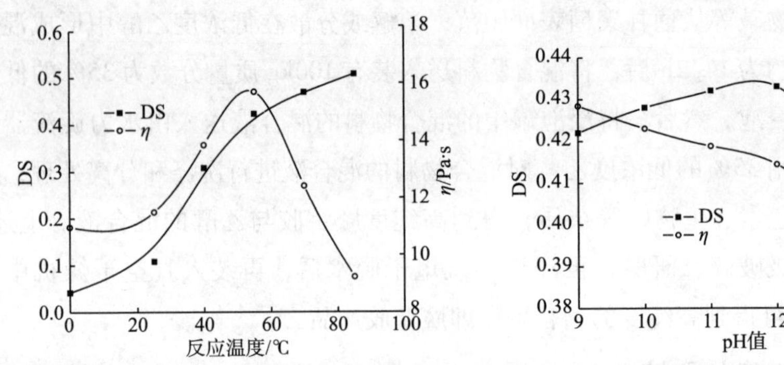

图14-5　反应温度对产物DS和η的影响　　图14-6　反应体系pH值对产物DS和η的影响

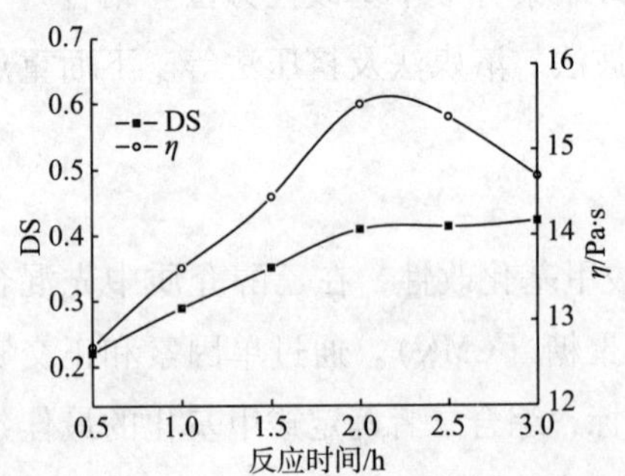

图14-7　反应时间对产物DS和η的影响

（二）微波法

将一定量的KGM与适量的氯乙酸（MCA）以及氢氧化钠混合，喷入少量的80%的乙醇溶液，充分混匀后（反应体系仍为固相），送入微波反应器中，在一定温度条件下反应一段时间，然后用稀酸调节pH值到中性，将反应所得的产物用50%的乙醇溶液重复洗涤3~4次，以除去副反应产物和未参与反应的氯乙酸，并至无氯离子检出，滤去洗液，将滤饼破碎后于50℃的鼓风干燥箱中干燥，干燥后的物料经粉碎过孔径为0.15~0.25mm的筛后得到乳白色至淡黄色粉末状CMK[9]。

研究表明，在微波法制备CMK时，n（MCA）:n（KGM）、n（KGM）:n（NaOH）、微波反应温度、微波反应时间等因素都会影响产物的取代度，结果见图14-8和图14-9。

如图14-8所示，当n（MCA）:n（KGM）=1:1，80℃条件下微波反应10min，随着NaOH用量的增加，取代度随之增大，当n（NaOH）:n（KGM）为2.5时取代度最大，随后随着NaOH用量的增加取代度反而降低。如图14-8（b）所示，当n（KGM）:n（NaOH）=1:2.5、80℃条件下微波反应10min，随着MCA用量的增加，取代度逐渐增加，当n（MCA）:n（KGM）=1:1，取代度最大（达到0.47），之后再增加氯乙酸和

KGM 物质的量比，取代度反而下降。

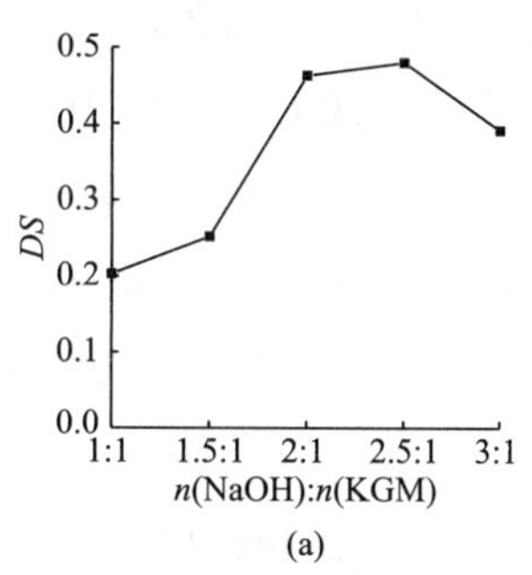

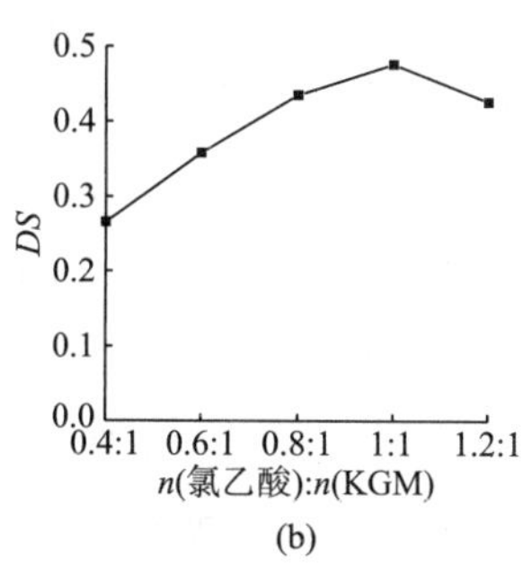

图 14-8 氢氧化钠用量（a）和氯乙酸用量（b）对取代度的影响

如图 14-9 所示，当 n（MCA）∶n（KGM）∶n（NaOH）=1∶1∶2.5，微波反应 10min，随着反应温度的增加，产物的取代度增加，当温度高于 70℃时，取代度的增加变缓，在 80~90℃之间，取代度基本无变化，可见反应温度 80℃较佳。当 n（MCA）∶n（KGM）∶n（NaOH）=1∶1∶2.5，反应温度为 80℃时，随着反应时间的延长，产物的取代度逐渐提高。当反应时间延长到 8min 以后，取代度的增加变缓慢，反应时间达到 10min 后，再进一步延长反应时间时取代度反而略有下降，这可能是由于微波会部分破坏形成的醚键，使取代度下降。

综上所述，当 n（MCA）∶n（KGM）∶n（NaOH）=1.1∶1∶2.5，反应温度为 75℃，反应时间为 8min 时，所得产品的取代度为 0.48，产品极易溶于水形成透明溶液，溶液稳定性好。称取 1gCMK 分散于 99mL 蒸馏水中，在 60℃水浴条件下溶胀 1h，冷却至 25℃，即配制成质量分数为 1% 的 CMK 溶液，然后用旋转黏度计在 25℃下测定溶液的表观黏度。图 14-10 是 KGM 和 CMK 的水溶液黏度随时间变化情况。由图 14-10 可见，KGM 的起始黏度为 34166mPa·s，而 CMK 的黏度降至了 600mPa·s 以下，这可能是由于反应过程中，在碱和醚化剂的作用下，KGM 的分子链部分断裂，相对分子质量降低。当放置 24h 后，KGM 的黏度大大降低，48h 变稀，而 CMK 黏度稳定。

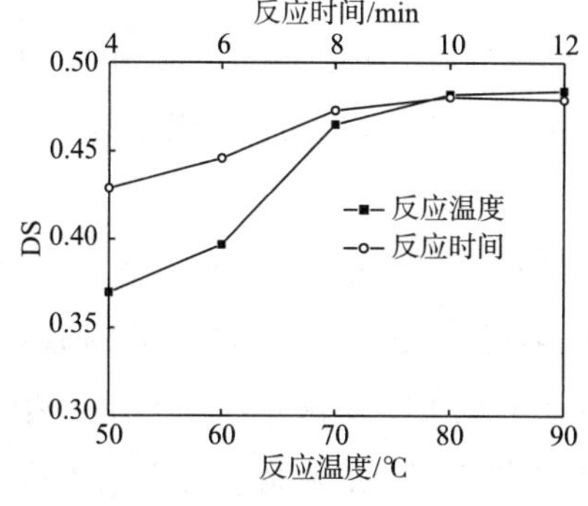

图 14-9 反应温度和反应时间对取代度的影响

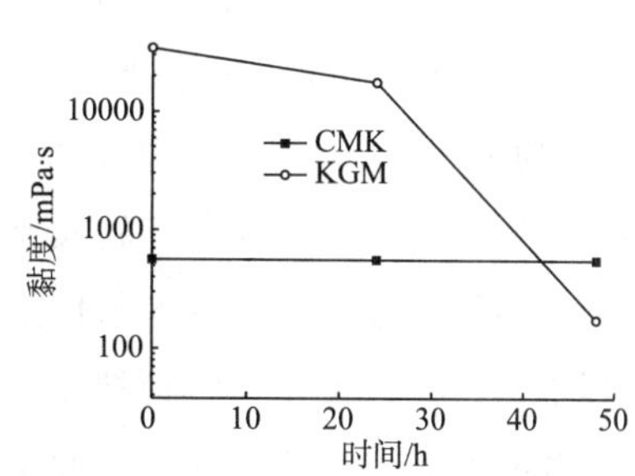

图 14-10 KGM 和 CMK 黏度随时间变化

为提高魔芋葡甘聚糖性能，扩大其应用范围，分别用氯乙酸、氯乙醇与魔芋葡甘聚糖进行醚化反应，并对产物的性能进行对比。结果表明，用氯乙酸为醚化剂制备的醚化产物的醚化度为0.60～0.75，1%水溶液（20℃）黏度1500～150mPa·s；用氯乙醇为醚化剂制备的醚化产物的醚化度为0.50～0.62，1%水溶液（20℃）黏度1000～640mPa·s，可见用氯乙醇为醚化剂得到的羟乙基醚化产物的黏度优于羧甲基化产物[10]。

魔芋精粉用氯乙酸进行醚化改性，当魔芋精粉、氯乙酸及氢氧化钠的质量比为18:9:8，反应温度为55℃，反应时间为3h时，所得改性魔芋葡甘聚糖的水溶性提高、黏度大、胶液性能稳定，黏接强度高，成膜性也较好，可用作环保型胶黏剂[11]。

一种水溶性羟丙基羧甲基魔芋增稠剂[12]，其制备方法是：按照魔芋粉:环氧丙烷:氯乙酸:醇类:水:碱类=10:40:2:100:100:17（质量比），将魔芋粉溶于碱液中搅拌下碱化一定时间后过滤，再将滤液置于三颈瓶中，加入醇类后密封，然后将三颈瓶移入已调至反应温度的恒温水槽中，在搅拌下向三颈瓶中加环氧丙烷与氯乙酸的混合液（按照配方量溶入适量水配成）在10～15min内滴完，于（50±2）℃反应6h后，将其用丙酮沉淀、抽滤、醇溶剂洗涤，干燥后即得水溶性羟丙基羧甲基魔芋增稠剂产品。0.5%反应物的水溶液25℃下的表观黏度>31mPa·s，120℃滚动16h，冷却到25℃后的表观黏度>19mPa·s；0.5%反应物的NaCl饱和水溶液25℃的表观黏度>39mPa·s，120℃滚动16h，冷却到25℃后的表观黏度>25mPa·s；0.5%反应物的$CaCl_2$饱和水溶液25℃的表观黏度>46mPa·s，120℃滚动16h，冷却到25℃后的表观黏度>28mPa·s。

该产品可以在石油开采过程中用于温度不超过120℃的钻井、压裂、酸化、固井等作业中，增稠剂浓度在0.5%时具有增稠效果好、黏度高、水不溶物少、耐温性能好、抗剪切性能优良等特点。

三、阳离子魔芋葡甘聚糖

当在魔芋胶分子中引入了阳离子基团时，不仅提高了其吸附能力，且由于季铵基的抑菌作用，可以使其抗温能力得到一定的提高，用作钻井液增黏剂，具有抑制、絮凝和防塌作用。同时也可以用于压裂液稠化剂、调剖堵水剂、驱油剂和水处理絮凝剂等。

以3-氯-2-羟丙基三甲基氯化铵（HAT）为阳离子醚化剂，天然魔芋精粉为原料，异丙醇为分散剂制备季铵盐阳离子魔芋葡甘聚糖（CKGM），当反应温度为50℃，反应时间为2h，n（HAT）:n（魔芋葡甘聚糖）:n（NaOH）=1.5:1:2，所得产物的DS为0.361，反应率为24.1%[13]。其制备过程如下。

将10g KGM和30mL异丙醇放入装有搅拌和冷凝装置的三颈瓶中，升温到50℃，在搅拌条件下滴加质量分数为45%的氢氧化钠水溶液，1h后再将计量的质量分数69%的HAT的水溶液缓慢加入，在50℃下连续搅拌反应2h后，用1mol/L的HCl溶液中和至中性，然后用质量分数为80%的乙醇冲洗数次、过滤，在50℃的真空烘箱内烘干、粉碎，即得到产品。

在合成过程中，影响反应的因素主要是n（HAT）:n（KGM）、反应时间、反应温度和催化剂用量。如表14-2所示，在n（NaOH）:n（HAT）=2:1，反应温度为50℃，反应时间为2h时，随着HAT用量的增加，产物的取代度开始快速增加，后又逐渐降低。而反应率（R）先明显增加然后下降，当n（HAT）∶n（KGM）=1.5∶1时，DS、HAT的反应率均达到最大值。显然，当n（HAT）∶n（KGM）=1.5∶1时较好，此时所得产物的DS=0.361，HAT的反应率（R）达24.1%。

表14-2　HAT与KGM物质的量比对取代度的影响

n（HAT）∶n（KGM）	w（N）/%	DS	R/%	n（HAT）∶n（KGM）	w（N）/%	DS	R/%
0.5	0.205	0.024	4.9	1.7	2.108	0.316	18.6
1.0	1.608	0.225	22.5	1.9	1.732	0.247	13.0
1.2	1.906	0.278	23.2	2.0	1.456	0.200	10.0
1.5	2.334	0.361	24.1				

注：n（KGM）为以KGM分子结构单元的相对分子质量计算的物质的量。

如表14-3所示，当n（HAT）∶n（KGM）∶n（NaOH）=1.5∶1∶2，反应温度50℃时，随反应时间的增加，DS逐渐增加，当反应时间达到2h时DS最大，之后再继续增加反应时间，则DS反而降低，可见反应时间为2h即可。

表14-3　反应时间对DS的影响

反应时间/h	w（N）/%	DS	反应时间/h	w（N）/%	DS
1.0	1.283	0.172	3.0	1.559	0.217
1.5	1.431	0.196	4.0	0.824	0.104
2.0	2.334	0.361	5.0	0.736	0.092

表14-4是在n（HAT）∶n（KGM）∶n（NaOH）=1.5∶1∶2，反应时间为2h时，反应温度对DS的影响。从表中可以看出，当反应温度为40℃，反应2h的DS仅为0.059，随着温度的升高，DS逐渐增加，当反应温度为50℃，DS为0.361，之后再进一步提高反应温度，DS反而降低。在实验条件下反应温度50℃较好。

表14-4　反应温度对DS的影响

反应温度/℃	w（N）/%	DS	反应温度/℃	w（N）/%	DS
40	0.481	0.059	55	0.586	0.072
45	1.487	0.205	60	0.262	0.031
50	2.334	0.361			

表14-5反映了n（HAT）∶n（KGM）=1.5∶1，反应时间为2h，反应温度为50℃时，催化剂NaOH加量对DS的影响情况。从表中可以看出，当氢氧化钠量较少时，反应产物的DS较低，当n（NaOH）∶n（KGM）=2时，DS达到最高，之后再增加氢氧化钠的量，DS反而快速降低。这主要是由于过量的碱加速了阳离子醚化剂中环氧基和季铵基的分解；另外，碱过量也加速了CKGM的分解反应，导致DS下降。可见，KGM醚化反应较佳的催

化剂用量为 n（NaOH）∶n（KGM）=2。

表 14-5 催化剂 NaOH 加量对 DS 的影响

n（NaOH）∶n（KGM）	w（N）/%	DS	n（NaOH）∶n（KGM）	w（N）/%	DS
1	0.250	0.03	2.5	0.656	0.082
1.5	1.641	0.225	3	0.212	0.025
2	2.334	0.361			

四、魔芋胶接枝共聚物

魔芋胶可以与不同的烯类单体接枝共聚得到不同性能和不同用途的接枝共聚物，下面以魔芋胶-AMPS 接枝共聚物和魔芋胶-AM 接枝共聚物为例介绍。

（一）魔芋胶-AMPS 接枝共聚物

魔芋胶与2-丙烯酰胺基-2-甲基丙磺酸钠的接枝共聚物可以采用硝酸铈铵为引发剂制备。实验表明，质量分数为0.6%接枝共聚物溶胶的黏度为196.93mPa·s；以质量分数为0.6%接枝共聚物溶胶和硼砂-有机钛复合交联剂（质量分数为5%的硼砂+质量分数为0.3%的有机钛）构成的压裂液的剪切稳定性好，耐温可达100℃[14]。其合成过程如下。

（1）称取20.7g AMPS、4g NaOH，分别溶于适量的水中，置于冰水浴中冷却10min，然后将冷却后的NaOH溶液慢慢滴加到AMPS水溶液中；用NaOH中和AMPS至中性后，将溶液在冰水浴中冷却放置10min，以防止AMPS均聚；在室温下用100mL容量瓶定容，得到1mol/L的AMPS-Na溶液。称取1.3g CAN，溶于少量的2mol/L的硝酸溶液中，转入25mL的容量瓶中，然后用2mol/L的硝酸溶液定容得到0.1mol/LCAN溶液；

（2）称取6.2g KGM置于盛有20mL体积分数75%乙醇的三颈瓶中，在40℃左右搅拌30min，使KGM适当溶胀，以充分暴露其糖环上的活性部分；在 N_2 保护下，将一定浓度的CAN溶液加入至三颈瓶内，升温至反应温度，保温20min，再加入一定量的AMPS-Na溶液，搅拌反应一定时间。反应结束后，反应产物分别用含量为50%和95%的乙醇洗涤、抽滤，真空干燥即KGM-g-AMPS接枝共聚物。

在魔芋胶-AMPS接枝共聚物合成中，合成条件及原料配比对KGM接枝共聚反应有明显的影响。如图14-11所示，当KGM用量为6.2g，质量分数为75%的乙醇20mL，c（CAN）=1.71mmol/L,反应温度50℃，反应时间2.5h时，随AMPS用量的增加，接枝共聚物溶胶黏度先增大后降低，当AMPS浓度为0.43mol/L时接枝共聚物溶胶的黏度达到最大。可见，适宜的AMPS单体浓度为0.43mol/L。

如图14-12所示，当KGM用量为6.2g，质量分数为75%的乙醇20mL，c（AMPS）=0.43mol/L，反应温度50℃，反应时间2.5h时，随CAN浓度的增加，接枝共聚物溶胶黏度先增大后降低，当CAN浓度为1.71mmol/L时接枝共聚物溶胶的黏度达到最大。在实验条件下，适宜的CAN浓度为1.71mmol/L。

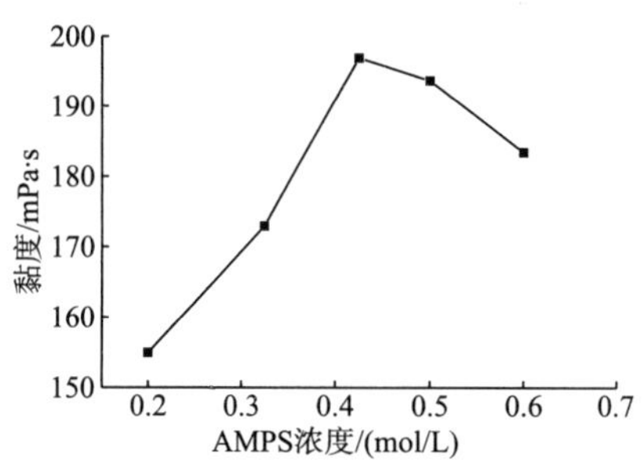

图 14-11 AMPSNa 浓度对接枝共聚物溶胶黏度的影响

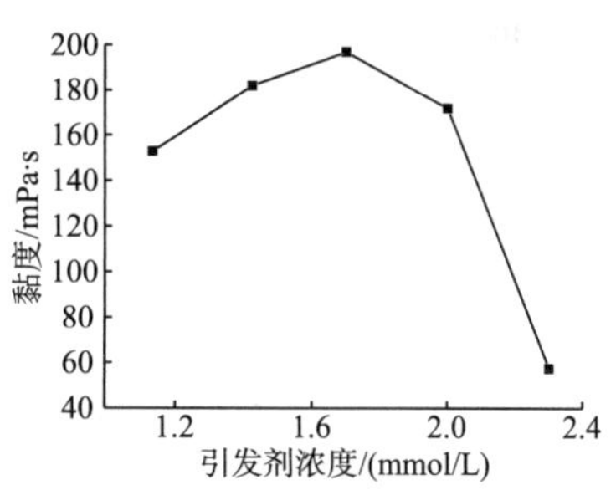

图 14-12 CAN 浓度对接枝共聚物溶胶黏度的影响

反应温度和反应时间对产物黏度的影响情况是：当 KGM 用量为 6.2g，质量分数为 75% 的乙醇 20mL，c（AMPSNa）=0.43mol/L，c（CAN）=1.71mmol/L，反应时间为 2.5h 时，随反应温度的升高，接枝共聚物溶胶黏度先增大后降低，当反应温度为 50℃ 时接枝共聚物溶胶的黏度达到最大。实验发现，当温度超过 50℃ 后，易出现爆聚，导致产物的相对分子质量降低，溶胶黏度降低。可见，在实验条件下适宜的反应温度为 50℃；当反应温度为 50℃ 时，随反应时间延长，接枝共聚物溶胶的黏度先增大后降低，当反应时间为 2.5h 时接枝共聚物溶胶的黏度达到最大。这是由于当反应时间超过 2.5h 后，由于接枝共聚物降解反应加速，引起接枝共聚物相对分子质量降低。可见，适宜的反应时间为 2.5h。

（二）魔芋胶－丙烯酰胺接枝共聚物

用过硫酸钾/硫脲（TU）为引发剂，水溶液聚合制备魔芋粉（KGM）与丙烯酰胺（AM）接枝共聚物时，其合成过程如下[15]。

将 KGM 置于盛有蒸馏水的反应器中，在 40℃ 左右搅拌 30min，使魔芋粉适当溶胀，冷却至室温后加入 AM，将 $K_2S_2O_8$ 溶液和硫脲溶液加入反应瓶内，在氮气保护下升温至反应温度，然后通过恒压滴液漏斗滴加稀硫酸，搅拌反应，加入氢醌（HQ）终止反应，反应物用 95% 乙醇洗涤，抽滤，真空干燥得产品。

研究表明，在接枝共聚物合成中，影响接枝反应的主要影响因素包括引发剂浓度、单体浓度、体系的 pH 值和反应温度等，各因素对接枝效率（GE）的影响情况见图 14-13～图 14-16。

如图 14-13 所示，当 n（$K_2S_2O_8$）：n（TU）为 2∶1、AM 浓度为 2mol/L、H_2SO_4 浓度为 30mmol/L、60℃ 下反应 3h 时，接枝效率随着引发剂（$K_2S_2O_8$）用量的增大呈现先增加后降低的趋势。在实验条件下，引发剂的浓度为 20mmol/L 较好。

图 14-14 表明，当 n（$K_2S_2O_8$）：n（TU）为 2∶1、$K_2S_2O_8$ 的浓度为 20mmol/L、H_2SO_4 浓度为 30mmol/L、60℃ 反应 3h 时，在 AM 浓度小于 2mol/L 时，接枝效率随 AM 浓度的增大而快速增加，在 AM 浓度超过 2mol/L 后，接枝效率则变得较平缓并略有降低。显然 AM 浓度为 2mol/L 较适宜。

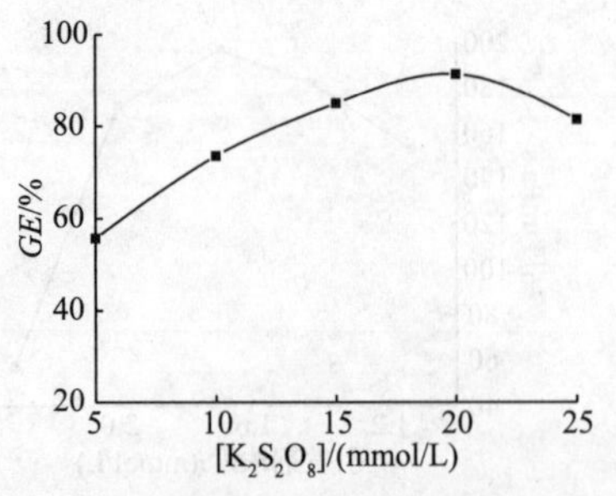

图 14-13 $K_2S_2O_8$用量对接枝反应的影响

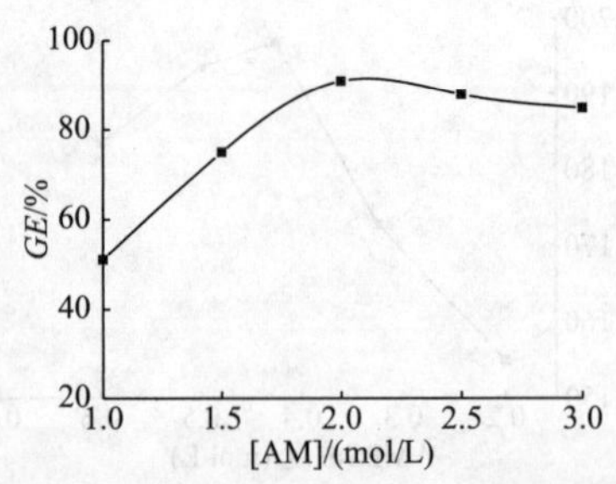

图 14-14 AM 用量对接枝反应的影响

从图 14-15 可以看出，当 $K_2S_2O_8$/TU 的物质的量比为 2∶1、$K_2S_2O_8$的浓度为20mmol/L、AM 浓度为 2mol/L、60℃反应 3h 时，GE 随 H_2SO_4浓度的增大开始逐渐增加，当H_2SO_4浓度达到 30mmol/L 之后反而略有降低。这是由于引发体系自由基的产生依赖于溶液中的H^+浓度，酸度过低，体系产生的自由基数目较少，因而引发效果不是很好，但酸度过大，质子化的硫脲自由基也会减少，同时魔芋粉和单体也可能部分酸解，因而不利于反应，致使接枝效率较低。

如图 14-16 所示，当 AM 浓度为 2mol/L、H_2SO_4浓度为 30mmol/L、$K_2S_2O_8$/TU 的物质的量比为 2∶1、$K_2S_2O_8$的浓度为 20mmol/L、反应时间为 3h 时，反应温度以 60℃为宜。

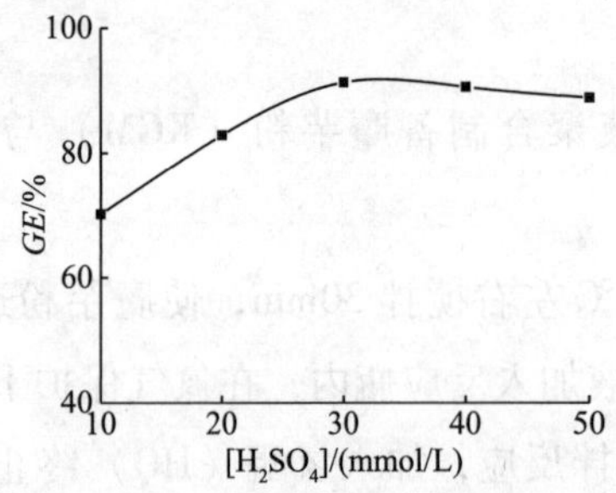

图 14-15 酸度对接枝反应的影响

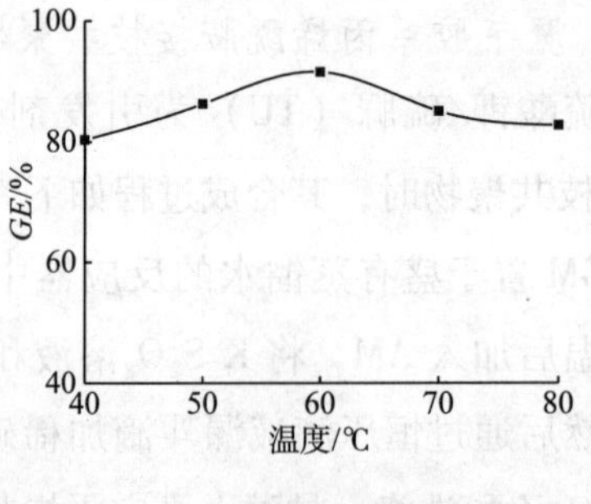

图 14-16 反应温度对接枝反应的影响

此外，也可以将魔芋粉与丙烯酸接枝共聚制备阴离子接枝共聚物。通常可以用硝酸铈铵、过硫酸钾，过硫酸钾－亚硫酸氢钠等作为引发剂进行接枝共聚。研究表明，用过硫酸钾作引发剂，其接枝率与用硝酸铈铵作引发剂相差无几，而接枝效率比用硝酸铈铵低，过硫酸钾－亚硫酸氢钠氧化还原引发体系的引发效果比硝酸铈铵、过硫酸钾要高得多，因此在魔芋粉与丙烯酸的接枝共聚反应中，采用过硫酸钾－亚硫酸氢钠氧化还原引发体系可以获得理想的效果[16]。

五、应用

(一) 钻井完井液

在钻完井中，魔芋胶可以用作钻井液增黏剂、无固相钻井液和清洁盐水钻井液、完井液、修井液的增稠剂，一般适用于低温地层钻探。也可以用作暂堵剂和堵漏材料。也可以其为骨架，通过与烯类单体接枝共聚制备增黏剂、降滤失剂、吸水树脂堵漏剂等改性产物。

含有魔芋胶或魔芋胶接枝共聚物的钻井液表现出较好的暂堵特征，通过魔芋葡甘聚糖大分子链网在井壁上的隔膜作用达到封堵的目的。这些大分子物质相互桥接，滤失后附着在井壁上形成隔膜，这些薄而坚韧的隔膜渗透性极低，能够满足暂堵要求。KGM 是相对分子质量大，水合能力强且不带电荷的非离子，能够形成黏度极高的水溶胶，其值甚至高于瓜尔豆胶和槐豆胶，表明 KGM 分子聚集体具有更高的链刚性。在钻井液中可以形成空间网状结构，能够显著提高钻井液的黏度，并且还具有抑制页岩的水化作用。

当在石油钻井中发生渗透性和裂缝性漏失时，可选用改性魔芋粉凝胶堵漏剂。研究表明改性魔芋粉堵漏剂的最佳应用条件为：魔芋粉 7%，交联剂加量 0.2%，接枝单体加量 1.5% ~2.5%，体系 pH =9 ~10，反应温度为 80 ~100℃。应用魔芋粉凝胶堵漏剂在石油开发中，能成功堵住油气层部位的漏失，提高油井产量[17]。

（二）压裂液

用于压裂液稠化剂，水溶性好、水溶胶黏度高、破胶残渣少的魔芋胶，对油层基质和裂缝导流能力伤害低，有利于保护油层气的渗透率，提高增产效果。采用魔芋配制的压裂液能够满足井温 120℃以内的油水井压裂施工要求。由于在井温 80℃压裂施工中 KGM 压裂液可以采用低温交联剂代替高温交联剂，其成本比瓜胶压裂液低，有利于节省成本。

下面是一些典型的压裂液配方。

1. 聚丙烯酰胺/魔芋胶压裂液

通过对稠化剂、交联剂以及杀菌剂、抗氧化剂、黏土稳定剂、破胶剂等添加剂浓度的优化，可以得到一种 PAM/KGM 压裂液，其组分及含量见表 14-6。

表 14-6 PAM/KGM 压裂液的组分及含量

材料种类	名称	质量分数/%	材料种类	名称	质量分数/%
稠化剂	KGM/PAM（质量比 1:1）	0.5 ~1.0	抗氧化剂	硫代硫酸钠	0.1
交联剂	有机硼溶液	3.0 ~6.0	黏土稳定剂	氯化钾	1.0
杀菌剂	甲醛	0.1	破胶剂	过硫酸铵	0.2

聚丙烯酰胺/魔芋胶压裂液是非牛顿流体，具有较好的耐剪切性、易破胶、低滤失、残渣少、伤害低的特点，可以满足油田压裂液的应用要求[18]。

2. 魔芋胶硼冻胶中温压裂液

系魔芋胶硼交联凝胶，配方见表 14-7。将魔芋胶配制成1% 的水溶液，然后加入其他组分，搅拌均匀后，并补充所需量水混匀即可。残渣为 2% ~4%，渗透率损害 <10%。用于砂岩、灰岩和白云岩性油层大型压裂作业。适用于井温为 70 ~90℃、井深为 1000 ~2500m 的井。

表 14-7 魔芋胶硼交联凝胶配方

组分	含量/%	组分	含量/%	组分	含量/%
魔芋胶	0.36~0.72	碳酸钠	0.15~0.2	四硼酸钠	0.1~0.3
甲醛溶液	0.05~0.1	烷基磺酸钠	0.2	过硫酸钾	0.003~0.02
柠檬酸	0.02~0.04	氯化钾	2	水	余量
碳酸氢钠	0.1	硫代硫酸钠	0.05~0.1		

3. 魔芋胶压裂液

由魔芋胶、交联凝剂和表面活性剂等组成，配方见表 14-8。将魔芋胶配制成 1% 的水溶液，然后加入其他组分，搅拌均匀后，并补充所需量水搅拌均匀即可。破胶后胶液黏度为 3.4~4.7mPa·s，pH 值为 7~8，残渣 <0.25%。

魔芋胶压裂液综合性能好，具有溶液黏度高，耐温、耐剪切性能良好，低滤失，低表（界）面张力，易破胶，携砂性能强，抗盐能力强，残渣低，对储层损害小等特点，适用于中低温（80℃）压裂改造储层。

表 14-8 魔芋胶压裂液配方

组分	含量/%	组分	含量/%
魔芋胶	0.4	低温活化破胶剂 LTB-6	0.1~0.2
KCl	2~10	硼砂	0.4
破乳助排杀菌剂 SPI-11	0.3	水	余量

（三）堵水剂

魔芋粉堵剂是一种具有膨胀性、黏弹性、选择性的堵水材料。因其物化性质稳定，施工后有效期长，在注入水的推动下会向油藏深部运移，起到深部调剖效果。如用 1% 的 KGM、0.9% 的无机盐类胶凝剂、1.2% 的胶凝助剂无水亚磷酸钠以及水在 60℃ 形成弱凝胶，在 KGM 弱凝胶中加入 3%~5% 的盐酸水溶液，在胶凝温度下（60~90℃）放置40~250h，弱凝胶变成胶体。该弱凝胶可用于弱凝胶调驱，有驱油和调剖的双重作用。

魔芋粉堵剂具有明显的选择性封堵特性，可大大减少对非目的层的侵入，提高总体降水增油效果。

第二节 瓜尔胶及其改性产物

我国从 1974 年开始引种瓜尔豆，已在云南、新疆等一些地区进行了示范性种植，但对瓜尔胶及其衍生物的研究仍处于初级阶段，真正进行大规模工业生产并实际应用的企业还为数不多。目前国内瓜尔胶及改性产物主要用于食品增稠剂、物控制释放载体等，在石油工业上用作压裂液稠化剂和钻井液增黏剂。用作钻井液增黏剂有较好的增稠和降滤失效果，但抗温能力低，在钻井液中一般仅用于90℃以下，其水不溶物可以堵塞地层微裂缝，改善滤饼质量。用于压裂液稠化剂，其水溶液和水冻胶可用于渗透率较高、地层压力较大的油气层压裂。

一、瓜尔胶

瓜尔胶，也称做古耳胶、瓜儿胶等，由豆科植物瓜儿豆的胚乳经碾磨加工而成。为大分子天然亲水胶体，主要由半乳糖和甘露糖聚合而成，其结构见图 14-17。属于天然半乳甘露聚糖，为食品品质改良剂之一。本品呈奶白色、自由流动粉末状，几乎无味。不溶于有机溶剂，如烃类、醇类和酯类及脂肪中。可被水分散、水合、溶胀，形成黏胶液，水溶液 pH 值在 6 ~ 8 之间，黏度为 187 ~ 351mPa · s，水不溶物含量为 19% ~25%。瓜尔胶水溶液部分主要是以 $\beta-1$，4 甙键联结的 D - 甘露吡喃糖为主链，以 $\alpha-1$，6 甙键联结的 D - 半乳吡喃糖为支链组成的长链中性非离子型多邻位顺式羟基的聚糖，半乳糖与甘露糖之比为 1:（1.6 ~ 1.8），总糖含量为 84.3%，重均相对分子质量为 20×10^4 ~ 40×10^4。在一定的 pH 值条件下，瓜尔胶水溶液易于与某些两性金属（或两性非金属）组成的含氧酸阴离子盐，如硼酸盐、钛酸盐交联成水冻胶，不易受离子型盐的影响，可进行物理、化学改性。瓜尔胶无毒，有较好的水溶性和交联性，并且在低浓度下能形成高黏度的稳定性水溶液，作为增稠剂、稳定剂和黏合剂可广泛应用于石油钻采、食品、医药、纺织印染、采矿选矿和造纸等行业。

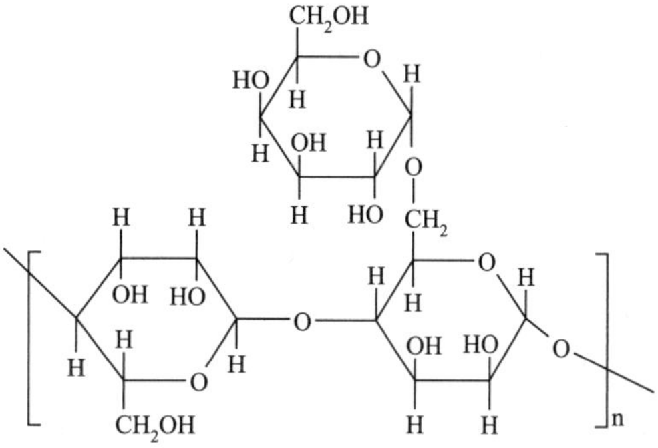

图 14-17 瓜尔胶的化学结构

（一）瓜尔胶的水溶液性质

瓜尔胶的水溶液黏度随着其质量分数增加而增加（图 14-18）。一般而言，质量分数为 0.5% 以上的瓜胶溶液呈非牛顿流体的假塑性流体特征，具有剪切稀释特性。瓜尔胶的水溶液为中性，25℃下质量分数为 1% 的瓜尔胶溶液黏度与 pH 值的关系见图 14-19。从图中可看出瓜尔胶具有很强的耐酸碱性，pH 值在 3.5 ~ 10 范围变化对其黏度影响不明显。pH 值大于 10 后，黏度显著下降，这可能与随着 OH^- 离子的增多，瓜尔胶与溶剂间氢键结合减少有关。如图 14-20 所示，1% 的质量分数的瓜尔胶溶液黏度随着温度的增加而降低，黏度在 25 ~ 55℃之间变化较大，60 ~ 75℃间变化较小，升温后再降温的胶液黏度比其同温度的胶液黏度稍小。其原因可能是温度较低时，瓜尔胶分子呈现带短的甘露糖残基的长链伸展结构，有利于与溶剂水分子作物理或化学键结合接近，温度较高时，因布朗运动使这种接近减弱[19]。

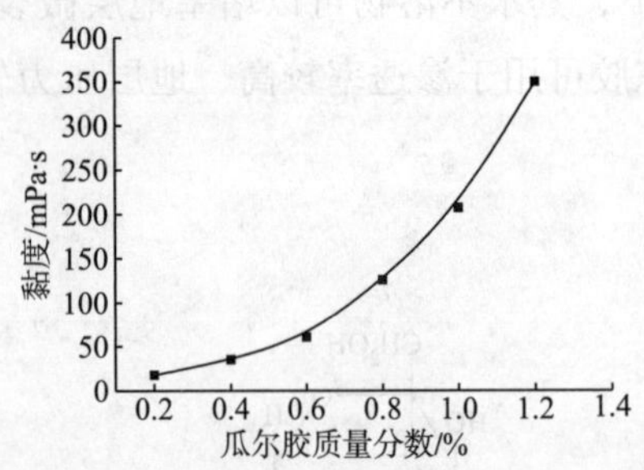

图 14-18　瓜尔胶水溶液黏度与浓度的关系

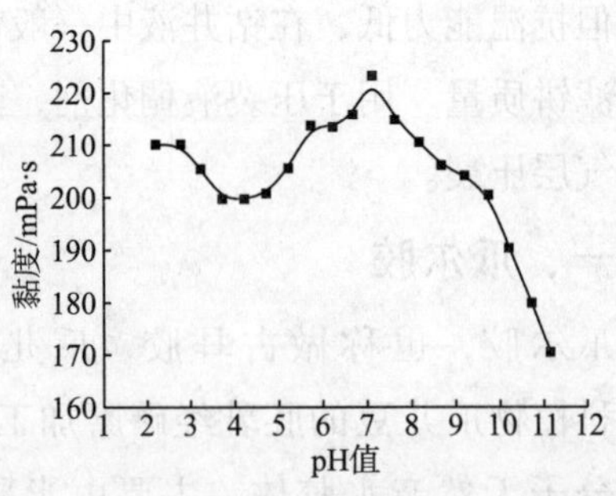

图 14-19　pH 值对瓜尔胶黏度的影响

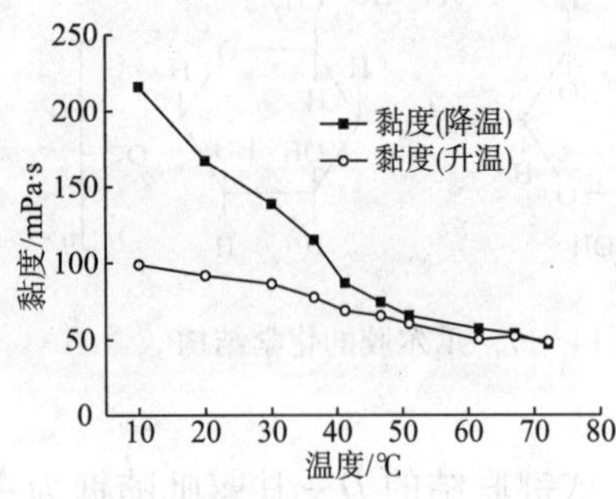

图 14-20　温度对瓜尔胶溶液黏度的影响

由于瓜尔胶原粉在使用过程中表现出水不溶物含量高，不能快速溶胀和水合，溶解速度慢，黏度不易控制，耐剪切性较弱，易被微生物分解而不能长期保存等缺点，限制了瓜尔胶的应用范围，为了满足不同的应用要求、扩大应用范围，可对其进行改性。瓜尔胶的改性主要有醚化、接枝共聚、交联反应等方法。

（二）制备过程

将胚乳从种子中分离出来粉碎，便得到瓜尔胶粉，为淡黄色粉末状固体，水不溶物≤18%，1%的水溶液黏度≥200mPa·s。

典型的瓜尔胶生产工艺流程如图 14-21 所示[20]。在生产中筛分环节严格控制着物料的粒度大小，粒度合格的物料过筛后进入均质罐，之后出料包装；粒度不合格的物料进入干燥粉碎机再次粉碎。

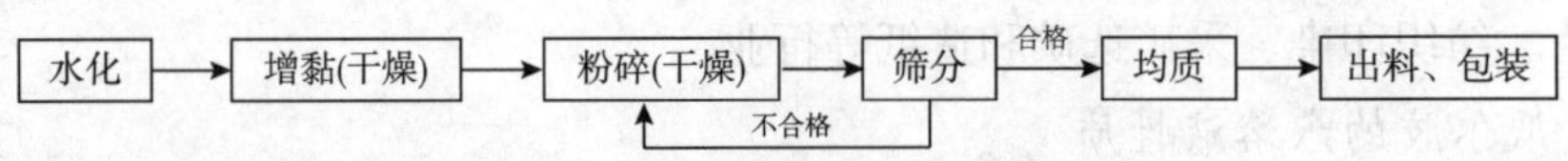

图 14-21　瓜尔胶生产工艺流程

二、瓜尔胶醚化产物

醚化是瓜胶最常用的改性方法。瓜胶的羟基在一定条件下可发生醚化反应，生成非离子、阳离子、阴离子、两性离子型的羟烷基阴离子瓜尔胶和羟烷基阳离子瓜尔胶等。国外在 20 世纪 80 年代就实现了瓜胶的醚化产物的工业化生产，主要品种有羧甲（乙）基化、羟丙基化、羟羧基化或羧羟基化、季铵盐化瓜尔胶等，其中以羟丙基瓜尔胶、羧甲基瓜尔胶和季铵盐化的瓜尔胶应用最为广泛。

国内在瓜尔胶醚化改性方面也逐步开展了一些工作，中国专利 021159955[21] 介绍了一种瓜尔胶醚化工艺，分别制备了羟乙基瓜尔胶和阳离子瓜尔胶。

（1）羟乙基瓜尔胶。将 400 份 95% 乙醇泵入 $2m^3$ 反应釜中，开启搅拌，加入 100 份瓜尔胶原粉，依次加入 4 份氢氧化钠溶解于 50 份水中形成的水溶液、2 份连二硫酸钠，1h

后升温至50℃，加入30份氯乙醇反应6h。降温至20℃，加入20份乙酸中和后，加入0.1份乙二醛搅拌30min，离心过滤，滤饼经95%乙醇洗涤两次后，滤饼于60℃、0.09MPa条件下真空干燥1h，干燥后物料经粉碎、筛分、混合、检验、包装入库。产品黏度为1800mPa·s，水不溶物为6%。溶剂回收循环使用。

（2）阳离子瓜尔胶。将800份异丙醇泵入$2m^3$反应釜中，然后加入20份氢氧化钠溶于150份水中形成的水溶液，充氮四次。搅拌条件下将100份瓜尔胶原粉投入反应釜中，搅拌30min。升温至（45±2）℃，加入20份羟丙基三甲基氯化铵，反应5h。降温至20℃，用60份工业盐酸中和至pH=8~9，离心过滤，滤饼经80%异丙醇水溶液洗涤两次，再用无水乙醇洗涤一次。滤饼于50℃、0.09MPa条件下真空干燥2h，干燥后的物料经粉碎、筛分、混匀、检验、包装入库。所得产品黏度为2600mPa·s，水不溶物为15%。溶剂回收利用。

针对已有工艺需要使用大量有机溶剂、生产成本高、安全性差等问题，研究人员开始探索改进的工艺方法。国内有人以氯化十六铵为催化剂，采用相转移催化法合成了羟丙基瓜尔胶[22]，采用半干法合成了阳离子瓜尔胶[23]。

（一）羧甲基瓜尔胶

羧甲基瓜尔胶的合成可以参考羧甲基淀粉的合成方法，通常包括干法、半干法和溶媒法等。现结合半干法工艺介绍羧甲基瓜尔胶的合成，其合成过程如下。

首先，按照瓜尔胶、氯乙酸、氢氧化钠的质量比为1.6∶1.2∶1，称取一定量的瓜尔胶粉和氯乙酸置于反应器中，加入适量的酒精（酒精淀粉比为0.2~0.6）。再加入过量的质量分数为30%的氢氧化钠水溶液，于室温下搅拌20min。搅拌均匀后升温至70℃，于70℃下反应1h。待物料呈半干状态后，碾碎过筛即得到成品[24]。用乙醇-水进一步处理后可以得到纯的羧甲基瓜尔胶产品。

研究表明，反应温度、反应时间、氢氧化钠用量、氯乙酸用量和室温搅拌时间等是影响羧甲基瓜尔胶取代度（DS）的关键。

对于反应温度和反应时间而言，当m（瓜尔胶）∶m（氯乙酸）∶m（氢氧化钠）=1.6∶1.2∶1，室温下搅拌时间为20min，反应时间为1h时，随着反应温度的升高，产物取代度也随之增加。在温度升高到70℃时，产品的取代度达到最大，而后取代度又有所下降，这是由于瓜尔胶在碱性条件下发生糊化现象。温度越高，糊化现象越明显，同时反应体系中出现淡黄色的较硬的颗粒，使反应难以进行，且在冷却后，还会出现轻微的结块现象，给后续洗涤带来困难。可见，反应温度宜控制在70℃以下；当反应温度为70℃时，随着反应时间的增加，产品取代度不断升高，当反应时间达到1h后，取代度的升高趋于平缓。实验发现，若反应的时间低于0.5h，所得产品的水溶性较差。这是由于瓜尔胶反应不完全，而当反应时间超过1h，产物会变得较为黏稠，给后续处理带来困难，所以反应时间应控制在1h以下。

图14-22反映了m（氢氧化钠）∶m（氯乙酸）、m（氯乙酸）∶m（瓜尔胶）和室温

下搅拌时间对产物 DS 的影响。如图 14-22（a）所示，当 m（瓜尔胶）∶m（氯乙酸）= 1.3∶1，反应时间为 1h，反应温度为 70℃时，随着氢氧化钠用量的增加，产品取代度也相应增加，当 m（氢氧化钠）∶m（氯乙酸）=0.8∶1 时，产品的取代度达到最大值，之后再继续增加氢氧化钠用量，产品取代度反而下降。可见，m（氢氧化钠）∶m（氯乙酸）= 0.8∶1 较好。

如图 14-22（b）所示，当 m（瓜尔胶）∶m（氢氧化钠）=1.6∶1，反应时间为 1h，反应温度为 70℃时，产品的取代度随着氯乙酸加量的增加先增加后降低，在 m（氯乙酸）∶m（瓜尔胶）=0.76∶1 时，产品的取代度达到最大值。显然，m（氯乙酸）∶m（瓜尔胶）为 0.76∶1 时较好。

如图 14-22（c）所示，当 m（瓜尔胶）∶m（氯乙酸）∶m（氢氧化钠）=1.6∶1.2∶1，反应温度为 70℃，反应时间为 1h 时，随着室温下搅拌时间的增加，产品取代度呈现先增加后降低的趋势，当搅拌时间达到 20min 时，产品的取代度达到最大。这是由于瓜尔胶在碱性条件下发生糊化现象，通过搅拌使得反应混合均匀，搅拌时间越长，糊化现象越明显，给后续处理带来困难，且在反应体系冷却后，仍然会出现轻微的结块现象，给洗涤带来困难。在实验条件下，搅拌时间以 20min 左右为宜。

实验表明，在最佳合成条件下所得羧甲基瓜尔胶的取代度为 0.51，黏度为 3960mPa·s。

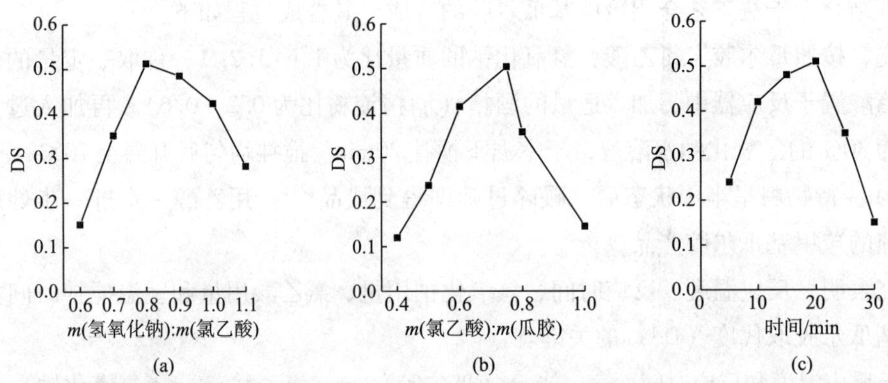

图 14-22 氢氧化钠用量（a）、氯乙酸用量（b）和室温下搅拌时间（c）对 DS 的影响

（二）羟丙基瓜尔胶

羟丙基瓜尔胶（HPG）为无色、无味的白色至浅黄色固体粉末。不溶于醇、醚和酮等有机溶剂，易溶于水。其水溶液在常温和 pH = 2 ~ 12 时比较稳定，加热到 70℃以上黏度急剧降低，遇到氧化剂可发生降解。由于羟丙基瓜尔胶分子中含有顺式邻位羟基，因而可与硼、钛和锆等多种非金属和金属元素化合物进行络合形成凝胶体。通过调节反应条件和合理地选择交联剂，可使凝胶满足不同温度下的要求。

与瓜尔胶原粉相比，羟丙基瓜尔胶残渣含量低，溶胀溶解速度快，胶液放置稳定性好，耐盐能力强，是一种性能优异的压裂液稠化剂。但在相同的剪切速率下，羟丙基瓜尔胶的黏度低于相同浓度的瓜尔胶，见图 14-23[25]。作为钻井液处理剂和无固相钻井液增黏剂，其抗温能力比瓜尔胶有一定提高，但一般也只用于110℃以下。

可以采用不同的方法制备羟丙基瓜胶，下面是两种代表性的方法。

方法1：将360份乙醇、12份相转移催化剂、5份醚化反应助剂，依次投加到反应釜中混合均匀，在搅拌下缓慢加入360份瓜原胶粉，待充分分散后再滴加98份质量分数为30%的氢氧化钠水溶液，滴加速度以5～10L/min为宜。将反应体系的温度升到45～50℃，在此温度下碱化反应1.5h，然后加入120份环氧丙烷，并升温到65～70℃，在此温度下醚化反应5h，冷却降温至40℃以下，用适量（约占瓜尔胶原粉质量的50%）乙醇进行稀释，再加入盐酸中和至pH＝6.5～7。将反应物进行离心分离，除去上部溶液后，加入适量（约占瓜尔胶原粉质量的50%）乙醇洗涤，再离心分离除去上部溶液。将离心后固体物烘干、粉碎、过筛后，即得到羟丙基瓜尔胶。

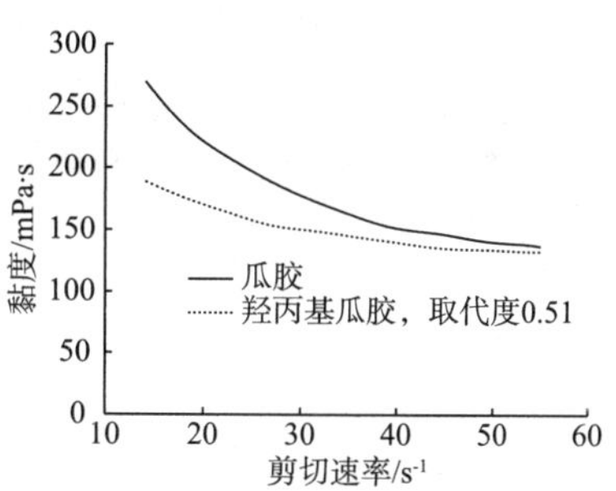

图14－23 瓜尔胶和羟丙基瓜尔胶水溶液黏度（0.4%）与剪切速率的关系

方法2[26]：取一定量的瓜尔胶粉分散于乙醇水溶液中，加入氢氧化钠，放置于带冷凝管的500mL三口烧瓶中，浸于恒温水浴，搅拌20min之后加入一定量的环氧丙烷，反应结束后，冷却到室温，用醋酸中和至pH值为7；过滤，洗涤2次，干燥，粉碎。所用瓜尔胶水不溶物质量分数为21.5%，0.6%的溶液的表观黏度为85.2mPa·s，含水率为7.95%。

研究表明，在合成中合成条件对产品性能具有明显影响。在催化条件下，瓜胶分子中的活泼羟基可与环氧丙烷进行醚化反应。当瓜尔胶用量为50g、水60mL、乙醇150mL、环氧丙烷用量为10mL、反应温度为60℃、反应时间为4h时，催化剂（NaOH）用量对HPG性能的影响见图14－24。从图14－24可看出，随着催化剂用量增加水产物的不溶物含量逐渐降低，但产物的表观黏度也降低，而且产物的交联性变差，溶解速率也变慢。兼顾黏度和交联性能，在实验条件下催化剂用量为5g较好。下面的实验中如无特殊说明，均是在加入5g催化剂和上述反应条件下进行。

改性瓜尔胶的一个重要技术指标是取代度，从瓜尔胶的结构式中可看出，其最大取代度为3，当其取代度大于1时，破坏了糖单元中用来交联的顺式邻位羟基，导致改性瓜尔胶丧失了特殊的物化性能。通常将取代度控制在小于1的范围。实验经气相色谱对环氧丙烷消耗量的分析计算，其取代度为0.72。环氧丙烷用量增加可以有效降低水不溶物含量，也使取代度增加，但增加到一定量时，对水不溶物含量降低不明显，而产物的黏度不断下降。如图14－25所示，当原料配比和反应条件一定时，适宜的环氧丙烷用量为8～10mL。

如图14－26所示，原料配比和反应条件一定时，HPG水不溶物随水用量增大而降低，但水用量超过60mL时，水不溶物含量降低开始缓慢，但是黏度降低幅度较大，故适合的水用量为60mL。

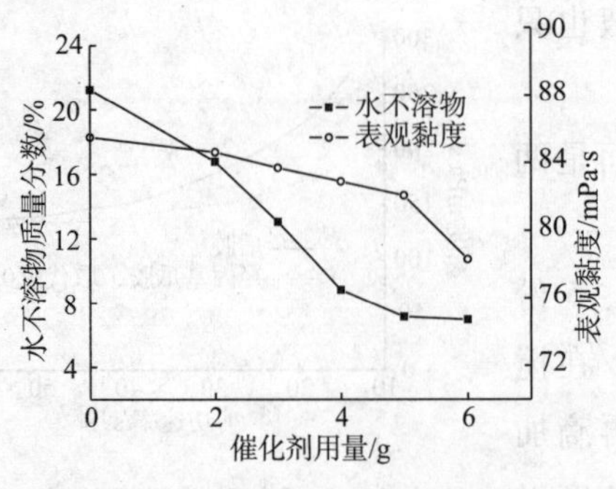

图 14-24 催化剂用量对水不溶物含量和表观黏度的影响

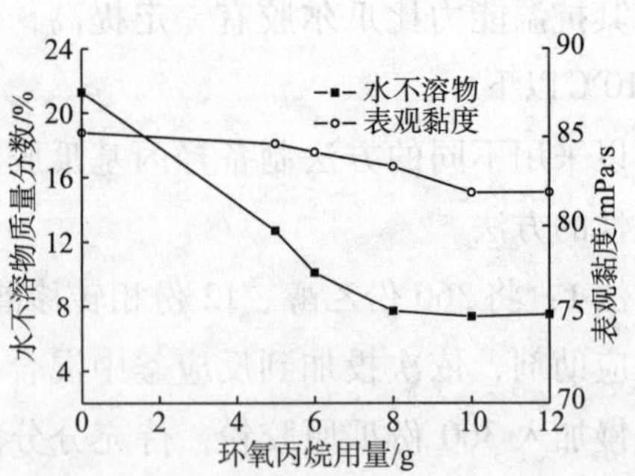

图 14-25 环氧丙烷用量对水不溶物含量和表观黏度的影响

实验表明，当原料配比和反应条件一定时，随着反应温度的升高，产物的黏度略有降低，而水不溶物则大幅度降低，当反应温度超过 60℃ 以后对水不溶物含量的降低作用较小，可见，反应温度 60℃ 较好；在 60℃ 下反应时，反应时间超过 4h 后表观黏度开始下降，水不溶物含量基本不变。故反应时间以 4h 为宜。

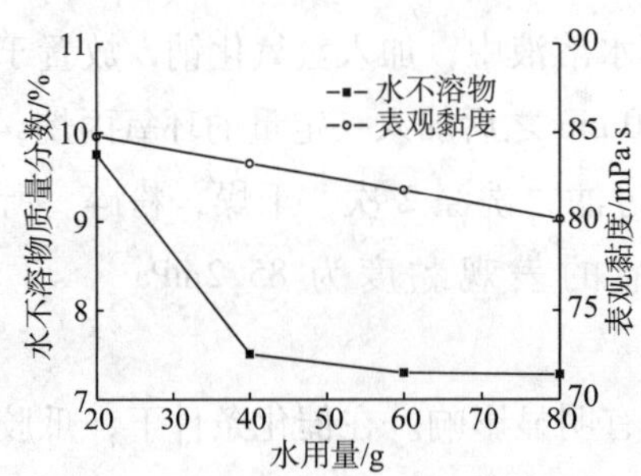

图 14-26 水用量对水不溶物含量和表观黏度的影响

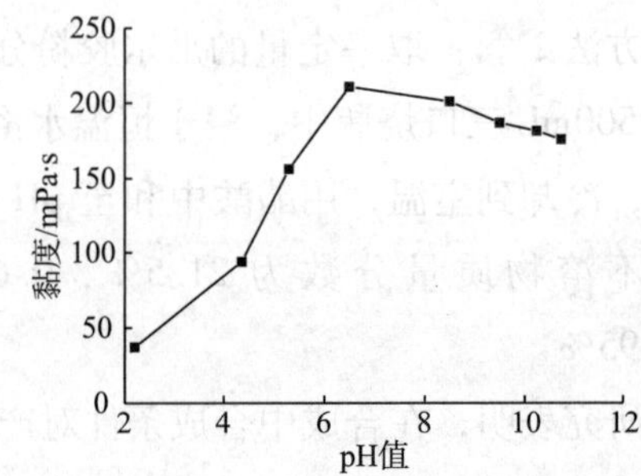

图14-27 pH 值对 CMHPG 溶液黏度的影响

方法 3：称取一定量的瓜胶原粉，配制成 1% 的水溶液，离心分离后用无水乙醇沉淀，过滤，真空干燥。取纯化后的瓜胶胶粉约 5g 和 10.5mL 异丙醇混合，N_2保护下缓慢加入 4.5mL 0.015mol/L 的 NaOH 溶液，搅拌 20min。加入 9.07mL 环氧丙烷，室温下反应 24h，用冰醋酸中和，乙醇多次洗涤，真空干燥、粉碎，即得到产品[27]。

（三）羧甲基羟丙基瓜尔胶

羧甲基羟丙基瓜尔胶（CMHPG）为淡黄色粉末。无臭，易吸潮。不溶于大多数有机溶剂。可溶于水，水溶液黏度为 196～243mPa·s。用于压裂液稠化剂时，其水溶液在弱酸条件下易与高价金属阳离子交联成胶，如与硫酸铝、氧氯化锆交联。在碱性条件下，也能与硼酸盐、钛酸盐等交联成水冻胶。盐对羧甲基羟丙基瓜尔胶水溶液的黏度和交联性能稍有影响。作为水基钻井液的增黏剂和无固相钻井液稠化剂，具有较强的抗盐能力，但抗温能力低，一般适用于 120℃ 以内。

CMHPG 水溶液表现出非牛顿流体流变性质。溶液表观黏度在不同剪切速率下均随着温度的升高而降低。质量分数为 0.5% 的 CMHPG 溶液对酸的敏感程度远远大于它对碱的敏感程度。水溶液的黏度（剪切速率 20.4s^{-1} 下测定）随溶液 pH 值的降低迅速降低，随溶液 pH 值的升高变化不大（图 14－27）。质量分数为 0.5% 的羧甲基羟丙基瓜尔胶水溶液黏度对 NaCl 极为敏感，其黏度随盐的加入而迅速降低，以后随盐浓度的增大变化趋于平缓（图 14－28）[28]。

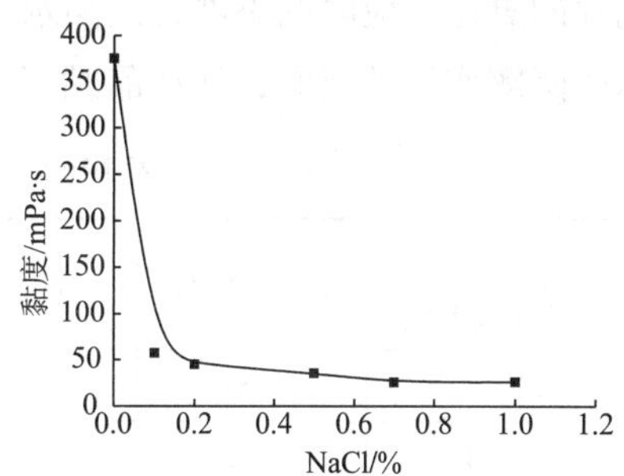

图 14－28　NaCl 质量分数对 CMHPG 溶液黏度的影响

CMHPG 以氯乙酸为主醚化剂，环氧丙烷为副醚化剂，在碱性条件下经过醚化反应而得。一般采用水媒法或乙醇、异丙醇等为分散剂的溶媒法制备。

（一）水媒法

水媒法合成羧甲基羟丙基瓜尔胶时，当氢氧化钠、环氧丙烷、氯乙酸与胚乳片质量比分别为 0.3∶1，0.2∶1，0.4∶1，反应温度为 80～85℃，反应时间为 100～110min 时，合成的羧甲基羟丙基瓜尔胶的水不溶物为 2%～3%，黏度为 110～120mPa·s，在黏度比瓜尔原粉略微下降的情况下，水不溶物由 20%～25% 大幅下降到 2%～3%，水溶性得到明显改善[29]。

在胚乳片的水合过程中，利用水作为分散剂，使反应试剂溶解在水中，借助水的输送作用到达胚乳片内部完成醚化反应，最后只通过一次粉碎加工就得到成品。合成过程如下。

向反应釜中加入瓜尔胶胚乳片、氢氧化钠溶液，向夹套中通入热水保温，开启搅拌完成碱化反应，然后加入氯乙酸溶液和环氧丙烷进行醚化反应，最后加入盐酸溶液进行中和。胚乳片经乙醇洗涤，粉碎得到羧甲基羟丙基瓜尔胶。

研究表明，在水媒法羧甲基羟丙基瓜尔胶的制备中，影响产品性能的因素包括氢氧化钠用量、环氧丙烷用量、氯乙酸用量、反应温度和反应时间等。

从实验结果可以看出，如果氢氧化钠用量过少，催化作用弱，环氧丙烷和氯乙酸不能充分参与反应，产品水不溶物高；如果氢氧化钠用量过多，加剧其对瓜尔胶的降解破坏作用，使产品黏度降低，可见，氢氧化钠与胚乳片质量比以 0.3∶1 比较合适（表 14－9）。如果环氧丙烷用量过少，羟丙基醚化取代反应不充分，产品水不溶物高；反之环氧丙烷用量过多，水不溶物不会持续降低，可见，环氧丙烷与胚乳片质量比以 0.2∶1 比较合适（表 14－10）。氯乙酸用量过少，羧甲基醚化取代反应不充分，产品水不溶物高；用量过多会加剧其对瓜尔胶的降解破坏作用，使产品黏度降低，可见，氯乙酸与胚乳片质量比以 0.4∶1 比较合适（表 14－11）。

如表 14－12（a）所示。反应温度过低，环氧丙烷、氯乙酸与胚乳片的醚化反应不能充分进行，导致产品水不溶物高；反应温度过高，加剧氢氧化钠和氯乙酸对瓜尔胶的降解破坏作用，使产品黏度降低，可见，反应温度以 80～85℃ 比较合适；表 14－12（b）表明，反应时间以 100～110min 比较合适。这是由于反应时间过短，环氧丙烷、氯乙酸与胚乳片的醚化反应时间不够，产品水不溶物高，反应时间过长，延长氢氧化钠和氯乙酸对瓜尔胶降解作用的时间，使产品黏度降低。

表 14-9　氢氧化钠用量对产品性能的影响

m（氢氧化钠）：m（胚乳片）	水不溶物/%	黏度/mPa·s	m（氢氧化钠）：m（胚乳片）	水不溶物/%	黏度/mPa·s
0.20∶1	7.56	130	0.30∶1	2.55	115
0.25∶1	5.89	124	0.35∶1	2.32	109

注：质量分数为0.6%，30℃，170s^{-1}下测定，下同。

表 14-10　环氧丙烷用量对产品性能的影响

m（环氧丙烷）：m（胚乳片）	水不溶物/%	黏度/mPa·s	m（环氧丙烷）：m（胚乳片）	水不溶物/%	黏度/mPa·s
0.10∶1	7.86	130	0.20∶1	2.55	115
0.15∶1	6.54	120	0.25∶1	2.46	115

表 14-11　氯乙酸用量对产品性能的影响

m（氯乙酸）：m（胚乳片）	水不溶物/%	黏度/mPa·s	m（氯乙酸）：m（胚乳片）	水不溶物/%	黏度/mPa·s
0.30∶1	7.86	130	0.40∶1	2.55	115
0.35∶1	6.54	126	0.45∶1	1.56	100

表 14-12　反应温度（a）和反应时间（b）对产品性能的影响

（a）反应温度/℃	水不溶物/%	黏度/mPa·s	（b）反应时间/min	水不溶物/%	黏度/mPa·s
75~80	5.56	124	90~100	5.68	124
80~85	2.46	115	100~110	2.57	115
85~90	1.98	107	110~120	1.89	107

（二）溶媒法

相对于水媒法，溶媒法羧甲基羟丙基瓜尔胶（CMHPG）的反应过程中副产物较少，产品性能更优。乙醇、异丙醇和丙酮等均可以作为反应介质。溶媒法合成过程如下。

在反应瓶中将瓜尔胶粉搅拌分散在介质中，加入一定量的催化剂，在室温下连续搅拌碱化30min，然后逐滴加入一定量的氯乙酸溶液，同时通过恒压滴液漏斗缓慢加入环氧丙烷进行醚化反应。反应一定时间后用盐酸中和，产物用无水乙醇洗涤搅拌过滤，在50℃下干燥，即得到产品。

为得到纯度更高的产品，可以将一定量干燥后的样品加入去离子水中，连续搅拌8h以上至完全溶解，配成质量分数为1%的溶液，然后将所得溶液缓慢倒入无水乙醇中并搅拌，此时CMHPG以白色絮状沉淀的形式从溶液中分离出来，未反应完的氯乙酸及副产物氯化钠、羟基乙酸钠等则溶解在溶液中。过滤后再用无水乙醇洗涤沉淀，于50℃下干燥至恒质即可得到纯化样品。

研究表明，在溶媒法合成中反应介质、催化剂及用量、氯乙酸用量、环氧丙烷用量、反应温度和反应时间等对醚化反应及产品性能有不同程度的影响[30]。

在合成反应中，当 m（氯乙酸）∶m（瓜尔胶）为 0.3∶1，m（环氧丙烷）∶m（瓜尔胶）为 0.1∶1，以乙醇和异丙醇为介质、氢氧化钠为催化剂时，反应温度为 65～70℃，以丙酮为介质、甲醇钠为催化剂时，反应温度为 40～45℃，反应时间 160min 时，m（催化剂）∶m（瓜尔胶）对产物黏度、羧甲基取代度和羟丙基取代度的影响见图 14－29。从图 14－29 可以看出，CMHPG 的黏度随着催化剂用量的增加而降低，而羧甲基取代度和羟丙基取代度均随催化剂用量的增加而增加。同时还可以看出，当用丙酮作介质，甲醇钠作催化剂时反应效率高，且所得产品性能优于以乙醇和异丙醇为介质的产物。用丙酮作介质，由于丙酮不具有羟基，不会与醚化剂反应，因此醚化剂与瓜尔胶反应更充分。为了制备水溶性好，并且保持一定黏度的 CMHPG，当用乙醇和异丙醇作介质时 m（氢氧化钠）∶m（瓜尔胶）以 0.3∶1 较合适；用丙酮作介质时 m（甲醇钠）∶m（瓜尔胶）以 0.2∶1 比较合适。

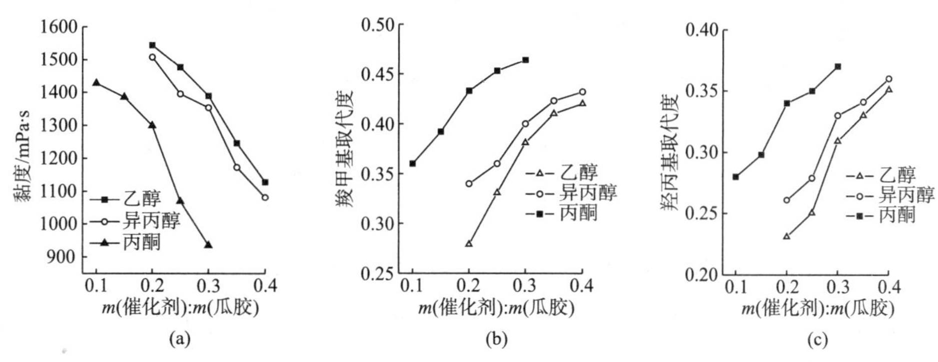

图 14－29 催化剂对产物黏度（a）、羧甲基取代度（b）和羟丙基取代度（c）的影响

当 m（氯乙酸）∶m（瓜尔胶）为 0.3∶1，以乙醇和异丙醇为介质时，m（氢氧化钠）∶m（瓜尔胶）为 0.3∶1、反应温度为 65～70℃，以丙酮为介质时，m（甲醇钠）∶m（瓜尔胶）为 0.2∶1、反应温度为 40～45℃，反应时间为 160min 时，m（环氧丙烷）∶m（瓜尔胶）对产物黏度和羟丙基取代度的影响见图 14－30。从图 14－30 可以看出，随着环氧丙烷的用量增加产物的黏度逐渐降低，而羟丙基取代度则随着环氧丙烷用量增加而增加。因为，当环氧丙烷用量过少，羟丙基醚化取代反应不充分，羟丙基取代度较小；而环氧丙烷用量过多，羟丙基取代度过大，使产品黏度降低。为了制备水溶性好、且黏度较为舍适的 CMHPG，m（环氧丙烷）∶m（瓜尔胶）以 0.2∶1 较为合适。

当 m（环氧丙烷）∶m（瓜尔胶）为 0.2∶1，以乙醇和异丙醇为介质时，m（氢氧化钠）∶m（瓜尔胶）为 0.3∶1、反应温度为 65～70℃，以丙酮为介质时，m（甲醇钠）∶m（瓜尔胶）为 0.2∶1、反应温度为 40～45℃，反应时间为 160min 时，m（氯乙酸）∶m（瓜尔胶）对产物黏度和羧甲基取代度的影响见图14-31。从图14-31可以看出，随着氯乙酸的用量增加产物的黏度逐渐降低，而羧甲基取代度逐渐增加。为了制备水溶性好、且黏度较为合适的CMHPG，m（氯乙酸）：m（瓜尔胶）以0.4∶1较合适。

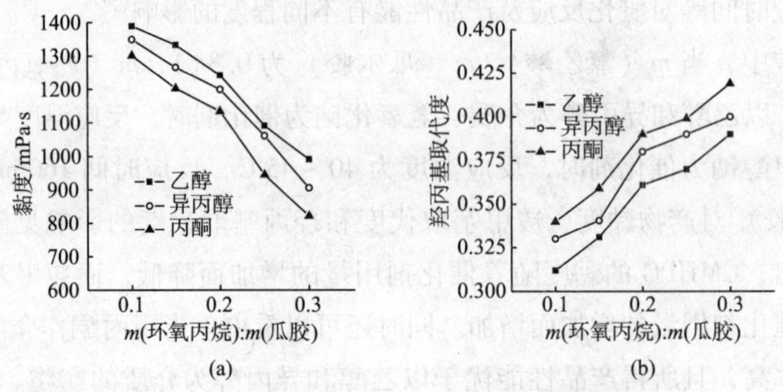

图14-30　环氧丙烷用量对产物性能的影响

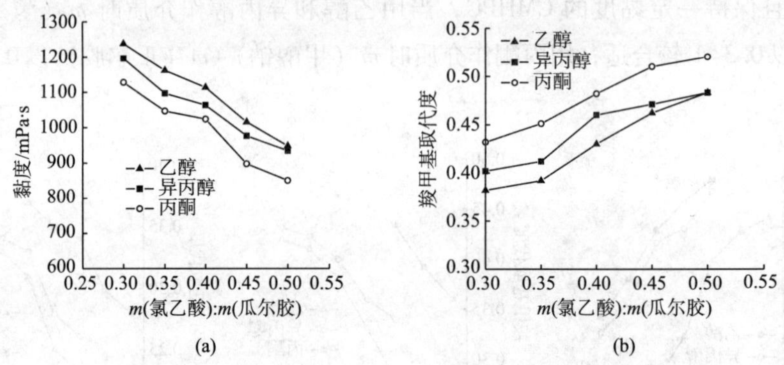

图14-31　氯乙酸用量对产物黏度（a）和羧甲基取代度（b）的影响

当合成反应中m（氯乙酸）：m（瓜尔胶）为0.4∶1，m（环氧丙烷）：m（瓜尔胶）为0.2∶1，以乙醇和异丙醇为介质时，m（氢氧化钠）：m（瓜尔胶）为0.3∶1，反应温度为65～70℃，以丙酮为介质时m（甲醇钠）：m（瓜尔胶）为0.2∶1，反应温度为40～45℃，反应时间对产物黏度、羧甲基取代度和羟丙基取代度的影响见图14-32。从图14-32可以看出，随着反应时间的增加产物的黏度降低，而羧甲基取代度与羟丙基取代度均随着反应时间增加而增大。这是由于反应时间过短，环氧丙烷、氯乙酸与瓜尔胶的醚化反应时间不足，产品羧甲基取代度和羟丙基取代度均较小，反应时间过长时，取代度程度过大，降低产品黏度。为了制备水溶性好、且黏度适合的CMHPG，反应时间以160min为宜。

当合成反应中m（氯乙酸）：m（瓜尔胶）为0.4∶1，m（环氧丙烷）：m（瓜尔胶）为0.2∶1，以乙醇和异丙醇为介质时，m（氢氧化钠）：m（瓜尔胶）为0.3∶1，以丙酮为介质时m（甲醇钠）：m（瓜尔胶）为0.2∶1，反应时间为160min时，反应温度对产物黏度、羧甲基取代度和羟丙基取代度的影响见图14-33。由图14-33可以看出，随着反应温

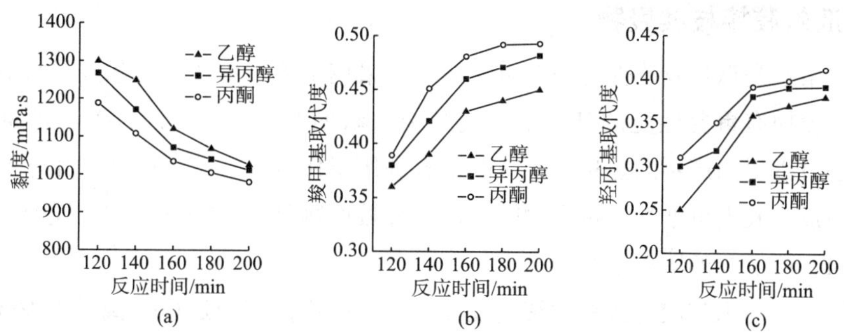

图 14-32 反应时间对产物黏度（a）、羧甲基取代度（b）和羟丙基取代度（c）的影响

度的升高产物的黏度降低，而羧甲基取代度和羟丙基取代度均随着反应温度的升高而增大。这是因为反应温度过低，环氧丙烷、氯乙酸与瓜尔胶的醚化反应不能充分进行，反应温度过高时，反应介质和环氧丙烷会大量蒸发，降低反应效率。为得到水溶性好、且黏度适合的 CMHPG，当以乙醇和异丙醇为介质的合成反应温度以 60 ~70℃ 较合适，而以丙酮为介质的合成反应温度为 45 ~50℃ 较合适。

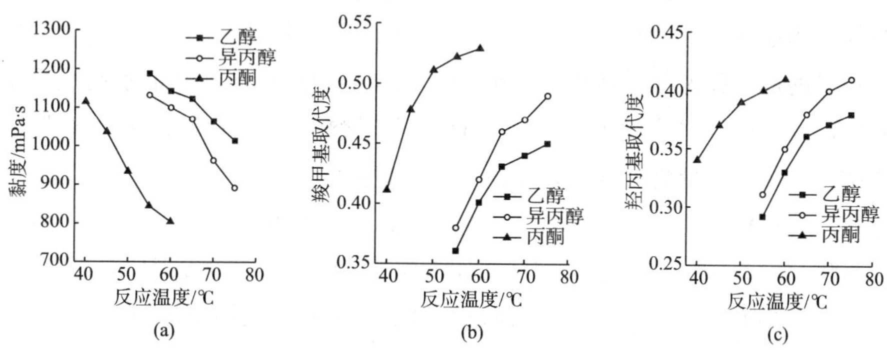

图 14-33 反应温度对产物黏度（a）、羧甲基取代度（b）和羟丙基取代度（c）的影响

还可以用四氢呋喃为反应介质制备羧甲基羟丙基瓜尔胶，方法是：将 20g 瓜尔胶粉搅拌分散在 60g 四氢呋喃中，加入 10g 质量分数为 40% 的氢氧化钠溶液，在 25℃ 下碱化 45min，再加入 15g 质量分数为 50% 的氯乙酸钠溶液和 4g 环氧丙烷，加热至 45℃ 反应 4h，产物用乙酸中和、80% 的乙醇洗涤、过滤、干燥得样品。样品用水溶解后在无水乙醇中沉淀提纯、过滤、干燥粉碎得到纯化产品[31]。

本品主要用作水基压裂液稠化剂。其水溶液和水冻胶可用于不同改造规模、不同井深井温的低渗透油气层压裂。特别适用于高温深井压裂。本品使用前，应根据地层特点与施工要求配成浓度为 0.3% ~0.7%（质量分数）的原胶液，并溶胀、溶解 1h。

此外，还可以采用 3 - 氯 - 2 - 羟基丙磺酸钠为醚化剂，制备磺酸基羟丙基瓜尔胶。磺酸基羟丙基瓜尔胶由于既具有磺酸盐基团，又具有非离子基团，从理论上可以达到一定的耐盐性和耐酸碱性和较低的水不溶物含量，可以扩展其应用的范围，提高其使用的效率。

三、瓜尔胶接枝共聚物

接枝共聚也是瓜尔胶改性的一个重要途径。采用水溶性单体与瓜尔胶接枝共聚，能够在保留瓜尔胶原有重要性能的基础上，通过引入新的基团，赋予改性产物所期望的新性能，特别是可以提高产物的热稳定性，非常有利用于作抗温、抗盐的油田化学剂。将丙烯酰胺接枝到瓜尔胶上可增加其抗生物降解性，接枝产物是有效的絮凝剂，同时，酰胺基团水解还可引入所需要的阴离子基团。

在丙烯酰胺与瓜尔胶的接枝共聚引发体系中，应用最多的是 Ce^{4+} 离子引发体系。可以采用 γ-射线、过硫酸钾/抗坏血酸和硫酸铈铵引发丙烯腈接枝瓜尔胶，其中硫酸铈铵引发体系接枝效果较好。瓜尔胶与丙烯腈接枝共聚，再于碱性条件下水解，使腈基转化为羧基，得到瓜尔胶的阴离子接枝产物，该产物在保水、金属离子络合等领域非常有用。也可以将丙烯酸接枝到瓜尔胶上，以制备含离子基团的接枝共聚物。将 AM、阳离子单体与瓜胶接枝共聚可以得到阳离子或两性离子瓜胶接枝共聚物。

（一）瓜尔胶-甲基丙烯酸接枝共聚物

以瓜尔胶和甲基丙烯酸为原料，通过辐射聚合的方法制备瓜尔胶-甲基丙烯酸接枝共聚物，具体过程如下[31]。

将一定量的瓜尔胶粉分散在少量乙醇中，在搅拌中缓慢滴加蒸馏水制成质量分数为 0.4% 的胶液，取一定量胶液，加入一定量的甲基丙烯酸，搅拌均匀，通入 N_2 驱赶 O_2，将该混合物按一定辐照剂量放入 ^{60}Co 辐射场，进行接枝共聚反应。

将上述所得接枝产物中，在搅拌下缓慢滴加 2～3 倍体积的乙醇，加完后继续搅拌 5min，在 9000r/min 下离心 20min，取沉淀加水搅拌溶解，再次缓慢滴加乙醇，10000r/min 下离心 20min，取沉淀物真空干燥，得到粗产物，在索式抽提器中用甲醇抽提 30h，以除去均聚物（PMAA），50℃ 真空干燥，得到纯化的接枝共聚物（guar-g-MAA）。按式（14-1）计算接枝率 G：

$$G = \frac{W_2 - W_1}{W_1} \times 100\% \tag{14-1}$$

式中，W_1 为投料瓜尔胶粉的质量，g；W_2 为纯接枝共聚物（guar-g-MAA）的质量，g。

黏度为质量分数 0.3% 的胶液黏度（28℃ 下用 NDJ-1 型旋转黏度计测定）。

在接枝共聚物制备中，影响接枝共聚反应的因素有甲基丙烯酸的用量、辐射剂量和 pH 值等。当 100mL 胶液中含瓜尔胶粉 0.4g、辐射剂量为 1.5kGy、pH 值为 7 时，单体（MAA）用量对接枝率及产物黏度的影响见图 14-34。从图 14-34 可见，当 MAA 用量小于 1.2g 时，接枝率随着 MAA 用量增加而升高，超过 1.2g 后，有所下降，这与 MAA 的均聚有关。显然，在实验条件下瓜尔胶粉与 MAA 的最佳质量比为 1∶3，此时接枝率和产物的黏度均最高。

图 14-35 是在 100mL 胶液中含瓜尔胶粉 0.4g、pH 值为 7、瓜尔胶粉与 MAA 质量比为 1∶3 时，γ-射线的辐射剂量对接枝反应的影响。从图 14-35 可见，接枝共聚反应的最佳辐照

剂量是 1.5kGy，当辐照剂量低于此值时，接枝率较低，因为自由基浓度与辐照剂量成正比，而自由基浓度直接影响接枝率。但当辐照剂量过高时，导致单体 MAA 均聚反应倾向加剧，使接枝率下降。可见，为了获得最高的接枝率和提高黏度，辐射剂量以 1.5kGy 较为理想。

如图 14-36 所示，当 100mL 胶液中含瓜尔胶粉 0.4g、辐射剂量为 1.5kGy、单体 MAA 用量为 1.2g 时，随着反应体系 pH 值的增加，接枝率和产物水溶液黏度逐渐升高，当 pH 值超过 6 时随着 pH 值的继续增加，接枝率和产物的溶液黏度反而降低。这可能是由于碱性环境对甲基丙烯酸聚合反应活性影响的结果，即在高 pH 值下甲基丙烯酸聚合反应活性降低。在实验条件下为了获得较高的黏度和接枝率，pH 值为 6 时较为适宜。

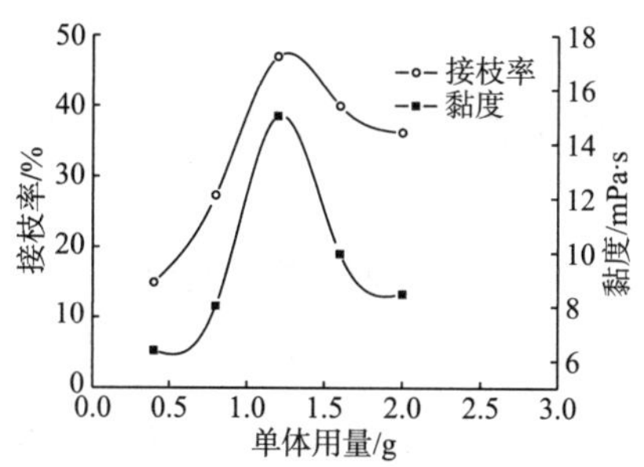

图 14-34 MAA 用量对接枝率及产物黏度的影响

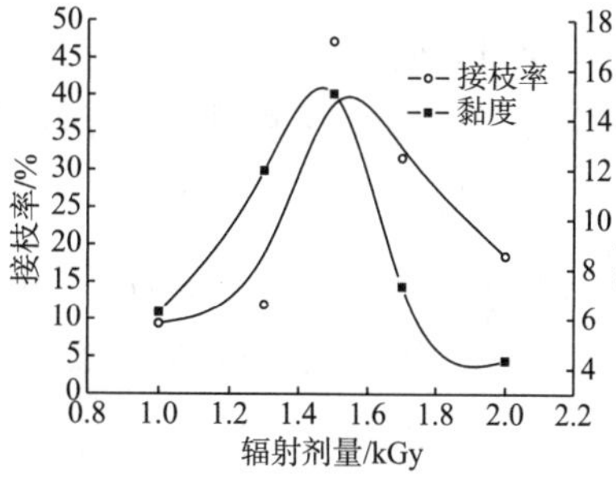

图 14-35 辐射剂量对接枝率及产物黏度的影响

（二）羧甲基瓜胶/AM-DMC 接枝共聚物

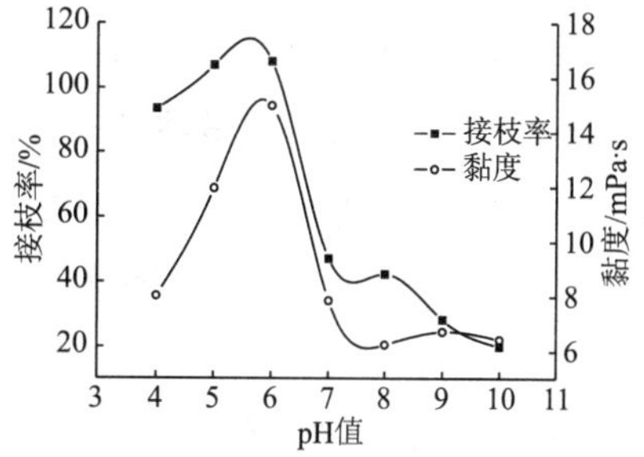

以羧甲基瓜尔胶为原料，在糖单元主链上接枝两种不同功能、不同荷电性和不同反应活性的单体，可赋予接枝物正电性，提高侧链相对分子质量、提高接枝物的生物降解性能和耐热性能等，从而拓宽其作为废水处理絮凝剂、造纸助留助滤增强剂和钻井液处理剂的应用范围，尤其是两性聚合物，由于分子中同时具有正负电荷基团，体现出良好的耐盐增黏性能和抗污染的能力[32]。其制备过程如下。

图 14-36 pH 值对接枝率及产物黏度的影响

在装有搅拌器、温度计和导气管的 250mL 四颈瓶中，加入定量的蒸馏水和 CMGG，得到一定浓度的溶液，然后置于恒温水浴锅中，滴加一定体积的 0.2mol/L 的 $KMnO_4$溶液，继续通氮气 10min，加入 AM 和 DMC 混合水溶液，搅拌均匀，1min 后加入一定体积的 1mol/L 的 H_2SO_4溶液，在一定的温度下静置聚合，反应一段时间后，用稀氢氧化钠-乙醇溶液（氢氧化钠浓度为 0.05mol/L）中和物料，可见到大量白色沉淀析出，抽滤沉淀物，继续用大量酒精沉淀滤液，将固形物一并收集，并用 80%、90% 乙醇水溶液和纯乙醇洗涤滤饼，然后将滤饼于 65℃、-0.1MPa 下烘干，即得到粗产物。

称 2g 粗产物置于索氏抽提器中，用 100mL 乙二醇/冰醋酸体积比为 40∶60 的混合溶液，在回流状态下抽提 6～8h，固形物用布氏漏斗过滤，并用大量的无水酒精洗涤，以除去均聚物，产物于65℃下真空干燥至恒质，得到纯的接枝共聚物。

接枝共聚反应中单体转化率为 C，接枝率为 G，接枝效率 G_e，分别按照式（14-2）、式（14-3）、式（14-4）计算。

$$C=\frac{m_{TP}-m_{1G}}{m}\times 100\% \tag{14-2}$$

$$G=\frac{m_{GS}-m_{1G}}{m_{1G}}\times 100\% \tag{14-3}$$

$$G_e=\frac{m_{GS}-m_{1G}}{m_{TP}-m_{1G}}\times 100\% \tag{14-4}$$

式中，m_{TP}为粗共聚物质量，g；m_{GS}为纯化后共聚物质量，g；m_{1G}为 CMGG 的质量，g；m为单体总质量，g。

研究表明，影响接枝共聚反应的因素包括 $KMnO_4$ 的浓度、反应温度、总单体浓度[M]、CMGG 的取代度和含量以及 H_2SO_4的用量等。

原料配比和反应条件一定时，$KMnO_4$的浓度对接枝共聚合反应的影响见图 14-37。从图中可以看出，随引发剂 $KMnO_4$ 浓度的增大，C 先增大后又下降。这是由于较低浓度的 $KMnO_4$（$<1\times10^{-3}$mol/L）引发骨架自由基的数量较少，体系中残留较多未能反应的单体，因此转化率较低，随着 $KMnO_4$浓度的增加，引发产生的骨架自由基数量增加，更多的单体参与反应，从而使 C、G_e、G 增加。但继续增加 $KMnO_4$浓度（$>4.8\times10^{-3}$mol/L）时，C、G_e、G 反而下降。这是由于 $KMnO_4$在反应过程中既起引发又起终止的双重作用，当 $KMnO_4$浓度过大时，链终止反应加快，并且过量的 $KMnO_4$将多糖大分子氧化成羧基，而羧基不能产生活性自由基。因此，$KMnO_4$的浓度为 4.8×10^{-3}mol/L 较为合适。

如图 14-38 所示，当原料配比和反应条件一定时，随着聚合反应温度的升高，聚合反应速度加快，C 和 G 有所增加，但当温度达到 45℃以后，C 继续增加，但 G 却明显下降，而 G_e 则随着温度的升高逐渐降低。这是由于温度高时两种单体的均聚和共聚反应占主导，使接枝效率下降。

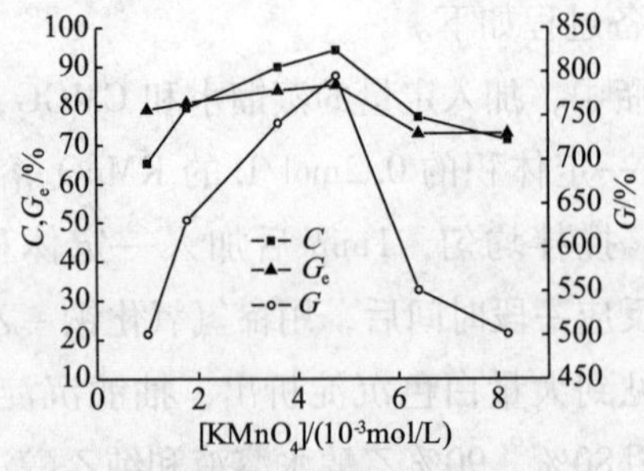

图 14-37　$KMnO_4$的浓度对接枝共聚反应的影响

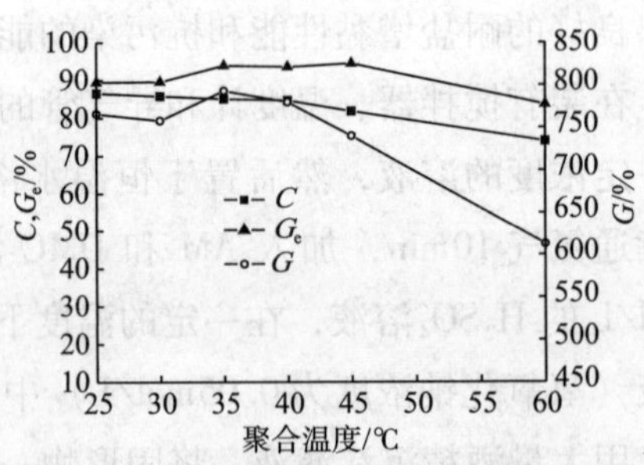

图 14-38　聚合反应温度对接枝共聚反应的影响

如图 14-39 所示，当原料配比和反应条件一定时，随单体总浓度的增加，C 和 G 增加，但当单体浓度超过一定值以后，C 和 G 增加趋缓，而 G_e 却下降，这是由于均聚反应几率增加所致。如图14-40所示，当原料配比和反应条件一定时，CMGG的含量为1.2%时接枝反应的效果最佳。

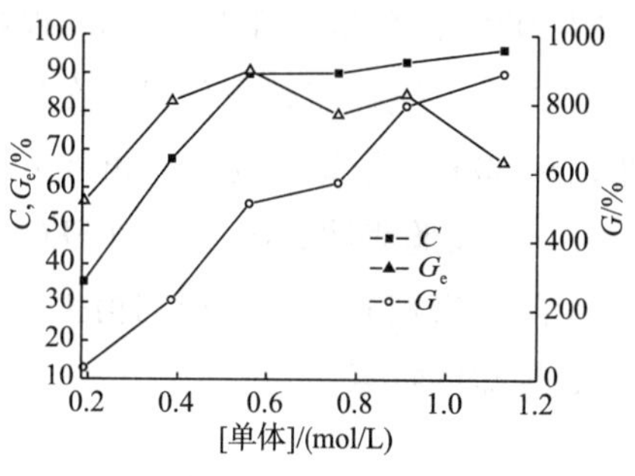

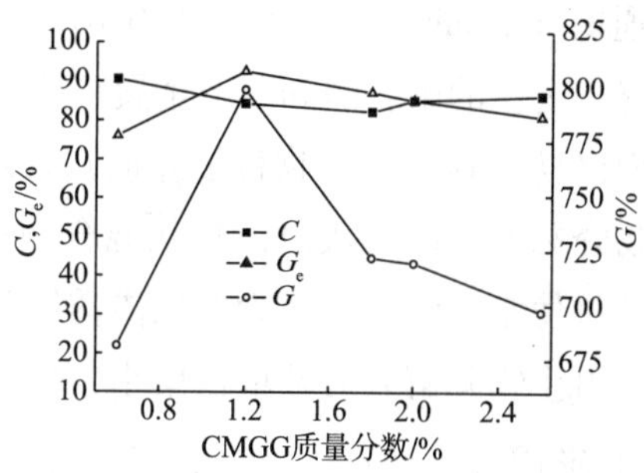

图14-39　单体总浓度对接枝共聚反应的影响　图14-40　CMGG含量对接枝共聚反应的影响

如图14-41所示，随着CMGG取代度的提高，*C*增加较快，大分子上接枝的单体数量增加，当CMGG的取代度达到0.375时，接枝效果最理想，此时*C*为60.2%、G_e为90.7%、*G*为155%，之后CMGG的取代度增加，*C*下降，但G_e的变化趋势比较平缓。这是因为部分取代的瓜尔胶易溶于水中，在水溶液中形成比较舒展的大分子，与引发剂接触的机会增加，产生较多的活性骨架自由基，与更多的单体产生链引发和链增长反应；同时引入的阴离子羧甲基与阳离子单体间的亲和力增强，创造了有利于接枝的条件。但羧甲基基团的体积大于相应羟基，其位阻效应阻碍了后续单体在活性链上继续增长，另外，瓜尔胶大分子骨架上的部分羟基被封闭而影响其大分子自由基的形成，所以取代度继续增加时*C*却降低，因此，CMGG的取代度以0.375为宜。

如图14-42所示，原料配比和反应条件一定时，接枝反应适宜的［H^+］为1.6×10^2 mol/L，此时H_2SO_4溶液的用量为1.3mL。当低于此值时，过量的酸除使*C*下降外，还使产物的水溶性变差；当体系不含酸时，则出现大量的胶状MnO_2沉淀，而MnO_2是较强的反应阻聚剂，从而影响反应效率。

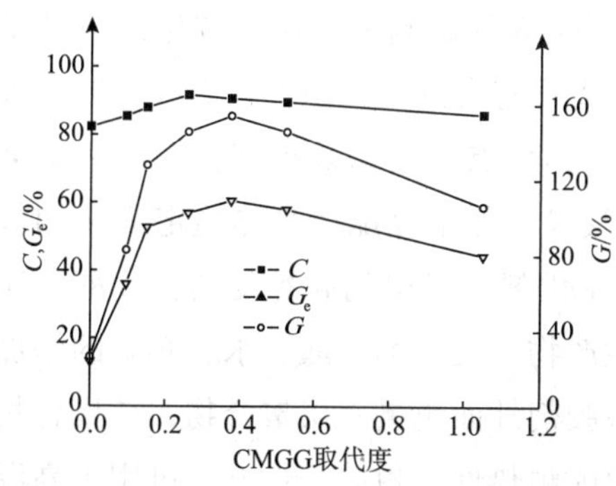

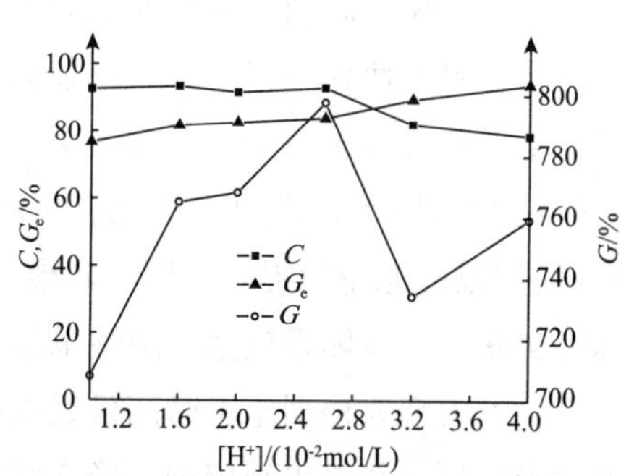

图14-41　CMGG的取代度对接枝共聚反应的影响　　图14-42　［H^+］对接枝共聚反应的影响

尽管瓜尔胶接枝共聚改性方面已经开展了不少工作[33]，但多围绕压裂液稠化剂，在钻井液处理剂、堵水调剖和水处理剂等方面相对较少。围绕钻井液的需要，制备了一种接枝改性瓜尔胶钻井液降滤失剂FLG，其制备方法是：在三颈瓶中加入烃类溶剂和司盘类悬浮稳定剂，充分搅拌分散后，加入瓜尔胶、丙烯酸钠、丙烯酰胺和乙酸乙烯酯混合溶液［单体含量为5%，丙烯酸: 丙烯酰胺: 酯酸乙烯酯 =2∶2∶1（质量比），瓜尔胶加量为1%］，通氮气10min。加入引发剂0.01%、交联剂0.02%，在80℃下反应3h。保持反应温度，将一定量的聚合醇和不溶金属氧化物加入三颈瓶中。搅拌使其充分附着在珠状的聚合物表面（防止珠状聚合物粒子黏连），冷却过滤，在80℃下干燥、粉碎，再混入一定量的聚合物降黏剂，制得灰白色粉状混合物产品FLG[34]。实验表明，降滤失剂FLG加入钻井液后，可使常规钻井液成为超低渗透钻井液。由于降滤失剂FLG是以植物衍生物为主的混合物，可生物降解，对环境污染小，且具有耐温、抗盐的特点。

四、应用

（一）钻井完井

瓜尔胶及改性产物可用于钻井液增黏剂和降滤失剂。用于钻井液增黏剂，具有一定的降滤失作用，适用于淡水、盐水、饱和盐水钻井液，以及无土相钻井液、完井液和修井液等，一般加量为0.3%~1%。用于无固相钻井液增黏剂，可以直接加入淡水或盐水中，形成黏稠的溶液，然后用盐或石灰石粉加重配制成无固相钻井液、完井液和修井液，以有效地防止地层损害。为防止发酵，使用时可以配合加入适量的杀菌剂，以提高钻井液的热稳定性，其加量通常为0.4%~0.7%。

（二）油井水泥

可用于油井水泥降失水剂及缓凝剂，但现场应用较少。

（三）酸化压裂

1. 酸化液稠化剂

稠化酸又称胶凝酸，是指通过加入稠化剂提高黏度的酸。由于其黏度高、滤失性低、以及稠化剂在岩石表面的吸附降低了H^+向岩面的扩散速度，起到缓速作用。稠化酸酸化能节省部分缓蚀剂，降低泵送摩阻，减轻地层伤害，因而自20世纪70年代研制并施工以来受到国内外重视。研制和应用稠化酸的关键是稠化剂的研制和应用。稠化剂应具备耐酸、耐高温、耐剪切并与相应的酸液添加剂及地层离子有良好的配伍性。实践证明，瓜尔胶、羟丙基瓜尔胶等天然聚合物都能用作稠化剂，其特点是增黏效果好，但使用温度较低，一般在40℃以下，或用于稠化有机酸、潜在酸等。如果复配适当热稳定剂（如低分子醇），使用温度能得到提高。用交联聚合物作为稠化剂可以得到高黏度的稠化酸，这类酸也称为交联酸。该体系包括水溶性瓜尔胶或改性产物、交联剂、酸、水、必要的添加剂和破胶剂。破胶剂要根据施工时间延迟破胶，在破胶剂外面包裹一层聚合物，该聚合物在高温下缓慢溶化，释放出破胶剂。经交联后的稠化酸耐热性、耐剪切性好，可用于高温下（90℃以上）施工。瓜尔胶交联酸中聚合物浓度低，黏度高，悬浮能力强，滤失低，能减少地层伤害，能抑制地层中油水乳状液的形成并减小酸液对设备和管道的腐蚀。

2. 压裂液稠化剂

目前国内外使用的水基压裂液主要是以瓜尔胶及其衍生物羟丙基瓜尔胶、羧甲基羟丙基瓜尔胶、延迟水合羟丙基瓜尔胶为基础的增稠剂。一般常用浓度为0.2%～0.6%，即可使水稠化而获得较高的黏度，将高浓度的支撑剂携带到新的裂缝，具有悬砂能力强、低摩阻、胶体稳定性好等优点。瓜尔胶与多价金属离子络合可形成高黏弹性的冻胶。常用的交联剂有硼、锑、钛、锆、铬等金属盐类。在碱性条件下，硼原子等在瓜尔胶大分子链间建立交联键，形成网状结构的水基冻胶。

在压裂酸化施工中要造成长而宽的裂缝，需减小液体漏入地层的速度，因而应加入降滤失剂。瓜尔胶及改性产物通过胶结固相颗粒，可以使惰性固体表面包一层瓜尔胶类的物质，它能遇酸变软，兼有固体和胶体两重特性，达到降滤失的作用。

下面是一些不同组成的压裂液配方。

1）羟丙基瓜尔胶硼冻胶中温压裂液

由羟丙基瓜尔胶、硼交联剂和表面活性剂、黏土稳定剂等组成。按照羟丙基瓜尔胶0.3%～0.6%，二溴基氰丙酰胺0.05%，柠檬酸0.02%～0.04%，碳酸氢钠0.1%，氢氧化钠0.01%，OP－10乳化剂0.1%，十二烷基三甲基氯化铵0.1%～0.2%，氯化钾2%，聚丙烯酰胺0.01%～0.02%，氟表面活性剂0.1%，柴油5%，Span－60乳化剂0.02%，异丙醇0.0001%，四硼酸钠0.1%～0.3%，过硫酸钾0.0005%～0.02%，特丁基过氧化氢0.01%的比例，将羟丙基瓜尔胶配制成1%的水溶液，将Span－60溶于柴油，然后将羟丙基瓜尔胶水溶液和Span－60柴油溶液混合，加入其他组分，搅拌均匀后，补充所需量水搅拌均匀即可。残渣2%～3%，渗透率损害<5%。用于砂岩、灰岩和白云岩性油层大型压裂作业。适用于井温70～90℃、井深1000～2500m的井。

2）羟丙基瓜尔胶钛冻胶高温压裂液

按照羟丙基瓜尔尔胶0.36%～0.72%，二溴基氰丙酰胺0.05%，Span－169破乳剂0.2%，氯化钾2%，聚丙烯酰胺0.01%～0.02%，柴油5%，Span－80乳化剂0.02%，异丙醇0.0001%，三乙醇胺钛酸酯0.1%，四硼酸钠0.1%，碳酸钾0.05%～0.1%的比例，将羟丙基瓜尔胶配制成1%的水溶液，将Span－80溶于柴油，然后将羟丙基瓜尔胶水溶液和Span－80柴油溶液混合，加入其他组分，搅拌均匀后，补充所需量水搅拌均匀即可。该体系残渣20～40mg/L，渗透率损害<5%。用于砂岩、灰岩和白云岩性油层中小型压裂作业。适用于井温120～180℃、井深3000～5000m的井。

3）高温延缓型有机硼交联剂OB－200交联压裂液

由羟丙基瓜尔胶、硼交联剂和表面活性剂等组成。按照有机硼OB－200交联剂0.3%，羟丙基瓜尔胶（HPG）0.5%，氢氧化钠0.006%～0.008%，氯化钾2%，GW－01添加剂0.15%，复合表面活性剂0.4%的比例，将羟丙基瓜尔胶配制成1%的水溶液，然后加入其他组分，混合均匀后，补充所需量水搅拌均匀即可。该体系残渣2%～8%，渗透率损害<10%。该压裂液具有良好的热剪切稳定性，高速剪切后黏度恢复特性、低滤失性，自动破胶与延缓交联能力，破胶后残渣含量与对人造岩心渗透率的伤害大大低于有机钛压裂液。

4）有机钛 PC－500 交联羟丙基瓜尔胶压裂液

由羟丙基瓜尔胶、钛交联剂等组成。按照稠化剂 HPG 0.65%，PC－500 交联剂 0.5%，SP－169 破乳剂 0.3%，KCl 2.0%，富马酸 0.03%，碳酸氢钠 0.12%，$Na_2S_2O_3$ 0.1%，TA－1227 杀菌剂 0.05%，BE－4 杀菌剂 0.05% 的比例，将羟丙基瓜尔胶配制成 1% 的水溶液，然后加入其他组分，搅拌均匀后，补充所需量水混合均匀即可。体系残渣 2%～8%，渗透率损害<10%。用于砂岩、灰岩和白云岩性油层中小型压裂作业。可耐温 100℃以上，抗剪切、低残渣、交联时间可调，适用于高温油藏的冻胶体系，可满足携砂造缝等压裂施工要求，且破胶后残渣量低。

5）羧甲基羟丙基瓜尔胶铝冻胶低温压裂液

由羧甲基羟丙基瓜尔胶、铝交联剂、表面活性剂和破胶剂等组成。按照羧甲基羟丙基瓜尔胶 0.3%～0.5%，甲醛（37%）0.2%～0.5%，柠檬酸 0.02%，碳酸氢钠 0.05%，氧化镁 0.15%，烷基磺酸钠 0.2%，OP－10 乳化剂 0.05%～0.1%，硫酸铝钾 0.5%～0.8%，过硫酸钾 0.005%，过氧化氢 0.01% 的比例，将羧甲基羟丙基瓜尔胶配制成 1% 的水溶液，然后加入其他组分，混合均匀，并补充所需量水搅拌均匀即可。该体系残渣<3%，渗透率损害<10%。用于灰岩、页岩、黏土和白云岩性油层的中小型压裂。适用于井温 30～50℃、井深小于 1000m 的井。

6）羧甲基羟丙基瓜尔胶硼冻胶低温压裂液

由羧甲基羟丙基瓜尔胶、硼交联剂和表面活性剂等组成。按照羧甲基羟丙基瓜尔胶 0.2%～0.3%，甲醛（质量分数 37%）0.1%～0.2%，柠檬酸 0.02%，碳酸氢钠 0.05%，碳酸钠 0.05%，聚氧乙烯聚氧丙烯五乙烯六胺 AE1010 乳化剂 0.1%～0.2%，氯化钾 2%，四硼酸钠 0.05%～0.2%，过硫酸钾 0.005%～0.01%，硫酸亚铁 0.01% 比例，将羧甲基羟丙基瓜尔胶配制成 1% 的水溶液，然后加入其他组分，搅拌均匀后，并补充所需量水混合均匀即可。体系残渣<3%，渗透率损害<10%。用于砂岩、灰岩和白云岩性油层的中小型压裂。适用于温 30～50℃、井深小于 1000m 的井。

（四）调剖堵水

用瓜尔胶交联形成的凝胶材料可用作渗透性地层的暂堵剂。使用时将瓜尔胶、悬浮剂、缓冲剂和降解剂混入一定量的水中，再加入交联剂，将此封堵液泵入需要封堵的地层中即形成凝胶，凝胶在预定时间自动破胶，封堵的时间视需要可通过调节溶液的浓度和降解剂浓度的大小来实现，可以是 2～20d。

瓜尔胶可以用于非选择性堵剂中的冻胶型堵剂，通常使用的是羧甲基羟丙基瓜尔胶、羟丙基瓜尔胶、羟乙基瓜尔胶等。交联剂多为由高价金属离子所形成的多核羟桥络离子，以及醛类或醛与其他低分子物质缩聚得到的低聚合度的树脂。这类堵剂包括铝冻胶、铬冻胶、锆冻胶、钛冻胶、醛冻胶等[35]。

（五）水处理剂

羧甲基瓜胶、阳离子改性瓜胶和瓜尔胶接枝共聚物可以用作水处理絮凝剂。既可以单独使用，也可以与其他类型的絮凝剂配伍使用。

第三节　田菁胶及其改性产物

田菁［Sdsbania cnnabina（Retz）Pers］原产于低纬度热带和亚热带沿海地区，为灌木状草本植物，耐盐，耐涝，是优良的改良土壤绿肥植物。它的适应范围很广，在我国大部分地区都能种植生长，特别是沿海地区产量很大。田菁种子可以用于提取田菁胶。目前，田菁胶及改性产物主要用于压裂液稠化剂。

一、田菁胶

田菁胶（sesbania gum）是由豆科植物田菁的种子胚乳中提取的一种天然多糖类高分子物质，田菁胶聚糖是由甘露糖单元构成主链，半乳糖单元形成支链。半乳糖与甘露糖单元之比为1∶2。甘露糖单元通过α－（1→4）甙链连接，半乳糖单元通过β－（1→6）甙键接在甘露糖主链上。结构见图14－43，相对分子质量为20×10^4左右。田菁胶溶于水中形成水溶性亲水胶，可使增稠性、稳定性和乳化性明显增高。可用作食品的乳化剂、增稠剂和稳定剂，以改善食品的质量。

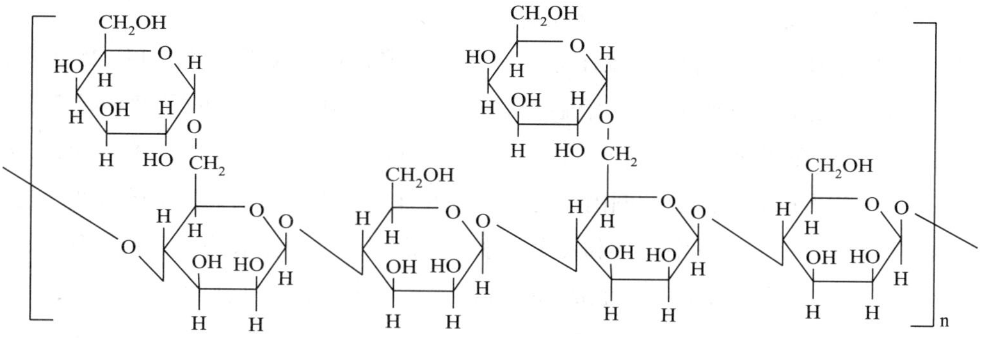

图14－43　田菁胶的化学结构

田菁胶为白色至微黄色粉末，无臭，溶于水，不溶于醇、酮、醚等有机溶剂。田菁胶大分子结构中含有丰富的羟基及有规则的半乳糖侧链，故对水有很大的亲和力，常温下，它能分散于冷水中，形成黏度很高的水溶胶溶液，其黏度一般比其他天然植物胶、海藻酸钠、淀粉高5～10倍。pH值在6～11范围内稳定，pH＝7时黏度最高，pH＝3.5时黏度最低。田菁胶溶液属于假塑性非牛顿流体，其黏度随剪切率的增加而明显降低，显示出良好剪切稀释性能。能与络合物中的过渡金属离子形成具有三维网状结构的高黏度弹性胶冻，其黏度比原胶液高10～50倍，具良好的抗盐性能。LD_{50}大鼠口服19.3g/kg体重（雄性），18.9g/kg体重（雌性）。

表14－13列出田菁胶、香豆胶、增皂仁胶、瓜尔胶四种植物胶的化学组成及用不同方法测定的残渣含量数据[36]。

一般商品田菁胶是一种白色或淡黄色粉状物，易溶于水，不溶于有机溶剂，含水率为9%左右，水不溶物含量为22%～26%，1%的水溶液黏度为180mPa·s。

表 14-13 4 种植物胶的化学组成及残渣含量数据

植物胶	水分/%	含N量/%	Pr/%	植物胶含量/%	残渣含量/%		
					氧化法	酶处理法	酸处理法
田菁胶	11.50	1.05	4.82	82.72	3.27	4.18	3.57
香豆胶	7.00	0.32	2.38	87.03	3.18	4.62	3.60
增皂仁胶	11.80	0.50	3.13	81.15	8.33	10.10	3.93
瓜尔胶	7.80	0.75	4.74	84.31	4.31	9.65	3.15

田菁胶的黏度是衡量该产品的主要质量指标之一，其黏度的高低对田菁胶的溶解、配液等操作有很大的影响。如图 14-44 所示[37]，田菁胶的黏度随浓度的增加而增加，在田菁胶的质量分数低于0.3%时，其黏度的增加比较缓慢，当质量分数超过0.3%，黏度呈现明显上升的趋势，当浓度高于0.5%时，其黏度急剧增加，曲线的斜率很大。此外，在实验过程中发现，当田菁胶的质量分数高于0.5%时，容易出现机械不溶现象，形成的溶胀物要完全溶解则会大大延长搅拌时间。因此，在溶解田菁胶时，合理控制胶液的浓度十分必要，其溶解浓度一般控制在0.2%左右为宜。

图 14-45 是质量分数为0.2%的田菁胶液的黏度和温度的关系。从图 14-45 可见，液体的黏度随着温度的上升而降低，当温度从10℃上升到60℃时，水的黏度相差5.5s，下降率为10.78%。在相同温差条件下，田菁胶液的黏度却相差18.9%，下降率为24.84%。但是，在10～30℃的较低温度范围内，随着温度的升高田菁胶液的黏度下降很快，当温度超过30℃后，其黏度的下降渐趋缓和乃至呈水平状态。这一现象表明田菁胶具有很好的热稳定性，在使用中，为了加快田菁胶的溶解速度，可以采用50℃左右的热水溶解，不会影响其使用效果。

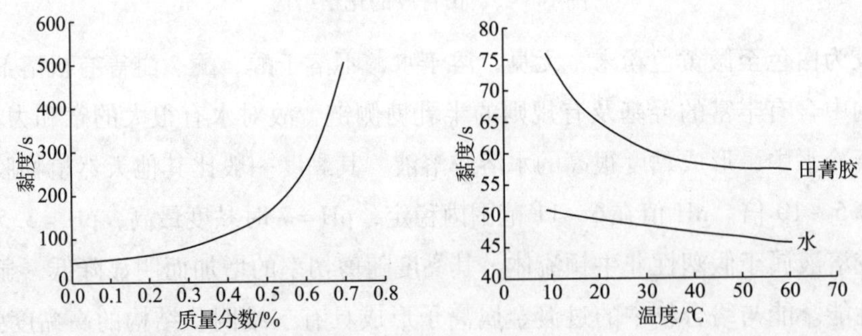

图 14-44 田菁胶的黏度与浓度的关系　图 14-45 田菁胶的黏度与温度的关系

田菁胶通常是将豆科植物田菁（S. cannabina Pers）种子的胚乳经粉碎过筛而成。即将田菁胶乳片，直接在粉碎机中碾压磨成细粉，即成为田菁胶产品。为了得到高黏度田菁胶，可以将胚乳置于水化器中，加入适量的温水（一般39%～50%），搅拌均匀后，置于热处理器中，通蒸汽于80~90℃条件下进行热处理，然后在合适的条件下，在增黏机中加工，流出物经高速粉碎机碾磨成粉状，产品通过0.104mm筛，最终产品含水量为7%~10%[38]。

中国发明专利公开了一种高纯度田菁胶的制备方法[39]，具体步骤是：将干净干燥的田菁种子投入粉碎机，过0.12~0.25mm孔径筛，得田菁粉；将田菁粉投入反应釜，加5~8倍量的乙醇，并加入适量硫酸氢钠溶液，使乙醇略显碱性；搅拌、浸泡6~10h，真空过滤分离，滤饼再经碱性乙醇漂洗2~3次，过滤得滤饼，回收乙醇；将滤饼投入10~20倍量的去离子水中，浸泡2h后于高速打浆机中，打成浆料后转入浸提器，加入滤饼量2%~3%的纤维素酶，于45~55℃和pH=6.5~7的条件下，搅拌酶解60~100min，然后加入1%~1.5%中性蛋白酶，继续搅拌酶解60~100min，迅速升温至98℃灭酶，并保温浸提30~40min，离心沉降分离，得离心液，滤渣用水浸洗3次，每次20~40min，离心沉降分离，合并离心液和浸洗液；将合并的离心液和浸洗液投入电渗析槽中，300~400min，通过半透膜除去小分子，田菁胶大分子物质（半乳甘露聚糖）则留在半透膜内，得渗析液；将透析液置于真空冷冻干燥器中，真空度3kPa和-15℃下干燥得到絮状物，经粉碎，过0.12mm、0.109mm或0.075mm孔径筛，得到成品田菁胶粉。

主要用于冰淇淋、蛋糕预混合粉、方便面、调味料、饮料及果冻等，在石油开采中大量应用于压裂液稠化剂等。因其结构和性能近似瓜尔豆胶，其技术指标可以参考瓜尔豆胶技术要求，即干燥失重<12%，黏度（1%的水溶液）为200~500mPa·s及600~1000mPa·s，pH值（1%的水溶液，25℃）为4~5，总灰分≤4.0%。用于压裂液添加剂，由于其残渣高，需要通过化学改性以降低残渣。

二、羧甲基田菁胶

羧甲基田菁胶是一种阴离子型的高分子化合物，外观为淡黄色粉末，易溶于水。与田菁胶原粉相比，其水不溶物含量大幅度降低，为原粉的1/10左右，具有更高的活性、水溶性和稳定性，甚至在冷水中就有很好的分散性和溶解性，中和至弱碱性的胶液保存半年也几乎没有明显变化，因此羧甲基田菁胶是最重要的一种改性田菁胶产品。羧甲基田菁胶能为氧、酸和酶所降解，能用高价金属（如铝、铬、锆等）的多核羟桥络离子所交联。在采油中可用作增黏剂、降阻剂、水处理剂，交联后可用作调剖剂、堵水剂和压裂液等。广泛应用于浆状炸药和造纸废水及其他废水处理的絮凝剂。此外，羧甲基田菁胶还可应用于选矿工业、印染纺织工业和造纸等工业。

羧甲基田菁胶可以参考羧甲基瓜尔胶等的制备方法制备。其典型的制备过程如下。

将一定量的乙醇（质量分数95%）和固体氯乙酸加入反应瓶，升温至40℃，滴加氢氧化钠溶液，并加入田菁粉（粒径小于0.08mm），同时开始搅拌，在40min内控制温度从40℃升至60℃，根据pH值变化来控制氢氧化钠的滴加速度，反应1h后，冷却并用95%的乙醇洗涤、过滤后自然晾干，即得到羧甲基田菁胶产品[40]。

研究表明，在合成中田菁胶与氯乙酸的物质的量比在1:(0.35~0.65)较好。醚化剂过多，反应时间延长，合成产品的黏度降低，而醚化剂用量过少时，产品的取代度低，水溶性差。

氢氧化钠既是氯乙酸的中和剂，也是反应的催化剂，过多或过低均会影响产物性能，一般 n（氢氧化钠）∶n（氯乙酸）为1∶2 较好。

田菁胶属于多糖大分子结构，本身不溶于诸如烃类、酯类、酮类及醇类等有机溶剂，但是其大分子结构中含有丰富的羟基及有规则的半乳糖侧链，故水是它的唯一溶剂。

由于反应产物黏度的大小最终取决于取代度的大小、取代的均匀性及相对分子质量的大小，而这一切均取决于醚化度，所以反应系统中水量变化对黏度的影响主要集中在对醚化效率的影响上[41]。

干态时的田菁胶，其胚乳组织呈晶态，结构致密、坚硬。由于分子内氢键的存在及内聚力的影响，其分子内的伯、仲醇基比较稳定，不活泼。但在水溶液里，胶粒吸水膨胀，分子内氢键力逐渐减弱，内聚力逐步减少，氢氧化钠溶于水后产生的水化钠离子和氢氧根离子分别进攻大分子上羟基的活化点，同时羟基上的氢原子在电负性大的氧原子吸电子的影响下，也产生一定的活泼性，产生微弱的离解趋势。按酸碱质子理论，此时，氢氧化钠与羟基形成加合物，即通常所说的结合碱。由于产生结合碱是反应的先决条件，所以结合碱量的多少直接关系到下一步的醚化效率。

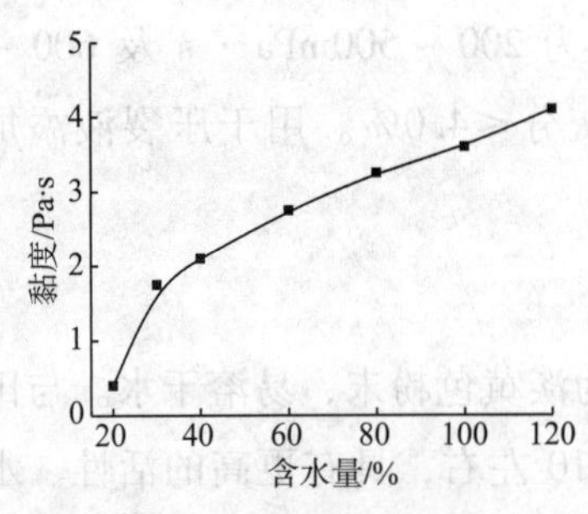

图 14-46　反应体系中含水量对产物黏度的影响

田菁胶结合碱的多少由氢氧化钠的水化度所决定，反应系统中水量的变化直接引起氢氧化钠的水化度和浓度的变化，从而引起结合碱量的变化，进而导致产品黏度值的变化。

田菁胶羧甲基化反应中系统水量的变化对产品黏度的影响较大，为了提高醚化剂的利用率应结合所选择的工艺选择合适的水料比。实验发现，不同的工艺条件其最佳水料比值不同，但是总的趋势是：在一定的范围内水量与产品的黏度值呈正比关系。如图 14-46 所示，水量在 80% ~120% 之间较为合适，既可保证产品有较高的黏度，同时还可使产品的物理状态及后处理工艺均较为理想。

三、羟丙基田菁胶

羟丙基田菁胶为淡褐黄色或灰白色固体粉末，无臭、无味，不溶于醇、醚、酮等有机溶剂，易吸潮，遇水首先溶胀，然后缓慢溶解于水中，形成黏度很高的胶液。胶液在 pH 值为 2 ~10 时比较稳定，pH 值大于 12 时，黏度下降比较明显，在 60℃ 时黏度降低率为 15% ~20%（相对于 20℃时的黏度值），继续升高温度，黏度下降幅度较大，但在降温时黏度发生可逆变化，其原胶液与凝胶在一定温度下遇过硫酸盐或过氧化物等强氧化剂发生降解反应。羟丙基田菁胶与羟丙基瓜尔胶分子化学结构基本相同，但其聚合度小于羟丙基瓜尔胶，用离心法测得重均相对分子质量为 20×10^4。羟丙基田菁胶与羟丙基瓜尔胶交联机理与使用条件相似，但交联冻胶黏弹性优于瓜尔胶压裂液，相同地层温度下的使用浓度比羟丙基瓜尔胶高20%～40%。与普通田菁胶相比，羟丙基田菁胶具有残渣含量低、溶解速度快、胶液放置稳定性好，耐温高等特点。

（一）羟丙基田菁胶的水溶液性质

羟丙基田菁胶的溶液性质决定着其在油田化学中的应用[42]。羟丙基田菁胶粉的溶解速度大于田菁胶粉，搅拌2h后羟丙基田菁胶水溶液黏度达到最大值，溶解过程结束，而在同样条件下搅拌4h后田菁胶水溶液才能达到最大黏度，见图14－47。

如图14－48所示，羟丙基田菁胶水溶液的黏度随溶液浓度的增加而急剧增加，在高浓度时溶液中的大分子相互穿插、缠结，形成网络结构，使溶液黏度加速上升。

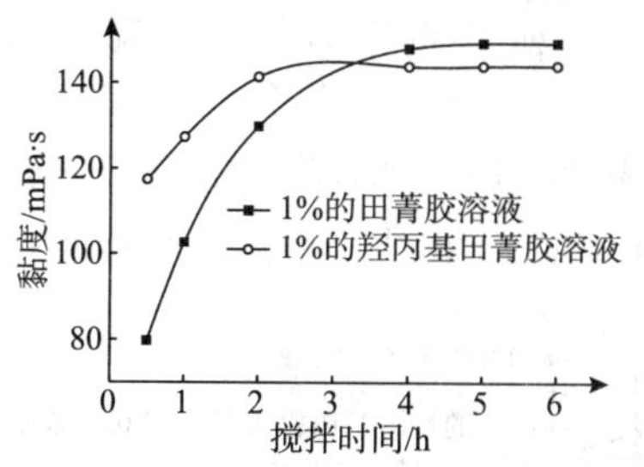

图14－47 1%的田菁胶和羟丙基田菁胶水溶液黏度（25℃，$170s^{-1}$下测定）与搅拌时间的关系

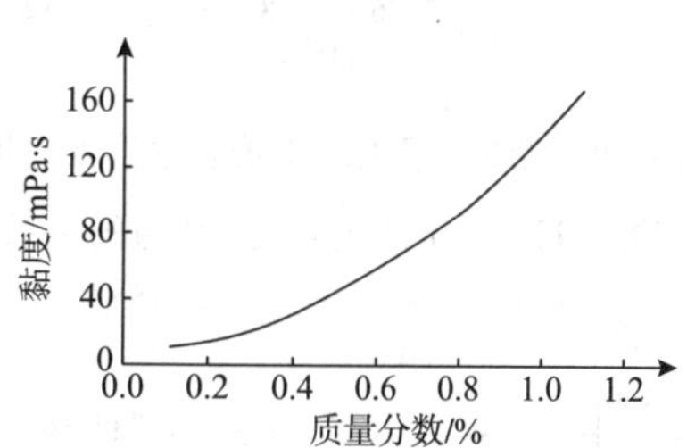

图14－48 1%的田菁胶和羟丙基田菁胶水溶液黏度（25℃，$170s^{-1}$下测定）与溶液浓度的关系

如图14－49所示，羟丙基田菁胶水溶液的黏度在较宽的pH值范围内大体稳定，在pH＝6～8时黏度最大。pH＞10时分子水化度降低，导致黏度下降。pH＜4时黏度不变。将pH值由6以下或8以上调至7时，黏度也回复到原值。

1%的田菁胶和羟丙基田菁胶水溶液的黏温曲线见图14－50。在温度升高时，羟丙基田菁胶水溶液的黏度下降较田菁胶水溶液缓慢。60℃的黏度值相对于20℃值的下降率，前者为16.5%，后者达40%。羟丙基田菁胶的耐温性优于田菁胶。在升温（≤100℃）和降温时羟丙基田菁胶水溶液的黏度变化是可逆的，表明在这一温度区间其分子结构和相对分子质量在测试时间内保持不变。

羟丙基田菁胶具有较强的抗无机盐污染的能力，如图14－51所示，1%羟丙基田菁胶水溶液在含NaCl和$CaCl_2$高达25%时，黏度基本保持恒定不变，含硫酸铝10%时仍保持原来的黏度值。pH值影响羟丙基田菁胶的水化程度，因而影响溶液的状态。实验发现，1%羟丙基田菁胶在pH值为7的10%氯化钙中的溶液，其外貌与硼交联凝胶相似；在pH值为6.2的10%硫酸铝中形成松散的线条状的凝胶。

田菁胶分子链上的*D*－半乳糖侧基增加了大分子链相互接近的空间障碍和链的不规整性，使大分子缔合的可能性减小，在水溶液中容易保持分散状态，因而水溶液应当具有较好的放置稳定性，但未改性的田菁胶在水溶液中容易受 D - 半乳糖酶的作用而发生生物降解，引起黏度急剧下降，放置 68h 后黏度基本丧失。羟丙基田菁胶水溶液的放置稳定性大为改善，在放置过程中黏度只略有下降，这是由于田菁胶中所含的生物活性物质在羟丙基化反应过程中被除去的结果。加入杀菌剂可使羟丙基田菁胶水溶液的放置稳定性大大改善，在 90h 内黏度基本保持不变（图 14-52）。

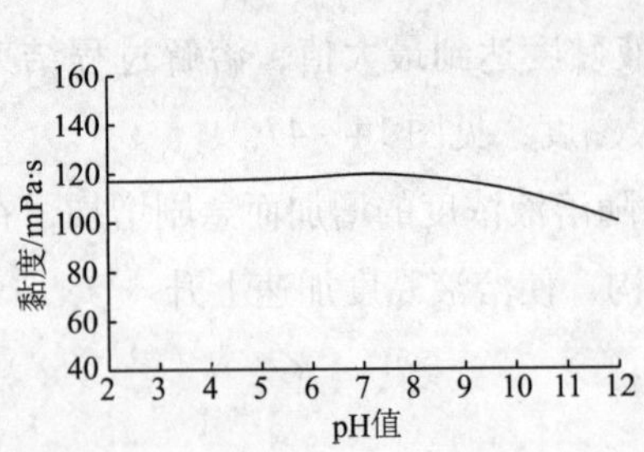

图 14-49　1% 的羟丙基田菁胶水溶液黏度（25℃，170s⁻¹下测定）与 pH 值的关系

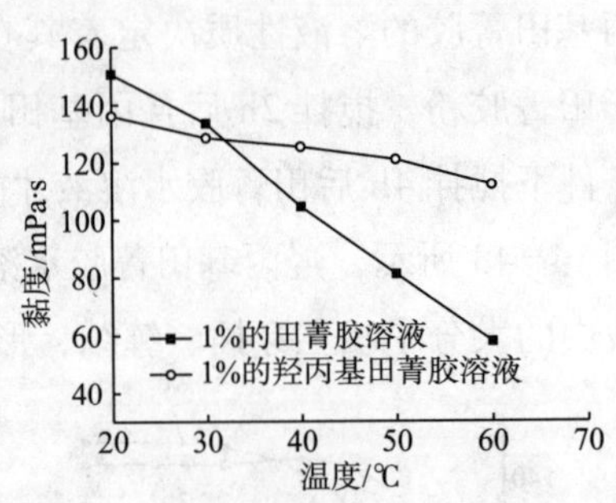

图 14-50　1% 的田菁胶和羟丙基田菁胶水溶液黏度（$170s^{-1}$下测定）与温度的关系

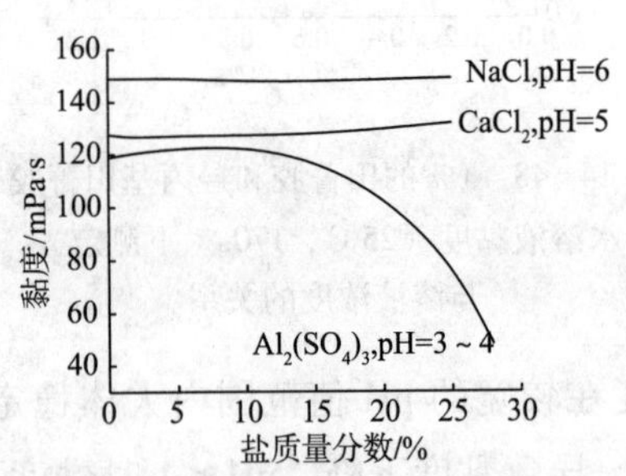

图 14-51　无机盐对 1% 的羟丙基田菁胶水溶液黏度的影响

黏度为溶解 6h 后在 30℃，$170s^{-1}$下测定

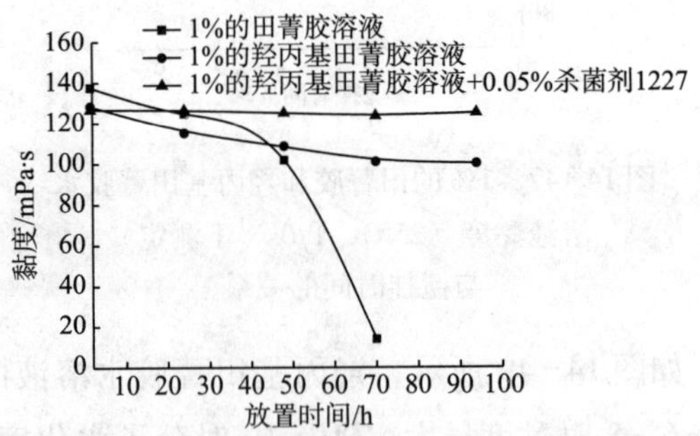

图 14-52　1% 的田菁胶、羟丙基田菁胶和羟丙基田菁胶加杀菌剂 1227 水溶液的放置稳定性

黏度在 30℃，$170s^{-1}$下测定

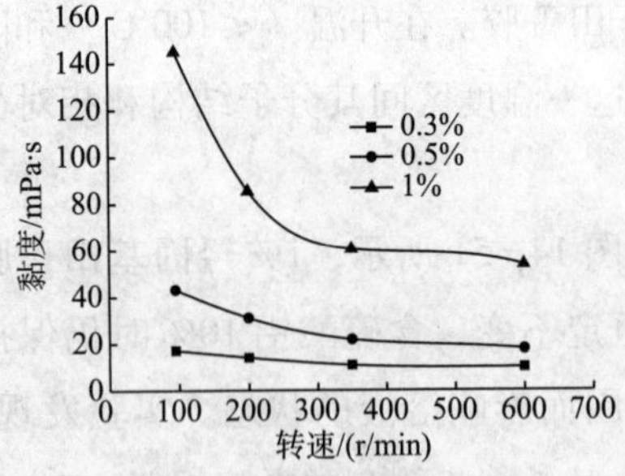

图 14-53　不同浓度的羟丙基田菁胶水溶液黏度与转速的关系

黏度为溶解 6h 后在 30℃下测定

羟丙基田菁胶水溶液的黏度随剪切速率的变化见图 14-53。从图中可以看出几种浓度的水溶液黏度均随转速（剪切速率）的增大而下降，即显示非牛顿性——假塑性。溶液浓度越大，则黏度的下降幅度越大，假塑性越强。在测试条件下经受了剪切作用的水溶液，停止剪切后可恢复原来的黏度值。表明在这一条件下羟丙基田菁胶不发生剪切降解。而未改性田菁胶在高剪切作用下容易发生降解，黏度下降后不能恢复。

（二）羟丙基田菁胶的制备

1. 溶媒法

将360份乙醇、10份相转移催化剂A依次加入反应釜中并混匀，在搅拌下缓慢加入370份田菁胶粉，然后加入84份质量分数为35%的氢氧化钠水溶液，加入速度以5~10L/min为宜，待氢氧化钠溶液加完后，将体系的温度升至（45±2）℃，在此温度下碱化反应1h左右；待时间达到后加入129份环氧丙烷与12份相转移催化剂B，并升温至（63±2）℃，在此温度下醚化反应4~5h；冷却降温到40℃以下，用35份质量分数为35.5%的盐酸中和至pH值为6.5~7.5，将反应产物进行抽滤，除去混合溶剂后将剩余产物用工业酒精进行洗涤（酒精用量为田菁胶粉质量的50%），然后再抽滤、挤压；将挤压后固体物进行烘干、粉碎、即得到羟丙基田菁胶。

2. 水媒法

按照氢氧化钠、环氧丙烷与胚乳片的质量比分别为0.3∶1和0.5∶1，反应温度为75~80℃，反应时间为120~130min。首先向反应釜夹套中通入热水使反应釜达到预设温度，开启搅拌，依次向反应釜加入胚乳片、氢氧化钠溶液进行碱化反应，再加入环氧丙烷进行醚化反应，最后加入盐酸溶液进行中和反应。反应结束后，胚乳片经乙醇溶液洗涤，分离，离心甩干，再粉碎加工得到羟丙基田菁胶。合成的羟丙基田菁胶，其水不溶物为8%~10%，黏度为1500~2000mPa·s，在黏度与田菁胶原粉基本一致的情况下，水不溶物由30%~35%降低到8%~10%[43]。

研究表明，在水媒法合成中，氢氧化钠用量、环氧丙烷用量、反应温度、反应时间等是影响产物性能的关键。

在醚化反应中氢氧化钠的作用有两方面，一是与田菁胶分子进行碱化反应，二是作催化剂，故其用量将会直接影响反应能否顺利进行和产物的质量。如表14-14（a）所示，当原料配比和反应条件一定时，氢氧化钠与胚乳质量比以0.3∶1较为合适。氢氧化钠用量过少，催化作用弱，环氧丙烷不能充分参与反应，产品水不溶物高；氢氧化钠用量过多，加剧对田菁胶的破坏作用，使产品黏度降低。

环氧丙烷作为醚化剂参与化学反应，引入羟丙基基团。如表14-14（b）所示，当原料配比和反应条件一定时，环氧丙烷与胚乳质量比以0.5∶1较为合适。环氧丙烷用量过少，羟丙基醚化取代反应不充分，产品水不溶物高；环氧丙烷用量超过一定值时，再增加其用量，水不溶物不会明显降低，而黏度也基本不变。

表14-14 氢氧化钠用量（a）和环氧丙烷用量（b）对产品性能的影响

（a）氢氧化钠与胚乳质量比	水不溶物/%	黏度/mPa·s	（b）环氧丙烷与胚乳质量比	水不溶物/%	黏度/mPa·s
0.25∶1	15.11	1900	0.40∶1	16.25	1800
0.30∶1	9.60	1700	0.50∶1	9.65	1700
0.35∶1	6.10	1350	0.60∶1	9.50	1700

在原料配比和反应条件一定时，如表14-15（a）所示，反应温度以77.5℃较为合适，此时所得产物的水不溶物为9.5%，黏度为1700mPa·s。反应温度过低，环氧丙烷与胚乳片的醚化反应不能充分进行，使羟丙基取代度低，导致产品水不溶物高；反应温度过高，一方面环氧丙烷易挥发，且副反应加剧，影响反应效率，另一方面，加剧氢氧化钠对田菁胶的降解破坏作用，使产品黏度降低。如表14-15（b）所示，反应时间以125min较为合适，此时所得产物的水不溶物为9.55%，黏度为1700mPa·s。

表14-15 反应温度（a）和反应时间（b）对产品性能的影响

（a）反应温度/℃	水不溶物/%	黏度/mPa·s	（b）反应时间/min	水不溶物/%	黏度/mPa·s
72.5	16.55	1800	65	16.25	1850
77.5	9.50	1700	125	9.55	1700
82.5	6.05	1350	185	6.15	1300

参考有关羧甲基和羟丙基化反应工艺，在羟丙基或羧甲基田菁胶的基础上进一步羧甲基或羟丙基化，可以制备羧甲基羟丙基田菁胶。研究表明，与羟丙基田菁胶和羧甲基田菁胶相比较，羧甲基羟丙基田菁胶的黏度热稳定性和裂解热稳定性高于羟丙基田菁胶和羧甲基田菁胶，具有更好的应用性能[44]。

四、阳离子田菁胶

以异丙醇为分散介质，3-氯-2-羟丙基三甲基氯化铵（CHPAC）为醚化剂，经过醚化反应可以得到阳离子田菁胶[45]。其制备过程如下。

称取5g的田菁胶（SG）分散于12.5g的质量分数为90%的异丙醇水溶液中，在25℃下搅拌均匀，调节至一定温度后逐滴加入质量分数为25%的NaOH水溶液碱化一段时间，再加入适量的CHPAC后升温反应一段时间，将反应所得产物用稀盐酸中和，用异丙醇洗涤3次后过滤，将滤渣放入50℃烘箱干燥至恒量，研磨即得粉状CSG。

研究表明，影响醚化反应的因素主要有NaOH用量、CHPAC用量、碱化时间、醚化时间和醚化温度等。各种因素对醚化反应取代度的影响情况如下。

如图14-54所示，当n（CHPAC）∶n（SG）=0.25，碱化温度为30℃，碱化时间为30min，醚化温度为50℃，醚化时间为3h时，随着n（NaOH）∶n（SG）的增加，DS提高，当n（NaOH）∶n（SG）超过0.4以后，再继续增加NaOH的量，DS反而降低。可见，n（NaOH）∶n（SG）=0.4为宜。当n（NaOH）∶n（SG）=0.4，其他条件一定时，随着CHPAC用量的增加，DS显著提高，但当n（CHPAC）∶n（SG）超过0.5后，DS反而降低。在实验条件下，n（CHPAC）∶n（SG）=0.5较好。

实验表明，碱化时间和碱化温度是影响产物DS的关键。当原料配比一定，碱化温度为30℃，醚化温度为50℃，醚化时间为3h时，碱化时间从20min延长到50min，DS缓慢增大，当碱化时间超过50min后，DS大幅度降低，可见，适宜的碱化时间为50min。当原料配比一定，碱化时间为30min，醚化温度为50℃，醚化时间为3h时，碱化温度在20~

50℃之间，随着碱化温度升高，DS 增加，当碱化温度超过 20℃后，随着碱化温度的增加 DS 快速降低。实验条件下，碱化温度为 20℃较为适宜。

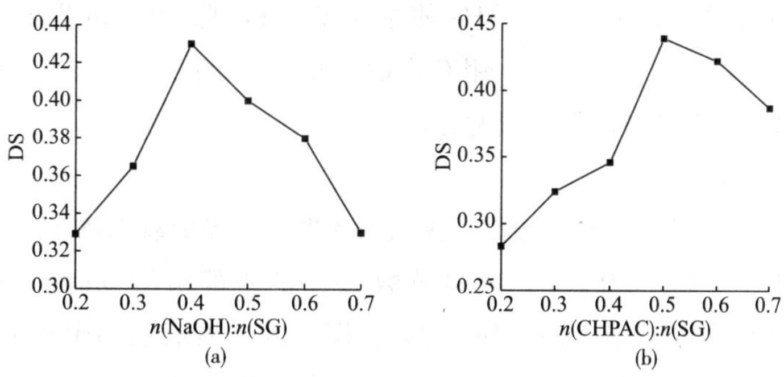

图 14-54 NaOH 用量（a）和 CHPAC 用量（b）对 DS 的影响

除碱化时间和碱化温度外，醚化时间和醚化温度也会影响产物的 DS。当原料配比一定时，碱化时间为 30min，碱化温度为 30℃，醚化温度为 50℃时，醚化时间从 2h 延长到 4h，DS 不断增加，醚化时间超过 4h 后，DS 反而降低，说明醚化时间以 4h 为宜。当醚化时间为 3h，醚化温度在 40～80℃之间，随着醚化温度的升高产物的 DS 先增加后降低，当醚化温度为 50℃时 DS 最大，当醚化温度超过 50℃时，DS 逐渐降低。这是由于醚化反应温度升高能提供醚化反应所需的能量，反应效率增大，DS 增大。但温度过高会加速醚化剂的水解副反应，使 DS 降低。因此醚化温度为 50℃较好。

此外，以水、乙醇为分散介质，用 CHPAC 为醚化剂，与田菁胶进行醚化反应，可得到高取代度的季铵型阳离子田菁胶。研究结果表明，在 n（田菁胶中伯羟基）:n（CHPAC）=1:1、反应温度为50℃、pH 值为9～10、V（乙醇）:V（水）=1:10、反应时间为6h 的条件下，产物的阳离子取代度可达 0.68；所得阳离子田菁胶与聚合硫酸铁复配处理城市生活废水 COD_{Cr}去除率达 90%，与聚合氯化铁复配处理黄河水时可使吸光度降至 0.1 以下[46]。

五、应用

（一）钻井液

用于钻井液、完井液、射孔液等体系的增黏剂和降滤失剂，尤其适用于无土相或无固相钻井液。实验表明[47]，用田菁胶粉剂配制的无黏土阳离子钻井完井液具有很强的抑制性，可以最大限度地减少钻屑或油层内部黏土的水化膨胀和分散，从而减少因黏土的水敏性而带来的钻井复杂情况和油层损害问题。用田菁胶粉剂作为钻井液增黏提切剂的钻井液体系，能够满足携砂、悬浮加重剂等需要。

（二）压裂液

本品是良好的水基液稠化剂。其水溶液和水冻胶广泛用于不同地层的低渗透油气层压裂。在不同温度下，冻胶都具有良好的耐温性、抗盐性和抗剪切性；滤失受压力影响很小，具有较好的造壁能力和控滤能力；冻胶对地层岩心伤害也较轻；田菁冻胶的破胶行为被认为是一种自由基式的链式反应，所以仅需添加少量氧化剂即能完成解聚反应，破胶后的水化液表面张力和界面张力比清水分别降低了63.2%和89.1%以上，有利于施工后液体返排，减少地层污染。依据不同改性方法得到的不同类型的产品，在施工前，应根据地层特点和施工要求配成浓度为0.5%～1%的原胶液，并溶胀溶解2h以上。一般认为用硼砂交联的田菁胶，耐温在80℃以下，用有机钛交联的田菁胶，耐温性能可以达到120～150℃。下面列出了两个典型的压裂液配方。

1. 田菁胶水基压裂液

由菁胶粉、十六烷基三甲基溴化铵、聚氧丙烯聚氧乙烯聚氧丙烯十八醇和氯化钾等组成，按照田菁胶粉0.4%～0.6%，质量分数37%的甲醛溶液0.2%～0.5%，氯化钾1.8%～2.2%，十六烷基三甲基溴化铵0.2%，聚氧丙烯聚氧乙烯聚氧丙烯十八醇SP－169 0.1%，过硫酸铵0.02%～0.1%的比例，将田菁胶粉配制成1%～2%水溶液，再将十六烷基三甲基溴化铵、聚氧丙烯聚氧乙烯聚氧丙烯十八醇加入其中，搅拌均匀后加入氯化钾、过硫酸铵使其溶解，并补充所需量水混合均匀即可。其常温黏度为50～100mPa·s，渗透率损害<20%。

用于砂岩、页岩、黏土和灰岩、白云岩岩性油层小型压裂。也可用于前置液，适用井温小于50℃、井深1000m左右的井。

2. 羟乙基田菁胶硼冻胶中低温压裂液

由羟乙基田菁胶、硼交联剂和表面活性剂等组成。按照羟乙基田菁胶粉0.4%～0.6%，十六烷基二甲基苄基氯化铵0.2%，柠檬酸0.02%，碳酸氢钠0.08%，碳酸钠0.08%～0.1%，聚氧丙烯聚氧乙烯聚氧丙烯丙三醇醚0.1%，氯化钾2%，四硼酸钠0.1%～0.3%，过硫酸铵0.005%～0.01%，三氯苯0.005%的比例，将羟乙基田菁胶粉配制成1%水溶液，然后加入其他组分，充分搅拌后，补充所需量水混合均匀即可。体系残渣为3%～4%，渗透率损害<20%。

用于砂岩、灰岩和白云岩岩性油层中小型压裂。适用井温50～70℃、井深1000～1500m的井。

（三）水处理絮凝剂

羧甲基田菁胶、季铵型阳离子田菁胶等，可以直接或和聚丙烯酰胺（PAM）配伍用于水处理絮凝剂。也可以用作废水基钻井液或钻井废水处理絮凝剂。

第四节　香豆胶及改性产物

香豆子又名胡芦巴、香草、苦巴，系豆科胡芦巴属，在我国安徽、江苏、河北、新疆、内蒙古、黑龙江等地都可以种植。根茎可以作绿肥，种子含多种成分，可以入药，在有关绿肥和中药专著中均有记载。香豆种子由种皮、胚乳和子叶三部分组成，种皮占10%～15%、胚乳占36%～39%、其余为子叶，胚乳粉碎即为胶粉。种子各部分组成见表14－16。胚乳主要成分是半乳甘露聚糖，白色无定形粉状物，分解点温度为307～311℃，能溶于水，不溶于其他有机溶剂。胚乳元素分析得出：碳为 36.66%、氢为 6.37%、无氮，组成符合化学式（$C_6H_{10}O_5$）$\cdot nH_2O$，其黏均相对分子质量接近 25×10^4，为一中性的黏多糖。聚糖中半乳糖与甘露糖之比为 1∶1.2。因此，其化学结构是甘露糖单元构成主链，半乳糖单元为侧基，主链上每 6 个甘露糖单元有 5 个半乳糖侧基。甘露糖单元通过 α-1，4 键连接，半乳糖单元则通过键连接在甘露糖主链上，结构如图 14-55 所示。

表 14-16 香豆种子各部分的化学组成

项目	总糖/%	粗纤维/%	粗脂肪/%	蛋白质/%	灰分/%
全种子粉	46.00	7.90	6.12	22.16	2.78
胚乳	82.87	0.50	0.15	6.14	1.00
子叶	—	7.47	8.67	38.65	3.29

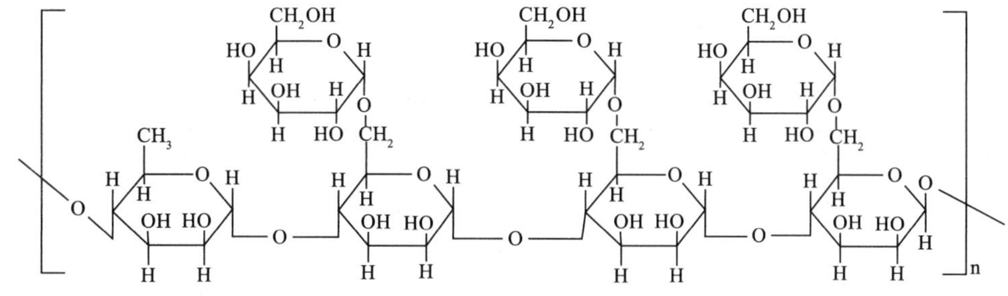

图 14-55 香豆胶的分子结构

一、香豆胶

香豆胶，又称葫芦巴胶，是从香豆子中分离提取的一种植物胶，是国内开发的一种优良的水基冻胶型压裂液稠化剂，主要为纯天然的半乳甘露聚糖组成。也可以广泛用于选矿采矿、纺织印染、保健食品、制香、腻子粉、日用化工、石油工业等领域。

20 世纪 80 年代，我国学者经过大量的研究分析，筛选出适合我国广泛种植的豆科植物香豆，作为我国植物多糖胶的生产品种，旨在替代瓜尔胶的进口。香豆胶与瓜尔胶的半乳甘露聚糖无论是在化学结构上还是理化性能上均类似，只是在半乳糖和甘露糖的比例上稍有区别，理论上香豆胶完全可以替代瓜尔胶在各个领域的应用。由于香豆胶具有水不溶物低、黏度高等优点，在石油行业越来越受到重视，因为作为压裂液稠化剂水不溶物的高低直接影响对地层的伤害程度。目前石油压裂行业应用较多的稠化剂品种是瓜尔胶，但是瓜尔胶完全依赖进口，而香豆胶各项指标与瓜尔胶相近，因此，在石油压裂行业具有广泛应用前景[48]。

（一）香豆胶的性质

工业产品的香豆胶与瓜尔胶特性比较见表 14-17[49]。

表 14-17　香豆胶与瓜尔胶性能比较

项目	指标		项目	指标	
	香豆胶	瓜尔胶		香豆胶	瓜尔胶
外观	淡黄色粉末	乳白色粉末	冻胶黏度（0.6%的胶液）	5.94×10^6	2.198×10^6
含水率/%	8~10	8~10	总糖/%	90.4	91.6
水不溶物/%	6~12	20~25	聚糖含量/%	74.6	74.7
1%的胶液黏度①/mPa·s	160~220	200~300	蛋白质含量/%	5.5	4.5
pH 值（30℃）	6.5~7.5	6.5~7.5	半乳糖与甘露糖配比	1:1.2	1:2

注：①30℃，$170s^{-1}$下测定。

目前，香豆胶研究的重点集中在其流变性和加工工艺方面，而对香豆胶的相对分子质量及其分布以及相对分子质量与产品热稳定性关系的应用基础研究相对较少。

香豆胶（FG）、羟丙基香豆胶（HPFG）、阳离子香豆胶（CFG）等不同类型的产品的数均相对分子质量 M_n 和重均相对分子质量 M_w 及溶液黏度见表 14-18[50]。

表 14-18　不同产品的数均和重均相对分子质量

样品	M_n	M_w	M_w/M_n	黏度/mPa·s	DS
FG	119303	335611	2.813	1300	
CFG	93268	286685	3.074	610	5.6
HPFG	85157	285265	3.349	705	0.12

注：黏度的测定条件为 1%的溶液，25℃，$7.3s^{-1}$；FG 的黏度测定中使用的是未经处理的商业级样品。

从表 14-18 中所列 FG、HPFG、CFG 的黏度与相对分子质量看出，FG 改性前后的黏度变化很大，1%的溶液的黏度随着相对分子质量的增加而增大。在制备 CFG 和 HPFG 的醚化反应过程中，香豆胶大分子在碱性条件下发生氧化降解，主链部分严重降解，使改性后的香豆胶水溶液黏度降低。

香豆胶有良好的水溶性，在冷水（20℃）和热水（90℃）中溶解度差别很小，水不溶物为 6.5%~8%，即水溶部分在 92%以上。由于高分子特性，香豆胶水溶液有较高的黏度。香豆胶在搅拌 lmin 后即达到最高黏度的 88%，溶解十分迅速，而且增黏能力强，溶液黏度的稳定性好[51]。

如图 14-56 所示，50℃下在 0.4%~1%浓度范围内，香豆胶的增黏能力与其浓度成直线关系。香豆胶的水溶性来源于半乳甘露聚糖分子所含的众多羟基。水分子与羟基之间形成氢键，使聚糖溶胀。而香豆胶的快速溶解性则与半乳甘露聚糖的高度支化有关。支化聚合物容易溶解，支化使聚合物分子间和分子内相互作用减弱，溶胀的凝胶易分散在水中形成溶液。香豆胶中密集的 D-半乳糖侧基从 D-甘露糖主链上向外伸出，使聚糖分子在溶液中难以相互接近而聚沉，使香豆胶水溶液保持稳定。如图 14-57 所示，随着温度的升高，香豆胶溶液黏度降低。

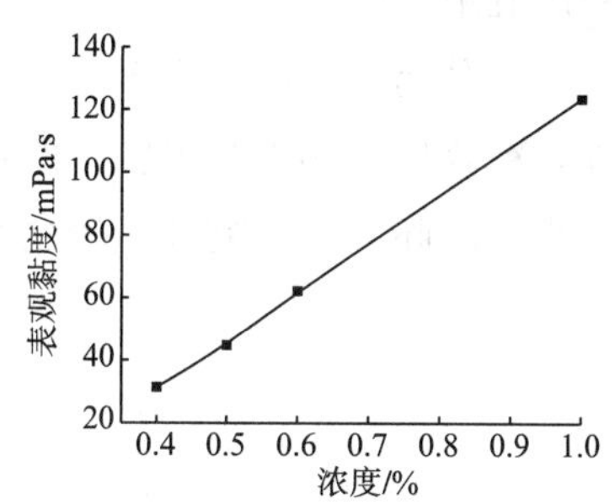

图 14-56 香豆胶溶液 50℃时的黏度-浓度关系（170s^{-1}下测定）

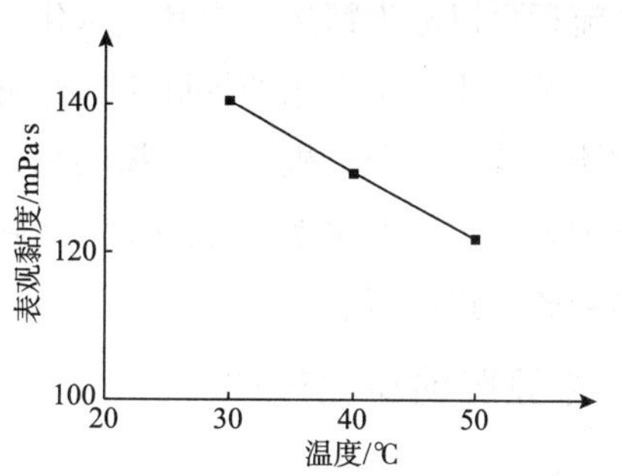

图 14-57 1% 的香豆胶水溶液黏度-温度关系

香豆胶在水溶液中会因微生物作用而降解、腐败、丧失黏度，长时间放置时应加入杀菌剂。种子中的胚含有某种酶，能破坏水溶液的稳定性。用种子全粉在 20～60℃制备的水溶液，在 48h 内水溶部分会减少 2/3，黏度严重下降乃至丧失。发芽香豆中含有混合酶，能迅速水解香豆胶。将少量发芽香豆胶全粉加入水溶液也能使溶液丧失黏度。加热至 80℃，或加碱使溶液 pH 值大于 10，或使用不含胚的种子胶均可避免香豆胶水溶液迅速丧失黏度。

香豆胶水溶液的流变性与一般高分子水溶液相似。图 14-58（a）是用 RVZ 旋转黏度计测得的 1% 的香豆胶水溶液的剪切应力-剪切速率曲线，从曲线可见其是非牛顿流体，显示假塑性，流型指数 $n=0.3296$（<1）。如图 14-58（b）所示，表观黏度随剪切速率增加而降低，即表现出剪切变稀特性。

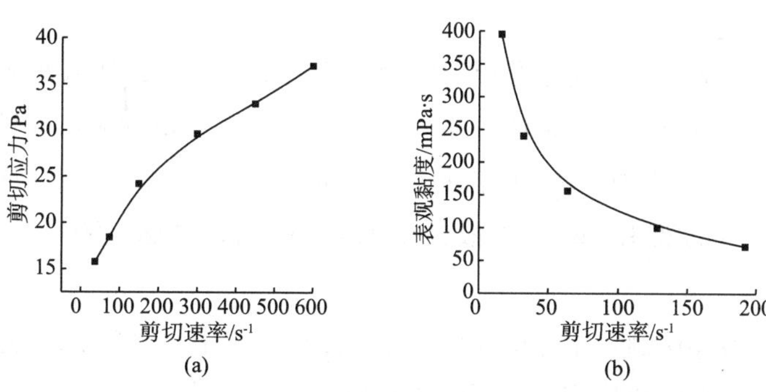

图 14-58 1% 的香豆胶水溶液 30℃时的流变曲线

（二）香豆胶生产工艺

香豆胶生产包括干法加工和湿法加工工艺。干法加工工艺是利用香豆种子三个组成部分理化性质的不同进行分离。香豆种皮的主要化学成分是纤维素，子叶的主要成分是蛋白质，这两个组成部分都是性脆易碎。因此，将清选去杂的香豆种子直接投入连续多台刀片式粉碎机中，由于种皮与子叶易碎，很快被粉碎，经过筛孔由风机吸出；而胚乳因有较大韧性还未粉碎，仍留在机内，最后经过圆筛分离即可得到胚乳片。胚乳片中加入一定比例的水进行水化，然后在增黏机上进行增黏，粉碎机中进行粉碎，达到一定细度，即得到成品。工艺流程可以分为精选、提胚、水化、增黏、粉碎五个工序。

湿法工艺是将干法工艺的提胚工序分解为浸润、一次分离、二次分离3个工序，通过增加浸润罐、轮片式分离机、吸风振动筛，减少刀片式粉碎机达到提高得胚率的目的。同时，通过加入一定量的水使香豆种子浸润膨胀，进一步提高胚乳片的韧性，较之干法工艺更不易被粉碎，提高得胚率。

二、香豆胶的醚化产物

（一）羧甲基香豆胶

羧甲基香豆胶可以采用水媒法生产，也可以采用溶媒法生产。

1. 水媒法

按照香豆胶浓度0.40mol/L，一氯乙酸钠浓度0.25mol/L，n（氢氧化钠）∶n（一氯乙酸钠）=1∶1，称取40mL水加入反应瓶中，搅拌下缓慢加入5g香豆胶原粉，60℃下碱化30min后加入计量的一氯乙酸钠，于60℃下醚化反应5h，反应时间达到后用盐酸中和反应液至中性。产物用乙醇多次洗涤、沉淀，于真空干燥箱中50℃下干燥至恒重，得羧甲基化香豆胶，取代度可达0.75[52]。

也可以按照氢氧化钠浓度为0.15mol/L，n（氢氧化钠）∶n（一氯乙酸钠）为1∶1.25的比例投料，先将香豆胶用碱预处理时间45min，然后加入氯乙酸钠，于50℃下反应4h，反应时间达到后用酸中和反应液至中性，产物用乙醇洗涤、沉淀、分离、干燥即得到产物。同香豆胶原胶相比，改性后的香豆胶水溶液中水不溶物质量分数由35.8%降低到了7.9%，表观黏度显著提高[53]。

2. 溶媒法

称取10g香豆胶加入装有搅拌及回流冷凝装置的反应瓶中，加入60mL有机溶剂与水的混合介质，搅拌条件下加入NaOH固体，1h后缓慢加入计量的氯乙酸钠（SMCA）固体粉末，于50℃反应至一定时间后，用盐酸中和反应体系至中性，然后用质量分数为80%的乙醇反复清洗，至滤液用$AgNO_3$溶液检测无Cl^-检出，过滤，50℃真空干燥至恒重得CMFG[54]。

研究表明，在溶媒法制备中分散介质类型、反应介质中水含量、醚化温度、氢氧化钠用量、氯乙酸用量等对醚化反应具有不同的影响。

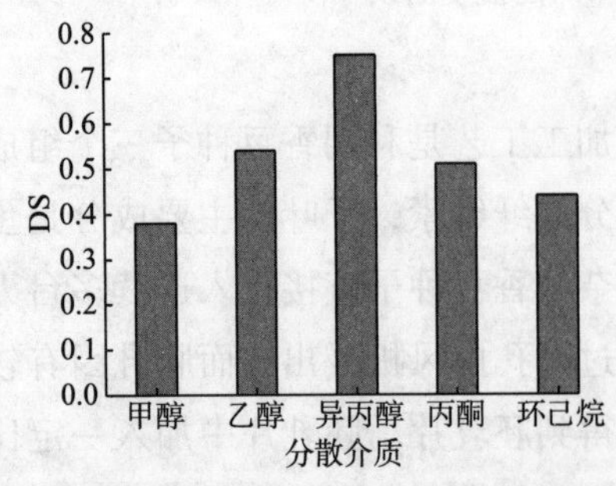

图14-59　5种分散剂对产物取代度的影响

分散介质是决定原料均匀分散及分散状态的关键。香豆胶非均相羧甲基化反应中，使用单一有机溶剂作为分散介质容易造成碱化过程中体系的凝胶化，因而采用与水混合作为反应介质。采用5种有机溶剂，并按照V（有机溶剂）∶V（H_2O）=50∶10组成反应介质，在n（SMCA）∶n（NaOH）∶n（FG）=1∶1∶1，反应温度为50℃，反应5h时，分散介质对CMFG的取代度的影响情况见图14-59（FG物质的量按多糖结构单元数计算）。从图14-59可以看出，随着有机溶剂极性降低，FG粒子溶胀程度增大，有利于碱化试剂与醚化试剂的进入。同时，图中3种醇会使醚化试剂发生部分水解，甲醇为15.2、乙醇为15.8、异丙醇为16.5，因而甲醇导致的水解速度更快，形成的副产物更多，DS也更低。环己烷/水体系由于碱化时仍出现部分凝胶化，致使DS降低。综合考虑，采用异丙醇/水体系为反应介质较为理想。

以异丙醇/水作为反应介质，当 *n*（SMCA）∶*n*（NaOH）∶*n*（FG）=1∶1∶1、反应温度为50℃，反应5h时，反应介质中水含量对DS的影响见图14-60。从图中可以看出，水的存在使香豆胶粒子溶胀，*V*（异丙醇）∶*V*（H_2O）=52.5∶7.5时，DS达到最大值0.78。继续增加水的用量使反应体系稀释，降低了醚化试剂与FG的碰撞频率，导致DS逐渐降低。

实验发现，反应温度过高会导致多糖粒子的不可逆溶胀和体系凝胶化，使反应难以进行。图14-61是当 *n*（SMCA）∶*n*（NaOH）∶*n*（FG）=1∶1∶1，*V*（异丙醇）∶*V*（H_2O）=52.5∶7.5，在40℃和50℃条件下反应时，反应时间对DS的影响。从图中可以看出，50℃时，反应初期DS增长较快，2h时DS为0.57，4h已达到0.74；而40℃时，DS达到0.57所需时间约为3h，反应6h后DS仍缓慢增长，并始终小于50℃条件下的DS值。显然，适当提高反应温度有利于提高反应速度和反应效率。

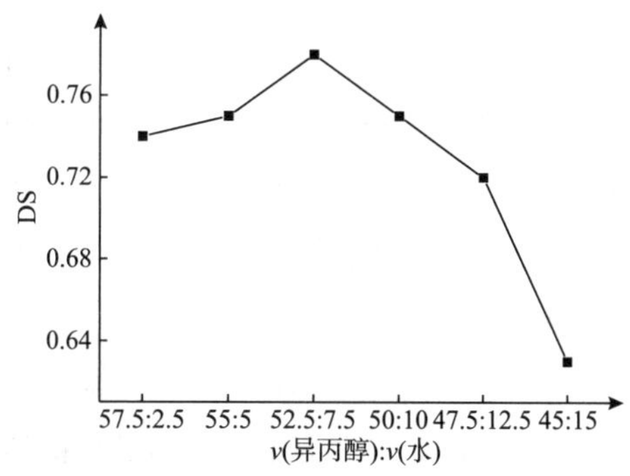

图14-60 介质中异丙醇与水的体积比对产物取代度的影响

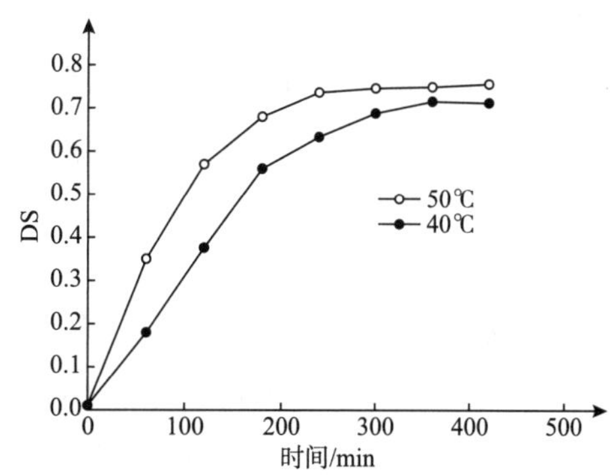

图14-61 温度对产物的取代度随时间变化的影响

图14-62是当 *n*（SMCA）∶*n*（FG）=1∶1，*V*（异丙醇）∶*V*（H_2O）=52.5∶7.5，反应温度为50℃，反应5h时，NaOH用量对DS的影响。从图中可见，当 *n*（NaOH）∶*n*（FG）从0.5增至1.0时，DS迅速增加至0.75。继续增加NaOH用量，由于更多的SMCA在副反应中被消耗，DS反而降低。

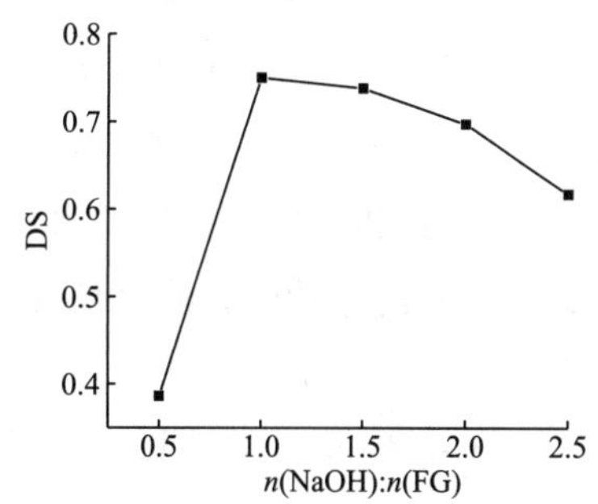

图14-62 NaOH与FG的物质的量比对产物取代度的影响

如图14-63所示，在原料配比和反应条件一定，NaOH用量低，即 *n*（NaOH）∶*n*（FG）为0.5∶1时，增加 SMCA 用量对 DS 的影响很小，变化范围 0.39～0.40，反应效率 RE 由 77.4% 降至 19.5%。增加 NaOH 用量，当使 n（NaOH）：n（FG）=1 时，SMCA 用量的增加对 DS 的影响显著增加。n（SMCA）：n（FG）由 0.55 增至 1.0 时，DS 由 0.45 迅速增大至 0.75，继续增加 SMCA，DS 变化不大，超过一定值后甚至开始降低；RE 则由 89.6% 降低至 31.1%。从图 14－63 还可以看出，实验范围内 NaOH 对 DS 的影响大于 SMCA，在 n（SMCA）：n（FG）相同时，增加 NaOH 用量，DS 与 RE 均增大。

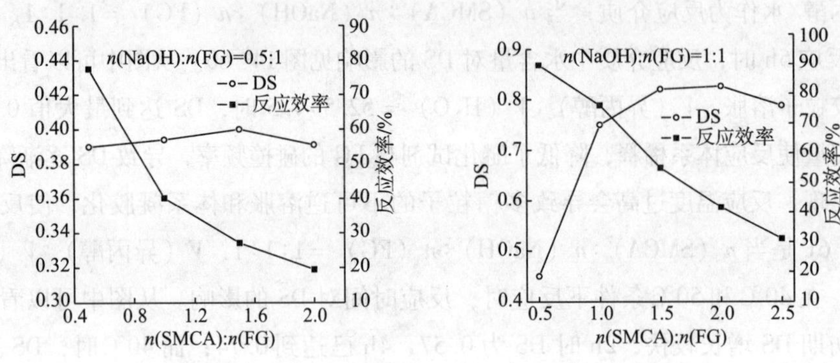

图 14－63　SMCA 对产物取代度及反应效率的影响

在羧甲基香豆胶的基础上，进一步磺化可以得到磺化羧甲基香豆胶，其制备包括羧甲基化和磺化 2 步[55]。

（1）香豆胶羧甲基化。取 40g NaOH 置于反应瓶中，加入 200mL 异丙醇，制成含 5mol/L 的 NaOH 的异丙醇溶液；加入 8g 香豆胶，在搅拌下，室温下反应 1h。加入 30g 一氯乙酸，混合均匀，于 45℃ 恒温水浴中回流反应 3h。将产物倒出，倾去上层清液，用1∶1 的盐酸（体积分数）调节 pH 值为 7，产物用丙酮沉淀后，用无水乙醇反复洗涤数次，抽滤干。将产物在 60℃ 的烘箱中烘干，即得到微黄色羧甲基香豆胶（CMFG）。

（2）羧甲基香豆胶的磺化。将 40mL 甲酰胺置于干燥的反应烧瓶中，在冰盐水浴中，向反应瓶中逐滴加入 16mL 氯磺酸，搅拌，并控制滴加速度，使反应体系的温度保持小于 5℃。滴加完毕，得到白色黏稠状磺化试剂。将反应装置转入恒温水浴中，加入 6g CMFG，开始搅拌，升温至 68℃，在该温度下反应 5h。反应完毕后，溶液中加入少量去离子水，过滤，除去不溶物，将粗产品溶液转入透析袋中，用去离子水充分透析，每隔 1h 换水 1 次，直到用 5% 的 $BaCl_2$ 滴入无白色沉淀生成为止。透析后所得到含磺化羧甲基香豆胶的水溶液中加入 4mol/L 的 NaOH，调节 pH 值为 10～12，用磁力搅拌器搅拌，脱氨至 pH 值为 7，再转入透析袋中用去离子水充分透析小分子。将透析得到的溶液转入 60℃ 的烘箱里烘干，即得到纯净的磺化羧甲基香豆胶。

（二）阳离子香豆胶

以 3－氯－2－羟丙基三甲基氯化铵（HAT）为阳离子醚化剂，天然香豆胶为原料，异丙醇为分散剂可以制得季铵盐型阳离子香豆胶 CFG。当 m（香豆胶）：m（异丙醇）：m（HAT）：m（NaOH）=1∶（1.6～2）∶（0.15～0.3）∶（4～8），反应温度为 40～50℃，反应时间为 2 ~ 3h 时，制得的产品能满足工业应用要求的黏度及取代度范围（即黏度为 500 ~ 800mPa · s，DS = 0.86 ~ 1.32）[56]。其合成过程如下。

在装有搅拌器、温度计、回流冷凝管和滴液漏斗的反应瓶中，加入 m（NaOH）= 14%（相对于香豆胶质量）的催化剂，150mL 异丙醇及 20mL 水，开启搅拌约 30min，使之混合均匀，将称好的 100g 香豆胶原粉，缓缓加入烧瓶内（香豆胶颜色由白变黄），继续搅拌。这时反应体系变稠，搅拌阻力很大，并伴随放热。搅拌 1h 后，开始加入 3 - 氯 - 2 - 羟丙基三甲基氯化铵（HAT）阳离子醚化剂，升温至 50℃，反应 2h。用盐酸中和至 pH = 5 ~ 6。过滤、干燥、粉碎、过筛，即得样品。

研究表明，在阳离子香豆胶合成中，醚化剂用量、氢氧化钠用量、分散剂、反应温度和反应时间等是保证反应能否顺利进行和产品性能的关键。原料配比和反应条件一定时，阳离子醚化剂用量、碱用量和分散剂用量对反应的影响见图 14-64 ~ 图 14-66。

阳离子醚化剂是主要合成原料，因此，其用量是影响产品性能的关键。如图 14-64 所示，随着阳离子醚化剂用量的增加，所得产物（CFG）的水溶液表观黏度（质量分数为 1% 的胶液、25℃下测定）逐渐降低，而 DS 开始逐渐增加，到一定程度后增加趋缓，并略有降低。针对工业应用对黏度和 DS 的要求，即黏度为 500 ~ 800mPa · s，DS 为 0.86 ~ 1.32，在实验条件下醚化剂用量为 15 ~ 30g 较好。

氢氧化钠是醚化反应的催化剂，故碱量对产品黏度和 DS 有重要影响。如图 14-65 所示，随着碱量的增大，产物水溶液黏度大幅度降低。而产品的 DS 则随着碱量增大而增加。兼顾黏度和 DS，在实验条件下，NaOH 用量为每 100g 香豆胶原粉中加入 4 ~ 8g 最佳。

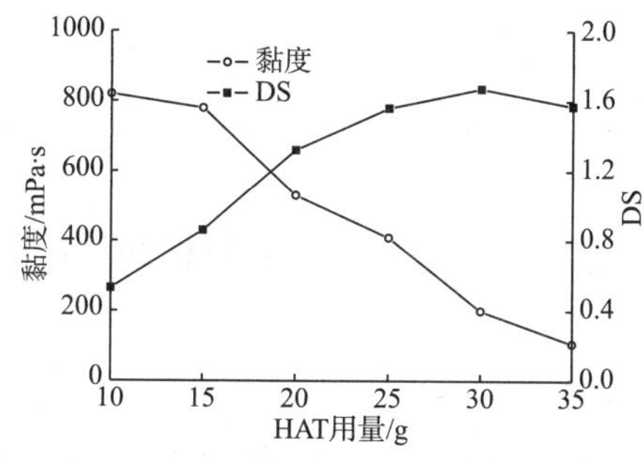

图 14-64 CFG 的表观黏度、DS 与 HAT 用量的关系

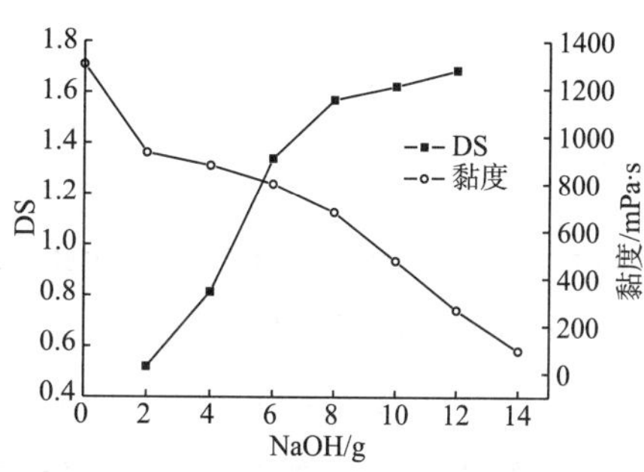

图 14-65 CFG 黏度、DS 与碱用量的关系

对于多聚糖的改性，由于用水作溶剂时，易使多糖严重降解，基于此多采用非均相反应。在非均相反应中，选择分散剂的原则是它应具有较强的分散性、不溶解反应产物、沸点高于反应温度且不参与体系反应等。当以异丙醇为分散剂时，分散剂与香豆胶的质量比对 CFG 黏度和 DS 的影响见图 14-66。从图中可以看出，随着分散剂用量的增加，产物的黏度先略有降低，后大幅度降低，兼顾黏度和 DS，在实验条件下，分散剂与香豆胶的质量比以 1.6 ~ 2.0 为宜。

实验表明，当原料配比和反应条件一定时，反应温度在 20 ~ 70℃之间，随着反应温度的升高，产物的表观黏度降低、DS先快速增加、后缓慢增加最后趋于稳定，反应温度在40～50℃时，所得产物性能较好，其表观黏度为550～800mPa·s，DS为1.35～1.69，可以满足其应用要求。反应时间在1～6h之间随着反应时间的延长，产物的表观黏度逐渐降低、DS先快速增加后趋于稳定，反应时间2～3h所得产物的性能较好，其表观黏度为550～800mPa·s，DS为1.67～1.74，可以满足需要。

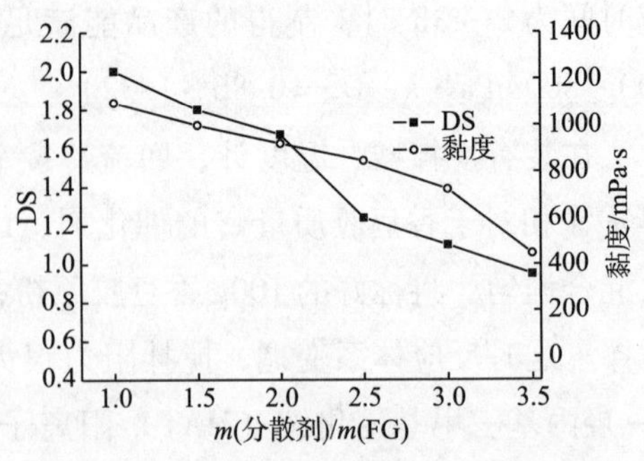

图14-66　CFG黏度、DS和分散剂与香豆胶质量比的关系

（三）羟丙基香豆胶

羟丙基香豆胶可以异丙醇为介质，用香豆胶与环氧丙烷在碱催化下醚化反应得到，当反应温度为50℃，反应时间为3h，m（香豆胶）:m（环氧丙烷）:m（异丙醇）:m（NaOH）=1:0.5:1.7:0.04时，合成的羟丙基香豆胶能够满足油田需要[57]。其合成过程如下。

向装有搅拌器、温度计、回流冷凝管和滴液漏斗的四颈烧瓶内加入6g NaOH和150mL异丙醇，开启搅拌约30mm，使之混合均匀。将称好的100g香豆胶原粉缓缓加入烧瓶内（香豆胶颜色由白变黄），继续搅拌，此时反应体系增稠，搅拌阻力很大，搅拌1h后，反应体系升温至60℃，开始滴加45g环氧丙烷（分两批加入，每次加入总量的一半），滴加完毕后继续升温至60～65℃，反应5h，反应结束后，待反应体系降温至30℃，用滴液漏斗在30min内缓慢滴加计量的盐酸，中和体系至pH值为7。将中和后的反应产物转入离心试管中离心分离，倾去上层清液，再加入异丙醇搅拌洗涤30min，如此反复3次以除去中和盐，在50～60℃下干燥约2h，粉碎过筛，即得样品。其质量分数为1%的水溶液表观黏度为560～1000mPa·s，DS=0.16～0.20。

研究表明，在醚化反应中影响产物性能的因素包括环氧丙烷、氢氧化钠和异丙醇用量，反应温度和反应时间等。

环氧丙烷作为合成的醚化剂，是决定产物醚化度的关键。当原料配比和反应条件一定时，环氧丙烷用量对产物黏度（质量分数为1%的胶液，下同）和DS的影响见图14-67。从图14-67可以看出，环氧丙烷用量对取代度和表观黏度有显著的影响。随着环氧丙烷用量增加，产物溶液表观黏度逐渐降低，取代度DS逐渐升高，但到一定值时DS不再随醚化剂量的增加而升高。根据油田作业对产物性能的要求，产物的表观黏度的变化范围应在800～1200mPa·s，所对应的DS范围为0.167～0.20，在实验条件下，确定环氧丙烷用量为50%。

如图14-68所示，随着碱用量的增加，产物溶液黏度大幅度下降，而取代度随着碱量的增大而增大，当碱的质量分数为4%时趋于稳定。根据作为油田化学品对黏度和取代度的要求，碱用量为4%时较好。

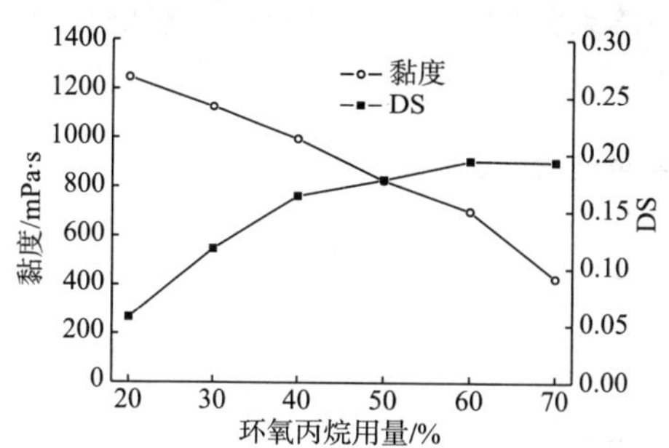

图 14-67　羟丙基香豆胶黏度、取代度和环氧丙烷用量的关系

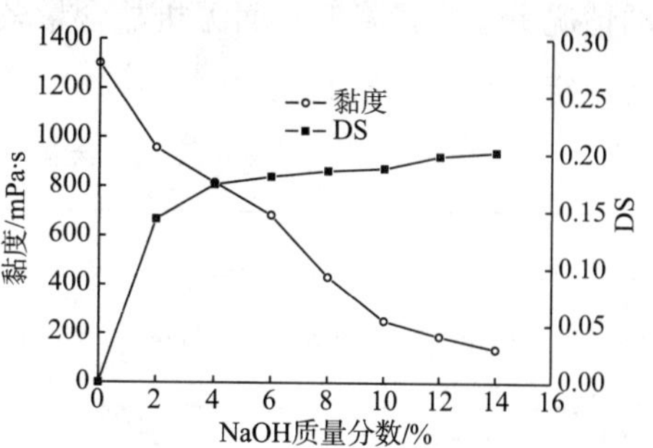

图 14-68　羟丙基香豆胶黏度、取代度和碱用量的关系

实验发现，选择异丙醇作为分散介质时，效果优于乙醇。同时，分散剂的多少改变了体系中环氧丙烷相对香豆胶的质量分数，从而影响反应效率。如图 14-69 所示，当以异丙醇为分散介质时，分散剂用量对 HPFG 的性能有着显著的影响，随着分散剂用量的增加，所得产物水溶液黏度和取代度均降低，表明分散剂用量对多糖大分子的反应效率影响很大，用量增大，单位分子反应的有效碰撞几率就越小，反应效率降低，致使黏度和 DS 下降。根据应用性能要求，分散剂与香豆胶的比为 1.7 较好。

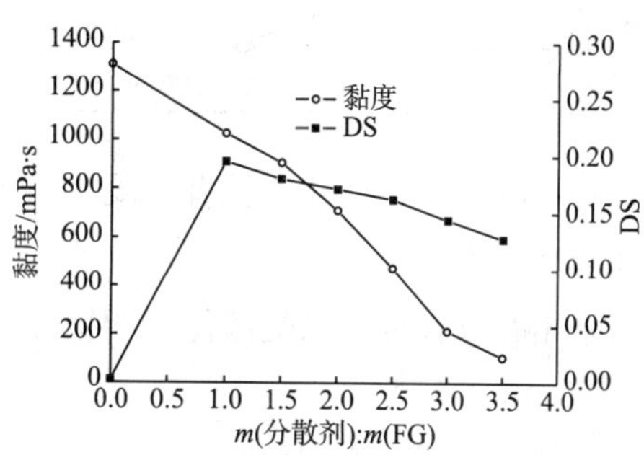

图 14-69　羟丙基香豆胶黏度、DS 和分散剂的关系

实验表明，当原料配比和反应条件一定时，反应温度和反应时间对羟丙基醚化反应的影响情况如下。

（1）随着反应温度的升高，溶液黏度逐渐降低，而产物取代度逐渐升高，这是由于低温下反应时，HPFG 的黏度降低很少，但反应速率慢，产物取代度低；提高反应温度，加快了反应速率，但其黏度降低严重。结合实际需要，兼顾黏度和 DS，反应温度为 40 ~ 60℃较好，此时，所得产物的黏度为 690 ~ 970mPa · s，DS 为 0.157 ~ 0.193。

（2）随着反应时间的延长，羟丙基香豆胶溶液黏度逐渐降低，而 DS 则随反应时间的延长而增大，最后趋于稳定。为满足应用性能的要求，反应时间为 3h 时较适宜，此时，所得产物的黏度为 790mPa · s，DS 为 0.168。

三、应用

（一）钻井液

香豆胶及改性产物用于钻井液、完井液、射孔液等体系的增黏剂和降滤失剂，尤其适用于无土相或无固相钻井液。由香豆胶、CMC、褐煤碱液及氯化钾或氯化钙组成的无固相钻井液组成及性能见表 14-19。该钻井液密度低，黏度适当，在不含无机盐或无机盐含量低的情况下滤失量降低，而无机盐含量较高时则滤失量较高，但即使在含氯化钙20%时，也有一定的悬浮钻屑的能力[58]。

表14-19 香豆胶无固相钻井液的组成及性能

组分/%					性能				
香豆胶	CMC	褐煤碱液	氯化钙	氯化钾	密度/(g/cm³)	漏斗黏度/s		滤失量/mL	pH值
						16℃	80℃		
0.5	0.5	6			1.009	54.0	25.0	10	
0.5	0.5	5	5		1.040	40.5	22.4	8	6
0.5	0.5		25		1.150	35.3	22.6	51	6
0.5	0.5	6		5	1.030	50.0	23.5	12	
0.5	0.5			30	1.170	33.3	21.5	46	

香豆胶无固相钻井液具有絮凝黏土的能力，在钻井液中加入400g/L的钠膨润土，对钻井液性能影响较小。

采用香豆胶也可以配制低固相钻井液完井液。

(二) 压裂液

主要用于压裂液稠化剂。香豆胶作为水基压裂中的悬浮剂和携带剂，有较低的摩阻性能。由于其剪切稳定，因此在大排量和湍流状态下减阻作用更为明显。分子中含有邻位顺式羟基，可与硼、钛、钴交联形成大分子三维网状结构冻胶，同时可以控制破胶时间，快速返排。由于香豆胶胶液不溶物含量较低，所以破胶后的残渣也较低，对地层伤害小。香豆胶冻胶黏度高，携砂比例大，这两点都优于瓜尔胶。在超深井上应用表明，采用香豆胶交联的压裂液系列具有延迟交联、良好的耐温耐剪切性能、低滤失、快速彻底破胶、助排、破乳、残渣低、伤害小等特点。现场施工摩阻低、携砂性能强、破胶水化彻底、反排快、增产效果明显，可满足低、中、高温不同温度储层要求。我国已在大庆、胜利、吉林、克拉玛依、中原、塔里木、大港、长庆、延安等油田成功压裂油井数千口，见到了较好的效果。

下面是一些含香豆胶稠化剂的压裂液配方。

1. 香豆胶硼冻胶中高温压裂液

为香豆胶硼交联凝胶。按照香豆胶粉0.5%~0.7%，二溴基氰丙酰胺0.05%，柠檬酸0.01%~0.02%，碳酸氢钠0.1%，碳酸钠0.05%~0.1%，聚氧丙烯聚氧乙烯聚氧丙烯十八醇0.2%，氯化钾2%，氟表面活性剂0.1%，PAM0.1%~0.2%，柴油5%，Span-80 0.02%，异丙醇0.1%~0.5%，三乙醇胺0.1%~0.5%，四硼酸钠0.1%~0.3%，过硫酸钾0.005%~0.01%，叔丁基过氧化氢0.01%的比例，将香豆胶配制成1%的水溶液，将Span-80溶于柴油，然后将香豆胶水溶液和Span-80柴油溶液混合，加入其他组分，搅拌均匀后，补充所需量水混合均匀即可。体系残渣为2%~8%，渗透率损害<10%。

用于砂岩、灰岩和白云岩岩性油层中小型压裂作业。适用于井温 90 ~ 120℃、井深 2000 ~ 3000m 的井。

2. 香豆胶锆冻胶高温压裂液

由香豆胶、锆交联剂和表面活性剂等组成。按照香豆胶粉 0.5% ~0.6%，二溴基氰丙酰胺 0.05%，柠檬酸 0.01% ~0.02%，碳酸氢钠 0.05% ~0.1%，碳酸钠 0.05% ~0.1%，聚氧乙烯聚氧丙烯五乙烯六胺 0.2%，氯化钾 2%，氟表面活性剂 0.1%，PAM0.01% ~ 0.02%，柴油 5%，Span－80 0.02%，异丙醇 0.0001%，乙酰丙酮锆 0.1% ~1.0%，四硼酸钠 0.05% ~0.1% 的比例，将香豆胶配制成 1% 水溶液，将 Span－80 溶于柴油，然后将香豆胶水溶液和 Span－80 柴油溶液混合，加入其他组分，搅拌均匀后，并补充所需量水混合均匀即可。体系残渣为 2% ~8%，渗透率损害 <10%。

用于砂岩、灰岩和白云岩岩性油层中小型压裂作业。适用于井温 120 ~ 160℃、井深 3000 ~ 5000m 的井。

3. 有机硼 BCL－61 交联植物胶压裂液

由香豆胶、硼交联剂和表面活性剂等组成。香豆胶和羟丙基瓜尔胶 0.6% ~0.7%，氯化钾 1% 甲醛 0.15%，DL－6 助排剂 0.15%，pH 值调节剂 0.1%，有机硼交联剂 BCL－61 0.1% ~0.4% 的比例，将香豆胶、羟丙基瓜尔胶配制成 1% 的水溶液，然后加入其他组分，搅拌均匀后，并补充所需量水混合均匀即可。体系残渣为 2% ~8%，渗透率损害 <10%。

用于砂岩、灰岩和白云岩岩性油层中小型压裂作业。适用于井温 120 ~ 160℃、井深 3000 ~ 5000m 的井。

4. 低浓度香豆胶压裂液

使用长碳链有机络合交联剂，适当降低香豆胶浓度，并适当使用 pH 值调节剂的方法，形成了适用于常见储层温度条件的低浓度香豆胶压裂液体系[59]。

（1）储层温度 60℃ 适用配方：0.15% 香豆胶 +0.15% pH 值调节剂 +0.25% 交联剂。

（2）储层温度 90℃ 适用配方：0.25% 香豆胶 +0.20% 交联促进剂 +0.35% 交联剂。

（3）储层温度 120℃ 适用配方：0.35% 香豆胶 +0.30% 交联促进剂 +0.40% 交联剂。

低浓度香豆胶配方体系与常规瓜尔胶压裂液的性能进行对比评价表明，由于香豆胶比瓜尔胶有更多的交联结点，低浓度香豆胶压裂液稠化剂浓度为常规瓜尔胶压裂液稠化剂浓度一半时，即可满足压裂施工的携砂要求，破胶后的残渣较普通瓜尔胶配方降低了 44.8%，储层伤害率降低了 10%。

适用于 90℃ 以内的低渗和特低渗储层。作为低成本、低伤害压裂液，应用前景广阔。

（三）水处理剂

羧甲基香豆胶和阳离子香豆胶可以用于油田水处理絮凝剂。可以单独使用，也可以与其他水处理剂配伍使用。

第五节　其他植物胶

除前面所介绍的魔芋胶、瓜尔胶、田箐胶、香豆胶外，还有一些植物胶，如亚麻籽胶、槐豆胶、刺云实胶、罗望子胶、皂荚豆胶、车前子胶和刨花楠胶等，可以直接或改性后用于油田化学作业流体中[60]。

一、亚麻籽胶

亚麻，又称胡麻，属亚麻科，是一年生草本植物。中国是亚麻主要生产国之一，种植面积为6320km^2，年产亚麻籽43×10^4t。亚麻籽表皮含有黏性物质，用适当方法提取可以制成亚麻籽胶，其量约为亚麻籽量的14%[61]。

亚麻籽胶（Linseed gum），又名胡麻籽胶、富兰克胶。亚麻籽胶是以亚麻的种子或籽皮为原料，经提取、浓缩精制及干燥等加工工艺制成的粉状制品。亚麻籽胶是一种天然高分子多聚糖，在干粉状态时，胶的分子像缠绕的线团，加入水后，由于水分子的静电作用，使分子开始舒展，形成新的氢键，使溶液变稠，成为黏度很高的胶液。具有增稠、乳化、起泡等独特的性能，可广泛应用于食品、制药、化妆品、钻井、造纸等行业。在食品工业中它可以替代果胶、琼脂、阿拉伯胶、海藻胶等，用作增稠剂、黏合剂、稳定剂、乳化剂及发泡剂。

亚麻籽胶为黄色颗粒状晶体，或白色至米黄色粉末及未干燥的胡麻胶液两种。干粉有淡淡甜香味。亚麻籽胶具有较好的溶解性能，能够缓慢地吸水形成一种具有较低黏度的分散体系，当浓度低于1~2g/L时，能够完全溶解，溶解度高于瓜尔胶和刺槐豆胶，但低于阿拉伯胶。亚麻籽胶的溶解度与浓度和温度密切相关，0.5%的胶溶液在15℃时溶解度即达到70%，当温度达95℃时溶解度可达到90%。

主要成分为*D*-葡萄糖、*D*-半乳糖、*L*-鼠李糖、*D*-木糖、*L*-阿拉伯糖等多糖，其杂质成分有蛋白质、淀粉、纤维素、无机盐等。亚麻籽胶的化学组成见表14-20，与亚麻籽胶的种类、产地和生成年份有关。

亚麻籽胶由酸性多糖和中性多糖组成，通过裂解能得到酸性和中性两种成分。以酸性多糖为主，酸性多糖与中性多糖的物质的量比为2:1。其酸性多糖由*L*-鼠李糖、L-岩藻糖、*L*-半乳糖和*D*-半乳糖醛酸组成，其物质的量比为2.6:1.0:1.4:1.7；中性多糖主要有*L*-阿拉伯糖、*D*-木糖、*D*-半乳糖，其物质的量比为3.5:6.2:1.0。基本上全部*D*-半乳糖醛酸基都在主链，所有*L*-岩藻糖基和约一半的*L*-半乳糖基存在于非还原性末端。

表14-20　亚麻胶的主要成分

组分	含量/%	组分	含量/%	组分	含量/%
水分	10	砷	≤0.0002	阿拉伯糖	7.3
灰分	11	总糖	60~70	葡萄糖	14.2

续表

组分	含量/%	组分	含量/%	组分	含量/%
蛋白质（系数 6.25）	10	鼠李糖	16.1	木糖	17.5
脂肪	0.5	岩藻糖	7.8	葡糖醛酸	10.0
重金属（以 Pb 计）	≤0.005	半乳糖	27.5		

（一）亚麻胶的性质

由于亚麻胶分子结构中含丰富的羟基，对水有很强的亲和力，溶于水能吸收很多倍的水而溶胀和产生水合作用，经过一定时间后可以形成黏度很高的胶液，而加热则能够加速其水合速度[42]。

对于不同种类的亚麻籽提取的亚麻胶，其胶液浓度、温度、pH 值、剪切速率等对胶体的流变性有很大的影响。

将亚麻籽胶配成 1% 浓度的胶液，用 NDJ－1 型旋转黏度计（3 号转子，转速为 12 r/min）在 25℃ 下测定不同浓度下的黏度。当亚麻籽胶浓度≤0.2%（m/V）时，为牛顿型流体，浓度≥0.2%（m/V）时为非牛顿型假塑性流体，其黏度随着浓度的增加而急剧增加。亚麻籽胶黏度与浓度的关系见图 14－70。

图 14－71 是 1% 浓度的胡麻胶黏度与剪切速率的关系。从图中可以看出亚麻籽胶属于非牛顿流体，其黏度随着剪切速率的升高而降低。

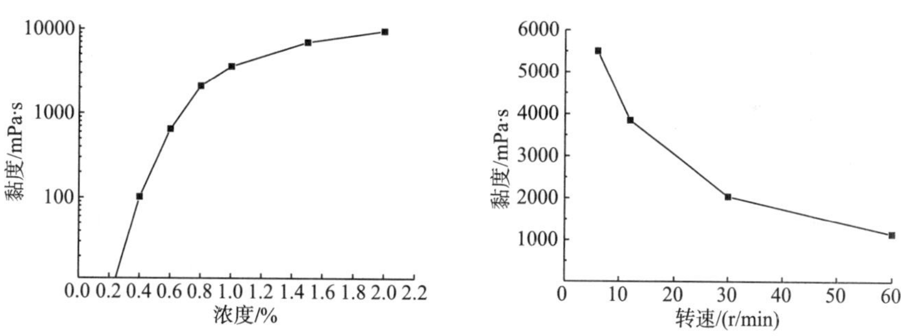

图 14－70 亚麻籽胶黏度与浓度的关系　图 14－71 亚麻籽胶黏度与剪切速率的关系

1% 的亚麻籽胶的黏度从 350～2500mPa · s 不等，一般来讲未经干燥的亚麻籽胶黏度比较高，大于 1500mPa · s，而用干胶粉配成胶液其黏度在 350mPa · s 以上。亚麻籽胶液随着放置时间的延长其黏度逐渐增加，胶液放置一夜黏度增加 47%，且随着时间的延长一直呈增加趋势。温度对亚麻籽胶的黏度影响很大，温度越高黏度越低（图 14－72），同一浓度胶液 0℃ 的黏度是 90℃ 时黏度的 48 倍。

pH 值对亚麻籽胶溶液的表观黏度影响很大，在酸性条件下，随着 pH 值的降低，表观黏度逐渐降低；在碱性条件下，随着 pH 值的增大，表观黏度也逐渐下降；在中性条件下，亚麻籽胶溶液的表观黏度达到最大值。如图 14－73 所示，溶液 pH 值在 6～12 时，黏度基本保持稳定，若 pH 值小于 6，黏度急剧下降。这可能是由于酸使亚麻胶中大分子物质降解，破坏多糖的糖苷键而形成较多的单糖，相对分子质量降低，导致溶液黏度大幅度下降。

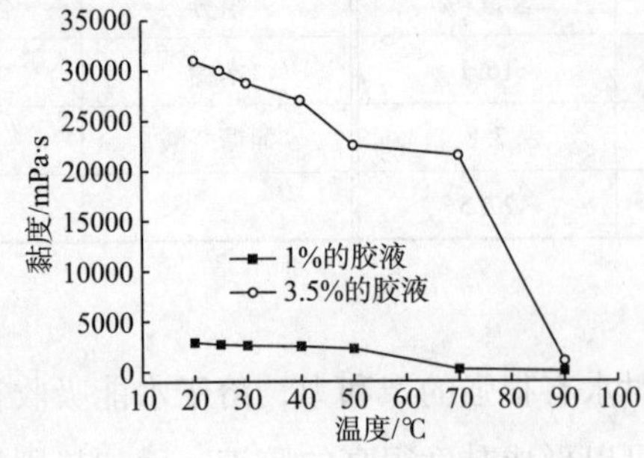

图 14-72　黏度与温度的关系

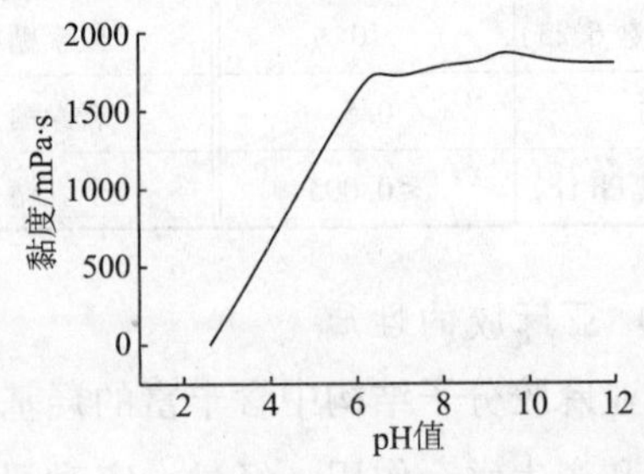

图 14-73　亚麻籽胶黏度与 pH 值的关系

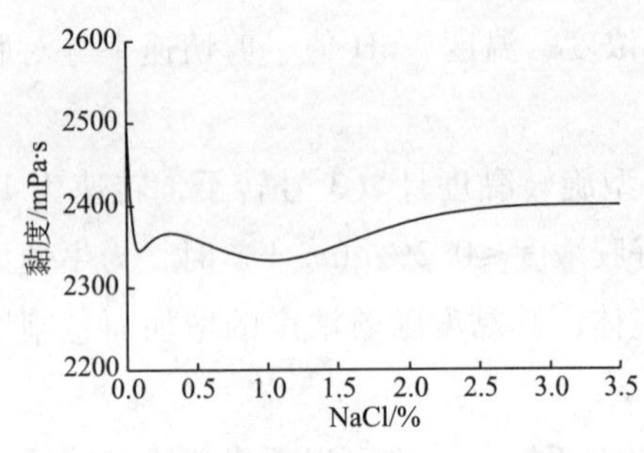

图 14-74　亚麻籽胶黏度与 NaCl 加量的关系

如图 14-74 所示，亚麻胶具有较好的耐盐性能，在 NaCl 加量 3.5% 以内，对黏度的影响不大，不产生盐析现象。

亚麻籽胶可与水以任意比例互溶形成均匀胶液，当胶溶液中加 50% ~60% 酒精时即产生絮状胶沉淀。亚麻籽胶还有良好的发泡性，0.5% 的胶液通过离心机分离即形成均匀稳定的泡沫体，只有将泡沫体加热至 90℃ 保温半小时才能破坏掉泡沫体恢复均匀溶液。其泡沫稳定性随着浓度的降低而降低。

亚麻胶具有良好的乳化性，其乳化性能优于阿拉伯胶、海藻胶、黄原胶、明胶、CMC 等，且随着亚麻籽胶浓度的增加其乳化效果增强。亚麻籽胶作为一种亲水胶体，具有胶凝的特性。

由于亚麻无毒，以它为原料经物理方法加工而获得的亚麻籽胶也无毒。其 $LD_{50} \geqslant 15g/kg$（小鼠，经口）。

经过化学改性，如羧甲基、羟丙基化反应可以进一步提高其抗温能力和适用范围。羧甲基、羟丙基改性可以参考前面所述植物胶的改性方法。

（二）提取方法

亚麻籽胶主要从脱脂饼粕或亚麻籽种子中提取，通常采用水提取法，提取工艺流程是以亚麻籽榨油后的脱脂亚麻籽粕为原料，再用水、稀盐溶液或稀乙醇提取得到胶液。

在亚麻籽胶提取的过程中，浸提剂、浸提温度、时间、搅拌速度都对亚麻籽胶的质量有一定影响。通过对酸、碱和水分别作为浸提剂的提取效果对比发现，用酸和碱提取的亚麻胶，其黏度均比用水提取得到的亚麻籽胶的黏度低，而且用水作浸提剂也能避免化学试剂对产品的污染；温度、时间和搅拌速度三个因素中，以温度对亚麻籽胶的黏度影响最大，而时间对产率影响最大。

亚麻籽胶的产率和蛋白质的含量随提取的温度和原料的性质而变化，在 4℃ 提取得到的亚麻籽胶的纯度高，但产率低；随提取温度的升高，亚麻籽胶的产率增加，同时亚麻籽胶中蛋白质的含量也增加，亚麻籽粕中提取的胶中蛋白质含量高于从种子中直接提取的胶中蛋白质含量。

以亚麻籽皮为原料，水为浸提溶剂，浸提亚麻胶时，最佳工艺条件为：浸提温度80℃、时间40min、料液质量比1:15、脱胶次数2次[62]。

稀酸为浸提剂时，提取过程为：称取亚麻籽粕5g于250mL圆底烧瓶中，控制料水比1:21（g/mL），调节pH值至2，在70℃下浸提1h，离心（4000r/min，10min），合并上清液；取50mL上清液，预热，边加热边加入0.3g氢氧化钙，于80℃下保温50min后，冷却，用磷酸调节pH值至中性，离心（5000r/min，10min）去除沉淀，将上清液减压浓缩至原体积的50%～60%，冷却后边搅拌边加乙醇至75%，4℃下静置1～2h，离心分离后得沉淀，即为亚麻籽胶[63]。

为提高亚麻籽综合加工效益，解决现有亚麻籽胶生产中存在的问题，在对亚麻籽结构充分了解的基础上，利用亚麻籽胶分布在亚麻籽外表面的结构特点，提出了采用高速旋转砂辊对亚麻籽表面进行打磨提取亚麻籽胶粉的思路，并借助实验砂辊碾米机开展研究。结果表明，采用砂辊打磨亚麻籽在控制亚麻籽装填率在40%～80%时打磨均能够顺利获取亚麻籽胶粉；在装填率40%、打磨时间200s，脱脂胶粉得率最高达5.55%～6.57%；在装填率80%的情况下，打磨设备提取的脱脂亚麻籽胶粉产量最高，打磨时间为200s，胶粉黏度测定值为4520～5880mPa·s[64]。

（三）应用

由于亚麻籽胶在酸性条件下黏度很低，不适用于酸性作业流体，从其特性看可以用作石油钻井、地质钻探中作为钻井液增黏剂、降滤失剂，适用于低固相或无固相体系，用于上部地层的钻井中。羧甲基亚麻籽胶可以作为钻井液增黏降滤失剂，抗温能力进一步提高，在4%的膨润土浆中加入0.5%的羧甲基亚麻籽胶，表观黏度为26.5mPa·s，API滤失量为8.8mL。将羧甲基亚麻籽胶与黄原胶比较，其性能与黄原胶相当。优选的海水羧甲基亚麻籽胶体系抗温可以达到130℃[65]。

二、槐豆胶

槐豆胶也称刺槐豆胶，角豆胶，洋槐豆胶，赤槐豆胶，国槐种子胚乳提取物。是由产于地中海一带的刺槐树种子加工而成的植物子胶。槐豆胶为白色至黄色粉末、颗粒或扁平状片。无臭无味。LD_{50}大鼠口服13g/kg。在冷水中能分散，部分溶解，形成溶胶，80℃完全溶解。pH值为5.4～7，添加少量的硼酸钠则转变成凝胶。pH值在3.5～9范围内，黏度几乎不受pH值的影响。pH值小于3.5或是大于9，黏度降低。NaCl、$MgCl_2$、$CaCl_2$等无机盐对黏度没有影响，但酸（尤其是无机酸）、氧化剂会使其盐析、降解，降低其黏度。如果水溶液中加入明胶、卡拉胶，或是蔗糖、葡萄糖、甘油等，可在一定程度上防止盐析。槐豆胶与琼脂、卡拉胶和黄原胶等相互作用，可以在溶液中形成复合体而使凝胶效果增强。

（一）槐豆胶的结构及溶液性质

槐豆胶是由半乳糖和甘露糖单元通过配糖键结合起来的一种大分子多糖聚合物，二者物质的量比为1∶3.324。相对分子质量为$31\times10^4 \sim 200\times10^4$。结构如图14-75所示。

槐豆胶的黏度与浓度、温度和剪切速率等有关[66]。如图14-76所示，刺槐豆胶的黏度（用NDJ-1型旋转黏度计测定60r/min下测定）随浓度的增加而增加。如图14-77所示，槐豆胶为“非牛顿流体”，随着剪切速率的增加，槐豆胶溶液（质量分数0.7%）的黏度降低。如图14-78所示，随着温度的增加槐豆胶溶液（质量分数0.5%）黏度有所增加，表现出良好的热稳定性。如图14-79所示，槐豆胶水溶的黏度（质量分数0.5%），在酸性和碱性溶液中都有所下降，但下降的幅度较小，pH值=7时黏度最高，说明槐豆胶在酸和碱中较为稳定。

图14-75　槐豆胶的结构

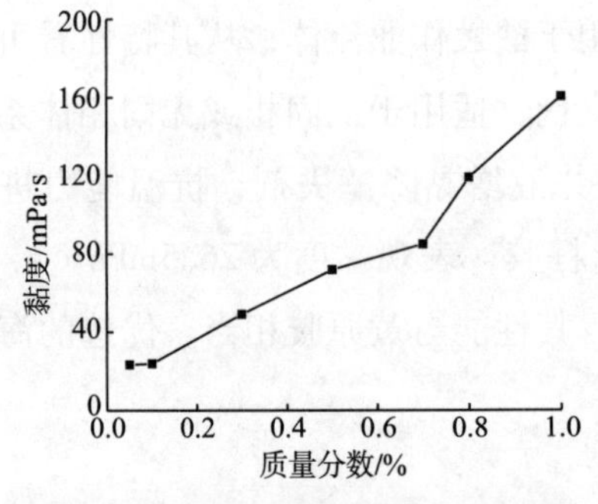

图14-76　浓度对槐豆胶溶液黏度的影响　图14-77　剪切速率对槐豆胶溶液黏度的影响

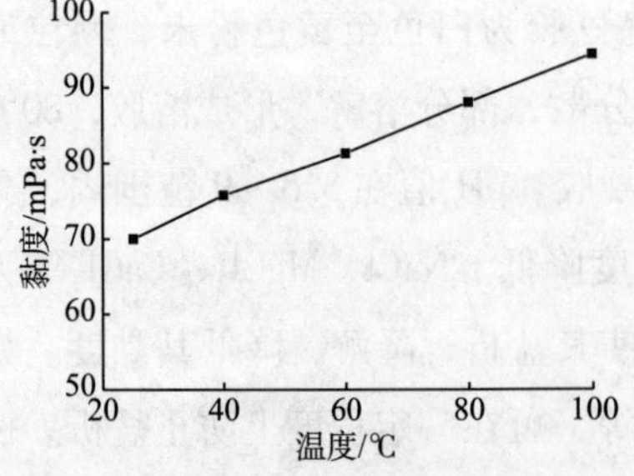

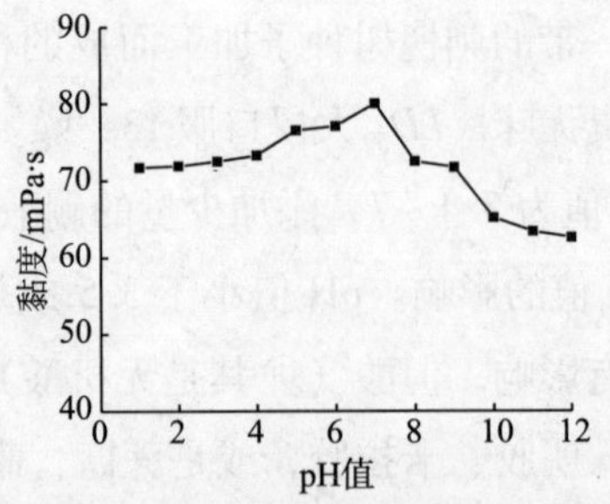

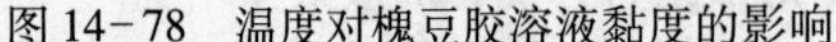

图14-78　温度对槐豆胶溶液黏度的影响　图14-79　pH值对槐豆胶溶液黏度的影响

（二）制备方法

刺槐种子的胚乳经焙烤、热水提取、浓缩、蒸发、干燥、粉碎、过筛而成。由于槐角果皮含有大量果胶，黏性较大，粉碎前需晒干。然后粗粉碎，筛去果皮、子叶、胚，得带皮胚乳。用次氯酸钠作为溶剂，一方面使种皮与胚乳易于分离，另一方面也可以起到漂白作用，从而改善胶的颜色。用水冲洗数次，在60℃下烘干。粉碎种皮，过筛得胚乳。粉碎内胚乳，过0.15mm孔径筛，得商品槐豆胶。将商品槐豆胶经热水抽提，除去不溶物，再进行浓缩、干燥可得纯品槐豆胶。

（三）用途

食品工业上主要利用槐豆胶能够大量结合水的能力，用于乳制品和冷冻甜食。通常与其他增稠剂复配用作增稠剂、持水剂、黏合剂、乳化剂、胶凝剂等。与淀粉合用于玉米片的沙司和调味液，以改善其质构。用于干酪作增香剂，挤压食品作持水剂等。在油田化学中主要用作压裂液稠化剂，也可以用于钻井液增黏剂，适用于无固相和低固相钻井液。

三、刺云实胶

刺云实胶（Tara gum），也可叫刺云豆胶（Peruvian carob）、他拉胶、塔拉胶，来源于秘鲁的灌木，以豆科的刺云实种子的胚乳为原料，经研磨加工而制得，加工方式与其他豆胶相似。中国于2006 年 4 月批准了刺云实胶作为食品添加剂增稠剂，可用于冷冻食品、肉制品、烘培食品等食品中[67]。

刺云实胶主要是由半乳甘露聚糖组成的高相对分子质量多糖类，主要组分是由直链（1→4）$-\beta-D-$吡喃型甘露糖单元与$\alpha-D-$吡喃型半乳糖单元以（1→6）键构成，其结构见图 14－80。刺云实胶中甘露糖对半乳糖的比是 3∶1，而瓜尔胶为 2∶1，槐豆胶为4∶1。因此，刺云实胶的溶液特性介于瓜尔胶和槐豆胶之间，这种线性多糖的分子组成决定了其在低浓度时就表现出相当高的黏度。25℃下，质量分数为 1% 的刺云实胶溶液的黏度可高达 4500 ~ 6500Pa · s，并且其黏度随浓度的增加而呈指数级增加。

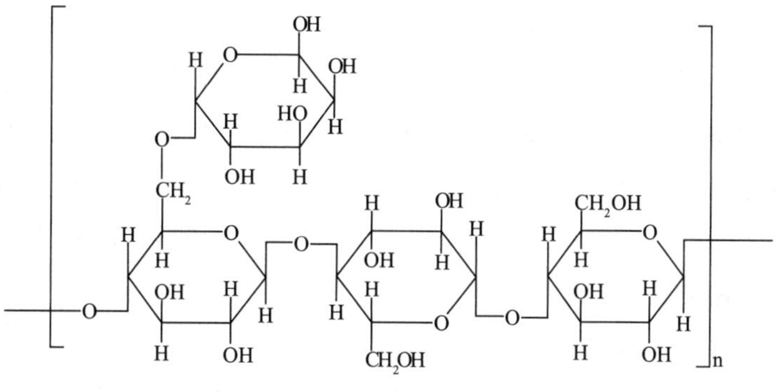

图 14－80　刺云实胶的化学结构

刺云实胶为白色至黄白色粉末，无臭。刺云实胶含有 80% ~84% 的多糖，3% ~4% 的蛋白质，1% 的灰分及部分粗纤维、脂肪和水。刺云实胶的密度为 0. 5 ~ 0. 8g/cm^3，其水溶液不挥发。刺云实胶溶于水，水溶液呈中性，不溶于乙醇。对 pH 值变化不敏感，在 pH ≥4.5 时，刺云实胶的性质相当稳定。对热较稳定。电解质对其黏度影响不大。

刺云实胶具有很强的吸湿性，遇水浸渍溶胀，能产生很高的黏度。1% 的刺云实胶在冷水下溶解性好，在 25℃时，就具有非常好的黏度，45℃时 100% 溶解，形成半透明的溶液。刺云实胶在 25℃的常温水中能达到 80% 分散，45℃时 100% 溶解的特性使得它比槐豆胶使用操作性更强，这是两者的结构和性能不同决定的。若能用温水溶解刺云实胶，效果更好。在水溶液中抗剪切能力强，高剪切作用下黏度下降较小。

在食品应用中，刺云实胶和槐豆胶都较少单独使用，通常利用刺云实胶与其他胶体的协同或互补作用混合使用，达到更好的使用效果和产生更高的产品质量。

可以用于钻井液处理剂和压裂液稠化剂。实验表明，作为钻井液处理剂，刺云实胶流变性能好，具有较强的剪切稀释性，抗温 80℃，对 NaCl 的适应能力达 5% 以上，由 3% 膨润土 +0.3% LV－CMC +0.6% 刺云实胶 +4% PEG +3% QS－2 组成的他拉胶（刺云实）钻井完井液体系抗温达 120℃，常温中压失水量为 5mL，高温高压失水量为 8.6mL，流变性好，生物毒性低，流变性和失水造壁性能满足现代化钻井完井液的性能要求，是一种发展前景广阔的新型钻井完井液体系[68]。

四、罗望子胶

罗望子又称酸角、酸豆、酸梅（海南）、木罕（傣国），是苏木科酸角属的一种高大的常绿乔木植物，其原产于热带非洲，经苏丹引入印度后开始繁衍种植。我国罗望子资源主要分布于云南、海南、广西、广东等省区，其中云南具有最丰富的罗望子资源，主要分布于云南金沙江、怒江、元江干热河谷及西双版纳一带。

罗望子种子近似长方形或卵圆形，外皮坚硬，呈红褐色，有光泽，种仁是一种优良的食品添加剂和蛋白质。据报道，在罗望子种子中非纤维碳水化合物含量为 65% ~73%，蛋白质含量为 15% ~20%，脂肪含量为 6% ~8%，纤维为 3% ~5%，灰分为 2.5% ~3.2%。由此可以看出，在罗望子种子中绝大多数为非纤维碳水化合物，即多糖类物质。

罗望子胶又称为罗望子多糖（简称 TSP）或罗望子多糖胶，它是从豆科罗望子属植物种子的胚乳（又名酸角种子）中提取分离出来的一种中性多糖类物质，易分散于冷水中，加热则形成黏状液体。罗望子胶有良好的耐热、耐酸、耐盐、耐冷冻和解冻性，具有稳定、乳化、增稠、凝结、保水和成膜的作用，其水溶液的黏稠性较强，黏度不受酸类和盐类等影响，是一种用途广泛的食用胶[69,70]。

（一）罗望子胶结构与性质

罗望子胶主要是由 D－半乳糖、D－木糖、D－葡萄糖（1∶3∶4）组成的中性聚多糖，除多糖外，还有少量游离的 L－阿拉伯糖。罗望子胶的分子结构中，主链为 $\beta-D-1$，4－连接的葡萄糖，侧链是 $\alpha-D-1$，6－连接的木糖和 $\beta-D-1$，2－连接的半乳糖，由此构成了支链极多的多糖类物质，其结构见图 14－81。罗望子胶的相对分子质量因测定方法不同相差很大。据报道，用黏度法、渗透法、铜值法和3，5－二硝基水杨酸还原法测定的结果分别是523500、546000、556000和115000。

罗望子胶为自由流动、无臭无味、乳白色或淡米黄色的粉末，随着胶的纯度降低，制品的颜色逐渐加深。有油脂气味和手感，易结块，不溶于冷水，但是能在冷水中分散，能在热水中溶解，不溶于大多数有机溶剂和硫酸铵、硫酸钠等盐溶液。它本身不带电荷，属于中性植物性胶。当罗望子胶用金属氢氧化物或碱式盐溶液处理后，得到相应的金属络合物，能变成阴离子或阳离子衍生物。

罗望子胶是一种亲水性较强的植物胶[71]，在冷水中分散后被加热到85℃以上就会溶解，形成均匀的胶体溶液，胶液的黏度与质量浓度有关。60℃下，不同浓度的罗望子胶溶液表观黏度随浓度的变化如图14－82所示。罗望子胶表观黏度随浓度的增加呈指数形式上升。当罗望子胶溶液浓度小于2%时，胶液的表观黏度增加缓慢。而当溶液浓度大于2%时，胶液的表观黏度迅速增加。研究表明当罗望子胶溶液浓度超过5%时，胶液几乎失去流动性，有报道称经羟丙基化的罗望子胶黏度大幅下降，且具有良好的室温水溶性。

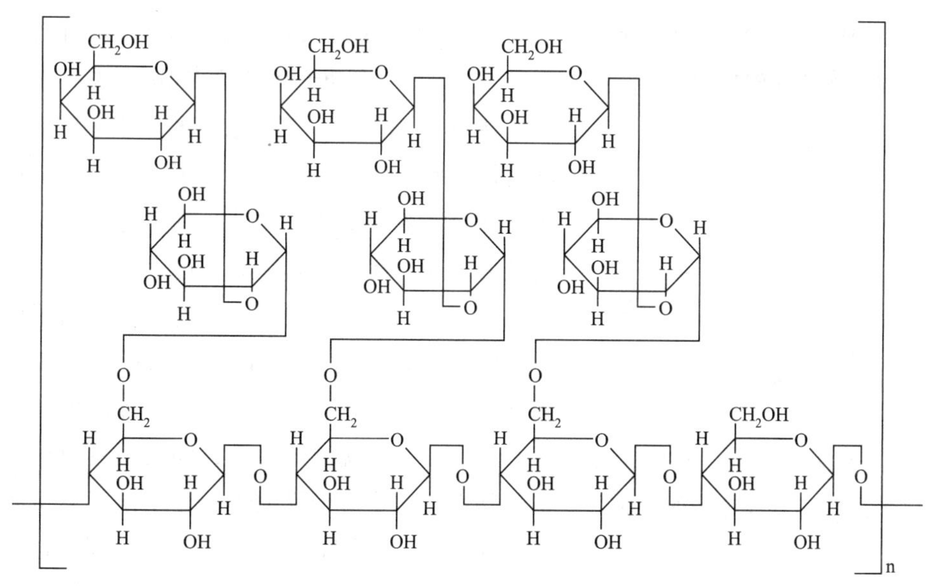

图14－81 罗望子胶的化学结构

加热煮沸对罗望子胶溶液的黏度影响相当大，罗望子胶溶液在煮沸20～30min时黏度首先达到最大值，然后下降，但热稳定性较高，在煮沸约5h以后其黏度只下降至最大值的一半。在97℃加热1h后的黏度保持率是瓜尔胶的2.5倍。而在－20℃下冷冻1h后测试，它的黏度受影响很小。因此罗望子胶具有冷冻融化稳定性。

在温度30～85℃范围内、剪切速率$10s^{-1}$下、水合3h后，测定了温度对2%（*W/V*）罗望子胶溶液表观黏度的影响，结果如图14－83所示。图14－83表明，罗望子胶溶液表观黏度随温度的升高而逐渐升高。在温度30～50℃之间罗望子胶表观黏度增加比较缓慢，当温度升高到50℃后罗望子胶表观黏度急剧上升，温度达到70℃后胶液的表观黏度的升高又趋于平缓。罗望子胶表观黏度随温度的变化与文献报道的常见植物胶（瓜尔胶、皂荚胶）不同，并且变化趋势正好相反。这是由于瓜尔胶、皂荚胶等常见的胶种的主要组成成分是半乳甘露聚糖，在低温下易溶于水。而罗望子胶则是由葡萄糖、半乳糖和木糖组成的聚多糖，这种胶粉在低温下不易溶于水，而是分散在水中。在30℃下罗望子胶水不溶物含量大于55%，所以胶液的黏度很低。随着温度的升高罗望子胶水溶性会增加，胶液的表观黏度也随之升高。

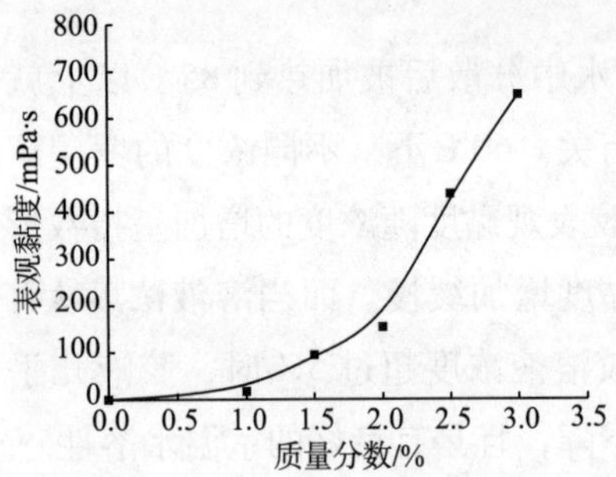

图 14-82　在60℃下罗望子胶液黏度与浓度的关系

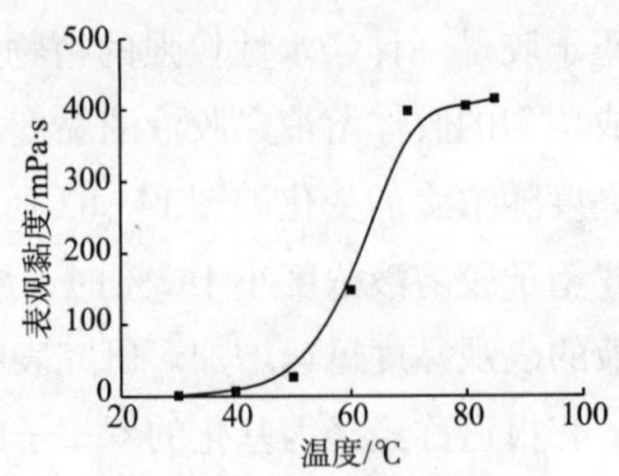

图 14-83　在 $10s^{-1}$ 剪切速率下2%（*W*/*V*）的罗望子胶液黏度与温度的关系

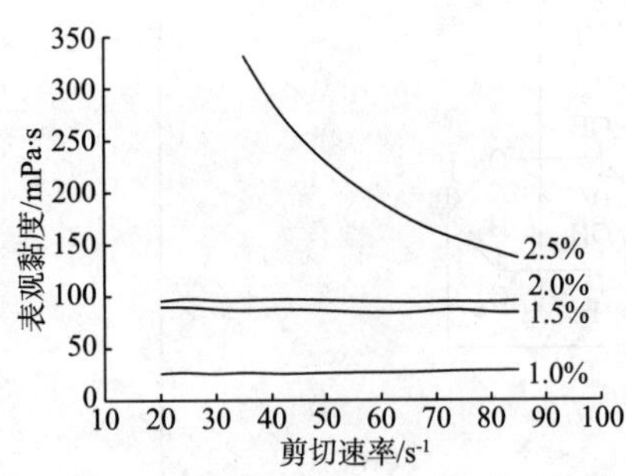

图 14-84　在60℃下2%（*W*/*V*）的罗望子胶液黏度与剪切速率的关系

在60℃温度下，不同浓度的罗望子胶溶液黏度随剪切速率的变化如图14-84所示。从图中可以看出，在胶液浓度低于2%时，剪切速率对罗望子胶溶液的表观黏度基本无影响。这表明罗望子胶溶液在低浓度时表现出牛顿流体的特性。而当罗望子胶溶液的浓度升高到2.5%时，胶液的表观黏度则随着剪切速率的升高而明显的降低，此时罗望子胶溶液显示出非牛顿流体的特性，即胶液具有剪切变稀的假塑性。这是由于罗望子胶分子链具有交错的分子相互作用，在低能量水平下，分子间通过氢键形成额外的桥联，溶液黏度较高。随着剪切速率的提高，高剪切力使分子链发生变性，破坏了分子间的连接，造成胶液表观黏度的下降。

罗望子胶在pH=7~7.5时比较稳定，超过这个范围其黏度则会降低。在无机酸介质中黏度降低得特别显著，但在使用有机酸时，在pH值在2~7范围内溶液黏度受pH值的影响很小。黏度下降的原因是由于其高聚物的解聚，而pH值在7~7.5时由于其分子伸展黏度达到最高。

提纯的罗望子胶溶液的黏度更高，以致很难制备质量浓度大于20g/L的流动性溶胶，其黏度也不受pH值及钠盐、钙盐或铁盐的影响，反而随着盐溶液浓度的增高，其黏度有所增加。如添加蔗糖、*D*-葡萄糖、淀粉糖浆和其他低聚糖都可使其黏度增加，而添加过氧化氢会使其黏度大大降低。罗望子胶水溶液的稠性强，一般不溶于醇、醛、酸等有机溶剂，能与甘油、蔗糖、山梨醇及其他亲水性胶互溶，但遇乙醇会产生凝胶，与四硼酸钠溶液混合则形成半固态，而加热会变成稀凝胶。

罗望子胶溶液干燥后能形成较高强度、较好透明度及弹性的凝胶。罗望子胶凝胶与果胶凝胶形成的模式相同，属于必须有糖存在下才能形成凝胶的氢键结合法，不同的是相同浓度的罗望子胶凝胶与果胶相比，凝胶强度要高得多。罗望子胶凝胶形成时，凝胶强度随煮沸时间的延长而极大地提高，当煮沸时间分别为5min、7min、10min时，凝胶强度分别为420N/m^2、540N/m^2、650N/cm^2。此外，罗望子胶能在很宽的pH值范围内与糖形成凝胶，在中性溶液中煮沸长达2h而凝胶强度几乎不受影响。

罗望子胶与其他的胶体之间，没有像黄原胶与槐豆胶、卡拉胶与槐豆胶那样的相交效果。另外，相互之间也没有相互消除的相交效果。罗望子胶与其他胶体合用后能够体现各自的胶体特性，换言之就是具有相容性的胶体。因此，使用罗望子胶的时候，几乎无须顾虑是否会影响其他的胶体。

罗望子多糖胶的乳化稳定作用是一方面使水的黏度增大，另一方面在油滴粒子的表面形成保护膜，防止油滴聚集。其他多糖同样具有这两方面的能力，而稳定效果则因多糖种类不同而有差别。

（二）罗望子胶提取方法

罗望子种子经去皮后粉碎至粒径为0.18～0.212mm，精确称取一定量的种仁粉，按比例加入水，用柠檬酸调节pH值，加热浸提后静置，使蛋白质沉降，上清液用虹吸管抽出，下层液混悬浆状液离心分离除去沉降物，合并上清液和滤液，得到乳白色浆液，浓缩，用鼓风式热风干燥机在70～80℃下进行热风干燥，得到片状罗望子胶，经粉碎后得到罗望子胶粉。

（三）应用

与其他植物胶相比，罗望子胶具有优良的化学性质和热稳定性。罗望子胶是一种多功能的食品添加剂。也可以用于日用化工、烟草和医药等领域。在油田化学中可以用作压裂液稠化剂、钻井液增黏剂、无固相钻井液完井液的悬浮稳定剂等。

五、皂荚豆胶

皂荚（Gleditsia sinensis Lam.）为豆科苏木亚科的多年生木本植物，落叶乔木，高可达30m，胸径达1.2m；树皮暗灰或灰黑色，粗糙；刺常分枝，基部粗圆。种子多数为长圆形，扁平，长约12～30cm，宽2～4cm，微厚、黑棕色、表面被白色粉霜。在我国河北、山东、山西、江苏、浙江、江西、福建、广东、四川、贵州、云南等地均有分布。木材黄褐色，有光泽，可供制造家具等用材。皂荚根系发达，具有耐旱、节水、耐寒、固氮和抗病虫害等特点，是营造水土保持林和防风固沙林的优良生态树种之一。

皂荚豆胶（Chinese honey locust gum），又名皂荚糖胶、皂角子胶、甘露糖乳酸，是从豆科多年生植物皂荚种子胚乳中分离提取得到的多糖胶，对皂荚豆胶的性能分析结果表明，皂荚豆胶具有与瓜尔豆胶、胡芦巴胶等植物相似的性质，可作为增稠剂、黏合剂、稳定剂等应用于食品、石油、造纸、印染和选矿等多种工业中。因此，皂荚的研究开发具有生态和经济意义[72]。

皂荚果实中种子占 20% ~30%，壳占 70% ~80%，皂荚中含有大量的糖类（总糖 50.61%，聚糖 16.17%），所以可以从皂荚种子中分离出来的皂荚植物胶，并且皂荚种子含胶量高达 30% ~40%，远远高于草本植物的含胶量。

（一）皂荚豆胶的化学结构及其性能

皂荚豆胶主要成分为半乳甘露聚糖。各种植物种子半乳甘露聚糖的构型差别不大，皂荚糖胶为多糖类聚合体，在结构上，以 β-1，4 键相互连接的 *D*-吡喃甘露糖为主链，不均匀的在主链的一些 *D*-吡喃甘露糖的 C6 位上再连接了单个 *D*-*D*-吡喃半乳糖（α-1，6 键）为支链，其半乳糖与甘露糖之比为 1:4。其结构见图 14-85[73]。这种基本呈线形而分枝的结构决定了与那些无分枝，纤维状，水不溶性的甘露聚糖、葡甘露聚糖有明显的不同，它具有中性的非离子性质，在冷水和热水中均能形成胶体溶液，较稀的水溶液仍有较高的黏度。

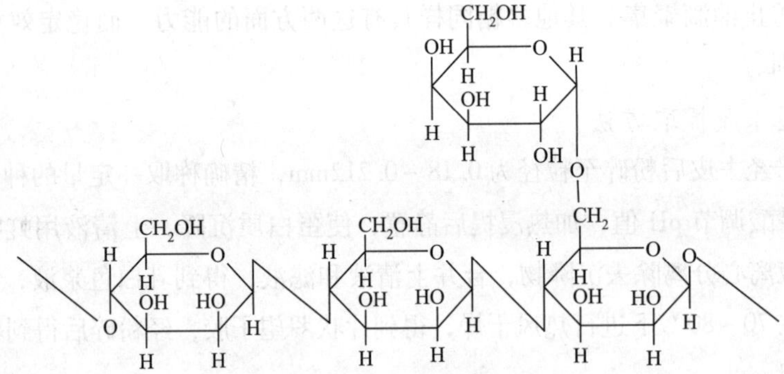

图 14-85　皂荚豆胶化学结构

皂荚豆胶分子结构中含有丰富的羟基，能溶于冷/热水并同时迅速开始水化，最终形成透明状黏稠溶液。但不能溶于乙醇、丙酮等有机溶剂。

皂荚豆胶是天然的胶体之一，1% 的水溶液的黏度大于 1600mPa·s。

皂荚豆胶的溶液呈非牛顿型的假塑性流动特性，即具有剪切稀释作用。随溶液浓度加大，其假塑性程度增加；随相对分子质量降低，假塑性程度也降低。

与许多其他胶体一样，温度上升时，皂荚豆胶溶液黏度下降，其中，小于 60℃加热使冷水溶部分黏度有较大幅度增加，小于 80℃加热使热水溶部分黏度增加。加热时间对于皂荚豆胶的黏度也有影响。短时间加热冷水溶部分的黏度增加（<60min），长时间加热（≤90min）使皂荚豆胶热水溶部分黏度稍有增加。

皂荚豆胶溶液 pH 值为中性，pH 值在 4 ~10 范围内对胶体溶液性状影响不明显。在 pH 值为 6 ~8 时，溶液的黏度可达到最大值。在酸性条件下水化速度很快，在碱性条件下，水化速度很慢。当 pH 值大于 10 后，则不能水化。

由于皂荚豆胶是非离子型高分子，因此具有良好的无机盐类兼容性能，耐一价金属盐类如食盐的能力比较好。高价金属离子的存在可使溶解度下降，钙离子浓度很高时，皂荚豆胶会从溶液中析出，特别是在高 pH 值的条件下。

皂荚豆胶与黄原胶有强烈的协同增效性，其中热水溶部分的协同增效能力远远大于冷水溶部分。冷水溶部分的皂荚豆胶与卡拉胶基本无协同增效作用，而热水溶部分与卡拉胶有较好的协同增效性。

（二）皂荚豆胶的生产工艺

皂荚胶提取的原理是将皂荚去壳以后用水浸泡，使其发生适当的润湿膨胀，在进行打浆、分离即将精选的皂荚豆加水搅拌，使黏性物质经打浆后溶解，得到胶液。得到的胶液通过离心分离或过滤，把微细尘粒除去后，进行混合浓缩，再用喷雾干燥或滚筒干燥设备进行干燥，或用亲水性的有机溶液将黏性物质凝聚沉淀，再将沉淀物质进行适当的粉碎，就可得到粉末状的皂荚豆胶。工艺过程为：皂荚豆→分选→清洗→打浆→脱脂→浓缩→粗磨→精磨→高温热风杀菌、干燥→过筛→成品。

（三）应用

皂荚豆胶因其独特的流变性，而被广泛用作增稠剂、稳定剂、黏合剂、胶凝剂、浮选剂、絮凝剂、分散剂等。主要用于食品工业，在油田化学中可以用作压裂液稠化剂、钻井液增黏剂等。

六、车前子胶

车前子胶（psyllium seed gum）来自悬铃木科 Plantago 属植物大车前（Plantago asiatical.）或乎车前（Plantago depressawhild）的车前草籽，车前草在地中海沿岸及印度等地都有商品化种植，胶质存在于种子是外壳。车前子种皮外表细胞壁极薄，为黏液层，含有 10% ~30% 黏液质，是一种亲水性胶体，具有很强的吸水溶胀能力，在水中形成黏稠的溶液。一般采用机械的方法先将籽粒的外壳与种子分开，磨碎后用温水萃取、干燥即可得精制胶。国外将其广泛用于食品、医药和石油钻井工业中。国内仅限于医药方面的应用。

车前子胶为酸性多糖黏液质，多糖主要成分为吡喃木糖，由呋喃阿拉伯糖、吡喃鼠李糖、吡喃半乳糖醛酸及葡萄糖醛酸等其他单糖环绕主线木糖而成。不同品种，其多糖成分略有不同。为淡黄褐色粉末，略有特殊气味。水溶液为高黏度，可成丝性透明溶液，当将水溶液加热至 90℃时，形成有黏弹性的凝胶。持水能力较弱，易干燥。遇水后先膨润，再逐步水化，如水化时间或速度不够，易成粒状。

研究表明[74]，车前子胶溶液为非牛顿流体，具有假塑性，其表观黏度随质量分数的增加逐渐增加。如图 14-86 所示，车前子胶溶液的黏度随着质量分数的增加而增加。当溶液的质量分数低于 0.8% 时，其黏度基本上不随剪切速率的变化而变化，呈现出牛顿流体的流动特性；当溶液的质量分数高于 0.8% 时，其黏度随着剪切速率的增加逐渐降低，表现出剪切变稀的假塑性。体系温度升高可导致溶液黏度降低（图 14-87）。

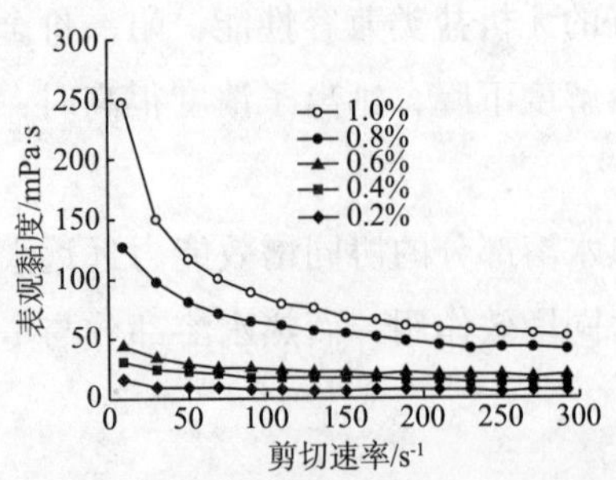

图14-86　剪切速率对不同质量分数胶液黏度的影响

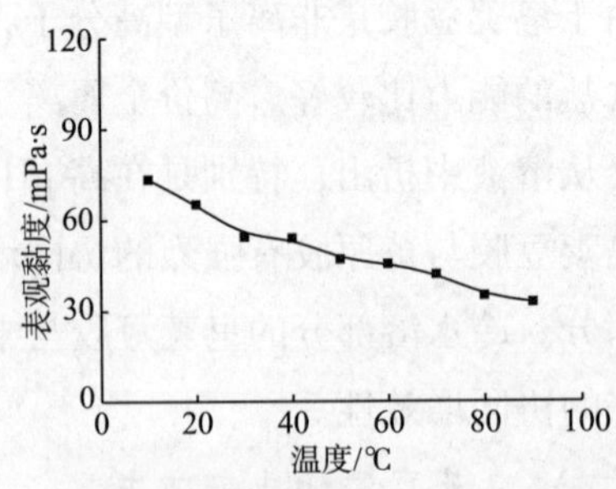

图14-87　温度对质量分数为1%的胶液黏度的影响

pH值对车前子胶溶液的黏度影响很大，溶液黏度随着pH值的升高逐渐降低。如图14-88所示，在酸性条件下，随着pH值的升高，黏度逐渐升高，pH值为3时溶液出现部分凝胶现象，黏度达到最大；当pH>5时，随着pH值升高，其表观黏度降低，但降低的幅度很小，可认为车前子胶在pH=5~11时较稳定。这些现象显然与车前子胶的分子结构相关。车前子胶为一种阴离子多糖，其本身的pH值在6左右，在低pH值条件下，分子中的糖醛酸基团电离受到抑制，分子间的氢键结含增强，分子团体积增大，从而导致溶液黏度升高。高pH值条件下，碱的加入并没有导致车前子胶分子发生明显的解聚，因而溶液黏度变化不大。

添加NaCl和$CaCl_2$对车前子胶溶液黏度的影响并不相同。如图14-89所示，添加NaCl溶液对车前子胶溶液的黏度影响甚微，表明车前子胶对NaCl具有良好的兼容性。$CaCl_2$对车前子胶溶液有显著的增稠效应，其增稠效率与离子浓度呈正相关。但当$CaCl_2$浓度大于1mg/mL时，车前子胶不能形成均一溶胶体系。这可能是当有Ca^{2+}离子存在时，由于价键的键桥作用，分子间发生交联，形成不可逆的凝胶交联体，从而使黏度增加。

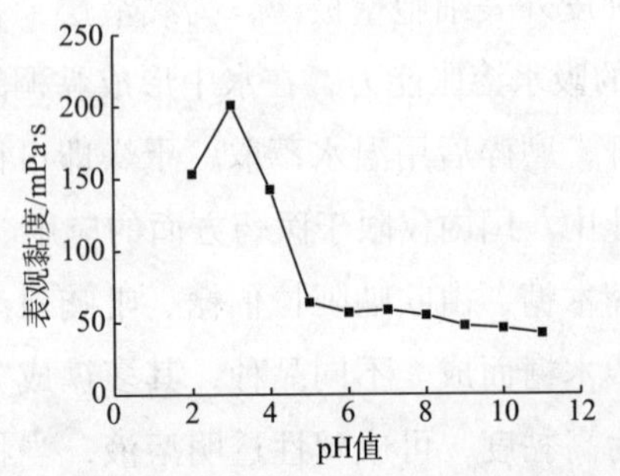

图14-88　pH值对质量分数为1%的胶液黏度的影响

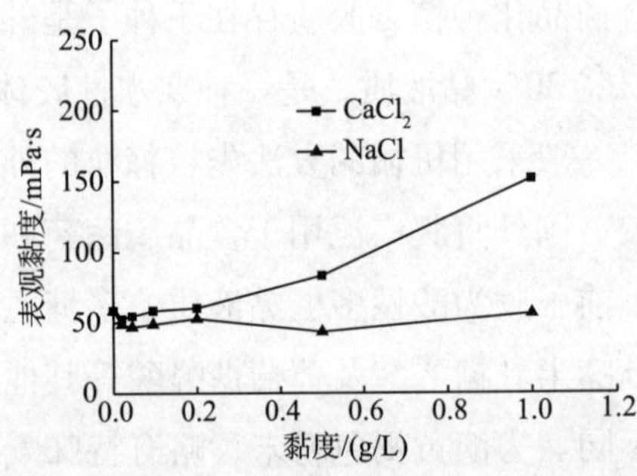

图14-89　盐浓度对质量分数为1%的胶液黏度的影响

车前子胶一般采用机械方法，先将籽粒的外壳与种子分开，磨碎后用温水萃取、干燥即可得到精制胶。也可以采用如下方法制备。

称取已干燥的车前子，加8倍80%的乙醇浸泡1d过滤，挥干乙醇，滤渣置于50℃烘箱中干燥，加10倍蒸馏水，沸水浴回流提取3h，离心分离（4800r/min、10min），过滤，滤渣重复提取一次，合并滤液，真空浓缩，加95%的乙醇使醇浓度达到80%，搅拌均匀，冷藏过夜。次日离心分离，回收上清液，沉淀依次用无水乙醇、丙酮、乙醚洗涤两次，冷冻干燥，得车前子胶。此法得到胶的纯度更高。

七、刨花楠植物胶

刨花楠（Machilus pauhoi Kanehira）系樟科润楠属乔木，刨花楠也叫楠木、刨花树、竹叶楠，是分布于长江流域的一种常绿大乔木，通常高10～15m左右。生长于山坡灌木丛或山谷阔叶混交林中，在湖南南部多生于海拔500～1200m，耐阴，深根性，喜温暖气候和湿润肥沃土壤，常与青冈、木荷、薄叶润楠等混生，长速中等。分布于江西、福建、湖南、浙江、广东和广西等地。其中江西亚热带品种为佳，黏性和含油量极高。木材、树皮均含胶质，木材刨片浸水有黏液，呈淡黄色，无特殊气味，是一种天然植物胶[75]。刨花楠木材主要化学成分见表14-21。

表14-21　刨花楠木材主要化学成分

成分	质量分数/%	成分	质量分数/%	成分	质量分数/%
水分	8.80	热水抽提物	7.39	多戊糖	27.97
灰分	0.75	NaOH 抽提物	20.75	木质素	19.17
冷水抽提物	5.58	苯醇抽提物	2.24	纤维素（硝酸乙醇法）	44.52

（一）性能

刨花楠植物胶是由樟科植物刨花楠经加工和改性后的产品，主要成分有聚戊糖、木质素、纤维素等。其中的主要成分——聚戊糖是天然高分子化合物，由于高分子链上含有多个羟基，有较强的吸附能力，容易吸附在固体或岩石表面形成高分子溶剂化水膜。聚戊糖在水中能形成胶体，具有高增黏效果。

如图14-90所示，刨花楠植物胶黏度随着刨花楠植物胶质量分数的增加逐渐增大。在一定的温度范围内，温度对黏度的影响较小，如图14-91所示，随着温度的升高，刨花楠植物胶的黏度会随之下降，但降低幅度较小。表明其具有较好的热稳定性。

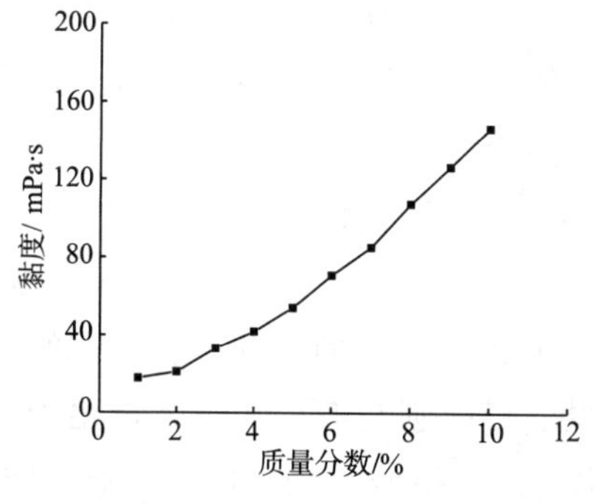

图14-90　刨花楠植物胶质量分数对黏度的影响

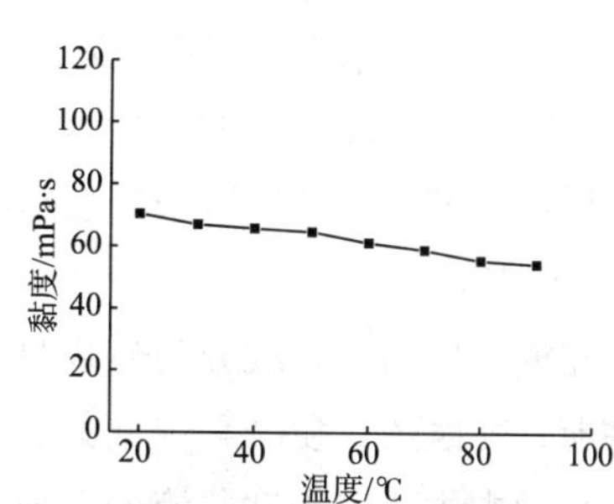

图14-91　温度对5%刨花楠植物胶黏度的影响

用不同矿化度的水配制成质量分数5%的刨花楠植物胶，如图14-92所示，随着矿化度的增加刨花楠植物胶的黏度虽然呈现逐渐降低的趋势，但仍然保持较高的黏度，表现出一定抗盐能力。

如图 14-93 所示，在 30℃下，测得 5% 的刨花楠植物胶黏度随着时间的延长会有所下降，但下降趋势较平稳，表现出较好的稳定性。

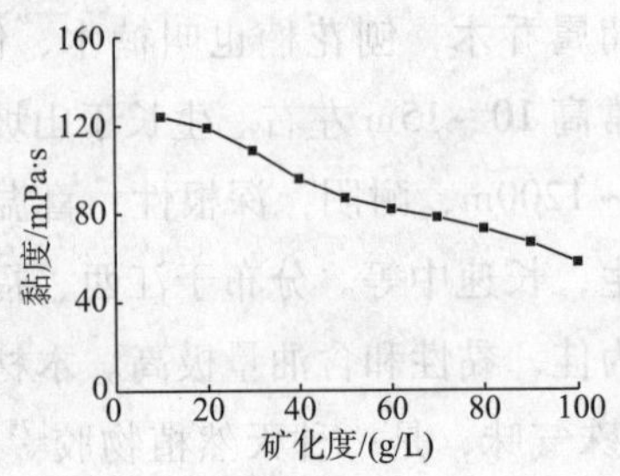

图 14-92 矿化度对 5% 的刨花楠植物胶黏度的影响

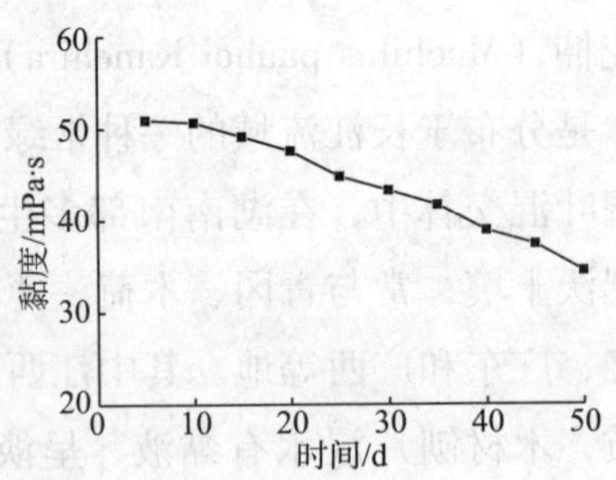

图 14-93 30℃下时间对 5% 的刨花楠植物胶黏度的影响

另外，刨花楠植物胶中的水不溶物具有较好的吸水性、油溶性，在地层条件下能形成水包油乳状液体。能与硼离子交联成立体网状结构的高黏弹性的冻胶，因此，刨花楠植物胶在地质钻探和石油开采中，可以作为堵漏剂、堵水剂、调剖剂、降滤失剂和压裂液凝胶材料等。

（二）刨花楠植物胶的生产工艺

民间通常用水浸泡制成“刨花水”，可用于润发；可加工成香粉，用来制作塔香、蚊香、祭香等熏香原料，也可作为黏合剂与其他原料混合用做涂料，或作为钻井液处理剂和选矿剂使用。

刨花楠植物胶的加工工艺流程为：采伐木材→刨片→选料除杂→低温干燥→常温控制细粉碎→过孔径为 0.15 ~0.18mm 的筛清除粗纤维→植物原胶→助剂配伍→刨花楠植物胶产品。

为了保证刨花楠植物胶的质量，生产中需要注意：①刨花楠植物多糖主要形成期在秋季，因此采伐期最好在秋冬季节；②由于多糖物质在高温下会降解，因此，原料最好在低温条件下烘干，一般控制在 60℃以下；③控制产品的粒径大小。粒径过细，容易集结成团；粒径过粗，使用时溶胀时间会延长，因此粒径一般控制在 0.15 ~0.18mm；④贮存时要维持良好的通风条件，以防止霉变；由于刨花楠植物胶属天然材料，内含的高分子物质随着时间的延长可缓慢分解，因此，产品保存期一般不超过 6 个月；⑤用于钻井液处理剂，根据矿化度等不同地质条件选择不同配方，确保产品适应性和质量。

（三）应用

刨花楠胶质的主要成分为聚戊糖，其含有阿拉伯糖、木糖、葡萄糖，有极高的医疗、保健功能，在医药、食品等领域具有广阔的应用前景。目前刨花楠植物胶大量用于制香，在油田化学中主要用于钻井液处理剂，由于其来源丰富，价格低，绿色环保，刨花楠植物胶或改性后可以用作优良的钻井液处理剂，在石油、探矿等钻井工程中有广阔应用前景。作为钻井液处理剂，具有如下特点。

1. 良好的增黏能力

增黏性能是刨花楠植物胶的主要特点。刨花楠植物胶中的聚戊糖及可溶性纤维素等高分子在通常干燥状态下，分子链呈卷曲状态。当刨花楠植物胶遇到水后，这些分子链上的羟基与水分子迅速发生氢键吸附，发生由溶胀到溶解的过程，增加了分子间的接触和内摩擦力，呈现出较强的黏性。由于刨花楠植物胶遇水后产生较强的黏性，在钻井过程中用它作为颗粒堵漏剂的悬浮液和携带液，使井壁稳定不易坍塌。

2. 较强的防漏和降滤失作用

刨花楠植物胶中含有的聚戊糖类和水溶性纤维素高分子上的吸附基团能吸附在泥页岩表面，并渗透到微裂隙中去。在水溶条件下这些高分子物质还可通过支链相互桥接，使刨花楠植物胶在井壁上形成具有一定强度、渗透性较低的溶胶体，能阻止自由水继续向地层渗漏。同时，刨花楠植物胶中的纤维成分与地层有较好的配伍性，能起到堵塞渗漏通道的作用，从而在钻井中可以起到防塌、堵漏和降滤失的作用。

3. 良好的润滑能力

刨花楠植物胶中含有亚油酸和油酸等脂肪酸及精油成分，是性能优良的天然润滑剂。能在钻头上形成一层高分子的润滑薄膜，并附着在岩石表面及缝隙中，在钻井过程中使钻头与岩石之间的摩擦系数大大降低，减少钻头的磨损。

直接将滇润楠、润楠、刨花楠等植物叶制成的粉末，即香叶粉，可以用作钻井液处理剂。早期在岩心钻探、石油钻井中广泛采用香叶粉作为钻井液处理剂，由于抗温能力差，限制了其应用。

以刨花楠植物胶粉作为制备絮凝剂和多功能水处理剂的原料，通过化学改性赋予优异的应用性能。如称取3g刨花楠粉于反应器中，再加入20mL异丙醇，将0.3g NaOH溶解于2mL水中，再移入反应器中，碱化30min，之后加入一定量的氯乙酸溶液和NaOH水溶液。设置微波功率500W，微波辐照时间50min。反应结束后，加入40mL的80%（体积分数）的乙醇洗涤2次，以除去NaCl及剩余的NaOH、氯乙酸钠和副产物等杂质，并用稀盐酸中和至pH值到7~7.5，最后用少量的95%（体积分数）的乙醇洗涤，经抽滤后在80℃进行真空干燥3h，即得到羧甲基刨花楠粉。产物的阴离子度为3.523mmol/g。实验中还发现碱化和醚化阶段均采用微波辐射有利于提高产物取代度，此时阴离子度可以达到3.817mmoL/g。羧甲基化楠植物胶粉在处理油田废水中，具有良好的絮凝净水和抑制管道设备点蚀的效果[76]。

八、榆树皮粉植物胶

榆树为落叶乔木，广泛分布于我国东北、西北、华北以及长江中下游等广大地区。而榆树皮富含各种有机物质，如多糖类、胶质、木质素等。其中纤维素46.5%、半纤维素16%、淀粉29%、总糖8.5%。

榆树皮粉植物胶是一种野生植物加工品，它主要由聚戊糖、木质素、纤维素等组成。其中的主要成分——聚戊糖是天然高分子化合物，其特点是高分子链上含有多个羟基，吸附能力很强，容易吸附在固体或岩石表面形成高分子溶剂化水膜。聚戊糖在水中能形成胶体，具有高增黏能力。另外榆树皮粉植物胶中的水不溶物具有较好的油溶性、吸水性，在地层条件下能形成水包油乳状液。榆树皮粉植物胶以上的性能使其具有良好的堵水调剖作用。利用榆树皮粉还可以制备改性产物，如在乙醇－水体系中以榆树皮胶粉、氯乙酸、丙烯酰胺为原料合成改性天然高分子絮凝剂，当 m（榆树皮胶粉）：m（氢氧化钠）：m（氯乙酸）：m（丙烯酰胺）=5∶1∶1.2∶3 时，产品具有最佳的絮凝效果和最高黏度。其合成过程为：称取 50g 榆树皮胶粉置于反应器中，加入 30mL 95% 的乙醇润湿分散，再加入一定量质量分数为 15% 的氢氧化钠溶液，在 70℃下慢速搅拌碱化 3h，然后加入氯乙酸，在一定温度下反应 0.5h 后，加入一定量的丙烯酰胺单体，之后加入丙烯酰胺单体质量的 0.1% 的硝酸铈铵（引发剂），于 75℃反应 5h，得到黏稠棕色液体，即为改性榆树皮胶粉接枝共聚物[77]。改性产物可以用于钻井液絮凝剂、增黏剂和水处理絮凝剂等。

如图 14－94 ~ 图 14－96 所示，随着榆树皮粉植物胶的浓度增加，溶液黏度也在逐渐增大；榆树皮粉植物胶的黏度受温度影响显著；随时间的延长，榆树皮粉植物胶的黏度略有下降，下降趋势较为平缓[78]。

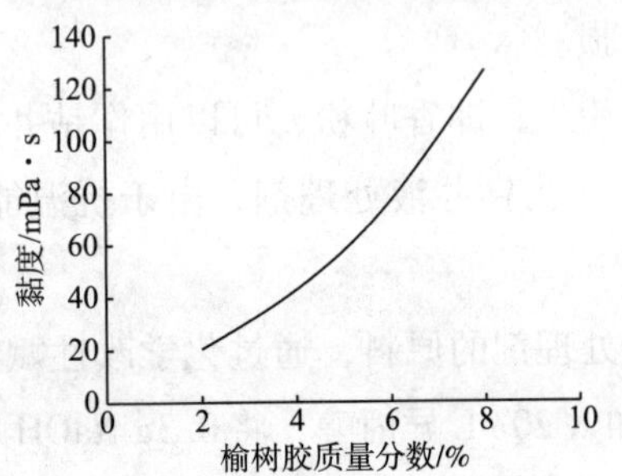

图 14－94　30℃下溶液质量分数对黏度的影响

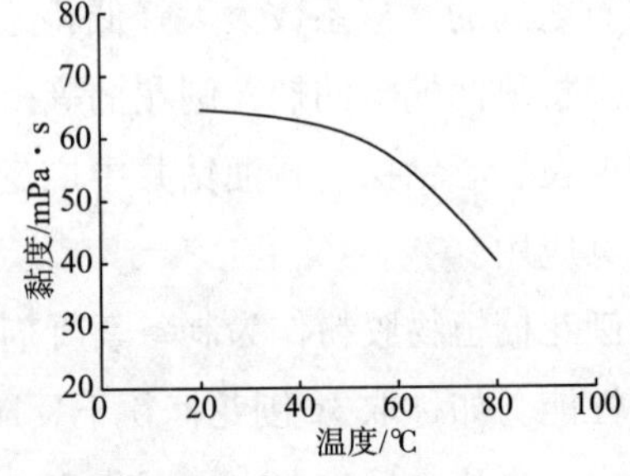

图 14－95　温度对 5% 的溶液黏度的影响

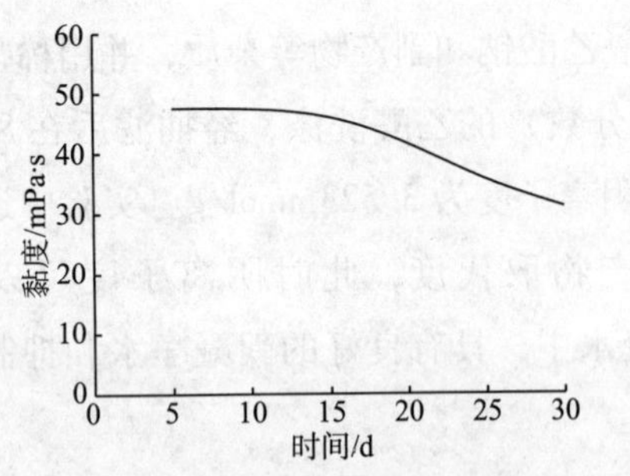

图 14－96　30℃下放置时间对 5% 的溶液黏度的影响

榆树皮植物胶的加工流程为：采收→选料（清除杂质）→晒干或烘干→细粉碎（清除粗纤维）→过孔径为 0.154mm ~ 0.180mm 的筛→成品。

实验证明，植物胶的质量受采收季节、干燥方式和破碎方式等因素的影响，因此生产中需要注意以下方面。

（1）榆树皮野生植物具有采收季节强的特点，为保证产品质量，采收期最好在秋季。过早则有效成分低，含水量较高；过迟则有效组成分解和转移到其他器官。

（2）原料需晒干或烘干，烘干时温度不宜过高，一般控制在 50 ~ 60℃。保存时要维持良好的通风条件，以防止霉变。

（3）产品的质量与加工机械效率、时间长短和粉粒大小有密切关系。粉粒过细，则易成团；粉粒过粗，则会延长溶胀时间，因此粒径一般控制为 0.154 ~ 0.180mm。

九、刺梧桐胶

刺梧桐胶（Karaya gum，sterculia gum）也称苹婆树胶、卡那亚胶，主要来源于梧桐科苹婆属高大的刺苹婆树。非洲的苏丹、塞内加尔、印度山区、巴基斯坦是商品刺梧桐胶的主要产区，在我国云南地区也有大量采胶树种分布。刺梧桐胶通过划破树干，人工切树皮，采集胶状分泌物，经过干燥、粉碎从而得到粉末状胶[79]。

刺梧桐胶是略带有酸味的天然大分子多糖，其结构中部分乙酰化，具有较弱酸性，多支链结构，由43%的 D – 半乳糖醛酸、14%的 D – 半乳糖和15%的 L – 鼠李糖及少量葡萄糖醛酸组成，相对分子质量高达 900×10^4 以上。商品刺梧桐胶实际是不同树种的混合物，由不同的树种采集的刺梧桐胶其结构有所不同。通过对刺苹婆、绒毛苹婆和刚毛苹婆树干上采集的胶的成分分析，可以了解到它们的差异和相似性。

刺梧桐胶为淡黄至淡红褐色粉末或片状。刺梧桐胶在水中不能溶解成真溶液，而是极大地吸水膨胀成凝胶，可增至原体积的60～100倍。刺梧桐胶真正溶解在水中成真溶液的质量分数很低，在冷水、热水中质量分数分别为0.02%、0.06%。这是由刺梧桐胶结构上带有众多的乙酰基团所致。在 pH = 6～8 时水中溶解度最大，溶液黏度也随 pH 值变化而改变。一般而言，待胶溶液充分水化后再调节其 pH 值要比直接酸化对于黏度的影响小得多。刺梧桐胶溶液在酸性条件下呈淡色。而在碱性条件下则色泽加深。温度及电解质的存在均影响溶液的黏度，浓度在2%～3%时，成为糊状物，更高时成为柔软的凝胶结构。

刺梧桐胶粉的黏度会随贮存时间的延长而有所损失，贮存环境的湿度、温度的提高也会使黏度下降，添加电解质会明显导致刺梧桐胶溶液黏度的降低。

刺梧桐胶流变学特性介于黄蓍胶和阿拉伯胶之间，在质量分数0.5%以下时，质量分数与黏度的关系仍呈正比，高于0.5%时溶液即呈非牛顿型流体，即成为假塑性流体。一般加热不会引起胶性质的改变，但长时间的高温加热会使胶体分子降解，导致乳化性能下降和不可逆转的黏度下降，这一点在刺梧桐胶上表现得比较突出。

主要指标：干燥失重≤18%，pH 值（1%的水溶液，25℃）为4～5，黏度（1%的水溶液，25℃）为1000～1800mPa · s，总灰分≤7%，挥发性酸≥10%，重金属 $<40\times10^{-6}$。

刺梧桐胶主要用于制药工业，在食品工业用于增稠剂、稳定剂、乳化剂、保湿剂，在其他工业上用作黏着剂及悬浮剂、稳定剂、成胶剂等。在酸化作业中，刺梧桐胶质作为固相降滤失剂，用于控制酸液的滤失量。在酸中膨胀并形成鼓起的小颗粒，在裂缝壁面形成桥塞，阻止酸蚀孔道的发展，降低滤失面积。也可以用于钻井液增黏剂、封堵剂和无固相钻井液悬浮稳定剂，采油堵水调剖剂等。

参考文献

[1] 李凤霞，崔茂荣，王郑库，等. 提高天然植物胶钻井液完井液体系抗温能力的途径［J］. 钻采工艺，2010，33（5）：102－103，107.

[2] 王中华，何焕杰，杨小华．油田化学品实用手册［M］．北京：中国石化出版社，2004.
[3] 王中华．钻井液及处理剂新论［M］．北京：中国石化出版社，2016.
[4] 李坚斌，陈小云，梁慧洋，等．魔芋胶的性质研究［J］．食品科学，2009，30（19）：93－95.
[5] 李阳，黎成卓，杜长虹，等．魔芋胶压裂液研究及应用［J］．钻采工艺，2002，25（3）：96－97.
[6] 罗学刚．速溶魔芋胶的制造工艺：CN1075974［P］，1993－09－08.
[7] 艾咏平，艾咏雪．一种魔芋胶生产工艺：CN，1333318［P］，2002－01－30.
[8] 汪超，汪兰，李斌，等．魔芋葡甘聚糖羧甲基化改性方法研究［J］．食品研究与开发，2006，27（7）：4－6.
[9] 夏玉红，律冉，钟耕，等．微波法制备羧甲基魔芋葡甘聚糖的工艺及产物性能研究［J］．食品科学，2010，31（14）：47－52.
[10] 王丽霞，庞杰，陆蒸．魔芋葡甘聚糖醚化研究［J］．江西农业大学学报，2003，25（4）：632－634.
[11] 田志高．魔芋葡甘聚糖改性胶的研究［J］．黏接，2003，24（6）：33－35.
[12] 武汉理工大学．水溶性羟丙基羧甲基魔芋增稠剂的制备方法：CN，1200033［P］．2005－05－04.
[13] 牛春梅，吴文辉，王著，等．阳离子魔芋葡甘聚糖的制备与表征［J］．精细化工，2006，23（2）：188－191.
[14] 卢敏晖，姜翠玉，虞建业，等．魔芋葡甘露聚糖与 AMPSNa 的接枝共聚物及其性能［J］石油化工，2015，44（4）：489－493.
[15] 田大听，胡卫兵．用过硫酸钾/硫脲引发魔芋粉－丙烯酰胺接枝共聚制备增稠剂［J］．精细与专用化学品，2003，11（17）：16－18.
[16] 张克举，王乐明，李小红，等．不同引发体系对魔芋粉与丙烯酸接枝共聚反应的影响研究［J］．湖北大学学报（自然科学版），2007，29（3）：269－272，279.
[17] 王松，张凡．改性高分子魔芋粉堵漏剂在石油开发中的应用［J］．精细石油化工进展，2002，3（5）：15－17，14.
[18] 孟祖超，陈辉，陈刚．聚丙烯酰胺/魔芋胶压裂液的研制［J］．安徽农业科学，2010，38（15）：8200－8201，8239.
[19] 蔡为荣，徐苗之，史成颖．食品增稠剂瓜尔豆胶性质及复配性的研究［J］．四川食品与发酵，2002，38（1）：39－42.
[20] 董杏昕，卢亚平，廖波兰．胶粉生产用旋振筛的关键技术研究［J］．矿冶，2016，25（2）：62－66.
[21] 刘海亮．一种瓜尔胶醚化工艺：中国专利，02115995．5［P］，2005－08－10.
[22] 熊蓉春，陈建明，周楠，等．相转移催化法合成羟丙基瓜尔胶［J］．北京化工大学学报，2005，32（1）：43－50.
[23] 秦丽娟，陈夫山，王高升．阳离子瓜尔胶半干法合成及其在造纸湿部的应用［J］．中国造纸，2005，24（2）：11－13.
[24] 赵霞，冯辉霞，王玉晓，等．羧甲基瓜尔胶絮凝剂的合成及其絮凝性能研究［J］．工业用水与废水，2009，40（1）：64－68.
[25] 邹时英．羟丙基瓜尔胶的制备及表征［D］．四川成都：四川大学，2003.

[26] 王承学，黄桂华，石文彪. 羟丙基瓜尔胶合成条件对其性能的影响 [J]. 精细石油化工，2007，24 (4)：45 - 48.

[27] 邹时英，王克，殷勤俭，等. 羟丙基瓜尔胶的制备及表征 [J]. 化学研究与应用，2004，16 (1)：73 - 75.

[28] 顾宏新，陈雁南，王亚玲，等. 羧甲基羟丙基瓜尔胶的流变特性 [J]. 化学研究与应用，2008，20 (2)：198 - 200.

[29] 罗彤彤，卢亚平，潘英民. 羧甲基羟丙基瓜尔胶合成工艺的研究 [J]. 化工时刊，2007，21 (2)：26 - 27，36.

[30] 鲁桂林，姜楠. 羧甲基羟丙基瓜尔胶合成新工艺及性能 [J]. 辽宁化工，2012，41 (1)：9 - 12，17.

[31] 赵晓峰，姚评佳，魏远安. 瓜尔胶辐照法接枝甲基丙烯酸共聚物的制备及应用 [J]. 化工技术与开发，2008，37 (9)：1 - 4.

[32] 万小芳，汪晓军. 羧甲基瓜尔胶与 DMC - AM 二元单体的接枝共聚合 [J]. 华南理工大学学报：自然科学版，2008，36 (3)：69 - 72.

[33] 李秀瑜，吴文辉. 瓜尔胶及其衍生物在药物控制释放领域的研究进展. 现代化工，2007，27 (1)：23 - 26，28.

[34] 江小玲，马进. 超低渗透钻井液降滤失剂 FLG 的合成研究 [J]. 重庆科技学院学报（自然科学版）2006，8 (2)：4 - 6.

[35] 罗彤彤. 植物胶在油田中的应用 [J]. 精细与专用化学品，2009，17 (24)：18 - 20.

[36] 王伟义，孙扣忠. 田菁胶的理化性能 [J]. 中国胶黏剂，2001，10 (5)：35 - 37.

[37] 孙义坤，张静，严小莲，等. 田菁胶的应用研究 [J]. 华东纸业，2001，32 (3)：33 - 37.

[38] 吴义千. 高黏度田菁胶的制备及其性质研究 [J]. 矿冶，1992 (1)：93 - 97.

[39] 孟玉蓉. 一种高纯度田菁胶的制备方法：中国专利，CN，104926950A [P]. 2015 - 09 - 23.

[40] 何绪文，夏畅斌. 新型助滤剂羧甲基钠盐田菁胶合成与应用研究 [J]. 湖南科技大学学报（自然科学版），1995，10 (4)：37 - 42.

[41] 杜华善. 田菁胶羧甲基化反应过程中系统水含量对终产物黏度的影响 [J]. 煤矿爆破，2001 (1)：1 - 3.

[42] 王著，刘海林，赵根锁，等. 羟丙基田菁胶水溶液性质研究 [J]. 油田化学，1992 (3)：215 - 219.

[43] 罗彤彤，卢亚平，潘英民. 羟丙基田菁胶一步水媒法合成工艺研究 [J]. 杭州化工，2008，38 (2)：21 - 22.

[44] 王著，朱灵峰，张国宝，等. 改性羧甲基羟丙基田菁胶热裂解动力学研究 [J]. 物理化学学报，1996，12 (7)：598 - 603.

[45] 李东虎，曹光群，董伟. 阳离子田菁胶的合成及性能研究 [J]. 日用化学工业，2014，44 (7)：390 - 393，409.

[46] 崔元臣，王新海，李德亮，等. 季铵型阳离子田菁胶的制备及絮凝作用 [J]. 应用化学，2004，21 (7)：717 - 721.

[47] 潘英民，单齐梅. 田菁胶在无粘土钻井液完井液中的开发与利用 [J]. 北京矿冶研究总院学报，

1993，2（2）：64－68.

[48] 罗彤彤，单齐梅，卢亚平，等．香豆胶加工工艺研究［J］．矿冶，2003，12（1）：82－84，51.

[49] 徐又新，史劲松，孙达峰，等．胡芦巴多糖胶开发现状及发展对策［J］．中国野生植物资源，2008，27（6）：19－22.

[50] 王著，牛春梅，吴文辉．香豆胶衍生物的化学结构及稳定性研究［J］．油田化学，2006，23（2）：124－127.

[51] 赵以文．香豆胶性质的研究［J］．油田化学，1992，9（2）：129－133.

[52] 敬翔，李海英，徐昆，等．水介质中羧甲基化香豆胶的制备与表征［J］．石油化工，2014，43（9）：1048－1052.

[53] 张洁，高飞，胡琦．香豆胶羧甲基化条件研究［J］．西南石油大学学报：自然科学版，2008，30（2）：119－122.

[54] 史学峰，吴文辉，王建全，等．羧甲基香豆胶的制备与表征［J］．精细化工，2007，24（11）：1119－1123.

[55] 方波，宋道云，陈勇，等．新型酸性黏多糖——磺化羧甲基香豆胶的研制［J］．化工科技，2000，8（6）：10－12.

[56] 王著，牛春梅，吴文辉，等．阳离子香豆胶的合成及结构表征［J］．精细化工，2006，23（12）：1245－1248.

[57] 刘瑛，牛春梅，王著，等．羟丙基香豆胶的合成及结构表征［J］．河南大学学报（自然科学版），2007，37（4）：361－364，402.

[58] 赵以文．香豆胶在钻井液中的应用［J］．油田化学，2000，17（2）：110－113.

[59] 刘玉婷，管保山，梁利，等．低浓度香豆胶压裂液室内研究［J］．科学技术与工程，2015，15（3）：75－78.

[60] 胡国华．功能性食品胶［M］．北京：化学工业出版社，2004.

[61] 单齐梅，唐燕祥，罗彤彤．胡麻胶性能研究［J］．矿冶，2000，9（3）：87－90.

[62] 申玉军，杨宏志．亚麻胶浸提工艺研究［J］．黑龙江八一农垦大学学报，2010，22（2）：65－68.

[63] 张泽生，张兰，徐慧，等．亚麻粕中亚麻胶提取与纯化［J］．食品研究与开发，2010，31（9）：234－237.

[64] 杨金娥，黄庆德，黄凤洪，等．打磨法提取亚麻籽胶粉的工艺［J］．农业工程学报，2013（13）：270－276.

[65] 白丽娟．改性亚麻籽胶在钻井液中的应用研究［D］．北京：中国石油大学（北京），2007.

[66] 杨永利，郭守军，张继，等．槐豆胶热水溶和冷水溶部分流变性的比较研究［J］．西北师范大学学报（自然科学版），2001，37（4）：82－85.

[67] 尹胜利，陈艳燕，孙瑾，等．新型食品添加剂增稠剂—刺云实胶的特性及其在食品中的应用［J］．中国食品添加剂．2007（4）：108－109，89.

[68] 李凤霞，蒋官澄，王郑库，等．天然他拉胶植物胶钻井完井液配方研究［J］．断块油气田，2011，18（6）：790－793.

[69] 王元兰，李忠海．罗望子胶结构、性能、生产及其在食品工业中的应用［J］．经济林研究，2006，24（3）：71－74.

[70] 王元兰，李忠海. 罗望子胶及其在食品工业中的应用［J］. 食品研究与开发，2006，27（9）：179-182.

[71] 韩明会，于海龙，朱莉伟，等. 罗望子胶的流变学性质及凝胶特性研究［J］. 中国野生植物资源，2015，34（3）：7-11.

[72] 邵金良，袁唯. 皂荚豆胶的性能及其应用前景探讨［J］. 中国食品添加剂，2005（2）：45-47.

[73] 蒋建新，朱莉伟，徐嘉生. 野皂荚豆胶的研究［J］. 林产化学与工业，2000，20（4）：59-62.

[74] 周超，杨美艳，谢明勇，等. 车前子胶的流变特性研究［J］. 食品科学，2007，28（10）：130-133.

[75] 何洪城，邓腊云，曾介凡. 刨花楠植物胶性能的初步研究［J］. 生物质化学工程，2012，46（6）：17-20.

[76] 林胜任，李友明，万小芳，等. 微波辐射法刨花楠粉 F691 的羧甲基化研究［J］. 林产化学与工业，2009，29（5）：119-121.

[77] 潘碌亭. 榆树皮胶粉制备改性天然高分子絮凝剂［J］. 工业水处理，2013，33（3）：17-20.

[78] 石云，于华庆. 榆树皮粉植物胶的室内研究［J］. 科技传播，2011（3）：130-131.

[79] 耿雪，李燕，王红月，等. 刺梧桐胶应用为缓控释药物载体的研究进展［J］. 黑龙江医药，2015，28（6）：1199-1201.

第十五章　生物聚合物

生物聚合物是一种增黏能力强，抗盐，特别是抗高价金属离子能力强的增黏剂、稠化剂和悬浮稳定剂等，但由于其热稳定性限制，一般只能用于120℃以内。相对于其他类型的聚合物，在石油工业中大量应用的生物聚合物品种较少，主要有黄原胶和硬葡聚糖等，目前应用较多的主要为黄原胶[1,2]。

本章重点介绍黄原胶、硬葡聚糖、三赞胶、韦兰胶和结冷胶等生物聚合物的性能、制备过程和应用。

第一节　黄原胶

黄原胶，又名黄胞胶、汉生胶、黄单胞多糖等，代号XG或XC，是一种由假黄单孢菌属（Xanthononas Campertris）发酵产生的单孢多糖，结构见图15-1，相对分子质量可高达500×10^4，是一种水溶性的生物聚合物，水溶液呈透明胶状。具有控制液体流变性质的能力，在热水和冷水中均可溶解，并形成高黏度溶液，具有高度的假塑性、乳化稳定性、颗粒悬浮性、耐酸性、耐温、抗盐、抗钙，与多种物质在同一溶液中有良好的兼容性[3]。

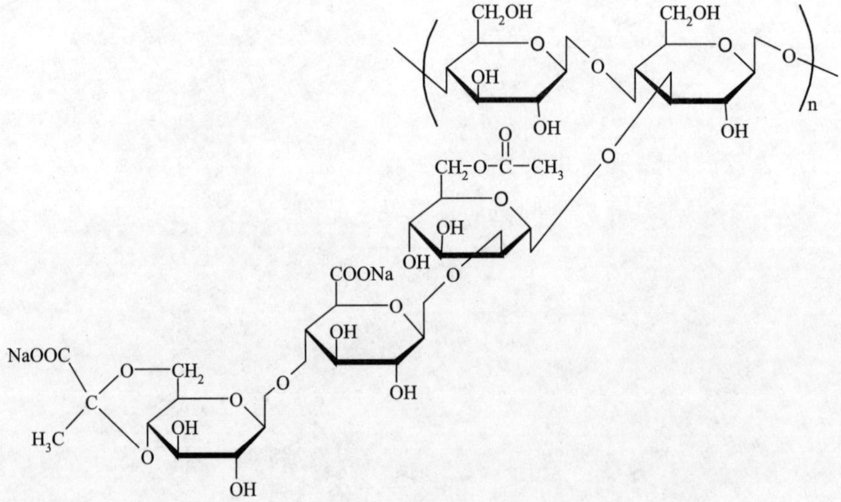

图15-1　黄原胶的结构

一、黄原胶的性能

黄原胶是一种生物高分子，聚合物骨架是1，4 - β - 葡萄糖，每隔一个葡萄糖单元的3位置上有一根三糖支链，这个支链上有一个葡萄糖酸和两个甘露糖基团，其中的羧基给此类胶体分子提供了阴离子基团。分子链具有一个、两个或三个螺旋状物而与其他聚合物分子形成紧密的二类复合物键网络，这些弱键聚合物在剪切力作用下层被破坏，使黄原胶具有良好的假塑性（即剪切稀释性能）。在溶液中，随着黄原胶浓度的增大，其分子间作用及胶联程度增加，从而使黏度增加，但不完全成比例，见图15-2[4]。图15-2表明黄原胶水溶胶液在较低浓度时即表现出有较高的黏度和良好的流变性。研究表明[5]，在一定剪切速率下，黄原胶水溶液浓度越大，黏度越高，非牛顿性越强；温度升高会使体系黏度降低，当温度恢复到初始温度时，黏度恢复到初始黏度的70% ~80%；pH值在6~7时，黏度最大；剪切速率为1~100s^{-1}时，黏度急剧下降，剪切速率为100~500s^{-1}时，黏度下降缓慢；体系流变模型符合Herschel Bulkley方程；体系剪切稀释性明显，触变性较小。黄原胶具有良好的抗盐能力，如图15-3所示盐（NaCl）对其水溶液黏度影响较小。

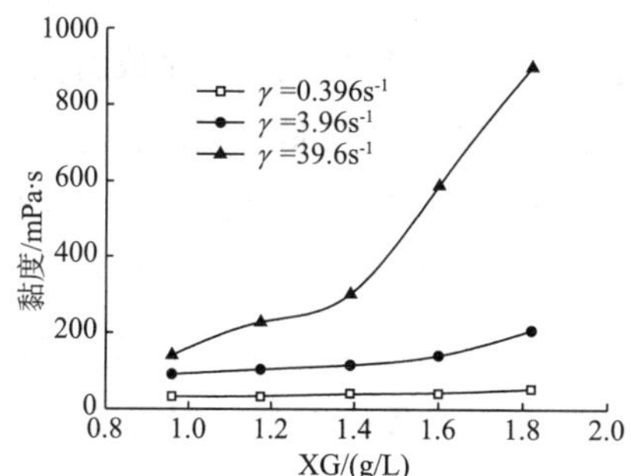

图15-2 XG水溶液浓度与黏度的关系

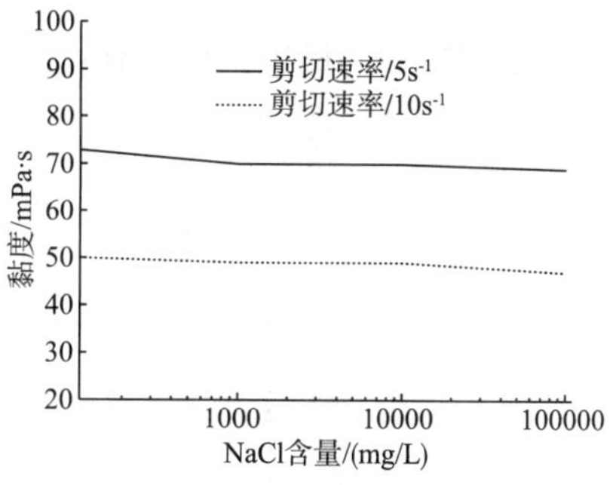

图15-3 NaCl对质量分数为0.2%的XG水溶液黏度的影响

XG是一种适用于淡水、盐水和饱和盐水钻井液的高效增黏剂，加入很少的量（0.2% ~0.3%）即可产生较高的黏度，并兼有降滤失作用。它的另一显著特点是具有优良的剪切稀释性能，能够有效地改进钻井液的流型（即增大动塑比，增加k值，降低n值），其对不同类型钻井液流型的影响见图15-4。用它处理的钻井液在高剪切速率下的极限黏度很低，有利于提高机械钻速；而在环形空间的低剪切速率下又具有较高的黏度，并有利于形成平板形层流，使钻井液携带岩屑的能力明显增强。

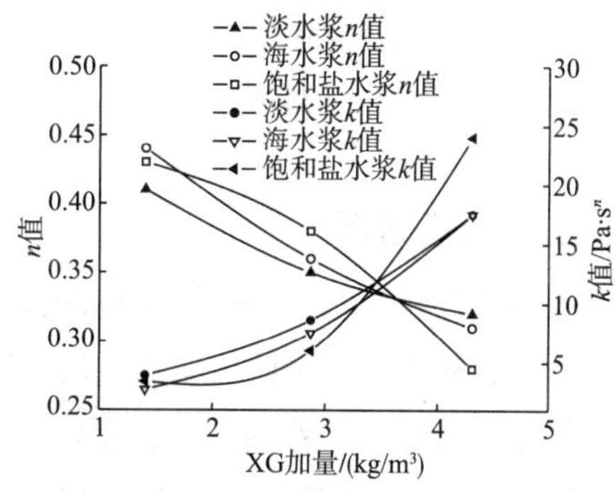

图15-4 XG加量对钻井液n、k值的影响

黄原胶水溶液的黏度在10~80℃几乎没有变化，即使低浓度的水溶液在很广的温度范

围内仍然显示出稳定的高黏度。黄原胶溶液在一定的温度范围内（-4~93℃）反复加热冷冻，其黏度几乎不受影响。通常的微生物酶类或工业酶类，如蛋白酶、纤维素酶、果胶酶或淀粉酶对黄原胶没有作用。黄原胶溶液对酸、碱十分稳定，在酸性和碱性条件下都可使用。在 pH=2~12 时黏度几乎保持不变。虽然当 pH≥9 时，黄原胶会逐渐脱去乙酰基，在 pH<3 时丙酮酸基也会失去。但无论是去乙酰基或是丙酮酸基对黄原胶溶液的黏度影响都很小，即黄原胶溶液在 pH=2~12 时黏度较稳定，这一点更有利于其用于油田作业流体[6]。

一般认为，在钻井液中 XG 生物聚合物抗温可达 120℃，在 140℃温度下也不会完全失效。据报导，国外曾在井底温度为 148.9℃的钻井中使用过。其抗盐、抗钙能力也十分突出，是配制饱和盐水钻井液的常用处理剂之一。有时为了防止在一定条件下，空气和钻井液中的各种细菌使其发生酶变而降解失效，可与三氯酚钠等杀菌剂配合使用。

黄原胶作为驱油剂，由于在高温条件下易发生降解，从而使其溶液黏度在短期内严重下降。因而对黄原胶的耐温性提出了更高的要求。在水溶液中，黄原胶分子的降解主要包括热氧化降解、细菌降解和 Fe^{3+} 降解。在高温条件下的降解主要是热氧化降解。在高温条件下黄原胶分子对溶解氧极为敏感，可与氧直接反应生成过氧化氢，过氧化氢分解生成游离基，游离基引发一系列连锁反应使分子链断裂，导致降解，溶液黏度随之降低。因此，除氧是阻止黄原胶溶液分子降解，保证黏度稳定的重要手段。研究表明，中等强度的还原剂 $Na_2S_2O_3$，其水溶液极易被氧气氧化，氧化产物通常是亚硫酸或亚硫酸盐，当氧化过量时生成硫酸或硫酸盐，对提高黄原胶水溶液的热稳定性有一定贡献。图 15-5 结果表明，随着硫代硫酸钠加入量的增加，黄原胶溶液耐热稳定性有明显提高。当 50g/L 的硫代硫酸钠水溶液加入量在 3mL 时，其热稳定性提高 1.85 倍。继续增加除氧剂浓度，热稳定性增加不大。显然，硫代硫酸钠的使用浓度为 1.5g/L 即可有效地发挥作用[7]。

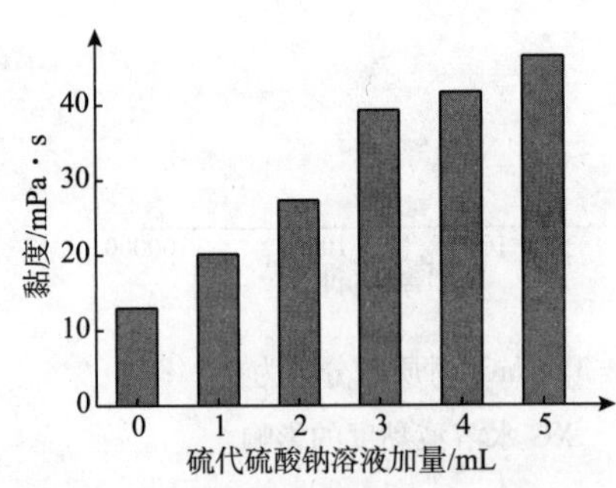

图 15-5 硫代硫酸钠加量对生物聚合物溶液黏度的影响

二、制备过程

XG 由野油菜黄单胞杆菌（Xanthomonas campestris）经有氧发酵并分离纯化而得，主要经过发酵和纯化两个阶段。其主要生产工艺流程见图 15-6。

菌种的选育、培养基组成、生物反应器类型、发酵形式（批次发酵，连续发酵）、培养条件（温度、pH 值、溶氧等）等都会对 XG 的收率、结构、相对分子质量等有影响。例如，不同黄单胞杆菌属菌种会影响 XG 的相对分子质量和黏弹性，不同发酵条件会影响 XG 的收率和结构。另外，培养基组成、发酵条件会影响丙酮酸基和乙酰基的含量，丙酮酸基和乙酰基影响 XG 分子之间及 XG 与其他聚合物间的相互作用[4,8]。

首先对菌种进行选育，然后经种子培养基培养扩大数量以用于发酵，并采取适当方法长期保存。除常用菌种选育方法外，也可对其进行基因工程改造。

黄原胶的生产受到培养基组成、培养条件（温度、pH值、溶氧量等）、反应器类型、操作方式（连续式或间歇式）等多方面因素的影响。

常用的培养基是YM培养基以及YM－T培养基，两种培养基得到的产量相似，但应用YM－T培养基的生长曲线有明显的二次生长现象。菌株可在25～30℃下生长，最适的发酵温度为28℃。

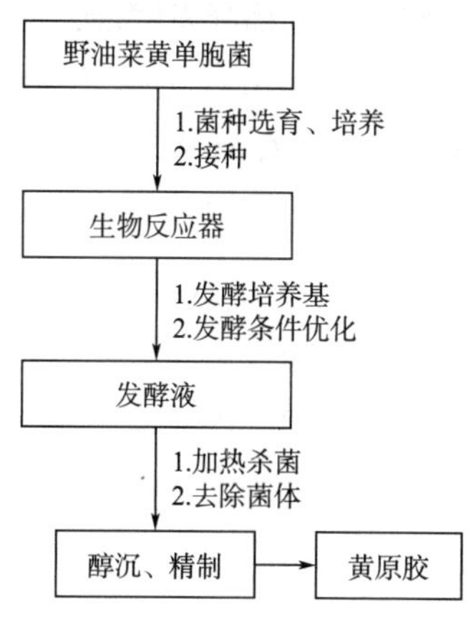

图15－6 黄原胶生产工艺流程

由于分泌出的黄原胶包裹在细胞的周围，妨碍了营养物质的运输，影响了菌种的生长，因此，在接种阶段时除应增加细胞的浓度外，还应尽量降低黄原胶的产量，这样就需多步接种（每步接种时间必须控制在7h以下，以免黄原胶生成），接种体积一般为反应器中料液体积的5%～10%，接种的次数应随发酵液体积增大而增多。

发酵液中的成分配比也是影响产量的重要因素。碳源（一般为葡萄糖或蔗糖）的最佳浓度为2%～4%，过大或过小都会降低黄原胶的产量；氮源的形式既可以是有机化合物，也可以为无机化合物。根据经验，较为理想的成分配比为：蔗糖40g/L，柠檬酸2.1g/L，NH_4NO_3 1.144g/L，KH_2PO_4 2.866g/L，$MgCl_2$ 0.507g/L，Na_2SO_4 89mg/L，H_3BO_3 6mg/L，ZnO6mg/L，$FeCl_3 \cdot 6H_2O$20mg/L，$CaCO_3$20mg/L，浓HCl 0.13mL/L，通过添加氢氧化钠而将pH值调为7。也可以采用如下培养基配方[9]：每100mL含玉米淀粉5g，蛋白胨0.5g，$KH_2PO_4$0.4g，$MgSO_4$0.05g，$FeSO_4$0.025g，柠檬酸0.025g，XG产量可达29.88g/L。

发酵温度不仅影响黄原胶的产率，还能改变产品的结构组成。研究发现，较高的温度可提高黄原胶的产量，但降低了产品中丙酮酸的含量，因此，如需提高黄原胶产量，应选择温度在31～33℃，而要增加丙酮酸含量就应选择温度范围在27～31℃。

pH值范围在中性时最适于黄原胶的生产，随着产品的产出，酸性基团增多，pH值降至5左右。研究表明，控制反应中的pH值对菌体生长有利，但对黄原胶的生产没有显著影响。

反应器的类型及通氧速率、搅拌速率等都有相应的经验数据，须根据具体条件而定。可参考如下数据：搅拌速率在200～300r/min，空气流速为1L/L·min。除上述传统发酵的生产方法外，还有研究者已发现了合成、装配黄原胶所需的数种酶，并克隆出相关基因（12个基因的联合作用），选择出适当的载体，虽然目前此法的成本较高，但经过不断地工艺改进，可为进一步降低成本及控制产品的结构提供可能。

纯化工艺。发酵后，发酵液包括XG10～30g/L，菌体1～10g/L，残余培养基3～10g/L和其他的代谢产物等。发酵液黏度较高，所以XG的纯化较困难、且成本较高。一般的纯化步骤，首先稀释发酵液，通过加热、过滤或离心等方式去除菌体；然后调节盐浓度和pH值，用异丙醇、乙醇或丙酮沉淀。最后除水、干燥、打粉、包装、避水保存。纯化方法和步骤与XG的最终用途和经济损耗有关。如用于石油工业的XG需要去除菌体（因其阻塞了含石油岩层的孔隙）；用于食品添加剂的XG需去除纯化过程中所用的试剂，且FDA对于食品级XG的规定是采用异丙醇沉淀；用于纺织工业的XG限制较少。

常用的菌体去除方法有加入化学物质（如碱、次氯酸盐、酶）、机械方法、加热法。目前一般采用巴氏消毒法杀死细菌，且温度提高，发酵液黏度下降，也有利于通过离心或过滤去除不溶物。研究表明，80～130℃，pH = 6.3～6.9，10～20min可提高XG的溶解，同时不引起热降解和细菌的破裂。除菌时也应注意pH值，pH≥9时，XG逐步脱去乙酰基；pH<3时，XG脱掉丙酮酸基，较高的pH值有利于去除热源。过滤时一般稀释发酵液，加入不引起XG沉淀的水、乙醇和盐的混合物。此外，根据XG的最终用途可采用硅藻土吸附蛋白质，或酶法消化蛋白质，并根据生产需求进一步利用活性炭去除热源。

三、黄原胶的接枝改性

通过与烯类单体进行接枝共聚反应，可以使黄原胶的性能得到进一步改进或获得新的特性，从而得到更广泛的应用。其中黄原胶与丙烯酰胺的接枝共聚物是近年来备受人们关注的一种新型功能材料，其既保留了黄原胶自身的特性，又具有丙烯酰胺均聚物的特点，在药物控释，石油钻井、三次采油，水处理等领域已展现出良好的应用前景。

在黄原胶与丙烯酰胺的接枝共聚研究中，主要采用化学引发方法，而化学法引发的关键在于选择合适的引发剂，目前Ce^{4+}盐引发体系是人们研究最多的引发体系，虽然引发效果好，但价格昂贵难以工业化生产，使研究和应用受限制。寻找有效、廉价的引发体系代替Ce^{4+}盐，已逐步受到研究者的关注。考虑到过硫酸盐引发体系价廉且无毒，并且由于活化能低，反应条件温和，在淀粉接枝共聚中应用已非常广泛，以过硫酸铵为引发剂，制备了XG-g-PAM接枝共聚物，研究了单体和引发剂的浓度、反应温度以及反应时间对接枝共聚反应的影响[10]。

（一）制备过程

在250mL三口烧瓶中加入1g黄原胶和100mL蒸馏水，放置过夜，充分搅拌使黄原胶完全溶解。将三口烧瓶放在恒温水浴锅中，在反应温度下搅拌并通N_2保护，加入一定量的引发剂和单体，反应至预定时间后，中止反应，冷却。将产物用过量丙酮沉淀，50℃下完全干燥，得到接枝共聚粗产物。

将粗产品用体积比为80:20甲醇/水混合溶剂在索氏提取器中萃取12h以上，以除去PAM均聚物，抽提剩余物用蒸馏水反复洗涤，得到XG-g-PAM接枝共聚物，于50℃下完全干燥，称量。在提取液中添加少量对苯二酚，减压蒸馏除去甲醇，将剩余浓缩液倾入过量甲醇中，产生的沉淀即为PAM均聚物。根据公式（15-1）、式（15-2）计算接枝率（G）和接枝效率（E）：

$$G = \frac{W_1}{W_0} \times 100\% \tag{15-1}$$

$$E = \frac{W_1}{W_1 + W_2} \times 100\% \tag{15-2}$$

式中，W_0为黄原胶质量，g；W_1为接枝共聚物质量，g；W_2为均聚物质量，g。

（二）影响接枝共聚反应的因素

在XG－丙烯酰胺接枝共聚物的合成中，单体浓度、引发剂浓度、反应温度和反应时间等是影响接枝共聚反应的关键。

图15-7是当引发剂浓度c［$(NH_4)_2S_2O_8$］为0.008mol/L、反应温度为60℃、反应时间为3h时，单体浓度对接枝共聚的影响。从图15-7可看出，当c（AM）<0.4mol/L时，接枝率和接枝效率随单体浓度增加都呈上升趋势，当c（AM）>0.4mol/L后，接枝率和接枝效率反而呈下降趋势。显然，c（AM）为0.4mol/L较好。

图15-8是当单体浓度c（AM）=0.4mol/L、反应温度为60℃、反应时间为3h时，引发剂浓度c［$(NH_4)_2S_2O_8$］对接枝共聚反应的影响情况。从图15-8可见，引发剂用量较少时，接枝率和接枝效率均随引发剂浓度增加而增大，但当引发剂浓度超过0.008mol/L时，接枝率和接枝效率均出现下降趋势。可见，实验条件下，适宜的引发剂浓渡c［$(NH_4)_2S_2O_8$］为0.008mol/L。

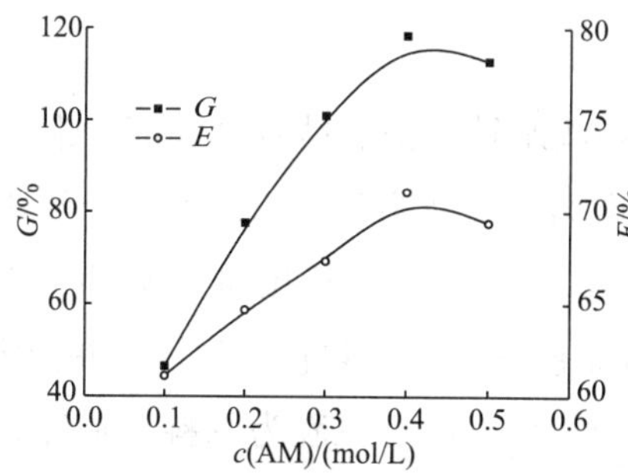

图15-7 单体浓度对接枝率和接枝效率的影响

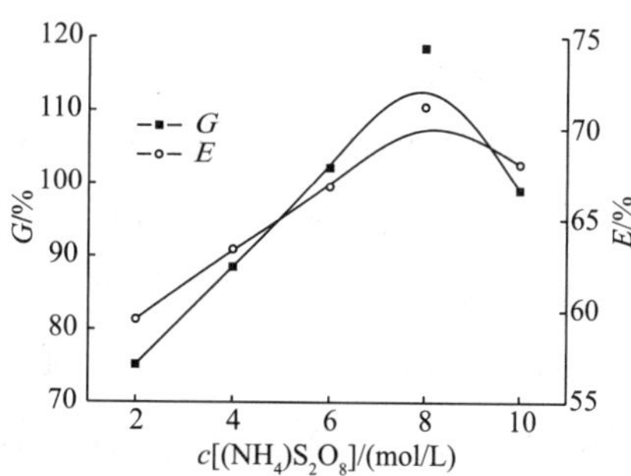

图15-8 引发剂浓度对接枝率和接枝效率的影响

图15-9是当单体浓度c（AM）=0.4mol/L、引发剂浓度c［$(NH_4)_2S_2O_8$］=0.008mol/L、反应时间3h时，反应温度对接枝共聚的影响。由图15-9可见，在反应温度低于60℃时，接枝率随温度升高而增大，60℃左右时接枝率达到最大，继续升高温度接枝率开始下降。接枝效率与接枝率表现出相同的变化趋势。显然，反应温度以60℃较好。

如图15-10所示，当单体浓度c（AM）=0.4mol/L、引发剂浓度c［$(NH_4)_2S_2O_8$］=0.008mol/L、反应温度为60℃时，随着反应时间的增加，接枝率和接枝效率基本均呈上升趋势，180min之后接枝率和接枝效率基本不再变化，说明聚合反应在180min内已基本完成，之后再继续延长反应时间对接枝反应的影响较小。

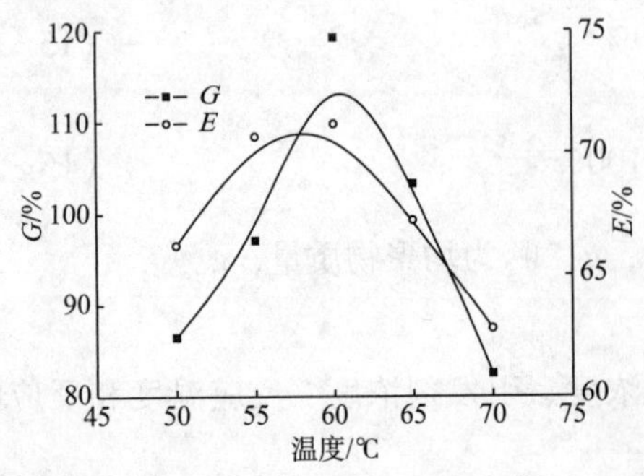

图 15-9　反应温度对接枝率和接枝效率的影响

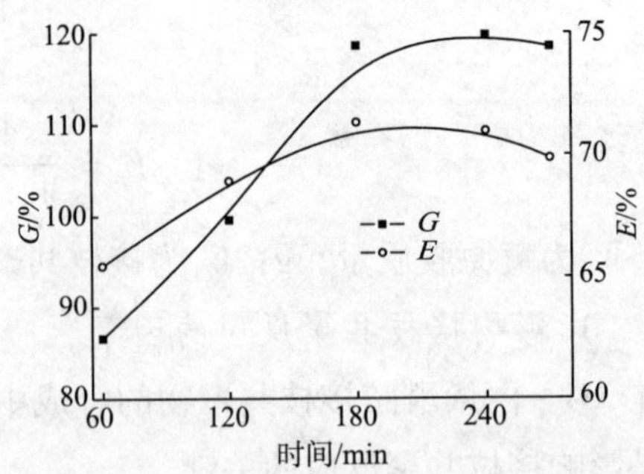

图 15-10　反应时间对接枝率和接枝效率的影响

综上所述，过硫酸铵能较为有效地引发黄原胶与丙烯酰胺的接枝共聚反应，接枝率和接枝效率随单体浓度、引发剂浓度、反应温度的变化均出现极大值，随反应时间的延长不断上升，直至基本不变。

研究表明，丙烯酰胺黄原胶接枝共聚物（XGA），与 XG 一样具有优良的耐盐性，XGA 溶液的黏度在高温（85℃）下具有更好的时间稳定性；XG 和 XGA 溶液的流变曲线均表现为宾汉流体的流变行为，当剪切速率由最大值逐渐减小时，溶液黏度逐渐恢复，但与初始黏度相比存在滞后现象。

四、应用

（一）钻井液

黄原胶是优良的钻井液增黏剂和流型调节剂，在淡水钻井液、盐水钻井液、饱和盐水钻井液、海水钻井液和氯化钙钻井液中具有较好的增稠和流型调节作用，可用于各种类型的水基钻井液体系，特别适用于配制无固相钻井液和射孔液。其用量一般为 0.1% ~ 0.5%。为了提高应用性能，使用时，必须首先配成稀胶液，然后再慢慢加入钻井液中。

黄原胶还可以用于制备一些改性的钻井液处理剂。如，以黄原胶为原料，制备的抗钙增黏剂 IPN－V，含 IPN－V 的 $CaCl_2$ 水溶液经 90 ~ 120℃ 老化 16h 后的表观黏度可维持在 30mPa · s 以上；IPN－V 能够满足 $CaCl_2$ 质量分数为 20% 及 40% 的无土相水基钻井液对黏度和切力的要求，抗温可达 120℃[11]。利用 XG 链上的活泼基团与丙烯酰胺等单体接枝共聚，得到生物聚合物丙烯酰胺接枝共聚物 XGG，在淡水钻井液中，具有极强的增黏效果和降滤失能力，远远超过 XG。在各种钻井液中均具有比 XG 更好的抗温能力及高温降滤失能力。与 XG 相比，XGG 的抑制性得到了进一步提高[12]。以丙烯酸、丙烯酰胺为单体，*N*，*N′*－亚甲基双丙烯酰胺为交联剂，并加入适量的凹凸棒黏土与黄原胶在过硫酸铵引发剂引发下，采用溶液聚合法合成复合高吸水性树脂，在最佳工艺条件下制备的高吸水性树脂最大吸水倍率、吸盐水倍率分别为 827g/g、109g/g[13]，该树脂可用于堵漏。

（二）压裂液

黄原胶可用于压裂液稠化剂，下面是一些典型的压裂液配方。

1. 生物聚合物铬冻胶中低温压裂液

由生物聚合物、铬交联剂和表面活性剂等组成。按照生物聚合物 0.05% ~0.1%，聚氧乙烯聚氧丙烯丙二醇醚 0.2%，氯化钾 2%，重铬酸钾 0.1% ~0.3%，亚硫酸氢钠 0.05% ~0.1%，α－淀粉酶 0.00001% ~0.0001% 的比例，将生物聚合物配制成 0.5% 的水溶液，然后加入其他组分，搅拌均匀后，并补充所需量水混合均匀即可。该体系残渣为 1% ~2%，渗透率损害 <5%。

可用于砂岩、灰岩和白云岩性油层中小型压裂。适用井温为 50 ~70℃、井深 1000 ~1500m 的井。

2. 黄原胶/魔芋胶冻胶压裂液

按照黄原胶 0.3% ~0.7%，魔芋胶（精粉）0.2% ~0.5%，甲醛溶液 0.1%，硫代硫酸钠 0.1%，盐酸适量，四甲基氯化铵 0.3%，十二烷基三甲基氯化铵 0.3%，过硫酸铵 0.1% 的比例，配制 0.3% ~0.7% 的黄原胶溶液，在搅拌条件下加入除魔芋精粉外的其他组分，静置 4h 后备用；配制 0.2% ~0.5% 魔芋精粉液，按设计比例加入黄原胶基液中，制成冻胶。现场施工时，通过泵注设备加入魔芋精粉液，通过混砂设备加入破胶剂（过硫酸铵）。如对裂缝性油藏施工，可加入硅粉、油溶性树脂作为降滤失剂[14]。

黄原胶/魔芋胶冻胶压裂液是一种非化学交联型冻胶压裂液，具有高表观黏度，携砂能力强，滤失量小，可用强氧化型破胶剂破胶，在中性、偏酸性和高矿化度环境中能稳定存在，可用于碱敏、天然裂缝发育储层的压裂改造。

（三）调剖堵水

黄原胶及改性产物，可以单独或与其他材料配伍用于调剖堵水剂，下面是一些典型的配方。

1. 耐温黄原胶调堵剂

系黄原胶的铬交联高分子凝胶体。按照黄原胶 0.6%，重铬酸钠 0.15%，亚硫酸氢钠 0.45%，甲醛 0.1%，邻苯二胺 0.03% 的比例，将黄原胶配制成 1% 的水溶液，再将重铬酸钠水溶液（5% ~10%）加入并搅拌均匀，施工时再将亚硫酸氢钠及邻苯二胺水溶液（10%），加入并补充所需量水混合均匀。所配制堵剂最终 pH 值在 2 ~9 之间。

用作油水井调堵剂，具有热稳定性好，成胶时间可调，形成的冻胶强度大，封堵能力强等特点，其成胶时间（85℃）≥8h，破胶时间≥15d。适用于温度 85℃ 以下油层堵水。

2. 生物聚合物调剖剂

系生物聚合物铬交联高分子凝胶。施工前按照生物聚合物 3% ~6%，三氯化铬 0.7% ~1.1%，甲醛 0.7% ~1.1% 的比例，先将各组分配制成水溶液，然后按配方量混合，并补充所需量水混合均匀，调 pH 值至 6 ~7。该堵剂可泵性好，耐剪切，适用温度 30 ~70℃。现场应用表明，作注水井调剖剂，黄原胶－铬冻胶调剖具有较好的改善注水井吸水剖面与增油降水效果，可以提高注入水的利用率和油藏的注水采收率。

3. 黄原胶/2－丙烯酰胺基－2－甲基丙磺酸（AMPS）/膨润土三元复合型堵水剂

通过水溶液法制备的黄原胶/2－丙烯酰胺基－2－甲基丙磺酸（AMPS）/膨润土三元复合型油田堵水剂，当膨润土的质量分数为15%，AMPS的质量分数为3%，交联剂的的质量分数为2%，引发剂的质量分数为2.5%，在60℃的温度下反应4h时所合成的产品在环境温度20℃下，吸去离子水的倍率最高达到1677g/g，吸质量分数0.9% NaCl溶液的倍率为165g/g；环境温度80℃的高温下仍保持着1590g/g的去离子水的吸水倍率，12h后仍能保水20%以上，具有良好的热稳定性和耐盐性。

4. 黄原胶与魔芋胶复配堵水剂

由于黄原胶的双螺旋结构易和魔芋胶分子中的β－（1，4）糖苷键发生嵌合作用，黄原胶与魔芋胶复配（总浓度为1%），可形成坚实的热可逆凝胶。黄原胶与魔芋精粉的共混比例不同时，可达到不同程度的协同作用，得到不同强度的凝胶。将魔芋胶与黄原胶共混，以有机硼为交联剂，在总浓度为1%下，魔芋胶与黄原胶质量比为3∶1时，所成复合胶黏度最大，协同效应最明显，该调剖剂具有良好的抗温、抗剪切和抗盐性能以及较高的封堵效率；同时通过改变混胶浓度，可以改变调剖剂的成胶时间和成胶强度以满足现场需要。

此外，除直接使用生物聚合物外，通过向地下注入菌种实施调驱已经引起人们越来越多的重视，目前，微生物深部调剖已经见到了显著的效果，达到了稳油控水和提高采收率的目的。微生物深部调剖的机理是，将地层本源微生物激活或外界注入微生物，利用微生物的新陈代谢及繁殖过程中所产生的无机盐沉淀、生物聚合物和菌群、菌落，增加流动相的黏度和流动压力，改变岩石表面的润湿性，从而达到提高采收率的目的。该技术的优点是工艺简单、施工安全、不污染环境，同时降低了材料和施工的成本；缺点是微生物过度生长可能引起井的堵塞。

将代谢产出生物聚合物的菌种及其营养液连续注入地层，可以封堵裂缝及大孔道，扩大注水波及体积，实施老油田高含水后期生物聚合物深部调剖。通过油井堵水、水井深部调剖矿场试验和室内物理模拟驱油试验结果表明，该方法能提高原油采收率9%。对注水井实施深部调剖后，周围油井含水率下降7.7%～64.5%，有效期达12～20个月，深部调剖设备简单，施工简便，有效期长，成本低，具有良好应用前景[15]。

（四）驱油剂

黄原胶以其耐温、耐盐、耐酸碱性能好及抗剪切等优点，已在聚合物驱中广泛应用。

黄原胶分子由于本身的结构特点而具有良好的增稠和剪切稀释性能、较高渗透性、对热酸碱的稳定性好，是公认的提高采收率中极具潜力的聚合物驱油剂品种。黄原胶在三次采油中作驱油剂可有效地提高驱替液的黏度，以增强油藏原油流动性，提高石油采收率。

黄原胶大分子的主、侧链上含有大量的羟基、羧基、缩酮等活性基团，在引发剂、高能辐射等作用下，与一些性质特殊的单体聚合生成接枝共聚物，使黄原胶的性能得到进一步改进或获得新的特性，从而在三次采油领域具有更良好的应用前景。通过分子设计，将丙烯酰胺、2-丙烯酰胺基-2-甲基丙磺酸、N-乙烯基吡咯烷酮或N，N-二甲基丙烯酰胺中的至少两种单体接枝共聚合到黄原胶大分子上，长侧链的引入可以大大提高黄原胶大分子的黏弹性、耐热及生物稳定性，作为三次采油驱油剂，溶解速度明显提高，且在盐水不易产生凝胶。在高温高盐油藏使用时，驱油效果提高[16]。

（五）絮凝剂

黄原胶与烯类单体的接枝共聚物可以用于水处理絮凝剂。如采用过硫酸钾为引发剂，使黄原胶（XG）与丙烯酰胺（AM）接枝共聚，当黄原胶用量为10g/L，丙烯酰胺与黄原胶质量比为3:1，引发剂与黄原胶质量比为0.06，反应温度为65℃时，制备的XG-g-AM接枝共聚物作为絮凝剂，处理高岭土悬浊液时，絮凝效率能达到90%[17]。以过硫酸钾为引发剂，使丙烯酸、丙烯酰胺与黄原胶（XG）接枝共聚，并复合海泡石纤维制备复合絮凝剂，当m（丙烯酸/丙烯酰胺）:m（黄原胶）=8:1，引发剂、交联剂与黄原胶质量比分别为0.02，0.006，m（海泡石）:m（黄原胶）=1:2，反应温度为60℃时，所得产物作为絮凝剂，处理含油废水时，COD去除率和浊度去除率分别达到88.2%和95.6%[18]。

第二节 硬葡聚糖

硬葡聚糖（Scleroglucan，简称SG）又称小核菌多糖，小菌核胶。是由小核菌属的一些丝状真菌合成分泌的微生物多糖，其中以齐整小核菌最为典型。分子主链由β-1，3-D-吡喃葡萄糖构成，每隔3个葡萄糖单元有一个β-1，6-吡喃葡萄糖侧链，结构见图15-11。相对分子质量约540×10^4，分子以棒状三螺旋形存在，具有半刚性，使其具有很强的增稠能力，抗温和抗剪切的能力。可分散在水中，分散程度和速度受浓度、温度、pH值、溶解方法的影响。硬葡聚糖的水溶液是典型的非牛顿流体，有较好的悬浮稳定性和剪切稀释性。与其他增稠剂相比，温度对溶液黏度的影响较小。由于分子的非离子性，硬葡萄糖溶液的黏度对盐不敏感，主要性能优于黄原胶。也具有良好的耐盐性和抗剪切性[19]。

硬葡聚糖的分子结构有序而且有刚性，在水溶液中有很强的聚集倾向，易生成超分子结构体，产生微凝胶而影响其应用。微凝胶的产生与微生物合成、后处理剂溶解过程均有密切关系。

一、硬葡聚糖的溶液性质

实验表明[20]，硬葡聚糖的水溶液黏度，在低剪切速率下不随剪切速率而变化，水溶液呈现牛顿流体的流动行为，该剪切速率范围称为牛顿流动区。一般来讲，溶液浓度越低，则牛顿流动区越宽。在经过一个过渡区后，在剪切速率情况下，则水溶液黏度随剪切速率增加而降低，水溶液表现出假塑性，该区称为假塑性流动区。在高剪切力作用下，溶

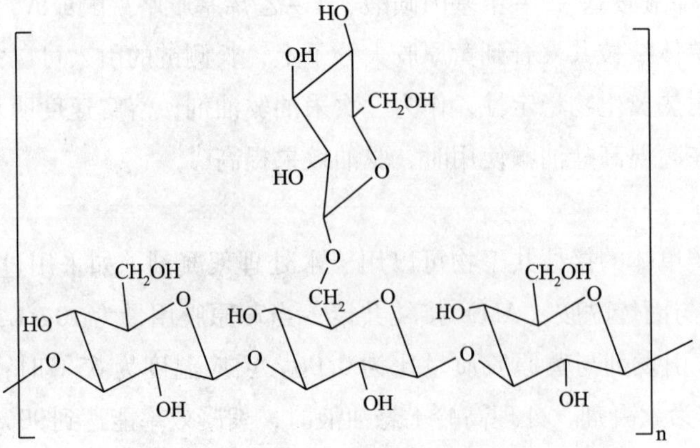

图 15-11 硬葡聚糖的结构

液中的硬葡聚糖大分子发生取向，水力学体积变小，因而溶液黏度降低。由于大分子并未发生剪切降解，当剪切速率低时黏度可以恢复到原来的值。与其他聚合物如聚丙烯酰胺、黄原胶溶液的行为相同，硬葡聚糖水溶液的黏度在浓度较低时随浓度上升较慢，高浓度时随浓度上升较快。由于硬葡聚糖不含离子基团，其水溶液黏度一般不受含盐量的影响。它与各种盐包括钙、镁盐有良好的的配伍性，适用于高矿化度的作业流体。

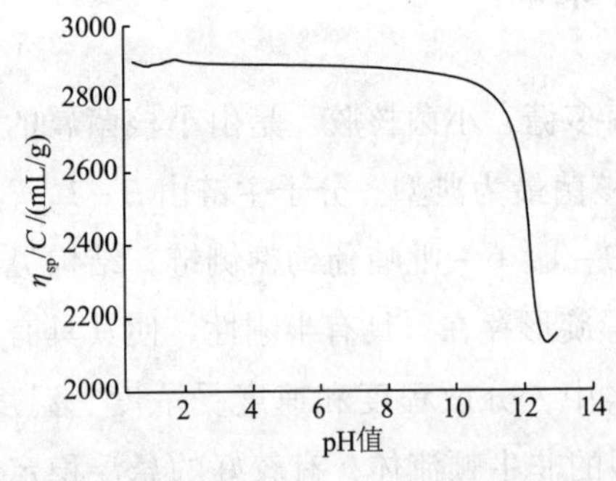

图 15-12 浓度 490mg/L 的硬葡聚糖水溶液的比浓黏度 η_{sp}/C 与 pH 值的关系

硬葡聚糖水溶液在很宽的 pH 值范围内（1～12）比浓黏度基本不变，在 pH 值达到 12.2 以后比浓黏度突然下降（图 15-12）。正是由于高 pH 值破坏了硬葡聚糖大分子之间的氢键，大分子构象由棒状变为无规线团。硬葡聚糖水溶液在通常的 pH 值范围内十分稳定。

浓度为 2000mg/L 的硬葡聚糖水溶液在温度 25～150℃范围内，随着温度的升高，在 120℃以下，黏度下降十分缓慢，在 140℃以上黏度大体保持稳定，在 120～140℃区间黏度下降迅速。这一温度区间的黏度变化基于硬葡聚糖大分子在水溶液中构象的转变，由刚性棒状变为无规线团，转变温度在 130℃左右（图 15-13）。

螺旋链绞合在一起形成的刚性棒具有优异的抗热降解能力。硬葡聚糖在水溶液中的最高使用温度应为 130℃左右，在 130℃以下长期稳定性极好。图 15-14 表明，在 105℃下，pH 值为 4.5～7.5 的硬葡聚糖水溶液在 100d 内保持黏度不变，460d 后黏度保持率仍然高达 80%～90%，这在水溶液聚合物中并不多见。

二、制备方法

硬葡聚糖是以 *D*－葡萄糖为原料，选用一种硬囊菌进行沉浸式的需氧发酵而成。硬囊菌的培养基组成为：无机盐、硝酸盐、*D*－萄葡糖，玉米浸泡液的浓缩液。

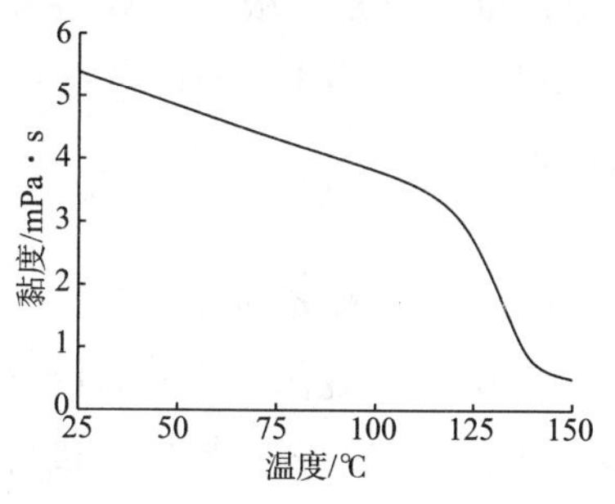

图 15-13 含 NaCl 40g/L、浓度 2000mg/L 的硬葡聚糖水溶液黏度与温度的关系

测定黏度所用剪切速率为 $1000s^{-1}$

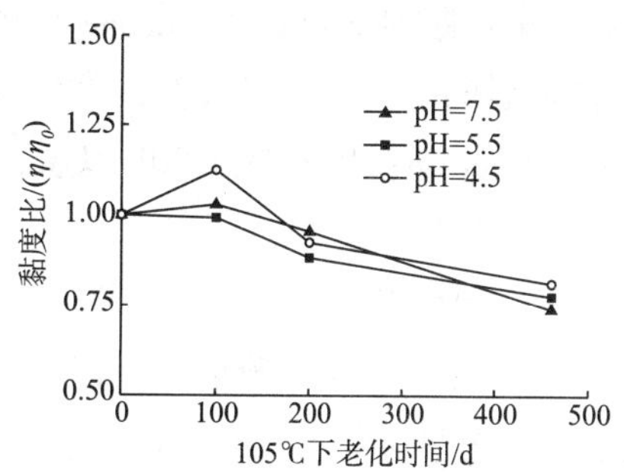

图 15-14 105℃下老化时间与硬葡聚糖水溶液黏度的关系

黏度以老化不同时间的黏度与初始黏度之比 η/η_0 表示；测定温度为 37℃，剪切速率为 $15.85s^{-1}$

随着发酵过程的进行，培养液出现胶凝黏稠物，培养液的最初 pH 值为 4.5，由于发酵时生成草酸的积聚，使体系的 pH 值下降到 2，在 30℃的培养温度下，整个发酵过程需用 60h。

发酵液经灭菌、干燥等工序可获硬葡聚糖，对于用于食品、化妆品及药物的硬葡聚糖，发酵液经无菌后应过滤并用酒精使硬葡聚糖从酒精中沉淀出来。由于发酵液特别黏稠，过滤很困难，因此，经均质之后还要进行适当的稀释以利于过滤。过滤在升温升压下进行，并需配合使用硅藻助滤剂以除去菌丝及其他颗粒状杂物。滤液采用薄膜真空浓缩至某一浓度时加入酒精使硬葡聚糖沉淀。纤维状沉淀物甩干酒精，之后采用盘式或隧道式热风干燥法干燥，最后粉碎到一定的目数。

最后的产品含水量不超过 6%，含硬葡聚糖不低于 85%，杂质除培养液带来的灰分之外还有含氮的物质。

中国发明专利[21]公开了一种小核菌硬葡聚糖生成方法，包括发酵和提取工艺。

（一）发酵工艺

1. 菌种培养

菌种培养基的组成：葡萄糖 50g/L、玉米浆 2g/L、大豆 4g/L、硝酸 4g/L、硝酸钠 0.5g/L、磷酸二氢钾 1.0g/L、硫酸镁 1.5g/L、乳化硅消泡剂 0.2g/L，剩余为无菌水或无菌自来水，pH=6；将备有上述培养基的摇瓶置于温度为 28.5℃摇床上，摇床转速 100 r/min，培养小核菌种子液，培养时间 24h。

2. 一级种子培养

一级种子培养基的组成：葡萄糖 60g/L、玉米浆 4g/L、大豆 2g/L、硝酸 1g/L、硝酸钠 0.6g/L、磷酸二氢钾 1.5g/L、硫酸镁 2.0g/L、乳化硅消泡剂 0.2g/L，剩余为无菌水或无菌自来水，pH=6；将上述培养基置入无菌的一级种子罐内，接着采用蒸汽对罐内培养基进行 121℃的灭菌处理，灭菌时间为 30min；降温至 28.5℃后通过无菌接种管道将第 1

步中培养的小核菌种子液置入一级种子罐中培养，菌种接种量是一级发酵罐料液体积的0.5%。接种后的一级种子罐培养方法：培养时间1~10h，风量为$1m^3/h$；培养时间10~20h，风量为$2m^3/h$；培养时间20h以后，风量为$3m^3/h$。

3. 二级种子培养

二级种子培养基的组成及其质量百分比：葡萄糖80g/L、玉米浆7g/L、大豆2g/L、硝酸1g/L、硝酸钠2.5g/L、磷酸二氢钾2.0g/L、硫酸镁2.0g/L、乳化硅消泡剂0.5g/L，剩余为无菌水或无菌自来水，pH=6；将上述培养基置入无菌的二级种子罐内，接着采用蒸汽对罐内培养基进行121℃的灭菌处理，灭菌时间30min；降温至28.5℃后通过无菌接种管道将第2步中培养的一级种子液置入二级种子罐中培养，一级菌种接种量是一级种子液体积的50%。接种后的二级种子罐培养方法：培养时间1~10h，风量为$2m^3/h$；培养时间10~20h，风量为$4m^3/h$；培养时间20h以后，风量为$8m^3/h$。

4. 发酵罐发酵

发酵罐原料液的组成：葡萄糖90g/L、玉米浆8g/L、大豆1g/L、硝酸1g/L、硝酸钠2.5g/L、磷酸二氢钾1.75g/L、硫酸镁1.75g/L、乳化硅消泡剂0.5g/L，剩余为无菌水，pH=6；将上述原料液通过UHT连续灭菌，温度121~124℃蒸汽喷射后注入发酵罐内，发酵料液体积是发酵罐体积的75%，后通过循环冷却水对发酵培养基进行降温至培养温度28.5℃，最后通过无菌接种管道将二级种子罐内培养的种子液置入发酵罐中发酵，二级种子液是发酵罐中的发酵料液体积的10%。接种后的发酵工艺控制方法：发酵时间0~10h，风量为$600m^3/h$，搅拌器电机转速为600r/min；发酵时间11~30h，风量为$1000m^3/h$，搅拌器电机转速为800r/min；发酵时间31~48h，风量为$1500m^3/h$，搅拌器电机转速1100r/min。发酵终止放罐出料得到发酵液。

（二）发酵液提取工艺

（1）发酵液预处理：将含有硬葡聚糖的发酵液90℃热处理5min，降温至50℃，并用质量分数为30%的氢氧化钠溶液将所述发酵液pH值调至7.5。

（2）一次萃取：将处理后的发酵液与体积分数90%的乙醇溶液按体积比1∶2混合，搅拌至出现絮状沉淀；将一次萃取后的混合溶液固液分离，分离出纤维状硬葡聚糖。

（3）二次萃取：将上述纤维状硬葡聚糖与体积分数90%的乙醇溶液混合搅拌清洗，乙醇加入量为一次萃取的二分之一；将二次萃取后的混合溶液固液分离，分理出纤维状硬葡聚糖。

（4）压榨、干燥、磨粉：将分离出纤维状硬葡聚糖输入压榨机进行挤压排出多余的乙醇，制得纤维状硬葡聚糖；将纤维状硬葡聚糖于真空干燥机中干燥，干燥温度为60℃，真空度为-0.05MPa，干燥时间为100min；将干燥后的硬葡聚糖纤维用粉碎机磨粉，至产品完全通过0.18mm孔径筛。

三、应用

（一）钻井

硬葡聚糖可用于性能良好的钻井液的增稠剂、堵漏剂和完井液稠化剂。在水基钻井液中，硬葡聚糖具有降低滤失量、增黏、抑制黏土膨胀等作用，它对盐类不敏感、能耐高温（可用于150℃以上），可用于高温高矿化度钻井液。

作为钻井液增黏剂，在高于120℃时，硬葡聚糖聚合物的流变性不受影响，该聚合物能够较好的控制钻井液静态和动态滤失，且滤饼质量良好，在钻开油层钻井液中，硬葡聚糖是黄原胶生物聚合物的良好替代品。适用于各种类型的水基钻井液及无土相或无固相钻井液、完井液、射孔液和修井液等。

（二）调剖堵水

硬葡聚糖作为调剖剂可用于注水波及效率低的油层，由于硬葡聚糖水溶液呈假塑性，以很高的流量注入井内时黏度很低，恢复正常生产、剪切速率很低时黏度显著提高，吸附和滞留在地层内的聚合物也造成流动阻力，从而产生堵水效果。对于高渗透层或裂缝地层，用冻胶调剖剂可以改善注水波及系数，提高采收率。这种冻胶可应用于注水井，也可应用于生产井，进行近井地带或油层深层调剖。最通用的冻胶由交联剂和聚合物组成。硬葡聚糖不能直接和Cr^{3+}进行交联，重铬酸盐可把硬葡聚糖上的羟基氧化成羧基后，与Cr^{3+}交联而形成冻胶。而锆盐也可与硬葡聚糖交联。以钛盐，锆盐或阳离子的α-羟基聚合物与硬葡聚糖交联可以成胶，阻止水进入生产井，从而降低产出液的含水量。

（三）聚合物驱油

硬葡聚糖可作为驱油剂，相对于聚丙烯酰胺，具有更好的耐温抗盐能力，适用于高温和高矿化度地层。

硬葡聚糖主要优点是热稳定性好，相对分子质量高，在水溶液中呈棒状，耐盐，耐剪切，高温下黏度保持率高，用作驱油剂不仅驱替效果好，而且能够适用于高温高盐，尤其是高矿化度条件下，在80℃人造的高矿化度地层水中可维持8个月，在90℃海水中黏度可保持500d。在黄原胶已不适应的高矿化度和高温条件下，硬葡聚糖也可用作提高采收率的流度控制剂，增稠能力强，大约是黄原胶的2倍。随着NaCl浓度的增加，硬葡聚糖的黏度变化比黄原胶小，说明硬葡聚糖比黄原胶更耐盐，该产品pH的适应范围广，最高可达12；在孔隙介质中的流动性能也最佳，而且吸附量低。由此可见，硬葡聚糖是一种优良的抗盐抗高温的聚合物，作为三次采油驱油剂，在高温（90℃）、高矿化度（$TDS=3600mg/L$）和高压条件下，硬葡聚糖具有很大的应用潜力[22]。

硬葡聚糖也可以用于压裂、酸化液稠化剂。

第三节 三赞胶

三赞胶Ss，即鞘氨醇胶，是由鞘氨醇单胞菌（Sphingomonas sp.）在适宜的发酵条件下产生一种高黏性、可酸沉提取的新型生物聚合物[23]，组分为鼠李糖、甘露糖和葡萄糖，比例6:1.5:1。葡萄糖醛酸含量为20.4%。Ss中含有1.49%的氨基酸，由16种氨基酸组成，其中酸性氨基酸Asp和Glu的含量最高，分别占氨基酸含量的11.6%和11.7%。用凝胶渗透色谱-多角度激光光散射联用法测得聚合物的重均相对分子质量和数均相对分子质量分别为408000和382000，相对分子质量分布M_w/M_n为1.07[24]。

Ss具有良好的增稠性、假塑性、形成凝胶特性、乳化活性，具有一定的耐温和耐盐能力。在≥75℃的高温条件下，Ss能够形成热可逆性凝胶，这一点与黄原胶明显不同。尤其是其产物提取不像黄原胶那样需用乙醇沉淀，而只用酸调其等电点即可析出。酸沉特性大幅度降低了生产成本，与黄原胶相比具有价格优势，有着广阔的应用前景。在石油行业，三赞胶是一种重要的生物技术产品，具有良好的增黏、抗盐、抗剪切和胶凝特性，是环境友好的油田化学剂，主要应用于钻井及特殊情况下的石油开采作业，对后续水驱、油水分离和原油性质无影响，经济、环保，设备简单、施工简便，有效期长、降水增油效果好。目前已在部分油田作为黄原胶的替代品用于三次采油实验。

一、溶液性质

三赞胶Ss溶液的黏度随其浓度的增加而增大，较高浓度时黏度增幅尤其显著，见图15-15（转速250r/min，室温下测定溶液黏度值）。

一定浓度的Ss溶液在恒定转速下，黏度不随测定时间长短而变化，即没有时间相关性。如图15-16所示，质量分数为0.5%的Ss溶液黏度随转速增加而降低，60r/min后下降趋势平缓，说明该溶液具有剪切稀释性能；转速降低过程中，黏度逐渐增大，最后恢复到测试开始时的状态。

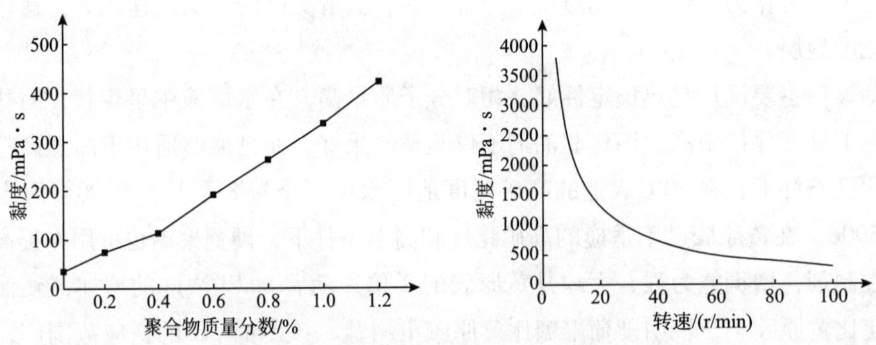

图15-15　不同浓度聚合物Ss溶液黏度　　图15-16　转速对聚合物Ss溶液黏度的影响

图15-17是Ss聚合物溶液的黏度随温度变化的情况（转速250r/min，聚合物质量分数1.0%）。从图中可以看出，在小于70℃条件下，溶液黏度变化不大；升温至80℃，黏度略有降低，表明Ss聚合物具有良好的耐温性。

pH值对质量分数0.1%的Ss聚合物溶液黏度的影响见图15-18。从图中可见，从pH=4到高碱性条件下，溶液黏度略有增加，表明pH=4以上的酸碱性对Ss溶液黏度影响较小。在pH=4~11时，聚合物Ss具有良好的耐酸碱性。

图15-19是不同金属离子对Ss聚合物溶液黏度的影响（聚合物质量分数0.25%，离子浓度0.1mol/L）。从图15-18可知，离子对Ss聚合物溶液的黏度影响不明显。另外，1%的Ss聚合物在10%的KCl溶液中的黏度为1520mPa·s，这与之在1%的KCl溶液中的黏度（1538mPa·s）极为接近，表明该聚合物具有良好的耐盐性，可用于高矿化度地层。

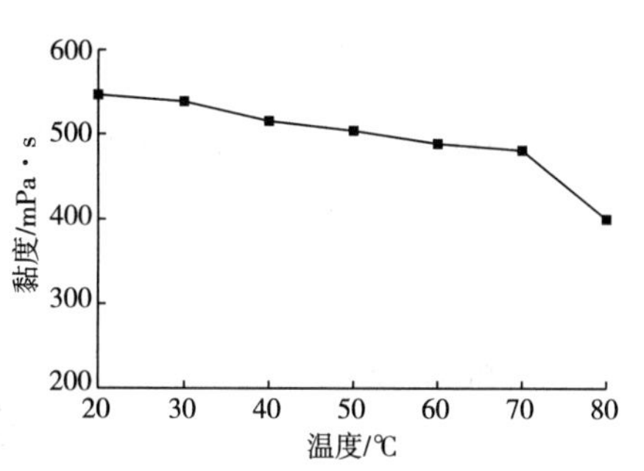

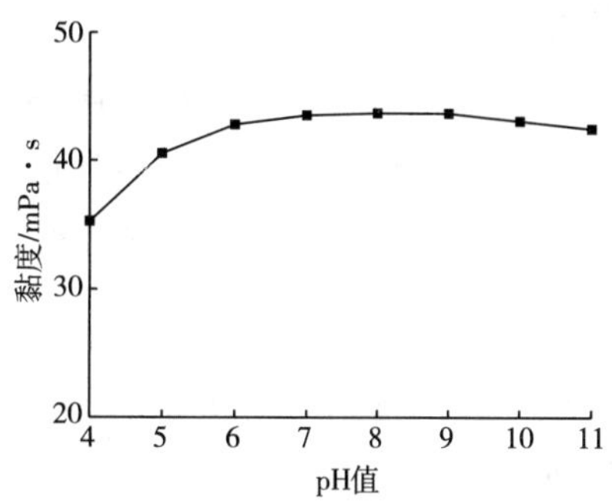

图 15-17 温度对聚合物溶液黏度的影响　图15-18 pH 值对聚合物 Ss 溶液黏度的影响

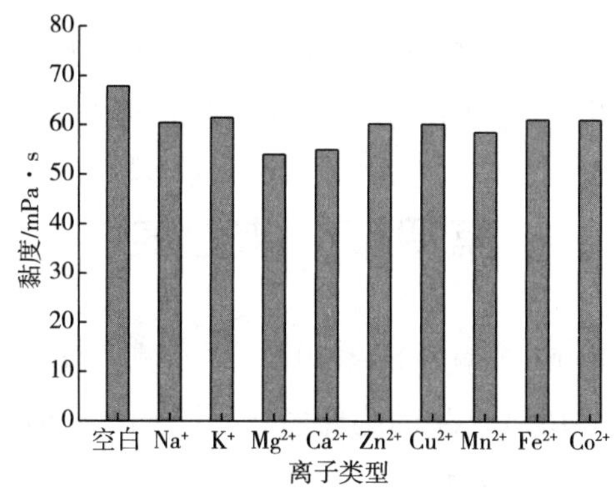

图 15-19 不同金属离子对聚合物溶液黏度的影响

二、制备方法

其制备包括如下步骤。

(一) 种子、发酵培养基及发酵流程

种子培养基 (g/L)：蔗糖 10，蛋白胨 2，牛肉膏 1，pH 值 7.2 ~7.5。

发酵培养基 (g/L)：蔗糖 40，豆饼粉 2.5，酵母粉 0.15，$K_2HPO_4$1.6，$MgSO_4$0.3，NaCl0.5，$MnCl_2$0.004，$FeSO_4$0.005，$CaCO_3$1.0，pH =7.2 ~7.5。

发酵流程见图 15-20。

平板单菌落 ——→ 种子培养基 —30℃/振荡72h→ 发酵培养基 —30℃/振荡72h→ 酸沉 ——→ 中和、烘干、粉碎 ——→ 粗产品

图 15-20 Ss 聚合物发酵流程

(二) 三赞胶 Ss 的纯化

将发酵液于 100℃ 加热 30min，用去离子水稀释 10 倍，10000r/min 离心 40min 除菌体，收集上清液，重复几次至镜检无菌体，合并上清液，调节 pH 值至 3 左右，使产物沉淀，真空冷冻干燥得 Ss 粗品。取适量粗品配制成 0.1% 浓度的 Ss 溶液，调节 pH 值至中性使其溶解，使用 Sevag 法除蛋白，调 pH 值至 3 左右沉淀 Ss，透析至 pH 值中性，冷冻干燥

得 Ss 产物纯品。

研究表明[25]，培养基组成为葡萄糖 41.2g/L、豆饼粉 2.0g/L、NaCl0.85g/L、K_2HPO_4 1.46g/L、$MgSO_4$0.12g/L、$MnCl_2$0.0075g/L、$FeSO_4$0.002g/L、初始 pH 值为 7，在 27℃，180r/min 的条件下摇床培养 60h，聚合物 Ss 的产量达到 21.5g/L。

三、应用

Ss 可以取代黄原胶用于钻井液、压裂、调剖堵水和三次采油等方面，而其应用效果优于黄原胶。研究表明，在温度低于 90℃ 的条件下，Ss 三赞胶钻井液体系比黄原胶钻井液体系具有更高的表观黏度和动切应力，较低的塑性黏度，剪切稀释性能好，而且具有较高的低剪切黏度；当温度高于 90℃，特别是在 120℃滚动养护条件下，三赞胶钻井液体系的流型调节能力迅速下降，性能不如黄原胶钻井液体系。三赞胶在抗温性能方面进一步改进后，有望用于复杂地层钻井液体系的一种新型流型调节剂[26]。

第四节　韦兰胶

韦兰胶（welan gum，welan，编号 S－130），也叫威兰胶、威伦胶或维兰胶，是产碱杆菌 Alcaligenes sp. ATCC 31555 产生的胞外多糖，是美国 Kelco 公司 20 世纪 80 年代继黄原胶、结冷胶之后开发的最有市场前景的微生物多糖之一。韦兰胶的结构与结冷胶类似（图 15－21），但是在与葡萄糖醛酸及鼠李糖相连的葡萄糖残基的 C_3 位上连接有 $\alpha-L-$鼠李糖或 $\alpha-L-$甘露糖支链，连接鼠李糖的几率占 2/3；此外，约有半数的四糖片段上带有乙酰基及甘油基团。韦兰胶中含有 2.8%～7.5% 的乙酰基，11.6%～14.9% 的葡萄糖醛酸。甘露糖、葡萄糖和鼠李糖的物质的量比例为 1∶2∶2。

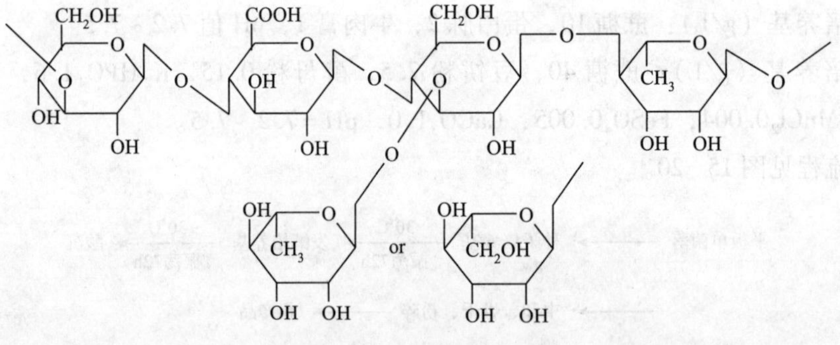

图 15－21　韦兰胶的结构

水溶液中韦兰胶分子主要是分子内的范德华力作用，侧链和主链间的氢键作用。在 0.1% 的 KCl 溶液中此胶具有高黏度，它还表现出优良的醋酸稳定性和热稳定性，在 0.1% 的 NaOH 溶液存在下加热可形成凝胶。由于韦兰胶属于典型的假塑性流体，具有良好的增稠性、悬浮性、乳化性，尤其是具有耐高温、耐酸碱、耐盐性能。韦兰胶水溶液对热稳定，在温度升高至 149℃时，其黏度基本不变，其耐温极限值比黄原胶高 20～30℃。

韦兰胶水溶液对酸、碱稳定，其黏度在 pH =2 ~13 范围内基本不受影响；对盐的稳定性也高，使其可作为增稠剂、悬浮剂、乳化剂、稳定剂、润滑剂、成膜剂和黏合剂应用于工农业的各个方面。特别是在食品、混凝土、石油、油墨等工业中有广泛的应用前景[27,28]。

国外早在20世纪八九十年代就开始研究韦兰胶的研究，我国于近年开始进行韦兰胶方面的研究。由于韦兰胶的优良特性，使其具有很好的发展前景。

一、韦兰胶的溶液性能

韦兰胶具有理想的增稠性、良好的稳定性、独特的剪切稀释性能、良好的抗盐能力，对酸、碱稳定等性能[29]。

韦兰胶溶液黏度（采用 BrookFelld DV－Ⅱ黏度计，4 号转子，转速 60r/min 下进行黏度测量）随浓度变化曲线见图 15－22。从图 15－22 可见，韦兰胶溶液的黏度随着胶液浓度的增加而明显上升，在 0.4% 后更是呈线性增长势态。随着浓度的增加，分子间的纠缠和相互作用加剧，使有效大分子结构和相对分子质量增加从而提高黏度。

韦兰胶含量为 0.2% ~1% 的溶液黏度随转速的变化曲线见图 15－23。由图 15－23 可见，0.2% 韦兰胶溶液黏度极低，基本符合牛顿流动定律，呈现出牛顿流体特性。0.4% ~1% 韦兰胶溶液呈假塑性流体特性，表观黏度随剪切速率增加而减少。这是由于韦兰胶溶液含有高分子的胶体粒子，这些粒子多由巨大的链状分子构成。在静止或低流速时，它们互相勾挂缠结，黏度较大。但当流速增大时，由于流层之间的剪切应力的作用，使比较散乱的链状粒子滚动旋转而收缩成团，减少了互相钩挂，从而出现了剪切稀释现象。利用该特性，可以使其在石油钻井中发挥突出的作用。

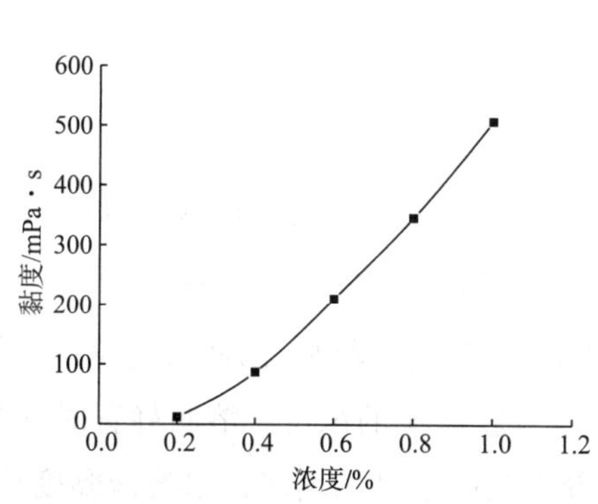

图 15－22　韦兰胶溶液黏度与浓度的关系

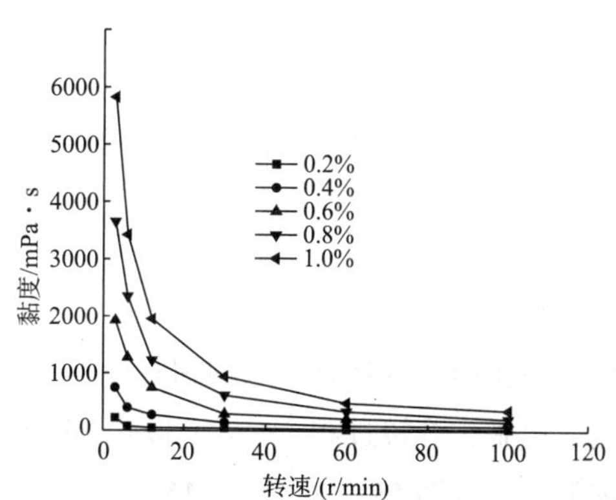

图 15－23　韦兰胶溶液黏度与剪切速率的关系

如图 15－24 所示，在温度 25 ~100℃范围内不同浓度的韦兰胶溶液的表观黏度基本不受温度的影响，说明即使是极低浓度的韦兰胶浴液也具有很好的热稳定性。它比黄原胶的耐温极限值高近 30℃，这种热稳定性在海水钻井液、石灰钻井液和高氯化物钻井液体系中（氯化物浓度 <100g/L）将会有更广泛的应用前景。

如图 15－25 所示，在 pH =2 ~12 的范围内三种浓度韦兰胶溶液的表观黏度基本不随 pH

值的变化而变化。说明 pH 值对其水溶液黏度影响较小，更有利于用作酸化液稠化剂。

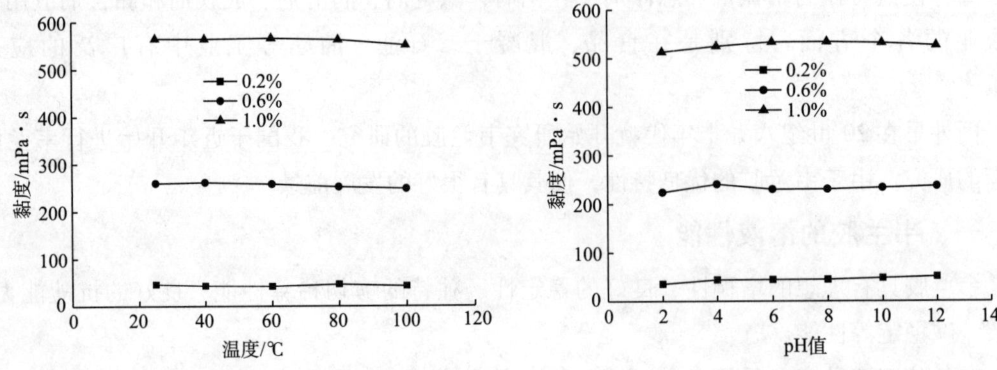

图 15-24　韦兰胶溶液黏度与温度的关系　　图 15-25　韦兰胶溶液黏度与 pH 值的关系

如图 15-26 所示，加入不同浓度 NaCl 后的韦兰胶溶液在 25～100℃ 范围内表观黏度变化不大。黏度基本不受温度的影响。

如图 15-27 所示，加入不同量的氯化钠后，韦兰胶溶液在中性范围内的表观黏度最大，在偏酸性偏碱的情况下黏度都会随之下降。NaCl 加量为 5% 时的韦兰胶水溶液黏度受 pH 值的影响最大。

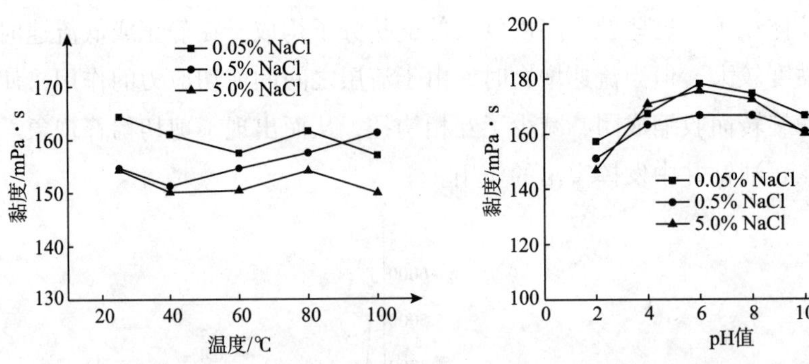

图 15-26　不同盐浓度对韦兰胶溶液黏度热稳定性的影响　　图 15-27　不同盐浓度对韦兰胶溶液黏度 pH 值稳定性的影响

微生物多糖通常具有很大的相对分子质量，同时存在聚合现象。因此韦兰胶的溶解包括水化、溶胀、溶解过程[30]。在 30℃、170s^{-1}下韦兰胶溶液的浓度、溶胀静置时间与溶液黏度的关系见图 15-28。由图 15-28 可见，随着韦兰胶浓度的增大，水溶液黏度增加；随着水溶液溶胀静置时间的延长，溶液黏度逐渐上升，当静置时间大于 1h 后，溶液的黏度基本不受静置时间的影响，表明多糖水溶液表观黏度受放置时间的影响很小。如果将韦兰胶作为压裂液用稠化剂，解决了现场配液时间长而影响施工作业效率的问题。

在 pH 值为 7.5、溶液静置时间为 1h、剪切速率为 170s^{-1}下，剪切时间对 0.5% 韦兰胶水溶液黏度的影响见图 15-29。由图 15-29 可见，当剪切时间小于 10min 时，温度在 20～70℃之间，温度对韦兰胶溶液的黏度影响较大；当温度恒定为 70℃时，溶液的黏度不随剪切时间的延长下降，说明韦兰胶水溶液表观黏度受剪切时间的影响很小，在特定温度下表现出优良的抗剪切性能，具备作为压裂液增稠剂的特性。

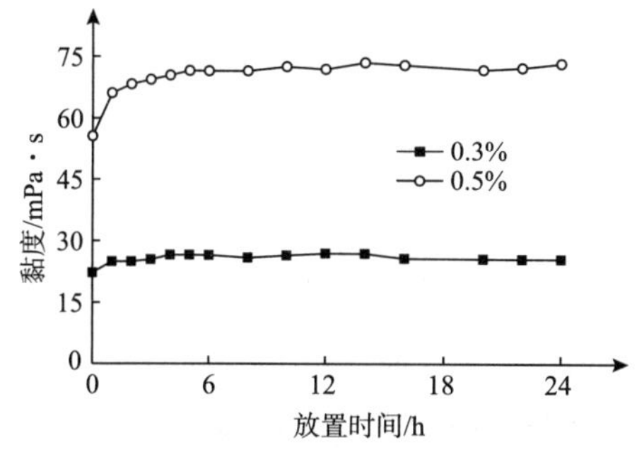

图 15-28 放置时间对韦兰胶溶液黏度的影响

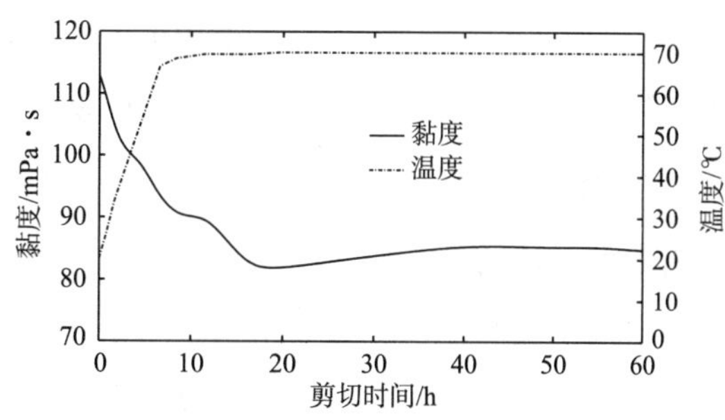

图 15-29 剪切时间对韦兰胶溶液黏度的影响

二、韦兰胶的生产

韦兰胶的生产包括发酵和提取两部分。生产工艺流程为：保藏菌种→斜面活化→摇瓶种子（或茄瓶培养）→一级种子扩大培养→二级种子扩大培养→发酵罐发酵→发酵液→提取→干燥→粉碎→包装→成品。

（一）韦兰胶的发酵

韦兰胶的发酵主要是以碳氢化合物为原料。碳氢化合物的主要来源：葡萄糖、糖（甘蔗、甜菜、谷物）、糖蜜、淀粉、谷类的面粉（稻谷、小麦、燕麦等）、豆（大豆和豌豆）和米糠等。通常谷物需经水解糖化才能作为原料，并按一定比例加入磷（K_2HPO_4）、镁（$MgSO_4$）、氮（NH_4NO_3）等，碳氢化合物的用量一般是 2% ~4%，而氮源用量一般是 0.05% ~0.4%。适合的氮源主要有酵母水解物、大豆粉、棉籽粉、干酪素、玉米浆。发酵温度可以是 25 ~35℃，但最优的温度一般控制在 28 ~32℃。发酵培养基的 pH 值在 6.5 ~7.5，发酵周期一般是 24d。

研究表明，韦兰胶菌种 NX-3 最优的营养配比为：蔗糖浓度 49g/L、酵母膏浓度 6.5g/L、$K_2HPO_4$2g/L、$MgSO_4$0.3 g/L。各因素对发酵影响的显著次序为：蔗糖 > K_2HPO_4 > 酵母膏 > Mg_2SO_4。产胶的最佳环境条件为：摇床转速 200r/min、装液量 100mL/500mL、初始 pH 值在 7.5 左右、发酵温度为 30℃。

（二）韦兰胶的提取

韦兰胶发酵液中除含有韦兰胶外，还有菌体细胞、未消耗完的碳水化合物、无机盐及大量的液体。如果大量杂质混杂在韦兰胶成品中会造成产品的色泽差、味臭、品质低劣，从而限制了韦兰胶的使用范围。由于韦兰胶发酵液黏度大给韦兰胶的分离提取带来较大困难，导致提取费用占据生产成本的主要部分。

目前工业中应用的提取回收方法主要有沉淀法（有机溶剂、盐、季铵盐、酸）和直接干燥法（转筒烘烤、喷雾干燥、瞬时快干）。醇沉淀法是目前生产微生物代谢胶最常用的提取方法，其优点是醇容易蒸发除去，不会残留在成品中，而且醇密度低、与沉淀物密度差别大，便于离心分离，产品回收率较高。常用的醇有甲醇、乙醇和异丙醇。发酵液于75℃巴氏灭菌10～15min，用58%～60%的醇沉淀提取，将所得产品于50～55℃烘箱中烘干（大约1h），然后进行粉碎和包装。

目前，也有一些用膜分离、超临界CO_2萃取技术、超滤以及反渗透提取微生物多糖的报道，但由于成本较高，大都停留在实验室阶段。

三、应用

由于韦兰胶的剪切稀释作用及其优良的流变性能，它主要作为增稠剂、悬浮剂、乳化剂、稳定剂、润滑剂、成膜剂和黏合剂应用于工农业的各个方面。特别是在食品、混凝土、石油、油墨等工业中有广泛的应用前景。在食品工业方面，韦兰胶在烘焙制品、乳制品、果汁、牛奶饮料、糖衣、糖霜、果酱、肉制品和各种甜点的加工中有潜在的应用价值。韦兰胶也可广泛应用于水泥和混凝土中，它能够增强水泥浆的保水性，当它作为保水剂时不需要像其他的添加剂那样使用分散剂。与其他添加剂相比，较低浓度的韦兰胶就可以取得很好的效果。如水泥成分中加入水泥干重量的0.01%～0.9%的韦兰胶可以增加水泥的可塑性，悬浮量，空气含量，抗下陷能力以及流动特性和抗失水性。

石油工业中韦兰胶的主要用途是钻井液增黏剂、流变性调节剂和驱油剂等。用于钻井液处理剂，它无论在低固相体系还是高密度体系中，都能以其在低剪切速率下的高黏度，以保持良好的流变性能。韦兰胶在低盐、低pH值（小于10）淡水中表现出优越的温度耐受性，并且在石灰处理钻井液、阳离子抑制钻井液以及水泥浆中发挥其作用。在众多流体（包括高pH值，基于石灰的钻井液体系）中它具有独特的井眼净化作用和悬浮作用，其抗沉降性能尤其适用于无固相钻井液完井液以及作为固井隔离液等。韦兰胶与其他同类产品（如黄原胶）相比，在更大范围具有热稳定性，韦兰胶的这一性能，使其在石油开采应用中显得非常重要，作为一种新型的驱油剂，用于三次采油，可大大提高采油率。

研究表明[31]，在相同加量条件下，韦兰胶钻井液比黄原胶钻井液具有更高的表观黏度和动切力，而塑性黏度基本一致，具有优良的剪切稀释性能；韦兰胶钻井液的抗温能力明显高于黄原胶钻井液。韦兰胶将成为深井钻井液中的一种新型流型调节剂。

针对不同需要，为了改善韦兰胶溶解速度、黏度和交联性，通过韦兰胶与氯乙酸或3－氯丙酸、环氧丙烷等反应在分子结构上引入羧酸基和羟丙基可以制备羧甲基或羟丙基韦兰胶。

第五节　结冷胶

结冷胶（Gellan gum）别名凯可胶、洁冷胶，是近年最有发展前景的微生物多糖之一，由美国Kelco公司于20世纪80年代开发。结冷胶过去称多糖PS－60，于1978年首次发现，1992年美国FDA批准许可应用于食品饮料，1994年欧共体将其正式列入食用安全代码（E－418）表中，我国1996年批准其可作为食品增稠剂、稳定剂使用。由于结冷胶可在极低用量下产生凝胶，其0.25%的使用量就可达到琼脂1.5%的使用量和卡拉胶1%的使用量凝胶强度，因此，结冷胶现已逐步代替琼脂和卡拉胶在工业上应用。

结冷胶凝胶性能比黄原胶更为优越，凝胶形成能力强、透明度高、耐酸耐热性好、稳定性强、具有良好热可逆性等。此外，结冷胶不仅是一种凝胶体，且也是一种具纤维性状、黏弹特性和良好风味释放性的多糖聚合体。目前除美国Kelco公司外，我国河北、浙江也有企业生产结冷胶。由于结冷胶性质独特，在食品业中有良好的应用前景[32,33]。

结冷胶是经发酵、脱乙酰基、澄清、沉淀、压榨、干燥、粉碎等过程而制成的微生物胞外多糖。其相对分子质量一般是$0.5\times10^6 \sim 1.0\times10^6$，具有平行双螺旋结构，胶体链由4个基本单元重复聚合组成，依次为：β（1→3）－D－葡萄糖、β（1→4）－D－葡萄糖醛酸、α（1→4）－D－葡萄糖、α（1→4）－L－鼠李糖。结冷胶有高酰基和低酰基之分。一般发酵方法得到的结冷胶是高酰基结冷胶（也称为天然结冷胶），如将获得的产品用碱处理（pH＝10条件下）并经加热处理，可除去分子上乙酰基和甘油基团，而得到用途更广的脱乙酰基结冷胶（低酰基结冷胶）。其结构式见图15－30。一般来说，天然型结冷胶主链上接有酰基，所形成凝胶柔软、富有弹性、且黏着力强，与黄原胶和刺槐豆胶性能相似；低酰基型凝胶具有强度大、易脆裂特性，与卡拉胶和琼脂特性相似，由于生产工艺和产量的限制工业上常用的是低酰基型结冷胶。

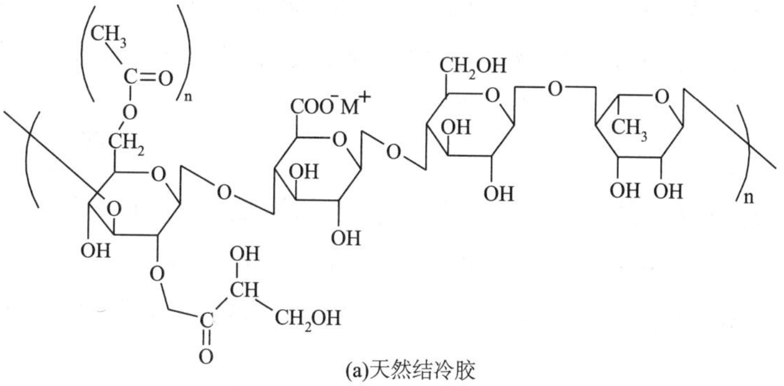

(a)天然结冷胶

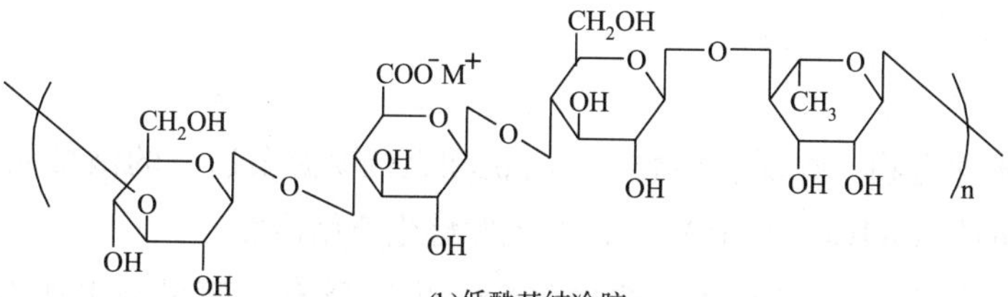

(b)低酰基结冷胶

图15－30　结冷胶的结构

一、结冷胶的性能

结冷胶干粉呈米黄色，无特殊的滋味和气味，约于150℃不经熔化而分解。耐热、耐酸性能良好，对酶的稳定性亦高。不溶于非极性有机溶剂，也不溶于冷水，溶于热的去离子水或整合剂存在的低离子强度溶液，水溶液呈中性。

结冷胶具有良好稳定性，耐酸、耐高温，热可逆性，还能抵抗微生物及酶作用。结冷胶在 pH 值为 2 ~ 10 范围稳定，比黄原胶 pH 值稳定范围（4 ~ 8）要宽得多，且结冷胶凝胶强度在 pH 值为 4 ~ 7 时较强。

结冷胶在高温时仍较稳定，90℃时能保持较高强度，而黄原胶在此温度下已失去其原有黏度 74%，将 0.015g/mL 琼脂凝胶和 0.008g/mL 结冷胶凝胶在 121℃下处理 15min，实验表明，经 6 次反复处理后结冷胶强度下降 50%，而琼脂强度下降 84%。

结冷胶使用方便，搅拌即可分散于水中，加热后溶解成透明溶液，冷却后形成透明坚实凝胶；且多糖质量浓度在 0.15g/mL 时，溶液仍能呈高度透明胶体。结冷胶能与黄原胶、瓜尔胶、槐豆胶、明胶、角叉菜胶和海藻酸盐等交联产生具有优良特性增稠剂和稳定剂。

低质量分数结冷胶溶液（0.01% ~ 0.05%）流变学类型接近 Cross 模型，该体系具有剪切稀释性、触变性和屈服应力性，且三者均随结冷胶质量分数增加而增大。结冷胶质量浓度在 0.4 ~ 0.5g/L 时即能形成凝胶，当加入二价阳离子时，该浓度则更低；当结冷胶浓度为 0.2g/L 时，加入 0.04g/L Ca^{2+} 和 0.05g/L Mg^{2+} 形成凝胶达到最大强度。

天然结冷胶形成弹性凝胶，而脱酰基结冷胶在阳离子存在时，在加热后冷却时生成坚实脆性凝胶。由于多糖含量较高，纯化产品的性能比未纯化产品更优。

无论是钠和钾等单价阳离子，还是如镁和钙等二价阳离子，都可用于与低酰基型结冷胶生成坚实、脆性凝胶。但是最大凝胶硬度和模数是在非常低的二价阳离子浓度时产生的。大约 0.5mmol/L 的钙和镁离子等于约 150mmol/L 钾和钠离子在 0.5% 凝胶中所生成的最大凝胶模数和硬度。

低酰基型结冷胶凝胶的模数和硬度随胶浓度的增加而增加，而凝胶脆性和弹性保持相对不变。纯化产品由于较高的多糖含量，在任何特定胶浓度时都有较高的硬度和模数。很明显，胶浓度、离子浓度是相互依存的两个参数，可用于调节产生最佳凝胶硬度和模数。

二、生产工艺

（一）原料

在含有碳水化合物为碳源、磷酸盐、有机和无机氮源及适量的微量元素的介质中，用 Pseudomonas eloder（ATCC 31461）菌株有氧发酵生产结冷胶。

培养基：种子培养基蔗糖 20g，蛋白胨 5g，牛肉膏 3g，酵母浸出汁 1g。发酵培养基：蔗糖，豆粉，蛋白陈，磷酸二氢钾等。

发酵在消毒的条件下严格控制通气量、搅拌、温度和 pH 值，发酵完成后，回收前发酵液用巴斯德灭菌法杀死活菌体。

（二）工艺流程（图 15-31）

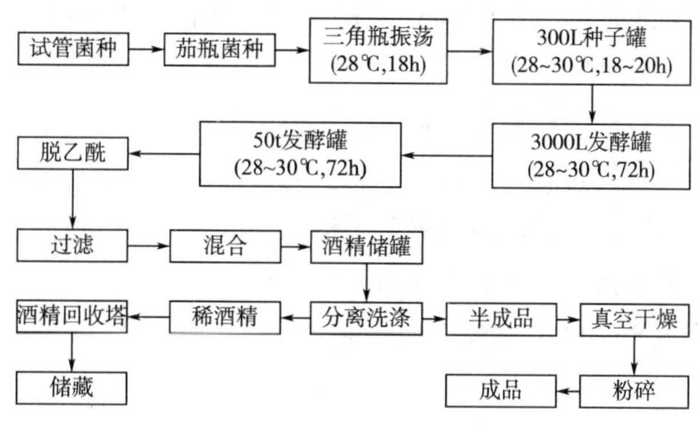

图 15-31 结冷胶生成工艺流程

（三）发酵生产

结冷胶生产菌少动鞘脂单胞菌（Sphingomonas Paucimobilis ATCC 31461），过去曾称伊乐藻假单孢菌（Pseudomonas eloder ATCC 31461），是从植物体中分离获得一种好氧革兰氏阴性菌。能在以葡萄糖、蔗糖、麦芽糖等糖类作碳源，含无机或有机氮源及磷酸盐和微量元素培养基中生长，其最适培养温度为 30℃。

碳源是影响生产的重要因素，比较葡萄糖、乳糖和新鲜干酪乳清等碳源对 S. paucimobilis ATCC31461 发酵生产结冷胶影响发现，最佳碳源为葡萄糖，葡萄糖和乳糖合成聚合物乙酰化程度不同。研究发现，该菌最易利用碳源为 3% 的葡萄糖、4% 的蔗糖、3% 的可溶性淀粉，但葡萄糖浓度不能大于 3%，否则会抑制结冷胶合成，若葡萄糖分 2 次添加时，结冷胶产量由原来 6g/L 提高到 8. 12g/L。

氮源也将影响微生物生长和结冷胶合成。S. paucimobilis ATCC 31461 发酵生产结冷胶常用氮源为 NH_4NO_3，国外学者通过实验发现，用大豆油胨、玉米浆或玉米粉、蛋白胨等有机氮源代替培养基中的 NH_4NO_3，都能使结冷胶产量提高，其中以大豆油胨为最好。在此基础上，发现以大豆油胨为氮源培养基增补 0. 1% 的酵母膏，能提高结冷胶产量。研究发现，NH_4NO_3 会抑止结冷胶合成，用廉价大豆油代替昂贵蛋白胨为氮源时，在没有 NH_4NO_3 存在下产量提高 3 倍。通过研究酵母膏、蛋白胨和各种无机氮源对结冷胶的生产影响，发现最佳氮源为蛋白胨，其产量为 32. 1g/L，同时还发现添加 0. 5% 的苏氨酸能提高结冷胶产量。

种龄和接种量对微生物发酵有很大影响，它不仅影响微生物生长量，且影响产物合成，因此，对种龄和接种量的控制非常重要。有人发现 S. paucimobilis ATCC 31461 最适种龄和接种量分别为 20h 和 10%；还有人发现，Pseudomonaseloder 最适种龄和接种量分别为 16h 和 8%。

温度是影响微生物生长和产物合成的一个重要因素。结冷胶发酵最适温度为 30 ~ 31℃，若温度降到 28℃或升到 33℃时，结冷胶产量与最适温度下产量相比约下降 50%，而菌体生长最适温度为31℃。培养基初始 pH 值也是微生物发酵生产的一个重要控制条件。研究发现，S. paucimobilis ATCC31461 发酵生产结冷胶最佳 pH 值在6.8~7.4之间。

（四）结冷胶分离纯化

结冷胶生产是高黏性代谢产物微生物发酵过程，胞外多糖围绕细胞以黏性聚合物形式形成网状结构，因此，难以将胞外多糖与细胞分离，即使经大量稀释后也难以分离。

提取多糖的一般方法是将发酵液稀释若干倍以降低其黏性，然后通过离心分离菌体和多糖，常用异丙醇和乙醇沉淀多糖。大多数研究者通过冷冻干燥、超速离心和超滤浓缩结冷胶。有文献报道，在80~90℃高温下加热发酵液，然后用异丙醇或乙醇沉淀可增加多糖提取率。

醇沉淀得到粗脱乙酰结冷胶工艺为：将发酵液于沸水浴中保持15min，冷却后用1mol/L 的 NaOH 调节 pH 值至10后在80℃下保持10min，然后用1mol/L 的 HCl 调节至中性，经以上处理发酵液于4℃，8000r/min 离心30min 除去菌体，取上清液若干用2~3倍体积异丙醇（或乙醇）沉淀，4℃过夜后又于4℃以8000r/min 离心30min，得沉淀，沉淀物于80℃烘干后即得到产品。要提高结冷胶纯度，通常通过异丙醇、丙酮、四氢呋喃等溶剂多次沉淀和多次在水中溶解以纯化多糖。

三、用途

由于结冷胶优越的凝胶性能，目前已逐步成为取代琼脂、卡拉胶的产品。结冷胶广泛用于食品中，如布丁，果冻，白糖，饮料，奶制品，果酱制品，面包填料，表面光滑剂，糖果，糖衣，调味料等。也用在非食品产业中，如微生物培养基，药物的缓慢释放，牙膏等。

在石油工业中可以用作钻井液增黏剂、压裂液稠化剂和驱油剂等。由于结冷胶具有无毒，高效，耐酸碱，热稳定性好等优势，而且在各行各业都有很大的应用前景，所以近些年来结冷胶在我国的研究和生产都深受重视。然而由于结冷胶在我国的生产规模小，产量低，且搅拌时能耗高，所以总体来说结冷胶的生产成本较高。目前我国在结冷胶生产方面的重要任务是提高产量，扩大生产规模，减少生产成本。加大结冷胶的生产研究力度，如通过物理化学诱变，细胞融合，基因克隆等技术筛选出高产、稳定的菌种；将厌氧微生物的基因片段转移到高产菌种中，使其在该菌种中表达，从而减弱或去除通氧量，搅拌速度对结冷胶生产的影响，降低生产成本；选择各行各业中生产留下的副产品，代替发酵生产中得碳源、氮源、无机盐等成分进行发酵生产，从而减少生产成本。随着研究的不断深入和生成经验的积累结冷胶生产成本会越来越低，应用面会越来越宽[34]。

第六节　其他生物胶

一、普鲁兰多糖

普鲁兰多糖（Pullulan）也称茁霉多糖、出芽短梗孢糖、普聚多糖或普鲁兰糖[35]，是

1938 年由 R. Bauer 发现的一种特殊的微生物多糖，它是由出芽短梗霉（Aureobacidium pullulans）分泌的胞外多糖。是出芽短梗霉在培养液中生长、代谢产生的细胞外多糖。培养液中一部分糖作为营养源用于生长繁殖，大部分被胞内复杂的酶系作用生成普鲁兰多糖。糖用尽后，普鲁兰多糖被分解，维持细胞的发育。普鲁兰多糖以 α-1，6-糖苷键结合麦芽糖构成同型多糖为主，即葡萄糖按 α-1，4-糖苷键结合成麦芽三糖，两端再以 α-1，6-糖苷键同另外的麦芽三糖结合，如此反复连接而成高分子多糖。α-1，4-糖苷键同 α-1，6-糖苷键的比例为 2-1，聚合度为 100~5000，相对分子质量为 4.8×10^{4} ~ 2.2×10^{6}（商品普鲁兰糖平均相对分子质量为 2×10^{6}，大约由 480 个麦芽三糖组成）。其结构见图 15-32。

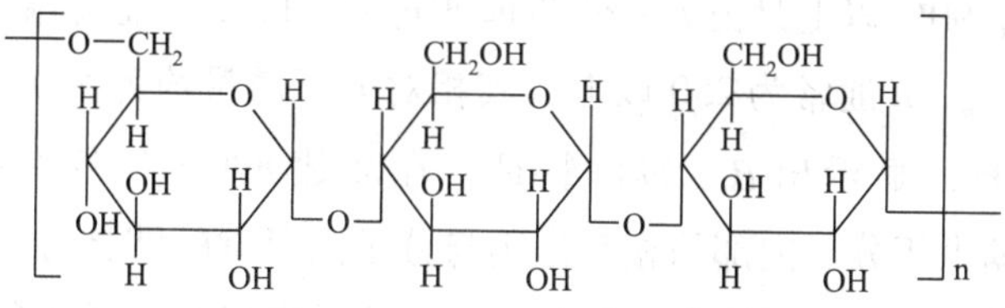

图 15-32 普鲁兰多糖的结构

普鲁兰多糖是无色、无味、无臭的高分子物质。急性、亚急性和慢性实验，以及变异源性实验都表明，普鲁兰多糖不引起任何生物学毒性和异常状态，用于食品和医药工业安全可靠。粉末状普鲁兰多糖对热的反应与淀粉相同。与其他高分子材料不同，它的炭化不产生有毒的气体。任何浓度的盐分含量均不影响普鲁兰多糖溶液的黏度。因此，用作食品添加剂时不因食盐的存在而起变化。普鲁兰多糖是中性多糖，在常温 pH=3 以下水解，黏度降低，在碱性条件下加热焦化着色。普鲁兰多糖是线形状结构，因此它的黏度远低于其他多糖，普鲁兰多糖溶液黏度随平均相对分子质量的增加而增加，也随浓度的增大而增加，但比起其他高分子物质的黏度增加要小，并且它的黏度的热稳定性较好。质量分数为 1.5% 的溶液黏度是相同质量分数黄原胶溶液的 1/1000。普鲁兰水溶液对术材、纸张、纤维、食品、玻璃、金属、水泥等具有极强的黏接能力。性能高于淀粉、变性纤维、酚树脂等，抗张强度高，用乙二醛处理可增加抗水性。

普鲁兰多糖是一种水溶性黏质多糖，成品为白色固体粉末。由于其具有良好的成膜、成纤维、阻气、黏接、易加工、无毒性等特性，已广泛应用于医药、食品、轻工、化工和石油等领域。如在医药和保健品胶囊行业、化妆品的黏结成形剂，食品品质的改良剂和增稠剂，用于防止氧化的水溶性的包装材料，主食、糕点的低热能食品原料，在化妆品、医药、保健品行业中作为填充剂和黏结成型剂，医药工业中还作为血浆代用品；在石油工业作为三次采油的驱油剂和钻井液增黏剂；另外，在烟草制造工业、农业种子保护等领域也有广泛的应用。

二、凝结多糖

凝结多糖（curdlan，多糖 Fs-140），又称凝结胶、凝胶多糖等，是由微生物产生的，以β-（1→3）-糖苷键构成的水不溶性葡聚糖，是一类将其悬浊液加热后，既能形成硬而有弹性的热不可逆性凝胶，又能形成热可逆性凝胶的多糖类的总称[36]。是继黄原胶、结冷胶之后被美国 FDA 批准使用的第 3 种微生物发酵生产的胞外多糖。它是由日本大阪大学原田教授等人在 1964 年从土壤中分离出来的一种名为 Alcaligenesfacealis var. myxogenes（10C3）的细菌产生的（后来发现 Agrobacterium 属的许多保存菌株都可以产生该多糖）。凝结多糖有许多特殊性质，该糖可形成热不可逆凝胶，具有食用和多种工业用途。1989 年，日韩开始用它作食品胶。美国 FDA 于 1996 年准许将其作为食品的稳定剂、增稠剂用于食品配料中。日本、加拿大等国已有生产，并已被开发应用于许多食品中。我国江苏省食品发酵研究所采用微生物发酵法生产凝结多糖的工艺已完成工业性的试验。

凝结多糖结构中 90% 以上是由 D-葡萄糖通过β-1，3-葡萄糖苷键构成的葡聚糖。分子式为（$C_6H_{10}O_5$）$_n$，n 通常为 250 以上，其相对分子质量约为 44000～100000，无支链结构，其红外吸收光谱显示出β-键的特征，在波数 890cm^{-1} 处有吸收峰。其结构见图 15-33。凝结多糖由于分子内部的相互作用与分子间氢键的结合可形成更为复杂的三级结构。X 射线衍射分析发现，凝结多糖具有β-三股螺旋结构。凝结多糖在加热成高强度胶时，是右手 6 叠 3 股螺旋体，能形成稳定的硬棒结构。

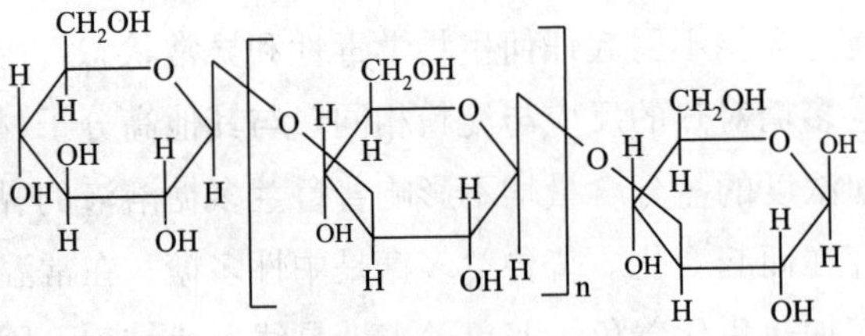

图 15-33 凝胶多糖的结构

凝结多糖不溶于水及许多有机溶剂，但可溶解于碱液、蚁酸、二甲基亚砜，通常易溶于能破坏氢键的物质的水溶液中，如水饱和尿素、质量分数为 25% 的碘化钾中。凝结多糖易于被刚果红和苯胺蓝染色而不被甲苯胺蓝和次甲基蓝染色，染色性稳定，其染色性与凝结多糖浓度和聚合度成比例。凝结多糖具有触变体性质，将其水悬浊液缓慢加热，其黏度在 54℃附近急剧上升，62℃附近达到一定，在 78℃前后再一次升高，且黏度随温度上升而升高。凝结多糖是一种不被人体消化、不产生热量的一种极其安全的多糖类添加剂，毒性实验经口投入 10g/kg 的凝结多糖未发现异常现象。

凝胶多糖加热至不同温度时，可以形成性质完全不同的凝胶。凝胶多糖悬浮液在约 54～80℃温度范围内加热后冷却可以形成凝胶，这种凝胶称为低强度凝胶（Low set gel 或低硬化凝胶），这种凝胶对温度具有可逆性，重新加热凝胶会变成溶胶，强度较低，性质介于琼脂的脆性与明胶的弹性之间；将悬浮液在 80℃以上加热时不经冷却就可以直接形成凝胶，这样形成的凝胶称为高强度凝胶（High set gel 或称高硬化凝胶），这种凝胶对温度具有不可逆性，结构坚实并具有高弹性。这就是凝胶多糖形成加热凝胶的两种类型。形成的热不可逆凝胶室温下质感较脆硬，加热蒸煮时硬度下降，弹性不会下降，久煮不会溶解或软烂。

将凝胶多糖的稀碱液中和也形成凝胶，该凝胶的凝胶强度较高而脱水率较低。通过透析法去除碱也可以形成凝胶，这种凝胶不含中和反应所产生的无机盐类，因此该方法适于制作不含无机盐类的产品。这两种非加热凝胶都具有可逆性。将非加热凝胶夹在两板间压去部分水分，得到干燥的薄片，这种薄片吸水后形成再生凝胶，且再生凝胶的强度比干燥前的强度高。这种干燥薄片易吸水形成凝胶的性质，作为凝胶用食品材料和油田用堵水、堵漏材料等具有一定的意义。另外，在凝胶多糖的碱液中加入钙离子也可以形成凝胶。

凝结多糖对酸碱度的适应性很强，在 pH = 2 ~ 10 范围内都具有良好的凝胶形成性。各种无机盐类对凝结多糖的凝胶强度几乎无影响，但 $Na_2B_40_7$可显著增强凝胶强度。

凝结多糖凝胶具有极强的包油性，将 3% 凝结多糖和各种浓度的玉米油混合液均质后，在 95℃、10min 加热时，随着含油量的增加，其凝胶强度和脱水率均减少。当含油量达到 24% 时，凝胶在生成过程和生成后仍不发生油分离。将含油凝胶夹在两板间压榨，仅能除去部分水分，油仍残留在干燥物中，含量可达 85%，并且此干燥物质吸水而恢复凝胶状态。另外，β - 蒎烯、沉香醇等樟脑类物质和脂溶性维生素都可以包含于凝结多糖凝胶，都可以得到去除水后的干燥物，而这些疏水性物质并不受到损失。

由于胞外多糖（EPS）围绕细胞以黏性聚合物形式形成网状结构。因此在凝结多糖的生产过程中，难以将胞外多糖与细胞分离，即使大量稀释也很难分离。凝胶多糖的制备方法如下[37]。

蔗糖和无机盐按比例配成培养基，分装于 500mL 三角瓶中，121℃灭菌后接种生产菌种，在恒温摇床上振荡培养。具体工艺流程为：斜面菌种→种子摇瓶→发酵摇瓶→发酵 3 ~ 4d（30 ~ 35℃）→发酵液→发酵液离心弃去上清液→沉淀加入 lmol/L 的 NaOH 充分溶解→黏稠的糊状液→离心除去沉淀→凝胶多糖的碱溶液加入 3mol/L 的 HCl 调 pH 值至 7→无色半透明的胶状沉淀→透析除盐→冷冻干燥→凝胶多糖成品。

参考文献

[1] 王中华，何焕杰，杨小华. 油田化学品实用手册 [M]. 北京：中国石化出版社，2004.

[2] 王中华. 钻井液处理剂实用手册 [M]. 北京：中国石化出版社，2016.

[3] 周盛华，黄龙，张洪斌. 黄原胶结构、性能及其应用的研究 [J]. 食品科技，2008（7）：156 - 160.

[4] 黄成栋，白雪芳，杜昱光. 黄原胶（Xanthan Gum）的特性、生产及应用 [J]. 微生物学通报，2005，32（2）：91 - 98.

[5] 赵向阳，张洁，尤源. 钻井液黄原胶胶液的流变特性研究 [J]. 天然气工业，2007，27（3）：72 - 74.

[6] 郭瑞，丁恩勇．黄原胶的结构、性能与应用［J］．日用化学工业，2006，36（1）：42－45.
[7] 吴小军，童群义．耐热性黄原胶的制备与性能［J］．高分子材料科学与工程，2008，24（3）：152－154.
[8] 赵丽娟，凌沛学．黄原胶生产工艺研究概况［J］．食品与药品，2014（1）：55－57.
[9] 李娟，王君高，杨婷婷．黄原胶发酵生产培养基优化研究［J］．中国食品添加剂，2012，1：148－153.
[10] 李仲谨，王磊，程磊．黄原胶与丙烯酰胺接枝共聚反应的研究［J］．天然产物研究与开发，2009，21（2）：217－220.
[11] 马诚，谢俊，甄剑武，等．抗高浓度氯化钙水溶性聚合物增黏剂的研制［J］．钻井液与完井液．2014，31（4）：11－14.
[12] 韩琳，王锦锋，吴文辉．黄原胶接枝共聚物降滤失剂应用性能评价［J］．石油钻探技术，2006，34（2）：38－40.
[13] 李仲谨，赵燕，郝明德，等．凹凸棒黏土/黄原胶接枝改性高吸水性树脂的制备［J］．中国胶黏剂，2010，19（7）：25－29.
[14] 杨彪，杜宝坛，杨斌，等．非交联型黄原胶/魔芋胶水基冻胶压裂液的研制［J］．油田化学，2005，22（4）：313－316.
[15] 魏兆胜，王岚岚，吕振山，等．生物聚合物深部调剖技术室内及矿场应用研究［J］．石油学报，2006，27（3）：75－79.
[16] 中国石油化工股份有限公司，中国石油化工股份有限公司北京化工研究院．一种黄原胶接枝共聚物驱油剂及其制法和应用：CN，102051165［P］．2013－08－14.
[17] 诸晓锋，苏秀霞，李仲谨，等．黄原胶基高性能絮凝剂的合成研究［J］．水处理技术，2009，35（11）：62－64.
[18] 诸晓锋，苏秀霞，杨祥龙，等．海泡石/黄原胶复合絮凝剂的制备及应用研究［J］．应用化工，2009，38（9）：53－53.
[19] 沈忱玉．食品新增稠剂——硬葡聚糖［J］．食品研究与开发，1987（4）：50－52.
[20] 韩明．硬葡聚糖的结构与性质［J］．油田化学，1993，10（4）：375－379.
[21] 通辽市黄河龙生物工程有限公司．小核菌硬葡聚糖工业量产发酵及提取工艺：中国专利，CN，106337071A［P］．2017－01－18.
[22] 李冰，张建法，蒋鹏举．真菌硬葡聚糖的生产及在油田上的应用［J］．微生物学通报，2003，30（5）：99－102.
[23] 王薇，黄海东，张禹，等．一种新型生物聚合物 Ss 的流变学性质及成胶特性［J］．微生物学通报，2008，35（6）：866－871.
[24] 黄海东，王薇，马挺，等．一种新型生物聚合物的分子组成及特性研究［J］．高等学校化学学报，2009，30（2）：324－327.
[25] 黄海东，王薇，马挺，等．鞘氨醇单胞菌 TP－3 合成新型生物聚合物 Ss 的发酵条件优化［J］．微生物学通报，2009，36（2）：155－159.
[26] 杨振杰，刘延强，雷大秋，等．三赞胶对钻井液性能影响的研究［J］．精细与专用化学品，2010，18（6）：27－31，35.

[27] 吉武科，赵双枝，董学前，等. 新型微生物胞外多糖——韦兰胶的研究进展 [J]. 中国食品添加剂，2011 (1)：210－215.
[28] 郭建军，李建科，陈芳，等. 韦兰胶的特性、生产和应用研究进展 [J]. 中国食品添加剂，2008 (2)：87－91.
[29] 陈芳，李建科，徐昶. 新型微生物多糖——韦兰胶的流变特性影响因素研究 [J]. 食品科学，2007，28 (9)：49－52.
[30] 何静，王满学，李世强，等. 不同因素对微生物多糖溶液黏度的影响 [J]. 钻井液与完井液，2015，32 (4)：84－87.
[31] 杨振杰，刘阿妮，张喜凤，等. 韦兰胶对钻井液流变性能的影响规律 [J]. 钻井液与完井液，2009，26 (3)：41－43.
[32] 詹晓北. 结冷胶 [J]. 中国食品添加剂，1999 (2)：66－69.
[33] 秦刚，王庭. 结冷胶生产技术及其在食品中应用 [J]. 粮食与油脂，2010 (5)：44－47.
[34] 文春溪，刘钟栋. 结冷胶研究进展 [J]. 中国食品添加剂，2014 (1)：204－207.
[35] 许勤虎，徐勇虎，闫雪冰，等. 普鲁兰多糖及应用进展研究 [J]. 山西食品工业，2003 (2)：19－21，42.
[36] 何小维，罗发兴，罗志刚. 凝胶多糖的研究与开发 [J]. 食品研究与开发，2006，27 (1)：155－157.
[37] 刘亭君，任红，杨洋，等. 凝胶多糖的制备及其在可食性膜的应用 [J]. 现代食品科技，2006，22 (4)：57－60.

第十六章 聚乙烯醇

PVA 最早是由德国化学家于 1924 年首先发现的。第一篇有关 PVA 的论文发表于 1927 年。直到 1938 年，日本仓敷公司、钟纺公司以电石为原料研制成合成纤维——维尼纶。美国的第一家聚乙烯醇生产厂家杜邦公司于 1939 年开始生产。日本的 PVA 生产能力约占全世界的一半，其技术水平也居领先地位。由于 PVA 是维尼纶的主要原料，因此国内外 PVA 的发展都是建立在维尼纶的基础上。但是，维尼纶作为合成纤维的一个品种，存在着诸如弹性低、染色性能不良、尺寸稳定性差等一系列的缺点，因而在合成纤维工业中逐渐被涤纶、尼龙、晴纶所代替。这就导致 PVA 产品产生严重的过剩。迫使生产厂家致力于非纤维应用的研究。由于 PVA 具有一系列优异的应用性能，使非纤维应用开发得到了快速发展。日本在 1960 年前几乎全部 PVA 都用来生产维尼纶，十年后，非纤维应用已占总产量的二分之一左右。目前，美国、欧洲等，PVA 大多用于非纤维方面。

我国的 PVA 生产和应用始于 20 世纪 60 年代。开始主要用于乳化剂，生产聚乙烯醇乳胶涂料。20 世纪 80 年代后，开始用于非纤维方面的产品研发。

聚乙烯醇是分子主链含—CH_2—CH（OH）—基团的高聚物，由聚乙酸乙烯酯醇解而制得。PVA 的应用领域主要是纤维、胶黏剂、涂料、功能高分子材料、膜材料、造纸、油田和土壤改良剂等。本章结合 PVA 在油田作业流体中的应用，对 PVA 及其改性产物的性能、制备和应用简要介绍。

第一节　PVA 的性能、化学反应、制备及应用

一、PVA 的性能

（一）基本性质

聚乙烯醇为白色或微带黄色粉末或粒状，密度为 1.27 ~ 1.31，折射率为（n_D^{25}）1.49 ~ 1.53。在 100 ~ 140℃时稳定，高于 150℃时慢慢变色，在 170 ~ 200℃时分子间脱水，高于 250℃时分子内脱水，颜色很深，不溶解；玻璃化温度为 65 ~ 87℃，无定形聚乙烯醇玻璃化温度一般为 70 ~ 80℃。比热容为 0.173J/g · ℃。与强酸作用，溶解或分解。与强碱作用，变软或溶解。与弱酸作用，变软或溶解。对矿物油、脂肪、烃类、醇、酯、酮二硫化碳等具有良好的耐浸蚀性。相对分子质量越低，水溶性越好。由于水解度不同，产

物从溶于水至仅能溶胀。透气性很小，除水蒸气和氨外，氢、氮、氧、二氧化碳等气体透过率很低。高水解度的聚乙烯醇膜在25℃下，对氧的透气性几乎为零，二氧化碳的透气性仅为0.2g/m²，不吸收声音，能很正确地传声[1]。

PVA分子中存在2种化学结构，即1，3－乙二醇结构和1，2－乙二醇结构，主要的结构是1，3－乙二醇结构（头－尾结构），见图16－1。

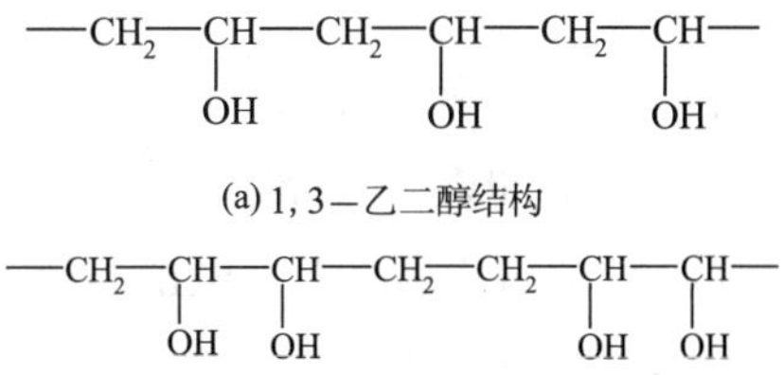

$$—CH_2—\underset{\displaystyle OH}{\underset{|}{CH}}—CH_2—\underset{\displaystyle OH}{\underset{|}{CH}}—CH_2—\underset{\displaystyle OH}{\underset{|}{CH}}—$$

(a) 1, 3－乙二醇结构

$$—CH_2—\underset{\displaystyle OH}{\underset{|}{CH}}—\underset{\displaystyle OH}{\underset{|}{CH}}—CH_2—CH_2—\underset{\displaystyle OH}{\underset{|}{CH}}—\underset{\displaystyle OH}{\underset{|}{CH}}—$$

(b) 1, 2－乙二醇结构

图16－1 PVA的化学结构

根据聚合度和醇解度的不同，聚乙烯醇可分为许多类，见表16－1。聚合度越大，水溶液的黏度越大，成膜后的强度和耐溶剂性增大，但在水中的溶解度下降，成膜后的伸长率下降。

表16－1 不同类型的聚乙烯醇的相对分子质量和黏度

类别	相对分子质量/10^4	20℃下4%水溶液黏度/Pa·s	类别	相对分子质量/10^4	20℃下4%水溶液黏度/Pa·s
超高聚合度	25～30	>0.06	中聚合度	12～15	0.016～0.035
高聚合度	17～22	0.036～0.060	低聚合度	2.5～3.5	0.005～0.015

根据醇解度分，PVA有82、86、88、90、97、98、99、100（摩尔分数/%）等不同水解度的产物，最普遍的产品规格是17－88和17－99两种型号，其中17表示平均聚合度为1700～1800。大于98者称完全醇解型，其余均为部分醇解型，随着醇解度的加大，其在水中的溶解度明显下降，醇解度增大，在冷水中的溶解度下降，而在热水中的溶解度提高。通常醇解度87%～89%的产品水溶性最好，不管在冷水还是在热水中它都能很快地溶解，表现出最大的溶解度。醇解度在89%～90%以上，为了完全溶解，一般需加热到60～70℃。醇解度为99%以上的PVA只溶于95℃的热水。醇解度在75%～80%的产品只溶于冷水，不溶于热水。醇解度小于66%，由于憎水的乙酰基含量增大，水溶性下降。直到醇解度到50%以下，PVA即不再溶于水。PVA溶解后，一旦形成水溶液，就不会在冷却时从溶液中再析出。

（二）溶液性质

如图16－2所示，聚合度为1788、醇解度为98.5%的PVA，随着PVA水溶液浓度的提高，黏度急剧上升；温度升高，黏度明显下降。

PVA水溶液为非牛顿流体，当质量分数低于0.5%时，在较低剪切速率（$<400s^{-1}$）时可视为牛顿流体。PVA水溶液的黏度和浓度的关系符合Anderlade公式：

$$\lg\eta = \lg A + Q_\eta/RT \tag{16-1}$$

式中，Q_η为流动活化能，J/mol。

盐虽然影响PVA水溶液的黏度并导致盐凝析（沉淀），但不同的盐影响程度不同，以容忍度，即PVA水溶液抗盐的凝析（沉淀）能力来表示，容忍度高的盐，如硝酸钠、氯化铵，氯化钙、氯化锌、碘化钾和氢氧化铵以及大多数无机酸，如盐酸、硫酸、硝酸、磷酸。作为沉淀剂的盐有碳酸钙、硫酸钙、硫酸钾。浓度很低的NaOH溶液会使PVA从溶液沉淀出，各种盐对PVA水溶液的凝析能力为：$SO_4^{2-} > CO_3^{2-} > PO_4^{3-} \geqslant Cl^-$、$NO_3^-$；$K^+ > Na^+ > NH_4^+ \geqslant Li^+$。

在某些化合物存在时，PVA水溶液会产生凝胶化。PVA水溶液对硼砂特别敏感，少量硼砂也会使PVA水溶液失去流动性，即凝胶化。这种变化与介质的pH值关系密切。当介质的pH值偏于碱性时，硼酸与聚乙烯醇发生分子间反应，使溶液黏度剧增，以致形成凝胶。某些铬的化合物，如铬酸盐，和高锰酸钾也会使其凝胶。

聚乙烯醇与淀粉一样，具有与碘反应的呈色性。完全醇解的聚乙烯醇呈蓝色，部分醇解的聚乙烯醇呈红色。这种性质可以作为鉴别PVA存在的定性和定量测定方法。

图16-3是PVA水溶液表面张力与浓度的关系。PVA的表面活性和表面胶体效应均随醇解度的下降而提高（表面张力下降）。相对分子质量增大，保护胶体能力增大，表面活性减小。这种性质，可以作为乳液和分散液制备的乳化剂、保护胶体和分散剂。

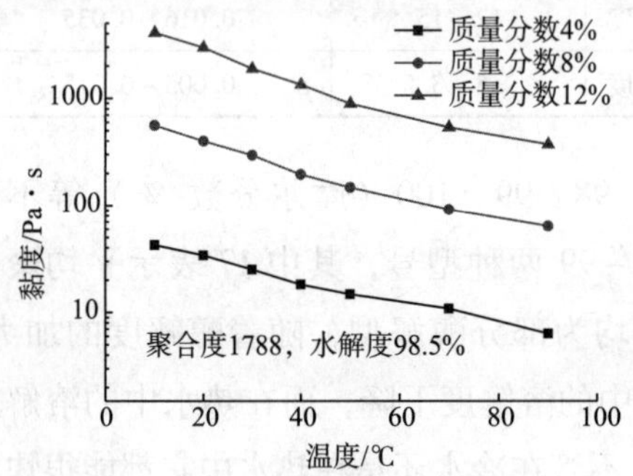

图16-2　PVA水溶液黏度与温度的关系

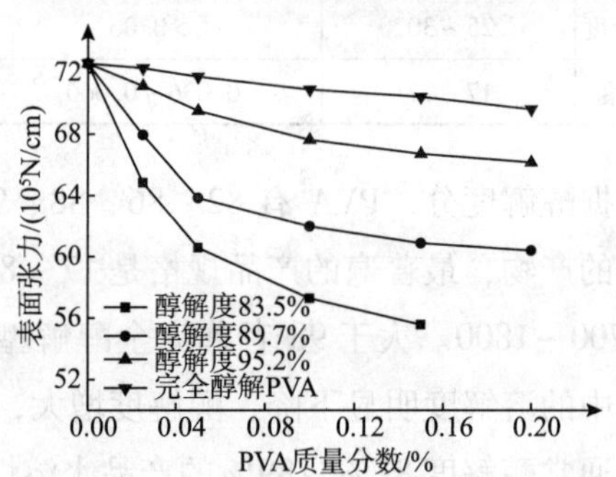

图16-3　PVA水溶液质量分数与表面张力的关系

聚乙烯醇可以形成可逆的凝胶。聚乙烯醇浓溶液冷却至某一温度，溶液转变为凝胶，在很小的应力下不会流动，此温度称为凝胶点。凝胶点与溶液的冷却速度有关。同样，对凝胶加热，凝胶开始流动时的温度，即为凝胶熔点。图16-4是聚乙烯醇水溶液的溶胶-凝胶转变曲线。位于转变曲线上方为溶胶，下方为凝胶。该相图表明凝胶化有两种物理途径：一是提高溶液的浓度，二是降低溶液的温度。聚乙烯醇浓度越高，其凝胶点也越高。凝胶的熔融行为与结晶热力学熔融相类似。图16-5是外加盐（NaCl）对质量分数为20%的PVA水溶液溶胶-凝胶转变的影响，随外加盐浓度的增加（0~4%），凝胶点几乎不变，凝胶化时间仅缩短约1/2。此后，凝胶化时间随外加盐浓度的继续增加（4%~11%）变化不大。聚乙烯醇水凝胶对外加盐也是相当稳定的[2]。

（三）应用性能

以PVA在油井水泥中的应用为例。研究表明，聚乙烯醇作为油井水泥降失水剂时，其聚合度和醇解度对应用效果有明显的影响[3]。

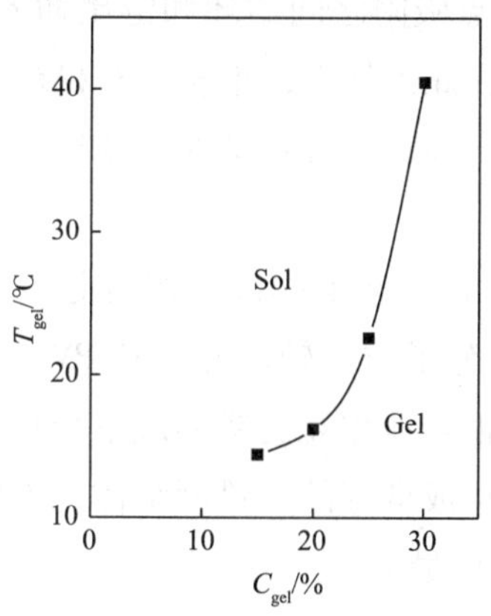

图 16-4 聚乙烯醇水溶液的溶胶-凝胶转变曲线

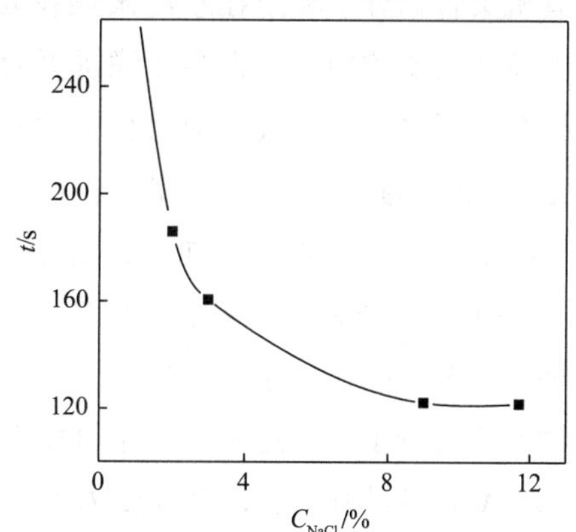

图 16-5 外加盐 PVA 水溶液溶胶-凝胶转变的影响

1. 聚合度的影响

以 G 级嘉华油井水泥为例，选择醇解度均为 88%，聚合度不同的聚乙烯醇，来研究聚合度对水泥浆失水量的影响。如图 16-6 所示，水泥浆的失水量随 PVA 加量的增大而降低。不论是何种聚合度的 PVA，当 PVA 的加量达到一定的数值后，水泥浆的失水量均迅速地降低到一个很小的数值，此后，再增加 PVA 加量，水泥浆的失水量的下降值非常小；在 PVA 加量相同时，聚合度为 1700 的 PVA 的失水量最小，聚合度为 1000 和 2000 的失水量相差不多，但其门限值不同，聚合度为 1000、1700、2000 的门限值分别为 1.8% ~2.0% BWOC、1.4% ~1.6% BWOC，2.0% ~2.2% BWOC。聚合度非常小的 PVA 不适用于作降失水剂，如表 16-2 所示，对于低聚合度的 PVA05-88，即使加至 4.5% BWOC 时，其效果也不明显。当加量特别多时，还会影响到水泥浆的稠度，使其稠度超过 30Bc，不能满足施工要求。

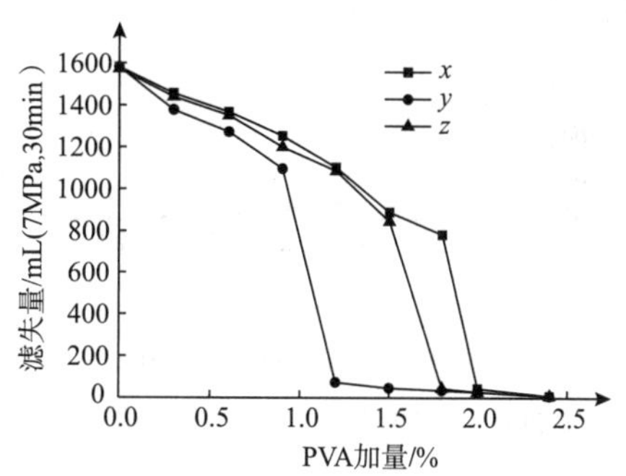

图 16-6 PVA 是聚合度对水泥浆滤失量的影响

x、y 和 z 分别代表聚合度为 1000、1700 和 2000 的 PVA，温度为 70℃，水灰比为 0.5

表 16-2 PVA05-88 作为降滤失剂的滤失量

PVA05-88 加量/%	实验温度/℃	水灰比	稠度/Bc	API 滤失量/mL（7MPa，30min）
2.5	70	0.5	17.5	852
3.5	70	0.5	18	721
4.5	70	0.5	28	560
6	70	0.5	30	—

假定有机聚合物分子吸附在水泥浆颗粒表面，两点吸附之间的环和链尾插入溶液中，这种水泥颗粒嵌入滤饼中时，则会使滤饼更为致密。在此条件下，聚合物有机链环相互形成交错的聚合物网络，这就大大地阻止了滤液的滤失。同时聚合物填充了滤饼孔隙，使滤饼更为致密，从而起到了减少滤失量的作用。

当聚合物的相对分子质量不同时，它在水中的溶解状态不同，当相对分子质量较低时，PVA 在水中充分舒展开，末端距比较大；当相对分子质量较高时，则 PVA 大分子不能充分舒展开，末端距比较小，这样，分子间就不能很好地相互交错形成聚合物网络。只有当聚合物的相对分子质量适中时，聚合物在水中能形成良好的交错网络体，因此聚合度为 1700 的 PVA 的门限值最小，聚合度为 2000 的门限值最大。

2. 醇解度的影响

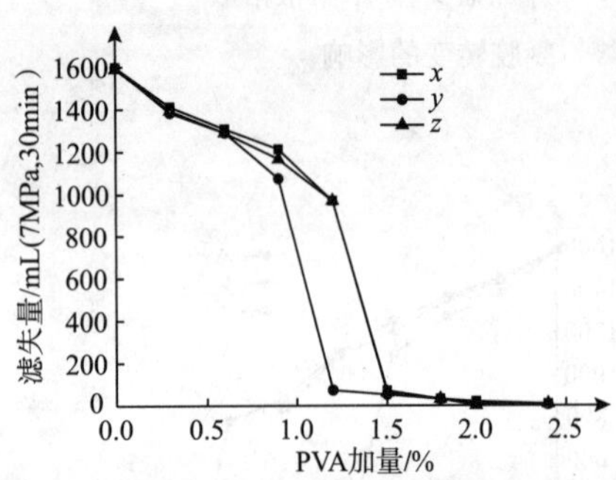

图 16-7　醇解度对水泥浆性能的影响

x、y 和 z 分别代表聚合度为 PVA17-80、PVA17-88 和 PVA17-99 的 PVA，温度为 70℃，水灰比为 0.5，x、z 曲线基本重合

为了研究 PVA 的醇解度对水泥浆失水量的影响，选择了聚合度为 1700，醇解度分别为 80%、88% 和 99% 的 PVA，测定 PVA 不同加量时的油井水泥浆的失水量，实验结果见图 16-7。

从实验结果和图中可见，部分醇解的 PVA 分子链中含大量的水化基—OH 和部分吸附基—CH_3COO^-。在水泥的水化过程中，部分—OH 与水泥颗粒表面的水化产物形成氢键，从而使大分子吸附在水泥颗粒上，另一部分—OH 则与水分子形成水化层；吸附基—CH_3COO^-借助诱导力也吸附在水泥颗粒上，这些基团的吸附都增大了水泥颗粒聚结的阻力，有助于改善水泥颗粒级配分布，束缚自由水，改善滤饼质量。同时，大分子在水泥颗粒表面的吸附水化层具有较高黏度和弹性，在滤饼中有一定的堵孔作用，使得滤饼薄而致密，水泥浆的失水量大幅度降低。若羧基的量过大，会影响水泥的安定性，只有当水化基和吸附基的比例适中时，水泥浆的失水量最小，可见，PVA17-88 型的降失水效果最好。

二、PVA 的化学反应

PVA 在化学结构上可看作是在交替相隔的碳原子上带有羟基的多元醇。因此，化学反应也多为典型的多元醇反应，主要是醚化、酯化、缩醛化，也可以通过自由基引发发生接枝共聚反应。

（一）缩醛化

在硫酸、盐酸和磷酸等酸性催化剂的作用下，聚乙烯醇可与醛发生缩醛化反应，如式（16-2）所示。缩醛化反应既可在均相中进行，也可在非均相中进行。均相反应所得产物的缩醛化基团分布均匀，其缩醛化物的强度、弹性模量以及耐热性等都有所降低。当进行非均相反应时，在控制适当的条件下，由于缩醛化基团分布不均匀，并主要发生在非晶区，故对生成物的力学性能影响不大，而耐热性有所提高。如在装有搅拌器、回流冷凝管和温度计的三口烧瓶中，加入定量的 PVA 及水，充分湿润后搅拌，加热至 95～100℃，使 PVA 完全溶解后降至 80℃，加入盐酸及甲醛，反应 3h 后，加入尿素或氢氧化钠水溶液，控制中和时间和温度，可获得一定黏度的缩醛液。PVA 在高浓度下进行改性后具有较好的稳定性和黏接性。聚乙烯醇缩乙醛、缩丁醛是以甲醇或乙醇的水溶液为反应介质，生成物的相对分子质量很高，在溶液中以固体沉淀析出，经过滤、稀碱洗涤、干燥得到目标产物。产物的缩醛产率可达 60% 左右，使用时用乙醇溶解。

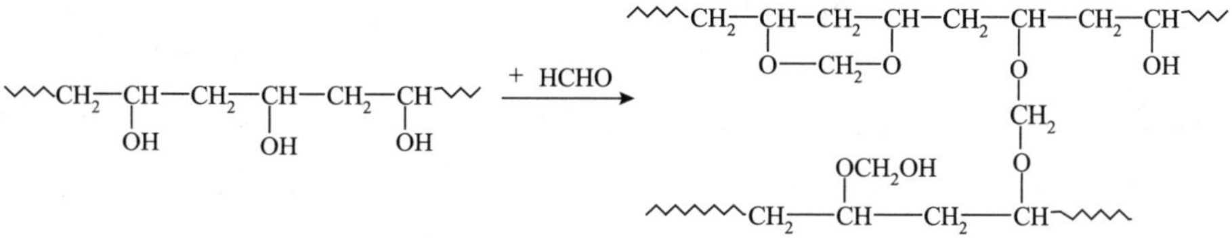

$$\sim CH_2-\underset{OH}{CH}-CH_2-\underset{OH}{CH}-CH_2-\underset{OH}{CH}\sim \xrightarrow{+\ HCHO} \sim CH_2-\underset{O-CH_2-}{CH}-CH_2-\underset{O}{CH}-CH_2-\underset{O-CH_2-O-}{CH}-CH_2-\underset{OH}{CH}\sim \quad \sim CH_2-\overset{OCH_2OH}{CH}-CH_2-CH\sim \tag{16-2}$$

（二）醚化

碱性条件下，PVA 和含有乙烯键的化合物反应生成 PVA 取代醚。甲基乙烯基亚砜或叔丁基乙烯基亚砜在 NaOH 催化下和 PVA 反应，见式（16-3）[4]。

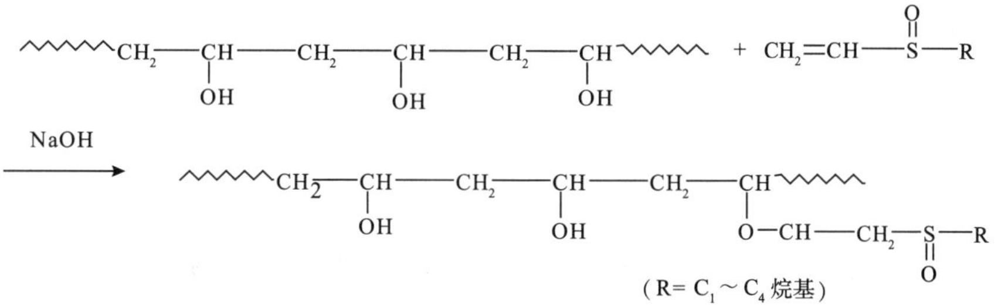

$$\sim CH_2-\underset{OH}{CH}-CH_2-\underset{OH}{CH}-CH_2-\underset{OH}{CH}\sim + CH_2{=}CH-\overset{O}{\overset{\|}{S}}-R \xrightarrow{NaOH} \sim CH_2-\underset{OH}{CH}-CH_2-\underset{OH}{CH}-CH_2-\underset{O-CH-CH_2-\underset{\|}{\underset{O}{S}}-R}{CH}\sim \tag{16-3}$$

（R= C_1～C_4 烷基）

式中，R 为 C_1～C_4 烷基。

反应在无水条件下进行，用二甲亚砜作溶剂，催化剂可以使用碱金属氢氧化物等。PVA 的烷基乙烯基亚砜醚对玻璃、金属等无机材料具有卓越的黏接性能。目前已广泛地用于生产高选择性超滤膜，对 SO_2 有很高的选择性，用于从工业废气中除去硫的氧化物，一般取代度在 5%～35%（mol）较为适宜。PVA 的乙基乙烯基亚砜醚也可以用作固－液、液－固－液相转移催化剂，对 Me（CH_2）$_7$Br 和 PhONa、NaI 的亲核取代反应催化效果较好。

PVA 和三甲基丁基氨基硅烷或三甲基丁基氯硅烷在 100℃，用干燥吡啶作溶剂，反应后得到 40%（mol）取代度的 PVA 硅醚：

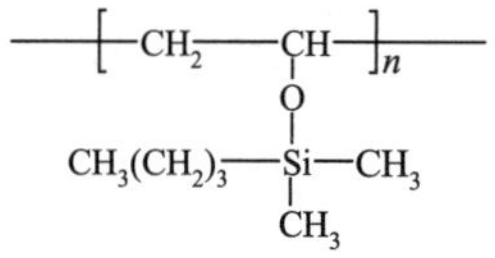

$$-\!\!\left[CH_2-\underset{\underset{CH_3(CH_2)_3-\underset{CH_3}{Si}-CH_3}{|}}{\underset{O}{CH}}\right]_n\!\!-$$

在催化剂的存在下，聚乙烯醇与环氧乙烷反应，得到羟乙基醚化产物，如式（16-4）所示。

$$\sim\sim CH_2-\underset{OH}{CH}-CH_2-\underset{OH}{CH}-CH_2-\underset{OH}{CH}\sim\sim + \underset{CH_2-CH_2}{\overset{O}{\wedge}} \longrightarrow \sim\sim CH_2-\underset{OH}{CH}-CH_2-\underset{OH}{CH}-CH_2-\underset{O-CH_2-CH_2-OH}{CH} \quad (16-4)$$

在催化剂的存在下，聚乙烯醇也可以与丙烯腈反应，得到氰基乙基醚化合物，如式（16-5）所示。

$$\sim\sim CH_2-\underset{OH}{CH}-CH_2-\underset{OH}{CH}-CH_2-\underset{OH}{CH}\sim\sim + CH_3-CH_2-CN \longrightarrow \sim\sim CH_2-\underset{OH}{CH}-CH_2-\underset{OH}{CH}-CH_2-\underset{O-CH_2-CH_2-CN}{CH}\sim\sim \quad (16-5)$$

所得到的氰基乙基醚化合物进一步水解可以得到含羧酸基的聚合物，如式（16-6）所示。

$$\sim\sim CH_2-\underset{OH}{CH}-CH_2-\underset{OH}{CH}-CH_2-\underset{O-CH_2-CH_2-CN}{CH}\sim\sim \xrightarrow{NaOH} \sim\sim CH_2-\underset{OH}{CH}-CH_2-\underset{OH}{CH}-CH_2-\underset{O-CH_2-CH_2-COONa}{CH}\sim\sim \quad (16-6)$$

在 KOH 催化剂的存在下，聚乙烯醇与氯乙酸反应，得到部分羧甲基化的产物，如式（16-7）所示。

$$\sim\sim CH_2-\underset{OH}{CH}-CH_2-\underset{OH}{CH}-CH_2-\underset{OH}{CH}\sim\sim + ClCH_2-COOH \longrightarrow \sim\sim CH_2-\underset{OH}{CH}-CH_2-\underset{OH}{CH}-CH_2-\underset{O-CH_2-COOK}{CH}\sim\sim \quad (16-7)$$

聚乙烯醇与环氧丙基三甲基氯化铵反应，可以得到阳离子醚化产物，如式（16-8）所示。

$$\left[CH_2-\underset{OH}{CH}\right]_n + \underset{O}{CH_2-CH}-CH_2-\overset{+}{N}(CH_3)_3\,Cl^- \xrightarrow{NaOH} \left[CH_2-\underset{O-CH_2-\underset{OH}{CH}-CH_2-\overset{+}{N}(CH_3)_3\,Cl^-}{CH}\right]_n \quad (16-8)$$

聚乙烯醇与 α-醛基吡啶反应，进一步季铵化可以得到阳离子改性产物，如式（16-9）所示。

$$\sim\sim CH_2-\underset{OH}{CH}-CH_2-\underset{OH}{CH}-CH_2\sim\sim + C_5H_4N-CHO \longrightarrow \sim\sim CH_2-CH(O)-CH_2-CH(O)-CH_2\sim\sim \text{(acetal ring with pyridyl, N)} \xrightarrow{RX} \sim\sim CH_2-CH(O)-CH_2-CH(O)-CH_2\sim\sim \text{(acetal ring with pyridinium } \overset{+}{N}-R\ X^-) \quad (16-9)$$

在催化剂的存在下，聚乙烯醇与丙烯酰胺反应，得到胺基甲酰化合物，进一步水解得到含部分阴离子基团的改性产物，反应如式（16-8）、式（16-9）所示。如将40mL去离子水加入反应瓶，然后加入4g聚乙烯醇（PVA），升温至100℃，搅拌至PVA完全溶解，加入2g丙烯酰胺，0.6g氢氧化钠，于90℃下，搅拌反应8h，得到改性产物[5]。

$$\sim\sim CH_2-\underset{OH}{\underset{|}{CH}}-CH_2-\underset{OH}{\underset{|}{CH}}-CH_2-\underset{OH}{\underset{|}{CH}}\sim\sim + CH_3-CH_2-CONH_2 \longrightarrow \sim\sim CH_2-\underset{OH}{\underset{|}{CH}}-CH_2-\underset{OH}{\underset{|}{CH}}-CH_2-\underset{O-CH_2-CH_2-CONH_2}{\underset{|}{CH}}\sim\sim \qquad (16-10)$$

$$\sim\sim CH_2-\underset{OH}{\underset{|}{CH}}-CH_2-\underset{OH}{\underset{|}{CH}}-CH_2-\underset{O-CH_2-CH_2-CONH_2}{\underset{|}{CH}}\sim\sim + NaOH \longrightarrow \sim\sim CH_2-\underset{OH}{\underset{|}{CH}}-CH_2-\underset{OH}{\underset{|}{CH}}-CH_2-\underset{O-CH_2-CH_2-COONa}{\underset{|}{CH}}\sim\sim \qquad (16-11)$$

（三）酯化

PVA分子链上的羟基，在酸性条件下，可与一些简单的酸、酸酐或酰氯等进行酯化，而在分子中引入适当的官能团，既保持其水溶性，又增加反应性。但对于复杂的酸，由于其位阻效应，反应不能定量完成，仅能得到较低取代度的产品。聚乙烯醇在不同的催化剂的作用下，能与100%的甲酸作用进行甲酰化。为了防止大分子破坏，可在较缓和的条件下进行；聚乙烯醇乙酰化，是在吡啶中与乙酸酐作用，也可以与乙酰氯作用，或者用乙酸酐和氯化锌反应，都能进行乙酰化；聚乙烯醇能与二元酸酐反应，生成可溶性或不溶性聚合物；聚乙烯醇还可以与磷酸、硫酸、硝酸等无机酸反应，生成相应的酯类。

1. 与有机酸（酐）酯化

将PVA与二甲基甲酰胺加入反应瓶，在搅拌下加热到130～140℃，待PVA完全溶解后降温至100℃，然后滴加顺酐，再加阻聚剂对苯二酚，反应一定时间后，将反应液例入丙酮中，使之沉淀，洗涤数次，真空干燥得产物。PVA在无水条件下以叔丁醇钾为催化剂与没食子酸甲酯反应，可以在侧基上引入多个羟基［式（16-12）］。

$$\sim\sim CH_2-\underset{OH}{\underset{|}{CH}}-CH_2-\underset{OH}{\underset{|}{CH}}-CH_2\sim\sim + CH_3O-\overset{O}{\overset{\|}{C}}-C_6H_2(OH)_3 \xrightarrow{70℃} \sim\sim CH_2-\underset{OH}{\underset{|}{CH}}-CH_2-\underset{O-\overset{O}{\overset{\|}{C}}-C_6H_2(OH)_3}{\underset{|}{CH}}-CH_2\sim\sim \qquad (16-12)$$

聚乙烯醇与异烟酸酯化反应，进一步季铵化可以得到阳离子改性产物，如式（16-13）所示。

$$\sim\sim CH_2-\underset{OH}{CH}-CH_2-\underset{OH}{CH}-CH_2\sim\sim + N\langle\text{吡啶}\rangle-COOH \longrightarrow$$

$$\sim\sim CH_2-\underset{O-C(=O)-C_5H_4N}{CH}-CH_2-\underset{OH}{CH}-CH_2\sim\sim \xrightarrow{RX} \sim\sim CH_2-\underset{O-C(=O)-C_5H_4N^+(R)X^-}{CH}-CH_2-\underset{OH}{CH}-CH_2\sim\sim \quad (16-13)$$

2. 与无机酸酯化

PVA 与发烟硫酸、浓硫酸反应可制得含磺酸基团的 PVA。如称取 3g PVA，加入 20mL 水，在 85 ~95℃下，搅拌 30min 至全部溶解，用冷水浴冷却至 20℃左右，慢慢滴加 8g 浓硫酸，搅拌均匀，放入超声波清洗器中，加热至 55℃，于 55℃下振荡 1h，所得产品用无水乙醇沉淀，剪碎，用乙醇反复洗涤至 pH 值为 5，干燥即得到酯化产物；与磷酸反应可制得磷酸酯化物[6]。取磷酸与尿素各 0. 3mol 混合，加热搅拌至溶解，再加入 10g 低黏度 PVA，加热至 105 ~120℃，搅拌 3h，除去多余的水，升温至 150℃保持 20min，得到白色固体聚乙烯磷酸酯一铵盐，经乙醇纯化，真空干燥后研成粉末，产率在 87. 5% 以上，产物是一种含磷含氮阻燃添加剂。将聚乙烯醇（PVA）12g、磷酸 50. 4g、尿素 35g、双氰胺 25g，在 pH =6. 5 时，于 135℃下反应 2h，得到产物最高酯化度为 28. 04%[7]。

（四）接枝共聚

PVA 可以与烯类单体接枝共聚，如 PVA 与丙烯腈、甲基丙烯酸 β - 羟乙酯的接枝共聚物。接枝共聚反应是在反应瓶中加入 PVA 水溶液，搅拌下加入丙烯腈和甲基丙烯酸 β - 羟乙酯，通氮气 30min，在（25 ±1）℃加入硝酸铈铵溶液，得乳白色胶乳，再经离子交换处理，用 1mol/L 盐酸调节 pH 值至 2，在覆盖有聚酯薄膜的玻璃板上流延，室温干燥成膜。将干膜热处理，使 PVA 脱水，冷却结晶，再经 80℃的无离子水抽提 48h，除去水溶性的物质，得到在热水中不溶的膜[8]。用高价铈盐引发丙烯酸在聚乙烯醇无纺布上接枝共聚时，接枝率可达 130%，接枝共聚物具有较强的吸附稀土离子的能力。

PVA 可以与丙烯酸、丙烯酰胺和 AMPS 在水溶液中进行接枝共聚，产物可以用于钻井液处理剂、油井水泥外加剂、堵水调剖剂、压裂液稠化剂、驱油剂和水处理絮凝剂等。

三、聚乙烯醇的制备

因为乙烯醇极不稳定，不可能存在游离的乙烯醇单体，故 PVA 不能直接由乙烯醇聚合而得。工业上生产 PVA 分为两步，第一步先由乙酸乙烯酯聚合生成聚乙酸乙烯酯，第二步是聚乙酸乙烯酯与甲醇在碱的催化作用下，将乙酸酯基醇解成羟基变为 PVA[9]。

1. 乙酸乙烯酯聚合

以偶氮二异丁腈（AIBN）为引发剂，甲醇为溶剂，在 66 ~68℃下聚合 4 ~6h 时，可使约 66% 乙酸乙烯酯聚合。

$$CH_2{=}CH(OCOCH_3) \xrightarrow{AIBN} {-}\!\!\left[CH_2{-}CH(OCOCH_3)\right]_n\!\!{-} \qquad (16-14)$$

2. 聚乙酸乙烯酯醇解

按聚乙酸乙烯酯∶甲醇∶NaOH∶水 =1∶2∶0.01∶0.0002 的比例，加入醇解剂，50℃下醇解，4min 得到固化 PVA。

$${-}\!\!\left[CH_2{-}CH(OCOCH_3)\right]_n\!\!{-} + CH_3OH \longrightarrow {-}\!\!\left[CH_2{-}CH(OH)\right]_n\!\!{-} + CH_3COOCH_3 \qquad (16-15)$$

醇解反应在醇解剂中进行。所得的聚乙烯醇沉淀再经粉碎、挤压、脱液及干燥即得产品。在工业生产中，根据醇解反应体系中所含水分或碱催化剂用量的多少，分为高碱醇解法和低碱醇解法两种不同的生产工艺。

1） 高碱醇解法

高碱醇解法的反应体系中含水量约为 6%，每摩尔聚乙酸乙烯酯链节需加碱 0.1 ~ 0.2mol 左右。氢氧化钠以水溶液的形式加入，所以此法也称湿法醇解。该法的特点是醇解反应速度快，设备生产能力大，但副反应较多，碱催化剂耗量也较多，醇解残液的回收比较复杂。用于醇解的聚乙酸乙烯酯甲醇溶液经预热至 45 ~ 48℃后，与 350g/L 的氢氧化钠水溶液由泵送入混合机，经充分混合后，送入醇解机中。醇解后，生成块状的聚乙烯醇，再经粉碎和挤压，使聚乙烯醇与醇解残液分离。所得固体物料经进一步粉碎、干燥得到所需聚乙烯醇。压榨所得残液和从干燥机导出的蒸汽合并后，送往回收工段回收甲醇和乙酸。

2） 低碱醇解法

低碱醇解法中每摩尔聚乙酸乙烯酯链节仅加碱 0.01 ~ 0.02mol。醇解过程中，碱以甲醇溶液的形式加入。反应体系中水含量控制在 0.1% ~ 0.3% 以下，因此也将此法称为干法醇解。该方法的最大特点是副反应少。醇解残液的回收比较简单，但反应速度较慢，物料在醇解机中的停留时间较长。其工艺与高碱醇解法相似。将预热 40 ~ 45℃的聚乙酸乙烯酯甲醇溶液和氢氧化钠的甲醇溶液分别由泵送至混合机。混合后的物料被送至皮带醇解机的传送带上，于静置状态下，经过一定时间使醇解反应完成，随后块状聚乙烯醇从皮带机的尾部下落，经粉碎后投入洗涤釜，用脱除乙酸钠的甲醇液洗涤，然后投入中间槽，再送入分离机进行固 - 液相连续分离。所得固体经干燥后即为所需聚乙烯醇，残液送去回收。采用低醇解直接得到颗粒状聚乙烯醇工艺，可以省去粉碎、挤压等工艺过程。

因聚乙烯醇是生产维尼纶的原料，故一般都由维尼纶厂生产。

第二节　PVA 的改性产物

PVA 的改性产物可以通过接枝共聚、醚化、酯化等高分子化学反应制备，通过改性可以赋予其新的性能和作用，以扩大其应用范围。本节结合油田用聚合物性能的基本要求，重点从 PVA 的接枝共聚物、阳离子改性产物和交联聚乙烯醇等方面对 PVA 改性产物的制备、性能和应用进行介绍。

一、接枝共聚物

(一) PVA 接枝聚乙烯胺

采用 PVA 与丙烯酰胺接枝共聚得到的接枝共聚物，进一步经过 Hoffman 降解反应可得到 PVA 接枝聚乙烯胺（PVA－g－PVAM）[10]。其合成包括 PVA 接枝共聚物的合成和 Hoffman 的降解反应 2 步。

1. 接枝共聚物的制备

将 3g PVA 和一定量的蒸馏水加到 500mL 的反应瓶中，加热至一定温度，搅拌至完全溶解，降温加入过硫酸钾引发剂、丙烯酰胺，在 60～80℃下反应 3～4h，用 95% 的乙醇沉淀接枝聚合物，再用乙醇反复洗涤，抽滤，于 55℃恒温烘箱干燥至恒质，得到 PVA－g－PAM 粗产品。再将 PVA－g－PAM 粗产品置于乙醇/水混合溶剂中，超声波提取 1.5h，以除去未反应的单体及均聚物，纯化后的接枝聚合物再于 55℃恒温烘箱干燥至恒质，得到纯 PVA－g－PAM。接枝率 G 按式（16－16）计算：

$$G = \frac{m_1 - m_0}{m_1} \tag{16-16}$$

式中，m_0、m_1分别为 PVA 和纯接枝聚合物的质量。

2. Hoffman 降解反应

将一定量的 PVA－g－PAM 加入烧杯中，加去离子水充分溶胀，用溴水和 NaOH 配制 NaBrO 溶液，与一定量的 NaOH 溶液一起加入含有 PVA－g－PAM 的三口瓶中，进行溴胺化反应一定时间，升温至所需温度保持一定时间，进行重排反应，冷却，用一定浓度的盐酸将反应物中和成弱酸性，用 95% 乙醇沉淀，洗涤至中性，于 55℃恒温烘箱干燥至恒质，即得 PVA－g－PVAM（聚乙烯醇接枝聚乙烯胺）。

研究表明，PVA－AM 接枝共聚物的合成是制备 PVA－PVAM 的关键，而反应温度、反应时间、单体用量和引发剂用量等直接影响接枝共聚反应。

反应温度和反应时间对接枝聚合反应的影响情况见图 16－8。如图 16－8 所示，随反应温度的升高，接枝率快速增加，75℃时接枝率最大，之后再升高温度接枝率反而下降。图 16－8 还表明，反应初期随着时间的延长接枝率逐渐增加，反应时间 3h 时接枝率最高，之后再延长反应时间接枝率反而下降。显然，反应温度以 75℃、反应时间以 3h 较好。

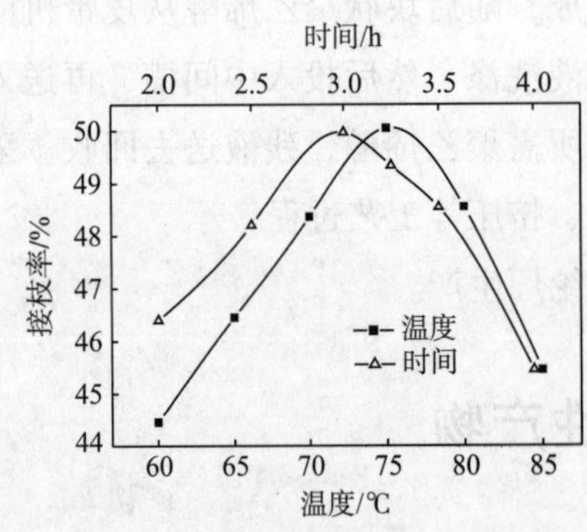

图 16－8 反应温度和反应时间对接枝率的影响

单体浓度和引发剂浓度对接枝聚合反应的影响情况见图 16－9 和图 16－10。从图 16－9 可看出，反应初期随单体用量的增加接枝率快速增加，当 AM 的物质的量浓度超过 6.75mol/L 后，接枝率变化趋于平缓。可见，单体浓度为 6.75mol/L 较好。如图 16-10 所示，随着引发剂用量的增加接枝率逐渐增加，当引发剂浓度为 0.08mol/L 时，接枝率最大，之后继续增加引发剂用量接枝率反而下降。表明引发剂浓度为 0.08mol/L 较适宜。

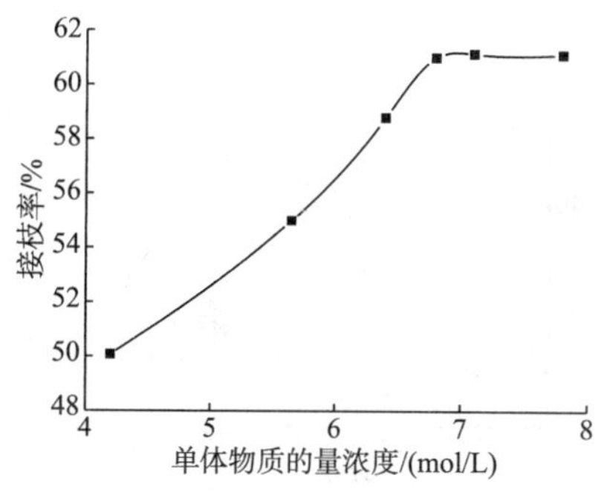

图 16-9 单体用量对接枝率的影响

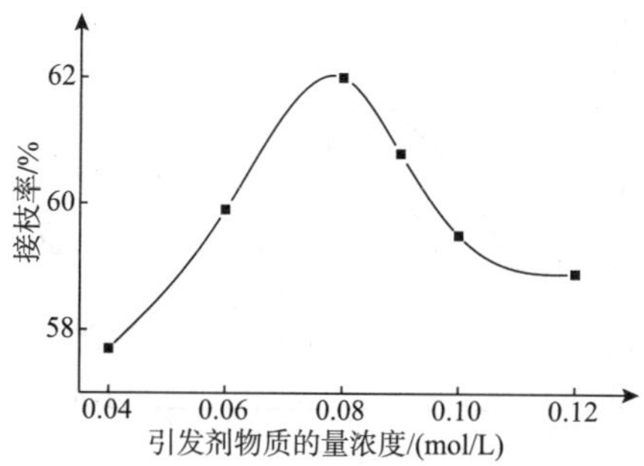

图 16-10 引发剂用量对接枝率的影响

也可以采用 Ce^{4+} - 聚乙烯醇（PVA）氧化还原体系作引发剂，将 PVA 与丙烯酰胺（AM）接枝共聚合，得到的 PVA 接枝聚丙烯酰胺共聚物（PVA-g-PAAM）再经过霍夫曼（Hoffman）降解，得到 PVA 接枝聚乙烯铵（PVA-g-PVAM）[11]。

在 PVA-AM 接枝共聚中，除前述的水溶液聚合外，还可以采用固相接枝共聚方法[12]，其合成过程如下。

将一定质量比的聚乙烯醇粉末和丙烯酰胺混合，加入约占体系质量 10% 的去离子水，搅拌使其混合均匀。将混合物放在 40℃ 下溶胀 120min，使其充分溶胀后，将温度缓慢升至反应温度。用约占体系质量 10% 的水将一定量的过硫酸铵和亚硫酸氢钠溶解并混合均匀，滴加到混合体系中，并搅拌使之混合均匀。反应在旋转蒸发器中进行，内插一个搅拌杆不断进行搅拌。反应一段时间后停止，得到粉末状接枝产物。

将接枝产物在烘箱中充分干燥，用乙醇洗涤 10 遍以上，充分洗去产物中未反应的丙烯酰胺单体。乙醇洗涤完成后，在 50℃ 真空烘箱中干燥，得到粗产品；用 *N*，*N*-二甲基甲酰胺与乙酸的混合溶剂（体积比为 1∶1）对粗产品进行洗涤（3g 试样用 100mL 溶剂），在 40℃ 下保温放置 12h 后用布氏漏斗过滤，并用乙醇洗涤 10 次，用丙酮对乙醇洗涤的滤液进行沉淀，检查是否有被洗涤而沉淀出的 PAM 均聚物。并计算接枝率和接枝效率。以接枝率和接枝效率为考察依据，影响接枝共聚反应的因素如下。

如图 16-11 所示，当 PVA 用量为 50g、AM 用量为 35g、$(NH_4)_2S_2O_8$ 用量为 0.02g、$NaHSO_3$ 用量为 0.01g、40℃ 下溶胀 120min、反应时间为 120min 时，随着温度的升高，接枝率和接枝效率都先逐渐增大，当反应温度超过 40℃ 时，接枝率下降，同时使接枝效率也出现下降。这是因为温度越高，丙烯酰胺的均聚倾向越强。在温度达到 50℃ 后，温度对接枝率的影响变小。

图 16-12 是 PVA 用量为 50g、$(NH_4)_2S_2O_8$ 用量为 0.02g、$NaHSO_3$ 用量为 0.01g、40℃

下溶胀 120min、反应温度为 40℃、反应时间为 120min 时，单体用量对接枝共聚反应的影响。从图中可见，当单体用量少时，接枝率和接枝效率都较低，适当提高单体用量后，接枝率和接枝效率都明显增大。然而，当单体用量达到一定量时，聚合物自聚倾向也增大，致使接枝率和接枝效率均呈现一定程度的下降。

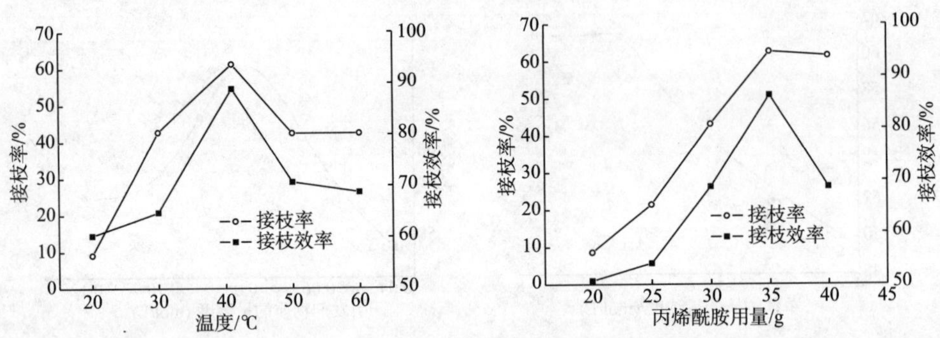

图 16-11　反应温度对接枝共聚反应的影响　图 16-12　丙烯酰胺用量对接枝共聚反应的影响

图 16-13 是当 PVA 用量为 50g、AM 用量为 35g、$(NH_4)_2S_2O_8$与 $NaHSO_3$质量比为 2∶1、40℃下溶胀 120min、反应温度为 40℃、反应时间为 120min 时，引发剂 $(NH_4)_2S_2O_8$用量对接枝共聚反应的影响。从图中可见，当引发剂质量浓度过低时，不能产生足量的有效自由基，故引发剂在低质量浓度时，接枝率和接枝效率都偏低，在适当提高引发剂质量浓度时，增多了体系中的活性自由基，加速了反应的进行，使得接枝率和接枝效率提高。然而，过多的引发剂可能使大分子自由基之间的自终止反应增加，甚至产生交联。同时，在高的引发剂质量浓度下，丙烯酰胺单体的均聚更多，使得接枝效率略微降低。

如图 16-14 所示，当 PVA 用量为 50g、AM 用量为 35g、$(NH_4)_2S_2O_8$用量为 0.02g、$NaHSO_3$用量为 0.01g、40℃下溶胀 120min、反应温度为 40℃时，开始随着反应时间的增加，接枝率和接枝效率提高，当聚合反应进行到一定时间后，接枝率和接枝效率不再提高。这由于当接枝产物在大分子中堆叠密度达到一定数值后将形成动力学位垒，使得丙烯酰胺单体难以到达大分子骨架上的活性位点，从而使得接枝聚合处于停滞状态，不再随时间的延长而发生变化。

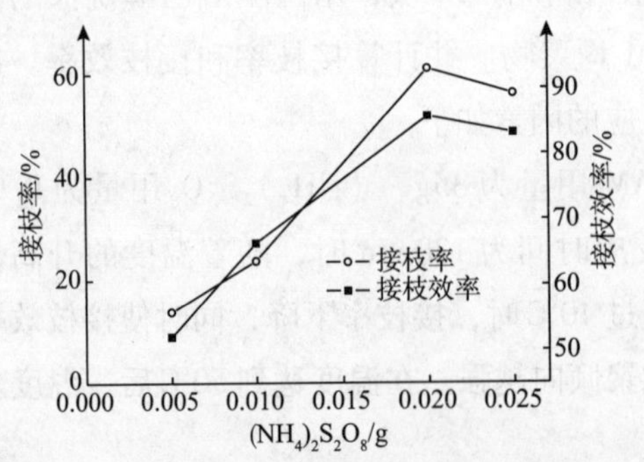

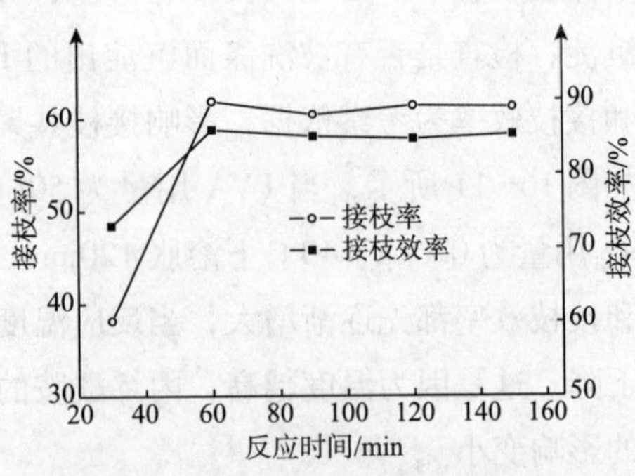

图 16-13　引发剂加量对接枝共聚反应的影响　图 16-14　反应时间对接枝共聚反应的影响

（二）PVA/AMPS－AM 接枝共聚物

由于聚乙烯醇（PVA）直接用于油井水泥降失水剂使用时，适用温度较低，难以满足高温固井的需求。采用2－丙烯酰胺－2－甲基丙磺酸（AMPS）、丙烯酰胺（AM）等单体与PVA17－88进行接枝共聚得到的接枝改性聚乙烯醇PVA/AMPS－AM，用作油井水泥降失水剂，具有良好的耐温、抗盐性能，且流变性能、抗压强度及防气窜性能等优良。

实验表明，加有PVA/AMPS－AM接枝共聚物的水泥浆在150℃时API失水可控制在150mL以内，抗盐达18%，与聚乙烯醇类降失水剂相比，抗盐性能明显提高，稠化时间较原浆稍有延长，水泥石的抗压强度较原浆稍有提高，与其他外加剂配伍性良好，水泥浆具有很好的防气窜能力，能够满足150℃以下的中高温固井要求[13]。其合成过程如下。

将一定量的PVA溶于水中，升温至80～90℃，搅拌一段时间，待其完全溶解，降至室温。加入Na－AMPS和AM，将体系的pH值调至要求，通N_2除氧约20～60min，升温至60℃后加入引发剂，于温度下反应2～4h得到凝胶状产物，将得到的产物剪切，于80～90℃烘干，即得到PVA/AMPS－AM共聚物。

（三）PVA/AMPS－NVP 接枝共聚物

以PVA17－88、2－丙烯酰胺－2－甲基丙磺酸（AMPS）、N－乙烯基吡咯烷酮（NVP）和交联剂乙二醛等为原料，合成的接枝改性聚乙烯醇油井水泥降失水剂PVA－1，可以使水泥浆的API失水量控制在50mL以下，抗温能力接近150℃；加有PVA－1的水泥浆稠化时间稍有延长，抗压强度不降低，抗析水能力增强；与分散剂DZS和缓凝剂DZH的配伍性良好，同时还能提高水泥浆的防气窜能力，能够满足150℃以下高温固井的需求。其合成过程如下[14]。

将部分水解的PVA17－88配成7%～8%的水溶液，加入定量丙烯醛后，在60～70℃温度下搅拌20min；用浓盐酸调整pH值为4～5，继续搅拌1h；加入配方量的AMPS和NVP，待其溶解后加入氧化－还原引发剂，于70℃下聚合反应3h。然后，加入适量的交联剂乙二醛，在60～70℃温度下继续搅拌1h，用NaOH调整pH值为7～8，冷却至室温，加入少量甲醛溶液，得到无色透明液体，即为油井水泥降失水剂PVA－1。

（四）AMPS 接枝聚乙烯醇高吸水性树脂

由于吸水性树脂具有吸自身数十倍乃至数千倍的高吸水能力和加压也不脱水的高保水性能而广泛应用于农林、园艺、工业、医疗、环保、石油开发等领域。在石油工业中，吸水树脂可以用于钻井堵漏剂、钻井液增黏剂、堵水剂、调剖剂和水处理剂等。采用PVA与AMPS等单体接枝共聚制备的吸水树脂，由于分子中引入了磺酸基团，可以用于高温高压条件下的调剖堵水和钻井堵漏。

1. AMPS－PVA 高吸水树脂

AMPS－PVA高吸水树脂是以过硫酸钾－亚硫酸氢钠氧化－还原复合引发体系，由聚乙烯醇（PVA）和2－丙烯酰胺－2－甲基丙磺酸通过水溶液聚合得到。在最佳条件下所合成的树脂，吸水率达382.2g/g，吸0.9%的NaCl溶液最大为82.7g/g。其合成过程如下[15]。

在装有搅拌器、温度计和冷凝管的四口烧瓶中，加入一定量的AMPS和蒸馏水，用质量分数为50%的NaOH溶液进行定量中和，冷却至室温。通氮脱氧的条件下，加入一定量的糊化PVA、交联剂、$NaHSO_3$，继续搅拌15~20min，然后逐渐加入一定量$K_2S_2O_8$溶液，在45~50℃下聚合反应3h，将产物热交联，然后在真空干燥箱里干燥24h，粉碎得浅黄色或白色颗粒状产品。

研究表明，在吸水树脂合成中，氧化还原引发剂比例和用量、反应温度、单体中和度、交联剂用量、单体浓度、单体配比和反应时间对所得产物的吸水能力有很大的影响，具体影响情况如下。

(1) 氧化剂与还原剂比例和用量。实验表明，原料配比和反应条件一定时，随着$m(K_2S_2O_8):m(NaHSO_3)$的增加，所得吸水树脂的吸水率呈现先增加后降低的趋势。在实验条件下以$m(K_2S_2O_8):m(NaHSO_3)$为4.5时，吸水树脂的吸水率最高；在$m(K_2S_2O_8):m(NaHSO_3)$为4.5∶1时，当引发剂用量较少时，树脂的吸水率随引发剂用量的增加而增加，当引发剂用量为单体质量的0.5%时，树脂吸水率达到最大值，之后再增加引发剂用量，吸水率反而下降。可见，$m(K_2S_2O_8):m(NaHSO_3)$为4.5、引发剂用量为0.5%较好。

(2) 聚合温度和反应时间。在引发剂用量为0.5%时，吸水率随反应温度升高先增加而后降低，在48℃时出现最大值。反应时间也是影响吸水树脂吸水率的一个重要因素。反应初期随着反应时间的增加，树脂吸水率显著上升，反应时间达到3h后趋于稳定，当反应时间超过4h以后，吸水速率反而下降。在实验条件下，聚合温度在40~50℃之间、聚合时间3~4h时，可以得到吸水率较高的产物。

(3) AMPS中和度。原料配比和反应条件一定时，随着AMPS中和度的增加吸水树脂的吸水率先增加后降低。这是由于中和度较低时，溶液呈酸性，聚合速度快，交联反应的速度亦较大，除交联剂交联外，自身也发生交联，从而使树脂的交联度增大，吸水率较低。当中和度过高时，AMPS钠含量高，反应速度下降，自交联程度降低，导致聚合产物水溶性增大，吸水率下降。实验表明，单体的中和度为80%~93%时较适宜。

(4) 交联剂。交联剂用量对吸水树脂吸水率的影响非常重要，随着交联剂用量的增加，产物的吸水率先增加后逐渐降低。当交联剂用量为单体质量的0.1%~0.15%时，所得吸水树脂具有较适宜的交联度，吸水后的凝胶强度较好，吸水率也比较高。

(5) 单体质量分数和原料配比。随着单体质量分数的增加，所得产物的吸水率先显著上升，当单体的浓度达33.3%时，树脂的吸水率最大，之后再进一步增加单体浓度，所得产物的吸水率急剧下降。在实验条件下，单体质量分数为33%~35%时较佳；实验表明，当AMPS与糊化PVA质量比为5.25∶1时，共聚产物的吸水率最大。在实验条件下，当AMPS与糊化PVA质量比为5∶1~6∶1时，可以得到性能较好的产物。

2. AA-AMPS/PVA吸水树脂

将一定量的PVA溶于水中，升温至80℃，搅拌一段时间，待其完全溶解，降至室温。

再将一定量减压蒸馏后的 AA，按一定的中和度，用质量分数为40% 的氢氧化钠溶液中和，然后将 AMPS，NMBA 加入到反应体系中，通 N_2除氧约 0.5h，升温至 65℃后加入引发剂，反应 2 ~4h，待体系变成不流动的胶状物质时，停止反应。将得到的产物在电热恒温鼓风干燥箱中 70℃条件下烘干，即得到 AA - AMPS/PVA 吸水树脂[16]。

研究表明，合成条件对树脂性能有着重要的影响。如图 16-15 所示，当丙烯酸中和度为 85%，引发剂质量分数为 0.15%，交联剂质量分数为 0.15%，m（AA）：m（AMPS）：m（PVA） =4：8：1 时，随着单体质量分数的增加，吸水率逐渐增大，当单体质量分数为 25% 时，吸水率达到峰值，继续增加单体浓度，吸水率下降。显然，单体质量分数为 25% 较好。

如图 16-16 所示，当单体质量分数为 25%，交联剂和引发剂质量分数为 0.15%，单体质量比不变，随着 AA 中和度增大，树脂的吸水率逐渐增大，当丙烯酸中和度为 85% 时，树脂的吸水倍率达到峰值，继续增大丙烯酸的中和度，树脂的吸水率逐渐降低。这是由于当 AA 中和度较低时，反应体系中羧酸较多，从而使聚合速度加快，交联反应速度亦较大，除交联剂交联外自身也发生交联导致交联密度过高，吸水率下降。随着中和度增加，由于羧基之间的静电排斥作用增强，吸水率提高。当中和度过高时，丙烯酸钠含量增加，因为钠盐相比于丙烯酸竞聚率低，反应速率下降，自交联程度降低，聚合物中的可溶性部分增多，导致聚合产物吸水率下降。可见，AA 的最佳中和度为 85%。

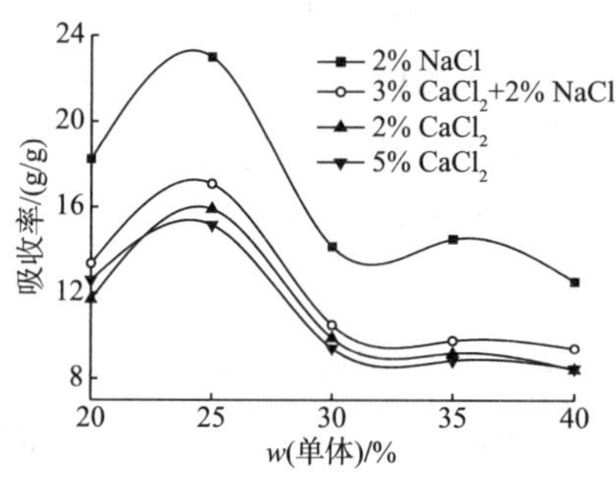

图 16-15　单体浓度对吸水树脂吸收率的影响

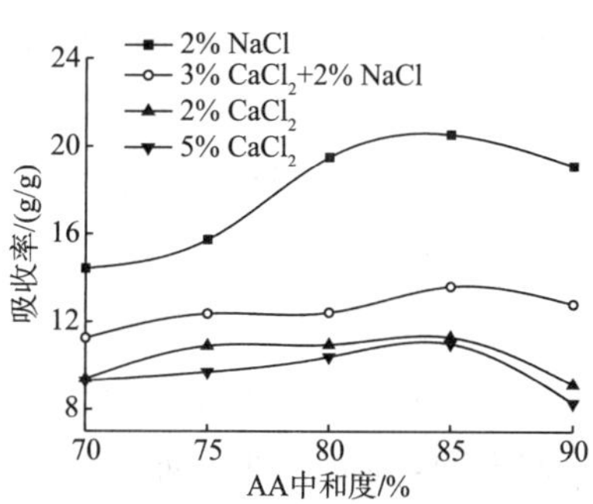

图 16-16　AA 中和度对吸水树脂吸收率的影响

如图 16-17 和图 16-18 所示，当原料配比和反应条件一定时，随着交联剂和引发剂用量的增加，所得产物的吸水率均呈现先增加后降低的趋势，当交联剂和引发剂质量分数分别为 0.175% 和 0.15% 时所得产物的吸水率最大。显然，吸水树脂合成的最佳交联剂用量为 0.175%、引发剂用量为 0.15%。

评价表明，在优化条件下所合成的吸水树脂在轮南和塔中模拟水中吸水率可达 19.88g/g 和 19.68g/g；树脂受二价盐的影响大于受一价盐的影响，但在 5×10^4 mg/L 的 $CaCl_2$溶液中仍可达 12.46g/g，能够满足调驱的需要。且合成的吸水树脂在过氧化物降解液中可以完全降解，用作暂堵剂有利于储层保护。

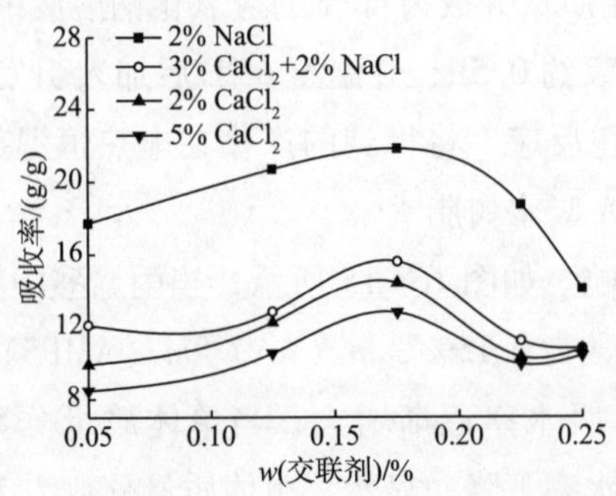

图 16-17　交联剂用量对吸水树脂吸收率的影响

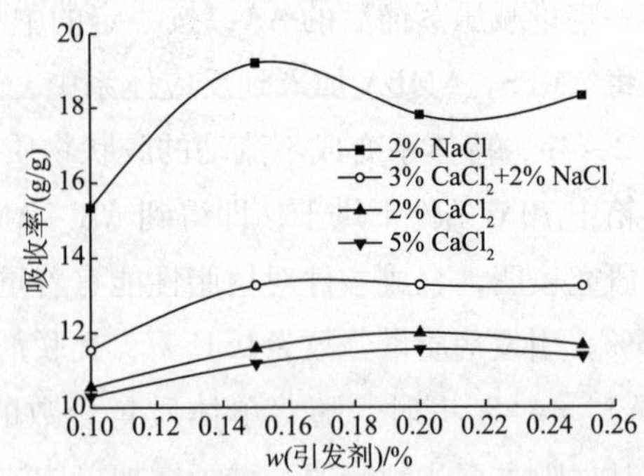

图 16-18　引发剂用量对吸水树脂吸收率的影响

二、阳离子聚乙烯醇

如前所述，聚乙烯醇的化学结构可看作交替相隔的碳原子上带有羟基的多元醇，且仲羟基化学活性高，可采用醚化剂对羟基进行醚化，得到醚化改性的聚乙烯醇。醚化改性的聚乙烯醇可分为阳离子醚化聚乙烯醇和阴离子醚化聚乙烯醇。阳离子醚化聚乙烯醇因特殊的化学结构，具有广泛的应用价值，在各种阳离子聚乙烯醇中，季铵盐型阳离子聚乙烯醇因在酸性、碱性和中性条件下都能呈阳离子状态，具有优越的应用性能，已经成为目前研究应用最广泛的阳离子改性聚乙烯醇产品。由于阳离子醚化聚乙烯醇分子上带正电荷，对负电荷纤维具有亲和力，可广泛用于造纸的干强剂、施胶剂、分散剂，抗菌材料，石油开采用黏土防膨剂、油井酸化缓速剂、油井堵水剂，以及水处理絮凝剂等[17]。

醚化型阳离子聚乙烯醇是聚乙烯醇分子中的羟基与阳离子醚化试剂通过醚化反应而成。目前应用最广泛的阳离子醚化试剂有 3 - 氯 - 2 - 羟丙基三甲基氯化铵（CTA）、2，3 - 环氧丙基三甲基氯化铵（GTMAC）及环氧丙基三乙基氯化铵（GTA）。

（一）GTMAC 与 PVA 醚化反应制备阳离子聚乙烯醇

采用该法制备阳离子聚乙烯醇时，包括两步。第一是三甲胺（TMA）和环氧氯丙烷（EPIC）反应生成高活性醚化剂 GTMAC，第二是 GTMAC 与 PVA 醚化反应得到阳离子聚乙烯醇。

GTMAC 可以采用 EPIC 和 TMA 为原料，常温气液反应合成[18]，也可以通过 EPIC 与 TMA 在水溶液中反应得到。用 GTMAC 与聚乙烯醇醚化反应制得阳离子聚乙烯醇。通过优化合成反应条件，阳离子聚乙烯醇的产率可达 96.58%，阳离子取代度为 97.01%[19]。具体过程如下。

（1）GTMAC 的合成：超声条件下在 200mL 干燥三颈烧瓶中加一定量的环氧氯丙烷，用滴液漏斗缓慢滴加三甲胺，1.5h 滴加完，升温至 30℃ 磁力搅拌充分反应 2h，反应结束后立即抽滤，丙酮洗涤产物，真空干燥得白色晶体环氧丙基三甲基氯化铵（GTMAC）。

（2）GTMAC 与 PVA 的醚化反应：向装有磁力搅拌器、温度计、冷凝器、滴液漏斗的三颈瓶中加入适量去离子水，搅拌条件下加入剪碎的聚乙烯醇，缓慢升温到 60℃，恒温至完全溶解，降温，备用。在超声波振荡条件下，向配制好的聚乙烯醇溶液中缓慢滴加 GT-

MAC 溶液。加完后，用氢氧化钾水溶液将体系的 pH 值调节至 9，在 35℃下搅拌反应 1.5h。反应结束后，用稀盐酸将体系的 pH 值调节至 7～8，即得阳离子聚乙烯醇。

研究表明，在产品制备中 GTMAC 与 PVA 的比例、反应体系的 pH 值、反应温度和反应时间等对醚化反应有明显的影响。

在聚乙烯醇醚化反应中，为了提高阳离子化度，一般以 GTMAC 过量为宜，当原料配比和反应条件一定时，在超声波存在下，*n*（GTMAC）∶*n*（PVA）对阳离子聚乙烯醇产率的影响见图 16－19。从图 16－19 可看出，随着 GTMAC 用量的增加，产物的收率逐渐增加，当 *n*（GTMAC）∶*n*（PVA）＝1.4∶1 时，阳离子聚乙烯醇产率达到最大值（96.58%），然后再增加 GTMAC 用量，产物的收率反而下降。说明 *n*（GTMAC）∶*n*（PVA）为 1.4∶1 较好。

如图 16－20 所示，在超声条件下，当 *n*（GTMAC）∶*n*（PVA）＝1.4∶1 时，随着反应溶液的 pH 值的升高，阳离子聚乙烯醇的产率不断提高，当 pH 值为 9 时得到最大值，之后再升高 pH 值产率反而降低。显然，反应体系 pH 值以 9 为最佳。

实验表明，在超声条件下，当 *n*（GTMAC）∶*n*（PVA）＝1.4∶1、pH＝9 时，随着反应时间的延长，阳离子聚乙烯醇的产率不断增大，当反应时间超过 1.5h 时，由于 GTMAC 易分解导致醚化效率降低，阳离子聚乙烯醇产率反而下降。在实验条件下，最佳反应时间为 1.5h；当反应时间为 1.5h 时，随着反应温度的升高，阳离子聚乙烯醇的产率不断增大，当温度达到 35℃时，阳离子聚乙烯醇的产率达最大值 96.58%，再升高温度将会由于醚化剂 GTMAC 的高温分解、氧化等副反应导致大量副产物生成，使产率降低，故反应温度以 35℃最佳。

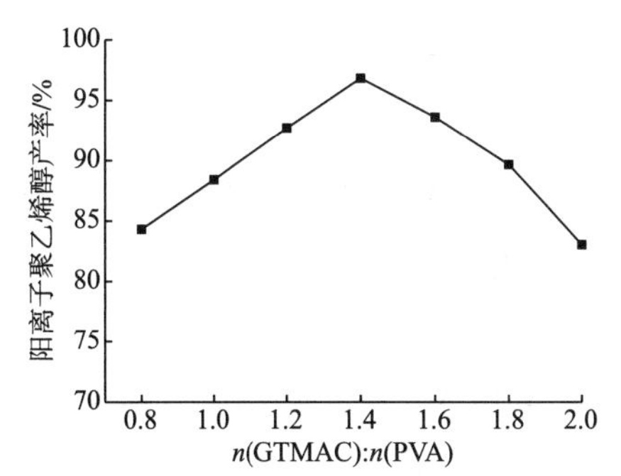

图 16－19 *n*（GTMAC）∶*n*（PVA）对阳离子聚乙烯醇产率的影响

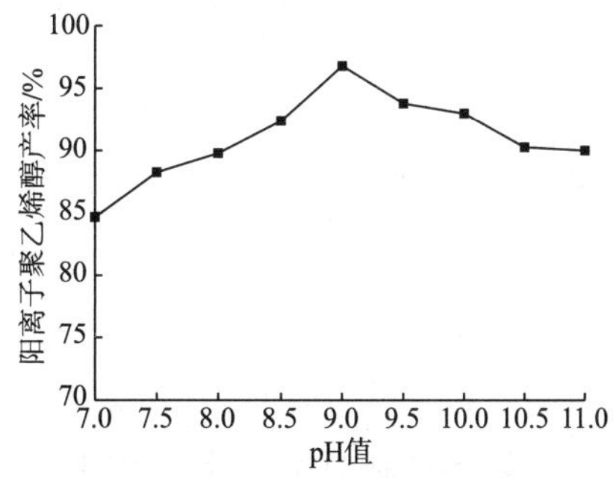

图 16－20 体系 pH 值对阳离子聚乙烯醇产率的影响

（二）GTA 与 PVA 醚化反应制备阳离子聚乙烯醇

采用醚化剂 GTA 与 PVA 醚化反应制备阳离子聚乙烯醇时，也分为两步：首先三乙胺（TEA）和环氧氯丙烷（EPIC）反应生成高活性醚化剂 GTA，再用 GTA 与 PVA 醚化反应得到目标产物[20]。具体过程如下。

（1）GTA 的制备：向装有磁力搅拌器、温度计、滴液漏斗和回流冷凝器的 200mL 干燥三颈烧瓶中加一定量的环氧氯丙烷、三乙胺（用滴液漏斗缓慢滴加，2.5h 滴加完），然后升温至一定温度，磁力搅拌4h，反应结束后立即抽滤，并以丙酮洗涤产物，真空干燥得白色晶体的 GTA。

（2）季铵盐型阳离子聚乙烯醇的制备：向装有磁力搅拌器、温度计、冷凝器、滴液漏斗的250mL 的三颈瓶中加入适量去离子水，搅拌条件下加入剪碎的聚乙烯醇，缓慢升温到90~95℃，恒温至完全溶解，降温，备用。在超声波振荡条件下，向配制好的聚乙烯醇溶液中缓慢滴加环氧丙基三乙基氯化铵溶液。加完后，用氢氧化钾水溶液将体系的 pH 值调节至 10~10.5，在45~55℃下搅拌反应3h。反应结束后，用稀盐酸将体系的 pH 值调节至7~8，即得季铵盐阳离子聚乙烯醇溶液。

在制备中，PVA 和 GTA 的比例对季铵盐型阳离子聚乙烯醇的性能有较大的影响。将制得的 GTA 加入到调至碱性的聚乙烯醇溶液中，在 45~55℃下超声搅拌反应 3h，得到阳离子聚乙烯醇溶液，GTA 的用量对阳离子聚乙烯醇溶液稳定性影响见表 16-3。从表 16-3可以看出，随着聚乙烯醇与环氧丙基三乙基氯化铵物质的量比的增大，阳离子聚乙烯醇产品水溶液的稳定性降低，贮存期缩短，当 n（PVA）∶n（GTA）为 2.3~2.4 时，季铵盐型阳离子聚乙烯醇溶液可以较长时间稳定存在，成膜性能最佳。

表 16-3　GTA 用量对阳离子聚乙烯醇溶液稳定性的影响

n（PVA）∶n（GTA）	储存时间/d	状态	稳定性	n（PVA）∶n（GTA）	储存时间/d	状态	稳定性
2.7	5	透明溶胶	差	2.4	15	透明液体，可流动	好
2.6	8	透明溶胶	较差	2.3	20	透明液体，可流动	好
2.5	10	透明溶胶	较差				

（三）四甲基乙二胺与 GTMAC 醚化 PVA 交联产物

本品是一种铵基聚乙烯醇防膨剂。以聚乙烯醇（PVA）与环氧丙基三甲基氯化铵（GTMAC）醚化方法合成氨基聚乙烯醇，然后采用四甲基乙二胺作为交联剂进一步反应，提高其防膨性。室内实验表明，产物具有较强和持久的抑制泥页岩水化的能力。由于其主要是通过吸附在黏土颗粒表面，形成薄膜，防止自由水侵入，在油田酸化、压裂等过程中可以用作黏土膨胀抑制剂[21]。其合成过程如下。

（1）向 50mL 圆底烧瓶中加入 12mL 的三甲胺醇溶液，在室温及搅拌的条件下，用恒压滴液漏斗缓慢滴加 10mL 环氧氯丙烷。滴加完毕后，将温度控制在40℃以下反应4h。反应后用旋转蒸发器减压蒸馏除去过量的三甲胺醇溶液（55℃），即得到环氧丙基三甲基氯化铵（GTMAC）。

（2）向 500mL 的烧杯中加入 400mL 的去离子水，在搅拌的条件下加入 20g 聚乙烯醇（PVA）进行溶解，缓慢升温至95℃，保温至完全溶解后，降温后转移至反应瓶中。搅拌条件下，向聚乙烯醇水溶液中缓慢滴加定量的环氧丙基三甲基氯化铵，反应一定时间后，再加入适量的四甲基乙二胺。加完后，用氢氧化钠水溶液将体系的 pH 值调至 10～11。在 10～40℃下搅拌反应 4～6h，反应结束后，用稀盐酸将体系 pH 值调至 7～8 即得到产物。

氨基聚乙烯醇对膨润土的水化膨胀有一定的抑制作用，但是对页岩样品的膨胀性没有抑制作用。当 CTA∶PVA＝1∶50（质量比）、交联剂四甲基乙二胺用量为 0.1% 时，所合成氨基聚乙烯醇用量为 0.5% 时，抑制膨润土膨胀的能力与 4% 的氯化钾相当。

PVA 也可以与烯丙基三甲基氯化铵发生反应，制备阳离子改性产物：

$$-\!\!\left[CH_2-\underset{OH}{CH}\right]_n- + CH_2=CH-CH_2-\overset{+}{N}(CH_3)_2-CH_3Cl^- \xrightarrow{I} -\!\!\left[CH_2-\underset{O-CH_2-CH_2-CH_2-\overset{+}{N}(CH_3)_2-CH_3Cl^-}{CH}\right]_x-\!\!\left[CH_2-\underset{OH}{CH}\right]_y- \tag{16-17}$$

上述产物可以用于钻井液絮凝剂、黏土稳定剂和水处理絮凝剂等。

三、化学交联聚乙烯醇

在固井过程中，通常用硼酸盐、钛酸盐或铬酸盐等与聚乙烯醇（PVA）经机械混合后加入油井水泥中，这些无机阴离子和 PVA 分子在水溶液中可以形成凝胶状络合结构，束缚水泥浆中自由水的流失，使失水量比单独使用 PVA 时显著降低。但是，PVA 和共混的无机盐在较低温度下（<40℃）难形成均匀的络合物胶，在较高温度下（>100℃）络合物胶又易分解，因此作为油井水泥降失水剂，共混交联 PVA 的适用温度范围较窄。而通过对 PVA 进行化学交联，则可以使其使用温度提高到 120℃，抗盐（NaCl）能力提高到 8%。即使在上述苛刻条件下，使用化学交联 PVA 的水泥浆的失水量仍能低于 50mL。化学交联方法如下。

将 PVA 溶于水，在 80～90℃下搅拌溶解后冷却至 50℃。加入交联剂继续搅拌 0.5h，使其混合均匀。调整 pH 值小于 5 后继续反应 1h，然后用 NaOH 中和并加入少量杀菌剂和稳定剂，得到产品[22]。

实验表明，所得交联产物的交联度对产物降失水能力有明显的影响。完全或部分水解的线型聚乙烯醇通过化学交联反应后形成网状体型的高分子，其交联度和相对分子质量成正比。PVA 的化学交联度和用 PVA 所处理水泥浆失水量的关系见表 16－4。从表 16-4 可以看出，在一定相对分子质量范围内，水泥浆失水量随着 PVA 相对分子质量的增加呈降低趋势。相对分子质量越大，表明分子结构中交联点越多，形成的网状结构越稳定，分子链的刚性也增强，因此失水量降低。但当相对分子质量过大时（>800000），由于交联点过多，会使产品的水溶性变差，失水量反而增加。相对分子质量过大还会使水泥浆的黏度明显增加，流变性能变差。实验表明，作为油井水泥降失水剂，平均相对分子质量控制在 350000～650000 较理想。

表 16-4 PVA 的化学交联度和水泥浆失水量的关系

平均相对分子质量	失水量/mL	平均相对分子质量	失水量/mL
168000 *	680.0	419799	39.0
286710	115.0	644152	16.0
353400	50.0	851000	83.0
389938	43.4		

注：* 未交联线型 PVA，PVA 加量为 0.7%（占水泥质量）。

用二羟甲基二羟乙基乙烯脲作交联剂，可制备聚乙烯醇（PVA）水凝胶，制备过程如下。

（1）将乙二醛加入反应瓶内，用 20% ~25% 的纯碱溶液调节 pH 值至 5.0 ~5.5，然后加入尿素，搅拌溶解后升温至 35℃左右时停止加热，因该反应为放热反应，温度可自动升至 45℃左右，在（50 ±1）℃保温反应 3h，冷却至 40℃，得到二羟甲基二羟乙基乙烯脲。

（2）取 5g PVA 配制一定浓度溶液，调体系的 pH 值至 5，加入 7.41g 二羟甲基二羟乙基乙烯脲，在 100℃下反应 4h，得到化学交联聚乙烯醇水凝胶[23]。

所制备的聚乙烯醇/二羟甲基二羟乙基乙烯脲体系适用的粗盐浓度范围为 1 ~30g/100mL 水，适用的 $CaCl_2$ 浓度范围为 5 ~25g/100mL 水。化学交联聚乙烯醇（PVA）水凝胶与一定浓度的硼砂溶液共混可以制备调剖堵水剂。

此外，采用化学交联法，通过阴离子单体和疏水单体的接枝改性，可制备具有较高吸水率的 PVA 水凝胶[24]。制备方法是：将 3g PVA 与 20mL 二甲亚砜加入三颈瓶，升温至 70℃溶解。通氮气，滴加 NaOH，反应 30min；升温至 80℃，依次加入一定量的溴代十六烷、氯乙酸、交联剂环氧氯丙烷，反应 8h。调节产物 pH 值至中性，用丙酮洗涤、浸泡，于 40℃真空干燥 5h，得最终产物。

第三节 PVA 及改性产物的应用

一、钻井

用于钻井液处理剂。PVA 与硅酸钾共同应用具有良好的抑制特性，硅酸钾/聚乙烯醇对泥页岩的强抑制性来源于硅酸钾与聚乙烯醇两者的协同作用结果，其中封堵性与成膜性是其维持井壁稳定的主要因素。将 PVA 溶液与盐水分段塞打入漏失地层，当在地下混合时，PVA 析出形成凝胶，以封堵漏失通道。中国发明专利公开了一种钻井堵漏剂的制备方法[25]，按质量份先将聚乙烯醇 0.58 份溶于 66 份的自来水中，升温至 60℃后再降温到 40℃，充分搅拌溶解；再将 2 - 丙烯酰胺基 - 2 - 甲基丙磺酸 4.2 份加入到上述溶液中升温；待溶液升温至 60 ~65℃时加入由苯乙烯 29 份和偶氮二异丁腈 0.15 份预先混合好的复合料；迅速升温至 80℃，反应 2h 再加入偶氮二异丁腈 0.07 份；在 80℃下继续反应 3h 停止反应；将釜内原料取出甩干后再自然风干、粉碎成两元共聚物；按质量份取两元共聚物

15份、花生壳粉26.9份、碳酸钙粉29.05份、蛭石粉16.45份、云母粉12.6份混合均匀即得到堵漏剂，其具有封堵效果好，对钻井液性能影响小和抗高温、高压能力强的特点。

聚乙烯醇也可以与其他材料复配或反应制备钻井液处理剂，如以质量份数计，按照地沟油30%~70%、天然脂肪酸10%~30%、植物油10%~30%、油酸1%~10%、十二烷基苯磺酸1%~3%、聚乙烯醇1%~3%，将原料投入反应釜中，升温至40~60℃，恒温搅拌1~2h，可以得到一种钻井液用低荧光润滑剂，它具有性价比高、加量小、具有极佳的润滑性能，适用于各类型的水基泥浆体系，且无荧光污染，不干扰地质录井工作，不起泡、不糊筛，对其他钻井液性能无影响，不增黏，不增加滤失量[26]。将pH值为9的PVA溶液在80℃水浴中恒温搅拌10min，在搅拌条件下加入催化剂和强氧化剂，继续恒温搅拌1.5h，然后将pH值调为8，在60℃水浴中恒温搅拌10min，在搅拌条件下加入阳离子化试剂，继续恒温搅拌3h，冷却至室温；再加入浓盐酸，继续搅拌1h，然后加入体积比为2∶1的丙酮和无水乙醇混合物，得到的沉淀洗涤3次，真空干燥后得到白色固体颗粒，即得到改性聚乙烯醇钻井液无荧光防塌剂[27]。

采用$NH_4OH-K_2S_2O_8$引发体系，将聚乙烯醇（PVA）与丙烯酰胺、丙烯酸单体接枝共聚，当PVA的质量分数为16.7%、异丙醇的质量分数为16%~20%、添加剂氨水（NH_4OH）的质量分数为0.3%、十二烷基磺酸钠（SDS）的质量分数为0.11%、尿素的质量分数为13.5%时，所得相对分子质量为50×10^4~60×10^4的产物，可以用作钻井液降滤失剂[28]。

按照聚乙烯醇0.9%~1.1%、硼砂0.25%~0.35%、ST-1植物胶0.02%~0.04%、非水解聚丙烯酰胺PAM 0.08%~0.1%的比例，首先将聚乙烯醇在常温水中经过48h溶解好后，再将ST-1植物胶及硼砂同时加入，搅拌50~60min，最后加入在常温水中经24h预溶好的非水解聚丙烯酰胺PAM，再搅拌20min至均匀，可以得到一种无固相钻井液，其具有较强的护壁防塌性、较好的流变特性、配制简单易操作且材料环保[29]。

研究表明，通过金属盐催化降解和阳离子化反应，研制出了抑制性好且黏度效应低的阳离子化改性多元醇防塌剂。当PVA与阳离子化试剂物质的量比为1∶1，反应温度为50℃，反应时间为4h，阳离子度可达0.435。且阳离子度越高，页岩抑制性越强[30]。

交联聚乙烯醇类降失水剂，是当前使用的油井水泥降失水剂中性价比较高的一种，能够满足大多数中等温度油气井固井的需要。在水泥浆中聚乙烯醇经适当交联后，通过压差的作用，水泥浆失水形成具有网状结构的滤饼膜，能很有效地降低失水量。固体交联聚乙烯醇易于储存和运输，但只能与水泥干混使用。它可以在基地与水泥按比例混好后送到井场直接配浆固井，掺量少，浪费少，不像液体聚乙烯醇那样必须配水混合后才能使用。因此，固井成本较低。目前国内陆上油田使用的大多数降失水剂是以固体交联聚乙烯醇为主；而海上油田由于受平台上客观条件的限制，一般采用液体类水泥外加剂。

也可以采用聚乙烯醇与其他材料复配制备油井水泥降失水剂，如由水、交联度为0.005%~0.5%的聚乙烯醇、聚乙烯醇质量为0.5~3倍的磺化丙酮-甲醛缩合物等组成的降失水剂，具有良好的降失水性能和流变性能，而且聚乙烯醇的浓度最高可达15%，可大幅度减少运输成本[31]。

为了在保证共聚改性轻度支化聚乙烯醇降滤失性（固井水泥失水剂）的同时不降低其溶解性，通过在乙酸乙烯聚合时引入少量甲基丙烯酸烯丙酯（AMA）双官能度单体和丙烯酸（AA）和丙烯酸丁酯（BA）合成了支化聚乙烯醇B－PVA。实验表明，所合成的支化聚乙烯醇B－PVA的溶解性与普通17－99的相当，但降失水性能明显优于普通的17－99，在同等条件下，当温度从70℃增至90℃时，加有普通17－99水泥浆的失水量由30mL骤增至400mL；加有B－PVA水泥浆的失水量仅由36mL增至70mL[32]。

二、油气开采

聚乙烯醇及改性产物可以用于压裂液减阻剂，也可以用于稠化酸的添加剂，使之延缓与岩石作用并降低酸液的滤失。在泡沫堵水中，PVA用作泡沫稳定剂。75%～95%水解度的聚乙烯醇、浓度为1%～10%的水溶液，经与硼砂、硼酸盐等络合形成高黏度凝胶，用作井筒封堵工作液。

阳离子聚乙烯醇结构中含有活性醚键、季铵盐官能团，且带有正电荷，可紧密地吸附在黏土表面，并有效地中和黏土的负电性，可以用于黏土防膨剂。作油井酸化缓速剂使用时，在耐酸、耐温、耐压等方面优于天然聚合物。作油井堵水剂使用时，吸附在岩石表面，使岩石表面由亲水转变成疏水，增大水的流动阻力，降低水相的渗透率，并因其分子不能在油相中舒展，不会增加原油的流动阻力。

通过加入稳定剂十二烷基磺酸钠（0.3%）、增韧剂超细碳酸钙（0.4%）、固化剂氯化铵（0.8%）对聚乙烯醇－脲醛树脂进行改性，得到一种稳定性好、强度高、固化时间可调的堵水剂，结果表明，改性树脂堵水剂的堵水率达96.6%[33]。

按照环糊精为2%～4%，聚乙烯醇为4%～6%，甲醛为25%～35%，丙烯酰胺为1%～3%，过硫酸铵为0.1%～2%的比例，将环糊精、聚乙烯醇、甲醛、丙烯酰胺溶解于水中，形成无黏度水溶液，然后加入过硫酸铵，注入地下，在地层温度作用下发生聚合反应生成高强度白色堵塞物质，用作低渗油藏高强度选择性堵水调剖剂，具有良好的注入性、高效选择性、固化时间可控等特点，且耐酸、碱腐蚀，具有长期稳定性，适用于低渗油藏高强度选择性堵水调剖[34]。

研究表明，以2%聚乙烯醇+1%交联剂+0.2%pH值调节剂，2%聚乙烯醇+1%交联剂+0.28%pH值调节剂等组成的压裂液，在0.01～10Hz扫描频率内主要表现为弹性，有良好的携砂、输砂能力；90℃下，压裂液的表观黏度为56mPa·s，具有良好的耐温性，在70℃、170s^{-1}下剪切60min，压裂液的黏度大于50mPa·s，具有良好的耐剪切性；粒径为0.18～0.25mm的石英砂30%砂比在聚乙烯醇压裂液中的沉降速率为0.038cm/min，表明聚乙烯醇压裂液具有良好的携砂性；聚乙烯醇压裂液滤失系数小，能有效控制滤失；易破胶，破胶彻底；破胶液表面张力小，易返排；破胶液残渣低对岩心基质渗透率伤害小。

聚乙烯醇压裂液不仅可以用常规压裂液破胶剂过硫酸铵破胶，还可以通过调节体系 pH 值破胶，实验中还发现，当体系 pH 值在 5 左右时，压裂液可以彻底破胶，黏度小于 5mPa · s[35]。

按照聚乙烯醇质量分数为 2%，聚交比为 100∶2，由硼砂质量分数 20%，丙三醇 25%，二乙醇胺 30%，氢氧化钠 1% ~5%，80℃下反应 4h 得到的交联剂 YL－J，与聚乙烯醇稠化剂交联产生的冻胶在 80℃剪切速率为 $170s^{-1}$ 下连续剪切 3600s，压裂液黏度为 250mPa · s。静态悬砂实验表明，该压裂液体系具有较好的携砂性，砂子的沉降速度低于 0.18mm/s。破胶实验表明，聚乙烯醇压裂液破胶液黏度为 2.3mPa · s，低于油田要求的 10mPa · s，残渣质量浓度为 79mg/L，能完全满足压裂现场施工的要求[36]。

以聚乙烯醇（PVA）为稠化剂，以四硼酸钠和钛酸丁酯等为原料合成的硼钛复合交联剂，当交联剂的硼钛质量比为 1∶3、聚交比为 100∶0.9 ~100∶1、PVA 质量分数为 1.5% ~1.6%时，压裂液的性能达到最佳，可以满足 90℃地层压裂作业[37]。

一种纤维素共混改性聚乙烯醇压裂液，它由下述原料组成（质量份）：聚乙烯醇 1 ~15、纤维素 1 ~15、有机钛交联剂 1 ~10、水 200 ~300。制备方法为：将聚乙烯醇、纤维素和水在 90 ~95℃条件下搅拌反应 3 ~5h 至完全溶解并冷却至室温，再加入有机钛交联剂，搅拌 2 ~5min，制得纤维素共混改性聚乙烯醇压裂液。该压裂液具有良好的耐温性能。实验表明，在高温条件下，压裂液的耐剪切性好，破胶彻底、残渣含量低、对储层伤害小，综合性能优于聚乙烯醇压裂液。同时具有操作简单、生产方便、成本低、适用于工业化大规模生产。

以丙烯酰胺（AM）、聚乙烯醇（PVA）和 2－丙烯酰胺－2－甲基丙磺酸（AMPS）为主剂、过硫酸铵（APS）为引发剂、*N*，*N′*－亚甲基双丙烯酰胺（BIS）为交联剂，采用水溶液聚合法制备的凝胶调剖剂，当所用 AM 质量分数为 5%，AMPS 质量分数为 0.5%，PVA 质量分数为 2%，引发剂 APS 质量分数为 0.05%，交联剂 BIS 质量分数为 0.003%时，调剖剂表现出良好的耐温、耐盐性；该调剖剂在温度为 130℃、粗盐浓度为 250g/L 的条件下仍能保持较好的性能，可应用于高温、高盐油藏的堵水调剖[38]。以聚乙烯醇改性及交联型丙烯酸酯共聚物作为高分子吸水剂具有一定强度，产品颗粒状不易为微生物降解而腐败，可长期保存，可用于调剖堵水和污泥凝固剂等。

三、驱油剂

聚乙烯醇水溶液的黏度较水的黏度有显著增加，这种稠化水可用于驱油。在 150℃以下的地层没有明显的降解。缺点是 PVA 分子中的羟基可与亲水性岩石表面形成氢键，因而有较大的吸附量，目前使用上受到一定限制。PVA 的线型分子能沿流动方向取向，减少了流动摩阻，可用作降阻剂。PVA 也可以与其他驱油剂配伍用于复合驱。在无碱条件下能使油水面张力达到超低，能显著降低油藏高油水界面张力，改善岩石的润湿性，从而降低毛管阻力，提高洗油效率提高采收率幅度较大、实用面广，是一种具有潜力的化学驱油剂。

中国发明专利公开了一种驱油用改性 PVA 聚乙烯醇高分子表面活性剂。方法是按照水溶性 PVA 与油酸等油溶性物质的质量比为（100～20）:1 比例，将水溶性 PVA 和油溶性物质在 90℃的条件下反应 2～4h，即得驱油用改性 PVA 聚乙烯醇高分子表面活性剂。所制得的产物包含多个具有一个饱和键的 C_{18} 疏水链段，从而使产物既具有水溶性又具有部分油溶性，进而增加表面活性剂溶液与原油的相溶性，从而提高原油采收率[39]。

将水溶性高分子溶液注入地层，使其在多孔性介质中形成凝胶，堵塞高渗透通道或断层，可大大提高采油效率。通过对 PVAG 水凝胶体系的研究表明，此体系的凝胶化过程对硬度和盐含量不敏感，甚至在 $3000\times10^{-6}\sim6000\times10^{-6}$ 硬度下仍能正常使用，所生成的凝胶在相应的条件下相当稳定，从而能在盐水、海水等环境使用。

四、水处理剂

PVA 可作为处理油田污水的助凝剂。阳离子聚乙烯醇可以作为水处理絮凝剂，它可以单独使用，也可以与其他材料，如聚丙烯酰胺、聚合氯化铝等配伍使用。

交联改性的 PVA 膜可用于反渗透和纳滤脱盐、渗透汽化有机物脱水、超滤油水分离及燃料电池中的质子交换等。

参考文献

[1] 张毅，汪明礼. 聚乙烯醇及其应用 [J]. 黄山学院学报，2004，6（3）：71－74.

[2] 庄银凤，朱仲祺. 聚乙烯醇水溶液的粘度行为研究 [J]. 高分子材料科学与工程，1999，15（4）：145－147.

[3] 陆屹，郭小阳，黄志宇，等. 聚乙烯醇作为油井水泥降失水剂的研究 [J]. 天然气工业，2005，25（10）：61－63.

[4] 刘毅锋，张娟. 聚乙烯醇树脂的改性及应用 [J]. 现代化工，1991（6）：56－57.

[5] 闵凡莲. 速溶型改性聚乙烯醇的制备 [D]. 山东淄博：山东理工大学，2015.

[6] 郑超，王萍，孔茜，等. 磺酸基取代阴离子聚乙烯醇膜材料的制备及表征 [J]. 精细与专用化学品，2005，13（17）：25－26.

[7] 滕云梅. 聚乙烯醇磷酸酯的合成及其在表面施胶中的应用和机理研究 [D]. 广西南宁：广西大学，2007.

[8] 施华芬，姚永玲. 聚乙烯醇的改性及应用开发 [J]. 广东化工，1993（3）：16－18.

[9] 聚乙烯醇的性质与制备 [DB/OL]. http://www.docin.com/p－812286452.html.

[10] 康智慧，于立娟，刘圣环，等. PVA 接枝聚乙烯铵的合成及表征 [J]. 济南大学学报（自然科学版），2009，23（1）：30－33.

[11] 孟平蕊，宋庆群，李良波，等. Ce^{4+} 引发 PVA 接枝聚乙烯铵的合成 [J]. 合成树脂及塑料，2009，26（3）：22－25.

[12] 张康，荆蓉，程飞，等. 丙烯酰胺与聚乙烯醇的固相接枝共聚 [J]. 纺织学报，2016，37（12）：

65－70.

［13］刘景丽，郝惠军，李秀妹，等. 油井水泥降失水剂接枝改性聚乙烯醇的研究［J］. 钻井液与完井液，2014，31（5）：78－80.

［14］刘学鹏，张明昌，丁士东，等. 接枝改性聚乙烯醇的合成及性能评价［J］. 石油钻探技术，2012，40（3）：58－61.

［15］李金焕，艾仕云，程终发. AMPS 接枝聚乙烯醇高吸水性树脂的合成［J］. 化学世界，2007，48（1）：18－22.

［16］郭丽梅，康雪. 耐盐型 AA/AMPS/PVA 吸水树脂研究［J］. 精细石油化工，2012，29（4）：21－25.

［17］崔娜娜. 阳离子聚乙烯醇制备与应用研究［J］. 湖南造纸，2014（2）：24－26.

［18］杨建洲，林里，汪利平，等. 高效活性醚化剂 GTMAC 的合成与性质研究［J］. 精细化工，2004，21（7）：550－552.

［19］郭乃妮. 阳离子聚乙烯醇的合成及表征［J］. 皮革与化工，2013（1）：13－16.

［20］郭乃妮，杨建洲. 季铵盐型阳离子聚乙烯醇膜材料的合成研究［J］. 包装工程，2008，29（4）：4－6.

［21］梁小兵，邓强，李泓. 酸化压裂用铵基聚乙烯醇的合成与防膨作用评价［J］. 当代化工，2014（1）：21－23.

［22］陈涓，彭朴，汪燮卿，等. 化学交联聚乙烯醇的交联度和降失水性能的关系［J］. 钻井液与完井液，2002，19（5）：22－24.

［23］柳华清，杨隽. 化学交联聚乙烯醇（PVA）水凝胶的合成及研究［J］. 山东化工，2013，42（7）：1－4.

［24］谷媛媛，郑庆余，叶林. 聚乙烯醇水凝胶的制备及其溶胀性能［J］. 塑料工业，2007，35（s1）：127－129，136.

［25］卫辉市化工有限公司. 一种钻井堵漏剂的制备方法：CN，103387824A［P］. 2013－11－13.

［26］河北华运鸿业化工有限公司. 一种钻井液用低荧光润滑剂及其制备方法：中国专利，201210576756. 1［P］. 2015－07－01.

［27］陕西高华知本化工科技有限公司. 钻井液用无荧光防塌剂：CN，104327807A［P］. 2015－02－04.

［28］侯静，刘宇光，高德玉，等. 聚合物油田泥浆处理剂的合成与性能测定［J］. 哈尔滨商业大学学报（自然科学版），2006，22（1）：32－35.

［29］长春工程学院. 深部找矿复杂地层 PSP 新型无固相钻井液：中国专利，201110322522. X［P］. 2014－03－19.

［30］黄维安，邱正松. 阳离子化多元醇防塌剂的研制［J］. 钻井液与完井液，2006，23（3）：1－3.

［31］中国石油化工股份有限公司，中国石油化工股份有限公司石油化工科学研究院. 一种油井水泥降失水剂组合物：中国专利，01130979. 2［P］. 2005－05－04.

［32］张敬宇，韩海峰，张军华. 共聚改性轻度支化聚乙烯醇的结构及降滤失性研究［J］. 油田化学，2016，33（3）：392－395.

［33］雷鑫宇，李卉，陈爽，等. 聚乙烯醇－脲醛树脂堵水剂的改性研究［J］. 应用化工，2014，43（2）：207－208，211.

[34] 陕西省石油化工研究设计院. 一种低渗油藏高强度选择性堵水调剖剂及其制备方法：CN，105331344A [P]. 2016-02-17.

[35] 何佳. 聚乙烯醇压裂液的性能研究 [D]. 四川成都：西南石油大学，2014.

[36] 薛小佳，张林，吕海燕. 聚乙烯醇压裂液有机硼交联剂 YL-J 的合成及应用 [J]. 西安石油大学学报（自然科学版），2013，28（4）：99-102.

[37] 王璐，沈一丁，杨晓武，等. 硼钛复合交联剂的制备及其在聚乙烯醇压裂液中的应用 [J]. 精细石油化工进展，2010，11（8）：49-52.

[38] 徐黎刚，杨隽，闫霜，等. 聚乙烯醇/丙烯酰胺耐温耐盐调剖剂的合成与表征 [J]. 武汉工程大学学报，2015（5）：60-64.

[39] 厦门大学. 一种驱油用改性 PVA 聚乙烯醇高分子表面活性剂：CN，105331347A [P]. 2016-02-17.

第十七章

季铵盐类阳离子单体聚合物

季铵盐阳离子单体为铵离子中的四个氢原子都被烃基取代而生成的化合物，结构通式如图 17-1 所示。四个烃基中至少一个为不饱和烯烃基或反应性的环氧烃基，X 多是卤素负离子、酸根等起电性平衡的负离子基团。

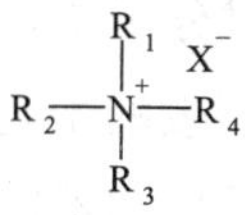

$$\begin{array}{c} R_1 \quad X^- \\ | \\ R_2—\overset{+}{N}—R_4 \\ | \\ R_3 \end{array}$$

图 17-1　季铵盐阳离子单体结构

季铵盐阳离子单体中具有不饱和烯烃基，可通过均聚和共聚反应制得阳离子聚合物。分子中的季铵盐官能团使之带有一个正电荷，性质类似于铵盐，易溶于水，水溶液导电，具有杀菌性能，同时还具有表面活性剂的部分性质。

季铵盐型阳离子单体的种类很多，有二烯丙基季铵盐、（甲基）丙烯酸酯季铵盐衍生物、（甲基）丙烯酸酰胺季铵盐衍生物、叔胺衍生物以及乙烯基吡啶等，目前最为重要的、占据国内外主要市场的是二烯丙基二甲基氯化铵、（甲基）丙烯酰氧基丙基三甲基氯化铵和（甲基）丙烯酰胺基丙基三甲基氯化铵及其衍生物。

本章重点介绍季铵盐单体及其聚合物合成、性能及应用[1,2]。

第一节　二烷基二烯丙基氯化铵聚合物

二烷基二烯丙基类季铵盐单体的成环聚合反应是一类特殊的聚合反应，主要生成线性水溶性聚合物，典型单体的代表为二甲基二烯丙基氯化铵（dimethyldiallylammonium chloride，简称 DMDAAC）。1951 年 Butler G B 首先在实验室合成了二甲基二烯丙基溴化铵，发现生成产物不是预想的交联不溶物，而是可溶性高分子。1956 年后开始对其氯化物 DMDAAC 的聚合展开系统研究。DMDAAC 的均聚物——聚二甲基二烯丙基氯化铵（PDMDAAC），结构主要有五元环、六元环两种，同时存在少量支链化副产物，其结构见图17-2。

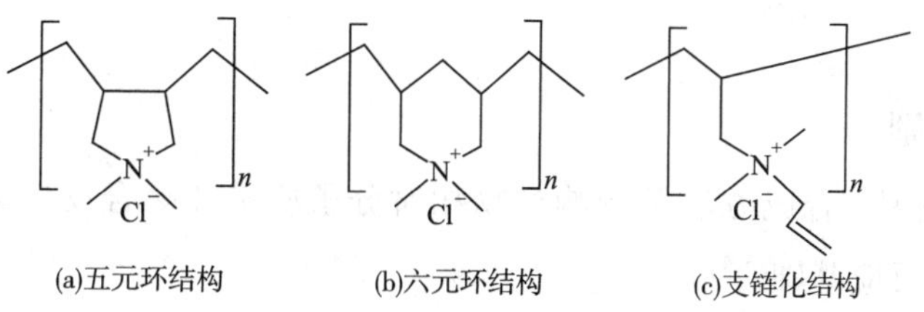

(a)五元环结构　(b)六元环结构　(c)支链化结构

图 17-2　PDMDAAC 的结构

二烷基二烯丙基季铵盐聚合物是一类新型多功能水溶性高分子，由于具有正电荷密度高、水溶性好、高效无毒、相对其他阳离子高分子价格低廉等优点，在国外已广泛用于石油开采、造纸、采矿、纺织印染、日用化工、水处理、食品和医药工业等领域。

聚二甲基二烯丙基氯化铵（PDMDAAC）为强阳离子聚电解质，外观为无色至淡黄色黏稠液体，固体产品为白色或淡黄色固体粉末。安全、无毒、不易燃、凝聚力强、易溶于甲醇、冰醋酸和水，不溶于其他有机溶剂，水解稳定性好、不成凝胶，对 pH 值变化不敏感，pH = 0.5 ~ 14 时稳定，有抗氯性。凝固点约 −2.8℃，密度约 1.04g/cm^3，分解温度为 280 ~ 300℃。和其他线性高分子相比，不水解、水溶液稳定性好，同时具有杀菌和电中和能力，是最早通过美国卫生及公共服务部 PHS 认证认为无毒、可直接用于饮用水处理的有机高分子。鉴于以上优点，PDMDAAC 可广泛用于造纸、采煤、印染、纺织、日化、生物和医药等各个领域。PDMDAAC 作为聚电解质高分子，超高和不同相对分子质量的产物有着不同分子链节长度，从而有着不同应用性能。因此，如何在经济、高效的工艺基础上提高产物的相对分子质量（通常以特性黏数值计），即生产高相对分子质量和不同相对分子质量系列化的产物，一直是研究者关注的热点。

PDMDAAC 作为阳离子型有机絮凝剂，易溶于水，对钻井液劣质固相及钻井污水中的悬浮粒子具有很强的絮凝能力，对废水基钻井液具有很强的脱水能力。用作钻井液絮凝剂，以 HPAM 为代表的阴离子聚合物以氢键吸附为主，对高价金属离子敏感性强，热稳定性差，一般仅适用于淡水钻井液及上部地层钻井，不适用于含高浓度电解质的钻井液及深井钻井。而 PDMDAAC 等阳离子聚合物处理剂带正电荷，由于黏土和页岩表面带负电荷，因此荷正电的阳离子聚合物分子以静电吸附为主的方式吸附于黏土和页岩表面，不仅吸附量大，而且吸附强度大，吸附牢固，不易解吸附，抗温、抗盐和抗剪切能力强，并强烈地絮凝黏土和钻屑，有利于通过固控设备清除。同时 PDMDAAC 在黏土、钻屑和井壁岩石上的吸附，会中和黏土、钻屑和井壁岩石表面上的部分负电荷，压缩其扩散双电层，减少晶层间、颗粒间的双电层斥力，减少其水化程度，不仅有利于黏土和钻屑的絮凝，也可以减少井壁岩石的水化膨胀，有利于井壁稳定。

国外从 20 世纪 50 年代就已开始研究 DMDAAC 的聚合反应机理，国内在 20 世纪 80 年代末期才开始研究，长期以来，与国外研究水平存在差距。近几年，国内在 PDMDAAC 制备方面经过不懈努力，使 DMDAAC 制备工艺已接近或超过了国外文献报道水平，其应用领域也日渐广泛。

一、合成基础

从合成反应机理、合成方法及影响产物相对分子质量和聚合反应的因素等方面介绍 PDMDAAC 的聚合反应基础[3,4]。

（一）合成反应机理

DMDAAC 聚合反应为自由基聚合过程。DMDAAC 的生成热 ΔH_f 为 181.62kcal/mol

(759.17kJ/mol)、分子间成环聚合活化能 E_a 为 7.5kcal/mol(31.35kJ/mol)。上述数据表明,DMDAAC 聚合活性不如丙烯酰胺、丙烯酸等单体,但与其他烯丙基类单体相比,反应活性相对较高,更易聚合。其均聚反应机理和线性产物分子中单元结构如式 17-1 所示。

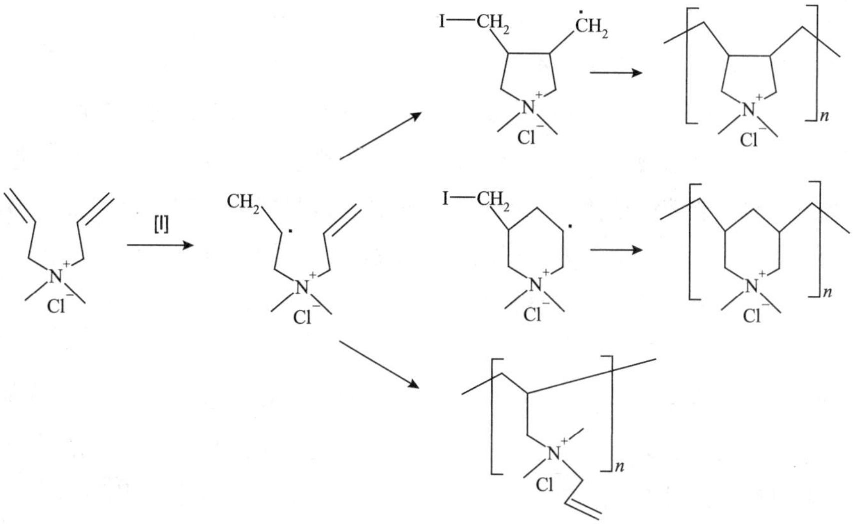

$$\text{DMDAAC} \xrightarrow{[I]} \text{自由基中间体} \rightarrow \text{五元环/六元环/线性侧链烯丙基结构单元}_n \qquad (17-1)$$

(二)聚合方式

PDMDAAC 合成方式有多种,如溶液聚合(水溶液聚合和有机相溶液聚合)、乳液聚合、悬浮聚合和辐射聚合等。方法不同,成本不同,得到产物的相对分子质量大小、性能也不相同,一般根据所需产物的具体要求而选择聚合方式,目前应用最为广泛的是水溶液聚合法。

1. 溶液聚合

根据溶剂的不同,分为水溶液聚合和有机相溶液聚合两种。

1)水溶液聚合

水溶液聚合方式具有操作简单、成本低廉、不必回收溶剂等优点,国内外研究者大多采用这种方式制备 PDMDAAC。单体溶液一般在 60% 左右,在通 N_2 除氧的条件下,用适量引发剂,在适宜温度范围内引发聚合,聚合过程中还可加入其他助剂以提高聚合物性能。此法工艺简单,成本较低,产品直接应用,不必回收溶剂,因此应用最为广泛。

引发剂多采用无机过氧类引发剂,如过硫酸钾、过硫酸铵等;氧化-还原引发体系,如过硫酸盐-脂肪胺,过硫酸盐-EDTA 等;国外还采用水溶性偶氮类引发剂。单纯的过硫酸盐引发剂能氧化单体中的 Cl^- 生成 Cl 自由基而终止反应,因此,聚合物相对分子质量不是很高,而且相对分子质量分布不易控制。而水溶性偶氮类引发剂价格昂贵。因此,氧化-还原引发体系是应用最多的引发剂。

为使聚合物性能得到提高,而且工艺尽量简单,国外研究者进行了许多尝试。例如,可在不必除去 NaCl 甚至在增加 NaCl 的情况下聚合;加入 F^- 以提高相对分子质量和转化率；分阶段加入共聚单体并加入链转移剂来控制阳离子度和相对分子质量；加入碱金属或铵的亚硫酸氢盐以控制聚合物的黏度；采用新工艺使溶液在沸点以上的温度，聚合与干燥同时进行，以得到干的固体聚合物等。这些尝试都取得了一定的效果，而国内在这方面开展的研究还不多。

2）有机相溶液聚合

有机相溶液聚合与水溶液聚合不同的是，溶剂不是水而是有机溶剂，如甲醇、二甲基亚砜（DMSO）等。溶剂的选择比较重要，一要考虑到单体和聚合物的溶解性，二要考虑溶剂的链转移常数，应选择链转移常数小的溶剂，否则会使产物的相对分子质量下降。

当采用的溶剂只能溶解单体，而不能溶解聚合物或只能部分溶解时，聚合物便会从溶液中析出。在这种情况下，这种方法可归为沉淀聚合。沉淀聚合法虽然聚合物分离提纯较简单，相对分子质量分布较窄，但要想得到高相对分子质量的聚合物却比较困难，使其应用受到限制。

有机相溶液聚合中采用的溶剂有多种，如DMSO、DMF、醇类、二氧六环或吗啉等，如可以用DMSO为溶剂，以过硫酸铵（APS）为引发剂制备高相对分子质量的产物。这种方法操作比较复杂，产品在有机相中不能直接应用，溶剂回收困难。因此，这种方法一般很少应用。由于使用溶剂成本较高、回收不便，制约了其发展。

2. 乳液聚合和悬浮聚合

因为DMDAAC水溶性极强，因此，乳液聚合主要是反相乳液聚合。采用低HLB值的乳化剂（如山梨醇脂肪酸盐等），使单体水溶液和溶剂（可采用苯、二甲苯、矿物油等）形成油包水型（W/O）的乳液，必要时可加入稳定剂使之更加稳定，然后加入油溶或水溶性引发剂引发聚合，这种方法具有聚合速率高，聚合物相对分子质量高（可达几百万），相对分子质量分布窄，产品性能好等特点。

DMDAAC与其他单体共聚时，一般竞聚率较低，因此导致在共聚物中DMDAAC单体单元的含量较低，采用反相微乳液聚合可以克服这一问题。微乳液可使单体间的活性差值缩小，从而使DMDAAC在聚合物中的含量得到提高，阳离子度增大，聚合物的性能得到改善。

当单体以小液滴的形式悬浮在体系中时，这种聚合方法可归为悬浮聚合。该方法不用乳化剂而是采用分散剂或悬浮剂。DMDAAC采用悬浮聚合的报导不多，产品的性能也没有其他方法更好。

乳液聚合以水作分散介质，具有安全、聚合速率快、产物相对分子质量高、可以在较低温度下聚合等优点，但由于生产成本较高，产品中残留乳化剂难以完全除尽，使其应用受到一定限制。

乳液聚合和悬浮聚合均存在着操作复杂，溶剂回收需破乳等繁琐工序，生产效率低，设备利用率低等缺点。但如果想得到高质量的产品，可以采用乳液聚合的方法。

3. 辐射聚合

辐射聚合方式是采用放射性射线引发单体聚合，得到的产物相对分子质量较高，但存在放射源难以管理、反应规模小等缺点，同样研究较少。可以用 γ - 射线、Co - 60 射线和荧光引发 DMDAAC 聚合。如，以市售单体为原料，60mL 注射器为反应器，在 DMDAAC 质量分数为 72.0% 的条件下，以 35kilorads/h（350J/kg/h）强度 Co - 60 射线引发反应 20h 后，制得产物的最高特性黏数为 7.7dL/g［以 c（NaCl）=2mol/L 的水溶液为溶剂，30℃ 用乌氏黏度计测量］，对应转化率为 94.9%。用双引发剂，即常用引发剂（如过硫酸铵等）和光致还原剂（如核黄素等），在不必除氧的条件下，由白炽灯光或日光灯光引发聚合，而且得到的 PDMDAAC 相对分子质量可达 290×10^4。

4. 原位聚合

近年来，由于纳米高分子聚合物膜的广泛研究和应用，DMDAAC 亦逐渐向原位聚合成纳米级复合膜的方向发展。它可与 SiO_2、TiO_2、$Ni(OH)_2$、CdS、ZnO、SnO_2，以及 Ag、Au、Pt 的化合物等聚合形成纳米级复合膜，具有良好的分散、导电、抗静电性质，使 PDMDAAC 的应用范围得以进一步拓宽。

综上所述，DMDAAC 聚合物主要通过自由基聚合而得。其中，水溶液聚合和反相乳液聚合在工业生产中的应用最广范。水溶液聚合最为普遍，也最经济；反相乳液聚合虽然操作复杂，但可以得到高质量的产品。

（三）影响产物相对分子质量大小的因素

在 DMDAAC 的聚合反应过程中，有诸多因素会影响到产物的相对分子质量的大小，下面以水溶液聚合体系为例进行介绍。

1. 单体所含杂质种类及质量分数

通常根据单体 DMDAAC 制备方式的不同，原料单体可分为一步法和两步法单体，也可根据单体溶液所含杂质种类的不同分为含 NaCl 和不含 NaCl 单体。一步法单体合成工艺简单、成本低、收率高，一般为 90% 左右，利于工业化生产，但杂质较多；两步法单体相对而言，纯度高、杂质少、收率较低，一般为 70% 左右，生产过程中使用大量丙酮，使该工艺成本升高，为非清洁生产工艺，不适合工业化生产应用。由于单体来源不同，影响聚合反应的杂类型和含量也不同。

在单体的生产过程中不可避免会有副产物（杂质）生成，从而对其聚合性能也会产生不同程度的影响。研究发现，在单体合成过程中可能含有的杂质有二甲胺、氯丙烯、二甲基烯丙基胺、氯化钠、二甲胺盐酸盐、二甲基烯丙基胺盐酸盐、烯丙醇和烯丙醛等。其中二甲胺、二甲基烯丙基胺及其盐酸盐都可通过链转移反应及随后的偶合终止来消灭自由基；氯丙烯、烯丙醇以及烯丙醛的分子中都含有烯丙基，而烯丙基具有自阻聚作用，致使 DMDAAC 很难达到高的聚合度。氯化钠的存在对聚合反应速率和产物聚合度也有一定影响，但国内外学者对此认识不一。近期的研究表明，单体中所含杂质却是制约 PDMDAAC 获得高相对分子质量产物的重要原因之一。

2. 引发剂种类

使用较多的引发剂为过氧化物类和水溶性偶氮类两种。其中，过氧化物类引发剂简便易得、成本低廉、引发效果较好，国内外大多使用这类引发剂。在过氧化物类引发剂方面，常用无机类的过硫酸铵（APS）、过硫酸钾（KPS）和有机类的过氧叔丁醇，而又以APS应用最为广泛。实践证明，采用APS为引发剂制备PDMDAAC也可以取得较好结果。

偶氮类引发剂分解几乎全部为一级反应，只形成一种自由基，无诱导分解，因此广泛用于聚合动力学研究和工业生产。在DMDAAC的聚合中主要使用水溶性偶氮类引发剂，最常见的是偶氮双脒基丙烷盐酸盐（V－50）和偶氮二异丁基脒的盐酸盐（AIBA·2HCl）。

由于引发剂各有其优缺点，复配使用后能互相弥补不足，所以，一些研究者提倡两种引发剂复配使用。研究表明，引发剂的复配使用，的确取能够提高产物的相对分子质量，在某些制备高相对分子质量PDMDAAC工艺条件的基础上，若再进行引发剂的复配使用，将使产物特性黏数进一步提高。

（四）影响聚合反应的因素

1. 单体质量分数

单体质量分数是影响聚合速率和聚合度的重要影响因素之一，由聚合反应速率方程可知，单体含量和聚合反应速率成正比。在单体质量分数降低的条件下，随着单体质量分数的增加，聚合速率加快，有利于提高聚合度。单体质量分数越高，产物相对分子质量越高，合适的单体质量分数为63%～65%。然而，随着单体质量分数的进一步升高，聚合体系黏度增加，散热困难，体系温度大大提高，链终止等副反应速率加快，使产物相对分子质量下降；有时还会因为体系热量不能及时导出，而发生爆聚。所以，合适的单体浓度是制备较高相对分子质量产物的必要条件之一。

2. 引发剂用量

引发剂用量也是影响聚合速率和聚合度的重要因素之一，由聚合反应速率方程可知，引发剂浓度的平方根和聚合反应速率成正比。但对不同杂质种类和含量、不同单体质量分数和反应温度的反应体系，适宜的引发剂用量，往往需经大量实验来确定。对于引发剂用量对产物性质的影响而言，当引发剂用量超过一定值后，引发剂用量越多，产物相对分子质量越低，这与聚合度倒数方程中引发剂浓度对产物平均聚合度影响趋势一致。然而，在维持产物特性黏数一定的前提下，高引发剂用量时对应单体转化率要高，贮存稳定性好。因此，适宜的引发剂用量需要通过工艺条件综合比较后才能得到。

3. Na_4EDTA 用量

为了较好地控制PDMDAAC产物的相对分子质量大小，制备中往往加入一些聚合助剂来调节产物的相对分子质量。在体系中添加Na_4EDTA后。由于EDTA盐偏碱性，在APS引发体系中起pH值缓冲剂的作用，能抑制APS的离子分解，少量EDTA盐有利于聚合反应进行，使引发剂效率提高。

另外，体系中可能存在少量金属离子，如 Fe^{2+}、Fe^{3+}、Cu^{2+}、Ca^{2+}、Mg^{2+} 等。这些金属离子的存在会对聚合反应产生很大的阻聚作用，为使反应顺利进行，适当加入 EDTA 可以螯合这些金属离子，达到提高相对分子质量的目的。

此外，链转移剂的加入，能够控制 PDMDAAC 产物的相对分子质量。例如，$NaHSO_3$ 的加入能够很好地调节产物相对分子质量。然而，无论哪种链转移剂的加入，都无疑会在反应体系中引入了其他物质，会影响到单体转化率和产物其他性质，影响到其应用范围。所以，对于链转移剂的使用要有目的性和选择性。

4. 反应温度

温度也是影响聚合速率和聚合度的重要影响之一。温度对聚合反应速率的影响集中体现在速率常数项 $k_p\ (k_d/k_t)^{1/2}$。根据 Arrhenius 方程式：

$$k = Ae^{-E/RT} \tag{17-2}$$

对于聚合反应，总活化能大于 0，表明温度升高，速率常数增加，聚合反应速率也增加。一般研究者是根据选定的引发剂种类来选择适宜的聚合反应温度。水溶性偶氮类引发剂适宜的引发温度为 50～70℃，过氧化物引发剂适宜的引发温度为 40～50℃。反应过程中，温度和升温程序可以根据实际情况进行适当调整。

有学者采用 APS 引发剂在体系高温回流（105～115℃）的情况下进行反应；也有学者采用 APS 为引发剂，在 46℃进而 50℃和 70℃进行反应；还有一些采用不同引发剂的情况，如以过氧叔丁醇作引发剂，40℃下进行反应；用偶氮复合引发剂，于 80℃下进行反应；用 V－50 为引发剂，于 52℃，进而 81℃进行反应等，这些反应均是针对不同引发剂和工艺条件而作出的温度选择。

5. 反应时间

根据 Arrhenius 公式以及对于反应转化率中反应速率和反应时间的关系，高分子聚合反应原则上反应时间越长，体系反应程度越好，单体转化率越高，产物平均相对分子质量越高；但在工业化生产时，反应时间较短为宜。

6. 聚合反应中不同因素的协同作用

在 DMDAAC 的聚合反应中，各因素除了对产物相对分子质量有影响外，一些因素也会产生协同影响，主要有以下 3 个方面。

1）单体所含杂质种类及其质量分数与引发剂的协同影响

由于单体中某些杂质具有还原性，在过氧化物引发体系中，单体所含杂质的种类和质量分数对反应引发体系的引发温度和引发剂用量均会产生一定影响，所得产物特性黏数也不同。如叔胺具有还原性，可与 APS 形成氧化还原体系，在体系中叔胺较多的情况下，对应的聚合反应引发温度可适当降低，在相同引发温度下，引发剂分解速率则加快。此外，某些杂质具有链转移和链终止的作用，如烯丙醇和烯丙醛。因此，在体系中此类杂质含量较多的情况下，所需引发剂用量会大幅增加，产物特性黏数迅速降低。

2）单体质量分数和引发剂用量的协同作用

根据产物聚合度的倒数方程可知，仅通过单体质量分数和引发剂用量的调控就能在维持产物高单体转化率的前提下，实现产物特性黏数，即产物系列化的控制。实验发现，在高单体质量分数和低引发剂用量下，能制得高特性黏数、高转化率的产物，低单体质量分数和高引发剂用量条件下，能制得低特性黏数、高转化率的产物。

3）反应温度和反应时间的协同作用

根据 Arrhenius 方程式和聚合反应速率与反应程度之间的关系可知，反应温度和反应时间之间有着一定的协同作用。对合成工艺而言，主要分为三类。

（1）高温短时间反应，一般在 80～100℃反应 1.5h，能够在较短时间内通过高温使聚合反应尽量完全，但所得产物相对分子质量、单体转化率要明显比低温长时间反应条件下低。

（2）低温长时间反应，一般在 40℃反应 48h。该工艺更适合聚合反应的完全进行。

（3）分阶段升温方式，聚合中无论是采用过氧化物类引发剂还是偶氮类引发剂，均通过分阶段升温的方式实现引发剂的逐步稳定分解，在尽可能短的时间内，实现单体最大程度的聚合，得到的产物特性黏数和单体转化率均较高，该合成工艺为工业化生产高质量的 PDMDAAC 产物奠定了基础。

二、聚二甲基二烯丙基氯化铵的制备

PDMDAAC 的合成最早从 1956 年开始，合成方式以水溶液聚合为主[3]。1970 年国外学者以经重结晶的 DMDAAC 单体为原料，加入适量 Na－EDTA 溶液，调节体系 pH 值至 6.5 左右，80℃下，N_2吹扫 1h 后，加入引发剂过硫酸铵（APS），体系放热剧烈，迅速升温至 110℃，然后在 90～100℃反应 0.5h，最后加入去离子水稀释体系固体分至 40%，冷却至室温出料。当 m（DMDAAC）=65%，m（APS）：m（DMDAAC）$=5\times10^{-5}$，m（Na_4EDTA）：m（DMDAAC）$=2\times10^{-4}$时，得到的产物经甲醇－丙酮混合溶剂沉淀清洗，P_2O_5干燥后，在 c（NaCl）=1mol/L 的水溶液中用乌式黏度计测得产物特性黏数最高为 1.8dL/g 左右，剩余单体质量分数为 4%（对应 96% 的单体转化率），产物质量分数为 40% 时 Brookfiled 黏度计测定黏度为 63Pa·s 左右。之后相继开展了一系列合成，如在 DMDAAC 单体质量分数为 63% 的水溶液中，氮气保护下，温度为 105～115℃（反应液的回流温度），滴加 APS 和 $NaHSO_3$，以稀溶液形式在 6h 内滴加完 APS，在滴加 APS 的前 3h 滴加完 $NaHSO_3$，再反应 0.5h 使体系反应完全，共反应 6.5h，通过 APS 和 $NaHSO_3$用量的控制得到特性黏数为 0.1～3.28dL/g 的 PDMDAAC 产物。在 DMDAAC 质量分数为 70% 的单体水溶液中，加入 4g/kg 的偶氮双脒基丙烷盐酸盐（V－50）做引发剂，40℃保温 48h 后，得到 PDMDAAC 产物的特性黏数为 4.07dL/g；在 DMDAAC 单体质量分数为 69%～70%，以过氧叔丁醇或偶氮 V－50 为引发剂，加入 EDTA 调节体系 pH 值至 4，外加一定量的脂肪烃和表面活性剂，采用反相悬浮聚合法反应 1～1.75h 后得产物，分离析出后，

50℃干燥24h后得产物干粉，粒径10～1000μm，主要分布在350μm左右，产物在质量分数为20%时黏度最大为97Pa·s。

国内学者也开展了一些研究。如用质量分数为70%的DMDAAC单体水溶液，调节pH值至4～6，反应温度为80℃，通氮气除氧1h，加入相当于单体质量为0.1%的APS和偶氮二异庚腈（ABVN）复合引发剂，反应4h，最后稀释产物至质量分数为40%，得到产物在甲醇－丙酮混合溶剂中沉析，真空干燥后，产物最高特性黏数为2.27dL/g，对应单体转化率为98.1%[5]。用提纯后的一步法DMDAAC单体水溶液，当DMDAAC质量分数为63%时，加入相对于单体质量0.5%的过硫酸钾（KPS），0.2%的Na_4EDTA，通氮除氧0.5h，40℃反应8h时，得到的PDMDAAC产物，经乙醇精制，真空干燥后，所得产物特性黏数最高为1.96dL/g，单体转化率在90%以上[6]。用水溶液精制的一步法中试单体为原料，以APS为引发剂，在DMDAAC质量分数为69%、搅拌条件下分批加入相对于单体质量为0.7%的引发剂和0.0142%的NaEDTA，在50℃和60℃分别反应3h和6h，共9h，得到产物特性黏数最高为2.38dL/g；在DMDAAC质量分数为67%，50℃下反应6h，60℃反应48h，共54h后，得到产物特性黏数最高为2.79dL/g[7]。以经水溶液精制的一步法中试单体为原料，APS为引发剂，在单体质量分数为65%条件下，反应前期一次性加入0.35%的引发剂和0.0071%的Na_4EDTA，分阶段升温、保温不同时间，得到产物特性黏数最高为3.17dL/g，单体转化率为94.8%；体系继续在60℃反应48h后，得到产物特性黏数最高为3.99dL/g，转化率为100%[8,9]。以高纯工业一步法单体为原料，加入占单体质量0.35%的AIBA·2HCl引发剂和0.0035%的Na_4EDTA，分阶段升温、保温不同时间，得到产物特性黏数最高为3.44dL/g[10]。

如前所述，PDMDAAC的聚合可以采用不同类型的引发剂引发聚合，下面结合具体实例，介绍PDMDAAC的合成及影响合成反应和产物的性能的因素。

（一）用过硫酸盐为引发剂的聚合反应

以氯丙烯、二甲胺、氢氧化钠和过硫酸铵为原料，经叔胺化合成氯丙烯二甲胺和季铵化得到二烯丙基二甲基氯化铵，最后在引发剂作用下聚合生成聚二甲基二烯丙基氯化铵，制备过程如下。

在装有搅拌器、温度计和通N_2装置的反应器中加入按计量经浓缩的单体溶液，室温下依次加入0.35%的引发剂和0.001%～0.003%的络合剂溶液，适量加水配成质量分数为65%的单体聚合反应液，通$N_2$20min，搅拌下将反应混合液升温到44℃，在44℃下反应3h，再升温到50℃反应3h，然后再升温到70℃进一步熟化反应3h，出料、烘干、粉碎得到成品。

需要强调的是，在PDMDAAC合成中单体质量分数、引发剂和络合剂用量、引发温度和后期反应温度（熟化反应）对聚合物特性黏数和转化率有显著的影响，结果见图17－3～图17－7[11]。

如图17-3所示，在原料配比和反应条件一定时，随着DMDAAC质量分数的增加，产物特性黏数和单体转化率先增加后降低。实验发现，当 DMDAAC 质量分数增加到 70%，聚合反应出现了爆聚现象，体系温度短时间可升到 90℃以上，这是导致产物特性黏数与单体转化率下降的主要原因。在实验条件下，DMDAAC 质量分数控制在 65% 较为理想。

在原料配比和反应条件一定时，随着引发剂用量的增加，产物特性黏数［η］先增加后降低，在引发剂用量为 0.35% 时最高，而单体转化率先出现一定增加后，基本趋于恒定。这可能是由于当引发剂浓度较低时，使聚合反应进行缓慢且效率低，产物的特性黏数小。当引发剂用量增加时，有足够的引发剂满足诱导分解和笼蔽效应消耗时，多余的引发剂足以引发反应，产物特性黏数达到最大。但过多引发剂使产物特性黏数下降，甚至可能由于聚合反应过快而导致爆聚，如图 17-4 所示。

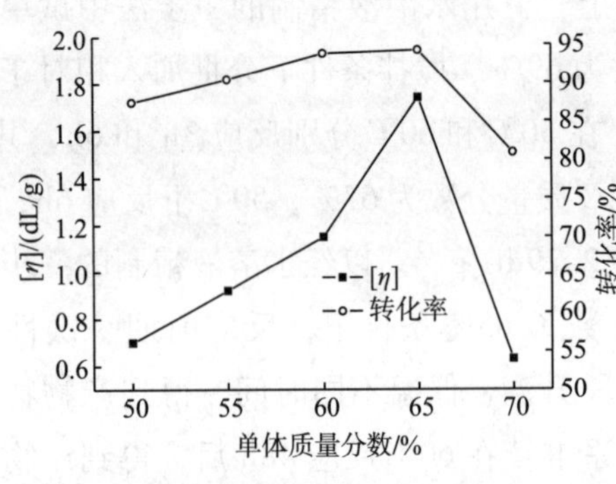

图 17-3　单体起始含量的影响

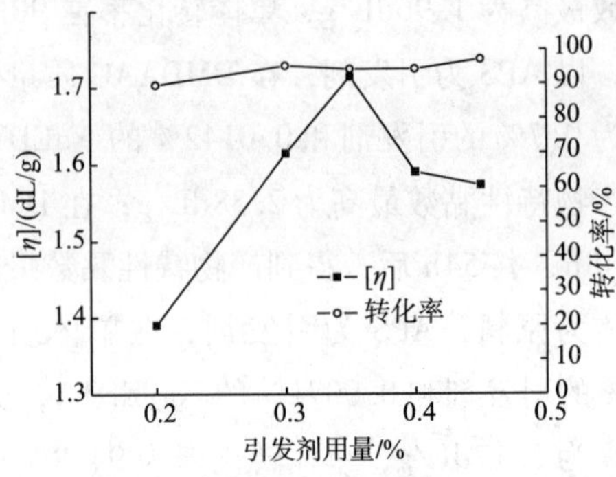

图 17-4　引发剂用量的影响

图 17-5 显示了在原料配比和反应条件一定时，少量 Na_4EDTA 对聚合反应有利，再增加用量后作用不明显，其原因可能是由于 Na_4EDTA 作为络合剂，用于络合反应体系的金属离子，可减少阻聚而有利于反应进行，但由于体系中金属离子杂质相对较少，因此少量加入就能起到作用。

原料配比一定时，引发温度和后期反应（熟化反应）温度对产物特性黏数和单体转化率也有较大的影响。如图 17-6 所示，随着聚合反应引发温度升高，产物特性黏数和单体转化率均增加，并达到最大；但当引发温度超过 46℃后，产物特性黏数和单体转化率均急剧下降，实验表明，当引发温度为 48℃时，出现爆聚现象，体系快速自动升温到 90℃以上。如图 17-7 所示，反应后期（熟化反应阶段），随着聚合反应熟化温度的升高，产物的特性黏数先增加，达到最高点后，又有所下降，而单体的转化率则变化不明显。这可能与成熟温度较低时，反应不完全有关。随着成熟温度的升高，在一定范围内单体或端基双键或悬挂双键进一步反应，使产物特性黏数稍有增加，但进一步增加聚合反应熟化温度时，体系可能由于热的作用，有少量的链发生断裂，导致产物特性黏数反而降低。

（二）水溶性偶氮引发剂引发二甲基二烯丙基氯化铵的聚合反应

采用自制的 DMDAAC 单体，经过纯化并控制单体中烯丙醇含量≤10mg/L、二甲胺含量≤100mg/L，然后用水溶性偶氮引发聚合制备 PDMDAAC，具体过程如下[12]。

将纯化的 DMDAAC 单体配成质量分数为 68% 的水溶液，加入装有搅拌器、温度计、冷凝管的三口瓶中，置于恒温水浴，用惰性气体吹洗15min，搅拌下加入引发剂 c（AIBA · 2HCl）$=2.0\times10^{-2}$mol/L、助剂 c（EDTA）$=7.0\times10^{-4}$mol/L，升温至70℃聚合8～10h，即得胶态均聚物，以含链终止剂的聚合物沉淀剂沉淀并浸泡聚合物，以除去水分及未反应单体，真空干燥。以称重法计算收率。用乌式黏度计，以1mol/L的 $NaNO_3$ 水溶液为溶剂，在（30±0.1）℃下测定相对黏度 η_r，用一点法计算特性黏数［η］（dL/g）。

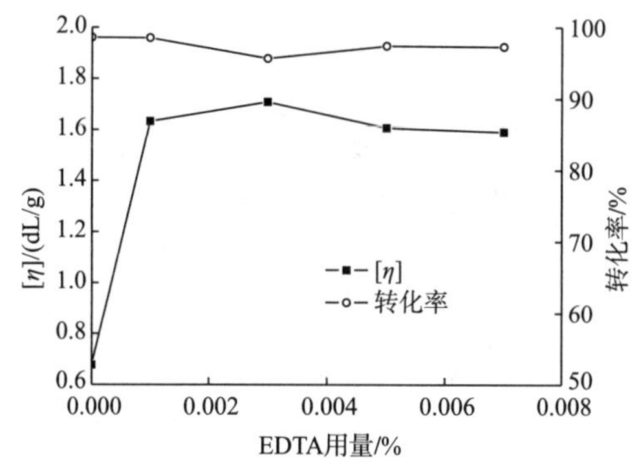

图17-5 Na_4EDTA用量的影响

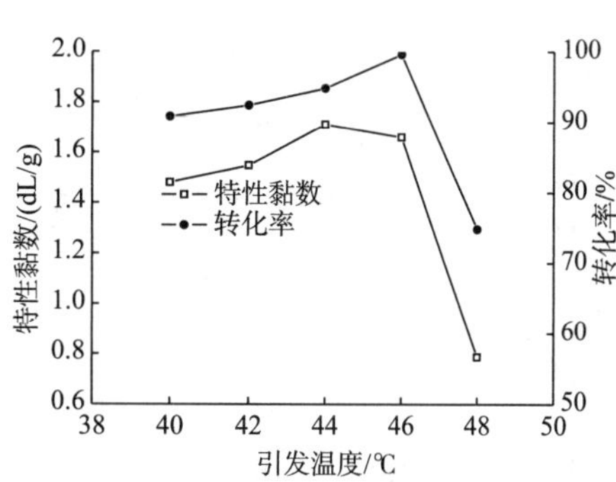

图17-6 引发温度对反应的影响

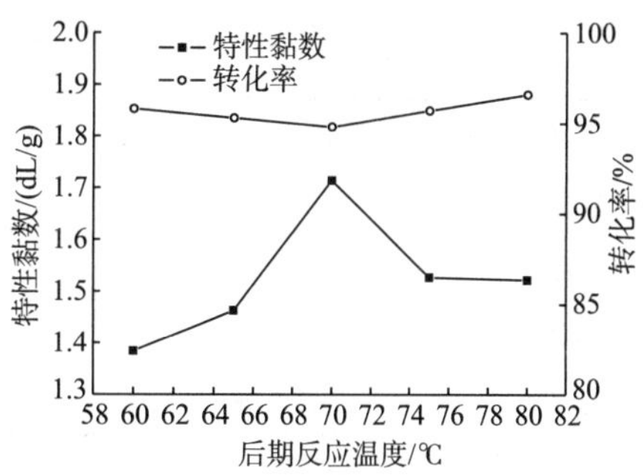

图17-7 后期反应温度对反应的影响

研究表明，在聚合反应中影响聚合反应的因素包括引发剂浓度、单体中杂质含量、络合剂浓度、单体质量分数和复合引发剂等。

当DMDAAC质量分数为68%，c（EDTA）$=7.0\times10^{-4}$mol/L，反应温度为70℃，反应时间为10h时，引发剂偶氮二异丁脒二盐酸盐（AIBA · 2HCl）用量对聚合物产率和特性黏数的影响见图17-8。从图中可见，随着AIBA · 2HCl浓度的增加，PDMDAAC的收率逐渐上升，最高达86%。但在相同条件下，用APS引发所得产品的最高收率仅为60%，说明AIBA · 2HCl是DMDAAC均聚的高效引发剂。而产物的特性黏数随着引发剂浓度的增加先明显增加后稍有降低，当引发剂浓度 c（I）$=2.0\times10^{-2}$mol/L时，聚合物的特性黏数达到最大值2.1dL/g。实验表明，相同条件下如用APS引发，在 c（I）$=2.0\times10^{-2}$mol/L时，聚合物的特性黏数也接近最大值，但仅为1.32dL/g，且随着引发剂浓度的增加，聚合物的［η］下降非常明显，在 c（I）$=3.5\times10^{-2}$mol/L时，聚合物的［η］仅为0.8dL/g。这是由于APS的大量加入降低了体系的pH值，有利于引发剂离子分解反应的进行，使引发效率大大降低，从而影响季铵盐阳离子单体分子内环化和分子间链增长所需的引发剂的最低用量，进而影响大分子链的生成，同时APS具有强氧化性，氧化 Cl^- 为自由基，链转移常数较大，难以形成高［η］的聚合物。而AIBA · 2HCl量的增加，只使聚合活性质点增加，因而［η］稍有所降低。

当 DMDAAC 质量分数为68%，c（EDTA）$=7.0\times10^{-4}$mol/L，反应温度为70℃，反应时间为10h时，用4种不同来源的DMDAAC单体（杂质含量见表17-1）在相同条件下进行均聚，如图17-9所示，不同来源的单体聚合所得PDMDAAC的［η］相差较大。尽管样品2聚合所得聚合物的特性黏数与样品1接近，但其原始质量分数仅为28%，经过了减压蒸馏、水蒸气蒸馏、活性炭吸附等复杂提纯过程。

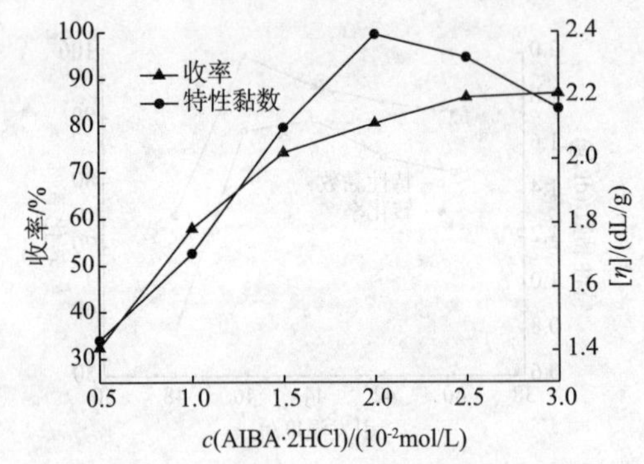

图17-8　引发剂浓度对聚合物收率和特性黏数的影响

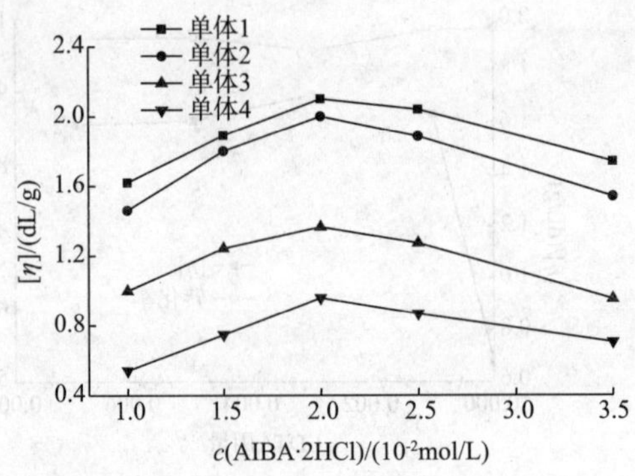

图17-9　不同杂质含量单体的聚合结果

表17-1　4种DMDAAC样品的杂质含量

DMDAAC样品	c（烯丙醇）/（mg/L）	c（二甲胺）/（mg/L）	c（N，N-二甲基丙烯胺）/（mg/L）	无机盐/%
样品1	9.3	93.6	55.8	0.5
样品2	11.2	101.1	50.1	1.0
样品3	18.0	205.9	33.0	1.2
样品4	30.5	323.4	40.1	1.2

从表17-1和图17-9还可以看出，烯丙醇是主要的阻聚剂，由于烯丙醇羟基的高活性，使其成为链引发初级游离基的终止剂，当其含量超过10mg/L时，很难获得高特性黏数的PDMDAAC。

用两步法合成的DMDAAC单体（样品1），不直接使用NaOH，氯丙烯水解的几率较小，烯丙醇含量较低，单体中残留的氯丙烯和烯丙基叔胺很容易用相应的提纯方法除去。因此，用该单体容易获得高特性黏数的聚合物。DMDAAC是水溶性烯丙基季铵盐，由于烯丙基氢的活性较高，水溶液聚合时链转移倾向较大。因此，要获得高相对分子质量、高转化率的PDMDAAC，须使用高效水溶性引发剂，并尽可能减少单体所含的杂质。

由于DMDAAC单体中通常含有起阻聚作用的Fe^{2+}、Fe^{3+}等金属离子，加入螯合剂Na_4EDTA，可消除这些金属离子对聚合的影响。当DMDAAC质量分数为68%，c（AIBA·2HCl）$=2.0\times10^{-2}$mol/L，反应温度为70℃，反应时间为10h时，Na_4EDTA用量对产物的产率和特性黏数的影响见图17-10。从图中可以看出，产物收率和特性黏数均随着Na_4EDTA用量的增加呈现先增加后降低的趋势，这可能是由于Na_4EDTA偏碱性，低浓度时螯合作用占主导地位，有利于聚合反应的进行；高浓度时中和作用明显，使 AIBA · 2HCl 的溶解性能下降，引发效率降低。在实验条件下，其用量为 1.0×10^{-2}mol/L 时较好。

图 17－11 是当 c（AIBA · 2HCl）$=2.0\times10^{-2}$mol/L，c（EDTA）$=7.0\times10^{-4}$mol/L，反应温度为 70℃，反应时间为 10h 时，单体质量分数对聚合反应的影响。从图 17－11 可以看出，要获得高转化率的均聚物，DMDAAC 的质量分数不能小于 60%。单体质量分数较低时，聚合速度缓慢，活性游离基过早终止，导致大量单体在聚合反应结束时不能聚合，因而转化率较低。聚合物的特性黏数随单体浓度的增大而缓慢增大，当 DMDAAC 质量分数大于 60% 时，聚合物的特性黏数急剧上升，至 70% 左右达到最大值，而后稍有下降，并有凝胶产生。这可能是由于单体的浓度过高，烯丙基氢的链转移作用加剧，引起聚合物部分交联所致。

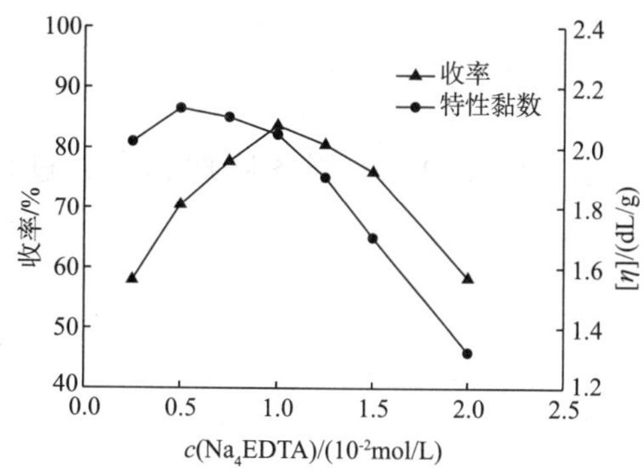

图 17－10　螯合剂浓度对聚合物产率和特性黏数的影响

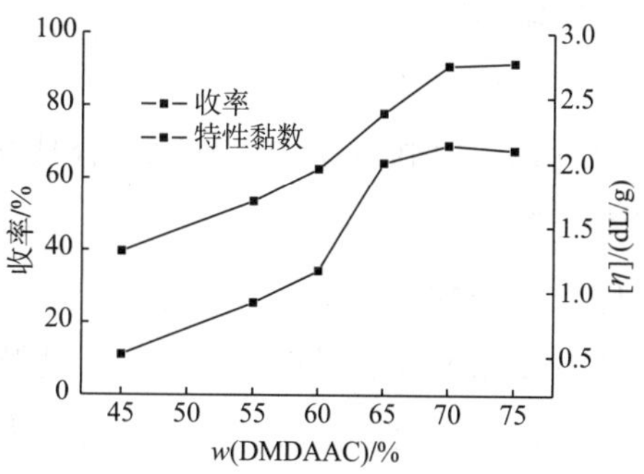

图 17－11　单体质量分数对聚合物产率和特性黏数的影响

实践发现，采用两种或两种以上引发剂复配的复合引发剂可以获得比单一引发剂更好的效果。当 DMDAAC 质量分数为 68%，c（I）$=2.0\times10^{-2}$mol/L，c（EDTA）$=7.0\times10^{-4}$mol/L，反应温度为 70℃，反应时间为 10h 时，2 种水溶性偶氮类引发剂 AIBA · 2HCl 与偶氮二（4－氰基）戊酸（SN）复配引发剂对聚合物特性黏数的影响结果见图 17－12。从图中可见，当复合引发剂的组成为 w（SN）$=30\%$、w（AIBA · 2HCl）$=70\%$ 时，聚合物的［η］达到最大值 2.25dL/g；在相同浓度下，单独使用 AIBA · 2HCl 时聚合物的最大［η］为 2.1dL/g，单独使用 SN 时聚合物的最大［η］为 1.87dL/g，说明使用配比适当的复合引发剂比使用单一引发剂可以获得更好的引发效果。

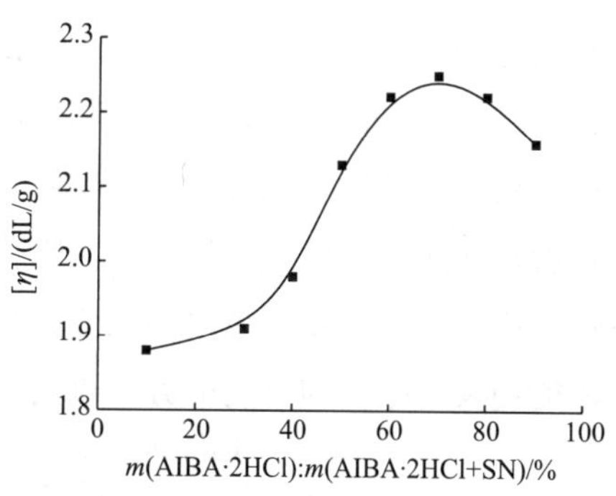

图 17－12　复合引发剂对聚合物特性黏数的影响

为了提高引发效率，引发剂通常在使用前配成水溶液，然后加入单体混合液中，但随着引发剂水溶液存放时间的延长，聚合物的产率和［η］均大幅度降低，当存放时间超过

5d 时，基本上失去活性；即使存放 1d，聚合物的产率和［η］也分别降低为 60% 和 1.4dL/g。所以，引发剂溶液应现配现用，不宜存放。

三、聚二乙基二烯丙基氯化铵

二乙基二烯丙基氯化铵（Diethyl Diallyl Ammonium Chloride，DEDAAC）是比 DMDAAC 更易与水溶性单体共聚的二烯丙基阳离子单体，然而 DEDAAC 的常规生产过程较为复杂，副反应多，反应步骤多达三步，转化率很低，仅约 44%，环境污染严重。这是导致生产量小、价格昂贵、国内市场紧缺的主要原因，且对其合成与聚合的研究甚少。

二乙基二烯丙基氯化铵主要用于合成功能性水溶性聚合物，向聚合物分子链上引入阳离子基团，形成阳离子和两性离子聚合物。两性聚合物是在分子链上同时含有阳离子和阴离子侧基的低电荷密度聚合物，与仅含单一电荷的聚阴离子型或聚阳离子型聚合物相比，具有更为独特的性能。

（一）DEDAAC 的制备

DEDAAC 的制备是 PDEDAAC 合成的关键一步，DEDAAC 的制备原理和合成过程如下[13]。

1. 反应原理

在 DEDAAC 单体的合成过程中，涉及如下反应。

（1）叔胺化反应生成二乙基烯丙基胺，见式（17-3）。

$$(CH_3CH_2)_2NH + Cl-CH_2-CH{=}CH_2 \rightleftharpoons (CH_3CH_2)_2N-CH_2-CH{=}CH_2 + HCl \qquad (17-3)$$

氯丙烯作为典型的烯丙基卤代烃，无论是发生单分子亲核取代还是双分子亲核取代反应的倾向都十分强烈。二乙胺作为亲核试剂进攻氯丙烯极性的碳氯键（C—Cl），反应后形成碳氮键（C—N），生成叔胺二乙基烯丙胺。氯原子带着一对电子离去，它与二乙胺断裂下来的氢离子（H^+）结合成为氯化氢（HCl），并与二乙胺以及刚生成的二乙基烯丙胺形成盐酸盐，使胺的亲核性丧失，不仅阻碍了叔胺化反应的进行，而且阻碍了叔胺的进一步季铵化反应，这是本步的主要副反应，见式（17-4）、式（17-5）。因此必须及时中和盐酸，才能使反应平衡向有利的方向进行。

$$(CH_3CH_2)_2NH + HCl \rightleftharpoons (CH_3CH_2)_2NH\cdot HCl \qquad (17-4)$$

$$(CH_3CH_2)_2N-CH_2-CH{=}CH_2 + HCl \rightleftharpoons CH_2{=}CH-CH_2-N(CH_2CH_3)_2\cdot HCl \qquad (17-5)$$

（2）中和反应，见式（17-6）。反应中，加入 NaOH 中和氯化氢，但又不能使反应体系长时间处于高 pH 值范围，因为高 pH 值下氯丙烯易于发生碱水解的副反应。比较恰当的反应介质应接近中性，故中和反应的时机和加碱量必须掌握恰当，即刚好中和生成的 HCl 为准。

$$HCl + NaOH \longrightarrow NaCl + H_2O \quad (17-6)$$

（3）季铵化反应生成季铵盐 DEDAAC，见式（17-7）。

$$(CH_3CH_2)_2N—CH_2—CH=CH_2 + Cl—CH_2—CH=CH_2 \longrightarrow CH_2=CH—CH_2—\overset{+}{N}(CH_2CH_3)_2—CH_2—CH=CH_2\ Cl^- \quad (17-7)$$

季铵化反应同样要求叔胺保持亲核活性，又不能让氯丙烯水解，因此反应体系的 pH 值接近中性为佳。

DEDAAC 的合成反应为上述三步，一般生产工艺为三步反应分别操作，但是，为了简化操作程序提高转化率，提出了一锅煮工艺。在合成中关键是控制如式（17-8）所示的主要副反应。OH^- 产生的碱性环境可以是 NaOH，也可以是胺的水解，应该竭力避免由此造成的氯丙烯的碱水解反应。

$$OH^- + Cl—CH_2—CH=CH_2 \longrightarrow CH_2=CH—CH_2—OH + Cl^- \quad (17-8)$$

良好的溶剂应既能促进反应平衡向有利方向进行，抑制副反应，又能加快反应速度。一方面，DEDAAC 合成的亲核取代反应的过渡态会出现极化现象，因而极性溶剂，如水有利于氯丙烯与胺的亲核取代反应。另一方面，氯丙烯不溶于强极性溶剂水而溶于有机溶剂，而二乙胺和中间物二乙基烯丙胺既能溶于水又能溶于有机溶剂。所以使用极性反应介质水，在反应过程的初期会出现非均相，反而减慢亲核取代反应速度。因此，可以采用逐渐增加溶剂极性的办法来加快反应速度。

2. 合成方法

以均相反应为例。将 100g 乙醇溶液和分别为 0.5mol 的二乙胺和氯丙烯加入高压釜中，密闭搅拌并加热。在 60℃ 搅拌反应 0.5h 后，逐步加入等物质的量的氢氧化钠溶液，约 0.5h 加完，测定 pH 值，控制在 7～8 之间。加入另一部分 0.5mol 氯丙烯，在 60℃ 下继续搅拌反应 2h。自然冷却至室温，放掉釜内残气，打开釜盖，取出反应混合液。活性炭脱色，减压蒸馏去掉溶剂乙醇和水。将蜡状物用丙酮重结晶，真空干燥，得 DEDAAC 晶体。

（二）PDEDAAC 的合成

聚二乙基二烯丙基氯化铵（PDEDAAC）可以用高纯 DEDAAC 单体，以过硫酸盐为引发剂，水溶液聚合法合成[14]。

1. 反应原理

DEDAAC 是二烯丙基季铵盐，按交替分子内成环、分子间增长的链增长机理进行聚合，反应式如式（17-9）所示。

$$(CH_2=CH-CH_2)_2\overset{+}{N}(C_2H_5)_2\ Cl^- \xrightarrow{[I]} \left[\text{吡咯烷环}-\overset{+}{N}(C_2H_5)_2\ Cl^-\right]_n \quad (17-9)$$

2. 合成方法

将 0.15mol 的 DEDAAC 的单体和一定比例的添加剂 EDTA 配成一定浓度的溶液，置于

250mL 四颈烧瓶中，用纯 N_2 驱氧 30min（1.5L/min）；取 0.0012mol 过硫酸铵（APS）配成一定浓度，和一定量去离子水分别置于两只滴液漏斗中通氮除氧。在一定温度的恒温水浴中，开动搅拌器，滴加引发剂引发聚合。开始以较快速度滴加引发剂的 50%，在随后 30min 内以较缓慢的速度滴加引发剂的 35%，反应一定时间，补充适量脱氧去离子水以防黏度过大，在反应结束前 30min，将剩余 15% 的引发剂加完，然后升温反应一段时间。停止反应后，用甲醇稀释，在丙酮中沉析提纯数次，于 60℃下真空干燥 48h。

聚合物的相对分子质量采用黏度法测定，以特性黏数［η］表示，其测定方法为：将样品溶解在 1mol/L NaCl 溶液中配成 0.5～1g/L 的溶液，采用乌氏黏度计在（30±0.1）℃的恒温水浴中测定溶液的相对黏度，用一点法计算其［η］。

转化率的测定：将合成产物用甲醇稀释后，在丙酮中反复沉析提纯几次，于 60℃下真空干燥后，采用称量法来计算。

研究发现，在 PDEDAAC 聚合中影响聚合反应和产物特性黏数的因素主要包括单体浓度、引发剂用量、络合剂用量和反应温度等，影响结果分别见图 17-13～图 17-16。

如图 17-13 所示，当反应温度为 50℃，引发剂浓度 c（I）为 0.02mol/L，EDTA 浓度为 0.5mmol/L，反应时间为 6h 时，产物的［η］随着单体 DEDAAC 的浓度的增加而增大。当 c（M）达 3mol/L 时，可获得较高的［η］，实验发现，当 c（M）低于 1.5mol/L 时，聚合较困难。在实验条件下单体浓度≥3mol/L 时效果较好。

图 17-14 表明，当反应温度为 50℃，EDTA 浓度为 0.5mmol/L，c（M）为 3.36mol/L，反应时间为 6h 时，单体转化率随着引发剂浓度的增加而升高，当 c（I）增加到 0.02mol/L 左右时开始趋于平稳；而特性黏数［η］却随着 c（I）增加而呈现先升后降的趋势，在 0.018mol/L 时达到最高点。实验发现，当 c（I）过大时，由于反应速度较快，而易引起爆聚。因此，虽然提高 c（I）有利于提高转化率，但从相对分子质量考虑，c（I）不宜太高。在实验条件下，c（I）在 0.015～0.02mol/L 时较好。

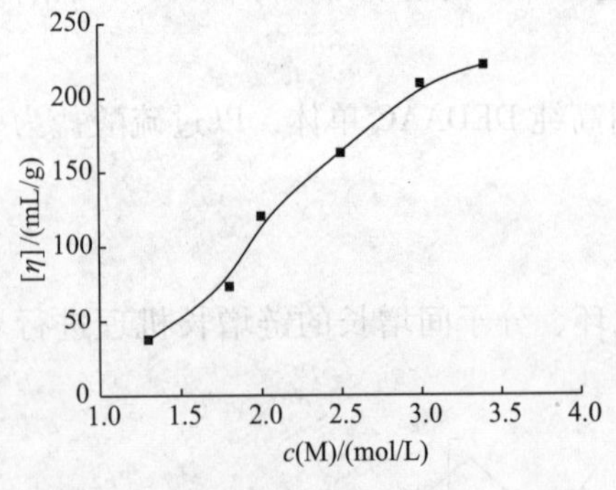

图 17-13　单体浓度对产物［η］的影响

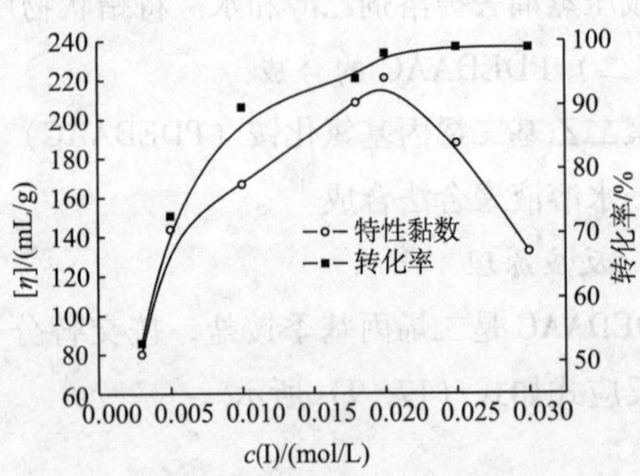

图 17-14　引发剂浓度对产物［η］和单体转化率的影响

如前所述，在聚合反应中添加 EDTA 有利于提高反应效率。当反应温度为 50℃，c（M）为 3.36mol/L，c（I）为 0.018mmol/L，反应时间为 6h 时，适量的 EDTA 有利于提高单体转化率和产物［η］。在实验条件下，EDTA 的适宜浓度为 0.4～0.6mmol/L，见图 17-15。

如图 17-16 所示，当 c（M）为 3.36mol/L，c（I）为 0.02mol/L，c（EDTA）为 0.5mmol/L，反应时间为 6h 时，温度低于 30℃ 不能引发聚合，温度达 40℃ 时才有一定程度的聚合，其转化率随温度的升高而升高，但［η］却呈现先升后降的趋势。这是因为 APS 需在一定温度下才能热分解产生初级自由基引发聚合反应，由于 APS 的分解活化能为 140.16kJ/mol，一般引发温度需达 45℃ 左右，当温度较高时（≥60℃），引发剂分解较快，在较短时间内产生大量自由基，形成的链自由基多，使大分子数目增多，导致相对分子质量降低。此外温度过高，还会影响高分子的微结构，产生分支结构，影响其性能。在实验条件下，聚合温度以 50～55℃ 为宜。

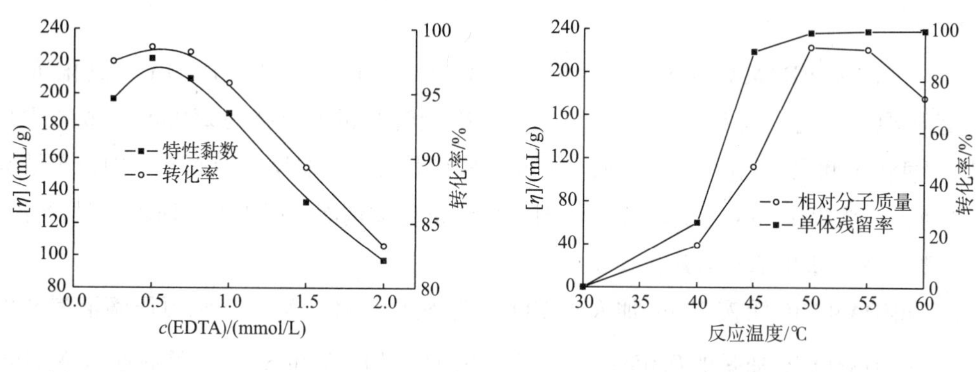

图 17-15　EDTA 浓度对产物［η］和单体转化率的影响

图 17-16　反应温度对产物［η］和单体转化率的影响

综合上述，在 PDEDAAC 的聚合中，当反应温度为 50～55℃，c（M）≥3mol/L，c（I）为 0.015～0.020mol/L，EDTA 浓度为 0.4～0.6mmol/L，反应时间为 6h 时，所得产物的特性黏数可达 223mL/g，单体转化率大于 98%。

四、聚二烯丙基甲基苄基氯化铵

通常，以甲胺、烯丙基氯和氯化苄为原料，首先合成二烯丙基甲基苄基氯化铵（DAMABC），然后再在偶氮引发剂引发下制备聚二烯丙基甲基苄基氯化铵（PDAMABC）[15]。

（一）反应原理

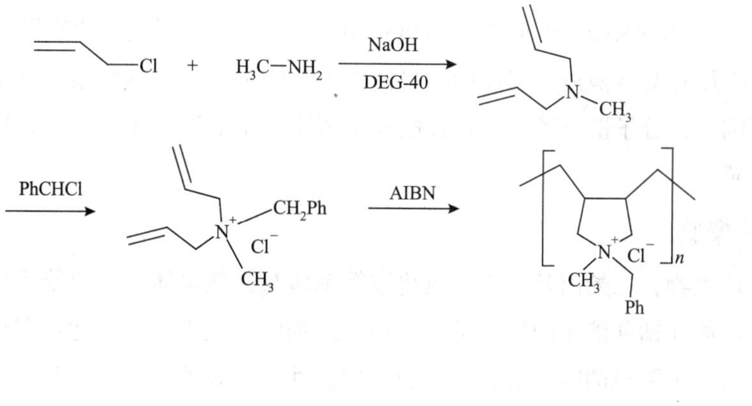

（17-10）

（二）合成方法

合成包括单体合成和单体聚合两步。

1. 二烯丙基甲基苄基氯化铵合成

（1）按 n（甲胺）:n（烯丙基氯）:n（NaOH）=1:2.2:2.1 的比例，在带有冷凝管、恒压滴液漏斗和机械搅拌的 250mL 四颈瓶中依次加入 40mL 甲胺水溶液和 2g PEG－400，通过恒压滴液漏斗严格控制烯丙基氯和质量分数为45%的 NaOH 水溶液的滴加速度。先在42℃下反应6h，再在65℃下反应2h，然后冷却，将所得液相分液，有机相用片状或粒状 NaOH 干燥后蒸馏，收集 109～112℃的馏分，得无色透明液体（即二烯丙基甲基胺，DAMA）。

（2）再按 n（DAMA）:n（氯化苄）为 1:1～1.1:1 和 V（DAMA＋氯化苄）:V（水－乙醇混合溶剂）为1:1～1:1.5，在带有冷凝管和机械搅拌的 250mL 三颈瓶中加入 DAMA、氯化苄和水－乙醇混合溶剂，在 70～90℃下回流。取反应液滴于水中，至清亮没有油珠为止。然后在75℃下旋蒸除去溶剂，得淡黄色黏稠液，即为 DAMABC 产品溶液。

2. 聚二烯丙基甲基苄基氯化铵合成

取所得 DAMABC 溶液 30mL 加入到 100mL 带机械搅拌、N_2入口和恒压滴液漏斗的三颈瓶中，按 DAMABC 质量的0.05%～0.1%分别加入 EDTA 和 KF，溶解后通入 $N_2$30min，置于55～65℃的恒温水浴中，分段加入 DAMABC 质量1%～1.5%的引发剂 AIBI 溶液，先在1h 内缓慢滴加其量的75%，在 N_2气氛下反应3～5h，再加入剩余的 AIBI 溶液，升温至60～70℃继续反应1～3h。滴入无水丙酮中沉析，反复4次，然后置于真空干燥箱中在60℃下干燥至恒重，得淡黄色吸湿性粉末，即为 PDAMABC。

在实验中发现，将分液所得水相和蒸馏所得低沸点馏分回用，DAMA 收率平均提高10.62%；溶剂对 DAMABC 合成的影响很大，以 V（H_2O）:V（C_2H_5OH）为1:3～1:23 的混合溶剂效果最好。

实验表明，PDAMABC 的比浓黏度受外加盐种类及其浓度的影响较明显，在0.1mol/L 的 NaCl 溶液中，当其浓度 <0.03125g/L 时，表现为聚电解质行为；浓度 >0.125g/L 时，表现为中性聚合物的黏度行为。外加盐对比浓黏度影响的顺序：Na_2SO_4 < NaCl < KCl < $MgSO_4$ < $MgCl_2$ < $CaCl_2$ < KBr。外加盐对 PDAMABC 比浓黏度的影响主要有阴离子对聚阳离子基团的屏蔽作用和对溶液离子强度的增强使离子基团去溶剂化的作用。其中阴离子的屏蔽作用是主要因素，分子链上苄基的存在削弱了聚阳离子的溶剂化层，使其比浓黏度对外加盐的变化敏感。

五、共聚物

相对于均聚物，二烯丙基二甲基氯化铵等单体与其他单体的共聚物不仅研究多，且应用更为广泛。如在钻井液用两性离子聚合物处理剂的合成中，引入适量阳离子，增加了聚合物分子链与黏土颗粒的吸附能力并增加了抑制性，很好地满足了优化钻井对钻井液的要求。在聚合物水处理剂的合成时，向分子链中引入阳离子基团也会有效地促使吸附架桥和絮凝，大幅度提高水处理能力。在堵水、调剖驱油剂制备中引入阳离子基团可以提高产物的抗温、抗盐能力。关于共聚物研究在本书第三章阳离子聚丙烯酰胺一节已经有介绍，本节不再赘述。

六、用途

本品作为钻井液处理剂，可用于上部地层快速钻进或清水钻进的絮凝剂、盐水钻井液絮凝剂，废钻井液脱水剂，也可以用作黏土稳定剂或页岩抑制剂。高相对分子质量的产品，可以作为阳离子钻井液的增黏剂。由于其热稳定性好，可以用于深井钻井。

在压裂酸化和注水作业中，用作压裂酸化液稠化剂、减阻剂、黏土稳定剂等。高相对分子质量的产物可以用于堵水调剖剂。在原油脱水中可以用作破乳剂。在油田污水回注系统中用作絮凝剂，也可以用作高含油污泥脱水剂，以及油田作业废水絮凝剂等。

第二节 丙烯酰氧基烷基季铵盐类阳离子单体聚合物

与 DMDAAC 等烯丙基季铵盐单体相比，如图 17-17 所示结构的丙烯酰氧基烷基季铵盐类单体，具有更高的聚合活性，易于制得高相对分子质量的聚合物产品，因此该类单体的聚合物已成为目前污水污泥处理领域阳离子絮凝剂的主流产品，其主要以甲基丙烯酰氧乙基三甲基氯化铵（DMC）和丙烯酰氧乙基三甲基氯化铵（DAC）为代表。

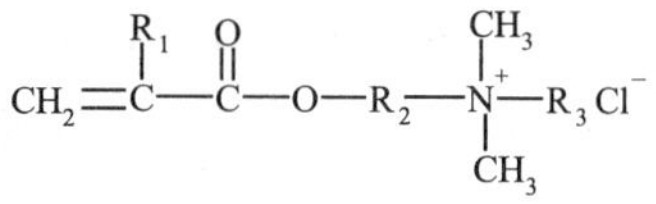

$$CH_2{=}C(R_1){-}C({=}O){-}O{-}R_2{-}N^+(CH_3)_2{-}R_3\ Cl^-$$

图 17-17 丙烯酰氧烷基季铵盐类单体结构

R_1—H、CH_3；R_2—CH_2CH_2、$CH_2CH_2CH_2$；R_3—不同碳链烷基或苄基等结构

20 世纪 70 年代起 DMC 与 AM 的共聚产品就成为阳离子型有机絮凝剂的主导产品，随着污水处理厂的污泥脱水设备的改进，对絮团的机械强度有了更高的要求，由于 DAC 均聚物或共聚物类絮凝剂形成絮团的机械力经受性远优于 DMC 类絮凝剂，因此 DAC 系阳离子聚合物于 20 世纪八九十年代取代 DMC 类单体成为高分子絮凝剂主导产品。国内对丙烯酰氧烷基季铵盐类单体和聚合物的研究起步较晚，总体而言在单体质量、聚合物相对分子质量等方面还远落后于国外，我国市场对高纯度 DAC 的需求绝大部分仍依靠进口。

目前工业化生产 DAC 和 DMC 的主要途径是通过（甲基）丙烯酸甲酯与二甲氨基乙醇进行酯交换得到中间体（甲基）丙稀酸二甲氨基乙酯，并进一步将中间体与氯代烷烃通过季铵化反应得到。反应式如式（17-11）、式（17-12）所示。

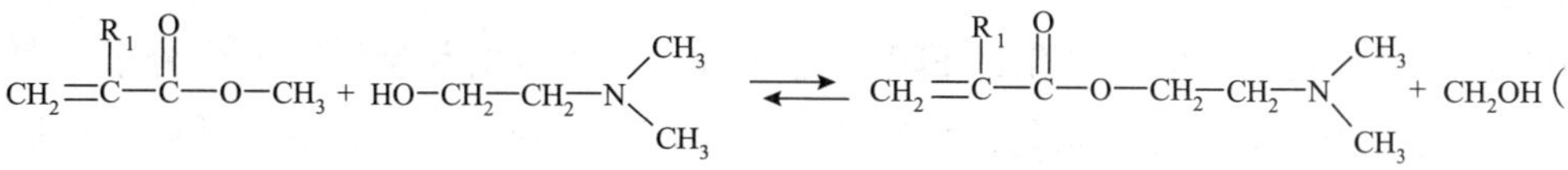

$$CH_2{=}C(R_1){-}C({=}O){-}O{-}CH_3 + HO{-}CH_2{-}CH_2{-}N(CH_3)_2 \rightleftharpoons CH_2{=}C(R_1){-}C({=}O){-}O{-}CH_2{-}CH_2{-}N(CH_3)_2 + CH_3OH \quad (17-11)$$

$$CH_2=\overset{R_1}{\underset{|}{C}}-\overset{O}{\overset{\|}{C}}-O-CH_2-CH_2-N\begin{matrix}CH_3\\CH_3\end{matrix} + CH_3Cl \rightleftharpoons CH_2=\overset{R_1}{\underset{|}{C}}-\overset{O}{\overset{\|}{C}}-O-CH_2-CH_2-\overset{CH_3\ Cl}{\underset{CH_3}{N^+}}-CH_3 \quad (17-12)$$

DMC 和 DAC 已在国外和国内部分厂家实现了工业化，但国内生成规模较小，生产工艺控制技术不稳定，主要原因是包括催化剂等工艺技术没有过关，特别是微量杂质的检测与控制问题一直没有从根本上解决。研究者围绕其制备和杂质控制工艺开展了大量的工作。例如，使用过量的丙烯酸二甲氨基乙酯（DA）与一氯甲烷反应合成 DAC 单体，再通过溶剂萃取方法将剩余的 DA 除去，得到丙烯酸含量小于 5% 的 DAC 单体产品，解决了一氯甲烷回收难及高压不易操作等问题[16]。

目前，丙烯酰氧烷基季铵盐类单体的另一个研发热点是新结构的阳离子单体及聚合物，如季铵氮取代基单体，双头季铵盐单体等，以拓展产品应用领域，提高产品性能。例如，采用丙烯酸二甲氨基乙酯与氯化苄进行季铵化反应，合成得到了 N，N－二甲基－N－苄基－丙烯酰氧基氯化铵（DBAAC），再以 DBAAC 和 AM 为单体在水相中共聚得到了阳离子共聚物 P（DBAA－AM），实验发现，P（DBAAC－AM）表现出强阳离子性，用于污泥脱水具有较好的絮凝效果[17]。在 DMC、DAC 的分子上，引入第二个相同的季铵盐基团合成了（甲基）丙烯酸酯二铵盐单体[18]。

需要注意的是，阳离子聚合物在一般的应用场合，使用的水溶液浓度都很低，丙烯酰氧基烷基季铵盐类单体由于分子结构含有酯基，在低浓度下聚合物容易发生水解而降低应用性能。另外，酯基的存在也决定了聚合物在高 pH 值的应用环境下效果下降。由此，尽管这类单体的聚合物占据了目前阳离子聚合物大部分市场，但却存在明显缺点，尤其是用于高温环境下的作业流体时，热稳定性仍然不能达到所期望的目标。

一、聚甲基丙烯酰氧乙基三甲基氯化铵

甲基丙烯酰氧乙基三甲基氯化胺（DMC）是聚甲基丙烯酰氧乙基三甲基氯化胺合成的基本原料，其分子式为 $C_9H_{19}O_2NCl$，相对分子质量为 207.7。为无色至淡黄色乳液，固体产品为白色晶体。易溶于水，是季胺盐型阳离子表面活性剂单体。由于分子中含有活泼的双键，易于自聚或与其他单体共聚，所得共聚物具有较好的吸湿性、抗静电性、分散性、相容性和絮凝性能等。

DMC 与丙烯酰胺的共聚物是高效的高分子絮凝剂，与烯类单体的共聚物是耐温抗盐的驱油剂，防止钻井、完井、增产作业时对地层伤害的稳定剂，抗温、抗盐的降滤失剂，堵水、调剖剂等[19,20]。也可用于其他精细化工产品的生产。该单体是一个具有发展前景的产品，是用于生产高相对分子质量阳离子或两性离子性油田用聚合物的主要原料之一。国内已经开展了一些基础研究，并进行了工业试验，今后的重点是完善产品的生产工艺，实现规模化生产。

聚甲基丙烯酰氧乙基三甲基氯化铵 PDMC 是一种性能优良的新型阳离子高分子絮凝剂，因其电荷度可控，电荷分布均匀，相对分子质量高，适用范围宽，成本低而备受瞩

目，广泛应用于各种工业和生活废水的处理，特别适用于对来自污水厂和化学、石油或造纸厂的工业废水中有机污泥的处理。它还是生物污泥脱水中最有效的助剂，在废水的处理中，PDMC具有投药量少，产污泥量少，处理效率高等优点，我国市场需求日趋加大。

（一）DMC单体的制备

方法1：将235.8份甲基丙烯酸二甲胺基乙酯、472份溶剂二甲基甲酰胺和1.6份阻聚剂对羟基苯甲醚加入反应釜中，然后逐渐加热升温至55℃；待温度到55℃时，在激烈搅拌下吹入91份一氯甲烷，一氯甲烷吹入后不久即析出结晶，待一氯甲烷吹完后，将反应物冷却至室温，然后过滤析出的结晶，另外将滤液进行蒸馏回收结晶，合并结晶；将结晶体在50℃和减压下干燥7h，得到无色的针状结晶；将所得结晶产品加水稀释至质量分数为80%，并加入20×10^{-6}阻聚剂，即得液体产品。

方法2[21]：取质量分数为98.5%的甲基丙烯酸二甲胺基乙酯（DMAEMA），加入适量的水，振荡，使DMAEMA充分溶解，配制成不同浓度的DMAEMA溶液，用质量分数为5%的盐酸调DMADMA溶液的pH值为7~8，加少量的阻聚剂吩噻嗪，在搅拌下，CH_3Cl经缓冲瓶导入盛有溶液的锥形瓶中，导气管伸入到溶液中，流量视溶液的多少而定，表压控制在9.8~98kPa或由气泡的鼓出量来控制；该反应为放热反应，为保持反应平稳，CH_3Cl通入量先大后小，反应温度控制在20~70℃。反应结束时溶液由浑浊渐变澄清，试纸检验pH值为6~7。

（二）聚甲基丙烯酰氧乙基三甲基氯化铵的合成

目前国内关于DMC的研究多以共聚为主，有关DMC均聚的研究报道较少。下面结合文献介绍PDMC的合成及影响合成的因素[22]。

1. 合成方法

将装有电动搅拌器、温度计、恒压漏斗和回流冷凝器的反应瓶置于恒温水浴中。加入水、DMC、EDTA-2Na、$NaHSO_3$混合液，通氮30min后，升温至设定温度，逐渐滴加过硫酸铵溶液，恒温反应一定时间。降温，得到聚甲基丙烯酰氧乙基三甲基氯化铵溶液。进一步干燥、粉碎可以得到粉状产物。

按GB 17514—1998测定黏均相对分子质量，按GB 12005.2—1989测定固含量，按GB 12005.4—1989测定单体残留率。

2. 影响产物性能的因素

研究表明，影响产物性能的主要因素有引发剂用量、单体质量分数、反应温度和反应时间等。

当反应温度为75℃，反应时间为2h，引发剂过硫酸铵与亚硫酸氢钠物质的量比为1∶1时，引发剂过硫酸铵用量对PDMC相对分子质量及固含量的影响见图17-18。从图17-18可看出，随着引发剂用量的增加，相对分子质量先增加后又降低，引发剂用量为0.0288%时产物的相对分子质量最大。而引发剂用量对固含量影响较小。

如图17-19所示，当引发剂质量分数为0.0288%，反应时间为2h，反应温度从65℃

升高到85℃的过程中，PDMC相对分子质量先增大后较低，在75℃下反应时得到的相对分子质量最高。实验发现，当反应温度超过75℃以后，易引起爆聚，而反应温度对产物固含量影响不大。

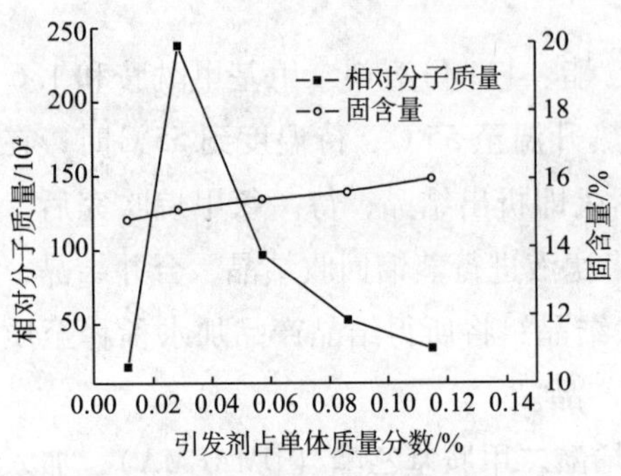

图17-18　引发剂用量对产物相对分子质量及固含量的影响

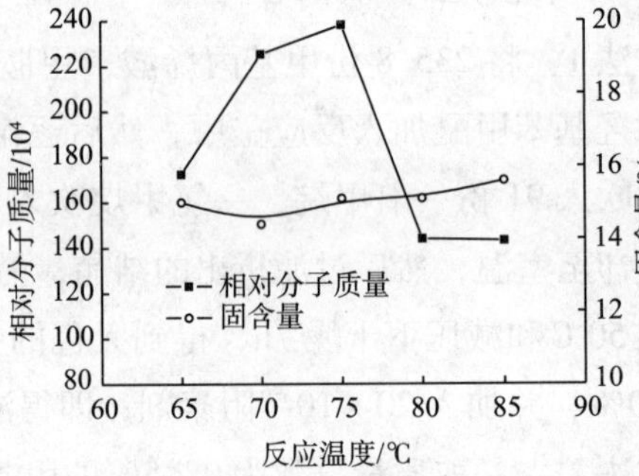

图17-19　反应温度对产物相对分子质量及固含量的影响

从图17-20可见，当引发剂质量分数为0.0288%、反应温度为75℃时，随着反应时间从0.5h增加到4h，PDMC的相对分子质量总体呈现增大的趋势，在2h以内，相对分子质量增大显著；2h以后，相对分子质量变化趋缓。而单体残留率随着反应时间的延长逐渐降低，当反应时间达到3h时，单体残留率降低趋缓。综合考虑，反应时间为3h较好。

当反应条件一定，聚合反应速率和单体转化率均随单体质量分数的增加而升高，当单体质量分数为8%时，反应30min时的转化率仅有20%；而单体质量分数为20%时反应30min时的转化率为61%。这是由于单体质量分数低时，引发剂自由基与单体碰撞机会较少，甚至有些自由基未来得及引发聚合反应就终止活性，引发剂效率降低，从而导致引发聚合速率和单体转化率均较低，如图17-21所示。

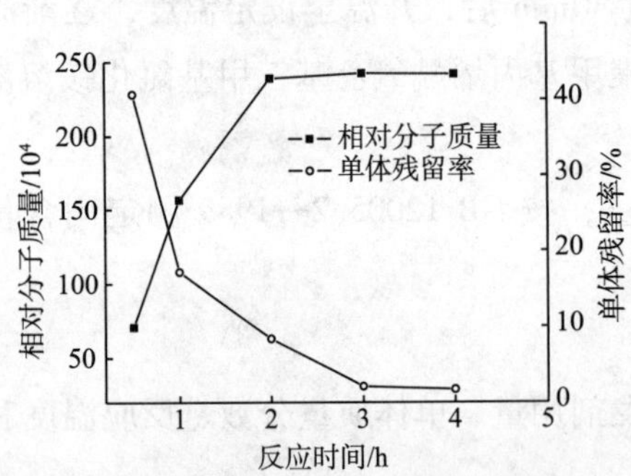

图17-20　反应时间对产物相对分子质量及固含量的影响

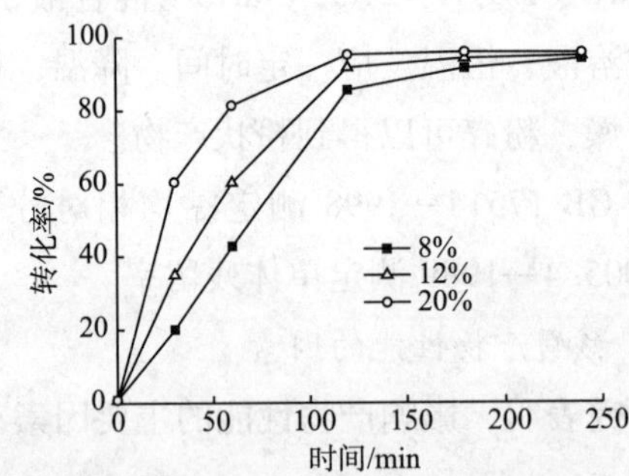

图17-21　不同质量分数单体转化率与反应时间的关系

罗娅君等[23]在较低温度下合成了PDMC聚合物，并对DMC的水溶液聚合的影响因素进行了研究。其合成过程如下。

将定量的已精制过的DMC置于反应容器中，加适量蒸馏水稀释，通 N_2 15min，然后将溶于少量水中的$K_2S_2O_8$/$NaHSO_3$溶液加入DMC溶液中，并继续通氮10min。将容器口密封后置于55℃恒温水浴中反应，5h后停止，即得PDMC，用特性黏数表征其相对分子质量的大小。特性黏数［η］用Φ=0.48mm的乌式黏度计在（25±0.1）℃的恒温水浴中用一点法测定。

在低温下合成时，引发剂用量、DMC浓度、聚合反应温度和时间等对产物相对分子质量的影响情况可以从下面的叙述中看出。

实践表明，氧化还原引发体系适用于低温引发聚合。当引发剂采用$K_2S_2O_8$－$NaHSO_3$氧化还原体系，m（$K_2S_2O_8$）∶m（$NaHSO_3$）＝1∶2，取质量分数为35%的DMC溶液25g，在55℃左右恒温反应4～5h时，随着引发剂用量的增加，产物的特性黏数开始时逐渐提高，当引发剂$K_2S_2O_8$用量为0.08g，$NaHSO_3$用量为0.16g时，产物的特性黏数最大（375mL/g），之后随着引发剂用量的继续增加产物的特性黏数反而大幅度降低，当$K_2S_2O_8$用量为0.2g时，产物的特性黏数降至185mL/g。实验发现，当引发剂用量过高时，由于引发速率过快，反应放热剧烈，会出现爆聚，使聚合物相对分子质量降低。

对于单体浓度而言，当反应条件一定时，随着溶液中DMC单体浓度增大，产物的特性黏数逐渐增大，即相对分子质量增大。这是因为单体浓度高，自由基聚合速率快，产物相对分子质量高，但是浓度太高，反应过快易导致副反应增加，聚合物易产生交联，使水溶性下降。综合考虑，DMC的质量分数以35%为宜，此时所得产物的特性黏数为471.5mL/g左右。

实验发现，随着反应温度升高，产物的特性黏数开始逐渐上升，55℃时产物的特性黏数最大，之后又逐渐下降，且温度过高时易发生爆聚。因此，反应温度控制在50～60℃左右较好；当原料配比和反应条件一定时，随着反应时间延长，产物的特性黏数逐渐增加，在反应达4h后，产物的特性黏数增加缓慢，说明聚合已基本完全。可见，反应时间以5～6h为宜。

此外，以过硫酸铵为引发剂，将DMC与DMDAAC通过水溶液聚合，可以制得二元阳离子聚合物P（DMC－DMDAAC）共聚物[24]。其合成过程如下。

先将适量水加入带有通氮气装置的反应瓶中，然后加入占$(NH_4)_2S_2O_8$ 1/2质量的$NaHSO_3$和适量螯合剂EDTA，充分搅拌使之完全溶解，再按照n（DMC）∶n（DMDAAC）＝1的比例，加入DMC和DMDAAC，控制单体质量分数为40%～45%，在搅拌速度为100～150r/min的情况下，升温到60℃。开始慢慢加入占单体质量为1%的引发剂过硫酸铵（提前溶于水），控制加入速度，于2h内加完，加完后在60℃保温反应6h，降温即得到无色透明黏稠的聚合物P（DMC－DMDAAC）。

二、聚丙烯酰氧乙基三甲基氯化铵

丙烯酰氧乙基三甲基氯化铵（Acryloyloxyethyltrimethyl ammonium chloride），也称丙烯酸二甲基氨基乙酯氯甲烷盐（DAC）、氯化－N，N，N－三甲基－2－［（1－氧代－2－丙

烯酰氧）基］-乙铵、氯化-*N*，*N*，*N*-三甲基-2-［（1-氧代-2-丙烯酰氧）基］-乙铵季盐，分子式是 $C_8H_{16}NO_2Cl$，相对分子质量为193.67。

DAC是一种重要的阳离子单体，可以均聚或与其他单体共聚，如与丙烯酰胺、甲基丙烯酰胺、丙烯腈、丙烯酸甲酯、甲基丙烯酸甲酯、苯乙烯、丙烯酸或甲基丙烯酸等共聚，由此在聚合物分子链上引入季胺盐基团。均聚物和共聚物可广泛用于生产水处理用絮凝剂、抗静电涂料、造纸助剂、化学品、纤维助剂等精细高分子产品。

（一）DAC的制备

DAC的制备包括两步，即丙烯酸氯乙醇酯（CA）的制备和丙烯酰氧乙基三甲基氯化铵的制备[25]。

1. 丙烯酸氯乙醇酯（CA）中间体的制备

CA中间体由MA（丙烯酸甲酯）和 $ClCH_2CH_2OH$ 通过酯交换反应制备而成。其制备过程如下。

在装有温度计、机械搅拌器、回流冷凝器和分馏柱的反应瓶中，依次加入64.57g的MA、20.13g的 $ClCH_2CH_2OH$、0.1g的对羟基苯甲醚（MEHQ）及1.21g的钛酸四异丙酯（TPT），然后开启搅拌器，缓慢加热升温至100℃，同时，开启冷凝回流器，并维持分馏柱顶端温度为90℃，以不断蒸馏去除过量的MA及其与酯交换反应产生的甲醇共沸物，直至不出现馏出物后，反应结束，即得丙烯酸氯乙醇酯CA中间体粗产品。将所得CA中间体粗产品进行沉降、减压蒸馏，得无色透明的精制CA中间体产品液体，纯度为98.5%，收率为93%（以 $ClCH_2CH_2OH$ 计算）。

2. 丙烯酰氧乙基三甲基氯化铵单体（DAC）的制备

在装有温度计、机械搅拌器、回流冷凝器和分馏柱的四颈圆底烧瓶中，依次加入37.75g的CA中间体溶液、1.7g的717强碱性型阴离子交换树脂和0.23g的MEHQ，然后开启机械搅拌器，缓慢加热升温至50℃后，恒温；在50℃下缓慢加入56.7g三甲胺水溶液，反应2h后，再经过滤分离、减压浓缩、真空干燥，得到白色透明的DAC产品。产品纯度为99%，收率为98%（以三甲胺水溶液计算）。

（二）PDAC聚合物的制备

将定量的已精制的DAC置于反应容器中，加适量蒸馏水稀释，通 N_2 15min，然后将溶于少量水中的 $K_2S_2O_8/NaHSO_3$ 溶液加入DAC溶液中，并继续通 N_2 10min。将容器口密封后置于55℃恒温水浴中反应，5h后停止，即得PDAC。

关于其均聚物的研究很少，DAC通常用于阳离子共聚物的合成（详见本书第三章阳离子聚丙烯酰胺一节），用DAC可以与淀粉接枝共聚制备阳离子淀粉接枝共聚物絮凝剂。

如以过硫酸钾（KPS）为引发剂，在水溶液中进行了玉米淀粉（St）接枝丙烯酰氧乙基三甲基氯化铵（DAC）的合成，采用正交实验得到了最佳反应条件，即引发剂的质量为0.15g，St与单体的质量比为1∶3，反应温度为55℃。所得St-g-DAC产物平均阳离子度为48.34%、接枝率为82.18%。比较了St-g-DAC、淀粉接枝丙烯酰胺（St-g-AM）、商品聚丙烯酰胺（PAM）对黏土配水和生活污水的絮凝效果，结果表明，St－g－DAC 对黏土配水和生活污水的絮凝性能较其余两种絮凝剂更强[26]。

采用水溶液聚合方法，以过硫酸铵（APS）为引发剂，将玉米淀粉（St）与丙烯酰氧乙基三甲基氯化铵（DAC）单体接枝聚合，制备阳离子淀粉高分子聚合物，实验表明，当加入淀粉质量为1%的过硫酸铵，DAC 与淀粉质量比为2∶5∶1，50℃反应 8h 时，接枝共聚物的阳离子度最高可达53.68%[27]。

此外，在丙烯酰氧基季铵单体及聚合物方面，还有 3－丙烯酰氧丙基三甲基氯化铵、3－甲基丙烯酰氧丙基三甲基氯化铵、3－丙烯酰氧丙基－2－羟基三甲基氯化铵等单体的均聚物和共聚物[28]。

除前面所述的丙烯酰氧烷基三甲基氯化铵，还有一些不同类型的季铵盐，如甲基丙烯酰氧乙基－苄基－二甲基氯化铵（MBDAC）、甲基丙烯酰氧乙基－丁基－二甲基溴化铵（MBDAB）和甲基丙烯酰氧乙基－乙基－二甲基溴化铵（MEDAB）。它们可以由甲基丙烯酸二甲氨基乙酯分别与氯化苄、溴代正丁烷、溴乙烷等得到，反应过程见式（17－15）[29]。

$$CH_2{=}C(CH_3)\text{—}C({=}O)\text{—}O\text{—}CH_2\text{—}CH_2\text{—}CH_2\text{—}N(CH_3)_2 \xrightarrow{C_6H_5CH_2Cl} CH_2{=}C(CH_3)\text{—}C({=}O)\text{—}O\text{—}CH_2\text{—}CH_2\text{—}CH_2\text{—}\overset{+}{N}(CH_3)_2\text{—}CH_2C_6H_5\ Cl^- \tag{17-13}$$

$$\xrightarrow{CH_3CH_2CH_2CH_2Br} CH_2{=}C(CH_3)\text{—}C({=}O)\text{—}O\text{—}CH_2\text{—}CH_2\text{—}CH_2\text{—}\overset{+}{N}(CH_3)_2\text{—}CH_3\ Br^- \xrightarrow{CH_3CH_2Br} CH_2{=}C(CH_3)\text{—}C({=}O)\text{—}O\text{—}CH_2\text{—}CH_2\text{—}CH_2\text{—}\overset{+}{N}(CH_3)_2\text{—}CH_3\ Br^-$$

上述单体的合成过程：在250mL 的反应瓶中加入甲基丙烯酸二甲氨基乙酯，搅拌下滴加计量的卤代烃，于40℃下反应 12h，得到白色结晶固体，用石油醚抽去未反应的甲基丙烯酸二甲氨基乙酯、卤代烃和阻聚剂，然后在室温下真空干燥。用氯化苄和溴乙烷时，产率接近定量；用溴代正丁烷时，产率只有80%左右。

聚合物的合成，以 MBDAC 的聚合为例：在聚合瓶中，把 0.1mol 的 MBDAC 溶解在100mL 蒸馏水中，搅拌下滴加 4mL 的 0.05mol/L$K_2S_2O_8$和 2mL 的 0.1mol/L Na_2SO_3水溶液，混合均匀后充氮气密闭后，于40℃下恒温水浴中聚合 12h，时间达到后把水蒸干，后用乙醇溶解、过滤、蒸发乙醇，得无色坚硬固体，粉碎后于50℃真空烘干 24h，即得到 PMB-DA 产物。

三、用途

该类聚合物根据其相对分子质量不同，可用于钻井液包被絮凝剂、防塌剂，采油调剖堵水剂、压裂酸化稠化剂、胶凝剂、缓速剂、减阻剂、防膨剂，提高采收率用驱油剂、转向剂，以及油田水处理絮凝剂等。

第三节　丙烯酰胺基烷基季铵盐类阳离子单体聚合物

为了克服丙烯酰氧烷基季铵盐类单体易水解的缺点，以酰胺基代替酯基的季铵盐单体（甲基）丙烯酰胺基烷基氯化铵类季铵盐及其聚合物的研究在近年来得受到特别的重视，该类单体的结构通式如图 17-22 所示。

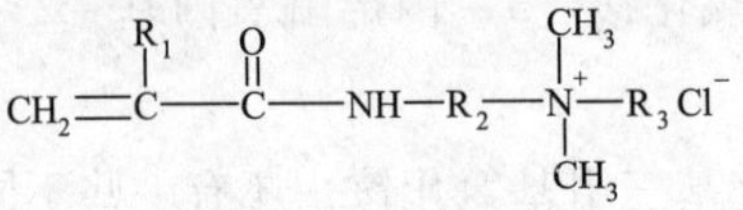

$$CH_2{=}C(R_1)-C(=O)-NH-R_2-N^+(CH_3)_2-R_3\ Cl^-$$

图 17-22　丙烯酰胺烷基季铵盐类单体结构

R_1—H、CH_3；R_2—CH_2CH_2、$CH_2CH_2CH_2$；R_3—不同碳链烷基或苄基等结构

相对于丙烯酰氧基烷基季铵盐，（甲基）丙烯酰胺基烷基氯化铵类季铵盐由于制备工艺比较苛刻，目前只有美国、德国和日本的少数几家公司掌握了其工业生产技术，产品价格较高。国内仅极少厂家具有中试级别的生产能力，且产品质量难以满足制备高相对分子质量聚合产品的需求。针对需要今后需要加强有关此类单体及聚合物的研究工作，以制备性能更稳定和更优异的适用于不同需要的阳离子或两性离子聚合物。

一、丙烯酰胺基烷基季铵盐类单体的制备

丙烯酰胺基烷基季铵盐类单体是通过丙烯酰胺烷基胺，如甲基丙烯酰胺丙基二甲基胺（DMPMA），丙烯酰胺基丙基二甲基胺（DMPAA）和卤代烃经过亲核取代（季铵化）反应得到，其反应如式（17-14）、式（17-15）所示。

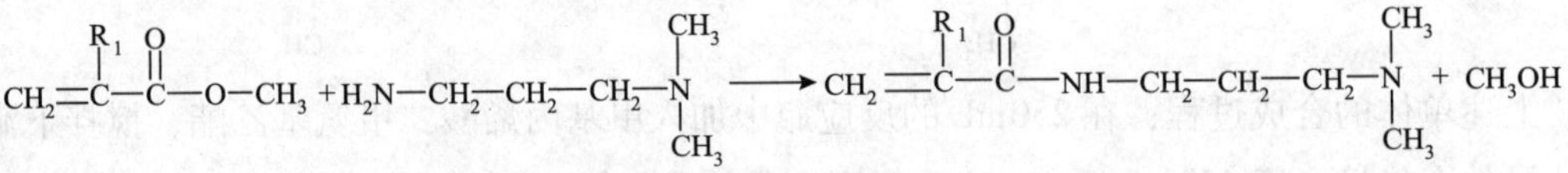

$$CH_2{=}C(R_1)-C(=O)-O-CH_3+H_2N-CH_2-CH_2-CH_2-N(CH_3)_2 \longrightarrow CH_2{=}C(R_1)-C(=O)-NH-CH_2-CH_2-CH_2-N(CH_3)_2+CH_3OH \quad (17-14)$$

$$CH_2{=}C(R_1)-C(=O)-NH-CH_2-CH_2-CH_2-N(CH_3)_2+CH_3Cl \longrightarrow CH_2{=}C(R_1)-C(=O)-NH-CH_2-CH_2-CH_2-N^+(CH_3)_2-CH_3Cl^- \quad (17-15)$$

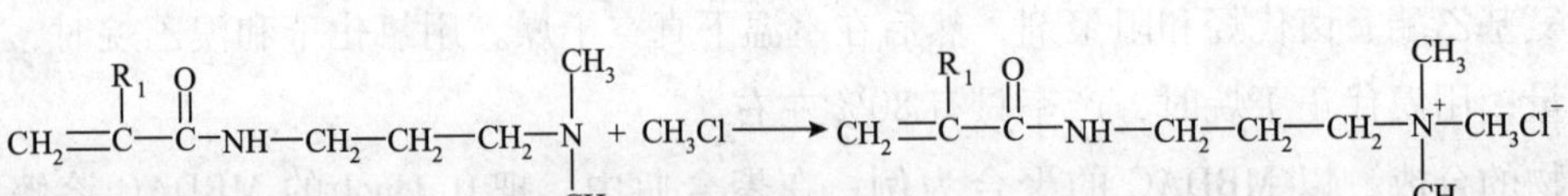

制约丙烯酰胺基烷基季铵盐类单体制备的关键问题是中间体丙烯酰胺烷基胺的合成条件苛刻。丙烯酰胺基烷基胺通常所采用的制备方法是，使用丙烯酸酯在催化剂存在下与氨基官能性化合物进行酰胺化反应得到。由于丙烯酸酯上的双键比较活泼，容易发生竞争性迈克尔加成副反应，同时易于发生自聚，导致中间体丙烯酰胺基烷基胺收率低，因此反应条件比较苛刻，很难满足工业化生成的需要。

也可以用（甲基）丙烯酰氯与二甲氨基丙胺反应，进一步季铵化制备，如式（17-16）所示。

$$CH_2{=}C(R_1){-}C(O){-}Cl + H_2N{-}CH_2{-}CH_2{-}CH_2{-}N(CH_3)_2 \xrightarrow{NaOH} CH_2{=}C(R_1){-}C(O){-}NH{-}CH_2{-}CH_2{-}CH_2{-}N(CH_3)_2$$

$$\xrightarrow{CH_3Cl} CH_2{=}C(R_1){-}C(O){-}NH{-}CH_2{-}CH_2{-}CH_2{-}N^+(CH_3)_3\ Cl^- \quad (17-16)$$

二、聚丙烯酰胺丙基三甲基氯化铵

丙烯酰胺基丙基三甲基氯化铵（Acrylamido Propyl Trimethyl Ammonium Chloride，APTAC），也称（3－丙烯酰胺丙基）三甲基氯化铵，分子式 $C_9H_{19}ClN_2O$，相对分子质量为206.71。密度（25℃）为1.11g/cm^3，折射率（n_D^{20}）为1.4848。由*N*－二甲基丙基丙烯酰胺和氯甲烷经过季铵化反应得到，通常为50%的水溶液。50%的APTAC水溶液为淡黄色透明液体，溶于水，不溶于酯、酮及烃，具有优良的抗水解稳定性、阳离子性、蛋白质亲和性。可用自由基引发剂进行溶液聚合，悬浮液聚合和乳液聚合，可均聚，也可以与其他单体共聚。由于聚合物分子中带有季铵盐基团，因而有极强的极性和对阴离子性物质的亲合性。

APTAC为中性盐，含有不饱和双键，在高能射线、光、热和游离基引发下能聚合成高分子化合物。APTAC主要用于制造聚季铵盐－47、聚季铵盐－28及相关系列产品，是头发的理想调理剂。APTAC亦用于制造造纸助剂。APTAC还可用于生产抗静电涂料、油田化学品、纺织助剂、日化用品等精细高分子产品。

聚丙烯酰胺基丙基三甲基氯化铵可以采用过硫酸盐或水溶性偶氮引发剂，参考PDMC等聚合物的合成方法，在水溶液中引发聚合。

中国发明专利公开了一种高相对分子质量的聚丙烯酰胺基丙基三甲基氯化铵的制备方法[30]：在搅拌状态下，向30kg质量分数为70%的丙烯酰胺基丙基三甲基氯化铵单体中依次加入引发剂过硫酸钾105g、Na_4EDTA1.05g和去离子水40kg，并在常温下搅拌均匀；向单体混合溶液中通入氮气，继续搅拌；将搅拌均匀的反应溶液水浴加热升温到35℃，保温5h；继续升温至40℃，保温5h；在进一步升温至50℃，保温48h，得到高相对分子质量聚丙烯酰胺基丙基三甲基氯化铵胶体产物；将胶体产物在75℃下进行烘干粉碎，得到高相对分子质量聚丙烯酰胺基丙基三甲基氯化铵粉状产品。

关于该单体的均聚物的研究很少，研究较多的是其与其他单体的共聚物，如丙烯酰胺基丙基三甲基氯化铵/丙烯酰胺共聚物、丙烯酰胺基丙基三甲基氯化铵/丙烯酸共聚物、丙烯酰胺基丙基三甲基氯化铵/2－丙烯酰胺基－2－甲基丙磺酸共聚物、丙烯酰胺基丙基三甲基氯化铵/丙烯酰胺/丙烯酸共聚物、丙烯酰胺基丙基三甲基氯化铵/丙烯酰胺/2－丙烯酰胺基－2－甲基丙磺酸共聚物等。通过调整单体配比和聚合条件制备的不同组成和相对分子质量的上述这些共聚物，可以用作钻井液增黏剂、降滤失剂、包被絮凝剂，油井水泥降滤失剂，以及采油堵水调剖剂，酸化压裂稠化剂、减阻剂，聚合物驱油剂和水处理絮凝剂等。

此外，还有一些两性离子季铵盐单体的聚合物，如聚3－丙烯酰胺基丙基二甲基乙磺酸铵或聚3－甲基丙烯酰胺基丙基二甲基乙磺酸铵，聚3－丙烯酰胺基丙基二甲基（2－羟基）丙磺酸铵或聚3－甲基丙烯酰胺基丙基二甲基（2－羟基）丙磺酸铵和聚3－丙烯酰胺基丙基二甲基乙酸铵或聚3－甲基丙烯酰胺基丙基二甲基乙酸铵等。

三、聚甲基丙烯酰胺基丙基三甲基氯化铵

（一）甲基丙烯酰胺基丙基三甲基氯化铵

甲基丙烯酰胺丙基基三甲基氯化铵（Methacrylamido propyl trimethyl ammonium chloride，MAPTAC），也叫N，N，N－三甲基－3－（2－甲基烯丙酰氨基）－1－氯化丙铵、MAPTAC－50、MAPTAC。熔点为－22.5℃，沸点为100℃，密度为1.053g/mL（25℃）。分子式为$C_{10}H_{21}ClN_2O$，相对分子质量为220.7395。

合成方法[31]：将100g甲基丙烯酸甲酯，300gN，N－二甲基－1，3－丙二胺加入反应釜中通入8g二氧化碳，搅拌升温至100℃保持6h，而后降温减压蒸出过量的*N*，*N*－二甲基－1，3－丙二胺，即为中间产品N－二甲氨基丙基－β－二丙氨基甲基丙烯酰胺。将1g $Ca(NO_3)_2 \cdot 4H_2O$、18g上述中间产品加入带有减压蒸馏装置的反应瓶中，减压至0.133MPa，搅拌升温至220℃时有原料和产品馏出，将中间产品及$Ca(NO_3)_2 \cdot 4H_2O$缓缓滴入反应瓶中，此时裂解出的产品和原料也随着滴加的过程馏出。5h后反应结束，馏出物中含有31.1%的原料N，N－二甲基－1，3－丙二胺和67.9%的产品N－二甲氨基丙基甲基丙烯酰胺。将1g对羟基苯甲醚和上述馏出物加入带有精馏塔的反应瓶中，收集0.08MPa，130℃的产品馏分，并将回收的原料套用至第一步反应中。N－二甲氨基丙基甲基丙烯酰胺与氯甲烷反应即可得到甲基丙烯酰胺基丙基三甲基氯化铵。

（二）聚甲基丙烯酰胺基丙基三甲基氯化铵

聚甲基丙烯酰胺基丙基三甲基氯化铵具有优良的抗静电、抗菌、乳化、分散、增稠、成膜能力。作为调理剂、保湿剂等，广泛应用于香波、浴露、护发素、洗面奶、润肤膏、染烫发剂、定型摩丝等个人护理用品领域。作为抗静电剂等，应用于纺织、纤维、皮革等领域。作为阳离子染料的匀染剂等，应用于纺织、印染等领域。同时还可以作为水处理絮凝剂，钻井液絮凝包被剂、黏土稳定剂，采油注水和酸化压裂中的黏土防膨剂、堵水调剖剂等。

相对于均聚物，共聚物的研究和应用更普遍。由其与其他单体共聚制备的阳离子聚合物在采油、造纸、水处理等许多领域有着广泛的应用。甲基丙烯酰胺基丙基三甲基氯化铵（MAPTAC）与丙烯酰胺的共聚物，具有大分子链上所带正电荷密度可调，阳离子单体反应活性高且单元结构稳定，相对分子质量和阳离子度易于通过不同制备工艺条件加以控制的特点，因此具有广泛的应用前景。

1. 均聚物制备方法

在搅拌状态下，向39.87kg质量分数为75.23%的工业级甲基丙烯酰胺基丙基三甲基氯化铵单体中，依次加入15g引发剂过硫酸铵、15g Na_4EDTA和17.24kg去离子水，并在

常温下搅拌均匀；向溶液中通入氮气，继续搅拌；将搅拌均匀的反应溶液水浴加热升温到45℃，保温反应3h；继续升温至52℃，保温反应3h；继续升温至60℃，保温反应9h，得到聚甲基丙烯酰胺基丙基三甲基氯化铵胶体产物57.14kg；将所得的胶体产物在75℃下进行烘干粉碎，得到高相对分子质量聚甲基丙烯酰胺基丙基三甲基氯化铵粉状产品[30]。

2. 共聚物制备方法

主要是P（MAPTAC－AM）共聚物，其合成一般采用水溶液聚合、乳液聚合和悬浮聚合等方法。由于水溶液聚合具有工艺简便，成本较低，操作安全方便，不必回收溶剂等优点，应用较为广泛。

以分析纯丙烯酰胺和工业品甲基丙烯酰胺基丙基三甲基氯化铵为原料，通过水溶液共聚合成了阳离子高分子絮凝剂P（MAPTAC－AM），当过硫酸铵－亚硫酸氢钠为引发剂且用量为单体总质量的0.04%，反应时间为2h，pH值为4，反应温度为55℃，n（AM）：n（MAPTAC）＝3（理论阳离子度为25%）的条件下，产物相对分子质量可达3.73×10^6［特性黏数为8.12dL/g，c（NaCl）＝1mol/L的水溶液，温度25℃下用乌氏黏度计测量］，阳离子度为38.71%，产物粗产率达81.63%。

以MAPTAC和AM为原料，采用过硫酸铵－亚硫酸氢钠氧化还原引发体系，加入金属离子络合剂乙二胺四乙酸二钠（Na_2EDTA），采用一次加料方法，得到了30%的阳离子度的高相对分子质量的P（MAPTAC－AM）共聚物。合成过程如下[32]。

按照m（MAPTAC）：m（AM）＝30：70（产物阳离子度为30%），称取一定量阳离子单体MAPTAC溶液和非离子单体AM晶体，加入到带有温度计的反应瓶中，加入助剂Na_2EDTA。然后加入一定量的蒸馏水使反应液中单体质量分数达到设定的要求。在室温下开始搅拌并通氮气除氧20min后，加入一定量的过硫酸铵－亚硫酸氢钠氧化还原引发剂，继续搅拌10min停止搅拌，停止通氮并升温到聚合反应温度，保温3h；然后升温至聚合成熟温度，保温反应3h，最后取出胶状共聚产物。测定产物的固含量和特性黏数［以c（NaCl）＝1mol/L的水溶液为溶剂，在温度（30.0±0.1）℃下用乌氏黏度计测定共聚物溶液的增比黏度，并用单点法计算特性黏数］。

研究表明，单体质量分数、引发剂用量、聚合温度和络合剂等均影响聚合物性能。当引发剂用量（占单体质量的百分比，下同）为10.0×10^{-4}，聚合反应温度为45℃，Na_2EDTA质量分数（占单体质量的百分比，下同）为2.0×10^{-4}时，单体质量分数对产物特性黏数的影响见表17－2。

表17－2 单体质量分数对产物性能的影响

w（单体）/%	w（固含量）/%	特性黏数/（dL/g）	胶体形态
25	27.5	5.76	胶体状
27.5	30.26	6.41	胶体状
30	31.15	—	微交联

从表17-2可以看出，随着单体质量分数的增加，聚合产物的特性黏数逐渐增加，最后出现交联现象。这是由于随着转化率的提高，体系黏度增加，散热困难温度升高，导致自动加速效应出现和大分子间链转移反应增多，使大分子间产生了交联。实验发现，在单体质量分数大于30%时体系出现微交联。综合考虑，单体质量分数以27.5%较适宜。

如前所述，原料配比和反应条件一定时，单体质量分数为27.5%，引发剂用量、反应温度和络合剂用量对产物特性黏数的影响见图17-23。如图17-23（a）所示，聚合产物的特性黏数随着引发剂用量的增加先增加而后降低。在实验条件下，引发剂用量为7.5×10^{4}时较为合适。

如图17-23（b）所示，当原料配比和反应条件一定，引发剂用量为7.5×10^{-4}时，聚合产物的特性黏数随聚合反应温度的升高先增加而后降低。实验发现，温度过高时，由于反应剧烈，产生的热不能及时散发，易造成交联，使产物的溶解性变差。在实验条件下，反应温度为50℃时较为合适。

如图17-23（c）所示，当原料配比和反应条件一定，反应温度为50℃时，聚合物的特性黏数随着Na_2EDTA用量的增加先增加而后降低。实验表明，当Na_2EDTA用量少于2.0×10^{-4}，络合金属离子占主要作用，而当Na_2EDTA用量继续加大时，则主要起到缓聚作用，使产物特性黏数降低。因此，络合剂Na_2EDTA用量以2.0×10^{-4}较为合适。

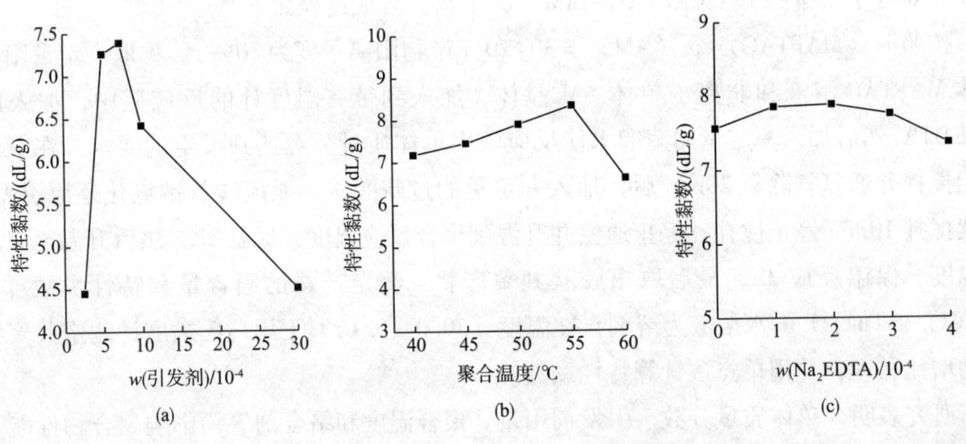

图17-23 引发剂用量（a）、聚合温度（b）和络合剂Na_2EDTA用量（c）对产物特性黏数的影响

除水溶液聚合外，还可以采用反相乳液聚合制备P（AM-MAPTAC）[33]：在装有乳化匀质机的烧杯中加入一定量Span-80和10g液体石蜡，在13g去离子水中配制含有一定配比的单体AM、MAPTAC（单体总质量10g）、交联剂MBA、络合剂二乙三胺五乙酸（DTPA）的水溶液。在1500r/min高速搅拌下，将水溶液缓慢滴入反应瓶并乳化30min，同时通氮气排氧。将乳化后的乳液倒入装有电动搅拌机、温度计、通氮气导管的250mL三口烧瓶，在低转速（200r/min）下加入引发剂过氧化氢异丙苯（CHP）。将乳液冰浴降温至5℃，按一定速率滴加入还原剂亚硫酸氢钠水溶液1mL，待温度升至终点后保温1h，最后加入反相剂AE09，即得到聚合物反相乳液产品。

实验得到的最佳工艺条件为：引发剂用量占单体质量分数的0.06%，阳离子单体占总单体质量分数的32%，还原剂水溶液滴加速率0.24mL/min，交联剂用量占单体质量分数的0.014%，乳化剂用量占单体质量分数的12%，在此条件下进行反相乳液聚合时，单体转化率可达到99.4%。

除上述所述单体及聚合物外，还有一些丙烯酰胺系阳离子单体聚合物，如聚丙烯酰胺基乙基三甲基氯化铵、聚3-丙烯酰胺基丙基-2-羟基三甲基氯化铵、聚3-甲基丙烯酰胺基丙基-2-羟基三甲基氯化铵等[34]。

参考文献

[1] 王中华. 钻井液处理剂实用手册［M］. 北京：中国石化出版社，2016.

[2] 朱涛，李潇潇，曾碧涛. 季铵盐类阳离子单体的合成工艺研究进展［J］. 化学研究与应用，2014，26（10）：1527-1533.

[3] 贾旭，张跃军. PDMDAAC合成工艺研究进展［J］. 精细化工，2008，25（10）：1008-1015，1024.

[4] 赵华章，高宝玉. 二甲基二烯丙基氯化铵（DMDAAC）聚合物的研究进展［J］. 工业水处理，1999，19（6）：1-4.

[5] 吴全才. 聚二甲基二烯丙基氯化铵的合成与应用［J］. 大连轻工学院院报，1997，16（1）：9-12.

[6] 赵华章. 有机高分子絮凝剂二甲基二烯丙基氯化铵聚合物的研究［D］. 山东济南：山东大学，2001.

[7] 廖惠云. 高相对分子质量PDMDAAC制备工艺的改进探索［D］. 江苏南京：南京理工大学，2004.

[8] 贾旭，张跃军. APS引发制备高分子量PDMDAAC［J］. 应用化学，2007，24（6）：610-614.

[9] 贾旭. 高相对分子质量PDMDAAC制备工艺的初步研究［D］. 江苏南京：南京理工大学，2005.

[10] 余沛芝. AIBA·2HCl引发DMDAAC合成PDMDAAC聚合工艺的初步研究［D］. 江苏南京：南京理工大学，2007.

[11] 张跃军，余沛芝，贾旭，等. 聚二甲基二烯丙基氯化铵的合成［J］. 精细化工，2007，24（1）：44-49，54.

[12] 张万忠，乔学亮，李绵贵. 水溶性偶氮引发剂用于氯化二甲基二烯丙基铵的聚合［J］. 应用化学，2004，21（5）：483-487.

[13] 贾朝霞，郑焰. 阳离子单体DEDAAC的新法合成研究［J］. 西南石油学院学报，1999，21（3）：60-61，65.

[14] 刘立华，刘汉文，龚竹青. 聚二乙基二烯丙基氯化铵的合成与表征［J］. 化学研究，2006，23（2）：17-20.

[15] 刘立华，李鑫，曹菁，等. 聚二烯丙基甲基苄基氯化铵的合成及黏度行为［J］. 应用化学，2011，28（7）：777-784.

[16] Mohan N，Joseph C. Process for unsaturated quaternaryammonium salt：US，7973195［P］，2011-07-05.

[17] 朱驯，王风云，项东升. 新型阳离子型絮凝剂聚（N，N－二甲基－N－苄基－N－丙烯酰胺基氯化铵/丙烯酰胺）的合成［J］. 石油化工，2008，37（1）：90－94.

[18] Vanneste P，Loenders R，Eynde V，et al. Process for the preparation of（meth）acrylate di－ammonium salts and their use as monomers for the synthesis of polymers：US，7799944［P］，2010－09－20.

[19] 王中华. MOTAC/AA/AM 共聚物泥浆降滤失剂［J］. 油田化学，1996，13（4）：369－370.

[20] 王中华. MPTMA/AA/AM 共聚物防塌降滤失剂的合成［J］. 精细石油化工，1995（5）：19－22.

[21] 朱明，赵仕林. 甲基丙烯酰氧乙基三甲基氯化铵的合成［J］. 四川师范大学学报（自然科学版），2002，25（4）：397－399.

[22] 张彦昌，王冬梅，赵献增，等. 聚甲基丙烯酰氧乙基三甲基氯化铵的合成研究［J］. 现代化工，2013，33（1）：71－72，74.

[23] 罗娅君，王照丽. 阳离子高分子絮凝剂 P（DMC）的合成研究［J］. 四川师范大学学报（自然科学版），2003，26（3）：279－281.

[24] 杨海涛，周向东，张红燕，等. 二元阳离子聚合物 P（DMC－DMDAAC）的合成及应用［J］. 印染助剂，2010，27（5）：18－21.

[25] 陈宝璠. 两性聚羧酸类高聚物阳离子丙烯酸酯单体 DAC 的制备及其性能［J］. 延边大学学报：自然科学版，2015（4）：307－312.

[26] 孙伟民，张广成，李和霖，等. 淀粉接枝 DAC 的合成及其絮凝性能研究［J］. 材料导报，2011，25（10）：23－26.

[27] 吴修利，薛冬桦，王丕新. 过硫酸铵引发阳离子淀粉接枝共聚物合成与表征［J］. 食品科学，2011，32（7）：73－76.

[28] 王中华. HMOPTA/AM/AA 具阳离子型共聚物泥浆降滤失剂的合成［J］. 石油与天然气化工，1995，24（1）：22－25，27.

[29] 章永化，邓沁瑜，龚克成. 可聚合性季铵盐及其聚合物的合成与表征［J］. 华南理工大学学报（自然科学版），2000，28（7）：45－50.

[30] 中国科学院合肥物质科学研究院. 一种高相对分子质量丙烯酰胺丙基三甲基氯化铵类阳离子单体均聚物的制备方法：CN，104497184A［P］. 2015－04－08.

[31] 本溪万哈特化工有限公司. 催化裂解制备 N－二甲氨基丙基甲基丙烯酰胺的方法：中国专利，200710010937. 7［P］. 2011－01－26.

[32] 蒋健美，毕可臻. 30% 阳离子度 Poly（MAPTAC－CO－AM）合成研究［J］. 造纸化学品，2016，28（1）：12－15.

[33] 曹原，秦培勇，胡彦. 阳离子型涂料印花用增稠剂的制备及其性能研究［J］. 涂料工业，2009，39（12）：66－69.

[34] 孙举，魏军，王中华. AEDMAC/AM/AA 三元共聚物抑制性钻井液降滤失剂的合成［J］. 石油与天然气化工，1999，28（1）：47－48.

第十八章 其他类型的聚合物

除前面介绍的一些聚合物外，还有一些聚合物，如聚乙烯吡咯烷酮、聚乙烯基己内酰胺、聚苯乙烯改性产物、树枝状聚合物、聚天冬氨酸、聚环氧琥珀酸、烯烃均聚物及共聚物、丁苯胶乳、聚乙烯基吡啶类季铵盐、季鏻盐阳离子聚合物和星型聚酯等在油田化学中具有一定的应用或应用前景，由于品种相对较少，且多数还没有在油田现场得到广泛应用，故将其作为其他聚合物一并介绍，旨在为油田用聚合物的开发和应用提供一些参考[1,2]。

第一节　聚乙烯基吡咯烷酮

由 N－乙烯吡咯烷酮（NVP）聚合而成的聚乙烯吡咯烷酮（PVP）是一种绿色高分子产品，结构见图 18－1，它是重要的水溶性酰胺类精细化学品，已有近 70 年的发展历史，产品包括 NVP 的均聚物、共聚物和交联聚合物三大类。PVP 具有优异的溶解性、低毒性、成膜性、化学稳定性、生理惰性、黏接能力等，广泛用于医药医疗卫生、化妆品、食品、饮料、酿造、造纸、纺织印染、新材料、悬浮及乳液聚合分散稳定剂等领域。交联聚合物（PVPP）的研究发展比较晚，它是由 NVP 在特定条件下加交联剂聚合而成，不溶于水、强酸、强碱以及一般有机溶剂，只能在水中溶胀，可呈现出软凝胶、白色粉末或是多孔粒子形态。它的这种水不溶性以及生理安全性、吸水性、络合性等优良特性，在医药、食品工业领域有广阔的发展前景[3]。

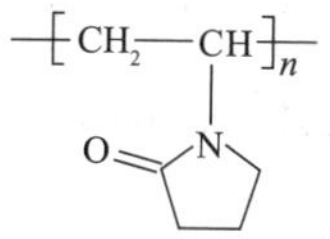

$$-\!\!\left[CH_2-CH \right]_n\!\!-$$

（CH 上连接 N，N 位于含 C=O 的五元吡咯烷酮环中）

图 18－1　聚乙烯吡咯烷酮的结构

商品 PVP 是白色或乳白色的粉末固体，由聚合度可变化的线型 NVP 基团组成的聚合物。其平均相对分子质量级别一般用 K 值表示，K 值通常分为 K15、K30、K60、K90，分别代表 10000、40000、160000、360000 的相对分子质量范围。PVP 无味、无臭、几乎无毒，对皮肤和眼均无刺激，对皮肤也不过敏，在生理学上是安定的。

PVP 的结构中，形成分子链和吡咯烷酮环上的亚甲基是非极性基团，具有亲油性。分子中的内酰胺是强极性基团，具有亲水和极性基团作用。这种结构特征使 PVP 可溶于水和许多有机溶剂，如烷烃、醚、酯、酮、氯代烃。不溶于乙醚、丙酮等，能与多数无机盐和多种树脂相溶。水溶液呈酸性，溶解热为－4.81kJ/mol，玻璃化温度为 75℃，不适于热塑成型加工，但可从甲醇、水、二氯甲烷和氯仿中成膜。膜光亮，透明，易吸湿，薄膜的密度（ρ_2^{54}）约为1.25，折光率 n_D^{25} 为1.52。PVP具有显著的结合能力，可与许多不同的化合物生成络合物。它的增溶作用，用于增加某些基本不溶于水而有药理活性的物质的水溶性；利用其分散作用，可使溶液中的有色物质、悬浮液、乳液分散均匀并保持稳定；通过其吸附作用，能吸附在许多界面并在一定程度上降低界面表面张力。具有成膜性及吸湿性，加入某些天然的或合成的高分子聚合物或有机化合物可有效地调节其吸湿性与柔软性。具有很强的黏结能力，极易被吸附在胶体粒子的表面起到保护胶体的作用，可广泛用于乳液、悬浮液的稳定剂。其内酰胺结构可与许多极性官能团发生络合作用，增强其增稠能力。具有优良的生理惰性与生物相容性，对皮肤、眼睛无刺激或过敏效应。

在通常情况下，PVP的水溶液和固态均较稳定，水溶液可耐受110～130℃蒸汽热压，而在150℃以上，PVP固体可因失水而变黑，同时软化。

PVP的水溶液黏度与相对分子质量、浓度和温度等有关，图18-2是不同浓度PVPK90水溶液黏度与温度的关系。从图中可以看出，PVP溶液在大部分情况下为非触变性，且具有很短的松弛时间，但当浓度很大，相对分子质量很高时，如PVPK90的浓溶液，则可以观察到一定的结构黏度；提高剪切力时，黏度下降。

pH值对PVP水溶液的黏度亦有影响，如图18-3所示，质量分数为5%的PVPK30溶液黏度（25℃下），在较大范围内，与pH值无关，仅仅在极限的情况下会有较大变化，即浓盐酸会增加溶液的黏度，浓碱会使PVP发生沉淀。

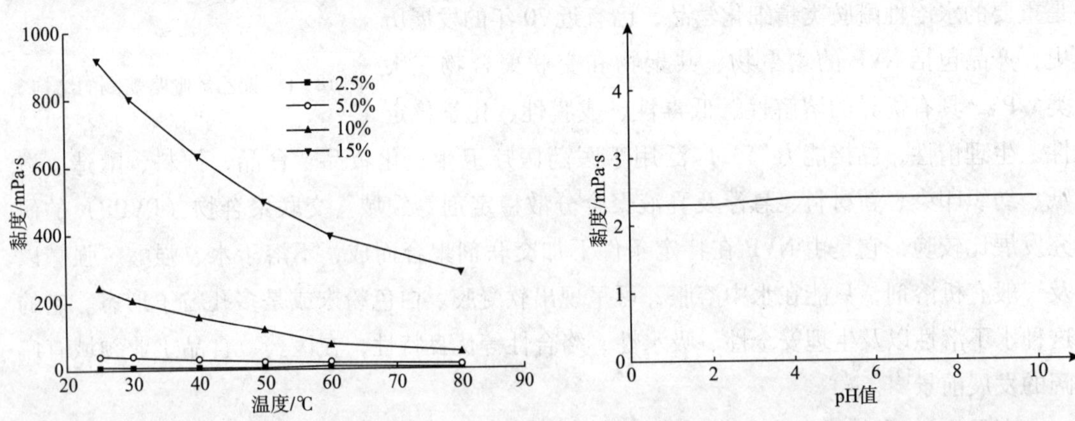

图18-2　不同浓度PVPK90水溶液黏度与温度的关系　　图18-3　pH值对PVPK90水溶液黏度的影响

NVP可以与许多具有乙烯基结构的不饱和化合物发生共聚，共聚物的性能可以兼具PVP和其他聚合物性能的优点，该类聚合物可用作耐温抗盐的钻井液降滤失剂、水合物抑制剂、油井水泥降失水剂、酸化压裂稠化剂、耐温抗盐的聚合物驱油剂和水处理絮凝剂等。

一、PVP的制备

（一）合成方法

NVP单体的均聚物PVP的相对分子质量可以从1000到 100×10^4 不等，可形成不同规格的系列产品，共聚物及交联聚合物中，其组成和结构将决定其性能和应用。NVP 的聚合方法与其他高分子合成方法相同，有本体聚合、溶液聚合和悬浮聚合等[4]。

1. 本体聚合

由热引发或者加入引发剂引发 NVP 单体发生本体聚合，但此法由于聚合过程中黏度增高，聚合物分子不易扩散，局部过热等原因，使生成的聚合物色黄，K 值低，残余单体含量高，工业上无应用价值。

2. 溶液聚合

NVP 的溶液聚合是目前工业上采用较多的方法。影响 NVP 聚合的主要因素有溶剂、引发剂、助活化剂、聚合温度、聚合时间、惰性气保护、反应体系的 pH 值等。

NVP 可以在甲醇、乙醇、异丙醇、乙酸乙酯、苯、水等很多溶剂中聚合。由于水是最便宜和安全的溶剂，一般采用水溶液聚合较多。NVP 在水溶液中可用过氧化物为引发剂，用铵或胺做活化剂进行聚合。要获得较低相对分子质量的聚合物，则常用异丙醇作溶剂。在工业上，为了不致引起局部过热而使聚合物变色，控制聚合热的扩散极为重要。例如，由纯化的 1 – 乙烯 – 2 – 吡咯烷酮的 30% ~60% 水溶液，在氨或胺等存在下，以过氧化氢为催化剂，在 50℃温度下进行交联均聚后提纯而得产物。

3. 悬浮或分散聚合

采用在庚烷中加入一种表面活性剂（如 Gentex – V – 516）为分散剂，将 AIBN 溶解于 NVP 和少量水的混合物中，悬浮于庚烷中进行聚合，可制得平均相对分子质量高达 67×10^4的 PVP。如将 5.72 份质量分数≥85% 的 *N* – 乙烯基吡咯烷酮与 0.013 份偶氮二异丁腈加入混合釜中，并抽真空和充以干燥的氮气，制得混合液 A；将 51.6 份正庚烷和 0.65 份 Gantex – V – 516 加入反应釜中，然后在连续搅拌的情况下再加入 9.64 份蒸馏水与剩余的 26.66 份质量分数≥85% 的 *N* – 乙烯基吡咯烷酮并混合均匀，抽真空和充以干燥的氮气并加热到 75℃，加入混合液 A，在连续搅拌下，于 74 ~76℃的条件下反应 8h；将反应物冷却到室温进行过滤，然后在 50℃下抽真空干燥、粉碎即得到聚乙烯吡咯酮产品。

（二）影响聚合反应的因素

不同聚合方式，影响因素不同，下面以悬浮或分散聚合、水溶液聚合为例，分别介绍影响聚合反应的因素。

1. 分散聚合

以环己烷为分散介质，分散悬浮法制备 PNVP[5]，其合成过程如下。

在 250mL 三口烧瓶中，依次加入分散剂氢化苯乙烯嵌段共聚物（SEBS）和分散介质（环己烷），70℃恒温水浴搅拌溶解后，加入单体 NVP，最后加入引发剂 AIBN，氮气气氛下恒温反应 6h，得到乳白色乳液，将其放在高速离心机中离心。离心管下层白色的固体物真空干燥 12h，得到白色粉末状 PVP 固体。

研究表明，在聚合过程中随着分散剂量的减少，微球粒径随着变大，且微球粒径分布变宽。这是因为分散剂浓度降低，导致分散稳定作用减弱，一些微球之间有聚并现象发生，使得粒径变大。

表 18-1 是单体、引发剂和分散剂对 PVNP 相对分子质量的影响，图 18-4 和图 18-5 是不同初始单体浓度下单体转化率与反应时间的关系曲线。

如表 18-1 所示，当分散剂浓度低于 10% 时，随着其浓度的增加，相对分子质量增大；当分散剂浓度大于 10% 时，随着其浓度的增加，相对分子质量减小。这是因为分散剂的浓度越高，形成的核就越多，比表面积越大，吸附单体到粒子内进行聚合的比例也就越大，因而得到的聚合产物相对分子质量越高。但分散剂过多会对反应产生副作用，过多的分散剂使得体系黏度太大，单体扩散受阻，导致平均相对分子质量下降。故分散剂浓度以 10% 最合适。

从表 18-1 还可以看出，在一定的单体浓度范围内，随着单体浓度的增加，聚合物的相对分子质量增大。实验表明，当单体浓度过高时，由于体系黏度增大，低聚物自由基沉淀出来后难以在短时间内吸附足够的分散剂分子形成稳定的核，将导致所生成聚合物相对分子质量降低。在一定的浓度范围内，聚合物的相对分子质量随着引发剂的浓度增加而降低。这是因为随引发剂浓度的增加，体系引发速度加快，而聚合物的平均相对分子质量和引发剂的浓度的平方根成反比。故随着引发剂浓度的增大，生成的聚合物相对分子质量下降。

表 18-1　单体、引发剂和分散剂浓度对 PVP 相对分子质量的影响

单体浓度/%	引发剂浓度/%	分散剂浓度/%	相对分子质量/10^4
30	0.5	10	22.05
25	1.0	8	18.96
20	1.5	15	13.90

如图 18-4 所示，原料配比和反应条件一定时，单体转化率随单体含量的增加而增大。而单体转化率则随着引发剂的浓度增加而降低，在引发剂浓度为 0.5% 时，转化率达到比较高的值，这是由于当引发剂含量过多时，活性自由基进入乳胶粒的几率变大，自由基终止速率增加，转化率反而会降低。

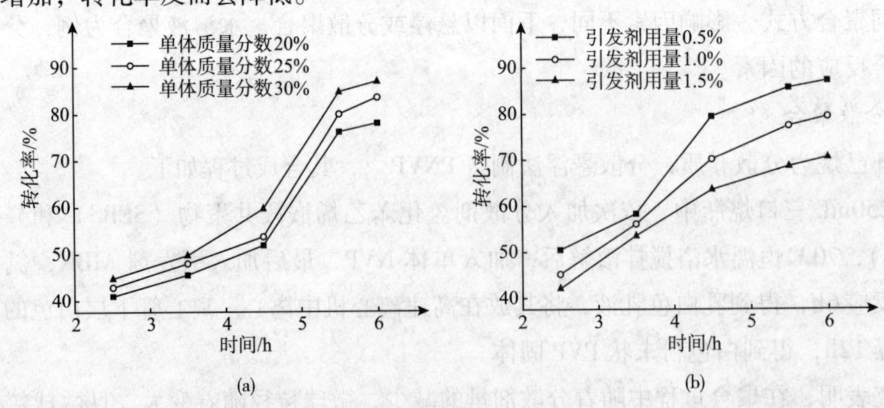

图 18-4　单体浓度（a）和引发剂浓度（b）对转化率的影响

2. 溶液聚合

溶液聚合是制备 PNVP 采用最多的方法[6]，其制备过程如下。

将处理过的 NVP、引发剂、溶剂按比例加入到 250mL 三颈烧瓶中，在通氮气的情况下，搅拌，加热升温到 55～75℃，反应 4～6h，得到 PVP 溶液，经过滤、减压干燥，即得到固体粉末状产品。

需要强调的是，在 PVP 合成中引发剂用量、溶剂类型对其相对分子质量的影响很大。以在水中的聚合为例，当单体质量分数为 50%，反应温度为 65℃，反应时间为 5h，引发剂用量对产物相对分子质量的影响见图 18－5。从图中可见，PVP 的相对分了质量随引发剂用量的增加而降低，因此，可以通过添加不同用量的引发剂来控制产物的相对分子质量。

以乙醇为溶剂，反应温度为 65℃，引发剂用量为单体质量的 0.5% 时，单体质量分数对产物相对分子质量的影响见图 18－6。从图中可以看出，单体质量分数对产物相对分子质量影响不大。

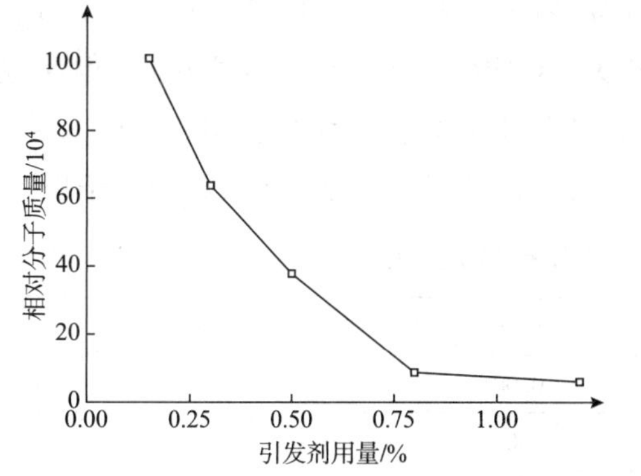

图 18－5 引发剂用量对聚合物相对分子质量的影响

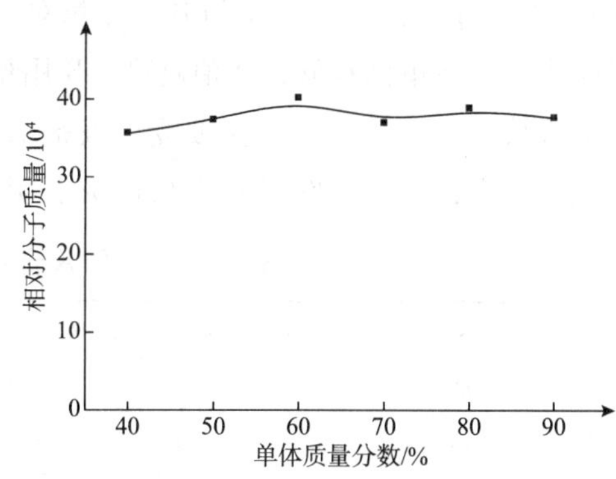

图 18－6 单体质量分数对产物相对分子质量的影响

采用不同的溶剂时，也会对产物的相对分子质量产生显著的影响，当采用苯、乙醇和水时，得到产物的相对分子质量分别为 8.7×10^4、37.3×10^4 和 43.5×10^4。可见采用极性溶剂时更容易得到高相对分子质量的产物。

在水溶液聚合中，引发剂种类、用量，链转移剂和反应温度也是影响聚合的关键因素。如在带有回流冷凝管和机械搅拌器的 250mL 三口圆底烧瓶中加入一定量蒸馏水，水浴加热升温至 60～80℃，搅拌，加入一定量的单体和引发剂，在给定反应温度下，搅拌，反应 4～8h，即可以得到 PVP 液体产品，通过真空冷冻干燥约 48h 可得粉末状产品 PVP[7]。

合成反应中引发剂类型对产物相对分子质量影响很大。NVP 聚合的引发剂种类主要有双氧水、偶氮化合物和叔丁基过氧化物等。分别以有机过氧类物质 A，无机过氧类物质 B 以及 A、B 复配作引发剂。在 NVP 质量分数为 40%，聚合温度为 75℃，聚合时间为 6h 的条件下，引发剂种类对聚合反应的影响结果如表 18－2 所示。

表 18-2　不同引发剂对残余单体和 M 值的影响

m（引发剂）∶m（NVP）	残余单体质量分数/%	M 值
0.02（A）	0.10	64.2
0.01（B）	大于 0.20	25.5
0.02（A）；0.01（B）	0.11	28.8

注：用乌式毛细管黏度计测得 PVP 水溶液的相对黏度 η，然后由 Fikentscher 公式计算 M 值：$M=\frac{[300C\lg\eta+(C+1.5\lg\eta)^2]^{1/2}+1.5C\lg\eta-C}{0.15C+0.003C^2}$；式中，$C$ 为 100mL 溶液中溶解 PVP 的质量，g；η 为相对黏度（溶液流出时间 t 与纯溶剂流出时间 t_0 的比值 t/t_0）。

从表 18-2 可以看出，单独以 A 或 B 作引发剂，前者的 M 值远大于后者，残余单体远低于后者；用 A 和 B 复配作引发剂，可以得到 M 值、残余单体都与 K－30 标准很接近的 PVP 产品。因此，选择 A 和 B 复配体系作为 NVP 水溶液聚合的引发剂可以得到较好的效果。

表 18-3 是在 B 用量为 0.01%，NVP 质量分数为 40%，聚合温度为 75℃，聚合时间为 6h 的条件下，引发剂 A 和 B 的用量对残单和 M 值的影响。从表 18-3 可以看出，A 用量越多，残余单体越低，M 值越高。B 用量的降低，对残余单体的影响不很明显，但 M 值增加很快。表明残余单体主要受引发剂 A 影响，M 值主要受引发剂 B 影响。根据 K－30 的质量要求，选择引发剂 A 为 0.02%，引发剂 B 为 0.01% 时，可以得到较理想的结果。

表 18-3　不同 A 含量对残余单体和 M 值的影响

m（引发剂）∶m（NVP）	残余单体质量分数/%	M 值	m（引发剂）∶m（NVP）	残余单体质量分数/%	M 值
0.02	0.11	28.8	0.005	0.74	26.5
0.015	0.12	27.4	0	远大于 0.20	25.5
0.0075	0.19	27.0			

如表 18-4 所示，在 m（引发剂 A）∶m（NVP）为 0.02%，NVP 质量分数为 40%，聚合温度为 75℃，聚合时间为 6h 时，链转移剂与单体体积比由 0 增加到 0.08 时，M 值由 64.2 降到 31.6，即加入链转移剂后，M 值明显降低。这是由于链转移剂能够终止原自由基，引起聚合度的减小。

表 18-4　链转移剂对 M 值的影响

V（链转移剂）∶V（NVP 溶液）	M 值	V（链转移剂）∶V（NVP 溶液）	M 值
0	64.2	0.08	31.6
0.02	31.2		

如表 18-5 所示，在引发剂 A 和 B 的用量分别为 0.02% 和 0.01%，NVP 质量分数为 40%，聚合时间为 6h 时，反应温度越高，残余单体的单体含量越低，M 值越大。这是由于聚合温度升高，链终止反应受到抑制，而链增长反应速率加快，所以表现为聚合物的相

对分子质量随着聚合温度的升高而增大。但温度高于80℃时，PVP颜色偏黄，所以温度以不超过80℃为宜。

表18-5 温度对残余单体和M值的影响

温度/℃	残余单体质量分数/%	M值	温度/℃	残余单体质量分数/%	M值
65	大于0.2	27.1	75	0.11	28.8
70	0.30	28.3	80	0.08	29.4

为提高聚*N*-乙烯基吡咯烷酮作为水合物抑制剂的性能，采用*N*-乙烯基吡咯烷酮与马来酸酐共聚合成了一种共聚物水合物抑制剂MVP[8]。MVP与聚*N*-乙烯基吡咯烷酮相比对水合物具有更好的抑制效果，相同加量下能够承受过冷度较聚*N*-乙烯基吡咯烷酮高3℃；最佳加量为0.7%，该加量下水合物生成温度从-2℃下降到-8.6℃。由于MVP性能受过冷度影响较大，研究发现MVP发挥作用的过冷度不能高于10℃。其合成过程是：在反应瓶中加入一定量的乙二醇丁醚做溶剂和双氧水做引发剂，再按照马来酸酐与*N*-乙烯基吡咯烷酮质量比为3:4，依次加入NVP、马来酸酐，搅拌使其溶解并通入N_2驱氧，通氮30min后，迅速升温到80~100℃，在此温度下反应9h，即得到产物。

二、PVP的应用

PNVP可广泛用于涂料、颜料、油墨、高分子合成及加工、洗涤剂、胶黏剂、感光材料、纺织印染、石油开发、造纸、农药等方面。

用作天然气水合物抑制剂，可以与无机物配合使用，对天然气水合物生成具有很好的抑制效果。也可以作为钻井液和油井水泥降滤失剂，具有较强的抗温、抗盐能力。

用于酸化液添加剂，PVP是非常稳定的酸性胶凝剂，聚*N*-乙烯吡咯烷酮等可通过与羟基产生桥接吸附，将黏土微粒固定在地层表面，达到防止黏土微粒运移的目的。聚*N*-乙烯吡咯烷酮可以通过提高酸的黏度，减小氢离子向地层表面的扩散速度而起缓速作用。

聚乙烯吡咯烷酮和改性聚氨酯按1:1的比例可制备超分子体系。该超分子体系通过对亲水性界面的选择性吸附实现对地层砂的固结，达到堵水和防砂的目的。评价表明，该体系在岩石表面能自组装成膜，膜的吸水率低，在30~90℃时，最大水溶胀率小于4%；堵水、防砂效果好，出砂率仅为0.03g/L，岩心伤害率为2.8%；矿场实验表明，防砂有效周期大于7个月，堵水率大于30%[9]。

PVP可作为三次采油的驱油剂，提高油田的采油率。它对盐不敏感，在含水性黏土区域，它在使用高盐浓度的聚合物驱油中特别适用。PVP与其他有机物配成水溶液注入油层，可提高油田的采油率。

在油回收领域中用作添加剂可起到增黏作用，延长凝结时间，减少流体损耗。

第二节　聚乙烯基己内酰胺

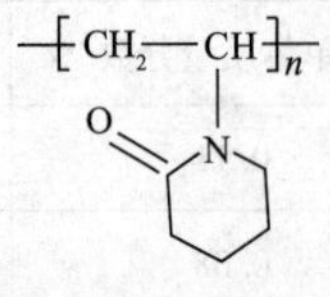

图 18-7　聚 *N*－乙烯基己内酰胺的结构

聚 *N*－乙烯基己内酰胺（PNVCL）是一种具有低临界溶液温度（LCST）的温度敏感性（温敏性）高聚物，结构见图 18-7。其处于生理温度范围内（30～40℃），它不仅具有离子型水溶性、热敏感性，而且还具有生物适应性，它的均聚物和系列高聚物在生物、医药材料和日用化学品中有极其广泛的应用前景，作为天然气水合物抑制剂在应用方面表现出良好的性能，是目前水合物抑制剂中效果非常好的几种产品之一。研究表明[10]，在质量分数小于 3% 的情况下，其所加浓度与抑制效果成正比。如相同条件下，抑制剂浓度为 1% 时抑制时间只有 2.4h，浓度增加到 3%，就能达到 9.6h。

一、聚 *N*－乙烯基己内酰胺的制备

PNVCL 可以采用不同的方法制备，下面分别介绍。

（一）水溶液聚合

以水为溶剂时，合成过程如下[11]。

将 1g NVCL，0.1g AIBN 和 15g 去离子水加入到反应瓶中，通入氮气搅拌 30～60min，除去反应器中的氧气，同时使 NVCL 充分溶解，AIBN 分散均匀，然后升温到 75℃反应 5h 后冷却到室温，将反应液倒入烧杯中在 40～50℃烘箱中放置 2～3h，待沉淀析出完全后趁热倾出上层的去离子水。将沉淀加入一定量的 THF 溶解，过滤后再滴加正己烷直至不再有沉淀析出为止，过滤并用少量乙醚洗涤，重复操作 3 次后置于真空干燥箱中，干燥至恒质，得产物，产率为 97%。

研究表明，影响 PNVCL 制备的因素主要为引发剂用量、溶剂用量、聚合反应时间和温度等。

如图 18-8 所示，当 NVCL 为 1g，以 15g 水作溶剂，75℃下反应 5h 时，随着引发剂用量增大对反应产率的影响不大，产率基本上在 90% 以上。随着引发剂用量的增大，其对产物相对分子质量影响显著，当引发剂用量小于 0.05g 时，产物还能保持相对高的相对分子质量，而增加到 0.1g 时产物相对分子质量已从 30 多万下降到 5 万左右。可以看出随着引发剂用量的增大，分解产生的自由基数目增多，链终止反应的几率增大，导致聚合链终止较快，由此造成产物相对分子质量逐渐降低。

图 18-9 表明，当 NVCL 用量为 1g、AIBN 用量为 0.05g，在 75℃下反应 5h 时，溶剂用量少于 10g 时产物产率较低，不到 80%，随着溶剂用量的增大，产率逐渐增大并趋于稳定，达到 90% 以上。这是由于溶剂量过少导致单体不能完全溶解，引发剂分散不均匀以至反应产率较低。同样由于引发剂无法在体系中相对均匀地分散而使反应趋于本体聚合，反

应快速发生、快速停止导致了产物相对分子质量相对偏低，随着溶剂用量的增大产物相对分子质量逐渐降低，这是由于溶剂用量增大，相当于反应混合液中单体的浓度降低，反应链增长速度小，形成长链大分子的几率较低。因此，产物的相对分子质量随溶剂用量的增大而逐渐降低。

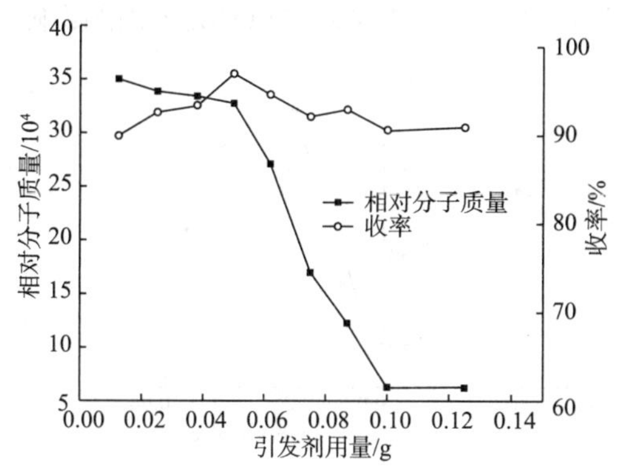

图 18-8 引发剂用量对产品收率和相对分子质量的影响

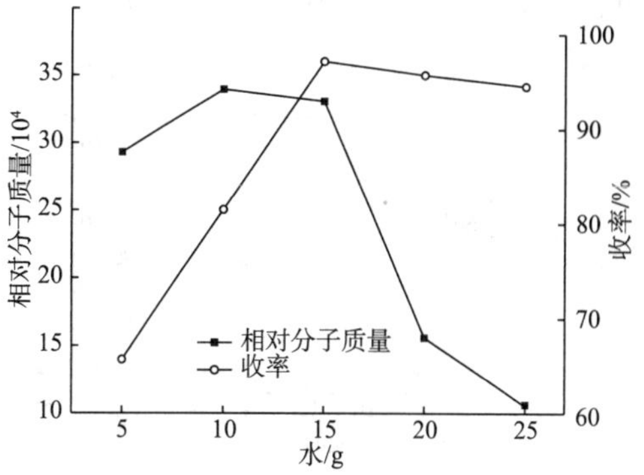

图 18-9 水用量对产品收率和相对分子质量的影响

如图 18-10 和图 18-11 所示，当 NVCL 用量为 1g、AIBN 用量为 0.05g，在 75℃下以 15g 水作溶剂时，反应在 3h 左右就已经达到了 90% 以上的转化率，反应速率较快。反应时间继续增长对聚合物产率影响不大，产率增长缓慢。反应时间对产物相对分子质量影响很小。在 75℃下以 15g 水作溶剂，反应时间为 5h 时，体系反应温度越高，所得产物产率越高，产率与反应温度成正比。产物相对分子质量随反应温度增加呈现先增加后降低的趋势。

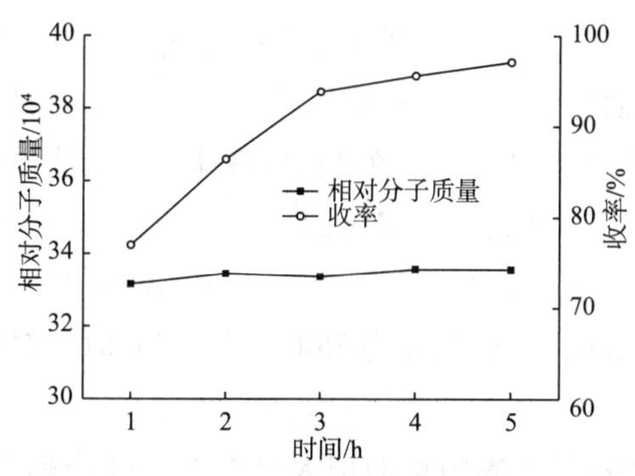

图 18-10 反应时间对产品收率和相对分子质量的影响

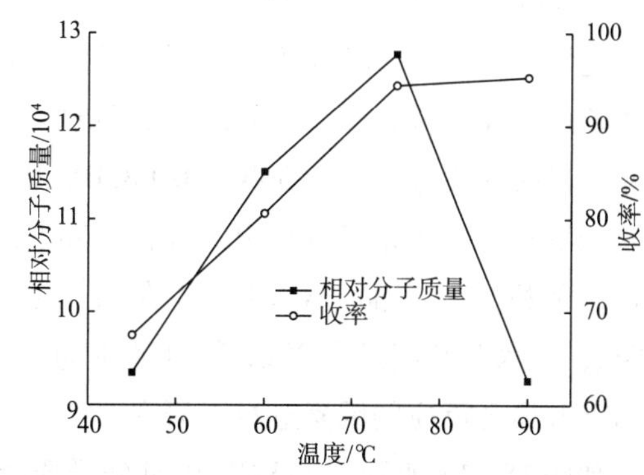

图 18-11 反应温度对产品收率和相对分子质量的影响

（二）醇溶液聚合

1. 异丙醇为溶剂制备 PNVCL

以异丙醇为溶剂时，合成过程如下[12]。

将单体 *N*-乙烯基己内酰胺 6g、溶剂异丙醇 30mL 和引发剂偶氮二异丁腈 0.04g 加入到反应瓶中，通氮气保护，启动搅拌装置，在65℃下反应14h。将反应液冷却至室温，然后用乙醚萃取反应液分离产品。未反应的原料进入乙醚相，下层的白色沉淀即为PNVCL产品。

图18-12是在NVCL质量为6g、异丙醇体积为30mL、反应温度为60℃、反应时间为14h、引发剂用量为0.05g时，反应时间、反应温度和引发剂用量对PNVCL产率的影响。

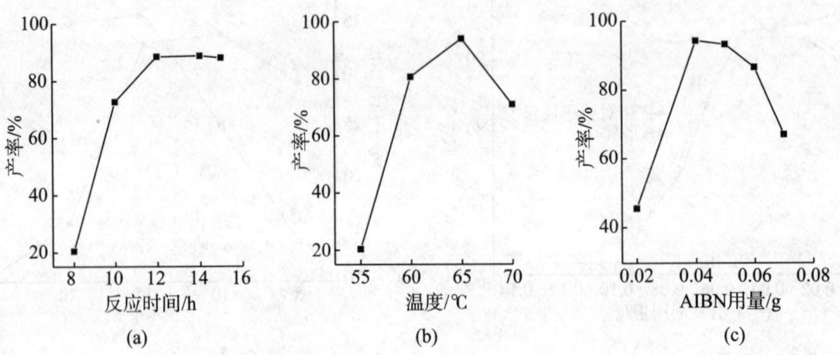

图18-12　反应时间（a）、反应温度（b）和引发剂用量（c）对PNVCL产率的影响

如图18-12所示，随着反应时间的延长，PNVCL产率逐渐增加，当反应时间为14h时，PNVCL产率达到88.8%，产率变化趋于平稳；温度在55～60℃时，产率随着温度升高而急剧增大，随后趋势变缓。当温度为65℃时，产品收率达到91.1%，再升高反应温度，PNVCL产率反而下降；随着AIBN用量的增加，PNVCL产率逐渐增加，当AIBN用量为0.04g时，产率达到91.8%，继续增加引发剂用量，产率反而减小。在实验中还发现，引发剂用量过大时会造成产品颜色加深，说明副反应加剧。

2. 乙醇为溶剂制备PNVCL

赵坤等[13]将NVCL减压蒸馏去除阻聚剂后与偶氮二异丙基咪唑啉盐酸盐（AIBI）和无水乙醇（AE）按一定比例加入三口烧瓶中，通氮气保护并开启搅拌，升温至一定温度反应一段时间后停止。于50℃、0.08MPa减压蒸除溶剂，得无色黏稠状液体。加入适量四氢呋喃溶解，并用正己烷析出。静置，弃上清液，加入乙醚洗涤沉淀，过滤，于30℃干燥后得白色粉末状产品PNVCL。并在通用条件一定，即NVCL用量为10g，AIBI用量为0.04g，无水乙醇用量为20g，搅拌速率为200r/min，反应温度为75℃，反应7h时，对影响NVCL聚合反应的因素进行了研究。

如图18-13所示，PNVCL相对分子质量随溶剂乙醇用量的增大呈先增后降的趋势，而产率随溶剂用量的增大而逐渐增大，且达到一定值后趋于平稳。这是因为溶剂用量较少时，单体不能很好地溶解，同时引发剂分散不好，使产物相对分子质量和产率均较低。当溶剂用量为20g时，单体和引发剂都能很好地溶解，产物相对分子质量和产率都较高。但溶剂用量继续增加时，由于体系中单体浓度降低，反应中链增长速度变小，反而使产物的相对分子质量降低。

如图18-14所示，PNVCL相对分子质量随引发剂用量的增大而降低，产率随引发剂用量的增大而增大并趋于稳定。

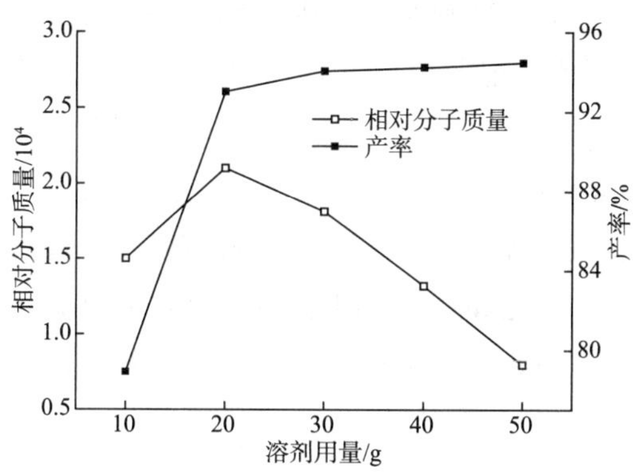

图 18-13　溶剂用量对产率及相对分子质量的影响

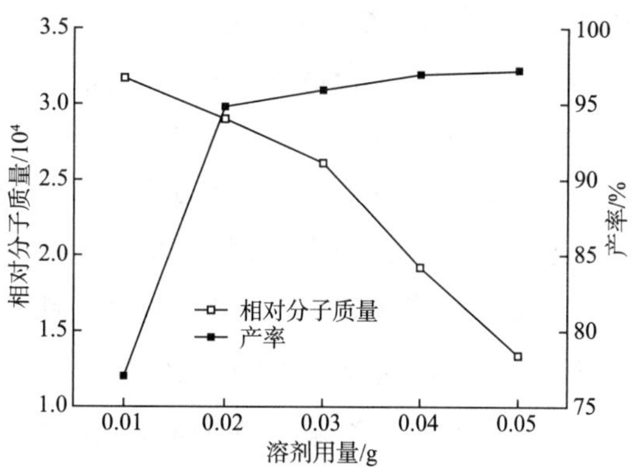

图 18-14　引发剂用量对产率及相对分子质量的影响

如图 18-15 所示，PNVCL 的产率和相对分子质量均随搅拌速率的增加呈先增后降的趋势。这是由于搅拌速率较低时，引发剂与单体不能充分混合而影响反应，使产物产率和相对分子质量较低。当搅拌速率较高时，搅拌产生的剪切力使得聚合物的链增长反应受到影响，使产物相对分子质量和产率降低，且搅拌速率越大时影响越大，故适宜的搅拌速率为 300r/min。

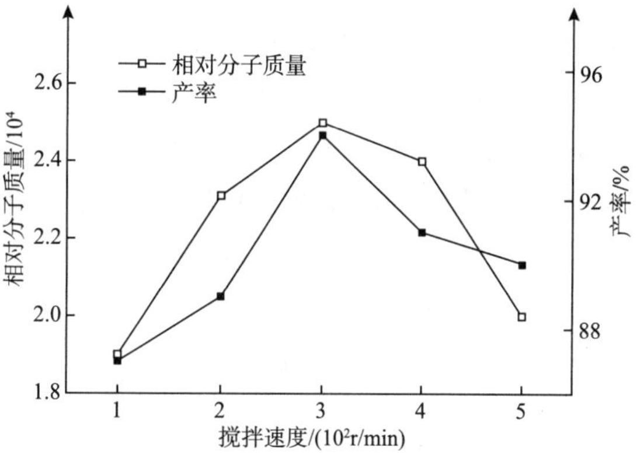

图 18-15　搅拌速率对产率及相对分子质量的影响

在实验中还发现，在搅拌速率为 300r/min 时，PNVCL 的相对分子质量随反应温度的升高先增大后降低，反应温度为 70℃时相对分子质量最大（2.8×10^4），而产率随温度的升高而逐渐增大，当反应温度达到 70℃后趋于稳定。在搅拌速率为 300r/min，反应温度为 70℃时，PNVCL 相对分子质量与产率均随反应时间的增加而增大，当反应时间达到到 9h 以后，再延长反应时间，PNVCL 相对分子质量和产率变化不大，说明 9h 时聚合反应已进行完全。

3. 甲醇为溶剂制备 PNVCL

中国发明专利公开了一种用于动力学水合物抑制剂的聚 N－乙烯基己内酰胺溶液，其制备方法如下[14]。

将 300g 乙烯基己内酰胺、500mL 甲醇加入反应瓶中，通氮保护下搅拌加热溶解，将 0.6g 偶氮二异丙基咪唑啉盐酸盐溶解到 100mL 甲醇中，滴加到反应瓶中，升温至 65℃，搅拌反应 6h；降温至 30℃，加入 400mL 甲醇，搅拌 0.5h，得到聚 N－乙烯基己内酰胺溶液。

除 N－乙烯己内酰胺的均聚物外，还有一些共聚物可用于水合物抑制剂，如 N－乙烯己内酰胺、丙烯醇和甲基丙烯酸羟乙酯共聚物，作为动力学水合物抑制剂，能够吸附于水合物晶核表面，致使晶核无规则生长，形成疏松的具有一定流动性的冰晶乳液。加量为0.5%时，水合物结冰温度为－8℃。在过冷度为8℃时，抑制时间可达7.5h，抑制时间较长。可与热力学水合物抑制剂进行复配使用，通过配伍使用可提高抑制效果或减少现场使用中醇类物质的加入。其合成方法如下[15]。

在装有搅拌器、回流冷凝管、温度计的三颈烧瓶中，按照 n（N－乙烯己内酰胺）: n（丙烯醇）: n（甲基丙烯酸羟乙酯）=5∶1∶1 的比例，加入N－乙烯基己内酰胺、丙烯醇、甲基丙烯酸羟乙酯和去离子水，搅拌，使其溶解。通入30min N_2以驱除氧，并迅速升温到60℃，同时滴加0.5%引发剂过硫酸铵溶液，回流反应8h，得到淡黄色溶液，即为产品。

二、聚N－乙烯基己内酰胺的应用

本品是极有前途的药物控释剂，同时在人造肌肉、药物控释体系、膜分离及化学阀等方面有重要作用。在医药、生物材料及日用化学品中具有广泛的应用前景。

钻井液方面主要用作天然气水合物抑制剂，可以与无机物或有机物配合使用。如使用质量分数为1%的PNVCL与5%的乙二醇丁醚复配抑制剂时，水合物形成的诱导时间为430min，而采用质量分数为1%的PNVCL和5%的甲醇复配抑制剂时，水合物形成的诱导时间最长为887min，表现出良好的的抑制效果[16]。

也可以用于钻井液和固井水泥浆降滤失剂，以及酸化、压裂液稠化剂等。

第三节　聚苯乙烯改性产物

聚苯乙烯应用极其广泛，普遍用作包装材料，生活用品及工业用材料。近年来其使用量越来越大，废弃物日益增多，给环境造成严重污染，由于其耐老化、抗腐蚀、无法自然降解等特点，激发了人们研究废旧聚苯乙烯的回收利用的兴趣。

由于聚苯乙烯苯环上的活性氢可以发生一系列反应，如采用浓硫酸、三氧化硫、氯磺酸和酰基磺酸酯等磺化剂，与聚苯乙烯反应可以得到磺化聚苯乙烯产物。将聚苯乙烯氯甲基化，然后再与三甲胺反应可以得到阳离子化的聚苯乙烯，可以作为黏土稳定剂、防塌剂和絮凝剂。

一、磺化聚苯乙烯

（一）磺化聚苯乙烯的制备

磺化聚苯乙烯通常采用三氧化硫磺化法和100%硫酸磺化法。采用三氧化硫磺化法，在室温下磺化度高且不产生废酸，然而三氧化硫不易运输，只能在硫酸厂方便使用。传统的硫酸磺化法，使用100%硫酸，在室温条件下反应磺化度接近100%，然而由于磺化产生水的稀释作用，使得浓硫酸浓度降低，所以反应中硫酸用量大，剩余大量高浓度硫酸处理困难，污染环境。近年来开发了悬浮磺化法和共沸脱水法制备磺化聚苯乙烯，采用惰性溶剂，在使用较少浓硫酸的条件下，成功制备了磺化度高于90%的具有水溶性的SPS，提高了浓硫酸的有效利用率，减少了环境污染。

悬浮磺化法和共沸脱水法制备磺化聚苯乙烯制备过程如下[17]。

1. 悬浮磺化法

将98%的H_2SO_4和1，1－二氯乙烷加入连有分水器和恒压漏斗的四口瓶中，升温至80℃，搅拌下分三批加入PS（每次间隔20min），加毕，在此温度下反应20min，升温至80℃反应4h，降温后加入$Ca(OH)_2$中和。离心除去$CaSO_4$，再加入Na_2CO_3滤除$CaCO_3$，滤液浓缩后干燥得到浅黄色SPS固体。

2. 共沸脱水磺化法

将98%的H_2SO_4和1，1，2－三氯乙烷加入连有分水器和恒压漏斗的四口瓶中，搅拌下加入约总量三分之一的PS，将剩余PS放入恒压漏斗中，升温至80℃反应1h，升温至115℃回流溶解PS并进行脱水反应直至脱出理论量的水，冷却过滤，用氢氧化钠溶液中和，蒸发浓缩得浅黄色SPS固体。

两种磺化方法对聚苯乙烯磺化度的影响有所不同。如表18－6所示，在两种磺化方法中，随着$n(H_2SO_4):n$（PS结构单元）的不断增加，两种方法所得聚苯乙烯磺化度都不断增加，这是因为该磺化反应为一可逆反应，增加硫酸浓度或移去产物水都有利于平衡向正方向进行，制备出磺化度高于90%的水溶性SPS，减少了废酸的产生，其中共沸脱水磺化法具有浓硫酸的用量更少，硫酸的利用率很高，环境污染最小，后处理简单等优点，具有较高的实用价值。

表18－6 两种方法中$n(H_2SO_4):n$（PS结构单元）比对产物磺化度的影响

磺化方法	$n(H_2SO_4):n(PS)$	磺化度/%	磺化方法	$n(H_2SO_4):n(PS)$	磺化度/%
悬浮磺化	2.30	62.87	共沸脱水磺化	1.00	93.57
	2.70	73.86		1.10	94.65
	3.30	90.27		1.20	98.01
	4.38	100			

如图18－16所示，反应条件一定时，随着反应时间的增加，共沸脱水磺化法和悬浮磺化法所得产物的磺化度都不断的增加，然而增加的趋势逐渐减慢，这是由于聚苯乙烯中未磺化的结构单元数减少和硫酸浓度逐渐下降而引起的结果。共沸脱水磺化法中，由于起始浓硫酸的用量小，在反应过程中硫酸浓度下降比较快，脱水速度比较慢，所以在相同的时间内反应体系的磺化度相对较低，需要较长的时间反应才能达到完全。

研究表明，共沸脱水磺化法制备的磺化度100%的SPS其特性黏度$[\eta]=26.66$，悬浮磺化法制备的磺化度100%的SPS其特性黏度$[\eta]=26.62$，由此可以看出两种磺化法所制备的SPS特性黏度很接近，相对分子质量基本相同，说明温度在80～115℃范围内磺化几乎不存在链裂解或交联。两种磺化反应中溶剂最佳用量为800～1200mL/104g PS，溶剂量过少则反应体系太黏，容易黏于反应器壁和搅拌桨，溶剂量过多则反应器利用率降低。若使用较少量溶剂，可以分多次加入PS，可使磺化反应在较低黏度下进行。因为起始加入的PS量较少，在溶液黏度较低的情况下进行磺化反应后，溶剂中剩余 PS 量减少，同时这些磺化产物起表面活性剂作用，生成油包水型悬浮体系，降低反应体系的黏度。共沸脱水磺化法反应温度以 80～120℃较好，温度过低脱水速度太慢，温度过高则易产生砜而交联，磺化物黏度变大，有时水溶性不太好。在此温度范围内，1，2－二氯乙烷、1，1，2－三氯乙烷、1，1，2，2－四氯乙烷均可作为聚苯乙烯磺化共沸脱水溶剂。选择 1，2－二氯乙烷作为溶剂，其常压下共沸脱水温度为 83℃，反应时间需要 48h，反应采用 1，1，2－三氯乙烷作为溶剂，其常压下共沸脱水温度为 115℃，反应 12h 就能够制备出具有低黏度、高水溶性的 SPS。从提高反应效率和操作方便性来说，选择 1，1，2－三氯乙烷作为溶剂较好。

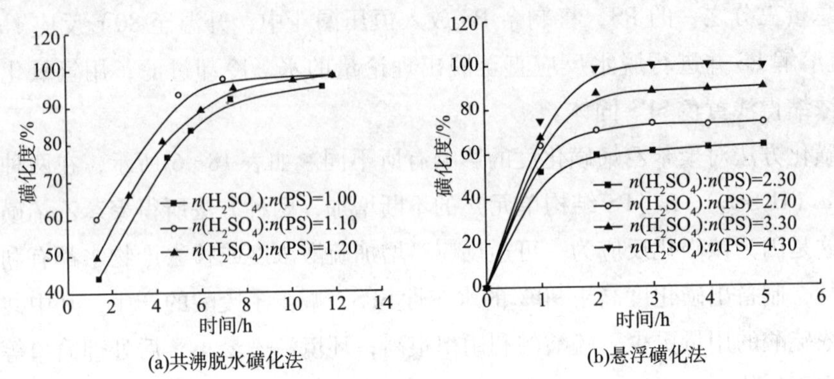

图 18－16　反应时间对两种方法产物磺化度的影响

（二）SPS 油井水泥降失水剂

采用悬浮磺化法，由聚苯乙烯在有机溶剂中，经磺化反应得到的磺化聚苯乙烯，当其相对分子质量和磺化度适当时，可以用作钻井液降滤失剂和油井水泥降失水剂。评价表明，在相同的条件下，磺化度越高，失水控制能力越好；在最佳条件下制备的 SPS 具有良好的降失水性能，SPS 的水泥浆体系具有良好的流变性能和较好的耐温性能；在 120℃下，水泥浆体系的稠化时间，用常用的缓凝剂可调整到 337min，SPS 对水泥浆其他性能无不良影响。下面结合用于油井水泥降失水剂的 SPS 合成为例介绍 SPS 的制备及作用机理[18]。

1. 制备过程

SPS 油井水泥降失水剂的制备过程如下。

在反应瓶中将一定量聚苯乙烯溶解在适当比例的分散剂（1，2－二氯乙烷）中，加入适量的催化剂，在恒温搅拌下，滴加浓硫酸（约 1 滴/s），2h 内加完，加完后继续反应 2h 以上，在不同条件下合成不同磺化度的 SPS，产物除去分散剂后用饱和盐水沉析、洗涤得磺化聚苯乙烯（SPS）产物。

研究表明，在磺化反应中合成条件不仅影响产物磺化度，也会影响降失水能力，SPS 作为降失水剂，首先是要有好的控制失水的能力。图 18－17 是 SPS 磺化度对降失水性能的影响（700g 嘉华 G 级高抗硫油井水泥＋0.4% 减阻剂 ZSA－2＋1% SPS，水灰比＝0.44，T＝90℃）。从图 18－17 可看出，在实验范围内，随着磺化度的增大，水泥浆 AIP 失水量逐渐降低，磺化度越高，降失水效果越明显。

磺化度与硫酸的用量有关，而分散剂用量关系着 PS 的溶解均匀程度，因此其用量直接影响磺化反应的均匀程度。实验表明，产物的磺化度随着硫酸用量的增加先增大，后趋于平稳。这是因为随着硫酸用量的增加有利于 PS 在磺化剂中的分散，从而增大了 PS 与磺化剂的接触面和接触时间；当硫酸和 PS 的比例达到 5∶1 后，磺化度提高较慢，即在此比例后，不宜用提高硫酸用量来提高磺化度。对于分散剂而言，随着分散剂 1，2－二氯乙烷用量的增加，反应产物的磺化度也随之增大，但超过 4mL（每克 SP）后磺化度增加缓慢，一般选择为 4mL（每克 SP），即分散剂与聚苯乙烯的比为 4mL∶1g 较好。

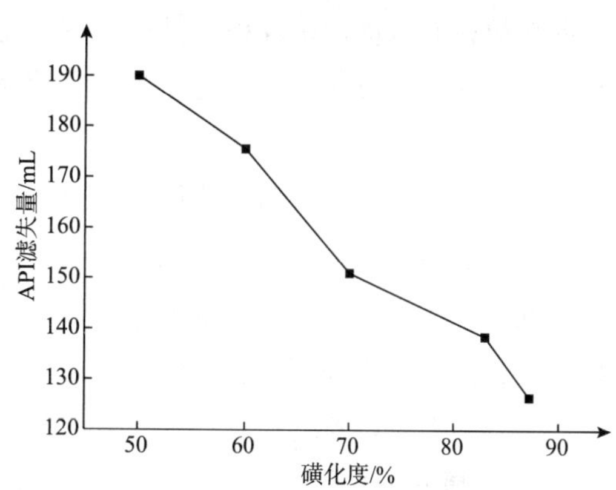

图 18－17　API 失水量与磺化度的关系

反应温度和反应时间会影响磺化反应速度，并最终影响磺化度。实验表明，反应温度在 40～60℃之间，随着反应温度的升高，产物的磺化度先增加后降低，产物磺化度在 55℃附近出现最大值，这是由于在低温区，反应温度升高，分子运动加剧，碰撞几率增大，有利于反应的进行，所以随着温度的升高，磺化度呈上升趋势；而随着反应温度的继续升高，会产生氧化、炭化、交联等副反应，不利于 SPS 的生成。在实验条件下，反应的最佳温度为 50～55℃。随着反应时间的延长，产物的磺化度逐渐增加，当反应时间达到 180min 后，磺化度已达 80% 以上，此后再进一步延长反应时间产物的磺化度变化不大，因此，反应时间一般控制 4h 以上为宜。

综合上述实验结果，用于油井水泥降失水剂的 SPS 磺化反应的最佳条件为：反应温度为 50～55℃，反应时间为 4h，磺化剂用量为 5～6mL/g SP，分散剂用量为 4mL/gSP。最佳条件下所制备的 SPS 磺化度为 93.6%。

2. 降失水机理

水溶性磺化聚苯乙烯有很好的降失水效果，其降失水机理如下。

（1）SSP 分子上磺酸基有较强吸附－分散作用。在水泥水化初期，水泥颗粒表面不同部位带有不同电荷，而水泥浆体系总体表现为具有正电性。水泥颗粒表面不同部分的正负电荷相互吸引，使水泥颗粒聚结和桥接，在水泥浆失水时水泥颗粒无法形成密堆积，失水就得不到控制。防止水泥颗粒聚结，保持水泥的适当分布，是水泥浆体系有较低失水的基本条件，由于磺化聚苯乙烯聚合物分子链上含有大量带负电的基团—SO_3^-，在水泥浆中，磺化聚苯乙烯聚合物通过正负电荷吸引，吸附在水泥颗粒表面上形成牢固的带负电的吸附水化层，使水泥颗粒都带负电荷，阻止水泥颗粒聚结，保持水泥的适当分散，在失水时水泥颗粒就能形成密堆积，使失水得到控制。

（2）提高水泥颗粒的可压缩性，降低水泥滤饼的渗透率。把初期水化的水泥颗粒看成球形颗粒，而球体的密堆积，其空隙率理论上接近26%。空隙的存在成为失水的通道则是水泥浆失水的主要原因。因此，减少空隙体积、堵塞失水通道，即使滤饼致密、降低渗透率，是进一步控制水泥浆失水的关键。由于SPS上磺酸基有较强吸附作用，因此，能在水泥颗粒表面形成较厚吸附水化层和护胶层，增加了水泥颗粒的表面可变形层的厚度；同时高分子链上原子间的C键可以自由旋转，使得每个链节的相对位置可以不断变化，即具有柔顺性。在压差的作用下，水泥颗粒表面的水化硅酸盐凝胶和高分子吸附形成的可变形层物质被挤入水泥颗粒密堆积的空隙体积中，使滤失孔道堵塞，滤饼的渗透性进一步降低，失水得到有效的控制。

（3）高分子水化作用能够束缚更多的自由水，使水的流动受到阻碍，也在一定程度上起到控制失水的作用。

二、聚苯乙烯烷基季铵盐

（一）线型聚苯乙烯烷基季铵盐

聚苯乙烯烷基季铵盐可以用作黏土稳定剂、调剖堵水剂和水处理絮凝剂等，其结构通式如下。

$$\left[\mathrm{CH_2{-}CH}\right]_n \text{（苯环对位）} \mathrm{CH_2{-}\overset{+}{N}(R_2)(R_3){-}R_1\ X^-}$$

聚苯乙烯季铵盐的合成分先聚合再季铵化和苯乙烯先季铵化再聚合两种方法。

（1）苯乙烯先聚合，再氯甲基化，最后季铵化。

$$\mathrm{CH_2{=}CH(C_6H_5)} \longrightarrow \left[\mathrm{CH_2{-}CH(C_6H_5)}\right]_n \xrightarrow[\text{或 } \mathrm{CH_2O/HCl}]{\mathrm{ClCH_2OCH_3}} \left[\mathrm{CH_2{-}CH(C_6H_4CH_2Cl)}\right]_n \xrightarrow{\mathrm{R_3{-}N(R_1){-}R_2}} \left[\mathrm{CH_2{-}CH(C_6H_4CH_2\overset{+}{N}R_1R_2R_3\ X^-)}\right]_n \quad (18-1)$$

（2）苯乙烯先氯甲基化，再季铵化，最后聚合。

$$\mathrm{CH_2{=}CH(C_6H_5)} \xrightarrow{\mathrm{CH_2O/HCl}} \mathrm{CH_2{=}CH(C_6H_4CH_2Cl)} \xrightarrow{\mathrm{R_3{-}N(R_1){-}R_2}} \mathrm{CH_2{=}CH(C_6H_4CH_2\overset{+}{N}R_1R_2R_3\ X^-)} \xrightarrow{\text{引发剂}} \left[\mathrm{CH_2{-}CH(C_6H_4CH_2\overset{+}{N}R_1R_2R_3\ X^-)}\right]_n \quad (18-2)$$

（二）交联型聚苯乙烯烷基季铵盐

为适应环境保护和可持续发展的要求，近年来人们试图开发既具良好杀菌效果，又不污染环境的固体杀菌材料，以提高水的重复利用率，减少排放量，降低水体二次污染。

目前石油化学工业循环水处理中广泛使用的杀菌灭藻剂有氧化性杀菌剂（如氯气、次氯酸钠和臭氧等）和非氧化性杀菌剂（如洁尔灭等）。这些均是小分子杀菌剂，在使用时不仅由于水溶性流失、挥发性等原因导致作用时效短、有余毒及危害环境等缺点，而且长期使用细菌会产生抗药性。为解决这些问题，将具有杀菌功能的基团引入交联聚苯乙烯固体高分子中可制得更高效的杀菌剂。与小分子杀菌剂相比，水不溶性杀菌剂具有稳定性好、杀菌寿命长、残留余毒小和可再生等优点。更重要的是由于功能基团浓集在高分子表面，使杀菌剂具有很强的杀菌性能，特别是聚阳离子杀菌剂可通过季铵化或季鏻化显示出高效的杀菌性能。

1. 长链烷基双季铵盐型树脂

以氯甲基聚苯乙烯表面的苄氯基为反应活性中心，四甲基乙二胺与其反应，得到同时含有季铵和叔胺的强－弱碱型树脂，然后以异丙醇为溶剂，用1－溴代十二烷将强－弱碱型树脂中的叔胺季铵化，制得长链烷基双季铵盐型杀菌树脂。结果表明，所制的杀菌树脂对异养菌的杀菌活性强，杀菌树脂用量为20g/L时，1h内对异养菌的杀菌率可达97%以上[19]。

合成路线见式（18－3）。

$$\text{●}\!-\!C_6H_4\!-\!CH_2Cl + CH_3-\underset{}{\overset{CH_3}{\overset{|}{N}}}-CH_2-CH_2-\overset{CH_3}{\overset{|}{N}}-CH_3 \xrightarrow[40℃]{DMF} \text{●}\!-\!C_6H_4\!-\!CH_2-\underset{CH_3}{\underset{|}{\overset{CH_3\ Cl^-}{\overset{|}{N^+}}}}-CH_2-CH_2-\overset{CH_3}{\overset{|}{N}}-CH_3$$

$$\xrightarrow[70℃]{C_{12}H_{25}Br,\ CH_3-\overset{CH_3}{\overset{|}{CH}}-OH} \text{●}\!-\!C_6H_4\!-\!CH_2-\underset{CH_3}{\underset{|}{\overset{CH_3\ Cl^-}{\overset{|}{N^+}}}}-CH_2-CH_2-\underset{CH_3}{\underset{|}{\overset{CH_3\ Br^-}{\overset{|}{N^+}}}}-C_{12}H_{25} \qquad (18-3)$$

制备包括两步，具体过程如下。

（1）强－弱碱阴离子交换树脂的制备：将15g氯球（6% DVB，氯含量为5.21mmol/g），用100mL二甲基甲酰胺溶胀后，加入3倍物质的量的四甲基乙二胺，于40～50℃搅拌反应10h，放置过夜，次日过滤，大量水洗至中性，用1mol/L的盐酸水溶液洗涤，水洗至中性，1mol/L的NaOH水溶液淋洗至流出液检测无Cl^-，再水洗至流出水酚酞不变色，即得到强弱碱阴离子交换树脂。

（2）长链烷基双季铵盐型树脂的制备：称取一定量已制得的强－弱碱树脂，用异丙醇溶胀 24h 后，加入 1－溴代十二烷，搅拌反应，反应结束后冷却至室温，过滤，少量石油醚淋洗，大量水冲洗，然后用少量乙醇洗涤，50℃真空干燥至恒重。得到长链烷基双季铵盐树脂产物。

通过正交实验，由极差的大小可知，反应时间为显著因素，其次为溴代十二烷与异丙醇体积比。正交实验得到季铵化反应的适宜条件为：反应时间 24h，反应温度 70℃，V（1－溴代十二烷）：V（异丙醇）＝2∶1，n（1－溴代十二烷）：n（强－弱碱型树脂）＝3∶1。

2. 氯甲基聚苯乙烯树脂接枝聚季铵盐型杀菌剂

以氯甲基聚苯乙烯（氯球）树脂为活性载体，采用两步法，即氯球树脂先与聚乙烯亚胺（PEI）反应合成表面接枝 PEI 的 PEI/氯球树脂；再以异丙醇为溶剂，用 1－溴代十二烷和 1－溴代正丁烷将 PEI/氯球树脂季铵化，合成了表面固载高浓度长链烷基季铵盐的聚季铵盐型树脂（QPEI/氯球树脂）。杀菌性能测试表明，QPEI/氯球树脂显示出良好的杀菌性能；QPEI/氯球树脂的再生性能好，再生后其杀菌能力基本不变[20]。

合成路线见式（18－4）。

$$\text{(resin)}-C_6H_4-CH_2Cl + -\!\!\left[CH_2-CH_2-\underset{\underset{\underset{NH_2}{|}}{CH_2-CH_2}}{N}\right]_x\!\!-\!\!\left[CH_2-CH_2-NH\right]_y\!\!- \longrightarrow -\!\!\left[CH_2-CH_2-\overset{\overset{\text{(resin)}-C_6H_4-CH_2\;Cl^-}{|}}{\underset{\underset{\underset{NH_2}{|}}{CH_2-CH_2}}{N^+}}\right]_x\!\!-\!\!\left[CH_2-CH_2-NH\right]_y\!\!-$$

$$\xrightarrow{C_{12}H_{25}Br\ \text{or}\ C_4H_9Br} -\!\!\left[CH_2-CH_2-\overset{\overset{\text{(resin)}-C_6H_4-CH_2\;Cl^-}{|}}{\underset{\underset{\underset{R-\overset{+}{N}(R)-R\;Br^-}{|}}{CH_2-CH_2}}{N^+}}\right]_x\!\!-\!\!\left[CH_2-CH_2-\overset{R\;Br^-}{\underset{R}{N^+}}\right]_y\!\!- \qquad (18-4)$$

$R = C_{12}H_{25}$ or C_4H_9

合成包括两步，即 PEI/氯球树脂的合成和 QPEI/氯球树脂的合成。

（1）PEI/氯球树脂的合成：准确称取氯球树脂 16.96g 于 250mL 三口烧瓶中，加入 85mL 的 DMF 溶胀 24h，然后加入 3.4g 的 PEI，于 30℃下搅拌反应 5h；滤去 DMF，再用 100mL 的乙醇浸泡 12h 后过滤，水冲洗至中性，用少量乙醇淋洗，50℃下真空干燥至恒重，得到 PEL/氯球树脂。

（2）QPEI/氯球树脂的合成：准确称取 PEI/氯球树脂 2.04g，用 3mL 异丙醇溶胀 24h

后加入6.4mL 1－溴代十二烷，于84℃下搅拌反应24h，然后降温至50℃，加入2mL的1－溴代正丁烷，继续搅拌反应4h；冷却至室温，过滤，用少量石油醚淋洗，大量水冲洗，再用少量乙醇淋洗，50℃下真空干燥至恒重，即得到QPEI/氯球树脂。

杀菌性能测定结果表明，QPEI/氯球树脂对异养菌具有较强的杀菌活性，在异养菌悬浮液中初始异养菌的浓度为2.7×10^{6}个/mL、停留时间为23min时，对异养菌悬浮液的杀菌率达到98.3%；处理4L异养菌悬浮液后，QPEI/氯球树脂对异养菌悬浮液的杀菌率仍保持在95%左右。再生实验结果表明，QPEI/氯球树脂具有良好的再生性能。

第四节 树枝状聚合物

树枝状大分子是聚合物合成科学上第一次不采用生物技术合成的结构精确的大分子。它与传统的高分子相似之处为分子中有重复的单元结构，但可以从分子水平上设计分子的大小、形状和结构。由于树枝状高分子的内部和端基含有大量的活性基团，作为一类新型的高分子表面活性剂具有良好的应用前景。聚酰胺－胺型（PAMAM）树枝状大分子是一类球形、高度分支的纳米级高分子化合物，其大小、代数（G）可由Michael加成和酰胺化反应的重复次数控制，因此具有确定的相对分子质量、分子形状和尺寸。以乙二胺和丙烯酸甲酯为原料合成的聚酰胺是一种典型的树枝状大分子，国内外已有大量的研究报道，而且该类树枝状高分子在O/W乳状液中有一定的破乳能力。特殊结构的树枝状聚合物也将成为高性能油田化学发展的方向。本节对一些不同用途的树枝状聚合物进行简要介绍。

一、两性型树枝状破乳剂

以乙二胺和丙烯酸甲酯为原料，先合成0.5～3.0代（G）聚酰胺－胺树枝状大分子中间体，然后用氯乙磺酸钠对3.0G产物的端基进行磺化改性制得两性离子型树枝状聚合物。评价表明，两性离子型聚酰胺－胺用于原油破乳剂，对W/O型模拟乳状液具有良好的的破乳性能[21]。

（一）反应原理

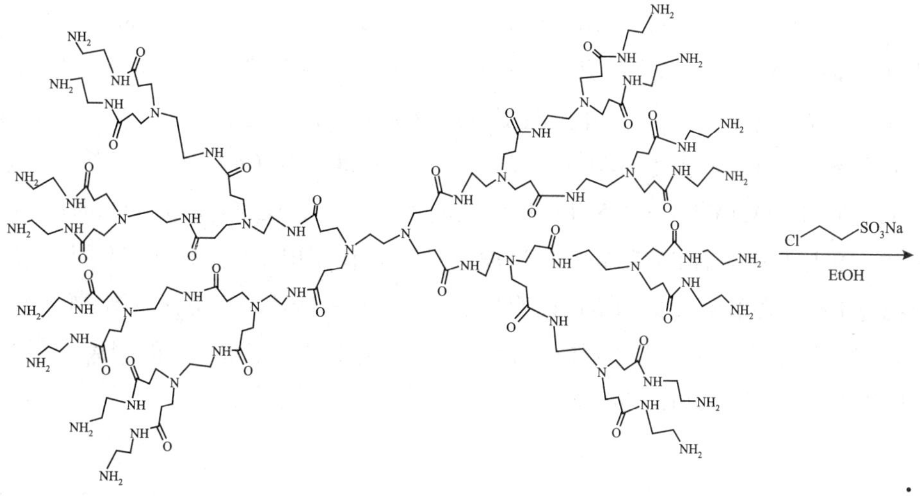

$\xrightarrow[EtOH]{Cl\diagup\diagdown SO_3Na}$

$$R_1 = -N^{+}(CH_2CH_2SO_3^-)(CH_2-CH_2-SO_3)(CH_2CH_2SO_3^-) \qquad R_2 = -N(CH_2CH_2SO_3^-)_2 \qquad R_3 = -NH-CH_2-CH_2-SO_3^- \tag{18-5}$$

（二）合成方法

乙二胺与丙烯酸甲酯进行 Michael 加成反应，得到一个四元酯（0.5G），纯化后再与乙二胺进行酰胺化反应，得到一个四元胺（1.0G）。重复前面的步骤，得到 3.0G 树枝状大分子（3.0G PAMAM）。3.0G 产物与氯乙磺酸钠发生季胺化反应得到两性树枝状产物（M-3.0G PAMAM）。减压旋转蒸发除去溶剂，产物用一定配比的乙醇和丙酮混合溶液纯化，真空干燥，得淡黄色产物。

研究表明，原料配比、反应温度和反应时间直接影响改性聚酰胺-胺性能。原料配比、反应温度和反应时间对 3.0G 产物脱水率的影响见图 18-18。如图 18-18（a）所示，在 60℃反应 7h 时，当氯乙磺酸钠的量较小时，所得产物的脱水率较低，随着氯乙酸钠用量的增加，产物的脱水率升高，并达到最大值，随后再继续增大氯乙酸钠用量时，脱水率反而下降。这可能是由于氯乙磺酸钠相对分子质量较大，产生的位阻比较大，导致副反应的发生，不易于目标产物的生成，在实验条件下氯乙磺酸钠和 3.0G PAMAM 质量比为 2.5∶1 较好。如图 18-18（b）所示，当 m（氯乙磺酸钠）∶m（3.0G PAMAM）=2.5∶1，反应时间 7h 时，随着反应温度的升高，所得产物的脱水率升高，70℃时达到最高值。这可能是由于当温度高于 70℃后，升高温度对逆反应的加速更有利，正反应相对不易于进行。在实验条件下反应温度为 70℃时较好。如图 18-18（c）所示，当 m（氯乙磺酸钠）∶m（3.0G PAMAM）=2.5∶1、反应温度为 70℃时，反应时间为 11h 即可。

图 18-19 是改性前后 PAMAM 产物添加量对脱水率的影响。从图 18-19 可看出，改性前后产物脱水率随破乳剂加量的增加而明显的增大。M-3.0G 产物脱水率略高于改性前的 3.0G，根据反相破乳机理，这可能是由于 M-3.0G 的端基为亲水性强的阴离子磺酸基团，易于对模拟 W/O 型乳状液反相破乳。

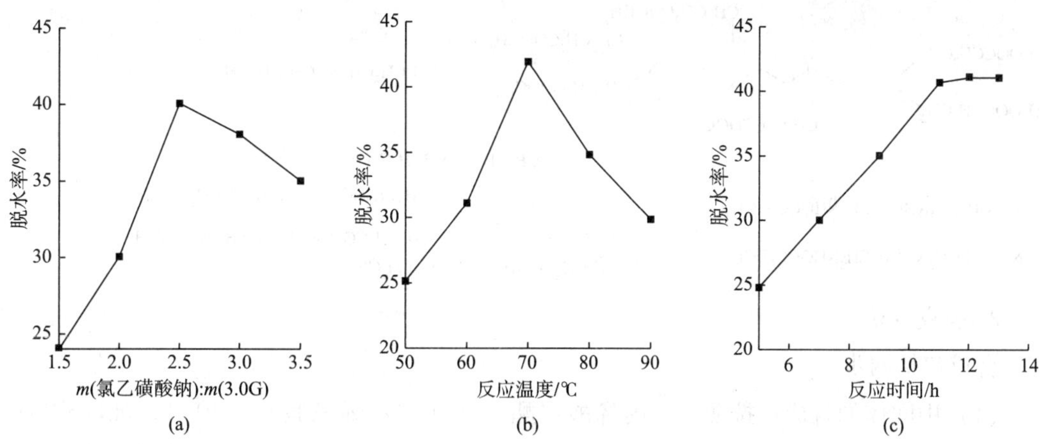

图 18-18 m（氯乙磺酸钠）：m（3.0G）（a）、反应温度（b）和反应时间（c）对产物 M-3.0G 脱水率的影响

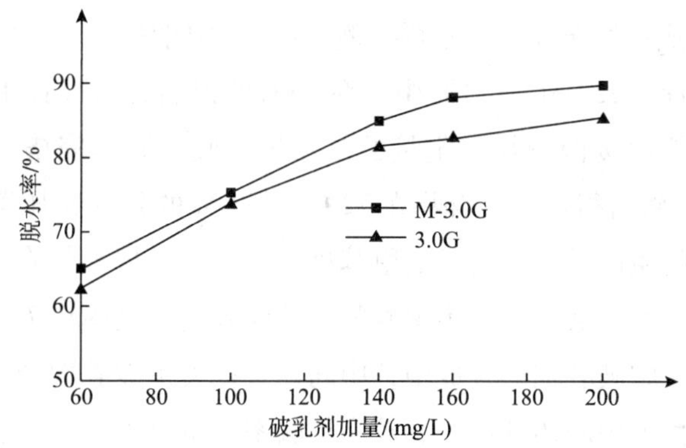

图 18-19 添加量对改性前后产物脱水率的影响

二、树枝状聚合物破乳剂

（一）以二乙烯三胺为核的树枝状端胺基聚酰胺-胺破乳剂

以二乙烯三胺和丙烯酸甲酯为原料，通过加成和缩合反应制备的树枝状端胺基聚酰胺-胺，可用于原油破乳剂[22]。研究表明，当 n（丙烯酸甲酯）：n（二乙烯三胺）=10∶1，反应温度为 50℃，反应时间为 24h，n（二乙烯三胺）：n（中间体）=1∶10，反应温度为 50℃，反应时间为 48h 时，所得破乳剂产品具有良好的破乳性能。

1. 反应原理

$$NH_2CH_2CH_2NHCH_2CH_2NHCH_2CH_2NH_2 + CH_2{=}CHCOOCH_3 \xrightarrow{CH_3OH} (CH_3OOCCH_2CH_2)_2N{-}CH_2CH_2{-}N(CH_2CH_2COOCH_3){-}CH_2CH_2{-}N(CH_2CH_2COOCH_3){-}CH_2CH_2{-}N(CH_2CH_2COOCH_3)_2 \quad (18-6)$$

$$\begin{array}{l} CH_3OOCCH_2CH_2 \\ CH_3OOCCH_2CH_2 \end{array}\!\!>N-CH_2CH_2-\underset{\displaystyle CH_2CH_2COOCH_3}{N}-CH_2CH_2-\overset{\displaystyle CH_2CH_2COOCH_3}{N}-CH_2CH_2-N\!\!<\begin{array}{l} CH_2CH_2COOCH_3 \\ CH_2CH_2COOCH_3 \end{array} + NH_2CH_2CH_2NHCH_2CH_2NH_2 \longrightarrow \tag{18-7}$$

$$\begin{array}{l} NH_2CH_2CH_2NHCH_2CH_2NHOCCH_2CH_2 \\ NH_2CH_2CH_2NHCH_2CH_2NHOCCH_2CH_2 \end{array}\!\!>N-CH_2CH_2-\underset{\displaystyle CH_2CH_2CONHCH_2CH_2NHCH_2CH_2NH_2}{N}-CH_2CH_2-\overset{\displaystyle CH_2CH_2CONHCH_2CH_2NHCH_2CH_2NH_2}{N}-CH_2CH_2-N\!\!<\begin{array}{l} CH_2CH_2CONHCH_2CH_2NHCH_2CH_2NH_2 \\ CH_2CH_2CONHCH_2CH_2NHCH_2CH_2NH_2 \end{array}$$

2. 合成方法

合成包括两步。

（1）中间体的合成：按照 n（丙烯酸甲酯）∶n（二乙烯三胺）＝10∶1，准确称取一定量的二乙烯三胺和甲醇置入 250mL 三口烧瓶，在 25℃下搅拌均匀，然后缓慢滴加一定量的丙烯酸甲酯；升温至 50℃，恒温反应 24h。将反应所得混合物在 72℃、133Pa 的条件下减压蒸馏 6h，得浅黄色液体，即为聚酰胺－胺破乳剂中间体，收率 93.7%。

（2）破乳剂的合成：按照 n（二乙烯三胺）∶n（中间体）＝10∶1，准确称取一定量的上述中间体和甲醇置入 250mL 三口瓶中，在 25℃的恒温磁力搅拌水浴中，搅拌 20min，使中间体完全溶解，然后缓慢滴加一定量的二乙烯三胺，滴加完毕，将反应温度升高至 50℃，保温反应 48h。将所得反应混合物在 72℃、133Pa 的条件减压蒸馏，除去反应溶剂甲醇；将减压蒸馏后的粗产品用一定量的甲苯进行萃取，下层液体在 72℃、133Pa 的条件下减压蒸馏，得淡黄色黏稠液体，即为聚酰胺－胺破乳剂，收率在 70%。

在树枝状聚酰胺－胺破乳剂的合成中，中间体直接关系破乳剂产品的性能，是产品性能控制的关键，为了保证中间体的纯度和较高的收率，研究了反应原料的物质的量比、反应时间和反应温度对中间体收率的影响，结果见图 18－20。

如图 18－20（a）所示，在反应时间为 24h、反应温度为 50℃时，随着 n（丙烯酸甲酯）∶n（二乙烯三胺）的增加，中间体收率开始先大幅度增加随后趋于平稳，当 n（丙烯酸甲酯）∶n（二乙烯三胺）为 10∶1 时，中间体的收率为 93.9%。这可能是由于当 n（丙烯酸甲酯）∶n（二乙烯三胺）小于 10∶1 时，由于空间位阻效应，加成反应不完全，当丙烯酸甲酯大大过量时，加成反应完全，得到含有 5 个支化链的产物，因此，在反应中 n（丙烯酸甲酯）∶n（二乙烯三胺）为 10∶1 较为合适。如图 18－20（b）所示，在 n（丙烯酸甲酯）∶n（二乙烯三胺）为 10∶1、反应温度为 50℃情况下，随反应时间的延长，中间体的收率先快速增加，当反应时间为 24h 时，中间体的收率达 93.7%，之后继续延长反应时间时，中间体的收率增加不大。可见，反应时间为 24h 较好。如图 18－20（c）所示，在 n（丙烯酸甲酯）∶n（二乙烯三胺）为 10∶1、反应时间为 24h 时，随着反应温度的升高，中间体的收率先快速增加，当反应温度超过 50℃后，收率变化不大并呈现略有降低的趋势。这是由于反应温度低于 50℃时，达不到最佳反应活化能，反应较慢，提高反应温度有利于反应的进行，但当反应温度过高时，溶剂甲醇挥发，且二乙烯三胺易被氧化，中间体收率反而略有下降。可见，反应温度以50℃为佳。

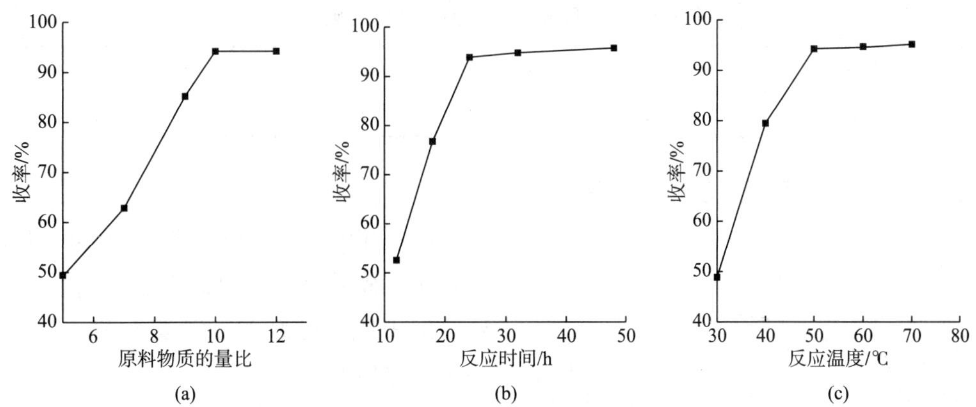

图18-20 反应原料物质的量比（a）、反应时间（b）和反应温度（c）对中间体收率的影响

（二）乙二胺为核的星型聚合物破乳剂

研究表明，采用“发散法”合成的以乙二胺为核心1.0～3.0代的系列星型聚合物——聚酰胺-胺（PAMAM），用于原油破乳剂，对O/W型模拟原油乳液具有良好的破乳效果，且其破乳性能随着支化代的增加而提高，在45℃、添加量为150mg/L、90min的条件下，3.0代产品的破乳率达到98.5%。其合成过程如下[23]。

（1）将0.15mol乙二胺和1mol甲醇加入到带有磁力搅拌子、回流冷凝管和温度计的三口烧瓶中，25℃搅拌条件下，滴加1.2mol丙烯酸甲酯，反应24h。在22℃、133.3Pa下进行减压蒸馏，得到0.5G产品，产率为99.7%。

（2）将0.05mol的0.5代PAMAM和2mol甲醇加入到带有磁力搅拌子、回流冷凝管和温度计的三口烧瓶中，25℃搅拌条件下，滴加1.2mol的乙二胺，反应24h，在72℃、266.6Pa下减压蒸馏，得到1.0G产品，产率为99.9%。

（3）重复Michael加成和酰胺化缩合反应，则分别合成了1.5代、2.5代和2.0代、3.0代的PAMAM。

研究表明，星型聚合物的支化代会影响破乳剂产品的破乳率。在相同条件下，不同支化代的星型聚合物对模拟O/W型乳液在45℃，添加量为150mg/L、90min时的脱水率实验结果见表18-7。表18-7表明，随着代数的增加，产物的破乳效果提高，采用1.0代、2.0代和3.0代PAMAM作为破乳剂，对含油5%的模拟原油乳液进行破乳实验，当PAMAM的添加量为50μg/g、破乳温度为30℃时，破乳实验结果见图18-21[24]。从图18-21可以看出，1.0代、2.0代和3.0代PAMAM都有一定的破乳效果，随着支化代的增加，脱水率增加，破乳性能提高。3.0代PAMAM在10min时的脱水率即可达到40%，在60min时的脱水率超过了50%，油水两相完全分离。表18-6和图18-25结果表明，随着支化程度的增加，星型聚合物的破乳性能提高，这可能是由于随着亲水性基团—NH_2数目的成倍增加，破乳剂对水的吸附能力更强，导致液珠聚集，减小了界面面积，释放出表面活性物质所致。

表 18-7 不同支化代星型聚合物的破乳率

支化代	1.0	2.0	3.0
破乳率/%	78.7	83.7	98.5

（三）以氨或丙二胺为核的星型聚合物破乳剂

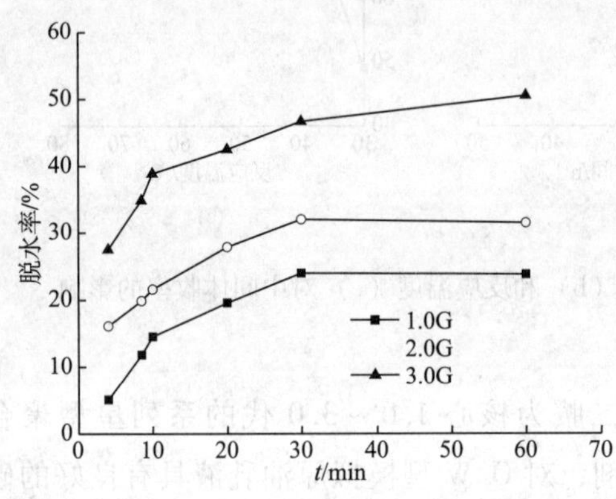

图 18-21 不同支化代 PAMAM 的破乳性能

以氨和丙二胺为核，通过 Michael 加成和酰胺化交替反应，得到的树枝状聚合物，可直接用于原油破乳剂。以氨为核的 PAMAM 合成过程如下。

将 1mol 氨与 3mol 丙烯酸甲酯进行 Michael 加成反应，生成一个三元酯，即 0.5 代产品 $N(CH_2CH_2COOCH_3)_3$；1mol 0.5 代产品再与 3mol 乙二胺进行酰胺化缩合反应，生成 1.0 代产品 $N(C_2H_4CONHC_2H_4NH_2)_3$，同时释放出 3mol 甲醇；重复进行 Michael 加成和酰胺化缩合反应，可以得到 1.5 代、2.0 代、2.5 代、3.0 代的系列 PAMAM[25]。同样的步骤可以合成以丙二胺为核的树枝状大分子破乳剂[26]。

采用模拟乳液，在室温（25℃）、破乳剂加量为 100mg/L、破乳时间为 90min 的条件下进行了丙二胺为核的树枝状大分子破乳剂的破乳实验。不同代数（0.5G~3.0G）破乳剂的破乳效果见图 18-22。从图中可以看出，半代（0.5、1.5、2.5）均无破乳效果，只有整代（1.0、2.0、3.0）才表现出破乳效果。且随着代数的增加，破乳效果增加。这可能是由于整代与同核低代聚合物相比，端基活性基团（$—NH_2$）数目成倍增加，亲水基团胺基能够强烈地吸附在油水界面上，破坏了原来乳液的稳定性，使油水迅速分离。3.0G 在很短时间内破乳率超过了 50%，1.0G 和 2.0G 破乳效果稍低，但是 90min 内破乳率都超过了 50%。这比文献［24］报道的破乳率要低一些，其原因可能是文献所用模拟原油乳液油含量为 5%，而本实验原油含量大约为 30% 有关。

采用模拟乳液，在室温（25℃）、破乳时间为 90min 的条件下，分别向模拟乳液中加入不同浓度的聚合物（3.0G）。破乳剂浓度对模拟乳液破乳率的影响见图 18-23。从图 18-23 可看出，随着聚合物浓度的增加，乳液脱水率显著增加，尤其是当聚合物浓度从 10mg/L 增加到 60mg/L 以上时，脱水率大大提高，平均增加在 30% 以上。当浓度从 60mg/L 增加到 200mg/L 时，脱水率也有明显增加。当浓度在 200mg/L 时，5min 脱水率就超过 50%，且油水界面齐，脱出水色清。这是由于随着浓度的增加，油水界面膜上的氨基数量增加而使端基与水分子的吸附作用变强所致。

（四）季铵化星型聚合物破乳剂

在0.5～3.0G聚酰胺－胺树状分子基础上，对端基进行改性合成了带有正电荷的季铵盐型破乳剂，它可以通过中和乳状液中的负电荷，以达到破乳除油的目的[27]。

将端基为氨基的整代PAMAM进行端基改性，合成1.0G、2.0G和3.0GM－PAMAM。以甲醇为溶剂，分别加入1.0G PAMAM和三乙胺，反应1h，滴加环氧氯丙烷，升温至50℃，反应6h。反应投料比为n（1.0 G PAMAM）∶n（三乙胺）＝1∶6，n（三乙胺）∶n（环氧氯丙烷）＝3∶1。减压旋转蒸发除去溶剂，产物用无水乙醚沉淀纯化，真空干燥，得白色膏状物，收率为91.3%。

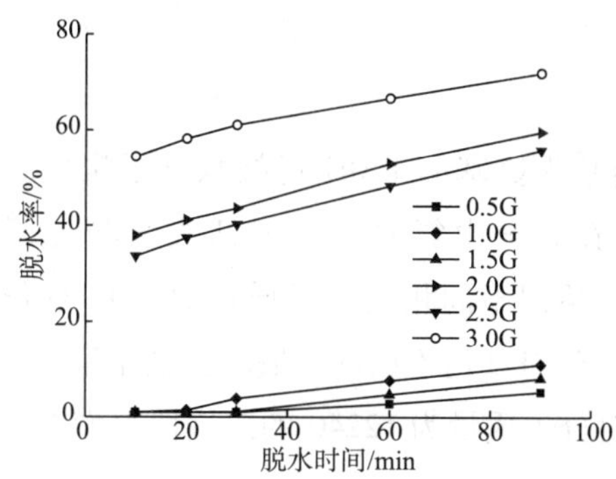

图18－22 不同代数PAMAM的破乳效果

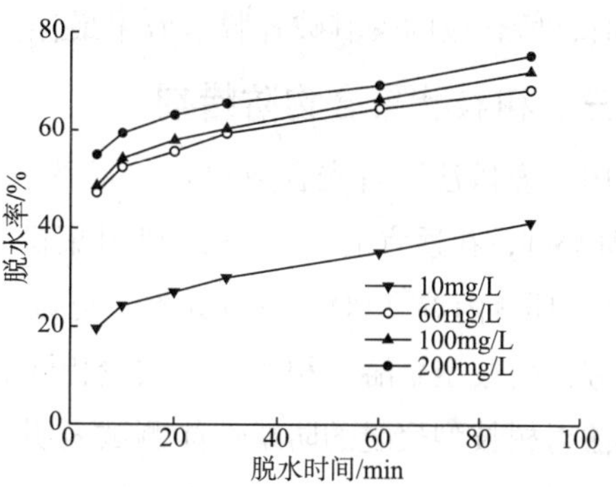

图18－23 不同浓度的3.0GPAMAM破乳效果

采用相同方法分别合成2.0G M－PAMAM和3.0G M－PAMAM，收率分别为89.5%和82.6%。

评价表明，1.0G～3.0G改性聚酰胺－胺阳离子表面活性剂，随着支代化、破乳时间、破乳剂浓度的增加，破乳剂的破乳性能随之提高。随着破乳温度的增加，各代产品破乳效果随之增高，3.0G M－PAMAM在40℃后破乳剂的破乳性能变化不大。在40℃、90min、添加量为120mg/L时，破乳除油率超过85%。在相同条件下与未改性的PAMAM树枝状分子对比，改性阳离子树枝状聚合物破乳剂对O/W型模拟含油污水的破乳效果更高。

（五）星型聚醚破乳剂

以聚酰胺－胺为起始剂，并与环氧丙烷、环氧乙烷进行烷氧基化反应可以制备一系列具有多分支结构的二嵌段聚醚类破乳剂。合成可以按烷氧基化的常规操作条件，以1.0代、2.0代、3.0代的PAMAM为起始剂，氢氧化钾为催化剂，在140～150℃、0.4MPa条件下分别与PO、EO进行嵌段聚合，可以得到一系列聚醚类破乳剂[28]。

研究表明，随着支化代数的增加，破乳剂脱水性能提高。这是由于PAMAM聚醚破乳剂具有强极性的酰胺基团，能与油水界面的强极性物质发生化学吸附作用，参与成膜，把原来吸附的活性剂分子和其他活性物质部分顶替下来，削弱油水界面膜强度。破乳剂分子中的EO链段和少部分PO链段伸入水相，大部分PO链段通过醚键氧与水作用，以多点式吸附在油－水界面。破乳剂分子在油水界面上所占面积比表面活性剂分子在油水界面上紧密排列时大许多倍。破乳剂不断顶替出界面膜上的活性物质，形成了较为松散的界面膜，新形成的界面膜上的分子很难相互接近，削弱了油水界面膜的强度。在相同质量浓度下，随着代数增大，聚醚破乳剂的聚醚长链的功能基团密度增加，单个分子具有能参与成膜的亲水亲油聚醚长链增多。吸附在油水界面上的高代 PAMAM 聚醚破乳剂分子较低代 PAMAM 聚醚破乳剂分子所占面积较大，所顶替出的活性物质也较多，故其降低油水界面膜强度能力较大，破乳效果较好。

对两亲聚醚破乳剂而言，聚环氧乙烷嵌段增加破乳剂分子的亲水性，聚环氧丙烷嵌段增加破乳剂的亲油性。将两个基团按合适比例结合可得到在油相和水相中都有一定溶解度的高表面活性的破乳剂。在起始剂为 1.0G PAMAM，含量为 0.5%，m（EO）∶m（PO）= 1∶3 时，所合成的聚醚破乳脱水效果最佳。

三、树枝状聚合物防蜡剂

用“发散法”首先合成以乙二胺为核、端基为氨基的 1.0G 树枝状分子聚酰胺－胺（PAMAM），在适宜的条件下，利用聚酰胺－胺分子中氮原子上的活泼氢与环氧乙烷（EO）、环氧丙烷（PO）进行共聚，可以合成一系列不同相对分子质量而 EO/PO 值相同的二嵌段树枝型聚醚、相对分子质量相同而 PO/EO/PO 值不同的三嵌段树枝型聚醚。采用倒杯法对树枝型聚醚的防蜡性能测试表明，相对分子质量为 12240 的二嵌段聚醚在浓度为 $200mg \cdot L^{-1}$时，防蜡率可以达到 60.9%[29]。

（一）反应原理

$$
\begin{array}{l}
(H_2NCH_2CH_2NHOCCH_2CH_2)_2N-CH_2-CH_2-N(CH_2CH_2CONHCH_2CH_2NH_2)_2 + \overset{O}{CH_2-CH}-CH_3 + \overset{O}{CH_2-CH_2} \\
\xrightarrow[120\sim140^{\circ}C]{OH^-} (R_2NCH_2CH_2NHOCCH_2CH_2)_2N-CH_2-CH_2-N(CH_2CH_2CONHCH_2CH_2NR_2)_2 \\
R= \left(CH_2-\underset{}{\overset{CH_3}{|}}{CH}-O\right)_x\left(CH_2-CH_2-O\right)_y H \text{ 或 } \left(CH_2-\overset{CH_3}{CH}-O\right)_x\left(CH_2-CH_2-O\right)_y\left(CH_2-\overset{CH_3}{CH}-O\right)_z H
\end{array}
\tag{18-8}
$$

（二）合成方法

合成包括如下步骤。

（1）将 9g（0.15mol）乙二胺、30g 甲醇加入到带有磁力搅拌子、回流冷凝管和温度计的反应瓶中，在 25℃条件下，滴加 103.2g（1.2mol）丙烯酸甲酯，反应 24h。反应完毕后，在 50℃、133.3Pa 的条件下减压蒸馏 3h，得到淡黄色液体即为 0.5G PAMAM；将 12g（0.029mol）0.5G PAMAM 和 60g 甲醇加入反应瓶中，在 25℃搅拌条件下，滴加 108g（1.8mol）乙二胺，滴加速度为每秒一滴，搅拌反应 24h。反成完毕在 72℃、266.6Pa 下减压蒸馏，得到淡黄色黏稠状液体即为 1.0 G PAMAM，即起始剂。

（2）将起始剂 1.0 G PAMAM 和催化剂 KOH 加入高压釜中，用氮气吹扫管路及反应釜 3 次，搅拌并升温，在反应釜内温度为 140～150℃、压力为 0.1～0.4MPa 的条件下，先后滴加一定量的 PO、EO，保持温度在（145±5）℃反应，直到釜内压力不再变化，冷却出料，得到二嵌段聚醚，重复上述反应得到三嵌段聚醚。反应完毕用冰醋酸中和催化剂 KOH 即得到树枝状聚醚防蜡剂。

研究表明，二嵌段树枝状聚醚的相对分子质量对防蜡性能影响较大。相对分子质量不同、EO/PO 值相同（3∶1）的树枝状聚醚防蜡率与浓度的关系见图 18-24。由图 18-24 可以看出，EO/PO 值相同而相对分子质量不同的树枝状聚醚的防蜡率均随着树枝状聚醚溶液浓度的增加而增大，相对分子质量对防蜡性能的影响较大，但并没有表现出一定的规律，相对分子质量适中的二嵌段聚醚（$M=12240$）的防蜡率最高，添加量为 200mg/L 时，防蜡率达到 60.9%。这是因为相对分子质量过低时，聚合物在体系中不足以形成足够的网络，因此防止蜡晶聚集的能力较差；而相对分子质量过高时，伸展的分子又易于相互缠绕，从而使网络的有效率下降。

三嵌段树枝状聚醚的单体配比也是决定产物防蜡性能的关键。相对分子质量相同（相对分子质量为 206916）、PO/EO/PO 值不同的树枝状聚醚的防蜡率与浓度的关系见图 18-25。从图 18-25 可以看出，对相对分子质量相同、PO/EO/PO 值不同的三嵌段聚醚，防蜡率均随着树枝状聚醚溶液浓度的增加而增大。当相对分子质量相同、EO 含量也相同时（e～g），PO 含量头大尾小的（e）防蜡率最高，头小尾大的（g）次之，头尾相同的（f）最差；而同样相对分子质量的三嵌段聚醚，头小尾大的（h）防蜡率是 4 个样中最高的，添加 200mg/L 时，防蜡率为 46.4%。

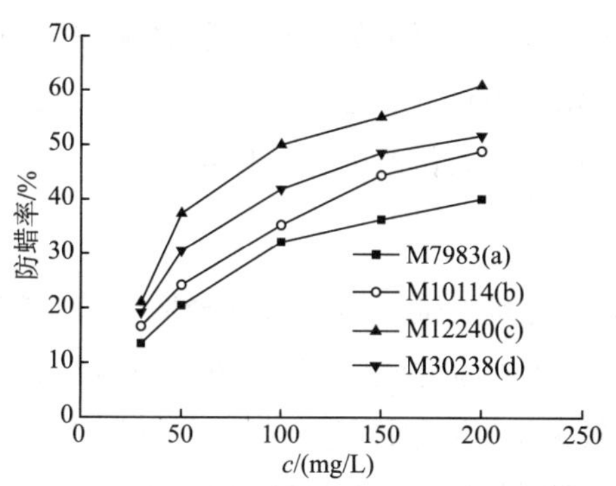

图 18-24　不同相对分子质量聚醚防蜡率与浓度的关系

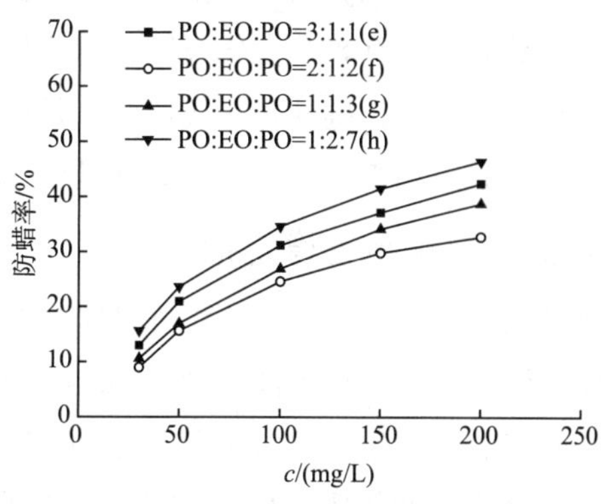

图 18-25　PO/EO/PO 不同的聚醚防蜡率与浓度的关系

四、树枝状原油降黏剂

原油黏度高的主要原因是其中存在含有大量能形成氢键的官能团的胶质、沥青质，胶质间、沥青质间或胶质与沥青质间可形成靠氢键连续堆砌的胶质沥青质离子包覆体的平面重叠结构。树枝状大分子可以借助自身较大的极性支链和渗透、分散作用进入胶质、沥青质的层状分子间，将其平面重叠结构拆散，形成层状分子无规则堆砌，结构比较松散，有序程度较低，空间延伸度不大，降黏剂分子参与形成新的氢键聚集体，其余的平面重叠堆砌聚集体包含的胶质、沥青质分子减少，从而达到使原油降黏的目的。

如式（18-9）所示，将丙烯酸十八酯与乙二胺反应得到一种树枝状大分子酯，可以用于原油降黏剂。实验表明，树枝状十八酯对稠油具有良好的降黏作用，其对稠油的降黏率随着其质量分数的增加先增大后降低，在质量分数为0.6%、作用时间为60min时，降黏效果最佳，降黏率可达38.4%[30]。

$$NH_2-CH_2-CH_2-NH_2 + CH_2=CH-\overset{O}{\overset{\|}{C}}-O-C_{18}H_{37} \longrightarrow$$

$$\begin{array}{c} C_{18}H_{37}-O-\overset{O}{\overset{\|}{C}}-CH_2-CH_2 \\ \qquad\qquad\qquad\qquad\qquad \backslash \\ \qquad\qquad\qquad\qquad\qquad N-CH_2-CH_2-N \\ \qquad\qquad\qquad\qquad\qquad / \\ C_{18}H_{37}-O-\overset{O}{\overset{\|}{C}}-CH_2-CH_2 \end{array} \begin{array}{c} CH_2-CH_2-\overset{O}{\overset{\|}{C}}-O-C_{18}H_{37} \\ / \\ \\ \backslash \\ CH_2-CH_2-\overset{O}{\overset{\|}{C}}-O-C_{18}H_{37} \end{array} \tag{18-9}$$

树枝状十八酯的合成方法过程如下。

将一定量的乙二胺和甲醇加入到带有磁力搅拌子、回流冷凝管和温度计的三口瓶中，一定温度下搅拌20min，使乙二胺完全溶解；采用恒压滴液漏斗缓慢滴加一定量的丙烯酸十八酯，反应48h后转入分液漏斗中，静置1h，分出下层液体，用一定量的甲醇洗3~4次；在50℃和133Pa下进行减压蒸馏除去残存的甲醇，将蒸馏后的粗产品溶于一定量的丙酮中，置于10℃的冰箱中结晶48h，负压过滤、干燥，即得树枝状十八酯，收率为69.7%。

进一步研究表明[31]，树枝状长链酯对原油流动性的影响不仅与其端基烷基链长度有关，而且与其代数也有关。端基烷基链越长，添加树状长链酯原油体系的凝点和表观黏度降低的越明显；含有8个支化长链的1.5代树状长链酯对降低原油凝点和表观黏度的效率高于含有4个支化长链的0.5代树枝状长链酯。相同条件下，添加1.5代树状十八酯原油体系的原油凝点和表观黏度高于添加其他1.5代树枝状长链酯的原油体系。

五、树枝状黏土稳定剂

树枝状聚酰胺-胺PAMAM可以作为泥页岩稳定剂。通过页岩滚动分散实验、粒度分布、屈曲硬度实验评价不同代数（G0~G5）PAMAM的抑制性，结果表明，树枝状聚合物聚酰胺胺能有效抑制泥页岩水化膨胀和分散，G0和G5抑制性优于传统的KCl和聚醚胺类抑制剂，适当降低介质pH值可提高其抑制性。不同代数的PAMAM在黏土表面的吸附排列方式不同，G0为单层吸附；G1，G2和G3在黏土层间的吸附与浓度有关，随着浓度的升高分子排列由单层向双层转变；G4和G5相对分子质量较大，由于空间位阻效应不能进入黏土晶层间，主要吸附在黏土颗粒的外表面；G0能抑制黏土晶层内表面的水化膨胀，G5能阻止黏土颗粒的水化分散，将两者复配使用可达到协同稳定泥页岩的效果。分别以G0和G5为泥页岩水化膨胀抑制剂和水化分散抑制剂，形成一种抑制性水基钻井液体系，表现出突出的抑制性[32]。

可以用于泥页岩抑制剂的树状聚合物包括一些以乙二胺、对苯二胺和多乙烯多胺为起始剂的高代数的端氨基聚酰胺-胺。

采用一步法可以制备以乙二胺为核的端氨基树枝状聚合物 PAMAM，再用正十二烷基溴和正十六烷基溴对端氨基进行季铵化，得到了两种大分子聚季铵盐 $PAMAMC_{12}$ 和 $PAMAMC_{16}$。用 GPC 方法测得 PAMAM 的 M_w 和 M_n 分别为 2237 和 1679，相对分子质量分布较窄，相当于 2.2 代 PAMAM；黏土膨胀测试结果表明，两种季铵盐稳定黏土的能力优于 $M_w=5000$ 的聚二甲基二烯丙基氯化铵（PDMDAAC），而 $PAMAMC_{12}$ 又优于 $PAMAMC_{16}$，最佳浓度范围在 2% ~3%。在 2% 的黏土稳定剂驱替低渗地层岩心实验中，注入 10PV 的 PDMDAAC 使渗透率下降 65.7%，注入两种季铵盐时渗透率略有升高后缓慢下降，注入 50PV 的 $PAMAMC_{12}$ 时略低于初始渗透率。低渗人造岩心注入 5PV 季铵盐后渗透率不同程度上升，注入 50PV 蒸馏水后仍高于初始值。可见，$PAMAMC_{12}$ 是适用于特低渗地层的优良黏土稳定剂[33]。其合成过程如下。

将 18g 乙二胺与 20mL 甲醇放入 250mL 反应瓶中，将 28g 丙烯酸甲酯置于恒压滴液漏斗中，在冰盐水浴中电磁搅拌下缓慢滴加至反应瓶中，在室温下搅拌反应 48h，得到淡绿色液体，在 60℃、-0.05MPa 下旋转蒸发 2h，在 120℃、-0.09MPa 下旋转蒸发 4h，得到黏稠的棕绿色胶状物 38.7g，取此产物 20g 用 50mL 无水甲醇溶解，滴加 15mL 乙二胺，室温下搅拌 24h，从 50℃逐步升温至 120℃，控制压力 -0.09MPa 旋转蒸发 4h，得到棕色胶状物（PAMAM2.2）23.5g。

在装有 6g PAMAM2.2 的反应瓶中加入 20mL 无水甲醇，然后加入 40mL 正十二烷基溴或 48mL 正十六烷基溴，在 25℃下搅拌反应 48h，将所得产物用丙酮沉淀，二次重结晶后，在 25℃ 下真空干燥 24h，得到棕色蜡状固体 $PAMAMC_{12}$ 产品 40.5g 或 $PAMAMC_{16}$ 产品 52.4g。

六、树枝状水处理剂

（一）树枝状阻垢剂

以丙烯酸甲酯和乙二胺为原料，采用发散法可以合成外围分别为 4 个、8 个和 16 个—$COOCH_3$ 的树枝状化合物（分别记为 $MCMD_4$、$MCMD_8$ 和 $MCMD_{16}$），在碱性条件下水解可得到外围分别是 4 个、8 个和 16 个的端羧基树枝状化合物（分别记为 MCD_4、MCD_8 和 MCD_{16}）。将所得水解衍生物用于模拟循环冷却水阻碳酸钙垢实验表明，MCD_4、MCD_8 和 MCD_{16} 均具有良好的阻垢性能，且 MCD_{16}、MCD_8 阻垢性能优于 MCD_4，在处理剂用量为 10mg/L 时，MCD_4 及 MCD_8 的阻垢率分别为 90% 和 96%[34]。

研究表明，不同端基的聚酰胺 - 胺（PAMAM）树形分子对 $CaCO_3$ 在水溶液中结晶的影响行为不同。没有树形分子存在时 $CaCO_3$ 是粒径为 10μm 的菱形方解石晶体；端基为—COONa 的树形分子存在时 $CaCO_3$ 则是粒径为 1 ~2μm 的球形球霰石晶体；—$COOCH_3$ 端基 PAMAM 树形分子存在时得到的 $CaCO_3$ 是方解石晶体和球霰石晶体的混合体；而—NH_2 端基 PAMAM 树形分子存在时得到的 $CaCO_3$ 也是菱形方解石晶体，说明端基为—COONa 的树形分子是一种很好的晶体改性剂，这可能是—COONa 端基和树形分子特殊的球形支化结

构协同作用影响了 $CaCO_3$ 晶体[35]。

采用氯乙酸为端基改性剂对 1.0 代和 2.0 代聚酰胺－胺树状聚合物进行端羧基改性合成的阻垢剂 1.0G PAMAM－COONa 和 2.0G PAMAM－COONa，在加药量为 20mg/L 时，对于 97－42 采出水/现场注入水的混配水，2.0G PAMAM－COONa 和 PNF 阻垢剂单独使用时的阻垢率分别为 75.53% 和 60.5%，而复配阻垢剂的阻垢率则高达 95.56%；对于 100－45 采出水/现场注入水的混配水，2.0G PAMAM－COONa 和 PNF 单独使用时的阻垢率分别为 38.5% 和 49.5%，而复配阻垢剂（阻垢剂 PNF、2.0G PAMAM－COONa 质量比 1∶1）的阻垢率高达 98.91%。经现场试验表明，该复配阻垢剂能起到优良的阻垢效果，解决长庆油田花子坪区块严重的 $CaCO_3$、$CaSO_4$ 结垢问题[36]。其合成方法如下。

称取 131g 的 1.0G PAMAM 于 100mL 甲醇中溶解待用；在 2000mL 反应瓶中加入 189g 氯乙酸，在搅拌条件下分批加入用 100mL 水溶解 106g 碳酸钠的溶液，直至无气泡放出；用常压滴液漏斗滴加用甲醇溶解好的 1.0G PAMAM，加料时间约为 0.5h，75℃下恒温反应 2h。反应过程中分 4 次加入氢氧化钠，总量为 84g 左右，反应结束后用盐酸将体系的 pH 值调至 6.7～7.5。过滤除去白色沉淀，减压旋转蒸馏 1.5h，得到 1.0G PAMAM－COONa，收率可达 75.9%。

以 2.0G PAMAM 为原料，按照上述方法可以得到 2.0G PAMAM－COONa，收率在 81.3% 以上。

基于不同代数和不同结构的聚酰胺－胺，可以进一步通过膦甲基化反应合成具有不同结构的含膦基树枝状阻垢分散剂。

（二）改性聚酰胺－胺阳离子型树状聚合物

采用 DMC 阳离子单体，通过 Michael 加成反应，对超支化聚酰胺－胺（PAMAM）进行端基阳离子改性制备的阳离子树状聚合物，作为水处理絮凝剂，可用于处理油田污水。实验表明，阳离子树状聚合物具有良好的絮凝脱水性能，产物对模拟三元驱污水絮凝效果最好，加量为 20mg/L 时，处理后污水透光率为 92.5%[37,38]。其合成包括两步，4.0G 树状聚合物的合成和 4.0G PAMAM－DMC 阳离子树状聚合物的合成，具体步骤如下。

（1）0.5～4.0G PAMAM 树状聚合物的合成：将 9.0g（0.15mol）乙二胺和 32.0g（1.00mol）甲醇加入到 250mL 的三口烧瓶中，通氮除氧，在 25℃、搅拌条件下缓慢滴加 103.2g（1.20mol）丙烯酸甲酯，混合物在 25℃下搅拌反应 48h，产物旋转蒸发除去溶剂，得淡黄色液体，即 0.5G PAMAM 树状聚合物。收率 98.7%；在 250mL 三口瓶中加入 20.2g（0.05mol）0.5G PAMAM 树状聚合物，64.0g（2.00mol）甲醇，通氮除氧，在 25℃、搅拌条件下缓慢滴加 72.0g（1.2mol）乙二胺，反应进行 48h 后，产物旋转蒸发除去溶剂及过量乙二胺，得淡黄色黏稠状液体，即 1.0G PAMAM 树状聚合物。收率为 96.3%，交替重复进行 Michael 加成反应和氨解反应，即可得 1.5G PAMAM、2.0G PAMAM、2.5G PAMAM、3.0G PAMAM、3.5G PAMAM 和 4.0G PAMAM 树状聚合物。整代 PAMAM 以氨基封端，半代 PAMAM 以酯基封端。

（2）4.0G PAMAM－DMC 阳离子树状聚合物的合成：在烧瓶中加入 2.5g 质量分数为 20% 经纯化后的 4.0G PAMAM 树状聚合物甲醇溶液和 200mL 的 TMF，在 N_2 气氛中 50℃水浴和搅拌条件下缓慢滴入 3.0g DMC，反应 96h 后，减压旋转蒸发除去溶剂，产物用无水乙醚沉淀纯化，在 40℃下真空干燥 48h，得乳白色粉末固体，收率 87.5%。

（三）端氨基超支化聚季铵盐

以丙烯酸甲酯、二乙烯三胺和 2，3－环氧丙基三甲基氯化铵（EPTAC）为原料，可制备一种水溶性端氨基超支化聚合物（HBP－NH_2）及其季铵盐（HBP－HTC）[39]。评价表明，HBP－NH_2 和 HBP－HTC 具有良好的抗菌性能和紫外吸收性能，同时在 H_2O、二甲基亚砜（DMSO）、C_2H_5OH 和 CH_3OH 等极性溶剂中具有优异的溶解性能。

1. 反应原理

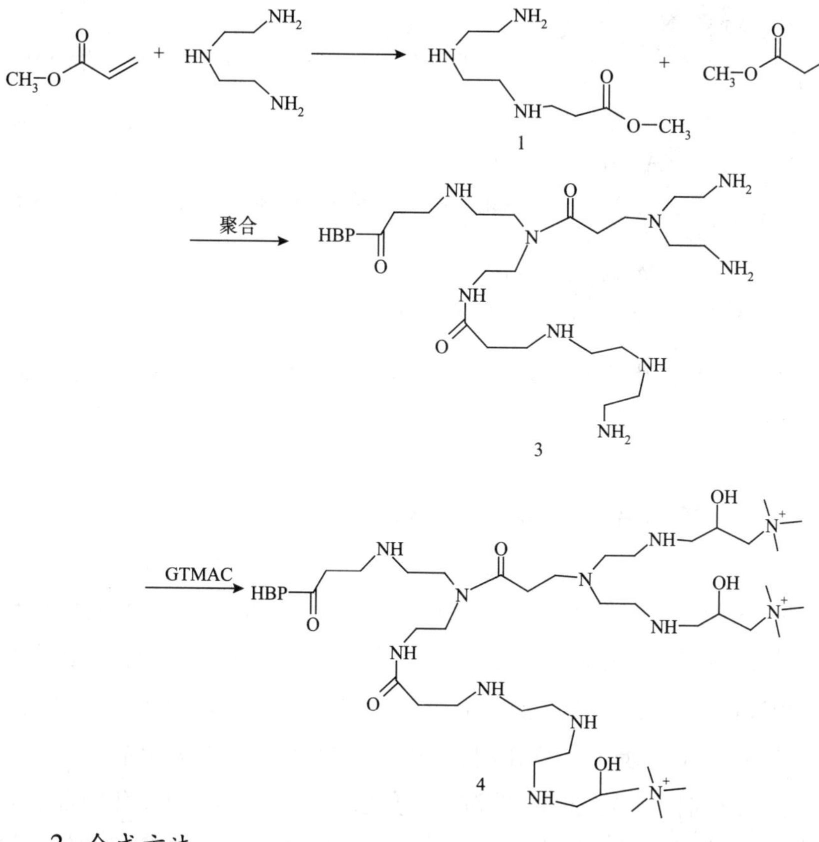

(18－10)

2. 合成方法

（1）HBP－NH_2 的合成：将 52mL 二乙烯三胺置于 250mL 三口烧瓶中，冰水浴冷却，在 N_2 保护下，用恒压漏斗慢慢滴加 43mL 丙烯酸甲酯和 100mL 甲醇的混合溶液，滴加完毕后在常温下反应 4h，得到淡黄色透明 AB_3（1）和 AB_2（2）型单体。然后转移至旋转蒸发仪茄形烧瓶中，减压除去甲醇，升温至 150℃继续减压反应 4h，停止反应，得到黏稠淡黄色端氨基超支聚化合物 HBP－NH_2。

（2）HBP－HTC 的合成：将 10g 端氨基超支化聚合物 HBP－NH_2 放入三口烧瓶中，加入一定量的水，搅拌溶解，然后向三口烧瓶中滴加含有 20g 2，3－环氧丙基三甲基氯化铵（GTMAC）的水溶液，80℃搅拌反应 5min。反应结束后，加入丙酮沉淀分离，沉淀产物用乙醇溶解，再次用丙酮沉淀分离，真空干燥，得淡黄色固体 HBP－HTC。

七、可聚合树枝状单体

中国发明专利公开了一种树枝状单体[40]，其结构见图 18－26。以其与其他烯类单体共聚可以合成含树枝状支链的聚合物钻井液处理剂、采油堵水剂、酸化压裂液稠化剂和驱油剂等。作为钻井液处理剂，可满足井底温度高温和/或高盐（氯化钠）高钙环境下的安全钻井施工的需要，能够控制水基钻井液高温高压条件下流变性、悬浮稳定性及滤失量。

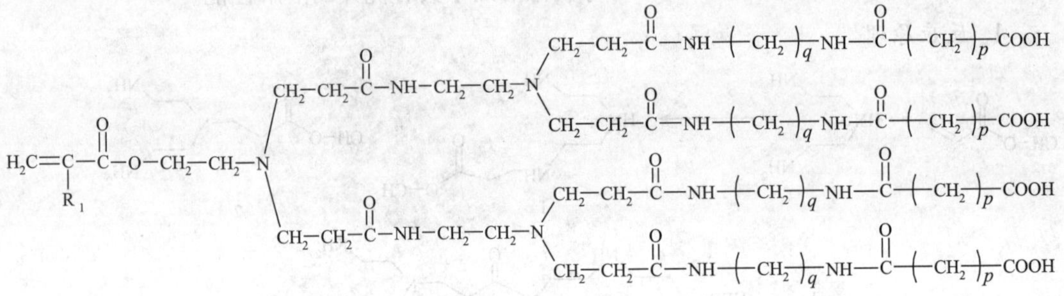

图 18－26　树枝状单体

R_1 为 H，q 为 2～8 的整数，p 为 4～8 的整数；或 R_1 为 H，q 为 2～8 的整数，p 为 4～8 的整数

此外，通过酰胺化和酯化反应得到的树枝状的聚酯酰胺可以用于油基钻井液的乳化剂和水基钻井液的润滑剂[41]。

第五节　聚天冬氨酸

聚天冬氨酸，也称聚天门冬氨酸（PASP），为水溶性聚合物，作为一种新型绿色水处理剂，具有无磷、无毒、无公害和可完全生物降解的特性。对离子有极强的螯合能力，具有缓蚀与阻垢双重功效，对碳酸钙、硫酸钙、硫酸钡、磷酸钙等成垢盐类具有良好的阻垢效果，对碳酸钙的阻垢率可达 100%。同时具有分散作用，并可有效防止金属设备的腐蚀[42]。

PASP 可用于植物生长促进剂、水处理剂、洗调剂、分散剂、螯合剂，以及化妆品、制革、制药等领域，其极佳的生物相容性和生物降解特性，成为具有发展前景的环境友好型材料。作为阻垢缓蚀剂，广泛用于工业循环水、锅炉水、反渗透水、油田水、海水淡化等水处理领域，在高硬度、高碱度、高 pH 值、高浓缩倍数系统中表现卓越，阻垢效果优于常用含膦阻垢剂。PASP 与 2－磷酸基－1，2，4－三羧酸丁烷（PBTCA）复配后有增效作用。

PASP 最先由美国 Donlar 公司合成并建成了 18000t/a 的生产装置，产品在工业和农业上获得了成功应用。德国拜尔公司 1997 年建成了 1000t/a 的中试装置。目前国外对 PASP 进行研究的公司越来越多，关于 PASP 合成及应用方面的专利每年都发表数十篇以上。目前主要是以马来酸酐为原料合成中低相对分子质量的 PASP，产品主要作为水处理缓蚀剂、阻垢剂和分散剂。而以天门冬氨酸（ASP）为原料合成的高相对分子质量 PASP 产品尚不多见，还有待研究开发。国内最早于 20 世纪 90 年代开始进行 PASP 方面的研究，2007 年建成了 2700t/a 的生产装置并生产出了合格 PASP 产品。

PASP 的分子结构见图 18-27。从分子的结构看，PASP 实际上是一种水溶性的大分子多肽链，以肽链—CO—NH—来增长分子链，与蛋白质的结构有些类似，蛋白质是由多种 α-氨基酸以肽链—CO—NH—结合而成的高分子化合物（相对分子质量一般在 10000 以上）。因此，在微生物活性（有酶参与）的作用下，酶进入聚合物的活性位置并发生作用，使聚合物发生水解反应，聚合物大分子断裂变成小的链段，并最终断裂为稳定的小分子无毒物质，完成生物降解的过程，所以 PASP 具有优良的生物可降解性。PASP 既无毒性也无致突变作用。

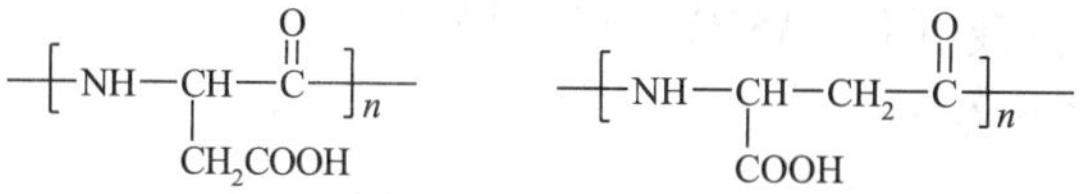

$$\left[NH-CH(CH_2COOH)-C(=O) \right]_n \qquad \left[NH-CH(COOH)-CH_2-C(=O) \right]_n$$

(a)α型　　(b)β型

图 18-27 PASP 的结构

一、PASP 的合成工艺

自 1850 年首次人工合成 PASP 以来，国内外发表的相关文献很多，对其合成工艺的研究日益加深。目前，具有工业化前景的路线主要有两条：天冬氨酸自聚；马来酸酐、马来酸或富马酸及其衍生物与能释放 NH_3 的含氮化合物反应，然后脱水聚合[42]。

（一）天冬氨酸路线

该路线合成 PASP 的反应分为两步，首先是天冬氨酸自聚，生成聚丁二酰亚胺；然后将聚丁二酰亚胺水解得到聚天冬氨酸。即使使用 L-天冬氨酸（L-ASP），所得到的聚天冬氨酸仍是由 D-天冬氨酸和 L-天冬氨酸的单体单元组成的消旋混合物。而且由于聚丁二酰亚胺在水解开环时可以有两种方式，因此得到的将是具有 α-异构体和 β-异构体的共聚酰胺。反应式见式（18-11）。

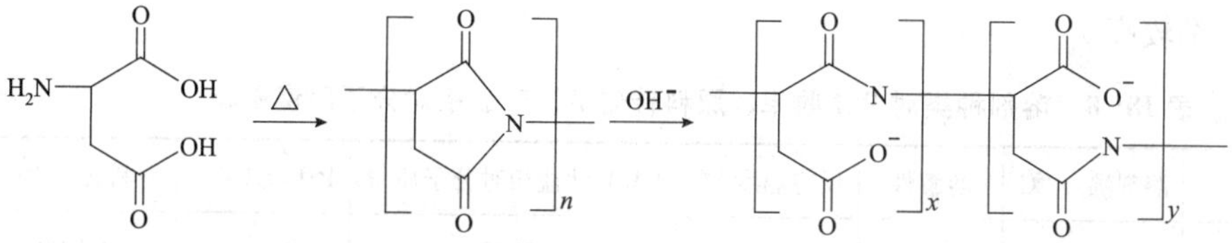

$$H_2N-CH(COOH)CH_2COOH \xrightarrow{\triangle} [\text{聚丁二酰亚胺}]_n \xrightarrow{OH^-} [\alpha\text{-单元}, COO^-]_x[\beta\text{-单元}, COO^-]_y \qquad (18\text{-}11)$$

（二）马来酸酐（顺酐）路线

马来酸和富马酸均来自马来酸酐，因此统称马来酸酐（顺酐）路线。首先是马来酸酐、马来酸、富马酸及其衍生物与能释放 NH_3 的含氮化合物反应，生成马来酸铵盐和马来酰胺酸等的混合物；然后是该混合物在一定条件下聚合得聚丁二酰亚胺；最后是聚丁二酰亚胺水解得到聚天冬氨酸（盐）。反应式见式（18-12）。

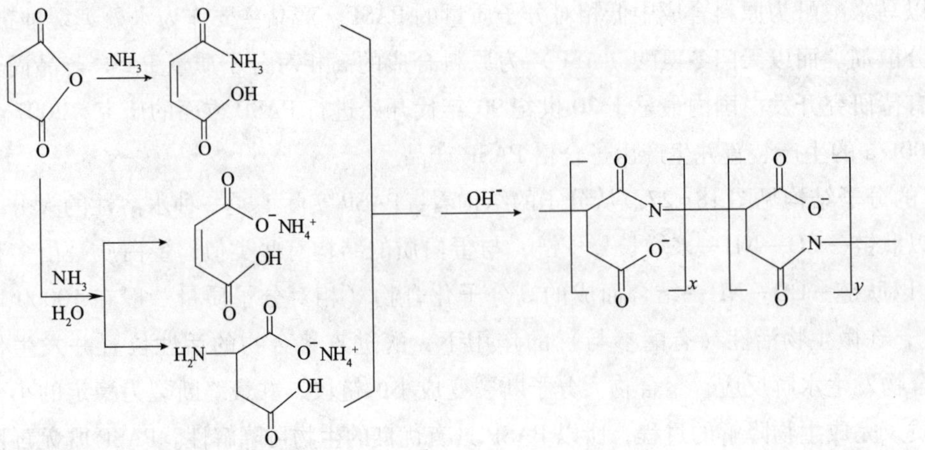

(18-12)

二、PASP的合成方法

(一) 以L-天冬氨酸(L-ASP)为原料制备

1. 聚天冬氨酸的常规合成

采用液相反应以L-ASP为原料合成聚天冬氨酸钠盐[43]，其合成过程如下。

(1) 向250mL四口烧瓶中加入25g L-ASP、磷酸催化剂（催化剂与原料的物质的量比为1:7）及23.5mL溶剂环丁砜，装上冷凝管、温度计、搅拌器和分水器，常压下加热到150~240℃（最好200℃），反应4.5h，反应过程中所生成的水由分水器分出。反应完成后，将反应生成物依次用甲醇和水反复冲洗至中性，40℃条件下减压干燥制得中间体聚琥珀酰亚胺（PSI）。

(2) 在冰浴条件下，用一定浓度的NaOH溶液水解PSI至pH=10~12，再滴加甲醇-NaCl饱和溶液，形成沉淀，过滤，将滤饼于40℃下减压干燥，即得PASP钠盐成品。所制得的PASP产品相对分子质量可达60000以上，原料转化率达到98%。

研究表明，影响反应和产物性能的因素主要包括溶剂、催化剂、反应温度和反应时间。如表18-8所示，当反应时间为4.5h，催化剂（磷酸）与原料物质的量比为1:7时，以环丁砜为溶剂较为理想。这是由于环丁砜沸点较高，且不溶于水，有利于反应过程中生成水的及时排出，并可以降低反应物的黏度。显然，以环丁砜为溶剂所得到的产品相对分子质量和收率都较高。

表18-8　溶剂种类对PSI收率、原料转化率、产品相对分子质量影响

溶剂	溶剂沸点/℃	溶解性	反应温度/℃	PASP钠盐相对分子质量	PSI收率/%	原料转化率/%
环丁砜	287.3	不溶于水	180	43063	80.06	98.00
N-甲基吡咯烷酮	204.0	溶于水	160	6364	58.52	98.72
邻二甲苯	144.4	微溶于水	120	31727	10.00	—
环丁砜/邻二甲苯	—	微溶于水	196	43364	70.75	98.09

续表

溶剂	溶剂沸点/℃	溶解性	反应温度/℃	PASP 钠盐相对分子质量	PSI 收率/%	原料转化率/%
环丁砜/*N*-甲基吡咯烷酮	—	微溶于水	144	12299	67.45	97.90

注：反应条件为：反应时间 4.5h，催化剂（磷酸）与原料物质的量比 =1∶7。

实验表明，以磷酸作为催化剂时，对生成 PSI 的选择性较好，产品收率和相对分子质量都高，说明磷酸是 ASP 聚合过程中适宜的催化剂（见表 18-9）。

表 18-9 催化剂种类对 PSI 收率、原料转化率、产品相对分子质量影响

催化剂	催化剂沸点/℃	PASP 钠盐相对分子质量	PSI 收率/%	原料转化率/%
乙酸	118.1	8436	49.96	97.92
磷酸①	180.0	43063	80.06	98.00
盐酸	108.6	16527	36.29	98.93
硫酸	327.0	12215	67.50	98.66

注：反应条件：180℃，4.5h，催化剂与原料物质的量比 =1∶7；①为在此温度下，磷酸失 2 分子水生成焦磷酸。

如表 18-10 所示，当以环丁砜为溶剂，磷酸为催化剂，180℃下反应 4.5h 时，ASP 聚合反应中催化剂用量存在最佳值，当 *n*（催化剂）∶*n*（原料）为 1∶7 时，产品相对分子质量最高。实验还发现，随着催化剂用量的增加，产品颜色逐渐变浅，且在合成中磷酸催化剂的用量不随反应温度和反应时间的变化而改变。

表 18-10 催化剂用量对 PSI 收率、原料转化率、产品相对分子质量影响

n（催化剂）∶*n*（原料）	PASP 钠盐相对分子质量	PSI 收率/%	原料转化率/%
1∶20	16446	85.89	98.01
1∶15	30558	82.57	98.09
1∶10	30457	74.12	96.56
1∶7	43063	80.06	98.00
1∶5	20007	76.28	97.96
1∶3	6414	77.66	98.54
1∶2	7199	80.59	98.11

注：反应条件：180℃，4.5h；溶剂为环丁砜。

实验发现，以环丁砜为溶剂，磷酸为催化剂，所合成 PASP 产物颜色随反应温度的升高而变深。反应时间对 PSI 收率、原料转化率、产品相对分子质量影响见表 18-11。从表中可以看出，反应 4.5h，反应温度为 150℃时，PSI 收率及原料转化率都很低，反应温度大于 160℃时，原料转化率都在 98% 左右，PSI 收率随温度增加而在 72%～82% 上下波动，反应 2h，反应温度为 160℃时，原料转化率和 PSI 收率都较低，温度大于 180℃，随温度的增加，PSI 收率及原料转化率均比较稳定。显然，反应 4.5h，160℃是下限反应温度；反应 2h，180℃是下限温度，低于此温度，反应不完全，大于此温度，温度对原料转化率及 PSI 收率基本无影响。从表 18-11 还可以看出，随着温度的升高，产品相对分子质量呈先增加后降低的趋势。反应温度为 200℃时，产品相对分子质量最高可达 63015。

表 18-11　反应时间对 PSI 收率、原料转化率、产品相对分子质量影响

反应时间/h	温度/℃	PASP 钠盐相对分子质量	PSI 收率/%	原料转化率/%
4.5	150	22067	66.87	69.22
	160	25119	71.73	98.48
	180	43063	80.06	98.00
	200	63015	72.11	98.68
	220	37158	75.58	98.28
	240	20575	82.03	97.83
2	160	16433	60.20	91.88
	180	20007	70.20	98.84
	200	36530	75.73	99.65
	220	10730	75.04	98.48

注：催化剂与原料物质的量比 = 1∶7。

以环丁砜为溶剂，磷酸为催化剂，合成 PASP 时，产品颜色随反应时间的延长而变深。从表 18-12 可以看出，在 180℃条件下，随着反应时间的延长，PASP 钠盐相对分子质量迅速上升，到 4.5h 达到 46063，当反应 6～10h，PASP 钠盐相对分子质量基本趋于稳定，中间体 PSI 收率随反应时间延长迅速升高，反应 4.5h 后趋于平稳，原料转化率基本不随反应时间变化，均在 98% 以上，因此最佳反应时间为 4.5h。

表 18-12　180℃时反应时间对 PSI 收率、原料转化率、产品相对分子质量影响

时间/h	PASP 钠盐相对分子质量	PSI 收率/%	原料转化率/%
1	7668	70.67	98.43
2	20007	74.54	98.86
4.5	43063	81.06	98.00
6	30130	81.96	98.68
10	31426	80.41	98.53

注：催化剂与用量物质的量比 = 1∶7。

如表 18-13 所示，在有溶剂回流的情况下，反应在 150～156℃出现长时间停留，反应时间为 4.5h，PASP 钠盐相对分子质量最高，反应时间为 6～8h，PASP 钠盐相对分子质量比 4.5h 的略低，并趋于平稳。从表 18-13 还可看出，几个时间点的相对分子质量均在 22700～25100，且差值很小，原料转化率也很相近，说明在有溶剂回流的情况下，反应时间对 PASP 钠盐相对分子质量及原料转化率没有明显影响，这是由于在溶剂回流的同时，也将反应过程中生成的水重新带回系统，致使反应过程不能及时脱水，使所得到的产物相对分子质量较低。

表 18-13 等温区反应时间对 PSI 收率、原料转化率、产品相对分子质量影响

时间/h	PASP 钠盐相对分子质量	PSI 收率/%	原料转化率/%
2	22774	65.85	98.64
4.5	25119	71.73	98.48
6	24856	71.82	98.59
8	24856	67.20	98.86

注：催化剂与用量物质的量比 = 1∶7。

2. 微波辐射法合成聚天冬氨酸

以 L－天冬氨酸为原料，用微波辐射法合成聚天冬氨酸，采用黏度法测得聚天冬氨酸的相对分子质量为 80000 ~ 10000。其合成包括中间体的合成、PSI 的纯化和 PASP 的制备 3 步[44]。

（1）中间体的合成：称量 10.0g L－天冬氨酸（ASP）放于 250mL 烧杯中，加入适量磷酸作为催化剂，充分搅拌使催化剂与 ASP 混合均匀。将烧杯放入微波炉中，调节功率在 259 ~ 400W 之间，加热 5 ~ 15min。在加热的过程中应当边加热边搅拌，以防止由于 ASP 受热不均匀而导致的局部炭化。所得到的固体即为中间体聚琥珀酰亚胺（PSI）与 ASP 的混合物。

（2）PSI 的纯化：由于 PSI 能溶解于 N，N－二甲基甲酰胺（DMF）而 ASP 不溶，故可以采用 DMF 分离 PSI 和 ASP。称取前述步骤所得产品放入 250mL 锥形瓶中，加入一定量的 DMF（每克混合物应加入约 4mL 的 DMF）。搅拌条件下在 40℃ 水浴中恒温 2h，此时混合物中的 PSI 全部溶解于 DMF 中。混合溶液经过滤，过滤后所得的不溶成分为未反应的 ASP，将不溶成分干燥、称量用来计算原料转化率。滤液倒入冰水中沉析，沉淀物为纯化的中间体 PSI，抽滤、干燥即可得纯化后的 PSI 固体。

（3）PASP 的制备：在纯化后的 PSI 中加入适量蒸馏水形成悬浊液，然后再加入质量分数为 14% 的 NaOH 溶液，同时搅拌至悬浊液变为澄清溶液，在此过程中 pH 值有所变化，但在水解终点时 pH 值为 9 ~ 11 之间（每克 PSI 应加入约 3mL 质量分数为 14% 的 NaOH 溶液）。室温条件下水解，搅拌约 1h。水解液用 14% 的盐酸溶液调节至中性。将此水解液滴加至搅拌中的 95% 乙醇溶液中形成沉淀，过滤后，滤饼在 105℃ 下干燥 2h，即可得到 PASP 产品。也可将所得产物的水溶液经喷雾干燥法得到相应的粉状产品。

在合成反应中，研究了辐射功率、辐射时间和催化剂用量对产品收率的影响情况，结果见图 18-28。如图 18-28（a）所示，当反应时间为 600s，催化剂用量为 3g，ASP 为 10g 时，产品收率随着辐射功率的增大而增加，实验发现，如果辐射功率过大，原料易炭化（为防止炭化，采用间歇辐射、不断搅拌、时间累加的方式）。考虑到生产的可操作性，选择辐射功率为 270W。如图 18-28（b）所示，当反应功率为 270W，催化剂用量为

3.0g，原料为10g时，产品收率随时间延长而增大，但在反应时间超过600s以后产品收率增加幅度趋于平缓。可见，反应时间为600s较好。如图18-28（c）所示，当反应功率为270W，辐射时间为600s，原料为10g时，产品收率随催化剂用量的增大而增加，但是催化剂用量过大，不仅会增加生产费用，且给后处理带来麻烦。显然，催化剂用量为3g，即原料与催化剂的质量比为10∶3可以满足经济可行的生产需要。

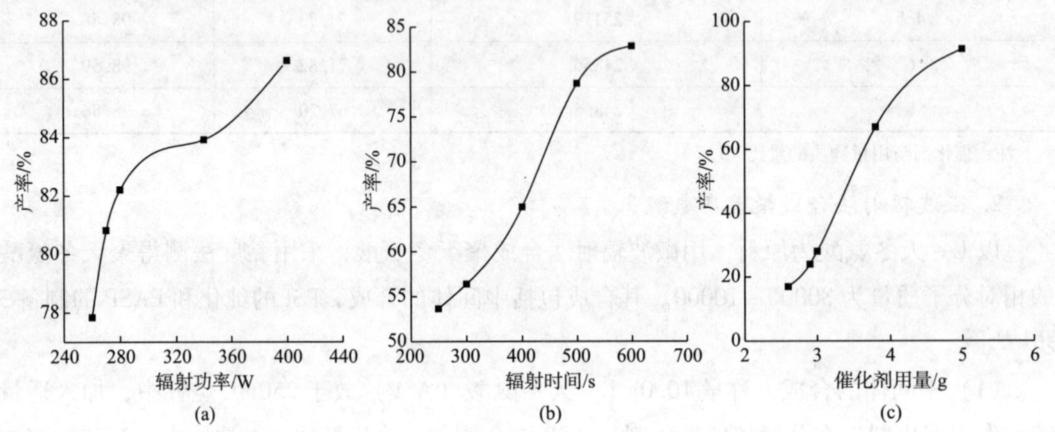

图18-28　辐射功率（a）、辐射时间（b）和催化剂用量（c）对转化率的影响

（二）顺酐为原料合成聚天门冬氨酸

以顺酐为原料合成聚天冬氨酸（PASP）时，所得聚琥珀酰亚胺（PSI）的产率可以达到90%，纯度为98.7%，聚天冬氨酸钠盐的相对分子质量可达3000[45]。其合成过程如下。

（1）中间产物PSI的制备：称取顺酐19.612g（0.2mol），加30mL水于40～80℃溶解。冷却到室温，按顺酐与含铵化合物物质的量比为1∶1～1∶1.2加入含铵类物质和催化剂，顺酐与催化剂的物质的量比20∶1，搅拌混合均匀。倒入浅盘中，置于鼓风干燥箱中在100～120℃的条件下常压烘干1～2h，得顺丁烯二酸铵盐的混合物。然后升温至180～240℃，保温1～2h，制得棕黄或棕红色聚琥珀酰亚胺（PSI）粉末，水洗至中性，在60～80℃下干燥至恒质量。

（2）聚天门冬氨酸盐（PASP-Na）的制备：取2.00g的PSI，加入0.86g的NaOH和10mL水，在冰浴条件下，搅拌水解30～60min至液体澄清，得到pH值为10～12的水溶液。经喷雾干燥即得到粉状PASP-Na产品。

研究发现，在以顺酐为原料制备聚天冬氨酸的过程中，PSI的合成是决定合成反应及产物性能的关键。而在PSI的合成反应中，影响合成反应的主要因素包括含铵类化合物类型、氨水加量、反应时间和反应温度等，不同因素对合成反应及产物性能的影响情况如下。

实验表明，在不同类型的含铵化合物中，氨水和乙酸铵的效果最好（表18-14）。这是因为氨水（NH_3）和乙酸铵（CH_3COONH_4）分子中仅含有一个可产生氨气的基团，而其他铵盐分子中分别含有两个和三个可产生氨气的基团。当这些铵盐受热分解时，产生的NH_{4+}离子是顺酐的2~3倍（物质的量），可使两个羧基都结合上氨，生成顺丁烯二酸二铵盐，从而降低羧基的反应活性。氯化铵由于受热分解产生大量的氯化氢气体，使得反应在聚合时氨基被氯化氢保护，所以PSI的纯度和产率均低。由于氨水价格低，工业上易得，有利于降低生成成本，显然使用氨水较为经济。

表18-14　不同类型的含铵化合物对PSI收率、纯度、产品相对分子质量影响

原料的物质的量比	PSI收率/%	PSI纯度/%	PASP-Na盐相对分子质量
顺酐:尿素=1:1.2	27.8	91.7	2050
顺酐:碳氨=1:1.2	42.9	97.7	2620
顺酐:草酸铵=1:1.2	71.8	86.8	2430
顺酐:乙酸铵=1:1.2	87.6	97.5	3030
顺酐:碳酸氢二铵=1:1.2	39.7	98.0	2350
顺酐:氨水=1:1.2	88.8	98.2	2960
顺酐:氯化铵=1:1.2	29.3	64.7	2490

注：反应温度为220℃，时间为2h。

如图18-29所示，当n（顺酐）:n（氨水）为1:1，反应温度220℃，反应2h时，PSI的产率最高，达到93.2%，增加或减少氨水的投加量，PSI产率都有不同程度的下降，尤其当n（顺酐）:n（氨水）高于1.5:1时，中间体产率下降到50%以下。这是因为当n（顺酐）:n（氨水）为1:1时，反应刚好形成顺丁烯二酸单铵盐，可以进一步共聚为PSI，当氨水的用量增加或减少时，反应体系中的顺丁烯二酸单铵盐含量减少，从而降低了PSI的产率。实验表明，不同氨水用量对PSI纯度和PASP-Na的相对分子质量没有太大的影响，PSI纯度均为97%以上，PASP-Na的相对分子质量稳定在3000左右。

在220℃下反应时，随着反应时间的延长，PSI的产率明显增加。从图18-30可见，反应初期，即反应时间在15~40min，随着反应时间的延长产率显著提高，在反应时间达到40min后PSI产率已经接近90%，反应时间达到1h以后，反应基本完成，产率保持在90%以上。

在相同的时间间隔内，PSI产率在220℃条件下的增加趋势要比200℃时的快，在220℃反应25min时，中间体产率与200℃反应50min时的基本一致。可见，提高反应温度可以加快反应速度，使反应在较短的时间内达到较高的产率（图18-31）。

如图18-32所示，当n（顺酐）:n（氨水）=1:1，反应时间为2h时，反应低于200℃，PSI产率低于90%，温度超过200℃后，PSI产率大于92%，在此基础上继续升高反应温度对PSI产率影响不大。

综上所述，以顺酐为原料合成聚天冬氨酸的适宜合成条件为：n（顺酐）:n（氨水）为1:1，反应温度为180~260℃，反应时间为50min~2h。在此条件下合成的聚天冬氨酸产率为80%以上，纯度为97%以上，相对分子质量在3000左右。

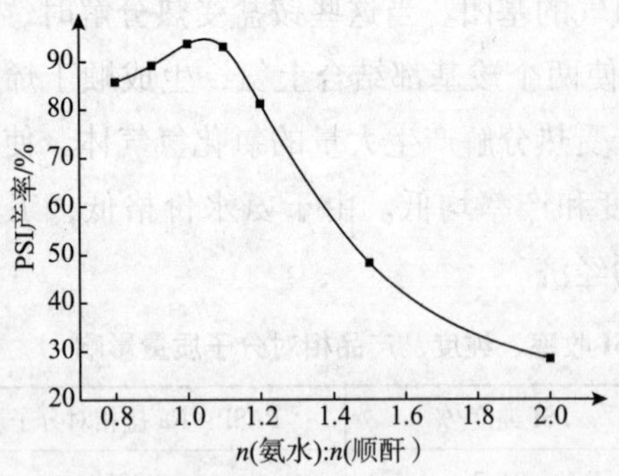

图 18-29 氨水加量对 PSI 产率的影响

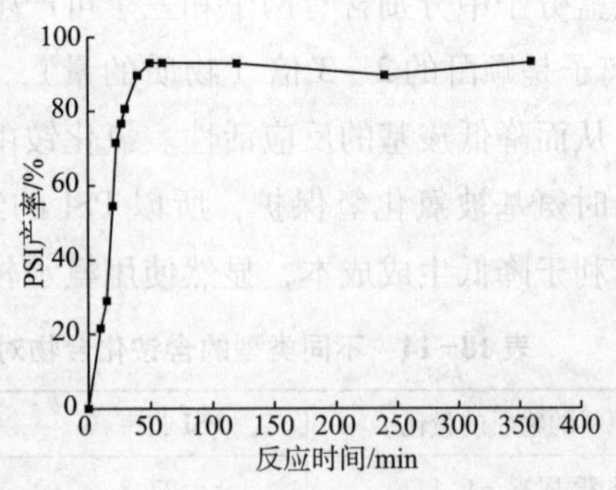

图 18-30 220℃反应时间对 PSI 产率的影响

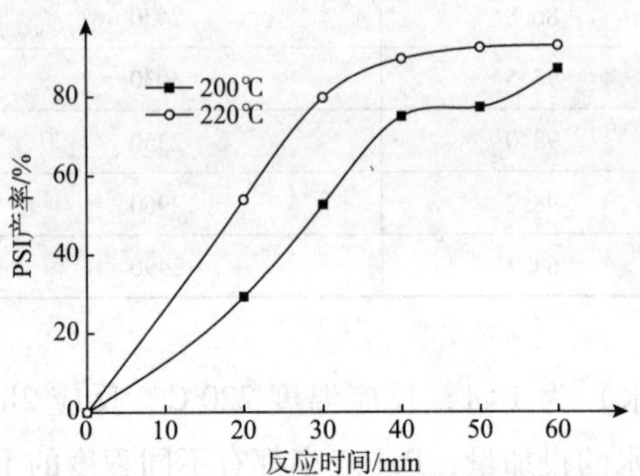

图 18-31 不同温度反应时间对 PSI 产率的影响

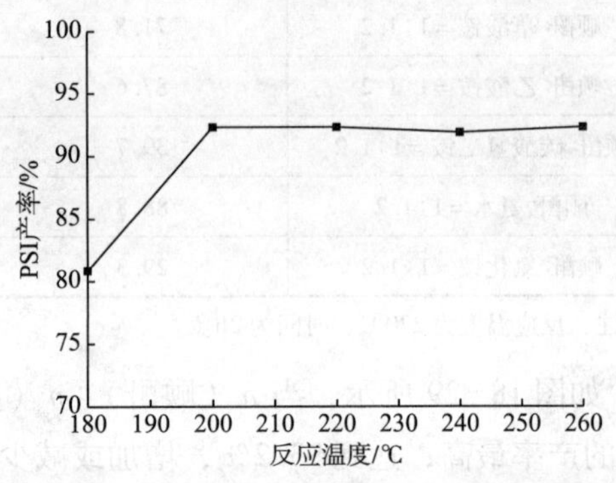

图 18-32 反应温度对阻垢性能的影响

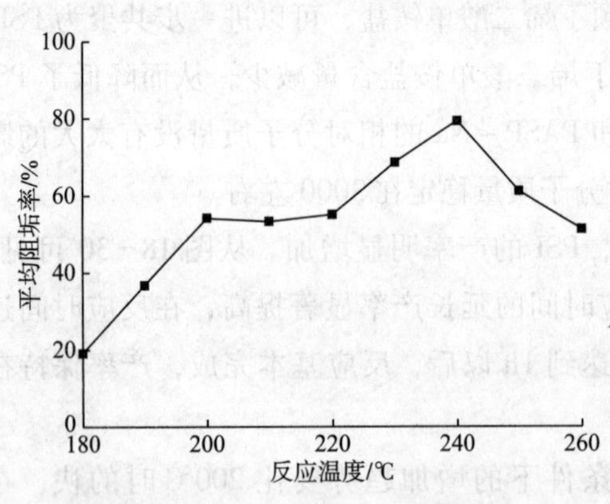

图 18-33 反应温度对阻垢性能的影响（反应时间 2h）

以静态实验为依据，静态阻垢实验条件：Ca^{2+} 质量浓度为 250mg/L，HCO_3^- 质量浓度为 250mg/L，75℃，8h，浓缩两倍，合成条件对产物阻垢性能的影响结果见图 18-33、表 18-15 和表 18-16。

如图 18-33 所示，在以顺酐为原料合成聚天门冬氨酸时，反应温度对阻垢性能有较大的影响，反应温度为 240℃时，PASP 阻垢性能最好，低于或高于此温度，阻垢效果均有所下降。这是由于温度不同对聚天门冬氨酸分子结构的影响所致。

加入适量的催化剂可降低反应的活化能，提高产品的降解性能，改善结构，但催化剂加入过多将阻碍反应前体物顺酐单胺盐的生成，对反应起到抑制作用。如表 18-15 所示，在反应温度为 240℃，反应时间为 2h 时，催化剂最佳加量为顺酐与催化剂物质的量比为 20∶1，在此加量时所合成的聚天门冬氨酸阻垢效果最好，单剂阻垢率可达 90% 以上。

表 18-15 催化剂加量对阻垢率的影响

顺酐与催化剂物质的量比	纯度/%	投加量/（μg/g）	PASP 钠盐相对分子质量	平均阻垢率/%
0	98.2	8	3152	81.3
40∶1	98.5	8	3240	86.4
20∶1	97.4	8	3048	95.3
10∶1	96.3	8	2986	70.3
5∶1	98.2	8	2878	56.2

如表 18-16 所示，当在 240℃下反应 2h 后，继续增加反应时间对产物阻垢性能的影响不大，但当反应时间过长时，所得产物的阻垢率反而有所下降。这是由于反应 2h 时，反应已进行完全，继续保持在高温条件下，聚天冬氨酸分子链会发生断裂，生成小分子含胺类副产物，从而使产物的纯度下降，阻垢性能降低。当反应时间为 2h 时所得产物不仅纯度高，且阻垢效果最好。

表 18-16 反应时间对阻垢率的影响

反应时间/h	纯度/%	投加量/（μg/g）	PASP 钠盐相对分子质量	平均阻垢率/%
2	99.2	8	3260	89.5
4	98.4	8	3248	87.4
6.5	98.3	8	3159	88.7
8	97.9	8	3204	73.4
10	98.2	8	3270	75.2

三、PASP 的应用

聚天冬氨酸在采油注水和石油输送等过程中，可以用作阻垢剂、缓蚀剂。适当相对分子质量的 PASP 还可用于钻井液降黏剂。由于聚天门冬氨酸同时具有阻垢和缓蚀作用，且对海洋生物无毒，可降解，不干扰油水分离，因而将成为一种具有良好发展前景的绿色油田化学品。

第六节 聚环氧琥珀酸

聚环氧琥珀酸（PESA）是 20 世纪 90 年代初由美国首先开发出来的一种无磷无氮的“绿色”水处理剂。PESA 既具有良好的阻垢性能（对钙、镁、铁等离子的螯合力强），又无磷、无氮、易生物降解，适用于高碱高固水系，可用于锅炉水处理、冷却水处理、污水处理、海水淡化、膜分离等。其阻垢性能和缓蚀性能都明显优于聚丙烯酸钠、聚马来酸和酒石酸等。由于制造工艺清洁，使用后的 PESA 能被微生物或真菌高效、稳定地降解成环境无害的最终产物，因此，是一种公认的“环境友好”的绿色化学品。

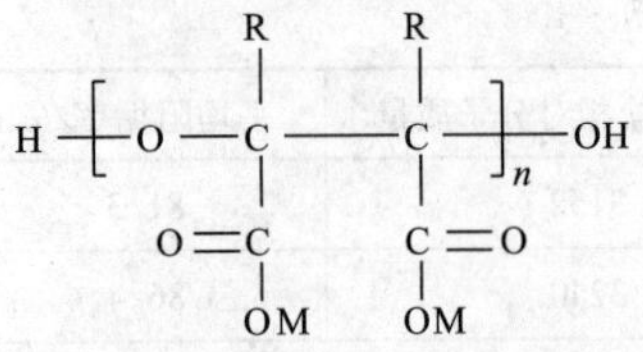

聚环氧琥珀酸的分子结构如图 18-34 所示[46]。其中 M 是 H^+、NH_4^+或碱金属阳离子，R 是 H 或 $C_{1\sim4}$烷基，n 是大分子的聚合度，其变化范围为 2～15。一般市售 PESA 为质量分数为 40% 左右的氢氧化钠碱性溶液，因此 M 通常为 Na^+。

图 18-34　PESA 的分子结构

由图 18-40 可以看到，因每个 PESA 聚合单体（环氧琥珀酸）中含有 2 个羧基，所以每个 PESA 分子中含有 2n 个羧基，它们是 PESA 产生阻垢性的基础。羧基可以与水中的 Ca^{2+}、Mg^{2+} 和 Fe^{3+} 等离子发生螯合，增加这些离子在水中的允许浓度。其次，在水垢生成过程中，羧基可吸附在晶体的活性生长点上，使之不能正常生长而发生晶格畸变，从而阻碍了晶垢在传热表面的生成。此外，PESA 通过羧基对水中的沉淀物产生显著的分散作用，能使沉淀物悬浮而不容易在换热器表面沉积。正是由于分子结构中拥有较多的羧基官能团，因而在相同的实验条件下，PESA 比羟基亚乙基二膦酸（HEDP）和水解聚马来酸酐（HPMA）具有更强的阻垢性。

聚环氧琥珀酸钠的阻垢性能与 n 值有直接关系，研究表明，当 n 值在 2～25 之间时，阻垢性能较好，n 值在 2～10 之间阻垢性能最好。

一、聚环氧琥珀酸（钠）的合成方法

（一）反应原理

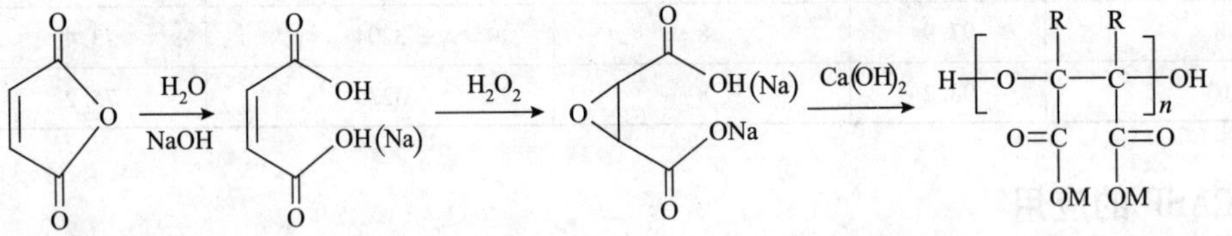

$$\text{MA}\xrightarrow[\text{NaOH}]{H_2O}\text{HOOC-CH=CH-COOH(Na)}\xrightarrow{H_2O_2}\text{环氧琥珀酸(Na)}\xrightarrow{Ca(OH)_2}H\!\!-\!\![O-C(R)(COOM)-C(R)(COOM)]_n\!\!-\!\!OH \quad (18-13)$$

（二）合成方法

合成分一步法和多步法[47]。

1. 一步法

一步法合成 PESA，由于操作简单，适用于工业化生产而发展迅速。1987 年，国外研究人员报道了以 MA 为原料，钨酸钠为催化剂，氢氧化钠为碱，于 80～100℃合成聚环氧琥珀酸钠。但由于后处理中用到氢氧化钙，导致阻垢效果较差。

国内研究者在一步法方面开展了一些探索，如用过氧化物和钒系金属为催化剂进行环氧化反应，生成环氧琥珀酸，再以稀土作催化剂使之聚合可以得到 PESA。将过氧化氢与马来酸盐在钨酸钠催化下反应生成环氧琥珀酸钠，随后以氢氧化钙催化聚合生成 PESANa，以钒酸铵为催化剂合成 PESA，以氢氧化钠作引发剂合成 PESA，最佳合成条件为：聚合温度 90℃，引发剂 0.68%，聚合时间 3h。

2. 多步法

因多步法合成 PESA，具有反应温和、纯度较高等优点，而深受研究人员的关注。国外学者以环氧琥珀酸盐为原料，经多步合成了聚环氧琥珀酸盐；还有人首先合成了环氧琥珀酸，再与三乙基原甲酸酯反应生成环氧琥珀酸二乙酯，最后以 BF_3 为催化剂，甲苯为溶剂，聚合得到 PESA 产品。

二、聚环氧琥珀酸（钠）的合成实例

（一）以钨酸钠为催化剂合成

合成包括环氧琥珀酸（ESA）的合成和环氧琥珀酸的聚合两步[48,49]。

（1）环氧琥珀酸的合成：向 250mL 四口瓶中加入 100mL 蒸馏水，然后加入 49g 顺酐，插入 pH 值计探头，用质量分数为 40% 的 NaOH 溶液调节反应体系的 pH 值为 8，保持温度为 90℃。在反应体系中加入 16.5g $Na_2WO_3 \cdot 2H_2O$ 后，再在 0.5h 内滴加 H_2O_2，滴加完毕后继续反应 0.5h，即得环氧琥珀酸（ESA）。反应过程中，保持反应体系的 pH 值为 8。

（2）环氧琥珀酸的聚合：将上述合成的环氧琥珀酸反应液升温至 95℃，用氢氧化钠调节 pH 值至 11，加入 1.85g 的 Ca（$OH)_2$ 作为引发剂，于 95℃下反应 2h，即可得到聚环氧琥珀酸产品。黏度为 60mPa·s。

需要注意的是，在合成反应中除生成环氧琥珀酸的主反应外，还会发生如下副反应：

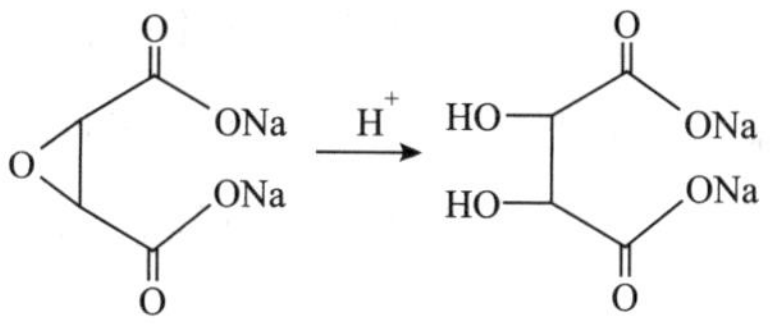

(18-14)

$$H_2O_2 \xrightarrow{OH^-} H_2O + O_2 \qquad (18-15)$$

研究证明，反应体系的 pH 值对反应过程有着重要的影响，pH 值对产物中酒石酸、马来酸含量及环氧琥珀酸产率的影响见图 18-35。从图 18-35 可以看出，随体系 pH 值的增加，产物中酒石酸含量逐渐降低，马来酸的含量逐渐增加，两者均在 pH 值 6～7 范围内有一突变，而 ESA 的收率则在此范围内出现最大值。这是由于在酸性条件下，较易发生 ESA 生成酒石酸的副反应，故产物中酒石酸的含量较高，而在碱性条件下，双氧水又很易分解失效，使马来酸不能被充分环氧化，故产物中马来酸的含量较高。

反应温度对产物中的酒石酸、马来酸含量及环氧琥珀酸收率的影响见图 18-36。图 18-36 表明，温度对酒石酸含量的影响很大，而对马来酸含量的影响很小（3.8%～5.2%）；当温度在 65℃左右时，ESA 收率最高。这可能是由于 ESA 的生成和水解为酒石酸是一对竞争反应，当温度较低时，马来酸环氧化的速率较慢，生成 ESA 后马上水解为酒石酸，而当温度较高时，ESA 的水解反应很剧烈，故酒石酸含量很高，只有当温度适中，即当 ESA 的生成速率远大于其水解速率时，才能达到较高的收率。

研究发现，聚合过程对环氧琥珀酸产物的黏度和阻垢性能有较大的影响。在合成的环氧琥珀酸反应液中，加入氢氧化钠调节 pH 值至 11，再加入不同量的 $Ca(OH)_2$ 作为引发剂，在 95℃下聚合 2h 时，$Ca(OH)_2$ 用量对反应的影响见图 18-37。由图 18-37 可见，随

着 $Ca(OH)_2$加量的增加，产物的黏度快速升高。当 $Ca(OH)_2$用量达到 1.85g 时，阻垢率升高到 85%。但随着 $Ca(OH)_2$加量的进一步增加，产物的阻垢率不再升高。说明体系 pH 值为 11 时，$Ca(OH)_2$的加量为 1.85g 最佳。同时，随着聚环氧琥珀酸黏度的增加，阻垢率随之升高；但黏度增加到 60mPa · s 以后，阻垢率不再升高。

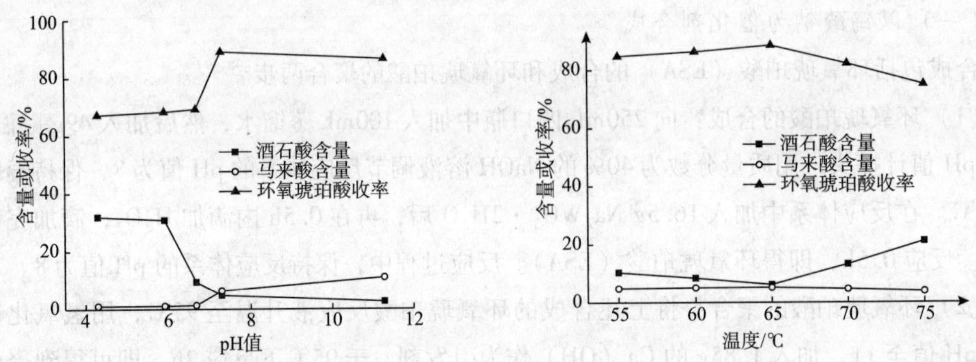

图18-35　pH 值对环氧琥珀酸合成反应的影响　　图 18-36　反应温度对环氧琥珀酸合成反应的影响

如图 18-38 所示，随着 pH 值的升高，产物的黏度和阻垢率显著升高，在 pH 值为 11 时，两者均达到最大值。显然，聚合反应中的最佳 pH 值为 11。

从图 18-39 可见，随着聚合温度的升高，聚合产品的黏度和阻垢性能均显著增加。当温度低于 85℃时，所得产品的阻垢性能很差。在实验条件下，聚合反应温度为 95℃时较佳。

如图 18-40 所示，当反应时间达到 2h 时，产物的黏度最高，反应时间继续延长，黏度略有下降。反应时间对产物阻垢性能的影响与其对黏度的影响规律基本一致。可见，聚合反应时间为 2h 即可。

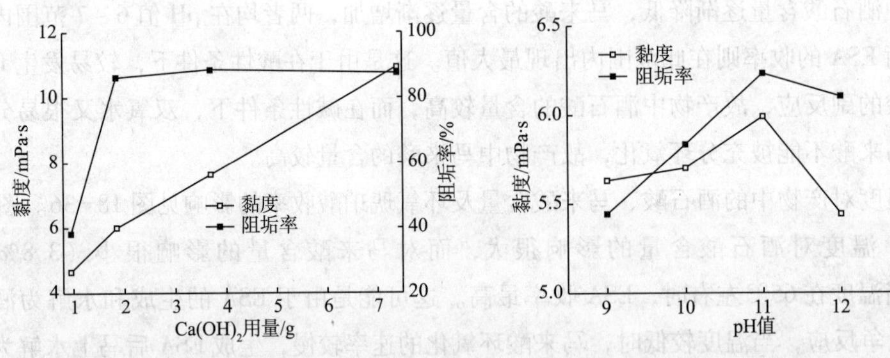

图 18-37　引发剂加量对产物黏度和阻垢率的影响　　图 18-38　聚合反应体系 pH 值对产物黏度和阻垢率的影响

在相同条件下，将聚环氧琥珀酸与多种羧酸类阻垢剂，如聚丙烯酸、聚马来酸、聚天冬氨酸、马丙共聚物、三元共聚物以及含磷阻垢剂 HEDP（羟基乙叉二膦酸）、ATMP（氨基三甲叉膦酸）、PBTCA（2－膦酸丁烷－1，2，4－三羧酸）的阻垢性能进行了对比，结果见表 18-17。由表 18-17 可见，随着聚环氧琥珀酸加入量的增加，其阻垢性能随之提高，加入量从 5mg/L 增加到 30mg/L，聚环氧琥珀酸的阻垢率由 46.94% 增加到 90.89%。聚环氧琥珀酸加入量为 30mg/L 时，其阻垢率接近或超过其他羧酸类和含磷阻垢剂样品。

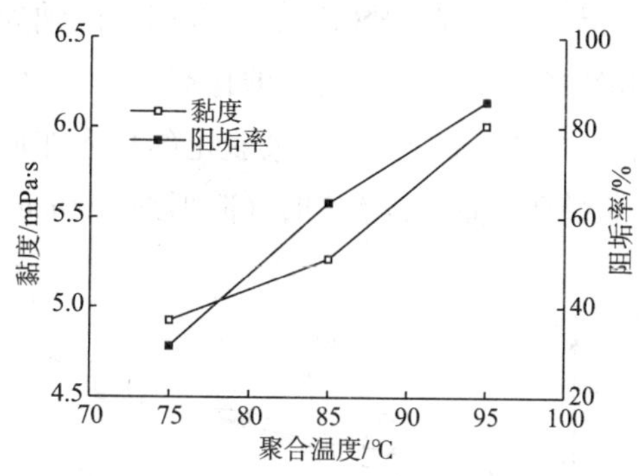

图 18-39　聚合反应温度对产物黏度和阻垢率的影响

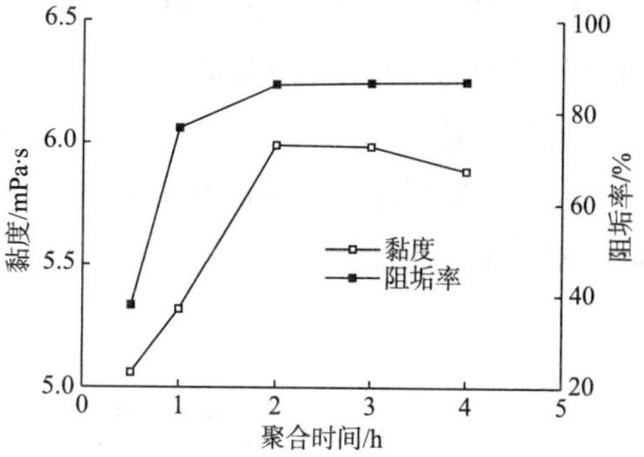

图 18-40　聚合反应就对产物黏度和阻垢率的影响

表 18-17　聚环氧琥珀酸与其它阻垢剂的性能对比

阻垢剂	阻垢率/%				阻垢剂	阻垢率/%			
	5mg/L	10mg/L	20mg/L	30mg/L		5mg/L	10mg/L	20mg/L	30mg/L
聚环氧琥珀酸	46.94	73.69	87.32	90.89	多元共聚物	61.38	66.28	80.85	84.11
聚丙烯酸	62.39	70.24	81.48	80.91	HEDP	77.92	79.19	82.15	86.32
聚马来酸	57.36	66.34	87.25	90.33	ATMP	70.11	74.19	88.01	87.57
马丙共聚物	69.23	79.97	84.43	82.54	PBTCA	91.06	91.51	93.93	94.39

（二）采用铬酸钾为催化剂合成

除钨酸钠外，也可以采用价格相对较低的铬酸钾为催化剂合成 PESA。实验证明，以铬酸钾和钨酸钠为催化剂合成的 PESA 的阻垢性能也十分接近，说明在制备 PESA 时可以采用铬酸钾作催化剂来代替钨酸钠[50]。其合成过程如下。

(1) 向装有温度计、冷凝管、滴液漏斗和恒速搅拌装置的四口烧瓶中加入 9.89 (0.1mol) 马来酸酐，加水溶解，在搅拌状态下缓慢滴加质量分数 50% 的氢氧化钠溶液，维持 pH 值在 5～6 之间。升温至 55℃，加入一定量的催化剂，滴加一定量的 30% 的双氧水，同时滴加质量分数为 50% 的氢氧化钠溶液调节溶液 pH 值，于 60～75℃下反应1.5～2h。

(2) 待反应时间达到后，将体系升温至 90℃，加入固体 $Ca(OH)_2$ 和蒙脱土 (MMT)，恒温反应直至溶液黏度不再增加为止，室温冷却过滤得清液。清液加入一定量 MMT，过滤，测试阻垢率。清液用盐酸调节 pH 值至 1～2，析出白色聚环氧琥珀酸固体，甲醇洗涤数次，溶于去离子水，用氢氧化钠调节溶液 pH 值至 9～10，在真空下干燥得纯净固体聚环氧琥珀酸钠。

在合成过程中，催化剂铬酸钾用量（铬酸钾与马来酸酐的物质的量比）对产率的影响如图 18-41 所示。从图 18-41 可见，环氧琥珀酸的产率随催化剂用量的增加而提高。当催化剂用量超过 0.7%（摩尔分数）以后，产率趋于稳定。显然，催化剂用量为 0.7% 即可满足要求。

在催化剂用量为 0.7% 的条件下合成 PESA 样品（标示为 PESA2），并和以钨酸钠为催化剂的合成产物（标示为 PESA1）进行比较。如图 18-42 所示，两种催化剂所合成 PESA 产物阻垢性能基本无差别。从图 18-42 还可看出，在 PESA 合成中，蒙脱土的加入在低浓度范围内（阻垢剂加量 <60mg/L）有利于阻垢率的提高，而在高浓度时（阻垢剂 >60mg/L）对阻垢率几乎无影响。

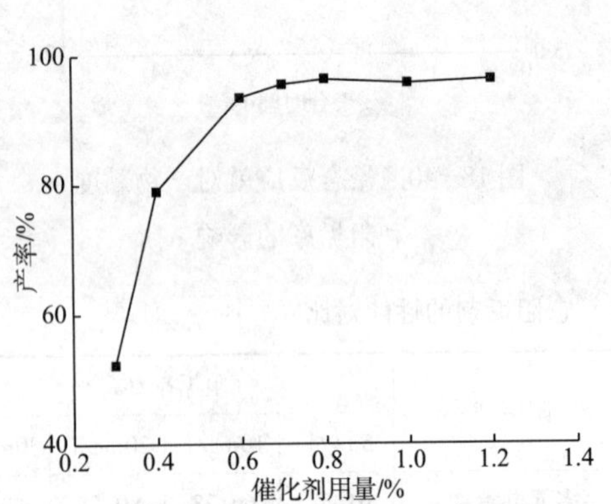

图 18-41　催化剂用量对产率的影响

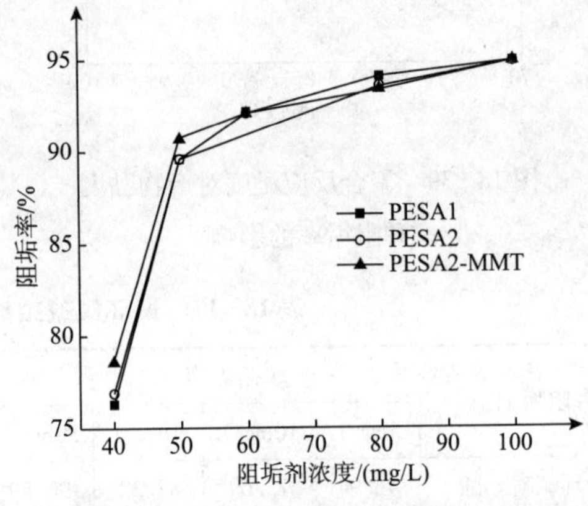

图 18-42　阻垢剂浓度对阻垢率的影响

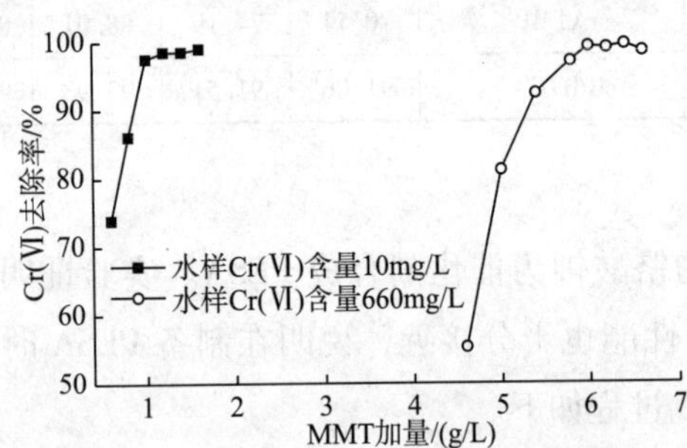

图 18-43　MMT 的加入量对 Cr(Ⅵ) 去除率的影响

实验发现，在合成中加入蒙脱土，有利于 Cr(Ⅵ) 离子的去除。分别在含 10mg/L 和 660mg/L Cr(Ⅵ)、pH = 6 的水样中，加入 PESA 后搅拌 60min，过滤并测定 Cr(Ⅵ) 的去除率。如图 18-43 所示，Cr(Ⅵ) 离子的去除率随 MMT 用量的增加而增大，当 MMT 的用量达到 6g/L 时 Cr(Ⅵ) 离子的去除率达到 99.2%，故实验选用聚合初期反应体系中 MMT 的加入量为 6g/L。为保证保证产物中 Cr(Ⅵ) 含量 < 0.5mg/L，根据图 18-43，Cr(Ⅵ) 浓度 10mg/L 时的吸附曲线，选择反应结束后 MMT 的加入量为 1g/L，此时产品 Cr(Ⅵ) 的含量为 0.04mg/L。

以铬酸钾为催化剂，在聚合初期加入蒙脱土制备的聚环氧琥珀酸标记为 PESA2-MMT，将其和 PESA1、PESA2 的主要性能指标进行对比。如表 18-18 所示，蒙脱土的加入有利于固含量和产率的提高。这是由于蒙脱土可以吸附体系中的 Ca^{2+}，使得部分 PESA 不能和 Ca^{2+} 螯合，使在 pH = 1 ~ 2 时析出的固体 PESA 增加。但蒙脱土的加入对 PESA 的阻垢率影响不大，这说明蒙脱土在该反应体系中仅起吸附作用，并不影响反应历程。

表 18-18 不同方法得到产品的性能

样品	产率/%	阻垢率/%	固含量/%	相对分子质量	颜色
PESA1	95.6	92.14	27.5	525	淡黄
PESA2	94.8	91.87	26.8	530	淡黄
PESA2-MMT	95.2	91.95	28.6	530	近无色

三、聚环氧琥珀酸（钠）的应用

研究发现，PESA具有良好的阻垢、缓蚀、协同、萃取重金属、分散、杀菌等性能。并对钙、镁、铁等多价金属阳离子具有很强的螯合作用，可用于循环冷却水、锅炉水、油田注水、酸洗废水等高碱高固和强酸性水质的阻垢缓蚀处理，以及用作海水淡化、膜分离、反渗透等技术所需的阻垢剂、缓蚀剂、分散剂和杀菌剂。

在钻井液中，相对分子质量合适时，可以用作降黏剂。

第七节 烯烃均聚物及共聚物

本节所述的烯烃均聚物及共聚物包括乙烯与乙酸乙烯酯、丙烯酸酯等单体的聚合物，以及α-烯烃的均聚物或共聚物，这些聚合物可以用于钻井液暂堵剂、采油作业封堵剂及原油减阻剂、降凝剂和防蜡剂等。

一、乙烯-乙酸乙烯酯共聚物

乙烯-乙酸乙烯共聚物（EVA），为白色或淡黄色粉状或粒状物，熔点为99℃，沸点为170.6℃，密度（25/4℃）为0.948g/cm³、折射率为1.480~1.510，闪点为260℃，可燃，具有较好的耐水性、耐腐蚀性、加工性、防震动、保温性和隔音性。

（一）应用性能

乙烯-乙酸乙烯酯共聚物（EVA）是油田应用最广，降凝、降黏效果较好的降凝剂之一。由于原油对降凝剂有很强的选择性，不同原油需要不同分子结构的降凝剂相匹配，所以，针对原油类型及组成，合成出具有特定分子结构的共聚物，以满足不同性质原油降凝、降黏的需要。溶液聚合所得的聚合物分子结构比较规整，平均相对分子质量适中，因此，溶液聚合得到的降凝剂对高蜡原油具有较好的效果。

通常随着相对分子质量的提高，EVA软化点上升，在适当的范围内，油溶性随乙酸乙烯酯含量的增加而增加。作为暂堵剂，在地层温度接近其软化点时，可以作为变形粒子，与刚性暂堵剂复合使用，可以达到良好的封堵效果。

作为原油降凝剂，EVA含量和熔融指数与降凝性能关系密切[51]，如表18-19、表18-20所示，对于实验所用原油，VA含量在25%~45%之间降凝效果较好；熔融指数不宜大于100，即相对分子质量大小应适中，其熔点应与原油中蜡的凝点相近，以保证蜡析出时EVA分子也能同时析出而产生作用。

表 18-19　不同 VA 含量的 EVA 的降凝效果对比

VA 含量/%	原油凝点/℃	VA 含量/%	原油凝点/℃	VA 含量/%	原油凝点/℃
0	32	15~25	27	35~45	14
≤15	30	25~35	15	≥45	21

注：空白原油凝点为 32℃。

表 18-20　VA 含量相同、熔融指数不同的 EVA 的降凝效果对比

EVA 熔融指数	原油凝点/℃	EVA 熔融指数	原油凝点/℃	EVA 熔融指数	原油凝点/℃
0	32	25	14	150	23
5	18	40	15	400	28
15	16	100	22	800	29

注：VA 含量均选用 33%~38%，空白原油凝点为 32℃。

实验表明，采用几种 EVA 进行复配后比用一种 EVA 时降凝效果更好，分别采用 VA 含量为 25%、28%、33%、40% 和熔融指数为 5、15、40、100 的 EVA 进行复配，复配后所处理原油凝点可降至 12℃。这是由于不同的 EVA 复配后，增加了降凝剂的作用区间，即在与原油作用时，降凝剂分子随温度的降低不断析出，相互之间产生协同效应，加大了降凝剂的作用范围，发挥了降凝剂的最大效能。

研究发现，降凝剂的适用范围和使用效果与原油中蜡的碳数分布相关。如胜利原油主要的碳数分布在 C_{12}~C_{29}之间，恶化区在 38~45℃；中原原油的主要碳数分布在 C_{20}~C_{40} 之间，其不仅在 38~45℃有一恶化区，而且在 55~60℃有加剂恶化区。因此，在降凝剂的组成上也出现了相对分子质量上的区别。

由表 18-21 可见，原油中蜡的高碳数越多，为达到最佳改性效果，降凝剂的相对分子质量必须越大，最佳热处理温度也要提高。但是，当 EVA 的相对分子质量高于 70000 时，其油溶性大大降低；同时由于熔点升高，在原油最佳热处理温度以上过早地析出，无法满足降凝机理要求，因此，EVA 的相对分子质量一般应低于 70000。

表 18-21　VA 含量相同、熔融指数不同的 EVA 的降凝效果对比

项目		胜利油	中原油	项目	胜利油	中原油
原油凝点/℃		24	32	加量/(μg/g)	40	50
原油蜡的碳数分布/%	<20	40.50	0.10	热处理温度/℃	60	65
	C_{20}~C_{29}	49.15	69.70	加剂后凝点/℃	7	16
	C_{30}~C_{40}	10.35	29.40	降凝幅度/℃	17	16
使用的降凝剂		BEM-3	BEM-5P	所含 EVA 平均相对分子质量	28500	35000

以长庆、青海含蜡原油为研究对象，考察乙烯-醋酸乙烯酯共聚物（简称 EVA）降凝剂对含蜡原油的降凝效果。结果表明，随着相对分子质量的增大，EVA 结晶性能稍有提高；随着极性基团含量的提高，EVA 结晶性能显著恶化。EVA 降凝剂对含蜡原油的降凝

效果与原油组成和降凝剂结构有关，随着原油中蜡含量的增大或蜡平均碳数的提高，降凝剂的降凝效果变差；降凝剂的相对分子质量通过影响其在原油中的溶解性来影响降凝效果；EVA 极性基团含量过高（大于33%）或过低（小于18%）都不利于降凝，只有在中间范围内时（28%左右），才能起到较好的降凝效果；随着 EVA 浓度的提高，改性效果先不断提高，然后在高浓度下基本保持不变[52]。

（二）制备方法

（1）方法1：将乙烯、乙酸乙烯、引发剂及相对分子质量调节剂，按一定配比经压缩机加入高压管式反应器中，于200～220℃和150～160MPa 压力下进行聚合反应，即得含15%～30%乙酸乙烯的共聚物，它与未反应的气体首先在20～30MPa 的高压分离器分离，未反应的气体经高压循环系统重新参加反应。聚合物从低压分离器中分离出来，经挤出、切粒、干燥得 EVA 产品。从低压分离器分离出来的 EVA 经冷却系统分离出乙酸乙烯后，乙烯经低压循环系统重新参加反应。

（2）方法2：用氮气置换高压釜中的空气，吸入一定量的溶剂和乙酸乙烯酯单体，搅拌升温，同时通入乙烯单体，达到设定的压力和温度后，泵入引发剂，在聚合过程中不断加入乙烯以保持聚合体系的压力不变。达到反应时间后，冷却聚合体系，放空乙烯，吸出并减压蒸馏溶液，回收未反应的乙酸乙烯单体和溶剂，用溶剂苯溶解和沉淀剂乙醇沉淀提纯聚合物3次，然后真空干燥，得到纯化的聚合物[53]。

研究表明，在低压下以异丁醇为溶剂，采用溶液聚合法可以合成平均相对分子质量较高的乙烯乙酸乙烯酯共聚物（EVA），可用作原油降凝剂。

实验表明，在原料配比和反应条件一定时：

①反应体系的压力从4MPa 增加到11MPa 时，EVA 的产量从3.88g 增加到11.6g，乙酸乙烯酯（VA）链节含量从25.2%下降到16.34%，平均相对分子质量从0.38×10^4增加到1.37×10^4。

②引发剂用量从0.05g 增加到0.25g 时，EVA 的产量从6.0g 增加到13.3g，VA 链节含量保持在23.5%左右不变，平均相对分子质量从0.34×10^4增加到1.72×10^4。

③乙酸乙烯酯用量从9.5g 增加到27.0g 时，EVA 的产量从4.79g 增加到10.35g，VA 链节含量从8.81%上升到22.2%，平均相对分子质量从0.63×10^4增加到1.51×10^4。

④反应体系的温度从167.5℃上升到190℃时，EVA 的产量从14.33g 下降到5.14g，平均相对分子质量从1.39×10^4减小到0.53×10^4，EVA 分子结构中 VA 链节含量从16.8%上升到35.3%，总支化度从25.0CH_3/（1000C）升高到72.9CH_3/（1000C）。

⑤反应体系的溶剂选用良溶剂时，EVA 的平均相对分子质量较低，反应体系的溶剂选用非良溶剂时，EVA 的平均相对分子质量较高。当苯作为溶剂时，得到的 EVA 的平均相对分子质量为4951；当异丙醇为溶剂时，EVA 的平均相对分子质量为1.32×10^4。

（三）用途

在钻井液完井液中，用作油溶性暂堵剂，可以单独使用，也可以与其他暂堵剂配伍使用，用量一般为1.0%~2.0%。

对于乙烯－乙酸乙烯酯共聚物，当 $x:y=89:12\sim9:1$ 时，是优良的防蜡剂，相对分子质量10000~30000的EVA，用量为20（夏）~100（冬）mg/L时，可以使原油的凝点降低23~26℃，有文献认为，该共聚物侧基中的甲基替换为 $C_8\sim C_{20}$ 的羧酸时，防蜡效果更好。用于原油降凝剂，使用时先将本品配制成一定浓度的溶液，再按计量加入原油中，建议加药量为100mg/L，原油凝点高时，可适当增加加药量。原油预热处理温度一般在50℃左右。

二、乙烯－丙烯酸甲酯共聚物

乙烯－丙烯酸甲酯共聚物（EMA）是一种无规、以聚乙烯为主要骨架，带有极性基团的共聚物，丙烯酸甲酯结构单元含量为8%~40%的乙烯共聚物为乳白色半透明固体，熔体流动速率为2~6g/10min，维卡软化点为59℃。耐环境应力开裂性好，电性能优良，挤塑贴合温度为316~322℃。由乙烯和丙烯酸甲酯为原料，以氧或过氧化物为引发剂，高压加热聚合而得。可吹塑成薄膜用作一次性手套、医药和食品包装；挤塑制软管和型材；吹塑制玩具；发泡制泡沫板材等。是一种高性能原油降凝剂[54]。

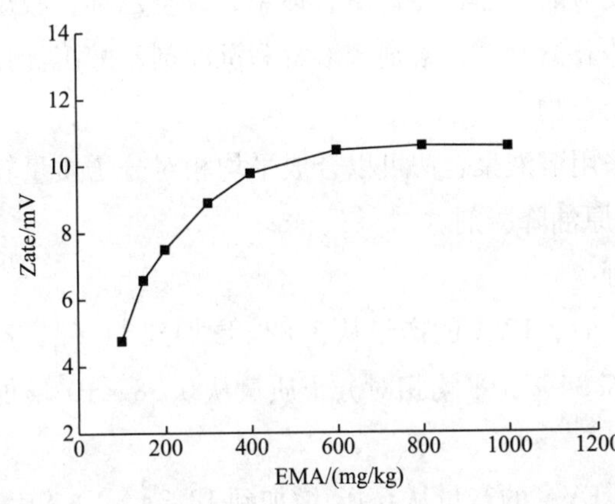

图18-44　EMA用量对蜡晶表面Zate电位的影响

研究表明[55]，EMA加入原油后，可使原油中的蜡晶形成小的晶体，以改善原油的流变性能；降凝剂EMA的加入可使蜡晶表面带电，电性排斥使蜡晶高度分散而稳定存在。如图18-44所示，当EMA用量较低时，蜡晶表面ζ电位随降凝剂用量的增加而增加，当EMA用量较高时，蜡晶表面ζ电位随降凝剂用量的增加趋势变缓；EMA的用量达到一定值时，蜡晶表面ζ电位不随降凝剂含量的增加而变化。

（一）EMA的制备

用 N_2 置换高压釜中的空气，吸入一定量的溶剂和丙烯酸甲酯单体，搅拌升温，同时通入乙烯单体，达到设定的压力和温度后，泵入引发剂，在聚合过程中不断加入乙烯以保持聚合体系的压力不变，达到反应时间后，冷却聚合体系，放空乙烯，吸出并减压蒸馏溶液，回收未反应的丙烯酸甲酯单体和溶剂，用溶剂苯溶解和沉淀剂乙醇沉淀提纯聚合物三次，然后真空干燥，得到纯化的聚合物。

研究表明，压力、引发剂用量、MA用量和反应温度等是影响反应和产物性能的主要因素。

表18-22~表18-25是压力、引发剂用量、MA用量和反应温度对EMA产量和性质的影响。如表18-22所示，当其他条件不变时，压力对EMA产量和性质的影响很明显。随

着压力增加，EMA产量、相对平均分子质量增加，而丙烯酸甲酯链节在聚合物分子结构中的含量下降。增加反应体系的压力，增大了乙烯在反应体系的溶解度，即增大了乙烯的浓度，使反应向正向进行，因此，MA的转化率和EMA的相对分质量增加。同时，乙烯浓度增加，使体系中的丙烯酸甲酯的相对浓度下降，使得共聚物分子结构中的MA链节含量减少。

表 18-22 压力 *P* 对 EMA 共聚物的产量和性质的影响

P/MPa	转化率/%	w（MA）/%	相对分子质量/10^4	P/MPa	转化率/%	w（MA）/%	相对分子质量/10^4
2	4.82	34.2	0.62	5	10.28	23.7	1.35
3	8.07	28.5	1.16	6	10.41	19.6	1.48
4	9.7	25.6	1.24	7	13.37	16.8	2.04

注：M（AIBN）=0.01M，M（MA）=2.15M，T=60℃，t=5h。

如表18-23所示，随着引发剂用量的增加，EMA的产量和平均相对分子质量增加，而乙酸乙烯链节的含量基本保持不变。这是由于引发剂用量增加，引发剂产生的自由基增加，自由基与单体形成的链自由基的几率增大，因而导致EMA产量和平均相对分子质量增加。引发剂用量的改变，同时改变了两种单体的聚合速率，使得引发剂用量对EMA分子结构的影响并不明显。

表 18-23 引发剂用量对 EMA 共聚物的产量和性质的影响

引发剂浓度/（10^{-2}mol/L）	产量/g	w（MA）/%	相对分子质量/10^4	引发剂浓度/（10^{-2}mol/L）	产量/g	w（MA）/%	相对分子质量/10^4
0.33	6.04	23.5	0.35	1.33	10.40	23.4	1.40
0.67	8.28	23.4	0.72	1.67	13.80	23.4	1.72
1.00	9.06	23.5	1.30				

注：P=6.0MPa，T=60℃，m（MA）=18.5g，m（IBA）=76.5g，t=5h。

如表18-24所示，随着MA加量的增加，即增加了反应体系中的MA的浓度，使EMA产量、相对分子质量和丙烯酸甲酯链节含量均增加。丙烯酸甲酯用量增加，使得MA单体与自由基结合的几率增大，因此，EMA分子结构中MA链节含量增加。

表 18-24 MA 用量对 EMA 共聚物的产量和性质的影响

MA用量/g	产量/g	w（MA）/%	相对分子质量/10^4	MA用量/g	产量/g	w（MA）/%	相对分子质量/10^4
5.0	2.58	10.5	0.28	20.0	8.47	18.4	1.45
10.0	4.54	12.3	0.62	25.0	10.35	22.6	1.81
15.0	6.57	15.1	1.02				

注：P=6.0MPa，T=60℃，m（AIBN）=0.15g，m（IBA）=76.5g，t=5h。

如表 18-25 所示，随着反应体系温度升高，EMA 产量和相对分子质量降低，而丙烯酸甲酯链节含量增加。这是由于温度对乙烯在溶剂中的溶解度影响非常明显。温度升高，乙烯在溶剂中的溶解度降低，使得参与反应的乙烯单体的量减小，故温度升高，EMA 产量和相对分子质量下降。同时温度升高，引发剂分解速率快速增加，生成更多的自由基，导致链引发速率及链终止速率加快，故生成的聚合物的聚合度减小，即 EMA 的平均相对分子质量下降。

表 18-25　温度对 EMA 共聚物的产量和性质的影响

温度/℃	产量/g	w（MA）/%	相对分子质量/10^4	温度/℃	产量/g	w（MA）/%	相对分子质量/10^4
50	6.08	20.9	1.39	80	8.96	30.6	0.63
60	8.20	23.1	1.31	90	8.32	36.8	0.52
70	9.28	26.0	0.92				

注：P=6.0MPa，T=60℃，m（AIBN）=0.15g，m（IBA）=76.5g，m（MA）=18.5g，t=5h。

（二）分子组成对降凝性能的影响

图 18-45 是 EVA 共聚物分子中乙烯链节的平均碳原子数、MA 链节含量、平均相对分子质量对产物降凝效果的影响。如图 18-45（a）所示，在乙烯链节的平均碳原子数为 26～36 左右时，EMA 降凝剂对中原原油有明显的效果，乙烯链节的平均碳原子数在 30 附近，降凝效果最好。乙烯链节的平均碳原子数为 22～30 左右时，EMA 降凝剂对胜利原油有明显的效果，乙烯链节的平均碳原子数在 24 附近，降凝效果最好。中原原油和胜利原油中的蜡的平均碳原子数分别为 25 和 20，因此，降凝剂碳链长度必须为原油中蜡分子碳原子数的 1.1～1.5 倍时降凝剂才能有效，在降凝剂碳链长度等于原油中蜡的平均碳原子数的 1.5 倍时降凝效果最好。如图 18-45（b）所示，EMA 中 MA 链节含量在 25%～35%之间时，降凝效果达到最佳（也有文献上报道 EMA 中 MA 链节含量在 20%～45%之间对原油有较好的降凝效果）。这是由于当 EMA 分子中 MA 链节含量过高时，共聚物的刚性增加，结晶度降低，在原油中的溶解性变差。而当 MA 链节含量过低时，EMA 所起的降凝作用如同低密度聚乙烯一样。如图 18-45（c）所示，当 EMA 分子中 MA 链节含量为 30% 左右时，随着平均相对相对分子质量的增加，EMA 降凝剂的降凝效果逐渐增加，但平均相对分子质量大于 2.0×10^4 以后，降凝效果降低。显然，当 EMA 的平均相对分子质量为 1.5×10^4 时，降凝效果最好。

三、烯烃聚合物

在油田化学品中烯烃聚合物主要用于原油流动减阻剂。原油在管道输送过程中，随着管道摩阻的增加，原油层流部分逐渐减少，紊流部分逐渐增加。在紊流状态下，大量的能量被消耗在涡流和其他随机运动中，原油的内摩擦使动能转化成热能，因此，处于紊流状态的原油需要消耗大量的管输能量，流体的压力损失也迅速增加。减阻剂广泛应用于原油和成品油的管道输送，是提高管道输送能力和降低能耗的重要手段。

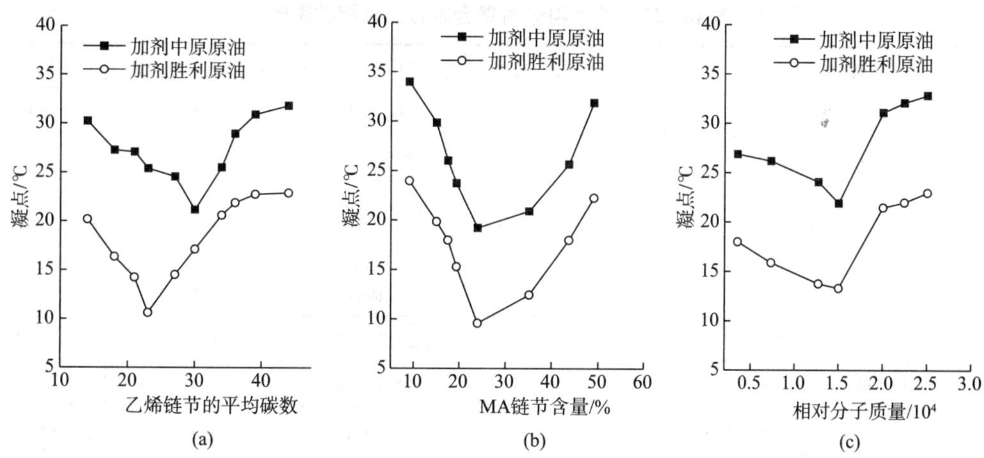

图 18-45 EMA 中乙烯链节的平均碳数（a）、MA 链节含量（b）和相对分子质量（c）对降凝效果的影响

常用的减阻剂包括适当相对分子质量的乙烯-丙烯共聚物、聚异丁烯、聚苯乙烯、聚环戊二烯、聚 α-烯烃、聚甲基丙烯酸甲酯等。聚异丁烯可以使原油的输送压力降低 40% 以上。高效的油溶性减阻剂主要是 α-烯烃的聚合物。这些聚合物也可以用于防蜡剂和降凝剂。

（一）环戊二烯-α-烯烃共聚物

环戊二烯-α-烯烃共聚物，可以用于原油减阻剂，其合成过程如下[56]。

经高纯氮气反复置换后，在磁力搅拌条件下，在聚合瓶中依次加入烯烃单体、主催化剂 $TiCl_3$ 及助催化剂 $AlEt_2Cl$，将预聚合反应温度控制在 0~5℃，然后封住聚合瓶。当反应液达到一定黏度时，将聚合瓶放入冷藏室，温度控制在 5℃左右。聚合 72h 后，成凝胶状，最后在室温下放置固化 2d。得到聚合物产品。

实验结果表明，在单体中水的质量分数小于 30μg/g、n（环戊二烯）∶n（α-辛烯）∶n（α-十二烯）=1∶1∶1、$TiCl_3$ 添加量为 3mg/L、n（$TiCl_3$）∶n（$AlEt_2Cl$）=1∶25、聚合温度为 5℃左右、反应时间为 72h、室温放置 2d 时，所合成的共聚物减阻剂的重均相对分子质量为 6400000，在环道中添加 10mg/L 的减阻剂时，减阻率可达到 48.3%。

研究表明，聚合单体经蒸馏、13X 分子筛静置吸附处理 24h 后，可将单体水质量分数控制在 30μg/g 内，使得聚合反应的效率大幅提高，从而提高了聚合物的重均相对分子质量，聚合物的减阻性能也大大提高。

在 $TiCl_4$ 添加量为 3mg/L、n（$TiCl_3$）∶n（$AlEt_2Cl$）=1∶2.5、聚合温度为 5℃左右、反应时间为 72h 的条件下，单体组成对聚合物减阻性能的影响见表 18-26。从表 18-26 可以看出，当环戊二烯、α-辛烯、α-十二烯或 α-十四烯单聚时，聚合物的减阻率低于 20%。调整单体组成的配比，当 n（环戊二烯）∶n（α-辛烯）∶n（α-十二烯）=1∶1∶1 时，所得聚合物的重均相对分子质量最高，减阻率也高达 48.3%。

表 18-26 单体组分对聚合物减阻性能的影响

单体种类	单体物质的量比	产物外观	相对分子质量/10^6	减阻率/%
环戊二烯		黏稠溶液	0.5	5.6
α-辛烯		较软固体	1.2	20.4
α-十二烯		较硬固体	3.4	15.8
α-十四烯		坚硬固体	4.5	12.9
环戊二烯:α-辛烯	1:1	较软固体	1.1	30.6
环戊二烯:α-十二烯	1:1	黏弹性固体	1.3	29.9
环戊二烯:α-十四烯	1:1	黏弹性固体	2.4	28.4
环戊二烯:α-辛烯:α-十二烯	1:1:1	黏弹性固体	6.4	48.3
环戊二烯:α-辛烯:α-十四烯	1:1:1	黏弹性固体	4.5	47.2

原料配比和反应条件一定时，催化剂 $TiCl_3$ 添加量、聚合反应温度和时间对聚合物减阻性能的影响见图 18-46。如图 18-46（a）所示，在 n（环戊二烯）:n（α-辛烯）:n（α-十二烯）=1:1:1、聚合温度为5℃左右、反应时间为72h 时，随着催化剂 $TiCl_3$ 添加量的增加，聚合物的减阻率呈先增大后降低的趋势，当催化剂 $TiCl_3$ 添加量为 3mg/L 时，减阻率最大。如图 18-46（b）所示，在 n（环戊二烯）:n（α-辛烯）:n（α-十二烯）=1:1:1、$TiCl_4$ 添加量为 3mg/L、n（$TiCl_4$）:n（$AlEt_2Cl$）=1:25、反应时间为 72h、聚合温度在 5℃左右时产品的减阻率最高。如图 18-46（c）所示，在 n（环戊二烯）:n（α-辛烯）:n（α-十二烯）=1:1:1、$TiCl_4$ 添加量 3mg/L、n（$TiCl_3$）:n（$AlEt_2Cl$）=1:25、聚合温度为5℃时，经过 72h 的聚合，单体转化率在95%以上，此后，单体转化率的增加变得极其缓慢。这是因为随着聚合时间的延长，反应体系黏度增大，单体浓度不断降低，导致聚合速率减慢。将产品在室温下放置 2d 后，单体转化率大于99%。

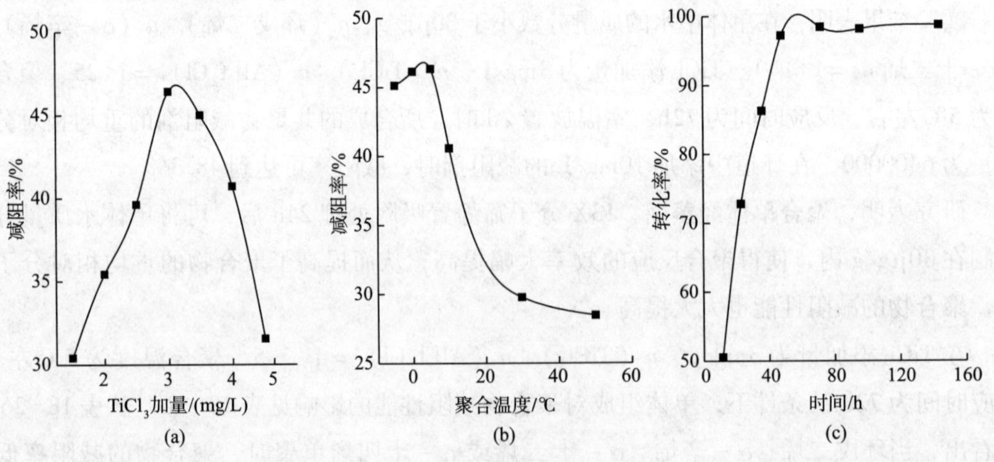

图 18-46 催化剂 $TiCl_3$ 用量（a）聚合温度（b）和聚合时间（c）对单体转化率的影响

(二) α－己烯－α－十二烯共聚物

采用本体聚合法，以 $TiCl_4$为主催化剂、Al (i－Bu)$_3$为助催化剂合成 α－己烯/α－十二烯共聚物，当主催化剂用量为 0.09g、助催化剂用量为 0.12mL、α－十二烯与 α－己烯体积比为 2∶1 (α－十二烯与 α－己烯总体积为 40mL)、反应时间为 48h、反应温度为－5℃的条件下，所得聚合物特性黏数为 11.21 dL/g，用作减阻剂，在柴油中加量为 10μg/g 时，减阻率达到 50.81%。其合成过程如下[57]。

首先抽真空并用高纯氮气反复置换聚合瓶里的空气，在磁力加热搅拌下依次加入 α－十二烯、α－己烯、助催化剂、主催化剂，并控制反应所需温度。当主催化剂混合均匀，磁子不再转动时，封住聚合瓶将其转入到冷藏室中进入后期反应，反应结束后将所得产物用乙醇清洗，然后放在真空干燥箱中 (60℃) 干燥至恒质，即可。

需要强调的是，实验前，聚合过程所用的玻璃仪器全部在 120℃鼓风干燥箱中干燥 6h 以上。主催化剂 ($TiCl_4$) 的称量在真空手套箱中进行，助催化剂 [Al (i－Bu)$_3$] 在高纯氮气保护下加入。

研究表明，在聚合物合成中催化剂是影响产物相对分子质量的关键。在 α－十二烯与 α－己烯体积比为 2∶1 (α－十二烯与 α－己烯总体积为 40mL)、聚合时间为 48h、反应温度为－5℃的条件下，助催化剂和主催化剂用量对聚合物特性黏数的影响见图 18－47 和图 18－48。

如图 18－47 所示，当主催化剂用量为 0.08g 时，聚合物特性黏数随着助催化剂用量的增加呈现先增加后降低的趋势，当 Al (i－Bu)$_3$的用量为 0.12mL 时特性黏数最大。这可能是由于当 Al (i－Bu)$_3$用量过多时，富余的 Al (i－Bu)$_3$会吸附在活性中心上，导致活性中心数目减少，减少了向活性中心配位的单体的数量。当 Al (i－Bu)$_3$用量太低时，主助催化剂不容易配位络合，不利于特性黏数的上升。

如图 18－48 所示，当助催化剂用量为 0.10mL 时，聚合物特性黏数随 $TiCl_4$用量的增加先增大后降低，当 $TiCl_4$用量为 0.09g 时，特性黏数达到最大。这是由于当 $TiCl_4$用量较少时，过量的 Al (i－Bu)$_3$除与 $TiCl_4$作用形成活性中心外，其余的 Al (i－Bu)$_3$可将 $TiCl_4$还原为没有活性的 $TiCl_4$，而当 $TiCl_4$用量过多时，富余的 $TiCl_4$加大了聚合反应速率，使体系的黏稠度增加，影响单体的扩散，导致体系的传质受阻，造成特性黏数降低。在实验条件下，应控制 $TiCl_4$用量为 0.09g。

(三) 聚 C_{10}～C_{14}长链 α－烯烃

将 100mL 插有温度计、氮气管的三颈瓶反复抽真空 (高纯氮气置换 3 次)，在磁力搅拌下依次加入 60mL 烯烃混合物、1.794mmol 的 Al (Et)$_2$Cl 和 0.023mmol 的 $TiCl_4$。在氮气氛围下，利用冷却介质控制前期反应温度为 0～36℃ (1h)，后期反应温度为 5℃ (47h)，所得产物为半透明凝胶。经过冷冻粉碎后，用乙醇洗涤、真空干燥至恒重，即得到产品。所得产物相对分子质量为 410×10^4。

将聚合物冷冻粉碎后，可配制出质量分数为 47%、凝点低于－50℃、流动性较好、难挥发的高碳醇基减阻剂浆料。当减阻剂在柴油中加量为 0.01kg/m^3 时，减阻率可达40.1%[58]。

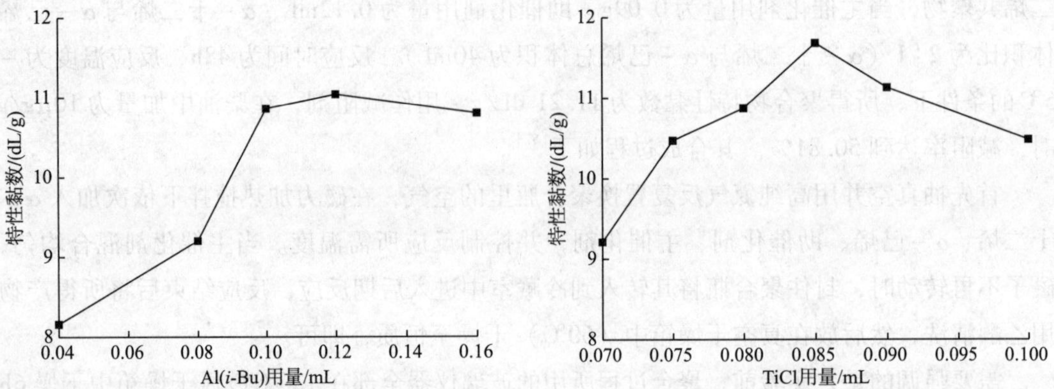

图 18-47　助催化剂用量对聚合物特性黏数的影响　　图 18-48　主催化剂用量对聚合物特性黏数的影响

此外，还有一些由乙烯与不同类型单体的共聚物，也可以用于防蜡剂、降凝剂和减阻剂。这些聚合物有：乙烯-羧酸乙烯酯共聚物、乙烯-顺丁烯二酸酯共聚物、α-烯烃-顺丁烯二酸酯共聚物、乙烯-丙烯酸-丙烯酸酯共聚物、乙烯-乙烯基甲基醚-顺丁烯二酸酯共聚物、乙烯-羧酸乙烯酯-丙烯磺酸盐共聚物、乙烯-丙烯酸酯-丙烯磺酸盐共聚物，以及α-烯烃-苯乙烯共聚物等。

第八节　其他有关聚合物

除前面所述的一些聚合物外，还有一些不同类型的聚合物可用于油田化学品，这些聚合物在油田中的应用面比较单一或研究相对较少。

一、丁苯胶乳

在20世纪90年代初丁苯胶乳成功应用于现场固井作业。实践表明，当用丁苯胶乳水泥浆封固油气层时，随着水泥水化反应的进行，环绕水泥颗粒的水被消耗，丁苯胶乳产生聚集，形成空间网络状非渗透膜，完全填充水泥颗粒间空隙，避免环空窜流产生。

丁苯胶乳（SBL）是由丁二烯（Bd）和苯乙烯（St）经过乳液聚合得到的一种固含量为30%~50%的水性溶液。由不同比例的苯乙烯和丁二烯经乳液聚合而成。根据苯乙烯含量、乳化剂和聚合温度等的不同而有多种品种，其性能和用途也不同。乳液法生产丁苯胶乳根据聚合温度的不同可分为热法丁苯和冷法丁苯。冷法制得的胶乳在质量、均匀性等方面较好。因此，目前世界上约80%的乳液丁苯胶用冷法生产。

在生产中各种物料投放的顺序很重要，通常先加入水、乳化剂、助乳化剂，然后再加入单体。引发剂易与其他物料作用，故一般是在后面加入，总聚合时间为6~10h，单体总转化率超过60%左右就要终止聚合。否则将会由于转化率过高，而使体系黏度过大，不易散热，如局部过热则易引起凝胶产生支链结构，影响丁苯胶乳的质量。

（一）制备方法

采用自由基乳液聚合法可以制备油气田固井专用丁苯胶乳，其制备过程如下[59,60]。

在10L聚合釜中加入配制的乳化剂OP－10、NP－40、十二烷基硫酸钠及烷基二苯醚磺酸二钠盐、脱盐水及苯乙烯，抽真空至0.05MPa时加入丁二烯，开启搅拌，升温到65℃后加入引发剂过硫酸钾开始反应。在聚合过程中定时取样测定转化率，按预定条件加入功能单体，当单体转化率达到98%时，降温至30℃出料。

实验发现，在胶乳制备中乳化剂体系、单体配比、温度、引发剂用量、调节剂和水用量等均会影响胶乳性能。

乳化体系（复合乳化剂）是影响乳液体系稳定性的关键。油田常用的G级水泥主要是由硅酸钙组成，随着温度的升高，钙盐对胶乳的凝聚破乳作用将会加剧。因此，合成的胶乳在高温条件下应具有良好的化学稳定性和机械稳定性，以满足水泥拌和及泵注水泥浆的要求。从聚合反应的速率、稳定性以及与水泥的配伍性、耐温性等因素考虑，乳化体系应选择非离子乳化剂为主体，并辅以有抗盐耐温的阴离子乳化剂，形成复配的非离子－阴离子乳化体系。以具有较好化学稳定性的非离子型乳化剂OP－10（Ⅰ）为主体，以能提高胶乳水泥浆稳定性、延长稠化时间的非离子乳化剂NP－40（Ⅱ），能提高反应速率的阴离子型乳化剂十二烷基硫酸钠（SDS）和对胶乳的机械稳定性、胶乳水泥浆的耐温性有贡献的阴离子乳化剂烷基二苯醚磺酸二钠盐（MADS）为辅的复合乳化剂。乳化剂配比对胶乳性能的影响见表18－27。

由表18－27可以看出，当m（OP－10）∶m（NP－40）∶m（SDS）∶m（MADS）＝7.0∶1.0∶1.0∶1.0、6.0∶2.0∶1.0∶1.0或6.5∶1.5∶1.0∶1.0时，反应速率适中，所得丁苯胶乳的化学稳定性和机械稳定性较好，稠化时间较长。

表18－27 乳化剂配比对胶乳性能的影响

m（OP－10）∶m（NP－40）∶m（SDS）∶m（MADS）	聚合时间/h	固含量/%	黏度/mPa·s	化学稳定性/%	机械稳定性/%	稠化时间/min	
						室温	90℃
7.5∶1.0∶1.0∶0.5	16	46.9	45	0.07	0.08	85	65
7.5∶1.0∶0.5∶1.0	17	47.2	48	0.08	0.07	80	70
7.0∶1.0∶1.0∶1.0	15	47.5	55	0.05	0.07	120	115
6.5∶1.0∶1.5∶1.0	13	48.0	49	0.04	0.10	85	75
6.5∶1.5∶1.0∶1.5	14	47.5	65	0.06	0.10	85	80
6.5∶1.5∶1.0∶1.0	15	47.6	51	0.05	0.08	110	100
6.0∶1.0∶1.0∶2.0	14	47.2	64	0.07	0.12	85	75
6.0∶1.0∶2.0∶1.0	12	47.2	68	0.06	0.11	85	65
6.0∶2.0∶1.0∶1.0	15	47.9	63	0.05	0.08	100	95

注：乳化剂10份，m（Bd）∶m（St）＝50∶50，引发剂0.6份。

如表 18-28 所示，随着复合乳化剂用量的增加，聚合反应速率明显减慢，胶乳的粒径减小，黏度增大，化学稳定性和机械稳定性变好。这是由于该体系中非离子乳化剂 OP-10 占主导作用所致。但是，随着复合乳化剂用量的增加，稠化时间则出现先延长后缩短的趋势，这可能是由于乳化剂分子上的极性基团吸附大量自由水，使水泥浆迅速稠化所致。可见，在实验条件下，复合乳化剂适宜的用量为 7 ~9 份。

表 18-28　乳化剂用量对胶乳及水泥浆性能的影响

乳化剂用量/份	聚合时间/h	粒子尺寸/nm	黏度/mPa·s	化学稳定性/%	机械稳定性/%	稠化时间/min
4	10.0	220	35	0.070	0.40	81
5	10.5	195	51	0.030	0.29	92
6	12.5	182	64	0.017	0.15	107
7	13.0	170	73	0.010	0.09	113
8	13.0	158	89	0.009	0.06	128
9	14.0	150	105	0.006	0.05	127
10	20.0	146	145	0.002	0.04	68
12	23.0	126	174	0.001	0.03	62

注：m（Bd）：m（St）=50:50，引发剂 0.6 份。

实验表明，单体的配比是决定产品应用性能的关键，如表 18-29 所示，随着苯乙烯用量的增加，API 失水量增大，水泥浆的稠化时间延长。综合考虑水泥浆的稠化时间和失水量，选择 m（Bd）：m（St）为（55 ~45）：(45 ~55)。

表 18-29　m（Bd）：m（St）对胶乳及水泥浆性能的影响

m（Bd）：m（St）	固含量/%	黏度/mPa·s	表面张力/（mN/m）	机械稳定性/%	稠化时间/min	失水量/mL
75:25	47.6	75.0	31.1	0.08	50	29.5
65:35	47.2	37.5	30.4	0.05	70	32.5
55:45	47.5	52.2	30.4	0.05	110	37.3
45:55	47.3	35.1	29.8	0.02	118	45.1
35:65	46.8	25.4	31.0	0.02	125	65
25:75	46.7	55.6	30.3	0.02	126	83.8

注：乳化剂 8 份，引发剂 0.6 份。

为了提高胶乳水泥浆的黏接强度，使其既能起到防气窜的作用，又能满足高温高压固井的要求，在胶乳合成中可引入适量的功能单体。如表 18-30 所示，虽然采用丙烯酸、甲基丙烯酸、丙烯酸丁酯和丙烯腈等作为功能单体所合成的丁苯胶乳都能与水泥进行拌和，但以不饱和磺酸盐作为功能单体时，水泥浆的稠化时间最长。可见，不饱和磺酸盐作为功能单体更有利于保证产品的性能。

表 18-30 功能性单体对胶乳及水泥浆性能的影响

功能性单体	固含量/%	黏度/mPa·s	表面张力/（mN/m）	机械稳定性/%	稠化时间/min
丙烯腈	46.9	67	31.6	0.18	112
甲基丙烯酸	48.1	78	30.6	0.13	117
丙烯酸丁酯	47.8	73	30.0	0.05	120
不饱和磺酸盐	47.2	72	29.7	0.03	148
丙烯酸	47.7	76	31.2	0.09	123

注：功能性单体 5 份，乳化剂 8 份，m（Bd）∶m（St）=50∶50，引发剂 0.6 份。

当单独采用不饱和磺酸盐作为改性单体时，随着不饱和磺酸盐用量的增加，胶乳的黏度增大，机械稳定性下降；当不饱和磺酸盐用量超过 8 份时，水泥浆的稠化时间变化不大，但机械稳定性急剧变差。因此，不饱和酯磺酸盐的用量在 4～7 份较好（表 18-31）。

如表 18-32 所示，当同时采用不饱和羧酸和不饱和磺酸盐单体时，当 w（羧酸功能单体）≤3% 时，随着羧酸功能单体含量的增加，聚合反应速率变化不大，聚合稳定性逐渐增加；当羧酸功能单体用量 >3% 时，聚合反应速率加快，胶乳黏度明显上升；当三元共聚羧基丁苯胶乳体系中引入的不饱和磺酸盐功能单体为 0.6% 时，对体系的聚合稳定性没有影响，应用试验表明，胶乳与水泥的掺混性能提高。

表 18-31 功能性单体对胶乳及水泥浆性能的影响

不饱和磺酸盐/份	固含量/%	黏度/mPa·s	表面张力/（mN/m）	机械稳定性/%	稠化时间/min
3	48.2	43	30.6	0.01	127
4	47.1	53	31.6	0.02	142
5	48.0	67	31.0	0.05	148
6	47.2	81	29.8	0.07	151
7	46.7	95	30.1	0.09	152
8	47.6	113	30.7	0.11	151
10	47.9	132	29.7	0.28	154

注：功能性单体 5 份，乳化剂 8 份，m（Bd）∶m（St）=50∶50，引发剂 0.6 份。不饱和磺酸盐 1 步加入。

表 18-32 功能性单体对聚合稳定性的影响

功能性单体用量/%		固含量/%	机械稳定性/%	化学稳定性/%	模拟配浆实验
不饱和羧酸	不饱和磺酸盐				
1.5	1.00	46.9	0.11	0.13	迅速稠化
2.0	0.60	47.1	0.05	0.04	配浆稳定
3.0	0.50	46.4	0.11	0.02	配浆稳定
4.5	0.20	47.0	2.30	1.30	迅速稠化

为了提高胶乳吸附自由水和与水泥颗粒黏连的能力，增强胶乳在高温下降低失水的作用，应使功能单体分布在胶乳粒表层。合成中采用在反应初期一次加入功能单体与在反应过程中分步加入功能单体的两种方式。如表 18-33 所示，分步加入与一次加入功能单体相比，水泥浆的稠化时间有延长的趋势，并且当功能单体第 1 次加入量: 第 2 次加入量（质量比）为 30:70、第 2 次加入时机是在转化率为 80% 时，功能单体有较好的效果。

表 18-33　功能性单体加料方式对胶乳及水泥浆性能的影响

转化率/%	1 次加入量/2 步加入量（质量比）	固含量/%	黏度/mPa·s	表面张力/(mN/m)	机械稳定性/%	稠化时间/min
60	30/70	47.6	103	30.7	0.11	161
60	50/50	46.7	95	30.1	0.09	158
60	70/30	47.3	87	31.2	0.06	154
80	30/70	47.8	92	31.5	0.03	175
80	50/50	48.0	67	31.0	0.05	168
80	70/30	47.2	78	29.8	0.07	161

注：功能性单体 5 份，乳化剂 8 份，引发剂 0.6 份。

对丁苯胶乳合成而言，聚合反应温度对聚合反应速率及聚合稳定性的影响较大。若聚合反应温度选择不当，将导致聚合过程失控。如表 18-34 所示，当反应温度过低时，聚合速率太慢；当反应温度高于 80℃，虽然对加快反应速率有利，但胶乳的黏度上升，稳定性变差。因此，反应温度必须严格控制。综合聚合实验结果，在实验条件下反应温度为 (75 ±3)℃时较适宜。

表 18-34　温度对聚合稳定性的影响

反应温度/℃	反应时间/h	固含量/%	黏度/mPa·s	机械稳定性/%	化学稳定性/%	pH 值
60 ±3	10.3	47.3	35.7	0.12	0.15	8.1
65 ±3	9.0	47.6	36.3	0.03	0.20	7.9
75 ±3	7.1	48.3	38.6	0.01	0.03	9.3
80 ±3	5.8	46.4	41.1	0.13	很差	8.4
85 ±3	5.0	45.1	55.2	3.20	很差	7.7

引发剂是乳液聚合配方中最重要的组分之一，引发剂的种类及用量会直接影响聚合反应速率及聚合稳定性。当采用水溶性过硫酸铵为引发剂时，引发剂用量对聚合稳定性的影响示于表 18-35。从表 18-35 可看出，随着引发剂用量的增加，聚合速率加快；当加引发剂用量≥1% 时，反应速率过快，导致聚合稳定性下降，产物中凝胶增多。在实验条件下，引发剂过硫酸铵用量在 0.5% ~0.6% 时较适宜。

表 18-35 引发剂用量对聚合稳定性的影响

引发剂用量/%	反应时间/h	黏度/mPa·s	机械稳定性/%	化学稳定性/%	pH 值
0.4	8.8	42.5	0.04	0.03	7.6
0.5	7.8	38.7	0.03	0.01	8.1
0.6	7.4	36.0	0.02	0.01	8.7
0.8	6.0	46.5	0.01	0.10	7.9
1.0	5.2	38.5	0.14	0.11	8.3

在乳液聚合反应体系中，通常需要加入相对分子质量调节剂，以调节聚合物的相对分子质量。当相对分子质量调节剂类型及用量适当时，可以得到性能良好的胶乳。当选用叔十二碳硫醇为调节剂时，其用量对聚合稳定性的影响反映在表 18-36。从表 18-36 可看出，随着相对分子质量调节剂用量的增加，胶乳稳定性稍有变化。显然，相对分子质量调节剂用量为 0.45% 时较适宜。

表 18-36 调节剂用量对聚合稳定性的影响

调节剂用量/%	固含量/%	黏度/mPa·s	机械稳定性/%	化学稳定性/%	pH 值
0.20	47.3	45.2	0.11	0.20	8.1
0.30	46.9	41.4	0.14	0.14	7.8
0.45	47.4	45.6	0.03	0.01	8.3
0.60	47.0	42.7	0.02	0.03	8.7

研究表明，烃水比会直接影响聚合稳定性、胶乳产品的性能，并且直接决定胶乳产品的总固含量。如表 18-37 所示，随着水含量的不断增加，总固含量和胶乳黏度明显下降，而胶乳稳定性增加。综合考虑，*m*（烃）:*m*（水）=100:(120~130）时较适宜。

表 18-37 *m*（烃）:*m*（水）对聚合稳定性的影响

m（烃）:*m*（水）	固含量/%	黏度/mPa·s	机械稳定性/%	化学稳定性/%	pH 值
100:100	48.9	60.0	1.13	0.52	8.3
100:110	48.2	44.5	1.01	0.31	7.3
100:120	47.1	41.5	0.02	0.01	8.7
100:130	46.7	36.5	0.01	0.03	9.1

此外，还有一些油井水泥用胶乳的合成方法。如在反应釜中，保持温度在 50~70℃，依次加入丁二烯总质量的 40%~70% 和苯乙烯总质量的 50%~80%，再加入过硫酸钾、聚氧乙烯酚烷基醚，烷基苯磺酸钠和叔十二碳硫醇，聚合反应 3h，然后将剩余部分的丁二烯和苯乙烯加入到反应容器中，保持温度不变继续反应 5~7h，即得到丁苯胶乳乳状液[61]。

该方法合成丁苯胶乳固含量在 40%~45%，黏度小于 30mPa·s，pH 值在 6~8，外观呈乳白色，密度接近 1.0g/cm^3，液珠直径小于 200nm。用水稀释丁苯胶乳进行微观分析，在偏光显微镜下可以看到溶液中充满了大量的微小液珠。丁苯胶乳乳状液中液珠直径主要集中分布在 40～180nm，其平均值为 114.4nm；ζ 电势分布在 -40～-20mV，平均值为 -39.4mV，呈现阴离子性。

评价表明，所制备的丁苯胶乳用于水泥浆外加剂，具有加量少、抗高温、低失水、低游离水、直角稠化、过渡时间短、防气窜和良好的流变性等特点。水泥浆性能良好，固井质量优异。

（二）应用

如上所述，丁苯胶乳主要用于油井水泥防气串剂。组成适当的丁苯胶乳在钻井液中，可用于成膜封堵剂、降滤失剂，有利于井壁稳定。

丁苯胶乳也可以用于调剖剂，如利用填砂管岩心驱替实验，对丁苯胶乳作为深部调剖剂的封堵能力、运移特征及注入动态研究表明[62]：①丁苯胶乳可以对岩心产生一定的封堵，并且其封堵能力与地层渗透率密切相关，即当其质量分数较高时，随着乳状液颗粒在岩心中的运移，封堵能力逐渐减弱；当质量分数较低时，对于渗透率较大的岩心，乳状液的封堵能力较弱，而对于渗透率较小的岩心，封堵能力较强；②丁苯胶乳段塞可以在岩心中运移，其在高渗透率岩心中的运移速度大于其在低渗透率岩心中的运移速度；③丁苯胶乳注入不同渗透率岩心时的选择性较差，在合注分采情况下，其封堵渗透率较低岩心的能力大于封堵渗透率较高岩心的能力；④丁苯胶乳对大孔喉阻塞不明显，而在渗透率较低的油藏中，有可能在入口段产生封堵，难以实现深部调剖。但是，从岩心注入端的压力变化看，丁苯胶乳对孔喉的确具有封堵效应，关键在于如何使此效应作用在油藏深部，这是今后研究中需要攻克的难点。

二、聚乙烯基吡啶类季铵盐

该类产品可以用于抗菌剂和黏土防膨剂和水处理絮凝剂等。但关于其研究和应用较少，主要包括如下一些产品。

（一）聚乙烯基吡啶季铵盐

该类聚合物以聚 4－乙烯基吡啶季铵盐为主。合成原理如式（18-16）所示。

$$CH_2{=}CH(C_5H_4N) \longrightarrow \left[CH_2-CH(C_5H_4N) \right]_n \xrightarrow{RBr} \left[CH_2-CH(C_5H_4N^+R) \right]_n Br^- \tag{18-16}$$

以氯化聚 N－苄基－4－乙烯基吡啶为例，制备方法如下。

（1）将通过减压蒸馏提纯的 4－乙烯基吡啶注入装有 25mL 水的聚合瓶中，加入适当比例的羟乙基纤维素（占单体质量的 0.6%）水溶液、过氧化二苯甲酰（占单体质量的 0.8%），混合均匀后将聚合瓶抽真空，再充氮气。然后将聚合瓶密封置于 60℃ 的恒温水浴，在保持300r/min的搅拌速度下进行悬浮聚合反应1h。反应结束后将反应液静置一段时间，待聚合物颗粒沉积后除去水。聚合物先在室温下干燥4d，然后在70℃下真空干燥，即得聚4－乙烯基吡啶[63]。

（2）称取0.5g聚4－乙烯基吡啶，加入到含40mL乙腈的圆底烧瓶中，溶胀12h。加入氯化苄1.2mL（过量100%），在90℃回流18h。反应结束后将体系冷却至常温，将溶液滴加到过量乙酸乙酯中，过滤，减压干燥，即得到氯化聚N－苄基－4－乙烯基吡啶[64]。

氯化聚N－苄基－4－乙烯基吡啶聚合物具有优良的抗菌活性。实验温度在0℃到37℃的范围内，其活性随着温度升高而提升，且抗菌性能会因细菌含量的提高而降低。

此外，还有如下一些季铵盐产物。

1）聚N－乙烯基吡啶季铵盐

$$\left[CH_2-CH(OSO_2CH_6CH_5)\right]_n + \text{3-R-pyridine} \longrightarrow \left[CH_2-CH(N^+\text{-3-R-pyridinium})\right]_n \; CH_6CH_5SO_3^- \quad (18-17)$$

2）聚邻－乙烯基吡啶季铵盐

$$CH_2=CH(\text{2-pyridyl}) \longrightarrow \left[CH_2-CH(\text{2-pyridyl})\right]_n \xrightarrow{RBr} \left[CH_2-CH(\text{2-pyridinium-}N^+\text{-R})\right]_n \; Br^- \quad (18-18)$$

3）聚2－甲基－5－乙烯基吡啶季铵盐

$$\left[CH_2-CH(\text{6-methyl-3-pyridyl})\right]_n + CH_3OSO_2OCH_3 \longrightarrow \left[CH_2-CH(\text{6-methyl-}N^+\text{-}CH_3\text{-3-pyridinium})\right]_n \; CH_3SO_4^- \quad (18-19)$$

4）聚乙烯基吡啶内盐

$$\left[CH_2-CH(\text{4-pyridyl})\right]_n + BrCHCOOCH_2CH_3 \longrightarrow \left[CH_2-CH(\text{4-pyridinium-}N^+\text{-}CH_2COOC_2H_5)\right]_n \longrightarrow \left[CH_2-CH(\text{4-pyridinium-}N^+\text{-}CH_2COO^-)\right]_n \quad (18-20)$$

（二）聚4－乙烯基吡啶－丙烯酰胺季铵盐

4－乙烯吡啶也可以与丙烯酰胺共聚制备P（4－VP－CO－AM），进一步季铵化可以得到聚4－乙烯基吡啶－丙烯酰胺季铵盐（QCPAV）。实验表明，QCPAV具有很强的抗菌、絮凝和缓蚀能力。

1. 合成方法

方法1[65]：在装有搅拌子、温度计、回流冷凝管的三口烧瓶中，加入等体积的N，N－二甲基甲酰胺（DMF）与蒸馏水，再加入物质的量比为2∶1的丙烯酰胺与4－乙烯基吡啶混合单体，以 AIBN 为引发剂，在 N_2保护下于 65℃下反应 6h，以四氢呋喃为沉淀剂，制得共聚物 P（4 - VP - CO - AM）。称取一定量的共聚物 P（4 - VP - CO - AM），溶解于甲醇与乙二醇的混合溶剂中，在搅拌下缓慢加入过量的溴代正丁烷，于 60℃下反应约 5h，用沉淀剂四氢呋喃沉淀出产物，并室温下真空干燥 24h 即得目标产物。其反应过程如式（18-35）所示。

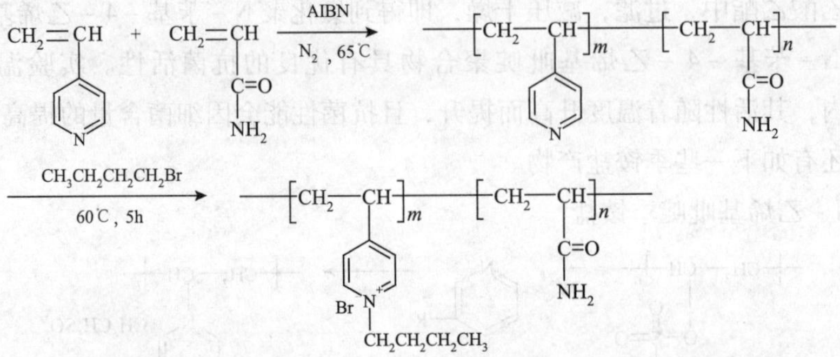

$$CH_2{=}CH(C_5H_4N) + CH_2{=}CH{-}C(=O){-}NH_2 \xrightarrow[N_2,\ 65℃]{AIBN} {-}[CH_2{-}CH(C_5H_4N)]_m{-}[CH_2{-}CH(C(=O)NH_2)]_n{-}$$

$$\xrightarrow[60℃,\ 5h]{CH_3CH_2CH_2CH_2Br} {-}[CH_2{-}CH(C_5H_4N^+{-}CH_2CH_2CH_2CH_3\ Br^-)]_m{-}[CH_2{-}CH(C(=O)NH_2)]_n{-} \quad (18-21)$$

方法 2[66]：在装有搅拌器、温度计、回流冷凝管的四口反应烧瓶中，依次加入一定量的丙烯酰胺、4 - 乙烯基吡啶、N，N - 二甲基甲酰胺（或丙酮）和蒸馏水，通入 N_2保护，匀速搅拌一定时间后，缓慢将温度升到一定值，加入引发剂过硫酸钾的水溶液，并开始计量，反应一定时间后，冷却出料，将黏稠液体倒入大量水中，并加入适量 $CaCl_2$溶液，即可沉淀出聚合物。产物用蒸馏水洗涤数次后，用氯防浸泡 24h，最后将产物真空干燥至恒重，得到 P（4 - VP - CO - AM）；称取一定量的共聚物 P（4 - VP - CO - AM），溶解于甲醇或甲醇与乙二醇的混合溶剂中（视共聚物的组成情况而采用不同的溶剂），在搅拌下缓慢加入 5 倍于共聚物中吡啶环物质的量的硫酸二甲酯，以保证使共聚物中的吡啶环全部被季铵化，于室温下反应约 11h，用沉淀剂四氢呋喃沉淀出产物，并多次用四氢呋喃洗涤，将产品于室温下真空干燥 24h，即得到目标产物。其结构式为：

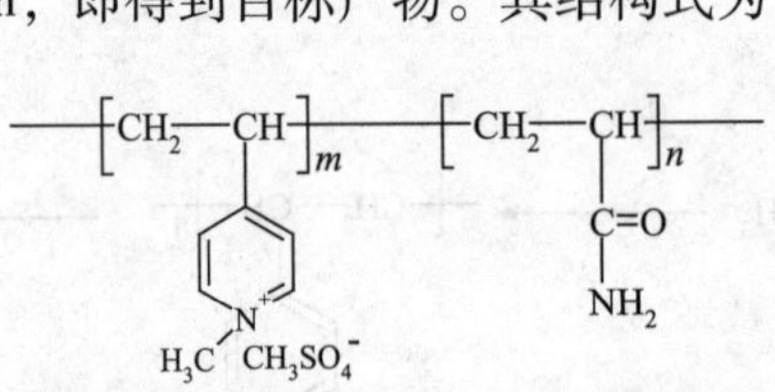

$${-}[CH_2{-}CH(C_5H_4N^+{-}CH_3\ CH_3SO_4^-)]_m{-}[CH_2{-}CH(C(=O)NH_2)]_n{-}$$

为了保证共聚反应的效率，以 N，N - 二甲基甲酰胺和水的混合液为共溶剂，研究了单体总浓度、聚合温度、反应时间及引发剂浓度等因素对 4 - 乙烯基吡啶与丙烯酰胺共聚合的影响规律[67]，结果见图 18-49 ~ 图 18-52。

如图 18-49 所示，当反应温度 45℃，反应时间 6h，V（DMF）：V（H_2O）=1∶1，过硫酸钾质量分数 1.5%，n（AM）：n（4 - VP）=2∶1 时，单体的转化率随着单体总浓度的增加而提高，而共聚单体的总浓度对共聚物中的 4 - VP 链节的含量影响很小。如图 18-50 所示，当反应时间为 6h，V（DMF）：V（H_2O）=1∶1，过硫酸钾质量分数为 1.5%，n（AM）：n（4 - VP）=2∶1，单体浓度为 0.3g/mL 时，随着聚合温度的升高，单体转化率增加，共聚物的特性黏数下降，即相对分子质量降低。如图 18-51 所示，当反应温度为 45℃，V（DMF）：V（H_2O）=1∶1，过硫酸钾质量分数为 1.5%，n（AM）：n（4-VP）=2∶1，单体浓度为 0.3g/mL 时，随着聚合时间的增加，单体的转化率提高，而在聚合后期，由于生成较多的低分子聚合物，使聚合物的特性黏数呈现出下降的趋势。如图 18-52 所示，当反应温度为 45℃，反应时间 6h，V（DMF）：V（H_2O）=1∶1，n（AM）：n（4-VP）=2∶1，单体浓度为 0.3g/mL 时，随着引发剂用量的增加，共聚物的特性黏数急剧下降，而其对共聚物的转化率影响不大。

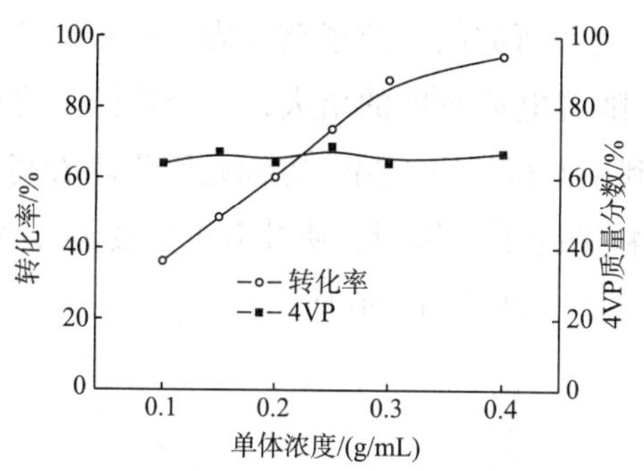

图 18-49 单体浓度对共聚反应的影响

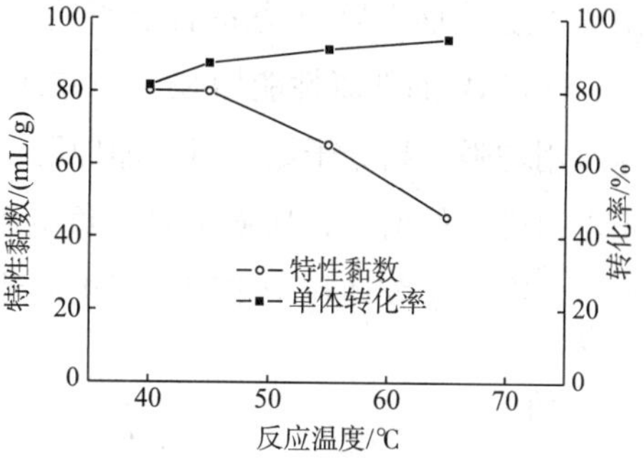

图 18-50 反应温度对共聚反应的影响

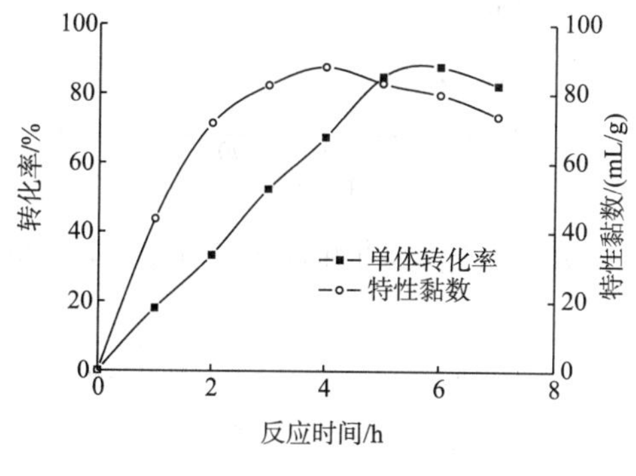

图 18-51 反应时间对共聚反应的影响

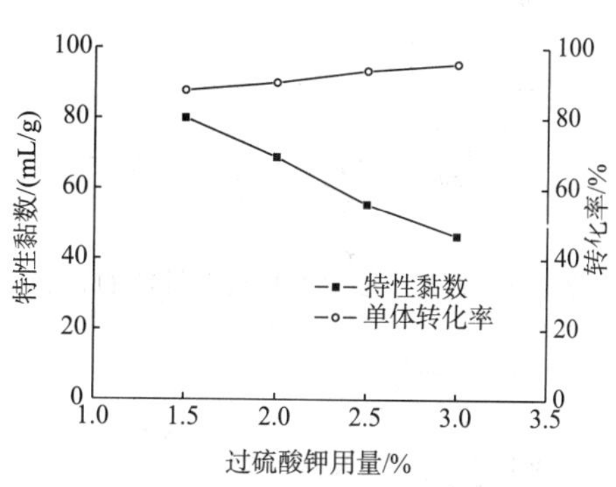

图 18-52 引发剂用量对共聚反应的影响

2. 抗菌、缓蚀和絮凝性能

研究表明，吡啶季铵盐型阳离子聚丙烯酰（QCPAV）具有很强的抗菌能力[68]。QCPAV 抗菌性能与阳离子度和相对分子质量有关。图 18-53 和图 18-54 是阳离子度和相对分子质量对产物抗菌性能的影响情况（样品加入 10mg/L、接触时间为 5min）。如图 18-53 所示，随着其阳离子度的增加，抗菌率增大，吡啶季铵盐与烷链季铵盐相同，凭借所带正电荷与负电荷的菌体之间会产生强的静电相互作用，因而大分子 QCPAV 对菌体会产生强烈的吸附作用，QCPAV 大分子链中的阳离子度越高，正电荷密度越大，对菌体的吸附能力就越强，因此其抗菌性能随着阳离子度的增大而增强。如图 18-54 所示，QCPAV 随其相对分子质量的增大，抗菌率明显增大。相对于小分子季铵盐抗菌剂而言，高分子季铵盐抗菌剂由于抗菌基团在其高分子链上相对比较集中，即抗菌基团浓度高，故其抗菌性能更强，抗菌基团的这种“集中效应”随着高分子抗菌剂相对分子质量的增大而明显增强。

实验表明，吡啶季铵盐型阳离子聚丙烯酰具有很强絮凝和缓蚀能力[66]。

如图 18-55 所示，QCPAV 的絮凝能力优于以非离子性聚丙烯酰胺（相对分子质量 80×10^5）（以 0.2% 硅藻土悬浮液作为考察对象），在最佳投加量时上清液的透光率几乎近于 100%。图 18-56 和图 18-57 是阳离子度和相对分子质量对 QCPAV 的絮凝能力的影响（pH = 6 左右、投加量 $1\times10^{-6}\sim2\times10^{-6}$g/g）。

阳离子度对 QCPAV 的絮凝性能影响很大，在所研究的阳离子范围内，随着阳离子度的增大，QCPAV 的絮凝性能增强。一方面因为随着电荷密度的增大，聚合物链节之间静电排斥作用增强，高分子链变得更加伸展，有利于架桥效应，另一方面是因为随着高分子链上正电荷密度的增大，加强了对荷负电胶体粒子的中和作用，使其双电层受到压缩，ζ 电位变小，有利于胶体粒子之间的聚集而絮凝沉降，如图 18-56 所示。

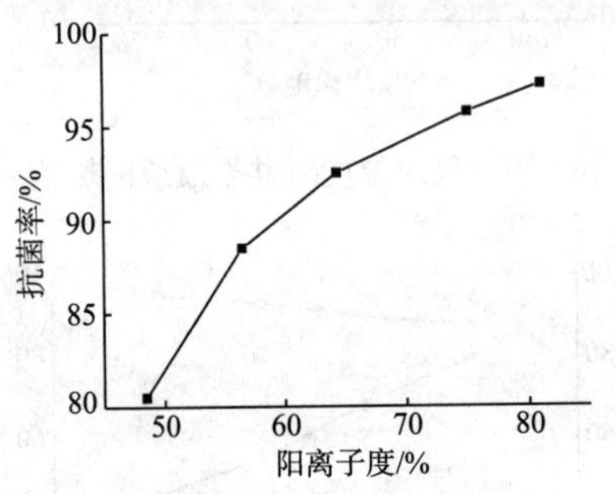

图 18-53　阳离子度对产物抗菌性能的影响

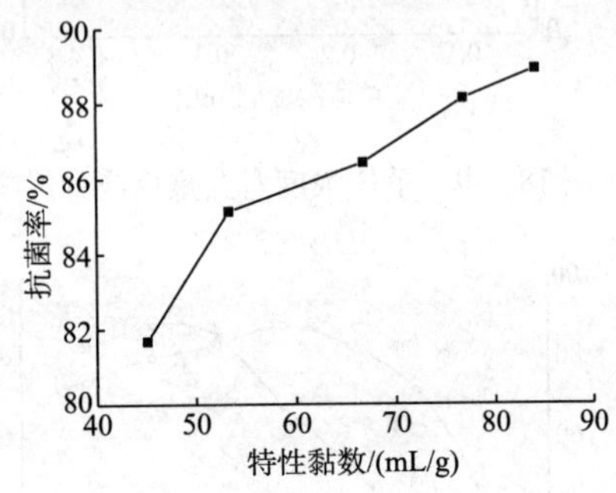

图 18-54　相对分子质量对产物抗菌性能的影响

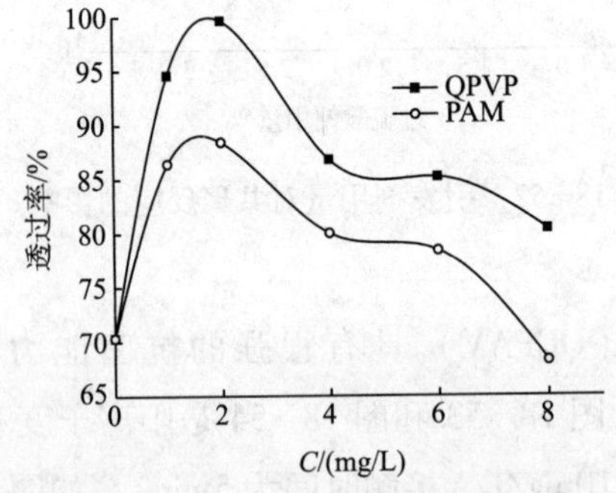

图 18-55　不同絮凝剂的效果对比

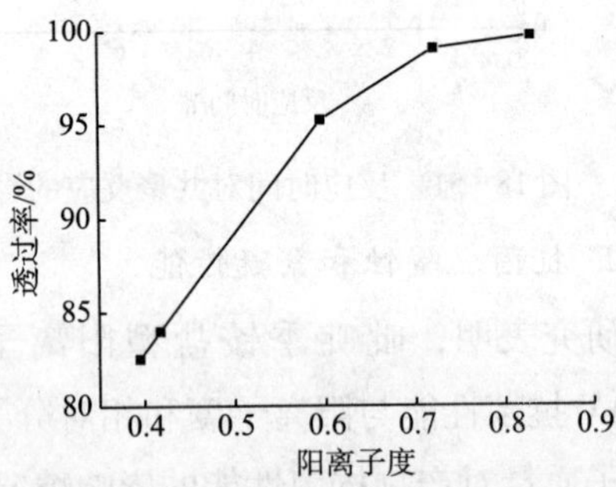

图 18-56　阳离子度絮凝效果的影响

随着相对分子质量的增大，QCPAV 絮凝性能先增加后减弱，并有一最佳的相对分子质量范围（即 [η] = 65 ~ 70mL/g），这是因为相对分子质量太小时，架桥作用较弱，随着相对分子质量增大，吸附架桥作用增强，但是若相对分子质量太大时，絮团沉降效果反而降低，如图 18-57 所示。

图 18-58 与图 18-59 是阳离子度和相对分子质量对缓蚀性能的影响（投加量为 5 ×

10^{-6}g/g、放置时间为4d）。图18－58和图18－59表明，QCPAV具有优良的缓蚀性能，在硫酸中对A_3钢的缓蚀率可达85%以上。如图18－58所示，随分子链上阳离子度的增加，QCPAV对A_3钢的缓蚀率先快速增加后趋于稳定，这是由氮杂环季铵盐的缓蚀机理所决定，季铵盐属于吸附膜型缓蚀剂，而吡啶季铵盐缓蚀剂则会在物理吸附与化学吸附的共同作用下，在金属表面形成致密的保护膜，抑制酸液对金属的腐蚀。QCPAV分子链上吡啶季铵基团所带的正电荷，会因静电引力作用物理吸附于金属铁片表面的阴极区，由于屏蔽作用阻碍了氢离子向阴极区的扩散，增大了析氢反应的过电位，从而减缓了酸腐蚀的阴极过程，抑制了金属的腐蚀。QCPAV分子链上吡啶环的大π键电子可与Fe原子的空d轨道配位，从而使QCPAV分子与金属Fe表面之间产生较强的化学键合作用，有利于形成强度高、致密性好的吸附膜，既可阻滞酸腐蚀的阴极过程，亦可阻滞阳极腐蚀产物铁离子向酸液中的扩散，即亦可有效地抑制腐蚀反应的阳极过程。根据上述氮杂环季铵盐的缓蚀机理，显然QCPAV阳离子度越高，吸附点越多，吸附膜强度越高，致密性越好，故缓蚀率越高。但当阳离子度达到55%以后，由于钢片表面已形成了一层致密的缓蚀膜，再增大阳离子度已无多大作用，故缓蚀率趋于稳定。

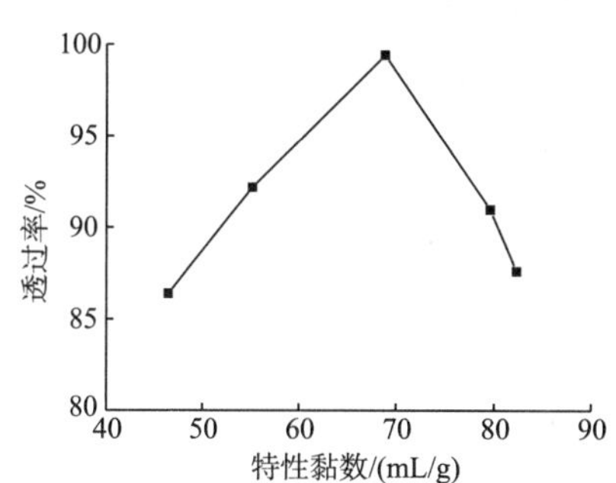

图18－57 相对分子质量对絮凝效果的影响

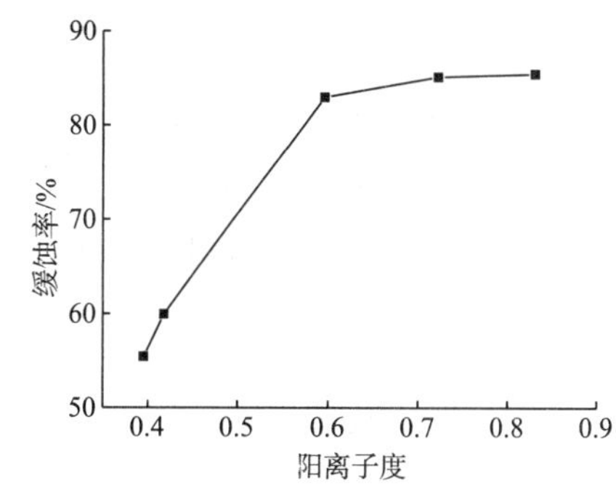

图18－58 阳离子度对缓蚀性能的的影响

如图18－59所示，随着QCPAV相对分子质量的增大，缓蚀率提高，只是相对分子质量很低时变化缓慢，吸附性缓蚀剂的缓蚀效率取决于它在金属表面成膜的保护程度，即吸附成膜的覆盖度及吸附膜的强度。当QCPAV相对分子质量较小时，形成的吸附膜不够致密，膜中有间隙，使铁片易受到酸液的腐蚀，随着相对分子质量的增大，吸附膜变得更为致密，因此缓蚀性能增强。相对分子质量很低时，成膜性很差，即使相对分子质量稍有增大，吸附膜仍不能致密地覆盖在铁片表面，因此缓蚀性能变化缓慢，当特性黏数［η］＞55mL/g后缓蚀率急剧增大，说明此时已开始形成较致密的保护膜。

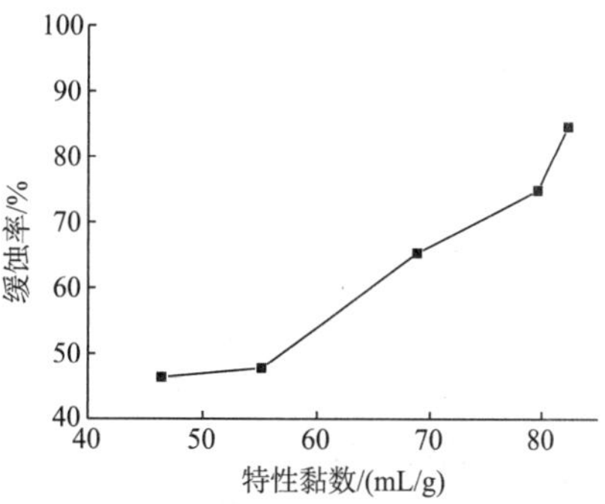

图18－59 相对分子质量对缓蚀性能的的影响

三、季鏻盐阳离子聚合物

季鏻盐阳离子聚合物通常由两种合成方法，一是先制备季鏻盐单体，然后聚合，此法难以得到高相对分子质量的产物，但产物阳离子度高。二是先制备含可鏻化基团的聚合物，然后再鏻化，此法得到的产物相对分子质量可以比较大，但鏻化程度低。下面举例说明。

（一）聚丙烯酰氧烷基季鏻盐阳离子聚合物

$$\underset{\text{O}}{H_2C{-}CH}CH_2CH_2Cl + P(R_1)(R_2)(R_3) \longrightarrow \underset{\text{O}}{H_2C{-}CH}{-}CH_2{-}\overset{+}{P}(R_1)(R_3){-}R_2\ Cl^-$$

$$\xrightarrow{H_2C{=}CH{-}COOH} H_2C{=}CH{-}\overset{O}{\overset{\|}{C}}{-}O{-}CH_2{-}\overset{OH}{\overset{|}{CH}}{-}CH_2{-}\overset{+}{P}(R_1)(R_3){-}R_2\ Cl^- \xrightarrow{\text{I}} \tag{18-22}$$

$$\left[CH_2{-}CH\right]_n,\quad CH{-}C({=}O){-}O{-}CH_2{-}\underset{OH}{\underset{|}{CH}}{-}CH_2{-}\overset{+}{P}(R_1)(R_3){-}R_2\ Cl^-$$

产品可用于水处理絮凝、杀菌剂。

（二）聚乙烯苯甲基季鏻盐阳离子聚合物

可以采用先鏻化后聚合，也可以采用先聚合后鏻化路线[69]。

路线一：

$$H_2C{=}CH{-}C_6H_4{-}CH_2Cl + P(R_1)(R_2)(R_3) \longrightarrow H_2C{=}CH{-}C_6H_4{-}CH_2{-}\overset{+}{P}(R_1)(R_3){-}R_2\ Cl^-$$

$$H_2C{=}CH{-}C_6H_4{-}CH_2{-}\overset{+}{P}(R_1)(R_3){-}R_2\ Cl^- + CH_2{=}\underset{A}{\underset{|}{CH}} \longrightarrow \left[CH_2{-}\underset{C_6H_4CH_2\overset{+}{P}(R_1)(R_3)R_2\ Cl^-}{\underset{|}{CH}}\right]_m\left[CH_2{-}\underset{A}{\underset{|}{CH}}\right]_n \tag{18-23}$$

式中，A—CN，$CONH_2$。

首先合成氯化甲基化苯乙烯三苯基季鏻盐，然后聚合得到目标产物，其合成过程如下。

（1）取 10mL 氯甲基化苯乙烯（VBC）加入 100mLDMF 后，将混合液加入 250mL 三口烧瓶中，机械搅拌下，升温至 120℃，后缓慢滴加 16. 8g 三苯基膦与 50mL DMF 的混合液，滴速控制在 10 滴/min，滴加完毕后，回流恒温反应 12h，反应结束后，自然冷却，减压蒸馏出产物，得到深红褐色黏稠物。

（2）将所得产物在有机溶剂中引发聚合得到聚乙烯苯甲基季鏻盐阳离子聚合物。

实验表明，氯化甲基化苯乙烯三苯基季鏻盐可直接用于杀菌剂时，对 SRB 菌的抗菌性能高于聚三苯基季鏻盐，药剂含量为 0. 5g/L，菌液与药剂接触时间 2h 以上时，杀菌性能稳定达到 99. 99%。

路线二：

$$\left[CH_2-CH(C_6H_4CH_2Cl)\right]_x + PR_1R_2R_3 \longrightarrow -\left[CH_2-CH(C_6H_4CH_2P^+R_1R_2R_3Cl^-)\right]_m-\left[CH_2-CH(C_6H_4CH_2Cl)\right]_n- \quad (18-24)$$

首先合成聚氯甲基苯乙烯树脂，然后经过季鏻化反应得到目标产物，其合成过程如下。

（1）聚氯甲基苯乙烯树脂的合成：将聚乙烯醇 3. 5g，洗衣粉 0. 2g 加入 130mL 水，加热溶解，配制成溶液，冷却至 40℃，将溶液置于 250mL 的三口烧瓶中，机械搅拌下，加入 23mL 氯甲基苯乙烯与 0. 4g AIBN 的混合液，缓慢升温至 60 ~ 70℃，维持该温度聚合反应 24h，静置，过滤，用热水洗涤至无白色混浊液后，用甲醇洗涤，放入真空干燥箱中干燥，得聚氯甲基苯乙烯。

（2）聚氯甲基苯乙烯的季鏻化产物制备：取 6g 聚氯甲基苯乙烯加入 100mL DMF 溶胀 4 ~ 5h，后将混合液加入到 500mL 四口烧瓶中，通入氮气作为保护气，机械搅拌下，升温至 140 ~ 150℃，缓慢滴加 15. 5g 三苯基膦与 50mL DMF 混合液，滴加完毕后，回流反应 12h。冷却，得粗产物。将粗产物进行减压过滤，滤去溶剂后，用 DMF 对所得产物进行多次洗涤，放入真空干燥箱中干燥，得聚氯甲基苯乙烯季鏻盐。聚氯甲基苯乙烯季鏻盐对 SRB、TGB 具有很好的抗菌作用。

中国发明专利公开了一种水不溶性聚季鏻盐型杀菌剂的制备方法，具体过程如下[70]。

（1）将氯甲基化的聚苯乙烯树脂或苯乙烯与二乙烯苯共聚树脂，按每克树脂 10 ~ 40mL 的用量加入二氧六环或四氢呋喃或乙醇，或它们之中二者或三者以任意比例混合的溶剂，室温下溶胀 1 ~ 2h，按每克树脂中所含氯的物质的量的 1 ~ 2 倍加入烷基伯胺，在回流温度下反应 12 ~ 48h，过滤、抽提、洗涤、烘干，得到聚合胺。

（2）在二卤代烷中加入二卤代烷物质的量的 0. 4 ~ 0. 8 倍的三烷基膦，升温至 20 ~ 100℃，反应 24 ~ 60h，冷至室温后加入反应物体积 0. 5 ~ 1 倍的乙醚以析出固体，过滤、洗涤、烘干，得到卤代烷三烷基鏻。

（3）在上述聚合胺中，按每克聚合胺 10 ~ 40mL 的用量加入乙醇或二氧六环或四氢呋喃或它们之中两种或三种以任意比例混合的溶剂，室温下溶胀 1 ~ 2h，按固载到树脂上的烷基胺的物质的量的0.4～2倍加入上述卤代烷基三烷基磷，在回流温度下反应24～72h，过滤、抽提、洗涤、烘干，即得到目标产物聚季磷盐。

季磷盐稳定性高，但制备困难，成本高，很少应用。

四、星型聚酯

星型聚合物是指含多于三条链（臂）且各条链无主、支链区分，都以化学键连接于同一点（核）所形成的星状聚合物，其核心尺寸远小于整个聚合物尺寸。由于星型聚合物独特的性质，故使其在很多方面得到应用或具有潜在应用，如生物学、医学、表面涂层、聚合物共混改性处理、污水处理、生物技术、石油工业、聚合物电解质、多功能交联剂等[71]。

用季戊四醇、丙三醇、二元酸、二元醇、一元酸和一元醇等可以合成具有一定相对分子质量的星型结构的聚合物，用于防蜡剂，当星型结构聚合物的支链数目为4、极性基团比例为27.9%、相对分子质量为7500、加量为2000×10^{-6}时，在煤油石蜡溶液中的防蜡率达40.5%，表现出较好的防蜡效果[72]。

评价表明，星型结构聚合物防蜡剂的防蜡率与聚合物中极性基团的比例有关，一般极性基团的比例应控制在30%以下，且四支链型聚合物比三支链型聚合物有更好的防蜡效果。因此，以丙三醇、季戊四醇、丁二酸、己二酸、癸二酸、乙二醇、己二醇、癸醇、十八醇等为原料，通过改变单体的种类和比例，可以方便地控制聚酯的结构和相对分子质量、极性基团含量、结构等，针对不同产地原油的组成特征，可以合成不同结构的带有非极性基团和极性基团支链的星型结构聚酯，以满足不同原油防蜡目的需要。

与其他类型的防蜡剂相比，由于星形聚合物防蜡剂有较清楚的结构和相对分子质量，有利于防蜡机理及防蜡效率与影响因素之间关系的研究，具有良好的发展前景。

对于星形聚酯防蜡剂，可以根据需要采用不同的合成方法制备[73]。

方法1：①将丙三醇与二元酸按1∶3.03（物质的量比）或季戊四醇与二元酸按1∶4.04投入三颈烧瓶中，加入适量对甲苯磺酸，通氮气3min，然后在氮气保护下慢慢升温至熔融状态，保持熔融状态反应若干小时。取出产物，用热水充分洗涤，干燥，得到具有3个或4个支链末端均带有羧基的中间产物；②将上述中间产物与一元醇反应（封端），可得相对分子质量较低的产物；将上述端羧基中间产物与二元醇再按1∶3.03或1∶4.04进行反应，可得相对分子质量较大的末端带有端羟基的中间产物；③将端羟基中间产物再与一元酸或二元酸反应，重复第一步和第二步，如此反复，可以得到一系列相对分子质量不同的星型聚酯产物。

方法2：用二元酸与二元醇按2∶1先合成两端带有羧基的中间体，再将二元酸与二元醇按1∶2的比例合成两端带有羟基的中间体，然后将两种中间体进行组合，合成具有一定长度的直链大分子，再使该直链大分子与季戊四醇或丙三醇缩合，另一端用一元酸或一元醇封端，可得星型聚酯。

方法3：根据产物相对分子质量的大小，用二元酸和二元醇按2∶1或3∶2或4∶3等依次类推的比例合成两端带有羧基的直链中间产物大分子，将该中间产物连接在季戊四醇或丙三醇上，另一端用一元醇封端，可得到设计的星型聚酯。

表18-38是部分合成的星型结构聚酯。

表18-38 部分星型聚酯的结构

结构	相对分子质量	极性基团比例/%
$(C_3H_5O_3)[OC(CH_2)_4COOC_{10}H_{21}]_3$	896	29.5
$(C_3H_5O_3)[OC(CH_2)_4COO(CH_2)_2OOC(CH_2)_4COOC_{10}H_{21}]_3$	1412	37.4
$(C_3H_5O_3)\{[OC(CH_2)_4COO(CH_2)_2O]_2OC(CH_2)_4COOC_{10}H_{21}\}_3$	1928	41.1
$(C_3H_5O_3)\{[OC(CH_2)_4COO(CH_2)_2O]_4OC(CH_2)_4COOC_{10}H_{21}\}_3$	2960	44.6
$(C_3H_5O_3)\{[OC(CH_2)_4COO(CH_2)_2O]_6OC(CH_2)_4COOC_{10}H_{21}\}_3$	3992	46.3
$(C_3H_5O_3)\{[OC(CH_2)_4COO(CH_2)_2O]_8OC(CH_2)_4COOC_{10}H_{21}\}_3$	5024	47.3
$C(CH_2O)_4(OCC_{17}H_{35})_4$	1200	14.7
$C(CH_2O)_4[OC(CH_2)_8COOC_{18}H_{37}]_4$	1880	18.7
$C(CH_2O)_4[OC(CH_2)_8COO(CH_2)_2OOC(CH_2)_8COOC_{18}H_{37}]_4$	2792	25.2
$C(CH_2O)_4\{[OC(CH_2)_8COO(CH_2)_2O]_3OC(CH_2)_8COOC_{18}H_{37}\}_4$	4616	30.5
$C(CH_2O)_4\{[OC(CH_2)_8COO(CH_2)_2O]_5OC(CH_2)_8COOC_{18}H_{37}\}_4$	6440	32.7
$C(CH_2O)_4\{[OC(CH_2)_8COO(CH_2)_2O]_7OC(CH_2)_8COOC_{18}H_{37}\}_4$	8264	34.1
$C(CH_2O)_4\{[OC(CH_2)_8COO(CH_2)_2O]_9OC(CH_2)_8COOC_{18}H_{37}\}_4$	10088	34.9

需要强调的是，具有星型结构的系列聚酯防蜡剂，大多需要通过多步反应才能得到，由于其原料或中间产物熔点较高，如季戊四醇的熔点为260℃，癸二酸的熔点为134℃，反应要在熔融温度下进行，因此反应温度较高。随着反应的进行，羧基和羟基的数量逐渐减少，反应物的熔点不断降低。在反应过程中，要随时调整反应温度，使反应既保持在熔融状态又不至于温度太高，以减少副反应的发生。

当反应在高温下进行时，由于空气中氧的作用，也容易发生副反应，影响产物的结构。实验表明，在氮气保护下进行反应时，有利于提高产物的收率，保证产物的结构，同时还可将反应中生成的水带出，以有效地缩短反应时间。

再者，缩聚反应在对甲苯磺酸催化下进行时，反应速率很快，但随着反应的进行，羧基和羟基数量不断减少，反应速率下降。而基团的反应程度对产物的结构影响较大，特别是在多步反应中，要尽可能提高基团的反应程度，这便需要较长的反应时间。实验表明，当季戊四醇与十八酸反应时，反应时间应大于12h才能完成反应。

参考文献

[1] 王中华，何焕杰，杨小华．油田化学品实用手册［M］．北京：中国石化出版社，2004．

[2] 王中华．钻井液处理剂实用手册［M］．北京：中国石化出版社，2016.
[3] 马婷芳，史铁钧．聚乙烯吡咯烷酮的性能、合成及应用［J］．应用化工，2002，31（3）：16－19.
[4] 曹宗元．聚乙烯基吡咯烷酮的研究与开发［J］．安徽化工，2010，36（5）：9－12.
[5] 左秋月，史铁钧，周讯，等．非极性混合介质中分散聚合法制备聚乙烯基吡咯烷酮［J］．应用化工，2011，40（10）：1758－1760，1763.
[6] 崔英德，易国斌，廖列文，等．N－乙烯基吡咯烷酮的自由基溶液聚合［J］．化工学报，2000，51（3）：367－371.
[7] 伊长青，欧阳思婕，程发，等．PVP（K－30）的合成工艺［J］．化学工业与工程，2008，25（6）：527－529.
[8] 全红平，李强，陈唐东，等．一种动力学天然气水合物抑制剂合成研究［J］．科学技术与工程，2013，13（14）：3986－3989.
[9] 王志刚，闫相祯．改性聚氨酯—聚乙烯吡咯烷酮超分子堵水和防砂性能评价及现场应用［J］．油气地质与采收率，2008，15（6）：105－106.
[10] 张卫东，尹志勇，刘晓兰，等．聚乙烯基己内酰胺抑制甲烷水合物的实验研究［J］．天然气工业，2007，27（9）：103－107.
[11] 张强，殷德宏，樊栓狮，等．聚乙烯己内酰胺的制备与表征［J］．过程工程学报，2008，8（3）：540－544.
[12] 郑二丽，赵卫利，冯树波，等．聚N－乙烯基己内酰胺合成及性能测试［J］．河北科技大学学报，2009，30（4）：350－353.
[13] 赵坤，张鹏云，刘茵，等．聚乙烯基己内酰胺的合成、表征及其水合物生成抑制性能［J］．天然气化工（C1化学与化工），2013，38（1）：26－30，94.
[14] 甘肃省化工研究院．用于动力学水合物抑制剂的N－聚乙烯基己内酰胺溶液的制备方法：中国专利，CN，102690391A［P］．2012－09－26.
[15] 李欢，孙丽，唐坤利，等．天然气水合物抑制剂DVP的合成及性能研究［J］．应用化工，2016，45（3）：504－507.
[16] 郝红，王凯，闫晓艳，等．复配型水合物抑制剂的制备及其性能研究［J］．石油化工，2014，43（2）：159－163.
[17] 王喜超，姜日善．水溶性高分子量聚苯乙烯磺酸钠的制备［J］．化学研究与应用，2010，22（6）：770－773.
[18] 严思明，谷升高，莫军，等．油井水泥降失水剂SPS的制备和性能研究［J］．西南石油学院学报，2006，28（1）：71－74.
[19] 程磊，金栋，林陵，等．长链烷基双季铵盐型树脂的制备及其杀菌性能［J］．精细化工，2009，26（5）：430－433.
[20] 程磊，岳晨，林陵，等．氯甲基聚苯乙烯树脂接枝聚季铵盐型杀菌剂的制备及其杀菌性能［J］．石油化工，2010，39（1）：75－80.
[21] 鲁红升，徐凯，杨宇尧，等．两性型树枝状破乳剂的合成与破乳性能［J］．精细石油化工，2012，29（3）：32－35.
[22] 宁志勇，王振，李翠勤．一类新型非聚醚破乳剂的合成与表征［J］．化学工程师，2013（1）：58－60，41.

[23] 王俊，李杰，于翠艳，等. 星型聚合物破乳剂的合成与性能研究［J］. 精细化工，2002，19（3）：169－171.

[24] 王俊，陈红侠，于翠艳，等. 树枝状聚酰胺－胺对O/W型模拟原油乳液的破乳性能［J］. 石油学报（石油加工），2002，18（3）：60－64.

[25] 胡志杰，陈大钧. 树状大分子聚酰胺－胺原油破乳剂的合成与性能评价［J］. 精细石油化工进展，2007，8（2）：20－22.

[26] 鲁红升，邓洪波，彭传波，等. 一种新型丙二胺核树枝状破乳剂的合成与评价［J］. 石油与天然气化工，2010，39（4）：328－330.

[27] 迟瑞娟，毕彩丰，赵宇，等. 改性聚酰胺－胺破乳剂的合成及破乳性能的研究［J］. 中国海洋大学学报：自然科学版，2010，40（8）：107－110.

[28] 周继柱，张巍，檀国荣，等. 聚酰胺－胺星形聚醚原油破乳剂的合成与性能［J］. 精细石油化工，2008，25（5）：5－9.

[29] 刘长环，曲红杰，吕玲玲，等. 一种树枝型聚醚的合成及其防蜡性能研究［J］. 化学与生物工程，2008，25（11）：22－24，56.

[30] 李翠勤，王俊，李杰，等. 树枝状十八酯的合成与降粘性能研究［J］. 化学与生物工程，2008，25（5）：54－56.

[31] Li Cuiqin，Sun Peng，Shi Weiguang，et al. Synthesis and properties of dendritic long－chain esters as crude oil flow improver additives［J］. China Petroleum Processing and Petrochemical Technology，2016，18（1）：83－91.

[32] 钟汉毅，邱正松，黄维安. PAMAM树枝状聚合物抑制泥页岩水化膨胀和分散特性［J］. 中南大学学报（自然科学版），2016，47（12）：4132－4140.

[33] 郑性能，叶仲斌，郭拥军，等. 两种聚酰胺－胺长链烷基季铵盐的合成和黏土稳定性能［J］. 油田化学，2009，26（1）：38－41.

[34] 杜池敏，盛祖涵. 端羧基PAMAM树枝状化合物的合成及其阻垢性能［J］. 精细化工，2012，29（11）：83－86.

[35] 崔艳霞，罗运军，李国平. PAMAM树形分子对$CaCO_3$结晶影响的研究［J］. 无机化学学报，2002，18（11）：1093－1096.

[36] 苏高申，罗跃，李凡，等. 端羧基改性聚酰胺－胺的合成及其阻垢性能的研究——以长庆油田花子坪区块为例［J］. 油田化学，2017，34（2）：350－355.

[37] 刘立新，崔丽艳，赵晓非，等. 超支化聚酰胺胺（PAMAM）的阳离子改性及絮凝性能［J］. 化工科技，2011，19（1）：1－4.

[38] 彭晓春，彭晓宏，赵建青，等. 改性聚酰胺－胺阳离子树状聚合物的制备、表征及其絮凝脱水性能的研究［J］. 石油化工，2005，34（10）：986－989.

[39] 张峰，陈宇岳，张德锁，等. 端氨基超支化聚合物及其季铵盐的制备与性能［J］. 高分子材料科学与工程，2009，25（8）：141－144.

[40] 中国石油化工集团公司，中石化中原石油工程有限公司钻井工程技术研究院. 一种树枝状单体、采用该单体的处理剂及其制备方法：中国专利，CN，104292129A［P］，2015－01－21.

[41] Ballard；David Antony. highly branched polymeric materials as surfactants for oil－based muds：US，20070293401A1［P］，2007－12－20.

[42] 王晶，王绍民. 聚天门冬氨酸的发展与应用前景 [J]. 化学与粘合，2010，32 (4)：41 -43.

[43] 方莉，谭天伟. 聚天门冬氨酸的合成研究 [J]. 化学反应工程与工艺，2003，19 (4)：295 -299.

[44] 王永秋，何晓玲，黄殊. 微波辐射法合成聚天门冬氨酸的研究 [J]. 淮北师范大学学报（自然科学版)，2004，25 (4)：37 -40.

[45] 曹辉，尚飞，谭天伟. 顺酐为原料合成聚天门冬氨酸及其阻垢性能的测定 [J]. 北京化工大学学报：自然科学版，2004，31 (6)：9 -12.

[46] 王印忠，徐旭，焦春联，等. 聚环氧琥珀酸阻垢机理的研究进展 [J]. 工业用水与废水，2016，47 (3)：1 -5，15.

[47] 刘丽娟，赵希林，刘继宁，等. 聚环氧琥珀酸水处理剂的合成及其改性研究进展 [J]. 合成化学，2015，23 (6)：564 -567.

[48] 王骁，潘明，王书海，等. 聚环氧琥珀酸的合成及其阻垢性能 [J]. 精细石油化工，2012，29 (2)：37 -40.

[49] 高书峰，黄勇，周涛，等. 绿色阻垢剂聚环氧琥珀酸（钠）的合成及工艺 [J]. 高分子材料科学与工程，2006，37 (6)：67 -70.

[50] 王毅，冯辉霞，张婷，等. 聚环氧琥珀酸（钠）的合成及阻垢性能研究 [J]. 环境科学与技术，2009，32 (3)：18 -21.

[51] 何涛，王付才. BEM 系列原油流动性改进剂的研制 [J]. 石油炼制与化工，2003，34 (11)：35 -38.

[52] 杨飞，李传宪，林名桢. 乙烯 - 醋酸乙烯酯共聚物对含蜡原油降凝效果评价 [J]. 中国石油大学学报：自然科学版，2009，33 (5)：108 -113.

[53] 柯明，宋昭峥，葛际江，等. 用溶液聚合法合成高相对分子质量的原油降凝剂 [J]. 中国石油大学学报：自然科学版，2005，29 (1)：105 -110.

[54] 蒋庆哲，宋昭峥，柯明，等. 原油降凝剂乙烯 - 丙烯酸甲酯共聚物的制备 [J]. 曲阜师范大学学报（自然科学版)，2005，31 (3)：90 -94.

[55] 宋昭睁，许亚岚，赵密福. 乙烯 - 丙烯酸甲酯共聚物对蜡的作用机理 [J]. 化工科技，2006，14 (2)：4 -7.

[56] 魏清，王惠，滕厚开，等. 环戊二烯/α - 烯烃共聚型减阻剂的合成 [J]. 石油炼制与化工，2013，44 (5)：24 -27.

[57] 王春晓，陆江银，薄文旻，等. α - 烯烃高分子减阻剂的性能研究 [J]. 石油炼制与化工，2011，42 (12)：68 -72.

[58] 米红宇，王吉德，李惠萍，等. 原油高效减阻剂的制备及其性能 [J]. 精细石油化工，2005 (2)：12 -15.

[59] 李红春. 油气田固井专用丁苯胶乳的合成及其应用 [J]. 合成橡胶工业，2008，31 (3)：169 -173.

[60] 李亮，于晓灵，毛兵，等. 油气田固井专用羧基丁苯胶乳的合成 [J]. 中国胶粘剂，2009，18 (5)：35 -38.

[61] 何英，徐依吉，熊生春，等. 丁苯胶乳的研制及其水泥浆性能评价 [J]. 中国石油大学学报：自然科学版，2008，32 (5)：121 -125.

[62] 邱茂君，岳湘安．丁苯胶乳深部调剖的适应性研究［J］．油气地质与采收率，2011，18（1）：51－53.

[63] 金玉顺，刘振明，郭文莉，等．聚4－乙烯基吡啶的合成与表征［J］．弹性体，2004，14（5）：29－33.

[64] 李静涛，张娜，施秀芳，等．氯化N－苄基－4－乙烯基吡啶聚合物的抗菌活性［J］．化学工业与工程，2007，24（2）：125－128.

[65] 刘艳丽，黄先威，庞丽，等．聚乙烯吡啶季铵盐的制备及抗菌性能［J］．湖南工程学院学报：自然科学版，2013，23（2）：54－56.

[66] 高保娇，曹霞，酒红芳．丙烯酰胺与4－乙烯基吡啶共聚物的季胺化及其若干性能［J］．高分子学报，2002（4）：487－492.

[67] 酒红芳，高保娇，曹霞．4－乙烯基吡啶与丙烯酰胺共聚合的研究［J］．高分子学报，2002（4）：438－442.

[68] 王蕊欣，高保娇，郭建峰，等．聚（4－乙烯基吡啶季铵盐－丙烯酰胺）的抗菌性能与机理研究［J］．高等学校化学学报，2005，26（9）：1774－1776.

[69] 刘宏芳，黄玲，刘涛，等．新型季鏻盐抗菌剂的合成及其抗菌性能研究［J］．腐蚀科学与防护技术，2009，21（3）：316－319.

[70] 中国石油化工总公司；中国石油化工总公司石油化工科学研究院．一种水不溶性聚季鏻盐型杀菌剂及其制备：中国专利CN，1209952［P］．1999－03－10.

[71] 刘德新，汪小平，韩树柏，等．星型聚合物合成方法与应用研究进展［J］．高分子材料科学与工程，2011，27（8）：176－180.

[72] 廖刚，尹忠，陈大钧．不同结构星型聚合物防蜡剂的防蜡率研究［J］．应用化工，2005，34（1）：19－21.

[73] 廖刚，尹忠，陈大钧．星型结构系列聚酯防蜡剂的合成［J］．精细石油化工，2005（2）：9－11.